Découvrez l'histoire par les archives de presse

RETRONEWS

Le site de presse de la BnF

www.retronews.fr

LE

MONITEUR SCIENTIFIQUE

JOURNAL

DES SCIENCES PURES ET APPLIQUÉES

SPÉCIALEMENT CONSACRÉ

AUX CHIMISTES ET AUX MANUFACTURIERS

Par le D' QUESNEVILLE

CHIMISTE MANUFACTURIER

Faisant suite à la REVUE SCIENTIFIQUE et aux SECRETS DES ARTS

DU MÊME AUTEUR

TOME CINQUIÈME

FORMANT L'ANNÉE 1863

PARIS

CHEZ M. QUESNEVILLE, RÉDACTEUR-PROPRIÉTAIRE

55, RUE DE LA VERRERIE

IMPRIMERIE PARISIENNE — DUPRAY DE LA MAHÉRIE

Boulevard Bonne-Nouvelle, 26 (impasse des Filles-Dieu, 5). — 1084

LE

MONITEUR SCIENTIFIQUE

JOURNAL

DES SCIENCES PURES ET APPLIQUÉES

SPÉCIALEMENT CONSACRÉ

AUX CHIMISTES ET AUX MANUFACTURIERS

Par le Dr QUESNEVILLE

ANNÉE 1863

ACADÉMIE DES SCIENCES

Séance du 8 décembre. — Recherches sur les matières colorantes dérivées du goudron de houille. De la chrysaniline; par M. A.-W. HOFMANN. — On sait que dans les opérations les mieux réussies, et quel que soit le procédé de préparation, la rosaniline qu'on obtient n'est qu'une petite fraction de l'aniline employée. Avec la matière cramoisie se forme une large proportion d'une substance résineuse d'un pouvoir basique assez faible, dont les propriétés, en général mal définies, ont déjà déjoué jusqu'ici toute tentative d'examen détaillé. Ce mélange contient cependant quelques composés bien caractérisés, qu'on peut séparer au moyen d'un traitement compliqué par une succession de dissolvants. M. E.-C. Nicholson a ainsi isolé une matière colorante d'un jaune magnifique dont il a mis, avec sa générosité habituelle, de grandes quantités à ma disposition.

La matière jaune colorante, pour laquelle, à cause du magnifique jaune d'or dont elle teint la laine et la soie, et dans le but de rappeler son origine, je propose le nom de *chrysaniline*, se présente sous forme de poudre fine, jaune, très-semblable au chromate plombique récemment précipité, amorphe, à peine soluble dans l'eau, qu'elle colore faiblement, mais très-soluble dans l'alcool et l'éther. Ce composé est une base organique bien définie, qui forme avec les acides deux séries de composés salins parfaitement cristallins. Les sels de chrysaniline les plus caractéristiques sont les nitrates, spécialement le mononitrate, qui est difficilement soluble dans l'eau. Ce fut au moyen de ce composé, purifié par une demi-douzaine de cristallisations, que je préparai la chrysaniline pour l'analyse. Une solution aqueuse de nitrate pur, décomposé par l'ammoniaque, a donné la chrysaniline à l'état de parfaite pureté. Séchée à 100° et soumise à l'analyse, cette substance a fourni des résultats qui se représentent par la formule $C^{20}H^{17}N^3$. Cette expression est corroborée par l'examen de plusieurs sels bien formés, et principalement des beaux composés qu'on obtient par l'acide chlorhydrique. Les composés cristallins, formés par la chrysaniline avec les acides bromhydrique et iodhydrique sont analogues aux sels produits par l'acide chlorhydrique.

Les nitrates de chrysaniline sont les plus beaux sels de cette base ; ces composés cristallisent avec la plus grande facilité en aiguilles rouge-rubis, remarquablement insolubles dans l'eau.

Le sulfate de chrysaniline est très-soluble, à peine cristallin.

Le sel de platine est un précipité écarlate cristallin, qui, par le refroidissement d'une solution chaude assez diluée et contenant beaucoup d'acide chlorhydrique, peut se déposer en tables larges, très-belles.

La composition de la chrysaniline place cette substance en relation directe avec la rosaniline et la leucaniline. Ces trois triamines diffèrent simplement par la quantité d'hydrogène qu'elles contiennent :

$$
\begin{aligned}
&\text{Chrysaniline\ldots\ldots\ldots\ldots}\quad C^{20}\,H^{17}\,N^3 \\
&\text{Rosaniline\ldots\ldots\ldots\ldots}\quad C^{20}\,H^{19}\,N'^3 \\
&\text{Leucaniline\ldots\ldots\ldots\ldots}\quad C^{20}\,H^{21}\,N^{3\prime}
\end{aligned}
$$

La chrysaniline est ou monacide ou diacide ; la rosaniline est monacide ou triacide, mais avec des prédilections monacides très-prononcées ; la leucaniline forme exclusivement des composés triatomiques. La formule de la chrysaniline suggère la possibilité de transformer cette substance en rosaniline et en leucaniline. Jusqu'à présent cette métamorphose n'a pas été accompli expérimentalement. De même, la constitution et la genèse de la chrysaniline restent à tracer.

— Envoi par M. Demidoff de l'*Album pittoresque et archéologique de la Toscane.*

— M. Dausse lit, par fragments, un volumineux mémoire présentant l'histoire de l'endiguement orthogonal dans l'ancien royaume sarde.

— Recherches sur la détermination des hautes températures au moyen de l'intensité de la lumière émise par les corps incandescents ; par M. Ed. Becquerel.

— Sur une nouvelle espèce du genre Indri (*Indris albus*) ; par M. A. Vinson.

— Dissolution de la soie par l'ammoniure de cuivre ; note adressée par M. Ozanam à l'occasion d'une communication de M. Persoz fils. — L'ammoniure de cuivre, ou liqueur de Schœnbein, n'est pas seulement un dissolvant précieux du coton et de la cellulose, il est aussi le dissolvant de la soie ; j'en ai fait maintes fois l'expérience. Mais, tandis qu'il ne faut qu'un court espace de temps pour fondre le coton, il faut plusieurs heures pour fondre la soie ; il faut aussi que la proportion de liqueur soit plus considérable par rapport à la soie employée. On en obtient ainsi la dissolution en trois, six ou douze heures, suivant les quantités et les proportions employées. J'ai laissé la laine, au contraire, pendant plus de quinze jours au contact de l'ammoniure de cuivre, sans qu'elle éprouvât la moindre modification dans sa texture et sa résistance. Il y a donc là un moyen très-simple de reconnaître en une seule opération un triple tissu de coton, soie et laine.

Laissez tremper l'étoffe pendant une demi-heure au contact de la liqueur de Schœnbein, et tout le coton sera dissous. Plongez-la de nouveau pendant un jour, et toute la soie se séparera ; le reste sera constitué par la laine.

La dissolution de la soie est susceptible d'applications plus importantes auxquelles tendent mes travaux. Il s'agit d'imiter le procédé de la nature en rendant la soie liquide comme elle l'est dans le ver, et capable de se concréter de nouveau par l'évaporation, car dès lors on pourra couler la soie sous forme d'étoffes au lieu de les tisser ; filer la soie en imitant le travail du ver, au moyen de filières de variables dimensions, et reproduire ainsi des fils de toute longueur et grosseur ; utiliser ainsi les soies vieilles ou usées, les bourres, les cocons perforés par le papillon naissant.

— Action directe de l'électricité sur la contraction musculaire ; par M. Durand, de Lunel.

— Note sur les organes génitaux de la *cyanea aurita* (cuv.) ; par M. Jourdain.

— M. Wanner présente une note ayant pour titre : « De l'influence de la pression utéro-amniotique sur la circulation fœtale. »

— M. Blondeau soumet au jugement de l'Académie un mémoire « sur les corps isomères de la cellulose et de l'amidon, produits par l'action de l'acide sulfurique sur ces corps ».

— M. Legrand du Saulle adresse, pour le prix sur la question de la pellagre, un mémoire « Sur le délire des pellagreux considéré au point de vue médico-légal. »

— MM. Joly et Musset, dont nous avions annoncé, dans notre numéro du 15 décembre, la démission comme concurrents pour le prix Alhumbert, écrivent, en effet aujourd'hui, qu'ils prient l'Académie de vouloir bien considérer comme non avenu l'envoi de leur mémoire « Sur la génération spontanée. »

— Nouvelles observations sur le thallium ; par M. Lamy. — M. Dumas, qui présente ce mémoire, annonce qu'il fera dans la prochaine séance un rapport sur ces recherches. Nous attendrons ce rapport pour le publier, et ne dirons pas autre chose de ce mémoire, M. Dumas devant l'analyser.

— Expériences sur l'étincelle d'induction. — Son action sur l'argent ioduré. — Nouveau mode de pointage ; par M. F.-P. Leroux. — « On sait que l'étincelle d'induction se compose de deux parties distinctes : l'une est le trait brillant instantané, l'autre est le flux relativement obscur qui accompagne et suit le trait brillant.

« J'ai fait différents essais pour préparer des surfaces métalliques de manière à recevoir directement l'impression de l'étincelle. J'ai trouvé qu'une surface argentée exposée aux vapeurs d'iode, jusqu'à prendre la teinte orangée, jouissait d'une sensibilité exquise. Lorsque la plaque est en mouvement, l'étincelle y trace une traînée bleuâtre parfaitement visible et très-nettement déterminée. Vers le sommet de cette traînée se trouve un petit point, rappelant, par sa position, celle du noyau des comètes : c'est la place où le trait brillant est venu frapper. Vu à la loupe, c'est un point blanc, légèrement bordé de noir : il est évident qu'à cet endroit l'iodure d'argent a été réduit ou volatilisé par l'élévation de température. On peut prétendre à une grande précision dans l'observation de ce point.

« J'ai voulu faire connaître dès aujourd'hui le mode d'impression que j'emploie, dans l'espoir d'être utile aux nombreux expérimentateurs qui, à la suite du capitaine Martin de Brettes, se servent de l'étincelle d'induction comme moyen de pointage. C'est pour eux que j'ajouterai que rien n'est plus facile dans la pratique que l'emploi de mon procédé : il suffit de mettre un peu d'iode au fond d'un vase (le plus simplement en gutta-percha) dont l'orifice soit disposée suivant la forme de la surface qu'on veut iodurer, et d'appliquer cet orifice sur la surface simplement blanchie au chlorure d'argent. Cette opération peut se faire sans démonter l'appareil, et, en outre, la surface préparée peut servir à plus d'une expérience ; l'iodure formé ne s'altère que lentement à la lumière diffuse, et plusieurs impressions peuvent se superposer sans cesser d'être visibles. »

— Sur la fusion des aciers au four à réverbère ; note de M. A. Sudre. — Voici une communication qui laisse bien loin derrière elle celle que M. Fremy a faite dernièrement et qui obtint tant de retentissement dans les journaux. On sait que le maréchal Vaillant avait présenté aux Tuileries M. Fremy à l'Empereur, et que le souverain, heureux des travaux de M. Fremy, fit remettre la croix d'officier à ce chimiste, lors de la visite que M. le ministre de la guerre fit à l'École polytechnique. Dernièrement encore, on croyait que son acier l'avait conduit aux fêtes de Compiègne, et les chimistes l'en félicitaient, lorsqu'on sut que c'était M. Fremy, administrateur du Crédit foncier, qui avait reçu cet honneur. Mais revenons à M. de Sudre. Voici la note qu'il vient d'adresser à l'Académie :

« A la séance de l'Académie du 8 août dernier, M. Fremy a déclaré que « les fours à réverbère essayés pour la fusion de l'acier n'ont pas donné, jusqu'à présent, de résultats industriels (séance du 18 août 1862, p. 298 ; voir *Moniteur scientifique*, liv. 138, p. 604). » En présence de cette énonciation du savant (mais peu renseigné) académicien, dont je n'ai eu connaissance que tout récemment, je viens demander à l'Académie la permission de lui soumettre un nouveau procédé de fusion de l'acier dans des fours à réverbère, expérimenté sur une grande échelle aux forges de Montataire, par les ordres et aux frais de l'Empereur pendant les mois de novembre et décembre 1860 et de janvier 1861. J'ai cru devoir, au préalable, informer l'honorable M. Fremy de ma démarche, et il a bien voulu me déclarer qu'il ne connaissait pas encore ces expériences, et qu'il ne pouvait, en conséquence, exprimer aucune opinion sur ce sujet. (Nous avions prévu que les résultats de M. Fremy lui seraient contestés. — Voir *Moniteur scientifique*, livr. 138, p. 604.)

Le nouveau procédé dont il s'agit consiste dans la fusion des aciers, quels qu'en soient la nature et l'origine, sur la sole concave d'un four à réverbère chauffé par la flamme de la houille ou des gaz combustibles, et sous la protection d'un bain de laitier ou scories qui préserve le métal de l'oxydation. Ce laitier doit satisfaire aux deux conditions suivantes : n'exercer aucune action décarburante ou altérante sur l'acier; ne point corroder la sole ni les parois du four. Ces conditions se trouvent remplies par les silicates à bases terreuses et multiples, parmi lesquels je citerai les laitiers de hauts fourneaux au bois provenant de minerais purs et d'une bonne allure, et les débris de verre à bouteilles. Ces matières peuvent être obtenues presque partout à bas prix ; et, d'ailleurs, il est facile de les composer de toutes pièces sur la sole même du four de fusion.

Je ne décrirai pas ici les dispositions du four qui se rapproche de ceux que l'on emploie en Angleterre pour la fusion des minerais de cuivre. Je me bornerai à indiquer les résultats des opérations qui ont porté sur des masses d'acier de 600 kilogrammes à la fois et ont été suivies par des juges compétents. Ces résultats constatent :

1° Que l'acier, même doux, fond facilement sous le bain de laitier ; c'est là le point fondamental qui était, *à priori*, l'objet des plus vives contestations ;

2° Que la qualité de l'acier n'est nullement altérée par ce mode de fusion ;

3° Que des aciers médiocrement carburés peuvent être aisément fondus en quatre heures avec une consommation de deux parties de houille pour une d'acier, consommation qui pourra selon toute vraisemblance, subir une notable réduction ;

4° Que le même laitier peut servir à plusieurs fusions successives ;

5° Que la coulée s'opère sans difficulté, et que les fusions peuvent se succéder avec continuité et régularité ;

6° Qu'un four construit avec des matériaux réfractaires de qualité bonne, mais non exceptionnelle, peut résister à une campagne de huit jours correspondant à environ trente fusions.

Il a été reconnu, dans le cours de ces essais, que la sole du four n'est nullement attaquée par l'acier ni par le laitier, mais que ses diverses parties doivent être rendues solidaires par des joints à feuillures, pour prévenir l'infiltration du métal et le soulèvement des briques. La voûte et les autels du four ont seuls à souffrir de la haute température nécessaire pour la fusion. C'est donc sur la qualité des matériaux réfractaires qui les composent que doivent se concentrer les efforts du constructeur. Nous croyons pouvoir prolonger de beaucoup la durée de ces parties en les composant de grands voussoirs offrant le moins de joints possible, et en faisant circuler dans ces voussoirs et dans les autels des courants d'air destinés à les rafraîchir.

Le nouveau mode de fusion offre les avantages suivants :

1° Il supprime l'emploi des creusets.

2° Il réalise une grande économie de main-d'œuvre, et il épargne aux ouvriers des manipulations pénibles et dangereuses.

3° Il réduit la consommation du combustible.

4° Il donne le moyen de fondre à la fois 2,000 ou 3,000 kilogrammes d'acier dans le même appareil.

5° Il permet d'obtenir à volonté et avec certitude des aciers fondus de la qualité et de la dureté convenables pour l'usage auquel on les destine, condition fondamentale dans l'industrie des aciers.

6° Nous croyons pouvoir évaluer la réduction du prix de la fusion aux deux tiers de ce qu'elle coûte dans les anciens procédés. Les frais de fusion au creuset varient en France de 150 à 200 fr. par tonne, La fusion au four à réverbère ne coûtera pas plus de 60 fr., et ce prix n'est pas la dernière limite à laquelle on puisse descendre.

7° Les frais d'installation du nouveau système de fusion sont beaucoup moins élevés que ceux des anciens fours à creusets pour une production égale.

Tous ces avantages, constatés par une expérimentation portant sur plusieurs centaines de kilogrammes d'acier à la fois, nous paraissent caractériser un procédé vraiment industriel.

Nous ne parlerons que pour mémoire de l'application de ce procédé à la fusion des éponges obtenues par la méthode de feu M. Chenot, ainsi qu'à la refonte des produits défectueux que donne souvent encore le procédé de M. Bessemer, et à celle des grosses pièces d'acier manquées à la coulée ou au forgeage ou bien hors de service, refonte qui est à peu près impossible dans des creusets. Ces considérations, qu'il suffit d'indiquer, nous semblent établir que le nouveau système de fusion des aciers au four à réverbère, outre la valeur intrinsèque qu'il peut présenter isolément, offrirait encore un utile complément aux procédés proposés pour la fabrication directe de l'acier fondu.

— M. Fremy, qui fait, contre mauvaise fortune, bon cœur, dit, au sujet de cette communication : « Je n'ai pas suivi les expériences de M. Sudre; il m'est donc impossible d'en parler à l'Académie. Mais si M. Sudre est arrivé, comme il l'affirme, à fondre l'acier en grande masse, d'une manière économique et facile, au four à réverbère, *sans altérer la qualité du métal,* il a résolu une des questions les plus difficiles et les plus importantes de l'industrie métallurgique.

« Je désire vivement, pour ma part, qu'une aciérie expérimente le plus tôt possible, d'une manière régulière, le mode de fusion de l'acier proposé par M. Sudre. »

— M. Henri Sainte-Claire-Deville confirme les faits communiqués par M. Sudre, et dit qu'il a vu fondre devant lui, en une seule fois, 600 kilogrammes d'acier.

— Adaptation à l'anémomètre d'un enregistreur automatique ; extrait d'une note de M. N. de Derochau.

— M. L. Monier adresse, de Saint-Paul (Pyrénées-Orientales), la description d'un arc-en-ciel lunaire qu'il a observé le 28 novembre dernier, vers huit heures du soir.

— M. Bouffé prie l'Académie de vouloir bien le comprendre parmi les concurrents pour le prix dit des *arts insalubres,* comme ayant introduit dans certaines industries l'emploi d'une couleur verte qui, tout en étant sans danger pour la santé des ouvriers, donne d'aussi beaux tons que les verts à base de cuivre ou d'arsenic, cause de si fréquents accidents.

Ce vert, dit M. Bouffé, aussi beau, même à la lumière des bougies, que les plus brillants de ceux dont on se servait jusqu'ici dans la fabrication des fleurs artificielles, est formé d'un mélange d'acide picrique et d'un oxyde de chrome pur, connu des imprimeurs en étoffes sous le nom de *vert Guignet,* lequel est fabriqué par MM. Kestner, à Thann.

— A quatre heures, l'Académie se forme en comité secret.

Séance du 15 décembre. — M. Mathieu fait hommage à l'Académie, au nom du bureau des longitudes, d'un exemplaire de l'*Annuaire* pour l'année 1863.

— Recherches sur les matières colorantes artificielles ; par M. A.-W. Hofmann. — Le titre II du mémoire que présente le célèbre chimiste est : *De la composition des dérivés bleus des monamines tertiaires appartenant à la série quinoléique.* « Les chimistes qui ont visité l'Exposition internationale n'oublieront pas facilement la magnifique collection de produits exposés dans la cour française, par M. Menier, de Paris.

Parmi ces composés, remarquables autant par leur variété que par leur beauté, de superbes cristaux de *cyanine* (1), rivalisant en éclat et en pureté avec l'acétate de rosaniline de

(1) Nous avons reçu de M. Menier pour notre collection, entre autres produits d'une grande beauté, un magnifique échantillon de cette *cyanine.* — Dr Q.

M. Nicholson, ont surtout attiré l'attention. M. Menier, qui a produit cette matière tinctoriale sur une très-grande échelle, a mis généreusement à ma disposition quelques-uns des plus beaux de ces cristaux, en exprimant l'espoir qu'un examen détaillé conduirait peut-être à une méthode qui donnerait de la solidité à cette nouvelle couleur, qui, pour l'éclat et la pureté de sa nuance, ne le cède à aucun des bleus dérivés récemment du goudron de houille. La composition et le mode de formation de la cyanine étant complétement inconnus, je saisis avec empressement l'occasion d'examiner cet intéressant produit. Je dois avouer qu'au point de vue pratique mes expériences ont échoué ; toutefois, dans le cours de mes études sur la nature jusqu'ici obscure de cette substance, j'ai été conduit à l'observation de quelques faits pouvant servir à l'histoire de la cyanine, que je prends la liberté de soumettre à l'Académie.

M. Williams a montré qu'au nombre des composés colorés produits par l'action des iodures à radical alcoolique sur les bases de la série quinoléique, celui qu'on obtient au moyen de l'iodure d'amyle est particulièrement remarquable par sa puissance tinctoriale. Il en a donné une description très-intéressante, ainsi que des détails très-précis sur le mode de fabrication de ce corps, qui est entré bientôt après dans le commerce sous le nom de *cyanine*.

Malheureusement la teinte produite par la cyanine est encore plus fugace que brillante, et les espérances qu'on avait conçues de son avenir industriel ne se sont pas réalisées jusqu'à présent.

Cependant l'importance attachée par les teinturiers à la découverte de M. Williams est bien démontrée par l'offre d'un prix de 10,000 francs faite par la Société industrielle de Mulhouse pour la découverte des moyens de fixer la couleur produite par la cyanine.

Les cristaux qui m'ont été remis par M. E. Menier étaient des prismes distincts suffisamment bien formés pour la détermination cristallographique ; ils sont en ce moment entre les mains de M. Quintino Sella. Leurs faces brillent d'un éclat vert métallique à reflet doré, qui sert avec leur forme cristalline à les distinguer de l'acétate de rosaniline auquel ils ressemblent sous d'autres rapports. Les cristaux sont presque insolubles dans l'éther, difficilement solubles dans l'eau, mais ils se dissolvent facilement dans l'alcool ; la solution possède une magnifique couleur bleue d'un éclat cuivré sur sa surface. L'addition d'un acide détruit cette couleur. L'ammoniaque et les alcalis caustiques fixes semblent ne pas l'altérer, mais elle est due alors à un précipité bleu foncé qui, recueilli sur un filtre, laisse passer un liquide incolore.

Les cristaux verts ont été reconnus comme l'iodure d'une base particulière ; l'iode est retenu avec tenacité par ce composé, mais il peut être précipité de la solution alcoolique par l'oxyde d'argent, qui met la base en liberté. De même, l'iode peut céder sa place au brome et au chlore, lorsqu'on traite la solution par le bromure ou par le chlorure d'argent ; on obtient ainsi le bromure et le chlorure correspondants. »

M. Hofmann se livre ensuite, dans une série de nombreuses analyses, à l'explication de la formation de cet iodure et à l'existence dans ces cristaux d'un composé homologue, en sorte que ce corps serait formé d'une part par un iodure avec trente équivalents de carbone, et par un autre iodure avec deux équivalents de carbone de moins. Puis il termine ainsi, après une longue dissertation dans laquelle nous ne pouvons le suivre ici, mais que M. E. Kopp reprendra à son tour :

« Étant allé si loin, je voulais examiner moi-même le mode de formation de la substance remarquable dont j'ai essayé d'éclaircir la nature. Dans ce but, j'ai préparé les composés engendrés par l'action de l'iodure de méthyle et d'amyle sur la quinoléine et sur la lépidine, bases mises à ma disposition en assez grande quantité par mon ami M. David Howard. Je n'ai pas examiné en détail les substances ainsi produites ; il m'a suffi de reconnaître que la nature générale de ces réactions fut bien illustrée par l'étude des composés amyllépidyliques. Pour ce qui concerne les phénomènes secondaires compliqués qui se présentent dans ces procédés, et spécialement la formation simultanée d'une matière colorante rouge, je n'ai rien à ajouter à la description parfaite qu'en a donnée le chimiste distingué auquel nous devons la découverte de ces réactions.

« Qu'il me soit permis, en concluant, d'exprimer mes remercîments à M. Menier. Sans les magnifiques produits sortis de ses ateliers, je n'aurais jamais pu essayer d'éclaircir cette question.

« La science, quoique fière de guider l'industrie à travers les obstacles qui l'arrêtent, reconnaît toutefois, sans rougir, qu'il y a des terrains sur lesquels elle ne peut avancer sans accepter l'appui que lui offre sa vigoureuse compagne. Les travaux communs de ce genre ne peuvent manquer de mettre le sceau à l'alliance entre l'industrie et la science. »

— Aperçu sur la structure de la partie des Alpes comprise entre le Saint-Gothard et l'Apennin ; par M. J. Fournet.

— Rapport sur un mémoire de M. Lamy, relatif au thallium ; par M. Dumas. — L'étendue de ce rapport fort intéressant et fort bien fait ne nous permet pas de le publier dans la séance de l'Académie ; nous en ferons le sujet d'un article à part. Mais nous relaterons de suite la partie du rapport de M. Dumas, où il discute quel est le chimiste qui doit être considéré comme le véritable inventeur scientifique de la découverte du thallium, comme celui qui le premier l'a isolé pur en assez grande quantité pour certifier l'existence d'un métal nouveau. Disons de suite que les deux chimistes ont chacun une habileté très-grande et que cette découverte ressemble assez à celle de l'outremer faite simultanément par M. Gmelin en Allemagne et M. Guimet en France. L'un et l'autre produisirent l'outremer en le cherchant ; M. Gmelin nous paraît avoir été le Crookes de cette époque et M. Guimet fut, comme M. Lamy, l'inventeur sérieux et complet. Le *Cosmos* croit faire un compliment à M. Crookes en le comparant à Courtois, mais, sans Gay-Lussac l'iode aurait eu bien de la peine à se produire, tandis que sans M. Lamy, l'histoire du thallium serait certainement, un peu plus tard seulement, ce qu'elle est aujourd'hui.

Voici la partie du rapport de M. Dumas où ce chimiste prétend décider qui de M. Crookes ou de M. Lamy a le plus de droits à la découverte de ce métal :

« Dès que les travaux hardis et heureux de MM. Bunsen et Kirchoff eurent mis hors de doute qu'en étudiant les produits naturels par l'analyse spectrale on pouvait y découvrir des traces de métaux que l'analyse ordinaire était impuissante à signaler, le rubidium et le cæsium furent considérés par tous les chimistes comme les deux premiers termes d'une longue suite de nouveaux éléments. Chacun comprit que les résidus de fabrique où se concentrent, par l'élimination des produits utiles et connus, des traces insaisissables de ces substances inutiles ou inconnues que la matière première exploitée renferme parfois, offraient aux recherches une mine profitable à exploiter.

Il est donc assez naturel que M. Crookes, en Angleterre, et M. Lamy, en France, aient soumis à l'analyse spectrale les produits de la combustion de ces pyrites de fer, qui ont pris, depuis peu d'années, pour une part si importante, la place du soufre de Sicile dans la fabrication de l'acide sulfurique, et il est facile de comprendre, quand on l'a vue, que la belle raie verte produite dans le spectre par le corps nouveau qui fait l'objet de ce rapport ne leur ait échappé ni à l'un ni à l'autre.

Aussi n'est-ce point, à notre avis, ni par la nature du procédé mis en usage pour le reconnaître, ni par le milieu qui l'a fourni, que se recommande le nouveau métal. L'analyse spectrale avait fait ses preuves, et les résidus de fabrique sont depuis longtemps signalés comme mines fécondes à exploiter. Mais le thallium est destiné à faire époque dans l'histoire de la chimie par l'étonnant contraste qui se manifeste entre ses caractères chimiques et ses propriétés physiques. Il n'y a pas d'exagération à dire qu'au point de vue de la classification généralement acceptée pour les métaux, le thallium offre une réunion de propriétés contradictoires qui autoriserait à l'appeler le métal paradoxal, l'ornithorhynque (1) des métaux.

(1) Ceux de nos abonnés qui désireraient voir l'ornithorhynque des métaux en trouveront un échantillon,

Nous n'arrêterons donc pas l'attention de l'Académie sur l'histoire de sa découverte. Personne ne conteste que M. Crookes ait vu le premier, dès le 30 mars 1861, la raie verte caractéristique du thallium dans les résidus de certains séléniums, et qu'il ne l'ait retrouvée dans les produits d'un échantillon de soufre de Lipari et dans ceux d'une pyrite d'Espagne, et qu'il n'ait signalé et nommé le thallium comme un corps simple nouveau.

Personne ne pourrait contester, d'autre part, que M. Lamy, de son côté, ait le premier isolé le thallium et établi par suite qu'il est, non point un métalloïde analogue au sélénium ou au tellure, comme le pensait M. Crookes, qui ne l'avait pas obtenu libre et pur, mais bien un vrai métal. Car M. Lamy annonçait sa découverte dès le 16 mai 1862 à la Société impériale de Lille, et mettait, dès le 10 juin, sous les yeux des membres du jury de chimie, à Londres, un beau lingot de thallium, en présence de M. Crookes lui-même. Ce dernier aurait dû, selon l'usage, s'il avait des droits à conserver (style de juge d'instruction), conduire sur-le-champ les membres du jury dans son laboratoire, et leur livrer ses notes et ses produits, au lieu d'écouter, sans faire aucune réserve, la communication de M. Lamy, et de déposer huit jours après, à la Société royale de Londres, une note indiquant qu'il aurait eu connaissance depuis longtemps de la nature métallique du thallium et des propriétés partielles de ce nouveau corps simple.

Le point d'histoire qui nous occupe, car en chimie la découverte de chaque nouveau corps simple a sa légende ou son histoire, est donc réglé par deux dates authentiques : l'une du 30 mars 1861, où M. Crookes annonce l'existence d'un corps nouveau qu'il croit non métallique, caractérisé par une brillante raie verte ; l'autre du 16 mai 1862, où M. Lamy fait connaître le nouveau métal en qui se retrouve cette propriété et qui la possède seul. » Bien plaidé.

— L'Académie reçoit un mémoire destiné au concours pour le prix Bordin de 1863 (Etude des vaisseaux du latex). Ce mémoire, qui est accompagné de nombreuses figures, a été inscrit sous le n° 1.

L'auteur, dans une lettre jointe à cet envoi, prie l'Académie de vouloir bien permettre, en cas que ce ne soit pas contraire à ses usages, que son travail, s'il n'est pas jugé digne de prix, lui soit renvoyé par une voie qu'il indique. Cette demande ne peut être prise en considération, et l'Académie elle-même a pris soin d'en prévenir les concurrents en reproduisant chaque année dans le programme de prix proposés l'avertissement suivant :

« *Conditions communes pour tous les concours.* — Les concurrents pour tous les prix sont prévenus que l'Académie ne rendra aucun des ouvrages envoyés au concours ; les auteurs auront la liberté d'en faire prendre des copies au secrétariat de l'Institut. »

— Des sédiments inférieurs et des terrains cristallins des Pyrénées-Orientales; par M. A. Noguès.

— Mémoire sur les grandes masses d'aérolithes trouvées au désert d'Atacama, dans le voisinage de la Sierra de Chaco; par M. Ig. Domeyko. — Ce Mémoire a pour objet l'étude d'une

que nous devons à M. Kuhlmann, dans notre collection de produits chimiques, ainsi que du chlorure et du sulfate de thallium.

L'*ornithorhynque*, dit Bouillet (du grec *ornis, ornithos,* oiseau, et *rhygkhos,* bec), mammifère particulier de la Nouvelle-Hollande, est ainsi appelé, parce qu'il a une sorte de bec analogue à celui du canard, tandis que pour le reste de l'organisation il ressemble aux mammifères. L'ornithorhynque est long de 30 à 40 centimètres; il a le corps déprimé, couvert de poils d'un brun roussâtre, les yeux très-petits, les pieds courts, écartés, palmés, terminés par cinq doigts, et pourvus chez le mâle d'un ergot qui secrète un venin dangereux. Cet animal, encore peu connu, paraît être vivipare; il se nourrit principalement de poissons, et il en exhale fortement l'odeur. Il marche, ou plutôt rampe avec assez de vitesse le long des rivages, nage facilement et plonge volontiers; mais il reste peu de temps sous l'eau. Cet animal singulier, très-rare il y a cinquante ans, commence à devenir assez commun dans les cabinets d'histoire naturelle; on a pu même en posséder en Angleterre des individus vivants.

aérolithe nouvellement découverte dans le désert d'Atacama; sa composition a cela de remarquable qu'au lieu des minéraux analogues au feldspath et au pyroxène que renferment ordinairement les aérolithes, on y trouve, outre le péridot, un trisilicate de fer et de magnésie, mélangé d'un silico-aluminate à base de fer et de chaux, et plus de 10 pour 100 de protosulfure de fer FS.

Cette aérolithe, que l'auteur adresse à l'École des mines, est accompagnée d'autres minéraux curieux, dont l'auteur signale les principaux :

« L'oxychloroiodure de plomb nouvellement découvert au Chili et renfermant plus de 100 d'iode ;

« Le séléniure d'argent et de cuivre, dont il avait déjà envoyé, il y a trois ans, un petit fragment à l'école des mines, provenant des cordillères de Copiapo, et qui a été dernièrement trouvé dans les mines de Flamenco, au nord de Très-Puntas ;

.. « Un échantillon d'amalgame natif $Ag^5 Hg^5$, cristallisé ;

« L'argent bismuthal, dont il connait maintenant, dit-il, la composition (Ag^6Bi) ;

« Et un sulfure double de cuivre et de bismuth, provenant du Cerro-Blanco (Copiapo). analogue au minéral que Schneider avait décrit sous le nom de tannenite. »

— Composition des poussières provenant du nettoyage des débourrages des laines ; par M. Houzeau. — On connaît, sous le nom de *débourrages* ou *bourre de laine*, ces détritus organiques qui proviennent du lainage et du tondage des draps. Considérés comme déchets sans valeur industrielle, il y a une trentaine d'années, ces débourrages sont de nos jours traités par un moyen économique qui permet d'en retirer 20 pour 100 de laine servant, dans certaines localités, à la fabrication des draps communs. Or, dans les quatre-vingts parties qui restent, M. Houzeau a trouvé toute une Californie : de l'huile, de l'azote, etc., etc. Ces résidus servent aujourd'hui comme matière animale dans la fabrication du prussiate de potasse; mais M. Houzeau propose d'en faire extraire le corps gras et de confier le reste à la terre comme un excellent engrais azoté.

— M. Boudin adresse une note qui se rattache à sa précédente communication sur les *inconvénients des mariages consanguins* et sur la fréquence des cas de *surdi-mutité* parmi les enfants issus de tels mariages. — M. Boudin, à force de nous le répéter, finira par nous convaincre et par nous rendre indifférents envers les cousines les plus séduisantes.

— M. Flandin envoie un Mémoire ayant pour titre : « *De la chaleur et du froid* (les deux antipodes), explications physiques de certains phénomènes physiologiques.

— M. Baudry adresse, de Lille, un Mémoire ayant pour titre : *Perfectionnement des machines à vapeur.*

— M. Velpeau présente, au nom de l'auteur, M. Sperino, de Turin, un ouvrage sur l'évacuation répétée de l'humeur aqueuse dans les maladies de l'œil.

— M. Velpeau communique aussi l'extrait d'une lettre de M. Ciniselli qui rappelle une réclamation de priorité qu'il a élevée à l'occasion d'une communication de M. Tripier concernant un *procédé de galvanocaustique* fondé, non pas sur les effets des courants continus, mais sur leur action chimique.

— Observations de la comète II de 1862 faites à Alger. Étude physique de Mars ; note de M. Bulard présentée par M. le maréchal Vaillant.

— Sur deux doubles arcs-en-ciel lunaires et colorés observés à Cuba ; généralités sur ce phénomène ; par M. A. Poey.

— Sur la cancrinite et la bergmanite de Brevig, en Norwége; par MM. Sœmann et F. Pisani (présenté par M. Daubrée). Cette note étant très-intéressante, nous l'insérerons *in-extenso* dans nos *Comptes-rendus* de chimie.

— Sur la chaleur spécifique du thallium; par M. Regnault.

— Recherches sur les tungstates, les flutotungstates et les silicotungstates; par M. C. Mari-

GNAC. — C'est un travail très-étendu sur cette série de sels et qui ne peut être inséré au complet que dans les *Annales de chimie*.

— Sur la quantité d'air indispensable à la respiration durant le sommeil; note de M. J. DELBRUCK. — Jusqu'à quel point l'air est-il nécessaire à la respiration pendant le sommeil? Telle est la question que je soumets à la bienveillante et sérieuse attention de l'Académie des sciences.

On voit surgir périodiquement, dans les journaux, des discussions sur la quantité d'air indispensable pendant le sommeil, et beaucoup d'hommes savants concluent à une quantité de mètres cubes pour chaque personne endormie, qui est loin d'être rassurante. Or, voici une série de faits que tout le monde a pu observer, ou que tout le monde peut observer et qui semblent devoir entraîner une conclusion tout opposée.

D'abord, en ce qui concerne les animaux qui ont des poumons comme nous et qui respirent comme nous, que se passe-t-il? Que fait l'animal sauvage (le lion, le tigre, l'ours, etc.,) quand vient l'heure du sommeil? Il quitte le grand air et se retire au fond d'un antre, tout au fond, et se prive d'air le plus qu'il peut.

Que fait le chien dans nos maisons? Il recherche sa niche ou un coin quelconque, et se cache, en outre, le museau sous le ventre.

Tous les oiseaux, qui vivent sans cesse dans l'air et succombent si aisément à l'axphyxie (ainsi que le démontre l'expérience de laboratoire de l'oiseau sous la cloche), que font-ils au moment du sommeil? Ils se retirent sous un abri, et, tous, évitant avec soin de respirer de l'air, se cachent la tête sous le fin duvet de leurs ailes.

On pourrait multiplier les exemples à l'infini et citer encore la marmotte et les autres animaux hibernants, s'enfermant, avant leur long sommeil, loin de l'atteinte dangereuse de l'air.

Et l'homme, que fait-il quand il est livré à son propre instinct? Les grands rideaux de lit d'autrefois sont une première réponse. Mais voyons l'enfant, l'écolier qui couche dans un grand dortoir généralement bien aéré ; s'il éprouve quelque difficulté à s'endormir, vite il enfonce sa tête sous la couverture, à peu près comme fait l'oiseau, ou rabat son bonnet de nuit jusque sur le menton.

Enfin, car il faut abréger, le soldat en campagne, couchant à la belle étoile, avec beaucoup de mètres cubes d'air à sa disposition, est obligé, s'il veut bien dormir, de se couvrir la tête.

Ces faits ne suffisent-ils pas pour faire réfléchir? Les plantes exhalent, le jour, l'oxygène qu'elles absorbent pendant la nuit. L'analogie ne nous conduirait-elle pas à reconnaître que les animaux doivent respirer pendant le sommeil un peu de ce gaz qu'ils exhalent à l'état de veille ?

La *Gazette des hôpitaux* dit au sujet de cette communication :

« La quantité d'air nécessaire à la respiration n'est pas la même pendant le sommeil que pendant la veille. C'est un fait admis par tous les physiologistes, et que démontrent des expériences concluantes. Si c'est là ce qu'a voulu établir M. Delbruck dans la note que M. Dumas a présentée en son nom à l'Académie, nous ne voyons pas trop ce que sa communication nous apprend de nouveau. Si M. Delbruck a voulu aller plus loin, et prouver, par les exemples qu'il a cités, que c'est à la condition de diminuer le libre accès de l'air dans les poumons que s'établit plus sûrement le sommeil, il lui eût fallu des preuves plus décisives. »

M. A. Sanson, dans un grand article qu'il consacre, dans *la Presse* à la note de M. Delbruck, dit, de son côté :

« Aucun physiologiste n'a jamais prétendu que la quantité d'air respirable nécessaire au maintien de la vie fût aussi grande durant le sommeil que pendant l'état de veille. Cette quantité est en rapport avec l'activité de la respiration. Or, l'activité de celle-ci est elle-même correspondante à celle des autres fonctions, et tout le monde sait que le sommeil est précisément le repos des fonctions de relation. Tout animal qui dort consomme donc, et altère par conséquent, dans un temps donné, une somme d'air moindre que celle qui lui est nécessaire lorsqu'il est éveillé. C'est pour cela qu'il recherche instinctivement, pour dormir, non pas les lieux privés d'air, mais bien ceux où il est moins exposé aux causes de refroidissement, car la combustion respiratoire étant la source de la chaleur animale, en l'absence de laquelle, à un degré que des expériences physiologiques ont permis de déterminer exactement, la vie ne peut plus être entretenue, l'inaction du sommeil, en ralentissant la respiration, ne suffirait plus à contrebalancer ce refroidissement occasionné par les influences extérieures. De même chez les animaux hybernants dont il a été parlé, et qui dorment durant des mois entiers, les provisions de combustible que ces animaux ont dû faire en s'engraissant avant l'époque de leur sommeil seraient bientôt épuisées, s'ils ne se mettaient à l'abri de ces influences extérieures capables de les refroidir. Très-gras quand ils s'endorment dans leur retraite, ils sont très-maigres au réveil. Ils ont ainsi passé la saison froide dans un repos absolu, brûlant leur graisse seulement pour l'entretien de la chaleur animale indispensable à l'existence purement végétative dans l'état de sommeil.

« Telle est la raison physiologique des faits invoqués par M. Delbruck, la raison scientifique appuyée sur les seules bases qui puissent valoir en semblable matière, c'est-à-dire sur des démonstrations expérimentales. »

— M. Dietmenbacker fait connaître les résultats qu'il a obtenus en ajoutant à du soufre chauffé à 180° environ 1/400 d'iode. Le mélange, coulé sur une plaque de verre ou de porcelaine, forme une couche qui se détache aisément et conserve pendant plusieurs heures et même plusieurs jours une élasticité remarquable. Le mélange, ainsi obtenu, présente un éclat métallique ; il a été trouvé très-propre à prendre des empreintes, rendant jusqu'aux plus fins détails.

— M. Lemoine fait déposer au bureau et devant chaque académicien une petite brochure intitulée : *Du Siége de l'âme, réfutation de l'opinion de M. Flourens.* M. Lemoine affirme qu'il n'est pas plus rationnel de vouloir trouver notre âme, c'est-à-dire le principe animateur primordial de notre existence, dans notre encéphale que dans notre système nerveux, ou nutritif ou reproductif, puisque chacun d'eux n'est qu'un appareil de la manifestation, mais ne saurait en être le siége principal.

M. Lemoine ne veut pas non plus que l'âme et l'intelligence ne fassent qu'une seule et même chose, ni que les deux lobes cérébraux soient l'organe intellectuel lui-même. Ce sont-là, dit l'abbé Moigno, dans le *Cosmos* du 19 décembre, des questions de métaphysique ou d'ontologie spéciales que nous n'avons pas à discuter ici. L'expression *siége de l'âme*, tout le monde en convient, ne peut pas signifier le lieu habité par l'âme, la guérite de l'âme, puisque pour les êtres simples, il n'est ni lieu, ni guérite.

———

QUESTION DU ROUGE D'ANILINE.

Lettre de M. Camille Kœchlin.

———

Mulhouse, le 14 décembre 1862.

Monsieur le Docteur Quesneville,

L'échantillon que vous avez annexé au plan de la notice de la Société industrielle de Mulhouse (voir *Moniteur scientifique*, livr. 144), représente la matière colorante (1) que donne la

(1) Cette matière colorante a été simplement déposée sur tissu mélangée au mucilage nécessaire pour le maintien des formes. Elle n'a pas subi l'opération de fixage à la vapeur qui aurait augmenté son éclat. De cette manière, il sera loisible à chaque chimiste de la retirer par simple immersion à l'eau.

réaction du chlorure de carbone sur l'aniline conformément aux indications du mémoire
publié par Hofmann, et breveté quelque temps après par MM. Renard frères.

C'est là le rouge d'aniline proprement dit, et, disons-le de suite, celui *de la contrefaçon*
pour tous aux yeux de la science;

C'est là la soi-disante découverte de Verguin;

C'est là le rouge des Renard ou fuchsine;

C'est là cet accident de laboratoire selon M. Etienne Blanc;

C'est là ce composé dont il se forme *des traces* lorsqu'on prépare *le mémorable acide fuch-
sique* (*Comptes-rendus de l'Académie des sciences*);

C'est là enfin la lueur séditieuse qui ne s'est pas encore frayé de passage dans son procès,
et qu'il serait temps d'exhiber à titre de confrontation.

Cette pièce de conviction ne laisse plus subsister que l'alternative d'une imposture de la
part de l'*unanimité* des chimistes et des industriels, ou d'une édification insuffisante de la
justice sur le point capital, les antériorités.

Rappelons à ce sujet comment les renseignements furent fournis, et si de la manière
dont l'expertise fut entonnée n'a pas pu tenir en grande partie le péché originel des rivaux.

Les premiers experts avaient, ainsi qu'on le sait, conclu, à l'absence de toute antériorité.
Interpellés sur ce motif par des amis des premières victimes de leur déposition, leur explication fut : Nos ouvrages qui traitaient du document de Hofmann se trouvaient chez notre
relieur au moment où nous formulions.

La deuxième expertise, répara ce besoin de reliure si fatal, en taxant ingénûment la préparation Hofmann d'impraticable pour cause de danger, de rareté de réussite, etc.... L'incident Hofmann n'était plus dès lors que fausse alerte, on pouvait passer outre. Ce n'était pas
assez, il fallait l'extirper à tout jamais, l'inhumer! Suivons donc un peu plus loin, un peu
plus bas, et nous allons nous trouver en face d'une espèce de machine infernale, Là, l'expérience rate; on en accuse Hofmann, et, de par les yeux de messieurs les experts, on décrète
formellement que lui, ce *maladroit* de Hofmann, n'a jamais pu qu'*entrevoir* cette couleur.

Ainsi, la désignation de *matière colorante d'un cramoisi magnifique*, employée et répétée par
Hofmann pour le produit nouveau qu'il signale à l'attention publique, ne pouvait, d'après
l'expertise, indiquer suffisamment à tout imprimeur, teinturier ou fabricant de matières
colorantes la possibilité d'une application; il eut fallu déménager du verre à expérience sur
tissu, ou pouvoir lire encore ces mots : trempez un écheveau dans ma dissolution. Qu'en
dites-vous teinturiers lyonnais? Cette recommandation, est-ce un songe qui vous l'aurait révélée?

Continuons; voici la dernière phrase :

« Nous concluons donc que la contrefaçon existe, et qu'elle doit être imputée tant à
« M. Gerber-Keller qu'à MM. Depouilly; toutefois, nous ajouterons qu'à l'époque où les dif-
« férents procédés ont été mis au jour, les difficultés que le sujet comporte étaient trop
« nombreuses pour que de pareilles erreurs ne puissent se reproduire en toute sécurité. »

Le tribunal ne tint aucun compte de cette finale miséricordieuse. Elle n'était en effet compatible ni avec le langage *atténuatif* dont elle exsudait, et moins encore avec celui de la
science; car, depuis l'époque où les différents procédés ont été mis au jour, à moins de faire
allusion au parti de la pluralité des rouges, quelles sont les difficultés évincées du côté de la
trouvaille Renard frères ou pour refaire l'échantillon de votre dernier *Moniteur?*

Et maintenant que la part décisive de la science, dont le sort était remis entre de nouvelles mains, en est ressortie dans l'état où elle leur avait été léguée; que rien n'a été racheté
au domaine public, qu'aucune séparation n'a même été reconnue entre l'application et l'invention ou libre préparation; maintenant, un seul, en France, peut se gorger des *services*
qu'il rend à l'industrie; services qui, en valeur colorante, se traduisent par le trafic de
l'unité échangée contre la dizaine, tandis que ses confrères subissent une ruine qui ne s'ar-

rête pas même au dépouillement de leur mobilier. Messieurs les experts verront-ils avec indifférence ces inégalités d'exploitation causées par le débit et le délit d'un breuvage puisé à la même source? Devant le démenti expérimental qu'ils reçoivent d'une autorité privée de droits, il est vrai, mais non de la force de protéger l'industrie nationale, conserveront-ils un mutisme absolument contraire au sentiment de l'équité qui doit dominer l'amour-propre? Nous ne l'espérons pas, et en ce moment particulièrement où les esprits accueillent avec avidité une réhabilitation si touchante, nous nous attendons de leur part à ce qu'ils insistent les premiers, pour provoquer une dernière expertise ou une réparation eclatante. D'ailleurs, les condamnés pouvaient-ils ne pas se croire amplement abrités sous la première question résolue à l'avance par la science et posée par les tribunaux mêmes : *Y a-t-il des antériorités?* La loi répond pour eux :

« Ne sera pas réputée nouvelle toute découverte , invention ou application qui, en France
« ou à l'étranger, et antérieurement à la date de la demande, aura reçu une publicité suf-
« fisante pour pouvoir être exécutée. »

Est-ce donc l'art. 2 qui annihilerait leurs droits :

« Seront considérées comme inventions ou découvertes nouvelles : l'invention de nouveaux
« produits industriels; l'invention de nouveaux moyens ou l'application nouvelle de moyens
« connus, pour l'obtention d'un résultat ou d'un produit industriel. »

La loi exige qu'il y ait *invention* ou *découverte.* Cette condition prime si bien toutes les autres, qu'elle est renforcée par cette terminaison superflue : *nouvelles.*

Y a-t-il invention ici? Y a-t-il plagiat pur et simple ?

Tant que le mot découverte ou invention signifiera constatation, avénement d'un fait inconnu, il suffira de savoir lire pour dénicher le gîte du brevet Renard frères. L'idée de remplacer un chlorure par un autre chlorure constitue-t-elle une découverte? Dote-t-elle la science d'un corps ou d'un produit nouveau? Alors quel est-il ce corps? Où trouver l'inconnu? Une découverte scientifique peut-elle être refaite à neuf pour l'industrie comme à titre d'importation auprès d'une gent où le secret des sciences ne pénètre pas?

Il n'y a même pas différence dans les agents producteurs, car Renard frères se sont adjugé le chlorure de carbone qui, dans leur brevet, figure aux même rang et titre que la liqueur de Libavius, cela identifie si bien les procédés, que le public est sensé ignorer, lequel donnait primitivement la fuchsine.

Que restait-il à inventer après avoir entendu la lecture du mémoire de Hofmann? *Le plus conrt chemin de l'Institut au premier bureau des brevets; c'était tout, et le tour était inventé pour l'industrie!* Les choses sont si bien ainsi , que Hofmann, lui-même, se trouverait en France en contravention!

Continuons la révision de notre position devant les autres paragraphes de cet article; incorporons-nous avec cette loi qui aimerait nous tenir hors d'elle.

L'invention de nouveaux produits industriels. — Comment la nouveauté existerait-elle si le produit existait? Imposera-t-on un produit comme industriel, à la condition d'en montrer une portion plus considérable que celle qu'aurait montrée un prédécesseur ou d'en avoir fait de l'argent? Alors où est la délimitation? Quand la chimie appartient-elle à la loi? De quelle régie ressort-elle? Quand fait-on de la science? Quand passe-t-on pour faire de l'industrie? Quand est-on en fabrique, quand est-on en laboratoire? Quelles sont les démarcations de la justice pour les dimensions d'appareils? Prohibera-t-elle la multiplicité d'appareils de petites dimensions qui, en bien des cas, permettent seuls de gouverner les réactions? De ce qu'il plaise à tel ou tel de s'approprier un produit quelconque pour la teinture ou pour tout autre usage spécial, cela entraîne-t-il l'interdiction de la vente ou de la préparation de ce produit dans toute l'étendue de l'empire?

La préparation à l'étain n'est pas plus industrielle que la préparation au carbone; l'une et l'autre, d'ailleurs, sont aujourd'hui abandonnées pour des méthodes plus avantageuses découvertes par les confrères des Renard. Ces derniers, contrairement à ce que prétendent messieurs les experts, n'ont jamais isolé le principe colorant. Leur produit tinctorial, la fuchsine, était un produit aussi brut que celui qui sortait de l'appareil Hofmann; ni plus ni moins industriel; ni plus ni moins scientifique. Il importe d'insister sur ce fait, d'autant plus que cette fausse expression d'*isolée* avec celle d'*entrevue* pour ce qui concerne Hofmann, compose la ritournelle fondamentale des défenseurs.

L'invention de nouveaux moyens. — Les révélations de la science, les faits irrécusables en un mot, ont donc fourni la preuve que les procédés Renard frères n'ont pu consister que dans la copie textuelle de ceux de Hofmann. L'industrie de ces messieurs en tint bientôt lieu de contre-épreuve; car, tandis que leurs confrères progressaient, Renard frères, au contraire, ont dû se voir comme atteints de stérilité et dans la position de ces gens qui se sont approprié un instrument dont ils ne savent pas jouer. N'ayant lu, en effet, que chlorures, que chlorures anhydres, que températures de 200 degrés, ils s'étaient crus suffisamment munis en ne dérobant que ces conditions au monde industriel pour dicter leurs droits d'épaves. Ils l'étaient!... et furent si valeureusement soutenus, que, seuls, ils restèrent sur le champ de bataille.

Ce n'est, toutefois, qu'après avoir été sommés par la contrefaçon même; qu'après s'être renseignés par des flaireurs que rien du secret n'avait transpiré, et qu'après avoir attiré la cause loin de tout terrain industriel, que Renard frères attaquèrent. Le domaine public, trop confiant, se défendit faiblement, prétentieusement peut-être. Déserté par six princes, mais possesseur de la science et du secret académique qui commençait à s'ébruiter, il ne devait fonder ses droits que sur cet extrait d'origine qui laissait à chacun sa légitime méthode de préparation, et reconnaître en revanche les droits d'application bel et bon séquestrés. Mais autant de prétendants autant d'êtres chimiquement différents qui venaient avec l'exigence de jouir des droits d'application. Quoique quelques-uns de ces droits pussent être fondés sur des particularités de nuances ou sur des propriétés tinctoriales qui manquaient complétement à la fuchsine, tel, par exemple, que dans les cas de coloration de la laine; la cause dérailla ainsi de sa voie simple et industrielle et fut jetée dans celle de la haute science. Au lieu de faits, on montrait alors à la justice des atomes; à ses informations on répondait hydrogène, carbone, ou par le jargon des formules. Renard frères eux-mêmes s'y étaient fourvoyés en adoptant pour drapeau un symbole qui ne représentait rien moins que leur marchandise. Dans cette mêlée, notre tour de Babel croula, et ses moellons, ceux des fondations exceptés, s'érigèrent en arc triomphal de la défense. *Obtention d'un résultat* put être interprété dès lors par envahissement de toute une classe de corps existants, et non pas par restriction à l'étendue de la spécification de ces moyens ou procédés. Cette générosité permit à Renard frères d'entamer les procédés inventés et perdus par leurs confrères. Ils fabriquent à présent parfaitement; témoin leur palme de l'exposition de Londres.

Ou l'application nouvelle de moyens connus. — Nous en étions à l'époque où tous les regards se tournaient vers la première application d'un alcaloïde, le violet Perkin; et où l'industrie, dans la contemplation et dans l'appréciation des facilités tinctoriales inhérentes à cette ère de procédés, pouvait croire que, pour avoir tant donné déjà, l'aniline avait tout donné; quand, à ce moment de progrès gigantesques, Hofmann publia la préparation de la deuxième couleur qui jusque-là n'avait été qu'entrevue dans des réactions non arrêtées. Par sa position opposée au violet dans le spectre solaire, cette couleur décelait non - seulement les intermédiaires qui allaient la suivre et la relier à toutes les richesses de l'arc-en-ciel, mais elle sanctionnait encore, pour la science et pour ses applications, une communauté de propriétés colorantes de plus entre l'alcaloïde artificiel et les alcaloïdes naturels. Les efforts que Renard frères durent déployer pour tarir la source qui venait de jaillir publiquement, qu'ils soient ou non entachés d'illégalité, n'en ont pas moins abouti à l'application de la nuance la plus merveilleuse de notre époque. Ce mérite, qui n'est cependant à confondre ni à mesurer avec celui de la splendeur de cette couleur, dont auteur et réalisateurs sont innocents l'un comme l'autre; ce mérite, l'industrie n'a jamais eu la pensée d'en contester l'idée à MM. Renard frères ou à Verguin, pas plus qu'elle n'a songé à contester leur brevet de préparation, quoique imité de celui de Hofmann. Honneur, au contraire, à cette application, mais que l'histoire ne dise jamais qu'en France une application industrielle, résultat d'une supercherie scientifique, soit maintenue en monopole. Le privilége plus que somptueux de pouvoir rançonner pendant quinze années tout consommateur de cette couleur, n'est-elle pas une rémunération suffisante pour les tribulations de Renard frères et pour la portée qu'elle peut exercer sur la rivalité étrangère. MM. Renard frères ont, ainsi que nous l'avons dit, mieux que cela; nos tribunaux leur accordent non-seulement le droit d'application, mais leur reconnaissent les droits d'auteur; seuls les Renard frères prépareront dorénavant les sels de rosaniline et les dérivés qui peuvent s'en suivre.

Comme complément du mérite que nous venons de reconnaître, la loi qui a dit *moyens*, doit nous permettre un léger escompte. Les moyens pour la teinture sur soie ou sur laine ont-ils dû être cherchés? L'eau et le feu constituent-il des moyens? Pour coton, les moyens vulgaires existant furent les seuls aussi à pouvoir pratiquer. Ils ne réclamaient pas plus de malice que ceux de la teinture; mais Renard frères les ignoraient, *ils l'ont signé*. Breveter des moyens que l'on ne connaît pas, est-ce bien l'esprit de la loi!

Faut-il nous en prendre pour ces résultats adverses à notre législation sur les brevets; attendre qu'elle soit réduite à sa plus grande simplicité et moralité : celle de n'admettre aux brevets, en matière chimique, que les auteurs mêmes des découvertes; ou faut-il nous en prendre à ce préjugé que ce n'est qu'à la condition d'être désintéressé qu'on est admis à ne dire rien que la vérité, toute la vérité. Dès qu'il s'agit d'un choix parmi des citoyens hono_ rables, pourquoi en exclure ceux qui passent pour experts en profession et non pour experts de profession? Qui, plus que les industriels, se garerait contre les récriminations des leurs? Qui, mieux qu'eux, statuerait sur le mérite réel qu'a réclamé telle ou telle réalisation, la mesure de ses difficultés, l'appréciation de sa valeur, sa distinction enfin et surtout d'avec ces applications de priorité dépourvues de génie autre que celui de ces copistes qui sillonnent comme des pirates entre l'industrie qui demande et la science qui possède déjà.

Quoi qu'il en soit, MM. Renard frères ont jusqu'à présent obtenu constamment gain de cause.

S'il ne s'agissait que de doubler la cure à leur source pour obtenir de sa vertu celle de pouvoir jouer aussi à qui perd gagne, nous nous y résignerions.

Fiers de la quantité autant que de la qualité de leurs succès, le sont-ils autant sur leur continuité? La terreur que toute vérité n'aurait pas encore été dévoilée n'expliquerait-elle pas certains stratagèmes qui déclinent d'autres compétences?

L'erreur n'a que l'ombre pour refuge; éclairons donc partout; plus la lumière frappera haut, plus dru elle réflétera, dût l'industrie consternée, stupéfaite, être trompée dans son attente, et déchue de l'égalité devant la loi pour s'être posée en égale devant la science.

Votre journal nous est d'un puissant appui en cette circonstance, mais je déplore que vous n'ayez qu'à montrer toujours le même combattant, et qu'une question de cette nature ne soit pas traitée par des hommes qui ont une plus grande habitude d'écrire que de travailler. L'histoire du rouge d'aniline est telle, qu'il est difficile en l'écrivant de conserver plus de calme et de dignité que si on discutait celle de Rome ou de Varsovie. Si ces défauts attirent des réfutations, elles n'augmenteront que l'authenticité des faits, fussent-elles sous la forme de personnalités blessantes. Je compte sur le maintien de la liberté que l'industrie trouve dans votre *Moniteur*, je vous en témoigne toute ma reconnaissance et vous prie, Monsieur, d'agréer mes salutations affectueuses.

Camille KOECHLIN.

L'EXPOSITION UNIVERSELLE DE LONDRES EN 1862.
CONSIDÉRATIONS GÉNÉRALES.
Par E. Kopp.

Une exposition universelle des produits de l'industrie est un fait de la plus haute importance, non-seulement pour les peuples qui, au point de vue commercial et manufacturier, occupent déjà un rang éminent, mais encore pour les nations qui, plus arriérées sous ce rapport, ont encore à faire bien des efforts, à vaincre bien des obstacles pour développer chez eux le commerce et l'industrie, ces sources inépuisables de richesse et de puissance.

Pour les premiers, c'est une occasion solennelle de constater les progrès accomplis, les perfectionnements réalisés ; de montrer quelle est leur force de production et de quelles ressources ils disposent ; c'est un moyen de reconnaître dans quelles branches ils possèdent une supériorité incontestable et de quel côté ils doivent diriger leur attention pour effacer une infériorité et égaler ou même surpasser leurs rivaux : pour les secondes, c'est un moyen précieux d'enseignement et d'études qui leur est offert, pour apprendre à utiliser le plus fructueusement possible les richesses naturelles qu'elles possèdent et bien connaître le but vers lequel elles doivent reporter toutes les forces dont elles peuvent disposer.

Une exposition universelle, pour mériter véritablement ce nom, doit réaliser plusieurs conditions : toutes les branches d'industries des différents peuples de notre globe doivent y être convenablement représentées avec tous les perfectionnements et progrès accomplis ; toutes les matières premières, dans leur immense variété, devront y être exposées ; les produits naturels, tels qu'ils sont fournis directement par les règnes minéral, végétal et animal, tout aussi bien que ces produits déjà élaborés jusqu'à un certain point et transformés en matières premières commerciales et industrielles ; enfin, autant que possible, il faut pouvoir y rencontrer la représentation des procédés et de l'outillage au moyen desquels ces matières premières sont converties en produits manufacturés les plus divers.

Il faut reconnaître que ces diverses conditions ont été, à peu d'exceptions près, largement remplies par l'Exposition universelle de Londres en 1862.

Le nombre des matières premières était immense. Jamais on n'avait vu réunie dans un même local une collection aussi riche et aussi précieuse de produits naturels envoyés de toutes les parties du globe. L'Angleterre et ses colonies s'étaient surtout distinguées sous ce rapport. Il y avait là des spécimens de tous les combustibles pouvant servir au chauffage ou à l'éclairage, de toutes les espèces de bois, de tous les minéraux, depuis le minerai de fer le plus commun jusqu'aux pepites d'or d'une très-grande valeur, depuis les pierres à bâtir jusqu'aux pierres précieuses les plus rares et les plus distinguées par leur éclat et leur grosseur extraordinaire, une infinité de fruits, de racines, de drogues, de matières textiles, tinctoriales, alimentaires, etc. : à côté de ces matières premières se rencontraient des produits déjà plus ou moins élaborés, plus ou moins appropriés aux besoins de la consommation et représentant les phases diverses à travers lesquelles passe la matière brute pour se convertir en objets dignes de la civilisation la plus raffinée.

Une infinité d'appareils et de machines soit au repos, soit en mouvement, permettaient de comprendre par quels procédés, par quelles suites de transformations s'accomplissaient et devenaient possibles la création et la production en masse de toutes ces merveilles, qui s'étalaient dans ce palais de l'industrie.

En comparant les expositions des divers pays, il devenait possible de se faire une idée assez exacte de l'état de leurs industries et de constater, dans les différentes spécialités, quelle était la nation la plus avancée, soit sous le rapport de la perfection du travail, soit sous celui de la modicité des prix de production.

Cette comparaison est un des moyens les plus puissants de perfectionnement et de progrès.

Elle apprend à connaître les améliorations dont une industrie est encore susceptible ; elle éveille l'idée d'appliquer à une fabrication ce qu'on a observé de bon et d'utile dans une fabrication semblable ou même dans une industrie différente ; souvent l'outillage employé dans telle industrie peut être appliqué avantageusement à la production d'objets d'une toute autre nature ; enfin, l'étude soit des matières premières, soit des produits secondaires, soit même des produits d'une fabrication très-parfaite, peut suggérer des applications nouvelles ou des modes d'utilisation différents de ceux pratiqués jusqu'alors.

On ne peut se dissimuler que l'étude serait beaucoup facilitée si au lieu de classer les produits exposés par pays, on les classait par industries, c'est-à-dire si l'on réunissait en un même point les produits de même nature à quelque nation qu'ils appartinssent. La comparaison deviendrait infiniment plus aisée, plus exacte, et se ferait avec une grande économie de temps.

Mais on ne peut se dissimuler qu'un pareil classement offrirait bien des difficultés, exigerait un personnel de surveillants et de commissaires bien plus nombreux et rendrait presque impossible la tâche des bureaux de renseignements. En outre l'appréciation du rang occupé par un pays dans la hiérarchie industrielle par l'ensemble de sa production ne pourrait plus se faire que d'une manière extrêmement incertaine.

Quel que soit d'ailleurs le mode de classement adopté, il ne peut plus y avoir de doute, d'après le résultat des expositions de 1851, 1855 et 1862, que les expositions universelles ne sont possibles que dans de très-grandes villes, dans les capitales des peuples les plus avancés en industrie et en commerce. Il n'y a que Londres et Paris qui puissent réunir les conditions nécessaires pour la réussite de pareilles solennités. Elles seules sont assez grandes, assez peuplées et assez riches pour permettre l'érection de constructions aussi vastes et aussi dispendieuses que celles qui sont nécessaires à un palais de l'industrie ; elles seules possèdent des ressources suffisantes pour fournir le nombre de visiteurs désirable et nécessaire et présentent assez d'attraits et dee voies de communication assez nombreuses et assez importantes pour attirer la foule des étrangers, que l'exposition seule, sans la perspective des agréments ou des avantages d'un séjour dans des villes comme Paris et Londres, déterminerait difficile ment à entreprendre un long voyage.

Nous croyons même que sous ce dernier rapport Paris présente des conditions plus favorables que Londres, quoique cette dernière ville soit de beaucoup la plus peuplée et la plus riche.

Mais, si les expositions universelles doivent rester véritablement universelles et si on ne veut pas les voir dégénérer et s'amoindrir, nous pensons qu'il ne faudrait pas trop en rapprocher les époques et, d'après une opinion que nous avons souvent entendu exprimer par des exposants, l'intervalle de cinq années d'une exposition à l'autre est trop court et devrait être au moins étendu à dix années.

On peut alléguer de très-bonnes et sérieuses raisons en faveur de cette manière de voir.

Il n'est d'abord pas présumable que, dans toutes les branches d'industrie, on puisse constater dans le laps de temps relativement bien court de cinq années, des découvertes tellement importantes qu'elles modifient profondément les procédés de fabrication et les genres d'application et en rendent une nouvelle étude non-seulement utile, mais nécessaire. Cela pourra bien se présenter pour telle ou telle industrie particulière, comme cela s'est observé de 1855 à 1862 pour la fabrication de l'acier, celle des produits chimiques, pour la teinture et l'impression des tissus, etc. ; mais généralement, quoiqu'il y ait toujours progrès, ce progrès n'aura pas été très-saillant et de nature à faire époque.

Une seconde raison qui n'est pas sans valeur, ce sont les frais très-considérables que l'exposition occasionne aux exposants. Le manufacturier doit naturellement éprouver le désir de représenter dignement sa branche d'industrie : si sa fabrication est importante, si son exposition est nombreuse et variée, s'il est obligé de l'envoyer de loin, de l'emballer avec soin, d'en faire soigner le montage, le réemballage après la clôture, etc., tout cela lui occasionne de fortes dépenses. Or, il n'est nullement probable qu'il soit disposé à renouveler tous les cinq ans ces sacrifices qui s'élèvent facilement, pas seulement à des centaines, mais à des milliers de francs. Il s'abstiendra donc, et ces abstentions devenant de plus en plus nombreuses, l'exposition cessera d'être universelle et son but sera manqué. Déjà à Londres, en 1862, on a pu remarquer l'absence d'un grand nombre d'industriels des plus distingués (par exemple, les fabricants d'acier et d'outils de Sheffield, les principaux imprimeurs sur tissus du Lancashire. plusieurs des meilleurs fabricants d'acier et d'outils de France, etc.), qui avaient cependant exposé en 1851 et 1855.

En l'absence du fabricant proprement dit, l'exposition serait envahie par les intermédiaires entre le producteur et le consommateur, c'est-à-dire par les commerçants, par les propriétaires des grands magasins, qui profiteraient de la circonstance pour faire étalage de leurs marchandises, qui utiliseraient l'exposition comme un excellent moyen de réclame et qui finiraient par la convertir en un immense bazar.

M. le professseur Bolley, qui a publié dans la Nouvelle Gazette de Zurich (*Neue Zürcher Zeitung*) en juillet et août 1862, des feuilletons extrêmement remarquables et du plus haut intérêt, relatant ses impressions et observations à l'Exposition, raconte que beaucoup de négociants en gros et en détail de Londres y avaient déjà exposé des produits : le jury les avait examinés et même récompensés de médailles, sans se douter que plusieurs de ceux qui avaient été ainsi honorés n'étaient nullement fabricants ou producteurs et ne pouvaient avoir aucun mérite dans cette affaire.

Dix expositions universelles par siècle nous paraissent donc plus que suffisantes ; dans l'intervalle on ferait bien de favoriser les expositions régionales et locales, comme, par exemple, celles de Besançon, de Metz et d'autres villes ; ces expositions ne sont pas moins instructives et elles ont le grand avantage de stimuler l'activité des provinces, d'y faire renaître le mouvement et la vie, d'y exciter l'émulation, d'y favoriser le développement intellectuel et d'enrayer par là même jusqu'à un certain point cette tendance funeste à l'absorption par la capitale de toutes les forces vitales du pays entier. Les rapports sur ces expositions locales mettraient en relief le savoir et le talent de plus d'un rapporteur et le signaleraient à l'attention du gouvernement comme un homme capable de rendre d'excellents services en qualité de membre du jury d'une exposition universelle.

Les résultats utiles d'une exposition dépendent beaucoup, non-seulement du choix judicieux du personnel dirigeant, mais encore de la composition du jury.

M. Bolley, président de la vingt-troisième classe, s'est exprimé à cet égard de la manière suivante :

En 1851, tous les objets exposés étaient répartis en trente classes ; en 1862, il y en avait trente-six, non compris les objets d'art. Pour chaque classe il y avait une commission d'examen et d'appréciation ; les classes très-importantes étaient sous-divisées en sections et chaque section avait sa commission d'examen spéciale. Dans toutes les classes et sections l'Angleterre s'était réservée autant que possible la moitié des voix, dont il y en avait de huit à dix-huit, suivant l'étendue de la classe ou de la section.

Chaque nation étrangère pouvait désigner un membre du jury pour toute classe dans laquelle elle avait des exposants. Cependant la plupart des pays n'avaient désigné de jurés que pour les classes où, par suite du nombre des exposants, ils étaient particulièrement intéressés.

C'est ainsi que la Suisse n'avait désigné que neuf jurés pour neuf classes différentes.

La France avait un juré dans chaque classe ou section. De même que pour tant d'autres objets, le gouvernement impérial avait apporté le plus grand soin à la nomination de ses jurés. Non-seulement il tenait à être représenté dans chaque classe, mais en désignant des noms célèbres, soit dans la science, soit dans l'industrie, il donnait à son jury une signification très-sérieuse et une grande autorité.

Certainement cette tactique a produit d'excellents résultats. Comme preuve nous citerons quelques-uns des noms de jurés français, qui dans ce moment sont présents à notre mémoire; ils suffiront pour montrer que les nominations avaient été faites avec un grand discernement, et qu'on y avait mis une espèce de point d'honneur national de briller à l'Exposition avec tout l'éclat de la science. de l'autorité et de la célébrité du jury français.

Il y avait à Londres, par exemple : MM. Combes, Balard, Wurtz, Payen, Barral, Morin, Michel Chevalier, Hervé-Mangon, Delesse, Daubrée, Perdonnet, Mathieu, Laugier, Dolfuss, Alcan, Arlès-Dufour, Persoz, Sainte-Claire-Deville, Goldenberg, Peligot, Pelouze, Regnault, Boussingault, etc.

Dans chaque jury des trente-six classes, la commission royale anglaise avait désigné l'un des jurés comme président « *chairman* » de la classe. Dix-huit présidents étaient Anglais, les autres des étrangers. Les trente-six présidents formaient une espèce de cour d'appel « conseil des présidents » à laquelle toutes les propositions des jurys pour médailles, etc., devaient être soumises.

On y examinait si l'on avait opéré d'après les règlements, et confirmait ou rejetait les propositions.

Le président de ce conseil était lord Taunton, le vice président M. M. Chevalier.

L'aristocratie anglaise y était surtout représentée par le duc de Sutherland, le marquis de Salisbury, lord Bessborough, lord Stanhope, lord Wharncliff, lord Stratford de Redcliffe. On n'y comptait comme représentants de la science que sir Rod. Murchison et prof. Syme et comme représentant de l'industrie W. Fairbairn. Les autres membres du conseil étaient des généraux et amiraux, des membres du parlement, mais peu d'industriels.

Le jury entra en fonctions dès le début de l'Exposition ; toutes les commissions d'examen devaient avoir terminé leur travail le 18 juin ; plusieurs avaient même devancé cette époque, tandis que d'autres n'avaient pu terminer, ayant été arrêtées par l'état encore incomplet de l'Exposition dans les premières semaines après l'ouverture.

Le conseil des présidents n'eut à rejeter que très-peu de propositions du jury.

Il faut signaler l'entente cordiale, l'esprit de bienveillance réciproque avec lesquels les travaux du jury furent accomplis par les représentants des diverses nations.

Comme aux expositions précédentes, l'examen et l'appréciation des objets exposés, à cause de leur nombre extraordinaire et de la difficulté de se procurer tous les renseignements désirables et suffisamment exacts, n'ont pu souvent se faire que d'une manière approximative et rarement on était complétement sûr de son affaire. Dans la discussion des récompenses, il faut bien l'avouer, la raison déterminante était presque toujours — des concessions réciproques. Par ces raisons et par d'autres qu'il motive avec force, M. Bolley pense que le système des récompenses aux expositions universelles est jugé — et condamné.

C'est par suite de sa conviction, que plus on donne du relief au système des récompenses, en les graduant, plus on excite de mécontentement et plus on s'expose à commettre des injustices, que la commission royale anglaise avait cherché à simplifier la chose en décidant qu'on n'accorderait qu'une seule espèce de médailles (des motifs d'économie n'étaient peut-être pas étrangers à cette détermination).

En 1851 il y avait deux espèces, en 1855 même trois espèces de médailles, outre la mention honorable.

En 1851 on comptait deux médailles sur neuf exposants ; en 1855, deux médailles sur cinq exposants. En 1862 on avait décidé, dans le conseil des présidents, de prendre la moyenne, c'est-à-dire deux médailles sur neuf exposants.

Ce rapport n'a pas été atteint dans quelques classes ; dans d'autres il a été dépassé.

Ces considérations de M. Bolley démontrent bien, sous un autre point de vue, combien la commission impériale a été bien inspirée et a agi judicieusement en choisissant de préférence les jurés français parmi les hommes de science et les industriels possédant une haute instruction scientifique. L'homme de science se met assez facilement au courant des applications; il a naturellement une tendance à observer ce qu'il y a de nouveau et d'intéressant dans les produits et dans les procédés de fabrication; il apprécie mieux les efforts des inventeurs et leur rend plus volontiers justice : il peut à la vérité se tromper sur la valeur industrielle et la portée pratique d'une invention ou d'un perfectionnement. Mais en les signalant, en éveillant sur eux l'attention, il n'en rend pas moins un service réel à l'industrie, car ce qui n'est pas réalisable dans telle circonstance peut le devenir dans telle autre, et souvent il suffit d'une légère modification pour faire entrer une découverte dans le champ des applications.

Le praticien pur sang, au contraire, a une tendance à ne vouloir reconnaître et signaler que le succès. Une invention qui n'a pas enrichi son auteur, qui n'est pas réalisée dans de vastes ateliers est naturellement considérée par lui comme non avenue.

Il ne songe pas qu'un inventeur, qui poursuit avec constance et opiniâtreté une idée et qui fait réellement avancer l'industrie, peut rester pauvre et même se ruiner. Il ne considère pas que le mérite d'un Leblanc, d'un Girard, et de tant d'autres inventeurs pauvres est infiniment supérieur à celui d'un industriel adroit, qui n'adopte des procédés que lorsqu'ils ont été consacrés par l'expérience des autres, qui sait profiter habilement de toutes les circonstances commerciales favorables, qui achète ses matières premières bon marché et vend ses produits avantageusement, qui fait des spéculations heureuses, réduit les prix de la main-d'œuvre au minimum possible, sait parfaitement manier la réclame et les annonces et arrive ainsi à manier des millions et à développer sa fabrication dans de vastes proportions.

Le jury français a donc été admirablement choisi en vue de l'appréciation de l'Exposition universelle et de là aussi la haute valeur des rapports dans lesquels sont déposés les résultats de cette appréciation.

Nous nous proposons de soumettre aux lecteurs du *Moniteur scientifique*, non-seulement un extrait de ce qu'il y a de plus instructif et de plus intéressant au point de vue chimique dans les rapports français, mais encore de donner des extraits plus ou moins complets et même des traductions entières des rapports les plus remarquables qui seront successivement publiés en Angleterre, en Allemagne et en Italie.

Dans un prochain numéro nous examinerons la magnifique introduction de M. Michel Chevalier, qui se trouve en tête de la publication des rapports des membres de la section française du jury international de l'Exposition : dans cette œuvre remarquable, la profondeur des pensées, la justesse des considérations, la sagacité des aperçus ne sont égalées que par l'éloquence et la conviction profonde avec lesquelles elles sont exprimées.   E. KOPP.

OBSERVATIONS PRATIQUES SUR LE VERRE SOLUBLE.

Par M. ORDWAY.

(Extrait par E. Kopp.)

Il y a déjà plusieurs années, nous avions publié dans le *Moniteur scientifique* (tome Ier, pages 21, 33 et suivantes, 1857) un résumé assez complet (comprenant une analyse détaillée des travaux de MM. Fuchs, Kuhlmann et d'autres observateurs,) de ce qui était connu jusqu'en 1857, sur la préparation et les applications du verre soluble.

M. J. Ordway vient de faire paraître dans *Sillimann, Americ. Journ.*, second series, vol. XXXII, n° 95, septembre 1861, un travail très-intéressant et rempli d'observations pratiques sur le même sujet.

Nous en extrayons les données les plus importantes de manière à compléter notre premier résumé et à présenter dans son ensemble, l'état actuel de nos connaissances concernant la préparation et les applications du verre soluble.

PRÉPARATION DU VERRE SOLUBLE.

La découverte de la solubilité du quartz et de la pierre à fusil (silex pyromaque) dans une solution d'alcali caustique, bouillante à haute presssion, a été utilisée pour la fabrication de silicates de potasse et de soude (Voyez pierres artificielles de Ransome, *Moniteur scientifique,* tome Ier, page 81).

En substituant au quartz, la silice d'infusoires ou de minerais renfermant de la silice gélatineuse, ou bien encore, comme l'a proposé M. Bergeat, le résidu des fabriques d'alun au moyen de kaolin, ce procédé a été rendu plus facile et plus rationnel. Mais malgré cela il présente trop de dangers et d'inconvénients, pour qu'il ait pu se maintenir, même abstraction faite de la difficulté d'obtenir de cette manière une liqueur suffisamment saturée de silice. Tout silicate de soude, renfermant plus d'alcali que n'en exige la formule $3\,SO^3, 2\,NaO$ est trop apte à attirer l'humidité, et est trop pauvre en silice pour la plupart des usages auxquels est destiné le verre soluble.

La préparation de ce composé par voie sèche est plus facile, plus rapide, plus sûre et surtout plus économique.

Le procédé le plus facile est celui de la fusion de sable quartzeux avec les carbonates de potasse ou de soude : — le procédé le plus économique est celui qui consiste à décomposer le sulfate de soude par du sable quartzeux additionné de carbone.

Préparation au moyen de sable quartzeux et de carbonates alcalins. — Lorsqu'on ne veut préparer qu'une quantité peu considérable de verre soluble on peut fondre les matières premières, comme l'ont fait MM. Fuchs et Pettenkofer, dans de grands creusets ordinaires ou semblables à ceux employés dans la fabrication du verre. On obtient ainsi facilement un produit très-pur. Mais pour la préparation sur une large échelle, il vaut mieux employer des fours à reverbères, quoique le produit soit moins pur. Heureusement les applications industrielles du verre soluble n'exigent pas généralement un produit d'une pureté absolue.

Pour le chauffage de ces fours, la houille grasse et à longue flamme est le meilleur combustible.

Quelques fabricants font un mélange intime de sable quartzeux et de sel de soude bien pulvérisés et l'entassent sur la sole du four, légèrement inclinée, de manière à ne laisser qu'un petit espace vide entre la voute et le tas pour le passage des produits de la combustion. Un autre espace vide est réservé près de la porte du four. Le mélange fond continuellement à la surface et le produit fondu, coulant vers l'espace réservé près de la porte, en est retiré de temps à autre à mesure qu'il s'y accumule. Toute la charge ayant subi la fusion, on en introduit une autre.

Ce procédé n'occasionne pas de grande dépense de combustible, la dégradation du four est très-lente, mais par contre la pulvérisation et le mélange exact des matériaux exigent assez de main-d'œuvre, le produit est plus tôt fritté et aggloméré que fondu et il faut d'excellentes matières premières et des ouvriers très-habiles pour que le verre soluble ainsi obtenu soit homogène et de bonne qualité.

Généralement le silicate ainsi préparé est de composition extrêmement variable, sa couleur varie du blanc, par toutes les nuances du brun, jusqu'au noir et il est rare que deux portions extraites successivement se ressemblent parfaitement.

Dans des échantillons de verre soluble ainsi préparés, et qui devaient être identiques, M. Ordway avait trouvé de 23 à 33 de soude et souvent jusqu'à 10 pour 100 de sable non combiné.

On obtient de meilleurs résultats, en ne projetant dans le four qu'une quantité modérée d'un mélange fait très-grossièrement, de l'y laisser jusqu'à ce que la soude se soit emparée de toute la silice et que le silicate soit bien homogène, et d'extraire tout le produit en une seule fois.

En opérant ainsi, l'ouvrier peut contrôler l'opération, assurer une réaction complète et obtenir un produit régulier et uniforme d'apparence et de qualité.

Plus le four est chaud, plus il est facile de produire un verre soluble peu coloré. Les impuretés du sel de soude, tels que le sel marin et le sulfate sodique sont ou volatilisés ou décomposés et convertis en silicate.

Cependant il y reste ordinairement assez de sulfure de sodium pour communiquer au produit une coloration brune. Cette dernière peut être facilement détruite en projetant une petite quantité d'arséniate de soude dans le four, et brassant bien immédiatement avant d'en retirer la charge. Au lieu d'arséniate on pourrait aussi employer du stannate ou antimoniate sodiques, ou un mélange d'acide arsénieux, de nitrate de soude et de sel de soude. L'auteur n'a jamais observé d'accidents par suite de l'usage de l'arséniate de soude.

Avec un four, dont la sole présente 254 décimètres carrés et le grille 63 décimètres carrés de surface (1 mètre sur 63 centimètres) et brûlant environ 42 kilog. de houille par heure, on peut achever quatre charges par vingt-quatre heures. Chaque charge se compose de 125 kilog. de sel de soude à 80 degrés et 157 kilog. de sable quartzeux. La masse brunâtre bien fondue est décolorée par l'addition de 2 kilog. d'arséniate de soude.

A peine extraite du four, on la fait tomber dans de l'eau froide, constamment renouvelée. Le verre soluble en fusion tombant dans l'eau froide se divise en fragments très-petits et les sels étrangers solubles, tels que le sulfate de soude non décomposé, sont immédiatement enlevés en se dissolvant. On obtient ainsi un verre presque pur et n'ayant qu'une légère teinte verdâtre.

Pour produire un sesquisilicate de soude plus soluble à l'usage des fabriques de toile peinte, les charges consistent en 130 kilog. sel de soude et 125 kilog. sable quartzeux.

M. Fuchs avait conseillé l'addition d'une certaine quantité de poussière de charbon, mais si la chaleur dans le four est suffisamment élevée, cette addition n'est nullement nécessaire.

L'opération de faire tomber le verre soluble, tout rouge sortant du four, dans l'eau froide, ne cause qu'une perte très-peu sensible si l'on a affaire à un bisilicate; mais si le verre était plus alcalin que le sesquisilicate sodique ou le bisilicate potassique, on ne pourrait plus recourir à ce mode de purification et de division, puisqu'il y aurait dissolution d'une trop forte quantité de silicate alcalin.

Cette opération n'est d'ailleurs exécutée que lorsqu'on veut dissoudre le silicate dans l'usine même, et dans ce cas elle fait économiser les frais de pulvérisation. Lorsqu'on veut vendre le verre soluble sous forme solide, il ne faut pas le faire tomber dans l'eau froide en le retirant tout rouge du four ; car lorsque le silicate a été mouillé, il est presque impossible de le faire sécher, et si on l'emballe alors dans des tonneaux, les parcelles adhèrent entre elles et forment bientôt un bloc solide et difficile à manier. On évite cette difficulté en faisant couler la masse fondue dans une bassine en fonte épaisse ou dans un moule ayant la forme d'un demi-cylindre ; lorsqu'elle est refroidie, on la concasse et on la pulvérise dans des moulins appropriés à cet usage. Le meilleur appareil à pulvériser serait peut-être un grand moulin avec pierres verticales. Une série de cylindres à cannelures, en fonte coulée en coquille, sont également d'un très-bon usage. Les pierres meulières ordinaires s'usent trop vite.

Lorsqu'on juge nécessaire de recourir à l'opération de faire tomber dans l'eau froide le verre soluble tout rouge sortant du four, l'ouvrier doit toujours s'assurer que la charge achevée dans la fournaise ne contient aucune matière saline étrangère et visible sous forme de liquide limpide surnageant le verre visqueux; car cette liqueur claire en contact avec l'eau détermine de fortes explosions, tandis qu'avec le silicate même, l'on n'a rien à risquer.

Le sulfate de soude remplaçant le carbonate de soude dans la fabrication des vitres, — substitution réalisée avec succès par Baader en 1808, — suggère naturellement l'emploi des sulfates alcalins pour la préparation du verre soluble. Quelques expériences, touchant cette matière, faites par M. Ordway, il y a treize ans, lui démontrèrent que pour deux équivalents de sulfate de soude neutre il fallait au moins trois équivalents de sable pour provoquer l'expulsion complète de l'acide sulfurique; des essais ultérieurs, faits sur une grande échelle, ont confirmé ce résultat. Le sulfate de soude se décompose beaucoup plus facilement en présence de chaux, d'alumine, ou d'un autre sulfate. Ainsi, par exemple, un équivalent de sulfate de baryte, un de sulfate de soude, deux de carbone, et deux de silice se fondirent aisément en un verre sans défauts. — Un équivalent de sulfate de baryte, un de sulfate de soude, deux de charbon, et trois équivalents de sable exigèrent une chaleur plus forte. — Un équivalent de sulfate de baryte, deux de sulfate de soude, trois de carbone, et trois de silice se fondirent facilement en un verre transparent. — Un équivalent de carbonate de chaux, un de sulfate de soude, un de charbon, et deux équivalents de silice se vitrifièrent avec peu de difficulté. Le feldspath, — $\ddot{A}l\,\ddot{K}\,\ddot{S}i_4$, — à l'aide de carbone, décompose près de trois équivalents de sulfate de soude, et fournit un produit très-fritté, que les acides attaquent facilement lorsqu'il est pulvérisé, et qu'on pourrait employer dans la fabrication de l'alun.

Il faut plus de chaleur, plus de temps et plus d'habileté pour vitrifier les sulfates de soude ou de potasse, que pour produire le verre soluble par le moyen des carbonates ; cependant le prix beaucoup plus réduit des sulfates en rend l'emploi plus économique. Le sulfate de soude purifié, obtenu en dissolvant la matière brute, précipitant le fer par la chaux, et évaporant à sec la solution claire et limpide, est préférable. Mais ce procédé exige du temps, du travail, de l'espace et de vastes appareils, tandis qu'avec le résidu des fabriques d'acide nitrique et muriatique on peut préparer directement un silicate assez pur pour l'usage ordinaire. Le fer, la chaux et la magnésie, contenus dans le sulfate brut, altèrent quelque peu, il est vrai, la solubilité du produit, mais on peut le dissoudre néanmoins en le faisant bouillir fortement, si c'est un sesquisilicate. En ajoutant un peu d'alcali à la charge dans le four lorsque la décomposition du sulfate est terminée, on facilite beaucoup la dissolution du silicate dans l'eau bouillante.

La chaleur exigée pour cette opération est presque, si même elle ne l'égale pas, celle d'un four à pudler le fer ; les matériaux fondus détériorent facilement l'intérieur du four, et surtout les parois latérales à la hauteur de la surface de la charge en fusion. Il est utile pour cette raison de faire une large part à « l'usure. » Le four doit être bâti très solidement, et l'intérieur construit en briques réfractaires très-dures et compactes, et riches en alumine ; il serait certainement avantageux de revêtir les parois du four de quelques blocs fortement comprimés et bien calcinés, faits avec les mêmes matériaux qui servent à la fabrication des creusets pour fondre le verre. La houille employée pour le chauffage devant se consumer rapidement pour produire une température élevée, ce qui économise à la fois du temps et du combustible, il faut que la surface de la grille soit suffisamment grande, égale, par exemple, au quart de la surface de la sole du four, et la voûte au-dessus de l'autel ne doit pas être trop élevée.

Pour éviter le grave inconvénient de l'écoulement du silicate fondu dans le feu et sur la grille à travers les fissures d'un autel détérioré, il est bon d'élever la grille de manière à ce qu'elle soit placée à un niveau supérieur de celui de la sole du four.

Le seuil des portes pour charger et décharger peut être sur le même plan que la grille, et c'est par une pente douce et graduée que le seuil doit s'abaisser au niveau général de la sole. Si l'on n'élevait pas ainsi les portes, le sulfate fondu et le verre incandescent s'en écouleraient spontanément. M. Ordway s'est servi d'un four dont la sole avait 40 pieds carrés (422 décimètres carrés), et la grille 11 pieds carrés (116 décimètres carrés) de surface. La cheminée est haute d'environ 50 pieds, et le carneau voûté, y conduisant directement, a dans l'ouverture 9 pouces de hauteur sur 20 pouces de largeur. Dans un four pareil on travaille quatre charges en vingt-quatre heures, en brûlant à peu près 5,000 livres de charbon de terre de Pictou ; chaque charge se compose de 550 livres de sable blanc, de 600 à 700 livres de sulfate de soude brut, et de 70 à 90 livres de poussière d'anthracite. On détermine le mieux par un essai préalable la dose approximative de carbone à employer. Il ne faut pas le même poids de charbon pour deux charges pareilles à cause de la variabilité des influences accidentelles ; il est préférable, pour cette raison, de tenir quelques livres en réserve, qu'on pourra ajouter ou non, selon les circonstances. Quand la charge est bien liquéfiée et que tout le sable a disparu, le verre restera noir s'il y a un excès de houille. S'il n'y a pas excès de carbone, la masse prendra graduellement une teinte pâle, — comme on le remarque aux échantillons qu'on prend de temps en temps au bout d'une tringle de fer, — et, en remuant, on verra le sulfate se séparer du silicate pâteux sous forme de liquide clair et fluide. C'est alors que l'ouvrier doit encore jeter une ou deux livres de houille dans le four, et bien brasser. Sous l'influence du dégagement de l'acide sulfureux, la masse se boursouffle, bouillonne soudainement, mais s'affaisse bientôt de nouveau. Il sera peut-être nécessaire d'ajouter de la houille pour la seconde ou la troisième fois ; il faut que la pratique et un certain tact apprennent à l'ouvrier à s'arrêter au moment opportun. On peut remédier à un excès de sulfate, mais difficilement à un excès de houille. Quand la masse fondue est devenue suffisamment fluide, homogène et d'une teinte assez claire, on peut la décolorer par l'arséniate de soude et la retirer du four. On change de ringards en fer, à mesure qu'ils deviennent trop chauds pour offrir encore une résistance suffisante.

Pour préparer une solution de silicate pâteuse ou liquide, on fait bouillir avec de l'eau du verre grossièrement moulu, jusqu'à ce qu'après refroidissement la solution marque 25° B. = 1.208 p. sp.

Si on la rend beaucoup plus forte, la solution ne se clarifie pas facilement. Quelques fabricants dissolvent le verre soluble en faisant entrer la vapeur directement dans l'eau, mais la solution se fait lentement par ce procédé, puisque la chaleur est insuffisante. Une chaudière en fer chauffée à nu est de beaucoup préférable. On laisse déposer les matières insolubles, puis, en observant cependant certaines limites, on réduit par évaporation le liquide décanté et limpide aux différents degrés voulus. Lorsque le liquide s'épaissit, le chauffage doit être appliqué avec beaucoup de ménagements ; car, arrivé à un certain degré de concentration, le silicate adhère rapidement et fortement aux parois de la chaudière, et il faut sans cesse râcler et mettre à nu avec une barre de fer terminée en forme de ciseau le fond et les parois de la chaudière pour éviter l'adhésion d'une matière spongieuse. Il serait absurde de vouloir évaporer à siccité. Le sesquisilicate de soude ne peut guère être concentré à plus de 50° B. = 1.525 p. sp.

Si l'on veut obtenir la solution comparativement la plus concentrée de silicate, il est nécessaire de prendre les matériaux les plus purs pour la fabrication du verre soluble. Les oxydes terreux ou métalliques diminuent beaucoup la solubilité du produit, et, s'il en reste la plus faible trace, il faut proportionnellement plus d'alcali afin que la masse se laisse plus facilement dissoudre par l'eau bouillante. Un silicate ainsi souillé ne se dissoudra pas intégralement dans l'eau. En fait, il est décomposé, lorsqu'on le fait bouillir avec de l'eau, en un silicate plus alcalin, qui se dissout, et un silicate terreux, volumineux, restant à l'état de résidu, souvent sous forme de plaques, de lames ou d'écailles. C'est ainsi qu'un verre soluble, bien fabriqué du reste, mais fait avec du sulfate de soude brut, n'abandonnait à l'eau que 89 pour 100 et laissait un copieux sédiment insoluble, composé de soude, de chaux, de magnésie, d'alumine, d'oxydes ferreux et ferrique, et de silicate. Le verre à vitre commun n'est en réalité qu'un silicate alcalin rendu insoluble, parce qu'il contient une proportion plus considérable de chaux ou d'oxyde de plomb. Fuchs lui-même insiste sur la nécessité d'employer un sable exempt de chaux et d'alumine. Il dit qu'un peu de fer n'est pas nuisible ;

mais cette assertion n'est vraie qu'autant que le verre reste brun ou noir, et que le fer n'y existe qu'à l'état de sulfure. Fuchs dit encore qu'on ne peut préparer un verre insoluble avec de la potasse et du quartz purs : « Car, si nous prenons deux parties de quartz pour une de « potasse, nous obtenons, — comme j'ai pu m'en convaincre moi-même, un verre qui se « dissout en partie dans l'eau. »

Ces proportions donnent naissance à un silicate pouvant être représenté par $3KO,10SiO^5$. « On sait depuis longtemps, du reste, et Scheele déjà l'a prouvé, que même le verre ordi- « naire, contenant de la chaux, est plus ou moins attaqué par l'eau bouillante. J'ai trouvé « que beaucoup d'espèces de verres, lorsqu'on les broyait longtemps avec de l'eau dans un « mortier en agate, donnaient une réaction alcaline très-sensible, et que, si l'on faisait « bouillir avec de l'eau pendant plusieurs heures un verre réduit en poudre fine, on « obtenait un liquide à réaction alcaline et donnant avec le sel ammoniac un précipité « floconneux. » M. Pelouze trouva qu'il se dissolvait à peu près 3 pour 100 du verre lorsqu'on réduisait un beau verre blanc en poudre fine [$32SiO^5$, $11CaO$, $8NaO$], et qu'on le faisait bouillir avec de l'eau pendant quelque temps. Une autre espèce de verre, contenant de la chaux en moindre proportion ($13SiO^5$, $4NaO$, $2CaO$), abandonna 18.2 pour 100 par l'ébulli- tion, et ce qui entra en solution était du sesquisilicate de soude. M. Frésénius affirme même qu'un vase en verre cède une quantité pondérable de sa substance à l'eau qu'on y fait bouillir, ne fût-ce même que pendant un court espace de temps. Un simple silicate de potasse ou de soude avec 3 équivalents au plus d'acide pour 1 de base peut cependant être considéré comme étant pratiquement insoluble. M. Péligot trouva que le soi-disant « verre d'albâtre » était composé presque entièrement de silice et de potasse dans les proportions convenables pour former le silicate [$5SiO^5$, KO], si la silice se trouvait tout entière en com- binaison. Mais dans ce verre une partie de la silice y est simplement mélangée mécanique- ment, et produit ainsi l'opacité du verre. M. Stein a cependant trouvé dans le « verre d'al- bâtre », outre la silice et la potasse, 1.5 pour 100 de chaux et 2.3 pour 100 de phosphate de chaux.

Analyse du verre soluble. — Lorsqu'un silicate est réduit en morceaux ou en poudre gros- sière, son degré de transparence peut indiquer s'il contient ou non des sels étrangers. Un bon produit est clair, brillant et homogène, tandis que celui qui est mal préparé est d'une apparence opaque et résineuse; s'il contient beaucoup de sulfure ou de chlorure, la masse est tachetée, rubanée, nuageuse ou entièrement opaque. Pour donner au verre soluble une apparence toute laiteuse, il ne faut pas même 10 pour 100 d'un mélange de matières salines.

On ne peut déterminer la valeur réelle d'un échantillon que par l'examen chimique, et, comme l'analyse est sujette à erreur. nous croyons bien faire en indiquant ici quelques pré- cautions particulières, qu'il est utile d'observer.

Dans le cas d'un verre solide et sec, il faut surtout s'appliquer à assurer la solution de tout ce que l'eau peut dissoudre, chose pas trop aisée et qui demande du temps et du travail. Pour déterminer la quantité d'alcali, on prend une moyenne de l'échantillon à analyser, et, dans un mortier en terre cuite très-dure, on en broie une certaine quantité jusqu'à réduc- tion en poudre excessivement fine ; on ne broie qu'un gramme à la fois et on a soin de se mettre à l'abri de toute humidité. On pèse alors 5 grammes au plus de la substance porphy- risée, et on les fait bouillir pendant quelque temps dans une capsule en porcelaine avec quarante à cinquante fois leur poids d'eau. L'ébullition doit être entretenue, suivant les circonstances, pendant quinze à quatre-vingt-dix minutes. Pour éviter de violents soubre- sauts, il faut remuer le mélange vigoureusement et sans relâche, tant qu'on chauffe. S'il ne se trouve pas de sable non combiné dans la matière que l'on traite, on voit facile- ment quand on peut cesser de chauffer : c'est lorsque la baguette ne rencontre plus de par- ticules sablonneuses. Quinze minutes d'ébullition sont amplement suffisantes pour un sesquisilicate de soude bien fondu. La présence de sable non combiné dans un échantillon cause de suite de l'incertitude quant à la durée de temps nécessaire. S'il reste un résidu sablonneux après qu'on a fait bouillir pendant une heure, il est bon d'arrêter l'opération et de soumettre la matière à une analyse préliminaire. Si l'on trouve moins de 28 pour 100 d'alcali, il est utile de recommencer et de faire bouillir au moins pendant une heure et demie.

Lorsque la solution est complète, on ajoute assez d'eau bouillante pour constituer un poids donné (quarante fois au moins le poids du silicate sec), on couvre et on laisse refroidir complétement. Après avoir décanté la plus grande partie de la liqueur, sans soulever le sédiment, on pèse une certaine quantité de solution, proportionnelle au tout, et on l'essaie par une des méthodes alcalimétriques ordinaires. Il est ennuyeux et inutile de filtrer, car, quoique le liquide décanté soit rarement parfaitement clair, même après un long repos, la quantité de matière terreuse en suspension est cependant trop peu considérable pour exercer une influence sensible sur l'exactitude du résultat. Si le verre soluble est déjà à l'état liquide ou pâteux, il faut le délayer fortement avant d'en faire l'essai, puisqu'une solution concentrée ou chaude est sujette à se gélatiniser avant qu'on y ait ajouté tout l'acide; dans ce cas, il est impossible d'obtenir un résultat exact, puisque l'acide qu'on ajoute après coup ne pénètre pas facilement cette épaisse gelée. Aussi, lorsque la liqueur sur laquelle on opère devient gélatineuse, il faut recommencer un nouvel essai avec une solution plus faible et plus froide.

Si c'est de l'acide sulfurique qui a été employé, on peut, quand l'opération est terminée, évaporer le liquide qu'on a essayé; on retrouve alors la silice sous forme de poudre grossière et granuleuse, facile à laver, à recueillir, à incinérer et à peser. Si le silicate a été précipité par un sel ammoniacal, le résidu sera probablement très-volumineux, et si fin et si léger, qu'il exige la plus grande surveillance pendant la calcination pour empêcher qu'il ne s'envole en partie.

Un excès d'acide nitrique ou chlorhydrique, ajouté à du verre soluble très-délayé, ne produit aucun changement apparent pendant très-longtemps; et, dans une solution faible traitée de cette manière, on peut rechercher les sulfates ou chlorures de fer ou de l'arsenic, sans en séparer préalablement la silice. Pour la détermination quantitative des sulfates et chlorures, il est préférable de traiter la solution du silicate par un excès de nitrate d'ammoniaque au lieu d'un acide; on prévient ainsi la perte de chlore en évaporant à siccité.

On détermine la présence de sulfures dans un verre soluble liquide, en y jetant un petit morceau de sulfate ou de carbonate de plomb, qui, dans ce cas, noircit rapidement.

Lorsqu'on veut déterminer la proportion d'eau dans un silicate liquide, il ne faut jamais évaporer la solution isolément, car elle se transformerait finalement en une masse très-volumineuse, spongieuse et difficile ou impossible à manier. On y obvie en mélangeant préalablement la solution avec une quantité donnée de sulfate de chaux fraîchement calciné dont le poids doit être au moins double de celui de l'alcali qu'on suppose devoir exister dans le silicate. Quelques instants après cette addition, il s'opère une double décomposition, et la nature glutineuse du silicate est détruite. Le tout se prend en masse friable, et, tandis que l'eau peut être évaporée avec une grande facilité, toutes les autres substances sont retenues. On ne peut déterminer que par une opération mécanique la proportion de sable non combiné et pulvérulent, puisque tout verre soluble contient en combinaison plus ou moins de ces silicates terreux qui restent après la dissolution sous forme d'un sédiment léger. Pour opérer cette séparation, on prend une certaine quantité de silicate grossièrement moulu, et on le fait bouillir avec l'eau jusqu'à ce que toutes les parties solubles soient dissoutes; on remue bien le tout, et, après quelques instants de repos, on décante, et le liquide décanté emporte avec lui tous les silicates en suspension. Après un ou deux lavages faits de cette manière, le résidu sablonneux qui reste représente assez exactement la proportion de silice non combinée.

(*La suite à un prochain numéro.*)

SUR L'ACIDE XANTOPHÉNIQUE.

J'ai annoncé, dans une notice insérée dans le *Répertoire de chimie appliquée,* le commencement de mes expériences sur une nouvelle matière colorante dérivée de l'acide phénique. Ma notice, datée du 25 décembre 1861, et donnée à cette époque au *Répertoire,* ne parut que longtemps après (par négligence sans doute), au mois de juin 1862.

Mes observations sur la formation de cette matière colorante non azotée n'étant pas encore à cette époque formulées dans mon esprit d'une manière assez claire, je m'abstins de les publier. A la suite de nouvelles expériences, je suis arrivé aujourd'hui à pouvoir assigner à cette substance une composition qui me paraît assez remarquable pour devoir attirer l'attention des chimistes.

L'analyse de l'acide que j'avais désigné sous le nom d'acide xantophénique, a donné pour résultat des nombres qui conduisent à la formule :

$$C^{12} H^4 O^4.$$

Cet acide, qui se forme avec facilité tant par l'action du sulfate de mercure que par celle de l'acide arsénique sec, se trouve mélangé dans les deux cas avec des produits secondaires qui confirment la réaction par laquelle s'oxyde l'alcool phénylique. Obtenu par l'acide arsénique, il y a formation d'acide arsénieux, et, par le sulfate de mercure, formation de sulfure de mercure. Dans les deux cas, il y a absorption de 4 équivalents d'oxygène et élimination de 2 équivalents d'eau. C'est exactement le même phénomène que l'on observe dans la formation de l'acide acétique par l'alcool éthylique.

$$C^{12} H^6 O^2 + 2As O^5 = C^{12} H^4 O^4 + 2As O^3 + 2HO.$$
$$C^{12} H^6 O^2 + HgO SO^3 = C^{12} H^4 O^4 + HgS + 2HO.$$
$$C^4 H^6 O^2 + 4O = C^4 H^4 O^4 + 2HO.$$

L'acide xantophénique dérive donc de l'alcool phénylique de la même manière et au même degré de parenté que l'acide acétique dérive de l'alcool éthylique. Le nom que j'avais donné à cette substance, ayant principalement en vue ses propriétés tinctoriales et son origine, ne peut être conservé et sera changé contre un nom plus en harmonie avec la nomenclature actuelle.

Je me réserve d'étudier d'une manière détaillée les composés susceptibles d'être formés par cet acide aussi intéressant au point de vue théorique qu'il pourrait le devenir dans les arts.

J'ajouterai ici une observation sur l'analogie qui existe entre l'oxydation de l'alcool phénylique par les deux oxydants, nommés plus haut, et l'oxydation de la phénylamine par les mêmes agents. Suivant des expériences comparatives entre ces composés, l'oxydation de la phénylamine aurait lieu de la même manière et résulterait de l'absorption de 4 équivalents d'oxygène avec élimination de 2 équivalents d'eau, et l'on pourrait dire avec quelque raison, comme dans les deux cas cités ci-dessus :

$$C^{12} H^7 N + 2As O^5 = C^{12} H^5 NO^2 + 2HO + 2AsO^3$$
$$C^{12} H^7 N + HgO.SO^3 = C^{12} H^5 NO^2 + 2HO + HgS$$

Réactions conformes à l'expérience dans des conditions de quantités et de température convenables.

F. Fol.

REVUE DE PHYSIQUE.

Expériences sur la capillarité. — Un savant belge de mérite, M. Bède, professeur à Liége, si je ne me trompe pas, poursuit depuis longues années des recherches sur les phénomènes capillaires. Une ou deux fois il a envoyé des mémoires sur ce sujet à l'Académie des sciences de Paris, pour un concours qui avait été ouvert ; mais quand on les lui a rendus plus tard, il s'est aperçu que plusieurs dizaines de pages, qui par hasard avaient été collées ensemble par les coins, étaient restées dans cet état ; on avait à peine regardé ses travaux !

Les dernières expériences qu'il a communiquées à l'Académie de Belgique ont pour objet l'équilibre d'une bulle d'air sous un plan horizontal dans un liquide, et celui d'une goutte liquide entre deux plans solides rapprochés et formant un petit angle l'un avec l'autre.

Si l'on introduit une bulle de gaz sous une plaque de verre fixée horizontalement au sein d'un liquide, la bulle s'aplatit contre la surface inférieure de la plaque, et si elle est assez grande pour que l'on puisse, à son équateur, négliger sa courbure horizontale à côté de la courbure dans le sens vertical, la théorie donne pour la hauteur de la bulle aplatie une valeur très-simple : cette hauteur est égale à la diagonale d'un carré dont le côté serait égal à la hauteur à laquelle le liquide s'élève, par l'action capillaire, contre un plan vertical ; le rapport de ces deux quantités est donc 1,414 à 1. C'est cette formule que M. Bède a vérifiée par l'expérience. Il a opéré avec cinq liquides différents : l'eau, l'ammoniaque, l'alcool, l'éther et la benzine. Pour chacun de ces liquides, il a mesuré d'abord l'élévation contre la paroi de la cuvette, ensuite le diamètre et la hauteur de la bulle d'air emprisonnée entre le liquide et la plaque de verre horizontale. De cette manière, il a trouvé : 1° que la hauteur de la bulle est indépendante de la profondeur d'immersion de la plaque ; 2° que, dans l'eau et dans l'ammoniaque seulement, la bulle prend d'abord une hauteur maxima et que cette hauteur diminue ensuite jusqu'à un minimum où elle se maintient. Ainsi, dans l'eau, une bulle de 28 millimètres de diamètre a eu d'abord 5^{mm},8 et finalement 4^{mm},9 de hauteur.

Le petit tableau ci-dessous renferme les principaux résultats de ces expériences :

	Hauteur initiale.	Hauteur finale.	Hauteur calculée.
Alcool.........	3^{mm}68	3^{mm}68	3^{mm}65
Éther.........	3 33	3 33	3 25
Benzine.......	3 85	3 85	3 65
Eau..........	5 77	4 92	5 35
Ammoniaque..	4 95	4 50	4 35

Les hauteurs calculées ont été obtenues au moyen de l'élévation observée du liquide contre les parois. Les diamètres des bulles ne paraissant avoir aucune influence sur les hauteurs, nous avons simplement pris les moyennes des hauteurs observées. Les trois premiers liquides vérifient suffisamment la formule, les deux autres présentent des anomalies évidentes. M. Bède a, du reste, constaté que l'eau (comme aussi l'acide sulfurique) est sujette à des anomalies semblables dans tous ses rapports avec la capillarité.

Quant à l'objet du second mémoire de M. Bède, l'on sait qu'une goutte formée d'un liquide qui mouille deux plans rapprochés, tend à se mouvoir du côté où les plans convergent l'un vers l'autre ; on peut l'en empêcher en inclinant un peu l'ensemble des deux plans, de manière que leur intersection reste horizontale. Laplace et Poisson ont donné une formule qui permet de calculer l'inclinaison à donner à ces plans, par l'angle qu'ils forment entre eux, la distance de la goutte à leur intersection, et les constantes capillaires du liquide. Cette formule a été déjà contrôlée par Hawksbee, au moyen de l'alcool et de l'huile d'oranges ; mais ses résultats étaient en désaccord avec la théorie. M. Bède prouve que ce désaccord est dû à l'imperfection des expériences du physicien anglais ; il a opéré sur les mêmes substances, et de plus sur l'essence de térébenthine et sur l'acide acétique pur, entre deux plaques de verre inclinées l'une sur l'autre de 16′ ; ses résultats confirment la théorie d'une manière très-satisfaisante. Avec l'eau, l'expérience ne réussit pas, la goutte reste paresseuse ; et la même anomalie s'est présentée avec une goutte de mercure, laquelle aurait dû s'éloigner de l'intersection des plans. Évidemment il y a ici des résistances de frottement ou une autre cause perturbatrice en jeu ; il serait peut-être possible de les éliminer par des précautions qui porteraient sur la purification du liquide et sur le nettoyage des plaques.

Résistance électrique des liquides. — L'on sait que les expériences sur la conductibilité des liquides par l'électricité offrent des inconvénients sérieux en raison de la mobilité de la polarisation des électrodes et des résistances que le fluide électrique rencontre en passant d'un conducteur solide dans un liquide. On a beaucoup discuté sur ces résistances au passage qui paraissent dues aux bulles de gaz qui se disposent sur les électrodes, ou bien aux changements de densité de l'électrolyte dans le voisinage de l'électrode. Pour les éliminer, plusieurs physiciens ont pris le parti de comparer les résistances électriques de plusieurs colonnes du même liquide, de longueurs variables ; mais on n'évite pas, de cette manière, l'influence des *changements* qui ont lieu dans la polarisation et dans la résistance au passage.

Heureusement, un physicien allemand, M. Beetz, a trouvé une combinaison d'un liquide avec un électrode pour laquelle les causes d'erreurs disparaissent complétement (1). Les électrodes de zinc amalgamé ne sont point polarisés dans une solution de sulfate de zinc ; et l'on évite même la résistance au passage si l'on a la précaution de laisser le zinc pendant un certain temps dans une solution bouillante de sulfate, avant de les introduire dans la solution qu'il s'agit d'étudier, et qui est renfermée dans un tube de verre après avoir été maintenue à la température d'ébullition pendant un temps convenable. En évitant ainsi toute aération du liquide, on n'a pas à craindre la formation des bulles de gaz qui troublent ordinairement le passage de l'électricité, et l'on peut considérer la solution de sulfate comme un conducteur solide. M. Beetz a opéré entre des limites de température très-étendues, et en variant la proportion de sel depuis 8 jusqu'à 60 pour 100. Les courbes qui représentent les lois de dépendance de la conductibilité (ou de la résistance) électrique par rapport à la concentration et à la température des solutions de sulfate de zinc, font voir clairement que la conductibilité offre un maximum très-prononcé pour une certaine concentration, et que la position de ce maximum varie avec la température. La formule $a + b\,p$, adoptée par M. Marié-Davy, est donc inadmissible (aussi les chiffres obtenus par ce physicien sont en désaccord absolu avec ceux de M. Beetz, auxquels nous devons donner la préférence) ; il faut aller jusqu'à la troisième puissance de la proportion p (p grammes de sel sur 1 gramme d'eau). M. Beetz déduit de ses expériences la formule suivante pour la conductibilité électrique du sulfate de zinc, à 20 degrés de température :

$$C = 124 + 34131\,p - 78740\,p^2 + 50790\,p^3.$$

Ici, C se trouve exprimé en mille-millionièmes de l'unité proposée par M. Werner Siemens, et qui est la conductibilité d'une colonne de mercure d'une longueur de 1 mètre et de 1 millimètre carré de section, à 0 degré. Nous avons corrigé une erreur de transcription dans la formule originale de M. Beetz.

L'auteur se propose aujourd'hui de mesurer les résistances électriques des autres liquides en comparant les intensités des courants induits dans ces liquides avec celle du courant induit dans la solution de sulfate de zinc.

Relations entre les équivalents chimiques et les densités des corps. — M. Fleck, professeur de chimie à l'École polytechnique de Dresde, a trouvé que les corps simples forment plusieurs groupes dans lesquels le rapport de l'équivalent au carré

(1) *Annales de Poggendorff*, 1862, n° 9.

de la densité est constant, et que les volumes de cette constante sont, en général, des multiples entiers de la valeur qu'elle prend pour le potassium. Sans attacher une grande importance à cette loi un peu problématique, nous croyons qu'elle offre assez d'intérêt pour que l'on s'en occupe. D'après M. Fleck, la constante du potassium est le carré de 7,2358, c'est-à-dire 52,3575 ; ce nombre a été obtenu en divisant l'équivalent 39,2 par le carré du poids spécifique 0,865. Le *facteur atomique*, c'est-à-dire le nombre entier par lequel il faut multiplier cette constante pour chacun des corps simples, est alors :

1	pour le potassium.		54	pour l'argent.
2	— le sodium.		65	— le plomb.
3	— le lithium et le baryum.		68	— le cadmium.
6	— le calcium et le phosphore.		84	— le zinc et le molybdène.
8	— le strontium.		100	— l'or, le chrome et le manganèse.
10	— l'iode.		104	— le carbone (diamant).
14	— le soufre et le magnésium.		108	— le mercure (solide).
16	— le silicium.		112	— le fer.
20	— l'antimoine.		128	— le cobalt.
22	— l'arsenic.		130	— le ruthénium.
24	— le bismuth.		132	— le cuivre.
28	— l'aluminium.		140	— le nickel et le palladium.
30	— le sélénium.		168	— le tungstène.
32	— le tellurium.		232	— le platine.
36	— le bore (et le thallium?).		235	— l'iridium.
48	— l'étain.		240	— l'osmium.

Si le facteur atomique était égal à l'unité pour le césium et pour le rubidium, leurs densités seraient respectivement 1,536 et 1,276. M. Fleck a encore essayé de déterminer ses facteurs atomiques pour quelques séries de combinaisons simples, mais nous ne le suivrons point sur ce terrain par trop fantaisiste.   R. RADAU.

P. S. — La dernière *Revue d'astronomie*, non signée, par inadvertance, était de M. R. Radau.

REVUE PHOTOGRAPHIQUE

La saison photographique. — Agrandissements avec la chambre noire ordinaire. — Héliostat de M. Foucault. — Tirage des positifs par le procédé Blanquart-Evrard. — Préparation des papiers positifs sans albumine. — Conservation des papiers albuminés sensibilisés. — Vernis pour positifs. — Épreuves obtenues sur glaces au tannin. — Conservation de ces glaces. — Nettoyage des glaces. — Une ancienne épreuve photographique. — Moïse photographe. — Nouveau bill rendu en Angleterre sur les reproductions photographiques..

Voici tantôt trois mois que nous sommes muet et quelques lecteurs ont eu la bonté de s'en plaindre ; mais pourquoi s'en étonner ? Comment ose-t-on demander à un photographe endurci, de prendre la plume et d'écrire, fût-ce une revue de photographie, au milieu de la belle saison, alors que le soleil luit à flots, que les clichés viennent à souhait dans la chambre noire, pleins de contrastes, d'ombres et de lumière, que les positifs s'impriment, à la grande joie des opérateurs, riches de ton, colorés, vigoureux et satisfaisants de tous points ! C'est à grande peine que, dans cette période de liesse photographique, on a pu nous arracher un rapide compte-rendu de cette Exposition qui appelait à Londres les curieux du monde entier, photographes compris. Mais, nous dira-t-on, l'année n'a pas été belle, et nous ne savons guère où vous prenez ce soleil éclatant et généreux ; à moins que vous n'ayez découvert la terre promise de M. Coulvier-Gravier, vos dithyrambes nous semblent déplacés. Sans doute, chers lecteurs, sans doute, si vous vous placez au point de vue du ciel inclément de Londres et de Paris, vous avez raison ; mais est-on forcé de vivre l'été au sein de ces boueuses capitales, et l'Italie, l'Espagne n'offrent-elles pas toujours au touriste leur ciel si chaud et si pur ? Donc que les amants de la photographie se rassurent : si les productions sont faibles cette année à Paris et à Londres, la récolte n'a pas été mauvaise pour ceux qui préfèrent chercher au loin les sites et les monuments. Les deux grandes expositions photographiques qui vont s'ouvrir à Londres le 1er janvier, à Paris le 1er mai, montreront si notre dire est juste. Mais n'anticipons pas, ne parlons pas trop exposition ; en voici assez pour quelques jours,

. . . . *Sat prata biberunt*,

et abordons promptement l'étude des nouveautés les plus importantes.

— Les grandissements sont toujours à la mode, mais les photographes ne les comprennent plus tout à fait de la même manière que dans l'origine. A cette époque, l'ambition de chacun était de transformer la *carte de visite* en épreuve de grandeur naturelle, quelquefois même plus grande que nature ; on ne vise plus si haut aujourd'hui, et l'on fait sagement ; c'est l'opinion que nous avons toujours exprimée, et nous ne sommes pas fâché de la voir tant soit peu réussir. Grandies dans des dimensions exagérées, les épreuves photographiques perdent tout ce qu'elles peuvent avoir de finesse ; le plus petit défaut devient un vice immense, et l'on n'obtient, en fin de compte, qu'une espèce d'ébauche grossière, sans lignes, sans détails, et ne présentant plus que des masses confuses. Mais si l'on borne ses désirs à des résultats moins extraordinaires, comme c'est, dès à présent, la tendance, on obtient un véritable succès. Prenez, par exemple, un joli cliché bien fin, de la grandeur *carte de visite*, et grandissez-le dans les dimensions d'une glace de 21 sur 27 ou de 30 sur 40 au maximum, et vous aurez une épreuve douce, pleine d'ensemble, et le plus souvent supérieure à l'épreuve primitive.

Cette modération dans le grandissement à donner à l'épreuve présente cet avantage que l'opération peut être exécutée sans le secours d'aucun appareil nouveau, dispendieux, etc. M. Vernon Heath indiquait, il y a quelques mois, la méthode dont il fait usage pour obtenir des grandissements modérés ; cette méthode est d'une remarquable simplicité; tous les photographes la connaissent et l'emploient lorsqu'ils veulent reproduire un cliché par transparence. Elle consiste en effet à viser la chambre noire ordinaire sur le cliché à grandir, de telle sorte que l'axe passant par l'appareil et le centre de ce cliché se trouve dirigé soit vers le ciel, soit vers une surface blanche fortement éclairée. Si le cliché est ainsi placé à une distance convenable de l'objectif, son image grandie viendra se peindre sur la glace dépolie placée au foyer conjugué de celui-ci, et pourvu que l'on entoure soit d'une simple caisse en planches, soit d'un voile en tissu noir le chemin que les rayons ont à parcourir entre le cliché primitif et la chambre noire, on pourra facilement obtenir dans celle-ci la reproduction grandie deux, trois ou quatre fois de l'épreuve placée sur la route des rayons célestes. La pose est assez courte, et si le grandissement est modéré, on n'observe aucune espèce de déformation.

— Cependant, et malgré la simplicité de cette méthode que plus d'un emploie sans s'en vanter, quelques esprits distingués ne craignent pas de donner leurs soins au perfectionnement des procédés destinés à produire des grandissements colossaux. Voici, entre autres, M. Léon Foucault, qui, obligé de découvrir, pour la continuation de ses belles recherches sur la vitesse de la lumière, un héliostat d'une fixité et d'une solidité toutes nouvelles, a pensé qu'il y aurait intérêt à appliquer aux opérations photographiques l'appareil, fruit de ses recherches. Nos lecteurs savent, sans aucun doute, ce que la physique entend par un héliostat. C'est un instrument dans lequel un miroir plan, mû par un mouvement d'horlogerie parfaitement réglé, se présente au soleil dans des conditions constamment variables suivant l'heure du jour., mais se lie toujours à des points fixes, de telle sorte que le rayon solaire reçu à sa surface se réfléchisse, d'une manière constante, suivant une ligne invariable. On comprend l'avantage d'un semblable appareil lorsqu'il s'agit de grandissements photographiques ; qu'on donne au rayon réfléchi une direction horizontale, qu'on place sur sa route d'abord un condenseur, puis le cliché à reproduire, et l'on obtiendra une reproduction de ce cliché éclairée d'une façon extrêmement brillante. Jusqu'ici l'héliostat avait été pour les photographes le fruit défendu ; en effet, parmi les différentes formes données à ces appareils, une seule, celle imaginée par M. Silbermann, est usitée dans les cabinets de physique, et cet appareil, qui ne comporte qu'un petit miroir de quelques centimètres de côté, est incapable de rendre service à la photographie par agrandissement, à cause de la faible lumière qu'il peut projeter sur le condenseur. Il n'en est pas de même de l'héliostat de M. Foucault ; reprenant une idée de S'Gravesende, ce savant distingué est arrivé à construire un instrument véritablement merveilleux, d'une douceur, d'une régularité sans pareille, et dont le miroir ne comporte pas moins de 80 centimètres de côté ; c'est véritablement le soleil que chacun peut enfermer, pendant des heures entières, dans son atelier pour obtenir par son moyen les poses les plus excentriquement prolongées. Malheureusement, et comme le vrai soleil, celui-ci a des taches , ou du moins il en porte une bien grosse ; cette tache, c'est sa cherté même ; en effet, cet héliostat ne coûte pas moins de 1,200 fr. ; personne, sans doute, n'aura le mauvais goût et l'injustice de le trouver trop cher, mais quelques-uns, peut-être, trouveront que c'est là une trop grosse somme.

Non licet omnibus adire Corinthum.

— Donnons encore quelques instants à cet intéressant sujet des grandissements; aussi bien voici une belle occasion de ne le point abandonner : parlons du procédé déjà bien ancien, mais plus que jamais intéressant, de M. Blanquart-Evrard, de Lille (France). Il s'agit du tirage des positifs par développement ; il serait bien difficile de dire combien de milliers d'épreuves cet habile photographe a obtenus de cette façon. Ses albums sont connus du monde entier, et l'Angleterre les dispute encore aujourd'hui à la France. Mais si les œuvres sont connues, le procédé ne l'était pas, et c'est seulement il y a quelques mois que M. Thomas Sutton a pu, grâce à la libéralité de M. Blanquart-Evrard, le rendre public et nous en faire tous profiter. Dans des circonstances ordinaires, ce procédé ne présenterait péut-être pas un intérêt bien considérable, car, la chose est certaine, les épreuves obtenues par développement ne possèdent jamais autant de finesse et d'éclat que celles fournies par le tirage direct du papier albuminé; quelques amateurs cependant trouvent aux premières une saveur plus artistique, une valeur plus profonde. Mais dans les circonstances actuelles, et considerée au point de vue de l'obtention des grandissements, la méthode de M. Blanquart-Evrard est, au plus haut point, digne de fixer l'attention. En effet, elle présente sur la méthode de tirage ordinaire l'avantage de n'exiger qu'un temps de pose extrêmement court, et de permettre par suite d'obtenir directement, sous l'influence des rayons réfléchis par le miroir de la chambre solaire ou du mégascope, un positif agrandi, en quelques minutes de pose et quelquefois moins, tandis que l'opération semblable exige, lorsqu'elle a lieu sur papier au chlorure d'argent, des heures entières d'exposition.

Résumons donc, en quelques lignes, le procédé de M. Blanquart-Evrard. Le papier est immergé d'abord dans une solution formée de :

Eau ordinaire............	1000 grammes
Gélatine....,............	7.500
Iodure de potassium......	7.500
Bromure de potassium....	2.000

On le laisse ensuite sécher, puis on l'expose pendant un quart d'heure au-dessus d'une cuvette en plomb renfermant de l'acide chlorhydrique dilué de son tiers d'eau, de manière qu'il en reçoive les vapeurs, sans toucher au liquide. Cela fait, on le passe dans un bain de nitrate à 7 pour 100, on en éponge la surface avec du papier buvard, et on le laisse sécher à nouveau. Il est prêt à ce moment pour l'exposition ; cette opération, sous la lumière directe, exige quelques secondes à peine ; une seule suffit quelquefois. On procède ensuite au développement dans un endroit chauffé à 25 degrés, au moyen de l'acide gallique employé à la dose de 1 pour 1000, de la même manière que pour les négatifs sur papier ciré, et enfin on termine en fixant dans deux bains successifs d'hyposulfite à 5 pour 100. Les bains d'hypo peuvent d'ailleurs être un peu vieux, la légère sulfuration qu'ils produisent dans l'épreuve est incapable d'en causer l'altération, comme le démontre l'expérience, et le ton de celle-ci se trouve notablement amélioré par leur emploi.

— La préparation des papiers positifs a toujours été pour les photographes une grave préoccupation, et cette préoccupation croît naturellement en proportion du développement que reçoit le commerce des épreuves. On conçoit donc aisément l'intérêt avec lequel a été accueillie la méthode toute nouvelle que vient de faire connaître M. Cooper jeune, et dans laquelle on apercevait avec joie la suppression de cette albumine qui sent mauvais, salit les bains, jaunit les blancs des épreuves et s'oppose à ce que les papiers puissent être conservés plus d'un jour. Cette méthode consiste à recouvrir la feuille de papier d'une couche de résine dissoute dans l'alcool et à laquelle on a ajouté du chlorure de cadmium, le seul des chlorures qui soit soluble dans ce véhicule. Voici la méthode : On prend du papier fort, d'une texture bien égale, et ne présentant point de parties plus poreuses les unes que les autres ; on fait fondre du benjoin aussi pur que possible dans une capsule de porcelaine, et on le laisse reposer pour que les impuretés solides puissent se séparer de la résine ; d'un autre côté, on dissout 75 grammes de chlorure de cadmium dans un litre d'alcool additionné d'un dixième d'esprit de bois, et cette solution faite, on y ajoute 100 grammes environ de résine de benjoin. La liqueur destinée à la préparation du papier étant ainsi convenablement préparée, on peut l'additionner, mais en petite quantité, de sandaraque, de copal, etc. Pour chlorurer le papier dans ce bain, on l'immerge d'une manière complète et on le laisse séjourner une demi-minute ; on l'enlève après ce temps et, lorsqu'il est sec, on le sensibilise dans un bain concentré et renfermant au moins 10 pour 100 de nitrate d'argent. On tire un peu fort, on fait virer dans un bain d'or alcalin, et on fixe dans une solution concentrée d'hyposulfite de soude.

Cette manière d'opérer, toute nouvelle et tout originale, est bien tentante au premier abord ; l'albumine est cause de tant d'insuccès que plus d'un opérateur se demande depuis longtemps s'il ne ferait pas bien de revenir à la vieille méthode du papier sans encollage ; mais il hésite, car le public aime et recherche ces tons brillants auxquels les épreuves actuelles l'ont habitué. Ce serait chose charmante d'obtenir un éclat aussi grand avec une matière telle que la résine de benjoin, qui paraît difficilement altérable sous l'influence des sels d'argent ; mais il est fort à craindre que la solution alcoolique ne pénètre inégalement les pores du papier et ne forme sur les positifs des marbrures et des taches qui, surtout dans le bain de virage, pourront acquérir une grande importance : c'est, du reste, ce que nous saurons bientôt, car plusieurs photographes ont déjà mis la nouvelle méthode à l'étude.

— Cette altération des épreuves sous l'influence de l'albumine qui recouvre la surface du papier a déjà préoccupé plus d'un inventeur, et l'emploi des boîtes à chlorure de calcium destinées à la conservation des papiers positifs se vulgarise chaque jour davantage ; un perfectionnement important, introduit par M. Hermann-Krœne dans la construction de cet appareil, semble lui donner une valeur encore plus certaine. Au lieu de chlorure de calcium simple, M. Krœne introduit, dans la boîte dont il fait usage, un mélange de trois parties de chlorure de calcium et d'une partie de chlorure de chaux (*poudre des blanchisseurs*). De ces deux agents, le premier conserve le papier toujours sec, le second dégage incessamment du chlore et transforme de nouveau en chlorure les portions de sels d'argent qui auraient pu être réduites malgré tout. D'après M. Krœne, les papiers sensibilisés, aussi bien que les épreuves tirées mais non fixées, se conservent presque indéfiniment dans les appareils de ce genre, sans aucune espèce d'altération.

— Avant d'abandonner la question des positifs, transcrivons ici une excellente formule d'encaustique que faisait récemment connaître le *Scientific American*. Prenez une livre de cire blanche et pure, fondez-la doucement dans une capsule de porcelaine sur un feu modéré, ajoutez à la masse fondue un demi-litre d'alcool chaud et mêlez aussi intimement que possible. Versez le mélange sur une assiette froide de porcelaine, et broyez-le avec une molette jusqu'à ce qu'il soit homogène, éclaircissez-le avec de l'eau-de-vie et filtrez à travers un linge. Ce vernis est excellent, il donne aux épreuves une grande fraîcheur et les met à l'abri des émanations atmosphériques.

— Parmi les procédés négatifs, celui qui occupe le plus l'attention des photographes, c'est encore le tannin. Est-il le plus suivi et l'emporte-t-il sur le procédé Taupenot, sur les collodions miellés, etc., c'est ce que nous ne saurions dire au juste ; mais, à coup sûr, il tient largement tout ce qu'il promettait dès l'origine.

La découverte de M. Draper sur le développement à chaud des glaces au tannin prend chaque jour plus d'importance ; grâce à elle, il est permis aujourd'hui d'obtenir sur des glaces sèches sensibilisées depuis longtemps, de bonnes épreuves en quelques secondes, et d'opérer aussi rapidement que sur collodion humide. Il suffit, pour obtenir ce résultat si remarquable, de border la glace, déjà insolée, avec une solution d'albumine ou de vernis au copal, de l'immerger quelques instants dans l'eau bouillante, et de verser ensuite à sa surface le révélateur froid à l'acide pyrogallique dont M. C. Russel a si judicieusement démontré les avantages. Un autre perfectionnement, qui semble également avoir une valeur considérable, réside dans l'emploi simultané du tannin et du miel pour constituer la couche préservatrice ; de cette manière encore, on obtient une rapidité égale à celle du collodion humide. Suivant M. England, auquel on doit ce procédé, le succès est presque certain en employant parties égales de miel et de tannin.

Ce n'est pas tout encore, et les procédés qui surgissent de tous côtés portent à faire croire que rien n'est plus facile que de donner aux glaces couvertes de tannin cette rapidité si désirée. Ainsi, récemment, M. Borda annonçait qu'on obtenait ce résultat en exposant les glaces, quelques instants avant le développement, à l'action des vapeurs de l'eau ammoniacale ; plus récemment encore, M. Glover assurait qu'il était parvenu à produire sur les glaces au tannin un développement presque complet, en les soumettant à l'action du gaz ammoniac sec produit par la réaction de chlorhydrate d'ammoniaque sur la chaux. Mais, disons-le bien vite, ces deux dernières méthodes ne nous inspirent qu'une confiance très-modérée ; il n'est point de photographe praticien qui ne connaisse l'action nuisible des composés ammoniacaux sur les clichés et leur tendance à produire un voile général de l'image.

Au point de vue de la conservation, les glaces au tannin ont donné cette année, entre les mains des opérateurs, au delà même de ce qu'on espérait ; il y a quelques jours, M. le lieutenant-colonel Biggs mettait sous les yeux de la Société photographique de Londres des glaces au tannin exposées par lui, dans les Indes anglaises, le 29 avril dernier, et développées à Londres le 8 septembre seulement.

— Le nettoyage des glaces est, nos lecteurs le savent, une des considérations les plus importantes de l'art photographique ; notre intention n'est pas de disserter aujourd'hui sur les nombreux modes d'opérer qui ont été proposés jusqu'à ce jour ; pour nous, les plus simples sont les meilleurs ; mais nous voudrions mettre les photographes en garde contre une méthode récemment proposée par M. Coleman Sellers, et que nous n'avons, quant à nous, accueillie qu'avec une extrême méfiance ; cette méthode consiste à frotter les glaces avec un mélange de tripoli et de nitrate de mercure. M. Thompson, de New-York, qui a expérimenté avec confiance cette méthode, en a été cruellement victime ; dans une excursion lointaine, sur soixante glaces qu'il avait emportées, cet habile photographe en a perdu trente-trois, par suite de la présence de quelques traces de mercure, invisibles à l'œil, n'avaient pu être complétement enlevées par le frottement.

— Le club des photographes de Londres s'est beaucoup occupé, il y a deux mois, d'une épreuve réellement fort intéressante et qui établit une date précise pour la naissance de l'art photographique. Avant Talbot et Daguerre, un chercheur ardent s'était déjà posé ce difficile problème, et l'avait résolu. Ce chercheur, Nicéphore Niepce, qui, dès 1825 et 1826, avait produit sur des plaques d'étain non-seulement des photographies, mais encore des gravures photographiques, ne pouvant, faute de ressources pécuniaires suffisantes, faire éclore son procédé en France, vint en Angleterre chercher, dans la Société royale, un appui que, par une erreur bien insolite, il ne put obtenir. Quelques-unes de ses épreuves restèrent alors en Angleterre, et c'est l'une de ses planches qui, revêtue des signatures les plus honorables constatant sa production en 1827, fixait, avec juste raison, l'attention du club des photographes de Londres. La Société photographique de Paris possède, croyons-nous, dans ses archives plusieurs épreuves du même auteur et de la même date.

Cette recherche de l'âge de la photographie nous rappelle une anecdote assez plaisante dont nous ne devons pas craindre d'égayer cette longue revue. Dans l'atelier de M. Emerson, à New-York, une dame qui venait de poser demandait à cet habile artiste : « La photographie est-elle ancienne, monsieur? — Oh! d'invention toute récente, répondit M. Coleman Sellers. — Comment! s'écrie le jeune fils du photographe, d'invention récente? Mais je lisais hier dans la sainte Bible que Moïse, arrivé sur le mont Pisgah, *prit la vue de la terre promise!* »

— Terminons en résumant rapidement une question bien intéressante pour les photographes et tout ce qui touche à la photographie; il s'agit du nouveau bill rendu en Angleterre sur le droit de reproduction, bill qui satisfait tous les intérêts et que les législateurs français prendront à coup sûr pour modèle. En voici les points principaux : L'épreuve photographique est une propriété, cessible suivant les lois ordinaires, et dont la contrefaçon constitue un délit que les magistrats doivent punir de l'amende. En règle générale, le cliché appartient toujours au photographe, qui peut en faire tel usage qu'il lui plaît. Si le modèle désire posséder la propriété exclusive du cliché et en priver le photographe, il est obligé de le déclarer et de payer le travail en conséquence; la mention du fait doit être relatée sur la facture; enfin tout cliché dont une personne quelconque veut garantir la propriété doit donner lieu au dépôt d'une épreuve positive qui en établisse l'identité.　　　　Th. Bemfield.

VARIÉTÉS.

—

Les contes de Perrault et les contes de M. Figuier (1).

PERRAULT.	FIGUIER.
La Barbe-Bleue.	*Période triasique.*
« Il était une fois un homme qui avait de belles maisons à la ville et à la campagne, de la vaisselle d'or et d'argent, des meubles en broderie et des carrosses tout dorés ; mais, par malheur, cet homme avait la barbe bleue; cela le rendait si laid et si terrible, qu'il n'était ni	« Cette période a reçu le nom de *triasique* parce que les terrains qui la représentent étaient autrefois divisés par les géologues en trois étages : les *grès bigarrés*, le *muschelkalk* et les *marnes irisées*. De ces trois groupes on n'en forme aujourd'hui que deux : la période *con -*

(1) « Je vais soutenir une thèse étrange, dit M. Figuier, dans la préface de son livre, *La Terre avant le déluge,* je vais prétendre que le premier livre à mettre entre les mains de l'enfance doit se rapporter à l'histoire naturelle, et qu'au lieu d'appeler l'attention admirative des jeunes esprits sur les Fables de La Fontaine, les aventures du Chat botté, l'histoire de Peau d'âne, etc., il faut la diriger sur les spectacles naïfs et simples de la nature. » Avant de prendre parti pour ou contre M. Figuier, nous avons voulu faire l'essai de sa théorie, et nous en communiquons les pièces à nos lecteurs afin qu'ils puissent répéter notre expérience.

PERRAULT.

La Barbe-Bleue.

femme ni fille qni ne s'enfuit devant lui. Une
de ses voisines, dame de qualité, avait deux
filles parfaitement belles. Il lui en demanda
une en mariage, en lui laissant le choix de
celle qu'elle voulait lui donner. Elles n'en
voulaient point toutes deux et se le ren-
voyaient l'une à l'autre, ne pouvant se résoudre à prendre un homme qui eût la barbe
bleue. Ce qui les dégoûtait encore, c'est
qu'il avait déjà épousé plusieurs femmes, et
qu'on ne savait ce que ces femmes étaient devenues. La Barbe-bleue, pour faire connaissance, les mena avec leur mère, trois ou quatre de leurs meilleures amies, et quelques
gens du voisinage, à une de ses maisons de
campagne, où on demeura huit jours entiers.
Ce n'étaient que promenades, que parties de
chasse et de pêche, que danses et festins, que
collations; on ne dormait point et on passait
toute la nuit à se faire des malices les uns aux
autres; enfin, tout alla si bien, que la cadette
commença à trouver que le maître du logis
n'avait plus la barbe si bleue, et que c'était
un fort honnête homme. Dès qu'on fut de retour à la ville, le mariage se conclut. Au bout
d'un mois, la Barbe-bleue dit à sa femme qu'il
était obligé de faire un voyage en province,
de six semaines au moins, pour une affaire de
conséquence; qu'il la priait de bien se divertir
pendant son absence; qu'elle fit venir ses
bonnes amies, qu'elle les menât à la campagne
si elle voulait; que partout elle fît bonne
chère. Voilà, lui dit-il, les clefs des deux
garde-meubles; voilà celle de la vaisselle d'or
et d'argent, qui ne sert pas tous les jours;
voilà celle de mes coffres-forts, où est tout
mon or et mon argent; celle de mes cassettes,
où sont mes pierreries, et voilà le passe-par-
tout de tous mes appartements. Pour cette
petite clef-ci, c'est la clef du cabinet au bout
de la grande galerie de l'appartement d'en
bas; ouvrez tout, allez partout; mais, pour ce
petit cabinet, je vous défends d'y entrer, et je
vous le défends de telle sorte, que, s'il vous
arrive de l'ouvrir, il n'y a rien que vous ne
deviez attendre de ma colère. Etc., etc., etc. »

FIGUIER.

Période triasique.

chylienne et la période *saliférienne*, qui sont
parfaitement tranchées par la nature des couches superposées et les caractères paléontologiques.

Dans cette nouvelle phase de l'évolution du
globe les êtres diffèrent beaucoup de ceux qui
appartenaient aux époques primitives, à l'âge
paléozoïque, comme l'appellent beaucoup de
naturalistes. Les curieux crustacés que nous
avons décrits sous le nom de *trilobites* ont disparu; les mollusques céphalopodes et brachiopodes y sont peu nombreux, ainsi que les
poissons ganoïdes et placoïdes, dont le règne
est fini. Mais celui des *ammonites* commence.
La végétation a subi des changements analogues. Les plantes acrogènes, qui étaient à
leur maximum de développement dans les
terrains paléozoïques, sont ici moins nombreuses, tandis que les conifères et les cycadées prennent une grande extension. Quelques
genres d'animaux terrestres ont disparu, mais
ils sont remplacés par des genres aussi nombreux que nouveaux. Nous voyons pour la
première fois la tortue apparaître au sein des
mers et sur le bord des fleuves. Les reptiles
sauriens y prennent de grands développements; ils semblent préparer l'apparition de
ces énormes sauriens qui se montreront dans
la période suivante, et dont la charpente offre
de telles proportions et une telle étrangeté,
qu'elle saisit d'étonnement ceux qui contem-
plent ces restes gigantesques, et pour ainsi
dire encore menaçants. Passons en revue les
deux sous-périodes dont la réunion compose
l'âge triasique. »

*Ici l'enfant ronfle tellement que nous sommes
obligés d'aller le coucher.*

Peut-être M. Figuier ferait-il bien de mettre
sa géologie en vers, ce qui permettrait d'y
joindre un peu de musique et de la chanter,

Sur l'air du tra la la,

comme le fit, il y a une quinzaine d'années,
un honorable magistrat, pour la fable *du Renard* et *du Corbeau* que toute la France, à cette
époque, apprit alors avec la plus grande facilité.

ÉTUDES EXPÉRIMENTALES SUR LA GÉNÈSE SPONTANÈE.

Tel est le titre d'une Notice insérée par M. Pouchet dans les *Annales des sciences naturelles*, en réponse à l'écrit de M. Pasteur, qui y avait paru précédemment.

Cette Notice est précédée d'un renvoi ainsi conçu ei qui appartient aux rédacteurs des *Annales :*

« Les directeurs de ce recueil ont pris pour règle d'y admettre les travaux de tous les zoo-
« logistes qui occupent un rang élevé dans la science, lors même qu'ils ne partagent pas les
« opinions émises par ces savants. Nous avons donc cru devoir ne pas refuser d'insérer ce
« mémoire dans lequel M. Pouchet combat les conclusions que la plupart des physiologistes
« doivent tirer des belles expériences sur les générations dites spontanées, dues à M. Pasteur
« et publiées dans un de nos précédents cahiers.   M. E. »

Il eût mieux valu, il eût été plus équitable même, de laisser le public rester juge dans le débat dont il s'agit, et de ne pas ainsi lui formuler l'opinion *qu'il faut* qu'il accepte. Nous pensons que ces deux initiales signifient Milne Edwards.

Du reste, M. Pouchet, qui ne s'intimide guère, commence ainsi son Mémoire ; cela suffit pour donner une idée du reste :

« Lorsque le calme aura succédé à la lutte passionnée que l'hétérogénie suscite en ce moment, les physiologistes sérieux s'étonneront de la légèreté qui a présidé aux travaux de leurs devanciers.

« Là, parmi une série d'expériences absolument contradictoires, on les voit ne choisir uniquement que celles qui concordent avec leurs doctrines préconçues, et retrancher arbitrairement tous les faits qui les condamnent, comme si ceux-ci n'existaient pas. Ailleurs, quand l'observation directe peut facilement résoudre le problème, on s'étonne de les voir se jeter dans d'aventureuses théories.

« De leur côté, les chimistes ont fait de cette question, simple à résoudre par l'expérimentation, un véritable dédale au milieu duquel ils s'égarent eux-mêmes. Il faut notre habitude et notre courage pour les suivre et ne pas reculer en présence de ce travail herculéen.

« Lisez, en effet, les expériences de Schwann, de Schrœder, de Dusch et de M. Pasteur, c'est une suite interminable de contradictions ; aussi, à l'exception du dernier, *tous doutent* et n'osent regarder leur œuvre comme l'expression d'une loi générale.

« Le professeur de l'École normale est assurément un habile chimiste ; mais lorsqu'il conteste un fait de physiologie regardé comme démontré par des savants de l'ordre des Tiedemann, des Treviranus, des Burdach, des J. Müller, des Humboldt, des R. Owen, des Mantegazza et des Joly, vraiment il faut plus qu'une extrême prévention pour ne pas discerner immédiatement sous quelle bannière s'abrite la vérité. »

Restons en là de nos citations et annonçons bien vite que M. Pasteur, le *physiologiste*, qui, certainement, porte de la corde de pendu sur lui, vient de recevoir, à *l'unanimité*, le prix Alhumbert, des mains de M. E., qui préludait, par la note ci-dessus, au jugement qui a décidé la commission à couronner cette fois encore M. Pasteur, le *géologue*.

BIBLIOGRAPHIE SCIENTIFIQUE
(Extrait du *Journal de la Librairie.*)

N° 47. — 22 novembre.

Annales de la Société d'agriculture, sciences, arts, etc., du Puy. Tome XXIII, 1860. In-8, 394 pages. Le Puy.

Annuaire de la Société impériale et centrale d'agriculture de France. Année 1862. In-12, 203 pages. Paris, librairie Huzard.

BOUCHARD (D^r). — *Recherches nouvelles sur la pellagre.* In-8, 406 pages. Paris, librairie Savy. Et à Lyon, chez Mme Savy.

CATALAN. — *L'article 757. Application de l'algèbre au Code civil.* In-8, 16 pages. Librairie Dentu, à Paris.

CAUNIÈRE (F.). — *De la médecine naturelle indo-malgache*, considérée surtout au point de vue de la thérapeutique. In-18 jésus, 153 pages. Prix : 3 fr. Librairie Dentu, à Paris.

CHEVALIER (Michel). — *L'industrie moderne, ses progrès et les conditions de sa puissance.* In-8, 77 pages. Imprimerie Claye.

DAVID et Dr EBRARD. — *Petit manuel médical.* 3e édition. In-12, 639 pages. Librairie Merle et Comp., à Grenoble.

DEBAY. — *Hygiène et physiologie du mariage*, etc. 29e édition. In-18 jésus, 467 pages. Prix : 3 fr. Librairie Dentu, à Paris.

De l'empirisme, à propos des conférences du docteur Trousseau ; par un rationaliste. In-18 jésus, 177 pages. Librairie J.-B. Baillière, à Paris. Prix : 2 fr.

ESTOR (D^r). — *Des lésions diffuses.* In-8, 135 pages. A Montpellier.

GASTINEL (le Professeur). — *Mémoire sur l'arséniate de caféine et l'acide tanno-arsénieux considérés comme agents fébrifuges.* In-4, 14 pages. Paris.

GIRARDIN. — *Leçons de chimie élémentaire appliquée aux arts industriels.* 4e édition. In-8, 2 volumes. Prix : 30 fr. Librairie Victor Masson, à Paris.

LEMOINE. — *Des causes premières de la vie animale, matériellement démontrées.* In-12, 69 pag. Librairie J.-B. Baillière, à Paris.

MAGITOT et Ch. ROBIN (D^{rs}). — *Mémoire sur un organe transitoire de la vie fœtale, désigné sous le nom de cartilage de Heckel.* In-8, 29 pages et 1 planche. Paris.

MAHER. — *Essai de statistique médicale pour Rochefort.* In-8, 40 pages. A Rochefort.

MAUDON (D^r). — *Histoire critique de la folie instantanée, temporaire, instinctive*, etc. In-8e 248 pages. Prix : 3 fr. 50 c. Librairie J.-B. Baillière, à Paris.

MATHERON. — *Recherches comparatives sur les dépôts fluvio-lacustres tertiaires des environs d,* Montpellier, etc. In-8, 112 pages et tableaux. A Marseille.

PIETRA-SANTA (D^r). — *Les climats du midi de la France.* In-8, 63 pages. Librairie J.-B. Baillière, à Paris.

RODET. — *Cours de botanique élémentaire*, etc. 2e édition. In-8, 594 pages. Paris, librairie Asselin.

TONDEUR. — *Fabrication des liqueurs sans alambic.* In-18, 144 pages. Prix : 2 fr. A Paris.

TURCK (D^r). — *Nouveau mémoire sur la nature et le traitement de la folie.* Grand in-18, 51 pag. Librairie J.-B. Baillière, à Paris.

N° 48. — 29 novembre.

Almanach des progrès de l'industrie et de l'agriculture ; par Ch. LABOULLAYE. In-16, 320 pages. Prix : 1 fr. Librairie Lacroix, à Paris.

Annales de l'Observatoire impérial de Paris ; par LEVERRRIER. Tome V. 1843-1844. In-4, 272 pages. Prix : 40 fr. Librairie Bachelier, à Paris.

Annuaire des inventeurs et des fabricants ; par GARDISSAL. In-12, 144 pages, à Paris.

Catalogue des végétaux et graines disponibles, mis en vente au jardin d'acclimation, au Hamma (près Alger). In-8, 136 pages. Prix : 2 fr. 50 c. Librairie Challamel aîné, à Paris.

COLIN. — *De la digestion de l'avoine au point de vue de la physiologie et de l'hygiène.* In-8, 19 pages. A Paris.

DEVILLIERS (D^r). — *Recueil de mémoires et d'observations sur les accouchements et sur les maladies des femmes*, avec planches. Tome I. In-8, 319 pages et 6 planches. Librairie Asselin, à Paris.

Dumay. — *De l'emploi de la chaux en agriculture, et de son action comme agent de fertilisation.* In-8, 28 pages. Librairie Hubler. ·

Étallon. — *Du sol dans une partie de la Haute-Saône. Grès bigarré des environs de Luxeuil..* In-8, 16 pages. A Luxeuil.

Figuier (L.). — *La terre avant le déluge.* Ouvrage contenant 25 vues idéales de paysages de l'ancien monde ; 310 autres figures et 7 cartes géologiques coloriées. In-8, 455 pages. Prix : 10 fr. Librairie L. Hachette, à Paris.

Fournet. — *Sur les relations des orages avec les points culminants des montagnes et sur leur distribution spéciale dans les environs de Lyon.* In-8, 53 pages. Lyon.

Ganot. — *Cours de physique purement expérimentale et sans mathématiques.* illustré de 333 vignettes. 2e édition., augmentée de la théorie des machines à vapeur et de 25 gravures nouvelles. . In-18 jésus, 552 pages. Chez l'auteur, 12, rue de l'Éperon.

Hardy (D^r) — *Leçons sur les maladies de la peau*, professées à l'hôpital Saint-Louis. 2e partie. In-8, 219 pages. Prix : 4 fr. Librairie Ad. Delahaye. à Paris.

Laugel. — *Science et philosophie.* In-12, 358 pages. Prix : 3 fr. 50 c. Librairie Bachelier.

Le Thière (D^r). — *Effet moral sur les malades du dynamisme médicamenteux*, etc. In-8, 40 pag.

Linas. — *De la médecine et des médecins chez les Iroquois et les Peaux-Rouges.* In-8, 16 pages. Librairie Victor Masson, à Paris.

Moreau. — *De la liqueur d'absinthe et de ses effets.* In-8, 36 pages. Prix : 1 fr. Librairie Savy, à Paris.

Renault. — *De l'influence de l'aération et de la ventilation sur les animaux sains et malades.* In-8. 20 pages. A Paris.

Rouyer (D^r). — *Mémoire sur les tumeurs stercorales.* In-8, 24 pages. Librairie Victor Masson.

N° 49. — 6 décembre.

Abeille (J. D^r). — *Traité des maladies à urines albumineuses et sucrées.* In-8 , 741 pages avec figures. Librairie J.-B. Baillière, à Paris.

Blanchet (D^r). — *Documents relatifs aux moyens de généraliser l'éducation et l'assistance des sourds-muets.* In-4, 60 pages, Librairie L. Hachette. Paris.

Brousse. — *Aperçu historique sur la pharmacie.* In-8, 32 pages. Paris.

Brun-Séchaud (D^r). — *Observations sur les causes du suicide, ses rapports avec l'aliénation mentale.* In-8, 23 pages, à Paris.

Dumont (D^r). — *La vraie médecine exposée aux gens du monde.* In-18, 67 pages. Prix : 1 fr.

Dumont (D^r). — *Véritable hygiène des cheveux et du cuir chevelu*, etc., suivi d'un précis d'hygiène dentaire. In-18, 129 pages. Prix : 1 fr., à Paris,

Laronde (D^r). — *Compte-rendu des travaux de l'année 1861-1862 de la Société des sciences médicales de l'arrondissement de Gannat* (Allier). In-8, 228 pages, à Gannat.

Le Perdriel. — *Des exutoires en général, de leur établissement, de leur entretien et de leur pansement.* In-8, 84 pages. Librairie V. Masson, à Paris.

Mémoires de l'Académie des sciences de l'Institut de France. Tome XXVI. In-4, 986 pages in-4 et 5 planches. Librairie F. Didot, à Paris.

Pariset. — *Recherches sur le magnétisme terrestre.* In-8, 152 pages et 1 planche, Prix : 5 fr. Librairie Bachelier, à Paris.

Regoit. — *Notions de physique applicables aux usages de la vie.* 3e édition. In-12, 300 pages. Prix : 2 fr. Librairie J. Delalain, à Paris.

N° 50 — 13 décembre.

Berger. — *Calcul de l'inégalité à longue période du moyen mouvement de Vénus.* In-4, 22 pages. Montpellier (Extrait des Mémoires de l'Académie des sciences de Montpellier).

Borie. — *Le pain.* In-8, 48 pages. Prix : 1 fr. Librairie Dentu, à Paris.

Bouchardat (D^r). — *Le travail; son influence sur la santé.* In-18, jésus, 162 pages. Librairie J. Baillière, à Paris.

CARDELLI et Lionnet-Clémandot. — *Manuel du confiseur et du chocolatier.* In-18, 412 pages et planches. Prix : 3 fr. Librairie Roret, à Paris (Encyclopédie Roret).

Chautard et de Fontenelle. — *Manuel du limonadier,* etc In-18, 292 pages et planches. Prix : 2 fr. 50 c. Librairie Roret, à Paris (Encyclopédie Roret).

ANNONCES BIBLIOGRAPHIQUES.

EXPOSITION UNIVERSELLE DE LONDRES DE 1862.

Rapports des membres de la section française du Jury international sur l'ensemble de l'Exposition, publiés sous la direction de M. Michel Chevalier. — Six volames in-8°. Prix : 45 francs. — Imprimerie et librairie de Napoléon Chaix et Comp., propriétaires-éditeurs, rue Bergère, 20, à Paris.

AVIS AUX ABONNÉS DE 1863.

Le numéro du 15 décembre étant le dernier de l'année, sauf la table générale et analytique de 1862, qui sera distribuée plus tard, nos abonnés pour 1863, dont l'abonnement est expiré avec ce numéro, sont priés de vouloir bien nous adresser promptement leur renouvellement pour 1863, afin d'éviter que nous tirions sur eux, ce qui leur coûterait *un franc* pour frais d'encaissement.

Nous ne supprimerons le journal (sauf nos abonnés de l'étranger) qu'à ceux qui nous renverraient le numéro de janvier avec la même bande, afin que nous puissions savoir d'où nous vient le numéro refusé. Comme la poste est quelquefois longtemps à nous rendre les numéros, il est désirable que l'abonné qui ne veut pas renouveler nous renvoie lui-même le numéro avec un timbre de 10 centimes, ou qu'il nous écrive qu'il ne veut pas renouveler son abonnement. L'affranchissement du numéro est de rigueur, pour qu'il nous parvienne ; il n'en est pas de même de la lettre, que nous recevrons sans être affranchie, si on nous l'adresse ainsi.

Ceux de nos abonnés qui voudraient des numéros séparés de cette année 1862, ou des années antérieures, peuvent nous les demander contre la remise de 75 centimes chaque livraison. Comme il nous reste maintenant peu d'années antérieures en dehors d'un certain nombre de collections que nous gardons, nous prions ceux de nos abonnés qui veulent se compléter de le faire promptement. Chaque année prise séparément est du prix de 12 francs, *franco* de poste. L'année 1862 conserve son prix de 15 francs, *franco* par la poste,

RAPPORT SUR LA TEINTURE ET L'IMPRESSION DES TISSUS

exposés dans la Classe XXIII à l'Exposition de Londres.

Par M. Crace-Calvert.

Pour ne pas faire double et même triple emploi avec ce qui a déjà été dit dans le rapport de M. Bolley de Zurich (voyez *Moniteur scientifique,* 1862, p. 713), sur les produits de cette même classe XXIII, ou ce qui se trouvera dans le rapport très-complet de M. Hoffmann sur les produits chimiques de la classe II, nous n'extrairons du rapport fort intéressant de M. Crace-Calvert que ce qui ne se rencontre pas, ou du moins pas avec autant de détails, dans les deux documents que nous venons de citer. Cet extrait n'en sera pas moins très-utile ; M. Crace-Calvert, comme il a, du reste, soin de le déclarer lui-même dans l'introduction à son travail, y ayant reproduit, outre les quelques observations rédigées officiellement pour le jury de la 23ᵉ classe et approuvées par lui, les résultats de ses propres investigations, soit sur la valeur intrinsèque des objets teints et imprimés qui étaient exposés, soit sur les progrès accomplis depuis 1851 dans cette branche importante de l'industrie.

1° Teinture.

L'auteur fait observer que c'est l'apparition des nouvelles couleurs artificielles dérivées du goudron de houille, qui constitue pour la teinture la différence la plus caractéristique et la plus importante entre l'exposition actuelle et les expositions précédentes. Il trace l'historique succinct de la découverte de ces matières colorantes, du développement de leur fabrication et de l'extension de leur application pour la teinture de la soie, de la laine et du coton ; il rappelle les travaux de MM. Hofmann, Perkin, Verguin, Franck, Renard, Girard, Persoz, etc., sur les *rouges, violets* et *bleus d'aniline* ; il signale l'*erythrobenzine* rouge de MM. Laurent et Castelnaz ; la *phosphéine* jaune (chrysaniline) et la *regina purple* (violet d'aniline) de MM. Simpson, Maule et Nicholson ; l'*azuline* de MM. Guinon et Marnas. Ces derniers (n° 2248), ainsi que MM. W. Adshead et Comp., avaient également exposé des tissus en soie teints avec une autre matière colorante dérivée du goudron, l'*acide picrique*, qui est préparé par l'action de l'acide nitrique sur le phénol. Cette brillante teinture jaune, déjà connue en 1851, est beaucoup employée conjointement avec les bleus d'aniline et d'azuline, pour la production de magnifiques verts, qui conservent leur nuance verte même à la lumière artificielle. Mais les plus beaux verts exposés sont, sans contredit, ceux qui résultent de l'emploi simultané de l'acide picrique et du sulfate d'indigo très-pur. Les teinturiers remplacent néanmoins le sulfate d'indigo par le bleu de Prusse lorsqu'il s'agit de produire un vert qui doit conserver sa teinte à la lumière artificielle. Les couleurs dérivées du goudron sont remarquables, non seulement à cause de leur pouvoir tinctorial (quelques centigrammes suffisent pour colorer fortement plusieurs litres d'eau), mais encore par la facilité de leur application, leur emploi en teinture ne présentant presque pas de difficultés.

Il ne peut être ici question de décrire les procédés nombreux adoptés pour ce genre de teinture ; il suffit de signaler ceux qui se faisaient remarquer à l'Exposition par leurs produits. Depuis 1851, et même seulement depuis 1855, des perfectionnements notables ont été apportés à la préparation de la matière colorante importante connue sous le nom d'*orseille.* Quoique l'orseille ordinaire produise facilement de très-belles nuances pourpres et violettes, ces teintes présentent l'inconvénient d'être extrêmement altérables, l'atmosphère acide des villes suffisant pour les faire virer au rouge et passer rapidement. Mais en 1856, M. Marnas, de la maison Guinon, Marnas et Bonnet, atteignit le but tant désiré, de donner de la solidité à ces couleurs brillantes. Il y arriva, en traitant les lichens, comme cela avait été conseillé par M. Stenhouse, par un lait de chaux, filtrant et précipitant de la solution calcique les prin-

cipes colorables (qui sont d'un caractère acide) au moyen de l'acide hydrochlorique. Le précipité recueilli, filtré et lavé est dissous dans l'ammoniaque caustique, et la solution ammoniacale maintenue pendant 20 à 25 jours à une température de 67°-71° centigrades, au contact
de l'air. Sous l'influence de la chaleur, les principes colorables fixent de l'ammoniaque et de
l'oxygène et se transforment en matières colorantes, que M. Marnas précipite de la
solution colorée, au moyen de chlorure de calcium, sous la forme d'une belle laque violette
qui, recueillie, lavée et séchée, est livrée au commerce sous le nom de *pourpre française*.
En place de chlorure de calcium, on peut également employer des sels d'alumine, d'é-
tain, etc. Ce qui distingue ces nouvelles couleurs d'orseille des anciennes, c'est qu'elles
teignent plus facilement la fibre animale, qu'elles produisent directement des teintes lilas
qu'on peut nuancer au moyen de carmin, d'indigo, de roséine, etc.; mais la différence la plus
importante entre la pourpre française et l'orseille ordinaire, c'est que tandis que cette dernière est peu à peu détruite par l'action des acides et de la lumière, la première résiste à ces
influences.

Pour teindre de la laine ou de la soie avec la pourpre française, on n'a qu'à broyer la laque
avec son poids d'acide oxalique, faire bouillir le mélange avec de l'eau, et filtrer pour
séparer l'oxalate de chaux insoluble. La liqueur filtrée limpide est ensuite versée dans de
l'eau très-légèrement ammoniacale, et il suffit de manœuvrer dans le bain ainsi préparé la
laine, la soie, le coton animalisé avec l'albumine ou huilé (tel qu'on l'emploie pour le teindre
en rouge d'Andrinople), pour les voir se teindre en nuances pourpres ou violettes, à la fois
riches et solides. De magnifiques dentelles de soie teinte en pourpre française étaient exposées dans la vitrine de MM. Guinon, Marnas et Bonnet (France, 2248). On doit regretter
qu'il n'y ait pas eu plus d'échantillons de tissus teints avec une des plus splendides matières
colorantes, nous voulons parler de la *murexide* ou *pourpre romaine*, dont plusieurs de nos plus
grands teinturiers et imprimeurs firent un si grand usage en 1856 et 1857.

M. Crace-Calvert, après avoir fait rapidement l'historique de la découverte, de la préparation et des applications de la murexide, décrit ainsi la fabrication (maintenant presque abandonnée) de la murexide au moyen du guano du Pérou. On commence par le traiter à plusieurs reprises par l'acide hydrochlorique à chaud qui dissout la plupart des matières étrangères ; le résidu insoluble, qui, après avoir été lavé, consiste principalement en sable et acide
urique brut, est traité avec précaution par de l'acide nitrique de 1.40, p. sp. : la réaction
étant achevée, on ajoute de l'eau chaude et on filtre : le liquide filtré, de teinte jaunâtre et
contenant de l'alloxane, etc., est évaporé graduellement, au point qu'en le laissant refroidir
il constitue une masse presque solide violette ou d'un rouge brunâtre, que l'inventeur du
procédé a baptisée *carmin de pourpre*, et dont on a pu voir de beaux spécimens dans les vitrines
de M. Rumney (592) et de MM. Littlewood et Wilson (4321). Dans la section française, M. Charvin de Lyon (98) avait exposé des échantillons de soie teinte avec cette matière colorante
verte intéressante, qu'il extrait du *rhamnus catharticus* et qui est identique avec le *lokao* ou
vert de Chine, qu'on avait employé en 1855 et 1856, tant en France qu'en Angleterre.

L'attention du public a été attirée par de belles teintures noires sur soie exposées par
l'Angleterre, la Prusse et la France; dans ce dernier pays on a remarqué un nouveau noir,
exposé par M. Gilet de Lyon, obtenu au moyen du *henné des Arabes*, qu'il importe d'Algérie
et qu'il applique avec avantage à la production d'une qualité supérieure de soie teinte en
noir et pesante.

Les expositions de la France, de la Prusse et de Hesse-Cassel renfermaient de très-beaux
spécimens d'écheveaux de laines teints, mais on remarquait spécialement la superbe collection
de fils de laine chinés, remarquables pour la netteté et la précision au point de contact des
différentes couleurs.

Quoique les fils de coton teints n'aient pas indiqué de nouvelles découvertes dans cette
partie, l'attention de l'observateur était cependant attirée par des assortiments très-complets

et très-variés d'une certaine classe de fils dans laquelle on est arrivé à un haut degré de perfection. Ce sont les fils teints en rouge d'Andrinople.

On ne lira peut-être pas sans intérêt la description de l'ancien procédé, souvent perfectionné, par lequel on obtient des nuances rouges aussi solides et aussi brillantes. Sans entrer dans les détails des nombreuses et fastidieuses opérations auxquelles on soumet les fils de coton pour les préparer à la fixation des matières colorantes de la garance, nous rappellerons seulement que le caractère spécial de la teinture en rouge d'Andrinople consiste dans l'huilage de la fibre au moyen d'huiles d'olive de Gallipoli. Les fils, après blanchîment, sont imprégnés avec une qualité particulière de cette huile (huile tournante). Ce qui distingue cette qualité, c'est qu'elle forme une émulsion blanche avec une solution faible d'un carbonate alcalin, et elle doit cette propriété, d'après les recherches de M. Pelouze, à un ferment qui accompagne l'huile lors de son expression des fruits d'olives, et qui peu à peu la décompose partiellement en ses principes constituants, glycérine et acides gras libres. Ce sont les huiles ainsi modifiées qui sont les plus propres à la teinture en rouge d'Andrinople.

Les filés saturés d'huile sont plongés dans une solution faible de carbonate de soude, puis égouttés et exposés humides à l'action de l'air, ou simultanément à l'action de l'air et de la vapeur dans un local chauffé. Après avoir répété ce traitement un nombre de fois suffisant, on passe les filés dans une solution de noix de Galles, puis on les imprègne de mordant d'alumine (« red liquor »). Ils sont alors prêts pour la teinture. A cet effet, on les teint à l'ébullition dans un bain de garance (additionné de sang) et on avive la couleur par des bains de savon bouillant.

De beaux échantillons de coton en fils et tissus étaient exposés par MM. C. Lanezzavi (1725), J.-F. Wolf (1731), Prusse ; A.-F. Rikli (368), J.-R. Suter (369), Suisse ; F. Legras (2225), France ; Foletti, Weis et Comp. (1547), Italie ; E. Idiers (603), Belgique ; Ganahl et Comp. (961), Scebach Comp. (974), Autriche. — Cette préparation du coton permet de le teindre en rouge d'aniline, et un très-bel échantillon d'une pareille teinture a été exposé par MM. Henry et fils (2230), France.

Pour ce qui concerne les tissus de coton et de laine teints en uni, on n'y remarquait aucune application de procédés nouveaux (excepté, toutefois, leurs teintures en couleurs dérivées du goudron); mais on doit signaler le haut degré de perfection auquel on est arrivé dans ce genre et dont témoignaient les expositions de MM. F. Pourchelle (2237), Boutarel et Comp. (2267), A. Rouquès (2236), A. Guilliaumet (2238), Delamotte et Faille (2259), Francillon et Comp. (2260), en France ; S. Smith et Comp. (4338), en Angleterre ; Descat frères (2244), en France.

Les deux derniers teinturiers méritent une mention spéciale, car, malgré le mélange de coton et de laine qui constituait les tissus, le brillant et la pureté des teintes étaient égales à ce qu'elles auraient été si le tissu avait consisté en laine pure. On doit aussi signaler la grande perfection de l'apprêt donné à ces tissus, aussi bien que la beauté et la délicatesse des nuances sur tissus d'alpaca exposés dans la vitrine n° 4338.

Les tissus teints de l'Inde méritent d'être examinés, et si l'on considère les moyens limités dont peuvent disposer les teinturiers indiens, il est juste de signaler leurs produits, surtout pour ce qui concerne la beauté et le brillant de certaines nuances ; d'excellents échantillons ont été exposés par MM. Rao Venkata et Rao Papana (364); d'autres objets fabriqués sont également dignes d'attention. Qu'il soit permis d'exprimer ici l'opinion que le gouvernement des Indes pourrait rendre un grand service à l'art de la teinture, s'il prenait des mesures pour expédier en Angleterre des quantités assez considérables des matières colorantes employées par les teinturiers indiens, de manière à pouvoir les soumettre à des essais sérieux.

Si l'on considère les progrès étonnants que la teinture en rouge d'Andrinople a accomplis, avec l'assistance de la chimie, en France et en Angleterre, comparativement à ce qui s'est fait en ce genre pendant des siècles dans l'Inde, il est impossible de dire, quels ne seraient pas les avantages pour l'Indostan, si, par exemple, le nouveau vert du docteur Thompson, le « jackwood » ou (*artocarpus integrifolia*), le kayu kudrang, etc., dont on avait exposé des échantillons dans la section de l'Inde, étaient importés en Europe en quantités assez notables pour recevoir des applications industrielles. Nous reviendrons sur ce point en parlant de l'impression des tissus.

2° Impression sur tissus.

Ce rapport est probablement en harmonie avec l'expression d'un sentiment général, en manifestant le regret qu'a causé l'abstention de beaucoup de fabricants distingués de divers pays, mais surtout de la Grande-Bretagne.

La France, au contraire, n'a rien négligé pour démontrer sa supériorité dans cette branche de fabrication, soit en stimulant l'émulation entre les manufacturiers, soit en faisant un choix judicieux parmi ceux qui étaient les plus capables de soutenir la réputation de leur pays.

Malgré ces grands désavantages, le Royaume-Uni fait cependant reconnaître de grands progrès dans ce genre de produits depuis l'exposition de 1851. Les imprimeurs anglais, quoique en petit nombre, ont montré par de nombreux échantillons qu'ils savent parfaitement utiliser les moyens mécaniques et chimiques à leur disposition pour la fabrication d'articles qui, soit par les dessins, soit par l'exécution, sont adaptés aux besoins, soit du marché indigène, soit des nombreux marchés étrangers ; et l'observateur attentif ne peut manquer de reconnaître à l'inspection des articles exposés par quelques-uns de nos meilleurs imprimeurs, qu'aucune nation ne surpasse les Anglais pour les imprimés à la fois solides et bon marché qui constituent la base principale de notre fabrication, puisqu'ils répondent aux besoins des masses.

Il ne faut pas perdre de vue, en appréciant la valeur comparative des différents genres d'impression sur tissus, que le but principal des manufacturiers anglais est de trouver des procédés à la fois économiques et expéditifs pour la production de grandes quantités de marchandises, qu'on puisse livrer au commerce à des prix très-réduits ; plusieurs de nos fabricants de toile peinte produisent de 1 à 1 1/2 million de pièces par an. Il en résulte que les imprimeurs de la Grande-Bretagne, aussi bien que ceux de plusieurs autres contrées, sont obligés de rechercher à la fois la précision et la rapidité d'exécution, qu'il serait impossible d'obtenir au moyen de procédés pouvant être rémunérateurs pour le fabricant étranger, dont le but est plutôt d'arriver à une exécution des plus soignées et des plus parfaites, mais au moyen desquels on ne produit que des quantités limitées de marchandise.

C'est ainsi, par exemple, que plusieurs des premiers fabricants français ont exposé des tissus avec des dessins qui, à une certaine distance, paraissent être brodés, tandis qu'en réalité ils ne sont qu'imprimés.

Cet effet est obtenu en étendant la pièce sur une large table et y appliquant la couleur avec soin au moyen de planches gravées. Lorsque la pièce est ensuite enlevée, achevée et lavée, les couleurs présentent beaucoup de corps, mais en même temps n'ayant pas pénétré le tissu elles possèdent une transparence qui produit sur l'œil le même effet que si le dessin était en relief. De beaux échantillons de ce genre ont été exposés par MM. Guillaume et fils (2258) et Onfroy et Comp. (2253) en France.

Avant d'examiner en détail les différents genres d'impression sur tissus et les procédés employés pour leur production, il convient de relater sommairement les particularités caractéristiques de la fabrication des pays étrangers.

L'Autriche ne s'était jamais produite si avantageusement dans aucune des expositions précédentes : les dessins sont variés et choisis avec goût ; les couleurs et la netteté de l'impression sont toutes les deux très-satisfaisantes.

Le Zollverein, quoique n'ayant pas exposé des indiennes, possède une belle collection de mouchoirs en soie, de châles bon marché et de tapis imprimés de la *Saxe*.

La Russie offre de bons spécimens de teinture en rouge turc, obtenus surtout avec cette espèce particulière de garance, connue sous le nom de *marena* ; de même une collection satisfaisante d'articles appropriés aux marchés de l'Est, surtout dans le genre *lapis*.

Les meilleurs imprimeurs de la Belgique, de la Suisse, de même que ceux de l'Angleterre et du Zollverein, n'ont pas exposé, et il est par conséquent impossible de se former une idée correcte des progrès de la toile peinte dans ces pays.

Nous devons mentionner ici, quoiqu'il n'y ait point de tissus imprimés indigènes dignes d'attention dans le département indien, que l'Association pour la production du coton (« Cotton Supply Asssociation ») a exposé par l'entremise de M. Cheetham quelques beaux échantillons d'articles imprimés en Angleterre sur coton de Surate ; quoique les détails des procédés suivis dans ces circonstances ne soient pas assez connus pour permettre une comparaison avec les articles similaires imprimés sur coton des Etats-Unis, néanmoins les résultats obtenus sont si satisfaisants qu'ils permettent de prévoir que le coton de Surate pourra être utilisé sur une grande échelle en place du coton américain.

France. Ce qui précède aura déjà fait pressentir que les imprimés français sont généralement de qualité supérieure, et justifie complétement la réputation bien méritée dont jouissent partout les premières maisons de France, surtout dans les genres « fashionables » désignés ordinairement sous le nom de *haute nouveauté.* Dans cette classe d'imprimés, la beauté des couleurs et la parfaite exécution des dessins ne sont approchés par les produits d'aucune autre nation, et les nouvelles matières colorantes de goudron y ont été appliquées avec un tel degré de perfection que, sous ce rapport, il ne reste absolument rien à désirer. Nous aurons occasion de montrer qu'on y a appliqué plusieurs nouveaux perfectionnements d'une grande originalité.

Impression par application directe des couleurs : « Pigment printing. »

(Sous ce titre sont compris quelques genres d'impression qu'on pourrait également désigner par genre vapeur.) Ce genre d'impression s'est développé si extraordinairement dans ces dernières années, qu'il ne sera pas sans intérêt de donner une esquisse historique sommaire des différentes phases par lesquelles on a passé successivement.

L'impression par application directe des couleurs n'avait fait pendant bien des années que très-peu de progrès, d'abord à cause du petit nombre de couleurs qu'on pouvait utiliser et ensuite à cause de la difficulté de trouver un agent fixant convenable, qui donnât à la couleur la consistance nécessaire pour l'impression et qui la fît adhérer en même temps assez solidement au tissu. L'outremer artificiel fut la première couleur dont on essaya l'impression et en 1843 on avait proposé le caoutchouc dissous dans le naphte comme agent fixant ; mais à cause des dangers d'incendie et d'autres inconvénients, son emploi fut abandonné. En 1847, l'albumine du blanc d'œuf commença à être employée en Angleterre dans le même but, mais le peu de finesse de la poudre d'outremer à cette époque et son prix très-élevé (on payait alors 200 francs les 500 grammes qui coûtent actuellement 1 fr. 55) retardèrent beaucoup ce genre d'application. En 1849, M. R.-T. Paterson de Glascow fit breveter l'usage de la caséine du lait, nommée lactarine, et favorisa par là l'emploi de l'outremer et d'autres couleurs minérales dans l'impression des châles.

A peu près à la même époque, l'albumine du sang fit son apparition comme agent fixant. Mais l'impression par application directe ne reçut son principal développement qu'au printemps de 1859, lorsque le violet d'aniline de M. Perkin et la pourpre française de MM. Guinon, Marnas et Bonnet furent introduits dans le commerce et permirent la production de ces magnifiques violets, pourpres et lilas, qui étonnèrent le monde par la beauté et le brillant de leurs nuances. On les obtenait en imprimant de l'albumine ou de la lactarine sur mousseline et les fixant par le vaporisage. Les pièces étaient ensuite passées dans des bains de teinture :

contenant des solutions de violet d'aniline ou de poupre française ; les matières colorantes étaient attirées uniquement par l'albumine et la lactarine, qui les fixaient sur le tissu, et on n'avait plus qu'à laver la pièce pour dégorger le fond blanc.

Vers le milieu de la même année, le vert de Guignet apparut (breveté en 1859). Cette belle couleur verte est un hydrate d'oxyde de chrome ($C^2 O^5 + 3 HO$) préparé en calcinant 3 parties d'acide borique avec 1 de bichromate de potasse, lavant, séchant et pulvérisant le produit.

La propriété caractéristique du vert de Guignet, aussi bien que celle d'un autre vert préparé par M. Arnaudon, en calcinant du bichromate de potasse avec du phosphate d'ammoniaque, c'est d'être d'une grande pureté de nuance, même à la lumière artificielle.

En novembre 1859, la fuchsine de MM. Renard frères fut introduite dans la fabrication et fixée par les procédés indiqués : les magnifiques roses ainsi produits furent bientôt suivis des applications de la roséine, de l'azaléine et d'autres rouges d'aniline.

En mai 1859, un nouveau progrès fut accompli par M. Walter Crum, qui produisit une réduction dans les frais de fixation de ces matières colorantes, par l'emploi du gluten des céréales. Lorsqu'on laisse le gluten frais se fluidifier en partie et spontanément à l'air, il devient facilement soluble dans les alcalis faibles et cette solution peut être employée en place d'albumine ou de lactarine.

A peu près à la même époque, M. Scheurer-Rott employa le gluten dissous dans un acide faible et M. W.-A. Perkin et Matthew Gray, de la « Dalmarnock Printing company, » proposa de fixer les couleurs dérivées du goudron au moyen d'un savon à base de plomb.

Dans les premiers mois de 1860, les imprimeurs réussirent à imprimer et fixer des couleurs d'aniline simultanément avec le mordant animal et mélangées avec lui, au lieu d'imprimer d'abord le mordant, de le fixer et de le teindre ensuite dans un bain de teinture. Ils obtinrent ainsi la possibilité d'imprimer à la fois une grande variété de couleurs sur la même pièce, en même temps qu'ils réalisèrent une notable économie, les opérations devenant plus simples et plus rapides.

Ce dernier perfectionnement donna une énorme extension au genre d'impression par application directe des couleurs et le porta pour ainsi dire à son apogée.

La conséquence en fut une telle hausse dans le prix des mordants fixants (principalement de l'albumine) qu'on se mit à rechercher très-activement des procédés différents pour la fixation des couleurs : MM. Calvert et Lowe ayant déjà observé en 1856, que le tannin précipitait certaines couleurs du goudron, constatèrent vers la fin de 1859, qu'en imprimant et vaporisant le tannin sur toile préparée, il se trouvait fixé et pouvait servir de mordant pour les couleurs d'aniline.

Mais ce ne fut qu'en 1860 que cette observation reçut une application industrielle par M. Gratrix (et M. Javal. E. K.) ; les violets d'aniline ainsi fixés résistent mieux au savon que ceux fixés à l'albumine, mais par contre ils résistent moins bien à l'action de la lumière.

Le procédé conseillé par M. Gratrix consiste à stanner la toile (comme cela a lieu généralement pour les couleurs vapeur), et à imprimer ensuite le tannin épaissi ; on vaporise, ce qui fixe le tannin ; on bouse, on lave et on teint dans un bain de violet d'aniline légèrement acidifié avec de l'acide acétique. On en élève graduellement la température jusqu'à l'ébullition, et la couleur se combinant au tannin produit les dessins ; le fond blanc étant un peu sali, on passe les pièces dans une eau acidulée ou à travers une solution faible de chlorure de soude, telle qu'elle est employée par les teinturiers en garancine. De beaux échantillons de ce genre ont été exposés par MM. Butterworth et Brooks (4308).

En 1861, MM. Nathaniel Lloyd et E.-G. Dale (exposition de MM. Littlewood, Wilson et Comp.) (4321) préconisèrent l'emploi du tartre émétique pour la fixation des violets d'aniline.

Quoique les chimistes eussent constaté depuis longtemps que l'aniline donne naissance à une matière colorante verte sous l'influence de certains agents oxydants (Voyez nos propres expériences à ce sujet, *Moniteur scientifique*, 1861, p. 75. E. K.), on n'avait pas réussi à teindre industriellement la soie ou la laine par cette réaction. Mais en 1860, MM. Calvert, Clift et Lowe firent connaître un procédé très-facile et très-pratique pour obtenir ce vert, qu'ils appelèrent *émeraldine*, sur coton (on peut en voir des échantillons dans la classe chimique, n° 592).

Il consiste à imprimer une solution épaissie et acide d'hydrochlorate d'aniline sur du calicot foulardé en solution de chlorate de potasse, et au bout de quelques heures il s'y produit des dessins d'un beau vert clair, qu'on n'a plus qu'à laver.

Si le tissu ainsi imprimé en vert est passé en solution de bichromate de potasse, le vert se change en bleu indigo foncé. La production directe de cette couleur sur toile au moyen de l'aniline est très-importante et conduira probablement à la production semblable des autres couleurs d'aniline, ce qui dispenserait de les préparer préalablement. On éviterait ainsi les grandes pertes d'aniline qu'entraîne la fabrication des matières colorantes qui en dérivent et on obtiendrait en outre une notable économie de mordants fixants.

C'est en s'adonnant largement au genre « couleurs d'application » que les imprimeurs français ont réussi à donner un aspect si attrayant à leur exposition de tissus imprimés.

Aidés par le talent remarquable avec lequel ils savent combiner les différents méthodes d'impression à la planche gravée, à la perrotine et au rouleau, les manufacturiers français ont réussi non-seulement à produire des dessins originaux d'un effet admirable, mais encore à imiter de la manière la plus parfaite les genres garancés et couleurs vapeurs, et partout les couleurs imprimées simultanément par les moyens indiqués se juxtaposent avec la plus parfaite précision et netteté.

Nous ne devons pas manquer de signaler cette circonstance, que l'extrême facilité avec laquelle se fait l'application des couleurs d'aniline et des couleurs substantives en général, ramène l'art de l'imprimeur (à l'exception des dessins) bien plus au niveau d'un art mécanique qu'on ne le croirait de prime abord ; en d'autres termes, grâce au brillant de ces couleurs, à leur affinité par les matières animales, à la facilité de pouvoir imprimer un grand nombre de couleurs à la fois, l'exécution de dessins compliqués et leur fixation sur tissus, n'est plus environnée de ces difficultés, qui antérieurement étaient souvent presque insurmontables.

De magnifiques échantillons de ce genre d'application directe des couleurs ont été exposés par MM. Gros, Odier, Roman et Comp. (2211) ; Steinbach, Koechlin et Comp. (2214) ; frères Koechlin (2217) ; Dollfus, Mieg et Comp. (2218) ; E. Hofer-Grosjean (2252).

La combinaison de ce genre avec d'autres genres, de manière à obtenir de splendides articles pour meubles, était illustrée par les produits de MM. Thierry, Mieg et Comp. (2215), Huguenin, Schwartz et Collineau (2216).

Une méthode d'application très-intéressante et précieuse d'appliquer les couleurs d'aniline sur tissus a été inventée par M. Onfroy de Paris. Il imprime des rouge, violet et bleu d'aniline sur un fond de couleur solide noire ou brune, pour l'obtention de laquelle on avait fait usage d'acide gallique au lieu de tannin : la conséquence en est que la couleur noire ou brune est plus facilement réduite et rongée, de manière qu'en ajoutant aux couleurs d'aniline mélangées de mordant animal un composé acide et rongeant, tel que l'acide oxalique, le fond noir et brun disparaît et les couleurs d'aniline sont fixées et apparaissent avec toute leur pureté. On produit ainsi de nouveaux effets, comme le démontre la vitrine de MM. Onfroy et Comp. (2253).

Au même fabricant si ingénieux et si distingué on est redevable de deux autres inventions mécaniques, dont l'une est le *Tireur mécanique* et l'autre le *Résiste-tambour*. (Voyez à ce sujet le rapport de M. Bolley, *Moniteur scientifique*, 1862, p. 713).

Il est à présumer que le genre d'impression de couleurs d'application recevra encore une nouvelle impulsion par l'emploi des laques colorées ; cette opinion se base sur la belle exposition de calicots imprimés au moyen de laques d'alumine, sur l'apparition des extraits concentrés de la matière colorante de la garance, alizarine et purpurine, parmi les produits français, et sur la collection si variée de laques, et spécialement de laque de santal, à base d'étain, préparées et exposées par MM. Roberts, Dale et Comp. (588, produits chimiques).

COULEURS VAPEURS.

Quoiqu'on n'ait pu constater de perfectionnement marquant dans ce genre d'impression sur calicot, il est encore produit sur une très-large échelle, surtout pour meubles et pour cette raison il ne sera pas sans intérêt de donner un aperçu des procédés qui le caractérisent.

Les matières colorantes y sont mélangées d'avance avec les mordants, puis imprimées sur tissus et soumis à l'action de la vapeur, soit dans des chambres fermées, soit au-dessus d'un cylindre perforé de nombreux trous : très-souvent les tissus sont préalablement stannés, en les passant d'abord à travers une solution stannique (stannate de soude généralement), puis précipitant l'oxyde stannique sur la toile au moyen d'une réaction chimique. C'est par ce procédé qu'ont été obtenus les beaux produits de MM. Butterworth et Brooks (4308) sur chaîne coton; par MM. Stead, M. Alpine et Comp. (4339) en Angleterre et MM. Japuis, Kastner et Carteron (2264) en France sur étoffes pour meubles.

Depuis 1855, la production de ces étoffes pour meubles par moyens mécaniques a reçu un très grand développement par suite des perfectionnements suivants : l'art de graver les rouleaux a fait de grands progrès; on fabrique et l'on emploie maintenant de très-grands rouleaux en cuivre, dont quelques-uns présentent une circonférence de 43 pouces (1 mètre 075) sur une longueur de 44 pouces (1 mètre 10) ; on se sert très-fréquemment du rouleau à eau de gomme, qui fit sa première apparition à l'exposition de 1855 et dont l'application utile est parfaitement démontrée par les produits de MM. Littlewood, Wilson et Comp. (4321).

Ce rouleau auxiliaire permet de diminuer notablement le nombre de rouleaux gravés nécessaires pour l'obtention d'un certain nombre de couleurs avec leurs dégradations, c'est-à-dire leurs teintes plus ou moins foncées. Quelques mots d'explication feront facilement comprendre le mode d'action de ce rouleau à eau de gomme. On sait que pour obtenir des teintes moins foncées, on délaye la couleur la plus forte au moyen d'eau de gomme ou d'un produit réducteur; antérieurement c'était le coloriste qui accomplissait cette besogne et il en résultait que pour imprimer quatre couleurs, chacune avec quatre teintes de force différente, il ne fallait pas moins de seize rouleaux. Aujourd'hui les parties du dessin qui doivent être reproduites en teintes plus ou moins foncées, quelle que fût d'ailleurs la couleur sont gravées sur le rouleau à eau de gomme, qui applique celle-ci en premier lieu sur le tissu. Le tissu reçoit ensuite les couleurs des quatre cylindres dans l'ordre habituel ; mais là où la couleur forte s'applique sur une partie de tissu déjà imprégnée de plus ou moins d'eau de gomme, une nuance plus claire est produite par suite de la dilution plus ou moins forte de la couleur sur ces parties.

Cet effet est encore augmenté par une gravure moins profonde aux endroits correspondants du rouleau à couleur, de manière à ce que celui-ci s'y charge d'une quantité moindre de matière colorante.

L'emploi des couleurs du goudron a permis aux imprimeurs sur laine et soie, d'obtenir, à l'aide de la vapeur, d'admirables effets, ce qui les a mis à même d'exposer une nombreuse variété d'articles de la plus grande beauté. On les rencontre surtout en dehors de l'exposition anglaise. Tels sont : en Autriche, les produits de MM. J. Bossi (958), F. Hiller (965), F. Liebig (968), J. Liebig et Comp. (969), F. Schmitt (973) ; en Prusse, ceux de MM. Gressard et Comp. (1547); en Saxe, de MM. L. Chevalier et fils (2468), W. Winter (2475 ; en Anhalt-Dessau, de MM. Plaut et Schreiber (18); dans le Royaume-Uni, de MM. Wilkinson fils et Comp. (4349,; en France, ceux de MM. Guillaume et fils (2258), L. Chocquel (2257), Bernoville frères, Larsonnier frères et Chenest (2262), D. Eck (2213).

Un fabricant français, M. Brunet-Lecomte, avait exposé des soies imprimées du plus haut

intérêt, qu'il obtient par une nouvelle méthode d'impression de la chaîne en soie ; les dessins quoique imprimés ont l'apparence d'être brochés, car l'impression a un aspect tout
différent de celui de l'impression ordinaire sur soie, qui comme on sait donne toujours des
dessins un peu nuageux, coulés et d'une apparence chinée.

GENRES GARANCÉS.

Les perfectionnements apportés à ce genre d'impression, sans contredit le plus important
pour les calicots, ont facilité et par conséquent rendu plus économique la fabrication, mais
n'ont guère contribué à améliorer la qualité et le brillant des couleurs. Ces perfectionnements peuvent être signalés presque pour chaque phase de la fabrication ; mais à l'exception
d'une opération très-importante, nous n'en dirons que quelques mots ; nous ne pouvons non
plus passer sous silence la garance et ses dérivés, à cause de l'extrême importance des genres
garancés, qui occupent le premier rang dans l'art de l'impression sur tissus.

Pour l'impression des indiennes, le calicot blanc, parfaitement blanchi est mordancé au
moyen de rouleaux en cuivre gravés, avec un ou plusieurs mordants, tels que pyrolignites
ou acétates de fer et d'alumine. Ces mordants, dans les conditions de l'étendage (dont nous
parlerons plus loin), sont modifiés ou décomposés par l'action simultanée de l'oxygène et de
l'humidité, de manière à abandonner sur la toile et pour ainsi dire combiné avec elle, un
oxyde ou sous-sel qui constituent les agents intermédiaires pour fixer les matières colorantes
de la garance, connues sous le nom d'alizarine et de purpurine ; le mordant de fer fournit des
nuances variant du noir violacé au lilas clair, celui d'alumine des nuances rouge foncé au rose,
et un mélange de fer et d'alumine les diverses nuances de couleur chocolat ou puce. Les
toiles, après cette opération (pour laquelle les Anglais ont adopté le nom très-approprié
de « *ageing* » maturation, donner de l'âge) sont passées à travers des solutions chaudes, soit
de phosphates doubles de soude et de chaux, soit d'arsénite ou d'arséniate de soude, soit
de silicate de soude qui, comme sels à bouser ont complétement remplacé la bouse de
vache, anciennement d'un usage si répandu.

Par ce bousage, le mordant est complétement fixé sur la fibre textile et en même temps tout
excès de mordant est enlevé, sans qu'il puisse se précipiter sur les parties blanches ou non
mordancées de la toile. Par l'introduction de l'emploi des sels et de cuves perfectionnées à
bouser, on a obtenu une grande économie de temps, de main-d'œuvre et de frais, des milliers de pièces pouvant être bousées actuellement dans la même cuve, dans laquelle on ne
pouvait traiter antérieurement que des centaines.

Les pièces, après avoir été bien dégorgées, sont maintenant prêtes à entrer dans les cuves
de teinture, dans lesquelles elles doivent recevoir les couleurs qui leur sont destinées.

Ici encore on a adopté quelques perfectionnements, au moyen desquels les mordants
peuvent être saturés avec l'alizarine et la purpurine en une heure et quart, et avec la garance en deux heures. En quittant les bains de teinture les pièces sont lavées à fond dans
des machines à laver également perfectionnées, mais comme les parties blanches ou non
mordancées sont toujours encore légèrement colorées ou salies et les couleurs ternes, on introduit les pièces dans un bain de savon assez fort, chauffé à 82° centigrades, qui enlève la
matière colorante non combinée, aussi bien du fond blanc que des parties mordancées et solidement teintes.

Pour achever d'aviver les couleurs et d'obtenir un fond d'un blanc parfait, on passe encore
les pièces dans une solution faible d'une préparation nommée « chymic, » qui consiste en un
mélange d'hypochlorite de soude avec un peu de sulfate de zinc, jusqu'à ce que l'effet désiré
soit produit ; dans ces derniers temps, cette opération a été perfectionnée en substituant au
bain, un placage rapide dans la solution « chymique » et un passage également rapide à
travers une cuve remplie de vapeur.

Pour communiquer enfin aux pièces l'apparence commerciale nécessaire, on leur donne l'apprêt, c'est-à-dire, on les imprègne d'un empois de farine (qu'on a fait fermenter pendant plusieurs semaines), d'amidon, etc., et on les fait passer entre des cylindres ; elles sont ensuite séchées et calandrées.

Toutes ces opérations ont pour but de remplir l'espace vide entre la chaîne et la trame du tissu et de communiquer à ce dernier un certain lustre.

Quoiqu'il eût paru convenable de ne point s'appesantir sur les détails des perfectionnements apportés aux différentes opérations qui se pratiquent dans la fabrication des genres garancés, il y a cependant une opération si importante par ses conséquences pratiques et si intéressante au point de vue scientifique, qu'elle mérite qu'on s'y arrête un peu plus.

On désigne par « *ageing* » maturation ou oxydation des mordants, l'opération par laquelle ces derniers, après avoir été appliqués sur calicot, sont placés dans des circonstances favorables pour pénétrer la fibre textile, s'incorporer et se combiner avec elle. C'est ainsi qu'on a trouvé nécessaire d'étendre les pièces mordancées pour les soumettre pendant plusieurs jours à l'action de l'athmosphère dans le local de l'étendage ou d'oxydation et de maturation des mordants : l'objet de cette pratique est de faire dégager et évaporer l'acide acétique du sulfate-acétate d'alumine et de l'acétate de fer, et de faire passer l'oxyde ferreux à l'état d'oxyde ferrique.

On croyait longtemps que l'oxygène était le seul agent actif pendant cette phase de la fabrication, et quoique quelques imprimeurs eussent observé que l'humidité facilitait la réaction, on n'y avait pas attaché une importance suffisante, jusqu'à ce que M. John Thom eût indiqué d'une manière spéciale la coopération de l'humidité, comme un agent des plus importants dans les phénomènes d'oxydation ou « d'*ageing.* »

M. Walter Crum, F. R. S. paraît avoir été le premier fabricant qui eut fait une application pratique de cette observation ; la grande économie de temps et de main-d'œuvre obtenue par l'emploi judicieux de la vapeur d'eau ne peut être mieux comprise, qu'en citant textuellement la description donnée par M. Walter Crum même, des dispositions adoptées à la manufacture de toile peinte de Thornliebank.

Un bâtiment, ayant à l'intérieur 48 pieds de longueur, 40 pieds de hauteur est divisé dans sa longueur par un mur allant du sol au plafond, en deux chambres, ayant chacune 11 pieds de largeur.

Dans la première chambre les pièces reçoivent l'humidité nécessaire. Au-dessus du plancher principal sont disposés deux autres planchers en bois à claire-voie, distants de 26 pieds, auxquels sont fixées des séries de rouleaux en étain, chaque rouleau étant long de deux largeurs de pièces environ. Les rouleaux sont munis de petits tambours, qui servent à la transmission du mouvement engendré par une petite machine à vapeur.

Les pièces à oxyder (« *to be aged* ») qui se trouvaient d'abord disposées sur le plancher principal sont amenées dans le compartiment supérieur, où elles passent successivement au-dessus et au-dessous de chaque rouleau en étain et arrivent finalement à l'autre extrémité de la chambre, où elles sont pliées en paquets et déposées sur l'une des trois plates-formes qui s'y trouvent établies. Ces plates-formes sont un peu isolées du reste de la chambre au moyen de rideaux en laine.

Pendant que les pièces cheminent sur les rouleaux, elles sont exposées à une chaleur humide, provenant de vapeur d'eau qui se dégage doucement de tuyaux évasés en coupe à leur extrémité ouverte.

La température est portée de 27° à 38° centigrades (80° à 100° Fahrenheit) et même plus haut.

Par cet arrangement cinquante pièces, chacune de 20 yards (1 yard = 0.9144? mètre) sont mises simultanément en opération et comme chaque pièce met environ un quart d'heure à passer sur les rouleaux, il en résulte qu'on peut oxyder deux cents pièces en une heure.

Quoique les ouvriers n'aient presque jamais à pénétrer dans la partie la plus chaude de la chambre, on a cependant adapté un ventilateur au plafond, pour le cas où il y aurait un dégagement considérable d'acide acétique.

Les mordants, comme on l'a déjà fait pressentir, ne sont point suffisamment oxydés ou mûris (« *aged* ») par ce passage seul, quoiqu'il produise un effet au moins équivalent à celui d'une exposition des pièces pendant une journée entière à l'étendage.

Elles ont cependant absorbé la quantité convenable d'humidité (environ 7 pour 100 du poids des pièces mordancées) et le mordant de fer est dans de bonnes conditions pour absorber l'oxygène de l'air et pour se transformer peu à peu en sesquiacétate et sesquihydrate ferriques.

Pour que l'oxydation devienne suffisante, les pièces doivent rester encore deux ou trois jours dans une atmosphère un peu chaude et humide.

Heureusement on avait constaté depuis longtemps, à Thornliebank, qu'après l'absorption de l'huminité, il n'était plus indispensable d'avoir les pièces tout à fait étendues et développées

Les expériences de M. Graham, sur la diffusion des gaz à travers de très-petites ouvertures avaient conduit à penser que l'absorption de l'oxygène en si minime quantité, se ferait tout aussi bien si les pièces étaient repliées, enveloppées et entassées les unes sur les autres.

C'est ce qui a lieu en effet, et après la première opération les pièces humides sont transportées en paquets dans la seconde chambre située de l'autre côté du mur mitoyen, où on les dépose sur des planchers à claire-voie à des hauteurs correspondant aux plates-formes de la première chambre.

Sur ces planchers ont peut déposer sept à huit mille pièces à la fois. Dans cette seconde chambre on maintient une athmosphère humide à une température constante de (76° à 80° Fahrenheit) 20° à 27° centigrades.

A cet effet un large tube en fonte, chauffé modérément à la vapeur, circule au niveau du sol, et à côté de lui de la vapeur est projetée verticalement dans l'air en jets très-minces.

Le bâtiment tout entier est protégé contre le froid extérieur et par conséquent contre les effets nuisibles de la condensation de la vapeur, par une antichambre bien chauffée, par des doubles fenêtres et une toiture double. De petits tuyaux à vapeur sont encore disposés dans tous les endroits où l'on pourrait en avoir besoin et la chambre à rouleaux, lorsqu'elle ne fonctionne pas est cependant toujours entretenue chaude par un calorifère à vapeur placé sous le plancher principal.

Ce procédé d'oxydation (« *of ageing* ») fonctionnait à Thornliebank en automme en 1856.

A peu près une année après il commença à être adopté par d'autres imprimeurs, et maintenant il est en usage dans au moins seize fabriques différentes de l'Ecosse et du Lancashire.

Un des plus grands services qu'a rendu la chimie aux manufacturiers, c'est d'avoir trouvé un emploi avantageux à des résidus qu'on jetait antérieurement.

C'est ainsi que pendant très-longtemps on considérait comme épuisé et sans valeur le résidu de garance des cuves de teinture, jusqu'à ce qu'en 1843 M. Schwartz eut montré, qu'en y ajoutant de l'acide sulfurique et chauffant le tout à la vapeur pendant plusieurs heures, on rendait de nouveau disponible une quantité considérable de matière colorante, qu'après lavage et séchage le produit de ce traitement, qui reçut le nom de *garanceux,* pouvait servir à l'obtention de couleurs, à la vérité pas tout à fait aussi solides que celles de la garance, mais qui en constituent une bonne imitation. Ce traitement est maintenant pratiqué dans presque toutes les fabriques d'indiennes, surtout pour l'obtention de nuances diverses de rouge et de puce.

Si l'on traite d'une manière analogue de la bonne garance, au lieu des résidus de teinture on produit de la *garancine,* dont l'usage s'est beaucoup étendu depuis 1851.

L'avantage résultant de la conversion de la garance en garancine consiste dans l'économie que l'emploi de cette dernière offre aux imprimeurs, les pièces teintes en garancine n'ayant pas besoin des passages en bains de savon, mais seulement d'un léger traitement par chlorure décolorant et lavage subséquent pour présenter des fonds blancs irréprochables.

Le défaut que présentent les pièces teintes en garancine, de ne pas résister sufisamment au savonnage bouillant, a engagé MM. Pincoff et Schunck à chercher une autre préparation, qu'ils trouvèrent en effet en 1853, et qu'ils nommèrent « *alizarine commerciale.* » Ce produit qui dans ces derniers temps a commencé à être employé en très-grande quantité par plusieurs manufacturiers, est obtenu, en transformant d'abord la garance en garancine, enlevant à cette dernière les dernières traces d'acide et la soumettant ensuite à l'action de la vapeur d'eau à haute pression; dans cette circonstance, une substance nommée vérantine, qui salit les blancs et les nuances teintes, est décomposée ou altérée, de manière à ne plus affecter les fonds blancs et à ne plus altérer la pureté des teintes lilas que fournit l'alizarine.

Les avantages présentés par l'alizarine commerciale sont : la production économique de beaux violets sans savonnage ; grande régularité et promptitude dans la fabrication ; facilité de produire des dessins offrants des combinaisons de violets avec cachou ou violets avec puce, qu'on n'obtient pas aussi beaux en faisant usage de garance ou de garancine ; production de nuances de violets gradués *ad libitum* proportionnellement aux frais ; enfin économie de mordants.

M. Higgins a découvert récemment une autre méthode de préparation d'alizarine commerciale ; il fait bouillir de la garancine avec du carbonate de soude et un peu d'ammoniaque. Le mélange qui, au début de la réaction, est alcalin devient de nouveau légèrement acide après une ébullition de vingt-quatre heures, qui convertit la garancine en alizarine commerciale.

Une autre préparation de garance, connue sous le nom de *fleur de garance* et employée en grandes masses par les fabricants de toile peinte du continent, fut introduite dans le commerce par MM. Julian et Roquer, en 1852. Pour l'obtenir on fait fermenter la garance et on la lave ensuite, enlevant ainsi non-seulement les matières solubles, telles que sucre, mucilage, acides, matière colorante fauve, etc., qui nuisent plus ou moins à la fixation de l'alizarine sur les mordants, mais augmentent aussi la proportion d'alizarine et de purpurine (en conformité avec les recherches de M. Schunk concernant l'influence du ferment érythrozyme sur la rubiane). On a trouvé que 100 parties de fleur de garance teignent aussi fortement que 200 parties de racines ordinaires de garance pulvérisées, que les teintes sont plus belles, et que les rouges et roses sont plus solides. M. Mucklow a employé récemment un procédé semblable, en faisant alternativement macérer dans l'eau des racines de garance et les exprimant ensuite, de manière à éliminer les matières qui nuisent à la teinture des tissus.

Des spécimens de tissus teints avec garance, garancine, alizarine, etc., tous d'un mérite supérieur, ont été exposés : pour la Grande-Bretagne, par MM. Th. Hoyle et fils (4319), Bradshaw, Hammond et Comp. (4307), Butterworth et Brooks (4308), F.-W. Grafton et Comp. (4316), Littlevood, Wilson et Comp. (4321), M. Naughton et Thom (4325), Newton Bank Printing Company (4328); pour la France, MM. Dessaint et Daliphar (2233); pour l'Autriche, MM. L. Dormitzer et fils (859), F. Leitenberger (967); pour la Russie, Ch. Adam (448); pour l'Espagne, J. Achon ; pour la Belgique, De Smet frères (401).

Purpurine et alizarine vertes. — MM. Schaaff et Lauth ont exposé dans la section française (137) de magnifiques préparations commerciales obtenues avec la garance et désignées sous les noms de purpurine et d'alizarine vertes ; ces substances se trouvent actuellement entre les mains des imprimeurs du continent, et le procédé pour les préparer (indiqué par un chimiste distingué, M. E. Kopp) [voyez *Moniteur scientifique*, III, 1861 , page 129] étant très-intéressant, il sera utile de le décrire en quelques mots : 300 kilog. de garance en poudre sont délayés dans 3,000 à 4,000 litres d'une solution aqueuse d'acide sulfureux. On filtre et on lave le résidu avec 800 à 1,000 litres de la même solution. La liqueur claire résultant de ce traitement est additionnée de 3 pour 100 d'acide sulfurique de 1.60 p. sp. : puis chauffée à environ 36 degrés centigrades, ce qui détermine la séparation de la purpurine, qui se dépose au bout de quelques heures sous forme de gros flocons rouges. Les eaux mères sont décantées et soumises à l'ébullition pendant trois à quatre heures; l'alizarine verte se précipite alors. Ces deux produits n'ont besoin que d'être lavés pour pouvoir servir aux imprimeurs. Leur pouvoir colorant est réellement remarquable ; celui de la purpurine étant égal à 40-50 fois celui de la garance, et celui de l'alizarine verte environ 38 fois celui de le garance. (En réalité, la purpurine vaut entre 50 et 60 fois et l'alizarine verte une vingtaine de fois la garance. E. K.) De 300 kilog. de garance on obtient 2 kilog. de purpurine et 8 kilog. d'alizarine verte. Le résidu de gararance obtenu dans ce procédé peut être converti, à la manière ordinaire (par ébullition avec les eaux mères d'alizarine verte, E. K.), en garancine, dont la force tinctoriale est égale à environ moitié de celle de la garancine ordinaire. L'alizarine verte peut être employée comme l'alizarine commerciale. La purpurine donne de très-beaux roses et rouges avec les mordants d'alumine, mais pas de violets avec les mordants de fer. Mais la purpurine sera probablement employée de préférence dans l'impression et comme couleur substantive.

Teinture en rouge d'Andrinople unie ou avec dessins imprimés. — Le procédé pour teinture des tissus en rouge d'Andrinople est à peu près le même que celui suivi pour la teinture des filés, et il est, par conséquent, inutile de répéter ce qui a déjà été dit sur ce sujet.

Mais, à côté des manipulations longues et compliquées qu'exige la teinture en rouge turc, cette teinture présente une autre particularité, c'est que les blancs sont obtenus par un procédé précisément inverse de celui suivi pour les autres genres garancés, où l'on préserve le blanc contre la fixation de la matière colorante, tandis que sur tissus teints en rouge turc le blanc est obtenu en détruisant la couleur après qu'elle avait été parfaitement fixée et avivée. On y arrive en imprimant de l'acide tartrique sur le tissu et passant ensuite dans une solution de chlorure et d'hypochlorite de chaux, ou en forçant une solution faible d'un mélange de chlorure de chaux et d'acide sulfurique étendu à passer entre des plaques en plomb perforées entre lesquelles est pressée fortement la toile colorée ; le résultat est que la couleur est détruite sur les points où la liqueur décolorante a pu réagir sur le tissu.

Ce genre d'impression se trouvait parfaitement représenté dans les vitrines de MM. H. Montcith et Comp. (4326), J.-O. Ewing et Comp. (4329), W. Stirling et fils (4340), dans le Royaume-Uni ; de M. C. Steiner, en France (2249), de M. A. Baranova (450), en Russie ; de MM. Luchsmeyer, Elmer et Oertli (367), en Suisse.

Les teintures en rouge d'Andrinople des fabricants écossais cités méritent l'attention,'puisque ces manufacturiers ont réussi à maintenir chez eux une part très-large de cette fabrication importante, qui a cependant disparu de certaines localités, où précédemment elle jouissait de la plus grande réputation.

Avant de terminer ce rapport, il est nécessaire de mentionner encore un ou deux objets intéressants, qu'il eût été impossible de classer parmi les genres qui précèdent.

C'est ainsi que, dans la section anglaise, MM. Ormerod et Comp. (4330), ont exposé des rubans imprimés en tissu de coton. Ces produits sont intéressants non-seulement à cause de leur bon marché et de l'excellente imitation de la soie qu'ils présentent, mais aussi parce qu'on y a surmonté des difficultés qui doivent exister pour l'impression des rubans en soie ; on affirme que, depuis l'apparition de ces rubans si peu dispendieux et cependant exécutés avec beaucoup de goût, on a également introduit avec succès dans cette branche de fabrication des rubans mi-partie soie et laine.

MM. Dewhurst et Comp. (4312) ont exposé une collection de tissus de coton imitant parfaitement le cuir marocain.

Dans la section française, MM. A. Messier (2231) et Jaques-Sauce (2232) ont exposé une belle collection de tontisse de laine et de coton teints, remarquable pour la beauté et le

brillant des couleurs. Ces qualités ont contribué à étendre les applications, de cet article,
qui est même employé avec succès pour l'impression de robes de bal et de soirées en mousseline, comme on peut s'en assurer en examinant les tissus exposés au rez-de-chaussée de
l'Exposition française. On y trouve également des tissus et des rubans imprimés par MM. Werner et Michniewicz (2251) et Chennevière (2097) par un procédé appelé *antophyte*, qui consiste dans l'application de la photographie à la gravure de plaques de zinc, au moyen desquelles on obtient des imitations de dentelles sur tissus.

Nous ferons remarquer, en terminant, que l'industrie de la toile peinte s'est énormément
développée depuis 1851, et que beaucoup de fabriques, tant de la Grande-Bretagne que du
continent, ont plus que doublé leur production ; nous ajouterons, en nous appuyant de
l'autorité de M. E. Potter, M. P., que la quantité de pièces imprimées et exportées, qui, en
1851, n'était que de 6 millions et demi, s'est élevée, en 1857, à environ 27 millions de pièces.

F. CRACE CALVERT.

NOTA. — Au rapport si instructif et si intéressant de M. Calvert était ajoutée la liste des
exposants ayant obtenu des médailles à l'Exposition de Londres. Cette liste ayant déjà été
publiée par le *Moniteur scientifique,* nous ne l'avons plus reproduite.   E. KOPP.

DE LA FABRICATION DE L'ALCOOL AU MOYEN DU GAZ DIT D'ÉCLAIRAGE.

Dans un premier article sur l'exposition des produits chimiques de Londres (*Moniteur scientifique,* liv. 133°, p. 433), nous disions, à propos de l'alcool, par synthèse, obtenu d'après le
procédé Berthelot et exposé par M. Menier : « Il se peut faire que le charbon de terre, au
lieu du sucre et du glucose, devienne la matière première à fabriquer de l'alcool; c'est même
déjà fait. Un jour nous pourrons donner quelques détails sur les succès de Cotelle. »

Ces détails, nous n'avons pu les obtenir encore, bien que M. Cotelle, dans une visite qu'il
nous fit, nous promit de nous les communiquer, mais M. Mallet, qui est allé visiter l'usine de
Saint-Quentin, en a rapporté ses impressions et, comme M. Mallet n'est pas seulement un
chimiste habile, qu'il est aussi un manufacturier ingénieux et qui a fait ses preuves dans
l'industrie des produits chimiques, nous allons transcrire ses impressions sur la fabrication
artificielle de l'alcool telle qu'il la conçoit pour l'avenir.

Voici l'article de M. Mallet :

Depuis que l'on s'occupe sérieusement de la question de la fabrication artificielle de l'alcool, on a découvert que dès 1854, un M. Castex, de Puteaux, avait pris un brevet pour un
moyen d'obtenir de l'alcool *avec de la fumée d'huile, de graisse et de toute matière organique.*

« En brûlant ces matières organiques, dit l'auteur, la fumée qui se dégage peut être absor-
« bée par l'acide sulfurique concentré. Cet acide sulfurique, mélangé avec de l'eau et distillé,
« donne de l'alcool. Pour faciliter l'absorption de la fumée, on la fait passer à travers un
« corps imprégné d'acide sulfurique, soit à travers du coke mouillé par l'acide. Quand cet
« acide n'absorbe plus de fumée, on peut laver le corps imprégné pour l'en extraire ; cet
« acide étendu d'eau donne par la distillation de l'alcool.

« Avant de livrer à la consommation le gaz ordinaire d'éclairage, on peut le traiter par
cette méthode. »

Le brevet a été pris par M. Castex, le 8 décembre 1854, et c'est le 15 janvier 1855, c'est-à-
dire un mois après, que M. Berthelot a fait connaître pour la première fois, à l'Académie des
sciences, son mode de préparation synthétique de l'alcool. Le rapprochement de ces deux
dates peut faire naître plusieurs réflexions ; nous nous en abstiendrons, parce que nous n'a-
vons pas à examiner la question de brevets.

Pour le monde scientifique, le premier auteur de la découverte, c'est M. Berthelot (et le silence de M. Castex est une manière d'acquiescement qui a bien son éloquence) ; parlons donc de l'expérience de notre célèbre chimiste.

Ce n'est pas avec de la fumée que M. Berthelot a fait de l'alcool ; il s'est contenté de prendre de l'hydrogène bicarboné. Il a introduit dans un ballon 36 litres de ce gaz, de l'acide sulfurique concentré et 3 kilogrammes de mercure, dont le rôle dans l'opération se réduit, nous le pensons du moins, à celui de diviseur ; puis il a agité le tout longtemps. Il a reconnu qu'après 53,000 (tout autant) mouvements d'agitation imprimés au ballon, tout le gaz avait été dissous par l'acide et qu'il s'était formé une véritable combinaison, un acide qu'on peut appeler *sulfovinique* ou *sulfoéthilique*. En traitant cet acide par de l'eau, une nouvelle réaction se produit : l'hydrogène bicarbonné mis en liberté se combine à l'état naissant à de l'eau pour former de l'alcool, et l'acide sulfurique reste, mais additionné d'une certaine quantité d'eau ; c'est-à-dire dilué, et d'après les formules des équivalents, on a $C^4 H^4 + 2 H O = C^4 H^6 O^2$; en chauffant ce liquide, on chasse l'alcool produit.

Jusqu'ici, M. Berthelot n'a point cherché à tirer un parti industriel de cette expérience si curieuse ; il a peut-être été effrayé de la difficulté que présente l'absorption de l'hydrogène bicarboné par l'acide sulfurique même le plus concentré possible, et il s'est contenté de faire figurer à l'Exposition universelle de Londres, dans la vitrine de la maison Ménier dont il est le chimiste consultant, un litre de cet alcool produit de toutes pièces.

Ce que n'a pas tenté M. Berthelot, M. Cotelle, de Saint-Quentin, cherche à le réaliser. Il a eu, comme M. Castex, l'idée d'employer à la fabrication de l'alcool le gaz extrait de la houille, mais pas avant sa consommation pour l'éclairage. Le gaz de la houille bien épuré contient de l'hydrogène bicarboné, de l'hydrogène protocarboné, de l'oxyde de carbone, de l'hydrogène et certains carbures plus ou moins bien déterminés, par exemple, un peu de propylène et d'amylène, et peut-être même d'acétylène.

De ces divers gaz ou vapeurs, l'hydrogène bicarboné est, avec le propylène, le seul élément utile pour le but proposé ; malheureusement il s'y trouve en proportion assez minime. Evidemment la richesse du gaz de houille en hydrogène bicarboné dépend d'abord de la nature de la houille distillée, et ensuite du mode de distillation employé. En s'en rapportant à certaines analyses déjà anciennes et très-peu nombreuses du reste, la proportion d'hydrogène bicarboné pourrait être de 8 à 12 pour 100 ; mais dans les conditions générales de la fabrication actuelle, nous considérons ces chiffres comme beaucoup trop élevés, et nous pensons qu'on se rapprocherait beaucoup plus de la vérité en portant ce chiffre à 3 ou 4 pour 100. Nous parlons de gaz fabriqué dans des cornues avec des houilles belges et du nord de la France ; quant aux gaz des fours à coke, nous pensons qu'ils n'ont guère été jusqu'ici analysés.

Quoi qu'il en soit, voici le mode d'opérer auquel M. Cotelle paraît s'être arrêté : après avoir dans ses brevets, indiqué plusieurs moyens qu'il a probablement expérimentés, il condense le gaz et il l'épure *complètement* de son acide hydrosulfurique et de son ammoniaque ; il le fait passer en dernier lieu dans de l'acide sulfurique concentré qui le déshydrate autant que possible. Le gaz, aspiré au moyen d'une pompe, est dirigé au bas d'une colonne en verre ou en grès munie de plateaux ou diaphragmes percés de petits trous sur lesquels descend de l'acide sulfurique à 66 degrés qui se trouve très-divisé. La colonne que nous avons vu employer par M. Cotelle n'avait que quatorze plateaux, et un seul passage de l'acide ne suffisait pas pour absorber tout l'hydrogène bicarboné du gaz et en même temps pour le saturer de ce même gaz.

Il faudrait, suivant l'inventeur, une cascade de quarante plateaux pour arriver simultanément aux deux buts : l'absorption de tout l'hydrogène bicarboné et la saturation de l'acide sulfurique.

· Supposons ce *desideratum* obtenu, l'hydrogène bicarboné et le propylène sont absorbés dans la colonne, et à sa sortie il reste 96 à 97 pour 100 de gaz hydrogène protocarboné, d'hydrogène et d'oxyde de carbone impropres au service de l'éclairage, mais susceptibles d'utilisation pour le chauffage. C'est surtout en vue de cette utilisation que fonctionne la pompe aspirante et foulante, l'extracleur, si l'on veut, dirigeant, poussant les gaz non absorbés dans telle direction que l'on désire sans augmenter la pression dans les cornues.

L'acide sulfovinique ou sulfoéthylique, que M. Cotelle appelle sa *vinasse*, est traité par cinq fois son volume d'eau, puis on soumet le mélange à l'action d'un courant de vapeur qui entraîne l'alcool produit; les vapeurs sont condensées, et on obtient une liqueur alcoolique qu'on distille sur un peu de chaux pour saturer l'acide sulfurique qui a été entraîné, et les phlegmes de cette distillation sont rectifiés pour produire de l'alcool à 90° centésimaux.

Le résidu de l'opération et de l'acide sulfurique réduit à 20 ou 25 degrés du pèse-acide, il faut ou le ramener par la concentration à 66 degrés pour le faire resservir à une nouvelle opération ou l'utiliser à son état de dilution. Cette utilisation, si elle était avantageusement possible, entraînerait à une autre fabrication d'une certaine importance pour une distillerie d'alcool fabriquant seulement 30 hectolitres par jour; car la quantité d'acide sulfurique à 66 degrés à employer est considérable, elle s'élève à 1.500 kilogrammes environ par hectolitre d'alcool, soit 45,000 kilogrammes pour les 30 hectolitres. Si l'on veut concentrer l'acide dilué, il faut monter des appareils comme ceux des fabriques d'acide sulfurique. A la vérité, ce n'est pas là une impossibilité industrielle ; mais à combien s'élèveraient les frais de concentration pour 1,500 kilogrammes, c'est-à-dire pour un hectolitre d'alcool? Cette dépense de concentration nous paraît être, dans l'état actuel des industries chimiques, une grave difficulté pour la réussite du procédé nouveau, quand bien même on arriverait assez facilement à l'absorption complète de l'hydrogène bicarboné, ainsi qu'à la saturation simultanée de l'acide sulfurique, et nous sommes certain qu'il faut refaire à nouveau le prix de revient de 25 francs par hectolitre d'alcool à 90 degrés qui avait été annoncé dans les journaux de Saint-Quentin avec un zèle très-louable, mais aussi avec trop de précipitation. La fixation d'un prix de revient sérieux était d'autant plus prématurée que M. Cotelle n'était nullement outillé pour pouvoir l'établir.

25 francs l'hectolitre d'alcool bon goût (car il doit être, paraît-il, exempt de tout empyreume) qui se vendait alors 70 francs ! Il y avait de quoi faire fermenter tous les esprits et donner à réfléchir aux distillateurs de trois-six et même aux fabricants de sucre et aux agriculteurs. Des acquéreurs se présentèrent pour traiter avec M. Cotelle de ses brevets français et étrangers, sous réserve, bien entendu, de la justification du prix de revient. Le brevet français fut vendu, dit-on, 500,000 francs, et le brevet anglais 12 millions. Une société se forma à Saint-Quentin au capital de 400,000 francs, qui fut souscrit en une heure, en vue d'établir une véritable usine qui donnerait la solution définitive du problème, industriellement parlant.

Depuis lors, c'est-à-dire depuis deux mois environ, l'enthousiasme s'est calmé, les choses sont examinées avec plus de sangfroid ; on reconnaît généralement que le prix de revient ne peut être que le résultat d'une fabrication sérieuse, et non d'essais approximatifs de laboratoire.

Nous nous permettrons d'émettre quelques idées sur les conditions les plus avantageuses dans lesquelles pourraient se placer des fabriques d'alcool, et sur le plus ou moins de chances que peut présenter une exploitation industrielle du nouveau procédé.

L'acide sulfurique, même concentré à 66 degrés, absorbe difficilement l'hydrogène bicarboné, cela est incontestable; mais il ne s'agit pas ici d'employer ce gaz pur, il se trouve dans le gaz de houille (et même dans ceux de cannel, de schiste ou de boghead) en assez petite proportion, de sorte qu'il est déjà dans un grand état de division, ce qui doit faciliter l'action de l'acide sulfurique.

Si le procédé est applicable, évidemment on ne fabriquera pas exprès du gaz de houille ou de boghead : l'industrie offre ces gaz comme des espèces de résidus; ainsi, les fours à coke en laissent perdre d'immenses quantités, et certainement les producteurs de coke métallurgique n'hésiteraient pas à adopter des fours permettant de recueillir les gaz en même temps que les autres sous-produits, s'ils pouvaient les vendre même à très-bas prix. Il y a des houilles, comme celles de Commentry, certaines variétés de Saint-Etienne et de Mons, qui peuvent produire du coke d'assez bonne qualité et une bonne proportion d'hydrogène bicarboné ; ce serait à ces houilles-là qu'on donnerait la préférence. Généralement aussi les fabricants d'huile de schiste, qui distillent soit du boghead, soit des schistes d'Autun ou de l'Allier, tirent un assez faible parti du gaz qu'ils produisent malgré eux, et ce gaz est beaucoup plus riche que le gaz ordinaire de houille en hydrogène bicarboné. Voilà, suivant nous, des sources auxquelles les fabricants d'alcool par le nouveau procédé devraient d'abord aller puiser leur matière première.

Cette utilisation des gaz, sous-produit des fabriques de coke et d'huile de schiste, est d'autant plus à rechercher que la quantité de houille à distiller, au point de vue spécial de la fabrication de l'alcool, pourrait être très-considérable. Le prix de revient publié par les journaux de Saint-Quentin indiquait deux tonnes de houille pour la production d'un hectolitre d'alcool ; mais, comme nous l'avons dit, la quantité de houille à employer dépend évidemment de la richesse en hydrogène bicarboné du gaz qu'elle donne par sa distillation. Si ce gaz contient 12 pour 100 d'hydrogène bicarboné (nous laissons de côté le propylène) utilement employé en totalité, 2,000 kilogrammes de houille peuvent suffire à la production d'un hectolitre d'alcool à 90 degrés. Nous admettons qu'il faille 50 mètres cubes d'hydrogène bicarboné pour produire un hectolitre d'alcool à 90 degrés (M. Cotelle ne porte cette quantité qu'à 40 mètres cubes). En supposant le gaz provenant de fours à coke avec un rendement de 200 mètres cubes par tonne de houille (et ce rendement est un maximum dans l'état actuel des choses), les quantités de houilles nécessaires à la production d'un hectolire d'alcool seront données par le tableau su.vant :

Richesse du gaz en hydrogène bicarboné.	Volume du gaz en mètres cubes.	Houille distillée en kilogrammes.
12 pour 100	416	2.081
11 —	456	2.277
10 —	500	2.506
9 —	555	2.577
8 —	625	3.125
7 —	714	3.570
6 —	833	4.166
5 —	1.000	5.000
4 —	1.250	6.250
3 —	1.666	8.333
2 —	2.500	12.500
1 —	5.000	25.000

La quantité de houille étant donnée par la formule $x \times 200 \times a = 30$, a représentant la teneur du gaz en hydrogène bicarboné.

Le gaz provenant des fabriques d'huile de schiste, qui distillent du boghead Russel n° 1, contient 12 à 14 pour 100 d'hydrogène bicarboné, et sa richesse doit être quatre fois plus grande que celle du gaz de houille fabriqué dans des cornues.

Le prix de la matière première de l'alcool dépendra donc essentiellement du prix auquel les fabricants de coke vendront soit le mètre cube de gaz, soit le mètre cube de gaz hydrogène bicarboné ; car ils peuvent très-bien ne vendre que la partie utile à la fabrication de l'alcool, le surplus du gaz servant comme à l'ordinaire, au chauffage des fours.

Voilà notre opinion sur les moyens les plus avantageux d'obtenir la matière première.

Nous ne reviendrons pas sur la difficulté que peut présenter l'absorption de l'hydrogène bicarboné par l'acide sulfurique, mais nous avons besoin d'insister sur la dépense de concentration de l'acide sulfurique, qu'il faudrait ramener de 22 degrés à 66 degrés. Les bons fabricants d'acide sulfurique admettent que la concentration à 66 degrés de l'acide des chambres qui pèse 52 à 53 degrés leur coûte au moins 1 franc par 100 kilogrammes d'acide à 66 degrés. A cette dépense, il faut ajouter celle de la concentration de 22 à 52 degrés; quelle sera-t-elle? Comme cette opération ne se présente pas dans les fabriques d'acide sulfurique, nous ne pourrions que donner un chiffre approximatif; nous préférons nous abstenir.

Pour une fabrication quotidienne de 30 hectolitres d'alcool, il faudrait environ 45,000 kilogrammes d'acide sulfurique à 66 degrés ; la concentration de cet acide dilué jusqu'à 22 degrés, avec la perte qu'elle entraîne, serait, suivant nous, une opération d'une extrême importance.

En outre de la concentration, il faudra aussi tenir compte de la perte en acide du chef du départ de l'alcool des vinasses au moyen de la vapeur qui entraîne nécessairement une certaine quantité d'acide, et aussi du chef de la manipulation de cet acide.

Depuis qu'il s'agit des essais de M. Cotelle, nous avons toujours considéré, et nous considérons encore la question d'acide comme une des grandes difficultés, la plus grande peut-être, de l'industralisation du nouveau procédé.

Une considération d'un autre ordre ne doit pas être omise : la fabrication de l'alcool avec le gaz hydrogène bicarboné sur une certaine échelle amènerait immédiatement la baisse de l'alcool et par suite la baisse de la mélasse, qui conduirait à la diminution du prix de revient. Le prix des mélasses achetées par marchés dépend du cours de l'alcool : on double le prix de l'alcool, on retranche ensuite 2, on prend le dixième de l'excédant, et on a le prix de 100 kilogrammes de mélasse.

Du reste, des personnes bien informées prétendent que le système Champonnois, appliqué dans les fermes à la distillation du jus de betteraves avec utilisation sur place des résidus, permet de produire, avec bénéfice, à 45 francs l'hectolitre, l'alcool à 90 degrés.

Comme on le voit, la question est complexe et il pourrait être téméraire de formuler aujourd'hui sur le nouveau procédé de fabrication une opinion positive. Il est sage d'attendre les effets industriels auxquels la Compagnie Cotelle paraît devoir se livrer sur le carreau des mines du Nord, en utilisant le gaz des fours à coke. Les parties intéressées feront bien, dans tous les cas, de ne point s'endormir dans la quiétude; l'éveil est donné, nombre d'inventeurs vont s'occuper et s'occupent déjà de la question, qui va être retournée sous toutes ses faces, et M. Cotelle ne doit pas être le dernier à chercher activement un perfectionnement à ses procédés. Le mot *impossible* dans l'industrie n'est plus français depuis longtemps, et la fabrication de l'alcool au moyen du gaz pourrait bien un jour ou l'autre prendre droit de bourgeoisie dans l'industrie; ce serait un de ces prodiges auxquels la chimie moderne nous a pour ainsi dire habitués. »   MALLET.

ACADÉMIE DES SCIENCES

Séance du 22 décembre. — M. le ministre d'État transmet ampliation d'un décret impérial, en date du 13 courant, qui confirme la nomination de M. Pasteur à la place vacante dans la section de minéralogie et de géologie, par suite du décès de M. Senarmont.

Il est donné lecture de ce décret.

Sur l'invitation de M. le président, M. Pasteur prend place parmi ses confrères.

Marques de très-vive satisfaction de la part de l'Académie, qui tient enfin son bon Pasteur. Le *Moniteur scientifique* partage cette satisfaction, mais il espère que l'Académie satisfaite va enfin laisser reposer ce savant et ne l'accablera plus de ses bienfaits.

— M. D'ARCHIAC fait hommage à l'Académie d'un exemplaire de son *Cours de Paléontologie stratigraphique fait au Muséum d'histoire naturelle pendant le premier semestre de 1862.* Ce volume comprend le discours d'ouverture et le précis historique de la Paléontologie stratigraphique.

— Nouvelles recherches sur la température de l'air et sur celle des couches superficielles de la terre ; par M. BECQUEREL. — « Les moyennes des observations de 1861-1862, déduites des observations diurnes à 9 heures du matin et 9 heures du soir, ont donné :

$$A\ 1^m.33\ \text{au nord} \dots\dots\dots\dots\dots\dots\dots\dots\ 10°.70$$
$$A\ 16^m.25 \dots\dots\ \dots\dots\dots\dots\ \dots\dots\dots\dots\ 11°.30$$
$$A\ 20\ \text{mètres au sommet d'un marronnier} \dots\dots\ 11°.60$$

Ces résultats mettent bien en évidence l'accroissement de température jusqu'à une certaine hauteur, dont la limite, qui n'a pas encore été déterminée, est variable d'une localité à une autre, suivant le rayonnement terrestre.

Les observations de 1862 ont montré, comme celles de 1821, que six heures du matin était une heure critique ; en effet, on a trouvé, pour les quatre stations, les températures suivantes :

$$A\ 1^m.33\ \text{au nord} \dots\dots\dots\dots\dots\dots\dots\dots\ 8°.26$$
$$A\ 1^m.33\ \text{au midi} \dots\dots\dots\dots\dots\dots\dots\dots\ 8°.36$$
$$A\ 16^m.25 \dots\dots\dots\dots\dots\dots\dots\dots\dots\dots\ 8°.20$$
$$A\ 20^m \dots\dots\dots\dots\dots\dots\dots\dots\dots\dots\dots\ 8°.30$$

Il résulte encore des faits consignés dans ce Mémoire qu'il y a, pour ainsi dire, dans chaque lieu deux températures moyennes : l'une réelle, qui est indépendante du rayonnement terrestre ; l'autre, qui est dépendante, que l'on peut appeler climatérique, parce qu'elle sert à caractériser le climat sous le rapport de la température. La première, qui varie suivant la latitude, s'obtient en plaçant les instruments à une certaine hauteur au-dessus du sol ; la seconde en prenant la moyenne des observations faites sur différents points du lieu dont les sols diffèrent sous le rapport des pouvoirs absorbant, émissif et rayonnant.

Un grand nombre de causes s'opposent à ce que la propagation de la chaleur solaire soit uniforme dans les couches supérieures de la terre, et soit soumise par conséquent à une loi générale.

M. de Gasparin a constaté, en 1840, que la plus grande perte des oliviers, dans le Midi, porta sur les abres qui n'avaient pas été chaussés, et dont la terre n'avait pas reçu de labour avant l'hiver. En rompant la liaison des parties constitutives du sol, on diminue donc leur faculté conductrice pour la chaleur. La transmission de la chaleur solaire dans les couches superficielles du sol dépend donc de l'état physique de ce dernier.

Les pluies interviennent également, suivant qu'elles tombent en été ou en hiver ; pour s'en convaincre, il suffit de consulter la température des sources, qui ne donnent pas toujours la moyenne du lieu, comme L. de Buch l'a indiqué le premier. Dans les régions septentrionales de l'Europe, comme la Norwège occidentale, la température est inférieure à celle du lieu ; en s'éloignant de la mer, au nord des Alpes, elle est supérieure ; en Italie et sous les tropiques, elle est plus basse. Pour expliquer ces faits il faut prendre en considération la quantité d'eau tombée dans chaque saison. L'eau, en s'infiltrant dans la terre, y apporte nécessairement sa température, qui participe de celle de l'air.

En Angleterre, où la quantité d'eau tombée dans chaque saison est à peu près la même, la différence est nulle entre les deux températures. En Allemagne et en Suède, où il tombe plus d'eau en été qu'en hiver, les sources ont une température plus élevée de quelques degrés que la moyenne du lieu, tandis qu'en Norwège et en Italie, qui sont à pluies d'hiver, la température des sources est plus basse. La distribution des pluies doit donc exercer une influence sur le mouvement de la chaleur dans la terre au-dessous du sol.

Les observations intéressantes de M. Daubrée sur la température des sources de la vallée du Rhin, dans la chaîne des Alpes et au Kaiser-Stuhl, montrent également l'influence des phénomènes météoriques sur cette température. Notre confrère a reconnu notamment qu'en s'élevant dans les montagnes, où il tombe annuellement une forte proportion de neige, la température des sources paraît diminuer moins rapidement avec l'altitude que celle de l'air.

Cela posé, passons aux observations de 1862, faites au Jardin des Plantes au-dessous du sol :

$$\text{Température moyenne à } 1^m.26 \qquad 11^o.86$$
$$\text{—} \qquad \text{à } 3^m \qquad 11^o.69$$

En comparant ces valeurs avec celles obtenues aux stations au dessus du sol, on voit que la température moyenne la plus basse est celle à $1^m.33$. »

Il serait à désirer que ce mode d'expérimentation fût mis en usage dans différentes localités, ce qui permettrait de reconnaître comment la chaleur se propage dans la terre, et d'étudier, par conséquent, dit M. Becquerel, une des questions les plus importantes de la physique du globe.

— De quelques produits secondaires formés dans la fabrication de l'aniline; par M. A.-W. HOFMANN (deuxième note). — Dans une note précédente (voir *M. S.*, livr. 144, p. 805), ce célèbre chimiste a appelé l'attention sur quelques composés basiques à point d'ébullition très-élevé, formés comme produits secondaires dans la fabrication de l'aniline, et connus dans les ateliers de MM. Collin et Coblentz sous le nom de *queues d'aniline*. Il a établi que les bases distillant au-dessus de 330°, traitées par l'acide sulfurique dilué, fournissent un sulfate soluble, le sulfate de paraniline et un sulfate remarquable par son insolubilité dans l'eau. C'est le sulfate insoluble et la base à laquelle il appartient qui forment le sujet de la communication d'aujourd'hui.

Le sulfate insoluble en question se sépare en masse cristalline, jaunâtre, demi-solide, souillée par de grandes quantités de sulfates huileux d'autres bases. Ces substances s'enlèvent parfaitement par l'ébullition avec l'alcool; le sulfate solide devient plus cristallin et presque blanc. On achève la purification en dissolvant cette masse dans une grande quantité d'eau bouillante, et séparant, par filtration, les substances huileuses insolubles; la solution dépose alors, en refroidissant, le sulfate en aiguilles blanches qui, traitées par l'alcool bouillant, deviennent d'une pureté parfaite. Pour dégager la base, on n'a qu'à suspendre le sulfate pur dans l'alcool faible, et à le soumettre à l'action de la soude caustique; on obtient de la sorte une solution qui dépose, par l'addition de l'eau, la nouvelle base sous forme d'écailles blanches On n'a qu'à les laver à l'eau, à les dissoudre de nouveau dans l'alcool, puis à les reprécipiter au moyen de l'eau ainsi obtenue; cette substance se présente sous forme de petites aiguilles ou écailles blanches, qui, desséchées, peuvent prendre une teinte grisâtre; très-légèrement solubles dans l'eau bouillante, facilement solubles dans l'alcool et l'éther. Cette base fond à 45° et bout à 322°, distillant sans la moindre altération. Les nombres obtenus dans l'analyse de cette subsance peuvent se traduire par la formule $C^{12} H^{11} N$.

La nouvelle base a reçu de M. Hofmann le nom de *xénylamine* (du grec ζενος, étranger, inconnu, pour rappeler l'origine obscure du composé). Bien que d'origine obscure, ce corps, par la place qu'il occupe dans l'échelle du carbone et par sa composition même, se rattache à un groupe de substances des plus distinguées. Un coup d'œil jeté sur la formule de la xénylamine suffit pour démontrer la relation de ce composé avec la *benzidine*, base remarquable obtenue par M. Zinin au moyen de l'azobenzol. Ces deux corps sont entre eux dans les mêmes relations que l'éthylamine et l'éthylène-diamine, et que la phénylamine et la phénylène-diamine.

— Rapport sur des Mémoires de M. Dausse relatifs aux inondations; par M. MATHIEU. — Un extrait des importants travaux de M. Dausse sera inséré dans le recueil des *Savants étrangers*.

— Théorie nouvelle des quantités imaginaires; par M. C. CLAYEUX.

— Monographie des radiolaires (rhizopodes radiaires) ; par le docteur E. HAERKEL.

— Du développement, de la structure et des fonctions des tissus de l'anthère (1re partie); par M. A. CHATIN.

— Mémoire sur un nouvel appareil de filtrage, le bateau filtre, appareil applicable aux besoins des grandes villes et des armées en campement. — M. le docteur BURQ communique une note intéressante sur le filtrage artificiel des eaux des fleuves. L'auteur avait présenté, l'année dernière, un *filtre alcarraza* qui a reçu dernièrement une récompense du jury de l'exposition de Londres. M. Burq a appliqué le même principe de filtrage sous une forme plus heureuse et plus pratique. Son nouveau filtre se compose d'un bateau en fer à fond plat, traversé de part en part, comme une chaudière tubulaire, par des tuyaux ou drains en matière poreuse artificielle. Ces tuyaux sont munis intérieurement de petits diaphragmes également poreux qui constituent autant de filtres isolés. L'eau, après s'être épurée dans tout ce système, sort en filets distincts et tombe dans la cale du bateau.

On obtient ainsi de l'eau très-bien filtrée et parfaitement aérée. Le point important de l'invention, celui qui constitue sa supériorité, c'est la facilité de nettoyage. Là, en effet, le filtre se nettoie de lui-même. Le courant du fleuve chasse constamment l'eau à travers la paroi poreuse et enlève les impuretés qui obstruaient le passage. Enfin, le retournement du bateau suffit pour faire agir la pression de l'eau en sens contraire et opérer un nettoyage encore plus complet s'il devenait utile. Un seul bateau-filtre pourrait débiter en moyenne par vingt-quatre heures jusqu'à 30 et 35,000 mètres cubes d'eau clarifiée. Un bateau de 20 à 25 mètres suffirait parfaitement pour alimenter toute une armée de l'importance de celle que le gouvernement réunit tous les ans au camp de Châlons. Le prix de l'eau filtrée par ce procédé ne dépasserait pas un demi-centime le mètre cube. On voit d'ici les applications à l'hygiène civile et militaire.

— M. COMBES présente, de la part de M. Girard, ingénieur civil, une note sur une application des surfaces frottantes avec interposition d'eau à deux turbines de 135 chevaux, établies près du lac Majeur, sous une chute de 50 mètres. M. Girard rend le frottement presque nul en injectant de l'eau à une certaine pression entre les surfaces en contact. Ainsi, une roue très-pesante en fonte, montée sur tourillons, ne peut tourner que sous un effort de 20 kil. quand les tourillons sont simplement mouillés. Si l'on vient à graisser les surfaces, ce poids se réduit à 4 kil. Enfin, quand à l'huile on substitue une couche d'eau injectée avec une certaine pression, les surfaces glissent sur ce coussin liquide, et l'effort nécessaire pour faire tourner cette roue massive se réduit à 40 grammes. Un volant de 40 tonnes, accomplissant 100 révolutions par minute, absorbe 96 chevaux de force avec le graissage ordinaire. Avec l'injection d'eau entre les surfaces frottantes, le même volant, d'après M. Girard, n'absorberait plus que 3 chevaux, la force nécessaire au refoulement de l'eau comprise; soit, en définitive, une économie de 93 chevaux sur 96.

— M. GIROUD-DARGOUD soumet un moyen qu'il a imaginé pour *décortiquer le blé*, dans le but d'augmenter le rendement en farine. Son procédé consiste à immerger le grain pendant un temps assez court dans un lait de chaux, puis à le soumettre immédiatement à une friction qui a pour effet d'en détacher complétement l'enveloppe qu'on sépare ensuite aisément. Le même lait de chaux peut servir à plusieurs décortications successives. M. Giroud-Dargoud fait remarquer que la portion de chaux qui reste adhérente à la portion du grain que l'on soumet à la mouture est inférieure à celle que Liebig propose d'introduire directement dans la pâte pour améliorer le pain de ménage, et qu'ainsi il n'y a pas lieu de la considérer comme pouvant être nuisible.

— M. CHASSY adresse la description et la figure d'un *polygraphe* de son invention, appareil au moyen duquel on peut reproduire, avec une encre quelconque, plusieurs copies identiques d'un écrit ou d'un dessin donné.

— M. DUMAS demande l'insertion dans les *Comptes-rendus* d'une lettre que lui a adressée

M. Martens, professeur à l'université de Louvain, sur les radicaux multiples ou composés dans leur rapport avec la théorie des types.

— Note sur la formation naturelle de deux sulfates ferroso-ferriques par la décomposition de la pyrite martiale; par M. J. Lefort. — Les pyrites ferrugineuses, lorsqu'elles sont très-divisées et qu'elles sont soumises à la double influence de l'air et de l'eau, se convertissent rapidement en sulfate de fer en même temps qu'elles abandonnent du soufre; c'est sur cette réaction qu'est basée, comme on sait, la fabrication des couperoses vertes, ou sulfate de protoxyde de fer, dans les départements de l'Oise, de l'Aisne ou de l'Aveyron, et c'est par le fait d'une décomposition semblable que se sont formées naturellement plusieurs espèces minérales, parmi lesquelles on distingue le fer sulfaté rouge ou la néoplase de Beudant et la pittizite.

Le but de l'auteur est de signaler à l'Académie, dans la note qu'il présente, un exemple remarquable de la transformation spontanée du sulfure de fer en deux variétés de sulfates ferroso-ferriques, l'une jaune verdâtre, l'autre bleue, sels qui, par leurs teintes spéciales et généralement uniformes, partout où on les observe, nous paraissent mériter de prendre rang parmi les minéraux oxydés à base de fer. Ces deux sels ont été trouvés dans les boues noires mises à découvert à la suite d'entailles profondes pratiquées à la roche granitique qui surplombe le village et les sources minérales de la Bourboule (Puy-de-Dôme), entailles pratiquées dans le but d'augmenter le débit de ces sources minérales.

— Essai sur la géologie comparée du plateau méridional de la Bretagne ; par M. Dalimier.

— Sur la spinelle de Migiandone, dans la vallée de la Toce (Piémont); par M. Pisani.

— M. Morren annonce qu'une magnifique *aurore boréale* a été observée à Marseille dans la soirée du dimanche 14 décembre. « Ce phénomène, dit-il, a commencé ici à 6 heures 15 minutes environ; il était dans toute sa beauté à 9 heures 7 min., et il a fini vers 9 heures 45 min. Je ne donne aucun détail sur l'amplitude, la hauteur, la forme et les diverses couleurs qu'a présentées cette aurore boréale; mais je sais que M. Tempel, occupé en ce moment à l'étude du ciel, a recueilli avec soin tout ce qui concerne ce phénomène, si rare ici.... »

— M. Fleury adresse une lettre concernant l'observation qu'il a faite le même jour à Saint-Pétersbourg de cette *aurore boréale*.

— Détermination d'une intégrale définie relative à l'électrostatique et formules qui en dérivent pour la théorie des nombres; par M. Volpicelli.

— M. Kramer adresse de Munich une lettre concernant l'envoi de pilules dont il assure avoir obtenu d'excellents résultats dans diverses affections intestinales, y compris le *choléra-morbus*.

— A quatre heures et demie, l'Académie se forme en comité secret jusqu'à cinq heures et demie.

Séance du 29 décembre. — Cette séance a été supprimée des travaux habituels de l'Académie et consacrée à la séance annuelle, celle où l'on distribue, avec grand apparat, les prix de la fondation Montyon, ceux de l'Académie et les prix de tous ceux qui adressent des rentes à l'Institut pour encourager les sciences, en fondant des prix destinés à récompenser les travailleurs. Malheureusement, l'Académie se montre de moins en moins digne de cette confiance qu'on lui accorde. Sa partialité se dessine dans certaines questions, et au lieu de récompenses aux savants, elle fait des cadeaux à ses favoris, garde la moitié des fonds qu'elle a à distribuer, et imprime avec ces épargnes qui ne lui appartiennent pas les lourds mémoires de ses membres et quelquefois des volumes compactes. Elle fait plus, l'Académie, elle donne cet argent à ceux des confrères qui désirent faire des voyages scientifiques ou qui ont des recherches dispendieuses à exécuter. Bien entendu qu'elle a soin de se faire autoriser par MM. les ministres, afin de se mettre en règle avec les héritiers des donataires. Aussi, l'Académie ne reçoit plus autant de travaux dignes d'elle, parce qu'on connaît la paresse de ses commissions, leur insouciance, leur partialité et souvent leur insuffisance.

La foule se pressait à cette séance, dit la *Presse scientifique*. Qui donc a vu la foule à l'Académie le 29 décembre? Jamais séance ne fut plus triste et plus maussade. On savait que M. Élie de Beaumont prononcerait un éloge, et cela avait suffi pour faire le vide un peu partout, aussi bien sur les banquettes de l'Académie que dans les loges où prend place un public toujours le même, les familles des académiciens, ceux des lauréats et quelques désœuvrés voulant par leur présence se donner un vernis d'hommes de science.

M. Élie de Beaumont a lu l'éloge du physicien OErsted, un de ces savants si rares aujourd'hui, et que nous avons eu le bonheur de voir, il y a bientôt quarante ans. Nous étions bien jeune alors, et cependant nous nous rappelons toujours sa bonne figure, pleine de grimaces. Inutile de dire que personne n'a rien entendu, ce qui était dommage, on l'avouera, car cet éloge devait être des plus intéressants, et supérieurement écrit. Heureusement qu'on pourra le lire et le méditer avec soin.

Après la lecture de M. Élie de Beaumont, on a proclamé les prix dans l'ordre suivant :

Sciences mathématiques. — « *Discuter avec soin et comparer à la théorie les observations des marées faites dans les principaux ports de France.* » Ce prix n'est pas décerné, et la même question est remise au concours pour 1865.

— *Résumer, discuter et perfectionner en quelque point important les résultats obtenus jusqu'ici sur la théorie des courbes planes du quatrième ordre.* » Deux mémoires ont été envoyés au concours. M. Chasles en fait le plus grand éloge, ce qui n'empêche pas que la commission a jugé qu'il n'y a pas lieu de décerner le prix. Mais, ajoute M. Chasles, les efforts prolongés, et heureux sur plusieurs points, qu'ont exigés les développements et les recherches nombreuses que comportait le sujet du concours, lui ont paru très-dignes des encouragements et d'une marque d'estime de l'Académie.

La commission, en conséquence, a l'honneur de proposer à l'Académie de décerner à l'auteur du mémoire numéro 1 une médaille de la valeur de deux mille francs, et à l'auteur du mémoire numéro 2 une médaille de la valeur de mille francs.

L'Académie adopte cette proposition.

Prix extraordinaire de six mille francs, sur l'application de la vapeur à la marine militaire. — Ce prix, fondé par M. Charles Dupin, lors de son passage de vingt-quatre heures au ministère de la marine, est, comme toujours, renvoyé à une autre fois.

Prix d'astronomie. — Fondation Lalande. Voici la conclusion de la commission : «M. Clark a construit une lunette achromatique de 18 pouces 1/2 (47 centimètres) d'ouverture et 23 pieds (7 mètres) de foyer. L'objectif, qui surpasse de 3 pouces 1/2 les grands objectifs de Cambridge et de Poulkowa, est de la même longueur focale. C'est avec cette lunette que M. Clark a découvert, dans le voisinage de Sirius, une petite étoile qui avait échappé à tous les astronomes qui ont observé Sirius depuis cent ans, soit avec des lunettes, soit avec de grands télescopes. C'est pour cette découverte que nous proposons à l'Académie de décerner à M. Clark le prix d'astronomie de la fondation Lalande.

L'Académie adopte la conclusion de la commission.

Prix de mécanique, fondé par M. de Montyon. — La commission déclare qu'il n'y a pas lieu de décerner le prix.

Prix de statistique, fondé par M. de Montyon. — L'Académie décerne le prix de 1862 à M. Mantellier, pour son excellent *Mémoire sur la valeur des denrées dans la ville d'Orléans durant les cinq derniers siècles.* Un volume in-8°.

Et elle accorde une mention honorable à M. Champion, pour les profondes études contenues dans les quatre volumes publiés de son ouvrage sur *les Inondations en France depuis le vi^e siècle jusqu'à nos jours.*

Prix Bordin. — *Étude d'une question laissée au choix des concurrents, et relative à la théorie des phénomènes optiques.* » Ce prix n'est pas décerné, et la même question est remise au concours pour 1864.

Le premier prix Bordin n'a pas été décerné, mais le second concours, relatif à la question des foyers optiques et photogéniques, est déclaré terminé.

Une médaille d'or de *deux mille francs* est décernée, à titre de récompense, à M. Félix Reynard, de Saint-Martin, près de Grenoble.

Une médaille d'or de *mille francs* est décernée, à titre de récompense, à M. Carl Miersch, à Dresde (Saxe).

Prix de Mᵐᵉ la marquise de Laplace. — Le président remettra les cinq volumes de la *Mécanique céleste*, l'*Exposition du système du monde* et le *Traité des Probabilités*, à M. Matrot (Adolphe), né le 9 juillet 1841, à Paris, sorti cette année le premier de l'École polytechnique, et entré à l'École impériale des mines le 1ᵉʳ octobre 1862.

Sciences physiques. — *Anatomie comparée du système nerveux des poissons.* — MM. Philipeaux et Vulpian ont reçu une somme de 1,500 francs, à titre d'encouragement, et la question est remise au concours pour 1864. Si ces messieurs s'appelaient M. Pasteur, voilà longtemps que M. Flourens aurait donné à ces savants un prix entier.

— *Études des hybrides végétaux.* — Le grand prix a été décerné à M. Naudin, aide-naturaliste au Muséum d'histoire naturelle, et une mention très-honorable a été donnée à M. Godron, professeur à la Faculté des sciences à Nancy.

Prix de physiologie expérimentale, fondé par M. de Montyon. — Voici les conclusions de la commission : « Des recherches de M. Balbiani; il faut conclure que les infusoires se reproduisent par génération sexuelle, et que, sous ce rapport, ils ne font pas exception à la loi générale qui régit la reproduction dans la série des êtres organisés. La commission, à l'unanimité, décerne le prix de physiologie expérimentale, pour l'année 1862, à M. Balbiani, pour son mémoire *sur les phénomènes sexuels des infusoires.*

— *Études sur la circulation cardiaque ;* par MM. Chauveau et Marey. — En raison de l'intérêt considérable qui s'attache aux expériences des auteurs, la commission demande un second prix pour MM. Chauveau et Marey.

Le premier prix, accordé à M. Balbiani, est porté à *mille huit cents francs ;*

Le second prix, à *mille deux cents francs.*

Prix de médecine et de chirurgie, fondé par M. de Montyon. — La commission a l'honneur de proposer à l'Académie de décerner cette année trois prix et trois mentions honorables aux auteurs dont les noms suivent :

A M. Cruveilhier, un prix de deux mille cinq cents francs ;

A M. Lebert, un prix de deux mille francs ;

A M. Frerichs, un prix de deux mille francs ;

A M. Larcher, une mention honorable avec quinze cents francs ;

A M. Cohn, une mention honorable avec quinze cents francs ;

A MM. Dolbeau et Luys, une mention honorable avec chacun huit cents francs.

— M. Cruveilhier, professeur à la Faculté de médecine de Paris, reçoit le prix le plus fort pour deux grands ouvrages sur l'anatomie pathologique: le premier, composé de deux volumes in-folio, consiste dans une immense collection de cas pathologiques, tous recueillis par M. Cruveilhier lui-même, et représentés dans des planches fidèlement exécutées. Le second, pour son *Traité d'anatomie pathologique générale* (cinq volumes in-8°) dont la commission fait le plus grand éloge.

— M. Lebert, professeur de clinique médicale à l'Université de Breslaw, pour son grand ouvrage d'anatomie pathologique et d'histologie. « L'ouvrage de M. Lebert se compose de deux volumes in-folio de texte, et de deux autres volumes, également in-folio, de planches admirablement exécutées ; les unes représentent les objets tels que l'œil nu les aperçoit, les autres les reproduisent tels qu'ils se montrent au foyer du microscope ; nulle part, sous ce second rapport, il n'y a rien d'aussi complet, etc. »

— M. Frerichs, professeur de clinique médicale à l'Université de Berlin, a soumis au jugement de l'Académie un *Traité des maladies du foie*, qui contient un grand nombre de recherches propres à l'auteur. La plupart de ses descriptions sont fondées sur des observations recueillies par lui ; elles sont au nombre de cent vingt-sept ; les examens nécroscopiques, très-exacts, sont complétés souvent par de fines injections poussées dans les vaisseaux, et des détails très-précis d'histologie pathologique. Des figures intercalées dans le texte, au nombre de quatre-vingts, et un atlas à part, reproduisent l'état des organes examinés soit à l'œil nu, soit au microscope, etc.

— M. Larcher est récompensé pour un excellent travail intitulé : *De l'hypertrophie normale du cœur pendant la grossesse.*

— M. Cohn, pour sa monographie remarquable, intitulée : *Clinique des affections emboliques, étudiées surtout au point de vue pratique.*

— M. Dolbeau, pour son mémoire sur l'épispadias, qui est le premier travail complet qui ait été fait sur cette affection. Le mémoire de M. Dolbeau, accompagné de quatre planches fort bien exécutées, résume avec talent les différents faits d'épispadias disséminés dans les annales de la science. L'auteur y a ajouté trois observations qui lui sont propres. Enfin il apporte au procédé chirurgical connu des modifications qui doivent en assurer le succès.

— M. Luys, qui l'année dernière avait déjà soumis un travail sur la structure du cerveau proprement dit, a étendu, cette année, ses recherches à l'étude de la structure de la moelle épinière, du bulbe, de la protubérance annulaire et du cervelet. Ce travail, tout descriptif, repose sur des recherches très-fines et très-délicates, qui ne peuvent être facilement comprises qu'à l'aide des nombreuses figures dont l'auteur l'a enrichi.

On voit par ces explications de la commission, que nous avons beaucoup abrégées, que ces travaux remarquables ont été appréciés à leur juste valeur et que la section de médecine et de chirurgie, toujours si laborieuse, a bien mérité des lauréats. Espérons qu'elle n'a rien laissé dans l'ombre et gardons-nous de lui reprocher, comme on l'a fait il y a quelques années, l'abondance de ses prix. Qu'elle les multiplie au contraire, ces travaux ayant un intérêt scientifique auquel se joint une grande utilité pour l'humanité.

Prix des arts insalubres. — La commission des arts insalubres déclare à l'unanimité de ses membres qu'aucune des pièces envoyées au concours n'est dans les conditions de recevoir un prix ou une récompense.

Ceci prouve une fois de plus que l'industrie fait ses affaires elle-même et laisse l'Académie tranquille.

Prix Alhumbert pour l'année 1862. — *Essayer par des expériences bien faites de jeter un nouveau jour sur la question des générations dites spontanées.* « La commission, dit M. Claude Bernard, n'a pas demandé une solution qui ne peut être fournie que par le temps (*le Temps*) ; elle a voulu seulement appeler et faire surgir des expériences bien faites. Parmi les travaux soumis à son examen, la commission a remarqué en première ligne le mémoire de M. Pasteur sur les *Corpuscules organisés qui existent dans l'atmosphère.* En conséquence, le prix Alhumbert est accordé à l'unanimité au travail de M. Pasteur. » Le prix est de 3,000 francs.

Un autres travail a fixé l'attention de l'Académi : ce sont les *Recherches sur le développement de quelques champignons parasites* dues à M. A. de Bary, professeur de botanique à l'Université de Fribourg, en Brisgau (grand-duché de Bade).

La commission, n'ayant trouvé que ces deux mémoires qui fussent conformes à l'opinion de ceux qui ne veulent pas de générations spontanées, n'a examiné que ces deux mémoires et a fermé les yeux sur le reste. Il est vrai que la commission ne voulait que des *expériences bien faites*, mais pas de *conclusions* à ces expériences. Elle a donc donné le prix à M. Pasteur pour des *expériences* qui lui ont paru *bien faites* et qui avaient l'avantage de laisser la question dans le *statu quo*. Elle n'a pas osé dire que l'hétérogénie devait être rayée de la science, elle s'est contentée de laisser voir sa haine pour les hétérogénistes.

— Un second prix Alhumbert pour l'année 1861, qui avait été remis au concours pour

1862, a été partagé entre M. Lereboullet, doyen de la Faculté des sciences de Strasbourg, et M. Dareste, professeur suppléant à la Faculté des sciences de Lille.

Voici quel était le sujet du prix pour les sciences naturelles que l'Académie avait posé et qu'elle a partagé.

L'étude expérimentale des modifications qui peuvent être déterminées dans le développement d'un animal vertébré par l'action des agents extérieurs.

L'observation suivante avait été ajoutée :

L'Académie désire que ce sujet soit étudié de nouveau et d'une manière plus complète, soit chez les oiseaux, soit chez les batraciens ou les poissons.

Prix Bordin. — *Histoire anatomique et physiologique du corail et des autres zoophytes de la même famille.* Le délai fixé pour la remise des mémoires ne devant expirer que le 31 décembre 1862, le jugement de ce concours est remis à 1863.

Prix Bréant. — M. Serres, président et rapporteur. Rien à l'horizon, dit M. Serres, Rien, rien, rien !

En présence de cette pénurie de travaux, l'attention de la section a été attirée par les recherches de M. Barralier, sur la non-identité du typhus et de la fièvre typhoïde. M. Barralier a donc reçu, sur le revenu de *cinq mille francs*, du legs Bréant, une récompense de *deux mille francs*.

Prix Jecker. — M. Chevreul, rapporteur, propose de donner le prix à M. Thomas Graham.

Voici le titre du mémoire de M. Thomas Graham, qui a remporté le prix Jecker : *Recherches sur la diffusion moléculaire appliquée à l'analyse.*

Prix Barbier. — La Commission décerne le prix Barbier à M. Cap, pour son *Floge* de la glycérine. M. Cap est un littérateur distingué, et la glycérine, qui rend aujourd'hui tant de services et en promet encore plus, méritait bien que M. Cap s'occupât d'elle.

La Commission regrette de n'avoir pu admettre au concours l'*auteur anonyme* d'un travail sur l'*Assimilation des substances isomorphes*.

REVUE DE PHYSIQUE.

Étude physique des éclipses solaires. — L'on sait que la grande controverse sur la constitution du soleil est loin d'être terminée, et que les nombreuses expéditions qui étaient parties pour l'Espagne pour y observer l'éclipse totale du 18 juillet 1860, sont revenues avec des convictions aussi divergentes que possible. Il reste donc encore beaucoup à faire, et l'on attend avec impatience l'éclipse du 22 décembre 1870, qui sera visible en Grèce, en Algérie et en Espagne, pour reprendre avec un zèle stimulé par les obstacles, les expériences qui ont été si peu décisives sur bien des points.

L'éclipse du 31 décembre 1861, n'a été observée qu'aux Antilles et aux îles du cap Vert, par des personnes peu expérimentées et avec des instruments très-insuffisants. Les astronomes allemands qui comptaient la suivre dans la presqu'île de Morée, ont perdu leur peine, car le soleil éclipsé s'est caché derrière d'épais nuages. Les spectacles de la nature ont ceci de désagréable, que le rideau une fois tombé, il n'y a pas à dire *bis* ni *da capo !*

MM. Edmond et Adolphe Weiss, de Vienne, étaient allés en Grèce s'établir près de l'embouchure de la Néda, où l'éclipse devait être centrale un peu avant le coucher du soleil. L'endroit était favorable : il domine un vaste horizon, et le soleil s'y couche dans la mer; on espérait donc obtenir quelques résultats, malgré la courte durée du phénomène (11 secondes). Mais, comme je l'ai déjà dit, l'horizon était voilé de nuages et le soleil disparut avant que l'éclipse fût totale. M. A. Weiss dirigea un spectroscope sur les bords illuminés des nuages, et il vit toutes les raies de Fraunhofer comme à l'ordinaire; au moment de la totalité, il examina de la même manière la lumière diffuse du ciel bleu à 30 ou 40 degrés du soleil, et le spectre, très-pâle alors, montra toujours les raies principales. Ces observations ne décident rien, car il est probable que l'atmosphère était toujours éclairée par une petite quantité de lumière directe du soleil, vu la largeur très-restreinte de la zone de la totalité. Mais il est clair qu'un spectroscope ordinaire suffit pour étudier les raies sombres de la couronne ou des protubérances, car leur intensité lumineuse est certainement supérieure à celle de l'atmosphère environnante. L'instrument le plus propre à ce genre de recherches nous paraît être le spectroscope de poche, à vision directe, de M. Hoffmann ; il se manie comme une simple lunette.

L'étude du spectre de l'auréole des éclipses a été recommandée par M. Maedler, dans un journal russe, publié à Wilna, par M. Gussew, et plus tard par M. Faye, qui regarde ces expériences comme propres à décider la question de l'atmosphère solaire. « Si le spectre de l'auréole, dit le célèbre astronome français, nous offre l'inversion du spectre solaire, c'est à-dire si les raies noires de Fraunhofer y sont remplacées par des raies colorées brillant sur un fond obscur, la question sera tranchée, l'existence si contestée de l'atmosphère du soleil deviendra un fait définitivement acquis à la science. Dans le cas contraire, ne devra-t-on pas admettre que l'absorption s'opère dans le sein même de la photosphère. dont la surface n'émet pas seule tous les rayons, mais qui contribue sans doute à la lumière du soleil par une partie de son épaisseur. »

Il faut ici faire remarquer que, d'après M. Kirchhoff, le soleil est constitué simplement d'un noyau incandescent qui est entouré d'une atmosphère de vapeurs embrasées, sans photosphère intermédiaire. Les rayons solaires seraient donc essentiellement dus à un corps solide ou liquide à l'état d'incandescence. M. Faye oppose à cette conception l'expérience à l'aide de laquelle Arago, se fondant sur l'absence de toute polarisation dans la lumière émise par les bords du soleil, prononçait si nettement que la partie brillante du soleil n'est ni un liquide, ni un solide, mais bien un gaz incandescent. « Il n'y a, dit M. Faye, qu'une espèce de corps qui jouisse à la fois d'un spectre continu et d'une émission non polarisée: c'est le noir de fumée incandescent : faudrait-il donc admettre que la photosphère du soleil est de cette nature-là ? »

J'avoue qu'il me semble difficile de répondre à ces objections. Quant aux changements qui devraient se manifester dans le spectre solaire dès que la lumière du bord est observée isolément, il est possible qu'on les chercherait en vain, sans que cet insuccès prouvât rien contre les hypothèses de M. Kirchhoff ; car la lumière du noyau, réfractée par l'atmosphère, pourrait se mêler aux faibles radiations propres de la couche atmosphérique située en dehors du disque obscurci. De plus, si l'atmosphère solaire possède une très-grande hauteur relativement au diamètre du noyau, la différence de chemin doit être à peine sensible pour les rayons qui émanent des différents points de la surface incandescente du noyau astral.

Je crois que M. Liais a fait des expériences spectrales à l'occasion de l'éclipse totale du 7 septembre 1858, et qu'il a observé un faible changement de la raie D; mais il m'est impossible de vérifier ce souvenir assez vague.

Le savant physicien anglais Forbes profita de l'éclipse du 15 mai 1836 pour se procurer un spectre exclusivement formé de rayons partant du bord de l'astre radieux; dans une lettre adressée à l'Académie des sciences, il rend compte de cette expérience et il affirme que le spectre ainsi obtenu est identique, pour le nombre et la position des raies noires, avec celui qui provient du disque entier. (*Comptes-rendus*, II, p. 576; et Humboldt, *Cosmos*, v. III.) M. Matthiessen a publié un résultat analogue en 1847, dans les *Annales de Poggendorff*.

Dans l'*Annuaire du bureau des longitudes pour 1846*, Arago parle d'une telle expérience faite par un savant italien. « M. Fusinieri, de Vicence, dit-il, décomposa à l'aide d'un prisme de verre, la lumière de l'auréole lunaire, il assure que le spectre provenant de cette décomposition manquait absolument de vert; que la place qu'occupe ordinairement cette couleur était entièrement obscure. »

C'était en 1842; l'importance des raies noires n'était pas encore assez connue, et Fusinieri ne s'en est pas préoccupé, mais il a noté l'absence du vert, et M. Faye en conclut que les raies brillantes du magnésium, qui eussent dû remplacer le groupe des trois raies obscures *b* de Fraunhofer, ne se sont point manifestées dans le spectre discontinu de l'auréole.

Voici maintenant des observations du 18 juillet 1860 que j'emprunte à l'*Annuaire de l'Observatoire de Madrid* pour 1861. Elles ont été faites par MM. Barreda et Rodriguez, professeurs de physique à Valladolid et à Madrid, installés, le premier au Desierto de las Palmas, l'autre à Pinseque, près Saragosse. Mais il n'y est pas question des raies.

M. Barreda recevait un faisceau de rayons sur un prisme de flint de 45 degrés, dans une chambre obscure. Vingt minutes après le commencement de l'éclipse, il se montra déjà une confusion très-visible dans la lumière du spectre; dix minutes plus tard, on remarqua une altération manifeste dans le rouge, qui pâlissait, pendant que le jaune et le vert se confondaient, de manière à faire place à une teinte mixte et uniforme; au bout de dix autres minutes, une confusion semblable commença à se faire entre le bleu et l'indigo; elle ne tarda pas à devenir complète, et persista, comme celle des autres couleurs, jusqu'à la fin de la totalité.

A mesure que ce mélange des couleurs se produisait (par exemple, trente-deux minutes après le commencement de l'éclipse), les couleurs orangée et violette commençaient à diminuer notablement; la première avait disparu entièrement cinquante minutes après le commencement, et la seconde cinq minutes avant la totalité, où l'indigo manquait tout à fait et le bleu à peu près. Pendant la totalité, on ne distinguait que de faibles traces du rouge et du vert; les autres couleurs s'étaient évanouies. Après la fin de l'obscurité totale, le phénomène s'est reproduit dans l'ordre inverse. Au bout de cinq minutes, le bleu a reparu; au bout de dix minutes, le jaune et le vert fondus ensemble, ainsi que la teinte mélangée du bleu et de l'indigo, avec une nuance du violet, dont l'intensité s'est accrue rapidement. Le rouge, le jaune, le vert, et l'orangé immédiatement après, se détachèrent au bout de dix, de vingt et de vingt-cinq minutes après la totalité, et au bout de trente minutes, toutes les couleurs avaient repris leur éclat primitif.

M. Rodriguez a vu d'abord le rouge blanchir, ensuite le bleu et le jaune se confondre, puis le vert, et après le vert, le bleu et le violet disparaître complétement, ces deux dernières couleurs se confondant avec l'indigo dans une seule teinte uniforme, de sorte que, peu d'instants avant la totalité, on ne distinguait que trois couleurs, un rouge clair, un jaune verdâtre et un bleu pâle.

Pendant toute l'éclipse, le spectre était peu prononcé, et à la réapparition de la lumière, les changements eurent lieu en ordre inverse.

La clarté de ces descriptions laisse à désirer; mais il faut dire aussi qu'il est difficile de distinguer des couleurs très-pâles. Le rouge, qui a persisté pendant la totalité, pouvait bien expliquer la teinte étrange que prennent les paysages au moment d'une éclipse de soleil.

Un savant suisse, M. Simmler, a émis l'opinion que ces étranges effets de lumière sont des phénomènes de fluorescence des végétaux. L'on sait que certaines plantes, surtout celles à fleurs jaunes, comme le souci des jardins, la capucine, etc., émettent souvent des lueurs dans l'obscurité, et que la matière verte des feuilles est très-impressionnable pour la fluorescence. Ainsi, l'on peut concevoir que les ombres rougeâtres qui se répandent sur un paysage lorsque le soleil est obscurci ont leur origine dans une fluorescence éveillée par les rayons chimiques émanant du soleil, et qui se manifestent aussi par l'impression photographique de protubérances invisibles dans les lunettes. M. Simmler a étudié la fluorescence rouge des fleurs et du feuillage au moyen d'un instrument très-simple qu'il appelle *érythroscope*, et qui consiste dans un système de verres de cobalt superposés, qui ne laissent passer que les rayons rouges, bleus et verts. A travers ces lunettes bleues, l'on voit en rouge de sang la verdure et les fleurs jaunes ou orangées, tandis que les couleurs minérales et le bleu de ciel conservent leurs nuances.

L'hypothèse de M. Simmler nous sourit beaucoup, mais l'on peut s'en passer, s'il est prouvé que le spectre de l'auréole se réduit au rouge avec un peu de vert.

Voici maintenant un autre point très-important. Il est à peu près hors de doute aujourd'hui que les protubérances roses sont des appendices réels du soleil. Ce fait est prouvé d'abord par la discussion des photographies de l'éclipse de 1860, obtenues par M. Warren de la Rue, ensuite par les observations de MM. Bruhns, Goldschmidt et d'autres, qui ont parfaitement vu les protubérances quelques minutes avant le commencement et après la fin de la totalité. De plus, on a remarqué une certaine corrélation entre les protubérances et les taches ou facules du soleil. Il faut donc chercher un moyen de les voir en dehors des éclipses totales, phénomènes si rares, hélas !

Or, ce moyen existe peut-être : c'est l'observation du soleil, quand il se lève ou se couche dans la mer.

Déjà des tentatives ont été faites dans cette voie par M. Piazzi Smyth, lors de l'expédition astronomique au pic de Ténériffe, et les résultats de ces observations donnent lieu à l'espoir qu'un jour on réussira à faire ainsi connaissance avec les nuages roses de l'atmosphère solaire, en prenant bien des précautions... car cette expérience sera toujours une des plus délicates. Mais aussi, quelle palme à cueillir!

R. Radau.

VARIÉTÉS.

—

Un chapitre pour l'histoire de la Photographie.

Dans un feuilleton du *Siècle*, signé Adrien-Paul, nous lisons ce qui suit :

« Par une soirée froide et brumeuse de l hiver de 1824, un jeune homme problématiquement vêtu d'une redingote légère, qui n'eût pas été de trop dans la canicule, sortait de ce pâté de ruelles, aujourd'hui démolies, qui s'appelait la Cité.

C'était un jeune homme au front intelligent, à la physionomie rêveuse, pâle et un peu dévastée, comme l'ont souvent les chercheurs que la fièvre du travail dévore et que désorganisent sourdement les atteintes d'une misère d'autant plus cruelle qu'on la dissimule davantage.

Il entra chez un boulanger de la rue de la Barillerie, tira de sa poche une pièce de deux sous égarée au milieu de quelques louis, acheta un petit pain, et alla le manger solitairement au maigre fumet des boutiques d opticiens en possession immémoriale du quai des Lunettes.

Il allait et venait des magasins à la rivière, semblant hésiter entre celle-ci et ceux-là, comme un homme que la lutte a profondément fatigué, et qui se demande si la gloire vaut réellement bien les efforts, souvent stériles, que l'on tente pour l'acquérir.

Après avoir longtemps hésité, il finit par entrer chez l'ingénieur Chevallier, et il y fit l'acquisition d'une chambre noire d'un prix peu élevé, mais qui n'en laissa pas moins son gousset parfaitement à la merci de la première araignée venue qui voudrait y établir une filature.

Mais, bah ! il était jeune, il venait de dîner — d'un petit pain, — et il était possesseur d'une chambre noire !

— Je regrette, dit-il, en alignant sur le comptoir sa petite fortune, je regrette que mes moyens ne me permettent pas d'acheter un appareil à prisme, au moyen duquel je parviendrais sans doute à mieux fixer l'image passagèrement tracée sur la glace dépolie.

M. Charles Chevallier resta bouche béante, et commença par se demander de quel Charenton sortait ce client à la fois si lugubre et si facétieux.

Cependant le jeune homme tira de sa poche quelques *images positives sur papier*; il n'y avait pas moyen de douter.

Par une coïncidence assez naturelle, eu égard à sa position, l'ingénieur Chevallier recevait, vers cette même époque, les confidences de deux hommes qui, Daguerre à Paris, et Niepce dans sa solitude des bords de la Saône, cherchaient, chacun de son côté, à résoudre le problème de reproduire les images de la chambre obscure.

Jusque-là, pour ne pas décourager Daguerre, son ami, et Niepce, son correspondant, M. Chevallier avait fait semblant de croire; mais le fait est qu'il considérait le problème comme insoluble.

Or, voici que maintenant un troisième chercheur de causes occultes, et trouveur celui-ci, lui tombait du ciel, les preuves à la main.

M. Charles Chevallier était en extase; il témoignait au jeune homme son admiration, lorsque celui-ci reprit :

— Puisque je ne puis faire moi-même des essais avec l'appareil perfectionné, je vous donnerai la substance que j'emploie et vous la mettrez à l'épreuve.

Et il s'éclipsa comme il était apparu.

Pauvre jeune martyr, en qui l'amour de la science remplaçait tous les amours, et qui, après une adoration exclusive, après plusieurs années peut-être d'un culte sans résultat, au moment même où il allait être heureux, se voyait contraint d'offrir lui-même à un autre les premières faveurs de sa maîtresse!

« Plus tard, — dit l'ingénieur Chevallier, en racontant lui-même cette rencontre (1), — je « ne pus songer à cette singulière apparition sans éprouver un remords. Lorsque ce pauvre « jeune homme me témoigna le regret de ne pouvoir se procurer une chambre obscure à « prisme, j'aurais dû, j'en conviens, dans l'intérêt de l'art, lui faciliter les moyens de réaliser « son désir; mais, tout en confessant le tort grave que j'eus en cette circonstance, j'ajouterai « que je n'étais pas alors le maître de disposer d'un appareil. »

Quelques jours après, l'inconnu apporta, en effet, un flacon plein d'une liqueur bleuâtre que Charles Chevallier jugea être une teinture d'iode très-épaisse, et il lui donna des instructions verbales sur la manière d'opérer.

M. Chevallier, dont ce n'était pas la spécialité, fit, un peu à l'aventure, quelques essais qui n'amenèrent aucun résultat; il attendait avec impatience son inconnu, mais l'inconnu ne revint pas.

« Pendant bien longtemps, à la tombée de la nuit, raconte M. Chevallier, je me mettais sur « le pas de ma porte; je cherchais des yeux, à droite et à gauche, dans la solitude du quai ; « j'appelais de tous mes vœux cet infortuné auquel, la réflexion venue, ma bourse avait hâte « de s'ouvrir..,.. »

On ne savait ni son nom ni son adresse; on n'en a jamais su et on n'en saura sans doute jamais davantage.

Que devint cet inventeur mystérieux? Bernard Palissy, qui connaissait toutes les souffrances d'une haute intelligence aux prises avec la misère, avait adopté pour devise : « Pauvreté tue le génie. » La Seine, après une de ces horribles journées où il fait froid et faim, lui a-t-elle offert son sombre refuge ? Est-il tombé d'un lit d'hôpital dans la fosse commune? Bicêtre a-t-il donné, à son insu, un asile au premier inventeur de la photographie comme au premier inventeur de la vapeur? Désillusionné des rêves de l'avenir, s'est-il enfoui dans les cata-

____

(1) *Souvenirs*, publiés en 1852 par l'ingénieur Chevallier.

combes administratives ou ministérielles? Mieux inspiré encore, a-t-il ouvert boutique au coin d'une rue, moyennant quoi il serait devenu citoyen notable au lieu d'inventeur illustre?

Tous ces derniers chapitres sont, hélas! possibles, et, pour le cerveau en travail d'une grande découverte qu'il sent bruire en lui, je ne sais en vérité pas quel est le plus lamentable.

Sur ces entrefaites, Daguerre fit une visite à M. Chevallier, qui lui raconta en détail l'aventure et lui confia le flacon pour en faire l'essai. Daguerre ne put rien obtenir de la liqueur brune. L'ingénieur se décida alors à lui parler des travaux de Niepce, en ajoutant qu'il ferait peut-être bien de se mettre en rapport avec ce dernier.

Niepce et Daguerre entrèrent alors en correspondance, mais avec une grande réserve, en se tenant sur leurs gardes comme deux inventeurs soupçonneux qui craignent de voir une autre patte que la leur tirer les marrons du feu.

Niepce surtout, comme tous les provinciaux à l'égard des Parisiens, était d'une méfiance excessive.

Le hasard les ayant réunis à Londres, en 1826, ils s'entretinrent de leurs travaux, mais d'une manière générale et sans se livrer mutuellement aucun de leurs secrets.

La glace fut longtemps à se rompre ; enfin, ils s'unirent par un traité passé à Châlon-sur-Saône, le 14 décembre 1829.

Voici la part de chacun :

Niepce a, le premier, trouvé le moyen de fixer, par l'action chimique de la lumière, l'image des objets extérieurs.

Daguerre a perfectionné les procédés photographiques de Niepce, et imaginé, dans son ensemble, la méthode générale actuellement en usage.

Niepce est mort en 1833, avant d'avoir joui de son triomphe, pauvre et ignoré, avec la pensée désolante d'avoir perdu vingt années de sa laborieuse carrière, dissipé son patrimoine en recherches vaines, et compromis l'avenir de sa famille à la poursuite d'une chimère.

Sept ans après la postérité commençait pour lui; on décernait à sa famille une récompense nationale, et on élevait un monument sur sa tombe dans l'humble cimetière de son village.

Et pourtant, voyez ce que c'est! parlez de Daguerre au premier venu; il est, à coup sûr, mieux connu que Christophe Colomb; si je dis *mieux* connu, et si je choisis l'*inventeur* de l'Amérique pour terme de comparaison, c'est que cela me rappelle une naïveté toute récente, que je glisse en passant, selon ma coutume.

Ainsi j'étais assis, l'autre jour, au bois de Boulogne, non loin d'un grenadier de la garde et d'une bonne d'enfant en train de conjuguer *je vous aime* : un joli verbe s'il en fut, dont le prétérit seul serait à supprimer.

La bonne était du village de Colombes, près de Paris, et le grenadier, dans le but astucieux de lui adresser une flatterie indirecte, disait avec emphase en frisant sa moustache :

— Celui qui a découvert l'Amérique était aussi *un* de Colombes : Christophe de Colombes. L'histoire ne s'écrit pas autrement.

J'en étais donc à Daguerre, dont le nom est universellement répandu, tandis que, par une de ces bizarreries de l'adoption populaire qui, à titre égal, exalte l'un et oublie l'autre, celui de Niepce est généralement ignoré.

Heureusement que le vieil adage : *Noblesse oblige*, est surtout vrai pour certaines familles où le talent et l'amour des sciences sont héréditaires. Niepce est aujourd'hui continué par un neveu, M. Niepce de Saint-Victor, qui exposait, à Londres, une série d'épreuves sur verre du plus grand intérêt.

Sans le maréchal Soult, nous ne connaîtrions sans doute pas M. Niepce de Saint-Victor; voici pourquoi et comment :

En 1842, certains régiments de dragons portaient les revers roses; mais le rose avait fait son temps. On jugea donc que l'aurore était une charmante couleur, et voilà que les dragons furent voués à cette nuance matinale.

Ces métamorphoses, dont tout le monde ne s'explique pas l'urgence, tiennent peu de place sur le papier, mais elles se traduisent pour le budget en dépenses énormes. Si bien que, tout en voulant le résultat, le ministre de la guerre hésitait devant les moyens. Il désirait que cela se fît à l'amiable, sans trop découdre les uniformes.

Une commission avait été nommée; plusieurs expédients inadmissibles avaient été proposés, et, de guerre lasse, on allait en revenir au dieu million qui, pareil à Gusman, ne connaît pas d'obstacles, lorsqu'on apprit qu'un simple lieutenant, en garnison à Montauban, s'offrait à faire passer les dragons du rose à l'aurore pour une bagatelle.

Ce lieutenant était M. Niepce de Saint-Victor, qui, las de voir toujours se jeter le Tarn dans la Garonne, et jamais la Garonne dans le Tarn, charmait ses loisirs de garnison par l'étude des sciences.

Mandé à Paris, il exposa son système, lequel consistait à passer sur l'étoffe une brosse imbibée d'un certain liquide, moyennant quoi le changement s'opérait soudain.

Au bout de quelques jours, il n'y avait plus en France un seul dragon rose.

L'État gagnait un demi-million à la découverte du jeune lieutenant, à qui le maréchal Soult envoya une gratification de..... cinq cents francs. Cette circonstance décida de sa vocation; à dater de cette époque, M. Niepce de Saint-Victor, en digne neveu de son oncle, se voua tout entier à la chimie. En sorte que, si les dragons avaient eu originairement les revers aurore..... mais alors, j'aime à croire qu'on aurait songé à les faire roses, et que M. Niepce de Saint-Victor ne se serait pas plus trouvé embarrassé dans un cas que dans l'autre. »

———

Panification.

Nous avons assisté aujourd'hui à une expérience du procédé de panification Dauglish essayé sur 200 kilogrammes de farine. Cette opération avait lieu à la boulangerie de l'Assistance publique, établissement modèle qui expérimente libéralement, mais sévèrement, tous les systèmes préconisés dans ces derniers temps pour diminuer le prix, tout en améliorant autant que possible la qualité du pain. Déjà sont installés à la boulangerie Scipion les silos du système de M. Haussmann, la mouture de M. Mèges-Mouriès, le sasseur de M. Périgault; on essaie en ce moment le pétrissage de M. Dauglish.

Pour bien comprendre en quoi consiste la nouvelle méthode, il faut se rappeler que le pain acquiert sa légèreté et sa constitution cellulaire aux dépens d'une fermentation qui détruit une partie des éléments de la farine, et justement les plus assimilables. L'acide carbonique, dont le dégagement détermine les cellules dans la pâte, est le résultat de la réaction de la diastase du levain sur le glucose de la farine.

Lorsque cette fermentation est incomplète, le pain ne lève pas; quand elle dépasse une certaine limite, elle commence une sorte de putréfaction; de toute manière, elle demande un temps assez considérable pour s'effectuer. L'inventeur du procédé Dauglish a voulu remédier à ces divers inconvénients. Il a cherché, en portant directement l'acide carbonique dans la pâte, à produire l'état cellulaire et cloisonné du pain sans faire usage de levain; voici de quelle manière on procède:

Par la réaction de l'acide sulfurique sur le blanc de Meudon, dit blanc d'Espagne, on produit de l'acide carbonique qu'on accumule dans une réserve d'eau sous la pression d'environ 7 atmosphères; puis on fait pénétrer cette espèce d'eau de Seltz dans une sphère en métal où elle est absorbée par de la farine complétement privée d'air au moyen d'une pneumatisation préalable.

Grâce à cette absence d'air et à la pression sous laquelle se fait l'opération, le pétrissage s'exécute dans la sphère au moyen d'un agitateur et sans dégagement aucun de l'acide carbonique qui se trouve ainsi emprisonné dans la pâte. Lorsqu'on juge le mélange suffisamment brassé, un ouvrier se place sous la sphère, tourne un robinet adapté à la partie inférieure, et laisse échapper par deux ouvertures de 4 centimètres de haut sur 2 1/2 de large un mince filet de pâte. L'acide carbonique enfermé dans la pâte, se dégageant brusquement, la gonfle, en fait un gros rouleau boursouflé que l'ouvrier, armé d'un couteau, découpe en parties autant que possible égales et dépose successivement dans des pannetons portés immédiatement au four. Toutes ces opérations doivent s'exécuter très-rapidement. On comprend, en effet, que la pâte encore un peu liquide et artificiellement boursouflée s'affaisserait assez vite si elle n'était pas brusquement saisie par la chaleur du four.

Le pain ainsi obtenu est bon au goût quoique un peu fade, se rassit lentement, montre une coupure parfaitement cellulée, une teinte légèrement safranée qui passe au bout d'un ou deux jours. Nous en avons mangé, de dur et de frais, et nous l'avons trouvé également bon à ces divers états, moins agréable cependant que le pain de Provence ou que le pain à grigne de certains boulangers de Paris, quand ils veulent bien s'occuper de leur fabrication ; — mais incontestablement préférable aux neuf dixièmes des pains de la France.

Ce système, connu depuis quelques années, a été perfectionné et se perfectionne encore tous les jours dans les ateliers de l'Assistance publique. Les inventeurs croient pouvoir atteindre une économie de 20 pour 100, c'est-à-dire que, pour le même prix, le consommateur achetant aujourd'hui quatre pains pourrait en acheter cinq. On voit quelle serait l'importance de cette amélioration si on pouvait arriver à la réaliser complétement. L'économie considérable compenserait bien une petite différence dans le goût, appréciable seulement pour quelques amateurs difficiles, et encore ne serait-ce qu'une affaire d'habitude. Turgan.

Du Muséum d'histoire naturelle.

On lit dans *la Presse* du 15 janvier :

« Une de nos plus belles institutions scientifiques, le Muséum d'histoire naturelle, plus connu sous le nom de Jardin-des-Plantes, est depuis quelque temps l'objet d'attaques qui ont été plusieurs fois formulées à cette même place. Fondées ou non, elles ont donné lieu, en 1858, à la formation d'une commission d'enquête, instituée d'après les ordres de l'Empereur par le ministre de l'instruction publique, et chargée de faire un rapport sur la situation du Muséum.

« On ne savait pas dans quel sens, favorable ou défavorable, la commission s'était prononcée. Quelques mots seulement de M. le général Allard, commissaire du gouvernement, dans la dernière session du Corps législatif, pouvaient faire supposer qu'elle n'avait pas été enchantée, en général, de l'état dans lequel les choses lui étaient apparues lors de son enquête. Mais M. Chevreul, alors directeur de l'établissement, nommé par ses collègues, les professeurs, suivant le mode républicain qui subsiste encore au Muséum ; M. Chevreul s'est chargé de révéler au public bien des choses sur ce sujet. A l'ardeur déployée par l'illustre chimiste, dans la brochure qu'il a récemment publiée pour faire, à son point de vue, l'histoire de la commission d'enquête, on peut juger de l'esprit dans lequel était rédigé le rapport de cette commission. C'en était fait de l'organisation actuelle du Muséum, de ses franchises, — dont il use si bien, ajouterons-nous, pour créer des dynasties scientifiques, et nantir son personnel de la plupart des chaires du haut enseignement ; — c'en était fait de la République, paraît-il, sans l'intervention de M. le colonel Favé, choyé de l'Institut et ami particulier de plusieurs des professeurs du Muséum. L'auteur de la brochure met en scène, en lui donnant un rôle qui n'est pas de nature à le rendre sympathique, l'un des professeurs, introduit dans le sanctuaire par voie de nomination directe, en suite de la création d'une chaire nouvelle.

« Nous n'avons pas à qualifier la conduite de ce membre du Muséum telle que la raconte son collègue. Pour nous, public, là n'est pas la question. Il s'agit seulement de savoir si les abus signalés sont exacts. La commission seule a qualité pour nous l'apprendre. Elle n'a aucun intérêt à méconnaître ou à dénaturer la vérité. Et il importe seulement que celle-ci triomphe, quels que soient les moyens par lesquels elle s'est manifestée.

« M. le général Allard, président et rapporteur de la commission d'enquête, pour répondre aux récriminations dont il a eu sa plus grande part dans la brochure dont il s'agit, appelle « le grand jour de la publicité sur un débat, peut-être imprudemment engagé par son auteur, remarque-t-il, mais qui intéresse assurément à un haut degré l'une des institutions scientifiques qui ont le plus honoré la France. » Pour notre part, nous n'y ferons pas défaut. Nous dirons sans passion, mais sans réticence, tous les faits qui tendent à amoindrir l'institution dont il s'agit, en faisant du Muséum le domaine héréditaire de quelques familles, et la base d'opérations pour marcher à la conquête des chaires de l'enseignement et des fauteuils de l'Institut. — A. Sanson. »

COMPTE-RENDU DES TRAVAUX DE CHIMIE

Conservation des raisins et des autres fruits ; par M. le docteur Rauch. — On a tenté beaucoup de moyens plus ou moins efficaces pour conserver les raisins, que l'on peut regarder comme un des fruits les plus agréables et les plus sains, mais aussi les moins durables.

Un des procédés les plus simples consiste à suspendre à des perches ou à des cordes, dans une cave ou dans une chambre non chauffée, mais à l'abri de la gelée, les grappes dont on a enduit la queue avec de la cire à greffer. En ayant soin d'enlever de temps en temps les grains qui commencent à pourrir, on peut ainsi conserver les raisins jusqu'à la fin de décembre. Dans les caves, ils gardent généralement leur fraîcheur plus longtemps que dans les chambres, où l'air est plus sec, et l'expérience a prouvé qu'il en est de même à peu près pour tous les autres fruits. On conçoit, d'après cela, pourquoi on peut conserver des prunes fraîches pendant des mois entiers dans des pots remplis de sable sec, en ayant soin de fermer hermétiquement ces vases et de les enfouir dans la terre. Dans ce cas, la suppression de l'action de l'air doit également contribuer au résultat.

On emploie dans la Russie méridionale une autre méthode pour conserver les raisins. On les cueille avant qu'ils soient complétement mûrs, on les enferme dans de grands pots, que l'on achève de remplir avec du millet bien sec, de telle sorte que les grains ne puisse se toucher. On couvre les pots avec soin et on les mastique de manière à intercepter complétement le passage de l'air. C'est ainsi emballés que les raisins sont expédiés pour les marchés de Saint-Pétersbourg. Ils peuvent se grader pendant une année entière, après laquelle on les trouve encore très-doux, parce que la maturation qui se complète dans les pots y développe tout le sucre.

Des expériences récentes ont démontré que le coton possède une propriété utile pour la conservation de plusieurs substances. On a reconnu, par exemple, que si l'on emplit une bouteille de bouillon de viande, et qu'on la ferme faiblement avec du coton, le bouillon se maintient sans altération pendant plus d'une année. Il était naturel, d'après cela, d'essayer si le coton ne pourrait pas exercer la même influence sur d'autres substances. Cependant, si nous ne nous trompons, on ne l'a pas fait encore en Europe. Au contraire, on en a profité depuis longtemps avec beaucoup de succès, en Amérique, pour les raisins. Voici comment on opère :

On laisse les grappes sur le cep aussi tard que possible, même jusqu'aux premiers froids, pourvu que les gelées soient légères. On les coupe alors avec un couteau bien affilé, et, après avoir enlevé avec des ciseaux tous, les grains endommagés, on les laisse pendant quelques jours dans une chambre froide. Alors on les emballe entre des couches de coton ordinaire, dans des vases tels que des boîtes en fer-blanc ou des pots à conserves en verre. On a soin de ne faire qu'un petit nombre de couches, afin que le poids des grappes supérieures ne charge pas trop les inférieures, et de manier les raisins avec beaucoup de ménagements. On ferme alors exactement les vases, et l'on mastique le couvercle avec de la cire à bouteilles. Cette dernière précaution est assurément utile ; cependant les fermiers américains la négligent ordinairement, et n'en ont pas moins de bons raisins souvent jusqu'en avril. On garde les vases dans une chambre fraîche, mais à l'abri de la gelée.

La conservation des pommes et des poires est encore plus facile dans le coton, qui doit cependant en entraver la complète maturation, que la laine favorise au contraire. Les fermiers américains emballent donc pendant quelques jours dans cette dernière matière textile les poires qu'ils destinent à la vente, et qui doivent présenter une belle couleur dorée ; ils retirent des fruits ainsi mûris un prix plus que double de celui des poires encore un peu vertes.

La méthode la plus récente est due à un Français, M. Charmeux, qui a excité beaucoup l'attention par les raisins qu'il a envoyés dans plusieurs expositions. L'auteur a expérimenté cette méthode l'année dernière, et l'a trouvée très-bonne. Elle repose essentiellement sur un des principes que nous avons énoncés ci-dessus, celui d'entretenir toujours une certaine humidité pour conserver les raisins frais, et s'exécute ainsi :

Les grappes restent attachées au cep aussi longtemps que la saison le permet, et, lorsqu'on les cueille, on laisse adhérent à la queue un morceau du rameau comprenant environ deux nœuds au haut et trois ou quatre en bas. On mastique soigneusement le haut du rameau, dont on plonge l'extrémité inférieure dans une fiole à médecine pleine d'eau où l'on a délayé un peu de charbon en poudre, afin de prévenir la corruption. On ferme ensuite également la fiole avec de la cire. On dispose alors les raisins en couche sur de la paille ou du coton dans une chambre froide, mais exempte de gelée. Peut-être serait-il mieux encore de les suspendre, ce qui serait facile, pourvu que les fioles à médecine fussent bien fixées. On n'a plus ensuite qu'à visiter de temps en temps les grappes, pour en retrancher les grains qui s'altèrent. L'auteur a conservé ainsi des raisins depuis l'automne de 1859 jusqu'au commencement d'avril 1860, et les a trouvés très-savoureux. Pour les garder plus longtemps, il suffirait sans doute de les placer dans une cave ou dans un autre endroit où la température fût basse et constante. L'obscurité serait même vraisemblablement avantageuse.

Remarques au sujet du procédé de conservation des bois du docteur Boucherie ; par M. A. PETITJEAN. — On peut décomposer comme suit l'action de la liqueur préservatrice sur les bois : 1° réaction du sulfate de cuivre sur l'albumine végétale ; 2° réaction entre le sulfate de cuivre et les sels minéraux interposés dans le tissu ligneux ; ainsi le sulfate de cuivre, en présence de carbonates alcalins et de carbonate de chaux, abandonne au bois de l'hydrocarbonate de cuivre, et laisse écouler des sulfates alcalins et du sulfate de chaux. — Il y a, en outre, chez les bois résineux, formation d'un composé dans lequel la résine joue le rôle d'acide. Ces deux actions sont simultanées : la première, celle du sulfate de cuivre sur l'albumine végétale, est essentielle à la conservation du bois ; elle dénature les principes de végétation ; — la seconde se produit forcément, mais son utilité ne m'est pas démontrée.

Les réactions que je viens d'indiquer se développent parfaitement en présence de dissolutions à très-faible titre ; le sulfate de cuivre est un antiseptique puissant, mais son action sur l'albumine végétale n'est pas complète, quelle que soit, d'ailleurs, la quantité employée, et sa présence ne s'oppose pas d'une manière absolue à la formation des végétations cryptogamiques.

Dans les chantiers, pendant toute la durée d'une campagne, le liquide ayant servi à la préparation est recueilli dans un bassin, enrichi par l'addition de sulfate de cuivre en cristaux, puis élevé de nouveau dans les cuves pour repasser ensuite dans les billes mises en chantier. — Le dosage du sulfate de cuivre se fait de la manière suivante : Connaissant le cube C de bois préparé en moyenne pendant vingt-quatre heures, sachant, d'ailleurs, que chaque mètre cube de bois doit absorber 5 kilogr. 500 de sulfate de cuivre,

$$\frac{5 \text{ kil. } 500 \times C}{24}$$

est la quantité qui doit être dissoute, par heure, dans le liquide recueilli.

Cette manière d'opérer, très-simple et très-pratique, me paraît devoir présenter de graves inconvénients, parce que l'on fait repasser toujours le même liquide dans les bois soumis à la préparation, en se bornant à y ajouter une quantité déterminée de sulfate de cuivre. Or, cette liqueur, riche en matières azotées et en sels alcalins, paralyse l'action de l'agent antiseptique, si même elle n'active pas la décomposition des bois dans lesquels on les introduit.

S'il est admis, comme je m'en suis convaincu, que l'injection de liqueur contenant des éléments de végétation constitue, pour les bois, une cause active de décomposition, on comprendra comment des traverses de chemins de fer, contenant du sulfate de cuivre fixé, n'ont pas pu atteindre la moitié de la durée moyenne des mêmes essences non préparées; mais il sera facile d'y remédier en renouvelant complétement les dissolutions de sulfate de cuivre en temps utile et à des intervalles que l'expérience déterminera. Il y aura, il est vrai, perte de sulfate de cuivre; mais, en abaissant préalablement le titre de la dissolution, on réduira la dépense supplémentaire qui résulterait de ce fait, et on pourra, sans interrompre l'opération, se débarrasser entièrement de la liqueur à rejeter, en injectant le bois avec de l'eau pure pendant quelque temps, avant d'employer la dissolution nouvelle.

En supprimant ainsi, dans les liqueurs employées pour conserver les bois, la concentration prolongée des matières séveuses non fixées, on retrouvera, je n'en doute pas, les preuves très-remarquables d'efficacité, qui n'ont été compromises que par le mode défectueux d'application.

Préparation des éthers iodhydrique et bromhydrique par la substitution du phosphore amorphe au phosphore normal; par M. J. PERSONNE. — Dans une note publiée en 1857 (*Moniteur scientifique,* liv. 23, p. 396), j'ai fait voir que le phosphore rouge ou amorphe se comporte avec les divers agents chimiques de la même manière que le phosphore normal, mais que ses réactions se produisent avec moins d'intensité.

Ces faits m'ont conduit à substituer le phosphore amorphe au phosphore normal dans la préparation de quelques composés chimiques, qui ne s'obtiennent jusqu'à présent qu'avec une certaine difficulté, en raison de la grande énergie de la réaction entre le phosphore normal et les corps agissant sur lui. Je veux parler des éthers iodhydrique et bromhydrique, et même de l'acide iodhydrique. Les résultats que j'ai obtenus sont tellement nets et si faciles à réaliser, qu'en les publiant, je crois rendre un véritable service aux chimistes, qui ont si souvent l'occasion d'employer ces composés, surtout dans la préparation des ammoniaques composées et des radicaux organi-métalliques.

Éther iodhydrique. — Si la préparation de l'éther iodhydrique a été rendue plus facile par les perfectionnements apportés dans ces derniers temps (1) par MM. E. Kopp, T. Marchand, Soubeiran, et en dernier lieu par M. Kosman, elle n'en est pas moins encore assez longue, puisqu'il est toujours nécessaire de n'ajouter le phosphore que peu à peu à la dissolution alcoolique d'iode. C'est ainsi que, selon M. Marchand, il faut trois jours pour préparer la quantité d'éther hydriodique fournie par 680 grammes d'iode et 200 grammes de phosphore, c'est-à-dire 800 grammes environ.

(1) Consulter aussi, *Moniteur scientifique*, liv. 30, p. 511, le procédé de M. Vrije, de Rotterdam.

En employant, au contraire, le phosphore amorphe, l'opération devient des plus faciles et d'une promptitude surprenante. Voici le mode opératoire :

Dans une cornue tubulée, munie de son récipient, on place 30 grammes de phosphore amorphe en poudre et 120 grammes d'alcool absolu, puis on y ajoute, en deux fois et à quelques minutes d'intervalle, 100 grammes d'iode. La cornue est alors placée sur un fourneau, et la distillation conduite tout aussitôt et poussée jusqu'à ce que le liquide distillé ne précipite plus par l'eau. Le produit distillé est à peine coloré par l'iode; il suffit de le laver avec de l'eau contenant quelques gouttes de dissolution de potasse pour l'avoir parfaitement incolore. Le poids du produit, obtenu et lavé de manière à le priver d'alcool, représente exactement la quantité théorique. Ainsi, 100 grammes d'iode m'ont fourni : 1° 125 grammes, 2° 120 grammes, 3° 118 grammes; la quantité théorique est de 123 grammes. En opérant ainsi, il faut moins d'un quart d'heure pour préparer plus de 150 grammes d'éther hydriodique, et je puis assurer qu'on pourra en obtenir 1 kilogramme en une heure. La quantité de phosphore amorphe employée est plus forte que celle réellement nécessaire, mais cela n'a aucun inconvénient, puisqu'il reste dans la cornue, souillé, il est vrai, par les acides phosphorique et phosphoreux, et qu'il suffit d'un simple lavage à l'eau chaude pour le rendre parfaitement propre à une autre opération.

Éther bromhydrique. — La préparation de l'éther bromhydrique avec le phosphore normal et le brome présentait encore plus de danger que celle de l'éther iodhydrique, au point qu'on avait presque renoncé à le préparer ainsi, et qu'on l'obtenait surtout en traitant l'alcool par le brome en excès et séparant ensuite par la distillation l'éther bromhydrique du bromal et de l'éthylène perbromé produits. Si ce moyen ne présente pas de danger, il a au moins l'inconvénient de faire perdre une grande quantité de brome. Voici le mode opératoire avec le phosphore amorphe :

A 40 grammes de phosphore amorphe et 150 à 160 grammes d'alcool absolu placés dans une cornue tubulée, munie de son récipient, on ajoute peu à peu 100 grammes de brome à l'aide d'un tube à entonnoir dont l'extrémité, plongeant dans l'alcool, est effilée et légèrement recourbée; l'addition du brome ne doit être faite que peu à peu, à cause de l'énergie de la réaction, qui ferait distiller une grande partie du produit avant l'addition complète du brome.

Il est bon de placer la cornue dans un bain d'eau froide et de refroidir en même temps le récipient par un courant d'eau. Quand tout le brome est ajouté au liquide, on enlève le tube à entonnoir, on verse dans la cornue la petite quantité de liquide qui a pu passer dans le récipient à l'aide de la température de la réaction, puis on procède immédiatement à la distillation, en opérant comme il a été dit pour l'éther iodhydrique.

Cette opération se fait tout aussi facilement et avec aussi peu de danger que la première, il faut seulement le double de temps. On obtient aussi près que possible la quantité théorique : ainsi, avec 100 grammes de brome, j'ai obtenu : 1° 122 grammes; 2° 115 grammes; 3° 120 grammes du produit. La quantité théorique est de 136 grammes. Cette légère différence tient aux pertes inévitables de brome que l'on fait en l'ajoutant par fractions au liquide alcoolique.

Acide iodhydrique. — Malgré l'heureux perfectionnement apporté par M. Deville à la préparation de l'acide iodhydrique gazeux, je crois qu'on trouvera plus commode et plus expéditif de le préparer avec du phosphore amorphe. Il suffit, en effet, de placer dans une cornue tubulée munie d'un bouchon en verre une assez grande quantité de phosphore amorphe, de le recouvrir d'une légère couche d'eau et d'y ajouter de l'iode, en suffisante quantité, pour qu'à l'aide d'une légère chaleur on obtienne un courant régulier de gaz, parfaitement exempt de vapeur d'iode.

Maintenant que la préparation du phosphore amorphe est devenue industrielle et qu'on peut se le procurer facilement, je suis persuadé qu'on obtiendra les plus heureux résultats en le substituant au phosphore normal dans la plupart des réactions où ce corps intervient.

BIBLIOGRAPHIE SCIENTIFIQUE

(Extrait du *Journal de la Librairie.*)

Suite du N° 50 — 13 décembre.

COUSTILLIER et MEYNET. — *Dermatologie, hygiène et thérapeutique.* In-18, 215 pages. Prix : 2 fr.

FRISCHER et BRICHETEAU. — *Traitement du croup, ou angine laryngée diphthéritique.* In-8, 107 pages. à Lille.

FLAMMARION. — *La pluralité des mondes habités.* Étude où l'on expose les conditions d'habitabilité des terres célestes, discutées au point de vue de l'astronomie et de la physiologie. In-8, 54 planches et tableau. Prix : 2 fr. Librairie Bachelier, à Paris.

GROBEL (l'abbé). — *Les Merveilles de la nature présentées au jeune âge.* In-18, 80 pages, à Annecy.

JEAUNEL. — *Existe-t-il un principe de la vie distinct de l'âme ?* In-4, 96 pages, à Montpellier.

LE PERDRIEL — *Du passé, du présent et de l'avenir de la pharmacie.* In-8, 16 pages. Prix : 1 fr. Librairie V. Masson, à Paris.

MARTIN (D^r). — *Des eaux de la ville de Narbonne au point de vue hygiénique.* In-8, 45 pages, à Montpellier.

PIRES (D^r). — *Etudes sur les déviations utérines à l'état de vacuité.* Thèse de la Faculté de Montpellier. In-4, 55 pages, à Montpellier.

SOUBEIRAN (D^r). — *Traité de pharmacie théorique et pratique.* 6e édition. 2 vol. in-8, 1526 pages. Prix : 17 fr. Librairie V. Masson, à Paris.

TURCK (D^r). — *Recherches cliniques sur diverses maladies du larynx, de la trachée et du pharynx.* In-8, 108 pages. Prix : 2 fr. 50 c. Librairie J.-B. Baillière, à Paris.

N° 51. — 20 décembre.

ADET DE ROSEVILLE (D^r). — *Guide médical des mères de famille.* In-18, jésus. 280 pages. Prix : 3 fr. 50 c. Librairie Asselin, à Paris.

Agenda médical pour 1863, par A. Cazenave. In-24, 264 pages. Prix 1 fr. 75 c. Librairie Asselin, à Paris.

Annuaire pour l'an 1863, publié par le bureau des longitudes. In-18, 407 pages, Prix 1 fr. Librairie Mallet-Bachelier, à Paris.

BOUFFIER (D^r). — *Métrite chronique.* In-8, 64 pages. Librairie J.-B. Baillière et fils, à Paris.

CHARMEUX. — *Culture du chasselas à Thomery.* In-18, jésus, 103 pages. Librairie V^r Masson.

DEVAY (D^r). — *Un mot sur le danger des mariages consanguins.* Grand in-8, 46 pages. Librairie Ve Masson, à Paris.

PARVILLE (de). — *Causeries scientifiques, découvertes et inventions.* 2e année, 1862. In-18, jésus, 432 pages. Librairie Savy. Prix : 3 fr. 50 c., à Paris.

RADAU, R. — *Le spectre solaire.* In-18, 86 pages et une planche. Prix : 1 fr. Librairie Laiber.

RENOUARD (D^r). — *De l'empirisme* In-8, 28 pages. Librairie J.-B. Baillière, à Paris.

ROLLET (D^r). — *De la contagion de la syphylis secondaire.* In-8, 19 pages, à Lyon.

SALES-GIRON (D^r). — *Instruction sur l'instrument pulvérisateur des liquides.* 3e édition. In-8, 48 pages. Chez Charrière, à Paris.

N° 52. — 27 décembre.

ADVILLE. — *Doutes sur la valeur scientifique de quelques théories cosmologiques et paléontologiques.* In-8. 36 pages. Librairie Barassé, à Angers.

Agenda du médecin praticien pour 1863. In-24, 168 pages. Librairie G. Baillière, à Paris.

ALLARD et BOUCOMONT (Drs). — *Les eaux thermo-minérales d'Auvergne.* In-8, 111 pages. Librairie Ad. Delahaye, à Paris.

Annuaire du Cosmos. 5e année. In-18, 604 pages. Librairie Leiber, à Paris.

ARCHIAC (D'). — *Cours de paléontologie stratigraphique.* 1re année, 1re partie. In-8, 531 pages. Librairie Savy, à Paris.

CHENU, DES MURS et VERRAUX. — *Leçons élémentaires sur l'histoire naturelle des oiseaux.* T. II. 2e partie. Grand in-18, 177-380 pages. Prix : 3 fr. 50 c., planches en noir ; 6 fr. en couleur, Librairie L. Hachette, à Paris.

Complément de l'Encyclopédie moderne. Tomes X, XI, XII (fin). In-8, 1,497 pages et 43 planches. Les douze volumes, 60 fr. Librairie F. Didot, à Paris.

Description des machines et procédés consignés dans les brevets d'invention, et dont la durée est expirée, etc. Tome XCIII. In-4, 354 pages et 26 planches. Librairie veuve Bouchard-Huzard.

DU CHATELIER. — *L'agriculteur et les classes agricoles.* In-8, 240 pages. Prix : 4 fr. Librairie Guillaumin et Comp., à Paris.

DUMONCEL (Th). — *Exposé des applications de l'électricité.* Tome V (2e fascicule), fin. In-8, 245 à 560 pages. Librairie L. Hachette et Comp. Prix du cinquième volume : 10 fr., à Paris.

FIGUIER. — *Le savant du foyer.* 2e édition. Grand in-8, 498 pages. Prix : 10 fr. Librairie L. Hachette, à Paris.

GIRARD DE CAILLEUX. — *Études pratiques sur les maladies nerveuses et mentales.* In-8, 250 pages. Prix : 12 fr. Librairie J.-B. Baillière, à Paris.

GIRARDIN (J.). — *Influence du gaz sur les arbres des promenades publiques.* In-8, 8 pages. A Lille.

GRESSUET. — *Leçons théoriques et pratiques d'arboriculture fruitière.* 2e édit. In-12, 359 pages. Prix : 6 fr. Librairie Goin, à Paris.

GUILLON. — *Le vade-mecum de l'agriculteur provençal.* In-16, 140 pages. A Draguignan.

HAMON (Dr). — *Étude sur l'albumine génèse.* In 8, 72 pages. A Paris.

JOURDIER. — *L'agriculture à l'exposition universelle de Londres en 1862.* Grand in-18, 108 pages. Librairie Victor Masson, à Paris.

LOURENÇO — *Recherches |sur les composés polyatomiques.* Thèse de la Faculté des sciences de Paris. In-4, 91 pages. Librairie Mallet-Bachelier, à Paris.

Mémoires ou travaux originaux présentés à l'institut égyptien. Tome I. In-4, 778 pages. Prix : 20 fr. Librairie Firmin Didot, à Paris.

PIERRE (J. Isidore). — *Notions élémentaires d'analyse chimique appliquée à l'agriculture.* In-18 jésus, 236 pages. Librairie Goin, à Paris.

ROBIN (Dr Ch.) — *Des rapports de l'anatomie générale avec les autres branches de l'anatomie.* In-8, 42 pages. A Paris.

RUELLE (Dr). — *Du bouton d'alep.* Thèse de la Faculté de Montpellier. In-4, 56 pages.

SAGOT. — *Principes généraux de géographie agricole.* In-8, 47 pages. A Paris.

SIMONOT. — *Les merveilles de la nature en France.* In-18 jésus, 144 pages. A Paris.

TREMBLOY. — *Questions de physique élémentaire.* In-12, 252 pages. Librairie Ardant frères.

ANNONCES BIBLIOGRAPHIQUES.

Des Eaux publiques et de leur application aux besoins des grandes villes, des communes et des habitations rurales, etc. Par G. GRIMAUD (de Caux). — 1 volume in-8°, prix : 6 fr. Chez MM. Dezobry, F. Tandon et Comp., rue des Écoles, n. 78, à Paris.

DERNIÈRES NOUVELLES.

Quelques changements viennent d'arriver dans deux journaux consacrés aux sciences. *L'Ami des sciences* a cessé sa publication monotone, et met en vente, ces jours-ci, son vieux papier noirci par la prose de ses rédacteurs et *le droit* d'en noircir de nouveau sous son nom. Mauvaise affaire.

L'abbé Moigno, par suite de difficultés avec le propriétaire du *Cosmos*, a quitté *momentanément* la rédaction de ce journal.

Une action intentée par l'abbé Moigno contre le propriétaire du *Cosmos* a reçu sa solution le vendredi 9 janvier. Nous ne connaissons pas les considérants du jugement qui a donné gain de cause complet à l'abbé Moigno ; nous savons seulement que son adversaire a été condamné à tous les frais de l'instance et à payer des dommages et intérêts importants dans le cas où un nouveau traité approuvé par les deux parties n'interviendrait pas entre elles. La rédaction du *Cosmos* se trouve donc en ce moment entre le *zist* et le *zest*.

AVIS AUX ABONNÉS DE 1863.

Le numéro du 15 décembre étant le dernier de l'année, sauf la table générale et analytique de 1862, qui sera distribuée plus tard, nos abonnés pour 1863, dont l'abonnement est expiré avec ce numéro, sont priés de vouloir bien nous adresser promptement leur renouvellement pour 1863, afin d'éviter que nous tirions sur eux, ce qui leur coûterait *un franc* pour frais d'encaissement.

Nous ne supprimerons le journal (sauf nos abonnés de l'étranger) qu'à ceux qui nous renverraient le numéro de janvier avec la même bande, afin que nous puissions savoir d'où nous vient le numéro refusé. Comme la poste est quelquefois longtemps à nous rendre les numéros, il est désirable que l'abonné qui ne veut pas renouveler nous renvoie lui-même le numéro avec un timbre de 10 centimes, ou qu'il nous écrive qu'il ne veut pas renouveler son abonnement. L'affranchissement du numéro est de rigueur, pour qu'il nous parvienne ; il n'en est pas de même de la lettre, que nous recevrons sans être affranchie, si on nous l'adresse ainsi.

Ceux de nos abonnés qui voudraient des numéros séparés de cette année 1862, ou des années antérieures, peuvent nous les demander contre la remise de 75 centimes chaque livraison. Comme il nous reste maintenant peu d'années antérieures en dehors d'un certain nombre de collections que nous gardons, nous prions ceux de nos abonnés qui veulent se compléter de le faire promptement. Chaque année prise séparément est du prix de 12 francs, *franco* de poste. L'année 1862 conserve son prix de 15 francs, *franco* par la poste,

---

Table des matières de la 146ᵉ Livraison. — 15 janvier 1863.

19606 Paris, Imp. Renou et Maulde.

L'EXPOSITION UNIVERSELLE DE LONDRES EN 1862.

Récompenses décernées par le Gouvernement français aux membres de la section française du jury international et aux exposants qui ont obtenu des médailles à cette exposition.

L'Empereur a fait aujourd'hui (25 janvier), dans la grande salle du palais du Louvre, la distribution des récompenses aux exposants français dont les mérites ont été signalés par la commission impériale à la dernière Exposition universelle de Londres.

Après le discours prononcé par S. A. I. monseigneur le prince Napoléon, l'Empereur a répondu :

« Messieurs,

« Vous avez dignement représenté la France à l'étranger. Je viens vous en remercier, car les expositions universelles ne sont pas de simples bazars, mais d'éclatantes manifestations de la force et du génie des peuples.

« L'état d'une société se révèle par le degré plus ou moins avancé des divers éléments qui la composent, et, comme tous les progrès marchent de front, l'examen d'un seul des produits multiples de l'intelligence suffit pour apprécier la civilisation du pays auquel il appartient. Ainsi, lorsque aujourd'hui nous découvrons un simple objet d'art des temps anciens, nous jugeons, par sa perfection plus ou moins grande, à quelle période de l'histoire il se rapporte. S'il mérite notre admiration, soyez sûrs qu'il date d'une époque où la société bien assise était grande par les armes, par la parole, par les sciences comme par les arts. Il n'est donc pas indifférent pour le rôle réservé à la France d'avoir été placer sous les regards de l'Europe les produits de notre industrie ; à eux seuls, en effet, ils témoignent de notre état moral et politique.

« Je vous félicite de votre énergie et de votre persévérance à rivaliser avec un pays qui nous avait devancés dans certaines branches du travail. La voilà donc enfin réalisée cette redoutable invasion sur le sol britannique, prédite depuis si longtemps ! Vous avez franchi le détroit ; vous vous êtes hardiment établis dans la capitale de l'Angleterre ; vous avez courageusement lutté avec les vétérans de l'industrie. Cette campagne n'a pas été sans gloire, et je viens aujourd'hui vous donner la récompense des braves.

« Ce genre de guerre qui ne fait point de victimes a plus d'un mérite : il suscite une noble émulation, amène ces traités de commerce qui rapprochent les peuples et font disparaître les préjugés nationaux sans affaiblir l'amour de la patrie. De ces échanges matériels naît un échange plus précieux encore : celui des idées. Si les étrangers peuvent nous envier bien des choses utiles, nous avons aussi beaucoup à apprendre chez eux. Vous avez dû, en effet, être frappés en Angleterre de cette liberté sans restriction laissée à la manifestation de toutes les opinions comme au développement de tous les intérêts. Vous avez remarqué l'ordre parfait maintenu au milieu de la vivacité des discussions et des périls de la concurrence. C'est que la liberté anglaise respecte toujours les bases principales sur lesquelles reposent la société et le pouvoir. Par cela même elle ne détruit pas, elle améliore ; elle porte à la main non la torche qui incendie, mais le flambeau qui éclaire, et, dans les entreprises particulières, l'initiative individuelle s'exerçant avec une infatigable ardeur, dispense le Gouvernement d'être le seul promoteur des forces vitales d'une nation : aussi, au lieu de tout régler, laisse-t-il à chacun la responsabilité de ses actes.

« Voilà à quelles conditions existe en Angleterre cette merveilleuse activité, cette indépendance absolue. La France y parviendra aussi le jour où nous aurons consolidé les bases indispensables à l'établissement d'une entière liberté. Travaillons donc de tous nos efforts à imiter de si profitables exemples : pénétrez-vous sans cesse des saines doctrines politiques et commerciales, unissez-vous dans une même pensée de conservation, et stimulez chez les individus une spontanéité énergique pour tout ce qui est beau et utile. Telle est votre tâche. La mienne sera de prendre constamment le sage progrès de l'opinion publique pour mesure des améliorations et de débarrasser des entraves administratives le chemin que vous devez parcourir.

« Chacun ainsi aura accompli son devoir, et notre passage sur cette terre n'aura pas été inutile, puisque nous aurons laissé à nos enfants de grands travaux accomplis et des vérités fécondes, debout sur les ruines de préjugés détruits et de haines à jamais ensevelies.

« Je ne terminerai pas sans remercier la commission impériale et son président du zèle éclairé avec lequel ils ont organisé l'exposition française, et de l'esprit d'impartiale justice qui a présidé à la proposition des récompenses. C'est un titre nouveau qu'ils ont acquis à ma confiance et à mon estime. »

Après ce discours, plusieurs fois interrompu par les marques les plus chaleureuses d'approbation et d'acclamation, le ministre de l'agriculture, du commerce et des travaux publics a nommé les exposants auxquels l'Empereur avait accordé des promotions ou des nominations dans l'ordre impérial de la Légion d'honneur, à l'occasion de l'Exposition universelle de Londres.

La veille, au palais des Tuileries, dans une soirée intime, l'Empereur avait récompensé lui-même les membres de la commission française du jury international.

MEMBRES DU JURY INTERNATIONAL.

Au grade de commandeur :

MM.

Balard, membre de l'Institut.

Nélaton, professeur à la Faculté de médecine de Paris.

Au grade d'officier :

MM.

Barral, directeur du *Journal d'agriculture pratique* ; chevalier depuis sept ans.

Bella, directeur de l'Ecole impériale d'agriculture de Grignon , chevalier depuis six ans.

Demarquay, chirurgien de la maison municipale de santé ; chevalier depuis dix ans.

Wurtz, professeur à la Faculté de médecine de Paris ; chevalier depuis douze ans.

Au grade de chevalier :

MM.

Baron Baude, ingénieur au corps impérial des ponts et chaussées.

Cavaré, ancien négociant.

Decaux (Charles), sous-directeur à la manufacture impériale des Gobelins.

Duval (Jules), directeur du journal *l'Economiste français*.

Laboulaye (Charles), ancien fondeur en caractères.

Larsonnier (Gustave), fabricant de tissus, membre de la chambre de commerce de Paris.

Luuyt, ingénieur au corps impérial des mines.

Masson (Victor), libraire-éditeur, juge au tribunal de commerce de la Seine.

Tailbouis (Eugène), fabricant de bonneterie.

MEMBRES DE L'ADMINISTRATION DE LA COMMISSION.

Au grade d'officier :

M. Du Sommerard, directeur du musée des Termes et de l'hôtel de Cluny.

Au grade de chevalier :

MM.

Aldrophe, architecte de la commission impériale.

Donnat, chef du service du catalogue.

Le docteur Lécorché, médecin de la commission impériale.

Rognès (Auguste), chef du service du secrétariat.

EXPOSANTS AYANT OBTENU DES MÉDAILLES.

Au grade d'officier :

MM.

Bourdaloue (Paul-Adrien), ancien conducteur au corps impérial des ponts et chaussées. Perfectionnements dans l'art du nivellement ; chevalier depuis dix ans.

Cail (J.-F.), constructeur de machines, à Paris. Perfectionnement des appareils destinés aux fabriques de sucre et d'alcool ; chevalier depuis dix-huit ans.

Chanoine (Jacques-Henri), ingénieur en chef au corps impérial des ponts et chaussées. Invention relative aux barrages établis sur les cours d'eau ; chevalier depuis vingt-deux ans.

Christofle (C.), orfèvre à Paris. Excellence dans la fabrication des ouvrages d'orfévrerie et dans la reproduction des objets d'art par la galvanoplastie ; chevalier depuis dix-sept ans.

Dickson, fabricant de toiles, à Dunkerque (Nord). Services rendus à la marine par l'amélioration de la fabrication des toiles à voiles ; chevalier depuis neuf ans.

Fourdinois père (H.), fabricant de meubles, à Paris. Excellence dans la fabrication des meubles ordinaires et des meubles de luxe ; chevalier depuis neuf ans.

Gouin (Ernest), constructeur de machines, à Paris. Excellence dans la construction des ponts de fer ; chevalier depuis treize ans.

Grohé (G.), fabricant de meubles, à Paris. Excellence dans la fabrication de meubles de luxe ; chevalier depuis quinze ans.

Herz (Henri), facteur de pianos, à Paris. Excellence dans la fabrication des pianos, chevalier depuis vingt-cinq ans.

Javal (Léopold), agriculteur à Arès (Gironde). Services rendus par la mise en culture de 2,800 hectares des landes de Gascogne ; chevalier depuis trente-deux ans.

Maès, fabricant de cristaux, à Clichy, près Paris. Excellence dans la fabrication des ouvrages de cristallerie ; chevalier depuis onze ans.

Mathieu (Claude-Ferdinand), ingénieur en chef des ateliers de l'usine du Creusot. Invention des procédés de levage employés dans la construction du pont de Fribourg ; chevalier depuis neuf ans.

Roman père, fabricant de limes, à Wesserling (Haut-Rhin). Excellence dans la fabrication des tissus imprimés ; chevalier depuis quarante-sept ans.

Schattenmann, agriculteur, à Bouxvillers (Bas-Rhin). Grands services rendus à l'agriculture ; chevalier depuis dix-huit ans.

Seydoux (Auguste), fabricant de tissus, au Cateau (Nord). Excellence dans l'industrie de la filature et du tissage de la laine ; chevalier depuis neuf ans.

Au grade de chevalier :

MM.

Armet de Lisle (J.), fabricant de produits chimiques, à Paris. Supériorité dans la fabrication du sulfate de quinine et du bleu d'outre-mer.

Barbezat, fondeur de métaux, à Paris. Supériorité dans la fabrication des fontes d'ornement.

Bary-Mérian (de), fabricant de rubans, à Guebwiller (Haut-Rhin). Initiative du tissage des rubans à la mécanique en France.

Barrès (V.), filateur de soie, à Saint-Julien (Ardèche). Supériorité dans la filature et le moulinage de la soie.

Baudouin (F.), membre du conseil des prud'hommes de Paris, ancien manufacturier. Invention relative à la fabrication des filets de pêche.

Bayard, photographe, à Paris. Inventions relatives à la photographie.

Berger (Pierre), fabricant de verres, à Gotzembruck (Moselle). Supériorité dans la fabrication des verres de montres.

Blanchet aîné, fabricant de papiers, à Rives (Isère). Perfectionnement dans la fabrication des divers genres de papiers.

Blanzy, fabricant de plumes de fer à Boulogne (Pas-de-Calais). Introduction en France de l'industrie des plumes métalliques.

Boigeol-Japy, filateur de cotons à Giromagny (Haut-Rhin). Supériorité dans la filature et le tissage du coton.

Bouchotte (Emile), meunier à Metz (Moselle). Améliorations dans l'aménagement des moulins.

Braquenié (Alexandre), fabricant de tapis à Aubusson (Creuse). Supériorité dans la fabrication des tapisseries d'ameublement.

Caquet-Vauzelles (Victor), fabricant de soieries à Lyon. Supériorité dans la fabrication des tissus de soie façonnés.

Carré, constructeur d'appareils de réfrigération à Paris. Invention relative à la production de la glace.

Casse fils, fabricant de toile de lin à Lille. Supériorité dans la fabrication des tissus de lin damassés.

Charrière fils (J.-J.), fabricant d'instruments de chirurgie à Paris. Perfectionnements dans la fabrication de ces instruments.

Chémery, agriculteur à Noirmont (Marne). Supériorité dans la production des céréales.

Choqueel, fabricant de tapis à Aubusson (Creuse). Supériorité dans la fabrication des tapis et des tapisseries d'ameublement.

Cizancourt (de), ingénieur au corps impérial des mines. Perfectionnement dans la métallurgie et l'exploitation des mines.

Cordonnier (Louis), fabricant à Roubaix (Nord). Supériorité dans la fabrication des tissus de laine mélangée.

Cornouls (Ferdinand), fabricant à Mazamet (Tarn). Progrès considérable dans la fabrication des draps et des velours de laine.

Cubain (R.), fabricant de cuivre ouvré à Verneuil (Eure). Supériorité dans le tréfilage et le laminage de ce métal.

Cumming (J.), constructeur d'instruments et de machines agricoles à Orléans (Loiret). Perfectionnement des machines à battre les gerbes des céréales.

Davin (Frédéric), peigneur et filateur de laines à Paris. Progrès persévérants dans le peignage et la filature de la laine.

Delafontaine (A.-M.), fabricant de bronzes d'art à Paris. Supériorité dans la fabrication de ces produits.

Derriey, fondeur en caractères typographiques à Paris. Grande supériorité dans la fabrication de ces produits.

Desfossé (Jules), fabricant de papiers peints à Paris. Supériorité dans la fabrication des tableaux et décors en papiers peints.

Devisme (L.-F.), arquebusier à Paris. Invention dans la fabrication des armes à feu.

Dezobry, libraire-éditeur à Paris. Services rendus à l'instruction publique par la publication de livres destinés aux établissements d'éducation ; travaux archéologiques estimés.

Dognin (Camille), fabricant de dentelles à Lyon. Progrès dans la fabrication des tulles de soie et des dentelles de laine à la mécanique.

Dreyfus, maître de forges à Ars-sur-Moselle. Création d'une nouvelle industrie métallurgique dans l'est de la France, supériorité dans la fabrication des fers étirés.

Duboscq, constructeur d'instruments de physique à Paris. Inventions et perfectionnements dans la construction des appareils d'électricité et d'optique,

Duché (Jean-Baptiste), fabricant de châles à Paris. Perfectionnements dans la fabrication des châles dits *cachemires français.*

Durand (François), constructeur de machines à Paris. Perfectionnements dans les métiers à tisser dits *à la Jacquart.*

Durenne (A.), fondeur en métaux à Paris. Supériorité dans la fabrication des fontes d'ornement.

Engelhardt (F.), directeur de l'usine de Niederbronn (Bas-Rhin). Progrès dans la fabrication des fontes moulées.

Fanin père, fabricant de chaussures à Lillers (Pas-de-Calais). Fondation d'une grande fabrique de chaussures destinées à l'exportation.

Fanière (F.), orfèvre à Paris. Supériorité dans la ciselure sur métaux.

Fey, fabricant de tissus de soie à Tours (Indre-et-Loire). Supériorité dans la fabrication des étoffes d'ameublement.

Fievet (Constant), agriculteur à Masny (Nord). Progrès dans la culture de la betterave et du lin.

Fontaine, constructeur de machines à Chartres. Supériorité dans la construction des turbines hydrauliques.

Fourrier-Aubry, fabricant de dentelles à Mirecourt (Vosges). Progrès dans la fabrication des dentelles et guipures et dans le choix des dessins.

Froment, peintre de la manufacture impériale de Sèvres. Supériorité dans la peinture sur porcelaine tendre.

Gantillon (Denis), moireur apprêteur à Lyon. Services rendus à l'industrie des soieries par la supériorité des apprêts et du moirage.

Gaupillat (André), fabricant de capsules pour armes à feu à Paris. Perfectionnements dans la fabrication de ces produits.

Gélis (A.), fabricant de produits chimiques à Paris. Découverte de procédés nouveaux pour la préparation industrielle de plusieurs produits importants. ·

Gérentet (Claudius), fabricant de rubans à Saint-Etienne (Loire). Supériorité dans la fabrication de ces produits.

Gevelot (Jules), fabricant de capsules et de cartouches pour armes à feu, à Paris. Perfectionnements dans la fabrication de ces produits.

Giffard, ingénieur civil, à Paris. Invention d'un appareil pour l'alimentation régulière des chaudières à vapeur.

Gosse (Auguste-François), fabricant à Bayeux (Calvados). Création et perfectionnements successifs dans la fabrication des porcelaines.

Guerre-Crossart père, ouvrier coutelier à Nogent (Haute-Marne). Supériorité longtemps maintenue dans la fabrication des couteaux fermants.

Hébert fils (Emile-Frédéric), fabricant à Paris. Perfectionnements dans la fabrication des châles dits *cachemires français.*

Hennecart, fabricant à Paris. Perfectionnements dans la fabrication des tissus de soie employés au blutage des farines.

Huguenin (Louis), fabricant à Mulhouse (Haut-Rhin). Supériorité dans la fabrication des tissus de coton imprimés pour ameublement.

Imbert, administrateur directeur de la société des houillères de Rive-de-Gier (Loire). Perfectionnements dans l'exploitation des houillères.

Kopp (Emile), chimiste à Saverne (Bas-Rhin). Invention relative à l'extraction de la matièr colorante de la garance.

Lagache (Julien), fabricant à Roubaix (Nord). Supériorité dans la fabrication des tissus de laine pour gilets.

Laurent (Auguste), fabricant d'appareils de sondage à Paris. Perfectionnements dans l'industrie des sondages.

Legrix, fabricant à Elbeuf (Seine-Inférieure). Supériorité dans la fabrication des étoffes de laine dites draps nouveautés pour pantalons et gilets.

Lequien père, directeur d'une école municipale de dessin, à Paris. Services rendus à l'enseignement du dessin et du modelage pour les ouvriers.

Lerolle, fabricant de bronzes d'art, à Paris. Supériorité dans la fabrication de ces produits.

Luër (G.-A.), fabricant d'instruments de chirurgie, à Paris. Excellence dans la fabrication de ces instruments.

Martin (Emile), fabricant de pâtes alimentaires, à Paris. Invention d'un procédé d'extraction de la fécule de froment sans perte de gluten.

Mathieu (L.-J.), fabricant d'instruments de chirurgie, à Paris. Inventions et perfectionnements dans la fabrication de ces instruments.

Merle (Henri), fabricant de produits chimiques, à Alais (Gard). Exploitation des eaux-mères des marais salants pour la production du sulfate de soude et du chlorure de potassium.

Million (Jean-Pierre), fabricant à Lyon. Supériorité dans la production des tissus de soie unie.

Montessuy, fabricant à Lyon. Supériorité dans la fabrication des crêpes.

Morin (Paul), directeur d'une fabrique d'aluminium, à Nanterre (Seine). Initiative de la production industrielle de l'aluminium.

Motte-Bossut, filateur à Roubaix (Nord). Supériorité dans la filature des cotons fins et mi-fins.

Mourceau (Charles), fabricant à Paris. Supériorité dans la fabrication des étoffes d'ameublement.

Müller, dessinateur. Services éminents rendus aux fabriques de tissus et de papiers peints.

Normand, fabricant de presses typographiques, à Paris. Découverte d'un nouveau mode de transmission.

Patoux (Adolphe), fabricant de verre, à Aniche (Nord). Supériorité dans la fabrication du verre à vitre.

Peltereau (Placide), tanneur à Château-Renaud (Indre-et-Loire). Supériorité dans l'industrie du tannage des cuirs.

Picault (Gustave-François), coutelier à Paris. Inventions relatives à la coutellerie.

Pihan (père), prote pour les langues orientales, à l'imprimerie impériale, à Paris. Services rendus à la typographie des langues orientales en France.

Poitevin (A.), photographe à Paris. Invention des procédés lithophotographiques et de la photographie au charbon.

Pougnet (Maximilien), directeur de la société houillère de Carling (Moselle). Perfectionnements dans l'exploitation des mines.

Prévost (Florent), aide-naturaliste au Muséum d'histoire naturelle de Paris. Services rendus à l'agriculture par ses recherches sur l'alimentation des oiseaux.

Renard (Francisque), fabricant de produits tinctoriaux à Lyon. Invention de la teinture au rouge d'aniline.

Robert-Faure (Charles), fabricant de dentelles au Puy (Haute-Loire). Progrès dans la fabrication des dentelles noires.

Rouqués (A.), teinturier à Clichy, près Paris. Perfectionnements dans l'industrie de la teinture.

Roux (Charles), fabricant de savons à Marseille. Supériorité dans la fabrication des savons dits de Marseille.

Sebille (Charles), fabricant de tuyaux à Nantes. Inventions relatives à la fabrication des tuyaux en plomb étamé, et des tuyaux en poussier d'ardoise ou de coke.

Servant (Alexandre), fourreur à Paris. Perfectionnement dans l'industrie de la fourrure.

Steiner (Charles), teinturier à Ribeauvillé (Haut-Rhin). Perfectionnements de la teinture au rouge d'Andrinople.

Taurines (J.-M.-A.), constructeur d'appareils de précision à Paris. Inventions relatives aux dynanomètres et aux instruments de pesage.

Thiébaut (Victor), fondeur de métaux à Paris. Supériorité dans la fonte des bronzes d'art.

Vauquelin (Félix), fabricant à Elbeuf (Seine-Inférieure). Supériorité dans la fabrication des étoffes de laine, dites draps nouveautés pour pantalons et gilets.

Villeminot-Huart, fabricant à Reims (Marne). Perfectionnements dans le tissage mécanique des étoffes de laine peignée.

Vissière, constructeur de chronomètres au Havre (Seine-Inférieure). Excellence dans la construction des instruments d'horlogerie.

Wolff (Auguste), facteur de pianos à Paris. Perfectionnement et excellence dans la fabrication des pianos.

ACADÉMIE DES SCIENCES

Séance du 5 janvier 1863. — L'Académie procède par la voie du scrutin à la nomination d'un vice-président qui, cette année, doit être pris parmi les membres des sections de sciences mathématiques.

Au premier tour de scrutin, le nombre des votants étant de 56 (majorité 31),

M. Morin obtient...... 31 suffrages.

M. Laugier......... .. 23 —

M. Liouville.......... 1 —

M. Delaunay.......... 1 —

M. Morin ayant obtenu la majorité absolue des suffrages, est proclamé vice-président pour l'année 1863.

M. Duhamel, avant de quitter le fauteuil, énumère les changements arrivés parmi les membres depuis le 1er janvier 1862.

Membres élus.

Section d'anatomie et de zoologie : M. Blanchard, le 10 février 1862, en remplacement de M. Isidore Geoffroy Saint-Hilaire.

Section de géométrie : M. Ossian Bonnet, le 14 avril 1862, en remplacement de M. Biot.

Section de minéralogie : M. Pasteur, le 8 décembre 1862, en remplacement de M. de Senarmont.

Membres décédés.

M. Biot, le 3 février 1862; M. de Senarmont, le 30 juin 1862; M. le comte de Gasparin, le 7 septembre 1862.

Membres à remplacer.

Section d'économie rurale : M. le comte de Gasparin.

Correspondants élus.

Section de minéralogie : Sir Charles Lyell, à Londres, le 20 janvier 1862; M, Damour, à Villemoisson (Seine-et-Oise), le 21 avril 1862.

Correspondants décédés.

Section de géométrie : M. Ostrogradski, à Saint-Pétersbourg, le 1er janvier 1862.

Section de médecine et de chirurgie : M. Bretonneau, à Tours, le 18 février 1862.

Section d'économie rurale : M. Vilmorin, aux Barres (Loiret), le 21 mars 1862.

Section de géographie et navigation : Sir James Clark Ross, à Londres, le 5 avril 1862.

Section d'astronomie : M. Carlini, à Milan, le 29 août 1862.

Section de chimie : M. Desormes, à Verberie (Oise), le 30 août 1862.

Correspondants à remplacer.

Section de géométrie · M. Ostrogradski, à Saint-Pétersbourg.

Section de mécanique : M. Eytelwein, à Berlin (mort le 18 août 1849).

Section d'astronomie : M. Bond, à Cambridge (États-Unis). Sa mort a été annoncée par M. Le Verrier dans la séance du 21 mars 1859); M. Carlini, à Milan.

Section de géographie et navigation : Sir James Clark Ross, à Londres.

Section de chimie : M. le baron de Liebig, à Munich, nommé associé étranger, le 13 mai 1861; M. Desormes, à Verberie (Oise).

Section d'économie rurale : M. Vilmorin, aux Barres (Loiret).

Section de médecine et chirurgie : M. Maunoir, à Genève (mort le 16 janvier 1861 ; M. Bretonneau, à Tours.

MM. Chevreul et Poncelet sont de nouveau déclarés membres de la *Commission centrale administrative.*

Après cette énumération, M. Duhamel remercie ses confrères de l'indulgence qu'ils ont eue pour lui pendant son année de présidence, et cède le fauteuil à M. Velpeau, vice-président de l'année dernière.

La séance reprend son cours après les accolades que se donnent entre eux'les présidents, vice-présidents et secrétaires du bureau.

— Expériences sur les effets de ventilation produits par les cheminées d'appartement; par M. le général Morin.

M. Morin s'est proposé dans cette note de faire connaître les résultats d'expériences exécutées par ses soins sur des cheminées ordinaires, dans le but de déterminer les volumes d'air que peut évacuer une cheminée ordinaire d'appartement dans diverses circonstances, soit par la seule action de la ventilation naturelle, soit avec le concours d'un chauffage plus ou moins actif, et de comparer les résultats de l'observation à ceux que fournissent les formules déduites de la théorie. Il a choisi à cet effet la cheminée d'une pièce qui peut à volonté être chauffée par une bouche de chaleur dépendante d'un calorifère à air chaud et par le feu allumé dans la cheminée. M. Morin a profité de cette circonstance pour faire varier le mode d'introduction de l'air, en tenant, selon les cas, la bouche de chaleur ouverte ou fermée.

On a d'abord mesuré à diverses reprises le volume d'air dont la cheminée déterminait l'évacuation par le seul effet de la différence de température de l'air extérieur et de l'air intérieur sans le concours du chauffage.

Il est résulté de ces premières expériences que, par des températures extérieures de +1°, 8 à 10° et des températures intérieures de 18° et de 22°, il passait en moyenne par la cheminée de cette pièce environ 400 mètres cubes d'air par heure.

Des expériences directes ont montré que le volume d'air ramené à 20°, que la bouche de chaleur introduisait dans la pièce, était de 157 mètres cubes par heure quand il affluait à des températures comprises entre 70° et 100°, et de 123 mètres cubes seulement quand il n'arrivait qu'à 45°.

Ce résultat montre combien le volume d'air fourni par les calorifères croît avec le degré d'échauffement qui lui est communiqué.

Les volumes d'air introduits par les joints des portes et des fenêtres se sont élevés dans ces expériences à 246 mètres cubes par heure pour deux portes et deux fenêtres.

M. Morin a examiné ensuite dans plusieurs séries d'expériences les effets de ventilation produits par les cheminées au moyen de la consommation directe de divers combustibles ; la quantité comparative de chaleur communiquée à l'air par la combustion du bois, par celle de la houille, du gaz d'éclairage, etc.

Ces résultats conduisent l'auteur aux observations générales suivantes relativement au chauffage par les cheminées : .

Si les expériences précédentes mettent en évidence les effets puissants de ventilation que produisent naturellement les cheminées et le parti que l'on peut en tirer pour l'assainissement des lieux habités, elles expliquent en même temps comment pour le chauffage elles sont un moyen si peu économique.

La presque totalité de la chaleur développée par les combustibles étant, comme on vient de le voir, emportée par l'air, l'échauffement des appartements n'est produit que par le rayonnement, qui n'a lieu que par une ou deux des faces de l'espace qui contient le combustible.

D'une autre part, si l'appel énergique d'air extérieur que produit une cheminée est favorable à la ventilation, l'introduction de cet air froid par les joints des portes et des fenêtres, et par leur ouverture momentanée, est une cause incessante de refroidissement, et l'on sait qu'elle est parfois fort désagréable.

Au point de vue du chauffage, il convient donc de restreindre le volume d'air appelé de l'extérieur par la cheminée à ce qui est nécessaire pour en assurer la marche stable et régulière, et d'utiliser une partie de la chaleur développée par le combustible pour introduire dans les appartements le plus grand volume possible d'air chaud, en évitant cependant que la température de cet air soit aussi élevée que celle que déterminent habituellement la plupart des appareils en usage. Sous ce rapport, l'emploi des calorifères généraux qui versent dans les vestibules, dans les escaliers et dans une partie des pièces d'un édifice une grande quantité d'air qui se mêle à l'air extérieur, sera toujours un auxiliaire utile du chauffage et de la ventilation, en introduisant dans l'intérieur des appartements de l'air modérément chauffé.

— Rapport verbal sur le protocole de la conférence géodésique tenue à Berlin en avril 1862 (protocole adressé à l'Académie par M. le ministre d'État); par M. Faye. « Voici en quels termes l'abbé Moigno explique, dans le néméro du *Cosmos* du 9 janvier qu'il a rédigé, et qui est *le dernier* qu'il rédigera (la paix que demandait le jugement de première instance n'ayant pu se signer dans un nouveau traité, et le propriétaire du *Cosmos* ayant préféré payer les dommages et intérêts fixés par le tribunal à 5,000 fr., à une réconciliation qui lui paraissait plus que jamais impossible), le nouveau mémoire de Faye. « Dans cette lecture fort intéressante, dit l'abbé Moigno, M. Faye rappelle ce que la France et l'Allemagne ont fait pour la détermination de la figure véritable de la terre; il montre l'utilité considérable des nouvelles mesures d'un grand arc méridien et de six portions de parallèles proposées par le général Baeyer; il dit de quelle manière la France doit prêter son concours à cette grande entreprise, rendue possible et facile par la paix dont jouissent actuellement tous les États de l'Europe, il expose enfin la vraie méthode à suivre pour constater et mesurer les déformations ou anomalies locales. »

M. Le Verrier rappelle qu'il a conçu ce qu'il pensait depuis plusieurs années, un plan de triangulation à la fois astronomique et télégraphique, qui doit nécessairement précéder toute reprise de triangulation géodésique.

Le bureau des longitudes ne paraît pas d'accord avec M. Le Verrier sur ce point, et les prochaines séances révéleront, une fois de plus, les profonds dissentiments qui existent toujours entre l'Observatoire, représenté par M. Le Verrier, et le bureau des longitudes, dont M. Faye se fait aujourd'hui le champion et dont il défend les droits et les priviléges.

— M. Ch. Sainte-Claire Deville présente, au nom de M. le professeur Pietro Peretti, de Rome, une note *sur les propriétés électro-chimiques de l'urée.* — Dans cette note, écrite en italien, l'auteur cherche à établir que l'urée, malgré son indifférence aux papiers réactifs et son impuissance à chasser même l'acide carbonique de ses combinaisons, doit être considérée comme jouant le rôle d'élément électro-négatif.

— Le même membre présente également, au nom de M. Paul Peretti, fils, une note écrite en français et ayant pour titre : *De l'action chimique de l'eau sur les sels et les acides.*

— *De la signification anatomique de l'appareil operculaire des poissons et de quelques autres parties de leur système osseux;* par M. H. Hollard. — J'ai constaté, dit l'auteur, professeur à la

Faculté de Poitiers, par l'observation comparative directe que les trois os qui composent le couvercle de la chambre branchiale et que l'on désigne sous les noms d'opercule, sous-opercule et iuteropercule, ne se rattachent pas à un même système de pièces, et que le dernier appartient à l'arc temporo-mandibulaire, tandis que les deux premiers dépassent les limites ardinaires de la tête osseuse. L'interopercule, toujours attaché à la mâchoire inférieure et partant de celle-ci pour s'élever dans la direction des pièces tympaniques, représente, ce me semble, non-seulement le marteau comme le voulait Geoffroy, mais encore l'enclume, car il occupe la place et reproduit quelquefois jusqu'aux formes du cartilage de Meckel, formation qui, chez l'embryon, se montre d'abord au côté interne de la mâchoire, s'élève de là vers la fente ou cavité tympanique, et se couronne par les deux premiers osselets de l'ouïe.

Quant à l'opercule et au sous-opercule, formés dans un pli cutané qui vient peu à peu couvrir la chambre branchiale du jeune poisson, et qui comprend plus bas les rayons branchiostéges, ils sortent des limites ordinaires du squelette et se rattachent au grand système des pièces solides supplémentaires développées chez les poissons, tant sur la ligne médiane que sur les côtés du corps dans les expansions de l'enveloppe qui fournissent les nageoires dorsales, caudales, anales et même les nageoires paires; la partie de celles-ci, que l'on a coutume de donner comme les analogues des mains et des pieds, ont pour soutiens des rayons que leur nombre, leur composition et leur mode de développement ne permettent pas d'assimiler à des doigts.

— *De quelques propriétés nouvelles du soufre* ; par M. Dietzenbacher. — Voici l'extrait du mémoire présenté par M. H. Saint-Claire Deville au nom de l'auteur :

« Une petite quantité d'iode, de brôme ou de chlore modifie les propriétés physiques et chimiques du soufre d'une manière extrêmement remarquable. Le soufre devient mou, malléable à la température ordinaire, en se conservant pendant longtemps sous cette forme. De plus, il se transforme en partie ou même complétement dans cette modification curieuse du soufre, découverte par M. Ch. Sainte-Claire Deville, et qu'il a appelée le *soufre insoluble*.

« 1° En chauffant à 180 degrés environ un mélange de 400 parties de soufre et de 1 partie d'iode, on produit par le refroidissement un soufre qui reste assez longtemps élastique.

« On l'obtient sous forme de lames flexibles en coulant le soufre sur une plaque de verre u de porcelaine. Cette propriété se manifeste même avec une proportion d'iode beaucoup plus faible.

« L'iodure de potassium agit comme l'iode.

« Le soufre, ainsi traité par l'iode, devient insoluble dans le sulfure de carbone. La liqueur se colore en violet.

« 2° L'action du brôme sur le soufre présente de l'analogie avec celle de l'iode; seulement, au lieu d'un soufre coloré en noir et possédant un éclat métallique, on obtient un soufre couleur de cire jaune qui est beaucoup plus mou que le précédent; cet état persiste. Il suffit d'un centième de brôme et d'une chaleur de 200 degrés environ pour obtenir cette modification. Ce soufre est composé de 70 à 80 pour 100 parties de soufre insoluble dans le sulfure de carbone.

« 3° En faisant passer un courant de chlore sur du soufre porté à 240 degrés environ, on obtient une sorte de soufre mou qui s'étire très-facilement et dont on peut souder les fragments entre eux.

« Il se compose avec le sulfure de carbone de la même manière que le soufre traité par le brôme. Cependant, lorsqu'il est fraîchement préparé, le soufre, modifié par le chlore, céde environ 10 pour 100 de plus que l'autre de matière soluble ou sulfure de carbone.

« Après avoir été malaxé pendant une ou plusieurs heures, ce soufre durcit subitement et devient complétement insoluble dans le sulfure de carbone. »

Ces faits peuvent servir à expliquer quelques détails de la fabrication du caoutchouc vulcanisé par le chlorure de soufre et le soufre. Quelques-uns d'entre eux confirment les résultats obtenus déjà par M. Berthelot sur le même sujet.

— M. Ch. Saurel adresse, de l'Isle (Vaucluse), une note sur les modifications qu'éprouvent durant le sommeil la respiration et la calorification, sur les causes de ces changements et sur leurs conséquences.

— M. Fock envoie de Fribourg de nouvelles pièces, texte et dessins, faisant suite à ses précédentes communications sur les proportions du corps humain.

— M. Poudra annonce qu'il est l'auteur d'un mémoire présenté au concours pour le grand prix de mathématiques pour 1862 (question concernant la théorie des courbes planes du quatrième ordre), mémoire inscrit sous le n° 2, et qui a obtenu la seconde des deux médailles décernées par l'Académie.

— L'Académie reçoit des lettres de remercîments de plusieurs des auteurs auxquels elle a décerné, dans la dernière séance annuelle, des prix ou des médailles d'encouragement pour le concours de 1862. Ces lettres sont adressées par les savants dont les noms suivent :

M. Teynard. — Première médaille au concours pour le *prix Bordin*, question des foyers optiques et photogéniques.

M. Balbiani. — Concours pour *le prix de physiologie expérimentale*. Prix décerné à son mémoire sur les phénomènes sexuels des infusoires.

M. Lebert. — Concours pour les prix de médecine et de chirurgie. Prix décerné à ses travaux d'histologie pathologique.

M. Frerichs. — Même concours. Prix décerné à son *Traité des maladies du foie*.

M. Lereboullet. — Concours pour le *prix Alhumbert*. Modification de l'embryon d'un vertébré par l'action des agents extérieurs.

M. Dareste. — Même concours.

M. Graham. — Concours pour le *prix Jecker*. Prix décerné à son travail sur la diffusion moléculaire appliquée à l'analyse.

M. de Bary. — Concours pour le *prix Alhumbert*, question des générations dites spontanées. Mention honorable accordée à ses recherches sur le développement de quelques champignons parasites.

MM. Philipeaux et Vulpian. — Concours pour le *grand prix des sciences physiques,* anatomie comparée du système nerveux des poissons. Les deux collaborateurs ont reçu, à titre d'encouragement, une somme de 1,500 fr.

— M. Parade adresse la quatrième édition de son « Cours élémentaire de culture des bois », et prie l'Académie de vouloir bien, quand elle s'occupera de nommer aux deux places vacantes de correspondant dans la section d'économie rurale, se rappeler que l'ouvrage dont il lui fait hommage aujourd'hui, et dont la première édition remonte à vingt-cinq ans, a servi à fonder en France l'enseignement sylvicole.

— Lettre de M. Cayley à M. J. Bertrand, au sujet d'un mémoire de M. Jacobi.

— Études sur l'acier; note par M. H. Caron (présentée par M. H. Sainte-Claire-Deville). Ce travail, d'un grand intérêt, permet, dit M. Caron, de déterminer l'état véritable du charbon dans des aciers de différentes qualités. Nous reproduirons cette note dans nos *Comptes-rendus de chimie*.

— Note sur l'emploi du bisulfite de chaux dans la fabrication du sucre; par M. Alvaro-Reynoso. — M. Dumas, qui communique cette note, fait observer qu'elle date du 7 mars 1859, époque où elle a été insérée dans le *Diario* par son auteur. M. Alvaro-Reynoso est donc bien l'inventeur du procédé, et c'est à tort que MM. Possoz et Périer, dont les expériences de laboratoire sur le même sujet datent seulement de novembre 1860 et leur brevet du 1er avril 1841, en réclamaient la priorité.

Voici la note de M. Alvaro-Reynoso, telle qu'elle a été insérée le 7 mars 1859 dans le *Diario de la marina*, de la Havane :

« 1° Le bisulfite de chaux employé seul, sans aucun mélange de chaux, même dans les cas où la nature des sucs le réclame, loin d'être utile, est extrêmement nuisible ; car non-seulement il ne remplace pas la chaux comme matière défécante, mais encore il porte avec lui des inconvénients que son union avec un excès de chaux eût évités.

« 2° Toutes les fois que l'on emploie simultanément le bisulfite de chaux et la chaux, cette dernière doit dominer, car, si au contraire c'était le bisulfite qui dominât, il produirait les effets qui lui sont propres. Il est donc nécessaire, indispensable, de travailler en toute circonstance en employant un excès de chaux, et que les jus sucrés, suffisamment alcalinisés, bleuissent le papier rouge de tournesol. A défaut du papier de tournesol, il y a d'autres indices auxquels nous pouvons reconnaître si le liquide contient un excès de chaux ; tels sont : la couleur et la transparence du liquide, la formation des écumes, quelques phénomènes qui se remarquent dans l'ébullition et l'apparition d'une pellicule sur le liquide que peut contenir une cuiller d'argent quand on dirige sur ce liquide l'acide carbonique exhalé par la respiration. Nous n'avons jamais cru (et plus nous examinons la question, plus nos convictions acquièrent de force) qu'en aucun cas, et bien moins encore quand on fait usage du bisulfite, il convienne d'opérer sur des jus sucrés acides ; on doit toujours les alcaliniser jusqu'à ce qu'ils contiennent un excès de chaux moins claire, ils auront une qualité que les autres ne peuvent posséder ; de plus, le jus sucré rendra davantage et le produit ne s'aigrira pas, s'il a été convenablement purifié.

« 3° En employant le bisulfite de chaux en excès, nous obtiendrons d'abord une grande partie des avantages et des inconvénients qui accompagnent l'usage de la chaux en petite quantité, et, de plus, cet excès de bisulfite produira quelques phénomènes qui lui sont propres et qui peuvent nous conduire aux résultats les plus funestes. Le bisulfite de chaux, que nous pouvons considérer comme acide sulfureux, uni au sulfite de chaux, se transforme en absorbant l'oxygène, en acide sulfurique et en sulfite de chaux. Tout le monde sait que l'acide sulfurique, agissant sur le sucre de canne, le transforme d'abord en sucre de raisin, et, par une action plus profonde, peut s'altérer au point de produire les acides ulmique et formique, et, de plus, l'ulmine. Or, le bisulfite en excès nous fera perdre une partie du sucre, parce qu'il n'est pas un agent défécant, et que, de plus, il attire le sucre cristallisable ; de plus, loin de décolorer les liquides qui le contiennent, il produira leur coloration par les composés de couleur grise dont il est le principe.

En résumé, il résulte de ce que nous venons d'exposer que, dans le cas où il peut être utile, l'usage du bisulfite de chaux doit être toujours accompagné, non-seulement de la quantité de chaux suffisante pour saturer complétement tout l'acide sulfureux, mais que, de plus, on doit employer un excès de chaux. Les jus sucrés ne doivent jamais présenter la moindre réaction acide quand on les examine au moyen du papier tournesol. Toutes les fois qu'on nous a consulté sur la manière d'user du bisulfite, nous avons insisté sur la nécessité de son emploi conjointement avec la chaux en excès. ‾

« De cette manière, il a produit les meilleurs résultats dans les essais qui ont été faits sur l'Armonia, la Concepcion, Santo-Domingo et San-Jose, sucreries appartenant à M. de Aldama. »

— Note sur la cause des déplacements apparents de l'allantoïde dans l'œuf de poule ; par M. C. DARESTE.

— Sur les modérateurs des mouvements réflexes dans le cerveau de la grenouille ; par M. SETCHENOW. (Note présentée par M. Cl. Bernard.)

— Note sur les nerfs moteurs de la vessie ; par M. J. GIANNUZI. Ces expériences importantes, qui ont été faites dans le laboratoire du Collége de France, sont également présentées par M. C. Bernard. Les nerfs moteurs de la vessie viennent en partie du grand sympathique, en partie du faisceau rachidien ; et l'on ne savait pas encore quelles sont les fonctions propres de chacune de ces deux séries de nerfs, si toutes deux exerçaient leur action sur la vessie entière, ou si cette action pour chacune n'était pas localisée. M. Gianuzzi a démontré que l'influence des deux espèces de nerfs s'étend à la vessie entière, mais qu'elles diffèrent dans leur mode d'action ; l'excitation des nerfs rachidiens produit une contraction plus prompte et plus forte, celle des nerfs sympathiques une contraction moins intense, mais plus durable.

— Recherches sur la réunion bout à bout des fibres nerveuses sensitives avec les fibres nerveuses motrices ; par MM. J.-M. PHILIPEAUX et A. VULPIAN.

— M. SAUVAGEON annonce l'observation qu'il a faite que des mèches de coton en laine, exposées à la vapeur du soufre brûlant, conservent pendant quelque temps une certaine incombustibilité.

Séance du 12 janvier. — M. le Secrétaire perpétuel de l'Académie des inscriptions et belles-lettres invite l'Académie des sciences à lui faire connaître le plus promptement possible le nom du membre qu'elle aura choisi pour la représenter dans la commission mixte chargée de décerner, s'il y a lieu, le prix de la fondation de M. Louis Fould. prix destiné à récompenser l'auteur du meilleur travail « sur l'histoire des arts du dessin avant le siècle de Périclès. »

— Réponse aux observations de M. Le Verrier relativement à un rapport lu dans la séance précédente, sur les entreprises géodésiques en Allemagne ; par M. FAYE. — Cette lecture a été l'occasion d'un nouveau trouble et même d'un grand tapage dans le sein de l'Académie. Le nouveau rédacteur du *Cosmos*, M. P. des M. (devine qui pourra) dit « que cette séance a mis à une rude épreuve le nouveau président, et que M. Velpeau, *habitué de longue main a tout raccommoder* (on raccommode la vieille faïence, M. P. des M., mais jamais on ne raccommodera M. Le Verrier avec ses confrères des longitudes ; l'Empereur y a perdu son grec et son latin, et ce n'est pas M. Velpeau, *tout chirurgien qu'il est,* qui voudra s'en charger), a demandé, continue le *Cosmos,* de supprimer le discours de M. Faye comme inutile à la science. » Drôle de manière de tout raccommoder d'offrir une amputation à un confrère ! A cette proposition tranchante, M. Charles Dupin observe que cette mesure deviendrait un précédent fâcheux ; M. Laugier, que le mémoire de M. Faye est très-important et réellement scientifique ; M. Delaunay, qu'il y a lieu de l'insérer, car c'est une réponse, une réplique à la note de M. Le Verrier ; enfin, M. Le Verrier lui-même est d'avis, puisque le mémoire a été lu, qu'il soit aussi inséré.

« En présence de cette opposition, dit M. P. des M. (quel drôle de nom !) M. Velpeau, après avoir pris conseil des secrétaires, finit par dire que le mémoire, *revu et corrigé* par l'auteur, paraîtra au compte-rendu. »

— La parole est donnée ensuite à M. Renault, pour de nouvelles observations sur la rage. — M. Renault, quoique vétérinaire d'un grand mérite, a des idées assez drôles sur les moyens de prévenir la rage chez les chiens. L'année dernière, il proposait de leur mettre une muselière très-serrée, cette année, son procédé n'ayant pas réussi du tout, malgré sa statistique importée de Berlin, il propose l'occision de tout chien qui aura été mordu ou qu'on pourra soupçonner de l'avoir été par un chien enragé. C'est le moment de rappeler le proverbe si connu : « Quand on veut noyer son chien on dit qu'il est enragé. » Bien que la note de M. Renault n'ait pas chance de réussir en France, où l'on aime son chien et où on le protége, le relevé dressé par M. Renault, sur l'incubation quelquefois nécessaire pour que cette rage terrible éclate enfin, sera lu avec grand intérêt.

« Dans une période de vingt-quatre ans, dit M. Renault, 131 chiens ont été les uns mordus sous mes yeux et à plusieurs reprises par des chiens en accès de rage, les autres inoculés par moi ou en ma présence, avec de la bave recueillie à l'instant même sur des chiens enragés.

Sur ce nombre, 63 n'ayant rien présenté après quatre mois d'observations, ont cessé d'être surveillés, et ont été plus tard soumis à d'autres expériences.

Sur les 68 autres, la rage s'est développée après un temps variable dans des proportions indiquées sur le tableau suivant :

Sur 1 chien............................ du   5e au   10e jour.
      4   — .... du   10e au   15e   —
      6   — .... du   15e au   20e   —
      5   — .... du   20e au   25e   —
      9   — .... du   25e au   30e   —
     10   — .... du   30e au   35e   —
      2   — .... du   35e au   40e   —
      8   — .... du   40e au   45e   —
      7   — .... du   45e au   50e   —
      2   — .... du   50e au   55e   —
      2   — .... du   55e au   60e   —
      4   — .... du   60e au   65e   —
      1   — .... du   65e au   70e   —
      4   — .... du   70e au   75e   —
      2   — .... du   80e au   90e   —
      1   — .... du 100e au 120e   —

Sur ce dernier, la rage ne s'est développée que le 118e jour.

Ainsi sur 68 chiens devenus enragés après avoir été inoculés ou mordus,

     31 le sont devenus après le   40e jour.
     23   —   —   45e   —
     16   —   —   50e   —
     14   —   —   55e   —
     12   —   —   60e   —
      8   —   —   65e   —
      7   —   —   70e   —
      3   —   —   80e   —
      1   —   —   118e   —

et cela, je le répète, dans des conditions d'expérimentation où les résultats rigoureusement préparés et constatés sont à l'abri d'aucune chance d'erreur, et conséquemment d'aucun doute et d'aucune objection sérieuse.

Or quelle est la signification pratique de pareils faits? C'est bien évidemment la séquestration de chiens mordus, fût-elle toujours ordonnée, observée, ce qui n'est pas ; durât-elle, quand elle est ordonnée et observée, le maximum de temps qu'on est convenu de lui fixer, c'est-à-dire quarante jours, ce qui est l'exception ; les animaux remis en liberté après ce laps de temps peuvent encore devenir enragés sous l'influence et par suite de la morsure violente qui avait motivé leur mise en quarantaine, et, partant, restent un grand danger possible pour la société. Quelle est, dès lors, la conséquence que doit en tirer l'administration chargée de veiller à la sécurité publique? C'est évidemment que, si l'on veut s'en tenir au système de la séquestration, il faudrait que la durée de cette quarantaine fût d'au moins 120 jours. Mais, attendu qu'il est peu probable que cette mesure soit jamais aussi exactement et sévèrement observée qu'il serait nécessaire qu'elle le fût, attendu que rien ne prouve que, après ce délai de 120 jours, la maladie ne pourra pas encore se manifester, comme des praticiens recommandables assurent en avoir observé des cas, si rares qu'ils aient été; il semble que la mesure la plus certaine, la seule qui puisse satisfaire la prudence et mettre les familles et le public à l'abri de tout danger, ce serait de faire sacrifier immédiatement tout chien qui aurait été mordu ou seulement attaqué par un autre chien enragé. Pour ma part, je n'ai jamais hésité à conseiller ce sacrifice à tous les propriétaires de chiens mordus ou seulement soupçonnés de l'avoir été, qui m'ont consulté en semblable occurrence. »

M. A. Sanson, auteur d'une étude complète sur la rage, n'est pas de l'avis de M. Renault, il donne dans *la Presse* les caractères par lesquels on peut reconnaître chez le chien s'il est atteint de la rage et pense qu'il est préférable d'apprendre au peuple à connaître ces symptômes, plutôt que de lui conseiller d'assommer tout animal qui lui paraîtra suspect. Nous sommes de cet avis et nous engageons M. Renault à étendre ses patientes et courageuses recherches sur les moyens prophylactiques de la rage et à doter enfin l'humanité d'un remède certain que l'on prétend exister dans certains pays, et que l'on ne cherche pas assez à connaître en France, croyons-nous.

— M. Pouchet, qui n'a pas eu comme M. Pasteur l'avantage de recevoir, outre les prix Jecker et Alhumbert, une somme de 4,000 fr. pour les frais de ses petits ballons destinés à éclaircir la question toujours aussi trouble des générations spontanées, demande l'autorisation de reprendre au secrétariat les pièces qu'il y avait déposées pour le concours sur la question des générations spontanées, pièces qu'il se propose de donner à l'impression. « M'étant retiré du concours avant qu'il fût jugé, dit M. Pouchet, je pense que ma demande ne peut donner lieu à aucune objection. »

— M. Desbois lit une note sur un système de locomotion aérienne de son invention.

— Note sur la loi de la variation des débits des puits artésiens observés à différentes hauteurs ; par M. Michal.

— Recherches sur les produits de la volcanicité aux différentes époques géologiques. *Deuxième partie ;* par M. Pissis.

— Remarque à l'occasion d'une communication récente de M. Alvaro-Reynoso, sur l'emploi du bisulfite de chaux dans la fabrication du sucre de canne; lettre de MM. Périer et Pozzos. — « M. Alvaro-Reynoso, dans sa note présentée à l'Académie le 5 courant (voir page   de ce numéro), rappelle la date de sa publication sur l'emploi du bisulfite de chaux dans la fabrication du sucre de canne, et fait allusion à la date d'un brevet que nous avons pris postérieurement.

Nous croyons devoir faire observer que ce brevet ne porte pas sur l'emploi du bisulfite de chaux, et que jamais nous n'avons conseillé d'introduire du bisulfite de chaux dans du jus de canne contenant de la chaux, ce qui donne lieu, comme on le sait, à de fâcheux et abondants dépôts de sulfite et sulfate de chaux incrustant les chaudières d'évaporation et altérant la pureté du sucre. »

— M. Sallé adresse différents spécimens d'une substance textile, qu'il regarde comme pouvant remplacer avantageusement le coton. Ces produits, fournis par la plante vulgairement connue sous le nom d'*ortie de Chine,* se présentent, dans cet envoi, sous divers états, depuis l'état brut jusqu'à celui de tissu. M. Sallé pense que ses procédés de préparation, qu'il ne décrit pas dans la note jointe à ces produits, mais qu'il ferait connaître avec tous les détails nécessaires aux commissaires que l'Académie voudrait bien lui désigner, sont de beaucoup préférables à ceux qu'ont employés jusqu'ici les industriels qui ont cherché à tirer partie de cette substance.

— M. Ginoul adresse de Ravare (Rhône) une note sur la composition et le mode d'emploi d'un oint gras dont l'application méthodique a pour effet de rendre les cuirs imperméables à l'eau, de telle sorte que, même après une immersion prolongée, ils n'ont pas été trouvés augmentés de poids. Renvoyé au *Moniteur de la cordonnerie.*

— M. Mantellier, dont le travail sur le prix des denrées à Orléans, depuis le XIV⁰ siècle jusqu'au XVIII⁰ siècle, a obtenu au concours de 1862 le prix de statistique, adresse ses remercîments à l'Académie.

— M. Cap remercie également l'Académie, qui lui a décerné le prix Barbier de 1862, pour l'ensemble de ses travaux sur la glycérine.

— Théorème sur la relation entre les positions des plans de polarisation des rayons incidents, réfléchis et réfractés dans les milieux isotropes; par M. A. Cornu.

— Sur le passage d'une quantité considérable de globules lumineux observés à la Havane durant l'éclipse solaire du 15 mai 1836; lettre de M. A. Poey à M. Élie de Beaumont.

— Cinquième mémoire sur l'héliochromie; par M. Niepce de Saint-Victor. Ce mémoire étant de la compétence de notre revue de photographie, nous y renverrons nos lecteurs.

— Sur un nouveau système d'appareils d'évaporation et de distillation à simple ou à multiple effet; par M. Kessler.

— Mémoire sur les mines de Vialas; par M. Rivot.

— Sur diverses approximations numériques et sur diverses sections des solides dérivés du cube; par M. Willich.

— M. Charvin invite les membres de l'Académie qui s'intéressent plus particulièrement à la question des chemins de fer à voir fonctionner un frein de son invention qu'il désigne sous le nom de *frein isolant*.

— M. Fremy fait hommage à l'Académie, au nom de l'auteur, M. Henri de Parville, du second volume et de la seconde année de ses *Causeries scientifiques; Découvertes et Inventions; Progrès de la science et de l'industrie* en 1862 : « J'ai l'honneur, dit M. Fremy, de présenter à l'Académie un nouvel ouvrage de M. H. de Parville, qui a pour but de faire connaître les découvertes scientifiques et industrielles les plus récentes. L'Académie me permettra de lui dire que j'ai retrouvé dans ce livre l'élégance de style, la justesse d'appréciation et la science véritable que j'avais déjà signalées dans les publications précédentes de M. H. de Parville, je suis donc persuadé que cet ouvrage intéressant sera, comme le précédent, recherché par toutes les personnes qui veulent suivre le mouvement scientifique, et connaître l'importance des questions qui s'agitent devant l'Académie. »

— M. Flourens ajoute à son tour : « J'ai parcouru ce livre, et s'il est fait avec un véritable esprit qui plaira aux gens du monde, il est surtout savant. »

Voilà M. L. Figuier avec un concurrent de plus.

—. M. Faye présente à son tour *l'Annuaire du Cosmos* avec de grands éloges.

— Nous trouvons aussi dans le Bulletin bibliographique de l'Académie la *Revue des sciences et de l'industrie* pour la France et l'étranger; par MM. L. Grandeau et Aug. Laugel; année 1862, 1 volume in-12. Ce volume a été présenté par M. Balard.

Séance du 19 janvier. — La guerre a recommencé dans cette séance, et M. Le Verrier, qui avait la parole pour répondre au dernier discours de M. Faye, l'a fait largement, et, il faut bien le dire, avec un succès avoué de tous ceux même qui auraient voulu le contraire. Le *Cosmos*, que nous aimions à citer quand l'abbé Moigno le rédigeait, est resté à peu près muet. M. P. des M., qui avait fait la dernière séance, paraît avoir disparu du *Cosmos*, et nous soupçonnons que c'est M. Tremblay lui-même qui s'est improvisé rédacteur et a essayé de passer à l'état d'abbé Moigno.

Or, rappelons-le à ceux qui tenteraient de prendre la place de notre cher confrère, il ne suffit pas de savoir causer, faire de l'esprit et flatter quelques académiciens, il faut encore, quand on parle à un public de savants, avoir l'autorité que donnent seuls le savoir et une grande intelligence. L'abbé Moigno sera donc remplacé difficilement, et nous espérons que M. Marc Seguin aîné a trop de bon sens et de loyauté pour vouloir donner un successeur à celui qui a créé le *Cosmos*, lui a trouvé onze cents abonnés, et a fait seul sa réputation.

Le Siècle, qui reçoit ses communications du Bureau des longitudes sous le nom de M. Victor Borie, plus compétent dans les questions du *pot-au-feu* et du marché de Poissy que dans celles de géodésie et d'astronomie, a commencé le feu dans son numéro du 22 janvier, mais il ne rend pas compte encore de la séance du 19 et se contente de la mentionner par ces lignes :

« M. Le Verrier, dans la séance du 19 janvier, a répondu à M. Faye. Nous attendrons, pour parler de cette réponse, comme nous avons fait pour M. Faye, qu'elle soit imprimée. L'Académie a eu le bon esprit, afin de mettre un terme aux incartades oratoires de l'un de ses membres, de renfermer les discussions scientifiques dans l'échange de notes écrites.

« La discussion qui s'est élevée prend un tel caractère de gravité qu'elle rend, de notre part, toute observation inutile. Les faits parlent assez haut, et le public pourra juger en connaissance de cause. »

La Presse, par l'organe de M. A. Sanson, son rédacteur pour la partie scientifique, a dit sa façon de penser au sortir de la séance, et voici ce qu'on lisait dans le numéro du mercredi 21 janvier, distribué le mardi soir :

« Il existe entre quelques membres du Bureau des longitudes et l'Observatoire de Paris une lutte sourde qui éclate par moments à l'Académie des sciences, et, pour mieux dire, toutes les fois qu'il se présente une occasion. Alors l'Académie, ordinairement si calme, assiste à des débats dont la science n'est que le prétexte, et elle fait tous ses efforts pour les étouffer, au grand déplaisir du public, qui s'en montre très-friand. Il y a des gens qui ne viennent à la séance que ces jours-là pour entendre attaquer M. Le Verrier. Hier, ce dernier avait à répondre à une nouvelle agression de M. Faye, relative aux travaux géodésiques dont l'Observatoire serait indûment chargé, au détriment du Bureau des longitudes et du dépôt de la guerre. Il l'a fait de manière à mettre de son côté les juges impartiaux. On peut reprocher à M. Le Verrier bien des défauts de caractère ; mais il n'est pas possible de contester son immense valeur comme savant, son respect porté au plus haut degré pour la science, et son extraordinaire aptitude pour le travail, qualités que chaque nouvelle attaque dirigée contre lui ne fait que mettre plus en évidence, en lui donnant l'occasion d'y répondre par la communication de nouveaux travaux. »

Le Nord du 25 janvier, qui paraissait samedi soir, attaque fortement les formes impolies de M. Le Verrier, son ambition scientifique et ses prétentions à vouloir absorber le Bureau des longitudes tout entier ; mais il plaide les circonstances atténuantes en faveur de M. Faye, qu'il plaint de voir aux prises avec un lutteur aussi brutal. Il est vrai que M. Le Verrier ressemble parfois plutôt à un gorille qu'à un académicien.

L'Union du 26 janvier, représentée par M. Grimaud, de Caux, dont l'aptitude aux sciences abstraites s'est révélée dernièrement dans son feuilleton du 11 janvier sur la géométrie transcendante de M. Chasles, parle sans passion et avec bon sens de cette séance. Il fait l'histoire des tribulations du bureau des longitudes, et, arrivé à sa dernière réorganisation, il s'exprime ainsi :

« C'est au commencement de l'année dernière seulement qu'on a tenté la réorganisation du Bureau des longitudes sur un nouveau plan ; mais le vice originel n'a point été effacé, car les astronomes du Bureau des longitudes sont restés sans lunettes.

« Conçoit-on une anomalie semblable ? Il me suffira de faire connaître l'organisation, telle qu'elle a été constituée par le dernier décret, pour démontrer que l'*Observatoire* est une dépendance nécessaire, obligée du *Bureau*, et que l'ouvrier est dans l'impossibilité d'accomplir sa tâche, si on lui enlève ses instruments de travail.

« Le Bureau des longitudes se compose aujourd'hui :

« 1° De trois géomètres : MM. Liouville, Le Verrier et Delaunay ;

« 2° De cinq astronomes : MM. Mathieu, Laugier, Yvon Villarceau, Faye et Foucault ;

« 3° De trois membres du département de la marine : contre-amiraux, MM. Deloffre, Mathieu et M... M. de Tessan (dont l'élection régulière n'a point été confirmée encore par le ministre) ;

« 4° D'un membre du département de la guerre : M. le maréchal Vaillant :

« 5° D'un géographe : M. Peytier.

« 6° De trois artistes, dont un ayant rang de titulaire : M. Breguet.

« En tout, seize fonctionnaires.

« Maintenant, on se demande à bon droit ce que peuvent faire cinq astronomes qui n'ont pas d'observatoire pour observer les astres.

« Et les astronomes étant dans l'impossibilité d'observer, ce que peuvent faire trois géomètres, quand les cinq astronomes, leurs collègues, ne sont point en mesure de leur fournir des observations à calculer.

« Enfin, qu'est-il besoin de trois artistes pour conserver, régler et perfectionner des instruments, quand le Bureau des longitudes n'en a aucun en sa possession ?

« Telle est l'anomalie qu'on ne fera disparaître qu'en mettant les choses dans leur état normal, en rentrant dans la logique ; c'est-à-dire en mettant le Bureau des longitudes en possession d'un observatoire quelconque et de toutes ses dépendances.

« Cependant le Bureau des longitudes, réorganisé, n'a pas voulu rester inactif : et c'est alors que les positions, ainsi que je l'ai dit en commençant, se sont nettement dessinées.

« Ici je raconte ; mais si mon récit m'entraîne à quelque réflexion, je proteste contre toute intention personnelle. M. Le Verrier est un puissant algébriste, l'un des plus puissants ; et j'ai prouvé ici même que j'étais un grand admirateur de sa science. Pour ce qui me concerne, je ne lui reproche qu'une chose, c'est d'avoir supprimé, de son autorité privée et sans aucun motif avouable, aux *Comptes-rendus* le résumé météorologique mensuel, chose utile et d'un grand prix pour les travailleurs, et chose qui ne peut s'accomplir convenablement qu'à l'Observatoire dont M. Le Verrier a été constitué le maître absolu.

« C'est là un petit péché, j'en conviens, et qui ne donne point le droit à un infiniment petit de la science, tel que je suis, de provoquer contre le directeur de l'Observatoire aucune rancune académique, ni géométrique, ni astronomique.

« Je proteste donc que l'avantage de la science est ici le seul intérêt qui me guide, avantage auquel, dans la circonstance présente, la gloire du pays se trouve intimement liée. Je proteste, je le répète, que je ne suis poussé par aucun autre mobile, ni direct ni indirect ; ce dont, au surplus, resteront parfaitement convaincus non-seulement les nombreux amis qui m'aiment et qui connaissent ma vie, mais encore tous ceux de mes lecteurs à l'Académie des sciences et au dehors qui, depuis six ans, prêtent quelque attention à mes humbles études et à mes faibles mais sincères écrits.

« Le Bureau des longitudes n'a donc pas voulu rester inactif. On voit, par l'énumération des membres qui le composent, que M. Le Verrier en fait partie. Eh bien ! on dit que M. Le Verrier n'a assisté à aucune de ses réunions, malgré des sollicitations pressantes ; on dit que M. le maréchal Vaillant, qui a été institué président, a vainement insisté lui-même auprès de M. Le Verrier pour lui *mollir l'esprit et en tempérer les ires*. Il en est résulté que le Bureau des longitudes a été dans la nécessité de se priver du concours du directeur de l'Observatoire.

« Ici pourraient commencer les interprétations. Comment expliquer en effet l'abstention absolue de M. Le Verrier, quand il ne peut ignorer que sa présence est indispensable, et que son absence peut être une cause de gêne et même d'empêchement pour l'exécution des projets du Bureau des longitudes ? M. Le Verrier, prenant part à ces projets, cela est clair, et les projets du bureau nécessitant l'emploi des instruments, le directeur de l'Observatoire est seul en mesure de donner les ordres nécessaires pour que le travail du Bureau s'accomplisse sans obstacle et dans les meilleures conditions.

« Grâce à l'absence de M. Le Verrier, il n'en a pas pu être ainsi ; et qu'est-il arrivé ? il est arrivé ce dont le public a été témoin dans les dernières séances de l'Académie, avec l'assaisonnement d'un peu de scandale.

« Le Bureau des longitudes, jaloux de continuer la gloire de ses fondateurs, s'est préoccupé des moyens de poursuivre la détermination de la figure de la terre, en ce qui concerne la France. L'ancien Bureau dont c'est la plus belle œuvre, à la grande gloire de notre Académie des sciences, avait fait tout ce qu'il avait pu ; et, chose singulière ! s'il n'avait pas tout fait, c'est précisément faute de moyens et d'instruments — et, à ce propos, qu'il me soit permis de faire connaître ici que le premier grand instrument qu'a possédé l'Observatoire, et qui a coûté 12,000 fr., lui a été donné par le duc d'Angoulême.

« Le Bureau des longitudes actuel a donc fait le plan et les devis des études et des dépenses nécesaires pour déterminer les longitudes et les latitudes, ainsi que l'intensité de la pesanteur, dans les principaux points du réseau géodésique français ; et il l'a fait nécessairement en l'absence très-volontaire de M. Le Verrier.

« Qu'a fait de son côté M. Le Verrier ? Il a voulu marcher seul, entre autres choses il a fait tout seul la longitude du Havre : bien ou mal, cela n'est pas de ma compétence ; mais, en tout cas, de façon à donner lieu à des récriminations fort étrangères à la science, dont je n'ai à louer ni à blâmer qui que ce soit ; mais qui, néanmoins, ont fait sur le public une triste impression.

« Puis, quand M. Faye, chargé par l'Académie d'un rapport sur un projet de triangulation de l'Allemagne, projet transmis à l'Institut [par M. le ministre d'État, a pris occasion de ce rapport pour entretenir des projets du *Bureau* l'Académie, qui ne saurait y rester indifférente, M. Le Verrier est venu protester, en disant qu'il s'en occupait depuis longtemps, et que c'était là une œuvre que M. le ministre de l'instruction publique lui avait donné mission d'accomplir.

« C'est là certainement, de la part de M. le ministre de l'instruction publique, une très-louable préoccupation. L'œuvre est importante en effet, et l'on ne peut pas s'étonner non plus qu'elle ait fixé également, à bon droit, pour le coup, l'attention de M. le ministre d'État.

« Une chose seulement a lieu de surprendre : c'est que le *Bureau des longitudes* et l'*Observatoire* se trouvant dans les attributions de M. le ministre de l'instruction publique — nul ne saurait dire pourquoi, car il s'agit de corps savants et non de corps enseignants — ce ne soit pas directement au *Bureau des longitudes* que M. le ministre ait demandé un travail de longitudes, mais à l'Observatoire, établissement qui, bon gré malgré et en vertu de la logique, n'est qu'une dépendance du *Bureau*.

« Une autre chose pourrait surprendre encore, c'est que pareille erreur se soit commise, M. le maréchal Vaillant étant président. L'erreur est grave ; elle ne blesse pas la compétence du *Bureau* seulement ; elle blesse les intérêts de l'œuvre elle-même ; car cela ne peut être douteux pour personne, M. Le Verrier, quelque capacité qu'on lui suppose, ne saurait remplacer les seize fonctionnaires qui composent le *Bureau*, et dont les spécialités diverses et bien tranchées constituent une capacité collective et une puissance d'action incomparables.

« Quoi qu'il en soit, M. Faye a répondu à la protestation de M. Le Verrier avec une vivacité que quelques-uns ont pu trouver regrettable, surtout quand M. Le Verrier, essayant une réplique immédiate, a été arrêté par M. le maréchal Vaillant, qui l'a supplié de ne pas donner suite au débat.

« Le *Compte-rendu* ne parle point de cette intervention du maréchal Vaillant : il ne dit rien de celle du président, M. Velpeau, qui voulait que M. Faye renonçât à imprimer sa note, ce à quoi M. Chasles s'est opposé. Le *Compte-rendu* ne mentionne pas non plus les paroles prononcées par M. Flourens, rappelant à l'Académie que seule la science a le droit de l'occuper, et que les débats personnels ne doivent pas se produire dans son sein.

« Le *Compte-rendu* se borne à transcrire, à la suite des réflexions de M. Faye, la note suivante, rédigée séance tenante, en conformité du règlement, par M. Le Verrier lui-même :

« M. Le Verrier, dit le *Compte-rendu*, s'est borné à exposer, dans la dernière séance, qu'en « conformité des *instructions ministérielles*, l'Observatoire impérial travaille activement à la « détermination astronomique des longitudes et des latitudes.

« Il regrette que ce simple exposé soit devenu l'occasion des critiques qu'on vient de lire
« devant l'Académie.

« Il attendra l'impression de ces critiques pour y répondre amplement, s'il y a lieu. »

« Dans la séance de lundi dernier, 19 janvier, M. Le Verrier a répondu, en effet, par un
long historique ; mais, bien loin de se conformer au vœu si légitimement exprimé par
M. Flourens dans l'intérêt de la science, il a porté la guerre chez l'ennemi ; il a interpellé
M. Faye à propos de choses tout à fait étrangères à l'Académie, et peut-être aussi au fond
du débat.

« M. Faye a rétorqué l'argument avec assez d'habileté, quoique pris au dépourvu ; et il l'a
fait, le *Compte-rendu* à la main.

« M. Le Verrier a répliqué, et la discussion se serait prolongée avec une aigreur croissante des deux parts, si M. Velpeau n'était intervenu, comme président, et n'avait affirmé,
pour la seconde fois, que l'Académie n'avait rien à voir dans le débat.

« Sans doute, l'Académie n'entre pour rien dans un conflit qui a pour objet la compétence
et les attributions respectives du *Bureau des longitudes* et de l'*Observatoire*. Mais l'Académie
peut-elle rester indifférente à la poursuite et à l'achèvement de la mesure de la terre, dont
la première idée est née dans son sein, dont les premières observations dans les quatre parties du monde sont son œuvre propre, et, après avoir fait en grande partie sa gloire, ont
tant contribué à la gloire de la France ? Il n'y a pas, dans l'Académie, un seul membre qui
osât répondre par l'affirmative à une pareille question.

« Quelle sera la conclusion de tout ceci ? Il ne peut y en avoir qu'une. Il faut rentrer dans
la vérité des choses, dans la logique. Il faut donner un Observatoire au *Bureau des longitudes,*
afin que la mission, pour laquelle l'institution a été expressément créée, soit accomplie sans
obstacle, sans embarras, sans conflit d'aucune sorte, sans détriment pour le bien de l'État,
dont la gloire de la France est le fondement le plus solide. »

Aujourd'hui, 25 janvier, nous recevons le *Compte-rendu* ; il renferme la réponse de M. Le
Verrier, sous ce titre accentué : « Réfutation de quelques critiques et allégations portées
contre les travaux de l'Observatoire impérial de Paris, et dénuées de toute espèce de fondement ; par M. Le Verrier. » Une réponse de M. Faye la suit. Le tout forme 14 pages
du *Compte-rendu.* Il est donc impossible de reproduire textuellement ces deux documents, et
nous y renvoyons nos lecteurs.   (*La suite de la séance à une prochaine livraison.*)

OBSERVATIONS PRATIQUES SUR LE VERRE SOLUBLE.

Par M. ORDWAY.

(Extrait par E. Kopp.)

PROPRIÉTÉS DU VERRE SOLUBLE.

Les silicates alcalins, à la manière d'autres composés dont les éléments constitutifs se combinent en une série de proportions, présentent beaucoup de difficultés à ceux qui voudraient
tout exprimer en formules atomiques ; même, en considérant les composés intermédiaires
comme des mélanges, nous ne possédons point de données suffisamment certaines et exactes
au moyen desquelles on pourrait établir une suite de combinaisons définies. Il résulte de là
que, bien qu'il soit souvent commode de parler de sesquisilicates, bisilicates, etc., il ne faut
considérer ces expressions que comme des termes purement approximatifs et analogiques.
Sans permettre de saisir d'une manière plus claire et plus précise la nature de tous ces
produits à constitution peu définie, il serait désirable d'en exprimer la composition en équivalents plutôt qu'en $^0/_0$ des éléments, et de s'abstenir d'établir des classifications capri-
cieuses en formules rationnelles.

L'eau froide n'exerce presque aucune influence sur le verre soluble fondu ; mais lorsque ce dernier est pur, il se dissout sans grande difficulté dans de l'eau dont on entretient l'ébullition ; la solution se fait toutefois si lentement et d'une manière si uniforme, que les morceaux conservent jusqu'à la fin leur forme prmitive, et que des angles aigus mêmes ne s'arrondissent pas. La diminution du volume des fragments se fait si graduellement, qu'une personne, non accoutumée à manier ce produit, pourrait être tentée de croire, après quelques minutes d'ébullition, que la solution ne se fera pas. Il est arrivé, en effet, qu'un chimiste expert déclara un jour qu'un certain échantillon de bisilicate de soude pur était insoluble, tandis que M. Ordway constata qu'une ébullition, soutenue pendant quarante-cinq minutes, avait suffi pour dissoudre et faire disparaître les dernières parcelles de ce même silicate, divisé exactement de la même manière dans les deux expériences. Lorsqu'il s'agit de produire jour par jour des solutions, on épargne beaucoup de temps et de combustible en ne dissolvant pas complétement une quantité donnée de matière dans un volume d'eau déterminé, mais en conservant dans une chaudière un excès de silicate grossièrement moulu, et en le faisant bouillir en remuant fréquemment jusqu'à ce que la liqueur soit parvenue à une concentration suffisante, indiquée par l'aréomomètre ou l'hydromètre. Si la solution est décantée très-chaude, il faut ou bien remplir immédiatement de nouveau d'eau chaude la chaudière, ou bien en retirer le verre soluble, et le laisser en dehors jusqu'à ce que l'eau se soit échauffée ; sans cette précaution, on court le risque de voir le silicate se coller ensemble et adhérer obstinément au fond de la chaudière.

Lorsqu'un verre soluble contient une plus grande proportion de silice qu'il n'en faut pour constituer un bisilicate, sa solution ne s'opère qu'au bout d'un temps excessivement prolongé. Le silicate de soude est plus difficile à dissoudre que le silicate correspondant de potasse. La proportion relative de silice étant augmentée, on n'a jamais encore déterminé le point exact auquel le produit cesse d'être intégralement soluble. Fuchs parle de son verre de potasse —$5SiO^3, 2KO$ — comme étant entièrement soluble. Un monosilicate est facilement dissous par l'eau, avant même qu'elle ne soit tout à fait bouillante.

La présence d'impuretés terreuses altère beaucoup la solubilité de tout silicate, comme nous l'avons déjà mentionné ; il résulte de là qu'un sable, contenant de l'argile, du mica, du feldspath, de la chaux, ou de l'oxyde de fer, ne peut servir à la fabrication du verre soluble. Lorsqu'on traite par l'eau bouillante un produit aussi impur, les terres et oxydes métalliques s'en séparent généralement sous forme de silicates composés. S'il y a des sulfures en présence, une partie du fer reste à l'état de sulfure insoluble, communiquant une couleur noirâtre au sédiment. Ces matières étrangères ne restent cependant pas complétement insolubles, puisque le verre soluble a le pouvoir de dissoudre de petites quantités de la plupart des oxydes, et que le pouvoir dissolvant augmente avec la concentration de la solution ; il en résulte qu'une liqueur, légèrement trouble pendant qu'elle est faible, peut devenir tout à fait claire par la concentration, tandis que d'un autre côté ce liquide fort et limpide peut redevenir trouble quand on le délaie fortement. Si les matières premières contiennent du fer, ou si l'on remue la masse fondue avec des outils en fer, ou si l'on effectue la solution dans une chaudière en fer, on trouvera du fer dans le liquide filtré d'une transparence parfaite ; M. Ordway n'a jamais encore pu trouver le moyen de le débarrasser entièrement de cette impureté. Changer le protoxyde de fer en peroxyde ne sert pas à grand chose, et un sulfure alcalin n'en précipite qu'une partie. Un silicate sec de soude coloré avec du manganèse a donné naissance à un liquide très-rose en faisant bouillir avec de l'eau et en filtrant. Quand on ajoute au verre soluble quelques gouttes d'une solution faible d'un sel métallique et qu'on remue bien le tout, le premier précipité disparaîtra en partie ou en totalité. Un silicate liquide dissout ainsi des quantités assez notables d'oxydes de fer, zinc, manganèse, étain, plomb, cuivre et mercure. Du proto-sulfate de fer et du silicate de soude bien agités dans une bouteille en partie remplie d'air, et filtrés ensuite, ont donné naissance à une solution d'un bleu très-foncé. Du verre soluble, saturé de la même manière avec du zinc, dépose de nouveau le zinc après quelque temps, ou même se coagule en masse gélatineuse. Du zincate de soude, mélangé à une solution froide de silicate, ne montre d'abord aucun signe de transformation, mais un précipité se forme bientôt après. De l'aluminate et du glucinate de soude forment rapidement de la même manière un précipité, mais les manganate, stannate et chromate ne produisent aucune altération. M. Bolley observa, il y a quelques années, que même la chaux, la magnésie et la baryte sont légèrement solubles dans le verre soluble.

Dans ces faits nous trouvons des indications que la silice, qui n'a aucun pouvoir neutralisant, offre cependant quelques réactions en rapport avec son caractère acide. Son rôle chimique est démontré encore plus clairement, lorsqu'on mélange à une solution de verre soluble des oxydes terreux ou métalliques à l'état d'hydrates et en quantités équivalentes. Dans la plupart des cas il se fait une coagulation rapide et la viscosité du silicate est détruite. L'effet est très-frappant quand on mélange du lait de chaux avec une solution assez concentrée de verre soluble. Le mélange s'épaissit presque immédiatement, et devient granuleux et friable, si l'on continue à l'agiter. Dans des solutions trop délayées pour s'épaissir, le silicate de chaux forme un précipité très-volumineux. Nous ferons remarquer ici que les propositions qu'on a faites quelquefois de préparer, au moyen des silicates solubles, de la soude ou de la potasse caustique en ajoutant de la chaux, doivent avoir été émises *a priori* et avant qu'on en eût fait l'expérience. Le silicate de chaux qui en résulte est si volumineux et retient tant de liqueur, que la séparation de l'alcali, en filtrant ou en lavant, est complétement impraticable. On ne peut en effectuer l'extraction qu'en séchant le mélange et en lavant la masse déshydratée.

La litharge, triturée extrêmement fine avec de l'eau, coagule un silicate, mais ne détruit pas entièrement la viscosité, surtout celle du silicate de potasse.

Les oxydes anhydres de zinc, de mercure, et de cuivre peuvent être mélangés impunément avec du verre soluble sans produire aucun changement apparent, mais il y a lieu de croire qu'au bout d'un certain temps des combinaisons ont cependant lieu. La même observation s'applique aux hydrates des sesquioxydes de fer, d'aluminium et de chrôme.

La plupart des sels métalliques et terreux produisent une double décomposition, lorsqu'on les mélange avec des silicates alcalins, et généralement un épaississement de la masse entière s'ensuit rapidement. Mais le sulfate et le carbonate de baryte ainsi que le fluorure de calcium, semblent n'exercer aucune action. Cependant la plupart des sels de chaux, qu'ils soient solubles ou insolubles, opèrent d'une manière très-énergique. Le carbonate de chaux ne produit aucun changement notable à froid, mais lorsqu'on le fait bouillir avec un silicate très-siliceux, il devient floconneux, et indique par là qu'il s'est fait un échange partiel de ses principes constituants.

Les carbonates basiques de zinc et de magnésie, et les carbonates de plomb et de manganèse produisent une coagulation immédiate. Les carbonates d'ammoniaque et les bicarbonates de potasse et de soude, retenant faiblement l'acide carbonique, causent un épaississement instantané dans les solutions concentrées des silicates.

Un verre soluble très-siliceux donne avec les carbonates, acétates, tartrates, phosphates, nitrates, sulfates et chlorures alcalins, des précipités dont on n'a jamais encore déterminé la nature exacte. Mais les bisilicates, de même que les silicates qui sont plus alcalins encore, ne sont point affectés par les carbonates, tartrates, nitrates, ou par le sulfate de soude; il faut une solution très-concentrée de chlorure de sodium pour troubler le sesquisilicate de soude. Le précipité obtenu au moyen de chlorure de sodium paraît dans tous les cas être le résultat d'une combinaison double de silicate et de chlorure, qui est insoluble dans l'eau, mais qu'un acide décompose facilement. Ce précipité est opaque et très-volumineux, quoique, après lavage et séchage, il ne représente plus qu'une faible proportion des quantités mélangées.

Les sels ammoniques précipitent la silice des solutions concentrées de verre soluble, tandis que de l'ammoniaque se dégage ; en effet, le silicate d'ammoniaque paraît être un composé ne pouvant exister que momentanément sous la pression ordinaire de l'atmosphère.

Lorsqu'on ajoute un acide étendu à une solution faible d'un silicate, il n'y a pas de précipité immédiat de silice, mais au bout de quelques heures le tout gélatinise. La coagulation se fait assez rapidement par l'acide sulfurique ; mais le changement n'a pas lieu de sitôt avec l'acide chlorhydrique, et souvent le mélange, quoique chauffé et évaporé partiellement, reste liquide.

L'alcool et l'esprit de bois précipitent les silicates comme tels, même lorsque les solutions sont très-faibles. Pour purifier le verre soluble à base de potasse et l'obtenir en un état presque solide, Fuchs recommande de mélanger une solution concentrée avec un quart de son volume d'esprit de vin rectifié, Le précipité est d'abord volumineux et opaque, mais en le laissant reposer un jour ou deux, il se contracte et devient solide et transparent. Fuchs ajoute : « que le verre soluble sodique n'est pas de suite parfaitement précipité, comme le « verre soluble potassique, par de l'esprit de vin rectifié, mais qu'il est seulement transformé « en une masse visqueuse ; si le verre n'est pas très-bien saturé de silice et s'il est quelque « peu délayé, il ne se forme pas de précipité du tout, ou il ne se fait qu'après un certain « laps de temps ; cette réaction fait reconnaître facilement le verre soluble sodique et le « distingue du verre soluble potassique. » Les expériences de M. Ordway sur la précipitation par l'alcool, démontrent que cette assertion est beaucoup trop générale, car le silicate de soude peut se précipiter même plus facilement et plus complétement que le silicate de potasse. Le dépôt est toujours plus mou que celui résultant d'un composé potassique correspondant, mais tandis qu'il reste quelquefois à l'état liquide, dans d'autres circonstances il peut se constituer en masse compacte et presque solide. D'un autre côté, un silicate potassique assez alcalin peut être également précipité sous forme fluide. Ces précipités contiennent habituellement 50 pour 100 d'eau environ ; ils sont souvent moins alcalins, et beaucoup plus exempts de sels étrangers que les silicates desquels ils dérivent. Dans beaucoup de cas, ils se dissolvent facilement dans l'eau froide.

Très-peu de combinaisons de silice et d'alcalis ont été trouvées susceptibles de cristallisation. Fritzsche obtint le silicate sesquibasique de soude sous forme de prismes rectangulaires dont la composition est représentée par la formule $2 \text{Si} O^5\, 3\, \text{Na} O + 27\, HO$; il obtint aussi le même sel sous une autre forme avec dix-huit équivalents d'eau. Yorke mentionne des cristaux contenant vingt-et-un équivalents d'eau. M. Frémy dit que les singuliers composés $(3\, \text{Si} O^5\, 3\, KO + Aq)$ et $(3\, \text{Si} O^5\, 4\, \text{Na} O + 26\, Aq)$ sont aisément cristallisables, et il pense que c'est le dernier que produisit réellement Fritzsche. Frémy parle aussi des trisilicates solubles, — $3\, \text{Si} O^5\, Ko + Aq$ et $3\, \text{Si} O^5\, \text{Na} O + 20\, Aq$ — comme étant cristallisables. M. Frémy n'ayant pas publié les détails de ses recherches, nous ignorons sur quelles raisons il a basé une opinion si différente de tout ce que le caractère des autres silicates acides devait laisser présumer. Car aucune combinaison comprise entre les monosilicates et les trisilicates n'a jamais montré la moindre disposition à revêtir une forme cristalline. Bien au contraire, dès que la proportion d'acide est augmentée au delà de la quantité nécessaire pour former un silicate sesquibasique, le produit assume aussitôt un caractère plus gommeux ou visqueux.

Une des propriétés les plus importantes du véritable verre soluble, c'est sa qualité adhésive, qualité qu'il possède à un degré dont n'approche aucune autre substance inorganique. Sous ce rapport le silicate de soude surpasse quelque peu le silicate de potasse ; car lorsque le silicate de soude est concentré par la cuisson jusqu'à commencer à adhérer au fond du vase, il constitue cependant encore un liquide fortement collant. Le silicate de potasse, au contraire, traité de la même manière, est fluide et glutineux au commencement, mais se transforme en une gelée légèrement visqueuse dans l'espace d'un ou de deux jours. A l'exception de ce dernier et minime changement, des solutions de verre soluble, quelque concentrées qu'elles soient, ne s'altèrent pas pendant des années, si l'on a soin de les préserver de l'air et du froid. Quand elles sont exposées à un froid intense, une partie de l'eau gèle, mais il se reforme de nouveau un tout homogène par le dégel.

Lorsqu'on étend un silicate concentré de manière à ce qu'il présente une large surface à l'air, il sèche très-graduellement et devient peu altérable, mais il ne perd pas toute son eau et n'acquiert une très-grande dureté que lorsque l'alcali caustique se carbonate. Fuchs constata qu'un verre soluble potassique, séché à l'air, contenait 12 pour 100 d'eau. Il fallait pour cela qu'il fût étendu en couches très-minces, car une couche de bisilicate de potasse d'environ un quart de pouce d'épaisseur, que M. Ordway avait abandonnée pendant plus de deux ans sur du papier dans un grenier très-sec, contenait encore 29 pour 100 d'eau et se laissait courber par une pression lente et soutenue.

Il faut chauffer presque au rouge pour expulser directement les dernières portions d'eau : et la masse boursoufflée et déshydratée n'est plus entièrement soluble dans l'eau. Fuchs attribue dans ce cas l'insolubilité du silicate à l'absorption d'acide carbonique pendant la dessiccation, et il dit que la solubilité se restaure lorsqu'on chauffe au rouge la masse anhydre, de manière à décomposer le carbonate.

C'est un fait que le verre soluble, lorsqu'on le dessèche dans un vase découvert au-dessus d'une lampe, se montre sensible à l'influence des produits de la combustion, et que le résidu fait effervescence avec les acides. Il faut encore tenir compte de deux autres sources possibles d'acide carbonique. Ou bien ce dernier provient de l'air, lorsqu'on a originairement dissous le silicate, ou bien lorsqu'on a conservé ce liquide dans des vases mal clos ; ou bien encore si la solution n'a pas été faite avec de l'eau très-pure, ou si elle a été exposée à la poussière, elle contiendra probablement des matières organiques qui, si on les chauffe fortement en présence d'un alcali, donnant naissance aux produits les plus simples de leur décomposition.

Liebig ne semble avoir tenu aucun compte de toutes ces causes pertubatrices, en examinant un bisilicate de soude liquide fait à Munich. Pour déterminer l'eau, il conserva longtemps une partie de la solution dans un bain d'air à une température de 90 degrés à 100 degrés centigrades, et éleva ensuite lentement la chaleur jusqu'au rouge sombre. En digérant la masse avec de l'eau chaude, il resta un résidu qui se trouva être de la silice, tandis qu'un sesquisilicate, — $7SiO^3$, $(5\,NaO)$ — fut dissous. Il conclut de là que le bisilicate de soude ne peut exister à la chaleur rouge, mais qu'il se décompose à cette température en silice et en un sel de composition constante qui serait le sesquisilicate. Mais les faits ne justifient nullement cette conclusion : outre qu'il néglige les effets de l'acide carbonique, — dont l'absorption pendant le séchage dans un bain d'air pouvait parfaitement avoir lieu, M. Liebig oublie de faire observer que le sesquisilicate même abandonne une partie de son acide en se deshydratant. Il n'est guère permis d'émettre une assertion aussi hasardée et d'affirmer que le bisilicate de soude ne peut exister à la chaleur rouge, lorsqu'un bisilicate pur préparé par voie sèche et qui, par conséquent, a nécessairement subi l'influence de cette même chaleur rouge, est complétement soluble dans l'eau ; il serait absurde de considérer un sel qui se dissout intégralement et sans aucune décomposition perceptible, comme devant être un simple mélange de sesquisilicate et de silice soluble. En tenant compte des faits observés, on peut tout au plus affirmer que lorsque le verre soluble dissous est rendu anhydre par l'exposition à une chaleur suffisante, une partie de la silice passe à l'état passif. C'est ce qui arrive même lorsqu'on prend des précautions particulières pour exclure toute intervention possible de l'acide carbonique. Nous ignorons la cause de ce phénomène. M. Frémy trouve que, lorsqu'on a fait sécher avec soin les trisilicates, l'eau ne dissout plus que l'alcali résidu, en laissant la silice ; cette dernière, selon le degré de chaleur auquel elle a été exposée, est ou n'est plus soluble dans les alcalis étendus. Il constate aussi que la chaleur peut décomposer les sesquisilicates, mais que les monosilicates ne s'altèrent nullement par la déshydratation. (*La fin, contenant les applications, à une prochaine livraison.*)

L'AGRICULTURE VAMPIRE.

Par M. J. Liebig,
L'un des huit Associés étrangers de l'Académie des sciences de France.

M. Barral vient de nous faire connaître, dans son excellent *Journal d'Agriculture pratique*, un manifeste très-curieux de M. J. Liebig, dans lequel le célèbre chimiste, qui, depuis long-temps déjà s'occupe d'une manière très-sérieuse des intérêts de l'agriculture, fulmine une accusation des plus virulentes contre l'Angleterre qui s'est, en quelque sorte, attachée aux flancs de l'Europe pour en sucer les os. Les cultivateurs anglais, dit M. Barral, protestent avec énergie contre l'épithète de vampire dont le fougueux chimiste allemand s'est servi pour caractériser l'espèce de vol dont l'Angleterre se serait rendue coupable en enlevant leurs phosphates à toutes les parties du monde.

Voici l'article de M. Liebig, que M. Villeroy a traduit pour le journal de M. Barral, article qu'il fait précéder et suivre de quelques observations que nous reproduisons :

L'agriculture vampire. — « Agriculture épuisante, ou mieux dévastatrice, ou mieux encore *Agriculture vampire* ou *de vol*, en allemand *Raubbau*, c'est ainsi que l'illustre chimiste, Justus de Liebig, vient de caractériser, dans un article de la *Gazette de Bavière*, qui a eu un grand retentissement en Allemagne, la culture telle qu'elle est généralement pratiquée partout et qui prend à la terre tout ce qu'elle peut lui prendre, sans lui rendre proportionnellement ce qu'elle en a obtenu. Voici comment il s'exprime :

« L'agriculture de vol, qui change les pays en déserts et les rend inhabitables, peut être décrite en peu de mots.

« Dans les temps primitifs, ou lorsqu'il a à sa disposition un sol vierge, le cultivateur ne demande à la terre que des récoltes de céréales qui se succèdent sans interruption. Lorsque ces récoltes diminuent, le cultivateur va plus loin chercher d'autres terres que n'a pas encore ouvertes la charrue. L'augmentation de la population vient successivement mettre un terme à ces migrations ; alors le cultivateur est borné dans sa culture aux mêmes terres, mais il n'en cultive chaque année que la moitié, et il laisse l'autre moitié en jachère (culture biennale). Les récoltes continuent pourtant à diminuer, et le cultivateur, pour les augmenter, a recours au fumier qu'il obtient au moyen des prés naturels ; c'est l'assolement triennal.

« Cette ressource est bientôt aussi reconnue insuffisante, et on est amené à la production du fumier au moyen du fourrage que produisent les terres elles-mêmes, C'est la culture alterne. On demande au sous-sol le fumier qu'on demandait aux prés naturels, et on le demande d'abord sans interruption, puis en intercalant des années de jachère. Le sous-sol finit par être aussi épuisé et les champs ne produisent plus de récoltes fourragères. C'est alors qu'apparaissent la maladie des pois, celle des pommes de terre, puis celle du trèfle, des navets ; et enfin toute culture cesse, la terre ne peut plus nourrir ses habitants.

« Il est possible que des siècles, que un millier d'années soient nécessaires pour accomplir cette révolution, jusqu'à ce que l'homme comprenne les déplorables conséquences de sa manière de cultiver, et il a alors recours à des moyens d'amélioration dont chacun est une preuve de l'épuisement du sol.

« L'agriculture anglaise peut nous servir d'exemple pour nous faire voir de la part d'une nation parvenue à un haut point de civilisation, cette atteinte destructive portée à la circulation de la vie.

« Dans les dernières vingt-cinq années du siècle passé a commencé l'importation des os en Angleterre, et elle a continué sans interruption jusqu'à présent. L'importation du guano a commencé en 1841 ; en 1859, elle s'est élevée à 286,000 tonnes, ou environ 2,860,000 quintaux métriques. L'importation moyenne annuelle des os est de 60,000 à 70,000 tonnes. 1 kilogramme d'os produit en trois rotations 10 kilogrammes de blé ; 1 kilogramme de guano produit dans une rotation de cinq ans 8 kilogrammes de blé.

» On peut, sans risquer de commettre une erreur, admettre que de 1810 à 1860, c'est-à-dire dans un espace de cinquante ans, il a été importé en Angleterre, en phosphate représenté par des os, et sous la forme de blé, de graines légumineuses, de tourteaux de colza et de lin, d'os et de poudre d'os calcinés, 4 millions de tonnes, qui ont produit sur le sol britannique 40 millions de quintaux métriques de blé, ou l'équivalent, quantité suffisante pour la nourriture de 110 millions d'hommes. Admet-on que de 1845 à 1860, c'est-à-dire en quinze années, les champs anglais ont reçu annuellement une fumure de 100,000 tonnes, ou un total de 15 millions de tonnes de guano, on trouve que ce guano a produit 7 millions et demi de tonnes de blé, quantité suffisante pour la nourriture de 20 millions d'hommes.

« Il est en outre évident que si les phosphates importés depuis 1810, et les guanos importés depuis 1845 étaient restés sans subir de perte dans les champs anglais, ces champs auraient, en 1861, contenu les éléments nécessaires pour produire la nourriture de 130 millions d'hommes. En regard de ce compte, nous voyons ce fait effrayant que l'Angleterre ne produit pas la nourriture suffisante pour ses 29 millions d'habitants, et l'introduction des *Waterclosets* dans la plupart des villes de la Grande-Bretagne a pour résultat, que les matières fecales d'une population de 3 millions et demi d'hommes sont irrévocablement perdues.

« L'immense quantité de substances fertilisantes introduite chaque 'année en Angleterre passe, pour la plus grande partie, dans les fleuves, de là à la mer, et les produits qu'on en obtient ne suffisent pas pour nourrir les hommes dont chaque année s'augmente la population. Le pis est, que tous les Etats de l'Europe travaillent de la même manière à leur propre ruine, seulement sur une moins grande échelle que l'Angleterre. Dans les grandes villes du continent, les autorités administratives dépensent chaque année de grosses sommes pour mettre hors de la portée des cultivateurs les éléments du renouvellement et du maintien de la fertilité des terres.

« Dans la Bavière, un des pays les plus riches et les plus fertiles de l'Allemagne, les produits moyens dans la vallée du Danube, dont la fertilité est proverbiale, ont sensiblement diminué et sont maintenant déjà inférieurs aux produits moyens des terres du Palatinat du Rhin.

« Pour bien apprécier la situation vers laquelle marche l'agriculture de la Bavière, il suffira de dire que la seule fabrique de Heufeld a expédié l'année dernière 7,500 quintaux métriques d'os pulvérisés pour la Saxe, où on sait sans doute mieux que chez nous en apprécier la valeur.

« Depuis vingt-cinq ans, cette exportation des os de la Bavière a continuellement augmenté, et ce qui sort de la fabrique de Heufeld n'est qu'une fraction de l'exportation totale. Dans la seule ville de Munich, on recueille annuellement au delà de 12,500 quintaux métriques d'os, qui, pour la plus grande partie, sont transportés à l'étranger, et je crois rester bien au-dessous du chiffre réel, si j'estime à 60,000 quintaux métriques la quantité d'os qui sont annuellement exportés de la Bavière. Cette quantité n'est pas considérable, elle n'excède pas la quantité qui est importée en deux années dans le seul canton de Bautzen, en Saxe. Mais par la sortie de chaque quintal d'os, on enlève aux champs de la Bavière un important élément qui suffirait à la reproduction de 1,300 kilogrammes de blé. Par conséquent, l'exportation annuelle d'os représente un déficit pour l'année suivante de 1 million et demi de quintaux métriques de blé. Mais ce qui est enlevé au pays sous forme d'os, n'est encore qu'une petite fraction de ce qui, dans les villes, est perdu pour l'agriculture par la coupable négligence des autorités administratives et l'indifférence des habitants.

« En Bavière, depuis des siècles, il s'est amassé une richesse considérable provenant surtout de l'exportation des grains, mais ce que le pays a gagné en argent et autres valeurs, il l'a, par une loi naturelle, perdu par la diminution de valeur du sol. On assure que la Bavière produit encore au delà de 17 millions un quart de quintaux métriques de blé, quantité nécessaire à la nourriture de sa population. Un compte exact pourrait faire voir que l'excédant de production est très-peu considérable et qu'il ne peut dans aucun cas être durable. Aussitôt que la limite sera atteinte, l'écoulement de la richesse amassée devra commencer. Pour que le bien être d'un pays se maintienne, il faut avant tout que la source de ce bien-être ne tarisse pas, et la Bavière, comme pays agricole, est soumise, plus qu'aucune autre contrée de l'Allemagne, à la rigoureuse nécessité de conserver la fertilité de ses terres, ce qui ne peut naturellement avoir lieu que si les éléments de cette fertilité ne sont pas méconnus et inutilement gaspillés. Le plus grand danger dans ces sortes de choses, c'est que l'on ait égard aux opinions des cultivateurs, dont à peine un entre mille connaît son sol et est en état de rendre compte de son exploitation.

« Aucun ne sait quelle provision d'éléments nutritifs pour les plantes existe dans le sol, et il n'y a que l'insensé qui croie cette provision inépuisable. Combien il possède, c'est ce qu'aucun ne sait; combien il dépense, c'est ce que chacun peut savoir. L'important n'est pas que nous sachions beaucoup arracher de notre sol, c'est que nous apprenions à être bons ménagers. Un écolier peut calculer combien, au bout de cent ans, il reste à un champ de force productive, si nous lui prenons seulement un demi pour cent par an, mais l'apport annuel de ce demi pour cent peut faire que dans cent ans et à jamais, ce champ fournira d'aussi fortes récoltes.

« Si l'on suppose qu'il se perd annuellement, en Bavière seulement, un quart des éléments de production des grains nécessaires à la nourriture de ses habitants, on trouve, pour cent ans, un équivalent de 430 millions de quintaux métriques de blé. Aucun pays n'est assez riche pour pouvoir, au bout d'un certain temps, racheter les principes de son existence qu'il a gaspillés, et fût-il assez riche pour les racheter, il n'y a au monde aucun marché qui pourrait les fournir.

« L'emploi des remèdes convenables pour combattre la maladie qui détruit les populations européennes est d'autant plus difficile, que le malade ne croit pas à sa maladie. Ces populations sont dans la position d'un phthisique auquel son miroir présente l'image d'un homme bien portant, qui envisage ses maux de la manière la plus favorable et ne se plaint que d'un peu de lassitude. Ainsi le cultivateur attribue à ses terres de la fatigue sans songer qu'il puisse rien leur manquer. Le phthisique pense qu'un peu de vin lui rendrait des forces, et le médecin le lui défend, parce qu'il favorise le développement de sa maladie; le cultivateur aussi, pense qu'un peu de guano ferait du bien à ses champs, et il hâte ainsi leur épuisement. Il se passe des années, avant qu'un mauvais ménager, hors d'état de payer ses dettes, déclare sa banqueroute; seulement, lorsqu'il a entraîné dans sa ruine ses amis et ses parents, lorsqu'il a porté au mont-de-piété son dernier couvert d'argent, alors il renonce à la trompeuse espérance de pouvoir se sauver.

« C'est ainsi qu'il faut des années pour amener la décadence des nations jusqu'à une pauvreté et à un dépeuplement stationnaires, mais l'heure est marquée où, dans toutes les parties de l'Europe, les enfants expieront les péchés de leurs pères.

« Aucun peuple, aucune nation sur la terre ne se sont maintenus, s'ils n'ont pas su conserver les principes de leur existence et de leur multiplication. Toutes les contrées de la terre où la main de l'homme n'a pas rendu aux champs les éléments nécessaires à la reproduction des moissons, après avoir eu la plus nombreuse population, sont arrivées à la ruine et à la stérilité. Beaucoup se flattent de l'espérance que les champs de la Grèce, de l'Italie ou de l'Espagne, que l'on sait avoir donné jadis de riches moissons qu'ils ne donnent plus, pourront de nouveau devenir fertiles, s'ils sont bien cultivés; mais cette espérance est complétement illusoire. L'émigration des Irlandais durera encore un siècle, et la population de l'Espagne et de la Grèce ne pourra jamais dépasser une limite très-bornée.

« La Grande-Bretagne vole à tous les autres pays de l'Europe les éléments de leur fertilité; elle a déjà fouillé le sol des champs de bataille de Leipzig, de Waterloo, de la Crimée pour enlever les os qu'ils contenaient; elle a pris les os de nombreuses générations, amoncelés dans les catacombes de la Sicile, et annuellement elle détruit le germe d'une future génération de trois millions et demi d'hommes. Semblable à un vampire, elle s'attache à la nuque de l'Europe, on pourrait dire du monde entier, et elle en suce le sang sans nécessité absolue et sans profit durable pour elle-même.

« Il est impossible de penser qu'un aussi coupable attentat à l'ordre providentiel du monde reste sans punition. Le temps viendra pour l'Angleterre, peut-être encore plus tôt que pour les autres pays, où, avec toutes ses richesses, en or, en fer, en charbon de terre, elle ne pourra pas racheter la millième partie des éléments de fertilité que depuis des siècles elle a gaspillés d'une manière si coupable.

« Je sais bien que presque tous ceux qui se livrent à l'agriculture croient que leur manière de cultiver est la bonne, et que leurs champs ne cesseront jamais de produire des récoltes. Ils ont ainsi inspiré aux populations la plus complète insouciance et la plus déplorable indifférence sur leur avenir, en tant qu'il dépend de la culture de la terre. Il en a été ainsi chez tous les peuples qui, par leurs propres fautes, ont amené leur ruine. Aucune habileté gouvernementale ne préservera les nations européennes de cette mort par épuisement, si les gouvernements et les populations ne donnent pas toute l'attention qui leur est due aux symptômes de l'appauvrissement des terres, et aux sérieux avertissements de l'histoire et de la science. »

———

« Il y a déjà longtemps que M. de Liebig prédit la ruine qui menace l'agriculture de l'Europe si elle persiste dans la voie qu'elle suit aujourd'hui; mais il ne s'était pas encore exprimé avec autant de sévérité, il n'avait pas aussi énergiquement dénoncé les spoliation des Anglais dans le monde entier.

« On peut accuser M. de Liebig d'exagération, et pourtant il n'avance rien qui ne repose sur des faits positifs. La science est arrivée à nous faire savoir ce que nous prenons à la terre par les récoltes que nous en obtenons et ce que nous devons lui rendre pour que sa fertilité ne diminue pas.

« Je ferai cependant quelques observations aux assertions de M. de Liebig. La première est relative à l'assolement triennal qu'il traite beaucoup trop sévèrement. Cet assolement, admirable de simplicité et qui malheureusement n'est plus possible, convenait parfaitement aux circonstances dans lesquelles il a été introduit. On croit que l'empereur Charlemagne a particulièrement contribué à le faire adopter dans la Gaule et dans la Germanie. Il a été pratiqué pendant plus de mille ans, sans épuiser les terres dont le produit moyen en blé restait le même. La jachère et les prés naturels sont deux puissants auxiliaires pour l'agriculture.

« Une seconde observation, c'est que M. de Liebig attribue à la décadence de l'agriculture, à l'appauvrissement des terres, la chute des grands empires qui successivement ont brillé sur la scène du monde. L'Asie a été le berceau de l'espèce humaine et de la civilisation, l'Égypte, l'Asie Mineure, la Grèce, l'Italie, l'Espagne, ont eu successivement leurs splendeurs, mais on peut demander si la ruine de l'agriculture n'a pas été plutôt l'effet que la cause de la décadence des peuples. Les guerres, les envahissements, les révolutions ont été des raisons suffisantes de la chute de ces grands peuples, dont aucun ne s'est encore relevé. Certes ce n'est pas l'épuisement des terres qui a amené la misère dans l'Égypte fertilisée par les eaux du Nil. Ces peuples déchus ont-ils, comme ceux d'aujourd'hui, abusé de la terre qu'ils cultivaient, ainsi que les hommes abusent de tous les dons de la Providence? — Si dans ces pays depuis si longtemps dépeuplés on introduisait une culture intelligente, trouverait-on que les trésors de fertilité sont réellement épuisés? — C'est ce que je ne suis pas en état de décider.

« Encore une autre considération ; c'est que M. de Liebig a pu écrire l'article que nous venons de traduire sous l'influence de craintes que partageaient il n'y a pas encore longtemps tous les cultivateurs. Il n'y a pas plus de six mois, que les 100 kil. de foin valaient dans la Bavière rhénane, au delà de 12 fr. Le trèfle semé en 1861 avait complétement manqué ; on disait que la terre était lasse de produire du trèfle, qu'elle n'en produirait plus, que le trèfle et les pommes de terre manquant, il n'y avait plus d'agriculture possible; le découragement était général. Mais contre toute attente, le trèfle semé en 1862 est devenu superbe, il était parfois aussi haut que l'orge ou l'avoine dans lesquelles on l'avait semé et il a donné à l'automne une coupe abondante. Les pommes de terre ont aussi produit une bonne récolte, elles sont parfaitement saines et la confiance est revenue.

« Comme des épidémies viennent de temps à autre frapper les hommes et les animaux, de même des maladies inconnues ont frappé les végétaux. Les pommes de terre, la vigne, le seigle, les arbres mêmes ont été malades. Des pertes plus ou moins considérables ont eu lieu, les cultivateurs ont eu occasion de développer toute leur énergie et leur activité, si souvent mises à l'épreuve ; puis, comme après un orage, le ciel est redevenu serein, les maladies ont disparu et tout dans la nature a repris son ancien cours.

« Si je fais ces observations pour prévenir des craintes exagérées que pourraient faire naître les écrits de M. de Liebig, cela ne m'empêche pas de croire qu'on lui doit de la reconnaissance pour avoir signalé un danger réel. Tous les cultivateurs ont le devoir de redoubler d'efforts pour produire le plus d'engrais possible, pour ne pas en laisser perdre une parcelle, et pour chercher par tous les moyens possibles à rendre à la terre l'équivalent de ce qu'elle leur donne.

« Le temps ne peut plus être éloigné, où partout on connaîtra la valeur des os, et on ne les laissera plus aller engraisser les champs anglais. Les Français et les Allemands sauront mieux apprécier la valeur des tourteaux de colza et de lin, et ne les laisseront plus enlever par les Anglais. Enfin, et c'est là le plus important, les autorités administratives des villes s'entendront avec les cultivateurs pour utiliser les vidanges qui sont aujourd'hui perdues pour la plus grande partie et vont infecter l'eau des rivières.

« Toutes ces ressources aidant, et il faut encore y ajouter les gisements inépuisables de phosphate fossile récemment découverts, nous pourrons transmettre à nos petits-enfants un sol encore aussi riche et même plus riche que nous ne l'avons reçu de nos pères et éloigner à jamais le temps où la France et l'Allemagne ne pourraient plus nourrir leurs habitants.

« F. Villeroy. »

DOCUMENTS SUR LE THALLIUM DE MM. CROOKES ET LAMY.

Rapport de M. Dumas sur les travaux de M. Lamy sur un nouveau métal, le thallium. — Dans notre livraison, n° 145, du 1er janvier, p. 7, nous avons donné l'historique de la découverte de ce métal, d'après le savant académicien ; nous allons aujourd'hui compléter son rapport, mais nous croyons devoir le faire précéder de la réclamation que ce rapport a suscité de la part de M. Crookes, et qu'aucun journal n'a encore fait connaître.

La découverte du thallium. — M. Crookes, en reproduisant dans le *Chemical News* le rapport de M. Dumas sur la découverte du thallium, l'accompagne des réflexions suivantes :

« M. Lamy parle de la priorité de publication qui constituerait la priorité d'une découverte. Cela nous oblige à résumer quelques dates qui serviront à appuyer nos propres titres à la découverte, non-seulement d'un nouveau corps simple, mais encore de son caractère métallique. Nos lecteurs se rappellent que, dans le *Chemical News* du 30 mars 1861, nous avons annoncé, pour la première fois, l'existence d'un nouvel élément, appartenant *proba-blement* au groupe du soufre (1). Le mot *probablement* est ici de quelque importance, car il montre que nous avions, à cette époque, des doutes sur la véritable nature du nouveau corps, doutes qui sont encore exprimés par le titre de notre second mémoire du 18 mai 1861 : *Remarques sur le corps que l'on suppose être un nouveau métalloïde.* Des recherches ultérieures n'ont pas tardé à nous faire reconnaître que le thallium était, en réalité, un vrai métal ; mais la publication de cette découverte fut ajournée.

« Les droits de M. Lamy à la priorité de publication et, par conséquent, comme il le veut lui-même, à la priorité de la découverte, sont fondés sur une communication qu'il a faite à la Société impériale des sciences, de l'agriculture et des arts de Lille, le 16 mai 1862. Or, le 1er mai 1862, a eu lieu l'ouverture de l'Exposition internationale, et là, dans une boîte dépo-sée quelques jours avant et ouverte aux regards des nombreux savants qui étaient présents à cette occasion, on put voir plusieurs grains du nouveau corps (2), avec cet écriteau : *Thallium, nouvel élément métallique, découvert par l'analyse spectrale.* Il y avait, en outre, un carton sur lequel on lisait : *Réactions chimiques du thallium par lesquelles il se distingue de tout autre élément connu. Il paraît jouir des caractères d'un métal pesant, qui forme des combinaisons volatiles à une température au-dessous du rouge. On le réduit de ses solutions acides au moyen du zinc sous la forme d'une poudre noire très-dense, peu soluble dans l'acide hydrochlorique, mais facilement dans l'acide nitrique.* C'était, il nous semble, une publication dans l'acception la plus large du mot, et, dans cette publication, la nature métallique du thallium était clairement indiquée. Il est vrai que le métal était exposé à l'état de poudre, précisément comme il avait été obtenu par précipitation au moyen du zinc, mais c'était néanmoins le métal pur. Il était là pour être examiné par le jury des chimistes si bon leur semblait. Il n'a pas été examiné chimi-quement par le jury, personne ne l'a essayé ; et néanmoins M. Lamy, dans sa lettre adressée au *Cosmos,* a la hardiesse d'affirmer que « M. Crookes s'est contenté d'offrir au public et à la « deuxième classe du jury international, sous le nom de thallium, quelques centigrammes « d'une poudre noire qui n'en était pas. » Nous ne ferons pas d'observation sur cette assertion de M. Lamy ; mais, comme nos lecteurs pourraient être disposés à se demander pourquoi le métal n'a pas été exposé sous forme de globule, on nous excusera d'entrer dans quelques détails.

La source qui nous avait fourni le métal et les combinaisons exposées, était le soufre pro-venant des pyrites d'Espagne ; 1 livre de soufre ne contenait que 1 où 2 grains de thallium. Le métal et ses combinaisons que nous exposions représentaient en tout environ 20 grains de thallium, et la difficulté d'extraire cette quantité de près de 15 livres de soufre sera ap-préciée par tous les chimistes qui nous liront, si nous leur disons que la totalité du soufre a dû d'abord être dissoute dans de l'acide nitrique. Nous ferons, en passant, remarquer combien étaient plus favorables les conditions dans lesquelles opérait M. Lamy, qui s'est servi, d'après M. Dumas, des résidus d'une fabrique d'acide sulfurique, renfermant du thal-lium en quantités assez considérables et sous une forme qui rend l'extraction facile.

« Ne connaissant pas, à cette époque, une source plus riche de thallium, et ayant remar-qué, dans plusieurs occasions antérieures, quand j'avais fait fondre le métal, qu'il se volati-isait rapidement et se perdait par oxydation, ainsi que le dit aussi M. Dumas, on ne pouvait pas s'attendre à nous voir risquer la perte de notre petit échantillon afin de l'exposer sous forme d'une perle ; il fut donc porté à l'Exposition à l'état de poudre, comme il avait été

(1) Voir le *Moniteur scientifique* du mois d'octobre 1861, page 526.
(2) Dans le *Moniteur scientifique*, juillet 1862, livr. 133, page 429, nous avons signalé le thallium de
M. Crookes sous forme d'une poudre noire.

obtenu par précipitation. Nous pourrions nous en rapporter au journal de notre laboratoire, que tout le monde peut consulter, pour prouver que nous avions obtenu et fondu le métal en septembre 1861 ; mais, comme une notice dans un livre privé ne constitue pas une publication, nous ne nous en faisons pas un titre. Nous ne voulons pas non plus nous servir du témoignage de M. Williams qui a vu le métal dans notre laboratoire en janvier 1862, comme il l'a déclaré dans le *Chemical News*, vol. V, p. 350. Mais ce qui prouvera, à l'évidence, que nous connaissions la nature métallique du thallium et ses propriétés essentielles ; c'est ce fait qu'en avril 1862, nous avons fait imprimer chez Silverlock (les livres de cette maison en font foi) les écriteaux suivants pour le métal et les combinaisons que nous avions préparés :

« Thallium — oxyde de thallium — sulfate de thallium — chlorure basique de thallium
« — iodure de thallium — sulfate de thallium — chlorure de thallium — nitrate de thallium
« — ferrocyanure de thallium — cyanure de thallium — phosphate de thallium — carbonate
» de thallium — chromate de thallium — thallium sublimé — oxalate de thallium. »

Il nous suffit, toutefois, que le métal, annoncé et décrit comme tel, a été à l'Exposition, lors de son ouverture, le 1er mai 1862, pour prouver en notre faveur la priorité de publication sur la communication du 16 mai de M. Lamy.

Le fait que le thallium à l'état pur était exposé, pouvait nous dispenser des démarches que M. Dumas a jugé que nous aurions dû faire après avoir vu l'échantillon de M. Lamy. Notre métal et deux autres produits, le peroxyde et le sulfure de thallium, avaient été exposés déjà pendant un certain temps avec les écriteaux dont nous avons parlé ; en ce qui concerne l'insinuation de M. Dumas (1), que nous aurions emprunté à M. Lamy quelques matériaux, sinon tous, de la communication que nous avons faite à la Société royale peu de jours après notre entrevue avec ce savant, il suffira de dire que M. Lamy ne s'étant exprimé qu'en français, langue que nous ne parlons que très-imparfaitement, il n'était possible pour aucun de nous deux de tirer grand profit de cette entrevue.

Nous n'avons pas l'intention d'amoindrir tant soit peu le grand mérite des recherches de M. Lamy. Nous estimons autant que n'importe qui l'habileté et le zèle avec lesquels il a préparé les combinaisons thalliques. Mais il ne faut pas qu'on suppose, ainsi que M. Lamy semble le croire lui-même, que nous sommes restés inactifs pendant les quatorze mois écoulés depuis que nous avions observé la raie verte du spectre. Avec les moyens limités dont nous disposions, et au milieu d'une foule d'autres occupations pressantes, nous étions, et nous avons été depuis, continuellement engagés dans la recherche des propriétés du nouveau métal ; et tout ce que nous avons à dire à M. Lamy, c'est que nous le félicitons de grand cœur de son succès, et que nous ne lui envions que ses opportunités. »

Reprenons maintenant le rapport de M. Dumas.

« C'est dans la fabrique d'acide sulfurique de notre savant confrère M. Kuhlmann, parmi les boues des chambres de plomb alimentées par des pyrites belges, que M. Lamy a découvert le thallium, et qu'il a pu le rencontrer en quantité assez considérables et sous une forme qui en rend l'extraction facile ; car, à l'aide d'un petit nombre de manipulations, il peut être ramené à l'état de sulfate ou de chlorure, combinaison d'où le métal lui-même peut être facilement séparé par le zinc qui prend sa place et le précipite en cristaux à la manière du plomb.

L'Académie nous permettra de signaler à son attention l'importance que prennent, dans des cas du genre de celui qui nous occupe, des caractères absolus comme ceux que donne l'analyse spectrale. On va voir qu'il a fallu à M. Lamy, outre ses solides connaissances et sa pénétration naturelle, un guide aussi certain pour n'être pas dérouté dès les premiers pas dans cette étude.

____

(1) Voir *Moniteur scientifique*, numéro du 1er janvier 1863, livr. 145, page 7.

En effet, si la raie verte n'eût pas été là pour constater sans cesse qu'on n'avait point affaire à du plomb ou à un alliage plombeux, que de raisons chimiques pour penser qu'il en était ainsi !

Ce métal qui se sépare, comme le plomb, de ses dissolutions salines au moyen du zinc, présente l'apparence du plomb. Il en a presque la couleur, se raye comme lui et se coupe de même. Il produit sur le papier une trace analogue à celle du plomb. Il a la même densité que lui et le même point de fusion à peu près. Il possède la même chaleur spécifique. Ses dissolutions précipitent en noir par l'hydrogène sulfuré, en jaune par les iodures, en jaune par les chromates, en blanc par les chlorures, comme celles du plomb.

N'hésitons donc pas à dire que, sans le secours de l'analyse spectrale, ce curieux et important métal eût été facilement méconnu ; que, même avec ce secours, il était facile de s'y méprendre, et que M. Lamy a fait preuve d'une grande sagacité lorsqu'il a rangé, sans hésitation, un métal qui ressemble au plomb par tant de propriétés essentielles, à côté des métaux alcalins, du potassium et du sodium, auxquels il ressemble si peu.

Le thallium, dont nous avons étudié les principales propriétés, est un métal parfait, doué au plus haut degré de l'éclat métallique, soit lorsqu'on en examine une coupure fraîche, soit lorsqu'on le prend en lingots fortement chauffés dans l'hydrogène et refroidis dans ce gaz. Il est moins bleu que le plomb, moins blanc que l'argent, et se rapproche plutôt par sa teinte de l'étain ou de l'aluminium que de tout autre métal.

A la température de 100 degrés, il se ramollit. De nouveaux arrangements dus à la cristallisation se produisent dans les lingots qn'on maintient pendant quelque temps à cette température : ils se manifestent, comme l'a vu M. Regnault, par l'apparition d'un beau moiré qui se produit quand on les trempe dans l'eau. Celle-ci décape la surface des lingots à la manière des acides.

Chauffé au chalumeau, le thallium présente des phénomènes caractéristiques. Il fond rapidement et s'oxyde en répandant une fumée sans odeur, ou qui rappelle seulement l'odeur du noir de fumée, blanchâtre par moments, mais mêlée de tons rougeâtres ou violets. Il continue à fumer longtemps, même après qu'on a cessé de le chauffer. Quand on laisse refroidir le globule principal, on le retrouve entouré de petites gouttelettes de métal volatilisé.

Dans un tube fermé par un bout, il fond à la flamme de la lampe à alcool, s'oxyde rapidement et fournit un oxyde qui, à chaud, rappelle l'aspect des rubines (sulfures métalliques), et qui, refroidi, se rapproche davantage de certaines litharges ; c'est le protoxyde de thallium uni à la silice du verre.

Dans un tube ouvert aux deux bouts et muni d'un renflement, si l'on chauffe un globule du métal à la lampe à alcool, en tenant le tube incliné pour favoriser le passage de l'air, on voit bientôt le métal fondre, s'oxyder en formant la couche brune ordinaire d'oxyde fondu ; mais, de plus, en émettant une abondante fumée qui se condense en partie à peu de distance du renflement en une poussière amorphe rougeâtre ou violette.

Quand on place un globule de métal dans une coupelle chauffée au rouge, et qu'on plonge celle-ci dans l'oxigène, le métal brûle vivement avec éclat et s'oxyde en donnant naissance à un oxyde fondu qui présente une apparence scoriforme et qui pénètre dans la pâte de la coupelle. C'est du peroxyde de thallium, ou un mélange de protoxyde et de peroxyde.

M. Lamy a reconnu que le thallium peut former deux oxydes ; le protoxyde, base analogue à la potasse soluble et fortement alcalin ; le peroxyde, qui donne de l'oxygène sous l'influence des acides à chaud, et qui peut se convertir en un chlorure qui, par la chaleur, abandonne une partie de son chlore.

Les chimistes remarqueront que le protoxyde de thallium, qni correspond à la potasse, loin d'avoir, comme cet alcali, une affinité puissante pour l'eau, perd son eau avec la plus grande facilité par la chaleur ou même à froid dans le vide. Il reste un oxyde anhydre rougeâtre, tandis que l'oxyde hydraté est blanc jaunâtre. Du reste, l'oxyde s'hydrate ou se déshydrate avec la même facilité.

Les chimistes remarqueront encore que le peroxyde de thallium n'a donné aucun signe de la formation de l'eau oxygénée dans les expériences auxquelles M. Lamy l'a soumis.

Le thallium brûle dans le chlore sec, il se combine à chaud avec dégagement de chaleur; il forme trois chlorures dont l'un correspond au sel marin, l'autre au sesquichlorure de fer, le troisième est une bichlorure qui correspond au sublimé corrosif. Le protochlorure est blanc, fusible, peu soluble, et, préparé par la voie humide, se précipite en gros et lourds flocons à la façon du chlorure d'argent. Le thallium peut former encore des chlorures supérieurs au bichlorure, mais leur composition n'est pas définie.

Le protobromure et le protoiodure ont seuls été étudiés. Ils ressemblent aux composés correspondants du plomb.

Le cyanure de thallium est soluble. Cependant il se forme un précipité cristallin de ce produit quand on mêle les dissolutions concentrées de cyanure de potassium et d'un sel de thallium.

Le sulfure de thallium, qui s'obtient par précipitation, est brun noir. Il ressemble au sulfure de plomb. Toutefois, il s'oxyde plus aisément à l'air et se convertit en sulfate incolore et soluble.

Le thallium est très-lentement attaqué par l'acide chlorhydrique même concentré et bouillant. Il l'est, au contraire, rapidement par l'acide nitrique et l'acide sulfurique; ce dernier, concentré et chaud, le dissout avec une rapidité qui contraste avec la lenteur qu'il met à attaquer le plomb.

Relativement à l'action des acides, le thallium offre d'ailleurs une opposition complète de caractères avec l'un des derniers venus de la série des métaux, l'aluminium : ce dernier, étant dissous vivement par l'acide chlorhydrique qui n'attaque pas le premier, et résistant à l'acide nitrique qui dissout facilement le thallium.

Le thallium, à l'état de protoxyde, forme, avec les acides carbonique, azotique, sulfurique et phosphorique, des sels solubles et cristallisables. Le carbonate est un sel très-caractéristique.

Les sels formés par le protoxyde de thallium avec les acides organiques qui ont été étudiés par M. Kuhlmann fils, sont l'oxalate et le bioxalate, le tartrate, le paratartrate, le malate, le citrate, le formiate, l'acétate et quelques autres moins importants; tous ces sels sont solubles, et quelques-uns, d'après M. de Laprovostaye, sont isomorphes avec les sels de potasse correspondants.

Le thallium est donc un métal nouveau bien caractérisé.

Il se distingue de tous les autres corps réputés simples par la belle raie verte qu'il fournit à l'analyse spectrale, et qui correspond au n° 1442 du spectre type publié dans les Mémoires de l'Académie de Berlin, par M. Kirchhoff.

On pourrait conclure de l'examen du spectre solaire que le thallium ne fait pas partie des éléments qu'on a reconnus dans la constitution de l'atmosphère du soleil.

Le thallium fait indubitablement partie de la famille des métaux alcalins, dont le nombre, par les découvertes récentes et par celles de ce corps important se trouve doublé. Au commencement du siècle, on ne connaissait que deux de ces métaux, le potassium et le sodium, auxquels le lithium était venu s'ajouter il y a quarante ans. Depuis trois ans, il a été découvert trois métaux nouveaux de cette famille, le rubidium, le césium et le thallium enfin, tous les trois signalés par l'analyse spectrale.

Il est bien permis d'espérer d'après cela que le nombre de ces métaux et celui des métaux en général est destiné à recevoir de l'emploi de ces nouvelles méthodes analytiques une extension considérable et rapide, de nature à encourager toutes les recherches.

Parmi les métaux alcalins, le thallium se place à l'extrémité opposée d'une échelle dont le

lithium constitue le premier terme et dont les poids équivalents marquent les divers degrés
Ces poids sont, en effet, les suivants :

Lithium   7
Sodium   23
Potassium   39
Rubidium   85
Césium   125
Thallium   204

Il a été remarqué à ce sujet :

1° Que l'équivalent du sodium est exactement la moyenne des équivalents du potassium e
du lithium $\frac{39+7}{2}=23$;

2° Qu'en ajoutant le double du poids du sodium au poids du potassium, on obtient le poids
du rubidium : $46+39=85$;

3° Qu'en ajoutant le double du poids du sodium au double du poids du potassium, on obtient à peu près le poids du césium : $46+78=124$;

4° Qu'en ajoutant le double du poids du sodium au quadruple du potassium, on obtient à
peu près le poids du thallium : $46+156=202$.

Ces considérations sont de nature à appeler l'attention des chimistes, et sans leur attribuer
une valeur trop absolue, que les chiffres actuels ne justifieraient pas, elles montrent de nouveau tout l'intérêt qui s'attache à la comparaison attentive des équivalents des corps appartenant aux mêmes familles.

Les métaux alcalins présentent cette particularité que, pour les faire rentrer dans la loi de
Dulong et Petit, c'est-à-dire pour obtenir que les chaleurs atomiques de ces corps fussent
égales aux chaleurs atomiques des autres métaux, il a été nécessaire de réduire de moitié
les poids qui leur étaient attribués. Le thallium n'échappe point à cette règle. Son équivalent
serait égal à 204 ; mais sa chaleur spécifique, déterminée par M. Regnault, dont nous joi-
gnons une note à ce sujet au présent rapport, étant égale à 0,03355, il faudrait réduire son
atome à 102.

De même que la potasse a pour formule atomique K^2O, le protoxyde de thallium aurait
pour formule Tl^2O.

Le volume atomique de ce métal serait égal à 8,5, et si on ne le compare point aux volumes atomiques du potassium et du sodium, c'est que ceux-ci offrent des anomalies extraordinaires qui n'ont point jusqu'ici appelé suffisamment la méditation des chimistes.

Bornons-nous à remarquer que la série des métaux alcalins actuellement connue, présente
un corps qui possède un équivalent si léger, qu'il prend place près de l'hydrogène, c'est-à-
dire le lithium, et un corps, le thallium, qui offre un équivalent si lourd, qu'il se range à
côté du bismuth, métal qui possède le plus pesant des équivalents.

On le voit, le cercle de nos connaissances ne s'étend pas seulement par la découverte de
ces corps nouveaux, en raison des faits dont ils enrichissent la science pratique, mais surtout
en raison des vues que leur étude révèle, des lois qu'elle fait pressentir, et de cet aspect plus
re et plus général, sous lequel elle nous apprend à envisager les propriétés des êtres,
urs analogies, leurs différences, leur classification et même leur nature et leur essence.

Par ces motifs, et en prenant en considération les difficultés vaincues par l'auteur, la netteté de ses résultats et leur importance, nous avons l'honneur de proposer à l'Académie de
décider que son Mémoire fera partie du *Recueil des savants étrangers.* »

VARIÉTÉS.

—

De la fondation d'un grand laboratoire pour l'industrie.

Dans notre livraison 138 du 15 septembre dernier, nous avons annoncé à nos lecteurs que sur l'initiative intelligente d'un de nos grands manufacturiers, un laboratoire destiné à former des élèves chimistes pour l'industrie était à l'étude, et nous n'avons pas douté un seul instant du succès de sa fondation. Il n'en est pas, en effet, des projets de nos grands industriels comme des désirs de nos savants ; ce qu'ils proposent, quand l'idée est bonne et utile, ils savent l'accomplir, ne se jalousent pas entre eux et ne se plaisent pas à dénigrer un projet utile parce qu'il n'a pas été trouvé, soit par une célébrité puissante à laquelle on craint de porter ombrage en diminuant son influence, soit parce que l'on n'y a pas songé soi-même.

Ce fabricant devait donc trouver aide et appui parmi ses confrères, les industriels, et nous apprenons par une liste aujourd'hui publiée que le fonds déjà réalisé pour la fondation de ce laboratoire monte à près de 120,000 francs.

Dans cet état, les nouveaux actionnaires fondateurs du grand laboratoire de chimie ont songé à obtenir le patronage de la Société industrielle de Mulhouse, société qui a déjà fait tant de bien à l'industrie et au pays, et qui certainement profitera de cette circonstance pour aider à la fondation d'une œuvre utile et qui sera imitée sitôt qu'elle aura pris pied et fonctionnera.

Voici un passage de la lettre adressée à la Société industrielle de Mulhouse, qui a été lue dans leur dernière séance ; il défie toute critique, et nous le transcrivons avec plaisir :

« Outre l'éducation des élèves au point de vue professionnel, ils se proposent (les fondateurs) de tenir des laboratoires particuliers à la disposition de toute personne qui voudrait vérifier par l'expérience la valeur d'une conception théorique ayant besoin d'être traduite en faits positifs.

« Dans l'état actuel, il est très-difficile à un esprit chercheur d'avoir l'entrée d'un laboratoire pour constater par l'expérience si ses idées sont justes. Il n'y a que le très-petit nombre d'hommes employés dans les laboratoires de l'État qui jouissent de ce privilége. Or, cette privation des moyens de se montrer à soi-même l'exactitude d'un fait dont on entrevoit l'existence, laisse avorter un grand nombre de conceptions originales ; car il est très-vrai de dire que les chimistes de profession n'ont pas le monopole exclusif des découvertes utiles, et qu'en laissant à l'écart ceux qui, en dehors des situations officielles, veulent travailler aux transformations de la matière, on fait une perte de forces très-notable pour l'avancement des connaissances humaines. »

Nous ne croyons pas qu'il soit possible de mieux faire comprendre le but du grand laboratoire en voie de formation, et nous allons, sans autre développement, donner la liste des souscriptions déjà acquises.

MM. Constant ALABARBE, négociant................................	1,000 fr.
ARLÈS-DUFOUR, membre de la Chambre de commerce de Lyon.	1,000
Armet de LISLE, négociant-manufacturier à Nogent-sur-Marne.	10,000
BERJOT, pharmacien à Caen...............................	2,000
Aimé BOUTAREL, manufacturier à Clichy.................	5,000
CALLOU, de la Société Callou; Vallée et Comp., à Clichy....	5,000
CHARRIÈRE fils, fabricant d'instruments de chirurgie.	5,000
CHRISTOFLE, fabricant d'orfévrerie.......................	3,000
COLLAS, pharmacien......................................	1,000
DEHAUT, pharmacien.....................................	2,000
DUBOSC et Comp., fabricants de produits chimiques........	1,000
A. DUFAY fils, fabricant de papiers......................	3,000

A. Durenne. maître de forges	5,000 fr.
Fauler, membre de la Cambre de commerce de Paris	2,000
Frère	5,000
Fumouze, pharmacien	2,000
A. Gérard, adjoint au maire du 4ᵉ arrondissement	3,000
Camille Groult, fabricant	2,000
Charles Jouet, négociant	2,000
Labélonye, pharmacien	1,000
Langlois, fabricant de verreries	1,000
Leperdriel, pharmacien	5,000
Mallet, fabricant de sels ammoniacaux	1,000
Massignon, pharmacien	2,000
Jules Masurier, armateur au Havre	3,000
E. Ménier, manufacturier	25,000
Adolphe De Milly, manufacturier	1,000
OEscger, négociant en métaux	1,000
Piver, fabricant de parfumerie	2,000
Plon, imprimeur de l'Empereur	1,000
Poirier et Chappat, manufacturiers	2,500
Pommier et Comp., manufacturiers	1,000
Dʳ Quesneville, directeur du *Moniteur scientifique*	500
Victor Thiébaut, fondeur, maire du 10ᵉ arrondissement	3,000

D'autres personnes ont aussi adhéré à ce projet ; mais, comme elles n'ont pas encore fixé le chiffre de leur souscription, nous ne les ferons figurer que sur la prochaine liste que nous publierons.

Un arrêt de la Cour de cassation.

Voici un arrêt très-important pour les fabricants de produits chimico-pharmaceutiques. Il arrive souvent que dans un grand établissement l'on ait des produits mal préparés, que l'on conserve cependant, soit pour les transformer au besoin, soit pour les purifier à l'occasion. Ces produits sont alors tenus en réserve dans un coin du magasin. Dans ces circonstances, un professeur de l'École de pharmacie a-t-il le droit de les saisir malgré vous, alors que vous ne les lui montrez pas comme un produit marchand, et que c'est lui qui les prend lui-même sans votre autorisation. Puis, ce produit saisi par lui, essayé et trouvé défectueux, peut-il vous faire condamner comme ayant commis une *tromperie*, sur la nature d'une marchandise *non vendue*, mais seulement comme ayant eu sans doute l'intention de la vendre en cet état ?

Une autre question, résolue encore dans l'arrêt que nous allons rapporter, est celle de savoir si un extrait préparé soit avec de l'*opium* ou du *quinquina*, et qui ne contient pas la quantité de morphine ou de quinine que des ouvrages modernes prescrivent, mais dont le *Codex* ne parle pas, doit être considéré comme un extrait falsifié.

On sait, en effet, qu'il y a des opium et des quinquina qui ont une apparence d'excellente marchandise et qui cependant sont pauvres en matière active, et *vice versâ*. Le *Codex* se contente de vous dire : prenez opium ou quinquina de premier choix, mais il ne vous dit pas essayez si cet opium ou ce quinquina contient telle proportion d'alcaloïde.

Or, on avait saisi chez un fabricant de produits chimiques un pot d'extrait de quinquina malgré lui, et cet extrait avait été fait avec un quinquina de belle apparence, mais pauvre en quinine ; — on fit condamner le fabricant en prétendant qu'il avait préparé une marchandise falsifiée, qu'il y avait donc *tromperie* de sa part.

La Cour de Cassation a rejeté cette interprétation du professeur de l'École de pharmacie et a jugé en faveur de cette maison de commerce honorable et indépendante, et certainement au-dessus de pareilles économies de préparation.

Le chef de cette maison vient en effet d'obtenir une médaille à la dernière Exposition de Londres pour la bonne préparation et la beauté de ses produits chimiques et pharmaceutiques, c'est un de nos manufacturiers les plus importants, exportant ses produits à l'étranger sur une très-grande échelle et faisant honneur à nos fabriques de produits chimiques. Or, de pareils jugements souvent répétés, finiraient par ruiner nos fabriques au profit des fabricants anglais et allemands dont la concurrence devient si redoutable.

Voici l'arrêt tel que nous le trouvons dans la *Gazette des Tribunaux* du 4 janvier 1863.

D^r Q.

Tromperie. — Mise en vente de substances médicamenteuses. — Tentative.

I. — Le fait de mise en vente d'une préparation pharmaceutique présentée comme contenant une substance de qualité supérieure, tandis qu'elle contient la même substance, mais de qualité inférieure, ne constitue pas le délit de falsification prévu par l'article 1er de la loi du 10 mars 1851, lorsqu'il est constaté d'ailleurs qu'il n'existait dans cette préparation aucun mélange de substances étrangères à celles qui devaient en réalité la composer, conformément aux prescriptions du *Codex*.

II. — La mise en vente de cette préparation ne peut constituer le délit de tromperie sur la nature de la marchandise vendue et être passible des peines de l'article 422 du Code pénal, que lorsqu'il y a eu délit consommé, c'est-à-dire quand il y a eu vente ; la tentative, en pareille matière, ne saurait être punissable.

Cassation, sur le pourvoi de M. F. D., de l'arrêt de la Cour impériale de Paris, chambre correctionnelle, du 3 juillet 1862.

M. Plougoulm, conseiller rapporteur ; M. Savary, avocat général. Conclusions conformes.

Encore le Muséum d'histoire naturelle.

M. Chevreul vient de faire insérer dans l'*Opinion nationale* du 20 janvier une lettre en réponse à celle que M. le général Allard avait publiée dans le même journal, au sujet du rapport de l'ancienne Commission chargée d'une inspection dans cet établissement. Voici un extrait de cette lettre :

On a dit à la tribune publique (le 19 juin 1862) : « Une baleine qui a coûté 6,000 francs tombe en poussière, etc. » (c'est peut-être est enterrée sous la poussière qu'aura voulu dire la commission).

On a répondu : « Cette baleine n'est point tombée en poussière ; et la preuve, c'est que depuis un mois le public peut la voir, ainsi que son squelette, sous des toits vitrés, devant les galeries d'anatomie comparée. »

On a dit : « Les objets d'histoire naturelle provenant des deux voyages du capitaine d'Urville ont été négligés par les professeurs administrateurs. »

On a répondu : Les objets d'histoire naturelle provenant des deux voyages du capitaine d'Urville ont été le sujet d'un rapport fait à l'Académie des sciences par un professeur du Muséum, et une publication, aux frais de l'État, de quinze volumes in-8° avec atlas, atteste le résultat de l'examen scientifique auquel ils ont donné lieu. »

Nous pourrions répondre à M. Chevreul que la publication en quinze volumes a été faite non par les professeurs du Muséum, *trop occupés* pour cela, mais par ceux qui ont accompagné M. Dumont-d'Urville. Or, la publication une fois terminée et M. Dumont-d'Urville mort, ses collections ont été remises sans doute au Muséum et y ont été négligées par messieurs les professeurs, qui s'occupent plus de soigner leurs intérêts que les richesses de leur Musée.

M. Chevreul dit encore, dans sa lettre à M. le général Allard, qu'il a soixante-seize ans et qu'il n'a jamais sollicité aucune faveur des gouvernements divers sous lesquels il a vécu.

M Chevreul., aucun ne le conteste , est un homme en tous points fort respectable et très-honoré. Sa personne dans ce débat n'est pas en cause, mais la mauvaise administration du Muséum, ou plutôt son ancienne organisation, qui n'est plus dans les conditions administratives de notre époque.

Traitement des membres de l'Institut doublé.

M. le Ministre d'État vient d'annoncer aux membres de l'Institut que Sa Majesté avait décidé de doubler la valeur de leurs jetons de présence, à partir du 1er janvier 1863, ce qui portera le traitement de chaque membre à 3,000 francs au lieu de 1,500 francs qu'il recevait chaque année, depuis la création des cinq classes de l'Institut.

Cham fait observer, à cette occasion, que si messieurs les coiffeurs faisaient bien, ils doubleraient, à leur tour, le prix de leurs perruques.

Quoi qu'il en soit, nous approuvons cette mesure, qui permettra à quelques savants infirmes ou du moins très-fatigués, de prendre plus promptement leur retraite. Nous savons bien qu'il en est qui ne tiendront pas compte de cette facilité et qui continueront de toucher les émoluments d'une place pour laquelle ils sont devenus insuffisants ; mais la mesure n'en portera pas moins ses fruits sur le plus grand nombre.

Ensuite, cela permettra d'atteindre le cumul. Quand un professeur, membre de l'Institut, touchera de 13 à 15,000 francs au budget, il faut espérer qu'il ne sollicitera pas les voix de ses confrères pour obtenir une seconde ou troisième chaire, au préjudice d'un savant non pourvu ; car il faut qu'on le sache bien, il y a aujourd'hui des capacités pour tous les emplois, et il nous paraîtra toujours désastreux pour la science de donner, sous prétexte de célébrité acquise, deux et trois places à la même personne, quand d'autres savants sont obligés de se jeter dans l'*industrialisme* pour vivre. Cette mesure est donc bonne et nous l'approuvons sans réserve.

BIBLIOGRAPHIE SCIENTIFIQUE

(Extrait du *Journal de la Librairie.*)

N° 1. — 3 janvier 1863.

BAILLON. — *Mémoire sur les loranthacées.* In-8, 51 pages. (Extrait de l'*Adansonia*). Paris.

BARRESWIL. — *Tableaux instructifs et pittoresques de chimie.* In-plano, 1 page avec encadrement. Chez Haran, à Paris.

BOINET. — *Des désinfectants et de leur application en thérapeutique.* In-8, 30 pages. Librairie Victor Masson, à Paris.

COUROT. — *Esprits, fantômes et revenants. Le pour et le contre.* In-8, 93 pages. A Sedan.

DELANOUE. — *De l'ancienneté de l'espèce humaine et des traces que l'on trouve de l'homme et de ses travaux dans les terrains diluviens.* In-8, 17 pages. A Versailles.

DUPUIS. — *Note sur l'ailante glanduleux et sa culture.* In-8, 15 pages. A Paris.

FRIDAULT (Dr). — *Traité d'anthropologie physiologique et philosophique.* In-8, 870 pages. Libr. J.-B. Baillière.

GOUGENOT DES MOUSSEAUX. — *Les médiateurs et les moyens de la magie. Les hallucinations et les savants. Le fantôme humain et le principe vital.* In-8, 462 pages. Librairie Plon, à Paris.

GUYOT. — *Sur la viticulture du sud-ouest de la France.* Rapport à M. Rouher. Grand in-8, 252 pages. A Paris.

HOUAT (Dr). — *Études et séances spirites.* In-18 jésus, 317 pages. Prix : 3 fr., chez Ledoyen.

HUSSON (Dr). — *Étude sur les hôpitaux considérés sous le rapport de leur construction, de la distribution de leurs bâtiments, de l'ameublement, de l'hygiène et du service des salles de malades.* In-4, 613 pages avec dessins dans le texte et 17 planches. Librairie P, Dupont, à Paris.

JEANNET (D^r). — *Mémoire sur la prostitution publique, et parallèle complet de la prostitution romaine et de la prostitution contemporaine*, etc. In-8, 241 pages. Germer-Baillière, à Paris.

Journal de l'Ecole impériale Polytechnique. 39e cahier, tome XXVII. In-4, 230 pag. et 6 planches. Prix : 8 fr. Librairie Mallet-Bachelier, à Paris.

LE BIDOIS (D^r). — *Des morts subites spontanées.* In-8, 129 pages. Librairie Hardel, à Caen.

MALAGUTI. — *Chimie appliquée à l'agriculture.* Nouvelle édition, tome III. In-18, 337 pages. Librairie Dezobry et Comp., à Paris.

MARIN (D^r). — *Quelques considérations sur la fièvre typhoïde dans les campagnes.* In-8, 31 pages. Librairie Victor Masson, à Paris.

MARLÈS (DE). — *Les cent merveilles des sciences et des arts.* In-12, 240 pages et gravures. 6e édition. Librairie Mame, à Tours.

Mémoires de la Société impériale d'agriculture, etc., séant à Douai. 2e série, tome VI. 1859-1861. In-8, 571 pages. A Douai.

ORDONEZ. — *Note sur la distinction des sexes et le développement de la trichina spiralis des muscles.* In-8, 6 pages. A Paris.

PERRIN et LALLEMAND (D^{rs}). — *Traité d'anesthésie chirurgicale.* In-8, 688 pages. Librairie Chamerot, à Paris.

POSTEL (D^r). — *Compte-rendu des travaux de la Société de médecine de Caen.* 1861-1862. In-8, 380 pages. Librairie Hardel, à Caen.

VACHEROT. — *La métaphysique et la science.* 2e édition. 3 vol. in-18 jésus, 1257 pages. Libr. Chamerot, à Paris.

N° 2. — 10 janvier 1863.

BARBIER (D^r). — *L'Orient au point de vue médical. Les maladies régnantes et les eaux minérales de Vichy appliquées au traitement qu'elles comportent.* In-12, 224 pages. Paris.

BONTEMPS (D^r). — *Essai thérapeutique sur le fenouil.* Thèse de la Faculté de Strasbourg. In-8, 30 pages. A Strasbourg.

BOURGUET (D^r). — *Hygiène publique et chemins de fer. Considérations sur l'insalubrité de la ligne du littoral.* In-8, 40 pages. A Aix.

CHATEAU. (T.). — *Technologie du bâtiment, ou étude complète des matériaux de toute espèce employés dans l'art de bâtir*, etc. Tome Ier. In-8, 541 pages et carte. Librairie Bance, à Paris.

———

(*La suite à un prochain numéro.*)

Des eaux publiques et de leur application aux besoins des grandes villes, des communes et des habitations rurales; principes fondamentaux concernant la recherche et l'aménagement de l'eau dans tous les pays, la détermination de ses qualités, sa conservation et sa distribution; par M. G. GRIMAUD, de Caux. — Tel est le titre d'un livre qui arrive à propos et qui, certainement, sera lu avec fruit par tous ceux que préoccupe la grande question des eaux potables. L'Académie de médecine est saisie aujourd'hui de cette étude, elle la discute et l'étudie avec une conscience qui l'honore, et il s'est déjà dit sur ce sujet si difficile d'excellentes choses dans son sein. Mais il faut bien l'avouer, l'Académie ne sait pas tout et elle trouvera certainement dans le livre de M. Grimaud, de Caux, des faits dont elle ne se doute pas et des aperçus auxquels elle ne songe pas non plus. M. Grimaud, de Caux, étudie la question des eaux depuis plus de trente ans; en 1841, il a publié son premier travail sous le titre d'*Essai sur les eaux publiques et sur leur application aux besoins des grandes villes.* « Aujourd'hui, il ne s'agit plus d'un *Essai,* nous dit-il dans sa préface, il s'agit de résultats mûris par une longue expérience, de l'exposition, non pas d'une doctrine méditée dans le silence du cabinet, mais de principes acquis, de vérités fondamentales qu'il importe de mettre en lumière et d'inculquer dans les esprits dans l'intérêt de tous. »

Ne pouvant, faute de place, faire des citations de ce livre, qui mérite d'être médité, nous allons faire connaître le contenu de chaque chapitre.

CHAPITRE Iᵉʳ. — *Des différentes espèces d'eau, de leur origine commune et de leurs qualités respectives.* — CHAPITRE II. *Des usages de l'eau.* — CHAPITRE III. *Caractères essentiels des eaux publiques.* — CHAPITRE IV. *De l'eau considérée au point de vue chimique.* — CHAPITRE V. *Détermination des principes constituants des eaux publiques.* — CHAPITRE VI. *Des matières qui altèrent la pureté de l'eau.* — *Analyses.* — CHAPITRE VII. *De la matière organique.* — CHAPITRE VIII. *De la baguette divinatoire.* — CHAPITRE IX. *De l'art de découvrir les sources.* — CHAPITRE X. *Des puits artésiens.* — CHAPITRE XI. *Des citernes.* — CHAPITRE XII. *De la quantité d'eau nécessaire à une population agglomérée.* — CHAPITRE XIII. *Des prises d'eau.* — CHAPITRE XIV. *De la classification des eaux publiques.* — CHAPITRE XV. *De la tour hydraulique ou château-d'eau et des réservoirs.* — CHAPITRE XVI. *Question économique.* — CHAPITRE XVII et dernier. *Des établissements les plus importants de distribution d'eaux publiques.*

On voit, par ces citations, que M. Grimaud, de Caux, embrasse la question des eaux dans leur ensemble ; nous ne pouvons donc qu'engager nos lecteurs à lire son livre, et, dans ce but, nous renouvelons ici l'avis que nous avons donné dans notre dernière livraison et leur faisons savoir qu'ils trouveront cet ouvrage de 348 pages in-8° chez MM. Dezobry et Tandon, libraires, rue des Écoles, 78. — Prix de ce volume : 6 fr.

L'année scientifique et industrielle, ou exposé des travaux scientifiques, des inventions et des principales applications de la science à l'industrie et aux arts, qui ont attiré l'attention publique en France et à l'étranger ; par M. L. Figuier. Septième année, contenant une planche coloriée et sept gravures sur bois. Un volume de 548 pages, in-12. Prix : 2 fr. 50 cent., chez Hachette et Comp., boulevard Saint-Germain, n° 77, à Paris.

L'abondance des matières nous force de renvoyer à la prochaine livraison la revue de physique, celle de photographie et la liste des brevets de chimie.

THÉRAPEUTIQUE.

Sous-nitrate de bismuth en pâte, crême, bouillie ou magma du docteur QUESNEVILLE. De l'aveu de tous ceux qui l'ont essayée, la Pâte de bismuth est préférable à la poudre employée jusqu'à ce jour. Se mêlant à l'eau comme ferait de la crême dans du lait, elle agit, même à petite dose, d'une manière infaillible et sans jamais dégoûter le malade. La Pâte de bismuth est employée contre les maladies des intestins, diarrhées, maux d'estomac et dyspepsies. — Le flacon, 8 fr. ; demi-flacon, 4 fr. 50 c., avec l'instruction. Du même auteur, SIROP D'IODURE D'AMIDON succédané de l'huile de foie de morue. Flacon, 2 fr. 50 c. — TABLETTES DE SANTÉ à l'iodure d'amidon, la boîte, 3 fr. ; la demi-boîte, 1 fr. 75 c. — SIROP D'IODURE DE FER, le flacon, 2 fr. 50 c. Rue de la Verrerie, 55. Paris.

19853 Paris, Imp. REVOU et MAULDE.

OBSERVATIONS PRATIQUES SUR LE VERRE SOLUBLE.

Par M. ORDWAY.

(Extrait par E. Kopp.)

(SUITE ET FIN. — Voir le *Moniteur scientifique*, livraisons 145 et 147.)

APPLICATIONS DU VERRE SOLUBLE.

On a proposé de nombreuses applications du verre soluble, qui, dans bien des circonstances, peut rendre de véritables services; mais les cas sont rares où son emploi n'est pas accompagné de difficultés matérielles assez notables. Les propriétés, qui le rendent utilisable dans les arts, sont :

1° Les qualités adhésives de sa solution ; 2° son pouvoir vitrifiant à l'état sec; 3° sa nature alcaline ; la faculté qu'il possède de nous offrir la silice à l'état soluble; 4° ses relations chimiques particulières considérées dans leur ensemble.

1. *Qualités adhésives*. — C'est en faisant allusion à cette qualité la plus caractéristique du verre soluble, que Fuchs a dit : qu'on pourrait avec raison l'appeler de la « colle minérale », et jusqu'à un certain point la ressemblance se soutient. Le verre soluble diffère cependant de la gélatine et de la plupart des autres substances collantes, en continuant à se rétrécir, bien qu'il soit sec en apparence. Une solution concentrée de silicate de soude est en effet un bon ciment incolore pour le verre, la porcelaine et la pierre; mais, lorsqu'il est renfermé dans des substances aussi imperméables, il est très-lent à devenir inattaquable par l'eau, et, en le devenant, il perd beaucoup de sa force adhésive. Il ne peut servir pour le bois ni pour d'autres matières poreuses, puisqu'elles permettent l'accès à l'air qui, par son acide carbonique, décompose le silicate et en détruit la ténacité. Dans son laboratoire, M. Ordway avait essayé du silicate de soude pour coller des étiquettes sur des flacons en verre. Il répond assez bien à cet usage, mais, une fois qu'il est fixé, il ne se détache plus par le lavage, quoique le papier lui-même puisse être facilement enlevé. Il ne possède aucun avantage sur la gomme ou l'amidon, si ce n'est qu'il n'est pas sujet à moisir lorsqu'on le conserve quelque temps.

M. Ordway a souvent employé une solution concenttrée de verre soluble mélangée à de l'argile et du sable pour cimenter des briques réfractaires. Un pareil mélange fond partiellement par une forte chaleur, et produit des points très-fermes et très-serrés. Pour un ouvrage en briques qui doit être exposé à une chaleur modérée, un mortier composé des mêmes ingrédients, mais contenant une proportion plus grande de silicate, fait un excellent ciment qui reste dur et tenace, tandis que le mortier de chaux, exposé à la chaleur, est susceptible de se dessécher et de perdre son pouvoir liant. M. Joseph D. Gould dit avoir trouvé que l'amianthe fibreuse, mouillée avec une solution concentrée de silicate de soude, est excellente pour envelopper les joints des appareils qui sont exposés aux émanations de vapeurs chaudes et acides.

Si l'on étend sur une surface quelconque et en couche mince du verre soluble liquide, soit seul, soit mélangé à une substance inerte, il se convertit, en séchant, en un vernis fortement adhérent, transparent et dur ; mais il continue à absorber de l'acide carbonique de l'air, et, la silice restante ne pouvant plus s'étendre, la couche se trouve entrecoupée d'une infinité de petites fentes, qui en diminuent beaucoup la transparence et le poli primitifs. L'adhésion persiste cependant, et le lavage à l'eau est impuissant à enlever le revêtement siliceux. Il résulte de là que les silicates solubles se prêtent à la fixation de différentes espèces de peintures.

Ce fut, en effet, le premier usage qu'on en fit, et tout récemment on les a beaucoup employés en Europe pour la peinture. Quand on applique sur du bois déjà vieux du verre soluble mélangé avec des couleurs plus claires, la nature alcaline du véhicule se manifeste par le ramollissement et une coloration désagréable de la surface ; mais ces effets sont fort peu considérables si l'on opère sur du bois neuf et propre. Une autre difficulté est la suivante : le revêtement fixé, ne possédant pas d'élasticité, ne peut pas se plier, comme le fait une pellicule huileuse ou résineuse, aux dilatations et contractions du bois pendant les temps sec ou humide, ni même aux petites inégalités produites par son rétrécissement. Cependant la peinture au verre soluble est d'un bon usage pour des endroits où elle n'est pas exposée aux alternatives de sécheresse et d'humidité. Dans beaucoup de cas on pourrait substituer avec avantage aux peintures à la chaux, qui se détachent si facilement et qu'on emploie si communément dans presque tous les pays, un mélange de blanc de zinc, de craie, d'ocre ou de terre de Sienne avec du silicate de soude ; on pourrait le faire surtout pour des dépendances, des palisssades, des ponts, où la production d'une surfaee polie est de peu d'importance.

Au commencement, Fuchs ne s'était occupé du verre soluble qu'en vue de son application au bois pour le rendre moins inflammable ; l'on rapporte que les expériences, faites par ordre de l'amirauté britannique, ont prouvé son efficacité sous ce rapport. On a pu trouver de meilleurs antiphlogistiques, mais aucun d'eux ne peut servir comme vernis en même temps.

On a encore prétendu que le silicate préservait le bois contre les effets destructifs de l'air et de l'humidité ; mais c'est là une assertion à l'égard de laquelle il est bien permis d'émettre quelque doute. Le verre soluble ne pouvant pas exclure d'une manière permanente ni l'air ni l'humidité, et ne pouvant pas davantage contrebalancer l'influence pernicieuse des matières albumineuses du bois, son pouvoir préservatif doit être bien inférieur à celui de l'huile, et guère supérieur à celui du blanchissage à la chaux. En appréciant la valeur du silicate de potasse ou de soude pour un de ces usages, il ne faut pas se laisser induire en erreur par le revêtement poli, vitreux, continu et impénétrable qu'il forme d'abord. Sa surface unie, son lustre, sa continuité, son imperméabilité sont destinés à disparaître sous l'action lente de l'atmosphère. En effet, la valeur du verre soluble pour la peinture dépend quelque peu de sa susceptibilité d'être altéré par l'acide carbonique, puisque après séché une première fois, il est encore soluble dans l'eau, et il n'est à l'épreuve de l'humidité et de la pluie qu'après avoir été exposé à l'air pendant plusieurs jours. On hâte quelquefois sa fixation, lorsqu'après un jour ou deux on lave le revêtement de silicate avec une solution de sel ammoniac ou de carbonate d'ammoniaque.

La peinture au silicate, étant elle-même inextensible, s'adapte beaucoup mieux à des surfaces peu susceptibles de variations comme le verre, la pierre, la brique, ou les murs crépis au mortier de chaux. S'unissant plus intimement avec ces substances, elle est beaucoup moins sujette à s'en détacher par écailles, comme elle le fait sur le bois. Pour obtenir une adhésion plus forte, il vaut mieux, dans tous les cas, peindre à plusieurs reprises avec du verre soluble, en solution assez étendue, et laisser s'écouler plusieurs jours entre les applications successives, plutôt que d'employer immédiatement une solution concentrée. Le silicate plus étendu pénètre plus profondément et se fixe d'une manière plus durable. Il se fixe plus vite et plus également par l'absorption de l'acide carbonique.

Beaucoup de couleurs sont incompatibles avec le verre soluble, et doivent être rejetées dans la peinture silicatée. Tels sont le blanc de plomb, le bleu de Prusse, le vert de Schweinfurth, et les couleurs animales ou végétales. Il en reste cependant une variété suffisante pour permettre un choix : telles sont, par exemple, le blanc de zinc, la chaux, le sulfate de baryte, l'ocre jaune, le jaune de cadmium, le rouge de Venise, la terre de Sienne, l'oxyde vert de chrôme, la terre d'ombre, le bleu d'outre-mer, le noir de fumée. On dit qu'on peut employer également le jaune et le rouge de chrôme, mais on fera mieux de les laisser de côté puisque leurs propriétés chimiques en contre-indiquent l'emploi. Avant d'appliquer des couleurs mélangées avec du verre soluble, il sera utile de donner une première couche avec du silicate pur et de laisser reposer pendant vingt-quatre heures ou plus longtemps. On remplit ainsi les pores et on forme un fond sur lequel la peinture, qu'on y appliquera ultérieurement, adhérera avec plus de solidité. Une solution de silicate de soude pour la peinture ou pour les premières couches ne devrait pas excéder la p. sp. de 1.15, encore vaut-il mieux la prendre plus faible. Beaucoup de silicate de soude, qu'on trouve sur le marché des États-Unis, est impropre pour l'usage en peinture. Il est souvent trop alcalin, ou bien il est trop souillé de sels étrangers qui, ayant une tendance à cristalliser, soulèvent le silicate et le détachent avant qu'il ne soit convenablement fixé. Un bon silicate doit être brillant, transparent, homogène, très-légèrement coloré, et ne doit montrer aucune tendance spéciale à absorber l'humidité dans une atmosphère humide. Ce n'est nullement une contre-indication de sa valeur réelle, lorsqu'il faut le faire bouillir pendant plusieurs heures pour en obtenir la solution ; pourvu toutefois que cette lenteur à se dissoudre ne provienne pas de la présence d'une matière terreuse en combinaison.

On peut rendre durs, compactes et lisses, et susceptibles d'être lavés, des murs revêtus d'un enduit de mortier de chaux, en appliquant plusieurs fois du silicate, soit seul, soit mélangé avec de la craie ou une matière colorante quelconque.

Depuis 1840, Fuchs a indiqué une nouvelle manière d'exécuter des travaux artistiques sur des murailles crépies, et désigné sa méthode par le nom de *stéréochromie*. On prépare d'abord un fond avec un mortier de chaux plutôt sablonneux que gras; celui-ci s'étant saturé d'une quantité suffisante d'acide carbonique, et étant bien pris, on enlève la couche superficielle de carbonate de chaux en frottant la surface avec une pierre friable et sablonneuse, ou bien en la lavant avec de l'acide phosphorique faible. Le crépi ainsi préparé est imprégné à plusieurs reprises avec une solution délayée de verre soluble très-siliceux, et l'on permet au silicate de sécher et de se fixer pendant les intervalles des trempes consécutives. On recouvre alors ce fond bien saturé d'une couche mince de mortier maigre, mais soigneusement préparé, et on traite ce revêtement de la même manière que le fond primitif. Lorsque la silicatisation est terminée, la surface doit encore être rude et capable d'absorption. Si le vernis est trop imperméable, Fuchs recommande d'en ouvrir les pores en y répandant un peu d'alcool et en l'y brûlant. Sur des murailles ainsi préparées, la peinture s'exécute avec des couleurs simplement broyées à l'eau. On fixe enfin les couleurs en les imprégnant à plusieurs reprises d'un silicate double de potasse et de soude un peu alcalin. Afin d'éviter tout entraînement ou déplacement des couleurs, on répand pour la première fois le liquide fixant sous forme de pluie excessivement fine, par le moyen d'une seringue appropriée à cet usage. L'artiste étant obligé de changer fréquemment sa palette, il est impraticable d'employer des couleurs mélangées directement avec le verre soluble, puisque le silicate sécherait constamment et que les brosses deviendraient raides et dures. Avant que de laisser sécher des brosses trempées dans du silicate, on doit toujours les laver préalablement et parfaitement avec de l'eau. Comme preuves de l'excellence de la stéréochomie, Fuchs mentionne deux peintures qui, pendant six années consécutives, restèrent exposées en plein air à toutes les intempéries des saisons et à toutes les variations de la température, et cependant elles s'étaient conservées aussi fraîches et aussi brillantes comme au sortir d'entre les mains de l'artiste.

M. Creuzburg a eu recours à une modification de la méthode de Fuchs pour la peinture ordinaire, pour pouvoir employer des couleurs qui autrement seraient inadmissibles. Sur une surface quelconque, il applique des couches alternatives de verre soluble étendu et d'un mélange de la couleur avec du lait écrémé, jusqu'à ce qu'il ait atteint une consistance suffisante. Il prétend qu'il est seulement nécessaire de laisser sécher une couche avant d'en appliquer une seconde, mais cela ne s'accorde que difficilement avec les conditions d'une fixation solide. On recommande de vernir en dernier lieu avec de l'huile siccative, afin de donner du lustre à la peinture et de prévenir une efflorescence saline.

M. Creuzburg énumère comme avantages résultant de la peinture au verre soluble : 1° rapidité de dessiccation ; 2° absence d'odeur; 3° pureté de teinte. La peinture a base de blanc de plomb et d'huile est modifiée, en premier lieu par la couleur de l'huile, et, de plus, elle prend facilement une teinte sombre par suite d'un changement chimique qui s'accomplit graduellement, même dans l'obscurité; 4° durabilité; 5° résistance au feu; 6° bon marché.

Lorsqu'on veut appliquer une peinture siliceuse sur une surface métallique, on fait bien de chauffer modérément le métal, sans quoi la couche a une tendance à se fendiller et à s'écailler. On dit que pour des fourneaux qui souvent se chauffent au rouge, un mélange de verre soluble et de peroxyde de manganèse forme un bon enduit qui ne se brûle pas aisément. M. Kuhlmann a réussi à imprimer le papier à tenture, en se servant du verre soluble comme véhicule pour les couleurs. Il dit que tout papier, imprimé avec des couleurs que les alcalis n'altèrent pas, peut être verni avec un silicate, après qu'on l'a appliqué aux murs, et supportera alors d'être frotté et lavé.

M. Kuhlmann recommande également un mélange de verre soluble avec du noir de fumée, du noir d'ivoire, ou du vermillon, pour composer une encre à écrire capable de résister à tous les agents destructifs. Selon M. Baudrimont cependant, on peut facilement effacer les lettres d'un écrit exécuté avec une encre siliceuse, lorsque cet écrit a été longtemps exposé à l'air, puisque dans ce cas le silicate a subi une décomposition qui en altère les propriétés adhésives.

En 1840, Leykauf proposa les silicates pour fixer le bleu d'outremer sur les toiles, substituant ainsi une matière très-bon marché à l'albumine et à la caséine, tant employées pour l'impression des couleurs. Mais ce procédé ne peut être employé pour les étoffes qui doivent être soumises au vaporisage, et dans tous les cas il faudrait enlever l'alcali en faisant passer la toile imprimée par un bain d'acide, opération qui détruirait trop rapidement la plus grande partie de la force adhésive du silicate. En effet, quoique ce procédé ait été proposé il y a déjà bien longtemps, on offre toujours encore un prix à celui qui découvrira un substitut efficace et bon marché, pour remplacer l'albumine.

Le pouvoir liant des silicates a été mis à profit par M. Kulmann, pour le durcissement ou la « silicatisation » de la pierre tendre et poreuse. Grâce à des saturations répétées avec du verre soluble, on peut rendre propres à la bâtisse des matériaux très-tendres, comme par exemple la craie. On contribue beaucoup à la conservation de bien des bâtiments déjà construits, en soumettant la surface extérieure à un traitement semblable. Le même procédé s'est montré efficace pour préserver quelques statues antiques fraîchement exhumées, et qui sans cette opération, seraient tombées en écailles après avoir été exposées à l'air pendant quelque temps. On a également consolidé et sauvé par la silicatisation des échantillons fragiles de paléontologie.

D'après M. Ransome, il ne suffit pas simplement de laver la pierre avec du verre soluble, puisque le silicate conserve sa solubilité pendant très-longtemps. Il se fit même breveter pour le procédé de fixation du silicate par une application subséquente de chlorure de calcium. Mais malgré les fortes recommandations de parties intéressées, il résulterait de récentes discussions sur ce sujet, qui ont eu lieu à Londres, que cette méthode n'a pas été trouvée entièrement satisfaisante. Une fixation rapide, en effet, n'est guère compatible avec la ténacité et la durée, et il est probable qu'on obtiendrait le meilleur effet en n'employant que le silicate seul, appliqué à plusieurs reprises et à des intervalles convenables.

M. Kuhlmann a cherché à vaincre la difficulté par un moyen qui est excellent en théorie, mais qui entraîne à trop de dépenses : c'est d'employer du silicate de potasse et de rendre les deux principes constituants insolubles par l'acide fluosilicique.

Afin de donner à certaines pierres une couleur plus agréable que celle qu'elles possèdent naturellement, M. Kuhlmann les imprègne avant tout de sels de fer, de manganèse, de cuivre ou de chrôme. Le silicate, qu'on applique ensuite, précipite l'oxyde métallique dans les pores et produit la teinte voulue, soit immédiatement, soit après l'absorption d'une certaine quantité d'oxygène de l'air.

La silicatisation est de peu d'importance aux États-Unis pour ce qui concerne la pierre,

puisque ce pays possède d'excellents matériaux qui n'ont pas besoin d'être durcis artificiellement. Mais dans certains endroits où l'on manque de bonne argile pour faire les briques, la
terre dont on fait cependant usage fournit des briques très-tendres, très-absorbantes, et qui
supportent difficilement d'être maniées et de rester exposées à toutes les intempéries. Dans
beaucoup de cas il serait sans aucun doute avantageux de silicatiser la surface extérieure des
briques, après leur mise en place. Cette précaution mérite une considération toute particulière, là où les briques sont soumises à l'action de l'eau de mer, pui est particulièrement
destructive aux matériaux de construction d'une matière poreuse.

En parlant de peinture et de silicatisation, nous ne devons pas passer sous silence l'efflorescence blanchâtre de carbonate de soude qui apparaît fréquemment sur des surfaces chargées de silicate de soude ; mais on peut l'enlever facilement à mesure qu'elle se forme, en la
lavant légèrement avec de l'eau ; la pluie se charge de ce soin pour les surfaces exposees
à l'air.

Dans son premier mémoire, Fuchs démontra la possibilité de fabriquer une pierre artificielle au moyen d'argile, de sable et d'une solution de silicate de soude. Un pareil mélange,
moulé dans une forme quelconque, se change, en séchant lentement, en une masse extrêmement dure et résistante, mais qui n'est pas imperméable. Elle durcit mieux et plus uni-
mément quand on en hâte le séchage par une chaleur modérée. Une chaleur rouge sombre
déshydrate les silicates et rend la masse friable. Il est encore douteux qu'on puisse faire une
pierre artificielle méritant ce nom sans exposer le mélange, après le moulage et le séchage,
à une chaleur assez forte pour revitrifier le silicate. Par ce traitement le verre soluble recouvre sa ténacité, et par sa combinaison chimique avec d'autres matières, il devient vraiment insoluble. La marchandise calcinée au four doit naturellement être refroidie lentement,
afin que la matière cémentante se recuise convenablement.

En 1844, M. Ransome prit en Angleterre un brevet pour une pierre préparée avec de la
liqueur de cailloux, de la pierre calcaire en poudre ou de la craie et du sable. Son procédé
est à la vérité un procédé coûteux, mais l'article produit est réputé d'excellente qualité. On a
des raisons pour croire que la liqueur de cailloux est moins convenable pour atteindre ce but
que ne le serait le sesquicilicate ou le bisilicate de soude, qui est beaucoup meilleur marché.
Dans des essais en petit, faits par M. Ordway, il n'avait pu obtenir une bonne marchandise
avec du sable ordinaire, mais il a le mieux réussi avec un mélange de granit écrasé, de craie,
ou de cendres d'os, et un fort sesquisilicate de soude. A moins d'ajouter une quantité suffisante d'une substance absorbante, comme par exemple le carbonate de chaux, les os brûlés
ou de l'argile déjà calcinée, le silicate sèche d'abord à la surface, où il forme un vernis impénétrable qui empêche l'humidité intérieure de s'échapper. Si, pour éviter cet inconvénient,
on a recours à une solution plus faible de verre soluble, celle-ci séchera à la surface sans
fermer les pores, mais le liquide intérieur se trouvera attiré par capillarité vers la surface, et
les parties centrales resteront trop pauvres tandis que l'extérieur sera trop riche en matière
vitrifiante. M. Ransome contourna ingénieusement la difficulté en chauffant les pierres moulées dans un espace clos ; de cette manière la surface n'est en contact qu'avec une atmosphère saturée d'humidité, tandis que l'intérieur acquiert une telle température, qu'en ouvrant la chambre, la plus grande partie de l'eau s'évapore rapidement et laisse les pores ouverts.

M. Wagenmann réussit à faire de l'écume de mer artificielle en mélangeant du verre soluble, de la chaux, de la magnésie, du carbonate de magnésie, et en laissant simplement
sécher.

En le considérant simplement au point de vue de ses qualités physiques, le verre soluble,
dans beaucoup de cas, paraîtrait être assez convenable pour remplacer l'amidon et la colle
comme enduits. Il y a un ou deux ans, Leigh le préconisa comme un substitut de l'amidon,
pour coller le fil de coton pour le tissage et pour apprêter les calicots. Mais les caractères
chimiques du verre soluble démontrent suffisamment qu'il ne peut être employé à ces usages.

Après le séchage l'amidon ne change pas de nature et n'exerce aucune action sur les étoffes. Un silicate s'altère par l'exposition à l'air et perd sa douceur comme sa rigidité. En outre, il est alcalin et, pour cette raison, tend à affaiblir la fibre, ce dont on s'aperçoit lorsqu'on emploie du verre soluble concentré pour produire des étoffes raides.

On a l'habitude d'augmenter le poids et la consistance apparente d'une étoffe lâche en la plaquant avec de l'empois auquel on a ajouté de l'argile fine, de la craie ou du sulfate de chaux. Pour remplacer cette préparation qui s'enlève si facilement par le lessivage, M. Grüne propose de plaquer l'étoffe avec du silicate de soude; et de la passer ensuite par une liqueur acide faible, afin de précipiter la silice sur la fibre et l'imprégner ainsi d'une manière inaltérable. Mais il ne faut point oublier qu'un acide faible, agissant sur un silicate faible, donne une silice soluble dans l'eau. Un sel de zinc ou de magnésie serait un précipitant plus convenable. Quand même ce procédé serait exécutable, il coûterait trop de peine et d'argent. Un corps factice est d'un médiocre usage s'il ne peut servir à mieux faire vendre la marchandise, et il ne vaut guère la peine de faire beaucoup de dépenses pour aboutir à une simple déception. La plupart des manufacturiers préfèrent tromper l'acheteur avec de l'argile qui ne vaut qu'un *cent* la livre, qu'avec du silicate précipité qui en vaudrait au moins trois; et la majorité des consommateurs préféreraient acheter du meilleur coton avec les trois *cents* qu'ils paieraient en plus.

Comme une solution épaisse de verre soluble se change d'abord, en séchant, en un vernis vitreux et impénétrable, Grüne en a suggéré l'emploi comme réserve dans l'impression des calicots, c'est-à-dire comme une substance qui recouvrirait les parties devant rester blanches, et les empêcherait par là de s'imbiber de liqueur colorante. Mais, l'eau chaude dissolvant rapidement le silicate, une pareille réserve ne peut être employée que pour des immersions peu prolongées dans des bains de teinture froids.

Dans les manufactures de porcelaine, on emploie souvent des pâtes qui ne possèdent pas une plasticité suffisante, et auxquelles il faut ajouter quelque matière glutineuse pour leur donner assez de liant pour qu'on puisse les mouler. Sans doute, la « glu minérale » ferait un meilleur usage pour ces pâtes qu'un mucilage destructible.

2. *Fusibilité et pouvoir liquéfiant.* — Pour ce qui concerne la fusibilité et le pouvoir liquéfiant, le verre soluble a beaucoup d'analogie avec le borax, et, dans certains cas, il peut très-bien remplacer ce sel dont le prix est beaucoup plus élevé. Les ringards en fer qu'on emploie pour remuer le silicate fondu pendant sa préparation, restent remarquablement propres et brillants, ce qui naturellement a suggéré l'idée d'employer le silicate pour nettoyer et protéger les surfaces métalliques fortement chauffées. Selon M. Wagner, le double silicate de potasse et de soude, — qui fond plus facilement que le silicate simple, — remplace parfaitement le borax pour souder et braser. Nous ne saurions recommander, comme l'a fait ce chimiste, l'emploi des matériaux mélangés, au lieu du verre tout formé.

Une autre application, qui a eu du succès et qui a été patentée aux États-Unis, c'est la fabrication de mèches pour les chandelles qu'on peut se dispenser de moucher. En passant le coton à mèches dans du silicate de soude et puis dans de l'acétate de plomb, il se charge d'une quantité suffisante de silicate de plomb pour vitrifier toutes les cendres à mesure que la chandelle se consume.

On a pris tout récemment en Angleterre une patente pour traiter de la même manière les étoffes et le papier, — en prenant seulement des solutions plus fortes, — afin de les rendre incombustibles.

Leibl a recommandé depuis longtemps une solution de verre soluble pour un vernis sur poterie, et comme pouvant être appliqué avant qu'on ne la mette au four. Il a l'avantage de ne pas contenir de plomb, et, comme il pénètre plus avant dans le corps de la marchandise qu'aucun autre fondant insoluble dans l'eau, il devrait se fixer plus solidement. On dit cependant que les essais faits avec le vernis de Leibl ont donné des résultats défavorables, mais il est possible aussi que les expériences n'aient pas été bien faites.

Quoique le sulfate de soude soit extrêmement bon marché, et que le sulfate de potasse, obtenu en abondance en raffinant la potasse, ne se vende qu'à un très-bas prix aux fabricants d'alun, les verreries des États-Unis n'emploient généralement que les carbonates. Depuis longtemps M. Ordway a cherché à produire des silicates alcalins purifiés qui pourraient remplacer économiquement les carbonates dans la fabrication des plus fines qualités de verre, mais il a rencontré une difficulté insurmontable jusqu'à ce jour.

Les sulfates alcalins peuvent être décomposés par la silice et le charbon plus facilement et plus sûrement dans un four à réverbère que dans un creuset ordinaire de verrerie, et en faisant usage de sulfates exempts de fer, on obtiendra plus facilement des silicates purs que des carbonates purs. Quand on convertit un sulfate purifié en verre soluble et qu'on dissout celui-ci, les quelques impuretés, provenant du four et du combustible, restent insolubles. Si l'on concentre la solution purifiée et qu'on y verse rapidement un lait de chaux épais et homogène, le mélange se coagule et redevient bientôt pulvérulent, et l'on peut sécher le tout avec la plus grande facilité. Le silicate double, qui en résulte mélangé avec la quantité nécessaire de sable, se liquéfie en moins de temps que le mélange ordinaire pour le verre, et ne se boursouffle que très-peu au moment de la fusion. On peut substituer à la chaux le bicarbonate précipité de zinc, de la céruse ou de la litharge, cependant le mélange de litharge durcit après la coagulation et est plus difficile à sécher.

Mais des raisons d'économie ne permettent pas la purification de la matière première et du silicate qu'on en fabrique. La difficulté ci-dessus mentionnée se présente lorsqu'on emploie du sulfate brut et qu'on n'applique le procédé du raffinage qu'au verre soluble qui en résulte. Lorsque le silicate fondu contient du fer, il en entrera toujours un peu dans la solution, et jusqu'à présent on n'a trouvé aucun moyen de le précipiter. Ce fer dissous se trouve par conséquent incorporé dans le verre et lui donne une teinte trop verte pour être combattue par des correctifs ordinaires. Une faible quantité d'arséniate de soude, d'oxyde d'antimoine ou d'acide stannique affaiblissent la coloration, mais ne la détruisent pas entièrement.

Il résulterait de là que le seul moyen d'employer le verre soluble dans la fabrication du verre, serait d'opérer avec des matériaux purifiés et de préparer un produit qu'on pourrait fondre directement avec du sable et de la chaux ou de la litharge en proportions convenables.

Si l'on trouvait désirable d'introduire la baryte dans le verre, on pourrait préparer facilement par les sulfates purs une matière convenable, sous la forme d'un double silicate de baryte et de potasse ou de soude.

Mais la chaux est bien meilleur marché que la baryte, sous quelque forme qu'on l'emploie; quant à la dureté et au brillant du verre, M. Ordway, dans ses essais en petit, a trouvé fort peu de différence entre un verre fait avec de la chaux et un verre contenant une quantité équivalente de baryte.

Le verre de zinc ne possède de même aucun avantage sur un verre à la chaux également pur.

Il y a quelques années, quelques manufacturiers de cristal, voulant économiser sur la potasse raffinée, employèrent en profusion du carbonate de baryte précipité, dont le prix était d'environ la moitié de celui de la litharge. Ils ne considérèrent pas qu'un équivalent de plomb et un de chaux pure donneraient beaucoup plus de lustre et de fusibilité au verre que deux équivalents de baryte, et que la dépense n'en serait pas plus forte.

3. *Emploi en agriculture.* — Le verre soluble peut devenir précieux en agriculture comme source de silice soluble, et il y a des années qu'on l'a proposé comme engrais. Dans ce temps, son prix élevé était un obstacle sérieux à cette application; mais à présent le verre soluble

étant un article de fabrication courante, et la concurrence ayant fait baisser le prix, il revient moins cher que le guano du Pérou. En effet, si la consommation en devenait très-forte, on pourrait fabriquer avec du sulfate brut un silicate de soude propre à l'agriculture, le vendre aux États-Unis 2 cents la livre (20 centimes le kilogr.), et cependant sa fabriaction laisserait encore un profit assez considérable.

Si l'on emploie le vere solube en solution étendue, il faut en arroser fréquemment les céréales pendant la période de croissance. Mais peut-être serait-il préférable d'éparpiller le silicate sec, finement moulu et mélangé à d'autres engrais, et de fournir ainsi à la terre un corps ayant de l'analogie avec les éléments feldspathiques qu'elle renferme, mais se décomposant beaucoup plus facilement.

Une ou deux expériences en agriculture ne suffisent pas pour établir un poinnt particulier, et l'on a publié jusqu'à ce jour trop peu de rapports sur les effets produits par l'emploi du silicate de soude, pour que nous puissions juger de sa valeur réelle en agriculture.

Il y a une autre application dans laquelle le verre soluble fonctionne comme source de silice soluble. Selon M. Kuhlmann, on peut rendre hydraulique un mortier de chaux ordinaire en y ajoutant quelques pour 100 de silicate de potasse ou de soude sec et pulvérisé ; et l'on peut, grâce à ce moyen, améliorer considérablement les ciments de qualité inférieure. Une solution de verre soluble ne remplit pas le même but, puisqu'elle fait coaguler le tout avant qu'on ait le temps de faire parvenir le mortier à sa place. Cependant M. Kuhlmann recommande à la fois la poudre fine et la solution. Il attribue même le caractère particulier des ciments hydrauliques au silicate alcalin qui s'y trouve naturellement, mais cette opinion n'a pas encore été complétement prouvée expérimentalement.

4° *Propriété détersive.* — Dans les silicates dissous nous trouvons un alcali dont la causticité est neutralisée par un acide très-faible, et l'analogie qu'ils présentent sous ce rapport avec les oléostéarates, ont dû faire penser à leur emploi en place de savon.

Le verre soluble possède effectivement un grand pouvoir détersif, et, pour ce qui concerne l'effet purement chimique, il pourrait dans beaucoup de cas remplacer le savon. Mais la valeur particulière du savon dépend aussi en grande partie de son action mécanique. Le pouvoir émulsif, tout comme le pouvoir dissolvant, sont en jeu, et dans certains cas on préfère le savon qui mousse le plus fortement. Le verre soluble montre peu de tendance à former un mélange intime avec les substances huileuses, et il n'a aucune disposition à mousser. Le savon adoucit les objets lavés, tandis que le silicate leur communique une rudesse désagréable. Il résulte de là qu'il vaut mieux ne pas employer le silicate pour le lessivage de la laine, des étoffes de laine et des étoffes mélangées. Pour le lessivage et le nettoyage ordinaires, il est préférable à un alcali caustique, puisqu'il ne fait pas crisper les substances animales ou végétales. Mais il ne possède aucun avantage sur le carbonate de soude neutre. On prétend que le silicate est préférable à toute autre chose pour nettoyage de la peinture à l'huile. Dans de grands établissements de blanchissage, de teinture et d'imprimerie, dans les buanderies, on a essayé le verre soluble comparativement avec le savon ; mais, si d'un côté on a obtenu quelques bons résultats, d'un autre les rapports ont été généralement défavorables. On a pris des brevets pour des savons contenant un mélange de silicate de soude, mais ils ne méritent qu'une notice passagère, jusqu'à ce que le bénéfice résultant de l'emploi de ces savons ait été prouvé. Des expériences pour déterminer si l'on pouvait obtenir économiquement la soude caustique au moyen du silicate ont donné des résultats décidément négatifs.

5° *Emploi pour le bousage.* — A cause de ses propriétés chimiques, l'usage du silicate de soude comme substitut du phosphate ou de l'arséniate de soude pour le bousage des calicots mordancés est devenu assez général. Cette application, une des plus importantes, a été brevetée en 1852 par Jæger en Angleterre. On a cependant trouvé que le silicate par lui-même était trop alcalin, et sujet à dissoudre les mordants d'alumine.

Probablement le verre soluble, que beaucoup ont essayé, n'était pas assez siliceux, car, si on l'emploie seul, il doit contenir au moins deux équivalents de silice pour un de soude. Un silicate pareil est très-difficile à dissoudre, et celui que préparent les fabricants de produits chimiques est généralement du sesquisilicate. Effectivement, Jæger lui-même indique les proportions qui formeraient un sesquisilicate. En 1854, Higgin introduisit un grand perfectionnement dans cette application en substituant au verre soluble le volumineux silicate de chaux formé en ajoutant au silicate de soude, dans la cuve à bouser, une quantité de chlorure de calcium suffisante pour effectuer une double décomposition complète. Ce procédé offre toute garantie pour l'emploi du sesquisilicate de soude, qui se dissout aisément ; en ce moment le verre soluble a évincé presque entièrement tous les autres matériaux à bouser, car il est meilleur marché que toute autre substance, et dans la plupart des cas il donne un résultat satisfaisant.

Il est possible que si l'on apportait une attention sérieuse à la qualité du silicate employé, on pourrait aplanir toutes les difficultés pour les quelques cas où son usage a été rejeté. On a négligé de tenir compte de ce fait que les silicates alcalins dissolvent le protoxyde de fer, et le fabricant de verre soluble ne se donne pas toujours la peine de peroxyder tout le fer dans les masses en fusion.

M. Ordway a eu connaissance d'un cas dans lequel on avait fait usage d'un sel de chaux qui contenait une matière goudronnée et du fer ; quelques pièces d'étoffe bousées dans ce mélange sortirent de la cuve à teinture avec leurs couleurs essentiellement dégradées. Il est donc à prévoir qu'une couleur vive perdra de son brillant si l'on emploie un silicate brun et impur, et qui permet au protoxyde ou au sulfure de fer dissous de se répandre dans le mélange qui sert à bouser. Puis encore, l'acide muriatique du commerce contient souvent un agent réducteur, l'acide sulfureux, et comme quelques-uns neutralisent par la craie, qui est toujours ferrugineuse, il se peut que du protochlorure de fer reste dans la solution calcique. Le chlorure de calcium devrait toujours être préparé avec du lait de chaux ajouté en excès, pour s'assurer de la disparition de toute trace de fer. Des sels purs de zinc, de magnésie, ou même d'ammoniaque, produiraient peut-être le même effet que le chlorure de calcium, mais dans beaucoup de cas cette dernière matière est la moins chère.

Nous avons peu à redouter du peroxyde de fer, qui présente beaucoup moins d'affinité pour les autres corps que le protoxyde. En effet, même si, au commencement de l'opération, le bain à bouser était complétement exempt de fer, il ne se maintiendrait pas dans cet état, puisque la toile lui abandonne sans cesse l'excès des mordants de fer.

Selon M. Grüne, il est encore profitable d'utiliser le silicate de soude dans la teinture du coton, puisqu'en l'employant on peut substituer des mordants meilleur marché aux acétates d'alumine, de fer et d'étain. Si l'on plaque les toiles dans une solution faible de verre soluble, si on les passe ensuite par l'alun, la couperose, ou le protochlorure d'étain, et si on les rince enfin, on peut les teindre avec une matière colorante quelconque. Mais il n'est guère possible d'admettre son idée que la silice contribue à la solidité des couleurs. Il est vrai que, dans certaines circonstances, la silice précipitée sèche sous la forme d'une masse dense comme le sable ; mais, s'il y a des terres ou des oxydes en présence, elle prend communément la forme d'une poudre légère et déliée, et ne peut exercer aucun pouvoir protecteur dans cet état. Si la silice en fixant les mordants forme une couche qui résiste aux acides et aux savons, nous devons nous attendre qu'après avoir séché l'étoffe, elle sera aussi plus lente à recevoir la matière colorante elle-même. Cependant le calicot imprimé se teint très-bien même quelques mois après avoir été bousé avec du verre soluble. Le peu de silice qui reste, combinée aux mordants, est de peu d'usage, si ce n'est pour retenir les oxydes à l'état actif.

Dans ces derniers temps on a jeté sur le marché, à l'usage des imprimeurs de calicot, une substance qu'on disait être plus avantageuse que le verre soluble ordinaire, puisqu'elle était un composé de silicate et d'arséniate de soude.

On trouva qu'un échantillon de cette substance contenait, outre le silicate, 4.5 pour 100 de sulfate de soude, 3.4 pour 100 de chlorure de sodium, et seulement 7.6 pour 100 d'arséniate. Mais comme il peut se volatiliser tantôt plus et d'autres fois moins d'arsenic pendant la fusion des ingrédients, il serait difficile de faire un mélange d'une composition uniforme. En outre, 7 ou 8 pour 100 d'arséniate dans le produit ne peuvent avoir aucune influence spéciale, et s'ils en exerçaient une, l'imprimeur ferait mieux d'ajouter une proportion régulière d'arséniate à la solution de silicate, que de payer un prix extra pour une matière dont il ne connaît pas la composition.

On a encore mis en avant une autre proposition absurde : c'est qu'un silicate contenant un mélange de sulfate et de chlorure est supérieur à l'article pur. Il n'existe aucune raison pour qu'il en soit ainsi, et si l'on consulte l'expérience, du moins d'après les renseignements obtenus, le verre soluble pur et bien travaillé a toujours donné un aussi bon résultat dans le bousage du calicot, que le silicate arsénié, ou le produit incertain et à moitié fini qu'on fabrique avec du sel de soude impur. On n'a jamais encore déterminé quelle était la réaction exacte entre le silicate de soude ou de chaux et le mordant sur la toile. Il est probable qu'il se forme un silicate d'alumine ou de fer, et qu'il retient une petite quantité de chaux ou de soude.

PRÉCIPITATION DU VERRE SOLUBLE PAR L'ALCOOL.

Peu de chimistes se sont occupés de la précipitation du verre soluble par l'alcool, et presque tous paraissent avoir ignoré le fait de la décomposition partielle du silicate alcalin dans cette circonstance.

Fuchs, dans son premier mémoire, dit que l'alcool précipite le verre soluble sans altération, et dans son ouvrage il mentionne que la liqueur surnageante retient du carbonate de potasse non décomposé, avec des traces de sulfure et de chlorure de potassium ou de sodium.

Forchammer (Poggendorf, *Ann.*, XXXV, page 340), fait observer, dans un ou deux cas, qu'en précipitant le verre soluble par l'alcool et le lavant ensuite on lui enlève une partie de sa potasse. Mais en relatant d'autres expériences, il paraît considérer les précipités comme des sels d'une composition constante et invariable.

Il fut ainsi conduit à admettre les silicates suivants :

1) $2\,SiO^3, 3\,KO$. — Sel de Rose, obtenu en fondant ensemble SiO^3 et CO^2, KO ;
2) $4\,SiO^3, 3\,KO$. — Sel précipité par l'alcool d'une solution renfermant un excès de potasse ;
3) $8\,SiO^3, 3\,KO$. — Verre soluble potassique découvert par Fuchs ;
4) $16\,SiO^3, 3\,KO$. — Le sel précédent précipité par l'alcool et lavé à l'alcool ;
5) $12\,SiO^3, KO$. — Le sel précédent lavé à l'eau bouillante, qui enlevait le composé $6\,SiO^3, 3\,KO$;
6) $16\,SiO^3, KO$. — Le sel qui se dépose par le refroidissement d'une solution concentrée de silice et de carbonate de potasse.

Pour les silicates de soude, il admit $24\,SiO^3, Na\,O$ pour le sel déposé d'une solution de silice dans le carbonate de soude, et $2\,SiO^3, Na\,O$ pour la formule du verre soluble sodique.

M. Ordway, à la suite d'une série d'expériences extrêmement variées, arriva à ce résultat que les précipités obtenus par l'alcool peuvent présenter les compositions les plus variables.

Il eut soin d'opérer avec de l'alcool distillé et parfaitement neutre, et faisait tantôt des précipitations fractionnées dans la même solution de silicate, tantôt redissolvait et reprécipitait *ad libitum* les produits successifs d'une précipitation complète.

C'est ainsi qu'il précipita des solutions de sesquisilicate et de bisilicate de potasse par de l'alcool de 0.842 et 0.824 p. sp.; du monosilicate, du bisilicate, du sesquisilicate sodiques, soit seuls, soit additionnés de soude caustique ou d'acide nitrique, avec de l'alcool de 0.824 — 0.840 — 0.849 — 0.870 p. sp.

Il obtint les précipités les plus variables, renfermant, par exemple :

Sur 1 équiv. de KO : 1.62 — 1.95 — 2.66 — 2.10 — 2.39 — 2.70 — etc., jusqu'à 3.13 équiv. de SiO^5 ;

Sur 1 équiv. de NaO ; 1.33 — 1.40 — 1.78 — 1.05 — 1.36 — 2.41 — 1.65 — 1.78 — 2.11 — 1.94 — 2.79 — 2.20 — 2.14 — 1.91 — etc., équiv. de SiO^5.

En étudiant la nature, les propriétés et la composition des silicates alcalins, il est de la plus haute importance d'éliminer la moindre trace de matières étrangères, qui influent si singulièrement sur la solubilité du silicate dans l'eau et sur son pouvoir de dissoudre d'autres oxydes.

Ainsi, Fuchs ne put pas obtenir un silicate encore capable de se dissoudre, renfermant plus de silice que $2KO,5SiO^5$.

Et Forchammer dit qu'un silicate de potasse dans lequel l'oxygène de l'acide est huit fois celui de la base est, à la vérité, encore soluble, mais incapable de dissoudre la plus petite quantité additionnelle de silice.

Mais en opérant sur des silicates alcalins purs, M. Ordway obtint des solutions parfaitement transparentes de silicates ayant pour formule $3SiO^5,KO$ et $3SiO^5,NaO$.

La précipitation fractionnée par l'alcool d'un silicate impur et la redissolution du précipité offrent un moyen excellent de préparer des silicates alcalins, débarrassés de toute impureté.

En effet, presque tous les oxydes terreux et métalliques sont entraînés par le premier précipité fractionné peu considérable, tandis que les sels solubles restent dans les eaux mères en opérant ensuite la précipitation principale.

Cette opération n'est même pas très-coûteuse, vu la petite quantité d'alcool qu'elle exige et la facilité avec laquelle on peut la recouvrer par distillation.

Il convient seulement d'opérer sur une solution assez concentrée renfermant, par exemple, 20 pour 100 de verre solide.

Mais des solutions plus étendues permettent un mélange plus intime avec l'alcool, qui est une garantie pour le maintien en solution des sels étrangers solubles.

Le chimiste, pour préparer un produit très-pur, fera bien d'opérer avec une solution renfermant 10 pour 100 de silicate alcalin fondu.

A 10 vol. de liquide, il ajoutera 1 vol. d'alcool et abandonnera le tout pendant plusieurs heures, pour permettre au précipité de bien se déposer. Ce précipité, qui contiendra la plupart des impuretés terreuses insolubles, sera rejeté.

Au liquide décanté ou filtré on ajoute alors 20 vol. d'alcool, qui précipitera presque tout le silicate ; au commencement ce précipité est très-volumineux, surtout s'il est riche en silice, mais peu à peu il se contracte et devient cohérent. Après cinq à six heures, on le recueille et on l'étend sur une toile placée sur du papier à filtrer.

Après avoir drainé suffisamment, on le redissout dans quatre fois son poids d'eau et on répète la même opération une seconde et même une troisième fois. Mais généralement deux précipitations et redissolutions suffisent pour avoir un produit presque chimiquement pur.

Les précipités liquides sont souvent laiteux au début, mais deviennent transparents en les abandonnant dans un endroit un peu chaud.

Les produits solides sont communément opaques et n'acquièrent leur transparence qu'après avoir drainé suffisamment.

Les silicates renfermant moins de 170 équiv. de silice sur 100 équiv. d'alcali sont ordinairement précipités à l'état liquide.

Les silicates plus siliceux donnent des précipités plus ou moins fermes et consistants, mais participant de la nature de la poix, c'est-à-dire qu'ils finissent par se réunir en un seul gâteau.

Il reste bien peu de silicate alcalin en solution, mais cependant la quantité en est augmentée par l'élévation de température.

Souvent il suffit de quelques degrés de chaleur pour qu'un liquide opalin devienne limpide et transparent, et l'aspect laiteux réapparaît par le refroidissement.

Une pareille solution pourrait presque servir comme thermomètre assez sensible.

Plus la solution aqueuse de verre soluble est étendue, plus le précipité produit par l'alcool est riche en silice, et, par des précipitations répétées ou opérées dans des conditions variables, on peut obtenir un nombre presque illimité de silicates de composition différente.

Mais tandis que le rapport de l'acide à la base dans ces précipités offre tant de variations, la quantité d'eau qu'ils renferment est presque constante, et approche beaucoup de 50 pour 100.

Sous ce rapport le verre soluble diffère d'autres sels, comme, par exemple, le carbonate de potasse, les carbonate, sulfate et stannate de soude, qui donnent, avec l'alcool, des précipités plus ou moins hydratés, suivant la proportion et la force de l'alcool.

M. Ordway, considérant la forte proportion de silice qui peut être maintenue en solution permanente par une petite quantité d'alcali, en ayant égard à la grande influence perturbatrice de minimes quantités de matières terreuses, est disposé à envisager le verre soluble comme présentant une certaine analogie avec les sels basiques des sesqui et bioxydes ; seulement le verre soluble serait une combinaison en proportions très-variables de silice active avec un silicate neutre bien défini, comme, par exemple, SiO^3, NaO, qui pourrait être obtenu cristallisé.   E. Kopp.

SUR LES HUILES MINÉRALES D'AMÉRIQUE.

Par M. Wiederhold (de Cassel).

Il est peu de sujets industriels qui aient fixé aussi longtemps l'attention du public que les huiles minérales qui nous viennent d'Amérique. Je crois donc qu'il y aura quelque intérêt à publier les expériences que j'ai faites moi-même sur ces substances importantes.

L'on connaît dans le commerce deux produits dérivés d'huile minérale américaine : l'un est désigné par le nom de *pétrole* rectifié, l'autre se donne sous le nom de *naphte*, comme un succédané de l'essence de térébenthine. Je n'ai pu décider si le naphte est réellement un dérivé, ou si ce n'est pas simplement une bonne qualité d'huile minérale brute. Il faut savoir que le transport de l'huile brute est très-dangereux à cause de son inflammabilité, et que, pour la même raison, j'ai eu toutes les difficultés possibles à me procurer une quantité un peu considérable de naphte. D'après les renseignements que j'ai trouvés épars dans les feuilles politiques, les propriétés de l'huile brute s'éloignent peu de celles du naphte, en sorte que je suis disposé à admettre que le naphte est une variété bonne, c'est-à-dire incolore, de l'huile naturelle.

Une expérience très simple suffit pour distinguer le naphte d'avec le pétrole. On verse l'huile dans une éprouvette de manière à la remplir jusqu'au tiers, puis on y ajoute le même volume d'eau, portée préalablement à 70 ou 80 degrés. Le naphte dégage alors un gaz qui s'enflamme dès qu'on en approche une bougie allumée. Le pétrole, au contraire, ne montre pas ce phénomène.

Le naphte. — *Propriétés*. Le naphte est limpide et mobile comme l'éther ; son poids spécifique est 0.715. Il possède une odeur éthérée qui n'est pas désagréable, et s'évapore à l'air, avec abaissement sensible de température. Le point d'ébullition est à 60° C. L'acide sulfurique concentré le colore d'abord en jaune clair, puis la teinte tourne au rouge et au brun foncé. En même temps, le naphte s'échauffe et bout. L'acide nitrique fumant l'attaque aussi avec énergie ; l'huile se colore en vert, avec dégagement considérable de chaleur, et surnage sur l'acide; des gouttelettes d'un jaune rougeâtre se séparent du liquide vert, à la surface aussi bien qu'au fond du flacon. Les gouttes à la surface ont une odeur d'huile d'amandes amères, et renferment sans doute du nitrobenzol. Cette expérience doit se faire, en tenant le flacon d'essai dans un bain d'eau froide, pour éviter une explosion. L'acide nitrique étendu, l'acide chlorhydrique, l'eau régale et les solutions aqueuses de substances alcalines ne montrent pas de réaction sensible. L'iode se dissout dans cette huile en prenant une couleur rouge; le brome, au contraire, se décolore instantanément avec une sorte d'explosion; après vingt-quatre heures de repos, il se dépose un corps de couleur sale; en même temps, il se dégage un gaz qui brûle avec une belle flamme verte. Le chlore est absorbé avec dégagement de chaleur, et il se forme aussi une combinaison gazeuse qui donne une flamme bordée de vert. Lorsqu'on fait passer du protoxyde d'azote par de petites quantités d'huile, ce gaz prend une belle coloration verte; allumé, il donne une flamme à manteau vert et à noyau pourpré. Ces flammes pourraient être examinées avec avantage au spectroscope. Lorsque, d'un gazomètre, on fait passer de l'hydrogène pur sur cette huile (renfermée dans un tube à boules comme ceux qui servent au dosage de l'ammoniaque dans une analyse organique), l'hydrogène brûle avec une flamme très-brillante, même lorsqu'il ne fait qu'effleurer la surface du liquide. J'ai même trouvé *qu'un courant d'air atmosphérique que l'on fait passer de la même manière au-dessus du naphte, donne une flamme d'un pouvoir éclairant considérable.*

Cette huile ne se mélange pas avec l'eau, ni avec l'alcool méthylique. Elle se mêle, au contraire, facilement et complétement avec l'alcool absolu, l'essence de térébenthine, le sulfure de carbone et le vieux pétrole. Elle trouble légèrement l'éther du commerce, probablement par suite de la présence d'un peu d'eau. La même raison empêche le mélange parfait avec l'esprit de vin. Le soufre et le phosphore ne se dissolvent dans cette huile qu'en quantités très-petites; le phosphore est précipité de sa solution dans le sulfure de carbone en flocons de couleur blanche. Le naphte dissout, au contraire, facilement les huiles essentielles. Les huiles grasses, telles que l'huile de navette, l'huile de lin et le vernis gras, l'huile d'olives, l'huile de pavots, l'huile de noix, l'huile d'amandes, l'huile de foie, l'huile de coco, le suif, l'acide stéarique, l'acide margarique, l'huile de palme, le blanc de baleine, la cire, la paraffine se dissolvent avec moins de facilité à froid, mais très-vite et très-complétement à chaud. Parmi les résines, le caoutchouc se ramollit, se boursoufle et se dissout ensuite comme lorsqu'il est traité par le sulfure de carbone. L'asphalte et la térébenthine de Venise s'y dissolvent assez bien, surtout dans la chaleur. Moins solubles sont la colophane, le mastic, la gomme dammar, la poix; très-peu ou point l'ambre, le copal, la gomme laque et la laque en grains. Quant à la composition du naphte, il est un mélange des corps les plus variés. La formation de nitrobenzole dont nous avons parlé peut faire croire à la présence de benzine, mais en quantité peu considérable. Une distillation fractionnée a donné, en moyenne, le résultat suivant :

48.6 pour 100... huiles qui ont pour densité 0.70, distillant à des températures au-dessous de 100 degrés.

45.7   —   huile d'une densité de 0.73, distillant à moins de 200 degrés.

5.7   —   huiles d'une densité de 0.80, dont le point d'ébullition est situé au-dessus de 200 degrés.

Evaporé à siccité, le naphte laisse un faible résidu carbonisé. Les propriétés du premier et du second produit de la distillation se rapprochent beaucoup de celles du naphte, au point de vue des réactions, de la solubilité et de la miscibilité. Le premier produit, pour lequel nous proposons la dénomination d'éther de naphte, est, sans contredit, le dérivé le plus intéressant du pétrole américain. Les phénomènes observés, lorsqu'on faisait passer des courants de gaz au-dessus du naphte, se manifestent avec plus d'énergie encore avec l'éther de naphte, ainsi qu'on devait s'y attendre.

Applications. — En tenant compte des propriétés que nous venons d'indiquer, le naphte et les produits de sa distillation sont appropriés aux usages suivants :

1° Comme moyen d'éclairage, le naphte serait trop dangereux, à cause de sa richesse en substances volatiles, pour être brûlé dans les lampes ordinaires ; et le même inconvénient se présente à plus forte raison pour l'éther de naphte. Mais le second produit de la distillation fournirait une excellente matière photogène qui brûle avec une flamme très-brillante dans des lampes particulières, et qui est même économique. Son odeur est plus agréable que celle du photogène ordinaire. On pourrait l'appeler photogène de naphte. Le troisième produit, ou plutôt le résidu de distillation qui contient les matières à point d'ébullition plus élevé que 200 degrés, est presque identique avec le pétrole rectifié dont il sera question plus loin.

2° Pour communiquer un pouvoir éclairant à la flamme d'hydrogène, incolore par elle-même, ou même à *l'air atmosphérique*, ainsi que pour améliorer le gaz éclairant fabriqué avec des matériaux pauvres, l'éther de naphte est d'un usage éminemment plus avantageux que toutes les autres substances qu'on a proposées à ces fins. Il n'est même pas impossible que désormais on puisse établir dans les fabriques de gaz d'éclairage les appareils dits *carbonisa-teurs*, tandis que jusqu'ici on n'a songé qu'à les intercaler dans les conduits de gaz à très-peu de distance des becs.

3° L'éther de naphte peut remplacer, dans un grand nombre de cas, l'essence de térében-thine. Le naphte lui-même ne s'évapore pas assez vite et assez complétement pour cela. L'éther de naphte, au contraire, se mélange facilement avec le vernis gras, et s'évapore parfaitement. On pourra préparer de bons vernis avec les résines solubles dans l'éther de naphte, mais leur nombre n'est pas très-considérable.

4° L'éther de naphte sera un succédané du sulfure de carbone dans l'extraction des huiles grasses des graines. Nous avons broyé des graines de navette, et nous les avons fait digérer dans une cornue avec de l'éther de naphte : le liquide s'est rapidement coloré en jaune d'or, au bout de douze heures, nous l'avons filtré et évaporé dans un bain d'eau pour chasser l'éther, et nous avons acquis la certitude qu'une quantité assez considérable d'huile avait été gagnée. Comme cette opération est à l'abri d'une foule d'inconvénients, il serait désirable qu'elle fût répétée sur une plus large échelle.

5° Le nouvel éther pourra servir à la préparation des épices dites solubles. Ayant traité du poivre de la même manière que les graines de navets, et évaporé le produit de la filtration sur du sel marin, nous avons trouvé, après que l'éther était entièrement chassé, que le sel avait pris l'odeur piquante et la saveur spécifique du poivre.

6° Il pourrait remplacer la benzine dans le dégraissage. Le naphte, et surtout l'éther naph-tique, peut servir à tous les usages de la benzine, notamment lorsqu'il s'agit de nettoyer des limes obstruées par une limaille huileuse.

7° Les solutions d'huiles grasses dans l'éther naphtique seraient utiles comme oint gras qui rendrait les cuirs imperméables, car elles pénètrent facilement dans les pores.

8° La flamme très-fuligineuse du naphte pourra servir à fabriquer du noir de fumée.

9° Pour la conservation des préparations anatomiques et autres, le naphte pourra entrer en concurrence avec l'esprit de vin, surtout en raison de sa limpidité.

10° Il est à présumer que le naphte s'introduira dans la thérapeutique, puisque les méde-cins ont montré, de tout temps, une grande préférence pour les médicaments dits naturels, surtout lorsqu'ils sont d'origine tant soit peu mystérieuse. L'on pourrait certainement essayer du naphte pour les inhalations.

LE PÉTROLE RECTIFIÉ. — *Propriétés.* Le pétrole rectifié est un liquide opalescent de couleur jaunâtre et ayant pour densité 0.81. Son odeur est très-désagréable; mais il ne s'évapore pas sensiblement à la température ordinaire, en sorte que l'on peut laisser cette huile à découvert dans une chambre sans être précisément importuné par ses exhalaisons. Son point d'ébul-lition est à 150 degrés. Additionnée d'un poids égal d'acide sulfurique concentré et chauffée, elle prend une couleur rouge foncé; l'acide sulfurique ne se mélange point avec l'huile, mais l'huile surnage, et la couche inférieure se noircit. La couche supérieure d'huile étant lavée à l'eau, communique à celle-ci un aspect laiteux en l'imprégnant de quelque substance grasse; l'huile elle-même devient au bout d'un certain temps inodore et se colore en jaune doré. On en obtient de cette façon 92 ou 93 parties. Le liquide laiteux étant évaporé au bain d'eau, jusqu'à chasser toute son eau, donne 6 à 7 pour 100 d'une huile liquide et incolore. L'acide sulfurique noirci étant, de son côté, additionné de beaucoup d'eau, il se dépose à sa surface une laque noire et brillante, qui renferme environ 1 pour 100 de la quantité d'huile employée. L'acide nitrique fumant agit sur le pétrole à peu près comme sur le naphte, mais nous n'avons pas constaté la formation du nitrobenzole.

Le pétrole ne se mélange pas avec l'eau, l'alcool ou l'esprit de bois; il se mélange, au contraire, facilement avec le sulfure de carbone, l'éther (qui se trouble), l'essence de térébenthine et le vieux pétrole. L'iode y est soluble avec facilité, le brome s'y décolore; le soufre et le phosphore y sont insolubles. Par rapport aux huiles grasses et autres substances grasses, le pétrole se comporte, en général, comme le naphte, mais elles y sont moins solubles. Nous n'entrerons pas dans plus de détails sur ce point, pour éviter les répétitions. Parmi les résines, l'asphalte, la résine élémi et la térébenthine de Venise sont seules solubles en proportions considérables, mais à chaud. Le caoutchouc se ramollit, se boursoufle et se dissout complétement à la chaleur. Le pétrole rectifié se compose de :

12 pour cent... huiles qui ont pour densité 0.74 et qui distillent à des températures qui vont jusqu'à 200 degrés.

98   —   huile de densité 0.815 et dont le point d'ébullition est plus élevé.

En faisant évaporer le pétrole, on obtient 10 à 11 pour 100 d'un résidu noir qui se fige à la température ordinaire et renferme de la paraffine en petite quantité. Pendant la distillation l'huile prend une couleur de plus en plus foncée à mesure que la température s'élève; à 200° elle est d'un rouge foncé et dépose une matière carbonisée. Cette huile rouge doit être considérée comme une huile solaire. En la traitant par l'acide sulfurique, de la manière que nous avons indiquée, on peut la blanchir et lui enlever son odeur.

Application. — Le pétrole rectifié semble n'être approprié qu'à l'éclairage. Ni le produit du commerce, ni l'huile solaire obtenue par une distillation fractionnée, ne sauraient se brûler dans les lampes à photogène ou dans les lampes à tringle pour huile de navette ; mais le premier produit de la distillation, celui qui renferme 12 pour 100 d'huile, fournit un excellent combustible pour lampes à photogène. Ce qui empêche le pétrole d'être utilisé pour ce genre de lampes, c'est son poids spécifique ; il ne monte pas assez dans la mèche. Dans les lampes ordinaires à huile il se présente un autre inconvénient : le pétrole y monte trop vite et une partie s'évapore sans brûler, ce qui occasionne une odeur insupportable. Le pétrole ne peut être employé pour les lampes à photogène que lorsque la distance du bec au réservoir est très-petite ; de même, il faut, pour le faire servir dans les lampes ordinaires, modifier cette distance de manière à faire monter l'huile avec moins d'énergie. Mais nous n'avons jamais réussi à chasser complétement et d'une manière durable la mauvaise odeur de cette huile. Si le pétrole rectifié ne baisse pas de prix, il ne pourra pas entrer en concurrence avec les autres matières éclairantes.

Pour terminer, nous présenterons quelques remarques sur les prétendus dangers d'incendie des huiles minérales. Le pétrole rectifié est tout à fait innocent, puisqu'il ne brûle pas sans mèche. Le naphte, d'après ce qu'on vient de lire sur ses propriétés, offre certainement quelque danger, mais beaucoup moins que les récits des journaux ne voudraient nous le faire croire. Pour m'en assurer, j'ai fait quelques expériences avec le pistolet de Volta. J'y ai introduit quelques gouttes d'éther de naphte, qui concentre évidemment toutes les matières inflammables, et au bout d'un certain temps j'ai mis le feu au mélange d'air et de vapeurs de naphte, mais elles brûlèrent sans explosion. Avec une très-petite quantité d'éther, je n'ai observé qu'un sifflement. Il paraît donc que l'éther de naphte doit être comparé à l'éther ordinaire sous le rapport de son inflammabilité. Des mesures prohibitives, tendant à rendre impossible le transport de ce produit, qui donne lieu à tant d'applications importantes, seraient donc peu fondées, bien que l'observation rigoureuse des précautions prescrites pour le transport de l'éther, de la poudre, etc., doive être ici obligatoire. Nous souhaitons que les expériences que l'on vient de lire puissent contribuer, dans une certaine mesure, à répandre l'usage des huiles minérales d'Amérique et de leurs dérivés. Il est hors de doute, pour nous, que ces matières si utiles ont un grand avenir, à moins que les sources qui les fournissent ne viennent à tarir.

TOUJOURS LE ROUGE D'ANILINE.

Le *Moniteur scientifique* combattait seul, depuis deux ans, contre le monopole Renard et Franc, un confrère lui vient en aide; c'est donc une bonne fortune pour ce journal. Deux avocats ne seront d'ailleurs pas de trop pour ouvrir enfin les yeux à la justice.

Voici en quels termes M. Barral s'exprime dans la *Presse scientifique* du 1ᵉʳ février, au sujet d'un document que nous avions reçu comme lui, mais que nous n'avions pu insérer dans notre dernier numéro, ce dernier se trouvant trop chargé de matériaux et rien ne pressant d'ailleurs pour son insertion.

OBSERVATIONS SUR L'INVENTION DES MATIÈRES COLORANTES PRÉPARÉES AVEC L'ANILINE.

« Il n'y avait pas eu depuis longtemps de découverte chimique ayant une aussi grande importance industrielle que celle de la naissance de matières colorantes par suite de l'action de divers agents sur l'aniline. Cette découverte est exploitée dans tous les pays du monde, mais nulle part, l'inventeur primitif ayant abandonné sa découverte au domaine public, on n'a songé à constituer un monopole semblable à celui qui paraît sur le point de s'établir en France.

Nous avouons ne pas comprendre comment on peut être arrivé à soutenir que MM. Renard frères et Franc aient le droit exclusif d'empêcher l'application de procédés différents de ceux qu'ils ont nominativement brevetés. Ils ne sont ni les inventeurs du principe scientifique, ni les premiers qui en aient fait une application industrielle. Avant eux, M. Hofmann, un des plus grands chimistes de notre temps, a fait la découverte mère, et partout, si ce n'est en France, cela est proclamé comme une vérité indéniable.

Avant eux encore, il y a eu des applications industrielles, le 1ᵉʳ décembre 1858, par MM. Roquencourt et Dorot, tandis que le brevet Renard est seulement du 8 avril 1859.

Des études suivies d'expériences nous ont fait connaître non-seulement que l'on peut retirer du *principe colorant* de l'aniline une matière éminemment propre à la préparation des fibres et autres substances de toutes espèces employées dans la fabrication des *fleurs artificielles*.

Nous avons découvert et obtenu ce composé colorant en oxydant l'*aniline* par l'acide chromique; mais nous faisons observer que cette oxydation peut s'opérer à l'aide de tout autre agent oxydant ordinairement employé dans la chimie industrielle.

L'*aniline oxydée* est donc une matière parfaitement applicable à la coloration et à la fabrication des fleurs en général, et que nous signalons au commerce et à l'industrie en vue des services qu'elle est appelée à rendre. C'est pourquoi nous en faisons l'objet d'une demande spéciale de privilége exclusif d'exploitation.

Nous nous réservons évidemment non-seulement tous les moyens d'obtenir ce nouveau produit chimique, mais aussi tous les moyens d'application et de coloration dont il est susceptible.

Par exemple, nous pouvons charger préalablement d'aniline les fibres ou tissus qu'il s'agit de teindre, pour soumettre celle-ci, dans les pores mêmes de ces substances textiles, *à un procédé choisi d'oxydation*.

Tout récemment, MM. Roquencourt et Dorot ont écrit à M. le président de la ¡Société industrielle de Mulhouse la lettre suivante :

Paris, 20 janvier 1863.

Monsieur le Président,

Nous recevons la lettre que vous nous avez fait l'honneur de nous écrire le 3 décembre dernier, et nous nous empressons de vous transmettre, en ce qui nous concerne, les renseignements que vous nous demandez.

Les nouvelles couleurs d'aniline, parues en 1857 et 1859, qui ne se fabriquaient alors qu'en Angleterre, nous ont engagé à faire des recherches sur la coloration de l'aniline.

Nous nous sommes reportés à ce qui avait été publié par les chimistes qui s'étaient occupés de cette matière, dans les réactions de laquelle ils avaient signalé le rouge d'abord, puis le violet et le bleu.

Nous avons cherché à reproduire ces couleurs et à les appliquer à notre industrie.

Berzelius ayant signalé les réactions colorées de l'aniline par les oxydants, nous avons poursuivi nos études dans ce sens, et sommes arrivés à produire des matières colorantes par les agents oxydants les plus répandus dans le commerce. A ces matières colorantes de nuances diverses, nous avons donné le nom générique d'aniline oxydée, pour indiquer leur origine.

Notre intention n'était pas de produire ces couleurs pour les vendre, nous n'avions demandé un brevet que dans le but de prendre date et pour que l'on ne pût pas nous empêcher d'appliquer sur nos fleurs artificielles toutes les nouvelles couleurs d'aniline, qui effaçaient en brillant ce qui avait été jusqu'alors connu dans l'industrie.

C'est pourquoi, après avoir officiellement appelé l'attention du commerce et de l'industrie sur ces matières et sur leur application, nous avons laissé tomber notre brevet dans le domaine public.

Nous serions heureux, si les renseignements que nous vous transmettons pouvaient vous aider à atteindre le but que poursuit le comité de chimie de votre Société, et vous prions d'agréer, etc.

ROQUENCOURT et DOROT.

Ainsi, l'idée de l'oxydation de l'aniline pour en obtenir des matières colorantes applicables dans l'industrie, est incontestablement dans le domaine public.

Cette conséquence est regardée comme incontestable en Angleterre. Là, on combat pour l'emploi exclusif de procédés particuliers, et personne ne songe, pas même MM. Renard qui y sont cependant brevetés, à y réclamer le monopole de tous les procédés possibles pour la préparation des matières colorantes fabriquées avec l'aniline. C'est contre ce monopole inique que nous avons cru devoir nous élever, en sortant de notre réserve habituelle dans ces sortes d'affaires, parce qu'il s'agit d'un antécédent déplorable pour l'avenir de l'industrie française.

J.-A. BARRAL. »

REVUE PHOTOGRAPHIQUE

Emploi du magnésium en combustion comme source de lumière. — Photographie sur gélatine; par M. Poitevin. — Nouvel agent de fixage; par M. Meynier. — Positives directes; par M. Sabattier. — Virage au platine; par M. Schnauss. — Emploi des bromures dans le collodion. — Développement du tannin à l'ammoniaque; par M. Russell. — M. Roger Fenton. — Produits consommés pour les stéréoscopes de l'Exposition de Londres.

On rencontrerait difficilement dans l'histoire de la photographie une époque où les inventeurs se soient, autant qu'aujourd'hui, préoccupé de modifier, ou même de remplacer par d'autres les principaux engins dont cet art fait usage. Ce n'est pas à tort que les recherches se tournent de ce côté; beaucoup de ceux-ci, en effet, sont essentiellement incommodes et inconstants, et peu d'entre nous se désoleraient, à coup sûr, de voir supprimer le collodion, les révélateurs instables, les bains, dont l'altération est si facile, etc. Si l'on a pu, dès l'origine, espérer, comme on l'espère encore aujourd'hui, de voir le succès couronner les recherches de ce genre, il est un de nos agents dont il est encore bien audacieux d'espérer l'inutilité; cet agent, c'est l'auteur même de nos épreuves, c'est le soleil. Et cependant, combien il serait heureux de pouvoir suppléer par une lumière artificielle à cet astre capricieux dont chaque jour nous rend l'utilité plus problématique au point de vue de notre art! Cette substitution d'une lumière artificielle à la lumière solaire a été tentée deux fois déjà; la première fois, M. Moule a imaginé une composition inflammable très-éclairante, destinée à projeter sur les sujets à reproduire une lumière vive et éclatante; mais cette méthode, malgré certains avantages, a présenté dans sa pratique de graves inconvénients, qui l'ont fait bientôt délaisser. D'une part, en effet, la durée de la combustion était le plus souvent trop courte pour permettre une pose suffisante; et, d'autre part, la nécessité d'un tirage considérable, destiné à entraîner en dehors de l'atelier les fumées antimoniales produites par la combustion, la difficulté d'employer des produits chimiques assez purs pour que la lumière engendrée fût d'une blancheur parfaite, faisaient de l'usage régulier de ces compositions inflammables une véritable impossibilité. La seconde fois, appel a été fait à la lumière électrique, et, cette fois encore, de nouvelles difficultés ont empêché ce mode d'éclairage de pénétrer dans la pratique. Les soins nécessités par l'entretien des piles, la cherté des acides, l'éclat trop éblouissant du point lumineux, ont été autant d'obstacles qu'il a été jusqu'ici impossible de surmonter.

L'emploi de la lumière au magnésium, dont on vient de faire en Angleterre un si heureux essai, aura, nous l'espérons du moins, un tout autre sort. On sait que le magnésium, ce métal découvert il y a peu d'années, et dont la légèreté est si remarquable, peut, lorsqu'il est divisé, brûler au contact de l'air avec un éclat extraordinaire et en produisant une lumière d'une blancheur absolue. Les professeurs de chimie rendent habituellement leurs auditeurs témoins de ce phénomène, en projetant dans la flamme d'une lampe de la poussière de magnésium. Celle-ci brûle aussitôt en produisant une gerbe étincelante de lumière. C'est de ce phénomène que l'on a cherché à profiter pour remplacer en photographie la lumière trop capricieuse, depuis quelques années, du soleil. Mais, pour donner à ce mode d'éclairage la régularité désirable, il ne fallait pas compter sur la poudre de magnésium, il fallait parvenir à présenter à la flamme ce métal sous la forme de fils ou de lames minces. C'est à quoi l'on est parvenu, au moyen d'un procédé très-ingénieux, qui permet de tréfiler le magnésium comme on tréfile le fer. Le fil ainsi produit, son emploi est des plus simples. A la flamme d'une lampe ordinaire placée en face du modèle et munie d'un réflecteur, on présente un fil mince de magnésium; celui-ci s'enflamme et brûle d'une manière lente et continue, en projetant autour de lui une lumière presque aussi riche et dans tous les cas aussi pure que celle du soleil. L'expérience n'est point fugace, presque instantanée, comme lorsqu'on opère avec les poudres inflammables; en donnant au fil de magnésium une longueur convenable, on peut la prolonger autant qu'on le désire; elle n'est ni gênante comme installation, ni chère comme dépense, car il suffit d'une petite pince pour présenter le métal à la flamme, et les fils de magnésium tout préparés se rencontrent dans le commerce des produits chimiques à des prix modérés.

— Voilà donc le soleil à peu près mis à la retraite; des recherches récentes, exécutées en France par M. Poitevin, permettent de se demander si le collodion n'aura pas bientôt le même sort, et s'il ne sera pas possible de lui substituer, sur le verre, une couche aussi transparente, mais n'exposant pas l'opérateur à toutes les chances d'insuccès dues à l'instabilité de cet agent : la matière sur laquelle M. Poitevin a dirigé ses recherches est un mélange de gélatine et de bichromate de potasse qui, étendu sur la glace et rendu insoluble par l'action lumineuse, y constitue une couche mince, inaltérable par les réactifs chimiques, et susceptible de recevoir l'image photographique. Voici comment M. Poitevin recommande d'opérer : On dissout, à une douce chaleur, 5 grammes de belle gélatine dans 100 grammes d'eau, on filtre à travers un linge et l'on ajoute à la liqueur 50 gouttes environ d'une solution concentrée de bichromate de potasse ou d'ammoniaque. On verse cette solution sur la glace préalablement nettoyée comme on y verserait du collodion, et l'on pose la glace horizontalement dans une caisse ou une armoire bien à l'abri de la poussière. En dix minutes, la couche de gélatine est solidifiée, mais elle n'est pas encore sèche. On l'expose pendant dix autres minutes à la lumière, les deux corps réagissent l'un sur l'autre, et la gélatine devient insoluble. Sans la laisser complétement sécher, on la passe, la face en-dessous, sur un bain de nitrate à 8 pour 100, où la couche s'imprègne de chromate d'argent par double déeomposition ; on lave soigneusement à l'eau, et l'on passe dans une solution d'iodure de potassium à 6 pour 100, jusqu'à ce que toute coloration rouge due au chromate d'argent ait disparu. Les glaces ainsi préparées sont insensibles à la lumière, car l'iodure d'argent se trouve en présence d'un excès d'iodure de potassium, et l'on peut, après les avoir abandonnées à la dessication spontanée, les conserver indéfiniment, quitte à leur faire subir, au moment de l'emploi, une sensibilisation définitive. Pour accomplir cette dernière opération, on plonge d'abord chaque glace dans l'eau froide jusqu'à ce que la gélatine se soit ramollie, et enfin on la recouvre d'une solution de nitrate d'argent à 2 ou 3 pour 100. Ainsi sensibilisée et lavée à l'eau distillée qui enlève l'excès de nitrate, la glace est prête à entrer dans la chambre noire ; la pose n'y est pas plus longue que si l'on opérait sur collodion humide, mais on peut la différer d'une heure ou deux, car, pendant ce temps, la gélatine reste suffisamment humide. Lorsque la pose est terminée, on plonge de nouveau la glace dans l'eau pour permettre à la gélatine de reprendre un degré d'humidité convenable, puis on développe à la manière ordinaire, soit au moyen de l'acide gallique, soit au moyen d'une solution de protosulfate de fer acidulée par l'acide tartrique. Le fixage a lieu soit par le cyanure de potassium, soit par l'hyposulfite de soude.

— Si nous supprimons le collodion qui nous cause souvent tant d'ennuis, pourrons-nous encore supprimer quelque agent nuisible ou incommode ? Oui certes. Un chimiste de Marseille, en effet, M. Meynier, vient de faire connaître aux photographes français un sel peu connu jusqu'ici, le sulfocyanhydrate d'ammoniaque qui peut, avec de nombreux avantages, remplacer et le cyanure de potassium, et l'hyposulfite de soude. Ce produit, que M. Meynier obtient en grandes quantités dans la purification des sels ammoniacaux que lui fournissent les usines à gaz de Marseille, pourra, d'après ce que l'on assure, être livré au commerce au même prix, ou à peu près, que l'hyposulfite de soude ; mais, jusqu'à présent, considéré comme simple produit scientifique, il a été très-difficile de le rencontrer, même à des prix élevés, chez les marchands de produits chimiques. Ce sel est entièrement exempt des propriétés vénéneuses du cyanure de potassium, et, comme il est difficile à décomposer, il ne produit pas sur les épreuves et sur les doigts des opérateurs ces taches désolantes qui nous font perdre tant de positives ; il paraît donc être un produit précieux auquel un bel avenir est sans doute réservé. Employé à la concentration de 10 à 20 pour 100, il dépouille un cliché aussi rapidement que le cyanure sans attaquer en rien les demi-teintes ; en passant deux fois sur l'épreuve la même solution, celle-ci est rapidement fixée. A l'état de saturation, il agit sur les épreuves positives de la même manière que l'hyposulfite, et fournit en peu de temps un fixage parfait, pourvu que l'on prenne, dans ce cas, comme lorsqu'il s'agit d'un cliché, la précaution de passer deux fois l'épreuve dans le liquide fixateur.

— Il est un autre agent de nos opérations, nécessaire jusqu'ici à leur succès, mais dont chacun de nous ambitionne la suppression ; cet agent, c'est l'or. Une tentative vient d'être faite en Allemagne pour obtenir ce but désiré ; M. Schnauss a imaginé de produire le virage des épreuves positives non plus dans un bain d'or alcalin, mais dans un bain de platine. Si le succès couronnait cette tentative, ce serait déjà beaucoup, et nous pourrions attendre de l'avenir un perfectionnement encore plus grand ; ce serait, en effet remplacer un métal à 3 francs le gramme par un autre, qui vaut, dès aujourd'hui, moins du tiers, et dont le prix est nécessairement appelé à baisser. Mais, avouons-le, au premier abord, la méthode nouvelle ne nous semble pas avoir de bien grandes chances de succès ; plusieurs fois déjà (l'idée est si naturelle), on a tenté de substituer les sels de platine aux sels d'or dans le virage, et toujours, de quelque manière que l'on ait conduit les opérations, on n'a obtenu que des tons gris et froids. Cependant, comme le procédé de M. Schnauss se présente dans des conditions nouvelles, il est fort possible qu'il réussisse mieux que ceux qui l'ont précédé; le virage doit être conduit de la même manière que si l'on employait le chlorure d'or; le chlorure de platine dissous dans l'eau à concentration ordinaire est additionné d'acétate de soude dans la proportion de 30 grammes environ d'acétate pour 1 gramme de chlorure. Le virage a lieu comme avec les bains d'or alcalins, au sortir du châssis, c'est-à-dire avant le fixage.

— Un accident soumis à une réflexion approfondie peut souvent devenir le point de départ d'un procédé intéressant; nous n'en voulons pour preuve que la méthode si curieuse qu'a fait connaître M. le docteur Sabattier, pour l'obtention des positives directes. L'observation qui a servi de point de départ à sa méthode est la suivante : lorsqu'au milieu d'un développement on laisse voir au cliché la lumière, il arrive souvent que l'ordre suivant lequel le phénomène avait commencé à se produire s'intervertit de lui-même, et que le négatif commençant se transforme naturellement en positif. En examinant avec soin les circonstances dans lesquelles se produit cette interversion, M. Sabattier est arrivé à conclure que cet accident était dû à des causes régulières, et que, par conséquent, il est toujours facile de transformer à volonté un cliché en une épreuve positive, pourvu que certaines conditions soient observées avec soin. Ces conditions sont d'ailleurs faciles à remplir; elles ne sont qu'au nombre de deux; la première consiste à donner accès à la lumière diffuse, avant que le négatif soit arrivé à l'état parfait; la seconde, à se servir, pour développer l'image, d'acide pyrogallique additionné d'acide acétique ou d'un autre acide qui ne soit pas plus énergique. Pour mettre en pratique la méthode proposée par M. Sabattier, on expose à la chambre noire à la manière ordinaire, on reporte la glace dans la pièce à développer, on la recouvre d'acide pyrogallique, et on laisse monter le négatif jusqu'à ce que, sans être parfait, il soit cependant suffisamment avancé. Arrivé à ce point, et sans rien déranger à l'état de la glace, on ouvre brusquement, de manière à donner accès au jour dans la pièce. Immédiatement, sous l'influence de cette lumière diffuse, le négatif cesse de progresser, et, deux ou trois secondes après, le noir apparaît aux endroits les plus blancs de la couche collodionnée, puis s'étend de proche en proche, de telle sorte qu'en moins d'une minute, on a un positif complet enclavé dans l'ébauche du négatif primitivement formé. Appliquée immédiatement par un certain nombre de photographes, la méthode que nous venons de décrire a fourni des résultats excellents; quelques-uns même en ont tiré un parti considérable pour l'obtention d'épreuves agrandies. Rien de plus commode, en effet, avec cette méthode, que de prendre un petit cliché négatif pour le transformer, par une simple exposition au mégascope ou à la chambre solaire, en une image positive par rapport à celle employée, c'est-à-dire négative comme elle, et propre, par conséquent, à fournir autant d'épreuves positives sur papier qu'on peut le désirer.

— De grandes discussions ont eu lieu récemment en Angleterre et en France sur le rôle des bromures dans le collodion et, il faut bien le dire, la question n'est guère plus avancée qu'avant l'origine de la discussion. Pour résumer celle-ci, le plus simple pour nous est de rapporter ici en quelques mots les deux opinions les mieux formulées à ce sujet, la première dans un sens, la seconde dans l'autre. D'un côté M. Sutton affirme que l'addition des bromures exerce une action considérable sur la sensibilité des couches photogéniques, et les conditions les meilleures dans lesquelles, suivant lui, l'opérateur puisse se placer, sont celles où son collodion bromuré est composé de telle sorte qu'il puisse former sur la couche un mélange de bromure et d'iodure d'argent en quantités équivalentes. D'un autre côté, M. Thouret émet une opinion diamétralement opposée, et affirme que le collodion simplement ioduré possède sur le collodion bromo-ioduré une supériorité incontestable. De quel côté est la vérité? C'est ce qu'il est impossible de dire ; de part et d'autre les opérateurs sont également habiles et instruits, et nous nous trouvons conduits à penser que les uns et les autres ne se sont point placés dans des conditions identiques et n'ont point, en somme, exécuté des expériences comparables. De nouvelles recherches plus étendues, entreprises à un point de vue plus général, sont donc indispensables pour éclairer ce sujet intéressant.

— Un perfectionnement nouveau et du plus haut intérêt vient d'être apporté par M. le major Russell lui-même à son procédé de collodion sec au tannin. Ce perfectionnement est basé sur l'emploi de l'ammoniaque pour donner à la couche une rapidité plus grande. Dans notre dernière revue nous parlions des efforts tentés en Amérique pour obtenir un résultat du même genre en soumettant les glaces tannées aux vapeurs du gaz ammoniac, et nous exprimions quelques doutes au sujet de la valeur de ce procédé, qui, suivant nous, devait exposer l'image à la formation de voiles fâcheux. La marche suivie par M. le major Russell est bien plus simple, bien plus certaine, et d'ailleurs entièrement à l'abri des dangers que nous craignions pour la première ; elle consiste à commencer le développement avec une solution d'acide pyrogallique à laquelle on a ajouté une très-faible quantité d'ammoniaque ; une goutte de l'ammoniaque du commerce suffit pour 125 centimètres cubes de dissolution, et il faut craindre d'en ajouter d'avantage ; sous l'influence de ce liquide révélateur, le développement se fait avec une grande énergie et permet l'emploi d'une pose très-courte, presque égale à celle du collodion humide.

— Après Hardwich, voici encore un des vétérans de la photographie anglaise, le fondateur de la Société de Londres, qui quitte notre art ; M. Roger Fenton abandonne la photographie pour retourner à sa première profession, celle de légiste. C'est, pour l'art que nous cultivons, une perte considérable qui a été très-vivement sentie en Angleterre.

— Terminons cette revue par quelques renseignements qui permettront à nos lecteurs d'apprécier l'importance que peut acquérir en certains cas le travail photographique. M. England déclarait récemment que la fabrication des épreuves stéréoscopiques et des épreuves cartes de visite prises dans l'intérieur de l'Exposition, avait consommé 70 rames de papier, 1.000 litres d'albumine, 75 kilogrammes de nitrate d'argent, plus d'un kilogramme d'or et 1,500 kilogrammes d'hyposulfite. Le nombre des épreuves stéréoscopiques seules s'est élevé à plus de 2,000 grosses.   Th. Bemfield.

ACADÉMIE DES SCIENCES

Suite de la séance du 19 janvier. — Compte-rendu du traitement des calculeux pendant l'année 1862. — Chaque année, M. Civiale vient faire devant ses confrères, sujets à la pierre, l'éloge des opérations qu'il a faites dans l'année, parle de ses succès et fort peu de ses revers. Nous pensions qu'il dirait un mot d'une auguste vessie, *savez-vous* ; mais, par une discrétion qu'il ne faut pas blâmer, le royal malade étant fort peu guéri, *savez-vous*, M. Civiale a fait, silence sur cette cure nouvelle. L'Académie a surtout écouté ce passage par lequel termine l'illustre enfant de l'Auvergne, académicien libre, comme on le sait : « A l'égard de la lithotritie, on ne saurait trop se hâter de recourir à l'opération (et de venir me chercher). Tout retard aggrave la position du malade, augmente les difficultés et les douleurs de la manœuvre, diminue les chances de succès et prolonge la vie de souffrances à laquelle les hommes se condamnent en gardant leur pierre. » Nous y réfléchirons, disent quelques calculeux qui ont trop entendu M. Civiale leur faire des avances.

— Nomination de commissaires pour le prix de statistique, et élection de M. Chasles en remplacement de M. Piobert, qui décidément n'accepte pas, cette année, les fonctions de membre de la commission administrative. Enfin, nomination de M. Jules Cloquet pour le prix L. Fould (histoire des arts du dessin avant le siècle de Périclès). Cette nomination fera plaisir à M. Jules Cloquet, qui aime les arts et les artistes.

— M. **Pouillet** présente, au nom de M. Dulos, une note sur de *nouveaux procédés de gra-vure en creux et en relief*, de l'invention de cet artiste, et met sous les yeux de l'Académie divers spécimens des planches obtenues par ces procédés, et des épreuves qu'on en a tirées. Un rapport devant être prochainement fait sur ces procédés, aucun extrait n'est donné du mémoire de M. Dulos, qui, nous dit le *Compte-rendu*, est fort long.

— M. **Flourens** présente, au nom de M. Husson, pharmacien à Toul, une note sur la quantité d'air indispensable à la respiration durant le sommeil. La note de M. Husson n'est qu'une répétition des critiques que toute la presse a faites sur la communication de M. Del-bruck (voir *Moniteur scientifique*, 1862).

— Sur le rapport de l'intensité du courant inducteur au courant induit ; par M. A. **Lal-lemand**.

— Action de la potasse alcoolique sur le toluène bichloré et sur le toluène trichloré ; par M. A. **Naquet**. (Présenté par M. Balard.)

— Mémoire sur un procédé d'extraction du sucre de betteraves ; par M. L. **Kessler**. — Si le sucre n'est pas bon marché cette année, ce ne sera pas la faute des chimistes qui s'a-donnent avec une fureur toujours plus grande au culte des jus sucrés. Les modifications que propose M. Kessler sont insérées au *Compte-rendu* du 19 janvier, page 134.

— M. **Balley**, médecin militaire du corps d'occupation à Rome, adresse une note concer-nant quelques observations qu'il a eu occasion de faire sur les *inconvénients des alliances con-sanguines*. Chacun jette sa pierre à ce mode d'alliance ; mais patience, le docteur Bourgeois fera justice dans la prochaine séance de ce luxe de récriminations, qu'il met à néant.

— Mémoire sur les fonctions elliptiques ; par M. **Mathieu**.

— M. **Baudin** adresse une « Note sur l'échelle densimétrique accolée à l'aréomètre de Beaumé. » Renvoi à M. Pouillet, le grand pèse-acide de l'Académie.

— M. le ministre d'État, *comme toujours*, approuve l'emploi proposé par l'Académie pour une partie des fonds restés disponibles.

— M. le ministre de l'instruction publique, qui fait bien les choses, annonce qu'il vient de mettre à la disposition de chacun des membres de l'Académie des sciences et de ses corres-pondants un exemplaire des *OEuvres de Lavoisier* publiées sous les auspices et aux frais de son département. C'est à regretter de ne pas être un peu de l'Académie. M. F. Hoëfer nous prépare un article sur ce volume.

— MM. **Naudin** et **Barrallier**, chacun lauréat du dernier concours, remercient l'Académie de leur avoir donné une récompense. C'est à l'Académie à remercier ces messieurs de lui avoir envoyé de bons travaux.

— M. **Mayer**, de Bonn, l'un des concurrents pour le grand prix des sciences physiques de 1862, redemande son manuscrit, ce qui lui est accordé.

— M. **Pasteur**, en sa qualité d'administrateur et directeur des études scientifiques à l'École normale, prie l'Académie de vouloir bien comprendre cette école au nombre des institutions auxquelles elle fait don de ses publications.

L'Académie constate que pareille demande avait été faite et accordée depuis longtemps, et que les prédécesseurs de M. Pasteur n'ont pas fait usage de la faveur qu'on leur avait ac-cordée et ont négligé de retirer les volumes qui les attendent toujours. Ainsi il est bien con-staté qu'on ne lit pas les mémoires de l'Académie à l'École normale, même quand on peut les lire pour rien.

— Détermination de la longueur d'onde de la raie A ; par M. **Mascart**. (Présenté par M. H. Ste-Cl. Deville.)

— Action de l'acide sulfurique sur le plomb ; par MM. F.-C. **Calvert** et R. **Johnson**. — Ce mémoire, d'un grand intérêt pour les fabriques d'acide sulfurique et que nous publierons *in extenso*, ayant reçu le mémoire complet des auteurs, constate ce fait inattendu que plus le plomb est pur, plus il est attaquable par l'acide sulfurique : c'est le contraire que l'on croyait jusqu'à présent.

— Calcul ayant perforé les conduits biliaires et cheminé à travers les tissus pour sortir par la région ombilicale, sans troubles notables de la santé ; par M. E. LECLERC, de Caen.

— M. D'OEFELS adresse de Wildberg, près d'Offenheim (Bavière), une note écrite en français et relative à l'*incubation artificielle des poulets,* et y indique en particulier un moyen qu'il a imaginé pour conserver les œufs destinés à l'incubation.

— Dans cette séance, a été présentée, par M. S.-Henri BERTHOUD, la 2e année de ses petites *Chroniques de la science,* un volume in-12 de 500 pages. Ce volume, que nous avons sous les yeux, est un relevé, mois par mois, de ce qui fait un peu de bruit dans le monde scientifique. M. Henri Berthoud, selon nous, est celui qui a le mieux compris le langage qu'il faut tenir aux gens du monde pour les instruire sans les ennuyer. Aussi ses chroniques de la science, qu'il insère dans *la Patrie* avant de les réunir en volume à la fin de l'année, ont-elles un véritable succès. Seules elles ont pu trouver grâce devant les économies de M. Delamarre qui les conserve précieusement à ses abonnés parce qu'il sait bien que le public en est très-friand. Maintenant inutile de chercher dans ces aperçus scientifiques des documents pour les savants de profession, M. Berthoud ne voulant pas endormir son public, mais l'intéresser en l'amusant, comme le fait d'une manière plus sérieuse M. de Parville, qui tient le milieu entre les vulgarisateurs connus et lus du public. M. A. Sanson, dans un compte-rendu sur les *Annuaires scientifiques,* qui a paru le 3 février dans *la Presse,* après avoir parlé avec des éloges mérités du dernier annuaire de M. L. Figuier, dont il a recueilli l'héritage dans *la Presse,* dit en parlant des causeries de M. de Parville que ce dernier « vise au style sans pouvoir y atteindre. » C'est là une petite vengeance du vétérinaire de *la Presse,* comme l'appelle M. Barral dans l'*Opinion nationale,* un *prêté-rendu* pour un feuilleton du *Pays* dont nous avons parlé dans notre livraison 143e du 1er décembre 1862. Nous aurons du reste occasion de citer dans nos *Variétés* quelques articles du rédacteur scientifique du *Constitutionnel* et du *Pays,* ainsi que quelques-unes des charmantes chroniques de M. Berthoud. Un peu de science agréable est quelquefois nécessaire après de lourds et abstraits mémoires.

Séance du 26 janvier. — Sur la géodésie française et sur le rôle qu'y ont joué l'Académie des sciences et le Bureau des longitudes. — Note lue à l'occasion du débat entre MM. Le Verrier et Faye ; par M. DELAUNAY. — L'auteur des *Calculs sur la lune,* dont on continue à ne pas imprimer le deuxième volume, craignant sans doute que la discussion ne languisse et tourne au *raccommodage,* comme dirait le *Cosmos Tramblay,* est venu se mêler au débat, et dans un historique intéressant a entrepris de célébrer les gloires du Bureau des longitudes depuis Picard jusqu'à M. Le Verrier. Mais, hélas ! autres temps, autres longitudes.

— Après M. Delaunay vient M. Faye pour un fait personnel. Sa note figure dans le compte-rendu sous le nom de : « Réponse à une inculpation de M. Le Verrier relativement à la part que M. Faye a prise à la détermination de la différence de longitude entre Londres et Paris. » Après cette réponse il en fait une autre, inscrite à son tour ainsi : « Réponse à la partie scientifique des deux derniers articles de M. Le Verrier. »

— M. Le Verrier, de retour du Sénat avec son confrère M. Dumas, promet une réponse à ses deux contradicteurs sitôt qu'il aura pu prendre connaissance dans le *Compte-rendu* de leurs mémoires. Tout cela prend une quinzaine de pages du *Compte-rendu,* nous croyons qu'après tout ce que nous avons déjà dit dans notre dernière livraison, ces quelques lignes suffiront à nos lecteurs.

— De l'influence des erreurs systématiques dans quelques recherches d'astronomie ; par M. LE VERRIER. — Cette note donne lieu à de nouvelles discussions entre M. Faye et M. Le Verrier.

— Note sur les dépôts des chambres de plomb dans les fabriques d'acide sulfurique ; par

M. Fréd. KUHLMANN. — Lorsqu'en 1817 Berzelius découvrit le sélénium dans un sédiment de chambres de plomb de la fabrique de Gripsholm, alimentée par la combustion de soufre extrait des mines de cuivre de Falhun, cet illustre chimiste était bien près de la découverte du thallium, et cependant il a fallu un demi-siècle et la révélation d'une nouvelle et merveilleuse méthode analytique pour mettre les chimistes sur la trace du nouveau métal.

Il est à remarquer en effet que, dans le sédiment examiné, Berzelius a constaté l'existence, indépendamment du sélénium mêlé avec beaucoup de soufre qui avait échappé à la combustion, du fer, du cuivre, de l'étain, du zinc, du plomb, du mercure et de l'arsenic, lorsqu'il n'a pu y trouver du tellure, en vue de la constatation duquel il avait entrepris ses recherches.

Des indications non douteuses de la présence du thallium ont pu être obtenues par l'examen au spectroscope des pyrites d'un grand nombre de provenances, et cependant, d'après une lettre qui m'a été adressée le 27 décembre dernier par M. Boettger, de Francfort, cet ingénieux chimiste, malgré des recherches minutieuses, n'a pu constater l'existence du métal nouveau dans les dépôts des chambres de plomb de la fabrique de Zwiekan, dans laquelle on brûle de la blende, pas plus que dans ceux de la fabrique d'Aussig, en Autriche, où l'on brûle des pyrites de fer. Des résultats également négatifs ont été obtenus par l'examen des dépôts de chambres de plomb des fabriques de Grieeheim, près de Francfort, de Nuremberg, et enfin de celle de Hellstaedt, où l'on brûle de la pyrite cuivreuse.

M. Boettger, à qui j'avais envoyé un échantillon de dépôts de mes chambres de plomb qui avaient servi à l'extraction du thallium dans mes usines, m'a témoigné son étonnement de ces nombreux résultats négatifs en m'informant qu'il n'avait trouvé de thallium, et des traces seulement, que dans les dépôts des chambres de plomb d'une fabrique d'acide près d'Aix-la-Chapelle, où l'on brûle à la fois de la blende et des pyrites de fer, et d'une fabrique située près Gosslar, dans le Harz, où l'on prépare l'acide sulfurique au moyen des pyrites de cuivre. Il m'importe, pour guider les chimistes dans les recherches de la nature de celles entreprises par M. Boettger, de bien préciser les conditions dans lesquelles le thallium s'est trouvé exceptionnellement accumulé dans mes appareils de fabrication.

L'acide sulfurique obtenu par la combustion des pyrites présente un grave inconvénient pour certains emplois, c'est de contenir souvent des quantités très-notables d'arsenic. Au moment de la substitution des pyrites au soufre, j'ai dû m'efforcer d'écarter cette cause d'impureté de l'acide obtenu dans mes établissements, et le moyen auquel je me suis arrêté consiste à faire précéder la série des chambres de plomb où l'acide sulfureux se convertit en acide sulfurique, d'une chambre supplémentaire assez spacieuse où les gaz de la combustion des pyrites, en diminuant de température, laissent déposer, outre les corps solides entraînés mécaniquement, les matières volatiles facilement condensables, et en particulier l'acide arsénieux.

Dans cette chambre il n'y a ni injection de vapeur, ni circulation d'acide sulfurique, de telle sorte qu'après quelques mois d'une combustion d'environ 3,000 kilogrammes de pyrites par jour, il se rencontre des masses relativement considérables d'acide arsénieux et de sélénium, qu'on y a trouvé du mercure, et, comme chacun sait, le thallium susceptible d'être obtenu à l'état métallique, en quantité qui s'est élevée jusqu'à 1/2 pour 100 dans certaines parties de ces dépôts.

Il est probable que si ma méthode de préservation de l'acide sulfurique contre l'impureté était adoptée dans les fabriques de Zwickau, d'Aussig et autres, pour une partie, du moins, de ces fabriques, la présence du thallium pourrait être constatée dans le produit de la combustion de leurs pyrites, et qu'à Aix-la-Chapelle et à Gosslar l'on obtiendrait des dépôts avec lesquels M. Boettger pourrait reproduire les résultats qu'il a obtenus en analysant l'échantillon que je lui avais adressé. Ses résultats, le plus souvent négatifs, s'expliquent par cette circonstance que si le thallium entraîné lors de la combustion des pyrites vient se confondre avec le sulfate de plomb qui couvre le fond des chambres, et si ce dépôt est constamment lavé par l'acide qui se renouvelle, ce métal, au lieu de s'accumuler dans la première chambre, est entraîné en dissolution dans l'acide sulfurique, au fur et à mesure de sa condensation, de telle sorte que les dépôts de sulfate de plomb peuvent ne plus contenir que des traces tellement faibles, qu'elles deviennent inappréciables, même au spectroscope.

Disons cependant qu'il est des pyrites qui peuvent ne pas contenir du thallium. Celles qui ont donné lieu aux dépôts qui ont servi aux recherches de M. Lamy provenaient des mines d'Oneux, près Spa. C'est un sulfate de fer traversé par des veines de blende et de Galène. Cette qualité de Saint-Bel, près Lyon, qui ne contiennent ni sulfure de zinc, ni sulfure de plomb, et dont je me sers actuellement, ne donnent que des traces du métal nouveau. »

— Remarques sur les images photographiques de l'éclipse du 18 juillet 1860 prises à Rivabellosa et au Désierto ; lettre du P. Secchi, accompagnant l'envoi de nouvelles images.

— M. Ollivier (Clément) adresse d'Ingrandes un travail portant pour titre : *Pathologie morale.*

— Sur les résultats attribués aux alliances consanguines ; extrait d'une note de M. Bourgeois (présenté par M. VELPEAU). — Cette note, fort importante, et que M. Velpeau, moins économe de papier que M. Duhamel, nous donne avec tous les développements de l'auteur, va droit à l'adresse des statistiques de M. Boudin et est destinée à les réduire à néant. C'est, du reste, l'opinion de l'auteur, qui, en reprochant à M. Boudin de n'avoir pas tenu compte, ni même cité son travail, qu'il connaissait fort bien et qui, « tout en étant contraire à son opinion, se déduit d'une observation des plus compliquées, qui vaut à elle seule plus que toutes les statistiques du monde. » Voici, du reste, la note de M. Bourgeois, sauf le tableau généalogique, que nous ne pouvons insérer ici :

« Avant la publication des statistiques de M. Boudin sur un sujet aujourd'hui si discuté, j'avais recherché dans ma thèse inaugurale quelle est l'influence réelle des mariages consanguins sur les générations. Je me livrais à cette étude pour soumettre à mes juges une opinion dont les bases reposaient sur une observation personnelle déjà ancienne et favorisée par des circonstances que je crois peu communes.

« Ma thèse fut présentée à la Société d'anthropologie par M. Broca, son secrétaire général, après explications verbales contenant certains détails personnels et de famille, et après l'envoi d'un tableau généalogique annoté et inédit.

Un rapport sur mon travail a été lu à la même Société, le 19 janvier 1860, par M. Périer, médecin principal des Invalides, qui déclara son opinion entièrement conforme à la mienne, pour s'en être déjà occupé lui-même.....

« Il s'agit d'unions consanguines répétées et superposées d'une manière plus ou moins immédiate et jusqu'à seize fois, à différents degrés de cousins, sans production d'*aucun* cas de surdi-mutité, ni même d'aucune des anomalies soutenues par divers auteurs.

« M. Boudin devra même y trouver l'occasion, que je n'avais pas supposée jusqu'ici, de reconnaître, malgré ses prévisions, que par leur seul fait les unions consanguines non seulement ne produisent pas plus de mauvais effets sur une seconde génération que sur une première, mais même n'en occasionnent pas chez plusieurs autres à la suite.

« Pour moi j'avais déjà conclu avec M. le professeur Bouchardat, qui le proclame hautement du haut de sa chaire d'hygiène, que les unions consanguines sont bonnes ou mauvaises suivant que les conjoints sont exempts ou affectés par eux-mêmes, ou par leurs ancêtres, de vices héréditaires susceptibles d'une transmission immédiate ou alterne, d'une manière essentielle et identique, ou bien au contraire avec transformation.

« J'ajouterai que je ne révoque nullement en doute les résultats statistiques obtenus et invoqués par N. Boudin, qui donnent dans les établissements spéciaux de 25 à 30 pour 100 sourds-muets de naissance provenant de parents consanguins. Dans des conditions semblables, les résultats seraient apparemment partout les mêmes ; mais en présence de mes observations, je suis persuadé qu'il faut pousser les investigations plus loin, les diriger même vers des vues nouvelles, comme, par exemple, vers les antécédents de plusieurs générations, tandis qu'on paraît s'être borné jusqu'ici à l'histoire du tempérament des parents les plus proches Par ce moyen, on envisagerait les cas d'affections constitutionnelles qui pourraient, surtout par la rencontre de l'union de circonstances et de tempéraments semblables, être susceptibles de transformations en accidents, tels que la surdi-mutité et autres.

« Les difficultés sont grandes pour les familles des sourds-muets observés dans les établissements publics, appartenant pour la plupart aux classes inférieures et rurales du peuple, généralement dépourvues de renseignements sanitaires sur leurs aïeux même les plus proches. Dans ma famille, au contraire, où la bonne santé est aussi proverbiale dans le pays qu'elle habite que la longévité et la multiplication des liens de parenté, la besogne m'était en grande partie préparée.

« De 68 unions toutes surchargées de consanguinité de cette partie de généalogie, je n'en connais même qu'une inféconde, qui doit résulter de l'état maladif de la femme, qui est étrangère, et il faut remonter à trois générations pour trouver l'union consanguine dont procède le mari.

« Les unions consanguines sont numérotées de 1 à 8.

« Il y a lieu de remarquer que l'état général de santé a toujours été remarquablement bon chez les descendants des mêmes auteurs, avec une consanguinité extrême chez plus de deux cents individus, contrairement à ce qui a eu lieu chez les autres, tous petits-enfants et arrière petits enfants provenant de l'union désignée comme doublement germaine. Mais leur tempérament scrofuleux vient évidemment de leur mère et de la famille de celle ci, qui est étrangère à l'autre et présente cette disposition sans contenir aucune consanguinité. Il ne s'agit là que d'un fait d'hérédité qui n'a pas été pallié par des unions avantageuses, d'autant mieux que dix-huit autres petits-enfants provenant de la même union doublement germaine, et notamment les six quadruplement consanguins, jouissent comme leurs pères et mères de la belle santé commune à la famille, excepté cependant l'un d'eux, le dernier, dont le défaut de développement intellectuel est attribué à une cause traumatique et accidentelle. » (Commissaires : MM. Andral, Rayer. Bernard, Bienaymé.)

— Supplément à une précédente communication sur la formation de la glace au fond de l'eau ; par M. Engelhardt.

— Procédés pour rendre ininflammables les étoffes employées aux vêtements des femmes ; par M. A. Chevallier fils.

— Sur le noir animal des raffineries considéré comme engrais ; par M. Hérouard.

— Sur les gypses secondaires des Corbières ; par M. Noguès.

— M. Le Verrier communique une lettre de M. Bruhns, directeur de l'Observatoire de Leipsick et membre de la Conférence de Berlin. C'est une proposition de faire avec lui la longitude de Paris et Leipzick. M. Le Verrier, après avoir lu cette lettre, ajoute : « M. Le Verrier se félicite qu'on connaisse à Leipzick mieux qu'à Paris ses travaux sur la détermination des longitudes. Il accepte de grand cœur la proposition de M. Bruhns, qui se combinera naturellement avec ce dont il est déjà convenu avec M. de Littrow. » Encore une pierre pour le jardin du Bureau des longitudes !

— Sur les modérateurs de l'action réflexe dans le cerveau de la grenouille ; par M. J. Setchenow. (Suite et fin).

— Sur deux nouvelles combinaisons résultant de l'action du chlore sur le glycol ; par M. Mitscherlich. (Présenté par M. Pelouze).

— Note sur la préparation et sur les propriétés du rubidium. (Extrait d'une lettre de M. Bunsen à M. Dumas.) — La matière première qui a servi à ces recherches a été extraite des résidus de lépidolithe de la fabrique de lithine du docteur Struve, à Leipzig. On a utilisé, pour séparer le carbonate de cæsium du sel correspondant de rubidium, la grande différence de solubilité que présentent le tartrate neutre (déliquescent) de cæsium et le bitartrate de rubidium (très-peu soluble).

La réduction du carbonate de rubidium par le charbon s'effectue plus difficilement que celle du sodium et plus facilement que celle de potassium.

Le mélange, traité par la chaleur dans un fourneau à potassium, était le suivant :

Bitartrate de rubidium..................	89 55
Tartrate neutre de chaux...............	8.46
Suie d'essence de térébenthine...........	1.99
	100.00

Le métal a été recueilli dans un récipient contenant de l'huile de naphte, 75 grammes de bitartrate ont donné 5 grammes de métal.

Le métal fond à 38°.5 ; sa densité est égale à 1.516.

Le sodium fond à 95°.6, le potassium à 62°.5, et le lithium à 180°, d'après les nouvelles déterminations faites au laboratoire de Heidelberg. ·

Le rubidium brûle sur l'eau en tournoyant comme le potassium.

La réduction du cæsium n'a pu être tentée faute de matière première, M. Bunsen n'ayant retiré que quelques grammes de sels de ce métal de 15,000 litres d'eau de la Marquellè. à Baden.

Le rubidium présente par ses autres propriétés les plus grandes analogies avec le potassium.

— M. Janssen adresse de Rouen de nouveaux documents sur l'instrument avec lequel il poursuit depuis huit mois ses études sur le spectre solaire.

REVUE DE PHYSIQUE.

Spectroscopes américains. — M. Clark, le célèbre opticien de Cambridge, a construit un spectroscope renfermant un prisme en flint dont chaque face a quatre pouces (carrés ?) et qui est fait de plusieurs couches de verre parallèle, collées ensemble avec du baume de Canada. Cet artifice permet d'obtenir de très-grands prismes à peu de frais, et les lignes de jonction des plaques ne produisent pas d'effet nuisible. M. Josiah Cooke a essayé cet instrument et il vante le pouvoir merveilleux qu'il possède de dédoubler les lignes spectrales. M. Cooke a séparé les deux lignes qui forment la raie jaune du sodium, jusqu'à une distance de 1 seizième de pouce (1 millimètre 5 ; mais comment a-t-on déterminé cet écartement ?), La *ligne rouge du potassium se dédouble* aussi, et les composantes s'écartent plus l'une de l'autre que celles de la raie jaune du sodium. La ligne rouge du lithium semble aussi être double, mais il est possible que cette apparence ait été produite par un jeu de diffraction analogue à celui qui a été observé par M. White. La *large raie orangée du strontium se divise en un grand nombre de raies,* ou mieux, elle paraît comme un espace de couleur orange, sillonné d'une foule de stries obscures, semblables aux raies de Fraunhofer. Dans quelques autres bandes lumineuses, des phénomènes analogues ont été plutôt soupçonnés qu'observés, à cause de la faiblesse de la lumière. Pour voir les raies noires en question, il faut réduire la fente autant que pour l'observation des raies de Fraunhofer, mais cette réduction d'ordinaire affaiblit trop l'éclat des bandes colorées. On augmente l'intensité du spectre en jetant les sels dans la flamme, alors il est plus facile d'observer les *raies noires des spectres des métaux.*

Le professeur O.-N. Rood a construit un spectroscope monstre à quatre prismes, dont trois de 60 degrés, sont creux et remplis de bisulfure de carbone, et le quatrième, de 45 degrés, en flint. Les prismes creux sont faits de plaques de verre à face plane, cimentées sur une charpente en fonte avec un mélange de colle et de mélasse. Au bout de plusieurs jours, le bisulfure de carbone fut introduit dans ces prismes par une ouverture qu'on boucha ensuite par une vis. Jusqu'ici, rien de nouveau dans la construction, à laquelle inhère un défaut qui a probablement toujours empêché l'usage général de cette sorte de prismes : ils donnent ordinairement une image défigurée de la fente. Ce phénomène a sa cause dans la courbure que le durcissement du mastic donne au verre ; plusieurs de ces prismes imparfaits produisent nécessairement un spectre confus par suite des distorsions qu'ils font nécessairement subir à l'image de la fente.

Voici comment M. Rood a enfin réussi à obvier à cet inconvénient. Les prismes sont d'abord terminés, avec du verre de bonne qualité, par le procédé ordinaire ; ensuite on laisse tomber quelques gouttes d'huile d'olives sur la face dont on veut corriger la concavité, puis on la couvre avec une plaque de verre à faces parfaitement parallèles. L'huile remplit aussitôt l'intervalle, et l'on fixe la plaque sur la face du prisme au moyen de quatre gouttes de cire et résine que l'on fait tomber sur les quatre coins Cette opération est répétée sur les deux autres faces. L'huile pourrait être remplacée par le baume de Canada, mais il faut attendre quelques mois avant qu'on puisse juger de ses effets. Les prismes de bisulfure de carbone sont beaucoup moins coûteux que ceux en flint, ont un pouvoir dispersif plus grand ; même un prisme de Steinheil, en flint si riche en oxyde de plomb que les surfaces se ternirent en quelques mois, avait un pouvoir moindre que le sulfure de carbone.

Les quatre prismes de M. Rood réfractent un faisceau lumineux de manière à produire une déviation de 180 degrés, c'est-à-dire à le faire revenir sur lui-même. Le spectre ainsi obtenu avait une longueur de dix pieds, les raies étaient très-acérées, l'éclat plus que suffisant. On y voyait de nombreuses lignes qui ont échappé à M. Kirchhoff, entre autres *trois raies très-fines entre les deux lignes qui composent la raie* D.

M. Rood construit actuellement un appareil analogue qui sera muni de huit à dix prismes de ce genre, et qui promet de donner des résultats extraordinaires.   (*Silliman's Journal.*)

Spectroscope à vision directe. — Les spectroscopes de M. Hoffmann doivent être considérés comme un progrès réel, car ils sont aussi faciles à manier qu'une lunette ordinaire ; l'oculaire et la fente qui reçoit le faisceau lumineux s'y trouvent aux deux extrémités d'un tube droit que l'on dirige sur la flamme qu'il s'agit d'examiner.

Un rayon de lumière, qui tombe sur l'une des faces d'un prisme, y est réfracté et sort de la face opposée dans une direction différente de sa direction primitive; de plus, il se partage en une infinité de rayons colorés et forme ce que l'on appelle un spectre. Mais lorsqu'on vient à combiner plusieurs prismes de matières différentes, l'on peut, d'un côté, détruire les couleurs tout en conservant la réfraction, ce qui s'appelle achromatiser ; et, d'un autre côté, l'on peut annuler la réfraction sans sacrifier la dispersion chromatique. Pour y arriver, le moyen le plus simple est de coller ensemble deux prismes de crown et de flint, dont l'un est renversé par rapport à l'autre, comme l'indiquent les deux lettres AV. De cette manière, on redresse les rayons d'une couleur donnée, les autres couleurs sont déviées à droite et à gauche, et le spectre apparaît dans la direction de la source de lumière.

Un autre système de prismes qui redressent un rayon donné, par exemple le rayon moyen, est le système indiqué, je crois, par Amici. Un prisme équilatéral en flintglass, est flanqué de deux prismes en crown, qui ont les sommets tournés du côté opposé, de manière que leur ensemble produit la figure des trois lettres VAV. Les bases des deux prismes en crown (VV) sont parallèles à celle du prisme de flint (A). Les rayons incidents sont parallèles au plan des bases ; le rayon moyen est d'abord réfracté dans l'un des deux prismes V, ensuite redressé, c'est-à-dire ramené à sa direction primitive, par la réfraction qu'il subit dans le prisme du milieu, où sa marche est figurée par la barre de la lettre A ; enfin, il est réfracté par l'autre prisme V, et il en sort parallèle à sa première direction. Mais pour arriver à ce résultat, il faut déterminer d'avance les angles des prismes VV, lesquels sont symétriques entre eux, mais non pas équilatéraux comme le prisme A. L'angle au sommet de ce dernier reste arbitraire ; en le prenant égal à un angle droit, les deux autres angles du même prisme seront chacun égal à 45 degrés; de même, dans chacun des deux prismes VV, l'angle qui touche au sommet du prisme A sera de 45 degrés; l'angle au sommet opposé a (qui est compris entre les deux premières et entre les deux dernières surfaces réfringentes) et le troisième angle seront calculés comme il suit. Nous désignerons par n l'indice de réfraction moyen pour le crown, par m le même indice pour le flint; alors nous aurons pour trouver a:

$$\text{Tang } a = \frac{m - 1}{\sqrt{2n^2 - m^2 - 1}};$$

et le troisième angle sera égal $= 135° - a$. En supposant $n = 1{,}533$ et $m = 1{,}642$, l'on trouvera $a = 57°$. Il est essentiel que les bases parallèles des prismes soient matées, pour éviter des réflexions intérieures.

Au lieu de trois, l'on peut aussi employer cinq prismes, deux de flint et trois de crown, disposés de la manière suivante : AVAVA. La barre de la lettre A au milieu indique ici la marche du rayon redressé dans le prisme équilatéral en crown qui se trouve au milieu du système. Les deux prismes en flint VV sont aussi équilatéraux, et de même angle que le prisme moyen A. En prenant, pour tous les trois, l'angle au sommet $= 90°$, l'on trouve l'angle au sommet des deux prismes extrêmes AA par la formule :

$$\text{Tang } a = \frac{\sqrt{2m^2 - n^2 - 1}}{\sqrt{3n^2 - 2m^2 - 1}}.$$

Avec les valeurs ci-dessus de m et de n, l'on trouvera $a = 69°$. Rien n'empêcherait maintenant de prendre sept prismes, etc., au lieu de cinq, si ce n'est que la lunette deviendrait trop longue. La dispersion augmente avec le nombre des prismes; l'angle a que forment entre elles la première et la seconde (ou l'avant-dernière et la dernière) surfaces réfringentes sera généralement donné par la formule

$$\text{Tang } a = \frac{\sqrt{n^2 + x(m^2 - n^2) - 1}}{\sqrt{n^2 - x(m^2 - n^2) - 1}},$$

en désignant par $2x + 1$ le nombre total de prismes, par n l'indice de réfraction du premier, du troisième, et par m celui du deuxième, du quatrième prismes, et en supposant tous les prismes, intermédiaires entre le premier et le dernier, taillés à angle droit et équilatéraux.

Le spectroscope de poche de M. Hoffmann consiste en une lunette que l'on peut étirer, ayant un oculaire, cinq prismes et un objectif disposé entre ceux-ci et la fente. Le spectroscope de laboratoire est plus grand, monté sur un pied et pourvu d'un micromètre photographié sur verre, qui se trouve dans un petit tube latéral, s'éclaire par une flamme placée à côté de l'appareil, et se réfléchit sur la face antérieure du premier prisme. Il montre des divisions lumineuses sur un fond obscur, et lorsqu'on fait défiler le spectre dans le champ de la lunette, le micromètre défile en même temps.

Il y a peu de jours, nous avons assisté à quelques expériences spectrales dans le laboratoire de M. Pisani, qui a bien voulu essayer un de ces spectromètres à vision directe; nous avons parfaitement distingué la faible raie bleue du strontium (Sr δ) et la raie violette du potassium (Ka β) qui est la raie la plus extrême que l'on connaisse du côté violet du spectre. De même, M. Pisani nous a fait voir les quatre raies vertes qui caractérisent l'acide borique, ou, pour mieux dire, le bore, et qui nous étaient encore inconnues.

Le spectroscope à vision directe de M. Jansen repose sur un autre principe. Derrière la lunette qui porte la fente et qui sert de collimateur, M. Jansen dispose un prisme de flint ordinaire qui réfracte les rayons dans une direction très-oblique par rapport à l'axe du tube. Les rayons réfractés tombent normalement sur l'une des faces d'un prisme en crown, d'où ils sortent parallèlement à l'axe du tube, par suite d'une réflexion totale. La face de sortie est normale aux rayons réfléchis ou, ce qui revient au même, à l'axe de la lunette. Les rayons qui en sortent rencontrent un second système de deux prismes, parfaitement semblable au premier et disposé d'une manière symétrique; le prisme réflecteur les reçoit et les renvoie au prisme réfracteur, d'où ils sortent enfin dans le prolongement même de l'axe du tube, avec une dispersion double de celle que produirait un seul prisme de flint. Chaque prisme en flint est solidaire avec son prisme en crown, et une vis de rappel règ'e le mouvement des deux systèmes de manière que le prisme actif se présente toujours dans la position du minimum de déviation. Ce mouvement a encore pour effet de faire passer successivement toutes les parties du spectre dans le champ de la lunette.

Spectromètre à réflexion de M. de Littrow. — Au mois de décembre dernier, M. de Littrow, directeur de l'observatoire de Vienne, nous a communiqué la photographie d'un remarquable appareil spectral imaginé par son fils, M. Othon de Littrow, et construit, d'après ses indications, par l'Institut polytechnique de Vienne. Dans cet appareil, le faisceau lumineux, sortant du collimateur qui porte la fente, rencontre d'abord une série de prismes qu'ils traverse l'un après l'autre, puis un miroir qui le réfléchit sur lui-même de manière à lui faire parcourir de nouveau le système des prismes. Cette réflexion du faisceau dispersé se trouve déjà dans le spectroscope de M. Dubosq, où elle est appliquée à un seul prisme. M. Jansen, de son côté, l'a aussi employée pour plusieurs prismes, dans un appareil qu'il a imaginé simultanément avec M. de Littrow. Peu importe, d'ailleurs, qui ait eu le premier l'idée d'introduire cette réflexion.

Le faisceau de retour forme une image du spectre très-près de la fente: on l'observe à l'aide d'un petit prisme à réflexion et d'un oculaire latéral. Le collimateur avec la fente et l'oculaire est fixé invariablement sur le plateau qui supporte les prismes. Ces prismes sont sur des trépieds reliés entre eux de manière à former une chaîne; de tous les points de raccord, des crémaillères vont s'engrener avec un pignon disposé au centre du cercle que forment les prismes. Ce pignon ou arbre cannelé est maintenu perpendiculaire au plateau par une plaque soudée à sa base; il peut marcher le long de la crémaillère du premier prisme, lequel est fixé, avec sa crémaillère, dans une position invariable. En faisant tourner le pignon, l'on raccourcit ou allonge également les distances de tous les points de raccord au centre du cercle, et il s'ensuit que si les prismes ont été primitivement arrangés de manière à donner la déviation minimum pour une certaine couleur, cette déviation minimum aura lieu ensuite pour toutes les autres couleurs qui viendront défiler devant le résicale de l'oculaire. Un micromètre sert à mesurer les distances des raies.

Cette disposition permet d'économiser une lunette, d'obtenir l'effet double avec le même nombre de prismes, et de régler les prismes par un simple tour de pignon ; de plus, le rapprochement de l'oculaire par rapport à la fente simplifie les opérations. L'appareil exécuté par M. de Littrow fils possède quatre prismes de flint de 60 degrés; il est renfermé dans une chambre obscure carrée de 30 centimètres de côté, et haute de 12 centimètres; on pourrait le fabriquer au prix de 400 fr. D'après ce que nous écrit M. de Littrow, ce spectroscope a permis de constater dans le spectre solaire beaucoup plus de lignes que l'on n'en voit dans le dessin de M. Kirchhoff.

Raie bleue du lithium. — M. Frankland, dans une lettre adressée à M. Tyndall, décrit une magnifique raie bleue dans le spectre du lithium. Nous avons déjà parlé de cette raie, qui serait $Li\ \gamma$ (*Moniteur scient.*, 1862, p. 492 ; M. Tyndall l'a remarquée dans l'une de ses leçons publiques à Royal-Institution. Elle ne se montre pas, lorsqu'on se sert d'un bec à gaz de Bunsen; mais elle commence à se dessiner, si l'on prend de l'hydrogène, et elle devient très-brillante, si l'on introduit le sel de lithium dans une flamme d'oxyhydrogène. Elle exige donc une très-haute température

Spectre des éclipses. — Nous avons à ajouter deux remarques à notre dernier article sur l'étude physique des éclipses totales. D'abord, M. Faye nous dit qu'il n'accepte pas l'explication que M. Kirchhoff donne de l'observation de Forbes, que le spectre du bord solaire ne diffère pas de celui du disque entier. Suivant M. Faye, le noyau du soleil devrait être supposé par trop petit relativement à son atmosphère, si la différence de chemin des rayons venant du bord et venant du centre pouvait être considérée comme insensible. M. Faye préfère l'hypothèse d'une photosphère lumineuse et en même temps transparente jusqu'à une certaine profondeur, de sorte qu'il y aurait une couche active dont toutes les particules contribueraient au rayonnement, et qui, en même temps, exercerait une absorption sur les rayons qui la traverseraient.

En second lieu, nous avons à rapporter une observation de M. Angstroem qui a été publiée dans le numéro de juillet du *Philosophical Magazine* pour 1862 (page 3).

« L'observation de Forbes, dit le célèbre physicien suédois, a été faite pendant les différentes phases d'une éclipse solaire, circonstance qui, selon moi, doit rendre très-difficile la tâche de conserver le souvenir des apparences présentées par le spectre. J'ai donc cru que l'expérience valait la peine d'être répétée.

« Je me suis servi, à cette fin, d'un théodolite optique à deux lunettes, dont l'une était munie d'une fente pour admettre la lumière. La hauteur de cette ouverture étant réduite à trois millimètres, l'image solaire fut projetée sur elle au moyen d'un objectif de Dollond, de trois mètres de foyer. L'image avait une largeur de vingt-huit millimètres ; et en amenant sur la fente successivement les rayons de ses différentes parties, il était facile de s'assurer si les raies de Frannhofer éprouvaient quelque changement. Je n'en ai pas vu qui ait été bien prononcé. Tout ce que j'ai cru remarquer, c'est que le spectre perdait un peu de son intensité lorsque les rayons venaient du bord, et cette observation est confirmée par le fait que, dans ce cas, les raies les plus faibles se montrent relativement mieux accusées, tandis que si les rayons émanent du centre de l'orbe solaire, ces mêmes lignes s'évanouissent parfois tout à fait pendant que les lignes plus fortes (telles que certaines lignes du fer) gagnent proportionnellement en intensité. Puisque nous savons par M. Kirchhoff qu'à mesure que la différence d'intensité augmente entre la source et le milieu absorbant, les lignes deviennent plus distinctes, il semblerait que mon observation, si elle se confirme, n'est pas contraire aux idées reçues sur le pouvoir absorbant des gaz. » Il nous semble que cette expérience a besoin, à son tour, d'être répétée.

Théorie mécanique de la chaleur. — Dans une note ajoutée à son Mémoire sur la conductibilité calorifique des corps gazeux (1), M. Clausius entre dans quelques détails historiques sur l'origine de la théorie dynamique de la chaleur. Nous reproduirons les citations du savant physicien en les complétant par quelques dates plus récentes.

En publiant mes vues sur la nature du mouvement que nous appelons chaleur, dit M. Clausius, j'ai constaté que, d'après une communication que j'avais reçue, l'idée du mouvement moléculaire dans les corps gazeux avait été déjà énoncée par M. Joule, et M. Joule, de son côté, a cité Hérapath comme auteur de cette idée. Plus tard, on a fait remarquer que Daniel Bernoulli avait déjà, en 1738, énoncé la même opinion, et qu'il l'avait développée jusqu'à un certain degré dans son *Traité d'hydrodynamique*. Enfin, dans ces derniers temps, mon attention s'est fixée sur un livre publié par Prevost (2), lequel renferme deux Mémoires, l'un de G.-L. Le Sage, publié après sa mort, l'autre de Prevost lui-même, qui y développe les vues de Le Sage. Dans ces deux Mémoires, l'on retrouve l'hypothèse que les molécules gazeuses ont des mouvements de translation, et, malgré que les idées de l'auteur sur l'origine et sur la conservation de ces mouvements diffèrent souvent beaucoup des miennes, la manière dont nous expliquons, l'un et l'autre, la force d'expansion des gaz est essentiellement la même.

(1) Poggendorff, *Annales*, 1862, n° 1.
(2) Deux traités de physique mécanique, publiés par Pierre Prevost, Genève et Paris, 1818.

Le Sage cite, à son tour, une série d'auteurs qui auraient eu les mêmes idées. Voici ce qu'il dit à la page 126 de son Mémoire. « On trouve des vestiges de cette opinion sur la nature de l'air et même de quelques autres fluides, dans divers auteurs qui m'ont précédé : *Lucrèce*, livre II, vers 111 à 140; *Gassendi*, dans la première section de sa physique, au milieu du 8ᵉ chapitre du 4ᵉ livre, et au commencement du 4ᵉ chapitre du 6ᵉ livre; *Boyle*, dans les nouvelles expériences physico-mécaniques sur la force élastique de l'air et sur ses effets, ainsi que dans son traité sur la fluidité et la dureté; *Parent*, dans l'histoire de l'Académie des sciences de Paris, pour 1708, à la suite des variations observées dans la règle de Mariotte sur la dilatation de l'air; Phoronomie de *Herman*, liv. II, chap. 6; *Daniel Bernoulli*, dans la dixième section de l'hydrodynamique; enfin *Daniel* et *Jean Bernoulli*, dans une des pièces qui ont eu part au prix de l'Académie des sciences de Paris en 1746. »

Je n'ai pas besoin d'assurer, continue M. Clausius, qu'à l'époque où j'écrivais mon Mémoire, je n'avais pas connaissance de ces tentatives anciennes faites pour expliquer l'état gazeux Si je les avais connues, je les aurais citées comme j'aurais cité celles de M. Joule et de M. Krœnig. Si l'on considère le grand nombre d'auteurs qui ont été déjà allégués à ce sujet et auxquels on pourrait, sans doute, en ajouter encore d'autres, mais qui ne se seront probablement exprimés que d'une manière assez vague, il nous semble qu'il serait difficile de nommer avec certitude celui à qui appartient la priorité de l'hypothèse en litige; tout au plus, on pourrait constater quelle a été la part de chacun dans le progrès qui a fait d'une idée incertaine une théorie physique de quelque valeur.

Voilà comment s'exprime M. Clausius. On cite encore, parmi les auteurs qui ont songé à une théorie dynamique de la chaleur, Bacon et Musschenbroek. Ce dernier dit quelque part, que tous les phénomènes de la nature se réduisent à des mouvements. En 1780, Lavoisier et Laplace, dans leur Mémoire sur la nature de la chaleur, s'expriment de la manière suivante :

« D'autres physiciens pensent que la chaleur n'est que le résultat des vibrations insensibles de la matière. Dans le système que nous examinons, la chaleur est la force vive qui résulte des mouvements insensibles des molécules d'un corps ; elle est la somme des produits de la masse de chaque molécule par le carré de sa vitesse... Nous ne déciderons point entre les deux hypothèses précédentes; plusieurs phénomènes paraissent favorables à la dernière (celle qu'on vient de rappeler); tel est, par exemple, celui de la chaleur que produit le frottement de deux corps solides; mais il en est d'autres qui s'expliquent plus simplement dans la première ; peut-être ont-elles lieu toutes les deux à la fois. » Malheureusement, là se borne la tentative que les deux illustres savants ont faite pour entrer dans une voie nouvelle et féconde. Cette phrase est comme un éclair de lumière de courte durée. Laplace et Lavoisier ne comparent la chaleur qu'à elle-même, au lieu de la comparer au travail mécanique. Laplace est retourné, plus tard, à l'idée de la matérialité du calorique.

La théorie à laquelle Laplace fait allusion dans le passage que nous venons de transcrire, ne considère pas des mouvements de translation, mais des mouvements vibratoires des molécules matérielles. Cette dernière hypothèse, que la chaleur, même dans les gaz, est produite par les oscillations périodiques de leurs particules, commence à prévaloir contre l'opinion que défendent principalement MM. Clausius et Maxwel, que le mouvement calorifique consiste dans les chocs des molécules lancées les unes contre les autres dans tous les sens et avec des vitesses extrêmes. Nous analyserons prochainement un travail remarquable de M. Puschl sur cette matière. Ici, nous ne parlerons que d'une manière générale des savants qui ont contribué à faire adopter l'hypothèse de l'identité du calorique et du mouvement.

En 1798 et 1799, les expériences de Rumford et de Davy sur la chaleur dégagée par le frottement devaient attirer l'attention des physiciens; mais il paraît que le célèbre Young a été le seul qui ait compris toute la portée de leurs expériences. Dans ses *Leçons de physique*, publiées en 1807, il s'approche beaucoup du vrai principe de la théorie mécanique de la chaleur.

Il paraît que Montgolfier, dans un article sur son pyrobélier, publié en 1800, et M. Séguin, dans une lettre insérée dans la *Revue d'Edimbourg*, du 24 avril 1824, ont émis des idées analogues sur l'identité du calorique et du mouvement. Dans la même année 1824, parut le livre de Sadi-Carnot : *Réflexions sur la puissance motrice du feu et sur les machines propres à développer cette puissance*. Sa théorie, développée ensuite par M. Clapeyron, n'était pas exempte d'erreurs; mais la forme de ses raisonnements est celle qui a été adoptée universellement par nos physiciens. Il faut ajouter à ces premiers essais d'une théorie mécanique les réflexions que M. Séguin a présentées sur la machine à vapeur dans son ouvrage sur l'*Influence des chemins de fer* (Paris, 1839).

Voici comment M. Verdet, dans ses remarquables leçons professées devant la Société chimique de Paris, caractérise l'ensemble de ces travaux préparatoires : « On peut distinguer, dit le spirituel professeur, deux périodes dans cette histoire. Dans l'une, qui s'étend jusqu'à l'année 1842, tantôt des idées analogues à la théorie mécanique de la chaleur sont émises par divers auteurs, tantôt les mêmes phénomènes, que cette théorie explique, sont envisagés en vertu d'autres principes, et d'utiles tentatives sont faites pour les ramener à des lois générales; mais le véritable principe n'étant pas trouvé, tous ces efforts demeurent isolés, stériles, sans influence sensible sur la marche générale de la science. Tout ce travail inaperçu finit cependant par porter ses fruits, et aux environs de l'année 1842. l'idée nouvelle, comme il arrive le plus souvent pour les grandes découvertes, se révèle claire et précise à plusieurs esprits au même moment. Bientôt après commence cette période de progrès rapides qui suit toujours la découverte d'un principe vrai, et peu d'années suffisent à établir ce magnifique ensemble de résultats que j'ai essayé de vous faire entrevoir. »

Les travaux qui, de 1842 à 1849, ont définitivement fondé la science, sont l'œuvre de trois savants qui, dans trois pays différents, sont arrivés, indépendamment l'un de l'autre, aux mêmes résultats. En 1842, le médecin allemand Jules-Robert Mayer publia ses *Remarques sur les forces de la nature inanimée* dans les *Annales de Liebig*; vers la même époque, M. Colding, ingénieur civil à Copenhague, présenta à la Société royale des sciences de Danemark un travail analogue; enfin, quelques mois plus tard, M. Joule fit connaître en Angleterre ses célèbres recherches expérimentales sur l'équivalent mécanique de la chaleur. Depuis cette époque, un grand nombre de physiciens ont apporté leur pierre à l'édifice. Nous nous bornerons à nommer MM. Helmholtz et Clausius, en Allemagne; MM. Joule, William Thomson, Macquorn Rankine et Maxwel Simpson en Angleterre; MM. Hirn, Favre, Jules Regnauld et Victor Regnault, en France; MM. van Beck, Bosscha en Hollande.   R. RADAU.

COMPTE-RENDU DES TRAVAUX DE CHIMIE

Sur la fabrication de l'acide picrique. — Rapport de M. Balard sur un mémoire de M. Perra, fabricant au Petit-Vanves (Seine).—Parmi les produits divers auxquels donne lieu l'action de l'acide azotique sur un certain nombre de composés organiques, il en est plusieurs dans la constitution desquels figure l'acide hypo-azotique, et qui doivent à la présence de ce corps, riche en oxygène, une faculté explosive analogue à celle que présente le coton-poudre.

On distingue, parmi ces composés, un produit acide qui joint à cette faculté une teinte jaune des plus pures, ainsi qu'une amertume des plus intenses, qui lui a fait donner le nom d'acide picrique. L'histoire scientifique de ce composé remarquable présente de l'intérêt, et le Conseil nous permettra d'en rappeler les principaux traits au commencement de ce rapport.

Signalé pour la première fois, en 1788, par Haussmann, comme se produisant dans le traitement de l'indigo par l'acide nitrique ; obtenu ensuite par Welter, qui le prépara, il y a soixante-huit ans, par l'action de ce même acide sur la soie, et désigné par lui sous le nom de *jaune amer,* il fut étudié ensuite par Proust, Fourcroy, Vauquelin, et enfin, en 1809, par M. Chevreul, qui, en l'envisageant comme formé d'acide nitrique et d'une matière végétale, donna, dès cette époque, de sa constitution moléculaire une idée juste, que les recherches ultérieures n'ont fait que confirmer depuis.

M. Liebig, qui obtint, en 1827, ce produit dans un état de pureté plus grande et qui, pour la première fois, essaya d'en déterminer la composition, dans laquelle il ne crut pas devoir faire figurer l'hydrogène, n'admit pas cependant, dans sa constitution, la préexistence des composés nitriques, et il crut devoir changer le nom d'*amer au maximum* (au maximum d'acide nitrique), que lui avait donné M. Chevreul, en celui d'*acide carbazotique,* pour rappeler qu'il était formé, d'après ses idées, de carbone, d'azote et d'oxygène unis directement. Mais M. Dumas, qui, dans son travail sur l'indigo, publia en 1843 la première bonne analyse qui ait été faite de ce corps, adopta l'idée qu'il renfermait de l'acide nitrique dans sa constitution.

Ce ne fut qu'en 1841 que Laurent, reprenant et perfectionnant le travail de Runge, qui déjà, dès 1834, était parvenu à produire cet acide en traitant l'huile de houille par l'acide azotique, fit connaître le mode rationnel de dérivation de ce composé remarquable et fixa la place qu'il doit occuper dans une classification chimique. Il le présenta comme dérivant d'un composé spécial qu'il était parvenu à isoler, l'*acide phénique,* par la substitution de trois équivalents d'acide hypo-azotique à trois équivalents d'hydrogène. Le nom que lui assignait une semblable origine, dans un système de nomenclature méthodique, est donc celui d'acide *trinitrophénique.* C'est cependant celui d'acide picrique qui a prévalu dans la langue commerciale.

Dès les premiers travaux auxquels donna lieu la découverte de l'acide picrique, Welter, en disant « *que ce produit était jaune, qu'il teignait les doigts en cette couleur et qu'il communiquait à la soie blanche une teinte jaune que les lavages à l'eau n'affaiblissaient pas,* » semblait faire pressentir le parti que l'art de la teinture pourrait tirer de l'emploi de ce corps. Mais on conçoit qu'on ne pouvait guère songer à introduire dans la pratique industrielle un produit dont l'indigo, qui est déjà d'un prix élevé, ne fournit que le quart de son poids, par un traitement laborieux et coûteux, et la soie une fraction plus petite encore. On aurait pu, sans doute, l'extraire d'une manière plus économique au moyen des résines de benjoin et baume de Tolu, qui restent après l'extraction des acides benzoïque et cinnamique, ou bien en traitant par l'acide nitrique ceux du *xanthorea hastilis,* qui, dans son état de pureté, peut en donner jusqu'à 50 pour 100 de son poids. Mais on se contenta cependant d'utiliser cette matière colorante, en la produisant sur place, à la surface des tissus de laine, et mieux encore de soie, par une application ménagée de l'acide nitrique sur ces matières textiles azotées, qui peuvent, entre autres produits, donner lieu à une certaine quantité d'acide picrique par l'action de cet agent, imitation industrielle de ce que nous produisons malgré nous, lorsque, dans le maniement de l'acide nitrique, nous tachons la peau en jaune. Ce ne fut que lorsque les travaux de Laurent eurent appris à extraire l'acide picrique d'une manière sûre et économique, qu'il put être introduit dans la pratique de l'art de la teinture. C'est en 1849 qu'il a été employé pour la première fois en grand par M. Guinon, habile teinturier de Lyon, et que l'on a vu ainsi les produits de la distillation de la houille fournir à l'industrie le premier terme de cette série de matières colorantes si brillantes, dont la fabrication, à peine à sa naissance, a pris un si grand développement.

Laurent, en publiant en 1841, sans aucune réticence, son mémoire sur la fabrication de l'acide picrique, dont il prévoyait alors l'application à l'industrie, n'avait rien laissé à faire à ceux qui voudraient mettre en pratique l'opération nouvelle dont il avait généreusement doté l'art de la teinture. Appréciation des limites de température dans lesquelles il faut opérer pour que les huiles de goudron de houille soient riches en acide phénique ; séparation de ce composé au moyen des alcalis caustiques, plus convenables dans leur emploi que la chaux proposée par Runge ; isolement de ce produit par la décomposition, au moyen des acides, du composé sodé dans lequel il était en combinaison ; traitement indiqué pour le séparer de l'eau ; obtention enfin, à l'état cristallisé, de l'acide phénique pur, le seul corps qui ne donne que de l'acide picrique par le traitement au moyen de l'acide nitrique ; tout était soigneusement indiqué, et il semblait que l'industrie n'avait, pour réussir d'une manière complète, qu'à suivre avec intelligence ses prescriptions. Cependant les produits livrés au commerce par beaucoup de fabricants montraient, par leur différence avec l'acide picrique pur, combien on avait dû souvent s'en écarter.

On vit bientôt circuler, en effet, dans le commerce, des pâtes jaunes plus ou moins humides, plus ou moins imprégnées d'acide nitrique, et dont le transport, le maniement et l'application sur les tissus présentaient des inconvénients assez sérieux pour qu'on eût cru devoir ajouter à ces pâtes des principes étrangers à l'acide picrique, utiles seulement pour lui procurer de la siccité, tels que l'alun, la farine, etc. ; pratiques qui , dans les circonstances ordinaires, seraient regardées comme des falsifications, mais qui, dans ce cas spécial, avaient pu être considérées par quelques personnes comme un perfectionnement utile , malgré les inconvénients de plus d'un genre qui pouvaient suivre leur emploi.

Ces différences dans les qualités des produits s'expliquent naturellement quand on connaît la complication des huiles de goudron sur lesquelles on opère. Outre l'acide phénique (hydrate de phénile $C^{12} H^6 O^2$), ces huiles lourdes contiennent encore des homologues de ce corps, l'hydrate de crésyle $C^{14} H^8 O^2$, l'hydrate de phlorile $C^{16} H^{10} O^2$, qui doivent à la complication de leurs molécules de bouillir à une température plus élevée que l'acide phénique. Outre ces produits oxygénés, elles renferment encore des carbures d'hydrogène. Or, par l'addition de la soude concentrée, on ne précipite pas seulement le phénate de soude, mais aussi la combinaison de cette base avec ses homologues. Ce mélange de produits sodés se trouve, en outre, imprégné mécaniquement de carbures d'hydrogène peu volatiles, qui font parfois un tiers du volume de l'acide phénique lui-même. Lors donc que l'on décompose le précipité visqueux obtenu par les alcalis au moyen de l'acide sulfurique, on recueille une huile encore très-complexe ; et, si l'acide phénique qui s'y trouve concentré donne, par l'acide nitrique, de l'acide picrique sous la forme de cristaux, ses homologues, pour fournir un produit moins colorant, plutôt pulvérulent que cristallisable, souillé d'ailleurs d'une quantité notable d'acide oxalique auquel ils donnent nécessairement lieu, consomment en pure perte une quantité notable d'acide nitrique. Le carbure d'hydrogène, qui se transforme, par l'action de cet agent, en un composé poisseux, vient, de plus, imprégner ces cristaux et, recouvrant parfois le bain de teinture de ces points gras que les fabricants appellent des yeux, il peut nuire sensiblement à l'application régulière de la couleur sur les tissus.

Les produits présentés à la Société par M. Perra, qui se livre depuis plusieurs années avec succès à la fabrication de l'acide picrique, sont tout autres. Il suffit aux chimistes d'un seul coup d'œil pour reconnaître en eux des produits purs, tels qu'on les obtiendrait dans un laboratoire, et ce n'a pas été sans difficulté que les consommateurs, habitués à d'autres formes, ont accepté dans l'origine un produit dont l'emploi leur présentait réellement plus d'avantages, mais dont l'aspect leur paraissait anormal.

C'est que M. Perra a eu le bon esprit de ne négliger aucune prescription de la science et de mettre en pratique, dans sa fabrication, le procédé industriel de Laurent. Selon le conseil de l'illustre chimiste, il ne traite par les alcalis que les huiles qui distillent entre 150 et 200 degrés. Soumettant à un traitement par l'eau le phénate obtenu (phénate de soude), car il était naturel, dans l'industrie, de substituer, à la potasse qu'avait employée Laurent, la soude qui est un alcali d'un moindre prix, il le débarrasse des carbures d'hydrogène qu'il pourrait entraîner, et détruit, par l'action de cette même cause, la majeure partie des produits que forme la soude avec les homologues de l'acide phénique, composés que cette eau décompose en grande partie plutôt qu'elle ne les dissout. Il procède ensuite, comme le conseille Laurent, à l'isolement de l'acide phénique pur, qu'il déshydrate par la distillation, et, s'astreignant, comme lui, à ne traiter par l'acide nitrique qu'un produit cristallisé, il peut, par une conduite convenable de l'opération, obtenir en moyenne, pour 100 parties d'acide phénique, 90 parties d'acide picrique pur, proportions qui, dans certains cas, peuvent s'élever jusqu'à 110 parties, et tout cela en n'employant que 6 parties d'acide nitrique à 36 degrés. Il est inutile d'ajouter que des dispositions sont prises pour faire revenir, dans le cas de l'opération, les acides nitriques faibles qui proviennent d'une première action, condenser et utiliser les vapeurs rutilantes, et rendre ainsi à la fois l'opération plus fructueuse et moins incommode pour le voisinage.

Sans doute, par ce mode de traitement, on n'obtient que les deux tiers environ de l'acide phénique que pourrait fournir l'huile de houille, si elle était soumise tout entière à l'action de la soude caustique, circonstance qui, dès l'origine, a dû paraître fâcheuse à plusieurs fabricants, et a notamment engagé M. Bobœuf à conseiller de traiter par l'acide nitrique toutes les huiles précipitables par la soude. Mais M. Perra assure que cette perte est bien plus que compensée par l'emploi d'une moindre quantité d'acide nitrique, par un rendement plus abondant, et surtout par l'avantage d'obtenir un produit qui, n'étant souillé d'aucune substance étrangère, communique aux tissus la nuance jaune la plus pure et la plus vive.

Ces qualités existent non-seulement dans l'acide picrique pur recristallisé après la dissolution dans l'acide nitrique, mais encore dans les masses citrines jaunes, à cassures cristallines, que présente M. Perra. Elles sont à l'acide picrique pur ce que le sucre en pain est au sucre candi, et d'un prix moindre, puisqu'elles ont exigé une opération de moins ; elles peuvent remplacer, pour les opérations les plus délicates, la teinture sur soie, les verts tendres, les teintures des fleurs artificielles, l'acide picrique en cristaux isolés. La teinture n'utilise pas seulement la couleur jaune fournie par l'acide picrique ; par un traitement de l'acide phénique, toujours avec l'acide nitrique, mais moins avancé, on obtient aussi des masses rougeâtres qui contiennent de notables quantités d'acides *mono* et *binitrophéniques*, et dont la fabrication a dès lors consommé moins d'acide azotique. Ces produits communiquent des teintes jaune orangé plus foncées, et surtout employées dans la teinture sur laine. On voit, en examinant celles que présente M. Pera, que leur cassure est aussi homogène et cristalline que celle des masses citrines.

Elles sont entièrement solubles dans les bains de teinture, car elles ne contiennent pas de ces carbures d'hydrogène résinifiés, cause fréquente d'altération des produits analogues ; leur nuance est, en général, plus foncée, sans que les alcalis aient contribué à cette coloration, comme cela a lieu plus d'une fois.

Votre comité pense que M. Perra, en prouvant, par la communication qu'il a faite à la Société, comment, dans la fabrication de l'acide picrique, le retour aux pratiques du laboratoire, c'est-à-dire l'obtention de produits purs, préparés à l'aide de produits antérieurs, purs eux-mêmes, peut marcher de pair avec l'économie, a rendu un service sérieux à l'industrie dont il s'occupe. En montrant comment les procédés des inventeurs, qu'une pratique peu éclairée accuse presque toujours d'être trop scientifiques, sont souvent, en réalité, les plus faciles à mettre en œuvre et les plus économiques dans leur exécution, il nous paraît avoir donné un bon exemple, qui pourra être suivi avec fruit dans plus d'un cas de ce genre.

Éthérification directe de l'acide bromhydrique, par E. SCHIFFMANN. — Le procédé employé actuellement pour produire l'éther bromhydrique consiste à faire un bromure de phosphore préparé avec le phosphore ordinaire ou un autre bromure fait avec le phosphore amorphe ; de décomposer l'un ou l'autre par l'alcool. En distillant on obtenait de l'éther bromhydrique, mais qui sent très mauvais,

Ce procédé est long, dangereux, et surtout très-coûteux.

Il serait plus simple, suivant moi, de supprimer le phosphore et d'opérer comme suit :

1° On met 500 grammes de brôme avec 300 grammes d'eau, en contact avec l'hydrogène-sulfuré : il se forme de l'acide bromhydrique très-concentré et une petite quantité de sulfure de brôme, qui est rouge, plus lourd que l'eau, on le sépare et on le rejette de l'opération.

2° On fait un mélange de l'acide bromhydrique avec 300 grammes d'alcool absolu ; on le chauffe pendant une heure, sans distiller, dans une cornue qui communique à un réfrigérant et un ballon ; puis on distille jusqu'à 60°. Ensuite on ajoute 3 à 400 grammes d'alcool, en chauffant toujours lentement, afin que l'acide ait le temps de s'éthérifier, puis on achève entièrement la distillation.

On étend d'un peu d'eau le liquide du ballon ; l'éther bromhydrique se dépose, on le sépare en le lavant plusieurs fois à l'eau froide. En le distillant sur du chlorure de calcium sec pour le sécher, on l'obtient ainsi pur et incolore, et exempt de mauvaise odeur.

Les lavages peuvent servir à faire des bromures, car ce n'est que de l'alcool et de l'acide faible non éthérifié, dont les propriétés chimiques ne sont nullement altérées.

Ce procédé peut permettre d'agir sur une grande échelle et sans aucun danger.

BIBLIOGRAPHIE SCIENTIFIQUE

(Extrait du *Journal de la Librairie.*)

Suite du N° 3. — 10 janvier.

CORNAY (D^r). — *Anthropologie. Sur l'unité de spécialité de l'espèce humaine.* etc. In-18 jésus, 81 pages. Librairie J.-B. Baillière, à Paris.

DEBRAY. — *Cours élémentaire de chimie*, avec nombreuses figures dans le texte. 2ᵉ fascicule. In-8, 161-400 pages et 4 planches. Libr. Dunod. Les deux premiers fascicules, 7 fr. A Paris.

DELAUX. — *De l'hémoptysie considérée surtout au point de vue de l'étiologie et du traitement.* In-8, 67 pages. A Montpellier.

FOURNIER (D^r). — *Mémoire sur le laryngoscope et sur l'application des remèdes topiques dans les voies respiratoires.* In-8, 110 pages. Librairie Delahaye, à Paris.

GRANDEAU et LAUGEL. — *Revue des sciences et de l'industrie pour la France et l'étranger.* Année 1862. In-12, 480 pages. Librairie Mallet-Bachelier.

MACÉ. — *Histoire d'une bouchée de pain.* 7ᵉ édition. In-18 jésus, 408 pages. Librairie Hetzel, à Paris.

MAISONNEUVE (D^r). — *Clinique chirurgicale.* Tome Iᵉʳ. Grand in-8, 718 pages. Prix : 12 fr. L'ouvrage formera 2 vol. Librairie Savy, à Paris.

Mémoires de thérapeutique appliquée. 1 vol. in-8, 139 pages. Bureau du *Bulletin de thérapeutique*, à Paris.

PERREY. — *Documents sur les tremblements de terre et les phénomènes volcaniques au Japon.* In-8, 110 pages. A Lyon.

N° 3. — 17 janvier 1863.

BRON (D^r). — *De l'infection putride et du pansement des plaies.* In-8, 30 pages. A Paris.

COUFFON (D^r). — *Relation médicale de la campagne de la corvette* la Sérieuse *sur les côtes occidentales d'Amérique.* 1858 à 1861. Thèse de la Faculté de Montpellier. In-4, 64 pages. A Montpellier.

DAVID. — *Théorie générale des développantes.* In-8, 19 pages. A Lille.

DE LA BLANCHÈRE. — *Répertoire encyclopédique de photographie,* comprenant par ordre alphabétique tout ce qui a paru et paraît en France depuis la découverte de Niepce et Daguerre, etc. 2 vol. in-8, 1098 pages. Paris, boulevard des Capucines, n° 39.

Lain. — *De l'emploi de l'eau en chirurgie.* Thèse de la Faculté de Montpellier. In-4, 69 pages. A Montpellier.

La Pommerais (de). — *Cours d'homœopathie.* In-8, 559 pages. Prix : 7 fr. Librairie J.-B. Baillière, à Paris.

Lipper-Henry (Dr). — *Le climat de Nice, ses propriétés hygiéniques, son application thérapeutique.* In-8, 103 pages. Librairie Jongla, à Nice.

Montmahou (de). — *Eléments d'histoire naturelle.* 2e partie. Zoologie. 2e édition. In-18 jésus, 288 pages. Librairie Dezobry et Comp., à Paris.

Morhange (de) — *Sur le degré de chaleur nécessaire à la fusion du métal de canon,* etc. In-8, 17 pages et planche. Librairie Corréard, à Paris.

Pelouze et Fremy. — *Traité de chimie générale, analytique, industrielle et agricole.* 3e édition avec figures dans le texte. Tome V. 1er fascicule. Chimie inorganique. In-8, 560 pages. Prix : 10 fr. Librairie Victor Masson, à Paris.

Quantin. — *Prostitution et syphilis.* Grand in-18, 70 pages. Librairie Savy, à Paris.

Recueil de mémoires et observations sur l'hygiène et la médecine vétérinaires militaires. Tome XII. In-8, 765 pages. Prix : 15 fr. Librairie Dumaine, à Paris.

Violette. — *Distillation des térébenthines et des résines.* In-8, 16 pages. A Lille.

N° 4. — 24 janvier.

Barreswil et Girard. — *Dictionnaire de chimie industrielle.* Tome III, 1re partie. In-8, 208 pages. Librairie Dezobry, Tandou et Comp., à Paris.

Berthoud. — *Les petites chroniques de la science.* 2e année. In-18, jésus, 501 pages, Prix 3 fr. 50 c. Librairie Garnier frères, à Paris.

Beudant. — *Minéralogie, géologie.* In-12, 665 pages, 10e édition. Prix : 6 fr. Librairie Victor Masson, à Paris.

Bourlier. — *Guide pratique de la culture du lin en Algérie.* In-8, 31 pages. Prix : 1 fr. Libr. Challamel aîné, à Paris.

Collin de Plancy. — *Dictionnaire infernal, répertoire universel des êtres, des personnages, des livres, des faits et des choses qui tiennent aux esprits, aux démons, aux sorciers, au commerce de l'enfer, aux divinations, aux maléfices,* etc. 6e édition, augmentée de 800 articles nouveaux et illustrée de 550 gravures, parmi lesquelles les portraits de 72 démons, dessinés par L. Breton. Grand in-8 à 2 colonnes, 731 pages. Librairie Plon, à Paris.

Figuier (L.). — *L'année scientifique et industrielle.* 7e année. In-18, jésus, 552 pages avec 1 planche coloriée et 7 gravures sur bois. Librairie Hachette et Comp., à Paris

Foissac (Dr). — *Hygiène philosophique de l'âme.* 2e édition. In-8, 574 pages. Librairie J.-B. Baillière, à Paris.

Malaguti. — *Petit cours de chimie agricole.* In-18, 215 pages. Librairie Dezobry et Tandou, à Paris.

Manuel bibliographique du photographe français, ou *Nomenclature des ouvrages publiés en France depuis la découverte du daguerréotype jusqu'à nos jours;* par E.-B. de L. In-12, 22 pages. Libr. Aubry, à Paris.

Massé (Dr). — *Cours d'hygiène populaire.* 9e édition. 2 vol. in-18 jésus, 632 pages. Prix : 2 fr. 50 c. Librairie Brunet, à Paris.

Massé (Dr). — *Lettres sur la santé des femmes* (ouvrage confidentiel). In-18 jésus, 288 pages· Prix : 2 fr. 50 c. Librairie Brunet, à Paris.

Michelin. — *Monographie des clypéastres fossiles.* In-4, 47 pages et 12 planches. Librairie Savy, à Paris.

Morin (A). — *Mécanique pratique des machines et appareils destinés à l'élévation des eaux.* In-8, 327 pages et 9 planches. Prix : 7 fr. 50 c. Librairie Hachette et Comp., à Paris.

Pringle. — *Observations sur les maladies des armées dans les camps et les garnisons.* In-8, 576 pages. Librairie Rozier, à Paris.

Sanson (Dr A.). — *Notions usuelles de médecine vétérinaire.* In-12, 169 pages. Prix : 1 fr. 25 c. Librairie agricole, à Paris.

Verdet et Berthelot. — *Leçons de chimie et de physique*, professées en 1862 à la Société chimique. In-8, 326 pages. Prix : 3 fr. Librairie L. Hachette, à Paris.

No 5. — 31 janvier.

Belanger. — *De l'équivalent mécanique de la chaleur.* In-8, 15 pages. Librairie Lacroix, à Paris.

Bracou (D^r), — *De l'uréthrotomie interne comme méthode de traitement dans les rétrécissements organiques de l'urèthre.* Thèse de la Faculté de Paris.

Delattre (D^r). — *Traité pratique des accouchements, des maladies des femmes et des enfants.* Atlas, séparé de 26 planches, 392 figures. In-8, 1245 pages. A Brest.

Delpech (Dr A.). *Nouvelles recherches sur l'intoxication spéciale que détermine le sulfure de carbone.* In-8, 123 pages. Librairie J.-A. Baillière, à Paris.

Demarquay (D^r). — *De la glycérine, de ses applications à la chirurgie et à la médecine.* In-8, 249 pages. Librairie Asselin, à Paris.

Dumont (Dr H.). — *Mémoire sur les affections cérébrales et les maladies qui les simulent;* d'après les observations et leçons recueillies pendant les années 1860-1861 dans le service de M. Bouillaud. In-3, 48 pages. A Coulommiers.

Guérineau (D^r). — *De la luxation du coude en avant, avec fracture de l'olécrâne.* Thèse de la Faculté de Paris. In-4, 38 pages.

Lefeuvre (D^r). — *Des luxations congéniales du fémur au point de vue des accouchements.* Thèse de la Faculté de Paris. In-4, 52 pages.

Lefort. — *Étude physique et chimique des eaux minérales de la Bourboule* (Puy-de-Dôme) In-8, 54 pages. Librairie G. Baillière, à Paris.

Lelut (D^r). — *Physiologie de la pensée, recherche critique des rapports du corps à l'esprit.* 2e édition. 2 vol. in-18 jésus, 917 pages. Librairie Didier et Comp., à Paris.

Nivert (D^r). — *De la version céphalique par les manœuvres externes dans les présentations vicieuses du fœtus.* Grand in-8, 117 pages. Librairie Coccoz, à Paris.

Serullaz (D^r). — *Mémoire sur le traitement du croup par la cautérisation laryngée, nouveau procédé.* In-8, 40 pages. Librairie Savy, à Lyon.

Trélat (V.). — *Introduction à un cours d'anatomie appliquée aux beaux-arts.* In-8, 23 pages. A Paris.

No 6. — 7 février.

Beron. — *Météorologie simplifiée par l'application de la loi physique au mode de la production 1° de la chaleur terrestre par celle du ciel, etc., etc.* In-8, 222 pages Prix : 3 fr. Librairie Mallet-Bachelier. à Paris.

Berou (D^r). — *Étude sur l'hygiène et la topographie médicale de la ville de Saint-Étienne.* In-8, 116 pages. A Saint-Étienne.

Bertrand (D^r). — *Des lois de formation des tissus au point de vue physiologique et pathologique.* Thèse de la Faculté de Montpellier. In-8, 67 pages. Paris.

Constans (D^r). — *Relation sur une épidémie d'hystérodémonopathie en 1861.* 2e édition. In-8, 139 pages. Prix : 2 fr. Librairie Delahaye.

Déhérain. — *Les progrès des sciences en 1862.* Annuaire scientifique. 2e année, 1863. In-18 jésus, 406 pages. Prix : 3 fr. 50 c. Librairie Charpentier.

Dubois (d'Amiens). — *Eloge de Thenard* In-4, 35 pages. Librairie J.-B. Baillière. Paris.

Dumont (D^r). — *Études thérapeutiques sur le chlorate de potasse.* In-8, 196 pages. A Coulommiers.

Garnier. — *Notice sur les silex taillés des temps ante-historiques.* In-8, 77 pages. A Amiens.

Girardin et Dubreuil. — *Traité élémentaire d'agriculture.* 2e édition, avec 955 figures intercalées dans le texte. 2 vol. in-18 jésus, 1,426 pages. Librairie Victor Masson, à Paris.

GUERARD. — *Du mycosis fongoïde, des rapports qu'offre cette affection avec l'éléphantiasis des Grecs.* In-8, 24 pages. A Paris.

LE BESGUE. — *Introduction à la théorie des nombres.* Grand in-8, 104 pages. Prix : 4 fr. Librairie Mallet-Bachelier, à Paris.

MASSE (Dr). — *La médecine des accidents.* 8e édition. In-18 jésus, 309 pages. Prix : 2 fr. 50 c. Librairie Aniéré, à Paris.

PECHOLIER (Dr). — *Recherches expérimentales sur l'action physiologique de l'ipécacuanha.* In-8, 55 pages. Librairie Asselin, à Paris.

VERNOIS (Dr). — *Étude sur la prophylaxie administrative de la rage.* In-8, 65 pages. Librairie J.-B. Baillière, à Paris.

DERNIÈRES NOUVELLES.

Saluons un nouveau confrère, *les Mondes* de l'abbé Moigno.

Le *Cosmos-Tramblay* peut congédier ses petits rédacteurs, vendre ses collections à Delahaye et rembourser ses abonnés, car il a vécu, *fuit.*

Que M. Tramblay se mette dans la papeterie et M. Marc Seguin aîné, le millionnaire, retourne à ses crapauds, leur journal a fait son temps.

Que seront *les Mondes?* le journal de l'abbé Moigno, c'est-à-dire le bien et le mal. Le monde scientifique y cotoiera le monde industriel, le beau monde le demi-monde. Ce sera un journal mêlé, très-mêlé; M. Le Verrier s'y rencontrera avec M. Alexandre, *doublement cémenté*, et M. Faye avec *les blés durs* de M. Bertrand. Mais enfin, l'abbé Moigno y fera entendre sa voix autorisée et ses accents pleins de chaleur.

Les Mondes auront du monde, prenons nos quittances d'abonnement et remercions l'abbé Moigno d'avoir su punir l'outrecuidance de son ancien gérant.

M. DORVAULT, directeur de la Pharmacie centrale des pharmaciens de France, vient d'être nommé chevalier de la Légion d'honneur, sur la présentation du ministre du commerce.

AVIS AUX ABONNÉS DE 1863.

Nous prions nos abonnés de ne pas faire relier leur année 1862 avant d'avoir reçu leur table, en retard cette année, mais qu'ils recevront sitôt qu'elle sera terminée.

Nous attendrons les renouvellements pour 1863 jusqu'à fin mars; passé cette date, il sera inutile de nous envoyer le montant de l'abonnement, une traite de 16 francs devant être présentée à l'abonné le 15 avril prochain.

Table des matières de la 148e Livraison. — 15 février 1863.

20333 Paris, Imp. RENOU et MAULDE.

ACADÉMIE DES SCIENCES

Séance du 2 février. — Terminons la question Le Verrier et citons pour en finir ce que *le Nord*, qui nous paraît bien renseigné, écrit au sujet d'une réclamation qu'a cru devoir adresser M. Faye au commencement de cette séance et de la réponse qu'y a faite M. Le Verrier.

« La guerre est terminée ! La paix est-elle faite ? C'est une autre question. Nous n'entendrons plus les ripostes de M. Le Verrier, les bruits de cette tempête si maladroitement soulevée ; mais l'accord renaîtra-t-il entre M. le directeur de l'Observatoire de Paris et les savants, et le bureau des longitudes, et le dépôt de la guerre, et le corps de l'état-major ?... Cela n'est guère probable... Un abîme est creusé entre eux... Dieu veuille que les bienveillantes influences qui ont donné leurs conseils parviennent à le combler. Jamais intervention n'aura été accueillie avec plus de reconnaissance.

La querelle avait pris des proportions si affligeantes qu'on avait fini par s'en préoccuper autre part qu'à l'Académie ; j'ai même lieu de croire que pendant les huit jours qui ont suivi la dernière séance, on a pensé sérieusement aux moyens d'y mettre un terme. A l'allure, à quelques mots du président, il était facile de deviner qu'il y avait eu entente préventive et qu'on était convenu d'élever une barrière entre les parties belligérantes. Au début de la séance, l'une d'elles ayant demandé la parole avait été ajournée à un autre moment. C'est, en effet, quelques instants avant de congédier l'assemblée que nous avons assisté au dernier épisode de la campagne engagée par M. Le Verrier. J'en place ici le récit pour n'avoir plus à y revenir, je l'espère.

M. Faye avait demandé la parole et il n'avait pas dissimulé dans quelle intention : c'était pour protester contre une note insérée par M. Le Verrier au *Compte-rendu* de la précédente séance, et dans laquelle se trouvaient des expressions qui n'avaient pas été prononcées.

Voici la note de M. Faye :

« Je réclame contre un passage des *Comptes-rendus* de la dernière séance, du 26 janvier, où M. Le Verrier s'attribue une réponse qu'il n'a pas faite et que le sentiment général de l'assemblée ne lui eût pas même permis d'articuler.

« Je venais de lire à l'Académie, dans le tome XXXIX des *Comptes-rendus*, page 560, les propres paroles que M. Le Verrier a prononcées, dans la séance du 25 septembre 1854. Il disait alors tout le contraire de ce qu'il affirme aujourd'hui. Il disait : « que le niveau « avait été fréquemment observé, que la différence de longitude obtenue entre Paris et « Londres n'était nullement affectée de la variation diurne de l'inclinaison, *attendu le soin* « *qu'on a eu de déterminer très-fréquemment la situation de l'axe comme les autres erreurs instru-* « *mentales...* »

« Or, voici ce que chacun peut se rappeler : M. Le Verrier a pris en main le même volume et il a relu tout haut, lui-même, son assertion de 1854 ; puis il a dit qu'il s'était trompé à cette époque ; mais il n'aurait pas osé ajouter, ce qu'il a fait pourtant dans les *Comptes-rendus* de la dernière séance, que *ce passage était la plus éclatante condamnation de M. Faye.*

« C'est contre une telle altération de faits passés dans cette enceinte que je crois devoir réclamer. Je ne reproduirai pas d'ailleurs la démonstration que j'ai donnée à l'avance dans les derniers *Comptes-rendus*, que M. Le Verrier n'a pu se tromper, en 1854, sur un point aussi essentiel et aussi simple en même temps que celui qui fait l'objet du débat.

« Mais je ne dois pas me contenter de relever des inexactitudes dans le *Compte-rendu* rédigé par M. Le Verrier. Une accusation publique a été portée contre moi ; il ne me reste aucun document sur cette affaire, car je les ai loyalement remis, en 1854, entre les mains de M. Le Verrier, qui dirigeait l'opération. Je demande que l'accusation portée par M. Le Verrier puisse être examinée et jugée par les hommes compétents, et que le dossier complet de cette affaire soit déposé par M. Le Verrier au secrétariat de l'Institut pour que je puisse en prendre connaissance.

« Que M. Le Verrier reproduise donc le dossier qu'il a déjà présenté à l'Académie en 1854. dans les termes suivants, que j'extrais de la page 561 du XXXIX° volume des *Comptes-rendus* ·

« *Je désire enfin que l'Académie me permette de mettre sous ses yeux le dossier complet dans le-*
« *quel sont comprises toutes les pièces relatives à la mesure actuelle : Correspondance, opérations*
« *astronomiques, transmissions de signaux et calculs. Ce dossier sera conservé avec le plus grand*
« *soin comme propriété de l'Etat, et afin qu'on soit toujours à même de contrôler l'exactitude ou les*
« *défauts du travail.* »

On n'a pas oublié, sans doute, dit le *Nord*, ce que j'ai raconté de ce dossier, que j'avais appelé, en plaisantant, le *livre jaune* de M. le directeur de l'Observatoire de Paris, par allusion au *livre jaune* du Corps législatif. M. Le Verrier l'avait montré pièce à pièce, l'avait solennellement déposé sur le bureau.

J'avoue que je croyais qu'il était resté au secrétariat de l'Académie, à la disposition de M. Faye, deux hommes compétents, curieux de le compulser... Je me trompais. Il avait été repris et réintégré dans la forteresse de l'Observatoire. C'était, on en conviendra, un étrange procédé.

La demande de M. Faye n'avait rien que de loyal et de naturel. Ce qu'il sollicitait, c'était un examen ; c'était que tous les hommes de bonne foi pussent lire et apprécier ; c'était que la vérité se fît jour.

Oublieux de ses paroles, que l'on retient plus qu'il ne pense, de ses promesses écrites et imprimées, M. Le Verrier a refusé de répondre à ce désir... « Je ne crois pas, a-t-il dit, qu'il soit nécessaire d'apporter ce dossier... » Il consent à prêter à M. Faye quelques pièces, mais le dossier complet... Non ?

Semblable réponse n'a pas besoin de commentaires. Elle donne une exacte idée de la manière dont M. le directeur de l'Observatoire de Paris entend les discussions.

Ne voulant pas laisser sans réplique la verte protestation de son adversaire, M. Le Verrier a eu recours à un dénoûment qu'il a déjà employé plusieurs fois et dont, pour cette raison, il ne devrait pas abuser. Il a pris un air grave pour ajouter, en faisant allusion à un passage de la note de M. Faye, qu'il ne croyait pas convenable d'en *appeler aux sentiments de l'Académie*... Puis il s'est empressé de reprendre que ces discussions cachaient des projets qu'il ne lui convenait pas de faire connaître...; qu'on voulait l'entraîner sur un terrain qui n'était pas le sien... Qu'il se retirait, décidé à ne plus se mêler à de semblables polémiques et à ne s'occuper que de ses travaux... Qu'il agirait comme les gens sages doivent agir. »

En vérité si, depuis six semaines, nous n'avions pas été les témoins très-affligés de cette lutte engagée par M. Le Verrier, à propos d'une communication internationale du plus haut intérêt, transportée par lui sur le champ des personnalités, égarée par sa seule volonté, nous aurions pu croire aujourd'hui que M. le directeur de l'Observatoire de Paris était victime d'une coalition formée pour le désoler. Au point de vue oratoire, le moyen n'était pas mauvais, mais dans la circonstance il ne pouvait produire aucun effet. L'Académie savait trop bien à quoi s'en tenir pour se laisser prendre aux douceureuses paroles de l'épilogue.

La séance a été levée sur cet incident. La guerre est terminée... soit! Que va-t-il arriver actuellement ?

On a perdu de vue complétement le protocole de l'association allemande et tout ce qui se rapportait à la communication du général prussien. Les savants français auront-ils la possibilité de répondre aux avances des ingénieurs de l'autre côté du Rhin ?

Le bureau des longitudes cessera-t-il d'être mis de côté ; lui rendra-t-on ses attributions ?

Les officiers d'état-major français rentreront-ils dans leur ancien droit de s'occuper des travaux géodésiques qui s'exécutent en France ?

Ce sont peut-être là des questions indiscrètes. Mais je sais qu'on s'en préoccupe dans le monde savant, et qu'on serait fort aise de leur voir donner des solutions. »

— Sur le phénomène de la dissociation de l'eau ; par MM. H. SAINTE-CLAIRE DEVILLE. — Quand on introduit dans un tube de terre poreuse un courant, même assez rapide, d'hydrogène, et qu'on fait passer sur la cuve les gaz qui en sortent, on recueille, au lieu d'hydrogène, de l'air pur. Ainsi l'hydrogène se disperse dans l'atmosphère et l'air est absorbé dans l'intérieur du tube poreux, en vertu de l'endosmose et malgré la pression de quelques centimètres d'eau ou de mercure que le tube aducteur plongé dans la cuve maintient dans l'intérieur de l'appareil.

Si on prend ce tube poreux, si on l'introduit dans un tube plus court de porcelaine vernissée et imperméable, en fermant les deux extrémités du tube de porcelaine par un bouchon percé qui laisse passer le tube de terre poreuse, on enferme entre ces deux tubes un espace annulaire et cylindrique dont on pourra composer l'atmosphère à volonté. A cet effet, on percera dans les deux bouchons deux ouvertures qui laisseront passer deux tubes de verre : par l'un d'eux on fera arriver un courant de gaz quelconque qui pourra sortir par l'autre. Deux autres tubes de verre munis de bouchons permettront d'introduire un autre gaz dans le tube de terre poreuse intérieur par l'une de ses extrémités et de laisser s'échapper ce gaz par l'autre extrémité. Tout étant ainsi disposé, si l'on fait arriver un courant assez rapide d'acide carbonique dans l'espace annulaire compris entre les deux tubes et un courant d'hydrogène convenablement ménagé dans l'intérieur du tube poreux, on pourra enflammer du gaz hydrogène à l'extrémité du tube qui termine l'espace annulaire et par où on devrait s'attendre à voir sortir l'acide carbonique. Au contraire, le tube poreux laisse échapper de l'acide carbonique à peu près pur qui éteint les corps en combustion. Ainsi, en vertu de l'endosmose, les deux gaz ont changé de lieu en traversant chacun dans une direction opposée la cloison poreuse qui les séparait. Ces phénomènes, qui permettent de réaliser une expérience de cours très-frappante et très-instructive, sont en concordance parfaite avec les faits observés déjà par M. Graham et par M. Jamin.

Si on porte l'appareil que je viens de décrire dans un fourneau alimenté par des charbons très-denses et dans lequel on puisse produire facilement une température de 1,100 à 1,300 degrés, on peut le faire servir à démontrer le phénomène de la décomposition spontanée de l'eau, phénomène que j'ai proposé d'appeler *dissociation*. Pour cela, au lieu d'hydrogène, on fait arriver de la vapeur d'eau dans le tube intérieur en terre poreuse, un courant d'acide carbonique dans le tube extérieur ou espace annulaire, et on reçoit les gaz sortant de l'appareil sur une cuve contenant de la lessive de potasse et dans des éprouvettes ou tubes de verre de 1 centimètre de large et de 1 mètre de haut pour arrêter l'acide carbonique. Lorque le fourneau est en activité, on recueille un mélange gazeux fortement explosif et composé des éléments de l'eau, hydrogène et oxygène.

Ainsi, une partie de la vapeur d'eau est décomposée spontanément ou dissociée dans le tube de terre poreuse ; l'hydrogène, appelé par l'acide carbonique de l'espace annulaire, a traversé la paroi perméable et s'est séparé, par l'action d'un simple filtre, de l'oxygène resté dans le tube intérieur. Une quantité considérable d'acide carbonique y a été appelée par contre d'après la règle établie déjà par l'expérience précédente et s'y est mêlée à l'oxygène.

Dans mes expériences j'ai obtenu environ 1 centimètre cube de gaz tonnant par gramme d'eau employée.

Voilà donc le fait de la dissociation de l'eau démontrée au moyen d'agents physiques, comme je l'ai démontré déjà au moyen de l'oxyde de plomb et de l'argent, qui interviennent en dissolvant l'oxygène que l'eau dissociée laisse en toute liberté vers 1,000 ou 1,100 degrés (voyez *Comptes-rendus de l'Académie*, tome XLV, p. 857). •

Des déductions aussi curieuses que nouvelles sont tirées par M. H. Sainte-Claire Deville de ces expériences entre autres que « la vapeur d'eau ne peut résister à l'action d'une température qui en décuple le volume pris à zéro, et alors elle se décompose pendant que ses éléments absorbent de la chaleur latente que j'appellerai chaleur latente de décomposition, dont l'existence et la quotité sont faciles à démontrer. »

— Note sur la ventilation des amphithéâtres ; par M. le général Morin. — L'aération, la la ventilation, le chauffage des vastes salles, des établissements destinés à recevoir des spectateurs ou des auditeurs en très-grand nombre, sont trois spécialités que M. le général Morin semble s'être attribuées depuis longtemps. On lui doit, en partie, les systèmes adoptés dans les théâtres ; mais ses études et ses expériences se portent de préférence sur les amphithéâtres et principalement sur ceux du Conservatoire des arts et métiers, dont il a la direction depuis plusieurs années. Il y a là deux salles surtout qui ont été les objets de ses soins. L'une peut contenir trois ou quatre cents auditeurs, l'autre sept à huit cents.

Le problème à résoudre, c'est de maintenir une température égale dans ces vastes locaux, et en même temps un courant qui renouvelle incessamment l'air vicié à la suite d'une grande agglomération.

Ses recherches sur ce sujet nous ont valu la lecture d'un long mémoire dans lequel le général a rassemblé les détails de ses travaux. Il n'en a négligé aucun. C'est un véritable traité de ventilation qu'il offre à l'attention de tous les constructeurs et qui sera pour eux un excellent guide. Il y indique les moyens qu'il a employés pour faire circuler tour à tour l'air chaud, l'air froid ; les précautions à prendre pour les renouveler, et des règles de conduite pour ceux qui sont chargés de mettre sa théorie en pratique.

Voici les dispositions auxquelles il s'est arrêté :

L'air vicié étant celui qu'il est nécessaire d'évacuer, l'extraire là même où il est vicié, c'est-à-dire le plus près possible du public, par des orifices ménagés dans les contre-marches ou dans le derrière des marches, pour le faire passer au-dessous de l'amphithéâtre. Des registres disposés en des endroits facilement accessibles aux agents du service, permettraient de régler, modérer, et même de faire cesser l'appel, selon les conditions variables de température et d'affluence du public.

Mais l'air nouveau serait très-incommode si sa température était très-inférieure à celle de l'air extérieur, et surtout s'il affluait trop près des auditeurs.

De là : 1° La nécessité d'introduire d'abord l'air nouveau dans une capacité appelée *chambre de mélange*, à l'aide de laquelle, par l'affluence simultanée d'air chaud et d'air frais en proportions que l'on puisse facilement régler, on se réserve le moyen de n'admettre dans la salle que de l'air à une température convenable ;

2° L'obligation non moins impérieuse de placer les orifices d'arrivée de cet air frais le plus loin possible des auditeurs, c'est-à-dire vers le plafond de l'amphithéâtre, ou tout au moins à une certaine hauteur.

Enfin, pour les amphithéâtres destinés à des cours du soir, des dispositions analogues à celles que l'auteur a déjà indiquées pour les théâtres, les salles de bals, les ateliers, etc., pourraient être prises pour utiliser, au profit de l'appel de l'air vicié, la chaleur incommode et les gaz développés par les appareils d'éclairage.

M. Morin, dans une série d'expériences qu'il a faites, a cherché à appliquer ces règles, autant du moins qu'il lui était possible de le faire.

L'un des résultats les plus remarquables de ces essais a été la solution du problème dont nous parlions plus haut, celui de maintenir la température de ces amphithéâtres avec une régularité parfaite entre les limites de 19, 20 et 21° centigrades, quelles qu'aient été d'ailleurs les variations de température de l'air extérieur, et le nombre des auditeurs ayant varié dans la proportion de 1 à 10.

Un autre résultat non moins digne d'intérêt, a été de fournir une évacuation d'air vicié et une introduction d'air nouveau de 96^{mc}75 en moyenne par heure et par auditeur.

Il ressort de ces mêmes expériences que la ventilation d'un amphithéâtre ou d'un local analogue destiné à contenir momentanément un public nombreux, compacte et en repos, ne doit pas donner moins de 25 mètres cubes par heure et par auditeur.

— M. Mathieu présente, au nom de M. Wiberg, une machine à calculer. « Il y a déjà quelque temps, dit *le Nord*, que nous allons citer, car le compte-rendu ne consacre que *deux lignes* à cette machine, un jeune savant danois, M. Wiberg, inventa une machine à calculer qui fit grand bruit dans son pays. Elle procura à son auteur les distinctions les plus flatteuses et les encouragements du gouvernement danois. Envoyée à Londres, à l'Exposition universelle de 1862, elle y a obtenu l'une des grandes médailles. Ces honneurs, ces distinctions n'ont pas suffi à M. Wiberg. Il a voulu avoir le suffrage de la France, et il est venu à Paris où, tout en présentant son œuvre aux savants les plus distingués, il y ajoutait d'importants perfectionnements.

Cette machine, dans son état actuel, a été présentée par M. Mathieu, membre du Bureau des longitudes. L'honorable académicien en a donné une description rapide, qui a cependant mis à même de l'apprécier. Elle permet à la fois de *calculer* et d'*imprimer* les nombres. On pourrait croire que pour obtenir ce résultat si important, elle offre un mécanisme des plus compliqués. Rien de plus simple en apparence. C'est un joli petit meuble qui se place sur une table, sur un bureau, et que l'opérateur peut sans cesse avoir auprès de lui. Non-seulement elle fournit les moyens de calculer avec une exactitude parfaite, mais, avec elle, on peut obtenir des tables de logarithmes.

Une commission a été nommée pour examiner le beau travail de M. Wiberg, et il y a tout lieu d'espérer qu'elle fera promptement son rapport. Ajoutons qu'un rapport fait par une commission prise dans le sein des rédacteurs de la *Revue des sociétés savantes* a paru dans le *Moniteur universel* et a été reproduit dans le n° 2 des *Mondes*, de l'abbé Moigno.

— *Études sur l'acier* (Suite). M. le capitaine Caron, bien connu de nos lecteurs par ses importants travaux sur l'aciération, a présenté une note dans laquelle il s'étend longuement snr les effets physiques de la trempe. On sait que ses premières études avaient eu pour but les effets chimiques de cette même trempe. Un des passages de sa note, dans lequel il compare les effets de l'immersion à ceux du martelage est surtout remarquable.

Il prend une barre d'acier de qualité supérieure, la chauffe rapidement à la température nécessaire pour obtenir une bonne trempe, et la plonge immédiatement dans l'eau froide. D'après les nombres calculés des dimensions et du volume de cette barre, avant la trempe, chauffée au rouge, et après la trempe, il est facile de reconnaître que la barre portée au rouge s'est dilatée de 20,000 à 21,557 cent. cubes; en la trempant dans l'eau, son volume est revenu à 20,351. L'effet de la trempe sur le métal a donc été de rapprocher brusquement les molécules les unes des autres par un mouvement tellement rapide, qu'il ressemble, dans ses effets physiques, au choc d'un marteau agissant en même temps dans tous les sens.

C'est ce choc qui produit la combinaison entre le fer et le charbon. La température a pour effet de dilater le métal et de donner aux molécules la mobilité nécessaire pour qu'elles puissent se réunir; le refroidissement rapide, en les rapprochant brusquement, produit la combinaison. L'hypothèse d'une combinaison produite par un choc n'a rien que de très-vraisemblable. On pourrait citer bien des corps qui se combinent dans ces circonstances, néanmoins il sera préférable de prouver par une expérience que la combinaison du fer avec le charbon ordinaire peut s'obtenir directement par le choc.

Une barre de fer portée au rouge vif est martelée rapidement sur une enclume recouverte de charbon finement pulvérisé; lorsque cette barre s'est refroidie jusqu'au rouge sombre, on la trempe immédiatement dans l'eau froide.

On reconnaît alors que dans certaines places le fer s'est transformé superficiellement en acier et peut parfaitement résister à la lime.

Le même fer porté au rouge, refroidi au milieu du charbon sans être martelé, n'offre pas trace d'aciération après une trempe exécutée dans les mêmes conditions.

Il est facile d'expliquer pourquoi le martelage ne peut produire une combinaison aussi complète que la trempe. Le martelage, en effet, ne rapproche les molécules que dans un sens seulement, tandis que la trempe agit en même temps dans tous les sens; de plus, la température qui persiste dans le métal après le choc du marteau, tend, comme on l'a démontré, à détruire la combinaison obtenue. Au contraire, après le choc résultant de la trempe, le métal est complétement froid; il n'y a plus de réaction possible, et la combinaison du fer avec le charbon ne peut plus être détruite que par une nouvelle application de la chaleur.

M. Caron étudie ensuite les effets de la trempe et termine ainsi le résultat de ses expériences :

« Il serait trop long de rapporter ici tous les résultats que j'ai obtenus en trempant l'acier dans un grand nombre de liquides, tels que le mercure, l'eau chargée de différents sels ou acides, l'eau recouverte d'huile ou tenant en dissolution des matières mucilagineuses ou sirupeuses, l'huile, etc. Je me bornerai seulement à dire que la dureté, l'aigreur, ainsi que les autres effets produits par la trempe semblent toujours être inversement proportionnels au carré de la durée du refroidissement du métal. Ainsi donc, dans cette circonstance, on peut encore assimiler l'effet de la trempe à l'effet produit par le choc d'un marteau sur le métal porté au rouge. »

— *Des eaux publiques ;* par M. G. GRIMAUD, de Caux. Résumé théorico-pratique et conclusion. — Nous ne reproduirons pas ce résumé, un homme des plus compétents devant lui-même donner, dans notre journal, un aperçu des discussions entamées à l'Académie de médecine sur ce sujet important, et exposer en même temps les opinions de M. Grimaud (de Caux).

— M. BRUCH adresse, de Bodenheim, près Francfort-sur-le-Mein, un résumé, écrit en français, de ses *Recherches sur l'ostéogénie.* Le *compte-rendu* ne pouvant en faire un résumé, vu la longueur du travail, en cite seulement le paragraphe suivant, qui en est comme une des principales conclusions : « Je regarde comme incontestable que le tissu osseux, dans toutes les classes de vertébrés, se forme par épigénèse, c'est-à-dire par couches successives, qui sont osseuses dès leur apparition, soit à l'intérieur, soit à l'extérieur des cartilages. La prétendue ossification du cartilage ne produit jamais de l'os : ce n'est toujours qu'un cartilage imprégné de substances calcaires, dont les cellules ne changent point de forme et ne se transforment jamais en corpuscules osseux radiaires anostomotiques. »

— M. BOUVIER, curé du Thil-Maneville (Seine-Inférieure), fait connaître un nouveau cas de *perforation du plomb par des insectes.*

— M. Ch. BLONDEAU soumet au jugement de l'Académie un Mémoire intitulé : *Du mode de constitution du pyroxile ou coton-poudre.*

— M. DESCHAMPS, d'Avallon, adresse une note à l'appui de l'opinion émise par M. Delbruck, sur la quantité d'air nécessaire à la respiration, quantité qui serait moindre pendant le sommeil que pendant la veille.

— M. DORNER, qui s'occupe beaucoup d'affections intestinales, et il a raison, car c'est un mal qu'il ne faut jamais négliger, assure qu'il les guérit avec un *extrait d'huile de genévrier.* M. Dorner irait même jusqu'à guérir le choléra. Evidemment, il demande le prix Bréant, de 100,000 fr., que M. Serres ne lui donnera pas.

— M. MAURICE PERRIN adresse un *Traité d'anesthésie chirurgicale,* et M. Demarquay un livre intitulé : *De la glycérine et de ses applications à la chirurgie et à la médecine.* L'application de la glycérine à la médecine et à la chirurgie est devenue maintenant d'un usage presque universel. M. Cap, qui a, le premier, fixé l'attention des médecins sur les propriétés de ce corps précieux, en a été récompensé dernièrement par le prix Barbier que lui a donné M. Chevreul, auquel on doit et son nom de glycérine et l'étude exacte de sa composition. La glycérine, que l'on emploie aujourd'hui dans tous les hôpitaux pour les pansements, est d'autant plus précieuse, qu'elle supporte sans la moindre altération les voyages sur mer, qu'elle peut être transportée dans tous les pays, même les plus chauds, sans le moindre inconvénient.

— Note sur le Chlorobenzol; par M. A. Cahours (présenté par M. H. Deville).

— *Mémoire sur les gaz de l'hydropneumathorax de l'homme; par MM. Ch. Leconte et Demarquay.*
« Si l'on compare les rapports de l'acide carbonique et de l'oxygène dans nos analyses de gaz de l'emphysème traumatique et de l'hydropneumothorax avec ceux que M. C. Bernard a obtenus dans les gaz du sang veineux et du sang artériel, à l'aide de son procédé si rigoureux de l'oxyde de carbone, on obtient les nombres suivants :

	Acide carbonique.	Oxygène.
Gaz du sang artériel	9.12	100
Gaz de sang veineux	25.00	100
Gaz de l'emphysème	83.33	100
Gaz de l'hydropneumothorax	1554.00	100

La comparaison des nombres qui précédent montre que l'air éprouve, dans les tissus sains, une altération bien plus profonde que dans le sang veineux et que dans la plèvre, ou plutôt qu'au contact du liquide pathologique qu'elle renferme, l'altération est bien plus profonde encore, puisqu'il reste à peine 1 partie d'oxygène pour 15 parties d'acide carbonique. »

— Note sur l'altération produite sur le linge par les sirops; par M. P. Doré. — Les sirops, en général, et le sirop de sucre en particulier, déposés sur du linge et exposés dans un endroit dont la température est modérée, se dessèchent, enlèvent au linge sa flexibilité et sa ténacité, au point que celui-ci se déchire sous un effort très-faible. A la première inspection de la déchirure, il semble que le linge a été touché par un corrosif, par l'acide sulfurique étendu, par exemple.

Dans ce cas, la flexibilité et la ténacité des filaments disparaissent et participent aux propriétés moléculaires du sucre; ce sont des phénomènes analogues qui se passent lorsque du linge, mouillé d'eau, est exposé à un certain froid; le linge devient cassant; et aussi, lorsque le tisserand n'a pas maintenu les fils de sa chaîne suffisamment humides ; le *paron* ou *parement* se durcit et les fils se brisent.

— Comité secret, à quatre heures et demie, pour un choix de candidats pour la place de *correspondant*, vacante dans la section d'Économie rurale. Voici les candidats qui seront présentés dans la prochaine séance :

En première ligne	M. Ch. Martins.
En seconde ligne	M. de Vibraye.
En troisième ligne	M. Parade.

Séance du 9 février. — Mémoire sur la décomposition électro-chimique des substances insolubles ; par M. Becquerel. — Série d'expériences nombreuses d'où M. Becquerel conclut « l'influence bien manifeste du contact des électrodes avec les matières insolubles pour opérer leur décomposition, en employant des piles d'intensité moyenne, non par une action directe de l'électricité, mais par l'effet d'actions secondaires que la nature doit employer fréquemment. »

— Note sur l'infection purulente ; par M. Flourens. — L'infection purulente est, on le sait, un des accidents les plus terribles des opérations chirurgicales ; voici une expérience que cite M. Flourens à l'appui de ce que savent tous nos chirurgiens : « Je fis, au moyen d'un trépan, une ouverture sur le crâne d'un chien, d'ailleurs parfaitement sain ; et j'introduisis par cette ouverture, entre le crâne et la dure-mère, deux ou trois gouttes à peine de pus pris sur un autre chien.

Au bout de quelques heures, l'animal tomba dans un abattement profond ; il se tenait constamment couché, il ne pouvait supporter sa tête, évidemment elle lui pesait, il l'appuyait par terre ; mais debout, il se tenait quelques instants sur ses jambes et se recouchait ;

il n'avait ni paralysie ni convulsions ; il ne se plaignait ni ne gémissait : c'était un *coma* profond, mais *coma vigil*, avec les yeux ouverts et voyants, et sans respiration bruyante. Un flux perpétuel de pus s'écoulait par l'ouverture du crâne. Je n'ai guère vu de chien ainsi opéré survivre plus de deux ou trois jours à l'opération.

Après la mort, on a trouvé une quantité énorme de pus dans le crâne, autour du cerveau, dans les ventricules ; la dure-mère en était gorgée ; elle était gorgée de pus et de sang : la véritable cause de la mort de l'animal avait été une *méningite*.

On n'a trouvé d'ailleurs de pus que dans le crâne. On n'en a trouvé dans aucun viscère ni de la poitrine ni de l'abdomen ; on n'en a point trouvé dans les veines.

Ainsi, deux ou trois gouttes à peine de pus, pris sur un chien et porté sur la dure-mère d'un autre chien, ont produit une *méningite*.

Je ne connais pas, en physiologie, d'analyse plus difficile à faire que l'analyse, et, si je puis ainsi dire, que le triage des symptômes de la *méningite* d'avec ceux de l'*encéphalite*. Les plus habiles y ont échoué. La théorie de l'infection purulente est, comme le dit M. Maisonneuve, une des théories qui appellent le plus fortement aujourd'hui l'attention de la chirurgie. »

— Méningite comateuse sans paralysie ; note de M. SERRÈS. — « Un gibbon est mort il y a quelques jours à la ménagerie, à la suite d'un coma, sans paralysie, qui a duré quatre ou cinq jours.

A l'autopsie, le cerveau enlevé avec grand soin nous a offert une méningite granuleuse, et de plus un ver vésiculaire enkysté qui paraît avoir été le point de départ de la méningite comateuse ou apoplectique (apoplexie méningée). »

— Appareil pour la mesure statique de la pesanteur ; par M. BABINET.

— Lettre de M. LE VERRIER à M. le Président de l'Académie. — « Ainsi que je l'ai déclaré à l'Académie, ma volonté la plus ferme est de me tenir désormais éloigné des débats qu'on pourrait vouloir susciter. Toutefois, M. Faye a évidemment droit à ce que je lui fournisse une copie complète de tous les nivellements effectués du 9 au 25 juin, ainsi que je l'ai d'ailleurs, vous le savez, offert dès le premier jour.

« J'ai l'honneur de vous remettre cette copie, en vous priant de demander à M. le secrétaire perpétuel de l'insérer au *Compte-rendu* de la séance prochaine.

« Ce document suffit pour l'objet en litige, puisqu'il s'agit uniquement de savoir si, avec les nivellements effectués, on peut conclure les valeurs de l'inclinaison à dix heures vingt minutes du soir, les 13, 17, 18, 20, 22 et 24 juin. » (Voir, pour comprendre cette lettre de M. Le Verrier, la séance précédente.)

— M. Faye répond que le document déposé par M. Le Verrier est incomplet et ne suffit pas. Qu'il se joint à M. Le Verrier pour demander l'insertion de cette pièce aux *Comptes-rendus*, pourvu qu'on y joigne les noms des observateurs que M. Le Verrier a omis. Je suis obligé de faire remarquer, dit M. Faye, que l'objet en litige n'est pas seulement d'examiner s'il est possible de calculer l'inclinaison de l'axe pour les instants de l'opération télégraphique entre Londres et Paris, avec les documents que nous présente M. Le Verrier ; il s'agit aussi de faire connaître la part de responsabilité qui incombe à chacun dans cette opération ; il s'agit encore d'en faire apprécier la valeur et même la moralité.

— M. Le Verrier ne fait aucune réponse à M. Faye, et, comme on le pense bien, n'a tenu aucun compte de ses observations. La note a paru sans noms d'auteurs.

— A la suite de la réponse de M. Faye, M. Le Verrier a pris la parole, non pour répondre à son confrère, mais pour annoncer des travaux nouveaux, des présentations d'ouvrages, etc. Toutes choses qui voulaient dire : Vous voyez-bien que je travaille, moi ; laissez-moi donc tranquille et allez au diable.

— L'Académie procède, par la voie du scrutin, à la nomination d'un correspondant de la section d'économie rurale, en remplacement de M. Vilmorin.

M. Ch. Martins obtient.................. 44 suffrages.

M. De Vibraye   — 6   —

M. Charles Martins est déclaré élu.

— M. Dumas présente, au nom de M. Aloyse Nowak, de Prague, un mémoire ayant pour titre : *Commentaire critique pour servir d'explication à deux différents chapitres de l'ouvrage sur les orages et leurs conséquences*, par François Arago.

— Application de la vis tellurique dans la théorie de l'acier ; par M. de Chaucourtois.

— Mémoire sur la propagation des ondes ; par M. Emile Mathieu.

— Nouveau mode d'action de l'eau motrice, et réalisation de très-grands siphons ; par M. L.-D. Girard.

— Nouvelle note sur l'emploi des sulfites dans la fabrication du sucre de canne ; par M. Alvaro-Reynoso. — Dans cette note, le consciencieux chimiste de La Havane tend à rendre à chaque inventeur ce qui lui est dû dans l'emploi du bisulfite de chaux appliqué à la fabrication du sucre de canne ; ne voulant pas, dit-il, passer pour s'approprier des inventions faites par d'autres personnes.

« L'usage du bisulfite de chaux est dû à M. Melsens, pour la part que ce chimiste distingué, avec la modestie qui le caractérise, s'est assignée lui-même dans son mémoire, ayant en vue les travaux qui lui sont antérieurs.

« Ce point de départ étant admis, c'est à moi, d'après l'ordre chronologique, qu'est due la modification au procédé Melsens, modification qui consiste à opérer dans des *milieux alcalins.* »

« Le bisulfite de chaux peut s'employer, ou directement, en le préparant dans un appareil spécial, ou dans le sein même du vesou, en faisant à cet effet passer un courant d'acide sulfureux dans le vesou saturé de chaux.

« Le premier qui eut l'idée de préparer ainsi le bisulfite de chaux dans le sein même du vesou fut M. Stewart, qui pratiqua cette méthode à la Louisiane vers l'année 1859.

« En quoi consiste donc l'amélioration que j'ai introduite? Il est indifférent d'employer le bisulfite de chaux préparé séparément ou en le préparant dans le sein même du vesou, de sorte qu'en dernier résultat les deux procédés reviennent à user du *sulfite de chaux*. Eh bien ! moi, dès 1858 et 1859, j'avais dit, j'avais publié que l'usage du bisulfite de chaux devait toujours avoir lieu *dans des milieux alcalins*.

« C'est là l'unique observation qui m'appartienne, et je crois que dans cette observation réside tout le secret de l'usage rationnel, pratique et sûr du *sulfite de chaux* ajouté ou préparé dans le sein du vesou. »

— Cycle du développement de la vie organique à la surface du globe ; par M. Duponchel.

— Du copahu et du styrax comme spécifique du croup et de la diphthérite ; par M. Tridan. « Au milieu d'une épidémie très-meurtrière de diphthérite qui a enlevé deux à trois cents personnes dans le canton de Chaillant, arrondissement de Laval (Mayenne), l'idée me vint d'employer un puissant modificateur de la membrane muqueuse, qui pût changer sa vitalité, et je fis choix du copahu et du styrax. A partir du premier jour de leur emploi, j'ai guéri cinq cas de croup et quarante d'angine diphthérique, depuis cinq mois et demi environ. Je n'ai perdu qu'un seul malade. Le plus souvent, c'est dans les vingt-quatre heures que survient l'amélioration ; la guérison a ordinairement lieu dans le délai de quatre à six jours.

« J'emploie le copahu sous forme de sirop (formule du docteur Puche) ou à l'état solidifié. C'est également le sirop de styrax du Codex dont je me sers. Pour les adultes, je prescris une cuillerée à bouche toutes les deux heures, alternant avec le sirop de styrax pris également toutes les deux heures. Pour les enfants de quatre à six ans, ce sont des cuillerées à café prises de la même manière. Dans les cas graves, le malade prend 5 grammes de copahu en lavement, deux lavements par jour. Le copahu est généralement toléré tant que la maladie n'est pas dominée... »

— M. Saurel adresse un travail ayant pour titre : *Modifications de la transpiration cutanée durant le sommeil ; la sueur auxiliaire de la transpiration.*

— M. Berthault adresse d'Ingrandes un mémoire « sur la construction de récipients ou réservoirs économiques propres à contenir l'air comprimé à une haute pression ou à conserver le vide. »

— M. le Ministre de l'instruction publique, revenant sur sa décision de distribuer les œuvres de Lavoisier à *tous* les correspondants de l'Académie, précise mieux ses intentions et fait observer qu'il a voulu dire aux correspondants seulement des sections de physique et de chimie.

— M. Zantedeschi adresse le premier volume de sa *Météorologie italienne.* — Ce volume contient les lois du climat de Vérone déduites des observations de 1788 à 1860 inclusivement.

— M. Guérin-Méneville prie l'Académie de vouloir bien le comprendre dans le nombre des candidats pour la place vacante dans la section d'économie rurale, par suite du décès de M. de Gasparin.

— Soie grège obtenue par un procédé industriel des cocons du ver à soie de l'ailante ; note de M. Guérin-Méneville.

— M. Le Verrier lit l'extrait d'une lettre de M. Krüger sur le résultat de deux séries d'observations faites à l'aide de l'excellent héliomètre de Bonn, sur des parallaxes d'étoiles fixes.

— Sur les combinaisons anilométalliques et sur la formation de la fuchsine ; par M. Hugo Schiff. M. Kopp résumera lui-même cette note si elle présente de l'intérêt.

— M. Gaugain adresse de Bordeaux une note concernant l'emploi d'un topique destiné à hâter la cicatrisation des plaies et à prévenir quelques-uns des accidents auxquels elles peuvent donner lieu, particulièrement à la résorption purulente. Ce topique consiste en une poudre d'écailles d'huîtres dont on saupoudre les plaies à nu, de manière à les recouvrir d'une couche de poudre ayant uniformément de quatre à cinq millimètres d'épaisseur. Si l'absorption purulente a déjà commencé, M. Gaugain recommande de déposer d'abord sur la plaie une mince couche de sel commun finement pulvérisé et de recouvrir celle-ci d'une seconde couche plus épaisse de poudre d'écailles d'huîtres.

— M. B. Salvatore Mondino adresse de Palerme la description d'un appareil barométrique destiné principalement à la mesure des montagnes. Ce baromètre, dont on ne pourrait comprendre la construction sans figures, est un baromètre à air.

Séance du 16 février. — Mouvement d'un fil élastique soumis à l'action d'un courant de fluide animé d'une vitesse constante ; par M. Duhamel.

— Sur le parasitisme de la chique sur l'homme et les animaux ; par M. Guyon (1re partie).
— « La chique (*Dermatophilus penetrans,* Guérin-Meneville) recherche, pour établir sa demeure parasitaire, les téguments dont l'épiderme joint, à une certaine épaisseur, une certaine mollesse ou laxité. Ces conditions sont réunies dans le rebord de l'épiderme qui circonscrit les ongles chez l'homme, les griffes et autres productions cornées des pieds chez les animaux, toutes les parties qui sont en même temps, pour l'insecte, un moyen de protection contre les agents extérieurs.

« La chique s'introduit sous l'épiderme obliquement, peut-être en suivant le trajet d'un des pores dont ce tissu est perforé. On peut la suivre quelque temps dans sa marche. Elle apparaît alors sous la forme d'un point brunâtre et allongé (couleur et forme de l'insecte). Ce point disparaît de plus en plus, au fur et à mesure que l'insecte s'avance vers le derme, où il s'arrête pour y implanter sa trompe. A partir de ce moment, et par suite du développement de son abdomen, conséquence de celui de ses œufs, l'épiderme se détache et se soulève d'autant pour en permettre l'interposition entre lui et le derme. Alors la tête et les pattes de l'insecte, en contact immédiat avec le derme, sont entièrement cachées sous son abdomen, plus ou moins dilaté, et dont la partie supérieure apparaît seule, à travers l'épiderme, sous la forme d'un point blanc de lait. Ce point s'élargit chaque jour davantage, jusqu'à acquérir le diamètre d'une forte lentille, et en passant insensiblement, de sa couleur blanc de lait primitive, à celle d'un gris de perle. Arrivé au terme de sa gestation, l'insecte est devenu à la lettre *tout abdomen*, et se présente à l'extraction qu'on en peut faire sous la forme et avec la couleur d'une forte perle déprimée. »

— M. Ch. Martins, récemment élu à la place de correspondant pour la section d'économie rurale, adresse ses remerciements à l'Académie.

— Rapport de M. Valenciennes sur un reptile dinosaurien découvert à Poligny (Jura) ; par MM. Pidancet et Chopard.

— Expériences sur l'emploi des eaux d'irrigation, sous divers climats, et théorie de leurs effets ; par M. Hervé-Mangon. — « Les irrigations, si nécessaires à l'accroissement de la richesse agricole d'un pays, sont loin de présenter en France le développement qu'elles pourraient y recevoir.

« La surface des terrains régulièrement arrosée utilise à peine le vingtième des eaux disponibles et représente une fraction insignifiante des prairies naturelles de notre pays.

« Les eaux d'irrigation sont une source d'engrais immédiate qui produit, pour chaque centaine de mille mètres cubes d'eau employés, l'équivalent d'un bœuf de boucherie.

« Le moindre de nos fleuves entraîne donc à la mer, sans aucun profit, la valeur de plusieurs têtes de gros bétail par heure, et plusieurs milliers de têtes par année.

« L'utilité des irrigations ne saurait faire l'objet d'un doute. On comprend dès lors tout l'intérêt qui s'attache à la solution des problèmes relatifs à ce puissant moyen d'améliorations agricoles. »

Après ce préambule fort vrai et que les agriculteurs doivent méditer, M. Hervé-Mangon rend compte des expériences qu'il a faites et formule les conclusions qu'il se croit fondé à en tirer. Nous croyons que cette partie du mémoire de l'auteur est surtout de la compétence des journaux d'agriculture, et nous la leur renvoyons à insérer textuellement comme d'une grande importance.

— Mémoire sur un nouveau procédé, fourni par la théorie du spiral réglant des chronomètres et des montres, pour la détermination du coefficient d'élasticité des diverses substances, ainsi que la limite de leurs déformations permanentes ; par M. Phillips.

— Du délaissement des mourants en état de mort intermédiaire ; par M. Josat. — « J'appelle *mort intermédiaire* cet état dans lequel la vie générale, plutôt épuisée que finie, simule la mort absolue. Cet état est fréquent au terme des maladies organiques, dans les cas d'épuisement sénile, dans l'atonie générale suite des maladies de longue durée. Le malade s'éteint lentement, offrant presque tous les signes de la mort consommée sans être mort en réalité.

« La mort intermédiaire est fréquemment confondue avec la mort parfaite, et cette méprise donne lieu à des délaissements anticipés. Le mourant s'éteint dix, vingt, trente minutes et plus après avoir été abandonné par ceux qui étaient préposés à sa garde. M'étant proposé de prévenir les accidents de ce genre, je me suis appliqué à suivre l'ordre dans lequel les sens s'éteignent. Le toucher, je m'en suis assuré, survit à tous les autres ; il est inégalement réparti sur toute la surface tégumentaire. Le mamelon, à sa base, offre le maximum de sensibilité. J'ai imaginé un instrument d'une simplicité extrême et d'une application facile, à l'aide duquel on peut réveiller sensiblement le dernier rayon de vie et n'abandonner le mourant qu'après avoir acquis la certitude de la mort absolue. »

Nous ne voyons pas trop ce que ce *dernier rayon de vie* pourra, en dehors d'un pieux devoir accompli, donner de satisfaction aux parents et aux amis du mourant alors qu'il reste sans espoir d'être ranimé, mais nous comprenons que le prêtre appelé pour les derniers sacrements en profite pour dire qu'il n'a pas été mandé trop tard. Ce sera donc là le seul bienfait de l'instrument du docteur Josat et nous le recommandons à l'abbé Moigno, spécialemen chargé à l'abbaye Saint-Germain (nous allions dire au journal *les Mondes*) de porter les derniers sacrements aux mourants.

— M. le capitaine TREMBLAY lit un long mémoire sur son porte-amarre de sauvetage, sur les moyens de prévenir les naufrages ou de conjurer leurs suites fatales, sur la fondation d'une société générale de sauvetage, etc., etc. Ce mémoire, dont l'Académie ne voit pas la fin, est interrompu plusieurs fois par le président qui demande au capitaine de lire ses conclusions, mais le capitaine n'a pas de conclusions à lire et c'est pourquoi il continue. La tempête qui gronde autour de lui ne l'effraye pas, il tient son *porte-amarre* à la main et la défie. Enfin, il a fini et présente son gros manuscrit au bureau en en demandant l'insertion dans les *Comptes-rendus*. Ces loups de mer ne doutent de rien, mais le bureau s'empresse de refuser l'insertion, non par indignité, ajoutons bien vite, mais par mesure d'économie.

— Théorie du magnétisme terrestre dans l'hypothèse d'un seul fluide électrique ; par M. A. RENARD.

— Encore MM. Perrier et Possoz avec leurs jus sucrés ! Ces messieurs prennent décidément l'Académie pour une raffinerie.

— Troisième et quatrième opération d'ovariotomie pratiquées avec succès, par M. KŒBERLÉ. Mais le malade est mort ! monsieur Kœberlé ; du moins la *Gazette des Hôpitaux* enregistre beaucoup de ces sortes de succès dans ses colonnes. Il est vrai qu'elle ajoute : « Le malade est mort, mais il serait plein de vie si...... etc., etc. » Il y a toujours une raison indépendante de l'opération, qui est cause de l'accident. Cependant, M. Kœberlé affirme que ses malades vont bien : espérons-le, mon Dieu ! pour ces pauvres opérées.

— Sur l'affection trichinaire chez l'homme ; par M. ZENKER.

— Sur la théorie des formes cubiques à trois indéterminées. Extrait d'une lettre adressée à M. Hermite par M. BRIOSCHI.

— Note sur une manière de faire varier la tension de la décharge d'une batterie électrique et d'une machine de Ruhmkorff ; par M. A. CAZIN.

— Observation de la lumière zodiacale à Yseure (Allier) ; lettre de M. LAUSSEDAT.

« Depuis quatre jours que je suis ici, écrit M. Laussedat, d'Yzeure, le 15 février, j'ai eu l'occasion d'observer la lumière zodiacale tous les soirs, de 6 heures 30 minutes à 8 heures 30 minutes et même un peu au delà. Un ciel d'une rare pureté et l'absence de la lune au-dessus de l'horizon ont rendu cette période de temps particulièrement favorable à l'observation d'un phénomène si difficile à saisir dans nos climats. Immédiatement après que le crépuscule a cessé, la lueur zodiacale apparaît très distinctement depuis les confins de l'horizon jusque dans la constellation du Bélier, sur une hauteur de 50 à 60° au moins et sous la forme d'un triangle scalène dont le sommet s'incline vers le sud. La base de ce triangle peut avoir de 12 à 15°, mais la lueur s'affaiblit considérablement sur les bords et vers le sommet, et il n'est pas facile, par conséquent, d'en tracer exactement les limites. Hier, 14, vers 7 heures 30 minutes du soir, je la suivais jusque dans le voisinage de la planète Mars, située en ce moment un peu au-dessous des Pléiades, et qui, par parenthèse, scintillait visiblement. L'éclat maximum de la lueur s'observait au tiers environ de sa hauteur, c'est-à-dire à 15 ou 20° au-dessus de l'horizon ; il dépassait certainement celui de la voie lactée dans les régions les plus brillantes, par exemple dans la constellation de Cassiopée.

« Pendant toute cette semaine, le thermomètre est descendu au-dessous de zéro vers 7 heures du soir ; le baromètre a été très-élevé et a $0^m.773$ en moyenne, à une altitude de 225 mètres environ ; les vents d'E. et de N.-E. ont toujours régné. L'air a été très-sec en général et le ciel toujours découvert. »

— Note sur l'extraction et le dosage des gaz dissous dans l'eau ; par M. AD. BOBIERRE.

— Action réciproque des protosels de cuivre et des sels d'argent ; par MM. E. MILLON et A. COMMAILLE. — En versant une solution de protochlorure de cuivre ammoniacal dans une solution de nitrate d'argent, aussi additionnée d'ammoniaque, il se fait immédiatement un précipité d'argent métallique dans un état de pureté absolue. On observe en même temps les particularités suivantes :

« L'argent précipité est amorphe et dans un état de division tel, que le diamètre de chacun des grains n'excède pas 0.0025 de millimètre. On sait que l'argent obtenu par les courants électriques ou par l'action des métaux est le plus souvent brillant et toujours cristallin. L'argent amorphe que nous obtenons est d'un gris terne, mais quelquefois presque blanc ; dans tous les cas, il prend sous le brunissoir l'éclat métallique le plus vif, et, à la faveur de son grand état de division, il est facile de l'appliquer sur les matières les plus diverses, telles que le bois, la pierre, le cuir et les tissus de différentes sortes. On a là, du même coup, l'argent pur et divisé. Il est probable qu'un tel état favorisera l'application de ce métal dans plusieurs industries. »

MM. Millon et Commaille font suivre cet exposé de plusieurs nombres qui leur permettent de doser exactement leurs liqueurs ; nous ne mentionnerons pas ces expériences, espérant pouvoir plus tard insérer *in extenso* leur travail dont les *Comptes-rendus* ne donnent, sans doute, qu'un extrait. L'importance de leur communication pour l'industrie nous fait donc espérer que ces Messieurs nous mettront à même d'insérer dans tous ses détails leur curieux et intéressant mémoire.

— Comité secret à quatre heures et demie, pour le choix de candidats pour remplir dans la section d'économie rurale la place de correspondant, vacante par suite du décès de M. Bracy-Clark. La commission, par l'organe de M. Boussingault, présentera dans la prochaine séance :

En première ligne........... M. de Vibraye, à Cheverny (Loir-et-Cher).
En deuxième ligne.......... M. Parade, à Nancy.

SUR L'EXTRACTION DE LA FÉCULE DE MARRONS D'INDE.

(Deuxième partie.)

CONSIDÉRATIONS ÉCONOMIQUES SUR L'AVENIR DE LA FABRICATION DE CETTE FÉCULE.

Par M. JACQUELAIN.

Dans la première partie du rapport de M. Jacquelain, rapport que nous avons inséré dans notre livraison 130ᵉ, 15 mai 1862, il a été question seulement des procédés d'extraction ; dans cette deuxième partie, que le *Bulletin de la Société d'encouragement* publie dans son numéro de novembre 1862, il s'agit de l'avenir de cette fécule comme produit tout à la fois élémentaire et industriel.

Nous aurions désiré préciser la question par des chiffres plus récents, mais nous manquons d'éléments pour établir une statistique exacte sur la production industrielle des fécules. Quoi qu'il en soit, si les nombres que nous allons présenter ne peuvent être pris à l'absolu, du moins ils serviront de jalons pour montrer ce que pourrait produire une plantation de marronniers faite avec prudence et discernement.

Le marronnier, avons-nous dit dans notre rapport, est un des plus beaux arbres de la nature ; il vient et se développe dans presque tous les terrains peu humides.

Or, d'après le Dictionnaire de Bouillet, 1854, le développement des routes principales, en France, est de 791,816 kilomètres.

En admettant, pour un instant, la longueur totale de ces routes, plantées de marronniers à une distance de 15 mètres, afin de ne pas donner trop d'ombrage aux terres voisines, on aurait, à la vingtième année, 105,575,466 marronniers donnant, en moyenne, à cet âge et par individu, 1 hectolitre de fruits pesant 75 kilogr. l'hectolitre.

La France disposerait donc, à cette époque, d'une quantité de marrons représentée par 78,181,599 quintaux métriques,5 de fécule, c'est-à-dire 11,727,239 quintaux métriques,85 de fécule, en adoptant le rendement actuel et minimum obtenu par M. de Callias, dont le chiffre est de 15 pour 100, ainsi que nous l'avons dit dans notre rapport.

D'autre part, il ne nous semble pas invraisemblable d'admettre que chaque département, à l'exemple de celui de la Seine, pourrait fournir 135,000 marronniers, en comptant ceux déjà existants, ce qui porterait, pour nos 88 départements, l'île de Corse non comprise, la production de la fécule à 1,336,500 quintaux métriques, ensemble 13,063,739 quintaux métriques,85.

En raisonnant d'après la statistique d'Abel Hugo, sur la production et la consommation des grains en France, consommation qui a bien augmenté par suite de l'énorme développement qu'a pris l'industrie des tissus, nous dirons :

Les semences absorbent..................	24,000,000	d'hectolitres.
La consommation pour les hommes........	97,000,000	—
— — pour les animaux........	29,400,000	—
— — industries diverses......	1,600,000	—
Total..................	152,000,000	—

Dans cette hypothèse, les industries diverses, à cette époque, auraient donc détourné de l'alimentation des hommes et des animaux le 1/95 de la production, c'est-à-dire un poids de 1,232,000 quintaux métriques de céréales En admettant, d'après Reizet, que l'hectolitre pèse 77 kilogr.,75, soit 77 kilogr. en nombre rond, cette quantité de céréales, à 50 pour 100 de rendement en fécule, représente 616,000 quintaux métriques

D'un autre côté, d'après M. Royer, dans ses *Notes économiques sur la statistique de la France*, la production de la pomme de terre étant de :

96,233,985	hectolitres,	si l'on en retranche
10,267,255	—	pour l'ensemencement et
78,440,554	—	pour la consommation,

il reste 7,526,176 hectolitres absorbés par les féculeries. Mais, d'après Thaër, l'hectolitre de pommes de terre pesant 63 kilogr.,880 et les 100 kilogr. produisant, en moyenne, 15 pour 100 de fécule, selon M. Payen, donc les 7,526,176 hectolitres représentent 720,255 quintaux métriques de fécule.

Faisant la somme de ces deux quantités provenant des céréales et des pommes de terre, on trouve 1,336,255 quintaux métriques pour la totalité de la fécule consacrée à la fabrication des différents produits qui en dérivent.

Cherchant ensuite la différence entre ce dernier chiffre et celui de la fécule de marrons d'Inde provenant des plantations précédemment indiquées, on trouve pour la fécule de marrons d'Inde un excédant représenté par 11,727,484 quintaux métriques,85.

Par ce calcul, vrai en lui-même, nous voulons prouver que, même en abandonnant le projet de plantations progressives du marronnier sur quelques routes, et en se bornant a quelques plantations dans chaque département, pour compléter celles déjà existantes, la France, au bout de vingt ans et sans frais de culture spéciale, serait à même de produire une quantité de fécule qui ferait rentrer dans l'alimentation 7,526,176 hectolitres de pommes de terre et 1,600,000 hectolitres de blé, tout en créant pour le pays un capital effectif de 17,420,000 francs.

Tel serait l'avenir réservé à l'exploitation de la fécule de marrons d'Inde ; tel serait aussi le service que M. de Callias aura rendu à son pays, si la multiplication du marronnier, en France, recevait pour les départements un accueil aussi favorable qu'à Paris, et si, pour développer cette industrie, on lui accordait, dès à présent, la faveur du tarif le plus bas auquel on transporte certaines marchandises. Ce projet présente à nos yeux l'avantage d'une exécution facile et peu coûteuse ; car, depuis la quinzième année jusqu'à la vingtième, les marronniers produiraient une certaine quantité de fruits qui viendraient combler une partie des frais de plantation.

Quant aux résultats, ils se réaliseraient lentement, sans secousse pour le prix vénal des fécules ou des céréales.

Ainsi, non-seulement, avec de légers sacrifices, on apporterait une amélioration progressive dans le régime des classes pauvres, non-seulement on élèverait le niveau de la puissance physique et morale de la nation, mais on travaillerait aussi à se prémunir contre les calamités dues à une coïncidence possible d'une disette de blé et d'une destruction de la récolte de pommes de terre.

On se rappelle, en effet, les crises alarmantes pour la Suisse en 1771 et 1772, et qui ont provoqué l'important travail de Haller sur l'agriculture des blés, et celui du célèbre Turgot.

Au commencement du XIX⁰ siècle, Tessier, membre de l'Académie des sciences, entreprit aussi d'étudier pratiquement et par comparaison toutes les plantes alimentaires récoltées dans le monde entier. La pénurie des vivres de 1847 en Belgique, en France et en Irlande fut également l'occasion, pour Michel Chevallier, d'un remarquable opuscule sur la force alimentaire des États.

En 1849, la Société d'encouragement proposa même un prix de 10,000 fr. pour l'acclimatation, en France, des racines alimentaires farineuses non cultivées en Europe.

Enfin, le 25 octobre 1855, le gouvernement belge fit ouvrir un concours pour la découverte d'une substance non alimentaire, pouvant remplacer la fécule dans ses usages industriels.

Exposé des motifs du concours institué en Belgique, par arrêté royal du 25 octobre 1855, pour la découverte d'une substance non alimentaire propre à remplacer les matières féculentes dans les usages industriels.

« L'application des matières amylacées aux usages industriels tels que l'encollage du
« papier, l'épaississage des couleurs et mordants destinés à l'impression sur étoffes, le
« parement des fils et l'apprêt des tissus, détournant de la consommation alimentaire une
« certaine quantité de produits nutritifs, le gouvernement belge a résolu d'ouvrir un con-
« cours et d'instituer une récompense de 10,000 francs pour la découverte d'une substance
« capable de remplacer, d'une manière à la fois complète et économique, les matières fécu-
« lentes dans les applications techniques.

« Le but du gouvernement étant de restituer à l'alimentation une quantité notable de ma-
« tériaux qui est aujourd'hui détournée de cet emploi, il importe que la substance proposée
« pour remplacer les fécules, tout en réunissant les qualités requises pour leurs usages in-
« dustriels et en offrant les conditions d'abondance et de bon marché indispensables pour
« l'application pratique, ne soit pas usitée comme aliment, au moins en Belgique. »

Le ministre de l'intérieur,

P. DE DECKER.

Bruxelles, le 24 novembre 1855.

Ainsi donc, les enseignements du passé surabondent, et, puisque nous pouvons préparer la solution d'un problème économique, sachons y travailler pour l'avenir.

D'après les considérations précédentes, il demeure évident, pour nous, que l'extraction industrielle de la fécule de marrons d'Inde est une véritable solution beaucoup plus large et plus complète que ne l'avait demandé le programme du gouvernement belge.

Assurément, M. de Callias n'a pas répondu littéralement à ce programme ; mais pratiquement il a fait plus, puisque sans frais de culture il utilise une masse considérable d'un produit jusqu'alors de minime valeur, le seul susceptible de figurer dans toutes les applications de la fécule, puisque, en outre, ce produit, complétement dépourvu d'amertume, peut, au besoin, s'incorporer aux aliments de nature azotée.

Ainsi donc, à moins de faire allusion [soit au procédé peu industriel de M. le docteur Phipson, pour extraire la fécule de la sciure de certains bois coupés en hiver, soit au procédé de conversion des ligneux en cellulose soluble dans l'acide sulfurique, mais redevenant insoluble par l'eau, on comprend qu'au lieu de demander à l'industrie de fabriquer de toute pièce de la fécule, chose sinon impossible, au moins très-difficile, il eût été plus rationnel de poser la question sur un terrain véritablement pratique.

Nous ne croyons pas non plus qu'il soit rationnel et avantageux de provoquer l'établissement de grandes cultures de végétaux moins riches en fécule que la pomme de terre, plus coûteux à cultiver et qui empiéteraient sur des récoltes à la fois plus productives et plus substantielles.

Il nous reste maintenant à établir d'une manière certaine la priorité de M. de Callias comme fondateur, en France, d'une féculerie de marrons d'Inde.

Cette dernière partie du rapport de M. Jacquelain n'intéressant guère que M. de Callias, nous la passons sous silence, comme inutile à nos lecteurs.

SUR LES RELATIONS DE LA CHIMIE ORGANIQUE AVEC LA PHARMACIE.

Par M. Berthelot.

(Discours prononcé à la séance de rentrée de l'École de pharmacie.)

Messieurs,

La chimie procède de deux origines : l'art de préparer les médicaments pour guérir les hommes, et l'art de travailler les minéraux pour la guerre et l'industrie.

Comme toutes les sciences, elle a commencé par la systématisation d'un certain nombre de pratiques purement empiriques. L'existence de ces pratiques est commune à tous les temps, à tous les peuples civilisés ; vous les retrouvez avec des caractères semblables, soit dans l'antiquité parmi les Egyptiens et les Phéniciens, soit, jusque dans les temps modernes, parmi les Chinois et les Japonais. Ce sont des recettes brutes, obtenues tantôt par hasard, tantôt par une longue suite de tâtonnements, mais qui ne constituent aucun ensemble, qui ne sont les fruits d'aucune notion théorique. C'est de là que la chimie est partie pour construire un immense édifice, fondé sur ces relations cachées des phénomènes, sur ces généralisations abstraites que le génie des races européennes paraît seul apte à développer. Mais avant de parvenir aux notions si claires et si profondes que nous avons aujourd'hui sur les transformations de la matière, la chimie a débuté par la poursuite de deux buts chimériques, qui répondent à ses deux origines : ce sont la transformation des métaux, représentée par la pierre philosophale, et l'immortalité corporelle, représentée par l'élixir de longue vie.

Il fallait d'aussi grandes espérances pour animer d'une ardeur invincible les travailleurs, sans cesse égarés dans le labyrinthe des métamorphoses de la matière, sans cesse persécutés par l'ignorance de leurs contemporains.

Dès les douzième et treizième siècles, une idée générale commence à se dégager dans l'étude des médicaments. On reconnaît que l'action exercée sur l'économie humaine ne résulte pas de toutes les parties d'une plante ou d'un minéral indifféremment, mais qu'elle est souvent concentrée dans certaines parties de la plante, parfois même dans certains liquides, dans certaines substances particulièrement actives. Ce sont les essences ou principes essentiels des plantes et des médicaments. Dans tous leurs travaux, les expérimentateurs de cette époque s'efforcent d'isoler ces principes essentiels.

Ainsi furent découverts par les chimistes arabes l'alcool ou principe essentiel du vin, et la plupart des principes odorants ou essences des végétaux. C'est ainsi que la chimie organique prend naissance dans les laboratoires des pharmaciens, et prélude à ses progrès futurs par des découvertes qui frappèrent d'étonnement les esprits des contemporains.

Mais, je ne veux pas vous retracer ici la suite de son histoire. Il me suffit d'avoir indiqué son point de départ. Toujours occupés de l'étude des substances végétales, de l'art d'en extraire les matériaux actifs, de les conserver, de les approprier à nos besoins, habitués à la précision des dosages et des analyses, il a suffi aux pharmaciens de transformer en formules scientifiques les résultats empiriques qui se présentaient sans cesse devant leurs yeux, pour faire une multitude de découvertes. La notion même du principe immédiat, et la méthode des dissolvants, ces deux fondements de l'analyse végétale, sont sorties de leurs laboratoires. Une autre route avait été d'abord suivie : c'est une singulière histoire, un nouvel exemple après tant d'autres, de l'infériorité, dans l'ordre des découvertes, de ces travaux collectifs, dont le plan fixé à l'avance exclut l'initiative individuelle.

Presque dès les premières séances qui suivirent la fondation de l'Académie des sciences de Paris, au dix-septième siècle, on traça le plan d'une méthode générale d'analyse applicable aux végétaux. Il s'agissait d'en reconnaître les principes constitutifs par la distillation à la cornue. On partagea le travail, et pendant plus de trente ans on soumit, tour à tour, toutes les plantes alors connues à l'action du feu, déterminant pour chacune d'elles la quantité de flegme, d'esprit volatil, de sel volatil, d'huile, enfin de *caput mortuum*.

Cet immense travail fut à peu près dépensé en pure perte : le pavot, la ciguë, le blé fournissaient les mêmes produits. La méthode employée, ramenant tous les végétaux à des matières semblables, dénaturait évidemment les corps qu'elle prétendait analyser.

Il fallut revenir pour l'analyse végétale aux opérations ordinaires de la pharmacie, connues depuis si longtemps, mais qui reçurent bientôt des perfectionnements extraordinaires. On s'efforça dès lors d'extraire les matériaux ou principes immédiats des plantes par l'eau, par l'esprit de vin, en recourant à la macération, à l'infusion, à la décoction, en ménageant la température, etc. Bientôt les idées s'éclaircirent, on commença à définir avec plus de précision les fonctions chimiques que les corps peuvent remplir, et tout un ensemble de méthodes nouvelles, fondées sur cette dernière connaissance, permirent à Scheele, dans son obscure officine, d'extraire et de purifier systématiquement la plupart des acides végétaux. Ce sont là des travaux dont la clarté méthodique et la certitude n'ont pas été dépassées.

Mais je touche ici à la grande révolution qui s'est opérée en chimie, vers la fin du dix-huitième siècle, à la création de la chimie pneumatique due principalement aux concours des sciences physiques et mathématiques. A la suite de cette révolution qui changeait les bases de la science pour les asseoir sur un fondement désormais inébranlable, tous les esprits furent entraînés vers la rénovation de la chimie minérale.

La chimie organique, plus complexe et plus délicate, demeura d'abord dans l'ombre. On se borna à reconnaître quels étaient les corps simples constitutifs des matières organiques. Cependant, quand le premier élan commença à s'apaiser, quand la chimie minérale se trouva fixée dans ses lignes fondamentales, on se tourna de nouveau vers la chimie organique. Parmi les progrès qu'elle ne tarda pas à faire, quelques-uns des plus étonnants sont sortis des laboratoires de cette École.

Il suffit de citer la découverte des alcalis végétaux, par MM. Pelletier et Caventou, naguère encore vos maîtres, qui éclaira, d'une lumière soudaine, à la fois la chimie organique et la matière médicale ; celle de la théorie exacte de la formation des essences dans les végétaux et tant d'autres qui feront l'éternel honneur de l'École de pharmacie.

Je pourrais encore vous rappeler que la plupart des hommes qui illustrent aujourd'hui la chimie sont sortis de vos officines et de vos laboratoires. Mais je m'arrête, je craindrais d'être accusé de flatterie, si je rendais aux vivants la justice qui leur est due.

Après vous avoir montré comment la pharmacie a été de tout temps une pépinière féconde de chimistes, autant par la direction générale qu'elle donne aux études de ses adeptes que par la précision qu'elle imprime à leurs esprits, il me reste à vous dire comment vous pourrez continuer cette glorieuse tradition, et maintenir l'honneur scientifique transmis par vos maîtres et par vos aînés. Je vous parlerai seulement de ce que vous pourrez faire dans l'ordre de la chimie organique : je ne suis pas autorisé pour vous tracer la route dans les autres sciences que vous devez connaître.

A côté de l'enseignement oral, auquel vous êtes tous appelés à participer, à côté de l'enseignement pratique et élémentaire, qui vous est donné avec tant de sollicitude dans les laboratoires de l'École, il en est un autre, destiné aux premiers et aux plus distingués d'entre vous, et que je serai heureux de fonder, le jour où les moyens nécessaires seront mis entre mes mains (1).

La science entre aujourd'hui dans une voie nouvelle. Après avoir analysé si longtemps les substances organiques, de façon à découvrir les principes immédiats, et à ne reconnaître les éléments et la constitution moléculaire, elle s'efforce maintenant de renverser le problème ; passant à la synthèse, la chimie organique tâche d'atteindre par ses procédés le même but que la nature, et de reconstituer les substances dont la vie s'était jusque-là réservé le secret. Déjà la voie est ouverte, les bases sont posées. Les éléments ont été combinés sous la seule influence de leurs affinités réciproques. Dès à présent nous savons former une multitude de matières organiques, identiques avec celles que la nature nous présente.

Il suffira de citer l'alcool, l'acide formique, l'acide acétique, l'acide tartrique, l'essence de moutarde, les corps gras neutres, et tant d'autres, pour vous montrer toute la fécondité des nouvelles méthodes. Encore sommes-nous à peine au début de leurs applications. Le nombre des principes naturels est immense, leur complexité souvent excessive. La formation synthétique de ces principes peut être déduite des idées nouvelles, mais à la condition de faire de chacun d'eux l'objet d'une étude spéciale, étude féconde et pleine d'intérêt pour la pharmacie, pour la médecine, pour l'industrie, aussi bien que pour la science pure ! Car il s'agit maintenant de reproduire par l'art l'ensemble de ces principes actifs des plantes, que le long travail de vos pères a conduit à découvrir et à analyser.

C'est une œuvre dont l'École de pharmacie ne doit abandonner à personne la réalisation. Pour y parvenir, il faudrait constituer dans ces murs l'un de ces puissants laboratoires dont l'Allemagne nous a donné depuis longtemps l'exemple, mais que la France ignore encore (2).

Quand ce jour, sans doute prochain, sera venu, si nous ne sommes pas en mesure de fonder un de ces grands centres de travail . pareils à ceux de l'Allemagne, nous tâcherons du moins de constituer une petite famille, unie par les liens d'une amitié réciproque. Ce que je voudrais surtout alors, ce n'est pas vous voir adopter aveuglément les idées que je vous présenterai, mais, au contraire, acquérir par une étude sérieuse et directe des choses une opinion personnelle. En même temps que vous concourrez ainsi plus efficacement au mouvement scientifique à la tête duquel quelques-uns d'entre vous sont sans doute appelés à se placer à leur tour, vous vous dévouerez à la science et vous acquerrez cette élévation morale, cette indépendance de caractère qui méprise l'intrigue et trouve son principal bonheur à poursuivre dans le calme du laboratoire la connaissance de la vérité :

> .... *Bene munita tenere*
> *Edita doctrinœ sapientum templa serena.* (Lucrèce.)

12 novembre 1862.

(1) Nous pensons que M. Berthelot fait allusion au grand laboratoire dont M. Menier, son fondateur, veut mettre, nous assure-t-on, la direction scientifique entre ses mains.

(2) Ce laboratoire est, on le sait, en voie de formation ; 150,000 francs sont, à l'heure qu'il est, souscrits ; mais l'École de pharmacie n'y voudra participer en rien ce qui n'étonnera personne, pas même M. Berthelot, qui lui adresse cependant de si flatteuses paroles.

APPRÉCIATION DES DIVERS BREVETS PRIS EN FRANCE POUR DIVERS PROCÉDÉS

CONDUISANT

A L'OBTENTION DU ROUGE D'ANILINE.

A l'époque où M. Barreswil publia cette notice, il ne connaissait pas le brevet de MM. Roquencourt et Dorot, dont nous avons rendu compte dans le dernier numéro du *Moniteur* (page 136), et qui est antérieur de quatre mois à celui de MM. Renard frères et Franc, etc. En publiant aujourd'hui cette notice de 1862, nous répondons au vœu de M. Barreswil lui-même, qui n'ayant pas changé d'opinion, malgré le dernier succès de MM. Renard et Franc, désire, dans l'intérêt de l'industrie, que cette note, écrite alors seulement pour la défense, reçoive aujourd'hui la publicité de notre Journal et soit utile à tous ceux qui, tant en France qu'à l'étranger, ont à combattre les prétentions de MM. Renard et Franc.   D^r Q.

Les résultats si remarquables, obtenus par M. Perkin, qui, *le premier, a appelé l'attention des industriels* sur les réactions connues de l'aniline donnant naissance à des matières colorantes, ont été le point de départ de brillantes applications. Chacune de ces réactions signalées par les auteurs a été étudiée ; des réactions nouvelles ont été tentées et, aujourd'hui, l'industrie est en possession de nombreuses recettes conduisant à l'obtention de matières colorantes violettes, rouges, bleues (1), dont la nature, le mode de production, ainsi que les liens qui les unissent, ne sont pas encore bien connus. Les travaux si remarquables, si précis de M. Hofmann ont pourtant déjà mis hors de doute que les diverses matières colorantes dont il va être parlé, encore bien que dues à des réactions différentes, récèlent un même produit chimique colorable susceptible d'être isolé de chacune d'elles à l'état pur, et donnant à cet état des résultats identiques, quel que soit le procédé qui leur a donné naissance ; tandis que ces matières *brutes*, obtenues par diverses réactions, donnent des résultats différents, caractéristiques, pour chacune d'elles.

Cette doctrine de M. Hoffmann, établie sur des preuves pour moi irrécusables, a mis fin aux discussions chimiques élevées sur cette question, et qui ont, pendant deux années entières, divisé les chimistes (au moins ceux dont les noms ont été prononcés, car on ne connaît pas encore l'opinion des premiers de la science).

Brevet Renard et Frank. — MM. Renard et Franc ont pris un brevet principal pour la préparation et l'emploi d'une matière colorante rouge, obtenue en faisant réagir sur l'aniline certains chlorures, notamment le chlorure d'étain. (Dans une addition à ce brevet, MM. Renard et Franc ont également revendiqué le chlorure de carbone.) Cette réaction des chlorures avait été étudiée par M. Hofmann ; on la trouve très-nettement décrite dans un mémoire où l'auteur indique la formation d'une matière colorante d'un *cramoisi magnifique,* par la réaction du chlorure de carbone sur l'aniline. (Dans un précédent mémoire, M. Hofmann avait signalé la combinaison de l'aniline et du chlorure d'étain.)

Les personnes qui n'avaient pas lu les mémoires de M. Hofmann (je suis de ce nombre) ont spontanément reconnu à MM. Renard et Franc, lors de l'apparition de leur brevet, le droit exclusif de préparer la matière colorante rouge qu'ils appelaient fuschine ; mais, lorsque le mémoire de M. Hofmann a été mis en lumière, une réaction s'est subitement opérée dans les esprits ; et, comme il arrive toujours, on est allé, suivant moi, trop loin, en contestant à MM. Renard et Franc tout droit à un brevet quelconque.

Je déclare aujourd'hui, après avoir lu tous les mémoires de M. Hofmann, et connaissant les faits industriels et moraux que le procès a révélés, que l'on ne saurait nier à cet éminent chimiste le mérite d'avoir signalé le premier une réaction de l'aniline donnant lieu à la produc-

(1) Et, depuis, vertes, jaunes et noires.

tion d'une matière colorante; mais aussi je reconnais à MM. Renard et Franc (même maintenant qu'il est prouvé que l'expérience décrite par M. Hofmann conduit directement à une réalisation industrielle) le droit de breveter l'application de *celte réaction des chlorures*, pour l'obtention industrielle de cette matière colorante d'un cramoisi magnifique découverte par M. Hofmann.

Il n'y a pas lieu d'ailleurs de discuter sur cette considération que l'expérimentation première aurait été faite, non pas par la raison Renard et Franc, mais par M. Verguin; s'il a plu à celui-ci de vendre son nom, à ceux-là de l'acheter, cette substitution, au point de vue du brevet, ne regarde qu'eux-mêmes.

Brevet Gerber-Keller. — M. Gerber-Keller s'occupe de l'industrie des toiles peintes, depuis plus de trente ans. Il s'est livré, il y a vingt ans au moins, avec Stackler de Rouen, à la recherche d'un procédé pour extraire le rouge de la garance et l'appliquer à l'industrie. Depuis qu'il a quitté la fabrique, il s'est occupé de rechercher des recettes applicables à la teinture et à l'impression; il fabriquait dernièrement une couleur métallique pour les étoffes à doublures, lorsque les succès de M. Perkin et de MM. Renard et Franc, obtenant des couleurs à l'aide de l'aniline, l'appelèrent dans cette voie de recherches. M. Gerber eut alors l'idée de tenter à sec l'action des réactifs oxydants déjà employés au sein de l'eau. Cette idée principe l'ayant conduit à l'obtention d'une couleur rouge, il a pris un brevet le 29 octobre 1859.

Le brevet Gerber-Keller montre très-nettement le but que poursuit l'inventeur, qui est d'*oxyder l'aniline* et de la transformer, à l'aide de réactifs oxydants, en un colorant rouge ou mauve. Une addition prise dans la première année de ce brevet renferme la description complète du procédé que l'expérience lui a indiqué comme le meilleur et donnant des résultats très-satisfaisants, tant sous le rapport de la manipulation que sous celui de la richesse et de la beauté du produit.

Or, il est établi que M. Gerber-Keller a toujours opéré par le procédé décrit dans son brevet et selon les termes mêmes de son addition. On admet facilement que l'inventeur ait voulu attendre, pour prendre son dernier brevet d'addition et dire le dernier mot de son procédé, que le brevet antérieur de MM. Renard et Franc eût accompli sa première année d'existence.

Je considère le procédé du brevet principal Renard et Franc et le procédé Gerber-Keller comme très-différents l'un de l'autre; c'est la raison pour laquelle, en parlant du brevet principal de MM. Renard et Franc, je n'ai pas cru devoir m'occuper des certificats d'addition pris postérieurement au brevet principal de M. Gerber-Keller et énonçant le moyen de ce dernier dont ils ne donnent pas le *modus faciendi*.

Ce point réglé, je ne crois pas que M. Gerber-Keller, pas plus que MM. Renard et Franc, puissent voir leurs brevets invalidés par suite de la publication de M. Hofmann.

On pourrait invoquer, comme cause de déchéance, que ces brevetés ont indiqué, l'un comme l'autre, des réactifs qu'ils n'emploient pas, qu'ils ne peuvent ou ne doivent pas employer; mais ils n'ont fait en cela que ce que font tous les brevetés, et je ne vois pas dans ce fait habituel une cause d'invalidité, attendu qu'il est certain que l'un et l'autre a décrit très-sincèrement le procédé qu'il a pratiqué, et qui est la base légitime de son brevet, MM. Renard et Franc *le procédé par le chlorure d'étain*, M. Gerber-Keller *le procédé par le nitrate de mercure*. Aussi pour moi, malgré ce fait, les deux inventeurs sont-ils brevetables chacun pour l'application industrielle de son procédé scientifiquement connu, mais dont l'industrie ne jouissait pas.

Une situation semblable à celle de M. Gerber-Keller, par rapport à MM. Renard et Franc, s'est produite récemment entre deux autres brevetés, M. Béchamps et MM. Delaire et Girard.

Un brevet ayant été pris par M. Béchamps pour l'obtention d'une matière colorante bleue, obtenue de l'aniline par un procédé que nous savons analogue à celui de MM. Renard et Franc pour le rouge, MM. Girard et Delaire ont pris (très-peu de temps après) un brevet pour l'obtention d'un bleu d'aniline, au moyen d'un procédé analogue à celui de M. Gerber-Keller pour le rouge.

Je ne discute pas ici la validité de ces brevets, je signale seulement l'analogie de la situation.

Brevet Depouilly. — MM. Depouilly sont les fils d'un homme dont le nom doit rappeler à Lyon des services rendus et appartient à l'histoire de l'industrie française. L'un d'eux est plus spécialement coloriste, l'autre est surtout chimiste. Il est élève du laboratoire de M. Pelouze. Les deux frères s'occupent en commun de la recherche de procédés utiles à l'industrie des tissus. Déjà ils ont mis à profit certaines données de la science, notamment l'application de l'or à l'état métallique par voie de réduction sur des filaments textiles, et par voie de collage sur tissus, au moyen d'un enduit que la chaleur rend glutineux et qui redevient *sec* par le refroidissement Ils ont eu l'heureuse pensée d'appliquer à la teinture et à l'impression un produit chimique provenant du guano et des excréments des serpents, qui donne des rouges magnifiques, la *murexide*, et les premiers ils ont indiqué le moyen de fixer sur tissus cette magnifique couleur alors sans emploi.

En présence des résultats obtenus par M. Perkin, par MM. Renard et Franc, et par M. Gerber-Keller, qui avaient appliqué à la teinture certaines réactions connues de l'aniline, pour obtenir une matière colorante rouge, et faisaient ainsi concurrence à leur murexide, MM. Depouilly ont songé à étudier d'autres réactions également connues de l'aniline, dans l'espoir de trouver eux aussi quelque heureuse application à la teinture.

Les chimistes avaient signalé l'action du chlorure de chaux et celle de l'acide nitrique sur l'aniline, comme donnant lieu à la production de principes colorés; ils ont étudié ces réactions et sont arrivés, non sans peine, à la découverte d'une matière colorante violette, par l'action du chlorure de chaux, et d'une matière colorante rouge, par l'action très-délicate de l'acide nitrique. Alors MM. Depouilly ont demandé le droit exclusif d'exploiter à leur profit leurs découvertes ou inventions consistant dans l'application nouvelle de moyens connus pour l'obtention de produits industriels, et pour se mettre à l'abri de toute tentative d'accaparement de MM. Renard et Franc; ils ont déposé leur brevet sous pli cacheté, qui ne devait être ouvert qu'à l'expiration de la première année du brevet de ceux-ci. C'était un autre moyen de se garantir que celui suivi par Gerber-Keller, mais c'était un même but.

Si je compare le brevet Depouilly au brevet Perkin et à celui de MM. Renard et Franc, je conclus que tous ont leur raison d'être, et j'arrive à la même conclusion vis-à-vis le brevet Gerber-Keller, encore bien que MM. Depouilly emploient, comme celui-ci, un corps oxydant, lequel est *même mentionné au brevet Gerber-Keller*, parce qu'il est loyal de dire que si Gerber-Keller a introduit dans son brevet tous les réactifs oxydants, il n'a en définitive employé qu'un réactif, le *nitrate de mercure*, parce que MM. Depouilly, comme MM. Renard et Franc, sont partis d'une réaction expressément indiquée par la science, et parce que l'action de l'acide nitrique, comme procédé opératoire, est aussi différente de l'emploi du nitrate de mercure que le procédé Gerber-Keller l'est du procédé Renard et Franc.

Brevet Girard et Delaire. — MM. Girard et Delaire sont, comme M. E. Depouilly, élèves du laboratoire de M. Pelouze; leurs idées étaient tournées vers les applications industrielles, et les succès commerciaux de MM. Renard et Franc, Gerber-Keller, Depouilly, ou je ne sais quelle autre circonstance, les ont conduits, comme leurs devanciers, à s'occuper de l'aniline.

MM. Renard et Franc avaient breveté le procédé par les chlorures, M. Gerber-Keller avait réclamé le procédé par les oxysels, MM. Depouilly revendiquaient le procédé par les oxacides. Ils eurent la pensée de breveter l'emploi des suroxydes (il paraissait certain *alors* que la transformation de l'aniline en matière colorante était due à une oxydation) et ils choisirent le *bioxyde de plomb* (oxyde puce de plomb). Je ne crois pas qu'il y ait là une invention bien sérieuse; pourtant, en présence des documents acquis, je conclurais aujourd'hui à la validité du brevet, si l'oxyde de plomb n'avait été breveté antérieurement à Londres par M. Price. Renonçant, sans doute, à se servir de cette base suroxygénée, MM. Girard et Delaire se sont adressés à un acide suroxygéné, et dans un nouveau brevet ils se sont réservé l'emploi de l'acide arsénique.

Il y a bien à dire que cet acide est nommément indiqué dans le brevet Gerber-Keller, qu'il est bien semblable à l'acide azotique employé par Depouilly (A2 O⁵.. Az O⁴) ; mais, enfin , comme l'acide arsénique, de même que les chlorures (de même que le nitrate de mercure et de même que l'acide nitrique), opère dans des conditions spéciales et donne des résultats industriels spéciaux, comme d'ailleurs Gerber-Keller n'a *sérieusement* breveté que le *nitrate de mercure*, de même que Renard et Franc n'ont breveté *sérieusement* que le *chlorure d'étain*, de même que Depouilly n'a *sérieusement* breveté (pour le rouge) que l'*acide azotique;* je conclurai à la validité du brevet Girard et Delaire, à moins que, par une autre cause que je ne puis apprécier (l'antériorité des brevets *anglais* de MM. Medlock et Nicholson), il ne puisse y avoir lieu à déchéance.　　　　　　　　　　　　　　　　　　　　　　　　BARRESWIL.

Paris, 15 mai 1862.

Quand on lit de sang-froid et sans aucune arrière-pensée de lucre tout ce qui a été écrit sur cette question si intéressante des couleurs d'aniline, on se demande comment, devant des explications si claires et si concluantes, on peut trouver un tribunal qui vienne déclarer qu'il y a lieu à accorder un brevet-principe à MM. Renard et Franc. Que le gouvernement, par l'organe du ministère public, prenne fait et cause pour le breveté, nous en comprenons le motif ; il faut bien que l'État qui prend l'argent du breveté le protége au jour de la lutte ; mais qu'on vienne favoriser un breveté au préjudice d'un autre breveté, que l'on s'entête à le proclamer inventeur, par esprit de corps, pour ne pas reconnaître que les experts dont on a fait choix ont pu faillir, que l'on transporte dans une question scientifique et industrielle les théories du principe d'autorité et d'infaillibilité, voilà ce qui révolte la conscience humaine et fait de ce procès un véritable scandale pour notre époque.

On a décoré, le 25 janvier, M. Renard pour « *Invention de la teinture du rouge d'aniline* » et l'on nous a affirmé que c'était M. Balard qui avait insisté pour que cette distinction fût donnée à cet industriel. Or, M. Balard a dit en pleine séance académique, le 14 août 1862 (voir *Moniteur scientifique*, livraison 137, p. 568) : « Hofmann, en essayant l'action du bichlorure de carbone sur l'aniline, obtint, outre le composé qu'il cherchait, une matière rouge dont il fut loin de méconnaître la riche nuance et l'application possible à l'industrie. Ses amis l'y poussaient ; mais, homme de la science pure, il résista à leurs conseils, etc. » Mais, répondra peut-être M. Balard à cette contradiction, c'est M. Renard qui a introduit le premier cette teinture dans l'industrie. Non, c'est M. Verguin, qui a reçu de MM. Renard et Franc 300,000 francs pour céder ses droits d'inventeur et aussi pour se taire, mais non pour être privé d'une distinction honorifique qui d'habitude ne se trafique pas, quel que soit le traité qu'on ait pu signer, et les intérêts qu'elle protége.

M. Verguin aurait donc dû recevoir la croix à la place de M. Renard, et, comme il a vendu son nom à la maison de commerce, le bénéfice de cette récompense servait également à cette dernière maison pour la prochaine plaidoirie de Mᵉ Blanc.

Mais, selon nous, M. Verguin n'avait pas plus de droits à la croix que M. Renard. Un seul homme, M. Perkin, a tiré l'aniline des essais de laboratoire, et l'a transportée dans la fabrique ; le premier, il l'a rendue industrielle et aurait pu obtenir un brevet de principe en France. Quant à tous les procédés qui sont venus depuis le sien graviter autour de sa découverte, que les auteurs les brevètent, libre à eux, la loi les y autorise ; mais qu'ils ne réclament pas un droit de confiscation pour ce qu'ils n'ont jamais songé à faire.

Un industriel d'une grande habileté et dont l'opinion a certainement beaucoup de poids dans cette question, qu'il connaît à fond, nous a adressé aussi un mémoire au sujet de la lettre de M. Kœchlin. Voici à peu près ce que nous écrit M. Lauth : « Certainement que je suis aussi de votre avis quand vous dites que MM. Renard n'ont pas droit à un brevet de principe ; en effet, ils n'ont *rien découvert* ces heureux *inventeurs ;* mais autant eux que MM. Depouilly et surtout que Gerber-Keller. Or, Gerber a breveté le premier l'acide arsénique ; il continue à payer ses annuités, ce qui prouve qu'il a ses idées en n'abandonnant pas son droit. L'acide arsénique étant aujourd'hui le seul procédé manufacturier avec lequel on peut faire le rouge et par le fait le bleu, il en résulterait que si Renard perdait son procès, Gerber se mettrait à son lieu et place et ferait la loi à son tour. » Nous répondrons à M. Lauth : Tant mieux pour M. Gerber-Keller. Il y a une loi des brevets, c'est pour s'en servir ; on paye des annuités, c'est sans doute pour conserver son droit et non pour engraisser le fisc. Qui donc empêche M. Renard de se servir de son bichlorure d'étain, procédé copié sur le bichlorure de carbone ? Personne. Que chacun prépare les couleurs d'aniline avec les perfectionnements qu'il aura trouvés, mais qu'un seul homme, qui n'a d'autre mérite que d'avoir su s'associer avec des hommes puissants, ne vienne pas confisquer à son profit toute une industrie.

Un nouveau procès est commencé à la Cour, et déjà les intrigues se croisent ; déjà les nouveaux juges sont visités, *nous assure-t-on,* par un certain personnage qui cherche à leur persuader qu'il n'y a rien à changer au jugement rendu ; que le dernier avocat général a consulté tous les chimistes, qu'il a reçu leurs avis, qu'il a questionné les plus compétents dans l'art de la teinture (M. Chevreul aussi, nous le savons ; mais sa consultation ayant déplu, on n'en a pas tenu compte, on a préféré sans doute celle de M. Pelouze, intéressé dans la maison Renard), et enfin qu'il faut condamner comme contrefacteurs ceux qui, pour la troisième fois, viennent encore essayer de la justice française. Eh bien, nous ne craignons pas de le dire, ces démarches coupables prouvent que MM. Renard perdent du terrain ; on craint la vérité, et on veut, après avoir rendu M. Renard ridicule avec sa croix d'honneur, lui conserver son *privilége inique,* comme le disait, avec tant de raison, M. Barral, dans son article du 1ᵉʳ février dernier.   Dᵣ Q.

28 février 1863.

CONSIDÉRATIONS SOMMAIRES SUR LES ODEURS.

Par Aug. DUMÉRIL,
Professeur au Muséum d'histoire naturelle.

Les odeurs sont le produit de la volatilisation, et les impressions olfactives résultent du dépôt et du contact, sur la membrane muqueuse des fosses nasales ou membrane pituitaire, des molécules mêmes des corps odorants. Et ces impressions sont convenablement perçues ou ne le sont point, suivant que la sécrétion du mucus dont la membrane doit être enduite se fait normalement ou qu'elle est trop abondante ou n'a pas lieu. Dans les deux derniers cas, son abondance, symptôme inflammatoire, s'oppose à la perception des odeurs autant que la trop grande sécheresse des fosses nasales. On peut, en effet, admettre que si rien ne trouble la sécrétion de la membrane qui les tapisse, il se forme entre les corpuscules odorants et cette surface humide une sorte de combinaison indispensable, sans doute, pour qu'il y ait sensation (1).

Il est fort probable que toutes les substances volatiles sont odorantes, mais l'imperfection de notre organe ne nous permet pas d'apprécier constamment les résultats de cette volatilité (2).

(1) Je n'aborde pas ici une question très-délicate, dont je réserve l'examen pour une époque ultérieure, et qui peut être exprimée en ces termes : L'olfaction existe-t-elle chez les animaux aquatiques? Ou bien, en d'autres termes, les corps odorants dissous dans l'eau n'agissent-ils pas chez ces animaux (cétacés, poissons, crustacés) à la manière des corps sapides, et ne produisent-ils pas des impressions analogues à celles que l'organe du goût est destiné à recevoir et à transmettre? Je crois qu'il en est réellement ainsi.

(2) L'anatomie nous explique, par l'aplatissement du cristallin des oiseaux de haut vol et par la sphéricité de celui des poissons, comment la vision peut s'opérer dans les régions les plus élevées de l'air ou dans

Si la persistance pendant un grand nombre d'années de l'odeur du musc, pour prendre un exemple bien souvent cité, pouvait faire naître quelques doutes sur la cause de l'olfaction, la disparition du camphre à l'air libre serait entre mille autres, le fait le plus propre à les dissiper. Trop de preuves déduites de faits analogues et d'expériences concluantes ont été apportées à l'appui de cette explication de la production des odeurs pour qu'il soit nécessaire de les rappeler ici. Elle s'applique, d'ailleurs, à toutes les circonstances où le sens de l'odorat reçoit une impression quelconque ; aussi ne pense-t-on plus à attribuer le parfum des fleurs, comme le faisait Boerhaave (*Elem. chemiæ*, 1732, t. I, p. 74), à un principe particulier, dit *esprit recteur* ou *arome*, depuis que Fourcroy, dans un mémoire spécial sur ce sujet (*Ann. de chimie*, t. XXVI, p. 511), démontra que les émanations odorantes des végétaux sont dues uniquement à la plus ou moins grande volatilité de leurs matériaux immédiats. Elles le sont surtout aux huiles volatiles, l'un des plus importants de ces produits, qui, souvent sécrétées par des glandes spéciales, s'en échappent par le simple froissement ou sans cause bien appréciable. La démonstration la plus évidente de la présence de ces huiles volatiles est fournie par le développement de la flamme autour de la fraxinelle (*Dictamus albus*) quand on en approche un corps en ignition, et qui résulte de l'inflammation simultanée ou presque instantanément propagée des innombrables utricules où est sécrétée une huile essentielle, très-odorante, dont toutes les parties de la plante sont couvertes (1).

La volatilisation étant admise comme cause des odeurs, on s'étonne de la prodigieuse divisibilité des corps odorants. L'observation la plus remarquable sur cette ténuité incompréhensible des molécules de certains corps est celle que l'on doit à Haller. Ce célèbre physiologiste a conservé pendant plus de quarante ans des papiers qu'un seul grain d'ambre avait parfumés, et, au bout de ce temps, ils n'avaient rien perdu de leur odeur (*Elementa physiol.*, t. V, p. 157).

Cette divisibilité laisse bien loin derrière elle celle déjà si admirable de l'or, et l'on peut dire avec Boyle (*De natura determinata effluviorum*, chap. I, p. 25; Œuvres, t. II, in-4°; Genève, 1680) que les molécules odorantes sont mille fois plus ténues que les légers corpuscules dont on voit, à l'éclat d'un rayon de soleil, des myriades s'agiter dans l'espace.

L'esprit a peine à concevoir comment peut résulter de quelques atomes répandus dans l'espace une effluve suffisant pour guider le chien sur la trace de son maître ou du gibier qu'il poursuit, ou pour attirer autour d'une femelle de bombyx enfermée dans une boîte les mâles d'alentour qui ne peuvent la voir (2).

Rien ne donne l'idée d'une semblable division, si ce n'est peut-être, en choisissant un

un milieu plus dense que l'atmosphère. Par le fait même de la convexité ou de l'aplatissement anormal de l'œil, elle nous indique la cause de la myopie ou de la presbytie.

L'allongement et la mobilité des appendices extérieurs de l'organe de l'ouïe, le volume relatif de ses parties profondes, sont autant de causes auxquelles peuvent être rapportées les dissemblances qu'offrent entre elles les diverses classes d'animaux.

Il n'en est pas de même pour l'olfaction, car nous ne trouvons pas dans la structure comparée des fosses nasales une satisfaisante explication de certaines différences importantes. Ainsi, rien, autant que nous pouvons en juger, ne nous fait comprendre l'inaptitude des animaux carnassiers pour l'appréciation des odeurs végétales, et l'inhabileté des herbivores à saisir les effluves des substances animales.

(2) M. Biot, par des expériences particulières qu'il a consignées dans les *Nouv. Ann. du Muséum d'hist. nat.*, 1832, t. I, p. 273, a démontré qu'il n'est pas nécessaire de supposer, ainsi qu'on le faisait jusqu'alors, l'existence d'une atmosphère inflammable dont le végétal serait enveloppé et « incompréhensiblement limitée dans son expansion, » comme le dit ce savant académicien.

(1) « A l'époque de la fécondation, nous avons placé, les unes dans les autres, plusieurs boîtes dont la plus intérieure renfermait une femelle du grand paon de nuit ou paon du chêne ; après les avoir déposées le soir sur un balcon de fenêtre, nous avons trouvé le lendemain matin un assez grand nombre de mâles venus de fort loin, faisant des efforts pour pénétrer dans cette sorte de prison aux portes de laquelle ils avaient passé la nuit. » (C. Duméril, *Entomologie analytique*, 1860, t. I, p. 107.)

exemple dans des faits d'un ordre tout autre, le surprenant mécanisme imaginé par M. Louis Bréguet (*Comptes-rendus Acad. des sc.*, 1842, t. XIV, p. 519) pour faire exécuter à un miroir deux mille tours sur lui-même en une seconde. De même qu'ici une unité de temps déjà minime subit un fractionnement extrême, là chacune des molécules matérielles dont le volume semble insaisissable est soumise à un nouveau partage en quelque sorte indéfini, et que ne peuvent faire comprendre les expressions de notre langage.

Je ne m'étendrai pas davantage sur ces considérations relatives à la nature même des odeurs, mon but spécial étant d'appeler l'attention sur quelques-unes des influences remarquables auxquelles peuvent être soumises leur production ou leur dispersion, et qui même, dans certaines circonstances, en déterminent l'anéantissement. Telles sont, en particulier : 1º l'influence résultant de la variabilité dans les proportions des éléments constitutifs des corps odorants ; 2º l'influence due à l'action de la lumière.

I. Ainsi, que certaines substances élémentaires capables de s'unir en proportions diverses et de former, par cela même, autant de composés qu'il y a de combinaisons possibles entre ces éléments, sans addition d'aucune molécules étrangère, et que ces différents composés aient chacun une odeur toute spéciale, n'est-ce pas là un phénomène vraiment remarquable et bien propre à montrer combien parfois sont mystérieuses les causes de nos sensations ?

On en peut juger par l'exemple suivant : Le gaz des marais, qui est fétide ; le gaz oléfiant, dont l'odeur, bien que faible, est à la fois éthérée et empyreumatique ; l'huile douce de vin, douée d'un arome particulier ; le bicarbure d'hydrogène, rappelant celui des amandes amères ; le naphte ou le pétrole, qui ont une odeur légèrement bitumineuse ; les huiles essentielles de citron, de cédrat, de térébenthine, l'huile de bergamote, que leurs propriétés odorantes ne permettent de confondre ni entre elles, ni avec aucune autre substance ; le camphogène, qui impressionne l'organe olfactif à sa manière, mais non pas comme le camphre ; la naphtaline, enfin, dont le parfum est agréable : ces onze substances différentes sont toutes de simples composés de carbone et d'hydrogène. Ces composés ne varient que par le nombre des atomes de l'un ou de l'autre des deux éléments que chacun d'eux contient, si ce n'est l'huile de citron où se trouvent quelques molécules d'azote.

Certains autres faits, au reste, tout aussi dignes d'intérêt, peuvent être rapprochés des précédents. Ainsi, l'oxyde de chlore, formé d'un volume d'oxygène et d'un demi-volume de chlore, a un arome tout spécial, tandis que les acides perchlorique et chlorique résultant de la combinaison de ces deux gaz dans des proportions différentes sont inodores. Ainsi encore, l'acide sulfureux, qui diffère des acides hyposulfurique et sulfurique uniquement par la moindre quantité d'oxygène qu'il contient, répand une odeur pénétrante dont sont privés les deux derniers.

II. La lumière semble, dans quelques cas, exercer une action particulière sur la dispersion des molécules odoriférantes. Par exemple, elle donne naissance à un produit très-odorant en ramenant à l'état d'acide azoteux l'acide azotique concentré. C'est, au reste, aux rayons caloriques obscurs, comme on peut le présumer, plutôt qu'aux rayons lumineux colorés que cette transformation est due.

Il y a, d'ailleurs, une autre influence de la lumière : 1º N'existe-t-il pas, en effet, une relation entre la couleur des corps et les odeurs qu'ils répandent ? 2º En outre, ne s'imprègnent-ils pas avec plus ou moins de facilité des émanations odorantes auxquelles ils sont soumis, suivant qu'ils ont telle ou telle coloration ?

1º Les fleurs, qui offrent une si admirable variété de nuances et d'odeurs, semblent pouvoir fournir les éléments d'une réponse à la première de ces questions. C'est ce qu'ont cherché à déterminer, il y a une trentaine d'années, deux expérimentateurs de Tubingue, MM. Schübler et Kœhler, qui ont étudié les rapports entre la couleur et l'odeur.

Les questions qu'ils s'étaient posées étaient celles-ci :

a. Sur 4,190 plantes, combien s'en trouvait-il de chaque couleur ?

b. Combien, dans chaque couleur, y en avait-il d'odorantes ?

Ils sont arrivés aux résultats suivants :

	Esp. color.	Esp. odor.
Blanches..................	1,194	187
Rouges..................	923	84
Jaunes..................	950	77
Bleues..................	594	31
Violettes..................	308	13
Vertes..................	153	24
Orangées..................	50	3
Brunes..................	18	1
	4,190	420

Les fleurs blanches étaient donc les plus nombreuses, et, proportionnellement, c'était parmi elles qu'il y en avait le plus. de remarquables par leur parfum. Venaient ensuite les rouges. Si l'on admet comme fournissant une donnée exacte ce relevé, qui aurait peut-être amené à des résultats un peu différents si l'examen avait porté sur d'autres plantes ou sur un plus grand nombre de végétaux, on ne sait comment expliquer que des fleurs d'une certaine couleur soient plus fréquemment odorantes que des fleurs dont la coloration n'est pas la même.

Les nuances diverses des pétales semblent, d'ailleurs, n'avoir quelquefois aucune influence sur l'arome, comme nous le démontrent, par exemple, les variétés blanche, bleue et rouge de la jacinthe, lesquelles répandent, toutes les trois, un parfum également suave.

Il a été fait cependant des expériences qui pourraient peut-être servir de guide aux physiologistes pour l'explication de ces faits. Elles ont trait aux différences que présentent les substances de couleurs diverses, relativement à l'absorption des odeurs avec lesquelles elles sont mises en contact. C'est le hasard, comme cela arrive si souvent dans les sciences d'observation, qui a fixé d'abord sur un fait de ce genre l'attention du docteur Stark, d'Edimbourg, à qui l'on doit quelques recherches expérimentales consignées dans le journal anglais *Penny Magazine* et dans le *Magasin pittoresque* de l'année 1842, page 150 (1).

Ayant observé que l'odeur si pénétrante de l'amphithéâtre d'anatomie restait bien plus longtemps et bien plus fortement imprégnée dans un habit de drap noir que dans un habit de drap olive qu'il portait alternativement, il voulut vérifier par la voie de l'expérimentation directe si ce n'était là qu'un cas particulier, ou si, au contraire, les corps absorbent avec plus ou moins d'énergie les principes odoriférants selon leur coloration. Il soumit donc à l'action du camphre, pendant six heures, dans un lieu obscur, deux petits morceaux de drap, l'un noir, l'autre blanc. Le résultat fut que le drap noir s'était imprégné d'une odeur de camphre beaucoup plus forte que celle absorbée par le drap blanc. L'expérience fut répétée en substituant au camphre de l'assa-fœtida. Après un délai de vingt-quatre heures, des deux morceaux de drap laissés en contact avec cette substance, l'un, noir, exhalait une odeur insupportable ; l'autre, blanc, était resté presque inodore. Après un très-grand nombre d'expériences faites et vérifiées avec une scrupuleuse attention par le docteur et ses amis, on arriva à établir que l'intensité d'absorption est décroissante suivant les couleurs dans l'ordre suivant : après le noir, le bleu serait la couleur qui absorbe le plus ; viendraient ensuite le vert, puis le rouge, le jaune, et enfin le blanc, qui n'absorbe presque rien.

J'ai cependant été amené par des expériences que j'ai faites, il y a un certain nombre

(1) Dans ce recueil devenu si populaire, dont l'origine remonte à l'année 1833, on trouve souvent d'excellents articles où la science est rendue facilement accessible à tous par la clarté et par la simplicité même de l'exposition. Les tables décennales en font d'ailleurs un vaste répertoire encyclopédique très-facile à consulter.

d'années, à une autre explication des différences offertes par les étoffes de laine, selon leur nuance, relativement à l'odeur qu'elles répandent après leur séjour, dans un milieu saturé de molécules odorantes. Ainsi, j'ai soumis du drap de teintes diverses à l'action du camphre, dont le poids était le même pour plusieurs boîtes contenant chacune un morceau de drap de mêmes dimensions. J'ai cherché, à plusieurs reprises, à apprécier les différences que pourraient présenter les couleurs rouge écarlate, noire et blanche : toujours j'ai trouvé, ainsi que les personnes qui ont expérimenté avec moi, qu'au premier moment l'intensité de l'odeur était la même ; mais peu d'instants après le morceau de drap blanc était devenu presque inodore, tandis que le noir, mais surtout l'écarlate, avaient conservé leur odeur.

La promptitude avec laquelle, dans ces expériences, on soumit à l'appréciation attentive du sens de l'odorat l'intensité des émanations répandues par les étoffes dès qu'elles étaient soustraites au contact du camphre, est peut-être la seule cause de la différence entre la conclusion que j'en ai tirée et celle du docteur Stark. Sans cette précaution, en effet, on pourrait croire avec lui que les substances blanches absorbent moins les odeurs que ne le font les substances colorées. Je crois, au contraire, que la seule différence qu'elles présentent sous ce rapport tient à ce que celles qui sont blanches laissent plus rapidement évaporer les molécules odorantes dont elles s'étaient chargées.

Il semblerait donc que les corps, suivant leur coloration, se comportent à l'égard des particules volatilisées des substances odorantes comme elles le font à l'égard des ondes lumineuses. De même que ce sont les corps blancs, en effet, qui renvoient avec le plus d'intensité la lumière, et, au contraire, les corps noirs qui possèdent le moins cette puissance de réflexion, de même aussi les premiers semblent réfléchir très-promptement les émanations volatiles, tandis que les seconds, quoique ne s'en emparant pas avec plus d'énergie, les conservent plus longtemps.

Je me garde bien de tirer de plus amples conclusions de ces faits ; elles m'amèneraient à faire faussement, peut-être, d'autres comparaisons entre les odeurs et les couleurs. Il me suffit d'avoir signalé les curieuses dissemblances offertes par les matières de couleurs variées quand elles sont mises en contact avec des corps dont elles peuvent recevoir d'abondantes émanations odorantes.   *(Extrait de feu l'Ami des sciences.)*

REVUE DE PHYSIQUE.

Spectres stellaires. — M. Janssen, a Rome depuis le commencement du mois de novembre dernier, s'y livre à des recherches intéressantes sur la lumière des corps célestes. Un appareil semblable à celui de M. de Littrow fils (qui a commencé la construction d'un modèle de son spectromètre à réflexion dès le mois d'avril 1862, et l'a fait copier en grand trois mois après), un appareil du même genre, disons-nous, a déjà donné à M. Janssen des résultats importants. Entre autres, il a observé trois raies fines entre les deux raies qui forment le groupe D de Fraunhofer. Cette observation confirme celle de M. N.-O. Rood, que celui-ci a publiée dans une lettre au professeur Silliman, datée du 7 août 1862, et que nous avons mentionnée dans notre dernière revue de physique.

Avec le spectroscope de poche de M. Hoffmann, adapté au grand équatorial de Merz, le P. Secchi et M. Janssen ont examiné le spectre de l'étoile Bételgeuze (alpha d'Orion) dont la lumière a une teinte orangée. Ils ont trouvé dans ce spectre les raies suivantes : un groupe dans le rouge obscur et un autre dans le rouge, une raie dans le jaune et une autre dans le vert, un groupe dans le vert-bleu, enfin trois groupes dans le violet.

M. Janssen a constaté que la raie sombre dans le jaune coïncide avec la raie jaune du sodium, en projetant sur le spectre de l'étoile celui d'une flamme de soude, au moyen d'un prisme latéral disposé devant une ouverture du tube. Il a ainsi confirmé l'observation de Fraunhofer qui, lui aussi, attribuait à l'étoile alpha d'Orion la raie solaire D, tandis que M. Donati n'a pu la constater dans le spectre en question (voir notre brochure sur le *Spectre solaire*, ou page 527 du *Moniteur scientifique* pour 1862). Les spectres d'Antarès, Bétcigeuze, etc., obtenus par l'astronome de Florence, s'arrêtent à peu près à l'endroit où la raie D aurait pu se montrer, il est donc probable qu'il ne l'a pas remarquée parce qu'elle était située à la limite des spectres visibles pour lui; et nous en conclurons que son appareil était assez imparfait. Nous attendons avec impatience les résultats des observations spectrales que l'on fait à Greenwich, au grand équatorial de cet observatoire.

Raies brillantes des flammes. — M. Mascart a fait des expériences intéressantes sur les raies lumineuses des spectres métalliques. Il a eu l'heureuse idée de substituer ces raies aux raies sombres du spectre solaire qui leur correspondent exactement, lorsqu'il s'agit de déterminer la longueur d'onde de ces raies solaires. La longueur d'onde de la raie A, de l'extrême rouge, était pour ainsi dire inconnue; on admettait pour elle 750 millionièmes de millimètres, valeur déduite des formules de Cauchy; mais il était toujours très-difficile de la soumettre à des mesures directes. M. Mascart a entrepris l'expérience, à l'aide d'un réseau de 4 centimètres carrés de surface, divisé en quarantièmes de millimètre, et d'un goniomètre Babinet, servant à mesurer la distance angulaire des raies dans les spectres de diffraction. Au lieu de la raie sombre A du spectre solaire, il a employé la fine raie rouge du potassium, qui, d'après M. Kirchhoff, coïncide avec A, et il a comparé sa déviation à la déviation de la raie jaune du sodium, qui coïncide avec D.

Pour obtenir le plus d'éclat possible dans la source lumineuse, M. Mascart a eu recours à plusieurs procédés, notamment à la combustion de l'hydrogène chargé de vapeurs de potassium (comme l'ont fait MM. Wolf et Diacon) et la volatilisation du chlorure de potassium dans le dard du chalumeau à gaz d'éclairage et oxygène (comme l'a fait M. Debray). C'est ce dernier moyen qui a toujours le mieux réussi. Néanmoins, M. Mascart n'a encore pu observer que le premier spectre de diffraction, ce qui ôte beaucoup à la précision des résultats; mais un grand nombre de mesures assez concordantes ont donné en moyenne 768 millionièmes de millimètres par longueur d'onde de la raie A du potassium (*Ka α*). Quand la saison sera plus favorable, M. Mascart se propose de déterminer l'indice de réfraction de cette raie dans diverses substances, afin de vérifier la formule d'interpolation de Cauchy qui donne la longueur d'onde par l'indice de réfraction. Ajoutons qu'il sera aussi intéressant de voir si les expériences de M. Mascart confirmeront la formule de Cauchy ou la nouvelle formule de M. Christoffel, qui est beaucoup plus simple et plus élégante.

Voici encore un autre résultat du travail de M. Mascart. Pour avoir une lumière intense, il essaya de volatiliser le potassium entre les pôles d'une pile énergique. Il en est résulté un spectre magnifique, plus complexe que celui que l'on connaissait jusqu'alors; la raie rouge, correspondant à la raie B de Fraunhofer était très-accentuée et *double*; mais la raie A semblait évanouie. Enfin, M. Mascart vit une faible illumination rouge de part et d'autre d'un espace obscur situé à l'endroit de la raie brillante, il peut même distinguer un trait brillant entre deux lignes noires ; la *double raie A du potassium était donc renversée*. Cette raie étant celle qui se produit à la température la plus basse, son renversement n'a rien d'inexplicable : c'est un effet d'absorption dû à l'atmosphère de vapeurs de potasse plus froides que leur centre. Le même phénomène a été observé par M. Kirchhoff sur la soude, et il en a donné aussitôt l'explication naturelle; un an plus tard, M. Fizeau a fait la même observation, et il l'a présentée à l'Académie comme un fait bizarre et difficile à expliquer.

La méthode de M. Mascart sera très-avantageuse pour la détermination de la longueur d'onde des raies du calcium, du strontium, du thallium, etc. Le thallium, comme le sodium, ne sont pas monochromatiques à une haute température, leurs raies prennent alors une certaine largeur.

Erreurs de la vue. — A l'occasion d'un travail sur la polarisation de la lumière par réfraction simple, M. Bohn fait les remarques suivantes qui nous paraissent mériter d'être réproduites. Lorsqu'on a regardé pendant un certain temps deux taches lumineuses juxtaposées, en se tenant dans une position aussi tranquille que possible, le jugement sur leur éclat relatif commence à se troubler. La meilleure manière d'arriver à un jugement certain est celle-ci : on approche la tête de l'ouverture par laquelle on observe ces taches, et l'on écarte la lumière latérale par un drap noir étendu sur sa tête ; puis l'on ferme doucement les yeux, s'accoude et attend que la respiration soit devenue régulière ; si alors on rouvre les yeux, la première impression sera presque toujours conforme à la vérité, mais elle ne subsistera que l'espace de quelques secondes si la différence d'éclat des deux images est très-petite, et elle fera place bientôt à une incertitude complète. M. Steinheil avait déjà remarqué un phénomène analogue : de deux points également lumineux et voisins l'un de l'autre, celui que l'on fixera à un moment donné semblera toujours moins brillant que l'autre ; de même, l'on s'aperçoit quelquefois d'une légère inégalité entre deux points lumineux, sans pouvoir décider lequel des deux est le plus brillant. M. Bohn ajoute qu'il lui arrive souvent de reconnaître une petite différence de hauteur entre deux notes très-voisines, sans toutefois qu'il puisse dire de quel côté se trouve l'élévation la plus grande.

Acoustique. — Dans la séance du 7 janvier de l'Académie des sciences de Vienne, M. Brucke a exposé sa méthode de transcription phonétique, dont il avait déjà indiqué le principe dans son ouvrage, publié en 1856, sur *la Physiologie et la systématisation des sons de la parole*. Le tour de main très-ingénieux qui a conduit à la solution du problème proposé, consiste à décomposer les lettres de l'alphabet en signes partitifs que l'on combine ensuite de différentes manières. On a eu d'abord l'intention d'accoler ces signes en séries verticales, mais l'on a dû s'arrêter définitivement à la ligature horizontale en raison de la facilité et de la sûreté plus grandes que cet arrangement offre au compositeur. Le fractionnement des voyelles n'a qu'un but purement technique, à moins qu'on n'y fasse entrer la considération de leur timbre. Quant aux consonnes, leur décomposition a une signification plus précise. La première partie du symbole indique les parties de la bouche qui concourent à l'articulation de la lettre, la deuxième dénote leur mode d'action, la troisième l'état du larynx. De cette manière, il a été possible d'exprimer, à l'aide de trente-six caractères ou poinçons, les signes de toutes les voix formées par expiration et symétriquement, y compris les accents et les signes de la quantité. Les sons africains accompagnés d'un claquement de la langue et les consonnes asymétriques de la langue ehhkili exigeront encore un petit nombre de signes nouveaux. M. Brucke a produit les premières épreuves typographiques, obtenues avec les caractères que l'imprimerie Impériale de Vienne a fait graver et fondre pour la publication de son Mémoire. Le savant physiologiste espère que ces signes serviront à figurer la prononciation avec plus de précision et moins d'ambiguïté qu'aucun des alphabets connus, et qu'on les trouvera appropriés à la composition de vocabulaires et, en général, à l'indication de la prononciation dans les dictionnaires de langues, d'histoire, de géographie et d'ethnographie. Il est persuadé également que ces caractères phonétiques seront de quelque utilité dans les recherches de linguistique, parce que les signes n'ont pas été choisis arbitrairement, mais présentent, au contraire, des relations systématiques entre eux, ce qui en facilite l'intelligence, tout en rappelant constamment l'origine organique de chaque lettre. Enfin, ce système pourrait fournir le moyen d'initier les enfants de bonne heure à la physiologie de la parole et de les habituer à analyser et à définir avec précision les sons de la voix, ce qui serait la meilleure préparation à l'étude des langues étrangères.

Spectre des éclipses. — Encore une observation à ajouter aux autres que nous avons déjà rapportées dans deux numéros précédents de ce journal. Elle a été publiée dans le *Bulletin de l'Académie de Saint-Pétersbourg*, vol. XI, page 330, et dans la brochure de M. le baron Feilitzsch sur les éclipses de soleil.

Le 28 juillet 1851, M. Kuhn a observé à Bogenhausen, près Munich, le spectre de l'éclipse partielle, depuis trois heures sept minutes vingt secondes, où la lune commença à empiéter sur le disque du soleil, jusqu'au moment où le soleil se cacha derrière un obstacle, ce qui eut lieu trente-deux minutes vingt-deux secondes avant la fin de l'éclipse. Les lignes du spectre n'ont pas changé de position, mais le nombre des raies noires visibles dans le rouge et l'orangé diminuait sensiblement à mesure que l'éclipse faisait des progrès, et en même temps il augmentait dans la partie violette du spectre. Quant aux couleurs elles-mêmes, non-seulement leur intensité allait en diminuant, mais encore leur étendue relative changeait d'une manière frappante. A partir de quatre heures, le vert empiétait de plus en plus sur le bleu, qui disparaissait ; finalement, le vert occupait toute la place du bleu clair. Le violet se rétrécissait également, et il fut remplacé par une teinte grisâtre ; de quatre heures quinze minutes à quatre heures vingt-huit minutes, il n'y avait plus de trace ni du bleu ni du violet. Passé le maximum de l'obscurité, ces phénomènes se sont reproduits dans l'ordre inverse.

Pendant l'éclipse annulaire du 15 mars 1858, M. Liais a observé aussi une forte diminution de la lumière violette, mais il n'a pas fait la même remarque pendant l'éclipse totale du 7 septembre de la même année 1858; il n'a constaté, à cette occasion, qu'un accroissement notable de la lumière jaune. Le 15 mars il a encore remarqué un notable accroissement de la raie D et une diminution d'intensité de l'orange. L'article de M. Maedler, dont nous avons fait mention, est du 4 avril 1861; il y recommande l'étude de l'éclipse annulaire du 6 mars 1867.

Spectre du nitrate de didyme. — M. Gladstone a découvert deux raies obscures dans le spectre de la lumière qui a traversé une solution étendue de nitrate de didyme. M. Rood, en répétant cette expérience, est arrivé au résultat suivant. Il fit passer de la lumière, venant du soleil ou d'une lampe, par une colonne de 12 pouces d'une solution concentrée du même sel et l'analysa ensuite au spectroscope. Le spectre était sillonné de douze lignes ou bandes noires très-distinctes, les unes très-larges, les autres très-fines et ne se résolvant qu'à l'aide d'un prisme extradispersif. La figure ci-jointe montre la position de ces raies déterminées par le micromètre. L'une des bandes larges comprend la raie jaune du sodium, et il en résulte qu'une flamme de soude, regardée à travers une certaine épaisseur d'une solution de nitrate de didyme, devient invisible, tandis que des objets blancs ne paraissent que légèrement colorés dans les mêmes circonstances.

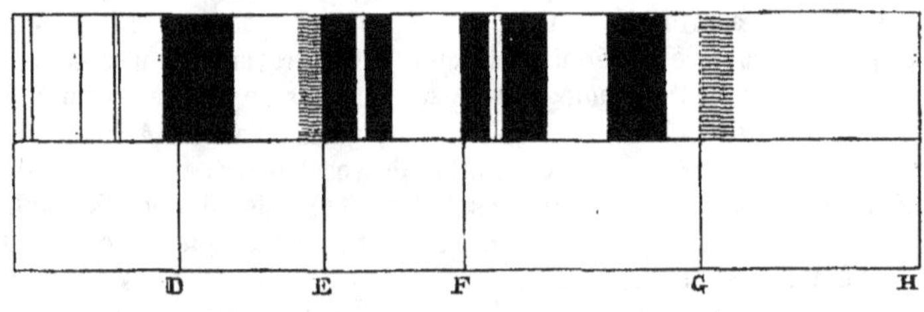

COMPTE-RENDU DES TRAVAUX DE CHIMIE

Nouvelle source de thallium. — M. Werther, professeur de chimie à l'université de Kœnigsberg et éditeur du *Journal de chimie pratique*, nous écrit qu'il a trouvé du thallium dans un tellure métallique, extrait du tellure natif auro-plombifère. Le thallium, quoique en proportion assez faible, fut reconnu avec facilité, en examinant au spectroscope la petite quantité de sublimé obtenu en chauffant le tellure dans une retorte. On pourrait même constater l'existence de la raie verte du thallium dans le spectre, sans recourir à la sublimation du tellure, s'il n'était pas à craindre que la présence du plomb dans la région que le tellure fait reluire avec beaucoup d'éclat, ne fût une cause d'erreur. M. Werther doute encore que le tellure auro-plombifère puisse devenir une source du nouveau métal, mais il ne saurait décider la question, parce qu'il n'a pas encore pu se procurer le tellure natif, qui est très-rare. Le métal sur lequel il opère a été extrait du minerai lamellaire par M. Marquart, de Bonn. M. Werther promet de nous communiquer les résultats de l'analyse qu'il vient d'entreprendre.

Sur quelques carbonates. — M. Théodore Parkman a publié, dans le *Journal américain de Silliman* (novembre 1862), un mémoire sur les carbonates d'alumine, de glucine, et des sesquioxydes de fer, de chrome et d'uranium, dont voici les conclusions :

1° Tous ces carbonates, excepté peut-être le carbonate uranique, perdent facilement leur acide carbonique pendant le lavage et le séchage. C'est à cette circonstance qu'il faut, sans doute, attribuer la discordance des résultats obtenus antérieurement par les chimistes qui se sont occupés de ces sels.

2° Le précipité que les carbonates alcalins déterminent dans les solutions de sels de peroxyde de fer, a pour formule $Fe^2 O^3, CO^2$.

3° Le précipité produit par les carbonates alcalins dans les sels violets de sesquioxyde de chrome varie un peu dans sa composition, mais s'éloigne peu de la formule $Cr^2 O^3, 2CO^2$; c'est probablement un mélange de ce type avec une petite proportion du sel plus basique dont il va être question. Les résultats obtenus par d'autres chimistes font croire que le sel ci-dessus est changé, par le lavage et séchage, en un sel plus stable qui a pour formule $Cr^2 O^3, CO^2$. Ce dernier type se forme lorsque la précipitation a lieu à la température d'ébullition. Le précipité des solutions de chrome vertes est un carbonate, et non un oxyde, comme le veut M. Lefort, et sa composition est probablement la même que celle du précipité des sels violets.

4° La composition du précipité des sels d'alumine par les carbonates alcalins fixes, varie aussi, mais s'approche de la formule $Al^2 O^3, CO^2$; il renferme probablement encore un sel plus basique. Ici, comme dans le cas du carbonate de chrome, le sel normal peut s'obtenir presque pur de composés basiques, en versant la solution d'alumine ou de chrome dans celle du carbonate alcalin, et non *vice versâ*, pour avoir toujours l'alcali en excès.

5° Le précipité obtenu par les carbonates alcalins dans les sels de glucine, a pour formule $G^2 O^3, CO^2$.

6° Le précipité que les carbonates alcalins donnent dans les solutions de sesquioxyde d'uranium est certainement un mélange d'uranate de l'alcali avec le carbonate d'urane. Si ce dernier sel pouvait s'obtenir à l'état de pureté, il aurait très-probablement la composition indiquée par $U^2 O^3, CO^2$; tel il se trouve, d'après Ebelmen, dans les sels doubles qu'il forme avec les carbonates de potasse ou d'ammoniaque.

En résumé, aucun de ces carbonates ne vérifie la loi de Berzélius que le nombre d'atomes de l'acide, dans un sel neutre, correspond au nombre d'oxygène dans la base. Leur composition est, au contraire, généralement la même que celle des protosels, un atome d'acide se combinant avec un atome de la base.

Galactométrie. — M. le docteur Alfred Vogel a imaginé un procédé fort simple pour reconnaître la qualité d'un lait donné. Il part de ce fait, qui résulte d'un grand nombre d'expériences, qu'une quantité déterminée d'eau acquiert toujours le même degré d'opacité lorsqu'elle est additionnée d'une même quantité de lait. Par conséquent, plus le lait a été étendu, plus il en faudra ajouter à un certain volume d'eau pour ôter à ce liquide sa transparence. Les appareils nécessaires à cette opération sont extrêmement simples ; on n'a besoin que : 1° d'un verre dans lequel on opère le mélange et qui porte une marque indiquant le niveau de 100 centimètres cubes de liquide ; 2° d'une éprouvette formée de deux plaques de verre parallèles et éloignées l'une de l'autre de 5 millimètres; ces plaques sont mastiquées ensemble ; 3° d'une pipette graduée dont les divisions correspondent à des demi-centimètres cubes.

S'agit-il maintenant d'examiner une quantité donnée de lait, on commencera par agiter le liquide dans tous les sens, afin de déterminer un mélange parfait et d'obtenir un liquide homogène ; puis l'on en retirera une certaine quantité au moyen de la pipette, et on la fera tomber goutte par goutte dans l'eau que renferme le verre de 100 centimètres cubes. Avec du lait de vache ordinaire, on aura toujours besoin d'au moins 3 cent. cubes de lait; lorsque, au contraire, on opère avec de la crème, on n'en prendra d'abord qu'un demi-centimètre. On agite alors le verre, et l'on verse un peu du liquide troublé dans l'éprouvette, puis l'on regarde la flamme d'une bougie à travers les parois de cette dernière. Tant que les contours de la flamme se distinguent encore, il faut vider l'éprouvette dans le verre, ajouter de nouveau un centimètre cube de lait au mélange qu'il contient, l'agiter, en verser dans l'éprouvette, regarder à travers, et ainsi de suite. Avec un peu d'habitude, on arrive bientôt à reconnaître le moment où le contour de la flamme va perdre sa netteté; alors on n'ajoute plus que des demi-centimètres de lait. L'opération est terminée quand le contour conique de la flamme a disparu tout à fait. On fera alors la somme des centimètres cubes de lait ajoutés successivement aux 100 centimètres cubes d'eau, et l'on saura combien de parties du liquide il faut ajouter à 100 d'eau pour rendre opaque une couche d'un demi-centimètre d'épaisseur.

En comparant les chiffres qui résultaient d'expériences de ce genre, avec ceux qu'il avait obtenus par l'analyse du lait employé, M. le professeur Seidel est arrivé à une formule qui donne la richesse en matières grasses de chaque lait soumis à cette épreuve. En désignant par L le nombre de centimètres cubes ajoutés à 100 d'eau, 100 parties de lait renferment

$$\frac{23.2}{L} + 0.23$$

parties de matières grasses. Supposons, par exemple, qu'il ait fallu 3 centimètres cubes de lait pour effacer le contour de la flamme vue à travers l'éprouvetté, alors ce lait renferme

$$\frac{23.2}{3} + 0.23 = 7.96 \text{ pour } 100$$

matières grasses.

Le mécanicien Greiner, à Munich, fabrique l'appareil qui sert à effectuer cette épreuve.

(*Journal de Dingler.*)

Huile formée par la dissolution de la fonte. — L'huile à laquelle donne naissance la décomposition de la fonte attaquée par un acide a été toujours regardée comme un hydrocarbure, mais son mode de formation a été peu étudié jusqu'ici. Récemment, M. Chevreul ayant émis l'opinion que dans la composition de cette huile le carbone pourrait ne pas jouer le rôle principal, M. J. Reynolds a cru devoir faire des recherches à ce sujet. Il a traité par un acide étendu 1° du fer pur, obtenu par réduction de l'oxyde au moyen de l'hydrogène ; 2° du fer carburé, préparé en portant au rouge le fer pur dans du carbure d'hydrogène pur ; 3° du fer azoté, obtenu en chauffant le fer pur dans une atmosphère de gaz ammoniac. Le produit n° 2 a seul donné des quantités assez abondantes d'huile, tandis que le premier et le troisième n'en donnaient pas du tout. Il est facile d'en tirer la conclusion.

(*Chemical News.*)

Blanchiment des chiffons de couleur. — M. Thomas Gray indique le procédé suivant pour blanchir les chiffons destinés à la fabrication du papier. Après les avoir nettoyés et fait bouillir comme d'habitude, on les introduit dans un mélange tiède de 1 volume d'acide chlorhydrique et 32 volumes d'eau. Dès qu'ils sont saturés de cette lessive (ordinairement la saturation est complète au bout de deux heures), on les retire, les laisse dégoutter et les introduit dans le bain ordinaire de chlorure de calcium. Après un séjour de dix minutes dans ce bain, toutes les couleurs ont disparu sans que les fibres soient attaquées. Il ne reste plus qu'à laver les chiffons et à les soumettre aux opérations habituelles.

De cette manière, on peut fabriquer du papier blanc rien qu'avec des chiffons de couleur.

(*Repertory of Patent-Inventions*, 1862.)

Moyen de découvrir l'huile de pavots dans l'huile d'amandes ou d'olives. — Pour reconnaître la présence d'une huile siccative telle que l'huile de pavots, dans l'huile d'amandes ou d'olives, M. Wimmer se sert de la réaction connue de l'acide nitreux sur les huiles grasses qu'il transforme en élaïdine; l'acide nitreux développé par un mélange de limaille de fer et d'acide nitrique, est conduit par un tube de verre dans de l'eau sur laquelle on a versé l'huile à examiner. La présence de la plus petite quantité d'huile de pavots se trahit alors par des gouttelettes qui se forment à la surface, tandis que les huiles non siccatives cristallisent et se changent en élaïdine.   (*Journal de Chimie analytique*, 1862.)

Moyen de reconnaître la richesse relative des pyrites aurifères. — M. L. Thompson a publié un procédé très-simple d'analyse qualitative des pyrites aurifères, procédé qu'il avait imaginé à la demande d'un de ses amis, propriétaire de mines en Australie. Voici comment il faut opérer :

On prend une tasse ordinaire en porcelaine, et un morceau de carton dans lequel on coupe un disque assez grand pour se maintenir à mi-hauteur dans la tasse; au milieu de ce disque on perce un trou dans lequel on fixe un fragment de la pyrite encore fraîche; puis ensuite on verse un peu de mercure dans la tasse et l'on y fixe, à une petite distance au-dessus du liquide, le carton qui porte le fragment de pyrite, et l'on place la tasse sur un fourneau ou dans un autre endroit où elle soit exposée à une chaleur modérée. Au bout d'une demi-heure, on examine la surface du minerai à l'aide d'une loupe; les parcelles d'or qu'elle renferme présentent alors une couleur blanche, et on peut leur donner l'éclat de l'argent poli en frottant la surface avec un blaireau ou avec une barbe de plume. Les autres parties de la pyrite n'offrent aucune altération; il est donc facile de reconnaître quelle est à peu près la proportion d'or qu'elle renferme.   (*London Journal of Arts*, 1862.)

Le sucre antidote universel — Le *Mechanics Magazine* du 23 janvier (p. 61) annonce que M. J. Bruce a découvert un remède efficace contre les empoisonnements par la *strychnine* ou les *champignons*. Il consiste à faire manger au malade des quantités considérables de sucre raffiné, ou même, lorsque son état est déjà désespéré, à ouvrir la veine et à y injecter de l'eau sucrée. L'effet du sucre est d'oxygéner le sang et de rétablir la circulation. Le même auteur recommande le recours au sucre en cas de morsure par une bête venimeuse ; il croit même qu'on l'emploierait avec succès pour combattre le tétanos et les accidents causés par le chloroforme. Le sucre, dit-il, est l'ami par excellence des nerfs. Il ajoute que les effets de la plupart des poisons sur la circulation peuvent être étudiés avec avantage, à l'aide du microscope, sur des grenouilles, des abeilles, des bêtes à Dieu, des sauterelles, des mouches, des limaçons, etc. Les pulsations du cœur s'y observent avec facilité.

Sur la poudre à canon blanche; par M. F. Hudson. — Ayant préparé récemment, d'après la méthode du docteur Pohl, quelques échantillons de poudre à canon blanche, destinés à des expériences relatives au génie militaire, M. F. Hudson a procédé, d'une part, par le broyage à sec des matières séparées, chlorate de potasse, ferrocyanure de potassium et sucre de canne, qu'il a mélangées ensuite ; d'autre part, par le broyage des mêmes matières réunies et légèrement humectées au préalable avec de l'eau, le tout étant finalement séché à la température de 150 degrés. Il résulte de ses expériences que la poudre préparée à l'état humide prend feu plus facilement que celle fabriquée à l'état sec; la preuve en est qu'un échantillon de la première espèce a fait explosion dans une capsule par le seul frottement d'une spatule, et que l'aide du laboratoire qui la tenait en a presque perdu la vue.

M. Hudson attribue cette plus grande facilité d'explosion à la présence de l'eau, qui rend plus intime le mélange des divers éléments ; de là le danger plus grand de se servir de la poudre blanche préparée à l'état humide. Il suffit de quelques gouttes d'acide sulfurique versées sur la lumière d'un canon chargé avec de la poudre blanche, pour le faire partir aussi facilement que si on y mettait le feu. Cette propriété pourrait peut-être recevoir une application utile dans la préparation des bombes destinées au tir à longue portée. En effet, si les bombes contenaient avec leur poudre une fiole d'acide sulfurique, elle n'éclateraient qu'au moment où, frappant le but, la fiole viendrait à se briser ; de cette manière il ne se produirait plus d'explosions trop hâtives, et par conséquent inutiles, comme le cas arrive souvent avec les bombes ordinaires.

La force d'expansion de la poudre blanche est double de celle de la poudre ordinaire.

M. Hudson recommande que, dans toutes les expériences, on agisse avec la plus grande précaution, de peur d'accident. Un choc trop violent est presque toujours dangereux, et il en cite pour exemple qu'un seul coup de marteau, frappé sur une pierre où se trouvait un peu de cette poudre, a suffi pour faire détonner tous les échantillons qu'il avait préparés et qui se trouvaient à côté.

Filtre en charbon silicate. — Sous le titre de Société du filtre en charbon silicate, une compagnie s'est formée pour exploiter l'invention d'un chimiste allemand, M. Dahlke. Son filtre, qui permet en tout temps d'obtenir facilement et à peu de frais de l'eau pure, se compose de charbon intimement mélangé à de la silice entièrement divisée, comme on la rencontre dans le célèbre minerai de *Torbane Hill*. Ce mélange laisse parfaitement filtrer l'eau, qui en sort à l'état pur. Il n'agit pas seulement d'une manière mécanique, comme c'est le cas pour les autres espèces de filtres, mais il exerce encore une action chimique, car il purifie complétement toute eau contenant du plomb en solution. Il agit de même sur les matières azotées qui proviennent de la décomposition des matières organiques ; en les oxydant il les rend inoffensives.

On fabrique le nouveau filtre en blocs de toutes dimensions ; on en fait même qui peuvent se mettre dans la poche, avantage inappréciable pour le voyageur, qui, au dire de M. Dahlke, peut boire sans crainte la première eau qu'il rencontre, fût-ce celle d'un ruisseau.

Animaux nuisibles. — Moyen de les détruire ; par M. Séverin CAUSSÉ, d'Alby. — Après avoir relaté les inconvénients que présentent la pâte phosphorée et les préparations arsenicales et avoir discuté la meilleure forme à donner à la substance empoisonnée destinée à détruire les rats et les souris, M. Séverin Caussé a fait choix du suif façonné en chandelles. Voici comment se compose la pâte de ses chandelles toxiques :

Suif.........................	786 grammes.
Tartre stibié (émétique)............	153 —
Euphorbe.......................	51 —
Coton.........................	10 —
	1,000 grammes.

Ce kilogramme de pâte suffit pour faire trente-deux chandelles. Si le mélange est parfait, ce qu'il est facile d'obtenir en jetant les ingrédients dans le suif fondu au moment de couler et en remuant le tout, chaque gramme de suif contiendra 15 centigr. d'émétique et 5 centigr. d'euphorbe.

M. Séverin Caussé recommande de mettre dans ces chandelles des mèches de coton jaune, et préalablement mouillées, pour qu'on ne puisse pas commettre d'erreurs, et qu'elles ne brûlent pas dans le cas où l'on voudrait s'en servir pour l'éclairage.

Mastic de caséine. — Le docteur Wagner recommande d'employer une solution saturée froide de borax ou de silicate alcalin, pour dissoudre la caséine, de préférence au carbonate alcalin indiqué par Braconnot. La solution de caséine par le borax est une liqueur claire, de consistance visqueuse, plus adhérente que la gomme, et pouvant remplacer, dans beaucoup de cas, la colle forte. Les étoffes de laine et de coton fortement imprégnées de cette solution peuvent être traitées par l'acide tannique ou l'acétate d'alumine, et rendues ainsi imperméables. Dans son *Histoire de Sumatra,* Mœrsden établit que le principal mastic employé dans ce pays est fait avec le caillé du lait de buffle, qu'on nomme *prackee.* Là-bas, le beurre destiné aux Européens, qui seuls en font usage, ne s'obtient pas avec la baratte; on abandonne simplement le lait à lui-même, jusqu'à ce que la crème se transforme d'elle-même en beurre : on l'enlève alors avec une cuiller, on le soumet à une espèce de battage dans un vase plat, et on le lave ensuite dans deux ou trois eaux. Le liquide restant, qui s'est aigri et épaissi, est ce qu'on nomme *prackee.* On le presse fortement, puis on en fait des gâteaux qu'on laisse sécher et qui, au bout d'un certain temps, deviennent d'une dureté excessive. Lorsqu'on veut s'en servir, on en râcle une certaine quantité, on la mélange avec de la chaux vive et on arrose avec du lait. Le mastic ainsi obtenu est extrêmement solide, et résiste parfaitement, dans les climats chauds ou humides, beaucoup mieux que la colle forte; il est spécialement bon pour recoller la porcelaine.

Mastic pour coller très-solidement avec des matières d'une autre nature, par M. le docteur ELLSNER. — On a souvent besoin de coller des objets en bois avec d'autres en métal, en verre, en pierre, etc., etc. ; le mastic suivant, d'après les expériences de l'auteur, réussit parfaitement.

On fait bouillir de la colle forte de menuisier avec de l'eau jusqu'à ce qu'elle ait atteint la consistance convenable pour l'assemblage des objets en bois. On y ajoute autant de cendre de bois tamisée qu'il en faut pour l'épaissir au même point qu'un vernis. On enduit alors de cette masse encore chaude les surfaces que l'on veut réunir et on les presse l'une contre l'autre. Après le refroidissement et la dessiccation, ces surfaces se trouvent si fortement unies, que, pour les séparer, il faut un très-grand effort, et que l'on voit souvent les surfaces de rupture être différentes de celles qui ont été assemblées par la colle. Des pierres à aiguiser, ainsi montées sur du bois, et des poignées en bois pour des molettes à broyer les couleurs, assemblées avec ce mastic, ont déjà résisté, pendant une année, à tous les efforts qui pouvaient les désunir.

Préparation de la silice pure en dissolution. — Depuis qu'on a observé que la silice introduite dans les pores des pierres calcaires permettait à celles-ci de résister efficacement à l'action de destruction que les agents atmosphériques exercent sur elles, on a cherché les moyens de préparer pour cet objet de la silice pure à l'état de solution. Voici les méthodes qu'on peut employer pour cette préparation :

1° On fait dissoudre du sulfure de silicium dans l'eau ; il se dégage de l'hydrogène sulfuré, et la silice reste à l'état de dissolution complète et en quantité telle que la liqueur se gélatinise dès qu'on essaye de la faire évaporer;

2° On précipite la silice à l'état gélatineux d'une silicate alcalin par l'acide acétique ou un autre acide faible, et après des lavages complets on chauffe pendant quelque temps sous pression avec une petite quantité d'eau et en vase clos ;

3° On fait passer un courant de fluorure de silicium gazeux sur de l'acide borique cristallisé, on sépare les deux acides par digestion avec un grand excès d'ammoniaque, et il reste un hydrate de silice qui, bien débarrassé des acides, est très-soluble dans l'eau. Cette solution ne précipite pas quand on la fait bouillir, mais laisse, quand on l'évapore, de la silice en poudre insoluble ;

4° On fait usage d'un nouveau moyen pour la séparation des corps par voie dialytique indiqué par M. Graham. On place une solution de silicate de soude sursaturée par l'acide chlorhydrique sur une feuille de parchemin dont l'autre face repose sur de l'eau pure. Au bout de peu de jours l'acide chlorhydrique et le chlorure de sodium ont passé entièrement à travers le diaphragme, et il reste en solution dans l'eau de la silice tellement pure que le nitrate d'argent n'y accuse pas la moindre trace de chlore. Cette solution reste fluide pendant quelques jours, mais finit pas se gélatiniser.

De l'émaillage de la fonte. — Aucun métal n'est apte à recevoir une converte en émail s'il ne peut supporter, sans altération, la température de la chaleur rouge.

La première opération consiste à donner un recuit aux objets en fonte ; à cet effet, on les met dans un fourneau en les séparant par des couches de sable et on chauffe au rouge sombre pendant une demi-heure, après quoi on laisse refroidir très-lentement. Après refroidissement, les objets sont décapés avec du sable dans un bain chaud d'acide sulfurique ou chlorhydrique étendu, puis on les lave à l'eau : on les fait sécher, et ils sont alors prêts à recevoir la première couche d'émail.

Première couche. — On prend 6 parties en poids de cristal anglais (*flint-glass*) réduit en petits morceaux, 3 de borax, 1 de minium et 1 d'oxyde d'étain ; on broie le tout dans un mortier, et, lorsqu'il est réduit en poudre, on le met au four dans un creuset et on le chauffe au rouge pendant quatre heures, en ayant soin de fondre partiellement le mélange, c'est-à-dire à l'amener à l'état pâteux ; on le retire alors dans cet état et on le plonge immédiatement dans l'eau froide. Ce brusque refroidissement le rend très-cassant et permet de le réduire facilement en poudre ; c'est ce qu'on nomme la *fritte*. On prend une partie en poids de cette fritte, on y ajoute deux parties de poudre d'os calcinés, puis on broie le mélange avec de l'eau, et lorsqu'il est réduit en poudre presque impalpable, c'est-à-dire qu'il n'accuse aucune aspérité sous le frottement du doigt, on le presse dans un linge fin, et on a ainsi une composition qui doit avoir la consistance de la crème. On verse alors avec une cuiller une certaine quantité de cet enduit sur l'objet à émailler, de manière à en faire une couche bien unie ; ou bien on trempe l'objet dans l'enduit même, s'il y en a suffisamment, en ayant soin de remuer légèrement pour écarter les bulles d'air et permettre à la matière d'adhérer bien uniformément. On fait ensuite sécher l'objet, et, lorsqu'il ne s'égoutte plus de matière, on le met au four et on le soumet à une température de 189° Fahrenheit, jusqu'à ce que toute trace d'humidité ait disparu. Telle est la première opération pendant laquelle on doit veiller à ce qu'il ne se présente sur la surface à émailler aucune place dénudée. L'objet étant parfaitement sec, on l'enfourne dans un moufle préalablement chauffé au rouge, et l'on pousse alors la température jusqu'au degré de vitrification. Le fourneau employé est analogue à celui où l'on cuit la porcelaine, avec un regard permettant de suivre la marche de l'opération. Ordinairement plusieurs objets sont enfournés ensemble, mais alors ils sont séparés dans le moufle par des plaques qui les empêchent de se toucher. Quand la couche d'enduit est en partie fondue, on défourne et on place les objets sur une table en fer où on les laisse refroidir ; cette première couche, qui est d'un blanc opaque, est ce qu'on nomme du *biscuit*. Quand les objets sont tout à fait froids, on les lave à l'eau pure, et ils sont alors prêts à recevoir la seconde couche.

Seconde couche. — La composition est différente de la première ; elle comprend 32 parties en poids d'os calcinés, 16 de kaolin et 14 de feldspath, qu'on broie ensemble et amène à l'état de pâte en y ajoutant 8 parties de carbonate de potasse dissous dans l'eau. On fait cuire au fourneau à reverbère pendant trois heures, après quoi on amène le composé à l'état de fritte, en opérant comme ci-dessus. On ajoute à cette fritte 16 parties de cristal anglais, 5.50 d'os calcinés et 3 de quartz calciné ; on broie le tout avec de l'eau et on arrive, comme précédemment, à donner au composé une consistance crémeuse. On en passe alors une couche par-dessus la première qu'à reçue l'objet, on fait cuire de nouveau et, au sortir du four, la surface enduite a l'aspect de la faïence blanche. Cette seconde opération effectuée, on termine par une troisième couche.

Troisième couche. — L'enduit de cette dernière couche est formé de 4 parties en poids de feldspath, 4 de sable pur, 4 de carbonate de potasse, 6 de borax et 1 d'oxyde d'étain, de nitre, arsenic et de craie de première qualité. Ces matières amenées à l'état de fritte, on en prend 16 parties et on les mélange avec une composition analogue à celle de la seconde couche, avec cette seule différence qu'on en retranche les 16 parties de cristal anglais. Ce troisième enduit appliqué, on met de nouveau au four, mais cette fois on élève la température jusqu'au degré de vitrification, en sorte que les deux dernières couches superposées fondent en même temps et se transforment finalement en un émail d'un beau blanc. Pour rendre l'émail plus épais, on peut encore enduire d'une quatrième couche pareille à la dernière.

Lorsqu'on veut décorer l'émail comme on le fait pour la porcelaine, on n'a qu'a peindre les ornements de couleurs sur la dernière couche avant de mettre au four. Pour le bleu, on se sert d'oxyde de cobalt ; pour le vert, d'oxyde de chrome ; pour le violet, de peroxyde de manganèse; pour le jaune, de chlorure d'argent; pour le noir, d'un mélange, à parties égales, d'oxyde de cobalt, de manganèse et de cuivre. L'oxyde de cuivre pour le rouge se prépare en faisant bouillir, dans quatre parties d'eau, du sucre et de l'acétate de cuivre en quantités égales; après deux heures d'ébullition modérée, il se forme un précipité rouge brillant. L'addition de borax calciné rend tous les émaux plus fusibles.

Encaustique pour les planchers en bois et les parquets. — Pour une pièce d'environ 39 mètres carrés de superficie, on prend 80 grammes de cire blanche, 32 grammes de potasse, 24 grammes d'ocre, 32 grammes terre de Sienne non brûlée et environ 3 kilogr. d'eau. En outre, selon que l'on veut un parquet tirant sur le jaune ou sur le rouge plus ou moins clair, on y mêle plus ou moins de rocou, dont la dose ne doit néanmoins excéder 16 grammes dans aucun cas.

On fait bouillir ces substances pendant deux heures dans une marmite de fer, ou dans un vaisseau de terre bien vernissé, en ayant soin d'agiter. On étend ensuite la composition chaude, comme s'il s'agissait d'une couche de peinture à l'huile, sur le parquet bien nettoyé et bien séché. On laisse sécher de nouveau, ce qui n'exige que quelques heures, et l'on frotte ensuite la couleur avec une brosse semblable à celles qui servent ordinairement à cet usage, jusqu'à ce qu'il soit partout lisse et brillant.

BREVETS D'INVENTION PRIS EN FRANCE EN 1862
Arts chimiques et Industries qui s'y rattachent. (N° 5.)

Acide nitrique. — Addition du 19 mai par Kuhlmann fils à son brevet, n° 52253.

Acier fondu — Perfectionnements par Izar, rue Val Sainte-Catherine, 18, à Paris. Brevet du 5 mai, n° 54103.

Allumettes chimiques sans phosphore blanc ni phosphore amorphe; par Hermant, rue Royer-Collard, 12, à Paris. Brevet du 29 avril, n° 54041.

Application à la métallurgie du fer, de la voie humide et de la voie sèche combinées ; par Poncin, rue de la Bourse, 4, à Lyon. Brevet du 9 mai, n° 53986.

Béton plastique ; par Bertrand de Lom et Bertault, rue Saint-Georges, 4, à Paris. Brevet du 10 mai, n° 54119.

Blanc d'Espagne. — Procédé perfectionné d'épuration du blanc d'Espagne, pour obtenir le *néo-blanc ;* par Desarces, chez Ricordeau, 23, boulevart de Strasbourg, 23, à Paris. Brevet du 2 mai, n° 54066.

Bleu de rosaniline ; par Monnet et Dury, chemin de Baraban, 6, à Lyon. Brevet du 20 mai, n° 54078.

Bleu pour teinture et impression : par Collin, chez Quion, boulevart Saint-Martin, n° 29. Brevet du 16 mai, n° 54191.

Cémentation de la limaille, de la tournure et des déchets de fer ; par Margueritte, représenté par Guion, boulevard Saint-Martin, 29, à Paris. Brevet du 14 mai, n° 54170.

Chlore. — Procédé de préparation ; par Gelis et Dusart, rue Meslay, 47, Paris. Brevet du 16 mai, n° 54194.

Chromates de potasse et de soude. — Addition du 24 avril par Poussier à son brevet, n° 45778.

Cirage destiné à rendre la chaussure imperméable ; par Lagarrique frères, à Pizou (Dordogne). Brevet du 10 mai, n° 53981.

Conservation des substances animales et végétales ; par de la Peyrouse, rue Beauregard des Martyrs, 4. Brevet du 15 mai, n° 54200.

Conservation des poissons ; par Heron, addition à son brevet n° 51526, en date du 25 avril.

Désinfection des fosses d'aisances. — Procédé par MM. Delorme et Vincey, avenue de Saint-Cloud, 95, à Paris. Brevet du 13 mai, n° 54160.

Dorure des traits métalliques pour la passementerie ; par Vernay, place des Terreaux, 9, à Lyon. Brevet du 24 janvier, n° 54055.

Encre d'aniline. — Addition du 24 mai, par M. Croc, au brevet n° 51016.

Enduit minéral. — Produit de peinture ; par M. Chausarel, à Valence, près Bordeaux. Brevet du 19 mai, n° 54030.

Engrais. — Traitement de la fibrine végétale et obtention d'un engrais et autres produits ; par Oliver, etc., chez Ricordeau, boulevard de Strasbourg, 23. Brevet du 22 mai, n° 54267.

Épuration des huiles de colza, navette, etc.; par M. Michaud, route de Versailles, 41, à Auteuil (Seine). Brevet du 7 mai, n° 54109.

Esprit de bois. — Perfectionnements dans le traitement de l'esprit de bois et autres esprits végétaux ; par M. Eschwége, représenté par M. Sautter, boulevart Montmartre, 14, à Paris. Brevet du 23 mai, n° 54255 (patente anglaise).

Huiles d'éclairage. — Perfectionnements dans leur fabrication ; par Martin, rue du Commerce, 31, à paris (Bercy). Brevet du 9 mai, n° 54143.

Huile de fusel pour l'éclairage. — Perfectionnements dans son traitement ; par MM. Spilsbury et Emerson, représentés par Sautter, boulevart Montmartre, 14, à Paris. Brevet du 5 mai, n° 54086 (patente anglaise).

Imperméabilisation des papiers, bois, tissus, etc.; par Bulteau, rue Vieille-du-Temple, n° 76, à Paris. Brevet du 14 mai, n° 54152.

Idem., des tissus de coton, fil, etc.; par Martignoles, à Saint-Paul de Fenouillet (Pyrénées-Orientales). Brevet du 21 mai, n° 54075.

Liquide désincrustant. — Addition du 21 mai : par Lecacheux. Brevet n° 52351.

Matière colorante rouge ; par Delvaux, rue Corneille, 7, à Paris. Brevet du 7 mai, n° 54094.

Minium — Procédé de fabrication ; par Burton, représenté par Mathieu, rue St-Sébastien, 45, à Paris. Brevet du 30 avril, n° 53968.

Parfum des fleurs. —Procédé d'extraction et de purification ; par Deiss ; rue de Bretagne, 63, à Paris. Brevet du 12 mai, n° 54126.

Peinture applicable aux toiles métalliques et à tous objets confectionnés en toiles de ce genre ; par Bienvenu frères, à Conneré (Sarthe). Brevet du 28 mai, n° 54311.

Perfectionnements dans la fabrication du fer et de l'acier ; par Parry, représenté par Richard, rue Saint-Sébastien, 45, à Paris. Brevet du 17 mai, n° 54208. (Patente anglaise.)

Photographie. — Application sur toutes espèces d'étoffes ; par Joguet, rue Mercière, 22, à Lyon. Brevet du 8 mai, n° 53980.

Potasse et soude. —Préparation par Burton, représenté par Mathieu, rue St-Sébastien, 45. Brevet n° 53967 du 30 avril et addition du 5 mai.

Poudre fulminante ; par Cannouil. Addition du 14 mai au brevet 53212.

Préservation des navires en fer ou en bois, les caissons, digues et autres constructions de l'action nuisible des matières animales et végétales, et dans la préparation des matières employées ; par Hay, représenté par Ricordeau, boulevart de Strasbourg, 23. Brevet du 15 mai n° 54197.

Procédé de bronzage et de veloutage des cuirs et peaux tannées, corroyées, mégissées, etc. ; par Digeon, représenté par Ricordeau, boulevard de Strasbourg, 23. Brevet du 3 mai, n° 54062.

Savon. — Perfectionnements apportés dans la fabrication du savon, particulièrement applicables au désuintage, au dégorgeage et au foulage des tissus de laine et autres ; par MM Pawcett, représentés par Courrouve, rue Feydeau, 28, à Paris. Brevet du 1er mai, n° 54008 (patente anglaise).

Savon d'amyléine. — Application, à la savonnerie, des amidons, farines, fécules, rendus solubles, et leur transformation en savon ; par Asselin, rue Trévise, 22, à Paris. Brevet du 30 mai, n° 54309.

Scories, oxydes et déchets variés des usines métallurgiques. Procédé de traitement ; par Minary et Soudry, à Casamène, banlieue de Besançon (Doubs). Brevet du 20 mai, n° 54076.

Sorgho. — Mode de traitement pour en extraire une liqueur saccharine et la pulpe ; par M. Reed, représenté par Ricordeau, boulevart de Strasbourg, 23, à Paris. Brevet du 30 avril, n° 53987.

Stalactites et stalagmites artificielles ; par Martel, chez Peuillat, rue Ferrandière, 18, à Lyon. Brevet du 16 mai, n° 54047.

Sucre, — Procédé de fabrication du sucre de betterave ou de toute autre plante saccharifère ; par Dillies, à Palempin (Nord). Brevet du 15 mai, n° 54034.

Système de bains électriques. — Par Potin, rue Beraud, 6, à Vincennes (Seine). Brevet du 3 mai, n° 54020.

Système perfectionné de traitement des plantes et végétaux, afin d'en extraire les fibres et filaments pour fabriquer des fils et tissus divers, et aussi pour la transformation des végétaux en pâte à papier et à carton, et application de ces procédés aux déchets de soie, etc., ainsi qu'au traitement des fils et des tissus déjà fabriqués ; par Vaution, représenté par Ansart, boulevard Saint-Martin, 29. Brevet du 3 mai, n° 54024.

Tannage accéléré des peaux en poil, en général ; par Van Rymenant, représenté par Vandenbulcke, section des Moulins, rue de Douai, 101, à Lille. Brevet du 20 mai, n° 54087.

Toiles métalliques en aluminium ; par Magnan, représenté par Calmels fils, boulevard Sébastopol, 92, à Paris. Brevet du 8 mai, n° 54105.

Utilisation, comme force motrice, de certaines réactions chimiques qui se produisent en vase clos ; par De Ponton d'Amécourt et Landier, rue d'Enfer, 43, à Paris. Brevet du 14 mai, n° 54173.

Vernis. — Genre de vernis, dit vernis arabe, par Chazotier, rue Palais-Grillet, à Lyon. Brevet du 3 juin, n° 54316.

Zinc. — Mode de fusion du zinc appliqué à la galvanisation du fer et de la fonte ; par Muller, représenté par Richard, rue Saint-Sébastien, 45, à Paris. Brevet du 21 mai, n° 54240.

BIBLIOGRAPHIE SCIENTIFIQUE

(Extrait du *Journal de la Librairie.*)

N° 7. — 14 février.

Annuaire pharmaceutique ; par M. O. Reveil. 1re année, 1863. In-18 de 416 pages. Prix : 1 fr. 50 c. Librairie J.-B. Baillière, à Paris.

Bulletin de la Société linnéenne de Normandie. 7e volume. Année 1861-1862. In-8, 353 pages et 14 planches. A Caen et chez Savy, à Paris.

Carles (Dr). — *Relation médico-hygiénique de cinq voyages à l'émigration africaine et indienne de 1858 à 1862.* Thèse de la Faculté de Montpellier. In-4, 56 pages. A Montpellier.

Damoiseau (Dr). — *La terabdelle ou machine pneumatique opérant à volonté la saignée et la ré-*

ulsion aux principales régions du corps humain. In-8, 71 pages. Prix : 3 fr. Librairie J.-B. Bail
lière, à Paris.

DEBAY. — *Hygiène et physiologie du mariage,* etc. 30ᵉ édition. In-18 jésus, 467 pages. Librairie Dentu, à Paris.

ROUVILLE (de). — *La géologie, sa place parmi les sciences, son objet.* In-8, 37 pages. A Montpellier.

VOIZOT. — *Mémoire sur la mécanique céleste et sur la cosmogénie.* In-8, 157 pages et tableau.
Librairie Mallet-Bachelier, à Paris.

N° 8. — 21 février.

Annales de l'Observatoire impérial de Paris; par LE VERRIER. Tome XVII, 1861. In-4, 208 pages.
Prix : 40 fr. Librairie Mallet-Bachelier, à Paris.

BAILLE. — *Des feux de cheminée et des divers moyens pour les réduire et s'en rendre maître;* par
Baille, capitaine des sapeurs-pompiers de Lons-le-Saulnier. In-16, 31 pages. A Lons-le-Saulnier.

DELMAS (Dr). — *Troisième compte-rendu de la Clinique de l'établissement hydrothérapique de
Longchamps, à Bordeaux.* In-8, 154 pages. Librairie Germer-Baillière, à Paris.

• *Description des machines et procédés pour lesquels des brevets d'invention ont été pris sous le régime de la loi du 5 juillet 1844.* Tome XLIII. In-4, 375 pages et 60 planches. A Paris, librairie
Huzard.

DESLONGCHAMPS. — *Études critiques sur des brachiopodes nouveaux ou peu connus.* 1ʳᵉ et 2ᵉ fascicules. In-8, 48 pages et planches. Librairie Savy, à Paris.

DUSEIGNEUR. — *La maladie des vers à soie.* In-8, 33 pages. A Lyon.

ESTRADÈRE (Dr). — *Du massage.* Son historique, ses manipulations, ses effets physiologiques
et thérapeutiques. Thèse de la Faculté de Paris. In-4, 178 pages. Paris

FANO (Dr). — *Mémoire sur le catarrhe du sac lacrymal.* In-4, 44 pages. Librairie J.-B. Baillière
à Paris.

GRIMAUD (Dr). — *Des eaux publiques et de leur application aux besoins des grandes villes, des communes et des habitations rurales,* etc. In-8, 368 pages. Librairie Dezobry, Tandon et Comp., à
Paris. Prix : 6 fr.

HERICOURT (Dr). — *Annuaire des sociétés savantes de la France de l'Étranger.* 1ʳᵉ série. In-8.
54 pages. Librairie Bossange, à Paris.

PETER (Dr). — *Des maladies virulentes.* Thèse pour l'agrégation. In-8, 90 pages. Librairie Ase
lin, à Paris.

SYDENHAM (Dr). — *Nouveau manuel médical à l'usage du clergé.* 2ᵉ édition. In-18, 214 pages.
Prix : 1 fr. 25 c. Librairie Albessard et Bérard.

VEZIAN. — *Prodrome de géologie.* Tome Iᵉʳ. In-8, 615 pages. Librairie Savy, à Paris. L'ouvrage
formera 3 volumes avec planches et figures et sera publié en 10 fascicules. Prix de chaque
fascicule : 2 fr. 50 c. L'ouvrage entier : 25 fr.

————————◦————————

Table des matières de la 149ᵉ Livraison. — 1ᵉʳ mars 1863.

————————————————

ACADÉMIE DES SCIENCES

Séance du 23 février. — D'une espèce de chélonien fossile d'un genre nouveau ; par M. A. VALENCIENNES. — « Les grandes marées de la Manche laissent à découvert le pied du cap la Hève. On peut alors marcher sur les assises de la grande formation du Havre. Le géologue actif et chercheur voit paraître sur les blocs, mis à nu pendant de courts instants, les débris des squelettes de grands reptiles, de poissons confondus avec d'autres corps organisés, et ordinairement d'espèce et de genre inconnus. J'ai déjà nommé à l'Académie M. Lennier, conservateur du musée du Havre, pour sa découverte d'un ichthyosaure, que j'ai pu déterminer comme d'une espèce nouvelle. Je l'ai dédiée à notre grand et illustre zoologiste, en appelant ce saurien ICHTHYOSAURUS CUVIERI.

« En explorant de nouveau les falaises qui conduisent vers ces côtes que les marins nomment *la Côte blanche*, M. Lennier a trouvé un bloc sur lequel il a vu saillir l'extrémité d'os semblables à des côtes de tortue.

« Il m'a adressé ces fragments, que j'ai fini par reconnaître appartenir au squelette d'une tortue d'un genre nouveau, facile à déterminer par un caractère très-saillant, celui d'avoir NEUF côtes. Toutes celles que nous connaissons aujourd'hui n'en ont que *huit*. Plusieurs autres particularités de l'organisation de ce nouveau chélonien montrent qu'il tient des tortues molles, ou des trionyx fluviatiles de Geoffroy et des chélonées ou tortues marines d'Alexandre Brongniart. Je l'appellerai : PALÆOCHELYS NOVEM COSTATUS. » Suivent la description de ces restes fossiles et l'annonce par M. Valenciennes d'une dent fossile de MÉGALOSAURE trouvée par M. Lennier dans les formations de la Hève.

— M. Elie DE BEAUMONT exprime le vœu que le mémoire dont M. Valenciennes vient de lire l'extrait soit imprimé dans les *Mémoires de l'Académie des sciences*, accompagné des belles figures qu'il a présentées.

— Dissociation de l'eau ; par M. Henri SAINTE-CLAIRE DEVILLE (2e communication). — L'auteur promet une suite de communications, ce qui permettra de donner de ce travail une idée générale qui deviendra alors l'objet d'un article spécial dans la revue de physique.

— Note sur la théorie de l'aciération ; par M. Ch. SAINTE-CLAIRE DEVILLE. — A propos des dernières expériences communiquées par M. Caron, M. Charles Deville, le géologue, rappelle ses anciennes expériences, qui avaient pour objet d'étudier les propriétés physiques et chimiques singulières que peut déterminer dans les corps un refroidissement brusque. M. Deville fait, à ce sujet, une suite de rapprochements et ne ménage pas les suppositions, les considérations et les explications, mais sans aborder les conclusions.

— Note sur la formamide ; par M. A. W. HOFMANN. — La série formique, comme trait d'union entre la chimie minérale et ce qu'on appelle généralement la chimie organique, a toujours fixé l'attention des chimistes ; il est donc étonnant, dit M. Hofmann, qu'elle présente encore autant de lacunes. Nous savons, d'après les expériences de M. Pelouze, que l'acide cyanhydrique, par l'assimilation de deux équivalents d'eau, se change en acide formique et en ammoniaque. Le même chimiste, en montrant que le formiate d'ammonium, soumis à l'action de la chaleur, se transforme de nouveau en eau et en acide cyanhydrique, indique le premier une réaction qui, plus tard, entre les mains de MM. Dumas, Malaguti et Le Blanc, devait fournir des résultats si remarquables. Moitié chemin entre le formiate d'ammonium et l'acide cyanhydrique, la théorie suggère la formamide. Mais nous cherchons en vain cette substance dans les manuels de chimie. Les réactions qui devraient la fournir ne conduisent pas au résultat voulu. D'après l'expérience acquise par l'étude des autres acides, le procédé le plus simple pour la préparation de la formamide serait l'action de l'ammoniaque sur l'éther formique. Mais selon Gerhardt, qui toutefois n'indique pas d'autorité, l'ammoniaque sèche ne réagit pas sur le formiate d'éthyle, et l'ammoniaque aqueuse, comme les autres alcalis caustiques, le transforme en alcool et en formiate alcalin.

Or, en répétant cette expérience, M. Hofmann est arrivé à des résultats différents, probablement parce qu'il a opéré dans d'autres conditions. « Le formiate d'éthyle anhydro, saturé par l'ammoniaque sèche, fut exposé pendant deux jours à la température de l'eau bouillante, dans des tubes scellés à la lampe. En distillant le produit de la digestion, une grande quantité d'éther formique, non attaqué à cause de la faible proportion d'ammoniaque dissoute, passa d'abord, puis le point d'ébullition s'éleva rapidement, et un liquide incolore et transparent distilla enfin, mais non sans éprouver une décomposition partielle. Cette substance, également soluble dans l'eau, l'alcool et l'éther, est la *formamide*, dont la formule est $CH^s NO$. Son point d'ébullition paraît vaciller entre 192 et 195 degrés. Dans un vide partiel qui réduit son point d'ébullition à 140 degrés, elle distille sans la moindre décomposition. L'action des acides et des alcalis la transforme en acide formique et en ammoniaque. Distillée avec l'acide phosphorique anhydre, elle donne de l'acide cyanhydrique. Elle paraît exister, du moins à la température ordinaire, à l'état liquide seulement.

— M. A. d'Abbadie fait hommage d'un exemplaire du rapport qu'il a fait à la Société de géographie sur la planchette photographique de M. Auguste Chevallier.

— Rapport sur la machine à calculer présentée par M. Wiberg. — Après avoir essayé d'expliquer le mécanisme de cette machine ayant pour objet de calculer et d'imprimer en même temps des tables numériques fournissant les valeurs successives d'une même fonction, M. Delaunay, rapporteur, termine ainsi :

« Telle est, dans son ensemble et dans son mode d'action, la très-ingénieuse machine dont nous avons à rendre compte à l'Académie. D'autres machines avaient déjà été imaginées pour atteindre le même but. L'idée d'effectuer par des moyens mécaniques la suite des additions qui permettent de trouver les valeurs successives d'une fonction, en partant d'une première valeur et de quelques différences de divers ordres, a été depuis longtemps réalisée par M. Babbage, de Londres, dans la belle machine qu'il a commencée en 1823, et qui, devenue la propriété du gouvernement anglais, est déposée dans le muséum du collége de Sommerset-House. Plus tard, MM. Scheutz père et fils, de Stockholm, ont construit une machine du même genre qui a figuré très-honorablement à l'exposition universelle de Paris, en 1855 ; cette machine imprimait également les nombres qu'elle avait calculés. La machine de M. Wiberg ne fait rien de plus que celle de ses compatriotes MM. Scheutz ; mais les moyens mécaniques employés pour y arriver sont entièrement nouveaux. Malgré le grand nombre d'opérations partielles qui doivent être effectuées simultanément ou successivement par des organes différents, ces organes ont été si bien imaginés et si bien combinés entre eux, que la machine n'a qu'un volume extrêmement restreint. Elle est d'un emploi commode et d'une sûreté d'action aussi grande qu'on peut le désirer.

« Rien ne s'oppose donc à ce que la machine dont il s'agit soit employée à la formation des tables de logarithmes et des autres tables de même nature, telles que les tables astronomiques ; son emploi paraît être le moyen le plus sûr que l'on possède d'obtenir de pareilles tables absolument exemptes d'erreurs.

« Cette machine a d'ailleurs déjà servi à calculer et à imprimer des tables d'intérêts qui ont été publiées, et à l'aide desquelles on a pu reconnaître l'existence d'un certain nombre d'erreurs dans les tables du même genre publiées antérieurement.

« En résumé, la machine à calculer inventée par M. Wiberg nous a paru présenter un très-grand intérêt. Nous proposons à l'Académie d'accorder son approbation à cette belle et ingénieuse machine. »

Selon M. Saigey, cette machine est encore une chimère, et ne pourra rien produire de pratique, et surtout d'exact, avec les méthodes de calcul qu'on y applique.

— L'Académie procède à l'élection d'un membre correspondant de la section d'économie rurale en remplacement de feu M. Bracy-Clark.

Sur 52 votants, M. de Vibraye obtient 46 suffrages et M. Parade 6. M. de Vibraye est élu.

— M. Cavaillé-Col décrit et fait fonctionner une nouvelle soufflerie de précision, munie d'un nombre suffisant de tuyaux, et de régulateurs très-ingénieux, très-efficaces, maintenant l'air à la pression assignée d'avance, et pouvant s'appliquer à l'éclairage au gaz.

— Mémoire sur le télomètre et le nautomètre à prismes ; par M. C.-M. Goulier.

— Note sur les navires cuirassés ; par M. le contre-amiral Paris. — Voici un historique qui, outre l'intérêt qu'il présente par lui-même, a encore l'avantage de nous renseigner sur une question à l'ordre du jour. Remercions donc le brave contre-amiral d'avoir envoyé à l'Académie ce mémoire, qui va mettre un peu de variété dans nos comptes-rendus habituels:

« La marine vient d'éprouver des changements dans toutes ses parties, et après avoir modifié l'ancien vaisseau pour lui permettre de parcourir toutes les mers avec un surcroît de vivres, on a vu apparaître des navires à vapeur, d'abord entraînés par des roues à aubes, puis par l'hélice, qui a produit le vaisseau de guerre à vapeur. Enfin les navires cuirassés viennent de changer toutes ces conditions d'une manière plus radicale encore. De sorte qu'en moins de quarante ans la génération actuelle a vu paraître sur les mers quatre marines ne présentant entre elles que des analogies générales.

« Les perfectionnements de l'artillerie ont exercé une grande influence sur les constructions, en ce qu'on a produit des obus dont un petit nombre détruisait un vaisseau, comme le sanglant épisode de Sinope et la prompte destruction du *Cumberland* l'ont prouvé. De telles armes ne laisseraient pas aux combattants le temps de vider les questions dont ils sont les champions. On a donc repris d'anciennes expériences sur les tôles, et reconnu qu'il fallait au moins 0ᵐ.10 de fer appliqué sur du bois pour résister aux boulets. Le premier essai fut celui des batteries flottantes, que la volonté éclairée de l'Empereur fit construire, malgré les difficultés inhérentes au faible tirant d'eau nécessaire pour attaquer Cronstadt. Les premières armes de ces batteries furent devant le fort de Kilbouroum, et elles prouvèrent aussitôt aux marins que le temps des bâtiments de guerre en bois était terminé.

« Mais il fallait avoir des navires de mer, au lieu de ces caisses informes qu'il avait fallu traîner en Crimée pendant la belle saison. M. Dupuy de Lôme, déjà connu par la construction du *Napoléon*, construisit *la Gloire*, qui ouvrit la quatrième période de la marine.

« De nouvelles difficultés se présentèrent, car il ne suffisait pas de retrancher les mâts et les ponts supérieurs avec leurs canons pour les remplacer par un poids égal de plaques ; ce n'eût convenu qu'à une mer calme ; mais avec des vagues, tout est entraîné par leur mouvement et chaque poids du navire exerce des réactions inappréciables, suivant sa position : ainsi, tandis que de vastes chaudières ou des câbles reposent sur des plates-formes dans la cale, il faut couvrir les canons de cordes, parce qu'ils sont plus éloignés du centre de rotation, et malgré ces précautions il y en a qui ont été jetés à la mer. Il en résulte que les 1,000 tonneaux que pèse une cuirasse extérieure influent beaucoup plus sur les qualités nautiques d'un navire que la distribution des poids sur les ressorts et sur les essieux d'une voiture.

« La cuirasse est formée de plaques de fer aussi doux que possible, tenues par des boulons ou des vis à bois ; les longues plaques situées au-dessus et au-dessous des sabords servent seules à la liaison du navire au moyen des clefs qui les unissent. En France, on donne 0ᵐ.10 d'épaisseur en haut et 0ᵐ.12 à la flottaison et au-dessous. En Angleterre, on a adopté 0ᵐ.125, et les inventeurs de canons prétendent qu'ils perceront cette épaisseur ; mais s'ils y parviennent dans des expériences, il est douteux que leurs pièces elles-mêmes résistent au tir prolongé nécessaire entre de tels navires.

« On a différé sur les matériaux employés à la construction du bâtiment lui-même ; les Anglais ont adopté le fer ; nous, le bois. Le premier permet de très-grandes constructions ; il dure plus, mais il fait perdre une partie de la marche par les herbes et les coquilles qui, en peu de temps, s'attachent à sa surface et exigent des passages au bassin, ainsi que de nouvelles peintures au minium. Son plus grand défaut est de souffrir beaucoup des boulets, qui, s'ils atteignaient au-dessous de la cuirasse quand le navire roule, causeraient sa perte, en dépit des nombreuses cloisons établies pour maintenir l'eau. Le bois a l'avantage d'être, pour le moment, assorti aux ressources de la France et de craindre beaucoup moins les voies d'eau par les boulets sous la cuirasse ; mais celle-ci souffre de l'action galvanique du doublage en cuivre jaune, qui ronge le fer, surtout près de la flottaison, et avec une activité dont il y a déjà lieu d'être préoccupé. La présence du bois a été reconnue nécessaire pour soutenir les plaques, même sur la tôle du navire en fer ; elle a été prouvée par l'effet d'un boulet, qui, entré par un sabord du *Trusty*, a pris le côté opposé à revers, c'est-à-dire en rencontrant d'abord le bois et en arrachant 1 mètre carré de plaque.

« En France, nous avons construit une frégate en fer : c'est *la Couronne*, qui est entièrement cuirassée, ainsi que *la Gloire*, *l'Invincible* et *la Normandie*. Ces frégates ont 34 canons protégés, qui, par le fait, coûtent chacun 176,500 francs ; elles n'ont pas un seul point vulnérable et détruiraient à merci tous les navires en bois qu'elles rencontreraient. Le *Warrior*, au contraire, a une coque en fer ; mais la moitié seulement de sa longueur est cuirassée ; il a 28 canons protégés qui valent chacun 312,500 francs ; les 22 autres sont dans des parties tellement vulnérables. qu'il n'y a pas lieu de les compter. De plus, la barre, la roue, le gouvernail, l'étambot et le haut du cadre de l'hélice sont entièrement exposés aux coups, et ces parties vitales seraient promptement détruites par un navire protégé de toutes parts.

« On peut donc affirmer que c'est en France que cette nouvelle question maritime a été le mieux résolue, puisque la cuirasse complète est maintenant adoptée sur des constructions étrangères, telles que le *Northumberland*, et deux autres de 122 mètres de long, pesant au moins 11,000 kilogr. et devant coûter 12 millions de francs.

« En quoi ces navires modifieront-ils les guerres marines, puisque la perfection des obus en fait une nécessité ? Cette question est très-difficile à résoudre, et si ces bâtiments sont considérés en présence les uns des autres, ils modifieront toute la tactique navale, et leur invulnérabilité a fait penser à employer le choc de leur masse. Ils feront disparaître les navires en bois de la surface des mers ; mais ils arriveront à se détruire mutuellement, car il faut admettre comme maxime qu'il faut craindre ses semblables et qu'entre semblables la force est au nombre, c'est-à-dire au budget le plus élevé. Ce qu'ils présentent de plus nouveau est le changement, en leur faveur, de la force relative de la terre et de la mer, et ils viennent se placer sur un pied d'égalité dont le vaisseau en bois était très-éloigné. Les escadres combinées n'ont fait qu'une diversion contre Sébastopol, tandis que les trois batteries avec leurs onze canons battants chacune, sont venues se porter à petite distance et ont réduit Kilbouroum. D'après cela, il n'y a plus de rades fermées, plus de villes de littoral protégées, puisque ces navires lancent des projectiles à 5,000 mètres de distance et ne les craignent pas à moins de 100 mètres. Les débarquements, déjà rendus si difficiles par l'adoption des machines à vapeur, le sont devenus encore plus, car si on renfermait mille hommes ou cent chevaux dans un de ces navires, qui dès lors serait trop encombré pour employer ses canons, il faudrait en sortir pour aller à terre dans des canots.

« De plus, la disparition forcée des voiles entraîne à faire les trajets entiers à la vapeur, et comme on n'a que cinq ou six jours à onze ou douze nœuds, ou dix ou douze jours à huit nœuds, on ne saurait aller loin sans posséder des dépôts de charbon, en pays amis. Il en résulte que jamais la guerre maritime n'aura été plus localisée.

D'après ces conditions générales, il est difficile d'établir ce qui est le plus avantageux à la France ; mais quelles que soient les conséquences à venir, il y a lieu de remarquer que nous sommes tellement en avance sur les autres nations qu'il en résulte pour le moment une supériorité marquée. Tel est à peu près l'état de la marine actuelle ; il est impossible de dire combien il durera, tant les nations font de dépenses et d'efforts pour améliorer leur matériel naval.

— M. Milne-Edwards entretient l'Académie des résultats obtenus pendant un voyage à

Bangkok, par M. Bocourt, zoologiste attaché au Muséum d'histoire naturelle et chargé d'une mission scientifique dans le royaume de Siam. Les collections formées par ce voyageur sont exposées dans une des salles du Muséum et présentent beaucoup d'intérêt. Une commission est chargée de l'examen de ces collections.

— Mémoire sur la théorie des nombres premiers considérés dans les progressions arithmétiques ; par M. F. Moret.

— Sels employés pour rendre ininflammable la fibre végétale ; par MM. F. Versmann et Oppenheim. — Auteurs d'une brochure sur les moyens de rendre la fibre végétale incombustible, et dont la partie essentielle a été communiquée le 15 septembre 1859 à l'Association britannique, ces messieurs prient l'Académie de vouloir bien en prendre connaissance. D'après les procédés que nous recommandons, disent-ils, on fabrique maintenant des étoffes non inflammables, dont nous serions heureux d'offrir des échantillons à l'Académie. C'est du travail de Gay-Lussac que nous sommes partis pour faire des recherches semblables avec une méthode précise. Ainsi, nous avons déterminé, pour un grand nombre de sels, combien de chacun d'eux doit être dissous dans l'eau pour qu'une pièce d'une certaine mousseline, trempée dans cette solution et desséchée après, reste non inflammable. Tous les sels qui ont semblé applicables dans l'industrie ont été ensuite examinés industriellement dans les fabriques de M. Walter Crum et de MM. Cochran et Dewar, à Glasgow, et dans divers établissements de blanchissage, à Londres.

Trois sels seulement, après cet examen pratique, ont été admis comme applicables dans l'industrie. Ce sont le sulfate et le phosphate ordinaire d'ammoniaque et le tungstate neutre de soude. Les deux premiers ne supportent pas la chaleur du repassage sans se décomposer ; mais ils sont applicables dans les fabriques où les étoffes sont apprêtées par l'action de l'air chaud ou de cylindres chauffés par la vapeur. Ils n'attaquent sensiblement ni la fibre, ni les couleurs stables des étoffes.

Le phosphate d'ammoniaque peut être mêlé, sans perdre beaucoup de son efficacité, avec la moitié de son poids de chlorhydrate d'ammoniaque. Il faut dissoudre 20 pour 100 de ce mélange pour avoir une solution efficace. On obtient le même résultat avec une solution de 7 pour 100 de sulfate d'ammoniaque. Ce dernier est donc le sel le plus économique qu'on puisse proposer à l'industrie. Dans le cas seulement où le procédé de repassage est inévitable, c'est-à-dire pour l'usage des blanchisseries, une solution de 20 pour 100 de tungstate de soude doit lui être préférée. Pour être tout à fait sûr du procédé, on applique toutes ces solutions aux étoffes après qu'elles ont été empesées et desséchées, parce que l'amidon est toujours employé dans une solution plus étendue que celle que demandent les sels. Les tungstates acides détruisent la fibre du coton, comme font le borax, l'alun et plusieurs autres substances qui ont été antérieurement recommandées.

Le tungstate de soude est préparé dans le Cornwall, où les mines d'étain fournissent de grandes quantités de wolfram. Un fabricant de Plymouth, M. Oxland, a le premier appliqué ce minéral dans l'industrie. Après avoir fondu le minéral avec un excès de carbonate de soude, il dissout cette masse dans l'eau et obtient par une ou deux cristallisations de beaux cristaux de monotungstate de soude. Il fait usage de ce sel pour faire du tungstate de plomb, précipité blanc qui peut remplacer le carbonate de plomb comme pigment. A l'Exposition de Londres de l'année dernière, M. Versmann a exposé d'autres couleurs obtenues par ce sel : un jaune (l'acide tungstique), un bleu (l'oxyde de tungstène), un brun bronzé (le tungstate double de sodium et de tungstène) et un violet bronzé (le tungstate de potassium et de tungstène). On applique en outre le tungstène dans la fabrication de l'acier (Voir *Moniteur scientifique*, livraison 69, page 389), et le tungstate de soude comme mordant. Toutes ces applications n'ont pas encore haussé considérablement le prix de ce sel, qui varie de 300 à 450 fr. les 100 kilogrammes.

Dans toutes les fabriques d'Angleterre, on fait l'apprêt des étoffes sans repassage, en les distendant et en les agitant pendant qu'on les expose à une ventilation forte et une température de 30° environ. Dans toutes ces fabriques le sulfate d'ammoniaque est préférable à tout autre moyen.

— Album météorologique ; par M. COULVIER-GRAVIER, — Dans cet ouvrage, que l'abbé Moigno nous paraît analyser avec beaucoup trop de complaisance, l'auteur prétend prouver par $a + b - x\,y$ qu'il a fait chaud et sec l'année dernière, ainsi qu'il l'avait prédit dans les premiers jours de mai, dans sa lettre à M. Delamarre de *la Patrie*. Si $a + b$ prouvent cela, tant pis pour l'algèbre de M. Coulvier-Gravier, dirons-nous. Pour nous résumer, nous dirons à l'abbé Moigno qu'il a mieux à faire dans *les Mondes* que d'assister M. Coulvier-Gravier à ses derniers moments. Qu'il laisse ce soin pieux au docteur Josat, qui ne l'abandonnera, il peut en être convaincu, que lorsque le *dernier rayon de vie* sera bien éteint.

Le *Cosmos-Tramblay* a parlé aussi du livre de M. Coulvier-Gravier, ce livre que des *hommes considérables*, prétend l'astronome du Luxembourg, l'ont engagé à écrire ! Or, voici le *lumineux jugement* que le *Cosmos* porte sur ce nouveau bouquin : « Nous laissons à M. Coulvier-Gravier toute la responsabilité des idées qu'il émet. » Le *Cosmos* s'en lave les mains des théories du Luxembourg, c'est prudent ; mais, diront les abonnés, autant nous donner la chanson *du Pied qui r'mue* que d'écrire vos comptes-rendus scientifiques.

— M. BOUDIN adresse une note de haute statistique *fantaisiste;* elle a pour titre : *De l'influence de l'âge relatif des parents sur le sexe des enfants.* — Il résulte de mes études, dit-il dans sa lettre d'envoi : 1° que le sexe masculin prédomine quand le père est plus âgé que la mère ; 2° que le sexe féminin prédomine quand la mère est plus âgée que le père ; 3° que les deux sexes tendent à s'équilibrer, cependant encore avec une légère prédominance du sexe féminin, quand le père et la mère sont du même âge. D'autres observateurs, ajoute-t-il, sont arrivés aux mêmes résultats que moi en faisant des recherches sur d'autres points du globe. Parmi ces observateurs, je me bornerai à citer M. Hatacker, à Tubingue ; M. Sadler, en Angleterre ; M. Goehlert, à Vienne ; M. Boulanger, à Calais. Voilà bien des recherches inutiles et du temps perdu, qui pourrait être mieux employé.

— A la suite de la dernière exposition de Londres, dit, dans une lettre jointe à cet envoi, M. MENIER, parlant au nom des premiers souscripteurs, plusieurs manufacturiers ont pensé que la chimie, qui rend déjà tant de services à l'industrie, lui en rendrait encore davantage si l'enseignement de cette science était complété par l'enseignement du laboratoire. Ils ont conçu par suite le projet de fonder une école pratique de chimie, réalisant ainsi une pensée émise par Thenard, dans une note qui date de l'an VIII. Ils espèrent que l'Académie verra leurs efforts avec bienveillance. Renvoi à la section de chimie.

Les princes de la science font la grimace à la lecture de cette lettre: c'est une raison pour persister. Si le projet était mauvais, la *science officielle* se montrerait moins contrariée. Cent soixante mille francs sont souscrits à l'heure qu'il est.

— Recherches sur la formation de quelques hydrogènes carbonés; par M. AD. WURTZ.

— Action de l'ammoniaque sur la poudre-coton. Nouvelle réaction propre aux nitrates ; par M. ERNEST GUIGNET. — Les travaux si remarquables de M. Paul Thenard et de M. Schutzenberger nous ont appris que l'ammoniaque peut agir sur certaines matières organiques neutres, notamment sur le coton, en produisant des substances brunes fortement azotées. J'ai fait une observation du même genre relativement à la poudre-coton, avec cette différence que la réaction est tellement facile qu'il n'est pas nécessaire d'opérer sous pression à une température supérieure à 100°. Il suffit de faire bouillir dans un ballon de la poudre-coton préparée pour collodion photographique avec de l'ammoniaque liquide, pour l'attaquer complétement au bout de deux heures. Il se produit alors une matière brune azotée et il se forme en outre une grande quantité de nitrate d'ammoniaque et aussi du nitrite d'ammoniaque.

— Sur un nouveau mode de formation des anhydrides des acides monobasiques; par M. H. GAL.

— Sur deux nouveaux types de nuages observés à la Havane ; par M. Poey.

Séance du 2 mars. — Note sur la ventilation des nouveaux théâtres de Paris ; par le général A. Morin. — « Bien que, dans l'exécution, l'on se soit notablement éloigné en certains points des indications déduites des principes de la science et des expériences directes que nous avions faites pour étudier la question, les résultats obtenus, quand les appareils fonctionnent régulièrement, sont généralement assez favorables pour montrer que nous étions dans la véritable voie qui pouvait conduire à la solution, et que, si on nous y avait plus complétement suivi, l'on n'aurait pas éprouvé certains inconvénients plus ou moins graves pour le public.

Lorsque des appareils donnés, bien construits et en bon état, ont fourni facilement pendant un certain temps des résultats comme ceux que nous avons obtenus, il suffit évidemment d'une surveillance active et d'une bonne volonté intelligente pour obtenir ces mêmes résultats avec continuité. Par conséquent, si, dans quelqu'une de ces salles de spectacle, il fait tantôt trop froid, tantôt trop chaud, il est bon que le public sache que ce n'est pas aux appareils ni aux dispositions adoptées qu'il doit s'en prendre, mais bien à ceux qui, au lieu de les maintenir en activité comme ils en ont contracté l'obligation, s'efforcent, dans des vues d'économie malentendue, d'en restreindre les effets.

L'administration de la ville de Paris saura prendre, nous n'en doutons pas, des mesures pour que les sacrifices qu'elle a si libéralement faits pour procurer au public une amélioration désirée depuis longtemps pour les théâtres ne soient pas rendus inutiles.

En résumé, les expériences exécutées au théâtre Lyrique et au théâtre de la Gaîté, où l'on a appliqué, quoique d'une manière incomplète et un peu trop restreinte, les principes posés dans le rapport de la commission des nouveaux théâtres de Paris, ont montré que l'on y avait obtenu, par une ventilation peut-être encore insuffisante, une uniformité et surtout une modération satisfaisante des températures à tous les étages.

Il y a donc lieu de penser que, si, profitant de l'enseignement de ces premiers essais, pour lesquels, malgré une réserve prudente, l'administration de la ville de Paris a eu le mérite *assez rare* d'accorder confiance aux indications de la science, l'on en étend plus largement encore l'application, l'on parviendra à faire jouir le public qui fréquente les théâtres d'un bien-être tel, qu'il n'achète pas, comme aujourd'hui, les plaisirs de l'intelligence et du goût au prix de trop de malaise physique ; l'art profiterait par là des améliorations apportées à la salubrité.

Et, pour donner une idée de la valeur des progrès déjà réalisés et à réaliser encore, il n'est pas inutile de dire, en terminant, que des observations recueillies en juillet 1859, et auxquelles nous sommes tout à fait étranger, ont montré qu'à l'Opéra, aux premières loges, il y a parfois, à dix heures du soir, une température de 30 à 32 degrés, et dans les places supérieures 38 à 40 degrés.

D'autres observations, que je fais suivre avec continuité cet hiver, indiquent aux premières loges une température de 22 à 23 degrés, et aux étages supérieurs celle de 29 à 30 degrés, malgré la communication permanente de ces derniers étages avec les couloirs dont la température n'est en moyenne que de 20 degrés.

Tel était l'état des choses, lorsque nous avons été appelé à nous occuper de la question de la ventilation, et l'on peut voir par les résultats otenus au théâtre Lyrique les progrès réalisés. » Voici, d'après M. le général Morin, une expérience faite le 9 décembre 1862.

VOLUME D'AIR		VOLUME D'AIR EXTRAIT	TEMPÉRATURE	
introduit par heure	extrait par heure	pa heure et par place	extérieure	intérieure
30850.	60051.	36^m.28.	8°.	20 à 22°.

Quant à la température, des observations suivies depuis huit heures trente minutes jusqu'à onze heures trente minutes ont montré que la température intérieure avait été à très-peu près la même à tous les étages de places, et en moyenne à 22°.5.

D'autres observations continuées pendant vingt et un jours, du 18 novembre au 21 décembre 1862, ont donné pour les valeurs des températures :

         A la scène.................................... 18°.9
         Aux stalles d'orchestre et aux baignoires.......... 21°.6
         Aux divers étages de loges..................... 22°.4
         A l'amphithéâtre, 4ᵉ étage..................... 23°.3

Pendant cette période, le jour le plus froid a été le 16 décembre, où la température extérieure a été égale à — 0°.5, et malgré cela les températures intérieures ont été:

         A la scène............................ 18 à 19 degrés
         Aux stalles d'orchestre et aux baignoires... 22   —
         A l'amphithéâtre....................... 23   —

Le jour le plus chaud a été le 7 décembre, où la température extérieure a été de + 13. Les températures intérieures ont été:

         A la scène................................... 18°.5
         Aux stalles d'orchestre et aux baignoires........ 23".5
         Aux loges.................................... 22°.5
         A l'amphithéâtre............................. 23°.5 à 24°.5

L'on voit en effet qu'il y a eu progrès évident et il faut espérer que, pour des constructions futures, si les architectes se conforment exactement aux avis qui leur seront donnés, ces progrès seront plus complets encore.

— Nouvel appareil pour mesurer les bases géologiques ; note de M. FAYE. — L'auteur énumère, dans une longue lecture, les progrès accomplis depuis un siècle dans la mesure des bases géodésiques, apprécie le degré d'exactitude des bases mesurées dans ce siècle en France, en Russie, en Angleterre, en Allemagne, en Prusse, et décrit un appareil destiné à faciliter considérablement ce difficile travail, en ce sens surtout qu'il le ramène à n'être, en quelque sorte, qu'un travail de cabinet, et que son exactitude dépend de mesures microscopiques prises dans un repos parfait.

— M. Le Verrier est d'accord avec M. Faye sur la nécessité de mesurer de nouveau et plusieurs fois les bases fondamentales du réseau français. Il prouve, par plusieurs documents officiels, qu'il a reçu du ministre de l'instruction publique l'ordre de procéder à cette vérification désirable, et l'allocation de fonds nécessaires à une prochaine entrée en campagne.

Ainsi M. Le Verrier fera le travail tout seul et le bureau des longitudes continuera à se croiser les bras avec ses quatorze titulaires.

— Sur les quantités ultra-géométriques ; par M. DE POLIGNAC.

— Production du peroxyde de fer magnétique. — M. ROBBINS adresse de Londres une note écrite en anglais destinée à établir la date à laquelle ont été rendus publics les résultats auxquels il est arrivé sur ce sujet, date qu'il donne comme antérieure de plusieurs années à celle des premières communications de M. Malaguti.

C'est en poursuivant des recherches sur l'oxyde ferroso-ferrique, dit M. Robbins, que j'ai été conduit à la découverte du mode de préparation qui m'a donné un peroxyde de fer attirable à l'aimant. Le 6 juin 1857, j'en fis le sujet d'une communication à l'*Association des discussions chimiques*.

— M. DE JONQUIÈRES, par une lettre écrite le 29 janvier 1863, à bord du *Berthollet*, en rade de Vera-Cruz, se fait connaître comme auteur d'un mémoire présenté au concours pour le grand prix de mathématiques de 1862 (Théorie des courbes planes). Mémoire qui avait été nscrit sous le n° 1, et qui a obtenu la première des deux médailles décernées dans ce concours.

— Sur une nouvelle classe de combinaisons chimiques; par M. Nicklès. — Ces nouveaux sels du laborieux et sagace professeur de Nancy sont *les sels quadruples*, résultant de l'union de deux sels doubles. Ils renferment tous du chlorure de plomb, quelques-uns d'entre eux sont très-solubles dans l'eau, ce qui donne à cette nouvelle classe de composés un intérêt pratique, en raison du parti remarquable que M. Niepce de Saint-Victor a récemment tiré du chlorure de plomb pour la fixation des images héliochromiques.

— Sur la production de l'ozone par l'électrolyse et sur la nature de ce corps ; par M. J.-L. Soret.

— Recherches sur les affinités. — Sur la limite de combinaison entre les acides et les alcools ; par MM. Berthelot et Péan de Saint-Gilles.

— Expériences tendant à prouver que lorsqu'un paratonnerre ordinaire est foudroyé, son conducteur devient foudroyant pour les corps voisins; note de M. Perrot.

— Note sur la coloration de la flamme de l'hydrogène par le phosphore et ses composés. Spectre du phosphore ; par MM. Christofle et F. Beilstein. — « M. Wœlher a le premier, et depuis longtemps, annoncé que l'acide phosphoreux communiquait à la flamme de l'hydrogène une belle coloration verte, et qu'il suffisait d'une très-petite quantité de ce corps pour produire ce phénomène. Depuis, M. Dusart a développé ces expériences en les étendant au phosphore, et M. Blondlot, se fondant sur ces faits, a donné différentes méthodes pour la recherche toxicologique du phosphore. Nous avons repris ce travail, et, au moyen de l'analyse spectrale, nous sommes arrivés à des résultats d'une très-grande précision. » Suivent les expériences des auteurs.

— Sur un moyen d'obtenir un synchronisme parfait pour un nombre quelconque d'horloges reliées entre elles par un fil conducteur de courants électriques ; extrait d'une lettre de M. Vérité à M. Seguier.

— M. Ozanam présente comme pièce de concours pour les prix de médecine et de chirurgie de la fondation Montyon un mémoire ayant pour titre : *De l'anesthésie par les gaz carburés.*

— M. Jacobs, dans une lettre datée de Harlem, indique quelques conditions auxquelles il faudrait principalement avoir égard dans la construction des machines à vapeur, pour diminuer la dépense en combustible.

— Empoisonnement par des huîtres draguées sur un banc voisin d'une mine de cuivre ; constatation de la présence du métal dans ces mollusques ; note de M. Cuzent. — « Appelé n qualité d'expert à démontrer la présence du cuivre dans des huîtres vertes saisies sur le marché de Rochefort, et à déterminer la quantité qu'elles contenaient de ce toxique, j'ai été à même de faire quelques observations intéressantes. En attendant que mon travail soit achevé, je viens indiquer deux procédés qui permettent de reconnaître à l'instant la présence du cuivre dans ces mollusques :

« 1° Le premier consiste à employer l'*ammoniaque* pure. Si l'huître contient du cuivre, sa teinte, au lieu d'être d'un *vert bleuâtre* plus ou moins foncé, est d'un vert clair (*vert d'herbe*), et le mollusque parfois laisse suinter des lobes de son manteau une matière visqueuse qui ressemble à un précipité de vert-gris. Versée sur la chair de l'huître, l'ammoniaque, par son contact, produit la couleur bleu foncé qui caractérise le sel de cuivre ammoniacal, et l'on peut alors suivre la trace du poison jusque dans les vaisseaux les plus déliés du foie de l'animal.

« 2° Le second procédé a pour but d'isoler le cuivre à l'état métallique. Il consiste à piquer une aiguille à coudre dans les parties vertes de l'huître, à verser ensuite sur le mollusque une quantité de *vinaigre* suffisante pour l'immerger, et à laisser le tout en contact pendant quelques secondes.

« Il ne faut pas une minute pour que la partie de l'aiguille enfoncée se recouvre d'un enduit rouge de cuivre métallique. On devra préalablement s'assurer de la pureté du vinaigre. Ces procédés sont tellement sensibles, que j'ai pu isoler le cuivre de plusieurs de ces mollusques qui n'en contenaient que de faibles quantités. Il suffit dans ce cas, lorsqu'on opère avec les aiguilles, de prolonger plus ou moins le temps de leur contact avec la partie verte soumise à l'expérience.

« Les huîtres saisies provenaient de l'Angleterre ; elles ont été draguées sur un banc de la rivière de Talmouth et voisin d'une mine de cuivre. Ces mollusques ont occasionné plusieurs symptômes d'empoisonnement.

Cette note de M. Cuzent a reçu une grande publicité dans toute la presse; quelques journaux ont prétendu que le moyen signalé par M. Cuzent était un moyen employé par un ignorant pour donner une couleur verte aux huîtres, et non un accident causé par le voisinage d'une fabrique. Aussi cette publicité pouvant effrayer le public, M. le maire de Marennes a adressé cette réclamation au *Moniteur universel,* le 11 mars dernier :

« Monsieur le Directeur,

« Permettez-moi d'appeler l'attention de vos lecteurs sur un article publié dans votre numéro du 3 courant, relatif à une prétendue falsification des huîtres vertes de Marennes.

« Il me suffira d'expliquer simplement, après l'avoir fait précéder de quelques observations préliminaires, le fait qui a donné lieu à l'expertise de M. Cuzent, pour dissiper les craintes mal fondées qu'a pu faire naître dans l'esprit de vos abonnés l'article auquel je réponds.

« Le commerce des huîtres vertes de Marennes a pris depuis environ une quinzaine d'années une telle extension, que les bancs d'huîtres blanches de nos parages étant devenus insuffisants pour l'approvisionnement des parcs, dans lesquels l'huître acquiert cette couleur verte et ce goût exquis qui la font rechercher sur toutes nos tables, il a fallu nécessairement faire venir des côtes d'Espagne, de Bretagne, d'Angleterre et d'Irlande les milliers d'huîtres qui, chaque année, partent des cantons de Marennes et de la Tremblade, pour être vendues dans toutes les villes de France, ou mieux encore de l'Europe.

« L'extension des lignes de fer a beaucoup contribué à cette immense augmentation du commerce des huîtres, et l'on peut avec certitude affirmer que le nombre des huîtres de provenance étrangère, qui viennent verdir dans nos parcs, s'élève en moyenne à plus de 15 millions par an.

« L'huître de Marennes est, comme toutes les autres, blanche par sa nature, et elle n'acquiert son goût particulier et sa couleur verte que par un séjour de plusieurs mois dans nos parcs, dont le fond, tapissé d'une petite mousse ou sédiment vert, se trouve composé d'un terrain particulier, produit des dépôts successifs des vases de la mer sur les rivages du petit golfe improprement appelé rivière de Seudre. J'ajoute que, depuis plus de dix ans, des huîtres provenant des bancs de Falmouth sont achetées par nos éleveurs ; que ces huîtres contiennent, en effet, à leur arrivée, une certaine addition de sel de cuivre, et qu'elles ont un goût âcre très-prononcé. Ces huîtres sont en arrivant déposées dans des parcs particuliers, où elles séjournent environ six mois, laps de temps que l'expérience a démontré nécessaire pour faire disparaître tout toxique de cuivre, leur enlever le goût si désagréable qu'elles ont naturellement, et enfin leur faire acquérir cette saveur particulière qui fait rechercher les huîtres élevées dans les parcs de la Seudre. Voici maintenant, ces explications données, le récit exact du fait qui a donné lieu aux poursuites dirigées par le parquet de Rochefort :

« Un pêcheur de Marennes, qui ne fait qu'un bien petit commerce d'huîtres, en avait acheté quelques milliers provenant de Falmouth. Après quinze jours ou trois semaines seulement de séjour dans son parc, poussé par l'amour illicite d'un gain prématuré, ce pêcheur a commis la faute de faire vendre ses huîtres sur le marché de Rochefort. Le toxique qu'elles renfermaient encore a produit des accidents qui ont éveillé l'attention de la justice, et nous n'avons ici qu'à applaudir à la sollicitude éclairée des magistrats qui instruisent cette affaire.

« Voilà le fait. Y trouve-t-on, comme semble le faire croire l'auteur de l'article du 3 de ce mois, la preuve de la falsification des huîtres de Marennes ? Non, assurément ; et ce fait, d'ailleurs complétement isolé, prouve au contraire la délicatesse commerciale de nos marchands d'huîtres, puisque depuis plus de dix ans il ne s'est encore présenté qu'une seule fois. Certainement l'expertise faite par M. Cuzent a eu pour heureux résultat de signaler au public un excellent moyen de constater la présence du sel de cuivre dans les huîtres, mais nous sommes certain, et nous en avons fait nous-même l'expérience, qu'un empoisonnement complet n'est pas possible en mangeant des huîtres arrivant de Falmouth. Il faudrait, en effet, pour cela, en absorber plusieurs douzaines, et leur goût détestable ne permettra jamais d'en manger plus de cinq ou six.

« A. BOURRICAUD,
« *Secrétaire de la mairie de Marennes.* »

La lettre de M. Bourricaud ne nous satisfait pas, puisqu'elle déclare que « les huîtres contiennent, en effet, à leur arrivée une certaine *addition* de sel de cuivre, » et plus loin que « ces huîtres sont en arrivant déposées dans des parcs particuliers où elles séjournent environ six mois, laps de temps que l'expérience a démontré nécessaire pour faire disparaître tout toxique de cuivre. » Cette affirmation de M. *Bourricaud* nous paraît une *ânerie*, et nous ne comprenons pas que le temps fasse disparaître le cuivre. Il y a quelque erreur là-dessous, et nous croyons plutôt au voisinage d'une fabrique de cuivre signalé par M. Cuzent, et alors à un cas accidentel. M. Cuzent vient d'écrire à l'abbé Moigno que ce sont les Anglais qui font cette addition de cuivre, et qu'il y a réellement ici une fraude dont on doit faire justice.

ACTION RÉCIPROQUE DES PROTOSELS DE CUIVRE ET DES SELS D'ARGENT.
Par MM. E. MILLON et A. COMMAILLE.

Berzélius a proposé de préparer certains protosels de cuivre à l'aide des sels d'argent. « Il est probable, dit-il, que le meilleur moyen de préparer les oxysels cuivreux consiste à décomposer le chlorure cuivreux par les sels argentiques neutres. » (Berzélius, t. IV, p. 144, deuxième édition).

En terminant son Mémoire sur les sulfites de cuivre, M. Pean de Saint-Gilles indique, dans une note, qu'il a essayé, sans succès, le moyen proposé par Berzélius. Il s'exprime ainsi : « La réaction du nitrate d'argent, conseillée par Berzélius, ne donne lieu qu'à la production de nitrate cuivrique avec dépôt d'argent métallique (*Annales de chimie et physique*, t. XLII.

M. Pean de Saint-Gilles n'a pas insisté autrement, que nous sachions, sur la réaction dans laquelle le protochlorure de cuivre a réduit le nitrate d'argent.

La solubilité simultanée de plusieurs sels de cuivre, protosels et bisels, ainsi que de plusieurs sels d'argent dans l'ammoniaque liquide; l'existence et la stabilité de quelques protosels de cuivre à la faveur d'un excès d'ammoniaque ; enfin, la réduction de la plupart des sels d'argent par ces mêmes protosels de cuivre, toujours en présence de l'ammoniaque liquide, nous ont semblé fournir autant de circonstances dignes d'examen.

Aujourd'hui, nous nous bornerons à exposer la réaction réciproque des protosels de cuivre et des sels d'argent, dissous les uns et les autres dans une liqueur saturée d'ammoniaque. Nous nous sommes convaincus que cette étude conduisait à des faits intéressants pour l'histoire des sels de cuivre, et qu'elle avait une importance réelle pour l'extraction et la purification de l'argent.

Lorsqu'on dissout un bisel de cuivre par un grand excès d'ammoniaque, et qu'on verse cette liqueur, d'un bleu plus ou moins intense, sur du cuivre métallique, en se mettant à l'abri du contact de l'air, on observe que tous les bisels franchement solubles dans l'ammoniaque, nitrate, sulfate, phosphate, acétate, oxalate, tartrate, chlorure, etc., dissolvent une quantité notable de cuivre et donnent naissance à des protosels difficiles à isoler, bien qu'ils manifestent quelquefois leur présence par une décoloration complète de la liqueur. Mais quand même la décoloration n'est pas entière, l'existence du protosel peut toujours être constatée, en faisant tomber la solution ammoniacale cuivreuse dans la solution aqueuse de l'acide que renferme le sel : ainsi, en réduisant le sulfate de bioxyde de cuivre ammoniacal par du cuivre métallique, et en versant cette solution dans l'acide sulfurique étendu, on voit apparaître un précipité presque blanc, mais qui, aussitôt, se colore en jaune foncé, puis en rouge, et, comme résultat final de cette réaction, on trouve qu'il s'est reformé du cuivre métallique et du sulfate de bioxyde de cuivre. Le cuivre ainsi précipité est amorphe et d'une ténuité extrême; il possède, au moment de sa précipitation, la couleur rouge du cuivre pur qu'il ne tarde pas à perdre au contact de l'air, mais il reprend l'éclat métallique par le frottement.

Cette réaction est celle qui se produit avec la plupart des acides. Ainsi, le nitrate, le phosphate, l'oxalate, le sulfate, le tartrate, que nous avons examinés, donnent tous, plus ou moins rapidement, naissance à du cuivre.

Le chlorure et l'acétate se distinguent des sels précédents, en ce qu'ils forment un protosel d'une stabilité prononcée.

Que l'on verse, par exemple, de l'acétate de bioxyde de cuivre ammoniacal, réduit par un contact plus ou moins prolongé sur du cuivre métallique, dans de l'acide acétique concentré, il se fera un précipité de protosel, blanc, cristallisé en prismes grêles et accolés, assez fixe pour être étudié, bien qu'il soit influencé rapidement par le contact de l'air. Ce composé nouveau sera examiné dans un travail ultérieur.

Avec le bichlorure de cuivre, on arrive, dans des conditions analogues, à obtenir un protochlorure blanc, décrit par tous les auteurs, et dont la stabilité est encore plus marquée.

Comme nous avions le plus grand intérêt, pour les recherches qui vont suivre, à connaître toutes les conditions qui se rattachent à la production de ce protochlorure de cuivre, il convient d'entrer ici dans quelques détails.

Le protochlorure de cuivre ne se forme pas seulement par la réaction du bichlorure de cuivre ammoniacal sur le cuivre métallique, il se produit encore en abondance quand on remplace l'ammoniaque par de l'acide chlorhydrique ou du sel marin. On remplit de tournure de cuivre un ballon de dimension suffisante, puis on le ferme avec un bouchon portant deux tubes, deux fois recourbés, à angle droit; l'un de ces tubes plonge par une branche jusqu'au fond du ballon, tandis que la branche extérieure est assez longue pour faire siphon: ce tube est destiné à l'introduction et à la sortie des liquides. L'autre tube traverse le bouchon par sa courte branche et, par l'autre plus allongée, se relie extérieurement à un aspirateur. Celui-ci étant mis en marche, la branche extérieure du premier tube est plongée dans la solution destinée à réagir sur le cuivre métallique. Quand le ballon est presque entièrement plein, on ferme le tube adducteur au moyen d'un caoutchouc solidement lié sur une baguette de verre; la branche externe de l'autre tube est séparée de l'aspirateur et plongée dans le mercure : une fois la réaction terminée, on expulse le liquide en amorçant le tube qui fait office de siphon, et, si l'on tient à se préserver de tout contact de l'air, on a soin de faire arriver, au lieu d'air, de l'hydrogène ou de l'acide carbonique par l'extrémité libre du deuxième tube.

Il est bon de maintenir le ballon à une douce température, pour que la réaction se fasse rapidement; elle se ferait encore à froid, mais elle ne serait complète qu'après plusieurs jours. Avec la solution de bichlorure de cuivre dans l'acide chlorhydrique ou dans le sel marin, la liqueur brunit d'abord et se décolore ensuite complétement, en laissant déposer des cristaux quelquefois volumineux et toujours d'un blanc parfait. Avec la solution de bichlorure de cuivre dans l'ammoniaque, il est rare d'arriver à la décoloration, mais le protochlorure ne s'en forme pas moins en grande abondance.

Voici des nombres qui préciseront les faits :

25^{cc} d'une liqueur incolore de protochlorure de cuivre, obtenue par l'action du cuivre métallique sur une dissolution de bichlorure de cuivre dans l'acide chlorhydrique concentré, a donné, par les procédés ordinaires d'analyse, 2 gr. 93 de bioxyde de cuivre, soit 9 gr. 33 de cuivre métallique par litre. Cette solubilité du protochlorure de cuivre ne s'obtient qu'à la faveur d'un grand excès d'acide chlorhydrique, car un litre de cette même liqueur renferme 235 gr. 8 de chlore.

10°° d'une solution de protochlorure de cuivre obtenu sur du cuivre métallique à la faveur du bichlorure de cuivre additionné de sel marin, nous a donné une quantité de bioxyde de cuivre correspondant à 135 gr. 4 de cuivre métallique par litre de liqueur.

Quant à la quantité de protochlorure de cuivre obtenue par le bichlorure de cuivre ammoniacal, sous l'influence du cuivre métallique, elle variait notablement avec la concentration de l'ammoniaque.

L'ammoniaque marquant 18 degrés à l'aréomètre de Cartier, donnait une liqueur dans laquelle on trouvait 92.8 de métal à l'état de protochlorure ; avec l'ammoniaque à 21 degrés, la quantité de cuivre, à l'état de protochlorure, s'élevait jusqu'à 139.8 ; enfin, de l'ammoniaque à 18 degrés, étendue de son volume d'eau, ne fournissait pas au-delà de 74.4 de cuivre par litre de solution.

Le poids du protosel en dissolution peut être considérable, même quand la liqueur est encore très-bleue, le pouvoir colorant des bisels de cuivre ammoniacaux étant énorme ; nous avons vérifié, en effet, que la différence entre la quantité de cuivre à l'état de protosel et du cuivre total ne s'élevait qu'à quelques fractions de gramme dans des liqueurs encore colorées.

Il résulte des données précédentes que le bichlorure de cuivre, additionné d'ammoniaque à 21 degrés, constitue la liqueur la plus propre à concentrer les effets des protosels de cuivre. Cette circonstance, jointe à la stabilité de la solution, fait que nous lui avons donné la préférence toutes les fois qu'il a fallu opérer la réduction des sels d'argent.

Toutefois, s'il s'agissait pour un objet déterminé, d'obtenir le protochlorure de cuivre à l'état de pureté, il faudrait préférer la solution de protochlorure de cuivre dans l'acide chlorhydrique, laquelle laisse précipiter, par une addition d'eau, un protochlorure blanc, cristallin, sur l'étude duquel nous reviendrons dans un prochain travail.

En ce moment, il s'agit d'étudier surtout la réaction des sels d'argent dissous eux-mêmes à la faveur d'un excès d'ammoniaque.

En versant la liqueur de protochlorure de cuivre ammoniacal dans une solution de nitrate d'argent, aussi additionnée d'ammoniaque, il se fait immédiatement un précipité d'argent métallique dans un état de pureté absolue. On observe en même temps les particularités suivantes :

L'argent précipité est amorphe et dans un état de division tel, que le diamètre de chacun des grains n'excède pas 0.0025 de millimètre. On sait que l'argent obtenu par les courants électriques ou par l'action des métaux est le plus souvent brillant et toujours cristallin.

L'argent amorphe que nous obtenons est d'un gris terne, mais quelquefois presque blanc ; dans tous les cas, il prend, sous le brunissoir, l'éclat métallique le plus vif, et, à la faveur de son grand état de division, il est facile de l'appliquer sur les matières les plus diverses, telles que le bois, la pierre, le cuir et les tissus de différentes sortes.

On a là, du même coup, l'argent pur et divisé. Il est probable qu'un tel état favorisera l'application de ce métal dans plusieurs industries.

Pour concevoir tout le parti qu'on peut tirer de cette réaction dans diverses circonstances chimiques, soit pour extraire, purifier et dorer l'argent, soit pour arriver à une analyse plus exacte des composés de cuivre, nous devons faire connaître de suite que la réaction s'opère, entre les principes réagissants, dans la proportion même de l'équivalent chimique.

Ainsi, par le poids de l'argent précipité, on détermine exactement la quantité d'oxydule de cuivre engagée dans la réaction ; peu importe que le protosel soit pur ou mélangé de bisel : on possède là un moyen tout à fait rigoureux et nouveau d'analyser un mélange de protosel et de bisel de cuivre, et de se tenir, dans l'étude des composés cuivreux, à l'abri de toutes les causes d'incertitudes auxquelles il était bien difficile précédemment d'échapper.

Nous citerons les cas suivants, où nous avons pu nous fixer sur plusieurs faits dont l'analyse offrait des difficultés réelles.

Quand on fait réagir le bicarbonate de soude sur du protochlorure de cuivre, en évitant le contact de l'air, on obtient bientôt une poudre rouge, facile à sécher, qui ne consiste nullement en carbonate, comme on pourrait le croire, et dans laquelle le protoxyde de cuivre entraîne souvent des substances très-diverses. Le dosage du cuivre total que renferme ce composé, donne, par la méthode ordinaire, 83.42 pour cent de métal.

Pour déterminer par le nouveau procédé quel était l'état du cuivre combiné dans ce corps, nous en avons attaqué 0 gr. 561 par une solution de chlorure d'argent ammoniacal. Le poids de l'argent précipité a été de 0 gr. 800, nombre qui correspond à 0.235 de cuivre et qui, multiplié par 2, donne 0.470, soit pour cent 83.6 de cuivre métallique ; nombre aussi rapproché que possible de 83.42 trouvé précédemment pour le cuivre total. Tout le métal est donc, dans ce composé, à l'état de protoxyde.

Nous décrirons ailleurs une substance brunâtre provenant de l'action prolongée de l'air et du carbonate de potasse sur le protochlorure de cuivre. Après avoir établi que ce corps contenait 74.48 pour 100 de cuivre métallique, nous avons eu, par deux dosages faits à l'aide de la précipitation de l'argent, une quantité de protoxyde de cuivre exprimée par les nombres suivants : $\left\{\begin{array}{l} 1° \ 49.33 \\ 2° \ 49.02 \end{array}\right.$ dont la moyenne est de 49.17. Il reste pour le cuivre à l'état de bioxyde, 25.31, nombre très-voisin de la moitié de 49.17, laquelle est de 24.58. Ce nouveau composé représenterait ainsi l'hydrate d'un nouvel oxyde de cuivre qui aurait pour formule $Cu^5 O^2$ Aq.

Toutefois, pour obtenir un résultat rigoureux, il est essentiel de prendre quelques précautions que la pratique nous a bientôt enseignées.

Ainsi, lorsque le corps à analyser est cristallin, il est d'une nécessité absolue de le triturer longtemps dans un mortier avant de le déposer au fond du flacon dans lequel doit s'opérer la réaction et dont la capacité doit être de 200 centimètres cubes environ. On recouvre le composé soumis à l'analyse d'une couche d'eau sur laquelle on verse une couche d'ammoniaque, en veillant avec soin à ce que celle-ci n'arrive pas au contact du composé cuivrique ; enfin, on fait tomber sur la poudre même, à l'aide d'une longue pipette, plongeant jusqu'au fond du flacon, la solution d'argent ammoniacale. On fait en sorte que le flacon soit plein, après quoi on le bouche et on l'agite. Si l'on ne prenait pas ces précautions, plus longues à décrire qu'à exécuter, l'oxygène de l'air interviendrait et diminuerait le poids de l'argent précipité (1).

L'étude des combinaisons cuivreuses offre des difficultés devant lesquelles ont reculé pendant longtemps les chimistes, et qui disparaissent complétement par l'emploi de ces nouveaux moyens d'analyse.

Comme corollaire du fait précédent, on conçoit que si le composé cuivreux est employé en quantité suffisante par rapport au sel d'argent, tout le métal contenu dans le sel argentique se trouve précipité. C'est en effet ce qui a lieu et ce que nous avons pu vérifier en partant d'une quantité connue d'argent dissoute dans l'acide nitrique, que nous avons retrouvée sans changement de poids appréciable, après l'action du protochlorure de cuivre ammoniacal.

Ainsi, 1 gr. 115 d'argent fin ayant été dissous dans l'acide azotique et la liqueur ayant été rendue fortement ammoniacale, nous y avons versé du protochlorure de cuivre également ammoniacal ; l'argent précipité, bien lavé, séché, pesait 1 gr. 114, soit 99.91 pour 100.

---

(1) Il faut noter ici que le cyanure d'argent n'est pas réduit par les protosels de cuivre, et que la présence des sulfocyanures, des iodures et des hyposulfites empêcherait la réaction de se produire et constitue une exception à la méthode.

0 gr. 588 d'argent, traités de la même manière, se sont trouvés réduits à 0 gr. 5855, soit 99.57 pour 100.

Enfin, 0 gr. 9827 du même métal, toujours dissous de même, puis précipités par le chlorure cuivreux ammoniacal, ont pesé 0.983, soit, argent retrouvé, 100.03 au lieu de 100.

Ce procédé qui est rigoureux, donne l'argent sous un état tellement facile à recueillir et à doser que l'analyse des composés argentiques trouvera dans cette méthode une simplification et surtout une célérité particulière.

Pour passer des faits qui précèdent à la purification et à l'extraction de l'argent, nous avons attaché une grande importance à déterminer la solubilité du chlorure d'argent dans diverses liqueurs.

A cet effet, nous avons employé comme dissolvant du chlorure d'argent cailleboté ou fondu, tantôt de l'ammoniaque pure à différents degrés de concentration, tantôt de l'ammoniaque additionnée d'une solution aqueuse de chlorure potassique, ammonique, etc. ; d'autres fois encore, nous avons recherché la solubilité du chlorure argentique à la faveur des chlorures, mais sans le concours de l'ammoniaque.

Nous avons employé pour la précipitation de l'argent métallique le protochlorure de cuivre très-ammoniacal, et nous avons obtenu les nombres qui seront indiqués plus bas, rapportés à l'argent métallique et à un litre de chaque liqueur.

Les nombres obtenus sont consignés dans le tableau suivant :

Dissolvants du chlorure d'argent.	Quantité d'argent par litre de liqueur.	
Ammoniaque à 18° Cartier	51^{gr}.6	
— — additionnée de son volume d'eau...	23	8
— à 22° Cartier....	58	0
— à 26° Cartier	49	6
— à 18°, étendue de son volume d'une solution saturée de sel marin	20	8
— à 18°, étendue de son volume d'une solution saturée de chlorure de potassium	20	4
— à 18°, étendue de son volume de chlorhydrate d'ammoniaque	22	4
Solution saturée de sel marin à 17° de température	1	2
— de chlorure de potassium à 17° de température.	0	5
— de sel ammoniac à 17° de température	1	2

Le chlorure d'argent est insoluble dans les chlorures de calcium et de zinc.

Les nombres précédents ont été obtenus avec le chlorure d'argent cailleboté, mais la solubilité du chlorure d'argent fondu ne paraît pas offrir une variation bien notable : ainsi, la solubilité du chlorure sous le premier état étant représentée par 49.6 de métal, elle se trouve de 48.4 avec le chlorure fondu. Toutefois il est nécessaire de prolonger le contact en agitant de temps à autre le chlorure fondu et réduit en petits fragments.

Le tableau précédent prouve qu'il est facile de dissoudre jusqu'à 58 grammes d'argent métallique, à l'état de chlorure, dans l'ammoniaque amenée au titre commercial de 22 degrés qui s'obtient le plus généralement.

Il nous semble que cette solubilité est suffisante pour qu'il soit possible de concevoir que les minerais d'argent, convertis en chlorures, seraient ramenés à une exploitation dans laquelle on supprimerait l'emploi si dangereux et si coûteux du mercure, et dont toutes les opérations d'extraction se trouveraient d'une simplicité toute particulière (1).

(1) Les résidus d'argent des laboratoires sont revivifiés si promptement, par ce procédé, que nous pensons que bientôt on n'aura plus recours à d'autres moyens.

Un litre d'ammoniaque saturée de chlorure d'argent, serait précipité par 230 centimètres cubes d'une solution ammoniacale de protochlorure de cuivre au maximum de concentration : on maintiendrait toujours le précipitant en excès, et l'on comprend que la même quantité de cuivre servirait indéfiniment : il suffirait pour cela de réduire le bichlorure de cuivre formé par le zinc, réduction qui se fait avec la plus grande énergie au sein de la liqueur ammoniacale et qui reproduirait incessamment le cuivre métallique nécessaire à la formation du protochlorure.

On conçoit, d'autre part, qu'il y aurait un réemploi continuel de l'ammoniaque dégagée par la chaux et ramenée au degré de concentration voulu.

Quant à la purification de l'argent, il semble inutile d'insister pour montrer combien elle est simplifiée par la méthode qui précède.

OPINION DE M. CHEVREUL

SUR

LA PROPRIÉTÉ INDUSTRIELLE DES ROUGES D'ANILINE.

Dans notre dernière livraison du 1er mars, nous avions signalé une lettre de M. Chevreu., écrite à l'avocat général chargé de porter la parole dans le dernier procès Renard, en réponse à des questions que ce dernier lui avait adressées. Cette lettre, disions-nous, on n'en a pas tenu compte. Dans la séance du 2 mars, cette lettre a été lue par l'avocat des parties qui plaident contre Renard et Franc. Comment se trouvait-elle à la disposition des parties, cette lettre? Par une circonstance assez curieuse : l'avocat général, en classant les pièces, l'avait mise dans leur dossier. Est-ce par erreur, remords de conscience ou impartialité? C'est par impartialité, ont plaidé les avocats; aussi nous allons la lire, ont-ils dit, car elle appartient à la défense, puisqu'on nous l'a remise.

Voici cette lettre, qui serait approuvée, paraît il, par M. Dumas, qui a autorisé Me Arago à le dire en son nom à la Cour, ce que ce chimiste avait déjà dit une première fois à M. Depouilly avant la visite que lui fit Me Arago pour avoir lui-même la confirmation de cette déclaration si importante :

MUSÉUM D'HISTOIRE NATURELLE.

« Paris, le 22 juillet 1862.

« Monsieur,

« Je regrette vivement de ne pas avoir été chez moi lorsque vous avez pris la peine d'y passer. Je le regrette parce que j'aurais pu vous donner des éclaircissements sur des points où ma lettre pourra vous paraître obscure.

« Je réponds aux questions que vous m'adressez.

« *Première question.* — L'expérience d'Hofmann, telle qu'il l'a faite et racontée en 1858, permet-elle de faire du rouge d'aniline?

« *Réponse.* — MM. Depouilly frères ont eu la complaisance de faire avec l'aniline et le chlorure de carbone, matières employées par M. Hofmann, du rouge d'aniline, par deux procédés qui ont donné d'excellents résultats en teinture, et cette teinture a été exécutée sous mes yeux aux Gobelins. Je compte les présenter prochainement à l'Académie des sciences.

« *Deuxième question.* — Existe-t-il chimiquement des matières colorantes qui ne soient pas tinctoriales ?

« Monsieur, permettez-moi de vous dire que si cette question soulevée devant un Tribunal n'est pas une plaisanterie, je conseillerais à celui qui l'a élevée de suivre un cours de chimie appliquée à la teinture qui ne soit pas un recueil de recettes et dont le but soit de ramener es procédés à des données scientifiques.

« *Troisième question.* — La partie colorante des divers rouges connus dans le commerce sous les noms de *fuchsine, d'azaléine, d'aniléine* est-elle identique?

« Il est fâcheux que, dans un pays comme le nôtre, cette question ait été élevée par des hommes qui devaient éclairer la justice, et qu'aucun d'eux n'ait fait des travaux vraiment sérieux pour la résoudre. M. Hofmann seul a donné à la science les faits précis qui s'y rattachent.

« *Quatrième question.* — M. Renard doit-il être considéré comme breveté pour le produit, ou seulement pour son procédé?

« Je ne tente pas de répondre à cette question, tant elle exigerait de développement pour être traitée clairement et convenablement. D'ailleurs, à mon sens, la solution n'en est pas nécessaire pour le jugement qu'il s'agit de rendre.

« Afin de donner plus de précision à mes idées, je mettrai des noms de personnes; mais, plein de respect pour la justice, ne me prêtez pas l'intention de vouloir l'influencer en quoi que ce soit concernant des intérêts en présence. Vous me consultez comme un des organes de la justice, et je sors de la réserve que je garde à l'égard du public lorsqu'il s'agit d'affaires qui pourraient être soumises par l'autorité supérieure au comité consultatif des arts et manufactures, dont j'ai l'honneur d'être membre; mais, Monsieur, je réponds à votre lettre comme professeur de chimie appliquée à la teinture.

« M. Hofmann, inventeur du rouge d'aniline, aurait pris un brevet d'invention pour appliquer ces rouges à l'industrie, que son brevet eût compris à son profit l'application de ces rouges, indépendamment des procédés pour les produire.

« M. Hofmann n'ayant pas pris de brevet, sa découverte appartient au public; mais je reconnais en même temps que tout procédé décrit dans un brevet pour préparer un rouge d'aniline, procédé qui n'est pas identique à celui que M. Hofmann a décrit, appartient à l'auteur du brevet. M. Renard est donc propriétaire de son brevet, et ici je n'examine pas la question de savoir s'il est auteur du procédé qui y est décrit ou s'il ne l'a pas acheté. Mais en reconnaissant à M. Renard le droit de préparer le rouge d'aniline par le procédé breveté en son nom, il n'a point le droit d'empêcher qui que ce soit de préparer la même matière par un procédé différent du sien.

« En conséquence, peu importe que le rouge de M. Gerber-Keller soit identique ou non au rouge de M. Renard : il suffit que le procédé de l'un diffère du procédé de l'autre.

« Evidemment M. Renard, qui a acheté son procédé d'un jeune chimiste, ne peut prétendre à avoir le droit de l'inventeur, de l'illustre M. Hofmann ! et une chose qui n'est pas la moins curieuse de cette affaire, et qui ne prouve pas en faveur des lumières du pays, c'est cette question : L'expérience d'Hofmann, telle qu'il l'a faite et racontée en 1858, permet-elle de faire du rouge d'aniline? Sans doute qu'en la posant on met en doute la découverte, et que dès lors on peut conclure que le savant a cru voir du rouge, mais qu'en réalité M. Renard est le véritable inventeur du rouge matériel d'aniline! En définitive, la loi sur les brevets ne peut garantir que ce qu'il y a dans un brevet. Or, le brevet de M. Renard ne lui garantit que son procédé, et dès lors il n'a aucun droit pour poursuivre comme contrefacteurs des personnes qui préparent du rouge par un procédé différent de celui pour lequel il est breveté.

« Voilà, Monsieur, une opinion que vous pourrez trouver trop explicite peut-être; mais cette affaire, dans un pays qui se prétend si éclairé, avec ses écoles industrielles et ses professeurs, avec cette nuée d'experts auxquels recourent sans cesse les tribunaux pour s'éclairer dans des affaires d'invention dont les éléments sont en dehors de l'enseignement des écoles de droit, est une des choses les plus tristes que je connaisse pour les amis de la vraie science, du juste et de l'industrie.

« Veuillez, Monsieur, agréer l'expression de ma haute considération.

« Signé : E. CHEVREUL. »

Des personnes, qui assistaient à l'audience, nous ont assuré que cette lettre du savant et intègre directeur des teintures des Gobelins avait produit une grande sensation, et que cette sensation avait augmenté encore lorsque M⁰ Arago avait ajouté que M. Dumas donnait un entier assentiment à l'opinion de M. Chevreul.

Que devient maintenant, après cette déclaration, la dernière expertise de MM. Boutmy et ses collègues? nous ne parlons plus de celle de MM. Persoz, de Luynes et Salvetat, puisque ces derniers, ignorant le travail d'Hofmann, n'en ont pas dit un mot dans leur rapport, qui, si longtemps, a fait cependant autorité. Evidemment, cette expertise tombe et il faut que la Cour fasse tout recommencer ou juge seule avec son bon sens. Mais la Cour, va-t-on dire, ne verra que la question de droit, et la magnifique plaidoirie de M⁰ Arago, qui jamais n'avait été aussi supérieur à lui-même, ne servira à rien en cette circonstance. La question de droit, répondrons-nous, mais elle a été plaidée et résolue par M⁰ Marie, qui a pris la parole après M⁰ Arago pour la traiter, et le grand avocat, dans une de ces savantes dissertations dont il a le privilége, a prouvé que la Cour violerait la loi si elle confirmait le dernier jugement. Aussi M⁰ Blanc disait-il, en quittant l'audience, il faut que je réponde à tout cela ! Ces Renard me feront mourir avec leur aniline. Où sont-ils, les malheureux ? ils ne sont seulement pas là ! M⁰ Blanc répondra à tout, car il a un grand talent, M⁰ Blanc; mais aujourd'hui, il faut avoir raison pour gagner ce nouveau procès, et si on le gagne, gare la Cour de cassation, qui, sans doute, fera un enterrement de première classe au nouvel arrêt et forcera à tout recommencer. D^r Q.

SUR L'HISTOIRE DU PHOSPHORE AMORPHE.

Par M. J. Nicklès,

Lu à la Société industrielle de Mulhouse dans la séance du 16 novembre 1862.

On est généralement d'accord pour considérer M. Schrœtter, de Vienne, comme l'inventeur du phosphore amorphe, surtout depuis que l'Académie des sciences a décerné à ce chimiste un prix au sujet de cette découverte.

Sans contester la part de mérite qui revient à M. Schrœtter dans cette circonstance, nous allons faire voir que la découverte du phosphore amorphe est de quelques années plus ancienne que ne le sont les applications qu'on en a faites.

Le travail dans lequel M. Schrœtter expose ses recherches à ce sujet a été imprimé en 1848. On connaît les faits principaux qui y sont rapportés, mais ce qu'on a oublié, c'est que ces mêmes faits avaient été, en majeure partie, publiés quelques années auparavant par M. Emile Kopp, alors professeur à l'Ecole de pharmacie de Strasbourg.

Cette publicité a eu lieu non pas dans un recueil inaccessible ou peu lu, mais bien dans les *Comptes-rendus* des séances de l'Académie des sciences de l'année 1844 (tome XVIII), d'où ils ont passé dans les principaux périodiques du monde savant.

C'est en effet à la page 871 du tome XVIII des *Comptes-rendus* qu'on peut lire ce qui suit :
« .... En préparant de l'éther iodhydrique au moyen de l'alcool, du phosphore et de l'iode, il y a eu un résidu inerte sous la forme d'une poudre rouge. Bien lavée, cette substance est insipide, inodore et légèrement attaquable par l'oxygène de l'air. C'est du phosphore dans sa modification rouge. On peut le sécher au bain-marie sans qu'il s'oxyde sensiblement, mais il est difficile de le débarrasser des dernières traces d'humidité. Soumis à la distillation sèche, il se transforme de nouveau en phosphore ordinaire. »

Voilà donc bien le phosphore rouge, ou, comme l'appelle M. Schrœtter, le phosphore amorphe, susceptible de redevenir du phosphore ordinaire sous l'influence de la chaleur. Bien que ce fait important ne soit pas devenu, de la part de M. E. Kopp, l'objet d'un Mémoire spécial, il n'a pas échappé à l'œil vigilant de M. Berzélius, qui s'en occupa aussitôt dans son rapport annuel présenté le 31 mars 1845, et sanctionna les conclusions du professeur de Strasbourg, ainsi qu'on le peut voir à la page 435 de l'édition française (1846, 6e année).

Bien plus, ce même fait a été peu après l'objet d'un examen contradictoire de la part d'un habile chimiste allemand, feu Marchand Richard-Félix, lequel, pensant que ledit phosphore rouge pourrait fort bien n'être que de l'iodure de phosphore, s'est attaché à le préparer et à le soumettre à un examen attentif; le résultat de ses recherches peut se lire dans le *Journal für praktische Cehmie* de l'année 1844 (tome XXXIII, page 182); il confirme entièrement les observations du chimiste français. (Voyez aussi *Annuaire de chimie*, 1846, page 409.)

Ce fait si fécond d'un corps simple spontanément inflammable tel que le phosphore, qui est susceptible de devenir inerte et presque indifférent à l'égard de l'oxygène, sauf à reprendre son premier état par l'action de la chaleur, ce fait était donc bien établi dès 1844. Il avait été l'objet d'une haute sanction et était sorti intact d'un débat contradictoire longtemps avant que M. Schrœtter eût publié son travail sur le phosphore amorphe. Il est vrai que M. Kopp n'avait pas tout vu; il n'a pas dit que ce phosphore rouge peut être préparé en soumettant le phos-- phore ordinaire à une température déterminée, ni que le produit bien purifié n'est pas vénéneux et qu'il peut être appliqué avec succès à la fabrication d'allumettes chimiques non vénéneuses. Placé à un point de vue purement scientifique, il s'est borné à déterminer les principales propriétés du corps nouveau, sans se préoccuper des applications dont il peut être susceptible; c'est là l'histoire de presque toutes les découvertes, depuis celle du chlore, que Schéele, son auteur, n'a pas songé à appliquer au blanchiment des étoffes, jusqu'à celle du rouge d'aniline, dont *son inventeur*, M. Hofmann, n'avait pas songé (1) à tirer parti dans la teinture.

Les services rendus par les travaux de M. Schrœtter sur le phosphore n'en sont pas moins très-importants; seulement, on reconnaîtra que s'il a beaucoup fait pour ce métalloïde, que s'il a reconnu à la variété amorphe des propriétés nouvelles qui sont devenues, de sa part, l'objet d'applications intéressantes, il n'a pas inventé cette modification allotropique, ou du moins, il ne l'a pas signalée le premier.

La part à faire à chacun de ces savants dans l'histoire qui se rapporte à ce point de science se déduit donc aisément de ce qui précède et se formule par ce peu de mots :

M. Emile Kopp a découvert le phosphe amorphore, M. Schrœtter l'a appliqué.

(*Bulletin de la Société de Mulhouse*, février 1863.)

SOCIÉTÉ CHIMIQUE.

LEÇON DE M. WURTZ. — 6 MARS 1863.

La Société chimique continue cette année ses leçons publiques. Une première leçon, faite par M. Lamy, sur le thallium; une seconde, faite par M. Grandeau, sur la présence du cæsium et du rubidium dans certains végétaux, ont été le développement des travaux connus de ces deux chimistes; aussi, malgré l'intérêt qu'ont présenté ces leçons, nous nous contentons de les signaler pour ne pas tomber dans les redites. Mais nous ne pouvons agir de même avec la

---

(1) M. Hofmann Y AVAIT SONGÉ, car voici ce que M. Balard, qui est un homme intègre et éminemment sérieux, disait le 14 août 1862 devant les cinq académies réunies : « Hofmann, en essayant l'action du bichlorure de carbone sur l'aniline, obtint, outre le composé qu'il cherchait, une matière rouge dont il fut loin de méconnaître la riche nuance et L'APPLICATION POSSIBLE A L'INDUSTRIE. SES AMIS L'Y POUSSAIENT; mais, homme de la science pure, il résista à leurs conseils, etc. » Si M. Balard a dit cela en revenant de l'Exposition de Londres, c'est qu'il a eu la certitude que le fait qu'il allait proclamer devant quinze cents personnes était vrai et nécessaire à dire. Or, aujourd'hui, cette déclaration de M. Balard a une grande importance pour le procès qui se plaide à la Cour, et c'est un aveu que l'on ne doit laisser retirer par personne.   Dr Q.

remarquable leçon professée par M. Wurtz vendredi dernier, sur les liens qui existent entre la chimie organique et la chimie minérale. Dans cette mémorable leçon, toute de développements théoriques, M. Wurtz a pris, comme point de départ, certaines parties de ses recherches sur le glycol, et, considérant l'éthylène, ou gaz oléfiant, comme un radical, il a commencé par montrer l'identité du rôle de ce radical et de celui des métaux. Reprenant ensuite l'idée fondamentale des doctrines de Gerhardt, savoir : que la molécule de l'hydrogène est double, et que l'eau, par suite doit être représentée par H^2O, l'oxygène ayant pour équivalent 16 au lieu de 8, M. Wurtz a donné à cette idée des développements nouveaux. C'est ainsi qu'il a fait voir comment on devait attribuer aux différents métaux, de même qu'aux différents radicaux organiques, des atomicités différentes ; comment certains métaux étaient monoatomiques, d'autres diatomiques, comme le plus grand nombre d'entre eux, le zinc, le calcium, etc., quelques-uns triatomiques, comme l'antimoine, ou tétratomiques, comme l'étain, ou enfin hexatomiques, comme le fer et l'aluminium. En s'appuyant sur cette manière de voir et sur la loi des chaleurs spécifiques, M. Wurtz a démontré la nécessité de doubler les équivalents de la plupart des métaux, ainsi que ceux du carbone et de l'oxygène, et il s'est trouvé ainsi conduit à substituer aux nombres adoptés d'habitude les nombres fixés autrefois pour les métaux par Berzélius. Enfin, il s'est attaché à établir, par des exemples concluants, que les composés de la chimie organique obéissent, comme les composés minéraux, à la loi des proportions multiples.

Il nous serait impossible de suivre, quant à présent, M. Wurtz dans les savants développements où il est entré ; nous nous bornons à en indiquer modestement les traits principaux ; mais ce que nous tenons à constater, c'est le succès obtenu par cette leçon, où nous avons vu avec bonheur applaudir ces spéculations philosophiques rejetées si loin il y a quelques années, auxquelles les chimistes n'osent plus aujourd'hui refuser leur attention, et à la vulgarisation desquelles on doit féliciter le directeur de ce journal d'avoir contribué, en ouvrant largement aux grands travaux de Laurent et de Gerhardt les colonnes de son ancienne *Revue scientifique et industrielle.*   X.

Profitons de ce que vient de dire notre collaborateur, sur cette leçon faite à la Société chimique, pour féliciter cette Société d'avoir arrêté qu'à l'avenir elle donnerait une plus large extension à la publication de ses travaux. Voici, en effet, ce que nous lisons dans le numéro de janvier du *Répertoire de chimie pure* : « Le conseil de la Société chimique de Paris, d'accord avec les rédacteurs et l'éditeur du *Répertoire de chimie pure*, a décidé que le *Bulletin de la société* et le *Répertoire de chimie pure* formeraient dorénavant, sous le titre de *Bulletin de la société chimique*, une seule publication confiée aux soins d'un comité de rédaction dont les sociétaires de la Société font partie. »

Il y a longtemps que nous avions donné le conseil à la Société chimique de faire, non-seulement un bulletin, mais aussi des annales. « Une Société n'a d'avenir, de durée, de célébrité, disions-nous (*Moniteur scientifique*, liv. 77ᵉ, p. 559), que lorsqu'on voit qu'elle produit quelque chose. Ainsi fait la Société de chirurgie et aujourd'hui celle d'anthropologie. Ainsi a commencé la Société astronomique de Londres, qui est aujourd'hui la première Société du monde pour les sciences astronomiques.

« La Société chimique peut arriver au même résultat ; qu'elle ose vouloir, qu'elle ait surtout confiance en sa puissance et l'avenir est à elle. »

DE L'ACTION DE L'ACIDE SULFURIQUE SUR LE PLOMB.
Par MM. CRACE CALVERT et RICHARD JOHNSON.

L'état actuel de la science nous ayant habitués à regarder les métaux comme des corps, en général, d'autant moins attaquables par les acides qu'ils sont plus purs, rien de plus naturel que de voir les fabricants faire tous leurs efforts pour livrer au commerce des métaux de plus en plus épurés.

Cette tendance devait se faire sentir surtout dans les fonderies de plomb, puisque là, en outre de la raison première que nous venons d'énoncer, il y en a encore une autre, c'est que tout en purifiant son plomb, et lui donnant par suite une plus grande valeur commerciale, le fabricant en retire entre autres un corps comme l'argent, qu'il a, par conséquent, tout intérêt à en séparer le plus complétement possible.

C'est ainsi que les fabricants de produits chimiques ont maintenant à leur disposition et emploient, pour la construction de leurs chambres de plomb destinées à la préparation de l'acide sulfurique, des plombs d'une pureté beaucoup plus grande que ceux qui existaient exclusivement dans le commerce il y a une dizaine d'années.

Seulement, on aurait dû se demander d'abord et avant toutes choses si ce fait, généralement admis, que les métaux sont d'autant moins attaquables qu'ils sont plus purs, est un fait vrai en pratique, quand on prend le cas particulier du plomb, et, jusqu'à ce moment, nous ne connaissons aucune expérience faite sur ce sujet.

C'est pourquoi nous avons pensé qu'il serait intéressant, au point de vue scientifique, et très-utile tout à la fois, au point de vue pratique, d'étudier l'action des agents acides, et plus spécialement celle de l'acide sulfurique sur quelques-unes des espèces de plomb que l'on trouve dans le commerce, et qui, comme chacun le sait, sont employées en si grande quantité maintenant pour construire, ou plutôt revêtir ces immenses appareils, appelés chambres de plomb, dans lesquels on fabrique l'acide sulfurique.

Nous avons pour cela institué une série d'expériences dans lesquelles nous avons fait agir de l'acide sulfurique à divers degrés de concentration, à un état de pureté plus ou moins grand, en volumes différents, pendant des temps variables, et sous des températures différentes, sur deux espèces de plomb du commerce, en prenant pour types à peu près les deux extrêmes, au point de vue de la pureté. L'un portant le nom de plomb commun ou en feuille (*common lead, sheet lead*), nous représente le plomb ordinaire, impur; l'autre, appelé plomb vierge (*virgin lead, piq lead*) est à peu près ce que l'on peut trouver de plus pur dans le commerce.

Des échantillons des deux plombs, sur lesquels nous avons fait la plupart de nos expériences, nous ont donné à l'analyse les résultats suivants.

	Plomb commun.	Plomb vierge.
Plomb	98.8175	99.2060
Étain	0.3955	0.0120
Fer	0.3604	0.3240
Cuivre	0.4026	0.4374
Zinc	Traces.	Traces.
	99.9760	99.9800

En même temps, ayant préparé une assez grande quantité de plomb chimiquement pur, nous avons répété sur lui et simultanément toutes les expériences faites avec les deux espèces commerciales, et, disons-le immédiatement, après avoir répété chacune des séries d'expériences trois et quatre fois, nous avons toujours eu des résultats concordants, et qui tous nous mènent à cette conclusion opposée à l'opinion préconçue, à savoir : que le plomb, en présence de l'acide sulfurique, dans quelque condition que l'on se place, est toujours d'autant plus attaqué qu'il est plus pur, et cela dans des proportions quelquefois très-grandes, du simple au double et même au triple.

C'est ainsi que, par exemple, si sur une surface de 30 centimètres carrés, de chacun des différents plombs, on fait agir, à la température ambiante de 18 à 20 degrés, 50 centimètres cubes d'acide sulfurique parfaitement pur, on trouve qu'au bout de dix jours les quantités de plomb dissoutes et transformées en sulfate de plomb sont les suivantes :

TABLEAU N° I.

DENSITÉ DE L'ACIDE EMPLOYÉ.	PLOMB COMMUN.	PLOMB VIERGE.	PLOMB PUR.
1.842 66° Beaumé.	I. 0^{gr}·199 (1) II. 0 207 Moyenne… 0 2030	I. 0^{gr}·400 II. 0 405 Moyenne. 0 4025	I. 0^{gr}·600 II. 0 610 Moyenne. 0 6050
1.705 60° Beaumé.	I. 0 029 II. 0 021 0 025	I. 0 048 II. 0 051 0 049	I. 0 060 II. 0 058 0 059
1.600 56° Beaumé.	I. 0 015 II. 0 016 0 0155	I. 0 028 II. 0 034 0 0310	I. 0 050 II. 0 047 0 0485
1.526 50° Beaumé.	I. 0 007 II. 0 006 0 0065	I. 0 015 II. 0 011 0 013	I. 0 018 II. 0 023 0 0205

Si maintenant, par le calcul, nous déduisons de cette action de l'acide sulfurique sur 30 centimètres carrés de plomb ce qu'elle serait sur une surface de 1 mètre carré, la quantité d'acide devenant dans ce cas 16 litres 666, nous trouvons les nombres suivants, pour exprimer la quantité de plomb dissoute.

TABLEAU N° II.

DENSITÉ DE L'ACIDE EMPLOYÉ.	PLOMB COMMUN.	PLOMB VIERGE.	PLOMB PUR.
1.842	67^{gr}·70	134^{gr}·20	201^{gr}·70
1.705	8 35	16 50	19 70
1.600	5 55	10 34	16 20
1.526	2 17	4 34	6 84

Une autre expérience, faite avec les mêmes plombs et toutes conditions égales d'ailleurs, sauf le temps d'action, qui, au lieu de dix jours comme ci-dessus, fut de quinze jours dans ce cas, nous a donné des résultats qui, rapportés à 1 mètre carré de surface de plomb, se trouvent dans le tableau suivant :

(1) I. II. indiquent les pertes de plomb trouvées dans deux expériences différentes.

TABLEAU N° III.

DENSITÉ DE L'ACIDE EMPLOYÉ.	PLOMB COMMUN.	PLOMB VIERGE.	PLOMB PUR.
	Quantités dissoutes par 16 litres 666 d'acide sur une surface métallique de 1 mètre carré.		
1.842	89^{gr}·00	194^{gr}·34	279^{gr}·00
1.705	11 67	16 84	24 00
1.600	6 17	12 17	20 00
1.526	3 17	8 67	8 67

Au lieu d'opérer à la température ambiante, si on agit sous l'influence d'une température de 50 degrés environ, pendant huit jours, on trouve que l'attaque du plomb est, dans tous les cas, plus forte, et qu'elle est d'autant plus énergique encore que le plomb employé est lui-même plus pur, ainsi que l'indique le tableau suivant :

TABLEAU N° IV.

DENSITÉ DE L'ACIDE EMPLOYÉ.	PLOMB COMMUN.	PLOMB VIERGE.	PLOMB PUR.
	Quantités de plomb dissoutes par 16 litres 666 d'acide par mètre carré de surface métallique.		
1.842	418^{gr}·34	458^{gr}·50	507^{gr}·34
1.705	6 84	10 67	13 00
1.600	5 84	6 34	11 84
1.523	3 50	4 84	6 67

Ces premiers résultats obtenus avec de l'acide sulfurique pur, tant à froid qu'à chaud, nous nous sommes demandé si la pureté de l'acide sulfurique n'intervenait pas dans l'action, et si, en agissant avec l'acide sulfurique tel que le produit l'industrie, et par conséquent impur, l'action de ce corps sur les plombs ne viendrait pas à changer d'intensité relative.

Dans le but de répondre à cette question, nous avons fait agir sur les plombs qui nous avaient servi précédemment de l'acide sulfurique provenant d'une chambre de plomb, et n'ayant subi aucune manipulation quelconque. Sa densité était de 1.593.

Deux séries d'expériences séparées nous ont donné les résultats qui suivent, après quinze jours d'action à une température variant de 45 à 50 degrés.

TABLEAU N° V.

ACIDE DES CHAMBRES DE PLOMB. — DENSITÉ.	PLOMB COMMUN.	PLOMB VIERGE.	PLOMB PUR.
1.593	Quantités de plomb dissoutes par 16 litres 666 d'acide par mètre carré de surface métallique.		
	I. 11$^{gr.}$84 II. 11 34	I. 15$^{gr.}$84 II. 16 17	I. 19$^{gr.}$50 II. 19 84

Pour la même surface de plomb, si, toutes les autres conditions restant les mêmes, on fait agir un volume d'acide double de celui employé dans l'expérience précédente, on trouve que l'attaque augmente, mais non pas dans les rapports de 1 à 2, en même temps qu'elle reste toujours proportionnelle à la pureté du plomb employé, comme on peut le voir dans le tableau suivant, où se trouvent les résultats de deux expériences faites dans ces conditions :

TABLEAU N° VI.

ACIDE DES CHAMBRES DE PLOMB. — DENSITÉ.	PLOMB COMMUN.	PLOMB VIERGE.	PLOMB PUR.
1.593	Quantités de plomb dissoutes en quinze jours par 33 lit. 333 d'acide par mètre carré de surface métallique.		
	I. 20$^{gr.}$17 II. 22 17	I. 22$^{gr.}$50 II. 24 34	I. 27$^{gr.}$00 II. 27 67

Nous avons répété ces expériences en employant l'acide sulfurique, non plus tel qu'il sort des chambres de plomb, mais après avoir subi une première évaporation dans les vases en plomb dans lesquels on commence sa concentration dans l'industrie.

Le tableau ci-dessous indique les chiffres que nous avons obtenus dans deux séries d'expériences, en faisant agir sur les plombs soit un volume soit 2 volumes de cet acide ; dans chacune des deux expériences, N° I et N° II, l'acide provenait d'une fabrique différente et avait pour densité 1.746.

TABLEAU Nᵒ VII.

ACIDE PROVENANT DES VASES DE PLOMB DANS LESQUELS ON COMMENCE SA CONCENTRATION DANS L'INDUSTRIE. — DENSITÉ.	PLOMB COMMUN.	PLOMB VIERGE.	PLOMB PUR,
	Quantités de plomb dissoutes par 16 litres 666 d'acide par mètre carré de surface métallique, en quinze jours, à une température de 50 degrés.		
1.746	I. 49$^{gr.}$67 II. 51 91	I. 50$^{gr.}$84 II. 54 75	I. 55$^{gr.}$00 II. 57 41
	Quantités de plomb dissoutes par 33 litres 333 d'acide par mètre carré de surface métallique, en quinze jours, à une température de 50 degrés.		
1.746	I. 54$^{gr.}$67 II. 56 25	I. 56$^{gr.}$17 II. 58 67	I. 59$^{gr.}$34 II. 60 67

Nous bornerons ici les citations de nos résultats numériques, sans donner tous ceux que nous avons obtenus, ce qui serait beaucoup trop long ; qu'il nous suffise de dire que toutes nos expériences ont été répétées toutes plusieurs fois chacune, et de plus, en variant les volumes, tant de l'acide que du plomb, les températures, les durées de temps d'action, etc., en un mot, toutes les conditions de l'expérience, et toujours nous avons eu des résultats concordants et qui nous mènent aux conclusions suivantes :

1° Et c'est là le fait principal sur lequel nous voulons surtout attirer l'attention, tant des hommes de science que des industriels : les différents plombs que l'on trouve dans le commerce sont d'autant plus attaqués par l'acide sulfurique, même étendu, qu'ils sont plus purs; le plomb chimiquement pur étant lui-même plus attaqué que tous les autres.

2° Quoiqu'il soit dit dans les livres de chimie que l'acide sulfurique n'attaque pas le plomb d'une façon sensible avant la température de 195 degrés au moins, cependant, nos expériences tendent à prouver le contraire, puisque nous voyons un acide à 66° Beaumé dissoudre à froid 67, 134 et même 201 grammes de plomb par mètre carré de surface métallique; et d'un autre côté, un acide à 60° Beaumé enlever à la même surface 54, 56 et 59 grammes de plomb à une température de 50 degrés seulement.

3° Enfin, l'action de l'acide sulfurique sur le plomb paraît, du moins lorsqu'il n'y a pas agitation continue de la masse, ne pas croître en rapport direct avec le volume d'acide employé; ceci tient très-probablement à ce que son action se trouve entravée, au bout d'un certain temps, par la couche de sulfate de plomb formé, celui-ci agissant comme vernis pour protéger la surface métallique.

Les différentes expériences qui forment le sujet de ce mémoire se résument par des conclusions auxquelles on devait si peu s'attendre, en se fondant sur les données actuelles de la science, que nous croyons indispensable de mentionner le fait qui nous les a inspirées, et qui est le suivant :

Dans le courant de 1861, un très-grand fabricant de produits chimiques vint consulter l'un de nous à propos de ses chambres de plomb ; l'une d'elles, construite quinze ans auparavant, était en très-bon état encore, tandis qu'une autre, mise en activité depuis un an seulement, était attaquée de tous côtés à l'intérieur, et se couvrait de fissures.

Ayant pris un morceau de la chambre en bon état (N° I), puis deux échantillons de la chambre attaquée, l'un (N° II), dans une des parties saines encore; l'autre (N° III) dans les endroits attaqués; ces trois plombs furent soumis à l'analyse, et ce ne fut pas sans étonnement que nous obtînmes comme résultats :

	I.	II.	
Plomb.......	98.87	99.37	99.45
Étain........	0.91	Traces.	Traces.
Fer	0.12	0.37	0.32
Cuivre. ⎫ ... Zinc. ⎭	Traces.	0.16	0.17
	99.90	99.90	90.94

Comme on le voit d'après ces chiffres, la chambre qui avait résisté (N° I) était faite d'un plomb de qualité inférieure à celui qui avait servi à construire l'autre chambre. Comment donc expliquer l'action destructive de l'acide sulfurique dans ce cas? Est-ce que le plomb serait plus attaquable lorsqu'il est plus pur? Telle fut la question que nous nous proposâmes et dont nous croyons avoir donné la solution par les expériences que nous avons exposées plus haut.

Une seconde question reste encore à résoudre. Quel est le métal qui, mélangé au plomb, empêche son attaque par l'acide sulfurique, et en quelles proportions ce métal doit-il entrer dans le mélange? Est-ce l'étain. comme sembleraient l'indiquer les résultats des analyses ci-dessus? Nous espérons être, d'ici à quelque temps, à même d'y répondre.

REVUE DE PHYSIQUE.

Élasticité. — M. Phillips, professeur à l'École des Mines, a imaginé un moyen ingénieux de déterminer les constantes élastiques des métaux par les oscillations de fils métalliques façonnés en spiraux, et adaptés à un balancier. La théorie de l'élasticité conduit à la formule :

$$t = \pi \sqrt{\frac{a\,l}{m}},$$

qui veut dire que la durée d'une oscillation simple est égale au nombre π multiplié par la racine carrée du rapport de la longueur du spiral multipliée par le moment d'inertie du balancier au moment d'élasticité du spiral. En remplaçant m par la constante de la gravité g, on aurait la formule du pendule. Le coefficient d'élasticité se trouve ensuite par la formule :

$$E = \frac{A\,m}{\pi\,r^4},$$

en désignant par r le demi-diamètre de la section circulaire du fil tourné en spiral. L'allongement momentané du spiral se détermine par l'angle que le balancier fait avec sa position d'équilibre, et l'on arrive ainsi à connaître l'allongement proportionnel i, auquel correspond une déformation permanente du spiral. M. Phillips a opéré sur des fils plus ou moins longs, suivant la quantité de matière première dont il disposait. Voici les résultats de ses expériences :

	E	i	Densité.
Acier (revenu à 500°)........	20470	0.00170	7.8
Fer (à 500°)	19592	0.00105	7.6
Id. —	22045	—	7.9
Platine (à 350°)	17913	0.00017	21.5
Id. —	19117	—	21.8
Nickel —	23235	0.00164	8.8

	E	*i*	Densité.
Cobalt —	21647	0.00164	8.9
Palladium (à 500°)	13461	0.00118	11.6
Id. —	14544	—	12.0
Cuivre (à 350°)	12187	0.00021	8.9
Id. —	13503	—	8.9
Laiton (à 350°)............	10982	0.00130	8.3
Id. —	11690	—	8.7
Bronze d'aluminium (à 500°).	12167	0.00181	7.6
Id. —	13559	—	7.7
Zinc —	9715	—	—
Or (à 350°)................	7545	0.00045	19.4
Id. —	8650	—	19.6
Argent (à 400°)	8203	0.00099	10.5
Id. —	7457	—	—
Aluminium (à 250°)	7320	0.00037	2.75
Id. —	8017	—	2.88

L'on remarquera les coefficients élevés du cobalt et du nickel, ainsi que la limite d'élasticité très-reculée du bronze d'aluminium.

Influence de la pression atmosphérique sur la combustion. — Un ingénieur français, Triger, signale, dans un mémoire publié en 1841, ce fait curieux que des chandelles à mèches de coton brûlent, dans de l'air comprimé à trois atmosphères, beaucoup plus activement que dans les circonstances ordinaires. Ses observations avaient été faites à l'occasion de la fondation des piles d'un pont. Des expériences semblables, faites par M. Frankland, au pied et au sommet du Mont-Blanc, ont donné un résultat négatif : les poids de bougie brûlés pendant un même temps n'offraient pas de différence appréciable, quoique la pression de l'atmosphère fût très-différente aux deux stations.

Un autre moyen d'étudier l'influence de la pression ambiante sur la combustion est fourni par l'emploi des fusées. En 1855, M. Mitchell, officier anglais, communiqua à la Société Royale des expériences de ce genre, qu'il avait exécutées à diverses hauteurs dans l'Himalaya. Ses résultats, obtenus entre 752 et 584 millimètres de pression barométrique, montrent que la durée de combustion augmente à mesure que la densité de l'air décroît. Les expériences de M. Mitchell ont été répétées, en 1861, par M. Frankland, et, en 1862, par M. Dufour, de Lausanne; l'un et l'autre de ces savants ont confirmé les résultats de l'officier anglais.

Voici, en quelques mots, les conclusions du mémoire de M. Frankland (1). La vitesse de combustion des chandelles et autres combustibles de la même espèce, dont la flamme dépend de la volatilisation et de l'ignition de la matière combustible en contact avec l'air atmosphérique, n'est pas sensiblement affectée par la pression du milieu ambiant. C'est le résultat que nous avons déjà mentionné. La vitesse de combustion des combustibles qui s'entretiennent par eux-mêmes, comme les fusées, dépend de la rapidité de fusion de la composition combustible, et cette rapidité de fusion est diminuée par l'éloignement plus prompt des gaz chauds de sa surface. Il en résulte que la vitesse avec laquelle se consument les combustibles de cette catégorie, dépend de la pression du milieu au sein duquel ils brûlent. Dans le cas des fusées, dites fusées à temps mesuré (*time-fuses*), les accroissements de la durée de combustion sont proportionnels aux décroissements de pression des milieux environnants. La luminosité ou le pouvoir éclairant de la flamme dépend de la pression du milieu; et entre certaines limites, il décroît directement comme la pression atmosphérique. Les variations du pouvoir lumineux des flammes, par suite des variations de pression ambiante, dépendent principa-

(1) *Philosophical Magazine*, décembre 1861. — *Poggend. Ann.*, 1862, n° 2.

lement, sinon entièrement, de l'accès plus ou moins libre de l'oxygène dans l'intérieur de la flamme. Jusqu'à une certaine limite minima, la combustion gagne en activité avec la diminution de la densité de l'air. Il faut ajouter ici que, dans les essais qu'il a faits sur les fusées, M. Frankland opérait avec des fusées de six pouces de l'arsenal de Woolwich. Elles étaient placées dans un appareil fermé où l'on raréfiait l'air, et allumées au moyen d'une étincelle électrique. Pendant la combustion, la pression était maintenue constante par l'action soutenue d'une pompe, et mesurée à l'aide d'un manomètre.

Des résultats analogues ont été obtenus récemment par M. Bianchi, dans ses expériences sur la combustion de la poudre au sein de divers gaz. Il a trouvé que, dans les autres gaz, la combustion est la même que dans l'air, à pression égale, et que la raréfaction du milieu diminue l'activité de la combustion.

Les recherches les plus récentes sur ce sujet sont dues à M. Léon Dufour. Il a fait brûler des fusées à l'air libre, en se transportant successivement à diverses hauteurs au-dessus de la mer. Les différences de pression sont moins considérables dans ce cas, mais on a l'avantage d'opérer sur des pressions plus constantes que lorsqu'on se sert d'une pompe foulante et d'un espace clos. Les fusées employées par le physicien suisse étaient de celles qui fonctionnent comme amorces des projectiles creux (*shrapnells*); la matière combustible y est rangée dans une sorte de rainure presque circulaire, pratiquée dans une pièce de métal. La fin de la combustion est nettement marquée, parce que la substance de la fusée proprement dite enflamme une petite provision de poudre contenue dans une cavité cylindrique, fermée par un disque mince en cuivre. Le disque est rejeté avec force au moment où cette poudre brûle. Une mèche, fixée à une pièce mobile et graduée, va allumer la matière combustible en des points déterminés, et c'est de la position de cette pièce graduée que dépend la durée de la fusée. Il y a bien d'une fusée à l'autre quelques légères différences, mais les écarts autour de la moyenne sont peu de chose. M. Dufour a brûlé en tout soixante-huit fusées, sous cinq pressions différentes ; ses moyennes sont donc dignes de confiance. Pour mesurer le temps, il a imaginé une sorte de chronographe, composé d'un Morse, d'un métronome donnant les 3/4 de seconde, d'une boîte ouverte, où l'on fixait la fusée ; enfin, d'un pistolet intercalé dans le courant et destiné à mettre le feu à la fusée. Les longueurs de papier déroulées par le Morse pendant une double oscillation du métronome (une seconde et demie), variaient entre 30 et 35 millimètres ; elles étaient donc suffisantes pour apprécier encore les fractions de secondes. La discussion de l'appareil a montré que les erreurs étaient au-dessous d'un dixième de seconde.

La conclusion de ces expériences, conduites avec beaucoup de soin, a été que la combustion se ralentit lorsque la pression de l'air diminue. Pour estimer la grandeur de cette variation entre deux pressions données, il est utile de calculer le rapport ou coefficient d'accroissement de la durée pour 1 millimètre de pression. Il paraît que l'augmentation de la durée de combustion est réellement proportionnelle à l'abaissement de la colonne barométrique, et le coefficient moyen d'accroissement s'est trouvé égal à 0,00111, entre 731 et 538 millimètres de pression. Dans les expériences de M. Mitchell, ce coefficient se trouve égal à 0.0014 ou 0,0016 ; dans celles de M. Frankland, il est 0,00116. On pourra donc admettre que la durée de combustion d'une de ces fusées augmente, en moyenne, de 11 à 14 dix-millièmes de sa valeur pour chaque abaissement de 1 millimètre dans la pression barométrique. Les fusées de M. Frankland duraient de 32 à 38 secondes ; celles de M. Dufour environ 10 secondes ; on aurait donc pour les premières 3 secondes, pour les dernières 1 seconde de plus, en s'élevant à une hauteur où le baromètre tombe de $0^m,100$, et qui est d'environ 1 kilomètre. Ces faits ont leur importance au point de vue militaire.

L'explication des effets de la pression sur l'activité de la combustion ne saurait être cherchée dans la raréfaction ou condensation de l'oxygène, car, outre que la matière des fusées renferme, sous la forme de nitrate, une proportion d'oxygène amplement suffisante pour brûler tous ses éléments, des expériences directes dans une atmosphère d'acide carbonique ont donné une activité plus grande de la combustion dans ce milieu, au lieu d'un ralentissement. C'est donc bien le fait physique de la diminution de pression qui influe sur la rapidité de l'action du feu. M. Frankland pense que chaque couche de la fusée, au moment où elle va brûler, a déjà été réchauffée par le voisinage immédiat du foyer. Plus ce réchauffement anticipé sera considérable, et plus la combinaison des éléments qui constituent cette couche sera rapide. Dans l'air moins dense, les gaz qui résultent de la combustion s'échappent plus vite, il y a donc, dans un espace déterminé, au contact du foyer et à proximité de la couche qui va brûler, moins de molécules gazeuses chaudes ; ces gaz réchauffent, par conséquent, moins la portion de matière immédiatement voisine et que la combustion va atteindre, et par suite, la réaction chimique est moins active.

M. Dufour se refuse à accepter cette explication. La combustion étant continue, dit-il, il se produit sans cesse, au contact même de la couche que le feu va envahir, une provision nouvelle de gaz. A moins donc que la pression n'influe sur la température des gaz, il semble que leur plus ou moins prompte élimination ne doive pas modifier le réchauffement par contact. Il est probable que la quantité de calorique dégagé ne dépend que de la nature de la fusée ; la quantité de gaz développés serait indépendante de la pression, mais non pas leur volume ; pour une certaine pression, une fraction de la chaleur servirait à l'expansion des gaz et serait absorbée comme chaleur latente de dilatation ; le reste serait la chaleur thermométrique du corps gazeux, et d'autant moindre que la pression extérieure est plus faible. Alors on s'expliquerait les phénomènes observés par cette circonstance que les gaz seraient moins chauds en naissant sous des pressions plus faibles.

Réfraction par les prismes. — Voici une construction très-simple du rayon deux fois réfracté par un prisme. Décrivons autour du point d'incidence, pris comme centre, deux cercles ayant pour demi-diamètres l'unité et l'indice n du prisme. Le prolongement du rayon incident coupera la première circonférence en un point I; par ce point menons une perpendiculaire à la surface d'incidence, elle ira couper la seconde circonférence en un point II; par ce dernier point faisons passer une perpendiculaire à la surface d'émergence, qui coupera la première circonférence en III. Les rayons O II et O III donneront les directions du rayon réfracté et du rayon émergent.

Lorsqu'on voudra connaître la dispersion, l'on décrira deux cercles avec les demi-diamètres n et n', correspondant aux indices du rouge et du violet. De cette manière, on obtiendra deux points II ou deux points III, et l'arc compris entre les deux points III mesurera la dispersion.

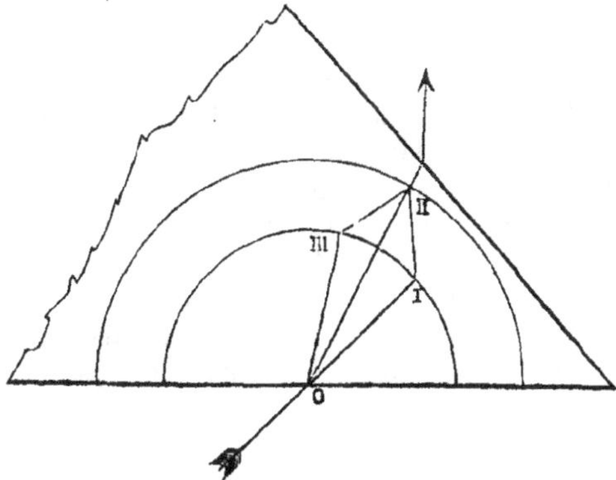

Le même principe, employé plusieurs fois de suite, conduit à une construction très-simple des prismes pour les spectroscopes à vision directe. Décrivons trois cercles concentriques

avec les rayons I, *n* et *m* (*n* et *m* sont des indices moyens du crown et du flint); un diamètre
les coupera aux points désignés par I, *n*, *m* dans la figure. Pour trouver maintenant, non-
seulement toutes les combinaisons de prismes possibles avec les deux sortes de verre données,
mais encore les angles à donner aux deux prismes extrêmes, on n'aura qu'à mener dans
l'intervalle compris entre les deux circonférences extérieures, et, à partir des points *n* et *m*,
deux escaliers ou lignes brisées qui rencontrent alternativement l'une et l'autre circonférence, et s'arrêtent lorsque la dernière marche ne rencontre plus la circonférence opposée,
ainsi que cela se voit, dans la figure, pour les marches qui devraient partir des points (7) et (9).

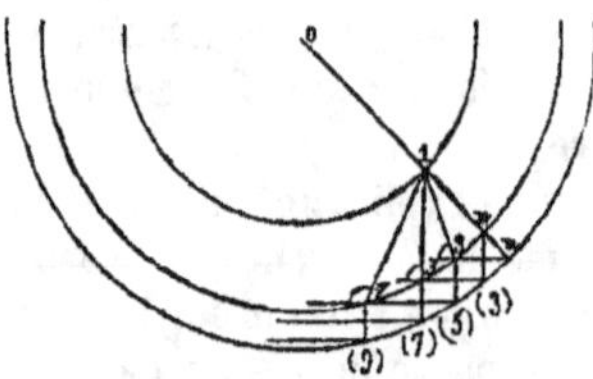

A leur origine, ces lignes brisées feront, avec le rayon O*n m*, des angles égaux à la moitié
de l'angle réfringent C des prismes équilatéraux, ensuite elles seront toujours brisées sous
l'angle C, c'est-à-dire que les marches et les contre-marches seront inclinées l'une sur l'autre
sous cet angle; dans le cas des prismes rectangles, ces lignes seront évidemment perpendiculaires entre elles, et l'angle formé avec le rayon aux points *n* et *m* sera de 45°. Toutes les fois
qu'un angle saillant de ces escaliers rencontrera la circonférence (*n*) ou (*m*), il y aura une nouvelle combinaison de prismes d'indiquée; en numérotant ces points de rencontre, 3, 5, 7...,
(3), (5), (7)... leur numéro d'ordre sera le nombre des prismes que l'on pourra combiner, et
le prolongement de la *marche* qui passe par le point numéroté formera, avec la ligne de jonction de ce point au point I, un angle égal à l'angle cherché du prisme extrême. Si l'on prolonge
la *marche* en question jusqu'à rencontrer une perpendiculaire au rayon O*n m*, on aura même
la figure du prisme extrême en entier, car on aura un triangle dont un angle sera égal à 45°
(ou à 90° — $\frac{1}{2}$ C) et un autre angle égal au sommet réfringent du prisme extrême. La figure
montre deux escaliers *n* (3) 5 (7)... et *m* 3 (5) 7 (9)... Les points 3, 5 et 7 correspondent
à 3, 5 et 7 prismes commençant et finissant par un crown; un plus grand nombre n'est pas
possible avec les deux verres supposés par la figure. Les angles aux points 3, 5, 7... (à gauche
des lignes 13, 15, 17) sont les angles réfringents des prismes extrêmes; nous avons supposé
que les autres sont taillés à angle droit. Le nombre limite des prismes de cette combinaison
se trouve d'ailleurs par la formule :

$$\frac{m^2 + n^2}{m^2 - n^2}$$

Les points (3), (5), (7), (9) correspondent à des combinaisons de 3, 5, 7, 9 primes, commençant et finissant par un flint. Les angles aigus formés par les contremarches *n* (3), 3 (5), etc.,
avec les lignes de jonction 1 (3), 1 (5), etc., sont les angles réfringents à donner aux prismes
extrêmes. Au point (7) il se trouve, par hasard, que cet angle est nul; c'est parce que l'angle
des crowns extrêmes dans la combinaison 5, devient, dans notre exemple, un angle droit. Au
point (9), l'angle analogue devient négatif, c'est-à-dire que le sommet du 1er et du 9e prisme
sera tourné du même côté que le sommet du 2e et du 8e, comme ceci : VVAVAVAVV.

Le nombre limité des prismes, lorsqu'on veut commencer par un flint, est donné par la
ormule :

$$2 \times \frac{m^2 + n^2}{m^2 - n^2}$$

Spectres stellaires. — M. Rutherford a publié dans le *Journal de Silliman* (livraison de janvier), un mémoire sur les spectres des étoiles, où il arrive à des résultats assez différents de ceux de M. Donati. Plusieurs des raies observées par cet astronome dans les spectres de Sirius et de Rigel, par exemple, n'ont pas été retrouvées par M. Rutherford, évidemment parce qu'il s'est servi d'un instrument moins puissant ; mais il a découvert dans les spectres de Jupiter et de la Lune des raies étrangères au spectre solaire.

Ces raies sont, pour Jupiter, situées entre D et C, et pour la Lune, entre G et F ; la raie G y manque.

On attend avec impatience les résultats des recherches que MM. Huggins et Miller, physiciens anglais, ont entreprises sur le même sujet.

Le P. Secchi et M. Janssen ont découvert la raie du sodium dans les spectres des étoiles Algol, Aldébaran, Bételgeuze, Béta de Pégase et Pollux.

Dans la série des spectres remarquables par leur discontinuité, vient en premier lieu celui de Bételgeuze (alpha d'Orion), puis celui de Béta de Pégase, ensuite celui d'Aldébaran. Le spectre de Rigel se distingue par la continuité de ses teintes.

Les mêmes observateurs ont découvert des bandes atmosphériques ou telluriques dans le spectre de Sirius quand cette étoile se dégageait des vapeurs de l'horizon. Sirius est très-propre à ce genre de recherches, parce que son spectre n'offre pas de larges bandes obscures dans la région où l'atmosphère terrestre fait naître de préférence les raies les mieux caractérisées.

M. Janssen avait adapté son spectromètre au grand équatorial du collége Romain, comme nous l'avons déjà expliqué une fois. Les mesures des bandes obscures ont prouvé qu'elles coïncident avec les bandes atmosphériques du spectre du soleil que l'on observe au coucher et au lever de cet astre.

La bande désignée par δ, dans la carte de MM. Brewster et Gladstone, a été vue notamment à deux reprises.

Flamme violette de plusieurs chlorures. — M. Gladstone s'est occupé de la flamme violette qui se produit lorsqu'on projette du sel marin sur la braise, ou lorsqu'on fait brûler du bois provenant de vieilles coques de navires.

Au spectroscope, cette flamme présente un groupe vert, un autre vert bleuâtre et bleu, et un troisième qui est violet. Ces bandes paraissent identiques à celles du chlorure de cuivre ; elles s'évanouissent lorsqu'on se sert de prismes en cristal de roche. Plusieurs autres chlorures donnent les mêmes raies lorsqu'ils sont suffisamment chauffés ; avec le chlorure de cuivre, d'or et de platine, il suffit de la lampe à alcool, mais il faut graduellement élever la chaleur pour les chlorures de mercure, de nickel, de cobalt, de sodium, de potassium, de baryum, de zinc, de fer et d'argent.

L'origine de cette flamme violette est fort énigmatique. Il est presque certain qu'elle n'est pas due au chlore par lui-même, et il faudrait donc l'attribuer aux chlorures à l'état gazeux, mais leur rôle est ici difficile à comprendre. *(Chemical News.)*

Spectroscope américain. — MM. Grunow, opticiens à New-York, viennent d'exécuter, sous la direction du professeur Wolcott Gibbs, un appareil spectral basé sur un principe nouveau. Dans cet instrument, le prisme, en flint, a un angle réfringent de 37 degrés seulement. Les rayons envoyés par la fente sont ramenés au parallélisme comme d'habitude, par un objectif achromatique dont le foyer coïncide avec la fente. Le faisceau de lumière qui sort de cet objectif tombe d'aplomb sur la face antérieure du prisme, et fait, par conséquent, un angle de 37 degrés avec la normale intérieure de la seconde surface. La réfraction a donc lieu très-près de la limite où elle cesserait d'être possible, car l'angle limite qui correspond à la réflexion totale est de 38 ou 39 degrés pour le flint. Par conséquent, le rayon émergent est presque couché sur la seconde face du prisme, et la dispersion devient très-considérable. En même temps, on évite la perte de lumière sur la première face, où le faisceau entre sans éprouver aucune réflexion. Le spectre que l'on produit de cette manière se distingue par son intensité lumineuse, et il est sillonné d'innombrables raies noires très-accentuées.

Construit comme nous venons de le dire, l'instrument suffit pour l'usage des chimistes ; mais l'on est maître d'y ajouter un second prisme afin d'augmenter la dilatation du spectre. Un appareil dont la lunette a une longueur de 15 centimètres et un grossissement de six fois, supporte la comparaison avec un spectroscope ordinaire à lunettes de 45 centimètres de longueur focale et 4 centimètres d'ouverture, muni d'un prisme de 60 degrés. Dans un prisme de M. Gibbs, les rayons réfractés divergent à partir d'un point rayonnant situé dans la surface d'émergence, tandis que, dans les prismes ordinaires, ils ont leur centre de radiation en arrière de cette surface. Il paraît que l'idée des prismes de 37 degrés est de M. Matthiessen. Dans un cours lithographié de M. Regnault sur l'optique, de 1848, on trouve la description d'une série de prismes de ce genre, avec les spectres qu'ils produisent. On y remarque surtout la dilatation extraordinaire de la région violette. On emploierait avec avantage pour les spectroscopes des prismes de Matthiessen en flint, dont la surface d'incidence serait creusée pour recevoir une lentille biconvexe en crown ; on perdrait ainsi moins de lumière.

(Silliman's Journal, janvier 1863.)
R. Radau.

COMPTE-RENDU DES TRAVAUX DE CHIMIE.

Sur le plomb rouge ; par M. Woehler. — Lorsqu'on fait passer le courant d'une pile par une solution d'azotate de plomb, les lamelles de plomb cristallisé qui se déposent au pôle négatif prennent quelquefois, au bout de plusieurs heures pendant lesquelles on a entretenu l'action du courant, la couleur rose du cuivre poli, et cette modification envahit plus ou moins l'arbre de plomb qui se forme. Jamais on n'a réussi à colorer ainsi la totalité du plomb en présence ; sous l'influence de courants d'intensité et de durée très-diverses, avec tous les sels de plomb possibles, en solutions neutres ou acides, chaudes ou froides, on a vu le phénomène tantôt se produire, tantôt faire défaut ; il semble donc dépendre du hasard, c'est-à-dire de quelque circonstance inconnue.

Les lamelles cuivrées, séparées des autres lamelles de couleur grise, lavées d'abord à l'eau et ensuite à l'alcool, pour éviter leur oxydation, et séchées, présentent tout à fait l'aspect du cuivre métallique et gardent leur couleur et leur éclat à l'air. Elles ne s'altèrent pas non plus dans l'acide chlorhydrique ou nitrique étendu ; elles sont solubles dans l'acide nitrique chauffé, et la couleur rose persiste alors jusqu'aux dernières traces du métal ; elles résistent aussi à l'action des alcalis. Humectées d'eau et exposées à l'air, elles ne tardent pas à se couvrir d'oxyde de plomb hydraté d'un blanc brillant, mais elles sont plusieurs mois à se transformer complétement. Dans l'hydrogène purgé d'air, elles restent encore inaltérées jusqu'à 200° C. ; au-dessus, elles fusent en globules de plomb ordinaire. Dans le perchlorure de fer leur couleur disparaît instantanément et fait place au gris de plomb. Il est bien entendu que la couleur rouge n'a point pour cause la présence de cuivre.

Tant qu'on n'aura pas réussi à produire ce plomb rouge à volonté, afin de l'examiner à loisir, on sera réduit à des hypothèses sur la véritable cause de sa coloration. Ce qu'il y aurait de plus surprenant, ce serait que ce fût du plomb à un état allotropique. On pourrait encore y voir un hydrure de plomb. Mais, selon toute apparence, la matière rose ne forme qu'une couche superficielle qui résiste plus longtemps que le plomb ordinaire à l'action de l'eau et de l'acide azotique à l'air libre. Séparée du plomb en pellicules minces, lorsqu'on le fait dissoudre dans l'acide, cette matière paraît absolument opaque sous le microscope, de sorte qu'il n'est pas permis de supposer que la couleur soit due à une mince couche d'une substance transparente à travers laquelle on verrait la surface brillante du plomb. Cette peau rouge n'est pas non plus formée de peroxyde de plomb, parce qu'elle prend naissance au pôle négatif de la pile.   (*Annalen der chemie und pharmacie,* 1ᵉʳ suppl.)

Emploi de l'acide carbolique pour l'émoulure des métaux. — Le produit de la distillation sèche de la houille, connu sous le nom d'acide carbolique ou phényque, possède une propriété précieuse dont on ne paraît pas encore avoir tiré un parti suffisant. Pour l'usage que nous allons proposer, il n'est même pas nécessaire d'avoir cet acide à l'état pur ; on pourra l'employer à l'état de liquide noir goudronneux. Voici la propriété en question. L'acide carbolique *favorise la friction,* comme les huiles grasses l'empêchent. L'huile agit comme si elle écartait les surfaces frottantes par l'interposition d'une couche mince de sa sub·stance ; l'acide carbolique, au contraire, semble rendre plus intime l'adhérence des surfaces, les rapprocher et les faire *mordre* l'une sur l'autre. Pour se convaincre de la réalité de ce phénomène, on n'aura qu'à déposer quelques gouttes d'acide carbolique sur une pierre à aiguiser bien nettoyée et sèche et à y repasser un ciseau un peu large ; on ne tardera pas à éprouver une sensation particulière produite par l'espèce d'attraction qui s'établit entre la pierre et la lame attaquée. M. John Ahsby, d'Enfield, a utilisé cette propriété de l'acide carbolique dans le polissage, la limure, le forage, le sciage des métaux, et toujours avec un grand succès. Lorsqu'on fait dissoudre une partie d'acide carbolique dans quinze d'esprit de bois et que l'on verse cette solution dans de l'eau, on obtient une émulsion laiteuse ; il vaudrait peut-être la peine d'essayer de ce liquide pour le travail des meules. (*Mechanic's magazine,* juillet 1862, p. 21.) Nous croyons nous rappeler que l'on a aussi proposé l'essence de térébenthine pour le forage des métaux, comme elle sert déjà à faciliter le forage du verre.

Émaillure. — Lorsqu'on fait fondre l'émail sur du laiton ou sur de l'argentane, il n'y adhère que très-incomplétement, ce qui fait que l'on ne peut émailler ces deux alliages par le procédé ordinaire. Mais il y a un moyen d'obtenir l'adhérence de l'émail : ce moyen, découvert par M. S. Tearne, consiste à enduire préalablement les surfaces d'une couche de cuivre, aux endroits que l'on veut émailler. Cette opération faite, on procède comme à l'ordinaire. Les objets ainsi émaillés sont ensuite argentés, bronzés ou soumis à tout autre procédé ultérieur.
                        (*Technologist.*)

Sur les principes organiques dans les eaux de puits ; par M. Auguste Vogel. Depuis longtemps, la corruption croissante des eaux publiques dans les grandes villes est devenue une calamité pour les habitants. Abstraction faite des dispositions de terrain données, la cause en réside souvent dans une mauvaise canalisation, le voisinage des cloaques introduisant dans les eaux des puits, par l'intermédiaire du sol, une quantité incroyable de matières organiques en voie de décomposition, des produits et effluves de la putréfaction. Des circonstances de ce genre paraissent aussi présider à la corruption extraordinaire de l'eau des fontaines situées dans les faubourgs de Munich, que nous avons été chargé d'analyser. Sans insister ici d'une manière plus spéciale sur les causes premières de ce phénomène ou sur les moyens d'y porter remède, nous ne donnerons que les résultats provisoires des analyses que nous avons effectuées.

L'examen physique de l'eau sur les lieux mêmes ayant déjà montré d'une manière indubitable, par son goût et par son odeur, qu'elle n'était ni potable, ni propre aux usages domestiques, il ne s'agissait plus que de prouver par l'analyse chimique que la corruption de l'eau était due à une proportion insolite d'impuretés d'origines organiques. Les nombres que nous donnons sont des moyennes relatives aux eaux provenant de diverses fontaines des faubourgs de Munich ; les chiffres originaux différaient assez peu entre eux.

Traitée par l'acide permanganique (1), l'eau s'est trouvée imprégnée d'une quantité de ma ·

(1) Voir le *Journal de Dingler,* vol. CLX, p. 55.

tière organique suffisante pour décomposer 10 milligrammes d'acide par litre d'eau. L'eau de puits de bonne qualité ne renferme ordinairement qu'une proportion de matière organique suffisante pour décomposer 1 à 2 milligrammes d'acide permanganique.

Evaporée à siccité, l'eau laisse un résidu considérable (de 4 à 5 décigrammes par litre), de couleur jaunâtre et d'odeur désagréable, qui, étant chauffé dans un vase de platine, brûle avec une flamme fuligineuse, en émettant l'odeur caractéristique des matières azotées en combustion. Les cendres minérales résidues n'ont pas été analysées; la connaissance de leurs principes constituants serait d'assez peu d'intérêt avec une eau si visiblement corrompue. Séché à la température de 120° C. et chauffé dans un tube de verre, le résidu d'évaporation laisse d'abord échapper des vapeurs acides, puisqu'elles rougissent le papier de tournesol. Elles sont dues peut-être à des acides volatils, tels que l'acide butyrique, propionique, acétique ou formique, dont l'existence, quoique en proportions très-faibles, a été déjà démontrée dans différentes eaux. Si l'on chauffe plus fort pendant un certain temps, il se dégage de l'ammoniaque; on peut le constater dès l'abord si l'on chauffe le résidu additionné de chaux sodée. Ce résidu, séché à 120° C., renferme d'ailleurs en moyenne 33.4 parties de matière oganique sur 100. Son azote a été dosé par le procédé ordinaire, en brûlant le résidu avec de la chaux sodée et recueillant les produits dans de l'acide sulfurique titré. La moyenne de plusieurs essais a donné une richesse en azote de 0.657 pour 100 de résidu, ce qui fait 2 parties d'azote sur 33 de matière organique. La proportion de matières albumineuses serait donc de 12,2 parties; plus d'un tiers de la matière organique totale consiste en substances albumineuses. Nous n'osons décider si cette circonstance confirme l'opinion générale que les déjections des brasseries voisines contribuent à la corruption de ces eaux. Il faut d'ailleurs observer que les proportions des éléments organiques sont très-variables, surtout à cause de la mutation continuelle de ces matières.   (*Journal de Dingler*, février 1863, p. 123.)

VARIÉTÉS.

—

Les mondes,

Nouvelle Revue encyclopédique ; par l'abbé MOIGNO.

Le 15 février dernier, nous annoncions ce nouveau journal hebdomadaire du doyen de la presse scientifique en France. L'abbé Moigno, forcé de quitter *le Cosmos*, qu'il avait créé, fondait ce nouveau recueil et, dans un prologue qu'il a publié dans le n° 3 du 26 février, il donne à ses lecteurs les explications suivantes :

« Je devais naturellement à mes lecteurs, anciens et nouveaux, quelques explications sur ma séparation du *Cosmos* et la fondation de cette nouvelle revue ; et cependant je me serais dispensé de les leur donner, tant il m'en coûtait de leur apprendre que j'avais dû intenter un procès à M. Seguin aîné, que tout le monde croyait être pour moi un ami, un bienfaiteur, presqu'un père. Mais j'apprends de divers côtés qu'on se vante de m'avoir fait perdre mon procès et de m'avoir évincé du *Cosmos*. Dans ces conditions, l'honneur me fait un devoir de parler, ou mieux de laisser parler les faits.

« M. Seguin aîné avait voulu acquérir de M. de Montfort la propriété du *Cosmos*, dans le double but de se procurer un concours efficace pour le triomphe de ses théories scientifiques, et de m'assurer une position indépendante. Mettant immédiatement à exécution ses généreuses intentions, il fit acquitter pour moi diverses dettes montant à la somme totale de 13,500 fr. (1). De mon côté, je consentis à ce que mes appointements, fixés par M. de Montfort

---

(1) On ne sera pas étonné de ce chiffre, quand on saura qu'un volume de 800 pages de calcul différentiel coûte plus que cette somme à imprimer,   Dr Q.

au chiffre de 500 francs par mois, fussent réduits momentanément à 200 francs. J'abandonnais, pour éteindre ma dette, une somme mensuelle de 300 francs. J'ai laissé en outre les 150 francs que je recevais chaque mois du journal *le Pays*, aussi longtemps que je l'ai rédigé, et la moitié, 75 francs par mois, des honoraires attachés à la rédaction de la *Revue photographique*, de M. Wulff. Je consentis enfin à ne recevoir qu'un tiers d'abord, la moitié plus tard, des sommes que des rédactions accessoires faisaient entrer dans la caisse du *Cosmos*, en dehors des abonnements.

« Après cinq ou six années, quand il fut certain pour moi que ma dette était intégralement remboursée, je demandai qu'on la déclarât éteinte et que le chiffre de mes appointements fût ramené à 500 francs; car 200 francs ne suffisaient pas même à indemniser mes collaborateurs. J'appris alors seulement que, loin de diminuer, ma dette avait atteint le chiffre énorme de 20,944 francs, parce que l'on mettait à mon compte l'annuité d'une assurance sur ma vie de 20,000 francs, servant de garantie aux avances qui m'avaient été faites.

« Surpris et désolé, je fis auprès de M. Seguin des réclamations souvent renouvelées, mais il se montra toujours inexorable, et inexorable, disait-il, dans mon intérêt bien compris. Enfin, en janvier 1860, après six longues années de patience et un dernier refus, plus dur que les premiers, je rédigeai sur la situation matérielle et morale qui m'était faite au *Cosmos* un mémoire que je fis lire à mon supérieur ecclésiastique et à quelques amis. Leur avis unanime fut que je devais secouer à tout prix un joug vraiment odieux. J'attendis cependant dix-huit mois encore; et, en juin 1862, je consultai deux avocats dignes de toute confiance, M⁰ Poulain de La Dreux et M⁰ Lachaud, qui me firent un devoir rigoureux de conscience de poursuivre énergiquement le règlement de mon compte et ma libération..... »

De là, procès et gain du procès que nous annoncions, le premier, avec un plaisir infini, heureux de voir notre cher confrère délivré d'un joug dont nous avions pu apprécier toute l'insupportable rudesse.

Dans le jugement intervenu, il est dit « que l'abbé Moigno se trouve aujourd'hui complétement libéré vis-à-vis de Seguin, déclare résiliées les conventions intervenues entre les parties le 16 mai 1853 ; dit que Seguin paiera à l'abbé Moigno une indemnité de 5,000 francs, si mieux n'aiment les parties s'entendre pour continuer ensemble la publication du *Cosmos* sur des bases nouvelles. »

Le *Cosmos* a reçu ce prologue, et voici ce qu'il en dit dans son n° du 6 mars dernier :

« *Une fable qui a tout son à-propos.* — Le *Cosmos* ne répondra pas à un factum (le jugement du tribunal est donc un factum?) dirigé contre lui ; mais, pour l'édification de ses lecteurs, il reproduit la fable de La Fontaine ayant pour titre : *Le villageois et le serpent :*

> Ésope conte qu'un manant,
> Charitable autant que peu sage,
> ....

Dans cet apologue du *Cosmos*, le manant est sans doute M. Seguin, ce qui n'est guère poli, et le serpent l'abbé Moigno. Mais, pourrait-on répondre à ce maladroit *Cosmos*, qui semble insinuer, comme le loup à la cigogne lui demandant son salaire :

> Quoi ? ce n'est pas encor beaucoup
> D'avoir de mon gosier retiré votre cou !
> Allez, vous êtes une ingrate :
> Ne tombez jamais sous ma patte.

Il y a une autre fable dans La Fontaine à laquelle nous vous renvoyons, c'est celle du *Serpent et de la lime :*

> Cette lime lui dit, sans se mettre en colère :
> Pauvre ignorant! et que prétends-tu faire?
> Tu te prends à plus dur que toi,
> Petit serpent à tête folle

> Plutôt que d'emporter de moi
> Seulement le quart d'une obole,
> Tu te romprais toutes les dents.
> Je ne crains que celles du temps.

> Ceci s'adresse à vous, esprits du dernier ordre,
> Qui, n'étant bons à rien, cherchez surtout à mordre.

Mais laissons là tous ces serpents et félicitons l'abbé Moigno d'avoir pu comme la cigogne se tirer sain et sauf des mains de son généreux bienfaiteur ; souhaitons à sa nouvelle revue tout le succès dont nous la voyons digne et réjouissons-nous de la sympathie qu'on témoigne partout à son auteur.   D^r Q.

M. Desnoix nous adresse la lettre suivante au sujet du petit article sur le sucre considéré comme antidote de la strychnine et des champignons :

« Paris, le 3 mars 1863.

« Monsieur le Docteur Quesneville,

« Je lis, dans le numéro du *Moniteur scientifique* que je viens de recevoir , une note sur l'efficacité du sucre dans les cas d'empoisonnement par la strychnine et les champignons.

« Or, en 1853, lorsque je fus reçu pharmacien, j'ai présenté et soutenu, à l'École de pharmacie de Paris, une thèse sur la famille des loganiacées. Pour la rédaction de cette thèse, je me suis livré, à cette époque, à des recherches bibliographiques assez étendues. Dans le cours de ces recherches, j'ai lu un travail de M. le docteur Ricord Madiana, exerçant à la Martinique. Ce docteur, après avoir décrit de nombreux cas d'empoisonnement par la spiégelie anthelmintique, dite *Brinvilliers*, ajoute que le meilleur contre-poison que l'on puisse administrer aux individus empoisonnés par cette plante est le sucre, qui, dit-il, ne manque jamais son effet.

« Le fait énoncé par M. Bruce, en admettant qu'il soit vrai, et, jusqu'à preuve du contraire, nous l'admettons comme tel, quelque extraordinaire qu'il puisse être, n'est donc pas nouveau Il restera à ce savant le mérite de l'avoir expliqué, si l'expérience vient confirmer sa manière de voir à ce sujet.

« Agréez, etc.   Desnoix. »

ANNONCES BIBLIOGRAPHIQUES.

The Chemical News; *journal de chimie et de physique;* par William Crookes, membre de la Société de chimie;paraît à Londres chaque samedi. — C'est le journal le plus répandu qui traite les sujets touchant la chimie, les manufactures, drogueries, la pharmacie, et la science en général. Par conséquent, il sera l'intermédiaire le plus efficace pour les annonces de tout genre des chimistes ou droguistes. — Ce journal est écrit en langue anglaise. Prix d'un abonnement d'un an : 27 fr., plus les frais de poste. S'adresser à tous les libraires. Les bureaux sont : 1, Wine-Office court, Fleet street, Londres, E. C.

Deux leçons de physique et de chimie, professées, en 1862, par MM. Verdet et Berthelot. — *Exposé de la théorie mécanique de la chaleur;* par M. Verdet, 179 pag. in-8 ; et *Sur les principes sucrés;* par M. Berthelot, 153 pag. in-8. — 1 vol. in-8 de 332 pag. Chez Hachette et Comp., libraires de la Société chimique. Prix : 6 fr.

Commentaire physiologique sur la personne d'Horace; par M. Richard (de Nancy). — Ce petit volume est très-curieux et doit avoir un grand succès, si tous ceux qui cultivent Horace sont avertis de cette publication. Ajoutons que le bon M. Savy, de Lyon, a soigné cette petite édition , comme aurait pu le faire M. Plon lui-même, ou plutôt Didot, qui est tout à la fois notre premier imprimeur et un littérateur plein de goût.

Ce petit volume de 106 pages mérite un grand article, et, si notre ami Arnoux, qui travaille à un livre sur Horace, depuis trente ans, veut s'en charger, nous serons très-heureux d'insérer son travail dans notre *Moniteur, trop plein de chimie,* nous assure-t-on. Horace, considéré au point de vue de sa santé et de son tempérament, sera donc une diversion.

Ce petit volume, du prix de 3 fr., se vend à Paris, chez Savy fils, rue Hautefeuille, 24, et à Lyon, chez l'éditeur, Savy père, place Bellecourt, 21.

BREVETS D'INVENTION PRIS EN FRANCE EN 1862
Arts chimiques et Industries qui s'y rattachent. (N° 6.)

Acide phénique. — Conservation des substances animales; par Baud, cité Bergère, 2, à Paris. Brevet du 10 juin, n° 54402.

Aniline. — Teinture jaune et orange; par Guigon. Addition du 28 mai au brevet n° 49714.

Appareil propre à faire bouillir l'acide sulfurique et autres produits chimiques; par M. Petrit, représenté par M. Gaigneau, rue de Ménars, 12, à Paris. Brevet du 3 juin, n° 54358.

Bleu de cyanure de fer. — Fabrication et application à la teinture et à l'impression en bleu; par M. Fossard, rue Sala, 58, à Lyon. Brevet du 14 juin, n° 54480.

Bougies. — Mode de fabrication des chandelles et des bougies; par Autran, rue des Entrepreneurs, 77. Brevet du 3 juin, n° 54339.

Bougies. — Perfectionnements dans la préparation des matières destinées à la fabrication des bougies; par Léach, représenté par Saulter, boulevard Montmartre, 14, à Paris. Brevet du 3 juin, n° 54353 (patente anglaise).

Collage de la gaze or et argent sur papier blanc, jaune et autres couleurs; par Salomon, rue Pizay, 5, à Lyon. Brevet du 21 juin. n° 54556.

Composition propre à remplacer le bitume pour les trottoirs et dallages d'habitations, par Sauvanet et Gourbeyre, route de la Révolte, 120, à Clichy-la-Garenne (Seine). Brevet du 24 juin, n° 54620.

Coloris des fleurs. — Extraction des coloris des fleurs d'iris, des fleurs de roses trémières et des fleurs de pied-d'alouette, et variation des couleurs que produisent ces coloris; par Joviaux, à Saint-Denis (Seine). Brevet du 1er juillet, n° 54673.

Couleurs. — Perfectionnements apportés à la préparation des couleurs, par M. Mathieu Plessy, rue des Pâtures, 6, à Auteuil. Brevet du 17 juin, n° 54550.

Dégras pour cuirs et peaux; par Sorel et Mornard, rue Fontaine-au-Roi, 17, à Paris. Brevet du 19 juin, n° 54558.

Distillation des goudrons et rectification des huiles minérales; par Subtil. Addition du 23 mai. Brevet, n° 52870.

Eaux-vannes. — Traitement par Margueritte, etc. Addition du 20 mai, n° 48998.

Épuration des extraits des bois tinctoriaux; par Trit, impasse Fessard, 19. Brevet du 24 juin, n° 54622.

Glace et production du froid. — Mode de fabrication; par Tellier, rue Lebouteux, 12, à Paris. Brevet du 10 juin. n° 54431.

Maladie de la vigne et d'autres végétaux. — Moyen propre à en arrêter le développement; par Martin, représenté par Ricordeau, boulevard de Strasbourg, 23, à Paris. Brevet du 7 juin, n° 54422.

Mastic de minium. — Procédé de fabrication; par Lange-Allain, aux Mureaux (Seine-et-Oise). Brevet du 25 juin, n° 54575.

Pétrole d'Amérique. — Rectification, décoloration et désinfection du pétrole d'Amérique; par Gautier et Lillo, square Clary, 9, à Paris. Brevet du 28 mai, n° 54444.

Phosphate de chaux fossile. — Sa purification et assimilation, par Laroze, rue d'Enghien, 8. Brevet du 2 juin, n° 54352.

Phosphore. — Cornues pour sa fabrication; par Martin, Cavagna et Turrel, quai de Rive-Neuve, 11 B, à Marseille.

Perfectionnements apportés à la préparation des tissus et à la fabrication des cuirs artificiels; par Elmer, représenté par Mathieu, Paris, rue Saint-Sébastien, 45. Brevet du 14 juin, n° 54508.

Perfectionnements apportés dans la fabrication des cristaux, verreries, etc., par Coenon, représenté par Mathieu, Paris, rue Saint-Sébastien, 45. Brevet du 19 juin, n° 54538.

Pierre artificielle dite basalte. — Sa composition; par Niellon frères, chez Lequertier, Paris, rue Constantine, 3. Brevet du 21 juin, n° 54616.

Porcelaine réfractaire; par Dumesnil, représenté par Mathieu, rue Saint-Sébastien, 45, à Paris. Brevet du 19 juin, n° 54541.

Procédé d'ornementation de la tranche de toutes espèces de livres; par Asselin, représenté par Guion, Paris, boulevard Saint-Martin, 29. Brevet du 12 juin, n° 54467.

Procédé permettant de décalquer toute gravure ou impression peinte ou coloriée à la main; par Guesnu, Tlegenheimer et Comp., représentés par Ansart, Paris, boulevard Saint-Martin, 33. Brevet du 6 juin, n° 54481.

Procédé de métallisation de la fibre textile de verre et d'autres matières; par Cimeg, élisant domicile chez Grisza, Paris, rue Bourbon-Villeneuve, 61. Brevet du 14 mai, n° 54562.

Purification du gaz d'éclairage du sulfure de carbone; par Schomburg fils et Baldamus, rue Hauteville, 12, à Paris. Brevet du 23 juin, n° 54621.

Régénération des agents alcalins employés dans le traitement des matières textiles; par la Société civile du traitement des matières textiles; représentée par Biver, Grande-Rue, 23, la Chapelle-Paris. Brevet du 27 juin, n° 54654.

Savons caustiques pour traiter les matières textiles végétales; par Vasseur et Jaussens, représenté par Ansart, boulevard Saint-Martin, 33, à Paris. Brevet du 20 juin, n° 54592.

Siccatif pour peinture; par dame Genin, rue Romarin, 9, à Lyon. Brevet du 16 juin, n° 54542.

Sucre. — Procédé pour la fabrication du sucre; par de Reiset, à la Pointe-à-Pitre, Guadeloupe. Brevet du 23 mai, n° 54584.

Vapeur oxygénée et eau oxygénée. — Leur emploi industriel; par Martin, représenté par Ricordeau, boulevard Strasbourg, 23, à Paris. Brevet du 7 juin, n° 54422.

Vins mousseux. — Perfectionnements dans la fabrication des vins mousseux; représenté par Le Blanc, rue Sainte-Appoline, 2, à Paris. Brevet du 24 mars, n° 54445.

N° 7.

Acide azotique. — Sa fabrication au moyen de la décomposition du nitrate de soude par l'acide borique; par Poussier et d'Homme, boulevard Sébastopol, 34, à Paris. Brevet du 18 juillet, n° 54953.

Alcool. — Sa fabrication par l'hydrogène bicarboné, avec une pression supérieure à la pression atmosphérique; par Leloup, Paris, rue Saint-Roch, 29. Brevet du 18 juillet, n° 54889.

Ammoniaque. — Application perfectionnée de l'électricité à l'obtention de l'ammoniaque et autres produits utiles durant la combustion du charbon et du combustible, et dans les appareils employés à cet effet; par M. Cradock-Moukton, représenté par Courrouve, Paris, rue Feydeau, 28. Brevet du 31 juillet, n° 55054.

Apprêt hydrofuge applicable aux étoffes; par Bienvaux-Him, rue Cuvier, 4, au Cateau (Nord). Brevet du 14 juillet, n° 54781.

Bière. — Composé de tannins, dit *résine d'Ulm*, et servant à la fabrication de la bière; par MM. Baury et Stoctz, faubourg de Saverne, 49, à Strasbourg. Brevet du 7 juin, n° 54930.

Bleu. — Matière tinctoriale bleue teignant à froid, et son mordant, ledit mordant applicable à toutes les autres couleurs ; par Bourasset et Périmon, représentés par Guion, Paris, boulevard Saint-Martin, 29. Brevet du 3 juillet, n° 54690.

Bois. — Mode de préparation des bois ; par Lescanne, chez Roussel, à Paris, rue Louis-le-Grand, 29. Brevet du 18 juillet, n° 54918.

Borax. — Fabrication avec le nitrate de soude et l'acide borique. (Voir *Acide azotique.*)

Colle forte. — Fabrication d'un genre de colle forte ; par Brun et Courvoisier, rue des Maçons-Sorbonne, 5, à Paris. Brevet du 25 juillet, n° 54992.

Composition propre au dégraissage, foulage et dégorgeage des tissus neufs de laine ; par Communeau, chez Ricordeau, boulevard de Strasbourg, 23, à Paris. Brevet du 8 juillet, n° 54756.

Composition pour l'impression sur étoffe ; par Revilliod et fils, à Vizille (Isère). Brevet du 23 juillet, n° 54956.

Conservation des houblons, des viandes, des fruits ; par Cormery et Gavot. Addition du 7 juillet à leur brevet n° 47445.

Conservation des matières d'origine végétale ou animale ; par de Lapparent, Paris, rue Sainte-Placide, 60. Brevet du 18 juillet, n° 54915.

Couleurs à base de kaolin ou d'argile ; par Moissenet, rue de la Vieille Estrapade, 17, à Paris. Brevet du 23 juillet, n° 54976.

Cyanures. — Leur préparation ; par Margueritte, chez Lavialle, à Paris, boulevart de Strasbourg, 29. Brevet du 28 juillet, n° 55067.

Dépuration des eaux calcaires ; par Laschi, rue de la Victoire, 22, à Paris. Brevet du 19 juillet, n° 54916.

Eaux-vannes. — Addition au brevet n° 48998 de MM. Margueritte et Comp., le 3 juillet.

Extraction de l'essence de brai sec et plus des végétaux qui contiennent ces substances, par Cetran, représenté par Le Blanc, rue Sainte-Appoline, 2, à Paris. Brevet du 15 juillet, n° 54879.

Épuration du gaz de houille ; par Warner, chez Sautter, Paris, boulevard Montmartre, 14. Brevet du 3 juillet, n° 54717. (Patente anglaise.)

Goudron. — Travail du goudron. Suppression des vapeurs nuisibles et malfaisantes ; par Semet, chez Ansart, boulevard Saint-Martin, 33, à Paris. Brevet du 11 juillet, n° 54835.

Huiles minérales, schistes, pétroles (emploi au chauffage des foyers quelconques et notamment à celui des chaudières de machines à vapeur) ; par Biddle, chez Illy, rue du Faubourg-Montmartre, 17, à Paris. Brevet du 11 juillet, n° 54812.

Huile lourde de goudron de houille. — Emploi par Jacqmarcq, à Saint-Saulve (Nord). Brevet du 17 juillet, n° 54795.

Huile de schiste. — Addition au brevet n° 49061 ; par Legros, 3 juillet.

Matières colorantes bleu et rouge pour teinture et impression ; par Guinon, Marnas et Bonnet, représentés par Mathieu, rue Saint-Sébastien, 45, à Paris. Brevets du 21 juillet, n°s 54910 et 54911.

Matières colorantes pour la teinture et l'impression. — Perfectionnements par Nicholson, représenté par Sautter, boulevard Montmartre, 14. (Patente anglaise.) Brevet pris le 10 juillet, n° 54827.

Matières tinctoriales. — Exploitation par Lacaussade, à Saint-Philippe (île de la Réunion). Brevet du 22 mai, n° 54946.

Naphtaline. — Son emploi comme lubrifiant ; par Jacqmarcq, à Saint-Saulve (Nord). Brevet du 10 juillet, n° 54736.

Noir animal pour clarification ; par Leplay et Cuisinier. — Addition du 27 juin au brevet n° 51976.

Oxyde vert de chrôme. — Genre de préparation ; par Barruel, rue Groult-d'Arcy-Vaugirard, 16, à Paris. Brevet du 17 juillet, n° 54872.

Purification des huiles d'olive et de graines propres à l'éclairage et au graissage des machines ; par Alexis, boulevard Chave, 164, à Marseille. Brevet du 30 juillet, n° 54990.

Pureté des huiles. — Produit chimique dit réactif Hauchecorne, rue du Calvaire, 27, à Yvetot. Brevet du 5 août, n° 55034.

Teinture au lokao ; par Charvin, quai de la Charité, 4, à Lyon. Brevet du 7 juillet, n° 54725, et addition du 10 juillet.

Teinture d'un crin végétal provenant du palmier, par le tannin lentisque africain ; par Lyon, à Alger. Brevet du 26 mai, n° 54800.

Pierre indestructible ; par Caudrelier et veuve Patou et fils, rue d'Angoulême-du-Temple 68, à Paris. Brevet du 2 juillet, n° 54693.

Perfectionnements dans la coloration des fleurs artificielles faites au papier de riz ; par Constantin, chez Guion, boulevard Saint-Martin, 29, à Paris. Brevet du 5 juillet, n° 54758.

Perfectionnements dans la fabrication des ressorts d'acier ; par Toussaint, chez Leblanc, rue Sainte-Appoline, 2, à Paris. Brevet du 29 juillet, n° 55077.

Préparation en teinture des soies françaises et exotiques provenant du cocon de l'ailante ; par Guilhen, boulevard du Cours-Neuf, 11, à Nîmes (Gard). Brevet du 11 juillet, n° 55003.

Procédé de fabrication de la fonte et de l'acier ; par Learch, chez Armengaud, boulevard de Strasbourg, 37, à Paris. Brevet du 24 juillet, n° 54973.

Procédé de transformation directe du minerai en fer, fonte ou acier ; par Martin, chez Ricordeau, boulevard de Strasbourg, 23. Brevet du 24 juillet, n°s 54975 et 55009.

Traitement métallurgique de l'argent ; par Vattier et Bécourt, rue de la Victoire, 46, à Paris. Brevet du 5 juillet, n° 54779.

AVIS AUX ABONNÉS DE 1863.

Nous prions nos abonnés de ne pas faire relier leur année 1862 avant d'avoir reçu leur table, en retard cette année, mais qu'ils recevront sitôt qu'elle sera terminée.

Nous attendrons les renouvellements pour 1863 jusqu'à fin mars ; passé cette date, il sera inutile de nous envoyer le montant de l'abonnement, une traite de 16 francs devant être présentée à l'abonné du 10 au 15 avril prochain.

Table des matières de la 150e Livraison. — 15 mars 1863.

21133   Paris, Imp. RENOU et MAULDE.

ACADÉMIE DES SCIENCES

Séance du 9 mars. — M. Le Verrier présente à l'Académie un volume des *Annales de l'Observatoire impérial de Paris* (série des Observations, t. VI). Ce volume est consacré aux observations faites en 1845 et en 1846, à la lunette méridienne et aux cercles muraux de Gambey et de Fortin.

— M. Flourens fait hommage à l'Académie d'un volume qu'il vient de publier sous ce titre : *De la phrénologie et des études vraies sur le cerveau.* Volume in-12 à couverture jaune, publié par Garnier frères.

— Note sur l'infection purulente ; par M. Flourens. — « J'ai présenté, dans une des dernières séances, un fait qui rentre dans la théorie de l'*infection purulente* si bien expliquée par M Maisonneuve. Quelques gouttes de pus pris sur la dure-mère d'un chien et porté sur la dure-mère d'un autre chien, ont produit une *méningite* violente et causé la mort.

« J'ai fait porter quelques gouttes de ce même pus, pris sur la dure-mère d'un chien, sur la plèvre d'un autre chien parfaitement sain. Au bout de trente-six heures, l'animal est mort. On a trouvé une double pleurésie purulente. Toute la plèvre et la plèvre des deux côtés, était remplie de pus. On n'a trouvé de pus dans aucun autre viscère.

« On a porté du pus sur les muscles abdominaux d'un chien parfaitement sain. L'animal est mort au bout de quatre jours ; une énorme infiltration de pus s'était glissée entre les divers muscles de l'abdomen.

« Jusqu'ici le pus avait été porté d'un animal sur un autre. Sur le même animal, j'ai fait porter du pus d'un viscère sur un autre viscère. Du pus pris sur la dure-mère a été porté sur la plèvre. Le cinquième jour, l'animal est mort ; la cavité pleurale gauche était remplie de pus.

« Ainsi, du pus porté d'un animal sur un autre animal, ou, sur le même animal, d'un viscère sur un autre viscère, transmet à cet autre animal ou à cet autre viscère une affection purulente des plus violentes, et qui finit par causer la mort.

« J'ai multiplié ces expériences. Elles ne peuvent laisser de doute. La théorie de l'*infection purulente* est donc démontrée. C'est, d'ailleurs, une théorie admise. »

— Sur un nouveau mode de la propagation de la lumière ; par M. Babinet. — Cette note, toujours la même, ayant déjà paru deux ou trois fois dans les *Comptes-rendus*, nous allons citer, à sa place, quelques passages d'un article de causerie que le spirituel académicien a donné au *Cosmos*. M. Babinet, après avoir écrit dans la *Revue des deux mondes*, dans *les Débats* et en dernier lieu dans *le Constitutionnel*, vient de porter son encrier dans les bureaux du *Cosmos-Tramblay*. Mais pourquoi M. Babinet n'écrit-il plus dans les journaux où on le lisait avec tant de plaisir ? Demandez-le aux caissiers de ces journaux et ils vous diront le pourquoi.

« Le mètre est la dix-millionième partie du quart du méridien compris entre l'équateur et le pôle, et le kilogramme est le poids d'un décimètre cube d'eau distillée.

« La commission du mètre adopta un étalon de longueur qui est *à peu près* la dix-millionième du quart du méridien terrestre, et qui est conservé aux archives de France. Des copies exactes en ont été réclamées par tous les peuples civilisés. C'est à ce mètre officiel qu'il faut rapporter la vraie unité de longueur, car tous les méridiens ne sont pas identiques, la terre n'étant pas un solide de révolution exacte. Par exemple des calculs, dont le résultat, je dois le dire, a été contesté, semblent indiquer que le méridien qui passe par le point où l'équateur coupe la côte orientale d'Afrique, avait des dimensions sensiblement plus grandes que le méridien perpendiculaire à celui-ci, et qui passe par le point où l'équateur coupe la côte orientale d'Amérique. Il s'agissait de quelques centaines de mètres et l'équateur n'était plus un cercle, c'était une ellipse dont le grand axe était dirigé vers le premier des deux points indiqués ci-dessus, et le petit axe vers le second de ces deux points. D'ailleurs, si l'on se conformait strictement à la définition mathématique, chaque nouvelle mesure de la terre introduirait un mètre nouveau et par suite un nouveau kilogramme. C'est ce qui aurait lieu dès ce moment, car les dimensions de la terre adoptées par M. Encke (*Annuaire de Berlin pour 1852*), qui ont fait loi jusqu'aux travaux de l'ordonnance-survey anglais, donnent au quart du méridien terrestre dix millions de fois le mètre des archives plus 856 mètres. Il faudrait donc ajouter au mètre officiel un peu plus de *huit* centièmes de millimètre, et avec le grand arc de Russie, il faudrait encore corriger cette correction. Il n'y a donc de *mètre* que l'étalon des archives et les copies exactes qui en ont été faites.

« Il est évident qu'il faudrait aussi changer le kilogramme à chaque fois qu'on apporterait une modification au mètre, et même le changement du décimètre portant sur les trois dimensions du décimètre cube ferait varier le kilogramme trois fois plus que la mesure métrique de ce décimètre cube. Ainsi, avec le méridien de Encke de 10,000,856 mètres, il faudrait augmenter le kilogramme de 0 gr. 257 ou bien de 257 milligrammes, quantité considérable.

« Il y a pis. Les commissaires nationaux et étrangers, en 1795, s'occupèrent plus de l'Opéra et de la politique que de la fixation des nouvelles mesures, et tout le travail fut à peu près exécuté par l'artiste Fortin, qui n'offrait pas une garantie suffisante malgré son talent éminent, comme constructeur d'instruments de précision. Quant à Lefèvre-Gineau, qui se chargea avec Fortin de la détermination du kilogramme, il me suffira de dire qu'il avait jugé convenable (qui le croirait ?) de percer d'un petit trou le cylindre creux dont le volume devait donner, par immersion, un nombre déterminé de grammes, pour, disait-il, que l'air intérieur fût en équilibre avec l'air extérieur ! Il n'y a pas de nom pour une telle idée mise en pratique.

« Il est donc très-douteux que le kilogramme des archives (le kilogramme officiel pour l'univers entier) soit véritablement le poids d'un volume d'eau égal à un décimètre cube de l'étalon du mètre des archives ; mais il n'y a pas moyen aujourd'hui de le rectifier sans porter une confusion des plus nuisibles dans toutes les branches de la science expérimentale ; il suffit de ne pas oublier que le kilogramme des archives n'est qu'à peu près le poids cube d'eau mesuré avec le décimètre du mètre étalon.

« Dans ses dernières années, Laplace était vivement préoccupé de cette crainte d'un désaccord entre le kilogramme et le mètre. »

— Nouvel exemple de fermentation déterminée par des animalcules infusoires pouvant vivre sans gaz oxygène libre, et en dehors de tout contact avec l'air de l'atmosphère ; par M. Pasteur. — Cette note étant fort longue et devant être d'ailleurs, avec les précédents travaux de M. Pasteur, le sujet d'une critique de M. Joly, de Toulouse, qui se propose de démontrer que les travaux du nouveau membre de l'Académie ne sont qu'une suite de contradictions, nous nous contenterons de citer le titre de ce nouveau mémoire de M. Pasteur. Mais, c'est ici, il nous semble, l'occasion de citer un curieux passage du sermon du R. P. Félix à Notre-Dame. Voici ce que le grand prédicateur disait à ses fidèles paroissiennes, ces jours derniers, en leur parlant de la génération spontanée qu'elles repoussssent comme lui :

« La première aberration de la physiologie antichrétienne est celle qui prétend expliquer le premier point de départ de la vie par le fait plus que mystérieux de ce qu'elle appelle dans sa langue la *génération spontanée :* la génération spontanée, on ne sait quelle force cachée de la nature produisant d'elle même et spontanément à certaines époques tous les phénomènes de la vie organique, dans le monde végétal, dans le monde animal et dans le monde humain lui-même. On pouvait croire cette théorie *générale*, telle que je viens de la définir, à jamais stigmatisée comme un produit de l'impiété ignorante. J'entends dire, non sans quelque surprise, qu'elle se reproduit encore de nos jours. Mais en même temps je suis heureux d'applaudir du haut de cette chaire au jugement de notre Académie des sciences, honorant de son suffrage les hommes éminents qui repoussent au nom de la science des théories *malsaines* défendues encore par quelques fils du xviiie siècle, égarés dans le xixe. »

Voilà une approbation qui flattera médiocrement, nous le croyons, l'Académie des sciences, et, nous aimons à le penser, M. Pasteur lui-même, qui ne travaille pas probablement pour être agréable aux révérends pères, mais bien par amour de la vérité et pour le progrès des sciences. Quant à M. Pouchet, il s'est contenté de rire des sorties burlesques du révérend père contre lui, et est venu lire, à la réunion des sociétés savantes, le travail que nous insérons *in extenso* dans cette livraison.

— Note sur les vaisseaux du latex : les vaisseaux propres ; les réservoirs des sucs élaborés des végétaux ; par M. Lestiboudois. — Les sucs colorés des végétaux sont-ils des sécrétions et non pas plutôt des liquides analogues au sang? Sont-ils, comme le sang, conduits par un système de vaisseaux analogue au système vasculaire des animaux? M. de Mirbel ne voyait dans les sucs colorés que des sécrétions, et disait que l'ensemble des vaisseaux qui les renferment ne peut être assimilé au système vasculaire. Schulze, le célèbre botaniste de Berlin, admettait l'opinion diamétralement opposée. M. Lestiboudois, après une série d'expériences qu'il raconte, termine ainsi son mémoire : « Lorsqu'on éteint rapidement la vie des plantes par l'ébullition et qu'on maintient ainsi les vaisseaux pleins d'un suc dense et fortement granuleux, l'opacité du liquide, l'abondance et la forme des grains, la couleur spéciale qu'ils présentent, font reconnaître immédiatement les vaisseaux qui les contiennent. Il n'est donc pas possible de mettre en doute l'existence des vaisseaux contenant des liquides colorés dans certaines plantes. »

— Profils des chemins de fer de Paris à Rennes, etc., transformés en coupes géologiques ; par M. Triger.

— Notice sur quelques terrains crétacés du Midi ; par M. A. Meugy.

— Expériences en grand sur un nouveau système d'écluses de navigation, principes de manœuvres nouvelles ; par M. A. de Caligny.

— Nouveaux compagnons de Sirius : lettre de M. H. Goldschmidt. — Dans la revue astronomique que nous publierons bientôt, nous expliquerons la découverte très-importante de l'auteur.

— Énumération des observations horaires faites à l'Observatoire physico-météorique de la Havane durant l'année de 1862 ; par M. A. Poey.

— M. Seguier met sous les yeux de l'Académie un compas à ellipse de l'invention de M. Carmien, mécanicien à Suze, près Héricourt (Haute-Saône).

— M. Boersch adresse de Strasbourg diverses substances colorantes vitrifiables, au moyen desquelles on peut imprimer sur verre des images qui, par l'action du feu, seront amenées à faire corps avec lui.

— M. Piobert offre à l'Académie, de la part de M. Favé, le quatrième volume des *Etudes sur le passé et l'avenir de l'artillerie.*

— Note sur la constitution géologique des dunes des Zahrès-Rharbi et Cherqui (Lacs Salés) et du Sahara algérien ; par M. Ville.

— Sur une équation pour le calcul des orbites planétaires ; par M. A. de Gasparis.

— Sur le rouge d'aniline ; par M. G. Delvaux. — Ce travail de M. Delvaux est publié en extrait dans les *Comptes-rendus.* Voici la note que l'auteur nous a remise :

« Lorsque l'on chauffe pendant six à huit heures, à une température d'environ 150° C., un mélange de chlorhydrate d'aniline sec et d'aniline (un équivalent de chaque corps), il se forme une certaine quantité de fuchsine (dans ce cas, chlorhydrate de rosaniline), que l'on peut extraire en traitant la masse par l'eau. — On peut opérer en mélangeant l'acide chlorhydrique du commerce et l'aniline ; on chauffe ; lorsque l'eau est chassée, la matière rouge se forme.

« Au reste, *tous les sels d'aniline* chauffés avec l'aniline à 150° C. donnent de la fuchsine (sels de rosaniline).

« Le sulfate d'aniline sec, chauffé vers 200° C., 220° C., devient noir violacé et, traité par l'eau, donne également de la fuchsine (dans ce cas, sulfate de rosaniline).

« Une réaction curieuse m'a permis d'obtenir de notables proportions de matière colorante. On mélange du chlorhydrate d'aniline sec avec du sable (ou avec d'autres substances, telles que : fluorure de calcium, silice gélatineuse, etc.); on chauffe trois heures à 180° C. En traitant la masse par l'eau, la matière colorante se dissout.

« En combinant ce dernier procédé avec celui dont j'ai parlé en commençant (chlorhydrate d'aniline et aniline), on obtient de très-forts rendements, même en chauffant à de basses températures. Voici la manière d'opérer :

« On mélange un équivalent de chlorhydrate d'aniline sec avec dix fois environ son poids de sable sec et avec un équivalent d'aniline; on chauffe quinze heures à 110° C., 120° C., ou cinq à six heures à 150° C., ou bien encore deux à trois heures à 180° C. On traite la masse par l'eau bouillante et l'on obtient une grande quantité de matière colorante rouge (dans ce cas, chlorhydrate de rosaniline). Le résidu insoluble dans l'eau se dissout en rouge dans l'alcool; il renferme donc une certaine proportion de matière colorante, que l'on peut difficilement lui enlever par l'eau ; mais en le traitant par un alcali (ammoniaque, chaux, soude) et en saturant ensuite par un acide, la liqueur, d'abord incolore, devient rouge ; ce traitement permet d'enlever complétement la matière colorante formée. »

— Modification de l'appareil analytique employé dans les analyses organiques pour le dosage de l'hydrogène et du carbone ; par M. Ch. Mène. — « Après avoir rappelé les difficultés de l'analyse organique par l'oxyde de cuivre, l'auteur dit qu'il pense avoir remédié à presque tous les inconvénients, en substituant le chlorate de potasse fondu à l'oxyde de cuivre.

« Le principe de la modification que je propose, dit M. Mène, consiste à mettre la matière dans du chlorate de potasse et à la brûler par ce sel, dans des conditions telles, que la décomposition ne s'opère que peu à peu et lentement, de manière à permettre le dégagement régulier des gaz, comme dans l'appareil à oxyde de cuivre. Pour faire marcher l'appareil, je prends une lampe à alcool ordinaire, je la mets sous le tube à analyser, en commençant à chauffer près du bouchon d'amiante. Au bout de quelques instants, le chlorate de potasse fond, brûle la matière en formant de l'eau et de l'acide carbonique qui se dégage tranquillement, suivant comme l'on chauffe.

« Quoique, dans beaucoup de cas (quand la substance contient beaucoup de carbone), la combustion ait lieu avec ignition, et quelquefois même avec déflagration, cette expérience est sans danger. Quand la matière est brûlée à l'endroit que l'on a chauffé d'abord, on place la lampe sous une autre partie du tube, et ainsi jusqu'à ce que toute la longueur du tube ait été successivement et peu à peu soumise à la flamme. La quantité de chlorate de potasse placée à l'extrémité fermée du tube est finalement chauffée, afin de dégager de l'oxygène et d'entraîner ainsi tous les gaz analysables qui peuvent rester dans le tube. Quand on juge l'opération terminée, on détache le tube des appareils à peser, et on peut en faire sortir (par le lavage) tout le chlorure de potassium, afin de préparer dans ce tube de nouvelles analyses. Le temps nécessaire à l'exécution d'une analyse de ce genre est de vingt minutes; du reste, l'opérateur fait marcher l'expérience à son gré ; il peut la suivre, l'interrompre, la reprendre, la voir, la surveiller comme il l'entend, sans crainte d'y faire naître des absorptions ou des réactions inconnues et malheureuses. Voici le détail de l'opération telle que l'exécute l'auteur :

« Je prends, dit-il, un tube de verre blanc, d'environ 50 centimètres de long sur 1 centimètre de diamètre, avec 1 millimètre d'épaisseur (1) ; je le ferme à l'une de ses extrémités, comme cela se fait ordinairement ; j'y introduis du côté bouché une quantité de chlorate de potasse (fondu et pilé) égale à 2 centimètres environ, puis j'y verse le mélange de la matière à analyser, intimement unie avec du chlorate de potasse, de manière que cela tienne la

____

(1) Je recommande ces dimensions, parce qu'en général les tubes plus épais se fendent facilement par le chauffage, et les plus minces se fondent; en tout cas, il faut avoir soin de ne pas mettre la flamme de la lampe à alcool brusquement sous le tube, à cause de la mauvaise conductibilité du verre pour la chaleur.

presque totalité intérieure du tube. Le mélange de la matière avec le chlorate de potasse est préparé en prenant 1 gramme de substance à analyser, la broyant finement dans un mortier de cristal ou d'agate, et la remuant ensuite intimement avec du chlorate de potasse fondu et pilé auparavant. Pour connaître la quantité de chlorate de potasse nécessaire à introduire dans le tube avec la substance à analyser, je mesure ordinairement et directement la contenance du tube avec le chlorate de potasse lui-même, et c'est cette quantité qui me sert à l'analyse : je puis l'évaluer à 50 grammes. Comme il est facile de le comprendre par le calcul, les 50 grammes de chlorate de potasse me fournissent environ 18 litres d'oxygène, ce qui donne un milieu gazeux capable de brûler toute espèce de matière organique. Comme dans l'ancien procédé, j'introduis le tout dans le tube avec un entonnoir, mais à la température ordinaire et sans crainte de voir absorber de l'humidité par mon mélange. Quand le tube est rempli, je ferme avec un tampon d'amiante, puis avec un bouchon de liége (traversé d'un petit tube pour le dégagement des gaz) ; je lute même souvent le bouchon avec de la cire à cacheter. Mon tube à analyse, ainsi préparé, est suspendu par deux fils de fer à un support quelconque, afin de le faire tenir libre et à la portée de l'opérateur ; puis il est mis en communication, au moyen d'un tube de caoutchouc, à des appareils de Liebig et en U, pleins d'acide sulfurique et de potasse, etc., nécessaires, comme cela se fait habituellement pour les dosages de l'hydrogène et du carbone.

— M. Velpeau, au nom de M. Michaud, professeur à l'Université de Louvain, dépose sur le bureau : 1° un second mémoire sur les polypes naso-pharyngiens, leur point de départ, et la possibilité d'en débarrasser les malades par la ligature ; 2° un mémoire sur la guérison des hernies étranglées, par la ligature et l'ablation du sac. L'habile chirurgien aurait fait cette opération avec un très-grand succès.

— M. Velpeau fait hommage, en outre, au nom de M. Orion, de Liége, d'un beau volume sur les causes des rétentions d'urine et les circonstances qui peuvent les faire naître. Ce sujet très-important n'avait pas encore été étudié *ex professo* ; M. Orion en traite magistralement, et son livre mérite d'être lu avec la plus gande attention.

— Comité secret d'une demi-heure à quatre heures trois quarts.

Séance du 16 mars 1863. — M. le Président annonce à l'Académie la perte qu'elle vient de faire d'un de ses membres, M. Despretz, décédé le 15 mars, dans sa soixante-treizième année.
— L'abbé Moigno a fait sur la personne de ce digne et respectable savant une de ces improvisations pleines de vérité et de charme : c'est une photographie faite en plein soleil et dont la ressemblance est parfaite. Voici cette notice, que l'on trouvera dans le n° des *Mondes* du 19 mars ; nous en avons supprimé ce qui paraît avoir été écrit pour les abonnés du clergé :

« Dimanche 15 mars, à six heures et demie du matin, après une longue et douloureuse agonie de près de quatre jours, M. Despretz (César-Mansuète), membre de l'Institut, professeur de physique à la Faculté des sciences de Paris, a rendu son âme à Dieu. Né à Lessines (Hainaut), non pas le 4 mai 1791, mais bien le 13 mai 1789, il était âgé, par conséquent, de soixante-treize ans. Sa maladie a débuté par plusieurs congestions cérébrales, sans trop de gravité et sans paralysie, qui l'ont abattu, et elle s'est terminée par une fièvre catarrhale d'abord, par une congestion pulmonaire ensuite, qui a heureusement éteint quelque peu sa sensibilité ; sans cela il eût horriblement souffert. Sa mort a été précédée de trois grands cris : le troisième était son dernier soupir.

« Plus chimiste d'abord que physicien, M. Despretz s'était consacré, depuis près de quarante ans, à l'étude des grands phénomènes de la physique, la chaleur, la densité des liquides, le son, l'électricité. S'il n'a pas créé de nouvelles théories, il a étudié, mesuré, coordonné un nombre considérable de faits, de sorte que son nom, se retrouvant presque à chaque page des traités de physique, sera nécessairement immortel. Il avait conquis, par un travail persévérant, par une volonté forte de réussir, la supériorité que d'autres doivent à une très-grande facilité naturelle. Il préparait si bien ses leçons de la Sorbonne, il organisait un si grand nombre d'expériences, il faisait de si grands efforts pour être à la hauteur de sa mission, qu'il finissait par fixer un auditoire beaucoup plus nombreux que celui qui entourait la chaire de professeurs plus éloquents. Parvenir à s'installer ainsi dans la première chaire de physique de France, dans un fauteuil de l'Institut, dans le fauteuil même de la présidence de l'Académie des sciences, sans intrigue, sans l'appui d'une famille haut placée, sans le secours d'amis puissants, par son seul travail, et un travail solitaire, modeste, sans éclat, c'est donner un rare et magnifique exemple.

« La vie de M. Despretz fut toujours très-austère ; il portait par système des vêtements sombres et d'une forme sans élégance, qui le faisaient prendre le plus souvent pour un prêtre catholique ou pour un ministre protestant. Lorsqu'il perdit, il y a quinze ans, la presque totalité de ses économies, dans une entreprise de chemin de fer, où on l'engloba sans qu'il sût ce que c'était, il s'imposa des privations excessives. Son déjeuner consistait en une grande tasse de lait avec un pain de 10 centimes ; son dîner, qu'il prit toujours au même lieu et à la même heure, lui coûtait à peine 2 francs. Il n'a jamais consenti à accepter une politesse sans la rendre aussitôt. Il a invité presque tous les physiciens de l'Europe qui sont venus à Paris à dîner en tête à tête avec lui, et le menu de ce petit repas hospitalier est célèbre dans l'Europe entière : julienne, huîtres, sole normande ; au printemps ou en été, un bifteck ; en automne et en hiver, le plus souvent un rôti de sa chasse, lapin, lièvre, perdrix, bécasse, voire même un faisan ; fromage et fruit, café et petit verre. Nous disons de sa chasse, car il fut, quarante ans durant, un intrépide chasseur, un vrai Nemrod ; et il tressaillait de joie chaque fois qu'il se rappelait que S. A. R. le duc d'Aumale l'avait autorisé à tuer la petite bête dans ses forêts.

« Cet amour ardent de la chasse avait peut-être contribué à la sauvagerie de M. Despretz. Il n'allait presque jamais dans le monde, on ne l'a presque jamais vu au théâtre ; il aimait cependant la littérature, il avait même défendu les lettres contre l'excès des sciences dans sa brochure remarquable sur les colléges et l'enseignement. Chaque année il faisait une grande excursion en Angleterre, en Allemagne, en Italie ; mais il ne disait à personne le jour de son départ, et se condamnait à voyager seul. Il se flattait de parler assez bien l'anglais et l'allemand, et pendant tout le temps qu'il passait dans l'une ou l'autre de ces contrées, il s'obstinait à parler la langue du pays, sans s'effrayer des petites humiliations que lui valait son audace. Il errait souvent aussi dans les provinces de notre France ; mais il avait tant fait subir d'examens de baccalauréat depuis vingt années, et dans ces examens il s'était toujours signalé par tant de bienveillance, que dans chaque ville, à son grand désespoir, il se voyait reconnu et arrêté dans la rue. C'était assez pour le faire fuir aussitôt.

« Sa vie était régulière à l'excès, et l'on pouvait presque compter les heures par ses passages en divers lieux....

« Il est impossible de pousser plus loin l'uniformité et de la supporter avec plus de courage. Il en était venu à tant aimer son isolement que le plus sûr moyen de le mettre en colère était de l'engager à y renoncer. Ame essentiellement honnête et sans passions ; bon d'une bonté naturelle, sans expansion, mais réelle ; bienfaisant sans bruit, fidèle à ses amitiés simples et calmes, il n'avait de colères et de tempêtes que pour lui. Il s'indignait souvent contre lui-même, dans ses promenades nocturnes, à la pensée que d'autres savants, mieux pourvus de ressources ou plus actifs, lui avaient enlevé la gloire de découvertes importantes qu'il avait faites de son côté. Il avait alors peine à pardonner leur gloire à Dulong, à Petit, à Biot, à M. Regnault, etc., mais sa rancune était sans fiel. »

— Nouvelles recherches sur la température de l'air, les *maxima* et les *minima*; par M. BECQUEREL (suite).

— Sur l'emploi de la méthode de la variation des arbitraires dans la théorie des mouvements de rotation ; par M. J. A. SERRET.

— Note sur l'acclimatation du *sequoia gigantea;* par M. de VIBRAYE.

— Réponse de M. MALAGUTI, à l'occasion d'une note récente de M. Robbins sur la production du peroxyde de fer magnétique. — M. Robbins, dit M. Malaguti, peut m'accuser d'avoir ignoré ses travaux, mais non de m'être approprié la découverte pour laquelle il réclame. Jamais, en effet, M. Malaguti n'a annoncé avoir obtenu, le premier, le peroxyde de fer attirable à l'aimant.

— Sur la mortalité dans les hôpitaux de l'île de Cuba; par M. RAMON DE LA SAGRA.

— Sur de nouveaux procédés de gravure et de reproduction des anciennes gravures; par M. VIAL. — Ce mémoire se divise en trois parties. La première repose : 1° sur les précipitations métalliques ; 2° sur l'affinité des acides pour les différents métaux. Elle consiste à faire sur papier un dessin qu'on décalque ensuite sur métal par application humide, ou, mieux encore, à dessiner directement sur le métal avec une encre métallique formée, par exemple, d'un sel de cuivre en dissolution pour l'acier et pour le zinc, d'un sel de mercure pour le cuivre, d'un sel d'or pour l'argent, etc., etc., à graver ensuite par un acide approprié.

C'est ainsi qu'un dessin fait avec une encre de sulfate de cuivre et décalqué sur acier peut donner instantanément une gravure en taille douce sans morsure ultérieure à l'acide.

C'est encore ainsi qu'un dessin fait sur zinc avec une encre formée d'un sel de cuivre permet une morsure en relief à l'acide; le cuivre jouant dans ce cas sur zinc le rôle d'un vernis protecteur, par suite des affinités que l'acide azotique possède pour le zinc, relativement au cuivre.

La deuxième partie comprend la reproduction des anciennes gravures, sans altération de l'original, et elle s'applique aux gravures qui n'ont pas été recouvertes d'un enduit spécial pour les besoins publics; elle renferme deux procédés.

A. Le premier procédé repose : 1° sur l'antipathie de l'eau pour les corps gras; 2° et, comme le précédent, sur les précipitations métalliques et l'affinité des acides pour les métaux.

En effet, une gravure est imprégnée par son verso d'une dissolution cuprique et le liquide aqueux ne pénètre qu'autour des traits formés d'encre grasse. Tout autre sel métallique approprié, sel de plomb, de bismuth, d'argent, etc., produirait le même effet. L'épreuve est alors retournée par son recto sur une planche de zinc, par exemple, et soumise à une pression uniforme. Le sel est aussitôt décomposé, réduit et précipité sur la planche qu'il recouvre en entier, sauf à l'endroit des traits, de manière à donner une image négative en relief, représentant avec la plus grande exactitude le dessin qui a servi à la produire. Il suffit de quelques secondes pour obtenir cet effet. La photographie n'opère pas avec plus de promptitude ni plus de fidélité. On peut déjà en tirer des épreuves négatives.

Pour avoir une gravure en taille douce, il suffit de plonger la planche dans un bain d'acide azotique, qui creuse le zinc et respecte le cuivre.

B. Le deuxième procédé repose : 1° sur les transports ; 2° comme les précédents, sur les précipitations métalliques et l'affinité des acides; 3° enfin, sur les phénomènes de l'électrochimie.

On fait sur acier un transport, on décalque d'une ancienne gravure au moyen d'un savon de térébenthine et de pétrole appliquée sur l'épreuve, et on plonge la planche dans un bain acide de sulfate de cuivre qui se précipite sur l'acier avec son brillant métallique, tout en respectant les traits, de telle sorte que le cuivre sert alors de vernis, tandis que l'acier, ayant pour l'acide plus d'affinité que le cuivre, est mordu sous le dessin avec autant d'instantanéité que le dépôt a eu lieu. Le problème se résume alors en ces deux mots : couvrir et mordre en même temps.

Enfin, la troisième partie n'est que l'extension du dernier procédé, qui constitue un nouveau genre de gravure. Elle consiste à faire sur acier un transport autographique, lithographique ou autre, non plus avec un savon de térébenthine, mais à l'encre grasse, à faire un dessin héliographique au bitume de Judée, ou photographique au perchlorure de fer, à dessiner sur acier à l'encre de Chine, au crayon noir, à la mine de plomb, à peindre à l'huile ou au pastel, à dessiner au perchlorure de fer ou à l'acide, en un mot avec tout corps susceptible de dépolir l'acier par parties qui se graveront ensuite lorsqu'on mettra la planche dans un bain acide de sulfate de cuivre.

— Recherches expérimentales sur la distinction de la sensibilité et de l'excitabilité dans les différentes parties du système nerveux d'un insecte, le *Dytiscus marginalis* ; par M. E. Faivre. — La distinction établie par M. Ch. Bell entre la sensibilité et l'excitabilité, est un des faits les plus généraux et les plus constants de l'histoire physiologique du système nerveux. Cependant il régnait encore, jusqu'à ces derniers temps, de grandes obscurités sur le système nerveux des animaux invertébrés, au point de vue de ces propriétés. M. Faivre a entrepris de dissiper ces obscurités, et des expériences qu'il a faites dans ce but sur divers animaux de cet ordre il résulte qu'au point de vue des propriétés dont il s'agit, c'est-à-dire de la sensibilité et de l'excitabilité, il existe de profondes analogies entre la chaîne ganglionnaire des invertébrés et la moelle des animaux supérieurs. Ces analogies, qui vérifient et confirment les inductions basées sur l'anatomie, montrent, ainsi que le fait remarquer M. Faivre, l'utilité qu'il y a d'étudier les êtres simples, si l'on veut bien comprendre l'organisation des êtres plus parfaits.

— Mémoire de mécanique ; par M. de Saint-Venant.

— Suite du mémoire de la vis tellurique, du 7 avril 1860, adressé à propos du thallium ; par M. B. de Chaucourtois.

— Sur les toluènes bi et trichlorés ; par M. A. Naquet.

— Sur la question des alliances consanguines ; par M. Bonnafont. — Des considérations qui sont contenues dans son mémoire, l'auteur conclut :

1° Que les mariages consanguins ont été considérés de tout temps et par tous les peuples comme nuisibles au perfectionnements des races ;

2° Que leur prohibition a été de tout temps proclamée par les lois civiles et celles de la religion ;

3° Que les unions consanguines agissant très-probablement autant sur les autres appareils que sur celui de l'audition, les relevés de la surdi-mutité ne peuvent donner que des renseignements curieux sur un des côtés de la question, mais ne sauraient constituer un argument sérieux en faveur d'une solution depuis longtemps reconnue et proclamée ;

4° Que les documents qui existent sont suffisants pour prouver les mauvais effets des mariages consanguins, et pour faire sentir les nécessités des mesures prises ou à prendre à l'égard de ces sortes d'unions.

— M. Saurel adresse une addition à sa note *sur la quantité d'air nécessaire à la respiration durant le sommeil.* (Commissaires précédemment nommés, MM. Payen, Longet.)

— M. Potier soumet au jugement de l'Académie des considérations sur les tumeurs blanches et les affections scrofuleuses en général. (Commissaires, MM. Andral, J. Cloquet, Jobert de Lamballe.)

— M. Lemaire, dans une note qui se rattache à celle qu'il avait précédemment adressée sur des moyens propres à rendre les divers tissus incapables de s'enflammer, s'attache à faire ressortir les avantages qui résulteront d'une large application de ces sortes de préparations. (Commissaires précédemment nommés, MM. Payen, Velpeau, Rayer.)

— M. le Secrétaire perpétuel présente au nom de l'auteur, M. Tigri, un opuscule écrit en italien et ayant pour titre : *Des effets du pus et de la sanie gangréneuse sur le sang circulant dans les vaisseaux.* En adressant cet écrit à l'occasion des dernières communications qui ont été faites à l'Académie sur l'infection purulente, l'auteur s'est proposé de rappeler que dès l'année 1849 son attention s'était portée sur les désordres qui reconnaissent une semblable cause. La note est terminée par le paragraphe suivant :

« Ce qui vient d'être exposé suffit pour montrer que l'action exercée sur le sang par un liquide formé dans l'organisme même est tout à fait comparable à l'action d'un poison, et souvent d'un poison mortel. Le médecin doit donc s'attacher à reconnaître les maladies dans lesquelles entre pour cause cet agent toxique, et employer sans perte de temps les moyens que peut lui offrir la science pour en paralyser les effets. »

— M. LE SECÉTAIRE PERPÉTUEL présente également, au nom de M. Netter, un opuscule ayant pour titre : *Des cabinets ténébreux dans le traitement de l'héméralopie.*

— M. DE QUATREFAGES présente un travail de M. Duhousset *sur les races humaines de la Perse.* M. de Quatrefages, en faisant cette présentation, s'exprime en ces termes :

« M. le commandant Duhousset, envoyé en Perse pour contribuer à l'instruction militaire des armées du schah, a employé ses loisirs d'une manière dont doivent lui savoir gré tous les amis de la science. A la fois sculpteur et dessinateur, il a appliqué ses talents à l'étude de quelques animaux domestiques, du chameau et du cheval surtout. Il s'est en outre occupé d'une manière toute spéciale des races humaines. Je n'entretiendrai l'Académie que de ces dernières recherches.

« Les études anthropologiques de M. Duhousset on porté sur huit populations distinctes, savoir : les anciens Perses, représentés encore par les Guèbres et les Parsis ; les Tadjiks et les Iliates ; les Turcomans, les Kurdes, les Afghans, les Bakhtyaris, les Beloudjes et les Arians indiens.

« Chacun de ces groupes est représenté dans le travail de M. Duhousset par de nombreux dessins reproduisant les traits de l'homme et ceux de la femme. Ces dessins, exécutés par un homme instruit et dans un but scientifique, ont une valeur tout autre que ceux qu'aurait pu faire un artiste ordinaire, possédant même un talent particulier, mais étranger aux questions anthropologiques.

« Mais M. Duhousset ne s'est pas borné à nous rapporter l'iconographie remarquable que je viens d'indiquer. Dans le mémoire que je dépose au nom de l'auteur, il a donné avec détail les caractères de chacune des races mentionnées plus haut, et ajouté des dessins à la plume représentant les formes typiques du crâne qui leur sont propres. Ces croquis sont accompagnés de nombres indiquant les moyennes des mesures prises par M. Duhousset. La plus grande circonférence horizontale de la tête, la demi-circonférence verticale, le diamètre antéro-postérieur et le diamètre transversal, ont été pour chaque race et pour les principales variétés de chacune d'elles l'objet de mesures rigoureuses. Cette partie du travail de M. Duhousset comble des lacunes réelles dans l'histoire des races asiatiques, et en publiant le résultat de ses recherches, l'auteur rendra à l'anthropologie un service très-sérieux. »

— Note sur les formes cristallines et sur les propriétés biréfingentes du castor et du pétalite ; par M. DES CLOIZEAUX. (Présenté par M. Ch. Sainte-Claire Deville.) Ces recherches, qui continuent de placer M. des Cloizeaux parmi les meilleurs minéralogistes de notre époque, et marquent une fois de plus sa place à l'Académie des sciences, ne sont pas de la compétence de nos lecteurs habituels, sans quoi nous aurions reproduit cette note *in extenso.*

— Recherches sur les mercuraniles ; par M. H. SCHIFF. — Dans un premier mémoire, dit l'auteur, je me suis occupé des métaniles du zinc, du cadmium, du cuivre et de l'étain. Aujourd'hui je passe aux métalaniles formés par le mercure. Le nitrate de mercuraline s'obtient en forme d'un précipité blanc, si l'on verse de l'aniline dans une solution de nitrate mercurique. La poudre devient cristalline, si elle est mise en digestion, encore humide, avec de l'acide nitrique froid et étendu.

Une combinaison d'équivalents égaux d'aniline et de sublimé corrosif a déjà été obtenue par Gerhardt. Le sel sec, chauffé à l'abri de l'air à 100 degrés, se décompose en fournissant de la fuchsine. Dans la préparation de la fuchsine par le bichlorure de mercure, notre sel est toujours la combinaison intermédiaire. Le protochlorure de mercure, même à 100 degrés, ne se combine pas avec l'aniline, à 150 degrés, il y a formation de fuchsine, tandis que le mercure est réduit et le deutoxyde de mercure ne se combine pas non plus directement avec l'aniline.

Dans un prochain mémoire je donnerai, dit l'auteur, quelques détails sur la décomposition des nitrates de mercuranile par la chaleur, et sur la théorie générale de la formation de l'azaléine.

— Recherches d'analyse spectrale ; par M. VOLPICELLI.

— M. LOUAZEL adresse une note sur un système de *machines à vapeur* qui fonctionneraient, suivant lui, avec une très-petite dépense de combustible, utilisant la plus grande partie de la chaleur qui se perd dans les systèmes ordinaires, celle qu'emporte la vapeur poojetée dans l'air à chaque coup de piston.

— A la suite du comité secret qui a eu lieu après la séance, M. SERRES fait insérer dans les *comptes rendus* la liste suivante de candidats pour la place de correspondant vacante dans la section de médecine et de chirurgie, par suite du décès de M. Mannoir.

1°   M. BOUISSON, à Montpellier.

2° *ex-æquo* { M. EHRMANN, à Strasbourg. / M. LANDOUZI, à Rheims.

3°   M. GINTRAC, à Bordeaux.

4°   M. SERRES (d'Uzès), à Alais.

GÉNÉRATIONS SPONTANÉES.

PROGRÈS DE CETTE QUESTION JUSQU'EN 1863.

Messieurs,

Nous diviserons notre sujet en deux sections :

1° Les travaux des savants du xviii° siècle et de leurs continuateurs, ou les expériences chimiques et la panspermie ;

2° Les travaux des savants du xix° siècle, ou les observations des physiologistes et l'hétérogénie.

XVIII° SIÈCLE.

Pardonnez-moi d'abord, Messieurs, si, sortant de mes habitudes sérieuses, je me vois forcé de dérouler devant vous les fantaisies scientifiques du XVIII° siècle ; ainsi l'exige impérieusement l'ordre logique. Celles-ci, cependant, vous paraîtront bien incroyables ; mais suspendez votre jugement, de peur de condamner à l'avance les hommes qui s'efforcent encore aujourd'hui d'en revendiquer l'héritage.

Spallanzani et Bonnet supposaient alors que l'atmosphère était encombrée de myriades de germes, et que ceux-ci pénétraient partout où leur véhicule avait le moindre accès.

C'était à l'aide de ce disséminateur universel que ces savants expliquaient l'apparition de ces innombrables populations d'animaux ou de plantes microscopiques, qui envahissent tous les corps abandonnés à la putréfaction.

Pour mieux étayer leurs systèmes, à une époque où le talent du rhéteur se substituait à l'expérimentation, certains écrivains prêtaient à ces germes les plus paradoxales propriétés. Rien n'arrêtait Bonnet au sujet de ceux-ci ; il les croyait réfractaires aux plus destructeurs agents chimiques, et prétendait même qu'à l'aide d'une circulation plus que merveilleuse, ils pénétraient toute l'économie des êtres animés. « Il apercevait, disait-il, des myriades de ces corps montant des racines à la cime des arbres, en parcourant leurs vaisseaux. »

C'est pourtant cette science, Messieurs, que quelques-uns de nos contemporains veulent nous faire accepter ! Et c'est en plein xix° siècle qu'il en existe encore des promoteurs !....

Les fauteurs de l'hypothèse de la dissémination illimitée ne s'arrêtaient même pas là ; une première excentricité en entraîne successivement d'autres. Quelques-uns d'entre eux, retombant dans les conceptions de la philosophie hermétique, font de ces germes des espèces d'entités métaphysiques impérissables. Issus de la création mosaïque, ceux-ci, selon eux, pouvaient sauter par-dessus les siècles et les cataclysmes et parvenir jusqu'à nôtre époque pleins de fécondité et de vie.

Quelques savants leur accordaient même la transparence de l'éther et prétendaient que la lumière les traversait sa: ; réfraction !...

Tout cela était la conséquence d'une idée fausse, car si l'air était rempli de tous les éléments générateurs qu'il faudrait qu'il contînt pour son rôle de disséminateur universel, il serait tellement épais que nous ne pourrions y circuler, et nous serions plongés dans les plus profondes ténèbres. En effet, si quelques globules de vapeur d'eau suffisent pour occasionner un sombre et suffocant brouillard, que serait-ce donc si l'atmosphère était encombrée d'œufs et de semences ?

On a donné le nom de panspermie à cette prétendue dissémination universelle des corps reproducteurs des animaux et des plantes. Mais cette hypothèse, purement gratuite, succombe aussitôt qu'on la soumet au critérium de l'observation.

A cette époque, Spallanzani allait même jusqu'à prétendre que les germes des animalcules résistent facilement à l'eau bouillante et à l'ardeur d'une fournaise. Bonnet, qui suivait pas à pas Spallanzani dans ses expériences, renchérit encore sur elles. Il suppose que les infusoires sont formés d'une substance si rare et si diaphane que le feu peut les traverser sans les arrê-ter le moins du monde. Et il couronne son audacieuse hypothèse en prétendant, avec Lambert, que le soleil pourrait bien être habité !...

Mais hâtons-nous de dire, pour la gloire du xviiiᵉ siècle, que beaucoup d'esprits sérieux ne partagèrent pas ces théories erronées. O.-F. Muller les renversait par ses belles observations ; de son côté, le grand Buffon admettait les générations spontanées ; et l'un de ses collaborateurs, Needham, abattait à la sape chacune des expériences de Spallanzani. « De la façon, lui disait-il, que vous traitez et torturez vos infusions végétales, il est évident que vous anéantissez en elles toute fécondité. » Et le savant jésuite avait raison.

XIXᵉ SIÈCLE.

1° LES VOIES ANCIENNES OU LES CHIMISTES.

Maintenant arrivons au xixᵉ siècle, où nous allons voir se développer, au milieu d'une science plus sérieuse, la grande lutte des chimistes et des physiologistes. D'un côté, les premiers, par un effort désespéré, tentent de retenir la question dans les errements du siècle dernier ; et de l'autre, les seconds insistent pour la placer sur son véritable terrain, la biologie.

Les chimistes en restent aux théories des Spallanzani et des Bonnet : au monde invisible et inaccessible.

Sous leur domination, la question ne fait point un seul pas en cent ans.

Les physiologistes, au contraire, exigent que l'on progresse, en s'appuyant sur les sciences naturelles et la micrographie ; ils placent le champ de l'observation dans le domaine des êtres tangibles, accessibles.

Sous leur impulsion, la question fait de rapides et nombreuses conquêtes.

La scission se manifesta de bonne heure. Les chimistes, admettant la panspermie et les errements des écoles de Genève et de Pavie, continuèrent à torturer les substances, en exigeant que la nature opère au milieu de conditions qu'elle abhorre. Tels furent Schultze, Schwann, Schrœder, Dusch, et dernièrement MM. Payen, Chevreul et Pasteur ; je les cite presque tous.

De l'autre côté s'élève, pour les combattre, une série de physiologistes ou de naturalistes, dont presque tous portent un nom illustre. Ce sont les Rudolphi, les Bory-Saint-Vincent, les Treviranus, les Tiedemann, les Burdach, les J. Muller, les de Blainville, les Bérard, les Dugès, les de Baer, les Pineau, les Mantegazza, les Joly, les Musset, les Schauffhausen ; et j'en passe beaucoup. Mais, vous le voyez déjà, nous combattons avec une bien imposante armée, au-dessus de laquelle planent encore les noms des Humboldt et des R. Owen.

Afin de ne pas nous égarer dans le dédale des expériences chimiques, ne citons que celles qui ont été considérées comme fondamentales, en vous disant à l'avance, et nous le prouverons, qu'elles ne sont qu'une longue suite de contradictions. Cela est tellement vrai, qu'aucun de leurs auteurs n'a osé en tirer de conclusion. Afin de détruire ou d'arrêter les prétendus germes atmosphériques, Schultze employait l'acide sulfurique concentré; Schwann soumettait l'air à la température rouge; Schrœder et Dusch l'épuraient en lui faisant traverser du coton.

Bientôt après, quelques savants, et j'en suis fâché pour leur gloire, n'en proclamèrent pas moins que les expériences de Schwann, de Schrœder et de Dusch avaient renversé l'existence des générations spontanées. Ils se montraient ainsi plus téméraires que leurs propres auteurs, car ceux-ci avouent que, dans divers cas, elles ne leur réussissaient pas; même avec de l'air calciné, leurs ballons se remplissaient fréquemment d'animaux et de plantes. Ces trop fameuses expériences n'avaient donc nullement résolu la question en litige.

Mais je n'en doute pas, Messieurs, vous avez hâte de me voir enfin arriver à l'effort suprême tenté par M. Pasteur, pour restaurer le monument scientifique élevé par le xviiiᵉ siècle, et dont nous avons tant contribué à ébranler la base chancelante. C'est pour cette tâche que je réserve toutes mes forces, car, *seul*, cet habile chimiste a eu le courage qui manqua à ses devanciers; il a nettement formulé son opinion. Il nous a attaqué corps à corps, soit dans ses leçons, soit à la Sorbonne, soit dans ses écrits; c'est ici le lieu de lui répondre.

Avant d'entrer en matière, je dirai seulement quelques mots sur un incident qui s'est produit au congrès de cette même Sorbonne, que je viens de nommer. Pendant que l'hétérogénie y suscitait une certaine animation, un orateur s'est écrié : que cette question pouvait alarmer nos croyances; c'est un terrain brûlant, disait-il.

Je ne veux point sonder une telle insinuation, inutilement lancée au milieu d'un débat purement scientifique. Je me contenterai d'y répondre, sans amertume, pour tranquilliser de respectables convictions.

Chaque fois que les savants découvrent une grande vérité, ils n'ont nullement à se préoccuper si celle-ci concorde ou non avec nos croyances, car tout ce qui est vrai ne peut que tourner à la glorification de Dieu. Et, d'ailleurs, la thèse que nous développons ici, mais elle a été soutenue par les plus grands philosophes chrétiens : saint Augustin, saint Jean, saint Jérôme et saint Basile. Tout récemment, un de nos plus illustres cardinaux y applaudissait, lui-même, dans une réunion scientifique. Ainsi donc la personne timorée dont il a été question peut calmer ses scrupules.

Actuellement, abordons les travaux de M. Pasteur. Ce chimiste commença par répéter les expériences de Schwann, et, après quelques dénégations, il fut enfin forcé de les condamner et de reconnaître que *les expériences à l'air calciné ne réussissent qu'exceptionnellement.* Ce sont ses expressions.

Ainsi donc, ceux qui les invoquèrent comme l'*ultimatum* de la science eurent absolument tort, et l'on eut tort aussi de m'attaquer, avec tant de véhémence, quand, le premier, je prétendis les faire rayer d'une science qu'elles continuaient à égarer.

Mais, malgré ces aveux, arrachés par l'évidence, il fallait cependant que les panspermistes sauvassent ces célèbres expériences à l'air calciné ; car, sans cela, leur hypothèse naufrageait immédiatement.

C'est le lieu d'exposer la tentative désespérée de M. Pasteur.

Ce chimiste prétendit que les œufs et les semences peuvent résister à l'action de l'eau en ébullition. (*Ann. sc. nat.*, t. XVI, p. 54.)

Vraiment, Messieurs, on reste stupéfait en présence de semblables assertions... Que de telles choses se disent au vulgaire, passe; M. Jobard allait bien jusqu'à soutenir que ces mêmes germes franchissaient vivants le fourneau de coupelle. Mais qu'un savant, s'adressant à des savants, soutienne des opinions analogues, cela renverse toutes les idées reçues.

On ne s'arrête pas quand on se trouve lancé dans une semblable voie. Embarrassé par la masse d'expériences qui condamnaient ses doctrines, tout à coup, presque avec la joie d'Archimède, M. Pasteur vient annoncer qu'il avait enfin découvert pourquoi, dans leurs expériences à l'air calciné, tant et tant de personnes rencontraient aujourd'hui des animaux et des plantes. C'était, disait-il, le mercure qui infestait de germes les ballons des expérimentateurs, parce qu'il en est toujours bourré !

J'ai, à diverses reprises, reproché à l'habile adversaire de l'hétérogénie de ne pas se tenir assez au courant de la question qu'il veut élucider; s'il l'avait fait, je ne regretterais pas d'avoir à combattre de si inexactes suppositions.

En effet, comment le mercure peut-il infester les appareils de Wyman, de Cambridge, lui qui ne s'en sert jamais?

Comment infesterait-il les miens, moi qui ne m'en sers nullement dans *mes* expériences?

Comment a-t-il pu infester les appareils de MM. Mantegazza, Joly et Musset, eux qui n'emploient ce métal qu'après l'avoir soumis à une température capable de griller tous les organismes qu'il pourrait contenir?

Je ne puis réellement pas supposer que si l'on connaissait de telles choses, il fût possible d'émettre de semblables assertions. C'étaient celles-ci qui faisaient dire à l'un de nos plus savants critiques : « Décidément, Monsieur Pasteur, le monde où vous prétendez nous mener « est par trop fantastique. La raison se refuse à de si extrèmes concessions, et, merveille pour « merveille, nous finirons par préférer celle des générations spontanées. »

Dans toutes ses expériences, M. Pasteur en est constamment resté aux errements du siècle dernier, aux méthodes perturbatrices; seulement, il eut l'idée d'ensemencer ses ballons avec des bourres de coton et d'amiante saupoudrées de corpuscules atmosphériques.

Mais jamais, depuis Spallanzani, on n'a fait d'expériences plus défectueuses que ces prétendus ensemencements, et nous allons le prouver.

D'abord, ces expériences sont exécutées dans le vide toujours incomplet de la machine pneumatique! Si les hétérogénistes en faisaient de semblables on les accablerait de critiques.

Pour de telles expériences, l'appareil est d'autant plus irréprochable qu'il est plus simple, et celui de M. Pasteur est le plus compliqué qu'on ait jamais employé. Il s'y trouve plusieurs robinets, et des tubes en caoutchouc. Si nous avions employé de tels appareils, on eût prétendu que leurs multiples anfractuosités recélaient des myriades d'organismes !

Enfin, lorsque dans cet appareil M. Pasteur introduit des bourres de coton saupoudrées de corpuscules atmosphériques, il voit se développer des proto-organismes, et il prétend ainsi les y avoir ensemencés.

Au congrès scientifique de Paris, un de nos savants chimistes, M. Baudrimont, a parfaitement répondu à M. Pasteur, en lui disant : « Vous obtenez des proto-organismes dans vos ballons, parce que vous y introduisez, non des œufs et des spores, mais simplement des débris organiques décomposables. Tout est là. »

S'il y avait réellement des œufs et des spores sur ses bourres de coton, M. Pasteur pourrait nous les montrer, on les connaît. Mais le savant chimiste persiste à n'ensemencer que l'invisible, et il ne récolte constamment que le produit du hasard !...

Mais il est même inutile de nous appesantir sur ces objections, puisque les expériences de M. Pasteur se trouvent absolument renversées par celles qui ont été exécutées dans les laboratoires de Londres, de Pavie, de Toulouse, de Cambridge et de Rouen. Six expérimentateurs, séparés par tant de distance, et dont plusieurs ne se connaissent même pas, sont unanimes sur ce point, et un seul ne peut avoir raison contre six.

En effet, Ingenhousz voyait des proto-organismes apparaître dans des appareils qui étaient remplis d'air deux fois calciné; aujourd'hui, sur les lieux mêmes où Spallanzani opérait il y a cent ans, Mantegazza, dans cette Université de Pavie qu'il contribue tant à illustrer, arrive à des résultats pareils; de leur côté, MM. Joly et Musset, de Toulouse, dans un travail intitulé : *Réfutation de l'une des expériences de M. Pasteur*, ont aussi démontré, péremptoirement, l'inanité des expériences à l'air calciné et des ensemencements. Et pendant qu'en France ces derniers produisaient leurs belles recherches, le professeur Wyman, en Amérique, portait le dernier coup à la panspermie, en annonçant qu'avec des appareils d'une admirable simplicité, il obtenait des proto organismes dans l'air brûlé, avec des liquides qui avaient subi deux heures d'ébullition, à deux atmosphères de pression.

Vous l'entendez, Messieurs, deux heures d'ébullition à deux atmosphères de pression.

Ainsi donc s'éteint le règne de cette science qui, dans son orgueil, voulait se substituer aux lois qui président à la genèse organique; celle-ci triomphe encore de ses impuissantes tortures.

2° LES VOIES NOUVELLES OU LES PHYSIOLOGISTES.

Mais, Messieurs, à ces expériences paralysantes, qui, depuis un siècle, immobilisent la science, opposons des travaux bien autrement sérieux, ceux de l'école physiologique; et nous allons voir que la nouvelle voie dans laquelle ils nous engagent a été immédiatement féconde en conquêtes positives.

Il ne s'agit ici que d'une question d'embryogénie, et nullement d'une question de chimie. Quoique microscopique, elle n'en appartient pas moins absolument au domaine de la biologie, et c'est même l'un de ses plus transcendants problèmes. Pourquoi donc les rôles ont-ils été changés? Et que diriez-vous d'un naturaliste qui se permettrait d'aborder magistralement les questions les plus délicates de la synthèse chimique?

Dans la nouvelle voie dans laquelle nous nous engageons, Messieurs, plus de subterfuges, plus de cette logique digne des beaux temps de la scolastique; mais des choses palpables, nettement dessinées, que tout le monde peut vérifier, voir et mesurer.

D'abord, commençons par rejeter, absolument, le nom de *germes*, et déjà nous allons faire un grand pas vers la vérité. Les chimistes font de ceux-ci une sorte d'entité métaphysique, qui se prête aux plus étranges suppositions. Le germe a été parfaitement défini par les physiologistes; il n'en est nullement question ici; il ne s'agit que d'œufs et de semences ou spores. Désormais vous ne m'entendrez plus prononcer d'autres noms.

Commençons aussi par aborder le monde tangible. Abandonnons les animacules presque invisibles pour n'expérimenter que sur ceux que l'œil embrasse facilement. A ces monades, à ces bactéries, d'une telle ténuité qu'elles passent à franc étrier à travers dix feuilles de papier, substituons les paramécies et tout va se débrouiller sur elles; car leur taille dépasse celle des autres autant que celle d'un éléphant dépasse un scarabée.

Ainsi, vous le voyez, nous venons placer l'expérimentation dans une voie toute nouvelle. Mais loin de restreindre celle-ci aux étroites limites du fait brut, absolument insignifiant, nous voulons qu'elle appelle à elle toutes les ressources de l'intellect, et qu'en s'appuyant sur les faits acquis, elle place la science dans des sphères désormais inattaquables.

Nous ne partageons pas les dédains que Schelling affecte pour la méthode expérimentale. Mais, sans donner à l'idée le rang suprême qu'il lui assigne, il ne faut pas l'écarter; ce serait nous priver d'une foule de travaux qui forment de magnifiques étapes dans la marche ascendante et lumineuse de l'esprit humain. Et, en effet, à toutes ces expériences dont l'inutile monceau ne produit pas la moindre loi générale, je préférerais avoir donné le jour à la *Protogée*, dont les poétiques allures laissent briller, de place en place, quelque grande vérité, quelque trait de génie. Cette magnifique conception leibnitienne est toujours jeune depuis deux cents ans; tandis que vos inhabiles expériences du jour sont renversées par celles du lendemain. Vous l'avez vu, c'est un choc incessant. Je ne m'insurge pas contre l'école expérimentale, car j'en fais partie; mais je me révolte contre ses abus, sa tyrannie; contre cette école effrontée où l'on ose dire : Il n'y aura d'expériences bien faites que celles qui soutiendront nos doctrines !....

Les écoles sont essentiellement despotiques ; toute velléité d'examen y est punie comme une insurrection. Malheur à celui qui la tente ! Il y est mis au pilori de la médiocrité, à moins que ce ne soit un de ces grands révolutionnaires dont le génie domine toute une époque. Tel a été le sort des hétérogénistes au milieu d'une école parvenue à l'apogée de sa puissance ; en sapant ses doctrines, ils n'ont pour eux que le sentiment de leur conscience et de la vérité, et lui seul les soutient au milieu des orages de la lutte.

Mais il ne faut pas ici qu'une seule de nos assertions soit proférée sans qu'elle s'accompagne de preuves décisives. Citons quelques exemples de cette fausse voie, dans laquelle nous engageait l'expérimentation tronquée dont je critique les tendances.

M. Pasteur, par exemple, proclame tout à coup, dans le monde savant, qu'il recueille dans l'air des œufs et des spores, et qu'il les ensemence.

Eh ! que me fait *à priori* ce qu'a pu dire cet habile chimiste, quand je sais que le plus grand micrographe des temps modernes, Ehrenberg, proteste avoir vainement cherché ces corps dans l'atmosphère ; quand des hommes de la valeur de de Baer, de Heusche et de Burdach n'ont pas été plus heureux ; et quand MM. Joly et Musset n'en trouvent pas davantage ?

Que signifient aussi ces ensemencements, dont on parle tant ? Mais absolument rien pour ceux qui savent qu'Ingenhousz, Mantegazza, Joly, Musset, Schaaffhausen, et parfois Schwann, Schrœder et Dusch eux-mêmes, trouvaient leurs ballons parfaitement féconds, sans les avoir nullement ensemencés ?

Que signifient aussi ces ensemencements pour ceux qui savent que des poussières chauffées à 215°, et presque charbonnées, produisent des proto-organismes ?

Enfin, que signifient toutes ces expériences irrationnelles exécutées *in vitro*, et qu'on nous présente comme l'ultimatum de la science ? Mais absolument rien non plus, et l'on vient de voir qu'elles s'entre-détruisaient mutuellement !

Dans les expériences avec l'air calciné, s'il y avait réellement des œufs atmosphériques, le feu les grillerait tout aussi bien pour un corps que pour un autre. Le rouge-blanc ne protégerait pas les animalcules qui pullulent dans les infusions de viande, tandis qu'il tuerait ceux qui vont se rendre sur de la colle ou du lait !

D'un autre côté, si vous commentez les assertions des savants relativement à la résistance vitale, vous n'y trouvez encore qu'une longue suite de contradictions, tant leurs méthodes expérimentales ont été défectueuses. Tout est à recommencer. Nous ne disons rien légèrement ; voici nos preuves :

M. Morren pense que la température humide de 45° suffit pour tuer tous les protozoaires.

Dugès professe que c'est à 80° que cela arrive.

Bulliard, H. Hoffmann et C. Bernard disent qu'aucun organisme ne résiste à la température de l'eau bouillante ou à 100°.

M. Pasteur assure que les animaux ou leurs œufs supportent jusqu'à 110°.

M. Payen va encore plus loin ; selon lui la vie ne s'éteint qu'à 120°, à la température humide !

Est-il possible de rencontrer dans une science de plus flagrantes contradictions (1) ?

Mais après vous avoir tracé un tableau de la lutte incessante et animée des chimistes et des physiologistes, maintenant exposons sommairement, Messieurs, quelles ont été les conquêtes des derniers, en suivant les voies nouvelles dans lesquelles ils ont engagé la science. Ils ont démontré les faits qui suivent :

1° Que les microzoaires primaires, les monades, les vibrions et les bactéries, forment une membrane particulière, en expirant à la surface des macérations ;

(1) Avant peu nous espérons démontrer que, pour les animalcules, c'est M. Morren qui se rapproche tout à fait de la vérité ; et pour les spores M. H. Hoffmann.

2° Que cette membrane, qu'ils nomment *membrane proligère*, et à laquelle personne n'avait encore fait attention, remplit l'office d'un stroma d'ovaire, pour les microzoaires secondaires ou ciliés,

4° Que les lois qui président à la genèse spontanée peuvent être énoncées avec une précision mathématique.

En effet, on peut poser comme démontré que, dans un liquide donné, *la production des microzoaires ciliés est en raison inverse du carré de la surface, et que la production des monadaires est en raison directe du cube de la masse de ce même liquide.*

Les expériences instituées par nous ont une telle précision qu'à notre gré, avec une même macération, en opérant sur des quantités absolument égales, soumises aux mêmes conditions de température, d'éclairage et d'abri, nous obtenons, à volonté, des microzoaires ciliés ou seulement des monades et des vibrions.

Tout cela est d'une lucidité qui frappera tous les esprits sérieux. Et de tels faits peuvent être constatés par des expériences dont l'extrême simplicité contraste avec l'arsenal des manipulations chimiques invoquées jusqu'à ce jour.

Voici l'une d'elles : Je prends une éprouvette et je la remplis d'une macération filtrée, propre à engendrer de gros microzoaires ciliés.

Je prends ensuite une grande cuvette de cristal, à fond très-plat, et j'y verse une égale quantité de la même macération qui remplit l'éprouvette. Celle-ci est ensuite placée au milieu de la cuvette.

Le tout est enfin isolé sous une cloche plongeant dans l'eau, pour modérer l'évaporation.

Au bout de quatre à cinq jours, l'éprouvette présente une membrane proligère épaisse et remplie de microzoaires ciliés. La cuvette, au contraire, n'offre qu'une membrane proligère à peine apparente, arachnoïde, et qui ne contient aucun microzoaire cilié.

Si les œufs tombaient de l'atmosphère, comme le prétendent les panspermistes, il n'y aurait pas de raison au monde qui pût faire que, dans la même portion d'air, l'éprouvette en soit constamment remplie et la cuvette jamais. Celle-ci, à cause de sa surface bien autrement étendue, devrait même en récolter infiniment plus.

Si dans l'éprouvette il y a des microzoaires ciliés, cela tient à ce que, dans l'étroite surface qu'offre le liquide, les cadavres des monadaires et des vibrioniens ont pu former une membrane proligère assez compacte pour devenir un *stroma*.

Si au contraire, dans la cuvette, il n'y en a jamais, cela tient à ce que la surface du liquide étant énormément plus considérable, ces mêmes cadavres ne forment qu'une membrane excessivement mince, et qui ne s'élève point à la puissance d'un *stroma proligère*.

Ainsi se confirment les lois que nous venons d'énoncer.

5° Mais les physiologistes ne se sont pas bornés à de telles investigations, si concluantes cependant ; ils ont poussé l'observation jusqu'à son extrême limite, en voyant *sous leurs yeux* se développer l'ovule spontané. En effet, ils ont démontré qu'avant qu'il existât aucun microzoaire cilié dans une macération, on voyait cet ovule se former de toutes pièces dans la membrane proligère ; l'œuf se circonscrire, la gyration apparaître, puis le *punctum saliens* et enfin les mouvements embryonaires. Bientôt après, le petit sort de l'œuf sous les yeux de l'observateur.

Ces diverses phases de l'embryogénie des microzoaires ont été parfaitement observées par MM. Pineau, Joly, Musset, Nicolet, Schaaffhausen et par nous : le moindre micrographe peut les vérifier. A de tels faits il n'y a pas de dénégations possibles ; et toutes les expériences chimiques du monde, fussent-elles accumulées à la hauteur des pyramides des Gizeh, jamais n'en saperont une seule parcelle.

Les diverses phases de l'embryogénie des microzoaires ont été montrées par nous à un grand nombre de personnes, soit à Paris, dans le laboratoire de M. Serres, que ce grand anatomiste mit à ma disposition avec la plus gracieuse courtoisie ; soit dans les laboratoires du

Muséum de Rouen. Chaque savant qui m'a fait l'honneur de s'y rendre, est sorti parfaitement convaincu de tout ce que j'avance ici. Je dois même dire que l'un de nos plus illustres professeurs de zoologie, M. Joly, est venu dans notre ville dans le seul but de comparer nos observations à celles qu'il faisait à Toulouse. Durant son séjour, il reconnut qu'il y avait identité parfaite. Enfin, après la lecture du livre dans lequel j'ai exposé, avec les plus grands détails, l'embryogénie spontanée des microzoaires, R. Oven a pu dire que j'avais démontré celle-ci jusqu'à l'évidence. L'approbation du plus grand zoologiste de notre époque est la plus flatteuse récompense qui pouvait m'être offerte.

6° Il est évident que les hétérogénistes ont fait faire un immense pas à la micrographie atmosphérique. Jusqu'à ce moment, on n'avait guère étudié que les propriétés chimiques de l'air ; et le dénombrement précis des corpuscules variés qui flottent dans celui-ci, avait été presque totalement oublié.

Pour élucider la micrographie atmosphérique, il ne s'agissait simplement que d'examiner, avec nos instruments grossissants et les connaissances *biologiques indispensables*, tous les corpuscules qui constituent la poussière que l'air dépose partout. A ce procédé, si simple, les chimistes ont encore substitué leurs fâcheuses méthodes destructives.

C'est ce qu'a fait M. Pasteur, en employant l'éther et l'alcool. Il y a là vraiment un inconcevable oubli de toutes les données qu'exigent de telles recherches ; car cet habile chimiste emploie justement, pour recueillir les corpuscules atmosphériques, un procédé capable d'en détruire un grand nombre ou de les rendre absolument méconnaissables.

Par des expériences précises, soit en observant la poussière ou la neige, soit en lavant de l'air dans de l'eau, soit en le tamisant à l'aéroscope, les physiologistes ont démontré que les œufs et les spores sont d'une excessive rareté dans l'atmosphère.

Cette opinion a été soutenue par les observateurs les plus exacts de notre siècle. A leur tête, nous le répétons, on peut citer Ehrenberg, de Baer, Hensche, Burdach, Joly, Musset, Pineau, Baudrimont. Ce dernier combat même avec véhémence les errements des panspermites. « Je me hâte de dire, s'écrie ce chimiste, que jusqu'à ce jour je n'ai point rencontré dans l'air que nous respirons tous ces êtres fantastiques, tous ces monstres dont l'imagination de l'homme s'est plu à le peupler. »

Une telle profession de foi fait honneur au savant professeur, car si réellement l'air contenait tout ce que disent les panspermistes, ce serait une honte pour la chimie moderne de ne pas nous l'avoir démontré par l'analyse.

Aujourd'hui, grâce à nos instruments si magnifiquement perfectionnés, et qui partagent un millimètre en dix mille parties. On ne peut plus éluder la question comme cela avait lieu il y a cent ans. Les œufs et les spores de beaucoup d'animacules ou de mucédinées, qui encombrent nos appareils, étant parfaitement connus, il n'y a plus de subterfuge possible. Ceux qui prétendent que c'est l'air qui les y apporte, doivent être sommés de les montrer ; et s'ils déclinent leur impuissance à cet égard, leur cause est perdue sans retour. C'est déjà un fait accompli (1).

A ce sujet, permettez-moi une comparaison triviale, mais décisive cependant. Que penseriez-vous, Messieurs, d'un savant qui viendrait vous dire que l'atmosphère est partout encombrée d'une infinité de graines de pavot, de chènevis, de lentilles, et qui, cependant, ne pourrait jamais vous en mettre une seule sous les yeux? Vous lui tourneriez le dos et en souriant.....

Eh bien ! Messieurs, le cas est absolument le même. Les spores et les œufs des organismes qui nous occupent, ont des diamètres qui varient de $0^{mm}0060$ à $0^{mm}0400$; aussi nos microscopes nous les font-ils apercevoir du diamètre des graines que je viens de citer; c'est même

____

(1) Ceux qui voudront se pénétrer de l'inanité des expériences des panspermistes, consulteront avec intérêt la belle thèse de M. Musset, l'un des plus ingénieux observateurs de notre époque.

une observation grossière. Alors quiconque dira à un micrographe exercé qu'il y en a dans un fluide donné sans pouvoir les lui montrer, se fera également tourner le dos.

Mais si l'atmosphère n'est point surchargée, saturée de ces introuvables œufs, il faut cependant reconnaître que, malgré sa transparence et sa pénétrabilité, il y flotte une immense quantité de corpuscules invisibles. Est-ce que chacun ne l'a pas reconnu en entrant dans un endroit obscur que traverse un rayon de lumière? On est tout surpris alors de l'infinie variété de tout ce qui y voltige, s'abaisse ou monte, en formant des flots irisés et étincelants.

Ces corpuscules légers ne sont que des vestiges, des détritus de tous les corps qui se trouvent à la surface de la terre ; et leur catalogue n'est, en réalité, que le sommaire de tout ce dont l'homme se sert pour ses besoins ou ses plaisirs ! Débris d'aliments, débris de vêtements, débris de nos meubles et de nos demeures ; tout s'y trouve représenté. C'est l'invisible histoire de notre civilisation et de nos mœurs.

En pleine mer et en temps calme, un rayon de lumière ne laisse apercevoir presque rien ; il n'y flotte que quelques débris du navire. Sur le sommet des hautes montagnes, on remarque la même pénurie de corpuscules. Près du cratère de l'Etna, nous n'y découvrions que quelques parcelles de cendre et de soufre vomies par le volcan.

Mais aussitôt qu'on abandonne les solitudes de la mer ou des montagnes, plus on se rapproche des cités populeuses, et plus l'air se surcharge d'invisibles particules.

La farine de blé, partout employée, est partout disséminée par l'air. Nous en avons découvert dans les plus inaccessibles réduits de nos vieilles églises gothiques, mêlée à de la poussière noircie par cinq ou six siècles d'ancienneté ; nous en avons aussi rencontré dans les palais et dans les hypogées de la Thébaïde, où elle datait peut-être de l'époque des Pharaons.

Par légèreté, un savant avait émis que cette fécule aérienne était fort rare. Je suis venu à Paris démontrer qu'elle se rencontrait partout en masses ; et dans le laboratoire de l'école pratique, j'ai fait voir que chaque mouche, en voltigeant, en recueille assez pour en présenter souvent une cinquantaine de grains sur ses ailes. Ce sont ces grains de fécule, si abondants, que quelques savants ont pu prendre pour des œufs d'infusoires. On rencontre même dans l'air de nos villes, une notable quantité de parcelles de pain microscopiques.

Tous les corpuscules qui flottent dans l'air, pénètrent avec ce fluide dans les organes respiratoires de l'homme et des animaux ; et chez les oiseaux, dont les os sont pneumatiques, leurs cavités elles-mêmes en contiennent de nombreux vestiges. Aussi, l'examen microscopique des voies respiratoires peut-il fournir de curieuses révélations sur les mœurs et l'habitat de beaucoup d'espèces.

Un paon, qui avait un château pour résidence, offrait, dans ses os, des filaments de soie et de laine des plus magnifiques couleurs, évidents vestiges des riches vêtements des hôtes de sa demeure. Au contraire, des poules de l'humble maison d'un boulanger, avaient leurs cavités pneumatiques presque uniquement bourrées de farine et de fumée ; celles d'un charbonnier y offrait du charbon.

Les cavités respiratoires des aigles pêcheurs ne contiennent que des parcelles de silice et de craie, ou des débris de plantes marines qui abondent sur les rivages près desquels ils planent sans cesse, et que leur apporte la brise de la mer.

Des pics, qui n'habitent que les sites les plus solitaires des forêts, n'ont leurs voies respiratoires envahies que par des débris de feuilles et d'écorces.

Au contraire, les corneilles, dont la vie se passe en partie sur les toits de nos demeures et en partie dans les campagnes, ont leurs os remplis de tout ce qui voltige dans l'air des sites variés qu'elles fréquentent : de filaments de laine et de coton diversicolores, de fécule normale et panifiée, de fumée qu'elles hument sur le faîte de nos demeures, puis de parcelles de végétaux divers qu'elles ramènent des forêts.

Ainsi, vous le voyez, tout ce qui flotte dans l'air est saisi par le micrographe, et ses instruments en retrouvent des vestiges jusque dans les organes les plus profonds des animaux.

7° La direction nouvelle imposée à la science par les physiologistes a aussi jeté les plus vives clartés sur la biologie des fermentations.

Les chimistes professent que la levûre ne représente que des végétaux mono-cellulaires, se multipliant par gemmation. Les hétérogénistes ont démontré qu'il y a là une double erreur.

En effet, ceux-ci ont prouvé que les levûres ne sont point des plantes ; mais seulement des spores spontanés, naissant dans toutes les fermentations. On peut même suivre toutes les phases de leur évolution, depuis leur germination jusqu'à leur fructification.

Ainsi s'expliquent ces moisissures qui envahissent les ateliers des brasseurs et font le désespoir de ceux-ci. Il ne peut y avoir de doute à cet égard, tout est ostensible ; et beaucoup de ces végétaux pullulent tellement dans certaines fermentations, que, quoiqu'ils soient microscopiques, nous pourrions vous en apporter plein des seaux. Et cependant personne n'en a encore parlé... personne... personne.

Tout ce que nous avançons ici a été parfaitement vu par deux des plus ingénieux investigateurs de notre époque, MM. Joly et Musset, puis par Kützing et Schaaffhausen. M. Pineau m'a dit l'avoir observé de son côté. Et ce sont de tels faits, que plusieurs des savants que je viens de citer montrent à qui le veut, que certains hommes s'obstinent à nier. Voici, Messieurs, où en est la fausse science que nous combattons.

En se fondant sur des considérations élevées, de Humboldt professe aussi que les levûres ne sont que des organismes spontanés. M. Claude Bernard leur attribue la même origine. La tâche des hétérogénistes a donc dû se borner à démontrer l'évidence d'un fait proclamé par ces deux savants.

Enfin, 8° par des expériences décisives et à l'aide de l'observation directe, l'école physiologique a aussi démontré que l'hypothèse de la panspermie succombe au moindre examen.

Dans ses premières communications faites à l'Académie des sciences, M. Pasteur professe qu'il existe toujours dans l'air un grand nombre de corpuscules organisés, *que,* dit-il, *le plus habile naturaliste ne saurait distinguer des germes des organismes inférieurs.*

Mais, peut-on dire à M. Pasteur, ces œufs qu'aujourd'hui vous ne pouvez nous montrer, parce que les hétérogénistes, inflexibles et sévères, ne se contentent plus d'œufs métaphysiques, et qu'ils les demandent en nature ; ces œufs, naguère les panspermistes les apercevaient en masse ; ces spores que vous ne savez pas discerner, mais tous les botanistes les connaissent parfaitement ; M. Hofmann les distingue même si exactement, qu'il en stipule les genres.

Comment, quand Ehrenberg et Balbiani ont décrit *de visu* l'œuf de certains microzoaires ; quand MM. Pineau, Joly, Musset et Schaaffhausen en ont suivi, ainsi que nous, le développement ; comment, quand il y a déjà plus d'un demi-siècle qu'on a découvert les plus fins spores des cryptogames, et que de nos jours B. Prevost, Turpin, Tulasne, Berkeley, Montagne et Ch. Robin en ont figuré tant d'espèces, dans de magnifiques planches ; enfin, quand nous-même nous en avons donné la configuration, la couleur et les diamètres ; comment se peut-il qu'on puisse dire, devant l'un des plus illustres corps savants du globe, que de telles choses ne peuvent être discernées par le plus habile naturaliste ?

Du reste, le débat de la micrographie atmosphérique est réellement puéril pour des savants. Les œufs et les spores sont connus, visibles ; que M. Pasteur nous les montre en quantité appréciable, *dans un décimètre cube d'air,* et sa cause est gagnée ; et s'il ne peut le faire, je le répète, et tout le monde le lui crie, elle est absolument perdue. Tous les matras imaginables doivent céder le pas à une semblable épreuve !...

Par une expérience bien simple, nous, nous allons, au contraire, vous démontrer ostensiblement que la panspermie n'est qu'une véritable fiction,

Sous une cloche contenant 1 décimètre cube d'air, je place une décoction qui produit des myriades de paramécies. Pour l'intelligence de la chose, disons seulement 1,000,000. Au moment où je commence l'expérience, je fais passer à travers un globule de coton 1 décimètre cube d'air. Il est évident, n'est-ce pas, que ce coton, si les expériences de M. Pasteur sont positives, devra arrêter un nombre d'œufs à peu près équivalent au nombre de paramécies qu'on observe sous la cloche? Mais l'examen le plus attentif ne fait découvrir aucun œuf dans ce même coton.

Si, au lieu de 1 décimètre cube d'air, j'en fais passer 100, mon petit globule de coton devra avoir recueilli environ 100,000,000 d'œufs; et, cependant, le micrographe le plus exercé n'y découvre encore aucun de ceux-ci.

Qu'on n'aille pas dire qu'il y a eu là scissiparité, fécondité miraculeuse, génération alternante, ou des œufs d'une imperceptible ténuité! Quand l'expérience sera discutée par des zoologistes, je défie que l'on sorte de ce dilemme : ou ces animaux ont été apportés par l'air, ou ils se sont produits simultanément et spontanément

Or, comme ils n'ont pas été apportés par l'air, puisqu'on n'en découvre aucun vestige dans le coton, il faut bien qu'ils se soient formés spontanément.

A l'aide de l'aéroscope, en étirant 1 décimètre cube d'air à travers une ouverture d'un demi-millimètre de section, et en l'étendant sur une longueur de 6,000 mètres, nous n'y trouvons pas un seul œuf de microzoaire cilié, une seule spore de mucédinée!

Quand, à l'aide d'une machine à vapeur de la force de huit chevaux, nous avons projeté 6,000,000 de litres d'air sur une macération quelconque, nous ne trouvions pas dans celle-ci une infusoire de moins ou de plus que dans celle qui avait été emprisonnée dans un seul décimètre cube d'air.

L'observation se joint elle-même à l'expérience pour renverser la panspermie.

Il existe des végétaux qui n'apparaissent que dans des circonstances tellement exceptionnelles, tellement extraordinaires, que l'esprit se révolte à la pensée que leurs séminules encombrent de siècle en siècle l'atmosphère, pour ne féconder qu'à de rares intervalles quelques points imperceptibles du globe : ce serait l'inutilité dans l'immensité.

On connaît un champignon, l'*isaria aranearum*, qui ne se développe jamais que sur les cadavres des araignées. L'*isaria sphyngum*, qui appartient à la même famille, n'a encore été observé que sur certains papillons nocturnes. A moins d'avoir l'imagination de Bonnet, est-il permis de supposer que la nature encombre inutilement l'air de toute la terre, dans le simple but d'ensemencer quelques rares cadavres d'araignées ou de papillons?

On sait qu'il existe un champignon, le *cordiceps Robertsii*, qui ne se rencontre jamais que sur la queue d'une chenille des contrées tropicales. Il est constamment unique sur l'animal, et énorme comparativement à lui, car sa hauteur dépasse souvent 4 à 5 pouces. Faut-il donc que, pour ce cas fortuit, l'air ait été bourré de semences, afin qu'il s'en implante une, de temps à autre, sur un site d'élection qui n'a peut-être pas 1 millimètre carré de surface?

D'un autre côté, comme un végétal particulier envahit chaque espèce de fermentation, il faut donc que ses spores, selon les panspermistes, flottent inutilement dans l'atmosphère depuis la création jusqu'au moment où l'on produit une nouvelle liqueur fermentée. Ceux-ci sont-ils restés tant de siècles inoccupés pour attendre l'instant où Osiris, car on dit que c'est lui, inventerait la bière? Et aujourd'hui encore, l'atmosphère, alourdie par ces séminules, les promène-t-elle d'un pôle à l'autre pour le moment où le Groënlandais ou le Patagon se mettront à fabriquer quelques litres de cette boisson; ou bien pour féconder les fermentations nouvelles que chaque chimiste invente dans le silence de son laboratoire?

S'il en était ainsi, il faudrait réellement gémir sur le sort de l'atmosphère!...

Mais la micrographie, par un seul mot, a renversé sans retour cette étrange hypothèse. Je veux voir, a-t-elle dit à sa rivale; et celle-ci n'a jamais pu rien montrer!....

Tel est, Messieurs, le tableau succinct des luttes animées et des récentes conquêtes de l'hétérogénie; et en le terminant je puis, en quelques mots, vous donner l'état exact de l'opinion à l'égard de cette question.

Lorsque nous relevâmes la bannière de l'hétérogénie, nous fûmes irrémissiblement condamnés.

Mais, quand nous eûmes développé la belle armée avec laquelle nous combattions, et quand on sut que celle-ci comptait de Humboldt dans ses rangs, et que le plus grand zoologiste des temps modernes, R. Owen, admettait que nous avions démontré ostensiblement l'embryogénie spontanée, de tels noms servirent de palladium à la question. Aussi, les mêmes hommes qui, dans le plus illustre corps savant du globe, il y a trois ans, la refoulaient sans appel, viennent de dire, il y a peu de semaines, *que le temps seul peut la juger.*

Vous le voyez, les générations spontanées, malgré tant d'obstacles, ont fait un grand pas en avant; *à une condamnation solennelle a succédé un sursis.*

Mais, est-ce à dire que le triomphe de l'hétérogénie soit rapproché? Nous l'espérons. Cependant, la science française est éminemment sceptique, et ce n'est souvent qu'après d'énervants efforts qu'elle admet les plus lumineuses conceptions!

Le fondateur de l'anatomie philosophique, l'immortel Geoffroy Saint-Hilaire, n'en a-t-il pas éprouvé toute l'amertume? Ehrenberg, dans un ouvrage impérissable, avait démontré jusqu'à l'évidence l'organisation des microzoaires, et, durant dix ans, les mêmes zoologistes que nous combattons aujourd'hui réfutèrent obstinément ses magnifiques travaux. Naguère, les importantes recherches de M. Boucher de Perthes avaient le même sort dans sa patrie, et c'est à l'étranger qu'on lui a décerné les premières couronnes!....

Mais ces légers reproches n'expriment ici que l'ardeur qui m'anime pour la vérité, car personne ne rend un plus sincère hommage que moi à notre mérite national. C'est à la France qu'appartient le sceptre des sciences, et ce sont celles-ci qui forment sa plus impérissable gloire. En effet, le souverain qui, comme chez nous, peut s'entourer, le même jour, des Laplace, des Arago, des Cuvier, des Chaptal, des Jussieu, des Gay-Lussac et des Biot, ce souverain-là, Messieurs, a le droit de dire avec orgueil à tous les autres monarques de l'Europe assemblés : Le diadème d'aucun de vous n'est aussi resplendissant que le mien!...

POUCHET.

RECHERCHES SUR LE CÉSIUM ET SUR LE RUBIDIUM.

Par M. Oscar D. Allen,
Aide-chimiste au laboratoire de Yale-College (New-Haven). (1)

La découverte de la présence du césium et du rubidium dans plusieurs variétés de lépidolite d'Europe, faisait présumer que les lépidolites d'Amérique deviendraient aussi une source de ces métaux si rares. Une expérience provisoire faite, il y a un an, par M. John M. Blake et moi-même, ayant montré que le lépidolite de Hébron, en Maine, contient ces alcalis en quantité comparativement considérable, je me suis rendu sur les lieux et j'en ai rapporté la matière première qui a servi aux expériences dont je vais parler. Le lépidolite se trouve à Hébron en grande abondance, dans un granit à gros grains, avec de la tourmaline rouge et verte, et avec de l'albite. Il a une structure cristalline, granulaire et en même temps écailleuse, et une couleur rose pâle qui tourne au violet; il ressemble beaucoup au lépidolite de Penig, en Saxe, et, comme ce dernier, il accompagne l'espèce très-rare qu'on appelle amblygonite (2). Hébron est à quatre lieues de Paris (3), où il y a un gisement connu des minéralogistes.

(1) *Américan journal* by Silliman: Novembre 1862. Le mémoire est daté du 12 août 1862.
(2) *Ibid.* Septembre 1862, page 243.
(3) Plusieurs localités des États-Unis portent le nom de Paris.

Extraction du césium et du rubidium. — Le procédé par lequel on a décomposé le lépidolite était fondé sur celui que le professeur Lawrence Smith emploie pour le dosage des alcalis dans les silicates. 10 parties de lépidolite pulvérisé ayant été mélangées à 40 parties de chaux vive en poudre, on prépara un mélange d'eau en quantité suffisante pour éteindre la chaux, et d'acide chlorhydrique suffisant pour former de 6 à 7 parties de chlorure de calcium, puis l'on mêla ces deux préparations et les secoua pendant tout le temps que la chaux s'éteignait, afin de favoriser le contact intime du minéral avec l'hydrate de chaux sec et avec le chlorure de calcium. L'expérience a montré que le résultat est le même si le lépidolite a été réduit en poudre juste assez fine pour passer à travers un crible de 20 trous par pouce linéaire (4 trous par 5 centimètres), ou s'il est divisé encore davantage; car la structure foliacée de ce minéral a pour effet d'offrir beaucoup de surface à l'action décomposante du mélange calcique.

Le mélange fut alors porté au rouge pendant 6 à 8 heures, dans des creusets de Hesse; on évitait avec soin une chaleur plus forte, parce que les chlorures alcalins se volatilisent. dans ce cas en fumées épaisses, la masse qui fuse étant absorbée en partie par le creuset, et, par suite, perdue. La longue durée de cette opération était nécessitée par la nature particulière du fourneau employé, mais elle n'est probablement pas essentielle pour obtenir la décomposition du lépidolite.

Le produit aggloméré de cette calcination fut détaché du creuset et jeté dans de l'eau qu'on fit bouillir pendant un quart-d'heure ou une demi-heure, enfin lavé jusqu'à ce qu'il ne contenait plus qu'une trace des chlorures. La solution ainsi obtenue, renfermant les chlorures de calcium, de césium et de rubidium, fut évaporée jusqu'à ce qu'elle commença à déposer des cristaux, puis l'on ajouta de l'acide sulfurique tant qu'il se forma du sulfate de chaux, en ayant soin d'éviter un excès d'acide, et cette masse fut ensuite évaporée à siccité et fortement chauffée pour chasser l'acide chlorhydrique libre. Le résidu fut repris par l'eau, et la petite quantité de sulfate de chaux qui se dissolvait précipitée par le carbonate d'ammoniaque; la solution filtrée fut de nouveau évaporée à sec et calcinée. 10 kilogrammes 1/2 de lépidolite traités de cette manière, ont donné 2169 grammes de salin, composé des chlorures, avec une faible proportion des sulfates de sodium, lithium, potassium, rubidium et césium. Cette matière, traitée par le procédé de précipitation fractionnée de M. Bunsen, au moyen du bichlorure de platine, donna 132 grammes de chloroplatinate de césium et de rubidium, où le spectroscope ne fit plus découvrir aucune trace de potassium. Les chloroplatinates furent doucement chauffés dans un courant d'hydrogène jusqu'à réduction complète du platine, puis les chlorures extraits par l'eau. Le dosage des deux alcalis a été fait par la quantité de chlore contenu dans le mélange des chlorures.

0.5825 gr., dissous dans l'eau et précipités par l'azotate d'argent, ont donné 0.5835 gr. de chlorure d'argent, ce qui répond à 0.1439 gr. de chlore. On en conclut que :

$$Rb + Cs = 0.5825 - 0.1439$$

et

$$\frac{Rb}{85.36} + \frac{Cs}{123.35} = \frac{0.1439}{35.5}$$

ce qui donne Cs = 0.3002 et Rb = 0.1384. Les 132 gr. de chloroplatinates contenaient donc 31.2 gr. de césium et 14.4 gr. de rubidium, et la lépodolite en renfermait respectivement 0.3 et 0.14 p. 100. Sa richesse totale était de près de 1/2 p. 100, telle qu'elle résultait de cette série d'opérations encore assez grossières. Dans la séparation des chloroplatinates des nouveaux alcalis d'avec le sel de potassium, on avait perdu une certaine quantité des premiers, qui s'en allaient avec le potassium; la perte avait surtout porté sur le rubidium, dont le chloroplatinate est plus soluble que celui de césium. La comparaison de ces résultats avec l'analyse que M. Cooper a faite du lépidolite de Rozéna (1), montre que le mica de Hébron est relativement riche en césium, mais moins en rubidium. Les micas lithifères de Rozéna et de Zinnwald ne renferment que de faibles traces de césium, mais plus de 0.22 p. 100 de rubidium (2).

Séparation du césium d'avec le rubidium. — Le procédé primitif de M. Bunsen (3) m'a paru si incommode (puisqu'il exige 20 à 30 extractions des carbonates par l'alcool absolu bouillant) que j'ai fait quelques tentatives pour découvrir une méthode plus simple.

En premier lieu, j'ai essayé d'employer à cet effet les picrates. Une solution concentrée des chlorates mélangés de césium et de rubidium fut additionnée d'une solution alcoolique d'acide picrique. Le liquide se remplit aussitôt de cristaux aciculaires ; on les lava dans l'eau, et les fit recristalliser onze fois de suite des eaux de lavage. Les cristaux de la 1re, 2me, 3me, 4me, 7me et 11e fournée furent examinés séparément au spectroscope après avoir transformé les picrates en chlorures par l'eau régale. Mais les spectres successifs offrant toujours le même aspect, on n'alla pas plus loin. Il est à remarquer que les picrates mélangés cristallisent facilement sous forme d'aiguilles d'un pouce de long, et ressemblent tout à fait au sel correspondant de potasse.

J'ai essayé ensuite des bromoplatinates de potassium, de rubidium, et de césium, le premier étant, comme on le sait, facilement soluble dans l'eau. Les deux derniers se séparent aisément de solutions étendues des trois sels, mais retiennent avec eux du rubidium. Il paraît donc que les bromoplatinates ne présentent aucun avantage sur les chloraplatinates pour chasser le potassium, et, de plus, ils ne sont pas plus que ces derniers, propres à la séparation du césium et du rubidium. Par leurs caractères physiques, les trois bromures doubles diffèrent peu l'un de l'autre.

Finalement, j'ai eu recours, avec succès, aux bitartrates. Les carbonates de césium et de rubidium furent d'abord obtenus par la transformation des chlorures en sulfates, l'acide sulfurique étant précipité par la baryte caustique et l'excès de baryte enlevé par l'acide carbonique. La solution alcaline, obtenue de cette manière, fut additionnée de deux fois la quantité d'acide tartrique nécessaire pour la neutraliser, puis concentrée jusqu'à être presque saturée à 100° c. Refroidie, elle laissa déposer des cristaux dont le spectre présentait les lignes du rubidium renforcées et celles du césium très-affaiblies. Ce produit fut alors mis en dissolution et recristallisé trois fois de solutions saturées à chaud. La réaction du césium alla en diminuant, et disparut tout à fait à la quatrième cristallisation, laissant le spectre du rubidium dans toute sa pureté.

Pour vérifier si le bitartrate de césium, grâce à sa solubilité plus grande, pourrait être purgé du rubidium par une cristallisation fractionnée, j'ai concentré à moitié de son volume la solution dont j'avais retiré les premiers cristaux, et, après refroidissement, j'obtins une faible quantité de sels mixtes. Cette opération ayant été répétée trois fois, une partie de la solution évaporée à sec ne donna plus que les lignes du césium. Les différents produits intermédiaires qui renfermaient les deux alcalis furent alors réunis et repris par le même procédé. Quatre séries d'opérations de ce genre ont donné, avec 40 gr. de sels mixtes, 23 77 gr. de bitartrate de césium et 12.51 gr. de bitartrate de rubidium avec 3.72 gr. de résidu. Le sel de césium, obtenu de cette manière, bien qu'il ne trahisse aucune impureté dans l'examen direct au spectrocospe, c'est-à-dire après transformation préalable en carbonate par la calcination, n'était cependant pas débarrassé de toute trace de rubidium, car après sa conversion en chlorure, on vit apparaître faiblement une des lignes caractéristiques de ce dernier métal-

(1) *Journal f. prakt. Chimie*, LXXXV, 125.

(2) M. Grandeau admet que le lépidolite du Prague contient le rubidium et le césium en quantités à peu près égales ; ce mica serait donc intermédiaire entre celui de Rozéna et celui de Hébron.

(3) *Ann. Chem. u. Pharm.* CXXII, 353.

loïde. La séparation de deux ou trois autres dépôts a suffi à purifier la solution de toute trace d'impureté encore sensible pour un spectroscope ordinaire (le mien était une modification de celui de M. Kirchhoff, indiquée par le professeur J.-P. Cooke, et exécutée par MM. Alvan Clark et fils, de Cambridge port). Le sel de rubidium, examiné de la même manière, s'est trouvé parfaitement pur.

Le procédé que je viens d'indiquer fournit donc un moyen de séparer à l'état de pureté une grande portion (ici 90 p. 100) d'un mélange des deux métaux. Il ne demande pas beaucoup de temps, puisque les solutions peuvent être concentrées à des températures élevées et déposent aussitôt, par refroidissement, de beaux cristaux.

Composition et solubilité des bitartrates de césium et de rubidium. — Le bitartrate de rubidium cristallise à chaud en prismes aplatis, incolores et transparents, ayant souvent une longueur de plus d'un centimètre, même lorsqu'ils sont formés rapidement avec des solutions en petites quantités. Ils résistent à l'air et à la température de 100° c. Le sel pulvérisé et séché à 100° c. fut brûlé avec du chromate de plomb, comme d'ordinaire ; 0.4681 gr. ont donné 0.0902 gr. d'eau et 0.354 d'acide carbonique. Pour déterminer la base, le sel fut porté à une température un peu au-dessous du rouge ; le carbonate qui s'était formé fut extrait par l'eau d'un faible résidu carbonisé que l'on n'aurait pu brûler sans volatiliser le rubidium. Le carbonate fut alors transformé en chlorure, fondu et pesé à l'abri de l'air. 1.3772 gr. ont donné 0.7149 gr. de chlorure de rubidium. Voici la comparaison de ces résultats avec la formule du bitartrate de rubidium, cette formule étant RbO, HO, 2Tr, ou :

$$\left.\begin{array}{l} C^8\ H^4\ O^8 \\ H\ \ Rb \end{array}\right\} O^4$$

	CALCUL.		ANALYSE.	
C^8	48.00	20.48	20.62	.....
H^5	5 00	2.13	2.17	.....
O^{11}	88.00	37.55	.....	.....
Rb O	93.36	39 84	.....	40.09
	234.36	100 00		

La solubilité de ce sel dans l'eau chaude ou froide a été déterminée en faisant évaporer sur le bain d'eau des solutions saturées aux températures données, et pesant les résidus. Il s'est trouvé que le bitartrate de rubidium est soluble dans 8.5 fois son poids d'eau bouillante, et dans 84.56 fois son poids d'eau à 25° c.

Les cristaux de bitartrate de césium ressemblent beaucoup à ceux du sel précédent, mais ils se sont toujours trouvés plus petits. Le sel obtenu par la concentration de la solution débarrassée entièrement du rubidium, paraissait se présenter à l'état de pureté. L'ayant fait cristalliser de nouveau et séché à 100° c., température à laquelle il ne perd rien de son poids, je l'ai traité comme le bitartrate de rubidium, et voici le résultat de cette analyse, comparé avec la formule CsO, HO, 2Tr, ou :

$$\left.\begin{array}{l} C^8\ H^4\ O^8 \\ H\ \ Cs \end{array}\right\} O^4$$

	CALCUL (1).		ANALYSE (moyennes).		
C^8	17.62	(17.02)	17.01	.....	.....
H^5	1.83	(1.77)	1.86	.....	.....
O^{11}	32.31	(31.21)	.....	.....	.....
CsO	48.24	(50.00)	.....	48.95	(49.55)
	100.00	(100.00)			

(1) Nous avons ici mis en regard deux calculs faits, l'un avec l'équivalent 123.36 de M. Bunsen, l'autre avec l'équivalent 133.0 obtenu plus tard par M. Allen pour le césium ; à ce dernier chiffre répond le nombre (49.55) de l'analyse.

La différence qui existe entre les proportions calculées et celles qui résultent de l'analyse, s'expliquerait peut-être par la présence d'un peu de tartartre neutre, due à l'insuffisance de l'acide tartrique employé.

La solubilité du bitartrate de césium a été déterminée comme précédemment; il s'est trouvé que ce sel est soluble dans 1.02 partie d'eau bouillante ou 10.32 parties d'eau à 25° c. Le fait si remarquable que le bitartrate de rubidium demande pour se dissoudre environ 8 fois plus d'eau que de bitartrate de césium, explique la facilité avec laquelle ces deux sels se séparent l'un de l'autre par la cristallisation (1).

P. S. Depuis l'époque où ce Mémoire a été écrit, j'ai retiré des eaux mères et des eaux de lavage de mes 132 gr. de chloroplatinates, une nouvelle quantité de 40 gr. de sels purs sans potasse, contenant surtout du rubidium, ce qui porte à 172 gr. la quantité totale de salin fournie par les 10.5 kilogr. de lépidolite. La plus grande partie de ces 40 gr. était réstée en solution, par suite de l'usage d'une quantité insuffisante de bichlorure de platine dans quelques précipitations. La richesse en rubidium du mica du Hébron paraît donc être la même que celle du mica de Rozéna, c'est-à-dire de 0.2 p. 100 à peu près.

SUR L'ÉQUIVALENT ET SUR LE SPECTRE DU CÉSIUM.
Par MM. Johnson et Allen (2).

Le désaccord des chiffres obtenus par l'analyse du bitartrate de césium, avec ceux qui résultent de la formule de ce sel, en faisant usage de l'équivalent du césium tel qu'il est déterminé par M. Bunsen, nous a conduit à rechercher si le sel a été impur, ou si le chiffre de l'équivalent a besoin d'être corrigé. Or, le bitartrate ayant été préparé avec un soin extrême, et son spectre n'ayant offert aucune altération à la suite de plusieurs cristallisations successives, il était naturel de supposer que M. Bunsen n'eût pas opéré sur une substance parfaitement pure, d'autant plus qu'il n'avait eu à sa disposition qu'une très-faible quantité de matière première.

Nous avons donc pris une certaine quantité de bitartrate de césium, purgé par concentration et cristallisation, comme il a été déjà expliqué, et ne renfermant de matières étrangères reconnaissables au spectroscope qu'une trace inévitable de sodium, et peut-être encore, à en juger par une certaine raie rouge, un peu de lithium ; nous l'avons traitée directement par le bichlorure de platine en proportion suffisante pour une précipitation complète. Le chloroplatinate de césium, lavé avec soin, fut réduit par l'hydrogène, le chlorure de césium séparé du platine par dissolution et évaporé à sec avec un peu d'acide chlorhydrique. On obtint de cette manière une masse amorphe, de couleur blanche qui, différente en ceci du chlorure de Bunsen, ne se délitait pas, même dans une atmosphère très-humide. Le spectre de notre chlorure s'est montré identique à celui du bitartrate primitif; l'un et l'autre de ces sels donnaient naissance à une raie rouge qui coïncidait à très-peu près avec la raie *Li α*. Pour nous assurer si cette raie était due à la présence du lithium, ou si elle faisait partie du spectre du césium, une portion du chlorure fut précipitée de nouveau par une quantité relativement faible de bichlorure de platine, le précipité lavé assez complétement, et employé à la préparation d'un nouvel échantillon de chlorure de césium. Mais la raie rouge persistait toujours; et le résultat fut le même après une troisième opération analogue. Ayant encore précipité 1 gramme de césium, sous forme de chloro-platinate, d'une solution étendue de 15 grammes de chlorure

---

(1) Le *Moniteur Scientifique* a déjà reproduit une lettre de M. Bunsen où le célèbre chimiste annonce qu'il se sert actuellement du même procédé de séparation.

(2) *American Journal by Silliman*, janvier 1863.

de césium, le spectre du nouveau produit ne différait pas de celui du bitartrate. Nous en avons conclu que notre chlorure ne renfermait point de lithium, et qu'il était aussi pur qu'il est possible d'obtenir une substance, sans précautions extraordinaires (et souvent inutiles).

Quant aux propriétés du chlorure de césium, il n'est certainement pas déliquescent, et même il est à peine hygroscopique. Sans être fondu, le sel poreux peut être pesé dans l'air humide avec autant de précision que le chlorure de sodium. Etant fondu, il n'augmente pas de poids au bout de vingt-quatre heures d'exposition à l'air, par un temps sec et froid. On peut le faire fondre dans une capsule de platine sur une flamme de gaz, lorsque l'air est sec, sans qu'il acquière une réaction alcaline. Dans une atmosphère humide, il est sujet à perdre du chlore pendant qu'il fuse. Le résidu obtenu par la réduction du chloroplatinate dans un courant d'hydrogène à une chaleur douce, est alcalin. Il est presque impossible de faire fondre du chlorure du césium sans perte par volatilisation. C'est pour cette raison que nos premières estimations du césium sous cette forme ont été trop basses de 0.4 à 0.7 pour cent.

Dans le but de fixer l'équivalent du nouvel alcaloïde, nous avons fait quatre estimations par le chlore. Deux ont été faites avec le chlorure déjà décrit. Les produits de la filtration subséquente, qui renfermaient du nitrate de césium et d'argent, furent d'abord débarrassés de l'argent, puis ajoutés à une solution de quelques grammes de chlorure primitif, et le tout précipité partiellement par le bichlorure de platine; le chlorure de césium qui en résulta fut employé à une troisième détermination. Enfin, le nitrate de césium filtré fut mêlé à une quantité de chlorure préalablement purifié, la moitié du césium précipité sous forme de chloroplatinate, et ce produit utilisé pour une troisième détermination.

Le dosage du chlore a été fait comme d'ordinaire, en précipitant par le nitrate d'argent et passant au filtre. Nous nous sommes servis de filtres suédois lavés, donnant chacun 0.4 milligrammes de cendre. Notre balance accusait un vingtième de milligramme avec une grande précision.

Dans la première analyse, 1.8371 grammes de chlorure de césium ont fourni 1.5634 grammes de chlorure d'argent, d'où Cl = 0.3866 et Cs = 1.4505. Nous supprimerons les résultats des quatre autres analyses. En prenant l'équivalent de l'argent = 107.94, et celui du chlore = 35.46 d'après Stas la proportion du chlore et du césium dans le chlorure a été trouvée en moyenne égale au rapport de 21.045 à 78.955, d'où l'équivalent du césium résulte = 133.036. Le plus grand écart est de 0.14. Par suite, le nombre rond 133 pourra représenter l'équivalent du césium (1).

(1) Ce nombre introduit dans le calcul relatif à l'analyse du bitartrate de césium, fait disparaître le désaccord dont il a été question. Nous en avons tenu compte dans la traduction de l'article précédent.

Grâce à cette nouvelle valeur de son poids atomique, le césium formera une *trias* (groupe ternaire) avec le rubidium et le potassium, analogue à celle du lithium, sodium et potassium.

En effet nous aurons $\dfrac{7+39}{2} = 23$, ou Li + Ka = 2 Na,

$$\text{et } \dfrac{39+133}{2} = 86, \text{ ou Ka + Cs = 2 Rb.}$$

Cette correction de l'équivalent du césium, en faisant supposer que M. Bunsen n'a pas opéré sur une substance pure, nécessite une révision du spectre de cet élément. Tel que nous l'avons observé, le spectre du césium est peut-être, par le nombre, la couleur et la netteté de ses raies, le plus beau parmi ceux de tous les métaux alcalins ou terreux. M. Kirchoff y compte onze raies. Nous en avons encore découvert sept autres, et nous avons été, en outre, obligés de corriger la position de plusieurs des raies déjà dessinées par le physicien allemand. Afin de donner à d'autres chimistes le moyen de comparer leurs préparations avec les nôtres, nous allons essayer de décrire le spectre du césium tel qu'il se montre dans notre appareil, muni d'un seul prisme en flint.

En commençant par la gauche, ou par l'extrême rouge, nous désignerons les raies, dans l'ordre où elles se succèdent, par des chiffres romains. Nous y ajouterons les degrés de notre échelle micrométrique auxquels ces raies correspondent lorsque la raie D occupe la division 100, la raie bleue du strontium étant à 156°, la violette du potassium à 257°, la rouge du potassium entre 65 et 66°, la rouge du lithium entre 80 et 81°. Les astérisques indiquent les raies nouvelles.

* I. 75°. Raie rouge, d'intensité moyenne, à peu près à égale distance des raies *a* et B de Fraunhofer.

* II. 80°. Raie brillante, tout près et un peu à gauche de la principale du lithium ; moins large que celle-ci.

* III. 82 à 83°. Raie faible très-près de la raie C de Fraunhofer.

* IV. 85°. La plus faible des raies rouges.

* V. 87 à 88°. Une faible raie au milieu entre les lignes α et β du lithium.

VI. 91°. Brillante raie rouge au milieu entre D et Li α.

VII 97 à 98°. Raie orange d'intensité moyenne immédiatement à droite de Sr α.

VIII. 101°. Raie jaune très-fine, tout près de celle du sodium, et à sa droite.

La position des raies vertes est difficile à décrire. D'abord vient un groupe de trois lignes (IX, 106°, X, 107 à 108°, XI, 109°), séparées par des intervalles très-étroits, et bien figurées dans le spectre de M. Kirchhoff, où elles sont seulement un peu déplacées vers la droite. Ensuite, après un intervalle à peine plus large que ces lignes elles-mêmes, viennent les raies : * XII. 111°, et XIII. 112 à 113°, très-rapprochées l'une de l'autre. Après un intervalle de la largeur de ces lignes, on rencontre la raie XIV. 114 à 115° ; puis XV. 118°, qui coïncide avec la raie solaire E, et * XVI. 121°. Les deux pâles raies bleues XVII. 157 à 158°, et XVIII. 160°, terminent la série. La figure ci-dessous montre la situation approximative des lignes du césium sur l'échelle des spectres coloriés, publiés par MM. Kirchhoff et Bunsen. Nous n'avons fait que marquer la place des raies, sans essayer d'indiquer les teintes plates qui s'étendent depuis C jusqu'à F. Trois divisions égalent 4 millimètres.

Rangées par ordre décroissant d'intensité, les raies rouges du césium (accompagné peut-être d'une trace minime de sodium) se suivent comme ci-après : VI, II, VII, I, V, III, IV. La dernière, IV, ne se montre que dans des circonstances très-favorables ; II, indiquée par MM. Kirchhoff et Bunsen, n'est pas moins brillante que leur raie Cs γ (notre VI?). L'ordre d'intensité des raies vertes et jaunes, au-delà de D, est celui-ci : VIII, IX, XI, XII, XIV, XIII, XV, X. La raie jaune VIII est à peine moins caractéristique pour le spectre du césium pur que les deux raies bleues. En outre, elle est presque aussi accentuée que n'importe laquelle des raies vertes quand le sodium n'est pas présent en trop large proportion, et s'observe avec plus de facilité que la raie rouge extrême du rubidium (Rb δ).

Somme toute, nous avons trouvé quatre raies rouges à gauche de celles que donnent MM. Kirchhoff et Bunsen, l'une des quatre nouvelles ne le cédant en éclat à aucune des autres raies rouges du césium. De plus, nous avons corrigé la position des deux raies rouges de ces savants, lesquelles étaient trop rapprochées l'une de l'autre et trop avancées vers la droite (1).

(1) M. Allen oublie probablement que son échelle ne peut coïncider avec celle d'un autre observateur qu'à la condition que leurs prismes possèdent des pouvoirs dispersifs identiques ; le seul moyen de comparer avec succès deux dessins du même spectre, c'est de rapporter chaque ligne brillante à deux raies solaires très-voisines.

Enfin, nous avons découvert une fine raie rouge et deux raies vertes de peu d'importance, qui leur ont échappé. Nos raies supplémentaires ne caractérisent le spectre du césium que lorsqu'il est pur de matières étrangères ; mais dans ce cas, leur connaissance sera utile à ceux qui s'occupent de l'étude du nouveau corps simple. — (*Daté du 24 décembre 1862.*)

ÉTUDES POUR SERVIR A L'HISTOIRE DU THALLIUM.

Moyen d'extraire le thallium du cuivre; par M. W. Crookes.— Le thallium se rencontre souvent associé avec le cuivre dans la nature, et dans ce cas, il l'accompagne à travers les différentes opérations métallurgiques et manufacturières que subit le cuivre, de sorte qu'on peut le découvrir dans les produits du commerce. La séparation analytique des deux métaux est très-facile. On prépare d'abord une dissolution acide ; à cet effet, on peut se servir de tous les acides minéraux indistinctement, excepté, toutefois, s'il y a des quantités considérables de thallium en présence ; dans ce cas il faut éviter l'acide chlorhydrique parce qu'il donnerait naissance au protochlorure de thallium qui est à un certain degré soluble. Sauf cette précaution on pourra employer tous les acides, même en excès. La solution acide sera additionnée d'ammoniaque en excès. Si le thallium affecte la forme d'un protosel, il se dissout complétement avec le cuivre, mais s'il se trouve à un degré d'oxydation plus élevé, il se dépose sous la forme d'un précipité brun floconneux qui ressemble beaucoup au sesquioxyde de fer, seulement sa couleur est plus foncée. A la solution ammoniacale bleue on ajoute, sans la filtrer, une solution de cyanure de potassium (sans trace de sulfure) jusqu'à la décolorer, et en quantité un peu plus que suffisante pour cela. Ensuite, l'on fait digérer à une chaleur douce pendant une demi-heure, puis l'on filtre ; le produit de la filtration est additionné d'une ou deux gouttes de sulfure d'ammonium, bien mélangé et abandonné à lui-même pendant une demi-heure dans un endroit chaud ; selon la proportion de thallium en présence, il se précipite alors une quantité plus ou moins considérable de sulfure. Si le thallium n'existe qu'en dose minime, le précipité ne se discerne bien que lorsqu'il est tout à fait déposé. Le sulfure de thallium offre cette particularité caractéristique que toutes ses parcelles suspendues dans un liquide se rassemblent peu à peu au fond du vase en formant un petit nombre de grumeaux.

Cette réaction est très-délicate. Beaucoup d'échantillons de fer ou de tôle de cuivre contiennent des traces plus ou moins abondantes de thallium. Cette impureté rend le cuivre cassant ; à la proportion de $\frac{1}{200}$ elle diminue sensiblement sa ductilité, sa malléabilité et sa conductibilité électrique.

M. Matthiessen a mis à ma disposition du cuivre métallique provenant de pyrites d'Espagne. Ce métal se distingue par une conductibilité très-faible, elle ne s'élève qu'aux quinze-centièmes de celle du cuivre pur. On appelle ce métal *cuivre au cément,* d'après son mode de préparation.

On laisse les pyrites cuivreuses s'oxyder à l'air et l'on enlève par lavage le sulfate de cuivre qui s'est formé ; on introduit de la râclure de fer dans le liquide, et le cuivre est précipité à l'état pulvérulent. Cette poudre est recueillie, séchée, comprimée et chauffée à la fusion. On l'importe en Angleterre sous forme de gâteaux rectangulaires d'environ 10 kilogrammes. Le thallium s'y rencontre en abondance. Je n'ai pas encore achevé l'analyse quantitative, mais la richesse de ce cuivre est si grande que si j'en avais eu connaissance il y a six mois, je l'aurais salué comme une source précieuse de nouveau métal.

L'on comprend sans peine pourquoi le thallium se trouve en si grande quantité dans ce cuivre : la pyrite est évidemment thallifère. Je n'ai pas eu occasion d'examiner le minerai primitif qui a fourni mon cuivre, mais j'ai rencontré tant d'échantillons de pyrites d'Espagne thallifères, surtout certaines pyrites du midi de l'Espagne qui m'ont été données par M. Thornthwaite, que je n'ai plus de doute sur la richesse des autres. L'expérience m'a montré que si l'on expose les pyrites thallifères à l'air, il se forme aussi bien du sulfate de thallium que du sulfate de cuivre et de fer (1). De leur solution, le fer précipite le thallium avec le cuivre, et pendant la fusion une grande partie du thallium forme alliage avec le cuivre sans se volatiliser.

J'ai essayé de produire un alliage artificiel de thallium et de cuivre ; les deux métaux s'unissent sans difficulté, mais l'on n'obtient un mélange homogène que si l'on entretient la fusion pendant un certain temps, et le thallium se volatilise alors continuellement. Dix-centièmes de thallium donnent un alliage jaunâtre très-dur et cassant et qui se ternit promptement à l'air. Une proportion plus forte de thallium blanchit le cuivre.

(*Chemical News*, 21 mars 1863.)

Procédé pour extraire le thallium du bismuth; par M. Crookes. — Dans une note publiée récemment (2), le docteur Bird Herapath annonce qu'il a reconnu la présence de thallium dans plusieurs échantillons de sels de bismuth du commerce. Dans le cours de mes expériences sur ce nouveau métal, j'ai eu souvent occasion de le chercher dans des combinaisons avec un excès considérable d'autres métaux, et il ne m'a pas échappé qu'il accompagne parfois les préparations de bismuth. Le procédé que M. Herapath donne pour découvrir le thallium est basé sur la supposition qu'une solution du métal, introduite dans un appareil à hydrogène, donne naissance à un produit volatil, à un thalliure d'hydrogène, analogue aux composés de l'hydrogène avec l'arsenic ou l'antimoine. M. Herapath dit que ce gaz brûle avec une flamme verte et qu'il dépose un miroir sur de la porcelaine froide. Je n'ai pas réussi à m'assurer de l'existence d'une combinaison de thallium et d'hydrogène; car j'ai toujours vu la totalité du thallium se précipiter à l'état métallique dès que j'ai ajouté du zinc à une quelconque de ses solutions. Lorsqu'on fait dissoudre des alliages de thallium et de zinc dans l'acide sulfurique, le thallium se dépose également sous forme d'une poudre noire tant qu'il reste encore une quantité de l'alliage, mais ce n'est ni pendant la dissolution de l'alliage, ni pendant celle du thallium lui-même, que j'ai pu découvrir une trace de ce métal dans l'hydrogène développé.

Lorsqu'on fait passer un courant d'hydrogène sur le thallium métallique à une chaleur rouge, le métal se volatilise et est entraîné mécaniquement par le courant; dans ce cas, il communique à la flamme une brillante couleur verte. Mais j'incline à penser que le thallium n'entre pas en combinaison chimique avec l'hydrogène, puisqu'il se dépose sous forme de poudre brune sur les parois froides du tube en verre que traverse le courant de gaz. Cette flamme d'hydrogène a toutes les propriétés observées par M. Herapath : lumière verte et dépôt d'un miroir brun, à lustre métallique, sur une surface froide de porcelaine. Ce miroir offre des analogies avec celui de l'arsenic. Humecté de sulfure d'ammonium (sulfhydrate d'ammoniaque), sa couleur devient plus foncée, sans qu'il y ait d'autre changement. Une solution aqueuse de chlorure de chaux enlève le miroir promptement. Si l'on expose le dépôt à la vapeur d'iode, il prend une coloration permanente en jaune, et si alors on ajoute du sulfure d'ammonium à l'iodure jaune, il se colore en brun rougeâtre foncé, mais sans se dissoudre. Aucun dépôt métallique n'est obtenu en chauffant fortement le tube de verre où passe l'hydrogène chargé de thallium. Les deux premières réactions servent à distinguer le miroir thallique de celui de l'antimoine, et les deux dernières de celui de l'arsenic.

(1) Je dois signaler ici l'oxydation rapide que le sulfure de thallium précipité subit au filtre. Si l'eau de lavage n'est pas chargée de sulfure d'ammonium, il se forme, dès que l'on commence à laver, du sulfure de thallium qui passe avec le liquide, et se précipite de nouveau sous forme de sulfure, lorsqu'il rencontre l'excès de sulfure d'ammonium dans les premiers produits de la filtration.

(2) *Pharmaceutical journal*, IV, p. 302, et *Chemical news*, VII, p. 77.

La constatation du thallium dans le bismuth, au moyen de procédés analytiques, est chose très-délicate. Il faut d'abord prendre la préparation de bismuth et la mettre en solution étendue dans un acide convenablement choisi; puis l'on ajoute un faible excès de carbonate de soude et un peu de cyanure de potassium pur de tout sulfure. Le mélange doit alors être soumis à une chaleur douce, puis reposer pendant dix minutes; après quoi l'on pourra filtrer et ajouter quelques gouttes de sulfure d'ammonium. Si la préparation donnée renfermait la plus légère trace de thallium, il sera précipité sous forme de sulfure, et, en chauffant doucement (toujours au-dessous du point d'ébullition), l'on verra ce sel s'amasser en flocons d'une couleur brune foncée, presque noire. C'est là un des caractères du sulfure de thallium.

Le procédé que nous venons de décrire est d'une extrême délicatesse. Avec des solutions titrées de thallium et des quantités soigneusement pesées de sels de bismuth très-purs, j'ai trouvé que l'on peut encore constater de cette manière la présence d'une partie de thallium dans 100,000 de bismuth. Quelquefois le thallium se trouve en dose si faible, que le liquide prend seulement une teinte plus foncée lorsqu'on ajoute le sulfure d'ammonium. En faisant alors digérer par une chaleur douce, l'on verra ordinairement quelques flocons se former au fond du vase; recueillis sur un filtre, où l'eau les rassemble vers le centre, on peut les examiner au spectroscope. Si le précipité ne fait que tacher le filtre, on fera sécher ce dernier entre deux feuilles de papier Joseph, puis on l'ouvrira et l'on enlèvera la surface tachée avec un canif Les fibres colorées étant alors placées dans l'anneau d'un fil de platine, et introduits dans la flamme du spectroscope, donneront une indication suffisante de la présence du thallium.

La plupart des préparations commerciales de bismuth trahiront, examinées par ce procédé, une richesse plus ou moins grande en thallium. On pourra les en purger en faisant digérer le carbonate précipité avec du cyanure de potassium, après quoi on le lavera. Faire bouillir avec le carbonate de soude seul ne suffirait peut-être pas : le carbonate de thallium, bien qu'il soit soluble, est entraîné par le carbonate de bismuth qui se dépose, et il est difficile de l'en séparer par le lavage.   (*Chemical News*, 7 mars 1863.)

Spectre du thallium; par M. William-Allen MILLER. — Mon ami M. Crookes, l'auteur de la découverte du thallium, ayant mis à ma disposition une petite quantité du nouveau métal qu'il croit chimiquement pure, j'ai pu faire quelques recherches sur la nature de son spectre, et voici les résultats auxquels je suis parvenu.

L'on sait que le thallium, introduit dans la flamme d'un spectroscope ordinaire, donne une raie verte isolée, par laquelle M. Crookes a été conduit à sa remarquable découverte. J'ai essayé quel serait l'effet d'une très-haute température sur ce spectre si simple. Des fragments de thallium métallique, ou d'un alliage formé en faisant fondre une perle de thallium au bout d'un fil de platine, ou de sulfate de thallium, furent placés successivement : d'abord dans la flamme d'hydrogène, ensuite dans le courant d'oxyhydrogène. A mesure que la température s'élevait, la ligne verte augmentait d'éclat, mais aucune raie nouvelle ne fut observée encore.

Deux morceaux de gros fil de thallium furent alors appliqués, comme électrodes, au fil secondaire d'une bobine d'induction; un torrent continu d'étincelles fut entretenu, sans toutefois faire fondre les fils, ou produire une oxydation trop rapide ou une volatilisation du métal. La lumière des étincelles paraissait plus blanche que son caractère monochromatique ne le comportait. M. Crookes, qui assistait à ces expériences, projeta l'image des étincelles, au moyen d'une lentille, sur un écran blanc placé à distance, et nous vîmes que les extrémités de l'étincelle étaient d'un beau vert, tandis que l'arc, très-agité, qui remplissait l'intervalle et qui était dû à la combustion de l'air, offrait une teinte blanchâtre. En dirigeant le spectroscope sur les pôles de la bobine, l'on vit apparaître plusieurs raies nouvelles, indépendamment de quelques raies bien définies qui étaient dues à l'air. Ces deux sortes de raies se distinguaient les unes des autres par le caractère particulier aux raies métalliques, et qui est d'avoir des contours plus accentués que les parties centrales. En dehors de la raie verte déjà connue, cinq autres se discernaient parfaitement : une, très-faible, dans l'orangé; deux, d'égale intensité, dans la région du vert plus réfrangible que la raie ordinaire du thallium, avec une troisième beaucoup plus faible; ces trois raies vertes sont équidistantes; enfin, une cinquième raie, brillante et bien définie, dans le bleu. Ces six raies étaient bien acérées aux bords et peu intenses au milieu.

Nous avons ensuite observé l'étincelle d'induction de thallium dans un courant d'hydrogène. Les lignes de l'air disparurent, les raies caractéristiques de l'hydrogène se montrèrent distinctement, surtout une raie rouge et l'une des bleues; les nouvelles raies du thallium persistèrent, à l'exception de la plus faible; seulement leur intensité était moindre.

Finalement, j'ai obtenu une épreuve photographique de ce spectre sur collodion, par la méthode que j'ai décrite dans un mémoire présenté à la Société Royale au mois de juin. Le spectre photographique présente plusieurs groupes de raies fort caractéristiques; il rappelle les spectres du cadmium et du zinc, et à un degré moindre celui du plomb. Il s'étend jusqu'à la division 154 de mon échelle. Deux groupes très marqués se trouvent à 103 et 106. Trois groupes sont à 116, 121 et 126 : les deux premiers moins prononcés que le dernier, dont l'intensité égale celle des deux groupes précités. L'on distingue ensuite plusieurs paires de taches plus faibles, et le spectre se termine assez brusquement par quatre groupes à peu près équidistants, commençant respectivement aux divisions 136, 141, 145 et 151. Le premier de ces quatre groupes est très accentué; les autres sont plus faibles, mais d'intensités égales.

Cette transformation par laquelle un spectre éminemment simple devient si complexe à des températures très-élevées, aussi bien dans les régions visibles que dans les régions invisibles (ultra-violettes), promet de répandre un jour nouveau sur la cause physique de ces phénomènes. Elle n'est pas non plus sans intérêt au point de vue de la chimie, si on la rapproche de l'opinion de M. Dumas, que le thallium appartient au groupe des alcalis. Le potassium et le sodium ne présentent pas de lignes nouvelles dans l'étincelle d'induction, mais seulement une lumière diffuse qui se répand entre les raies ordinaires; le lithium ne gagne qu'un seul groupe très-marqué (sous la division 124). Ce caractère physique du thallium, ajouté à ses propriétés chimiques, qui consistent dans l'insolubilité du sulfure, de l'iodure et du chromate; la faible solubilité du chlorure, du phosphate, de l'oxalate, du ferrocyanure; l'existence d'un oxyde très-basique et d'un oxyde faiblement acide de thallium : tous ces caractères rapprochent le nouveau métal de l'argent ou du plomb, dont il imite déjà la densité, la couleur, la mollesse et toute l'apparence extérieure. Il serait aisé de découvrir d'autres points par lesquels le thallium se sépare des alcalis. L'énergie chimique des métaux alcalins, lithium, sodium, potassium, rubidium, césium, augmente dans l'ordre indiqué, qui est celui de leurs équivalents. Le thallium, malgré son équivalent relativement élevé, montre une activité bien moindre. Le métal est promptement réduit de ses solutions par le zinc. Son oxyde, au lieu d'être déliquescent comme les oxydes alcalins, résiste à l'air et forme une pellicule adhérente comme celle qui se produit à la surface du zinc ou du plomb, et mettant le métal à l'abri d'altérations ultérieures. Sous plusieurs rapports, les réactions chimiques du thallium ressemblent à celles de l'argent, dont il se rapproche encore par cette circonstance, que sa chaleur atomique, comme celle de l'argent, est le double de celle de la série du plomb. Par conséquent, quoique le thallium diffère de l'argent par ses propriétés physiques, il semble qu'il soit allié de plus près à ce métal qu'à aucun autre.   (*Royal Society*, 15 janvier 1863.)

PROCÈS RENARD.

Dans notre livraison dernière, nous en étions resté à la lecture de la lettre de M. Chevreul et aux plaidoiries de Mes Arago et Marie, qui avaient précédé et suivi cette lettre. Depuis,

Mᵉ Blanc, l'avocat de MM. Franc et Renard, a pris la parole et l'a gardée deux jours entiers. Il avait beaucoup de choses à dire, Mᵉ Blanc, et il les a fort bien dites, nous en étions certain d'avance. Ses adversaires avaient demandé à répliquer, mais le président a déclaré que cela était inutile, et la parole a été donnée à l'avocat général, M. Oscar Vallée. Une remise a été demandée alors par ce dernier, désirant, a-t-il dit, répéter l'expérience d'Hofmann, afin de savoir à quoi s'en tenir sur ce dernier fait, avant d'avoir à poser ses conclusions.

A la séance du 27 mars, vendredi dernier, M. Oscar Vallée a pris la parole ; nous n'avons pas assisté au commencement de son discours, n'étant arrivé qu'à près de midi et demi, mais nous sommes arrivé à temps pour lui entendre décrire l'expérience faite par les parties. Voici en quels termes, à peu près, il a relaté cette expérience : J'ai voulu savoir, dit-il, si en opérant comme Hofmann, en suivant son procédé comme il le décrit lui même, n'y ajoutant rien, n'en retranchant rien, on obtiendrait de la fuchsine susceptible de teindre. J'ai donc prié M. Renard, représenté par son chimiste, d'apporter de l'aniline et de bichlorure de carbone, M. Depouilly d'apporter, de son côté, de l'aniline et du bichlorure de carbone, et, à mon tour, je me suis procuré les mêmes produits chez un fabricant de produits chimiques dans les environs de la Sorbonne. On a pris les proportions indiquées par M. Hofmann, on a scellé les tubes et on a chauffé pendant trente heures à la température indiquée par lui (1). Avec les produits apportés par M. Renard, on a obtenu très-peu de fuchsine, et avec la solution de cette fuchsine on a teint un échantillon d'une couleur rouge sale piseuse (l'échantillon montré au tribunal excite l'hilarité de tout l'auditoire). Avec les produits apportés par M. Depouilly, au contraire, et avec ceux achetés par mes soins, on a obtenu beaucoup de fuchsine et une couleur rouge cramoisi magnifique, avec laquelle on a teint l'échantillon que je vous montre en ce moment (l'échantillon est superbe). — J'ai fait plus, Messieurs, pendant qu'on opérait à la Sorbonne, je faisais opérer, en particulier, par un chimiste dont je suis sûr, afin de savoir s'il obtiendrait, comme nous, les mêmes résultats. Or, voici l'un des tubes de ce chimiste ; son expérience lui a donné, comme à nous, la même fuchsine et la même teinte riche. — Il n'y a donc pas de doute possible, dit M. l'avocat général, et, pour ma part, ma conviction est complète.

Ce fait acquis, que faut-il en conclure ? Évidemment qu'avant le brevet pris par les Renard, Hofmann avait découvert la fuchsine, et que, n'ayant pas pris de brevet, ce rouge d'aniline est dans le domaine public, comme le dit avec tant de raison M. Chevreul, dans sa lettre du 22 juillet. Reste maintenant le droit d'application. Renard peut-il être considéré comme le premier qui ait appliqué le rouge d'aniline dans la teinture ? Non, dit encore M. l'avocat général, car pour donner à quelqu'un un privilége, il faut une invention quelconque, quelque effort d'intelligence, et il n'y a évidemment aucune invention à avoir trempé dans de la fuchsine un écheveau de soie, alors que Perkin avait vu le premier, lors de sa découverte du violet d'aniline, que l'aniline, dont il fit le premier un corps industriel, était susceptible de donner de riches couleurs à la teinture. Qui dit, en effet, couleur obtenue avec l'aniline, dit forcément couleur pour la teinture, et on ne peut donner à MM. Renard un privilége aussi exorbitant que celui auquel ils prétendent pour avoir trempé un écheveau de soie dans une couleur obtenue avant eux par un autre qu'eux ; et d'ailleurs, Messieurs, MM. Renard sont-ils bien les premiers qui aient appliqué le rouge d'aniline à la teinture ? Or, sans compter que M. Hofmann songeait à cette application, ainsi que l'a déclaré M. Balard

---

(1) Au moment où l'on commençait l'expérience, on a vu rôder, comme des âmes en peine, aux alentours du laboratoire, MM. Persoz, Boutmy et Labouret. M. Persoz voulait entrer, et ce n'est pas sans peine que le chef du laboratoire lui a fait comprendre que, l'expérience d'Hofmann ayant été passée sous silence dans son rapport, il n'avait aucun intérêt à ce que cette expérience réussît ou non. Quant à MM. Boutmy et Labouret, plus intéressés dans la question, ils se retirèrent néanmoins sur l'observation qu'on leur fit qu'ils n'avaient pas été convoqués.   Dr Q.

dans sa lecture (1) devant les cinq Académies réunies (Ici M. l'avocat général lit les phrases de M. Balard, que nous avons publiées dans notre dernière livraison, sur l'original même du discours publié par l'Institut), nous avons encore ce brevet Roquencourt et Dorat (Voir *Moniteur scientifique,* livr. 148, p. 137.) que l'on a beaucoup trop méprisé et qui relate certainement une priorité d'application. Seulement, le tort de MM. Roquencourt, qui voulaient appliquer les couleurs d'aniline à leurs fleurs artificielles, est de ne pas avoir donné suite à leur brevet et de n'avoir rien mis dans l'industrie.

On a beaucoup comparé le procès actuel, continue M. l'avocat général, avec celui soutenu par M. Christofle, dans l'intérêt de M. Elkington. Mais dans ce procès de la dorure et de l'argenture, qui subit comme celui-ci toutes les juridictions, je me rappelle fort bien avoir entendu l'avocat général qui portait la parole à la cour de cassation. Or, avec une force de logique irréfutable, il entraîna l'opinion de la cour suprême, lorsqu'il dit : Admettez que le bain alcalin soit connu, je vous le concède, si vous y tenez; mais qu'a-t-on fait jusqu'à ce jour avec le bain alcalin? Rien. Qui, le premier, a trempé un métal dans ce bain et l'a retiré doré? Elkington! Donc Elkington est inventeur d'une application qu'on n'avait pas tentée avant lui. Ici, Messieurs, dans le procès actuel, rien de semblable. La fuchsine est découverte avant Renard. L'aniline, mise dans l'industrie par Perkin, donne pour la première fois le violet d'aniline que Perkin applique à la teinture. Il n'y a donc aucune similitude dans les deux procès, et c'est à tort qu'on les compare. Mais Hofmann, me dira-t-on, Hofmann, le principal intéressé dans cette belle découverte, Hofmann, dans son rapport de l'exposition de Londres, dont les épreuves m'ont été remises par les soins de MM. Renard, Hofmann abandonne cette découverte à Renard. Voici ce passage (M. l'avocat général lit ce passage) : Oui, il y a bien là, en effet, quelque chose en faveur des prétentions de Renard, mais comptez-vous pour rien les influences qui ont agi sur Hofmann, sa modestie, son abnégation, et d'ailleurs lisez ce second article du même rapport (M. l'avocat général en fait lecture), et voyez s'il n'est pas comme un correctif à l'écrit précédent qu'on l'a prié d'écrire sans nul doute (2).

Je me résume, dit M. l'avocat général, et viens vous déclarer dans mon âme et conscience que MM. Renard et Franc n'ont aucun droit ni à la découverte du rouge d'aniline ni à son application à la teinture.

M. l'avocat général, après cette déclaration faite avec chaleur et conviction, supplie alors le Tribunal de rendre à la science et à l'industrie, qui le réclament à grands cris, le rouge d'aniline que MM. Renard détiennent injustement.

Dans la seconde partie de sa plaidoirie, M. l'avocat général aborde alors les véritables droits de MM. Renard. Ces droits sont leur procédé avec lequel ils ont pu, beaucoup mieux qu'Hofmann, obtenir le rouge d'aniline et rendre la fabrication industrielle. Or, dit M. l'avocat général, autant nous avons été sévères envers MM. Renard voulant s'approprier la découverte et l'application du rouge d'aniline, autant nous serons sévères envers ses contrefacteurs, MM. Depoully et Gerber-Keller. Or, ces messieurs ont pris au procédé de MM. Renard et son degré de température et la même durée de temps. — M. l'avocat général ne s'étend pas davantage sur les procédés de MM. Depoully et Gerber-Keller et, après quelques

---

(1) Voici ce que M. Balard lisait le 14 août, avant de faire décorer M. Renard comme inventeur de la teinture au rouge d'aniline : « Hofmann, en essayant l'action du bichlorure de carbone sur l'aniline, obtint, outre le composé qu'il cherchait, une matière rouge dont il fut loin de méconnaître la riche nuance et l'application possible à l'industrie. Ses amis l'y poussaient; mais, homme de la science pure, il résista à leurs conseils, etc. (Voir *Moniteur scientifique*, livr. 137, p. 374.) D^r Q.

(2) Devant publier *in extenso* tous les rapports d'Hofmann sur l'exposition de Londres, nos lecteurs pourront y lire ces passages que nous ne pourrions leur donner ici exactement, n'ayant pas le texte sous les yeux et ne faisant ce récit que de mémoire et sans notes de personne. D^r Q.

éloges donnés au procédé par l'acide arsénique de M. Girard et Delaire, procédé qui, dit-il, n'est pas comme les procédés précédents une contrefaçon du procédé des Renard, ce que ces derniers ont reconnu en s'en rendant acquéreurs et abandonnant le leur ; il termine en invitant l'industrie à chercher des procédés nouveaux, qui ne soient pas une copie des brevets Renard, et dont l'industrie pourra se servir alors en toute sûreté, si la cour adopte ses conclusions ; à essayer l'électricité, par exemple, cet agent mystérieux qui enfante tant de prodiges. Puis, dans une péroraison chaleureuse où il montre l'industrie se pressant aux portes de cette enceinte, attendant avec anxiété l'arrêt de délivrance, il demande une dernière fois au Tribunal d'infirmer le jugement qui déclare Renard et Franc inventeurs du rouge d'aniline et de son application, et de confirmer la partie de ce jugement qui condamne Depoully et Gerber-Keller comme contrefacteurs.

Après l'audience, qui a été levée après ces dernières paroles, M⁵⁵ Arago et Marie se sont réunis et ont rédigé la note suivante pour réclamer contre la seconde partie du discours de M. l'avocat général. Voici cette note :

DERNIÈRE NOTE POUR MM. DEPOUILLY, GERBER-KELLER, ETC.

CONTRE

MM. RENARD ET FRANC.

MM. Renard et Franc ont toujours revendiqué :

1° *Le monopole du produit*, de la matière colorante extraite de l'aniline ;

2° *Le monopole de l'application ;*

Et, par surcroît, leur procédé d'extraction breveté le 8 avril 1859 ;

Mais nulle discussion tant soit peu sérieuse ne s'est jusqu'à présent élevée entre nous sur la question des procédés.

Aujourd'hui, cependant, lorsque le privilége exclusif du *produit* et la brevetabilité de *l'application* ne peuvent plus se défendre, en présence d'Hofmann, on voudrait établir que le procédé de MM. Renard a été contrefait par MM. Depoully et Gerber-Keller !

Voyons donc de près et traitons cette *question des procédés,*

— En remarquant d'abord avec étonnement que l'on ne parle plus d'Hofmann, quand on compare nos procédés à celui de MM Renard ; après nous avoir démontré que le produit et l'application sont donnés par Hofmann au domaine public dans le mémoire du 20 septembre 1858, où il explique la création de la matière colorante, OÙ IL DÉCRIT SON PROCÉDÉ ! — Comment Hofmann disparaît-il ici ?

Rendons-lui sa place et son rang.

Hofmann produit le rouge *par la réaction du bichlorure de carbone ;*

MM. Renard brevètent la production du rouge *par la réaction du bichlorure d'étain ;*

Et il est reconnu que ces deux agents,

 Bichlorure de carbone,

 Bichlorure d'étain,

qui portent tous les deux, dans la nouvelle nomenclature de chimie, le titre de *tétrachlorures,* ont la même composition, puisque le carbone et l'étain ne sont là que les réservoirs du *chlore,* qu'ils maintiennent l'un et l'autre en présence de l'aniline, sur laquelle il réagit.

Les procédés Depoully et Gerber-Keller consistent dans l'emploi *de l'acide nitrique, des oxysels* et *des oxacides,* agents d'une composition tout à fait différente des bichlorures ou tétrachlorures d'Hofmann et de MM. Renard, — agents dont le rôle est de maintenir *l'oxygène* en présence de l'aniline, sur laquelle il réagit.

Nous avons ainsi, d'un côté, chez Hofmann et chez MM. Renard, *le chlore ;* — de l'autre, chez MM. Depoully et Gerber-Keller, *l'oxygène.*

Donc, *pas de similitude entre nos agents réacteurs et celui de MM. Renard.*

On prétend, néanmoins, pour conclure à la contrefaçon, que les divers agents réacteurs produisant *la fuchsine Renard*, puisqu'il n'y a qu'un rouge d'aniline, doivent avoir agi de la même manière ;

Mais on oublie sans doute, en prétendant cela, qu'on vient de déclarer que *la fuchsine Renard est le rouge d'Hofmann !*

Déclaration d'où nous tirons logiquement, sous forme de dilemme, cette conséquence évidente :

Ou nos procédés d'extraction diffèrent du procédé Renard, l'acide nitrique, les oxysels et oxacides ne pouvant se confondre avec le bichlorure d'étain, — et, alors, *il n'y a pas de contrefaçon :* chacun garde son procédé ;

Ou les procédés se confondent, — et, alors, ce n'est pas au procédé Renard qu'il nous faut remonter, mais *à celui d'Hofmann*, qui appartient au domaine public !

Oui, à celui d'Hofmann, car *l'acide nitrique de MM. Depoully, les oxysels et les oxacides de M. Gerber-Keller, diffèrent plus du bichlorure d'étain de MM. Renard, que le bichlorure d'étain ne diffère du bichlorure de carbone indiqué par Hofmann !*

Que l'on trouve un chimiste, *un seul*, vraiment digne de ce nom, pour nier ce que nous venons d'affirmer ;

Que ce chimiste dise : LA RÉACTION DE L'ACIDE NITRIQUE, DES OXYSELS ET DES OXACIDES RESSEMBLE A LA RÉACTION DU BICHLORURE D'ÉTAIN, MAIS NE RESSEMBLE PAS A LA RÉACTION DU BICHLORURE DE CARBONE ; — et nous proclamerons que nous sommes contrefacteurs !

Outre ce qu'on appelle la même fonction chimique de tous les agents réacteurs, on nous oppose, comme similitudes de détails, entre nos procédés et le procédé Renard :

1° *La durée des opérations,*

2° *Les degrés de température.*

Signalons les oublis, LES ERREURS MATÉRIELLES que l'on commet à cet égard.

Hofmann opère *en trente heures environ.*

MM. Renard opèrent *en vingt minutes.*

Mais nous ?

L'opération Depoully dure DE QUATRE A SIX HEURES, les deux expertises le constatent ;

L'opération Gerber-Keller dure DIX HEURES, *après l'addition du nitrate mercurique* (brevet du 7 septembre 1860), ce qui donne, suivant la seconde expertise, une durée de VINGT-HUIT HEURES !

Pour les températures :

Hofmann opère *de 170 à 180 degrés ;*

MM. Renard opèrent *de 180 à 200 degrés ;* ce qui se ressemble beaucoup.

Mais nous ?

MM. Depoully opèrent *de 180 à 200 degrés ;* ce qui ressemble autant à la température d'Hofmann qu'à celle de MM. Renard ;

M. Gerber-Keller opère DE 98 A 100 DEGRÉS ! CE QUI, CERTES, NE SE RAPPROCHE NI DE MM. RENARD NI D'HOFMANN !

Voyez, Messieurs, méditez cet exemple :

Gerber-Keller, dont les oxydes ressemblent moins au bichlorure d'étain qu'au bichlorure de carbone, est argué de contrefaçon, parce qu'il aurait pris à MM. Renard la durée de leur opération et de leur température !

Durée de l'opération Renard, *vingt minutes,*

Durée de l'opération Gerber-Keller, VINGT-HUIT HEURES !

Température de MM. Renard, *de 180 à 200 degrés ;*

Température de Gerber-Keller, DE 98 A 100 degrés !

Et il serait condamné ! — NON ; si les chiffres sont des chiffres, si les degrés sont des degrés, et les heures des heures, CELA NE SE PEUT PAS, CELA NE SERA PAS !

Qu'ajouter maintenant? Ceci : que les seconds experts, examinant les procédés, constatent *de grandes différences dans les résultats*, dans les quantités de la couleur produite, *dans le rendement industriel.*

Les procédés Depoully et Gerber-Keller créent beaucoup plus de rouge que le procédé Renard. ·

Nous offrons de prouver les quantités suivantes :

Quand Hofmann produit 1, Renard 8, Gerber-Keller donne 24 et Depoully 25 ! — Ce qui revient à dire que *tous les procédés,* Renard, Gerber-Keller et Depoully, *sont des perfectionnements de l'invention d'Hofmann,* qu'ils dérivent d'Hofmann, qu'ils remontent à lui, QU'ILS SONT TOUS BREVETABLES, OU QUE PAS UN NE L'EST ; et que dans aucun cas, Gerber-Keller et MM. Depoully NE PEUVENT ÊTRE FRAPPÉS COMME CONTREFACTEURS DU PROCÉDÉ RENARD !

S'ils étaient condamnés pour avoir employé soit l'acide nitrique, soit le nitrate de mercure, en face du bichlorure d'étain substitué par MM. Renard frères au bichlorure de carbone, *un simple procédé dont on ne se sert plus vaudrait à la maison Renard autant de millions injustement gagnés que le produit lui-même et l'application,* CAR IL ABSORBERAIT LA CHIMIE TOUT ENTIÈRE ! !

La stupéfaction de l'Europe savante en voyant décider que LES RÉACTIONS DES OXYSELS, DES OXACIDES ET DE L'ACIDE NITRIQUE SONT DES CONTREFAÇONS DE LA RÉACTION D'UN CHLORURE MÉTALLIQUE ANHYDRE, n'aurait d'égale que *la douleur profonde de l'industrie française,* qui devrait encore subir pendant plus de dix ans UN MONOPOLE DÉSASTREUX QUE RIEN NE JUSTIFIE !

ARRÊT.

Aujourd'hui, 31 mars, jour d'échéance et de liquidation, la Cour a rendu son arrêt dans l'affaire des Renard contre Depoully et Gerber-Keller. Nous avons entendu la lecture de cet arrêt, et nous devons dire que la Cour s'est montrée aussi intelligente que carrée dans la confirmation des anciennes expertises et des arrêts qui en ont été la conséquence.

Pas de demi-jugement : tout pour Renard et par Renard.

L'avocat général avait demandé que la propriété du rouge d'aniline et le droit de l'appliquer à la teinture fussent rendus à l'industrie et mis dans le domaine public, mais il demandait en même temps, sans doute pour avoir quelque chose, que MM. Depoully et Gerber-Keller fussent condamnés comme contrefacteurs. Or, ces deux propositions étaient incompatibles, et la Cour, après un vote qui, nous assure-t-on, a été loin de recevoir l'unanimité des juges, a décidé que l'inventeur sérieux était Renard et non Hofmann ; que ceux qui, les premiers, avaient mis le rouge d'aniline dans l'industrie étaient aussi les Renard ; que c'était sur leur brevet primitif, imité du procédé d'Hofmann, qu'avaient été copiés et créés tous les autres rouges d'aniline ; que *seuls,* en conséquence, ils avaient le droit exclusif d'exploiter industriellement le rouge d'aniline. Nous donnerons du reste cet arrêt sitôt qu'il aura paru.

La lettre de M. Chevreul et l'apostille gracieuse de M. Dumas ont donc toutes deux été mises au panier. M. Persoz triomphe et M. Boutmy aussi. Est-ce un bien? Est-ce un mal? On le saura plus tard, mais nous croyons qu'un enseignement favorable sortira de ce jugement, que chacun de nous, *la loi nous y oblige,* doit respecter et même approuver.

Les condamnés, MM. Depoully et Gerber-Keller, qui ont combattu si vaillamment jusqu'à la dernière heure, avaient 24 heures pour maudire leurs juges ; eh bien ! deux heures après, ils en avaient pris leur parti et pardonnaient généreusement.

On nous a abandonnés comme des Polonais, disaient-ils, on nous a laissés à nos propres forces et à nos seules ressources. Nous succombons, mais avec nous succombe l'industrie des couleurs d'aniline qui nous a prêté si peu d'aide, nous qui faisions tant pour elle! Les princes de la science, qui auraient dû venir franchement à notre secours, drapés dans leur dignité, sont restés gelés dans leur égoïsme, mais la science, à son tour, reçoit un affront dans la personne de ses plus dignes représentants ; nous sommes donc vengés.

Nous sommes de l'avis des vaincus et c'est de bon cœur que nous féliciterons MM. Franc et

Renard, nos vieux abonnés, de la victoire complète qu'ils ont remportée ; nous féliciterons aussi M° Blanc, l'habile avocat, bien qu'il ait dénoncé notre journal à la Cour, et le choisirons pour notre défenseur si l'avocat général donnait suite à ses menaces contre nous.

D^r Q.

BREVETS D'INVENTION PRIS EN FRANCE EN 1862

Arts chimiques et Industries qui s'y rattachent. (N° 7.)

Acier brut, acier fondu et acier raffiné, avec la fonte de fer de toute espèce. Procédé de fabrication ; par Schemmann, chez Ricordeau, à Paris, boulevart de Strasbourg, 23. Brevet du 16 août, n° 55236.

Acier et fer. — Perfectionnements dans leur fabrication ; par Wilson et Picard, chez Ansart, à Paris, Boulevart Saint-Martin, 33. Brevet du 5 août, n° 55143.

Alcool.— Sa fabrication ; par Cotelle. Addition du 23 juillet à son brevet n° 52815.

Allumettes en bois, soufrées, phosphorées et émaillées ; par Holz, à Paris, impasse Massonnet, 3 (quartier de Montmartre.). Brevet du 11 août, n° 55191.

Appareil à mesurer la densité des liqueurs alcooliques, ainsi que des dissolutions salines et autres ; par Scheeffer, élisant domicile chez Hassenauer, rue d'Austerlitz, 22, à Strasbourg.

Argentine. — Fabrication d'une laine végétale et, par le même produit, d'une poudre dite argentine ; par Cellard, à Paris, rue Saint-Landry, 3. Brevet du 23 août, n° 55340.

Baryte. — Fabrication et application par Delaune et Comp. Certificat d'addition du 21 août au brevet n° 53277.

Bière. — Procédé de fabrication et de conservation de la bière ; par Velgie, rue Derrière-les-Murs-de-Bavai, 44, à Valenciennes (Nord). Brevet du 9 août, n° 55142.

Bières. — Application de la pression du gaz acide carbonique sur les bières et autres liquides fermentés ; par Brasil, rue du Halage, 6, à Rouen.

Bleu de rosaniline ; par Monnet et Dury. Certificat d'addition du 7 août au brevet n° 54078.

Bois durci ; par Latry aîné et Comp. Certificat d'addition du 8 août au brevet n° 24952.

Colle. — Perfectionnement apporté dans la fabrication de la colle et de la gélatine ; par Huot-Fleury, au lieu de la Mouche, à Lyon. Brevet du 8 août, n° 55125.

Composés lubrifiants. — Perfectionnements apportés à leurs préparations ; par Hendrick, représenté par Mathieu, à Paris, rue Saint-Sébastien, 45. Brevet du 23 août, n° 55349.

Composition destinée à nettoyer et à polir les métaux ; par Gobert, à Silly (Oise). Brevet du 5 juillet, n° 55121.

Conservation de substances alimentaires ; par Wynen et Comp., rue St-Maur-Popincourt, 146. Brevet du 30 juin, n° 55238.

Conservation des viandes de boucherie fraîches ; par Grand et Comp., rue Trévise, 14, à Paris. Brevet du 11 août, n° 55189.

Coulage de bougies. — Certificat d'addition du 18 août au brevet Roux, n° 50138.

Cyanures alcalins et terreux ; par Margueritte et Comp. Addition du 7 août au brevet n° 48330.

Désinfection des huiles et essences minérales. — Application des huiles essentielles de betterave à cette désinfection ; par Viard (dame), rue Saint-Martin, 128, à Paris. Brevet n° 55204, du 13 août.

Distillation sèche des matières bitumineuses et organiques et exploitation des produits qui en résultent ; par Evrard, représenté par Herbo, à Douai (Nord). Brevet du 3 septembre, n° 55376.

Eclairage. — Ensemble de moyens permettant d'obtenir le maximum de lumière possible avec une quantité de gaz déterminée ; par Margueritte, représenté par Lavialle, à Paris, boulevart Saint-Germain, 29. Brevet du 4 août, n° 55104.

Email de poteries et de matières céramiques. Préparation et emploi de cet'émail ; par Novion, chez Ansart, à Paris, boulevart Saint-Martin, 33. Brevet du 22 août, n° 55326.

Engrais, dit noir de boghead animalisé ; par de Laval, rue Paradis, 119, à Marseille. Brevet du 18 août, n° 55262.

Esprit de bois.— Son traitement ; par Schwege. Addition du 29 juillet au brevet n° 54255.

Fécule. — Son extraction ; par Royer. Addition du 9 août au brevet n° 47466.

Gaz. — Appareil destiné à épurer et enrichir le gaz, et en régler la pression ; par Bouchery, à Paris, rue Bergère, 3. Brevet du 20 août, n° 55272.

Gaz. — Système et moyens tendant à augmenter l'effet éclairant du gaz; par Davis, chez Maison, à Paris, rue Saint-Laurent, 7. Brevet du 18 août, n° 55252.

Graisse naturelle de la laine. — Extraction et emploi ; par Evrard, à Douai (Nord). Brevet du 11 août, n° 55118.

Huile de goudron. — Application au graissage des huiles lourdes retirées des goudrons des fours ; par la Compagnie parisienne d'éclairage, rue Saint-Georges, 1, à Paris. Brevet du 16 août, n° 55213.

Huiles minérales naturelles. — Appareils pour la distillation et le traitement de ces huiles ; par Chiaudi-Bey, représenté par Lavialle, à Paris, boulevard Saint-Martin, 29. Brevet du 7 août, n° 55150.

Huiles naturelles d'Amérique. — Leur traitement ; par Martin. Addition au brevet du 24 juillet, n° 53104.

Imitation des marbres en pierres dures; par Fioraventi, représenté par Ricordeau, à Paris, boulevart de Strasbourg, 23. Brevet du 5 août, n° 55119.

Matières tinctoriales. — Exploitation et emploi ; par de Rontaunay, à Saint-Denis (île de la Réunion). Brevet du 1ᵉʳ juillet, n° 55266.

Mordant fixateur de l'aniline et autres matières colorantes provenant du goudron de houille ; par M. Schultz, chez Ricordeau, à Paris, boulevard de Strasbourg, 23.

Papier. Sa fabrication avec le poireau (plante potagère); par Jaubert et Garagnon, rue des Minimes, 52, à Marseille. Brevet du 29 août, n° 55352.

Poudre à lessiver. — Produit chimique préparé par Guido, chez Lavialle, à Paris, boulevard Saint-Martin, 29. Brevet du 4 août, n° 55097.

Sucre. — Perfectionnements dans sa fabrication ; par Beanes, représenté par Mathieu, à Paris, rue Saint-Sébastien, 45. Brevet du 21 août, n° 55270. (Patente anglaise.)

Sulfates alcalins, terreux, métalliques. — Leur emploi dans la préparation des verres en général et des creusets, fours, manipulations pour la préparation de ces verres ; par Jeanne, élisant domicile chez Duponthel et Gosse fils, à Paris, rue Paradis-Poissonnière, 32. Brevet du 2 août, n° 55100.

Tannin. — Divers emplois ; par Noirot, Paris, rue de la Chaussée-d'Antin, 46 *bis*. Brevet du 9 août, n° 55196.

Teinture de la corne. — Procédé de teinture et son application aux boutons, bracelets, etc. ; par Juhel (les sieurs), représentés par Ricordeau, Paris, boulevard de Strasbourg, 23.

Teinture au lokao indigène ou de la Chine; par Charvin, quai de la Charité, 4, Lyon. Brevet du 7 août, n° 55115.

Verre et cristal. — Perfectionnements apportés aux appareils et aux moyens employés dans la fabrication du verre et cristal; par Maumenée, chez Amouroux, à Paris, rue St-Martin, 333. Brevet du 26 août, n° 55382.

Vins mousseux. — Procédé propre à rendre le vin mousseux ; par Chanteret, passage d'Orient, 18 (hôtel de la Nièvre). Brevet du 21 août, n° 55275.

———————————

BIBLIOGRAPHIE SCIENTIFIQUE

(Extrait du *Journal de la Librairie.*)

N° 9. — 28 février.

Almanach du chaulage et de l'engrais humain naturel dit *chaux animalisée.* 2ᵉ année. In-18, 119 pages. Librairie Hachette, à Paris.

ARNAUD (Dʳ). — *Étude sur les affections dites typhoïdes.* Thèse de la Faculté de Strasbourg. In-4°, 33 pages, à Strasbourg.

AUBERT (Dʳ). — *Sur l'étiologie de l'utile.* Thèse de la Faculté de Strasbourg. In-4°, 29 pages, à Strasbourg.

BORDÈRES (Dʳ). — *Des abcès du pharynx consécutifs aux angines.* Thèse de la Faculté de Strasbourg. In-4°, 30 pages, à Strasbourg.

BUCQUOY (Dʳ). — *Des concrétions sanguines.* Thèse d'agrégation de la Faculté de Paris. In-4°, 184 pages. Libraire Leclerc, à Paris.

BURLET. — *Du spiritisme considéré comme cause d'aliénation mentale.* In-8°, 23 pages. Librairie Savy, à Lyon.

DABRY. — *La médecine chez les Chinois.* In-8°, 592 pages, avec planches anatomiques. Librairie Plon, à Paris.

DARESTE. — *Mémoire sur la production artificielle des monstruosités dans l'espèce de la poule.* In-8°, 43 pages, à Lille.

DAGUIN. — *Traité de physique.* 2ᵉ édition. T. III. In-8°, 856 pages. Librairie Dezobry et Tandon, à Paris.

DELAMARE (Dʳ). — *Considérations sur la congélation.* Thèse de la Faculté de Montpellier. In-4°, 75 pages.

DOYÈRE. — *Mémoire sur la respiration et la chaleur humaine dans le choléra.* Grand in-8°, 140 p., à Paris.

DUMONT (Dʳ). — *Des maladies virulentes et miasmatiques en général.* Thèse d'agrégation de la Faculté de Srasbourg. In-4°, 110 pages, à Strasbourg.

FIGUIER (L). — *L'Année scientifique et industrielle.* 7ᵉ année, avec une planche coloriée et sept gravures sur bois. In-18 jésus, 552 pages. Prix : 3 fr. 50. Librairie Hachette.

FIGUIER (L). — *La terre avant le déluge.* Ouvrage contenant 26 vues idéales de paysages de l'ancien monde, 310 autres figures et 7 cartes géologiques coloriées. 2ᵉ édition. In-8°, 452 p. Prix : 10 fr. Librairie Hachette, à Paris.

FOURNIER (Dʳ). — *De l'urémie.* Thèse d'agrégation à la Faculté de Paris. In-8°, 148 pages. Librairie A. Delahaye, à Paris.

GUFFROY. — *Les nébuleuses.* In-16, 18 pages, à Montpellier.

HERIOT (Dʳ). — *De l'ankylose fibreuse de l'épaule,* etc. Thèse de la Faculté de Strasbourg. In-4°, 35 pages, à Strasbourg.

HERMEL (Dʳ). — *Des accidents produits par l'usage des caissons ou chambres à air comprimé dans les travaux sou-errains et sous-marins.* In-8°, 96 pages. Librairie J.-B. Baillière, à Paris.

Instructions sur la culture du pommier et la fabrication du cidre. In 32, 29 pages, à Rouen.

JACCOUB (Dʳ). — *De l'humorisme ancien comparé à l'humorisme moderne.* Thèse d'agrégation à la Faculté de Paris. In-4°, 155 pages. Librairie A. Delahaye, à Paris.

LUYS (Dʳ). — *Des maladies héréditaires.* Thèse d'agrégation à la Faculté de Paris. In-8°, 139 pages. Librairie J.-B. Baillière, à Paris.

MENARD (Dʳ). — *Du cal vicieux et de son traitement.* Thèse de la Faculté de Montpellier. In-4°, 64 pages et planches, à Montpellier.

MOREL (Dʳ). — *Précis d'histologie humaine.* In-8, 144 pages, avec dessins d'après nature. Librairie J.-B. Baillière, à Paris.

Mortillet (de). — *Manuel du soufrage de la vigne.* In-8, 14 pages.à Grenoble.

Pariset. — *L'Année pharmaceutique pour* 1862. In-8, 341 pages. Prix : 3 fr. Librairie Victor Masson, à Paris.

Picard (Dr). — *De l'Inflammation.* Thèse de la Faculté de Strasbourg. In-4, 80 pages, à Strasbourg.

Pierre (Isid.) — *Recherches expérimentales sur le poids des blés mouillés.* In-8, 36 pages, à Caen.

Prévost (Dr). — *De la dyssenterie des armées.* Thèse de la Faculté de Montpellier. In-4, 35 pages, à Montpellier.

Raele (Dr). — *De la glycosurie.* Thèse d'agrégation de la Faculté de Paris. In-8, 100 pages. librairie J.-B. Baillière.

Raynaud. — *Des hypérémies non phlegmasiques.* Thèse d'agrégation de la Faculté de Paris. In-8, 115 pages. Librairie Leclerc, à Paris.

Rheims ((Dr). — *De l'affection calculeuse du foie.* Thèse de la Faculté de Strasbourg. In-4, 44 pages, à Strasbourg.

Ricou (Dr). — *Essai sur la face considérée au point de vue philosophique et médical.* Thèse de la Faculté de Paris. In-4, 60 pages, à Strasbourg.

Sonrel (Dr). *Des paralysies syphilitiques du mouvement.* Thèse de la Faculté de Strasbourg. In-4, 55 pages, à Strasbourg.

Villemin (Dr). *Du rôle de la lésion organique dans les maladies.* Thèse de la Faculté de Strasbourg. In-4, 56 pages, à Strasbourg.

N° 10. — 7 mars.

Beyran. — *Traité élémentaire de pathologie générale, médicale et chirurgicale.* 2e édition. In-18 jésus, 464 pages. Prix : 3 fr. 50 c. Librairie G. Baillière.

Borie. — *L'Année rustique.* 2e année 1863. In-18 jésus, 381 pages. Prix : 3 fr. Librairie Hetzel.

Boulet de Mouvel. — *Cours de physique pour l'étude des Lycées,* complément. In-18 jésus, 629-942 pages. L'ouvrage complet, 7 fr. Librairie Hachette, à Paris.

Carrière. — *Considérations générales sur l'espèce.* In-8, 130 pages. — *Réfutation de divers articles de M. Guyot sur la vigne.* In-8, 130 pages, à Paris. Librairie de la *Maison Rustique,* à Paris.

Chalvet (Dr). — *Considérations sur l'influence de l'hygiène dans la pathogénie et dans le traitement des plaies.* Thèse à la Faculté de Paris. In-4, 48 pages.

Coulier. — *Description générale des phares et fanaux existant sur le littoral maritime du globe, à l'usage des navivateurs.* 16e édition. In-12, 284 pages. Librairie Robiquet, à Paris.

Daguin. — *Du transport des éléments aux électrodes pendant l'électrolyse.* In-8, 6 pages, à Toulouse.

(La suite à un prochain numéro.)

━━━━◆○◆━━━━

Table des matières de la 151e Livraison. — 1er avril 1863.

21524 Paris, Imp. Renou et Maulde.

RECHERCHES PHOTOCHIMIQUES.

Par MM. Robert Bunsen et Henry-Enfield Roscoe.

(Analyse par M. R. Radau.)

Les expériences sur l'action chimique de la lumière, que M. Bunsen a entreprises en colla-boration avec M. Roscoe, ont été commencées en 1853. Le public en a été instruit pour la première fois, croyons-nous, en septembre 1855, à une réunion de l'Association britannique pour l'avancement des sciences. C'est en décembre 1862 que les deux savants chimistes ont publié leur sixième Mémoire sur cette question. L'on voit donc qu'il s'agit ici d'un travail de longue haleine, qui est poursuivi depuis dix ans, et qui n'est pas encore entièrement terminé; aussi devons-nous avouer que si nous avons essayé de condenser dans le cadre étroit de quelques pages cette longue série de recherches magistrales, c'est simplement dans le but de faciliter à nos lecteurs le recours aux mémoires originaux de MM. Bunsen et Roscoe (1).

La première notice sur la photochimie, que les auteurs ont fait paraître dans les *Annales de Poggendorff*, a été provoquée indirectement par un travail du docteur Wittwer (2), relatif à l'action de la lumière sur l'eau chlorée.

L'on sait que des solutions aqueuses de chlore, de brôme ou d'iode, exposées à la radiation solaire, se décomposent; il se forme l'hydracide correspondant, et l'oxygène de l'eau est mis en liberté. La différence des quantités libres de chlore, de brôme ou d'iode contenues dans le liquide avant et après l'exposition à la lumière, donne la proportion de la substance décom-posée par l'insolation. Il était donc naturel d'essayer, comme l'a fait M. Wittwer, si ce phé-nomène ne pourrait pas servir à mesurer les effets chimiques de la lumière; malheureuse-ment, les expériences de MM. Bunsen et Roscoe ont prouvé l'inadmissibilité d'une semblable méthode, et les résultats de M. Wittwer ont été déclarés par eux non-seulement inexacts d'un bout à l'autre, mais encore suspects, en raison de l'accord trop beau que présentent les ob-servations mauvaises de ce monsieur avec sa théorie certainement fausse. D'après le docteur Wittwer, les quantités d'acide chlorhydrique développé seraient, à exposition égale, propor-tionnelles à la force de l'eau chlorée. Or, outre que les expériences directes de MM. Bunsen et Roscoe ont démontré le contraire, un pareil résultat devait être jugé impossible *à priori*. En effet, pour l'admettre il aurait fallu supposer que l'affinité du chlore pour l'hydrogène fût indépendante des affinités réciproques des autres substances données, ou formées pendant l'insolation; tandis que l'expérience de tous les jours nous apprend que l'affinité chimique est la résultante de toutes les forces en jeu pendant la réaction ; que ce ne sont pas seulement les atomes en voie de dissociation qui déterminent le résultat final, mais que tous les atomes voisins y concourent par une influence plus ou moins prononcée qui varie, suivant des lois inconnues, avec leur nombre et leur constitution. Ainsi, l'azote est certainemen l'un des corps les plus indifférents, et néanmoins sa présence seule modifie tellement l'attraction réciproque de l'oxygène et de l'hydrogène que ces gaz ne se combinent plus pour former de l'eau qu'à une température très-différente de celle où cette combinaison a lieu dans les circonstances ordinaires. Tous les mélanges de gaz offrent des phénomènes analogues. Les actions dites catalytiques ne sont qu'un cas particulier de ce jeu si complexe des affinités. On ne pouvait donc pas s'attendre à ce que l'action décomposante du chlore ne fût pas altérée par la variation de la quantité d'eau en présence, aussi bien que par l'oxygène de l'acide chlorhydrique, à mesure qu'ils prenaient naissance sous l'influence des rayons solaires. C'est surtout l'effet de l'acide chlorhydrique sur l'affinité réciproque du chlore et de l'hydrogène qu'il est impossible

---

(1) M. Roscoe a eu l'extrême obligeance de nous communiquer des tirages à part de tous ces mémoires. En voici l'indication : *Poggendorff's Annalen*, 1855, 11 (XCVI, p. 373); 1857, 1, 3 et 6 (C, p. 43 et 482, CI, p. 235); 1859, 10 (CVIII, p. 193); 1862, 12 (CXVII, p. 529). — *Transactions of the Royal Society*, 1856 à 1862.

(2) *Pogg. Ann.*, 1855 (XCIV, p. 597).

de méconnaître. Le gaz explosif que l'on obtient par l'électrolyse de l'acide chlorhydrique entre deux lames de charbon pur, est un mélange de volumes égaux d'hydrogène et de chlore ; purifiés par l'eau et par le chlorure de calcium, ces deux gaz se combinent avec détonation, même en petites quantités, à la lumière diffuse et par un temps voilé; mais recueillis sur de l'acide muriatique étendu d'eau, ils se combinent difficilement et sans danger, même à la lumière directe du soleil. Enfin, MM. Bunsen et Roscoe ont vu de l'eau chlorée pure abandonner tout son chlore libre pendant une exposition de six heures, tandis que ce liquide, additionné d'un peu d'acide chlorhydrique, n'avait presque rien perdu pendant le même temps.

Le résultat final de ces expériences et d'autres analogues a été que les produits de la décomposition photochimique de l'eau de chlore exercent une influence perturbatrice sur l'affinité primitive du chlore pour l'hydrogène, et que, par suite, la décomposition n'est proportionnelle ni à la force du liquide, ni à la durée, ni à l'intensité de l'insolation. Il a donc fallu chercher un autre moyen de mesurer l'effet chimique de la lumière.

C'est M. Draper qui a, le premier, abordé ce problème avec quelque succès. Il a publié, en 1843, la description d'un instrument qu'il appelle *tithonomètre* (du nom de Tithon, époux de l'Aurore?), et qui est destiné à mesurer les actions photochimiques (1). M. Draper employait dans ses expériences du gaz hydrogène, recueilli par l'électrolyse sur de l'acide chlorhydrique chloré, et additionné d'assez de chlore libre pour qu'il y eût des volumes égaux des deux gaz en présence. Ce mélange disparaissait pendant l'insolation, et les quantités d'acide chlorhydrique formé et absorbé étaient, pendant des intervalles de temps assez petits, proportionnelles à l'intensité de la lumière. Mais le procédé de M. Draper n'était pas susceptible d'une grande précision, parce qu'il ne tenait pas compte des changements de pression et de plusieurs autres circonstances qui devaient modifier à chaque instant la composition du mélange gazeux.

Pour obtenir des résultats plus exacts que ceux que promet le procédé du chimiste américain, MM. Bunsen et Roscoe ont commencé par chercher un moyen de produire un mélange de chlore et d'hydrogène par volumes exactement égaux. Quoi qu'en ait dit M. Draper, ce moyen est tout trouvé dans la décomposition par l'électrolyse de l'acide chlorhydrique aqueux, ayant pour densité 1,148. Au bout d'un certain temps, il s'établit un équilibre statique entre les gaz libres et les gaz absorbés par le liquide, et dès lors la composition du mélange gazeux reste constante pourvu que la pression et la température ne varient plus; quelle que soit d'ailleurs la température finale, le mélange en état d'équilibre se trouve toujours composé de volumes égaux de chlore et d'hydrogène. Ce fait important a été constaté par une série d'analyses au moyen de l'iodure de potassium. De plus, il s'est trouvé que le mélange explosif préparé de cette manière ne contient aucune trace d'oxygène ou d'oxyde de chlore, et que les deux gaz dont il est formé ne se combinent point, dans l'obscurité, à la température ordinaire.

Après beaucoup d'essais qui avaient pour but d'écarter toutes les influences nuisibles qui pouvaient modifier l'action chimique de la lumière sur un pareil mélange, les auteurs se sont enfin arrêtés à un procédé qui leur a paru remplir toutes les conditions voulues. Ils ont construit un appareil composé essentiellement des organes suivants : 1° un tube en verre destiné à la décomposition de l'acide, et dans lequel les gaz se dégagent entre deux électrodes de charbon; 2° d'une tubulure à boules, contenant de l'eau qui lave les gaz à leur passage, et pouvant se fermer par un robinet; 3° d'un flacon renfermant 2 ou 3 centimètres cubes d'eau, noirci jusqu'au niveau du liquide, et relié aux autres parties de l'appareil par des tubes bien clos; c'est dans ce flacon que les gaz sont exposés à la lumière; 4° d'un tube horizontal couché sur une échelle divisée qui permet d'apprécier la diminution de volume que subit le mélange

____

(1) *Philosophical magazine*, 1843, XXIII, p. 401.

gazeux; 5° d'un flacon rempli d'eau que traversent les gaz pour sortir dans un vase condensateur empli de charbon de bois et de potasse hydratée.

Lorsqu'on fait arriver les gaz dans cet appareil, les liquides qu'il renferme commencent à se saturer; et il s'établit peu à peu l'équilibre entre les gaz libres et les gaz absorbés. Mais la saturation des 6 ou 8 grammes d'eau contenus dans les tubulures exige de 6 à 10 litres de gaz explosif, et, pour l'obtenir, il faut trois à six jours; pendant cet intervalle, le chlore rongerait les fils de platine qui aboutissent aux électrodes si on ne les entourait pas d'une sorte d'émail, par exemple d'un fil de verre creux. De plus, il faut se garder de laisser les électrodes en charbon arriver au contact du gaz libre, afin d'éviter une explosion. Une disposition particulière permet encore de régulariser la pression des gaz dans l'appareil.

Quand tout est bien préparé et qu'on veut faire une observation avec cet instrument, on ferme le robinet de la tubulure (2), l'on fait tomber une quantité connue de lumière sur le flacon (3), et l'on observe le retrait du gaz enfermé par la marche de l'eau dans le tube gradué (4). Le volume du mélange gazeux diminue par suite de la formation d'acide chlorhydrique qui est absorbé par l'eau du flacon (3), et cette eau étant protégée par le vernis noir qui couvre la partie inférieure du flacon, on n'a pas à craindre que les gaz qu'elle a absorbés à l'état libre ne se combinent pour former, de leur côté, de l'acide hydrochlorique, ce qui devrait troubler l'équilibre statique des gaz. Cet équilibre subsiste donc pendant toute la durée des expériences; en outre, la pression est maintenue constante, et l'influence du calorique rayonnant est écartée par un système d'écrans.

La première impression de la lumière sur le mélange sensible est accompagnée d'un phénomène singulier dont il sera encore question plus tard sous le nom de l'*induction photochimique*. Voici en quoi il consiste. L'action chimique ne se fait pas sentir tout d'un coup; elle est d'abord presque insensible, puis elle augmente graduellement, jusqu'à atteindre un maximum où elle se maintient ensuite. La même élévation graduelle de l'affinité du chlore et de l'hydrogène s'observe lorsqu'on remplace brusquement une lumière faible par une plus forte. Il faut donc toujours, si l'on veut obtenir des mesures comparables entre elles, attendre le moment où la marche du phénomène devient constante, ce qui n'a lieu généralement qu'au bout de plusieurs minutes. Alors les diminutions de volume sont sensiblement les mêmes pendant des intervalles de temps égaux, et elles peuvent servir à mesurer l'intensité de l'action photochimique.

La source de lumière employée pour les expériences était un bec de Scott, alimenté par une flamme de gaz d'éclairage ordinaire, haute de 10 centimètres, et cachée en partie par un écran avec ouverture circulaire.

Une série d'observations préliminaires ont montré que le gaz qui se développe ne peut plus servir à des mesures comparables, quand le liquide à décomposer ne contient plus que 23 au lieu de 30 centièmes d'acide. Avant d'obtenir les premiers effets constants, il faut qu'une grande quantité de gaz ait léché, pendant plusieurs jours, l'eau du flacon à insolation; l'action chimique finit alors par atteindre un maximum invariable, où elle se maintient dans toutes les expériences consécutives. Dans l'appareil de MM. Bunsen et Roscoe, cette phase ne se déclarait qu'après qu'on avait chassé plus de 6000 centimètres cubes de gaz à travers les tubes; l'on voit combien les préparatifs nécessaires à ces expériences étaient longs et fatigants. Mais, l'équilibre une fois atteint, l'appareil est prêt à servir pendant plusieurs mois; il ne lui faut plus, chaque jour, qu'une saturation de très-courte durée pour qu'il donne la mesure exacte de l'intensité des rayons chimiques. Mais ce qu'il faut surtout éviter avec soin, c'est l'accès de l'air dans l'eau des tubulures; une quantité d'air plus petite qu'un billionième de la masse totale des gaz altère complétement les indications de l'instrument. Un autre fait très-curieux, c'est que le mélange gazeux, arrivé au maximum de sensibilité, devient en même temps explosif au plus haut degré. Pour écarter autant que possible le calorique rayonnant, il faut que toutes les parties sensibles de l'appareil soient protégées par des écrans, et M. Bunsen a cru nécessaire, en outre, d'interposer une colonne d'eau de 9 centimètres entre la flamme éclairante et le flacon d'exposition.

Lorsque, dans le cours d'une expérience, on vient à exclure brusquement la lumière, il s'observe ordinairement encore un faible retrait du gaz pendant les premières secondes qui suivent ; ce phénomène est entièrement dû au refroidissement que le gaz éprouve par suite de l'interruption de la réaction chimique. Une action persistante de la lumière, après son exclusion, n'a point lieu.

Après avoir réussi, par une série de dispositions ingénieuses, à se procurer une flamme de dimensions rigoureusement constantes, les auteurs en ont d'abord profité pour s'assurer de la constance des indications de leur instrument. Voici les moyennes de six déterminations de l'intensité d'une flamme de 42 millimètres, faites pendant un intervalle de quinze jours :

Date.	Retrait en une minute.	Ecart de la moyenne.
11 juin.	14.00	+ 0.09
12 »	14.26	+ 0.35
13 »	13.80	— 0.11
19 »	13.83	— 0.08
21 »	13.88	— 0.03
26 »	13.71	— 0.20
	13.91	

Les observations qui ont été faites en plaçant la source de lumière à différentes distances de l'appareil, ont prouvé que l'action chimique de la flamme varie réellement en raison inverse du carré de la distance, ainsi qu'on devait s'y attendre.

Plusieurs analyses du gaz d'éclairage, employé à différentes époques, ont montré des variations dans sa composition qui, bien que relativement petites, devaient néanmoins faire considérer comme très-remarquable l'accord constant des mesures photochimiques fournies par cet appareil. Il paraît que l'action chimique de la flamme de gaz est due, en grande partie, à la calcination de l'élayle et du ditétryle (l'un et l'autre se trouvent dans le gaz d'éclairage dans la proportion d'environ 4 centièmes); ce sont les particules incandescentes de ces corps, et aussi, dans une certaine mesure, l'oxyde de carbone, qui communiquent à la flamme son pouvoir actinique. Les plus petites quantités de substances colorantes modifient d'ailleurs instantanément cette action ; mais les variations de la température ambiante, comprises entre les limites de 18 et 26 degrés cent., n'ont pas produit de changements plus grands que les erreurs d'observation inhérentes à ce genre d'expériences; et les oscillations ordinaires de la pression barométrique se sont montrées également négligeables.

. *Induction photochimique.* — L'affinité ou la force qui régit la combinaison chimique de deux corps est une quantité définie de nature déterminée; comme toutes les autres forces et comme la matière elle-même, elle ne saurait être ni détruite ni créée. On a donc tort de dire : Tel corps acquiert ou perd des affinités dans telles circonstances. En s'exprimant de la sorte, on veut dire que, dans un cas, les molécules matérielles peuvent céder à leur attraction réciproque, et que, dans d'autres cas, des forces opposées rendent cette combinaison impossible. Ces forces contraires peuvent s'assimiler à ces résistances qui se manifestent dans le frottement, dans le passage de l'électricité ou de la chaleur à travers les corps conducteurs, et dans la distribution du magnétisme de l'acier. Nous combattons des résistances de ce genre lorsque nous agitons un mélange pour hâter la précipitation, ou lorsque nous provoquons des réactions chimiques soit par une élévation de la température, soit par une influence catalytique, soit par l'insolation. A ces résistances correspond un pouvoir de combinaison dont la mesure est donnée par les quantités de matière qui s'unissent dans l'unité de temps sous l'influence de l'unité de force. L'acte par lequel la résistance chimique est diminuée et le pouvoir d'association augmenté, sera désigné par le mot *induction chimique*, et l'on parlera d'une induction *photochimique, thermochimique, électrochimique* ou *idiochimique,* selon que ce sera la lumière, la chaleur, l'électricité, ou une influence purement chimique par laquelle ce phénomène aura été déterminé.

Le mode d'action de l'affinité libre de toute résistance, ou la loi fondamentale qui préside aux manifestations de cette force, nous est encore entièrement inconnu. Sa découverte donnerait la solution du problème le plus important de la chimie. Sans doute, à en juger d'après l'état actuel de nos connaissances, la réalisation de cet espoir n'appartient qu'à un avenir fort éloigné ; mais l'on doit néanmoins, dès aujourd'hui, chercher des faits qui pourront servir de points de départ sur ce terrain encore si peu exploré. Ce sont surtout les rapports intimes par lesquels les phénomènes photochimiques se rattachent à cette grande question qui ont fait constamment l'objet de la préoccupation de nos deux savants chimistes.

Le fait que l'action de la lumière sur le mélange sensible n'a pas lieu d'emblée, mais par degrés successifs, n'a pas échappé à l'attention de M. Draper, en 1843. Mais il a cru devoir en chercher l'explication dans une modification allotropique du chlore, laquelle persisterait pendant un certain temps et aurait pour effet de rendre le chlore plus apte à entrer en combinaisons chimiques.

MM. Bunsen et Roscoe ont montré que cette hypothèse est erronée, et que la gradation lente des effets photochimiques est due à ce phénomène singulier qu'ils appellent induction chimique, et qui consiste dans la disparition plus ou moins prompte des résistances chimiques.

Pour s'en faire une idée nette, ils ont exécuté un grand nombre d'expériences avec des lumières d'intensités et de sources différentes. Le temps qui s'écoule entre le commencement de l'exposition et le maximum d'action s'est montré fort variable ; quelquefois, une minute a suffi pour produire un effet considérable ; dans d'autres cas, l'action n'a commencé à devenir visible qu'au bout de six minutes ; le maximum a été observé au bout de 3, 4, 5, jusqu'à 15 minutes.

Parmi les circonstances qui influent sur la durée de l'induction, il y a d'abord à considérer le volume du gaz exposé. L'induction est d'autant plus retardée que la colonne de gaz traversée par les rayons est plus considérable. Cette circonstance trouve son explication dans cette considération que les molécules insolées, pénétrant par diffusion dans les couches plus éloignées du gaz, y perdent leur activité par la diminution de la lumière dans ces couches.

La durée de l'induction dépend, en second lieu, de l'intensité de la lumière. Voici les résultats d'une série d'expériences :

1° Le temps nécessaire à la première manifestation de l'induction photochimique est abrégé par un accroissement de la lumière, mais il décroît plus rapidement que s'il était en raison inverse de l'intensité lumineuse ;

2° Le temps qui s'écoule jusqu'à ce que le maximum d'effet soit atteint, décroît aussi à mesure que la lumière augmente, mais dans une proportion beaucoup plus petite ;

3° La vitesse avec laquelle l'induction s'accroît augmente d'abord rapidement, atteint un maximum, et devient ensuite nulle lorsque l'effet commence à rester constant.

Après avoir établi ces lois, il a fallu examiner si l'activité que l'insolation communique aux deux gaz persiste encore après l'exclusion de la lumière, ou si elle est limitée au temps de l'exposition.

A cet effet, du gaz qui avait séjourné dans l'obscurité fut exposé à la lumière, et l'induction observée de 30 en 30 secondes jusqu'à la production du maximum ; puis l'on remit le gaz à l'abri de la radiation pendant un temps plus ou moins long, après quoi l'on recommença l'expérience. La conclusion de ces observations a été : 1° que la résistance chimique vaincue par la lumière se rétablit promptement dans l'obscurité ; 2° l'induction, détruite entièrement ou en partie seulement par l'obscurité, reprend sa marche ascendante au moment où la lumière recommence à agir, et toujours en suivant les lois déjà indiquées ; elle disparaît moins rapidement dans l'obscurité qu'elle n'augmente à la lumière.

La résistance chimique est donc surmontée par le rayonnement lumineux. Il y a, d'un autre côté, des circonstances qui peuvent l'accroître : telle est, par exemple, la présence d'une petite quantité de gaz étrangers dans le mélange sensible. Ainsi, un excès de 3 millièmes d'hydrogène sur la quantité normale de ce gaz réduit l'action à un tiers de ce qu'elle était.

Ces expériences étaient difficiles, parce qu'il ne suffit point d'ajouter simplement un peu de gaz étranger au mélange titré : il faut les développer ensemble et les chasser à travers l'appareil jusqu'à ce qu'il y ait équilibre d'absorption. Dès lors, on peut commencer les mesures.

Le genre d'action exercée par un faible excès d'hydrogène sur la sensibilité du mélange est évidemment un phénomène de contact, une action catalytique. Un effet encore plus prononcé s'observe avec l'oxygène ; la présence de 5 millièmes de ce gaz réduit l'action photochimique de 100 à 9.7, celle de 13 millièmes la réduit à 2.7. Un excès de chlore agit avec moins d'énergie : 10 et 180 millièmes de chlore ajoutés au mélange normal réduisent l'effet respectivement aux 60 et aux 41 centièmes. En examinant l'effet d'une faible impureté d'acide chlorhydrique gazeux dans leur mélange titré, les auteurs ont trouvé, heureusement pour l'exactitude de leurs expériences, que 13 dix-millièmes de ce gaz ne modifient pas les résultats d'une manière appréciable. L'addition de 6 millièmes de gaz normal non insolé au gaz déjà induit a fait descendre l'action de 100 à 55.

Un autre fait très-curieux, c'est que des impuretés si faibles qu'elles ne modifient point la valeur du maximum d'action, en retardent néanmoins l'arrivée, et que les mélanges imparfaitement purifiés perdent spontanément une partie de leur résistance chimique lorsqu'on les laisse pendant quelque temps à l'obscurité, de sorte qu'ils atteignent ensuite plus promptement le maximum d'effet. Plus le mélange est pur, moins cette modification spontanée se fait sentir ; la résistance chimique d'un mélange normal ne subit aucune altération dans l'obscurité. C'est là un phénomène qui rappelle l'action lente de l'élasticité dans un ressort déformé qui revient à sa forme primitive. La résistance chimique, exagérée par les impuretés, revient peu à peu à sa valeur normale.

Dans toutes ces expériences, nous retrouvons, sous sa forme la plus simple et la plus nette, la force catalytique, avec laquelle les phénomènes photochimiques sont en rapport si étroit. Cherchons d'abord à nous rendre compte de la véritable nature de ces actions que l'on comprend sous le nom de *catalyse*. Tous les chimistes sont d'accord sur ce point que les affinités ont leur origine dans certaines attractions spécifiques, en jeu entre les molécules de corps diversement constitués. Ces attractions ne cessent pas d'avoir lieu quand les atomes sont empêchés, par une cause ou par une autre, de leur céder, c'est-à-dire de se combiner. Imaginons deux atomes placés à une distance où leur attraction réciproque se fait sentir, et introduisons dans leur sphère d'action un troisième atome, qui agira, à son tour, sur les deux premiers. Il est clair que la direction de leur mouvement virtuel sera dès lors changée, puisqu'elle sera la résultante des forces en présence. La tendance de deux atomes l'un vers l'autre sera donc modifiée par le voisinage (ou par le contact) d'un troisième atome hétérogène.

Ce qu'on a voulu trouver d'inexplicable et de mystérieux dans les phénomènes catalytiques, c'est qu'une quantité très-faible de telle substance détermine la combinaison ou la dissociation d'une très-grande quantité de telle autre substance, sans rien perdre de sa force catalytique, fournissant ainsi du travail sans perdre de la chaleur ou de la force vive sous une forme quelconque. Mais ce paradoxe s'explique aisément si l'on veut bien examiner de plus près les circonstances qui accompagnent ces actions en apparence si bizarres.

Considérons un certain nombre d'atomes groupés autour d'une molécule active ; l'attraction de cette dernière s'ajoutant aux attractions en jeu entre les atomes, peut les modifier au point de provoquer la séparation de ces atomes ; là cesserait l'effet de la molécule active.

Mais si les atomes déjà séparés sont remplacés au fur et à mesure par des atomes composés, le même jeu se renouvellera indéfiniment. Le travail effectué par cette migration des atomes est précisément l'équivalent de celui absorbé par la catalyse ; il se traduit soit par la précipitation des atomes qui sont entraînés par leur pesanteur, soit par un dégagement de chaleur avec effervescence, soit par la diffusion capillaire des produits de la décomposition. Ces phénomènes rentrent donc dans les lois générales des réactions chimiques.

Jusqu'à ce jour, on n'avait pas encore de moyens précis de mesurer la part d'influence qu'il faut attribuer dans ces phénomènes à la masse ou à la nature des substances, au temps et à tant d'autres circonstances qui les accompagnent. Les recherches de MM. Bunsen et Roscoe ont enfin ouvert la voie et montré le chemin où il faudra s'engager pour étudier la catalyse en général.

On pourrait penser que l'induction photochimique s'expliquerait aussi par l'hypothèse que le chlore ou l'hydrogène, ou les deux gaz à la fois, subissent, par leur exposition à la lumière, une modification allotropique, analogue à celle que subit l'oxygène en passant à l'état d'ozone, en d'autres termes, qu'ils peuvent être doués alternativement de propriétés actives et passives. Si cette supposition était vraie, il faudrait que ces gaz, pris séparément, éprouvassent la même modification sous l'influence de la lumière. Or, l'expérience a prouvé le contraire. On a dégagé séparément les deux gaz et on les a fait passer par deux longs tubes de verre où ils étaient exposés soit à la lumière diffuse, soit à la radiation solaire ; après cette exposition, ils arrivaient ensemble dans l'appareil où ils devaient se combiner. L'on découvrait et couvrait tour à tour les tubes adducteurs de manière à faire arriver dans l'appareil tantôt des gaz insolés, tantôt des gaz vierges ; mais dans l'un et dans l'autre cas, l'induction observée a été sensiblement la même. On en conclura que la lumière ne modifie ni le chlore ni l'hydrogène, mais que ses effets s'étendent uniquement sur les forces en jeu entre les molécules chimiquement actives.

Comme toutes les courbes représentant la marche de l'induction offrent un maximum d'accroissement, auquel correspond un point d'inflexion, il était intéressant de chercher si cette propriété commune était particulière aux actions chimiques, ou si elle dépendait essentiellement du rôle qu'y jouait la lumière. MM. Bunsen et Roscoe ont fait, pour s'en assurer, quelques expériences sur l'induction idiochimique, où les effets sont déterminés par le jeu des affinités chimiques seules. Ils se sont servis, à cette fin, d'une solution aqueuse très-diluée de brôme, avec un peu d'acide tartrique ; on sait que cette solution, abandonnée à elle-même dans l'obscurité, subit une décomposition très-lente qui donne naissance à de l'acide bromhydrique. En déterminant, à plusieurs reprises, la quantité de brôme libre contenu dans le liquide, on pouvait suivre la marche de la réaction. Or, l'analyse a montré que les quantités d'acide formées en des temps égaux ne sont pas identiques, et les courbes qui représentent leur variation ressemblent à celles qui avaient été obtenues précédemment. D'où il sera permis de conclure que la forme commune de ces courbes n'est pas en rapport avec la lumière, mais qu'elle est due au mode d'action des affinités chimiques elles-mêmes.

Les lois de l'induction photochimique donneront la clef de certains phénomènes mystérieux sur lesquels sont basés les procédés photographiques. Il suffira de citer ici les remarquables observations de M. E. Becquerel, que l'on a cru devoir rapporter à l'existence de *rayons continuateurs*. Une plaque daguerrienne, commencée par une impression encore trop faible pour produire des effets visibles, acquiert la faculté de se développer complétement sous l'action d'une faible lumière uniforme. Ce phénomène s'explique très-bien par l'induction chimique, sans qu'il soit besoin de recourir à une nouvelle propriété de la lumière. L'induction photochimique *commence* les substances sensibles, elle les rend prêtes à s'altérer dans une mesure plus ou moins grande, suivant le degré d'insolation qu'elles ont subie.

Extinction des rayons. — Lorsqu'on cherche à se rendre compte de la nature des effets dont nous venons de nous occuper, on pourrait penser que la lumière détermine les combinaisons à la façon des agents catalytiques, sans rien perdre de sa force vive, par une simple rupture d'équilibre que sa présence amènerait entres les atomes d'un corps. Mais il n'en est pas ainsi. MM. Bunsen et Roscoe ont prouvé que dans les combinaisons photochimiques la lumière dépense un travail proportionnel à l'effet produit et qu'elle y perd l'équivalent de force vive.

Considérons les phénomènes qui se passent aux surfaces limites ou dans l'intérieur d'un milieu que traversent les rayons chimiques. L'on sait que certaines substances donnent un libre passage à ces rayons, tandis que d'autres les éteignent à peu près complétement ; parmi les premières, les substances *diachimanes* ou *diachimiques*, il faut compter surtout les milieux incolores ainsi que ceux de couleur bleue ou violette ; parmi les autres, les corps *achimanes*, on doit ranger la plupart des milieux opaques, rouges ou jaunes. Ces corps absorbent une grande partie des rayons lumineux doués de propriétés chimiques. La lumière absorbée donne naissance soit à des effets chimiques, soit à de la chaleur.

L'on sait que, pour un milieu donné, la quantité de rayons absorbés est toujours une fraction constante de l'intensité du faisceau incident ; cette loi a été encore vérifiée expérimentalement par les auteurs, dans le cas des rayons chimiques. D'un autre côté, l'on sait que l'absorption de la lumière croît dans une progression géométrique avec l'épaisseur des couches traversées. Le rapport E, qui exprime la fraction de la lumière incidente qui émerge après avoir traversé une couche d'épaisseur e, sera donné par l'équation

$$E = 10^{-ae},$$

d'où l'on tire la valeur de la constante a :

$$a = -\frac{1}{e} \log E.$$

Cette constante sera appelée le *coefficient d'extinction* du milieu donné. Elle est égale à l'unité divisée par l'épaisseur pour laquelle la lumière émergente se réduit à un dixième de la lumière incidente ; car en faisant $E = 0.1$, l'on trouve $a = \frac{1}{e}$. Quand il s'agit de déterminer ce coefficient pour un gaz, il ne faut pas oublier que les plaques de verre entre lesquelles on est obligé d'enfermer les gaz, exercent, de leur côté, une certaine absorption sur la lumière qui les traverse, et qu'en outre elles en font perdre une partie aliquote par réflexion. En désignant par r le coefficient de réflexion du verre, la fraction de lumière transmise par une plaque d'épaisseur e sera

$$E = (1 - r)^2 . 10^{-ae},$$

et l'on pourra déterminer les deux constantes a et r pour un verre donné, en mesurant les intensités de la lumière incidente et de la lumière transmise (dont le rapport est E) pour deux plaques d'épaisseurs différentes. En opérant sur des plaques de crown, les auteurs ont trouvé que 5 pour 100 des rayons chimiques émanés d'une flamme de gaz d'éclairage et tombés d'aplomb sur les plaques, se perdaient dans l'acte de la première réflexion, ce qui donne $r = 0.05$ pour le crown ; et que les neuf dixièmes auraient été absorbés si ces rayons avaient traversé une plaque de 160 millimètres d'épaisseur, d'où $a = \frac{1}{160} = 0.0062$. Mais les plaques employées dans les expériences sur les gaz n'avaient que 0.3 millimètres, elles ne pouvaient donc éteindre que 0.4 pour 100 de la lumière, c'est-à-dire une fraction insensible.

La formule $\dfrac{1 - r}{1 + (2n - 1) r}$,

qui exprime la fraction de lumière transmise par n plaques successives, donnerait dans le cas actuel 0.823 pour deux plaques dont le coefficient de réflexion serait 0.05. Des expériences directes ayant donné pour cette fraction la valeur 0.800, les auteurs ont adopté le chiffre moyen 0.811.

Si les milieux transparents que la lumière vient à traverser successivement ne possèdent pas le même pouvoir réfléchissant, l'ordre dans lequel ils se succéderont ne sera pas indifférent pour la quantité de lumière transmise.

Un exemple fera mieux comprendre l'effet du mode d'arrangement des milieux. La lumière traversant simplement deux plaques parallèles de verre, sera réduite, par les quatre réflexions qu'elle subit, dans le rapport de 1 à $(1 - r)^4$, en désignant par r le coefficient de réflexion du verre dans l'air. Les deux verres étant séparés par une couche d'eau, la réduction sera donnée par $(1 - r)^2 (1 - r')^2$, où r' est le coefficient de réflexion entre l'eau et le verre. Mais quand l'eau sera placée au-dessus du premier verre, les deux plaques étant séparées par une couche d'air, la lumière transmise sera $(1 - r'') (1 - r') (1 - r)^3$, où r'' signifie le coefficient de réflexion entre l'eau et l'air. L'on voit donc que la quantité transmise dépend de l'ordre dans lequel se succèdent les milieux.

Pour tenir compte de l'extinction de la lumière dans l'intérieur des milieux, on n'aura qu'à introduire des multiplicateurs de la forme 10^{-ca}, comme nous l'avons déjà expliqué. La mesure des intensités du faisceau incident et du faisceau transmis fournit alors la constante a pour le milieu employé. Pour l'eau, ce coefficient s'est trouvé au-dessous de 0.001, on pouvait donc négliger l'extinction exercée par des colonnes d'eau dont la longueur ne dépassait pas 8 centimètres (1).

Il est bon de remarquer ici qu'il existe une relation fort simple entre le coefficient de réflexion r et l'indice de réfraction n, laquelle permet de déduire directement l'un de l'autre. Cette relation assez connue est

$$r = \left(\frac{n-1}{n+1}\right)^2,$$

en supposant toujours que r se rapporte à une incidence perpendiculaire. Cette formule donne, par exemple, $r' = 0.00626$ pour l'eau et le crown, au moyen de la valeur $n = 1.1718$; et d'un autre côté, $n = 1.583$ pour le crown et l'air, au moyen de la valeur observée $r = 0.05$. Le coefficient n doit être rapporté ici aux rayons violets, qui jouent un rôle particulier dans les effets chimiques.

Par le même procédé, on pourra déterminer le pouvoir réfringent de toutes les substances que l'on pourra se procurer en plaques assez minces pour qu'elles n'exercent pas d'extinction sensible sur les rayons. MM. Bunsen et Roscoe ont trouvé ainsi, avec le mica d'Amérique ou à un axe, $r = 0.1017$ et, par suite, $n = 1.936$, pour les rayons chimiques d'une flamme de gaz de houille. .

Un autre élément important, dans la recherche de l'extinction photochimique, est la loi suivant laquelle la constante optique de l'extinction varie avec la densité du milieu absorbant. L'expérience a prouvé que la quantité des rayons chimiques absorbée varie proportionnellement à la densité du milieu qu'ils traversent.

Nous pouvons maintenant aborder la question que nous avons posée plus haut. Dans la combinaison du chlore avec l'hydrogène, déterminée par la lumière, les rayons chimiques perdus sont-ils proportionnels à la quantité d'acide chlorhydrique qui prend naissance ?

Pour résoudre cette question, il a fallu d'abord connaître le coefficient d'extinction du chlore pur relatif à la radiation d'une flamme de gaz de houille. Le gaz-chlore qui a servi à ces expériences fut préparé avec du chromate de potasse et de l'acide hydrochlorique, puis lavé, séché et chassé par les tubes jusqu'à ce que toute trace d'air eût disparu. L'intensité de la lumière a été mesurée avant et après l'insertion des cylindres de chlore dans son trajet; et on a déduit le coefficient d'extinction, en tenant toujours compte de la perte causée par la réflexion sur les plaques de verre. Une série d'observations a donné 172 milli-

(1) Ce résultat s'accorde avec celui que M. Miller a obtenu dans ses expériences sur la transparence chimique des différents corps. Voir le *Moniteur scientifique* du 1er novembre 1862, p. 692.

mètres pour l'épaisseur de chlore, réduite à 0° C. et à 760 millimètres de pression, à travers laquelle la lumière doit passer pour que son intensité chimique soit réduite au dixième de ce qu'elle était.

Une autre série de déterminations a été faite avec du chlore dilué dans l'air, pour vérifier si réellement l'absorption varie dans le rapport de la densité du gaz et si, par conséquent, la réduction à zéro est justifiée. La quantité de chlore contenue dans un mélange a été toujours évaluée par les procédés de l'analyse volumétrique. Une moyenne de six expériences a donné pour le nombre précité 174 millimètres. La proportionnalité existait donc, et l'on a adopté le chiffre moyen 173 millimètres, qui donne $a = \dfrac{1}{173} = 0.00577$. Tous ces nombres ne sont que des données approximatives, parce qu'ils se rapportent à un ensemble de rayons de réfrangibilités différentes.

Si maintenant il n'y a point de lumière dépensée dans l'acte de la combinaison photochimique, la valeur trouvée du coefficient d'extinction doit rester la même, lorsqu'au chlore pur on substitue le mélange explosif de chlore et d'hydrogène (1). Si, au contraire, la lumière n'est pas seulement absorbée optiquement, mais qu'une certaine partie en soit employée à produire l'action chimique, l'expérience doit fournir une plus grande valeur de ce coefficient. Pour résoudre cette question, il pourrait sembler, au premier abord, qu'on n'aurait qu'à mesurer le coefficient d'extinction d'un mélange de chlore et d'hydrogène enfermé dans un cylindre comme on l'a fait dans le cas du chlore pur. Mais en procédant de la sorte, il serait impossible de fixer le moment où le mélange aurait atteint son maximum de sensibilité. Les auteurs ont donc préféré s'en tenir à leur premier appareil, en y remplaçant seulement le flacon d'insolation par un tube horizontal long de 25 centimètres et large de 15 millimètres, dans lequel on pouvait avancer ou reculer une tige de verre graduée; cette tige portait à son extrémité une sorte de petit disque tronqué, en verre noirci, qui fermait le tube au-dessus du niveau de l'eau qu'il contenait, de manière à diviser les gaz dans ce tube en deux parties, l'une à l'abri des rayons, l'autre exposée. Avant de commencer les mesures, la masse totale de ces gaz était induite en faisant tomber sur le tube horizontal la lumière diffuse d'une fenêtre ouverte; quand l'induction avait atteint son maximum, on rétablissait l'obscurité et l'on approchait de la face antérieure du tube la flamme de gaz dont les rayons le traversaient alors parallèlement à sa longueur. L'action chimique peut, dans ce cas, être considérée comme proportionnelle à l'intensité actuelle de la lumière dans chaque couche verticale du gaz, c'est-à-dire à un facteur de la forme 10^{-ae}, et l'on en déduit pour la somme totale des actions chimiques exercées dans une colonne de longueur h, l'expression :

$$L\,(1-10^{-ah}),$$

où L est une fraction constante de la lumière incidente, et a le coefficient d'extinction. Deux observations faites sur deux colonnes de longueur différente fournissent évidemment le moyen de calculer a, par le rapport des effets chimiques produits dans les deux cas.

Les expériences conduites dans ce sens ont donné, après la réduction à zéro, $a = 0.00427$, d'où l'on conclut qu'une colonne du mélange sensible, à 0°C et à 0ᵐ760, doit avoir une longueur de 234 millim. pour que la lumière chimique y soit éteinte à 1 dixième près. Dans un mélange de chlore, avec un égal volume d'un gaz neutre tel que l'air, une extinction aussi forte ne s'exercerait qu'à une profondeur de deux fois 173, ou 346 millimètres. On en conclut *que pour une quantité donnée d'action chimique produite au sein d'un mélange de gaz, il y a absorption ou extinction d'une quantité équivalente de lumière.*

(1) Ou plutôt elle doit se réduire à la moitié, puisque le mélange avec un volume égal d'hydrogène diminue la densité du chlore dans le rapport de 2 à 1. L'hydrogène ne compte pas comme absorbant ; ce gaz, comme aussi l'air, l'azote, l'acide carbonique, l'oxyde de carbone, ne manifeste aucun pouvoir absorbant pour les rayons chimiques, d'après M. Allen Miller.

Le coefficient d'extinction du mélange type de chlore et d'hydrogène, à son maximum d'induction, était 0.00427; sans l'action chimique, il aurait été $\frac{1}{346} = 0.00289$; la différence 0.00138 représente l'extinction chimique. Si elle agissait seule, la lumière ne serait réduite au dixième qu'à une profondeur de 723 millimètres, tandis que l'extinction optique produirait cet effet à 346 millimètres; les deux lames ensemble le produisent déjà à 234 millimètres.

Il y avait un grand intérêt à répéter ces expériences avec des rayons émanés d'autres sources. On a choisi pour ce but la lumière diffuse du zénit, par un ciel sans nuages. Les rayons étaient réfléchis par un miroir qui les envoyait à travers un tube de 2 mètres de long et de 60 centimètres de diamètre. Ces expériences furent d'abord exécutées dans la matinée, entre neuf heures et midi (dans les premiers jours du mois d'août 1856); elles ont donné 0.0219 pour le coefficient d'extinction dans le chlore pur, et 0.0136 dans le mélange explosif; l'extinction chimique y était donc 0.00265. A ces chiffres correspondent les longueurs 46 mill., 74 mill. et 377 millim. des colonnes nécessaires pour réduire la lumière au dixième. Ce résultat prouve que la lumière du matin, réfléchie du zénit, est beaucoup plus facilement éteinte par le chlore que la lumière du gaz d'éclairage.

Il était naturel de penser que les propriétés de la lumière diffuse doivent varier avec la saison et avec l'heure du jour. Cette conjecture s'est pleinement vérifiée. Des observations faites avec la lumière diffuse du soir (le 15 septembre 1856, entre 3 heures et 3 heures 30 m.), par un ciel également pur, ont donné $a = 0.05076$ pour le chlore seul, c'est-à-dire une absorption plus que double de celle qui avait lieu le 4 août au matin. Avec le mélange sensible, on avait trouvé, dans la soirée du 2 août, $a = 0.01743$. Les longueurs $\frac{1}{a}$ qui en résultent sont 19.7 et 57.4. L'épaisseur de chlore à zéro de température et à 760 mill. de pression, que la lumière doit traverser pour être réduite, par extinction optique, au dixième de son intensité primitive, est donc :

Pour la flamme du gaz d'éclairage......... 173 millim.
Pour la lumière zénitale du matin.......... 46
Pour la lumière zénitale du soir.......... 20

L'épaisseur de gaz hydrogène chloré, qui produirait le même effet par extinction chimique, serait :

Pour la flamme de gaz d'éclairage......... 723 mill.
Pour la lumière zénithale du matin........ 377

On n'a pas pu déduire le nombre correspondant pour la lumière du matin, parce que les deux observations précitées ne sont pas comparables entre elles, n'ayant pas été faites à la même époque; en effet, elles donneraient une valeur négative pour l'extinction chimique.

On voit par là que les rayons chimiques de l'atmosphère diffèrent, selon l'époque de l'année et l'heure du jour, non-seulement en quantité, mais encore en qualité; ils offrent des variations analogues à celles d'une coloration changeante. Si la nature nous avait doté d'un moyen de discerner les rayons invisibles en les revêtant de couleurs diverses, nous verrions les teintes roses du matin passer, dans le cours de la journée, par toutes les nuances pour se perdre enfin dans les teintes chaudes du soir.

Il ne faudra rien moins qu'une série longue et continue d'observations pour nous mettre à même d'apprécier l'influence que ces variations qualitatives des rayons chimiques de la lumière diffuse du jour exercent sur les phénomènes photochimiques de la végétation (1).

Mais ce qui ferait prévoir que cette influence est très-considérable, c'est l'importance capitale de ces variations de la lumière dans un autre ordre de phénomènes photochimiques. Il nous suffira de citer ici le fait bien connu de tous les photographes que l'intensité de la

____

(1) Quelques expériences ont été faites dans cette voie par M. Baudrimont, en 1862.

lumière évaluée photométriquement ne donne point la mesure du temps nécessaire à la production d'une bonne épreuve, et qu'on évite toujours d'opérer à la lumière du soir, même lorsqu'il fait plus clair le soir qu'au matin.

Ici se terminent les travaux de la période ancienne ; dans une prochaine livraison, nous analyserons les travaux publiés à partir de l'année 1862.

R. Radau,
Paris, 18, rue de Varenne.

REVUE D'ASTRONOMIE.

Nouvelles planètes. — Depuis notre dernière revue d'astronomie, le nombre des petites planètes connues entre Mars et Jupiter s'est augmenté de deux nouvelles trouvailles. M. C.-H.-F. Peters, directeur de l'Observatoire de Hamilton-Collège, à Clinton (États-Unis), a découvert le 77ᵉ astéroïde, le 12 novembre 1862. Cette planète, et la 75ᵉ, découverte par le même astronome, n'ont pas encore reçu de nom. La planète (77) n'a d'ailleurs pu être observée que fort incomplètement. M. Peters ne l'a revue que les 15 et 24 novembre, à cause du mauvais temps. Elle était alors dans la constellation des Poissons, tout près du point vernal ; son éclat égalait celui d'une étoile de douzième grandeur.

La 78ᵉ petite planète a été découverte par M. Robert Luther, le 15 mars dernier, après minuit, dans la constellation de la Vierge. Elle ressemblait à une étoile de dixième grandeur. Comme les deux dernières planètes de M. Luther avaient reçu les noms de Niobé et de Léto, on a donné à celle-ci le nom de *Diana,* qui joue un rôle si terrible dans le mythe de Niobé, l'infortunée rivale de la déesse Léto ou Latone. M. Luther, soit dit *en passant* (nous nous servirons de ce mot français tout comme M. Airy), s'est fait le juge et le contrôleur de tous les baptêmes de planètes ; il vérifie, le *Gradus ad Parnassum* à la main, si les noms proposés ont trente siècles de classicisme et treize quartiers de noblesse olympienne, ce qui ne l'empêche pas d'être un excellent astronome sous tous les rapports.

La planète Mars. — Aucune planète ne peut être comparée avec Mars dans ses variations excessives d'éclat, dues à ce que ses distances à la terre changent considérablement d'une époque à l'autre. La moindre valeur de son diamètre apparent, immédiatement après une conjonction avec le soleil, est de 3 secondes environ ; la plus grande, qui correspond à une opposition, est de 23 ou 24 secondes. Le diamètre moyen, c'est-à-dire celui que la planète offrirait à l'unité de distance, est de 9 secondes. La largeur angulaire du disque de Mars varie donc dans le rapport de 1 à 7, la surface apparente dans le rapport de 1 à 50. Les maxima correspondent aux oppositions de la planète avec le soleil, et il s'ensuit que ces époques sont les plus favorables à l'étude physique de cet astre. Il passe alors au méridien à minuit, et son disque paraît parfaitement rond, sans phase aucune. C'est alors que l'on peut le dessiner à son aise.

L'opposition de Mars, qui a eu lieu en septembre 1862, avait été attendue avec une certaine impatience par les astronomes en possession de grandes lunettes, non-seulement parce qu'elle promettait une riche moisson d'observations physiques, mais encore parce qu'on espérait l'utiliser pour la détermination de la parallaxe solaire, par un procédé de mesures qu'il serait trop long d'expliquer ici. Cet espoir ne s'est réalisé que très-imparfaitement ; les observations nécessaires n'ont pu être faites qu'à Greenwich ; au cap de Bonne-Espérance, où M. Maclear devait effectuer les observations correspondantes qu'exige la méthode de M. Airy, le mauvais temps a empêché la partie la plus importante des opérations. En revanche, les astronomes de l'Europe ont largement profité de cette occasion pour se procurer des notions plus exactes sur la constitution physique de la planète.

M. Robert Main a fait, avec l'héliomètre de l'Observatoire Radcliffe (à Oxford) dix-huit séries de mesures des diamètres équatorial et polaire de Mars, dans le but d'en déterminer à nouveau l'ellipticité. Il a trouvé 1/39 pour valeur·moyenne de l'aplatissement de Mars, au lieu de 1/62, qu'il avait trouvé autrefois; Herschel avait donné pour ce rapport 1/16; Schroeter, 1/80; Arago, 1/30; Bessel niait l'aplatissement de Mars. L'accord des résultats isolés, obtenus cette fois par M. Main, laisse d'ailleurs encore à désirer.

Un grand nombre d'autres astronomes anglais ont utilisé la dernière opposition, avec plus de succès, pour dessiner la surface de Mars. MM. Grove, Joynson et Lassell ont envoyé des croquis de la planète à la Société astronomique de Londres. M. Lockyer prépare un mémoire sur le même sujet; il nous écrit que ses observations personnelles lui ont fourni des matériaux suffisants pour dresser une carte de l'hémisphère sud et des régions équatoriales de la planète, en même temps que M. Dawes pourra, au moyen des beaux dessins, encore inédits, qu'il a exécutés il y a quelques années, représenter d'une manière exacte l'hémisphère boréal. M. Phillips, d'Oxford, a présenté à la Société royale, dans sa séance du 12 février, une série de dessins formée par la combinaison de ses propres observations avec quelques-unes des autres astronomes, et destinée à mettre en évidence les phénomènes que Mars a offerts pendant toute la durée de sa proximité par rapport à la terre. Sa position a été telle qu'on a pu voir distinctement le cercle entier de neige qui entoure le pôle sud de l'astre, et le contour en était si nettement défini que l'on voyait qu'il se terminait par un escarpement. Les neiges de l'hémisphère nord ne s'apercevaient que comme une faible lueur. Tout semblait indiquer que les centres des calottes blanches ne sont pas situés sur un même diamètre. La région équatoriale est occupée par une large ceinture verdâtre, avec des baies profondes et des parties rentrantes, qui font croire que cette ceinture est un amas d'eau. L'on voit surgir sur un de ses points une île, offrant la même teinte rougeâtre que les deux continents au-dessus et au-dessous de la bande équatoriale. Dans la même soirée, M. Nasmyth montrait ses dessins très-agrandis de Mars, tel qu'il l'a observé avec son grand télescope. Nous avons vu de très-belles images stéréoscopiques de cet astre l'année dernière; c'étaient des combinaisons de deux photographies, obtenues en 1860 par M. Warren de la Rue, à Cranford.

Lors de l'opposition d'avril 1856, le P. Secchi, directeur de l'Observatoire du collège des Jésuites à Rome, voyait distinctement les deux taches neigeuses des régions polaires, et il constatait aussi que leurs centres ne coïncidaient pas avec les deux pôles de rotation de la planète. Ces deux glacières diminuaient à vue d'œil lorsqu'elles se trouvaient exposées aux rayons solaires, et elles augmentaient, au contraire, d'étendue et d'éclat lorsqu'elles échappaient à la radiation directe. Les taches sombres de formes diverses que les lunettes font découvrir sur le disque de Mars, sont plutôt fixes et paraissent faire partie de sa surface, mais elles varient d'aspect comme le feraient nos forêts vues en deux saisons différentes ou sous des latitudes très-diverses. Pendant l'été de 1858, le P. Secchi a profité de l'opposition qui eut lieu au mois de mai, pour faire une série de dessins détaillés de Mars, à l'aide du grand réfracteur de Rome; les couleurs des taches y paraissent très-variées : il y en a qui sont rouges, d'autres qui sont bleues, jaunes, verdâtres ou blanches.

C'est Maraldi qui a signalé le premier, en 1719, les changements que subissent les taches polaires de Mars. Herschel les a étudiées avec un soin infini et les a expliquées par l'hypothèse qu'elles sont des amas de glace et de neige. Dans les *Philosophical Transactions* de 1784 (vol. LXXIV, p. 273), il raconte qu'il a vu, en 1781, la tache australe extrêmement large, tandis que la tache opposée se montra petite, quoiqu'elle semblât peu à peu augmenter d'étendue; la première avait été pendant douze mois privée de la lumière du soleil; l'autre, au contraire, avait été insolée pendant une durée de temps égale. En 1783, la tache du pôle sud avait déjà considérablement diminué, et elle alla en se rétrécissant jusqu'au mois de septembre, où elle devint stationnaire; à cette époque, elle avait été exposée au soleil pendant plus de huit mois, mais à la fin elle recevait les rayons dans une direction si oblique qu'elle ne pouvait en éprouver que très-peu d'effet. Le rapprochement entre ces faits et ceux que présentent nos glaciers était manifeste, et Herschel ne manqua pas de le faire.

Maraldi a aussi observé le premier que les taches polaires forment des protubérances ou aspérités du disque de Mars. Nous rapporterons à ce propos une observation plus récente, curieuse sous plus d'un rapport. Dans le mois de juin 1839, le prince Louis-Napoléon et M. Antoine d'Abbadie, étant à Londres chez sir James South, observèrent ensemble les calottes glacées de Mars, et ils en firent un dessin que sir James voulut conserver. Voici ce que M. d'Abbadie écrivit à ce sujet à feu M. Adhémar, sous la date du 15 juin 1856 :

« Mon cher professeur, quand j'allai en Angleterre l'an dernier, j'y vis à votre intention sir James South. Sa femme était morte, et depuis il n'avait pas mis le pied dans son observatoire. Il y entra néanmoins avec moi, et nous cherchâmes la note signée NAPOLÉON III (en juin 1839), avec mon croquis, conforme à l'observation, et qui représentait la planète Mars pointue d'un côté : ô. Cette note a dû être faite sur papier libre. Nous ne la retrouvâmes point, et nous pûmes seulement constater, par les signatures dans le registre des observations, que j'avais bien indiquée la date... »

La planète Saturne. — En observant Saturne pendant les mois de mai et de juin 1862, avec le grand réfracteur de Poulkova, MM. Struve et Winnecke ont aperçu, à différentes reprises, des nuages ou appendices lumineux sur les deux anses de l'anneau. M. Carpenter, qui a fait des observations simultanées à Greenwich, n'a rien vu de semblable; mais les notes des deux astronomes russes sont si précises qu'elles ne laissent pas place au moindre doute.

« Le 15 mai, dit le *Journal des observations*, la ligne des anses est parfaitement visible; le côté nord est le plus brillant et le mieux défini; du côté sud, au contraire, il semble qu'il y ait des nuages d'une lumière moins intense, étalés sur l'anse de l'anneau. Sur le corps de la planète, on aperçoit l'anneau obscur, mais non pas les nuages en question. » Le phénomène a été vu encore les 19, 20, 21, 22 mai et 3 juin. La coloration des appendices différait de la teinte ordinaire de l'anneau, ils n'étaient pas jaunes, mais d'une couleur livide brun et bleu. Leur étendue, des deux côtés de Saturne, variait entre les 3 et 6 dixièmes de son diamètre; ils s'élevaient en hauteur vers le corps de la planète, de manière à présenter l'aspect de deux coins. Il est à remarquer, du reste, que l'anneau aurait dû être invisible à partir du 18 mai, parce que le soleil se trouvait alors dans le prolongement de son plan, et ne l'éclairait plus que par la tranche.

En décembre 1861 et janvier 1862, M. William Wray avait déjà observé, avec un sept-pouces, une très-faible lumière, qui s'étendait des deux côtés de Saturne jusqu'au premier tiers de l'anneau lumineux; ce filet de lumière offrait une teinte blanc bleuâtre. Il est possible que cette observation se rapporte au phénomène si remarquable constaté par les astronomes de Poulkova. Dans les cent vingt magnifiques dessins de Saturne que renferme le deuxième volume des *Annales de Harvard-Collège*, et qui sont dus à feu William-Cranch Bond, nous n'avons pu rien découvrir de semblable.

Il y a dix ans, M. James Nasmyth présenta à la Société astronomique de Londres une note très-intéressante sur la condition actuelle des planètes Saturne et Jupiter. Il y émit l'opinion que ces deux grosses planètes sont encore loin de l'état de refroidissement superficiel où se trouve la terre, et que leurs eaux doivent être encore en suspension dans les atmosphères qui les enveloppent et qui nous cachent leur surface solide. Les vapeurs qui voilent Saturne, dit l'astronome anglais, pourraient bien de temps en temps se transporter vers les anneaux et s'y condenser sous forme de frimas, qui émaillerait le bord intérieur du premier anneau : cela expliquerait la blancheur remarquable de cette région.

Les comètes. — La seconde des deux comètes, découvertes par M. Bruhns dans les premiers jours du mois de décembre, porte la désignation de la troisième comète de 1862, parce qu'elle a été observée dès le 30 novembre par M. Respighi. Elle s'est perdue bientôt dans les régions australes du ciel; mais l'on pouvait espérer la revoir au mois de février, puisqu'elle traversait alors de nouveau le plan de l'écliptique pour s'élever vers l'équateur. On aurait pu l'observer avant le lever du soleil; mais il paraît que les astronomes ont dédaigné cette fatigue matinale. M. Tempel seul nous écrit qu'il a cherché cet astre le 26 février, à quatre heures du matin, sans succès, il est vrai. En revanche, il a vu une petite nébulosité dans la constellation de Pégase, à gauche du Dauphin; l'aube naissante l'a empêché d'en faire un dessin. C'était, d'après la position indiquée, la première comète de M. Bruhns, celle qui devrait être désignée comme la quatrième comète de 1862, et à laquelle on a donné, à tort, ce nous semble, le nom de *comète première de* 1863, parce qu'elle passe à son périhélie en 1863. On a pu l'observer à Vienne encore le 18 février, et peut-être même jusqu'au mois de mars.

Pour la fin de cette année, on attend plusieurs comètes périodiques, et les astronomes se préparent déjà à leur faire une réception digne d'hôtes aussi distingués. M. Villarceau a calculé d'avance les éphémérides de la comète de d'Arrest, dont la période est de sept ans. Son éclat, au commencement d'août 1863, ne sera qu'un dixième de celui qu'elle offrit quand M. Maclear cessa de l'observer au Cap, en janvier 1858. Il est donc peu probable que l'on puisse l'apercevoir déjà à cette époque. Le 13 mars 1864, son éclat ira jusqu'aux deux tiers de l'éclat de janvier 1858, la comète sera alors assez visible, avant le lever du soleil, pour les puissantes lunettes dont disposent quelques-uns de nos observatoires. La lunette de M. Maclear n'a que sept pouces d'ouverture.

M. Hensel, conseiller près le tribunal de Dresde, a discuté les perturbations de la comète périodique de Winnecke, dont deux apparitions ont été observées en 1819 et en 1858. Son temps de révolution est de cinq ans et demi à peu près, mais les perturbations le modifient toujours un peu d'une apparition à l'autre. Aux mois d'octobre et de novembre prochain, la comète restera toujours très-près de l'écliptique, sur laquelle son orbite n'est inclinée que de 11 degrés. Le 23 octobre, elle suivra le soleil d'environ 17 degrés, le 15 novembre d'environ 27 degrés. Elle se couchera donc, à cette époque, plus d'une heure après l'astre du jour. C'est vers le 5 novembre qu'elle atteint, cette fois, son périhélie, situé à peu de distance du nœud descendant, et à peu de distance aussi de l'orbite de la terre. Mais c'est surtout de l'orbite de Vénus que la comète peut approcher de très-près : ce qui ne veut pas dire qu'elle s'approche de Vénus elle-même, car le 5 novembre cette planète se trouvera à 150 degrés du point menacé de son orbite, et elle en sera également éloignée pendant un grand nombre d'apparitions futures de la même comète, puisqu'elle fait presque exactement neuf révolutions autour du soleil pendant une révolution de la comète. Pendant l'année 1871, l'astre chevelu se rapprochera beaucoup de Jupiter et en éprouvera de fortes perturbations. En juillet 1869, il sera très-voisin de la terre.

Le célèbre physicien suédois Angstroem a publié récemment, dans les *Actes de la Société royale d'Upsal*, un travail très-intéressant sur les inégalités périodiques de la grande comète de Halley, dont le retour est attendu pour 1913, dans cinquante ans d'ici. Treize révolutions moyennes de cet astre se font exactement en mille ans, si l'on veut s'en rapporter aux vingt-cinq apparitions anciennes dont M. Rind a réussi à préciser les dates, en remontant jusqu'à l'an 10 avant Jésus-Christ. Mais les révolutions réelles, c'est-à-dire les durées de temps qui s'écoulent entre deux apparitions successives de la comète, varient beaucoup par l'effet des perturbations planétaires. Si l'on voulait calculer l'époque de telle apparition, en ajoutant à l'une des apparitions observées un certain nombre de fois la durée de la révolution moyenne, on pourrait commettre des erreurs qui s'élèveraient à quatre ans en plus ou en moins. M. Angstroem a eu l'heureuse idée de représenter, par un tracé graphique, la loi de ces erreurs, ou, pour mieux dire, de ces excès des apparitions réelles sur les apparitions moyennes, et il a trouvé que l'on peut les expliquer par une action périodique des planètes Saturne et Jupiter. Ayant alors réduit en formules ces résultats graphiques, il a obtenu, de la manière la plus simple, la valeur de l'inégalité périodique qu'il faut ajouter aux apparitions moyennes de la comète de Halley, pour les ramener à la réalité ; c'est une quantité analogue à l'équation du temps, par laquelle on ramène le temps solaire vrai au temps moyen et réciproquement. Seulement, la période de cette équation du temps solaire est d'une année, tandis que les périodes des inégalités de la comète de Halley se sont trouvées être de 782 et de 2,650 années. Ces inégalités surpassent en grandeur et en durée de la période toutes celles que l'on connait dans les mouvements planétaires.

Les étoiles. — La découverte qui a fait le plus de sensation dans ces derniers temps, et qui, si elle se confirme, sera une véritable gloire pour son auteur, est celle des six satellites de Sirius, que M. Goldschmidt a communiquée à l'Académie le 9 mars. Pour l'exiguïté des moyens optiques dont dispose l'ingénieux peintre-astronome, cette découverte frisait l'impossible. Avec sa lunette de moins de 4 pouces d'ouverture, installée tant bien que mal dans l'appartement qu'il habite rue de Seine, l'infatigable chercheur suivait depuis quelque temps, toutes les nuits que l'état du ciel le permettait, la brillante étoile du Grand-Chien, qui se trouvait à cette époque assez favorablement située pour l'observation. Au moyen de précautions infinies, en aiguisant graduellement sa vue par un exercice incessant et par une contention presque désespérée, en n'explorant les environs de l'étoile qu'aux moments où elle se cachait derrière un gros fil tendu en travers du champ de sa lunette, M. Goldschmidt voulait parvenir à voir lui aussi le satellite ou compagnon de Sirius que Bessel avait deviné par la théorie, dont M. Peters avait calculé l'orbite, et que le célèbre Américain Alvan Clark avait finalement découvert, à l'aide d'un admirable objectif de 18 pouces et demi, qui vient d'être acheté par la nouvelle Association astronomique de Chicago (Illinois), au prix de 60,000 fr. (il coûtera encore autant à monter). Cet objectif fournissait 22 fois plus de lumière que le pauvre instrument de M. Goldschmidt! Mais ce ne sont pas les grandes lunettes qui font les grands astronomes. A la fin de février, M. Goldschmidt a eu pour la première fois le bonheur d'entrevoir comme un éclair un point lumineux à l'endroit où devait se montrer le fameux satellite, et en même temps, ô surprise! il vit reluire un instant tout un cortége de petites étoiles du même ordre à l'entour de Sirius. Depuis, le mauvais temps ne lui permit que très-peu de fois de retourner à sa lunette ; cependant il se crut bientôt assez sûr de son fait pour l'annoncer, et il avait même pu faire une esquisse des positions relatives des six satellites observés par lui. Leurs distances à Sirius sont entre 10 et 60 secondes d'arc. Quatre de ces compagnons, parmi lesquels celui de Clark (B dans notre figure), se trouvent très-près de l'étoile principale, les deux autres s'en éloignent un peu plus. La position du satellite C répond à un angle de position de 95 degrés environ. Tous se trouvent du côté gauche de Sirius (image réelle), ou du côté droit dans la lunette. Notre figure se rapporte à l'image renversée que donne la lunette.

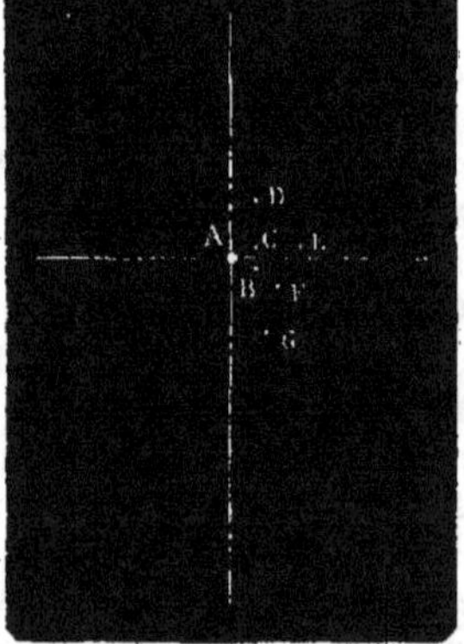

Ainsi, au lieu d'une planète, Sirius en aurait tout un cortége, à l'instar du soleil ; et la théorie, qui avait prédit au moins un de ces corps célestes, est certainement l'un des plus beaux triomphes de la science humaine.

Le satellite de Bessel a été, du reste, observé par MM. Alvan Clark et Bond, en Amérique ; Chacornac et Goldschmidt, en France ; Lassell, à Malte, et le P. Secchi, à Rome. Il s'agit maintenant de découvrir aussi le satellite de Procyon, calculé d'avance par M. Auwers.

Dans l'une des dernières séances de la Société astronomique, plusieurs membres ont proposé de former une sorte d'association universelle, ayant pour but d'organiser l'observation régulière des étoiles variables. Ce genre d'observations est particulièrement du domaine des amateurs, parce qu'il n'exige qu'une bonne lunette et de bons yeux. Mais, la plupart du temps, les amateurs qui font de l'astronomie un noble passe-temps, travaillent indépendamment l'un de l'autre, sans suivre un plan général, et il en résulte souvent que certaines étoiles sont observées par plusieurs personnes simultanément, tandis que d'autres sont tout à fait négligées. C'est donc pour diriger vers un but utile tant de forces éparses et isolées, que les astronomes anglais proposent de distribuer la besogne, comme les Allemands l'ont déjà fait à l'égard des petites planètes. Avant cette distribution des astéroïdes, ce troupeau de planètes occasionnait tant d'embarras et faisait perdre tant de temps aux astronomes, que feu M. Pape proposa sérieusement de ne plus s'occuper du tout des découvertes nouvelles. Mais ce projet trop sévère échoua contre la résistance de tous ceux qui espéraient toujours marier leur nom avec celui de quelque déesse païenne, et ils avaient, ma foi, raison.

Les personnes qui voudront prendre une part active à la campagne ainsi organisée devront s'adresser soit à George Knott, Esq. (Observatoire Cuckfield, Sussex), soit à Joseph Baxendell, Esq. (108, Stock's-street, Manchester).

M. Kruger, qui vient d'être chargé de la direction de l'Observatoire de Helsingfors, a réussi à déterminer les parallaxes annuelles de plusieurs étoiles fixes, et si ces quantités infiniment petites ne sont pas illusoires, on en conclurait des distances immenses, que la lumière mettrait plus de 20 ans à franchir.

M. Dunkin vient de terminer un grand travail sur le point de convergence des mouvements propres apparents de 1167 étoiles cataloguées par M. Robert Main. L'on suppose que ces mouvements sont l'effet de la translation du système solaire dans l'espace, et dans cette hypothèse, l'on peut calculer la direction de la marche du soleil, en cherchant le point du ciel qui forme, pour ainsi dire, le centre des mouvements rectilignes observés sur un grand nombre d'étoiles. M. Dunkin a trouvé, pour la position du point vers lequel se dirige le soleil, 256 degrés d'ascension droite et 39 degrés de déclinaison boréale ; ce qui diffère très-peu des résultats de W. Herschel, Argelander, Struve, Maedler, Airy, Galloway, etc.

Photographie des spectres d'étoiles. — A la dernière séance publique de *Royal Institution*, M. Allen Miller a produit une épreuve photographique du spectre de Sirius qu'il avait obtenue ensemble avec M. Huggins. Comme cette étoile est placée à 125 trillions (millions de millions) de kilomètres de la terre, la lumière que nous observons l'a quittée depuis quatorze ans.

On a obtenu également une épreuve du spectre de la Chèvre, qui est encore plus éloignée de nous que Sirius. La lumière dont le spectre a été ainsi fixé sur une plaque photographique, voyageait dans l'espace depuis un demi-siècle.

Il est intéressant de comparer les spectres de Sirius, dessinés successivement par Fraunhofer, par M. Donati, M. Rutherford, et par le P. Secchi. Fraunhofer a observé une faible raie verte ; M. Donati, une raie très-fine dans le bleu, tout près de la raie solaire F, une autre très-fine et double un peu avant G, et une troisième, très-faible, au milieu, entre G et H. Le P. Secchi et M. Janssen ont dessiné treize ou quatorze raies, dont quelques-unes variables avec la hauteur de l'étoile au-dessus de l'horizon : trois dans le rouge, dont une tout près de C ; une dans l'orangé et une dans le vert, ces deux extrêmement faibles ; trois dans le bleu, dont une très-large près F ; cinq ou six dans l'indigo et le violet, des deux côtés de G.

M. Rutherford donne la raie qui coïncide avec C, une autre un peu avant F, une un peu avant G, enfin une quatrième entre G et H. Ces quatre raies sont très-noires et larges, d'après M. Rutherford.

Spectroscope stellaire de Steinheil. — M. Steinheil annonce qu'il a livré, l'automne dernier, au consul britannique à Montevideo, M. Lettsom, un spectroscope muni d'un seul prisme de flint et pouvant remplacer l'oculaire de la lunette sidérale. Cet oculaire spectroscopique se compose de deux petites lunettes, formant entre elles l'angle de déviation minimum et tournant leurs objectifs vers le prisme de 60 degrés, intercalé entre les deux tubes. Cet appareil est porté par une plaque de métal, qui doit être disposée dans le sens du mouvement diurne. Au lieu d'une fente, la première petite lunette porte à son foyer un verre cylindrique, ce qui permet de donner au spectre beaucoup plus d'éclat. L'image du spectre de l'étoile sur laquelle on a pointé la lunette, défile alors à travers le champ de l'instrument supposé fixe, et l'on peut mesurer les distances des raies par les intervalles de leurs passages à la croisée des fils.

Nécrologie. — Le 30 octobre dernier mourut à Beaufort le major général Ormsby-Mac-Knight Mitchell, ancien directeur des observatoires de Cincinnati (Ohio) et d'Albany (New-York). La vie de cet homme ressemble à un roman; après avoir été tour à tour militaire, professeur de mathématiques, jurisconsulte, astronome et ingénieur, il est mort, à l'âge de cinquante-deux ans, commandant de l'armée fédérale dans la Caroline du Sud.

Mitchell était né le 28 août 1810, dans le canton d'Union (État de Kentucky). Ses capacités extraordinaires se révélèrent de bonne heure. En 1825, il entra comme cadet à l'Académie militaire des États-Unis. Il obtint ses grades avec distinction en 1829, et remplit pendant deux ans les fonctions de professeur adjoint de mathématiques. Plus tard, il résigna son emploi dans l'armée et se fit homme de loi; mais il ne tarda pas à retourner à la science : il accepta la chaire d'astronomie dans le collége de Cincinnati, position qu'il conserva pendant dix ans. C'est à son initiative que l'on doit la fondation d'un observatoire astronomique dans cette ville. Déjà en 1841, il avait réussi à y former une Société astronomique, ayant pour but principal de doter Cincinnati d'un observatoire au niveau de la science actuelle. Les leçons du professeur Mitchell sur la constitution physique des planètes, telle que nous la révèlent les télescopes, excitèrent tant d'enthousiasme que les contributions pour l'achat d'instruments arrivèrent de tous côtés. Bientôt on eut souscrit pour 11,000 dollars (58,000 francs), en parts de 25 dollars (132 francs); le terrain, une colline élevée, à l'est de la ville, fut donné par M. Longworth; les bonnes âmes, qui n'avaient pas d'argent comptant, voulurent au moins témoigner de leur zèle par des contributions en nature, manteaux, chapeaux, que sais-je; c'était une affaire nationale. M. Mitchell partit pour l'Europe en juin 1842, accompagné par les vœux de ses concitoyens. Il trouva une excellente lunette, de 12 pouces d'ouverture, chez MM. Merz, à Munich, qui fournissaient alors la plupart des observatoires étrangers; aujourd'hui, les Américains n'ont plus besoin de chercher leurs instruments en Europe; la célèbre maison Clark, de Cambridgeport, ne craint aucun rival.

Le douze-pouces de Munich fut monté équatorialement et expédié en Amérique. Sa longueur focale est de 17 pieds (5 mètres); il supporte des grossissements de 1400 fois. En attendant, Mitchell entra à l'Observatoire royal de Greenwich, pour s'y familiariser avec la besogne astronomique; il fut pendant quelque temps calculateur à l'un des pupitres de ce célèbre établissement. A son retour en Amérique, la population de Cincinnati s'assembla dans une vaste église, pour entendre le compte-rendu de son voyage scientifique.

Le président John Quincy Adams posa la première pierre du nouvel observatoire en 1843, et, en 1845, Mitchell put en prendre la direction. Plus tard, M. Alexandre-Dallas Bache lui a procuré encore un instrument de passages, de dimensions considérables, et de bons chronomètres.

Le premier fruit des travaux que Mitchell put dès lors entreprendre, fut la découverte d'un compagnon de l'étoile Antarès, regardée jusque-là comme simple. Mais peu après, un autre astronome américain constata l'existence de deux compagnons au lieu d'un, ce qui diminua beaucoup la gloire du réfracteur de Cincinnati.

En 1846, Mitchell créa le premier journal d'astronomie populaire en Amérique, sous le titre de *Sidereal Messenger* (Messager sidéral). Ce journal, et deux ouvrages sur l'astronomie, qu'il publia plus tard, ont beaucoup contribué à répandre en Amérique le goût de cette science.

Mitchell ne resta pas à Cincinnati; il prit, vers 1860, la direction de l'observatoire Dudley, à Albany, dans l'État de New-York. Cet établissement avait été fondé en 1853, sur un terrain donné par le général Van Reusselaer. Suivant l'usage, il porte le nom de la personne qui a le plus contribué à sa réalisation, Mme Blandina Dudley. Mme Dudley avait tout d'abord alloué 70,000 francs, et les souscriptions des citoyens d'Albany portèrent cette somme à 200,000 francs. Plus tard, elle donna encore 75,000 francs, pour l'achat d'un héliomètre, et récemment 260,000 francs pour les frais d'entretien. Un autre habitant d'Albany offrit 26,000 francs pour l'acquisition d'un cercle méridien ; un autre encore 5,000 francs pour une pendule astrono- mique; plusieurs autres ensemble 105,000 francs, pour l'entretien de l'observatoire, etc. Nous citons tous ces chiffres, afin de pousser à l'imitation. L'observatoire Dudley fut inauguré par M. Gould, à qui Mitchell succéda au bout de quelques années.

Mitchell a fait un grand nombre de mesures d'étoiles doubles, il a revu et corrigé les mesures de M. Struve. Il a déterminé à nouveau la rotation de la planète Mars. Il a, le premier peut-être, appliqué l'électricité aux observations astronomiques. Son chronographe électrique sert depuis treize ans à l'observation des passages méridiens; il permet de mesurer un millième de seconde.

Dans les dernières années de sa carrière, entre Cincinnati et Albany il a été aussi directeur et ingénieur-constructeur de chemins de fer; il visita une seconde fois l'Angleterre, pour y placer ses actions. Il est mort de la fièvre, à Beaufort, étant alors commandant du département du Sud de l'armée fédérale.

L'année 1862 a encore vu mourir le célèbre astronome Charles-Louis Rumker, ancien directeur de l'Observatoire et de l'École de navigation de Hambourg, décédé à Lisbonne le 21 décembre dernier. Né le 28 mai 1788, il avait près de soixante-quinze ans. Très-jeune encore, il avait fait ses études à l'Académie d'architecture de Berlin, et il comptait solliciter un emploi d'ingénieur civil, quand les suites de la guerre qui venait de se terminer, le décidèrent à se jeter dans une autre carrière. En 1808, il se rendit en Angleterre, où il prit service d'abord sur un vaisseau de la Compagnie des Indes orientales, et ensuite sur d'autres navires de la marine marchande, ce qui lui fournit l'occasion de visiter presque toutes les contrées de la terre. Plus tard, il entra dans la marine militaire; devenu officier et professeur de navigation à bord du vaisseau amiral, il assista au bombardement d'Alger, sous lord Exmouth. A l'occasion d'une visite à Gênes, il lia connaissance avec le baron de Zach, qui lui inspira le goût de l'astronomie pratique et lui enseigna l'art d'observer. En 1817, la flotte retourna dans les ports d'Angleterre, et Rumker prit sa démission. Il fut nommé, peu après, directeur de l'École de navigation à Hambourg, fonctions qu'il remplit jusqu'en 1821, où il se décida à suivre en Australie sir Thomas Brisbane, le nouveau gouverneur de la Nouvelle-Galles. Là, il commença une série de travaux importants à l'observatoire que sir Thomas fonda à Paramatta, et entre autres son *Catalogue des étoiles australes*, qui parut à Hambourg, en 1832.

Il retourna en Europe dix ans plus tard, pour reprendre la direction de l'École de navigation de Hambourg en même temps que celle de l'Observatoire qui venait d'être fondé dans cette ville. Le jour, il donnait ses leçons, la nuit il braquait ses lunettes; aussi sa santé en souffrit. En 1857, il se vit forcé de quitter des fonctions devenues trop lourdes, et d'aller chercher à Lisbonne du repos et un climat plus doux. Il y mourut au bout de six ans, dans les bras de sa femme, qui n'avait cessé de l'entourer de ses soins. Nous avons de Rumker encore un Catalogue d'étoiles observées à Hambourg, et un Traité de navigation très-estimé.

R. RADAU.

Paris, 18, rue de Varenne.

LES PRÉDICTIONS DE M. MATHIEU (DE LA DROME).

M. Le Verrier, directeur de l'Observatoire, a adressé à Son Excellence le ministre d'État le rapport suivant sur la théorie météorologique de M. Mathieu (de la Drôme) :

Monsieur le Ministre,

Vous m'avez fait l'honneur de me communiquer une demande adressée à l'Empereur par M. Mathieu (de la Drôme) et de réclamer mon avis au sujet des théories de mon ancien collègue à l'Assemblée législative.

Déjà M. Mathieu avait saisi de ces mêmes questions l'Académie par diverses lettres (1), et le public par les journaux. Il avait, en outre, adressé à Son Excellence le ministre de l'instruction publique et des cultes une lettre détaillée qu'il a reproduite en tête d'une brochure où il expose quelques-unes de ses règles fondamentales.

Ces communications n'ont pas été accueillies avec faveur par l'Académie des sciences, et le rapport de la section des sciences, du comité des sociétés savantes, à laquelle M. le Ministre a renvoyé la lettre qui lui était adressée, est loin de conclure dans le sens de la théorie de M. Mathieu.

Toutefois, puisque cet auteur en appelle à l'Empereur, j'ai cru que je me conformerais aux intentions de Sa Majesté en faisant de la théorie de M. Mathieu, telle qu'il l'a exposée dans sa brochure, une étude suffisante pour prononcer sur sa valeur. En suivant M. Mathieu sur son terrain, celui des chiffres, je n'arriverai peut-être pas aux mêmes conclusions que lui. Du moins il n'aura point à se plaindre qu'on l'ait jugé sans un examen suffisamment sérieux.

M. Mathieu base ses recherches sur la quantité de pluie, sur les observations météorologiques commencées à Genève le 1er janvier 1796 par M. de Saussure et continuées depuis lors sans interruption. Il considère la quantité d'eau tombée et recueillie chaque jour; il groupe les résultats d'après la phase de la lune et l'heure à laquelle elle est entrée dans cette phase, et, discutant ce qu'il appelle *l'influence horaire* de la lune *sur une phase prise isolément,* il débute par l'énoncé de cette première règle :

« *Septembre, octobre, novembre et décembre.*

« La nouvelle lune qui arrive entre 8 heures et 9 heures 30 minutes du matin donne plus
« d'eau que celle qui arrive entre 7 et 8 heures du matin.

    « Le premier cas s'est présenté 17 fois.
    « Le second cas s'est présenté 15 fois.
    « Les 17 premiers cas ont donné 532 millimètres d'eau.
    « Les 15 derniers cas ont donné 266
    « Moyenne des premiers cas... 31 5/17.
    « Moyenne des derniers cas ... 17 11/15. »

Arrêtons-nous à cette première règle. Sans aucun doute, l'auteur aura placé en tête de ses préceptes celui qu'il considérait comme le mieux établi; et il a droit que nous commencions par où il a lui-même commencé.

M. Mathieu ne donne pas les différentes quantités de pluie dont il présente seulement le total. Cela ne saurait nous suffire. Nous comprenons que l'auteur ait voulu abréger; mais il au-

(1) Voir *Moniteur scientifique*, livraisons 138, 139, 141, 142.

rait dû au moins donner un exemple complet de son mode de discussion. Dans les recherches de statistique l'illusion est facile : il faut beaucoup d'art pour échapper aux erreurs qui trop souvent proviennent d'un groupement artificiel des chiffres.

Pour suppléer à cette lacune, j'ai eu recours aux publications de l'Observatoire de Genève et relevé les chiffres sur lesquels M. Mathieu se fonde.

On trouve dans le tableau qui suit l'indication de la quantité de pluie tombée dans la première phase de la lune, lorsque la lune devient nouvelle dans les mois de septembre, octobre, novembre et décembre, et aux heures indiquées par M. Mathieu, c'est-à-dire depuis 7 heures jusqu'à 9 heures 30 minutes du matin. J'ai même étendu ce tableau aux nouvelles lunes arrivées entre 6 heures et 7 heures du matin et entre 9 heures 30 minutes et midi, ce qui se passe avant et après les heures indiquées me paraissant de nature à éclairer la question.

Suivant la prescription de l'auteur, j'ai considéré le jour où arrive la nouvelle lune et négligé celui où tombe le premier quartier. Je ne sais s'il aura eu une précaution que j'ai prise. J'ai ramené toutes les quantités de pluie à une même durée de sept jours. Lorsque la durée de la phase n'était que de six jours, j'ai ajouté un sixième à la quantité d'eau mesurée ; lorsque la phase était de huit jours, j'en ai retranché un huitième. Du reste cette correction n'a aucune influence sur l'ensemble des résultats.

Enfin je conserve, comme M. Mathieu, le temps de Paris, ce qui est parfaitement licite.

Années.	Jour et heure de la nouvelle lune.	h.	m.	Pluie en millimètres pendant la 1re phase.	Moyenne.
1841	15 septembre.	6 h.	11 m.	12.4 millimètres.	
1800	16 décembre.		14	0 5	
1853	30 décembre.		15	3.4	
1851	25 septembre.		21	49 1	
1812	4 novembre.		23	20.1	
1842	4 octobre.		33	14.1	22 millimètres.
1798	10 septembre.		41	60.2	
1797	18 décembre.		48	8.7	
1810	28 octobre.	7	7	25.2	
1807	2 septembre.		14	25.2	
1821	26 septembre.	7	16	10.6	
1833	13 octobre.		16	75.0	
1832	24 septembre.		17	0.0	
1810	26 décembre.		18	36.2	21 millimètres.
1834	30 décembre.		19	0.0	
1833	11 décembre.		21	23.4	
1820	7 septembre.		22	0.0	
1852	13 octobre.	7	24	0.0	
1808	20 septembre.		36	25.2	
1343	23 octobre.		45	17.5	
1846	20 octobre.		53	20.8	22 millimètres.
1831	4 décembre.		57	20.0	
1802	25 novembre.	8	4	49.0	
1838	17 novembre.	8	11	33.7	
1854	22 septembre.		12	0.0	
1824	22 octobre.		13	18.6	
1799	29 septembre.		13	70.7	21 millimètres.
1839	6 novembre.		21	19.2	
1830	13 décembre.		29	4.5	
1834	8 novembre.		33	0.0	

1831	6 septembre.	8 h. 42 m.	31.7 millimètres.	
1828	9 septembre.	43	61.0	
1853	1ᵉʳ novembre.	48	7.0	
1823	4 octobre.	51	4.2	
1856	27 décembre.	54	7.0	
1840	25 octobre.	9 7	107.2	21 millimètres.
1847	9 octobre.	16	3.7	
1800	18 octobre.	21	8.9	
1832	22 novembre.	26	5.4	
1801	6 novembre.	33	4.6	
1815	1ᵉʳ novembre.	42	0.0	
1848	27 septembre.	45	10.2	
1844	10 novembre.	9 46	13.0	
1854	20 novembre. 10	11	38.2	
1838	5 décembre.	19	3.9	
1855	9 décembre.	27	5.5	
1835	20 novembre.	39	0.0	
1824	20 décembre.	54	29.1	
1814	13 octobre.	57	14.2	22 millimètres.
1804	2 novembre.	59	24.3	
1855	11 septembre. 11	1	21.6	
1845	1ᵉʳ octobre.	8	49.5	
1857	16 décembre.	11	13.8	
1803	14 novembre.	34	29.5	
1837	29 octobre.	42	40.3	

On voit que quand la nouvelle lune arrive de 6 heures à 7 heures ou de 9 heures et demie à 11 heures et demie, la pluie est de 21 à 22 millimètres en moyenne.

C'est encore 21 à 22 millimètres qu'on recueille quand la nouvelle lune tombe entre 7 et 8 heures du matin.

Enfin quand la nouvelle lune tombe de 8 heures à 9 heures et demie, la quantité moyenne de pluie est toujours la même.

Concluons donc que la prétendue règle donnée par M. Mathieu pour Genève n'est pas fondée.

Maintenant que nous avons tous les chiffres sous les yeux, le fait qui a causé l'illusion de M. Mathieu est évident. C'est la grande quantité de pluie (107 millimètres) tombée à Genève en 1840, pendant la première phase de la lune qui a commencé le 25 octobre à 9 heures 5 minutes du matin. Supprimez cette année 1840, et il ne reste plus rien de la loi; à ce point que pour les quinze autres années où la nouvelle lune est arrivée de 8 heures 11 minutes à 9 heures 26 minutes du matin, ce qui est, suivant M. Mathieu, la grande période de pluie, la quantité moyenne n'est plus au contraire que de 18 millimètres un quart, c'est-à-dire la plus petite de toutes.

Cette réponse tirée des chiffres peut encore revêtir une autre forme sous laquelle elle frappera tout le monde. La quantité moyenne de la pluie dans les circonstances lunaires considérées est de 22 millimètres, comme on le voit. Eh bien, sur les 17 années pour lesquelles la nouvelle lune arrive entre 8 heures et 9 heures et demie et qui, suivant M. Mathieu, devaient être très-pluvieuses, *il y en a* 11 pour lesquelles la pluie est au-dessous de la moyenne et 6 *seulement* où elle est supérieure à cette moyenne. Qu'est-ce, nous le demandons, qu'une loi qui est fausse plus de la moitié du temps? Je crois même que, si M. Mathieu avait d'abord considéré la question sous ce point de vue, il aurait tiré une conséquence diamétralement contraire de la règle qu'il a donnée.

On sait d'ailleurs parfaitement que lorsqu'on veut établir des lois physiques, il faut bien se garder de toute combinaison de chiffres dans laquelle le résultat est exceptionnellement in-fluencé par un fait unique, comme cela a lieu dans le cas actuel.

La première règle donnée par M. Mathieu étant démontrée fausse, nous ne croyons pas né-cessaire d'entrer ici dans un examen détaillé des autres lois de l'auteur, et nous nous bornons à dire qu'elles sont encore moins fondées et que M. Mathieu a pris pour des règles ce qui n'est que l'expression de l'extrême variabilité des phénomènes de la pluie.

Telle averse locale suffit pour donner une partie notable de l'eau de l'année.

Les rues du Gros-Caillou ont été inondées sans que le quartier du Panthéon eût des traces de pluie.

Nous avons vu une couche épaisse de grêle dans la cour de l'École des mines, tandis qu'il n'était rien tombé à l'Observatoire.

Si nous avons discuté avant tout les faits et les chiffres eux-mêmes sur lesquels se base M. Mathieu, ce n'est point à dire que nous voulions renoncer à juger aussi la question au point de vue *de la raison*. Voyons donc s'il est possible de croire que l'instant précis où arrive la nouvelle lune ait une influence sur le temps.

Jusqu'ici on s'était demandé si les phases de la lune ne devaient point avoir quelque action sur les phénomènes météorologiques, et l'on pouvait le croire. La position de notre satellite par rapport au soleil varie avec la phase, et il en est de même nécessairement des relations des ma-rées atmosphériques produites par les deux astres. Tantôt ces marées s'ajoutent et tantôt elles se retranchent. Ces marées sont, il est vrai, peu considérables; elles ne s'accumulent point en certains lieux du globe comme les marées de l'Océan. Il était raisonnable toutefois de recher-cher si elles n'ont aucune influence.

Mais il faut prendre garde de ne pas confondre la question ainsi posée avec les affirmations de M. Mathieu. Suivant cet auteur, une heure de retard par exemple dans l'instant de la nouvelle lune changerait toutes les conditions climatologiques. Examinons ce que cela signifie.

En une heure de temps, la lune se déplace dans le ciel d'un *demi-degré* environ, c'est-à-dire d'une quantité égale à son diamètre. Ce que l'on dit donc et ce que l'on voudrait nous faire croire c'est ceci :

« Voyez la position de la lune dans le ciel : elle indique que nous aurons des jours secs. Si
« elle eût été moins avancée de son épaisseur seulement, si le bord occidental avait occupé
« la place où se trouve le bord oriental, c'est de la pluie que nous aurions eue ! »

Ainsi, tandis que les discussions les plus attentives n'ont pas jusqu'ici mis en évidence l'influence de la phase de la lune sur le temps, et que le résultat semble le même, soit que la lune se trouve en conjonction avec le soleil ou à 90 degrés, ou à toute autre distance de cet astre, voici qu'on annonce qu'un simple déplacement de la 720ᵉ partie de la circonfé-rence, égal au diamètre de la lune, avons-nous dit, bouleverse tout! Nous le demandons, cela est-il possible? Les chiffres sainement interprétés, et les observations mêmes sur les-quelles s'est appuyé l'auteur, sont d'accord avec le bon sens pour répondre *non*, et repousser cette météorologie *homéopathique*.

Il nous reste un dernier point à examiner. L'auteur assure qu'il a fait des prédictions et qu'elles se sont trouvées vérifiées. On demande si cela est exact. Il est nécessaire, pour répondre, d'entrer dans quelques développements propres à faire saisir l'état de la question ainsi posée en des termes propres à égarer,

Et d'abord nous ferons remarquer que, lorsqu'on examine après coup si une prétendue prédiction s'est vérifiée, les nouveaux faits qu'il s'agit de discuter rentrent dans le domaine des faits accomplis au même titre que ceux qui les ont précédés, et qu'on ne voit pas pour-quoi on ne discuterait que les derniers sans tenir compte de l'ensemble; car, pour les faits antérieurs, les lois qu'on formule sont bien de véritables prédictions.

Quand on pose en principe que, la lune étant nouvelle à 9 heures, les sept jours de la première phase sont pluvieux, c'est une prédiction pour les années ultérieures, mais qui s'applique aussi bien aux années précédentes. Celles-ci doivent donc concourir à l'examen de la loi posée, d'autant plus qu'alors les bases de la discussion seront plus étendues et plus sûres.

Suivant le premier principe de M. Mathieu, il faudrait s'attendre à des mauvais temps du 11 au 16 novembre prochain : car la nouvelle lune tombera le 11 à 8 heures 9 m. du matin. Et je vois effectivement dans divers journaux que M. Mathieu prédit du mauvais temps vers le 12 ou le 14 novembre.

Or je dis que, lors même que l'événement semblerait conforme, il n'y aurait pour des hommes sérieux rien autre chose à en conclure sinon qu'on aurait rencontré juste par hasard. Nous avons, en effet, montré que les prétendues lois annoncées sont, dans le passé, contredites *la moitié du temps* par les faits, et il n'est pas douteux que si on les applique aux phénomènes à venir, il en sera de même *en moyenne*. Sur un assez grand nombre d'années, la *moitié du temps* la prédiction se réalisera, *la moitié du temps* elle sera contredite; c'est-à-dire qu'elle n'aura eu aucune valeur, puisqu'on serait arrivé aussi exactement en tirant la prédiction du temps *à pile ou face*.

Nous ne refusons donc pas la discussion des faits accomplis, mais nous la voulons éclairée et vraie : et c'est par ce motif que nous demandons à ceux qui veulent prédire le temps de nous faire connaître les bases et les principes sur lesquels ils se fondent; non pas, qu'on le remarque bien, pour prononcer à un point de vue théorique, mais afin de tenir compte de toutes les observations antérieures et de nous décider non-seulement sur les faits à venir, ce qui nécessiterait qu'on attendît de longues années, mais encore sur les faits déjà accomplis, ce qui peut se faire tout de suite.

Comment, d'ailleurs, les auteurs pourraient-ils récuser ce mode de procéder? Comment pourraient-ils soutenir que les observations sur lesquelles ils prétendraient avoir découvert de certaines lois ne seraient pas tenues de satisfaire à ces lois?

Ainsi donc, nous devons rejeter toute conclusion qui ne serait basée que sur les faits d'une année, par exemple, soit qu'ils fussent favorables, soit qu'ils fussent contraires à une théorie. Tout le passé doit être pris en considération, en y ajoutant seulement les résultats acquis d'année en année. Tel est le seul mode de discussion qui soit sérieux, et nous avons vu que les règles établies par M. Mathieu ne supporteraient pas un pareil examen.

Nous aurions pu, nous le savons, répondre tout simplement à M. Mathieu : « Vos prédic-« tions sont fausses, car vous avez, par exemple, prédit des mauvais temps pour les derniers « jours de février, et ces jours se sont trouvés faire partie d'une période de beaux jours « exceptionnels à cette époque. » Et M. Mathieu n'eût pas pu répondre que ses prédictions ne valent pas pour Paris, mais seulement pour Genève dont il a discuté les observations ; car nous lisons dans le *Journal de Genève* du 10 mars et dans la *Nation Suisse* du 9 que, *pendant quarante-trois jours, il n'était pas tombé une seule goutte d'eau, malgré les prédictions de M. Mathieu.*

Nous aurions pu, disons-nous répondre cela et bien autre chose du même genre; mais nous ne l'avons pas voulu, parce que c'eût été en quelque sorte donner à M. Mathieu le droit de triompher, lorsque, par le simple effet du hasard, il tombera juste. Le public, aidé trop souvent par *MM. les journalistes*, est, il faut le dire, si crédule, qu'il éprouve quelque satisfaction à ce qu'on lui fasse illusion.

Il est une remarque que je dois présenter avant de finir.

Je trouve dans les prédictions de M. Mathieu pour 1863 que nous aurons des ouragans dans les derniers jours de mars où dans les premiers jours d'avril. Or, tous ceux qui ont lu sa note font remarquer que de tout temps les environs de l'équinoxe sont chaque année féconds en ouragans et que c'est prédire presque trop à coup sûr.

Effectivement, les personnes très-nombreuses qui se mêlent d'annoncer le temps se divisent en deux classes : celles qui prédisent le temps à jour et heure fixes, et celles qui voudraient seulement annoncer les phénomènes généraux des saisons.

Les premiers, ceux qui annoncent à l'avance que dans une année, le 6 juin par exemple, à 9 heures du soir, il pleuvra à Alger, peuvent jouir d'une considération momentanée qu'ils doivent à l'excès même de leur assurance. Mais l'échéance qu'ils ont eux-mêmes fixée finit par arriver, et, les faits étant démentis chaque jour par l'événement, la réaction se fait promptement et complète. Chaque jour les journaux constatent de telles chutes compromettantes.

D'autres, plus prudents, ne s'en prennent qu'aux phénomènes généraux des saisons et se placent dans des conditions où ils ont toutes sortes de chances pour eux. Pour citer deux des exemples les plus renommés et qui ont fait le plus de bruit (1), il n'est pas douteux que lorsqu'on annonça qu'il y aurait du froid tel hiver, ou bien encore lorsqu'on nous assura qu'il y aurait tel été de la chaleur, on avait toutes sortes de raisons d'espérer qu'il en serait ainsi. Et comme l'on eût triomphé à la moindre gelée, à la moindre chaleur qui fût survenue! Comme l'on se fût écrié : Voilà mon froid! voilà mon chaud! Mais le ciel se mit de la partie, et, contre toute attente, il fit relativement chaud en hiver et froid en été.

Supposons deux partners jouant aux dés et pariant, l'un qu'il amènera 7 points, l'autre qu'il en amènera 12. Le premier a six chances pour lui, tandis que le second n'en a qu'une. Le premier joue dans des conditions où il est sûr qu'après un grand nombre de coups, et en moyenne, *sur sept coups il en gagnera six.*

Eh bien! telles sont fort souvent les conditions de ceux qui se mêlent de prédire le temps. Tout en marchant au hasard, ils cherchent à s'assurer de chances favorables vis-à-vis du public. Ils sont d'ailleurs plus nombreux qu'on ne le croit : *Uno avulso, non deficit alter*; et il faut s'attendre que l'un d'eux tombera juste à quelque jour et passera pour un grand homme s'il a la sagesse de s'en tenir à cet heureux coup de dés.

Nous tenons toutefois à déclarer qu'ayant refait une partie des calculs de M. Mathieu, nous le rangeons dans la catégorie des hommes convaincus, et nous désirons qu'il en trouve une preuve dans l'étendue et le soin que nous avons donnés à cette discussion.

Paris, le 18 mars 1863 (2).

Le sénateur directeur de l'Observatoire impérial de Paris,
U.-J. LE VERRIER.

Voici la réponse que M. Mathieu (de la Drôme) a adressée le 8 avril dernier au directeur du *Moniteur universel*; nous supprimons le commencement et la fin de sa lettre, complétement inutiles dans la question soulevée :

« J'étais loin de m'attendre au rapport qui a paru dans vos colonnes. En vérité c'est trop d'honneur. Je ne suivrai pas M. le rapporteur dans tous les détails de la savante discussion à laquelle il s'est livré, je m'attacherai aux points principaux.

« M. Le Verrier nie-t-il l'influence de la lune sur le temps? Après avoir lu attentivement son travail, je n'en sais rien. Pas un mot sur cette question capitale : jusqu'ici la science officielle a considéré la lune comme une sorte d'accident de la création, sans action aucune sur notre atmosphère. M. le directeur de l'Observatoire de Paris garde son opinion, s'il en a une; on dirait qu'il craint de se compromettre avec notre satellite ou avec l'Académie. M. Le Verrier nous avait habitués à plus de hardiesse. Si la lune peut soulever l'Océan, est-il permis de supposer qu'elle soit sans puissance sur notre atmosphère et sur les phénomènes qui s'y

____

(1) Allusion aux prédictions de M. Coulvier-Gravier sur lequel M. Le Verrier, pendant qu'il y était, aurait bien dû s'expliquer. M. Coulvier-Gravier s'est aussi adressé à l'Empereur comme M. Mathieu, qui paraît fort contrarié aujourd'hui que ses coreligionnaires politiques soient instruits du fait et qui même s'en défend.

(2) Paru le 5 avril dans le *Moniteur universel.*

développent? Ou l'attraction lunaire s'exerce sur tous les corps sans exception, ou elle ne s'exerce sur aucun. Ce n'est pas M. Le Verrier qui voudrait me contredire. Donc il croit à l'influence de la lune. Pourquoi ne pas l'avouer? Pourquoi refuser cette satisfaction au bon sens populaire, qui, sur cette question, est plus avancé que la science?

« Mais l'heure à laquelle arrive une phase lunaire peut-elle influer sur l'état de l'atmosphère dans une région donnée? Ici M. Le Verrier n'hésite pas à répondre négativement. Je m'en étonne. Est-il vrai que les grandes marées produites, soit par la nouvelle lune, soit par la pleine lune, suivent, à distance l'heure du phénomène lunaire? Personne ne le conteste ; l'effet suit la loi de la cause. Pourquoi ce qui est vrai pour le flux de l'Océan ne serait-il pas vrai pour le flux atmosphérique? M. Le Verrier pourrait-il en donner une raison? Il prétend que je fais de la météorologie *homœopathique ;* ne ferait-il pas, sans s'en douter, de l'astronomie *anarchique*, en attribuant aux mêmes phénomènes des effets opposés?

« Dans l'opuscule que j'ai publié je me suis attaché à démontrer l'influence de l'heure par un grand nombre d'exemples. Mon éminent contradicteur en prend un à sa convenance, c'est-à-dire le moins probant, pour s'en faire une arme contre moi. Une discussion technique me conduirait trop loin et ennuierait lelecteur.   A la longue et savante argumentation de M. le rapporteur je fais cette simple réponse : Le midi de la France et de l'Europe entière est sujet à de fréquentes inondations, qui se produisent particulièrement dans les trois derniers mois de l'année. Oserais-je prier M. Le Verrier de me citer une de cesi nondations qui n'ait pas suivi, à un intervalle peu considérable, un premier quartier de la lune, arrivé entre dix heures du soir et trois heures du matin? L'opinion de M. Le Verrier ne me suffit pas, je préférerais des faits. Qu'il veuille bien m'en citer un qui contredise ce que j'avance. »

Monsieur Le Verrier a répliqué immédiatement à M. Mathieu par la lettre suivante adressée au directeur du *Moniteur* et insérée le 13 avril.

Monsieur le Directeur,

Le *Moniteur* a publié un rapport que j'ai eu l'honneur d'adresser à S. Exc. le ministre d'État, au sujet des théories météorologiques de M. Mathieu (de la Drôme).

M. Mathieu veut bien me faire une reponse dans le *Moniteur* de samedi. C'était son droit assurément, et j'aurais dû me garder de revenir sur ce sujet, si M. Mathieu lui-même n'avait semblé me faire un appel.

« Vous avez pris, me dit M. Mathieu, l'une de mes règles à votre convenance, c'est-à-dire la moins probante, pour vous en faire une arme contre moi. Mais en voici une autre irréfutable, et contre laquelle je soutiens que vous ne pourrez pas citer un seul exemple qui lui soit contraire. »

Avant d'examiner cette *autre loi*, je dois faire remarquer qu'il n'est pas exact de dire que, parmi les règles de M. Mathieu, j'aie choisi à ma convenance la *moins probante* pour la combattre. J'ai, au contraire, exposé que je regardais comme un devoir de discuter tout d'abord la première des règles, le premier des théorèmes de l'auteur, parce que sans doute il avait commencé par présenter ce qu'il avait de mieux. Je ne pouvais certes pas prévoir que M. Mathieu nous déclarerait qu'il avait choisi pour servir de frontispice à son œuvre celui de ses préceptes qu'il regardait comme le moins certain.

Heureusement, nous savons désormais quelle est la loi à laquelle M. Mathieu attache la plus haute importance, celle sur l'exactitude de laquelle il consent à être jugé, non par moi bien entendu, qui ne suis dans la question qu'un rapporteur, mais par le public éclairé sur les faits. « Le midi de la France et de l'Europe, dit M. Mathieu, est sujet à de fréquentes inondations, qui se produisent particulièrement dans les trois derniers mois de l'année. Oserai-je prier M. Le Verrier de me citer une de ces inondations qui n'ait pas suivi, à un intervalle peu considérable, un premier quartier de la lune, arrivé entre dix heures du soir et trois heures du matin ? L'opinion de M. Le Verrier ne me suffit pas; je préférerais des faits. Qu'il veuille bien m'en citer un qui contredise ce que j'avance. »

Des faits, soit. Ils ne manqueront pas.

Voici un ouvrage intéressant, intitulé *Patria : France ancienne et moderne,* rédigé avec beaucoup de soin, par MM. Bravais, Lalanne, Martins,..... et publié en 1847.

Ouvrons-le à la page 111, article RHONE, et prenons-y les époques des plus grandes inondations dues à ce fleuve et survenues pendant les trois derniers mois de l'année. Depuis 1800 jusqu'en 1847, je trouve trois inondations de ce genre, savoir :

1° Le 30 décembre 1801 ;

2° Le 22 octobre 1825 ;

3° Et novembre 1840.

Passons-les successivement en revue.

Première inondation. — Elle a eu lieu le 30 décembre 1801. Le premier quartier précédent de la lune est arrivé le 12 décembre à 1 heure 2 minutes du soir, et non pas entre 10 heures du soir et 3 heures du matin. — Premier exemple contre l'auteur.

Deuxième inondation. — Elle a eu lieu le 22 octobre 1825. Le *premier quartier* précédent de la lune est arrivé le 18 octobre à 7 heures 17 minutes du soir, et non pas entre 10 heures du soir et 3 heures du matin. — Deuxième exemple contre l'auteur.

Troisième inondation. — Elle a eu lieu en novembre 1840. Or, la lune est entrée dans son premier quartier, en novembre, le 2, à 1 heure 13 minutes du soir ; en octobre, le 3, à 5 heures 47 minutes du soir ; et non pas entre 10 heures du soir et 3 heures du matin. — Troisième exemple contre l'auteur.

Que faudrait-il de plus ? M. Mathieu a demandé un exemple, un seul, contraire à ses règles de prédilection : en voilà trois, et les plus célèbres ! Les trois grandes inondations de la première moitié du siècle s'élèvent contre lui.

Pour n'y pas revenir, je désirerais donner ici satisfaction à quelques personnes au sujet d'une annonce faite par M. Mathieu. Entre le 29 mars et le 2 avril, suivant les registres, il devait, d'après l'auteur, survenir des pluies qui, *sans être extrêmement abondantes,* arroseraient une grande partie de l'Europe occidentale, notamment les villes de Londres, Dunkerque, Bruxelles, Paris, Lyon, Genève.

Voici ce que disent à ce sujet les udomètres de l'Observatoire de Paris :

	1er udomètre.	2e udomètre.
Pluie le 25 mars	0	0
— 26 id.	0	0
— 27 id.	0	0
— 28 id.	0	0
— 29 id.	0	0
— 30 id.	0	0
— 31 id.	0	0
— 1er avril	0	0
— 2 id.	0	0
— 3 id.	0	0
— 4 id.	0	0
— 5 id.	0	0
— 6 id.	0	0

Les udomètres des autres villes citées par M. Mathieu ne lu seraient pas plus favorables.

Agréez, etc., LE VERRIER.

ACADÉMIE DES SCIENCES

Séance du 23 mars. — M. Le Président rappelle que la prochaine séance trimestrielle aura lieu le 8 avril prochain.

— M. Milne-Edwards annonce que le Muséum d'histoire naturelle vient de recevoir un aurochs vivant, le premier qui ait été vu en France depuis les temps historiques.

« L'aurochs (de l'allemand *aurochs*, bœuf sauvage), espèce du genre Bœuf, appelée aussi Urus. L'aurochs, dit Bouillet, a le pelage composé de deux sortes de poils, les uns, fauves, doux et laineux, espèce de bourre recouvrant les parties inférieures ; les autres, ceux du dos et des régions antérieures, plus longs, bruns, durs et grossiers. Le menton est ombragé par une barbe longue et pendante, les cornes sont grosses, rondes et latérales ; le front est bombé ; enfin cet animal a quatorze paires de côtes, tandis que nos bœufs n'en ont que treize. L'aurochs est, après l'éléphant et le rhinocéros, le plus gros des quadrupèdes mammifères. Le mâle, haut de 2 mètres, a jusqu'à 3 mètres 33 de long. Cet animal, très-féroce à l'état de nature, est susceptible d'être réduit en domesticité lorsqu'il est pris jeune. Sa chair est un excellent manger ; sa toison et son cuir sont très-recherchés. L'aurochs était autrefois très-répandu dans les forêts de l'Europe tempérée ; il est aujourd'hui confiné dans les forêts de la Lithuanie, des monts Krapacks et du Caucase. On l'a considéré comme la souche de nos bœufs domestiques. »

— Appréciation des travaux des savants antérieurs à la création de l'Académie des sciences. — Desargues et La Hire ; par M. Piobert.

— Recherches sur les pétroles d'Amérique, par MM. J. Pelouze et Aug. Cahours. — « Dans un premier examen que nous avons fait (1) des produits les plus volatils de l'huile provenant des forages qu'on pratique depuis quelques années sur plusieurs points de l'Amérique et notamment au Canada, nous avons signalé l'existence d'un homologue du gaz des marais dont la composition est représentée par la formule $C^{12}H^{14}=4$ vol. vap. Ce composé, que nous avons désigné sous le nom d'*hydrure de caproylène* en raison de la propriété dont il jouit de pouvoir engendrer les composés de la série caproïque, par un mécanisme tout semblable à celui qui permet de dériver du gaz des marais les différents termes de la série méthylique, nous a servi de départ pour la formation de l'alcool caproylique et de quelques éthers simples ou composés qui s'y rattachent. Nous nous proposons de faire connaître aujourd'hui quelques termes de la série caproylique qui servent à combler les lacunes que présentait notre premier travail, et de plus d'autres carbures homologues appartenant à la même série. »

Un examen attentif des pétroles d'Amérique purifiés par des rectifications exécutées en France, telles qu'on en rencontre aujourd'hui d'assez abondantes quantités dans le commerce, leur a démontré dans ces produits l'existence de deux carbures d'hydrogène plus volatils que l'hydrure de caproylène. L'un bout à quelques degrés seulement au-dessus de zéro, et paraît renfermer une certaine quantité d'hydrure de butyle ; le second bout régulièrement à la température de 30°. Ce dernier produit, qu'on rencontre dans certains échantillons d'huiles redistillées du commerce dans des proportions qui peuvent s'élever jusqu'à environ 1/6 à 1/7 de leur poids, est un liquide incolore et très-mobile, insoluble dans l'eau, soluble dans l'éther, doué d'une odeur éthérée fort agréable et qui présente toutes les propriétés qu'on assigne à l'hydrure d'amyle.

Ainsi la portion de l'huile d'Amérique qui bout à 30° ne serait donc autre que l'hydrure d'amyle pur. Ce liquide, qui dissout avec facilité les matières grasses et qui brûle avec une flamme exempte de fumée, pourrait donc être avantageusement employé soit à l'éclairage,

(1) Voir *Moniteur scientifique*, livraison 134, p. 457.

soit pour détacher les étoffes. Ce produit absorbe rapidement le chlore, même à la lumière diffuse et à la température ordinaire en s'échauffant.

« En résumé, disent les auteurs, nous avons retiré de la portion des huiles volatiles d'Amérique, qui bout audessous de 200°, sept carbures d'hydrogène homologues, appartenant à la série remarquable dont le gaz des marais forme le premier échelon. Chacun de ces carbures est attaqué par le chlore, et le premier terme de cette substitution représente l'éther chlorhydrique de l'alcool correspondant, ces carbures pouvant à juste titre être considérés comme le point de départ des divers alcools de la série éthylique.

Nous donnerons en terminant, sous forme de tableau, la composition de ces différents carbures, en indiquant en regard les chiffres qui représentent leurs densités ainsi que leur point d'ébullition.

Noms.	Formules.	Densité.	Point d'ébullition.
Hydrure d'amyle.............	$C^{10}H^{12} = 4$ vol. vap.	0.628	30°
— de caproylène........	$C^{12}H^{14} =$	—	0.669	68°
— d'œnanthyle.........	$C^{14}H^{16} =$	—	0.699	92 à 94
— de capryle..........	$C^{16}H^{18} =$	—	0.726	116 à 118
— de pelargyle.........	$C^{18}H^{20} =$	—	0.741	136 à 138
— de rutyle............	$C^{20}H^{22} =$	—	0.757	160 à 162
— —	$C^{22}H^{24} =$	—	0.766	180 à 184

— Mémoire sur l'équation séculaire de la lune; par M. Delaunay.

— Courants généraux de l'atmosphère; système des vents. — M. Duperrey présente un mémoire de M. Bourgeois, capitaine de vaisseau, qui a pour titre : Renseignements nautiques recueillis à bord du vaisseau *le Duperré* et de la frégate *la Force* pendant un voyage en Chine.

Au nombre des belles et nombreuses observations faites dans ce voyage, celles qui sont relatives au régime des vents et des courants sont, dit M. Duperrey, d'un haut intérêt, en ce que, ayant été faites avec une attention soutenue, scrupuleuse et indépendante de toute idée préconçue, elles permettent, en présence des faits irrévocables que l'auteur en déduit, de distinguer quels sont, parmi les divers systèmes plus ou moins hypothétiques proposés jusqu'à ce jour, ceux qui méritent de fixer l'attention d'avec ceux qui ont le grave inconvénient d'induire en erreur les navigateurs et les physiciens.

La conclusion la plus remarquable de M. Bourgeois, c'est que la théorie hypothétique de M. le capitaine Maury n'est nullement d'accord, ni avec l'ensemble des observations, ni même avec les observations faites ou publiées par M. Maury lui-même; que les faits, au contraire, sont en parfait accord avec les réflexions générales sur les vents de M. le capitaine Lartigue.

— Note sur deux nouveaux genres de bois fossile recueillis dans les environs de Constantinople; par M. P. de Tchihatchef.

— Rapport sur un mémoire de M. Duval-Jouve, intitulé : Histoire naturelle des équisetum de France. Rapport de M. Brongniart. — Voici les conclusions du rapporteur : « Pour nous résumer, l'histoire naturelle des équisetum de France, par M. Duval-Jouve, est un des travaux les plus complets qui aient jamais été faits sur une famille naturelle, assez limitée, il est vrai, mais des plus remarquables par sa structure. Les études anatomiques et organogéniques si étendues et si exactes que ce mémoire comprend lui donnent un caractère plutôt physiolygique que de botanique purement descriptive, et nous proposons à l'Académie d'en ordonner l'insertion parmi les mémoires des savants étrangers. » Adopté.

— L'Académie procède à l'élection d'un correspondant pour la section de médecine et de chirurgie en remplacement de feu M. Maunoir.

Le nombre de votants était de 53. M. Bouisson obtient 45 suffrages et MM. Ehrmann et Serres (d'Uzès) chacun 4 suffrages. M. Bouisson est donc élu.

— L'Oberland du Valais et le mont Rose; note de M. CIVIALE fils. Nouvelle série de vues formant la quatrième partie de la description photographique des Alpes.

— Plans-reliefs topographiques des montagnes françaises; par M. BARDIN. — Après la lecture du mémoire de M. Bardin, M. Elie de Beaumont fait remarquer « que le hasard seul a été cause que les photographies de M. A. Civiale et les plans-reliefs de M. Bardin ont été présentés à l'Académie le même jour, mais que cette rencontre fortuite peut servir à mettre en plus grande évidence les avantages signalés par M. Bardin dans la proportionnalité conservée par lui entre les hauteurs et les distances horizontales. En effet, cette proportionnalité existe nécessairement dans les photographies, et lorsqu'on regarde les plans-reliefs de M. Bardin horizontalement et dans la direction convenable, on voit reparaître les silhouettes données par la photographie; tandis qu'on n'en retrouverait plus que la *caricature* s'il avait exagéré l'échelle des hauteurs. »

Voici une observation qui équivaut à deux rapports.

— Mémoire sur la cause de la pesanteur et des effets attribués à l'attraction universelle; par MM. F. A. E. et EM. KELLER.

— Mémoire sur l'inosurie; par M. GALLOIS. — L'inosite, qui, par sa composition chimique, appartient à la famille des sucres, peut quelquefois se montrer dans l'urine, et je désigne ce phénomène sous le nom d'*Inosurie*. Pendant l'état de santé, l'urine de l'homme et des différents animaux que j'ai observés ne contient point d'inosite, mais il est des conditions pathologiques dans lesquelles l'inosite se retrouve dans le produit de la sécrétion rénale.

Il résulte de mes recherches que l'inosurie ne doit point être considérée comme une maladie proprement dite, mais seulement comme un symptôme.

L'inosite qui se produit dans l'organisme ne paraît point empruntée le plus ordinairement aux aliments ingérés, et elle ne résulte pas non plus d'une transformation de la glycose.

La formation de l'inosite dans l'économie semble étroitement liée à la fonction glycogénique du foie, et l'inosite, comme la dextrine et la glycose, paraît être l'un des produits qui résultent de la transformation de la matière glycogène. Ce qui le prouve, c'est qu'on peut dans certains cas, en piquant le plancher du quatrième ventricule du cerveau, déterminer artificiellement l'inosurie, comme on détermine artificiellement la glycosurie.

— Note sur le ver à soie de l'Ambrevate; par M. A. VINSON. — Dans un récent voyage dans l'intérieur de l'île de Madagascar, j'ai étudié la sériciculture chez les Hovas, et les moyens de naturaliser dans les pays français cette espèce nouvelle et spéciale à cette île. L'élève se fait en plein champ et sans frais. Les indigènes recueillent les cocons, les immergent dans l'eau bouillante, les ouvrent pour en retirer la chrysalide qui est comestible. Ils cardent ces cocons et les filent à la main. Ils font de deux à quatre récoltes par an. Les procédés de teinture sont encore grossiers chez les Malgaches; ils emploient pour obtenir le rouge les semences du rocou (*Rixia orellana*, L.) et les écorces de natte (*Imbricaria maxima*, D. C.); pour le jaune, le safran (*Curcuma longa*, Rœmt.); pour le bleu, l'indigo (*Indigotera tinctoria*, L.); pour la couleur brune, ils se bornent à enfouir la soie dans les marais. Ils se servent comme mordant d'une dissolution de sulfate de fer ou d'acides végétaux. Le ver à soie est d'un gris rougeâtre, armé de piquants : le cocon est d'un gris jaunâtre, long de 45 millim. Le papillon appartient au genre *Borocera* (Boisduval). Le mâle est d'un rouge brique; la femelle est d'un gris perle; chez les deux, les ailes supérieures ont deux raies brunes. Je l'ai nommé Borocera Cajani, du nom de la plante dont se nourrit ce ver. Si j'ai cru devoir appeler aujourd'hui l'attention de l'Académie sur ce ver à soie nouveau, c'est que sa naturalisation peut devenir un jour une branche d'industrie très-importante pour la France et ses colonies.

— Fermeture hydraulique des bouches d'égout; par M. LANDOUZY.

— M. Dax soumet au jugement de l'Académie un mémoire intitulé : Observations tendant à prouver la coïncidence constante des dérangements de la parole avec une lésion de l'hémisphère gauche du cerveau.

— M. Morel-Lavallée envoie un mémoire pour les prix Montyon, sur un moyen de prévenir la raideur et l'ankylose dans les fractures.

— M. Phoebus, doyen de la faculté de Giessen, adresse au concours, pour les prix Montyon, un opuscule écrit en allemand « sur le catarrhe d'été typique ou la fièvre dite *fièvre des foins.* »

— Sur les raies telluriques du spectre solaire ; note de M. Janssen.

— Sur la connexion entre les bourrasques et les variations magnétiques ; par M. J.-A. Broun.

— Théorie de la formation du rouge d'aniline ; par M. H. Schiff. — Aujourd'hui, nous avons à nous occuper de la formation de l'azaléine par le nitrate de mercure. D'après notre théorie, l'azaléine serait le nitrate de rosaniline. Déjà les travaux d'Hofmann faisaient entrevoir cette probabilité, mais nous avons cru utile de nous en assurer par d'autres moyens. Nous avons décomposé le chlorhydrate par le nitrate d'argent ; nous avons saturé l'hydrate par l'acide nitrique, et les produits montraient les mêmes propriétés que l'azaléine obtenue par le nitrate de mercuranile.

Le nitrate de rosaniline, sel que M. Hofmann n'a pas décrit, est cristallin ; mais, opérant sur de petites quantités seulement, je n'ai pu en obtenir des cristaux nets. Quoique assez hygrométrique, le sel est à peine soluble dans l'eau. La solution alcoolique possède une coloration rouge légèrement violacée, coloration qui est propre à la dissolution de ce sel et ne peut être attribuée à une souillure par du violet. Par une dessiccation prolongée à une température élevée, le sel perd de l'acide et se transforme en un mélange de nitrate et d'hydrate de rosaniline.

En terminant, nous annonçons encore que le bleu d'aniline, obtenu d'après la méthode générale de l'action de l'aniline sur la fuchsine, abandonne, par l'addition de la potasse caustique, l'hydrate d'une base qui, au contact de l'air, se colore rapidement en rouge et en violet. La solution alcoolique, additionnée de différents acides, se colore en bleu foncé et donne lieu à la formation d'une série de composés salins à beaux reflets cuivreux.

— Sur la diffusion des vapeurs, comme moyen de distinguer entre les densités de vapeur apparentes et les densités de vapeur réelles ; par MM. J.-A Wanklyn et Robinson.

— Anatomie normale et pathologique des capsules surrénales ; par M. R. Mattei.

— M. Carlo Roberti, de Vérone, adresse de Florence une note sur un nouveau moyen d'augmenter l'énergie des piles voltaïques appliquées aux arts et à l'industrie. Ce moyen, c'est la chaleur, et l'auteur dit qu'il s'occupe en ce moment d'appliquer ce moyen à l'industrie et notamment à la télégraphie électrique.

— La section de médecine et de chirurgie présente, à la suite d'un comité secret, la liste suivante de candidats pour la place de correspondant, vacante par suite du décès de M. Bretonneau, savoir :

1° M. Ehrmann, à Strasbourg ; 2° M. Landouzy, à Reims ; 3° M. Gintrac, à Bordeaux, 4° M. Serre (d'Uzès), à Alais ; 5° M. Petrequin, à Lyon.

Séance du 30 mars. — M. Babinet, l'auteur de petits livres sur les sciences d'observations, présente un septième petit volume résumant ses études et lectures sur divers sujets. M. Babinet paraît fort embarrassé pour dire que son livre est excellent, aussi s'empresse-t-il d'accuser son libraire de l'avoir poussé à cette petite réclame que, bien malgré lui, il fait, dit-il, en ce moment. Disons à M. Babinet que son confrère M. Flourens, quand il présente ses petits livres à couverture jaune, n'est pas si timide que cela, et qu'il dit carrément à l'Académie tout ce qu'il est nécessaire de formuler pour activer la vente du bouquin.

Maintenant que nous avons fait à M. Babinet l'annonce de son septième volume, disons un mot des *nouveautés* qu'il renferme. Sans aucun doute, son éditeur ignore les trésors d'érudition qu'il contient et ne songe qu'à l'empressement avec lequel le public, sur la foi de la réputation de son auteur, va demander ce précieux volume. Un exemple suffira pour éclairer l'honnête éditeur sur le sans-gêne du spirituel académicien.

M. Babinet, qui aspire à rédiger au *Cosmos* les nouvelles de la semaine, perd sans doute la mémoire en vieillissant, car après avoir écrit, dans son sixième volume d'*Études et lectures,* à la page 113, cette jolie historiette :

« Je trouve dans ma correspondance *imposée* une curieuse lettre d'une jardinière des environs de Nancy qui se plaint amèrement de la lune rousse, et qui, très-naïvement, me demande si l'on ne pourrait pas mettre cette lune désastreuse en janvier. Je ne sais qui a pu persuader à cette bonne femme que j'avais tant de pouvoir dans le ciel. Elle stipule pour elle et ses voisins. L'orthographe de la lettre n'est pas ce qu'il y a de moins curieux. Je suis bien fâché de n'avoir pas le pouvoir qu'elle me suppose. Je dirai avec Pline : Je n'ai pas tant de crédit dans le ciel : *Non tanta nobis cum cœlo societas* (1). Je n'ai pas même la ressource qu'avait Sixte-Quint, à qui les paysans de son village demandaient de faire deux récoltes par an. « Je vous l'accorde, dit le Saint-Père, et de plus vos années auront vingt-quatre mois. »

Il la reproduit une SECONDE fois volume VII, voyez plutôt page 132 : « Parmi les naïvetés épistolaires que me vaut mon tire d'*astrologue* du *Journal des Débats*, je puis citer une lettre reçue il y a deux ans, et qui me demandait, comme astronome, de vouloir bien mettre la lune rousse en une autre saison, où elle ferait moins de mal. La lettre, dûment signée et contenant de bons détails sur les dégâts produits, venait des environs de Nancy. Ceci me rappelle la demande faite au pape Sixte-Quint par les habitants de son village natal : ils lui demandaient d'avoir deux récoltes par an : « Je vous accorde votre demande, leur dit le Saint-Père, et même j'y ajoute une autre faveur, c'est que vos années auront désormais vingt-quatre mois. »

Et une TROISIÈME fois, volume VII, page 175 :

« Entre autres correspondants bénévoles, une femme de la Bourgogne, qui était à la tête d'une exploitation considérable de vignes et de vergers riches en produits fruitjers, me suppliait de m'entendre avec mes confrères les astronomes pour mettre cette fatale lune rousse en d'autres mois que les mois d'avril et de mai. Si la lettre de cette honnête cultivatrice n'eût été si sérieuse, j'aurais pu lui répondre que désormais le premier mois de l'année s'appellerait mars, le second avril, le troisième mai, et ainsi de suite ; en sorte que la lune de printemps ne tomberait plus en avril ni en mai. Ceci rappelle une pétition adressée au fameux pape Sixte-Quint par les habitants de son village natal : « O Très-Saint-Père, accordez-nous de faire deux récoltes par an !

« Volontiers! mes enfants, et de plus j'y joins une seconde faveur, c'est que vos années auront désormais vingt-quatre mois! »

Décidément, M. Babinet se moque de son éditeur, du public et surtout de l'Académie des sciences, à laquelle il présente de pareils anas.

— Sur les instruments géodésiques et sur la densité moyenne de la terre ; par M. FAYE. — Dans cette lecture, M. Faye, qui accumule mémoires sur mémoires et ne paraît s'arrêter sur aucun sujet, passe en revue les diverses méthodes employées pour déterminer la densité moyenne de la terre. Il rappelle qu'au commencement de ce siècle, les instruments géodésiques, en dehors du fil à plomb, étaient exclusivement ceux de Borda. Plus tard, on a substitué au fil à plomb le niveau à bulle d'air, au cercle de réflexion la théodolite, etc. Aujourd'hui, la lunette zénithale doit prendre définitivement la place du niveau, dans la détermination du zénith d'abord, des latitudes géodésiques ensuite. Après avoir rappelé le collimateur vertical du célèbre Kater, il décrit l'instrument auquel il s'est définitivement arrêté.

____

(1) Autre traduction : « Nous n'avons pas tant de relations avec le ciel. » (Vol. VII, p. 209.)

. Faye arrive ensuite à la densité moyenne de la terre et énumère les valeurs que les divers observateurs lui ont assignées. Nous ne suivrons pas plus loin M. Faye dans ses descriptions et préférons renvoyer les lecteurs curieux de connaître de semblables recherches à la *Physique du globe* de M. Saigey, où ils trouveront, dans un petit volume de 1 fr. 25 c., publié chez Hachette, beaucoup plus de science véritable que l'on n'en trouve d'habitude dans les longs mémoires pleins de bavardage de quelques académiciens.

— Sur la distinction entre le coma produit par la méningite et le sommeil produit par le chloroforme ; et sur la distinction entre la méningite et l'apoplexie ; par M. FLOURENS. — M. Flourens a depuis longtemps la prétention d'avoir inventé la physiologie, et celle, tout aussi modeste, d'apprendre aux praticiens les plus expérimentés ce qu'il n'a jamais su lui-même d'une manière bien claire. Voici en quels termes la *Gazette des hôpitaux* analyse aujourd'hui la nouvelle communication de M. Flourens :

« M. Flourens a communiqué dans cette séance une nouvelle note de pathologie expérimentale en double partie. Dans la première, il a opposé l'un à l'autre deux phénomènes assez semblables en apparence pour qu'on ait eu l'idée d'en rechercher les analogies, mais assez différents cependant en réalité pour qu'il lui ait été possible de montrer expérimentalement par quels symptômes ils se caractérisent l'un et l'autre pendant la vie, et à quelles lésions anatomiques on les reconnaît, lorsqu'ils ont été poussés l'un et l'autre jusqu'à amener la mort : nous voulons parler du coma produit par la méningite et du sommeil produit par le chloroforme. La cause de la différence qui sépare le coma du sommeil anesthésique, suivant M. Flourens, consisterait en ce que dans le premier cas la congestion est intra-cérébrale, tandis qu'elle est extra-cérébrale dans le second.

« Nous n'avons pas assez présentes à l'esprit en ce moment les lésions encéphaliques qui ont été constatées chez les sujets morts à la suite de l'action trop prolongée ou trop intense du chloroforme, pour dire jusqu'à quel point les résultats des expériences de M. Flourens concordent avec les faits d'observation ; mais il nous semble que c'est moins par le fait même de la congestion, qui peut varier de degré et d'intensité, et qui peut être intra ou extra-cérébrale dans un cas comme dans l'autre, que diffèrent les deux phénomènes mis en parallèle par M. Flourens, que par l'expression symptomatique même de l'action des causes diverses qui la produisent.

« La deuxième partie de la note de M. Flourens est relative à l'étude de la méningite. On se rappelle que, dans une note précédente, il avait dit que rien n'est plus difficile, tant en physiologie qu'en pathologie, que de séparer nettement par les symptômes les affections des viscères d'avec celles de leurs enveloppes. Il a cherché, par de nouvelles expériences, à déterminer les caractères et les symptômes de la méningite. Le caractère essentiel de la méningite est pour lui la production abondante de pus et de sérosité… Nous ne savons si la lecture de la note de M. Flourens fera la même impression sur tous les lecteurs qu'elle a faite sur nous ; mais elle nous a frappé par une contradiction, au moins apparente, avec la proposition qui résume la note précédente, à l'égard des rapports qui existent entre le coma et la méningite. Si le cerveau n'est à l'état de coma ou de congestion que parce que les méninges sont en état de méningite, nous ne comprenons plus trop la différence profonde basée sur la distinction de la congestion intra-cérébrale et de la congestion extra-cérébrale. Mais M. Flourens ne s'est-il pas déjugé lui-même à cet égard, en disant que d'une congestion extra-cérébrale à une congestion intra-cérébrale il n'y a qu'un pas ? »

— Expériences sur l'alimentation et l'engraissement du bétail ; par M. JULES REISET. — M. Jules Reiset, un candidat à la prochaine vacance dans la section d'économie rurale et domestique, candidat auquel on ne pensait pas et qui vient donner la chair de poule à ses concurrents, en posant sa candidature très-sérieuse et, nous l'espérons, très sympathique, M. Jules Reiset, déjà correspondant de l'Académie, traite, dans le mémoire dont il a fait lecture aujourd'hui, une question fort importante et tout à fait neuve.

— Après ce coup de sonnette inattendu de M. Reiset, M. DE VIBRAYÉ, nouvellement élu comme correspondant, est venu lire un mémoire sur les silex *ouvrés* dans le diluvium de Loir-et-Cher. Encore un mémoire qui va déplaire au R. P. Félix, qui ne reconnaît de vrai et de possible en astronomie, en géologie et en physiologie, que ce que Moïse connaissait à l'époque où il écrivait. Tout le reste est de la science malsaine, qui l'étonne et le scandalise.

— L'Académie procède à l'élection d'un correspondant pour la section de médecine et de chirurgie, en remplacement de feu M. Bretonneau. Sur quarante-cinq votants, M. Ehrmann obtient trente-cinq suffrages ; M. Serre (d'Uzès), huit ; et MM. Landouzy et Pétrequin, chacun un. M. Ehrmann est donc élu.

— L'Académie reçoit dans cette séance un grand nombre de pièces manuscrites ou imprimées, destinées à des concours dont la clôture est fixée au 31 mars. Nous ne les énumérerons pas, car ils sont très-nombreux.

— Remarques de M. G. DE PONTÉCOULANT, à l'occasion d'une communication récente de M. DELAUNAY sur l'équation séculaire de la lune. — Voilà la scie Delaunay-Pontécoulant qui recommence.

— Sur la conductibilité pour l'électricité du thallium ; par M. LUCIEN DE LA RIVE.

— Sur quelques combinaisons organiques du silicium et sur le poids atomique de cet élément ; par MM. C. FRIEDEL et J.-M. CRAFTS. — C'est encore du laboratoire de M. Wurtz que sortent ces travaux importants ; aussi, toute une génération de chimistes, élevée à sa savante école, est-elle bientôt prête à se disperser sur tout le globe, à peupler le monde, comme le firent autrefois les fils de Noé, qui planta la vigne, nous dit M. Babinet, dans ses *Cancans scientifiques*.

— Sur des essais de fontes au Wolfram ; par M. LE GUEN. (Note présentée par M. PELOUZE.)

— Nouvelle analyse chimique de l'eau du Boulou ; par M. A. BÉCHAMP.

— Note sur un corps d'apparence glanduleuse observé dans la bandroie ; par M. JOURDAIN.

— Note de M. LARCHER, accompagnant la présentation de deux pièces anatomiques.

— A cinq heures un quart, l'Académie se forme en comité secret et en sort au bout d'un quart d'heure.

<hr>

AFFAIRE DU ROUGE D'ANILINE.

Arret (1).

« La Cour,

« Sur les conclusions de MM. Gerber-Keller et Depoully et Martinet ès-noms, à fin de nouvelle expertise ;

« Considérant que la Cour trouve dans les faits de la cause et les documents respectivement produits, les éléments de décision suffisans pour statuer au fond dès à présent ;

« Au fond,

« En ce qui touche le droit de Renard et Franc et la contrefaçon par eux imputée à Gerber-Keller et à Depoully frères ;

« Considérant qu'il est établi par les documens de la cause, qu'en 1845 et années suivantes, la science avait reconnu l'existence d'une matière colorante rouge, résultant de diverses réactions opérées sur l'aniline, mais qu'aucune production ni application industrielle de cette matière n'avait été faite, quand, le 8 avril 1859, Renard et Franc ont pris un brevet :

« 1° Pour la préparation et l'emploi du produit par eux nommé *fuchsine*, nouvelle matière

(1) MM. Renard frères et Franc contre MM. Gerber-Keller, Depoully frères et Comp., Léo-Jametel et Comp. — Audience de la Cour impériale de Paris, du 31 mars, 1863 pour la lecture de l'arrêt. (Extrait du *Droit* du 4 avril 1863).

colorante rouge, extraite de l'aniline, obtenue en faisant réagir sur cette matière certains chlorures métalliques anhydres, spécialement le bichlorure d'étain;

« 2° Pour l'application de cette matière colorante à la teinture et impression des substances textiles, peaux et plumes;

« 3° Pour le mode d'extraction de cette matière, au moyen d'agens chimiques de diverses natures indiqués dans le brevet et exploité dans les certificats d'addition;

« Considérant que plusieurs contestations successivement élevées contre la validité de ce brevet ont été repoussées par des décisions judiciaires; que l'antériorité aujourd'hui soutenue par les appelans principaux se fonde d'abord sur le brevet pris par Roquencourt le 1er décembre 1858, mais que ce brevet ne mentionne pas la couleur rouge et ne peut s'appliquer qu'au violet d'aniline déjà obtenu par Gerarhdt et Perkins; que le seul argument soutenu avec instance devant la Cour sur la question d'antériorité, repose sur un passage du Mémoire présenté par Hofmann, le 20 septembre 1858, à l'Académie des sciences de Paris;

« Considérant que la description de l'opération rapportée dans ce Mémoire par Hofmann, comme toutes celles qui l'ont précédée, ne contient que le récit de la rencontre d'une matière colorante rouge dans le cours d'une opération faite sur l'aniline dans un but tout différent; que cette découverte, dans les termes où elle est rapportée par son auteur, n'aurait pas été brevetable, aux termes de l'article 30 de la loi du 8 juillet 1844, qui déclare nuls les brevets délivrés pour des découvertes dont on n'indique pas les applications industrielles;

« Considérant que la production et la fabrication industrielle du rouge d'aniline n'étaient pas indiquées et ne sont pas même pressenties dans le Mémoire d'Hofmann; que cette production et fabrication restaient à découvrir et pouvaient devenir l'objet d'un brevet, suivant les termes exprès de la loi précitée, qui répute invention et découverte nouvelle l'invention de nouveaux moyens et *l'application nouvelle de moyens connus pour l'obtention d'un résultat ou d'un produit industriel;*

« Considérant que ce texte protége évidemment le brevet de Renard et Franc;

« Qu'ils ont les premiers industriellement produit et appliqué à la teinture le rouge d'aniline;

« Qu'en admettant même que cette matière fût un moyen connu de coloration il n'avait été avant eux ni décrit ni mis en œuvre par personne pour obtenir un résultat ou produit industriel;

« Considérant que si les droits de Renard et Franc sont ainsi défendus par le texte de la loi, ils le sont également par son esprit et par les principes de l'équité la plus manifeste;

« Qu'en effet, la couleur rouge, comme les autres couleurs, extraite chimiquement de l'aniline, ont été successivement reconnues par des expériences de chimistes, sans que pour cela les applications industrielles aient immédiatement suivi ces découvertes;

« Que la plupart de ces colorations sont restées quelque temps et restent encore dans le domaine purement scientifique, sans application à l'industrie;

« Considérant qu'il existe une notable différence entre un fait accidentel constaté dans une opération de laboratoire et une fabrication régulière, rapide, économique, telle que l'exige la consommation commerciale;

« Que les faits de la cause actuelle suffiraient pour démontrer la vérité de cette proposition;

« Que la découverte et la fabrication de Renard et Franc ont été entourées d'un assentiment et d'un débit sans précédens;

« Que les appelans ont eux-mêmes recouru avec empressement à ce nouveau produit;

« Que l'on ne saurait expliquer comment des fabricants spéciaux et des chimistes industriels auraient consenti à acheter de Renard et Franc, à un prix élevé, le rouge d'aniline, si, comme ils le soutiennent aujourd'hui, sa fabrication déjà décrite et publiée, eût été une opération toute simple et qui n'eût entraîné aucune difficulté;

« Considérant qu'il est constant, au contraire, que ce n'est qu'à l'aide des indications puisées dans le brevet de Renard et Franc que les appelans, comme les contrefacteurs déjà condamnés, sont arrivés à produire industriellement la matière colorante rouge, contrefaçon mal dissimulée sous les énonciations vagues des brevets pris postérieurement à celui des intéressés;

« Considérant que les appelans prétendent subsidiairement restreindre l'effet du brevet de Renard et Franc au procédé spécial par eux indiqué, le rouge d'aniline pouvant suivant eux, être fabriqué par tous, pourvu que le procédé d'extraction soit modifié;

« Que ce système aurait pour résultat d'anéantir complétemen le brevet des intimés, puisqu'il est démontré qu'il n'existe qu'un seul rouge d'aniline et qu'il est impossible de reconnaître, lorsque cette matière colorante est mise en vente, si elle a été obtenue à l'aide de telle ou telle réaction et de telle ou telle opération;

« Considérant sur ce point, d'une part, que c'est la production industrielle même du rouge d'aniline qui a été justement brevetée au profit de Renard et Franc; d'autre part, que la prétendue diversité des procédés de fabrication a été prévue et indiquée dans leur brevet et leurs certificats d'addition, et qu'ainsi qu'il a été déjà expliqué, les appelans, en changeant la matière qui opère la réaction, ne font qu'user d'un artifice facile dont ils puisent la pensée dans le brevet même des frères Renard;

« Qu'ainsi, sous aucun rapport, la restriction réclamée contre ledit brevet ne peut être admise;

« Considérant que ce brevet ne peut davantage être critiqué au nom des intérêts et des droits de la science, lesquels sont tout entiers satisfaits par la reconnaissance publique et incontestée des travaux qui ont amené l'application industrielle de la coloration de l'aniline;

« Qu'aux savants appartiennent les résultats immédiats de leurs recherches, mais qu'ils ne peuvent y joindre les conséquences pratiques et industrielles trouvées par d'autres;

« Qu'en leur réservant le domaine de leur découverte, on ne peut l'étendre sur des productions et applications qu'ils n'ont pas trouvées et qu'ils n'ont pas même cherchées;

« Considérant qu'Hofmann lui-même, le plus intéressé à revendiquer l'honneur et l'importance de son invention, reconnaît (dans son Rapport sur l'exposition de Londres en 1862) que si la découverte scientifique lui est due, la fabrication de l'application industrielle appartient à Verguin, Renard et Franc;

« Qu'il n'hésite pas à se prononcer non-seulement en faveur de leur brevet, mais encore contre ceux de leurs contrefacteurs;

« En ce qui touche spécialement Depoully frères :

« Adoptant les motifs des premiers juges;

« Et considérant que la sentence a fait une juste appréciation du préjudice par eux causé à Renard et Franc;

« Considérant que les faits concernant Depoully frères, sur lesquels la sentence a statué, sont distincts de ceux qui ont motivé l'arrêt de la Cour impériale de Lyon du 13 décembre 1861;

« En ce qui touche spécialement Léo-Jametel et Cᵉ :

« Adoptant les motifs des premiers juges;

« Et considérant que Léo-Jametel et Cᵉ font le commerce des métaux et produits chimiques, qu'en présence de la publicité qui a entouré le commencement et le développement de la teinture par le rouge d'aniline, ils n'ont pas ignoré le brevet de Renard et Franc, et les contestations qu'il a soulevées; qu'ils ont vendu les produits fabriqués par Depoully, sachant qu'ils étaient le résultat de la contrefaçon, et ne peuvent s'attribuer la qualité de simples commissionnaires ou dépositaires; qu'ils sont dès lors tenus solidairement de réparer le dommage par eux causé conjointement; que l'absence de Jametel du territoire français, alors même qu'elle expliquerait sa bonne foi personnelle, n'établirait pas celle de ses agens à Paris, et laisserait subsister sa responsabilité;

« Considérant que les premiers juges ont sainement apprécié le montant des dommages-intérêts mis à la charge de Léo-Jametel et Cᵉ;

« Sur l'appel-incident de Renard et Franc;

« Sur le montant des dommages-intérêts;

« Adoptant les motifs des premiers juges;

« Sur la contrainte par corps;

« Considérant qu'il n'est pas justifié de motif suffisant pour appliquer cette voie d'exécution;

« Sur la solidarité quant aux dépens,

« Considérant qu'en principe l'obligation de supporter les dépens est essentiellement divisible;

« Que dans l'espèce, les faits dont Gerber-Keller est responsable sont distincts de ceux imputés aux autres appelans principaux; que Depoully frères et Léo-Jametel et Cᵉ ont seuls été actionnés par Renard et Franc pour des faits de contrefaçon commis conjointement,

« La Cour...

« Met les appellations et ce dont est appel au néant;

« En ce que les premiers juges n'ont pas condamné solidairement Depoully frères et Léo-Jametel aux dépens contre Renard et Franc;

« Émendant quant à ce, décharge les appelans de cette disposition, et statuant par jugement nouveau;

« Dit que Léo-Jametel et Cᵉ et Depoully frères seront tenus solidairement envers Renard et Franc des dépens de première instance mis à leur charge par le jugement dont est appel, les frais de l'expertise restant pour moitié à la charge de Gerber-Keller, et pour l'autre moitié à la charge de Depoully frères;

« La sentence au résidu sortissant effet;

« Déboute Depoully frères de la demande reconventionnelle contre Renard et Franc;

« Déboute les appelans du surplus de leur demande, fins et conclusions, tant principales que subsidiaires, etc., etc. »

COMPTE-RENDU DES TRAVAUX DE CHIMIE.

Manière d'extraire le thallium du cadmium; par M. W. Crookes. — Ce chimiste, auquel on doit la découverte du thallium, quoi qu'en dise M. Milne-Edwards, qui prétend « *qu'il n'était pas parvenu à le saisir,* » (voir *Moniteur universel* du 13 avril, page 549, colonne 6ᵉ) vient de rencontrer le thallium dans le cadmium. Ces deux métaux, dit-il, se trouvent fréquemment associés dans la nature. J'ai trouvé le thallium dans plusieurs échantillons de cadmium que j'ai examinés, et on doit le rencontrer également dans les sels de cadmium livrés au commerce, puisqu'on les prépare ordinairement au moyen du métal.

Le sulfure de cadmium, en raison de sa belle couleur jaune et de sa grande solidité, est employé en quantité par les peintres. Les échantillons du commerce varient beaucoup sous le rapport de la couleur, qui est d'un orange plus ou moins foncé. L'analyse spectrale aussi bien que l'analyse par voie humide m'a fait reconnaître du thallium dans les variétés de couleur foncée; il est donc probable que les variations de couleur sont dues à la présence du thallium.

Pour constater cette présence par voie d'analyse, j'opère comme il suit : une solution acide est additionnée de quelques gouttes de chromate ou de bichromate de potasse, puis sursaturée d'ammoniaque. On fait bouillir, et l'on voit se former un précipité jaune de chromate de thallium, qui est insoluble. On le recueille sur un filtre et l'introduit dans la flamme du spectroscope. Par ce procédé, j'ai pu encore constater 1 partie de thallium en présence de 800 de cadmium. Cependant, il est moins délicat que les autres procédés que j'ai décrits.

(*Chemical News*, 28 mars 1863.)

Soude dans la houille. — M. Wayne a trouvé du sulfate de soude dans le dépôt ocreux qui s'était formé sur les cornues en fonte dans lesquelles il distillait de la houille. Sous ces cornues il avait brûlé une très-grande quantité de coke provenant de la houille compacte d'où l'huile avait été extraite par lui. La soude, suivant M. Wayne, se serait transformée en sulfate à la surface de la cornue, en se combinant avec les produits sulfureux de la combustion. La présence de la soude dans la houille est toujours un fait nouveau et intéressant. Le dépôt en question contenait encore de l'alumine, de la silice et de l'oxyde de fer.

(*Ibid.*)

Albuminate de fer et de soude.— D'après M. Angelico Fabbri, le simple contact du blanc d'œuf avec un sel de fer et de soude donne naissance à un albuminate soluble, un albuminoferrate de soude. Ce sel double résiste au ferrocyanure de potassium, le réactif le plus énergique des sels de fer, si l'on n'ajoute pas quelques gouttes d'un acide, par exemple, d'acide chlorhydrique. Comme ces trois constituants existent dans le sang, l'albuminoferrate de soude doit s'y former avec facilité. Cette circonstance conduit à penser que *la meilleure préparation de fer pour l'usage thérapeutique serait l'albuminate double de fer et de soude.*

(*Ibid.*)

De l'emploi du charbon de bois comme filtre à air pour la ventilation et la désinfection des égouts; par M. John Stenhouse. — Un égout établi dans de mauvaises conditions est un foyer permanent d'infection. La ventilation des égouts n'est donc pas une précaution secondaire; car, toutes les fois qu'elle n'est pas favorisée, soit directement, soit par des moyens artificiels, les gaz délétères engendrés par la fermentation putride des matières organiques contenues dans ces conduits souterrains rencontrent une résistance considérable à leur écoulement, et ne tardent pas à s'infiltrer dans les rues et maisons adjacentes en y déterminant souvent des maladies épidémiques.

On sait, depuis longtemps, que le charbon animal et le charbon végétal de différentes espèces possèdent, à divers degrés, surtout lorsqu'ils sont secs, la propriété d'absorber, en majeure partie, les émanations gazeuses. La découverte en a été faite par Lowitz, qui, vers la fin du dernier siècle, démontra qu'à l'aide du charbon de bois on peut désinfecter les matières putrides.

Il y a sept ans environ, M. John Turnbuls, de Glascow, remarqua qu'en recouvrant des cadavres d'animaux d'une couche de quelques centimètres de charbon de bois en poudre et en les exposant à l'air dans cet état, ils ne dégageaient pas la plus faible trace d'odeur désagréable, malgré leur décomposition rapide.

On supposait jusqu'à présent que le charbon agit comme un antiseptique, et, par conséquent, retarde la décomposition des matières putrides avec lesquelles il est en contact; mais c'est tout le contraire qui a lieu. Le charbon, en effet, en raison de l'énorme quantité d'oxygène condensé dans ses pores, qui en renferment de 8 à 9 volumes, non-seulement absorbe, mais oxyde rapidement les miasmes putrides, en donnant lieu aux composés les plus simples. Liebig établit que les pores d'un seul pouce cube de charbon de hêtre doivent représenter une surface d'au moins 100 pieds carrés.

C'est en réfléchissant à cette précieuse et puissante propriété du charbon de bois; c'est en constatant, comme je l'avais fait dans mon laboratoire, qu'il suffisait d'en recouvrir d'une

simple épaisseur de 5 centimètres un volume assez important de matières animales en décomposition, pour que toutes les émanations infectes fussent absorbées, que l'idée m'est venue de la possibilité, par un artifice à peu près semblable, c'est-à-dire en interposant le charbon entre deux toiles métalliques, de prévenir les causes d'insalubrité produites par les
nombreux foyers d'infection dont les gaz délétères souillent sans cesse l'atmosphère des
villes. De là le filtre que j'ai construit et que j'ai, pour la première fois, montré et décrit, il y
a quelques années, dans une séance de la Société des arts de Londres (voir *Moniteur scientifique*, liv. 45, p. 847). Ce filtre se compose d'une couche de charbon de bois en poudre grossière, disposée entre deux toiles métalliques fixées dans un châssis; il est applicable aux
maisons, aux navires, aux cheminées d'égouts, aux cabinets d'aisance à l'anglaise, aux appareils respiratoires, ainsi qu'à beaucoup d'autres usages. En raison des qualités absorbantes
du charbon, il ne laisse passer qu'un courant d'air pur et retient ainsi tous les miasmes dont
ce courant pourrait être souillé. La grosseur de la poudre de charbon doit varier entre les
dimensions d'une petite fève et celles d'une noisette; mais il va sans dire que, toutes les fois
que les exhalaisons seront abondantes, elle pourra être augmentée, et la couche, préparée
sur une plus grande épaisseur, pourra être aussi bien disposée, soit sur des feuilles de zinc
perforées, soit sur un simple treillis de gros fils métalliques.

Au commencement de l'année 1856, un ingénieur éminent a appliqué mon système aux
cheminées d'égouts. Les filtres sont disposés de telle sorte que, tant que le charbon reste sec,
il détruit tous les gaz impurs en les décomposant, et ne laisse arriver dans les rues que de
l'air parfaitement pur. Les filtres se placent dans les cheminées d'égouts; mais cette position
n'est pas invariable. Ainsi, on pourrait les mettre sous les accotements du pavage ou même
dans l'épaisseur des murs des maisons, et y conduire les gaz à l'aide de larges tuyaux, en
ayant soin, toutefois, de boucher les trous d'air ménagés dans l'axe des rues; on pourrait
également utiliser, dans ce but, les candélabres d'éclairage dont on élargirait la base, ou bien
encore employer des bornes analogues à celles qui servent de boîtes à lettres. Quelle que soit
la disposition qu'on adopte, il est essentiel que les filtres soient tenus à l'abri de toute humidité et maintenus constamment en libre communication avec l'atmosphère.

Sur deux emplois du blanc de plomb. — D'après M. COBLEY, le blanc de
plomb reçoit une grande amélioration, couvre mieux, change moins de nuance et sèche plus
vite, lorsqu'on le mêle avec du borax.

L'oxyde de plomb dont on se sert pour vernisser la poterie donne, lorsque l'on y ajoute
du borax, une couverte moins sujette à se tressailler.

VARIÉTÉS.

—

Sociétés savantes des départements.

Mercredi, 8 avril, a eu lieu, à la Sorbonne, la réunion générale des membres des sociétés
savantes des départements et des membres du comité des travaux historiques et des sociétés savantes, près le ministère de l'instruction publique.

A midi, les délégués des sociétés, au nombre d'environ six cents, se sont assemblés dans
le grand amphithéâtre de la Sorbonne. M. Le Verrier présidait la section des sciences.
M. Milne Edwards était vice-président et M. Blanchard secrétaire. Beaucoup de mémoires
ont été lus et ont donné lieu à des discussions intéressantes qui se sont continuées dans les
journées de jeudi, vendredi et samedi. Le vendredi soir, 10 avril, M. Le Verrier a reçu à
l'Observatoire tous les délégués et tous les savants présents à Paris.

Samedi, 11 avril, a eu lieu, à la Sorbonne, une séance d'apparat, sous la présidence de Son
Excellence le ministre de l'instruction publique et des cultes. Cette séance avait pour but la

proclamation des noms des lauréats qui ont obtenu des prix à la suite des concours de 1861 et 1862. Le soir, le ministre a reçu, comme M. Le Verrier l'avait fait la veille, tous les savants dont il connaissait les noms.

Nous publions seulement les prix décernés à la section des sciences.

CONCOURS DE 1861 ET 1862.

1861.

Auxerre. — Société des sciences historiques et naturelles de l'Yonne; médaille de bronze.— M. Cotteau, pour ses travaux sur les échinides fossiles; médaille d'argent.

Bordeaux. — Société linnéenne; médaille de bronze. — M. Raulin, pour son travail sur la géologie de l'île de Crète; médaille d'argent.

Caen. — Société d'agriculture et de commerce; médaille de bronze. — M. Isidore Pierre, pour ses travaux de chimie appliquée à l'agriculture; médaille d'or.

Cherbourg. — Société des sciences naturelles; médaille de bronze. — M. Lejolis, pour ses travaux de botanique; médaille d'argent.

Dijon. — Académie impériale des sciences, arts et belles-lettres; médaille de bronze. — M. Despeyrous, pour ses travaux de mathématiques; médaille d'argent.

Lyon. — Société linnéenne; médaille de bronze. — M. Mulsant, pour ses nombreux travaux d'entomologie; médaille d'or. — M. Jordan, pour ses travaux sur la flore française; médaille d'argent.— Société de médecine; médaille de bronze.— M. Ollier, pour ses applications chirurgicales de la régénération des os par le périoste; médaille d'or.

Montpellier. — Académie des sciences et lettres; médaille de bronze. — M. Gervais, pour la 2ᵉ édition de sa paléontologie française; médaille d'or.

1862.

Clermont-Ferrand. — Académie des sciences et belles-lettres et arts; médaille de bronze.— M. Lecoq, pour sa carte géologique de l'Auvergne; médaille d'or. — M. Bourget, pour ses travaux de mathématiques; médaille d'argent.

Lille. —. Société impériale des sciences, de l'agriculture et des arts; médaille de bronze.— M. Lamy, pour ses recherches sur le thallium; médaille d'or. — M. Correnwinder, pour ses travaux de chimie appliquée à l'agriculture; médaille d'argent.

Metz. — Académie impériale; médaille de bronze. — M. Terquem, pour ses études de paléontologie, et en particulier pour son travail sur les foraminifères du lias; médaille d'argent.

Strasbourg. — Société des sciences naturelles; médaille de bronze. — M. Bertin, pour ses travaux de physique; médaille d'or. — MM. Kœchlin, Schlumberger et Schimper, pour leur travail intitulé *les Terrains de transition des Vosges;* médaille d'or.

Toulouse. — Académie impériale des sciences, inscriptions et belles-lettres; médaille de bronze. — M. Lavocat, pour son travail sur la détermination des vertèbres céphaliques; médaille d'argent. — M. Leymerie, pour son travail sur la géologie des Pyrénées; médaille d'argent.

Table des matières de la 152ᵉ Livraison. — 15 avril 1863.

22054 Paris, Imp. RENOU et MAULDE.

DE L'ACIDE PHÉNIQUE,

DE SON ACTION SUR LES VÉGÉTAUX, LES ANIMAUX, LES FERMENTS, LES VENINS, LES VIRUS, LES MIASMES,

ET DE SES APPLICATIONS A L'INDUSTRIE, A L'HYGIÈNE, A LA THÉRAPEUTIQUE ET AUX SCIENCES ANATOMIQUES.

Par M. le docteur JULES LEMAIRE.

SECONDE PARTIE.

CHAPITRE III.

Applications de l'acide phénique.

Les remarquables propriétés de l'acide phénique, qui ont été mises en évidence dans la première partie de ce travail (V. *Moniteur scientifique,* livraison 140, numéro du 15 octobre 1862), indiquent les nombreuses et importantes applications que l'on en peut faire.

L'action toxique énergique qu'il exerce sur les organismes inférieurs fait, de suite, surgir l'idée de son application pour détruire les parasites. Sa propriété, d'arrêter et de prévenir les fermentations spontanées, permet de l'employer comme antiputride et désinfectant.

L'action qu'il exerce sur la peau, les venins, les virus et les miasmes, ouvre un vaste champ d'applications. Mais, pour que la science soit définitivement fixée sur tant d'applications importantes, il faut le concours d'un grand nombre de travailleurs. Les expériences devront être multipliées, et pour certaines applications, celles pour détruire les miasmes, par exemple, elles devront être faites dans toutes les contrées du globe. Il n'est pas besoin de rappeler que les maladies miasmatiques empruntent à chaque climat une physionomie particulière. Aussi, les résultats obtenus dans une contrée pourraient ne pas l'être dans une autre. Je dois donc reconnaître qu'il reste beaucoup à faire. Cependant, nous verrons bientôt que les nombreuses expériences que j'ai faites permettent déjà de faire de très-importantes applications à l'industrie, à l'hygiène, à la thérapeutique et aux sciences anatomiques.

Les questions qui ont encore besoin d'être étudiées seront rangées dans un chapitre spécial. Je dirai comment j'en comprends l'étude.

Lorsqu'on parle d'applications à toutes les branches de la science, dont je viens de parler, il ne suffit pas que le corps jouisse des propriétés que j'ai fait connaître ; il faut, de plus, qu'il soit à bon marché et d'un maniement facile. L'acide phénique est-il dans ce cas ? c'est ce que je vais examiner.

Prix de l'acide phénique. — Pour le moment, cet acide cristallisé coûte encore 15 francs le kilogramme. Mais l'acide liquide ne coûte que six francs le kilogramme. Lorsqu'on réfléchit que le goudron de houille est sans valeur (7 centimes le kilogramme), qu'une simple distillation et l'emploi d'un alcali suffisent pour l'extraire de cette substance qui le contient en abondance, il est impossible qu'aussitôt que son emploi se généralisera, cet acide n'arrive pas rapidement à être vendu bon marché. D'après des renseignements pris dans les usines à gaz et auprès de chimistes industriels, il m'a été assuré que, lorsqu'on demandera l'acide phénique en grande quantité, on pourra le livrer facilement à 2 francs le kilogramme. Si je rappelle que l'eau contenant un centième d'acide suffit pour détruire tous les petits animaux nuisibles, et qu'*un millième* de cet acide suffit pour arrêter et prévenir la fermentation putride, on comprendra de suite que l'on pourrait avoir pour 2 francs 1,000 litres d'un désinfectant énergique.

Ainsi donc, il dépend des hommes qui s'occupent d'améliorer le sort des masses, de doter la société d'un agent capable de lui rendre d'immenses services et à un bon marché tel, que l'autorité pourra en exiger l'emploi sous peine d'amende.

En attendant que le commerce le livre à bon marché, nous allons faire connaître deux moyens économiques, à la portée de tous, qui permettront de l'obtenir, impur il est vrai, mais jouissant des propriétés désinfectante, antiputride et toxique pour les parasites. Depuis que j'ai démontré que l'eau peut dissoudre 5 pour 100 de son poids d'acide phénique cristallisé, j'ai examiné l'action de l'eau sur le coal-tar. Il résulte de mes expériences, qui ont été vérifiées par M. Cloëz, que l'eau, à la température de 18 à 20° C., dissout 1/30 des matériaux qui composent le goudron de houille ; que l'acide phénique est le corps dominant dans cette eau, et que l'huile lourde de houille, d'où l'on extrait l'acide phénique, traitée de la même manière, par l'eau, cède l'acide qu'elle contient à ce liquide. Il suffit de brasser ces substances dans l'eau pendant quelques instants et de laisser reposer la liqueur. Deux couches de matières huileuses se forment : l'une, plus pesante que l'eau, se précipite ; l'autre, plus légère, surnage. Rien n'est plus facile que de se débarrasser de celle qui surnage. Il suffit d'ajouter de l'eau, de manière à faire déborder le vase, pour la séparer. Quant à la couche pesante, on s'en débarrasse en décantant le liquide. En opérant comme je viens de le dire, on obtient une solution aussi limpide que l'eau la plus pure. Si j'ajoute que l'huile lourde de houille et le coal-tar coûtent environ 10 centimes le kilogramme ; que l'huile lourde contient environ 20 pour cent de cet acide ; qu'avec 1 kilogramme, c'est-à-dire pour 10 centimes, on peut préparer 100 litres d'un désinfectant énergique, on reconnaîtra comme moi que, si l'acide phénique n'est pas promptement livré à bon marché, on pourra, en attendant, se servir de ces procédés économiques de préparation.

L'eau phéniquée est aussi facile à employer que l'eau pure. Dans un instant, je ferai ressortir les avantages qu'elle possède sur tous les désinfectants connus.

Pour éviter des répétitions dans le cours de ce travail, je commencerai par faire connaître les formules que j'ai expérimentées. Quelques-unes ne l'ont pas été contre certaines affections où elles me paraissent devoir l'être. J'aurai soin d'indiquer en son temps les résultats que j'ai obtenus et les expériences qui me paraissent devoir être tentées.

CHAPÍTRE IV.

Formes sous lesquelles l'acide phénique peut être employé pour les applications dont je vais bientôt parler (1).

L'acide phénique peut être employé sous un assez grand nombre de formes.

ACIDE PHÉNIQUE PUR.

Il peut être employé à l'état liquide, soit comme puissant modificateur des plaies, soit comme antiputride ou désinfectant.

A L'ÉTAT DE VAPEUR.

Il peut être employé en inspirations contre l'ozène, les affections vermineuses, gangréneuses et catarrhales des organes respiratoires ; contre le catarrhe de la trompe d'Eustache ; pour détruire les miasmes ; pour détruire et prévenir le développement des microphytes ; pour éloigner ou tuer un grand nombre de petits animaux nuisibles.

Poudre désinfectante (Bouchardat).

Plâtre.................... 1,000 parties.
Acide phénique..........   1   —

Employé comme désinfectant.

---

(1) Le coal-tar, pour les raisons que j'ai fait connaître, me paraît, dans certains cas, préférable à l'acide phénique. J'indiquerai, à mesure qu'elles se présenteront, les applications où cette substance doit être employée de préférence.

Autre (Parisel).

Farine de froment.................... 100 parties.
Acide phénique......................   1   —
Axonge.............................   4   —

Ces préparations pulvérulentes ont été proposées pour remplacer la poudre de coal-tar de MM. Corne et Demaux.

M. Robeuf avait aussi, avant ces Messieurs, proposé d'employer la sciure de bois pour convertir cette substance en poudre.

Les préparations pulvérulentes, comme les solutions alcalines, ont été imaginées parce qu'on croyait que l'acide phénique était à peine soluble dans l'eau. Depuis que j'ai démontré que cet acide peut se dissoudre en assez grande quantité dans ce liquide, les poudres et les phénates ne me paraissent plus avoir de raison d'être. C'est la solution aqueuse qui doit, avec beaucoup plus d'économie et d'autres avantages, les remplacer. Ce n'est qu'autant que l'on a besoin de l'alcali, pour exercer une action chimique, comme pour absorber l'acide carbonique de l'air confiné, que l'association de l'alcali à l'acide phénique doit être maintenue.

ACIDE PHÉNIQUE DISSOUS DANS L'EAU.

L'acide phénique peut être employé en dissolution dans l'eau à des degrés divers qui peuvent varier d'un millième à 5 pour 100, selon les indications à remplir.

Eau phéniquée au millième.

Eau de fontaine.................... 1 litre.
Acide phénique cristallisé........... 1 gramme.

Employée comme désinfectant et antiputride. Je conseille d'administrer cette eau comme boisson dans les temps d'épidémie ou dans les contrées marécageuses, soit pure, soit mélangée avec les boissons alcooliques dont on fait usage aux repas. Dose pour les adultes, 1 litre par jour. Pour les enfants, le quart ou la moitié de cette dose, suivant l'âge. L'expérience apprendra les services qu'elle pourra rendre dans ces conditions.

Boisson antimiasmatique.

Acide phénique cristallisé................. 1 gramme.
Eau de fontaine........................ 1 litre.
Eau-de-vie de Cognac ou rhum............ 10 grammes.
Sucre.................................. 10   —

Cette boisson peut remplacer le vin, la bière, le cidre, l'hydromel, et être employée à leur place aux repas. Doses, comme la précédente : 1 litre par jour pour les adultes.

Eau phéniquée saturée, contenant 5 pour 100 d'acide.

Eau commune..................... 1 litre.
Acide phénique........................... 50 grammes.

Cette eau peut être employée pour détruire un grand nombre de petits animaux nuisibles à l'homme, aux animaux et aux récoltes. Elle peut être aussi employée comme antiputride et comme désinfectant énergique. En y ajoutant cinq parties d'eau, on obtient l'eau phénique au centième, qui est encore très-énergique pour ces différents usages.

Solution composée désinfectante.

Eau commune.......................... 10 litres.
Acide phénique......................... 100 grammes.
Sulfate de zinc ou de fer................ 30   —

L'acide phénique n'exerçant aucune action chimique sur l'hydrosulfate ni sur le carbonate d'ammoniaque, c'est à leur volatilisation naturelle qu'est due la désinfection, lorsqu'on emploie cet acide seul. Mais en employant cette préparation très-économique, la désinfection est instantanée. Les sulfates transforment par double décomposition l'hydrosulfate en sulfure et le carbonate d'ammoniaque en carbonate de zinc ou de fer et en sulfate d'ammoniaque. Tous ces produits transformés sont inodores.

Eau phéniquée pour la toilette.

Acide phénique cristallisé........	10 grammes.
Essence de mille fleurs..................	6 gouttes.
Alcool à 90°..........................	10 grammes.
Saponine.............................	2 —
Eau de fontaine.......................	1 litre.

Cette eau, dont l'odeur est agréable, pourra recevoir de nombreuses et utiles applications pour la toilette. La saponine lui permet de remplacer avec avantage le savon. Il ne faut pas l'employer pure. Mélangée à dix parties d'eau, elle agit comme désinfectant et peut être employée pour prévenir les maladies contagieuses. Tous les médecins et tous les vétérinaires feront bien de s'en servir lorsque leurs mains auront touché des tissus ou des humeurs en état de putréfaction, ou des malades atteints d'affections contagieuses. Dans ces derniers cas, on peut promener cette eau pure sur les mains et les laver ensuite à grande eau.

Solution contre la teigne.

Acide acétique à 8° (pyroligneux)...............	200 grammes.
Eau de fontaine........................	500 —
Acide phénique cristallisé..................	5 —
Teinture de quillaya saponaria..............	15 —

Pour être appliqué sur le cuir chevelu à l'aide d'un gros pinceau. Il faut s'attacher à bien en imprégner la peau. Une application par jour.

Autre, contre la teigne et d'autres affections de la peau.

Quillaya saponaria concassé..........	10 grammes.
Eau de fontaine....................	1 litre.

Faites bouillir pendant cinq minutes, passez, et après le refroidissement ajoutez :

Acide phénique cristallisé, 10 grammes.

Cette préparation est employée, comme la précédente, à l'aide d'un pinceau ou avec une petite éponge. La saponine qu'elle contient permet de détacher avec facilité les croûtes et les pellicules. L'humeur fétide qui imprègne la peau et les cheveux dans le favus et dans l'impetigo est désinfectée par l'acide phénique et enlevée par la saponine.

Des essais que j'ai faits m'autorisent à penser que cette préparation pourra être utile dans le prurigo, l'eczéma chronique, le lichen, l'impetigo, dans le pemphigus chronique et dans les plaies de mauvaise nature.

Lait de chaux phéniqué.

Lait de chaux......	10 litres.
Acide phénique....................	100 grammes.

Employé en aspersions sur le sol et sur les murs, dans tous les lieux habités par un grand nombre d'hommes ou d'animaux. La chaux absorbe l'acide carbonique et dégage lentement de l'acide phénique qui détruit les miasmes.

Acide phénique alcoolisé.

Alcool à 90°..............	} parties égales.
Acide phénique...........	

Cette préparation a pour but de fluidifier l'acide phénique et de permettre de l'employer instantanément, sans le secours de la chaleur. L'acide cristallisé est très-énergique. Ses cristaux ne permettent pas de l'étendre uniformément, tandis que ce mélange est d'un maniement facile. Il peut être employé comme rubéfiant, en l'appliquant en couche légère, à l'aide d'un pinceau, comme puissant modificateur des plaies gangréneuses; contre les piqûres et les morsures d'animaux venimeux; enfin, comme moyen abortif des pustules de la variole et de l'acné.

Liniment irritant.

Alcool à 85°... .... 100 grammes.
Acide phénique.................... 2 —

Employé comme excitant de la peau dans la médication révulsive.

Huile phéniquée.

Huile d'œillette............... ⎱
Acide phénique............... ⎰ parties égales.

L'acide phénique incorporé à l'huile se volatilise avec beaucoup plus de lenteur.
Employée pour la conservation des viandes alimentaires et pour celle des pièces anatomiques.

Pommade phéniquée.

Axonge purifiée.................... 100 grammes.
Acide phénique....... ... . 1 —

Employée dans les affections chroniques de la peau.

Glycérine phéniquée.

Glycérine anglaise................. 100 grammes.
Acide phénique.................... 1 —

Employée contre l'impetigo, l'eczéma chronique, le lichen, le prurigo, et contre le pemphigus chronique.
On peut remplacer la glycérine par le glycérolé d'amidon.

Terre coal-tarée.

Terre commune passée à travers une claie........ 100 parties.
Coal-tar.................................... 3 —

L'acide phénique mélangé à la terre se volatilise rapidement sous l'influence du soleil. L'eau l'entraîne aussi avec la plus grande facilité. Le mélange dans lequel il se trouve dans le coal-tar le retient beaucoup plus longtemps. C'est ce qui me fait donner la préférence à cette terre pour certaines applications. Employée comme désinfectant et pour éloigner les petits animaux nuisibles des plantes et des arbres, et pour préserver les graines de leurs attaques dans la terre. Encore à l'état d'essai pour préserver la vigne et les pommes de terre de leurs maladies.

CHAPITRE V.

Emploi de l'acide phénique pour détruire les parasites.

Les parasites appartiennent au règne végétal et au règne animal. De là deux divisions naturelles pour ce chapitre.

PARASITES VÉGÉTAUX.

Ils sont très-nombreux. Je ne m'occuperai ici que des petits champignons. Ils se développent sur les racines, les bulbes, les tiges, les feuilles, les fruits et sur les graines. Ils s'établissent aussi bien sur les végétaux vivants que sur leurs parties que l'on conserve pour l'alimentation de l'homme et des animaux. Aussi, les racines, les tubercules, les fruits charnus, les graines, dans les caves ou dans les greniers, deviennent-ils fréquemment leur proie.

Les végétaux n'ont pas le privilége de servir à la nutrition de ces petits êtres. L'homme et les animaux leur servent aussi de pâture. Tout ce qui est organisé, vivant ou mort, est leur domaine (1). La rapidité avec laquelle ils se propagent d'un individu à un grand nombre d'autres nous donne l'image de la contagion. Ces petits champignons deviennent la cause de maladies redoutables qui sévissent sur les plantes et sur les animaux. On connaît l'action des rhizoctones sur les asperges, la garance et sur d'autres plantes. Celle que les parasites exercent sur les bulbes du safran est si destructive que, dans le Gatinais, on l'appelle *Mort au safran*. Tout le monde connaît les ravages que l'oïdium et le botrytis font sur la vigne, les pommes de terre et les betteraves. L'olivier, le blé et d'autres végétaux peuvent aussi être attaqués par ces redoutables champignons. Ces parasites sont un véritable fléau pour les cultivateurs et pour les populations.

La disette, qui peut en être la conséquence, n'est pas le seul danger que nous ayons à redouter. Leur présence dans les matières indispensables à l'alimentation peut occasionner des maladies graves qui ont sévi bien des fois sur l'homme et sur les animaux. M. Bouchardat (*loc. cit.*), qui, dans son mémoire, étudie les mucédinées qui nuisent le plus à l'homme, pense que la pellagre et la convulsion des céréales (acrodynie), sont le résultat de leur ingestion.

On sait que les animaux herbivores refusent de manger les aliments moisis. Le pain et le biscuit en contiennent fréquemment. Dans les villes et les bourgs où cet aliment est préparé chaque jour par les boulangers, les microphytes n'ont pas le temps de s'y développer. Mais dans les villages où cet aliment est préparé par les consommateurs, où, par économie, on en fait pour huit ou dix jours, j'en ai constaté bien des fois. MM. Payen et Chevallier y ont reconnus des oïdiées. Bartholoméo Bizio y a constaté la présence d'un microphyte nouveau qu'il appelle *serratia*. M. Poggiale, en 1856, a constaté dans du pain fabriqué à la manutention de Paris d'innombrables bacteriums. Westerhoff a publié deux cas d'empoisonnement observés sur des enfants qui avaient mangé du pain de seigle moisi.

Les spores des mucédinées existent fréquemment dans la farine. Nous avons vu qu'elles résistent à de très-hautes températures. La mie du pain qui contient beaucoup d'eau ne peut atteindre une température assez élevée pour les détruire.

Les médecins ont souvent des maladies à combattre dont il n'est pas toujours facile de rattacher les symptômes à celles que l'on trouve dans les cadres nosologiques. C'est souvent instantanément qu'ils se manifestent. Il m'est arrivé bien des fois de constater sur des malades que je voyais pour la première fois de véritables symptômes d'empoisonnement, sans que je puisse en découvrir la source. Ils étaient peut-être le résultat de l'ingestion d'aliments ou de boissons dans lesquels des infusoires s'étaient développés. Depuis que je m'occupe de ces questions, mon attention s'est portée sur ce sujet. J'ai constaté sur deux malades, le mari et la femme, qui habitent l'hôtel des monnaies de Paris, des symptômes assez graves des voies digestives. En remontant avec soin à la source, je reconnus qu'ils s'étaient développés depuis qu'ils faisaient usage de préparations de charcuterie achetées à la foire aux jambons. Examen fait du saucisson et du jambon dont ils avaient mangé, je reconnus qu'ils contenaient de nombreux microphytes. En cessant l'emploi de ces aliments, la santé de mes clients s'est rapidement rétablie.

Les préparations de charcuterie, dont l'Allemagne fait un si grand emploi, ont été la cause de nombreux empoisonnements (2). Aujourd'hui on les compte par centaines. D'après

(1) C'est seulement depuis quelques années que l'on commence à comprendre toute l'importance des mucédinées parasites qui, s'attaquant directement ou indirectement à l'homme, le menacent, soit en annihilant pour ainsi dire des productions les plus utiles à son alimentation, soit en déterminant des maladies dont la gravité et la fréquence ne sont pas encore généralement appréciées.— Bouchardat. *Des Mucédinées qui nuisent le plus à l'homme.* (*Ann. de thérap.*, *1861.*)

(2) Ces accidents se présentent principalement dans le Wurtemberg, où il est d'usage de préparer ces sortes

Liébig, on a attribué le principe vénéneux de ces préparations à l'acide prussique et plus tard à l'acide sébacique, sans y avoir démontré leur présence. Or, dit-il, l'acide sébacique est tout aussi peu malfaisant que l'acide benzoïque, dont il se rapproche par un grand nombre de propriétés, et tous les symptômes de la maladie s'opposent à ce que l'on admette la présence de l'acide prussique. Il attribue les accidents au ferment que contient toute matière en décomposition. M. Bouchardat admet que c'est à des mucédinées (moisissures) qu'il faut les rapporter. Nous avons vu plus loin que ferment et infusoire sont pour nous synonymes. Tout en interprétant chacun à sa manière la nature de l'agent qui provoque l'empoisonnement, ces savants ont donc. selon moi, fait connaître la cause qui le détermine.

Les parasites végétaux que l'homme et les animaux peuvent introduire dans leurs organes par les aliments, ne sont pas les seuls qu'ils aient à redouter. Des médecins ont démontré qu'ils s'établissent sur la peau, sur les membranes muqueuses, et y déterminent des maladies graves ou rebelles. Le favus, les teignes tonsurante, décalvante, la mentagre, la plique polonaise, le pityriasis et le muguet sont dans ce cas. M. le docteur Bazin me disait tout récemment que la teigne se multipliait depuis quelques années dans de grandes proportions. Il n'est pas sans intérêt de faire remarquer que les champignons de la teigne faveuse et du muguet appartiennent au genre oïdium, qui cause la maladie de la vigne.

J'ai publié une observation de gingivite chronique qui était entretenue par des microphytes (1). Depuis, j'ai publié un autre fait semblable.

Les vétérinaires ont aussi constaté la présence de végétaux parasites dans les affections cutanées des mammifères et dans la morve. On a aussi observé ces champignons dans le poumon des oiseaux et dans les œufs (Robin et Littré, *Dict. de Nysten.*).

Enfin, la maladie des vers à soie connue sous le nom de *muscardine* est due à un microphyte appartenant au genre botrytis. Nous avons vu que c'est aussi un botrytis que l'on trouve dans la maladie des pommes de terre.

Les champignons microscopiques jouent donc un grand rôle dans les maladies des végétaux et des animaux. Ce court exposé suffit pour faire comprendre tout le mal qu'ils occasionnent et l'importance qu'il y aurait de pouvoir y remédier.

Avant de parler des applications de l'acide phénique pour détruire ces microphytes, j'examinerai rapidement la question suivante :

Les microphytes que l'on observe sur les végétaux et sur les animaux malades sont-ils cause ou effet de la maladie?

Deux opinions partagent les savants sur cette question. Les uns pensent que les microphytes sont la cause de la maladie. Les autres, au contraire, croient que la plante ou l'animal sont primitivement malades. La nature de leurs maladies serait inconnue. D'après cette dernière opinion, ce serait à cause de la maladie que les microphytes se développeraient.

Je ne puis dire ici que quelques mots sur ces importantes questions. Je renvoie aux savants travaux qui ont été publiés sur ce sujet (2).

« Sur plusieurs points du globe, le régime des assolements, ne répondant pas à toutes les

d'aliments avec les ingrédients les plus divers : tels que du sang, du foie, du lard, de la cervelle, du lait de vache, de la farine, du pain, du sel, des épices, etc. — Liébig. *Chimie organique.* Introduction, p. 179.

(1) *Du coal-tar saponiné.*

(2) Voyez : 1° Les rapports des commissions qui ont été nommées en France et en Belgique pour l'examen des questions relatives à la maladie des pommes de terre; 2° l'*Histoire de la maladie des pommes de terre,* par M. Decaisne; 3° *Les maladies des pommes de terre, des betteraves, des blés et des vignes,* par M. Payen; 4° tous les ouvrages de pathologie récents, et notamment les travaux de MM. Bazin, Gruby, Gublet, Le Bert. Enfin, les travaux de Boissier, de Sauvages, Dutrochet, Guérin-Menneville et Robin, sur les vers à soie et sur les parasites.

conditions d'une végétation normale, fait de la plante et de ses fruits un territoire vicié où se propagent, comme une levure funeste, ces êtres microscopiques ou infusoires capables de mettre en péril l'existence des nations quand ils envahissent la pomme de terre, la vigne, le froment, ou qu'ils s'attaquent à l'homme lui-même (1). »

L'expérience a appris que le parasitisme ne prévaut que sur des organismes faibles ou malades. Par exemple le muguet, le favus, la teigne tonsurante, la teigne décalvante, se développent de préférence sur les enfants et sur les adultes qui ont été soumis à une alimentation insuffisante ou de mauvaise qualité, ou qui ont vécu dans des conditions insalubres ou dans la malpropreté.

Dans le muguet, les liquides sécrétés dans la cavité buccale, qui sont alcalins dans l'état normal, sont acides. Le sang du ver à soie, qui est aussi alcalin à l'état normal, est acide lorsqu'il est atteint de la muscardine. D'autres faits non moins importants pour cette question ont été constatés. Il existe des vers à soie d'une vigueur telle qu'ils peuvent résister à l'inoculation des sporules du botrytis basiana. D'un autre côté, l'observation a appris que sur un grand nombre de personnes qui sont tous les jours en contact avec les teigneux, il y en a très-peu qui soient aptes à contracter le mal. Dans un même champ de pommes de terre, de vignes, de betteraves, de blé, etc., où sévit la maladie, tous les individus ne sont pas atteints. Il faut donc que l'individu soit dans des conditions particulières pour que le parasite puisse s'y développer. Cela me paraît incontestable. On peut, dans ces cas, comparer l'individu au terrain dans lequel les agronomes cultivent les végétaux supérieurs. Tous connaissent l'influence qu'il exerce sur le développement des plantes. Les savants qui s'occupent de géographie botanique cherchent à expliquer la distribution des espèces par la composition minéralogique des terrains et M. Boreau (2) établit que, s'il est des végétaux, qui semblent préférer une formation géographique à une autre, c'est parce qu'ils trouvent dans cette formation les éléments chimiques dont ils ont besoin. Pour que le parasite se développe, il est rationnel d'admettre qu'il faut que son terrain présente certaines conditions chimiques comme pour les végétaux supérieurs.

Si les microphytes ne sont pas tout dans les maladies dont je viens de m'occuper, on ne saurait nier leur influence désastreuse ; ce qui me paraît le prouver sans réplique, c'est qu'en les détruisant sur la vigne, par le soufrage, le raisin croît, murit et présente tous les caractères d'un fruit de bonne qualité. L'état de la plante n'a pas changé, puisqu'on ne s'est adressé qu'au champignon, et que l'année suivante, lorsqu'elle s'est débarrassée du soufre, elle peut être de nouveau attaquée par le parasite et sa récolte être encore sauvée par le soufrage (3).

Pour les maladies parasitaires des animaux, on observe la même chose. En détruisant le parasite, la maladie disparaît.

En résumé, tout en reconnaissant que les végétaux et les animaux doivent être dans des conditions particulières, encore mal connues, pour que les microphytes s'y développent, il me paraît impossible de méconnaître que ce petit végétal est l'agent qui est le plus à craindre. Ce sont ces petits êtres qui deviennent la cause de la destruction de nos récoltes et qui entretiennent certaines maladies des animaux.

Un point de cette question que je vais examiner, et qui ne me paraît pas encore avoir été traité, c'est de savoir d'où viennent ces microphytes.

Origine des microphytes qui attaquent les êtres vivants. — Tout ce que j'ai dit, dans la pre-

(1) Coste. *Rapport à l'Empereur sur l'organisation des pêches maritimes.*
(2) *Flore du centre de la France.* Introduction.
(3) Il n'est pas sans intérêt de faire remarquer que la fleur de soufre contient de l'acide sulfureux en notable proportion et de l'acide sulfurique. Or, ces acides sont de violents poisons pour les microphytes.

mière partie sur les ferments, les virus et les miasmes me paraît devoir éclairer cette question importante.

Les phénomènes que présentent les fermentations, les maladies virulentes, et ceux que produisent les miasmes, m'ont paru reconnaître une même cause. C'est à la vie de microphytes et de microzoaires que je les ai rapportés. Je crois avoir démontré que les germes de ces petits êtres existent en abondance dans les émanations putrides. J'ai aussi démontré la transmission du ferment ou infusoire par l'air atmosphérique. Tout le monde sait avec quelle rapidité et dans quelles prodigieuses proportions ces petits êtres naissent et se multiplient dans les fermentations. C'est donc le tableau en tous points semblable à celui que nous présentent les maladies parasitaires des végétaux.

Tous ceux qui ont étudié la propagation de ces maladies dans les magnaneries et dans les champs de pommes de terre, de vigne, etc., ont été frappés de la rapidité avec laquelle elle s'accomplit. C'est que leurs spores, comme les germes des ferments, sont transportés par l'air atmosphérique et déposés souvent à de grandes distances sur les plantes. L'eau du sol elle-même en contient aussi. Ces faits expliquent pourquoi la maladie de la vigne est si rebelle aux moyens qui ont été employés jusqu'à ce jour pour la combattre. Il ne suffit pas que le microphyte qui s'est développé sur la plante soit détruit, il faut que le germe qui lui donne naissance puisse l'être à mesure qu'il s'y dépose.

. Je me suis demandé depuis longtemps si les engrais ne seraient pas la source principale des microphytes qui attaquent nos récoltes. Ces agents auxquels les agriculteurs attachent une si grande importance, dont la consommation s'est accrue depuis une trentaine d'années dans des proportions considérables, me paraissent jouer un rôle important dans leur production et dans leur propagation (1).

L'expérience a appris aux cultivateurs à se méfier du blanc de champignons qui se développe si facilement sur les fumiers pendant les chaleurs de l'été. Ils savent qu'il devient un danger pour les plantes qui le reçoivent. On sait aussi que les eaux stagnantes, en voie de putréfaction, ne sont pas favorables à tous ces végétaux, qu'elles peuplent de mousses. Le gazon qui est arrosé avec ces eaux ne tarde pas à être envahi par ces cryptogames. Il jaunit et meurt sur beaucoup de points.

Je lis dans l'excellent ouvrage de Vilmorin et de ses savants collaborateurs (*Almanach horticole, 1861*) : « Les causes de la maladie des pommes de terre sont très-obscures. On a invoqué la dégénération, la mauvaise culture, un terrain fumé, le défaut de sarclage comme celui du buttage, etc. Eh bien, quand on compare les résultats obtenus dans des circonstances opposées, on voit que partout *les engrais ont notablement augmenté l'intensité du mal.* Le fait rapporté par M. Lindley en est un exemple frappant. Une pièce de terre d'une certaine étendue qui servait de pâture l'année précédente fut défoncée à trois fers de bêche, et le gazon enfoui seulement à la profondeur d'un fer de bêche. Cette pièce, située entre deux grands chemins, reçut comme engrais, dans les parties contiguës aux deux routes, la poussière qu'on y ramassait. Des pommes de terre y furent plantées, la maladie ne se montra que sur les endroits qui avaient été ainsi fumés, et la partie moyenne, qui n'avait rien reçu, fut épargnée. Les exemples sans nombre de terrains fumés, et peut-être trop abondamment, *prouvent que cet excès* de précaution a été plus nuisible qu'utile, surtout quand ils étaient humides naturellement. » (T. I, p. 222.)

(1) Depuis une trentaine d'années, les modes de culture sont bien changés. J'ai vu, dans mon enfance, sur environ 300 hectares que mon grand-père cultivait, qu'un tiers restait en jachères. Aujourd'hui, aucune parcelle de terrain n'est laissée en repos. L'engrais a remplacé la jachère. M. Barral, en démontrant la présence des phosphates dans l'air atmosphérique, a très-bien fait ressortir ce qu'avait d'avantageux cet ancien mode de culture. Je ferai remarquer le rapport qui existe entre l'apparition des maladies de la pomme de terre, de la vigne, etc., et l'époque où la suppression des jachères est devenue générale. Cette observation vient à l'appui de l'opinion que j'émets.

Je me suis informé auprès de cultivateurs intelligents de Ménilmontant et de Bagnolet, pour connaître leur opinion sur ce sujet. Ces hommes sont très-habiles dans la culture potagère. Ils m'ont répondu que le meilleur moyen de préserver les pommes de terre de la maladie est de ne pas fumer la terre où on les ensemence.

Ce n'est pas tout, la malpropreté est la cause la plus générale des maladies parasitaires des animaux que les médecins et les vétérinaires ont observés. A quoi conduit la malpropreté? A la fermentation putride des matières qui s'accumulent sur le corps ou dans les habitations. Que sont les engrais? Des matières en état de putréfaction où des quantités considérables de microphytes se développent. Comme on le voit, tous ces faits s'enchaînent et me paraissent de la plus haute importance. Partout où des microphytes se développent en abondance, les maladies parasitaires des plantes et des animaux prennent naissance.

Il résulte de ce que je viens de dire, qu'en détruisant les microphytes des engrais, on diminuerait dans de grandes proportions les causes des maladies parasitaires des plantes, comme par la propreté on prévient les maladies parasitaires chez les animaux.

Nous démontrerons plus loin que, par l'emploi de l'acide phénique, qui tue les parasites, on guérit rapidement plusieurs maladies parasitaires de l'homme et des animaux.

Mode d'emploi de l'acide phénique pour détruire les microphytes (parasites, moisissures, mucédinées). — Les expériences que j'ai précédemment fait connaître (voir *Moniteur scientifique*, 1862, p. 652), et d'autres que j'ai faites au Muséum sur des cadavres d'animaux, ont mis hors de doute ce fait important, savoir : que les microphytes ne se développent pas en présence de faibles doses de coal-tar ou d'acide phénique, et qu'un millième de cet acide suffit pour les détruire. Ces propriétés remarquables sont susceptibles d'importantes applications.

Maladie de la vigne. — M. Bobeuf, qui a indiqué dans ses brevets le plus grand nombre d'applications qu'il a pu imaginer, n'a pas oublié la maladie de la vigne, ni celle des pommes de terre, ni celle du mûrier. Voici ce qu'il dit : « On sait aujourd'hui que l'oïdium, la ma-« ladie des pommes de terre et celle des mûriers, sont occasionnées par un *animalcule* » (plusieurs champignons qu'il aurait fallu dire) « qui pullule avec une rapidité extraordinaire. » Plus loin il ajoute : « Pour détruire ces insectes » (comme on le voit, M. Bobeuf veut absolument que ce soient des animaux) « on devra prendre une dissolution de phénate de soude à « un dixième de degré, *ou une dissolution plus concentrée,* si elle n'agissait pas assez vite; on « en arrosera au moyen d'un arrosoir ou d'une pompe à main les arbres, arbustes et végé-« taux malades, qui reprendront de la vigueur et *seront guéris très-promptement*. On pourra « essayer d'arroser le pied des arbres et arbustes de manière à ce que le liquide pénètre « jusqu'aux racines. Si on voulait se servir soit de l'acide phénique pur ou plutôt de l'acide « phénique étendu dans d'autres huiles essentielles ou fixes dans la proportion d'un hui-« tième ou d'un dixième d'acide phénique, on devrait, au lieu d'en arroser les arbres et les « arbustes, prendre un pinceau de badigeonneur et appliquer de l'acide *phénique pur* ou « étendu sur tout le tronc et les principales branches des arbres et arbustes. »

J'ignore d'après quelles expériences M. Bobeuf a pris son brevet d'invention et de perfectionnement le 15 juillet 1857 et le 14 juillet 1858, mais il me paraît impossible qu'il ait fait les applications qu'il recommande, parce qu'il aurait reconnu, au premier essai, que si l'on détruit le parasite on tue instantanément du même coup, comme je m'en suis assuré, le végétal qu'il attaque. C'est ce qui m'a fait dire que si l'on suivait ses conseils on le regretterait amèrement.

J'ai fait des essais assez nombreux et variés pour détruire l'oïdium sans résultat satisfaisant.

Les expériences que j'ai faites sur les microphytes et sur les végétaux supérieurs avaient aussi pour but de mesurer l'action de l'acide phénique. Il ne suffisait pas de détruire le microphyte, il fallait éviter de nuire à la plante et à son fruit. Eh bien, je dois le dire, l'eau phéniquée, même au millième, si elle détruit l'oïdium, hâte la mort du raisin. Si M. Bobeuf avait lu le mémoire de M. Chevreul sur l'hygiène des cités populeuses, il aurait vu que cé savant chimiste a constaté la mort de plantes qui avaient été seulement assujetties à des pieux imprégnés de goudron de houille.

J'ai fait d'autres essais basés sur la propriété que possède le coal-tar d'empêcher le développement des microphytes. Au printemps, lorsque les bourgeons et les feuilles apparaissent, j'ai placé au pied de plusieurs treilles, qui avaient été atteintes de la maladie l'année précédente, une couche de 2 centimètres de terre coal-tarée (v. p. 323), cette terre a été enfouie à 25 centimètres de profondeur. Le raisin est devenu malade beaucoup plus tard que celui d'autres treilles qui avaient été abandonnées à elles-mêmes. Peut-être qu'en appliquant la terre coal-tarée à l'époque où la maladie fait son apparition on sera plus heureux, mais je puis affirmer que cette terre coal-tarée ne nuit en aucune façon à la vigne.

Quelques faits semblent indiquer qu'avec le coal-tar ou ses dérivés on peut obtenir de bons résultats. M. Rapatel, capitaine du génie, qui était au courant de mes expériences, m'a dit que, dans sa famille, en Bretagne, on a l'habitude, depuis cinquante ans, de placer au pied de nombreuses treilles qui existent dans une grande propriété toute la suie que l'on peut se procurer, et que jamais, jusqu'à présent, ces treilles n'ont été atteintes de la maladie. Il est bon de rappeler que la suie contient de l'acide phénique.

M. Le Beuf, de Bayonne, m'écrivit qu'il avait eu l'idée d'employer la chaux d'épuration du gaz de l'éclairage parce qu'elle contient de la benzine, de l'acide phénique, de l'ammoniaque, etc., toutes substances parasiticides. Le 20 juin 1861, ayant une belle treille de chasselas atteinte de l'oïdium, il fit mélanger 2 kilogrammes de cette chaux dans 100 litres d'eau ; on aspergea au moyen d'un balai de sorgho tous les raisins malades et les ceps eux-mêmes.

La maladie non-seulement s'est arrêtée, mais, mieux encore, les raisins malades ont été en partie guéris ; c'est-à-dire que, chez certains, les grains qui étaient trop gâtés se sont desséchés et sont tombés, tandis que le restant de la grappe est rentré dans l'état normal ; sur d'autres grains qui étaient ouverts, une véritable cicatrice s'est formée, et ces grains ont mûri. M. Le Beuf m'a envoyé de ce raisin à sa maturité ; un assez grand nombre de grains présentaient les cicatrices dont je viens de parler. Mais un point très-important à rapporter de cet essai, c'est que sur cette treille, qui a environ six mètres d'étendue, quatre seulement ont été traités, et les deux autres ont été abandonnés à eux-mêmes. Tout le raisin de ces derniers est tombé en pourriture. Ainsi, dit ce savant pharmacien, tandis que le mal s'arrêtait sur la partie traitée par la chaux d'épuration, il continuait à sévir sur celle qui avait été délaissée.

Beaucoup de personnes de Bayonne sont venues constater ce résultat. Ces faits remarquables et les propriétés bien constatées de l'acide phénique doivent encourager ces essais.

Maladie des pommes de terre. — La difficulté d'attaquer la maladie des pommes de terre avec des liquides parasiticides me fit penser à employer la terre coal-tarée. J'ai répandu sur le sol à ensemencer environ un centimètre d'épaisseur de terre coal-tarée. On a enfoui cette poudre à la profondeur d'un fer de bêche et planté les pommes de terre comme à l'ordinaire. Une expérience comparative a été faite en même temps, à quelques mètres de distance, dans le même terrain. Les pommes de terre qui ont été protégées par le coal-tar n'étaient pas malades, tandis que celles qui ne l'étaient pas ont été atteintes de la maladie.

Une autre expérience faite dans le même moment, mais dans un autre but, est venue donner un grand appui à ce résultat.

Je voulus m'assurer si des matières fécales, qui avaient été désinfectées par le coal-tar, nuiraient à la germination.

J'ensemençai un certain nombre de graines et des pommes de terre dans de la terre sur laquelle je venais de faire répandre ces matières. Les pommes de terre sont devenues très-belles et n'étaient pas malades. J'ai fait connaître ces résultats à l'Académie des sciences, en disant que s'ils se généralisaient, le remède de la maladie des pommes de terre serait trouvé. Cette année, je répétai l'expérience sur un grand carré de terrain; la moitié de ce terrain fut préparé avec la terre coal-tarée, et dans l'autre moitié les pommes de terre ont été abandonnées à elles-mêmes. Ni les unes ni les autres n'ont été malades. C'est donc une expérience à recommencer.

M. O. Krieg, de Eichberg (Silésie), écrivit le 20 octobre dernier à l'Académie des sciences, qu'il avait essayé le coal-tar d'après ma méthode pour prévenir la maladie des pommes de terre, mais que loin, d'avoir préservé les tubercules, cette substance les avait plutôt rendus plus malades.

Si des centaines d'expériences faites par moi depuis 1859 et par M. Gratiolet au Muséum d'histoire naturelle de Paris, n'avaient surabondamment prouvé que le coal-tar tue les microphytes et empêche leur développement, je n'aurais pas attaché autant d'importance aux résultats que m'ont données mes expériences sur la maladie des pommes de terre. Ces résultats n'étaient, comme je viens de le dire, qu'une nouvelle confirmation de la propriété du coal-tar; malgré cela, on vient de voir avec quelles réserves je les ai annoncés. Si ces expériences ne démontrent pas d'une manière indubitable que le coal-tar prévient la maladie des pommes de terre, elles démontrent au moins que cette substance, employée d'après ma méthode, ne nuit en rien aux tubercules. En effet, la même expérience, répétée deux années de suite, sur plus de cent touffes de pomme de terre, a prouvé que le coal-tar ne nuit pas aux tubercules, puisque tous étaient sains et très-beaux à l'époque de leur maturité. Comment se fait-il que M. Krieg ait obtenu un résultat opposé? Je dirai franchement que l'expérience de mon contradicteur doit pécher par quelque chose, parce que dans des expériences nombreuses que j'ai faites sur la germination, j'ai constaté que des pommes de terre que j'avais plantées en les entourant de terre coal-tarée n'ont pas germé, et qu'après deux mois de séjour dans la terre (juillet et août), elles n'avaient pas subi la moindre altération.

Il faut donc, je le répète, que l'expérience pèche par quelque chose. Du reste, je continue mes recherches, nous verrons qui a raison. J'ai quatre séries d'expériences dans lesquelles les pommes de terre ont été soumises d'une manière différente à l'influence du coal-tar, et toujours avec le même résultat. M. Krieg n'a fait qu'une expérience, qu'il dit contradictoire des miennes. Pour le moment, j'ai donc quatre fois raison contre un tort qu'il me donne.

Je n'ai pas fait d'essai sur les maladies de la betterave, du blé, du mûrier, etc.; mais d'après tout ce que j'ai dit précédemment sur l'origine des microphytes, sur la coïncidenc de l'apparition de ces maladies avec l'époque où la suppression des jachères est devenue générale, sur les faits bien constatés que les engrais provoquent le développement de la maladie des pommes de terre, je pense que c'est principalement sur les engrais, qui me paraissent être la source la plus grande du mal, qu'il faut agir pour la détruire.

Les résultats avantageux que l'on a obtenus par le soufrage sont dus à l'action toxique qu'exercent les acides sulfurique et sulfureux sur les microphytes. L'emploi du soufre a mis en évidence un fait important, c'est qu'après avoir détruit l'oïdium par une première application, la pluie ou le vent enlèvent le soufre, et la maladie reparaît dans toute son intensité. Ce résultat me paraît tenir à ce que l'air est le véhicule des spores, et qu'il les dépose à chaque instant sur les plantes. C'est pour le même motif que les treilles adossées à un mur sont plus fréquemment malades que les ceps qui sont en plein air. Le mur arrête les spores. Jai démontré (v. *Moniteur scientifique,* 1862, p. 673 et 674) que des spores et des germes d'infusoires sont entraînés par les gaz putrides, et que ces petits êtres sont charriés par l'air atmosphérique. Or, les microphytes qui provoquent les maladies dont je m'occupe existent en abondance dans les matières en putréfaction. Il me paraît donc rationnel de proposer de les attaquer à la source principale qui les fournit, c'est-à-dire dans les engrais.

L'acide phénique, par ses merveilleuses propriétés et par son bon marché, semble être un don de la Providence pour détruire les microphytes. Les agriculteurs n'hésiteront pas à arroser les engrais avec lui avant de les enfouir. Il suffit d'employer de l'eau phéniquée contenant $\frac{2}{1,000}$ d'acide pour être certain de leur destruction ; mais, en même temps, toutes les eaux croupies, quelle que soit leur origine, devront être traitées par ce moyen (1). En prévenant le développement de ces terribles champignons, on obtiendra un double résultat avantageux pour les récoltes et pour l'hygiène publique.

Je ferai une recommandation pratique importante. Il faut éviter d'employer l'acide phénique au moment de la floraison, parce que la fécondation des plantes me paraissant se faire, comme celle des animaux, par des corpuscules vivants qui existent dans la *fovilla,* l'acide phénique les détruirait plus facilement que les microphytes, et la plante pourrait, de cette façon, être rendue stérile.

En résumé, l'acide phénique détruit, par de très-faibles doses, les microphytes et prévient leur développement.

Il est probable, d'après tout ce que j'ai dit précédemment, que pour réussir a prévenir le développement des maladies dont je viens de parler, tout dépend du mode d'application. La question est maintenant à l'étude, les travailleurs la résoudront.

Destruction des microphytes qui se développent dans les matières alimentaires ou autres destinées à divers usages. — Une expérience bien simple que j'ai faite prouve tout le parti que l'on peut tirer de l'acide phénique pour prévenir le développement des moisissures (microphytes) ou les détruire.

Dans un grand placard placé au rez-de-chaussée, à la campagne, de nombreuses moisissures existaient depuis longtemps ; elles n'envahissaient pas seulement les murs, tous les objets et toutes les substances d'origine végétale ou animale que l'on y déposait en étaient rapidement couverts. Il a suffi de placer dans cette armoire un flacon débouché contenant de l'acide phénique pour les détruire et empêcher leur reproduction.

Cette expérience n'indique-t-elle pas à elle seule comment il faut agir pour préserver de leur envahissement tant de matières précieuses pour notre alimentation, nos vêtements et pour notre industrie! Aussi, je conseille d'entretenir une atmosphère chargée d'acide phénique dans les armoires, dans les caves, dans les magasins, dans les greniers, en un mot, partout où des matières d'origine végétale ou animale, alimentaires, médicinales ou autres, sont conservées, pour les préserver des moisissures. Il n'est pas besoin de dire qu'il faut s'attacher à bien clore les armoires ou les pièces pour y maintenir l'acide phénique.

Je ferai remarquer que cet acide ne se borne pas à prévenir le développement ou à détruire les moisissures, il éloigne ou tue les insectes (comme nous le verrons plus loin) et prévient la fermentation putride. Ces propriétés si remarquables pourraient paraître surprenantes et faire supposer qu'elles ont été imaginées par un esprit rêveur, si toutes les expériences que j'ai rapportées dans mes publications ne démontraient pas qu'elles sont l'expression de la vérité.

Les matières alimentaires qui ont été ainsi conservées retiennent l'odeur de l'acide phénique. Mais la propriété très-volatile de cet acide permet de les en débarrasser par leur seule exposition à l'air libre. Ce résultat est plus vite obtenu avec l'acide cristallisé, qui a une odeur franche, qu'avec l'acide liquide, qui possède une odeur empyreumatique plus tenace.

Gelées végétales. — Les gelées végétales sont préparées dans nos ménages et dans le commerce en quantités considérables pour notre alimentation. Pour les préserver des moisissures, on les recouvre d'un papier imprégné d'alcool. Ce résultat sera plus sûrement atteint en remplaçant l'alcool par l'eau phéniquée saturée.

____

(1) Pour les eaux croupies, il suffira d'évaluer approximativement leur quantité, d'y ajouter environ $\frac{2}{1,000}$ d'acide, que l'on mélange dans la masse.

Gelées animales. — Les gelées animales, dont l'altération est si prompte, se conservent long-temps par le même moyen.

Pain. Nous avons vu que les farines de blé, de scigle, de sarrasin et le pain contien-nent fréquemment des microphytes. Un peu d'acide phénique placé dans les meubles pourra prévenir leur développement.

Biscuit. Cet aliment, qui rend tant de services à la marine et aux armées en campagne, et qui doit toujours être conservé longtemps, est fréquemment atteint par les moisissures. Indé-pendamment des cryptogames, divers insectes en font leur pâture. Aujourd'hui, les biscuits sont conservés dans des caisses doublées de fer-blanc, et, malgré cette précaution, ils devien-nent encore la proie des microphytes.

En imprégnant l'intérieur des caisses en fer-blanc d'une couche légère d'acide phénique, on pourrait plus sûrement encore prévenir le développement des moisissures et l'éloignement certain des insectes. En exposant le biscuit à l'air libre, il perdrait l'acide phénique ; en sup-posant qu'il en retînt, ce ne serait qu'une dose insignifiante incapable de nuire.

Les diverses farines dont j'ai parlé sont aussi souvent attaquées par des insectes ou par leurs larves. Quand on se sera bien pénétré des propriétés que possède l'acide phénique, et surtout lorsqu'on les aura constatées, j'espère que, dans tous ces cas, il pourra rendre de grands services.

Je ne parlerai pas, dans ce chapitre, des applications de l'acide phénique pour détruire les microphytes qui attaquent les animaux ; j'ai cru plus convenable de traiter cette partie de la question dans les applications à la thérapeutique.

DES PARASITES APPARTENANT AU RÈGNE ANIMAL.

On confond souvent sous le nom de parasite tous les petits animaux qui attaquent nos récoltes, nos vêtements, nos tissus, les peaux d'animaux, les laines, les bois en grume ou travaillés, etc., avec ceux qui se nourrissent aux dépens d'autres êtres vivants. En zoologie, le nom de parasite est réservé à tout animal qui vit aux dépens de la propre substance des autres. Ceux qui vivent à la surface de leur corps, comme les acariens, les poux, les puces, etc., ont reçu le nom d'épizoaires ; tandis que ceux dont la présence a été constatée dans les cavités naturelles, dans les tissus et dans les liquides en circulation ont été nommés entozoaires par Rudolphi.

Ici je m'occuperai des uns et des autres.

Si les parasites végétaux sont nombreux, ceux qui appartiennent au règne animal le sont plus encore. Si on leur ajoute les autres petits animaux nuisibles, leur nombre devient con-sidérable. Un volume ne suffirait pas pour citer seulement leurs noms et faire connaître les ravages et les désordres qu'ils occasionnent. Ceux qui attaquent les végétaux sont des enne-mis redoutables pour les cultivateurs. On sait que les plantes servent tout à la fois de ber-ceau et de nourriture à un grand nombre. Les mères y déposent leurs œufs et les larves qui en naissent font souvent plus de mal que l'insecte parfait.

D'autres petits animaux qui n'habitent pas sur les végétaux vivants s'en repaissent. On les voit souvent en grand nombre traverser les chemins pour aller chercher leur nourriture. Les plantes potagères ou d'agrément résistent rarement à leurs attaques. Leurs feuilles per-cées à jour comme un crible, leurs racines attaquées ou coupées par ces animaux redou-tables, les conduisent à une vie languissante ou à la mort.

Si les agriculteurs sont obligés de lutter pour empêcher leurs récoltes de devenir, pen-dant la végétation, la proie de ces petits animaux, d'autres ennemis surgissent lorsqu'ils les ont serrés dans les granges ou dans les greniers. Par exemple, les dégâts que commettent les diverses espèces de calandre ont été évalués à des sommes énormes. Ces petits insectes consomment chaque année de quoi nourrir plusieurs millions d'hommes et d'animaux. Dans les magasins, dans nos ménages, un grand nombre de produits bruts ou fabriqués deviennent aussi leur proie. Enfin, les nombreux entozoaires, par les désordres qu'ils occasionnent, conduisent l'homme et les animaux à une vie languissante et à la mort.

Il serait donc de la plus haute importance de pouvoir nous préserver, ainsi que les animaux et nos récoltes, des attaques de ces animaux, soit en les éloignant, soit en les détruisant.

D'après les expériences que j'ai faites et que je vais rapporter, nous verrons qu'il est possible, avec l'acide phénique et le coal-tar, d'atteindre en partie ce but.

J'ai démontré que tous les animaux qui appartiennent aux mollusques, aux articulés et aux rayonnés fuient le coal-tar, la benzine et l'acide phénique, parce que les émanations de ces substances sont de violents poisons pour eux. Ces faits, aujourd'hui bien démontrés, vont nous permettre de faire et de proposer de très-importantes applications.

Je diviserai ces applications en deux séries, savoir :

1° Celles qui ont pour but de détruire l'animal ;

2° Celles qui ont pour but de l'éloigner.

Mode d'emploi de l'acide phénique pour détruire les petits animaux nuisibles. — Je ne traiterai pas dans ce chapitre de la destruction des animaux parasites qui attaquent l'homme et les animaux. Je ferai ce que j'ai fait pour les microphytes, je traiterai cette partie de la question dans le chapitre consacré aux applications de l'acide phénique à la thérapeutique.

Fourmis. — Lorsque les fourmis cheminent en grande quantité en dehors des plantes ou qu'elles sont rassemblées dans une fourmilière éloignée de plantes ou d'arbres que l'on désire conserver, il suffit de les arroser avec de l'eau phéniquée au centième pour les faire mourir en quelques instants. Leurs œufs meurent aussi rapidement lors qu'ils sont atteints par ce liquide. Si ces animaux étaient établis autour d'arbres ou de plantes que l'on désire conserver, il faut bien se garder d'arroser la plante en même temps que les fourmis, sous peine de faire mourir le végétal et l'animal. Dans ce cas, voici ce que je conseille : Déplacer la terre de la fourmilière et arroser les fourmis qui s'échappent en grand nombre.

Punaises. — Ces hôtes incommodes et repoussants peuvent être tués instantanément ainsi que leurs œufs avec de l'eau phéniquée à 5 pour 100. Il suffit de laver à l'aide d'un fort pinceau les bois de lits, les matelas sur les coutures, et les crevasses qui peuvent exister dans l'appartement pour les détruire. Cette eau ne laisse aucune trace de son action sur les meubles, ni sur les tissus.

En incorporant de l'acide phénique à la colle qui sert à fixer le papier de tenture dans nos appartements, on détruit les punaises qui existent dans de vieux murs. Il suffit d'introduire 5 pour 100 d'acide dans la colle pour obtenir ce résultat. Je m'en suis assuré par une expérience.

Les punaises sont comme les autres animaux : celles qui ne sont pas tuées par l'acide phénique le fuient ; il en résulte qu'une seule application d'eau phénique suffit pour se débarrasser de ces animaux détestables. Les punaises qui attaquent les arbres ne peuvent pas être tuées avec ce liquide, qui compromettrait la vie des branches.

Larves. — Sur des meubles plaqués en acajou, des larves exerçaient des ravages. L'acajou était troué sur un grand nombre de points, et ces animaux rejetaient au dehors le bois réduit en poudre. Sur deux commodes qui étaient ainsi attaquées, je frottai légèrement tous les trous avec un mélange fait avec parties égales d'acide phénique et d'alcool. Une seule application a suffi pour arrêter le travail de ces larves et préserver ces meubles d'une grande détérioration. Il est probable que ces animaux sont morts dans leurs trous, puisqu'ils n'ont plus donné de signe de vie. Tous les bois qui contiendront des larves pourront en être débarrassés par le même moyen.

Destruction des insectes sur les plantes ou sur les arbres. — Nous avons vu les procédés que M. Bobeuf conseille pour détruire les maladies de la vigne, du mûrier et des pommes de terre. Il conseille les mêmes moyens pour détruire les insectes qui dévorent les plantes et les arbres. Les faits à la main, j'ai démontré que ces procédés n'étaient pas praticables.

Voici ce que l'expérience m'a appris :

Lorsque les insectes ou leurs larves sont établis sur des troncs d'arbres ou sur des branches vigoureuses, on peut les détruire en les arrosant avec de l'eau phéniquée au centième, sans faire courir de danger à l'arbre. Les chenilles, la larve du cerf-volant, les scolytes destructeurs et typographés sont dans ce cas. Pour les chenilles, il faut détruire un peu la toile du cocon pour assurer la pénétration du liquide à l'intérieur ; mais lorsque les insectes existent sur les feuilles ou sur les fleurs, comme les différentes espèces de pucerons, et les chenilles qui font tant de mal, il ne faut pas employer l'eau phéniquée au centième, parce que les feuilles et les fleurs mourraient. Dans ces cas, il faut employer de l'eau contenant seulement un millième d'acide phénique. Malheureusement, en diminuant l'énergie de la solution, on la rend moins efficace ; mais elle coûtera si bon marché, que l'on pourra répéter l'application plusieurs fois.

Emploi de l'acide phénique pour éloigner les insectes des végétaux et des animaux que la vie a abandonnés. — J'ai déjà fait connaître des expériences qui ont démontré que des animaux entiers injectés par les artères avec une dissolution alcoolique de coal-tar ou avec de l'eau phéniquée, non-seulement ne se putréfient pas, mais ne sont pas attaqués par les insectes tant qu'ils contiennent de l'acide phénique.

Runge et Laurent ont depuis longtemps fait savoir que des peaux d'animaux dont l'intérieur avait été enduit d'acide phénique se sont conservées aussi sans être attaquées par les insectes.

D'autres expériences, que je vais rapporter, permettent de généraliser ces faits, et je ne crois pas trop dire en annonçant que toutes les substances d'origine végétale ou animale peuvent être préservées des insectes par l'acide phénique.

Première expérience : Dans un placard situé au rez-de-chaussée, à la campagne, je plaçai des racines, des plantes herbacées, des pommes de terre, quelques graines de légumineuses et des morceaux de peau de lapin. Je dois dire que le fond de cette armoire était un mur humide sur lequel existaient des moisissures et des araignées. Dans cette armoire, je plaçai un flacon contenant environ 30 grammes d'acide phénique et recouvert seulement avec un simple morceau de papier. Les araignées ont disparu, les moisissures sont mortes, et aucun insecte n'est venu attaquer les substances dont je viens de parler. L'expérience a duré six mois.

Deuxième expérience : Des fourmis avaient envahi plusieurs meubles, et entre autres un garde-manger placé dans une pièce en communication avec un grand jardin. Il a suffi de placer un peu d'acide phénique dans un vase dans chacun de ces meubles pour les faire disparaître. J'ai mis du miel et du sucre dans le garde-manger pour les y attirer de nouveau, mais l'instinct de la conservation l'a emporté sur la gourmandise, car aucune n'a reparu. Celles qui circulaient dans la pièce où était le garde-manger ont aussi abandonné ce lieu dangereux pour elles. Je rappellerai que j'ai obtenu des résultats analogues (1) il y a trois ans avec la teinture de coal-tar.

Troisième expérience : J'avais prié mon grainetier de me procurer du petit blé garni de charançons. Il m'en livra un hectolitre dans lequel ces animaux existaient en abondance. Je pris quelques litres de ce blé que je plaçai dans un grand pot au fond duquel j'avais étendu quelques gouttes d'acide phénique. En un instant tous les charançons fuyaient dans des directions diverses pour éviter l'action de cet acide. Une heure après, j'examinai avec soin le blé contenu dans le pot. Je n'y trouvai que quelques cadavres de ces animaux. Tous ceux qui avaient pu se sauver s'étaient hâtés de le faire. Cette expérience, que je faisais sous une

_____

(1) Voy. *Du Coal-tar saponiné,* 1860.

grande remise ouverte, m'a permis de constater un autre fait qui démontre combien ces animaux redoutent l'acide phénique. L'hectolitre de blé dont j'ai parlé était dans un sac placé au fond de cette remise. Le pot dans lequel je faisais l'expérience précédente était à environ 3 mètres de distance de ce sac. La faible quantité d'acide phénique qui s'échappait et qui était transmise par l'air a suffi pour troubler ces paisibles habitants du sac, car au bout d'une heure il était couvert de charançons qui se sauvaient.

Ce premier résultat obtenu, il s'agissait de savoir si le blé conservait longtemps l'odeur de l'acide phénique.

Pour cela, je plaçai le blé mis en expérience dans un endroit sec, à la température ambiante, environ 20 degrés. Je l'étalai en couche d'environ 4 centimètres d'épaisseur. La plus forte partie de l'odeur avait disparu au bout de cinq jours, mais il a fallu environ un mois pour en obtenir la disparition complète. Il ne faut pas oublier qu'en supposant que le blé retiendrait un peu d'acide phénique, il ne pourrait en contenir qu'une très-minime quantité. D'un autre côté, la farine obtenue avec ce blé ne serait pas aussi facilement attaquée par les moisissures, ni par les larves qui l'aiment tant. La chaleur du four suffirait pour chasser la quantité impondérable que le pain pourrait contenir. En supposant même que dans certains cas il conservât un peu l'odeur de cet acide, il ne pourrait que rendre le pain plus salubre.

Aux résultats importants qu'apprennent ces expériences, j'en ajouterai encore d'autres : c'est que l'acide phénique peut empêcher la fermentation des céréales et détruire ou éloigner les teignes et l'alucite, qui sont cause que chaque année des quantités considérables de grains sont détruites.

On en est encore à chercher un moyen sûr de conserver les grains.

De temps immémorial on les a conservés. Un grand nombre de moyens divers, que je ne puis rappeler ici, ont été mis en usage. Les Egyptiens, les Romains et les Arabes savaient que pour conserver le blé il faut éviter les influences suivantes : l'air, l'humidité et une température chaude. Aussi, rien n'égale les précautions qu'ils prenaient pour l'établissement des silos ou de leurs citernes à blé, pour les mettre à l'abri de l'humidité et de la température atmosphérique.

M. Doyère (1), dans des recherches récentes, conseille de revenir au système des anciens peuples. Il recommande de ne conserver que des grains secs, dans des vases imperméables, hermétiquement clos et souterrains. « L'ensilage rationnel nécessite : 1° une détermination préalable de l'eau contenue dans les blés pour n'ensiler que des blés secs ; 2° l'étuvage des blés trop humides par des moyens qui les sèchent sans les altérer ; 3° des silos souterrains aussi inaccessibles à l'air et à l'humidité que des flacons de verre. »

D'après M. Levy, des essais faits en grand, à l'aide de capitaux privés, et actuellement avec des grains fournis par le ministère de la guerre, ont donné à ce système un commencement de consécration que l'expérience ultérieure pourra compléter.

Ainsi, comme on le voit dans le système de M. Doyère, comme dans celui des anciens peuples que j'ai cités, c'est pour éloigner les causes de la fermentation que les mesures sont prises. Eh bien, l'acide phénique, j'en ai la conviction, peut atteindre, mieux que l'ensilage le plus perfectionné, le but cherché. La dépense serait réduite à si peu de chose, qu'il est à peine besoin d'en parler. Le blé et d'autres graines peuvent être préservés de la fermentation même dans l'eau. Je conserve depuis plusieurs mois du blé, de l'orge, de l'avoine, des haricots, des lentilles et quelques autres graines dans de l'eau phéniquée contenant deux millièmes d'acide. Ces graines sont intactes. Elles ne se sont pas ramollies et ont l'aspect de celles qu'on vient de récolter.

1) *Mémoire sur l'ensilage rationnel des grains.* (Académie des sciences, 1855.) — *Conservation des grains par l'ensilage.* 1862.

Un de nos chimistes distingués, M. L. Krafft, auquel je les montrais tout récemment, était on ne peut plus surpris de ce résultat.

« La conservation des grains est une question de premier ordre dans l'hygiène publique « comme dans l'économie sociale. Les déprédations des insectes donnent lieu à une perte « annuelle moyenne de 20 pour 100; l'échauffement des blés, à une perte moyenne de 15 à « 20 pour 100 dans la première année et de 5 pour 100 dans les années suivantes. Diminuer « ces pertes, c'est augmenter le rendement de nos récoltes, c'est restreindre les éventua- « lités de disette ou de cherté de la denrée alimentaire par excellence, c'est abaisser le « chiffre de la mortalité. » — Levy, t. II, p. 694.

Aussi, je ne saurais assez recommander aux hommes compétents l'essai de l'acide phénique, qui remédie à tous les inconvénients signalés. Avec lui plus d'insectes, plus de cryptogames, ni plus de fermentation. Pour obtenir ce résultat que faut-il faire? Placer dans le grenier où l'on conserve le grain un vase contenant assez d'acide phénique pour que l'air se charge de ces émanations.

Les expériences que je viens de rapporter, rapprochées de celles que j'ai faites pour déterminer l'action de l'acide phénique sur les animaux inférieurs, m'autorisent à recommander l'emploi des vapeurs de l'acide phénique pour préserver les matières d'origine végétale ou animale de l'attaque des insectes. Les racines, les bois, les graines, les produits des animaux, laines, crins, poils, peaux, les tissus, les fourrures, etc., pourront être préservés en les plaçant dans des caisses, dans des chambres ou dans des magasins dans lesquels on mettra un peu d'acide phénique dans un vase débouché. La seule précaution à prendre, c'est que l'air contienne toujours de l'acide phénique.

Les marchands qui conservent quelquefois longtemps de la laine en suint ou filée et des tissus fabriqués avec elle, tels que draps, mérinos, damas, bas, etc., pourront avoir recours au même moyen et mettre de place en place, sur les toiles ou papiers d'enveloppe, un peu d'acide phénique. S'il leur arrivait d'en répandre sur ces tissus, qu'ils ne s'en préoccupent pas. Les taches que produit l'acide phénique ne sont pas permanentes. L'air atmosphérique suffit pour les faire disparaître.

L'acide phénique pourrait être employé mélangé avec la colle forte dans le placage des meubles. Ce serait un moyen de les préserver de l'attaque de certains insectes.

On sait que le bois des vaisseaux est fréquemment ravagé par les tarets. M. Bobeuf a conseillé d'employer les phénates impurs par le procédé de Boucherie pour les en préserver. Il est à craindre que l'eau dans laquelle baigne constamment le bâtiment n'enlève rapidement l'agent protecteur. L'expérience seule pourra permettre de juger cette question.

Je pense que ce procédé pourrait être employé avec beaucoup plus d'avantages pour les bois de construction, qui sont constamment attaqués par les larves des lamies, des collidies, des saperdes et des capricornes.

M. Parisel a proposé depuis longtemps l'emploi de l'huile lourde de houille (qui contient beaucoup d'acide phénique) pour préserver les bois de la destruction par les insectes. Ce moyen, qui a été employé sur une grande échelle par les administrations des chemins de fer, a, dit M. Parisel, donné les résultats les plus satisfaisants. Ce procédé a permis à ces administrations d'économiser des millions.

Emploi de l'acide phénique pour éloigner les petits animaux des végétaux vivants. — La difficulté de détruire les insectes ou d'autres petits animaux sur les végétaux sans s'exposer à tuer du même coup l'animal et le végétal, m'a fait rechercher s'il ne serait pas possible de préserver les plantes des attaques de ces parasites. J'ai déjà fait connaître, il y a trois ans, à l'Académie des sciences, les résultats de mes premiers essais. Depuis je les ai variés, et je crois pouvoir affirmer que non-seulement il est possible de préserver les végétaux des attaques d'un grand nombre d'animaux appartenant aux mollusques, aux articulés et aux rayonnés, mais encore que l'on peut les éloigner et quelquefois, par le même moyen, les faire mourir.

Pour ces applications, je préfère le coal-tar, qui retient plus longtemps les éléments toxiques. Les essais que j'ai faits avec l'acide phénique ont consisté dans l'emploi de la terre en poudre contenant deux millièmes d'acide. Le résultat est certain, mais l'acide phénique se volatilise si vite, sous l'influence de l'action solaire, qu'en quelques jours il est entièrement volatilisé.

Dans ces applications, la difficulté consiste à protéger la plante et la graine pendant la germination sans leur nuire.

Si l'on entoure les graines ou les tubercules, après les avoir semés, avec de la terre coal-tarée, on éloigne sûrement les insectes, mais la germination est entravée pendant longtemps.

Si la terre protectrice recouvre entièrement les spongioles ou les feuilles, les parties touchées meurent.

Après beaucoup de tâtonnements, je suis arrivé à des résultats très-satisfaisants.

J'introduis de la terre coal-tarée dans le sol et j'en place ensuite à sa surface. De cette manière les graines et les végétaux sont protégés contre leurs ennemis du dedans et contre ceux du dehors.

Lorsqu'on se propose d'ensemencer un terrain ou d'y repiquer de jeunes plantes (potagères, d'agrément ou autres, destinées à l'industrie), ou bien de jeunes plants d'arbustes ou d'arbres, voici comment il faut opérer : on répand sur le sol une couche de terre coal-tarée d'un à deux centimètres d'épaisseur. On l'enterre à la profondeur d'un fer de bêche à l'aide des moyens ordinaires de labour (charrue, bêche, etc.). Cette préparation du terrain doit être faite au moment de la plantation, pour que le coal-tar conserve plus longtemps ses propriétés protectrices.

L'introduction de cet agent dans le sol offre un fait bien curieux à observer. Tous les animaux qui existent dans le terrain, lombries, myriapodes, perce-oreilles, fourmis, mans, etc., émigrent en quelques heures. Un certain nombre meurent. Au bout de vingt-quatre heures on peut fouiller le sol en tous sens, on n'y trouve plus que quelques cadavres et de très-rares animaux malades.

Pendant environ deux mois, l'émigration persiste. A partir de cette époque, quelques animaux reparaissent. Ce sont les fourmis et les perce-oreilles que j'ai toujours vus les premiers.

Les graines suivantes ont été semées dans la terre ainsi préparée : blé, orge, avoine, colza, haricots, pois, lentilles, épinards, navets, carottes, radis, gazon et des pommes de terre. Une vingtaine d'espèces de jeunes plantes, salades, choux, colza, et d'autres d'agrément, y ont été repiquées. Pour juger comparativement le résultat, des graines et plantes semblables aux précédentes ont été semées et repiquées le même jour dans de la terre qui n'avait pas reçu de coal-tar.

Dans les huit premiers jours, les plantes soumises à l'influence du coal-tar paraissent moins vigoureuses que les autres. Je dirai même qu'elles paraissent un peu souffrantes. Mais bientôt c'est le contraire que l'on observe. Celles qui ont été protégées par le coal-tar ont une vigueur plus grande que les autres. Cette différence, que j'ai fait constater par plusieurs personnes, est frappante. Je pense que ce résultat est dû à deux causes : à l'action des produits hydrocarbonés sur le végétal et à l'éloignement des animaux, qui laissent à la plante toute sa vigueur.

Si la terre coal-tarée, employée comme je viens de le dire, protége la plante dans le sol, on n'atteint qu'imparfaitement le même but à la surface. Bien que les petits animaux soient plus rares sur la terre qui a reçu du goudron que sur celle qui n'en contient pas, on en voit encore un certain nombre. Les araignées et les fourmis sont les plus hardies.

Lorsqu'il s'agit de plantes précieuses, on peut remédier à cet inconvénient en entourant chacune d'elles d'un cordon de terre coal-tarée. Il faut laisser un espace d'environ 15 centimètres entre la plante et cette terre.

Pour les plantes potagères, on peut se contenter de former une sorte de cordon avec de la terre coal-tarée de manière à entourer un carré à la fois. On donne à ce cordon 3 à 4 centimètres d'épaisseur et 12 à 15 centimètres de large. Les arbres et les arbustes peuvent être protégés par le même moyen.

Les limaces, les escargots, les perce-oreilles, les fourmis, les myriapodes et les lombrics ne franchissent pas ce cordon tant que le coal-tar contient de la benzine et de l'acide phénique. Par les grandes chaleurs, ces principes se volatilisent assez rapidement. Mais cette terre coûte si bon marché et son application est si peu dispendieuse, qu'il suffit d'un peu de surveillance pour la renouveler lorsqu'on s'aperçoit que sa propriété protectrice a disparu.

J'ai répété plusieurs fois depuis trois ans les expériences que je viens de rapporter, et toujours avec le même résultat.

La terre coal-tarée, qui peut rendre de si grands services en l'employant comme je viens de le dire, peut encore en rendre d'autres. Lorsque des arbres, des arbustes ou des plantes ont leurs racines attaquées par des larves, on peut encore les en débarrasser avec cette même terre. Des artichauds et de la salade qui étaient abîmés par les larves du hanneton (mans) en ont été rapidement débarrassés en entourant chaque plante à 15 centimètres de distance et à 20 centimètres de profondeur d'une couche de terre coal-tarée. Quelques-uns sont morts.

Mon ami M. Blaize, de Cayeux, auquel j'avais fait part de mes expériences, a obtenu le même résultat sur des artichauds que des mans dévoraient.

J'ai aussi débarrassé par le même moyen des choux-fleurs dont la tige souterraine était attaquée par la larve de l'altise. Un grand nombre de ces larves sont mortes, et les choux qui languissaient ont repris de la vigueur.

Je n'ai pas eu l'occasion d'appliquer ce moyen pour éloigner les larves qui attaquent les racines des arbres et des arbustes. L'effet du coal-tar sur les animaux inférieurs est si certain que je ne doute pas du succès. Quant à l'influence du coal-tar sur la santé des arbres, on peut être sans crainte en employant la méthode telle que je l'ai conseillée. Les expériences que j'ai faites sur la vigne en enterrant au pied des treilles et des ceps une couche de 2 centimètres de terre coal-tarée, démontre que la vigne n'a en rien souffert.

L'étude que je viens de faire des parasites et les faits nouveaux que je viens de rapporter me paraissent avoir une grande importance. En effet, faire connaître aux nations civilisées des moyens économiques, d'un emploi facile, qui permettent de conserver sans altération un grand nombre de matières d'origine végétale ou animale qu'emploie l'industrie; de protéger les récoltes de la destruction dans la terre et dans les greniers, c'est à la fois augmenter la richesse nationale et les ressources alimentaires. Aujourd'hui que le prix des denrées est si élevé, que des maladies redoutables frappent tous les jours les plantes en détruisant leurs produits si utiles à l'alimentation de l'homme et des animaux, l'acide phénique et le coal-tar devront être employés pour remédier à tant de maux.

(La suite à un prochain numéro.)

DES ALLIAGES MÉTALLIQUES (1).
Par MM. F.-C. Calvert et Richard Johnson.

Il y a peu de sujets, en chimie, qui aient été moins étudiés que les alliages métalliques, et cependant, lorsqu'on vient à réfléchir à leur importance et aux services que ces corps rendent à l'industrie et aux arts, on arrive forcément à cette conclusion : que toute donnée nouvelle sur leur composition ou leurs propriétés ne peut certainement qu'augmenter leur valeur et multiplier le nombre déjà si grand de leurs applications.

(1) Voir les mémoires précédents des auteurs, *Moniteur scientifique*, livraisons 121, 122, 123, 123 et 125, année 1862.

On a toujours, jusqu'à présent, préparé les alliages d'après une certaine routine acquise par la pratique, et au lieu d'avoir recours à des proportions chimiques fixes et constantes, c'est au tâtonnement seul qu'on a laissé le soin de déterminer les quantités relatives des métaux qui entrent dans leur composition.

Quant à nous, il nous semble très-probable que, de même que tous les autres éléments chimiques, les métaux doivent obéir à la loi des équivalents et former, par leur réunion en proportions définies, de véritables combinaisons; la seule précaution à prendre pour obtenir ce résultat étant de les mettre en présence dans des conditions convenables.

Si, dans les circonstances ordinaires, les alliages ne présentent pas une composition uniforme dans toute leur masse, cela tient à ce qu'un ou plusieurs des métaux qui les constituent ont été employés en excès, et sont venus, au moment de la solidification, empâter la combinaison formée d'abord. Il se produit là un phénomène analogue à celui que l'on observe quand on soumet au refroidissement du soufre ou du bismuth fondus, ces corps commencent par cristalliser, puis, lorsque toute la masse est refroidie, c'est à peine si on peut y distinguer les cristaux, si bien définis d'abord, emprisonnés qu'ils sont dans l'excès de la matière qui est restée amorphe.

Telles sont les considérations qui nous ont amenés à penser que si nous préparions quelques alliages en proportions définies, nous amènerions probablement, par ce moyen, les fabricants à produire de nouvelles séries de ces corps, qui l'emporteraient avec beaucoup d'avantages sur les anciens, tant par leur prix de revient que par leurs qualités. L'irrégularité que l'on observe dans les différentes propriétés des alliages actuellement dans le commerce tient, en effet, non-seulement à ce que l'un des métaux constituants a été employé en excès plus ou moins grand, mais encore à ce qu'une portion, justement de ce métal, se combine avec une certaine quantité de l'alliage vrai déjà formé, et altère ainsi la composition de la masse totale. Le métal en excès est-il très-fusible, il restera longtemps liquide, et, s'unissant aux dernières portions de l'alliage veritable, dont la majeure partie se sera déjà solidifiée pour former la partie extérieure de la masse, il constituera ainsi un nouveau composé d'une nature intime toute particulière; si le métal en excès est, au contraire, très-peu fusible, les résultats seront encore analogues, car, en se solidifiant le premier, et avant la masse prédominante de l'alliage réel, ce métal en altérera l'homogénéité.

C'est justement dans l'intention de remédier à ces inconvénients que l'on a soin, maintenant, de refroidir rapidement les pièces de canon en bronze, presque aussitôt après leur coulée; on a pour but d'éviter ainsi la liquation, et de conserver, par suite, à la masse, toute l'homogénéité possible; le succès, du reste, a couronné cette pratique, car, tandis qu'auparavant un tiers du nombre des pièces était rejeté, par les commissions d'examen, comme défectueuses, on n'en compte plus guère maintenant qu'un dixième dans ce cas.

Avant d'entrer dans le détail de nos expériences, nous croyons devoir rappeler que, pendant la durée de nos recherches, MM. Levol, Rieffel et Joule ont publié quelques mémoires sur certains alliages et amalgames d'une composition définie.

Les alliages d'or et d'argent, d'or et de cuivre, d'argent et de plomb, analysés par M. Levol, sont très-intéressants, et que plusieurs d'entre eux soient des combinaisons, nous n'en doutons pas, car les proportions respectives, en équivalents, des métaux qui les constituent, sont assez peu élevées; mais quant à ceux qui font le sujet du mémoire de M. Rieffel, nous ne pouvons pas les admettre comme des combinaisons, vu la composition de quelques-uns d'entre eux, qui se trouve être, par exemple, de :

1 équivalent de cuivre.
48   —   d'étain.

Ou bien :

1 équivalent d'étain.
98   —   de cuivre.

En entreprenant des recherches dont ce mémoire n'est qu'une première partie, notre but a été surtout de préparer un grand nombre d'alliages nouveaux, formés de métaux unis en proportions définies, et d'examiner leurs propriétés physiques, chimiques, etc.

La première série d'alliages que nous décrirons est tout à fait nouvelle; elle offre en outre un grand intérêt, en ce sens qu'elle renferme les premiers alliages connus contenant du fer en proportions définies; et, soit dit en passant, n'est-il pas étonnant, à considérer le bas prix du fer, que personne n'ait encore tenté d'allier ce métal, si utile et d'un prix si peu élevé, à d'autres beaucoup plus chers, de manière à former, par exemple, des alliages de fer et d'étain, de fer et de cuivre, et à livrer ainsi au commerce des alliages d'un prix moins grand que ceux qui s'y trouvent actuellement?

Nous avons eu surtout en vue, en préparant les alliages de fer qui suivent, d'essayer de rendre ce corps moins oxydable en l'alliant avec un métal plus électropositif que lui-même, convaincus que nous étions que, si nous pouvions y réussir, nous aurions en main le moyen si longtemps cherché de diminuer l'action énergique de l'air sur ce corps. Malheureusement nous avons été trompés dans nos prévisions; l'affinité du fer pour l'oxygène est telle qu'elle n'est pas diminuée, excepté dans un cas, lorsqu'il est allié au potassium ou à l'aluminium.

ALLIAGES DE FER ET DE POTASSIUM.

Notre premier essai consista à chauffer, à une température très-élevée, du bitartrate double de potasse et de fer, mélangé avec un excès de bitartrate de potasse; mais le résultat ne fut qu'une masse de carbonate de potasse fondu, avec un bouton de fonte à la partie inférieure du creuset : cela tient, sans aucun doute, à ce que le fer, se trouvant, au moment de sa réduction, à un état de division très-grand, s'est d'abord uni au carbone, et fut, par suite, rendu tout à fait incapable de se combiner au potassium.

Nous fîmes alors un mélange de limaille de fer très-fine et de bitartrate de potasse dans les proportions suivantes :

12 équivalents de fer............   336 grs ou 3 équivalents de fer.
 8 équiv. de bitartrate de potasse..   1504   —   2 équivalents de potassium,

dans l'intention de former un alliage analogue, par sa formule, à un sesquioxyde, et ce mélange, soumis dans un creuset à une haute température, nous donna un culot métallique que l'analyse démontra avoir la composition suivante :

Fer..   74.60
Potassium..   25.40
                                                      100.00

Ce qui correspond à la formule :

4 équivalents de fer.....................   112   74.17
1 équivalent de potassium......................   39   25.83
                                                 151   100.00

Par conséquent, au lieu d'un alliage d'une composition correspondante en équivalents aux proportions respectives des métaux que nous avions employés, celui que nous avons obtenu contenait beaucoup plus de fer.

Cet alliage a entièrement l'aspect du fer malléable; comme lui, il se laisse forger et souder à lui-même; la plus extraordinaire et la plus surprenante de ses propriétés est, sans contredit, sa dureté. Si grande, en effet, qu'à la température ordinaire il ne se laisse que très-difficilement aplatir sous le choc d'un marteau pilon, et qu'il est à peine attaqué par la lime; bien qu'il contienne plus de 25 p. 100 de potassium, c'est-à-dire de l'un des corps les plus électro-positifs, cependant le fer qu'il renferme s'oxyde rapidement à l'air et sous l'eau.

Nous avons fait un autre essai en employant encore les mêmes proportions de bitartrate de potasse et de fer, mais en ajoutant, en outre, cette fois, du charbon de bois en poudre très-fine, et nous avons obtenu l'alliage suivant :

<pre>
Fer... 81.42
Potassium.. 18.58
                                                    ———————
                                                     100.00
</pre>

Ce qui conduit à la formule :

<pre>
6 équivalents de fer....................... 168   81.16
1 équivalent de potassium..................   39   18.84
                                              ———   ———————
                                              207   100.00
</pre>

Le culot métallique obtenu dans ce cas était recouvert d'une couche mince de fonte, ce qui nous donna à penser que l'alliage était mélangé avec un excès de fer, et, bien que nous ayons limé la couche extérieure avec tout le soin possible, nous croyons cependant que toute la masse contenait elle-même un peu de fonte. Comme cet alliage jouissait du reste de toutes les propriétés du précédent, nous ne nous y arrêterons pas davantage.

Anxieux de trouver un procédé plus commode et moins dispendieux pour obtenir cet alliage, nous avons soumis, pendant plusieurs heures, à une haute température, un mélange de limaille fine de fer et de carbonate de potasse ; ce dernier en proportions telles qu'il contenait autant de potassium que le bitartrate de potasse employé dans l'expérience précédente, soit :

<pre>
          336 gr. de fer ;
          552 gr. de carbonate de potasse pur ;
</pre>

mais nous n'avons obtenu aucun résultat.

ALLIAGES DE FER ET D'ALUMINIUM.

Les propriétés si remarquables que possède l'aluminium à l'état sous lequel l'a récemment découvert M. Saint-Clair-Deville, nous ont conduits à faire un grand nombre d'essais en vue de produire cette nouvelle classe d'alliages ; plusieurs autres raisons, du reste, nous poussaient encore dans cette voie : non-seulement nous pensions arriver à former des alliages dont les propriétés pourraient être utilisées, mais nous espérions, de plus, trouver dans le cours de nos expériences un procédé de préparation de l'aluminium plus économique que celui auquel on a actuellement recours.

Sans nous arrêter sur tous les essais infructueux que nous avons tentés, nous nous bornerons à décrire les expériences qui nous ont donné des résultats satisfaisants.

Le premier alliage d'aluminium et de fer fut obtenu en chauffant au rouge blanc, pendant deux heures, le mélange suivant :

<pre>
8 équivalents de chlorure d'aluminium................ 1076 gr.
40 équivalents de fer, en limaille très-fine.......... 1120
8 équivalents de chaux...............................   224
</pre>

La chaux, ajoutée ici au mélange en vue d'enlever le chlore au chlorure d'aluminium, devait former avec lui un chlorure de calcium fusible, et mettre ainsi en liberté l'aluminium ; celui-ci, en se combinant de son côté avec le fer mis en présence, aurait dû nous donner l'alliage :

<pre>
1 équivalent d'aluminium...................   14 =   9.09
5 équivalents de fer....................... 140 = 90.91
                                             ———   ———————
                                             154 = 100.00
</pre>

Tel ne fut pas cependant le résultat de l'expérience, car l'alliage que nous avons obtenu dans ce cas se trouva être composé en centièmes comme il suit :

Aluminium. 12.00
Fer. 88.00
                                                   100.00

c'est-à-dire en équivalents :

1 équivalent d'aluminium. 11.11
4 équivalents de fer 88.89
                                                   100.00

Cet alliage a donc, comme on peut le remarquer, la même composition que l'un de ceux de fer et de potassium que nous avons décrits plus haut ; comme lui aussi, il est très-dur et se rouille à l'air humide, il se laisse forger et on peut le souder à lui-même.

Nous avons encore obtenu un alliage analogue en ajoutant au mélange précédent un peu de charbon de bois en poudre et soumettant le tout pendant deux heures à la température d'un feu de forge. Les chiffres que nous avons obtenus par l'analyse, pour représenter sa composition, sont :

Aluminium. 12.09
Fer. 87.91
                                                   100.00

En outre, disséminés dans la masse de chlorure de calcium fondu et de charbon, provenant de l'expérience précédente, il y avait un grand nombre de globules métalliques, variant en grosseur de la tête d'une épingle à celle d'un pois.

Ces globules, d'un blanc d'argent, étaient très-durs, et jouissaient d'une propriété sur laquelle surtout nous désirons appeler l'attention, celle de ne se rouiller ni à l'air, ni dans une atmosphère de vapeurs nitreuses. Nous donnons ici la composition en centièmes de ces globules :

Aluminium. 24.55
Fer. 75.45
                                                   100.00

Ou bien en équivalents :

2 équivalents d'aluminium. . . . . 28 = 25.00
3 équivalents de fer. . . . . 84 = 75.00
                                        112 = 100.00

La composition de cet alliage est donc celle d'une alumine, dans laquelle le fer aurait remplacé l'oxygène. Nous avons soumis ces globules à l'action de l'acide sulfurique faible, et celui-ci, après leur avoir enlevé tout le fer qu'ils contenaient, sans altérer en rien leurs formes ni leurs dimensions primitives, nous laissa des globules d'aluminium sur lesquels on pouvait vérifier tous les caractères et les propriétés que l'on connaît à ce métal si curieux.

Nous avons essayé encore d'autres mélanges, entre autres le suivant :

Kaolin ou silicate d'alumine. . . . . 1750 parties.
Chlorure de sodium. 1200
Fer. 875

qui nous donna un culot métallique et des globules répartis dans la masse des scories ; mais quoique nous ayons obtenu certains résultats, cependant nous ne les croyons pas assez satisfaisants pour prendre place, à la suite des précédents, dans ce mémoire, le premier d'une série que nous avons l'intention de publier sur les alliages en général.

ALLIAGES D'ALUMINIUM ET DE CUIVRE.

Nous avons eu recours, pour préparer ces alliages à la réaction chimique qui nous a déjà servi pour obtenir ceux de fer et d'aluminium ; ainsi nous avons pris :

20 équivalents de cuivre		640
8 équivalents de chlorure d'aluminium		1076
10 équivalents de chaux		280

et, après avoir mélangé très-intimement, nous avons soumis le tout, pendant une heure, à une haute température. A la fin de l'expérience, nous avons trouvé au fond du creuset une masse fondue, recouverte de chlorure de cuivre, au sein de laquelle se trouvaient de petits globules métalliques contenant en centièmes :

Cuivre	91.53
Aluminium	8.47
	100.00

Ce qui correspond à la formule :

5 équivalents de cuivre	160 =	91.96
1 équivalent d'aluminium	14 =	8.14
	174 =	100.00

Ayant préparé un autre mélange de chlorure d'aluminium et de cuivre, nous l'avons soumis aux mêmes conditions de température, mais sans ajouter de chaux, et nous avons, dans ce cas, obtenu un nouvel alliage dont la composition était de :

Cuivre	87.18
Aluminium	12.82
	100.00

C'est-à-dire en équivalents :

3 équivalents de cuivre	96 =	87.27
1 équivalent d'aluminium	14 =	12.73
	110 =	100.00

ALLIAGES DE ZINC ET DE FER.

Nous donnerons maintenant ici les chiffres que nous avons obtenus en analysant un certain dépôt métallique que nous avons observé se former constamment dans un bain de zinc et d'étain fondus employé pour la galvanisation des fils de fer ; ce dépôt est composé comme il suit :

Fer	6.06
Zinc	93.94
	100.00

Ce qui correspond à la formule :

1 équivalent de fer	28 =	6.79
12 équivalents de zinc	384 =	93.21
		100.00

Cet alliage est cristallin, mais il n'a pas l'aspect lamellaire du zinc ; il est très-dur, susceptible d'un beau poli et difficilement fusible ; cherchant à nous expliquer sa formation, nous avons pensé tout d'abord que le bain, au sein duquel il prend naissance, était saturé de fer qui, en se combinant avec le zinc, se déposait peu à peu. Pour vérifier cette hypothèse, nous avons pris plusieurs échantillons de l'alliage de zinc et d'étain fondus, dans différentes parties du bain, mais sans que, par l'analyse, nous puissions y découvrir plus que des traces de fer. Il faut donc admettre, quelque étrange que le fait paraisse, que le fer ne reste pas mélangé à la totalité de la masse métallique du bain toujours en fusion, mais qu'il se combine, à mesure qu'il entre en dissolution, en proportions définies avec le zinc, pour former avec lui un composé cristallin qui se dépose à une température d'au moins 425°.

Ce fait nous a conduit à examiner la composition du bain, au milieu duquel se formait le dépôt précédent, et qui, d'une très-grande dimension (1 mètre 10 de profondeur, 3 mètres de long sur 0 mètre 75 de large, et d'une contenance de 14 tonnes de zinc et d'étain en fusion), nous offrait justement l'opportunité de résoudre ce problème intéressant : Étant donné du zinc et de l'étain, en proportions définies, à l'état de fusion, le bain qui en résulte a-t-il une composition uniforme dans toutes ses parties, ou variable selon la profondeur à laquelle on le considère?

Afin de pouvoir cueillir dans le bain, à différentes profondeurs, les échantillons nécessaires pour nos analyses, nous avons eu recours à un appareil consistant en un tube de fer forgé, formé, dans le sens de la longueur, de deux demi-cylindres que l'on pouvait séparer à volonté ou réunir au moyen de vis ou d'écrous destinés à établir un contact parfait entre les surfaces planes des deux portions de l'appareil. Ce tube était en outre muni, à la partie supérieure, d'un robinet d'une fermeture hermétique ; pour opérer, il suffisait d'enfoncer l'appareil dans le bain, à la profondeur désirée, et d'ouvrir avec précaution le robinet : l'air s'échappant, l'alliage fondu montait dans le tube pour le remplacer ; refermant alors le robinet, on pouvait retirer le tube et l'alliage qu'il renfermait.

Nous avons pris, par ce procédé, trois échantillons, l'un à la partie supérieure du bain, un second à une profondeur d'environ 50 centimètres, et le troisième à la partie inférieure ; le tableau ci-dessous indique leur composition en centièmes.

	I.	II.	III.
	Dessus.	Milieu.	Fond.
Zinc	81.48	87.72	90.04
Étain	13.60	10.03	8.64
Plomb	4.92	2.25	1.32
	100.00	100.00	100.00

De ces chiffres, nous sommes forcés de déduire que le bain métallique d'étain et de zinc (le plomb dont l'analyse nous a indiqué la présence pouvant être regardé ici comme une simple impureté) avait une composition différente dans ses diverses parties, et que, par conséquent, l'affinité chimique n'était pas assez forte dans ce cas pour maintenir l'uniformité de composition dans toute la masse. Un fait qui découle encore des analyses précédentes et sur lequel nous appelons l'attention, c'est que le plomb et l'étain, autrement dit les métaux les plus denses, se trouvent justement en plus grande quantité à la partie supérieure qu'au fond ; c'est là un fait pour l'explication duquel nous ne hasarderons, pour le moment, aucune hypothèse.

Remarquons, en outre, que si, des résultats numériques précédents, on retire les quantités de plomb qui s'y trouvent, et que, ne considérant que le zinc et l'étain, on ramène ceux-ci à 100 parties, par le calcul, les nouveaux chiffres trouvés correspondent justement avec les quantités de ces deux métaux nécessaires pour former de véritables combinaisons, ou alliages à composition telle qu'on puisse les représenter par des formules ; soit :

	QUANTITÉS TROUVÉES.		
I. Dessus.	Par l'expérience.	Par le calcul (théorie).	Formule.
Étain	14.30	13.89	1 Sn
Zinc	85.70	86.11	11 Zn

QUANTITÉS TROUVÉES.

II. Milieu.	Par l'expérience.	Par le calcul (théorie).	Formule.
Étain..................	10.26	9.98	1 Sn
Zinc.................	89.74	90.02	16 Zn
III. Fond.			
Étain.................	8.76	8.54	1 Sn
Zinc..................	91.24	91.46	19 Zn

Bien que les chiffres trouvés par l'analyse soient si près de ceux qu'indique la théorie, cependant nous hésitons à admettre que les métaux qui composent le bain dont nous nous occupons s'y trouvaient à l'état de combinaison et non de simple mélange; et ce qui nous fait hésiter ainsi, c'est surtout l'énorme prépondérance du zinc sur l'étain dans ces composés.

Dans le but d'obtenir des alliages d'un prix moins élevé que ceux qui se trouvent dans le commerce sous le nom de bronzes et de laitons, et dans lesquels, comme chacun le sait, le cuivre est toujours en excès sur les autres métaux composants, nous avons préparé plusieurs alliages, en proportions définies, avec un excès de zinc sur le cuivre.

Pour les obtenir, nous fondions d'abord l'étain, et après lui avoir ajouté le zinc, ou le zinc et le plomb nécessaires, nous versions le mélange dans le cuivre, amené préalablement à l'état de fusion; on agitait alors la masse avec soin et on le coulait en lingots.

Nous citerons, entre autres ainsi obtenus, les alliages suivants :

COMPOSITION DONNÉE.

N° I.	Par l'expérience.	Par le calcul.
6 équivalents de zinc...............	68.32	68.55
1 équivalent d'étain.................	20.62	20.34
1 équivalent de cuivre.............	11.06	11.11
	100.00	100.00
N° II.		
10 équivalents de zinc...............	62.64	62.85
1 équivalent d'étain.................	11.32	11.18
1 équivalent de plomb...............	19.94	19.86
1 équivalent de cuivre..............	6.10	6.11
	100.00	100.00
N° III.		
20 équivalents de zinc...............	69.56	69.77
2 équivalents d'étain................	12.58	12.41
1 équivalent de plomb..............	11.06	11.04
2 équivalents de cuivre.............	6.80	6.78
	100.00	100.00

ALLIAGES DE CUIVRE.

Nous avons aussi, en suivant le même *modus operandi* que celui ci-dessus décrit, préparé les alliages de cuivre qui suivent :

COMPOSITION DONNÉE.

N° I.	Par l'expérience.	Par le calcul.
4 équivalents de cuivre.............	56.25	56.45
3 équivalents de zinc...............	43.75	43.55
	100.00	100.00

	COMPOSITION DONNÉE.	
N° II.	Par l'expérience.	Par le calcul.
18 équivalents de cuivre............	87.05	86.29
1 équivalent de zinc...............	5.07	4.93
1 équivalent d'étain...............	7.88	8.78
	100.00	100.00
N° III.		
10 équivalents de cuivre............	77.45	77.77
3 équivalents de zinc.............	14.39	14.23
1 équivalent d'étain...............	8.16	8.00
	100.00	100.00

L'alliage n° 1, ou du moins un alliage très-voisin par sa composition, se trouve déjà dans le commerce, et a été analysé par M. Rieffel.

Le second a été introduit depuis peu dans l'industrie ; il est fortement prisé, par les constructeurs de machines locomotives, pour sa grande dureté.

Quant à l'alliage n° 3, quoiqu'il ne soit pas encore employé industriellement, nous pensons que ses propriétés physiques l'appellent à remplacer le n° 2 dans la plupart de ses applications ; ayant en outre, sur ce dernier, l'avantage de son prix de revient, qui est moins élevé.

Nous exposerons maintenant, en terminant ce premier mémoire sur les alliages, quelques expériences que nous avons commencées à propos de l'action des acides sur les composés précédents.

Si les alliages sont de simples mélanges, il n'y a pas de raison pour que les métaux qui les constituent ne soient pas attaqués comme s'ils étaient libres et séparés, tandis que si ce sont réellement des combinaisons, l'attaque des acides doit se trouver modifiée.

Les résultats que nous avons déjà obtenus confirment parfaitement nos prévisions, et nous espérons, lorsque nous aurons terminé nos recherches de ce côté, avoir un bon nombre de résultats pratiques à offrir.

ACTION DE L'ACIDE CHLORHYDRIQUE CONCENTRÉ.
(Densité : 1.24.)

Composition des alliages.	Perte pour 100 après deux heures d'action.	Nature de l'action sur les métaux isolés.
N° I.		
Cuivre. 18 équivalents. 86.29 ⎞		Zinc........ très-violente.
Zinc... 1 équivalent. 4.93 ⎬ 0.18		Étain....... vive.
Étain.. 1 équivalent. 8.78 ⎠		Cuivre...... faible.
N° II.		
Cuivre. 10 équivalents. 77.77 ⎞		
Zinc... 1 équivalent. 14.23 ⎬ 0.12		
Étain.. 1 équivalent. 8.00 ⎠		
N° III.		
Cuivre. 4 équivalents. 56.45 ⎞ 0.2		
Zinc... 3 équivalents. 43.55 ⎠		

Ces alliages sont donc beaucoup moins attaqués que les métaux qui les constituent, et il est réellement curieux de voir l'alliage n° 3 si peu attaqué par l'acide chlorhydrique, bien qu'il contienne, cependant, près de 50 pour 100 de zinc.

Cette inertie, dans ce cas, d'un acide agissant avec tant de violence sur un ou plusieurs des éléments de l'alliage est, sans contredit, extraordinaire ; ce qui en augmente encore l'intérêt, c'est que le fait paraît général, comme on peut le voir par le tableau qui suit, dans lequel est exposée l'action de l'acide sulfurique sur les alliages qui précèdent.

Composition des alliages.	Action de l'acide sulfurique. Densité : 1.50.	Action de l'acide sulfurique sur les métaux isolés.
N° I.		
Cuivre. 18 équivalents. 86.29		Étain....... faible.
Zinc... 1 équivalent. 4.93 } Action nulle.		Cuivre...... faible.
Étain.. 1 équivalent. 8.78		Zinc........ très-violente.
N° II.		
Cuivre. 10 équivalents. 77.77		
Zinc... 1 équivalent. 14.23 } Action nulle.		
Étain.. 1 équivalent. 8.00		
N° III.		
Cuivre. 4 équivalents. 56.45 } Action nulle.		
Zinc... 3 équivalents. 43.55		

ACTION DE L'ACIDE NITRIQUE SUR LES ALLIAGES PRÉCÉDENTS.

Composition des alliages.	Acide nitrique.—D. 1.100. Perte des alliages.	Action de l'acide sur les métaux pris isolément.
N° I.		
Cuivre. 18 équivalents. 86.29		Cuivre .... très-violente.
Zinc... 1 équivalent 4.93 } 0.02		Étain........ id.
Étain.. 1 équivalent. 8.78		Zinc......... id.
N° II.		
Cuivre. 10 équivalents. 77.77		
Zinc... 1 équivalent. 14.23 } 0.06		
Étain.. 1 équivalent. 8.00		
N° III.		
Cuivre. 4 équivalents. 56.45 } 0.03		
Zinc... 3 équivalents. 63.55		

Les résultats contenus dans ce dernier tableau confirment complétement notre manière de voir : les alliages ayant une composition définie ou, autrement dit, dans lesquels les métaux constituants sont réellement combinés, offrent une résistance énorme à l'action des acides ; nous avons, en effet, ici des alliages formés de métaux excessivement attaquables par l'acide nitrique, et, cependant, cet acide puissant n'agit que d'une façon tout à fait insignifiante sur eux.

Dans un prochain mémoire, nous espérons pouvoir publier les résultats de nos recherches sur les propriétés physiques, tenacité, dureté, etc., d'un grand nombre d'alliages comparées à celles des métaux constituants ; en même temps que l'influence qu'un, deux ou un plus grand nombre d'équivalents de l'un des métaux constituants, peut avoir sur les propriétés physiques et chimiques de l'alliage lui-même.

ACADÉMIE DES SCIENCES

Séance du 6 avril. — M. Le Secrétaire perpétuel donne lecture d'une lettre de M. C. Bravais annonçant à l'Académie la perte qu'elle vient de faire dans la personne de M. Auguste Bravais, son frère, membre de la section de géographie et de navigation, décédé à Versailles le 30 mars 1863.

— Expériences sur l'alimentation et l'engraissement du bétail (suite); par M. J. REISET.

— Machine à air chaud d'un nouveau système ; par MM. BURDIN et BOURGET.

— Rapport sur un mémoire intitulé : *Études physiologiques et économiques sur la toison du mouton* ; par M. J. BEAUDOUIN. — Rapport de M. A Passy, académicien libre.

— Rapport sur un mémoire de M. le docteur Aug. VINSON, relatif à un ver à soie propre à Madagascar ; par M. Emile BLANCHARD, rapporteur.

— Note sur un terrain appelé vulgairement *herbue froide* dans le centre-est de la France; par M. P. THENARD. On donne ce nom dans les départements de l'Est à un genre de sol qui semble être le résultat d'un dépôt limoneux dépendant des alluvions de la Bresse, épuisé pendant des siècles par des forêts qui, depuis longtemps, ont disparu.

— Note sur un télégraphe écrivant ; par M. SORTAIS. — « C'est le télégraphe système Morse, considérablement perfectionné et simplifié. 1° Tous les électro-aimants ou organes actifs sont ramenés sur le devant de l'appareil et le plus près possible du rouleau conducteur, pour qu'ils soient sans cesse sous l'œil de l'employé, qui surveillera mieux leur action. 2° La pointe sèche a été remplacée par un système nouveau d'encrier et d'encrage qui satisfait pleinement à toutes les conditions du problème ; le godet-encrier, de forme conique, avec un double retrait intérieur s'opposant à la sortie brusque de l'encre, avec son petit tire-ligne et le petit ressort qui le maintient à distance tant que le moment d'écrire n'est pas venu, avec son couvercle et l'appendice circulaire qui détermine un repérage certain, est un organe nouveau dont le fonctionnement ne laisse rien à désirer. 3° Les rouleaux conducteurs et le godet-encreur sont disposés de telle sorte qu'on voit et qu'on discerne le signe écrit jusque sous la pointe du tire-ligne, sans qu'il soit nécessaire de laisser le papier se dérouler d'une certaine longueur avec une perte de temps assez considérable. Un mécanisme de déclanchement ou de départ automatique permet au correspondant de déterminer la mise en marche du papier à l'impression de la dépêche sans aucune intervention du stationnaire ; ce mécanisme est si sensible, qu'il suffit pour opérer le déclanchement d'une petite fraction du courant qui met en jeu le style écrivant ; il opère ainsi à toutes distances sans addition d'éléments à la pile ordinaire. Le déclanchement, le tracé de la dépêche, l'enclanchement se font ainsi automatiquement avec une régularité et une précision extraordinaires ; il suffit d'un instant indivisible pour interrompre instantanément les fonctions du récepteur. 4° En poussant du bout du doigt une petite coulisse, on empêche le déclanchement ou départ automatique de s'opérer ; l'employé établit alors sa commutation et force la dépêche à passer à une autre station. »

Telle est la description donnée par l'auteur de son télégraphe écrivant, qui fixe, dit-il, en ce moment, à un haut degré, l'attention de l'administration.

— Un grand nombre de mémoires sont envoyés pour les prix de l'Académie et pour ceux de Monthyon et autres donateurs.

Recherches sur les propriétés optiques développées dans les corps transparents par l'action du magnétisme (4ᵉ partie); par M. VERDET.

— De la distribution des pièces qui composent l'arc suspenseur de la mâchoire inférieure chez les poissons osseux, et de leur signification anatomique ; par M. H. HOLLARD.

— M. CHAMBRELENT sollicite l'honneur d'être mis sur la liste des candidats pour la place vacante dans la section d'économie rurale, et demande à être inscrit pour la lecture d'un mémoire sur les travaux de dessèchement, d'irrigation et de mise en valeur des terrains marécageux voisins de l'Océan.

— Sur les mines de cuivre du Canada oriental ; par M. le Dʳ CHARLES T. JACKSON.

— Sur la découverte d'une nouvelle planète télescopique ; par M. R. LUTHER.

— Taches du soleil. — Période de l'étoile variable η du Navire Argo ; par M. R. WOLF.

— Nébuleuse variable de ζ Taureau ; note de M. CHACORNAC, présentée par M. LE VERRIER.

— Sur les modifications que doit subir, relativement à la lune, le théorème général de l'invariabilité des grands axes et de la permanence des moyens mouvements planétaires ; par M. G. DE PONTÉCOULANT.

— Sur la méthode d'observation adoptée à l'Observatoire physico-météorologique de la Havane, suivie de quelques déductions ; par M. POEY.

— Remarques au sujet d'une communication de M. VÉRITÉ sur un moyen d'obtenir le synchronisme des horloges publiques ; par M. L. FOUCAULT. — Dans la séance du 2 mars dernier, M. Vérité a proposé d'établir le synchronisme entre plusieurs horloges dont chaque pendule serait influencé à distance par un électro-aimant rendu périodiquement actif au moyen de courants distribués par une horloge type. A l'occasion de cette communication, qui a été favorablement accueillie, il convient peut-être de rappeler comment ce principe de la subordination d'un pendule à un autre a été énoncé, dès l'année 1847, à la suite d'un mémoire où M. Faye étudie avec beaucoup de soin les moyens de soustraire la pendule astronomique aux différentes causes d'erreur.

Le moyen consistait principalement à placer l'horloge sous terre, dans la couche de température invariable, et enfermée dans une enveloppe hermétique ; mais, pour tirer parti de l'instrument dans de telles conditions, il fallait recourir à l'électricité.

— Sur un isomère du bromure de butylène bibromé et sur les dérivés bromés du bromure de butylène ; par M. Eugène CAVENTOU.

— Recherches sur les affinités. — Sur l'équilibre dans divers systèmes formés d'acide, d'alcool et d'eau ; par MM. BERTHELOT et PÉAN DE SAINT-GILLES.

— De l'emploi du chalumeau à chlorhydrogène, pour l'étude des spectres ; par M. E. DIACON. — Il était permis de penser que l'absence de spectre est due, pour la plupart des métaux, à la décomposition des chlorures par la flamme oxydante dans laquelle on les place et à la non-volatilité des oxydes produits, et que plusieurs d'entre eux donneraient des systèmes de lignes caractéristiques si on pouvait les mettre dans des conditions telles, que les chlorures pussent se volatiliser sans décomposition. C'est ce que je cherchai à réaliser, au commencement de l'année dernière, dans les laboratoires de la Faculté des sciences de Montpellier, en les portant dans une flamme produite par la combinaison vive de l'hydrogène et du chlore. Mais les difficultés que j'éprouvai dès les premiers essais, surtout pour me mettre à l'abri des vapeurs d'acide chlorhydrique et du chlore, me démontrèrent, tout en me donnant l'espoir de réussir, la nécessité de dispositions particulières.

Reprises au mois de novembre dernier, avec le nouvel appareil que j'avais fait construire, ces expériences, auparavant si pénibles en plein air, peuvent être faites sans incommodité dans l'intérieur du laboratoire. J'acquis alors la certitude que je ne m'étais pas trompé en supposant que plusieurs chlorures métalliques devaient donner des spectres dans ces conditions : le cuivre, le plomb, le manganèse, le nickel, le cobalt, etc., donnèrent en effet des systèmes de raies assez compliquées, mais caractéristiques Mais un fait non moins intéressant, quoique moins attendu, fut présenté par les chlorures des métaux alcalins et alcalino-terreux. Le chlorure de potassium donnait en effet un spectre à peine visible, les raies bleues et orangées du strontium semblaient avoir disparu ; le calcium, et surtout le baryum, avaient un spectre bien différent de celui qu'ils donnent dans la flamme de la lampe à gaz. Il résulte enfin de mes observations que les chlorures placés dans une flamme qui ne tend pas à les décomposer par une réaction chimique permettent d'obtenir des spectres avec un plus grand nombre de métaux. De plus, les conditions plus simples dans lesquelles ont été faites ces expériences me paraissent mettre hors de doute l'opinion émise par M. Mitscherlich. (Voir *Répertoire de chimie pure,* janvier 1863, page 19.) On peut donc dire que les chlorures ont un spectre différent de celui que donnent les oxydes ou les métaux eux-mêmes, et admettre, contre l'opinion adoptée, que l'élément électro-négatif intervient dans les radiations émises par un sel volatilisé dans une flamme convenablement choisie. »

— Expériences en grand sur un nouveau phénomène de succion des veines liquides. Objections résolues par des faits; note de M. A. DE CALIGNY.

— Analyse mathématique. Extrait d'une lettre de M. Brioschi à M. Hermite.

— Note sur l'altération des sirops par une ébullition prolongée; par M. E. MONIER. — « Mes expériences ont été faites sur des sirops de canne et de betterave préparés avec des sucres de même nuance, la bonne 4ᵉ. Ces sirops, placés dans des matras de même capacité, ont été soumis à une ébullition régulière, en faisant en sorte que l'eau évaporée fût exactement remplacée dans chacun des matras. Les sirops, après une ébullition de 10 heures, ont été essayés comparativement par le procédé de M. Barreswil, et ont donné les résultats suivants :

	Sucre cristallisable.	Sucre incristallisable.
(1) Sirop de sucre de canne avant l'ébullition.....	61.3	1.70
Après une ébullition de 10 heures..........	35.0	28.60
(2) Sirop de betterave avant l'ébullition..........	61.8	0.20
Après dix heures d'ébullition..............	60.9	1.10

Il s'est donc produit, dans ces expériences comparatives, vingt-six fois plus de glucose dans le sucre de canne (Martinique) que dans celui de betterave, et, par une ébullition continue de dix-huit heures, le sucre de canne s'est complétement transformé en glucose ; quant au sucre de betterave, la transformation complète eût exigé une ébullition beaucoup plus prolongée.

Acide libre. — La transformation si rapide des sucres exotiques en mélasses est due à une petite quantité d'acide libre que renferment presque toujours ces sortes de sucre, et surtout ceux de la Martinique. Ainsi, dans mes expériences, il a fallu jusqu'à 1 gr. 4 de chaux pour neutraliser l'acide de 1 kil. de sirop à 35° Baumé. En recommençant ces expériences, en rendant le sucre légèrement alcalin, j'ai trouvé les résultats suivants :

	Sucre cristallisable.	Sucre incristallisable.
Avant l'ébullition............................	61.3	1.70
Après dix heures d'ébullition..................	57.10	5.40

Ainsi, grâce à la présence de la chaux, la proportion de glucose a été cinq fois moins grande que dans le sirop de canne (1) non saturé de chaux. »

M. Babinet, dit Sixte-Quint, présente des calculs dressé spar M. Ch.-M. Willich.

A cinq heures et quart, l'Académie se forme en comité secret. Dans ce comité, M. Mathieu présente, au nom de la section d'astronomie, une liste de quatorze candidats de tous les pays, parmi lesquels M. Cayley, de Londres, occupe le premier rang.

Séance du 13 avril. — Recherches sur la propagation de l'électricité à travers les fluides élastiques très-raréfiés ; par M. A. DE LA RIVE. — Les recherches dont l'auteur présente à l'Académie un simple résumé, qui se traduit cependant par huit pages des *Comptes-rendus*, ont pour objet l'étude des phénomènes qui accompagnent la propagation de l'électricité dans les fluides élastiques très-raréfiés. Je supprime ici, dit l'auteur, pour abréger, l'exposition des travaux qui ont déjà été faits sur ce sujet, me bornant à rappeler qu'il est bien établi maintenant, principalement par les expériences concluantes de M. Gassiot, que le vide absolu ne transmet en aucune façon l'électricité, mais qu'il suffit de la présence de la plus petite quantité de matière pondérable pour que cette transmission puisse avoir lieu.

Mes expériences dans ce premier travail, qui avait surtout pour objet l'étude des phénomènes généraux, n'ont porté que sur l'hydrogène et l'azote, deux gaz bien différents quant à leurs propriétés physiques et chimiques, en présentant cependant l'un et l'autre l'avantage d'être des gaz simples, inaltérables et sans action sur les métaux. L'air atmosphérique, sur lequel j'ai aussi opéré, se comporte très-approximativement comme l'azote. Suivent les expériences de l'auteur.

— Recherches expérimentales sur la composition de la graine du colza, et sur les variations qu'éprouve cette composition pendant les diverses phases du développement de la plante ; par M. Isidore Pierre.

— Rapport de M. Fizeau sur un appareil photographique présenté par M. E. de Poilly.

— L'Académie procède à l'élection d'un correspondant de la section d'astronomie, en remplacement de feu M. le général Brisbane. Sur 45 votants, M. Cayley obtient 38 suffrages, M. Otto Struve, 5, et MM. Goldschmidt et Plantamour, chacun 1.

— Plusieurs tours de scrutin ont encore lieu pour la nomination de commissions chargées de décerner les prix de mathématiques et des sciences physiques.

— M. Chambrelent, candidat nouveau pour la section d'économie rurale, lit le mémoire pour lequel il avait demandé un tour de faveur dans la dernière séance.

— Culture du mûrier et élevage du ver à soie dans leurs rapports avec la pébrine, etc., etc. ; par M. B.-J. Dufour. Mémoire présenté par M. de Quatrefages, le grand-maître des vers à soie de l'Académie.

— Note sur un nouveau procédé d'inoculation de la péripneumonie exsudative et contagieuse des bêtes bovines ; par M. Ch. Lengley.

— De la déviation des règles et de son influence sur l'ovulation ; par M A. Puech. — L'auteur, en terminant son travail, le résume sous forme de conclusions dans les termes suivants :

« 1° On dit qu'il y a déviation des règles, hémorrhagie supplémentaire, lorsqu'il se fait, à des époques périodiques, un écoulement de sang par des parties autres que les voies génitales.

« 2° Toutes les parties du corps peuvent donner naissance à ces hémorrhagies ; néanmoins, elles ont des siéges de prédilection. parmi lesquels il faut signaler l'estomac (32 fois), les mamelles (25 fois), les poumons (24 fois), la muqueuse nasale (18 fois).

« 3° Toutes les observations bien prises accusent comme antécédents, soit des phénomènes hystériques, soit une sensibilité nerveuse exagérée.

« 4° Les règles font le plus souvent défaut (183 fois) ; mais (15 fois), au même moment que l'hémorrhagie supplémentaire, on a noté un léger suintement de sang.

« 5° Les organes génitaux sont le plus souvent sains ; on les a trouvés cependant altérés. Dans onze cas, il existait une atrésie soit congénitale, soit accidentelle.

« 6° Hors ces derniers cas, l'absence des règles n'implique pas la stérilité : à moins de désordres graves dans l'économie, l'ovulation continue à s'effectuer, et la rupture de la vésicule de Graaf coïncide avec l'époque de la déviation.

« 7° La grossesse est donc possible et a été observée : elle suspend la déviation, sauf à la voir reparaître soit après les couches, soit à la cessation de l'allaitement.

« 8° Quoique compatible avec la santé et pouvant durer de la puberté jusqu'à l'âge critique, la déviation est un acte pathologique : c'est même un état grave, puisqu'il a causé plusieurs fois la mort. (*Commissaires :* MM. Milne-Edwards, Rayer, Bernard.) »

— Reproduction de gravures sur métal et verre par filtration de substances actives à travers les blancs et par l action des courants. Impression électrique sur tissu ; par M. A. Merget.

— Sur l'homologie des membres pelviens et thoraciques de l'homme ; par M. Soltz.

— Action de l'iode et du brome sur l'amidon : étude de la matière colorante des végétaux ; par M. Blondeau.

— Nouvelle formule de la troisième partie de la loi de la réfraction de la lumière ; par M. A. Baudrimont.

— M. Vérité adresse une note à l'occasion d'une communication récente de M. Foucault « sur un moyen d'obtenir le synchronisme des horloges. »

— M. G. Sidler, à Berne, annonce la mort du célèbre mathématicien Steiner, de Berlin, un des correspondants de l'Académie pour la section de géométrie.

— Viennent ensuite une foule de mémoires de chimie, tous consacrés à la chimie organique, tels que :

— Note relative aux acides camphoriques inactifs ; par M. J. CHAUTARD.

— Recherches sur les alcools amyliques. — Action de la chaleur sur l'aldéhyde ; note de M. BERTHELOT, présentée par M. BALARD.

— Sur les corps isomères ; note de M. AUG. CAHOURS, présentée par M. FREMY.

— Action du brome et de l'acide bromhydrique sur l'acétate d'éthyle ; note de M. J.-M. CRAFTS, présentée par M. BALARD.

— Sur les réactions et la génération des acides de la série thionique ; note de MM. G. CHANCEL et E. DIACON, présentée par M. BALARD.

— Sur un nouvel hydrogène carboné et de ses combinaisons avec le brome ; note de M. EUG. CAVENTOU, présentée par M. BALARD.

— Sur les hydrates des hydrogènes carbonés ; note de M. AD. WURTZ, présentée par M. BALARD.

— Recherches expérimentales sur l'action physiologique du tartre stibié. — Dans un précédent mémoire, communiqué à l'Académie dans le mois de novembre dernier, M. PECHOLIER, auteur de la note présentée aujourd'hui, a étudié expérimentalement, sur des animaux, l'action physiologique de l'ipécacuanha. Ses expériences l'ont conduit à reconnaître dans la racine du Brésil une action contro-stimulante. Dans ce nouveau travail, M. Pecholier a soumis au même mode d'expérimentation le tartre stibié. Il a constaté aussi dans ce sel, comme dans l'ipécacuanha, une action contro-stimulante, comme effet le plus saillant ; mais cette action ne lui a pas paru constante, et en comparant les résultats respectifs, il est arrivé à reconnaître entre ces deux médicaments des différences très-importantes, tenant surtout à la réaction qui suit ordinairement l'action dépressive du tartre stibié et qui manque à la suite de l'administration de l'ipécacuanha.

— Nouveau mémoire sur la lune ; par M. G. DE PONTÉCOULANT.

— Comité secret à cinq heures, pour le choix de candidats destinés à remplacer des correspondants dans les sections d'astronomie et de chimie.

— Dans la section d'astronomie, M. Mathieu présente treize candidats de tous les pays, mais il met en première ligne M. Mac-Lear, au Cap de Bonne-Espérance.

— Dans la section de chimie, M. Chevreul présente cinq candidats, mais il porte en première ligne M. Schœnbein, à Bâle. Puis viennent, par ordre alphabétique, pour ne pas faire de mécontents, M. Frankland, à Londres ; M. Marignac, à Genève ; M. Piria, à Turin ; M. Schrœtter, à Vienne. Évidemment M. Schœnbein aurait pu être placé aussi par ordre alphabétique avec ses confrères mis au second rang, nous ne savons pourquoi, et la section aurait pu les tirer au sort, ce que M. Chevreul a peut-être fait lui-même, avant de venir à la séance, dans son vieux chapeau, qui deviendra centenaire.

— La séance du comité secret est levée à cinq heures et demie.

Séance du 20 avril. — M. le PRÉSIDENT entretient l'Académie de la perte douloureuse qu'elle a faite depuis sa dernière séance dans la personne de M. Moquin-Tandon, enlevé par une mort soudaine, et que rien ne pouvait faire prévoir quelques heures auparavant.

— M. BREWSTER fait hommage à l'Académie de cinq mémoires qu'il a publiés dans les t. XXII et XXIII de la *Société philosophique d'Édimbourg,* et demande si, en sa qualité d'associé étranger de l'Académie, il ne peut pas espérer recevoir un exemplaire de la nouvelle édition des *OEuvres de Lavoisier.*

— De la dissociation de l'acide carbonique et des densités des vapeurs, par M. H. SAINTE-CLAIRE-DEVILLE. — J'ai déjà démontré la dissociation de l'eau à une température moyennement élevée, en séparant ses éléments par l'action d'un dissolvant ou l'intervention d'un phénomène mécanique. Je réussis encore plus facilement avec l'acide carbonique, à cause de la résistance que montrent l'oxygène et l'oxyde de carbone à se combiner, quand ils sont dissé-

minés dans une grande masse de gaz inerte ; heureusement pour la rigueur de ma démonstration, ce gaz peut être l'acide carbonique lui-même.

Je prends un tube de porcelaine, dans lequel je fais entrer un autre plus étroit, et que je
remplis de fragments de porcelaine. Cet appareil, entouré d'un tube de fer bien luté à l'argile,
est porté par un courant d'acide carbonique absolument pur, venant d'un générateur dont la
description ne peut trouver place ici. Les gaz se rendent sur une petite cuve en porcelaine
pleine de potasse concentrée, où plongent de longs tubes fermés par un bout, remplis de potasse, et dans lesquels on recueillera les gaz pour les séparer en même temps de l'acide carbonique en excès.

Quand l'appareil est bien chaud, l'acide carbonique qui s'en échappe, avec une vitesse de
7^1,83 à l'heure, cesse d'être entièrement absorbé, et l'on recueille en même temps de 20 à
30 centimètres cubes d'un gaz fortement explosif, dont la composition est constante et qui
renferme en moyenne :

$$
\begin{array}{ll}
\text{Oxygène} \dots\dots\dots\dots & 30 \\
\text{Oxyde de carbone} \dots\dots & 62.3 \\
\text{Azote} \dots\dots\dots\dots\dots & 7.7 \\
\hline
& 100.0
\end{array}
$$

Si l'on fait passer la même quantité d'acide carbonique au travers de la potasse de la cuve,
on obtient, au bout du même temps et dans les mêmes tubes, une quantité de gaz égale à
1^{cc},4, dont la composition est :

$$
\begin{array}{ll}
\text{Oxygène} \dots\dots\dots & 14 \\
\text{Azote} \dots\dots\dots\dots & 86 \\
\hline
& 100
\end{array}
$$

Ce qui explique parfaitement la présence accidentelle de l'azote dans les produits bruts de la
dissociation de l'acide carbonique.

M. DEVILLE, après avoir discuté les expériences de M. Pebal et celles de MM. Wanklyn et
Robinson sur des faits de dissociation, annonce qu'il présentera prochainement, avec M. Troost,
un grand travail expérimental sur les densités de vapeur.

— Examen du rôle attribué au gaz oxygène atmosphérique dans la destruction des matières
animales et végétales après la mort, par M. L. PASTEUR. — Ce mémoire, fort long, fait pâmer
d'aise tous les R. P. Félix de l'Académie. « Il excite, dit l'abbé Moigno, chez plusieurs des
membres présents, un sentiment d'admiration qu'ils ont peine à comprimer. M. Balard se lève
transporté de joie, et va serrer vivement les mains de son savant confrère, dont la conclusion
est que son travail donne le dernier coup à l'hypothèse des générations spontanées comme aux
théories anciennes de la fermentation. »

Du courage,
A l'ouvrage,
Les amis sont toujours là.

comme chantait si bien Ponchard dans *le Maçon*.

Nous avons voulu connaître, au sujet de ce mémoire, l'opinion des hétérogénistes que des
officieux sont toujours prêts à porter en terre à chaque nouveau travail de M. Pasteur, et
qui n'en continuent pas moins de se bien porter. Or, voici ce que l'un d'eux nous écrit :

« En réponse à votre lettre, je n'ai, hélas! qu'un seul mot à vous dire, c'est que les dernières
expériences de M. Pasteur sont une nouvelle *contradiction* avec ce qu'il avait dit il y a quelques
mois. Ce savant change décidément de robe tous les jours. M. Balard est vraiment bien amusant avec ses transports de joie; sans doute qu'à la prochaine communication de son confrère,
il ira se jeter à ses pieds. Quand M. Pasteur vint annoncer, il y a six mois, qu'il avait trouvé
que l'oxygène tuait les infusoires, celui qui rencontra le brôme pleurait d'admiration à

cette découverte inattendue. Aujourd'hui que le même M. Pasteur annonce que l'oxygène les fait vivre, le même M. Balard trépigne de bonheur *et va serrer les mains de son savant confrère !* Et M. Boussingault ! Est-ce qu'il n'a pas aussi pleuré un peu ? Lui qui s'écriait un jour que M. Pasteur était le plus grand physiologiste des temps modernes !!! Quand vous verrez le cher abbé, demandez-lui de ma part comment vont *les mondes ?* J'ai lu sa circulaire au clergé, dans laquelle il promet de faire passer la science par la porte de l'église, si la sacristie veut s'abonner avec un peu d'ensemble. Or, je vois que l'Institut tout entier prend le chemin de la cathédrale; il va sans doute alors abonner toute l'Académie. » Telle est la réponse de notre abonné au dernier mémoire de M. Pasteur. Évidemment cet hétérogéniste n'est pas content, et comme il faut avant tout que nos abonnés puissent juger par eux-mêmes, nous publierons dans une prochaine livraison le mémoire de M. Pasteur *in extenso.*

— Recherches chimiques sur la respiration des animaux d'une ferme; par M. J. REISET. — Après avoir décrit avec grand détail les expériences fort laborieuses qu'il a dû faire pour arriver à un résultat exact, M. J. Reiset, qui a résumé dans des tableaux les données de ses expériences, termine ainsi cet intéressant mémoire :

« Les résultats de ces nouvelles expériences trouveront des applications utiles dans la pratique agricole; j'en citerai un exemple : j'ai cherché à établir ce que deviendrait, au bout d'un certain nombre d'heures, l'air d'une bergerie composée de cinquante moutons d'un poids moyen de 70 kilogrammes, en admettant qu'il n'y ait aucune ventilation. Je suppose à cette bergerie 7 mètres de côté sur 3 mètres de hauteur. Ce sont des dimensions que l'on retrouve dans les anciens bâtiments de nos fermes. Déduction faite du volume d'air déplacé par les cinquante bêtes, la bergerie renferme 133.5 mètres cubes d'air. Chaque mouton a donc à sa disposition 2 670 mètres cubes d'air. Partant des données fournies par mes expériences, on trouve qu'en une heure douze minutes l'air de cette bergerie contiendrait déjà 1 centième d'acide carbonique, soit 10 centièmes en douze heures. En vingt-cinq heures, l'oxygène serait tout entier transformé en acide carbonique; l'air contiendrait 2 millièmes d'azote exhalé, et 12 millièmes d'hydrogène protocarboné. Or, pendant les longues nuits d'hiver, les animaux sont généralement entassés dans des bergeries qui n'ont aucun moyen de ventilation, et d'ailleurs, pour le plus grand bien de ces mêmes animaux, les bergers calfeutrent soigneusement toutes les ouvertures. L'air que respirent ces pauvres bêtes, placées dans de semblables conditions, doit rapidement contenir des proportions considérables d'acide carbonique. On voit donc combien il est nécessaire d'établir un système permanent de ventilation dans les bergeries et étables. »

— Recherches expérimentales sur les variations de poids que peut éprouver l'hectolitre de grains de colza, suivant les proportions diverses d'humidité que renferme cette graine; par M. J. Isidore PIERRE.

— Études sur le climat de Toulouse. Remarques sur quelques conséquences générales qui paraissent résulter de vingt-quatre années d'observations météorologiques faites à l'Observatoire; par M. PETIT.

— Remarques à l'occasion d'une Note récente de M. Broun, concernant la question des rapports entre les variations météorologiques et les perturbations magnétiques; lettre du P. SECCHI.

— Sur le pouvoir électro-moteur secondaire des nerfs, et son application à l'électro-physiologie; par M. Ch. MATTEUCCI.

— L'Académie procède à l'élection des deux correspondants pour lesquels un comité secret, dont nous avons rendu compte, avait eu lieu dans la dernière séance. Pour le correspondant de la section d'astronomie, le nombre des votans étant de 45, M. Mac Léar obtient 40 suffrages, M. Plantamour 2 et M. O. Struve, 2. Pour le correspondant de la section de chimie, M. Schœnbein obtient 43 suffrages et M. Piria 1.

— Note sur la statique chimique des êtres organisés; par M. J.-A. BARRAL. — M. Barral, le père Enfantin du Cercle de la presse scientifique, le savant, l'éminent, l'illustre directeur de la *Presse scientifique*, comme l'appellent avec amour ses collaborateurs, qui devraient bien supprimer tous ces adjectifs, trop souvent répétés, est un des candidats les plus sérieux à la place devenue vacante dans la section d'économie rurale et domestique par suite du décès de M. de Gasparin. Nous craignons seulement que M. Barral ne soit le Jules Janin de cette élection et que sa qualité de journaliste ne lui fasse tort. Dans le mémoire que ce savant présente aujourd'hui, il paraît s'appuyer beaucoup sur les expériences de M. Boussingault ; or, ceci doit nous engager à nous mettre en garde contre les théories qu'il préconise, s'il est vrai, comme on nous l'affirme, que M. Boussingault n'est pas heureux depuis quelque temps, dans les résultats qu'il annonce.

— Note sur l'existence de nodules de phosphate de chaux, analogues à ceux de *lun*, de la Flandre, dans les terrains crétacés du département de la Dordogne ; par M. Meugy.

— Sur la nutrition des arbres forestiers, des arbres employés dans les constructions et des arbres fruitiers ; par M. Em. Gueymard.

— Fossiles nouveaux provenant du terrain néocomien du bassin de Gréoulx (Basses-Alpes) ; par M. le docteur J.-B. Jaubert.

— Remarques à l'occasion d'une communication de M. Merget sur un procédé de gravur ; par M. Vial.

— Formation d'alluvions artificielles ; mémoire de M. Duponchel.

— Mâchoire humaine découverte à Abbeville dans un terrain non remanié. Note de M. Boucher de Perthes, présentée par M. de Quatrefages. — M. de Quatrefages annonce à l'Académie un véritable événement scientifique, la découverte du premier fossile humain, trouvé près d'Abbeville par M. Boucher de Perthes dans des sables diluviens. Le professeur d'anthropologie s'est rendu de sa personne sur le terrain, où, conjointement avec M. Falconer, l'éminent paléontologiste anglais, il a pu constater la véracité de la découverte d'une mâchoire humaine encore garnie d'une molaire. L'angle de cette mâchoire est très-ouvert et ne présente aucune différence avec les mâchoires contemporaines.

— Sur les principes fondamentaux de la géométrie algébrique à coordonnées quelconques ; par M. Clayeux. Note présentée par M. Lamé.

— Note sur l'hydrate d'amylène ; par M. Ad. Wurtz.

— De l'action du soufre sur des dissolutions de sels à réaction alcaline. Décomposition de l'eau bouillante par ce corps ; par M. J. de Girard.

— Sur la capacité inductive des corps isolants. Note de M. J.-M. Gaugain.

— Nouvelles observations sur l'érythrite ; par M. Victor de Luynes.

— A cinq heures un quart, l'Académie se forme en comité secret et en sort à cinq heures trois quarts.

SOCIÉTÉ DES AMIS DES SCIENCES.

La Société de secours des Amis des sciences a tenu, le jeudi 16, sa sixième séance publique annuelle, dans le grand amphithéâtre de la Faculté des lettres, à la Sorbonne, sous la présidence du maréchal Vaillant. Plus de deux mille personnes assistaient à cette solennité.

Le Maréchal a pris la parole pour annoncer la mort de M. Moquin-Tendon, décédé la veille, subitement. M. Moquin-Tendon était membre de l'Académie des sciences et professeur à la Faculté de médecine ; il appartenait au conseil de la Société.

M. Félix Boudet a lu ensuite le compte-rendu de la gestion du conseil pendant l'exercice de 1862 ; il a insisté sur l'insuffisance des moyens dont la Société dispose actuellement et sur la nécessité de populariser son but, pour faire arriver les offrandes dans une plus large mesure. Le capital de la Société, qui était de 205,753 francs en 1861, s'élevait à 223,999 francs au 31 décembre 1862. Le budget de 1863 a été fixé à 24,000 francs ; 22,300 francs ont déjà trouvé leur destination, 1,700 francs seulement restent pour faire face aux événements inévitables pendant la durée de l'exercice. « Est-ce là le dernier mot des sympathies de la France pour les sciences ? » demande M. Boudet. Frappez à la porte des grandes fortunes !

Le conseil de la Société a accordé une pension de 900 francs à Mme veuve André Jean, et une pension de 1,200 francs à Mme veuve Olry Terquem. M. Jean avait consacré quarante ans de sa vie à l'agriculture et à l'amélioration des vers à soie. Ses Mémoires ont été accueillis avec faveur par l'Académie des sciences. Il est mort en 1859, ruiné par le désastre d'une maison de banque et laissant dans un cruel dénûment sa veuve, qui avait pris une part active et intelligente à ses longs travaux.

M. Terquem était bibliothécaire du Dépôt central d'artillerie, poste qu'il a rempli pendant quarante-huit ans, de 1814 à 1862. Né en 1782, il est mort octogénaire. On le citait pour sa vaste érudition, qui embrassait un grand nombre de sciences : les mathématiques, l'astronomie, la linguistique, l'histoire et les sciences naturelles. Ses mémoires ont été publiés principalement dans les *Nouvelles annales de mathématiques*, journal qu'il a créé et qu'il rédigeait avec M. Gérono. Un volume d'annotations manuscrites sur la *Mécanique céleste* de Laplace a été déposé par ses fils à la bibliothèque de l'Institut. « M. Terquem, dit le Rapport, a été le conseil et l'ami des officiers les plus éminents de l'artillerie, attirés sans cesse auprès de lui par le charme de son érudition inépuisable et de sa parfaite aménité. » Il est mort sans fortune, ne laissant à sa veuve que la pension de 1,200 francs attachée aux veuves de capitaines et professeurs.

Après le rapport de M. Boudet, M. Bertrand a lu l'éloge très-accentué de M. de Sénarmont, et M. Debray a fait la description des différentes sources de lumière ; il a exécuté d'intéressantes expériences, entre autres la production artificielle des aurores boréales, que si peu de personnes avaient pu voir à la grande soirée de M. Le Verrier.

Nous ne terminerons pas cet exposé que nous avons dû abréger beaucoup, faute de place, sans féliciter le conseil de l'excellent esprit qui le dirige dans la distribution de ses secours. M. F. Boudet a droit aussi à de grands remercîments pour le zèle qu'il apporte dans ses fonctions, et c'est toujours avec chaleur qu'il fait appel aux sympathies de la France pour les savants dans le besoin. Que les savants millionnaires fassent donc leur devoir ; nous ne voulons nommer personne, mais nous connaissons un chimiste, plusieurs fois millionnaire et le plus fort actionnaire de la banque de France, qui n'est même pas abonné de 10 francs par an à la société créée par Thenard, son ancien collègue et ami.

LES COURS D'ÉTÉ DU MUSEUM D'HISTOIRE NATURELLE.

Cours de M. Georges Ville.

Parmi les cours de cette saison, professés au muséum d'histoire naturelle, un des plus importants est, sans contredit, celui que M. Georges Ville ouvre, chaque année, au mois de mai, dans le grand amphithéâtre du Muséum.

Entré au Muséum dans une chaire nouvelle fondée pour lui, M. G. Ville a créé là un enseignement agricole dans lequel il étudie, sous un jour nouveau, tout ce qui se rapporte à la production des végétaux : définir la nature des agents matériels dont les végétaux sont formés ; découvrir les sources d'où ces éléments proviennent ; formuler les conditions d'association qui rendent ces éléments le plus favorable à la culture sous le double rapport de l'abondance des récoltes et de l'économie des moyens ; voilà en peu de mots le but et le caractère du nouvel enseignement.

Lorsqu'il s'agit d'appliquer en agriculture les notions formulées par la science, comme conséquence d'expériences exécutées dans un laboratoire, les hommes pratiques éprouvent une répugnance invincible, et sont lents à se rendre à l'évidence des faits.

Pour démontrer cependant la certitude des déductions tirées de ses recherches de laboratoire, M. Ville a institué à Vincennes, dans les dépendances de la ferme impériale, un champ d'expérimentation où les formules de la science sont soumises au contrôle de la pratique.

Dans ce champ, où le professeur fera cette année six conférences, les cultures sont disposées comme dans une table de Pythagore.

La place occupée par les cultures détermine la nature des agents employés, et les lois régulatrices de la production végétale sont écrites là dans la langue des résultats pratiques.

Cette utile fondation, complément du cours du Muséum, est une émanation de la bienveillance de l'Empereur, qui en fait les frais, et en a provoqué la réalisation.

M. Georges Ville travaille avec une ardeur que la certitude seule du succès peut donner, et c'est par milliers que se comptent les analyses et les expériences sur lesquelles il a fondé les bases de son enseignement.

Les laboratoires d'expériences qu'il a fait élever rue de Buffon, sur des terrains appartenant au Muséum, et que l'on doit à l'intelligente direction de M. Chevreul, sont les plus beaux que nous connaissions à Paris. Aussi, le cours de M. Ville, organisé tel qu'il est, fait-il le plus grand honneur au Muséum et rajeunit-il cet antique établissement, qui doit peut-être à cette création nouvelle d'être resté maître de sa direction scientifique (1).

Nous croyons que l'on a été injuste envers M. Ville et que l'on reviendra à lui, même ceux qui paraissent les plus irrités. Mais pour vaincre les inimitiés de l'amour-propre blessé, il faut que le public, ce grand juge, lui vienne en aide, que la presse le soutienne et publie ses travaux contre lesquels on paraît vouloir organiser la conspiration du silence.

M. G. Ville a aujourd'hui la vérité dans ses mains. Les théories de ses devanciers, basées sur des expériences mal faites, sont chaque jour par lui battues en brèche; encore quelques efforts, et il sera en mesure de la faire luire à tous les yeux. La sympathie de notre journal est donc acquise au travailleur, à l'homme de cœur qui a su créer une science nouvelle dont l'application a une importance si capitale pour le bien-être du pays.

Le 2 mai prochain, M. Georges Ville commence son cours, que les hommes d'étude et de bonne foi viennent l'entendre et qu'ils le jugent.

Voici l'affiche de ce cours, nous la copions textuellement :

Cours de physique végétale. M. Georges Ville, professeur, ouvrira ce cours le samedi 2 mai 1863, à midi et demi, dans le grand amphithéâtre, et le continuera les mardi et samedi de chaque semaine, à la même heure.

Le professeur traitera cette année des conditions et des agents qui déterminent, favorisent et règlent la production des végétaux, comme préparation à l'étude des principaux systèmes de culture.

Ferme impériale de Vincennes. Comme complément de son cours, professé au Muséum d'histoire naturelle, M. Georges Ville fera six conférences pratiques sur le terrain. — Ces conférences auront pour objet l'étude théorique et pratique des engrais.

Elles auront lieu au *champ d'expérimentation agricole* dépendant de la *Ferme impériale de Vincennes*, les dimanches suivants :

1er Dimanche,	14 juin ;		
2e	—	21 juin ;	
3e	—	28 juin ;	
4e	—	6 juillet;	à deux heu res précises.
5e	—	12 juillet;	
6e	—	19 juillet ;	

On se réunira à une heure, dans la cour de la Ferme impériale.

(1) Le commissaire du Gouvernement, dans la séance du 25 avril, a annoncé que les professeurs du Muséum continueraient à diriger, à tour de rôle, la partie scientifique de l'établissement, mais qu'un agent comptable et un conservateur des collections et des richesses de toute sorte que possède l'établissement seraient adjoints aux professeurs, et correspondraient directement avec le ministère pour l'emploi des fonds.

BIBLIOGRAPHIE SCIENTIFIQUE

(Extrait du *Journal de la Librairie.*)

(Suite du N° 10. — 7 mars.)

DUMONT (Dr) — *Mémoire sur les premiers secours à donner aux blessés sur les champs de bataille.* In-8, 64 pages, à Coulommiers.

FLOURENS. — *De la phrénologie et des études vraies sur le cerveau.* In-18 jésus, 308 pages. Prix : 3 fr. 50 c. Librairie Garnier frères, à Paris.

JOIRE (Dr). — *De l'ivrognerie considérée comme forme de folie-suicide.* In-8, 52 pages, à Lille.

LAMY. — *De l'existence d'un nouveau métal, le thallium.* In 8, 40 pages et planches, à Lille.

Leçons de chimie résumées en tableaux. 1re année : *Métalloïdes et leurs combinaisons les plus usuelles.* In-8°, 104 pages, à Marseille.

LEUSSE (de). — *Distillation agricole de la pomme de terre, des topinambourys et des grains.* In-18, jésus, 157 pages, à Paris. *Maison Rustique.*

MAUGON. — *Instructions pratiques sur le drainage.* In-18 jésus, 324 pages. Librairie Dunod, à Paris.

RAULIN. — *Aperçus des terrains tertiaires de l'Aquitaine occidentale.* In-8, 64 pages, à Bordeaux.

N° 11. — 14 mars.

Annales de l'Observatoire impérial de Paris, publiées par V.-J. LE VERRIER. Tome VI, 1845-1846. In-4, 359 pages. Prix : 40 fr. Librairie Mallet-Bachelier, à Paris.

Annuaire de médecine et de chirurgie pratiques pour 1863 ; par A. JAMAIN et A. WALIN. In-32, 318 pages. Prix : 1 fr. 25 c. Librairie G. Baillière, à Paris.

Annuaire de thérapeutique et de matière médicale, etc., par A. Bouchardat. In-32, 352 pages. Prix : 1 fr. 25 c. Librairie G. Baillière.

BAILLON. — *Deuxième mémoire sur les loranthacées.* In-8, 79 pages. Librairie Masson, à Paris.

DES VAULX (Dr). — *Les remèdes sous la main.* Grand in-18, 118 pages. Librairie Lefort, à Lille, et chez Dillet, à Paris.

DUBREUIL (Dr). — *Guérison prompte et radicale des déviations latérales de la colonne vertébrale par la détorsion du rachis.* In-8. 72 pages. A Marseille.

DUFAILLY. — *Notes de cosmographie,* rédigées conformément au programme officiel. 3e édit. In-4, 127 pages. Librairie Dezobry, à Paris.

DUMONT (Dr). — *Des maladies virulentes et miasmatiques en général.* Thèse d'agrégation de la Faculté de Strasbourg. In-4, 109 pages. A Coulommiers.

DUMONT et SERRET. — *Choix de questions médico-légales.* 1re livraison. In-8, 62 pages. A Coulommiers.

(La suite à une prochaine livraison.)

Table des matières de la 153e Livraison. — 1er mai 1863.

22320 Paris, Imp. RENOU et MAULDE.

RAPPORT

SUR

LES PRODUITS CHIMIQUES INDUSTRIELS (CLASSE II, SECTION A)

DE

L'EXPOSITION INTERNATIONALE DE LONDRES EN 1862.

Par M. A.-W. Hofmann,

Professeur de chimie, Directeur du Collége royal de chimie, Président de la Société chimique de Londres, Membre de la Société royale de Londres, Membre correspondant de l'Institut de France, etc.

Dans ce numéro (15 mai, 154ᵉ livraison du *Moniteur scientifique*), nous commençons la publication de la traduction du Rapport de M. Hofmann. Nous avions d'abord l'intention de n'en donner qu'un extrait très-complet ; mais, en examinant plus attentivement cette œuvre remarquable du célèbre président de la Société chimique de Londres, nous avons de suite reconnu que, dans l'intérêt même des lecteurs du *Moniteur scientifique*, nous ne pouvions rien y laisser de côté et qu'il fallait reproduire intégralement un travail qui est un véritable monument de science et d'érudition.

Le Rapport de l'éminent chimiste anglais pourrait être intitulé à juste titre : HISTOIRE DES PROGRÈS DE LA CHIMIE INDUSTRIELLE PENDANT LES ANNÉES 1851-1862 (*dix ans*).

L'auteur y a accumulé une telle masse de faits et de renseignements, y a exposé avec tant de clarté et de logique les perfectionnements apportés aux industries anciennes et le développement rapide et étonnant de quelques industries toutes nouvelles ; il y a apprécié les nombreuses propositions de modifications de procédés, émanant d'une foule d'inventeurs, avec tant de sagacité et d'impartialité, en y ajoutant dans bien des cas le résultat de ses propres recherches et investigations, que ce travail consciencieux et admirable servira certainement de base à tous les traités de chimie pratique qui seront publiés d'ici à quelques années. Le professeur Hofmann, qui depuis bien des années occupait déjà une place si éminente parmi les chimistes théoriciens, s'est placé par son Rapport, d'un seul coup, au premier rang des chimistes industriels, et son œuvre ne manquera pas d'exercer une influence puissante sur les progrès d'un grand nombre d'industries des plus importantes.

Son Rapport vient compléter de la manière la plus heureuse les travaux remarquables rédigés par MM. Balard, Wurtz, Decaux, etc., et consignés dans le rapport officiel de la Commission impériale française de l'Exposition universelle de Londres en 1862, dont nous rendrons compte aussi, et fera ressortir davantage l'utilité incontestable de ces grandes solennités des industries de toutes les nations.

Il y a ce mois-ci un an que s'ouvrait l'Exposition universelle de 1862, et aujourd'hui seulement doit paraître à Londres le Rapport actuel. S'il nous a été donné de pouvoir en commencer la publication aussi vite, nous le devons à M. W. Hofmann, qui a bien voulu nous communiquer les épreuves de son travail et qui a la bonté de revoir lui-même avant le tirage les bons à tirer que nous remettons à l'imprimerie. Les lecteurs du *Moniteur scientifique* auront donc dans sa fidélité la plus scrupuleuse le travail de notre illustre ami, que nous ne pouvons trop remercier de l'indulgence qu'il met à corriger toutes les fautes qui nous échappent.

E. KOPP.

Observations préliminaires.

Progrès important et rapide accompli pendant les dix dernières années par toutes les nations et dans toutes les branches des arts et de l'industrie, — tel est, en deux mots, le résultat satisfaisant qui ressort d'une comparaison générale entre l'exposition actuelle et celle de 1851. Parmi les nombreux et admirables perfectionnements qui témoignent du progrès universel, nous osons le dire, avec une légitime satisfaction, ceux que nous devons à la chimie pendant cette décade occupent une place très-éminente. L'observateur, même le plus superficiel, s'assurera de cette vérité en passant en revue non-seulement la section chimique, mais encore toutes les autres classes de l'exposition; car partout son regard rencontrera les preuves de l'influence la plus puissante et la plus heureuse de la chimie sur le développement de l'industrie. Partout il verra de nouveaux matériaux, élémentaires ou composés, mis par la chimie à la disposition de l'ouvrier; de nouvelles couleurs, surpassant en beauté et en éclat celles des temps passés, que la chimie prépare à l'usage des arts industriels; des produits de toute nature, plus fins et plus délicats, obtenus par les connaissances que nous devons à l'investigation chimique.

Si ce résultat est manifeste pour l'observateur superficiel, il le sera doublement pour l'homme instruit, habitué à raisonner, à remonter des effets à la cause et à découvrir les conséquences de faits en apparence éloignés. En parcourant l'exposition de 1862, il ne manquera pas de s'étonner de la rapidité avec laquelle l'industrie actuelle, et plus particulièrement celle de ce pays, s'assimile les découvertes de la science; cueillant, si nous pouvons nous exprimer ainsi, le fruit mûr du résultat pratique sur la jeune plante de la théorie à peine développée; s'emparant de nouvelles lois à peine suffisamment constatées pour être énoncées; et fondant hardiment de grandes industries sur des recherches de laboratoire, qui sont elles-mêmes encore incomplètes. En effet, la pratique suit actuellement la théorie de si près, et la rivalité des fabricants à tirer des conquêtes de la science un profit technique immédiat est si ardente, que le chimiste philosophe est souvent tout à fait devancé et s'étonne de trouver, comme résultat inattendu de ses recherches purement scientifiques, des perfectionnements industriels qu'il ne prévoyait pas, et qu'il ne peut même complétement expliquer. Tandis que les services, que la chimie rend à l'industrie, sont ainsi directs et immédiats, ils sont également d'un caractère si général qu'il est difficile, nous dirions presque impossible, de définir, dans ses ramifications si variées. la dette importante contractée envers cette science par les arts et l'industrie pour les progrès qu'ils ont accomplis pendant ces dix dernières années. Une partie notable de cette dette cependant est d'une nature indirecte, et revient en forte proportion aux autres sciences physiques; et cela par des gradations si imperceptibles, qu'on ne peut tracer distinctement la ligne de démarcation. En effet, ce fut là une des causes des grandes difficultés qu'on éprouva, tant pour la répartition des produits exposés dans les différentes classes, que pour la définition des classes elles-mêmes; il a souvent été nécessaire d'adopter une classification plutôt arbitraire que purement systématique.

Ainsi, par exemple, les classes I et II, particulièrement consacrées aux matières brutes et aux produits chimiques aussi bien qu'aux procédés chimiques eux-mêmes, se mélangent, et se croisent sur des centaines de points dans le voisinage de la limite qui les sépare. L'extraction et la première purification d'articles classés comme matières brutes exigent presque toujours des procédés de nature plus ou moins chimique. On range, par exemple, les métaux parmi les matières brutes; dans beaucoup de cas, cependant, on ne peut obtenir leur extraction du minerai que par une suite d'opérations essentiellement chimiques, qu'on aurait pu traiter d'une manière appropriée dans la classe II. En effet, on ne les a exclus de cette classe que par de simples motifs de convenance, et par la nécessité de s'arrêter quelque part.

De même, la classe III, comprenant les substances alimentaires, et la classe IV, embrassant les matières animales et végétales employées en industrie, se confondent toutes deux très-souvent avec la classe II, qui constitue la section purement chimique. Prenez la fabrication du sucre, par exemple, et voyez comme elle est intimement liée à la chimie! Sans l'aide du chimiste, comment pourrait-on extraire le jus de la plante, purifier le liquide extrait, séparer le sucre du sirop, et mettre à profit le résidu non cristallisable? Comment ferait-on, sans l'intervention chimique, pour convertir le sucre sous ses différentes formes en divers liquides alcooliques, que nous connaissons sous les noms de vin, bière et eau-de-vie? Comment, enfin, transformerait-on l'alcool en vinaigre? Voyez encore combien sont nombreux et compliqués les procédés chimiques employés dans la fabrication du savon, des bougies, de l'huile, du gaz, en général pour la production de la lumière artificielle! Que feraient le teinturier, le blanchisseur, l'imprimeur sur calicot, s'ils n'avaient la chimie pour guide? En un mot, et pour ne pas multiplier les exemples, les articles compris dans la classe II ne représentent qu'une bien petite section de l'immense domaine de la chimie! Et cependant, toute limitée qu'est réellement la classe II, relativement à la chimie en général, elle se trouva si vaste et si étendue, qu'il devint nécessaire de la subdiviser; on réserva pour la section A les procédés et les substances chimiques proprement dits, et dans la section B, on groupa séparément les substances et les procédés se rapportant plus à la médecine et à la pharmacie.

Le rapporteur n'a donc à s'occuper que des produits et des procédés compris dans la section A de la Classe II; et quoique, jaloux de l'honneur de la chimie, il ait indiqué les limites étroites de la classe et celles plus restreintes encore de la subdivision qui lui est échue, il ne peut que se féliciter personnellement de cette restriction apportée aux obligations qui lui ont été imposées; car si, même dans des limites aussi restreintes, c'est déjà une tâche ardue, comme le sent le rapporteur, de décrire le perfectionnement des arts et des industries chimiques depuis 1851, combien plus il est difficile à une seule plume de tracer, même en rapides et larges contours le grand tableau des progrès chimico-industriels pendant cette période! En effet, il sent profondément combien l'esquisse offerte ici sera incomplète et partielle, malgré le privilége de relations prolongées avec ses confrères du jury, avec beaucoup d'exposants intelligents et très-instruits, et avec les savants distingués, anglais et étrangers, venus pour l'exposition; et dont la plupart lui ont fourni de précieux renseignements, techniques, statistiques et scientifiques sur les divers sujets traités dans ce rapport.

Un pareil rapport, quoique exprimant les appréciations résultant d'un examen fait en commun et de la discussion ultérieure des articles exposés, et représentant ainsi, jusqu'à un certain point, l'opinion collective du jury, ne saurait exclure bien des remarques fondées sur l'observation personnelle, sur des communications reçues de divers côtés, et sur des études spéciales suggérées par l'examen des produits exposés. L'auteur des chapitres qui suivent sent péniblement jusqu'à quel point chacune de ses pages réfléchira les impressions, les idées, les prédilections, et, qui en douterait? même les erreurs du rapporteur; c'est lui seul que le lecteur rendra responsable des omissions, des fausses interprétations et du traitement inégal des différents sujets, attribuant à la science collective du jury et à l'expérience d'amis nombreux et empressés l'utilité des renseignements qu'il a su puiser dans ces pages.

Le rapporteur sent vivement qu'il n'aurait pu accomplir cette tâche ardue sans l'aide de ses amis, auxquels il s'empresse d'exprimer ici sa reconnaissance. Quoiqu'il éprouve quelque difficulté à choisir les noms, là où tous ont été si généreux, il ne peut s'empêcher d'offrir ici ses remercîments les plus chaleureux à ses confrères du jury, et plus particulièrement à MM. Frankland, Gossage, Graham, Kunheim, Ménier, Piria, Schrœtter et Young, et à l'illustre président du jury, M. Balard. Il doit encore ses meilleurs remercîments à ses amis MM. F. Abel, C. Allhusen, E. Bechi, Harrison Blair, A. Bopp, B.-C. Brodie, B.-A. Condy, W. Crum, W. de La Rue, E. Forster, A. Geyger, J.-H. Gilbert, C.-E. Groves, S. Heywood, R. Hoffmann, P. W. Hofmann, D. Howard, F. Kuhlmann, J.-B. Lawes, H. M'Leod, A. Matthiessen, C.-A. Martius, H. Merle, H. Müller, R. Muspratt, W. Odling, A. Price, H.-E. Roscoe, A. Scheurer-Kestner, E. Sell, J. Stenhouse, J.-C. Stevenson, E. Thomas, A. Upward, W. Valentin, F. Versmann et H. Watts, pour l'avoir aidé à recueillir et à classer les matériaux contenus dans les pages suivantes.

Tandis qu'il s'occupait de la première partie de ce travail, le rapporteur avait le plaisir de posséder sous son toit le docteur E. Kopp, de Saverne; plus tard, plusieurs chapitres furent écrits pendant qu'il était lui-même l'hôte de son vieil ami, qui avait mis à sa disposition ses connaissances étendues, aussi bien de la philosophie que des détails de la chimie industrielle.

Et enfin, mais non pas le moins cordialement, il exprime ses meilleurs remercîments à son ami, M. F.-O. Ward, qui, outre les explications précieuses sur ses propres procédés exposés, lui communiqua un choix de faits les plus intéressants et lui ouvrit des points de vue philosophiques tout nouveaux, résultats de longues et sérieuses recherches dans les différentes branches de la chimie industrielle. On trouvera réunis dans les pages suivantes tous ces renseignements, plus ou moins résumés et abrégés.

Le rapporteur s'est servi librement de la littérature chimique de l'époque. Parmi les nombreuses publications qu'il a consultées, il désire mentionner particulièrement un opuscule excessivement intéressant de son confrère du jury, M. William Gossage (1), et un rapport très-habile publié à la même occasion par les docteurs Schunck, Angus Smith et Roscoe (2), rapport rempli de renseignements précieux puisés à des sources originales, accessibles comparativement à peu de personnes. Un autre livre, que le rapporteur a trouvé d'un grand secours, est le *Rapport annuel de technologie chimique*, par Wagner (3), ouvrage qui, pour sa précision et sa richesse en faits, n'est surpassé par aucun autre, et qui devrait se trouver entre les mains de tout chimiste industriel.

Avant de terminer ce chapitre préliminaire, le rapporteur désire encore soumettre au lecteur quelques remarques sur les statistiques chimiques comparatives entre l'Exposition internationale actuelle et celle de 1851 ; indiquer rapidement quelques perfectionnements, qu'il croit possible d'introduire dans l'arrangement et l'établissement du catalogue d'expositions ultérieures semblables, donner un aperçu concis des opérations du jury, et conclure par une énumération succincte des sujets traités dans ce rapport suivant l'ordre de leur arrangement.

Statistiques chimiques. — Le tableau synoptique ci-contre du nombre des exposants qui ont contribué à l'exposition chimique des différents pays (ainsi que du nombre de récompenses qui leur ont été décernées) aux deux Expositions universelles, a été dressé par le docteur C.-A. Martius.

L'examen de ce tableau comparatif est plein d'intérêt et fait épr ouver une satisfaction bien légitime. Le nombre des exposants n'a diminué dans aucun pays ; l'Espagne est le seul qui ait été représenté aux deux expositions par un nombre égal d'exposants, tandis que dans toutes les autres contrées les chiffres de 1862 ont considérablement dépassé ceux de 1851. Dans le Royaume-Uni le nombre des exposants s'est élevé de 134 à 200 (une augmentation de 49 pour 100) ; en France, de 55 à 115 (une augmentation de 109 pour 100) ; dans les États allemands appartenant au Zollverein, de 35 à 136 (une augmentation de 288 pour 100) ; et, finalement, en Autriche, de 17 à 89 (correspondant à une augmentation non moindre que 423 pour 100). De pareils chiffres n'ont besoin d'aucune interprétation.

Laissant les chiffres pour nous occuper du caractère et de la qualité des objets exposés, nous constaterons un progrès manifeste dans l'exposition chimique actuelle comparée à celle de 1851. Les fabricants ont rivalisé entre eux pour la magnificence des échantillons

---

(1) *History of the soda Manufacture*, travail lu à la section chimique de l'Association britannique pour l'avancement de la science, au congrès tenu à Manchester, septembre 1861 ; par M. William Gossage, Liverpool, 1861.

(2) *On the recent progress and present Condition of Manufacturing Chemistry in the South Lancashire district*; par les docteurs Schunck, R. Angus Smith et H.-E. Roscoe, Londres 1862.

(3) *Jahresbericht über die Fortschritte und Leistungen der chemischen Technologie und technischen Chemie*, herausgegeben von Johannes Rudolf Wagner, sept volumes, 1855 à 1861.

	EXPOSITION UNIVERSELLE DE 1862.									EXPOSITION universelle de 1851.			
	CLASSE II.									CLASSE II.			
	SUBDIVISION A.			SUBDIVISION B.			TOTAL DES SUBDIVISIONS A et B.						
PAYS.	EXPOSANTS.	MÉDAILLES.	MENTIONS HONORABLES.	EXPOSANTS.	MÉDAILLES.	MENTIONS HONORABLES.	EXPOSANTS.	MÉDAILLES.	MENTIONS HONORABLES.	EXPOSANTS.	GRANDES MÉDAILLES.	MÉDAILLES.	MENTIONS HONORABLES.
Royaume-Uni	173	73	42	27	8	10	200	81	52	134	1	39	33
Allemagne : Autriche	81	26	20	8	1	4	89	27	24	17	»	5	9
Zollverein et villes hanséatiques.	120	41	39	16	10	2	136	51	41	35	»	20	10
Belgique	22	11	9	»	»	»	22	11	9	8	»	2	2
Danemark	9	1	3	5	1	»	14	2	3	1	»	»	1
Espagne	13	7	1	5	»	2	18	7	3	18	»	»	1
France	105	62	18	10	6	»	115	68	18	55	2	20	9
Italie (Rome)	34	8	3	19	2	3	53	10	6	11	1	4	4
Pays-Bas	23	7	9	3	1	1	26	8	10	6	»	1	2
Portugal	6	3	3	18	1	»	24	4	3	»	»	»	»
Russie	17	7	1	3	»	»	20	7	1	3	»	2	1
Suède et Norwége	26	6	8	12	2	»	38	8	8	7	»	»	»
Suisse	4	1	»	3	»	»	7	1	»	2	»	»	»
TOTAUX	633	253	156	129	32	22	762	285	178	297	4	93	72

envoyés, et, ce qui mérite d'être signalé en passant, ils ont donné beaucoup plus de soins à l'arrangement et à l'ornementation de leurs vitrines. Dans beaucoup de cas en 1851, mais particulièrement cette année, on a représenté le procédé industriel, dans toutes ses phases depuis la matière brute jusqu'au produit perfectionné, sans avoir égard au soi-disant « secret industriel, » et avec une ardeur à répandre les connaissances utiles, digne de ce congrès international.

Ces louanges s'adressent aux exposants de toutes les grandes contrées manufacturières. Beaucoup d'exemples frappants distinguent les expositions chimiques d'Angleterre, de France et d'Allemagne; cependant, il faut bien l'avouer, il y a dans chaque nation beaucoup d'exposants qui se sont montrés dans les deux occasions plus soucieux d'attirer des chalands par l'étalage de leurs marchandises que d'instruire l'étudiant de la chimie appliquée, par l'exposition appropriée de leurs procédés et de leurs appareils industriels.

Les contributions du Royaume-Uni, et en particulier le splendide étalage chimique dans l'annexe orientale (très-habilement arrangé sous la direction de M. W. Quin), prouvent que les Anglais se sont non-seulement maintenus au premier rang des fabricants chimiques du monde, mais qu'ils ont encore surpassé leur supériorité, démontrée par l'Exposition universelle en 1851.

Améliorations possibles. — En un point seulement, pour lequel cependant les exposants eux-mêmes ne sont pas responsables, l'exposition chimique de 1862 n'a pas gagné autant qu'on pouvait l'anticiper d'après l'expérience acquise en 1851. Nous faisons allusion à un certain manque d'ordre et de méthode dans la disposition matérielle des produits chimiques exposés, et aux moyens insuffisants de renseignements placés à la disposition de celui qui les étudiait. Nos catalogues officiels, avec leurs chiffres consécutifs, n'ont été d'aucun secours, quant à la distribution locale des produits exposés dans le bâtiment; et quoique les produits chimiques de la Grande-Bretagne aient été concentrés pour la plupart dans l'annexe orientale, on pouvait courir pendant la moitié d'une matinée à la recherche de tel ou tel échantillon particulier. Dans le département français, les vitrines chimiques étaient classées, à fort peu d'exceptions près, d'après l'ordre du catalogue officiel; cet arrangement n'était peut-être pas le plus scientifique et le plus logique, mais il avait au moins le mérite de la simplicité, et il trahissait clairement la plus longue expérience de nos voisins dans l'art d'exposer. Dans le département allemand et dans quelques autres départements étrangers, les produits chimiques n'étaient pas même réunis par « cours, » et, dans plusieurs cas, la confusion devint pour cette raison réellement embarrassante. Des échantillons, beaux en eux-mêmes, et qui auraient pu servir comme sujets d'études très-utiles, si on les avait convenablement arrangés en séries collectives, avaient perdu leur valeur pratique puisqu'ils se trouvaient disséminés parmi une foule d'autres produits. En effet, en poursuivant, dans un embarras continuel et au moyen de recherches fatiguantes, ses études sur les produits chimiques allemands, le rapporteur se rappela souvent ses tourments enfantins lorsqu'il cherchait à graver dans sa mémoire les complications de la géographie politique de son cher pays natal.

Dans cette direction, un vaste champ reste ouvert à des perfectionnements importants; et il faut espérer que l'expérience acquise à l'exposition actuelle ne sera pas perdue pour celles qui suivront.

Le jury de la classe II se réunit en conférences préliminaires les 7 et 8 mai, et nomma son vice-président et son secrétaire, ainsi que les présidents, secrétaires et rapporteurs pour les deux subdivisions A et B. Leur travail régulier commença le 9 mai, et depuis ce jour jusqu'au 18 juin inclusivement, les jurés continuèrent à se réunir, pour la plupart du temps quatre fois par semaine, en conférences de classe, de sections, ou de sous-comités de sections. Le 18 juin, le jury envoya sa liste finale de récompenses et s'ajourna.

Les jurés de la classe II ont travaillé sous le poids de désavantages sérieux, résultant de la durée de temps extrêmement courte qui leur était accordée pour accomplir leurs travaux sur un champ aussi vaste. Ce temps a été relativement plus court que celui qu'on avait alloué pour le même but aux jurés de 1851.

En 1851, le jury avait deux mois pour examiner les produits de deux cents exposants et décider de leur mérite relatif. En 1861, le jury n'avait guère plus d'un mois pour faire ses études et décerner ses récompenses aux exposants, dont le nombre s'était élevé à près de huit cents.

Qu'il nous soit permis, à cette occasion, de plaider les circonstances atténuantes pour les erreurs qui, sous une pression aussi sévère, se sont glissées dans la première édition de la liste des récompenses, dont plusieurs feuilles, entre autres celles relatives à la classe II, ont dû être imprimées très-rapidement, sans attendre la révision finale du secrétaire. Dans la seconde édition et dans la liste qui accompagne ce rapport, on a soigneusement corrigé les omissions et les inexactitudes de la première; et le rapporteur garantit que la liste des récompenses pour la section A, telle qu'elle est donnée maintenant, est parfaitement exacte et fidèle.

Classification des sujets. — En classant les sujets traités dans ce rapport et en déterminant leur ordre de série, le rapporteur éprouva, quoique à un moindre degré, la difficulté sérieuse qu'on avait sentie en classant et en arrangeant les objets dans l'exposition même. Des industries, très-distinctes en théorie, s'entrelacent souvent dans la pratique. Ayant constaté par quelques essais de classification les inconvénients que présenterait le classement des produits exposés d'après les contrées qui les avaient envoyés, ou d'après la série qu'ils occupent dans le catalogue officiel; nous avons adopté comme étant la plus convenable en somme, une méthode d'arrangement mixte, basée principalement sur les affinités pratiques, mais permettant quelques déviations de la règle, pour faciliter et abréger les descriptions. Ainsi traité, le sujet s'est divisé en deux sections principales, comprenant respectivement les produits inorganiques et organiques, auxquelles a été ajouté un chapitre sur les objets d'intérêt scientifique. Chacune des deux sections principales renferme plusieurs subdivisions. En examinant les titres de ces subdivisions, le lecteur verra d'un seul coup d'œil que les différents paragraphes sont d'une importance très-inégale, les uns embrassant beaucoup, les autres peu de sujets, ceux-ci s'occupant d'industries fondamentales, ceux-là ne traitant que de leurs ramifications accessoires.

Sans doute, ces inégalités dépendent en partie du caractère des différents sujets eux-mêmes; mais il faut aussi les attribuer en partie aux circonstances d'urgente pression, sous laquelle ce rapport fut écrit.

C'est ici surtout que le rapporteur voudrait mettre sa responsabilité à couvert, en déclarant qu'on ne devra pas juger de l'importance relative qu'il attribue aux sujets ainsi traités d'après l'espace qu'il a consacré à chacun d'eux.

Dans plusieurs cas, et même pour des sujets, en eux-mêmes très-importants, il ne fait guère que citer ici la liste des récompenses accordées par le jury; la raison en est simplement qu'il ne possédait ni les données nécessaires pour un travail approfondi, ni le temps convenable pour recueillir tous les renseignements qui lui manquaient.

Dans d'autres cas, au contraire, on trouvera plus de détails, soit parce que le rapporteur, par ses études spéciales, connaissait déjà les faits, soit parce qu'on lui avait permis avec autant d'à-propos que de libéralité de puiser à des sources originales les renseignements qui lui manquaient. Quoi qu'il en soit, les limites étroites de temps et d'espace qui lui étaient accordées lui imposaient la plus grande concision; et bien que cette circonstance ait exclu du rapport beaucoup de renseignements utiles, elle a été salutaire à ce point de vue, qu'elle a fixé des limites raisonnables à un domaine presque sans bornes.

En esquissant le plan de chaque chapitre, le rapporteur, dans la limite de son pouvoir, s'est efforcé de retracer, en premier lieu, l'histoire des commencements et du développement ultérieur de l'industrie qu'il examinait; d'expliquer ensuite les principaux perfectionnements qui y furent apportés pendant la dernière décade, et, finalement, d'indiquer la condition actuelle de cette industrie, ses procédés et ses produits les plus importants, les imperfections encore existantes, et la direction dans laquelle devront travailler les inventeurs, afin d'y apporter les modifications les plus avantageuses. Ce qui constitue une difficulté essentielle dans la rédaction des rapports sur ces expositions, c'est le perfectionnement inégal des différentes branches d'industries qui sont à examiner, puisque certaines d'entre elles exigent des explications et des développements qui sont parfaitement superflus pour d'autres. En effet, le rapporteur, en portant alternativement son attention sur les exigences contradictoires de ces différentes industries, s'est demandé bien souvent s'il devait abréger ou développer davantage ses remarques et observations. Il compte sur la bienveillante indulgence de ses lecteurs, et espère qu'on voudra bien reconnaître qu'il a fait tous ses efforts pour remplir consciencieusement et fidèlement la mission qui lui avait été confiée.

Pour faciliter les recherches, voici un tableau synoptique des sujets traités dans ce rapport:

I. — Produits inorganiques.

Acide sulfurique.
Carbonate de soude et industries qui s'y rattachent.
Acide chlorhydrique, chlore, chlorure de chaux, etc.
Hyposulfite de soude.

Composés potassiques.
>Sources organiques.
>Sources inorganiques.
>*Appendice.* Note de M. Kuhlmann sur l'extraction des composés potassiques et autres sels du salin de betterave.
Sels ammoniques et composés du cyanogène.
Composés barytiques.
Composés aluminiques.
Outremer.
Composés chromiques.
Céruse, blanc de zinc, couleurs d'antimoine.
Composés tungstiques.
Silicates alcalins solubles.
Acide borique.
Graphite.
Bisulfure de carbone.
Phosphore.
Fabrication des allumettes chimiques.
Produits minéraux divers.
Désinfectants.
Engrais.

II. — *Produits organiques.*

Acides organiques.
>Acide oxalique.
>Acide acétique.
>Acide tartrique.
Essences artificielles.
Dérivés colorants de matières organiques récentes et fossiles.
>Garance.
>Persio, orseille et pourpre française.
>Carthame.
>Murexide
>Couleurs dérivées du goudron de houille.
Produits solides et liquides de la distillation de la houille, du lignite, de la tourbe, etc., destinés au graissage des machines et à l'éclairage.
Amidon.
Vernis.
Nouveau procédé pour la séparation des filaments animaux et végétaux des résidus textiles mixtes.

Objets d'intérêt scientifique.

En chimie minérale.
En chimie organique.

INDUSTRIES ALLIÉES

DE L'ACIDE SULFURIQUE, DE LA SOUDE CARBONATÉE OU CAUSTIQUE, DE L'ACIDE CHLORHYDRIQUE ET DU CHLORURE DE CHAUX.

La fabrication du carbonate de soude au moyen du sel ordinaire, d'après l'admirable procédé de Leblanc, est intimement alliée à la fabrication des acides sulfurique et chlorhydrique, et à celle de l'hypochlorite ou chlorure de chaux. En effet, il faut premièrement transformer le chlorure de sodium en sulfate de soude, et l'addition de l'acide sulfurique nécessaire pour opérer cette transformation entraîne la mise en liberté de l'acide chlorhydrique comme produit accessoire. Ensuite, afin que ce gaz ne vicie pas l'air des environs, il faut le condenser par dissolution dans l'eau, et l'utiliser soit à l'état d'acide chlorhydrique liquide, pouvant servir à beaucoup d'usages, tels que le blanchiment du coton, la préparation du sel ammoniac, du chlorure d'étain, de l'acide carbonique; ou bien son chlore, mis en liberté par le peroxyde de manganèse et absorbé par la chaux, devra trouver son application sous forme de chlorure de chaux.

Qu'il le veuille ou non, le fabricant de soude artificielle devient également fabricant d'acides par la force des choses, et comme l'acide sulfurique est employé en grand dans d'autres industries, il produit une quantité considérable de cet acide pour la vente, en dehors de celle qu'il consomme pour son propre usage. Comme, au contraire, on demande comparativement peu d'acide chlorhydrique, il se voit obligé d'utiliser sinon le tout, au moins une portion considérable de ce produit accessoire, en le convertissant en chlorure de chaux, substance qui trouve un bien meilleur débouché.

Ces quatre fabrications, ainsi naturellement enchaînées par la logique des faits, forment un groupe qui, pris collectivement, peut être considéré comme la base principale de toute la chimie appliquée. Opérant sur le sel commun et sur le soufre, sur la houille et sur la chaux, sur le nitrate de soude et le peroxyde de manganèse, le fabricant de soude produit les matières brutes du verre et du savon, et les agents fondamentaux des changements et des transformations chimiques dans presque toutes les branches des arts et de l'industrie. Ce groupe sert de point de départ naturel à tout rapport concernant les progrès faits par la chimie appliquée, soit prise dans son ensemble, soit étudiée sous un point de vue particulier; c'est donc sur ce groupe que le rapporteur appellera d'abord l'attention du lecteur.

Les industries alliées embrassées par ce groupe sont des branches depuis longtemps en activité.

La fabrication de l'acide sulfurique sur une grande échelle date de 1746, époque à laquelle le docteur Roebuck de Birmingham construisit sa première chambre de plomb à Preston-Pans, en Écosse. La fabrication de la soude au moyen du sel commun est un peu plus récente; la découverte de ce procédé ayant été faite par Leblanc, vers la fin du siècle dernier. Les progrès que fit la fabrication de la soude à son début, et plus particulièrement dans ce pays, furent cependant extrêmement lents, et c'est en 1823 seulement, grâce surtout aux efforts de M. James Muspratt, de Liverpool, que cette branche importante de l'industrie commença à être exploitée en grand. La fabrication du chlorure de chaux fut fondée en 1799, par M. Charles Tennant, de Glascow.

On ose à peine s'attendre à ce qu'un espace de dix ans ait vu s'accomplir des perfectionnements bien remarquables dans des procédés pratiqués depuis si longtemps et si sérieusement étudiés dans la plupart des pays civilisés; et, en réalité, la fabrication de l'acide sulfurique et du carbonate de soude, dans sa base essentielle, est restée ce qu'elle était à l'époque de la première exposition. Cependant les industries en question sont loin d'être demeurées stationnaires. Indépendamment de leur énorme développement, que plusieurs données statistiques citées plus loin feront ressortir d'une manière évidente, des perfectionnements très-considérables ont été apportés aux produits fabriqués, dont le prix a beaucoup diminué sans qu'il y ait eu en même temps réduction sensible du prix des matières brutes employées; évidemment cela ne pouvait se faire sans une amélioration très-sensible dans le mode de fabrication. Dans les remarques suivantes, le rapporteur s'est appliqué à démontrer autant de faits nouveaux se rapportant à l'industrie de la soude et de l'acide sulfurique qu'il a pu en rassembler pendant que le jury s'occupait de l'examen de ces articles.

ACIDE SULFURIQUE.

. Les changements qui ont eu lieu dans la fabrication de l'acide sulfurique pendant les dix dernières années sembleront de peu d'importance à première vue ; mais si l'on se rappelle que cet acide est, pour ainsi dire, la clef du plus grand nombre des autres opérations chimiques, un intérêt puissant s'attache, dans ce cas, à des progrès, qu'on aurait à peine jugés dignes de considération pour d'autres produits.

On continue à fabriquer l'acide sulfurique en convertissant le soufre en acide sulfureux aux dépens de l'oxygène atmosphérique, et en exposant l'acide ainsi obtenu à une oxydation atmosphérique ultérieure, par l'intervention de l'un des composés de l'oxygène avec l'azote. Ce procédé s'opère toujours dans les colossales chambres de plomb qui donnent une physionomie si caractéristique aux grandes fabriques de produits chimiques de nos districts manufacturiers.

Si l'ancienne méthode de fabriquer l'acide sulfurique s'est maintenue, ce n'est point par défaut de propositions faites pour y introduire des changements. Un coup d'œil jeté sur les publications périodiques des dernières années suffira pour montrer combien les efforts tentés pour remplacer les anciens procédés ont été nombreux et hardis ; rien, en effet, n'expliquera mieux l'importance de l'acide sulfurique que la longue liste des brevets pris pour perfectionnements apportés dans sa fabrication, et la variété des réactions auxquelles les inventeurs ont eu recours pour atteindre leur but. Cependant une bien faible minorité parmi ces propositions ont été adoptées, ou, si elles l'ont été, ont résisté à la pierre de touche de l'expérience. La majorité semble avoir partagé le sort des innombrables procédés analytiques suggérés annuellement, mais que personne n'emploie jamais, excepté ceux qui les imaginent, et qui ressemblent à une espèce de fantasmagorie chimique, apparaissant un instant seulement pour retomber dans l'oubli.

Un examen, même rapide, de tant de propositions, dont si peu ont laissé de trace, peut à première vue paraître ennuyeux et sans utilité ; on trouvera cependant cette étude intéressante, puisqu'elle indique clairement la direction dans laquelle cette industrie si importante a besoin d'être perfectionnée.

Essais pour remplacer les chambres de plomb par des constructions plus économiques. — Le but évident du fabricant d'acide sulfurique est de produire, une quantité de soufre étant donnée, avec la plus faible dépense de capital et de main-d'œuvre possible, le maximum d'acide sulfurique. L'esprit d'invention s'est exercé dans les directions les plus variées pour atteindre ce but. On a fait de nombreux essais pour remplacer les chambres de plomb, si coûteuses, par des constructions plus économiques, ou même pour les supprimer complétement Ce n'est pas uniquement dans le but de réduire la dépense de l'établissement des chambres, mais encore pour prévenir la présence du plomb dans l'acide sulfurique qu'on a proposé de construire des chambres en matériaux moins chers : en pierre et en grès (1), en gutta- percha vulcanisée, en ardoise et en plaques d'une matière nouvelle composée d'un mélange de 70 pour 100 de grès pulvérisé et de 30 pour 100 de soufre (2). On n'a adopté aucune de ces matières, et l'on a trouvé que la gutta-percha surtout se détériorait beaucoup plus rapidement que les plaques en plomb (3).

A ce sujet, nous mentionnerons que M. Peter Ward (4) proposa tout récemment l'insertion dans les chambres de plomb d'une série de plaques ou tables en verre, dans le but d'augmenter les surfaces et d'accélérer la réaction. Cette idée n'est pas nouvelle, les séparations

(1) M. Leyland (Edmund) et M. Deacon (Henry), brevet n° 2863, 2 décembre 1853 ; *Lond. Journ.*, octobre 1854, p. 269.

(2) M. Simon (Joseph), brevet n° 1586, 4 juillet 1859 ; *Rep. of pat. inv.*, avril 1860, p. 303

(3) M. Krafft, *Répert. de chimie*, I, p. 305.

(4) M. Ward (Peter), brevet n° 1003, 23 avril 1861 ; *Rep. of pat. invent.*, mars 1862.

en verre ayant été employées en France dans les dix dernières années; elle n'est également d'aucune importance pratique, la formation de l'acide sulfurique étant indépendante d'action de surface. L'introduction de séparations en verre dans les chambres de plomb n'a jamais été adoptée d'une manière un peu générale.

Les inventeurs ont faits de nombreux efforts pour supprimer les chambres de plomb, si coûteuses, et pour les remplacer par des appareils moins chers.

Depuis la proposition faite en 1832 par M. Phillips (1) et par M. Kuhlmann (2), d'accomplir la transformation de l'acide sulfu*reux* en acide sulfu*rique,* au moyen d'oxygène atmosphérique chauffé, mis en présence de platine très-divisé, on n'a jamais perdu de vue l'idée de produire de l'huile de vitriol en se passant des chambres de plomb. Le rapport du jury de 1851 (p. 38) publie quelques détails intéressants concernant un système de jarres en grès imaginé par M. Fouché Lepelleiier, et qui, à cette époque, aurait fonctionné à la fabrique bien connue de Javel, près de Paris. Dans cet établissement on aurait fait passer les vapeurs acides à travers un grand nombre de larges flacons de Woolf en grès, recouverts d'un vernis au sel qui résiste à l'influence des acides. La puissance condensatrice d'un pareil système de jarres serait, d'après la même autorité, d'un tiers plus grande que celle qu'on obtiendrait d'une seule chambre de capacité égale, tandis que la dépense première de construction serait dans la proportion de 12 à 100 à celle de l'établissement d'une chambre de plomb, et que les frais d'entretien seraient nuls. Enfin un tiers de l'importante production annuelle de 3,600,000 kilogrammes d'huile de vitriol, à la manufacture de Javel, aurait été fabriqué en 1857 par cet appareil. En présence de ces assertions le rapporteur pensa qu'il y aurait quelque intérêt à vérifier comment ces jarres avaient résisté à l'action prolongée des acides. Le résultat de ses informations ne fut guère favorable. Il est certain qu'on a actuellement cessé d'employer à Javel les jarres en grès de M. Fouché Lepelletier (3).

Parmi les efforts tentés depuis dans la même direction, les travaux de MM. Persoz, Kuhlmann, Petrie et Gossage méritent d'être signalés.

M. Persoz (4) accomplit la transformation de l'acide sulfureux en faisant passer le gaz à travers de l'acide nitrique étendu de quatre à six fois son volume d'eau et chauffé à 100 degrés, ou à travers un mélange d'acide nitrique, ou d'un nitrate avec de l'acide chlorhydrique. La réaction s'effectue dans un appareil comparativement petit et construit en matière convenable; un agitateur facilite le contact intime des gaz et du liquide. Les gaz engendrés

---

(1) M. Phillips (Peregrine), brevet n° 6036, 31 mars 1831; *Ann. chem. pharm.*, IV, p. 171.

(2) Date du brevet de M. Kuhlmann : le 22 décembre 1858. M. Kuhlmann, pour compléter la condensation, propose de faire passer la vapeur sulfurique dans une chambre de plomb ordinaire contenant de l'eau ou de l'acide nitrique

(3) Mon ami, M. Barreswil, a eu l'obligeance d'écrire à ce sujet à M. Fourcade, le directeur actuel de l'usine de Javel. La note suivante est la réponse de M. Fourcade, que M. Barreswil m'a communiquée :

« Usine de Javel, 24 juillet 1862.

« Mon cher Monsieur,

« Je n'ai jamais appris que sérieusement et industriellement on ait fabriqué l'acide sulfurique dans des « tuyaux en poterie. Si bien mastiqués qu'ils puissent·être, il est difficile de croire que les joints soient satis- « faisants, étant donné que lesdits tuyaux puissent constituer un appareil, ce qu'une expérience de vingt- « sept ans m'autorise à nier.

« Croyez-moi, je vous prie, mon cher Monsieur, votre tout dévoué   A. FOURCADE. »

Monsieur BARRESWIL.

Les renseignements cités plus haut sont évidemment basés sur des données inexactes, le système de jarres ou bonbonnes en grès dont il était question dans le rapport de 1851 n'était qu'un appareil supplémentaire aux chambres de plomb, pour la meilleure condensation des gaz dégagés. Dans beaucoup de fabriques françaises on emploie de pareils condensateurs; dernièrement encore, le rapporteur en a vu à l'usine de M. Kuhlmann, près de Lille.

(4) Persoz, *Technologiste*, XVII, p. 461.

par la désoxydation de l'acide nitrique passent de l'appareil à réaction dans des tours à condensation dans lesquelles ils rencontrent un courant d'air ascendant et un courant d'eau descendant, de sorte qu'on recueille de nouveau la totalité de ces gaz sous la forme d'acide nitrique. Le procédé de M. Persoz, utilisant d'une manière logique une série de réactions bien constatées, paraît à première vue satisfaire à toutes les demandes possibles; non seulement il dispense de l'emploi des chambres, mais, en théorie du moins, il fonctionne sans perte d'acide nitrique et permet l'usage d'acide sulfureux d'une origine quelconque, même mélangé à de l'acide carbonique, à de l'azote et à d'autres gaz. Néanmoins, la pratique n'a jamais adopté ce procédé, évidemment parce qu'on n'a pas encore trouvé une matière *convenable* pouvant résister à l'action de deux acides aussi puissants.

Même à une période antérieure, M. Kuhlmann (date de la patente anglaise de M. Kuhlmann : 11 décembre 1850), avait proposé de faire passer un mélange d'hydrogène sulfuré (obtenu par des moyens convenables des résidus de la fabrication de la soude) et d'air à travers de l'acide nitrique renfermé dans de petites jarres en grès, ce qui convertit directement presque tout le soufre en acide sulfurique. La pratique, cependant, n'a pas sanctionné ce procédé.

La même remarque s'applique au système de colonnes en grès remplies de cailloux, imaginé par M. Petrie (1), et dans lesquelles on fait arriver des courants d'acide nitrique d'un côté, d'acide sulfureux et d'air de l'autre, dont les quantités, par une disposition particulière de l'appareil, sont réglées de manière à éviter presque complétement la perte d'acide nitrique.

M. Gossage, dont nous citerons fréquemment les importants travaux industriels dans les pages suivantes, a également porté son attention sur la production de l'acide sulfurique. Quelques-uns des procédés qu'il a imaginés ont une tendance, sinon à abandonner, en tout cas à diminuer l'emploi des chambres. On sait que M. Gossage a cherché à recouvrer le soufre des marcs de soude sous forme d'hydrogène sulfuré, en décomposant le sulfure de calcium de ces résidus au moyen de l'acide carbonique impur obtenu par la combustion de la houille. L'hydrogène sulfuré ainsi obtenu est mélangé de tant d'azote et d'autres gaz qu'il ne peut plus servir à la production d'acide sulfureux utilisable dans les chambres. M. Gossage (2) a cherché à surmonter cette difficulté en brûlant l'hydrogène sulfuré de ce mélange gazeux, au moyen de l'air atmosphérique, et en obligeant les produits de la combustion, préalablement bien refroidis, à s'élever dans une colonne ou tour, contenant de petits fragments de coke humecté par un courant continu d'eau froide. A mesure que les gaz montent entre les interstices des parcelles de coke, l'acide sulfureux est absorbé par l'eau, et l'on obtient une solution froide et saturée. Cette solution, qu'on laisse filtrer de haut en bas par une autre tour remplie de coke et à travers laquelle on fait passer un courant d'air atmosphérique chaud, s'échauffe et met en liberté de l'acide sulfureux pur qui, se mélangeant avec l'air ascendant, se convertit en grande partie en acide sulfurique. Les gaz restants sont dirigés avec du gaz nitreux dans une chambre de plomb où l'acide sulfureux est transformé en acide sulfurique par la méthode ordinaire. Néanmoins, le rapporteur tient de M. Gossage lui-même que ce procédé, quelque beau qu'il soit en théorie, ne réussit pas dans la pratique.

Si le procédé de M. Gossage avait eu du succès, il aurait beaucoup diminué la consommation d'acide nitrique, une notable portion d'acide sulfureux s'oxydant, dans son procédé, directement par l'oxygène de l'air. Ce point de vue nous conduit naturellement à l'examen d'une autre classe de perfectionnements sur lesquels s'est portée l'attention des inventeurs. M. Petrie (3) s'est efforcé d'atteindre ce but, c'est-à-dire la consommation moindre d'acide nitrique, en faisant passer un mélange de gaz acide sulfureux et d'air chauffé à 300 degrés à

---

(1) M. Petrie (William), brevet n° 1985, 16 août 1860; *Génie industr.*, 1861, II, p. 128.
(2) M. Gossage (William), brevet n° 2336, 19 octobre 1858; *Rep. of pat. inv.*, juin 1858, 458.
(3) M. Petrie, *Lond. Journ.*, février 1855, p. 81.

travers de l'eau très-divisée, qui descend en s'éparpillant sur des cailloux renfermés dans des cylindres en grès ou en fer émaillé; tandis que MM. Schmersahl et Bouck (1) font passer un mélange d'acide sulfureux, d'air et de vapeur d'eau par des tubes horizontaux en terre cuite ou en fonte, remplis d'amianthe, de pierre ponce ou d'autres substances poreuses, et chauffés dans un four et ensuite condensent, dans des appareils appropriés, les vapeurs d'acide sulfurique formées. En 1852 déjà, M. le professeur Wœhler (2) avait attiré l'attention sur la facilité extraordinaire avec laquelle l'oxyde de cuivre, le sesquioxyde de fer ou le sesquioxyde de chrome, portés au rouge sombre, transforment un mélange d'acide sulfureux et d'oxygène en acide sulfurique, et exprimé l'espoir que cette indication pourrait être utilisée en pratique. La proposition de M. Wœhler a été depuis mise à l'épreuve en grand dans la fabrique d'Oker (3 ; mais les résultats obtenus n'ont guère été satisfaisants.

Essais de produire l'acide sulfurique sans l'emploi d'acide nitrique ou de ses dérivés. — Les propositions faites pour remplacer l'emploi des oxydes d'azote par d'autres agents n'ont pas obtenu plus de succès. L'immense production d'acide chlorhydrique dans la première phase de la fabrication du carbonate de soude, et la difficulté de trouver assez d'applications pour cet acide, ont suggéré l'idée de l'utiliser sous la forme de chlore dans la fabrication de l'acide sulfurique. On sait qu'en présence du chlore et de l'eau, l'acide sulfureux est rapidement converti en acide sulfurique,

$$H^2SO^5 + H^2O + 2Cl = H^2SO^4 + 2HCl\ (4).$$

Cette réaction sert de base à la méthode proposée par M. W. Hæhner (5) pour la fabrication de l'acide sulfurique. Dans les opérations bien dirigées, il ne devrait se dégager ni acide sulfureux ni chlore. L'acide sulfurique ainsi produit contient son équivalent d'acide chlorhydrique, dont on peut le séparer par distillation; ou bien, sans les séparer préalablement, on peut employer le mélange de ces deux acides pour la fabrication du sulfate de soude. Le rapporteur ignore si jamais ce procédé a été exploité en grand. L'importance qu'il pourrait peut-être posséder dépend évidemment du prix relatif du minerai de manganèse nécessaire à la production du chlore, et du nitrate de soude comme source d'acide nitrique; aussi bien que de la valeur des produits accessoires, qui, pour le chlorure de manganèse, est, sinon *nulle,* au moins très-minime; il n'en est pas de même pour le sel de soude, qui, obtenu sous la forme de sulfate, se vend facilement.

On peut constater comme résultat général de l'expérience, que jusqu'à ce jour les fabricants n'ont pu produire de l'acide sulfurique en grand sans recourir à l'acide nitrique ou à ses dérivés. Mais la manière d'utiliser le pouvoir oxydant de ces agents varie considérablement. Dans la plupart des fabriques, les vapeurs acides dégagées des nitrates alcalins au moyen de l'acide sulfurique sont introduites directement dans les chambres; dans d'autres on emploie de l'acide nitrique liquide obtenu préalablement par distillation. Pendant quelque temps, on trouvait convenable de désoxyder l'acide nitrique au moyen des mélasses, qui fournissaient ainsi de l'acide oxalique comme produit secondaire; mais cette pratique paraît avoir cessé complétement. Feu M. C. Tennant Dunlop, petit-fils de M. C. Tennant, inventa une modification particulière des procédés ordinaires pour obtenir l'acide nitreux; cette méthode est employée avec succès dans le célèbre établissement de M. C. Tennant et Comp., à Glasgow. Au lieu de traiter le nitrate de soude seul par l'acide sulfurique et d'utiliser l'acide nitrique ainsi obtenu, ils décomposent un mélange de nitrate et de chlorure sodiques, produisant

---

(1) MM. Schmersahl (A.-E.) et Bouck (T.-A.), brevet n° 183, janvier 1855; *Lond. Journ.*, février 1855, p. 51.

(2) M. Wœhler, *Ann. chem. pharm.*, LXXXI, 255.

(3) *Wagner's Jahresbericht*, IV, 1859, 144.

(4) Les équivalents adoptés dans ce rapport sont :

$$H = 1\ ;\ Cl = 35.5\ ;\ O\ 16\ ;\ S = 32\ ;\ N = 14\ ;\ C = 12\ ;\ Si = 28\ ;\ Sn = 118\ etc.$$

(5) M. Hæhner (William), brevet n° 717, 28 mars 1854; *Rep. of pat. inv.*, décembre 1854, p. 503.

ainsi, outre le sulfate de soude, du gaz chlore et de l'acide nitreux ; on sépare ces gaz en les faisant passer à travers l'acide sulfurique concentré (dont la densité ne doit pas être au-dessous de 1.75) ; l'acide nitreux est absorbé et le chlore est utilisé pour la production du chlorure de chaux. On fait ensuite couler la solution sulfurique d'acide nitreux dans les chambres, où, au moyen d'appareils appropriés, elle est mise en contact avec l'eau, qui dégage l'acide nitreux. Les produits de l'action de l'acide sulfurique sur un mélange de nitrate de soude et de chlorure de sodium varient jusqu'à un certain point, selon la concentration de l'acide et la température à laquelle s'effectue la réaction, le produit principal, outre le sulfate de soude et le chlore, étant probablement l'acide nitreux.

$$2\,NaNO^3 + 4\,NaCl + 6\,H^2SO^4 = 6\,NaHSO^4 + 4\,Cl + 3\,H^2O + N^2O^5.$$

Dans l'établissement de MM. Tennant et Comp., on emploie le procédé bien connu de Gay-Lussac pour séparer par absorption l'acide nitreux des gaz qui s'échappent des chambres. Le procédé de M. Dunlop n'est employé que pour fournir une quantité d'acide nitreux égale à la perte qu'on éprouve toujours, malgré l'emploi du procédé de Gay-Lussac. On voit par là que MM. Tennant effectuent leur immense production d'acide sulfurique sans consommer expressément du nitrate de soude pour obtenir de l'acide nitreux qui sert à l'oxydation de l'acide sulfureux.

Dans tous les procédés passés en revue jusqu'à présent, nous avons supposé que l'acide sulfureux dérive de la combustion du soufre par l'oxygène atmosphérique. Mais on peut obtenir l'acide sulfureux par d'autres moyens ; on peut le produire par l'oxydation de beaucoup de sulfures métalliques natifs, sulfure de fer (pyrites ferrugineuses), sulfure de cuivre (pyrites cuivreuses), ou par la décomposition, sous l'influence d'agents appropriés, de quelques-uns des sulfates métalliques natifs, le sulfate de chaux (gypse), ou sulfate de baryte (spath pesant). La production de l'acide sulfureux par les pyrites, qui, disons-le tout de suite, est le perfectionnement moderne le plus saillant apporté à la fabrication de l'acide sulfurique, attirera tout à l'heure notre attention ; et nous nous bornerons donc ici à faire une allusion rapide aux différentes réactions au moyen desquelles les chimistes ont cherché à utiliser les immenses quantités d'acide sulfurique, thésaurisées par la nature sous la forme de sulfates. Lorsqu'on calcine le sulfate de chaux (gypse, anhydrite) ou le sulfate de baryte avec du sable, du quartz ou de l'argile, ils fournissent des silicates plus ou moins fusibles, l'acide sulfurique anhydre se dégageant sous la forme d'acide sulfureux et d'oxygène qu'on peut introduire directement dans les chambres (Frémy) (1). Au premier coup d'œil ce procédé paraît promettre beaucoup, les matériaux nécessaires étant à bon marché et abondants ; il fournit non-seulement l'acide sulfureux, mais encore l'oxygène requis ; ce dernier étant produit exactement dans les proportions nécessaires pour convertir le premier en acide sulfurique. L'immense masse d'azote inutile mélangé à l'oxygène dans l'air ordinaire est ainsi exclue ; et il s'ensuit une réduction proportionnelle de la capacité des chambres. Malheureusement la décomposition

$$Ca^2SO^4 + SiO^2 = Ca^2SiO^3 + SO^2 + O$$

ne s'accomplit qu'avec la plus grande difficulté et aux températures les plus élevées. Pour faciliter la décomposition du gypse, on a proposé l'emploi de l'acide chlorhydrique (Cary-Mantrand) (2) :

$$Ca^2SO^4 + 2\,HCl = 2\,CaCl + H^2O + SO^2 + O,$$

mais ce procédé a également rencontré dans la pratique des difficultés jusqu'ici insurmontables ; car non-seulement il est nécessaire d'obtenir l'acide chlorhydrique à l'état anhydre, mais la réaction est susceptible d'être interrompue par le chlorure de calcium formé, qui, en fondant, protége le gypse non encore attaqué. Toute aussi malheureuse fut la proposition

---

(1) Barreswil et Aimé Girard, *Dictionnaire de chim. industr.*, I, 37.
(2) Barreswil et Aimé Girard, *Dictionnaire de chim. industr.*, I, 37.

de réduire, au moyen de la houille, le sulfate de chaux en sulfure, de décomposer ce dernier par l'acide carbonique, et de convertir en acide sulfureux, par combustion, l'hydrogène sulfuré ainsi dégagé (Kœhsel) (1). Cette proposition n'est même pas nouvelle, puisque l'emploi de l'acide carbonique pour décomposer le sulfure de calcium, — qu'il soit contenu dans les marcs de soude ou qu'on le prépare spécialement au moyen du sulfate par réduction, — et la combustion de l'hydrogène sulfuré ainsi dégagé furent imaginés et brevetés déjà en 1838 par M. Gossage, qui employait l'acide carbonique, obtenu pendant la réduction du gypse, à décomposer le sulfure de calcium produit par l'opération précédente.

Le peu de succès qu'eurent toutes ces tentatives dût naturellement guider le génie de l'invention dans des voies nouvelles. Il parut utile d'essayer la substitution de l'hydrogène aux métaux dans les sulfates métalliques; en d'autres termes, de viser à l'élimination directe de l'acide sulfurique de ces composés. Si ce problème non plus n'a pas encore été résolu d'une manière satisfaisante, ce n'est certes pas faute de tentatives pour le résoudre. Un des premiers efforts tentés dans ce but paraît avoir été celui de M. de Seckendorff (2), et de M. Shanks (3). Ce procédé consiste à décomposer du gypse très-divisé en présence de beaucoup d'eau, par du chlorure de plomb, réaction qui donnerait naissance à du chlorure de calcium et à du sulfate de plomb.

$$Ca^2SO^4 + 2PbCl = 2CaCl + Pb^2SO^4.$$

On traite ce dernier par de l'acide chlorhydrique; l'acide sulfurique est mis en liberté avec reproduction de chlorure de plomb,

$$Pb^2SO^4 + 2HCl = H^2SO^4 + 2PbCl,$$

qui est capable de décomposer une seconde quantité de gypse. Ce procédé lie entre elles certainement d'une manière très-ingénieuse une belle série de réactions, utilisant en même temps un produit (l'acide chlorhydrique) qui, généralement, embarrasse beaucoup les fabricants de soude. Pendant quelque temps on l'exploita sur une assez grande échelle; mais les opérations sont trop compliquées, et la difficulté d'obténir un acide exempt de plomb, est presque insurmontable. Le procédé est donc tombé en désuétude. Nous mentionnerons encore rapidement une suite de réactions d'un ordre à peu près semblable, mais dont le succès est encore beaucoup plus problématique. Le phosphate de plomb, lorsqu'il est décomposé par l'acide chlorhydrique, fournit du chlorure de plomb et de l'acide phosphorique libre; ce dernier agissant au rouge sur le sulfate de chaux, chasse l'acide sulfurique qui est condensé, tandis que le phosphate de chaux produit simultanément, lorsqu'on le soumet, en présence de l'eau, à l'action du chlorure de plomb précédemment obtenu, fournit de nouveau le phosphate de plomb, qui a été le point de départ de la série des réactions (Margueritte) (4). On s'est même efforcé de transformer le procédé ordinaire de laboratoire pour la séparation des acides de leurs sels de plomb en procédé industriel. Le sulfate de plomb, soumis à l'action de l'hyddrogène sulfuré, est facilement converti en sulfure de plomb, avec mise en liberté d'acide sulfurique (Keller) (5) Il est clair que ce procédé suppose une méthode spéciale de préparation de l'hydrogène sulfuré, que l'inventeur propose de produire en exposant au rouge un mélange de gypse et de houille à l'action de la vapeur d'eau, en traitant d'une manière semblable un mélange de spath pesant, de houille et de sable; ou en exposant les marcs de soude à l'action simultanée de la vapeur d'eau et de l'acide carbonique. Ces procédés ne sont évidemment point industriels.

Substitution des pyrites ferrugineuses au soufre de Sicile. — Dans les pages précédentes, nous

<hr>

(1) Kœhsel, *Wagner's Jahresbericht*, II, 1856, p. 57.

(2) Seckendorff (Robert von), brevet n° 2663, 18 décembre 1854.

(3) Shanks (James), brevet n° 2101, 9 octobre 1854; *Rep. of pat. inv.*, 1855, p. 537.

(4) Margueritte (L.-T.-F.), brevet n° 2700, 22 décembre 1854; *Lond. Journ.*, octobre 1835, 197.

(5) M. Keller, *Génie industr.*, août 1859, p. 110.

venons d'esquisser rapidement quelques-unes des plus ingénieuses parmi les nombreuses
méthodes proposées pendant les dix dernières années, dans le but de simplifier, de faciliter
et de rendre plus économique la préparation de l'acide sulfurique; toutes sont intéressantes
au point de vue théorique, et quelques-unes pourraient être utilisées en certaines localités
et dans certaines conditions particulières; il nous reste à examiner plus en détail la modification fondamentale qu'a subie la fabrication de l'acide sulfurique pendant cette période.

Nous y avons déjà fait allusion ; on peut la désigner en une seule phrase : « la substitution
des pyrites ferrugineuses au soufre employé autrefois; » tous les autres changements apportés aux appareils ou au mode d'opération ne sont simplement que les conséquences résultant de l'usage du soufre combiné, en place du soufre libre.

Il y a à peine vingt ans, la presque totalité de l'acide sulfurique se fabriquait au moyen du
soufre natif, tiré à peu près exclusivement de la Sicile; actuellement une fraction comparativement petite de la production totale s'obtient encore par le soufre de Sicile ; mais on produit les
neuf-dixièmes de l'acide sulfurique, et peut-être même plus, au moyen des pyrites ferrugineuses
qu'on trouve en abondance dans presque tous les pays. D'après l'opinion générale l'idée première de tirer du fer sulfuré le soufre nécessaire à la fabrication de l'acide sulfurique serait
due à la politique étroite, qui, en 1838, porta le gouvernement napolitain, à entraver l'exportation du soufre de Sicile. Mais, en réalité, l'application indirecte des pyrites ferrugineuses à la production de l'acide sulfurique est beaucoup plus ancienne. Depuis la dernière
partie du siècle passé jusqu'à nos jours, on a toujours employé ces minerais comme source
du soufre même. Dans plusieurs pays d'Allemagne, dans le district du Hartz, en Prusse (Cas-
selerfeld); en Bohême (Altsattel), en Croatie (Radoboj), on obtient au moyen des pyrites ferrugineuses des quantités appréciables de soufre; même en Irlande, à une certaine époque,
on se servit du fer sulfuré pour en extraire industriellement le soufre; on le fit surtout pendant les guerres avec la France, lorsque le prix du soufre s'élevait à 20 et même à 30 liv. st.
la tonne.

On emploie différents procédés pour extraire le soufre. Dans certains cas on introduit les
pyrites dans des tubes coniques (tubes à soufre) ayant une ouverture à chaque extrémité,
et placés dans une position inclinée à travers le four, qu'on chauffe sitôt qu'on a bouché
l'ouverture supérieure plus large; le soufre à l'état de vapeur se dégage par l'ouverture
inférieure plus étroite et se condense dans des récipients en fer. Ou bien, l'on amoncèle les
minerais en couches épaisses, qu'on allume à la partie inférieure, un courant modéré d'air
étant ménagé par le bas. La chaleur, qui se dégage pendant la combustion des couches inférieures, suffit pour chasser le soufre des couches supérieures. Néanmoins, la production du
soufre par les pyrites, comparée à ce qui est fourni par la Sicile, est insignifiante; la quantité totale obtenue en Prusse pendant l'année 1858 n'a pas dépassé 500 tonnes (1).

Mais depuis longtemps, l'on a employé les pyrites ferrugineuses à la production directe
de l'acide sulfurique. Le minerai grillé, duquel on a dégagé une partie du soufre, est employé dans la fabrication du vitriol vert (sulfate de fer), sel dont on se sert depuis des
siècles pour préparer l'acide sulfurique fumant (acide de Nordhausen). En outre, on s'est
longtemps procuré l'acide sulfureux, exigé pour l'alimentation des chambres de plomb des
usines de Fahlun en Suède, en faisant griller les pyrites ferrugineuses si abondantes dans
cette partie de la Suède. En France, l'idée d'employer le fer sulfuré comme source de soufre,
paraît avoir émané de Clément Desormes, qui fit beaucoup d'expériences dans ce but. Il
échoua, cependant, parce qu'il chercha à augmenter la combustibilité des pyrites par l'addition de houille, produisant de cette manière des quantités considérables d'acide carbonique
mélangées à l'acide sulfureux et réagissant d'une manière fâcheuse sur le fonctionnement
des chambres. En France, MM. Perret et fils, de Chessy, furent les premiers qui employèrent

(1) *Wagner's Jahresbericht*, V, 1859, 136.

avec succès les pyrites ferrugineuses ; ils furent amenés à adopter cette méthode par la nécessité de condenser l'acide sulfureux dégagé dans la désulfurisation d'un minéral dont ils extrayaient le cuivre ; ils étudièrent avec le plus grand soin les conditions nécessaires pour la combustion convenable de ce minerai, et c'est à eux que revient l'honneur d'avoir surmonté les difficultés que présentait la solution de ce problème. En 1833 déjà, ces fabricants brûlèrent avec succès des pyrites ferrugineuses, et dans un brevet daté du 20 novembre 1835, ils décrivent leur manière de procéder (1). En 1837, Wehrle et Braun (2), en Bohême, employèrent le fer sulfuré pour produire de l'acide sulfureux ; mais ce ne fut qu'en 1838 qu'on commença, en Angleterre, à fabriquer en grand l'acide sulfurique au moyen des pyrites ferrugineuses. Dans cette année, le feu roi de Naples accorda à MM. Taix et Comp., de Marseille, le monopole du commerce du soufre de Sicile, ce qui en fit hausser le prix jusqu'à 14 liv. st. la tonne, tandis qu'auparavant sa valeur commerciale n'était que de 5 liv. st. (3). On aurait pu prévoir les résultats d'une pareille mesure : il devenait absolument nécessaire de découvrir les moyens de se passer du soufre de Sicile ; et en moins d'une année, après l'établissement de ce monopole absurde, on avait pris jusqu'à quinze patentes en Angleterre pour des méthodes convenables d'obtenir au moyen des pyrites la quantité d'acide sulfureux nécessaire pour les chambres de plomb. D'après les documents fournis au jury mixte de l'Exposition universelle de 1855, il paraîtrait que M. Thomas Farmer fut le premier en Angleterre qui, en 1839, employa les pyrites ferrugineuses à la fabrication de l'acide sulfurique ; mais d'après les renseignements fournis par M. James Muspratt, nous sommes portés à croire qu'on avait brûlé les pyrites dans les fabriques anglaises à une époque bien antérieure.

Le monopole du soufre n'eut qu'une existence éphémère. A la suite de négociations diplomatiques, cette mesure maladroite du gouvernement napolitain fut retirée ; mais l'esprit d'indépendance s'était réveillé, et l'emploi des pyrites ferrugineuses est allé toujours en augmentant depuis cette époque, si bien que, dans les dernières années, il a amené un changement complet dans les sources de soufre exploitées par le fabricant d'acide sulfurique.

Presque généralement le fer sulfuré se trouve mélangé à de petites quantités de substances étrangères susceptibles d'altérer la pureté de l'acide sulfurique. Le chimiste se rappellera immédiatement que nous devons la découverte du sélénium à l'emploi des pyrites dans la fabrique d'acide sulfurique à Fahlun ; ce corps, qu'on a bien de la peine à constater dans les pyrites mêmes, peut être facilement découvert lorsqu'il s'accumule par la combustion de ces minerais dans la boue des chambres de plomb. De nos jours, nous avons été témoins d'une découverte semblable dans le dépôt d'une chambre d'acide sulfurique : nous voulons parler de la découverte du thallium par M. Crookes (Voyez le chapitre sur les objets d'intérêt scientifique), que nous signalerons dans un autre paragraphe de ce rapport. Mais le sélénium et le thallium sont des corps étrangers comparativement inoffensifs, tandis que, malheureusement, les pyrites ferrugineuses contiennent en outre presque invariablement des composés arsenicaux ; et si l'usage du fer sulfuré n'est pas encore devenu universel, il faut l'attribuer principalement à la présence de ces substances dangereuses. L'arsenic est dégagé pendant la combustion sous la forme d'acide arsénieux, qui passe dans les chambres de plomb et y souille l'acide sulfurique. Lorsqu'on utilise cet acide pour la production de la soude (ce qui constitue sa consommation la plus considérable), l'arsenic est de nouveau éliminé dans les phases ultérieures de la fabrication. C'est pour cette raison qu'on produit maintenant au moyen des pyrites ferrugineuses presque tout l'acide sulfurique employé par les fabricants de soude.

Mais il existe aussi beaucoup d'applications de l'acide sulfurique dans lesquelles la pré-

(1) *Exposition universelle de 1855.* — *Rapport du jury mixte international,* I, p. 468.

(2) Graham-Otto's, *Lehrbuch der Chemie,* 3 Aufl. II, p. 262.

(3) Gossage, *History of the Soda Manufacture.*

sence de l'arsenic ne peut être tolérée. Ainsi, par exemple, dans le procédé d'étamage du fer, le métal, avant d'être plongé dans le bain d'étain, doit être décapé avec de l'acide sulfurique étendu ; si cet acide contient la plus petite quantité d'arsenic, ce dernier se dépose çà et là sur le fer, et l'étain n'adhère pas aux endroits recouverts d'arsenic. (M. Gossage). En outre, l'acide sulfurique dont on se sert pour la production de composés employés en pharmacie (acide citrique ou tartrique), ou dans l'économie domestique (acide acétique), ne doit point contenir d'arsenic. Ce poison est susceptible de s'infiltrer dans les substances où l'on s'attend le moins à le rencontrer. Beaucoup de personnes se rappelleront, sans doute, le cas remarquable qui attira l'attention générale il y a quelques années. On réussit de suivre pas à pas des traces d'arsenic trouvées dans du pain et à remonter ainsi jusqu'aux pyrites ferrugineuses. Le pain était ce qu'on appelle du pain non fermenté ; on avait fait lever la pâte au moyen de carbonate de soude et d'acide chlorhydrique. On constata la présence de l'arsenic dans l'acide chlorhydrique, et l'on démontra que cet acide avait été préparé en traitant du sel ordinaire par l'acide sulfurique obtenu au moyen de pyrites ferrugineuses arsénifères.

P. Kopp.

(La suite à la prochaine livraison.)

DE L'ACIDE PHÉNIQUE,

DE SON ACTION SUR LES VÉGÉTAUX, LES ANIMAUX, LES FERMENTS, LES VENINS, LES VIRUS, LES MIASMES,

ET DE SES APPLICATIONS A L'INDUSTRIE, A L'HYGIÈNE, A LA THÉRAPEUTIQUE ET AUX SCIENCES ANATOMIQUES.

Par M. le docteur Jules Lemaire.

(Suite. — Voir Moniteur scientifique, livraison 140, p. 649, et livraison 153, p. 317.)

CHAPITRE VI.

Applications de l'acide phénique à l'hygiène.

Putridité.

La fermentation putride est certainement la cause d'insalubrité la plus générale dont s'occupe l'hygiène. D'immenses travaux sont entrepris tous les jours pour préserver les populations et les animaux de ses effets délétères. Les fosses d'aisances, les conduits qui nous débarrassent des eaux ménagères et de celles qui sont rejetées par l'industrie, le pavage et le balayage des rues, les égouts, les bornes-fontaines, etc., sont dans ce cas. Mais il faut bien le reconnaître, tous ces moyens n'atteignent qu'imparfaitement le but qu'on se propose.

En emprisonnant et en collectionnant les matières fécales dans leurs fosses, on en fait de vastes foyers d'infection. Dans les grands établissements tels qu'hôpitaux, casernes, administrations, etc., on n'est pas encore parvenu à se préserver de leur mauvaise odeur. Dans les camps, malgré l'exposition des fosses en plein air, leur odeur est souvent insupportable. Elle ne respecte rien. Elle envahit aussi bien la tente du général que celle du soldat. L'Empereur, lorsqu'il quitte son palais pour aller vivre sous la tente comme ses soldats, a plus d'une fois subi, malgré toutes les précautions prises, leur émanation désagréable.

En dirigeant les eaux putrides vers les rivières à l'aide des égouts, on n'opère qu'un déplacement sans détruire la putridité. Je sais bien que chemin faisant l'oxygène de l'air détruit peu à peu les matières organiques ; mais il n'est pas moins vrai que l'on vicie l'eau de ces rivières, qui doivent plus loin alimenter les populations : on désinfecte d'un côté pour infecter de l'autre.

Un grand nombre de matières qui fourniraient de si puissants engrais sont perdues pour l'agriculture. Les murs des égouts s'imprègnent peu à peu de matières putrides et deviennent à leur tour des foyers de miasmes qui sont à chaque instant vomis par leurs milliers d'ouvertures.

Lorsqu'on visite les voieries diverses, les fonderies de suif, les boyauderies, les mégisseries, les fabriques de colle-forte, les tanneries et toutes les autres industries dans lesquelles des matières organiques entrent en putréfaction, on reconnaît que partout, malgré tous les efforts qu'a faits la science, il reste beaucoup à faire. Nous possédons d'excellents désinfectants, c'est incontestable ; mais malheureusement les uns, comme le chlorure de chaux, le sulfate de fer, le charbon, les poudres préparées avec le coal-tar, salissent et même altèrent les objets avec lesquels on les met en contact. D'autres, comme le chlore pur ou combiné à la potasse ou à la soude, l'iode, les acides minéraux et ceux que fournit le règne végétal, ne peuvent avoir qu'un emploi très-limité à cause de leurs propriétés chimiques qui leur font dénaturer les substances utiles qu'elles devraient protéger. De plus, un certain nombre n'agit que sur les gaz putrides et n'exercent aucune action sur les ferments. Les appareils eux-mêmes et la santé des ouvriers ne sont pas toujours à l'abri de leur atteinte. D'un autre côté, le prix assez élevé d'un certain nombre vient encore s'ajouter à ces inconvénients.

L'acide phénique, au contraire, offre de très-grands avantages sur tous les désinfectants connus. Nous avons déjà dit (p. 317) le bon marché auquel il pourra être livré. Indépendamment de cet immense avantage, l'eau phéniquée ne salit ni n'attaque les tissus, ni les appareils avec lesquels on la met en contact. Il y a plus, si l'on n'a plus besoin de sa protection, il suffit d'enlever les objets soumis à son action et de les exposer à l'air pour qu'ils perdent rapidement par l'évaporation l'acide phénique qu'ils peuvent avoir retenu. Il ne reste que le bien que cet acide a fait. Un avantage non moins précieux, c'est que l'eau phéniquée est sans inconvénients pour la santé des ouvriers ; bien au contraire, comme nous le verrons plus loin, elle deviendra pour eux un moyen prophylactique de premier ordre. L'acide phénique offre encore une particularité des plus importantes qui domine son histoire, c'est d'agir autrement que les désinfectants les plus employés. Le charbon absorbe les gaz putrides, mais n'exerce aucune action sur le ferment. Le chlore décompose l'hydrosulfate d'ammoniaque, précipite du soufre et se combine à l'ammoniaque. Les acides agissent sur le carbonate et le sulfhydrate d'ammoniaque en s'emparant de leurs bases, etc. L'acide phénique n'exerce aucune action sur les gaz putrides ; c'est, comme je l'ai démontré, sur les ferments et sur leurs germes (miasmes) qui sont entraînés par les gaz putrides dans l'atmosphère qu'il agit. C'est en tuant les infusoires et leurs germes qu'il détruit la cause de la putridité.

L'acide phénique peut ouvrir à la désinfection une voie nouvelle. Jusqu'à présent, dans cette opération, les efforts ont été principalement dirigés contre les gaz putrides. On a combattu l'effet sans se préoccuper assez de la cause. Je viens proposer aujourd'hui de suivre une voie différente. Puisque l'acide phénique offre les immenses avantages de prévenir la putridité, de la détruire lorsqu'elle existe et d'en prévenir le retour, j'espère que tous les hommes compétents m'approuveront de conseiller d'employer le plus qu'on le pourra cet acide pour prévenir la fermentation putride. Je vais essayer de démontrer les avantages qu'offre cette méthode.

Les gaz qui se dégagent des matières en putréfaction et qui nécessitent l'emploi des désinfectants peuvent se réduire aux suivants :

Ammoniac, hydrogène sulfuré, acides carbonique, acétique, butyrique et valérique ; dans certains cas, de l'azote, de l'oxyde de carbone et de l'hydrure de méthyle (gaz des marais). Les acides sont le plus souvent combinés à l'ammoniaque.

Si l'on étudie l'action des désinfectants les uns après les autres sur tous ces corps, on reconnaît facilement que les plus énergiques n'agissent que sur les combinaisons ammoniacales. Plusieurs de ces gaz ne peuvent être détruits ni métamorphosés par aucun d'eux à la température ordinaire. Leur action laisse donc beaucoup à désirer. Le charbon fait exception. C'est celui dont l'action est la plus générale, puisqu'il absorbe le gaz ammoniac, l'oxyde de carbone, l'acide carbonique, l'hydrogène carboné, l'azote et l'acide hydrosulfurique; mais il n'a point d'action sur le ferment. Il en résulte que, lorsqu'il est saturé de ces gaz putrides, il est impuissant pour absorber les nouveaux qui se forment. Il ne faut pas oublier que c'est la fermentation qui produit les gaz putrides : tant qu'elle n'est pas arrêtée, leur production continue. Le charbon, malgré sa supériorité sur tous les désinfectants, pour les raisons que je viens d'énumérer, laisse donc aussi beaucoup à désirer. Si à l'inconvénient qu'il possède de salir tous les objets s'ajoute celui de ne pas empêcher la putridité, on reconnaît de suite que ces inconvénients sont graves.

L'acide phénique prévient la formation de tous les gaz putrides dont je viens de parler, en empêchant la fermentation. C'est, selon moi, un immense avantage. Si j'insiste pour que l'on s'efforce de prévenir la putridité plutôt que de la détruire, c'est qu'il faut une quantité moindre d'acide phénique pour la prévenir que pour l'arrêter. Mais je ne saurais assez le répéter pour qu'on ne l'oublie pas, son action est la même dans les deux cas. Dans le premier il empêche le développement des ferments; dans le second il les détruit et empêche qu'il s'en développe de nouveaux. Il n'y a point de fermentation putride possible en sa présence.

Il est possible, si l'autorité le veut, qu'il n'y ait plus dans nos habitations de lieux infects. L'eau phéniquée coûtera si bon marché qu'avec des règlements de police on pourra en exiger l'emploi.

Emploi de l'acide phénique comme antiputride. — Toutes les fois qu'une matière privée de la vie est abandonnée à l'air, dans de certaines conditions d'humidité et de température, la putridité se développe. Aussi la rencontre-t-on à chaque instant dans toutes les contrées du globe, dans les déserts aussi bien que dans les pays les plus civilisés. Les grandes masses d'eaux stagnantes, telles que lacs, étangs, marécages, marais, ports, fossés, mares, etc., doivent leur funeste influence à des matières organiques en décomposition. L'eau distillée bien pure se conserve indéfiniment à l'abri de l'air ; mais si on la laisse communiquer librement avec l'atmosphère, elle ne tarde pas à présenter des signes de putridité. C'est que l'air, qui est constamment chargé de débris de matières organiques et de germes, les dépose dans cette eau qui, dans cet état, subit la loi commune.

La putridité ne peut pas être détruite partout où elle se produit. Personne n'a pensé à la combattre avec les antiputrides dans les immenses marécages de l'Asie, de l'Afrique et de l'Amérique. Aussi, dans les applications que je vais proposer, ne m'occuperai-je que de celles qui sont possibles.

Emploi de l'acide phénique pour empêcher la putréfaction des cadavres avant l'inhumation. — La loi exige que vingt-quatre heures se soient écoulées depuis la constatation du décès pour que l'inhumation ait lieu.

Il est des maladies dans lesquelles l'altération des liquides et des solides est si grande que l'on peut dire que la fermentation putride des corps a commencé pendant la vie. Le typhus, la fièvre typhoïde, la suette, certaines varioles, la gangrène sénile, etc., sont dans ce cas. Après la mort, d'abondantes matières fécales s'échappent de leurs réservoirs. On dit vulgairement que le corps se vide. Le lit mortuaire et le cadavre deviennent donc un foyer de putridité contre lequel il est urgent d'agir. En plaçant sous le malade un drap en alèze imbibé d'eau phéniquée saturée, qui occupe l'espace compris entre les jarrets et la région dorsale, on prévient la mauvaise odeur des matières. En introduisant quelques cuillerées d'eau phéniquée saturée dans le tube digestif et par la bouche du cadavre et en faisant des ablutions sur tout le corps, on prévient son odeur putride.

Les cadavres qui sont déposés à la Morgue soit pour des autopsies judiciaires, soit pour constater leur identité, sont quelquefois dans un état de putréfaction avancée. Ceux sur lesquels des recherches médico-légales doivent être faites peuvent être désinfectés instantanément en les injectant par les artères avec l'eau phéniquée saturée. L'autopsie ne présentera plus de danger ni de répugnance pour l'opérateur. Un autre avantage, c'est que les affinités de l'acide phénique sont si faibles et il est si facile de s'en débarrasser par la chaleur, qu'il ne gênera en rien les recherches de chimie légale. Les embaumements par les sels métalliques n'offrent pas ces avantages.

Dans le cas où l'injection ne serait pas pratiquée, l'introduction de l'eau phéniquée dans le tube digestif et les ablutions que j'ai conseillées précédemment pourront être employées pour faire disparaître la mauvaise odeur.

Les cadavres qui doivent être transportés à de grandes distances pourront l'être sans le moindre inconvénient s'ils sont injectés avec l'eau phéniquée saturée.

Cimetières; moyens d'y prévenir la putridité.

Dans tous les pays où la crémation n'est pas en usage, des institutions régissent les cimetières. Elles font la part de la salubrité publique et celle du sentiment pieux qu'ont les populations pour les restes de leurs semblables. Mais, il faut bien le reconnaître, ces institutions, même dans les pays les plus civilisés, laissent beaucoup à désirer sous le rapport de la salubrité publique.

En France, dans les cimetières des grandes villes, il existe trois catégories de tombes : 1° celles des pauvres, où plusieurs rangées de cadavres ont été pendant longtemps superposées (1) dans de grandes fosses (dites communes); 2° les fosses temporaires dont la concession est faite pour cinq ans et où chaque corps occupe dans la terre deux mètres de terrain sur un de large; 3° enfin, les tombeaux en maçonnerie. Dans les deux premières catégories, les corps subissent la putréfaction assez promptement. Tous ceux qui ont visité les cimetières en été ont pu constater l'odeur putride qui se dégage fréquemment des fosses communes. Mais là n'est pas le seul danger. Les eaux pluviales, en filtrant à travers la terre, charrient ces matières putrides et empoisonnent le sol à de très-grandes distances. Les sources et les puits deviennent fréquemment fétides. M. Chevreul (*loc. cit.*) a savamment établi ces faits et a fait connaître les métamorphoses qui en résultent.

Les tombes en maçonnerie, malgré tout le soin apporté à leur construction, finissent par subir l'infiltration des eaux et donnent lieu aux mêmes phénomènes, seulement ils se produisent avec beaucoup plus de lenteur que dans les deux premières catégories. Cette lenteur de la putréfaction fait que l'air des caveaux est souvent infect pendant très-longtemps. A tous ces inconvénients graves que je viens de rapporter, il faut en ajouter un autre qui ne l'est pas moins. L'expérience a appris qu'après un temps variable, selon la nature du sol et le rapport de la masse de terre avec celle des cadavres inhumés, les cimetières deviennent impropres à détruire les corps par la fermentation putride; on est alors forcé de les abandonner.

La question des cimetières à Paris préoccupe beaucoup l'autorité. Plusieurs projets ont été examinés. Si je suis bien renseigné, il serait question de les placer à de grandes distances de Paris.

La loi exige que le même endroit ne puisse servir à de nouvelles inhumations qu'après un laps de cinq ans. Cette limite de cinq années a pour but de permettre à la décomposition des cadavres d'être complète.

C'est l'expérience des savants qui a fait fixer cette limite. Ainsi, d'après cette habitude,

(1) Par une disposition récente, dans les fosses communes, les bières sont seulement juxtaposées.

qu'une loi régit, il résulte que nous demandons à la pourriture ce que certains peuples barbares demandent à la crémation. Il y a cette différence entre ces deux modes usités que celui des peuples barbares fait disparaître instantanément toute cause d'insalubrité; tandis que celui des peuples civilisés offre tous les inconvénients graves que j'ai signalés. La crémation a des partisans ; mais la crémation appliquée au moment où se font les inhumations serait, je pense, difficilement acceptée par les peuples chez lesquels l'inhumation est en usage. Il serait trop pénible de voir brûler les corps d'êtres que nous avons chéris. La mère qui veille auprès du cadavre de son enfant, le fils qui prie auprès de celui de sa mère, sont heureux de contempler ces restes si chers jusqu'au moment où le cercueil leur dérobe pour toujours leurs traits. En leur adressant un suprême adieu, il leur semble qu'ils ne sont qu'endormis. Ce serait à ce moment que l'on viendrait les prendre pour les réduire en cendres ! Non, ces corps que la vie vient à peine de quitter doivent être respectés et inhumés comme la religion, le respect des familles et la morale le commandent!

Je viens d'énumérer les inconvénients graves que présentent actuellement les cimetières pour la salubrité publique. Je viens aussi d'énumérer les motifs qui me paraissent s'opposer à ce que la crémation soit employée, au moment où se fait l'inhumation, pour y remédier. Pour le moment, les choses restent donc dans l'état que je viens de faire connaître : ne serait-il pas possible d'y apporter un remède? C'est ce que je vais rechercher.

Des expériences que nous avons faites au Muséum de Paris et d'autres que nous poursuivons avec M. Gratiolet, nous ont fait concevoir un projet d'inhumation et de crémation qui remédierait à l'insalubrité des cimetières et qui ne blesserait en rien les sentiments de respect dû aux corps. Nous nous proposons de le soumettre à M. le préfet de la Seine, lorsque des expériences, en cours d'exécution, auront la consécration du temps.

Voici d'après quels faits seraient basées les nouvelles mesures que nous proposons pour l'assainissement des cimetières. C'est sur la propriété désinfectante et antiputride du coaltar et de l'acide phénique. Des centaines d'expériences ont mis hors de doute ces propriétés. Mais pour le cas particulier dont je m'occupe, il est bon de rappeler quelques-unes de ces expériences pour en faire juger la grande importance.

Des animaux entiers, en état de putréfaction avancée, ont été injectés par les artères avec de la teinture de coal-tar. Leur désinfection immédiate en a été la conséquence, et leurs cadavres, abandonnés à l'air libre, se sont promptement desséchés; les moisissures qu'ils présentaient ont été détruites, et les plumes et les poils, qui commençaient à tomber, se sont raffermis. D'autres expériences furent faites avec l'eau phéniquée concentrée et donnèrent à peu près les mêmes résultats. Aujourd'hui, plus de quatre ans se sont écoulés, et les animaux qui ont été injectés avec la teinture de coal-tar, malgré leur exposition à l'air, ne présentent pas de signe d'altération putride. Seulement les dermestes les ont envahis. Tant que les cadavres ont contenu des principes volatifs du goudron (acide phénique, benzine), etc., les plumes et les poils ont été respectés. Il serait facile, par un moyen bien simple, de prévenir l'envahissement des téguments par les insectes.

Ces expériences établissent que la putréfaction des cadavres peut être détruite lorsqu'elle existe et être empêchée de se reproduire, même à l'air libre, par une seule injection, par les actions des substances que je viens de nommer.

Nous proposons donc d'avoir recours à ce moyen pour empêcher la putréfaction des cadavres. Cette injection antiputride permet de réunir dans un même terrain une quantité considérable de corps, puisque le danger de la putréfaction n'est plus à craindre. Économie de terrain, salubrité des cimetières et du sol des communes, conservation des corps à la piété des familles, tels seraient les avantages que présenterait cet embaumement général.

Dans tous les pays civilisés, la loi protége l'individu pendant la vie. La science permettrait de lui continuer cette protection après la mort, en empêchant la décomposition de son cadavre. Les parents seraient heureux de savoir que les restes des êtres qu'ils ont aimés ne sont pas voués à la pourriture.

Mais on pourra dire qu'en empêchant la décomposition des corps, si nous assainissons les cimetières, nous encombrons leur terrain. Cela est vrai et je vais de suite donner le moyen d'y remédier.

Nous avons vu qu'après cinq ans d'inhumation la loi autorise à reprendre le terrain pour y placer de nouveaux corps. J'ai aussi dit que ce délai de cinq ans avait pour but de permettre à la fermentation putride de détruire complétement le cadavre. Eh bien, je le demande, ne serait-il pas plus noble de demander à la crémation, à l'expiration de ces cinq années, ce que l'on demande aujourd'hui à la pourriture. La crémation faite dans ces conditions n'a plus rien de répugnant. Je suis persuadé que tout le monde l'accepterait et une grande question d'hygiène publique serait résolue.

Mode d'application de l'embaumement général. Prix de revient. — M. Bobeuf a conseillé d'employer le phénate de soude, l'acide phénique commercial et l'huile lourde de houille pour la conservation des cadavres. Il décrit les modes d'application qu'il a imaginés. Il ne cite aucune expérience. Il me paraît avoir agi dans cette circonstance comme il l'a fait pour la maladie de la vigne, des pommes de terre, etc., c'est-à-dire qu'il n'en a pas fait, parce que plusieurs des moyens qu'il conseille sont insuffisants pour conserver longtemps les cadavres.

Nous nous sommes assurés au Muséum, par des expériences variées, que l'acide phénique et les phénates ne conservent que temporairement les corps. Cela tient à la volatilité trèsgrande de l'acide phénique. On sait que les phénates perdent très-facilement leur acide. Le coal-tar n'a pas les mêmes inconvénients. C'est à lui que nous donnons la préférence. M. le docteur Bonamy conserve depuis sept ans un cadavre injecté avec du coal tar.

Le maniement difficile de cette substance nous a fait rechercher un moyen économique de la fluidifier sans nuire à ses propriétés. Nous faisons un mélange d'une partie de coal-tar avec trois parties d'huile lourde de houille et nous injectons ce liquide par les artères. L'intérieur de la bière est enduit de coal-tar. Indépendamment de leurs propriétés antiputrides, ces substances offrent celle d'être très-combustibles. Elles faciliteraient donc l'incinération des corps lorsqu'on voudrait reprendre les terrains.

Des animaux préparés d'après notre méthode sont enterrés. Nous attendons le résultat de nos expériences avant de la proposer définitivement.

Prix de l'embaumement par notre méthode. — L'huile lourde de houille coûte 10 centimes le kilogramme. Le coal-tar 7 centimes. Pour injecter le corps d'un adulte de taille moyenne, il faut 5 ou 6 litres de liquide. En tenant compte des enfants, la quantité moyenne de liquide à employer serait de 3 à 4 litres par individu ; soit environ 40 centimes d'huile lourde et de coal-tar. En ajoutant 5 centimes pour le coal-tar employé pour enduire l'intérieur de la bière, on arrive à une dépense de 45 centimes pour un embaumement.

Exécution. — Aujourd'hui, à Paris, les vérifications des décès se font dans chaque arrondissement par quatre docteurs en médecine. Leur nombre est si peu considérable en temps ordinaire, que ces quatre docteurs pourraient très-facilement être chargés de surveiller cette opération, qui ne demanderait pas une demi-heure. Un homme (1) serait attaché à chaque mairie pour faire ces injections. Dans les villages et dans les petites villes, le bedeau, qui est ordinairement le fossoyeur, pourrait faire l'injection conservatrice.

Les instruments consisteraient en un scalpel pour mettre à découvert l'artère carotide ; une canule en cuivre à deux tubulures, un tube en plomb et une pompe à main. Le tout coûterait environ 10 francs.

(1) Dans les amphithéâtres d'anatomie, ce sont des domestiques qui injectent les cadavres. Ils deviennent très-rapidement habiles à faire cette opération.

La dépense ne serait donc pas un obstacle pour qu'une mesure générale aussi importante soit adoptée. Les municipalités pourraient rentrer dans les frais que nécessiteraient les embaumements des indigents en prélevant un droit sur les classes aisées, ou, mieux, on établirait un prix pour chacun d'eux qui les indemniserait.

Je viens de démontrer la possibilité d'empêcher la putridité dans les cimetières par un moyen si simple et si peu dispendieux, que j'espère qu'il sera un jour adopté et appliqué d'une manière générale.

Ce procédé aurait encore quelques autres avantages. Très-souvent des questions d'argent ne permettent pas aux parents d'acheter un terrain. Ils sont forcés d'avoir recours à la fosse commune où le corps est rapidement consumé. L'embaumement général permettrait aux familles qui le désireraient de faire exhumer en entier le corps de leur parent et de l'inhumer dans un terrain particulier.

Les cendres de ceux qui seraient brûlés pourraient être recueillies et rendues aux parents qui en feraient la demande.

Voieries d'animaux morts.

Les voieries d'animaux morts, malgré l'amélioration qu'elles doivent aux travaux de Parent du Châtelet, d'Huzard, de Collignon, etc., laissent encore beaucoup à désirer. L'immonde industrie de l'asticot (1) a disparu de l'abattoir de Paris, mais elle existe encore ailleurs.

L'abattoir municipal de Paris reçoit par an 6 à 8,000 chevaux et 15 à 18,000 chiens et chats. Son savant directeur, M. Krafft, en appliquant les procédés de Payen et de Salmon à l'exploitation de cette quantité considérable de matières animales, les utilise pour l'industrie et l'agriculture. Avant lui elles étaient en grande partie perdues. En opérant chaque jour la cuisson de ces matières, on détruit la fermentation putride; mais les émanations qui se dégagent des chaudières à vapeur sont des plus désagréables. Elles se répandent à de grandes distances. J'ai fait des expériences en 1861 dans ce bel établissement ; mes vêtements ont conservé pendant plusieurs jours l'odeur pénétrante, nauséabonde et repoussante qui sature l'atmosphère. M. Levy, qui a visité cet abattoir, parle de cette odeur, qu'il attribue à un acide gras volatil. Il dit : « Je l'ai sentie et je ne sais comment on peut la supporter au delà d'une minute sans lipothymie. »

En causant avec M. Krafft des inconvénients de cette odeur, je lui dis que si les animaux étaient préalablement désinfectés, les opérations se rapprocheraient de celles que l'on pratique pour la cuisson des matières alimentaires ; que c'était le seul remède à appliquer pour faire disparaître cette odeur détestable.

Les animaux que reçoit l'abattoir municipal proviennent de plusieurs sources. Tous ceux qui meurent à domicile, tous ceux que l'on trouve morts sur la voie publique ou dans la rivière y sont transportés. Les chevaux morveux y sont conduits pour y être abattus. Les viandes saisies comme insalubres sont aussi apportées à l'abattoir. Il est impossible qu'une quantité aussi considérable de matières fécales ne soit pas un immense foyer d'infection. Les excellentes conditions d'aération que présente cet établissement font que cette mauvaise odeur ne paraît pas exercer d'action délétère sur la santé des ouvriers. Tous sont vigoureux ; mais si la mauvaise odeur ne paraît pas leur nuire, ils sont exposés à des dangers qui proviennent de plusieurs sources.

M. Krafft m'a dit que les chevaux atteints de morve, de farcin et de charbon sont amenés en grand nombre à l'abattoir. Aujourd'hui il est démontré que la matière charbonneuse in-

---

(1) Elle consiste à exposer à l'air les entrailles des animaux. La putréfaction en est la conséquence, et des mouches nombreuses y viennent déposer leurs œufs, qui donnent naissance à l'asticot recherché par les pêcheurs.

troduite dans le sang donne le charbon ; que la morve inoculée à l'homme provoque le farcin ; que des mouches qui ont pompé de ces matières ou d'autres putrides, donnent lieu, en les inoculant, à la pustule maligne et à d'autres accidents très-graves ; enfin, que toutes les matières en état de fermentation putride, lorsqu'elles sont appliquées sur la peau dénudée ou introduites dans le sang par des blessures que se font les ouvriers pendant le travail, sont tout aussi dangereuses. Tout ce que j'ai dit précédemment sur les ferments, les virus et les miasmes va nous éclairer pour chercher à diminuer, peut-être même à faire disparaître les inconvénients et les dangers que présentent les voieries d'animaux morts.

Dans des expériences que j'ai publiées il y a trois ans (1), j'ai démontré que les mouches ne s'arrêtent pas sur les viandes putréfiées qui sont imprégnées de cette substance. Avec l'acide phénique on obtient le même résultat. Voilà donc déjà un moyen de faire disparaître une des causes les plus dangereuses d'inoculation.

Les expériences que j'ai faites sur les venins d'abeilles, de crapaud et sur le vaccin ont démontré que les venins perdent leurs propriétés toxiques lorsqu'ils sont mélangés avec l'acide phénique ou bien encore lorsqu'ils sont inoculés à l'état de pureté et traités ensuite par l'acide phénique. Le vaccin mélangé avec l'acide phénique ne se reproduit pas par inoculation. Les piqûres même ne présentent pas de signes inflammatoires. Depuis, j'ai inoculé du vaccin à l'état de pureté. Puis, quelques instants après l'inoculation, j'ai enduit la piqûre d'acide phénique ; le vaccin n'a pas pris. Tandis qu'une inoculation faite sur le même bras et abandonnée à elle-même a donné lieu à de très-belles pustules vaccinales.

Pendant que je faisais mes expériences à l'abattoir municipal, un ouvrier se blessa au pouce de la main droite en dépeçant un cheval en état de fermentation putride. J'appliquai de l'acide phénique pur sur sa blessure, qui fut ensuite recouverte d'un simple linge. Il continua son travail. Aucun symptôme, même inflammatoire, ne survint. Il n'éprouva que la cuisson vive produite par l'acide phénique, qui dura environ une heure.

Tous ces faits me paraissent d'une très-grande importance pour la question qui nous occupe. Ils confirment cet autre fait qu'une matière dont la fermentation est arrêtée n'offre plus de danger. Ce qui la rend inoffensive, c'est la destruction des êtres vivants (*ferments*) qui y pullulaient.

Il y a donc un grand intérêt à prévenir la putridité des cadavres d'animaux, puisque, par une seule opération, on assainit l'atmosphère et que l'on peut mettre les ouvriers à l'abri des dangers de l'inoculation des matières morbides ou qui résultent de la putréfaction.

Moyen de prévenir la putridité des animaux. — Tous les mammifères d'un certain volume pourraient être injectés par les artères aussitôt après leur mort avec de l'eau phéniquée saturée. Cette opération, dont j'ai démontré la simplicité (voir p. 383), serait pratiquée avec les instruments que j'ai décrits. Elle serait rendue obligatoire pour tous les propriétaires d'animaux morts. Les petits animaux seulement seraient immergés dans cette eau. Ce bain suffirait pour les préserver pendant plusieurs jours de la putréfaction. Les plaies charbonneuses et autres, les fosses nasales des animaux atteints de la morve seraient imprégnées d'acide phénique commercial, qui détruirait leurs propriétés toxiques et les préserverait de l'attaque des mouches.

Nous avons vu le bon marché auquel pourra être livré, quand on le voudra, l'eau phéniquée. La dépense pour l'injection et l'imprégnation que je propose ne s'élèverait pas à plus d'un franc pour un cheval. Ce n'est donc pas elle qui peut arrêter dans cette application.

Indépendamment des immenses avantages qui résulteraient de l'application de cette méthode pour l'hygiène publique, l'industrie y gagnerait aussi quelque chose. Nous avons dit, d'après Runge et Laurent, que les peaux d'animaux dont l'intérieur a été enduit d'acide phénique se conservent sans altération et sont à l'abri des attaques des insectes. Mes expé-

(1) Voy. *Du Coal-tar saponiné,* p. 68.

riences ont confirmé ces résultats. Il en résulterait donc qu'en injectant les animaux avec l'eau phéniquée, non-seulement on les désinfecterait et on les mettrait à l'abri de la putréfaction, mais toutes les parties si nombreuses que l'on en détache pour l'industrie, les peaux, les intestins, en un mot tout ce que l'on désigne sous le nom d'*issues*, seraient préservées pendant assez longtemps de la putréfaction pour permettre sans danger leur exploitation. On assainirait du même coup l'abattoir et les usines où ces débris sont transportés pour y subir des traitements divers.

Je lis dans la dernière édition du traité d'hygiène de M. Levy (1862) qu'il existe un projet qui se rapproche de celui que je viens de proposer. C'est à la Compagnie maritime, qui exploite aujourd'hui l'abattoir municipal qu'il, est dû. Il a pour conditions la centralisation de toutes les opérations d'équarrissage à Paris. L'obligation de déclarer aux commissaires de police le décès des animaux, qui devront être enlevés vingt-quatre heures après leur mort. On emploierait pour la conservation le chlorure d'aluminium et le bichlorure de fer. On appliquerait ces agents conservateurs soit en immergeant les corps dans leurs solutions, soit en pratiquant l'embaumement par injection.

Pour que l'on ne croie pas que je me suis fait plagiaire, je tiens à dire que mes expériences sur la désinfection d'animaux entiers, en les injectant par les artères avec le coal-tar saponiné, datent de quatre ans ; que celles que j'ai faites sur les mouches remontent à la même époque ; que l'on peut lire dans ma brochure sur le coal-tar (1860), p. 67, ce qui suit pour la conservation des animaux : « Les anatomistes savent combien il est difficile et dispendieux « de faire venir, de pays lointains, des animaux dans un état de conservation convenable « pour l'étude. Avec le coal-tar saponiné ces inconvénients disparaîtront. » Plus loin, p. 71 : « On sait combien sont dangereuses pour l'homme et les animaux les mouches qui se nour- « rissent de chairs corrompues ou de celles d'*animaux morts de maladies charbonneuses*. On « pourra prévenir ces dangers par des imprégnations de coal-tar saponiné faites à propos. »

Si je n'ai pas proposé l'embaumement des animaux dès cette époque, c'est que j'ai pensé qu'il ne serait pas adopté à cause du prix encore assez élevé du coal-tar saponiné.

Lorsqu'on étudie, comme je le fais, la science pour le bien qu'elle peut faire, on ne s'arrête pas à une question de priorité. Ce à quoi je tiens, c'est que l'on ne croie pas que je me suis approprié l'idée de la Compagnie maritime. D'ailleurs, le moyen que je propose n'est pas le même ; le procédé de l'injection pour la conservation des corps est dans la science depuis longtemps. Reste donc l'agent conservateur. Si l'expérience démontre que le chlorure d'aluminium et le bichlorure de fer sont préférables à l'acide phénique, qu'on les emploie. Ce que je désire, c'est que le but que je poursuis soit atteint.

Je dirai en terminant que l'acide phénique me paraît avoir un avantage sur ces deux substances. D'abord il ne colore pas les tissus comme le bichlorure de fer. Pour le boyaudier cette coloration peut avoir des inconvénients. De plus, l'acide phénique, par sa volatilisation lente, préserve les poils des attaques des insectes et prévient le développement des moisissures qui altèrent aussi les peaux. Les sels minéraux (chlorures d'aluminiun, de zinc, de fer) n'ont pas cette propriété. L'expérience décidera.　　　(*La suite à une prochaine livraison.*)

EXAMEN DU ROLE ATTRIBUÉ AU GAZ OXYGÈNE ATMOSPHÉRIQUE
DANS
LA DESTRUCTION DES MATIÈRES ANIMALES ET VÉGÉTALES APRÈS LA MORT.

Par M. L. Pasteur.

L'observation la plus vulgaire a montré de tout temps que les matières animales et végétales, exposées après la mort au contact de l'air, ou enfouies sous la terre, disparaissent à la suite de transformations diverses.

La fermentation, la putréfaction et la combustion lente sont les trois phénomènes naturels qui concourent à l'accomplissement de ce grand fait de destruction de la matière organisée, condition nécessaire de la perpétuité de la vie à la surface du globe.

Dans mes travaux de ces dernières années, et plus particulièrement dans une communication récente, j'ai indiqué avec précision quelles étaient, suivant moi, les vraies causes des fermentations, et j'ai annoncé le principal résultat de recherches que je poursuis sur la putréfaction proprement dite.

Partout la vie, se manifestant chez les productions organisées les plus infimes, m'apparaît comme l'une des conditions essentielles de ces phénomènes ; mais la vie avec une manière d'être inconnue jusqu'à ce jour, c'est-à-dire sans consommation d'air ou de gaz oxygène libre.

La matière morte qui fermente ou qui se putréfie ne cède donc pas, uniquement du moins, à des forces d'un ordre purement physique ou chimique. Il faut bannir de la science cet ensemble de vues préconçues qui consistaient à admettre que toute une classe de matières organiques, les matières plastiques azotées, peuvent acquérir, par l'influence hypothétique d'une oxidation directe, une force occulte, caractérisée par un mouvement intestin, prêt à se communiquer à des substances organiques prétendues peu stables.

Je vais essayer d'établir aujourd'hui expérimentalement que les combustions lentes dont les matières organiques mortes sont le siége, lorsqu'elles sont exposées au contact de l'air, ont également, dans la plupart des cas, une étroite liaison avec la présence des êtres les plus inférieurs. Nous arriverons ainsi à cette conséquence générale que la vie préside au travail de la mort dans toutes ses phases, et que les trois termes, dont je parlais tout à l'heure, de de ce retour perpétuel à l'air de l'atmosphère et au règne minéral des principes que les végétaux et les animaux en ont empruntés, sont des actes corrélatifs du développement et de la multiplication d'êtres organisés.

L'exposition de quelques expériences et analyses suffira pour faire comprendre à l'Académie les faits et les conséquences dont je me propose de l'entretenir.

Le 25 mai 1860, j'ai brisé en plein air, dans un jardin, la pointe effilée et fermée d'un ballon de 250 centimètres cubes, vide d'air, renfermant 80 centimètres cubes d'eau de levûre sucrée qui avait été portée à l'ébullition. Aussitôt après la rentrée de l'air, j'ai refermé la pointe du ballon à la lampe. Si l'on se rappelle l'un des procédés d'expérimentation de mon mémoire sur les générations dites spontanées, on verra que cet essai est l'un de ceux que j'ai employés pour démontrer qu'il n'y a pas continuité dans l'atmosphère de la cause de ces générations. Il arrive, par exemple, très-souvent, que le liquide du ballon ne donne naissance ultérieurement ni à des infusoires, ni à des mucédinées, et qu'il conserve toute sa limpidité première, bien que le ballon ait reçu, au moment de son ouverture, de l'air commun ordinaire. Tel a été précisément le cas, en ce qui concerne le ballon dont je viens de parler. Son liquide était encore intact le 5 février 1863, jour où j'ai analysé l'air qu'il renfermait. Cet air contenait :

Oxygène........................	**18.1**
Acide carbonique...............	**1.4**
Azote par différence............	**80.5**
	100.0

On voit donc que, dans l'espace de trois années, les matières albuminoïdes de l'eau de levûre de bière, associées à de l'eau sucrée et exposées à l'air ordinaire, mais dans des conditions où il ne s'est pas développé d'animalcules ou de mucédinées, ont absorbé 2.7 p. 1000 de gaz oxygène qu'elles ont rendu en partie à l'état d'acide carbonique. L'oxydation directe, la combustion lente de ces matières organiques a donc été à peine sensible. Néanmoins, sur les trois années, le ballon avait été, pendant dix-huit mois, dans une étuve chauffée de 25 à 30 degrés.

Le 22 mars 1860, j'ai rempli d'air, privé de germes par une température élevée, un ballon de 250 centimètres cubes, renfermant 60 à 80 centimètres cubes d'urine bouillie en suivant la méthode indiquée au chapitre III (figure 10, pl. 1), de mon mémoire sur les générations dites spontanées. Le liquide avait encore une parfaite limpidité au mois de janvier 1863. Sa couleur tirait un peu sur le rouge brun très-clair. Une poussière cristalline, sablonneuse, formée d'acide urique, s'était déposée en très-petite quantité sur les parois du ballon. Il y avait, en outre, quelques groupes aiguillés que j'ai reconnus être du phosphate de chaux cristallisé. L'urine était encore acide, mais cette acidité avait plutôt diminué qu'augmenté. Son odeur rappelait exactement celle de l'urine fraîche après l'ébullition. L'air du ballon renfermait :

> Oxygène...................... 11.4
> Acide carbonique.............. 11.5
> Azote par différence.......... 77.1
> _____
> 100.0

Ainsi, après trois années environ, il restait encore 11 à 12 p. 100 de gaz oxygène.

En outre, tout l'oxygène qui a été absorbé se retrouve exactement dans l'acide carbonique produit, moins la différence toutefois qui peut résulter des coefficients de solubilité des deux gaz dans le liquide en expérience.

Quoi qu'il en soit, on voit combien est lente et difficile l'oxydation directe des matériaux de l'urine par l'air atmosphérique, lorsque cet air a été placé dans des conditions où il est impropre à provoquer le développement des êtres organisés inférieurs.

Le 17 juin 1860, j'ai rempli d'air, porté à une température rouge, un ballon de 250 centimètres cubes, renfermant 60 centimètres cubes de lait qui avait été tenu en ébullition deux ou trois minutes à 108. J'ai étudié le lait de ce ballon et analysé l'air en contact le 8 février 1863. Le lait était presque neutre aux papiers réactifs, avec tendance non douteuse à l'alcalinité. Il avait la saveur du lait ordinaire, mais rappelant un peu celle du suif. Par le repos, sa matière grasse se séparait sous forme de grumeaux. Il fallait agiter le lait dans le ballon pendant quelques instants pour qu'il reprît l'aspect du lait frais. Du reste, ce lait n'était nullement caillé. L'air du ballon renfermait :

> Oxygène...................... 3.1
> Acide carbonique.............. 2.8
> Azote par différence.......... 94.1
> _____
> 100.0

Cette analyse nous montre que la matière grasse du lait a absorbé une forte proportion d'oxygène, comme dans les expériences de de Saussure sur les huiles. Mais, malgré cette oxydation directe, et réputée très-facile, des matières grasses, on voit qu'il reste encore, après une intervalle de trois années environ, plusieurs centièmes de gaz oxygène dans l'air du ballon.

Si l'on répète, au contraire, toutes les expériences précédentes, dans les mêmes conditions, mais sous l'influence du développement des germes des organismes les plus inférieurs de nature végétale ou animale, tout l'oxygène de l'air des ballons est absorbé dans l'espace de quelques jours seulement, avec dégagement simultané en proportions variables de gaz acide carbonique.

Je citerai encore deux expériences comparatives très-dignes d'attention. Le 26 février dernier, j'ai rempli d'air, privé de ses germes par une température rouge, un ballon de 250 centimètres cubes, renfermant 10 grammes de sciure de bois de chêne, qui avait été portée à la température de l'ébullition avec quelques centimètres cubes d'eau. Un mois après, le 27 mars, l'air du ballon renfermait :

Oxygène......................	16.2
Acide carbonique..............	2.3
Azote par différence...........	81.5
	100.0

Par conséquent, dans l'espace d'un mois (à la température constante de 30 degrés), de la sciure de bois de chêne exposée au contact de l'air n'a absorbé que quelques centimètres cubes de gaz oxygène.

Au contraire, ayant placé, le 21 février 1863, 20 grammes de sciure de bois de chêne humide dans un grand ballon de 4 litres, sans prendre aucune précaution pour éloigner les germes disséminés dans l'air ou dans la sciure, et ayant analysé l'air du ballon quatorze jours après, j'ai trouvé qu'il renfermait déjà 7.2 pour 100 d'acide carbonique, et que près de 300 centimètres cubes de gaz oxygène avaient été consommés. Cette combustion facile de la sciure de bois exposée au contact de l'air atmosphérique ordinaire a été signalée depuis longtemps par Th. de Saussure, dans des essais bien connus sur la formation du terreau.

D'où provient la différence considérable entre les résultats des deux expériences que je viens de rapporter? Au premier aperçu rien ne met sur la voie. Mais si l'on examine à la loupe et au microscope la surface de la sciure de bois dans le cas où l'on n'a pris aucune précaution pour éloigner les germes des mucédinées, c'est-à-dire dans l'essai fait à la manière de de Saussure, on voit que la sciure est couverte d'un duvet léger et à peine sensible de sporanges et de mycéliums de mucédinées diverses.

En résumé, si l'on étudie la combustion lente des matières organiques mortes sous l'influence seule de l'oxygène de l'air atmosphérique, on trouve que cette combustion n'est pas douteuse et qu'elle varie d'intensité et de manière d'être suivant la nature des substances organiques, à peu près comme on rencontre des métaux que l'air n'oxyde pas, tels que l'or et le platine, d'autres médiocrement oxydables, tels que le cuivre et le plomb, d'autres enfin très-oxydables, tels que le potassium et le sodium.

Mais ce qui est digne de remarque, et c'est précisément le fait principal sur lequel je désire aujourd'hui appeler l'attention de l'Académie, la combustion lente des matières organiques après la mort, quoique réelle, est à peine sensible lorsque l'air est privé des germes des organismes inférieurs, elle devient rapide, considérable, sans comparaison avec ce qu'elle est dans le premier cas, si les matières organiques peuvent se couvrir de mucédinées, de mucors, de bactéries, de monades. Ces petits êtres sont des agents de combustion dont l'énergie, variable avec leur nature spécifique, est quelquefois extraordinaire, témoin l'exemple saisissant de la combustion de l'alcool, de l'acide acétique, du sucre, par les mycodermes que j'ai fait connaître il y a une année à l'Académie.

Les principes immédiats des corps vivants seraient en quelque sorte indestructibles si l'on supprimait de l'ensemble des êtres que Dieu a créés les plus petits, les plus inutiles en apparence. Et la vie deviendrait impossible, parce que le retour à l'atmosphère et au règne minéral de tout ce qui a cessé de vivre serait tout à coup suspendu. Cependant, si je m'étais borné aux expériences précédentes, une objection sérieuse aurait pu m'être présentée. Dans les essais dont je viens d'entretenir l'Académie, j'ai opéré constamment sur des matières organiques non-seulement mortes, mais qui avaient été en outre préalablement portées à la température de l'ébullition. Or, il n'est pas douteux que les matières organiques sont profondément modifiées par une température de 100 degrés. Il fallait donc étudier, s'il était possible, la combustion lente des matières organiques naturelles, non chauffées préalablement, telles, en un mot, que la vie les constitue.

Par un procédé expérimental assez simple, mais dont la description allongerait outre mesure cette communication, j'ai réussi à exposer au contact de l'air, privé de ses germes, des liquides frais, putrescibles à un très-haut degré : je veux parler du sang et de l'urine.

J'ai l'honneur de déposer sur le bureau de l'Académie des ballons renfermant de l'air pur et du sang veineux (ou artériel) recueilli sur un chien en bonne santé le 3 mars dernier. Ces ballons ont été exposés depuis le 3 mars dans une étuve constamment chauffée à 30 degrés. Le sang n'a éprouvé aucun genre de putréfaction. Son odeur est celle du sang frais.

Mais, ce que je veux surtout faire observer présentement, c'est le peu d'activité de la combustion lente, de l'oxydation directe des principes du sang. Si l'on analyse l'air des ballons après une exposition d'un mois à six semaines à l'étuve, on ne constate encore qu'une absorption de 2 à 3 pour 100 de gaz oxygène, qui est remplacé par un volume égal de gaz acide carbonique.

Je dépose également sur le bureau de l'Académie des ballons pareils aux précédents, mais renfermant de l'urine fraîche, naturelle, telle qu'elle existe dans la vessie. Elle est intacte. Sa coloration s'est un peu avivée, et quelques cristaux lenticulaires, probablement d'acide urique, se sont déposés. L'oxydation directe des matériaux de l'urine est également impossible. Après quarante jours, j'ai trouvé dans un des ballons :

$$
\begin{array}{lr}
\text{Oxygène} & 19.2 \\
\text{Acide carbonique} & 0.8 \\
\text{Azote} & 80.0 \\
\hline
& 100.0
\end{array}
$$

Les conclusions auxquelles j'ai été conduit par la première série de mes expériences sont donc applicables dans tous les cas aux substances organiques, quelles que soient les conditions de leur structure.

Je ne puis passer sous silence, en terminant, un résultat bien curieux, qui est relatif à ces *cristaux du sang* dont on a fait le sujet de beaucoup de travaux dans ces dernières années, particulièrement en Allemagne.

Dans les circonstances dont je viens de parler, où le sang exposé au contact de l'air pur ne se putréfie pas du tout, les *cristaux du sang* se forment avec une remarquable facilité. Dès les premiers jours de son exposition à l'étuve, plus lentement à la température ordinaire, le sérum se colore peu à peu en brun foncé. Au fur et à mesure que cet effet se produit, les globules du sang disparaissent, et le sérum et le caillot se remplissent de cristaux aiguillés très-nets, teints en brun ou en rouge. Au bout de quelques semaines, il ne reste pas un seul globule sanguin dans le sérum ni dans le caillot. Chaque goutte de sérum renferme par milliers ces cristaux, et la plus petite parcelle de caillot écrasée sous la lame de verre offre de la fibrine incolore, très-élastique, associée à des amas de cristaux en nombre incalculable, sans que l'on puisse nulle part découvrir la moindre trace des globules du sang.

Il sera superflu sans doute de faire remarquer que les expériences dont je viens d'entretenir l'Académie, au sujet du sang et de l'urine, portent un dernier coup à la doctrine des générations spontanées, aussi bien qu'à la théorie moderne des ferments.

REVUE PHOTOGRAPHIQUE

La photographie spirite aux États-Unis. — Récompenses décernées par la Société photographique de Londres. — Création de médailles et fondation d'un prix pour les agrandissements par la Société photographique de Paris. — Lecture faite devant la Société photographique de Paris sur la phosphorescence. — Reproduction photographique des couleurs naturelles par M. Niepce de Saint-Victor. — Nouveaux papiers pour le tirage des positifs. — Emploi des sulfocyanures pour le fixage. — Recherches de l'instantanéité sur les clichés. — Augmentation de la rapidité des procédés à sec ; emploi de l'ammoniaque, par M. Russell ; emploi des bromures, par M. Sutton et par M. Russell. — Collodion sec, par M. Jeanrenaud. — Ouverture de l'Exposition de photographie au Palais de l'Industrie.

C'est à n'y pas croire ! en plein dix-neuvième siècle, en pleine Amérique, au milieu du peuple le plus progressiste, mais, il faut le dire aussi, le plus ami du merveilleux que porte notre globe, vient de naître la photographie spirite. Parle-t-on beaucoup du spiritisme en France? Je ne sais, mais ce dont je suis certain, c'est qu'en Angleterre le bon sens public a fait justice presque complète de cette grande folie; il paraît que frère Jonathan ne pense pas comme nous, et que toutes les fausses merveilles du spiritisme sont encore de mise de l'autre côté de l'Atlantique.

La photographie spirite fait donc fureur aux États-Unis; c'est à Boston qu'elle est née, et voici en quoi elle consiste. Certains opérateurs, privilégiés et aimés des esprits, sont des médiums de nouvelle nature, et l'amateur qui vient leur demander son portrait peut, en même temps, moyennant une rétribution supplémentaire, trouver sur la glace où vient se peindre son image, l'image associée d'une autre personne qui n'a pas figuré devant l'objectif pendant l'exposition. Il n'est pas un photographe sérieux et consciencieux que ce simple énoncé ne fasse sourire, et qui ne trouve bien vite la clef du merveilleux phénomène. Qui de nous, en effet, n'a vu sur une glace mal nettoyée, se manifester, pendant le développement, une trace plus ou moins bien marquée d'un portrait que cette même glace avait précédemment porté? Et n'est-il pas évident qu'avec un peu d'adresse, avec quelques soins particuliers, il sera toujours facile à l'opérateur d'avoir sous la main des douzaines de glaces susceptibles de révéler deux images pendant le développement, l'une dont elle portait quelques vestiges à l'état latent, l'autre qui sera la représentation du modèle placé en face de l'objectif?

Ainsi que nous l'avons dit plus haut, c'est à Boston que la chose est née, et le médium qui en a eu les honneurs est un M. Mumler qui, d'après les renseignements que nous avons pu recueillir, est un piètre photographe, mais à coup sûr un habile charlatan. La première publication à ce sujet est due au *Journal de Boston,* et nous croyons bien faire, en la rapportant ici d'une manière textuelle :

« Il y a quelques dimanches, M. Mumler se trouvait dans l'atelier de MM. Stuart, 251, Washington street (remarquons que l'adresse n'a pas été oubliée!), essayant des produits chimiques nouveaux. Ayant eu l'occasion de poser lui-même pour obtenir une épreuve, il se trouva bientôt stupéfait et épouvanté de voir se développer sur la glace, à côté de sa propre image, celle d'une jeune femme assise dans un fauteuil. M. Mumler assure qu'au moment où il tenait cette épreuve, il sentit dans le bras droit une sensation particulière et un tremblement involontaire. En réfléchissant à ce phénomène étrange, la production de deux images au lieu d'une seule sur la glace, il pensa et demeura convaincu qu'il avait ainsi reproduit l'image d'un esprit, et il reconnut bientôt que cette image était celle d'une de ses cousines morte récemment, et dont la ressemblance fut aussi affirmée par tous ceux qui l'avaient connue. »

Dire le bruit que fit à Boston, la ville des merveilles spirituques, une semblable publication est impossible à décrire; depuis cette époque, l'atelier de MM. Stuart ne désemplit pas, et chacun vient demander au médium, déjà célèbre, une photographie spirite. Et presque toujours les postulants obtiennent ce qu'ils désirent, chaque gentleman remporte à côté de son portrait et sur la même glace quelque image féminine, chaque lady une image masculine; peut-être l'atelier en question deviendra-t-il bientôt une agence matrimoniale! Quant à ceux qui n'obtiennent sur la glace que leur propre image, on les console en leur disant que les esprits leur sont contraires, et, en attendant, on les dote d'une douzaine de cartes, et c'est toujours cinq dollars de gagnés.

C'est en vain que quelques photographes distingués ont cherché à renverser cette folle erreur. M. Davis a envoyé chez M. Mumler un mandataire, M. Guay, pour surveiller la préparation d'une photographie spirite, et celui-ci, qui était parti sceptique, est revenu croyant; il a suivi toute l'opération, n'a rien vu de frauduleux et les esprits ont daigné, devant lui, faire venir une image féminine à côté du portrait du modèle. M. Guay assure n'avoir rien vu, mais qui peut douter que si, au lieu d'accepter la glace présentée par M. Mumler, M. Guay avait imposé une glace neuve fournie par lui-même, qui peut douter que le résultat n'eût été différent? A coup sûr l'image seule du modèle aurait alors apparu sous l'influence du bain de fer, et toute œuvre spirite se fût évanouie. Seulement, dans ce cas, l'opérateur médium n'eût pas été plus embarrassé, et il aurait bravement soutenu que la glace en question n'était pas chère aux esprits. Et, nous en sommes bien persuadé, la conviction d'aucun croyant n'eût été, en quoi que ce soit, altérée par cet insuccès ; les spirites ont une foi robuste.

Ce qui nous surprend le plus c'est que parmi les photographes rebelles à l'adoption de cette folie, il ne s'en soit encore trouvé qu'un très-petit nombre qui aient senti le défaut de la cuirasse ; ainsi que nous le disions plus haut, la reproduction d'images anciennes sur des supports ayant déjà servi n'est pas un fait nouveau ; c'est un phénomène qui indirectement se rapporte à la production des images de Moser, et un grand nombre de photographes ont eu occasion d'obtenir sur de vieilles glaces imparfaitement nettoyées des images de sujets anciens. Quelques-uns même ont signalé le fait et l'ont inséré dans les journaux photographiques, sans pouvoir l'expliquer autrement que par une adhérence électrique d'une portion de l'image sur le support. L'idée du spiritisme ne leur est guère venue; car ils ont bientôt reconnu dans les images additionnelles, vagues et indéfinies qui se forment alors une sorte de souvenir de modèles qu'ils avaient précédemment fait poser devant eux. M. Mumler a-t-il été plus crédule, ou plutôt n'a-t-il pas saisi avec empressement cette splendide occasion de réclame? La connaissance que nous possédons du milieu américain où la photographie spirite a pris naissance nous porte fortement à adopter cette dernière hypothèse, et pour terminer par une expression bien connue, la photographie sprite est un *puff* américain, mais un puff productif, car il a fait à son auteur une réputation dont Barnum eût été jaloux.

— Nos lecteurs se rappellent sans doute que la Société photographique de Londres s'était décidée à distribuer un petit nombre de médailles à la suite de son exposition. La décision des rapporteurs a été rendue publique au mois de février dernier ; la distribution de ces médailles, ou plutôt le choix à faire parmi les exposants a présenté une assez grande difficulté, par suite du grand nombre de mérites en présence, surtout pour le portrait et le paysage. Cependant les récompenses, pour ceux qui ont pu visiter cette remarquable exposition, ont été décernées avec une grande justice ; en voici la liste : M. Claudet, pour avoir envoyé les meilleurs portraits ; M. Bedford, pour avoir envoyé les meilleurs paysages ; M. le colonel Stuart Wortley, pour avoir obtenu les meilleures épreuves instantanées ; la vicomtesse Hawarden, pour les meilleurs travaux d'amateur ; M. Robinson, pour la meilleure composition de nature vivante ; M. Thurston Tompson, pour les meilleures reproductions.

— Jusqu'à ces dernières années, l'habitude d'accorder aux travaux photographiques des médailles ou des récompenses en général était assez restreint, si l'on en excepte celles accordées à la suite des expositions internationales. Cet état de choses paraît sur le point d'être modifié ; en effet, ainsi que nous venons de le voir, la Société de Londres, d'une part, commence à entrer dans cette voie, et la Société de Paris semble, d'autre part, adopter ce système. Cette société, en effet, la deuxième en âge de toutes les sociétés photographiques, (la première est la Société de Londres à la fondation de laquelle a tant contribué M. Roger Fenton) vient de décider qu'à la fin de chaque année, elle décernerait un certain nombre de médailles d'argent aux travaux les plus remarquables publiés dans l'année sur les diverses branches de l'art photographiques. Et par un esprit de libéralisme bien entendu, la décision porte que cette distribution de médailles ne sera pas seulement réservée aux communications faites directement à la dite Société, mais qu'elle atteindra indistinctement tous les travaux photographiques quelle que soit la nationalité de leurs auteurs, et quel que soit le lieu de leur publication.

— Un autre fait important pour l'art photographique est la fondation par la même Société de Paris, d'un prix important ne s'élevant pas à moins de **3,000** francs et destiné à récompenser l'auteur ou les auteurs des progrès les plus considérables réalisés dans l'agrandissement des portraits photographiques, depuis ce jour jusqu'au mois de juillet 1865. Les photographes de toutes les nations sont admis à ce cours ; espérons qu'il réussira, et que le succès viendra récompenser la généreuse initiative de la Société photographique de Paris.

— Nous signalerons encore un symptôme intéressant pour notre art. Tout le monde connaît en France, au moins de réputation, ces *lectures* si fréquentes en Angleterre, où des hommes distingués viennent expliquer à leurs collègues les découvertes nouvelles et les recherches utiles à la marche de la science. Ce genre de publicité est peu usité en France, et c'est là un fait regrettable, car il porte les meilleurs fruits. Aussi avons-nous salué avec plaisir l'adoption par la Société photographique de Paris de leçons analogues aux *lectures* anglaises. Dans sa séance mensuelle de mars dernier, cette société a entendu un jeune physicien, M. Saint-Edme, lui exposer avec clarté l'ensemble des recherches exécutées depuis dix ou quinze années par M. Edmond Becquerel sur la phosphorescence des corps ; un grand nombre d'expériences exécutées avec tout l'éclat de la lumière électrique sont venues à l'appui des démonstrations théoriques, et tous les assistants ont pu quitter la salle avec des notions suffisantes sur la théorie de la phosphorescence. Ils ont appris ainsi que tous les corps frappés par la lumière conservent, pendant un temps variable, la propriété de rester lumineux dans l'obscurité, lorsqu'on les a soustraits à l'action de la source éclairante ; ils ont vu comment certains corps rayonnent ainsi dans l'obscurité des couleurs de lumière différente ; comment, au moyen d'un ingénieux appareil, le phosphoroscope, il est aisé d'apprécier l'intensité de phosphorescence des différents corps, et il n'en est aucun qui n'ait quelques instants réfléchi à l'intervention possible et même probable de ces phénomènes sur certaines anomalies, encore inexpliquées, que présentent dans le cours des opérations photographiques les corps précédemment frappés par la lumière.

— M. Niepce de Saint-Victor poursuit avec une persévérance digne des plus grands éloges ses curieuses recherches sur la fixation par la photographie des couleurs naturelles. On sait que le procédé de M. Niepce de Saint-Victor, modification du procédé primitif de M. Becquerel, consiste à présenter à l'action lumineuse des plaques métalliques légèrement chlorées à la surface. En opérant ainsi, M. Niepce était parvenu à reproduire des objets diversement colorés, avec leurs couleurs propres, mais ces reproductions très-fugaces ne pouvaient subsister que dans l'obscurité, ou sous une lumière diffuse extrêmement faible. L'année dernière un progrès considérable a déjà été réalisé par le courageux expérimentateur qui, en recouvrant les épreuves colorées qu'il avait obtenues d'un vernis à la dextrine et au chlorure de plomb, est parvenu d'une part à leur donner des fonds blancs, d'une autre à leur communiquer une fixité de plusieurs jours sous la lumière si vigoureuse du mois de juillet. Ce sont encore de nouveaux progrès que nous devons signaler aujourd'hui ; parmi les couleurs rebelles à la reproduction, il en est une devant laquelle M. Niepce de Saint-Victor avait complétement échoué jusqu'ici ; cette couleur est le jaune. Mais, d'après ses dernières recherches, la reproduction de cette couleur devient facile ; il suffit, en effet, de chlorurer la plaque non plus dans l'hypochlorite de potasse, mais dans l'hypochlorite de soude, pour obtenir une surface sur laquelle les objets jaunes se reproduisent parfaitement. Et comme le bleu et le rouge pouvaient déjà être aisément reproduits par les procédés de M. Niepce de Saint-Victor, il s'ensuit que la palette tout entière est à la disposition de celui-ci, et que les objets colorés, quelque variées que soient leurs diverses colorations, peuvent être reproduits dans toute leur vérité. Arrive maintenant la fixité absolue, et le problème de la reproduction photographique des couleurs naturelles sera complétement résolu.

Les dernières recherches de M. Niepce de Saint-Victor ont établi encore un autre résultat intéressant ; elles permettent en effet de distinguer, d'après leur mode de reproduction, les couleurs simples des couleurs composées. Un vert simple, tel que celui de l'émeraude, des sels de nickel, de l'arsénite de cuivre, etc., se reproduit en vert sur les plaques préparées par M. Niepce de Saint-Victor ; au contraire, un vert composé par le mélange d'un jaune et d'un bleu, se reproduit, dans les mêmes circonstances, toujours en bleu et jamais en vert ; il en est de même de l'orange, etc. Ces résultats curieux ne sont-ils pas de nature à jeter quelque jour sur la nature véritable des couleurs ?

— C'est sur les améliorations à apporter dans l'obtention des positives qu'est surtout fixée en ce moment l'attention des photographes.

Les défauts du papier que nous employons d'habitude dans ce but sont trop connus de chacun pour qu'il soit utile de les rappeler ici. Une tentative nouvelle faite en Allemagne pour obvier à ces défauts semble digne d'intérêt ; au papier ordinaire les photographes substituent avec un grand succès un papier à surface brillante, analogue d'aspect au papier poli qui sert à faire les cartes dites porcelaine, et vendu sous le nom de papier émaillé (*enamelled paper*). Ce papier s'emploie exactement de la même manière que le papier albuminé ordinaire, les épreuves y viennent pures, sans taches et d'un beau ton rouge. La méthode suivie pour la fabrication de ce papier est un secret, mais il est douteux que ce secret soit difficile à découvrir. Si on examine sa structure avec soin, on reconnaît qu'elle est formée d'albumine chlorurée, mais que cette albumine, au lieu de reposer sur du papier ordinaire, repose sur un papier préalablement recouvert d'un vernis fin soigneusement appliqué, peut-être même poncé. La nature de ce vernis est difficile à établir, et c'est là le seul écueil contre lequel peuvent venir se heurter les fabricants qui désireront entreprendre la fabrication de ce papier ; tout ce qu'on en peut dire, c'est qu'il est insoluble dans l'eau et ne se combine pas aux sels d'argent. Il n'y aurait rien de surprenant à trouver ce vernis formé par une solution de benjoin ou de quelque autre résine dans l'alcool.

Une autre modification proposée pour la préparation du papier consiste à immerger celui-ci dans une solution de gutta-percha dans la benzine ; on obtient ainsi une surface très-solide, exempte de défauts apparents, mais qui, à nos yeux, présente un grave inconvénient, c'est d'être revêtue d'une substance, la gutta-percha, dont une des propriétés essentielles consiste à se colorer peu à peu au contact de l'air.

— Le sulfocyanure d'ammonium, conseillé par M. Meynier pour le fixage des positives, semble décidément appelé au succès. Un grand nombre d'expérimentateurs l'ont mis à l'étude ; et les travaux de M. Sutton en Angleterre, de MM. Dayanne et Girard à Paris, de M. Tesseire à Marseille, ont appelé sur lui l'attention la plus sérieuse. D'après les recherches de ces savants, le sulfocyanure fixe fort bien, il dépouille surtout admirablement les blancs des épreuves albuminées. Il agit aussi bien pour les clichés sur collodion que pour les positives sur papier albuminé ou simplement salé. Il présente sur l'hyposulfite de soude les plus grands avantages ; indécomposable dans les circonstances usuelles, il n'expose les épreuves à aucune sulfuration, il ne tache pas les épreuves, et l'on peut sans danger toucher une feuille nitratée avec les doigts mouillés de sulfocyanure. Sa résistance à la décomposition lui donne aussi sur le cyanure de potassium une supériorité incontestable, car non-seulement il n'est pas un poison comme ce dernier, mais encore il n'expose pas l'opérateur à ce dégagement incessant d'acide cyanhydrique que fournit le cyanure de potassium, dégagement qui ne laisse pas de présenter pour l'opérateur des dangers sérieux. Le sulfocyanure doit être employé à saturation pour le fixage des clichés, et à la dose de 25 à 30 pour 100 pour le fixage des positifs. Il présente seulement un léger inconvénient, surtout dans ce dernier cas. On a reconnu en effet que pour obtenir un fixage parfait sur papier il fallait soumettre l'épreuve à deux opérations successives, c'est-à-dire opérer de la manière suivante : laver l'épreuve au sortir du châssis, pour enlever l'excès de nitrate, laisser pendant cinq minutes dans une solution de sulfocyanure à 20 pour 100, l'en retirer, la plonger de nouveau dans une solution semblable où on la laisse séjourner de même cinq minutes, puis la laver de nouveau à grande eau. Cet inconvénient est, on le voit, bien léger, et lorsqu'on songe que l'on peut acquérir ainsi des épreuves parfaitement fixes et inaltérables, on est porté à croire que le composé nouveau entrera dans la pratique photographique aussitôt que son prix se sera abaissé, comme l'annoncent les fabricants, à un niveau très-voisin de celui de l'hyposulfite de soude.

— Parmi les médailles décernées par la Société de Londres à la suite de son exposition, celle accordée à M. Stuart Wortley a certainement fixé l'attention du lecteur, car en ce moment la mode est à l'instantanéité, et tel est le motif de la récompense. Nous ferons donc, à coup sûr, plaisir à plus d'un en publiant cette méthode, dont d'ailleurs nous ne nous portons pas garant, car, suivant nous, pour obtenir des épreuves instantanées, le procédé n'est pas tout, c'est seulement l'une des trois conditions qu'il faut toujours réaliser : collodion rapide, excellent objectif, éclairage vigoureux. En tous cas, voici le principe de ce procédé. Le collodion comporte une proportion d'éther un peu plus que double de celle de l'alcool ; il est ioduré avec un mélange de bromure et d'iodure de lithium, fait dans le rapport de 2 du premier pour 5 du second. La sensibilisation a lieu sur un bain d'azotate d'argent légèrement acide, et le développement est obtenu par une solution de sulfate de fer qui rappelle beaucoup celle de M. Martin, que nous avons fait connaître dans une de nos précédentes revues. La solution de sulfate de fer, faite environ au sixième, est additionnée d'une quantité considérable d'acide formique, 5 pour 100 à peu près, auquel on ajoute un peu d'éther acétique et d'éther nitrique. Le renforcement a lieu ensuite à la manière ordinaire, au moyen d'une solution d'acide pyrogallique et citrique.

— Le désir d'arriver à l'instantanéité n'est pas seulement la préoccupation des photographes qui opèrent sur le collodion humide, il est aussi le but des efforts de ceux qui n'emploient que le collodion sec. Les glaces au tannin ont leur part de tentatives faites à ce point de vue, et M. le major Russell, l'auteur du procédé primitif, a publié, il y a quelques mois, des indications assez nettes sur le moyen de communiquer aux glaces tannées une très-grande rapidité, voisine de l'instantanéité. Pareil résultat avait été déjà obtenu par M. Draper en développant ces glaces à l'eau chaude, mais la marche suivie par M. le major Russell est différente ; elle repose sur l'action accélératrice de l'ammoniaque ajoutée au révélateur en dissolution. Pour obtenir le résultat désiré, il suffit d'ajouter une goutte d'ammoniaque concentrée du commerce (*alcali volatil*) à 125 centimètres cubes d'eau environ. Dans cette eau, très-faiblement alcaline, on ajoute quelques gouttes d'une solution d'acide pyrogallique dans l'alcool, au moment même où l'on veut opérer. Cette solution faite est versée sur la glace jusqu'à ce que l'image s'y soit complétement révélée ; on la rejette alors, et on lave avec le plus grand soin, puis on continue le développement à la manière ordinaire, c'est-à-dire au moyen de l'acide pyrogallique additionné d'acide acétique ou citrique et de quelques gouttes de nitrate d'argent dissous. En opérant ainsi, en ayant soin surtout de bien laver entre les deux phases du développement, pour enlever toutes traces du révélateur alcalin, on obtient, même après des poses très-courtes, des épreuves propres, brillantes et parfaitement propres au tirage des positives.

— Nous parlions, dans notre dernière Revue, de l'emploi des bromures en photographie et des divergences qui se manifestaient à ce sujet. La question continue à être à l'ordre du jour, et malgré le poids des opinions émises par M. Testelin en Belgique, et par M. Thouret en France, les bromures semblent décidément devoir être recherchés au point de vue de la rapidité qu'ils peuvent communiquer aux couches sensibilisées. Ainsi, M. Sutton vient de faire connaître un procédé à sec qui, d'après les documents publiés, semble donner d'excellents résultats. Dans ce procédé, la glace, revêtue d'abord d'une couche de gutta-percha dissoute dans la benzine, est, après dessiccation de celle-ci, revêtue d'une couche de collodion renfermant pour 100 centimètres cubes, environ 2 grammes d'un mélange à parties égales de bromure et d'iodure de cadmium. La couche, sensibilisée dans un bain de nitrate légèrement acide, est lavée avec le plus grand soin, puis recouverte d'une couche de gomme arabique à 20 pour 100, qui agit comme préservateur ; le temps de pose, assure M. Sutton, est le même que pour le collodion humide. Lorsqu'arrive le moment de développer, on mouille la glace à l'eau distillée, puis on opère avec le révélateur ordinaire ; le fixage ne présente rien de particulier.

Voici donc un argument puissant en faveur de l'emploi des bromures ; le procédé de M. Stuart Wortley, que nous avons indiqué plus haut, en fournissait un déjà, et enfin voici M. le major Russell lui-même qui vient se joindre à ce concert. Ce savant expérimentateur annonçait, il y a quelques jours à peine, qu'il avait obtenu sur des glaces au tannin, renfermant du bromure seul, une rapidité plus grande que sur des glaces préparées avec un mélange de bromure et d'iodure.

— Un photographe connu par d'excellentes productions, M. Jeanrenaud, a récemment publié en France un procédé à sec que nous nous reprocherions de ne pas faire connaître, car s'il ne présente rien de bien nouveau, les épreuves qu'il produit nous sont au moins un sûr garant de ses qualités. Il est basé sur l'emploi, comme liquide conservateur, d'une solution d'ambre jaune dans l'éther. L'auteur de ce procédé conseille d'ajouter à un collodion quelconque, pourvu qu'il soit de bonne qualité, 4 pour 100 d'une solution éthérée d'ambre jaune à saturation ; la sensibilisation a lieu sur un bain de nitrate à 7 pour 100 additionné de 2 pour 100 d'acide acétique cristallisable ; on lave avec soin, et les glaces ainsi préparées se conservent plusieurs mois. Le temps de pose est double de celui qu'exigerait le collodion humide ; le développement a lieu ensuite par les moyens ordinaires.

— Au moment où nous terminons ces lignes (1er mai), l'exposition de photographie s'ouvre au Palais de l'Industrie avec une ponctualité tout anglaise ; de belles œuvres y sont réunies, dit-on ; mais nous ne les connaissons pas encore ; nous en parlerons *de visu* dans notre prochaine Revue.   Th. Bemfield.

ACADÉMIE DES SCIENCES

Séance du 27 avril. — Deuxième note sur la mâchoire d'Abbeville ; par M. de Quatrefages. —Des doutes graves s'étant élevés, en Angleterre, sur l'authenticité de la découverte annoncée dans la dernière séance, M. Quatrefages donne des explications très-étendues et sur les haches en silex et sur la mâchoire en elle-même, d'où il résulterait que si les haches en silex peuvent, en effet, être fausses, il n'en est pas de même de la mâchoire, qui est bien véritable ; à l'appui des explications qu'il donne, il lit une lettre de M. Delesse, qui en a fait une étude consciencieuse, étude qui ne laisse pas de doute sur son authenticité.

« Il me semble, dit M. Delesse, que les haches en silex, et surtout la mâchoire humaine, sont bien réellement des fossiles authentiques. Leur surface est encroûtée par une limonite brune manganésifère, présentant sur certains points l'éclat métallique, en sorte que son dépôt accuse une œuvre inimitable de la nature. Sur la mâchoire comme sur les silex taillés, cette limonite cimente de l'argile, des débris de silex et de grains arrondis de quartz hyalin. Les fossiles qui ont été trouvés avaient visiblement le même gisement ; ils étaient enveloppés dans l'argile brune dont vous avez constaté, écrit M. Delesse à M. Quatrefages, l'existence vers la base du terrain diluvien de Moulin-Quignon. »

— Deuxième note sur les vaisseaux propres, les vaisseaux du latex, etc.; par M. Lestiboudois. — Il résulte des explications de l'auteur que les sucs propres des végétaux sont renfermés dans des réservoirs de structures fort diverses : ce sont ou des vaisseaux, ou des utricules, ou des méats, ou des lacunes. Ceux qu'on doit regarder comme des vaisseaux sont quelquefois longs, rigides, épais, sans anastomoses, ou pourvus de rares communications ; d'autres fois ils sont minces, flexueux, rameux, s'abouchent fréquemment entre eux, forment un réseau de plus en plus ténu ; ils présentent quelquefois des rétrécissements, quelquefois des articles non cloisonnés ou munis de cloisons.

—- M. Chevreul fait hommage à l'Académie, au nom de l'auteur, M. Reizet, d'un ouvrage ayant pour titre : *Recherches pratiques et expérimentales sur l'agronomie.*

— L'Académie nomme, par la voie du scrutin, les commissions chargées de décerner le grand prix des sciences physiques et celui de physiologie expérimentale.

— Imitation de la grêle et nouvelle théorie de ce météore, extrait d'un mémoire du P. J.-M. Sanna-Solaro.

— Études sur l'acier, note de M. H. Caron ; par M. H. Sainte-Claire-Deville. — Le but du travail de l'auteur est expliqué dans le préambule que nous reproduisons : « Presque tous . les bons aciers du commerce proviennent originairement de minerais carbonatés ou d'hématites fortement chargés de manganèse, et l'on a remarqué depuis longtemps que la présence de ce métal était à peu près indispensable pour obtenir des aciers de qualité supérieure. Quel est le rôle du manganèse dans la fabrication de l'acier? Les expériences que je soumets aujourd'hui à l'Académie ont pour but d'expliquer cette partie intéressante de la fabrication de l'acier. Je vais faire voir que, par une addition convenable de manganèse métallique, on peut débarrasser les fontes du soufre et du silicium qu'elles contiennent, mais que le phosphore résiste à l'action épurative du manganèse. »

Il résulte, en effet, de toutes les expériences dont l'auteur donne le détail, que : 1° le phosphore des fontes n'est pas enlevé par le manganèse ; 2° le soufre, même sans affinage, peut disparaître en présence du manganèse ; 3° le silicium est en grande partie entraîné par le manganèse lorsqu'on affine la fonte.

« Les maîtres de forges, dit M. Caron, font souvent, dans le but d'améliorer leurs produits, des mélanges de fontes ordinaires et de fontes manganésifères, qui sont ensuite affinées ensemble. » D'après les expériences dont je viens de donner les résultats, il est facile de voir que les fontes manganésifères auront une action d'autant plus épurative qu'elles contiendront plus de manganèse ; il y aurait donc un grand intérêt pour l'industrie à réduire les minerais manganésifères de manière à obtenir le plus possible de manganèse dans les fontes. Ainsi, par exemple, le fer spathique du pays de Siégen contient environ 15 à 20 de manganèse pour 100 de fer, et cependant les fontes qui proviennent de ce minerai n'en renferment guère plus de 6 à 7 pour 100. Si l'on parvenait, en changeant l'allure du haut-fourneau ou la nature et la quantité des fondants, à porter ce dernier nombre à 10 pour 100, on obtiendrait certainement des fontes d'une plus grande valeur commerciale.

— Sur les matières organiques sulfurées qui se forment dans les fumiers ; note de M. P. Thenard, présentée par M. Dumas. — Travail, à forte odeur hydrosulfurée, qui se rattache à l'ancien acide fumique du même auteur et que M. Thenard aura le temps d'éclaircir d'ici six mois, la section d'économie rurale ayant renvoyé, au mois d'octobre, l'élection qu'elle a à faire.

— Étude analytique sur le blé, la farine et le pain ; par M. J.-A. Barral. — Question palpitante d'intérêt et toujours à l'ordre du jour. Après le blé, la farine ; après la farine, le pain, et avec le pain on nourrit les populations. Dans sa première leçon, M. Ville, qui, lui aussi, aurait des droits au fauteuil de la section d'agriculture, terminait ainsi sa leçon d'exposition, Lorsque Pitt, le grand ministre de l'Angleterre, dégreva tout ce qui se rattache à la subsistance du peuple, il fut en butte à une opposition formidable ; mais le peuple le bénissait dans la mansarde, et, payé de ses peines par la justice que le peuple lui rendait, il put lutter contre ses ennemis, qui, aujourd'hui, l'appellent un grand homme. Puissions-nous, à notre tour, dit M. Ville, nous qui travaillons sans relâche depuis dix ans à résoudre les problèmes si difficiles de l'augmentation des récoltes, trouver dans la reconnaissance populaire une compensation à tous les déboires dont on nous abreuve. M. Barral travaille aussi, comme M. Ville, à propager les applications de la science à l'agriculture ; ce sont deux pionniers infatigables. Que la presse les soutienne donc contre l'indifférence des savants, auxquels ils ne paraissent pas sympathiques.

— M. Garrigou adresse des analyses d'air pris dans des cavernes situées dans des montagnes qui environnent Tarascon-sur-Ariége,

— M. Arthur Chevalier soumet au jugement de l'Académie deux modèles de microscope, l'un simple, l'autre composé, destinés principalement aux jeunes gens qui s'occupent d'études histologiques, et qu'il s'est efforcé de mettre à des prix accessibles aux étudiants,

— Remarques sur la sirène lacertine ; par M. L. Vaillant. Étude d'anatomie comparée qui n'est pas sans charme pour ceux que ce batracien intéresse,

— Sur quelques caractères des alcools ; par M. Berthelot, présenté par M. Balard.

— Remarques concernant une Note de M. Wurtz, sur l'hydrate d'amyline. Lettre de M. Berthelot en réponse à cette note.

— Étoile double de γ de la Balance ; lettre de M. Goldschmid.

— Action de l'hydrogène développé par l'ammoniaque et le zinc, pour la transformation de l'aldéhyde et de l'acétone en alcool correspondant ; note de M. Lorin, présentée par M. Balard.

— Sur l'astrophyllite et l'œgérine de Brevig en Norwége ; note de M. F. Pisani, présentée par M. H. Sainte-Claire-Deville.

— Action de la magnésie sur les fluorures alcalins ; par M. Ch. Tissier.

— De la construction d'une carte hygiénique de la France ; par M. G. Grimaud de Caux. — Quand on connaît l'air, les eaux et les lieux d'un pays, dit M. de Caux, on a le secret non-seulement des influences générales auxquelles est soumise inévitablement la santé de la population qui l'habite, mais encore la théorie des principales conditions physiologiques de cette population, conditions réglées par ces influences. M. Grimaud voudrait donc qu'on dressât une carte hygiénique de la France.

Les populations, dit-il, réparties sur le sol de la France sont desservies par vingt mille médecins environ (très-occupés et très-mal payés, Monsieur Grimaud), un médecin à peu près par deux communes. Ces médecins n'ignorent aucun détail de la circonscription dont les habitants se sont mis sous leur tutelle. Il ne s'agit donc que de leur dicter un programme de questions simples, appelant de leur part des réponses d'autant plus faciles à formuler qu'elles seront le résultat naturel et nécessaire d'observations journalières commandées par la profession. Tout cela est facile à dire et même à commencer ; mais quand il faudra avoir les 20,000 réponses de médecins presque tous mécontents de leur position, c'est là où nous attendons M. Grimaud avec sa carte hygiénique de France.

— Du permanganate de potasse comme désinfectant ; par M. Demarquay. — J'ai eu recours, dit M. Demarquay, à la solution de permanganate de potasse, que j'avais vu employer en Angleterre comme désinfectant de plaies. La belle couleur violette de la solution de permanganate de potasse, l'absence de toute odeur, avaient tout d'abord fixé mon attention, car beaucoup de désinfectants ne font que masquer l'odeur au lieu de la détruire. J'ai employé la solution de permanganate de potasse sur un grand nombre de malades, et je puis affirmer que, dans les circonstances suivantes, il agit avec une grande efficacité. Quelques injections ou lavages faits avec une solution de ce sel suffisent, lorsqu'ils sont bien faits, pour enlever l'odeur si désagréable : 1° des cancers cutanés ; 2° des cancers utérins ; 3° des abcès profonds ; 4° des plaies superficielles ou profondes ; 5° de l'ozène, etc.

Les plaies de mauvaise nature, soit cancéreuse ou autre, perdent rapidement leur mauvaise odeur sous l'influence de lavages avec une solution de permanganate de potasse ou avec un pansement fait avec des plumasseaux de charpie imbibés de cette substance. Les foyers fétides sont promptement modifiés dans leur odeur. J'en dirai autant de l'ozène et de la fétidité des pieds, maladies généralement si repoussantes ; des lavages fréquemment répétés suffisent pour cacher ces infirmités. Tous nos confrères connaissent l'odeur infecte que laissent aux mains certaines autopsies ou préparations anatomiques : eh bien ! il suffit d'un lavage bien fait avec une solution de permanganate de potasse pour faire disparaître cette fétidité.

La solution employée contient 10 grammes de permanganate cristallisé pour 1,000 grammes d'eau. Il suffit de verser 15 à 25 grammes de cette solution dans 100 grammes d'eau ordinaire pour avoir un liquide parfaitement désinfectant. Il importe de répéter plusieurs fois par jour les lavages ou les injections, pour prévenir le retour de la mauvaise odeur; il importe aussi que ces injections et ces lavages soient faits avec soin, afin que le liquide désinfectant vienne baigner toutes les surfaces des parties infectées.

— Affection comateuse due à une méningite suraiguë, formation rapide d'une collection purulente considérable ; par M. Billod.

— Description et figure d'une transformation morbide des enveloppes du testicule ; par M. Martin.

— Comité secret à quatre heures trois quarts.

À la suite de ce comité, M. Duperrey présente, au nom de la section de géographie et de navigation, la liste suivante de candidats pour la place de correspondant, vacante par suite du décès de sir James Clark-Ross :

Au premier rang, M. le contre-amiral Fitz-Roy (Robert), à Londres ;

Au second rang et par ordre alphabétique, M. Livingstone (David), à Londres ; M. Mac-Clure (Robert), à Londres ; M. le contre-amiral Washington (John), à Londres.

Les titres de ces candidats, exposés par M. de Tessan, sont discutés.

Séance du 4 mai. — M. Élie de Beaumont présente, au nom de M. Plana, l'un des huit associés étrangers, un ouvrage intitulé : *Mémoire sur l'expression du rapport qui* (abstraction faite de la chaleur solaire) *existe, en vertu de la chaleur d'*origine, *entre le refroidissement de la masse totale du globe terrestre et le refroidissement de sa surface.*

— Troisième Note sur la mâchoire d'Abbeville ; par M. A. de Quatrefages. Nouveau plaidoyer en faveur de l'authenticité de la mâchoire découverte par M. de Perthes; mais aveu qu'elle pourrait être fausse, ainsi que les hachettes. *Conclusion :* Aujourd'hui, on ne respecte plus rien, et jusqu'à l'homme fossile que l'on imite pour en vendre des morceaux à de pauvres savants que l'on cherche à tromper pour quelques pièces de monnaie.

La science elle-même, qui autrefois était pure de tout industrialisme, tripote dans le goudron et devient commerçante.

L'argent empoisonne tout, supprimons l'argent.

, — Notice et analyse sur le jade vert. Réunion de cette matière minérale à la famille des wernérites; par M. A. Damour. — Voici, en résumé, les résultats de l'analyse de l'auteur :

			Oxygène.	Rapports.
Silice	0.5917		0.3155	6
Alumine	0.2258		0.1051	2
Soude	0.1293	0.0333		
Chaux	0.0268	0.0076	0.0489	1
Magnésie	0 0115	0.0045		
Oxyde ferreux	0.0156	0.0035		
Potasse	Traces.			

J'aurais voulu reconnaître, dit M. Damour, et isoler le principe colorant qui produit l'agréable teinte du jade vert : le peu de matière que j'avais à ma disposition ne m'a pas permis cette recherche. Je présume que la couleur verte, dans cette substance, est due à la présence de l'oxyde de nickel, comme on l'observe sur plusieurs minéraux, et particulièrement sur la chrysoprase et un grand nombre de roches serpentineuses.

Il ne faut pas confondre la matière minérale que je viens de décrire avec certains jades de couleur vert sombre, vert poireau ou vert olive, qui viennent également de l'Asie, sous forme d'objets travaillés. Un échantillon de ces derniers m'a montré la même densité, les mêmes caractères minéralogiques que le jade blanc dont il paraît n'être qu'une variété de couleur.

M. Damour termine en proposant de classer le jade vert comme espèce à part. Il propose de lui donner le nom de *jadéite* pour le distinguer du jade blanc.

— M. D'Abbadie présente trois volumes de manuscrits in-4° qu'il offre à l'Académie pour être déposés dans sa bibliothèque, où l'on pourra toujours les consulter. Ces manuscrits contiennent les calculs relatifs à sa « Géodésie d'une portion de la haute Éthiopie. »

— L'Académie procède à la nomination d'un correspondant pour la section de géographie et de navigation. — M. Fitz-Roy obtient 39 suffrages et M. Livingstone 3.

— Des commissions sont nommées pour les prix Bordin, Morogues et ceux dits des *Arts insalubres*.

— Un mémoire arrivé trop tard pour le concours du prix Barbier est néanmoins gardé jusqu'à décision ultérieure. — Ce mémoire a rapport au *citrate de magnésie* considéré comme agent thérapeutique.

— Réponse de M. Merget aux observations de M. Vial sur ses procédés de gravure.

— M. Alb. Mousson, professeur à l'École polytechnique de Zurich, adresse trois des quatre livraisons dont se composera la seconde partie de son traité de physique expérimentale.

— M. Sédillot adresse de son côté un opuscule intitulé : *Courtes observations sur quelques points de l'histoire de l'astronomie et des mathématiques chez les Orientaux*.

— Sur la diagnose des alcools; note de M. Berthelot, présentée par M. Balard.

— Méthodes nouvelles pour apprécier la pureté des alcools et des éthers; note de M. Berthelot, présentée par M. Balard. — Nous publierons cette note dans nos Comptes-rendus.

— Séparation de la magnésie de la potasse et de la soude; par M. Alvaro-Reynoso. Nous publierons aussi ce procédé d'analyse dans nos comptes-rendus de chimie.

— Sur quelques matières ulmiques dérivées de l'acétone; note de M. E. Hardy, présentée par M. Pelouze.

— Action du soufre sur un certain nombre de substances organiques; par M. Brion.

— Mme Corneillan écrit ce qui suit : « Je suis parvenue à dévider les cocons du bombyx mori, percés et ouverts par l'éclosion du papillon, et qu'un préjugé généralement accepté prétendait coupés par l'insecte, et considérait comme déchets, rebuts et indévidables. La soie continue que j'en retire, ainsi que le constatent les échantillons que j'ai l'honneur de présenter, est aussi belle que la plus belle obtenue des cocons où la chrysalide a été préalablement étouffée, et cela se comprend, les cocons affectés au grainage étant toujours choisis parmi les plus sains et les plus beaux. Sans susciter aucuns frais nouveaux aux éducateurs, je restitue donc à nos fabriques des masses considérables de matière première perdues jusqu'à ce jour. »

— M. Coinde présente des considérations sur l'habitude qu'ont certains oiseaux insectivores de rechercher particulièrement une espèce déterminée d'insectes.

— A quatre heures et demie, l'Académie se forme en comité secret jusqu'à six heures.

<hr>

Table des matières de la 154ᵉ Livraison. — 15 mai 1863.

23025 Paris, Imp. Renou et Maulde.

RAPPORT

SUR

LES PRODUITS CHIMIQUES INDUSTRIELS (CLASSE II, SECTION A)

DE

L'EXPOSITION INTERNATIONALE DE LONDRES EN 1862.

Par M. A.-W. Hofmann,

Professeur de chimie, Directeur du Collège royal de chimie, Président de la Société chimique de Londres,
Membre de la Société royale de Londres, Membre correspondant de l'Institut de France, etc.

(Suite. — Voir le *Moniteur scientifique*, livraison 154, p. 361.)

Purification de l'acide sulfurique. — Plusieurs fabricants ont cherché à purifier l'acide sulfurique. Par l'ébullition de l'acide avec du sel de cuisine l'arsenic se dégage sous forme de trichlorure d'arsenic. A Chessy on a employé du sulfure de baryum pour atteindre ce but; dans les fabriques du Hartz, comme aussi dans l'établissement de MM. *Wagenmann* et *Seybel* près de *Vienne* (*Autriche*, 166), dont le jury a pu examiner les produits dans le département autrichien, on emploie l'hydrogène sulfuré pour précipiter l'arsenic sous forme de sulfide arsénieux ; ce procédé possède en outre l'avantage de débarrasser l'acide sulfurique des oxydes d'azote, dont la présence est si fréquente, et en même temps si préjudiciable à la préparation de l'indigo pour la teinture. La méthode de purification par l'hydrogène sulfuré fut brevetée en Angleterre par M. Hunt.

Une méthode très-simple pour séparer l'arsenic, sinon tout à fait, au moins presque entièrement, fut proposée par M. Kuhlmann, manufacturier éminent, dont l'influence sur le développement et les progrès de la chimie appliquée se fait sentir dans tant de branches de l'industrie. Cette méthode, fonctionnant dans toutes ses usines, consiste à faire passer l'acide sulfureux produit par la combustion des pyrites ferrugineuses dans une petite chambre de plomb particulière (d'environ 50 mètres cubes pour une batterie de chambres dont la capacité est de 1,500 mètres cubes) qui communique avec le carneau du four à pyrites au moyen d'un large tuyau en plomb. Afin de prévenir l'affaissement de ce tuyau, il est pourvu d'une série de cerceaux en fer, recouverts de plomb, et fixés de distance en distance dans l'intérieur du tuyau. De cette manière, les vapeurs s'élevant du four se trouvent considérablement refroidies avant d'arriver à la grande chambre, condition qui facilite beaucoup la condensation ultérieure de l'acide sulfurique; mais, en outre, cette petite chambre reçoit, conjointement avec l'acide sulfurique formé directement, presque tout l'acide arsénieux qui est engendré pendant la combustion des pyrites. Cet acide arsénieux se dépose dans le tuyau et dans la chambre, en même temps que du peroxyde de fer (1), du sélénium et du thallium.

Les fabricants anglais s'efforcent d'atteindre le même but par l'insertion de longs tuyaux en plomb entre les fours à combustion du soufre et les chambres, mais le résultat paraît être moins parfait. En effet, ce fut grâce à l'arrangement particulier des chambres d'acide sulfurique de M. Kuhlmann, que M. Lamy (voyez le chapitre sur les objets d'intérêt scienti-

---

(1) L'acide sulfurique préparé au moyen des pyrites ferrugineuses contient *invariablement* des quantités appréciables de fer. Celui-ci est entraîné sous forme d'oxyde par les vapeurs s'élevant des fours à combustion. L'acide sulfurique monohydraté ne dissous qu'une quantité très-limitée de fer ; pendant l'évaporation de l'acide des chambres, l'excès du fer se dépose dans les alambics en platine sous la forme de petitits cristaux rosés de sulfate ferrique anhydre. La quantité totale de sulfate de fer soluble dans l'acide sulfurique monohydraté ne dépasse pas quelques millièmes du poids de cet acide (M. Scheurer-Kestner).

fique) put préparer le bel échantillon de thallium qu'il a envoyé à l'Exposition, et que M. Fréd. Kuhlmann fils put obtenir de jolis échantillons de sélénium. L'acide sulfurique, qu'on recueille dans la petite chambre, est traité séparément, et employé exclusivement pour la production du sulfate de soude. La disposition des chambres de M. Kuhlmann paraît offrir encore un autre avantage. Beaucoup de fabricants d'acide sulfurique se plaignent de ce que l'emploi des pyrites ferrugineuses détériore les chambres de plomb ; les chambres alimentées avec l'acide sulfureux arsenical des pyrites ferrugineuses ne résistent, dit-on, que le tiers du temps, que durent les chambres approvisionnées d'acide sulfureux résultant de la combustion du soufre. M. Kuhlmann a donné au rapporteur l'assurance qu'avec son mode de combustion il n'observe aucune différence, quand à la durée de ses chambres.

Cependant toutes les méthodes imaginées pour obtenir, au moyen des pyrites ferrugineuses, de l'acide sulfurique exempt d'arsenic paraissant offrir quelques difficultés ; en tout cas, on emploie toujours le soufre de Sicile pour fabriquer la grande masse d'acide sulfurique qu'on exige pure d'arsenie.

En songeant à l'énorme consommation de soufre tiré des pyrites ferrugineuses dans des procédés pour lesquels on employait autrefois presque exclusivement du soufre natif, nous nous demandons naturellement à quel point cette innovation a pu affecter le commerce du soufre de Sicile ? En examinant cependant, les statistiques sur l'exportation du soufre de Sicile, nous voyons que le commerce de soufre de ce pays n'est nullement tombé, quoiqu'il ne se soit probablement pas développé comme il l'aurait fait, sans la mesure nuisible, dont nous avons parlé plus haut, et sans la réaction industrielle qu'elle provoqua. De 1853 en 1860 inclusivement, on exporta de Sicile les quantités suivantes de soufre :

1853...............................	97,268 tonnes.
1854...............................	111,993 —
1855...............................	101,393 —
1856...............................	121.550 —
1857...............................	125,987 —
1858...............................	163,629 —
1859...............................	152,487 —
1860...............................	137,745 —

Ces nombres prouvent que l'exportation a été soumise à des fluctuations jusqu'à un certain degré, mais qu'elle est loin de diminuer. En effet, une forte augmentation a eu lieu de 1853 à 1860, la quantité exportée n'ayant été, en 1853, que de 97,268 tonnes, tandis qu'en 1860 elle fut de 137,745 tonnes. Cette augmentation dans la quantité de soufre exporté de Sicile, malgré la substitution du soufre des pyrites au soufre natif, peut en partie être attribuée à la grande consommation de poudre à canon pour le service militaire. Elle le doit être encore au développement rapide de l'industrie des mines et des chemins de fer, provoquant une grande augmentation dans la consommation de la poudre de mine. Mais il faut, sans doute, encore l'attribuer pour une notable partie aux énormes quantités de soufre employées pour la destruction de l'*oïdium Tuckeri* dans la maladie de la vigne, qui, pendant les dernières années, a dévasté les vignobles du sud de l'Europe. Par la réunion de cette variété de causes, la quantité totale de soufre employée s'est beaucoup accrue, et son prix a considérablement haussé.

Ce fut en effet cette hausse énorme, plus peut-être que toute autre cause, qui amena les fabricants d'acide sulfurique à adopter presque universellement les pyrites ferrugineuses. En 1858 les fabriques de produits chimiques de Saint-Gobain et les usines de Marseille n'avaient pas cessé de brûler du soufre. Mais depuis ce temps le prix du soufre (qui, d'après M. Scheurer-Kestner, s'est élevé en Alsace de 15 francs en 1857, à 24 francs en 1860), a haussé d'une manière si sensible que les fabricants mêmes, qui éprouvaient le plus de répugnance à modifier leur mode de fabrication, n'ont pu résister plus longtemps. Il est cependant hors de doute que si l'on n'appliquait plus le soufre à la viticulture, ou si le perfectionnement des moyens de transport en Sicile amenait une baisse de prix considérable, etc., beaucoup de fabricants auraient recours de nouveau au soufre natif pour la production d'une partie au moins de leur acide sulfurique (1).

Mode de combustion du soufre. — Quelle que soit la source d'où l'on tire l'acide sulfureux nécessaire à la production de l'acide sulfurique, que ce soit par la combustion du soufre natif ou par celle du soufre contenu dans les pyrites ferrugineuses, dans toute circonstance le fabricant doit éviter avec le plus grand soin l'introduction dans les chambres d'une quantité d'air plus considérable que celle exigée pour l'oxydation de l'acide sulfureux. Car l'excès d'air occasionne des pertes tant d'acide nitreux que d'acide sulfureux; leur diffusion dans un volume de gaz surabondant met obstacle à leur réaction mutuelle, et ils se trouvent entraînés par le courant avant que l'oxydation du gaz sulfureux par les vapeurs nitreuses ait pu devenir complète.

Dans de pareilles circonstances, le fabricant n'a qu'à augmenter le volume de sa chambre ou à diminuer la quantité de soufre qu'il brûle, afin que son acide sulfureux puisse rester plus longtemps dans la chambre.

De nombreux procédés et des dispositions variées ont été proposés pour régler la quantité d'air admise dans les chambres. Théoriquement, on ne devrait pas laisser pénétrer dans le four à combustion plus d'air qu'il n'en faut pour fournir trois équivalents d'oxygène à chaque équivalent de soufre brûlé, deux pour sa transformation en acide sulfureux, et le troisième pour la conversion de ce dernier en acide sulfurique. Il est possible qu'on n'atteigne jamais cette limite, mais on pourrait en approcher si la combustion du soufre se faisait dans les circonstances les plus favorables. Pour arriver à ce but, on a proposé une grande variété de constructions. On parle très-favorablement d'un nouveau système de combustion du soufre, imaginé par M. Harrison Blair de Kearsley Works, Farnworth, Bolton. Ce qui suit est une description succincte de ce système, que le rapporteur, n'ayant pas eu l'occasion de voir fonctionner lui-même, est en mesure, grâce à l'obligeance de l'inventeur, de reproduire dans les propres termes de ce dernier :

« L'appareil pour la combustion du soufre, dans la fabrication de l'acide sulfurique, se com
« pose de trois parties : le four à soufre, le four à combustion et le four à nitre; construit
« dans les dimensions indiquées plus bas, on a calculé qu'il brûlerait de une à quatre tonnes
« de soufre par jour.

« Le four à soufre a neuf pieds de longueur sur quatre pieds six pouces de largeur, mesure
« intérieure; il est recouvert d'une voûte réverbératrice, et sa sole est bien cimentée; ses
« murs ont un pied de haut, l'épaisseur d'une brique et demie, et sont établis solidement. A
« l'extrémité, une porte en fer, fermant hermétiquement et perforée d'une ouverture rectan
« gulaire d'un pouce sur trois, sur laquelle glisse un registre, sert à charger le four, et à re
« tirer le résidu, une fois toutes les vingt-quatre heures.

« On peut introduire en une fois la charge entière de soufre pour douze ou vingt-quatre
« heures, ou bien on peut la faire arriver par un entonnoir adapté à la voûte, se continuant en
« un tuyau en fer, passant à travers la voûte et descendant très-près de la sole, alimenté de
« temps en temps à mesure que le soufre fond et s'écoule; mais on donne cependant la pré
« férence à la première méthode. La rapidité de la combustion est réglée par l'admission de
« plus ou moins d'air au moyen du registre adapté à la porte; plus est grande la quantité
« d'air qu'on laisse pénétrer dans le four, et plus la chaleur devient forte et avec elle la vola
« tilisation du soufre.

(1) Pendant que ces pages passent à l'imprimerie, le docteur Hermann informe le rapporteur que, dans la fabrique bien connue de Schœnebeck en Allemagne, consommant annuellement de 36,000 à 40,000 quintaux de soufre, on n'a jamais cessé d'employer exclusivement le soufre de Sicile. Et cependant on y prend actuellement des mesures pour l'application des pyrites ferrugineuses.

« A l'extrémité opposée à celle où se trouve la porte, ce four communique avec le four à
« combustion au moyen d'un carneau de neuf pouces carrés, et réglé par un registre en argile
« réfractaire.

« L'intérieur du four à combustion a huit pieds sur six, et est divisé en compartiments
« par deux murs de deux pieds de haut, s'étendant longitudinalement depuis l'extrémité près
« du four à soufre jusqu'à neuf pouces environ de la paroi opposée ; ces compartiments sont
« recouverts par des briques en argile réfractaire qui forment la sole du four à nitre.

« Le four à nitre est placé au-dessus du four à combustion, et est formé par l'élévation
« des murs extérieurs d'un pied et demi au-dessus de la sole en briques ; dans l'une des pa-
« rois, trois ouvertures sont pratiquées qui servent à l'introduction des auges à nitre. Ce
« four est surmonté d'un dôme en fonte, dont le but est de favoriser le refroidissement des
« gaz avant leur admission dans les chambres.

« Près de l'endroit où le carneau du four à soufre communique avec le four à combustion,
« dans l'un des compartiments extérieurs, on pratique, à travers le mur extérieur, une ou-
« verture de six pouces sur trois, fermée par un registre ; elle a pour but l'admission d'une
« quantité bien régularisée d'air atmosphérique devant servir à la combustion des vapeurs de
« soufre, dont la volatilisation a lieu dans le four à soufre.

« Les gaz mélangés, après s'être rendus au fond de ce compartiment, reviennent par l'autre
« vers l'extrémité située près du four à soufre, et s'y élèvent, dans le fourneau à nitre, au
« moyen d'ouvertures pratiquées dans sa sole ; ces ouvertures sont larges de quatre pouces
« et longues de toute la longueur des briques. Du four à nitre un carneau les entraîne vers
« l'extrémité opposée à celle par où ils entrèrent, et les dirige dans une cheminée communi-
« quant avec les chambres.

« Il résulte de l'emploi de cet appareil qu'on peut fabriquer, dans les mêmes chambres, une
« plus grande quantité d'acide sulfurique que celle qu'on obtient lorsque ces chambres sont
« alimentées par des fours à combustion plus intermittente ; et comme on ne se sert que d'un
« four au lieu de douze ou vingt, il y a économie à la fois de capital et de travail. »

Dans les fabriques du continent, on a beaucoup perfectionné, depuis quelques années, les
fours pour la combustion du soufre. M. Kuhlmann, dans ses grandes usines à Loos, la Made-
leine, Saint-André et Amiens, brûlait autrefois le soufre dans de grands fours carrés, divisés
en compartiments et recouverts d'une voûte cylindrique en fer forgé, comme on en emploie
encore ordinairement. Malgré le soin extrême avec lequel on réglait l'admission de l'air dans
ces fours, la température s'y élevait quelquefois assez haut pour entraîner des fleurs de
soufre jusque dans les chambres. Pour éviter cet inconvénient, M. Kuhlmann plaça pendant quelque temps des chaudières à vapeur en fonte directement au-dessus des fours
à soufre, ce qui lui permit non-seulement de maintenir la température dans des limites convenables, mais encore de réaliser une économie considérable de combustible. L'expérience
prouve que la fonte est à peine attaquée dans ces circonstances. Après un espace de sept
ans, les surfaces exposées au soufre en combustion n'étaient que légèrement corrodées,
de sorte qu'on se contenta de tourner ces chaudières pour présenter au feu les côtés opposés. Malgré ces résultats favorables, M. Kuhlmann a renoncé à cette disposition, la production de vapeur de ces chaudières n'étant pas suffisamment régulière. La méthode qu'il
adopta finalement consiste à brûler le soufre dans de grands demi-cylindres en fonte, murés
dans une maçonnerie en briques : on en emploie quatre pour chaque système de chambres
d'une capacité d'environ 1,500 mètres cubes. On introduit le soufre par des ouvertures sur le
devant de ces espèces de cornues, dont les portières sont munies d'ouvertures permettant de
régler l'admission de l'air ; la combustion s'effectue sur la sole plate de ces cornues. Leurs
extrémités postérieures communiquent au moyen de longs tuyaux avec une chambre formant
réservoir, d'où l'acide sulfureux est conduit dans le système des chambres de plomb. Grâce à
cet arrangement les gaz subissent un refroidissement préliminaire, qui est encore augmenté

par leur passage à travers les petites chambres de plomb dont nous avons déjà parlé. M. Kuhlmann trouve ces dispositions si satisfaisantes qu'il les recommande avec la plus grande confiance.

Dans d'autres fabriques, on règle l'admission de l'air dans le four à soufre en contrôlant soigneusement la sortie des gaz de la chambre. A cet effet, on se sert d'un tuyau en plomb pour diriger ces gaz dans une cheminée ayant un tirage indépendant. Le tuyau en plomb qui établit cette communication est courbé, de sorte qu'il occupe en partie une position verticale, et cette partie verticale du tube est pourvue d'un diaphragme perforé également en plomb; au moyen d'un disque en plomb, glissant sur ce diaphragme, on peut modifier la section de ce passage ouvert, et régler avec la plus grande précision la quantité d'air qu'on introduit dans la chambre.

M. Scheurer-Kestner arrive au même résultat par l'emploi d'un anémomètre (de préférence celui de M. Combes), qui est fixé dans un tube relié à la devanture du four à soufre, et à travers lequel, par conséquent, on fait passer toute la quantité d'air dont on a besoin.

Dans quelques fabriques de Belgique, on évite l'introduction d'une quantité excessive d'air atmosphérique en adoptant la mesure proposée pour la première fois par M. Stas. Elle consiste à n'admettre dans le four à soufre qu'un peu d'air en excès de la quantité qui est absolument nécessaire pour la combustion du soufre, et à introduire l'oxygène qu'exige la transformation de l'acide sulfureux en acide sulfurique par un tuyau spécial muni d'un registre bien ajusté, qui ne laisse pénétrer dans la chambre qu'un volume d'air rigoureusement mesuré.

Quelle que soit la méthode qu'on emploie pour régler l'admission de l'air, les gaz qui sortent des chambres ne devraient pas contenir plus de 2 ou 3 pour 100 d'oxygène. En réglant soigneusement l'action des fours à soufre, quelques fabricants ont réussi à obtenir un rendement le plus rapproché possible de la quantité théorique d'acide sulfurique que le soufre est capable de produire, c'est-à-dire 306 parties d'acide sulfurique d'une densité de 1.843 au moyen de 100 parties de soufre pur (le soufre du commerce est invariablement plus ou moins impur, circonstance qu'il ne faut pas négliger dans des calculs de ce genre). Avec le mode ordinaire de fabrication, la quantité totale d'acide sulfurique concentré obtenue de 100 parties de soufre dépasse rarement 280 à 290 parties.

Mode de combustion des pyrites ferrugineuses. — La régularisation convenable de l'admission de l'air dans les chambres devient encore plus importante lorsqu'on produit l'acide sulfureux par la combustion des pyrites ferrugineuses. Dans ce cas, une quantité considérable d'oxygène est absorbée pour l'oxydation du fer, et un excès correspondant d'azote augmente le volume des gaz passant dans la chambre; il en résulte que cette dernière renferme non-seulement un volume plus considérable de gaz, mais encore des gaz plus dilués que lorsque l'acide sulfureux est produit avec du soufre. L'introduction de ce volume stérile d'azote ne reste pas sans influence sur la capacité des chambres. Il est évident que pour transformer en un temps donné un poids donné de soufre en acide sulfurique, il faut une chambre beaucoup plus grande en employant les pyrites qu'en se servant du soufre : de là la nécessité ou de diminuer la production, ou d'augmenter la capacité des chambres, qui, malgré les efforts persévérants tentés dans le but de les supprimer, prennent, au contraire, chaque année, un développement de plus en plus considérable. On trouve assez fréquemment dans les districts manufacturiers des chambres d'une capacité de 100,000 à 120,000 pieds cubes (2,800-3,400 mètres cubes) (1). Les fabricants savent bien que la production d'acide sulfurique réalisée par la

____

(1) Les chambres même des plus grandes fabriques du continent sont généralement de dimensions plus modérées. Les chambres dans l'établissement de M. Kuhlmann sont d'une capacité de 1,500 mètres cubes (52,950 pieds cubes). Elles se composent de six compartiments différents, qui sont : 1° *un tambour refroidisseur et purificateur;* 2° *un tambour dénitrificateur;* 3° *un tambour nitrificateur;* 4° *une grande chambre*

combustion d'une quantité donnée de soufre, sous quelque forme qu'il ait été fourni, augmente (*caeteris paribus*) avec la capacité de la chambre : observation que M. le professeur Stas a de plus confirmée par des expériences précises conduites dans la fabrique de M. de Hemptinne, à Bruxelles.

Une autre difficulté qu'entraîne l'emploi des pyrites ferrugineuses au lieu de soufre, consiste dans la combustion moins facile du soufre en combinaison qu'à l'état libre. Cette difficulté a provoqué de nombreuses expériences ayant pour objet le perfectionnement du four pour la combustion des pyrites. Tout le monde connaît le four usuel, construit d'après le principe du four à chaux ordinaire, qu'on charge par le haut en retirant par le bas le résidu brûlé. Dans différentes fabriques, on a considérablement modifié ce four, et l'on a pris beaucoup de brevets pour des constructions perfectionnées, parmi lesquelles celle de M. Hunt (1), mérite d'être citée. Cependant on se sert encore le plus souvent du four à combustion ordinaire, et il donne des résultats très-satisfaisants lorsque le minerai est en morceaux d'un volume un peu considérable; car les minerais qui contiennent jusqu'à 40 ou 50 pour 100 de soufre retiennent rarement, lorsqu'on les brûle dans ce four, plus de 2 à 3 pour 100 de soufre.

Le four ordinaire à pyrites est cependant mal organisé pour la combustion du minerai en petits fragments ou en poudre, désigné ordinairement sous le nom de *pyrites menues*. C'est ainsi que pour les pyrites menues de la richesse mentionnée ci-dessus, il peut arriver que 8 ou 10 pour 100 de soufre ne soient pas brûlés. Afin de diminuer cette perte, on mélange la poudre des pyrites avec de l'argile humide, et on la façonne en boules de deux à trois pouces de diamètre, qu'on sèche ensuite à la chaleur perdue des fours à soufre. En brûlant ces boules dans des fours, le soufre retenu par le minerai peut se réduire à 2 pour 100 si le grillage est prolongé pendant un temps suffisant; mais, vers la fin, la combustion devient si lente que la valeur du temps perdu commence à dépasser celle du soufre ainsi gagné. Lorsqu'on arrive à ce point, la véritable économie industrielle ordonne la cessation du grillage. On retire donc la charge dès que les pyrites menues ont abandonné tout leur soufre, à l'exception d'environ 4 pour 100. Une combustion plus parfaite des *pyrites menues* peut cependant être faite dans des foyers à briques réfractaires recouverts d'une voûte surbaissée. Ici encore on fait usage de différentes constructions. MM. R. Imeary et Th. Richardson (2) ont pris récemment un brevet pour un four de ce genre. On dit que la construction la plus heureuse est celle imaginée par M. Spence, de Manchester, qui a été déjà adoptée par plusieurs fabricants. Elle est décrite succinctement dans le rapport des docteurs Schunck, Smith et Roscoe (3), auquel nous empruntons quelques-uns des détails suivants.

On commence par passer au crible les pyrites menues, en réservant les gros fragments pour le four ordinaire à combustion. On place ensuite les pyrites menues sur une sole en briques réfractaires de quarante pieds de long sur six ou sept pieds de large; on la chauffe par en bas, et l'on fait passer au-dessus un courant d'air pour brûler le soufre et conduire

5° et 6° *deux tambours en queue*. M. Kuhlmann emploie, comme agent ordinaire, l'acide nitrique liquide, qu'on introduit *par cascades* dans le troisième tambour. La circulation de l'acide liquide commence dans le tambour en queue n° 5; de là l'acide se rend dans le tambour en queue n° 6, et se déverse ensuite dans la grande chambre, qui reçoit également l'acide du tambour nitrificateur. L'acide recueilli dans la grande chambre passe finalement dans le tambour dénitrificateur avant qu'il n'arrive dans les chaudières évaporatoires. Afin d'assurer dans tout le système une distribution parfaitement régulière de vapeur, les tuyaux en plomb qui la distribuent dans les chambres sont pourvus, dans l'établissement de M. Kuhlmann, de buses ou d'ajutages en platine, qui empêchent les orifices des tubes de s'affaisser graduellement.

(2) M. Hunt (William), brevet n° 1919, 16 août 1853 ; *London Journal*, juillet 1854, p. 37.

(2) Imeary (Robert) et Richardson (Thomas), brevet n° 1103, 17 mai 1858 ; *Rep. of pat. inv.*, décembre 1858, p. 475.

(3) *Sur les progrès récents et la condition actuelle de chimie industrielle dans le sud du Lancashire*, p. 109.

l'acide sulfureux dans les chambres. On introduit la matière à l'extrémité la plus éloignée du feu ; elle n'y est exposée qu'à une chaleur modérée, et on la pousse graduellement vers les parties plus chaudes du four. Si l'on emploie le minerai pulvérisé, on parvient, dit-on, à brûler complétement le soufre dans ce four.

L'air y est admis par une ouverture sur le devant qu'on peut régler à volonté ; le grillage méthodique s'accomplit au moyen d'une succession de douze portes latérales, qui sont généralement fermées hermétiquement. Au bout de vingt-quatre heures, la charge, ayant été poussée au moyen de râteaux de porte en porte, passe du fond du four sur le devant, de telle manière que le minerai, de plus en plus désulfuré, rencontre un air de plus en plus riche en oxygène et à une température qui s'élève régulièrement. En regardant à travers les portes latérales, on peut observer distinctement le développement abondant de vapeurs blanches. Ces vapeurs sont de l'acide sulfurique anhydre ; sa formation a été attribuée à cette circonstance qu'au rouge vif un mélange d'oxygène atmosphérique et d'acide sulfureux passe sur l'oxyde de fer récemment formé, ce qui, d'après les observations de M. Wœhler, déjà indiquées, détermine la combinaison des deux gaz. Il est cependant plus probable que ces vapeurs proviennent de sulfate de fer qui prend naissance dans les parties les moins chaudes du four, et qui, arrivé dans les parties plus chaudes, se décompose comme dans les fabriques d'acide sulfurique de Nordhausen. Quelle que soit l'origine de ces vapeurs blanches, on ne peut douter que, conjointement avec le mélange ordinaire d'air et d'acide sulfureux, ce four ne lance une certaine quantité d'acide sulfurique tout formé dans les chambres. Il en résulte que l'arrangement de M. Spence lui procure le double avantage d'employer le soufre sous sa forme la moins chère, et de diminuer considérablement sa consommation en acide nitrique.

Lorsque, dans les fabriques anglaises, on commença à faire usage des pyrites ferrugineuses, on les tirait toutes des comtés de Wicklow et de Cornouaille. Actuellement on importe des quantités considérables de pyrites de Portugal et d'Espagne, ainsi que de Belgique. La proportion beaucoup plus grande de soufre renfermée dans ces minerais étrangers a motivé, dans certains cas, cette préférence. Les pyrites irlandaises contiennent rarement plus de 33 pour 100 de soufre, tandis que dans le minerai belge et dans celui de la péninsule Ibérique on n'en trouve généralement pas moins de 42 à 50 pour 100. Comme la proportion de soufre dans les différentes espèces de pyrites est très-variable ; on analyse toujours le minerai dans les fabriques bien organisées. Le nombre de ces analyses pour le dosage du soufre se trouve encore augmenté par la nécessité de contrôler la marche de la fabrication en faisant de fréquentes déterminations du soufre encore renfermé dans le résidu des pyrites brûlées. Dans ces circonstances, le procédé simple, exact et rapide, indiqué récemment par M. Pelouze (1) constitue une acquisition d'une valeur réelle pour le fabricant d'acide sulfurique. Ce procédé est le suivant : On fait fondre 1 gramme de pyrites, très-divisées, avec 5 grammes de chlorure de sodium, 7 grammes de chlorate de potasse et 5 grammes de carbonate de soude anhydre. L'acide sulfurique formé par oxydation du soufre dégage une quantité proportionnelle d'acide carbonique ; il suffit donc d'extraire tout simplement avec de l'eau chaude le produit de la calcination, et de déterminer, au moyen de la méthode alcalimétrique ordinaire, dans la solution aqueuse ainsi obtenue, la quantité de carbonate de soude qui reste. La différence entre la quantité d'acide exigée pour saturer le liquide et celle qu'il faudrait pour saturer 5 grammes de carbonate de soude est équivalente à la quantité totale d'acide sulfurique formé, et par conséquent à la quantité de soufre contenue dans le minerai. En analysant les résidus de minerai grillé, il faut naturellement prendre une plus grande quantité de minerai pour le dosage du soufre qu'ils renferment encore.

Extraction du cuivre des pyrites de fer grillées. — Beaucoup d'espèces de pyrites ferrugi-

(1) Pelouze, *Compt. rend.*, LIII, 685.

neuses contiennent des quantités notables de pyrites cuivreuses, dont la moyenne est de
1 pour 100 dans le minerai irlandais, et même de 3 pour 100 dans le minerai espagnol. En
1850 déjà, M. Gossage (1) démontra la possibilité de l'extraction du cuivre de ces résidus,
même de ceux des pyrites irlandaises. Une opération, encore praticable en employant des
pyrites contenant seulement 1 pour 100 de cuivre, devient profitable lorsque le minerai en
contient 3, ou, après le grillage, de 5 à 6 pour 100. On a, en conséquence, généralement introduit cette opération lorsqu'on fait usage de pareils minerais. L'extraction du cuivre est
cependant rarement effectuée par le fabricant d'acide sulfurique lui-même, qui préfère vendre ses résidus au fondeur de cuivre. En Angleterre, on extrait le cuivre par la voie sèche et
par des opérations de fusion successives; en France, le minerai grillé est abandonné au contact de l'air, ce qui convertit le sulfure de cuivre graduellement en sulfate, qui est ensuite
extrait par l'eau et précipité par du fer métallique. Plus récemment, les fabricants anglais
ont commencé à extraire le cuivre sous la forme de chlorure de cuivre. Pour y arriver, on
fait fondre les minerais grillés avec de petites quantités de sel marin, et le chlorure de cuivre
qui en résulte est décomposé par le fer. D'après une communication de mon ami M. Richard
Muspratt, MM. Wright et Comp., opérant d'après les procédés du brevet de M. Henderson (2),
extraient ainsi à Mostyn de grandes quantités de cuivre des résidus pyritiques provenant des
fabriques de MM. Muspratt; et M. Henderson s'occupe actuellement de la construction d'u-
sines semblables près de Glasgow, en vue de soumettre au même traitement les résidus de
l'établissement de MM. Tennant.

*Emploi du soufre, absorbé et séparé pendant la purification du gaz de houille, pour la fabrication
de l'acide sulfurique.* — Dans ces dernières années, on s'est servi du soufre des pyrites ferrugineuses pour la fabrication de l'acide sulfurique, en l'employant sous une autre forme. On
sait que la houille contient invariablement des quantités notables de soufre, qui y existe principalement, mais non exclusivement, sous la forme de pyrites ferrugineuses. Pendant la distillation de la houille pour la production du gaz d'éclairage, ce soufre est le plus souvent
dégagé sous forme d'hydrogène sulfuré (voyez le chapitre sur le *bisulfure de carbone*),
et maintenant l'on purifie presque invariablement ce gaz, en suivant le procédé breveté par
M. F.-C. Hill, procédé qui consiste à faire passer le gaz d'éclairage impur sur un mélange de
sciure de bois et de peroxyde de fer hydraté. Ce dernier est converti en protosulfure de fer,
avec formation d'eau et séparation du soufre. Par l'exposition à l'air, le fer du protosulfure
est réoxydé, donnant lieu à une séparation nouvelle de soufre, et le peroxyde de fer ainsi
régénéré est de nouveau employé (3). De cette manière, la même matière peut alternativement être employée et régénérée trente à quarante fois; mais au bout de ce temps elle s'est
chargée d'une quantité de soufre pouvant s'élever jusqu'à 40 pour 100. La présence de cette
masse de soufre entrave l'action ultérieure du mélange épurateur, et on le remplace, par
conséquent, par une nouvelle charge d'oxyde de fer hydraté. La matière mise de côté par
les usines à gaz est employée depuis quelque temps comme source de soufre dans la fabrication de l'acide sulfurique (voyez le chapitre sur les *sels ammoniacaux* et les *composés du cyanogène*), et peut être grillée dans les fours à pyrites ordinaires. M. F.-C. Hills (4), qui a bre-

(1) Gossage, *History of the soda manufacture*, p. 14.

(2) Henderson (William), brevet n° 883, 8 avril 1859, et n° 2900, 20 décembre 1859.

(3) La facilité avec laquelle le peroxyde est régénéré au contat de l'air a fait croire que, par l'action de
l'hydrogène sulfuré, le peroxyde du mélange est tout simplement converti en protoxyde, qui absorbe l'oxygène. Mais il n'en est point ainsi; des expériences faites dans ces derniers temps par le docteur A. Geyger
dans le laboratoire du rapporteur prouvent que le fer existe comme protosulfure dans le mélange au moment
où on l'enlève de l'appareil. Il est remarquable qu'il se forme à peine une trace d'acide sulfurique dans tout
le cours du procédé.

(4) Hills (F.-C.), brevet n° 1873, 6 juillet 1857.

veté cette application du résidu imprégné de soufre, a cependant donné la description d'un four spécial pour sa combustion, dont le principe consiste à étendre la matière sur un certain nombre de tablettes chauffées au rouge, de manière à assurer l'oxydation parfaite du soufre. On emploie des quantités considérables de cette matière dans la grande fabrique d'acide sulfurique de Barking Creek, sur les rives de la Tamise, appartenant à M. J.-B. Lawes. Ce dernier a informé le rapporteur qu'en 1859 la consommation s'élevait à 737 tonnes, en 1860 à 2,035 tonnes, et en 1861 à 2,180 tonnes. On dit qu'une tonne de cette matière fournit une tonne et quart d'acide sulfurique hydraté (1).

Absorption des vapeurs nitreuses d'après le procédé Gay-Lussac. — La substitution progressive des pyrites ferrugineuses au soufre, et la nécessité qui en résulte d'avoir des chambres de dimensions proportionnellement plus grandes, ont donné lieu à une autre modification dans la fabrication de l'acide sulfurique, modification que bien des fabricants semblent accueillir favorablement, quoiqu'elle soit d'une valeur douteuse. On sait que Gay-Lussac, il y a déjà plus de vingt ans, proposa d'éviter la perte d'acide nitrique, en forçant les gaz des chambres, avant qu'ils puissent s'échapper dans l'air, à s'élever dans une colonne remplie de coke, sur lequel on fait couler un courant d'acide sulfurique concentré assez abondant pour l'humecter. L'acide sulfurique concentré, et même l'acide à 1.75, absorbe les vapeurs nitreuses, qu'on dégage de nouveau en affaiblissant la solution à 1.5 et en la chauffant par la vapeur d'eau, et c'est ainsi qu'on peut faire retourner ces vapeurs nitreuses dans les chambres. Le système de Gay-Lussac fut adopté en premier lieu dans les célèbres usines de Saint-Gobain, où il fonctionne encore; on l'introduisit ultérieurement dans un grand nombre d'autres fabriques. On dit qu'il produit une économie de 50 pour 100 sur le nitrate de soude (2) exigé dans les circonstances ordinaires. Quoique la condensation des vapeurs nitreuses au moyen de l'acide sulfurique soit très-désirable au point de vue hygiénique, on y a renoncé dans beaucoup de fabriques où l'on s'en était servi avec succès pendant bien des années. On a attribué ce changement à la difficulté d'absorber les vapeurs extrêmement diluées que renferment les chambres de plomb alimentées par des pyrites; mais probablement il n'est pas moins dû au prix actuel comparativement peu élevé du nitrate de soude (12 liv. st. ou 300 fr. les 1000 kilogrammes) et à la répugnance qu'éprouvent les manufacturiers qui produisent l'acide sulfurique exclusivement pour la transformation du sel marin en sulfate de soude de compliquer leurs opérations en concentrant une partie de leur acide sulfurique. Il est digne de remarque, cependant, que des fabricants, justement célèbres pour l'importance et l'habile direction de leurs établissements, ont conservé le système de Gay-Lussac, et dans le courant de ces derniers mois, l'auteur de ces pages vit fonctionner avec un grand succès les condensateurs de Gay-Lussac dans la fabrique colossale de M. C. Allhusen, à Gateshead. Nous avons déjà

---

(1) Si nous estimons la moyenne totale du soufre dans la houille qu'on emploie pour la fabrication du gaz de houille à 1 pour 100, ce qui est au-dessous de la réalité, la houille annuellement distillée seulement à Londres et dans ses faubourgs, contient 10,000 tonnes de soufre, égales théoriquement à 30,625 tonnes d'acide sulfurique hydraté. Dans ce calcul, on évalue à 1 million de tonnes la consommation annuelle de la houille pour la fabrication du gaz à Londres. Mais cette évaluation n'est pas assez élevée. D'après les données que m'a fournies mon ami M. A. Upward, 1,100,000 tonnes ne représenteraient même pas en-core la consommation réelle. Les fabricants de gaz de Londres calculent qu'un *bushel* (36 litres) d'oxyde de fer hydraté, pesant à peu près 70 livres, si l'on emploie de l'oxyde natif, et 45 livres, si l'oxyde est mélangé de sciure de bois, suffit pour la purification du gaz produit par 9 tonnes environ de houille de Newcastle. Dans les fabriques de gaz de Londres, l'oxyde saturé de soufre est retourné au fabricant de cet article, qui entreprend la purification du gaz.

Souvent les mêmes industriels qui fournissent et reprennent l'oxyde de fer achètent aussi le goudron du gaz; mais dans la plupart des cas, le goudron passe dans les mains de manufacturiers qui ne s'occupent nullement de la purification ou désulfuration du gaz.

(2) *Report on the recent Progress*, etc., etc., p. 110.

mentionné que M. Kuhlmann recouvre l'acide nitreux encore contenu dans les gaz qui s'échappent, en faisant passer ces gaz à travers une série de *bonbonnes*. Dans quelques cas, ces bonbonnes ne contiennent que de l'eau ; dans d'autres, du carbonate de baryte natif, qui fournit des sels barytiques solubles, utiles dans la fabrication du blanc fixe (voyez le chapitre sur les *composés barytiques*). De plus, M. Kuhlmann oblige ces gaz à s'élever dans des colonnes remplies de coke, à travers lequel filtre un courant de liqueur ammoniacale des usines à gaz. On obtient ainsi des sels ammoniacaux qu'on emploie ensuite pour la fabrication d'engrais artificiels.

Concentration de l'acide sulfurique. — Pour terminer, nous ajouterons quelques observations concernant la méthode de concentration de l'acide sulfurique des chambres. Cet acide subit une concentration préliminaire dans des chaudières en plomb. On sait cependant qu'il faut interrompre cette opération lorsque l'acide a acquis une densité de 1.750. Mais il existe beaucoup de branches d'industrie qui demandent un acide plus concentré ; la concentration est d'ailleurs toujours nécessaire lorsqu'on doit transporter l'acide à de grandes distances. Dans le sud du Lancashire seul, on fabrique par semaine non moins de 700 tonnes d'acide sulfurique concentré d'une densité de 1.85. L'évaporation nécessaire pour atteindre ce degré de densité se faisait originairement dans des vases en verre d'une capacité comparativement assez restreinte ; une casse fréquente et la perte d'acide qu'elle entraînait engagèrent les fabricants à adopter les magnifiques alambics en platine dont nous avons eu l'occasion d'admirer plusieurs dans les départements français et anglais de l'exposition. Le prix de ces vases est énorme ; ce qui l'élève encore, c'est l'avantage injuste et peu intelligent que le gouvernement russe semble disposé à retirer de son monopole du minerai de platine, et cette circonstance que l'industrie du platine sera forcément toujours entre les mains de quelques fabricants seulement. De plus, l'expérience a démontré que, sous l'influence de l'acide sulfurique bouillant, le platine même s'use graduellement, surtout en présence d'acides nitreux ou nitrique (1). Les fabricants d'acide sulfurique, désirant naturellement éviter une dépense si

(1) Je dois à mon ami M. Scheurer-Kestner, de Thann, les détails curieux suivants concernant ce sujet. L'usure dans les alambics en platine est très-considérable. Dans un appareil qui produisait, en fonctionnant régulièrement, 4,000 kilogrammes d'acide sulfurique par jour, on trouva que 1,000 kilogrammes d'acide dissolvaient ou détachaient environ 2 grammes de platine. Cette quantité peut augmenter d'une manière très-notable, si l'acide sulfurique contient des vapeurs nitreuses. Dans ces circonstances, 1,000 kilogrammes d'acide sulfurique peuvent enlever 4 et même 5 grammes de platine. On peut cependant facilement remédier à ce dernier inconvénient, en adoptant l'excellent procédé de M. Pelouze, qui consiste à détruire les vapeurs nitreuses par le sulfate d'ammoniaque. La température à laquelle on porte l'acide dans l'alambic en platine détermine une décomposition immédiate, et l'usure du platine diminue considérablement. En suivant cette méthode, l'acide sulfurique peut être si complétement débarrassé des composés nitrés, que le permanganate de potasse n'est pas le moins du monde affecté par l'acide soumis à cette purification. Il est à peine nécessaire de mentionner que d'autres raisons encore rendent très-utile l'expulsion des composés nitreux de l'acide sulfurique, puisque leur présence est nuisible dans bien des applications. L'usure du platine est bien moindre dans les alambics neufs. On a remarqué, en s'en servant pour la première fois, que la perte de platine occasionnée par 1,000 kilogrammes d'acide dépasse à peine 1 gramme. Cette quantité s'élève graduellement à 2 grammes : du platine récemment martelé est plus compacte et beaucoup moins facilement attaqué. M. Scheurer-Kestner a fait quelques expériences intéressantes sur la résistance de vases en platine contenant de l'iridium (*platine iridié*), fabriqués par MM. Desmoutis, Chapuis et Quennessen, à Paris. Deux capsules, l'une en platine, l'autre en alliage de platine et d'iridium, furent introduites dans un alambic en platine et y restèrent exposées pendant deux mois à l'action de l'acide sulfurique bouillant. La capsule en platine pur était complétement déformée et sa surface corrodée ; elle n'avait perdu pas moins de 19.66 pour 100 de son poids. La capsule en iridio-platine, au contraire, avait conservé sa forme ; la surface en était restée brillante, et la perte ne dépassait pas 8.88 pour 100 de son poids. Par conséquent, la perte de la seconde capsule n'est pas plus de 45 pour 100 de la perte éprouvée par le vase en platine pur. Ces résultats sont certainement remarquables, et sans aucun doute l'industrie du platine en fera son profit.

forte, ont essayé successivement une variété de méthodes et de matières pour la concentration de leurs acides. Parmi les différents vases employés dans ce but, nous mentionnerons
les grandes cornues en fonte (Seckendorff) (1) remplies partiellement de sable ou de gypse,
sur lequel on répand l'acide qu'on veut concentrer. Ces vases s'attaquent moins facilement
qu'on ne le craignait; mais peu de fabricants ont essayé cette méthode. On n'a pas accueilli
plus favorablement la proposition faite récemment par M. Keller (2), qui consiste à faciliter
l'évaporation de l'acide en opérant dans le vide, quoique l'abaissement de température
ainsi obtenu permette d'employer pour la fabrication de ces vases des matières dont on ne
pourrait pas se servir en d'autres circonstances. Nous devons mentionner que M. Kuhlmann (3)
avait proposé l'évaporation dans le vide il y a déjà une série d'années.

Un autre système plus récemment breveté en Amérique mérite d'être mentionné. C'est un
fait acquis que l'acide sulfurique, même lorsqu'il est concentré, attaque à peine le plomb à la
température ordinaire, tandis qu'au point d'ébullition, il se produit du sulfate de plomb en
abondance. Se basant sur cette donnée, et pour empêcher la corrosion des chaudières en
plomb, M. Clough (4) propose d'effectuer la concentration de l'acide en ne chauffant que
la surface du liquide et en évitant d'élever la température de la chaudière en plomb elle-
même. Pour obtenir ce résultat, la chaudière est placée dans un vase en fer rempli d'eau et
maintenu froid par un courant non interrompu d'eau froide. L'intérieur de la chaudière en
plomb est revêtu de briques, et la chaudière elle-même est recouverte d'une voûte basse en
maçonnerie que traverse la flamme d'un foyer, dont la chaleur est réfléchie sur la surface de l'acide. L'acide chaud ne traversant que lentement la couche en briques, l'échauffement et par conséquent la corrosion du plomb sont en grande partie évités. M. Shanks et
d'autres encore ont employé pendant quelque temps des procédés basés sur des principes
semblables, mais leur usage n'est jamais devenu général.   .

En 1850, M. Gossage fils (5) prit un brevet pour la concentration de l'acide sulfurique par
l'action d'un courant d'air surchauffé. L'appareil consiste en une colonne en plomb remplie
de cailloux. L'acide faible répandu à la partie supérieure du lit de cailloux descend en s'éparpillant sur leur surface, tandis qu'en même temps un courant d'air chauffé, produit par la
combustion du coke, était forcé de s'élever à travers les interstices existant entre les cailloux. De cette manière, l'acide était présenté en couches minces à l'action évaporante de l'air
chauffé, dont l'action était ainsi immédiate. M. Gossage trouva que, par suite de l'évaporation dans une atmosphère d'air, la concentration de l'acide sulfurique à une densité de 1.85
s'effectuait à une température beaucoup plus basse que celle exigée par l'emploi de chaudières en plomb ou de cornues; mais, malheureusement, la même loi s'appliquait tout aussi
bien à l'acide sulfurique qu'à l'eau avec laquelle il était combiné, et, comme conséquence,
une quantité considérable d'acide se trouvait entraînée avec la vapeur d'eau.

Néanmoins, on n'emploie plus les alambics en platine dans beaucoup de fabriques d'acide
sulfurique d'Angleterre, et c'est un fait assez curieux que les fabricants reprennent l'ancienne méthode de concentration dans des vases en verre. Les cornues employées à cet usage
sont en verre plombeux; elles sont beaucoup plus grandes que celles employées autrefois, et
comme on les fabrique avec beaucoup plus de soin, la perte occasionnée par la casse n'est
plus si forte. On les chauffe soit à feu nu, soit dans des vases en fer formant bain de sable.
On entretient constamment une température très-élevée dans l'atelier à cornues, afin de
protéger les parties supérieures des vases en verre le plus soigneusement possible contre les

(1) Seckendorff, *Wagner's Jahresbericht*, I, 1855, p. 56.
(2) Keller, *Génie industr.*, août 1859, p. 110.
(3) Kuhlmann, *Compt. rend.*, 3 juin 1844.
(4) Clough, *Amer. pat. off. report.*, I, 495.
(5) Gossage (William Herbert), brevet n° 13,424, 20 décembre 1850.

courants d'air froid. En outre, on fait continuellement fonctionner les cornues, l'acide concentré étant retiré au moyen d'un siphon, et la cornue remplie de nouveau avec de l'acide chaud. Dans le Lancashire, l'emploi des cornues en platine a été abandonné presque entièrement (1). Les fabricants français, au contraire, sont restés fidèles à la méthode de concentration dans le platine. Dans le courant des derniers mois, le rapporteur vit fonctionner ces magnifiques alambics dans les usines si bien organisées de M. Kuhlmann, à Lille, et de M. Kestner, à Thann.

Nous venons de passer en revue quelques-uns des nombreux faits saillants se reliant à la fabrication de l'acide sulfurique et se rapportant spécialement aux progrès faits dans les dernières dix années. Les autres produits compris dans les groupes d'industries énumérés au commencement de ce rapport, tels que le carbonate de soude, l'acide chlorhydrique et le chlorure de chaux, vont successivement fixer notre attention.   **P. Kopp.**

(La suite à la prochaine livraison.)

DE L'ACIDE PHÉNIQUE,

DE SON ACTION SUR LES VÉGÉTAUX, LES ANIMAUX, LES FERMENTS, LES VENINS, LES VIRUS, LES MIASMES,

ET DE SES APPLICATIONS A L'INDUSTRIE, A L'HYGIÈNE, A LA THÉRAPEUTIQUE ET AUX SCIENCES ANATOMIQUES.

Par M. le docteur JULES LEMAIRE.

(Suite. — Voir *Moniteur scientifique*, livraison 140, p. 649, livraison 153, p. 317, et livraison 154, p. 378.)

ARTS INSALUBRES.

Tanneries, Mégisseries, corroieries, parchemineries. — Dans les tanneries, les peaux sont apportées fraîches. En cet état, on dit qu'elles sont en vert. On les sale pour prévenir leur putridité en attendant qu'on les soumette aux divers traitements qu'elles doivent subir. Dans l'été, de grands dommages peuvent résulter de la putréfaction qui s'établit rapidement dans les peaux. Au sel on peut substituer, avec plus d'avantages, l'eau phéniquée saturée. Si l'animal avait été injecté avec l'eau phéniquée, la peau retiendrait assez d'acide phénique pour la préserver pendant quelque temps de la fermentation putride.

Dans les mégisseries, les corroieries et les parchemineries, en ajoutant deux ou trois millièmes d'acide phénique à l'eau qui est employée dans les manipulations diverses que subissent les peaux, on préviendrait la putridité. La chaux qui est employée dans ces manipulations, pour des motifs qu'il serait trop long de faire connaître, produira les mêmes effets avec l'eau phéniquée qu'avec l'eau pure, avec cette différence que l"eau de chaux phéniquée est un antiputride bien plus énergique. L'acide phénique qui se dégagera d'une manière incessante des cuves assainira l'atelier en détruisant les miasmes qu'il contient presque toujours.

Ces industries produisent une grande quantité de résidus organiques, très-putrescibles, et qui deviennent pour les ouvriers et pour le voisinage une cause d'insalubrité. Avec l'acide phénique tous ces inconvéniens peuvent disparaître. Si, après les manipulations, l'acide s'était volutilisé et que la putréfaction se manifestât, un peu d'eau phéniquée versée sur ces matières l'arrêterait de suite.

Boyauderies — La mauvaise odeur que répandent ces établissements est des plus infectes. Les ouvriers qui débutent dans cette profession éprouvent des accidents des voies digestives, avec

---

(1) *Report on the recent Progress*, etc., etc., 40.

fièvre. Le conseil de salubrité, en prescrivant de ne recevoir dans ces établissements que des intestins préalablement débarrassés des matières fécales et nettoyés dans les abattoirs, a contribué à diminuer cette odeur méphitique. Mais les macérations que l'on fait subir aux intestins, dans de grandes cuves, pour en séparer la graisse et les préparer pour les opérations qu'ils doivent sub'r, deviennent la cause la plus grande de la mauvaise odeur. C'est à la fermentation putride qu'elle est principalement due.

Des expériences très-nombreuses que nous avons faites au Muséum, depuis quatre ans, avec M. Gratiolet, ont démontré que l'émulsion dec oai-tar par la saponine, et les dissolutions faibles d'acide phénique, n'empêchent pas la macération des tissus; ces substances les conservent sans les altérer en aucune façon. M. Rousseau, conservateur du Muséum d'histoire naturelle de Paris, a fait connaître depuis longtemps (journal *l'Expérience*) les résultats qu'il a obtenus de l'eau créosotée (1), qui conserve les tissus sans les altérer.

Les boyaudiers pourront donc se servir avec le plus grand avantage de l'eau phéniquée. Seulement voici comment je conseille d'opérer.

Les intestins, au moment où on les apporte dans les ateliers, dégagent une odeur infecte très-tenace. Pour la faire disparaître, il faut les plonger pendant une heure dans de l'eau contenant deux millièmes d'acide phénique, les retirer et les exposer pendant vingt-quatre heures dans un courant d'air. Cette opération préalable arrête la fermentation et permet aux gaz putrides de se dégager. Comme il ne s'en forme pas d'autres, la désinfection est à peu près complète au bout de ces vingt-quatre heures. Si on ne les exposait pas à l'air et qu'on les laissât dans l'eau, la mauvaise odeur persisterait dans de très-grandes proportions, parce qu'une notable quantité des gaz putrides propres aux intestins, et sur lesquels l'acide phénique est sans action, restent en dissolution dans ce liquide et le rendent fétide. Après cette désinfection préliminaire, on place les intestins dans de l'eau fraîche contenant un millième d'acide phénique. Alors, la mauvaise odeur est à peine appréciable, et la fermentation putride est empêchée. Les intestins ainsi préparés peuvent subir les macérations voulues et être travaillés comme dans l'ancienne méthode. Ils n'ont pas changé d'aspect. Il n'y a de changé que la mauvaise odeur, qui a disparu. C'est donc encore un grand progrès de réalisé.

Fabriques de colle-forte et de noir animal. — Les fabriques de colle-forte, qui utilisent tous les débris d'animaux, tels que patins ou gros tendons, os, et tous ceux qui proviennent des tanneries, des mégisseries, etc., sont aussi des sources très-grandes de putridité. En immergeant ou en arrosant ces matières avec de l'eau phéniquée, on peut faire disparaître cette cause d'infection. Les eaux qui proviennent des différentes opérations que l'on fait subir à ces débris, soit pour en séparer la graisse, soit pour atteindre un autre but, sont chargées de matières animales et répandent une odeur infecte. C'est la cause la plus grande d'insalubrité que présentent ces fabriques, parce que l'autorité ne permet pas qu'elles soient répandues sur la voie publique.

Avec un ou deux millièmes d'acide phénique, ces eaux seront en grande partie désinfectées et mises, pendant assez longtemps, à l'abri d'une nouvelle putréfaction. Dans cet état, elles pourront être facilement et très-utilement employées par l'agriculture.

Extraction du suif. — Cette industrie, par les matières qu'elle exploite, ressemble beaucoup à la précédente. Ce sont des débris d'animaux qui sont soumis à l'ébullition dans de grandes marmites autoclaves. Lorsque la cuisson est opérée, ces matières sont soumises à l'action de presses hydrauliques. Les liquides gras qui s'en écoulent sont recueillis dans de grands tonneaux et abandonnés à eux-mêmes pour permettre la séparation du suif. Les matières solides reçoivent des destinations diverses.

La cause la plus grande d'insalubrité que présente cette industrie est aussi dans les eaux de cuisson.

(1) Nous avons dit précédemment que la créosote est un composé d'acide phénique et d'hydrate de crésyle.

Dans un de ces établissements fondé à la Courneuve par MM. Barrault, Couvreur et Fazillau, j'ai pu, grâce à la bienveillance de ses propriétaires, faire une série d'expériences avec le coal-tar, l'acide phénique et l'eau de goudron minéral.

Le coal-tar saponiné et l'acide phénique étant encore trop chers pour qu'on pût les employer journellement dans ces établissements, je conseillai l'emploi de l'eau de goudron minéral pour désinfecter les débris d'animaux. Puis je fis enduire, avec du goudron de houille, l'intérieur des grands tonneaux qui reçoivent les eaux d'extraction pour prévenir leur putridité.

Voici ce que m'écrivit M. Barrault, le 7 septembre dernier :

« Je viens vous mettre au courant des résultats que nous avons obtenus de l'emploi des moyens que vous nous avez conseillés pour désinfecter nos eaux et les viandes insalubres. Nous avons constaté que par une couche de coal-tar de quelques millimètres d'épaisseur, telle que vous nous l'avez indiquée, nous avons presque entièrement désinfecté nos eaux de pression provenant des cuissons de toutes espèces de détritus de la boucherie de Paris. Nous avons à nous féliciter des excellents moyens que vous avez bien voulu nous indiquer en diverses circonstances. Les bassins souterrains qui nous servent de réservoirs, et dont la quantité d'eau qu'ils contiennent peut être évaluée à cent mille litres, n'ont présenté qu'une odeur presque insensible. Sans le secours de vos moyens, nous aurions passé un été fort incommode, pour ne pas dire insalubre.

« Veuillez, etc. »

Si les détritus avaient été traités avant la cuisson par l'eau de goudron, la mauvaise odeur aurait été à peu près nulle. Quoi qu'il en soit, ces résultats obtenus par ce moyen simple et économique, sur une quantité de cent mille litres d'eau chargée de matières animales en putréfaction, peut donner aux incrédules une idée de la puissance de l'agent dont je fais l'histoire.

Pour obtenir des résultats plus satisfaisants encore, je conseille de suivre le procédé que j'ai donné pour les intestins, c'est-à-dire plonger toutes les parties animales dans de l'eau phéniquée ou dans de l'eau de goudron pendant une heure, ou de les arroser largement avec ces liquides et de les abandonner à l'air libre pendant un ou deux jours. De cette manière, tous ces débris seront désinfectés et les eaux de cuisson seront presque inodores.

Lorsque l'eau contient une grande quantité de corps putrides en dissolution, elle en retient une notable proportion et la désinfection est incomplète.

Urine de l'homme. —L'urine est un des liquides dans lesquels la putridité se développe le plus vite. De très-nombreux essais ont été déjà tentés pour remédier à l'odeur infecte que cette altération produit. Dans nos ménages et dans les hôpitaux, ce liquide est versé dans les fosses d'aisance. Mais dans tous les grands établissements où habitent ou qui reçoivent beaucoup de monde, des urinoirs nombreux sont établis. Ici ce sont des tinettes qui reçoivent ce liquide; là ce sont des dalles en marbre ou en pierre peinte avec un sel de cuivre sur lesquelles on urine. Un conduit dirige ce liquide vers le ruisseau ou dans les égouts. Un courant continu d'eau lave ces dalles pour les préserver de la mauvaise odeur. Sur d'autres points, à Paris, les dalles sont enduites chaque jour de chlorure de chaux pour les désinfecter.

Le lavage par l'eau est, sans contredit, le moyen le plus simple pour prévenir la mauvaise odeur, mais l'urine est perdue et sa putridité se manifeste plus loin.

Le savant professeur de l'école de pharmacie, M. Chevalier, a calculé que le million d'habitants de Paris fournit en matières solides (1) et liquides de quoi fumer, chaque année, environ 17,500,000 hectares de terre (2). Que de richesses perdues ! que de terrains improductifs donneraient de belles récoltes s'ils étaient arrosés avec ces précieuses matières !

(1) D'après MM. Liebig et Boussingault, la quantité moyenne de l'urine rendue chaque jour est environ cinq fois plus considérable que celle des matières fécales.

(2) *Rapport sur le concours ouvert par la Sociétété d'encouragement pour l'industrie nationale.* 1848.

Tous les hommes compétents se sont occupés de cette importante question. Mais la difficulté de prévenir la dissémination et la putridité de l'urine a été cause, jusqu'à présent, que ce problème important pour la salubrité publique et pour l'agriculture n'a pas encore été résolu. Puisque l'acide phénique est un antiputride puissant et que la dépense que son emploi nécessiterait serait insignifiante, ne serait-il pas possible avec lui de résoudre ce problème? Examinons. Depuis plusieurs siècles, à Milan et à Édimbourg, les immondices et les vidanges se perdent avec l'eau sale dans les égouts et servent à l'irrigation fécondante des terres. Ne pourrait-on pas généraliser cette pratique, avec cette différence que ces matières seraient désinfectées?

« L'application des liquides d'égouts à la culture est, aux yeux de l'ingénieur Mille, une question de mécanique et de temps, jusqu'à ce que l'agriculteur ait compris qu'une machine à vapeur est un excellent garçon de ferme, toujours prêt et toujours obéissant. Une société anglaise s'occupe à recueillir, dans un établissement spécial, les eaux des égouts de Londres, à les élever à une hauteur déterminée et à les pousser, comme engrais liquides, hors de Londres, dans un rayon de 32 kilomètres, à l'aide de pompes mues par la vapeur et de conduites. » Lévy, *Traité d'hygiène.* 4ᵉ édit., p. 552.

Voici ce que je propose : recueillir l'urine partout dans des tonneaux, au fond desquels on placera une quantité d'acide phénique liquide (commercial) en rapport avec la capacité du tonneau. En supposant que celle-ci soit de 100 litres, ce serait 100 grammes d'acide que l'on y ajouterait. On conserverait également l'urine pendant longtemps en substituant 1 kilogr. de goudron de houille à cette quantité d'acide phénique. Je rapporterai plus loin des expériences qui le démontrent.

Lorsque le tonneau serait plein, il pourrait être enlevé comme ceux qui servent de fosse mobile, et l'urine être utilisée soit pour les arts, soit pour l'agriculture. Il n'y aurait aucun inconvénient à conserver une grande quantité de ce liquide, puisqu'il ne présenterait point, pendant assez longtemps, d'odeur putride. Ce premier système, si simple, si économique, pourrait être employé dans toutes les villes et villages qui n'ont pas d'égouts. Dans ces localités les champs sont à côté des habitations. Le transport de ce précieux liquide fertilisant serait tout aussi facile que celui du fumier.

Dans les villes qui sont munies d'égoûts, et dont le centre est loin des terres, voici la modification que je proposerais. Ces grandes artères des immondices recevraient l'urine des tonneaux lorsque ceux-ci seraient pleins. Seulement, il faudrait employer le système de la compagnie anglaise dont je viens de parler, c'est-à-dire que les égouts aboutiraient à des réservoirs centraux. Cette masse de liquide serait élevée, comme nous l'avons dit, à une hauteur déterminée, et de là on ferait partir, à ciel ouvert, de petits canaux d'irrigation, qui iraient fertiliser les terres sur une grande surface. Dans les localités où les canaux d'irrigation ne pourraient pas facilement être mis en communication avec les réservoirs, cet engrais liquide pourrait être transporté dans de grands tonneaux semblables à ceux qui sont employés pour l'arrosage public. De cette manière, ce précieux liquide serait de suite distribué au sol, sans frais. Je conseillerais l'emploi de ces tonneaux partout où l'urine serait recueillie d'après mon système.

Si l'autorité exigeait qu'aucune matière organique liquide (qu'elle provienne de nos ménages ou de l'industrie) ne pût être répandue sur la voie publique sans contenir au moins un millième d'acide phénique, les égouts ne charrieraient plus que des matières inoffensives pour la santé publique. Ce traitement préalable des matières par l'acide phénique ferait que les murs des égouts seraient naturellement désinfectés. En effet, l'eau phéniquée, en les lavant, les imprégnerait d'acide. De plus, les voûtes ou les parties supérieures de ces murs, qui ne seraient pas touchées par ces liquides, recevraient assez d'acide phénique, qui s'en volatiliserait constamment, pour les désinfecter. Tous ces moyens, aussi simples qu'ils sont peu dispendieux, permettraient de résoudre un problème non moins important pour l'hygiène que pour l'agriculture.

EMPLOI DE L'ACIDE PHÉNIQUE COMME DÉSINFECTANT.

L'infection de l'air peut être produite par des causes diverses. Un grand nombre de produits chimiques qui ont une odeur désagréable, et des huiles volatiles, peuvent vicier l'air, soit dans les fabriques, soit dans les magasins de vente ou ailleurs. L'acide phénique n'exerce aucune action sur ces composés; ce n'est, comme je l'ai déjà dit, que sur les ferments qu'il agit. Il n'y a donc que l'infection produite par la fermentation putride qui peut être détruite par cet acide.

J'ai dit précédemment qu'il valait mieux prévenir la putridité que de la détruire. Mais il est des circonstances où le moyen préventif ne peut être employé. Le suicide, l'assassinat, nous dérobent fréquemment les cadavres de nos semblables, et c'est précisément la fermentation putride qui, le plus souvent, les fait retrouver. Les animaux qui meurent en dehors de nos habitations sont aussi voués à la putréfaction.

La digestion de l'homme et des animaux est certainement une des sources les plus puissantes d'infection. Les résidus que fournit chaque jour cette fonction importante sont rejetés en état de fermentation. Dans ces différentes circonstances et dans d'autres que je ne puis énumérer ici on est donc forcé de désinfecter. L'acide phénique détruisant aussi bien la cause de l'infection qu'il en prévient le développement, il suffira de l'employer partout où la putridité se sera développée pour la détruire.

Matières fécales. — Elles sont en quelques instants désinfectées par l'eau phéniquée au millième. En sorte que dans les hôpitaux et dans les chambres de malades, avec un peu d'eau phéniquée préalablement placée dans les vases, leur désinfection est assurée. Les malades qui ont des garderobes involontaires et dont, pour cette raison, le corps devient un foyer d'infection, pourront être lavés avec l'eau phéniquée contenant un ou deux millièmes d'acide. La même quantité d'acide phénique incorporé à du son très-fin pourra être répandue sous le malade. Cette poudre préviendra l'infection du lit et désinfectera les matières. Mais c'est surtout dans les réservoirs où sont renfermées ces matières, dans les fosses d'aisance, dans les tueries, les porcheries, etc., qu'il est important d'agir.

Fosses d'aisance. — J'ai déjà publié des résultats d'expérience, que M. Lebeuf, de Bayonne, et moi, nous avons faites, chacun de notre côté, et dans lesquelles des fosses d'aisance ont été désinfectées avec une très-faible quantité d'acide phénique. Le résultat que j'ai obtenu à la caserne du quai d'Orsay (V. *Monit. scientif.*, oct. 1862, p. 659), où quinze mille litres de matières ont pu être désinfectées pendant quarante-huit heures avec 200 grammes d'acide, soit un peu plus d'un centigramme par litre, prouve la puissance désinfectante de cet acide. En ajoutant 1 pour 100 de sulfate de fer ou de zinc à l'eau phéniquée, la désinfection est instantanée. Cela tient à la transformation brusque du carbonate et de l'hydrosulfate d'ammoniaque en composés inodores. Plusieurs expériences que j'ai faites sur les matières fécales, avec le coal-tar, trouveront naturellement ici leur place.

J'ai fait creuser dans le sol une fosse d'un mètre carré; les parois ont été soigneusement battues avec de la terre argileuse, pour éviter la perte du liquide; ainsi préparées, ces parois ont été enduites d'une couche de coal-tar de 2 à 3 millimètres d'épaisseur, puis je l'ai fait remplir avec de l'urine et des matières fécales provenant de malades.

Les matières étaient désinfectées en quelques instants. Lorsque la fosse a été remplie, je l'ai abandonnée à elle-même pendant deux mois (mai et juin). Après ce temps écoulé, les matières n'offraient que l'odeur du coal-tar. Je dois ajouter que cette fosse avait été à dessein creusée à côté d'un mur exposé au midi, dans une grande cour, à la campagne, pour que les chances d'altération fussent plus grandes. Nous venons de voir que, malgré ces conditions défavorables, la désinfection s'est maintenue.

J'ai fait cette expérience pour démontrer la possibilité de désinfecter les matières fécales dans les immenses tranchées qui servent de fosses d'aisance dans les camps.

Pour réussir dans cette opération, il est indispensable que la fosse ne permette pas la perte de l'urine. C'est ce liquide qui dissout les principes désinfectants du goudron (acide phénique, benzine) et qui les répartit dans toute la masse (1). En revêtant les fosses d'une couche d'argile ou de béton, on préviendrait cet inconvénient. Le produit que l'on pourrait tirer de ces matières en les vendant comme engrais, payerait bien au-delà ces quelques frais.

Je me suis assuré sur trois fosses d'aisance qu'il suffit de verser du goudron liquide dans ces réservoirs pour les désinfecter en quelques minutes et les maintenir en cet état pendant longtemps.

Une autre expérience que j'ai faite dans un double but va de nouveau le démontrer. Je convertis un tonneau, de 100 litres de capacité, en fosse mobile. J'enduisis son intérieur de coaltar; je le fis remplir d'urine et de matières fécales, et l'enterrai dans un tas de fumier de cheval. Le fond supérieur du tonneau était percé d'un trou de 20 centimètres de diamètre et bouché avec un tampon de papier. Au bout de six mois, les matières n'exhalaient pas d'autre odeur que celle du coal-tar. J'ai fait constater ce résultat par plusieurs personnes.

La désinfection des matières fécales par ce moyen si simple et si peu coûteux étant démontrée d'une manière indubitable, je tenais à m'assurer si ces matières pouvaient, sans inconvénient, servir d'engrais. Les expériences que j'ai publiées il y a trois ans, et qui ont démontré que la germination n'a pas lieu dans de la terre qui contient 2 pour 100 de coal-tar, me faisaient craindre que la germination et même la vie de jeunes plantes ne fussent compromises par ces engrais.

Pour m'en assurer, voici ce que je fis :

Ces matières furent répandues sur plusieurs mètres de terrain. Je fis labourer et ensemencer immédiatement du blé, de l'orge, de l'avoine, des haricots, des pois, des lentilles, des semences d'épinards, de radis, de navet et des pommes de terre. Une expérience comparative fut faite à une certaine distance avec les mêmes semences, dans de la terre qui n'avait pas reçu d'engrais. Les graines qui avaient été soumises à l'influence de l'engrais coal-taré ont germé et sorti de terre plus vite que les autres. Elles ont végé.é avec une très-grande vigueur. La différence était on ne peut plus frappante.

Ainsi donc, les matières fécales et l'urine peuvent être désinfectées et maintenues en cet état pendant longtemps, par un agent dont la dépense ne s'élèverait pas à plus de 10 centimes pour 100 litres de matières. Cet agent ne nuit pas à la germination. Le seul reproche que l'on peut faire au coal-tar, c'est son odeur, que tout le monde n'aime pas. Mais lorsque le public saura que ces émanations sont un excellent moyen d'assainir l'air en dehors des fosses d'aisance, il s'empressera de l'employer. La propreté des cabinets d'aisance, sol, cuvettes, pourra être entretenue avec l'eau phéniquée au millième.

Matières fécales des animaux. (Abattoirs, écuries, étables, porcheries, poulaillers, pigeonniers, cabanes à lapins.) — Nous avons vu que dans les abattoirs un règlement oblige de débarrasser les intestins des matières qu'ils contiennent avant de les livrer aux boyaudiers. Ces matières pourront être immédiatement désinfectées en les arrosant avec de l'eau de goudron minéral ou avec de l'eau phéniquée.

Dans les écuries, les étables, etc., les poudres devront être employées. De la terre ou du sable contenant deux millièmes d'acide phénique serait le moyen le plus économique. On peut

______

(1) C'est pour n'avoir pas connu ce fait important, que des expériences faites par le conseil d'hygiène, d'après l'indication du docteur Tavernier, n'ont pas donné de bons résultats. Ce savant confrère faisait enduire de coal-tar les dalles sur lesquelles on urine. En très-peu de temps, l'urine dissolvait l'acide phénique, l'emportait dans le ruisseau, et la mauvaise odeur se manifestait. Mais lorsqu'on opérait sur des réservoirs, l'expérience réussissait.

aussi employer la sciure de bois (Bobeuf), le plâtre (Bouchardat, Parisel, Dougall). La terre coal-tarée peut encore ici être employée de préférence.

On répand sur le sol un centimètre d'épaisseur de la poudre désinfectante, et on la recouvre avec la litière. Ces poudres ne peuvent pas remplir longtemps leur rôle de désinfectant et d'antiputride, parce que l'urine abondante qui les lave entraîne l'acide phénique en le dissolvant. Cette urine qui s'écoule se trouve, pour cette raison, pendant un certain temps, à l'abri de la putréfaction ; mais celle que rendent les animaux et qui ne rencontre plus l'agent protecteur fermente comme à l'ordinaire. Il faut donc surveiller et renouveler là poudre aussitôt que l'on s'aperçoit qu'elle n'agit plus.

Dans les écuries, étables, porcheries, etc., où le pavage laisse souvent beaucoup à désirer, l'urine, en pénétrant dans le sol, l'infecte à une certaine profondeur. Dans ces cas, des arrosages et des lavages, faits avec l'eau de goudron ou avec l'eau phéniquée, pourront désinfecter le sol.

L'assainissement des poulaillers et des pigeonniers pourra aussi être obtenu avec ces poudres. Ici le résultat sera beaucoup plus satisfaisant. L'inconvénient d'une grande quantité d'urine n'existe pas. On sait que chez les oiseaux ce liquide est rendu mélangé avec les matières fécales à l'état semi-solide. Dans les pigeonniers, où les matières restent assez longtemps avant d'être enlevées, il pourrait arriver que l'acide phénique ou les principes actifs du coal-tar se soient volatilisés et que les matières excrétées à chaque instant conservent leur mauvaise odeur. En les recouvrant d'une couche de poudre désinfectante, sans toucher aux anciennes, on peut de nouveau les désinfecter.

Un autre avantage qui résultera de l'emploi de ces poudres dans ces cas, c'est que les poux des oiseaux, s'ils ne disparaissent pas complétement, diminueront dans de notables proportions.

Fumiers. — L'acide phénique doit-il être employé pour prévenir l'odeur putride qu'exhalent les fumiers? Il ne faut pas oublier que le fumier est un engrais d'autant plus puissant que son état de putréfaction est plus grand; en sorte que si l'on veut obtenir leur désinfection, on peut porter préjudice à l'agriculture. Examinons

Les matières qui composent les fumiers peuvent être divisées en deux parties : les solides et les liquides. Les matières solides ont besoin de la fermentation putride pour acquérir les propriétés que l'on y recherche. Les matières liquides, au contraire, perdent de leur valeur comme engrais lorsqu'elles subissent cette même fermentation. Dans les fermes où les données de la science sont mises à profit, on recueille, avec le plus grand soin, les matières liquides qui proviennent de l'urine ou de l'action dissolvante des pluies (purin). Ce serait donc seulement sur le purin que je conseillerais d'agir. Un peu de coal-tar (1 pour 100 environ), répandu uniformément au fond des réservoirs, suffira pour prévenir la putridité. De cette manière on conservera une plus grande quantité d'engrais à l'agriculture, et l'hygiène aura encore un progrès de plus à enregistrer.

Quant aux matières solides, je pense qu'on doit les abandonner à elles-mêmes, pour les raisons que je viens de faire connaître.

Gadoues. — Lorsque les données de la science seront mises à profit pour les voiries d'immondices (1), on pourra leur appliquer le moyen que je viens de faire connaître. M. Chevallier conseille la construction de bâtiments fermés, surmontés de cheminées d'aérage, pour opérer leur désinfection.

Il me semble que l'on pourrait appliquer aux gadoues le procédé en usage dans un grand nombre de fermes et dont je viens de parler: deux grands bassins en plein air; l'un, plus élevé,

____

(1) M. Lévy comprend sous cette dénomination tous les résidus organiques et minéraux qui sont déposés sur la voie publique, et qui, dans le département de la Seine, sont transportés dans les communes rurales. Tout le monde a pu sentir leur odeur désagréable.

recevrait les boues et permettrait leur putréfaction; la matière liquide serait dirigée dans le second réservoir, placé en contre-bas. On pourrait préserver ce liquide de la putréfaction avec le goudron minéral, comme je viens de le recommander pour le purin.   •

EMPLOI DE L'ACIDE PHÉNIQUE POUR DÉTRUIRE LES MIASMES.

J'ai démontré dans la première partie de ce travail (V. *Monit. scientif.*, oct. 1862, p. 673 et 674) que les miasmes putrides sont des germes d'êtres vivants. Mes expériences sur les micro-zoaires ont établi qu'une dose impondérable d'acide phénique suffit pour les détruire. Par des expériences frappantes, j'ai démontré la transmission des ferments par l'air d'une ma-tière putréfiée sur une substance fraîche. Puis, ce premier résultat obtenu, j'ai détruit la source des miasmes avec l'acide phénique, puisqu'une expérience comparative, faite avec la même matière putride, n'a plus fourni de miasmes.

Toutes les applications que nous avons déjà faites de cet acide pour prévenir la putridité et la détruire lorsqu'elle existe sont donc des moyens d'anéantir les miasmes. Je me suis assez étendu sur ces questions; je n'y reviendrai pas. Mais il existe d'autres sources de miasmes pour la destruction desquels je n'ai pas encore proposé d'employer l'acide phénique. Nous allons maintenant nous en occuper.

Le corps de l'homme et celui des animaux, en santé comme en maladie, en dégagent constamment. Il existe encore d'autres sources puissantes de ces agents invisibles, qui sèment la maladie et la mort dans toutes les contrées du globe. Je veux parler des eaux stagnantes. La pratique, qui devance presque toujours les démonstrations de la science, a depuis longtemps reconnu que l'usage interne des eaux qui ont subi la fermentation putride, produit les mêmes effets d'intoxication aiguë ou lente que l'absorption par les voies respiratoires des miasmes qu'elles dégagent. Elle a aussi fait connaître cet autre fait, non moins important, c'est que les émanations de certaines maladies contagieuses produisent les mêmes effets lorsqu'elles sont introduites dans l'économie par les voies respiratoires que par l'inoculation. Ce rapprochement, qui n'a peut-être pas encore été fait, me paraît très-important. C'est, sous une autre forme, la reproduction des faits que j'ai constatés dans mes expériences sur les miasmes putrides. En effet, si l'on introduit une petite quantité de matière en état de fermentation putride dans une substance organique fraîche, la fermentation s'établit sur-le-champ. Nous retrouvons dans ce premier fait l'analogue de l'inoculation de la matière morbide et de l'ingestion de l'eau putride. Dans la transmission des germes d'infusoires par l'air, et reproduisant la fermentation putride, nous retrouvons la plus grande analogie avec les effets produits par les émanations des maladies contagieuses et par celles qui proviennent des eaux stagnantes. Puisque les effets produits dans l'organisme, par l'ingestion d'eau croupie ou par l'inoculation de la variole, par exemple, sont les mêmes que ceux que déterminent leurs émanations invisibles, il faut donc de toute nécessité que ces émanations contiennent les mêmes éléments que les sources qui les produisent. C'est ce qu'ont démontré mes expériences sur les miasmes putrides. Si maintenant je rappelle tout ce que j'ai dit sur l'origine des maladies parasitaires des végétaux et des animaux, on reconnaîtra d'abord que les microphytes qui leur donnent naissance sont les mêmes que ceux que l'on trouve dans les matières en putréfaction. Ensuite, on verra que ces microphytes produisent ces maladies par inoculation et par l'entremise de l'air. Tous ces faits incontestables sont le tableau fidèle des maladies contagieuses épidémiques. Ils jettent enfin la lumière la plus vive sur la nature des maladies épidémiques et contagieuses, et sur leur mode de reproduction et de propagation.

Les granules moléculaires que les micrographes ont reconnus dans le pus de la variole, sans leur attribuer aucun rôle, me paraissent être les analogues de ceux que j'ai découverts dans les émanations putrides.

On a annoncé tout récemment que l'on avait découvert des cellules de pus dans l'atmosphère d'un hôpital de Vienne (Autriche). Ce fait n'a pas été de nouveau constaté.

Miasmes produits par les animaux. — Les miasmes que produisent l'homme et les animaux peuvent provenir de deux sources. La première résulte des phénomènes chimiques indispensables à l'entretien de la vie. La seconde est la conséquence des affections et des lésions diverses dont ils sont fréquemment atteints. Nous aurons donc à nous occuper des miasmes produits dans l'état physiologique et de ceux qui résultent d'un état pathologique.

Des miasmes qui résultent de l'accomplissement des fonctions à l'état physiologique. — Toute atmosphère circonscrite, habitée par l'homme ou les animaux en santé, contient un certain nombre de principes chimiques bien définis. Ce sont l'azote, l'oxygène, l'acide carbonique et la vapeur d'eau. Il peut aussi y exister de l'oxyde de carbone, de l'hydrogène carboné, de l'acide hydrosulfurique, de l'acide azotique et de l'ammoniaque. Indépendamment de ces composés chimiques, il en existe d'autres, dit M. Lévy, d'une nature inappréciable ou jusqu'ici mal appréciés et compris sous la dénomination de miasmes. Un fait qui a été constaté par plusieurs observateurs, c'est la présence de matières organiques dans les produits de la respiration, et l'on sait que ces matières entrent très-rapidement en putréfaction. Il en est de même pour les émanations qui se dégagent des marais. On trouve dans les produits de la transpiration cutanée à peu près les mêmes corps qui existent dans les matières en état de fermentation. MM. Regnault et Reiset, dans leurs recherches sur la respiration (1), sans nier l'existence des miasmes, croient que l'on en a exagéré les effets. M. Lévy, qui dit avec juste raison que les matières organiques qui se dégagent de la surface du corps des animaux sont la cause la plus puissante d'insalubrité, répond à ces savants de la manière suivante : « Ils oublient les effets d'une reclusion sur des hommes entassés, effets bien connus et souvent répétés ; ils oublient les conséquences certaines de l'encombrement dans les casernes, les hôpitaux, etc. La question des miasmes a sa solution dans l'expérience séculaire de la médecine, non dans l'analyse chimique. » (*Loc. cit.*, t. I, p. 666.) Contrairement à cette assertion du savant hygiéniste, nous avons vu qu'avec le microscope et la chimie on peut arriver maintenant à reconnaître la nature des miasmes ; on peut, comme je l'ai fait, démontrer le rôle des gaz putrides et celui des granules et des spores qui constituent les miasmes proprement dits.

Ceci posé, abordons la question pratique.

Air confiné des prisons, des hôpitaux, des casernes, etc. — Le gaz dominant dans l'air confiné est l'acide carbonique. En préparant avec l'eau phéniquée un lait de chaux et faisant des aspersions sur le sol des lieux encombrés, on produira deux effets. La chaux absorbera l'acide carbonique et l'acide azotique. Cette absorption, en débarrassant l'atmosphère de ces gaz, dégagera de l'acide phénique, qui se répandra dans l'atmosphère et détruira les miasmes. Si l'air contient de l'hydrogène sulfuré, on peut aussi le faire disparaître en mouillant les murs avec de l'eau phéniquée contenant 1/2 pour 100 de sulfate de zinc. Dans les chambres des malades les rideaux du lit pourraient être imbibés avec ce liquide, qui ne les salirait pas.

On sait que sur les murs des hôpitaux, des casernes et des prisons se dépose une quantité considérable de matières organiques. On a vu des épidémies ravager des salles d'hôpital, et ne cesser leurs terribles effets qu'après avoir soumis les murs à l'action d'un lait de chaux ou à une nouvelle peinture. M. le docteur Dequevauvillers, dans son mémoire sur l'ophthalmie des nouveau-nés, a rapporté des faits de ce genre. Il est bien certain pour moi que ces matières contiennent en grande quantité des germes de ferments (granules, spores) qui n'attendent que des conditions favorables pour se développer.

On peut faire disparaître cette cause d'insalubrité par un moyen très-simple. Disons d'abord que si l'acide phénique est employé dans les salles, les murs ne pourront s'imprégner que d'une minime quantité de germes.

En faisant laver les murs une fois par mois avec de la décoction de bois de Panama (2)

(1) *Annales de chimie*, 1849.
(2) Ce bois est presque sans valeur commerciale.

.(15 grammes d'écorce par litre) contenant trois ou quatre millièmes d'acide phénique, on nettoiera mieux les murs qu'avec l'eau de potasse ou de savon ; on n'altérera pas la peinture, et avec l'acide phénique on détruira les germes qui y sont déposés. Ainsi, la propreté et la salubrité gagneront encore à cette application.

Des miasmes qui résultent de l'accomplissement des fonctions à l'état pathologique. — Les belles recherches de MM. Andral et Gavarret et de plusieurs autres médecins qui ont suivi la voie tracée par ces maîtres, ont mis hors de doute que le sang est altéré dans les maladies. Dans un certain nombre, telles que le typhus, la fièvre typhoïde, la variole, la suette, etc., les yeux et le sens de l'odorat suffisent pour reconnaître l'altération. Les produits de la respiration et de la transpiration cutanée, ceux qui sont sécrétés par les glandes et par les membranes muqueuses, exhalent une très-mauvaise odeur. Le sang, noir, fluide, défibriné, offre aussi une odeur anomale. Le nom de fièvre putride, donné par nos devanciers à l'affection typhique, indique suffisamment l'opinion qu'ils avaient sur la nature de cette altération. J'espère démontrer ailleurs que l'inflammation, telle qu'on l'admet aujourd'hui, est un phénomène de même nature que les fermentations spontanées. Mais acceptons pour le moment la science telle qu'elle est sur ce point.

Tous les médecins reconnaissent que dans les maladies le corps de l'homme et celui des animaux sont des sources de miasmes. On sait aussi qu'un grand nombre de maladies se transmettent par l'air. Tout ce qui a été écrit sur les épidémies qui ont attaqué et qui attaquent journellement l'homme et les animaux a surabondamment établi ces faits.

Si les miasmes qui produisent les maladies épidémiques sont, comme je le pense, des êtres vivants, l'acide phénique fournirait un moyen certain de les détruire. Le choléra et tant d'autres maladies épidémiques trouveront peut-être dans cet acide un remède efficace.

Indépendamment des miasmes qui sont rejetés dans l'atmosphère par l'accomplissement des fonctions à l'état pathologique, il existe fréquemment sur le corps de l'homme et des animaux des lésions locales qui fournissent une grande quantité de miasmes. Les plaies gangréneuses de diverses natures, toutes celles qui suppurent, quelles qu'en soient les causes, sont dans ce cas. La peau sécrète assez souvent des liquides qui deviennent rapidement infects. Dans toute cette série, les miasmes sont le résultat de la fermentation putride des humeurs. Aussi, lorsque ces malades sont réunis en grand nombre, comme on peut le voir à la Salpétrière, dans les salles de femmes atteintes de cancer de l'utérus ou d'autres organes, l'air atmosphérique offre une odeur repoussante. Sur les animaux domestiques où l'on retrouve les mêmes lésions, les mêmes phénomènes se produisent.

Destruction des miasmes dans tous les foyers de suppuration et de sécrétion. — Partout où du pus se forme, je pense que la fermentation intervient. Si l'opinion que j'ai émise sur la formation de ce produit morbide n'est pas adoptée, il est un point de son histoire sur lequel les médecins sont d'accord : c'est sur l'altération putride qu'il subit. La réunion par première intention et la méthode sous-cutanée ont été instituées pour la prévenir. Bérard, dans son remarquable travail sur l'infection putride produite par l'altération du pus, a décrit les symptômes graves auxquels elle donne naissance et expliqué son mode de production. Aujourd'hui je puis dire que des centaines de faits bien observés ont démontré que le coal-tar saponiné désinfecte instantanément les plaies les plus fétides. Toutefois, s'il existe des désordres profonds, que le désinfectant ne peut atteindre, la mauvaise odeur n'est pas entièrement détruite par une seule application. Mais en imprégnant bien les tissus de ce topique et en les recouvrant de charpie imbibée de ce liquide, elle ne tarde pas à disparaître. On obtient les mêmes résultats avec l'eau phéniquée, avec cette différence que l'acide phénique détermine une cuisson vive. De plus, en raison de la facilité avec laquelle il se volatilise, son action est moins durable que celle du coal-tar saponiné. Dans un grand nombre de cas, je pense que les malades le supporteront difficilement.

Dans la médecine vétérinaire, l'eau phéniquée pourra rendre de bien grands services, à cause de son énergie et de son bon marché, pour la désinfection des plaies.

L'acide phénique, comme le coal-tar, ne désinfecte pas seulement les plaies, il les met à l'abri de la fermentation putride. Aussi, toutes celles qui sont pansées au début avec de l'émulsion de coal-tar saponiné ou avec de l'eau phéniquée contenant un ou deux millièmes d'acide, ne présentent pas d'odeur putride; elles sont roses et sans enduits pultacés. Un autre avantage, non moins remarquable, c'est qu'en présence de ces substances, la quantité de pus produite est insignifiante par rapport à celle qui se forme avec les autres modes de pansement. C'est ce fait qui m'a fait donner de la formation du pus une théorie nouvelle. Dans mon opinion, il serait un produit de sécrétion et de fermentation. Enfin, les émanations de ces substances qui se répandent dans les salles d'hôpital en assainissent l'atmosphère. Tous ces résultats sont tellement importants, que les médecins en déduiront immédiatement les conséquences. Je les résumerai ainsi :

1° Par l'emploi de ces substances, une source considérable de miasmes peut être détruite ;

2° Les plaies qui ne sont pas entretenues par une diathèse guérissent plus rapidement que par les autres modes de pansement;

3° L'infection purulente ne sera plus à craindre, et les inoculations seront beaucoup moins dangereuses pour les personnes chargées des pansements;

4° La quantité de pus qui se forme avec ce mode de pansement étant insignifiante, c'est une cause d'épuisement de moins pour le malade (1).

Le mode d'emploi consiste à lotionner ou à injecter ces liquides, selon la disposition des plaies, et d'en maintenir sur chaque foyer à l'aide de compresses ou de charpie. Pour le coal-tar saponiné, un pansement par jour suffit. Toutefois, par les grandes chaleurs, il serait bon d'arroser les pièces de pansement le soir.

Les malades, dans le plus grand nombre des cas, pourraient être chargés d'arroser les pièces du pansement.

Miasmes provenant des eaux stagnantes. — Les eaux stagnantes occupent une grande partie de la surface du globe. Leur immense étendue ne permet pas d'agir sur la cause des miasmes qu'elles dégagent. Il faut donc seulement rechercher s'il ne serait pas possible, avec l'acide phénique, de nous soustraire à leur délétère influence. Le nécrologe des contrées palustres prouve combien nos moyens thérapeutiques sont insuffisants. M. Levy, qui est si bien placé pour être renseigné sur ce sujet, dit : « Si le quinquina agit héroïquement contre le danger des accès, il ne peut rien contre les effets lents de l'atmosphère marécageuse, contre les effets consécutifs qu'elle développe; il ne prévient les rechutes et récidives que dans une certaine limite : l'hygiène seule peut arrêter la dégénérescence des populations qui y vivent plongées, et leur restituer le bénéfice de la moyenne ordinaire de longévité. » (*Loc. cit. t.* I, p. 463).

Tous les médecins qui ont exercé dans les contrées marécageuses de l'Europe et surtout de l'Afrique et de l'Amérique sont unanimes sur ce point.

L'ACIDE PHÉNIQUE PEUT-IL ETRE EMPLOYÉ POUR COMBATTRE LES ÉMANATIONS MARÉCAGEUSES ?

Je n'ai pas pu faire d'expériences dans les contrées soumises à leur pernicieuse influence; mais les résultats si remarquables que j'ai obtenus et qui sont relatés dans ce chapitre m'autorisent à en conseiller l'emploi.

Voici comment je comprends l'emploi de cet acide dans les contrées palustres.

Dans les habitations on pourra placer dans de grands vases à large surface du lait de chaux

---

(1) Les applications de l'acide phénique sont si nombreuses, que je n'ai pas pu donner à cette question le développement qu'elle comporte. De plus, je l'ai déjà traitée dans ma brochure sur le coal-tar, 1860, et dans le *Moniteur des sciences médicales*, mai et août 1861. Comme je publierai prochainement un mémoire sur la pyogénie, j'examinerai tous les points qui intéressent cette question.

phéniquée ; le dégagement lent d'acide phénique qui en résultera et qui se répandra dans l'atmosphère pourra détruire les miasmes.

Les vêtements, les objets de literie, draps, couvertures, rideaux, etc., pourraient être plongés dans une atmosphère chargée de vapeur d'acide phénique avant leur usage. L'imprégnation pourrait se faire dans une chambre close ou dans une grande caisse. Je me suis assuré que les tissus de laine retiennent plus longtemps l'acide phénique que ceux de toile ou de coton. De la flanelle et du drap, qui avaient été plongés dans de l'eau phéniquée saturée et exposés ensuite en plein air à une température de 20 à 22 degrés centigrades, conservaient encore une odeur prononcée d'acide phénique après quinze jours d'exposition.

EMPLOI DE L'ACIDE PHÉNIQUE A L'INTÉRIEUR.

J'ai déjà fait connaître l'action de l'acide phénique sur les animaux et sur l'homme. Depuis j'ai fait prendre à des enfants atteints de scrofules graves 50 centigrammes d'acide phénique par jour dissous dans un demi-litre d'eau. Je viens d'en revoir un qui le prend à cette dose depuis deux mois et qui ne se plaint d'aucun effet désagréable ni nuisible.

J'ai fait usage pendant huit jours, à mes repas, dans mon vin, d'eau phéniquée au millième. De plus, j'en prenais un verre le matin, à jeun. Cette eau, dont la saveur rappelle celle du goudron, n'est pas désagréable. Je n'ai ressenti de son ingestion qu'une légère chaleur à l'estomac. Je dois dire que je suis depuis longtemps atteint de gastralgie. Lorsqu'on a bu de l'eau phéniquée, les gaz qui s'échappent par la respiration contiennent de cet acide facile à reconnaître par l'odorat. Ce résultat me paraît important à connaître. En effet, c'est par les voies respiratoires que pénètre dans l'économie la cause morbigène (miasme). L'acide et les miasmes sont donc forcés de se rencontrer. Si je rappelle encore qu'une dose impondérable d'acide phénique suffit pour tuer les germes d'infusoires, je crois qu'il est permis de penser que ce moyen pourra être utile. Ainsi il faut s'attacher à détruire autour de nous les miasmes que peuvent contenir nos vêtements, la literie et l'air atmosphérique. Si, malgré ces précautions, il s'en introduit dans l'économie, on a, ce me semble, la chance de les détruire en faisant usage d'eau phéniquée au millième (un litre par jour) aux repas. Dans les pays où le vin est abondant, on boira cette eau mélangée avec lui. Dans ceux où d'autres boissons sont en usage, l'acide phénique pourra y être ajouté. Enfin on pourra essayer la boisson anti-miasmatique dont j'ai donné la formule. Tous ces essais, que je viens de proposer ne seraient que des moyens préventifs; mais dans les cas graves, dans les accès pernicieux quelle conduite faudra-t-il tenir? Je pense que les moyens préventifs externes dont je viens de parler devront, dans tous les cas, être employés. Mais, à l'intérieur, je crois, que l'on pourrait élever les doses. L'expérience apprendra la limite à laquelle il faudra s'arrêter. Mais un point important qu'il faut toujours avoir présent à l'esprit dans l'emploi de l'acide phénique à l'intérieur, c'est que cet acide doit toujours être dissous dans une grande quantité d'eau. Si la déglutition était impossible ou difficile, on placerait de l'acide phénique pur sur des tissus de laine ou sur une éponge, dans le voisinage des organes respiratoires. De cette manière, l'organisme recevrait une notable quantité d'acide phénique.

(La suite à une prochaine livraison.)

ACADÉMIE DES SCIENCES.

Séance du 11 mai. — Sur deux articulations ginglymoïdales nouvelles existant chez le glyptodon; par M. SERRES.

— Nouvelle méthode pour graduer les aréomètres à degrés égaux destinés aux liquides plus pesants que l'eau, comme les pèse-acides et les pèse-sels de Baumé; par M. POUILLET. — « La nouvelle méthode de graduation que je propose est expliquée dans le mémoire avec tous les développements théoriques et pratiques dont elle m'a paru avoir besoin ; les formules et les tables calculées qui en font essentiellement partie n'étant pas de nature à trouver place dans cet extrait, je me borne à résumer ici, en peu de mots, les caractères distinctifs de cette méthode :

« 1° Elle n'admet que l'eau distillée pour marquer les degrés de l'aréomètre ; ainsi, elle exclut les erreurs provenant de l'intervention d'un second liquide plus dense que l'eau ;

« 2° Elle donne à l'instrument des formes régulières que le souffleur obtient sans peine et qui permettent de résoudre à coup sûr les problèmes les plus importants de l'aréomètre, problèmes dont la solution restait très-incertaine et ne pouvait se chercher que par de longs et pénibles tâtonnements ;

« 3° Elle est en même temps une méthode directe de vérification pour les aréomètres de toute espèce, à la seule condition que l'on connaisse les densités qui se rapportent aux degrés que l'on veut soumettre à la vérification. »

— De la densité des vapeurs à des températures très-élevées ; par MM. H. Sainte-Claire Deville et Troost. — La loi des volumes de Gay-Lussac, aidée des méthodes de MM. Dumas, Mitscherlich et Cahours, a fini par se trouver vérifiée par les densités de presque toutes les vapeurs. Il y a cependant encore quelques exceptions, celle du soufre, par exemple, qu'il fallait faire disparaître ou expliquer ; et on ne pouvait y arriver qu'en déterminant la densité des vapeurs à des températures très-élevées. Tel est le problème que s'étaient posé depuis longtemps MM. Deville et Troost, et dont ils viennent donner la solution à l'Académie.

— M. le Secrétaire perpétuel présente, au nom de l'auteur, M. Joly, professeur à la faculté des sciences de Toulouse, un éloge historique de M. Isidore-Geoffroy Saint-Hilaire.

M. Flourens lit, en second lieu, l'extrait suivant d'une lettre de M. Joly, concernant un *œuf de poule monstrueux*.

« Cet œuf pesait 115 grammes ; la grande circonférence mesurait 0^m,210 ; la petite 0^m,195. Il était revêtu d'une coque calcaire, à pôles très-obtus. A l'un des pôles, celui qui correspond au gros bout de l'œuf, était fixée ou plutôt articulée une sorte d'opercule conique, creux à l'intérieur, et percé à son sommet d'une ouverture par laquelle s'échappait un cordon albumineux, continuation évidente de l'une des chalazes. Outre un jaune et un blanc plus volumineux qu'à l'état normal, le gros œuf en renfermait un autre à coque épaisse, mais à peine légèrement encroûtée de substance calcaire. On n'y voyait pas d'albumine, et le jaune était formé par une masse granuleuse, de couleur orangée, mêlée de stries sanguines.

« Ce petit œuf pesait 13 grammes, ce qui réduit à 102 grammes le poids du gros œuf, y compris la coque de celui-ci, qui pesait 7 grammes.

— M. Léon Foucault, dans une lettre adressée à M. le Président, prie l'Académie de vouloir bien ne plus le compter au nombre des candidats pour la place vacante dans la section de physique. Ainsi s'exprime le *Compte-rendu*, qui ne publie pas cette lettre. Nous allons donc emprunter au journal *le Temps* du 20 mai le récit que donne de cet incident M. Grandeau.

« Une place était vacante dans la section de physique, par suite du décès de M. Despretz. La section, composée de M. A. Becquerel, doyen, MM. Pouillet, Babinet et Fizeau, a présenté, dans la séance du lundi 11 mai, la liste suivante de candidats :

« En première ligne : M. Edmond Becquerel.

« En deuxième ligne, *ex æquo* et par ordre alphabétique : M. Jamin ; MM. de la Provostaye et Desains ; M. Verdet.

« En troisième ligne, *ex æquo* : M. Édouard Desains ; M. Lissajous.

« Nos lecteurs, que nous avons souvent entretenus des travaux à la fois si importants et si originaux de M. Léon Foucault, pourraient s'étonner, à bon droit, de ne point voir figurer sur la liste des candidats le nom de cet éminent physicien. Nous croyons devoir leur donner à ce sujet quelques mots d'explication.

« La section de physique avait arrêté primitivement sa liste de la manière suivante : en première ligne, *ex æquo* et par ordre alphabétique, MM. Ed. Becquerel et Léon Foucault.

« L'Académie, conformément à ses usages, avait été appelée à décider, dans sa séance du 4 de ce mois, s'il y avait lieu de procéder immédiatement au remplacement de M. Despretz. L'ajournement demandé par les membres de l'Académie dont les voix étaient acquises à M. Foucault, semblait une question de convenance, l'un des membres de la section de physique, M. Duhamel, étant absent ; la majorité de l'Académie en a jugé autrement : l'ajournement a été rejeté par 30 voix contre 18.

« M. Léon Foucault, en présence de cette décision, n'a pas cru pouvoir maintenir sa candidature, et il a adressé à M. le Président de l'Académie des sciences la lettre suivante :

« Monsieur le Président,

« Une place est devenue vacante dans la section de physique, par le décès de M. Despretz. « Ayant été précédemment admis sur les listes de présentation, je me considérais comme au- « torisé à me porter candidat; j'avais d'ailleurs la confiance que, dans les conditions toutes « particulières où le concours s'engage, l'Académie se prononcerait pour l'ajournement ; elle « en a décidé autrement.

« J'ose donc vous prier, Monsieur le Président, d'être mon interprète auprès de l'Académie, « et de lui exprimer tous mes regrets de ne pouvoir lui offrir, en pareille circonstance, le mo- « deste tribut de mes longues recherches.

« Agréez, etc. « Léon Foucault. »

« Ainsi s'explique l'absence regrettable du nom de M. Foucault sur la liste des candidats pour une place vacante dans la section de physique. »

La lettre de M. Foucault décèle une défaillance que nous comprenons ; il n'a pas voulu subir les chances d'un combat où il sentait qu'il allait succomber. Si M. Foucault, en effet, n'avait eu à lutter qu'avec M. Edmond Becquerel, les travaux qu'il a publiés lui permettaient certainement d'espérer le succès, surtout si la section de physique l'avait porté au premier rang, ce qui serait arrivé, assure-t-on, si M. Duhamel s'était trouvé à son poste. Mais M. Duhamel, en ami dévoué, au lieu de prendre le chemin de fer pour arriver plus vite, paraît avoir fait le voyage à pied et s'être même longtemps reposé en route, car il n'est pas encore arrivé.

M. Foucault s'est donc retiré et a laissé le champ libre à son adversaire. Or, nous croyons qu'il a bien fait. Quand une victoire est impossible pourquoi affronter le combat? c'est perdre inutilement un sang généreux. M. Becquerel, en effet, en père dévoué, non content de voter pour son fils, invite, d'un regard suppliant, ses collègues à faire comme lui. On sait, et c'est facile à comprendre, quel coup de poignard un échec portera à son cœur, et cette position, qu'il accepte avec un courageux dévouement, gagne à son fils toutes les voix indifférentes de l'Académie, et elles sont nombreuses.

M. E. Becquerel a donc sur M. Foucault des chances difficiles à combattre, ce qui, joint à de magnifiques travaux, le rend un concurrent tout à fait redoutable : d'un côté, un mérite réel, de l'autre, les influences paternelles. En voilà plus qu'il n'en faut pour décourager un concurrent qui, tout en tenant à être de l'Académie, ne court pas absolument après.

— Recherches sur les densités de vapeur anomales ; par M. Aug. Cahours.

— Un mémoire de géométrie analytique ; par M. l'abbé Aoust.

— Analyse d'une eau acide du volcan de Popocatepetl, au Mexique; par M. J. Lefort. — 100 centimètres cubes de ce liquide nous ont donné, après son évaporation, un résidu qui, chauffé au rouge, pesait 0 gr. 696, et 1,000 centimètres cubes nous ont fourni à l'analyse les résultats suivants :

Acide chlorhydrique..............	11^{gr}·009
Acide sulfurique	37 643
Alumine.........................	2 080
Soude..........................	0 699
Chaux, magnésie, silice...........	Indices.
Arsenic.........................	Id.
Oxyde de fer.....................	0 081
Matière organique.........	Proportion très-sensible.
	17 512

Nous n'avons pu constater dans cette eau la présence de l'iode, du brome, de l'ammoniaque et de l'acide phosphorique.

En admettant que toutes les bases sont saturées par l'acide sulfurique et par une partie de l'acide chlorhydrique, on trouve que cette eau acide contient 1 pour 100 environ de son poids d'acide chlorhydrique à l'état de liberté.

— M. Ch. SAINTE-CLAIRE DEVILLE, qui a présenté ce mémoire de la part de M. Lefort communique en même temps les analyses de produits analogues qu'il avait remis à cet habile chimiste pour être étudiés comparativement, et qui provenaient des centres volcaniques de l'Italie méridionale, lors de son dernier voyage.

— Remarques sur les laticifères de plusieurs plantes du Brésil ; par M. Lad. NETTO.

— A quatre heures et un quart l'Académie se forme en comité secret :

M. POUILLET, au nom de la section de physique, présente la liste suivante de candidats pour la place vacante par suite du décès de M. Despretz.

En première ligne...........................	M. Edmond Becquerel.
En deuxième ligne, *ex æquo* et par ordre alphabétique.	M. Jamin.
— — — — —	MM. de la Provostaye et Paul Desains.
— — — — —	M. Verdet.
En troisième ligne, *ex æquo* et par ordre alphabétique.	M. Edouard Desains.
— — — — —	M. Lissajous.

MM. Babinet et Fizeau présentent les titres des candidats.
La séance est levée à six heures.

Séance du 18 mai. — M. MILNE-EDWARDS lit un long mémoire sur le résultat des investigations auxquelles il s'est livré avec des savants anglais et français, pour reconnaître ou rejeter l'authenticité de la mâchoire humaine trouvée dans la carrière de Moulin-Quignon, près Abbeville. On sait que des savants anglais avaient déjà fait part, à leur retour à Londres, des doutes que leur inspirait la découverte de M. Boucher de Perthes. Invités par les savants français, MM. Falconer, Carpenter, Prestwich, Busk et Evans sont venus vérifier sur les lieux mêmes la découverte de M. Boucher de Perthes. Une conférence a été tenue au Muséum, sous la présidence de M. Milne-Edwards, et il fut décidé qu'une nouvelle constatation était nécessaire. On retourna donc à Abbeville, et de nouvelles fouilles furent commencées avec le concours de M. Boucher de Perthes, par quatorze terrassiers des environs, payés à la journée et non par hache de pierre découverte. — On mit bientôt à nu quatre silex taillés que le jury déclara être authentiques. La mâchoire fut de même examinée de nouveau. MM. de Quatrefages, Delesse, etc., firent tomber l'objection principale qui avait été opposée jusqu'ici : la présence d'une grande quantité de gélatine dans l'os humain, en prouvant que beaucoup d'os réellement fossiles, en contenaient autant. Les géologues et les paléontologistes anglais déclarèrent, à l'unanimité, après le voyage à Abbeville, qu'ils considéraient comme parfaitement authentique la découverte de M. Boucher de Perthes. La mâchoire de Moulin-Quignon est donc contemporaine du terrain de transport des environs d'Abbeville. Maintenant, ce terrain de

transport est-il bien le *diluvium*, est-il bien d'origine aussi ancienne qu'on pourrait le supposer?
c'est ce que M. Élie de Beaumont, qui a pris alors la parole, est venu contester. Le terrain de
transport de Moulin-Quignon n'est, en aucune façon, le *diluvium*; c'est un terrain meuble d'o-
rigine beaucoup plus récente. Il n'y a donc rien d'extraordinaire, dit-il, à y rencontrer une
mâchoire, des objets travaillés de main d'homme. Ces débris auraient été entraînés des hauteurs et enfouis dans la terre meuble. M. de Beaumont explique ainsi la présence, encore en
assez grande quantité, de la gélatine dans les fossiles de ce terrain, dans la mâchoire de
Moulin-Quignon.

Ces restes sont, en effet, contre toute apparence, d'époque relativement récente. Rien ne
démontre, dit M. Élie de Beaumont, la contemporanéité de l'homme et de l'*elephas primigenius*

Voici, du reste, la déclaration textuelle de M. Élie de Beaumont et telle que le *Compte-rendu*
nous l'apporte au moment où nous corrigions les épreuves de cette discussion de l'Académie,
très-écourtée par nous.

« J'espère que mes honorables et savants confrères, M. Milne-Edwards et M. Quatrefages,
voudront bien ne pas trouver que je manque de courtoisie en exprimant l'opinion que le terrain de transport exploité dans la carrière de Moulin-Quignon n'appartient pas au *diluvium* (1)
proprement dit.

« Dans mon opinion, ce terrain (2) détritique, d'apparence clysmienne, doit être rapporté
aux dépôts auxquels j'ai appliqué la dénomination de *dépôts meubles sur des pentes*. La spécifi-

(1) *Diluvium*, nom donné par quelques géologues aux matières déposées par les eaux sur les plaines, les plateaux et les flancs des vallées, et dont ils attribuent les dépôts au Déluge. L'observation démontre en effet que
ces amas sont dus à des catastrophes violentes de diverses époques ou à l'écoulement régulier des eaux. On
doit distinguer les produits des grandes inondations passagères et les produits en couches à peu près régulières des cours d'eau anciens : aux premiers on donne le nom de *dépôts diluviens*; aux seconds, celui de *dépôts alluviens*. — D'autres géologues établissent une *époque diluvienne* et un *terrain diluvien*, qu'ils placent
avant l'époque actuelle, après les dépôts tertiaires. Ils y font entrer les dépôts des cavernes, tels que ossements fossiles, amas de coquilles marines, etc. Cette dernière division est généralement adoptée sous le nom
de *terrains diluviens* ou *quaternaires* (Bouillet).

(2) *Terrains* se dit, en géologie, des fractions plus ou moins grandes de l'écorce terrestre, considérées par
rapport à l'époque et au mode de leur formation : c'est la réunion d'un certain nombre de formations, qui ont
entre elles assez de rapports pour qu'on puisse les considérer comme produites pendant une des grandes périodes de tranquillité de notre planète. Les terrains se composent de *roches* d'origine diverse, soit ignée,
comme les granites, les porphyres, les basaltes, etc., soit aqueuse, comme les calcaires, les argiles, les grès, etc.,
et qui se sont formées à des *époques* différentes et successives.

En géologie, on distingue cinq grandes *époques* correspondant à autant de révolutions que la terre a subies
à de longs intervalles. Les nombreux débris fossiles, qui existent encore aujourd'hui dans les différentes couches du globe, peuvent servir à démontrer leur existence et à les distinguer.

Dans la première époque, on ne trouve aucune trace d'animaux vertébrés; on y rencontre des mollusques
et des crustacés, des végétaux cryptogames vasculaires, semblables aux ficus, aux prèles, aux fougères, etc. ;
ces végétaux fossiles sont de 10 à 15 mètres plus haut que les mêmes plantes actuelles. — Les terrains de la
deuxième époque renferment, parmi les mollusques, des *gryphées*, des *ammonites ;* ils offrent un grand nombre de reptiles gigantesques : le *plésiosaure*, le *ptérodactyle*, l'*ichthyosaure*, le *géosaure*, le *phytosaure*, le
pleurosaure, etc. ; des poissons semblables au brochet, au hareng, etc., mais aucun mammifère. Les végétaux
appartiennent à la famille des conifères et à celle des cycadées : on y retrouve, parmi les phanérogames, des
genres de la famille des naïades. — Dans la troisième époque, les mammifères commencent à se montrer : ce
sont, parmi les pachydermes, le *palæotherium*, l'*anoplotherium*, le *mastodonte*, l'*hippopotame*, le *rhinocéros*, le
tapir, etc.; parmi les rongeurs, le *castor*, le *loir*, l'*écureuil;* parmi les carnassiers, le *coati*, la *genette*, la *sa-
rigue;* parmi les ruminants, le *bœuf ;* parmi les mammifères amphibies, le *phoque*, le *lamantin*, la *baleine*, etc.
Les oiseaux se rapprochent des *cailles*, des *bécasses*, de l'*ibis*, du *cormoran*, du *busard*, de la *chouette*, etc. Les
reptiles se rapprochent des *salamandres*, des *tortues*, des *crocodiles*, etc. Les poissons et les mollusques sont
très-nombreux. On voit de nombreuses plantes phanérogames. — Dans la quatrième époque, on ne retrouve
presque plus de traces des animaux des premières époques perdus aujourd'hui; tout au contraire, les pachy-

cation de ce terrain n'est pas une invention née de la discussion actuelle; j'ai figuré et désigné ainsi le terrain dont il s'agit, de concert avec M. Dufrenoy, sur la *carte géologique détaillée du nord de la France*, à l'échelle de $\frac{1}{80,000}$, qui a été exposée, en 1855, au palais de l'Industrie. Déjà plusieurs années auparavant, M. du Sonich, ingénieur en chef des mines, l'avait figuré sur sa Carte géologique du département du Pas-de-Calais, et notre savant confrère M. Antoine Passy l'a également figuré sur sa Carte géologique du département de la Seine-Inférieure, présentée l'année dernière à l'Académie.

« La carte géologique détaillée n'indique dans la vallée de la Somme, près d'Abbeville (je ne parle pas ici d'Amiens), que trois terrains : la *craie blanche* supérieure, l'*alluvion tourbeuse* et les *dépôts meubles sur des pentes*.

« Les dépôts meubles sur des pentes sont contemporains de l'alluvion tourbeuse, et de même que la tourbe, ils peuvent contenir des produits de l'industrie humaine et des ossements humains. Mais ces mêmes dépôts (sortes de *post-diluvium*), étant formés de débris détachés et entraînés, par les agents atmosphériques (les orages, les gelées, les neiges, etc.), peuvent contenir en même temps que ces débris, tout ce que contiennent les petits dépôts diluviens répandus partout à la surface et dans les anfractuosités des roches en place, notamment des dents et des ossements d'éléphant, d'hippopotame, etc., qui sont au nombre des matières que le transport et l'action des agents extérieurs détruisent le plus difficilement.

« Les hommes et les éléphants, dont les ossements seraient confondus dans un pareil dépôt, n'auraient pas été nécessairement contemporains, et l'état de conservation différent de leur matière gélatineuse suffirait, suivant moi, pour avertir qu'ils remontent à des époques très-différentes. Quant aux haches en silex véritablement antiques, il serait naturel, ce semble, de les rapporter à l'*âge de pierre* des habitations lacustres de la Suisse : or, les habitations lacustres étant coordonnées au niveau *actuel* des lacs, on peut affirmer qu'elles sont post-diluviennes ; car dans les lacs de la Suisse, dans ceux même, s'il en existe, dont le lit n'a pas été façonné par le phénomène erratique ou diluvien, le niveau actuel des eaux ne date que des derniers effets de ce puissant phénomène, qui ont laissé le seuil de chaque lac tel que nous le voyons aujourd'hui.

« Je ne crois pas que l'espèce humaine ait été contemporaine de l'*elephas primigenius*. Je continue à partager, à cet égard, l'opinion de M. Cuvier. L'*opinion de Cuvier* est une création du génie ; elle n'est pas détruite. »

— M. MILNE-EDWARDS répond qu'il ne se considère pas comme ayant autorité pour discuter avec son savant confrère, M. Élie de Beaumont, la question stratigraphique relative à l'âge du grand dépôt de cailloux, de gravier et de sable qui occupe la vallée de la Somme autour d'Abbeville et d'Amiens, et qui renferme sur plusieurs points, notamment à Moulin-Quignon, à Menchecourt et à Saint-Acheul, des produits de l'industrie humaine à côté d'os fossiles du

dermes actuels, tels que l'*hippopotame*, le *tapir*, le *cochon*, l'*éléphant*, le *cheval*, rares précédemment, y deviennent très-nombreux. — La cinquième époque est l'époque actuelle, celle où l'homme apparaît. Ces cinq époques d'organisation correspondent à la division des terrains.

Par rapport au mode et à l'époque de leur formation, on distingue trois grandes classes de terrains : la première se compose du *terrain primitif* ou *terrain de cristallisation stratiforme*, formé autour de la masse terrestre, encore fluide et incandescente ; la deuxième embrasse tous les *terrains sédimentaires*, résultant, soit d'une précipitation mécanique ou chimique, soit d'un transport, terrains dont la structure, les fragments roulés et les débris organiques qu'ils contiennent, dénotent l'action des eaux ; la troisième comprend les *terrains plutoniques*, produits d'épanchements et d'éruptions ; ce sont des roches de cristallisation comme celles de la première classe, mais qui se sont formées à toutes les époques géologiques, et le plus souvent sans stratification apparente. Autrefois on divisait les terrains, d'après Werner, en terrains primitifs, terrains de transition, terrains secondaires, terrains tertiaires et terrains d'alluvion ; cette classification, bien que n'étant plus l'expression de la science actuelle, est encore employée lorsqu'il s'agit de généraliser. (Bouillet.)

mammouth et d'autres animaux dont l'espèce est éteinte aujourd'hui. Il laisse cette discussion aux géologues, dont l'opinion est déjà connue par leurs écrits, et il ajoute qu'il a employé le mot *diluvium* pour désigner ce terrain, parce que ce nom, quelque fausse que puisse être l'idée que l'on y attache quelquefois, avait été souvent prononcé dans l'enquête dont il rend compte; et lui avait paru être accepté *par tous les géologues qui se trouvaient avec lui à Abbeville.* Il y avait entre ces savants quelque dissidence d'opinion relativement au synchronisme de certaines divisions de ce terrain, mais il lui semble que *tous* s'accordaient avec M. Prestwich pour considérer l'ensemble de ces dépôts comme appartenant à la période quaternaire, et comme n'ayant pas été remanié depuis l'époque actuelle.

M. Milne-Edwards croit devoir ne pas discuter cette question géologique, qui n'est pas de sa compétence; mais il ne s'imposera pas la même réserve au sujet de la question zoologique touchant l'existence contemporaine de l'homme et de divers animaux dits antédiluviens, dont les os se retrouvent à l'état fossile dans le terrain de transport de la vallée de la Somme, ainsi que sur beaucoup d'autres points en Europe, mais dont l'espèce est éteinte aujourd'hui. Cette contemporanéité lui semble, sinon démontrée, du moins extrêmement probable, et, dans une autre occasion, il développera les motifs de son opinion ; car la négation absolue, prononcée par son savant collègue, porte non-seulement sur le fait particulier de la vallée de la Somme, mais aussi sur tous les faits analogues signalés depuis une dizaine d'années, tant en Angleterre et en Belgique qu'en France.

— M. DE QUATREFAGES prend à son tour la parole : « Un de nos confrères me fait remarquer que la déclaration de notre illustre secrétaire perpétuel semble enlever toute valeur scientifique à la mâchoire dont on s'est tant occupé ; que, si cette mâchoire appartient à l'époque actuelle, elle n'offre guère plus d'intérêt que tout ossement retiré d'un ancien cimetière.

« Je ne sais quelle est sur ce point la manière de voir de M. de Beaumont, mais, en ce qui me concerne, j'ai une opinion fort différente. Quelle que soit la doctrine géologique reconnue pour vraie, la mâchoire trouvée par M. de Perthes n'en aura pas moins une très-grande importance au point de vue de l'anthropologie. Ses caractères la distinguent des ossements de même nature ayant appartenu aux époques gallo-romaines ou celtiques; la présence seule des haches avec lesquelles on l'a trouvée lui assigne une plus haute antiquité. D'autres faits de la même nature que celui qui vient de nous occuper seront en outre sous peu mis sous les yeux de l'Académie. Mais, dès à présent, on peut affirmer que la mâchoire de Moulin-Quignon appartient à une des plus anciennes et bien probablement à la plus ancienne des races qui ont habité le sol de l'Europe occidentale. Cette conclusion est à mes yeux entièrement indépendante des questions géologiques.

« Quant à ces dernières, je déclare encore une fois n'avoir aucune qualité pour les traiter, et si, dans mes communications précédentes, j'ai employé des expressions qui semblaient indiquer un parti pris à cet égard, c'est que je croyais me servir de termes consacrés par un usage général. »

Ainsi s'est terminée la discussion qui a tant agité une certaine classe de savants ; nous croyons qu'elle reviendra de nouveau et que M. Élie de Beaumont, qui, dans cette question, a été considéré comme ayant *enterré* la découverte si curieuse de M. Boucher de Perthes, trouvera plus tard à qui parler. Ce ne serait pas, du reste, la seule fois que M. E. de Beaumont verrait sombrer ses grandes théories.

— L'Académie procède à l'élection d'un membre de la section de physique en remplacement de feu M. Despretz. (Voir la dernière séance.)

Au premier tour de scrutin, le nombre des votants étant de 55,

    M. Edmond Becquerel obtient...... 42 suffrages.
    M. Léon Foucault................ 9 —
    M. Jamin........................ 2 —

Il y a deux billets blancs.

M. Edmond Becquerel est donc déclaré élu.

— Expériences sur la décoloration des fleurs de lilas (*syringa vulgaris L.*) dans la culture forcée ; par M. P. Duchartre. — Le lilas commun est devenu dans ces derniers temps l'objet d'une culture spéciale, curieuse par le résultat qu'elle donne, et qui a pour les physiologistes un intérêt évident, puisqu'elle montre avec quelle énergie les circonstances antérieures peuvent agir sur le principe colorant de certaines fleurs. Elle consiste, en effet, à prendre dans les pépinières, à un moment quelconque de notre long hiver, des pieds de cet arbuste appartenant aux variétés colorées, particulièrement à celle qui est connue sous le nom de lilas de Marly, et, en les soumettant à une culture forcée, c'est-à-dire opérée en serre chaude, à en obtenir, dans l'espace de deux à trois semaines, des fleurs dépourvues de leur couleur normale, en d'autres termes, à peu près entièrement blanches.

Après avoir décrit les méthodes employées depuis quarante ans par les jardiniers en vue d'obtenir des fleurs ainsi blanchies par la culture et ne trouvant aucune explication à ce phénomène dans les manœuvres observées, M. Duchartre hasarde une hypothèse que les chimistes l'ont encouragé à proposer.

« Les expériences, dit-il, dont je viens de rapporter les résultats me semblent prouver que, si le lilas commun produit des fleurs blanches lorsqu'il est cultivé en serre pendant l'hiver, cette absence du principe colorant dans ses corolles n'est due ni à la chaleur, ni à l'affaiblissement de la lumière, ni à l'arrachage, auquel je n'ai jamais cru pouvoir attribuer une grande influence sous ce rapport. Peut-être la rapidité du développement des fleurs intervient-elle, dans ce cas, comme l'une des causes efficientes du phénomène ; j'avoue néanmoins que je ne conçois guère la possibilité de son action. En dernière analyse, je me trouve conduit à chercher l'explication du fait dans l'influence de l'oxygène ozonisé, principe décolorant par oxydation des matières organiques, qui, d'après diverses observations, notamment d'après celles de M. Kosmann, doit exister en plus forte proportion dans des serres remplies de plantes que dans l'atmosphère libre. C'est sous toutes réserves que je hasarde cette hypothèse, et je n'aurais même pas osé en parler devant l'Académie si des chimistes distingués, à qui j'ai soumis mes conjectures à ce sujet, ne les avait regardées comme admissibles.

— M. le secrétaire perpétuel communique une courte note de M. Hofmann, conçue dans les termes suivants :

« *Bleu d'aniline.* — En poursuivant mes recherches sur les couleurs d'aniline, je suis arrivé à un résultat très-simple : le bleu d'aniline est la rosaniline triphénylique ; une molécule de rosaniline et trois molécules d'aniline renferment les éléments d'une molécule de bleu d'aniline et trois molécules d'ammoniaque. »

— M. Moreau-Lemoine commence la lecture d'un Mémoire sur le galvanisme, et en général sur les forces qui président à la formation et à la décomposition des corps inorganiques et organiques.

— Mémoire sur le calcul des perturbations absolues dans les orbites d'une excentricité et d'une inclinaison quelconques ; par M. C.-J. Serret (de Saint-Omer).

— Mémoire sur l'évaluation des actions électrodynamiques en unités de poids ; par M. A. Cazin, présenté par M. Pouillet.

— Mémoire sur le dosage du mercure par les volumes, à l'aide de liqueurs titrées ; par M. J. Personne. Nous publierons cette note dans nos Comptes-rendus de chimie.

— M. Boesch soumet au jugement de l'Académie une Note sur divers procédés chimiques pour la gravure et ciselure sur métal et sur verre, avec indication de diverses applications industrielles de ces procédés.

— M. Landouzy adresse un opuscule intitulé : *De l'endémie pellagreuse sans maïs.*

— L. L. Zéjszner adresse un opuscule intitulé : *Des gypses myocènes et des dépôts de sel gemme dans la partie supérieure de la vallée de la Vistule, près de Cracovie.*

— Sur la non-contemporanéité de l'homme primitif et des grandes espèces perdues de pachydermes; par M. E. Robert. — L'absence complète d'objets en ivoire travaillé et même d'ivoire non travaillé, dans les gisements celtiques, ne témoignerait-elle pas que les habitants primitifs des Gaules n'ont jamais été contemporains des grandes espèces perdues de pachydermes?

Les partisans de la contemporanéité de l'homme primitif et des grandes espèces perdues de pachydermes dans nos contrées s'appuient sur la coexistence des silex taillés et des débris de ces animaux dans les mêmes couches inférieures des atterrissements fluviatiles, qu'ils considèrent, il est vrai, comme un dépôt diluvien. Au premier abord, rien ne paraît plus spécieux; mais si l'on cherche à vouloir contrôler ces observations par d'autres obserations faites dans des circonstances toutes différentes et loin des lieux où se présentent ordinairement ces associations de produits de l'industrie humaine et de débris de grands mammifères, c'est-à-dire dans l'intérieur des plaines et sur le sommet des plateaux, de très-grands doutes s'élèvent.

M. Robert développe son opinion sur la non-contemporanéité de l'homme primitif et des grandes espèces perdues des pachydermes et conclut que tant qu'on n'aura pas rencontré de *l'ivoire* travaillé ou non travaillé dans les stations ou gisements celtiques, ainsi que dans les hypogées les plus anciennes de cette époque, il y aurait une grande présomption à dire que l'homme primitif est antédiluvien dans le sens géologique de ce mot.

— Chute des corps qui tombent d'une grande hauteur; par M. Finck.

— Sur la condensation des vapeurs pendant la détente ou la compression; par M. Dupré.

— Application de l'analyse spectrale à la question concernant l'atmosphère lunaire; note de M. J. Janssen.

— Sur une coloration rose développée dans les fibres végétales, particulièrement dans celles de l'écorce, par l'action ménagée des acides; par M. Van Tieghem.

— Sur le plâtrage des terres arables; par M. P.-P. Dehérain. — L'auteur cherche dans cette note quelle est l'action du plâtre et, après un grand nombre d'expériences dont il donne les résultats, il conclut qu'un des effets du plâtrage est de favoriser la solubilité de la potasse contenue dans la terre arable; l'auteur espère pouvoir dans la suite expliquer comment se produit cet effet si inattendu.

— Sur l'acide acétique et les acides gras volatils de la fermentation alcoolique; par M. A. Béchamp. — La majeure partie des acides volatils de la fermentation alcoolique est l'acide acétique. L'autre partie est formée d'acides gras volatils, les uns solubles dans l'eau, les autres insolubles.

— Relation d'une pluie de terre tombée dans le midi de la France et en Espagne; par M. J. Bouis. — Dans le *Messager du midi* du 8 mai 1863, on lisait : La pluie tombée dans la nuit de jeudi à vendredi dernier, dit *la Ruche d'Orange*, a offert un phénomène assez rare; nous voulons parler d'une pluie accompagnée d'une substance colorante. Vers le matin, les feuilles, fortement tachées, paraissaient atteintes d'une maladie semblable à la rouille; mais en y regardant de près, on reconnaissait bien vite la présence d'une poussière rose. Le vent ayant été au sud pendant cette même nuit, il y a lieu de présumer que le dépôt est tout simplement du *pollen* enlevé par un coup de vent, etc. M. Bouis a examiné la matière colorante tombée avec la pluie ou la neige le 1ᵉʳ mai qui n'est pas du *pollen*; elle est due à des marnes argileuses ferrugineuses mêlées de sable micacé très-fin. Cette poussière, en traversant l'atmosphère, a agi comme un filtre; elle l'a dépouillée d'une partie de ses *immondices* et s'est chargée de matière organique. Je considère ces terres, dit M. Bouis, comme utiles pour l'agriculture, et l'on pourrait les appeler, sans trop d'exagération, des *pluies d'engrais*.

Les habitants des campagnes, loin de les regarder comme un châtiment ou un objet de terreur, doivent, au contraire, remercier le ciel de ce bienfait.

— Séance levée à cinq heures et demie.

COMPTE-RENDU DES TRAVAUX DE CHIMIE.

Industrie de la verrerie en Angleterre. — Parmi les exposants de l'industrie de la verrerie au palais de Cromwell road, le *Herapath's railway Journal* cite MM. Hartley, qui ont fourni aux entrepreneurs Kelh et Lucas tout le vitrage des bâtiments de l'exposition. On a employé là 600,000 pieds carrés de verre (55,740 mètres carrés), pesant environ 300 tonnes, sans compter les 30 tonnes que chaque dôme supporte.

En voyant le développement extraordinaire qu'a pris l'industrie du verre, on a peine à croire qu'il y a trente ans à peine il n'y avait pas une feuille de verre fabriquée dans le pays. C'est à peu près à cette époque que MM. Hartley firent venir des ouvriers de l'étranger, mais la fabrication languit pendant quelque temps encore, et l'on peut dire qu'elle ne prit définitivement racine en Angleterre qu'à dater de la suppression des droits d'excise en 1845.

Aujourd'hui, la fabrique anglaise exporte dans presque toutes les parties du monde ; elle produit en moyenne, par année, une quantité de verre à vitre équivalente à une surface de 50 millions de pieds carrés (4,645,000 mètres carrés), et pesant une livre par pied carré (soit 4 k. 85 par mètre carré). On estime que chaque creuset, dans une verrerie, donne environ, par an, 150,000 à 160,000 pieds carrés de verre (13,935 à 14,864 mètres carrés), et, comme chaque four contient huit creusets, on voit ce que peut produire un seul four de cette nature. On aura donc une idée de l'importance de l'usine de MM. Hartley quand on saura qu'ils peuvent, à eux seuls, fabriquer en un an 12,500,000 pieds carrés de verre (1,161,250 mètres carrés).

Procédé de durcissement du fer et de l'acier; par M. E. Partridge. — Ce procédé consiste d'abord à chauffer l'objet à durcir dans un bain de plomb ou de tout autre métal fondu, ou même dans une cornue, de manière à le protéger contre l'action du feu ; puis, dans le bain, ou dans la cornue, ou immédiatement à sa sortie, on lui applique la composition suivante, soit en poudre, soit à l'état liquide ; après quoi, dans quelques cas, l'objet retourne au bain ou dans la cornue.

La composition se prépare avec du prussiate de potasse ou toute autre substance contenant du cyanogène, qu'on réduit en poudre et qu'on mélange avec du nitre également en poudre et du sel ordinaire. On met le feu au mélange et on broie le résidu de la combustion. La poudre qu'on obtient se liquéfie sous l'influence de la chaleur, et c'est dans cet état qu'on s'en sert pour enduire l'objet à durcir, ou bien on la mélange avec du noir animal ou végétal. L'auteur indique qu'on peut encore liquéfier la composition en la dissolvant dans une liqueur ammoniacale.

Sur la distillation des schistes et la fabrication du photogène et de la paraffine à l'usine de Steierdof (Autriche). — Dans le terrain houiller de Steierdof (banat autrichien), il existe, sur une longueur d'environ 15 kilomètres et sur une épaisseur de 95 mètres, un gisement de schiste bitumineux affleurant jusqu'à la surface du sol et contenant assez d'éléments volatils pour être distillé. On extrait ce schiste soit par puits, soit par galeries, en même temps qu'on exploite le minerai de fer (blackbaud), qui se rencontre dans le même terrain et qui alimente les hauts fourneaux de l'Anina.

Une usine à distiller ces schistes a été établie à Steierdof par la Société autrichienne I. R. P. des chemins de fer de l'État ; elle comprend cinquante cornues en fonte et à bain de plomb, et est installée pour une production annuelle de 560 tonnes de goudron, susceptible d'être augmentée.

Le goudron est rectifié dans un établissement spécial construit à Orawieza, près de la station du chemin de fer. Cet établissement renferme une machine à vapeur de 20 chevaux, 16 cornues à bains de plomb, 4 chaudières de distillation, 2 presses hydrauliques, une presse pour façonner la paraffine, un atelier de fabrication du sulfure de carbone, enfin divers autres ateliers au nombre desquels ceux de réparation.

Les produits fabriqués sont la paraffine et l'huile de schiste, d'un poids spécifique de 0.820 à 0.840 ; celle-ci brûle d'une manière satisfaisante dans toutes les lampes à photogène, et est destinée en grande partie à l'éclairage des chemins de fer. En substituant ces huiles à celles de colza, sur son réseau de 1,323 kilomètres, la Compagnie compte réaliser en moyenne une économie annuelle de 100,000 francs.

Nouvelle fabrication de savon; par M. RIOT, à Marseille. — Dans le but d'utiliser toutes les parties des huiles, afin de les transformer complétement en savon sans aucun déchet et afin de constituer économiquement un savon d'une composition déterminée à l'avance, M. Riot a songé à transformer préalablement la glycérine des huiles en une substance assimilable à l'oléine et à la margarine, pour l'associer à la soude et à la potasse dans la formation du savon. Il a utilisé, à cet effet, la propriété dont jouit l'acide sulfurique d'attaquer la glycérine de préférence à l'oléine et à la margarine, pour la transformer en acide sulfoglycérique pouvant former un sel avec les alcalis. Voici comment on opère dans l'usine de la Capellette, à Marseille:

On met dans une cuve de 4^m 50 de côté un mélange de 50 p. 100 d'huile d'olive et 50 p. 100 d'huile de sésame ou d'arachide ; ce mélange est préféré, parce que les huiles d'olive donnent de la dureté aux savons et coûtent fort cher. On traite le mélange par 1 p. 100 d'acide sulfurique, qu'on verse en pluie fine au moyen d'un arrosoir en plomb. Deux hommes suffisent pour ce travail ; l'un verse tandis que l'autre agite la matière. Au bout d'une demi-heure, l'huile prend une couleur d'un vert-pomme foncé. On fait alors arriver 50 p. 100 en poids de l'huile d'une lessive de soude caustique à 12^1 et on continue à agiter fortement. Un quart d'heure après on cesse de remuer, et l'on voit bientôt la matière devenir parfaitement limpide, tandis qu'une série de petits globules de savon, de la grosseur d'une tête d'épingle, apparaissent et viennent surnager ; ce sont les corps les plus saponifiables qui se sont emparés de la soude à ce faible degré. On introduit de nouveau 50 p. 100 de soude à 16° en continuant d'agiter. Les globules de savon grossissent alors et passent à l'état d'écailles. On remue encore fortement pendant quatre heures environ pour favoriser l'absorption de l'oxygène de l'air, précaution essentielle pour obtenir un savon parfait, de couleur uniforme. Enfin on ajoute 50 p. 100 de lessive de soude à 20°, et l'on continue à remuer pendant une nouvelle période de quatre heures. Le savon est alors formé, et on lui laisse prendre consistance pendant trois jours dans la cuve, où il durcit complétement. Pour 100 kil. d'huile, on obtient d'abord 250 kil. de pâte savonneuse contenant 12^m 50 de soude; puis, comme on perd 30 kil. au séchage, on n'a plus, en définitive, que 200 kil.

Voici l'analyse de ce savon comparé à celui de Marseille :

	Savon Riot.	Savon de Marseille.
Matières grasses..............	46	50
Soude......................	6	4.5
Eau.......................	48	45.5

Dans le savon de Marseille, on aperçoit encore, au microscope, de l'huile non transformée, ce qui n'existe pas pour le savon de M. Riot.

Pour faire le savon pour le blanchissage, on laisse tremper la pâte obtenue dans une solution de sel de cuisine marquant 8 degrés.

M. Riot indique que son savon jouit énergiquement de la propriété de s'empâter de toutes les matières grasses qui se trouvent dans les substances à blanchir, et qu'en outre il est absolument neutre, ce qui permettrait de l'employer sans danger pour les soies.

Nouvelle poudre à canon; par M. BENNETS. — M. W. Bennets, de Tickingmill, fabrique une nouvelle espèce de poudre à canon formée de chaux, de nitre, de soufre et de charbon.

Il commence par préparer un lait de chaux, puis, après l'avoir passé au tamis fin, il ajoute les autres substances et soumet le mélange à l'action d'une meule qui convertit le tout en pâte. Celle-ci est alors reprise et livrée à des cylindres lamineurs dont l'un est cannelé, et qui la débitent en longs rubans de section triangulaire. Ces rubans sont ensuite amenés sur une toile sans fin à larges mailles, où ils sont séchés par des cylindres à eau chaude ou à courant de vapeur ; au moyen de ce séchage, la pâte se brise, et la granulation s'opère facilement et sans danger, parce qu'elle a lieu alors que toute l'humidité n'a pas entièrement disparu.

L'inventeur indique que la poudre ainsi préparée, lorsqu'elle est bien sèche, présente un grain ferme, grâce à la présence de la chaux, qui aurait, en outre, l'avantage de la préserver plus efficacement de l'humidité. Il indique également que dans la préparation on peut substituer à la chaux le plâtre de Paris, ou quelque ciment, comme le ciment romain ou celui de Portland. Enfin, pour la préparation de la poudre de mine, il recommande les proportions suivantes :

Nitre............................	65 parties
Charbon	18 —
Soufre...........................	10 —
Chaux...........................	7 —

Papier couvert de pierre à fusil pour travailler les bois et les métaux ; par MM. Mehrstedt et Lindemann. — On emploie depuis longtemps de grandes quantités de papier couvert de verre ou de sable pour polir le bois ; le premier, plus mordant, attaque plus fortement la matière, mais, à cause de la fragilité du verre, s'use plus rapidement. On a introduit récemment dans le commerce un papier qui semble réunir les deux avantages, le mordant et la durée, parce qu'il est couvert de pierre à fusil réduite en poudre fine, dont les particules sont très-tranchantes. On fixe cette poudre, avec de la colle, sur du papier, de la toile ou du coton.

Une fabrique vient d'être établie à Wandsbeck près de Hambourg, et livre en dix numéros, selon la grosseur du grain, ce papier, qui, dit-on, est un peu plus cher que le papier couvert de sable ou de verre, mais qui rachète avantageusement cette différence de prix par une beaucoup plus longue durée.

Pour les métaux, à l'exception de l'acier, ce papier peut être employé avec un grand succès et remplacer le papier émerisé, qui est beaucoup plus cher.

Fabrication de creusets en stéatite. — La propriété que possède la stéatite de soutenir le feu le plus violent sans perdre de son volume, sans se gercer, sans se fondre, et même de devenir si dure qu'elle fait feu sous le briquet, enfin de résister aux acides, rend ce minéral très-convenable pour la fabrication des creusets.

Les creusets en argile ordinaire sont attaqués par les alcalis et laissent souvent échapper les substances en fusion ; ceux de Hesse, en argile siliceuse, fondent à la température des fours à porcelaine ; ceux d'argent, d'or ou de platine ne peuvent servir pour les métaux ; mais ceux que l'on fait en stéatite conviennent, au contraire, pour tous les travaux, et doivent être d'autant plus recommandés que l'abondance de cette matière dans le règne minéral permet de l'obtenir à très-bon marché.

CORRESPONDANCE.

Nous publions plus bas une lettre que nous avons adressée à M. Francisque Renard. Nous aurions préféré que cet honorable manufacturier se contentât des regrets que nous lui avions spontanément manifestés, dès le 10 mai dernier, pour une polémique qui, nous le confessons, avait été presque injurieuse. Mais M. Renard ayant exigé davantage, nous n'avons pas cru pouvoir résister à ses désirs.

La Cour, dont nous avions publié l'arrêt dans notre livraison du 15 avril, a reconnu à M. F. Renard tout ce qu'il nous a demandé de reconnaître aussi après elle, si toutefois l'arrêt nous avait convaincu. C'est certainement très-flatteur pour nous de savoir que M. F. Renard, armé de l'arrêt de la Cour, désire cependant nous voir déclarer aussi qu'il est bien l'inventeur de l'application du rouge d'aniline à la teinture   D^r Q.

« Paris, 18 mai 1863.

« A Monsieur FRANCISQUE RENARD.

« Sachant que vous étiez à Paris, j'ai vainement cherché à vous voir pour vous donner l'explication de la polémique à laquelle je me suis livré, contre vous, dans le *Moniteur scientifique*, et vous faire connaître les causes qui avaient modifié ma première opinion : elle vous était, dans le principe, vous le savez, entièrement favorable ; mais la production des brevets Roquencourt et Dorot et les affirmations qui accompagnaient cette production, réunies à la communication faite par M. Balard à l'Académie des sciences, m'avaient semblé devoir vous déposséder des droits d'inventeur.

« Telle est l'opinion que j'ai voulu développer. Entraîné par l'ardeur de la polémique, j'ai eu tort d'introduire dans une discussion, qui aurait dû rester industrielle et scientifique, des personnalités blessantes pour un homme qui, comme vous, honore l'industrie.

« Je le reconnais avec d'autant plus d'empressement que les explications que vous avez fournies sur le brevet Roquencourt et sur le projet primitif de ce brevet l'ont, pour moi, mis à néant, de même que le rapport de M. Balard sur l'Exposition de 1862 a mis à néant la communication qu'il avait antérieurement faite à l'Académie, et qui m'avait impressionné. Enfin, ce qui achève ma conviction, c'est la reconnaissance éclatante de vos droits d'inventeur par M. Hoffmann lui-même.

« Ces différents points me paraissent aujourd'hui concluants, comme ils l'ont été pour les magistrats. Si je les avais connus plus tôt, et si mon attention avait été appelée sur le travail de Gerhardt de 1845, j'aurais persisté à dire, comme je l'ai plusieurs fois écrit, que c'est bien à vous seul que l'industrie est redevable de ce riche produit. Permettez-moi d'espérer, Monsieur, que ces franches et loyales explications, jointes à l'expression de mes regrets, mettront fin au différend qui existait entre nous.

« Veuillez bien agréer l'assurance de tout mon respect.   Dr QUESNEVILLE. »

VARIÉTÉS.

—

Sur la fabrication des chapeaux de paille dits de Panama. — Dans notre livraison 60 du *Moniteur Scientifique*, nous avons donné l'histoire de cette industrie d'après M. Carrey, qui l'a étudiée sur les lieux ; nous allons publier aujourd'hui une note d'un journal anglais sur leur fabrication. « Depuis quelques années, dit *the Technologist*, le commerce des chapeaux de paille dits *chapeaux de Panama* a pris une grande extension ; les vrais chapeaux de Panama proviennent de ce pays, où on les fabrique avec les feuilles d'une plante de la famille des pandanées, classée sous le nom de *Carludo vica palmata ;* mais il s'en faut de beaucoup que tous les articles de ce genre aient la même origine, car il est plusieurs villes de l'Équateur qui en fabriquent une grande quantité. Ceux de qualité supérieure ne viennent qu'en petit nombre en Europe, à cause de leur prix élevé qui en rend l'importation difficile ; la majeure partie s'en consomme en Amérique et aux Indes occidentales, où il n'est pas rare d'en voir payer jusqu'à 150 dollars la pièce (750 fr.).

« On sait les qualités précieuses qui distinguent le vrai chapeau de Panama. Fait d'un seul morceau, d'une légèreté qui permet de le tenir dans la poche sans crainte de l'abîmer. Pendant la saison des pluies, il se salit facilement ; mais il suffit de le laver avec de l'eau et du savon, puis de le frotter avec un lait de chaux léger et de le laisser sécher au premier soleil pour lui rendre toute sa blancheur. Quant à sa fabrication, voici comment on procède :

«Avant le tressage, qui est la dernière opération, les feuilles de la plante doivent subir divers traitements pour passer à l'état de paille. Ainsi, on les cueille avant qu'elles ne se déploient, et on leur enlève toutes les côtes ; les parties qui restent et qui tiennent encore ensemble par leur base constituent des espèces de rubans qu'on laisse sécher au soleil pendant une journée. Après séchage, on les réunit én paquets et on les plonge dans l'eau bouillante, puis on les suspend à l'ombre, où le blanchiment s'opère au bout de deux ou trois jours. Dans cet état, la paille est prête à être employée ; on l'expédie alors sur différents points du pays, et surtout au Pérou, où les Indiens en font des chapeaux, ainsi que d'autres ouvrages tels que des étuis à cigares ; ces derniers sont faits avec une délicatesse et une perfection telles, qu'ils se vendent parfois jusqu'à 6 livres la pièce (150 fr.). Le tressage des chapeaux est fait sur une forme que l'Indien tient entre ses genoux ; l'ouvrage commence au centre de la calotte et se termine sans interruption au bord extrême du chapeau. Le temps qu'on passe à l'exécution dépend de la qualité de l'ouvrage ; ainsi, un chapeau ordinaire se fait en deux ou trois jours, tandis qu'il faut plusieurs mois pour en tresser un de qualité supérieure. Cette industrie réclame, en outre, certaines précautions qui tiennent à la nature du temps. Les meilleurs moments pour tresser sont les heures du matin, où l'air est chargé de vapeurs, et surtout la saison des pluies. Quand l'air est trop sec, la paille n'est plus assez souple, elle tend à se briser, et l'on est obligé de faire des nœuds qui enlèvent à l'ouvrage une grande partie de sa valeur. »

BIBLIOGRAPHIE SCIENTIFIQUE

(Extrait du *Journal de la Librairie.*)

Suite du N° 11. — 14 mars.

Dunaud. — *Notice physiologique sur les maladies chroniques et leur cure par une thérapeutique végétale.* In-8, 30 pages.

Mémoires de l'Académie impériale des sciences de Lyon. Classe des sciences. Tome XII. In-8, 494 pages. Librairie Savy, à Lyon, et Librairie Durand, à Paris.

Moll et Gayot. — *Encyclopédie pratique de l'agriculteur.* Tome VIII. In-8, 464 pages. Avec figures dans le texte. Prix : 7 fr. Librairie Firmin Didot, à Paris.

Pradal et Malepeyre. — *Nouveau manuel complet du parfumeur.* In-18, 380 pages. Prix : 3 fr. Librairie Roret, à Paris.

Reveil. — *Des désinfectants et de leurs applications à la thérapeutique.* In-8, 38 pages, Librairie Asselin, à Paris.

Rouget de Lisle. — *Manuel du fabricant d'eaux et boissons gazeuses,* etc. In-18, 447 pages. Ouvrage orné de plus de 200 figures gravées sur acier et sur bois. Prix : 3 fr. 50 c. Librairie Roret, à Paris.

Séance publique annuelle de la Société impériale d'agriculture, compte-rendu des travaux de la Société, etc. In-8, 106 pages. Librairie veuve Bouchard-Huzard, à Paris.

Teissier (D'). — *Du goître exophthalmique.* In-8, 46 pages. A Lyon. Librairie Savy, à Paris.

Texier (D'). — *Observation de rage.* In-8, 15 pages. A Alger.

N° 12. — 21 mars.

Auriac (d'). — *De la production du froid.* Applications industrielles. Appareils Carré. Grand in-18, 143 pages. Librairie Victor Masson, à Paris.

BABINET. — *Études et lectures sur les sciences d'observation et leurs applications pratiques.* 7ᵉ volume. In-12, 225 pages. Prix : 2 fr. 50 c. Librairie Mallet-Bachelier, à Paris.

BARTHEZ. — *Discours académique sur le principe vital de l'homme,* prononcé le 31 octobre 1772. Traduit du latin par A. Espagne. In-4, 42 pages. 2ᵉ édition. A Montpellier.

COSTE (Dʳ). — *De l'hystérie considérée principalement au point de vue de sa nature et de ses causes.* Thèse de la Faculté de Montpellier. In-4, 120 pages. A Montpellier.

FOURIAUX (Dʳ). — *Compte-rendu des travaux de la Société médicale de Clermont-Ferrand pendant l'année 1862. 6ᵉ année.* In-8, 62 pages. Librairie Ucibaud, à Clermont-Ferrand.

GIRBAL (Dʳ). — *Coup d'œil sur la pyréthologie.* In-8, 120 pages. A Paris, librairie Asselin.

GRAVES (Dʳ). — *Leçons de clinique médicale.* 2ᵉ édition. Tome IIᵉ. In-8, 761 pages. Librairie Delahaye, à Paris. Prix des deux volumes : 20 fr.

HUBAC (Dʳ). — *Discussion et considérations pratiques sur quelques cas de hernies inguinales étranglées.* Thèse de la Faculté de Montpellier. In-4, 47 pages. A Montpellier.

LAMY. — *De l'existence d'un nouveau métal, le thallium.* In-8, 42 pages. A Lille.

LANDETA (Dʳ). — *Réflexions sur quelques tumeurs sublinguales.* Thèse de la Faculté de Paris. In-4, 64 pages, à Paris.

MANGON-HERVÉ. — *Expériences sur l'emploi des eaux dans les irrigations sous différents climats.* Grand in-8, 136 pages et 1 planche. Librairie Dunod, à Paris.

Mémoires de l'Academie des sciences, etc., du département de la Somme. 2ᵉ série. Tome IIᵉ. In-8, 647 pages. A Amiens.

Mémoires de la Société impériale des sciences, etc., de Lille. Année 1862. 2ᵉ série. 9ᵉ volume. In-8, 772 pages et 12 planches. Librairie Quarré, à Lille, et M. Didron, à Paris.

PÉRIER. — *Action de l'argent métallique sur le citrate ferrique.* In-8, 13 pages. A Bordeaux.

PETIT. — *Évolution spontanée.* In-8, 15 pages. A Lille. (Extrait du *Bulletin médical du nord de la France*).

SCHLEGEL. — *Théorie des équivalents chimiques,* à l'usage des élèves de mathématiques spéciales. In-8, 47 pages. Librairie Dezobry, à Paris.

Solution du premier problème alchimique. — Médecine et pierre philosophale. In-8, 12 pages. Librairie Germer-Baillière, à Paris.

Nᵒ 13. — 28 mars.

Bulletin de la Société médicale des hôpitaux de Paris. Tome II, années 1853, 1854, 1855. In-8, 515 pages, à Paris.

CHALVET (Dʳ). — *Considérations sur l'influence dans la pathogénie et dans le traitement des plaies.* In-8, 40 pages.

Connaissance des temps, ou *les Mouvements célestes.* à l'usage des astronomes et des navigateurs, pour l'an 1864, publiée par le Bureau des longitudes. In-8, 528 pages. Librairie Mallet-Bachelier.

FALLOUX (de). — *Dix ans d'agriculture.* In-8, 47 pages. Prix : 1 fr. Librairie agricole.

MARTIN (Dʳ). — *Traité pratique des maladies des yeux,* avec 17 figures explicatives et 10 dessins coloriés. In-12, 320 pages. Prix : 5 fr. Librairie J.-B. Baillière.

SERRES (de). — *Traité des roches simples et composées,* etc. In-8. 292 pages. Prix 3 fr. Libr. Lacroix, à Paris.

THÉVENIN. — *Hygiène publique,* Travaux de MM. Adelin, Baude et Conseil de salubrité de la Seine. In-18, jésus, 239 pages : Prix : 2 fr. 50 c. Librairie G. Baillière.

Nᵒ 14. — 4 avril.

BEZON — *Dictionnaire général des tissus anciens et modernes.* 2ᵉ édition. Tome VII, in-8. 384 p. Prix : 7 fr. 50 c. Librairie Savy. à Paris.

Bulletin de la Société de chirurgie de Paris pendant l'année 1862. — 2ᵉ série. Tome III, in-8, 649 pages. Librairie Vᵉ Masson, à Paris.

Comte (Achille). — *Légendes explicatives des planches murales d'histoire naturelle.* Grand in-4, 38 pages. Librairie Charpentier, à Paris.

Delmas (D^r). — *Des luxations traumatiques de la symphise sacro-illiaque.* Thèse de la Faculté de Strasbourg. In-4, 25 pages, à Strasbourg.

Dunaut (D^r). — *Recherches et observations sur l'hytéro-épilepsie.* Thèse de la Faculté de médecine de Paris. In-4, 74 pages.

Forney. — *Le Jardin fruitier,* etc. 2e série. In-8, 312 pages. Prix : 4 fr., à Paris.

Loisel. — *Asperge, culture naturelle et artificielle.* 2e édition. In-12, 107 pages. Prix : 1 fr. 25 c. Librairie agricole, à Paris.

Massé (Jules) (D^r). — *L'art de soigner les malades.* 8e édition. In-18, jésus, 324 pages. Prix : 2 fr. 50 c. Librairie Brunet, à Paris.

Mémoires de l'Académie impériale des sciences, arts, etc., de Caen. In-8, 556 pages. Librairie Hardel, à Caen.

Ollier (D^r). — *Des tendances actuelles de la chirurgie.* In-8, 38 pages, à Lyon.

Pierre (J. J.). — *Chimie agricole,* ou *l'Agriculture considérée dans ses rapports principaux avec la chimie.* 4e édition. In-18, jésus, 560 pages. Prix : 4 fr. Librairie agricole, à Paris.

Sicard (D^r). — *Essai sur la douleur au point de vue physiologique.* In-8, 39 pages. A Marseille.

Woillez (D^r). — *De l'emploi du tannin dans les affections des organes respiratoires, et principalement dans la phthisie pulmonaire.* In-8, 26 pages. A Paris.

BREVETS D'INVENTION PRIS EN FRANCE EN 1862
Arts chimiques et Industries qui s'y rattachent. (N° 8.)

Acide acétique concentré. — Procédé de fabrication par Decat, chez Trussy, rue Rochechouart, 82, à Paris. Brevet du 6 septembre, n° 52468.

Affinage des matières de cuivre contenant de l'or et de l'argent, perfectionnement dans les procédés ; par Dubois-Caplain, chez Mathieu, à Paris, rue Saint-Sébastien, 45. Brevet du 6 septembre, n° 55539.

Alizarine d'or. — Par Cottance, rue des Lombards, 19, à Paris. Brevet du 10 septembre, n° 55535.

Allumettes. — Préparation chimique d'allumettes et surfaces frottantes sans phosphore ; par Hyerpe, Sundsledt et Holhgren, chez Ricordeau, boulevard de Strasbourg, 23. Paris. Brevet du 19 septembre, n° 55628.

Appareils propres à produire du froid dans le vide et au moyen de corps hygrométriques ; par Carré, rue Moret, 2, à Paris. Brevet du 1er septembre, n° 55432.

Assainissement des habitations par une composition dite *chlorhydrine* ; par Pellet fils aîné, chez Ricordeau, boulevard de Strasbourg, 23, à Paris. Brevet du 29 septembre, n° 55755.

Bière. — Modérateur de fermentation de la bière ; par Schœnig, rue Sainte-Anne, 16, à Besançon. Brevet du 17 septembre, n° 55577.

Carbonate de soude. — Fabrication par l'emploi du sulfure de sodium ; par Verstract et Olivier, rue Sainte-Croix-de-la-Bretonnerie, 18, à Paris. Brevet du 20 septembre, n° 55642.

Clarification des liquides. — Perfectionnements ; par Vollmar, chez Mathieu, rue Saint-Sébastien, 42, à Paris. Brevet du 11 septembre, n° 55613.

Coffre à médicaments, dit pharmacie marine ; par Duhamelet, quai Berigny, à Fécamp (Seine-Inférieure). Brevet du 18 septembre, n° 55561.

Composés explosifs. — Perfectionnements dans leurs fabrications ; par Revy, chez Basset, boulevard Montmartre, 14, à Paris. Brevet du 3 septembre, n° 55451. (Patente anglaise.)

Composition pour le graissage des machines; par Dargaud, chey Ricordeau, boulevard de Strasbourg, n° 23, à Paris. Brevet du 1er septembre, n° 55436.

Composition d'une substance dite pâte de carbone; par Stocker, quai Saint-Antoine, 33, à Lyon. Brevet du 16 septembre, n° 55611.

Concentration des eaux minérales naturelles par voie de congélation; par Mouliac, chez Zacharie, rue de Bourbon, 40, à Lyon. Brevet du 15 septembre, n° 55608.

Conservation des viandes de boucherie, volailles, gibiers, poissons, etc.; par Brunel, chez Claye, rue de Mulhouse, 4, à Paris. Brevet du 5 septembre, n° 55531.

Chromates de potasse et de soude, addition du 12 septembre, par Poussier, à son brevet, n° 45778.

Décoloration et purification de diverses matières; par Martz, chez Guion, boulevard de Strasbourg, 23. Brevet du 24 juillet, n° 55632.

Désinfection des huiles et essences minérales; par Dame Viard. Addition du 13 septembre à son brevet, n° 55204.

Eaux Vannes. — Leur traitement; par Margueritte, etc. Brevet d'addition du 28 août, n° 48998.

Essence de goudron. — Appareil et moyens pour la purification; par Launay et Dominé, chez Brade, boulevard Beaumarchais, 54, à Paris. Brevet du 12 septembre, n° 55597.

Essence de Canada dite à détacher. — Par Duport, Montée Saint-Laurent, 9, près la Quarantaine, à Lyon. Brevet du 4 septembre, n° 55409.

Gélatine des os. — Procédé d'extraction; par Rocher jeune, chez Ricordeau, à Paris, boulevard de Strasbourg, 23. Brevet du 30 août, n° 55453.

Goudrons. — Découverte, dans les goudrons de tourbe, dits aussi *goudrons azotés,* de tous les sous-produits retirés ordinairement du goudron de houille, et fabrication, ou plutôt transformation successive de la totalité des goudrons en sous-produits; par Lavigne, chez Lavialle, boulevard Saint-Martin, n° 29, à Paris. Brevet du 13 septembre, n° 55598.

Huile pour graissage mécanique; par Ortlier, chez Ansart, boulevard Saint-Martin, 33, à Paris. Brevet du 17 septembre, n° 55635

Huile essentielle de pétrolium et son application à la composition des peintures et vernis; par Cogniet, Maréchal et comp°, rue de la Chaussée-d'Antin, 27 bis, à Paris. Brevet du 1er septembre, n° 55434.

Lichens tinctoriaux. — Procédés perfectionnés de traitement des lichens, lesquels sont applicables à d'autres substances; par Huillard aîné, rue Vieille-du-Temple, 15, à Paris. Brevet du 9 septembre, n° 55542.

Maladie de la vigne. — Liquide Gommard pour l'oïdium; par Gommard, allée Saint-Michel, 47, à Toulouse (Haute-Garonne).

Malt. — Perfectionnements apportés à la production du malt pour la fabrication des alcools et de la bière et aux appareils qui s'y rapportent; par Hopfner, chez Mathieu, rue Saint-Sébastien, 45, à Paris. Brevet du 20 septembre, n° 55655.

Matière colorante applicable à la teinture et à l'impression; par Clavel, rue Dauphine, 20, à Paris. Brevet du 30 septembre, n° 55738.

Mordant applicable sur coton; par Beck et comp°, chez Lavialle, boulevard Saint-Martin, 29, à Paris. Brevet du 18 septembre, n° 55616.

Mordants applicables à la teinture et à l'impression des fils et tissus d'origine animale ou végétale; par Saillard et comp°, rue Danguy, faubourg Saint-Sever, à Rouen. Brevet du 6 septembre, n° 55426.

Néoline. — Composition pour la peinture en bâtiment; par Caubet et comp°, chez Ricordeau, à Paris, boulevard de Strasbourg, 23, à Paris. Brevet du 23 septembre, n° 55710.

Paraffine. — Épuration et blanchiment. Brevet d'addition du 30 août à Cogniet, n° 51015.

Peinture à base de benzine sur fer, fonte, zinc et autres métaux; sur bois, plâtre, ciment, pierre, et, en général, sur tous les corps solides métalliques ou non métalliques; par Oudry, à Paris-Auteuil, route de Versailles, 10 bis. Brevet du 26 septembre, n° 55726.

Pétroléum.—Diverses application; par Chartier et comp°, rue Lamartine, 23, à Paris. Brevet du 22 juillet, n° 55555.

Poudre de verre pilé; par Darrieux et comp°, à Caudéran (Gironde). Brevet du 18 septembre, n° 55559.

Résidus de la distillation du boghead-coal, cannel-coal, par rot-coal, et autres charbons de terre analogues, leur utilisation par Koch, chez Ricordeau, à Paris, boulev. de Strasbourg, 23. Brevet du 29 septembre, n° 55751.

Sucre. — Perfectionnements dans la fabrication; par Beaurin, chez Illy, rue du faubourg-Montmartre, 17, à Paris. Brevet du 28 août, n° 55399.

Sucre. — Perfectionnements dans la fabrication; par Tinken, chez Mathieu, rue Saint-Sébastien, n° 45, à Paris. Brevet du 23 septembre, n° 55680.

Sulfure d'antimoine. — Perfectionnements dans son traitement et dans la manière d'en obtenir les produits; par Glass, chez Basset, boulevard Montmartre, n° 14, à Paris. Brevet du 27 septembre, n° 55717.

Teinture de caoutchouc vulcanisé; par Belhomme, passage Dubois, 17 (Maison-Blanche). Brevet du 13 septembre, n° 55586.

Vernis. — Application, dans les vernis, des matières colorantes extraites de la houille; par Egasse, rue des Vinaigriers, 20, à Paris. Brevet du 2 septembre, n° 55,439.

Vernis. — Procédé de fabrication des vernis, du noir d'imprimerie et des couleurs à enduire et à imprimer; par Steinert, chez Ricordeau, à Paris, boulevard de Strasbourg, n° 23, à Paris. Brevet du 19 septembre, n° 55639.

Procédés propres à brunir les roches jaspoïdes, les jaspes purs, pierres de lapidaires, et toutes pierres dures en général; par Tamisier, chez Ansart, à Paris, boul. Saint-Martin, 37. Brevet du 4 septembre, n° 55489.

Décortication. — Procédé applicable à toutes les graines en général; par Lemoine, rue Saint-Paul, 34, à Paris. Brevet du 6 septembre, n° 55511.

Verre. — Emploi du coquillage de l'huître et de tous autres testacés en remplacement de la chaux, dans la fabrication du verre; par Ballouhey, à la Rochère (Haute-Saône). Brevet du 13 septembre, n° 55525.

Table des matières de la 154ᵉ Livraison. — 15 mai 1863.

23510 Paris, Imp. RENOU et MAULDE.

RAPPORT

SUR

LES PRODUITS CHIMIQUES INDUSTRIELS (CLASSE II, SECTION A)

DE

L'EXPOSITION INTERNATIONALE DE LONDRES EN 1862.

Par M. A.-W. HOFMANN.

(SUITE. — Voir le *Moniteur scientifique*, livraison 154, p. 361, et livraison 155, p. 401.)

CARBONATE DE SOUDE.

Nous devons à l'illustre Leblanc la découverte à jamais mémorable du procédé, universellement employé maintenant, pour la fabrication du carbonate de soude au moyen du sel marin ; cette découverte occupe un rang des plus distingués dans les annales de l'industrie, non-seulement parce qu'elle est de beaucoup la plus importante de toutes les inventions chimico-industrielles, mais encore, et c'est un fait remarquable, parce qu'elle a *été créée parfaite du premier jet*. Toutes les autres grandes industries chimiques se sont perfectionnées lentement, par suite du travail et des efforts des inventeurs qui s'en sont successivement occupés ; mais le procédé Leblanc, le plus important de tous, est encore aujourd'hui ce qu'il fut quand cet homme célèbre en dota l'humanité : la meilleure et la plus simple des méthodes pour opérer la plus précieuse de toutes les transformations connues. Quoique quatre-vingt-six années se soient écoulées depuis cette splendide découverte, et quoique de nombreuses recherches aient été entreprises dans le but de la perfectionner, on suit encore presque universellement les indications primitives données par Leblanc et ce ne sont que quelques modifications comparativement peu importantes qui y ont été apportées.

Historique du procédé Leblanc. — On aurait pu croire qu'un procédé qui, dès son début, fut examiné par une commission gouvernementale formée d'hommes les plus compétents ; et qui, après avoir été soumis à des essais comparatifs exécutés avec le plus grand soin, fut approuvé et recommandé dans un rapport officiel des plus détaillés, aurait été adopté et pratiqué presque immédiatement dans toute l'Europe, et aurait rapporté à son inventeur des bénéfices proportionnés à sa valeur. Si jamais Leblanc conçut des espérances aussi légitimes, il dut éprouver un cruel désappointement. Leblanc lui-même ne récolta jamais les fruits de son admirable découverte. Cet homme, qui fut certainement un des grands bienfaiteurs de l'humanité, et auquel, depuis longtemps, la France et l'Angleterre auraient dû élever une statue, vécut dans la pauvreté et mourut de désespoir. Créateur d'incalculables richesses pour ses semblables, il manqua lui-même de pain : et, « après avoir doté l'humanité de soude à bon marché, c'est-à-dire après avoir mis à sa portée le verre et le savon, la lumière et la propreté à bon marché, et cent autres avantages qui constituent des bienfaits inappréciables, on souffrit, pour la honte de l'Europe, qu'il allât finir ses jours dans un hôpital. Il y languit, triste naufragé de la fortune, de la santé, de l'espérance, jusqu'à ce que la raison elle-même l'abandonna à la fin et que, insensé, il périt de sa propre main (F. O. Ward). » Le Rapporteur sent qu'il n'est que l'organe d'un sentiment universel, en offrant ici le tribut d'un hommage plein de reconnaissance à la mémoire impérissable de Leblanc, et l'expression de la douleur, non exempte de honte, inspirée par son malheureux sort. Il est également persuadé, qu'on partage universellement avec lui l'espoir, qu'avec les progrès de la civilisation ces terribles tragédies, si fréquentes dans les siècles passés, deviendront de plus en plus rares, et que, dans l'avenir, les historiens du progrès n'éprouveront ni le regret ni la honte de raconter de pareils outrages commis envers la justice, des martyres si horribles endurés par le génie.

Les grandes guerres dans lesquelles la France était engagée à l'époque de la découverte de Leblanc occasionnèrent une telle disette d'alcalis, que l'attention fut attirée forcément vers cet admirable procédé. En effet, quoique Leblanc ne recueillît point lui-même les fruits de son travail inventif, il est certain que, même avant sa mort, de nombreuses fabriques s'élevèrent à Marseille et dans les environs, pour convertir en soude artificielle le sel marin qu'on y produit à profusion ; et comme conséquence naturelle de cette abondante production de soude, Marseille est devenue dès lors un des grands centres de la fabrication du savon en France.

Ce n'est qu'en 1814 que le procédé Leblanc fut appliqué en Angleterre, mais d'une manière très-limitée, par M. Losh, pour la préparation de « cristaux de soude » (alors vendus 60 livres sterling la tonne). M. Losh, associé au père de feu lord Dundonald, avait obtenu la permission d'utiliser, sans payer d'impôts, le sel contenu dans une source d'eau faiblement salée, à Walker-sur-Tyne, localité où se trouve actuellement la fabrique d'alcali dite de Walker, représentée à l'Exposition (*Royaume-Uni*, 615).

C'est réellement l'année 1823 qui doit être considérée comme l'année natale de l'industrie de la soude artificielle en Angleterre, lorsque, l'impôt fiscal (1) sur le sel marin ayant été aboli, M. James Muspratt créa son usine célèbre à Liverpool. Ce fut avec une satisfaction réelle que le Jury retrouva le vétéran de l'industrie sodique parmi ceux qui contribuèrent à l'Exposition de 1862; sa maison (*Royaume-Uni*, 571), représentée par trois raisons de commerce différentes (J. Muspratt et fils, Liverpool; Muspratt frères et Huntley, Flint; et Frédéric Muspratt, Woodend), maintient parmi les fabriques de soude actuelles la position élevée qu'elle s'est conquise par ses travaux, il y a presque un demi-siècle. L'exemple de M. Muspratt fut rapidement suivi, et c'est ainsi que se fonda dans la Grande-Bretagne cette fabrication de produits chimiques, qui est devenue la plus grandiose et la plus importante du monde entier.

On se formera une idée de l'importance acquise par cette branche d'industrie en parcourant les chiffres suivants, que le rapporteur a puisés avec soin dans les meilleurs documents statistiques qu'il avait à sa disposition.

Statistiques récentes de la fabrication de la soude en Angleterre.

M. Christian Allhusen, de Newcastle-sur-Tyne, a bien voulu nous fournir le tableau ci-contre de l'état de la fabrication et du commerce de la soude dans la Grande-Bretagne en 1852.

Il n'existe pas de tableau statistique pareil pour 1861, mais on pourra juger du développement extraordinaire qu'a pris cette industrie depuis 1852 en comparant quelques-uns des chiffres ci-dessus indiqués avec ceux présentés par les statistiques données par M. Gossage (2) pour 1861 :

	Statistiques pour 1852. M. Allhusen. Tonnes.	Statistiques pour 1861. M. Gossage. Tonnes.
Sel de soude	71,193	156,000
Cristaux de soude	61,044	104,000
Bicarbonate de soude	5,762	13,000
Chlorure de chaux	13,100	20,000

M. Gossage estime à plus de 2 millions de livres sterling la valeur totale de ces produits, fabriqués par 50 établissements environ, qui emploient au moins 10,000 ouvriers. A l'exception de la somme destinée à payer les matières premières tirées d'autres contrées, cette somme est entièrement ajoutée au revenu annuel du pays.

(1) A l'époque de la Révolution française, l'impôt sur le sel dans ce pays était de 16 l. st. par tonne. Comme impôt de guerre, on le porta subséquemment à 30 l. st. par tonne, ou trente fois la valeur du sel à cette époque ; et l'on maintint ce taux pendant toute la durée de la guerre, jusqu'en 1823, époque à laquelle l'impôt fut abrogé. (*Gossage's History of the Soda Manufacture*, p. 9.)

(2) *History of the Soda Manufacture*, p. 26.

Rapport statistique sur le commerce d'alcali dans le Royaume-Uni en 1852,

établi

sur les données complètes de 16 manufacturiers, représentant 46 pour 100 de la fabrication totale; sur des données partielles de 11 manufacturiers, représentant 35 pour 100 de la fabrication totale. Des fabricants représentant 19 pour 100 de cette branche d'industrie n'ont fourni aucune donnée.

		NEWCASTLE ET LA TYNE.	LANCASHIRE.	GLASGOW ET LA CLYDE.	PAYS DE GALLES, IRLANDE ET SUD DE L'ANGLETERRE.	COMTÉS DU MILIEU.	TOTAL.
Principales matières brutes employées..	Soufre..... tonnes	7,580	Nul.	3,000	Nul.	940	11,520
	Pyrites..... —	33,750	40,220	9,000	12,000	5,292	100,262
	Sel........ —	57,905	40,152	19,120	12,000	8,370	137,547
	Houille.... —	232,020	136,400	80,000	36,500	34,500	519,420
Quantité des produits..	Sel de soude............ —	23,100	26,343	12,000	7,000	2,750	71,193
	Cristaux de soude......... —	42,794	3,500	6,000	3,500	5,250	61,044
	Bicarbonate de soude...... —	4,046	1,200	Nul.	Nul.	516	5,762
	Chlorure de chaux........ —	5,000	1,250	5,000	1,850	Nul.	13,100
Nombre d'ouvriers employés............................		3,067	1,519	900	470	370	6,326
Sommes dépensées en appareils.................. liv. sterl.		344,000	172,000	100,000	50,000	36,000	702,000
Sommes dépensées annuellement pour les réparer. — —		69,500	23,000	20,000	11,000	6,200	129,700
Tonnage des vaisseaux employés............... tonnes		189,100	71,200	70,000	35,000	8,000	373,300

```
71,193 tonnes sel de soude à 10 liv. sterl........................................   711,930 liv. sterl.
61,044   —    soude cristallisée à 5 liv. sterl.....................................   305,220
 5,726   —    bicarbonate de soude à 15 liv. sterl.................................    86,430
13,100   —    chlorure de chaux à 10 liv. sterl...................................   131,000
                                                                                   ___________
                 VALEUR TOTALE des produits.....................   1,234,580 liv. sterl.
```

```
                              ( 11,520 tonnes soufre à 6 liv. sterl............    69,120
Valeurs de matières importées (  4,800    —    nitrate de soude à 15 liv. sterl....    72,000
d'autres pays............      ( 12,000    —    manganèse à 2 liv. sterl. 10 sh....    30,000
                                                                              ___________
                                                        171,120 ci...   171,120
```

SOMME TOTALE que le commerce d'alcali contribue au revenu annuel de ce pays.......... 1,063,460 liv. sterl.

Le commerce de la soude dans la Grande-Bretagne a donc plus que doublé dans l'espace de dix ans. Il paraît avoir pris un développement très-inégal dans les différents districts. Les statistiques suivantes sont celles de la production actuelle de Newcastle et de la Tyne comparées à celles de 1852, d'après les rapports de M. Allhusen :

Commerce d'alcali de Newcastle et la Tyne.

Principales matières consommées.

	1852.	1861.
	Tonnes.	Tonnes.
Soufre..................	7,580	10,000
Pyrites..................	33,750	67,860
Sel.....................	57,905	100,360
Houille	232,020	390,000

Quantité des produits.

	1852.	1861.
	Tonnes.	Tonnes.
Sel de soude,...............	23,100	35,000
Cristaux de soude...........	42,794	82,000
Bicarbonate de soude........	4,046	12,000
Chlorure de chaux...........	5,000	11.400

L'augmentation dans la production du Lancashire a été, proportionnellement, bien plus considérable.

Commerce d'alcali du Lancashire.

Quantité des produits.

	Allhusen.	Schunck, Smith et Roscoe (1).
	1852.	1861.
	Tonnes.	Tonnes.
Sel de soude..........	26,343	93,600
Cristaux de soude......	3,500	8,840
Bicarbonate de soude ..	1,200	11,700
Chlorure de chaux.....	1,250	8,060

Aux quantités produites en 1861, il faut ajouter 4,680 tonnes de soude caustique solide, article qu'on ne fabriquait pas encore en 1852. Si nous prenons la totalité de sel décomposé comme la mesure la plus simple et, en effet, la plus exacte pour juger de l'activité de l'industrie alcaline, nous trouvons que, dans l'espace de neuf ans, cette fabrication a plus que triplé dans le Lancashire, la totalité du sel employé étant de 40,152 tonnes en 1852, tandis qu'en 1861, elle atteignait le chiffre de 135,200 tonnes.

PHASES DIVERSES DE LA FABRICATION DE LA SOUDE.

Le procédé par lequel on opère la transformation de cette énorme quantité de sel en alcali, est sans aucun doute la base de la chimie appliquée. On ne peut lui comparer aucune autre opération chimique, ni pour sa propre importance, ni pour l'étendue de son influence indirecte sur toutes les autres branches de l'industrie chimique. Son caractère fondamental devient encore bien plus évident, si on l'examine conjointement avec les industries alliées des acides chlorhydrique et sulfurique, et du chlore, qui, toutes, tournent autour de la fabrication de la soude artificielle comme autour d'un point central. Pour cette raison, et même au risque d'entrer ici dans des détails déjà publiés dans des manuels technologiques, le Rapporteur pense qu'il sera de quelque utilité de tracer l'histoire de cette industrie fondamentale, telle qu'elle se pratique actuellement dans toute l'Europe, pour que nos successeurs puissent s'en servir comme point de comparaison, lorsqu'ils voudront juger, à l'occasion de futures expositions universelles, des progrès nouveaux qui auront pu être réalisés.

Cette même pensée a influencé l'esprit du Rapporteur, en exquissant quelques autres chapitres de ce travail, dans lesquels il se propose également de retracer des faits et des procédés déjà connus, lorsqu'il s'agissait d'importantes opérations chimiques. Ceci bien établi, nous appellerons successivement l'attention sur les phases principales de la fabrication de la soude, qu'on peut diviser de la manière suivante :

1° Transformation du sel marin en sulfate de soude ;

2° Traitement du sulfate de soude dans les fours à soude, avec un mélange de craie et de houille, pour produire la soude brute, *black-ball* ;

(1) *On the recent Progress*, etc., p. 111.

3° Lessivage de la soude brute par l'eau chaude, pour en extraire les produits alcalins solubles ;

4° Évaporation de la solution ci-dessus, connue sous le nom de *liqueur rouge*, pour en obtenir les produits alcalins solides, caustiques et carbonatés, dans une condition pure et vendable.

Ces procédés sont les plus importants de ceux qu'embrasse la fabrication de la soude carbonatée et caustique au moyen du sel marin. Il y a encore quelques opérations secondaires, comme, par exemple, celles qui consistent à faire cristalliser ou à bicarbonater les produits ; et plusieurs méthodes, d'un emploi limité, pour utiliser les résidus de fabrication ; nous les examinerons rapidement. La théorie du procédé de fabrication de la soude sera ensuite l'objet d'une courte notice ; et nous terminerons en esquissant les principales méthodes essayées, mais jusqu'à présent avec peu de succès, pour remplacer le procédé Leblanc.

Fabrication du sulfate de soude. — Le premier terme de cette série d'opérations consiste dans la transformation du sel marin en sulfate de soude, par le traitement du sel au moyen de l'acide sulfurique des chambres de plomb, qui dégage l'acide chlorhydrique. Cette transformation se pratique sur une énorme échelle, puisque $1/2 - 3/4$ de tout l'acide sulfurique fabriqué y sont employés.

La production d'acide chlorhydrique étant inévitable dans cette réaction, qu'on en ait l'emploi ou non, il est arrivé qu'au commencement on laissait échapper dans l'air d'énormes quantités de ce gaz si nuisible à la végétation. De là des plaintes, des procès contre les fabricants de soude, dont quelques-uns furent obligés (comme, par exemple, M. Muspratt) de démolir leurs établissements pour les transporter dans d'autres localités. Plus tard, lorsque les usages de l'acide chlorhydrique devenant plus nombreux et plus importants en eurent augmenté la valeur, lorsque la fabrication du chlorure de chaux, en particulier, eut acquis un plus grand développement, on finit par où l'on aurait dû commencer, et l'on chercha des méthodes pour condenser l'acide chlorhydrique. On proposa successivement une série de procédés et d'appareils, dans l'espoir de réaliser ce but. On fit passer le gaz à travers de longs canaux humectés (des tubes en terre poreuse couchés dans l'eau), ou, comme dans les célèbres usines de M. Kuhlmann, à travers une série de récipients en grès, *bonbonnes*, où les courants d'eau et de gaz marchaient en sens inverse. Vers l'extrémité, M. Kuhlmann avait même le soin de mélanger à l'eau du carbonate de baryte naturel (*witherite*) destiné à absorber les dernières portions de gaz chlorhydrique, en donnant naissance à du chlorure de baryum qui servait plus tard à la préparation de blanc fixe ou sulfate de baryte artificiel (voyez le chapitre sur les *Composés barytiques*).

La méthode de condensation employée en Angleterre, et qui se propage de plus en plus sur le continent, est celle que M. Gossage introduisit en 1836 ; elle consiste dans l'emploi de tours à condensation remplies de coke sur lequel on fait couler de l'eau. Cette eau se répand en nappes minces sur le coke, qui présente ainsi une énorme surface humide au gaz, à mesure que celui-ci s'élève à travers ces canaux sinueux. Il y a généralement deux tours à condensation l'une à côté de l'autre. Le gaz acide chlorhydrique entre à la partie inférieure de l'une d'elles, s'y tamise à travers le coke humide, sature l'eau et fournit, par conséquent, de l'acide chlorhydrique liquide très-concentré. Les vapeurs acides non condensées s'élevant dans la tour, rencontrent de l'eau de plus en plus pure, et qui, par conséquent, se montre de plus en plus avide de gaz chlorhydrique, à mesure que ce dernier devient plus dilué et, par conséquent, plus difficile à condenser. Après avoir traversé la première des deux tours, les gaz restants pénètrent dans la seconde, où l'excès d'eau est si grand qu'il peut absorber jusqu'aux dernières traces de gaz acide chlorhydrique. L'eau qui s'écoule de cette seconde tour n'a qu'une légère saveur acide ; ou elle est rejetée, ou elle sert, au lieu d'eau pure, à l'alimentation de la première tour.

Malgré l'excellence de ces tours à condensation, leur fonctionnement n'était cependant jamais assez parfait pour qu'il ne restât des traces sensibles d'acide chlorhydrique dans les gaz qui s'en échappaient, jusqu'à ce que l'on eût introduit une amélioration importante dans la construction des fours à décomposition du sulfate de soude.

Originairement, ceux-ci consistaient en des fours à réverbère ouverts, dans lesquels on faisait réagir l'acide sulfurique sur le sel, de sorte que le gaz acide chlorhydrique s'échappait mélangé avec les gaz provenant de la combustion de la houille. Le gaz acide, ainsi dilué et chauffé, se trouvait dans une condition très-défavorable à la condensation lorsqu'il arrivait en présence de l'eau. En 1836, M. Gossage (1) prit un brevet pour un four à réverbère pouvant fonctionner comme four fermé ou à distillation pendant la première phase de l'opération, et plus tard comme four ouvert, chauffé par l'application directe de la flamme, pour l'achèvement de la transformation du sel marin en sulfate de soude. En employant ce four conjointement avec ses condensateurs, il produisait, pendant la première période de l'opération, un acide concentré pouvant servir à la fabrication du chlorure de chaux, et un acide faible pendant la seconde période.

Feu M. Gamble (2) apporta une amélioration considérable dans la construction de ces fours ; il paraît avoir été le premier qui ait réalisé l'accomplissement des deux phases de la réaction dans deux compartiments différents, appartenant au même four, mais disposés d'une manière spéciale. On adopta très-généralement le principe de ce mode d'opérer ; et pendant bien longtemps les fabricants de soude se servirent du four à réverbère, communiquant, par une ouverture pouvant être fermée et ouverte à volonté, avec une espèce de moufle dont la sole consistait en une plaque en fonte très-épaisse, de forme circulaire ou elliptique. La flamme du foyer, après avoir circulé dans le four à réverbère, passait autour de la moufle, qu'elle échauffait fortement, et se rendait ensuite, à travers les appareils condensateurs, dans la cheminée. La moufle elle-même se trouvait également en communication avec un appareil condensateur fournissant de l'acide chlorhydrique concentré.-

D'après ce procédé, on fait tomber le chlorure de sodium sur la sole en fonte, et l'on y laisse couler en même temps l'acide sulfurique, préalablement chauffé. Il s'établit alors une réaction très-vive ; la moitié ou presque les deux tiers de l'acide chlorhydrique se dégagent et sont facilement condensés, puisque les vapeurs acides sont presque pures, n'étant pas mélangées aux produits de la combustion du foyer.

Le produit salin ainsi obtenu étant principalement un mélange de bisulfate de soude et de chlorure de sodium,

$$\mathrm{Na\,Cl} + \left.\begin{array}{l} \mathrm{H} \\ \mathrm{H} \end{array}\right\}\mathrm{SO^4} = \left.\begin{array}{l} \mathrm{Na} \\ \mathrm{H} \end{array}\right\}\mathrm{SO^4} + \mathrm{H\,Cl},$$

est ensuite poussé à travers l'ouverture pratiquée à cet effet dans le four à réverbère, et la moufle ainsi vidée peut recevoir une nouvelle charge de sel et d'acide sulfurique. La chaleur dans le four à réverbère étant beaucoup plus élevée que dans la moufle, la réaction s'y achève, et le mélange de bisulfate et de chlorure sodiques est transformé en acide chlorhydrique et en sulfate neutre de soude,

$$\left.\begin{array}{l} \mathrm{Na} \\ \mathrm{H} \end{array}\right\}\mathrm{SO^4} + \mathrm{Na\,Cl} = \left.\begin{array}{l} \mathrm{Na} \\ \mathrm{Na} \end{array}\right\}\mathrm{SO^4} + \mathrm{H\,Cl}.$$

Mais l'acide chlorhydrique qui se dégage maintenant (en quantité pouvant varier entre la moitié et le tiers de la quantité totale dégagée) est d'une condensation très-difficile, parce qu'il est mélangé avec tout l'azote, l'acide et l'oxyde carboniques provenant de la combustion de la houille par l'air sur la grille du foyer. Malgré l'emploi des tours à condensation, une partie de l'acide chlorhydrique se dégage toujours dans l'air, et il faut des appareils très-

____

(1) Gossage (W.), patente, n° 7,267, 24 décembre 1836.
(2) Gamble (J.-C.), patente, n° 8,000, 14 mars 1839.

compliqués et des précautions toutes particulières pour obtenir une condensation satisfaisante avec les fours à décomposition du sulfate de soude, que nous venons de décrire.

Tous les inconvénients ont cependant disparu depuis l'adoption d'un nouveau perfectionnement dans la forme des fours à sulfate, modification qui permet de substituer également à la division du four, autrefois ouverte, une moufle dans laquelle n'entrent plus les produits de la combustion. Cet appareil fonctionne avec tant de succès qu'il mérite une attention toute particulière.

Cet appareil, disposé comme il l'est généralement maintenant, se compose de deux moufles, dont l'une en fonte et l'autre en briques. La partie inférieure de la moufle en fonte représente un segment de sphère creuse, faite de fonte épaisse, ayant neuf pieds de diamètre dans sa partie la plus large, et un pied neuf pouces de profondeur. Elle est placée sur une assise en briques et surmontée d'un couvercle en fonte représentant également un segment de sphère creuse, d'un pied de profondeur environ au centre. Ce couvercle est percé de deux ouvertures fermées par des portes, dont l'une sert à introduire le sel, tandis que par l'autre le mélange peut être poussé dans la moufle en briques. On place un foyer à côté de la moufle en fonte et l'on fait passer d'abord la flamme au-dessus du couvercle en fer, pour la diriger ensuite sous la sole en fonte. La chaleur nécessaire est ainsi fournie par transmission aux matières contenues dans la moufle, et les gaz se dégagent non mélangés d'air, à une température comparativement peu élevée. La moufle en brique est contiguë à celle en fer, toutes les deux sont assises sur la même pile de maçonnerie et sont chauffées par des carneaux qui communiquent les uns avec les autres. La moufle en briques est une chambre d'environ trente pieds de long sur neuf pieds de large, et dont la sole, construite en briques, est superposée à une série de carneaux ; la partie supérieure de cette moufle consiste en une mince voûte en briques, surmontée elle-même d'une autre voûte en briques, l'espace entre les deux formant ainsi un carneau pour la circulation de la flamme. A l'une des extrémités de la moufle en briques se trouve le foyer, dont la flamme circule d'abord dans l'intervalle situé entre les deux voûtes de la moufle, pour revenir ensuite par les carneaux qui sont sous la sole en briques. De cette manière, la chaleur est communiquée, par transmission à travers la maçonnerie de la voûte et de la sole, au mélange introduit dans la moufle.

Pour faire fonctionner cet appareil, on verse une demi-tonne de sel dans la moufle en fer échauffée, et l'on fait couler sur le sel la quantité nécessaire d'acide sulfurique, d'une densité d'environ 1.7. On facilite le mélange en brassant de temps en temps la matière avec un ringard en fer ; il en résulte un fort dégagement de gaz acide chlorhydrique. Le mélange s'épaissit graduellement, et au bout d'une heure et demie environ (après l'élimination des 2/3 de l'acide chlorhydrique) il est devenu pâteux et est prêt à être transféré dans la moufle en briques ; pour effectuer cette translation, on pousse le mélange pâteux à travers le canal de communication existant entre les deux moufles.

Afin de chasser complétement l'acide chlorhydrique du sulfate de soude, il est nécessaire de maintenir la moufle en briques au rouge vif ; il en résulte que le gaz se dégage de cette partie de l'appareil à une température élevée. Si l'on désire obtenir un acide concentré pendant cette phase de l'opération, il faut refroidir le gaz avant son entrée dans les condensateurs ; mais cette précaution est inutile si l'on ne désire qu'un acide faible. Il y a un arrangement qui sert à fermer la communication entre les deux moufles, de manière à pouvoir maintenir séparés les gaz provenant de chacune d'elles.

Une modification de cet appareil consiste à remplacer la moufle fermée en briques par un four à réverbère ouvert et chauffé par le coke. Mais il en résulte un mélange de gaz acide chlorhydrique avec les produits gazeux de la combustion, ce qui exige une condensation bien plus soignée lorsqu'on se sert de cette espèce de four.

Par l'emploi de ces nouveaux fours perfectionnés, avec leurs condensateurs d'une capacité convenable et un approvisionnement suffisant d'eau, il est facile de diriger la fabrication du sulfate de soude, de manière à ne causer aucun préjudice au voisinage de la fabrique.

Depuis vingt ans, M. Tennant, à Glasgow, emploie des fours pareils dans ses magnifiques usines, où l'on décompose jusqu'à 500 tonnes de sel par semaine au sein d'une population très-nombreuse. Dans les dernières années, on a introduit des fours construits sur le même modèle, dans le plus grand nombre des fabriques bien dirigées de ce pays. Grâce à eux et à des appareils condensateurs convenables, il a été possible d'établir des fabriques de soude dans les villes; et nous citerons à cet égard, comme un fait curieux, que M. Muspratt, après avoir été d'abord chassé de Liverpool pour s'établir à Newton, puis chassé de nouveau de Newton, toujours à cause de l'acide chlorhydrique qu'on l'accusait de laisser dégager dans l'air, a pu revenir enfin à Liverpool, sans susciter la moindre plainte et sans occasionner le moindre inconvénient. M. Muspratt a si parfaitement réussi à condenser l'acide chlorhydrique, que peu d'habitants de Liverpool se sont même aperçus de son retour dans leur ville. Ces fours perfectionnés sont maintenant généralement adoptés en Belgique, où ils sont même prescrits par la loi (1), ce qui les a souvent fait nommer sur le continent *fours belges*. On commence aussi à les adopter plus généralement en France. M. Kuhlmann, à Lille, M. Kestner, à Thann, et M. Merle, à Salyndres, près d'Alais, les ont introduits depuis longtemps dans leurs usines; et, sans aucun doute, l'exemple donné par ces manufacturiers éclairés sera bientôt suivi par ceux de leurs confrères qui sont moins avancés.

Il paraît cependant qu'on n'est pas encore parvenu généralement à obtenir une condensation parfaite. Tandis que le jury examinait les magnifiques produits envoyés à l'Exposition par les fabricants de soude d'Angleterre, Lord Derby, dans la Chambre des Lords, insistait fortement sur l'insuffisance de la condensation dans beaucoup de fabriques d'alcali. Lord Derby demanda et obtint la nomination d'une commission d'enquête, dans le but d'appeler l'attention des légistes sur cette question (2).

(1) En Belgique, la condensation de l'acide chlorhydrique dans les fabriques de soude a été l'objet d'une grande enquête publique, dont les résultats ont été publiés dans un rapport volumineux : *Fabriques de produits chimiques. Rapport à M. le Ministre de l'intérieur par la Commission d'enquête, instituée par arrêtés royaux des* 30 *août* 1854, 25 *mai et* 6 *septembre* 1855. Bruxelles, 1856.

(2) Pendant les débats qui eurent lieu devant la Commission instituée par Lord Derby, le Dr Frankland et le rapporteur furent invités par les fabricants de soude de la rivière Tyne, d'examiner l'état de la condensation dans quelques-unes de leurs usines. L'examen se trouva nécessairement limité à un petit nombre d'établissements; mais, partout où l'on put procéder à des vérifications, le gaz acide chlorhydrique se trouvait parfaitement bien condensé. Dans la fabrique de soude de Walker (*Walker alkali Works*), on avait introduit un tuyau en fer dans la cheminée, par laquelle passent les gaz après l'absorption de l'acide chlorhydrique. On aspira au moyen du tuyau une certaine quantité de gaz de cette cheminée, et il se trouva contenir si peu d'acide chlorhydrique qu'on pouvait le respirer sans le moindre inconvénient. La lettre suivante rend compte du résultat de ces observations.

« Londres, 26 mai 1862.

    « Messieurs,

« Selon vos désirs, nous avons visité plusieurs des fabriques d'alcali situées sur la rivière Tyne, dans le but « d'examiner les moyens employés pour la condensation des vapeurs acides, et nous venons vous rendre « compte du résultat de nos observations.

« Limités par le temps que vous avez pu nous accorder pour cette enquête, nous avons surtout dirigé notre « attention sur quelques-unes des plus importantes de ces usines. Nous avons visité conjointement les *Tyne* « *Chemical Works*, les *Jarrow Chemical Works*, les *Walker Alkali Works*, et l'un de nous, le docteur E. Frankland, a également visité les *Felling* et les *Bill Quay Alkali Works*.

« D'après les connaissances générales que nous possédons sur les procédés employés ordinairement dans « les fabriques d'alcali, nous pensons que la seule émanation gazeuse qui puisse nuire sérieusement à la végétation est le gaz acide généralement désigné sous le nom d'acide muriatique ou chlorhydrique, qui se dégage pendant la transformation du sel marin en sulfate de soude.

« Pendant les premières périodes du développement de l'industrie alcaline, le gaz acide muriatique se dé-

La commission de Lord Derby a tenu ses séances vers la fin de la session actuelle du parlement, et, pendant ces séances, la question a été loyalement discutée et approfondie entre les fabricants d'alcali et les propriétaires fonciers. La commission a déjà fait son rapport, qui conduira sans doute bientôt à un résultat pratique.

Le chlorure de sodium, employé en Angleterre pour la préparation de la soude, est d'une blancheur et d'une pureté remarquables, exempt de chlorure de magnésium et de matières terreuses et non déliquescent (1).

Néanmoins, le sulfate de soude préparé en Angleterre est quelquefois moins pur que celui qu'on fabrique en France, qui contient souvent 99 1/2 pour 100 de sulfate de soude neutre, sans le moindre excès d'acide. Cette différence provient de ce que le sel marin, étant extrêmement bon marché en Angleterre, y est souvent employé en excès. En achetant le sulfate de soude, le fabricant de soude anglais est généralement content s'il marque 96 pour 100 ; quoique ceux, qui le fabriquent pour leur propre usage, produisent ordinairement un article contenant de 97 à 98 pour 100.

Fabrication de la soude brute (ball-soda). — Lorsqu'on a obtenu le sulfate de soude, comme nous l'avons indiqué ci-dessus, on le mélange avec du carbonate de chaux (ou quelquefois avec de l'hydrate de chaux) et du menu de houille, dans des proportions qui sont encore aujourd'hui à peu près les mêmes que celles indiquées primitivement par Leblanc, savoir :

Sulfate de soude........ 100
Carbonate de chaux 100
Carbone...............   55

De nos jours, les fabricants anglais, qui substituent la houille bitumineuse au charbon de bois, emploient généralement :

Sulfate de soude........ 100
Carbonate de chaux 100
Houille............   75

« gageait librement dans l'air, et l'on reconnut bientôt, d'une manière évidente, l'influence nuisible qu'il exer-
« çait sur la végétation environnante. Le mal une fois constaté, la science indiqua un remède convenable
« dans la condensation par l'eau de ce gaz délétère. Mais les manufacturiers n'adoptèrent ce remède que len-
« tement, et il semble qu'on ne l'applique pas d'une manière efficace dans toutes les usines.

« Ce principe de condensation fonctionne avec succès dans toutes les fabriques mentionnées plus haut. La
« manière particulière de l'appliquer varie selon les exigences spéciales de chaque usine ; en effet, nous
« avons remarqué jusqu'à trois modifications différentes dans le cours de notre enquête actuelle.

« Nous avons examiné soigneusement et ces procédés de condensation et les gaz qui, après y avoir été
« soumis, se dégagent dans l'air, et nous sommes arrivés à cette conclusion formelle, que la quantité d'acide
« chlorhydrique restant encore dans ces gaz est beaucoup trop insignifiante pour pouvoir nuire à la végé-
« tation, même dans les environs les plus rapprochés.

« Nous ne faisons que rendre hommage à la vérité en ajoutant que nous ne nous attendions guère à trouver
« une condensation si parfaite produite par des moyens aussi simples, et nous sommes convaincus que l'adop-
« tion universelle de méthodes analogues dans les fabriques d'alcali concilierait infailliblement les intérêts du
« manufacturier et ceux du propriétaire foncier.

« Si vous le jugez nécessaire, nous sommes prêts à affirmer devant la commission de la Chambre des Lords
« les faits avancés dans cette lettre.

« Nous avons l'honneur d'être, Messieurs, vos très-obéissants serviteurs.

« *Signé :* A. W. HOFMANN.
« E. FRANKLAND.

« *A Messieurs* C. ALLHUSEN *et* Jas. C. STEVENSON. »

(1) La pureté du sel anglais, et plus particulièrement l'absence du chlorure de magnésium, qui, dans l'atmosphère humide de ce pays, se trahirait rapidement par la déliquescence, ont excité l'étonnement des nombreux visiteurs étrangers de l'Exposition. Un célèbre chimiste du continent avait peine à croire que les cubes blancs et secs, colportés dans les rues de Londres, étaient du sel marin.

Ces proportions varient cependant sensiblement, comme l'indique le tableau suivant, qui donne les proportions actuellement adoptées par différents fabricants anglais, français et allemands (1) :

	1	2	3	4	5	6	7	8	9	10	11
Sulfate de soude....	100	100	100	100	100	100	100	100	100	100	100
Carbonate de chaux.	107.7	110	103	97.5	115	121	115	93.6	100	100	90.2
Houille............	73	50	61.7	55.6	35	46.6	68	40.4	40.3	37.7	42.1

Les différences dans les proportions s'expliquent par les variations dans la nature et dans la pureté des matières premières employées. Ainsi, par exemple, certaines fabriques se servent de houilles anthraciteuses, donnant jusqu'à 80 pour 100 de coke et ne renfermant que 4 — 9 pour 100 de cendres; tandis qu'à leur propre détriment, d'autres manufacturiers emploient des variétés de houille ne donnant qu'environ 60 pour 100 de coke, et laissant 10 — 15 et même jusqu'à 18 pour 100 de cendres.

Les proportions indiquées sous le n° 10, dans le tableau ci-dessus, sont celles employées dans les usines de M. Kuhlmann, à Lille; ce fabricant se sert d'une houille laissant en moyenne 4 — 5 pour 100 de cendres. La houille employée par les fabricants de soude en Angleterre renferme généralement moins de 5 pour 100 de cendres.

Ce mélange est chauffé au rouge dans les fours à soude (*balling-furnaces*), qui sont généralement à deux étages. L'opération commence sur l'étage le plus éloigné du foyer, et le mélange s'y échauffe graduellement. On pousse ensuite la masse dans l'étage inférieur plus rapproché de l'autel. La chaleur y étant beaucoup plus intense, le mélange commence à entrer en fusion, et l'apparition de nombreuses petites flammes d'oxyde de carbone indique le début d'une réaction énergique. On favorise l'opération en remuant de temps en temps toute la masse avec des ringards en fer, jusqu'à ce qu'elle devienne graduellement pâteuse; la transformation est accomplie lorsque les petites flammes, appelées *chandelles* par les ouvriers, deviennent moins nombreuses. C'est alors, et avant la disparition complète des chandelles (*candles*), que toute la masse est retirée par les portes de travail et reçue dans des chariots en fer de forme rectangulaire, où elle se moule en blocs de soude brute (*black-ash* ou *ball-soda*). La soude encore rouge, telle qu'on la retire du four, dégage des torrents d'ammoniaque, et le dégagement de ce gaz continue jusqu'après le refroidissement de la matière. (Voy. le chapitre sur les composés ammoniacaux et cyanogénés.)

Autrefois on jugeait nécessaire de pulvériser les matières et de les mélanger parfaitement et bien uniformément; mais la pratique opposée l'emporte en ce moment, et la houille en particulier, au lieu d'être introduite sous forme de poussière, l'est en fragments de moyenne grosseur. Ce mode d'opération n'entrave nullement la réaction chimique entre les matières premières, et modifie avantageusement les caractères physiques de la soude brute produite. Cette dernière devient facilement trop dense et trop compacte lorsque les matières sont trop finement pulvérisées; tandis que la pratique moderne fournit les moyens d'obtenir des blocs poreux, se délitant aisément et très-faciles à lessiver.

Les fours à soude brute du continent diffèrent de forme et de grandeur de ceux qu'on emploie en Angleterre. En France et en Belgique plus particulièrement, il existe une tendance à augmenter leurs dimensions. La charge ordinaire, dans ces pays, est, en effet, près de trois fois plus forte que celle généralement usitée en Angleterre, et les fours du continent n'ont ordinairement qu'une seule sole à réaction ; il en résulte qu'on met trois fois plus de temps qu'en Angleterre pour accomplir la réaction, et les pains ou blocs qu'on obtient sont d'une dimension plus considérable. En Angleterre, les matières, préparées à l'étage supérieur par la chaleur perdue, ne restent que pendant une heure environ sur la sole inférieure, qui constitue le four de travail proprement dit (*working furnace*).

(1) Voyez M. Schéurer-Kestner, *Répert. de chim. appl.*, 1862, p. 231.

Il est difficile de décider laquelle de ces deux méthodes est la plus économique. Au point de vue théorique, la méthode anglaise paraît offrir plus d'avantages ; car, en opérant sur moins de matières à la fois, le travail est moins pénible, la manipulation plus facile, et le mélange reste moins longtemps soumis à une chaleur très-intense, qui, dans certaines circonstances, peut occasionner la volatilisation d'une quantité notable de sodium (1).

Il y a dix ans à peu près, MM. Elliot et Russell (2) proposèrent de simplifier la fabrication de la soude brute, en opérant dans des fours rotatoires ; cette méthode a été récemment perfectionnée et mise en pratique par MM. STEVENSON et WILLIAMSON, à la fabrique de produits chimiques de Jarrow, South-Shields (*Royaume-Uni*, 540). D'après cette méthode, le mélange de sulfate de soude, de carbonate de chaux et de houille est introduit dans un cylindre rota· toire en fer, garni à l'intérieur de briques réfractaires, et chauffé par une flamme qui le traverse d'outre en outre. Cette flamme, qui se dégage du foyer placé à l'une des extrémités de l'appareil, se rend dans une cheminée qui communique avec l'autre extrémité.

M. Stevenson a bien voulu nous fournir la description d'un de ces fours rotatoires, dans sa forme la plus récente et la plus perfectionnée. « Le plus commode des trois fours construits aux
« *Jarrow Chemical Works*, South-Shields, dit M. Stevenson, se compose d'un cylindre horizontal
« en fonte, ayant 11 pieds de long sur 7 1/2 de diamètre, et doublé d'une maçonnerie en bri-
« ques de 9 pouces d'épaisseur. Deux ouvertures circulaires, d'environ 2 pieds de diamètre, pla-
« cées aux extrémités, permettent à la flamme du foyer de traverser le cylindre et de chauffer
« le mélange qu'il contient. Le cylindre repose sur quatre galets, dont une paire est mise en
« mouvement par une force mécanique et produit par là la rotation du cylindre. On introduit
« la charge par une espèce d'entonnoir, qui se trouve placé au-dessus de l'ouverture prati-
« quée dans le milieu du cylindre, et disposée de manière à pouvoir être hermétiquement fer-
« mée par une porte en fer. Lorsque la décomposition est complète, on retire le mélange par
« cette même ouverture, en ayant soin d'arrêter la rotation du cylindre au moment où la
« porte est dirigée vers le sol. »

Parmi les avantages que présente le four rotatoire, M. Stevenson mentionne les suivants :
« Comme on n'a pas besoin d'instruments pour remuer le mélange, le four peut être main-
« tenu fermé ; sa garniture intérieure en briques dure très-longtemps, et l'économie de main-
« d'œuvre est considérable. Un four rotatoire, ayant les dimensions données plus haut, dé-
« compose 14 quintaux (chacun de 50 kilogr. environ) de sulfate de soude toutes les deux
« heures, au prix de 2 sh. et 1 penny (2 fr. 60 c.) par tonne, y compris le transport et le char-
« gement des matières. Le mélange, recevant la chaleur, tant de la maçonnerie qui l'entoure
« que par la flamme, et étant retourné continuellement, ce qui expose sans cesse de nou-
« velles surfaces au feu, s'échauffe graduellement et régulièrement, sans qu'aucune de ses
« parties puisse acquérir une température capable de provoquer la volatilisation de l'alcali. »

Cette innovation hardie, introduite par MM. Elliot et Russel, et adoptée par MM. Stevenson et Williamson, a été jugée très-diversement. Quelques fabricants la considèrent comme un perfectionnement important, tandis que d'autres la rejettent comme trop coûteuse, trop susceptible de dérangements, et ne permettant pas assez facilement de contrôler et de régulariser l'opération. Un fait cependant semble parler en faveur de ce nouveau procédé : c'est qu'on a successivement construit trois de ces fours ; d'où l'on conclut naturellement que le premier déjà avait fonctionné d'une manière satisfaisante. Il paraît qu'à chaque nouvelle reconstruction de ce four, MM. Stevenson et Williamson y ont introduit quelques perfectionnements de détail que la pratique et l'expérience avaient indiqués.

Des quantités considérables de soude brute sont employées plus particulièrement en Angle-

(1) M. Stromeyer (*Ann. Chem. Pharm.*, CVII, 333) a prouvé que, par une température trop élevée, on peut perdre jusqu'à 3 pour 100 du sulfate employé.

(2) Elliot (G.) et Russell (W.), brevet n° 887, 13 avril 1853.

terre par les fabricants de savon, sans avoir été préalablement soumises à un autre traitement par le fabricant de soude. Si l'on veut convertir la soude brute en sel de soude blanc ou en carbonate de soude cristallisé, il faut la soumettre à la lixiviation.

Lixiviation de la soude brute. — Les blocs de soude brute anglaise sont généralement plus noirs et plus charbonneux que ceux du continent. Avant le lessivage, on les expose ordinairement à l'air pendant un jour ou deux (dans quelques fabriques pendant dix à douze jours), non-seulement pour les laisser refroidir complétement, mais encore pour leur faire subir une sorte de désintégration, qui facilite leur traitement ultérieur.

Le lessivage de la soude brute se faisait autrefois moyennant une série de trois cuves, remplies chacune presque jusqu'au bord de soude brute concassée. Ces cuves étaient placées à différents niveaux, de telle manière que les liqueurs faibles, provenant des cuves supérieures, qui contenaient une matière déjà partiellement lessivée, s'écoulaient dans les cuves inférieures chargées d'une matière moins épuisée. Cet arrangement rendait nécessaire la translation de la soude brute non épuisée des cuves inférieures dans les supérieures, au moyen de baquets ou de pelles. Non-seulement cette manipulation était très-pénible, mais elle rendait la masse très-compacte ou, pour nous servir d'un terme industriel, *très-puddlée;* on altérait ainsi sa perméabilité pour le liquide lixiviateur d'une manière si sensible, que les solutions obtenues dépassaient rarement une densité de 1.15.

Clément Desormes imagina un appareil ingénieux qui remédiait partiellement à ces défauts. Au lieu d'introduire la soude brute dans les cuves, Desormes la concassait en morceaux d'une grandeur convenable et la plaçait dans des paniers en tôle perforée, qu'il immergeait avec leur contenu dans l'eau des différentes cuves. En outre, ces paniers étaient munis d'anses, qui permettaient de les soulever facilement, et de les transporter d'une cuve à l'autre jusqu'à ce qu'ils eussent parcouru la série de cuves. Le transport de la soude brute s'opérait ainsi avec beaucoup moins de peine, et le *puddlage* ou tassement se produisait beaucoup moins que lorsqu'on transférait la soude elle-même par pelletée d'une cuve à l'autre. Le travail de déplacement était donc beaucoup diminué; et, au lieu de trois cuves seulement, il fut possible d'en employer une série beaucoup plus étenduee. Par ce procédé, on épuisait la soude brute plus graduellement et, par conséquent, d'une manière plus complète. Les paniers contenant la soude brute se succédaient en remontant de cuve en cuve; chaque panier plein était introduit avec une charge fraîche dans la cuve la plus inférieure, et on le retirait épuisé de celle qui occupait l'extrémité supérieure dans la série. L'eau, coulant dans une direction opposée, était introduite pure dans la cuve supérieure, et descendait en passant de cuve en cuve, rencontrant toujours une soude brute moins épuisée et devenant plus riche en alcali à mesure qu'elle descendait; arrivée dans la cuve la plus basse, elle filtrait à travers un panier rempli de soude brute toute fraîche et s'écoulait de là à l'état de solution saturée de soude.

Avant Desormes déjà, ce principe de la descente de l'eau de cuve en cuve et à travers la matière en traitement avait été mis en pratique; mais Desormes apporta un grand perfectionnement à la disposition des cuves au moyen de laquelle se réalisait cette manière de lessiver. Avant lui, pour atteindre ce but, on était obligé de superposer les cuves l'une au-dessus de l'autre de toute la hauteur des cuves. D'après le nouvel arrangement de Desormes, chaque cuve de la série était placée à un niveau seulement de quelques pouces plus élevé que la cuve précédente, et cependant elles étaient disposées de manière à ce que l'eau s'écoulât *du fond* de la cuve supérieure *à la surface* de la suivante inférieure ; cet effet s'obtenait au moyen d'un tuyau en forme de siphon, qui s'élevait depuis la partie inférieure de chaque cuve, et se recourbant forçait l'eau de se déverser à la surface de la cuve suivante. Cet arrangement ingénieux diminua considérablement la hauteur à laquelle il fallait soulever la matière en la transvasant de cuve en cuve; et l'on put multiplier les cuves à volonté, sans que la supérieure fût placée à une hauteur incommode au-dessus du sol.

Le système de Desormes constituait indubitablement un grand progrès comparativement aux arrangements antérieurs, très-défectueux. Mais il était loin d'être parfait ; il fallait beaucoup de travail et de main-d'œuvre pour soulever les paniers, lorsqu'on opérait sur des centaines de tonnes de matières par semaine. En outre, à chaque déplacement la soude brute, n'étant plus supportée hydrostatiquement par le liquide dans lequel elle était immergée, se tassait en masses de plus en plus compactes, et il en résultait par cela même, quoiqu'à un moindre degré, cette perte de porosité qui constituait l'objection la plus importante au premier procédé. De plus, la méthode de lessivage indiquée par Desormes était très-lente, et l'appareil occupait beaucoup de place comparativement aux résultats obtenus.

Il appartint à un fabricant de soude anglais, M. JAMES SHANKS OF ST-HELENS (1), (*Royaume-Uni,* 598) de mettre en pratique le principe inestimable du lessivage·méthodique au moyen d'un appareil qui remédiait complétement aux imperfections des arrangements antérieurs; rendant inutile surtout la nécessité de transporter la soude brute d'une cuve à l'autre, soit à la pelle, soit au moyen d'un panier; et par un artifice qui, à première vue, semble être un paradoxe, réunissant les avantages en apparence incompatibles d'une disposition *horizontale* des cuves à lessivage avec l'écoulement *par descente* du liquide lixiviateur à travers chacune d'elles.

Pour arriver à ce résultat, M. Shanks profita du fait que les solutions deviennent plus denses à mesure qu'elles sont plus chargées et plus concentrées, et qu'une colonne d'une solution faible d'une certaine hauteur est contre-balancée par une colonne plus courte d'une solution plus dense.

D'après ce principe, dans une série de cuves disposées horizontalement, à travers lesquelles on fait couler de l'eau qui, dans sa course, opère la lixiviation d'une matière soluble ou partiellement soluble, et qui devient de plus en plus chargée, le niveau de l'eau s'abaissera successivement de cuve en cuve, depuis la première, qui reçoit l'eau pure, jusqu'à la dernière d'où elle s'écoule saturée. Ainsi, quoique les cuves elles-mêmes soient horizontales, les niveaux de leurs eaux représenteront un plan incliné ; et quoique le courant qui traverse ces cuves soit, en un sens, dans un plan horizontal, il sera néanmoins incliné en réalité.

Cette déclivité réelle sera d'autant plus grande que l'eau se chargera plus rapidement en passant de cuve en cuve; en d'autres termes,· elle sera proportionnelle à la différence de densité des solutions dans les différentes cuves. Cette concentration accélérée du liquide sera évidemment produite à mesure qu'il avance dans les cuves, si on le met dans chacune en présence d'une charge toujours plus fraîche et moins épuisée de matières à lessiver.

Les arrangements sont faits en conséquence, et la déclivité utilisable qu'on obtient ainsi n'est pas de moins de 12 à 15 pouces d'un bout à l'autre de la série des cuves, malgré leur disposition horizontale.

Mais cette pente ne serait en elle-même d'aucune utilité pour le but qu'on se propose, si son point le plus élevé et le plus bas ne pouvaient être transféré au gré de l'opérateur à deux cuves contiguës quelconques de la série.

A cet effet, les cuves sont reliées entre elles par des tuyaux, de manière à former une série rentrante, n'ayant, pour ainsi dire, ni commencement ni fin, et fournissant à l'eau un passage non interrompu, qui lui permet de couler sans cesse dans une espèce de cercle.

Cet arrangement met l'opérateur à même de choisir deux cuves contiguës quelconques, et

(1) En donnant les détails qui suivent, le rapporteur s'appuie de l'autorité de son ami et confrère du jury, M. William Gossage, qui, peut-être plus que toute autre personne, a étudié et suivi le développement successif de la fabrication de la soude. Nous devons cependant faire remarquer que d'autres réclament l'honneur de l'invention. En parlant de cet appareil, le docteur Muspratt (*Dictionary of applied Chemistry*, p. 926) dit : « L'éditeur sait que l'appareil lixiviateur, adopté maintenant généralement par les fabricants de soude en Angleterre, est une invention étrangère, et qu'en 1843 environ, M. C.-T. Dunlop l'introduisit dans la fabrique de produits chimiques de Saint-Rollox, à Glasgow. »

d'en faire les cuves *d'entrée* et *de sortie* du liquide lessivant; le courant du liquide est naturellement dirigé à travers tout le cercle de cuves intermédiaires, au moyen des tubes qui les font communiquer.

Les cuves étant alternativement vidées et remplies, celle qu'on a chargée en dernier lieu, et qui contient par conséquent la matière la plus riche, est aussi celle dans laquelle le liquide, saturé le plus complétement, devient le plus dense et reste au niveau le plus bas ; en conséquence, cette cuve sera, jusqu'à nouvel ordre, *la cuve de sortie*, d'où l'on fait découler la solution saturée.

D'un autre côté la cuve qui, au même moment, renferme la matière la plus épuisée est nécessairement celle qui contient la liqueur la plus faible et qui, pour cette raison, possède le niveau d'eau le plus élevé. Cette cuve forme, par conséquent, le sommet de la déclivité, et est *la cuve d'entrée* pour l'eau pure.

Les cuves entreposées renferment des solutions de saturation et de densité intermédiaires, lesquelles se maintiennent à des niveaux correspondants, et constituent une pente uniforme entre les deux cuves extrêmes de cette espèce de plan incliné.

Lorsque la charge dans la cuve d'entrée, qui reçoit l'eau parfaitement pure, est complétement épuisée, on l'enlève et on remplit la cuve de nouvelle matière à lessiver; alors en ouvrant une série de robinets, on transforme cette cuve en *cuve de sortie*, celle de laquelle la liqueur saturée s'écoule dans le réservoir placé plus bas. Après avoir été le point le plus élevé de la déclivité, cette cuve fraîchement remplie en devient subitement l'extrémité inférieure.

On dirige en même temps le courant d'eau pure dans la cuve la plus voisine, c'est-à-dire dans celle qui contient alors la charge à peu de chose près déjà épuisée ; cette cuve se trouve donc à son tour la première et la plus élevée de la série, celle qui, contenant la solution la plus faible, présente la colonne de liquide la plus haute.

Une charge après l'autre étant ainsi épuisée, chaque cuve, à son tour, est vidée et remplie ; et, de cette manière, chacune d'elles occupe successivement le point le plus élevé, le plus bas, et tous les points intermédiaires de la déclivité.

On comprendra facilement l'influence qu'exerce cet arrangement sur la matière à lessiver. Quoiqu'on ne la transporte pas de cuve en cuve, comme cela se pratique pour les paniers de Desormes, pour l'immerger chaque fois dans une liqueur plus faible, et pour arriver finalement à l'eau la plus pure et à l'épuisement le plus complet dans la cuve la plus élevée; quoique au contraire elle reste immobile, et qu'on ne l'agite ni dans le sens vertical ni dans le sens horizontal ; elle est néanmoins soumise virtuellement à la même méthode de lixiviation que subissent les paniers de soude brute dans l'appareil de Desormes ; car, malgré son immobilité réelle, elle entre pour ainsi dire au point le plus bas et ressort au point le plus élevé de ce plan incliné, étant continuellement immergée, pendant la durée de l'opération, dans des eaux toujours plus pures, se maintenant à des niveaux toujours plus élevés; et, comme pour le panier de soude brute qui, dans le système Desormes, vient à être plongé dans la cuve supérieure, elle est enfin soumise à un lessivage final au moyen de l'eau pure qui afflue au niveau le plus élevé.

Cet arrangement admirable et si parfaitement efficace démontre la vérité de ce fait ; qu'un changement de position relative entre deux corps s'obtient également, soit que tous les deux, ou l'un d'eux seulement, et, dans ce dernier cas, n'importe lequel des deux, soient déplacés.

Il utilise encore d'une manière remarquable la loi de l'équilibre hydrostatique entre les colonnes liquides de densités différentes, en combinant les avantages en apparence incompatibles d'un courant *déclive* pour l'eau, et d'une disposition *horizontale* des cuves.

On tire, en outre, un excellent parti de cette combinaison en réalisant par elle ce qu'on pourrait appeler *la transférabilité du niveau supérieur* d'une cuve à l'autre, condition essentielle au fonctionnement d'une série *en rotation* qui, elle-même, est nécessaire à *la continuité* des opérations.

Un autre avantage, obtenu par ce système, consiste dans la *continuité* du mouvement descendant du liquide, et dans la tranquillité, que rien ne vient troubler, des couches *descendantes*. Si la filtration était *ascendante*, la couche supérieure du liquide, plus riche et par conséquent plus dense, aurait une tendance à redescendre en traversant la solution plus faible introduite par le bas; un dérangement mécanique dans l'ordre de superposition des couches (par exemple, le dérangement qui serait occasionné par le transport de cuve en cuve de la matière à lessiver) occasionnerait un mélange semblable de portions de solutions plus concentrées avec d'autres plus faibles. Un pareil mélange, qu'il soit produit par l'une ou l'autre cause, retarderait évidemment l'épuisement de la matière, et rendrait les solutions obtenues plus faibles.

Les principes de ce système, réellement magnifique, une fois bien saisis, on comprendra facilement les détails de l'appareil qui permet de le pratiquer et sa manière de fonctionner. Les cuves à lixiviation, habituellement au nombre de quatre à six dans chaque série, sont généralement construites en tôle et pourvues de doubles fonds perforés, qui supportent la matière en traitement et fournissent de la place à une couche de liquide clair, qui se trouve en dessous. C'est dans cette couche, dont la profondeur ordinaire est d'environ trois pouces, que débouche l'extrémité inférieure du tube vertical qui fait passer la liqueur dans la cuve voisine au moyen d'un tube d'embranchement horizontal. Ce dernier s'embranche, non point au sommet, mais généralement à seize ou dix-huit pouces au-dessous; et c'est par conséquent à cette profondeur au-dessous du bord supérieur que le courant d'eau pénètre dans chaque cuve.

De cette manière, on s'est ménagé une certaine marge pour la variation du niveau de l'eau, selon que chaque cuve se trouve être, à un moment donné, soit la plus élevée, soit la plus basse de la série, ou qu'elle occupe une position intermédiaire. Ces tubes de communication, comme nous l'avons déjà expliqué, permettent à l'eau une circulation continue à travers toutes les cuves. Chaque cuve est également pourvue d'un tube d'écoulement à robinet ou obturateur par lequel, lorsque la cuve est la dernière dans la série, on fait écouler le liquide saturé dans une grande citerne faisant fonction de réservoir. Chacun des tubes de communication, reliant les cuves entre elles, est également muni d'un robinet qui permet à l'opérateur d'établir ou d'interrompre à volonté la marche du liquide à travers l'appareil de lixiviation.

L'eau qui alimente la première cuve de la série (c'est-à-dire celle qui contient la matière déjà la plus épuisée) est justement assez chaude pour devenir un dissolvant puissant de la soude carbonatée et caustique, sans favoriser indûment la formation de sulfures solubles par suite de sa réaction sur les sulfures basiques terreux insolubles du résidu. Un tube, muni d'une allonge mobile en fer, sert à introduire l'eau dans l'appareil et la dirige facilement dans celle des cuves qui, à son tour, devient la première de la série. Plus l'introduction de l'eau à l'une des extrémités et l'écoulement de la liqueur saturée à l'autre se feront lentement, et plus la lixiviation sera parfaite; c'est-à-dire qu'il faudra moins d'eau pour opérer l'épuisement complet de la matière, et que la solution alcaline finalement obtenue sera plus concentrée. En outre, plus il y aura de cuves dans une série, et plus on pourra épuiser parfaitement un poids donné de matière dans un temps donné. Il existe cependant des limites pratiques, tant pour la multiplication des cuves que pour le ralentissement du courant d'eau; et il suffit que la solution qui s'écoule possède une densité un peu au-dessous de 1.3; soit par exemple de 1.27 à 1.286; chaque pied cube de solution renferme alors de dix à onze livres de soude réelle, ce qui représente environ 13.5 p. 100 du poids du liquide.

La dimension des cuves varie naturellement dans chaque fabrique, selon la quantité de matières à lessiver. Elles ont généralement cinq à six pieds de profondeur; quelquefois ce sont des cubes, mais plus souvent elles sont aussi larges que profondes, et d'une longueur double. Ces détails sont du reste comparativement de peu d'importance. La marge, qu'on

ménage à la partie supérieure des cuves pour la variation du niveau d'eau, augmente nécessairement avec leur profondeur, parce que la colonne de liquide faible s'élèvera au-dessus
de la colonne du liquide concentré en raison inverse des densités, c'est-à-dire dans la proportion de 1.3 à 1.0. Plus la hauteur des colonnes sera grande, et plus grande, évidemment
sera aussi cette différence.

Dans beaucoup de fabriques, les cuves à lessivage forment encore des vases séparés. Mais
le mode de construction le plus simple et le moins coûteux, c'est de produire la série nécessaire de cuves sous forme d'un seul grand réservoir, divisé en compartiments, dont chacun
fonctionne comme une cuve distincte, muni d'un double fond, d'un tube de communication, etc., comme nous venons de le décrire.

Les avantages de ce système de lixiviation, appliqué à la fabrication de la soude, peuvent
se résumer de la manière suivante :

1° On évite le transport de la soude brute de cuve en cuve, et l'on réalise ainsi une grande
économie de main-d'œuvre ; 2° la soude brute demeurant immergée dans le liquide, ses particules (comme cela arrivait avec les anciennes dispositions) ne se déposent pas les unes sur
les autres, de manière à former une masse compacte ou « puddlée », difficile à lessiver, comme
nous l'avons expliqué plus haut. Au contraire, le liquide ambiant les supporte toujours hydrostatiquement, de sorte que la matière devient de plus en plus poreuse à mesure que la
lixiviation avance ; ce qui forme une condition des plus favorables au complet épuisement
de la matière ; 3° le courant descendant du liquide lixiviateur entraîne la portion la plus
dense de la solution, de sorte que l'opération est accomplie avec moins d'eau, en moins de
temps, et d'une manière plus parfaite que si la filtration était ascendante ; 4° la rapidité et
la continuité de la filtration ont pour effet de soustraire promptement l'alcali du contact avec
les sulfures basiques terreux insolubles, et abrègent la durée de la réaction graduelle par
laquelle les sulfures solubles se forment au grand détriment du produit ; 5° la grande concentration des liquides ainsi obtenus abrège l'évaporation à siccité, et économise le combustible
nécessaire pour cette opération.

Malgré les grands et incontestables avantages du procédé perfectionné que nous venons de
décrire, l'ancien système de lixiviation, au moyen des paniers en fer qu'on transporte de
cuve en cuve, est encore, dit-on, en usage dans quelques-unes des fabriques de soude de
France et de Belgique. En Angleterre, le lessivage méthodique se pratique universellement
d'après le procédé si simple et si ingénieux de M. Shanks, procédé qui devient aussi de plus en
plus populaire en France.

Ce n'est pas uniquement à la fabrication de la soude que ce procédé de lixiviation méthodique est applicable. Il offre des avantages dans toutes les branches des arts et de l'industrie,
lorsqu'il s'agit d'extraire et de concentrer économiquement des matières solubles quelconques,
qui se trouvent disséminées en faible proportion dans de grandes masses poreuses et insolubles.

Considérée sous ce point de vue général la Lixiviation méthodique, telle que Shanks l'a
perfectionnée, en continuation des améliorations toujours mémorables de Desormes figurera
incontestablement parmi les plus précieux et les plus beaux des grands procédés généraux
employés dans la chimie appliquée ; elle peut servir de type et de modèle, et la postérité la
considérera certainement comme l'un des legs industriels les plus importants de notre
siècle.

Cette description, plus exacte et plus philosophique qu'aucune des descriptions antérieures
de ce procédé, fut communiquée au rapporteur par son ami M. F.-O. Ward, qui s'est occupé
d'une manière toute spéciale de ce sujet en vue de son procédé d'extraction de la potasse
(Voyez le chapitre sur les composés potassiques), et dont les idées sont exposées dans le
compte-rendu que nous venons d'en donner.

Dans ce qui précède, nous avons examiné trois des principales phases du procédé de fabrication de la soude, savoir : la production du sulfate de soude et son traitement ultérieur avec un mélange de houille et de craie, premièrement par le feu, secondement par l'eau. La quatrième et dernière phase de l'opération, c'est-à-dire l'évaporation à siccité de la solution aqueuse ainsi obtenue, devrait suivre maintenant par rang d'ordre. Mais peut-être sera-t-il convenable d'exposer d'abord nos observations sur la théorie du procédé de la soude artificielle attendu qu'elles s'appliquent particulièrement aux réactions qui ont lieu durant les deux périodes que nous venons de passer en revue, c'est-à-dire pendant la calcination et la lixiviation subséquentes.　　　　　　　　　　　　*(La suite à une prochaine livraison.)*

DE L'ACIDE PHÉNIQUE,

DE SON ACTION SUR LES VÉGÉTAUX, LES ANIMAUX, LES FERMENTS, LES VENINS, LES VIRUS, LES MIASMES,

ET DE SES APPLICATIONS A L'INDUSTRIE, A L'HYGIÈNE, A LA THÉRAPEUTIQUE ET AUX SCIENCES ANATOMIQUES.

Par M. le docteur JULES LEMAIRE.

(SUITE et FIN. — Voir *Moniteur scientifique*, livraison 140, p. 649, livraison 153, p. 317, livraison 154, p. 378, et livraison 155, p. 412.)

CHAPITRE VII.

Applications de l'acide phénique à la thérapeutique.

Je n'ai pas encore pu m'occuper de ce sujet avec tout le soin qu'il mérite. La thérapeutique n'est pas chose facile à bien étudier. C'est par elle que je désirais finir. J'ai pensé qu'en établissant d'abord avec soin les propriétés de l'acide phénique, les applications que l'on en pourrait faire à la curation des maladies se trouveraient naturellement tracées et que son mode d'action serait plus facilement déterminé.

Toutes les expériences que j'ai faites ont mis en évidence son action physiologique et ses autres propriétés. Ces dernières peuvent être réduites aux suivantes : rubéfaction de la peau, anéantissement certain des ferments et des miasmes putrides, neutralisation des effets des venins et des virus ; enfin, destruction des parasites avec de très-faibles doses. Il est impossible que ces propriétés incontestables n'ouvrent pas un vaste champ d'applications à la thérapeutique. Nous venons de voir tout le parti que l'hygiène peut en tirer. Lorsqu'on essaie un médicament sur l'homme et les animaux, les premières expériences se font en tâtonnant. On se préoccupe plus du résultat que des détails de l'expérience. Aussi, dois-je reconnaître que les observations que je rapporte n'ont pas toutes ce caractère de précision que l'on a le droit d'exiger. Mais, tels qu'ils sont, les résultats que j'ai obtenus m'ont paru si remarquables que je n'ai pas hésité à les faire connaître. D'ailleurs, tous les médecins savent qu'un médicament ne peut être définitivement admis dans la matière médicale d'après les expériences d'un seul. Il faut de plus le contrôle de l'expérience des autres. Ces réserves faites, abordons les applications.

MÉDECINE DE L'HOMME.

PATHOLOGIE EXTERNE.

Lorsqu'on étudie les propriétés d'un médicament nouveau sur l'homme, tous les expérimentateurs conseillent de faire les premières applications sur les téguments. J'ai suivi ces conseils dictés par une sage prudence.

EMPLOI DE L'ACIDE PHÉNIQUE COMME RUBÉFIANT.

Nous avons vu dans les expériences sur les animaux (voy. *Monit.*, oct. 1862, p. 654) que l'acide phénique, appliqué en couche légère sur la peau, produit une rubéfaction qui persiste pendant quinze à vingt jours sans qu'il survienne de phénomènes inflammatoires. L'acide mélangé avec parties égales d'alcool détermine une rubéfaction moins intense et elle dure moins longtemps. Lorsqu'on appliquera cet acide sur une large surface, je conseille d'avoir recours à ce dernier mélange, parce que l'acide pur déterminerait une vive douleur. De plus, l'acide pur cristallisant facilement à une température de 20°, il pourrait arriver qu'en cet état on ne l'étendît pas sur la peau en couche assez uniforme, et que des macules en fussent la conséquence.

L'application doit se faire à l'aide d'un pinceau ou simplement avec un bouchon de liége recouvert d'un linge fin. Une couche légère, appliquée sur la peau à l'aide d'une friction douce, suffit pour obtenir en quelques instants la rubéfaction.

L'acide phénique, comme révulsif, offre les avantages suivants :

Employé comme je viens de le dire, son action est instantanée. Il ne provoque pas de phénomènes inflammatoires; il n'exige aucun bandage ni linge pour son application. C'est à sa pénétration rapide dans la peau que ce dernier avantage est dû. La petite quantité qu'il suffit d'employer pour obtenir la rubéfaction en fait un moyen économique. Indépendamment de ces avantages que n'offrent pas l'huile de croton, ni le tartre stibié, il n'a pas l'inconvénient de provoquer, comme ce dernier, des gangrènes partielles de la peau.

La médication révulsive est bien rarement employée seule. Le plus souvent elle n'est qu'un auxiliaire. J'ai employé l'acide phénique, concurremment avec d'autres moyens, dans les cas suivants :

1° Hémoptysie abondante (application sur la poitrine);

2° Toux opiniâtre sans lésions appréciables des organes respiratoires (même mode d'emploi);

3° Congestion cérébrale (application sur les membres inférieurs).

Il m'a paru agir dans ces cas comme le font les sinapismes, mais avec plus de persistance. Je l'ai aussi employé contre des diarrhées rebelles en friction sur le ventre.

Il m'a paru utile dans ces affections; mais comme en même temps le malade faisait usage d'autres médicaments, sa part d'action n'a pas été facile à bien déterminer.

PARASITES ET AFFECTIONS PARASITAIRES.

Pediculus capitis et pubis. — Une lotion faite avec de l'eau phéniquée au centième, à l'aide d'une éponge, sur les parties où siégent ces animaux, suffit pour les faire mourir. Je m'en suis assuré sur plusieurs malades. La facilité d'emploi, la propreté et l'innocuité de cette préparation lui feront donner la préférence sur les parasiticides connus.

Gale. — J'ai traité cinq galeux. Le premier était un homme de vingt-trois ans, commis; toutes les parties du corps étaient atteintes. Les membres supérieurs et les inférieurs, la verge étaient littéralement couverts par l'éruption. Elle était plus discrète sur le tronc. Je n'avais jamais vu une gale plus intense. Je fis constater l'état du malade par M. Bazin avant de commencer le traitement.

L'invasion du mal datait de trois mois; la démangeaison était telle que, depuis quelque temps, le malade était privé de sommeil. Sur les autres malades, la gale était plus discrète.

Sur le premier, qui était à ma maison de santé, j'ai fait moi-même l'application. J'ai pu suivre avec le plus grand soin l'effet de ce nouveau traitement. La formule du médicament employé était celle dont je fais usage contre la teigne.

La première application a été faite le soir au moment du coucher; elle a consisté en une lotion faite sur tout le corps à l'aide d'une éponge. Si l'application se faisait en hiver, on ferait tiédir le liquide au bain-marie. Cette première lotion a suffi pour faire cesser les démangeaisons. Le malade, qui depuis assez longtemps passait les nuits sans sommeil, a pu dormir pendant huit heures sans s'éveiller. Les démangeaisons ont complétement cessé. Deux autres lotions ont été faites à vingt-quatre heures de distance. J'ai extrait plusieurs acares, et les ai examinés au microscope; ils étaient morts. Ces trois lotions ont suffi pour guérir le malade. Je ferai remarquer qu'à la suite de l'application de ce médicament, les papules étaient gonflées, rouges, et sont restées pendant quelques jours en cet état. Ce résultat me paraît dû à l'action irritante de l'acide acétique et aussi à l'acide phénique.

L'emploi de ce médicament détermine une légère cuisson très-supportable.

Les autres malades ont fait eux-mêmes les applications. J'en revis deux huit jours après le commencement du traitement. Ils m'ont dit que les démangeaisons avaient complétement disparu après la première lotion. Les papules étaient saillantes et rouges. Chez ces trois malades, il n'y a pas eu de récidive.

Deux autres malades, voyageurs du commerce, qui avaient appris, par le premier dont je viens de parler, les excellents effets de ma préparation, m'écrivirent de vouloir bien leur en envoyer la formule et le mode d'emploi. Ce que je fis. Le résultat a été le même que dans les trois cas précédents que j'ai pu suivre.

Indépendamment de ces succès remarquables, je crois en avoir obtenu un autre qui ne l'est pas moins.

La propriété toxique que possède l'acide phénique me l'a fait employer pour détruire les acares ou leurs œufs, qui existent toujours dans les vêtements et la literie à l'usage du malade.

La liqueur qui sert à détruire l'animal sous l'épiderme peut aussi être employée partout où il existe. Pour cela, il suffit d'imprégner toute la face interne des vêtements (chemise, gilet, pantalon, habit, bas et même le chapeau ou la casquette) avec ce liquide, que l'on étend à l'aide d'une brosse. Le matelas, l'oreiller, les draps et la couverture sont traités de la même manière. Trois des malades dont je viens de parler ont porté ces vêtements et n'ont pas cessé de coucher dans le même lit. La guérison sans récidive que j'ai obtenue, dans ces trois cas, m'autorise à dire que ces lotions faites sur la literie et sur les vêtements ont tué le parasite (1); ainsi le moyen qui guérit la maladie purifie les vêtements. Il n'est pas sans importance de rappeler que dans ma brochure sur le coal-tar saponiné, j'ai rapporté une observation de guérison rapide de la gale par l'emploi de cette substance additionnée d'acide acétique à 8° (pyroligneux). C'est aussi en lotions que ce médicament a été employé.

Depuis, M. le docteur Verjus m'a remis une observation de guérison de gale avec le coal-tar saponiné. Cet habile confrère n'y avait point fait ajouter d'acide acétique. Ce fait permet de penser que l'eau phéniquée au centième, sans acide pyroligneux, peut suffire pour guérir la gale.

Ces deux résultats, identiques aux premiers que je viens de rapporter et qui ont été obtenus avec le coal-tar saponiné, peuvent être aussi attribués à l'acide phénique, puisque j'ai démontré que c'est à cet acide que cette substance doit ses principales propriétés. Ce serait donc sept guérisons de gale que l'on aurait obtenues par l'emploi de l'acide phénique. Nous verrons plus loin que la gale des animaux est aussi rapidement guérie avec cet acide.

Il résulte de tout ce qui précède que l'acide phénique, préparé et employé comme je viens de le dire, est supérieur à tous les moyens connus pour guérir la gale.

La promptitude de la guérison, la facilité d'emploi, la propreté, le bon marché de la préparation et la facilité de détruire avec elle les acares dans la literie et dans les vêtements ne peuvent manquer de lui faire donner la préférence.

---

(1) La préparation que j'emploie est aussi limpide et incolore que l'eau la plus pure. Elle ne laisse aucune trace de son action. Il suffit d'exposer à l'air les objets que l'on en imprègne pour qu'il sèchent et se retrouvent dans les mêmes conditions qu'avant l'imprégnation.

Teignes.—Les remarquables recherches de M. Bazin sur les teignes ont fixé la science sur le siége, la nature et sur le traitement de ces maladies. C'est contre le parasite que tous les efforts doivent être dirigés. La démonstration qu'il a faite de l'existence du microphyte dans le follicule pileux lui a fait expliquer la résistance de la maladie à l'action des parasiticides. C'est pourquoi il conseille l'épilation combinée avec ces préparations.

L'acide phénique aura-t-il plus de succès que ses aînés parasites? Les résultats obtenus sur la gale et des guérisons de teignes dues au même moyen permettent de l'espérer. Malgré ces beaux succès, je ne me prononce pas encore définitivement. La teigne est une maladie si rebelle à tous les moyens connus que tous les praticiens m'approuveront de faire ces réserves.

Examinons les faits.

Nous avons vu l'action énergique qu'exerce l'acide phénique sur les mucédinées. De plus, j'ai déjà publié des observations d'affections parasitaires guéries rapidement par le coal-tar saponiné; ce sont : 1° deux cas de gingivite chronique entretenus par des microphytes; 2° un cas d'herpès tonsurant datant de trois ans, qui avait résisté à l'épilation et à plusieurs autres moyens énergiques; 3° un cas de pytiriasis des lèvres datant de cinq ans et qui avait résisté à tous les moyens employés (ces deux dernières observations m'ont été remises par le docteur Th. Verjus); 4° enfin, M. le docteur Sénéchal, aide-naturaliste au Muséum d'histoire naturelle de Paris, m'a dit que des teigneux avaient été guéris au bureau de bienfaisance du 13e arrondissement par l'emploi de cette même substance. Ces malades avaient été traités pendant longtemps sans succès par les moyens ordinaires.

Grâce à la bienveillance de M. Bazin, j'ai pu faire, vers la fin de 1860, à l'hôpital Saint-Louis, l'essai de l'acide phénique sur deux enfants atteints d'herpis tonsurant (1).

Voici comment l'application a été faite. Pour faciliter la pénétration du médicament dans le bulbe pileux, le cuir chevelu a été préalablement recouvert pendant une demi-heure d'une compresse imbibée de vinaigre ordinaire. Le cuir chevelu ainsi préparé était imprégné une fois par jour, à l'aide d'un gros pinceau, de la solution contre la teigne.

La douleur était vive pendant une demi-heure. Après deux mois d'emploi, ces deux malades nous ont paru guéris. L'interne de M. Bazin, qui m'avait promis les observations, a oublié de les prendre. Mes occupations ne m'ont pas permis de suivre ces malades avec régularité. Les applications ont été confiées à la sœur du service.

Dans le service de M. Bazin, il y a un garçon chargé d'épiler tous les teigneux. J'ai appris, seulement dans ces derniers temps, que ces deux malades avaient été épilés. L'emploi de l'épilation rend ces deux observations moins intéressantes.

Depuis, j'ai appliqué la même liqueur, mais sans imbibition préalable du cuir chevelu avec le vinaigre, sur une petite fille âgée de huit ans, demeurant à Bagnolet; elle était atteinte d'herpès tonsurant. La maladie datait d'un an au moins. Cinq plaques, de trois à quatre centimètres de diamètre, existaient; la chute des cheveux sur plusieurs points, leur aspect brisé, ainsi que l'état du cuir chevelu, ne me paraissaient point permettre de doute sur la nature de l'affection. Des solutions de sublimé corrosif, des pommades au goudron, au calomel et soufrées avaient été employées sans résultat satisfaisant.

Les cheveux furent rasés; je fis moi-même les applications chaque jour à l'aide d'un pinceau. J'ai été obligé d'en suspendre l'emploi trois fois, parce que la peau était devenue rouge et douloureuse. Pendant l'interruption du traitement, des onctions faites avec l'axonge firent disparaître rapidement la douleur et la rougeur. Après cinq semaines de traitement, sans épilation, la malade était guérie. Depuis deux ans que cette application a été faite, il n'y a pas eu de récidive. C'est ce résultat qui m'a fait écrire à l'Académie des sciences (mars 1861)

(1) Les résultats de ces essais ont été communiqués, avec d'autres, à l'Académie des sciences, le 4 mars 1861 Voy. *Comptes-rendus*, et mieux *Journal de l'Institut* et *Cosmos*, mars 1861.

que la guérison de la teigne pouvait être obtenue en 40 jours. Depuis, j'ai traité deux autres malades atteints d'herpès tonsurant. Le mal était récent; une plaque de la dimension d'une pièce de cinq francs existait sur la tête de chacun d'eux. L'un a guéri en un mois, l'autre est en traitement depuis près de trois mois. Diverses causes ont empêché de suivre le traitement régulièrement. Tous deux me paraissent guéris.

J'ai en ce moment quatre malades en traitement : l'amélioration déjà obtenue me donne l'espoir qu'ils guériront; mais attendons.

Je ne suis pas encore fixé sur le meilleur mode d'application de l'acide phénique dans cette maladie. J'ai fait subir une modification au premier que j'ai employé; cette première modification a consisté à introduire de la teinture de saponine dans la préparation. Cette addition avait pour but de faciliter la chute des croûtes et des pellicules; mais le frottement indispensable pour obtenir ce résultat faisait que cette préparation provoquait de la cuisson et de la rougeur. J'ai continué à utiliser les propriétés de la saponine, mais sans la mélanger avec le liquide parasiticide. L'application se fait en deux temps. Dans le premier, on lave la tête avec de la décoction de bois de Panama (*quiliaya saponaria*) ou de racine de saponaire, qui contiennent beaucoup de saponine. Ce premier résultat obtenu, on essuie la peau et on fait l'imprégnation, sans frottement, avec la liqueur. De cette manière, on peut faire supporter une dose beaucoup plus forte d'acide phénique, sans provoquer de cuisson. Je viens d'appliquer de cette manière une solution qui contient 10 p. 100 d'acide phénique; le petit malade m'a dit qu'il ne ressentait aucune douleur. Il est probable que je pourrai encore forcer, sans inconvénients, la dose; cette modification dans l'application permettra d'exercer une action plus puissante : quel que soit le résultat de l'observation ultérieure sur ce point, la décoction de bois de Panama ou de racine de saponaire devront faire partie du traitement. Cette préparation, par la saponine qu'elle contient, débarrasse le cuir chevelu des produits sécrétés gras ou épidermiques, mieux qu'aucune autre substance ne peut le faire. De plus, elle adoucit les parties malades; aussi, je recommande vivement son emploi. Dans le favus, que je n'ai pas encore eu l'occasion de traiter, je conseille de nettoyer préalablement la tête avec cette décoction. Il n'est pas douteux pour moi, d'après tout ce que j'ai observé dans les applications du coal-tar saponiné, sur de l'impetigo et sur d'autres affections de la peau, que les croûtes soient facilement détachées et la tête nettoyée. En ajoutant un millième d'acide phénique à cette décoction on ferait disparaître l'odeur désagréable qu'exhalent ces malades.

Lorsque les cheveux ne sont pas rasés, il faut, après la lotion faite avec le liquide saponiné, en faire une autre avec l'eau pure; sans cela la saponine produit l'effet de l'apprêt sur les tissus; elle les réunit et les raidit. Cet état est désagréable pour les malades et gênant pour les applications subséquentes.

Encore un mot à propos de ces observations : M. Bazin, pour donner une certitude absolue à mes expériences, m'a donné le conseil de ne pas faire une application d'acide phénique sans avoir préalablement constaté l'existence du microphyte à l'aide du microscope. Bien des médecins, m'a-t-il dit, se trompent sur le diagnostic de la teigne; avec la précaution que je vous recommande, on ne pourra pas vous faire d'objection.

Sur les quatre malades que j'ai en traitement, ces sages conseils ont été mis à profit (1). A l'avenir, je ne traiterai aucun malade sans avoir préalablement constaté la présence du champignon à l'aide du microscope. Pour que la science soit plus vite fixée sur ce point, j'engage mes confrères à suivre, comme moi, les conseils du savant médecin de l'hôpital Saint-Louis.

On ne peut méconnaître l'importance des faits qui précèdent, surtout si on les rapproche des résultats certains obtenus sur la gale. Des renseignements qui m'ont été donnés sur ce même sujet et qui confirment ces résultats me paraissent dignes d'être rapportés.

Mme S., qui emploie une partie de sa fortune en bonnes œuvres, avait dans sa localité

(1) Trois de ces malades que je viens de présenter à M. Bazin lui ont paru radicalement guéris.

(département de l'Orne) de nombreux teigneux que l'on ne parvenait pas à guérir. Cependant rien n'avait été négligé pour y parvenir : renseignements pris à l'hôpital Saint-Louis, formules des pommades que l'on y emploie contre la teigne, leçons d'épilation, tout fut mis en œuvre, et les teigneux ne guérissaient pas. Mme S. consulta mon ami le docteur Malespine, qui connaissait mes expériences. Il conseilla d'avoir recours au nouveau traitement que j'ai proposé ; je donnai par écrit le mode d'emploi dont j'ai parlé précédemment et tout ce que je savais sur ce sujet. On m'avait promis des observations, je ne les ai pas encore reçues. Désirant au moins savoir les résultats que l'on avait obtenus, je fis demander à Mme S. de vouloir bien me les faire connaître. Voici ce que cette dame écrivit : « Nous sommes toujours satisfaits de l'emploi de l'acide phénique mélangé avec le coal-tar saponiné, soit à l'état liquide, soit en pommade. Nous avons en ce moment en traitement vingt-deux enfants teigneux ; nous en avons complétement guéris quatorze ou seize. La guérison datant de plusieurs mois déjà, elle peut je crois être considérée comme définitive. » A-t-on employé concurremment l'épilation ? Je ne sais. Je dois dire que ce traitement a été appliqué par les sœurs de la Providence, sous la surveillance d'un docteur en médecine.

Ces résultats, rapprochés de tous ceux que je viens de rapporter, me paraissent donner une grande importance à ce nouveau traitement de la teigne.

M. le docteur Maupin, médecin de l'hôpital de Bayonne, a employé mon traitement sur deux teigneux de son hôpital. Ces malades paraissant guéris ; on a cessé l'emploi du médicament ; mais la guérison n'était pas complète, parce que le mal a reparu. Cet honorable confrère m'a fait demander par M. Le Beuf, si j'avais constaté ce résultat dans les applications que j'avais faites ; je lui répondis que sur une malade, celle de Bagnolet, quelques points du mal reparurent, mais l'application de la liqueur phéniquée les fit rapidement disparaître.

Je lui donnai le conseil de surveiller avec le plus grand soin la coiffure, l'oreiller et tous les objets dont les malades se servent pour leur toilette, parce que la maladie pourrait provenir d'un nouvel ensemencement.

Je ferai ici la même recommandation que pour la gale. La teigne pouvant être communiquée par les draps du lit, l'oreiller, la coiffure ou par les objets servant à la toilette (peigne, brosse, éponge) des malades, tous ces objets doivent être traités par l'eau phéniquée pour détruire les microphytes qui peuvent y exister. Le bonnet ou le mouchoir de nuit sont imprégnés de cette eau au moment où le malade les quitte. De cette manière ils peuvent être remis le soir même sans inconvénient. Le peigne, la brosse, et l'éponge sont plongés pendant cinq minutes dans de l'eau phéniquée au centième. Pour ce dernier usage il ne faudrait pas employer la solution qui contient l'acide acétique, parce que cet acide altérerait l'ivoire du peigne et les soies de la brosse. L'acide phénique, même pur, n'exerce aucune action sur ces substances.

Dans la journée, je fais placer au fond de la casquette ou du chapeau, ou sous le bonnet, une compresse imbibée de la liqueur, pour entretenir une atmosphère phéniquée sur le cuir chevelu.

Je dois signaler un fait qui pourrait embarrasser les observateurs. L'acide phénique, dans la préparation que j'emploie contre la teigne, exerce une action sur l'épiderme, auquel il donne une coloration blanchâtre, et le rend très-rugueux. D'assez nombreux fragments d'épiderme se détachent comme dans certaines affections éruptives. Dans l'herpès tonsurant, on pourrait croire, à cause de la ressemblance avec le produit morbide, que le malade n'est pas guéri. La cessation du médicament et des onctions avec la glycérine ou un corps gras suffisent pour juger, après un petit nombre de jours, cette question.

Le fait que je viens de signaler a embarrassé le médecin et les sœurs qui ont appliqué mon traitement sur les protégés de Mme S... Ils ont constaté qu'après la chute des croûtes dans le favus, une couche de pellicules persistait. Ils m'ont fait demander si c'était l'effet du traitement et à quel moment il fallait cesser l'emploi du remède. Cette dernière question est encorc embarrassante pour moi. Elle ne peut même pas être jugée, sans cause d'erreur, avec le microscope, parce qu'il peut exister des microphytes et qu'ils soient morts. Dans ce cas ils ne seraient pas à craindre, ce seraient de véritables corps étrangers que les organes élimineraient. L'expérience seule pourra résoudre ce point secondaire de cette question.

En résumé, malgré l'existence de quelques lacunes dans le diagnostic et dans les observations que je viens de rapporter, il n'est pas moins vrai que les résultats obtenus sont très-remarquables. Ils n'auraient pas une si grande importance, si des faits très-nombreux n'établissaient l'action toxique énergique qu'exerce l'acide phénique sur les microphytes. Je rappellerai que le traitement de la teigne, malgré les perfectionnements qu'il a reçus des recherches de M. Bazin, exige encore en moyenne près d'un an d'application. Le traitement nouveau que je propose et les résultats que je viens de rapporter devront stimuler le zèle de mes confrères. Si, à l'aide de l'acide phénique, on parvient à la guérir bien plus vite, sans épilation, ce serait un grand service rendu à l'humanité et une grande conquête pour la thérapeutique. Ce serait encore, comme je l'ai dit ailleurs pour le coal-tar (voir *Moniteur des sciences médicales,* mai et août 1861), dans le pansement des plaies, de la thérapeutique positive.

AFFECTIONS CUTANÉES DIVERSES.

J'ai employé l'acide phénique contre l'eczema chronique. L'eau phéniquée au millième, en lotions et en compresses, a donné, dans certains cas, des résultats très-remarquables. J'ai aussi employé avec avantage cet acide mélangé avec la glycérine. Dans toutes ces applications, quand il n'y a pas eu guérison rapide, l'amélioration ne s'est point fait attendre. Dans le livre que je publierai prochainement je rapporterai les observations.

Sur un malade atteint de pemphygus depuis une trentaine d'années, l'acide phénique employé *intus et extra* a amené rapidement une amélioration telle que le malade et moi nous avons cru la guérison complète prochaine. Mais une poussée de vésicules survint et tout fut à recommencer.

J'ai obtenu un succès des plus remarquables sur une dame de soixante et onze ans, atteinte depuis huit ans d'un cancroïde siégeant au-dessus du sourcil droit. La plaie avait 2 millimètres environ de profondeur et était large de 3 centimètres. M. Bazin a vu la malade avant le traitement. Le diagnostic ne laissait donc rien à désirer.

Un grand nombre de traitements avaient été suivis sans succès.

Des lotions faites matin et soir avec de l'eau phéniquée au millième, une compresse imbibée de ce liquide et maintenue sur la plaie ont suffi pour obtenir sa cicatrisation en douze jours.

Sur un homme de vingt-deux ans, doreur sur bois, atteint d'ozène, des aspirations de vapeur d'acide phénique, par les fosses nasales, ont instantanément fait disparaître, presque entièrement, la mauvaise odeur. Pour cela on place quelques gouttes d'acide phénique dans un verre ; puis on fait aspirer par les narines, pendant trois ou quatre minutes, l'air chargé d'acide phénique.

M. Dorvault a publié, dans le numéro de septembre 1862 de l'*Union pharmaceutique,* des renseignements qui lui ont été donnés en Angleterre, par M. Calvert, desquels il résulte que M. Ransonne a appliqué l'acide phénique au traitement d'ulcères et dans d'autres affections purulentes ; que M. Thomas Turner lui a écrit (à M. Calvert) qu'on peut l'employer avec avantage à l'état de solution aqueuse au quarantième (1) (1 partie d'acide pour 39 d'eau) dans le traitement d'ulcères fétides de mauvaise nature. Il dit qu'il change l'action des vaisseaux en transformant l'écoulement sanieux en une émission simplement purulente, en même temps qu'il détruit presque instantanément l'odeur infecte.

____

(1) Cette solution, si elle arrive sur les tissus vivants, doit produire une douleur des plus violentes.

Dans les cas d'ulcères communiquant avec des os cariés ou nécrosés, il donne encore, à l'état de solution (dans quelles proportions?), de très-bons résultats, si on l'injecte dans les sinus conduisant aux os attaqués. Losqu'il n'y a que simple carie ou ulcération de l'os, il agit comme curatif. Si, au contraire, il y a nécrose, il détermine l'exfoliation de la partie morte.

Dans les cas de gangrène et d'ulcères pernicieux quelconques, il détruit toute odeur désagréable, entrave la putréfaction et peut rendre le pus tout à fait inoffensif pour les tissus environnants et sains. Enfin que M. Heath emploie l'acide phénique à l'état de dissolution dans 40 parties d'eau en lotions pour les blessures gangréneuses. Il trouve que, peu de temps après l'application, il arrête entièrement la marche gangréneuse et la plaie prend un très-bon aspect.

Le contenu de cette note fait dire à M. Dorvault que les faits publiés en France ne l'ont pas été avec des prévisions aussi importantes que celles qui y sont relatées. Si M. Dorvault avait lu tout ce que j'ai publié sur ce sujet, il saurait que l'arrêt de la gangrène et de la formation du pus ont été annoncés par moi, à l'Académie de médecine, en septembre 1859 ; qu'en 1860, j'ai réuni dans une brochure de près de 100 pages un grand nombre d'expériences et d'observations semblables à celles que lui a remises M. Calvert. Les expériences qui ont été faites dans plusieurs hôpitaux de France et de l'étranger, à l'Ecole d'Alfort et en ville, l'ont été, il est vrai, avec le coal-tar saponiné. Mais, dans cette même brochure, j'ai établi, par de nombreuses expériences, que cette substance devait ses remarquables propriétés principalement à l'acide phénique. Depuis la publication de ce travail, j'ai fait plusieurs communications à l'Académie des sciences sur l'acide phénique et sur le coal-tar. J'ai publié dans le *Moniteur des sciences médicales*, dans le journal l'*Institut* et dans le *Cosmos* (1860, 1861 et 1862), le résumé des principaux faits que j'ai rassemblés dans le travail que je publie aujourd'hui. J'ajouterai que mon premier mémoire (*Du coal-tar saponiné*) a été distribué à un certain nombre de médecins anglais aussitôt qu'il a été imprimé (juin 1860). La Société royale de médecine et de chirurgie de Londres m'a adressé, en avril 1861, la lettre suivante :

« Sir,

« We are directed by the Royal medical and chirurgical Society to return you their thanks « for your present of your work : *Du coal-tar saponiné, désinfectant énergique arrêtant les fer-* « *mentations*, which has been received and deposited in the Society's library.

« We have the honour, etc. »

Enfin, en 1861, les journaux de médecine anglais ont donné une analyse de ce même travail (voyez *The Lancet, november*). On reconnaîtra facilement, je l'espère, d'après tous ces renseignements authentiques, que les médecins anglais n'ont pas eu grand effort à faire pour déterminer les propriétés de l'acide phénique, qui sont relatées dans la note de M. Dorvault, puisque j'ai fait ce travail depuis plus de trois ans, qu'ils l'ont possédé aussitôt après son impression et que *The Lancet* en a donné une analyse. J'espère qu'à l'avenir M. Dorvault sera plus juste pour les travaux de son compatriote et qu'à l'occasion il reviendra sur le jugement qu'il a porté.

Emploi de l'acide phénique comme hémostatique. — En 1861, M. Bobœuf a conseillé l'emploi d'une solution de phénate de soude à 5 degrés, comme un excellent hémostatique et aussi pour le pansement des plaies. Ce que j'ai dit sur les applications de cet acide aux pansements des plaies me dispense de m'y arrêter. Seulement je rappellerai ce que j'ai dit dans la première partie de ce travail, savoir : que les phénates forment des combinaisons si peu stables, que des chimistes de premier ordre hésitent à ranger l'acide phénique au nombre des acides ; que les phénates alcalins conservent les propriétés de l'alcali. Ce n'est donc pas une idée heureuse d'employer un semblable liquide pour le pansement des plaies. Nous avons vu que l'acide phénique dissous dans l'eau, même au millième, détermine une cuisson assez vive, sur une blessure récente.

Quant à la propriété hémostatique de ce phénate de soude à 5 degrés, je vais rapporter une expérience qui permettra de l'apprécier. Je me procurai de ce phénate de soude préparé par M. Bobœuf lui-même. J'appliquai une sangsue sur le bras de M. Imbert, élève en pharmacie de M. Chaumelle. La sangsue tombée, je plaçai sur sa piqûre un bourdonnet de charpie gros comme un œuf de pigeon imbibé du liquide de M. Bobœuf. Il se maintenait par son propre poids sur la piqûre. Dans l'espace d'un quart d'heure, la charpie fut renouvelée et imbibée trois fois avec ladite liqueur, parce que le sang coulait toujours. Cette expérience, qui me permettait de constater l'impuissance de ce liquide, qui ne pouvait pas seulement arrêter le sang d'une piqûre de sangsue, m'a suffi pour juger sa valeur hémostatique. Un bourdonnet de charpie, de même volume que les précédents, imbibé de perchlorure de fer, a arrêté sur le champ le sang de la piqûre. M. Velpeau avait donc raison d'accueillir avec défiance l'hémostatique de M. Bobœuf, le jour où ce chimiste l'a présenté à l'Académie des sciences.

Les résultats que M. Bobœuf a obtenus doivent être attribués, selon moi, à son mode de pansememont qu'il décrit de la manière suivante : Prendre une compresse en quatre doubles, la tremper dans la dissolution de phénate de soude à 5 degrés, l'appliquer sur la plaie ; serrer la compresse et l'imbiber encore par-dessus avec la dissolution. Si M. Bobœuf était médecin il saurait que la simple compression, telle qu'il l'a employée, est un des meilleurs moyens que la chirurgie possède d'arrêter le sang. Aussi, dans son pansement, c'est à la compression qu'est dû l'arrêt de l'écoulement du sang et non au phénate de soude. L'expérience que j'ai faite suffira, je l'espère, pour le convaincre.

MÉDECINE VÉTÉRINAIRE.

PATHOLOGIE EXTERNE.

J'ai déjà parlé des expériences que j'ai pu faire sur les chiens, grâce à la bienveillance de M. Bourrel. Ce savant vétérinaire, qui a continué d'appliquer l'acide phénique, a bien voulu m'écrire les résultats qu'il a obtenus. Voici la copie textuelle de sa note :

« A la suite d'expériences faite à notre hôpital en 1861, par M. le docteur Lemaire, nous avons admis l'acide phénique comme agent thérapeutique dans la médecine du chien. Il résulte de nos observations que ce médicament nous a rendu d'incontestables services :

« 1° Dans le pansement des plaies de nature atonique et gangréneuse, il est préféré par nous au coal-tar en poudre ou émulsionné, en ce sens qu'il est facile de varier la puissance de cette substance médicamenteuse de 1 à 100, selon la nuance et le caractère des lésions observées. Même action, du reste, que le coal-tar en poudre ou saponiné ;

« 2° Toutes les affections cutanées d'un caractère asthénique, l'érythème scorbutique, etc., la classe des maladies parasitaires, gale, phthiriase, ont été traitées par nous au moyen de l'acide phénique et dans une proportion de succès *que nous ne pouvions atteindre avec la variété considérable des autres agents.*

« *Doses et mode d'emploi de l'acide phénique pour le chien.* — Le degré de la solution aqueuse pour le traitement des plaies varie de 5 à 10 pour 100 (1) dans les cas de légère atonie, d'aspect blafard sans trop de profondeur ni lien constitutionnel. Mais si la dissolution des tissus organiques se montre, la concentration de l'acide phénique sera plus considérable. On pourra même l'employer pur. Dans ce dernier cas il agit comme caustique.

« Contre les maladies cutanées dues à un état de faiblesse de l'économie, à l'existence de

____

(1) Dans cette dernière proportion, il n'y aurait pas dissolution complète, à moins d'ajouter à l'eau un peu d'alcool.

parasites, les lotions ou bains doivent être portées à 10 pour 100 au minimum et à 30 pour 100 au maximum. Au delà l'action est trop active, quand il s'agit de grandes surfaces.

« Les meilleurs bains de propreté pour les chiens tourmentés par les poux et par les puces sont, sans conteste, ceux où il entre en moyenne 10 pour 100 d'acide phénique.

« En résumé, nous considérons l'acide phénique comme un de nos plus précieux agents pharmaceutiques. '

« Signé : Bourrel, vétérinaire. »

D'après M. Dorvault (loc. cit.), l'acide phénique aurait été employé en Angleterre, avec beaucoup de succès, au traitement du fourchet ou piétin, qui enlève tous les ans un si grand nombre de moutons. Le mode d'emploi consiste à bien nettoyer les pieds attaqués, puis de les frotter avec une brosse enduite d'acide phénique. Une seule application suffit ordinairement pour amener la guérison.

M. Terreil traite en ce moment au Muséum de Paris un certain nombre d'animaux atteints de la gale. Ils lui paraissent guéris.

PATHOLOGIE INTERNE.

J'ai à peine employé l'acide phénique pour combattre des maladies internes. Je vais rapporter les essais que j'ai faits et les résultats que j'en ai obtenus.

J'ai fait respirer de l'air chargé d'acide phénique à plusieurs phthisiques arrivés au troisième degré de la maladie. Pour cela on place au fond d'un bocal allongé huit ou dix gouttes d'acide phénique. Le malade aspire avec la bouche, et l'air expiré est rejeté dehors. La durée de chaque aspiration a varié de trois à cinq minutes. Les effets observés ont été les suivants : sécheresse et sentiment d'astriction dans la gorge et le larynx ; diminution des crachats et modification appréciable de leur odeur. Dans les cas de gangrène du poumon, il est à peu près certain que ce moyen serait utile.

Hémoptysie. — J'ai fait respirer les émanations d'acide phénique, de la même manière que dans les cas précédents, à deux malades qui étaient atteints d'hémoptysie qui résistait à des moyens énergiques. C'est la propriété qu'il possède de coaguler le sang qui m'avait déterminé à l'essayer dans ces cas. Les malades ont éprouvé, comme dans les cas précédents, une sensation d'astriction, un resserrement et une sécheresse des tissus. Le sang rejeté était moins abondant. Cet acide m'a paru améliorer un peu l'état de ces deux malades.

Tænia. — J'ai fait prendre, le matin à jeun, dans l'espace de deux heures, un litre d'eau phéniquée au millième à un homme âgé de vingt-quatre ans, tourmenté depuis longtemps par cet animal. Ni l'homme ni le ver ne se sont ressentis de l'action de cette boisson. Cet homme, qui avait déjà été traité sans succès par plusieurs médecins, tenait trop à se guérir pour que je puisse supposer qu'il n'ait pas pris ce médicament, qu'il n'a pas trouvé désagréable. Il m'a bien affirmé que la prescription avait été ponctuellement suivie.

D'après les effets, à peu près nuls, produits à l'intérieur par l'eau phéniquée au millième, on pourra sans inconvénient augmenter la dose de cet acide. Peut-être alors les effets seront-ils différents.

Ascarides vermiculaires. — J'ai traité avec l'acide phénique trois malades âgées de huit à quatorze ans, atteintes de ces entozoaires. Elles étaient tourmentées par les vives démangeaisons qu'ils occasionnent au pourtour de l'anus. Deux quarts de lavement additionnés d'acide phénique et administrés à vingt-quatre heures de distance en ont fait justice. Le premier lavement, chez ces trois malades, en a fait rendre une grande quantité. Lorsque le remède a été conservé pendant un quart d'heure, les oxyures étaient morts. Deux fois sur six, le lavement a été rendu très-peu de temps après son administration. Dans ces cas, les ascarides rendus étaient nombreux, mais ils étaient presque tous vivants.

La malade âgée de huit ans a pris 25 centigrammes d'acide pur dans 125 grammes d'eau. Les deux autres en ont pris 50 centigrammes dans la même quantité d'eau. Elles n'ont pas éprouvé de coliques ni de cuisson. L'une de ces jeunes filles a éprouvé pendant un instant un peu de stupeur. Deux lavements ont suffi pour les débarrasser toutes trois de ces hôtes incommodes.

Scrofule. — J'ai fait prendre pendant trois mois de cet acide à un enfant âgé de neuf ans, atteint d'une scrofule des plus graves. Tous les os des membres et ceux de la face étaient atteints, de nombreuses plaies fistuleuses existaient. Le petit malade prit d'abord 25 centigrammes d'acide par jour, dissous dans un demi-litre d'eau. Plus tard, il en prit 50 centigrammes dans la même quantité de liquide. Les plaies étaient pansées avec le coal-tar saponiné. Une amélioration bien évidente fut la conséquence de l'emploi de ce traitement dans le premier mois. C'était au mois d'octobre. Pendant le mois de novembre, l'état resta stationnaire, et au mois de décembre il s'aggravait. La mauvaise saison a certainement été pour quelque chose dans ce résultat; mais il n'est pas moins vrai que l'amélioration n'a pas continué. L'expérience décidera.

D'après M. Dorvault (note de M. Calvert), le docteur Henry Brown a administré l'acide phénique avec des résultats très-satisfaisants dans les diarrhées chroniques. Il ne parle pas de la dose, ni du mode d'emploi. Le docteur Roberts l'a employé avec beaucoup de succès, à la dose d'une goutte, dans des cas où la créosote avait échoué. (Est-ce pur ou dissous dans un véhicule? Ces renseignements sont cependant bien importants pour l'emploi d'un médicament si énergique. Nos confrères d'outre-Manche auraient bien dû les donner.) Tous ces renseignements sont trop incomplets pour qu'il soit possible d'en faire profiter les praticiens.

Enfin nous avons vu que M. Condamine a employé l'acide phénique intus et extra (voyez Livr. 140, p. 668), avec de grands avantages contre la morve (1).

S'il reste beaucoup à apprendre sur le parti que la thérapeutique pourra tirer de l'emploi de l'acide phénique, on ne peut méconnaître, d'après tout ce qui précède, que d'importants résultats ont été déjà obtenus.

<h3 style="text-align:center">QUESTIONS A ÉTUDIER.</h3>

Pathologie externe. — Les expériences que j'ai faites sur les venins et sur les virus indiquent d'essayer l'acide phénique contre la pustule maligne et les affections charbonneuses, contre la morsure des ophidiens et des animaux enragés, contre les piqûres anatomiques (2) et celles des animaux venimeux; enfin, comme moyen abortif, des pustules de la variole et de celles de l'acné.

Pour ces divers essais, je conseille d'employer l'acide pur dissous dans parties égales d'alcool; de cautériser assez profondément pour atteindre le poison. L'expérience apprendra si les applications devront être répétées.

Pour la variole, c'est au début qu'il me paraîtrait plus convenable d'agir, pour faire avorter les pustules. Je crois aussi qu'il serait sage de faire boire en même temps de l'eau phéniquée au millième, un litre par jour, pour agir sur le principe morbide qui peut exister dans la circulation. Cette dose serait pour un adulte. Pour les animaux, on donnerait une dose en rapport avec le volume et la force de l'animal.

Pathologie interne. — L'acide phénique me paraît devoir être essayé contre les maladies désignées sous le nom de miasmatiques, telles que les fièvres paludéennes, la fièvre jaune, le choléra, la peste, la rougeole, la scarlatine, la variole, et contre les maladies des animaux produites par des miasmes, contre celles dans lesquelles l'économie tout entière paraît être

---

(1) D'après des renseignements que j'ai pris auprès de professeurs de l'École d'Alfort, il résulte que l'opinion de ces messieurs diffère de celle de M. Condamine sur les effets merveilleux qu'aurait produits l'acide phénique dans les deux observations qu'il a publiées.

(2) Nous avons déjà vu le résultat obtenu dans un cas de ce genre à l'abattoir municipal:

en état de fermentation putride (suette, typhus, fièvre typhoïde), contre les cachexies purulente, cancéreuse et scorbutique; contre la clavelée, la morve, la rage et la syphilis; enfin
contre les entozoaires. A l'intérieur, l'expérience apprendra jusqu'à quelle dose on peut aller
sur l'homme et sur les animaux. Indépendamment de l'ingestion de cet acide dans l'estomac,
je conseille de faire dégager de l'acide phénique dans les lieux d'habitation, pour que les
organes respiratoires en introduisent à chaque instant dans le torrent circulatoire avec l'air
atmosphérique. D'un autre côté, on peut être assuré que s'il existe des germes dans l'air, ils
seront détruits par cet acide.

Dans les maladies vermineuses des voies respiratoires, qui font tant de ravages sur les animaux, je conseille d'emprisonner le museau de l'animal dans un sac en toile, au fond duquel
on placera une poignée d'étoupes imprégnée d'acide phénique, comme je l'ai fait dans une
expérience sur un cheval (voyez Livr, 140, p. 655). La durée de l'aspiration pourra varier
d'une demi-heure à une heure, deux fois par jour, selon le volume de l'animal. A l'intérieur,
on ferait aussi prendre de l'acide phénique en dissolution dans l'eau.

Les mangeoires et tous les objets à l'usage des animaux qui, dans ces cas, sont remplis de
mucosités et de bave, dans lesquelles existent de nombreux entozoaires, devront être lavés
avec de l'eau phéniquée à 5 pour 100.

Les vétérinaires ont observés depuis longtemps que ces liquides, chargés d'entozoaires,
sont un des moyens les plus dangereux de propagation de ces maladies. D'après toutes les
expériences que j'ai faites sur les animaux inférieurs, je ne doute pas que l'on détruise avec
l'eau phéniquée tous les êtres vivants que ces liquides contiennent. Si ces êtres sont, comme
je le pense, la cause de la reproduction et de la propagation de ces maladies, rien que par
cette application on pourra atténuer dans de grandes proportions leurs ravages.

Toutes ces questions à étudier sont assez attrayantes pour stimuler le zèle des médecins
et des vétérinaires. De grandes choses peuvent être déjà réalisées avec l'acide phénique, qui
possède des propriétés si remarquables. Il est vraisemblable que d'autres, non moins importantes, pourront l'être. Les questions à étudier sont si nombreuses, les champs d'observations
si variés et si éloignés les uns des autres, qu'il est impossible qu'un seul homme puisse faire
ce travail. On ne peut pas être en même temps en Europe, en Asie, en Afrique et en Amérique pour étudier les questions qui existent dans le programme que je viens de tracer. Absorbé chaque jour par les exigences de ma profession, j'ai trouvé le moyen, malgré cela, de
faire de nombreuses expériences et de les publier. Que ceux qui, comme moi, aiment la
science pour le bien qu'elle répand se mettent au travail. Réunissons nos efforts pour achever l'œuvre commencée. Rappelons-nous que le coal-tar et l'acide phénique, par leurs remarquables propriétés, sont appelés à rendre d'immenses services, et que ces mêmes propriétés
permettent de jeter une vive lumière sur un grand nombre de questions des plus importantes, sur lesquelles la science n'a pu, jusqu'à ce jour, qu'enregistrer les opinions diverses
et souvent opposées des auteurs. Rappelons-nous enfin que ce sont des Français qui ont fait
connaître les propriétés antiseptiques et désinfectantes du coal-tar.

CHAPITRE VIII.

Applications de l'acide phénique aux sciences anatomiques.

Les sciences anatomiques ont pour but la connaissance de l'organisation des végétaux et
des animaux. C'est généralement à l'état de repos ou après la mort que ces êtres sont soumis à l'étude. La rapidité avec laquelle la fermentation putride s'en empare et les détruit
oblige à prévenir cette altération. L'acide phénique peut encore ici rendre de grands services.

Végétaux. — Pour les végétaux, j'indiquerai seulement aux botanistes la propriété remarquable que possède l'eau phéniquée contenant un millième d'acide. Les racines, les tiges,

les feuilles, les fruits et les graines se conservent sans altération chimique ni anatomique appréciable dans l'eau phéniquée au millième; mais il est important que le vase soit hermétiquement bouché, pour empêcher la volatilisation de l'acide phénique. Une dose plus forte d'acide coagulerait l'albumine.

Animaux. — Dans les animaux supérieurs, l'organisation est si compliquée que l'étude des organes ou des appareils est nécessairement longue. De là la nécessité de les conserver pour l'étude, à moins d'en sacrifier un grand nombre. D'un autre côté, des vices de conformation, des lésions morbides des organes et des espèces rares, qui intéressent à un si haut degré la tératologie, l'anatomie pathologique et l'histoire naturelle, sont conservés chaque jour avec le plus grand soin. Ces derniers enrichissent nos musées en en devenant l'ornement.

Il est donc très-important d'avoir de bons moyens de conservation.

Les méthodes employées pour la conservation sont : l'injection, l'immersion et la dessiccation. J'en proposerai une quatrième, qui permet la conservation, à l'état frais, dans l'air atmosphérique.

A. Conservation par injection.

Il n'y a qu'un petit nombre d'années que l'on injecte les cadavres pour l'étude. Le docteur Franchina, de Naples, qui a inventé cette méthode d'embaumement, employait l'arsenic. Dans nos amphithéâtres d'anatomie, ce sont le chlorure de zinc et l'hyposulfite de soude qui sont employés. Ces agents conservateurs, en empêchant la putréfaction, assainissent les amphithéâtres, rendent l'étude de l'anatomie moins désagréable et moins dangereuse. Mais ces substances ont des inconvénients sérieux; elles agissent avec assez d'énergie sur les doigts de l'anatomiste et abîment les instruments.

Le chlorure de zinc durcit considérablement les tissus et n'empêche pas le développement des moisissures, qui altèrent la peau en la noircissant (1). Si cette substance est employée pour une conservation définitive, elle durcit tellement les tissus en se combinant avec eux, que le cadavre semble pétrifié. Les formes sont à peine conservées. Si en cet état on voulait rendre aux tissus leur souplesse primitive, en les plongeant dans l'eau, on n'y parviendrait pas.

L'hyposulfite de soude donne une belle couleur aux chairs; mais son pouvoir conservateur n'est pas long au contact de l'air. Cela tient à ce qu'il se transforme en sulfate avec la plus grande facilité, sous l'influence de l'oxygène; de plus, il est d'un prix assez élevé. Comme on le voit, ces moyens laissent beaucoup à désirer.

L'acide phénique a sur le chlorure de zinc et sur l'hyposulfite de soude des avantages incontestables. Il n'exerce aucune action sur les instruments. Il empêche le développement des moisissures; il favorise le desséchement, et, lorsque les tissus se sont desséchés, sous son influence, ils reprennent leur souplesse et leur aspect normal en les faisant macérer dans l'eau. Dans les amphithéâtres de dissection, sa volatilité, qui lui permet de se répandre dans l'atmosphère, fournit en même temps le moyen d'assainir l'air. La volatilité de cet acide est le seul inconvénient que je lui reconnaisse pour ces applications. Si l'on pouvait le retenir, la conservation serait perpétuelle, parce qu'en sa présence il n'y a point de putréfaction possible. Malgré cet inconvénient, je pense qu'on lui donnera la préférence sur les deux sels dont je viens de parler.

Mode de conservation. — Pour la conservation des cadavres par injection, pour l'étude, je conseille l'emploi de l'eau phéniquée au centième. Les membranes séreuses et fibreuses prennent une légère teinte blanche. Les tissus conservent pendant longtemps leur souplesse. Si la température ne dépasse pas 20° centigrades, le cadavre peut se conserver pendant deux

---

(1) J'ai vu le cadavre d'un ancien fonctionnaire public trois mois après l'avoir embaumé avec le chlorure de zinc. La poitrine et la face étaient couvertes de moisissures. Je les détruisis avec de la benzine.

mois. La conservation serait moins longue par les grandes chaleurs, qui font volatiliser l'acide. En arrosant chaque jour le cadavre avec de l'eau phéniquée saturée, on peut prévenir cette décomposition.

Le bon marché de cette préparation et les avantages qu'elle présente sur le chlorure de zinc et sur l'hyposulfite de soude me font espérer qu'elle les remplacera dans les amphithéâtres d'anatomie. En supposant, comme je l'ai dit, l'acide phénique à 2 francs le kilogramme, puisqu'il faudrait environ 50 grammes d'acide pour conserver un corps, j'ai donc eu raison d'écrire à l'Académie des sciences que le cadavre d'un homme pourrait être embaumé pour 50 centimes. En employant l'acide phénique au centième, comme je viens de le dire, la dépense ne s'élèverait qu'à 10 centimes.

B. Conservation par immersion.

L'agent généralement employé pour la conservation des animaux par immersion est l'alcool. Le prix de ce liquide est assez élevé et il durcit beaucoup les tissus. M. Rousseau, conservateur des galeries d'anatomie comparée du Muséum de Paris, a depuis longtemps (*Lancette française*, 16 février 1847) fait connaître les heureux résultats qu'il a obtenus avec l'eau créosotée (1). Voici ce qu'il dit :

« Mélangée avec une très-grande quantité d'eau, la créosote est parfaite pour la conservation des pièces anatomiques. M. Pigné, conservateur du musée Dupuytren, en a fait usage pour sa riche collection. M. Rousseau a conservé pendant très-longtemps des viscères dans de l'eau contenant moins d'un millième de créosote dans des bocaux bouchés et lutés avec soin. Il a vérifié qu'après un séjour de plusieurs années dans ce liquide, ils étaient dans un état de conservation tel qu'on pouvait les injecter. Des plantes ont aussi été conservées par le même moyen. »

Toutes les expériences que j'ai faites avec l'acide phénique confirment les résultats que cet habile anatomiste a fait connaître.

M. Broca (Paul) s'est servi d'eau phéniquée faible avec le même succès, pour conserver des pièces anatomiques. Enfin, M. le docteur Mallez, auquel j'avais remis de l'acide phénique, m'écrivit en ces termes les résultats qu'il a obtenus : « Les 60 grammes d'acide que vous m'avez remis ont été employés à désinfecter et à conserver vingt-cinq à trente pièces anatomiques (vessies et urèthres) dans une quantité d'eau que j'évalue à 30 litres. La conservation a été très-bonne depuis dix mois à peu près, pendant les chaleurs de l'été. Tout ce qui est resté immergé n'a pas souffert. Malheureusement mes occupations m'ayant fait négliger la surveillance des flacons, mal bouchés, il y a eu pour certaines pièces exposées à l'action de l'air un commencement de putréfaction. C'est alors qu'ajoutant une vingtaine de nouvelles pièces aux précédentes, j'ai eu de nouveau recours à votre obligeance. Les 50 grammes d'acide phénique cristallisé que vous m'avez envoyés ont été dissous dans 70 litres d'eau, qui ont servi à conserver les cinquante pièces de ma collection. En résumé, l'acide phénique, pour moi, après deux ans d'expériences, est un excellent désinfectant, d'un maniement facile, à bas prix, et qui m'a paru conserver aux tissus leur souplesse et leur élasticité, qui se perdent si rapidement dans la plupart des autres liquides conservateurs. » Ainsi les résultats obtenus par ces deux honorables confrères sont confirmatifs de ce que M. Rousseau et moi nous avons observé.

L'eau phéniquée, par son très-bas prix et par ses remarquables propriétés, me paraît appelée à remplacer l'alcool pour la conservation des animaux par immmersion. La proportion d'acide qui me paraît la plus convenable est $\frac{1}{500}$. En augmentant la proportion, l'acide se combinerait avec les tissus, et les durcirait un peu. Il ne faut pas oublier que les vases doi-

(1) Nous avons déjà dit que la créosote est une combinaison d'acide phénique et d'hydrate de crésyle.

vent être hermétiquement bouchés, parce que l'acide phénique, même dissous dans l'eau, abandonne ce liquide en se volatilisant,

C. Conservation par dessiccation.

La conservation par dessiccation s'obtient en exposant les pièces à la seule influence de l'air. On sait combien sont longues à préparer ces pièces, dans lesquelles toutes les parties solides sont minutieusement conservées. Il arrive fréquemment, pendant leur dessiccation, que les tissus sont altérés par un commencement de putréfaction, et que des moisissures s'y développent. Lorsque la dessiccation est achevée, elles sont exposées à une autre cause de destruction : les dermestes les attaquent et les réduisent en poussière. L'acide phénique permet de remédier à tous ces inconvénients. Avec lui, plus de fermentation putride, plus de moisissures, ni plus de dermestes. Indépendamment de ces avantages, l'acide phénique possède, comme le coal-tar, la propriété de favoriser le desséchement.

Mode d'emploi. — Voici comment je conseille d'employer cet acide pour ces conservations. Injecter préalablement par les artères avec de l'eau phéniquée au centième l'animal ou la pièce à conserver. Dans le cas où les vaisseaux doivent être injectés avec des matières grasses ou résineuses, l'acide serait incorporé avec ces matières, qui le retiendront beaucoup plus longtemps que l'eau. On ne l'ajouterait à ces matières qu'au moment de faire l'injection : sans cette précaution, la chaleur en ferait volatiliser une partie. Les injections ainsi faites et la pièce étant disséquée et placée dans les conditions les plus convenables pour le desséchement, on place au-dessous un petit vase plat contenant de l'acide phénique. Ses émanations se répandent sur la pièce, la protégent contre les causes de destruction dont j'ai parlé, et favorisent son desséchement. Lorsque la dessiccation est complète, on enduit les tissus, à l'aide d'un pinceau, d'une couche d'un mélange fait avec parties égales d'alcool et d'acide phénique. Enfin on les vernit. Préparées de cette manière, les pièces se conservent sans altération et sont à l'abri des mucédinées et des dermestes, tant qu'elles contiennent de l'acide phénique. Comme après un temps plus ou moins long, suivant la température, l'acide phénique finit par se volatiliser, il est indispensable de surveiller et d'appliquer une nouvelle couche du mélange alcoolisé.

Lorsque les pièces sont placées dans des vitrines, on peut prévenir les attaques des dermestes et des moisissures, en y plaçant un petit vase débouché contenant de l'acide phénique.

D. Conservation des animaux entiers a l'état frais dans l'air chargé d'acide phénique.

Nous avons vu que de la viande s'est conservée à l'état frais pendant huit mois dans des flacons hermétiquement bouchés, dont l'intérieur avait été enduit d'une couche légère d'acide phénique. Nous avons vu aussi que par le même procédé nous avons conservé des moineaux entiers avec leurs plumes. Ces expériences me permettent de proposer ce moyen, qui me paraît important, pour conserver les petits animaux entiers ou des pièces anatomiques rares pour l'étude. On sait que les oiseaux qui sont envoyés de contrées éloignées aux savants arrivent mutilés. Leurs viscères sont enlevés et remplacés par une préparation arsenicale, pour prévenir leur putréfaction. Les parties extérieures et le squelette sont à peu près seuls conservés. Par le moyen que je propose, l'animal entier peut être conservé dans toute son intégrité : ni les plumes, ni les poils, ni les tissus ne subissent d'altération. Ce curieux phénomène tient à ce que l'évaporation de la partie aqueuse de l'animal est impossible, et à ce que l'acide phénique empêche le développement des ferments, comme je l'ai démontré précédemment.

Mode d'emploi. — On place au fond d'un vase quelconque (bocal, boîte métallique, etc.), que l'on puisse boucher hermétiquement, de la filasse ou des chiffons imbibés d'acide phénique.

On les recouvre d'une couche de ces matières sèches, pour éviter le contact de l'acide sur les plumes ou sur les poils. L'animal ou la pièce anatomique sont couchés sur ce lit conservateur, ils peuvent se conserver indéfiniment à l'état frais; mais il ne faut pas oublier qu'une fissure imperceptible suffit pour permettre le dégagement de l'acide phénique, comme cela m'est arrivé dans mes expériences. Dans ce cas, la conservation ne serait que temporaire.

Avec les boîtes en fer-blanc, une soudure bien faite doit permettre d'empêcher la volatilisation de l'acide. Pour les vases en verre, un couvercle de même substance bien ajusté et luté avec la cire à modeler peuvent empêcher la volatilisation de l'acide phénique. Je préfère la cire à modeler au mastic des peintres, qui sèche et se crevasse. Enfin je terminerai en rappelant qu'il suffit que le vase contienne un millième d'acide phénique, pour qu'il n'y ait point de putréfaction.

ACADÉMIE DES SCIENCES

Séance du 25 mai. — M. le ministre d'État transmet une ampliation du décret impérial qui confirme la nomination de M. Edm. Becquerel. M. Edm. Becquerel, qui assiste à la séance, prend place parmi ses nouveaux confrères.

— De la mesure des températures élevées; par MM. H. Sainte-Claire Deville et Troost.

— Note sur la marche à suivre pour découvrir le principe, seul véritablement universel, de la nature physique; par M. Lamé.

— Note sur la présence de l'acide acétique parmi les produits de la fermentation alcoolique; par M. L. Pasteur. — « Je lis dans le *compte-rendu* de la dernière séance de l'Académie que M. Béchamp signale, parmi les produits de la fermentation alcoolique, la présence de l'acide acétique et d'acides gras volatils.

« Cette observation est exacte. Les liquides sucrés qui ont éprouvé ce genre de fermentation donnent, lorsqu'ils sont soumis à la distillation, un alcool très-légèrement acide. Si je n'ai pas rappelé ce fait dans mon mémoire sur la fermentation alcoolique, et surtout si je n'ai pas fait figurer une très-petite quantité d'acides de la série acétique au nombre des produits de la fermentation du sucre, c'est que je pensais que ces acides volatils proviennent non du sucre, mais de l'altération de la levûre. D'autre part, je n'étais pas assez sûr des preuves qui motivaient cette dernière opinion pour oser les publier. C'est un point qui mérite encore d'être éclairci, et qui était parmi les nombreux *desiderata* de mes études sur la fermentation alcoolique.

« Beaucoup d'auteurs ont parlé de l'acide acétique du vin et des liquides fermentés; mais il y a trop peu d'acides volatils à l'état normal pour que l'on n'admette pas que ces auteurs ont eu affaire à de l'acide acétique accidentel. Il faut une étude spéciale du genre de celle que vient de faire M. Béchamp pour reconnaître l'acide acétique dans les produits de la distillation des liquides fermentés. Au contraire, l'acide accidentel, provenant de levûres spéciales (mycoderme ou autres), est toujours en assez grande quantité pour que sa présence soit accusée facilement par son odeur, pendant une évaporation rapide et à feu nu du liquide alcoolique. L'odeur de l'acide acétique et des acides plus élevés dans la série, s'il y en a, se fait sentir vers la fin de l'évaporation bien avant celle de l'acide succinique, qui est, en outre, très-différente, et qui provoque la toux d'une manière irrésistible. Rien de pareil ne se présente avec les liquides fermentés qui n'ont éprouvé que l'action des levûres alcooliques pures. L'évaporation la plus ménagée ne permet pas alors de reconnaître par l'odorat la présence des acides volatils, bien que néanmoins la vapeur ait toujours une réaction très-faiblement acide aux papiers réactifs, ce qui, je le répète, était généralement connu. »

— M. Pasteur, qui, dans la dernière séance, avait communiqué une note de M. Van Rieghem sur la coloration rose-violet que les acides développent dans les fibres végétales du liber et du bois, fait savoir que M. Chevreul lui a fait connaître que M. Payen avait communiqué un fait analogue à la Société d'agriculture. « L'acide chlorhydrique, a dit M. Payen, étendu de 9 volumes d'eau, détermine une coloration en violet-rouge plus ou moins [foncé dans le corps ligneux de la plupart des conifères. »

— Recherches sur les diamines isomères; par M. A. W. Hofmann.

— Du refroidissement nocturne superficiel des diverses espèces de terre pendant l'hiver sous le ciel de Montpellier; par M. Ch. Martins. — La théorie nous apprend que les différentes espèces de terres ne doivent pas se refroidir également; mais l'expérience n'avait pas encore déterminé les limites de ces différences. A la suite d'expériences qu'il décrit, M. Martins a trouvé que les terres, rangées suivant le degré de leur refroidissement, occupent l'ordre suivant : terre de saule, terre argileuse rouge, sable calcaire blanc, terre de feuilles, terre de bruyère, terreau, sable jaune, terre de jardin. La différence entre la terre de saule, qui se refroidit le plus, et celle de jardin, qui se refroidit le moins, est de 1° centigrade. L'écart n'est pas grand, mais mérite cependant d'être pris en considération, car un degré de différence, c'est la vie ou la mort d'une graine.

— Mémoire sur les dix-sept premiers arcs-en-ciel de l'eau; par M. Billet, présenté par M. Babinet.

— M. Olivieri adresse une note intitulée : *Relations chimiques entre l'électricité, le calorique et la lumière.*

— M. Chipault communique une observation à l'appui de ce qui a été avancé des inconvénients des mariages consanguins. Il s'agit d'un homme bien constitué qui, ayant épousé successivement deux de ses cousines, elles-mêmes d'une bonne constitution, n'a eu de ces mariages que trois enfants maladifs, dont le seul qui ait survécu, une fille bègue, a mis au monde un enfant hydrocéphale.

MM. Pruner-Bey et Hébert font, chacun de leur côté, des communications sur la question de la mâchoire de Moulin-Quignon. — M. Pruner-Bey l'a étudiée au point de vue anthropologique, et il conclut de l'examen comparatif qu'il a fait avec d'autres mâchoires se rapportant à l'âge de fer, la plupart celtiques, que :

1° La mâchoire de Moulin-Quignon appartenait à un individu brachycéphale, de petite taille, de l'âge de pierre ;

2° On peut suivre la présence de cette même race humaine à travers divers âges successifs ; et enfin,

3° Elle a laissé des descendants reconnaissables parmi les vivants du haut nord de l'Europe, en suivant la lisière occidentale de notre continent, jusqu'en Sicile.

Quant à M. Hébert, professeur de géologie à la Faculté des sciences, qui assistait MM. Milne-Edwards et Quatrefages dans leur visite à Moulin-Quignon, et à qui ces savants ont, avec raison, renvoyé les critiques de M. Élie de Beaumont, il communique une note sur la distinction à établir entre les terrains quaternaires de la vallée de la Somme et la nature du diluvium de Moulin-Quignon, et il persiste à placer le terrain de Moulin-Quignon dans le diluvium.

— M. de Quatrefages revient à son tour sur l'opinion émise par M. Élie de Beaumont dans la dernière séance. « M. Élie de Beaumont, dit-il, déclare partager l'opinion de Cuvier, et ne pas croire à la contemporanéité de l'homme et de l'*éléphas primigenius*; d'autre part, il exprime l'opinion que le terrain de transport exploité à Moulin-Quignon n'appartient pas au diluvium proprement dit.

« La première de ces questions, celle de la contemporanéité de l'homme et de certaines espèces animales perdues, peut être résolue, ce me semble, en se tenant en dehors de toutes les controverses géologiques. Je me crois donc autorisé à avoir sur ce point une opinion personnelle, et je dois déclarer qu'après avoir longtemps partagé les croyances de Cuvier, je suis arrivé à la croyance contraire.

« La seconde question, celle qui touche à l'âge et à l'origine des terrains de Moulin-Quignon, de Menchecourt, de Saint-Acheul, est exclusivement du ressort de la géologie, et n'ayant aucune autorité pour traiter ce dernier problème, j'entends rester étranger aux discussions qu'il pourra soulever. »

— Sur une modification physiologique qui se produit dans le nerf lingual par suite de l'abolition temporaire de la motricité dans le nerf hypoglosse du même côté; par MM. J. PHILIPEAUX et A. VULPIAN.

— Nouveaux faits concernant l'utilité des bains d'oxygène dans les cas de gangrène sénile; note de M. LAUGIER, qui communique deux observations nouvelles dues à deux médecins qui ont obtenu de bons effets de cette médication. Répondant alors aux insuccès annoncés par M. Demarquay, M. Laugier fait remarquer que, dans l'observation de M. Demarquay, l'artère fémorale et, dans l'observation de M. Pellarin, l'artère poplitée étaient complétement obstruées, ce qui explique l'insuccès; « car, dit-il, encore faut-il que le sang arrive dans les parties menacées de gangrène pour qu'il puisse y être modifié par le contact de l'oxygène. » Ici, il est question de phénomènes de combustion nécessaires à l'entretien de la vie et qui s'opèrent dans le système capillaire.

— Sur la manière dont se comporte le soufre en présence de l'eau; note de M. A. GÉLIS. — Dans la séance du 20 avril dernier, M. de Girard indique comme un fait nouveau la décomposition de l'eau par le soufre, en présence des sulfures alcalins. Or, ce fait a été étudié en 1846 par M. Fordos et par moi, dans un mémoire publié dans les *Annales de chimie et de physique*, 3ᵉ série, t. XVIII, p. 95 et suiv.

— Études sur l'acier; note de M. H. CARON. — *De l'expulsion du phosphore des fontes.* — « Les fontes qui contiennent du soufre ou du phosphore donnent des fers cassants à chaud ou à froid; mais en affinant un mélange convenable de ces deux espèces de fonte, on obtient un métal dans lequel ces défauts sont beaucoup moins sensibles. De là on a conclu assez généralement que le soufre et le phosphore se détruisaient mutuellement, ou plutôt formaient une combinaison solide ou gazeuse susceptible de disparaître, soit avec les scories, soit avec les gaz des fours. Il m'a paru intéressant d'étudier analytiquement cette question et de constater s'il existait réellement un moyen d'expulser le phosphore des fontes. « Après avoir rendu compte des expériences qu'il a faites pour éclaircir la question, M. Caron termine ainsi : « Ainsi donc, dans l'industrie, lorsqu'on mélange des fontes sulfureuses et phosphoreuses destinées à être ensuite affinées ensemble, on ne fait disparaître en aucune façon ni le soufre ni le phosphore. Cette opération n'a d'autre effet que de disséminer les métalloïdes nuisibles dans une plus grande quantité de métal; autrement dit, au lieu d'obtenir des fers très-cassants à chaud ou très-cassants à froid, on a des fers qui possèdent en même temps ces deux défauts, mais à un degré moindre qui permet de les employer plus avantageusement dans l'industrie. »

— Mémoire sur le pseudodimorphisme de quelques composés naturels et artificiels; par M. DES CLOIZEAUX.

— Production des nitrates; leur application en agriculture; note de M. BORTIER. — L'auteur traite dans ce travail des avantages que présente en agriculture l'emploi du fumier de ferme additionné de craie.

Il constate, par des expériences pratiques, qu'en choisissant l'espèce de craie convenable et en opérant dans les conditions qu'il indique, on peut augmenter notablement la propriété fertilisante des engrais.

Il entre aussi dans quelques considérations théoriques, et attribue ces résultats heureux à la formation de divers nitrates alcalins dont l'analyse chimique constate en effet la présence dans ces engrais.

— M. Becquerel fait connaître, dans les termes suivants, une pile combinée par M. Arnaud pour les usages médicaux et qu'il désigne sous le nom de *pile sacrifiée* : « M. Arnaud est parvenu à réduire la pile à sulfate de cuivre à une très-petite dimension, capable néanmoins de faire fonctionner avec énergie les appareils d'induction électro-médicaux. La modicité du prix, 25 centimes, permet de sacrifier la pile après chaque application d'une heure environ, ce qui donne l'avantage d'avoir des surfaces toujours neuves et permet d'obtenir un résultat toujours identique. »

— M. Grimaud (de Caux), qui avait précédemment présenté le plan d'une carte hygiénique de la France avec indication des renseignements divers qu'il était indispensable de réunir pour chaque localité, transmet le résumé d'une note dans laquelle M. Damoiseau satisfait à ces *desiderata* pour la ville d'Alençon. Voici, en effet, la note que le docteur Damoiseau a adressée à M. Grimaud (de Caux) :

Lieux. — La ville est en rase campagne sur les bords de la Sarthe, rivière qui coule du S. E. au S. O.

Montagnes boisées de Perseignes, à l'E. d'Écouves au N.; l'une et l'autre montagne faisant paravent à 12 kilomètres de distance de la ville.

Air. — Vents dominants par ordre de fréquence :
O. et S. O., humides;
N. et N. O., humides et froids;
E. et N. E., plus rares et particuliers au printemps.

Eaux. — L'eau de la Sarthe est altérée par le chlorure de chaux provenant des usines de blanchiment de toiles et fils.

Pour les besoins de l'économie domestique, la population fait usage de l'eau de puits d'une profondeur de 6 à 10 mètres, alimentés par les infiltrations de la rivière. Cette eau blanchit à l'ébullition.

Éléments numériques. — Population fixe : 14,688 habitants.
Nombre des naissances (moyenne de dix ans) : 361 ou 1 sur 40,68;
—   morts   —   : 456 ou 1 sur 32,21.

Maladies les plus fréquentes. — Rhumatismes et catarrhes; depuis quinze ans, apparition de la fièvre typhoïde au printemps et à l'automne. Au printemps, avec les vents d'E. et N. E., maladies inflammatoire.

Conséquences pratiques. — Nécessité de se prémunir en toutes saisons contre le froid humide, par l'usage permanent de vêtements appropriés à la constitution atmosphérique prédominante. Utilité et opportunité d'une amélioration dans le régime des *eaux publiques.*

Les conséquences qui se déduisent de cette note pour l'hygiène spéciale des habitants d'Alençon démontrent combien de pareilles recherches méritent d'être encouragées dans toutes les localités de l'empire.

Séance du 1er juin. — M. le secrétaire perpétuel annonce à l'Académie la perte qu'elle vient de faire dans la personne de M. Renault, l'un des correspondants pour la section d'économie rurale.

Le savant professeur d'Alfort, ainsi qu'on l'apprend par une lettre de son fils, de M. L. Renault, est mort à Bologne, le 27 mai dernier, enlevé par une fièvre pernicieuse dont il avait pris le germe dans les marais Pontins, où il s'était rendu pour étudier le typhus des bêtes à cornes.

— Note sur l'infection purulente; par M. Flourens. — « J'ai montré quelle est l'action du pus, dans certaines conditions données. Le *pus* d'un animal, porté sur la dure-mère d'un autre animal, produit une *méningite* et cause la mort. Le *pus* de la *méningite*, porté de la dure-mère sur la plèvre, produit une *pleurésie;* le *pus,* porté sur le péritoine, produit une *péritonite,* ou, sur le péricarde, une *péricardite*. Dans tous ces cas, le *pus* a agi comme *virus* ou comme *poison*. En serait-il de même de toute *espèce*, ou plutôt de toute *qualité* de *pus*?

« M. Jules Guérin, l'habile inventeur de la méthode *sous-cutanée*, et dont l'opinion sur le sujet qui m'occupe est d'un si grand poids, pense que le *pus* n'agit comme *poison* que lorsqu'il a été *altéré par l'air (Gazette médicale,* 1863, p. 187). » M. Flourens a cherché à s'assurer s'il en était réellement ainsi, et rend compte des expériences qu'il a faites pour vérifier l'opinion de M. J. Guérin. Or, il ne peut les confirmer et, suivant lui, le *pus* a une *virulence* propre et indépendante de l'action de l'air. Cependant, dit M. Flourens, le *pus*, resté en place et dans l'organe où il se forme, ce *pus* est inoffensif. Il séjourne quelquefois longtemps dans un même lieu, sans donner aucun signe de sa présence. En disséquant des lapins pour une recherche quelconque, on trouve souvent de petits corps gros comme une noix ou même plus gros. On ouvre ces corps, on les trouve pleins de *pus*. L'animal n'avait point paru en souffrir

Dans les abcès du cerveau, provoqués par mes expériences, ordinairement le *pus* se résorbe et l'animal guérit. Ce n'est que lorsqu'il est transporté d'un animal sur un autre, ou d'un organe sur un autre, que le *pus* agit comme *poison*.

— Deuxième note sur le développement de l'articulation vertébro-sternale du glyptodon et les mouvements de flexion et d'extension de la tête chez cet animal fossile; par M. Serres.

— Faits pour servir à l'histoire des matières colorantes dérivées du goudron de houille; par M. A. W. Hofmann. — Dans le but d'expliquer certains résultats obtenus dans le cours de ses savantes et patientes recherches sur les dérivés d'aniline, M. Hofmann a voulu comparer des échantillons d'aniline obtenus par différents procédés. Cette étude, qui est loin d'être terminée, dit-il, l'a conduit aux observations suivantes dont on comprendra toute l'importance.

« J'ai d'abord examiné, dit-il, l'aniline provenant de la distillation de l'*indigo* avec la potasse.

« La base ainsi préparée bout à 182 degrés et possède les caractères généralement attribués à l'aniline. Cependant l'aniline dérivée de l'indigo, soumise à l'action du chlorure mercurique, du chlorure stannique ou de l'acide arsénique, ne fournit pas le rouge d'aniline.

« J'ai ensuite préparé l'aniline au moyen de la *benzine*.

« La benzine employée dans mes expériences a été obtenue par deux procédés différents, savoir : 1° la distillation de l'acide benzoïque avec la chaux ; 2° la distillation fractionnée et la solidification à une basse température de la benzine du goudron de houille.

« L'aniline provenant de la benzine obtenue au moyen de l'acide benzoïque bout à 182 degrés. Traitée par les chlorures mercurique et stannique, ou par l'acide arsénique, elle ne se transforme pas non plus en rouge d'aniline.

« L'aniline obtenue au moyen de la benzine pure dérivée du goudron de houille bout également à 182 degrés. Soumise aux agents d'oxydation déjà cités, elle refuse également de se transformer en rouge d'aniline.

« Je dois avouer que, tout préparé que j'étais à trouver de légères variations dans les propriétés des différentes anilines, je ne m'attendais guère à un pareil résultat.

« En faisant part de ces observations à mon ami M. E. C. Nicholson, je me suis convaincu que dans ce cas, comme dans tant d'autres, la pratique avait devancé la théorie. Le fait que je viens de découvrir était depuis longtemps connu à ce fabricant distingué, qui, en réponse à ma communication, m'a envoyé quelques litres d'aniline absolument pure bouillant à 182 degrés, provenant de la benzine de houille et parfaitement incapable, ainsi que les échantillons que j'avais moi-même préparés, de fournir par les réactions ordinaires le rouge d'aniline.

« J'ai eu l'occasion, dans ces derniers temps, d'examiner un grand nombre d'anilines du commerce, et surtout des échantillons que MM. Renard frères et Franck en France, et MM. Simpson, Maule et Nicholson en Angleterre, ont eu l'obligeance de mettre à ma disposition. Toutes ces anilines, traitées par les procédés ordinaires, m'ont fourni le rouge en quantité notable; mais toutes ces substances, bouillant à une température supérieure, possédaient en effet un point d'ébullition qui variait entre 180 degrés et 220 degrés. Il y a donc dans le produit commercial une base autre que l'aniline normale, et dont la coopération est indispensable à la production du rouge.

« Est-ce un isomère de l'aniline? On sait que M. Church a isolé du goudron de houille un carbure d'hydrogène isomère de la benzine et bouillant à 97°,5, la *parabenzine*. Ce corps, traité par l'acide nitrique et soumis ensuite aux agents réducteurs, se transformait-il en base isomère de l'aniline et susceptible de se changer en rouge, ou l'aniline du commerce renfermerait-elle une autre base nécessaire à la formation de la rosaniline? Voilà des questions pleines d'intérêt et pour la théorie et pour la pratique, et dont la solution jetterait peut-être du jour sur la genèse encore tout à fait énigmatique du rouge d'aniline.

« Des travaux sérieux ne manqueront pas de résoudre ce problème. »

— M. l'abbé SANNA-SOLARO lit un mémoire ayant pour titre : « De l'électricité de la lumière solaire dans l'air et dans le vide.

— Sur les caractères particuliers du courant électrique qui traverse l'enveloppe isolante des cables télégraphiques immergés; par M. J. M. GAUGAIN.

— Étincelle d'induction appliquée à différents phénomènes; par l'abbé LABORDE.

— Note sur la moyenne des rayons vecteurs dans l'ellipse en général et dans les orbites planétaires ; par M. ED. DUBOIS.

— M. POEY adresse de l'île de Cuba, en date du 7 mai, une note « sur l'action chimique de la lumière diffuse observée à la Havane à l'aide d'un nouvel actinographe chimique.

— Nouvelles observations relatives à l'existence de l'homme pendant la période quaternaire; note de M. HÉBERT, présentée par M. Serret. — Dans les observations présentées par M. Elie de Beaumont dans la séance du 18 mai, il y a deux points sur lesquels je suis obligé de revenir.

Premier Point. — Le terrain de transport exploité dans la carrière de Moulin-Quignon a-t-il été formé par des matériaux entraînés sur la pente du coteau par les agents atmosphériques?

L'étude de la configuration du sol, en ce lieu, et de la nature des matériaux qui constituent le terrain détritique suffit, il me semble, pour répondre à cette question. Le Moulin-Quignon n'est pas au bas d'un coteau plus ou moins élevé; il est situé à l'extrémité occidentale du plateau qui domine la ville à l'est. Ce plateau va, il est vrai, en s'élevant, mais en pente tellement douce, qu'on ne saurait en vérité admettre que les orages, les gelées ou les neiges y puissent rien entraîner.

D'ailleurs, quels sont les matériaux qui pourraient être entraînés?

Le plateau est formé par la craie qui en constitue la presque totalité, et qui n'est recouverte que par un dépôt de transport très-peu épais, uniquement composé de silex brisés, empâtés dans une terre argileuse rougeâtre.

Or, le dépôt erratique exploité renferme de gros blocs de grès tertiaire, et quantité de ces petits galets noirs, arrondis comme des dragées dont la position originaire, à la base du terrain tertiaire inférieur, est bien connue.

Le plateau de Moulin-Quignon ne contient rien d'analogue, pas plus qu'il n'offre de ces sables, dont ma précédente note signale l'existence au milieu du dépôt erratique en litige.

La cause, quelle qu'elle soit, qui a mélangé ces grès et ces galets du terrain tertiaire inférieur avec les silex et l'argile rouge compacte pour en constituer le terrain de Moulin-Quignon, cette cause a arraché ces débris, soit à des lambeaux de terrain tertiaire alors en place et qui n'existent plus, soit au diluvium inférieur qui en contient de semblables, et qui existe dans le voisinage, à la porte Mercadé et à Menchecourt, mais à un niveau bien inférieur. Cette cause est donc tout autre que celle assignée par M. Elie de Beaumont. Elle rentre exclusivement, par la nature de ses èffets, dans le domaine de la période quaternaire ou diluvienne.

Deuxième point. — J'ai dit dans ma note précédente que l'existence de l'homme, au moment des dépôts qui constituent dans le nord de la France le commencement de la période quaternaire, me semblait un point complétement acquis à la science. Cette doctrine est aujourd'hui enseignée ouvertement, et un membre de l'Académie, qu'on peut compter parmi les géologues qui ont le plus fait pour élucider l'histoire de la période quaternaire, le professe au Muséum.

Cependant M. Elie de Beaumont déclare que ce n'est pas son opinion et, en présence d'une affirmation aussi nette et partant de si haut, il m'a paru qu'il était de mon devoir de motiver mes conclusions. Je puis le faire avec d'autant plus de liberté que ces conclusions ne résultent pas de mes propres recherches, mais de celles des savants qui se sont occupés de la question en France et en Angleterre.

De tous les faits cités sur des points aujourd'hui si nombreux, je n'en retiens qu'un seul, Saint-Acheul.

1° Le terrain de transport de Saint-Acheul est-il du *diluvium?*

Tous les géologues ont été de cet avis, je ne connais pas encore d'exception à cette opinion que je partage complétement. Ce terrain, si riche en ossements d'*Elephas primigenius, Rhinoceros tichorhinus,* etc., est du diluvium *ancien.*

2° Les silex taillés qu'on y trouve sont-ils des œuvres de l'industrie humaine? Cela est de la dernière évidence.

3° Se trouvent-ils dans le même dépôt que les ossements?

Est-il permis d'en douter en face des constatations faites par MM. Prestwich, Gaudry, Desnoyers, et tant d'autres observateurs distingués? Ces constatations ont été soumises au jugement de l'Académie, elles n'ont soulevé aucune contradiction.

4° Les débris de l'industrie humaine ont-ils été enfouis en même temps que ceux des espèces perdues?

Cette question, le point capital du débat, a été résolue affirmativement par tous ceux qui ont visité ces gisements. Le dépôt qui renferme ces débris étant recouvert par des assises diluviennes plus récentes, quoique antérieures au dernier creusement des vallées, leur intégrité et l'impossibilité de tout mélange postérieur sont par cela même démontrées.

S'il en est ainsi, y a-t-il moyen d'hésiter, et ne devons-nous pas considérer l'existence de l'homme pendant la période quaternaire comme l'un des faits aujourd'hui les mieux constatés ?

— Diluvium de la vallée de la Somme; note de M. GARRIGOU, présentée par M. Quatrefages.

— Sur la théorie algébrique des formes homogènes du quatrième degré à trois indéterminées; note du P. JOUBERT, présentée par M. Hermite.

— Recherches concernant les fonctions des vaisseaux; note de M. GRIS, présentée par M. Brongniart.

— Note relative à la réaction du chlorure de benzoïle sur l'indigotine et l'isatine; par M. ALP. SCHWARTZ.

— Sur un procédé d'argenture à froid du verre, par l'emploi du sucre interverti; note de M. A. MARTIN, présentée par M. Le Verrier. Nous publierons cette note dans nos comptes rendus de chimie.

— A quatre heures et demie, l'Académie se forme en comité secret. La séance est levée à cinq heures trois quarts.

Mines de soufre. — On vient de découvrir à l'île de Corfou de nombreux filons de soufre. L'existence de ce minéral dans la partie septentrionale de l'île était connue depuis longtemps, mais jamais ces mines n'avaient été explorées par la science, ni exploitées par l'industrie. (*Gazette autrichienne.*)

BIBLIOGRAPHIE SCIENTIFIQUE

(Extrait du *Journal de la Librairie.*)

N° 15. — 11 avril.

BÉRAUD. — *Atlas complet d'anatomie chirurgicale topographique*, composé de 100 planches représentant plus de 200 figures dessinées d'après nature. 2ᵉ partie. 1ᵉʳ fascicule, comprenant les régions de la poitrine. In-4, 20 pages et 10 pl., fig. noires, 5 fr.; coloriées, 10 fr. Chez Germer Baillière, à Paris.

BERTHIER (Dr). — *Erreurs et préjugés relatifs à la folie.* In-8, 43 pages. Prix : 75 c. Chez Savy fils, à Paris.

BOURGET. — *Influence de la rotation de la terre sur le mouvement des corps à la surface.* Propriété mécanique nouvelle de la cycloïde. In-8, 18 pages et planche. A Clermont.

DEMONDESIR. — *Cours sur la production et les emplois de la chaleur.* In-8, 96 pages. A Paris.

DURAND. — *Théorie électrique du froid, de la chaleur et de la lumière* (Doctrine de l'unité des forces physiques), etc. In-8, 36 pages. Chez Savy, à Paris.

EMERY. — *Notice sur les recherches de physiologie végétale de Joseph Priestley.* In-8, 24 pages. A Versailles.

FISCHER et BRICHETEAU. — *Traitement du croup ou angine laryngée diphtérique.* 2ᵉ édition. In-8, 127 pages. Prix : 2 fr. 50 c. Librairie Delahaye (Ad.), à Paris.

Hydrothérapie (l') *justifiée et vulgarisée.* Historique de cette méthode, etc. In-8, 223 pages. Librairie Lefort, à Lille.

LEGROS. — *Le Soleil de la photographie*, traité complet de la photographie pour portraits, vues, paysages, etc. In-8, 392 pages. Prix : 10 fr. Chez l'auteur et les principaux libraires, à Paris.

LUCAS (L.). — *La Médecine nouvelle*, basée sur des principes de physique et de chimie transcendantales et sur des expériences capitales qui font voir mécaniquement l'origine du principe de la vie. Tome II. In-18 jésus, 236 pages. Prix : 4 fr. Librairie Dentu et Savy, à Paris.

MASSÉ (Dr J.). — *La Santé des mères et des enfants.* In-18 jésus, 324 pages. Prix : 2 fr. 50 c. Librairie Anière, à Paris.

MATHIEU. — *Mémoire relatif à des études faites sur les minerais de fer hydroxydés oolitiques du nord-est de la France.* In-8, 16 pages et planches. L. Vagner, à Nancy.

Mémoire des professeurs-administrateurs du Muséum d'histoire naturelle, en réponse au rapport fait en 1858 par une commission chargée d'étudier l'organisation de cet établissement. In-4, 151 pages. Librairie Mallet-Bachelier, à Paris.

NOGUÈS. — *Quatre observations de pellagre,* etc. In-8, 23 pages. A Toulouse.

PETER. — *Des maladies virulentes comparées chez l'homme et chez les animaux.* In-8, 112 pages. Librairie Asselin, à Paris.

SEDILLOT. — *Sur l'histoire de l'astronomie et des mathématiques chez les Orientaux.* In-8, 32 pag. A Paris.

SENTEX. — *Compte-rendu des maladies observées en 1862 à la clinique médicale de l'hôpital Saint-André, de Bordeaux.* In-8, 26 pages. A Bordeaux.

VILLEMIN (Dr). — *Du rôle de la lésion organique dans les maladies.* Thèse de concours pour l'agrégation en médecine de la faculté de Strasbourg. In-8, 54 pages. A Strasbourg.

N° 16. — 18 avril.

BAUDELOT. — *Recherches sur l'appareil générateur des mollusques gastéropodes.* In-4, 121 pages. A Paris.

BERGER (Dr). — *Guide de l'asthmatique.* De l'asthme, sa nature, ses complications, son traitement rationnel. In-8, 200 pages. Librairie J.-B. Baillière, à Paris.

Cotteau et Triger. — *Echinides du département de la Sarthe*, avec figures. In-8, 384 pages et 45 planches. Librairie J.-B. Baillière, à Paris.

Deguin. — *Précis de mécanique théorique appliquée.* 4ᵉ édition. Grand in-18, 270 pages et 2 planches. Librairie Belin, à Paris.

Delafosse. — *Notions élémentaires d'histoire naturelle.* Zoologie. Nouvelle édition avec les figures dans le texte. In-18, 268 pages. Prix : 1 fr. 25 c. Librairie Hachette, à Paris.

Deleau (Dʳ).— *De l'emploi des douches d'air*, etc., dans les maladies de l'oreille. In-8, 80 pages et 1 planche. A Paris.

Edwards (Milne). — *Cours élémentaire d'histoire naturelle.* Zoologie. 9ᵉ édition, avec 484 fig. In-18 jésus, 616 pages. Prix : 6 fr. Librairie V. Masson et Comp., à Paris.

Heuzé. — *L'Année agricole.* 4ᵉ année, in-18 jésus, 500 pages. Prix : 3 fr. 50 c. Librairie Hachette. A Paris.

Kner. — *Notions générales de zoologie médicale à l'histoire des animaux inférieurs.* In-18 jésus, 94 pages. Librairie J.-B. Baillière, à Paris.

Lecadre (Dʳ). — *Histoire des trois invasions épidémiques de choléra-morbus au Havre en 1832, 1848 et 1849, 1853 et 1854.* In-8, 89 pages. Librairie J.-B. Baillière, à Paris.

Lefort. — *Analyse chimique des eaux minérales de Sainte-Allyre,* etc. In-8, 25 pages. Librairie G. Baillière, à Paris.

Morel-Lavallée. — *Décollements traumatiques de la peau et des couches sous-jacentes.* In-8, 80 pages. Librairie Asselin, à Paris.

Roubaud (Dʳ). — *Eaux minérales de Pougues,* propriétés. In-8, 88 pages. Librairie Ad. Delahaye, à Paris.

Schaudel.—*Nouvelle méthode pour la préparation du fumier d'étable.* 3ᵉ édition. In-8, 36 pages. Prix : 2 fr. A Châlons.

ANNONCES BIBLIOGRAPHIQUES.

The Cheminal News; *journal de chimie et de physique;* par William Crookes, membre de la Société de chimie; paraît à Londres chaque samedi. — C'est le journal le plus répandu qui traite les sujets touchant la chimie, les manufactures, drogueries, la pharmacie, et la science en général. Par conséquent, il sera l'intermédiaire le plus efficace pour les annonces de tous genre des chimistes ou droguistes. — Ce journal est écrit en langue anglaise. Prix d'un abonnement d'un an : 27 fr., plus les frais de poste. S'adresser à tous les libraires. Les bureaux sont : 1, Wine-Office court, Fleet street, Londres, E. C.

AVIS.

Plusieurs de nos abonnés n'ayant pas encore reçu la table de 1862 croient qu'elle a paru et que nous les avons oubliés; nous les prévenons que ce travail n'est pas encore fini, mais qu'i ne tardera plus beaucoup maintenant.

Table des matières de la 156ᵉ Livraison. — 15 juin 1863.

23731 Paris, Imp. Renou et Maulde.

EXAMEN CRITIQUE

DU

MÉMOIRE DE M. PASTEUR RELATIF AUX GÉNÉRATIONS SPONTANÉES,

ET

COURONNÉ PAR L'ACADÉMIE DES SCIENCES DE PARIS,

DANS SA SÉANCE DU 29 DÉCEMBRE 1862.

Par le docteur N. JOLY (de Toulouse).

> « Les meilleurs esprits et les plus savants hommes de ce temps ont commis cette faute, d'oublier que la science du lendemain s'est toujours faite avec les prétendues absurdités de la veille, et qu'il est plus qu'imprudent, à notre époque, de décréter l'impossible de ce qu'on ne connaît pas. »
>
> Le docteur Maximin LEGRAND.
> *Union médicale, 1859.*

AVANT-PROPOS.

Vivement débattue à la Sorbonne, condamnée d'abord par l'Institut qui, mieux informé depuis, a fait succéder un simple sursis à une verdict absolu ; anéantie, s'il faut en croire M. Pasteur, par les derniers coups qu'il vient de lui porter, l'*hétérogénie* (1), ou *génération spontanée*, a la prétention d'exister encore. Il semble même qu'elle puise de nouvelles forces dans la proscription quasi officielle dont elle est devenue tout récemment l'objet. Témoin la défense vigoureuse que M. Pouchet opposait naguère à un adversaire illustre, mais mal préparé pour une lutte où tous les arguments métaphysiques du monde ne sauraient renverser un seul fait d'observation rigoureusement constaté. Témoin les écrits marqués au coin de l'expérimentation la plus ingénieuse, de la logique la plus sévère, de la conviction la plus profonde, au moyen desquels notre savant ami a combattu ses adversaires, et notamment M. Pasteur. Si l'auteur du livre sur l'*hétérogénie* s'est retiré du concours ouvert par l'Académie des sciences de Paris avant la décision de ce corps savant, les motifs de cette retraite honorable, qui a dû solidairement entraîner la nôtre, ne sont plus aujourd'hui un secret pour personne. « Le siége de l'illustre Compagnie était fait, » comme dit M. Victor Meunier (2), quand nous nous sommes présentés devant elle.

Arrière donc l'hétérogénie ! *C'est une monstruosité philosophique*, disait M. le comte de Careil, au dernier congrès scientifique de Paris. C'est *la première aberration de la physiologie anti-chrétienne ; c'est un produit de l'impiété ignorante*, c'est *une théorie malsaine*, et ceux qui la défendent sont *des fils du XVIII* siècle *égarés dans le XIX*, s'écriait naguère, du haut de la chaire de Notre-Dame, un orateur sans contredit très-éloquent, mais évidemment très-peu instruit de la doctrine contre laquelle il lance ses foudres menaçants.

En aucun lieu du monde, de telles attaques ne sauraient tenir lieu de raison. Bien que nous puissions en donner de péremptoires, si nous voulions suivre nos antagonistes sur le terrain brûlant qu'ils ont choisi, nous nous contenterons de leur rappeler trois tristes histoires, qu'ils savent tout comme nous.

(1) Afin d'éviter toute équivoque, nous déclarons une fois pour toutes que nous n'entendons pas par ces mots *hétérogénie* ou *génération spontanée* une *création* faite *de rien*, mais bien *la production d'un être organisé nouveau, dénué de parents, et dont les éléments primordiaux sont tirés de la matière organique ambiante* *.

* Voir la thèse inaugurale de M. Ch. Musset pour le doctorat ès sciences naturelles, intitulée : *Nouvelles Recherches expérimentales sur l'hétérogénie ou génération spontanée*. Toulouse, 1862. 1 vol. in-4°, avec une planche. Mon jeune collaborateur, qui a soutenu cette thèse avec beaucoup de distinction devant la Faculté des sciences de Bordeaux (le 31 mai 1862), a déclaré oyalement que, dans l'œuvre qu'il soumettait à ses juges, « expériences et rédaction, tout nous était entièrement commun. »

(2) *Opinion nationale*, 6 mai 1863.

Quand Galilée prétendit que la terre tourne, il fut traité d'impie, persécuté, pour avoir osé soutenir une vérité que personne aujourd'hui ne conteste.

Lorsque Newton découvrit la grande loi de l'*attraction universelle*, Leibnitz lui-même l'accusa *d'introduire des propriétés occultes et des miracles dans la philosophie*, et il répudia cette découverte *comme subversive de la religion révélée*.

Quand, il y a vingt ans, M. Boucher de Perthes annonçait l'existence de *l'homme antédiluvien*..... Tout le monde sait le reste.

Malgré les rigueurs de l'Inquisition, malgré les accusations étranges de Leibnitz, la terre continue à tourner autour du soleil ; les mondes s'attirent toujours en raison composée de leur masse et en raison inverse du carré des distances ; la religion est debout et respectée ; enfin, la vraie science reste fidèle à sa devise : Examen, liberté, progrès.

Cette devise est aussi la nôtre.

Si l'hétérogénie est une erreur, le temps en aura bientôt fait justice ; si elle est une vérité, le temps encore se chargera de la faire luire à tous les yeux.

Que seulement les petites passions se taisent, que l'intolérance et certains savants eux-mêmes daignent étudier et voir avant d'anathématiser et de proscrire ; que la religion n'intervienne pas dans un débat auquel, quoi qu'on en dise, elle n'est nullement *intéressée* (1) ; que la science ne donne jamais le plus triste des spectacles en se faisant, à la suite de la philosophie, l'humble servante de la théologie, et bientôt s'abaisseront les puissants obstacles qui s'opposent encore à l'admission d'une doctrine pas plus *malsaine* que tant d'autres jadis réputées telles, et tenues aujourd'hui pour être tout à fait conformes à la plus saine orthodoxie.

Quant aux jugements de l'Académie des sciences de Paris, ils ne sont pas, Dieu merci ! absolument infaillibles et, par conséquent, sans appel. L'histoire toute récente de M. Boucher de Perthes et de *l'homme fossile* est là pour le prouver. Quand, après vingt ans d'insistances inutiles, l'Institut a consenti à voir, il a vu. . En ce qui concerne l'*hétérogénie*, un tems viendra où il daignera aussi jeter un regard moins prévenu sur les travaux de la Province, et nous ne doutons pas qu'alors il ne soit étonné, peut-être même n'éprouve des regrets d'avoir si longtemps fermé les yeux à la lumière des faits que maintenant il juge inadmissibles.

Aussi, ne nous laisserons-nous détourner de notre voie ni par le dédaigneux silence, ni par les clameurs plus ou moins intéressées de nos adversaires, ni même par les sarcasmes et les disgrâces imméritées.

Aujourd'hui, nous n'avons qu'un seul but : c'est de montrer à M. Pasteur, et cela en puisant nos preuves dans ses propres écrits, que les *coups mortels* qu'il prétend avoir portés à l'hétérogénie (2) pourraient bien retomber sur la théorie dont il s'est fait le champion.

Rappelons d'abord en peu de mots les points principaux du travail qui lui a valu tant d'honneurs.

1° Il y a toujours en suspension dans l'air des corpuscules organisés qui, par leur forme, leur volume et leur structure apparente, ne sauraient être distingués des germes des organismes inférieurs, et le nombre en est grand sans avoir rien d'exagéré. (*Mémoire couronné*, page 31.) (3)

2° Ces germes sont la cause des générations dites spontanées.

3° L'air calciné, c'est-à-dire privé de ses corpuscules organisés par l'action d'une très-

(1) Et d'ailleurs, disait-il, il y a quelques jours, notre courageux ami, M. Pouchet, « la thèse que nous développons ici, mais elle a été soutenue par les plus grands philosophes chrétiens, saint Augustin, saint Jean, saint Jérôme, saint Basile. Tout récemment, un de nos plus illustres cardinaux (Mgr Donnet) y applaudissait lui-même dans une réunion scientifique. » (GÉNÉRATIONS SPONTANÉES. *Résumé des travaux physiologiques sur cette question et ses progrès*. Rouen, 1863, p. 12.)

(2) Voir sa communication à l'Institut du 20 avril 1863.

(3) Ce mémoire a pour titre : « *Sur la doctrine des générations spontanées. Annal. scienc. naturel.*, t. XV XVI, 4ᵉ série.

haute température, empêche le développement des microphytes ou des microzoaires dans les infusions bouillies avec lesquelles cet air se trouve mis en contact. (Page 32.)

4° Mais si, dans ces mêmes infusions, l'on sème les corpuscules atmosphériques, on y voit apparaître exactement les mêmes êtres qu'elles développent à l'air libre. (Page 63.)

5° Il y a dans l'air des germes qui périssent à la température de l'eau bouillante, et d'autres germes, très-voisins des premiers, qui résistent à une chaleur beaucoup plus élevée.

6° Il y a des animaux qui non-seulement peuvent se passer d'oxygène pour vivre, mais encore que l'oxygène tue.

Voyons maintenant si M. Pasteur tiendra toujours le même langage, et si de ses prémisses il tirera des conséquences constamment identiques.

§ Ier. — MICROGRAPHIE AÉRIENNE.

« Il y a toujours en suspension dans l'air ordinaire, dit M. Pasteur, des corpuscules organisés tout à fait semblables à des germes d'organismes inférieurs. » (*Mémoire couronné*, page 37.)

Examinons d'abord le procédé au moyen duquel il étudie ces germes ou corpuscules organisés, qui, d'après lui, devraient encombrer l'atmosphère.

Il dissout, dans un mélange d'alcool et d'éther, le coton-poudre au moyen duquel il a recueilli les corpuscules en question; il décante, laisse évaporer le liquide restant, délaye le résidu dans un peu d'eau et le soumet au microscope, en faisant agir sur lui divers réactifs, tels que l'iode, la potasse, l'acide sulfurique, etc.

Qui ne voit tout d'abord que les réactifs employés doivent singulièrement altérer les corpuscules organisés?

Je passe sur cette objection, et je demande à M. Pasteur à quels caractères il reconnaît ces mêmes corpuscules?

« A leur forme, à leur volume, à leur structure *apparente*, » me répond-il. (Pages 26 et 31.)

Mais la forme qu'il leur assigne peut très-facilement les faire confondre, et les a fait confondre en effet plus d'une fois, par nos contradicteurs eux-mêmes, avec les grains de fécule ou les particules de silice qui sont presque toujours associés aux corpuscules organisés.

La structure *apparente?*

Nulle part il ne la décrit. Du reste, nous ne nous contentons pas de l'apparence, il nous faudrait la réalité.

Le volume? Comment donc M. Pasteur peut-il distinguer les germes de la poussière qui salit les cuves à mercure de nos laboratoires, puisque, de son propre aveu, ces corpuscules n'ont pas de *volume sensible?* (Page 35.)

Que dira-t-on de l'assertion qui suit?

« Quant à affirmer que ceci est une spore et que cela est un œuf, et l'œuf de tel microzoaire, je crois que cela n'est pas possible. » (Page 26.)

Pourquoi donc cette impossibilité, quand vous prétendez ailleurs (page 14) que les corpuscules organisés de la poussière ressemblent, à s'y méprendre, aux petites graines des productions dont vous avez reconnu la formation dans vos liqueurs? Quoi! vous distinguez les unes, vous les connaissez, et vous ne sauriez déterminer les autres?

Plus habiles ou plus heureux que vous, MM. Turpin, Montagne, Tulasne, vos savants confrères à l'Institut; Ehrenberg, Dujardin, Pouchet, Robin, Hoffmann, etc., etc., reconnaissent et déterminent le plus souvent, sans la moindre hésitation, les œufs ou les spores qu'ils aperçoivent dans le champ du microscope.

D'un autre côté, nous concevons très-bien l'impossibilité dont parle M. Pasteur, en ce qui concerne les œufs des infusoires non ciliés. Ces œufs, en effet, sont beaucoup moins faciles à voir que ne le supposent certains observateurs. Deux des physiologistes les plus distingués de l'Allemagne, Rudolph Wagner et Rudolph Leuckart, disent qu'ils n'existent pas (1). Ehrenberg lui-même affirme n'en avoir jamais vu. Nous n'avons pas été plus heureux, MM. Pouchet, Musset et moi, quand nous avons cherché les œufs des *Bactéries*, des *Vibrions* et des *Monades*, dont des millions de milliards d'individus ont cependant passé sous nos yeux.

Or, M. Pasteur lui-même est forcé d'avouer que « *le Bactérium*, qui apparaît le premier dans toutes les infusions, est si petit (2) qu'on ne saurait distinguer son germe, et encore moins assigner la présence de ce germe, s'il était connu, parmi les corpuscules organisés des poussières en suspension dans l'air. » (Page 51.)

Il ne s'agit donc pas de nous parler sans cesse de ces germes invisibles ou problématiques. S'ils existent réellement, il faut nous les montrer. Or, nous adjurons M. Pasteur et ses amis de nous dire s'ils ont jamais rencontré dans l'air les spores, pourtant assez volumineuses, qui constituent les levûres du cidre ou de la bière? Ont-ils vu dans l'atmosphère et peuvent-ils nous y faire voir les semences de l'*Isaria aranearum*, qui croît uniquement sur les cadavres des araignées; celles du *Racodium cellare*, qui ne se développe que sur nos futailles; celles du *Cordyceps Robertsii*, qui ne se rencontre que sur le corps d'une chenille des contrées tropicales? Ces semences, celles de la levûre et des futailles surtout, auront donc inutilement voyagé dans l'air depuis le commencement du monde jusqu'au moment où je ne sais qui (Osiris, peut-être) inventa la bière et les tonneaux de bois?

Loin de nous pourtant la pensée de nier que les poussières de l'air, et même celles qui recouvrent, depuis plus ou moins longtemps, nos meubles et nos édifices, ne contiennent jamais ni spores végétales ni œufs d'infusoires ciliés. Nous disons seulement, ou plutôt nous répétons avec une conviction entière, fruit de nombreuses expériences, que ces œufs et ces

---

(1) *Cyclopædia of anatomy and physiology*, art. Semen, p. 499. « The infusoria are especially distinguished by the want of a sexual mode of propagation. There is no trace of either *spermatozoa* or *ova* to be discovered in them. »

(2) On nous a fait souvent cette objection, qui se reproduit encore toutes les fois qu'il est question de l'*hétérogénie*; on nous a dit : « Si les germes atmosphériques sont invisibles pour vous, cela tient à ce que leur extrême ténuité les soustrait à l'œil armé du meilleur microscope. »

Voici notre réponse, ou plutôt celle d'un jeune et brillant professeur, qui porte dignement un nom deux fois illustre :

« Selon mon opinion, nous écrivait M. Émile Burnouf, cette objection est plus spécieuse que solide, et s'il est évident que, réduite à une abstraction géométrique, la matière, comme l'espace, est divisible à l'infini, il y a tout lieu de croire qu'il n'en est pas ainsi des formes *vivantes*, lesquelles ne peuvent pas être des *atomes*.

« De plus, je suis très-porté à admettre que l'homme n'est pas dans un milieu vague entre deux infinis, mais que ces formes vivantes sont, par rapport à lui, dans des proportions déterminées et mesurables, de sorte qu'il y en a qui sont plus petites que toutes les autres, et d'autres qui sont les plus grandes de toutes, mais ne sont point infinies. N'êtes-vous pas frappé, mon cher confrère, de cette vérité, que tout ce qui se dit de l'infini en petitesse se peut dire également de l'infini en grandeur? Pourquoi donc ne s'avise-t-on pas de raisonner sérieusement sur des êtres vivants, dont l'homme ne serait qu'un petit élément, tandis qu'on ne se fait aucun scrupule de supposer des êtres infiniment petits? Cette dernière supposition ne me paraît pas plus soutenable que l'autre, et il y a là une illusion.

« Je suis donc porté à croire que nos instruments perfectionnés atteignent les dernières formes de la vie ici-bas, et qu'au-delà de ces animaux très-petits et très-simples dont vous recherchez l'origine, il n'y en a pas d'autres plus petits encore. Entre autres raisons qui me portent vers cette opinion, c'est que le microscope peut atteindre bien au delà de ces formes encore passablement grandes, et que cependant il ne voit pas qu'elles se perdent dans cet infini en petitesse, comme les étoiles dans la profondeur des cieux. Je n'aperçois donc pas de raison métaphysique solide qui doive vous arrêter dans votre voie *. »

* Extrait d'une lettre, datée du 26 novembre 1860, et à nous adressée par M. Émile Burnouf, professeur à la Faculté des Lettres de Nancy.

spores s'y trouvent en quantité trop peu considérable pour expliquer d'une manière satisfaisante la prodigieuse fécondité des infusions (1).

La distinction que M. Pasteur établit entre la poussière *en suspension dans l'air* et la poussière *en repos* sur nos ameublements nous paraît plus que subtile, pour ne pas dire très-mal fondée.

Comment admettre, en effet, avec le savant directeur de l'École normale, que les courants d'air opèrent un triage en enlevant sans cesse les spores et les œufs déposés sur nos meubles, pour n'y laisser que les particules inorganiques, beaucoup plus lourdes que les corpuscules organisés? Et si cette explication n'est pas une chimère, comment se fait-il que lui, M. Pasteur, voie ou simplement admette des semences en si grand nombre dans la poussière *en repos* de nos cuves à mercure? Quant à nous, nous croyons, après expérience, à l'identité presque parfaite de la *poussière en repos* et de la *poussière en mouvement*.

Nous lisons, page 63 du *Mémoire couronné*, le passage que voici et que vous connaissez déjà :
« Il y a toujours en suspension dans l'air ordinaire des corpuscules organisés tout à fait semblables à des germes d'organismes inférieurs. » Même assertion, p. 26.

Ici, vous croyez sans doute que M. Pasteur est partisan de la *Panspermie universelle* de Bonnet et de l'abbé Spallanzani? Détrompez-vous, il n'admet qu'une panspermie limitée, localisée, une semi-panspermie inventée tout exprès pour les besoins de sa cause.

Écoutez plutôt :
« L'air ambiant n'offre pas, à beaucoup près, avec continuité, la cause des générations spontanées, et il est toujours possible de prélever, dans un lieu et à un instant donnés, un volume considérable d'air ordinaire, n'ayant subi aucune espèce d'altération physique ou chimique, et néanmoins tout à fait impropre à donner naissance à des infusoires ou à des mucédinées (2). » (Page 68.)

Les conséquences d'une si flagrante contradiction sont évidentes pour tout le monde; notre adversaire semble pourtant ne les avoir pas aperçues.

Comment n'a-t-il pas vu qu'elles frappent de nullité toutes ses expériences?

S'il n'obtient rien dans ses ballons lorsque les nôtres se peuplent d'infusoires, ne sommes-nous pas en droit de lui dire : Vous avez opéré dans une zône d'air inféconde. Dressez d'abord la *carte semi-panspermique* des régions de l'atmosphère qui sont peuplées de germes et de celles qui n'en renferment pas, et alors nous vous suivrons avec plus de confiance dans vos voyages au Montanvert ou dans les caves de l'Observatoire de Paris.

Tant que vous ne nous aurez pas édifié complétement sur ce point, vous ne pourrez échapper à ce dilemme écrasant que vous oppose M. Pouchet :
« Si la panspermie est universelle, on ne saurait expliquer vos dernières expériences; s elle est partielle, vos premières n'auraient jamais dû être tentées (3). »

Qui ne sait, d'ailleurs, que le savant directeur du Muséum d'histoire naturelle de Rouen a obtenu des résultats identiques, en remplissant ses vases à infusions d'air recueilli soit dans

----

(1) R. Owen a compté 500 millions d'animalcules dans une goutte d'eau, c'est-à-dire un nombre de beaucoup supérieur à celui des habitants du globe.

De son côté, M. Pouchet affirme que si l'atmosphère renfermait réellement les germes de la quantité vraiment prodigieuse de proto-organismes qui se développent dans un vase exposé à l'air et renfermant une sub·stance organique en macération, l'air que nous respirons serait tout à fait impropre à la vie.

(2) Dans une communication faite à l'Institut au mois de septembre 1860, M. Pasteur se montrait plus explicite encore.

« En résumé, nous voyons, disait-il, que l'air ordinaire ne renferme que ça et là, sans aucune continuité, la condition de l'existence première des générations dites spontanées. Ici il y a des germes ; là il n'y en a pas Plus loin il y en a de différents. Il y en a peu ou beaucoup selon les ocalités. La pluie en diminue le nombre, etc. »

(3) Pouchet, GÉNÉRATION SPONTANÉE. *État de la question en 1860*, p. 32.

les rues de sa ville natale, soit sur le sommet de l'Etna, soit dans les hypogées de Thèbes, soit au milieu des mers?

Ainsi donc, la panspermie limitée est un faux-fuyant, ou plutôt c'est une impasse où nous croyons, à notre tour, avoir acculé notre habile adversaire. Le lecteur en décidera.

Quoi qu'il en soit, continuons notre examen critique, et voyons le rôle que M. Pasteur attribue à *l'air ordinaire* et à *l'air calciné*, quand tous deux sont mis en contact avec les infusions bouillies ou non bouillies. Mais avant de continuer à le suivre dans le dédale où il s'est engagé, qu'il nous permette de lui dire qu'il n'avait pas lu assez attentivement nos travaux, ou plutôt qu'il ne nous avait pas même fait l'honneur d'en prendre connaissance quand il nous a prêté, *très-gratuitement*, le raisonnement que voici :

« Il y a dans l'air des particules solides, telles que carbonate de chaux, silice, soie, brins de laine, de coton, de fécule, et, à côté, des corpuscules d'une parfaite ressemblance avec les spores des mucédinées ou avec les œufs des infusoires. Eh bien, je préfère (c'est un hétérogéniste qui est censé parler), je préfère placer l'origine des mucédinées et des infusoires dans les premiers corpuscules plutôt que dans les seconds. » (Page 64.)

M. Pasteur ajoute :

« A mon avis, l'inconséquence d'un pareil raisonnement ressort d'elle-même. Tout le progrès de nos recherches consiste à y avoir acculé les partisans de l'hétérogénie. » (Page 64.)

Mieux renseigné, M. Pasteur doit savoir aujourd'hui que jamais nous n'avons attribué l'origine des proto-organismes aux particules amorphes et inorganiques de la poussière atmosphérique ; mais nous nous croyons en droit de l'attribuer (parce que l'expérience a cent fois parlé pour nous) un peu sans doute aux quelques semences qui peuvent se trouver dans la poussière, un peu aux détritus de la vie qu'elle contient, mais surtout aux substances organiques employées pour les infusions. C'est là, du reste, l'opinion d'un chimiste très-distingué (M. Baudrimont), dont la science ne le cède en rien à celle de l'habile chimiste parisien.

§ II. — Influence de l'air ordinaire sur les infusions.

Page 28 : « On peut toujours mettre en contact avec une infusion qui a été portée à l'ébullition un volume d'air ordinaire considérable, sans qu'il s'y développe la moindre production organisée. »

Page 23 : « Lorsque les matières organiques des infusions ont été chauffées, elles se peuplent d'infusoires et de moisissures.... Or, les germes, dans ces conditions, ne peuvent venir que de l'air. »

Nous ne nous chargeons pas d'accorder deux assertions si nettement contradictoires. Ces contradictions flagrantes n'empêchent pas M. Pasteur de s'écrier un peu plus loin (page 44) :

« Je regarde comme démontré que toutes les productions organisées qui se forment, à l'air ordinaire, dans de l'eau sucrée albumineuse, préalablement portée à l'ébullition, ont pour origine les particules solides en suspension dans l'air. »

Ce qui prouve péremptoirement que les germes, c'est-à-dire les spores ou les œufs, ne proviennent pas de l'air, c'est qu'on obtient des infusions fécondes en exposant une matière organique bouillie au contact de l'oxygène pur, ou même de l'air artificiel. (*Expériences de Pouchet et de Mantegazza.*)

§ III. — Influence de l'air calciné.

Page 13 : « L'air chauffé, puis refroidi, laisse intact du jus de viande qui a été porté à l'ébullition. »

Page 54 : « Le lait soumis à l'ébullition à 100 degrés, et abandonné au contact de l'air chauffé, se remplit, après quelques jours, de petits infusoires. »

Page 37 : « L'eau de levûre de bière sucrée,

Page 56 : « J'ai reconnu que l'on peut faire

liqueur éminemment altérable à l'air ordinaire, demeure intacte, limpide, sans jamais donner naissance à des infusoires, lorsqu'elle est abandonnée au contact de l'air préalablement chauffé. »

produire des vibrions à l'eau de levûre sucrée au contact de l'air calciné. Il suffit de faire bouillir la liqueur à 100 degrés en présence d'un peu de carbonate de chaux, qui rend la liqueur neutre ou légèrement alcaline. » Il en est de même pour l'urine. »

Réponse. — *A priori,* est-il probable que du jus de viande bouilli reste intact en présence de l'air calciné, tandis que du lait porté à 100 degrés se remplira d'infusoires au contact de ce même air ?

Nos expériences, corroborées par celles de MM. Pouchet, Musset, Jeffries Wyman, et même par quelques-unes de Schwann, nous ont amené à des résultats qui diffèrent du tout au tout de ceux qu'annonce M. Pasteur.

Quant à l'influence du carbonate de chaux sur la levûre ou sur l'urine bouillie, nous ne l'avons point expérimentée, et, par suite, nous n'en pouvons rien dire.

Mais il nous paraît fort étrange que l'addition d'un peu de carbonate de chaux change ainsi les propriétés d'un seul et même liquide, ou donne à l'air calciné des qualités qu'il n'a pas, lorsqu'on le met en contact avec du jus de viande simplement bouilli.

Nous savons que M. Pasteur va nous répondre que, dans le lait, les vibrions résistent à une chaleur de 100 degrés, tandis qu'ils périssent à cette température dans le jus de viande, dans la levûre de bière et même dans l'urine; mais quel physiologiste sérieux voudrait ratifier une telle explication ?

§ IV. — Expériences sur le mércure.

Voici pour nous, et probablement pour beaucoup d'autres, le comble du merveilleux au point de vue de la physiologie.

Page 80 : « Que l'on prenne, dit M. Pasteur, un ballon vide d'air et rempli en partie d'un liquide putrescible, soumis à l'ébullition préalablement; qu'on plonge sa pointe fermée au fond d'une cuve à mercure quelconque, et que, par un choc, on brise sa pointe au fond de la cuve, il naîtra dans le liquide de ce ballon des productions organisées, peut-être neuf fois sur dix, après qu'on y aura fait arriver soit de l'air calciné, soit de l'air artificiel.

« Il n'y a évidemment que le mercure qui ait pu fournir les germes, à moins qu'il n'y ait génération spontanée; mais cette hypothèse est écartée par ce fait, que si l'expérience est répétée sans emploi de la cuve à mercure, il n'y a pas de productions. »

Un peu plus loin, M. Pasteur nous dit « qu'il lui a suffi d'introduire dans une liqueur altérable, et au sein d'une atmosphère d'air calciné, *un seul globule de mercure de la grosseur d'un pois* pour obtenir, deux jours après et dans toutes les expériences qu'il a faites, les productions les plus variées. » (Page 80.)

Décidément, Monsieur Pasteur, ainsi que vous l'a déjà dit l'un de nos savants les plus aimables et les plus spirituels (1), décidément, le monde où vous prétendez nous mener est par trop fantastique.

Les productions auraient pris naissance dans vos ballons lors même que vous n'y auriez pas introduit la moindre parcelle de mercure. C'est là pour nous un fait d'expérience, corroboré par celles de Mantegazza, de Pouchet, de Jeffries Wiman, de Schaafhausen, etc.

D'ailleurs, M. Pasteur n'ignore pas qu'en renversant sur la cuve à mercure des flacons remplis de levûre sucrée et bouillie, et en introduisant dans les uns de l'air ordinaire, dans les autres de l'air calciné, le docteur Schwann a vu précisément tout le contraire de ce qu'a vu M. Pasteur.

(1) Louis Figuier, *Moniteur scientifique,* 1860, p. 961.

C'est le docteur lui-même qui parle, et c'est M. Pasteur qui le cite page 14 du *Mémoire couronné* :

« Au bout d'un mois, il y eut fermentation (1) dans les flacons qui avaient reçu l'air ordinaire ; elle ne s'était pas encore manifestée dans les deux autres après un mois d'attente. Mais en répétant ces expériences, ajoute le docteur Schwann, je trouvai qu'elles ne réussissent pas toujours aussi bien, et que quelquefois la fermentation ne se déclare dans aucun des flacons, par exemple, *lorsqu'on les a maintenus trop longtemps dans l'eau bouillante,* et quelqufois, d'autre part, le liquide fermente dans les flacons qui ont reçu de l'air calciné. »

L'absence de productions organisées, *même en présence de l'air ordinaire,* prouve indubitablement, selon nous, l'absence de germes dans cet air aussi bien que dans le mercure. Cette infécondité est due, comme le dit très-bien le docteur Schwann lui-même, à l'altération de la substance organique par suite d'une ébullition trop longtemps prolongée (2). Quant à l'apparition des infusoires dans les flacons remplis d'air calciné et renversés sur le mercure, dès qu'il est prouvé que ce n'est ni le métal, ni l'air calciné qui leur a donné naissance, il faut logiquement admettre la conclusion à laquelle ne voulait pas arriver M. Pasteur, c'est-à-dire la genèse spontanée au moyen des substances organiques mises en expérience.

La fécondité du mercure lui-même est tout à fait nulle, ou du moins beaucoup moins grande que ne le dit l'auteur du *Mémoire couronné.*

L'expérience qui suit vient à l'appui de cette affirmation.

A l'aide d'un verre à boire parfaitement nettoyé, nous écumons, pour ainsi dire, la surface poudreuse (*mais non acide*) d'une cuve au mercure, et nous versons dans un autre vase, également très-propre, environ un litre du métal soi-disant *germifère.* Nous lavons ce métal dans une petite quantité d'eau distillée, que nous examinons ensuite au microscope. L'observation la plus attentive ne peut nous y montrer aucun germe d'infusoire, aucune spore de cryptogame. Dix, quinze, vingt jours après, l'œil armé des excellentes lentilles de Nachet ne peut constater la moindre trace de vie dans l'eau de lavage, bien que nous ayons laissé au fond du vase une certaine quantité de mercure (20 grammes à peu près). Qu'est donc devenue la fécondité de ce métal, fécondité si prodigieuse, au dire de M. Pasteur, qu'un *seul globule gros comme un pois* suffit pour peupler une infusion quelconque? Où sont les preuves irréfutables que promettait l'habile chimiste, et qui devaient « étonner tout le monde? (3) »

(1) Et par suite *productions organisées,* d'après la théorie de M. Pasteur.

(2) L'expérience relatée par M. Pasteur, dans sa récente communication à l'Académie des sciences de Paris (séance du 20 avril 1863), est tout à fait analogue à celle de Schwann, et s'explique de la même manière. Si, au bout de trois ans, il n'a rien trouvé dans ses flacons en partie remplis de levûre sucrée et bouillie, c'est que cette liqueur s'était sans doute trop altérée, pour pouvoir produire des infusions ou des mucédinées.

Si M. Pasteur eût regardé plus tôt ses flacons, peut-être y eût-il aperçu quelque production organisée. Car, quoi qu'il en dise, même dans une infusion exposée à l'air libre, *la vie n'est pas sans fin, tant qu'il y a de l'humidité.*

Et puis, M. Pasteur oublie donc qu'il a dit quelque part (p. 67 du *Mémoire couronné*) :

« De l'eau de levûre, sucrée ou non, soumise à l'ébullition, *s'altère en très-peu de jours,* lorsqu'on met le ballon qui la renferme en contact avec l'air ordinaire. »

Je le crois sans peine, mais je ne conçois pas très-bien, je l'avoue, pourquoi M. Pasteur obtient aujourd'hui un résultat précisément tout posé.

(3) Voir les *Comptes-rendus,* t. LI, p. 348

« Notisi che Mantegazza aveva già tolto ogni importanza all' azione del mercurio, come veicolo di germi, avendolo portato ad altissima temperatura in altra delle esperienze descritte nella sua memoria. Ma il signor Pasteur non se ne dà per inteso, e non si degna nemanso far cenno dell' esperienze altrui, quando possono inermare le sue. » (EZIO CASTOLDI, *I fenome della generazione spontanea,* etc. Milano, 1862, p. 63.

§ V. — Influence de l'ébullition et d'une température élevée a l'air sec sur les corpuscules organisés.

Page 23 : « L'ébullition détruit les germes que les vases ou les matières de l'infusion ont apportés dans la liqueur. »

Ici, nous aimons à le constater, nous sommes complétement d'accord avec M. Pasteur, qui l'est aussi avec MM. Claude Bernard, Milne-Edwards, Pouchet, Hoffmann, etc.

Un peu plus loin nous trouvons cette assertion étrange (voyez p. 54) :

Page 54 : « Le lait soumis à l'ébullition à 100 degrés, et abandonné au contact de l'air chauffé, se remplit après quelques jours de petits infusoires, le plus souvent d'une variété de *Vibrio lineola*. »

Et une page plus loin :

« Dans certains cas, les germes des vibrions résistent à la température de 100 degrés. » (Page 55.)

Première contradiction relative à la physiologie de ces animalcules. Nous verrons bientôt que ce n'est pas la dernière.

Après avoir posé en principe que l'ébullition tue les germes, de quelque nature qu'ils soient, en disant ensuite qu'une température humide de 100 degrés ne les fait pas toujours périr, M. Pasteur semble oublier qu'il affirme quelque part qu'une chaleur inférieure à 100 degrés suffit pour anéantir leur vitalité.

Je me trompe, il l'oublie si peu que, dans son *Mémoire couronné*, il supprime cette phrase imprudente, qui s'était malencontreusement glissée dans sa communication à l'Institut du 6 février 1860. (*Comptes-rendus*, page 306.)

Le lecteur en jugera en voyant les deux textes ici mis en regard.

Il s'agit de la rentrée de l'air dans des ballons, en partie remplis d'eau sucrée albumineuse, au moment même où cesse l'ébullition.

Texte de la communication du 6 février 1860.

« L'air commun, il est vrai, est entré brusquement à l'origine; mais pendant toute la durée de sa rentrée brusque, le liquide, très-chaud et lent à se refroidir, *faisait périr les germes apportés par l'air*. »

Donc, en ce temps-là (1860), ces germes, vibrions et autres, périssaient à une température un peu inférieure à 100 degrés.

Texte du Mémoire couronné, page 60.

« Il semble que l'air ordinaire rentrant avec force dans les premiers moments doit arriver tout brut dans le ballon. Cela est vrai; mais il rencontre un liquide *encore voisin de la température de l'ébullition*. La rentrée de l'air se fait ensuite avec plus de lenteur, et lorsque le liquide est assez refroidi pour ne plus pouvoir enlever aux germes leur vitalité, la rentrée de l'air est assez ralentie pour qu'il abandonne, dans les courbures humides du col, toutes les poussières capables d'agir sur les infusions, et d'y déterminer des productions organisées. »

Au fond, les idées sont les mêmes, bien que les deux rédactions diffèrent; seulement, celle-ci ne dit plus, d'une manière aussi explicite, que l'eau *qui ne bout plus* suffit pour faire périr les corpuscules atmosphériques.

Page 88 : « Il n'est donc pas douteux que, par l'action d'une température élevée, en dehors de toute humidité, la fécondité des spores de *Penicillium glaucum* se conserve jusqu'à 120 degrés et même un peu plus. »

La même assertion est répétée page 89.

Nous lisons ce qui suit à cette même page 89 :

« Au nombre des mucédinées qui ont pris naissance dans les expériences, en petit nombre, il est vrai, où j'avais semé les poussières de l'air, le *Penicillium glaucum* ne s'est pas montré!...

Est-il possible de se contredire plus vite et plus manifestement que ne le fait ici M. Pasteur?

Toutes ses autres expériences relatives aux ensemencements n'ont absolument aucune valeur, selon nous, puisque, en n'ensemençant pas nos ballons et en opérant d'après le procédé de M. Pasteur, nous avons obtenu autant de proto-organismes que lui, qui avait ensemencé les siens. Tant il est vrai, comme le dit spirituellement M. Pouchet, que notre adversaire *sème l'invisible et récolte uniquement le produit du hasard.* »

« Il n'y a donc pas de subterfuge possible, peut-on dire à M. Pasteur : ou les œufs et les semences périssent dans l'eau bouillante, ou ils n'y périssent pas. S'ils y périssent, plusieurs de vos expériences proclament la génération spontanée avec la plus splendide éloquence. »

S'ils y périssent, toutes les ressources de l'intelligence s'épuiseraient en vain pour expliquer autrement que par l'hétérogénie la fécondité des expériences d'Ingenhouz, de Mantegazza, de Joly, de Musset et des nôtres (1).

§ VI. — PHYSIOLOGIE DE M. PASTEUR.

Pages 31, 54, 71, 96. « Les vibrions respirent, et le poids d'oxygène transformé en acide carbonique par la vie de ces petits êtres est supérieur au poids total de leur substance. »

Page 54. Ce n'est pas tout : « Leur vie se poursuit tant qu'il y a de l'oxygène, et lors même que la proportion d'acide carbonique est considérable. »

Page 86. Ce n'est pas tout encore. M. Pasteur admet des *Vibrions ordinaires*, ayant besoin d'air pour vivre, et des *Vibrions ferments*, qui ne se distinguent des premiers que par un peu plus de volume (distinction spécifique fort contestable), et qui non-seulement peuvent se passer d'air, mais que l'air tue !!...

Et l'un des ardents panégyristes de M. Pasteur de s'écrier dans son enthousiasme : N'est-il pas remarquable que des études expérimentales qui sont plus spécialement chimiques aient conduit à des découvertes de premier ordre en physiologie? Un animal qui vit sans air ; un animal que tue l'oxygène libre (2)!...

Si l'on demande à M. Pasteur comment les infusoires ferments ont pu prendre naissance puisque l'air les tue, il cherche à se tirer d'embarras en entassant vibrions sur vibrions, c'est-à-dire invraisemblances sur invraisemblances, impossibilités sur impossibilités :

« Ils naissent, dit il, à la suite d'une première génération d'êtres qui détruisent en peu de temps des quantités relativement considérables de gaz oxygène et en privent absolument les liqueurs... Mais ces infusoires ferments, qui vivent sans oxygène, que l'oxygène tue, ont besoin, pour produire la fermentation au contact de l'air, d'être associés à des infusoires qui consomment de l'oxygène libre, et qui remplissent le double rôle d'agents de combustion pour la matière organique et d'agents préservateurs de l'action directe de l'oxygène de l'air pour les infusoires ferments. »

M. Pasteur se demande à son tour : « Les êtres inférieurs qui peuvent vivre en dehors de toute influence du gaz oxygène libre n'ont-ils pas la faculté de pouvoir passer au genre de vie des autres, et inversement (3)? »

Nous ne désespérons pas de voir « cette difficile question » résolue bientôt au grand contentement et dans le sens des physiologistes de l'École de M. Pasteur.

En effet, au moment même où nous traçons ces lignes, nous recevons la dernière communication de M. Pasteur à l'Académie, et nous voyons qu'il admet aujourd'hui que les infusoires auxquels il attribue les combustions lentes dont les matières organiques mortes sont le siège « absorbent d'énormes quantités d'oxygène, sont des agents de combustion dont l'énergie, variable avec leur nature spécifique, est quelquefois extraordinaire. »

Aujourd'hui, les vibrions sont donc aussi avides d'oxygène qu'ils l'étaient peu dans les pré-

(1) Pouchet, *État de la question en* 1860, p. 31.

(2) *Journal officiel de l'instruction publique*, 30 août 1862, p. 663.

(3) *Revue des sociétés savantes*, 13 mars 1863. Nouvel exemple de fermentation déterminée par des animalcules infusoires pouvant vivre sans gaz oxygène libre, et en dehors de tout contact avec l'atmosphère.

cédentes expériences de M. Pasteur? L'oxygène ne tue donc plus les vibrions? N'est-ce pas le cas de s'écrier : *E sempre benè cosi ?*

A moins, toutefois, que l'habile chimiste ne nous dise que parmi ces agents si énergiques de combustion, il ne range pas les *Vibrions ferments* d'autrefois. Cela pourrait être ; car il ne mentionne, dans sa communication récente, que les *Mucédinées*, les *Mucors*, les *Bactéries* et les *Monades.*

Des *Vibrions ferments* il n'est donc plus question. Quant aux *Vibrions ordinaires*, ceux dont il est fait mention expresse page 51 du *Mémoire couronné*, ils absorbent aujourd'hui, en respirant, non-seulement la plus grande partie, mais bien la totalité de l'oxygène contenu dans l'air des ballons où ils vivent. Et quand ils ont tout absorbé, que font-ils? Ils passent sans doute à l'état de *Vibrions ferments.* Autre licence physiologique qui n'arrête pas M. Pasteur. Physiologie fantastique au premier chef, et qu'on s'étonne de voir prônée par des hommes qui, sous d'autres rapports et à juste titre, font autorité dans la science.

Mais revenons au Mémoire couronné par l'Académie. Page 40, M. Pasteur prétend que les *Infusoires* et les *Mucédinées* s'excluent en quelque sorte, c'est-à-dire que si une infusion se couvre de *Mucédinées* dans les premiers jours de son exposition à l'air, elle est privée plus ou moins d'infusoires. Et inversement, lorsqu'elle débute par des infusoires, elle a peine à montrer des moisissures.

M. Pasteur oublie donc que dans plusieurs endroits de son Mémoire (pages 33, 39, 95, etc.) l dit avoir vu se développer tout à la fois des INFUSOIRES et des MUCÉDINÉES?

A la page 96, nous trouvons ce qui suit :

Page 96. « Au moyen d'un sel ammoniaque cristallisé, du sucre candi et des phosphates provenant de la levûre de bière et dissous dans l'eau distillée, M. Pasteur obtient un abondant *mycelium* en semant les spores d'une mucédinée quelconque : « Par la précaution de l'emploi d'un sel acide d'ammoniaque, dit-il, on empêche le développement des infusoires qui, par leur présence, arrêteraient bientôt le progrès de la petite plante, en absorbant l'oxygène de l'air, dont la mucédinée ne peut se passer. »

Mais nous lisons dans sa communication du 13 mars 1859 qu'en employant ces mêmes substances, plus un peu de carbonate de chaux, il a vu la vie végétale et animale prendre naissance dans ce mélange. Le sel d'ammoniaque n'empêchait donc pas, en 1859, la production des infusoires.

On lit, page 74 : « Tant qu'il y a de l'humidité, la vie est sans fin, dans une infusion exposée au contact de l'air libre, parce que l'oxygène, *l'un des éléments essentiels des Mucédinées et des Infusoires,* ne leur fait jamais défaut. Mais, dans une atmosphère limitée, la vie s'arrête forcément au bout de quelques jours. Les gros infusoires ne se montreront donc pas, puisqu'il est reconnu que ce n'est point par eux que la vie commence dans les infusions. »

Il y a ici tout à la fois une double erreur et une contradiction.

Première erreur. Il n'est pas exact de dire que, tant qu'il y a de l'humidité, la vie est sans fin. Il vient un moment, au contraire, où la substance organique épuisée, en quelque sorte, ou du moins très-altérée, ne peut plus fournir ni *Mucédinées*, ni *Protozoaires.*

Seconde erreur. Si les gros infusoires (*Kolpodes, Paramécies*) n'apparaissent pas dans les infusions bouillies, ni dans les infusions exposées à une atmosphère limitée, ce n'est pas uniquement parce que l'oxygène leur manque, absorbé qu'il est par les *Bactéries*, les *Monades* et les vibrions qui les précèdent, mais bien parce que les *facultés génésiques des infusions* sont réellement *étouffées*, comme dit M. Pouchet, par les conditions matérielles des expériences *in vitro.*

Contradiction. Car l'oxygène est ici regardé comme tout à fait indispensable aux infusoires!! L'oxygène ne tue donc pas les vibrions!...

§ VII. — Principales objections contre la panspermie.

Qu'on nous permette, avant de terminer, de grouper ici les principales objections qui peuvent être faites à la théorie panspermiste :

1º Si les germes encombrent tellement l'atmosphère, pourquoi, dans leurs analyses, les chimistes n'en ont-ils pas encore constaté la présence?

2º Pourquoi ces germes se sont-ils montrés si peu nombreux à MM. Pouchet, Mantegazza, Musset, Jeffries Wyman et nous?

3º Si ces germes sont dans l'air, pourquoi ne peut-on pas toujours nous les montrer? Où sont notamment ceux de la levûre de bière, du *racodium cellare?*

4º Pourquoi les rencontre-t-on en si faible quantité dans les organes respiratoires de l'homme et des animaux vivants?

5º Pourquoi leur nombre est-il si peu en proportion avec la prodigieuse fécondité des infusions?

6º Si les germes de l'air sont la cause des générations spontanées, pourquoi ces générations ont-elles lieu dans des infusions bouillies, mises en présence de l'air calciné, de l'air artificiel et de l'oxygène pur?

7º Pourquoi, si les germes tombent du ciel, ne les trouve-t-on ni dans l'eau distillée, exposée à l'air, ni sur une plaque de verre enduite d'une huile ou d'un vernis humide?

8º Pourquoi l'eau distillée est-elle improductive, tandis qu'elle devient très-féconde, dès qu'on y met à macérer une substance organique?

9º Pourquoi en semant directement dans l'eau distillée un poids donné de poussière *en repos,* n'obtenons-nous pas d'infusoires ciliés, tandis qu'un même poids de substance organique mis dans une quantité d'eau distillée égale à celle de l'expérience qui précède, nous donne non-seulement des bactéries et des monades, mais encore des kolpodes et des paramécies?

10º Si la poussière *en repos* sur le mercure est si féconde, pourquoi, en lavant un litre de ce métal dans l'eau distillée, avons-nous vu cette eau rester improductive, bien qu'elle fût exposée à l'air?

11º Si les poussières atmosphériques sont aussi riches en corpuscules organisés que le prétendent nos contradicteurs, pourquoi, en *répétant, avec le plus grand soin,* l'une des expériences capitales de M. Pasteur (1), avons-nous vu nos ballons non ensemencés aussi féconds que ceux où nous avions semé des corpuscules de l'air?

12º Si la théorie de M. Pasteur est vraie, pourquoi, en exposant simultanément à l'air une même quantité de la même infusion placée dans un verre à expériences et dans une grande cuvette à fond plat, pourquoi le premier vase renferme-t-il des infusoires ciliés, tandis que le deuxième n'en offre pas un seul? (Expérience Pouchet.)

13º Pourquoi dans les infusions bouillies ne trouve-t-on jamais d'infusoires ciliés?

14º Si les germes sont réellement répandus dans l'atmosphère, pourquoi un même décimètre cube d'air ordinaire, successivement mis en contact avec quatre infusions diverses, produira-t-il dans l'un des *penicillium,* dans l'autre des bactéries, dans la troisième des monades, dans la quatrième enfin des kolpodes et des paramécies? (Expérience Pouchet.)

15º Pourquoi, en disposant un appareil de Woolf, comme il est dit dans la thèse de M. Musset (p. 32, fig. 5), avons-nous obtenu des résultats tels que le nombre des êtres vivants qui ont apparu dans les flacons était proportionnel non à la quantité d'air (et, par suite, de germes) qui les avait traversés, mais bien à la quantité de matière organique renfermée dans chacun des flacons?

16º Les fameuses expériences de Schwann et de Schultze étant reconnues inexactes, même par M. Pasteur, que reste-t-il désormais aux partisans de la théorie panspermiste, et surtout à ceux de la *panspermie limitée?*

(1) *Mémoire couronné,* p. 37 et suiv.

Il reste les expériences de M. Pasteur lui-même, répondra-t-on peut-être. Mais on oubliera volontairement alors que MM. Pouchet, Mantegazza, Pineau, Jeffries Wyman, Schaafhausen, Musset et moi, avons acquis la certitude morale qu'elles ne peuvent plus subsister.

Nous ne dirons rien des expériences que M. Pasteur dit avoir exécutées avec un plein succès sur de l'urine sortant de la vessie et sur du sang extrait des veines et des artères d'un chien en bonne santé : expériences qui, selon lui, portent un dernier coup à la doctrine des générations spontanées.

Avant de nous soumettre à cette condamnation, aussi tranchante que sévère, nous aurions désiré connaître le *modus faciendi* employé par notre contradicteur pour mettre en contact avec de l'air privé de ses germes, des liquides frais, putrescibles à un très-haut degré, comme le sont l'urine et le sang.

Ce procédé expérimental assez simple, à ce que dit son inventeur, n'aurait pas exigé une longue description. Vu l'importance des résultats, nous ne concevons pas que M. Pasteur ait omis de nous la donner.

De bonne foi, pouvons-nous contrôler ses dernières assertions, et ne nous autorise-t-il pas à lui dire qu'en nous servant des liquides dont il parle, et en suivant un procédé qui nous est propre, mais que nous gardons pour nous « dans la crainte d'allonger outre mesure cette *réfutation* », nous sommes arrivé à des résultats entièrement opposés à ceux au moyen desquels il dit avoir enterré à tout jamais la doctrine des *générations spontanées?*

En finissant cet examen critique, nous ne saurions nous empêcher de témoigner à M. Pasteur la satisfaction grande que nous avons éprouvée, en le voyant entrer dans une voie nouvelle, dans la voie des expériences qui n'entravent pas la nature. Jusqu'à présent, en effet, il l'avait mise à la torture, en la condamnant aux épreuves du feu, de l'eau bouillante, de l'air calciné, des acides énergiques, etc., etc. De là, des résultats erronés, des théories impossibles, au moins en physiologie; de là, ce tissu de contradictions que nous croyons avoir mises en évidence, et qui compromettent singulièrement, ce nous semble, aux yeux de tout esprit réfléchi, le triomphe officiel de la *panspermie limitée* (1).

Toulouse, 18 mai 1863.

HYGIÈNE PUBLIQUE.
EXPOSÉ DU DIAGNOSTIC DE LA RAGE CHEZ LES ANIMAUX DE L'ESPÈCE CANINE;
Lu à l'Académie de médecine, dans sa séance du 9 juin,
Par M. H. BOULEY.

Messieurs,

La question du diagnostic de la rage canine a une importance énorme : importance telle, que si chacun pouvait être mis à même de reconnaître cette maladie sur le chien, à ses différentes périodes, et surtout à sa période initiale, nous serions en possession de la meilleure des prophylaxies.

(1) Depuis que ces lignes sont écrites, nous avons lu dans le *Journal des Savants* (mai 1863, p. 269), un article de M. Flourens, intitulé : *De quelques travaux d'histoire naturelle récemment couronnés par l'Académie des Sciences.*

L'auteur de cet article garde un silence absolu sur les expériences de M. Pasteur, mais il condamne formellement la *génération spontanée.* « Hier, dit-il, on la soutenait pour les *Infusoires.* A compter de M. Balbiani, c'est-à-dire à compter d'aujourd'hui, *elle ne pourra plus être soutenue pour un animal quelconque, ni par qui que ce puisse être.* » Nous sommes d'autant plus surpris de cette affirmation que l'illustre secrétaire perpétuel de l'Institut ne peut l'étayer, que nous sachions du moins, sur aucune expérience personnelle, et qu'il n'a vu ni voulu voir les résultats dont nous lui offrions un jour de le rendre témoin.

L'idée de rage, chez les chiens, implique pour le monde en général celle d'une maladie qui se caractérise *nécessairement* par des accès de fureur, des envies de mordre, etc., etc.

C'est un préjugé bien redoutable, Messieurs, que celui qui admet que la rage est nécessairement et toujours une maladie caractérisée par la fureur. De tous ceux qui sont accrédités au sujet de cette maladie, c'est peut-être le plus fécond en conséquences désastreuses, car on demeure sans défiance en présence d'un chien malade qui ne cherche pas à mordre, et cependant sa maladie peut très-bien être la rage.

La prudence veut donc qu'on se méfie toujours du chien qui commence à ne plus présenter les caractères de la santé. La crainte du chien malade n'est pas seulement le commencement de la sagesse, c'est la sagesse même.

— Les premiers symptômes de la rage du chien, quoique obscurs encore, sont déjà significatifs pour qui sait les comprendre.

Ils consistent, comme Youatt l'a si bien exprimé, dans une humeur sombre et une agitation inquiète qui se traduit par un changement continuel de position.

L'animal cherche à fuir ses maîtres; il se retire dans son panier, dans sa niche, dans les recoins des appartements, sous les meubles, mais il ne montre aucune disposition à mordre. Si on l'appelle, il obéit encore, mais avec lenteur, et comme à regret. Crispé sur lui-même, il tient sa tête cachée profondément entre sa poitrine et ses pattes de devant.

Bientôt il devient inquiet, cherche une nouvelle place pour se reposer, et ne tarde pas à la quitter pour en chercher une autre. Puis il retourne à son lit, dans lequel il s'agite continuellement, ne pouvant trouver une position qui lui convienne. Du fond de son lit, dit Youatt, il jette autour de lui un regard dont l'expression est étrange. Son attitude est sombre et suspecte. Il va d'un membre de la famille à l'autre, fixe sur chacun des yeux résolus, et semble demander à tous, alternativement, un remède contre le mal qu'il ressent.

— Sans doute ce ne sont pas là ce que l'on peut appeler des symptômes pathognomoniques, mais comme déjà cette première peinture est expressive! Si ces signes ne suffisent pas pour permettre tout d'abord d'affirmer l'existence de la rage, ils doivent, à coup sûr, faire naître dans les esprits prévenus la pensée, et conséquemment la crainte de son avénement possible.

— Une des particularités les plus curieuses et les plus importantes à connaître de la rage du chien, c'est la persévérance, chez cet animal, même dans les périodes les plus avancées de la maladie, des sentiments d'affection envers les personnes auxquelles il est attaché. Ces sentiments demeurent si forts en lui que le malheureux animal s'abstient souvent de diriger ses atteintes contre ceux qu'il aime, alors même qu'il est en pleine rage. De là les illusions fréquentes que les propriétaires des chiens enragés se font sur la nature de la maladie de ces animaux. Comment croire à la rage, en concevoir même l'idée, chez un chien que l'on trouve toujours affectueux, docile, et dont la maladie se traduit seulement par de la tristesse, de l'agitation et une sauvagerie inaccoutumée? Illusions redoutables, car ce chien, dont on ne se méfie pas, peut, malgré lui-même, faire une morsure fatale, sous l'influence d'une contrariété, ou, comme il arrive souvent, à la suite d'une correction que son maître aura cru devoir lui infliger, soit pour n'avoir pas obéi assez vite, soit pour avoir répondu à une première menace par un geste agressif aussitôt contenu.

Dans la plupart des cas, si les maîtres sont mordus, c'est dans des circonstances analogues à celles qui viennent d'être rappelées.

Le plus souvent, le chien enragé respecte et épargne ceux qu'il affectionne. S'il en était autrement, les accidents rabiques seraient bien plus nombreux, car, la plupart du temps, les chiens enragés restent vingt-quatre, quarante-huit heures chez leurs maîtres, au milieu des personnes de la famille et des gens de la domesticité, avant que l'on conçoive des craintes sur la nature de leur maladie.

— À la période initiale de la rage, et, lorsque la maladie est complétement déclarée, dans les intermittences des accès, il y a, chez le chien, une espèce de délire qu'on peut appeler le *délire rabique*, dont Youatt a parlé le premier, et qu'il a parfaitement décrit.

Ce délire se caractérise par des mouvements étranges qui dénotent que l'animal malade voit des objets et entend des bruits qui n'existent que dans ce que l'on est bien en droit d'appeler son imagination. Tantôt, en effet, l'animal se tient immobile, attentif, comme aux aguets, puis tout à coup il se lance et mord dans l'air, comme fait, dans l'état de santé, le chien qui veut attraper une mouche au vol. D'autres fois, il se lance furieux et hurlant contre un mur, comme s'il avait entendu de l'autre côté des bruits menaçants.

En raisonnant par analogie, on est bien autorisé à admettre que ce sont là des signes de véritables hallucinations. Mais, quoi qu'il en soit du sens qu'on veuille leur attribuer, il est certain qu'ils ont une grande valeur diagnostique, et leur étrangeté même doit éveiller l'attention et mettre en garde contre ce qu'ils annoncent.

Cependant, ceux qui ne sont pas prévenus ne sauraient y attacher d'importance, d'autant que ces symptômes sont très-fugaces et qu'il suffit, pour qu'ils disparaissent, que la voix du maître se fasse entendre. « Dispersés, dit Youatt, par cette influence magique, tous ces objets de terreur s'évanouissent, et l'animal rampe vers son maître avec l'expression d'attachement qui lui est particulière.

« Alors vient un moment de repos ; les yeux se ferment lentement, la tête se penche, les membres de devant semblent se dérober sous le corps, et l'animal est prêt à tomber. Mais, tout à coup, il se redresse ; de nouveaux fantômes viennent l'assiéger ; il regarde autour de lui avec une expression sauvage, happe comme pour saisir un objet à la portée de sa dent, et se lance, à l'extrémité de sa chaîne, à la rencontre d'un ennemi qui n'existe que dans son imagination. »

— Tels sont, Messieurs, les symptômes que l'on observe chez le chien, à la période initiale de la rage. On conçoit qu'ils ne doivent pas se montrer toujours les mêmes, chez tous les sujets, et, qu'au contraire, ils se diversifient dans leur expression, suivant le naturel des malades.

Si avant l'attaque de la maladie, dit Youatt, le chien était d'un naturel affectueux, son attitude inquiète est éloquente ; il semble faire appel à la pitié de son maître. Dans ses hallucinations, rien ne témoigne de sa férocité.

Dans le chien naturellement sauvage, au contraire, et dans celui qui a été dressé pour la défense, l'expression de toute la contenance est terrible. Quelquefois les conjonctives sont fortement injectées, d'autres fois elles ont à peine changé de couleur, mais les yeux ont un éclat inusité et qui éblouit : on dirait deux globes de feu.

— A une période plus avancée de la maladie, l'agitation du chien augmente. Il va, vient, rôde incessamment d'un coin à un autre. Continuellement il se lève et se couche, et change de position de toute manière.

Il dispose son lit avec ses pattes, le refoule avec son museau pour l'amonceler en un tas sur lequel il semble se complaire à reposer l'épigastre ; puis, tout à coup, il se redresse et rejette tout loin de lui. S'il est enfermé dans une niche, il ne reste pas un seul moment en repos ; sans cesse il tourne dans le même cercle. S'il est en liberté, on dirait qu'il est à la recherche d'un objet perdu ; il fouille dans tous les coins et les recoins de la chambre avec une ardeur étrange qui ne se fixe nulle part.

Et, chose remarquable, Messieurs, et en même temps bien redoutable, il est beaucoup de chiens chez lesquels l'attachement pour leur maître semble avoir augmenté, et ils le leur témoignent en leur léchant les mains et le visage.

On ne saurait trop appeler l'attention sur cette singularité des premières périodes de la rage canine, parce que c'est elle surtout qui entretient l'illusion dans l'esprit des propriétaires de chiens. Ils ont peine à croire, en effet, que cet animal actuellement encore si doux, si docile, si soumis, si humble à leurs pieds, qui leur lèche les mains et leur manifeste son attachement par tant de signes si expressifs, renferme en lui le germe de la plus cruelle maladie qui soit au monde. De là vient une confiance et, qui pis est, une incrédulité dont sont trop souvent victimes ceux qui possèdent des chiens, surtout ces chiens intimes qui sont pour l'homme le plus sûr des amis tant qu'ils ont leur raison, mais qui, égarés par le délire rabique, peuvent devenir et deviennent trop souvent l'ennemi le plus traître et le plus cruel.

Nous trompons-nous, messieurs? Il nous semble que ce premier groupe de symptômes est déjà, en soi, bien significatif, et que si le public était prévenu par des avertissements répétés du sens réel qu'il faut leur attribuer, bien des malheurs seraient évités qui ne résultent que de son ignorance.

Que si, en effet, on disait et répétait au public : Méfiez-vous d'abord du chien qui commence à devenir malade; tout chien malade doit être suspect en principe.

Méfiez-vous surtout de celui qui devient triste, morose, qui ne sait où reposer, qui sans cesse va, vient, rôde, happe dans l'air, aboie sans motif, et par un à-coup soudain, dans le calme le plus complet des choses extérieures, qui cherche et fouille sans cesse sans rien trouver.

Méfiez-vous surtout de celui qui est devenu pour vous trop affectueux, qui semble vous implorer par ses léchements continuels.

Eh bien, Messieurs, il nous semble que ces avertissements pourraient être entendus, compris, et que beaucoup en profiteraient.

Un seul exemple pour démontrer combien ils pourraient être utiles :

Dans la première semaine de novembre dernier, deux dames sont venues à l'Ecole d'Alfort avec une fillette de 4 ans. C'était un mardi matin, et elles conduisaient à la consultation un chien à peine muselé, qu'elles avaient tenu sur leurs genoux, pendant tout le trajet de Paris à Alfort, en compagnie du jeune enfant, et qu'elles déclaraient être malade depuis le samedi précédent, c'est-à-dire *depuis trois jours passés.* Ce chien, disaient-elles, qui couchait dans leur chambre, ne les laissait pas dormir tant il était agité. Toute la nuit, il était sur ses pieds, allant, venant, grattant le sol avec ses pattes. La veille, le lundi, elles avaient déjà conduit cet animal à l'Ecole; mais, malheureusement, une consigne mal comprise leur avait fait refuser la porte, l'heure de la consultation se trouvant passée; et elles s'étaient vues dans la nécessité de remonter dans leur voiture et de retourner à Paris, en compagnie de leur malade, toujours choyé par elles.

Eh bien! Messieurs, ce chien était enragé. A peine avait-il franchi la grille de l'Ecole que son aboiement caractéristique entendu à distance avait mis sur leurs gardes les élèves qui m'entouraient à la consultation. Ce ne fut qu'un cri dans leurs rangs : Un chien enragé! et ce chien était encore loin, à l'extrémité de la grande cour; — nous reviendrons tout à l'heure sur la grande valeur diagnostique de ce symptôme.

Ce chien pouvait aboyer librement : donc sa muselière n'était pas étroitement serrée autour de ses mâchoires, dont le jeu était assez facile pour qu'il pût mordre. Et cependant, depuis trois jours qu'il était malade, il avait respecté ses maîtresses, dans la chambre desquelles il couchait. Dans ses deux voyages de Paris à Alfort, dans celui de retour d'Alfort à Paris, porté sur leurs genoux, caressé par elles, il ne leur avait fait aucun mal, et n'avait même rien essayé de menaçant qui pût le leur rendre suspect.

L'enfant avait été moins heureux. Le dimanche matin, le chien, agacé sans doute par quelque taquinerie, s'était jeté sur elle et l'avait mordue très-légèrement à la fesse.

Malgré cela, cependant, les personnes qui conduisaient ce malade à l'Ecole n'avaient encore, à son égard, aucune inquiétude. Leur intention, disaient-elles, était de demander une consultation, et de traiter elles-mêmes leur malade.

Comme je leur manifestais mon étonnement de la quiétude d'esprit dans laquelle elles étaient restées depuis trois jours, malgré les agitations continuelles de leur chien et l'acte d'agression tout à fait inaccoutumée qu'il avait commis envers leur enfant : « Qu'en savions-nous? me répondirent-elles; ce chien buvait très-bien et allait souvent boire; pouvions-nous nous douter de la maladie dont vous le dites affecté? »

Qu'en savions-nous? Voilà, Messieurs, exprimée dans cette réponse, la cause de bien des malheurs. Oui, évidemment, si la malheureuse enfant dont il est question ici succombe un jour aux suites de la morsure que lui a faite son *camarade de jeu*, ce nouveau malheur n'aura d'autre cause que l'ignorance où se trouvaient ses parents de ce que pouvaient signifier les faits, si expressifs cependant, qui depuis la veille se passaient sous leurs yeux.

La meilleure des prophylaxies, à l'égard de la rage, consiste, nous ne saurions trop le répéter, dans la divulgation des symptômes qui caractérisent cette maladie.

Continuons donc leur exposé. Nous verrons ensuite, en manière de conclusion, quelles sont les mesures qu'il y aurait à prendre pour que la connaissance de ces symptômes fût mise à la portée de tous.

— Parlons maintenant de l'*hydrophobie*. Nous y sommes aussi bien naturellement conduits par l'une des circonstances de la relation faite plus haut. « Comment pouvions-nous soupçonner la rage chez notre chien? nous disaient les personnes qui conduisaient l'animal dont il vient d'être question, il buvait sans difficulté et allait souvent boire!

Le préjugé de l'hydrophobie est l'un des plus dangereux qui règne à l'égard de la rage canine; et l'on peut dire que le mot *hydrophobie* qui s'est peu à peu substitué, même dans le langage usuel, à celui de *rage,* est une des plus détestables inventions du néologisme, parce que cette invention a été fertile pour l'espèce humaine en une multitude de désastres.

C'est que, en effet, Messieurs, ce mot implique une idée, aujourd'hui profondément ancrée dans l'opinion du public, bien qu'elle soit radicalement fausse, et démontrée fausse par les faits de tous les jours.

De par le nom grec imposé à la rage, un chien enragé doit *avoir horreur de l'eau.*

Donc, s'il boit, il n'est pas enragé; et partant de ce raisonnement on ne peut plus logique, un très-grand nombre de personnes s'endorment, dans une sécurité trompeuse, à côté de chiens enragés qui vivent avec elles et couchent même sur leur lit.

Et cela, parce qu'il a passé par la cervelle de je ne sais quel savant de faire du mot *hydrophobie* le synonime de celui de *rage.*

Jamais erreur ne fut plus funeste, et nous devons accumuler nos efforts pour la faire disparaître.

Le chien enragé n'est pas hydrophobe; il n'a pas horreur de l'eau. Quand on lui offre à boire, il ne recule pas épouvanté.

Loin de là : il s'approche du vase; il lappe le liquide avec sa langue; il le déglutit souvent, surtout dans les premières périodes de sa maladie, et lorsque la constriction de sa gorge rend la déglutition difficile, il n'en essaye pas moins de boire, et alors ses lappements sont d'autant plus répétés et prolongés qu'ils demeurent plus inefficaces. Souvent même, en désespoir de cause, on le voit plonger le museau tout entier dans le vase et mordre, pour ainsi dire, l'eau qu'il ne peut parvenir à pomper, suivant le mode physiologique habituel.

— Le chien enragé ne refuse pas toujours sa nourriture à la première période de sa maladie, mais il s'en dégoûte promptement.

Chose remarquable alors, et tout à fait caractéristique! Soit qu'il y ait chez lui une véritable dépravation de l'appétit, ou plutôt, que le symptôme que je vais signaler soit l'expression d'un besoin fatal et impérieux de mordre auquel l'animal obéit, on le voit saisir avec ses dents, déchirer, broyer, et déglutir enfin une foule de corps étrangers à l'alimentation.

La litière sur laquelle il repose dans les chenils; la laine des coussins dans les appartements; les couvertures des lits quand, chose si commune, il couche avec ses maîtres; les tapis, le bas des rideaux, les pantoufles, le bois, le gazon, la terre, les pierres, le verre, la fiente des chevaux, celle de l'homme, la sienne même, tout y passe. Et à l'autopsie d'un chien enragé, on rencontre si souvent, dans son estomac, un assemblage d'une foule de corps disparates dans leur nature, sur lesquels s'est exercée l'action de ses dents, que rien que le fait de leur présence suffit pour établir la très-forte présomption de l'existence de la rage, présomption qui se transforme en certitude lorsqu'on est renseigné sur ce qu'a fait l'animal avant de mourir.

Cela connu, on doit se mettre fortement en garde contre un chien qui, dans les apparte-ments, déchire avec obstination les tapis de lit, les couvertures, les coussins; qui ronge le bois de sa niche, mange la terre dans les jardins, dévore sa litière, etc.

La plupart du temps, les propriétaires des animaux enragés nous signalent ces particula-rités quand ils nous les conduisent, mais il est bien rare qu'elles aient éveillé en eux tout d'abord les soupçons. C'est une bizarrerie qui les a frappés sans qu'ils s'en soient rendu compte.

Rien de plus important que ces faits cependant, car ils sont un prélude. L'animal assouvit déjà sa fureur rabique sur des corps inanimés, mais le moment est bien proche où l'homme lui-même, si affectionné qu'il soit, pourra bien n'être pas épargné.

— La bave ne constitue pas, par son abondance exagérée, un signe caractéristique de la rage du chien, comme on le croit trop généralement. C'est donc une erreur d'inférer de l'ab-sence de ce symptôme que la rage n'existe pas.

Il est des chiens enragés dont la gueule est remplie d'une bave écumeuse, surtout pendant les accès.

Chez d'autres, au contraire, cette cavité est complétement sèche, et sa muqueuse reflète une teinte violacée. Cette particularité est surtout remarquable dans les dernières périodes de la maladie.

Dans d'autres cas, enfin, il n'y a rien de particulier à noter à l'égard de l'humidité ou de la sécheresse de la cavité buccale.

— L'état de sécheresse de la bouche et de l'arrière-bouche donne lieu à la manifestation d'un symptôme d'une extrême importance, au point de vue où la rage canine doit être sur-tout envisagée ici, c'est-à-dire au point de vue de sa contagion possible à l'homme.

Le chien enragé, dont la gueule est sèche, fait avec ses pattes de devant, de chaque côté de ses joues, les gestes qui sont naturels au chien, dans l'arrière-gorge ou entre les dents duquel un os incomplétement broyé s'est arrêté. Il en est de même quand la paralysie des mâchoires rend la gueule béante, ainsi que cela se remarque dans la variété de rage que l'on appelle la *rage-mue*, ou à une période avancée de la rage furieuse.

Rien de dangereux comme les illusions que fait naître dans l'esprit des propriétaires des chiens la manifestation de ce symptôme. Pour eux, *presque toujours*, il est l'expression certaine d'un os dans l'arrière-gorge, et désireux de secourir leurs chiens, ils procèdent à des explo-rations et ont recours à des manœuvres qui peuvent avoir les conséquences les plus funestes, soit qu'ils se blessent eux-mêmes contre les dents en introduisant les doigts dans la gueule du malade, soit que celui-ci, irrité, rapproche convulsivement les mâchoires et fasse des mor-sures.

Un vétérinaire de Lons-le-Saulnier, M. Nicolin, est mort en novembre 1846, victime de la rage qu'il avait contractée en examinant la cavité buccale d'une petite chienne qui, au dire de son maître, devait avoir quelque chose dans la gorge qui l'empêchait de manger. Ce malheu-reux praticien, trop confiant dans ce qu'on lui disait, n'avait pas assez examiné la chienne, en apparence inoffensive, qu'on lui présentait, et s'était mépris sur la nature réelle de la cause qui empêchait chez cette chienne la déglutition.

Ce terrible exemple montre assez combien il faut se tenir en garde contre ce que peuvent avoir les animaux de l'espèce canine chez lesquels l'acte de la déglutition ne peut pas s'effec-tuer ou ne s'achève qu'avec un embarras marqué.

Le vomissement est quelquefois un symptôme du début de la rage. Quelquefois aussi les matières rejetées sont sanguinolentes et même formées par du sang pur qui provient sans doute de blessures faites à la muqueuse de l'estomac par des corps durs, à pointes acérées, que l'animal a pu déglutir.

Ce dernier symptôme a une grande importance, parce que, étant exceptionnel, il peut se faire qu'il n'éveille pas l'idée de la rage et qu'on ne l'apprécie pas à sa véritable valeur.

Je ferai ici volontiers l'aveu, qui peut être profitable à tous, que, cette année même, en novembre dernier, j'ai été mis en défaut par un chien qui m'a été présenté à Alfort, et qui, au dire de son conducteur, vomissait du sang depuis la veille. L'idée ne me vint pas, je le confesse, en voyant ce malade, qu'il fût affecté de la rage. J'ordonnai de le faire conduire au chenil, et prescrivis une potion alunée. Heureusement qu'une fois cet animal soustrait à l'influence de son maître, et encagé, son état morbide réel se dénonça par des signes non douteux. L'élève chargé du soin de ce malade vint me prévenir. Bien entendu que ma prescription première ne fut pas exécutée; et ainsi l'erreur de diagnostic, que j'avais commise dans un examen rapide, n'eut pas les conséquences terribles qu'elle aurait pu avoir.

Vous voyez, Messieurs, par cet exemple, combien tout à l'heure j'avais raison de dire que tout chien malade devrait être, en principe, considéré comme suspect. Il est bien rare que, dans ma clinique, je me départisse de cette règle dont je recommande aux élèves l'observation la plus rigoureuse. Cette fois, dans un moment de préoccupation, je m'en suis écarté, et peu s'en est fallu que cet oubli de ma part n'ait causé un malheur irréparable.

Il faut donc se tenir en garde contre un chien qui vomit du sang.

L'aboiement du chien enragé est tout à fait caractéristique, si caractéristique que l'homme qui en connaît la signification peut, rien qu'à l'entendre, affirmer à coup sûr l'existence d'un chien enragé là où cet aboiement a retenti. Et il ne faut pas, pour arriver à cette sûreté de diagnostic, que l'oreille ait été longtemps exercée. Celui qui a entendu une ou deux fois hurler le chien qui rage en demeure si fortement impressionné, quand, cela va de soi, on lui a donné le sens de ce hurlement sinistre, que le souvenir en reste gravé dans la mémoire, et lorsque, une autre fois, le même bruit vient à frapper son oreille, il ne se méprend pas sur sa signification.

Faire comprendre par des paroles ce que c'est que le hurlement rabique nous paraît impossible. Il faudrait, pour en donner une idée, pouvoir l'imiter, comme font certains imitateurs de la voix des animaux. Tout ce qu'il nous est possible de dire ici, c'est que l'aboiement du chien, sous le coup de la rage, est remarquablement modifié dans son timbre et dans son mode.

Au lieu d'éclater avec sonorité normale et de consister dans une succession d'émissions égales en durée et en intensité, il est rauque, voilé, plus bas de ton, et à un premier aboiement fait à pleine gueule, succède immédiatement une série de trois ou quatre hurlements décroissants qui partent du fond de la gorge et pendant l'émission desquels les mâchoires ne se rapprochent qu'incomplétement, au lieu de se fermer à chaque coup, comme dans l'aboiement franc.

Cette description ne peut donner, sans doute, qu'une idée bien incomplète de l'aboiement rabique; mais l'important, après tout, au point de vue prophylactique, c'est que l'on soit prévenu que *toujours* la voix du chien enragé change de timbre; que toujours son aboiement s'exécute sur un mode complétement différent du mode physiologique. Il faut donc se tenir en défiance quand la voix connue d'un chien familier vient à se modifier tout à coup et à s'exprimer par des sons qui, n'ayant plus rien d'accoutumé, doivent frapper par leur étrangeté même.

— Une particularité très-curieuse de l'état rabique, et qui peut avoir une très-grande importance au point de vue diagnostique, c'est que l'animal est *muet* sous la douleur. Quelles que soient les souffrances qu'on lui fait endurer, il ne fait entendre ni le sifflement nasal, première expression de la plainte du chien, ni le cri aigu par lequel il traduit les douleurs les plus vives.

Frappé, piqué, blessé, brûlé même, le chien enragé reste muet; non pas qu'il soit insensib'e Non, il cherche à éviter les coups; quand on a allumé sous lui la litière de sa niche, il s'échappe du foyer, et se tapit dans un coin pour se soustraire aux atteintes de la flamme. Lorsqu'on lui présente une barre de fer rouge, et que, emporté par la rage, il se jette sur elle furieux et la mord, il recule immédiatement après l'avoir saisie; le fer rouge appliqué sur ses pattes le fait fuir de même. Il est évident que, dans ces diverses circonstances, l'animal souffre; l'expression de sa figure le dit : mais, malgré tout, il ne fait entendre ni cri ni gémissement.

Toutefois, si la sensibilité n'est pas éteinte chez le chien enragé, comme en témoignent les résultats des expériences qui viennent d'être rapportées, elle doit être moindre que dans l'état physiologique. Ainsi, quand on jette sous lui de l'étoupe enflammée, ce n'est pas immédiatement qu'il se déplace; il y met du temps, c'est le cas de le dire, et quand il se décide enfin à s'échapper, déjà le feu lui a fait de profondes atteintes. Certains sujets, mais ceux-là font exception, ne lâchent pas la barre de fer rouge qu'ils ont saisie avec leur gueule.

Ces faits autorisent à admettre que les chiens frappés de la rage ne perçoivent pas les sensations douloureuses au même degré que dans l'état normal, et c'est ce qui explique comment il peut arriver qu'ils assouvissent leur fureur jusque sur eux-mêmes. Nous avons raconté, dans le *Recueil de médécine vétérinaire*, l'histoire d'un chien épagneul appartenant à M. le comte Demidoff, qui, dans un accès de rage, se rongea la queue avec ses dents et finit par se la détacher du tronc. Dans d'autres cas, les malades s'écorchent seulement la peau jusqu'au vif, et les plaies qui résultent de leurs mordillements répétés ressemblent, à s'y tromper, à ces dartres vives, qu'il est si commun d'observer chez les chiens. Là se trouve une cause possible d'erreur de diagnostic contre laquelle on ne saurait trop se tenir en garde.

La conclusion à tirer de ce dernier paragraphe, c'est qu'il y a lieu de se méfier du chien qui ne se montre pas sensible à la douleur, dans la mesure qu'on sait lui être particulière, et qu'il faut s'en défier aussi quand il porte sur le corps des écorchures à vif qui ont apparu soudainement.

Ces prescriptions paraîtront peut-être bien rigoureuses à la plupart de ceux qui m'entendent; mais, en pareille matière, l'excès de la prudence n'est que trop justifié.

Quelques mots seulement sur ce point, et vous allez comprendre, Messieurs, combien la règle de conduite que nous venons de formuler peut être salutaire. Il arrive souvent que les personnes qui conduisent aux vétérinaires des animaux enragés leur donnent des renseignements comme ceux-ci : « Mon chien est triste depuis un jour ou deux, et, chose tout à fait inhabituelle chez lui, il m'a montré les dents; je l'ai châtié avec le fouet ou la cravache, et quoique, de sa nature, il soit très-plaintif ou criard, il a reçu les coups sans pousser un seul cri. »

Un fait comme celui-là n'a, on le conçoit, aucune importance pour qui en ignore la valeur; mais pour ceux qui savent, voyez tout ce qu'il dit et quels malheurs pourraient être évités si, à l'instant qu'il se produit, la lumière se faisait dans l'esprit de celui qui en est le spectateur.

J'en dirai autant du rongement obstiné de l'animal par lui-même, dans des lieux déterminés. On l'attribue naturellement à des démangeaisons simples, et ce peut en être, il est vrai, l'unique cause. Mais l'expérience enseigne que ce symptôme peut avoir une signification bien autrement redoutable : témoin le chien de M. le comte Demidoff.

La prudence veut donc que, quand il se produit, on ne le traite pas comme une chose légère, mais que, au contraire, on prenne des mesures comme s'il était gros de conséquences dangereuses.

— L'état rabique se caractérise encore par une particularité extrêmement curieuse et d'une importance principale, sous le rapport du diagnostic : nous voulons parler de l'impression qu'exerce, sur un chien affecté de la rage, la vue d'un animal de son espèce. Cette impression est tellement puissante, elle est si efficace à donner lieu immédiatement à la manifestation d'un accès, qu'il est vrai de dire que le chien est le réactif sûr, à l'aide duquel on peut déceler la rage encore latente dans l'animal qui la couve.

Tous les jours, à l'École, nous nous servons de ce moyen pour dissiper les doutes, dans les cas où le diagnostic peut demeurer incertain, et il est bien rare qu'il nous laisse en défaut. Dès que le chien, soupçonné malade, se trouve en présence d'un sujet de son espèce, il tend à se jeter sur lui, si sa maladie est réellement la rage, et, s'il peut l'atteindre, le mord avec fureur.

Et, chose étrange, Messieurs, tous les animaux enragés, à quelque espèce qu'ils appartiennent, subissent la même impression en présence du chien. Tous, en le voyant, s'excitent, s'exaspèrent, entrent en fureur, se lancent sur lui et l'attaquent avec leurs armes naturelles : le cheval avec ses pieds et ses dents, le taureau avec ses cornes; de même le bélier. Il n'y a pas jusqu'au mouton qui ne dépouille, sous l'empire de la rage, sa pusillanimité native, et qui, loin de ressentir de l'effroi à la vue du chien, ne lui en inspire, au contraire, et, fondant sur lui tête baissée, ne l'oblige à fuir devant ses attaques.

Voilà, sans doute, Messieurs, quelque chose de bien extraordinaire; mais voici qui l'est davantage encore. Le chien perdrait, semble-t-il, la singulière propriété qu'il possède de mettre en jeu l'excitabilité des animaux enragés, lorsque la maladie dont ceux-ci sont atteints n'est pas de provenance canine. Un cheval, auquel M. Renault avait inoculé la rage du mouton, contracta cette maladie sous sa forme la plus furieuse, car il se déchirait à lui-même la peau des avant-bras à coups de dents. Eh bien! Messieurs, la vue d'un chien ne produisit sur cet animal aucune excitation; celui qu'on lui jeta dans sa mangeoire fut épargné; il le repoussa du bout de sa tête, sans lui faire aucun mal. Mais quand on lui présenta un mouton, il entra à l'instant même dans un accès de fureur terrible, et la pauvre bête saisie par lui fut à l'instant même broyée sous ses dents.

Mais ce fait n'est peut-être qu'une exception; et à supposer qu'il soit l'expression d'une loi, et que les faits à venir démontrent que les animaux qui ont contracté la rage par inoculation sont surtout impressionnés par la vue d'un animal de la même espèce que celui sur lequel le virus a été puisé, il ne sera pas commun de voir se reproduire le phénomène que nous venons de relater, parce que rien n'est rare comme la transmission de la rage des herbivores.

Dans le plus grand nombre des cas, ce sont donc les sujets de l'espèce canine qui mettent en jeu l'excitabilité des animaux atteints de la rage.

Vous devez comprendre, Messieurs, quelle est l'importance de la connaissance de ce fait, et combien l'enseignement qui en ressort pourrait être utile si les propriétaires, éclairés sur sa signification, étaient mis à même d'en profiter. Tous les jours, en effet, en interrogeant des personnes qui nous conduisent des chiens enragés, nous acquérons la preuve que, avant de diriger leurs atteintes contre l'homme, ces chiens se sont montrés très-excitables à la vue d'un animal de leur espèce. « Chose singulière, nous dit-on, mon chien, d'un naturel très-pacifique, est devenu, depuis deux ou trois jours, très-agressif pour les autres chiens; dès qu'il en voyait un, il lui courait sus. »

Et cependant, Messieurs, la plupart du temps, cette particularité si significative n'éveille pas l'attention de celui qui l'observe et ne fait naître dans son esprit aucun soupçon; et cela parce que, vis-à-vis du maître et des familiers de la maison, rien n'est encore changé dans le caractère de ce chien que la vue d'un animal de son espèce irrite et rend exceptionnellement hargneux.

Permettez-moi, Messieurs, de rapporter ici une anecdote qui, mieux que les commentaires, fera ressortir l'importance diagnostique de la particularité curieuse sur laquelle nous venons d'appeler l'attention.

Il y a une vingtaine d'années, une personne conduisit à Alfort, dans un cabriolet de place *à deux roues,* un fort joli chien de chasse, qui fut placé, non muselé, dans le fond de la voiture, c'est-à-dire sous les jambes de son maître et du cocher. Pendant tout le trajet, et malgré l'excitation que pouvait lui causer la présence d'une personne qui lui était étrangère, ce chien resta inoffensif. La voiture entra dans l'École, jusqu'à la cour des hôpitaux, et là, le propriétaire du chien le prit dans ses bras et le porta dans mon cabinet, où je me rendis. Il me donna pour renseignement que, depuis deux jours, cet animal était triste et refusait de manger. N'étant pas alors en garde, comme je le suis aujourd'hui, contre la rage et ses modes insidieux de manifestation, je plaçai ce chien sur mes genoux pour l'examiner de plus près. J'étais en train de soulever les lèvres pour me rendre compte de la coloration des muqueuses, lorsqu'un caniche qui m'appartenait entra dans mon cabinet Dès qu'il l'aperçut, le chien que j'examinais m'échappa des mains sans essayer de me mordre, et se rua sur le caniche, qui parvint à l'éviter sans essuyer de dommages. Ce mouvement inattendu et tout àfait inhabituel au caractère de cet animal, d'après ce que me dit son maître, fut pour moi un trait de lumière. Je soupçonnai la rage. Le chien fut immédiatement séquestré, et, trois jours après, il succombait à cette maladie.

Rien de plus suspect donc qu'un chien qui, contrairement à ses habitudes et aux inspirations de son naturel, se montre tout à coup agressif pour les animaux de son espèce. De pareilles manifestations sont très-significatives, et, si l'on sait les comprendre, on peut mettre les siens, les autres et soi-même à l'abri des désastres que peut causer la maladie dont ces signes sont des précurseurs infaillibles.

— Autre particularité dont la connaissance importe beaucoup au public et pourrait prévenir bien des malheurs.

Il arrive très-souvent que le chien qui ressent les premières atteintes de la rage s'échappe de la maison et disparaît. On dirait qu'il a comme la conscience du mal qu'il peut faire, et que, pour éviter d'être nuisible, il fuit ceux auxquels il est attaché. Quoi qu'il en soit de cette interprétation, toujours est-il que, très-souvent, il abandonne ses maîtres et qu'on ne le revoit plus, soit qu'il aille mourir dans quelque endroit retiré, soit, ce qui est le plus ordinaire dans les localités populeuses, que, reconnu pour ce qu'il est aux sévices qu'il commet sur les hommes et sur les bêtes, il trouve la mort en route.

Mais dans quelques cas, trop nombreux encore, le malheureux animal, après avoir erré un jour ou deux et échappé aux poursuites, revient obéissant à une attraction fatale vers la maison de ses maîtres. C'est dans ces circonstances surtout que les malheurs arrivent. Et, en effet, au retour du *pauvre égaré,* on s'empresse vers lui; le premier mouvement est de le secourir, car, la plupart du temps, il est misérable à l'excès, réduit à rien, couvert de boue et de sang. Mais malheur à qui l'approche. A la période où il en est de sa maladie, la propension à mordre est devenue chez lui impérieuse; elle domine le sentiment affectueux, si vivace qu'il soit encore, et trop souvent elle le porte à répondre par des morsures aux caresses qu'on lui fait, aux soins qu'on veut lui donner.

Il y a donc lieu, encore ici, de tenir tout au moins pour suspect le chien qui, après avoir quitté pendant un jour ou deux le toit domestique, y revient; surtout s'il est dans l'état de misère dont nous venons d'essayer de donner un aperçu.

Tels sont, Messieurs, successivement énumérés, les symptômes, les signes, les particularités qui signalent l'état rabique chez le chien. On peut voir, d'après cet exposé, que la rage canine n'est pas une maladie caractérisée par un état de fureur continuelle, telle qu'on le conçoit généralement dans le vulgaire, qui ne croit à son existence et ne la juge que par les manifestations de sa dernière période.

Mais avant que les manifestations se produisent, avant que le chien enragé se montre tout à fait furieux et exprime sa fureur par des morsures, un assez long délai s'écoule pendant lequel l'animal demeure inoffensif, bien que déjà sa maladie soit nettement déclarée.

Voilà la vérité que nous voudrions mettre en relief, parce que si le public s'en pénétrait bien, s'il savait se rendre compte de la valeur des premiers symptômes de l'état rabique, la plupart des chiens pourraient être séquestrés avant qu'ils aient eu le temps de faire des malheurs.

—Quand la maladie est arrivée à la période que l'on peut appeler véritablement *rabique*, c'est-à-dire celle qui se caractérise par des accès de fureur, la physionomie du chien est terrible. Son œil brille d'une lueur sombre et qui inspire l'effroi, même lorsqu'on observe l'animal à travers la grille de la cage où on le tient enfermé. Là, il s'agite sans cesse; à la moindre excitation, il se lance vers vous, poussant son hurlement caractéristique. Furieux, il mord les barreaux de sa niche et y fait éclater ses dents. Si on lui présente une tige de bois ou de fer, il se jette sur elle, la saisit à pleines machoires, et y mord à coups répétés.

A cet état d'excitation succède bientôt une profonde lassitude; l'animal, épuisé, se retire au fond de sa niche, et là, il demeure quelque temps immobile à tout ce qu'on peut faire pour l'irriter. Puis, tout à coup, il se réveille, bondit en avant, et entre dans un nouvel accès.

Quand on introduit un chien dans la niche de cet animal en plein accès de rage, son premier mouvement n'est pas toujours d'attaquer et de mordre. Au contraire, la présence de la malheureuse victime qu'on lui livre, que ce soit un mâle ou une femelle, excite en lui le sens génital, et il témoigne par des caresses et des attouchements dont la signification n'est pas douteuse, les ardeurs qu'il ressent.

On le voit, en effet, flairer et lécher d'abord les organes génitaux de la pauvre bête qu'on a mise en rapport avec lui. Puis il se rapproche de sa tête et la lèche également. Pendant ces manifestations passionnées, la victime a comme le pressentiment du terrible danger dont elle est l'objet, elle exprime son effroi par le tremblement de tout son corps et cherche à se tapir dans un des coins de la niche. Et de fait, il faut moins d'une minute pour que l'animal malade entre en rage et se jette sur sa victime avec fureur. Celle-ci réagit rarement; elle ne répond d'ordinaire aux morsures qu'en poussant des cris aigus qui contrastent avec la rage silencieuse de l'agresseur, et elle s'efforce de dérober sa tête aux atteintes dirigées surtout contre elle, en la cachant profondément sous la litière et sous ses pattes de devant.

Une fois passé ce premier moment de fureur, l'animal enragé se livre à de nouvelles caresses, suivies bientôt d'un nouvel accès.

Lorsqu'un chien enragé est libre, il se lance devant lui, d'abord avec une complète liberté d'allures, et s'attaque à tous les êtres vivants qu'il rencontre, mais de préférence au chien plutôt qu'à tous les autres. En sorte que c'est une heureuse chance pour l'homme qui peut être exposé à ses coups, qu'il se rencontre à propos un chien dans son voisinage sur lequel l'enragé puisse assouvir sa fureur.

Le chien enragé ne conserve pas longtemps une démarche libre. Épuisé par les fatigues de ses courses, par les accès de fureur auxquels il a trouvé, en route, l'occasion de se livrer, par la faim, par la soif, et sans doute aussi par l'action propre de sa maladie, il ne tarde pas à faiblir sur ses membres. Alors il ralentit son allure et marche en vacillant. Sa queue pendante, sa tête inclinée, sa gueule béante, d'où s'échappe une langue bleuâtre et souillée de poussière, lui donnent une physionomie très-caractéristique.

Dans cet état, il est bien moins redoutable qu'au moment de ses premières fureurs. S'il attaque encore, c'est lorsqu'il trouve sur la ligne qu'il parcourt l'occasion de satisfaire sa rage. Mais il n'est plus assez excitable pour changer de direction et aller à la rencontre d'un animal ou d'un homme qui ne se trouvent pas immédiatement à la portée de sa dent.

Bientôt son épuisement est tel qu'il est forcé de s'arrêter. Alors il s'accroupit dans les fossés des routes et y reste somnolent pendant de longues heures. Malheur à l'imprudent qui ne respecte pas son sommeil! l'animal, réveillé de sa torpeur, récupère souvent assez de force pour lui faire une morsure.

La fin du chien enragé est toujours la paralysie.

DES CHANGEMENTS CHIMIQUES QUE SUBIT LA FONTE

PENDANT SA TRANSFORMATION EN FER.

Par MM. F.-C. Calvert et Richard Johnson.

Dans le but d'apporter quelques perfectionnements dans la fabrication du fer, nous avons examiné les différentes analyses de fonte et de fer forgé que nous avons pu recueillir, mais il nous a été impossible d'établir aucune relation entre les différents résultats publiés, les différents échantillons de fer et de fonte analysés provenant toujours de sources différentes. D'un autre côté, on n'avait aucune connaissance sur les différents changements chimiques que subit la composition de la fonte durant les différentes phases du puddlage, c'est-à-dire pendant son passage à l'état de fer proprement dit, c'est pourquoi nous avons pris à tâche de remplir ce vide, espérant par là jeter un peu de jour sur cette opération importante dans la fabrication du fer, et, par suite, mettre les hommes pratiques à même d'introduire dans le puddlage des perfectionnements dont la nécessité se fait si vivement sentir (1).

(1) Depuis la publication première de ce mémoire qui remonte à plus de sept ans, et comme nous l'ont écrit eux-mêmes plusieurs des plus grands fabricants d'Angleterre, l'industrie de l'acier puddlé direct doit en partie l'extension qu'elle a prise, dans ces dernières années, à la lumière jetée par nos recherches sur le puddlage.

Afin de déterminer complétement et de suivre pas à pas les transformations chimiques successives que la fonte subit durant son passage à l'état de fer, nous sommes partis de la fonte elle-même, et nous avons pris divers échantillons pendant le temps que dure le puddlage, ce qui nous a, du reste, été assez facile, car les différentes phases chimiques se montrent très-nettement dans le four, par l'aspect particulier que prend la masse à mesure que l'opération avance.

Avant de décrire les diverses transformations chimiques que subit la masse une fois fondue, son aspect lorsqu'on la sort du fourneau, et sa composition intime, nous commencerons par donner des détails, sur les différents procédés d'analyses dont nous nous sommes servis pour déterminer les éléments existants dans la fonte, le fer et les produits intermédiaires qui prennent naissance pendant le puddlage.

Ces détails nous semblent d'autant plus importans que la plupart des différentes substances, autres que le fer, qui existent dans la fonte, s'y trouvent contenues en très-faibles quantités, et que c'est à la diminution que le fer doit sa nature et ses propriétés.

Il ne faut pas non plus perdre de vue que c'était surtout sur l'analyse chimique et l'exactitude des procédés employés pour l'effectuer que nous devions nous appuyer pour saisir les différents changements qu'éprouve la composition de la masse fondue durant tout le temps de son passage de l'état de fonte à celui de fer doux.

Fer. — Pour doser le fer, nous dissolvions un gramme de l'échantillon à essayer dans l'acide chlorhydrique pur, puis la solution étant ramenée complétement à l'état de protosel, au moyen d'un peu de zinc pur, nous déterminions la quantité de fer qu'elle contenait par le procédé de Marguerite.

Carbone. — Nous avons trouvé, après plusieurs essais, que le meilleur moyen de dosage de cet élément consiste à réduire le fer en poudre très-fine, soit en le pulvérisant, soit au moyen de la lime, puis à brûler le carbone qu'il contient à la température rouge, dans un courant d'oxygène pur et sec.

L'appareil qui nous a servi dans ce but est le suivant:

A. —Ballon contenant un mélange de chlorate de potasse et d'oxyde de cuivre, qui, sous l'action d'une douce chaleur, donne un dégagement régulier d'oxygène.

B. — Flacon tubulé contenant une dissolution de potasse caustique destinée à retenir le chlore et les composés oxygénés du chlore qui pourraient se trouver mélangés avec l'oxygène.

C. — Éprouvette à pied tubulée remplie de pierre ponce imbibée d'une dissolution de potasse caustique.

D. — Tube en U rempli de morceaux de potasse caustique solide, ces deux parties, C, D, de l'appareil ont pour but d'absorber les composés chlorés que B aurait pu laisser passer; par ce moyen, on est sûr que l'oxygène n'en contient plus.

E. — Flacon tubulé contenant de l'acide sulfurique concentré destiné à dessécher parfaitement l'oxygène.

F. — Tube en porcelaine dans lequel se trouve une petite nacelle en porcelaine contenant le fer à analyser préalablement réduit en poudre fine.

G. — Tube en U rempli de fragments de pierre ponce mouillés d'acide sulfurique.

H. — Appareil à boules de Liebig, contenant une dissolution de potasse caustique avec laquelle se combine l'acide carbonique produit par la combustion du carbone contenu dans le fer.

I. — Petit tube à boules renfermant des fragments de potasse caustique dans le but d'absorber les dernières traces d'acide carbonique qui auraient pu traverser l'appareil de Liebig sans être retenues.

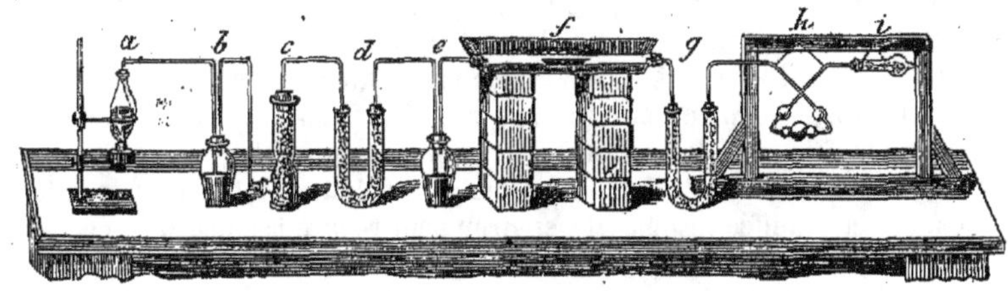

Afin de rendre l'absorption de l'acide carbonique aussi complète que possible, il est de toute nécessité de conduire l'opération lentement et avec beaucoup de régularité. Deux heures environ sont nécessaires pour brûler tout le carbone contenu dans trois grammes de fer.

Par ce procédé, deux analyses bien conduites donnent des résultats qui ne diffèrent pas entre eux de plus de 0 gr. 05. Nous avons, en outre, pris la précaution, après chaque combustion, de dissoudre l'oxyde de fer obtenu dans un acide, afin de nous assurer qu'il n'y avait pas d'hydrogène dégagé pendant cette dissolution, preuve par conséquent qu'il ne restait pas de fer à l'état métallique.

Silicium. — Le dosage de ce corps est toujours accompagné de difficultés très-grandes lorsqu'on veut l'effectuer avec exactitude; aussi, n'est-ce qu'après avoir essayé un grand nombre de procédés que nous nous sommes arrêtés définitivement au suivant, comme nous donnant des résultats très-corrects et les plus concordants. On prend 5 gr. de fer et on les dissout dans une eau régale à excès d'acide nitrique; la dissolution opérée, on évapore à sec, et on fond le résidu, dans un creuset de platine, avec trois fois son poids de carbonate de potasse et de carbonate de soude. La masse ainsi obtenue est traitée à chaud par de l'eau additionnée d'eau régale, jusqu'à ce que tout le peroxyde de fer soit entré en dissolution. On évapore une seconde fois à sec, en élevant la température, à la fin de l'opération, jusqu'à 200° environ, et on traite par de l'acide chlorhydrique. On recueille la silice, qui est alors mise en liberté, sur un filtre, et on en opère le lavage sur le filtre, avec de l'acide chlorhydrique étendu, jusqu'à ce qu'elle soit parfaitement blanche. Après l'avoir desséché, on la calcine, et, de son poids, il est facile de déduire celui du silicium.

Soufre. — Par suite des faibles proportions que le fer et la fonte contiennent de cet élément, le soufre, de même que le silicium, est très-difficile à doser avec exactitude; les difficultés que l'on a à surmonter dans ces circonstances, s'agrandissent du reste encore quand, comme nous avions à le faire, il s'agit de déterminer les différences excessivement faibles existant entre les quantités de ce corps contenues dans nos divers échantillons.

Dans ce but, nous avons essayé plusieurs des procédés connus. Ainsi, par exemple, il nous a été impossible de doser le soufre à l'état de sulfure d'hydrogène, comme on l'a conseillé, par suite de la difficulté que l'on éprouve à chasser de la liqueur dans laquelle on a attaqué le fer à analyser, les dernières traces d'hydrogène sulfuré qui s'y dissolvent.

Il en est de même du procédé qui consiste à dissoudre le fer dans l'eau régale, à chasser par la chaleur la plus grande partie de l'acide, et à précipiter l'acide sulfurique formé par le nitrate de baryte, car l'un de nous avait démontré que le sulfate de baryte est soluble dans les liqueurs acides, surtout dans l'acide nitrique, et cela en quantités quelquefois suffisantes pour qu'à l'analyse deux échantillons d'un même fer présentent dans leur contenance en soufre, effectuée par ce procédé, des différences plus grandes que celles qui existent en réalité entre deux fers provenant de minerais différents.

Il nous fallait donc modifier le procédé précédent, et c'est ce que nous avons fait, en opérant comme il suit : étant donnés 5 gr. de l'échantillon de fer à analyser, préalablement réduit à l'état de poudre fine, on les ajoute peu à peu à une eau régale très-oxydante, composée de 4 parties d'acide nitrique fumant et de 1 partie d'acide chlorhydrique. La dissolution opérée, on évapore à consistance de sirop clair, et on la mêle avec précaution avec 4 fois son poids d'un mélange de carbonate de potasse et de carbonate de soude, puis on porte le tout à la température du rouge, dans un creuset de platine, pendant une heure environ; la masse fondue est alors chauffée avec de l'eau distillée jusqu'à ce que celle-ci n'enlève plus rien. La liqueur ainsi obtenue et rendue légèrement acide par quelques gouttes d'acide chlorhydrique est évaporée à sec et chauffée jusqu'à 200° environ pour rendre la silice séparée, insoluble; le résidu, auquel on ajoute de l'eau légèrement acide par de l'acide acétique, est jeté sur un filtre qui retient la silice, et dans la liqueur qui passe au filtre on détermine l'acide sulfurique contenu au moyen du nitrate de baryte.

Phosphore. — Nous avons attaché une très-grande importance au dosage de ce corps; car, de même que pour le soufre, sa présence, même en très-faibles quantités, est nuisible aux qualités du fer, puisque quelques millièmes seulement de ce corps suffisent pour rendre le fer complétement inapplicable dans un grand nombre de ses emplois ordinaires.

Pour doser le phosphore, les premières opérations à effectuer sont celles que nous avons indiquées déjà pour le dosage du soufre; seulement, lorsqu'on en est arrivé à séparer la silice, on substitue l'acide chlorhydrique à l'acide acétique indiqué dans le premier cas. Le tout étant jeté sur un filtre qui retient la silice, on lave, et dans la liqueur qui a passé au filtre on verse de l'ammoniaque; on attend quelques instants pour voir s'il se sépare de l'alumine; s'il n'y a pas de précipité, on sursature par l'acide chlorhydrique et on ajoute du chlorure de calcium, puis de l'ammoniaque. Il se précipite alors un phosphate de chaux ayant pour formule $Ph\,O^5, 3\,Ca\,O$, du poids duquel on déduit la quantité de phosphore. Il faut avoir soin ici d'opérer sur un volume de liquide suffisant pour prévenir toute précipitation de sulfate de chaux, en même temps qu'il faut effectuer rapidement les lavages nécessaires, afin d'éviter la formation de carbonate de chaux.

Nous avons, du reste, pendant tout le cours de nos expériences, vérifié plusieurs fois l'exactitude de ce procédé en déterminant directement les quantités de chaux et d'acide phosphorique contenues dans nos précipités par le procédé de Reynoso.

Aluminium. — S'il y a de l'aluminium, on le sépare, comme il vient d'être dit dans le courant de la description du procédé précédent, à l'état d'alumine, d'où il est facile de déduire le poids du métal.

Nous avons aussi essayé plusieurs fois nos fers en les dissolvant dans l'eau régale, évap -

ant à siccité et calcinant le résidu avec un mélange de carbonate alcalin et d'alcali caustique, mais nous n'avons jamais pu y découvrir que des traces d'aluminium.

Manganèse. — On dissout 5 gr. de fer dans de l'eau régale, on évapore à sec et calcine le résidu avec un mélange de carbonates alcalins; la masse fondue est reprise par de l'eau bouillante, et à la solution ainsi obtenue on ajoute de petits morceaux de papier à filtre, afin de réduire le manganate qui a pu se former. On rassemble alors le fer et le manganèse précipités sur un filtre, et après lavage on dissout dans l'acide chlorhydrique; on évapore cette nouvelle dissolution à siccité, on chauffe de manière à rendre la silice insoluble; puis, après avoir ajouté de l'acide chlorhydrique, on sépare la silice au moyen du filtre. A la solution filtrée, on ajoute du carbonate de baryte récemment précipité, qui précipite l'oxyde de fer. Celui-ci étant séparé par filtration, on obtient un liquide clair, auquel on ajoute du sulfate de soude et quelques gouttes d'acide chlorhydrique pour précipiter la baryte qui est entrée en dissolution; filtrée de nouveau, la liqueur restant contient encore le manganèse, que l'on précipite alors par la potasse caustique. L'oxyde de manganèse ainsi obtenu est jeté sur un filtre, lavé, séché, calciné, et de son poids on déduit la quantité de manganèse métallique.

Ayant ainsi terminé la description des différents procédés d'analyse auxquels nous avons eu recours dans la série de nos expériences, nous dirons maintenant quelques mots des différents aspects physiques que la fonte présente pendant l'opération de sa transformation en fer.

Soumise à l'action de la chaleur dans le four à puddler, elle forme une masse pâteuse qui devient de moins en moins consistante, et finit par acquérir la fluidité du mercure. Ce moment arrivé, il se produit dans la masse une violente agitation appelée *bouillon*, due sans aucun doute à l'oxydation du carbone et au dégagement de l'oxyde de carbone produit. Pendant cette opération, la masse double plusieurs fois de volume, et le puddleur la brasse continuellement, afin de faciliter l'oxydation du carbone en renouvelant toujours les surfaces extérieures. Après un temps assez court, la masse s'affaisse peu à peu; l'ouvrier change alors de ringard et emploie celui qui porte le nom de *paddleur* pour rassembler les globules de fer malléable qui flottent au milieu des scories en fusion. Ces globules de fer se soudent peu à peu les uns aux autres et se séparent de plus en plus nettement des scories, ce que l'ouvrier facilite du reste, autant que possible, en les réunissant sous la forme de balles ou loupes d'un poids de 80 livres environ, desquelles les scories, plus liquides, s'égouttent peu à peu.

Ce moment de l'opération exige une grande habileté de la part du puddleur; car presque tout le carbone contenu dans la fonte primitive se trouvant déjà brûlé, si le courant d'air n'est pas ménagé avec beaucoup de soin, le fer lui-même s'oxyde, se trouve, comme on dit, *brûlé*, et, par suite, non-seulement une partie du fer malléable est perdue en passant dans les scories, mais, en outre, celui qui reste, contenant une certaine quantité d'oxyde en dissolution, constitue un fer aigre et de mauvaise qualité.

Passons maintenant à l'examen détaillé des différents changements qui se produisent dans la constitution intime de la fonte durant sa conversion en fer.

La fonte sur laquelle nous avons fait nos différentes expériences était une excellente fonte grise à air froid du Staffordshire, de la qualité de celle que l'on emploie pour préparer le fer aux tréfileries (1).

(1) Nous rappellerons ici que, selon l'emploi auquel on destine le fer, l'opération du puddlage est conduite un peu différemment, de manière à brûler plus ou moins complétement le carbone contenu dans la fonte. Dans le cas particulier du fer destiné à être transformé en fils, le puddleur conduit son opération de manière à obtenir un fer aussi riche en carbone que possible, afin que dans la suite des manipulations qu'il aura à subir, il puisse être réchauffé plusieurs fois, sans devenir aigre et cassant, et il est important que le lecteur se rappelle, en lisant les faits qui vont suivre, que c'est les différentes phases de ce genre de puddlage que nous avons examinés.

Sa composition était la suivante :

	1re analyse.	2e analyse.	Moyenne.
Carbone...................	2.320	2.230	2.275
Silicium...................	2.770	2.670	2.720
Phosphore.................	0.580	0.710	0.645
Soufre....................	0.318	0.288	0.301
Manganèse et Aluminium	Traces.	Traces.	
Fer........................	94.059	94.059	94.059
	100.047	99.957	100.000

Nous avons pris 200 kilogr. de cette fonte et les avons introduits, le 4 avril 1856, à midi, dans un four à puddler, préalablement nettoyé avec beaucoup de soin. Une demi-heure après la fonte commença à se ramollir et à se laisser entamer facilement; dix minutes plus tard, elle était en pleine fusion. A ce moment, c'est-à-dire à midi quarante minutes, un premier échantillon fut pris, au moyen d'une cuiller de fer, du milieu de la masse liquide, et versé sur une dalle de pierre, afin d'en opérer le refroidissement. On ferma alors, au moyen d'un registre placé à la partie supérieure, le tuyau de la cheminée, qui jusqu'alors avait été laissé entièrement ouvert, de sorte que les produits de la combustion, au lieu de se dégager par la cheminée, commencèrent à s'échapper par la porte et les différentes fissures du four.

Aspect de l'échantillon. — Ce premier échantillon retiré du four n'avait plus du tout l'aspect de la fonte grise qui lui avait donné naissance, sa cassure était métallique, d'un blanc argentin et en tout semblable à celle du métal affiné.

Il faut, sans aucun doute, rapporter ce changement si grand dans son aspect physique, au refroidissement subit qu'avait subi l'échantillon, car il contenait tout autant de carbone que la fonte primitive, et, de plus, ce carbone s'y trouvait réparti dans les mêmes conditions; en effet, soumises à l'action d'un acide, la fonte normale, et celle retirée du four, laissait après la dissolution du fer, une grande quantité de flocons noirs de carbone, ayant identiquement le même aspect dans les deux cas. Les chiffres suivants représentent en centièmes les quantités de carbone et de silicium contenus dans cet échantillon :

	1re analyse.	2e analyse.	Moyenne.
Carbone.......	2.673	2.780	2.726
Silicium	0.893	0.938	0.915

Ces chiffres sont très-remarquables en ce qu'ils montrent que durant les quarante minutes que la fonte a passées dans le four, elle a subi deux modifications inverses dans sa composition chimique ; la quantité de carbone qu'elle contenait a augmenté, tandis que celle du silicium a diminué très-rapidement. Ce fait si curieux se trouve, du reste, reproduit et confirmé par l'analyse d'un second échantillon retiré du four à une heure, c'est-à-dire vingt minutes après le précédent ; c'est ce qu'on peut voir en comparant les nombres ci-dessous :

	Carbone.	Silicium.
Fonte primitive.................	2.275	2.720
1er échant. pris à 12 h. 40'.......	2.726	0.915
2e échant. pris à 1 h.............	2.905	0.197

Le carbone a donc augmenté (1) de 0 gr. 625 ou 21.5 pour 100 de son propre poids, tandis

(1) Ce fait de l'augmentation du carbone dans la fonte pendant les premiers instants du puddlage, quelque étrange qu'il ait pu paraître, surtout à l'époque où nous faisions nos recherches, s'est trouvé parfaitement confirmé par les recherches de M. Fremy sur l'acier. Ce chimiste, ayant démontré que le fer pouvait, à la température du rouge, décomposer les hydrogènes carbonés et se combiner avec leur carbone.

(Note des auteurs.)

que le silicium a diminué dans les proportions énormes de plus de 90 pour 100. Ces deux modifications dans la composition chimique de la fonte, pendant la première partie du puddlage, sembleraient indiquer que, d'un côté, le carbone se trouvant en excès dans le four, soit à un grand état de division, soit peut-être même à l'état naissant, s'unit, sous l'influence de la température élevée existante, au fer pour lequel il a une grande affinité, tandis que de l'autre le silicium et une petite quantité de fer, s'étant oxydés, se combinent pour donner naissance à un protosilicate de fer qui joue un rôle si important dans tout le reste de l'affinage.

Second échantillon, retiré du four à une heure.

Cet échantillon contenait les quantités suivantes de carbone et de silicium :

	1re analyse.	2e analyse.	Moyenne.
Carbone........	2.910	2.900	2.905
Silicium........	0.226	0.168	0.197

Il avait la même apparence d'un blanc argentin que l'échantillon n° 1, mais avec cette différence qu'au lieu d'être cassant comme ce dernier, il était légèrement malléable sous l'action du marteau. La scorie, du reste, formait encore une croûte à la partie extérieure de la masse refroidie, sans être mélangée avec le fer métallique comme nous en verrons des cas à propos des échantillons qui suivent.

Troisième échantillon, pris à une heure cinq minutes.

La masse de fonte, étant devenue très-liquide, commençait à augmenter de volume et à produire le phénomène du « bouillon » lorsqu'on retira ce troisième échantillon, qui, après refroidissement, présenta une apparence tout à fait différente de celle que nous avons déjà décrite.

Noire à l'extérieur, constituée par de petits globules métalliques adhérents les uns aux autres, et mélangés avec les scories, la masse, au lieu d'être compacte comme dans les échantillons précédents, était, au contraire, légère et spongieuse. Quant aux globules, pris séparément, ils se laissaient briser avec la plus grande facilité sous l'action du marteau, leur cassure jouissant d'un vif éclat métallique.

Il nous fut d'abord assez difficile de séparer les globules de fer de la scorie, mais nous avons fini par trouver que, si on soumettait le tout pendant longtemps à l'action d'un pilon, les scories se trouvaient réduites à l'état de poudre impalpable, tandis que le fer, moins friable, pouvait alors en être séparé par un simple tamisage. Ainsi dégagée des scories, la partie métallique nous a présenté le composition qui suit en carbone et silicium :

	1re analyse.	2e analyse.	Moyenne.
Carbone........	2.466	2.421	2.444
Silicium........	0.188	0.200	0.194

Quatrième échantillon, pris à une heure vingt minutes.

Aussitôt après avoir retiré l'échantillon précédent du four, on ouvrit un peu le registre de la cheminée, de manière à déterminer un léger courant d'air ; la fumée, qui jusqu'alors s'était échappée par les portes du four, trouvant alors son chemin libre, fut bientôt dissipée et à sa place se produisit une flamme claire et brillante. Cet afflux d'air n'avait évidemment d'autre but que de déterminer l'oxydation du carbone contenu dans la fonte, oxydation que, de son côté, l'ouvrier facilitait encore par un brassage continu de la masse fondue.

Sous l'influence de ces deux actions, la masse gonfla rapidement et atteint bientôt un volume quatre et cinq fois plus grand que celui qu'elle occupait au commencement de l'opération ; c'est à ce moment, la fonte étant en pleine « ébullition », que l'on retira le quatrième échantillon.

Pendant qu'il se refroidissait, celui-ci présenta ce phénomène intéressant, et qui ne s'était encore produit dans aucun des échantillons précédents, que de toute sa masse, il se dégageait de petites flammes bleues d'oxyde de carbone, dues, sans aucun doute, à la combustion du carbone par l'oxygène de l'air.

On peut parfaitement se rendre compte de ce phénomène, si on remarque que, d'un côté, la fonte ayant été amenée à un très-grand état de division par le phénomène du « bouillon », offre une surface relativement énorme à l'action de l'oxygène de l'air, ce qui, par conséquent, facilite d'autant plus la combustion du carbone qu'elle contient; en même temps que de l'autre côté, l'affinité du fer pour le carbone semble être, à ce moment, de beaucoup diminuée, sinon tout à fait annihilée. L'un de nous, en effet, a souvent observé que dans une fonte, riche en carbone, soumise au puddlage, il y a, au moment du *bouillon*, une séparation du carbone du fer, car, si dans la masse fondue, on introduit une barre de fer froide, on la voit bientôt se recouvrir de fer et d'un très-grand nombre d'écailles brillantes qui ne sont autre chose que du graphite.

L'aspect de l'échantillon qui nous occupe en ce moment était très-curieux, et nous ne saurions en donner une idée plus nette, en raison de sa légèreté et du nombre infini de globules qui le constituaient, qu'en le comparant à un nid de fourmis.

Ces différents globules, par suite de leur mélange intime avec les scories, n'avaient aucune adhérence entre eux; il était très-facile de les séparer, même avec la main. Noirs à l'extérieur, ils se laissaient briser avec la plus grande aisance sous le marteau, et les fragments résultants, doués de l'éclat métallique, étaient d'un blanc d'argent.

Pour les séparer des scories, nous avons eu recours à la méthode que nous avons indiquée à propos de l'échantillon précédent, et, par l'analyse, nous avons trouvé que les quantités de carbone et de silicium qu'ils contenaient pour 100, étaient de :

	1re analyse.	2e analyse.	Moyenne.
Carbone.......	2.335	2.276	2.305
Silicium.......	0.187	0.178	0.182

Cinquième échantillon, pris à une heure trente-cinq minutes.

Cet échantillon est un des plus importants de la série, c'est le premier dans lequel nous trouvons du fer malléable et s'aplatissant sous le marteau. On le retira du four au moment où « le bouillon » touchant à sa fin, la masse commençait à s'affaisser; le registre de la cheminée était entièrement ouvert de manière à déterminer un très-fort tirage dans le four.

Refroidi, cet échantillon diffère peu, par son aspect, des échantillons 3 et 4; en effet, spongieuse et cassante comme celle du n° 4, quoique cependant moins granulée, la masse, de même que celle du n° 3 était composée de globules distincts répartis dans les scories. Ces globules, noirs à l'extérieur, prenaient l'éclat métallique lorsqu'on les aplatissait; leur analyse démontre que durant le quart d'heure qui s'était écoulé depuis la prise de l'échantillon n° 4, la masse contenue dans le four avait perdu une grande partie de son carbone, 20 pour 100 de son poids, tandis que la proportion de silicium était restée à peu près stationnaire, comme l'indiquent les nombres suivants :

	1re analyse.	2e analyse.	Moyenne.
Carbone.......	1.614	1.681	1.647
Silicium........	0.188	0.178	0.185

Sixième échantillon, pris à une heure quarante minutes.

Nous avons pris cet échantillon cinq minutes seulement après celui que nous venons de décrire, au moment où la masse contenue dans le four commençait déjà à se séparer en deux parties distinctes, constituées, l'une par les scories, l'autre par les globules de fer malléable.

Ce qui fait surtout l'importance de cet échantillon, c'est qu'il a été pris au moment où l'ouvrier s'apprêtait à rassembler les globules de fer épars dans les scories, de manière à en former des balles ou loupes d'un poids de 35 kilos environ, pour les porter sous le marteau à cingler avant de les transformer en barres.

L'échantillon, pendant son refroidissement, laissa encore dégager quelques flammes bleues d'oxyde de carbone, mais en moins grande quantité que ne l'avaient fait les échantillons 4 et 5. Son aspect se rapprochait beaucoup de celui du précédent, cependant, la scorie n'y était pas si intimement mélangée avec les globules de fer, et ceux-ci, plus gros, se soudaient en partie les uns aux autres sous l'action du marteau.

Les quantités de carbone et de silicium qu'il contenait sont les suivantes :

	1re analyse.	2e analyse.	Moyenne.
Carbone.......	1.253	1.160	1.206
Silicium.......	0.167	0.160	0.163

Si nous comparons ces derniers chiffres à ceux donnés par l'analyse précédente, nous voyons que, tandis que le silicium reste toujours à peu près stationnaire, le carbone diminue de plus en plus, puisque cinq minutes ont suffi pour brûler 28 pour 100 du carbone total. Cette décroissance dans les proportions du carbone continue, du reste, jusqu'à la fin de l'opération du puddlage ; et, de une heure trente-cinq minutes à une heure cinquante minutes, moment où notre affinage fut complété, c'est-à-dire en l'espace d'un quart d'heure seulement, le fer perdit 50 pour 100 du carbone qu'il contenait d'abord.

Septième échantillon, retiré à une heure quarante-cinq minutes.

Nous avons choisi pour retirer cet échantillon, le moment où l'ouvrier commence à faire les loupes ; semblable aux précédents sous tous les autres rapports, il s'en distingue en ce que les granules qui le composent, presque entièrement séparés des scories qui forment une couche distincte à l'extérieur de la masse, sont plus gros, beaucoup plus malléables et s'aplatissent facilement au marteau. On peut facilement se rendre compte de cette propriété, si on considère la petite quantité de carbone que contient maintenant le fer, puisqu'on ne trouve plus à l'analyse que :

	1re analyse.	2e analyse.	Moyenne.
Carbone.......	1.000	0.927	0.963
Silicium.......	0.160	0.167	0.163

Huitième échantillon, pris à une heure cinquante minutes.

Ce dernier échantillon fut détaché de l'une des loupes déjà faites et que l'ouvrier se préparait à retirer bientôt du four pour les porter sous le marteau à cingler. La masse ne laissa dégager aucune flamme bleue durant son refroidissement; spongieuse et granulée encore, comme celles des échantillons précédents, elle se faisait remarquer par la malléabilité de plus en plus grande des globules qui la constituaient, et par ce que les globules étaient déjà suffisamment adhérents les uns aux autres pour qu'il fallût employer une force encore assez grande pour les séparer. Leur composition en carbone et silicium était comme il suit :

	1re analyse.	2e analyse.	Moyenne.
Carbone.......	0.771	0.773	0.772
Silicium.......	0.170	0.167	0.168

Nous ferons observer ici que la couche noire que nous avons mentionnée à plusieurs reprises comme recouvrant les différents globules de fer dans tous les échantillons précédents, y compris même le n° 8, joue le rôle d'un excellent vernis pour garantir ce métal contre toute oxydation ultérieure. Durant neuf mois, en effet, que ces échantillons restèrent exposés à l'air et aux différentes fumées acides du laboratoire, aucun d'eux ne donna naissance à la moindre quantité de rouille. Cette couche noire extérieure est très-probablement un oxyde salin de fer.

Neuvième échantillon. — Fer puddlé.

Après avoir été retirées du four, les loupes furent portées sous le marteau à cingler, puis transformées en barres, au moyen des cylindres dégrossisseurs. Nous avons obtenu par leur analyse les chiffres suivants :

	1re analyse.	2e analyse.	Moyenne.
Carbone.......	0.291	0.301	0.296
Silicium......	0.130	0.110	0.120
Soufre	0.142	0.126	0.134
Phosphore.....	0.139		0.139

Dixième échantillon. — Fil de fer.

Les barres provenant de l'opération précédente furent [coupées en barreaux d'environ 1^m20 de longueur, chauffées au rouge blanc dans un four; puis, étirées en fils, soumis à l'analyse, nous avons trouvé que ces derniers contenaient ;

	1re analyse.	2e analyse.	Moyenne.
Carbone.......	0.100	0.122	0.111
Silicium.......	0.095	0.082	0.088
Soufre	0.093	0.096	0.094
Phosphore.....	0.117		0.117

Pour terminer la série des différents produits ayant rapport à la conversion de la fonte en fer, il ne nous restait plus qu'à déterminer la composition des scories restées dans le four après la séparation des loupes; c'est ce que nous avons fait, et nous donnons ici les résultats de notre analyse :

Silice.....................	16.53
Protoxyde de fer	66.23
Sulfure de fer..............	6.80
Acide phosphorique	3.80
Protoxyde de manganèse....	4.90
Alumine..................	1.04
Chaux	0.70
	100.00

On voit, par conséquent, que l'on retrouve dans les scories le silicium, le phosphore, le soufre, qui existaient primitivement dans la fonte, et c'est probablement à la fusibilité des composés qu'ils forment avec le fer que l'on doit rapporter la séparation du phosphore et du silicium.

Nous terminerons maintenant en exposant dans un seul tableau les différents résultats que nous avons obtenus dans le cours des expériences que nous venons de décrire; de cette façon, l'œil pourra suivre très-facilement la diminution progressive du carbone et du silicium contenus dans la fonte à mesure que s'avance l'affinage, et ce sera donner une facilité de plus à ceux qui viendront puiser dans ce mémoire des informations et des éléments propres à les conduire à quelques-uns de ces perfectionnements, vers lesquels tendent tous nos efforts.

	Temps.	Carbone.	Silicium.
Fonte employée...............	»	2.275	2.720
Échantillon n°	12^{h.}40′	2.726	0.915
— n° II...............	1 0	2.905	0.197
— n° III...............	1 5	2.444	0.194
— n° IV...............	1 20	2.305	0.182

	Temps.	Carbone.	Silicium.
Échantillon n° V................	1 35	1.647	0.185
— n° VI...............	1 40	1.206	0.163 .
— n° VII..............	1 45	0.963	0.163
— n° VIII..............	1 50	0.772	0.168
Fer puddlé, échantillon n° IX.....	»	0.296	0.120
Fils de fer, — n° X.....	»	0.111	0.088

ACADÉMIE DES SCIENCES

Séance du 8 juin. — De la détermination des températures à de grandes profondeurs dans la terre avec le thermomètre électrique; par M. BECQUEREL. — Le soleil lance continuellement sur la terre des rayons lumineux et calorifiques, variant d'intensité avec la latitude; les effets calorifiques qui en résultent sont sensibles dans les couches superficielles jusqu'à la profondeur où se trouve une couche à température constante, dite invariable, au-dessus de laquelle la température va en augmentant, sur la même verticale, en moyenne et en nombres ronds de 1 degré par 30 mètres, en ne tenant point compte par conséquent de la nature des terrains, de leur conductibilité et d'autres causes encore; mais comme dans la même formation, pour un accroissement égal de température, la profondeur varie du simple au triple et même au delà, ce rapport n'est donc pas l'expression d'une loi.

M. Cordier a mis hors de doute l'influence de la nature du terrain et de sa conductibilité sur la distribution de la chaleur; en comparant les observations faites dans trois mines de houille, il a reconnu qu'il y avait un accroissement de 1 degré pour une profondeur de 36 mètres à Carmeaux, de 19 mètres à Littry, et de 15 mètres à Decèze.

MM. Arago et Walferdin ont constaté, de leur côté, que dans le puits foré de l'abattoir de Grenelle, jusqu'à la profondeur de 548 mètres, dans le terrain du bassin tertiaire de Paris, composé d'atterrissements, de calcaire grossier, d'argile plastique, de craie et de sable vert, il y avait: de 28 à 66 mètres, 1 degré d'accroissement par 31 mètres; de 66 à 170 mètres, 1 degré par 30 mètres; de 173 à 248 mètres, 1 degré par 20 mètres; de 248 à 298 mètres, 1 degré par 22 mètres; de 298 à 400 mètres, 1 degré par 62 mètres; de 400 à 500 mètres, 1 degré par 31 mètres.

On voit par là que, dans une même formation et dans un même lieu, pour un accroissement de 1 degré de température, la profondeur peut varier de 1 à 3.

Parmi les exemples remarquables d'accroissement de température avec la profondeur que je rapporte dans mon mémoire, je mentionnerai seulement ici les résultats obtenus dans le puits foré de Neuffen (Wurtemberg), ayant 338 mètres de profondeur, et dans lequel on a trouvé 1 degré d'accroissement pour 10 mètres de profondeur. M. Daubrée, qui a étudié avec soin les causes de cet accroissement rapide, l'attribue non à des causes météorologiques ou à des propriétés physiques du sol, mais bien à la chaleur d'origine des basaltes de la localité, non encore entièrement dissipée. Ce qui tend à confirmer cette opinion, c'est l'observation qu'il a faite que les sources du Kaisersthal ont une température plus élevée que celles de tout le pays environnant; il se pourrait aussi que ce fût là une des causes pour lesquelles le climat de cette contrée est plus doux que les climats de Fribourg, de Karlsruhe et de Mannheim.

On a, du reste, des preuves de l'extrême lenteur avec laquelle les roches volcaniques de formation récente se refroidissent, puisque Dolomieu a trouvé au Vésuve des masses de laves sorties depuis dix ans, qui avaient encore une chaleur sensible. M. Elie de Beaumont a vu également sur l'Etna une coulée de lave, s'élevant de 10 à 15 mètres au-dessus des terrains environnants, qui possédait encore, vingt-deux mois et demi après sa sortie, une température élevée.

La température de la terre, au-dessous de la couche invariable, peut donc être influencée par la conductibilité des terrains, les infiltrations des eaux, le voisinage de roches qui conservent encore une partie de leur chaleur d'origine, les réactions chimiques, etc., influences d'autant plus intéressantes à étudier qu'elles peuvent réagir sur les climats : aussi a-t-on intérêt à connaître les changements qui en résultent dans la température des couches superficielles ; c'est cette question que j'ai commencé à aborder avec le thermomètre électrique auquel je suis parvenu à donner un grand degré de précision.

Après cet avant propos, M. Becquerel décrit son thermomètre électrique et les expériences qu'il a faites dans un puits abandonné au muséum d'histoire naturelle, revêtu en maçonnerie, qui traverse les carrières, et dont la profondeur est de 12 mètres, 36. A partir du fond de ce puits, un forage a été effectué par les soins de M. Dru, ingénieur civil ; la sonde a traversé le calcaire grossier et les marnes qui l'accompagnent, jusqu'à la profondeur de 23^m 80, puis l'argile plastique jusqu'à celle de 36^m 50, terme du sondage.

Sans sortir du bassin tertiaire de Paris, dit-il, 1° la couche invariable n'est pas à la même profondeur ; 2° l'on peut déterminer rigoureusement la marche de la propagation de la chaleur dans le sol et la position de la couche invariable ; 3° au Jardin des plantes, de 26 à 36 mètres, la température est constante, ainsi que de 16 à 21 mètres. M. Becquerel ajoute qu'en passant d'un terrain à un autre la température paraît changer, et qu'il sera possible de déterminer avec une grande exactitude la propagation de la chaleur solaire dans la terre, depuis le sol jusqu'aux couches, où les variations annuelles cessent d'être sensibles.

Il serait à désirer, dit-il, que ce nouveau mode d'observation, qui donne des températures à moins de 1/10 de degré près, fût exécuté jusqu'à 100 ou 200 mètres de profondeur, afin de voir comment la nature du terrain, l'infiltration des eaux, les réactions chimiques et d'autres causes encore influent sur la distribution de la chaleur dans les couches terrestres, et quelles sont les modifications qu'elle éprouve avec le temps ; distribution dont les effets peuvent réagir sur la température du sol, et par suite sur le climat ; c'est là une des plus grandes questions de physique terrestre que l'on puisse se proposer de résoudre, et qui est digne de fixer l'attention.

— Faits pour servir à l'histoire des matières colorantes dérivées de la houille ; par M. A.-W. HOFFMAN. — Dans une note précédente (voy. *Moniteur Scientifique*, 156, p. 476) j'ai démontré qu'on n'obtient pas de rouge en soumettant l'aniline *normale* aux agents employés dans l'industrie à la production de cette matière colorante. Chercher dans l'aniline *commerciale* le corps qui donne naissance à la rosaniline, tel était le développement naturel de cette observation.

J'ai déjà fait remarquer que le produit commercial qui se prête le moins à la formation du rouge bout à des températures notablement supérieures au point d'ébullition de l'aniline normale. L'idée se présentait donc de soumettre cette substance à la distillation fractionnée ; ou bien on pouvait remonter à la séparation méthodique des carbures d'hydrogène qui font le point de départ de la fabrication des bases. Mais on sait combien ces procédés sont longs et pénibles, et qu'on ne peut espérer de succès qu'en opérant sur une vaste échelle.

Dans le désir d'abréger le chemin, j'ai songé à examiner l'action des sels mercuriques et stanniques, etc., sur les homologues de l'aniline dont, heureusement, j'avais à ma disposition des échantillons purs. Le terme contigu supérieur, la *toluidine*, devait d'abord fixer mon attention. La présence de cette base dans l'aniline du commerce ne pouvait être douteuse puisqu'on emploie à sa fabrication des benzines dont le point d'ébullition s'élève jusqu'à 100 degrés et même au delà. M. Nicholson, s'étant convaincu que l'aniline normale était impuissante à produire la rosaniline, était même disposé un moment à croire que la toluidine était la véritable source du rouge dit d'aniline. Mais la toliduine, dont j'avais constaté par sa combustion la pureté parfaite, soumise dans les circonstances les plus variées aux agents déjà cités, ne m'a fourni aucune trace de matière colorante.

La question, qui s'obscurcissait de plus en plus, devait s'éclaircir par une expérience heureuse.

Un mélange d'aniline pure et de toluidine pure, chauffé avec le chlorure mercurique ou stannique, ou avec l'acide arsénique, a produit instantanément un rouge magnifique d'un pouvoir tinctorial des plus intenses. Cette expérience paraît indiquer que le rouge appartient à la fois aux séries phénique et toluique.

Je n'ai pas pour le moment poursuivi plus loin mes expériences dans la voie nouvelle ouverte par ce résultat. J'ajouterai seulement que la transformation en oxalate de l'aniline commerciale, et surtout d'un échantillon qui m'avait été fourni par M. Nicholson comme très-propre à la production du rouge, m'a permis de préparer des quantités notables de toluidine à l'état de pureté.

Ayant à ma disposition les matières nécessaires, j'espère résoudre la question que je n'ai fait qu'effleurer jusqu'à présent.

— Des températures du sol, pendant l'hiver, à 0ᵐ.05, 0ᵐ.10 et 0ᵐ.30, sous le ciel de Montpellier. Deuxième note ; par M. Ch. Martins.

— Recherches nouvelles sur la conservation des matériaux de construction ; par M. Fréd. Kuhlmann.

Dans la séance d'aujourd'hui, M. Frédéric Kuhlmann a communiqué à l'Académie le résultat d'une série d'expériences tendant à rechercher par quels procédés on pouvait rendre inaltérables les constructions exposées à l'humidité, au vent de mer et aux autres agents de destruction qui attaquent le plâtre, la brique et même la pierre. Après avoir essayé l'emploi du silicate de potasse et avoir constaté son efficacité dans le plus grand nombre des cas, il a reconnu dans plusieurs circonstances qu'il était insuffisant. Lorsque la pierre est sous l'influence d'émanations ammoniacales, la silicatisation ne peut être que superficielle, et les parties durcies se détachent, augmentant ainsi le danger au lieu de le diminuer.

M. Kuhlmann espère que les faits qu'il a constatés fourniront aux constructeurs de nouvelles ressources, soit pour rendre à d'anciens bâtiments une solidité qu'ils auraient perdue, soit pour donner aux ornements de plâtre une résistance absolue à l'eau et à la gelée, permettant ainsi aux architectes de se servir de cette matière, que ses défauts écartaient si justement de la décoration extérieure des habitations et des monuments.

Nous publierons, du reste, *in extenso*, le mémoire de M. Kulhmann dans nos *Comptes-rendus de chimie*.

— M. Payen cite à l'appui des observations de M. Kuhlmann, quelques-uns des faits qui démontrent l'influence remarquable des goudrons épaissis et des matières grasses sur la résistance et l'imperméabilité des matériaux de construction.

De grands exemples ont été donnés à cet égard en immergeant dans le *brai* fondu, à la température d'environ 200 degrés, des briques plus ou moins tendres qui ont été employées avec succès dans la construction des chambres à chlore, en les cimentant avec du mastic de bitume.

Des grès tendres de Fontainebleau ont acquis par là une grande cohésion.

Des dalles en pierres poreuses sont devenues très-dures et complétement imperméables à l'eau.

Champy, en 1813, parvint à conserver le bois en faisant pénétrer par un semblable procédé le suif dans tous les interstices et les canaux du tissu ligneux.

— La section de géographie et de navigation ayant à présenter une liste de candidats pour la place vacante dans son sein par suite du décès de M. Bravais, l'Académie adjoint, par voie de scrutin, M. Charles Dupin à MM. Duperrey et de Tessan, les deux seuls membres actuels de cette session.

— Note sur des indices matériels de la coexistence de l'homme avec l'*Elephas meridionalis* dans un terrain des environs de Chartres, plus ancien que les terrains de transport quaternaires des vallées de la Somme et de la Seine; par M. J. Desnoyers. — Ce mémoire, qui ne forme pas moins de 11 pages du compte rendu, se termine par les conclusions suivantes :

« 1° Des ossements fossiles d'*Elephas meridionalis*, de *Rhinocéros septorhinus*, d'*Hippopotamus major*, de plusieurs grands et petits cerfs, de plusieurs espèces de bœuf, et d'autres espèces de mammifères, considérées comme caractéristiques des terrains tertiaires supérieurs ou *pliocènes*, et découverts dans un dépôt non remanié de cette période géologique, portent des traces nombreuses et incontestables d'incisions, de stries, de coupures.

« 2° Ces entailles et ces stries sont parfaitement analogues à celles qui ont été observées sur des os fossiles d'autres espèces plus nouvelles de mammifères, les unes détruites et accompagnant l'*Elephas primigenius*, le *Rhinocéros tichorhinus*, l'*hyæna spelœa*, etc., les autres vivant encore aujourd'hui, telles que le renne, plusieurs cerfs, l'aurochs, trouvés dans les cavernes ossifères et dans les terrains de transport ou diluviens. On a reconnu des vestiges semblables sur de nombreux ossements d'espèces actuelles recueillis dans les fouilles d'établissements ou de tombeaux gaulois, gallo-romains, bretons et germaniques.

« 3° Ces marques constatées sur les ossements les plus anciens paraissent avoir, en très-grande partie, la même origine que celle des ossements plus modernes et ne pouvoir jusqu'ici être attribuées qu'à l'action de l'homme.

« 4° D'autres stries plus fines, rectilignes, entre-croisées, qui se voient aussi en grand nombre sur les ossements du terrain pliocène des environs de Chartres et d'autres localités, paraissent être analogues à celles qu'on a observées sur les galets et blocs striés, burinés et polis des glaciers anciens et modernes.

« 5° Le gisement de Saint-Prest, aux environs de Chartres, unanimement reconnu comme tertiaire supérieur ou *pliocène*, et certainement comme antérieur à tous les dépôts quaternaires qui contiennent l'*Elephas primigenius*, présente de nombreux ossements d'*Elephas meridionalis* et de la plupart des grandes espèces caractéristiques des terrains tertiaires supérieurs, sur lesquels on remarque ces deux sortes d'entailles et de stries.

« 6° De ces faits il semble possible de conclure, avec une très-grande apparence de probabilité, jusqu'à ce que d'autres explications plus satisfaisantes viennent mieux éclairer ce double phénomène, que l'homme a vécu sur le sol de la France avant la grande et première période glaciaire, en même temps que l'*Elephas meridionalis* et les autres espèces *pliocènes*, caractéristiques du Val d'Arno en Toscane; qu'il a été en lutte avec ces grands animaux antérieurs à l'*Elephas primigenius* et aux autres mammifères dont on a trouvé les débris mêlés avec les vestiges ou les indices de l'homme dans les terrains de transport ou quaternaires des grandes vallées et des cavernes.

« 7° Enfin le gisement de Saint-Prest serait jusqu'ici en Europe l'exemple de l'âge le plus ancien, dans les temps géologiques, de la coexistence de l'homme et des mammifères d'espèces éteintes. »

Au sujet de cette communication de M. Desnoyers, nous avons lu chez l'abbé Moigno la lettre suivante que M. le Dr Eugène Robert lui écrivait :

« Ayant appris que des ossements sur lesquels on avait cru remarquer des traces de la main de l'homme, venaient de Saint-Priest aux environs de Chartres et se trouvaient à l'École des Mines, je m'y suis transporté hier. En deux mots, M. Bayle, professeur de paléontologie, a dissipé tous les doutes que la lettre de M. F. Desnoyers avait fait naître dans mon esprit.

« Ce savant, m'a-t-il dit, a pris pour des traces d'entailles, de stries et de coupures faites par des hommes, *des coups de burin ou de ciseaux* que j'avais maladroitement tracés sur ces os lorsque j'ai voulu les débarrasser de la gangue qui les enveloppait; et je vous autorise à faire tel usage que vous voudrez de ce que je vous déclare être la vérité. M. Desnoyers, a ajouté M. Bayle, aurait pu aussi bien ne pas s'arrêter en si beau chemin et faire remonter l'homme jusqu'à l'époque de transition ou le faire assister au développement des premiers êtres organisés qui aient paru sur la terre, car j'ai fait aussi par maladresse, des empreintes du même genre sur les fossiles du terrain diluvien. »

Il résulte de cette déclaration de M. E. Robert que M. Desnoyers ne s'était pas trompé en attribuant à la main de l'homme les entailles qu'il avait remarquées, mais qu'il a jugé trop promptement de leur antiquité.

A l'instant nous recevons *les Mondes* du 26 juin, et nous y voyons que M. Desnoyers, qui avait eu vent de cette lettre à laquelle l'abbé faisait allusion, mais en faisant l'observation pour son compte, y répond avec une vivacité que nous comprenons.

« MM. d'Archiac, d'Aubrée, de Verneuil, Milne Edwards, de Quatrefages et d'autres observateurs ont vu, répond M. Desnoyers, les indices dont j'ai parlé, et pas un n'a eu la plus faible idée de l'interprétation qu'on vous a suggérée, et dont vous auriez été éloigné vous-même, si vous aviez vu quelques-uns des objets dont il s'agit. »

Selon M. Desnoyers, l'accusation portée contre lui est une mauvaise plaisanterie, et si l'on s'était donné la peine de lire son mémoire, « on aurait vu combien la méprise qu'on lui attribue était impossible, et combien les circonstances qu'il a indiquées démontrent l'antiquité de ces indices. »

Encore une question à couler à fond avec la mâchoire et le diluvium de Moulin-Quignon.

— Premiers cocons du ver à soie du chêne; par M. Guérin-Meneville.

— M. J. A. Vincent de Jozet soumet au jugement de l'Académie un travail très-étendu ayant pour titre : *Exposé des principes tant généraux que particuliers de la musique moderne.*

— MM. Caillaux et Quillet adressent, de Menars (Loir-et-Cher), un résumé de leurs observations sur l'éclipse de lune du 1er juin.

— M. Husson envoie de Toul (Meurthe), une note « sur l'albuminurie chronique, » note dans laquelle il cite, d'après ses propres observations, le cas de deux jumeaux, une sœur et un frère, qui ont succombé à cette maladie, l'une à trente-huit ans, l'autre à quarante.

— M. Jos. Bianconi, de Bologne, adresse trois opuscules imprimés dont le secrétaire perpétuel analyse le contenu.

— Nouvelle réponse de M. Bechamp à M. Pasteur, sur l'acide acétique de la fermentation alcoolique. — M. Pasteur, tout en reconnaissant comme exactes les expériences de M. Bechamp, attribue aux mycodermes la formation de l'acide acétique et prétend que cet acide n'est pas un produit direct de la formation alcoolique. A cela M. Bechamp répond : « Je ne m'explique pas encore sur la manière dont il convient d'interpréter cette formation de l'acide acétique et celle des autres acides gras volatils. Je le ferai lorsque les expériences que j'ai nstituées seront terminées. En finissant, j'ajoute seulement ceci : assurément, si je m'étais contenté de signaler l'acidité faible des produits de la distillation de liqueurs fermentées quelconques ou de celle de leurs vapeurs, mon travail n'aurait aucune signification. C'est parce que rien d'étranger n'est intervenu, que j'ai isolé, distillé l'acide acétique lui-même, que je l'ai transformé en sel de soude et en chlorure d'acétyle, ne me fiant pas à l'odorat pour le caractériser, que j'ai publié ce résultat avec confiance comme chose nouvelle.

— Sur la théorie algébrique des fonctions homogènes du quatrième degré à trois indéterminées; note du P. Joubert, présentée par M. Hermite (suite).

— Sur quelques nouvelles combinaisons du fer et sur l'atomicité de cet élément; par M. A. Scheurer-Kestner.

— Recherches sur les trimétalanites; par M. Hugo-Schiff.

— Sur le diluvium de Saint-Acheul et le terrain de Moulin-Quignon; lettre de M. Scipion Gras. — Selon l'auteur, ces terrains auraient été fouillés à une époque très-ancienne. Le défaut d'usure de la mâchoire de Moulin-Quignon, trouvée au milieu de cailloux très-durs, tous plus ou moins roulés ou tout au moins émoussés, est un fait d'une grande importance sur lequel on a passé trop légèrement. Il est suffisant, à son avis, pour faire douter que ce soit un courant diluvien qui ait transporté et enfoui ce débris humain là où il a été découvert.

— Sur la présence normale de gaz dans les vaisseaux des plantes; par M. P. DALIMIER.

— Sur l'application des bains d'oxygène au traitement de la gangrène sénile. — Dans cette nouvelle note, M. DEMARQUAY avoue son peu de succès dans le traitement de la gangrène sénile. M. Laugier a signalé le bain d'oxygène, M. Demarquay trouve l'oxygène et d'autres gaz insuffisants pour guérir cette maladie généralement mortelle. Il reconnaît cependant que l'oxygène, dans certaines conditions qu'il fera connaître plus tard, peut rendre de véritables services. C'est ainsi que tant que la gangrène n'a pas envahi les parties musculaires des membres, il modifie admirablement les tissus, prévient l'exhalation des liquides et l'odeur fétide qui en est la conséquence, enfin, si dans plusieurs cas l'oxygène a aggravé la douleur, dans un cas il l'a fait cesser instantanément.

— Influence des nerfs sur les sphincter de la vessie et de l'anus; par MM. GIANNUZI et NAWROCKI. — Il résulte des observations faites par les auteurs de cette note, que les sphincters de la vessie et de l'anus se trouvent pendant la vie dans un état de tonicité ou de contraction involontaire et continuelle, qui dépend des nerfs.

— Sur la forme globulaire que peuvent prendre certains liquides sur leur propre surface; note de M. STANISLAS DEMAIN.

— Observations sur les habitudes d'une poule d'eau apprivoisée; par M. BELAMY.

— Comité secret à 4 heures et demi jusqu'a 5 heures trois quarts.

BIBLIOGRAPHIE SCIENTIFIQUE

(Extrait du *Journal de la Librairie.*)

Nº 17. — 25 avril.

ADET DE ROSEVILLE (Dʳ).— *Guide médical des mères de familles.* In-18 jésus, 272 pages. Prix : 3 fr. 50. Librairie Asselin, à Paris.

BECQUEREL. — *Recherches sur la température de l'air,* au nord, au midi, loin et près des arbres; suivies de : Note sur la psychrométrie-électrique; Nouveau mémoire sur la coloration électro-chimique et le dépôt de peroxyde de fer sur des lames de fer et de cuivre, et Mémoire sur la production électrique de la silice et de l'alumine. In-4, 205 pages. Librairie F. Didot, à Paris.

BOYER (Dʳ Jules). — *Guérison de la phthisie pulmonaire* et moyen de prévenir cette maladie. In-8, 69 pages. Prix : 1 fr. 50. Librairie A. Delahaye, à Paris.

DUHAMEL. — *Cours de mécanique,* 3ᵉ édition. Tome II, in-8, 377 pages et 1 planche; les deux volumes 12 fr. Librairie Mallet-Bachelier, à Paris.

GODIER-CHAILLY. — *L'Homœopathie devant le monde,* jugée par ses principes et ses résultats. In-8, 80 pages. Au Havre.

HERBET ET LENOEL (Dʳˢ). — *Recherches historiques sur la petite vérole et sur la vaccine.* In-8, 121 pages. A Amiens.

JAMAIN. — *Cours de physique de l'École polytechnique.* 2ᵉ édition. Tome Iᵉʳ, 1ᵉʳ fascicule. In-8, 256 pages. Librairie Mallet-Bachelier, à Paris.

LUNEL (Dʳ). — *Dictionnaire universel de médecine.* Tome II. In-12, 472 pages. Chez l'auteur, rue Mazarine; nº 41, à Paris.

MALAGUTI.— *Leçons élémentaires de chimie.* 3ᵉ édition. In-18 jésus, 524 pages. Librairie Dezobry, Rendou et Comp., à Paris.

NOUETTE. — *Manuel de Cyclonomie,* extrait de l'étude de M. Bridet sur les ouragans de l'hémisphère austral. In-8, 44 pages. Prix : 2 fr. Librairie Robiquet, à Paris.

Ysabeau. — *Le Jardin potager*, notions pratiques de culture maraichère. In-18, 116 pages. Librairie P. Dupont, à Paris.

N° 18. — 2 mai.

Antiome. — *Leçons sur l'art du chauffeur dans les machines à vapeur.* In-18, 143 pages et planche. Librairie Cagniard, à Rouen.

Blondel et Ser. — *Rapport sur les hôpitaux civils de la ville de Londres,* au point de vue de la comparaison de ces établissements avec les hôpitaux de la ville de Paris. In-4°, 238 pages. Librairie P. Dupont, à Paris.

Bourguignat. — *Mollusques nouveaux, litigieux ou peu connus.* 1er fascicule. In-8, 22 pages et 4 planches. Librairie Savy, à Paris.

Daumas. — *Les Eaux minérales de Vichy.* Nouvelle édition. In-18 jésus, 220 pages. Librairie Plon, à Paris.

Dehaut. — *Le Médecin des campagnes.* 10e édition. In-18, 360 pages. Prix : 1 fr. 25. Chez l'auteur, faubourg Saint-Denis, à Paris.

Dumont. — *Pratique des distributions d'eau.* In-4, 151 pages et 3 planches. Librairie Dunod, à Paris.

Guillemin. — *Les Mondes,* causeries astronomiques, 2e édition, 357 pages. Librairie Michel Lévy frères, à Paris.

Guyetaut. — *Nouvelles considérations sur la longévité humaine.* In-12, 133 pages. Librairie Lagny frères, à Paris.

Jaloustre. — *Cours d'agriculture pratique,* etc. 2e édition. In-12, 442 pages. A Clermont-Ferrand.

Kœberlé (Dr). — *Notice sur une ovariotomie pratiquée le 29 septembre 1862,* avec 6 planches lithographiées. In-8, 28 pages et pl. A Strasbourg.

La Grange (de). — *Réunion générale des sociétés savantes à la Sorbonne.* In-8, 54 pages. A Paris.

Lavergne. — *Agriculture des terrains pauvres.* Manuel pratique. Grand in-18, 214 pages. A Castres.

Lecomte. — *De l'exploration des balles dans les plaies, par armes à feu, des os et des articulations.* In-8, 58 pages. Librairie Rozier, à Paris.

(*La suite à une prochaine livraison.*)

ANNONCES BIBLIOGRAPHIQUES.

Discours de M. l'avocat général Oscar de Vallée dans l'affaire du rouge d'aniline.

Audience du 27 mars de la 1re Chambre. — Cour impériale, présidence de M. Devienne.

Au moment où nous mettons sous presse, nous arrive le discours prononcé par M. l'avocat-général Oscar de Vallée dans le procès du rouge d'aniline, dont l'arrêt rendu le 31 mars dernier se trouve reproduit *in extenso* dans notre journal du 15 avril (livr. 152, p. 314).

On se rappelle que ce discours, annoncé plusieurs fois par *le Droit,* devait paraître à la suite des plaidoiries de Mes Arago, Blanc et Plocque, et qu'il fit, à leur grande surprise, défaut aux lecteurs. Or, voici qu'après un retard de trois mois il paraît, non dans *le Droit,* mais en brochure séparée.

Maintenant, pourquoi ce réquisitoire, si nous en jugeons par la partie que nous avons nous-même publiée, en l'abrégeant déjà, et par ce que nous avons entendu à l'audience (livr. 151, p. 271), n'est-il pas la copie exacte de ce que l'orateur a dit devant la Cour. Il nous semble qu'il y a là une certaine maladresse de la part de celui qui a fait les frais de cette publication à supprimer certains passages du discours de M. Oscar de Vallée, alors qu'on a soin de garder précieusement ceux où il s'était montré *si méprisant* envers la presse, *qu'il a dû cependant consulter beaucoup*, et qui, dans l'ardeur de la polémique, a pu n'être pas toujours parlementaire, mais n'a jamais eu l'intention *d'outrager* qui et quoi que ce soit.

Ces observations faites, nous ferons à M. Oscar de Vallée nos sincères compliments pour son travail de chimie industrielle, qui prouve chez lui une aptitude merveilleuse à comprendre les questions même les plus étrangères à ses études.

Le dernier mot sur la question des couleurs d'aniline n'est pas dit, aussi M. Oscar de Vallée a-t-il bien mérité de l'industrie dont il a pris la défense avec courage et talent.

D^r Q.

Les Mondes, *Revue hebdomadaire des Sciences et de leurs applications aux arts et à l'industrie;* par l'abbé MOIGNO. — Prix : 25 fr. pour Paris et 30 fr. pour les départements pour un an.

LES MONDES ont réussi, cela devait être; l'abbé Moigno a, en effet, un talent tout particulier pour faire accepter du public tout ce qu'il lui dit. Individualité puissante, on aime à lire ce qu'il écrit, et on est toujours heureux quand il vous cite, même quand il vous gronde. Il est vrai que si ses grondes sont terribles, elles ne tuent jamais personne.

On peut dire de l'abbé Moigno ce que l'on disait, il y a trente ans, du Solitaire : qu'il sait tout, entend tout, est partout, et qu'il dit tout ce qu'il sait à ses abonnés. Journaliste consciencieux, avec lui pas d'arcanes, mais la vérité toute nue, parée seulement d'une prose enthousiaste qui tient le lecteur toujours éveillé.

Le journal *Les Mondes* est un journal bien fait, paraissant, avec une grande régularité, chaque jeudi. Le texte fait honneur à son imprimeur, M. Simon-Raçon, et à M. Giraud, l'éditeur. Inutile de dire que la rédaction en est bonne, et qu'en s'abonnant *aux Mondes* on fera un immense plaisir à l'abbé Moigno. — On souscrit à Paris, chez M. Étienne Giraud, libraire, rue Saint-Sulpice, 20.

The Cheminal News; *journal de chimie et de physique;* par William CROOKES, membre de la Société de chimie; paraît à Londres chaque samedi. — C'est le journal le plus répandu qui traite les sujets touchant la chimie, les manufactures, drogueries, la pharmacie, et la science en général. Par conséquent, il sera l'intermédiaire le plus efficace pour les annonces de tous genre des chimistes ou droguistes. — Ce journal est écrit en langue anglaise. Prix d'un abonnement d'un an : 27 fr., plus les frais de poste. S'adresser à tous les libraires. Les bureaux sont : 1, Wine-Office court, Fleet street, Londres, E. C.

AVIS.

Plusieurs de nos abonnés n'ayant pas encore reçu la table de 1862 croient qu'elle a paru et que nous les avons oubliés; nous les prévenons que ce travail n'est pas encore fini, mais qu'il ne tardera plus beaucoup maintenant.

Table des matières de la 157e Livraison. — 1er juillet 1863.

RAPPORT

SUR

LES PRODUITS CHIMIQUES INDUSTRIELS (CLASSE II, SECTION A)

DE

L'EXPOSITION INTERNATIONALE DE LONDRES EN 1862.

Par M. A.-W. Hofmann.

(SUITE. — Voir le *Moniteur scientifique*, livraisons 154, 155 et 156.)

Théorie du procédé de fabrication de la soude. — La théorie du procédé qui fournit la soude artificielle participe de cette obscurité qui règne encore sur tout le domaine des opérations par la voie sèche : ces dernières constituent en effet la branche la moins développée de la science chimique, sans doute parce qu'elles sont aussi de beaucoup les plus difficiles à examiner. Les moyens d'investigation dont nous disposons pour observer les phénomènes qui se passent dans les fours à calcination sont limités en raison de l'intensité de la température à laquelle ils se produisent. Il est extrêmement probable que, pendant des opérations par voie sèche, lorsque la température a atteint son plus haut degré d'intensité, il se forme des composés qui peuvent se modifier de nouveau lorsque la température s'abaisse. Le caractère des produits obtenus à la chaleur rouge ou blanche, doit être en grande partie hypothétique, attendu que nous ne possédons que fort peu de moyens pour constater avec précision, à travers la flamme du four, les diverses conditions de leur existence. En effet, on ne peut même pas peser un produit obtenu au rouge vif. Il échappe à l'appréciation de presque tous nos sens, et les yeux mêmes, éblouis et troublés, ne peuvent discerner que très-indistinctement la manière dont se comportent les corps dans l'intérieur d'un four fortement chauffé. Aussi, c'est surtout dans les opérations par voie sèche que nous voyons les résultats pratiques devancer les données de la théorie, et les hypothèses contradictoires se partager l'opinion des chimistes.

L'invention d'instruments de précision et de méthodes d'observations propres à introduire un plus grand degré d'exactitude dans l'étude des opérations par voie sèche ouvrirait, dans cette direction, un horizon plus vaste à nos connaissances jusqu'à présent si limitées. Quel que grandes que soient les difficultés qui s'opposent à ce progrès, espérons qu'elles ne seront pas entièrement insurmontables, et que, parmi les jeunes chimistes dont les noms commencent à être cités avec éloges quelques-uns se sentiront attirés vers ce terrain jusqu'ici stérile, et réussiront, en le cultivant, à y recueillir des fruits destinés à une future exposition.

Laissant là ces remarques générales (qui, nous l'espérons du moins, ne sont pas tout à fait déplacées), pour en revenir au sujet particulier qui nous occupe, nous examinerons premièrement quels sont les changements qui s'opèrent lorsqu'on soumet un mélange de sulfate de soude, de craie et de houille à la chaleur du four, et secondement quelles sont les réactions qui ont lieu parmi les produits provenant des fours à calcination, lorsqu'on les soumet à l'action de l'eau pendant la période de lixiviation. D'habiles chimistes ont exprimé des opinions très-diverses sur ces deux questions ; le rapporteur, sans se laisser entraîner à les passer toutes en revue, et n'ayant d'ailleurs à énoncer sur ce sujet aucune opinion basée sur l'expérience personnelle, sentirait cependant trop vivement l'imperfection de son travail, s'il n'effleurait au moins les principales explications qu'on a données sur ce procédé si éminemment intéressant.

Si l'on s'en rapporte au tableau (voyez p. 450) établissant les différentes proportions de sulfate de soude, de carbonate de chaux et de houille employées par les fabricants d'Angleterre, de France et d'Allemagne, on trouvera que, pour 100 parties de sulfate sodique, on emploie en moyenne 50 parties de houille. On peut considérer cette proportion comme étant nécessaire à la production d'une bonne qualité moyenne. Les déviations de cette moyenne, qu'on observe dans quelques cas particuliers, dépendent probablement des proportions différentes de matières minérales hétérogènes qui se trouvent dans la houille employée, dont quelques variétés contiennent cinq fois plus de cendres que d'autres.

Comme on peut le voir d'après le tableau, la proportion de carbonate de chaux pour 100 parties de sulfate de soude varie de 90.2 à 107.7, et même en supposant que toutes les matières soient, dans chaque cas, d'une égale pureté, les variations dans la proportion du carbonate de chaux ajouté ne dépassent pas 0.125 équivalents. En effet, à $\frac{100}{142} = 0.7042$ équivalents de sulfate de soude, nous trouvons ajoutés comme maximum $\frac{107.7}{100} = 1.077$ équivalents de craie, etc., et comme minimum $\frac{90.2}{100} = 0.902$ équivalents de craie; la moyenne étant 0.9896 équivalents de craie pour 0.7042 équivalents de sulfate de soude. Prenant, comme nous l'avons fait dans le tableau, la proportion de sulfate de soude comme quantité constante, nous trouvons que pour un équivalent de ce dernier les fabricants ajoutent, comme maximum, 1.530 équivalents, et, comme minimum, 1.280 équivalents de carbonate de chaux; la moyenne étant 1.405 équivalents. Les différences qui s'écartent le plus de la moyenne ne sont parconséquentque de $\left.\begin{array}{l}1.530 - 1.405 \\ 1.405 - 1.208\end{array}\right\} = 0.125$ ou 1/8 d'équivalent.

Si l'on considère combien la craie des différentes localités peut varier quant aux proportions de matières étrangères qu'elle renferme, telles que : humidité, gypse, silice, argile, sel marin et autres, et si l'on observe encore combien le sulfate de soude produit dans différentes fabriques est susceptible de contenir des quantités variables de sel marin non décomposé, on peut admettre qu'on emploie dans toute l'Europe à peu près les mêmes proportions de sulfate de soude, de craie et de charbon. Cette manière de voir subsiste même en présence de la variabilité incontestée du produit qu'on obtient dans les différentes fabriques d'alcali, par la fusion du mélange presque identique de matières premières.

Il n'est nullement nécessaire de recourir à des différences dans les proportions des matières employées pour expliquer de pareilles variations dans les produits. Beaucoup d'autres conditions dans l'opération de la calcination, telles que, par exemple, la température, le temps employé pour la fusion, et l'exposition plus ou moins longue de la masse liquéfiée à la réoxydation après que le carbone désoxydant a été brûlé, influent sur la nature et sur la composition du produit. Et d'ailleurs, outre ces causes réelles des différences observées dans les analyses que nous mentionnerons, il en existe d'autres, d'un caractère moins absolu, qui dépendent des méthodes particulières d'analyse dont ont fait usage les différents chimistes, et de leurs opinions diverses relativement à la manière dont les principes constituants sont combinés.

Dans un excellent article (déjà cité) sur les opinions les plus généralement admises, concernant la théorie de la fabrication de la soude, M. Scheurer-Kestner a publié un tableau synoptique de ces analyses, tableau que nous reproduisons ci-contre :

La première théorie des réactions qui se passent pendant la fabrication de la soude paraît avoir été donnée par M. Dumas (1). Pendant l'opération de la fusion, ce chimiste, dont l'opinion a été ensuite reproduite par presque tous les manuels de chimie, admet deux phases successives, qu'on peut représenter par les équations suivantes :

____

(1) Dumas, *Traité de chimie*, II, p. 474.

COMPOSITION DE LA SOUDE BRUTE (*black-ash*).

COMPOSÉS.	UNGER		BROWN	RICHARDSON	MURPHY	KYNASTON	STOHMANN	
	1	2					1	2
Sulfate de soude	1.99	»	1.160	3.64	0.748	0.395	1.54	1.54
Sulfure de sodium	»	»	1.130	»	»	»	»	»
Chlorure de sodium	2.54	0.4	1.913	0.60	1.308	2.528	1.42	1.75
Carbonate de soude	23.57	37.8	35.640	9.89	41.480	36.879	44.41	38.45
Silicate de soude	»	»	»	»	1.162	1.182	»	»
Soude caustique hydratée	11.12	»	»	25.64	»	»	»	3.17
Soude caustique anhydre	»	1.6	0.609	»	»	»	»	»
Aluminate de soude	»	»	2.350	»	0.392	0.689	»	»
Carbonate de chaux	12.90	»	»	»	0.857	3.315	3.20	»
Oxysulfure de calcium ($3\,Ca^2 S, Ca^2 O$)	34.76	40.0	29.172	35.57	«	»	38.98	36.91
Sulfite de chaux	»	»	»	»	»	2.178	»	»
Chaux	»	8.5	6.301	»	9.320	9.270	0.33	0.61
Magnésie	»	0.8	»	»	»	0.254	0.10	0.51
Silicate de magnésie	4.74	»	»	0.88	»	»	»	»
Alumine	»	1.2	»	»	1.020	1.132	0.79	»
Eau	2.10	»	0.700	2.17	»	0.219	»	6.71
Oxyde ferrique	»	»	»	»	3.020	2.638	1.75	2.40
Sulfure ferreux	2.45	1.2	4.917	1.22	»	0.371	»	»
Silice	»	5.0	»	»	»	»	0.89	1.36
Sable	2.02	»	4.285	0.44	2.259	0.901	2.20	1.16
Charbon de bois	1.59	2.6	7.998	4.28	4.724	7.007	5.32	5.43
Outremer	»	»	0.295	»	»	0.959	»	»
TOTAL	99.68	98.1	96.470	84.37	66.299	69.937	100.93	100.00

$$1° \qquad Na^2 SO^4 + Ca^2 CO^3 = Na^2 CO^3 + Ca^2 SO^4.$$

$$2° \qquad Ca^2 SO^4 + C^4 = Ca^2 S + 4CO.$$

Un pareil mélange, cependant, se composant (comme l'indiquent les formules) de carbonate de soude et de sulfure de calcium en proportions équivalentes, provoquerait, comme le fait observer M. Dumas, pendant la lixiviation subséquente de cette masse par l'eau, la reproduction du sulfure de sodium et du carbonate de chaux par voie humide, de la manière suivante

$$3° \qquad Na^2 CO^3 + Ca^2 S = Na^2 S + Ca^2 CO^3.$$

Pour éviter ce résultat, continue M. Dumas, on emploie une plus forte proportion de carbonate de chaux que celle correspondant à l'équation (1); le résultat de cette augmentation devant causer, d'après lui, la formation d'un composé double *insoluble* de sulfure et d'oxyde de calcium ($2\,Ca^2 S, Ca^2 O$). C'est par cette espèce d'emprisonnement du soufre dans un composé basique insoluble, qu'il est possible, selon M. Dumas, d'empêcher le carbonate de soude d'être reconverti par double décomposition en sulfure de sodium.

Le résultat final de la fusion, d'après M. Dumas, est représenté par l'équation suivante :

$$4° \qquad 2Na^2 SO^4 + 3Ca^2 CO^3 + 9C = 2Na^2 CO^3 + Ca^2 O, 2Ca^2 S + 10CO.$$

Les proportions des matières premières correspondant à cette équation seraient les suivantes :

Sulfate de soude 100
Carbonate de chaux 105.6
Carbone 38

Plus tard, M. Unger (1) soumit la théorie de la fabrication de la soude à une série de recherches expérimentales ; dans ses premières recherches il obtint des résultats très-conformes à l'opinion émise par M. Dumas. M. Unger s'accorde à dire avec M. Dumas que la retransformation du carbonate de soude en sulfure de sodium, pendant le traitement aqueux du produit de la calcination, est empêchée par la formation de l'oxysulfure de calcium ; il est cependant disposé à assigner à ce composé une composition un peu différente de celle donnée par M. Dumas, et la représente par $Ca^2O, 3Ca^2S$. D'après l'opinion de M. Unger, cette transformation est le résultat d'une série de réactions assez compliquées. Il n'est pas nécessaire d'insister davantage sur les premières opinions de ce chimiste, puisque plus tard il les a lui-même essentiellement modifiées, en attribuant à l'eau produite pendant la combustion du charbon une part dans la réaction. C'est là cependant une hypothèse qui ne paraît pas être suffisamment justifiée par les faits. Il est reconnu qu'on peut préparer de la soude brute avec des matières parfaitement sèches, fondues dans un creuset dans lequel il est impossible à tout produit aqueux de la combustion de pénétrer.

L'existence de combinaisons particulières d'oxyde et de sulfure de calcium dans la soude brute fut mise en avant par M. Dumas, comme explication d'un fait qu'on n'avait jamais révoqué en doute, c'est-à-dire que d'un mélange de sulfure de calcium et de carbonate de soude, *en proportions équivalentes*, l'eau dissoudra du sulfure de sodium, tandis qu'avec de la chaux en excès, le même mélange fournira une solution de carbonate de soude. L'illustre chimiste français n'a jamais dit qu'il a obtenu et examiné ce composé particulier de sulfure et d'oxyde de calcium ; et l'ensemble de son explication fait ressortir d'une manière évidente que lui-même ne la considère guère autrement que comme l'expression, sous une autre forme, du fait allégué.

Mais dans ces derniers temps plusieurs chimistes ont nié le fait lui-même. M. Gossage entre autres n'admet pas la formation d'un composé défini d'oxyde et de sulfure de calcium pendant la fabrication de la soude. Il y a bien des années que, par suite de l'expérience générale qu'il avait acquise dans la fabrication de la soude, et en conséquence de recherches faites spécialement à ce sujet, il (2) se prononça très-nettement contre la formation de tout composé de ce genre. Il affirme que le protosulfure de calcium lui-même est parfaitement insoluble dans l'eau ; et, dans son opinion, l'excédant de chaux est par conséquent superflu pour fixer le soufre et l'empêcher d'agir sur le carbonate de soude en dissolution. Contredisant d'une manière directe l'opinion généralement reçue, M. Gossage déclare que le produit de la calcination, la soude brute (*black-ball*), obtenue lorsqu'on n'a employé qu'un équivalent de craie, *fournit* du carbonate de soude par la lixiviation. Il déclare avoir obtenu ce résultat en opérant sur une petite comme sur une grande échelle, et il cite deux fabricants de soude qui ont répété l'expérience avec un succès complet dans la pratique industrielle. Il ne nie pas que le second équivalent de craie ne soit utile et même nécessaire ; mais, selon lui, « l'avan-« tage réel qu'on retire de l'emploi d'un excès de chaux provient de ce qu'il augmente la « surface soumise à la réaction ; de ce qu'il facilite ainsi l'opération de la calcination et em-« pêche la formation de polysulfure de calcium (3). »

M. Kynaston (4) s'est occupé plus récemment de recherches expérimentales sur cette intéressante question ; et, après une série d'analyses précieuses exécutées dans le laboratoire de M. Muspratt, il se range à l'opinion de M. Gossage et déclare que la formation de l'oxysulfure de calcium n'a pas lieu.

Les arguments de M. Kynaston sont fondés sur l'analyse du résidu qui reste après épuise-

(1) Unger, *Ann. chem. pharm.*, LXI, p. 129 ; LXIII, p. 240 ; LXVII, p. 28 ; LXXXI, p. 289.
(2) Gossage, *History of the soda Manufacture*, p. 16.
(3) *Loc. cit.*
(4) Kynaston, *Chem. S. Qu. J'.*, XI, p. 155.

ment de la soude brute au moyen de l'eau; il trouve que ce résidu se compose essentiellement de sulfure de calcium et de *carbonate* de chaux. M. Kynaston, en conséquence, est tenté
d'attribuer la non-décomposition du carbonate de soude, lors du traitement de la soude brute
par l'eau, à la formation d'un composé particulier de sulfure de calcium avec du carbonate
de chaux.

Ici se présente cependant tout naturellement la supposition, et cette explication n'a pas
échappé à la sagacité de M. Kynaston, que le carbonate de chaux pourrait bien n'être que le
résultat de l'action de l'eau sur la soude brute. On peut concevoir que l'oxysulfure de calcium
préexiste dans le produit de la calcination, et que la chaux de ce composé puisse être conver-
tie en carbonate par l'acide carbonique du carbonate de soude, avec formation simultanée de
soude caustique. En réalité, on sait que la solution obtenue par l'action de l'eau sur la soude
brute contient des quantités considérables de soude caustique. Certains chimistes pensent que
la soude caustique constitue un des éléments de la soude brute lorsqu'on la retire du four.
L'expérience cependant se trouve en contradiction avec cette opinion ; car, en faisant fondre
du carbonate de chaux avec de la soude caustique, il se forme du carbonate de soude et de la
chaux caustique. En outre, la soude brute n'abandonne pas une trace de soude caustique à
l'alcool (Gossage, Scheurer-Kestner). Il est hors de doute que la formation de la soude caustique n'a lieu que pendant le procédé de lixiviation. L'observation de M. Kynaston ne réfute
point, par conséquent, l'existence d'un composé insoluble de sulfure et d'oxyde de calcium
dans le produit de la calcination ; pendant la lixiviation, cette substance peut avoir été con-
vertie simplement en une combinaison de sulfure et de carbonate calciques, également capable
de résister, au moins pour un certain temps, à l'action de l'eau. Par un contact prolongé avec
la solution alcaline, la combinaison calcique, quelle que soit d'ailleurs sa composition réelle,
est décomposée, et du sulfure de sodium, en quantités de plus en plus fortes, apparaît dans le
liquide. Les fabricants de soude connaissent parfaitement la nécessité d'épuiser la soude
brute aussi rapidement que possible, s'ils veulent éviter une perte notable d'alcali sous forme
de sulfure.

Nous venons d'énumérer quelques-uns des doutes et des incertitudes qui règnent encore
dans la théorie de la fabrication de la soude. On acquerra sans doute une connaissance
plus approfondie de cette importante opération industrielle, non par une répétition des analyses de la soude brute, mais par un examen plus exact des produits qui, par l'action de quantités différentes d'eau, ou bien de la même quantité d'eau, mais dont le contact aura été plus
ou moins prolongé, pourront être retirés d'une quantité donnée, soit de soude brute, soit de
résidu fraîchement lixivié. Des expériences récentes de M. Scheurer-Kestner, tout en démontrant combien l'action de l'eau sur les produits bruts de la calcination est compliquée, indiquent, selon l'opinion du rapporteur, la direction dans laquelle on devrait poursuivre et continuer les recherches. Au moyen d'une série d'expériences analytiques exécutées jour par
jour avec le plus grand soin, M. Scheurer-Kestner a fait connaître la succession des changements que subit une solution de carbonate de soude, lorsqu'on l'expose au contact du résidu
récemment lixivié de soude brute employé en excès et protégé contre l'action de l'air. Il
trouva que, conjointement avec la soude caustique, le sulfure de sodium apparaissait rapidement dans la solution; mais il n'y avait point de proportionnalité perceptible dans l'augmentation des deux composés, et le fait bien constaté que la quantité de sulfure de sodium
continue à augmenter, tandis que la proportion de soude caustique diminue sans cesse,
prouve que la soude caustique elle-même est capable de décomposer le sulfure de calcium.
En dernier lieu, il ne resta qu'une solution de sulfure de sodium pur, ne contenant plus la
moindre trace ni de carbonate, ni de soude caustique. M. Scheurer-Kestner représente les
différentes phases de la réactions par les équations suivantes :

$$(Ca^2O)_A + (Na^2CO^3)_A = (Ca^2CO^3)_A + (Na^2O)_A$$
$$(Na^2O)_A + (Ca^2S)_A = (Na^2S)_A + (Ca^2O)_B$$

$$(Ca^2 O)^{B} + (Na^2 CO^3)^{B} = (Ca^2 CO^3)^{B} + (Na^2 O)^{B}$$
$$(Na^2 O)^{B} + (Ca^2 S)^{B} = (Na^2 S)^{B} + (Ca^2 O)^{c}.$$

Ces expériences intéressantes amenèrent M. Scheurer-Kestner à partager l'opinion déjà exprimée par MM. Gossage et Kynaston quant à la non-formation de l'oxysulfure de calcium. Elles expliquent d'ailleurs l'importance, bien reconnue déjà, d'un procédé de lixiviation aussi rapide que possible.

Mais il est temps de clore cette digression théorique et d'en revenir à l'étude pratique du procédé de fabrication de la soude, dont nous allons examiner la quatrième phase.

Évaporation des lessives de soude, fabrication du sel de soude. — Deux procédés différents sont principalement employés aujourd'hui pour l'évaporation de la solution obtenue par la lixiviation de la soude brute.

L'un de ces procédés consiste dans l'application de la chaleur à la *surface* du liquide; l'autre, dans le jeu de la flamme contre le *fond* de la chaudière dans laquelle on évapore le liquide à siccité.

L'évaporation par la surface s'opère dans des chaudières rectangulaires en tôle; maçonnées dans des fours à réverbère, parcourus dans toute leur longueur par la flamme et les gaz du foyer. Une ébullition superficielle rapide se produit ainsi, et la surface du liquide se recouvre d'incrustations salines que l'ouvrier brise, afin d'exposer sans cesse de nouvelles portions du liquide à l'action de la chaleur. On retire par intervalles, au moyen de portes latérales, le sel qui se précipite au fond, et on le répand sur une surface inclinée pour le faire égoutter; le liquide qui s'écoule est une eau mère contenant beaucoup de sulfure de sodium et de soude caustique. Cette méthode d'évaporation est rapide et économique, mais elle présente le désavantage de mettre les produits acides (sulfureux et carboniques) de la combustion en contact immédiat avec l'alcali en solution, de sorte que la soude caustique est carbonatée, et qu'une partie du carbonate même se convertit en sulfite de soude; une portion notable de ce dernier se change en sulfate par une oxydation ultérieure.

L'évaporation au moyen de la chaleur appliquée par en bas empêche le contact du liquide avec les produits de la combustion; mais elle occasionne plus d'usure des chaudières et nécessite des précautions toutes spéciales pour les empêcher d'être brûlées par le dépôt d'une couche de précipité salin non conductrice de la chaleur, et qui se précipite sur les parties du fond de la chaudière exposées à l'action du feu.

Pour éviter cet inconvénient, M. Gamble de Saint-Helens, un de nos plus habiles fabricants de soude, emploie une chaudière de forme particulière, dont le fond présente au milieu et dans toute sa longueur une dépression longitudinale, ayant les parois inclinées de chaque côté, et qui, par la ressemblance qu'elle offre avec un bateau en section transversale, a reçu le nom de *chaudière-bateau*. On oblige la flamme (ordinairement la flamme perdue des fours à soude) à lécher principalement les parois inclinées, dont la pente facilite l'extraction du sel de soude qu'on retire, ou, pour nous servir du terme technique, qu'on *pêche* au moyen de puisoirs perforés, et qu'on répand sur une surface inclinée pour le laisser égoutter, comme on le fait pour les produits de l'évaporation par surface. Ces chaudières-bateaux sont très-généralement employées (1).

Quel que soit le mode d'évaporation qu'on ait employé, on transporte le produit salin ainsi obtenu dans un four à reverbère, dans lequel il est carbonaté et oxydé, le sulfure de sodium se convertissant pour la majeure partie en sulfite ou en sulfate sodiques. Le sel de soude qui en résulte est grisâtre. Pour le purifier, on peut le redissoudre à la vapeur dans le moins d'eau possible, laisser la solution se clarifier, décanter le liquide limpide et l'évaporer de nouveau à siccité. On obtient de cette manière un sel de soude parfaitement blanc.

On prépare un produit encore plus pur en lavant méthodiquement le sel impur avec une so-

(1) *On the recent Progress and present condition*, etc., p. 112.

lution froide et saturée de carbonate de soude pur. Cette dernière ne dissout plus que les sels étrangers, tels que chlorure, sulfure et sulfate sodiques, et laisse le carbonate de soude à l'état de grande pureté (Ralston).

Une autre méthode, assez communément employée, de purifier ce produit consiste à faire évaporer le liquide ordinaire des cuves et à repêcher les sels qui se déposent jusqu'à ce que le volume primitif A ait été réduit au volume B, déterminé par l'expérience. En variant ces volumes relatifs, on obtient des sels plus ou moins purifiés qui répondent aux exigences des différents marchés. Ainsi, lorsqu'on évapore la lessive ordinaire des cuves, d'une densité de 1.286, aux 7/12 de son volume, et qu'on enlève le sel qui s'est précipité dans cet intervalle, on obtient un produit correspondant à du sel de soude purifié à 57 degrés, c'est-à-dire marquant 57 pour 100 de soude réelle à l'essai alcalimétrique. D'un autre côté, si l'on évapore le reste de la lessive à 3/7 de son volume, et qu'on en retire le sel déposé, ce produit correspond au sel de soude ordinaire du commerce, marquant 50 pour 100. Les eaux mères, évaporées à siccité dans le four, fournissent un produit très-caustique, qui contient toutes les impuretés plus solubles.

M. Kuhlmann obtient ces produits fractionnés en concentrant simplement ses liqueurs jusqu'à des profondeurs données, marquées sur les parois des chaudières à évaporation.

La purification des lessives de soude brute peut également être effectuée sans recourir à l'action du feu. En 1853, M. Gossage (1) prit un brevet pour un procédé très-simple d'opérer l'oxydation du sulfure de sodium contenu dans ces lessives brutes, et de provoquer par là la séparation et la précipitation dans ces liquides du sulfure de fer précédemment maintenu en solution par le sulfure de sodium. On y arrive en faisant filtrer lentement ces liqueurs à travers un lit de coke placé dans une tour assez haute, en même temps qu'un courant d'air atmosphérique s'élève à travers les interstices du lit de coke. De cette manière, la lessive sulfureuse, extrêmement divisée, est exposée à l'oxydation par l'oxygène de l'air, et le liquide, tout à fait débarassé de sulfure, s'écoulé par le bas. Les fabricants de savon qui préparent eux-mêmes leur alcali emploient généralement cet appareil.

Il est digne de remarque que les consommateurs de carbonate de soude en Angleterre, — en cela beaucoup plus rationnels que beaucoup d'acheteurs du continent, — ne tiennent pas tant à l'apparence extérieure du produit, pourvu que le prix soit en proportion exacte avec la quantité d'alcali qu'il contient, et que sa qualité convienne à l'emploi auquel on le destine. Le consommateur anglais, lorsqu'il tient à opérer avec un produit bien pur et bien carbonaté, préfère au sel de soude les cristaux de soude, en partie parce que ces derniers deviennent réellement plus purs par la cristallisation, mais aussi (et souvent principalement) parce qu'il est plus facile par la seule apparence de juger de la pureté des cristaux de soude que de celle du sel de soude.

Carbonate de soude cristallisé; cristaux de soude. — Pour obtenir les cristaux de soude, on laisse cristalliser les solutions concentrées et limpides de sel de soude dans des vases en fonte ayant la forme de calottes sphériques. On opère de la même manière dans presque tous les pays. En France cependant les vases à cristallisation sont plus petits que ceux qu'on emploie en Angleterre. Leur petitesse permet aux ouvriers, après qu'on a fait écouler les eaux mères, d'en détacher les cristaux avec la plus grande facilité. Pour cela, on n'a qu'à plonger le vase pour un instant, et de manière à mouiller seulement la paroi extérieure, dans l'eau bouillante; les cristaux commencent à fondre à la paroi intérieure et s'en détachent immédiatement. Mais, d'un autre côté, avec ces petits cristallisoirs, on obtient des cristaux plus petits, et peut-être y a-t-il plus de main-d'œuvre.

La consommation des cristaux de soude est bien plus considérable en Angleterre qu'en France, où leur emploi se borne presque exclusivement aux cas où la présence de la soude caustique pourrait être nuisible.

(1) Gossage (W.), brevet n° 1232, 10 mai 1853.

Soude caustique. — La soude brute, le sel de soude et les cristaux de soude ne sont pas les seules formes sous lesquelles l'alcali est livré au commerce. Depuis 1851, la soude caustique a été produite en quantités de plus en plus grandes, soit sous forme de solution très-concentrée, soit, et plus fréquemment, sous forme d'hydrate de soude fondu. Cet article est déjà d'un usage fréquent en Angleterre, et l'on en fabrique des quantités considérables, soit pour la consommation du pays, soit pour l'exportation en Amérique et dans les colonies.

Pendant assez longtemps, on produisait invariablement la soude caustique en traitant les solutions *non concentrées* de soude brute au moyen de la chaux caustique; car c'est un fait bien connu que les solutions concentrées de carbonate de soude ne peuvent pas être entièrement décarbonatées par la chaux vive. Pour épargner le combustible qu'aurait nécessité l'évaporation de cette énorme quantité d'eau, beaucoup de manufacturiers, imitant l'exemple de M. Dale, de la maison Roberts, Dale et Comp. (Grande-Bretagne, 588), dont le jury a honoré les travaux par la récompense d'une médaille, se servent de cette soude caustique faible en place d'eau pour alimenter leurs générateurs de vapeur, et y concentrent les lessives jusqu'à une densité de 1.24 à 1.25, sans le moindre inconvénient. Elles sont alors écoulées dans des vases en fonte ouverts, et évaporées à une densité de 1.9; à ce degré de concentration, elles se solidifient par le refroidissement.

M. Gossage, dont le rapporteur a si souvent eu l'occasion de mentionner les services importants rendus à la chimie technique, a fait faire tout récemment un nouveau pas à cette branche de l'industrie de la soude, en supprimant tout à fait l'emploi de la chaux vive pour caustifier les liqueurs, évitant ainsi cette pratique réellement peu rationnelle de carbonater d'abord la soude pour la décarbonater de nouveau plus tard. Son procédé, très-généralement pratiqué par les fabricants de soude du Lancashire, utilise la soude caustique qui se trouve déjà formée dans les lessives de soude brute.

Comme la fabrication de la soude caustique n'a été créée que depuis 1851, nous donnerons dans les pages qui suivent (1) une description un peu détaillée des opérations qu'elle nécessite.

Les lessives qu'on obtient en épuisant la soude brute sont évaporées très-fortement, de manière à en séparer la plus grande partie des carbonate, sulfate et chlorure sodiques qu'elles renferment. La liqueur ayant été amenée à une densité de 1.5, presque tous les sels étrangers se sont précipités, et il reste en solution de la soude caustique, un composé rouge particulier de sulfure de sodium avec du sulfure de fer (ce qui a fait donner à ces solutions le nom de *liqueurs rouges*), ainsi que de petites quantités de carbonate, de sulfate, de chlorure, de ferrocyanure et quelquefois de sulfocyanure de sodium.

Dans quelques fabriques, après avoir ajouté une petite quantité de chlorure de chaux ou de nitrate de soude, on fait évaporer les liqueurs rouges encore davantage dans les chaudières-bateaux, dont nous avons déjà parlé, jusqu'à ce qu'on les ait amenées à une densité de 1.6 et à une température de 130 degrés. Pendant cette évaporation, il se précipite une nouvelle quantité de sels qu'on retire au moyen de poches perforées. On écoule ensuite la liqueur concentrée dans les vases à cristallisation, et on la laisse refroidir; elle dépose encore une certaine quantité de sels (2).

On ajoute alors une plus forte proportion de nitrate de soude, et on concentre davantage dans une chaudière en fonte hémisphérique, assez épaisse pour supporter la chaleur rouge.

(1) Ce récit est basé sur des communications verbales données par M. Gossage. On trouvera plus de détails dans une brochure : *On the Manufacture of caustic soda*, par A. Norman Tate, F. C. S. Liverpool, écrite avec clarté, et que l'auteur de ce rapport a consultée avec profit.

(2) M. Habich a conseillé dernièrement de mettre les liqueurs, pendant qu'elles sont encore étendues, en contact avec du carbonate de fer naturel pulvérisé, afin d'obtenir par double décomposition du sulfure de fer et du carbonate de soude (*Dingler*, *Pol. Journ.*, CXL, 370). Cette méthode, brevetée en Angleterre il y a bien des années, ne fut point pratiquée avec succès, et l'on y renonça.

A mesure que l'eau s'évapore, le nitrate de soude réagit sur le sulfure et sur le cyanure de sodium, et il se dégage des masses d'ammoniaque et même de l'azote. Une notable portion de cette ammoniaque provient de la destruction des cyanures; mais la majeure partie est certainement due à l'oxydation d'une certaine quantité de sulfures, etc., par la décomposition de l'eau, dont l'hydrogène réduit l'acide nitrique à l'état d'ammoniaque. A une température voisine du rouge, on voit apparaître à la surface du graphite très-divisé, provenant du carbone du cyanogène. Ce fait intéressant a été observé tout récemment pour la première fois par le docteur Pauli (1).

D'après les observations du docteur Pauli (2), la nature de la réaction dépend en grande partie de la température du liquide. Entre 138 et 143 degrés, le nitrate est simplement réduit en nitrite; à 155 degrés, l'ammoniaque est dégagé en grande abondance, produisant une violente ébullition. La quantité d'alcali volatil qui se dégage ainsi est, en effet, si considérable, qu'il vaudrait peut-être la peine de la condenser, en faisant communiquer la chaudière à évaporation avec une tour à coke ordinaire. En concentrant davantage la liqueur rouge, de manière à porter le point d'ébullition bien au delà de 155 degrés centigrades, la formation d'ammoniaque cesse, et il se fait à sa place un dégagement tumultueux d'azote pur.

La quantité de nitrate de soude exigée pour faire de la soude caustique au moyen de la liqueur rouge varie suivant la composition de cette dernière. On emploie généralement 3/4 à 1 quintal 1/2 par tonne de soude caustique (Norman Tate).

Pour économiser le nitrate de soude, on fait souvent cristalliser préalablement le carbonate sodique, et après avoir écoulé les eaux mères, on les laisse s'oxyder en les faisant filtrer à travers un courant d'air ascendant, par lequel le sulfure de sodium est converti en sulfate, et le liquide décoloré. Dans quelques fabriques anglaises, on suit une pratique opposée; au moyen d'une pompe à air, mise en mouvement par la vapeur, on y chasse l'air atmosphérique en filets très-déliés à travers la liqueur chaude des cuves. Six ou huit heures de ce traitement suffisent pour oxyder complétement les sulfures et pour décolorer le liquide.

M. Ordway (3) a proposé de mélanger la solution impure de soude caustique encore sulfurée avec du sesquioxyde de fer (hématite) en poudre grossière, qui divise la matière et la rend poreuse lorsqu'on arrive à siccité. Dans cet état, l'oxygène de l'air oxyde les sulfures, les sulfites et les hyposulfites avec la plus grande rapidité. Après calcination, on lessive la masse, on laisse déposer le sesquioxyde de fer, qu'on peut employer un certain nombre de fois (Voy. le chapitre sur *l'acide sulfurique*), on évapore de nouveau à siccité la solution claire et limpide de soude caustique, et on chauffe le résidu jusqu'à fusion ignée.

L'évaporation à siccité de la solution de soude caustique très-concentrée présente quelques difficultés, à cause de la tendance qu'elle présente à un certain moment à bouillonner et à couler par-dessus les bords du vase.

On y remédie d'une manière bien simple, en y appliquant (suivant l'expression si concise et si originale de MM. Schunck, Angus Smith et Roscoe) (4) le principe des sources jaillissantes du Geyser en Islande, c'est-à-dire en plaçant dans la chaudière une espèce d'entonnoir en tôle renversé et ne s'appuyant que par quelques points sur les parois de la chaudière. La vapeur, à mesure qu'elle se forme, fait mousser le liquide, l'entraîne dans l'intérieur de l'entonnoir et l'amène jusqu'au haut, où il se déverse continuellement, et empêche ainsi l'ébullition trop violente du liquide en dehors de l'entonnoir.

La soude caustique est maintenue assez longtemps en fusion ignée. L'oxyde de fer, comme l'a indiqué M. Ralston (5), se contracte alors et se dépose à l'état anhydre. Il paraît même

(1) Pauli (Ph.), *Dingl. Pol. Journ.*, CLXI, 129.

(2) Pauli (Ph.), *Proceedings of the Manchester Lit. and Phil. Society*, session de 1861-62, n° 9.

(3) Ordway, *Sillim. Am. Journ.*, nov. 1858.

(4) *On the recent Progress and present condition*, etc., p. 113.

(5) Ralston (W. H.), brevet n° 2861, novembre 1860; *Rep. pat. inv.* Juin 1861, 496.

que l'alumine est complétement éliminée à l'état de silicate alcalin (M. Pauli), insoluble et cristallin, phénomène qui offre un intérêt tout particulier au chimiste analyste.

Lorsque la soude caustique est assez concentrée pour contenir 60 pour 100 de soude anhydre, on la coule dans des barils en feuilles de tôle très-minces et dont les assemblages sont lutés avec du plâtre. Dans cet état, on l'exporte en quantités considérables en Amérique et en Australie. En Angleterre même, l'emploi de la soude caustique fondue, qui ne nécessite aucune caustification et qui produit une lessive caustique au moyen d'une simple redissolution, devient rapidement plus général. Il paraît qu'elle est employée en grande quantité par les manufacturiers anglais qui utilisent la paille pour la fabrication du papier. La soude caustique solide est d'un usage très-commode pour les fabricants qui n'emploient que de faibles quantités de lessive caustique, puisqu'elle dispense de l'opération de la caustification, si ennuyeuse et si pénible, quand on n'opère que sur de petites quantités de carbonate de soude. Généralement cependant on préfère encore à la soude caustique solide la solution moyennement concentrée, qu'on transporte dans de grands vases en fer.

L'Exposition offre de très-beaux échantillons de soude caustique fondue, fabriquée d'après le procédé que nous venons de décrire; il y en a qui sont parfaitement blancs, tandis que d'autres ont tout au plus une teinte légèrement verdâtre ou jaunâtre. Quelques fabricants ont même exposé des cristaux très-beaux de soude caustique plus hydratés que ne l'est le produit fondu. Ces cristaux qui constituaient jadis des échantillons rares des laboratoires chimiques, sont maintenant des produits industriels ordinaires.

On fabrique actuellement dans le Lancashire le sel de soude et la soude caustique dans la proportion de 19 à 1. La production de cette dernière est évidemment limitée par celle du sel de soude, à moins cependant qu'on n'aitrecours au procédé de caustification par la chaux vive.

Telle est l'esquisse rapide du mode actuel de la fabrication de la soude d'après le procédé Leblanc. Tous les efforts tentés en Angleterre, pour y substituer un meilleur n'ont abouti, comme le déclare M. Gossage qu'à dépenser inutilement beaucoup d'argent. Mais cette remarque parfaitement juste en ce qui concerne les pays placés dans une position industrielle comme celle de l'Angleterre, peut cesser d'être applicable à des circonstances essentiellement différentes. Dans ce cas, la production de la soude par des procédés autres que celui de Leblanc, même en partant d'une autre source que le sel marin, peut devenir une opération rationnelle et même lucrative. Il convient donc, comme dans le cas de l'acide sulfurique, de passer rapidement en revue les principaux procédés qui, pendant la dernière décade, ont été proposés et même essayés pratiquement dans le but de remplacer le procédé Leblanc. Souvent ces méthodes, dont le nombre indique suffisamment la vitalité et l'importance de l'industrie sodique, reposent sur des principes nouveaux, qui tous présentent de l'intérêt, et si nul ne possède une utilité immédiate, du moins quelques-uns sont susceptibles d'être adoptés plus tard dans la pratique industrielle.   P. KOPP.

(La suite au prochain numéro.)

LE NOIR D'ANILINE.

Par E. KOPP.

Cette nouvelle couleur, dérivée de l'aniline, a causé à son apparition une assez grande sensation parmi les fabricants de toile peinte, non-seulement parce qu'on était disposé à accueillir favorablement toutes les nouvelles applications de matières colorantes artificielles, surtout lorsqu'elles se présentaient sous le patronage de l'aniline, mais encore parce que le noir d'aniline est un noir d'application réellement remarquable par la beauté de sa nuance et par sa grande solidité. Son emploi ne s'est cependant pas généralisé, et nous devons même constater que, dans ces derniers temps, on a un peu renoncé à l'application du noir d'aniline; la cause de cet insuccès, qui probablement n'est que passager, ne réside point dans la couleur elle-même, mais dépend plutôt des irrégularités nombreuses et non encore expliquées qui ont été observées pendant les opérations nécessaires pour la production de la couleur, et surtout de l'effet souvent fâcheux qui en est résulté pour la solidité de la fibre végétale, qui trop fréquemment a été attaquée et brûlée.

Le noir d'aniline est très-probablement le résultat de la production simultanée de vert foncé et de violet foncé d'aniline sur la toile, et ce sont par conséquent les trois couleurs, rouge, jaune et bleue, qui concourent ensemble à sa formation, comme cela s'observe du reste pour la plupart des autres noirs véritables. En effet, pour produire des impressions de noir d'aniline sur calicot, on procède de la manière suivante :

On commence par préparer de l'empois d'amidon (2,250 centimètres cubes d'eau et 275 grammes d'amidon), et l'on y fait dissoudre à chaud du sulfate de cuivre et du chlorate de potasse (56 grammes de chacun de ces sels). On remue constamment jusqu'à refroidissement complet, et l'on ajoute alors à la couleur de l'hydrochlorate d'aniline cristallisé (175 grammes). On imprime et on fait sécher, mais en ayant soin de ne pas employer une chaleur trop forte pour ménager le tissu, qui sans cela serait attaqué profondément.

Les toiles sont ensuite suspendues à l'étendage d'oxydation (*ageing room*), c'est-à-dire dans un local humide chauffé à environ 30° centigrades.

On les y laisse pendant trente-six à quarante-huit heures. On les fait ensuite passer dans un bain de bichromate de potasse (renfermant un peu moins de 6 pour 100 de sel de chrome); on les suspend dans de l'eau courante et on les lave.

On peut, à la rigueur, se passer du bain de chromate.

Le noir d'aniline ainsi obtenu résiste parfaitement aux lavages et aux avivages, et ne redoute nullement sous ce rapport la comparaison avec le noir de garance ou de garancine à base de pyrolignite de fer. Lorsque l'opération a bien réussi (ce qui malheureusement n'est pas toujours le cas), il présente un aspect velouté très-agréable.

Les difficultés principales que présente ce genre de fabrication sont les suivantes :

La couleur attaque les rouleaux et les racles, se fixe irrégulièrement, produisant sur la même pièce des noirs de nuances très-diverses, et, à moins de précautions particulières, affaiblit le tissu.

En outre, le noir d'aniline ne se prête guère à produire des contours (une des applications les plus fréquentes du noir), la couleur étant réservée par presque toutes les autres couleurs et même par des épaississants seuls, surtout par la léiogomme, la dextrine, l'amidon grillé.

On a également remarqué que le noir d'aniline modifiait d'une manière désavantageuse la nuance du cachou, qui de jaune brunâtre devient brune rougeâtre, et ternit même la teinte du rouge garancine.

Ce dernier effet paraît provenir, d'après l'opinion de fabricants habiles, de l'action corrosive exercée par le noir d'aniline sur les rouleaux en cuivre.

Pour remédier à quelques-uns de ces inconvénients, on peut modifier le procédé de la manière suivante :

On commence par plaquer la toile avec une solution faible de chlorate de potasse renfermant, suivant les genres, de 2 à 4 grammes de sel par litre d'eau; on ajoute en même temps une certaine quantité d'arsénite de soude (la quantité d'arsénite de soude sec en solution est ordinairement un peu plus forte que celle du chlorate de potasse). On fait sécher et on imprime la couleur d'aniline épaissie, renfermant par litre environ 70 grammes d'hydrochlorate d'aniline sec et moitié autant de chlorate de potasse et de chlorure ferreux.

En opérant de cette manière, on est dispensé de l'emploi du sel de cuivre.

Le chlorure ferreux, qui, par oxydation, passe à l'état de chlorure ferrique basique, mais qui malgré cela possède un caractère acide et est capable de réagir sur le sel d'aniline, joue évidemment le rôle que remplissait le sulfate de cuivre d'après l'autre mode de fabrication.

Les toiles imprimées de cette manière passent d'ailleurs par les mêmes opérations et exigent les mêmes précautions; elles sont un peu moins facilement attaquées, et quelques genres, comme, par exemple, le violet et noir, semblent d'une réussite un peu plus facile.

Le noir d'aniline nous paraît être une nuance nouvelle produite par la combinaison de deux réactions connues, celles des sels de cuivre et du chlorate de potasse sur un sel d'aniline.

Les sels de cuivre, et surtout de chlorure cuivrique, en présence d'un sel d'aniline donnent naissance à du violet d'aniline. Ce procédé a même été patenté en Angleterre par MM. Dale et Caro (*Monit. scientif.*, 1861, p. 250), et s'exécute de la manière suivante : on dissout 1 équiv. de sulfate d'aniline dans l'eau, on y ajoute une solution de 6 équiv. de chlorure double de cuivre et de sodium, c'est-à-dire 6 équiv. de chlorure de cuivre et 6 équiv. de sel marin, puis on porte le tout à l'ébullition. Il se forme un précipité abondant, qu'on recueille sur un filtre et qu'on lave pour enlever le sel de cuivre en excès. On fait ensuite sécher le précipité et on l'épuise par de l'alcool faible de 0.95 pes. spécifique. Les teintures alcooliques sont distillées pour recouvrer l'alcool; au résidu, on ajoute un alcali (de la soude) pour précipiter de nouveau la matière colorante, qui est lavée jusqu'à ce que l'alcali soit enlevé en majeure partie, et la pâte restante est livrée à l'industrie ou est de nouveau dissoute dans l'alcool assez concentré. De notables quantités de violet d'aniline ont été préparées par ce procédé.

Pendant la réaction, une partie du cuivre est réduite à l'état métallique.

Il est bien évident que dans la couleur par le noir d'aniline les conditions pour la formation du violet d'aniline se trouvent realisées; car un mélange de sulfate d'aniline et de chlorure cuivrique revient, à peu de chose près, à un mélange de sulfate de cuivre et d'hydrochlorate d'aniline, puisque des doubles décompositions peuvent s'effectuer au sein des solutions du mélange de ces sels.

Dans la recette pour le noir d'aniline, on voit qu'on n'emploie pas un si grand excès de sel cuivrique proportionnellement au sel d'aniline comme cela a lieu pour la préparation du violet d'aniline, et, en outre, le sulfate cuivrique paraît agir d'une manière plus lente et plus graduée que le chlorure cuivrique.

Du reste, le sulfate cuivrique peut être remplacé par d'autres sels de cuivre à acides énergiques (même par l'acétate); il faut seulement éviter l'emploi du chlorure cuivrique en présence surtout d'hydrochlorate d'aniline, puisque la précipitation de la matière colorante dérivée de l'aniline pourrait avoir lieu trop rapidement déjà dans la couleur avant son impression sur la toile.

Il nous reste encore à parler de l'influence du chlorate de potasse.

Des expériences faites par M. Willm, par nous-mêmes (*Recherches sur les matières colorantes dérivées du goudron*, par E. Kopp) et par M. Calvert (patente sur l'éméraldine et l'azurine; voyez *Monit. scientif.*, 1861, p. 75-77 et p. 249), ont montré qu'un mélange de chlorate de potasse et d'un sel d'aniline, surtout sous l'influence d'un petit excès d'acide, donnait peu à peu naissance à une matière colorante verte noirâtre, d'une nuance assez foncée. Cette matière verte passe au bleu terne sous l'influence des alcalis.

Or, les sels de cuivre possédant toujours une réaction franchement acide, les conditions de formation du vert noirâtre d'aniline se trouvent réalisées dans la recette pour le noir d'aniline, d'autant plus que, l'oxyde de cuivre se trouvant réduit, au moins en partie, à l'état métallique dans la réaction qui donne naissance au violet d'aniline, l'acide qui était combiné avec lui se trouve mis en liberté.

C'est même probablement là la cause de l'attaque si forte des rouleaux et des râcles par la couleur du noir d'aniline, puisque l'acide sulfurique ou l'acide chlorhydrique mis en liberté, s'emparant de la potasse du chlorate, mettent à leur tour l'acide chlorique en liberté, lequel agit comme un chlorurant et un oxydant des plus énergiques.

L'oxyde de cuivre joue du reste également un rôle non encore défini dans la production du noir d'aniline; car, en brûlant un petit morceau d'étoffe teinte avec cette couleur, humectant les cendres avec une goutte d'acide sulfurique ou chlorhydrique, et appliquant le tout sur une plaque de fer polie, celle-ci se recouvre immédiatement d'un fort enduit de cuivre caractéristique.

Le noir d'aniline a été l'objet d'un brevet en France.   E. Kopp.

SUR LES COULEURS DÉRIVÉES DU GOUDRON DE HOUILLE.
Note pour servir à l'histoire des découvertes scientifiques.

Par M. le docteur F.-F. Runge,
Professeur de technologie à Oranienbourg.

Avant de se séparer, nous apprend M. Runge, le jury de l'Exposition de Londres de 1862 lui a accordé, à l'*unanimité*, une médaille de mérite, en souvenir de ses découvertes méconnues, quand il les a publiées, et qui, aujourd'hui, reçoivent un éclatant témoignage de leur valeur.

C'est pour expliquer la distinction dont il a été l'objet que M. Runge a écrit ce court historique dans cette lettre, qu'il a distribuée à ses amis et à tous céux qu'il a pensé que cet historique intéresserait. Cette notice n'a donc été publiée dans aucun recueil, c'est une simple feuille volante en langue allemande que nous avons reçue ces jours-ci, et que nous avons prié M. Radau de vouloir bien nous traduire religieusement, désirant par cette publication témoigner de notre sympathie pour l'auteur, que nous nous rappelons fort bien avoir vu à Paris plusieurs fois en 1823, alors que plein d'ardeur pour les sciences, et pour la chimie en particulier, il venait puiser, auprès des savants de notre pays, ce feu sacré que la France seule sait donner.   Dr Q.

Sachant que l'effet ordinaire du chlore sur les substances d'origine végétale ou animale est d'en détruire les couleurs, ou de les blanchir, je ne fus pas médiocrement surpris en rencontrant, pour la première fois, un corps sur lequel le chlore agissait comme chromatogène, en donnant naissance à une véritable matière colorante.

C'est ce qui m'arriva avec l'huile de goudron de houille, que j'essayai de débarrasser de son odeur désagréable en l'agitant avec une solution de chlorure de chaux (hypochlorite de chaux). L'odeur resta; mais la solution limpide de chlorure de chaux, qui se déposa quand le mélange avait été quelque temps en repos, prit, à mon grand étonnement, une teinte vigoureuse bleu foncé, celle de l'ammoniure de cuivre.

C'était un indice de l'existence d'un principe nouveau, encore inconnu. Ayant poursuivi mes recherches, je trouvai que cette substance pouvait s'extraire de l'huile de goudron au moyen des acides; qu'étant isolée, elle prenait la forme d'un liquide incolore huileux, mais doué de propriétés basiques et donnant, avec les acides, des sels blancs qui tous, sous l'action d'une solution de chlorure de chaux, se coloraient toujours en violet. C'est pour cette raison que je donnai le nom de *kyanol* (*blauœl*) à ce principe, dont je décrivis les principales propriétés chimiques dans les *Annales de Poggendorff*. Je n'en citerai que les suivantes, comme nous intéressant plus particulièrement : le chlorure de chaux transforme le kyanol en un acide rouge qui se combine avec certaines bases, en donnant naissance à une couleur bleue. C'est ainsi que la solution chlorure de chaux a pour effet, comme nous l'avons déjà dit, de produire avec le kyanol un violet magnifique, qui, sous l'action des acides, passe au ponceau.

D'autres chlorures produisent avec le kyanol des couleurs différentes. Ainsi, lorsqu'on ajoute du chlorure de cuivre au nitrate de kyanol, sur une plaque de porcelaine chauffée à 100° centigrades, on voit naître une couleur vert foncé tournant au noir. La matière colorante contenuë dans cette combinaison diffère essentiellement de celle dont il vient d'être question.

L'action du chlorure d'or est encore plus frappante. Sur une plaque de porcelaine à 100° centigrades, enduite de chlorure d'or, une goutte de kyanol aqueux produit instantanément une tache pourprée à bords bleus. Une solution de chlorure d'or étant chauffée avec un excès d'une solution aqueuse de kyanole, il se forme un liquide rouge de pourpre, que les bases ne colorent pas en bleu. Le principe colorant est donc encore ici différent de celui qui se forme sous l'action du chlorure de chaux.

Mais le chlore et ses combinaisons ne sont pas les seuls agents qui puissent transformer le kyanol ; les combinaisons de l'oxygène produisent aussi cet effet. C'est surtout l'acide chromique, dont l'action est très-remarquable. Une goutte d'une solution hydrochlorique de kyanol, placée sur une plaque de porcelaine à 100°, enduite de chromate rouge de potasse, produit une tache très-noire, qui renferme un principe colorant rouge.

L'hydrochlorate de kyanol, étant imprimé sur du coton coloré par le *chromate de plomb*, produit, dans l'espace de douze heures, des dessins verts qui résistent au lavage.

Même sans avoir subi préalablement l'action du chlore ou de l'oxygène, le kyanol peut produire des couleurs avec le concours d'un acide, mais seulement sur certaines substances déterminées. Ainsi, on avait versé par mégarde un peu d'une solution d'oxalate de kyanol sur divers morceaux de bois et d'étoffe. La plupart de ces objets ne se montraient que simplement mouillés, mais je vis avec étonnement que le bois de pin et la moelle de sureau avaient pris une couleur jaune foncée. Le papier, la toile, le coton, la soie et divers bois étaient restés incolores.

En examinant la cause de la coloration du bois de pin, je trouvai qu'elle réside dans un principe particulier contenu dans ce bois. Comme très-digne d'attention, je dois faire remarquer que cette combinaison jaune du kyanol n'est point blanchie par le chlore, et que sa vertu colorante est telle que 20 pieds carrés (2 mètres carrés) de bois de pin furent colorés en jaune foncé par 1 grain (60 milligrammes) d'oxalate de kyanol. C'est ce qui a été constaté par l'expérience suivante. 1 grain d'oxalate de kyanol fut dissous dans 800 grains d'eau ; puis on y introduisit 1,000 grains de copeaux très-fins, et on les vit se teindre en jaune foncé. Or, 1 pied carré de ces copeaux ne pesant pas plus de 100 grains, on en avait donc teint des deux côtés environ 10 pieds carrés avec 1 grain d'oxalate de kyanol.

J'ai publié ces faits remarquables, avec une série d'autres relatifs à l'acide carbolique (acide phénique) et à divers principes découverts par moi dans le goudron de houille, dans les *Annales de Poggendorff*, année 1834. Ils étaient assez frappants pour exciter une certaine sensation parmi les chimistes ; mais la plupart refusèrent d'y croire. M. Reichenbach, en Moravie, chimiste de mérite, à qui nous devons la découverte du créosote et de la paraffine, se laissa aller, dans son zèle aveugle, jusqu'à imprimer un grand mémoire où il prétendait prouver la nullité de mes découvertes. Je ne me fis pas faute de lui répondre comme il fallait. Mais tout cela n'aboutit à rien, et je ne réussis pas alors à faire accepter mes idées par le public.

Enfin, dix ans plus tard, M. A.-W. Hoffmann vint prouver, dans un écrit intitulé : *Analyse chimique des bases organiques contenues dans l'huile de goudron de houille* (Giessen, 1843), que toutes mes observations relatives à ce nouveau principe colorant étaient parfaitement exactes, et il y ajouta lui-même des faits nouveaux.

Cet incident attira de nouveau mon attention sur un sujet que j'avais fini par abandonner à peu près entièrement, et comme je n'avais pas de doute sur son importance industrielle, je fis à la Chambre royale de commerce maritime, dont j'administrais alors la fabrique de produits chimiques à Oranienbourg, la proposition de traiter le goudron de houille en vue d'obtenir toutes ces matières nouvelles que je spécifiai, et de les exploiter sur une grande échelle. *Tous mes efforts échouèrent devant le rapport d'un employé ignorant.* Il m'arriva ici ce qui m'est arrivé aussi avec mes bougies de tourbe et de lignite (paraffine), dont j'adressai des échantillons par livres, mais sans succès aucun. Aujourd'hui elles sont un article de commerce.

Dans ces derniers temps, enfin, la découverte en question a fait aussi le chemin qu'elle devait faire, et elle a obtenu un succès immense. Différents chimistes ayant déjà montré la manière de préparer le kyanol par d'autres méthodes et lui ayant donné les noms d'aniline et de benzidam (?), l'Anglais Perkins réussit à le retirer, lui-même et les matières colorantes qu'il fournit, de l'huile légère de goudron de houille, au moyen de l'acide nitrique et de quelques autres réactifs, en quantités si considérables que ces matières sont devenues un article de commerce.

Aujourd'hui, M. Perkins offre aux regards du public de l'Exposition de Londres un bloc cylindrique de la matière colorante du kyanol (ou de l'aniline, comme on l'appelle à présent) haut de 50 centimètres et large de 23, provenant du traitement de 2,000 tonneaux de houille. Ce bloc de matière colorante suffirait pour teindre 500 kilomètres de soie, d'après le rapport d'un journal; évaluation qui ne paraîtra pas exagérée, si on se rappelle la vertu tinctoriale du kyanol observée par moi sur du bois de pin.

Voilà où nous a conduits cette découverte, dont les débuts ont été si chétifs quand elle s'est produite entre mes mains, il y a vingt-huit ans!

Les jurés de l'Exposition, qui viennent de quitter Londres, se sont rappelé mes découvertes antérieures, et m'ont accordé à l'unanimité la médaille de mérite.

Il est très-heureux que la nouvelle de mon succès m'ait encore trouvé vivant.

HYGIÈNE PUBLIQUE.

EMPLOI DU PERMANGANATE DE POTASSE DANS LE TRAITEMENT DU CANCER UTÉRIN
DANS LES COLLECTIONS PURULENTES FÉTIDES POUR ENLEVER AU PUS SA FÉTIDITÉ.

Par M. DEMARQUAY.

Les divers désinfectants employés jusqu'à ce jour sont loin d'avoir rendu les services qu'on aurait pu espérer d'eux; la difficulté de leur emploi pour quelques-uns, le peu d'action des autres sur les matières odorantes, ont prouvé qu'il y avait encore beaucoup de recherches à faire sur ce point.

M. Demarquay, dans un récent voyage à Londres, avait été frappé de l'action désinfectante du permanganate de potasse employé par certains chirurgiens anglais. Aussi, de retour à Paris, institua-t-il, dans son service à la Maison de santé, diverses expériences capables de démontrer le degré d'action de cet agent thérapeutique; ce sont ces expériences que je veux faire connaître pour montrer l'utilité incontestable du permanganate de potasse dans 1° les cancers cutanés; 2° les cancers utérins; 3° dans les abcès profonds et gangréneux; 4° sur les plaies superficielles; 5° en contact avec le pus infect; 6° après les autopsies, pour enlever l'odeur infecte qu'apportent les examens nécroscopiques et les dissections; 7° dans l'ozène.

Le permanganate de potasse est un agent chimique du règne minéral. On l'emploie à l'état liquide; il peut donc s'appliquer dans tous les cas, et se manier plus facilement que sous la forme solide ou gazeuse; il est sans odeur, sans saveur; sa couleur est d'un beau violet. Il ne tache ni ne brûle les divers linges à pansement, ne salit ni n'irrite les plaies, ne provoque pas d'exhalation sanguine; en un mot, il n'entrave en rien les modifications des surfaces suppurantes marchant vers la cicatrisation. Sa valeur vénale est minime, ce qui le rend encore préférable à d'autres désinfectants.

Emploi du permanganate de potasse dans les cancers. — Une dame âgée de cinquante-deux ans entre à la Maison de santé, dans le service de M. Demarquay, le 11 août 1862. Cette dame se présente avec tous les signes d'une anémie des plus avancées. Cette anémie est le résultat d'un écoulement abondant et fétide, sortant de la vulve ; l'odeur qui s'en exhale poursuit constamment la malade.

M. Demarquay prescrit pour la première fois trois injections de permanganate pour la journée avec :

Permanganate de potasse............... 5 grammes.
Eau ordinaire......................... 100   —

Le lendemain à la visite, la mauvaise odeur n'ayant pas encore disparu, on augmente les doses :

Permanganate........................ 10 grammes.
Eau................................. 100   —

Cette dame éprouve un soulagement sensible ; l'odeur persistant toujours un peu, on fait des injections avec :

Permanganate de potasse............... 15 grammes.
Eau................................. 100   —

La mauvaise odeur est à peine sensible ; on continue les injections avec :

Permanganate de potasse............... 15 grammes.
Eau................................. 100   —

Avec cette quantité, l'odeur disparaît entièrement. La malade se trouve très-satisfaite d'être débarrassée de cette odeur, qui excitait les plaintes de ses voisins.

Dans plusieurs autres observations de ce genre que j'ai recueillies, les résultats sont identiques à la précédente.

Emploi du permanganate de potasse en injection dans les abcès profonds. — Le 25 août 1862, est entré à la Maison de santé un jeune homme de vingt ans, se plaignant de douleurs vives occcupant la fosse illiaque interne.

M. Demarquay ouvrit un abcès, et immédiatement jaillit un flot de pus très-fétide et de mauvaise nature ; on fit une injection avec :

· Permanganate de potasse............... 25 grammes.
Eau................................. 100   —

Dans ce cas, nous avons reconnu que le permanganate avait la puissance d'enlever instantanément la mauvaise odeur du pus, de rendre louable et de bonne nature le pus sanieux et fétide comme celui qui se forme aux environs du canal intestinal, l'anus, le cœcum, le côlon.

Des effets du permanganate de potasse sur les plaies. — Il était curieux de connaître l'action du permanganate sur les plaies. Nous sommes heureux de dire que l'observation vient chaque jour ajouter de nouveaux faits en sa faveur, par l'importance et la diversité des plaies auxquelles il s'adresse toujours avec une supériorité incontestable, en produisant des effets inespérés. Je ne puis en parler que d'une manière générale, ne voulant pas trop étendre ces observations.

Une dame entra à la Maison de santé ayant une large plaie au sein gauche ; M. Demarquay la fit panser avec le permanganate afin d'enlever l'odeur forte et putride ; le pus était assez abondant dans une plaie aussi profonde et aussi étendue en largeur ; on fit le pansement avec de la charpie trempée dans la solution suivante :

Permanganate de potasse............... 25 grammes.
Eau................................. 100   —

Nous devons noter ce fait, c'est que dès l'instant où fut employé ce solutum la plaie changea d'aspect et le pus devint louable ; la mauvaise odeur disparut en totalité ; la malade, fort susceptible du reste, accusait un peu de douleur, ou plutôt une sensation de cuisson, lors de l'application du permanganate, mais ce phénomène n'avait qu'une courte durée.

Nous avons beaucoup d'observations de ce genre dans lesquelles il a suffi d'arroser et de laver la surface de certaines plaies tous les matins avec cet agent pour faire disparaître complétement la mauvaise odeur, et parfois avec une grande rapidité, comme le prouve l'observation suivante :

Un malade était atteint d'un vaste érysipèle gangréneux, occupant toute la région abdominale droite, et répandant une odeur des plus nauséabondes; nous avons employé le permanganate de potasse ; des incisions venaient d'être pratiquées sur toutes les parties mortifiées et avaient donné issue à une grande quantité de sérosité infecte. Un seul lavage avec une solution de permanganate (25 grammes ; eau, 100) a immédiatement fait disparaître la mauvaise odeur ; deux heures après, elle se reproduisait, mais moins forte; nouveaux lavages, nouvelle disparition de l'odeur; les lavages ont été continués jusqu'au moment de la mort, qui est survenue le lendemain.

Des modifications que subit le pus fétide en présence du permanganate de potasse. — Le permanganate est un antiputride qui neutralise la fermentation putride, enlève la mauvaise odeur du pus instantanément comme celui qui se développe au voisinage du tube intestinal; nos expériences à ce sujet sont venues confirmer nos observations.

J'ai recueilli dans deux flacons à large ouverture 100 grammes de pus infect; l'un des flacons a été additionné de 50 grammes de permanganate pur; cette petite quantité a suffi pour enlever complétement la mauvaise odeur. Le mélange de permanganate et de pus se fait sans apparence de coagulation, en agitant avec une baguette. Le liquide prend une teinte acajou foncée. Nous avons constaté que ce mélange, quoique exposé à l'air, à la température ordinaire, n'avait contracté aucune mauvaise odeur; sa réaction était alcaline au papier de tournesol, et ne renfermait aucune trace d'ammoniaque.

Ce mélange est resté quinze jours dans une stabilité absolue : aucun signe de fermentation n'a eu lieu. Dans cette expérience l'agitation du mélange a suffi pour faire disparaître, comme nous l'avons dit, la mauvaise odeur, et en même temps pour montrer que le permanganate entre finalement en combinaison et se décolore peu à peu, à mesure qu'il contracte une autre forme chimique.

Le second flacon, placé comparativement dans les mêmes circonstances, sans y ajouter de permanganate, avait, au bout de vingt heures, une odeur insupportable et une alcalinité prononcée. Le papier de sous-acétate de plomb décela la présence de l'acide sulfhydrique. Voulant immédiatement faire connaître les faits principaux, je n'ai pu me livrer à une étude plus approfondie; plus tard, il sera intéressant de chercher à connaître sur quels principes le permanganate porte plus spécialement son action.

Guérison de l'ozène par les injections de permanganate de potasse. — Cet agent énergique ne perd pas de sa puissance devant les cas pathologiques les plus rebelles. M. le docteur Bourdon, médecin de la Maison de santé, a eu dans sa pratique particulière un cas d'ozène qu'il a merveilleusement combattu avec les injections de permanganate de potasse. (*Gaz. des Hôp.*, 7 mars 1863.) M. le docteur Oliffe a observé un cas semblable.

Conclusions. — On doit préférer le permanganate de potasse aux autres désinfectants, parce que :

1° Il peut s'appliquer dans toutes les circonstances ;

2° Il n'irrite pas les plaies ;

3° Il ne tache ni ne brûle les linges ;

4° Enfin, la valeur minime de ce désinfectant et la facilité de s'en procurer sont encore un avantage qui plaide en sa faveur.

Préparation du permanganate de potasse. — Quand on calcine assez fortement un mélange de peroxyde de manganèse et de potasse hydratée, soit au contact de l'air, soit avec du nitre, on obtient l'acide permanganique (Berzélius).

On doit à MM. Wœhler et Grégory un procédé qui permet d'obtenir avec facilité de grandes quantités de permanganate pur.

On mélange intimement quatre parties de peroxyde de manganèse et trois parties et demie de chlorate de potasse; on ajoute au mélange cinq parties de potasse caustique, dissoutes dans une petite quantité d'eau; on fait sécher la masse, qu'on pulvérise de nouveau, et qu'on maintient au rouge sombre pendant une heure dans un creuset de terre.

La masse refroidie est traitée à plusieurs reprises par une grande quantité d'eau, et la dissolution ainsi obtenue est abandonnée au repos ou filtrée sur du verre pilé; il ne reste plus qu'à la concentrer suffisamment pour qu'elle dépose, au bout d'un certain temps, de beaux cristaux de permanganate de potasse. La concentration du permanganate de potasse doit être opérée à une température aussi basse que possible, pour éviter la décomposition de ce sel par la chaleur.

M. Mitscherlich a fait voir qu'il suffit d'une température de plus de 30 à 40 degrés pour le transformer en oxygène qui se dégage, et en hydrate de peroxyde de manganèse, qui se précipite.

Permanganate liquide. — A la Maison de santé, sous la direction de M. Leconte, on prépare le permanganate de potasse liquide de la manière suivante.

On prend :

Potasse caustique......................	25 grammes.
Chlorate de potasse..................	20 —
Bi-oxyde de manganèse..............	20 —

On fait dissoudre la potasse caustique et le chlorate de potasse dans une petite quantité d'eau, et on ajoute le bi-oxyde de manganèse.

On évapore a siccité, en ayant soin d'agiter constamment; on calcine ensuite la masse au rouge sombre, pendant une heure, dans une petite capsule de fer non émaillée, et, après avoir laissé refroidir, on ajoute environ 1 litre d'eau ordinaire; on fait bouillir le mélange cinq minutes dans une capsule de porcelaine. Le liquide présente alors une teinte rouge, légèrement violacée, bien franche; on enlève alors, après repos convenable, le liquide par décantation, et on lave peu à peu le résidu avec une quantité d'eau suffisante pour que, réunies à la première liqueur, les eaux de lavage forment 2 litres.

Ce liquide est alcalin et se décompose au contact des matières organiques; aussi faut-il éviter de le filtrer avec du papier. Dans le cas où l'on voudrait filtrer le liquide, il faudrait faire usage d'un entonnoir dont la douille serait garnie d'un tampon d'amiante ou d'un filtre de sable bien pur. C'est ce liquide qui, mêlé à la dose de 15 à 20 grammes d'eau, sert dans le pansement des plaies et en injections pour combattre la mauvaise odeur.

Nous avons donc raison de dire que sa valeur est minime. Le permanganate de potasse, tel que le commerce le fournit, est en paillettes cristallines d'une couleur rouge intense : elles paraissent noires, avec un reflet vert métallique; mais leur poudre est d'un rouge purpurin foncé. Exposés à l'air, les sels du permanganate deviennent ordinairement d'un bleu d'acier foncé, sans éprouver d'autre altération; en se dissolvant, ils communiquent à l'eau une très-belle couleur purpurine : très-peu de sel suffit pour donner une forte teinte rouge à une grande quantité d'eau.

La moindre quantité d'une substance organique qu'on ajoute à la dissolution de ce sel dans l'eau suffit pour réduire l'acide permanganique. L'hydrate de peroxyde se précipite, et la liqueur devient verte ou incolore, selon les circonstances. Les dissolutions ne tardent pas à perdre leur contenu en acide permanganique par la poussière que le hasard y fait tomber.

On peut dire encore que la chimie présente peu de corps qui offrent dans leurs propriétés des conditions plus énergiques que le permanganate de potasse, et qui soient plus intimement liés à ceux qui se rapportent à son action, comme désinfectants. Les beaux travaux de **MM.** Frerichs, Virchow et Staedeler prouvent encore que cet agent est doué d'une grande puissance d'action oxydante.

Application du permanganate de potasse. — La solution de permanganate de potasse employée par M. Demarquay à la Maison de santé, est la suivante :

> Permanganate de potasse cristallisé...   10 grammes.
> Eau ordinaire.....................   1000

Il suffit de prendre de 15 à 20 grammes de cette solution et d'y ajouter 100 grammes d'eau ; pour plus de facilité, on prend 2 grammes de permanganate de potasse cristallisé pour 1,000 grammes d'eau : on obtient ainsi un liquide parfaitement désinfectant, pouvant s'appliquer dans toutes les circonstances. A cette dose, sa valeur vénale est minime.

Son application est très-facile. En injections, on se sert indistinctement d'une seringue de verre ou de métal, comme, par exemple, dans le cancer utérin.

La solution pour le pansement des plaies est la même : 2 grammes de permanganate de potasse cristallisé pour 1 litre d'eau. L'application se fait au moyen d'un pinceau à lavis ; le pinceau d'amiante est préférable, il n'est pas altéré par le permanganate.

A la Maison de santé, M. Demarquay a toujours employé la charpie ; mais la charpie a l'inconvénient de retenir dans ses pores une grande quantité d'air ; ce fluide se dilate par la chaleur du corps, et, se raréfiant de plus en plus, laisse des vides qui se remplissent d'air ambiant. On admet que les substances. à la composition normale et salubre de l'air, s'y trouvent dans le même rapport ; il est pleinement démontré que les êtres qui altèrent l'air d'une manière progressive décolorent et décomposent indispensablement et nécessairement une partie du permanganate employé. Dans les cas où l'on veut obtenir des effets plus énergiques, l'appplication doit se faire au moyen d'amiante imbibé de la solution, qu'on applique en couches minces sur la surface ulcérée, et qu'on peut laisser plusieurs heures en place.

Enfin, je signalerai en terminant l'emploi efficace que l'on peut faire du permanganate de potasse dans cette affection si commune et si gênante, l'odeur produite par la sécrétion qui s'exhale des pieds. Des lavages fréquemment répétés, c'est-à-dire deux fois par jour, avec 15 grammes de permanganate liquide et 100 grammes d'eau, suffisent pour cacher cette infirmité. (Nous ajouterons aussi la sueur des aisselles, dont l'odeur est quelquefois très-forte. D^r Q)

En résumé, le permanganate de potasse cristallisé s'emploie à la dose de 1 gramme 60 centigrammes à 2 grammes pour 1 litre d'eau ordinaire ; le permanganate de potasse liquide à la dose de 15 à 20 grammes pour 100 grammes d'eau.

Quelques injections ou lavages faits avec ces liquides suffisent, lorsqu'ils sont bien faits, pour enlever l'odeur si désagréable :

1° Des cancers cutanés ;
2° Des cancers utérins ;
3° Des abcès profonds ;
4° Des plaies superficielles ou profondes ;
5° De l'ozène ;
6° Du pus infect ;
7° Pour enlever aux mains l'odeur infecte qu'apportent les examens nécroscopiques,
8° L'odeur si gênante des pieds (et des aisselles).   Sicard

On pourra se procurer, à notre maison, rue de la Verrerie, 55, des petits flacons contenant 2 grammes de permanganate de potasse cristallisé, dose suffisante pour 1 litre d'eau. Il n'y aura d'autre préparation à faire que de jeter le contenu du flacon dans 1 litre d'eau filtrée.

Le sel se dissout a l'instant même en agitant. Prix du flacon du sel cristallisé : 1 fr. 50 c., verre compris. (On reprend le vase pour 20 centimes.)

Le prix de la solution contenant 2 grammes de permanganate pour 1 litre d'eau est également de 1 fr. 50 c. le litre, verre compris. (On reprend le vase pour 20 centimes.)

Il est inutile, on le comprend, d'expédier la solution que tout le monde peut si facilement faire soi-même.   Dʳ Q.

RÉSULTATS SCIENTIFIQUES DES ASCENSIONS EN BALLON.

Mémoire lu à l'Institution royale

Par M. JAMES GLAISHER.

Dans l'introduction de son discours, M. Glaisher a donné une histoire abrégée de l'aérostatique depuis l'invention des Montgolfières, en 1782, jusqu'au temps présent (1). Il y a parlé de la découverte que Cavendish fit en 1776, à savoir que le gaz hydrogène est dix fois plus léger que l'air ordinaire, ce qui fit penser immédiatement au docteur Black, d'Édimbourg, qu'un ballon rempli d'hydrogène devrait s'élever en l'air ; idée qui ne fut mise à exécution que plusieurs années plus tard, quand le succès des aérostats à air chaud était déjà établi par les ascensions hardies de Pilatre de Rozier et du marquis d'Arlandes. M. Glaisher a exposé ensuite les expériences les plus remarquables auxquelles donna lieu l'invention des aérostats proprement dits, et les fantaisies plus ou moins scientifiques ou raisonnées qu'éveilla ce nouveau moyen de navigation aérienne. La première expérience dans un but scientifique a été faite par Boulton, le célèbre compagnon de Watt, le 26 décembre 1784, qui lança un ballon muni d'une mèche et d'une fusée destinée à l'enflammer à une certaine hauteur ; on voulait s'assurer par ce moyen si le roulement du tonnerre est dû à des échos ou à des explosions répétées. Mais le but qu'on s'était proposé d'atteindre fut manqué, grâce à la clameur que produisait la foule de curieux qui assistait à ce spectacle insolite ; on crut seulement remar-

---

(1) M. Glaisher ne paraît pas avoir connu les expériences du célèbre jésuite Barthélémy de Gusmao, qui sont rappelées par M. Turgan dans son petit livre sur les ballons. Voici ce que nous lisons dans la *Biographie universelle :* « Le P. Gusmao construisit un ballon de toile, un peu ouvert circulairement à sa partie inférieure, au-dessous duquel il mit un petit brasier flamboyant. Son expérience ayant réussi, il voulut que les religieux de son couvent fussent témoins de la seconde, qui eut le même succès (ceci se passe à Rio de Janeiro)... La nouvelle de sa découverte faisait le sujet des conversations de la ville de Lisbonne, lorsqu'il y arriva. Il obtint facilement de Jean V la permission de fabriquer un ballon aérostatique de grande dimension ; il le fit lancer dans la place contiguë au palais du roi, qui assista à cette expérience avec sa famille, et au milieu d'une foule immense. Le courageux Gusmao monta sur la machine, qui était retenue par des cordes, et s'éleva dans les airs au grand étonnement des spectateurs. Il était parvenu jusqu'à la hauteur de la corniche du faîte du palais, quand la négligence de ceux qui tenaient les cordes fit frapper fortement le ballon contre la corniche, où il se rompit. La machine commença alors à tomber, mais assez doucement, et de manière qu'il n'arriva aucun mal à l'aéronaute. Cette expérience eut lieu en 1720, et elle fit donner au P. Gusmao le surnom de *Voador* (homme volant). Ce succès l'encouragea, et il promit d'essayer de monter sur un ballon sans le secours des cordes. Il se flattait de pouvoir un jour donner une direction fixe à l'aérostat, afin que sa découverte devînt utile. Mais elle lui fit de puissants ennemis, qui, en calomniant et sa découverte et ses intentions, ameutèrent le peuple et ne cessèrent leurs poursuites que jusqu'à ce que le Père fut traîné dans un cachot... Il mourut de chagrin en 1724. On trouve ces détails insérés dans le *Journal de Murcie* et dans divers mémoires du temps. Ils ont été reproduits ensuite par les *Notizie litterarie di Cremona*, 1784, nº 17, et par le *Journal des Savants*, en 1784... Un frère du P. Gusmao était religieux dans le couvent des Carmes ; le premier lui avait légué ses manuscrits sur l'*Art de construire des machines volantes*... C'est le P. Gusmao auquel on doit la première expérience du ballon aérostatique, que Montgolfier a renouvelée soixante-quatre ans après. »

quer que l'explosion ressemblait en quelque sorte au bruit du tonnerre. Ce n'est qu'au commencement du siècle actuel que l'on songea de nouveau à tirer parti des ballons pour des recherches scientifiques. En 1803 et 1804, Robertson exécuta trois ascensions à Hambourg et à Saint-Pétersbourg, avec l'intention de faire des observations magnétiques et autres à une grande hauteur. La première fois, il parvint à 6,830 mètres, et il trouva que l'aiguille aimantée oscillait moins rapidement à cette hauteur qu'à la surface de la terre; la température fut de — 7°. Le 24 août 1804, Gay-Lussac et Biot s'élevèrent à Paris dans le même but, jusqu'à une hauteur de 4 000 mètres. Ils avaient emporté avec eux divers animaux pour observer sur eux les effets de la raréfaction de l'air; à 2,700 mètres, ils ne parurent éprouver aucun malaise. Le pouls de Gay-Lussac s'était alors élevé de 62 pulsations par minute à 80; celui de Biot, de 79 à 111. A 3,400 mètres, on lâcha une linotte; elle revint d'abord se poser sur le bord de la nacelle, puis s'élança verticalement en tournoyant. Un pigeon se comporta d'une manière semblable.

Le 16 septembre, Gay-Lussac entreprit seul une nouvelle ascension, dans laquelle il parvint jusqu'à la hauteur de 7,000 mètres. Le baromètre marquait 330 millimètres ; le thermomètre 9° 5 au-dessous de zéro, tandis qu'on avait 28° à la surface du sol. Après une navigation aérienne de six heures, le célèbre physicien prit terre non loin de Rouen. Il avait trouvé que la durée des oscillations horizontales d'un aimant diminue avec la hauteur, tandis que dans le premier voyage aérostatique, il n'avait pas trouvé de différence entre les phénomènes électriques et magnétiques observés au niveau du sol et à de grandes hauteurs dans l'atmosphère (1).

En 1806, M. Carlo Brioschi, astronome royal de Naples, tenta de s'élever plus haut que ses prédécesseurs ; le ballon creva, mais, fort heureusement, ce qui en restait suffit pour ralentir la rapidité de la chute.

Pendant les quarante-quatre années qui suivirent, personne ne songea à reprendre une pareille tentative, comme si le danger couru par M. Brioschi avait dégoûté les savants de ce genre d'exercice. Enfin, en 1850, MM. Bixio et Barral gonflèrent un ballon avec du gaz hydrogène, dans le jardin de l'Observatoire de Paris, avec l'intention de s'élever à 10 ou 12 kilomètres. Dans leur premier essai, le 29 juin, ils parvinrent à 5,900 mètres et tombèrent à terre au bout de 47 minutes ; ils avaient traversé un nuage de 2,800 mètres d'épaisseur. Dans la seconde ascension qu'ils firent le 26 juillet, les deux aéronautes atteignirent, entre 2,000 et 2,500 mètres de hauteur, un banc de nuages, épais de 5,000 mètres au moins, car lorsqu'une fuite dans leur ballon les força à songer au retour, après avoir atteint 7,000 mètres, ils étaient encore dans le nuage.

Les expérience de M. Welsh ont été faites en 1852, les 17 et 26 août, 21 octobre et 10 novembre; il atteignit respectivement 5,950, 5,830, 3,850 et 6,890 mètres. De longues séries d'observations, faites par lui, conduisirent à ce résultat que la température de l'air décroissait uniformément avec la hauteur au-dessus du sol jusqu'à une certaine élévation, variable de jour en jour, où le décroissement s'arrêtait et la température commençait à se maintenir constante, ou même à croître un peu, sur un espace de 600 à 900 mètres; après quoi, on retrouvait une diminution assez régulière, mais un peu moins rapide que dans les couches inférieures de l'atmosphère, et partant d'une température plus élevée que celle qui aurait existé à cette hauteur sans l'interruption signalée. Ces résultats, aussi bien que ceux de Gay-

(1) La moyenne de treize observations faites à différentes hauteurs donne 42.1 secondes pour la durée de dix oscillations de l'aiguille aimantée; les résultats isolés ne s'écartent de cette moyenne que de 1 seconde en plus ou en moins, et Gay-Lussac en tire la conclusion que la force magnétique n'a pas varié pendant sa seconde ascension. Arago, en rapportant ce résultat, fait observer que l'influence de la température n'a pas été mise en compte; mais il faut ajouter que la réduction à zéro de température ne ferait pas disparaître l'irrégularité des chiffres obtenus par Gay-Lussac.

Lussac, relatifs au décroissement de la température de l'air, semblaient confirmer la loi déduite des observations qui avaient été faites sur les flancs des montagnes, à savoir : un abaissement de 1 degré par 165 mètres. Voilà donc tout ce que la navigation aérienne avait donné à la science jusqu'à ces dernières années.

Depuis la fondation de l'association britannique pour l'avancement des sciences, des fonds ont été alloués pour la mise à exécution de recherches de cette nature; mais celles de M. Welsh sont restées longtemps isolées. En 1861, on assigna une nouvelle somme, et l'on nomma un comité chargé de s'occuper d'expériences à faire en ballon. C'est à M. Glaisher, directeur du département météorologique de l'Observatoire de Greenwich, qu'échut la tâche d'explorer l'océan aérien.

Les principaux sujets de recherches qu'on se proposait étaient les suivants :

1° Déterminer la température de l'air à différentes hauteurs, jusqu'à 8 kilomètres.

2° Comparer les indications d'un baromètre anéroïde avec celles d'un baromètre à mercure, jusqu'à la même élévation.

3° Déterminer l'état électrique de l'atmosphère.

4° Déterminer la proportion de l'oxygène dans l'air au moyen du papier ozonométrique.

5° Fixer la durée d'oscillation d'un aimant sur la terre et à différentes hauteurs de l'atmosphère.

6° Déterminer l'humidité relative de l'atmosphère par les hygromètres à condensation de Daniell et de Regnault, et par le psychromètre d'August; ce dernier devait être employé d'abord comme à l'ordinaire, puis sous l'influence d'un aspirateur, qui fait passer un grand volume d'air sur les boules des deux thermomètres dont l'appareil se compose Les observations hygrométriques devaient s'étendre principalement à ces élévations, où on trouve encore des lieux habités et où des troupes sont parfois obligées de camper (comme par exemple sur les plateaux de l'Inde). On voulait en même temps contrôler les indications du psychromètre par celles des deux hygromètres condenseurs, et comparer ces deux derniers entre eux.

7° Recueillir de l'air à différentes hauteurs.

8° Observer la hauteur et la nature des nuages, leur densité et leur épaisseur.

9° Déterminer la force et la direction des courants atmosphériques.

10° Faire des expériences sur la propagation du son.

11° Noter enfin tout ce qui s'offrirait à l'observation pendant les voyages aériens.

Après avoir expliqué brièvement la manière de gonfler et de conduire un ballon, M. Glaisher a donné des détails sur les résultats scientifiques obtenus dans les ascensions entreprises par lui, avec l'assistance de M. Coxwell.

Pendant l'excursion du 17 juillet 1862, l'irrégularité de la progression décroissante des températures était très-remarquable. Au-dessous des nuages, la diminution était à peu près uniforme; en passant au-dessus, il y eut un accroissement de 3°.3; puis la température s'abaissa de nouveau, se maintint à — 3°.3 depuis 3,000 mètres jusqu'à 4,000 mètres de hauteur, où elle commença à s'élever sensiblement, de manière qu'on observa 5°.6 à 6,000 mètres; puis elle tomba rapidement, et ne fut plus que de — 9° à la hauteur de 8 kilomètres. La température du point de rosée était voisine de celle de l'air dans les nuages, mais ne l'atteignit pas; elle s'en écarta ensuite de plus en plus, et à la plus grande hauteur il y eut absence presque complète de toute humidité.

Le 18 août, la température diminuait d'abord d'une manière régulière; mais à 1,200 mètres on rencontra un courant d'air chaud, dans lequel on resta jusqu'à la hauteur de 3,500 mètres; le ballon descendit alors et traversa le même courant d'air chaud jusqu'à la même limite inférieure, puis monta de nouveau et resta dans le courant jusqu'à 5,200 mètres, où la diminution reprit sa marche régulière jusqu'au point le plus élevé. Dans la descente, on trouva la limite inférieure du courant chaud à 2,000 mètres, où il y eut des nuages, qui produisent toujours une interruption dans la marche des températures.

Le 5 septembre, on rencontra, en sortant des nuages, une élévation de la température de 5 degrés; il n'y eut plus d'interruption jusqu'à la hauteur de 4,700 mètres, où l'on entra dans un courant chaud, qui se continua jusqu'à 7,300 mètres. A partir de ce point, la température s'abaissa régulièrement jusqu'à la hauteur maximum. Dans la descente, on rencontra le courant chaud entre 6,700 et 7,000 mètres, et une interruption analogue, mais plus considérable, fut observée jusqu'à ce qu'on eut atteint la même limite inférieure ; puis l'accroissement redevint régulier.

Les résultats des différentes séries d'observations ont été réduits en tables, donnant la loi du décroissement de la température atmosphérique avec la hauteur de 1,000 en 1,000 pieds. Nous reproduirons les tableaux de M. Glaisher, en conservant le pied anglais pour les hauteurs, afin d'avoir des nombres ronds, mais en substituant le thermomètre centigrade au thermomètre Fahrenheit; en même temps, nous ferons la conversion des pieds en mètres dans la colonne qui renferme les rapports du décroissement à l'élévation. Le pied anglais mesure 305 millimètres, et 1,000 pieds équivalent par conséquent à 305 mètres.

Voici maintenant les tableaux en question. Nous avons ajouté une colonne donnant la dépression totale, que l'on obtient en faisant la somme des abaissements successifs.

I. Ciel couvert.

Hauteurs.		Abaissement du thermomètre.	Un degré centigrade par :	Dépression totale du thermomètre.
De 0 à 1,000 pieds		2°.61	117 mètres	2°.61
1,000	2,000	2°.33	131	4°.94
2,000	3,000	2°.28	134	7°.22
3,000	4,000	2°.06	149	9°.28
4,000	5,000	1°.72	178	11°.00

Ces résultats sont toujours les moyennes de 6 à 10 observations. On s'aperçoit que le décroissement observé par un ciel couvert s'éloigne peu de l'hypothèse d'une diminution uniforme de 1 degré par 165 mètres, ou de 0°.6 par 100 mètres.

II. Ciel en partie serein.

Hauteurs.		Abaissement du thermomètre.	Un degré centigrade par :	Dépression totale du thermomètre.
De 0 à 1,000 pieds		1°.00	76 mètres	4°.00
1,000	2,000	2°.94	104	6°.94
2,000	3,000	2°.56	140	9°.50
3,000	4,000	1°.89	162	11°.39
4,000	5,000	1°.50	204	12°.89

Ces chiffres sont les moyennes de 5 à 7 expériences chacun. Les résultats s'écartent sensiblement de ceux qui ont été obtenus par un ciel couvert, et la différence serait probablement encore plus prononcée si l'on expérimentait par un ciel parfaitement exempt de nuages. Le tableau ci-dessus ne s'accorde plus du tout avec l'hypothèse d'un décroissement uniforme.

Les chiffres qui résultent des observations effectuées au-dessus de 5,000 pieds (1,500 mètres) font naturellement suite à ceux du deuxième tableau.

Hauteurs.		Abaissement du thermomètre.	Un degré centigrade par :	Dépression totale du thermomètre.
De 5,000 à 6,000 pieds		1°.56	196 mètres	14°.45
6,000	7,000	1°.56	196	16°.00
7,000	8,000	1°.50	203	17°.50
8,000	9,000	1°.44	211	18°.94

Hauteurs.	Abaissement du thermomètre.	Un degré centigrade par :	Dépression totale du thermomètre.
De 9,000 à 10,000 pieds	1°.44	211 mètres	20°.39
10,000 11,000	1°.44	211	21°.83
11,000 12,000	1°.44	211	23°.27
12,000 13,000	1°.39	220	24°.66
13,000 14,000	1°.22	250	25°.88
14,000 15,000	1°.17	262	27°.05
15,000 16,000	1°.17	262	28°.22
16,000 17,000	1°.06	290	29°.28
17,000 18,000	1°.00	305	30°.28
18,000 19,000	1°.00	305	31°.28
19,000 20,000	0°.83	367	32°.11
20,000 21,000	0°.72	424	32°.83
21,000 22,000	0°.72	424	33°.55
22,000 23,000	0°.56	550	34°.11
23,000 24,000	0°.72	424	34°.83
24.000 25,000	0°.61	500	35°.44
25,000 26,000	0°.56	550	36°.00
26,000 27,000	0°.56	550	36°.56
27,000 28,000	0°.50	556	37°.06
28,000 29,000	0°.44	577	37°.50

Les quatre derniers chiffres ne résultent chacun que d'une observation isolée ; les deux qui les précèdent (entre 23,000 et 25,000 pieds = 7,000 et 7,600 mètres), chacun de deux observations ; les autres, chacun de six à dix observations différentes. Ces tableaux nous apprennent que lorsque le ciel est en partie exempt de nuages, une diminution de 1° centigrade répond :

Près du sol, à une élévation de		76 mètres
vers 1,000 mètres	—	162
2,000	—	196
3,000	—	210
4,000	—	240
5,000	—	290
6,000	—	390
7,000	—	480
8,000	—	550
9,000	—	580

Nous avons obtenu ces valeurs par une interpolation un peu incertaine, parce que la régularité de la marche des chiffres laisse encore à désirer.

Il valait la peine de déduire de ces observations une formule empirique propre à donner la dépression du thermomètre centésimal à une certaine hauteur au-dessus du sol. Nous avons trouvé que les formules suivantes :

$$T = \frac{3.1275\,p}{1 + 0.0484\,p},$$

et

$$T = \frac{10.261\,m}{1 + 0.1587\,m},$$

représentent assez bien les chiffres contenus dans les tableaux de M. Glaisher. Dans la première formule, la chaleur est supposée exprimée en milliers de pieds anglais (p) ; dans la seconde en kilomètres (m). L'ancienne formule empirique d'Atkinson donnait la dépression du thermomètre centésimal à une hauteur p ou m, au-dessus du niveau de la mer (1), égale à

$$\frac{1000\,p}{450+9\,p} = \frac{2.222\,p}{1+0.02\,p},$$

ou

$$\frac{1000\,m}{137+9\,m} = \frac{7.285\,m}{1+0.066\,m}\,(2)$$

Voici la comparaison de ces formules avec l'observation :

Hauteurs.	Dépression observée.	Notre formule.	Atkinson.
1,000 pieds	(2°.6) 4°.0	3°.0	2°.2
5,000	(11°.0) 12°.9	12°.6	10°.1
10,000	20°.4	21°.1	18°.5
15,000	27°.1	27°.2	25°.7
20,000	32°.1	31°.8	31°.7
21,000	32°.8	32°.6	32°.8
25,000	35°.4	35°.4	37°.0
30,000	37°.9	38°.3	41°.6

La courbe que représentent nos équations est une hyperbole rapportée à ses asymptotes, ce qui ressortira davantage en écrivant l'une de ces équations comme ci-après :

$$(3.1275 - 0.0484\,t)\,(1+0.0484\,p) = 3.1275.$$

A voisinage du sol, cette courbe tient le milieu entre les résultats des observations qui correspondent à un ciel couvert et à un ciel partiellement serein.

Les résultats des observations hygrométriques sont résumés par les tableaux suivants. L'humidité est 100 lorsque l'air est saturé.

HAUTEURS.	CIEL COUVERT. Humidité relative.	CIEL EN PARTIE SEREIN. Humidité relative.
Surface du sol.	78	63
1,000 pieds	76	68
2,000	77	77
3,000	75	76
4,000	80	76
5,000	81	69
6,000	82	68

Au delà de 6,000 pieds (1,830 mètres) les observations ont donné :

Hauteurs.	Humidité relative.	Hauteurs.	Humidité relative.
7,000 pieds	64	16,000 pieds	45
8,000	58	17,000	33
9,000	52	18,000	21
10,000	52	19,000	36
11 000	48	20,000	33
12,000	48	21,000	12
13,000	43	22,000	31
14,000	58	23,000	16
15,000	53		

Les quatre derniers chiffres reposent chacun sur une seule observation. L'humidité est visiblement plus grande par un ciel couvert que par un ciel clair, et elle est très-faible à de

(1) Les expériences de M. Glaisher commençaient à une cinquantaine de mètres au-dessus du niveau de la mer, ce qui fait peu de différence.

(2) *Géodésie d'Éthiopie*, par M. d'Abbadie, p. 117.

grandes hauteurs, ce à quoi on pouvait s'attendre. Mais il faut dire qu'une loi un peu nette ne ressort pas des chiffres ci-dessus.

État électrique de l'air. — Dans l'ascension du 17 juillet, on trouva l'air chargé positivement; son électricité diminuait à mesure qu'on s'élevait; à 7,000 mètres, elle était si faible que l'électroscope ne l'accusait plus. Cet instrument fut cassé pendant la descente, et on ne s'en est plus servi après.

Durée d'oscillation des aimants. — Le résultat général a été que l'aimant oscille un peu plus lentement à de grandes hauteurs qu'à la surface du sol; c'est le contraire de ce qui a été observé par Gay-Lussac, en 1804 (?).

Propagation du son. — Il s'est trouvé que certaines notes et certains sons se transmettent avec plus de facilité que d'autres. Ainsi l'aboiement d'un chien et le sifflement d'une locomotive ont été entendus à une hauteur de plus de 3 kilomètres (1), tandis que les cris de plusieurs milliers de personnes ne s'entendirent plus à la moitié de cette hauteur. Cependant, le 31 mars dernier, le sourd murmure de Londres s'entendait encore distinctement à 2 kilomètres de hauteur.

Proportion de l'oxygène. — Le 17 juillet, le papier ozonométrique de MM. Moffat et Schœnbein ne se colora point pendant le voyage, et la même singularité se présenta le 30 juillet. On avait admis jusque-là que l'ozone augmentait avec la hauteur. M. Glaisher se rendit à Hawarden, chez le docteur Moffat, qui voulut bien préparer lui-même du papier sensible, dont on fit usage le 18 août, en même temps que d'un papier livré par MM. Negretti et Zambra, et d'un autre préparé d'après la formule de M. Schœnbein. A 6,700 mètres de hauteur, le papier de M. Moffat prit la teinte nº 4 d'une échelle dont la teinte la plus foncée était marquée 10; le papier Schœnbein avait la teinte nº 1; celui de Negretti et Zambra était resté incolore; on ne l'a donc plus employé.

Observations physiologiques. — Le 17 juillet, avant le départ, le pouls de M. Coxwell était à 74; celui de M. Glaisher à 76 battements par minute. A 5,200 mètres, M. Glaisher était arrivé à 100 pulsations; M. Coxwell à 84. Revenus à terre, ils avaient l'un et l'autre 76. Le 21 août, on ne fit pas d'observation avant le départ. On compta ensuite :

	à 300 mètres.	à 3,400 mètres.	à 4,300 mètres.
Chez M. Coxwell	96 par min.	90 par min.	94 par min.
— M. Ingelow	80	100	98
— le capitaine Percival...	90	88	112
— M. Glaisher...........	—	88	78
— M. Glaisher fils........	—	89	89

Le pouls du capitaine Percival était si faible qu'il put à peine l'observer, tandis que celui de M. Glaisher lui semblait plus fort qu'à l'ordinaire.

Dans tous les cas, la diminution de la pression n'agit pas de la même manière sur toutes les personnes.

Le 17 juillet, à 5,800 mètres, les mains et les lèvres de M. Glaisher étaient toutes bleues, mais non sa figure. A 6,400 mètres, il entendit les battements de son cœur et sa respiration était gênée. Le 18 août, sa figure et ses mains étaient devenues bleues à 7,000 mètres de hauteur. Le 5 septembre, M. Glaisher perdit connaissance à 8,850 mètres, et ne revint à lui que lorsque le ballon était redescendu au même niveau. A 10,000 mètres, M. Coxwell perdit l'usage de ses mains. On ne put reprendre les observations qu'à 7,600 mètres.

Les résultats généraux des huit ascensions peuvent se résumer comme il suit :

1º La température ne décroît pas uniformément à mesure qu'on s'élève dans l'atmosphère.

____

(1) Dans une ascension récente, M. Glaisher a entendu une locomotive à une hauteur de 6 kilomètres 1/2; l'air était très-humide. A 3 kilomètres, il entendit gémir le vent sous lui.

Entre la surface du sol et la hauteur de 9,000 mètres, la quantité dont il faut s'élever verti-calement, pour avoir une diminution de 1 degré, varie depuis 55 à 550 mètres.

Ces expériences ont, pour la première fois, élucidé la question du décroissement des tem-pératures; mais il faudra encore faire beaucoup d'observations avant que la loi soit complé-tement connue. Son effet sur la réfraction doit être très-sensible. Les élévations calculées du ballon seront encore légèrement fautives, car la moyenne des extrémités n'a jamais été exactement égale à la hauteur moyenne de la colonne d'air (1).

2° L'humidité décroît sensiblement; à 8,000 mètres, il n'y a presque plus de vapeur aqueuse.

3° Un baromètre anéroïde peut fournir des indications exactes dans la première décimale, et probablement encore dans la suivante, jusqu'à une pression de 18 centimètres.

4° Le psychromètre d'August pourra être employé à toutes les hauteurs où l'homme peut parvenir.

5° Les ballons donnent le moyen de résoudre avec avantage plusieurs questions délicates de physique.

M. Glaisher ne parle pas ici des observations spectrales qu'il a exécutées pendant ses ascensions du 31 mars et du 18 avril 1863; nous les rapporterons néanmoins ici, pour compléter ce résumé, d'après les deux relations insérées dans l'*Athenæum* du 11 et du 25 avril.

L'appareil dont on fit usage était le même qui avait déjà servi à M. Piazzi Smith, sur le pic de Ténériffe; il se composait d'un prisme, d'un objectif dirigé sur la fente et d'une lunette oculaire. On n'avait point l'intention de prendre des mesures, mais seulement d'étudier les variations qui auraient lieu dans l'apparence du spectre solaire pendant le voyage.

Le 31 mars, entre trois et quatre heures du soir, on examina le spectre avant de partir : la raie B était la limite du rouge, G un peu en deçà de la limite du violet, dans la lumière dif-fuse du ciel; dans celle du soleil, on ne voyait pas tout à fait jusqu'à la raie H. Les raies C, D (double), E, *b* et F, s'apercevaient nettement, et encore beaucoup d'autres intermédiaires. A 4 h. 20 m., à une hauteur de 800 mètres, une inspection superficielle montra une étroite ressemblance avec le spectre tel qu'on l'avait vu à terre, seulement les raies extrêmes B et G semblaient moins distinctes.

A 4 h. 30 m. (1,600 mètres), le spectre parut encore brillant, mais raccourci des deux côtés; la raie B était invisible et C douteuse.

A 4 h. 35 m. (3,200 mètres), la raie G avait disparu, le violet était terne, D et F formaient les limites du spectre.

A 4 h. 42 m. (4,800 mètres), le violet n'existait plus et F était invisible.

A 4 h. 46 m. (5,600 mètres), le spectre était déjà très-court ; on voyait encore depuis D jusqu'à E; puis, probablement, *b*, mais non pas F.

A 5 h. 10 m. (6,400 mètres), il ne restait du spectre qu'une petite nuance jaune.

A 5 h. 30 m. (7,250 mètres), on ne voyait plus rien.

A 5 h. 43 m., on était redescendu à 4,800 mètres ; le spectre était toujours invisible. Ayant ouvert la fente, M. Glaisher vit paraître une faible teinte indécise.

La température au moment du départ (4 h. 16 m.), avait été de 10° C. ; à 4 h. 44 m. elle était descendue à — 10 degrés; à la hauteur de 7,250 mètres, le mercure était au zéro de l'échelle de Fahrenheit, ou à —·17°.8; à 6 h. 30 m. on toucha terre, et la température était de 5°.6.

Comme dans ces sortes d'expériences le temps ne permet pas de faire des dessins exacts

____

(1) Pour comprendre cette remarque, il faut supposer que la hauteur n'a été déterminée par le baromètre que de temps à temps, et en notant l'instant de l'observation du baromètre ; les hauteurs intermédiaires pa-raissent avoir été obtenues par interpolation, avec l'heure de la montre.

puisqu'on ne voit le spectre, littéralement parlant, qu'à la volée, M. Glaisher s'était borné à noter l'apparence générale du spectre et les raies qui le limitaient, sans se préoccuper de la largeur, du nombre ou de la netteté des raies elles-mêmes.

Il lui sembla que les raies ne se perdaient que par le raccourcissement du spectre lui-même; mais ce raccourcissement pouvait avoir sa cause dans le manque de lumière, car, bien qu'il fît encore grand jour, le soleil était déjà assez bas et s'approchait rapidement de l'horizon. Cette incertitude faisait désirer une nouvelle expérience; elle eut lieu le 18 avril.

Cette fois, on partit à 1 h. 17 m. du soir. Entre 11 heures et midi, les spectres de la lumière diffuse et de la lumière solaire directe avaient été examinés avec soin et s'étaient montrés tels qu'on les avait vus le 31 mars. L'appareil était toujours protégé contre la lumière diffuse par un drap noir qui couvrait la tête de l'observateur.

Au bout de deux minutes, le ballon s'était élevé à 900 mètres; à 1 h. 23 m. le premier mille (1,600 mètres) était dépassé. Le deuxième (3,200 mètres) fut atteint à 1 h. 29 m., le troisième (4,800 mètres) à 1 h. 37 m., le quatrième (6,400 mètres) à 2 h., et le point le plus haut (7,250 mètres) à 2 h. 30 m. Au retour, on arriva au quatrième mille à 2 h. 36 m., au troisième à 2 h. 40 m., au deuxième à 2 h. 46 m., et à 2 h. 50 m. on toucha à terre.

A 1 h. 20 m., en regardant à côté du soleil, on vit la raie G très-nette, et le spectre s'étendait au delà des deux lignes nébuleuses H.

A 1 h. 21 m., à peu de distance du soleil, le spectre montrait beaucoup de raies entre B et H, la raie B elle-même était bien accusée.

A 1 h. 28 m., le spectre observé très-près du soleil, le spectre allait de A jusqu'au delà de H, les raies étaient admirablement définies et même, en apparence, plus nombreuses que sur terre. Une demi-minute plus tard, le spectre céleste, observé à une petite distance du soleil, s'étendait à peine jusqu'à B et G.

A 1 h. 33 m. on dirigea la fente sur le ciel, loin du soleil; le champ de la lunette parut tout noir. A 1 h. 37 m. le ballon tournant sur lui-même, M. Glaisher obtint un rayon de soleil, et il vit la région rouge du spectre distinctement jusqu'à la raie A.

A 1 h. 39 m. il dirigea la fente sur un point aussi près du zénit que le ballon le permettait; il eut un spectre très-court, et pas de raies. En allant de haut en bas, il perdit le spectre complétement. L'appareil ne pouvait pas tourner assez pour pointer sur les nuages qui étaient en bas.

De 1 h. 47 m. à 1 h. 49 m., il ne fut pas possible de regarder le soleil, mais le ciel paraissait toujours bleu et brillant; M. Glaisher ne quitta pas la lunette, mais il ne vit aucune trace du spectre. Il commença à s'inquiéter, craignant que sa position gênée ne l'empêchât de bien regarder dans la lunette ou que la fente ou quelque autre partie de l'appareil n'eût été dérangée par un mouvement brusque du ballon. A 1 h. 53 m., il examina l'oculaire et l'essuya avec soin; puis la fente, et toutes les autres parties de l'instrument, mais tout se trouva en bon ordre.

A 1 h. 56 m. le champ était toujours noir; on regardait le ciel, à distance du soleil.

Même effet à 2 h. 9 m. et 2 h. 14 m.

Enfin, à 2 h. un quart, M. Glaisher put ajuster le spectroscope sur le soleil, et pendant le quart d'heure qui suivit il ne le quitta plus. On était alors au-dessus de 6 kilomètres et demi. Le ballon fit une rotation complète en 5 minutes environ; pendant la première, M. Glaisher tint l'œil appliqué à la lunette, et pendant les rotations suivantes, il ne la quitta que momentanément. Quand la lumière arriva du soleil, il fixa d'abord son attention sur l'extrémité violette du spectre, qui s'étendait au delà des deux raies H, très-visibles et sillonnées de stries. A mesure qu'on s'éloignait du soleil le spectre se raccourcissait, d'abord jusqu'à G, puis de plus en plus et avec rapidité; il avait tout à fait disparu quand on tournait le dos au soleil. Lorsqu'on se rapprocha de ce dernier, le spectre revint peu à peu. M. Glaisher dirigea alors son attention sur l'extrémité rouge; la raie B apparut à une petite distance du soleil, et A, quand les rayons solaires frappaient la fente ; on vit encore alors un grand nombre de stries noires entre A, *a* et B. Loin du soleil, le spectre disparut de nouveau ; lorsqu'on commençait à s'en rapprocher, M. Glaisher parcourut plusieurs fois toute l'étendue du spectre depuis A jusqu'au delà de H, et il retrouva toutes les raies qu'il avait vues sur terre, mais en outre il en vit beaucoup de nouvelles. Leur nombre semblait incalculable.

Ces expériences sont décisives. Elles nous apprennent que le ciel, au-dessus des nuages, ne fournit la lumière nécessaire à la formation d'un spectre que dans le voisinage immédiat du soleil. Le nombre des raies visibles augmente au-dessus des nuages, et M. Glaisher en conclut (à tort selon nous) qu'il n'y a pas de raies atmosphériques.

En général, les spectres ont été trouvés tels qu'on les avait vus dans la première ascension.

Un incident faillit rendre l'issue du second voyage pour le moins très-douteuse. Quand on eut dépassé la hauteur de quatre milles et qu'il fut constaté que le ballon se dirigeait vers la côte, M. Coxwell ne cessa de prier M. Glaisher d'observer le baromètre, et M. I..., leur compagnon de voyage, de regarder attentivement du côté de la mer. Arrivé à 4 milles et demi, M. Coxwell donna issue au gaz, en disant qu'il fallait à tout prix regagner la terre ; puis il continua d'ouvrir la soupape de sorte qu'on descendit 1 mille en 4 minutes. A 2 h. 46 m. on ne fut plus qu'à 2 milles (3 kilomètres) du sol, quand M. Coxwell, en vue de Beachy-Head, s'écria : Que se passe-t-il donc ? et un moment après, en apercevant la côte à travers une éclaircie des nuages : « Il n'y a pas un instant à perdre ; il faut descendre bien vite et prendre terre à tout risque ! » C'était une résolution hardie, mais la situation était critique et il fallut prendre un parti. A un moment donné, on jeta du lest, ce qui produisit un arrêt salutaire dans la rapidité de la descente, de plus, la partie inférieure du ballon était en forme de parachute, en sorte que le choc fut moins terrible qu'on ne l'avait craint. Les instruments de physique furent brisés, sauf quelques flacons remplis d'air qu'on avait recueilli à l'intention de M. Tyndall. Les derniers 3 kilomètres avaient été parcourus en quatre minutes. On toucha terre à moins d'un kilomètre du port de Newhaven.

Dans les derniers jours de juin, M. Glaisher a fait une nouvelle ascension dont les circonstances sont assez extraordinaires. Voici, dans l'ordre où elles ont été faites, les principales observations du savant aéronaute.

Départ à 1 h. 3 m. du soir, de Wolverton. Température + 19 degrés.

A 1 h. 9 m., hauteur 600 mètres ; on entre dans les nuages. A la hauteur de 900 mètres, température 12 degrés ; à 1,200 mètres, 9°.5 ; à 1,600 mètres, 5 degrés.

A 1 h. 15 m. on s'élève au-dessus de 2,450 mètres. A 1 h. 16 m. le soleil se montre faiblement ; on s'attend à revoir le ciel bleu. Un gémissement qui semble venir des régions inférieures de l'atmosphère, annonce un orage. C'est la première fois qu'on entend gémir le vent à plus de 3 kilomètres de hauteur. A 3,200 mètres, la température est de 1 degré au-dessous de zéro.

A 1 h. 17 m. on dépasse 3,400 mètre. Il tombe une petite pluie. Peu après on croit apercevoir une rivière, puis on entre de nouveau dans un nuage. A 1 h. 19 m. on distingue à peine la terre et le soleil. A 1 h. 25 m. on est dans un brouillard sec ; à 1 h. 26 m. on dépasse 4,600 mètres. A partir de 3,200 mètres, la température a pris une marche irrégulière ; elle est d'abord revenue à zéro, puis descendue à — 1°.7 lorsqu'on est arrivé à 4,800 mètres.

A 1 h. 29 m., éclaircies dans les nuages, puis tout se voile de nouveau. A 1 h. 35 m. le brouillard devient humide, à 37 m. il est encore sec ; à 40 m. le soleil se montre un peu, mais le ballon le dérobe aux regards ; une minute après, le brouillard reprend et on y reste jusqu'à 1 h. 53 m., où on passe au-dessus de 6,400 mètres. La température s'est élevée à + 1°.7 vers 5,200 mètres, puis elle a baissé rapidement, et le thermomètre a marqué — 5°.5

à 5,600 mètres; d'ici jusqu'à 6,400 mètres, elle a varié entre cette valeur et — 8 degrés; elle atteint son minimum, — 8°.3, à 6,800 mètres, hauteur où on se trouve à 1 h. 55 m.

A cette élévation, le ciel se montre couvert de *cirrus*, dans les éclaircies il est d'un bleu pâle. On est au-dessus des nuages, mais tout autour on ne voit qu'une mer de brouillard confus, sans formes nettement dessinées.

Dans la descente, on arrive à 6,100 mètres vers 2 heures. A 2 h. 3 m., le dernier rayon de soleil disparaît. Le thermomètre, revenu à zéro vers 6,400 mètres, tombe ensuite de 5 degrés dans l'espace d'une minute, et se maintient quelque temps à — 5 degrés, pour remonter à — 1°.7 vers 5,800 mètres; il reste à cette température jusqu'à 5,200 mètres, puis s'élève à zéro pendant qu'on descend à 4,600 mètres, hauteur qu'on atteint à 2 h. 13 m.

A 2 h. 6 m., quelques éclairs de lumière, entre deux couches de brouillard épais. Une minute après, de grosses gouttes d'eau tombent du ballon; encore une minute plus tard, on est dans le brouillard, qui devient très-fin à 2 h 14 m. Une demi-minute après, la pluie frappe sur le ballon. Peu après on traverse une tourmente de neige, dans laquelle on reste depuis 4 jusqu'à 3 kilomètres de hauteur; la neige, au lieu de tomber, semble s'élever à côté du ballon qui descend rapidement. On ne voit guère de flocons, mais beaucoup d'aiguilles simples ou croisées, avec de très-petits cristaux. La température oscille entre zéro et + 0°.5.

On atteint 3,000 mètres à 2 h. 17 m. La neige a cessé; les régions inférieures de l'atmosphère paraissent très-sombres, d'une teinte brune jaunâtre, excessivement foncée. La température augmente, elle est de 5 degrés à 1,500 mètres, et de 19 degrés à la surface du sol, où on arrive respectivement à 2 h. 22 m. et à 2 h. 28 m.

Le lest était épuisé quand MM. Glaisher et Coxwell étaient encore à 1,500 mètres du sol; le ballon tomba rapidement, et le choc fut si violent que plusieurs instruments se brisèrent, entre autres le nouveau baromètre, plus court de 0^m.3 que les baromètres ordinaires.

M. Glaisher avait emporté un actinomètre de Herschel; une fois seulement, à 6,400 mètres de hauteur, il eut un rayon de soleil, qui produisit dans l'espace d'une minute un accroissement de 9 divisions; sur terre, à 11 h. du matin, l'accroissement avait été de 33 divisions en 1 minute.

A 5 kilomètres et à 6 kilomètres et demi, on entendit une locomotive. Ces hauteurs sont les plus grandes où l'oreille ait perçu des sons; c'est, du reste, une preuve de la grande humidité de l'air. Le ciel, examiné avec un spectroscope à vision directe, a fourni un spectre ordinaire.

Le résultat le plus remarquable de ce voyage a été la présence de neige et d'aiguilles de glace à une hauteur de 4 kilomètres et sur un parcours de plus d'un kilomètre.

Rappelons ici que MM. Barral et Bixio ont rencontré des aiguilles de glace à 6 kilomètres, et une température de 40 degrés au-dessous de zéro, à laquelle le mercure se congelait, vers 7 kilomètres de hauteur, le 27 juillet 1850.

R. RADAU.

ACADÉMIE DES SCIENCES

Séance du 15 juin. — M. le président de l'Institut rappelle que la prochaine séance trimestrielle aura lieu le 1er juillet prochain et invite l'Académie des sciences à procéder au choix du lecteur qui devra la représenter dans cette séance.

— Réponse de M. PASTEUR à la dernière note de M. Béchamp. — « La première note de M. Béchamp, relative à la présence de l'acide acétique parmi les produits de la fermentation alcoolique, soulevait deux objections très-sérieuses. Il n'est plus possible aujourd'hui, dit M. Pasteur, de ne pas tenir compte, dans toutes les recherches sur cette fermentation, des nombreuses levûres filiformes qui accompagnent très-souvent la levûre de bière dans son action sur le sucre. Ce sont ces levûres qui donnent lieu à la plupart des maladies des vins, qui provoquent la formation de l'acide lactique et des divers acides de la série acétique que l'on observe fréquemment dans les liquides fermentés. Or, M. Béchamp ne s'est nullement préoccupé de la présence possible de ces levûres. Sa note ne fait aucune mention d'observations microscopiques de la levûre de bière qu'il a employée, soit avant, soit après les opérations.

« En confirmant l'exactitude de son observation, j'ai donc rendu à M. Béchamp le grand service d'éloigner l'objection que je viens de développer et qui se présentait immédiatement à l'esprit d'un lecteur attentif.

« En second lieu, la première note de M. Béchamp laissait supposer que les acides volatils dont il parle proviennent du sucre. Cela est possible, mais rien ne le démontre dans la note de M. Béchamp. Je le répète, c'est un point essentiel qui reste à éclaircir.

« M. Béchamp cite des passages de mon Mémoire établissant, ce qui est très-vrai, que je croyais que le sucre ne fournit pas du tout d'acide acétique dans sa fermentation alcoolique, etc., etc. » Tout le reste est sur le même ton et aigre comme du vinaigre de micodermes, que M. Pasteur a laissé passer sans le voir dans le produit de la fermentation du sucre et que Lavoisier avait reconnu, ce qui ne date pas d'hier, et M. Béchamp après lui.

— Sur l'hydrazobenzole, nouveau composé isomère de la benzine; par M. A. W. HOFMANN. Nous en rendrons compte avec les autres mémoires de l'auteur.

— De l'activité catalytique dans les substances organiques; par M. SCHÖNBEIN. — Les substances qui jouissent du pouvoir de développer des phénomènes catalytiques sont tellement répandues, soit dans les végétaux, soit dans les animaux, qu'on peut dire que les deux règnes des êtres organisés en sont pénétrés.

Notamment, les semences et les racines de toutes les plantes que j'ai examinées contiennent des substances catalysantes. La germination est si intimement liée à la présence d'une substance de cette espèce, que tout moyen (et il y en a plusieurs), qui annule l'activité catalytique fait aussi disparaître le pouvoir des germes que possédait la semence,

— M. DUMAS présente plusieurs opuscules imprimés de M. ALOYS NOWAK, de Prague.

— M. VELPEAU présente, au nom de M. KŒBERLÉ, une relation de deux nouvelles opérations pratiquées par cet habile chirurgien, une cinquième opération d'ovariotomie, et une extirpation d'un corps fibreux de la matrice et des deux ovaires, avec amputation de la partie sus-vaginale de la matrice. L'opération ayant eu un plein succès, on peut dire que le chirurgien et la malade ont été soulagés d'un grand poids.

— Sur la condensation des vapeurs pendant la détente ou la compression; par M. M. R. CLAUSIUS.

— Sur des grêlons d'une forme particulière; note de M. F. LAROQUE.

— Note sur la croûte de pain et le gluten; par M. J. A. BARRAL. — L'auteur trouve que la partie soluble de la croûte de pain dose de 7 à 8 pour 100 d'azote, tandis que la partie soluble de la mie ne dose que de 2 à 3 pour 100. Il ajoute que cette partie soluble de la croûte est plus azotée que le jus de viande, d'où cette conclusion que la croûte de pain est plus nourrissante que le jus de viande. Malgré cette affirmation, quand M. Barral voudra, nous ferons avec lui l'échange de ses jus de viande contre notre pain sec, croûte ou mie, à son choix.

— M. MERCADIER adresse un second mémoire sur la théorie des gammes,

— M. DALEMAGNE, que l'on pourrait surnommer l'Antikuhlmann, adresse, à l'occasion de la communication récente de M. Kuhlmann, que nous insérerons in extenso, dans nos comptes-rendus de chimie, une Note dans laquelle il rappelle les procédés qu'il emploie lui-même pour la conservation des monuments et des sculptures, et les inconvénients qu'il a reconnus aux procédés de silicatisation dont l'effet n'est pas durable, ainsi qu'il l'a depuis longtemps annoncé, et que le reconnaissent aujourd'hui ceux qui les ont autrefois préconisés.

— M. le secrétaire perpétuel présente, au nom de M. D'ABBADIE, le troisième fascicule nouvellement publié de son ouvrage intitulé : *Géodésie d'Ethiopie ou triangulation d'une partie de la haute Ethiopie, exécutée selon des méthodes nouvelles.* On sait que M. d'Abbadie a associé M. Radau à la rédaction de ce bel ouvrage.

— M le secrétaire perpétuel signale, parmi les pièces imprimées de la correspondance, un opuscule de M GARRIGOU portant pour titre : *L'homme fossile, historique général de la question e discussion de la découverte d'Abbeville.*

En énumérant les faits relatifs à cette intéressante question, dit l'auteur, j'ai voulu prouver qu'il existe des observations faites par les savants les plus autorisés, tendant à prouver que l'homme a réellement été le contemporain de l'*Elephas primigenius, Rhinoceros tichorhinus* et de beaucoup d'autres espèces éteintes.

— Sur la non contemporanéité de l'homme et des grandes espèces éteintes de mammifères; nouvelle note de M. EUG. ROBERT.

— Note sur une grauwacke devonienne fossilifère des Pyrénées; par M. A.-F. NOGUÈS.

— Sur la théorie algébrique des fonctions homogènes du quatrième degré à trois interminées; par le P. JOUBERT (fin).

— Sur la coloration que les acides peuvent communiquer aux organes végétaux, dans certaines familles; note de M. A. GUILLARD.

— Recherches sur les matières colorantes des suppurations bleues, pyocyanine et pyoxanthose; par M. FORDOS.

— Recherches sur les affinités. Action des acides sur l'alcool étendu d'eau; note de M. BERTHELOT, présentée par M. BALARD.

— Lettre de M. BROUX sur un appareil de son invention pour la mesure statique de la pesanteur.

— Sur la décomposition de l'eau par le soufre; note de M. E. GRIPON, présentée par M. BALARD.

— Reproduction sur pierre des lithographies nouvelles ou anciennes; par M. RIGAUD. — J'applique la lithographie par son verso sur une couche d'eau pure pendant quelques minutes; elle s'humecte uniformément, l'eau ne mouille pas les noirs. Je retire cette feuille, et je la place entre des doubles de papier; l'excès de liquide est absorbé, je tends la feuille sur la pierre par le recto, elle adhère à la pierre lithographique dans toutes ses parties au moyen d'une légère pression. Je prends alors une feuille de papier ordinaire, je l'étale sur une dissolution d'acide azotique du commerce étendu de dix fois environ son volume d'eau. Cette feuille, imprégnée d'acide azotique, est mise dans des doubles de papier qui absorbent l'acide nitrique en excès; je la place alors sur la feuille lithographique qui adhère parfaitement à la pierre; j'exerce une pression uniforme sur les deux feuilles.

L'acide azotique ne pénètre ainsi que lentement à travers l'épreuve lithographique humide : il agit sur la pierre d'une manière plus uniforme; l'acide carbonique qui se dégage pénètre lentement à travers les pores des feuilles de papier à mesure qu'il se produit; l'épreuve lithographique n'est point soulevée, et la pierre est attaquée aussi également que possible.

A quatre heures, l'Académie se forme en comité secret.

La section de géographie et de navigation présente la liste suivante de candidats pour la place devenue vacante par suite du décès de M. Bravais.

Au premier rang....................................	M. le contre-amiral Paris.
Au deuxième rang, *ex æquo* et par ordre alphabétique...	{ M. de Montravel. { M. Mouchez.
Au troisième rang, *ex æquo* et par ordre alphabétique...	{ M. Ant. d'Abbadie. { M. Daroudeau. { M. Peytier.

— Présentation pour une place vacante au bureau des longitudes. « Les seules personnes qui aient manifesté le désir d'être considérées comme candidats sont :

MM. Lamé................ } membres de l'Académie.
De Tessan................ }

Séance du 22 juin. — M. Morin fait hommage à l'Académie, en son nom et en celui de son collaborateur, M. Tresca, du premier volume d'un ouvrage intitulé : *Des machines à vapeur.*

— Note sur le quinone; par M. A.-W. Hofmann. Ce mémoire fait suite aux recherches du célèbre chimiste, et sera compris dans l'appréciation que fera M. Kopp de tous les travaux publiés, dans le même genre, depuis le commencement de l'année.

— Nouvelles recherches sur la conservation des matériaux de construction; par M. Fréd. Kuhlmann (suite). — Nous publierons dans nos comptes-rendus l'ensemble du mémoire de M. Kuhlmann, déjà imprimé, mais que nous ne pouvons insérer encore, faute de place.

— Note relative aux fonctions des vaisseaux des plantes; par M. H. Lecoq. — A l'occasion de la communication de M. Gris sur la présence de la sève dans les vaisseaux des plantes, et de celle de M. Dalimier, qui indique le procédé qu'il a suivi pour démontrer le contraire, je me permettrai de rappeler en quelques mots à l'Académie des observations qui ne laissent aucun doute sur la présence des gaz dans le système vasculaire.

Mes expériences, dont les résultats ont été soumis à l'Académie, il y a plusieurs années, ont été faites sur des plantes aquatiques, et la nature du milieu où vivent ces plantes m'a permis de suivre avec la plus grande facilité le dégagement de l'air qui s'échappe toujours du tissu vasculaire. Non-seulement les vaisseaux contiennent de l'air dont la composition est variable, mais il existe une véritable circulation d'air, plus active que celle des trachées des insectes; l'air, dans ces plantes, au moyen des vaisseaux, va au devant de la sève, et marche certainement avec plus de vitesse.

Les *myriophyllum*, les *potamogeton* offrent constamment un dégagement de petites bulles visibles à l'œil nu, et en quantité suffisante pour remplir bientôt une éprouvette.

Je n'ai pas besoin de rappeler que la température, et surtout la lumière, ont la plus grande influence sur le dégagement du gaz. Le fait important. c'est la circulation active de l'air qui a lieu au moyen des vaisseaux, dont le rôle ne peut être méconnu, au moins pour les plantes submergées.

— l'Académie procède à la nomination d'un membre de la section de géographie et de navigation, en remplacement de feu M. Bravais.

M. le contre-amiral Paris obtient..... 45 suffrages.
M. d'Abbadie...................... 6 —

Si la section se complète plus tard, comme il en est question depuis longtemps, par l'adjonction de trois nouveaux membres, ce sera probablement M. d'Abbadie qui passera le premier la prochaine fois.

— Après cette élection, l'Académie procède à deux nouveaux tours de scrutin pour le choix de deux candidats à présenter au ministre, pour la place vacante au Bureau des longitudes. M. Lamé est nommé premier candidat et M. de Tessan second candidat.

— M. de Saint-Venant lit un mémoire ayant rapport à une question de mécanique.

— Polypes du larynx et de la trachée-artère reconnus au moyen du laryngoscope et extirpés par les voies naturelles; extrait d'une note de M. Ch. Ozanam.

— M. Hauchecorne adresse de Rouen un mémoire sur le *cacao* et sur les produits qu'on en obtient, considérés au point de vue hygiénique et thérapeutique. Un chapitre est consacré aux falsifications assez nombreuses qu'on fait subir à ces divers produits, et au moyen de reconnaître les sophistications, dont quelques-unes peuvent être nuisibles à la santé.

— M. Czemichowski soumet au jugement de l'Académie un mémoire sur le *miel* et sur les différences qu'il présente selon les climats, la nature du sol, les plantes croissant dans la région où butinent les abeilles, etc. (Commissaires, MM. Payen, Blanchard.)

— M. Flourens présente, au nom de l'auteur, M. Cap, une étude biographique sur Scheele. Cette étude, attachante et bien faite, a paru dans les feuilletons des numéros 15, 16 et 17 de la *Gazette Médicale* de cette année, soit 11, 18 et 25 avril.

— Sur l'origine récente des traces d'instruments tranchants observées à la surface de quelques ossements fossiles. — Dans cette note, M. E. Robert confirme officiellement le contenu de sa lettre insérée dans notre dernière livraison.

— Une note de physique mathématique de M. P. Volpicelli.

— Sur la distribution de la température et les types des lignes isothermes dans l'Inde; par M. Herm. de Schlagintweit.

— Action du chlorure de zinc sur l'alcool amylique; note de M. Ad. Vurtz.

— Recherches sur les affinités. Réaction simultanée de plusieurs acides et de plusieurs alcools; par M. Berthelot.

— Action de l'ammoniaque sur le cuivre en présence de l'air; action du cyanogène sur l'aldéhyde; par MM. Berthelot et L. Péan de Saint-Gilles.

— De l'action de la chaleur sur l'arséniate d'aniline et de la formation d'un anilide de l'acide arsénique; par M. A. Béchamp.

— Sur le butylène; note de M. V. de Luynes. — Le composé que j'ai préparé présente les caractères suivants: Il est gazeux à la température ordinaire; il possède une odeur alliacée très-prononcée. Il n'est pas sensiblement soluble dans l'eau; l'alcool absolu le dissout assez bien, mais c'est dans l'éther qu'il est le plus soluble. Sa solution éthérée, étendue d'alcool, puis d'eau, laisse dégager le gaz en produisant une effervescence extrêmement vive. Il brûle avec une flamme rouge, bordée de bleu et fuligineuse, etc.

— Nouveau procédé d'extraction des métaux des résidus platinifères; par M. A. Guyard. Nous publierons cette note dans nos comptes-rendus de chimie.

— M. Robinet présente quelques remarques relatives au passage d'un mémoire récent de M. Kuhlmann, où se trouve mentionné le fait observé sur les murs de la chapelle Sainte-Eugénie, à Biarritz, et cité comme exemple de l'*action protectrice de la peinture à l'huile sur les pierres*. M. Robinet rappelle que cette observation a déjà été faite par lui: voici en effet ce qu'on lit au tome XXXIX du *Journal de Pharmacie et de chimie*, extrait du procès-verbal de la *Société de Pharmacie de Paris*, séance du 5 décembre 1850.

« M. Robinet fait encore à la Société la communication suivante:

« Frappé de la propreté et de la blancheur relative des lettres tracées sur les monuments publics depuis de longues années, il a pensé qu'on pourrait arriver à préserver les monuments publics de la moisissure et des champignons qui recouvrent leurs murs, en les enduisant d'une légère couche d'huile de lin lithargyrée. Cette idée doit recevoir son application très-prochainement; le temps nous dira si les espérances de notre honorable collègue se sont réalisées. »

Antérieurement à ma communication à la Société de pharmacie, j'avais, dit M. Robinet, profité de la présence de MM. les ingénieurs de la ville de Paris à une séance de la commission des logements insalubres, pour appeler leur attention sur la conservation singulière des inscriptions tracées en 1792 et 1793 sur les monuments publics, inscriptions qui se lisent aujourd'hui *en blanc*, « bien qu'elles aient été tracées à cette époque avec de la peinture à l'huile noire. Ni le grattage de la pierre, ni l'action des agents atmosphériques n'ont pu faire disparaître ces inscriptions. »

— M. Baudelocque soumet au jugement de l'Académie deux notes, l'une concernant la cicatrisation rapide de deux plaies déchirées au moyen d'ablutions d'alcoolature d'arnica; l'autre concernant un succès obtenu de l'emploi de l'alcoolature de douce-amère dans un cas de mutisme, suite d'une fièvre typhoïde.

— M. Ch. Emmanuel communique une observation qu'il a faite durant la dernière éclipse lunaire. (envoi à l'examen de M. Faye.)

A quatre heures l'Académie se forme en comité secret et y reste jusqu'à cinq heures trois quarts.

Séance du 29 juin. — Sur les émanations à gaz combustibles qui se sont échappées des fissures de la lave de 1794, *à Torre del Greco*, lors de la dernière éruption du Vésuve; par MM. Ch. Sainte-Claire Deville, F. Le Blanc et F. Fouqué (deuxième communication.)

— M. Pasteur fait connaître à l'Académie de nouvelles études sur la putréfaction.

Dans ce travail, l'auteur s'attache à établir que la putréfaction est déterminée par des ferments organisés du genre vibrion. Il a confirmé le fait qu'il a annoncé, pour la première fois, il y a deux ans, à l'Académie, que les vibrions peuvent vivre sans oxygène libre. Les conditions dans lesquelles se manifeste la putréfaction peuvent varier beaucoup. Supposons, en premier lieu, dit M. Pasteur, qu'il s'agisse d'un liquide putrescible dont toutes les parties ont été exposées au contact de l'air. De deux choses l'une : ce liquide aéré sera renfermé dans un vase à l'abri de l'air, ou il sera placé dans un vase non bouché à ouverture plus ou moins large. Dans le premier cas, c'est-à-dire dans le vase bouché, voici ce que l'on observe. Dans les premières vingt-quatre heures, si la température est favorable, un mouvement intestin s'effectue dans le liquide, mouvement dont l'effet est de soustraire entièrement l'oxygène de l'air qui est en dissolution et de le remplacer par du gaz acide carbonique. La disparition totale du gaz oxygène, lorsque le milieu est neutre ou légèrement alcalin, est due généralement au développement des plus petits des infusoires, notamment le *monas crepusculum* et le *bacterium termo.* Un très-léger trouble se manifeste, parce que ces petits êtres voyagent dans toutes les directions. Lorsque ce premier effet de soustraction de l'oxygène en dissolution est accompli, ces petits êtres périssent et tombent peu à peu au fond du vase, comme ferait un précipité, et si par hasard le liquide ne renferme pas de germes féconds de vibrions, il reste indéfiniment en cet état, sans se putréfier, sans fermenter en aucune façon.

Ce cas est rare, mais M. Pasteur dit en avoir rencontré des exemples. Le plus souvent, lorsque l'oxygène, qui était en dissolution dans le liquide, a disparu, les vibrions ferments, qui n'ont pas besoin de ce gaz pour vivre, commencent à se montrer, et la putréfaction se déclare aussitôt. Elle s'accélère peu à peu en suivant la marche progressive du développement des vibrions. La fétidité de la liqueur et du gaz dépend surtout de la proportion de soufre qui existe dans la matière en putréfaction. L'odeur est peu sensible si la substance n'est pas sulfurée.

D'après M. Pasteur, la fermentation butyrique est, par la nature de son ferment, un phénomène exactement du même ordre que la putréfaction. De tout ce qui précède, l'auteur conclut que le contact de l'air n'est aucunement nécessaire au développement de la putréfaction. Bien au contraire, si l'oxygène dissous dans un liquide putrescible n'était pas tout d'abord soustrait par l'action d'êtres spéciaux, la putréfaction ne pourrait avoir lieu, parce que les ferments de la putréfaction, c'est-à-dire les vibrions, ne pourraient prendre naissance. L'oxygène ferait périr tous ceux qui tenteraient de se développer à l'origine.

Après avoir examiné le cas de la putréfaction à l'abri de l'air, M. Pasteur examine celui dans lequel la matière est en libre communication avec lui. La seule différence consiste en ce que les bacteriums, etc., ne périront après la soustraction de l'oxygène que dans la masse du liquide, en continuant à se propager au contraire à l'infini à la surface, parce que celle-ci est en contact avec l'air. Ils y provoquent la formation d'une mince pellicule qui va s'épaississant peu à peu, puis tombe en lambeaux au fond du vase, pour se reformer, tomber encore et ainsi de suite. Cette pellicule, à laquelle s'associent d'ordinaire divers mucors et des mucédinées, empêche d'une manière absolue la dissolution de l'oxygène dans le liquide, et permet le développement des vibrions ferments.

Ce liquide se trouve alors être le siége de deux genres d'actions chimiques fort distinctes, qui sont en rapport avec les fonctions physiologiques des deux sortes d'êtres qui s'y nourrissent. Les vibrions, d'une part, vivant sans la coopération de l'oxygène de l'air, transforment les matières azotées en produits plus simples, mais encore complexes. Les bacteriums ou les mucors, d'autre part, combinent ces mêmes produits et les ramènent à l'état des plus simples combinaisons binaires, l'eau, l'ammoniaque et l'acide carbonique. M. Pasteur annonce qu'il démontrera que la fermentation et la putréfaction peuvent être absolument empêchées, et que la matière organique cède uniquement à des phénomènes de combustion au libre contact de l'air; tandis qu'à l'abri de l'air, les produits du dédoublement de la matière putrescible restent inaltérés.

La putréfaction d'un animal enfin commence à l'intérieur, parce qu'il existe, pendant la vie, dans le gros intestin, des vibrions que Leuwenkoeck avait déjà aperçus, et qui ont une avance sur le développement des germes qui couvrent la surface de son corps.

D'après M. Pasteur, on peut préserver la viande de la putréfaction, en vase clos, en l'enveloppant d'un linge imbibé d'alcool. Mais, dit-il, il y aura toujours des actions de contact qui développeront, dans l'intérieur du morceau, de petites quantités de substances nouvelles. La viande se faisande d'une manière prononcée si elle est en petite quantité; elle se gangrène si elle est en masse plus considérable. Ces transformations ont lieu en l'absence des infusoires. Il dit qu'il n'y a aucune similitude de nature ni d'origine entre la putréfaction et la gangrène.

Cette analyse faite du dernier mémoire de M. Pasteur, rappelons que déjà M. Lemaire, dans un travail imprimé sur le coal-tar saponiné (juin 1860), a annoncé à l'Académie que, suivant les expériences qu'il avait faites, il était fondé à établir : 1° que la putréfaction est le résultat de la vie des infusoires; 2° que l'arrêt de la fermentation par le coal-tar, la benzine et l'acide phénique est dû à la mort de ces mêmes infusoires; 3° enfin que la conservation à l'air libre des matières putréfiées après l'arrêt de la fermentation tient à ce que les germes sont tués *à mesure que l'air les y dépose.* C'est M. le docteur Lemaire qui dit cela dans son mémoire, mais nous lui dirons comme M. Pouchet : *Faites donc voir ces germes dans l'atmosphère.*

Voici la partie du mémoire de M. Pasteur dont M. Lemaire serait fondé à réclamer la priorité ; pour le reste, M. Lemaire ne prétend pas le suivre dans ce qu'il avance, et voici les réflexions qu'il nous fait et que nous transcrivons d'après lui :

« Dans le travail de M. Pasteur, il y a des faits annoncés qu'il me paraît difficile de démontrer. Le rôle qu'il fait jouer aux vibrions et aux bacteriums, dont les uns absorberaient l'oxygène, tandis que les autres se nourriraient d'acide carbonique, me paraît impossible à démontrer. Dans un liquide végétal ou animal en putréfaction, on trouve toujours, dans les premiers jours où le phénomène se produit, des bacteriums, des vibrions, des spirillums et des monades. Or, les bacteriums et les spirillums forment le premier et le troisième genre de la famille des vibrions. Ces vibrions forment le second genre. C'est la classification de Dujardin. Comment comprendre que des animaux d'une même famille où l'organisation paraît être à peu près la même, où la distinction des espèces n'existe que dans la forme, comment comprendre, dis-je, que les uns absorbent l'oxygène, tandis que les autres se nourrissent d'acide carbonique? »

Nous avons encore reçu une lettre d'un hétérogéniste *pur sang*, qui se contente de nous dire qu'ayant lu avec la plus grande attention le mémoire de M. Pasteur, il n'y a absolument rien compris; il doute même que M. Pasteur se comprenne lui-même. Ce jugement, trop sévère, selon nous, nous oblige à publier *in extenso* ce mémoire, ce que nous ferons dans une prochaine livraison. Rien de ce que produit M. Pasteur ne doit être en effet dédaigné.

— Description d'un instrument pour la pratique de la géodésie expéditive; par M. Antoine d'Abbadie. C'est un théodolite à prisme, dont la lunette reste toujours horizontale; elle donne l'angle de hauteur par la rotation autour de son axe optique.

— Réponse à des objections faites au sujet de stries et d'incisions constatées sur des ossements de mammifères fossiles des environs de Chartres; par M. J. Desnoyers. — Cette réponse, que nous trouvons victorieuse et où M. Desnoyers accumule les faits les plus convaincants, se termine ainsi :

« Au lieu d'imaginer ou de reproduire, avec une légèreté que j'oserais dire coupable, pour ne pas employer un mot encore plus sévère, l'erreur grossière qu'ils m'attribuent, afin de renverser par la base des opinions contraires aux leurs, au lieu de protester devant l'Académie contre des faits qu'ils avaient incomplétement étudiés, n'eût-il pas mieux valu que M. Bayle, et son organe M. Eugène Robert, m'aient demandé à examiner les ossements que j'avais recueillis? C'est ce qu'ont bien voulu faire, à ma grande satisfaction, plusieurs savants membres de cette Académie, MM. d'Archiac, Daubrée, de Verneuil, Milne Edwards, de Quatrefages et d'autres géologues et naturalistes consciencieux et expérimentés.

« Je regretterais d'avoir si longtemps attiré l'attention de l'Académie sur des faits dont l'importance peut ne pas sembler d'abord très-évidente; mais les savants auxquels j'ai l'honneur de m'adresser n'oublieront pas, et ceux qui en attaquent la réalité n'ont pas oublié, que ces pauvres petites stries et entailles se rattachent intimement à trois des plus grands phénomènes de l'histoire de la terre : les origines diverses des grands dépôts erratiques de différents âges, les premiers vestiges de l'apparition de l'homme dans la succession des temps géologiques, et la coexistence avec les grands mammifères d'espèces éteintes. »

— Des caractères et affinités anatomiques des cytinées; par M. Ad. Chatin.

— Action électrique des rayons solaires; par M. P.-J.-M. Sauna-Solar.

— Recherches sur l'éther réel, comme l'un des grands principes de la nature physique; par M. Em. Martin.

— Note sur la résistance, au choc, des matériaux, considérée au seul point de vue géométrique; par M. J. A. Normand.

— M. Richard soumet au jugement de l'Académie un mémoire portant pour titre : *Trigonomètre du major Richard, du 47ᵉ* ♂

M. Mène envoie de de Lyon une « Note sur l'analyse des houilles de Sainte-Foi-l'Argentière (Rhône). » — Profitons de cet envoi de M. Mène pour annoncer à nos lecteurs le recueil que publie le laborieux savant sous le titre de : *Bulletin du laboratoire de chimie scientifique et industrielle* de M. Mène. L'auteur a compris qu'aucun recueil ne pourrait insérer *in extenso* tout ce qui sort de son laboratoire; il a donc fondé, à ses frais, un recueil spécial où il publie, chaque mois, non-seulement ses recherches particulières, mais encore les nombreuses analyses qui se font dans son laboratoire pour les grandes usines qui lui envoient leurs échantillons. M. Mène a été longtemps le chimiste du laboratoire des fonderies du Creuzot; il a une grande habileté à résoudre toutes les questions qu'on lui adresse, et c'est aujourd'hui par milliers qu'il peut inscrire les analyses de houilles, de minerais, de fontes et de fers qu'il a faites. Il s'est donc décidé, que ne l'a-t-il fait plutôt? à publier dans un recueil spécial tous les travaux de son laboratoire et, depuis le mois d'avril 1863, cette publication suit son cours avec une grande régularité. Outre ses recherches particulières et les travaux de son laboratoire, M. Mène publie les conférences qu'il donne sur diverses questions industrielles; empressons-nous de dire que les sujets sont des mieux choisis. Ce bulletin, qui convient surtout aux maîtres de forges et aux grandes usines en général, coûte 30 francs par an; on s'abonne directement au laboratoire de M. Mène, place Napoléon, 6, à Lyon.

— Tableau lithographié du classement naturel des corps simples; par M. B. de Chaucourtois.

— M. le secrétaire perpétuel fait hommage à l'Académie, au nom de l'auteur, M. Abich, présent à la séance, d'un ouvrage qui vient d'être publié à Saint-Pétersbourg « sur l'apparition récente (mai 1861), d'une nouvelle île dans la mer Caspienne, avec des recherches pour servir à l'histoire des volcans boueux de la région caspienne.

— M. le général Morin présente à l'Académie, de la part de M. le Dr Vinson, un ouvrage intitulé : *Des Aranéides des îles de la Réunion, de Maurice et de Madagascar.* L'ouvrage est orné de quatorze planches d'une très-belle exécution, dessinées et coloriées par le Dr Vinson.

— Sur la distribution géologique des oiseaux fossiles et description de quelques espèces nouvelles; note de M. Alph. Milne Edwards.

— Nouvelles observations sur la structure et les fonctions des vaisseaux; par M. Gris.

— Sur la germination des corpuscules organisés qui existent en suspension dans l'atmosphère; note de M. Duclaux, présentée par M. Pasteur. — Ces travaux, faits sous la direction de M. Pasteur, ne peuvent rien apprendre qu'on ne sache déjà; ils manqueront donc de l'initiative si nécessaire dans des questions aussi difficiles à résoudre. M. Duclaux opérera comme M. Pasteur, il trouvera tout ce que M. Pasteur a trouvé, et sans doute n'osera pas trouver autre chose. Voilà le côté funeste des chefs d'école, quand ils sont dans une mauvaise voie, tous ceux qui dépendent d'eux les y suivent, et ainsi l'erreur se propage indéfiniment. Si un esprit indépendant se révolte et veut penser tout seul, alors on l'enterre et il n'en est plus question.

— Note sur les alluvions de la vallée d'Ingressin (arrondissement de Toul), à l'occasion de la mâchoire humaine découverte dans les terrains de transport de Moulin-Quignon; par M. Husson. — Les alluvions de cette vallée forment deux classes distinctes : les *anciennes* et les *modernes*. Les alluvions anciennes peuvent se subdiviser : 1° en alluvions des plateaux, 2° en alluvions de la vallée et des pentes ou *Diluvium proprement dit*. La majeure partie de ce sous-groupe, qui me paraît appartenir au diluvium proprement dit, est composé surtout de cailloux roulés provenant de roches vosgiennes; mais ils ne sont pas exclusivement quartzeux comme ci-dessus; il y en a de granitiques, de dioritiques, etc. Ce dépôt présente parfois quatre à cinq mètres de puissance, et, je le répète, depuis vingt ans il a été fouillé en tous sens. Ces fouilles ont mis à jour un grand nombre de dents et d'ossements d'éléphants et autres animaux; mais jamais elles n'ont fourni le moindre indice de l'existence de l'homme, soit en fait d'ossements, soit en fait de produits industriels.

— Sur l'acide acétique de la fermentation alcoolique; réponse à M. Pasteur; par M. A. Béchamp. — Réponse digne, mais un peu amère; M. Béchamp prouve à M. Pasteur qu'avant lui il avait signalé l'influence des moisissures dans la fermentation, qu'il n'a jamais dit que l'acide acétique était un produit nécessaire de la fermentation alcoolique, sans rien préjuger sur la substance qui, dans cette opération, lui donne naissance : le sucre ou la levûre; qu'il a entendu parler de la fermentation alcoolique faite dans de bonnes conditions, c'est-à-dire dans les conditions qu'exige une démonstration scientifique. M. Béchamp ajoute que la levûre dont il s'est servi était parfaitement pure et n'était pas une levûre filiforme comme paraît le supposer M. Pasteur.

Enfin M. Béchamp, ne voulant pas qu'on croie qu'il ait voulu marcher sur les brisées de M. Pasteur, dit que s'il s'est occupé de la recherche de l'acide acétique dans la fermentation alcoolique, c'est que, pour M. Pasteur, le sujet était épuisé, et qu'il y a été amené à la suite d'un travail sur les vins. Je crois, dit-il, à mon droit d'achever cette étude, et je désire que la discussion s'arrête là, car, à la fin, on ne saurait plus ce qui m'est personnel dans cette recherche.

On voit, dans cette réponse, que M. Béchamp proteste contre la tyranie dont semble vouloir user M. Pasteur envers ceux qui abordent dans son domaine. On a fait M. Pasteur maréchal avant qu'il ne fût même général; on l'a couvert de couronnes et on a rempli ses poches de billets de banque. Aujourd'hui, passé à l'état de prince de la science, il ne peut pas supporter la critique, et ses disciples, ou plutôt ses admirateurs, encore moins que lui. On peut en juger par l'article suivant, qui a paru dans *le Temps* du 9 juillet, en réponse à des critiques sur les travaux de M. Pasteur insérées dans notre n° du 1ᵉʳ juillet. Voici cet article, *signé Grandeau*.

« Il me reste à dire quelques mots, en terminant, d'une note que M. Joly a fait insérer dans le *Moniteur industriel* du 1ᵉʳ juillet (M. Grandeau veut dire probablement *Moniteur scientifique*). Elle a pour titre : *Examen critique du mémoire de M. Pasteur relatif aux générations spon-*

tanées. Cette prétendue réfutation ne repose que sur des mots. Les débats scientifiques se vident par des observations bien faites, par des expériences conduites avec sagacité (les expériences des hétérogénistes se comptent par milliers, M. Grandeau ; mais ceux qui ont adjugé le prix à M. Pasteur, n'ont pas voulu les voir), et non par des paroles plus ou moins mesurées. (Les expériences ne se jugent pas non plus à coups d'encensoirs, comme vous l'avez fait vous-même dans un certain feuilleton avec un enthousiasme qui tient du lyrisme). Il ne m'appartient pas de réfuter l'argumentation de M. Joly, qui n'atteint en aucune façon la valeur des *admirables* travaux de M. Pasteur. (*Admirable* est un adjectif qui ne convient pas à des recherches pleines d'obscurité). L'*éminent chimiste* (nous aurions préféré *Son Éminence* M. Pasteur) appréciera-t-il qu'il doit se détourner, *ne fût-ce qu'un instant*, de ses études pour répondre à des critiques qui, à coup sûr, ne présentent rien de dangereux pour lui? (Ce qui est avant tout dangereux pour M. Pasteur ce sont les éloges emphatiques dont quelques hommes le fatiguent.)

— Recherches sur les couleurs d'aniline; par M. Hugo Schiff. — Cette note sera analysée plus tard avec les autres recherches faites sur ces matières.

— Sur les densités de vapeur de certains corps; note de MM. J.-A. Wanklyn et J. Robinson, et réponse de M. H. Sainte-Claire Deville.

— Sur les propriétés calorifiques et expansives des fluides élastiques; note de M. F. Reech.

— Faits pour servir à l'histoire des corps polymères; par M. Berthelot.

— Action du chlorure de zinc sur l'alcool amylique; par M. Wurtz (suite.)

— Purification du cuivre; note de MM. E. Millon et A. Commaille. — Nous publierons cette note très-curieuse, que nous venons de recevoir complète, dans nos comptes-rendus de chimie.

— Sur la chaleur spécifique des corps solides; déductions relatives à la nature composée des corps considérés comme éléments; par M. H. Kopp. — Il semble qu'on doive admettre de mes recherches, dit M. Kopp, « que chaque élément possède à l'état solide et à une distance convenable du point de fusion une seule chaleur spécifique, et par conséquent aussi une seule chaleur atomique; qu'à la vérité cette chaleur spécifique peut offrir certaines variations, suivant les conditions physiques du corps simple, sa densité, sa cohérence, son état cristallin ou amorphe, mais que ces variations ne présentent jamais l'amplitude de celles qu'offriraient certaines chaleurs spécifiques, si tous les éléments suivaient la loi de Dulong et Petit.

« Qu'enfin la chaleur spécifique d'un élément est la même à l'état libre et à l'état de combinaison. »

— Sur la nature du jade; note de M. Sterry Hunt.

— Recherches relatives à l'action du brome sur le bromure d'acétyle, et étude de l'acide tribromacétique, note de M. H. Gal.

— Sur l'engrais dit chaux animalisée; note de M. A. Mosselman. — L'hygiène publique et l'agriculture réclament depuis longtemps un mode d'enlèvement et d'utilisation des matières fécales solides et liquides, qui permette d'en opérer facilement le transport et l'épandage. Les moyens proposés et mis en pratique jusqu'à ce jour, outre les difficultés d'exécution qu'ils présentent, sont tellement défectueux, qu'on perd la plus grande partie des produits utiles que renferment les matières fécales. Mon procédé consiste : 1º à éteindre la chaux grasse vive à l'état d'hydrate pulvérulent avec des liquides de vidanges, ou mieux avec de l'urine pure dans la proportion de moitié de son poids; 2º à enrober et praliner les matières solides avec cette sorte de farine dans la proportion de deux hectolitres, cinq de chaux pulvérulente pour deux hectolitres de matières fécales. Par mon procédé, les matières fécales sont mises rapidement sous la forme d'une substance solide immédiatement maniable et transportable. Le produit obtenu contient, on le comprend, tous les principes qui se trouvent dans les excréments humains. Il se produit cependant, au moment de l'extinction de la chaux et du mélange de cette base alcaline avec les matières fécales, un certain dégagement d'ammoniaque, lorsque les matières employées ont éprouvé une fermentation qui transforme en partie l'urée et les substances azotées en composés ammoniacaux.

Sauf la cause accidentelle de déperdition légère que je viens de signaler, l'engrais se conserve sans altération. La chaux qu'il contient prévient la fermentation et la destruction des matières organiques.

Cet engrais, qui contient tout ce qui se trouve dans les matières fécales et les urines, contient en outre la chaux dont la présence, jamais nuisible (ce n'est pas ce que dit M. Rohart, voir *Annuaire des Engrais,* 6ᵉ et 7ᵉ livr., 1863, p. 220), est généralement utile sur le plus grand nombre des cultures et des terrains pour lesquels le chaulage est si justement recommandé par tous les agronomes.

— A quatre heures et demie l'Académie se forme en comité secret jusqu'à six heures.

ANNONCES BIBLIOGRAPHIQUES.

Les Mondes, *Revue hebdomadaire des Sciences et de leurs applications aux arts et à l'industrie;* par l'abbé Moigno. — Prix : 25 fr. pour Paris et 30 fr. pour les départements pour un an.

Les Mondes ont réussi, cela devait être; l'abbé Moigno a, en effet, un talent tout particulier pour faire accepter du public tout ce qu'il lui dit. Individualité puissante, on aime à lire ce qu'il écrit, et on est toujours heureux quand il vous cite, même quand il vous gronde. Il est vrai que si ses gronderies sont terribles, elles ne tuent jamais personne.

On peut dire de l'abbé Moigno ce que l'on disait, il y a trente ans, du Solitaire : qu'il sait tout, entend tout et voit tout, est partout, et qu'il dit tout ce qu'il sait à ses abonnés. Journaliste consciencieux, avec lui pas d'arcanes, mais la vérité toute nue, parée seulement d'une prose enthousiaste qui tient le lecteur toujours éveillé.

Le journal *Les Mondes* est un journal bien fait, paraissant, avec une grande régularité, chaque jeudi. Le texte fait honneur à son imprimeur, M. Simon-Raçon, et à M. Giraud, l'éditeur. Inutile de dire que la rédaction en est bonne, et qu'en s'abonnant *aux Mondes* on fera un immense plaisir à l'abbé Moigno. — On souscrit à Paris, chez M. Étienne Giraud, libraire, rue Saint-Sulpice, 20.

AVIS.

Plusieurs de nos abonnés n'ayant pas encore reçu la table de 1862 croient qu'elle a paru et que nous les avons oubliés; nous les prévenons que, terminée maintenant, ils la recevront d'ici à la fin du mois.

Table des matières de la 158ᵉ Livraison. — 15 juillet 1863.

RAPPORT

SUR

LES PRODUITS CHIMIQUES INDUSTRIELS (CLASSE II, SECTION A)

DE

L'EXPOSITION INTERNATIONALE DE LONDRES EN 1862.

Par M. A.-W. Hofmann.

(Suite. — Voir le *Moniteur scientifique*, livraisons 154, 155, 156 et 158.)

Préparation de la soude au moyen d'autres substances que le chlorure de sodium. — En tête de ce paragraphe nous placerons la préparation de la soude au moyen de la cryolithe; ce procédé est remarquable non-seulement pour la nouveauté de la matière brute, mais encore, parce qu'on le pratique avantageusement en Danemark et dans le nord de l'Allemagne. M. Spilsbury a patenté en Angleterre la fabrication de la soude au moyen de la cryolithe, mais le brevet n'est pas exploité. L'exposition offre plusieurs beaux échantillons de soude tirée de la cryolithe ; parmi ces derniers on remarque ceux qui font partie de la magnifique collection de produits envoyés par le *docteur Kunheim* (*Prusse, 997*), membre du jury pour la classe II, et ceux qui composent la série exposée par *MM. Weber et Comp., de Copenhague* (*Danemark, 3*), auxquels le jury a accordé l'honneur d'une médaille.

Fabrication de la soude au moyen de la cryolithe. — La cryolithe, minerai qu'on trouve en masses énormes dans les carrières du Groenland, est un fluorure double de sodium et d'aluminium, $Al^2F^3, 3NaF$. En la réduisant en poudre fine et en la faisant bouillir avec de la chaux vive, il se forme du fluorure de calcium insoluble et de la soude caustique soluble, tandis que l'alumine est en partie précipitée par la chaux et en partie dissoute par l'alcali. La formule suivante représente la décomposition de la cryolithe :

$$Al^2F^3, 3NaF + 6\left[\begin{matrix} Ca \\ H \end{matrix} \right\} O \right] = 6CaF + 3\left[\begin{matrix} Na \\ H \end{matrix} \right\} O \right] + \begin{matrix} Al^2 \\ H^3 \end{matrix} \right\} O^3.$$

En faisant passer ensuite du gaz acide carbonique dans la solution alumino-sodique, l'alumine est précipitée et le carbonate de soude reste en dissolution. Cette solution, évaporée à siccité, fournit un sel de soude d'une blancheur et d'une pureté parfaites. En dissolvant dans de l'acide sulfurique l'alumine précipitée, on obtient un sulfate d'alumine tout à fait exempt de fer. Pour compléter ce qui a rapport à la cryolithe, rappelons qu'elle peut servir à la préparation de l'aluminium, et que M. Weber (1), à Copenhague, s'en sert comme matière première pour la production du sulfate d'alumine et du sulfate de soude. En effet, en traitant la cryolithe par l'acide sulfurique, on dégage de l'acide fluorhydrique, qui peut être utilisé pour décomposer les silicates ou pour fabriquer de l'acide hydrofluosilicique, en même temps qu'il se forme du sulfate d'alumine et du sulfate de soude, qui restent en dissolution. Le sulfate d'alumine peut être précipité à l'état d'alun, et le sulfate sodique converti à la manière ordinaire en carbonate de soude.

Le procédé suivant est celui auquel se sont arrêtés en dernier lieu MM. Weber et Comp. et le docteur Kunheim de Berlin : on mélange bien intimement la cryolithe finement pulvérisée avec de la craie, réduite également en poudre très-fine ; on calcine le tout dans des vases en fer ou dans des fours à réverbère, opération pendant laquelle il se dégage de l'acide carbonique. La masse est ensuite lixiviée par l'eau, exactement comme dans le procédé ordinaire de la fabrication de la soude ; le fluorure de calcium reste insoluble dans l'eau, mais il se dissout de l'aluminate de soude dont on précipite l'alumine par un courant d'acide carbonique.

(1) Weber, *Polyt. cent.*, 1861, 1165 — 1858, 889

Le docteur Kunheim se sert dans ce but du gaz acide carbonique dégagé pendant la calcination de la cryolithe avec la craie. L'acide carbonique, ainsi que les produits de la combustion sont entraînés par un aspirateur puissant à travers la solution en traitement, qu'on place pour cette raison dans de grands cylindres horizontaux. La solution, dont on a précipité l'alumine, contient maintenant du carbonate de soude, qu'on peut dessécher par l'évaporation, ou obtenir en cristaux par concentration et refroidissement à la manière ordinaire. On fait dissoudre dans l'acide sulfurique l'alumine précipitée, et la solution ainsi obtenue est évaporée jusqu'à ce que par le refroidissement elle se prenne en masse solide, qui constitue le sulfate d'alumine hydraté du commerce. Ce dernier contient fréquemment une faible proportion de sulfate de soude.

La cryolithe du Groenland appartient au gouvernement danois, qui a concédé le monopole de l'exploitation des carrières à MM. Weber. La quantité de cryolithe annuellement extraite par eux des carrières et exportée s'élève de 60,000 à 70,000 quintaux, dont 20,000 servent à leur propre consommation ; 6,000 quintaux sont livrés, en vertu d'un contrat, à MM. Kunheim et Comp., à Berlin, et 18,000 quintaux sont fournis à une maison de Harburg.

Préparation de la soude au moyen du nitrate de soude. — Il existe dans la nature une autre combinaison sodique, au moyen de laquelle, dans certaines circonstances, on pourrait préparer économiquement le carbonate de soude. C'est le nitrate de soude, qui se trouve en quantités inépuisables dans l'Amérique du Sud. En le faisant déflagrer avec une matière charbonneuse, on convertit ce sel en carbonate de soude.

M. Woehler (1) a proposé la calcination de ce sel sous l'influence du peroxyde de manganèse, pour obtenir de la soude caustique chimiquement pure. On a employé également pour le même but un mélange de nitrate de soude et de cuivre métallique, ou de nitrate de soude et d'oxyde de zinc. Mais actuellement ces procédés n'offrent plus aucun avantage, surtout en Angleterre, puisqu'au moyen des eaux mères de la fabrication de la soude, on produit maintenant la soude caustique en grand et dans un état de pureté suffisante.

Transformation du chlorure de sodium en carbonate de soude, sans la production intermédiaire du sulfate. — On a proposé de nombreux procédés pour transformer le sel marin en carbonate de soude, sans le convertir préalablement en sulfate. Nous en signalerons quelques-uns des plus intéressants :

Au moyen de l'oxyde de plomb. — Nous rappellerons, comme un fait historique, que déjà au siècle dernier on a préparé de petites quantités de soude en utilisant l'insolubilité de l'oxychlorure de plomb, qu'on produisait en traitant du sel marin en solution aqueuse par une certaine quantité de litharge :

$$2\,NaCl + 2\,Pb^2O + H^2O = 2\left(\begin{matrix}Na\\H\end{matrix}\middle\} O\right) + Pb^2Cl^2,Pb^2O.$$

Au moyen de bicarbonate d'ammoniaque. — Nous ne pouvons refuser de reconnaître une certaine importance pratique à ce procédé, qui est fondé sur la double décomposition du chlorure de sodium et du bicarbonate d'ammoniaque, en vue d'obtenir le bicarbonate de soude et le sel ammoniac, le premier très-peu, le dernier fort soluble dans l'eau. Ce procédé porte généralement le nom de M. Schloesing ; mais déjà antérieurement, en 1838, MM. Dyer et Hemming avaient proposé d'utiliser la même réaction. Les conditions particulières nécessaires à la réussite de ce procédé et les difficultés qu'il présente ont été signalées avec soin par M. Heeren (2); et il faut l'avouer, malgré les améliorations importantes proposées par M. Schloesing (3) et les machines perfectionnées qu'il a introduites dans le procédé avec le secours de M. Roland, ce système ne peut encore être rangé parmi les opérations véritablement industrielles.

(1) Woehler, *Ann. chem. pharm.*, CXIX, 37, 375.
(2) Heeren, *Dingl. Pol. Journ.*, CXLIX, 47.
(3) Schloesing (Th.), brevet nº 1425, 28 juin, 1854 ; *Rep. pat. inv.* Juin 1855, 489.

La théorie de ce procédé est cependant très-simple et très-ingénieuse. En traitant une solution concentrée de chlorure de sodium par du bicarbonate d'ammoniaque, ou, ce qui revient au même, par de l'ammoniaque sous l'influence d'un excès d'acide carbonique, il y a précipitation de bicarbonate de soude, sous forme de poudre très-fine, tandis que le chlorure ammoniaque reste en solution. Le bicarbonate de soude est séparé des eaux mères et lavé par voie mécanique, soit par un appareil à force centrifuge ou par l'emploi du vide. En le calcinant dans des vases en fer, on le transforme en carbonate de soude neutre d'une grande pureté, et l'acide carbonique qui se dégage peut être de nouveau employé.

Les eaux mères, qui renferment du chlorure ammonique en même temps que du chlorure de sodium et du bicarbonate d'ammoniaque, sont chauffées pour chasser l'acide carbonique et le carbonate d'ammoniaque neutre; en faisant passer les gaz et les vapeurs, qui se dégagent de cette manière, à travers des eaux mères semblables, mais froides, le carbonate d'ammoniaque neutre se condense et l'acide carbonique s'en va plus loin. Enfin les sels ammoniacaux des eaux mères sont décomposés par la chaux, et l'ammoniaque qui se dégage est condensée dans des solutions de sel marin, pour passer de nouveau par le cycle des opérations que nous venons de décrire.

Toute l'ammoniaque ayant été ainsi éliminée on peut évaporer les eaux mères pour en retirer le chlorure de sodium qu'elles renferment encore, et qu'il est facile de séparer du chlorure de calcium, bien plus soluble.

Comme on peut le pressentir d'après la description précédente, c'est le traitement des eaux mères qui forme la pierre d'achoppement de ce procédé. En effet, si la réaction était nette et se faisait d'après l'équation suivante :

$$NaCl + H^3N + H^2O + CO^2 = \left. {Na \atop H} \right\} CO^5 + H^4NCl,$$

rien ne serait plus simple et plus facile. Mais malheureusement il n'en est pas ainsi. Si l'on opère sur des équivalents égaux d'ammoniaque et de chlorure de sodium, quoique l'acide carbonique soit fourni en excès, on n'obtient que les 2/3 de la soude à l'état de bicarbonate, et, par conséquent, une grande quantité de bicarbonate d'ammoniaque est perdue. Si, au contraire, les proportions employées sont celles de 2 équivalents de chlorure de sodium pour 1 équivalent d'ammoniaque, les 4/5 de l'ammoniaque sont utilisés; mais il reste une forte proportion de chlorure de sodium non décomposé. En outre, le gaz acide carbonique n'est pas facilement absorbé par les liqueurs chargées d'ammoniaque, surtout lorsqu'il est mélangé d'autres gaz; il faut donc l'employer aussi pur que possible, et le faire absorber à l'aide d'une forte pression.

D'après M. Heeren, ce qu'il y a de plus avantageux c'est de dégager l'ammoniaque à l'état caustique. Si l'on veut cependant la dégager à l'état de carbonate, on évapore les liqueurs renfermant le sel ammoniac, et on calcine le résidu avec un mélange de carbonate de chaux et d'argile. On obtient ainsi, dans les cylindres où s'accomplit la réaction, une masse frittée et facile à détacher; tandis que, sans l'addition d'argile, le chlorure de calcium fondrait et serait très difficile à enlever.

Pour que ce procédé soit industriellement avantageux, il faut réaliser les conditions suivantes : 1° avoir le sel marin à très-bon marché, pour pouvoir se dispenser de traiter les eaux mères en vue du sel qu'elles renferment encore; 2° avoir les sels ammoniacaux également à bas prix, puisqu'on en perd toujours une quantité assez notable. Pour obtenir de l'ammoniaque économiquement, M. T. Bell (1) emploie les produits bruts de la distillation des substances animales, malgré les impuretés qui, dans ce cas, accompagnent les sels ammoniacaux; la calcination du bicarbonate de soude les fait d'ailleurs disparaître. Mais il serait plus avanta-

____

(1) Bell (T.), brevet n° 2616, 13 octobre 1857 ; *Rep. pat. inv.* Juin 1858, 463.

geux de pouvoir vendre le bicarbonate de soude tel quel, au lieu d'être obligé de le calciner pour en faire du sel de soude ordinaire.

Au moyen du sulfate d'ammoniaque. — Il y a quelques années, MM. Persoz et Prückner (1) indiquèrent les réactions suivantes pour obtenir la soude caustique avec le sel marin : *a.* Par double décomposition de sulfate d'ammoniaque et de chlorure de sodium on prépare du sulfate de soude et du chlorure ammonique; *b.* le sulfate de soude ainsi obtenu est réduit en sulfure par calcination avec le charbon ; *c.* en traitant le sulfure de sodium par du protoxyde de cuivre, on obtient une solution de soude caustique, en même temps qu'un précipité insoluble de protosulfure de cuivre.

Au moyen du pyrophosphate de plomb ou de zinc. — M. Margueritte (2) propose de calciner le chlorure de sodium avec du pyrophosphate de plomb ou de zinc. Une double décomposition a lieu, avec formation de chlorure de plomb ou de zinc volatils, et de pyrophosphate de soude fixe. Le chlorure métallique volatilisé est reçu dans une chambre à condensation ; le pyrophosphate sodique, dissous dans l'eau et bouilli avec de la chaux, donne de la soude caustique soluble et du pyrophosphate de chaux insoluble. On recueille le précipité et on le fait bouillir avec le chlorure de plomb ou de zinc, résultat de la première opération ; il en résulte du pyrophosphate de plomb ou de zinc insoluble, qu'on recueille, et du chlorure de calcium soluble, qu'on jette. Le pyrophosphate de plomb ou de zinc ainsi obtenu sert à décomposer une nouvelle quantité de chlorure de sodium. La soude caustique est, au besoin, traitée par l'acide carbonique et transformée en carbonate de soude. Ce procédé, quoique théoriquement très-ingénieux, est évidemment fort peu propre à une application industrielle.

Au moyen de la silice. — MM. Tilghmann (3) et Fritzsche (4) proposent de transformer le chlorure de sodium en silicate de soude en le mélangeant avec de la silice, et en soumettant le mélange porté au rouge à l'influence d'un courant de vapeur d'eau. Il se dégage dans ces circonstances de l'acide chlorhydrique et il se forme du silicate de soude. En décomposant ensuite le silicate au moyen d'un lait de chaux, on arrive à la préparation de la soude caustique. Malheureusement, le précipité de silicate de chaux, qui se forme ainsi, est si volumineux et retient si énergiquement le liquide, que cette opération est très-difficile, même dans les laboratoires, et doit être industriellement tout à fait impraticable. La réaction que nous venons de mentionner, fut d'ailleurs brevetée il y a déjà bien longtemps par Vauquelin, pour la fabrication de l'acide chlorhydrique, mais le brevet ne fut jamais exploité avec succès.

Au moyen du fluor appliqué par voie humide. — En 1858, M. Kessler proposa et breveta en France le procédé suivant. L'acide hydrofluosilicique, qu'on obtient par la calcination d'un mélange de sable, d'argile et de spath fluor, et par la condensation du produit dégagé dans l'eau, sert à précipiter une solution de sel marin. En exposant le fluosilicate de soude qui en résulte à une température rouge sombre, on le transforme en fluorure de sodium. La condensation des produits volatils fournit une quantité additionnelle d'acide hydrofluosilicique. On fait bouillir le fluorure de sodium avec de la craie, et l'on obtient du carbonate de soude et du fluorure de calcium. On mélange ce dernier, ainsi qu'une nouvelle quantité de spath fluor, avec l'acide chlorhydrique et la silice gélatineuse produites dans les phases précédentes de l'opération, et on ajoute du sel marin. On produit ainsi une nouvelle quantité de fluosilicate de soude ; lequel, soit directement tel qu'on vient de l'obtenir, ou après avoir été transformé par la calcination en fluorure de sodium, peut être converti par l'ébullition avec la craie en carbonate de soude.

Transformation du chlorure en sulfate de soude sans l'aide d'acide sulfurique. — Sous ce titre nous

(1) Persoz et Prückner, *Wagner's Jahresber*, III (1857), 102.
(2) Margueritte (F.), brevet n° 2701, 22 décembre 1854 ; *London Journ.* Oct. 1855, 197.
(3) Tilghmann (R. A.), brevet n° 11556, 1er février 1847 ; *Repert. pat. inv.* Sept. 1847, 160.
(4) Fritzsche, *Polyt. Centralhalle*, 1858, 32.

comprendrons une série de procédés, au moyen désquels, tout en conservant la transformation préliminaire du sel marin en sulfate de soude, on cherche à atteindre ce but sans l'aide
d'acide sulfurique libre ou fabriqué artiliciellement.

Au moyen du sulfate de magnésie. — En Espagne, M. Ramon de Luna (1) a préparé des quantités considérables de sulfate de soude très-pur en calcinant 1.75 parties de sulfate de magnésie naturel, légèrement desséché, avec une partie de chlorure de sodium; il se dégage de
l'acide chlorhydrique, et il se forme du sulfate de soude en même temps que de la magnésie. On dissout le produit dans de l'eau à 90° C., et on ajoute de la chaux pour convertir
en magnésie et en sulfate de chaux tout le sulfate de magnésie qui n'aurait pas été décomposé. La liqueur claire, décantée du précipité, fournit une cristallisation abondante de sulfate
de soude très-pur. Le principe mis en pratique par M. Ramon de Luna avait déjà été breveté
antérieurement par MM. Pelouze et Kuhlmann (2), qui, pour la décomposition du chlorure
de sodium, employaient les sulfates d'alumine et de fer, séparément ou réunis, naturels ou
artificiels, la réaction ayant lieu à la température du rouge sombre sous l'influence de la vapeur d'eau.

Au moyen des sulfates de magnésie ou de chaux à l'aide des sels de plomb. — M. Margueritte (3) a
proposé d'utiliser les sulfates de chaux et de magnésie pour la préparation du sulfate de
soude, en se servant des sels de plomb comme intermédiaires pour opérer cette transformation. A cet effet, il calcine au rouge un mélange de sulfate de plomb et de chlorure de sodium, d'où résultent du sulfate de soude fixe et du chlorure de plomb volatil, qui se condense
en dehors du four à calcination. Le chlorure de plomb, mis en contact avec les sulfates de
magnésie ou de chaux sous l'influence de l'eau, reproduit le sulfate de plomb et des chlorures
de magnésium ou de calcium, qu'on jette; le sulfate de plomb ainsi obtenu sert de point de
départ à une nouvelle série d'opérations. La solution de sulfate de magnésie servant à décomposer le chlorure de plomb en sulfate doit être suffisamment étendue (pour le sulfate de chaux
cela s'entend de soi-même), puisque le sulfate de plomb est extrêmement soluble dans les solutions concentrées de chlorures alcalins ou terreux. On voit qu'il existe une grande analogie
entre ce procédé de M. Margueritte et celui de MM. Shanks et Von Seckendorff (voyez le chapitre sur l'acide sulfurique), qui avaient proposé de décomposer le sulfate de plomb par l'a-
cide chlorhydrique, afin d'obtenir de l'acide sulfurique et du chlorure de plomb; et qui ensuite traitaient le chlorure de plomb par du sulfate de chaux pour reformer du sulfate de
plomb, pouvant fournir une nouvelle quantité d'acide sulfurique.

Au moyen des pyrites de fer. — Les procédés de conversion du sel marin en sulfate de soude
au moyen des pyrites sont pratiquement beaucoup plus importants que ceux que nous venons de passer en revue. L'idée de l'emploi des pyrites est déjà ancienne, mais elle a surtout
été développée et exécutée sur une grande échelle par M. Longmaid, auquel le jury de l'Exposition de 1851 accorda une médaille d'honneur (*council medal*), en signalant dans son rapport (4) les résultats importants et intéressants réalisés par cet industriel.

M. Longmaid mélange des pyrites de fer un peu cuivreuses avec du chlorure de sodium,
et grille le tout dans un four à réverbère. Il se forme ainsi du sesquichlorure de fer volatil
en même temps que du sesquioxyde de fer et du sulfate de soude fixes, qui sont séparés par
lixiviation. On retire ensuite le cuivre de ce résidu d'oxyde de fer par un procédé dont nous
n'avons pas à nous occuper ici. Dans une ou deux fabriques on exploite encore le procédé de
M. Longmaid, mais, d'après les renseignements recueillis par le rapporteur, les résultats obtenus ne l'ont point encore fait adopter d'une manière plus générale.

(1) Ramon de Luna, *Ann. chem. pharm.*, XCVI, 104.
(2) Date du brevet français de MM. Pelouze et Kuhlmann, 11 avril 1850.
(3) Margueritte, *Compt. Rend.*, I, 760.
(4) *Rapports des jurés*, 1851, p. 41.

MM. Brooman et Mesdach (1) obtiennent également le sulfate de soude au moyen du sel marin et des pyrites de fer, mais par une réaction différente de celle sur laquelle se base le procédé de M. Longmaid. Ils font passer l'acide sulfureux, résultant du grillage de pyrites, blendes
ou galènes, conjointement avec de la vapeur d'eau, sur du chlorure de sodium. Il se forme
une certaine quantité de sulfate, de sulfite et probablement aussi d'hyposulfite de soude; ces
deux derniers sels sont rapidement convertis en sulfate par l'action de l'air. Ce procédé n'est
guère pratiqué.

Préparation du sulfate de soude au moyen de l'eau de mer. — M. Merle a perfectionné, et
exploite actuellement sur une grande échelle, un procédé pour obtenir du sulfate de soude,
qui dispense de l'emploi de l'acide sulfurique fabriqué. Ce procédé, destiné sans doute à un
brillant avenir, est dû aux belles et importantes recherches de M. Balard, l'honorable président du jury de la classe II, sur les phénomènes et réactions qui s'observent lors de la concentration des eaux de la mer. On peut le définir brièvement en disant : qu'il consiste dans
la double décomposition du chlorure de sodium et du sulfate de magnésie renfermés dans
l'eau de mer concentrée, sous l'influence d'un fort abaissement de température. Mais comme
le but principal de ce procédé n'est pas tant la production du sulfate de soude que le recou-
vrement des sels potassiques neutres de l'eau de mer, nous reviendrons plus loin sur la
description de cette opération (voyez le chapitre sur les *Composés potassiques*).

*Transformation du sulfate en carbonate de soude au moyen de procédés différant de celui de
Leblanc.* — Ce titre embrasse les procédés qui, partant du sulfate de soude, quel que soit
d'ailleurs le moyen par lequel ce sel a été obtenu, le convertissent en alcali caustique ou
carbonaté par des méthodes différentes de celle de Leblanc.

Au moyen d'agents réducteurs et d'oxyde de cuivre. — M. Possoz (2) reproduit la réaction déjà
indiquée par MM. Persoz et Prückner (3), qui consiste à réduire le sulfate de soude en sulfure de sodium, et à convertir ce dernier en soude caustique en le traitant par l'oxyde cuivrique (Cu²O). Mais pour cette transformation l'oxyde cuivreux (Cu⁴O) convient mieux,
d'après M. Possoz, attendu que l'oxyde cuivrique convertit une partie du sulfure de sodium
en sulfate et en hyposulfite de soude, qui rendent la soude caustique impure, et en font
perdre une partie en la neutralisant. Pour rendre l'exploitation de ce procédé plus avantageuse sur une grande échelle, M. Possoz propose de faire servir la soude ainsi obtenue à la
production simultanée de carbonate et d'oxalate de soude (voyez le chapitre sur les *Acides
organiques*). A cet effet, il chauffe le son des céréales avec de la soude caustique à 150°-180° C.,
et obtient ainsi des oxalates et carbonates sodiques faciles à séparer, puisque l'oxalate est
insoluble dans les solutions évaporées à une densité de 1.32.

Au moyen d'oxyde de fer et de charbon de bois. — Ce procédé, déjà indiqué en 1775 par
Malherbe, et essayé plus tard, mais sans succès, par Alban, a été depuis étudié et soumis à
l'expérience par M. E Kopp (4). Le but de ce procédé est de recouvrer le soufre, employé
à l'état d'acide sulfurique, pour convertir le chlorure en sulfate de soude ; et d'éviter ainsi
d'obtenir un résidu inutile et gênant, comme celui qu'on produit d'après le système Leblanc.

M. E. Kopp fond le sulfate de soude avec de l'oxyde de fer et du charbon ; il obtient ainsi
une soude brute ferrugineuse, qu'il serait impossible de lessiver par l'eau (puisque le sulfure
de fer s'y dissoudrait en même temps que le sulfure de sodium), si on ne la soumettait préalablement à l'action de l'humidité et de l'acide carbonique. Sous cette influence, les pains de
soude brute ferrugineuse se délitent, et, traités par l'eau, fournissent une solution de car-

(1) Mesdach, *Génie industr.*, 1858, 306. Brooman (R A.), brevet n° 595, février 28, 1857 (communiqué par
M. L. Mesdach.

(2) Persoz, *Compt. Rend.*, XLVII, 848.

(3) Prückner, *Ann. chem. pharm.*, VIII, 160.

(4) E. Kopp, *Ann. chim. phys.*, sept. 1856, 81.

bonate de soude très-pure et très-forte et un résidu de sulfure de fer noir, renfermant toujours une certaine quantité de sulfure de sodium en combinaison insoluble. Les liqueurs évaporées donnent un sel de soude blanc renfermant, si l'opération a été bien conduite, de 90 à 92 pour 100 de carbonate neutre pur. Le résidu de protosulfure de fer desséché brûle avec la plus grande facilité, en dégageant de l'acide sulfureux et laissant pour résidu du sesquioxyde de fer, et une certaine quantité de sulfate de soude correspondant au sulfure de sodium que renfermait le sulfure de fer. Le même sesquioxyde de fer ainsi régénéré, mélangé à la quantité convenable de sulfate de soude et de charbon, sert à la production de nouvelles quantités de soude brute ferrugineuse.

M. Stromeyer (1), qui a étudié avec beaucoup de soin le procédé de M. Kopp en a pleinement confirmé les résultats pratiques, tout en arrivant à une explication théorique un peu différente et peut-être plus correcte que celle de M. Kopp. D'après M. Stromeyer, la réaction serait représentée par l'équation suivante :

$$3Na^2SO^4 + Fe^4O^5 + 11C = 2Na^2CO^3 + 2Fe^2S,Na^2S + 9CO.$$

Le composé $2Fe^2S,Na^2S$, soumis à l'action de l'humidité et de l'acide carbonique, dégage de l'hydrogène sulfuré et le sodium se transforme en partie en carbonate ; mais l'action s'arrête lorsqu'il ne reste plus que 1 équivalent de sulfure de sodium en présence de 3 à 4 équivalents de sulfure de fer.

Ce procédé, irréprochable au point de vue de la conversion du sulfate de soude en carbonate, puisqu'il fournit des sels de soude très-riches, blancs, et peu sulfurés, présente par contre des défauts essentiels pour ce qui concerne la réutilisation du soufre. En effet, le sulfure de fer qu'on obtient par le procédé de M. Kopp renferme encore trop de sulfure de sodium pour pouvoir fournir, par la combustion, une quantité notable d'acide sulfureux. En outre, les sulfures de fer et de sodium, en passant à l'état de sesquioxyde de fer et de sulfate de soude, absorbent et fixent une forte quantité d'oxygène, ce qui nécessite un volume considérable d'air pour entretenir la combustion. Il en résulte que la petite quantité d'acide sulfureux produite ne passe dans les chambres de plomb qu'accompagnée d'un volume énorme d'azote, obstacle des plus grands à la formation de l'acide sulfurique (voyez le chapitre sur l'*Acide sulfurique*).

Au moyen du carbone et de l'acide carbonique. — M. Gossage (2), en vue d'éviter la perte du soufre, a également indiqué un procédé qui, tout à fait rationnel au point de vue scientifique, n'a, malheureusement, pas réussi en pratique. Les réactions constituant le procédé de M. Gossage (déjà mentionné dans le chapitre sur l'*Acide sulfurique*) comprennent (a) la décomposition du sulfure de sodium au moyen de l'acide carbonique, donnant naissance à du carbonate de soude et à de l'hydrogène sulfuré ; et (b) la transformation de l'hydrogène sulfuré, au moyen du peroxyde de fer, en soufre et en eau, avec réduction du peroxyde à l'état de protoxyde. M. Gossage opère de la manière suivante : le sulfate de soude, produit d'après la méthode ordinaire, est réduit au moyen de houille en sulfure, qu'on traite à l'état solide par de l'acide carbonique et de la vapeur d'eau. Le sulfure se transforme ainsi en carbonate de soude, qu'on dissout par les méthodes de lixiviation ordinaires. Le soufre se combine à l'hydrogène provenant de la décomposition de l'eau, dont l'oxygène se fixe sur le composé sodique en voie de formation. L'hydrogène sulfuré dégagé pendant cette réaction est conduit dans une tour renfermant du peroxyde de fer, qui se transforme en un mélange de protosulfure et de soufre, pouvant servir à son tour à la production de l'acide sulfureux pour les chambres de plomb.

(1) Stromeyer, *Ann. chem. pharm.*, CVII, 333.
(2) *On the recent Progress of Manufacturing chemistry in Lancashire*, p. 112.

Dans ces derniers temps, M. Hunt (1) a reproduit un procédé dont l'idée première est déjà ancienne, et qui se trouve développé dans le *Traité de chimie* de M. Dumas. Par des moyens pareils à ceux qu'emploie M. Gossage dans le procédé que nous venons de décrire, M. Hunt soumet le sulfure de sodium à l'action de l'acide carbonique et de la vapeur, afin de produire du carbonate de soude et de dégager de l'hydrogène sulfuré; mais, au lieu de faire passer ce gaz dans une tour renfermant du peroxyde de fer, dans le but de le décomposer et d'y fixer le soufre à l'état solide, il dirige le gaz dans une chambre à combustion et le brûle, mélangé à de l'air atmosphérique qui se renouvelle régulièrement. Immédiatement au-dessus du foyer à combustion, il place une couche de matières perméables incombustibles, telles que des cailloux, des morceaux de briques réfractaires, des fragments de peroxyde de fer. Une grille supporte ces matières, et la flamme, qui se trouve immédiatement au-dessous, les maintient à une chaleur rouge intense. Elles conservent cette température pendant quelque temps, même si la flamme s'éteint, soit par un arrêt survenu dans l'opération, soit pour une autre raison. Elles remplissent les fonctions d'une espèce de réservoir de chaleur, et enflamment le courant du gaz à mesure qu'il se renouvelle. Cet ingénieux arrangement est cependant une ancienne invention, et se trouve décrit en détail dans le traité que nous avons cité plus haut. Un carneau conduit l'acide sulfureux dans la chambre de plomb, où on le transforme en acide sulfurique par la méthode habituelle. On extrait le carbonate de soude au moyen de la lixiviation ordinaire.

Au moyen du traitement de la solution de sulfate sodique par du carbonate de baryte. — MM. Kœlreuter (2) et Kessler (3) ont tous deux proposé de préparer le carbonate de soude en faisant bouillir le sulfate sodique avec du carbonate de baryte artificiel ou naturel. Mais comme on décompose facilement le sulfate de baryte en le faisant bouillir avec une solution de carbonate de soude, il n'est guère probable qu'un procédé basé sur la réaction inverse puisse donner des résultats satisfaisants.

Pour que l'emploi du carbonate de baryte puisse réussir, il faudrait opérer comme l'a conseillé M. Wagner, c'est-à-dire mettre ce sel en suspension dans l'eau, et y faire passer de l'acide carbonique, pour le convertir en bicarbonate de baryte soluble, qu'on traite ensuite par le sulfate de soude. Il paraît que, sous l'influence d'un courant d'acide carbonique, la double décomposition peut s'effectuer en petit d'une manière nette et complète; mais, d'après des expériences faites par M. Kuhlmann, cette opération n'est pas réalisable dans la pratique industrielle. En opérant sous une pression de 4 à 5 atmosphères, M. Kuhlmann obtint de meilleurs résultats.

Par la fusion avec le carbonate de baryte. — M. Reiner propose d'employer le carbonate de baryte naturel en place du carbonate de chaux dans le procédé Leblanc, et de se servir du résidu de sulfure et d'oxyde de baryum, ou de carbonate et d'hyposulfite barytiques, pour la préparation de sels de baryte. Il est difficile de comprendre l'avantage qu'il y aurait à remplacer le carbonate de chaux par un composé d'un poids atomique plus que triple, qui obligerait de chauffer et de manier un poids et un volume beaucoup plus considérable de matières, et cela pour obtenir, en définitive, des composés beaucoup moins avantageux pour la préparation des sels barytiques que ne l'est le carbonate de baryte.

Utilisation du résidu d'oxysulfure de calcium. — L'examen des principaux perfectionnements qu'on a essayé d'apporter à la fabrication de la soude serait incomplet si nous ne disions quelques mots des nombreuses tentatives faites pour utiliser le résidu du procédé Leblanc.

Ce résidu s'accumule en énormes quantités autour des grandes fabriques, qui en produisent quelquefois jusqu'à 500 et 600 tonnes par semaine. 15 ou 20 pour 100 de soufre y sont

---

(1) Hunt (W.), brevet n° 1126, 5 mai 1860; *London Journ. of Arts*, janv. 1861, 20.
(2) Kœlreuter, *Wagner's Jahresbericht*, III (1857), 103.
(3) Kessler, *Génie industr.*, août 1859, 109.

enfouis, et constituent une perte réelle pour l'industrie et une cause d'insalubrité pour l'air environnant, qu'ils infectent par le dégagement de l'odeur si nauséabonde de l'hydrogène sulfuré. Mais son volume seul, joint au peu de valeur des produits qu'on peut en retirer, rend la manipulation de ce résidu très-ingrate, et explique le peu de succès des procédés proposés jusqu'à présent.

M. Delamare a eu l'idée de faire bouillir le résidu avec du soufre, et d'employer le polysulfure de calcium, ainsi produit, à la production des eaux sulfureuses, à la précipitation du cobalt et du nickel, au soufrage de la vigne, etc. M. Deacon (1) (de Widnes) a conseillé d'utiliser ce résidu pour en faire des parquets; M. Varrentrapp (2) pour en faire des cheminées, des murailles, etc.; M. Kuhlmann (3) conseille de le mélanger à du peroxyde de fer impur, constituant le résidu des pyrites brûlées, pour en faire des briques, des tuiles, etc.

MM. Townsend et Walker (4) ont reproduit récemment la proposition de M. E. Kopp (5), d'employer le résidu pour la préparation d'hyposulfites de chaux, de soude, d'alumine, etc. MM. Losh, Noble et d'autres ont également fait breveter des procédés ayant le même but. Des quantités considérables d'hyposulfites de soude employées en photographie, et comme antichlore, paraissent avoir été préparées de cette manière. Comme exemple des procédés proposés à cet effet et paraissant présenter les meilleures conditions pratiques, nous citerons celui pour lequel M. L. Mond (6) a pris tout récemment un brevet. Il expose le résidu sur de grandes claies, pendant dix-huit à vingt jours, à l'action oxydante de l'air, et lessive le produit oxydé; il obtient ainsi l'hyposulfite calcique en solution. En exposant de nouveau sur les claies le résidu lavé, il produit une nouvelle quantité d'hyposulfite. Cette opération ne peut être répétée d'une manière profitable que deux fois; toutefois on réussit ainsi à retirer jusqu'à 12 pour 100 de soufre du résidu. Cette solution d'hyposulfite, évaporée à siccité, fournit un sel solide qui, par la distillation seule, abandonne la moitié de son soufre, à l'état d'acide sulfureux. Si l'on distille en ajoutant de l'acide chlorhydrique, on recueille tout le soufre à l'état de soufre et d'acide sulfureux.

MM. Townsend et Walker ont encore proposé d'utiliser le résidu de la fabrication de la soude en le mélangeant avec le résidu provenant de la préparation du chlore. Si le mélange renferme un excès de ce dernier résidu, on obtient un précipité de soufre. Si le mélange contient moins de résidu de manganèse, il fournira un précipité constitué par un mélange de soufre et de protosulfure de fer, et laissera en solution du chlorure de manganèse très-pur et pouvant servir à la préparation du peroxyde régénéré.

Enfin les deux résidus, mélangés dans des proportions convenables pour donner lieu à une double décomposition complète, fournissent une solution de chlorure de calcium et un précipité renfermant un mélange de soufre, de protosulfure de fer et de sulfure de manganèse. Ce précipité grillé peut fournir de l'acide sulfureux.

MM. Favre (7) et Spencer (8), ainsi que plusieurs autres chimistes, ont proposé de décomposer, par l'acide chlorhydrique faible, le résidu des fabriques de soude, et d'en dégager le soufre à l'état d'hydrogène sulfuré. Pour utiliser ce dernier produit, M. Favre le brûle dans une chambre de plomb, ou bien le met en contact avec de l'acide sulfureux humide, en vue d'obtenir un précipité de soufre : $SO^2 + 2H^2S = 3S + 2H^2O$.

(1) Deacon, *Ding. Pol. Journ.*, 1849, CLXII, 279.

(2) Varrentrapp, *Ding. Pol. Journ.*, CLVIII, 420.

(3) Kuhlmann, *Répert. chim. appl.*, III, 290.

(4) Townsend (J.) et Walker (J.), brevet n° 1647, 9 juillet 1860 ; *Repert. pat. inv.*, sept. 1861, 232.

(5) E. Kopp, *Bullet. industr. de Mulhouse*, 1858, n° 143.

(6) Mond (L.), brevet du 13 août 1862.

(7) Favre (P. A.), brevet n° 1298; 7 juin 1855; *Répert. pat. inv.*, février 1856, 161.

(8) Spencer (T.), brevet n° 886 ; 9 avril 1859 ; *Répert. pat. inv.*, mars 1860, 53.

M. Spencer fait absorber l'hydrogène sulfuré par le sesquioxyde de fer, et expose le produit à l'air, afin que le sulfure de fer, en s'oxydant, reforme du sesquioxyde de fer et du soufre libre (voyez le chapitre sur l'*acide sulfurique*). Il continue ce traitement jusqu'à ce qu'il y ait accumulation suffisante de soufre; ensuite il grille le mélange dans le but de fournir de l'acide sulfureux aux chambres de plomb.

En définitive, on peut dire que, quoique certains de ces procédés soient utiles et réellement praticables, on ne peut les appliquer qu'à de petites quantités de résidu; la grande masse restera toujours sans emploi pour les raisons citées plus haut. Ce qu'il y aurait de plus désirable, ce serait de trouver un procédé qui dispensât de le produire, ou une application qui permît de l'employer tel quel et sans lui faire subir des opérations et des transformations chimiques.

Au point de vue de cette dernière alternative, M. P. Ward (1) fait observer que le résidu des fabriques de soude, oxydé par l'exposition à l'air ou par la combustion spontanée, se convertit en engrais d'une certaine valeur. On peut provoquer sa combustion spontanée, dit-il, en l'empilant en tas élevés et poreux au moment même où il est mis de côté dans les fabriques; il s'échauffe alors au bout de peu de temps, s'enflamme spontanément, et brûle avec une flamme pâle et bleue, dégageant des acides sulfureux et carbonique. Le produit, mélangé à de la terre, est considéré comme un excellent amendement pour des terrains légers et sablonneux, et convient particulièrement aux navets. Pour les terrains compacts et pour les céréales, M. Ward recommande de recouvrir les champs, en automne, avec une couche de résidu non brûlé de 3 pouces d'épaisseur; on le laisse exposé à l'air pendant les mois d'hiver, et on l'enterre au printemps par un labour, avant d'ensemencer. D'après M. Ward, un champ ainsi préparé, en 1840, sans y ajouter aucun autre engrais, produisit successivement trois belles moissons moyennes de froment, ainsi qu'une récolte d'avoine dans la quatrième année.

L'oxydation du résidu, soit par une lente action atmosphérique, soit par la combustion spontanée, comme nous venons de le décrire, produit à peu près les mêmes changements dans sa composition. Le sulfure calcique se convertit en gypse, qui agit comme un absorbant de l'ammoniaque atmosphérique. M. Ward pense que le coke du résidu, en vertu de sa porosité, possède une propriété absorbante semblable, tandis que les sulfate et chlorure sodiques, les traces de carbonate de soude et de silice, etc., sont tous plus ou moins utiles à la végétation. Si l'expérience confirmait l'utilité de cette application agronomique du résidu des fabriques (oxysulfure de calcium), ce serait sans doute la méthode la plus pratique entre toutes celles qu'on a proposées jusqu'à présent pour l'utilisation de ce volumineux et encombrant résidu.

P. KOPP.

(*La suite au prochain numéro.*)

SUR LA COMPOSITION ET LA CONSTITUTION DES HUILES MINÉRALES
ARTIFICIELLES ET NATURELLES.

Par E. KOPP.

Depuis une quinzaine d'années, les produits de la distillation sèche des combustibles, tant végétaux que minéraux, sont devenus un sujet d'études et d'expériences, non-seulement pour les chimistes, mais encore pour un grand nombre d'industriels.

Dans ces derniers temps, par suite de découvertes aussi inattendues qu'importantes, cette matière est étudiée de tous côtés avec une nouvelle ardeur, et les publications se succèdent

---

(1) Ward (P.), *Essay on artificial Manures*, Birmingham, 1848.

avec une rapidité et une profusion qui permettent d'enregistrer presque chaque jour de nouvelles données venant compléter ou rectifier nos connaissances sur ces produits, dont la nature véritable était restée longtemps si imparfaitement connue.

L'intérêt, tant scientifique qu'industriel, que présentent à juste titre un grand nombre de substances qu'on a réussi à extraire des goudrons et des huiles minérales explique parfaitement le zèle qu'apportent les expérimentateurs dans ces investigations, et comme l'a dit avec tant de vérité le docteur Hoffmann, dans sa célèbre leçon sur les couleurs mauve et Magenta (*Monit. scientif.*, 1862, liv. 138, p. 378), le goudron de houille doit être considéré comme une des matières les plus intéressantes et les plus prodigieuses de la chimie, comme une mine inépuisable de découvertes scientifiques et d'applications industrielles.

Cette assertion n'a pas besoin d'être justifiée; il suffit de rappeler quelques-unes des substances qui ont été successivement obtenues par la distillation sèche des matières organiques et inorganiques.

La distillation du bois fournit le charbon de bois, l'acide acétique, l'esprit de bois, la créosote, des gaz de chauffage et d'éclairage.

La distillation de la tourbe, des gaz combustibles, du charbon, des liquides ammoniacaux, de la paraffine, des huiles éclairantes et lubréfiantes.

La distillation de la houille, des schistes, des bitumes, des lignites, etc., nous procure du coke, des gaz de l'éclairage, de la benzine, de la paraffine, de la naphtaline, du phénol, de l'aniline, des essences et huiles propres soit à l'éclairage, soit au graissage, soit à la dissolution des résines et des matières grasses, des liquides ammoniacaux, etc.

La distillation des matières animales nous fournit du charbon décolorant, toute une série d'alcalis organiques remarquables, des liquides ammoniacaux et des hydrocarbures d'une nature encore peu connue.

Des pétroles et des huiles minérales naturelles on extrait de la paraffine, de la benzine et des hydrocarbures des plus intéressants, dont il est permis de prévoir des applications futures toutes nouvelles, outre leur emploi à l'éclairage, au graissage et à la dissolution des résines et des matières grasses, emploi qui déjà actuellement leur donne une grande importance.

En laissant de côté les goudrons provenant de la distillation du bois et des matières animales, on peut considérer les goudrons de houille comme le type le plus complet de cette classe de produits, puisque la houille (en comprenant sous cette dénomination tout aussi bien les houilles sèches que les houilles grasses et bitumineuses, le boghead, etc.), suivant qu'on la distille rapidement et à une température élevée, ou très-lentement et à une chaleur ne dépassant guère le rouge, est capable de fournir des produits gazeux, liquides et solides, dans lesquels on peut retrouver en quantité plus ou moins considérable à peu près toutes les substances qu'on a successivement signalées dans les huiles de schiste, dans les pétroles et dans les huiles minérales naturelles.

Nous pensons donc qu'il ne sera pas sans intérêt, surtout à l'époque actuelle, de passer en revue les différents composés qu'on a déjà pu isoler des goudrons, de rappeler leurs caractères et leurs propriétés, de décrire leur mode de préparation et quelques-unes de leurs transformations les plus caractéristiques et les plus remarquables, et d'indiquer ensuite les composés, non encore isolés, mais dont l'analogie permet de prévoir l'existence parmi les produits de la distillation de la houille.

Nous espérons que cette revue, à la fois synthétique et analytique, cette espèce de monographie des principes constituants des goudrons, pourra être de quelque utilité soit au chimiste occupé de recherches sur ces matières, soit à l'industriel qui s'est adonné à leur exploitation.

Les produits de la distillation des houilles étant soit gazeux, soit liquides, soit solides, on pourrait examiner successivement chacune de ces différentes classes de produits; mais il nous paraît à la fois plus rationnel et plus simple de prendre pour base la classification chimique, et de grouper les corps par séries ou par familles.

Les différents termes de ces séries présentent des propriétés physiques et chimiques analogues ; leur étude en est simplifiée et rendue plus facile, et fait mieux ressortir les relations qui peuvent exister soit entre les composés appartenant à la même série, soit entre correspondants de séries parallèles.

La distinction entre corps gazeux, liquides et solides, n'est d'ailleurs nullement tranchée ; des composés solides peuvent se trouver en dissolution dans des corps liquides ou affecter une consistance butyreuse, qui permettrait de les classer avec tout autant de raison parmi les liquides que parmi les solides.

Parmi les produits de la distillation des houilles ou des bitumes, on rencontre des gaz permanents, tels que l'hydrogène, l'oxyde de carbone, quelques hydrogènes carbonés, de l'acide carbonique (ce dernier ne se rencontre dans le goudron qu'en combinaison avec l'ammoniaque à l'état de carbonate d'ammoniaque). Nous ne nous occuperons d'ailleurs pas de ceux qui, comme l'hydrogène et l'oxyde de carbone, sont trop universellement connus.

Mais d'autres composés, quoique gazeux à la température ordinaire, tels que certains hydrogènes carbonés, des hydrures d'hydrocarbures, le gaz oléfiant, l'acétylène, etc., peuvent se dissoudre dans les hydrocarbures liquides moins volatils, en quantité plus ou moins considérable, et méritent par conséquent une plus grande attention.

C'est dans la présence de ces gaz et de composés à point d'ébullition excessivement bas, et par suite extrêmement volatils, qu'il faut chercher la cause de la présence de ces vapeurs facilement inflammables et non condensables qu'on observe au commencement de presque toutes les distillations de goudron. Ces vapeurs ont été très-souvent la cause d'incendies ou d'explosions, lorsqu'on ne prenait pas toutes les précautions nécessaires pour s'en débarrasser ou pour écarter tout corps enflammé.

En envisageant d'une manière générale la composition des substances qui constituent principalement les goudrons, on peut les diviser en trois grandes classes.

1° Les *hydrocarbures*, c'est-à-dire les combinaisons diverses d'hydrogène et de carbone, qui présentent le caractère de corps neutres ;

2° Les *combinaisons oxygénées*, composées de carbone, d'hydrogène et d'oxygène; elles jouent généralement le rôle d'acides ;

3° Les *composés azotés*, renfermant carbone, hydrogène et azote, et possédant presque tous des caractères basiques.

En dehors de ces substances, on ne rencontre guère que trois composés sulfurés : l'hydrogène sulfuré, l'acide sulfocyanhydrique et le bisulfure de carbone, qui jouent tous les trois le rôle d'acides.

Première classe. — HYDROCARBURES.

Les hydrocarbures constituent sans contredit les composés les plus importants du goudron. Ils appartiennent à plusieurs séries distinctes, dont quelques-unes seulement ont été étudiées d'une manière assez complète, surtout dans ces derniers temps; parmi celles qui sont déjà actuellement les mieux connues, il faut citer :

1° *La série des hydrures des radicaux alcooliques,* comprenant les hydrocarbures. C^2H^4, C^4H^6, C^6H^8, C^8H^{10}, etc.

2° *La série du gaz oléfiant* ou des *oléfines.* C^2H^2, C^4H^4, C^6H^6, C^8H^8, etc.

3° *La série de la benzine.* $C^{12}H^6$, $C^{14}H^8$, $C^{16}H^{10}$, etc.

On ne connaît que des termes isolés d'autres séries; mais on peut prévoir que des recherches futures et une connaissance plus parfaite des huiles minérales viendront ajouter à ces termes isolés des composés homologues et les constitueront en séries plus ou moins complètes; tels sont :

L'acétylène. C^4H^2, premier terme de la série C^4H^2, C^6H^4, C^8H^6, etc.;

La naphtaline. $C^{20}H^8$;

L'anthracine. $C^{28}H^{10}$ (?), etc.

C'est ainsi que des hydrocarbures appartenant à la série C^4H^5, C^5H^4, C^6H^5 paraissent avoir été rencontrés dans les produits de la distillation du bitume de Trinidad, du bitume de Cuba, des schistes bitumineux d'Albert County, du pétrole de Virginie, etc.

Les hydrocarbures de la série $C^{12}H^{12-2}$, c'est-à-dire C^4H^2, C^6H^4, dont l'acétylène serait le premier terme, ont été signalés parmi les produits de la distillation à 400 degrés de la houille de Breckenridge; la houille de Kanawha en Virginie, distillée à 480° C., fournit, d'après certaines analyses, des hydrocarbures de la série $C^{12}H^{12-4}$, c'est-à-dire C^8H^4, $C^{12}H^8$, $C^{16}H^{12}$, $C^{20}H^{16}$, etc.

La distillation du caoutchouc est dite fournir des hydrocarbures de la série C^8H^7, C^9H^8, comme le fait le bitume de Trinidad; enfin d'autres séries ont été observées lors de la distillation sèche de corps gras.

On comprend l'intérêt qui s'attache à l'étude de ces séries homologues, en observant que dans chacune d'elles se trouvent des termes qui présentent presque exactement le même point d'ébullition que certains termes d'autres séries.

On conçoit combien on doit éprouver de difficultés pour séparer et isoler des composés possédant des propriétés aussi analogues : par la simple distillation et par des moyens physiques, c'est tout à fait impossible; pour caractériser les hydrocarbures des différentes séries et pour en constater l'existence d'une manière certaine, il faut avoir recours à leurs propriétés chimiques, à leur plus ou moins grande altérabilité sous l'influence de réactifs énergiques, tels que les acides nitrique et sulfurique concentrés, le brôme, le chlore, l'acide chromique, à leur aptitude à former des acides sulfoconjugués ou des composés nitrés; il faut souvent préparer les dérivés d'un hydrocarbure, dérivés jouissant de propriétés plus caractéristiques que l'hydrocarbure lui-même, pour être en droit de conclure à son existence dans l'huile complexe, au moyen de laquelle ces dérivés chlorés, bromés, nitrés ou azotés ont été obtenus.

1° Série des hydrures de radicaux alcooliques.

Cette série comprend les termes suivants :

	FORMULES (1)			
	anciennes par équivalents.	nouvelles par atomes.	Point d'ébullition.	Pesanteur spécifique.
				Gazeux.
Hydrure de méthyle (gaz des marais)..	C^2H^4	$C\ H^4$	gazeux	0.558
Hydrure d'éthyle (gaz à la températ. ordin.).	C^4H^6	C^2H^6	—	1.075
Hydrure de propyle ou de trityle (id.)......	C^6H^8	C^3H^8	—	1.500 (?)
Hydrure de butyle ou de tétryle (id.)......	C^8H^{10}	C^4H^{10}	—	2.004
				Liquides.
Hydrure d'amyle......................	$C^{10}H^{12}$	C^5H^{12}	30°	0.628
Hydrure de hexyle ou de caproïle..........	$C^{12}H^{14}$	C^6H^{14}	68°	0.670

(1) Les nombres correspondants aux formules anciennes sont : $H = 1$; $O = 8$; $S = 16$; $C = 6$; $N = 7$; etc.

Les nombres correspondants aux formules nouvelles ou typiques sont : $H = 1$; $O = 16$; $S = 32$; $C = 12$; $N = 14$; etc.

À moins d'indication spéciale, nous continuons à faire usage des formules anciennes par équivalents, comme étant encore le plus employées par la majorité des chimistes industriels.

| | FORMULES | | | |
	anciennes par équivalents.	nouvelles par atomes.	Point d'ébullition.	Pesanteur spécifique.
Hydrure de heptyle ou d'œnanthyle.......	$C^{14}H^{16}$	C^7H^{16}	92—94°	0.700
Hydrure d'octyle ou de capryle	$C^{16}H^{18}$	C^8H^{18}	117—118°	0.726
Hydrure de nonyle ou de pélargyle........	$C^{18}H^{20}$	C^9H^{20}	136—138°	0.741
Hydrure de décyle ou de rutyle.......	$C^{20}H^{22}$	$C^{10}H^{22}$	162°	0.757
Hydrure de unodécyle..................	$C^{22}H^{24}$	$C^{11}H^{24}$	180—184°	0.766
Hydrure de duodécyle..................	$C^{24}H^{26}$	$C^{12}H^{26}$	202°	0.785(?)
Etc., etc.................	»	»	»	»
				Solides.
Certaines espèces de paraffines solides (?)...	$C^{40}H^{42}$	$C^{20}H^{42}$	entre 300°	0.850
Etc., etc.................	»	»	et 400°	0.880

Le tableau montre que les hydrocarbures de cette série sont d'autant plus volatils que leur composition devient plus simple. Les premiers termes sont gazeux à la température ordinaire ; mais il est extrêmement probable que par un très-fort abaissement de température, aidé d'une forte compression, on parviendrait à les liquéfier tous. En effet, à en juger par analogie, l'hydrure de butyle est probablement un liquide bouillant vers 0° ; l'hydrure de propyle aurait son point d'ébullition vers — 35°, et l'hydrure d'éthyle vers — 70°.

C'est probablement à l'influence de l'hydrogène qu'ils doivent leur grande volatilité, l'hydrogène étant l'élément gazéifiant par excellence.

A mesure que l'atome devient plus complexe et l'équivalent plus élevé, la volatilité diminue, les hydrocarbures deviennent des liquides, dont le point d'ébullition s'élève graduellement. Peu à peu les liquides se transforment en solides, et il est extrêmement probable que les termes les plus élevés de la série se rencontrent parmi les paraffines, surtout parmi celles qui résistent le plus énergiquement à l'action des acides sulfurique et nitrique les plus concentrés.

Cette résistance à l'influence de ces deux acides est un caractère assez général des hydrures des radicaux alcooliques, et peut servir à les distinguer et à les isoler d'autres hydrocarbures.

Ils se laissent attaquer, quoique souvent avec quelque difficulté, par le chlore et le brome. Le premier produit de la réaction est le chlorure ou le bromure du radical, ou, en d'autres termes, l'éther chlorhydrique de l'alcool correspondant. Au moyen du chlorure on peut préparer le sulfure, l'acétate, etc., correspondants.

L'acétate permet de remonter à l'alcool, et c'est en préparant au moyen de l'hydrure, par des transformations successives, les différents membres de la famille à laquelle appartient l'hydrure, qu'on parvient à établir son caractère véritable et ce qu'on appelle sa formule rationnelle.

Cela est d'autant plus nécessaire, qu'il peut exister des composés isomères ayant exactement la même composition, souvent même une série de propriétés physiques et même chimiques semblables, ou du moins extrêmement analogues et qui, cependant, ne sont pas identiques avec les hydrures des radicaux alcooliques.

Les recherches les plus récentes de chimie organique, parmi lesquelles nous devons citer en première ligne les magnifiques travaux de MM. Hofmann et Wurtz, nous offrent des exemples nombreux et remarquables de pareilles isoméries.

L'hydrocarbure $C^{12}H^{14}$, par exemple, peut représenter les combinaisons suivantes :

$$C^{12}H^{13} + H \; ; \; 2\,C^6H^7 \; ; \; C^2H^4 + C^{10}H^{10} \; ; \; C^4H^6 + C^8H^8 \; ; \; C^6H^8 + C^6H^6 \; ; \; C^8H^{10} + C^4H^4 \; ;$$
$$C^{10}H^{12} + C^2H^2 \; ; \; C^2H^5 + C^{10}H^{11} \; ; \; C^4H^5 + C^8H^9 \; ; \; C^6H^7 + C^6H^7 \; ; \; \text{etc.}$$

Cette multiplicité de combinaisons, qui sont toutes représentées par la même formule brute, rend l'étude de cette partie de la chimie organique assez compliquée et difficile; la difficulté est encore augmentée par le grand nombre de synonymes donnés au même composé, qui, suivant les auteurs, est fréquemment désigné par des noms différents.

Si les chimistes les plus éminents de France, d'Angleterre et d'Allemagne pouvaient se concerter et s'entendre pour fixer, d'une manière définitive, la nomenclature des hydrocarbures déjà connus et poser des règles pour les noms à donner à ceux qui seraient découverts plus tard, ils rendraient certainement un service signalé à la science; ce serait là, à notre avis, une des questions dignes de fixer l'attention d'un congrès de chimistes. Dans les pages qui suivront, on trouvera souvent les preuves de la confusion et de la difficulté résultant de la multiplicité de noms donnés au même composé.

Nous allons passer rapidement en revue les hydrocarbures appartenant à la série des hydrures des radicaux alcooliques.

Hydrure de méthyle.
(Syn. gaz des marais; hydrogène protocarboné; carbure tétrahydrique.)

$$C^2 H^4 = 2(CH^2). \quad [CH^4, \text{nouvelles formules}].$$

Ce gaz se dégage de la vase des marais, des couches de houille (c'est lui qui constitue principalement le grisou ou feu terrou, et qui est la cause des nombreuses explosions dans les mines de houille) et même, dans beaucoup de localités, du sein de la terre, comme, par exemple, près de la mer Caspienne, en Perse, en Chine, dans les États-Unis, en Italie, etc.

On le prépare artificiellement en calcinant un mélange d'un acétate alcalin avec un excès de chaux sodée.

$$C^4 H^4 O^4 + 2NaO = 2[CO^2, NaO] + C^2 H^4.$$

Gaz incolore, inodore, densité $= 0.5576$, facilement inflammable, brûlant avec une flamme jaunâtre, insoluble dans l'eau, très-peu soluble dans l'alcool. Mélangé de chlore, il n'est pas altéré dans l'obscurité; mais sous l'influence des rayons directs du soleil, le mélange détonne au bout de quelque temps.

Lorsque le gaz des marais est délayé dans un autre gaz inerte, de manière à ralentir l'action du chlore, il se forme un gaz chloré, qui peut être soit le chlorure de méthyle CH^3, Cl, soit l'hydrure du méthyle monochloré $\left.\begin{array}{c}CH^2\\Cl\end{array}\right\}H$; quelquefois il se forme aussi du chlorure de carbone.

A la lumière diffuse, le chlore humide décompose lentement $C^2 H^4$, produisant de l'acide chlorhydrique et du gaz carbonique ou oxyde de carbone.

Le brome est presque sans action sur le gaz des marais; les acides sulfurique et nitrique même concentrés ne l'attaquent pas.

(La suite à la prochaine livraison.)

REVUE DE PHYSIQUE.

Dernière ascension de M. Glaisher (1). — Le 13 juillet, M. Glaisher a accompli son douzième voyage aéronautique, qui a encore enrichi la science de quelques faits importants. Les courants d'air semblaient se succéder sans transition; la couche d'air arrivant du nord a dû être en contact avec celle qui venait de l'est. Non loin de la côte méridionale, on vit plusieurs fois la fumée prendre une direction différente de celle que suivait le ballon, une fois même la direction était diamétralement opposée. C'est cette inconstance du vent à différentes hauteurs qui a empêché M. Glaisher de passer à l'île de Wight pour faire des observa-

(1) Voir Moniteur scientifique, 158e livr., 15 juillet, p. 540.

tions sur mer. A Greenwich, la vitesse du vent, entre cinq et neuf heures, était de 3 kilomètres à l'heure, tandis que le ballon a parcouru en 3 heures 45 minutes une centaine de kilomètres (27 kil. par heure). Il est donc clair que nos anémomètres ne nous donnent aucune idée de la vitesse réelle de l'air au-dessus de nous. Un résultat analogue avait été trouvé par M. Coxwell, l'année dernière, dans son rapide voyage de Winchester, où il franchit 113 kilomètres en 65 minutes pendant que l'anémomètre, à Greenwich, indiquait 22 kilomètres par heure. Règle générale, la vitesse du ballon est toujours supérieure à celle accusée par l'anémomètre. La différence est trop grande pour s'expliquer par la configuration du sol; il faut croire que les indications de nos instruments sont toujours erronées.

Peu après le départ du ballon, le ciel se montra couvert d'épais *cirro-strates* qui laissaient à peine entrevoir la position du soleil. A une hauteur de 2 kilomètres, ces nuages semblaient toujours aussi élevés que lorsqu'on les regardait de la terre; leur hauteur réelle a dû dépasser 6 ou 7 kilomètres. L'atmosphère était extrêmement brumeuse. La présence de nuages à une si grande hauteur, où la température du point de rosée devait être excessivement basse, est certainement un fait très-singulier.

Analyse de la raie D de Fraunhofer. — Cette bande noire, qui, dans le spectre solaire, correspond à la raie jaune du sodium, est devenue ce qu'on appelle un *test object,* ou objet d'épreuve, pour les spectroscopes. C'est à qui la résoudra dans le plus grand nombre de composantes. On savait depuis longtemps qu'elle était double. M. Kirchhoff découvrit une troisième strie, tenant le milieu entre les deux autres, larges et bien définies, qui limitent l'espace occupé par la raie D. Le professeur O.-N. Rood, ayant construit un appareil de quatre prismes, dont trois à bisulfure de carbone, vit *trois* raies fines entre les deux qu'on pourrait appeler les montants (*Monit. scientif.* du 15 février, p. 148). Avec onze prismes en beau flint, M. Sigismond Merz a vu *cinq* raies entre les deux montants, soit *sept* composantes en tout. L'angle de réfraction était de 480 degrés. M. Lewis Rutherfurd a pu résoudre la même bande en *neuf* raies distinctes par l'emploi de six prismes de bisulfure de carbone. De chaque côté de la raie centrale de M. Kirchhoff, l'astronome de New-York a vu se dessiner trois raies extrêmement fines, qui ne sont visibles que dans des circonstances exceptionnelles. Plus tard, il a constaté que de ces neuf raies quatre seulement appartiennent en réalité au soleil, les cinq autres étant d'origine tellurique. Parmi ces dernières, il range d'abord les trois lignes très-faibles qui se montrent à gauche de la raie centrale, c'est-à-dire du côté du rouge, ensuite les deux premières à droite, du côté du vert, qui sont également très-faibles. M. Rutherfurd est arrivé à cette conclusion, parce que les cinq raies dont il s'agit, très-bien visibles avec deux prismes vers le moment du coucher du soleil, se distinguent à peine, vers midi, avec une batterie de onze prismes. Il s'est assuré, du reste, que toute la région jaune du spectre solaire foisonne de raies telluriques. D'après le même observateur, la raie B se résout en quatorze lignes très-fines et très-serrées, avec une belle bande symétrique de raies à peine dédoublées qui s'étend vers A. Une large bande de lignes fines et serrées, située près de A, vers l'extrémité rouge du spectre, rappelle les environs de B. Probablement A se compose aussi de raies très-fines. Dans le spectre du potassium, la raie rouge A (ou Ka α) est franchement double; un peu avant la place de Li α, on rencontre une autre raie double moins écartée que Ka α, et qui ne se montre que par instants; tout près et du côté vert de D, le potassium a un groupe de trois raies intenses avec une quatrième plus faible; dans le vert, il y a un autre groupe de trois raies; enfin, la ligne violette Ka β est double et écartée autant que α. La bande orangée du strontium se décompose en une infinité de raies fines et serrées. (*Silliman's journal,* mai et juin 1863.)

Enfin, le professeur Josiah P. Cooke, dont nous avons déjà rapporté quelques observations (*Monit. scientif.,* p. 147), vient d'annoncer, dans une lettre adressée à M. Percy et insérée au *Chemical News* du 4 juillet, qu'il a construit un spectroscope monstre de neuf prismes remplis de bisulfure de carbone, qui donne des résultats merveilleux et, entre autres, résout la raie D en *neuf raies et une bande nébuleuse.*

Cet appareil, muni de puissantes lunettes, a 69 millimètres d'ouverture (hauteur de fente ?) ; un arbre conique, où viennent s'adosser les prismes, permet de maintenir ceux-ci dans la position de la déviation minimum pour les différentes couleurs du spectre. Deux goupilles sont fixées au dos de chaque prisme de manière que, si on les presse contre l'arbre conique, le dos du prisme soit tangent au cercle. C'est là un artifice semblable à celui que M. de Littrow fils emploie dans son spectromètre à réflexion (*Monit. scientif.,* p. 150). Les prismes à bisulfure de carbone sont construits d'après la méthode du professeur Rood (*Monit. scientif.,* p. 148). Dans les panneaux d'une large monture, à vis calantes, on a cimenté, au moyen d'un mélange de colle et de miel, des plaques des meilleures glaces possibles, et celles-ci sont couvertes en dehors par d'autres glaces dont les surfaces extérieures ont été aplanies avec le plus grand soin ; dans l'intervalle, on introduit un peu d'huile de ricin. Le but de cette disposition est d'éliminer les effets de la défiguration que les glaces intérieures subissent quelquefois par suite du durcissement du mastic. Les neuf prismes de M. Cooke procurent une déviation totale de 360 degrés ; c'est la limite de leur pouvoir, à moins qu'on ne fasse revenir les rayons sur eux-mêmes par réflexion.

CÔTÉ DU ROUGE.

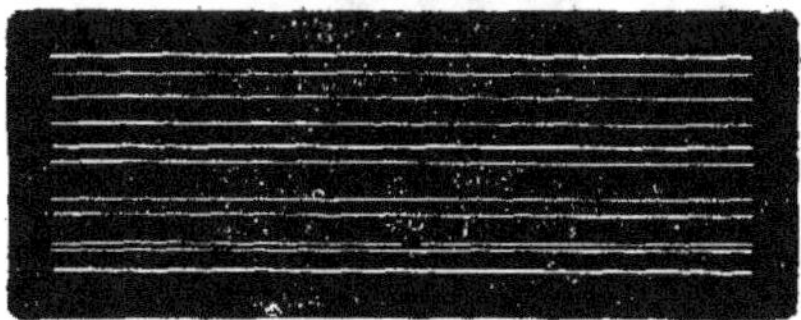

CÔTÉ DU VIOLET.

Avec ce grand appareil, M. Cooke est arrivé aux conclusions suivantes : 1° que les raies du spectre solaire sont aussi innombrables que les étoiles du ciel. L'appareil montre au moins dix fois autant de raies qu'on en voit dans la carte de M. Kirchhoff, plus une infinité de bandes nébuleuses sur la limite de la résolubilité. 2° Que la correspondance entre les stries obscures du spectre solaire et les raies brillantes des flammes n'est point altérée par l'accroissement du pouvoir des instruments. C'est ce qu'on a constaté notamment sur les deux raies de la bande jaune du sodium, qui sont séparées de manière qu'on distingue encore aisément un millième de l'intervalle. 3° Que beaucoup d'entre les bandes lumineuses des spectres métalliques sont de larges espaces colorés que sillonnent des raies brillantes : telles sont la bande orangée du strontium et les teintes plates des spectres du baryum et du calcium. Ces résultats sont conformés à ceux qui ont été déjà énoncés par d'autres observateurs.

Théodolite à prisme. — M. Antoine d'Abbadie vient de faire construire un instrument de son invention qui promet de rendre de grands services aux voyageurs qui se proposent d'observer les astres et de faire des relèvements topographiques. La lunette du nouveau théodolite reste toujours horizontale ; elle tourne autour de son propre axe optique dans deux colliers supportés par l'axe vertical de l'instrument. Un prisme rectangulaire, fixé en avant de l'objectif, reçoit les rayons qui arrivent latéralement dans une direction perpendiculaire à l'axe optique de la lunette, et les réfléchit vers l'oculaire o. Ainsi, lorsqu'on veut observer une étoile qui passe au méridien, il faut diriger le tube de la lunette dans le premier vertical. Une alidade, qui tourne avec la lunette et le prisme autour de l'axe optique, mesure la rotation dans le sens vertical et donne les angles de hauteur des objets observés. L'angle de hauteur est évidemment égal à l'inclinaison de la face antérieure du prisme par rapport à la verticale. Le support de la lunette peut tourner sur son pied, et un cercle horizontal A permet d'apprécier sa rotation, ou l'angle azimutal.

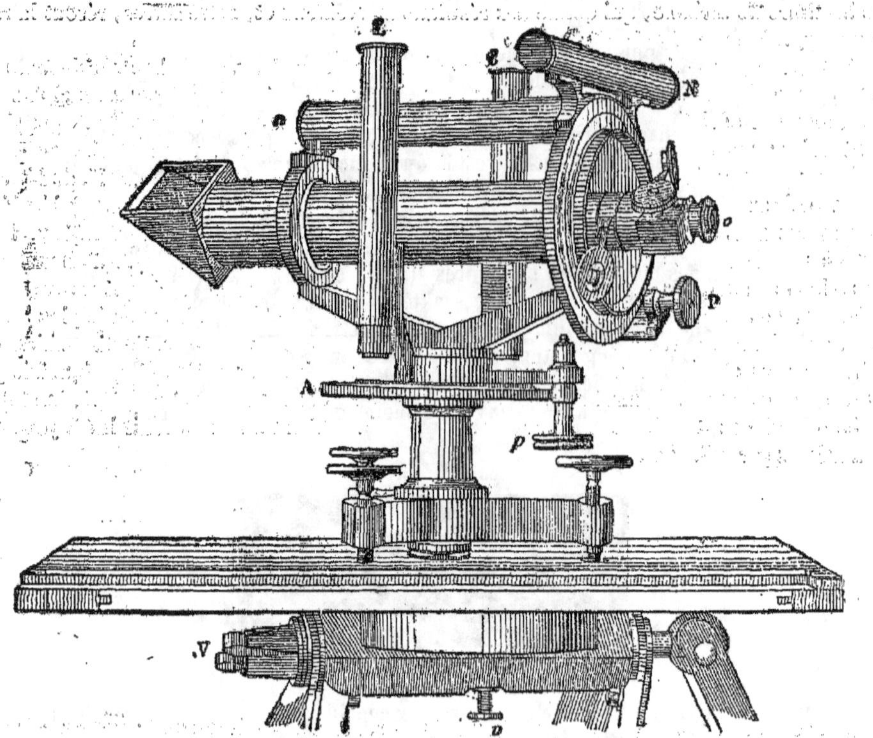

Comme on le voit, cette disposition réalise un immense avantage, en ce qu'elle permet d'observer des astres ou des objets terrestres à toutes les hauteurs, sans déranger l'oculaire de sa position horizontale; l'œil de l'observateur reste toujours au même niveau. Les deux loupes fixées sur l'oculaire permettent de lire immédiatement, et sans se déranger, les verniers du cercle vertical. Les deux loupes L, l servent à lire ceux du cercle azimutal. M. d'Abbadie a essayé de les remplacer par des tubes coudés, à prismes, dont les oculaires viendraient se placer horizontalement à côté du cercle vertical, ce qui permettrait de lire plus rapidement l'azimut; mais cette disposition n'est pas très-facile à exécuter.

Un autre avantage du théodolite de M. d'Abbadie consiste dans la solidité de sa construction. Il est composé du plus petit nombre de pièces possible. Les deux niveaux N, n sont fixés à demeure sur les colliers et sur le cercle vertical; on les ajuste une fois pour toutes. Les deux mouvements de l'instrument lui sont imprimés par deux pignons P, p s'engrenant dans des circonférences taillées en crémaillère, dont l'emploi est certainement préférable à celui des pinces et des vis tangentes. Trois vis calantes servent à régler la position du théodolite sur la planche qui le supporte. La planche forme le fond d'une boîte dont on fait glisser les parois latérales sur deux coulisses insérées dans la planche en question. De cette manière, on peut couvrir et serrer l'instrument en un clin d'œil. La vis v traverse la tête du trépied et doit entrer dans la planche au-dessous de l'axe vertical du théodolite, ce qui n'est pas bien indiqué dans la figure. Dans un petit trou rectangulaire, percé dans le tube de la lunette, entre l'objectif et la croisée de fils et à peu de distance de cette dernière, on a encastré un petit prisme qui sert à éclairer les fils, par la lumière réfléchie d'une lampe ou bougie, lorsqu'on observe de nuit.

La lunette du théodolite a 33 millimètres d'ouverture et 260 de foyer; elle est assez forte pour montrer les satellites de Jupiter. Les deux cercles sont divisés suivant la graduation *centésimale*, et les verniers donnent la prime (0.01 de grade = 32 secondes sexagésimales), ce qui est plus que suffisant pour la géodésie expéditive ou de voyage.

Cet instrument, nous en sommes certain, contribuera efficacement à rendre plus sûres et plus rapides les opérations géodésiques. Espérons qu'il ne tardera pas à être consacré par l'usage.

La fantasmagorie. — Un vieillard de quatre-vingt-dix-sept ans, M. de Waldeck, appartenant à une famille qui a déjà compté un grand nombre de centenaires, vient de publier qu'il a inventé la fantasmagorie en 1796. « J'avais découvert, dit-il, qu'en mettant du noir autour des figures peintes sur verre pour la lanterne magique, on obtenait l'isolement complet de ces mêmes figures sur la muraille ou le drap tendu dont on se servait alors. Je me mis au travail, et je fis le portrait en pied de Louis XVI. M. Beer, physicien distingué, ouvrait ses salons tous les jeudis.... Je lui avais communiqué ma découverte, et il m'engagea à faire mon expérience chez lui. Parmi les spectateurs se trouvait un physicien nommé Robert, qui par la suite ajouta *son* à son nom, et fut connu depuis sous celui de Robertson. Jeune homme vif, studieux et entreprenant, il me demanda mon secret; j'étais riche alors et ne travaillais que pour mon plaisir; je le lui livrai, je l'aidai à établir son spectacle au pavillon de la rue de l'Échiquier. Je lui peignis quelques verres, et lui choisis un artiste auquel j'enseignais les moyens d'obtenir de l'effet dans la peinture transparente. Cette nouveauté eut un succès fou pendant des années. Je crois donc, sans vanité, pouvoir me dire le père de la fantasmagorie. »

Le fameux expérimentateur contre lequel M. de Waldeck soulève aujourd'hui sa tardive réclamation de priorité a publié, en 1840, un ouvrage fort curieux sous le titre de : *Mémoires récréatifs, scientifiques et anecdotiques du physicien aéronaute Robertson*. Il n'y est pas question de M. de Waldeck; mais Robertson ne s'attribue pas pour cela l'initiative de la représentation de spectres. Il cite, au contraire, un ouvrage imprimé à Amsterdam, en 1695, sous le titre : *Relations historiques des voyages en Allemagne, etc., de Charles Patin*, et dans lequel on raconte les merveilles opérées par un moine réformé, du nom de Grundler. « Je vis le paradis, s'écrie le voyageur, je vis l'enfer, je vis des spectres. J'ai quelque constance, mais j'en aurais volontiers donné la moitié pour sauver l'autre. » Ainsi, on faisait de la fantasmagorie cent ans avant Robertson et M. de Waldeck.

Le grand moyen de Robertson était son *fantascope*, modification très-ingénieuse de la lanterne magique du P. Kircher. Cet appareil lui servait à projeter sur un rideau blanc de percale fine, vernissée d'amidon et de gomme, des images transparentes peintes sur un fond obscur, ou bien des objets opaques éclairés par une lampe. Les spectateurs se trouvaient de l'autre côté du rideau (appelé *miroir*), et voyaient les images grandir ou se contracter suivant qu'on faisait avancer ou reculer le fantascope, ce qui produisait l'illusion d'un mouvement d'approche ou de retraite. La grande adresse de Robertson et le soin qu'il apportait à l'agencement de ses expériences complétaient l'effet qu'il se proposait de produire sur l'esprit de son public, et l'on fut longtemps à chercher comment il s'y prenait. Un procès livra finalement ses moyens d'action à la curiosité des amateurs.

Les spectres qu'on voit aujourd'hui à la salle Robin, au théâtre du Châtelet et au théâtre Déjazet sont produits d'une manière toute différente. Il paraît que ce nouveau procédé a été inauguré en 1858 par un Anglais, nommé Dircks. Il repose sur la réflexion de glaces sans tain.

On sait qu'une simple vitre (aussi bien qu'une glace *à demi* argentée) réfléchit de la lumière en même temps qu'elle en transmet. Chacun s'est déjà aperçu dans les glaces qui forment les devantures des magasins. Pour voir nettement une image réfléchie par une vitre transparente, il suffit de diminuer l'éclat de la lumière transmise en donnant à la vitre un fond obscur, et d'éclairer vigoureusement l'objet qui doit être vu par réflexion. Si, après avoir fermé les rideaux des fenêtres, on ouvre la porte vitrée d'une armoire et qu'on se place devant une des vitres, une bougie ou une lampe à la main, on apercevra parfaitement son propre spectre de l'autre côté de la porte vitrée, à la distance où on se trouvera soi-même devant cette dernière. En d'autres termes, la vitre fera l'office d'une glace étamée; seulement, on verra en même temps directement les objets placés derrière la vitre, et ces objets sembleront se confondre avec l'image qui se dresse de leur côté. Si une autre personne se trouve derrière la vitre, on pourra faire de sorte que le fantôme lui tende la main, etc. Tout cela sont les choses les plus simples du monde; mais nous les avons expliquées si longuément, parce que nous nous sommes aperçu que beaucoup de gens ont de la peine à comprendre le mode de production des spectres sur nos scènes.

Au théâtre du Châtelet, M. Pepper a fait dresser une énorme glace sans tain, composée de trois pièces de 5 mètres de côté chacune. Cette glace est parallèle à la rampe et légèrement inclinée en avant, afin de réfléchir vers les spectateurs l'image des objets ou des personnes cachées sous la scène (en dessous de la rampe) et éclairées par une forte lumière; elle reçoit cette image à travers une large trappe ouverte dans le plancher, et c'est par cette trappe aussi qu'on fait monter la glace sur la scène pendant l'entr'acte. Le public, plongé dans l'obscurité, voit les spectres se dresser derrière la glace, qui elle-même s'aperçoit à peine.

Les acteurs qui se trouvent en scène, derrière la grande glace, ne voient rien; il faut qu'ils connaissent d'avance l'endroit précis où le spectre viendra se dessiner pour le public, pour qu'ils puissent lui porter des coups imaginaires. De là cette indécision qui se remarque parfois dans les gestes des acteurs, censés visionnaires, mais qui en réalité font seulement semblant de voir quelque chose, tout comme ils font semblant de boire dans des gobelets vides ou de jouer des airs sur des harpes en carton.   R. R.

COMPTE-RENDU DES TRAVAUX DE CHIMIE.

La découverte du thallium. — M. Crookes a donné, dans le numéro de juillet du *Philosophical Magazine*, une relation circonstanciée des faits relatifs à la découverte du thallium, après laquelle il ne peut guère rester de doute de quel côté se trouve le bon droit; et il est triste de voir que le chimiste anglais ait été forcé de se défendre contre des accusations qui portaient atteinte à son honneur.

C'est en avril et mai 1861 que M. Crookes a rendu compte, dans le journal précité, de la découverte qu'il venait de faire d'un métalloïde. Cette découverte a été annoncée par trois journaux français (*Cosmos* du 17 mai 1861, p. 541; *Moniteur scientifique* du 15 oct. 1861, p. 526; *Répertoire de Wurtz*, 1861, p. 211 et 289). En janvier 1862, M. Crookes a montré à M. John Williams, dans son laboratoire, du thallium à l'état métallique, précipité par un faible courant sur une barre de cuivre; en grattant avec un canif, on obtenait des parcelles métalliques semblables au plomb. Il lui a montré aussi du thallium déposé sur du platine spongieux. Ceci est attesté par M. Williams dans une lettre datée du 16 juin 1862 et insérée dans les journaux anglais. M. Crookes ajoute qu'il a fondu le métal à la même époque. Le 25 avril 1862, l'imprimerie de M. Silverlock a livré à M. Crookes cinquante feuilles d'étiquettes pour les substances que voici : thallium, thallium sublimé, oxyde, sulfure, chlorure, chlorure basique, iodure, sulfate, nitrate, carbonate, phosphate, chromate, oxalate, cyanure, ferrocyanure de thallium (attesté par une lettre de cette maison de commerce). Dès le 1ᵉʳ mai 1862, on voyait à l'Exposition du thallium et de l'oxyde et sulfure de thallium, avec cette étiquette : THALLIUM. *Nouvel élément métallique découvert par l'analyse spectrale; un écriteau portait : le thallium offre le caractère d'un métal pesant, qui forme des combinaisons volatiles au-dessous de la chaleur rouge. Il est réduit de ses solutions acides par le zinc, sous forme d'une poudre noire très-dense, difficilement soluble dans l'acide chlorhydrique, mais facilement dans l'acide nitrique, etc.*

Le 7 juin, M. Crookes apprit de M. Quin, commissaire de l'Exposition, que M. Lamy venait
de se présenter à lui en compagnie de M. Balard, et qu'il lui avait montré un lingot de thallium. M. Quin avait conduit ces messieurs à la vitrine de M. Crookes et leur avait montré les
écriteaux. M. Lamy avait observé que la poudre noire était seulement du sulfure de thallium.

Le 9 juin, M. Crookes se trouva en présence de M. Lamy chez M. Hofmann ; il ne comprit
pas bien ce que M. Lamy lui disait en français ; mais il sentit la nécessité de publier sans délai les résultats qu'il avait obtenus jusque-là, et qui devaient faire partie d'un grand mémoire
qu'il préparait sur son métal. Il écrivit dans ce sens, sous la date du 12, à M. Miller, secrétaire.
de la Société royale, et le 19 sa note préliminaire fut lue à la Société. Le 23 juin, M. Lamy
lut un mémoire sur le thallium à l'Académie des sciences ; il avait fait une lecture analogue
à la Société impériale de Lille, le 16 mai 1862. Dans les communications de M. Lamy, comme
dans le rapport de M. Dumas, on *affirme* que la poudre noire de M. Crookes n'était pas du
thallium métallique, et on va jusqu'à insinuer que sa note du 19 juin était un plagiat vis-à-vis
de M. Lamy. Mais quelle raison pourrait-on donner pour regarder la poudre exposée par
M. Crookes comme ayant été obtenue par la précipitation au moyen du sulfure d'hydrogène,
et non par la précipitation à l'aide du zinc, ainsi que l'annonçait le chimiste anglais? Et comment veut-on expliquer son écriteau, en supposant qu'il ne connût pas encore à cette époque
la nature métallique de son thallium? Tout cela est peu fait pour encourager les recherches
scientifiques.

Thallium dans une eau minérale. — Les *Chemical News* annoncent que le professeur Mulder, à Utrecht, a trouvé du thallium dans une eau de Java, dont les indigènes font
usage et dont ils vantent les vertus médicinales.

Conductibilité électrique du thallium. — M. Matthiessen a déterminé le pouvoir conducteur de plusieurs échantillons de thallium, à différentes températures, et il a
trouvé, en moyenne, la conductibilité de ce métal égale à
$$9.163 - 0.03689\,t + 0.0000810\,t^2,$$
celle de l'argent étant 100. Le décroissement depuis zéro jusqu'à 100 degrés est donc de 31.4
pour 100.

Recherches sur le césium. — Le 5ᵉ cahier des *Annales de Poggendorff* nous apporte
une note de M. Bunsen sur quelques propriétés du métal alcalin auquel il a donné le nom de
césium. Le travail de MM. Johnson et Allen, que nous avons inséré au *Moniteur scientifique* du
1ᵉʳ avril, a été le motif de cette nouvelle publication du célèbre chimiste. Comme il n'a pas
encore réussi à se procurer une matière première aussi abondante que celle dont pouvaient
disposer les chimistes américains, il a songé à un autre moyen de purification, applicable à
de petites quantités de chlorure de césium. Ce moyen s'est offert dans cette observation, que
le tartrate *acide* de césium (aussi bien que le sel analogue de rubidium) résiste à l'air, tandis
que le tartrate neutre de césium se délite facilement. Après avoir dosé le rubidium dans le
mélange des chlorures (déjà débarrassés de toute trace de sodium, de potassium et de lithium),
au moyen d'une précipitation par le nitrate d'argent, on les transforme en carbonates. La solution de ces derniers est additionnée d'acide tartrique en proportions un peu plus que suffisante pour produire du tartrate neutre de césium et du tartrate acide de rubidium. Ensuite
on laisse évaporer, pulvérise le résidu et l'expose à une atmosphère saturée d'humidité sur
un filtre de papier. Le sel de césium se délite alors et dégoutte, le sel acide de rubidium reste
sur le filtre. L'analyse du chlorure de césium obtenu au moyen du tartrate a montré une
proportion de césium de 78.291 pour 100. Après quatre, cinq et six précipitations, au moyen
du bichlorure de platine, et réductions par l'hydrogène, le chlorure de césium renfermait
respectivement 78.943; 78.955 et 78.948 centièmes de césium, en moyenne 78.9487;
MM. Johnson et Allen avaient obtenu 78.9548 pour 100. On en déduit pour l'équivalent du
césium le chiffre 132.99, qui s'accorde parfaitement avec celui des deux autres chimistes
(133.03). Ainsi, l'équivalent du césium est bien 133.

M. Bunsen défend son observation de la déliquescence du chlorure de césium contre l'assertion contraire de MM. Johnson et Allen; ces chimistes doivent avoir opéré dans une atmosphère relativement peu humide.

Quant au spectre du césium, corrigé par MM. Johnson et Allen, M. Bunsen répond : 1° que les neuf raies qu'il a observées et dessinées coïncident aussi exactement que possible avec les numéros VI, VII, IX, X, XIII, XIV, XV, XVII, XVIII de ces chimistes; 2° que dans une édition des spectres observés par MM. Bunsen et Kirchhoff, le lithographe a figuré trois raies qui n'existent pas, un peu à droite de VI, de X et de XV; il semble que deux de ces raies imaginaires aient été identifiées par les chimistes américains avec leurs raies VIII et IX; 3° qu'il a lui-même, avec M. Kirchhoff, mesuré la plupart de ces nouvelles raies, mais qu'il n'a pas cru devoir les insérer dans le croquis du spectre du césium pour ne pas nuire à la fidélité du dessin, destiné à représenter l'aspect ordinaire du spectre; 4° que ce n'est pas la raie XV, mais XVI qui coïncide avec E de Frannhofer. Pour éviter à l'avenir de pareilles méprises, M. Bunsen donne une représentation graphique de neuf spectres, que nous reproduirons prochainement.   R. R.

ACADÉMIE DES SCIENCES

Séance du 6 juillet. — Note sur les fonctions des vaisseaux des plantes; par M. Ad. Brongniart. — Réponse aux objections présentées par divers savants sur le dernier mémoire de M. A. Gris.

— De la variabilité dans l'espèce du poirier; résultat d'expériences faites au Muséum d'histoire naturelle de 1853 à 1862 inclusivement; par M. Décaisne. — L'auteur explique le but de son mémoire dans les lignes suivantes :

« Deux écoles, je dirais volontiers deux hypothèses, divisent aujourd'hui les botanistes. La plus ancienne, celle que je pourrais appeler l'école de Linné, admet la variabilité des espèces dans des limites, il est vrai, qu'il n'est pas toujours facile de préciser. De là ces espèces larges, polymorphes, quelquefois vaguement définies, mais en général faciles à caractériser par une courte phrase descriptive. L'autre école, qui est surtout de notre temps et qui, je crois, pourrait s'appeler l'école de l'immuabilité, nie de la manière la plus formelle la variabilité dans le règne végétal. Pour elle, les formes spécifiques ne se modifient jamais et à aucun degré, et dès que deux plantes congénères présentent des différences saisissables, si faibles qu'elles soient, ces deux plantes sont deux espèces radicalement distinctes dès l'origine des choses. Avec cette manière de voir, qui a trouvé dans M. Jordan, de Lyon, un défenseur très-éloquent et très-convaincu, toutes les races et toutes les variétés admises par l'autre école deviennent autant d'espèces; aussi les flores locales se sont-elles prodigieusement amplifiées lorsqu'elles ont eu pour auteurs des hommes imbus de ces idées.

« Que les botanistes linnéens aient fait des espèces trop larges en réunissant sous une même dénomination spécifique des formes réellement distinctes, c'est ce que je suis loin de contester; mais ce sont là des fautes de détail inévitables dans un premier recensement de flore générale du globe, inconvénients que l'expérience corrige tous les jours. On aurait tort, à mon sens, d'y chercher la condamnation du principe même qui les a dirigés, la variabilité des types spécifiques. Il faut reconnaître cependant que leurs adversaires sont en droit d'exiger la preuve de cette variabilité, presque toujours plus hypothétique que démontrée. C'est là, en effet, qu'est le nœud de la question, car s'il vient à être établi que ce que nous avons considéré jusqu'ici comme de simples altérations d'un type plus général est réellement immuable, que nos variétés prétendues sont des espèces, malgré leurs affinités apparentes, il faudra donner raison à ces adversaires, et admettre dans nos catalogues descriptifs toutes ces menues espèces, quel qu'en soit le nombre et quelque embarrassante que devienne une nomenclature trop étendue. Mais est-ce bien là qu'est le progrès? est-ce là surtout qu'est la vérité? Beaucoup de bons esprits en doutent; non-seulement ils craignent de voir la botanique descriptive dégénérer en une science de mots, mais ils se demandent encore si, après tout, l'immuabilité des formes est mieux prouvée que leur variabilité. Une seule voie est ouverte pour trancher le différend: il ne s'agit plus de discuter, mais d'observer et d'apporter des faits, et c'est dans ce but que j'ai entrepris l'expérience dont j'ai à entretenir l'Académie. »

Des expériences nombreuses de M. Decaisne, dont le détail n'occupe pas moins de dix pages du *Compte-rendu*, il faut conclure avec l'auteur que l'immuabilité de l'espèce n'est nullement en désaccord avec la multiplicité des *variétés* ou de ce que, dans d'autres cas, on appelle races.

— Note sur les vaisseaux propres, les vaisseaux du latex, etc.; par M. Thém. Lestiboudois. (Troisième mémoire.)

— Rapport sur plusieurs mémoires de M. Pissis, relatifs à la structure orographique et à la constitution géologique de l'Amérique du Sud et, en particulier, des Andes du Chili; par M. Charles Sainte-Claire Deville, au nom d'une commission composée de MM. Elié de Beaumont, Boussingault, Daubrée.

- Sur le bleu d'aniline; par M. A. W. Hoffmann. — Parmi les diverses phases qui marquent le développement de l'industrie des matières colorantes dérivées de la houille, la découverte de la transformation du rouge en bleu d'aniline occupera toujours un rang des plus distingués. Cette transition, indiquée pour la première fois par MM. Girard et de Lair (Brevet français, 2 janvier 1861), deux jeunes chimistes du laboratoire de M. Pelouze, et plus tard observée aussi par MM. Persoz, de Luynes et Salvetat (*Comptes-rendus*, mars 1861, t. LII, p. 450, et 8 avril 1861, t. LII, p. 700), est devenue la base d'une industrie qui, sous l'impulsion de MM. Renard frères et Franc, de Lyon, et plus récemment entre les mains de MM. Simpson, Maule et Nicholson en Angleterre, a rapidement acquis des proportions colossales.

La transformation du rouge en bleu d'aniline s'accomplit par un procédé très-simple, qui consiste essentiellement à traiter la rosaniline à une température élevée par de l'aniline en excès. Le mode d'opération n'est nullement indifférent. La transformation s'accomplit avec facilité quand on chauffe des sels de rosaniline en présence de l'aniline, ou réciproquement la rosaniline avec des sels aniliques. En outre, la nature des acides combinés avec les bases n'est pas sans influence sur le résultat de l'opération, les fabricants donnant une préférence marquée aux acides organiques, tels que les acides acétique et benzoïque. L'action de l'aniline sur la rosaniline elle-même est très-lente, mais à la longue il y a formation de bleu.

La production sur une très-grande échelle, de la nouvelle matière colorante, a attiré l'attention sur les phénomènes les plus saillants qui accompagnent la transformation du rouge en bleu d'aniline; d'un autre côté, les procédés de purification que doit subir le produit brut ont déjà fourni des renseignements précieux sur le caractère chimique de la nouvelle substance. MM. Girard et de Lair, dont les noms sont si intimement associés au développement de l'industrie des dérivés colorants de la houille, ont constaté que la métamorphose de la rosaniline s'opère avec dégagement de torrents d'ammoniaque, et M. Nicholson, qui unit au génie de l'industriel les habitudes de l'investigateur scientifique, s'est assuré que la matière colorante bleue est invariablement le sel d'une base elle-même incolore comme la rosaniline. Mais la relation qui existe entre ces deux bases incolores, et par conséquent la nature de la réaction qui transforme la rosaniline en son dérivé bleu, avaient échappé jusqu'ici à l'examen des chimistes. Ce fut donc avec un véritable plaisir que j'acceptai l'offre de mon ami, M. Nicholson, de me fournir les matériaux nécessaires à l'étude de cette question. Le sel que m'envoya M. Nicholson, et qu'il avait lui-même préparé, était le chlorhydrate.

Cette partie de l'étude de M. Hoffman devant être analysée par M. Kopp, qui s'occupe en ce moment de mettre à jour toutes les recherches accomplies depuis ses derniers articles, nous passons de suite au passage suivant, qui termine le mémoire si intéressant de M. Hofmann.

« Les faits acquis par l'étude de l'action de l'iodure d'éthyle sur la rosaniline ouvrent un nouveau champ de recherche qui promet une riche moisson de résultats. Le remplacement de l'hydrogène dans la rosaniline par des radicaux autres que le méthyle, l'éthyle et l'amyle, donnerait-il naissance à d'autres couleurs que le bleu? et la chimie finit-a-t-elle par nous apprendre à construire systématiquement des molécules colorantes (1), dont on prédira la nuance particulière avec autant de certitude que le point d'ébullition et autres propriétés physiques des composés dont nous concevons *à priori* l'existence?

Cette idée était sans doute présente à l'esprit de M. E. Kopp lorsque, avec une rare sagacité, il terminait son beau mémoire sur le rouge d'aniline par les mots suivants : « L'hydrogène pouvant également être remplacé par le méthyle, l'amyle, le phényle, etc., on peut prévoir l'existence d'une série très-nombreuse de composés appartenant tous au même type, et qui tous peuvent constituer des matières colorantes, soit rouges, soit violettes, soit bleues. »

Cette conception, qui ne paraissait, il y a deux ans, qu'un rêve scientifique, s'achemine déjà à grands pas vers son accomplissement.

Je me propose de continuer ces recherches et de soumettre à l'Académie, dans une nouvelle communication, les résultats fournis par l'examen de deux autres matières colorantes dérivées de la rosaniline, savoir : le *vert* et le *violet d'aniline*, ainsi que de la matière colorante bleue connue sous le nom *d'azuline* (2), dont les propriétés générales présentent une analogie frappante avec la rosaniline triphénylique.

En terminant, qu'il me soit permis d'exprimer mes remerciements à M. le Dr Geyger, dont le secours intelligent a beaucoup facilité mes expériences.

— Rapport sur plusieurs Mémoires de M. Pissis, relatifs à la structure orographique et à la constitution géologique de l'Amérique du Sud, et en particulier, des Andes du Chili; par M. Ch. Sainte-Claire Deville, rapporteur.

— Sur l'air de la vessie natatoire des poissons; par M. Armand Moreau. — Les analyses faites depuis près d'un siècle ont montré que l'air de la vessie natatoire se compose du gaz oxygène, azote, acide carbonique, dont les proportions varient suivant les espèces, et dans chaque espèce varient suivant les individus. M. A. Moreau explique ces différences par mille expériences faites sur la perche et résume ainsi sa note : « La proportion d'oxygène contenue dans la vessie natatoire de la perche diminue jusqu'à zéro quand ce poisson est mis dans des conditions telles, qu'il ne peut plus emprunter ce gaz au milieu ambiant. »

— Recherches sur les matières colorantes des feuilles; par MM. Chatin et Filhol. — Les auteurs, revenant sur tous les travaux antérieurs et sur ceux de M. Fremy en particulier (Voir *Moniteur scientifique*, livr. 78e du 15 mars 1860, p. 600), y ajoute de nouveaux faits.

— Morphogénie moléculaire, principes mathématiques; par M. A. Gaudin. — Sur la demande de l'auteur qu'une commission de cinq membres, composée d'un géomètre, d'un membre de la section de mécanique (pour ne pas dire d'un mécanicien), d'un physicien, d'un chimiste et d'un minéralogiste, examine ses idées, nomme MM. Delaunay, Poncelet, Becquerel, Pelouze et Daubrée. Maintenant que M. Gaudin tient sa grande commission, il va s'occuper de la réunir et de la faire travailler. Espérons qu'il vivra assez pour lui voir faire un rapport.

(1) Voir à ce sujet la lettre de M. C. Kœchlin (livr. 127e, p. 241), où nous lisons cette phrase remarquable : « Serait-ce trop d'irréflexion de prétendre à une loi qui, sur simple inspection des formules, permettrait de prédire les colorations qu'on pourrait y puiser? etc., etc. » Dr Q.

(2) L'*azuline*, dont l'exploitation industrielle a précédé le bleu d'aniline, a été découverte dans les laboratoires de la maison Guinon, Marnas et Bonnet, de Lyon. Dr Q

— M. le ministre de la Confédération suisse transmet un travail de M. P. Lavizzari, portant pour titre : *Nouveaux phénomènes des corps cristallisés.*

— Action exercée sur la pupille par l'extrait de la fève du Calabar ; par M. Giraldès. — L'action exercée par cette plante est l'opposée de celle que produit la belladone, qui dilate la pupille. La fève du Calabar (*physostigma venenosum*) n'est pas connue chez nous, et c'est au Dr Fraser, qui a reconnu le premier sa propriété, que le Dr Giraldès doit d'avoir pu se la procurer. Il a répété les expériences du Dr Fraser sur huit enfants de l'âge de trois, quatre, six, huit, douze et treize ans, et chez tous il a remarqué l'effet produit. Chez l'un des enfants, chez lequel la pupille avait été préalablement dilatée au moyen du sulfate d'atropine, et dont la dilatation était portée à son maximum au bout de vingt minutes, l'ouverture pupillaire était revenue sur elle-même, s'était contractée de façon à n'offrir qu'un demi-millimètre de diamètre.

Cette contraction cesse après quinze à vingt heures. M. le Dr Giraldès pense qu'il est bon de faire connaître cette propriété, qui peut offrir de précieuses ressources en ophthalmologie.

— M. Dallemagne, qui nous a remercié de l'avoir appelé antikuhlman et nous a envoyé à ce sujet une foule de papiers, écrit aussi à l'Académie pour réclamer contre une fausse rédaction du *Compte-rendu.* « J'avais, dit-il, parlé de la *silicatisation* seulement pour constater que j'avais le premier, et avant 1854, reconnu et déclaré qu'on ne pouvait réussir à silicatiser le plâtre d'une manière satisfaisante, et que M. Kuhlmann, malgré ses assertions si longtemps contraires, avait été amené à le proclamer lui-même en 1863. »

— M. Hubert adresse de Trawsfynydd (pays de Galles) un mémoire sur un système de *simplification de l'écriture,* qu'il a imaginé et qu'il croit de nature à rendre de grands services, en raison de la rapidité qui égale presque celle de la sténographie. Renvoi à l'examen de MM. Mathieu et Laugier.

— M. Delaunay présente une note concernant des expériences qu'il a faites sur des *chiens enragés* et des *chevaux morveux,* expériences qui lui font concevoir l'espérance d'arriver par une sorte d'inoculation à préserver les animaux de l'une ou de l'autre maladie. Nous espérons bien que M. Delaunay ne propose pas *d'inoculer la rage* afin d'en préserver. Ce serait plus fort que M. Auzias Turenne inoculant la syphilis pour en préserver plus tard.

— Sur la chaleur spécifique des corps solides ; déductions relatives à la nature composée des corps réputés simples ; par M. Hermann Kopp. (Suite.)

— Recherches sur la coloration en vert du bois mort ; nouvelle matière colorante, acide xylochloérique ; par M. Fordos. — On rencontre dans les forêts du bois mort depuis longtemps et déjà en voie d'érémacausie, qui présente, à l'intérieur, une coloration verte particulière, quelquefois très-intense. Les premiers échantillons de bois coloré en vert que j'ai eus à ma disposition avaient été pris sur des chênes de la forêt de Fontainebleau. J'ai reçu depuis quelques fragments de bois offrant la même coloration, et ramassés à terre dans la forêt de Saint-Germain. L'examen de ce bois m'a conduit à isoler une belle matière colorante verte, paraissant jouir d'une grande stabilité, et susceptible, je crois, de recevoir des applications importantes.

Pour extraire cette matière colorante, on épuise, par des traitements successifs avec le chloroforme, le bois coupé en petits copeaux. On obtient des dissolutions vertes, que l'on agite avec de l'eau acidulée pour débarrasser la matière colorante d'un peu de chaux qui l'accompagne. Après ce traitement, la dissolution chloroformique est d'un vert plus bleuâtre ou même bleu verdâtre. On la sépare de l'eau acide, et on la distille après lui avoir ajouté de l'eau distillée ; on a comme produit distillé le chloroforme et pour résidu la matière colorante verte tenue en suspension dans l'eau ; on recueille celle-ci sur un petit filtre, et on la traite par de l'alcool pour lui enlever la matière colorante rouge qui ne s'y trouve qu'en très-minime quantité, et plus spécialement dans les premiers traitements du bois par le chloroforme. L'alcool dissout la matière colorante rouge et un peu de matière verte ; on abandonne cette dissolution à l'évaporation spontanée et on traite le produit d'abord par de l'éther, qui dissout un peu de matière brune, et puis par un peu d'alcool à 95 degrés, qui dissout la substance rouge et la laisse comme résidu par évaporation spontanée. La matière colorante verte est insoluble dans l'eau, l'éther, le sulfure de carbone, la benzine; elle est insoluble ou à peine soluble dans l'alcool; elle est soluble dans le chloroforme et l'acide acétique cristallisable.

Elle ne paraît pas altérée par les acides minéraux, même concentrés; elle se dissout dans les acides sulfurique et nitrique et donne des dissolutions vertes; l'eau la précipite de ces dissolutions.

Nous n'avons pas besoin de faire remarquer combien cette note de M. Fordos est curieuse, et nous sommes certain que des essais vont être faits immédiatement sur cette substance, qui aura certainement un emploi dans l'industrie.

— Recherches sur les toluides et leurs homologues; note de MM. A. Riche et P. Bertrand. M. E. Kopp analysera lui-même ce travail, qui présente de l'intérêt pour les fabricants.

— M. le Dr Lemaire adresse une note dont le *Compte rendu* donne l'extrait suivant, qui nous a paru *un peu bien court.* « M. Lemaire rappelle, à l'occasion d'une note récente de M. Pasteur sur la putréfaction, les communications qu'il a faites à l'Académie en 1860 et 1862, communications dans lesquelles il a cherché à faire ressortir le rôle des infusoires dans le phénomène de la putréfaction. »

Comme nous avons publié dernièrement les travaux intéressants et très-bien accueillis par nos lecteurs où le Dr Lemaire développait ses idées et faisait part de ses expériences, nous allons publier *in extenso* la réclamation adressée par ce savant à l'Académie et dont M. Flourens a extrait les deux lignes précédentes.

A M. le secrétaire perpétuel de l'Académie des sciences.

« A la dernière séance de l'Académie, M. Pasteur a lu un mémoire sur la putréfaction dans lequel il dit : « que presque tout est à faire sur ce sujet. » Veuillez je vous prie, Monsieur, me permettre de rappeler à l'Académie que, le 25 juin 1860, j'ai eu l'honneur de soumettre à son appréciation un long mémoire sur le coal-tar saponiné, dans lequel j'ai réuni un grand nombre de faits pour démontrer :

« 1° Que la putréfaction est le résultat de la vie des infusoires.

« 2° Que l'arrêt de la putréfaction par le coal-tar, la benzine et l'acide phénique est dû à la mort des infusoires.

« 3° Enfin que la putréfaction ne se reproduit plus à l'air libre dans les matières contenant l'une des trois substances que je viens de nommer, parce que les germes que l'air contient sont tués à mesure qu'ils y sont déposés.

« Le résumé que j'ai lu à l'Académie sur ce long travail a été reproduit textuellement par le journal *le Cosmos*, le 29 juin 1860.

« Je lus à l'Académie, le 22 octobre 1860, un autre travail intitulé : *Du rôle des infusoires et des matières albuminoïdes dans la fermentation, la germination et dans la fécondation.* Dans ce travail, je produisis de nouveaux faits qui venaient confirmer ce que j'avais dit dans mon premier mémoire, c'est-à-dire que les ferments sont des êtres vivants. Je combattis longuement la théorie de Liébig sur la nature des ferments. Ces deux mémoires ont été reproduits, par extrait, par un grand nombre de journaux français et étrangers.

« Le 15 octobre 1862, dans le *Moniteur scientifique* du Dr Quesneville, j'ai commencé la publication d'un très-long mémoire sur l'acide phénique. C'est principalement dans le n° du 15 octobre que j'étudie de nouveau la nature des ferments, des venins, des virus et des miasmes. Dans ce travail, un paragraphe porte le titre suivant : *Démonstration que les ferments sont des êtres vivants.* — Cette démonstration consiste à suivre avec soin, à l'aide du microscope, les phénomènes de la putréfaction, et j'établis que l'apparition des infusoires et des phénomènes chimiques sont concomitants. En tuant les infusoires avec une très-faible dose d'acide phénique, la fermentation s'arrête brusquement. Il me semble que cette démonstration est complète. J'ai fait plus encore. A l'aide d'un procédé qui est décrit dans ce mémoire, j'ai recueilli les émanations putrides et j'ai reconnu qu'indépendemment de quelques matières étrangères (poussières, débris organiques), elles contiennent toujours des granules de deux à trois millièmes de millimètre de diamètre. Ces granules sont tantôt isolés, tantôt agrégés en masses irrégulières ou en petites sphères. J'y ai aussi constaté des sporules lorsque des mucédinées existaient à la surface des matières putréfiées. Ces granules ne font jamais défaut dans les liquides résultant de la condensation des vapeurs putrides. Après les avoir recueillis, je les ai ensemencés dans des solutions de matières organiques fraîches. Au bout de vingt-quatre heures, à une température de 23 à 25° centigrades, de nombreux bacterium y existaient; après quarante-huit heures on y constatait des vibrions et des monades en abondance. Les mêmes solutions de matières organiques fraîches, abandonnées à elles-mêmes, ne présentaient pas d'infusoires appréciables au même microscope quand les liqueurs ensemencées en fourmillaient. M. Gratiolet, professeur à la faculté des sciences de Paris, et M. Fenechal, aide-naturaliste au Muséum, ont vérifié ces faits avec moi.

« Enfin j'ai démontré, par une expérience que tout le monde peut répéter, la transmission des germes putrides par l'air, et j'ai aussi démontré qu'une très-faible dose d'acide phénique suffit pour les détruire.

« Tels sont les faits les plus importants que contiennent mes travaux sur la putréfaction. Ces faits ont été publiés, comme je viens de le dire, avant les travaux de M. Pasteur sur le même sujet.

« En présence de tant de faits nouveaux, que je crois importants, je prie l'Académie, qui a eu la primeur de mes recherches, de vouloir bien juger si, comme le dit M. Pasteur, presque tout est à faire sur la putréfaction.

« Si M. Pasteur avait lu mes publications, je ne doute pas qu'en sa qualité de maréchal de la science il aurait rendu justice aux travaux d'un simple soldat.

« Veuillez, etc.

« Dr Lemaire. »

Séance du 13 juillet. — M. le ministre de l'instruction publique (on sait que l'Institut, qui faisait partie du ministère d'Etat, est rentré dans les attributions du ministère de l'instruction publique), transmet ampliation d'un décret impérial en date du 6 courant qui confirme la nomination de M. le contre-amiral Paris à la place vacante dans la section de géographie et navigation par suite du décès de M. Bravais.

Sur l'invitation de M. le Président, M. Paris prend place parmi ses confrères.

— M. le secrétaire perpétuel annonce à l'Académie la mort de M. Denis (de Commercy), l'un des correspondants nommé il y a peu de temps dans la section de médecine et de chirurgie. M. Denis, savant médecin, était surtout connu par ses travaux sur le sang.

— M. Bertrand fait hommage à l'Académie d'un exemplaire des *Lettres sur les révolutions du globe;* par feu M. Alexandre Bertrand, son père, ouvrage dont il vient de faire paraître la sixième édition, en y joignant de nouvelles notes et une préface.

La *Presse scientifique des deux mondes,* qui paraît aujourd'hui en manches de chemise, sans doute à cause des fortes chaleurs, et qui a décidément chargé le jardinier de la rue Jacob de la suite de ses affaires, consacre un article signé F. Zurcher à cette nouvelle édition.

— Recherches sur les pétroles d'Amérique; par MM. J. Pelouze et Cahours. — M. Emile Kopp, qui commence aujourd'hui dans le *Moniteur Scientifique* une monographie des huiles minérales, consacrera aux recherches de ces messieurs toute l'attention qu'elles méritent. Nous n'en donnerons donc aujourd'hui qu'un aperçu. « Dans les deux notes successives que nous avons présentées à l'Académie sur les pétroles d'Amérique, disent MM. Pelouze et Cahours, nous avons fait connaître huit carbures d'hydrogène appartenant à la série $C^{2m} H^{2m} + 2$, dont le gaz des marais forme le premier terme.

« Dans ce travail, que nous avons l'honneur de lui soumettre aujourd'hui, nous nous proposons de faire connaître quatre nouveaux termes de cette série, que nous avons retirés de ces mêmes pétroles par des distillations fractionnées, les matières étant ultérieurement purifiées par l'action successive de l'acide sulfurique concentré, du carbonate de soude, une digestion sur du chlorure de calcium anhydre, une distillation sur du sodium, et finalement par une nouvelle rectification.

« Le premier terme que nous avons séparé bout entre 196 et 200 degrés. C'est un liquide incolore et très-limpide dont l'odeur est légèrement térébenthinée. Sa densité est de 0,776 à la température de 20 degrés. Le brôme, l'acide nitrique fumant et l'acide sulfurique au maximum de concentration ne l'attaquent pas à froid. Le mélange de ces deux acides agit sur le carbure lorsqu'on soumet ces corps à la température de l'ébullition.

« L'analyse de ce produit s'accorde avec la formule $C^{24}H^{26}$; en effet on a :

$$\begin{array}{lll} C^{24} & 144 & 84.70 \\ H^{26} & 26 & 15.30 \\ \hline & 170 & 100.00 \end{array}$$

« Nous désignons ce produit sous le nom de hydrure de lauryle.

« Le second produit bout entre 216 et 218 degrés. C'est un liquide incolore et très-limpide dont l'odeur est un peu plus térébenthinée que celle du carbure précédent. Sa densité est de 0,792 à la température de 20 degrés. Le brôme, l'acide azotique fumant, l'acide sulfurique au maximum de concentration, ainsi que le mélange de ces deux acides, se comportent à son égard comme avec le composé précédent.

Sa composition s'accorde avec la formule $C^{26}H^{28}$. En effet on a :

$$\begin{array}{lll} C^{26} & 156 & 84.78 \\ H^{28} & 28 & 15.22 \\ \hline & 184 & 100.00 \end{array}$$

« Nous désignons ce composé sous le nom de hydrure de cocinyle.

« Le troisième produit que nous sommes parvenus à isoler à l'état de pureté bout entre 236 et 240 degrés. C'est un liquide incolore et très-limpide dont l'odeur ne diffère pas sensiblement de celle du produit précédent. Quant à ses propriétés, elles sont entièrement analogues : même résistance à l'action de certains réactifs, attaque facile par le chlore et formation de produits de substitution tout semblables. L'analyse de ce produit répond à la formule $C^{28}H^{30}$. En effet on a :

$$\begin{array}{lll} C^{28} & 168 & 84.85 \\ H^{30} & 30 & 15.15 \\ \hline & 198 & 100.00 \end{array}$$

« Nous désignons ce produit sous le nom de hydrure de myristile.

« Le dernier produit que nous sommes parvenus à séparer de l'échantillon d'huile peu volatile que nous avions à notre disposition se présente, après purification, sous la forme d'un liquide incolore entièrement semblable au précédent, et pour l'aspect, et pour l'odeur et par la manière dont il se comporte avec les réactifs. Il bout entre 255 et 260 degrés.

« L'analyse de ce produit répond à la formule $C^{30}H^{32}$. En effet on a :

$$\begin{array}{lll} C^{30} & 180 & 84.91 \\ H^{32} & 32 & 15.09 \\ \hline & 212 & 100.00 \end{array}$$

« Il n'est pas douteux, d'après cela, que l'on pourra retirer des pétroles américains, en suivant la marche que nous avons indiquée, la série des termes supérieurs de ce curieux groupe jusqu'aux paraffines les moins volatiles dont l'équivalent doit être très-élevé.

« Dans les échantillons nombreux qui nous sont parvenus de sources assez diverses, nous n'avons jamais rencontré ni benzine, ni aucun de ses homologues, ce qui semblerait assez indiquer qu'on ne saurait faire dériver les carbures de la houille, ou que, s'ils en proviennent, il faudrait admettre que cette substance aurait éprouvé une décomposition différente de celle qu'elle subit lorsqu'on la soumet à une distillation lente ou rapide, effectuée à une température basse ou élevée. Ces produits ressemblent beaucoup, au contraire, à ceux qui se forment lorsqu'on soumet à des températures élevées les divers acides gras et les alcools qui leur correspondent, ainsi qu'une foule de corps organiques qui renferment le carbone et l'hydrogène dans les rapports d'équivalent à équivalent, ou dans des rapports très-rapprochés de celui-là; c'est ce que l'un de nous a constaté, et ce qui ressort des recherches fort intéressantes que MM. Wurtz et Berthelot ont communiquées dans ces derniers temps, relativement à l'action réciproque de ces mêmes alcools et de l'acide sulfurique concentré d'une part, du chlorure de zinc de l'autre. »

— MM. Regnault et Balard ne semblent pas disposés à admettre la distinction entre les matières que donnent à la distillation de la benzine ou de la naphtaline, et celles qui ne donnent que de la paraffine; ils sont tentés d'admettre que les produits de la distillation varient selon la température à laquelle elle a lieu.

— M. Elie de Beaumont trouve au contraire très-naturelle la distinction de M. Pelouze, puisque les pétroles comme les schistes bitumineux font partie de terrains non houillers, mais carbonifères.

— Description d'un nouveau spectromètre à vision directe rendu plus simple et moins dispendieux; par M. B. Valz.

— Note sur les spectres prismatiques des corps célestes; par le P. Secchi.

— Note sur la grêle tombée à Clermont-Ferrand le 3 juillet 1863; par M. H. Lecoq.

— Rapport sur les procédés d'extraction du sucre colonial et indigène; communiqués à l'Académie par M. Alvaro Reynoso et MM. Perier et Possoz. Commissaires, MM. Dumas, Pelouze, Payen rapporteur. — Les procédés d'extraction du sucre, que l'Académie nous a chargés d'examiner, se fondent, d'une part, sur l'emploi des sulfites, et d'un autre côté sur l'application de la chaux, alternant son action avec celle de l'acide carbonique, parfois avec le concours d'acides plus puissants.

Il semble, au premier abord, que rien de nouveau ne saurait distinguer les unes des autres ces applications de la science à l'industrie.

Chacun sait, en effet, que depuis très-longtemps l'acide sulfureux en usage pour suspendre la fermentation des vins fut, plus tard, employé en vue de muter (rendre muet ou non fermentescible) le jus sucré du raisin dont on se proposait d'obtenir du sirop; qu'en 1810, Proust, membre de l'Académie des sciences, appliquait dans les mêmes intentions le sulfite de chaux, et déterminait les doses convenables pour obtenir une décoloration momentanée; que même, prévoyant dès lors l'extension plus grande de ce moyen, il s'exprimait ainsi :

« On pourra un jour, avec quelques gros de sulfite, mettre le moût de la canne, de l'érable, du palmier à l'abri de ces fermentations brusques qu'ils subissent lorsqu'on tarde de les porter à la chaudière (*Bulletin de pharmacie*, tome III, page 134.) »

Que plusieurs années après, Edouard Stollé essayait en grand l'application de l'acide sulfureux avec le concours de la chaux au traitement du jus de betteraves;

Qu'en 1849, M. Melsens, dont les expériences avaient attiré à cette époque l'attention publique, proposait d'ajouter au jus de betteraves 3 centièmes de bisulfite de chaux, à 10 degrés Baumé, ou 1 centième dans le jus des cannes, de déféquer, puis de filtrer, évaporer et neutraliser au besoin par la chaux.

Relativement à l'application de la chaux et de l'acide carbonique, en vue d'épurer le jus de betteraves nous pourrions rappeler les moyens décrits par plusieurs chimistes manufacturiers, notamment la méthode fondée par MM. Rousseau frères, qui fut l'objet d'un rapport favorable à l'Académie des sciences, et n'a cessé depuis lors d'être employée avec succès dans un grand nombre de sucreries indigènes en France, en Allemagne et en Russie.

Après ce court historique, M. Payen passe aux perfectionnements apportés par M. Alvaro Reynoso dans l'emploi du bisulfite de chaux et dont nous avons donné dans le temps les détails d'après M. Reynoso lui-même; il félicite ce chimiste des succès qu'il obtient et passe de suite aux procédés de MM. Perier et Possoz, qui, en vue d'éviter les incrustations dans les chaudières soit ouvertes, soit dans les appareils tubulaires clos, ont substitué le sulfite neutre de soude au bisulfite de chaux. Après avoir longuement décrit ce que MM. Perier et Possoz appellent un grand perfectionnement à l'ancien procédé Rousseau, *l'épuration du jus des betteraves par triple addition de chaux et double injection d'acide carbonique*, procédé sur lequel nous nous sommes étendus dans notre numéro du 1ᵉʳ mai 1862, 129ᵉ livraison, page 289, M. Payen ajoute :

« MM. Perier et Possoz ont simplifié cette méthode en supprimant la défécation par la chaux et les inconvénients que présente cette substance rarement assez pure aux colonies. Ils sont parvenus à ce résultat en complétant leur procédé au sulfite neutre de soude par une sorte de clarification faite avant l'évaporation, comme nous le dirons plus loin.

Leur procédé primitif au sulfite de soude, destiné aux habitations coloniales dans lesquelles l'évaporation a lieu à l'air libre, se réalise dans les conditions de l'expérience suivante faite devant nous : 1 kilogramme du même vesou reçut à froid 4 décigrammes de sulfite neutre anhydre; on fit évaporer à l'ébullition, en ayant soin d'enlever les écumes au fur et à mesure de leur formation; il ne se produit plus d'écumes vers 8 à 20 degrés Baumé. Le jus, devenu limpide, conserva ce caractère jusqu'au degré de cuite; on obtint un sirop jaunâtre d'une nuance claire, légèrement plus foncée que le précédent. Versé dans un verre, *amorcé* avec 1 gramme de sucre et maintenu comme les autres à l'étuve, il s'est pris graduellement en une masse cristalline régulière d'apparence un peu moins belle que dans la précédente opération. Le principal avantage de ce procédé aux colonies, où il est déjà très-répandu, est d'être aisément applicable dans les sucreries dépourvues d'appareils évaporatoires par le *vide*.

« Quant aux grandes usines où l'on opère en vases clos, l'écumage n'étant pas possible, il fallait clarifier le jus avant de le soumettre à l'évaporation. Voici de quelle façon le but a pu être atteint. Ce fut en ajoutant aux sulfites des substances susceptibles de former promptement dans le jus, avec les matières organiques étrangères au sucre, des composés insolubles. Ce résultat a été économiquement obtenu, surtout à l'aide d'une argile calcaire commune (formée de silicate d'alumine 68, carbonate de chaux 30, magnésie, oxyde de fer, sable, 2). 1 à 4 de cette argile pour 2 de sulfite neutre de soude suffisent dans 5,000 litres de jus pour effectuer, en quelques instants d'ébullition, une clarification complète qui permet de pousser la concentration dans les appareils jusqu'au terme de cuite, sans écumage et sans qu'on ait à redouter des incrustations calcaires. »

Tel est le rapport que vient de faire approuver M. Payen sur le procédé Possoz et Perier. L'Académie des sciences nous paraît manquer souvent de prudence en votant ainsi de confiance des conclusions sur des procédés industriels qu'elle ignore complètement. De pareils rapports ne servent qu'à peser sur les juges qui peuvent être appelés plus tard à apprécier la nouveauté et la bonté de brevets jetés dans l'industrie, et il serait à désirer qu'elle s'abstint à l'avenir de se mêler à des questions industrielles, où la science pure n'a rien à voir et où elle peut perdre sa considération si des acquéreurs de polices sont trompés dans leurs espérances de fortune et même du moindre succès.

— Rapport verbal sur la publication de la carte géologique de la Suisse; par M. Daubrée.

— Micrographie atmosphérique; par M. J. Samuelson. — Voici les conclusions du mémoire de l'auteur, qui aura sans doute à s'entendre avec M. Pouchet :

« 1° L'atmosphère, dans toutes les parties du monde, est plus ou moins chargée de corpuscules appartenant aux trois règnes de la nature, animal, végétal et minéral, de particules de silex; de craie; etc.; de substances végétales fraîches et en état de décomposition, de fibrilles animales et végétales, de kystes et de germes d'infusoires, et probablement, dans des cas plus rares, de vers nématoïdes.

« 2° Les infusoires consistent pour la plupart en germes des types obscurs connus aujourd'hui sous les noms de monades, vibrions, kolpodes, etc., mais aussi en cyclides, trachélies, kolpodes, kérones, vorticelles, etc.

« 3° Ces corps organisés se trouvent dans des quantités variables selon la condition de l'atmosphère, plus abondants quand l'atmosphère est sèche, et moins quand il y a eu beaucoup de pluie; ils flottent dans toute l'atmosphère, et ordinairement ils pénètrent partout avec elle.

« 4° La tenacité de vie dont sont doués ces germes est beaucoup plus forte que ne l'admettent quelques observateurs, et surtout les partisans de la génération spontanée, principalement dans les formes obscures, *vibrio*, *monas* et *bactérium,* qui retiennent la vitalité dans des circonstances physiques très-peu favorables, et qui, par l'addition de l'eau, aidée des rayons du soleil, se raniment après une suspension de vie très-prolongée.

« Il est impossible de limiter le temps qu'il faut pour éteindre cet attribut de la revivification; mais j'ai trouvé que, quand ils ont repris la vie, les conditions physiques les affectent sensiblement.

« Le froid les tue. Les rayons lumineux et les rayons chimiques du soleil facilitent leur développement plus que les rayons calorifiques.

« Je crois que ces rayons, quand ils accélèrent la décomposition des substances organiques, produisent des infusoires par génération spontanée, mais qu'en facilitant la décomposition des substances organiques les rayons fournissent, pour ainsi dire, à ces germes, qui viennent d'être doués de l'existence, le moyen de croître plus rapidement.

« Il me semble impossible que les particules microscopiques entraînées par l'atmosphère dans de l'eau distillée puissent donner naissance par génération spontanée à la foule d'infusoires qui y apparaissent dans une seule nuit, et la condition immobile dans laquelle j'ai trouvé ces germes avant qu'ils eussent pris la vie est pour moi une évidence très-forte en faveur de leur préexistence. »

Ces conclusions du nouvel opposant des hétérogénistes étaient précédées des lignes suivantes :

« Dans le mémoire que j'ai l'honneur de soumettre aujourd'hui au jugement de l'Académie, je décris les expériences que j'ai poursuivies pendant plusieurs années sur l'air atmosphérique et les germes qu'il tient en suspension.

« En 1856, j'exposais à Hull, en Angleterre, des infusions de chlorophylle de chou, et j'y trouvais des types infusoires (*Glaucoma scintillones*).

« En 1862, j'exposais à Liverpool les mêmes infusions et d'autres dans lesquelles la viande formait l'élément infusé. M. le docteur Balbiani, mon collaborateur, exposait de son côté les mêmes substances. Nous y avons trouvé plusieurs types infusoires : des cyclides, kolpodes, trachélies, kérones, monades, vibrions, et le *circomonas acuminata*. Le docteur Balbiani a découvert le *cyclidium glaucoma* dans ses infusions et dans la poussière mouillée de sa fenêtre. Il a trouvé le *circomonas acuminata* dans ses infusions. J'ai moi-même trouvé ce type dans mes infusions et dans de l'eau pure distillée exposée subséquemment. Je l'ai dessiné et décrit.

« En 1862, désirant savoir si partout l'atmosphère tenait en suspension les mêmes corpuscules, j'ai secoué la poussière de divers échantillons de chiffons tirés des pays étrangers, et j'ai obtenu ainsi la poussière du Japon, d'Alexandrie, de Trieste, de Tunis, du Pérou et de Melbourne; je les ai conservées jusqu'au 26 juin 1863, et puis, semées à travers de la mousseline dans de l'eau distillée dans une boîte triple, dont les couvercles consistaient en carrés de verre bleu, jaune et rouge.

« J'ai trouvé dans toutes ces poussières une foule d'infusoires, surtout des monades bien développées, vibrions, etc., et j'ai décrit une nouvelle *amibe*, à motion rapide, observée dans la poussière d'Égypte. Il y eut un accroissement de la vie pendant les trois ou quatre premiers jours, puis diminution.

« Dans l'eau pure distillée, je n'ai rien trouvé tant que les couvercles de verre colorié ont été placés de telle sorte qu'ils arrêtaient la chute de la poussière; mais quand j'ai laissé la poussière pénétrer dans les vaisseaux qui contenaient l'eau, j'ai trouvé (le lendemain) un sédiment léger, qui consistait en particules minérales et végétales, empâtées dans une pellicule gélatineuse. Cette pellicule s'est montrée, sous un plus fort grossissement, formée de monades sessiles, qui ont subséquemment repris la vie et peuplé les eaux. »

Il nous semble que ces observations ne prouvent rien encore de clair contre l'hétérogénie.

L'atmosphère peut bien être remplie de poussières renfermant une foule d'infusoires et de germes, sans qu'on en conclue qu'ils sont dus à une création primordiale telle que le veut le Père Félix, et prétendre que ces ovules datent de la création du monde et voyagent ainsi depuis six mille ans ET PLUS de père en fils.

— Du climat, et en particulier des lieux de Venise; par M. GRIMAUD, de Caux.

— Mémoire sur les retards de l'ébullition et de la congélation des liquides, sur les formations de la grêle et de la neige; par M. J.-F. ARTUR.

— Nouveaux moyens de traitement des minerais argentifères; par M. J.-A. POUMARÈDE, présenté par M. Peligot. — Les procédés de M. Poumarède sont brevetés, et ce chimiste, qui a habité longtemps le Mexique, pense que le moment est arrivé de les mettre en pratique. Nous l'aiderons avec plaisir de la publicité de notre journal si ses procédés sont bons.

— Analyse spectrale de l'étincelle électrique produite dans les liquides et les gaz. — Extrait d'une note de M. DANIEL.

— Faits tendant à démontrer l'action électrique des rayons solaires; par M. Ch. MUSSET.

— Mémoire sur les moyens de diminuer la résistance intérieure des piles voltaïques et sur les effets de cette diminution dans les appareils à grandes intensités; par M. J.-B. VIOLLET.

— M. VAUSSIN-CHARDANNE soumet au jugement de l'Académie un système de son invention pour prévenir les *fuites de gaz d'éclairage*, d'eaux forcées, etc. Ces moyens, dit l'auteur, consistent principalement dans une double enveloppe de tuyaux de conduite et dans un système de robinets aussi simple dans sa construction qu'efficace dans son emploi.

— M. le secrétaire perpétuel signale, parmi les pièces imprimées de la correspondance, un nouveau volume des *Grandes usines de la France*, par M. Turgan, et appelle l'attention sur les planches gravées qui s'y trouvent, notamment sur les clichés de M. Dulos.

— Sur une classe d'équations du quatrième degré; par M. BRIOSCHI.

— Sur l'existence à la Havane des arcs surnuméraires et sur les arcs-en-ciel observés en 1862. — Lettre de M. ANDRÈS POEY à M. Élie de Beaumont.

— Oscillations du sol manifestées par des perturbations dans le régime de quelques puits artésiens. — Note de MM. DEGOUSÉE et LAURENT.

— Nouveaux ossements fossiles adressés par M. HUSSON. — Prière à M. Chevreul d'en faire l'analyse : corvée qui retombera sur M. Cloez.

— M. DE CRENA présente un mémoire sur un appareil qu'il a imaginé pour obtenir instantanément le nombre des membres d'une assemblée, et, en cas de scrutin, la répartition des votes.

M. Ch. Dupin est invité à prendre connaissance de ce mémoire et à faire savoir à l'Académie s'il est de nature à devenir l'objet d'un rapport.

— Séance levée à cinq heures et demie, sans comité secret.

Séance du 20 juillet. — Tableau des données numériques qui fixent cent cinquante-neuf cercles du réseau pentagonal; par M. ÉLIE DE BEAUMONT.

— Recherches chimiques sur la teinture; par M. CHEVREUL. — Appendice aux douzième, treizième et quatorzième mémoires. Une analyse enthousiaste de cet appendice a été donnée dans *la Presse* par M. André Sanson, qui est remonté, non pas précisément jusqu'au déluge, mais jusqu'à 1815, c'est-à-dire qu'il a rappelé les belles recherches de M. Chevreul sur les corps gras. Nous avons parcouru ce nouveau mémoire de M. Chevreul, plein de faits utiles à connaître et connus, et, dans l'impossibilité de l'analyser, nous y renverrons simplement nos lecteurs.

— Nouveau spectromètre à vision directe. Note de M. Valz, faisant suite à sa communication du 13 juillet.

— Études sur l'évolution des bourgeons et sur la force qui préside à la réparation des divers organes végétaux; par M. Ch. Fermond.

— Dosage et équivalent du cuivre; par MM. E. Millon et Commaille. — Cette note fera suite au premier mémoire de ces messieurs, que nous insérerons dans nos comptes-rendus de chimie. Disons, en attendant, ce que cette note renferme de nouveau :

« Le beau composé que l'on obtient en faisant bouillir une solution d'acétate de cuivre avec du sucre, et que l'on considère comme du protoxyde de cuivre pur, renferme toujours 2 pour 100 de bioxyde de cuivre, avec interposition de 1/2 pour 100 de matière organique analogue au sucre ou au caramel.

« L'hydrate jaune de protoxyde de cuivre s'écarte encore bien davantage de la composition qu'on lui assigne et ne renferme jamais moins de 4 pour 100 de bioxyde.

« L'existence du carbonate de protoxyde de cuivre, bien qu'elle ait été indiquée par un habile observateur, est très douteuse; au moins ce sel ne se forme-t-il jamais dans la réaction des carbonates ou des bicarbonates alcalins sur le protochlorure de cuivre. »

— De la reproduction du rutile, de la brookite et de leurs variétés; protofluorure de titane. Note de M. P. Hautefeuille, présentée par M. H. Sainte-Claire Deville.

Rutile. — On obtient facilement l'acide titanique cristallisé en faisant passer sur du titanate de potasse, mélangé de chlorure de potassium, un courant d'acide chlorhydrique. Le mélange, contenu dans une capsule de platine, est chauffé au rouge blanc dans un creuset de terre, où deux tubes de porcelaine lutés sur le couvercle permettent d'établir un courant de gaz chlorhydrique. L'acide titanique, mis en liberté et modifié par l'acide chlorhydrique, cristallise en prismes accolés les uns aux autres.

— *Rutile aciculaire.* — Un mélange de titanate et de fluotitanate, obtenu en fondant ensemble de l'acide titanique pur et du fluorure de potassium, soumis au rouge vif à l'action de l'acide chlorhydrique, fournit des cristaux prismatiques isolés, terminés par de beaux pointements octaédriques. Ces cristaux ressemblent, par leur forme et leur couleur d'un jaune d'or, au rutile aciculaire enfermé dans les cristaux de quartz de Madagascar.

— *Rutile laminaire.* — L'acide titanique en dissolution dans le fluosilicate de potasse cristallise au rouge vif sous l'influence de l'acide chlorhydrique, en lames à structure lamelleuse.

Sagénite. — Un mélange d'acide titanique, de silice, de fluosilicate de potasse, chauffé au rouge vif dans un courant d'acide chlorhydrique, donne naissance à une infinité de petites aiguilles implantées de champ sur un squelette de silice.

La sagénite artificielle se colore en jaune verdâtre à une température voisine du rouge, et reprend à peu près sa coloration primitive par le refroidissement : c'est là une propriété de l'acide titanique précipité qu'on n'avait pas signalée dans l'acide cristallisé.

Ces synthèses minérales ne sont pas toutes nouvelles. L'acide titanique a été obtenu cristallisé sous la forme de rutile par bien des méthodes; mais aucune ne donne la série complète des variétés de cette espèce, ce que l'action combinée sur l'acide titanique des fluorures et de l'acide chlorhydrique permet de réaliser avec une grande facilité.

Brookite. — L'acide chlorhydrique conserve au rouge sombre la remarquable propriété de donner des cristaux d'acide titanique en réagissant sur un mélange d'acide titanique, de silice et de fluosilicate de potasse.

Arkansite. — L'opération précédente réalisée dans un vase en charbon de cornue donne des cristaux noirs de même densité que ceux de la variété de brookite appelée arkansite.

La reproduction de la brookite met une fois de plus en évidence le parti que l'on peut tirer de l'acide chlorhydrique comme agent minéralisateur pour transformer nos produits de laboratoire en matières minérales identiques à celles que l'on rencontre dans la nature.

Protofluorure de titane. — Lorsqu'on chauffe du fluotitanate de potasse dans un courant d'hydrogène sec, chargé d'une petite quantité d'acide chlorhydrique, le fluorure titanique mis en liberté passe à l'état de protofluorure de titane.

Le protofluorure obtenu à très-haute température se présente en cristaux prismatiques d'un beau violet foncé. Le grand éclat des pans de ces prismes permet de mesurer des angles de 135 degrés caractéristiques du prisme à base carrée.

Rutile aciculaire coloré par le protofluorure de titane. — La préparation du rutile aciculaire réalisée dans un creuset de charbon, en maintenant longtemps en fusion le mélange de titanate et de fluotitanate avant de faire passer le courant d'acide chlorhydrique, donne des cristaux bleus renfermant jusqu'à 5 pour 100 de fluor, tout en conservant la densité, l'aspect et le pointement du rutile aciculaire.

La coloration du rutile aciculaire est due au protofluorure de titane; l'anatase doit-elle aussi sa coloration à ce protofluorure ou bien à l'oxyde salin découvert par M. H. Sainte-Claire Deville? C'est ce que de nouvelles recherches permettront de décider.

— Sur l'acide vanadique; par M. PHIPSON. L'auteur a recherché l'acide vanadique dans plusieurs substances minérales et donne un procédé pour l'extraire de la limonite vanadifère.

— Nouveau mode de reproduction, à l'aide de la lumière, de toute espèce de dessins, gravés, imprimés, photographiés, etc.; par M. MORVAN. — « Mon procédé, simple, prompt et facile, peut être exposé en peu de mots. Sur une pierre à lithographier, préalablement enduite, dans un lieu obscur, d'un vernis composé d'albumine et de bichromate d'ammoniaque, je place *le recto* de l'image à reproduire, que cette image soit sur verre, sur toile ou sur papier. Cela fait, j'expose ma pierre à l'action de la lumière, de 30 secondes à 2 ou 3 minutes seulement si elle est au soleil, de 10 à 25 minutes au plus si elle est à l'ombre. Au bout de ce peu de temps, j'enlève l'image et je lave ma pierre, d'abord à l'eau de savon, puis à l'eau pure, et immédiatement je l'encre avec le rouleau d'imprimerie. Le dessin est déjà fixé, car l'image commence à se révéler en noir sur fond bleu. Alors je gomme, je laisse sécher quelques minutes, et l'opération est terminée; on peut mettre sous presse et tirer…. On comprend que la lumière a fixé le vernis et l'a rendu insoluble partout où elle a frappé; mais qu'au contraire toutes les parties de la pierre ombragées par l'image sont restées solubles, conséquemment attaquables par la soude et par l'acide, outre qu'elles retiennent la substance du savon. L'action produite ici sur la pierre tient à la fois de la gravure et de la lithographie. »

— Dosage de l'acide carbonique de l'air; par M. MÈNE. — On peut lire le travail complet de l'auteur dans la publication que nous avons annoncée dernièrement sous le titre de : *Bulletin du laboratoire de M. Mène (Monit. scientif.,* liv. 158, p. 557).

— M. FOLCY adresse une étude sur le travail de l'homme dans l'air comprimé. — « En étudiant, dit M. Folcy, les maux de l'homme soumis à de trop brusques variations barométriques, j'ai pensé aux animaux qui supportent, sans en souffrir, de grandes différences de pression quand ils se déplacent dans le sens vertical, et j'ai cru pouvoir attribuer cette précieuse faculté chez les uns à des sacs aériens, chez les autres à une vessie natatoire, chez ceux-ci à des modifications pulmonaires, chez ceux-là, enfin, à des poches à gaz, supposant ainsi, comme on le voit, à certains organes des usages qu'à ma connaissance on ne leur avait pas encore attribués. »

— La Savoie agricole, industrielle et manufacturière, suivie d'une note sur la percée du mont Cenis; par M. BONJEAN.

— M. A. Longobardo, agent consulaire de France à Catane, annonce, dans une lettre écrite à M. Ch. Sainte-Claire Deville, une nouvelle éruption de l'Etna, avec détonations, ouverture du cratère près de son sommet, projection de fumée, de flammes et de cendres, etc.

— Sur l'organisation et la nature des psorospermies; par M. Balbiani.

— Recherches sur l'orcine; par M. V. de Luynes. — Le mémoire de l'auteur vient d'être publié *in extenso* dans le *Bulletin de la Société d'encouragement;* nous le reproduirons dans nos comptes-rendus de chimie.

— Nouvelle méthode pour jauger les fluides; par M. Th. Schloesing.

— Sur l'analogie de l'étincelle d'induction avec toute autre décharge électrique; par M. J.-M. Seguin.

— Sur l'élimination du phosphore dans les fontes. — Nouvelle note de M. H. H. Caron,

— M. Dehaut adresse des remarques sur une communication récente de M. Decaisne concernant la *variabilité dans l'espèce du poirier.*

— A cinq heures, l'Académie se forme en comité secret.

La section de chimie présente la liste suivante de candidats pour une place de correspondant vacante par suite du décès de M. Desorme.

En première ligne........................	M. Favre.
En deuxième ligne......................	M. Dessaignes.
En troisième ligne, *ex æquo*..............	{ M. Chancel. { M. Lamy.

Les titres des candidats sont exposés par M. Frémy.

LE ROUGE D'ANILINE DEVANT LE TRIBUNAL CORRECTIONNEL DE LA SEINE.
SUITE DES PROCÈS RENARD FRÈRES.

LE ROUGE D'ANILINE. — ACTION EN CONTREFAÇON. — MM. RENARD ET FRANC
CONTRE M. ARTHUR LANGLOIS. — EXPERTISE.

Le Tribunal, après avoir entendu Mᵉ E. Blanc, pour les demandeurs; Mᵉ Cazot, pour les défendeurs, et M. l'avocat impérial Millet, en ses réquisitions, a rendu un jugement qui explique suffisamment les faits du procès.

Voici le texte de cette décision :

« Le Tribunal,

« Attendu que le brevet d'invention est un contrat passé entre la société d'une part, et d'autre part celui qui a découvert un produit ou un résultat industriel jusqu'alors inconnu du public,

« Qu'il ne faut pas confondre les opérations purement théoriques ou scientifiques avec les innovations industrielles, et que la préexistence des premières n'affaiblit pas l'état de nouveauté des secondes, lors même qu'elles ont eu le même objet;

« Attendu néanmoins qu'il importe de bien fixer la valeur des mots *théorique et scientifique,* par opposition à l'expression *industriel;*

« Qu'une découverte peut revêtir le caractère industriel, bien qu'elle soit le fruit des travaux d'un savant étranger à l'industrie, et bien qu'elle ait été mise en œuvre dans un laboratoire et non dans un atelier;

« Que c'est dans la nature même de la découverte qu'il faut chercher son caractère légal ;

« Qu'une observation fugitive, un simple essai, une expérience incomplète et irréalisable industriellement constituent la découverte purement scientifique; mais que la donnée certaine, le travail définitif, le produit ou le résultat complet, susceptibles de passer dans la pratique tels que le savant les a réalisés lui-même, caractérisent l'invention industrielle, bien que personne n'en ait fait usage encore dans l'industrie;

« Attendu que la loi du 5 juillet 1844 a clairement consacré ces principes dans les art. 2 et 31, en déclarant, d'une part, que les produits et les résultats *industriels* sont seuls brevetables; mais en ajoutant, d'autre part, que toute découverte, invention ou application ne peut être réputée nouvelle dès qu'elle a reçu précédemment une publicité suffisante pour pouvoir être exécutée;

« Que cette loi ne se préoccupe ni de l'origine ni du but de cette publicité, qui peut prendre naissance partout, en tout état;

« Attendu que Renard frères ont pris, le 8 avril 1859, un brevet d'invention pour la préparation et l'emploi d'une matière colorante rouge extraite de l'aniline, et que, prétendant y avoir ajouté des perfectionnements, ils ont pris plusieurs brevets d'additions les 1er octobre, 19 et 26 novembre et 15 décembre 1859, et le 14 février 1860;

« Attendu qu'en vertu de ces brevets et certificats, ils ont fait, à la date du 27 octobre 1860, pratiquer deux saisies sur Langlois, l'une dans sa fabrique, rue des Écluses-Saint-Martin, 10, et l'autre dans son domicile et ses magasins, rue Saint-Sauveur, 18, à Paris;

« En ce qui touche la validité des brevets et certificats d'addition de Renard frères, et spécialement en ce qui concerne le produit :

« Attendu qu'avant la date de ces brevets et certificats, le rouge d'aniline avait déjà frappé les yeux des savants; qu'il avait été signalé notamment par Berzélius, Gerhardt, Natanson et Hofmann; qu'il paraît même avoir été connu de quelques industriels, comme Calvert, Garve; qu'il importe de rechercher, d'une part, si les révélations par eux faites permettaient au public de produire industriellement le rouge d'aniline, et, d'autre part, si la substance rouge dont ils ont parlé est identique à celle dont Renard revendique la propriété exclusive;

« En ce qui touche les moyens ou procédés et la question de contrefaçon :

« Attendu qu'il faut rechercher si les procédés, et notamment les réactions chimiques employées par Renard frères, sont nouveaux, et constater la similitude ou la différence des produits et des procédés de Langlois avec ceux de Renard frères et Franc;

« Par ces motifs, ordonne que, par Peligot, membre de l'Institut; Edmond Becquerel, professeur au Conservatoire des Arts-et-Métiers, et Berthelot, professeur à l'École de pharmacie, que le Tribunal commet à cet effet, les produits, procédés et résultats industriels revendiqués par Renard et Franc seront examinés, lesquels experts rechercheront :

« 1° Si le produit connu sous le nom de rouge d'aniline, recueilli par Renard frères, avait reçu, avant le dépôt des demandes de leur brevet, une publicité suffisante pour pouvoir être exécuté industriellement;

« 2° Si l'emploi de ce produit pour la teinture constitue, d'après le brevet et la pratique de Renard frères, une invention brevetable par sa nouveauté;

« 3° Si les procédés brevetés par eux pour l'obtention du rouge d'aniline sont nouveaux à leur tour ; ou si, au contraire, ils avaient reçu avant les brevets une publicité suffisante pour pouvoir être exécutés industriellement, notamment par les travaux, mémoires ou leçons de divers savants et surtout d'Hofmann ; ou par la pratique et les brevets de divers industriels et surtout de Bolley, Calvert et Lowe, Roquencourt et Dorot, Depouilly, Gerber-Keller et Medloch ;

« 4° Si les descriptions des brevets, certificats d'addition de Renard frères sont suffisantes ;

« 5° Si les certificats d'addition se rattachent dans toutes leurs parties à l'objet principal;

« 6° S'il existe plusieurs rouges d'aniline au point de vue de la substance et s'il en existe plusieurs au point de vue des résultats industriels qu'ils procurent, et notamment si, à ces points de vue, le **rouge d'Hofmann**, celui de Renard frères et celui de Langlois sont identiques ou différents ;

« 7° Si les procédés d'Hofmann et autres, antérieurs à Renard frères, et ceux de Langlois, sont identiques ou s'ils diffèrent ;

« 8° De quelle façon chacun des produits d'Hofmann ou autres, antérieurs à Renard, ceux de Renard et ceux de Langlois, se comportent dans leur application à la teinture, et quelles nuances ils produisent sur les matières textiles et les tissus ;

« Les experts s'attacheront notamment aux points suivants :

« 1° Ils rechercheront si, à l'aide des moyens indiqués par les savants et les industriels, antérieurement aux brevets et certificats d'addition de Renard, et surtout par la méthode et le procédé d'Hofmann et par ceux de Calvert et Lowe, on peut produire du rouge d'aniline dans un état convenable et en suffisante quantité pour être livré au commerce. Ils rechercheront si les procédés de Calvert et Lowe avaient reçu, avant les brevets de Renard, une publicité suffisante pour pouvoir être exécutés ;

« 2° Ils détermineront la nature de la réaction chimique à l'aide de laquelle les rouges, et notamment celui d'Hofmann et ceux de Calvert, ont été produits avant les brevets de Renard ; ils signaleront la composition chimique de ces rouges.

« Ils se livreront aux mêmes recherches sur les rouges brevetés par Renard, soit dans son brevet principal, soit dans ses certificats d'addition, et renouvelleront ce travail sur les produits fabriqués par Langlois, le tout afin de préciser la différence ou l'identité des produits ou des procédés ;

« 3° Ils diront si l'action chimique des réactifs employés avant Renard frères et celle des réactifs mis en usage par ceux-ci constituent des opérations génériques avec lesquelles on doit confondre l'action des réactifs employés par Langlois ; par exemple, si le rouge naît toujours par oxydation purement physique et agissant sur la disposition moléculaire des substances, ou d'une cause quelconque qui serait constante et identique. Ils signaleront au contraire les différences qu'ils auront pu constater aux mêmes points de vue entre les divers produits ou procédés ;

« 4° Spécialement, ils détermineront les effets de l'acide arsénique employé par Langlois ; ils diront si l'usage de ce réactif est tombé dans le domaine public ou s'il appartient à des tiers brevetés, tels que Medloch, Gerber-Keller, Girard et autres ; s'il rentre, au contraire, dans la spécification générique de Renard, ou si tout au moins il présente un perfectionnement greffé sur cette spécification, et qui ne puisse être mis en pratique par des tiers pendant la durée de leurs brevets ; si le rouge obtenu par l'emploi de l'acide arsénique est plus beau, plus abondant, moins dispendieux ou supérieur en un point quelconque aux rouges précédemment obtenus ;

« 5° Ils constateront si la forme et la dimension des appareils d'Hofmann pourront être modifiés sans aucun autre changement dans leurs rôles et dans leurs effets que celui qui touche à la quantité des produits, ou même si, en multipliant dans un atelier le nombre desdits appareils ou de quelques-uns de leurs organes sans en changer la dimension ou la forme, on peut fabriquer lesdits produits en quantité commerciale ;

« 6° Pour savoir s'il existe industriellement plusieurs rouges, et si les procédés anciennement décrits ont le caractère industriel ; ils auront aussi égard aux dangers d'explosion ou autres que présenterait la fabrication ; aux facilités de conservation de la substance avant son emploi à la teinture, à la nature des nuances réalisées sur les étoffes, à la fixité de ces nuances, aux dangers de détériorer les matières textiles ou les tissus, et à toutes autres qualités appréciables ;

« 7° Les experts sont autorisés à recueillir tous les renseignements et à les constater ; ils entendront les parties et consigneront leurs dires et observations ; ils pourront procéder en leur présence et contradictoirement avec elles. »   (*Droit* du 30 juillet 1863.)

DES DÉSINFECTANTS.

Dans notre livraison 158°, du 15 juillet, nous avons donné le mémoire de M. Demarquay sur la propriété désinfectante du permanganate de potasse appliquée surtout aux plaies. Nous allons rappeler la fin de cet article.

DU PERMANGANATE DE POTASSE.

En résumé, le permanganate de potasse cristallisé s'emploie à la dose de 1 gramme 60 centigrammes à 2 grammes pour 1 litre d'eau ordinaire; et à ce degré la solution peut s'employer pure et sans être de nouveau étendue d'eau.

Quelques injections ou lavages faits avec ces liquides suffisent, lorsqu'ils sont bien faits, pour enlever l'odeur si désagréable : 1° des cancers cutanés; 2° des cancers utérins; 3° des abcès profonds; 4° des plaies superficielles ou profondes; 5° de l'ozène; 6° du pus infect; 7° pour enlever aux mains l'odeur infecte qu'apportent les examens nécroscopiques, 8° l'odeur si gênante des pieds (et des aisselles).

— La dose à 2 grammes de permanganate étant celle qui *peut s'appliquer dans toutes les circonstances*, d'après le docteur Demarquay, nous avons préparé des petits flacons de 2 grammes de permanganate de potasse cristallisé très-pur. Pour l'emploi, il suffira de jeter ces 2 grammes dans 1 litre d'eau et d'agiter, ou dans un demi-litre ou quart de litre, selon la force qu'on voudra donner à la solution. — *Prix du flacon : 1 fr. 50 c.*, auquel est joint le mémoire de M. Demarquay sur l'emploi de ce sel.

Nous allons ajouter à cette note les désinfectants à l'acide phénique, qui, par sa propriété volatile, permet d'atteindre les miasmes de l'atmosphère, ce que l'on ne pourrait obtenir avec le permanganate de potasse, qui n'agit que sur les corps qu'il peut baigner.

ALCOOL ET VINAIGRE PHÉNIQUÉS.

Alcool phéniqué. — L'acide phénique pur étant toujours cristallisé et pris en masse humide, il est nécessaire, pour pouvoir le doser, de le mêler à un dissolvant.

L'alcool est celui que nous avons choisi.

L'acide phénique étendu d'alcool dans la proportion d'un cinquième d'acide phénique pur devient maniable, et on peut le doser facilement.

Cinq grammes d'alcool phéniqué ou environ une *demi-cuillerée* dans 1 litre d'eau constitue l'eau phéniquée à 1 millième. 10 grammes ou une cuillerée du même alcool phéniqué dans la même quantité d'eau constitue l'eau phéniquée à 2 millièmes, et ainsi de suite, selon la force qu'on désire donner à la solution aqueuse.

L'emploi le plus heureux à donner à l'acide phénique en dehors de ses propriétés insecticides, si bien constatées par le docteur Lemaire, est son emploi dans l'hygiène comme désinfectant et comme propre à détruire les miasmes.

Si le permanganate est préférable à l'acide phénique pour le pansement des plaies, à cause de l'action irritante de ce dernier, il n'en est pas de même pour les cas où cette action n'est pas à craindre. *Pris à l'intérieur à 1 millième*, l'acide phénique peut procurer des guérisons là où échouerait le permanganate, qui se décompose par l'action seule des tissus. — Contre les maladies cutanées, l'eau phéniquée réussit très-bien aussi. (Voir *Moniteur scientifique*, livraison 156, page 465.)

Pour les soins de propreté, l'eau phéniquée rendra de grands services pour la toilette. En se rinçant la bouche le matin avec cette eau au millième, ou en versant quelques gouttes d'alcool phéniqué dans un verre d'eau, l'haleine se purifie à l'instant même, et, si l'odeur persistait, il faudrait alors boire un verre d'eau phéniquée. Avec le permanganate de potasse, la même action se produit aussi; mais, comme il se dépose sur les dents et sur la langue une couche d'hydrate de peroxyde de manganèse, qui tache d'une manière désagréable, l'emploi de ce dernier sel est impossible, et dans ce dernier cas, comme dans beaucoup d'autres, l'eau phéniquée est préférable; elle a aussi cet avantage de ne pas tacher le linge, comme le fait la solution de permanganate de potasse, que l'on ne peut toucher ni avec une éponge, ni avec aucune matière végétale, sans la décomposer.

Le prix d'un flacon d'alcool phéniqué, avec lequel on peut faire 20 litres d'eau phéniquée, est du prix de 2 fr. 50 c.

Vinaigre phéniqué. — L'acide phénique combiné au vinaigre est l'antiputride et le désinfectant par excellence. Ce vinaigre est préparé au cinquième d'acide phénique pur et 5 grammes ou une demi-cuillerée étendus dans 1 litre d'eau donnent l'acide phénique au millième.

Pour la toilette, cette dose suffit; mais, comme *préservatif*, on peut doubler la dose, et aussi s'il s'agit de désinfecter des lieux imprégnés de matières animales en décomposition.

Le vinaigre phéniqué détruit les miasmes *et tous les parasites*, s'il est étendu au centième, soit 5 gr. pour 100 gr. d'eau; il sera donc d'un grand secours dans les temps d'épidémie, et ne pourra être remplacé par aucun de ces vinaigres aromatiques, si employés, mais aussi de nul effet, s'il s'agit de détruire la mauvaise odeur et non pas seulement de la masquer.

Pour enlever aux pieds l'odeur si gênante qu'ils exhalent chez certaines personnes; pour détruire également celle des aisselles, quand elle est forte, rien ne peut remplacer le vinaigre phéniqué. C'est, en un mot, un désinfectant et un *préservatif* des maladies contagieuses, s'il faut en croire ceux qui prétendent que les virus sont détruits par l'acide phénique. — Le prix d'un flacon de vinaigre phéniqué est de 2 fr. 50 c.

Nota. — On trouve au même établissement l'eau de Cologne supérieure, le flacon bouché à l'émeri, d'un quart de litre, 2 fr. 50 c. On reprend le vase pour 30 centimes. — Le demi-flacon, 1 fr. 40 c. On reprend le vase pour 20 centimes. — L'eau dentifrice pour parfumer la bouche, le flacon, 1/8 de litre, 2 fr.

En dehors des désinfectants, rappelons aux médecins les propriétés très-appréciées aujourd'hui des préparations de bismuth, etc.

DE LA CRÈME DE BISMUTH CONTRE LA DIARRHÉE.

MM. Velpeau, Trousseau et Monneret, professeurs à la Faculté de médecine, ont préconisé les préparations de bismuth, et ils leur ont reconnu une action modificatrice heureuse sur les sécrétions intestinales.

Pendant près de sept ans, dit le médecin des enfants assistés de Bordeaux, je n'ai pas eu recours à d'autre médicament pour combattre les diarrhées séreuses et les sécrétions intestinales exagérées, et je m'en suis toujours merveilleusement trouvé. J'ai pu souvent par ce moyen faire disparaître en quelques heures une diarrhée très-abondante avec glaires sanguinolentes. Le D<r> Gaubert n'a pas été moins heureux. (Voir sa lettre au D<r> Quesneville.)

D'après les plus récents essais thérapeutiques qui ont été tentés, la préparation imaginée par M. le docteur Quesneville sous le nom de *crème de bismuth* serait, confirme la *Gazette des Hôpitaux*, un médicament d'un effet sûr contre la diarrhée, et parmi les expérimentateurs qui ont constaté ces résultats, on peut aussi citer M. Blache, l'honorable et savant médecin de l'hôpital des Enfants malades. Le produit préparé par le docteur Quesneville rend donc aux malades un très-grand service en les débarrassant promptement d'une affection fréquente, sujette aux récidives et frappant l'organisme d'une débilité énervante.

Ajoutons que la crème de bismuth rend des services tout aussi signalés dans les dyspepsies, maux d'estomac et dans les douleurs d'entrailles, et que ce médicament est un de ceux qui agit avec le plus de promptitude, sans qu'on ait jamais à craindre d'accidents de son emploi. — Prix du flacon : 8 fr.; du demi-flacon, 4 fr. 50 c.

Sirop d'iodure d'amidon, pour remplacer l'huile de foie de morue et les préparations d'iode :

le flacon, 2 fr. 50 c. — *Tablettes d'iodure d'amidon*, la boîte et la demi-boîte : 3 fr. et 1 fr. 75 c — *Sirop d'iodure de fer :* le flacon, 2 fr. 50 c.

S'adresser, pour les produits relatés ici, rue de la Verrerie, 55, à Paris.

BIBLIOGRAPHIE SCIENTIFIQUE
(Extrait du *Journal de la Librairie.*)

Suite du N° 18. — 2 mai.

LUNEL (Dʳ). — *Vade-mecum des pharmaciens.* Grand in-18 jésus, 190 pages. Librairie Leclère et Comp., à Paris.

Mémoires de la Société d'agriculture et des arts du département de Seine-et-Oise. 1861-1862. In 8, 258 pages. Librairie Dufaure, à Versailles.

PASSARD. — *Le Quinzième déluge,* ou 40,000 squelettes humains antédiluviens en Europe, etc. 1ʳᵉ livr. In-8, 16 pages. Prix : 20 c. Librairie Passard, à Paris. Il y aura 16 ou 18 livr. à 20 c.

PERREY. — *Etudes physiologiques sur les eaux minérales d'Uriage,* etc. In-8, 48 pages. A Lyon.

RICORD. — *Traité complet des maladies vénériennes.* Clinique iconographique de l'hôpital des vénériens, etc. In-4, 205 pages et 66 planches. Librairie Rouvier, à Paris.

Scènes de la vie des animaux ; par M. G. P..., naturaliste. In-8, 240 pages et 1 gravure. Libr. Lefort, à Lille.

N° 19. — 9 mai.

Annales des sciences physiques et naturelles, etc., de la Société impériale d'agriculture, etc. de Lyon. 3ᵉ série. Tome VI, 1862. In-8, 695 pages et 26 tableaux. Prix : 25 fr. A Lyon et à Paris, chez Treuttel et Wurtz.

BERON. — *La Découverte de l'origine de la pesanteur,* etc. In-8, 128 pages et fig. Prix : 1 fr. 50. Chez Mallet-Bachelier, à Paris.

BLATIN (Dʳ). — *De la rage chez le chien,* et des mesures préservatrices. In-8, 48 pages. Librairie J.-B. Baillière, à Paris.

BRUNEAU (Dʳ). — *Des tumeurs fibreuses du bassin,* comme cause de dystocie. Thèse de la Faculté de Strasbourg. In-4, 30 pages. A Strasbourg.

BUSSY (DE). — *Dictionnaire usuel et pratique d'agriculture et d'horticulture,* etc. In-18 jésus, 338 pages. Prix : 5 fr. Librairie Humbert, à Paris.

CHARPENTIER. — *Traité des eaux et boues thermominérales sulfureuses de Saint-Amand* (Nord). In-8, 67 pages et 2 gravures. Librairie J. Masson, à Paris.

CHATELET. — *Mémoire sur le mérycisme chez l'homme.* In-8, 16 pages. A Lyon.

Conservateur (le) *de la santé,* ou l'art de prolonger ses jours par des moyens simples, etc. In-12, 144 pages. Prix : 4 fr. 50 c. A Lyon.

COTTEAU. — *Echinides fossiles des Pyrénées.* In-8, 160 pages. Librairie J.-B. Baillière, à Paris.

Table des matières de la 159ᵉ Livraison. — 1ᵉʳ août 1863.

RAPPORT

SUR

LES PRODUITS CHIMIQUES INDUSTRIELS (CLASSE II, SECTION A)

DE

L'EXPOSITION INTERNATIONALE DE LONDRES EN 1862.

Par M. A.-W. Hofmann.

(Suite. — Voir le *Moniteur scientifique*, livraisons 154, 155, 156, 158 et 159.)

ACIDE CHLORHYDRIQUE ET AGENTS DÉCOLORANTS.

En parlant de la transformation du chlorure de sodium en sulfate de soude par l'action de l'acide sulfurique, le rapporteur a déjà appelé l'attention du lecteur sur les énormes quantités d'acide chlorhydrique qui se dégagent pendant cette opération, et sur la méthode employée pour condenser avec succès cet acide. Dans la plupart des importantes fabriques de soude d'Angleterre, on condense cet acide en le faisant passer à travers des tours remplies de coke ou de cailloux (voyez le chapitre sur le carbonate de soude), et sur le continent même, la condensation au moyen des *bonbonnes*, d'un usage autrefois si répandu (voyez les chapitres sur le carbonate de soude et sur les composés barytiques), disparaît rapidement devant le système des tours. Dans la fabrique modèle de M. Charles Kestner à Thann, la condensation de tout l'acide chlorhydrique s'effectue par les tours à coke.

Quoique le nombre des applications de l'acide chlorhydrique ait considérablement augmenté depuis les dix dernières années, on continue cependant, dans quelques fabriques, à condenser cet acide, dans le seul but de s'en débarrasser. On a adopté dans ce but des moyens très-variés. Dans quelques établissements, on interpose entre les fours et la cheminée de longues galeries, construites en pierres calcaires, remplies de blocs de la même matière, et dans lesquelles on maintient une humidité constante, afin de faciliter l'action de l'acide chlorhydrique sur le carbonate de chaux. On laisse écouler le chlorure de calcium liquide à mesure qu'il se produit, et l'on introduit de nouvelles charges de pierres calcaires dans les galeries chaque fois que cela devient nécessaire.

Entre la cheminée et l'endroit où se forme l'acide, M. Tissier (1) place un four à chaux dont l'appel augmente le tirage de la cheminée; les gaz acides, qu'on fait ainsi passer sur la chaux portée au rouge, se combinent plus facilement avec elle et s'absorbent d'une manière plus complète.

Dans quelques fabriques situées sur les bords de la mer, on fait passer le gaz acide chlorhydrique à travers de longues galeries traversées par un courant d'eau de mer; lorsque cette dernière est chargée d'acide, on la dirige de nouveau vers l'Océan.

Il existe deux espèces d'acide chlorhydrique dans le commerce, savoir : 1° l'acide chlorhydrique ordinaire, et 2° l'acide chlorhydrique incolore, qui ne contient pas de fer. On obtient généralement ce dernier en plaçant entre les fours à sulfate de soude et les tours à coke une série de réfrigérants en pierre ou en poterie. Pendant la condensation partielle qui a lieu dans ces vases, tout le chlorure ferrique se dépose, et l'acide qui s'écoule des tours est tellement exempt de fer que le sulfocyanure de potassium n'y produit pas la moindre coloration rouge.

L'acide chlorhydrique du commerce contient fréquemment de l'acide arsénieux, par suite de la présence de ce corps dans l'acide sulfurique servant à le dégager du sel marin. MM. Filhol

(1) Tissier, *Compt. rend.*, LII, 1045.

et Lacassin (1) ont trouvé jusqu'à 0.5 pour 100 d'arsenic dans l'acide chlorhydrique du commerce (voyez le chapitre sur l'acide sulfurique).

Autrefois on recueillait presque toujours l'acide chlorhydrique dans des tourilles en verre; maintenant on emploie très-fréquemment des tourilles en gutta-percha.

L'emploi profitable de l'acide chlorhydrique dégagé pendant la fabrication du carbonate de soude, constituant à lui seul déjà un des problèmes les plus difficiles à résoudre pour le fabricant de soude, il est évident que tous les procédés de fabrications de l'acide chlorhydrique qui ne se rattachent pas à celle de la soude, ne peuvent offrir qu'un intérêt purement scientifique.

Nous avons indiqué plus haut (voyez le chapitre sur le carbonate de soude) qu'on pouvait préparer le sulfate de soude en faisant griller du chlorure de sodium mélangé avec des pyrites ou des schistes pyriteux, en présence de vapeur d'eau. Dans ces circonstances, il se dégage de l'acide chlorhydrique.

En calcinant de l'alun ou des sulfates ferrique et cuivrique avec du chlorure de sodium, on obtient également du sulfate de soude et de l'acide chlorhydrique, pourvu qu'il y ait en présence une proportion suffisante d'eau. En négligeant cette précaution, l'acide chlorhydrique est accompagné de grandes quantités de chlore.

M. Pelouze (2) a montré qu'en chauffant au rouge du chlorure de magnésium hydraté, il se dégage de l'acide chlorhydrique, et la magnésie reste comme résidu. Il a encore prouvé qu'au rouge vif le chlorure de calcium peut être décomposé par la vapeur d'eau, avec dégagement d'acide chlorhydrique. Mais en essayant d'exploiter cette réaction sur une grande échelle, on rencontre des difficultés qui rendent ce procédé impraticable au point de vue industriel.

M. Ramon de Luna (3) a constaté qu'en portant au rouge vif du sulfate de magnésie cristallisé (qui abonde dans certaines mines d'Espagne), mélangé avec la moitié de son poids de chlorure de sodium, il se dégage de l'acide hydrochlorique, et que le résidu se compose principalement de magnésie et de sulfate de soude (voyez le chapitre sur le carbonate de soude). On a fabriqué plus de 12,000 kilogrammes de sulfate de soude très-pur en suivant ce procédé.

Emplois de l'acide chlorhydrique. — Les applications de l'acide chlorhydrique sont très-variées; mais on l'emploie principalement pour la préparation du chlore, du chlorure de chaux et des hypochlorites décolorants en général.

L'industrie cotonnière consomme de grandes quantités d'acide hydrochlorique sous ces diverses formes. Le blanchisseur emploie une quantité considérable de cet acide pour décomposer le savon calcaire qui se forme, lorsqu'on fait bouillir des tissus écrus ou imprégnés de matières grasses avec de la chaux (4); les acides gras mis en liberté sont éliminés ultérieurement au moyen de carbonate de soude. Le teinturier emploie aussi beaucoup d'acide chlorhydrique (de la qualité qui ne contient pas de fer) pour préparer son chlorure d'étain. On fait également une grande consommation d'acide chlorhydrique dans la fabrication du chlorate de potasse, du sel ammoniac, du chlorure d'antimoine et de l'oxychlorure de plomb (voyez le chapitre sur le blanc de céruse, etc.). L'acide chlorhydrique est, en outre, un dissolvant très-convenable du phosphate de chaux des os, en vue de la préparation de la gélatine. Il est un des principaux constituants de l'eau régale. Il sert à dégager l'acide carbonique

(1) Filhol et Lacassin, *Journ. pharm. chim.*, nov. 1862, 403.

(2) Pelouze, *Compt. rend.*, LII, 1267.

(3) Ramon de Luna, *Compt. rend.*, XLI, 95.

(4) Dans beaucoup de blanchisseries on emploie l'acide sulfurique, mais en Alsace, les blanchisseurs se servent invariablement de l'acide chlorhydrique, pour éviter la formation d'un sel calcaire insoluble (Scheurer-Kestner).

du carbonate de chaux dans la fabrication du bicarbonate de soude et du carbonate de magnésie (1) ; on l'emploie encore lorsqu'on veut convertir le carbonate et le sulfure barytiques en chlorure de baryum, servant à la fabrication du *blanc fixe*. A l'aide de cet acide, on peut décomposer le sulfate de plomb pour isoler de nouveau l'acide sulfurique et le rendre applicable. On peut utiliser l'action dissolvante de l'acide chlorhydrique pour extraire d'une variété de minerais (2) le carbonate et l'oxyde de cuivre hydraté, et M. Margueritte en recommande l'emploi pour précipiter le sel marin de solutions salines mixtes.

En dernier lieu, on peut utiliser l'acide chlorhydrique dans la fabrication du phosphore (voyez le chapitre sur le phosphore), en soumettant au rouge vif un mélange de phosphate calcique et de carbone à l'action d'un courant de gaz acide chlorhydrique. Il y a désoxydation de l'acide phosphorique, et le phosphore est mis en liberté avec formation de chlorure de calcium et dégagement d'eau et d'oxyde de carbone.

Préparation du chlore. — La préparation du chlore absorbe incontestablement la majeure partie de l'acide chlorhydrique fabriqué.

Le procédé ordinaire de préparation du chlore, c'est-à-dire le traitement du peroxyde de manganèse du commerce par l'acide chlorhydrique, est représenté par l'équation :

$$Mn^2 O^2 + 4HCl = 2Mn Cl + 2H^2 O + Cl^2.$$

Cette équation démontre que la moitié seulement du chlore de l'acide chlorhydrique est mise à profit, l'autre moitié restant en combinaison avec le manganèse. On pourrait facilement mettre en liberté tout le chlore, en employant un mélange de peroxyde de manganèse, de chlorure de sodium et d'acide sulfurique, de manière à laisser du sulfate de manganèse dans le résidu ; mais tant que l'acide sulfurique aura plus de valeur que l'acide chlorhydrique, cette méthode ne sera pas économique.

Il paraît cependant que ce procédé s'emploie encore quelquefois, si nous en jugeons d'après les observations publiées par quelques chimistes pratiques. M. Müller (3) a fait ressortir que les meilleures proportions à employer pour cette réaction étaient celles représentées par l'équation

$$Mn^2 O^2 + 2Na Cl + 3H^2 SO^4 = Mn^2 SO^4 + 2Na HSO^4 + 2H^2 O + 2Cl,$$

(1) On emploie presque exclusivement pour la production de l'acide carbonique l'acide chlorhydrique très-délayé qui, dans beaucoup de fabriques, s'écoule de la seconde tour à condensation. Le gaz acide carbonique trouve ses applications principales dans la fabrication du *bicarbonate de soude* et du *carbonate de magnésie*.

Le premier, qu'on emploie beaucoup dans la préparation de l'eau gazeuse carbonatée (*soda-water*), se prépare de la manière suivante : on dispose les cristaux de carbonate de soude sur des rayons fixés dans de grandes caisses en bois, recouvertes de plomb, et on les y expose à l'action du gaz acide carbonique ; une quantité considérable d'eau est mise en liberté pendant cette transformation.

$$Na^2 CO^3, 10H^2 O + CO^2 = 2 (Na HCO^3) + 9 H^2O.$$

Les fabricants emploient généralement des cristaux colorés et de mauvaise apparence, toutes les impuretés étant entraînées par l'eau qui s'écoule des chambres. Le Lancashire, seul, fournit au commerce 250 tonnes de bicarbonate de soude par semaine. (*On the recent Progress*, p. 115.)

On prépare le carbonate de magnésie au moyen du procédé Pattinson, qui consiste à soumettre à l'action de l'eau et de l'acide carbonique sous pression le produit obtenu par l'action de la chaleur sur la dolomie (un mélange de carbonate de chaux et de magnésie).

Il se forme une dissolution de bicarbonate de magnésie qu'on décante du carbonate de chaux insoluble, et qu'on décompose par un courant de vapeur, qui détermine la précipitation du carbonate ordinaire de magnésie. Le sel qu'on obtient ainsi est très-blanc, très-léger et d'une texture peu compacte. (Voyez le chapitre sur le blanc de céruse, etc.)

Les appareils dont on se sert pour dégager l'acide carbonique, sont construits en pierres siliceuses, et ressemblent en tous points à ceux qu'on emploie dans la fabrication du chlore.

(2) Dans les fabriques de soude de Ringkuhl, près de Cassel, on produit de grandes quantités d'acide chlorhydrique pour extraire le cuivre des ardoises de Stadtberge en Westphalie.

(3) Müller, *Dingl. Pol. Journ.*, CXVIII, 118.

le procédé exprimé par l'équation

$$Mn^2 O^2 + 2Na Cl + 2H^2 SO^4 = Mn^2 SO^4 + Na^2 SO^4 + 2H^2 O + 2Cl$$

exigeant une température trop élevée. La préparation du chlore au moyen du chlorure de sodium, du peroxyde de manganèse et de l'acide sulfurique est désavantageuse, en outre, sous ce rapport qu'elle fournit le sulfate de soude mélangé au sel de manganèse. Afin d'éviter cet inconvénient, M. Monod (1) a proposé un appareil à chlore à deux compartiments; le premier contenant le mélange d'acide sulfurique et de chlorure de sodium dégageant l'acide chlorhydrique; le second renfermant une couche de peroxyde de manganèse étendue sur un diaphragme perforé, recouvert d'eau. Le gaz acide chlorhydrique, passant du premier dans le second compartiment, est décomposé par le peroxyde de manganèse, et le chlore est dégagé. Cet appareil atteint son but, en ce qu'il maintient séparés les deux sels produits; mais ce n'est pas la première fois qu'on propose le principe qui sert de base à cet arrangement

En Angleterre, autant que le rapporteur a pu s'en assurer, on traite invariablement le minerai de manganèse par l'acide chlorhydrique liquide.

Les seuls perfectionnements réels qu'on ait adoptés dans le procédé de production du chlore au moyen du manganèse ont trait à l'appareil dans lequel se fait la réaction.

Les vieilles tourilles bitubulées en grès ont été depuis longtemps remplacées par des vases dans lesquels le peroxyde de manganèse est renfermé dans un cylindre perforé en grès; de cette manière, l'acide n'agit que graduellement sur le peroxyde, qui ne descend dans le cylindre qu'en proportion de la dissolution des portions inférieures. A cet appareil en grès succédèrent les vases en fonte revêtus de plomb, et ceux-ci, à leur tour, furent remplacés par des vases en pierre beaucoup plus grands, résistant à l'action des acides et du chlore, et chauffés au gré de l'opérateur, soit par un foyer ordinaire, soit par la vapeur.

En France (dans les usines de M. Kestner, à Thann, par exemple), on emploie fréquemment des citernes en pierre siliceuse, creusées dans un seul bloc massif. Dans quelques fabriques aux environs de Newcastle, on fait usage de citernes semblables. Dans le Lancashire, ces grandes citernes se composent généralement de six dalles épaisses de la pierre du Yorkshire. On les réunit au moyen de rainures taillées dans ces dalles, et dans lesquelles leurs côtés s'ajustent; les joints sont mastiqués par des lanières en caoutchouc ou par un ciment capable de résister à une chaleur considérable. Les pierres sont maintenues en position au moyen d'écrous en fer qui les relient fortement.

Pour pouvoir vider et nettoyer ces citernes, il existe, à l'une des extrémités de chacune d'elles, une grande ouverture circulaire pourvue d'un couvercle en pierre. Les citernes qu'on emploie actuellement en Angleterre ont de très-grandes dimensions, et peuvent contenir de 400 à 800 livres de manganèse. On les chauffe généralement à la vapeur. Le chlore dégagé est conduit au dehors au moyen de tuyaux en plomb ajustés plus loin à des tubes en gutta-percha, lorsque le gaz, dans son parcours, s'est suffisamment refroidi.

Depuis quelques années, M. Tennant (de Glasgow) fait usage d'un procédé qui lui permet de produire le chlore sans employer le peroxyde de manganèse. Ce procédé, déjà mentionné dans le chapitre sur l'acide sulfurique, fut introduit par M. C.-T. Dunlop, et consiste dans la décomposition d'un mélange de chlorure et de nitrate sodiques au moyen de l'acide sulfurique.

Les produits de la réaction sont du chlore, de l'acide nitreux et du bisulfate de soude; on sépare les deux produits volatils et on les emploie séparément, l'un pour la fabrication du chlorure de chaux, et l'autre pour celle de l'acide sulfurique.

L'opération s'exécute dans de grands cylindres en fonte revêtus à l'intérieur de briques enduites d'asphalte de goudron. Ces cylindres ont 5 à 6 pieds de diamètre, 7 à 8 pieds de longueur, et peuvent contenir une demi-tonne de nitrate de soude et une tonne de sel ma-

____

(1) Monod, *Rep. of pat. inv.*, août, 1857, 04.

rin, ainsi que la quantité d'acide sulfurique nécessaire à la conversion du sel en bisulfate de soude. On chauffe les cylindres à feu nu et on élève la température à 200 ou 250° C. En trente-six heures, la réaction est terminée.

En quittant l'appareil, les gaz, qui se composent d'un mélange de chlore et d'acide nitreux, avec un peu d'acide chlorhydrique, sont conduits dans de grandes citernes en plomb remplies d'acide sulfurique concentré à une hauteur de deux pieds environ. Ces citernes sont placées les unes à la suite des autres, et les gaz sont obligés de les traverser successivement sous une pression considérable. L'acide sulfurique absorbe l'acide nitreux, et lorsqu'il en est suffisamment chargé, on l'emploie dans les chambres de plomb, afin qu'il fournisse directement son acide nitreux à l'acide sulfureux; de cette manière, l'acide nitro-sulfurique trouve une application des plus avantageuses. Le mélange restant d'acide chlorhydrique et de chlore passe ensuite dans une petite tour à condensation remplie de coke humecté d'eau. L'acide chlorhydrique est ainsi intercepté et retenu en solution aqueuse, tandis que le chlore purifié arrive dans l'appareil à chlorure de chaux. On emploie le résidu de bisulfate de soude des cylindres soit à la décomposition de nitrate de soude pour la préparation de l'acide nitrique, ou bien on le jette dans le four à sulfate de soude en même temps que le chlorure de sodium, dont il chasse l'acide chlorhydrique, étant lui-même converti en sulfate de soude neutre.

Telles sont les méthodes de préparation du chlore sanctionnées par la pratique en grand; il ne nous reste qu'à mentionner rapidement quelques réactions proposées pour la production du chlore, et qui, sans importance pratique actuelle, présentent cependant de l'intérêt au point de vue scientifique.

M. Ramon de Luna (1) a proposé de calciner un mélange de sulfate de magnésie hydraté, de sel marin et de peroxyde de manganèse. La réaction doit se faire d'après l'équation suivante :

$$2[Mg^2 SO^4, H^2 O] + 4Na Cl + Mn^2 O^2 = 2Na^2 SO^4 + 2Mn Cl + 2Mg^2 O + 2H^2 O + Cl^2.$$

La réaction qui a lieu entre l'acide chlorhydrique et le chromate de potasse est bien connue. Il y a formation de chlorure de potassium, de chlorure chromique et d'eau, avec dégagement de chlore.

$$K^2 Cr^2 O^4 + 8HCl = 2KCl + Cr^2 Cl^3 + 4H^2 O + Cl^3.$$

M. Péligot (2) et M. Gentele (3) ont recommandé l'emploi de ce procédé pour la préparation en grand du chlore; mais, à moins de trouver un emploi avantageux pour le chlorure de chrome, cette réaction serait sans doute trop dispendieuse.

Un procédé analogue, breveté par M. Shanks (4), paraît offrir beaucoup moins d'inconvénients pour la pratique.

D'après ce procédé, on fait réagir l'acide chlorhydrique sur le chromate de chaux; les produits qui en résultent sont du chlorure de calcium, du chlorure chromique, de l'eau et du chlore.

$$2Ca^2 Cr^2 O^4 + 16HCl = 4 CaCl + 2 Cr^2 Cl^3 + 8H^2 O + 3 Cl^2.$$

La solution verte contenant du chlorure de calcium et du chlorure chromique est neutralisée par un lait de chaux qui précipite le chrome à l'état d'oxyde.

$$2Cr^2 Cl^3 + 3Ca^2 O = Cr^4 O^3 + 6Ca Cl.$$

On ajoute deux équivalents de chaux en plus, afin de produire les matières qui doivent être employées dans l'opération suivante.

(1) Ramon de Luna, *Compt. rend.*, XLI, 95.
(2) Péligot, *Ann. chim. phys.* (2), LII, 267.
(3) Gentele, *Dingl. Pol. Journ.*, CXXV, 492.
(4) La série de réactions faisant partie de ce procédé fut indiquée originairement par feu M. John Wilson (Gossage).

Lorsqu'on a séparé la solution de chlorure de calcium du précipité d'oxyde chromique et de chaux en excès, on la laisse écouler comme déchet ou on l'évapore à siccité ; on grille ensuite le mélange d'oxyde chromique et de chaux au rouge sombre, en le soumettant à l'action d'un courant d'air ; l'oxygène est absorbé, et il se produit du chromate de chaux,

$$2Ca^2 O + Cr^4 O^3 + O^3 = 2Ca^2 Cr^2 O^4,$$

dont on peut se servir immédiatement pour une nouvelle préparation de chlore.

Dans le procédé de M. Shanks, l'oxyde de chrome fait la navette pour transporter l'oxygène de l'air sur l'hydrogène de l'acide chlorhydrique. Cependant il ne produit pas autant de chlore que le peroxyde manganique n'en dégage de la même quantité d'acide chlorhydrique. Tandis que par l'action du peroxyde manganique, 16 équivalents d'acide chlorhydrique dégagent 8 de chlore, le procédé de M. Shanks ne dégage que 6 équivalents de chlore de la même quantité d'acide chlorhydrique.

Les expérience pratiquées en grand pourront seules nous apprendre si la dépense du grillage d'un mélange d'oxyde de chrome et de chaux ne surpasse pas la valeur d'une quantité équivalente de manganèse (qu'on obtient maintenant à des prix extrêmement modérés). Il est également douteux que la précipitation par la chaux et le grillage soient moins dispendieux que la régénération du peroxyde de manganèse au moyen des résidus manganiques.

En prenant en considération toutes ces circonstances, on ne peut guère espérer, quelque ingénieux que soit ce procédé, de le voir adopté généralement par la pratique industrielle.

M. Laurens (1) a proposé l'emploi du chlorure cuivrique pour la préparation du chlore.

Le chlorure cuivrique peut être préparé au moyen d'un des procédés généralement connus, comme, par exemple, en dissolvant l'oxyde de cuivre dans l'acide chlorhydrique, ou le cuivre dans l'eau régale, ou bien encore en décomposant le sulfate cuivrique au moyen du chlorure de baryum ou du chlorure de calcium, etc.

Quelle que soit la méthode qu'on emploie pour obtenir la solution de chlorure cuivrique, on l'évapore à siccité ; il faut dessécher parfaitement le résidu solide, qu'on mélange à cet effet avec du sable pour diviser la masse. On introduit le mélange séché dans des cornues ou dès cylindres pareils à ceux qu'on emploie dans la fabrication du gaz d'éclairage. Si les cornues sont en fer, on les revêt d'un mélange d'argile et de charbon de bois, afin de protéger le fer. Le chlorure cuivrique, fortement chauffé, se décompose en chlorure cuivreux et en chlore libre.

$$2Cu Cl = Cu^2 Cl + Cl.$$

On mélange ensuite le chlorure cuivreux avec de l'acide chlorhydrique, et on expose le tout à l'air ; l'oxygène de l'air est rapidement absorbé, et le chlorure cuivrique se reproduit. En évaporant de nouveau ce dernier à siccité et en le calcinant, on obtient du chlore et du chlorure cuivreux, et ainsi de suite :

$$2Cu^2 Cl + 2HCl + O = 4CuCl + H^2 O.$$

Le procédé de M. Laurens n'est pas nouveau ; antérieurement déjà, M. Gatty, à Accrington, en Angleterre, et M. Vogel (2), en Allemagne, avaient indiqué et examiné ce procédé. Ce dernier chimiste a émis l'opinion que le chlorure cuivrique calciné en grand ne perd qu'un tiers de son chlore, au lieu d'en perdre la moitié.

Ce procédé paraît avoir peu de chances d'être adopté par la pratique. La manipulation des chlorures cuivreux et cuivriques peut devenir préjudiciable à la santé des ouvriers, ces sels produisant, lorsqu'ils sont très-secs, une poussière extrêmement fine et délétère. Le prix du cuivre est élevé, et une petite perte de sel, qu'il est difficile d'éviter, lorsqu'on opère en grand, enlèverait toute économie au procédé. Enfin, M. Gatty a trouvé que les chlorures de

---

(1) Laurens, *Rép. chim. appl.* (1861), 110.
(2) Vogel, *Dingl. Pol. Journ.* (1859), CXXXVI, 237.

cuivre corrodent et détruisent rapidement les vases en poterie et même les briques les plus réfractaires; de sorte qu'il serait difficile de trouver des vases dans lesquels la dessiccation et la calcination pourraient être effectuées sans inconvénients.

Tout récemment (depuis l'ouverture de l'Exposition), M. Schlœsing (1) a appelé l'attention des chimistes sur une réaction qui, d'après lui, pourrait être utilisée dans la préparation industrielle du chlore.

En prenant du peroxyde de manganèse préparé par la calcination du nitrate de manganèse, et en faisant réagir sur lui un mélange d'acides chlorhydrique et nitrique, on observe qu'après avoir atteint un certain degré de concentration, l'application de la chaleur produit du chlore mélangé à des vapeurs nitreuses rutilantes; mais, en dessous de ce point de concentration, on peut chauffer le mélange jusqu'à l'ébullition, sans qu'il se dégage un autre gaz que le chlore. Dans cette dernière condition, l'acide nitrique agit sur le peroxyde manganique de manière à former du nitrate de manganèse, tandis que l'acide hydrochlorique est totalement converti en eau et en chlore.

On obtient ce résultat en employant de l'acide nitrique contenant 505 grammes d'acide anhydre par litre et de l'acide chlorhydrique renfermant 397 grammes de gaz acide chlorhydrique par litre; on mélange ces deux acides dans la proportion de 4 équivalents d'acide nitrique pour 3 équivalents d'acide chlorhydrique, et on ajoute à ce mélange un septième de son volume d'eau.

En calcinant le nitrate de manganèse, dont la décomposition commence à 150° C. et est très-active à 195° C., on le transforme en acide nitreux (qu'on peut faire passer dans les chambres d'acide sulfurique, ou qu'on peut reconvertir en acide nitrique par le contact avec l'eau et l'air) et en peroxyde de manganèse très-pur. Le peroxyde de manganèse, régénéré d'après la méthode de M. Schlœsing, contient jusqu'à 93.3 pour 100 d'oxyde pur.

En réunissant tous ces faits, il est facile d'en déduire une méthode pratique pour appliquer ce procédé à la fabrication en grand du chlore. Le peroxyde de manganèse, attaqué par un mélange convenable d'acides nitrique et chlorhydrique, fournira du chlore, ainsi qu'une solution de nitrate de manganèse. Cette solution, évaporée à siccité, fournira du nitrate de manganèse; par la calcination de ce dernier, on obtiendra du peroxyde de manganèse. Les vapeurs nitreuses, mélangées d'air et de vapeur d'eau, n'ont qu'à traverser les tours à condensation pour reproduire de l'acide nitrique.

De cette manière, on peut décomposer une quantité indéfinie d'acide chlorhydrique au moyen d'une succession de réactions dans lesquelles l'acide nitrique fait la navette, pour transporter l'oxygène de l'air sur l'acide chlorhydrique, d'une manière tout à fait semblable à celle qu'on observe dans la fabrication de l'acide sulfurique.

Utilisation du résidu de la préparation du chlore. — On a proposé un grand nombre de méthodes pour l'utilisation des énormes quantités de résidus qu'on obtient dans la fabrication du chlore. Ces résidus contiennent de l'acide hydrochlorique libre, quelquefois une faible quantité de chlore libre, du chlorure de manganèse, du chlorure ferrique, du chlorure de calcium, et de petites quantités de chlorures de cobalt et de nickel; du sulfate de baryte (2) insoluble, des silicates et du sable.

On décante le liquide du résidu sablonneux, et, pendant qu'il est encore chaud, il laisse dégager rapidement tout ce qui y reste de chlore libre. On le sature ensuite avec de la pierre

---

(1) Schlœsing, *Compt. rend,* (1862), LV, 284.

(2) Le minerai de manganèse de Romanèche (Haute-Saône), qu'on emploie très-généralement en France, contient jusqu'à 10 et 12 pour 100 de carbonate de baryte, qu'on retrouve dans les résidus de la préparation à l'état de chlorure, ou de sulfate si l'acide chlorhydrique employé contenait une forte proportion d'acide sulfurique.

à chaux finement pulvérisée (ou plus généralement avec de la craie) (1). Il se dégage du gaz acide carbonique, qu'on peut employer pour la transformation du carbonate de soude en bicarbonate. En même temps tout le fer est précipité, soit à l'état d'oxyde ferrique, soit comme sel basique. L'acide sulfurique, qui se serait trouvé comme impureté dans l'acide chlorhydrique employé et qui eut passé de cette manière dans le liquide, serait précipité en même temps, soit à l'état de sulfate de chaux, soit à l'état de sulfate ferrique basique.

Le liquide décanté est rose, et se compose principalement d'un mélange de chlorures de calcium et de manganèse. En ajoutant un peu d'oxysulfure de calcium (résidu de la fabrication de la soude), les petites quantités de cobalt et de nickel qu'il peut renfermer sont précipitées à l'état de sulfures, ainsi qu'une quantité minime d'oxyde et de sulfure manganeux.

Le docteur Gerland et M. E. Muspratt ont breveté ce procédé en Angleterre et l'exploitent avec succès.

On peut maintenant évaporer le liquide décanté pour obtenir des cristaux de chlorure de manganèse, ou bien l'on peut précipiter le manganèse de la solution à l'état de carbonate. Pour atteindre ce but, M. Balmain (2) emploie les liqueurs ammoniacales provenant de la fabrication du gaz d'éclairage, et contenant du carbonate d'ammoniaque et du sulfure d'ammonium; il se produit ainsi du carbonate et du sulfure de manganèse, et une solution de sel ammoniac.

Régénération du peroxyde de manganèse. — Le procédé le plus important pour utiliser les résidus de la préparation du chlore est celui qui fut proposé par M. Dunlop (3), et qu'on exploite avec succès dans l'établissement de M. C. Tennant à Glascow.

On sait depuis longtemps que les oxydes inférieurs du manganèse, ainsi que son carbonate, lorsqu'ils sont chauffés au contact de l'air atmosphérique, absorbent l'oxygène et sont convertis en peroxydes. Ce fait avait été établi expérimentalement, il y a bien des années, par M. Forchhammer, un des membres du jury pour la classe II. Plus récemment, M. Reissig (4), en reprenant ce sujet, a montré que la température la plus favorable à la conversion du carbonate de manganèse en peroxyde était celle de 300° C. environ; à ce degré de chaleur, la quantité maximum d'oxygène est absorbée, et il se produit le peroxyde de manganèse le plus pur. Il fut réservé à M. Dunlop de prouver que le procédé qu'on n'avait connu que comme une expérience de laboratoire pouvait être exploité avec profit dans la pratique industrielle.

La régénération du peroxyde de manganèse, telle qu'elle est réalisée par M. Tennant, comprend (A) la conversion du chlorure de manganèse en carbonate, et (B) la transformation du carbonate en peroxyde.

A. *Conversion du chlorure en carbonate de manganèse.* — La préparation du carbonate au moyen des résidus de manganèse peut être accomplie d'après les méthodes déjà mentionnées. M. Tennant opère d'après le plan suivant :

On recueille dans de grands réservoirs les résidus de la préparation du chlore, et on y ajoute un lait de chaux (qui est la base de beaucoup la plus économique de toutes celles qu'on pourrait employer dans ce but) en quantité suffisante pour saturer l'excès d'acide chlorhydrique et pour précipiter tout le fer. On agite bien le liquide afin de produire un mélange intime, et on le laisse se clarifier. Le liquide clair est ensuite pompé dans une grande chaudière cylindrique, qu'on peut fermer hermétiquement, et qui est pourvue d'un agitateur.

---

(1) Le liquide ainsi obtenu s'emploie occasionnellement pour la purification du gaz d'éclairage, en vue de lui enlever l'hydrogène sulfuré.

(2) Balmain, *London journ. of arts*, janv. 1856, 36.

(3) Dunlop, *Rep. of pat. inv.*, mars, 1856, 263.

(4) Reissig, *Ann. chem. pharm.*, CIII, 27.

Dans cette chaudière, on ajoute au liquide, en quantité suffisante pour précipiter le manganèse, un lait de carbonate de chaux très-finement divisé, mais on évite soigneusement d'en mettre un excès. La chaudière étant bien close, on chauffe à la flamme directe, ou, ce qui vaut mieux, on y introduit la vapeur jusqu'à ce que la pression s'élève de 2 à 2 1/2 atmosphères, et l'on a soin de bien remuer le liquide pendant tout ce temps. Après vingt-quatre heures, durée ordinaire d'une opération, la décomposition du chlorure de manganèse est complète; la haute pression et la température élevée provoquent une double décomposition, qui autrement n'aurait pas lieu; il se dépose un précipité blanc de carbonate de manganèse, et le chlorure de calcium reste en solution. On permet au mélange de se clarifier complétement et, après la décantation du chlorure de calcium, on lave bien le précipité, on le presse et on le sèche sur des tablettes en fer.

B. *Transformation du carbonate en peroxyde de manganèse.* — Pour la régénération du peroxyde de manganèse on opère de la manière suivante :

Le carbonate de manganèse, imparfaitement séché, est placé dans des casiers en tôle peu profonds et montés sur des roues; on les introduit dans de grandes galeries voûtées en briques, pouvant contenir quarante huit de ces petits wagons, et munies de rails sur lesquels on les fait glisser. Ces rails sont disposés de manière à ce que le carbonate de manganèse puisse être transporté successivement des étages supérieurs aux étages inférieurs de la construction. On chauffe les galeries à l'extérieur et on en élève la température à 315° C. environ. Un courant d'air, pénétrant par la partie inférieure des fours, traverse les galeries. Sous l'influence de la chaleur, qui devient plus intense à mesure que les wagons descendent, et qui, par cela même, favorise l'action de l'oxygène de l'air atmosphérique, le carbonate de manganèse perd de l'acide carbonique et se combine à de l'oxygène; la présence de la vapeur d'eau accélère considérablement la marche du procédé. C'est pour cette raison que le manganèse est aspergé d'eau pendant le passage des wagons d'un étage à l'autre. Après avoir séjourné pendant quarante-huit heures dans les fours, la matière contient près de 8/10 de peroxyde de manganèse pur (généralement environ 72 pour 100); les 2/10 restants sont formés de composés oxygénés inférieurs du manganèse.

Le peroxyde de manganèse ainsi régénéré, tout en n'étant pas entièrement pur, ne renferme comme impuretés que des oxydes inférieurs du manganèse, et, quoique dans cet état il exige une quantité un peu plus grande d'acide chlorhydrique, il peut cependant rivaliser avec l'oxyde naturel. En effet, le suroxyde naturel, renfermant toujours beaucoup d'impuretés, tels que du sable et de la pierre calcaire, etc., et étant beaucoup plus compacte, exige une température plus élevée pour sa décomposition par l'acide chlorhydrique; il dégage donc une plus petite quantité de chlore dans un temps donné.

La régénération du peroxyde de manganèse, au moyen des résidus de chlore, est un perfectionnement industriel d'une grande importance. M. Tennant et Comp., de Glasgow, exploitent ce procédé sur une très-grande échelle, quoique, d'après les renseignements recueillis par le rapporteur, ils ne l'aient jamais appliqué à tous les résidus fournis par leurs usines colossales. Sur le continent, M. C. Kestner, de Thann, a essayé de suivre cette méthode pendant quelque temps; mais on ne peut l'y pratiquer avec avantage, à cause du prix élevé de la houille. Les substances nécessaires à la régénération du peroxide sont assez coûteuses, et il est évident que la valeur industrielle du procédé dépendra en grande partie du prix des minérais de manganèse. En présence des bas prix actuels, peu de fabricants se sont sentis disposés à aventurer de grands capitaux dans la construction des énormes marmites de Papin et des fours dispendieux exigés par ce procédé, et c'est pour cette raison que cette méthode n'a été adoptée que d'une manière très-limitée.

Parmi les autres procédés proposés pour l'utilisation des résidus de manganèse, nous mentionnerons le suivant. M. Gatty (1) évapore les résidus jusqu'à ce qu'ils soient réduits en consistance sirupeuse, et les mélange ensuite avec du nitrate de soude. Pour 79 kilogrammes de chlorure de manganèse, il ajoute 106 kilogrammes de nitrate de soude. On fait sécher le mélange à une température modérée, et on le chauffe au rouge sombre dans des cylindres en fer. Les vapeurs nitreuses ainsi dégagées sont employées pendant la fabrication de l'acide sulfurique dans les chambres de plomb, et le résidu restant, se composant de peroxyde de manganèse et de chlorure de sodium, sert immédiatement de nouveau à la préparation du chlore.

Si l'on opère avec un résidu de sulfate de manganèse, on procède de la même manière; seulement il faut mélanger 95 parties de ce résidu salin avec 106 parties de nitrate de soude. On obtiendra alors, comme produit de la calcination, un mélange de peroxyde de manganèse et de sulfate de soude; on dissout ce dernier sel par l'ébullition avec l'eau.

M. Fred. Kuhlmann fils (2) a publié récemment quelques expériences intéressantes concernant cette réaction.

M. Kuhlmann montre que la calcination d'un mélange de nitrate de soude et de chlorure de manganèse ne produit jamais du peroxyde manganique pur, mais une combinaison du peroxyde avec le protoxyde de manganèse, contenant invariablement 64 à 65.5 pour 100 de peroxyde pur. Il se dégage en même temps de l'acide hyponitrique, N^2O^4, et de l'oxygène. M. Kuhlmann, au lieu de les employer pour la préparation de l'acide sulfurique, propose de les transformer en acide nitrique (3), dans un appareil condensateur et sous l'influence de l'eau et de l'air. Il exprime la réaction par l'équation suivante :

$$10\,Mn\,Cl + 10\,Na\,NO^5 = (3\,Mn^2\,O^2, 2\,Mn^2\,O) + 10\,Na\,Cl + 5\,N^2\,O^4 + O^2.$$

D'après M. Péan de Saint-Gilles (4), qui a également examiné cette même réaction, la transformation ne serait pas tout à fait aussi simple. Il a trouvé que le produit de la calcination retenait toujours une forte proportion de chlore, variant entre 11.3 et 20 pour 100 du poids du résidu, et que le résidu manganique est un oxychlorure, ou un mélange de composition variable formé d'oxydes et de chlorures de manganèse.

Les différences qui existent entre les résultats obtenus par ces chimistes trouvent sans doute leur explication dans les proportions différentes qui servirent à faire les mélanges, et peut-être aussi dans la diversité des températures auxquelles ces mélanges furent exposés. Mais tout obstacle qui s'opposerait à un résultat uniforme diminuerait aussi considérablement les chances de réussite industrielle de ce procédé.

L'utilisation des résidus de la fabrication du chlore n'entraîne pas forcément la régénération du peroxyde. On a proposé plusieurs autres applications.

M. Kuhlmann les emploie dans la fabrication du blanc fixe (voyez le chapitre sur les composés barytiques).

En dernier lieu, nous mentionnerons que dans le procédé de MM. E. Kopp et Blythe, pour la fabrication de la soude ferrugineuse, l'oxyde ou le carbonate de fer peut être remplacé par l'oxyde ou le carbonate de manganèse, et que le carbonate de manganèse peut servir, en outre, à la préparation du carbonate de soude, par la double décomposition avec le sulfure de sodium.

Application du chlore; fabrication du chlorure de chaux. — Le chlore trouve son application principale dans la préparation du chlorure de chaux. Le rapporteur ne peut signaler aucun perfectionnement récent et important dans la fabrication de ce composé. En Angleterre,

(1) Gatty, *Wagner's Jahresb.* (1858), 123.

(2) Fréd. Kuhlmann fils, *Compt. rend.*, LV, 247; *l'Institut* (1862), août, 233.

(3) En préparant l'acide arsénique pour les applications industrielles, M. E. Kopp avait déjà réalisé en grand, et avec succès, la transformation de l'acide hyponitrique en acide nitrique.

(4) Péan de Saint-Gilles, *Rép. chim. appl.* (1862), 338.

les chambres dans lesquelles on étend la chaux étaient autrefois construites en briques;
maintenant, elles le sont généralement en plomb. En France, on donne presque universellement la préférence aux chambres de plomb, en partie à cause de leur propreté, et en partie
parce qu'elles facilitent la régularisation de la température, prévenant ainsi l'échauffement
du chlorure de chaux.

Nous mentionnerons cependant rapidement quelques-unes des expériences faites depuis
1851 dans le but de déterminer les conditions d'hydratation de la chaux les plus favorables
à la production d'un composé contenant la plus grande quantité de chlore possible.

On sait que l'hydrate de chaux à l'état solide ne peut absorber autant de chlore que le lait
de chaux.

En étudiant cette question, M. Frésénius (1) est arrivé à la conclusion que le chlorure de
chaux du commerce est un mélange d'un équivalent d'hypochlorite de chaux, $CaClO$, avec
un équivalent d'oxychlorure de la formule $CaCl, Ca^2O, 2H^2O$, qui n'absorbe pas davantage le
chlore, et que l'eau décompose en chlorure de calcium et en hydrate de chaux.

M. Schlieper (2) a déterminé les circonstances dans lesquelles l'hypochlorite de chaux est
décomposé en chlorure de calcium et en chlorate de chaux. Il a démontré qu'en faisant
bouillir des solutions concentrées d'hypochlorite, il se dégage de l'oxygène. La même chose
n'a pas lieu pour les solutions diluées, dans lesquelles l'hypochlorite est décomposé en
chlorure et en chlorate calciques.

Le rapporteur (3) ayant mentionné il y a quelque temps un cas de décomposition spontanée de chlorure de chaux accompagnée d'une explosion très-forte, qui eût lieu dans son laboratoire, l'attention fut appelée à plusieurs reprises sur ce fait, et l'on a décrit plusieurs autres cas du même genre.

Pour conclure, nous rappellerons encore que dans les derniers temps on a soumis les
propriétés décolorantes de quelques hypochlorites métalliques à un examens minutieux.

MM. Sacc (4) et Varrentrapp (5) ont démontré que l'hypochlorite de zinc, ou, plus correcte-
ment, un mélange d'hypochlorite alcalin avec un sel de zinc, est un agent décolorant très-
énergique, avantageusement applicable à la teinture et pouvant servir plus particulièrement
à opérer des décharges sur le rouge d'Andrinople.

Dans ces derniers temps, les propriétés décolorantes de l'hypochlorite d'alumine ont de
nouveau attiré l'attention des chimistes.

M. Hofmann (6), M. Kunheim (7) et M. Orioli (8) ont publié des expériences très-intéressantes sur ce sujet.

Fabrication du chlorate de potasse. — On prépare maintenant généralement ce composé au
moyen du chlorure de potassium, par l'intervention du chlorate calcique obtenu par l'action
d'un excès de chlore sur un lait de chaux. L'heureuse idée de soumettre un mélange de carbonate de potasse et d'hydrate de chaux à l'action du chlore appartient à M. Graham (9). Le
procédé fut examiné ultérieurement par le docteur Calvert (10), et M. James Young (11) paraît

<hr>

(1) Frésénius, *Ann. chem. pharm.*, CXVIII, 317.
(2) Schlieper, *Ann. chem. pharm.*, C, 171.
(3) Hofmann, *Qu. J. chem. soc.*, XIII, 84.
(4) Sacc, *Wagner's Jahresber.*, V (1859), 948.
(5) Varrentrapp, *Wagner's Jahresber.*, VI (1860), 189.
(6) Hoffmann, *Ann. chem. pharm.*, LXV, 392.
(7) Kunheim, *Dingl. Pol. Journ.*, CLXII, 158.
(8) Orioli, *Rep. of pat. inv.* (1866), 337.
(9) Graham, *Chem. Soc. Mem.*, I, 7.
(10) Calvert, *Chem. Soc. Qu. J.*, III, 106.
(11) Young, *Dictionary of Chemistry by R. D. Thomson*, article sur le chlorate de potasse. Dans cet article
M. Young donne une excellente description du procédé.

être le premier qui commença à l'exploiter industriellement et qui prouva que le chlorate ne se formé que lorsque la chaux est parfaitement saturée de chlore.

A la solution concentrée du mélange de chlorure et de chlorate calciques ainsi obtenus, on ajoute une quantité proportionnée de chlorure de potassium ; une double décomposition a lieu, et il se forme du chlorure de calcium et du chlorate de potasse. Ce dernier, étant très-peu soluble dans l'eau froide et l'étant beaucoup moins encore dans une solution de chlorure de calcium, cristallise presque complétement. On le lave avec de l'eau froide et on le purifie par recristallisation.

Les autres applications industrielles du chlore sont en petit nombre et comparativement peu importantes. On emploie le chlore pour opérer la conversion du prussiate jaune de potasse en prussiate rouge. On accomplit cette transformation par voie sèche ou par voie humide. Dans le dernier cas, l'opération se fait dans des tonneaux en bois pourvus d'agitateurs. On évite avec soin un excès de chlore. On évapore la solution dans des chaudières en cuivre.

Dans la fabrique de M. C. Kestner (de Thann), on opère la transformation du chlorure stanneux en chlorure stannique (tétrachlorure d'étain), en soumettant à l'action du chlore le chlorure d'étain, dissous dans son poids d'eau. L'opération s'effectue dans des bonbonnes, et l'on fait passer le chlore dans la solution au moyen de tubes en verre.　　　P. KOPP.

(*La suite du rapport à la prochaine livraison.*)

SUR LA COMPOSITION ET LA CONSTITUTION DES HUILES MINÉRALES
ARTIFICIELLES ET NATURELLES.

Par E. KOPP.

(SUITE. — Voir le *Moniteur scientifique*, livraisons 159, p. 570.)

Hydrure d'amyle.

$$C^{10}H^{12} = 2(C^5H^6). \quad [C^5H^{12}, \text{ nouvelles formules}].$$

La présence de l'hydrure d'amyle dans les pétroles d'Amérique a été signalée par MM. Pelouze et Cahours (*Compt. rend.*, mars 1863, n° 12, p. 505), et dans les huiles de la distillation de la houille Cannel par M. Schorlemmer (*Chemical News*, avril 1863, p. 157, et *Chemic. Soc. Journ.*, oct. 1862). On l'isole par des distillations fractionnées et en opérant chaque fois sur les huiles les plus légères et les plus volatiles.

L'hydrure d'amyle est un liquide incolore, très-mobile, insoluble dans l'eau, soluble dans l'éther, d'une odeur éthérée fort agréable, résistant à l'action des réactifs les plus énergiques, tels que le brome, les acides sulfurique et nitrique fumants, et présentant toutes les propriétés de l'hydrure d'amyle, obtenu artificiellement par l'action réciproque du zinc et de l'iodure d'amyle.

Sa densité liquide $= 0.628$ à 17°; la densité de sa vapeur 2.535 (calcul); 2.577 et 2.538 (expérience).

Il bout à 30° (Pelouze et Cahours); à 34° (M. Schorlemmer); à 28-30° (Frankland et Wurtz).

Il dissout avec la plus grande facilité les matières grasses et brûle avec une flamme exempte de fumée.

Il absorbe rapidement le chlore, même à la lumière diffuse et à la température ordinaire en s'échauffant.

Le produit de la réaction, purifié convenablement, est le chlorure d'amyle, $C^{10}H^{11}$,Cl, liquide limpide et très-mobile, bouillant entre 98° et 103°.

M. Wurtz a constaté très-récemment (*Bull. de la Soc. chim. de Paris*, juin 1863, p. 300) que l'hydrure d'amyle est un des produits de la réaction de ClZn anhydre sur l'alcool amylique.

Il est extrêmement probable que l'eupione de M. Reichenbach n'est autre chose que de l'hydrure d'amyle, plus ou moins mélangé d'autres hydrocarbures très-volatils.

L'hydrure d'amyle $C^{10}H^{11}$, H est isomère avec le méthyl-butyle. $C^2H^5 + C^8H^9 = C^{10}H^{14}$.

M. Schorlemmer ayant pu isoler du pétrole rectifié d'Amérique (vendu dans le commerce sous le nom de surrogat d'essence de térébenthine) une très-petite quantité d'un liquide très-léger et très-mobile, bouillant entre 20° et 30°, est disposé à croire que ce pétrole renferme également l'hydrure de butyle, C^8H^{10}. Cela est possible; mais, par analogie, il est permis de penser que l'hydrure de butyle doit bouillir déjà au-dessous de 20° centigr.

Hydrure de hexyle, hydrure de caproyle, propyle.

$$C^{12}H^{14} = 2(C^6H^7). \quad [C^6H^{14}, \text{ nouvelles formules}].$$

Cet hydrocarbure a été signalé pour la première fois dans les produits de la distillation du boghead par M. Williams (*Phil. chag.* [4], XIII, 134, et XIV, 223) (*Institut,* 1857, 84, et 1858, 50).

Il lui a assigné les propriétés suivantes : liquide incolore, très-fluide, d'une odeur agréable; p. d'éb., 68° C.; p. sp. à 18° = 0.6745; densité de vapeur par expérience, 2.97; densité calculée par la formule, $C^{12}H^{14}$, et une condensation à 4 vol. = 2.96.

MM. Pelouze et Cahours (*Compt. rend.,* t. LIV, p. 1241, et LVI, p. 505) ont constaté que la partie la plus abondante de certaines huiles minérales naturelles des États-Unis était formée d'hydrure de caproyle. Ce même hydrure prend naissance par la réaction de ClZn sur l'alcool amylique. (M. Wurtz.)

Ils trouvèrent le même point d'éb. (68°) que M. Williams. D'après M. Wurtz, il est de 60-64°; densité à 16° = 0.669; densité de la vapeur = 3.05. Liquide incolore, limpide, d'une odeur éthérée, insoluble dans l'eau, soluble dans l'alcool, l'éther, etc., dissolvant les huiles, les graisses et les acides gras.

Il brûle avec une flamme très-éclairante et n'est pas attaqué par les acides sulfurique et nitrique fumants, et par l'acide phosphorique anhydre.

Traité par le chlore, il produit des composés $C^{12}H^{15}Cl$, $C^{12}H^{12}Cl^2$, $C^{12}H^{11}Cl^3$, $C^{12}H^{10}Cl^4$ et $C^{12}H^8Cl^6$. Le premier terme de cette série est l'éther chlorhydrique de l'alcool caproylique.

Le brome donne de suite naissance au composé $C^{12}H^{12}Br^2$, qui bout entre 210 et 212°.

L'iodure de caproyle, $C^{12}H^{15}I$, est une huile incolore, limpide, bouillant à 172°-175, qui brunit à l'air, et dont l'odeur rappelle celle de l'iodure d'amyle.

Les auteurs ont encore préparé le sulfure de caproyle, $C^{12}H^{15}S$; p. d'éb. vers 230°;

L'acétate d'oxyde caproylique, $C^{16}H^{16}O^4 = C^4H^5O^3 + C^{12}H^{15}O$; p. d'éb. vers 145°;

L'alcool caproylique, $C^{12}H^{14}O^2$; p. d'éb., 150°, et le caproyliaque, $C^{12}H^{15}N$.

Cette dernière est un liquide incolore, limpide, d'une odeur aromatique et ammoniacale, d'une saveur caustique et brûlante. Elle bout entre 124 et 128°.

Dans leur second mémoire, MM. Pelouze et Cahours ont fait connaître le cyanate de caproyle, la dicaproylurée, l'acide sulfocaproylique, etc.

Hydrure de heptyle ou d'œnanthyle.

$$C^{14}H^{16} = 2(C^7H^8). \quad [C^7H^{16}, \text{ nouvelles formules}].$$

Cet hydrocarbure a été rencontré en quantité considérable dans les pétroles d'Amérique par M. Schorlemmer et par MM. Pelouze et Cahours (*Chemical News,* 1863, n° 174, p. 157; — *Comptes-rendus,* 1863, LVI, p. 505). M. Schorlemmer obtint de quatre gallons (18 litres) de surrogat d'essence de térébenthine environ 1,400 grammes d'hydrure de heptyle.

C'est un liquide incolore, très-limpide, dont l'odeur rappelle celle de l'hydrure de caproylène.

Sa densité = 0.6995 à 16°; la densité de sa vapeur = 5.522 (calcul); 3.616 (expérience).

Il bout entre 92 et 94° (à 98° d'après M. Schorlemmer). Cet hydrocarbure est également fort peu altérable par les acides sulfurique et nitrique concentrés.

Le chlore l'attaque surtout à l'aide d'une douce chaleur et avec le concours d'une très-petite quantité d'iode, et donne des produits analogues à ceux que fournit l'hydrure de caproylène, c'est-à-dire le chlorure de heptyle ou d'œnanthyle, $C^{14}H^{15}Cl$, etc.; au moyen de ces composés, on peut produire le sulfure d'œnanthyle, l'acétate d'oxyde œnanthylique, et remonter par ce dernier à l'alcool œnanthylique, $C^{14}H^{16}O^{2}$. L'hydrure de heptyle obtenu par M. Wurtz dans la réaction de ClZn sur l'alcool amylique avait pour point d'ébullition 75° environ.

Hydrure d'octyle, hydrure de capryle, butyle, valyle, tétryle.

$C^{16}H^{18} = 2(C^{8}H^{9})$. [$C^{8}H^{18}$, nouvelles formules].

Cet hydrocarbure a été également trouvé par M. Williams (*Institut*, 1857, 84, et 1858, 50) dans les huiles du boghead. Il avait été déjà découvert antérieurement par M. Kolbe (*Ann. Chem. Pharm.*, LXIX, 261) dans les produits de la décomposition du valérate de potasse par la pile, et étudié par M. Wurtz (*Ann. chim. phys.* [3], XLII, 129; XLIV, 278), qui l'avait préparé par la réaction du potassium, ou mieux du sodium sur l'iodure de butyle (iodure de tétryle).

Le butyle se présente sous forme d'une huile légère, d'une odeur éthérée fort agréable, insoluble dans l'eau, soluble dans l'alcool et l'éther, très-inflammable et brûlant avec une flamme très-lumineuse.

Sa densité $= 0.6945$ à 18° (Kolbe et Williams) et 0.706 à 0° (Wurtz). Il bout à 106-108° (119° Williams); la densité de sa vapeur $= 4.05$ par expérience (3.95 calcul).

Il est difficilement attaqué par les agents oxygénants; un mélange d'acides sulfurique et nitrique fumants seul finit par le décomposer graduellement à l'ébullition. Le chlore et le brome l'attaquent et forment des produits huileux de substitution; le perchlorure d'antimoine et celui de phosphore exercent une action analogue, mais seulement à l'aide d'une longue ébullition.

M. Wurtz a réussi à préparer l'éthyl-butyle, $C^{12}H^{14} = C^{4}H^{5}$, $C^{8}H^{9}$; p. d'éb., 62°; p. sp. liquide, 0.7011 à 0°, ainsi que le butyl-amyle, $C^{18}H^{20} = C^{8}H^{9}$, $C^{10}H^{11}$; p, d'éb., 132°, presque liquide, 0.7247 à 0°.

Très-récemment MM. Pelouze et Cahours et M. Schorlemmer ont également constaté la présence de l'hydrure de caproyle dans les pétroles d'Amérique (*loco citato*), et lui ont trouvé les propriétés suivantes : densité liquide, 0.726 à 15°; point d'ébullition entre 116° et 118° (119° d'après M. Schorlemmer).

M. Wurtz a constaté la présence de l'hydrure d'octyle dans les produits de la réaction déjà plusieurs fois citée de ClZn sur l'alcool amylique; il a trouvé le point d'ébullition entre 115-118°; la densité liquide $= 0.728$; la densité de la vapeur, 4.01.

Hydrure de nonyle ou de pélargyle.

$C^{18}H^{20} = 2(C^{9}H^{10})$. [$C^{9}H^{20}$, nouvelles formules].

Sa présence a été signalée dans les pétroles d'Amérique par MM. Pelouze et Cahours. Liquide fluide, incolore, d'une odeur analogue à celle des composés précédents, mais légèrement citronnée. Point d'ébullition entre 136 et 138°; densité, 0.741 à 15°; densité de la vapeur, 4,508 (calcul), 4,541 (expérience). M. Wurtz l'a également obtenu par ClZn et l'alcool amylique.

Hydrure de décyle ou de rutyle, hydrure de diamyle.

$C^{20}H^{22} = 2(C^{10}H^{11})$. [$C^{10}H^{22}$, nouvelles formules].

L'amyle a été obtenue par M. Frankland en décomposant l'iodure d'amyle au moyen du zinc, sous une certaine pression (*Ann. Chem. Pharm.*, LXXIV, 41); par MM. Brazier et Gossleth en décomposant par la pile une solution concentrée de caproate de potasse (*Ann. Chem. Pharm.*, LXXV, 249); par M. Wurtz en faisant réagir le sodium sur l'iodure d'amyle (*Ann. chim. phys.* [3], XLIV, 281); enfin, il a été trouvé par M. Williams (*loc. cit.*) dans les huiles du boghead, et par MM. Pelouze et Cahours (*Compt. rend.*, LVI, p. 512) dans les pétroles d'Amérique. Liquide incolore, transparent, d'une légère odeur éthérée et citronnée, d'une saveur piquante. Sa densité = 0.7413 à 0° et 0.7282 à 20° (Wurtz); 0.7365 à 18° (Williams); 0.7704 à 11° (Frankland). Exposé à un froid de — 30°, il s'épaissit, mais sans se solidifier; il bout à 158° (Wurtz); 159° (Williams); 155° sous la pression de 728^{mm} (Frankland). La densité de sa vapeur = 4.91. D'après MM. Pelouze et Cahours, densité = 0.757 à 15° et point d'ébul. 160°-162°.

On ne peut l'enflammer à la température ordinaire; mais si on le chauffe, il brûle avec une flamme blanche et fuligineuse. M. Wurtz a obtenu l'hydrure de décyle ou de diamyle dans la distillation de l'alcool amylique sous l'influence de ClZn. Point d'ébullition entre 155 et 157°; densité liquide à 0 = 0.753; densité de la vapeur, 5.05.

M. Wurtz fait observer, avec raison, que l'hydrure de diamyle ou de décyle pourrait être aussi bien identique que seulement isomérique avec l'amyle, de même que l'hydrure de nonyle pourrait être identique avec le butyle-amyle découvert par lui. En traitant l'hydrure de décyle par le chlore, il a obtenu du chlorure de diamyle, bouillant vers 195 à 200°.

L'amyle est insoluble dans l'eau, extrêmement soluble dans l'alcool et l'éther. L'acide sulfurique fumant ne l'attaque pas; l'acide nitrique fumant ne l'oxyde que lentement à l'ébullition. Il en est de même d'un mélange de ces acides; pendant l'oxydation, la liqueur acquiert l'odeur d'acide valérianique. L'acide sulfurique anhydre l'attaque lentement, en produisant une masse noire, avec dégagement d'acide sulfureux; le chlore réagit sur lui en donnant des produits de substitution régulière. Le perchlorure d'antimoine l'attaque également avec dégagement d'acide chlorhydrique et formation de produits de substitution; il en est de même du perchlorure de phosphore, par une ébullition prolongée. Le bichlorure de mercure est réduit par l'amyle à une température de 250°; mais il ne se produit pas de chlorure d'amyle. En faisant réagir sur 1 équiv. d'amyle 2 ou 4 équiv. de perchlorure de phosphore, M. Wurtz a obtenu :

L'amyle chloré, $C^{20}H^{22}Cl^2$; p. d'éb. 220°;

L'amyle bichloré, $C^{20}H^{22}Cl^4$; p. d'éb. au-dessus de 270°. Liquide plus dense que l'eau, insoluble dans l'eau, soluble dans l'alcool, incolore, neutre.

M. Wurtz a également préparé l'*ethyl-amyle*, $C^{14}H^{16} = C^4H^5$, $C^{10}H^{11}$. Liquide incolore; densité 0.7069 à 0°; p. d'ébul. 88°;

Et le *butyl-amyle*, $C^{18}H^{20} = C^8H^9$, $C^{10}H^{11}$; densité 0.7247 à 0°; p. d'éb. 132°.

Hydrure de unodécyle.

$$C^{22}H^{24} = 2(C^{11}H^{12}). \quad [C^{11}H^{24}, \text{nouvelles formules}].$$

Liquide incolore, limpide, d'une odeur moins agréable que celle des hydrures précédents, signalé par MM. Pelouze et Cahours dans les pétroles d'Amérique. Densité liq. = 0.765 à 16°; densité de la vapeur = 5.494; point d'ébullition entre 180 et 184°.

Hydrure de duodécyle, hydrure de lauryle, caproyle, hexyle.

$$C^{24}H^{26} = 2(C^{12}H^{13}). \quad [C^{12}H^{26}, \text{nouvelles formules}].$$

Cet hydrocarbure a été préparé par MM. Brazier et Gosslelh, ainsi que par M. Wurtz (*loc. cit.*), en décomposant une solution d'œnanthylate de potasse par un courant galvanique; M. Williams l'a également rencontré dans les huiles du boghead.

C'est une huile incolore, d'une odeur aromatique agréable, insoluble dans l'eau, soluble dans l'alcool et l'éther. Densité = 0.7574 à 0° (Wurtz); 0.7568 à 18° (Williams); p. d'éb. 202°; densité de la vapeur, 5.87.

Le caproyle n'est pas attaqué par l'acide sulfurique, ni par l'acide nitrique; mais distillé à plusieurs reprises avec un mélange de ces deux acides, il se transforme en un acide qui paraît être l'acide caproyque.

Le brome attaque à peine le caproyle, même à la lumière directe.

Le chlore l'attaque vivement, même à la lumière diffuse, avec dégagement de gaz, HCl, et formation d'une matière visqueuse.

MM. Pelouze et Cahours, dans leur dernier mémoire sur les pétroles d'Amérique (*Compte-Rendu*, t. LVII, 1863, 13 juillet, p. 62), ont fait connaître la présence de l'hydrure de lauryle dans ces pétroles. Ils l'ont rencontré parmi les huiles distillant entre 196 et 200°. Sa densité liquide à 22° = 0.776. Le brome, l'acide nitrique fumant et l'acide sulfurique concentré ne l'attaquent pas. Un mélange de ces deux derniers acides ne réagit qu'à l'aide de l'ébullition.

Il se forme dans ce cas une petite quantité d'un produit soluble et cristallisable, et il se sépare une huile jaunâtre un peu plus pesante que l'eau.

Hydrure de cocinyle.

$$C^{26} H^{28} = 2(C^{13} H^{14}). \quad [C^{13} H^{28}, \text{ nouvelles formules}].$$

Cet hydrure a également été rencontré par MM. Pelouze et Cahours dans les pétroles d'Amérique.

Liquide incolore, très-limpide, dont l'odeur est un peu plus térébenthinée que celle du carbure précédent.

Sa densité liquide à 20° = 0.792; son point d'ébullition est entre 216 et 218°; la densité de la vapeur, par calcul, 6.481; par expérience, 6.569.

Le brome, l'acide nitrique fumant, l'acide sulfurique concentré ne l'attaquent pas. A l'ébullition, un mélange des deux derniers acides l'attaque et se comporte avec cet hydrure comme avec l'hydrure de lauryle.

Hydrure de myristile.

$$C^{28} H^{30} = 2(C^{14} H^{15}). \quad [C^{14} H^{30}, \text{ nouvelles formules}].$$

Isolé par MM. Pelouze et Cahours des pétroles d'Amérique.

Liquide incolore, très-limpide, semblable à l'hydrure précédent.

Point d'ébullition entre 236 et 240°; densité de la vapeur : calcul, 6.974; expérience, 7.019.

Mêmes propriétés et même résistance à l'action des réactifs que pour l'hydrure de cocinyle.

Il est attaqué facilement par le chlore, donnant naissance à des produits de substitution.

Hydrure.

$$C^{30} H^{32} = 2[C^{15} H^{16}].$$

Également isolé par MM. Pelouze et Cahours de pétroles d'Amérique.

Point d'ébullition entre 255 et 260°; densité de la vapeur : calcul, 7.467; expérience, 7.523.

Propriétés semblables aux hydrures précédents.

M. Wurtz a obtenu, par l'électrolysation, d'un mélange d'œnanthylate et de valérianate alcalin le butyl-caproyle, $C^{26} H^{22} = C^{8} H^{9}$, $C^{12} H^{13}$, isomère avec l'amyle, bouillant entre 150 et 160°;

Et par l'électrolysation d'un mélange d'acétate et d'œnanthylate de potasse le méthyl-caproyle, $C^{14} H^{16} = C^{2} H^{3}$, $C^{12} H^{13}$, bouillant vers 85°.

M. Wurtz a montré la relation intime entre ces hydrocarbures dans le tableau suivant :

	Formules.	Densité à 0°.	DENSITÉ DE LA VAPEUR.		Point d'éb.
			Calcul.	Expérience.	
Aethyl-butyl	$C^{12}H^{14}$	0.7011	2.972	3.053	62°
Aethyl-amyl	$C^{14}H^{16}$	0.7069	3.455	3.522	88°
Methyl-caproyle	$C^{14}H^{16}$	?	3.455	3.426	82°
Butyle	$C^{16}H^{18}$	0.7057	3.939	4.070	106°
Butyl-amyle	$C^{18}H^{20}$	0.7247	4.423	4.465	132°
Amyle	$C^{20}H^{22}$	0.7413	4.907	4.956	158°
Butyl-caproyle	$C^{20}H^{22}$	?	4.907	4.917	155°
Caproyle	$C^{24}H^{26}$	0.7574	5.874	5.983	202°

Il est probable que les hydrures appartenant à cette série, et dont la présence dans les goudrons ou huiles minérales n'a pas encore été constatée, y seront retrouvés plus tard, puisque déjà M. Williams y a signalé l'existence du propyl, butyl, amyl et caproyle, et que sept de ces hydrocarbures ont été isolés par MM. Pelouze et Cahours dans les pétroles d'Amérique, et par M. Schorlemmer dans les huiles de boghead.

La propriété qu'ils possèdent, pour la plupart, d'être peu altérables et de résister à l'action des acides sulfurique et nitrique concentrés les caractérise et peut faciliter leur recherche.

Les hydrures gazeux à la température ordinaire pourront sans doute aussi être constatés dans le gaz de l'éclairage dès qu'on les y recherchera avec soin, ou du moins leur présence pourra y être révélée par leur transformation en produits dérivés ou de substitution.

Quant aux termes plus élevés de la série, comme, par exemple, $C^{40}H^{42}$, $C^{50}H^{52}$, $C^{60}H^{62}$, il est très-probable que ce sont des corps solides, cristallisables, fusibles à des températures entre 40 et 80° centigr., volatils entre 200 et 400°, et se confondant par leurs propriétés physiques, et particulièrement par leurs propriétés chimiques, avec les paraffines, formées d'équivalents égaux de carbone et d'hydrogène.

On sait qu'on obtient, en produisant la paraffine d'après des procédés divers et en faisant usage de matières premières différentes, des produits qui ne sont nullement identiques et dont les uns résistent bien plus que d'autres aux agents chimiques employés pour leur purification.

En se reportant aux propriétés des hydrures, on peut admettre que ce sont les paraffines de cette série, c'est-à-dire ceux dont la composition peut être représentée par la formule générale $C^nH^{(n+2)}$, qui résistent le mieux à l'acide sulfurique concentré, à l'acide chromique, etc., tandis que les paraffines C^nH^n appartenant à la série des oléfines ou du gaz oléfiant, sont plus altérables dans ces mêmes circonstances.

(La suite à une prochaine livraison.)

NOTE SUR LA MATIÈRE COLORANTE DU BRASSICA PURPUREA.

Par Ferdinand JEAN.

La matière colorante du *Brassica purpurea* (chou rouge) existe seulement sur l'épiderme des feuilles sous forme de pellicules fortement colorées en pourpre.

Composition du Brassica purpurea. — 1° Substances solubles dans l'eau (matière colorante); 2° substances solubles dans une lessive alcaline; 3° chlorophyle, surtout dans les feuilles extérieures; 4° albumine; 5° cire; 6° matière gommeuse; 7° glucose; 8° fibre végétale; 9° résine; 10° fécule; 11° et 12° phosphates et malates de chaux; 13° 14° et 15° acétates, nitrates et sulfates de potasse; 16° fer; 17° manganèse; 18° matière colorante soluble dans l'eau; 19° eau, 92.5 pour 100; 20° cendres blanches, 8.35 pour 100.

Composition des cendres. — Les cendres obtenues par l'incinération sont riches en acide phosphorique. Elles renferment : potasse, soude, magnésie, chaux, fer, acide phosphorique, acide silicique, sulfates, nitrates.

Matière colorante pure. — Pour obtenir la matière colorante pure, il a fallu former un extrait aqueux et, au moyen de l'acétate de plomb, donner naissance à une laque. Cette laque, convenablement lavée, a été mise en suspension dans l'eau distillée; puis, au moyen de l'acide sulfhydrique gazeux, le plomb a été précipité et séparé par filtration; la liqueur, évaporée au bain-marie, a donné une substance colorée, qui, après traitement à l'alcool anhydre, a laissé un résidu blanc insoluble; la liqueur alcoolique, évaporée lentement, a laissé la matière colorante à l'état de pureté, sous forme de petites écailles d'un rouge cerise très-vif, soluble dans l'eau, l'alcool, l'éther, les acides.

Réactions de la dissolution aqueuse. — L'extrait aqueux donne les réactions suivantes :

Acides minéraux : la couleur vire au rouge cerise très-vif, surtout par les acides forts et concentrés.

Alcalis : virent au violet, puis au bleu, par un petit excès au vert, et enfin, en plus grande quantité, le vert passe au jaune.

Carbonates alcalins : mêmes réactions que les alcalis, moins la coloration jaune.

Acétate de plomb : précipite une laque bleu pâle devenant verte par l'ammoniaque.

Sel d'étain : précipite une laque d'un beau violet.

Les sels de mercure agissent comme les sels d'étain. En petite proportion donnent des roses et des lilas.

Acétate et sulfate d'alumine : virent au lilas et passent par les nuances intermédiaires jusqu'au violet.

Essais de teinture. — La matière colorante du *Brassica purpurea* se fixe difficilement sur la laine. Son affinité pour le coton, et surtout pour la soie, est plus forte. On ne peut teindre que par l'intermédiaire des mordants.

Le bain de teinture doit être composé :

De *Brassica purpurea*,

D'eau acidulée légèrement par acide acétique,

Du mordant.

On porte le bain à une température de 80 degrés. On laisse refroidir jusqu'à 45 degrés. On plonge alors les tissus convenablement préparés, et on porte le bain très-graduellement jusqu'à 60 degrés, terme final de l'opération.

L'alun additionné de crème de tartre a donné des échantillons d'un violet très-beau, gradués selon la quantité du mordant.

Les sels de mercure, en petites proportions, des nuances rose, cerise, lilas, pensée. Les roses obtenus peuvent rivaliser avec le rose au carthame.

Le sel d'étain agit comme l'alun. En passant les échantillons teints dans un bain faible de carbonate de soude, on obtient des verts de lumière d'une grande fraîcheur.

Essais des tissus teints. — Les étoffes teintes en violet avec mordant d'étain et d'alumine, exposées au soleil pendant huit jours, n'ont subi aucune altération.

Les nuances roses et cerises sont assez fugaces, moins cependant que celles de carthame.

Les verts exposés à la lumière passent au jaune au bout de quelques jours.

L'eau de savon agit comme les alcalis faibles, en virant au pensée les roses, et les violets au bleu pâle.

Les acides forts ramènent au cramoisi. Les acides faibles ramènent la nuance primitive.

L'eau de chlore décolore.

Conclusions. — La richesse des nuances fournies par le *Brassica purpurea* peut faire espérer que la teinture mettra cette matière colorante à profit, et que l'avantage d'un prix beaucoup moins élevé permettra de restreindre, même de supprimer l'emploi du carthame dans la préparation des nuances roses.

La sensibilité avec laquelle la décoction aqueuse du *Brassica purpurea* vire au rouge par les acides, et au vert par les alcalis, pourra être utilisée dans les laboratoires de chimie concurremment avec le sirop de violettes et le tournesol.

SPECTRES MÉTALLIQUES.

Nous offrons aujourd'hui à nos lecteurs une reproduction exacte du tracé géographique par lequel MM. Bunsen et Kirchhoff ont représenté leurs observations originales des spectres de neuf métaux différents. Notre planche renferme donc les spectres du potassium, rubidium ;

césium, thallium, sodium, lithium, calcium, strontium, baryum; au-dessus, on a marqué l'emplacement des raies de Frauenhofer A, *a*, B, C, D, E, *b*, F, G, H et H,; au-dessous, celui des raies Ka α, Li α, Na, Tl, Sr δ, Rb α et Ka β. Les contours des espaces noirs au bas de chaque échelle indiquent, par leur élévation, les nuances d'intensité des raies brillantes, l'intensité étant proportionnelle en chaque point à l'ordonnée du contour noir. Pour plus de clarté, on a figuré séparément les teintes plates de quelques spectres au haut de l'échelle correspondante. Les intensités se rapportent à une température de la flamme et à une largeur de la fente, où on commence à apercevoir nettement la fine raie brillante qui se détache sur la raie large Ca α du calcium. Dans l'appareil de M. Bunsen, cette largeur de fente équivalait à un quarantième de l'espace compris entre Na et Li α.

Lorsqu'on voudra comparer notre tableau à l'échelle d'un spectromètre quelconque, il suffira d'appliquer à nos spectres une échelle réduite au moyen des lignes fixes Ka α, Li α, etc., que l'on rapportera sur une bande de papier, espacées comme elles le sont dans notre tableau, et à côté desquelles on écrira les lectures de l'échelle du spectromètre en question. Les traits figurés dans le tableau en regard de Ka α, Li α, etc., se rapportent à celui des deux bords de chaque raie qui reste fixe lorsqu'on fait varier la largeur de la fente. Ces lignes une fois déterminées sur l'échelle réduite, on complétera cette échelle par interpolation, et on y marquera les divisions du micromètre qu'on emploie. L'échelle réduite s'appliquera sur nos spectres de manière que la raie du sodium tombe sur notre division 50.

A cette occasion, nous dirons quelques mots sur une proposition de M. Emerson J. Reynolds, tendant à faire adopter généralement une division uniforme du spectre, qui partirait de deux points fixes (1). M. Reynolds choisit à cet effet les deux raies Li α (zéro) et Sr δ (100), et il divise l'espace intermédiaire en cent parties égales. Alors, en faisant usage d'un seul prisme de bisulfure de carbone de 60 degrés, on aurait $+ 24.5$ pour le milieu de la raie du sodium, $- 20.4$ pour Ka α, $+ 160$ pour Ka β, etc., etc.

Mais il nous semble que les divisions négatives seraient ici aussi incommodes que dans l'échelle du thermomètre centésimal, où il faut aussi toujours ajouter si le nombre de degrés doit être compté au-dessus ou au-dessous de zéro, ce que beaucoup de personnes oublient de faire à l'occasion. Si on veut absolument introduire la division centésimale dans l'échelle du spectre, il faudra au moins placer le zéro aussi loin que possible vers l'extrémité rouge, *afin de n'avoir jamais que des nombres positifs*. Pour cela, il suffirait d'adopter pour Li α une division ronde autre que zéro, par exemple, 30, ou bien 50 pour le milieu de la raie Na, ainsi que l'a fait M. Bunsen. La raie du sodium se recommande, comme point de repère, par la facilité avec laquelle on l'obtient; on pourrait prendre pour son milieu la petite raie centrale de M. Kirchhoff. La raie δ du strontium étant d'ailleurs assez facile à obtenir, on pourrait, avec M. Reynolds, l'adopter pour repère de la 100ᵉ division. Pour réduire notre tableau à cette échelle, on ajouterait 5 à chaque lecture, on multiplierait la somme par 10 et diviserait par 11. Ainsi, ayant Ka β = 153, on obtiendrait $153 + 5 = 158$, et 1580 divisé par 11 donnerait 143.6 pour la nouvelle valeur de Ka β; on obtiendrait de même 33.5 pour Li α, 60 pour Ca β, 30 pour la raie solaire B, etc. Mais n'oublions pas qu'une pareille échelle ne sera jamais complétement définie, puisque le pouvoir dispersif des prismes varie d'une manière irrégulière d'une couleur à l'autre. Les spectres fournis par deux appareils différents ne sont comparables que sur des espaces limités par deux raies peu distantes, entre lesquelles on peut alors regarder la distribution comme proportionnelle dans les deux spectres individuels.　　R. R.

(1) *Chemical News* du 1ᵉʳ août, p. 59.

REVUE PHOTOGRAPHIQUE

Emploi de la photographie pour la découverte des criminels. — Épreuves photographiques remontant au siècle dernier. — Intervention de l'art dans la photographie; par M. Blanquart-Evrard. — Enlèvement de l'albumine des positives; par M. Terreil. — Réflecteur photographique; par M. Rolloy. — Quelques mots sur l'Exposition ouverte au Palais de l'Industrie.

A propos d'un crime récemment commis à Londres, un habile photographe de Ross, M. Warner, vient d'appeler l'attention sur un service d'une nature étrange que, d'après lui, la photographie semble devoir rendre aux magistrats. On sait que, depuis longtemps, la photographie est devenue l'un des auxiliaires les plus importants de la justice, et qu'aujourd'hui, tant en France qu'en Angleterre, aussitôt qu'un criminel est arrêté, et qu'il existe sur l'identité de ce criminel le moindre doute, la magistrature s'empresse de le faire photographier et de faire distribuer à tous les bureaux de police le portrait accusateur. Plus d'une fois déjà, on a vu l'envoi de semblables photographies amener la découverte du véritable état civil de misérables qui, sous un nom d'emprunt, cherchaient à cacher les antécédents les plus mauvais. Mais, si l'on en croit M. Warner, là ne se bornerait pas l'utilisation de la photographie au point de vue de la recherche des criminels. Suivant lui, l'œil de toute personne succombant brusquement à une mort violente conserve, parfaitement reproduite sur la rétine, l'image de l'objet qui l'a frappé en dernier lieu. Cette image est fugitive, il est vrai; mais, si l'on se place dans des conditions de temps convenables, et si, ouvrant les paupières du cadavre, on reproduit photographiquement l'image de ses yeux, on doit, à l'aide du microscope, retrouver, dessiné sur la partie de l'épreuve qui correspond à la rétine, l'objet même que la personne morte aura vu le dernier. Si cet objet est un assassin, le portrait exact de celui-ci peut, de cette manière, être incontestablement connu. M. Warner annonce qu'il a déjà vérifié par l'expérience l'exactitude de son assertion. Un bœuf ayant été tué dans un abattoir, M. Warner en a photographié l'œil quelques instants après la mort, et, en examinant au microscope l'épreuve obtenue, il a très-nettement reconnu sur la rétine de ce bœuf l'image du pavé de l'abattoir. Cette expérience a-t-elle été vraiment faite? Cela est possible; nous le croyons du moins. Mais est-elle concluante? Nous ne le croyons pas. Et, si le récit de M. Warner n'est pas ce qu'on appelle vulgairement un *canard,* les conclusions en ont été, à coup sûr, tirées par quelque puffiste. En effet, la mobilité de la vue est telle qu'il est bien rare que le dernier regard d'une personne assassinée soit pour celui qui l'a frappée. La victime n'a-t-elle pas autour d'elle les mille objets qui l'environnent et sur lesquels elle porte ses yeux mourants, tandis que le meurtrier cherche le plus souvent son salut dans la fuite? N'arrive-t-il pas souvent que quelqu'un vienne à son secours, et ne pouvons-nous pas admettre cette hypothèse terrible et ridicule à la fois de la reproduction par l'œil de la victime du portrait du sauveteur, qui se trouverait alors considéré comme l'assassin? Et puis, allant au fond des choses, qu'a obtenu M. Warner dans son expérience? Un réseau de lignes dans lesquelles il a cru reconnaître l'image du pavé de l'abattoir. Mais cette interprétation est-elle bien exacte? M. Warner n'a-t-il pas pris pour l'image du pavé quelque réseau du collodion? Certes, s'il avait ainsi reproduit le portrait du boucher, on pourrait accorder quelque foi à la manière de faire qu'il préconise. Mais, nous le croyons, M. Wagner a trop cédé à son imagination. Suivant nous, rien n'est sérieusement possible dans cet ordre d'idées, et, si nous avons rapporté le fait, c'est uniquement parce qu'un certain bruit s'est fait à Londres dans ces derniers temps autour de la question soulevée par M. Warner.

— Il est une autre question, capitale pour l'histoire de notre art, qui, depuis deux mois environ, agite le monde photographique anglais, et nous devons insister quelques instants sur ce point. Récemment, à l'occasion de la fondation d'un nouveau Muséum, quelques personnes exécutaient des recherches parmi les diverses reliques laissées par James Watt et son associé Boulton. Après avoir manié un grand nombre de papiers, de dessins et d'appareils, les chercheurs ne furent pas peu surpris de rencontrer parmi tout ce bric-à-brac deux dessins, l'un sur plaque argentée, l'autre sur papier; ce dernier présentant une couleur jaunâtre, et sur lesquels se lisait en toutes lettres cette inscription : *Sun pictures by James Watt,* c'est-à-dire *Peintures solaires faites par James Watt.* Chacun de ces deux dessins représente le même sujet, mais avec des modifications importantes, qui permettent de préciser l'âge de l'un d'eux de la manière la plus certaine. Le premier, en effet, est la reproduction de la maison habitée à Birmingham par Watt et Boulton; le second, la reproduction de la même maison réparée. Or, et c'est là le point intéressant, il a été facile d'établir que les réparations de la maison de Watt et Boulton avaient été faites en 1791. De telle sorte que, sans même rechercher, dans les premiers instants, quel avait été réellement l'auteur de ces peintures solaires, il a fallu admettre que les premiers dessins dus à l'action de la lumière remontent à l'année 1791; que Daguerre, Talbot, Niepce, Charles, Wedgwood lui-même ont eu un prédécesseur, et que, selon toute probabilité, ce prédécesseur est James Watt, l'inventeur de la machine à vapeur, ou son associé Boulton.

. Ces deux dessins, que dorénavant nous appellerons des épreuves, ont été soumis à l'appréciation de la Société photographique de Londres, et là deux opinions contraires se sont fait jour; les uns, comme M. Wharton Simpson, M. Sutton, etc., ont déclaré qu'à leurs yeux les épreuves de James Watt étaient de véritables photographies, et que, par suite, la découverte de cet art devait remonter à la fin du dernier siècle; les autres, comme M. Malone, mais en beaucoup plus petit nombre, ont soutenu qu'il n'en était rien, et que les deux dessins signés James Watt avaient été obtenus simplement, à l'aide du pinceau, en lavant, comme on le faisait autrefois, avec ces solutions concentrées d'extrait de réglisse, qu'on a depuis remplacées par la sépia. Entre ces deux affirmations soutenues avec la même énergie, il n'a pas été possible d'arriver à une solution définitive, et la question est restée indécise. Il faut reconnaître, d'ailleurs, que le problème n'est pas aisé à résoudre, et que les partisans de l'une et de l'autre opinion manquent des éléments essentiels au prononcé de leur jugement. Nous ferons donc comme la Société photographique de Londres, et, nous gardant bien de conclure là où elle ne s'est pas décidée, nous laisserons la question en suspens jusqu'à plus ample informé.

Les épreuves de Watt ne sont pas, d'ailleurs, les seules trouvailles de ces derniers temps; l'on assure que l'auteur d'une biographie, en cours de publication, de Wedgwood, a retrouvé parmi les papiers de ce savant illustre deux véritables épreuves photographiques sur lesquelles il ne peut y avoir aucune discussion. On sait, en effet, que Wedgwood, que tous les savants considèrent d'accord comme le premier inventeur de la photographie, avait, par l'action de la lumière, produit sur papier imprégné de nitrate d'argent des silhouettes d'une grande netteté. Malheureusement, il n'avait pas su fixer ces images, en débarrassant le papier, comme l'a fait Talbot, de l'excès de sel d'argent, impressionnable à la lumière.

— M. Blanquart-Evrard vient de rendre à la photographie un service important, en lui fournissant le moyen de modifier à volonté et par places limitées les clichés qu'elle obtient. L'art, qui déjà avait une part assez large dans nos manipulations, intervient ainsi d'une manière plus marquée dans la valeur du résultat définitif. Lorsqu'une couche de collodion sensible a été exposée en face d'un modèle, quel qu'il soit, elle sort de la chambre noire, emportant une image de mérite variable, suivant le talent de l'opérateur, mais à laquelle les conditions particulières de température, d'éclairage, de nature de produits peuvent avoir imprimé des défauts généraux qu'il est souvent à peu près impossible d'éviter. De tous ces défauts, les plus grands peut-être sont la platitude et le manque de contrastes; il en résulte des dessins mous, sans vigueur, et qui, quoique fouillés très-finement dans les détails, ne donnent à l'œil aucune satisfaction. Pour combattre ces défauts, les photographes appellent depuis longtemps de leurs vœux la découverte de procédés permettant de renforcer ou d'éclaircir localement leurs clichés, et, faute de procédés de cette nature, se contentent de retoucher au pinceau les parties faibles ; mais la retouche est lourde, maladroite le plus souvent, et ne peut jamais atteindre la délicatesse de modelé que fournit la lumière.

C'est précisément le procédé tant désiré que M. Blanquart-Évrard vient de découvrir et de livrer généreusement à tous ses confrères. Pour parvenir au but qu'il se propose, c'est-à-dire pour donner de l'éclat à un cliché pâle et sans effet, M. Blanquart-Évrard opère de deux manières : ou bien il éclaircit les blancs, ou bien il donne aux ombres de l'intensité ; souvent il emploie les deux moyens. La marche de son procédé est tellement nette et sûre qu'il se trouve conduit à conseiller au photographe véritablement artiste de produire d'abord un cliché pâle et monotone, pour le modifier ensuite et le modifier localement suivant les inspirations de son goût. Le procédé est basé sur deux faits : le premier consiste en ceci, que si, après avoir soumis à l'action d'un bain révélateur une couche de collodion impressionné et l'avoir bien lavée à l'eau pour enlever les dernières traces de sel d'argent soluble, on l'expose de nouveau à la lumière, l'impression directe se continue avec une lenteur telle que l'on peut aisément en suivre à l'œil les effets. Ce phénomène s'accomplit en dehors de tout révélateur, de telle sorte que l'accroissement d'intensité est immédiatement sensible. Le second est celui-ci : étant donnée une couche de collodion, sensibilisée, développée, et portant une image, si on l'expose aux vapeurs de l'iode, ce corps viendra s'y fixer, s'y combiner avec l'argent métallique et former de l'iodure d'argent, dont la proportion sera plus ou moins grande suivant que le contact entre la couche de collodion et les vapeurs aura été plus ou moins prolongé. L'iodure ainsi formé pourra ensuite être dissous par l'hyposulfite de soude, et la quantité d'argent qu'il entraînera ainsi diminuera d'autant l'opacité des parties attaquées.

Partant de ces deux données, M. Blanquart opère de la manière suivante : supposons que, le cliché étant obtenu, faible dans toutes ses parties, mais riche de détails, il s'agisse de donner aux blancs du positif, c'est-à-dire aux noirs du cliché, une grande intensité ; on posera le cliché en transparence devant une fenêtre, ne laissant passer que de la lumière jaune ; puis, avec un pinceau à miniature trempé dans une couleur opaque quelconque finement broyée, on peindra soigneusement l'envers du cliché, c'est-à-dire le côté ne portant pas d'épreuve, en recouvrant de couleur toutes les portions que l'on veut laisser dans le ton primitif. Cela fait, le cliché sera exposé à la lumière diffuse, ou mieux à la lumière solaire, dans un châssis spécial et l'envers tourné vers la source lumineuse. De cette façon, la lumière traversant les parties non peintes influencera les portions correspondantes, et celles-ci monteront de ton peu à peu, tandis que les portions sous-jacentes aux parties peintes de la glace, préservées de cet accroissement d'intensité, resteront au ton primitif. Lorsque l'opération paraîtra complète, il suffira d'enlever la couleur placée au dos au moyen d'un dissolvant approprié, et de terminer l'opération par le fixage ordinaire à l'hyposulfite de soude ou au cyanure de potassium.

Supposons, au contraire, qu'il s'agisse de donner aux ombres du positif, c'est-à-dire aux clairs du cliché, une valeur plus considérable ; le cliché faiblement développé sera d'abord fixé comme d'habitude, et séché ; le résultat obtenu, on découpera soigneusement, en calquant à la vitre, ou mieux au moyen d'une positive, l'image fournie par le cliché, en ayant soin que les parties pleines du papier ou du carton correspondent aux parties qui doivent conserver le ton primitif, et que les vides correspondent aux parties à éclaircir. Ce découpage étant ensuite appliqué aussi exactement que possible sur l'endroit du cliché, on portera celui-ci, la face en dessous, sur une cuvette de porcelaine bien horizontale et dont le fond sera couvert d'iode en paillettes. Bientôt cet iode, se volatilisant, viendra attaquer l'argent des portions découvertes et le transformera, pour une partie du moins, en iodure d'argent que l'on s'empressera de dissoudre, par une immersion dans l'hyposulfite, aussitôt que l'action paraîtra suffisante. Diminuée d'autant, la couche d'argent correspondant aux parties claires du cliché pourra fournir sur le positif des ombres très-intenses. L'opération, du reste, pourra être reprise à plusieurs fois si la première application de vapeurs iodées n'a pas produit un résultat suffisant.

— À côté de cette découverte, que nous n'hésiterons pas à signaler comme étant de premier ordre, la photographie française a produit encore, depuis l'apparition de notre dernière Revue, plusieurs intéressantes créations ; parmi celles-ci, nous nous empresserons de signaler le procédé imaginé par M. Terreil pour enlever des papiers positifs la couche d'albumine qui les recouvre, sans altérer l'image qui s'y trouve enfermée. Voici en quelques mots ce procédé : étant donnée une épreuve positive, virée, fixée, lavée et séchée, on la plonge pendant quelques minutes dans une cuvette pleine d'acide sulfurique à 66 degrés ou d'une solution très-concentrée de chlorure de zinc. Sous l'influence de l'un ou l'autre de ces agents, le papier se parchemine et se contracte par suite, tandis que l'albumine ne se trouve en aucune façon modifiée. Si donc on lave la feuille au sortir du bain acide, il n'existe plus, entre la feuille et l'albumine, qui possèdent alors des surfaces d'inégale étendue, qu'une adhérence extrêmement faible, et il suffit d'attirer à soi, par un coin, la couche d'albumine pour la détacher aisément tout entière, avec l'image intérieure qu'elle emporte, tandis que la feuille de papier parcheminée reste parfaitement intacte. Cette séparation sera quelque jour peut-être la source d'intéressantes applications ; il sera possible, par exemple, de faire des clichés sur papier albuminé ordinaire, et d'enlever ensuite la couche d'albumine pour la faire servir au tirage de la même manière qu'une glace collodionnée. Mais, sans insister, quant à présent, sur toutes les conséquences possibles du fait signa'é, nous remarquerons qu'il démontre fort nettement que l'image photographique positive reste confinée tout entière dans l'albumine et n'atteint pas le papier qui lui sert de support.

— Parmi les récentes et les plus intéressantes inventions, il faut signaler encore l'ingénieux réflecteur de M. Rolloy. Il arrive bien souvent, dans l'atelier, que le modèle se trouve éclairé d'une manière par trop inégale ; d'un côté, la lumière frappe avec énergie, et les rideaux bleus ont peine à en modérer l'éclat ; de l'autre règnent des ombres portées d'une extrême violence qui défigurent l'ensemble de la physionomie. Pour parer à cet inconvénient, M. Rolloy a imaginé un réflecteur formé d'une bande de calicot sur laquelle se trouvent collées une multitude de feuilles minces d'argent au livret. On obtient ainsi une surface argentée qui, placée en face de la lumière, réfléchit sur le côté non éclairé du modèle des rayons très-doux et précieux pour l'obtention d'un portrait de qualité.

— Nous ne saurions terminer cette Revue sans consacrer quelques lignes à l'examen de l'Exposition photographique, ouverte du 1er mai au 1er septembre dans les galeries du palais de l'Industrie. Cet examen sera plus que rapide, car nous ne saurions que répéter au sujet de cette Exposition ce que nous avons déjà dit au sujet des précédentes : la photographie est évidemment en grand progrès, les procédés s'améliorent, les clichés sont plus fins, les poses mieux entendues, et le ton des épreuves continue à être d'un aspect tel que l'on peut aujourd'hui répondre de leur solidité. Parmi les portraitistes, M. Adam Salomon, de Paris, M. Angerer, de Vienne, semblent tenir le premier rang ; MM. Carjat, Alophe, Thouret les suivent de près, et leurs autres compétiteurs montrent de grands mérites. Les vues de toute espèce abondent ; les plus curieuses sont les épreuves instantanées de M. Stuart Wortley, les vues d'Égypte de M. Cammas, celles prises en Espagne par M. Clifford, les beaux panoramas . des Alpes de M. Bisson, les vues des catacombes de M. Nadar, etc.

Les compositions photographiques sont peu estimées en général ; on les trouve le plus souvent lourdes et guindées ; mais cette opinion a complétement disparu devant l'admirable tableau (on peut l'appeler de ce nom) dans lequel M. Robinson n'a pas groupé moins de dix à douze personnages. Cette pièce est le bijou de l'Exposition.

On compte au palais de l'Industrie quelques agrandissements ; ceux de M. le vicomte Aguado, de M. Delessert, etc., et la puce colossale de M. Duvette, attirent surtout l'attention ; mais, comme toujours, on peut reprocher à ces épreuves un ton gris et mat déplaisant à la vue.

Au point de vue des procédés, l'Exposition ne renferme absolument rien de nouveau ; des épreuves colorées de M. Niepce de Saint-Victor, que le directeur de l'Exposition montre au public toutes les heures, en expliquant complaisamment le moyen par lequel elles ont été obtenues, et qui, malgré les démonstrations fréquentes auxquelles elles ont donné lieu depuis le 1er mai, ne sont pas encore sensiblement altérées; des gravures, des épreuves au charbon, des émaux de très-grandes dimensions, et enfin un certain nombre de statuettes obtenues avec l'aide de la photographie par le procédé que M. Willème a désigné sous le nom de *photo-sculpture*. Ces différents spécimens témoignent tous, et sans exception, d'un progrès considérable et d'une étude plus approfondie des procédés qui ont servi à les produire, et dont nous avons exposé les points principaux aux différentes époques où chacun d'eux a été découvert.   Th. Bemfield.

ACADÉMIE DES SCIENCES

Séance du 27 juillet. — Suite des recherches chimiques sur la teinture; par M. Chevreul. — Dans cette partie, M. Chevreul fait, à l'usage des eaux médicinales, l'application de ses recherches sur les eaux qui servent aux usages industriels, à la teinture par exemple. Après avoir dit dans une phrase fort longue, et qu'il serait difficile de retenir si on essayait de l'apprendre par cœur, « qu'il était fort indifférent à l'accueil qu'*ils* (les médecins) *leur* feront (ses recherches); que sa seule prétention est d'exposer aux esprits sérieux des inductions auxquelles l'ont conduit des études multipliées, soutenues par l'amour du vrai et animées de l'espérance que les esprits auxquels il s'adresse ne verront, dans ses inductions, que le désir de faire concourir des méthodes déduites de recherches précises sur des objets peu complexes, si on les compare à ceux du ressort de la médecine, qu'il se propose d'éclairer en leur appliquant des méthodes précises, dans l'intérêt du progrès scientifique et conformément aux considérations qu'il a exposées sur la philosophie naturelle, » M. Chevreul, dans le style clair et limpide qu'on lui connaît, expose ses idées sur la manière d'envisager l'emploi des eaux médicinales. Mais nous croyons que tout ce que M. Chevreul dit de très-bon à ce sujet a été dit déjà par des esprits très-distingués, et que MM. Bunsen et Kirchhoff, entre autres, en appliquant à l'analyse des eaux minérales leur nouvelle méthode d'analyse, par le spectroscope, ont prouvé surabondamment qu'on était loin de connaître la cause des vertus de certaines eaux minérales, dans lesquelles il a trouvé lui-même des métaux que l'on ne soupçonnait pas, bien entendu, puisqu'ils étaient inconnus jusqu'à eux.

M. Chevreul, dans cette seconde partie de son mémoire, nous a appris qu'il buvait de l'eau comme une jeune fille qui sort de pension. Jamais, écrit-il, je n'ai bu une goutte de vin de ma vie.

— M. Le Verrier présente à l'Académie un nouveau volume des annales de l'Observatoire impérial de Paris, tome VII.

Le même membre présente encore, en son nom et en celui de M. le général Blondel, directeur du dépôt de la guerre, un mémoire comprenant la discussion des opérations astronomiques faites en 1856 pour la détermination de la longitude de la station géodésique de Berri-Bouy, près Bourges.

— Sur le mouvement moléculaire des gaz; par M. Thomas Graham. — Dans ce travail, l'auteur s'occupe du mouvement moléculaire des gaz, surtout en vue de leur passage, sous pression, à travers de fixes parois ou des plaques poreuses, et de la séparation partielle des gaz mélangés, qu'on peut obtenir par de pareils moyens.

— Rapport sur un mémoire présenté par M. Bazin, ingénieur des ponts et chaussées, sur le mouvement de l'eau dans les canaux découverts; au nom d'une commission, par M. Morin, rapporteur.

— L'Académie procède, par la voie du scrutin, à la nomination d'un correspondant qui remplira, pour la section de chimie, la place de correspondant, vacante par suite du décès de M. Desormes.

M. Favre a obtenu : 35 suffrages.

M. Dessaignes — 2 —

M. Favre est donc déclaré élu.

— Essai d'une théorie des réseaux de chemins de fer, fondée sur l'observation des faits et sur les lois primordiales qui président au groupement des populations; par M. Léon Lalanne.

— De l'anatomie des cytinées dans ses rapports avec l'organographie et la tératologie; par M. Ad. Chatin.

— M. Rack (Albert) soumet au jugement de l'Académie un travail sur les combinaisons de l'acide acétique anhydre avec les acides borique et arsenieux. Ce travail se rattache à des recherches de M. Schutzenberger; ce chimiste ayant obtenu par voie de synthèse ces deux composés, n'était pas encore parvenu à confirmer, par l'analyse, l'exactitude des formules par lesquelles il les représentait, de sorte qu'il était encore possible de n'y voir que des mélanges. C'est pour combler cette lacune et sur l'invitation de M. Schutzenberger lui-même que M. Rack a entrepris ses recherches, qu'il a d'ailleurs étendues aux combinaisons de l'acide borique anhydre avec les acides butyrique et œnanthylique.

— M. Robin adresse de Bordeaux un volumineux mémoire sur le café, sa culture, ses propriétés physiologiques et thérapeutiques, etc. M. Bussy est invité à prendre connaissance du mémoire.

— M. le ministre de la marine et des colonies adresse de la part de M. Bourgois, capitaine de vaisseau, un volume intitulé : *Réfutation du système des vents de M. Maury.*

— M. le secrétaire perpétuel signale, parmi les pièces imprimées de la correspondance, une collection de mémoires sur divers sujets d'économie rurale; par MM. Lawes et Gilbert.

Ces travaux, écrits en anglais et publiés successivement, ont été réunis en deux volumes in-8° et un volume in-4° sous le titre de: *Mémoires de Rothamsted,* du nom de la ferme expérimentale dans laquelle ont été faites ces expériences. Un atlas de quatre planches fait connaître les principales dispositions du laboratoire de l'établissement.

M. Balard est invité à faire connaître à l'Académie ces importants travaux par un rapport verbal.

— Remarques à l'occasion d'une communication du P. Secchi sur les spectres prismatiques des corps célestes; par M. J. Janssen.

— Sur la courbure des surfaces. Note de M. l'abbé Aoust; présentée par M. Le Verrier.

— Recherches sur les infusoires du sang dans la maladie connue sous le nom de sang de rate; par M. C. Davaine. — Sous le nom de *sang de rate* on désigne une maladie très-meurtrière des bêtes à laine qui règne fréquemment par épizootie durant les grandes chaleurs de l'été. M. Davaine, après avoir rappelé des travaux qui remontent à 1850 et avoir rendu compte de ses nouvelles recherches, a conclu à la présence d'infusoires (*bactéries*) dans le liquide sanguin des animaux morts ou atteints de *sang de rate.* Cet examen a porté sur six animaux, et les six animaux ont présenté les mêmes êtres microscopiques. Il y avait donc une relation entre l'existence de ces bactéries dans le sang et la maladie des bêtes à laine.

Il y a longtemps, dit M. Davaine, que des médecins ou des naturalistes ont admis théoriquement que les maladies contagieuses, les fièvres épidémiques graves, la peste, etc., sont déterminées par des animalcules *invisibles* ou par des ferments, mais je ne sache pas qu'aucune observation positive soit jamais venue confirmer ces vues. Je n'aborderai pas aujourd'hui la question de savoir si les bactéries du *sang de rate* jouent, chez le mouton et chez les animaux inoculés, le rôle de ces animalcules ou le rôle d'un ferment. J'espère pouvoir, à la suite de nouvelles observations, apporter bientôt quelque lumière sur ces sujets, observations qui, étendues aux maladies plus ou moins analogues chez l'homme, acquerraient un nouveau degré d'intérêt.

Je me borne, pour le moment, à signaler un fait que je crois nouveau. L'examen de six animaux atteints ou morts du *sang de rate* a montré six fois dans leur sang les mêmes êtres microscopiques. Ces corpuscules se sont évidemment développés pendant la vie de l'animal infecté, et leur relation avec la maladie qui a entraîné la mort ne peut être mise en doute.

— Recherches sur le mouvement et la composition des chronomètres. Note de M. Yvon Villarceau, présentée par M. Le Verrier.

— Expériences constatant l'électricité du sang chez les animaux vivants. Note de M. H. Scoutetton, présentée par M. Velpeau. — Une grosse question, comme on voit. L'étude des sensations, et surtout des contractions provoquées dans les muscles par la décharge ou par le courant électrique, avait seule jusqu'ici occupé les physiciens ; M. Scoutetton s'est proposé un nouveau problème. Il cherche à prouver l'existence et à déterminer le caractère de la réaction électrique du sang rouge sur le sang noir. Il fallait, pour étudier ce problème, s'entourer de beaucoup de précautions, et c'est ce que l'auteur paraît avoir fait. Quatre expériences sont décrites par lui, et voici les conséquences qu'il en déduit : « Puisqu'il est démontré, dit-il, que le sang rouge et le sang noir, dans leur contact à travers les parois des vaisseaux qui font l'office de véritables vases poreux, donnent des réactions électriques constatées par le galvanomètre, on doit admettre que, toutes les parties de notre corps étant parcourues par les fluides sanguins, il y a nécessairement dégagement constant d'électricité jusque dans la trame la plus déliée de nos tissus ; que chaque molécule organique est sans cesse stimulée par le fluide électrique qui s'échappe, et que c'est principalement sous l'influence de cette excitation incessante que s'exécutent toutes les fonctions. C'est ainsi que l'oxygène contenu dans le sang rouge brûle les molécules organiques avec lesquelles il est en en contact, et produit la calorification, merveilleuse fonction sans laquelle la vie est impossible. C'est également ment sous l'influence de l'électricité que s'opère, pendant la digestion, l'élection des molécules nutritives, et plus tard l'assimilation ; il en est de même de la respiration, des sécrétions internes et externes et, en un mot, de toutes les fonctions, quelque simples ou compliquées qu'elles soient. L'électricité est le moteur de tous les actes organiques ; tout s'arrête lorsque le mouvement électrique cesse. Ajoutons que cette électricité dégagée se recompose à l'instant, et qu'il n'y a pas d'électricité libre s'échappant du corps.

— Etudes chimiques sur la végétation des mucédinées, particulièrement de l'*Acophora nigrans* ; par M. Raulin. Note présentée par M. Pasteur. — Ces expériences, que M. Pasteur a bien voulu encourager et guider par ses lumières, ont été inspirées par ses travaux. Je les ai commencées dans son laboratoire, à l'Ecole normale, et continuées au lycée de Brest. »

— Sur la proportion des éthers contenus dans les vins, et sur quelques-uns des changements qui s'y produisent ; par M. Berthelot. — Voici une note qui va faire dresser l'oreille à cet excellent M. Luchet et au non moins excellent Dr Gaubert, tous deux grands connaisseurs et n'aimant pas que la chimie mette son nez dans les feuillettes. Voici les expériences annoncées par M. Berthelot et les questions qu'il s'est posées et a cherché à résoudre. « Les vins et les liqueurs fermentées, dit-il, renferment divers alcools et divers acides susceptibles d'exercer une action réciproque, qui n'est pas sans influence sur les changements progressifs éprouvés par ces liqueurs. Mais les notions que l'on possède à ce sujet sont pour la plupart assez vagues. J'ai pensé qu'il était possible de les préciser davantage, à l'aide de mes recherches sur les affinités. Ce n'est pas que je me dissimule combien sont complexes et délicates les questions relatives à ces produits naturels, dont les effets physiologiques résultent, non d'une cause unique, mais d'une multitude d'actions exercées à la fois par des principes si fugaces et si peu abondants. Les problèmes de ce genre peuvent cependant être éclaircis en s'attachant à ne traiter que des points isolés et bien définis.

« Je vais examiner successivement : 1° quelle est la quantité totale des éthers qui peuvent exister dans un vin ou liqueur fermentée; 2° comment s'opère la formation progressive de ces éthers; 3° quelle est la nature des éthers contenus dans le vin; 4° je terminerai en exposant quelques essais que j'ai faits pour isoler les principes dans lesquels réside le goût vineux et le bouquet des vins. »

— Faits nouveaux concernant les métamorphoses alcooliques; par M. E. MILLON. Nous publierons cette note *in extenso*.

COMPTE-RENDU DES TRAVAUX DE CHIMIE.

Sur la séparation du nickel du cobalt et la préparation des deux métaux à l'état de pureté ; par M. Lewis THOMPSON. — On lit, dans tous les ouvrages de chimie, que la seule difficulté qu'on éprouve pour préparer du cobalt ou du nickel purs consiste à séparer l'un de ces métaux de l'autre. Cette assertion est bien loin d'être exacte, car la séparation complète de l'arsenic, du manganèse et du zinc des deux métaux en question ou de l'un d'eux est une opération en réalité plus difficile et plus fastidieuse que celle du cobalt ou du nickel. Des détails sur ce sujet nous entraîneraient bien au delà des bornes que je me propose de donner à cette note, et d'ailleurs ne nous seraient pas absolument nécessaires, si ce n'est en ce qui concerne l'arsenic, car, malgré que le manganèse et le zinc soient bien plus fréquemment associés au cobalt et au nickel qu'on ne le suppose généralement, cependant on rencontre beaucoup de minerais de ces derniers qui ne renferment ni zinc, ni manganèse. Je me bornerai donc à dire quelques mots sur la séparation de l'arsenic qui souille presque tous les minerais de cobalt et de nickel.

Tout le monde sait qu'on peut effectuer la séparation de l'arsenic en faisant passer un courant d'hydrogène sulfuré en excès à travers la solution, puis en chauffant, filtrant et poursuivant par les moyens ordinaires; mais, avec les solutions de cobalt, ce procédé ne réussit pas, parce qu'il reste toujours une portion de l'arsenic, ainsi qu'on peut aisément le démontrer par une modification apportée au procédé ou appareil de Marsh. Ainsi, si on suppose qu'on ait opéré la séparation, comme on l'a décrit ci-dessus, on n'a qu'à soumettre une portion de la solution à l'action d'un fort courant galvanique, traversant deux gros fils de platine, et, pendant le passage de ce courant, à ne recueillir que l'hydrogène que sépare le fil convenable; cet hydrogène étant chauffé ou brûlé, on trouvera qu'il fournit de l'arsenic en abondance.

Je n'hésite donc pas à affirmer que, pour l'objet dont il est question, le procédé de séparation de l'arsenic décrit pour la première fois par Whœler est de beaucoup préférable, avec cette différence toutefois que le minerai soit d'abord dissous dans l'acide azotique et la solution claire évaporée à siccité, la chaleur étant à la fin portée au rouge vif. Le résidu ainsi obtenu doit être pulvérisé finement et mélangé à quatre à cinq fois son poids de sulfure de potassium (foie de soufre des anciens chimistes). Après quoi le mélange est chauffé au rouge ou jusqu'à ce qu'il entre en fusion, état sous lequel il doit rester une demi-heure, puis on le coule, on le laisse refroidir et prendre la forme solide. Cette matière solide est ensuite brisée en petits morceaux et bouillie dans une eau contenant un peu de potasse caustique. Ce mélange, abandonné au repos, ne tarde pas à s'éclaircir ; la liqueur claire est alors décantée; on ajoute de l'eau pure comme auparavant, de manière à répéter cette ébullition et ce lavage, jusqu'à ce qu'une portion de la liqueur claire ne dégage plus d'odeur d'hydrogène sulfuré quand on la sature par un acide. La poudre noire qui se dépose au fond du liquide est un sulfure métallique, consistant principalement en sulfure de cobalt et de nickel; mais après des lavages suffisants, elle ne renferme ni arsenic, ni antimoine, ni sélénium, ni phosphore, de façon que si on a eu affaire à un minerai ne renfermant pas de zinc et de manganèse, il n'y aura pas de difficulté pour extraire de cette poudre noire un mélange de cobalt et de nickel, exempt de toute autre souillure métallique. On parvient donc ainsi à obtenir un mélange pur des oxydes de cobalt ou de nickel, et la question est maintenant de savoir comment on peut séparer ces deux oxydes.

On a recommandé un grand nombre de procédés pour cet objet, mais aucun d'eux, si je m'en rapporte à mon expérience, ne remplit complétement le but désiré. Je présenterai toutefois ici un exposé sommaire de mes recherches sur ce sujet.

1° Le procédé de M. Phillips consiste à dissoudre les deux oxydes dans une solution d'ammoniaque, puis à ajouter une solution de potasse caustique, dans l'idée que l'oxyde de nickel seul est précipité par ce moyen. Mais en réalité, une portion considérable de l'oxyde de cobalt, souvent plus de la moitié, est également précipitée avec le nickel, malgré que la solution claire soit complétement libre de nickel et libre, par conséquent, de l'oxyde pur de cobalt.

2° Berthier proposa de faire passer un courant de chlore à travers un mélange dans l'eau des deux oxydes hydratés, dans la supposition que, par la décomposition de l'eau, ou le transport de l'oxygène, le protoxyde de cobalt se transformera en sesquioxyde, et l'oxyde de nickel en chlorure ou chlorhydrate. Si ce procédé pouvait avoir quelque valeur, il ne serait utile que quand le mélange des oxydes consisterait en deux atomes de cobalt pour un atome de nickel ; mais même dans ce cas, ainsi que je m'en suis assuré par expérience, ce procédé n'est, en réalité, bon à rien.

3° Le procédé de Laugier consiste à dissoudre les oxalates mélangés de cobalt et de nickel dans une solution d'ammoniaque en excès, et à exposer le tout à l'air, parce qu'il suppose que l'oxalate de nickel seul est précipité, et qu'il ne reste rien que du cobalt en solution. Or, cette supposition est erronée ; le précipité contient tant du nickel que du cobalt, et il en est de même de la solution claire, même après trois mois d'exposition à l'air.

4° Le procédé de M. Rose est une modification de celui proposé par Berthier, mais dans lequel on aide à l'action du chlore par le carbonate de baryte et l'emploi « d'une grande quantité d'eau. » Je ne sais pas ce que peut être une grande quantité d'eau, mais j'ai essayé ce procédé dans des limites que je crois raisonnables, et il a complétement échoué.

5° Le procédé de M. Liebig a été abandonné, même je crois par son auteur. Bien certainement il ne réussit pas. Ce procédé consistait à dissoudre les cyanures des deux métaux dans une solution de cyanure de potassium ; puis, après avoir fait bouillir et laissé refroidir la solution, à ajouter un excès d'acide sulfurique étendu, dans l'idée que le nickel seul serait précipité. J'ai néanmoins trouvé tant du cobalt que du nickel dans le précipité, et les mêmes métaux dans la solution.

Il me reste actuellement à décrire mon procédé. Avant toutefois de commencer, je dois prévenir que le mélange des oxydes de cobalt et de nickel doit être exempt d'arsenic, d'antimoine, de phosphore, d'alumine, de silice, de magnésie et de matières organiques, et que, malgré que je donne des proportions définies, il n'est pas nécessaire d'y adhérer rigoureusement, ainsi qu'un peu d'expérience le démontrera promptement.

Je prends 19 gr. 422 du mélange des oxydes de cobalt et de nickel que je dissous dans un léger excès d'acide chlorhydrique. Quand la dissolution est opérée, j'ajoute 64 gr. 74 de chlorure de calcium pur et la même quantité d'hydrochlorate d'ammoniaque, après quoi je chauffe le mélange de manière à chasser l'acide chlorhydrique superflu. Maintenant je verse dessus 933 grammes d'eau distillée froide, et place le tout dans un flacon florentin ou autre vase convenable, puis j'ajoute 129.48 de sesquicarbonate d'ammoniaque dissous préalablement dans 650 grammes d'eau distillée froide, et, après avoir agité le tout, je chauffe le mélange graduellement jusqu'au point d'ébullition, et enfin j'abandonne au repos pour laisser refroidir et précipiter. Quand le tout est froid, je jette sur un filtre, on lave le précipité avec une solution de sesquicarbonate d'ammoniaque, en ayant soin d'ajouter les eaux de lavage à la solution claire. Cette solution ne contient que du nickel, tandis que le cobalt peut être séparé du précipité par un des deux moyens suivants.

Dans le premier on dissout le précipité dans l'acide chlorhydrique, et, après avoir évaporé presque à siccité, on ajoute 10 ou 13 grammes de chlorate de potasse pulvérisé, on chauffe le tout presque jusqu'au point de l'ébullition du mercure ou au rouge sombre. De cette manière, le cobalt est converti en sesquioxyde insoluble, et les sels alcalins ou terreux peuvent alors être enlevés avec l'eau et le filtre.

Dans le second moyen, après avoir, comme ci-dessus, dissous le précipité dans l'acide chlorhydrique et évaporé à siccité, on redissout dans l'eau, et, après une addition de 2 ou 3 grammes de peroxyde de manganèse précipité, on fait bouillir le tout ensemble. On recueille alors, on lave et on fait sécher le précipité, et enfin on le chauffe au rouge pour obtenir l'oxyde de cobalt.

La marche rationnelle de ce procédé n'est pas facile à expliquer d'après les principes de la chimie, car, malgré qu'on trouve dans la nature et en particulier dans le domaine de la minéralogie des preuves évidentes de l'effet du genre d'affinité qui se présente dans ce cas, cependant il est à peine possible de lui appliquer l'expression d'affinité chimique. Si, à un mélange de chlorures de cobalt et de nickel, on ajoute un excès d'une solution de sesquicarbonate d'ammoniaque, le tout reste en solution, même quand on fait bouillir la liqueur. Toutefois, si au mélange des mêmes chlorures, on ajoute une partie de chlorure de calcium avant d'y verser la solution de sesquicarbonate d'ammoniaque, il en résulte une précipitation de carbonate de chaux, et le carbonate entraîne avec lui tout le cobalt, mais laisse le nickel en solution. Ce résultat est facilité par l'emploi du chlorhydrate d'ammoniaque et de la chaleur, ainsi qu'on l'a expliqué. Le précipité alors est un mélange de carbonate de chaux et de carbonate de cobalt unis ensemble, de la même manière qu'on rencontre le carbonate de chaux et le sulfate de magnésie dans la dolomite, et le carbonate de chaux et celui de fer ou de manganèse dans le spath perlé, et ainsi des autres. Mais l'espèce d'affinité au moyen de laquelle ils se sont unis ensemble n'est pas bien apparente.

Il n'est pas nécessaire que j'explique les principes d'après lesquels la chaux et le cobalt contenus dans le précipité précédent sont séparés l'un de l'autre. Il me suffira peut-être de dire que, par ce moyen, j'ai séparé 0 gr. 665 de cobalt de 64 gr. 74 de nickel, et que j'ai découvert du cobalt dans tous les échantillons de nickel ou d'oxyde de nickel qui m'ont été vendus comme entièrement purs par les plus respectables commerçants.

Il est évident, d'après les proportions indiquées ci-dessus (61 gr. 74 de chlorure de calcium pour 19 gr. 422 d'un mélange d'oxyde de cobalt et de nickel) que la quantité de la chaux, par rapport à celle de cobalt, a besoin d'être très-considérable, et c'est une condition absolument nécessaire pour assurer un succès complet. Comme règle générale, on peut très-bien admettre la proportion de dix de chaux pour une de cobalt, et cette proportion, avec un peu d'expérience, peut être facilement ajustée en établissant approximativement les proportions relatives du cobalt et du nickel, d'après la couleur de la solution chlorhydrique.

Après avoir ainsi exposé la méthode pour obtenir de l'oxyde pur de cobalt, je m'occuperai du métal lui-même.

Pour obtenir le cobalt métallique, j'ai mélangé ensemble deux parties d'oxyde pur de cobalt, et une partie de crème de tartre pur. Ce mélange a été placé dans un creuset brasqué avec du charbon sur 25 millimètres d'épaisseur ; j'ai luté dessus un couvercle, et le tout a été exposé pendant six heures à la plus haute température d'un four à acier. Le culot de cobalt obtenu a été soumis à l'analyse et j'ai trouvé qu'il renfermait environ 4 pour 100 de carbone. Il était extrêmement dur et cassant, avait un poids spécifique de 8.43, une couleur ressemblant à celle du bismuth, et, quand on l'aimantait, il retenait le magnétisme de même que l'acier.

Pour enlever le carbone à ce métal, on l'a refondu dans un creuset brasqué avec de l'alumine pure, et, au métal brisé en fragments, on a ajouté une certaine quantité de flux. Ce flux consistait en deux parties d'oxyde de cobalt pur et une partie de borax pur, préalablement frittés ensemble, puis réduits en poudre ; on a luté un couvercle sur le creuset et soumis le tout comme ci-dessus à la chaleur la plus élevée d'un four à fondre l'acier, pendant huit heures.

Le métal obtenu avait la couleur brillante de l'argent avec une très-légère nuance de jaune ; son poids spécifique était de 8.754 ; très-malléable, il était de beaucoup plus mou que l'acier, et ne contenait plus de carbone, mais il contenait une petite quantité d'acide borique et d'alumine dans la proportion de 1 partie pour 470 de cobalt.

Maintenant je dirai quelques mots sur le nickel. D'après ce que j'ai dit précédemment, il y a lieu de supposer que tout ce qui a été dit du nickel métallique se rapporte à un alliage de ce métal avec le cobalt en proportion plus ou moins forte, et qu'en réalité on n'a pas encore obtenu jusqu'à présent du nickel absolument pur. On peut cependant préparer du nickel pur bien plus aisément que du cobalt pur, par cette raison qu'il a beaucoup plus d'affinité pour l'oxygène que ce dernier. Cherchant à tirer avantage de ce fait, j'ai préparé de l'oxyde pur de nickel dont j'ai fait une pâte avec un peu d'eau et refoulé cette pâte à travers une plaque de porcelaine percée de trous, de manière à en former une masse de grains. Dès que cette masse a été sèche, je l'ai introduite dans un tube en porcelaine, et, portant à la chaleur rouge, j'ai fait passer dessus un courant d'hydrogène pur que j'ai continué jusqu'à ce que le tout fût refroidi. L'éponge métallique grise ainsi produite a été fondue avec un peu de borax dans un creuset brasqué en alumine pure, et a fourni un beau bouton blanc d'argent du poids de 40 gr. 139, du poids spécifique de 9.575 gr. et presque aussi doux que du cuivre. Sa malléabilité a paru, en effet, très-grande, car un morceau a été laminé aussi fin à peu près que les feuilles d'étain.

Dans le moment actuel, l'extraction du nickel de son minerai dépend beaucoup de l'affinité de l'arsenic pour ce métal, de manière qu'on forme avec lui un arséniure d'une fusion facile et d'un poids spécifique suffisant pour se séparer librement de la scorie ou de la gangue fondue. C'est pour cela que les ouvriers emploient de grandes quantités d'arsenic, non-seulement au détriment de leur propre santé, mais aussi de celle du voisinage. Cette pratique pernicieuse n'est nullement nécessaire, ainsi que je l'ai démontré par des expériences sur une grande échelle. Par exemple, après avoir grillé avec soin 200 kilogr. de minerai ordinaire de nickel qui est un arsénio-sulfure, je l'ai mélangé à la moitié de son poids de craie, et j'ai jeté le mélange dans un cubilot en plein feu ; le résultat a été que la chaux de la craie a formé avec le quarz et l'oxyde de fer du minerai un flux parfait ; tandis que l'oxyde de nickel, qui se réduit aisément à l'état métallique, est passé à cet état dans la cuve du cubilot, d'où il s'est écoulé sous forme liquide parfaitement séparé de la scorie. Il n'y a pas eu de perte appréciable de nickel dans cette opération, et on a trouvé que le métal brut renfermait 88 pour 100 de nickel pur ; le reste était du cobalt et du fer, avec un peu de soufre, sans qu'on pût y découvrir d'arsenic, et cependant ce métal brut, à raison de l'économie du procédé, a pu être vendu avec profit 8 fr. 30 c. le kilogr., et était décidément plus pur que le nickel ordinaire du commerce.

L'autre point sur lequel je désire appeler l'attention s'applique à la voie humide d'extraction du nickel, et dépend d'un fait qui paraît jusqu'à présent avoir échappé aux chimistes. Si on a en solution un mélange de sulfates de nickel, de cobalt, de zinc, de manganèse, de fer ou de cuivre, il n'y a qu'à ajouter à cette solution, qu'on fait chauffer, autant de sulfate d'ammoniaque qu'elle peut en dissoudre, puis à la laisser refroidir. Presque toutes les molécules de nickel et de cobalt se précipiteront à l'état de poudre verte cristalline, en laissant les autres métaux en solution. L'explication de ce fait est fort simple. Ces sulfates de nickel et de cobalt forment des sels triples ou aluns avec le sulfate d'ammoniaque, et ces sels sont absolument insolubles dans une solution froide et saturée de sulfate d'ammoniaque, surtout quand cette solution est légèrement acidule.

Je terminerai ces remarques sur le nickel, en ajoutant que ce métal paraît posséder la propriété de se souder comme le fer. Un ouvrier, à ma requête, a chauffé deux petits barreaux de nickel qu'il avait préalablement recouverts de borax en poudre ; ces barreaux ont été chauffés à la forge, les deux extrémités portées au rouge blanc ont été refoulées l'une sur l'autre par une série de coups de marteaux bien ménagés. appliqués à l'autre bout, puis on a paré, c'est-à-dire établi la symétrie par des coups frappés sur les côtés. Malgré que le point de jonction ait été soumis ensuite à d'énergiques efforts de torsion, de tension et autres dans le but d'éprouver sa résistance et sa cohésion, le barreau n'a présenté aucun signe de faiblesse, même après un long martelage à froid.

Purification du cuivre, par MM. E. Millon et A. Commaille. — On trouve presque toujours du fer dans le cuivre métallique, et les sels de cuivre sont rarement exempts d'un peu de sel ferrique. C'est même, dans la plupart des cas, à la présence du fer qu'il faut attribuer la coloration verte de certains sels de cuivre qui paraissent indifféremment verts ou bleus: Malgré ces deux teintes bien caractérisées, on ne reconnaît, entre les deux sels qui les présentent, aucune différence de composition appréciable ; mais dans le sel vert se retrouve toujours une petite quantité de fer. Les formiate, iodate et lactate de cuivre sont particulièrement dans ce cas ; à l'état de pureté ils sont bleus, mais il suffit d'une trace de fer pour leur communiquer une teinte verte (1.)

Il est aussi très-ordinaire de constater l'existence de l'arsenic dans le cuivre ; la précipitation du cuivre par un courant galvanique n'élimine pas entièrement le métalloïde. En recourant aux méthodes décrites jusqu'à ce jour, la séparation de l'arsenic et du fer entraîne des manipulations laborieuses et compliquées que nous avons réussi à simplifier.

Le cuivre à purifier est attaqué par l'acide sulfurique du commerce, étendu de la moitié de son volume d'eau. Cette addition d'eau modère la réaction et régularise remarquablement le dégagement d'acide sulfureux ; cette indication n'est pas à négliger dans la préparation de ce dernier gaz. Il importe peu que l'acide sulfurique employé soit arsénical ; au bout de quinze à vingt minutes d'ébullition, tout l'arsenic contenu dans l'acide serait précipité, et nous ne connaissons pas de meilleur moyen pour purger entièrement un acide sulfurique impur de l'arsenic qu'il contient. En continuant l'ébullition, le cuivre se dissout dans l'acide sulfurique et se sépare aussi de l'arsenic qu'il contient.

Le sulfate de cuivre qui prend naissance ne renferme pas la moindre trace de combinaison arsénicale. Le métalloïde se retrouve tout entier dans une poudre noire, décrite comme oxysulfure de cuivre et sur laquelle l'acide sulfurique bouillant est sans action (2).

Lorsque le dégagement d'acide sulfureux est terminé, on verse de l'eau bouillante sur le résidu de l'opération et l'on chauffe de manière à dissoudre tout le sulfate de cuivre qui s'est formé ; on laisse reposer la liqueur acide, jusqu'à ce que l'oxydosulfure noir de cuivre se soit déposé ; on décante, on évapore à sec pour se débarrasser de l'excès d'acide sulfurique, et le sulfate de cuivre est repris par l'eau chaude d'où il cristallise.

Le sulfate de cuivre, ainsi obtenu, renferme presque toujours du fer et assez souvent du zinc.

Le cuivre est facilement séparé de ces deux métaux par un courant électrique.

On forme une solution acide, avec le sel précédent, et l'on y introduit les électrodes en

____

(1) Nous avons constaté que le bichlorure de cuivre lui-même peut être obtenu sous forme de cristaux bleus ; une parcelle de fer le colore en vert. Mais il devient également vert dans d'autres circonstances sur lesquelles nous n'avons pas à insister ici.

(2) Il serait facile de fonder, sur cette réaction, une nouveau procédé de recherche de l'arsenic, dans les opérations toxicologiques.

platine d'une pile. On règle le courant de telle sorte que le dépôt ait lieu non sous forme pulvérulente, mais en lames flexibles et homogènes. On a soin de maintenir, dans la solution, le sel de cuivre en grand excès.

De cette façon, le cuivre précipité a tous les caractères d'une pureté absolue. Nous l'avons soumis aux épreuves les plus minutieuses, sans*y découvrir la moindre trace de substance étrangère.

Parmi les essais auxquels nous avons eu recours pour déceler l'existence du fer, nous croyons devoir signaler une réaction singulière qui s'observe, lorsqu'on met des feuilles de cuivre en contact avec une solution de sel cuivrique additionnée d'un grand excès d'ammoniaque. On opère à l'abri de l'air dans un flacon bouché à l'émeri, que l'on remplit exactement avec la solution ammoniacale de sel de cuivre.

Lorsque cette dernière solution n'est pas très-concentrée, le cuivre métallique se dissout assez rapidement et bientôt la liqueur bleue se décolore; si le cuivre et la solution cuivrique sont absolument purs, on n'observe pas d'autre phénomène que la dissolution du métal et la transformation du bi sel en protosel. Mais pour peu que le métal ou la solution renferment du fer, celui-ci se précipite et se retrouve dans une poudre jaune, très-altérable au contact de l'air. Le fer n'entre que pour une proportion minime dans la poudre jaune qui est surtout formé de protoxyde de cuivre; le zinc est également précipité. Dans l'analyse d'une de ces poudres, nous avons trouvé les proportions suivantes :

$$\text{Cuivre} \dots \dots \dots \dots 99.17$$
$$\text{Fer} \dots \dots \dots \dots \dots 0.50$$
$$\text{Zinc} \dots \dots \dots \dots \dots 0.33$$

Cette élimination du fer et du zinc n'aurait pas lieu si le sel de cuivre ammoniacal renfermait de l'acide oxalique ou de l'acide tartrique : mais nous l'avons constatée avec les phosphate, nitrate, sulfate et chlorure cuivriques.

Il est difficile de s'expliquer qu'une si petite quantité de fer entraîne la précipitation à l'état d'oxydule d'une quantité de cuivre deux cents fois plus considérable. C'est là une influence très-originale, et qui nous a fait croire un instant à l'existence d'un métal indéterminé dans le cuivre; mais le cuivre, entraîné par le fer, a exactement toutes les propriétés du cuivre ordinaire.

Dans tous les cas, nous ne connaissons pas de procédé plus sensible pour déceler jusqu'au moindre indice de fer dans le cuivre et dans ses combinaisons; nous y avons eu recours pour éprouver le cuivre obtenu par la méthode précédemment décrite, et en agissant ainsi sur vingt-cinq grammes de cuivre purifié, nous n'y avons pas retrouvé trace de fer.

Dosage et équivalent du cuivre. — *Dosage.* C'est à l'état de bioxyde que le cuivre se dose le plus habituellement; si simple que l'opération soit en apparence, elle entraîne néanmoins une erreur plus ou moins sensible; le dosage est toujours faible.

Vient-on à précipiter l'oxyde de cuivre par la potasse et à le calciner, le filtre dans lequel l'oxyde est retenu, et dont il est impossible de le détacher, réduit une partie du cuivre; il faut alors réoxyder le métal. Mais la calcination à l'air libre, ou même dans un courant d'oxygène pur, ne reforme pas complétement le bioxyde : l'oxygénation du métal reste au-dessous de Cu O, si prolongée que soit la réaction. On a forcément recours à l'acide nitrique, dont l'action oxydante est radicale; alors apparaît un autre inconvénient. Au moment où le nitrate de cuivre achève de se décomposer, il y a du bioxyde entraîné par le jet de vapeurs nitreuses. On rend ce phénomène très-visible en opérant dans un petit ballon de verre, d'une capacité de cent centimètres cubes et surmonté d'un col long de sept à huit centimètres.

La décomposition du nitrate, conduite avec tout le ménagement possible, n'en tapisse pas moins l'intérieur du ballon et son col tout entier d'une poudre impalpable d'oxyde cuivrique; celui-ci même s'échappe hors du ballon en quantité appréciable.

En opérant avec le plus grand soin, dans un creuset de platine d'une capacité comparativement très-grande et bien fermé par son couvercle, nous avons eu encore une perte notable : 1 gr. 3305 de cuivre pur n'ont donné que 1 gr. 6605 de bioxyde, au lieu de 1 gr. 6675. Cette perte est la moindre de toutes celles que nous avons constatées, en variant beaucoup les conditions de la calcination. Pour échapper à ces difficultés, nous avons préféré doser le cuivre à l'état métallique. Le bioxyde est précipité par la potasse, le précipité lavé à chaud et séché est brûlé avec le filtre dans une large capsule de platine. Le résidu de cette calcination ne contracte aucune adhérence avec les parois de la capsule, et on le fait passer de celle-ci dans une nacelle de platine où s'opère la réduction par un courant d'hydrogène pur.

Ce mode de dosage, rapproché des indications que fournit la précipitation de l'argent métallique par le cuivre à l'état d'oxydule, permet de rectifier nos idées actuelles sur la composition de plusieurs combinaisons dans lesquelles entre le cuivre. En voici quelques exemples. Le beau composé que l'on obtient en faisant bouillir une solution d'acétate de cuivre avec du sucre, et que l'on considère comme du protoxyde de cuivre pur, renferme toujours 2 pour 100 de bioxyde de cuivre, avec interposition de 1/2 pour 100 de matière organique, analogue au sucre ou au caramel.

L'hydrate jaune de protoxyde de cuivre s'écarte encore bien davantage de la composition qu'on lui assigne et ne renferme jamais moins de 4 pour 100 de bioxyde.

L'existence du carbonate de protoxyde de cuivre, bien qu'elle ait été indiquée par un habile observateur, est très-douteuse ; au moins ce sel ne se forme-t-il jamais dans la réaction des carbonates ou des bicarbonates alcalins sur le protochlorure de cuivre.

Equivalent du cuivre. — Après avoir obtenu, d'une part, la purification du cuivre, d'autre part, son dosage, avec une précision dans laquelle la pratique nous inspirait de jour en jour plus de confiance, nous avons cru qu'il n'était pas superflu de faire quelques expériences sur la détermination de l'équivalent de ce métal.

Comme le bioxyde, provenant du nitrate de cuivre, ne change pas de poids à la suite de plusieurs calcinations successives sur une lampe d'alcool, nous avons pris cet oxyde pour point de départ : il a été réduit par un courant d'hydrogène sec, purifié par son passage à travers une longue colonne de tournure de cuivre, chauffée au rouge. En outre, l'eau provenant de la réduction de l'oxyde était recueillie et pesée.

On a trouvé dans trois expériences en moyenne 394,55. MM. Erdmann et Marchand avaient indiqué 396,60 c. en remplacement du nombre de Berzélius, qui est 395,55 c.

Sur le fer cuivré. — L'emploi extrêmement considérable du fer dans la construction des navires et spécialement des vaisseaux de guerre, des canonnières, des vaisseaux cuirassés, donne une grande importance à une nouvelle invention ayant pour but de préserver le fer contre la corrosion au contact de l'eau de mer, car la rapide oxydation et destruction du fer en présence de l'eau salée en diminue beaucoup les applications à l'architecture navale.

Par le nouveau procédé, le fer est recouvert de cuivre d'une manière si efficace qu'il supporte un martelage prolongé, une grande déformation par moyens mécaniques, et un frottement des plus énergiques, sans que la couverture de cuivre soit enlevée ou entamée. En effet, le cuivre est non-seulement superposé, mais, pour ainsi dire, incorporé au fer. On obtient ce résultat en décapant d'abord le fer au moyen d'un acide, de manière à obtenir une surface métallique parfaitement nette, et en le plongeant ensuite dans un bain de cuivre fondu et porté à une température très-élevée. Des rivets, préparés de cette manière, ont pu être aplatis des deux côtés sans offrir la moindre discontinuité dans la couche de cuivre. Plusieurs constructeurs de navires de New-York, qui ont fait usage de fer ainsi cuivré, en recommandent beaucoup l'emploi. Ils ont constaté que des rivets cuivrés, après avoir séjourné plus de neuf mois dans l'eau de mer, étaient parfaitement intacts et supportaient le martelage et l'aplatissage comme s'ils avaient été parfaitement neufs. De pareils rivets sont préférables à des rivets en cuivre pur, parce qu'ils possèdent bien plus de ténacité et de force de résistance.

Mes fils télégraphiques en fer cuivré, en place de fer zingué ou galvanisé, sont proclamés,

dit l'inventeur, d'un usage très-avantageux ; et, d'ailleurs, le prix du cuivrage de plaques ou
de fils de fer n'est pas très-élevé.

Sur un procédé d'argenture à froid du verre, par l'emploi du sucre interverti ; par M. A. MARTIN. — Parmi les nombreux procédés d'argenture, celui qui semblait le
mieux s'appliquer à la construction des télescopes en verre est le procédé Drayton, tel qu'il a
été décrit par M. Léon Foucault, avec des détails très-précis, dans le tome V des *Annales de
l'Observatoire impérial.* Toutefois, ce procédé exigeant une très grande habileté de la part de
l'opérateur, il y avait lieu de rechercher une méthode qui, par sa simplicité et sa sûreté, pût
devenir populaire.

Après avoir étudié et expérimenté avec soin tous les procédés connus (aldéhyde, sucre de
lait, glucosate de chaux, etc), je suis arrivé à en adopter un qui, par la facilité de sa mise en
œuvre d'une part, et de l'autre par l'adhérence et la constitution physique de la couche d'argent déposée, me paraît remplir toutes les conditions désirables.

On commence par préparer :

1° Une solution de 10 grammes de nitrate d'argent dans 100 grammes d'eau distillée ;

2° Une solution aqueuse d'ammoniaque pure marquant 13 degrés à l'aréomètre de Cartier ;

3° Une solution de 20 grammes de soude caustique pure dans 500 grammes d'eau distillée ;

4° Une solution de 25 grammes de sucre blanc ordinaire dans 200 grammes d'eau distillée.
On verse dans cette dernière solution 1 centimètre cube d'acide nitrique à 36 degrés, on fait
bouillir pendant vingt minutes pour produire l'interversion, et on complète le volume de
500 centimètres cubes à l'aide d'eau distillée et de 50 centimètres cubes d'alcool à 36 degrés.

Ces liqueurs obtenues, on procède à la préparation du liquide argentifère. On verse dans un
flacon 12 centimètres cubes de la solution de nitrate d'argent (1°), puis 8 centimètres cubes
d'ammoniaque à 13 degrés (2°), enfin 20 centimètres cubes de la dissolution de soude (3°) ; on
complète par 60 centimètres cubes d'eau distillée le volume de 100 centimètres cubes.

Si les proportions ont été bien observées, la liqueur reste limpide, et une goutte de solution de nitrate d'argent doit y produire un précipité permanent ; on laisse reposer, dans tous
les cas, pendant vingt-quatre heures, et dès lors la solution peut être employée en toute sécurité.

La surface à argenter sera bien nettoyée avec un tampon de coton imprégné de quelques
gouttes d'acide nitrique à 36 degrés, puis elle sera lavée à l'eau distillée, égouttée et posée
sur cales à la surface d'un bain composé de la liqueur argentifère ci-dessus indiquée que l'on
aura additionnée d'un dixième à un douzième de la solution de sucre interverti (4).

Sous l'influence de la lumière diffuse, le liquide dans lequel baigne la surface à argenter
deviendra jaune, puis brun, et au bout de deux à cinq minutes l'argenture envahira toute la
surface du verre ; après dix à quinze minutes, la couche aura atteint toute l'épaisseur désirable, il n'y aura plus qu'à laver à l'eau ordinaire d'abord, puis à l'eau distillée, et on laissera
sécher le verre à l'air libre en le posant sur la tranche.

La surface sèche offrira un poli parfait recouvert d'un léger voile blanchâtre. Sous l'action
du moindre coup de tampon de peau de chamois soupoudré d'une petite quantité de rouge à
polir, ce dernier voile disparaîtra et laissera à nu une surface brillante que sa constitution
physique rend éminemment propre aux usages de l'optique auxquels elle est destinée.

BREVETS D'INVENTION PRIS EN FRANCE EN 1862
Arts chimiques et Industries qui s'y rattachent. (N° 10.)

(Les précédentes livraisons portant les N°ˢ 7 et 8 doivent porter les N°ˢ 8 et 9.)

Bière. Perfectionnements apportés à la fabrication de la bière ; par MM. Pitre et Mathieu

Plessy, représentés par Bonneville, Paris, rue du Mont-Thabor, 24. Brevet n° 55852 en date du 9 octobre.

Bleu de rosaniline; addition du 21 octobre par Monnet et Dury à leur Brevet n° 54078.

Carbonisation industrielle des bois; par Jourde (P. et C.), représentés par Ansart, Paris, boulevart Saint-Martin, 33, Brevet du 17 octobre, n° 55974.

Carbonisation, dessiccation et distillation de certaines matières; par Belou, représenté par Bonneville, Paris, rue du Mont-Thabor, 24. Brevet n° 55957, du 17 octobre.

Cendres de bois ou de tous autres végétaux, lessivées, remplaçant le noir animal dans la fabrication du sucre de betterave; par M. Marousé-Wins, chez les dames Legrand, rue Royale, 77, à Lille (Nord). Brevet n° 55816, du 11 octobre.

Colle-glu-ciment; par Tucker, représenté par Hillou, Paris, rue de Buffault, 18. Brevet du 29 octobre, n° 56108.

Composition curative pour végétaux, dite essence végétophile; par Ancelin, représenté par Ricordeau, Paris, boulevard de Strasbourg, 23. Brevet n° 55830, du 8 octobre.

Composition curative pour végétaux, dite essence végétophile, par Mornet, Paris, rue de la Ferme (Batignolles), 5. Brevet n° 55849, du 9 octobre.

Conservation des liquides spiritueux; addition par Hainguerlot, en date du 22 septembre, au brevet n° 51026.

Conserve de pulpe de rhubarbe; par Mirland et Comp., à Bavai (Nord). Brevet n° 55948, du 28 octobre.

Conversion directe des minerais de fer ou de la fonte en acier fondu; par Wilden et de Cordemoy, Paris, boulevart Magenta, 178. Brevet du 27 octobre, n° 56114.

Décortication du noir animal; addition du 18 octobre au brevet n° 51986; par Baudry.

Désinfection de futailles ou tonneaux; procédé par Lekieffre, à Denain (Nord). Brevet du 22 octobre, n° 55911.

Désinfection des huiles et essences minérales; par dame Viard; addition du 1er octobre au brevet n° 55204.

Distillation et épuration des huiles minérales fossiles; procédé par Cavagna, rue Dauphine, 51, à Marseille (Bouches du Rhône). Brevet du 11 octobre, n° 55834.

Distillation et rectification des matières résineuses et bitumineuses. Appareil rotateur tubulaire; par Malauset, rue Mautrée, n° 16, à Bordeaux (Gironde). Brevet du 20 octobre, n° 55912.

Distillation des térébenthines et rectification des huiles minérales. Appareil à effets multiples; par Barrier et Lapaire, Cours Saint-Jean, 222, à Bordeaux (Gironde). Brevet du 20 octobre, n° 55926.

Épuration de matières oléagineuses; par Gray. Addition du 27 septembre au brevet n° 51522.

Garance, son traitement; par Verdeil et Michel. Addition du 7 octobre au brevet n° 39632.

Gutta-percha, son traitement; par Shepard. Addition du 30 septembre au brevet n° 49696.

Imperméabilisation des tissus; par Szerelmey, représenté par Trappes, Paris, rue d'Amsterdam, 44. Brevet du 30 juin, n° 56076. (Patente anglaise.)

Mastic pour joints de machines à vapeur; par Souffrant; Paris, rue Saint-Maur-Popincourt, 50. Brevet du 27 octobre, n° 56105.

Mastic destiné à la fermeture des joints de tuyaux et conduits; par Paillet, Paris, rue Saint-Honoré, 189. Brevet du 18 octobre, n° 55982.

Matière colorante; par Delvaux. Addition du 1er octobre au brevet n° 53534.

Matière colorante verte dérivée de l'aniline; par Usèbe, représenté par Lavialle, Paris, boulevart Saint-Martin, 29. Brevet du 28 octobre, n° 56109.

Matière colorante violette; par Delvaux. Addition du 1er octobre au brevet n° 53534.

Méthode métallurgique pour l'obtention des fontes, fers et aciers supérieurs, avec toutes natures de minerais et de fontes de fer; par Jordan et Gaulliard, Paris, rue de la Chaussée-d'Antin, 60. Brevet du 6 octobre, n° 55846.

Noir animal pour clarification; par Leplay et Cuisinier. Addition du 10 septembre au brevet n° 51976.

Peinture en bâtiments. Préparation permettant de supprimer l'essence de térébenthine; par Rousselle, représenté par Daubréville, Paris, boulevart de Strasbourg, 60. Brevet du 11 octobre, n° 56144.

Pétroléum, ses applications; par Chartier et Comp. Addition du 16 septembre au brevet n° 55555.

Pierre artificielle moulée imperméable; par Planat, Vollore-Ville (Puy-de-Dôme). Brevet du 28 octobre, n° 55984.

Présure végétale. Poudre destinée à faire cailler le lait; par Germain, à Vendôme (Loir-et-Cher). Brevet du 21 octobre, n° 55937.

Produits et boissons alimentaires combinés par l'emploi des eaux et des sels minéraux; par Baudet, représenté par Mathieu, Paris, rue Saint-Sébastien, 45. Brevet du 2 octobre, n° 55766.

Produit destiné au nettoyage des couverts et propre à diverses applications; par demoiselle Robé, Paris, rue de Seine, 75. Brevet du 31 octobre, n° 56143.

Savon. Procédés de fabrication; par Dardespienne, Paris, quai Jemmapes, 196. Brevet du 11 octobre, n° 56090.

Savon blanc mou fabrication; par Chapt, dame Carlier et Tyckens, Paris, rue Richer, 58. Brevet du 27 octobre, n° 56053.

Savon de riz; par Hernandez et Crespy aîné, rue Sainte-Catherine, 234, à Bordeaux. Brevet du 8 novembre, n° 56064.

Soudière. Applications des produits de la soudière à l'industrie agricole; par Darlu, Paris, rue Neuve-des-Mathurins, 38. Brevet du 10 octobre, n° 55872.

Sucre de betterave. Procédé de fabrication; par Schuzenbach, élisant domicile chez Zimmer, à Strasbourg (Bas-Rhin). Brevet du 6 octobre, n° 55956.

Sulfate de soude réfrigérant; par Darlu, Paris, rue Neuve-des-Mathurins, 38. Brevet du 25 octobre, n° 56059.

Tannage des cuirs et peaux, dit tannage à sec, système Picard; par Picard et Pelletier, Paris, rue de la Banque, 17. Brevet du 23 octobre, n° 56044.

Toiles cuir ou imitation de cuir et pour rendre certains tissus imperméables. (Voir imperméabilité.)

Traitement, par la voie sèche, des minerais de cuivre, et notamment du minerai de Mouzaïa (Algérie); par Leclerc, élisant domicile à Paris, hôtel de l'Europe.

Transformation des laitiers de hauts fourneaux en pierres ou roches volcaniques artificielles pour la fabrication des pavés pour routes, pierres de taille et moellons de construction; par Ohresser, à Aulnoye-lez-Berlaimont (Nord). Brevet du 8 novembre, n° 56042.

Tubes sans soudure en cuivre rouge ou autres métaux purs ou alliés; par Laveissière et fils. Brevet du 25 octobre, n° 56066.

Vernis chrysophane, pour dorure; par Gavois, Paris, rue Charlot, 9. Brevet du 31 octobre, n° 56127.

BIBLIOGRAPHIE SCIENTIFIQUE

(Extrait du *Journal de la Librairie.*)

Suite du N° 19. — 9 mai.

DEMARQUETTE (D^r). — *Essai sur l'hygiène publique,* considérée dans ses rapports avec l'instruction primaire. In-16, 152 pages. A Douai.

Duchemin (D'). — *Quelques considérations sur les tumeurs fibroïdes de l'utérus.* Thèse de la Faculté de Strasbourg. In-4, 56 pages et planche. A Strasbourg.

Jeannes. — *De la prostitution publique,* et parallèle complet de la prostitution romaine et de la prostitution contemporaine. 2ᵉ édition. In-8, 325 pag. Prix : 6 fr. Librairie Germer Baillière, à Paris.

Lahillonne. — *Étude de quelques éléments primordiaux de l'organisme.* Thèse de la Faculté de Strasbourg. In-4, 73 pages. A Strasbourg.

Landrin. — *Traité de l'or,* monographie, etc. In-18 jésus, 419 pages. Prix : 3 fr. 50 c. Chez Guillaumin, libraire à Paris.

Lefèvre-Bréart. — *Leçons d'agriculture et d'horticulture en deux ans.* 2ᵉ vol. In-12, 393 pag. et fig. Prix des deux vol. 6 fr. Librairie P. Dupont, à Paris.

Leroy. — *Revue agricole illustrée.* In-4, 148 pages avec planches et fig. Prix : 5 fr. Librairie de la *Maison rustique,* à Paris.

Marés. — *Question du vinage.* Rapport à la Société d'agriculture de l'Hérault. In-4, 39 pages. A Montpellier.

Martin (Dʳ). — *Quelques considérations sur le diabète sucré.* Thèse de la Faculté de Strasbourg. In-4, 42 pages. A Strasbourg.

Mémoires de la Société d'agriculture, sciences et arts de la Marne. Année 1862. In-8, 639 pages. A Châlons-sur-Marne.

Mire (Dʳ). — *Des procédés de névrotomie* applicables au traitement de la névralgie sous-orbitaire. Thèse de la Faculté de Strasbourg. In-4, 48 pages. A Strasbourg.

Philippon (Dʳ). — *Essai sur la méningite tuberculeuse des adultes.* Thèse de la Faculté de Strasbourg. In-4, 57 pages. A Strasbourg.

Pingaud (Dʳ). — *Des indications et contre-indications de l'ovariotomie.* Thèse de la Faculté de Strasbourg. In-4, 99 pages. A Strasbourg.

Planque (Dʳ). — *De la syphilis hépatique.* Thèse de la Faculté de Strasbourg. In-4, 47 pages. A Strasbourg.

Quintard (Dʳ). — *Des fractures du fémur par les projectiles de guerre.* Thèse de la Faculté de Strasbourg. In-4, 41 pages.

Reiset. — *Recherches pratiques et expérimentales sur l'agronomie,* avec 6 planches. In-8, 276 pages. Prix : 6 fr. Librairie J.-B. Baillière.

Rinaldi (Dʳ). — *Traitement des anévrismes en général.* Thèse de la Faculté de Strasbourg. In-4, 36 pages. A Strasbourg.

Ritter (Dʳ). — *De l'albuminose.* Thèse de la Faculté de Strasbourg. In-4, 60 p. A Strasbourg.

Sarazin (Dʳ). — *Appréciations de la valeur des résections osseuses* dans les maladies chirurgicales, et de leurs indications. Thèse de concours de la Faculté de Strasbourg. In-4, 189 pag. A Strasbourg.

Schlagdenhauffen. — *Faits relatifs à l'histoire de quelques composés du cyanogène.* Thèse de la Faculté de Strasbourg. In-4, 123 pages. A Strasbourg.

Nᵒ 20. — 16 mai.

Aronssohn (Dʳ). — *Des altérations du sang dans les maladies.* Thèse de la Faculté de Strasbourg. In-4, 64 pages. A Strasbourg.

Barbier (Dʳ). — *Quelques considérations sur la superfétation.* Thèse de la Faculté de Strasbourg. In-4, 32 pages. A Strasbourg.

Cros (Dʳ). — *Action de l'alcool amylique sur l'organisme.* Thèse de la Faculté de Strasbourg. In-4, 31 pages. A Strasbourg.

Crouzillard (Dʳ). — *De l'inutilité d'un traitement spécifique* pendant la période des accidents primitifs dans la syphilis. Thèse de la Faculté de Strasbourg. In-4, 31 pages. A Strasbourg.

Cuvillon (Dʳ). — *Du chloroforme au point de vue de son action sur l'organisme,* et de la manière de l'administrer pour produire l'anesthésie générale. Thèse de la Faculté de Strasbourg. In-4, 29 pages. A Strasbourg.

DELORT (Dr). — *Considérations sur les opérations que nécessitent les polypes nasopharyngiens.* Thèse de la Faculté de Strasbourg. In-4, 35 pages. A Strasbourg.

FABRIÈS (Dr). — *Sur la pathologie de l'albuminurie et de l'umérie.* Thèse de la Faculté de Strasbourg. In-4, 37 pages. A Strasbourg.

FELTZ (Dr). — *Des amputations primitives et des amputations secondaires,* etc. Thèse de concours pour la Faculté de Strasbourg. In-4, 72 pages.

FOURNIER (Dr). — *Des adhérences du péricarde.* Thèse de la Faculté de Strasbourg. In-4, 40 pages. A Strasbourg.

GAUME (Dr). — *Quelques réflexions sur un cas d'hystérie consécutive à une myélite circonscrite.* Thèse de la Faculté de Strasbourg. In-4, 23 pages.

GÉRARD (Dr). — *De l'avortement provoqué et de l'opération césarienne dans les cas de rétrécissement du bassin.* Thèse de la Faculté de Strasbourg. In-4, 40 pages. A Strasbourg.

HEYLANDY. — *Traité sur l'emploi pratique des instruments d'agriculture.* In-8, 107 pages et figures. Prix : 1 fr. A Colmar.

JOSIEN (Dr). — *De la fièvre puerpérale* et de son traitement par le sulfate de quinine. Thèse de la Faculté de Strasbourg. In-4, 36 pages. A Strasbourg.

JOSSOT (Dr). — *Sur l'hémiplégie dans les hémorragies cérébrales.* Thèse de la Faculté de Strasbourg. In-4, 34 pages. A Strasbourg.

LAISSUS (Dr). — *Etudes médicales sur les eaux thermales purgatives de Brides-les-Bains,* près Moutiers (Savoie), etc. In-8, 64 pages.

LAMBERTYE (DE). — *Traité général de la culture forcée,* par le thermosiphon, des fruits et légumes de primeur. 3º livr. Fraisier. In-8, 93 à 160 pages. Librairie Goin, à Paris.

LEONI (Dr). — *Réforme radicale dans l'art de guérir.* In-8, 35 pages. A Châlon-sur-Saône.

MADELAINE. — *De la poudre à canon,* de ses effets dans les bouches à feu en bronze et en fonte de fer, etc., etc. In-8, 24 pages.

MANÈS. — *De la conservation des bois* et de l'état actuel de cette industrie dans les landes de Gascogne. In-8, 72 pages. A Bordeaux.

MOUTET (Dr). — *De l'ongle incarné.* Thèse de la Faculté de Strasbourg. In-4, 33 pages. A Strasbourg.

NETTER (Dr). — *Des cabinets ténébreux dans le traitement de l'héméralopie.* In-8, 66 pages. Librairie Germer Baillière, à Paris.

OGÉRIEN. — *Histoire naturelle du Jura et des départements.* Tome III. Zoologie vivante. In-8, 590 pages. Librairie Victor Masson et fils, à Paris.

PINEAU (Dr). — *Quelques considérations sur un mode de traitement de la dyssenterie épidémique.* Thèse de la Faculté de Strasbourg. In-4, 42 pages. A Strasbourg.

RACIS (Dr). — *Des amputations du pied,* sous le rapport des résultats immédiats et des résultats définitifs. — Thèse de la Faculté de Strasbourg. In-4, 63 pages. A Strasbourg.

RAOULT. — *Etude des forces électromotrices des éléments voltaïques,* etc. Thèse de la Faculté des sciences de Paris. In-4, 100 pages et 2 planches. Librairie Mallet-Bachelier, à Paris.

RENAUD (Dr). — *De la mort subite,* au point de vue de ses causes. Thèse de la Faculté de Strasbourg. In-4, 35 pages. A Strasbourg.

ROBILLARD (Dr). — *Essai sur l'épilepsie.* In-8, 27 pages. A Paris.

SARAZIN (Dr). — *Appréciation de la valeur des résections osseuses* dans les maladies chirurgicales, et de leurs indications. — Thèse de concours de la Faculté de Strasbourg. In-8, 100 pages. A Strasbourg.

SPEULÉ (Dr). — *Parallèle entre la version pelvienne et le forceps* dans les cas de bassin de moyen rétrécissement. Thèse de la Faculté de Strasbourg. In-4, 50 pages. A Strasbourg.

THUREL (Dr). — *De la périostite.* Thèse de la Faculté de Strasbourg. In-8, 34 pages.

VANMÉRIS (D^r). — *De la transmission de la syphilis* par l'opération de la vaccine. Thèse de la Faculté de Strasbourg. In-4, 45 pages. A Strasbourg.

WILLEMIN (D^r). — *Clinique médicale de Vichy* pendant la saison de 1862. In-8, 43 pages. Librairie Germer Baillière, à Paris.

WINDRIF (D^r). — *Essai sur les eaux ferrugineuses du Mont-Cassel.* In-8, 23 pages. A Lille.

N° 21. — 23 mai.

ANTOINE (D^r). — *Sur l'emploi des moyens anesthésiques dans la pratique des accouchements.* Thèse de la Faculté de Strasbourg. In-4, 66 pages. A Strasbourg.

BOUDIN (D^r). — *Etudes ethnologiques* sur la taille et le poids de l'homme chez divers peuples, etc. In-8, 46 pages et 5 planches. Librairie Rozier, à Paris.

BRICHETEAU (D^r). — *Relation d'une épidémie de chorée.* In-8, 34 pages. Librairie Asselin, à Paris.

CAILLARD (D^r). — *Quelques considérations* sur la fièvre typhoïde. Thèse de la Faculté de Strasbourg. In-4, 43 pages. A Strasbourg.

CAZENAVE (D^r). — *Du climat de l'Espagne* sous le rapport médical. In-8, 282 pages. Librairie Plon, à Paris.

COLSON. — *Mémoire sur l'opération de la hernie étranglée* sans ouverture du sac. In-8, 50 pages. Librairie Asselin, à Paris.

COTTEAU. — *Echinides fossiles des Pyrénées,* avec 9 planches. In-8, 160 pages. Prix : 6 fr. Librairie Savy, à Paris.

COURNOT. — *Principe de la théorie des richesses.* In-8, 535 pages. Prix : 7 fr. 50 c. Chez Hachette, à Paris.

DAVESNE. — *De quelques accidents secondaires de la phthisie.* Thèse de la Faculté de médecine de Paris. In-4, 58 pages.

FOLLIN (D^r). — *Traité élémentaire de pathologie externe,* avec figures dans le texte. Tome IIe, 1re partie. Maladies des tissus. In-8, 592 pages. Prix : 8 fr. Librairie Victor Masson et fils, à Paris.

LAVERAN (D^r). — *De la mortalité des armées en campagne,* au point de vue de l'étiologie. In-8, 43 pages. Librairie J. B. Baillière, à Paris.

MACÉ (Dr Jean). — *Histoire d'une bouchée de pain.* 8e édition. In-18 jésus, 412 pages. Prix : 3 fr. Librairie Hetzel, à Paris.

MARTIN (D^r). — *De l'accident primitif de la syphilis constitutionnelle.* In-4, 90 pages. A Paris.

MILLET (D^r). — *De la diphtérite du larynx, croup.* In-8, 252 pages. Prix : 6 fr. Librairie Savy, à Paris.

MURET. — *Rapport sur les produits agricoles et horticoles* (Exposition de Londres). In-8, 61 pages. Librairie Paul Dupont, à Paris.

OLIVIER DE SERRES. — *La soie, les vers et les cocons* In-8, 63 pages. A Lyon.

PAJOT (D^r). — *De la céphalotripsie répétée sans tractions.* In-8, 24 pages. Librairie Asselin, à Paris.

PATRY (D^r). — *De la gangrène des membres dans la fièvre typhoïde.* In-8, 37 pages. Librairie Asselin, à Paris.

POGGIALE (D^r). — *Etudes sur les eaux potables.* Rapport et discussion à l'Académie de médecine. In-8, 84 pages. Librairie J.-B. Baillière. Prix : 2 fr. A Paris.

RAMBOSSON. — *La Science populaire,* ou Revue du progrès des connaissances et de leurs applications aux arts et à l'industrie. In-18 jésus, 502 pages. Librairie E. Lacroix, à Paris.

ROBINET. — *Discussion sur les eaux potables* à l'Académie de médecine. In-8, 60 pages. Librairie J. B. Baillière, à Paris.

ROUILLÉ-COURBE. — *Le soufrage de la vigne en Touraine* et dans les départements voisins. In-8, 55 pages. Prix : 75 c. A Tours.

TRIQUET (Dr). — *Leçons cliniques sur les maladies de l'oreille*, avec figures. In-8, 260 pages. Prix : 4 fr. Librairie Savy, à Paris.

YSABEAU — *Le Jardinier de tout le monde*, traité complet de toutes les branches de l'horticulture. Orné de plus de 100 figures dans le texte. In-18 jésus, 540 pages. Prix : 4 fr. 50 c. Librairie Garnier frères, à Paris.

N° 22. — 30 mai.

BURGGRAEVE (Dr). — *Le Livre de tout le monde sur la santé.* In-18 jésus, 432 pages. Librairie Didier et Comp. à Paris.

DELAFOSSE. — *Leçons d'histoire naturelle.* Grand in-8 à deux colonnes. 100 pag. et 6 planches. Prix : 2 fr. 50 c. Chez Hachette, à Paris.

GHÉRAIOS. — *Mélanges d'histoire naturelle.* In-8, 29 pages. A Aix. Tiré à 72 exemplaires.

GODRON (Dr). — *Zoologie de la Lorraine*, ou Catalogue des animaux sauvages observés jusqu'ici dans cette ancienne province. In-8, 293 pages. A Nancy.

LAVERGNE (DE). — *Instruction pratique pour le soufrage de la vigne*, etc. 13e édition. In-12, 90 pages. Librairie agricole, à Paris.

MARTIN (Stanislas). — *Pharmacie du père de famille et conseils de médecine pratique.* In-18, 116 pages. Chez l'auteur, rue des Jeûneurs, n° 14, à Paris.

MONTMAHOU. — *Eléments d'histoire naturelle.* 1re partie. Physiologie. 2e édition. In-18 jésus, 147 pages. Prix : 1 fr. 50 c. Librairie Dezobry, à Paris.

RAYER (Dr). — *Cours de médecine comparée.* Introduction. In-8, 56 pages. Libr. J.-B. Baillière, à Paris.

SERRES. — *Hygiène des étables.* In-8, 16 pages. A Toulouse.

SONNET. — *Notions de physique et de chimie.* Grand in-8 à deux colonnes. 52 pag. et 2 planch. Prix : 2 fr. Chez Hachette.

TARDIEU (Dr). — *Rapport sur le service médical des eaux minérales pendant l'année 1860.* In-4, 36 pag. Prix : 1 fr. 50 c. Librairie J.-B. Baillière, à Paris.

The Cheminal News; *journal de chimie et de physique;* par William CROOKES, membre de la Société de chimie; paraît à Londres chaque samedi. — C'est le journal le plus répandu qui traite les sujets touchant la chimie, les manufactures, drogueries, la pharmacie, et la science en général. Par conséquent, il sera l'intermédiaire le plus efficace pour les annonces de tous genre des chimistes ou droguistes. — Ce journal est écrit en langue anglaise. Prix d'un abonnement d'un an : 27 fr., plus les frais de poste. S'adresser à tous les libraires. Les bureaux sont : 1, Wine-Office court, Fleet street, Londres, E. C.

Table des matières de la 160e Livraison. — 15 août 1863.

25143 Paris, Imp. RENOU et MAULDE.

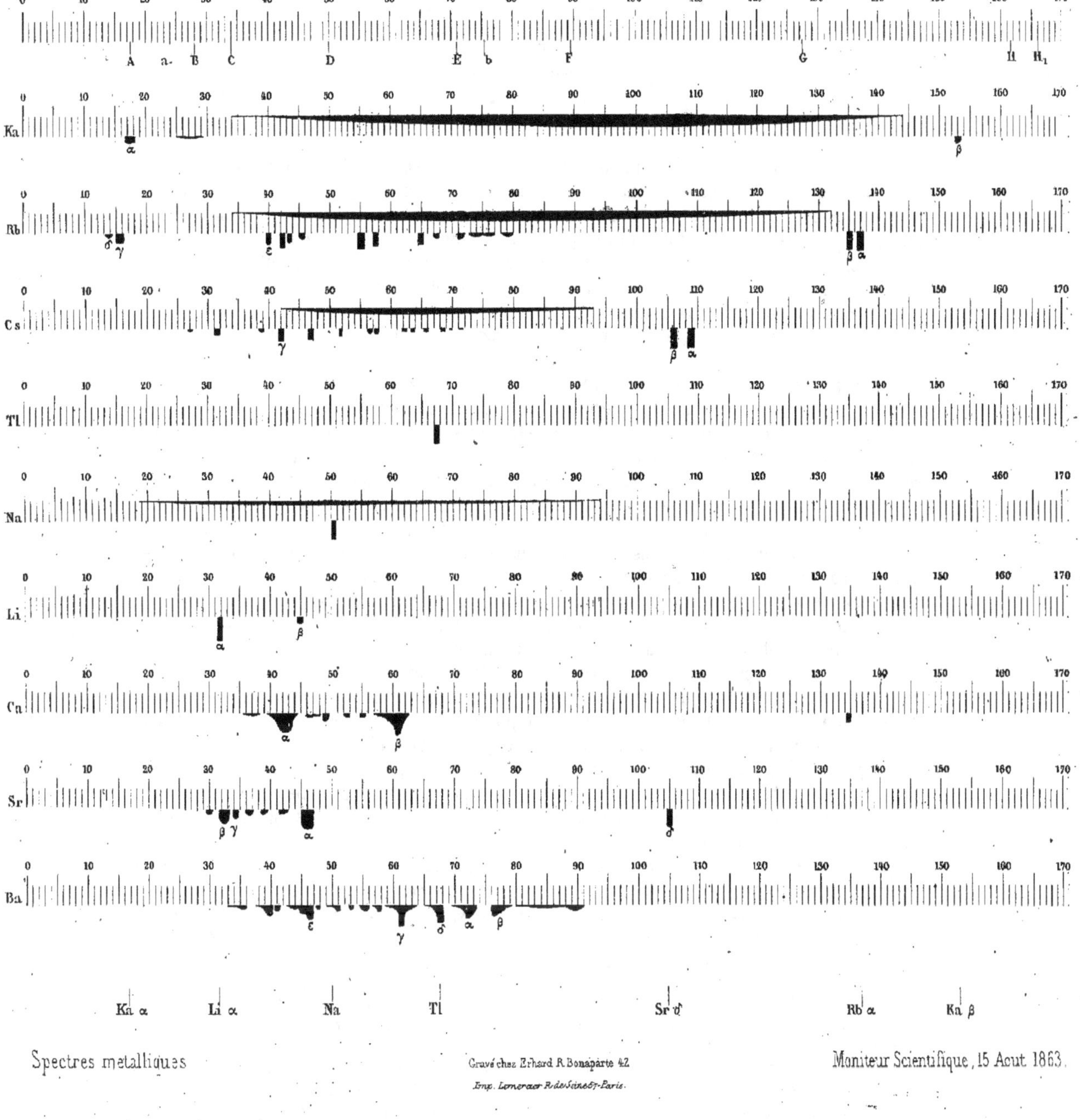

Spectres metalliques

Gravé chez Erhard R. Bonaparte 42
Imp. Lemercier R. de Seine 57 - Paris.

Moniteur Scientifique, 15 Aout 1863.

SUR LA CHIMIE MYCODERMIQUE (1).

Par M. Ch. Blondeau,
Professeur de physique au lycée Laval.

I

Les chimistes avaient observé, depuis longtemps, que lorsqu'on abandonne à elles-mêmes et au contact de l'air certaines matières organisées humides ou maintenues en dissolution, elles ne tardent pas à se couvrir de moisissures et qu'en même temps elles changent complétement de nature. Ces altérations, qui se produisent dans une multitude de substances et que nous avons nous-même constatées sur des matières inorganiques azotées, telles que les azotates de potasse et d'ammoniaque, n'avaient pas fixé suffisamment l'attention des chimistes qui, se bornant à constater la modification des substances sur lesquelles s'étaient développées des végétations mycodermiques, n'avaient pas cherché à étudier la nature de ces modifications.

Mon attention appelée sur ce point, je pus constater que, dans tous les cas, il se produisait une modification profonde de la matière organisée et un changement de nature tel, que souvent une substance nutritive devenait un véritable poison. C'est ce que je fus appelé à constater à Tours, en 1847, à l'époque même où le congrès scientifique tenait ses séances dans cette ville. On me présenta plusieurs échantillons de farines qui avaient été envahies par un mycoderme de couleur jaune orange, auquel les botanistes ont donné le nom d'*oidium aurantiacum*. Le pain fait avec la farine altérée par ce mycoderme, possédait une saveur désagréable et occasionnait un véritable empoisonnement. On attribuait cet effet à la présence de l'oïdium, que l'on considérait comme un champignon vénéneux : Il ne me fut pas difficile de reconnaître qu'il était dû à une toute autre cause, et qu'il provenait de la modification que ce champignon avait fait éprouver au gluten qui se trouve transformé en une matière à réaction alcaline ayant la plus grande analogie avec les alcalis organiques.

Cet effet, produit par un végétal mycodermique d'une nature particulière, est général, et ayant eu l'occasion de le constater sur une foule de corps et en particulier sur les dissolutions d'acide tartrique qui se changent en acide gallique, sur les dissolutions d'amidon qui se modifient en donnant naissance à de l'acide acétique; je crus pouvoir attribuer les modifications qui se produisent, dans ces diverses circonstances, au développement d'un être organisé, qui emprunte aux substances avec lesquelles il se trouve en rapport une partie de leurs éléments qu'il s'assimile, tandis qu'il détermine la réunion des éléments qu'il ne s'est pas appropriés, sous une forme particulière.

Ces modifications de la matière, produites sous l'influence de la force vitale, me parurent assez importantes pour que je crusse devoir donner un nom spécial à cette branche de la chimie des corps organisés que je venais de découvrir, et lui donnai le nom de *chimie mycodermique*, et ce fut à cette partie de la science que je cherchai à rattacher tous les phénomènes si imparfaitement connus alors, et qu'on désignait sous le nom de fermentations.

(1) Dans *les Mondes* du 13 août, page 41, on lit une attaque passablement brutale contre M. Pasteur. L'auteur n'avait pas destiné ce qu'il écrivait à la publicité, c'était une simple confidence; mais l'abbé Moigno, pour avoir sans doute une occasion de jeter une pierre aux hétérogénistes et de dire : « C'est donc un parti pris : il n'y a de conviction et d'indépendance que chez les partisans de la génération spontanée, » a commis une grosse indiscrétion. Aujourd'hui, il est nécessaire d'être encore plus indiscret que *les Mondes*, et de faire savoir que c'est M. Édouard Robin qui est l'auteur de cette sortie contre M. Pasteur. Les hétérogénistes, qui expérimentent et qui nous adressent leurs travaux, sont donc étrangers à ce qu'a publié l'abbé Moigno, qui aurait dû comprendre qu'on ne devinerait jamais que c'est à un chimiste qui fait beaucoup de théories, mais qui n'expérimente jamais, que l'on doit cette phrase fort peu parlementaire et, nous devons ajouter en toute conscience, fort injuste en tous points.   D^r Q.

A l'époque où je commençai à m'occuper de l'étude des fermentations (*Revue scientifique* de Quesneville, mars 1844), les chimistes ne connaissaient guère qu'une seule espèce de fermentation, celle qu'ils désignaient sous le nom de fermentation alcoolique, et qu'ils déterminaient en faisant réagir une substance azotée nommée ferment, sur un liquide contenant du sucre, lequel se transforme dans ce cas en alcool et acide carbonique.

Quelle était la raison déterminante de la séparation des éléments du sucre et de leur réunion sous une autre forme? Cette question parut embarrasser les savants, qui cherchèrent cependant à y répondre de différentes manières : Ainsi les uns ne virent dans ce phénomène qu'une simple action de présence. Le ferment, suivant eux, décomposait le sucre, comme la fibrine décompose l'eau oxygénée, sans rien perdre et sans rien gagner. D'autres pensèrent que la décomposition du sucre était le résultat d'un mouvement communiqué à cette substance par le fait même de la décomposition du ferment qui avait lieu au sein même du liquide.

Cette dernière explication était en contradiction avec les faits, car dans certaines fermentations, non-seulement le ferment ne se détruit pas, mais au contraire il se régénère. C'est ainsi que, dans la fabrication de la bière, on obtient après la fermentation, qui a donné naissance à ce liquide, sept fois plus de ferment qu'on n'en a introduit au début de l'opération. C'est ce qu'avaient fort bien compris MM. Cagniard-Latour et Turpin qui, l'un et l'autre, reconnurent à la suite de recherches microscopiques entreprises sur le ferment, que cette matière était organisée, qu'elle se développait par bourgeonnement au sein des liquides en fermentation, et que la transformation des matières sucrées était sans doute une conséquence de la végétation du mycoderme ,qu'ils nommèrent *Torula Cervisiæ*, et que l'on rencontre en immense quantité dans toute liqueur fermentée.

Le problème, ainsi qu'on le voit, était posé, mais il était encore bien loin d'être résolu, et les chimistes, qui éprouvaient tant de peine à se rendre un compte exact de ce qui se passait dans la fermentation alcoolique, négligèrent de s'occuper des phénomènes plus compliqués en apparence qui se produisent lorsque le sucre se transforme en acide lactique, acétique ou butyrique, et les fermentations auxquelles ces acides ont donné leur nom avaient été à peine examinées.

Ce fut précisément le motif qui me détermina à étudier ces questions, car toutes les fermentations me paraissant se produire sous les mêmes influences; je pensai que si je parvenais à pénétrer le secret de l'une d'elles, j'aurais l'explication de toutes les autres. Guidé par les idées de MM. Cagniard-Latour et Turpin, je fus conduit à reconnaître que partout où il y a modification spontanée en apparence de la matière organisée, il y a en même temps développement d'une végétation mycodermique, dont les germes peuvent exister dans la matière elle-même ou y avoir été apportés par des circonstances accidentelles, ou enfin introduits volontairement dans le liquide qu'on se propose de faire fermenter.

Ces germes, ayant besoin pour se développer d'emprunter aux corps avec lesquels ils se trouvent en rapport, une partie de leurs éléments, modifient ces derniers et, par suite, donnent naissance aux produits servant à caractériser la nature de la fermentation. Mais ces germes, qui se développent ainsi au milieu des matières organiques, constituant en quelque sorte le sol auquel ils empruntent une partie des matériaux nécessaires à leur développement, étant de nature diverse, ont par suite besoin d'aliments différents. De là il résulte que chaque germe produit une fermentation particulière, et que le mycoderme, qui donne naissance à la *fermentation alcoolique*, n'est pas le même que celui qui produit la *fermentation acétique*.

C'est généralement au sein des liquides sucrés que s'engendrent les fermentations, et par suite les éléments du sucre semblent devoir contribuer au développement du végétal, qui puise sa nourriture dans l'intérieur du liquide. Mais le sucre ne saurait fournir un aliment suffisant au mycoderme qui, étant lui-même azoté, ne peut trouver l'azote qui lui est nécessaire dans le sucre qui est privé de cet élément. C'est par suite à d'autres substances, telles que la caséine ou l'albumine, qu'il doit avoir recours pour accomplir la série de phénomènes dont l'ensemble constitue la vie du végétal. Dans la plupart des cas, le sucre ne paraît jouer qu'un rôle secondaire dans la nutrition du mycoderme, mais il se modifie sous l'influence du mouvement vital qui se produit au sein du liquide, de manière à donner naissance à une substance isomère, ainsi que cela a lieu dans la fermentation lactique, ou à plusieurs corps dont la somme des éléments égale celle du sucre employé, ainsi que cela se produit dans la fermentation alcoolique dans laquelle la somme des éléments de l'acide carbonique et de l'alcool représentent intégralement celle du sucre employé.

Ce ne fut qu'après avoir étudié différentes fermentations, telles que les fermentations acétique, lactique, butyrique, urinaire, et avoir constaté que chacune d'elles est produite à la suite du développement d'un mycoderme spécial, que je me crus en droit de formuler mon opinion sur la nature de ces phénomènes, et l'exprimai de la manière suivante : « Dans « presque toute matière organique, et en particulier au sein des liquides sucrés, il se déve- « loppe de petits champignons, de mycodermes, végétaux microscopiques qui, pour satisfaire « aux besoins de leur nutrition, empruntent aux substances avec lesquelles ils se trouvent en « rapport, une partie de leurs éléments et les modifient de manière à les transformer en « d'autres substances. En même temps que ce mouvement vital se produit, le sucre, qui « n'intervient que comme matière accessoire, ne fournit au végétal aucun de ses éléments, et « cependant éprouve une modification qui a pour effet de le dédoubler, ou au moins de le « transformer en une substance isomérique. »

C'est cette dernière circonstance qui se réalise dans la fermentation acétique que je parviens à produire de la manière suivante : J'introduis dans un liquide sucré du caséum et, ajoutant à ce mélange une certaine quantité de cette matière organisée que l'on désigne sous le nom de *mère du vinaigre* (mycoderma aceti.) Je transforme complétement le sucre en acide acétique, et cela, sans que la fermentation alcoolique se fut préalablement produite, car on n'observe pas de dégagement de gaz, et en outre, la quantité d'acide acétique recueilli représente intégralement la quantité de sucre employé.

Cette expérience, que je répétai bien des fois et que je pus facilement transformer en un procédé industriel, suffirait à établir que, sous l'influence d'une végétation mycodermique, le sucre éprouve une modification isomérique et se change en acide acétique, et c'est ce mode de transformation qui me semble constituer la véritable fermentation acétique.

Ce fut en étudiant les procédés de fabrication du fromage de Roquefort que je pus me convaincre que la végétation d'un mycoderme particulier, le *penicillium glaucum*, qui se développe en abondance sur le caséum, suffit pour la transformer en une matière grasse, qui communique à ce fromage une saveur qui le fait rechercher des gourmets. La production de cette matière grasse est facile à constater: Si on traite par un mélange d'alcool et d'éther le caséum provenant du lait de brebis, matière première du fromage de Roquefort, on ne parvient à en extraire que 2 pour 100 environ d'une matière grasse qui n'est autre que du beurre. Si on soumet au même mode de traitement le fromage, après qu'il a séjourné pendant deux mois dans l'intérieur des caves, on en retire de 30 à 40 pour 100 d'une matière grasse différente du beurre quoique composée des mêmes principes.

Dans le cas actuel, on ne saurait mettre en doute que la transformation du caséum est uniquement le résultat de la végétation du *penicillium glaucum* ; et, en effet, on voit ce mycoderme développer une végétation luxuriante à la surface du fromage, et lorsqu'elle a parcouru les diverses phases de son existence, on l'enlève dans le but de faciliter le développement de nouveaux germes qui viennent remplacer les anciens et continuer le travail qu'une seule végétation n'aurait pu achever.

C'est en renouvellant ainsi la surface du fromage, c'est en permettant à plusieurs générations successives du même mycoderme de se produire, qu'on finit par faire acquérir au fromage les qualités qu'on recherche. Les caves qui conviennent le mieux à ce genre d'industrie sont celles dans lesquelles le penicillium se développe avec le plus de rapidité. Celles au contraire dans lesquelles ce mycoderme ne trouve pas les conditions favorables à son développement, sont des caves peu estimées et dans lesquelles le fromage n'acquiert jamais qu'incomplétement les qualités qu'on cherche à lui communiquer.

Après avoir étudié avec soin les modifications que les matières organiques éprouvent sous l'influence des végétations mycodermiques, après avoir reconnu que les mycodermes ont besoin pour se développer d'azote qu'ils peuvent emprunter, soit aux matières organiques telles que la caséine, l'albumine, soit aux matières inorganiques telles que les sels ammoniacaux, les azotates, je fus naturellement conduit à me demander d'où venaient ces germes. Existent-ils naturellement dans les liquides susceptibles de s'altérer? sont-ils, au contraire, le résultat de la décomposition des matières organisées, ou enfin sont-ils apportés par l'air?

C'est en cherchant à trouver une réponse à ces problèmes que je fus conduit à examiner la question des générations spontanées, question bien souvent débattue par les savants et qui n'avait pas encore reçu de solution. Après avoir fait à ce sujet un certain nombre d'expériences, qui toutes me parurent contraires à la théorie des générations spontanées, je rédigeai un mémoire sur ce sujet, et je me proposais de le présenter à l'Académie des sciences. Mais auparavant je fus désireux de consulter un savant, dans les lumières duquel j'avais la plus grande confiance, et dont j'avais pu apprécier l'immense savoir en suivant, pendant quelques années, les cours qu'il professe au Muséum et à la Faculté des sciences de Paris; je veux parler de M. Milne-Edwards. Je remis donc mon travail à ce savant, aussi distingué que bienveillant, qui l'accueillit avec une bonté dont le souvenir est encore présent à ma mémoire, encore bien que cela se soit passé à une époque déjà reculée, car ce fut en 1847 que j'eus terminé mes études relatives aux modifications produites par les végétations mycodermiques. M. Milne-Edwards, frappé de l'originalité de mes recherches, porta la bienveillance jusqu'au point de me proposer d'exposer ma théorie nouvelle des fermentations devant un auditoire composé des savants les plus distingués de la capitale, qu'il avait réunis chez lui à l'occasion du séjour à Paris de M. Owen, le célèbre naturaliste anglais. Je m'empressai de me rendre à une invitation aussi gracieuse, et là, au milieu d'une assemblée bien faite pour intimider un chimiste à peu près à ses débuts, j'exposai les opinions que je viens de rappeler. Je dis que j'avais découvert un nouveau moyen de modifier la matière, un nouvel agent, *l'agent vital,* à l'aide duquel on peut donner naissance à des réactions que la chimie ordinaire ne saurait produire, et j'apportai comme preuve la transformation du sucre en acide acétique et celle du caséum en matière grasse, sous l'influence de végétations mycodermiques, dont on pouvait régler l'action à volonté et les faire ainsi servir à obtenir des produits qu'il serait impossible de préparer par toute autre méthode; en un mot, j'inaugurai en cette circonstance une chimie nouvelle, *la chimie mycodermique.* Ayant reçu de quelques-uns de mes savants auditeurs des encouragements, qui me prouvèrent qu'ils attachaient de l'importance à mes nouvelles théories, je me crus alors autorisé à présenter mon mémoire à l'Institut, qui fit insérer dans ses comptes-rendus un extrait de mon travail, et lui donna ainsi une publicité à la vérité incomplète, mais que je croyais suffisante au but que je m'étais proposé, et qui était de m'assurer la priorité d'une découverte dont je pressentais toute l'importance.

J'eus encore l'occasion d'exposer devant le congrès scientifique, qui tenait ses séances à Tours, au mois de septembre 1847, mes théories sur les fermentations et sur les causes qui les déterminent; enfin je fis imprimer vers la même époque, dans les mémoires de la Société des lettres, sciences, et arts de l'Aveyron, dont j'étais membre, une partie de mon travail sous le titre: *De la préexistence des germes et des modifications que leur développement fait éprouver aux matières organiques au sein desquelles ils végètent.*

Après avoir employé tous les moyens de publicité à ma disposition pour faire connaître l'importance de la chimie mycodermique, dont je venais de poser les bases, j'étais en droit de croire que si quelque jour les idées que je venais d'émettre étaient acceptées par les savants, et que si à l'aide de *la force végétative*, dont l'existence avait été soupçonnée par Nudham, on parvenait à produire soit des réactions nouvelles, soit des composés encore inconnus, on me signalerait comme ayant été le premier à avoir fait usage du nouvel agent que je signalais aux chimistes. Les travaux de M. Pasteur sont venus confirmer ce que j'avais annoncé treize ans auparavant, et pas une voix ne s'est fait entendre pour m'attribuer la part qui me revient dans cette découverte, que M. Boussingault a déclarée la plus belle de celles qui ont été faites en physiologie dans le courant de ce siècle. Je réclame énergiquement contre cet oubli et avec le ferme espoir qu'il sera réparé, car il est impossible que les savants auxquels j'ai exposé mes travaux les aient perdu de vue au point de me refuser une satisfaction qui me sera d'autant plus agréable à recevoir qu'elle m'aura été plus longtemps refusée.

Du reste, ces questions me paraissent avoir encore un intérêt d'actualité, et c'est ce qui me détermine à les examiner de nouveau et à faire connaître rapidement les travaux qui ont précédé ceux que j'ai entrepris sur le même sujet, et je terminerai en signalant les points sur lesquels mes opinions diffèrent de celles des savants qui, de nos jours, s'occupent de la même question. Je dois même dire, dès à présent, que je considère tout ferment comme un être organisé, un globule d'espèce particulière qui s'est formé sous l'influence de la vie de l'être dans lequel on le rencontre, et où il a été placé par le Créateur dans le but de détruire l'organisation dont il faisait partie, alors que cette organisation a opéré son évolution complète. Ainsi, pour emprunter un exemple à un genre de fermentation qui nous occupera bientôt, je dis que, lorsque le grain de raisin est arrivé à maturité, cette partie de l'organisme végétal paraît avoir parcouru les diverses phases de son existence, et c'est alors que les molécules organisées qui se présentent sous forme de levûre de bière et auxquelles on a donné le nom de *Torvula cervisiæ*, et qui se sont formées en même temps que le grain de raisin, vont remplir le rôle auquel elles sont destinées. C'est en sortant de la torpeur dans laquelle elles sont plongées tant qu'elles se trouvent à l'abri du contact de l'air, qu'elles vont se multiplier, et par suite être forcées d'emprunter au liquide avec lequel elles se trouvent en rapport les éléments qui leur sont nécessaires, en même temps que le mouvement vital va imprimer à la matière sucrée une agitation tellement intense, qu'elle va se dédoubler en alcool et acide carbonique.

D'après cet exemple, que j'emprunte à une fermentation particulière, à la fermentation alcoolique, on voit que je n'attache pas au mot *germe* le même sens que lui donnent la plupart des physiologistes qui entendent par ce mot une graine, un œuf, capables de reproduire une organisation complète. Pour moi, le mot *germe* s'applique à une molécule organisée, qui ne possède que la faculté de reproduire une molécule semblable à elle-même et dont l'évolution simple produit cependant des phénomènes d'une nature très-complexe. Encore bien que ces globules, en se réunissant, prennent quelquefois l'apparence de tissus, de membranes, de végétaux complets, on ne doit point les considérer comme des êtres uniques, mais comme une agrégation d'individus doués chacun d'une vie propre et ne possédant point cette vie d'ensemble qui caractérise une organisation complète et que ne peut donner que certains globules organisés spéciaux, qui sont les graines ou les œufs des êtres organiques végétaux ou animaux.

II

Passons maintenant à une des transformations les plus curieuses que les végétaux mycodermiques soient susceptibles de produire, la transformation du caséum en matière grasse.

La fermentation adipeuse, dont je me propose de traiter, s'accomplit particulièrement dans les caves de Roquefort, où j'ai eu l'occasion de l'observer, attiré que j'étais dans cette localité par le désir d'étudier ce qui se passe dans ces caves mystérieuses, dans lesquelles le caséum éprouve une modification tellement profonde, qu'il se transforme en un fromage fort apprécié des connaisseurs, et qui a donné à cette petite localité un renom et une importance qu'elle doit uniquement au travail des mycodermes qui jouent un rôle important, même au point de vue industriel.

Mais avant d'étudier au point de vue chimique la transformation qui s'accomplit dans les caves de Roquefort, disons quelques mots de ces caves elles-mêmes et du genre d'industrie qui s'exerce dans leur intérieur.

Le village de Roquefort (Aveyron), où se manipule le fromage dont nous nous proposons de faire l'étude, se trouve situé dans une anfractuosité du terrain calcaire qui constitue ce vaste plateau que l'on a désigné sous le nom de Larzac, lequel s'élève entre le département de l'Aveyron et celui de l'Hérault. Dans ce sol, faisant partie du terrain jurassique, se trouvent de vastes cavités qui présentent ce phénomène singulier qu'elles sont en tout temps traversées par des courants d'air qui y entretiennent une basse température. Ainsi nous avons eu fréquemment l'occasion d'y constater une température de 6° à 8° centigrades, à l'époque des fortes chaleurs de l'été, alors qu'à l'extérieur le thermomètre marquait 26 à 28 degrés.

On a bien des fois cherché à connaître la cause déterminante de ces courants d'air, qui entretiennent la fraîcheur dans les caves de Roquefort, et on a été conduit à des explications dont quelques-unes sont tout à fait inadmissibles. On a été jusqu'à prétendre que dans l'intérieur du sol de ces contrées, il existe des couches de glace sur lesquelles l'air passe avant de pénétrer dans les caves. Cette opinion, qui est en contradiction flagrante avec ce que la géologie et la physique nous enseignent, ne mérite même pas d'être discutée.

L'étude à laquelle nous nous sommes livré, du mode de disposition de ces cavités naturelles, nous a fait connaître immédiatement la cause à laquelle il faut attribuer le froid qu'on y ressent. Ces grottes pratiquées dans le sol sont en rapport avec l'air extérieur par de longs conduits naturels, qui vont aboutir à la surface même du plateau qui les domine, et forment ainsi de véritables cheminées dans lesquelles l'air est appelé par la basse température produite par le suintement des gouttes d'eau qui tombent le long de leurs parois. L'eau se vaporise sous l'influence du courant d'air qui pénètre dans la cave, et c'est cette vaporisation qui maintient la basse température qu'on y observe. Une cave de Roquefort est une sorte de cheminée renversée dont le foyer est à une température inférieure à celle de l'air extérieur. De là appel d'air vers l'intérieur, de là ces courants assez forts pour éteindre les lumières que l'on introduit dans les caves, et qui suffisent pour déterminer une évaporation rapide de l'eau qui en humecte les parois.

Tous les faits que nous avons eu l'occasion d'observer, s'accordent pour confirmer l'exactitude de l'explication que nous proposons, et qui nous paraît donner la véritable raison de cette basse température qui constitue, à proprement parler, le seul mérite de ces caves, dont l'industrie a su tirer un si heureux parti. C'est en effet dans ces conditions de froid et d'humidité qu'un mycoderme, le *penicillium glaucum*, se développe avec la plus grande énergie et fait subir au caséum les modifications importantes que nous aurons bientôt à signaler.

Le sol du Larzac convient très-bien à l'éducation de l'espèce ovine; aussi élève-t-on dans ce pays un grand nombre de troupeaux de brebis dont le lait est transformé en fromage. Quelques cultivateurs des environs de Roquefort, ayant eu occasion de déposer leurs fromages dans ces caves froides, remarquèrent qu'ils avaient acquis une qualité supérieure lorsqu'ils y avaient séjourné pendant un temps suffisant. De là est née une industrie qui n'est pas sans importance, et ces caves, qui ne sont en réalité que de simples accidents du sol, sont devenues des manufactures importantes dans lesquelles s'élaborent chaque année plusieurs milliers de kilogrammes de fromage, qui s'exportent dans toutes les parties de la France et même à l'étranger, ce qui leur a donné une valeur telle, que leur prix de location est généralement supérieur à celui d'un hôtel à Paris.

Disons quelques mots du travail préparatoire que l'on fait subir au caséum avant de l'abandonner à l'action des mycodermes qui doivent le transformer. Le fromage est apporté au propriétaire de la cave par le cultivateur, qui l'a obtenu en faisant cailler le lait de ses brebis. Ce fromage est formé presque exclusivement de caséum, sauf peut-être une quantité de 2 pour 100 environ de matère grasse, qui n'est autre que du beurre qui a été entraîné mécaniquement pendant la coagulation du caséum. Cependant il arrive quelquefois que les propriétaires des caves, comme s'ils avaient l'instinct que les transformations que doit subir ce caséum sont le résultat du développement des mycodermes, remettent à l'agriculteur une certaine quantité de ces moisissures vertes qui se produisent sur le pain de seigle abandonné pendant quelque temps dans un lieu humide, afin de les introduire dans la pâte du fromage qu'ils contribuent à modifier, tout en lui donnant une marbrure verte que l'on aime assez à y rencontrer. Cependant, cette introduction d'un végétal mycodermique dans l'intérieur du fromage n'a pas toujours lieu, et elle n'est pas indispensable, car le véritable agent modificateur du caséum est le *penicillium glaucum*, qui se développe avec rapidité dans l'intérieur de ces caves froides et obscures et qui, à lui seul, peut opérer la transformation désirée.

La première opération que l'on fait subir au caséum qui arrive de la ferme consiste à le saler. Une partie de la cave est réservée à la mise en pratique de cette manipulation, puis le fromage est travaillé et réduit en pains de quatre à cinq livres auxquels on donne la forme de cylindres aplatis de deux à trois décimètres d'épaisseur.

Lorsque le fromage a séjourné pendant un temps suffisant dans le saloir, on le retire de cette partie de la cave pour le placer sur des étagères disposées dans les parties les plus fraîches de la cave. Les fromages déposés de champ sur ces étagères et à une certaine distance les uns des autres, ne tardent pas à être envahis par le *penicillium* qui, en se développant à leur surface, y forme une végétation blanche qui ressemble au plus beau duvet de cygne. Au bout de quelques jours, ce mycoderme a accompli les diverses phases de son existence, et les spores noires qui viennent se fixer aux extrémités de ses petits rameaux apprennent au fabricant que le végétal a atteint le terme de son existence. Alors des ouvrières, armées d'un râcloir, enlèvent cette première végétation et mettent ainsi le fromage à nu, ce qui permet à de nouveaux individus de se développer, lesquels ne tardent pas à subir le même sort. C'est ainsi que, dans l'espace de deux mois environ, on renouvelle de six à sept fois la surface du fromage, et six ou sept générations du même mycoderme trouvent ainsi, dans le caséum, les aliments nécessaires à leur développement. Mais à mesure que le caséum se transforme, il devient de moins en moins propre à la nourriture du penicillium, dont les dernières générations sont bien moins vigoureuses que celles qui se sont produites en premier lieu. Aussi, après deux mois de séjour dans les caves, le fromage, transformé, ne paraît plus convenir au développement du *penicillium*, et ce dernier est remplacé par deux autres végétaux mycodermiques dont l'un, de blancheur de neige, forme de petites houppes soyeuses et constitue un végétal du genre *ascophora*, tandis que l'autre, de couleur orange, apparaît de distance en distance sous forme de petites plaques. L'apparition de ces deux productions mycodermiques apprend au fabricant que la transformation qu'il a cherché à obtenir est accomplie et que, suivant l'expression consacrée, *le fromage est mûr*.

C'est actuellement que nous allons examiner le fromage de Roquefort, et suivre pas à pas les transformations que subit le caséum depuis le moment de son introduction dans les caves jusqu'à celui où il est livré à la consommation. Nous compléterons cette étude en examinant les modifications que le fromage éprouve lorsqu'il a été conservé hors des caves pendant une année environ.

Nos premières recherches ont dû se porter naturellement sur le caséum tel qu'on l'apporte aux caves, et, dans le but de connaître les modifications qu'il y subit, nous fîmes choix d'un de ces fromages qu'on nous signala comme étant d'excellente qualité et dont le poids était de 4 kilogrammes environ. Nous le divisâmes en quatre fragments égaux, dont le premier fut réservé à l'étude de la matière première. Les trois autres fragments furent livrés aux ouvrières, préparés à la manière ordinaire et placés dans les caves. Le fragment n° 2 en fut retiré au bout d'un mois de séjour, et les fragments n° 3 et n° 4 y restèrent un mois de plus. Enfin, le fragment n° 4 fut conservé sous cloche pendant une année, et ce ne fut qu'au bout de ce temps que nous l'examinâmes dans le but de constater les modifications que l'air avait fait éprouver à la matière grasse.

Le fragment n° 1, qui représentait la matière première du fromage, fut examiné avec soin par nous : il présentait une légère réaction acide qui était due à la présence de l'acide lactique. Traité par un mélange d'alcool et d'éther, nous pûmes en retirer une petite quantité de matière grasse qui représentait les 0.02 du poids du fromage, et qui n'était autre que du beurre entraîné mécaniquement pendant la préparation du fromage; enfin, le caséum, base essentielle de ce fromage, nous a donné à l'analyse la même composition que celle qui a été assignée par MM. Dumas et Cahours à la caséine ordinaire. En un mot, 100 grammes de fromage de Roquefort, avant leur introduction dans les caves, pouvaient être représentés par :

Caséum	85.43
Matière grasse	1.85
Acide lactique	0.88
Eau	11.84
	100.00

Au bout d'un mois de séjour dans les caves, ce fromage avait complétement changé d'aspect, il avait déjà pris l'apparence d'un corps gras, il tachait le papier sur lequel on l'avait déposé; sa saveur commençait à être douce et agréable, son odeur à peine sensible. 100 grammes de ce fromage soumis à l'analyse m'ont donné les résultats suivants :

Caséum	61.33
Matière grasse	16.12
Chlorure de sodium	4.40
Eau	18.15
	100.00

D'après ces résultats, il nous paraît bien démontré que le séjour du fromage dans l'intérieur des caves a pour effet d'augmenter la matière grasse qu'il contient, et cela dans une proportion fort considérable. Ce qu'il y a de remarquable, c'est que cette matière grasse a la plus grande analogie avec le beurre, étant formée de margarine et d'oléine à peu près dans les mêmes proportions qui constituent le beurre.

Le fragment de fromage n° 3, que nous avons laissé séjourner pendant deux mois dans l'intérieur des caves, possédait toutes les qualités qu'il est susceptible d'acquérir; il était devenu ce qu'on nomme, industriellement parlant, un fromage de bonne qualité. Il était onctueux au goût et présentait, lorsqu'on le coupait au couteau, un aspect gras. Le caséum ne se divisait plus en fragments, et il tachait d'une manière permanente le papier sur lequel on le déposait. Il possédait d'ailleurs une faible odeur que nous n'avions pas remarquée dans le fromage qui n'avait séjourné qu'un mois dans l'intérieur des caves.

Ce fromage, soumis à l'analyse, nous a donné les résultats suivants :

Caséum	43.28
Matière grasse	32.31
Acide butyrique	0.67
Chlorure de sodium	4.45
Eau	19.16
	99.86

D'après ces résultats, il ne peut y avoir de doute : de la matière grasse s'est formée aux dépends du caséum pendant le séjour de deux mois qu'il a fait dans l'intérieur de la cave; mais avant de discuter la manière dont nous concevons que cette substance a pu se former, cherchons à en bien préciser la nature. Pour cela, nous avons opéré de la manière suivante :

La matière grasse dissoute dans l'alcool bouillant a abandonné, par le refroidissement, de petits cristaux d'une matière blanche qui, purifiée par plusieurs traitements à l'alcool, a fini par fournir des cristaux à l'aspect nacré, et qui étaient formés de margarine pure. En effet, leur point de fusion était à 41 degrés, et, soumis à une température élevée, ils se décomposent en donnant naissance à de l'acroléine. Par la saponification, on obtient un acide gras cristallisé, en petites lames brillantes fusibles à 60 degrés. Ces caractères étaient assez précis pour nous prouver que la substance grasse qui s'est formée aux dépens du caséum est en partie composée de margarine; mais nous avons cru devoir nous en assurer encore mieux en faisant l'analyse élémentaire de cette substance, dont les résultats sont venus confirmer nos prévisions.

L'alcool dans lequel avait cristallisé la margarine a été évaporé au bain-marie et a laissé comme résidu une huile légèrement jaunâtre, d'une saveur douce et onctueuse, qui était liquide à la température ordinaire. Cette huile, soumise à l'action de la chaleur, se décompose vers 260 degrés, en donnant naissance à des vapeurs d'acroléine. La composition de cette huile, déterminée par l'analyse, nous a appris que c'était de l'oléine.

Ces résultats nous ont appris que la matière grasse contenue dans le fromage de Roquefort est un mélange de margarine et d'oléine, dans lequel le premier de ces corps domine; car, sur 32.3 de parties grasses contenues dans ce fromage, nous avons obtenu 18.3 margarine et 14 oléine.

Nous avons dit que le fromage, au sortir de la cave, possédait déjà une légère odeur que nous avons reconnu provenir d'une petite quantité d'acide butyrique qui s'était produit, sans doute, par l'action de l'oxygène de l'air sur l'oléine; c'est ce dont nous nous sommes assuré de la manière suivante : l'eau dans laquelle nous avions fait bouillir le fromage de Roquefort, dans le but d'en séparer la matière grasse, a été filtrée, puis saturée par de l'eau de baryte; il s'est produit un précipité qui a été lavé à froid par l'alcool, puis décomposé par l'acide sulfurique. Par la distillation, on a obtenu un corps volatil d'une odeur assez forte et qui rappelle celle qui communique au fromage cette senteur que nous avons signalée. Cet acide, concentré dans le vide de la machine pneumatique, n'a point cristallisé; soumis à l'analyse, il nous a offert la composition de l'acide butyrique.

Du résultat de ces expériences, nous concluons que le caséum qui a séjourné pendant deux mois dans l'intérieur des caves de Roquefort s'est transformé, en partie, en une matière grasse qui est un mélange d'oléine et de margarine, en même temps qu'il s'est produit une petite quantité d'acide butyrique.

D'après nos analyses, 100 grammes de fromage de bonne qualité seraient représentés dans leur constitution par :

Caséum	43.28
Margarine	18.30
Oléine	14.00
Acide butyrique	0.67
Sel marin	4.45
Eau	19.30
	100.00

Ce qu'il y a de remarquable, c'est cette coïncidence singulière qui fait que les corps gras qu'on rencontre dans le beurre sont formés eux-mêmes de margarine et d'oléine à peu près dans les mêmes proportions où on les retrouve dans le fromage de Roquefort, ce qui porterait à croire que les matières grasses que l'on rencontre dans le beurre se sont produites dans l'économie aux dépens du caséum et à la suite de réactions analogues à celles qui, dans les caves, ont donné naissance à la matière grasse que l'on trouve dans le fromage.

Le fromage de Roquefort conservé pendant quelque temps au contact de l'air éprouve dans sa nature des modifications profondes. Sa couleur ne tarde pas à s'altérer, du blanc il passe au brun et prend une odeur de plus en plus forte et caractéristique. Sa saveur change aussi complétement de nature : à l'origine, elle était douce et onctueuse; avec le temps, elle devient excessivement forte et piquante. Il était important de rechercher la cause de ces modifications, et c'est dans ce but que nous avions réservé notre fromage n° 4, que nous avons conservé pendant une année sous une cloche de verre où l'air avait accès et où les insectes avaient peine à pénétrer. Ce fromage, dont la teinte est devenue d'un gris brun, avait acquis l'odeur forte et la saveur cuisante que nous venons de signaler. Traité pendant quelque temps par l'eau bouillante, puis abandonné au refroidissement, il s'est formé à la surface du liquide une couche de matière grasse qu'il a été facile de séparer, et dans laquelle nous avons encore constaté la présence de la margarine et de l'oléine, mais cette dernière en faible quantité. Dans l'eau, qui avait pris une teinte légèrement jaunâtre, nous avons trouvé en dissolution des sels ammoniacaux dont les acides étaient des corps gras, tels que les acides butyrique, caprique, caproïque, caprilique. Nous sommes parvenu à séparer ces différents acides les uns des autres en faisant usage d'une méthode qui a été indiquée par M. Lerch, et qui consiste à profiter de la différence de solubilité dans l'eau que possèdent les sels de baryte formés par ces acides.

En résumé, la composition du fromage de Roquefort qui a séjourné pendant un an hors des caves doit être représentée dans sa constitution de la manière suivante :

Caséum	40.23
Margarine	16.85
Oléine	1.48
Butyrate d'ammoniaque	5.62
Caproate d'ammoniaque	7.31
Caprylate d'ammoniaque	4.18
Caprate d'ammoniaque	4.21
Chlorure de sodium	4.45
Eau	15.16
	99.49

Nous sommes donc autorisé à dire que l'on trouve dans le fromage de Roquefort qui a été conservé pendant une année au contact de l'air, indépendamment de la margarine et de l'oléine, tous les produits de l'oxydation de cette dernière substance, et comme l'oléine qui se trouvait dans le fromage frais a presque entièrement disparu, il faut en conclure que les acides butyrique, caprique, caprylique, caproïque sont les résultats de l'oxydation qu'a éprouvée cette substance. Tous ces acides se retrouvent également dans le beurre qui a vieilli, mais avec cette différence que, dans le fromage de Roquefort, ils sont saturés par de l'ammoniaque, et ce sont ces sels ammoniacaux qui donnent au fromage une saveur si différente de celle du beurre rance, dont les acides sont pourtant les mêmes, mais qui ne sont point saturés par une base.

A l'époque où M. Chevreul fit son célèbre travail sur les corps gras, il s'occupa de l'étude du beurre, et trouva dans le beurre rance les acides butyrique, caprique et caproïque. Malgré l'état d'imperfection dans lequel se trouvait alors l'analyse chimique, cet habile chimiste sut parfaitement distinguer ces acides et, en fit même une étude fort complète. Depuis lors, un grand nombre de chimistes se sont occupés du même sujet; nous citerons en particulier M. Lerch, qui, après avoir saponifié le beurre, le distille avec un excès d'acide sulfurique faible, et parvient ainsi à obtenir jusqu'à cinq acides volatils, qui sont les acides butyrique, caproïque, caprique, caprylique et vaccinique.

M. Bromeis a étudié également la constitution du beurre et y a trouvé, indépendamment de la margarine et de l'oléine, de l'acide butyrique. On voit, d'après la concordance de ces résultats avec ceux que nous avons obtenus nous-mêmes, qu'il faut attribuer à l'oléine le rancissement du beurre, comme indubitablement c'est à l'oxydation de cette substance qu'il faut attribuer la production des différents acides dont nous venons de constater la présence dans le fromage de Roquefort. La seule différence qui paraît exister c'est que, dans le beurre, ces acides sont à l'état de liberté, tandis que dans le fromage, ils sont combinés à l'ammoniaque. C'est particulièrement au caprate d'ammoniaque que le fromage de Roquefort, qui a vieilli, doit cette saveur piquante qui lui est particulière.

Nous croyons avoir établi que le caséum se transforme dans l'intérieur des caves de Roquefort, en une substance grasse ayant la plus grande analogie avec le beurre, puisqu'elle se compose de margarine et d'oléine associés a peu près dans les proportions où on les retrouve dans cette dernière substance. Il nous reste à démontrer que cette transformation a lieu sous l'influence de la végétation mycodermique qui se développe à la surface du fromage.

Nous avons déjà eu l'occasion de dire, qu'à peine le fromage est-il placé dans l'intérieur de la cave, qu'il se recouvre d'un duvet blanc et soyeux, formé par les expansions d'un végétal mycodermique du genre *penicillium*, et c'est évidemment à ce végétal qu'est due la tranformation qu'éprouve le caséum. En effet, elle ne s'observe pas lorsque le développement du mycoderme n'a pas lieu, et elle se produit au contraire d'autant plus rapidement que la végétation est plus abondante. On juge dans le pays de la bonté d'une cave par la rapidité et l'abondance avec laquelle le végétal se développe, et comme c'est particulièrement à la surface du fromage que se porte son action, il arrive bientôt un moment où la transformation du caséum est complète et qu'il ne trouve plus les éléments nécessaires à sa nourriture. Alors il cesse de se produire et le fabricant, considérant le fromage comme parvenu à son point de maturité, le retire de la cave pour le livrer à la consommation.

En examinant la nature du caséum, il est facile de se rendre compte du mode de transformation qu'il a dû éprouver de la part du végétal mycodermique pour se transformer en matière grasse. Le mycoderme a besoin de s'approprier de l'ammoniaque, de l'eau et du carbone. Or, il emprunte ces divers principes au caséum qui, perdant ainsi une partie de ses éléments, associe les autres de manière àen former de la matière grasse. Si, en effet, on retranche du caséum, dont la composition peut être représentée par la formule $C^{48} H^{36} Az^6 O^6$, l'azote à l'état d'ammoniaque, on obtient le composé représenté par la formule $C^{48} H^{18} O^6$, qui calculée en centièmes donne les résultats suivants :

$$\begin{array}{ll} \text{Carbone} & 81.35 \\ \text{Hydrogène} & 5.08 \\ \text{Oxygène.,} & 13.57 \\ \hline & 100.00 \end{array}$$

Substance dont la composition ne s'éloigne pas beaucoup de celle des corps gras, et si nous admettons que 38 équivalents de carbone, 8 d'hydrogène et 4 d'oxygène ont été empruntés à cette même substance pour les besoins de la nutrition du végétal, nous retombons sur le composé, dont la formule $C^{18} H^{10} O^2$, représente la composition de la margarine.

Or, pour démontrer que les choses se passent ainsi que nous venons de le dire, il faut faire l'analyse du végétal mycodermique, et comme il n'a pu emprunter le carbone et l'azote qu'il contient qu'au caséum sur lequel il s'est développé, on doit retrouver dans sa constitution ces deux corps associés dans les rapports de 6 équivalents d'azote contre 38 équivalents de carbone, ou en poids dans le rapport de 21 à 57. Or, voici les résultats que nous avons obtenus : Le végétal mycodermique, enlevé de la surface du fromage avec les précautions nécessaires pour ne pas entraîner avec lui de caséum, a été desséché dans une étuve à 100°. L'azote a été déterminé par la méthode de MM. Will et Warrentropp, modifiée par M. Peligot, et nous a donné les nombres suivants :

$$\begin{array}{ll}
\text{Carbone}\dots\dots\dots\dots\dots\dots\dots & 62. \\
\text{Hydrogène}\dots\dots\dots\dots\dots\dots\dots & 7.40 \\
\text{Azote}\dots\dots\dots\dots\dots\dots\dots\dots & 23.16 \\
\text{Oxygène}\dots\dots\dots\dots\dots\dots\dots & 6.98 \\
\hline
& 100.00
\end{array}$$

On voit d'après ces résultats, qui peuvent être représentés par la formule $C^{58}\,H^{28}\,Az\,{}^{6}O^{4}$, que non-seulement le carbone et l'azote se trouvent dans les rapports que nous avons signalés, de 57 à 21, mais encore que le végétal ne paraît avoir emprunté qu'à la substance sur laquelle il se développe, les éléments qui entrent dans sa constitution.

Nous avons dit, en commençant, qu'à la question dont nous nous occupons se rattache une foule de phénomènes, lesquels se produisent également sous l'influence des forces vitales, et qui peuvent trouver une explication d'après ce que nous avons vu se produire sous l'influence des forces analogues. Nous savons, en effet, que les matières grasses sont destinées à être brûlées dans l'acte respiratoire, et lorsque, par une cause quelconque, nos aliments ne peuvent fournir ces principes à l'organisation animale, cette dernière s'affaiblit et ne tarde pas à se détruire. Si un animal est privé pendant quelque temps de nourriture, son amaigrissement est si rapide, qu'on est porté à croire que ses tissus ont été brûlés par l'oxygène de l'air. On pourrait admettre aussi que, dans ces conditions, une partie des tissus qui composent ses organes se sont changés en matière grasse, et que c'est cette dernière qui a été attaquée par l'oxygène. Ce qui porterait à admettre cette explication, c'est l'observation faite sur les animaux hybernants, lesquels accumulent, pour l'époque à laquelle ils vont être plongés dans leur sommeil léthargique, un amas considérable de graisse, qui doit servir à leur respiration tout le temps pendant lequel ils sont privés de nourriture. La facile oxydabilité de l'oléine, et la résistance énergique qu'opposent à l'action de l'oxigène les tissus et les muscles, rend cette hypothèse très-vraisemblable. Ne serait-ce pas un changement analogue qui se produit dans les muscles des cadavres enfouis dans le sol, et la formation du gras de cadavre, ne serait-elle autre chose que la transformation de la fibre musculaire en matières grasses sous l'influence de causes analogues à celles que nous avons signalées. La transformation observée du caséum en oléine et margarine rend cette hypothèse fort probable et, ce qui la change presque en certitude, c'est que nous avons conservé, pendant plusieurs années, du fromage de Roquefort renfermé dans des vases hermétiquement clos, et au bout de ce temps, ce fromage présentait l'apparence oléagineuse d'une matière grasse, souillée par ces produits humiques qui résultent de l'altération des matières azotées.

Enfin, il est une dernière circonstance dans laquelle la production de matières grasses paraît se produire aux dépens des matières albumineuses et dans des circonstances analogues à celles que nous avons mentionnées.

Nous avons observé depuis longtemps, que dans toute fermentation il y a production d'une certaine quantité de matière grasse. Or, on sait aujourd'hui que toute fermentation est le résultat du développement d'un mycoderme qui a besoin, pour se nourrir, d'être mis en présence d'une matière azotée. N'est-on pas en droit d'admettre, d'après ce que nous avons exposé, que c'est la matière albumineuse qui, après avoir cédé au végétal une partie de ses éléments, associe les autres sous forme de matière grasse. N'est-il pas également probable que la glycérine et l'acide succinique, qui ont été découverts par M. Pasteur dans les produits de la fermentation alcoolique, proviennent du dédoublement d'une matière grasse, la succinine sous l'influence des forces vitales qui ont déterminé la transformation du sucre en alcool et acide carbonique.

(La suite à un prochain numéro.)

RECHERCHES NOUVELLES
SUR
LA CONSERVATION DES MATÉRIAUX DE CONSTRUCTION.

Par M. F. Kuhlmann.

Dans mes précédentes recherches sur le durcissement des pierres et la conservation des matériaux de construction, je me suis appliqué exclusivement à faire pénétrer dans les pierres poreuses et dans les enduits en plâtre ou en mortier à la chaux des substances minérales pouvant faire corps avec la pierre ou les enduits. Entre toutes les combinaisons chimiques inaltérables et susceptibles d'en augmenter la dureté, la substance qui m'a paru mériter la préférence est le silicate de potasse.

Mais de ce que cet agent est d'une efficacité générale, il n'en saurait résulter qu'il n'y ait pas des circonstances où son action se trouve en partie paralysée par des causes dépendantes de la nature même des matériaux ou des conditions où ils se trouvent placés au moment de son application.

C'est ainsi que l'expérience a démontré que lorsque la silicatisation est appliquée à d'anciennes constructions, son efficacité peut être incomplète, s'il existe déjà dans les murs un commencement d'altération développée sous l'influence d'émanations ammoniacales et d'une constante humidité. Dans ces cas, les couches extérieures des enduits de murailles, quoique durcies par la silicatisation, sont repoussées et finissent par se détacher par la formation de cristallisations nitrières, et l'altération continue à faire des progrès.

L'expédient qui m'a le mieux réussi dans ce cas pour les murailles de briques en particulier, consiste à enlever tout l'enduit ou plâtrage, à gratter profondément les joints en mortier, et, après avoir chauffé par l'approche d'une grille mobile chargée de coke en combustion les parties de mur à protéger contre une altération ultérieure, à les imbiber, au moyen d'une brosse ou par projection, de brai provenant de la distillation de la houille et appliqué aussi chaud que possible.

Après le refroidissement, les parties de mur revêtues de brai peuvent être recouvertes d'un nouveau plâtrage qui adhère parfaitement bien et auquel la silicatisation assure les meilleures conditions de dureté et d'inaltérabilité.

Le goudron de gaz est devenu dans nos villes du Nord d'un usage fréquent pour protéger contre l'humidité extérieure le soubassement des constructions ; mais on ne peut empêcher ainsi l'eau de s'élever par la capillarité dans les parties centrales.

Dans mes fabriques de produits chimiques, je fais un emploi plus général encore du goudron ; je l'applique à chaud sur tous les murs extérieurs des fours à décomposer le sel, à brûler les pyrites, à concentrer l'acide sulfurique, etc., et j'imprègne, par immersion, de goudron bouillant, les tuiles destinées à la couverture des ateliers, de ceux surtout où il se produit des émanations acides.

En Angleterre, dans les fabriques de soude où l'acide chlorhydrique est généralement condensé dans des cheminées ou tours prismatiques renfermant du coke constamment humecté par un filet d'eau, les dalles en pierre qui servent à la construction de ces tours, lorsqu'elles sont poreuses, sont imprégnées par immersion de goudron chaud avant d'être mises en place.

Dans d'autres circonstances, le goudron a servi à colorer en noir des carreaux en poterie poreuse.

Si dans certains cas où, pour conserver les murs de l'altération, les matières minérales sont difficilement applicables, on ne saurait s'adresser à des matières organiques moins altérables que les résines et les bitumes, dont les anciens avaient fait la base de leurs procédés de conservation des cadavres, et qui forment, de même que la houille, un point d'arrêt à la décomposition des matières organiques.

L'efficacité d'enduits gras ou résineux, même superficiels, contre l'action destructive des vents de mer entraînant avec eux de l'eau salée, m'a été révélée, l'été dernier, à l'occasion de l'examen des progrès rapides de l'altération d'un grès poreux qui a servi à construire la chapelle Sainte-Eugénie, sur les bords de la mer, à Biarritz. Des pierres de cette chapelle, dont la construction ne remonte qu'à 1858, sont, sur les points les plus exposés aux vents de mer, profondément corrodées; mais, et j'ai remarqué cette particularité sur les pierres qui, avant d'être mises en place, avaient été numérotées avec de la couleur noire à l'huile, les parties couvertes de couleur ont été protégées contre l'altération, de telle sorte qu'aujourd'hui les numéros se présentent avec un relief considérable et d'une grande netteté.

L'exemple de ces chiffres en relief, où la conservation de la pierre n'a été assurée que par une application superficielle de matière grasse ou résineuse, m'a fait penser que, dans une infinité de circonstances, les bitumes et les résines pourront utilement intervenir pour augmenter la durée de nos constructions ou de nos ornements en sculpture, si, au lieu de les appliquer superficiellement, on fait pénétrer ces corps profondément dans l'intérieur des pierres sans altérer leur surface, comme je l'ai recommandé pour les applications de matières minérales.

J'ai fait de nombreux essais pour m'assurer de la possibilité de cette pénétration en me servant de brai provenant de la distillation du goudron de gaz; c'est une matière dont la production est très-considérable, d'un prix très-peu élevé (4 à 5 fr. les 100 kilogr.), et qui sert aujourd'hui presque exclusivement à faire des briquettes combustibles par l'agglutinage de menue houille.

Je fais bouillir, sans pression autre que celle de l'atmosphère, les pierres brutes ou sculptées, les briques, objets façonnés en terre cuite ou même en argile seulement raffermie à l'air, pouvant former une poterie sans cuisson ni vernis, dans des chaudières en tôle ou en fonte, et j'obtiens ainsi la pénétration de ces matériaux de brai à une très-grande profondeur, avec une augmentation considérable de dureté et une parfaite imperméabilité, propriétés qui les rendront essentiellement aptes aux constructions des soubassements de nos habitations, aux travaux hydrauliques et particulièrement à ceux exposés à l'eau ou aux vents de mer (1). J'ai formé aussi avec du brai et des substances minérales en poudre des pâtes plus ou moins fusibles à chaud, suivant qu'il entre une plus ou moins grande quantité de brai dans leur composition, et qui sont susceptibles d'être moulées avec ou sans compression, en briques ou dalles ou en ornements d'architecture de toute forme.

La matière dont l'incorporation m'a donné les meilleurs résultats est l'oxyde de fer résultant de la combustion des pyrites, et qui, aglutinée avec un quart de son poids de brai, donne une pâte qui, refroidie, présente une dureté et une sonorité remarquables.

Je n'ai pas besoin d'insister sur des applications fréquentes que ces pâtes artificielles et imperméables à l'eau peuvent trouver dans nos constructions hydrauliques, celles surtout baignées par l'eau de mer, où l'expérience a démontré que tous les ciments éprouvent en peu de temps de plus ou moins grandes altérations.

Ces matériaux, assemblés avec du brai fondu ou mis en œuvre de la même manière que les argiles dans les constructions en pisé, formeront des monolithes dont il serait important de faire un essai dans quelque grand travail de nos ports.

(1) Engagé par M. le général Tripier, à l'occasion d'une inspection qu'il fit à Lille, à rechercher un moyen de garantir contre une prompte altération les murs de revêtement en briques de nos fortifications, j'eus d'abord recours à un vernissage de la face de ces briques destinée à être exposée à l'air. A cette méthode trop dispendieuse, je crois pouvoir proposer avec confiance l'emploi de briques bituminées, s'opposant à la nitrification et à la végétation à leur surface.

Les parties de nos matériaux de construction ou d'ornementation pour lesquels l'application de dissolutions siliceuses a le plus laissé à désirer sont ceux en plâtre ; et cela, parce qu'au moment même du contact il y a échange d'acide et qu'il se forme un silicate gélatineux qui produit à la surface du plâtre un enduit imperméable empêchant la silice de pénétrer dans le centre. Cela n'a pas lieu pour les pierres calcaires, et même l'albâtre, où l'isolement de la silice ou ses combinaisons avec la base calcaire s'effectue très-lentement. Les enveloppes siliceuses produites sur le plâtre moulé par le silicate de potasse présentent, en outre, l'inconvénient, lorsqu'elles sont produites par des dissolutions concentrées, de se fendiller et de se détacher en écailles.

L'application des substances bitumineuses à la conservation des plâtres devait donc fixer toute mon attention, et je suis heureux d'avoir pu constater que la constitution chimique du plâtre, au lieu d'être un obstacle, comme dans la silicatisation, au durcissement et à l'inaltérabilité de ce corps, en assure, au contraire, la plus entière réalisation. En effet, non-seulement le brai fondu pénètre dans le plâtre à la faveur de sa grande porosité, de même qu'il s'infiltre entre les molécules des pierres calcaires ou siliceuses friables et en détruit la perméabilité, mais il vient encore prendre la place de l'eau d'hydratation au fur et à mesure qu'elle s'échappe lorsque les objets en plâtre moulé sont plongés dans un bain de brai fondu dont la température peut être élevée sans inconvénient jusqu'à 400°, bien que l'eau d'hydratation du plâtre commence à s'échapper de 110 à 120° (1).

On se rend facilement compte de l'expulsion de l'eau d'hydratation dans ces circonstances, ce qui était difficile à espérer ; et ce que la réaction présente d'intéressant au point de vue scientifique, c'est que les objets de plâtre moulé conservent sans la moindre altération la forme qu'ils ont reçue par le moulage et que la substitution du brai à l'eau s'est produite à de grandes profondeurs lorsque les ornements ou statues en plâtre restent un temps suffisant plongés dans le brai bouillant.

J'ai obtenu une confirmation bien éclatante de cette substitution moléculaire par la transformation des cristaux de sulfate de chaux hydratés naturels en une matière d'un noir éclatant, ayant la même forme cristalline et dans laquelle l'eau de cristallisation est remplacée par du brai. C'est un exemple très-remarquable de pseudomorphisme.

J'ai démontré dans un travail sur les éthers, publié en 1841, que l'alcool et l'éther sulfurique pouvaient former de même que l'eau des combinaisons cristallisables avec certains acides et des chlorures anhydres ; mais il est difficile d'admettre que quelque chose d'analogue ait lieu pour le plâtre ; car ce n'est pas seulement le brai qui, sans altérer la forme cristalline du gypse, peut se substituer à son eau d'hydratation, mais aussi d'autres matières résineuses ou grasses. L'acide stéarique est de ce nombre. Lorsque, au lieu de fondre l'acide stéarique au bain-marie, comme cela se pratique aujourd'hui, pour y plonger les figurines de plâtre moulé et les imprégner superficiellement de cet acide gras, on chauffe le bain d'acide stéarique à 150 ou 200°, on s'aperçoit facilement que l'eau d'hydratation est expulsée par un grand bouillonnement dû à l'échappement de la vapeur d'eau à travers le liquide réagissant.

Il s'agit donc, dans mon opinion, d'une simple infiltration déterminée par le vide qui force l'eau d'hydratation, au fur et à mesure de son élimination, mais d'une infiltration ou pénétration intime, qui se fait dans des conditions telles que le corps cristallin ne cesse pas d'avoir sa force, et acquiert une plus grande consistance, ce qui n'a pas lieu lorsque l'eau d'hydratation est chassée par la chaleur seulement. Il faut, en effet, que cette pénétration, quoique résultant exclusivement d'une action physique, soit bien intime, car des lavages

(1) S'il s'agit de faire pénétrer du brai dans du bois ou d'autres matières organiques poreuses, la température doit s'arrêter à 150 ou 160 degrés. D'ailleurs, le brai ne pénètre pas dans le bois à la même profondeur que dans le plâtre ou les pierres poreuses.

très-fréquents avec de l'éther et de la benzine enlèvent incomplétement tout le brai aux cristaux, si bien pulvérisés qu'ils soient.

Ma manière d'envisager le phénomène observé paraît d'autant plus admissible, que le nombre des corps qui peuvent ainsi se substituer à l'eau est très-considérable. On serait cependant dans l'erreur si l'on pensait que tous les corps liquides n'exerçant sur le plâtre aucune action chimique et qui peuvent être présentés liquides au plâtre hydraté à une température suffisante pour chasser l'eau de cristallisation, peuvent se substituer à cette eau, comme le brai, l'acide stéarique, l'huile, etc... Il faut, pour que cette substitution puisse avoir lieu, que le liquide en question puisse en quelque sorte *mouiller* le plâtre; car il m'a été impossible de substituer à l'eau d'hydratation le soufre et le mercure.

J'ai démontré d'ailleurs dans un travail sur les épigénies qu'il existe des exemples nombreux où des corps cristallisés conservent leur forme, malgré la perte d'un ou plusieurs de leurs principes constitutifs. C'est ainsi que j'ai transformé du peroxyde de manganèse en protoxyde et en oxyde intermédiaire; de l'oxyde de cuivre et du carbonate de plomb naturel en cuivre et en plomb; du formiate de plomb en sulfure, toujours en conservant aux corps nouveaux les formes cristallines des corps qui leur ont donné naissance, avec de simples modifications apportées à leur porosité; c'est encore ainsi, comme je l'ai démontré récemment, que des cristaux d'acerdèse peuvent être transformés en hausmannite, sans altération de leur forme.

Quoi qu'il en soit, la substitution du brai à l'eau d'hydratation du plâtre moulé, de l'albâtre gypseux et des cristaux isolés de sulfate de chaux, fixera l'attention des géologues et des cristallographes, et il n'est pas impossible qu'une étude plus approfondie de ce phénomène ne conduise à des observations nouvelles qui puissent trouver leur place dans l'histoire des révolutions du globe.

Mon opinion sur le rôle, en quelque sorte mécanique, que j'ai assigné au brai, lorsqu'il pénètre dans le plâtre moulé et se substitue à son eau d'hydratation, se trouve confirmée par les résultats suivants. Lorsque l'eau d'hydratation des matières minérales ne peut être déplacée qu'à de très-hautes températures, ou lorsque les matières sont anhydres, le brai s'infiltre seulement dans les fissures qu'elles présentent. J'ai constaté ce fait sur des échantillons de quartz, de spath d'Islande, de sel gemme, et sur d'autres minéraux anhydres et inaltérables au degré de température auquel l'opération doit avoir lieu. Lorsque les cristaux sont fibreux ou manifestement poreux, comme ceux de l'arragonite, de l'analcime, des stalactites, etc., la pénétration est plus intime. Je dois constater à cette occasion qu'une topaze et un cristal de roche dont les fissures ont été pénétrées par le brai, ont présenté, vus par transparence, sur les bords amincis de la couche de brai une couleur grenat sombre, analogue à celle qu'on remarque quelquefois sur le quartz enfumé et assez rapprochée de celle que prend le verre fondu sous l'influence de la fumée, et qui disparaît par l'addition d'un peu de salpêtre.

Il est permis cependant d'admettre aussi que cette coloration est inhérente aux propriétés du brai lorsqu'il se présente à l'état d'une couche excessivement mince. Sur un échantillon d'opale soumis pendant quelque temps à l'action du brai bouillant, j'ai pu constater qu'indépendamment de l'infiltration du brai par des fissures, la faible perte d'eau que cette pierre a subie s'est manifestée par une teinte bleue enfumée. Cette coloration de l'opale mérite de fixer l'attention des minéralogistes, car c'est la pâte elle-même qui est uniformément pénétrée de bitume et qui a pris des nuances qui pourraient être utilisées par les joailliers. Elle me semble devoir conduire aussi à des recherches nouvelles sur l'origine des matières bitumineuses qui se trouvent quelquefois engagées dans le cristal de roche. Le silex pyromaque m'a donné des résultats analogues. Lorsque ce silex est engagé dans des poudingues siliceux, la matière agglutinante plus poreuse s'imprègne facilement de brai, tandis que la couleur du silex s'assombrit faiblement. Lorsqu'on soumet à l'action du brai bouillant ou d'autres

matières résineuses ou grasses certains marbres peu compactes et veinés, de l'onyx, etc.,
des phénomènes analogues se produisent. Les modifications de couleur très-variées et la
grande consolidation que les marbres acquièrent par cette opération pourront être mises à
profit dans les travaux de décor (1).

« Ce n'est pas seulement la perte de l'eau d'hydratation qui facilite la pénétration du brai
ou d'autres corps résineux dans les matières minérales ; mais ce peut être aussi la perte des
autres principes constituants de ces matières. Ainsi, de la malachite soumise à l'action du
brai à une température graduée se transforme d'abord en une matière noire où le cuivre est
à l'état d'oxyde, et qui conserve la matière fibreuse et rubannée de la malachite. Mais la malachite, de même que l'azurite, sont réduits et se présentent à l'état métallique lorsque la
température du brai s'élève à 300° ou 350°. Le cuivre arséniaté, dans les mêmes circonstances,
est également réduit et l'arsenic est entraîné par les vapeurs que donne le brai bouillant.
Le carbonate de plomb natif est réduit à des températures moins élevées encore. Un de mes
résultats les plus nets consiste dans la transformation, au moyen du brai bouillant du bioxyde
de manganèse en protoxyde, sans altération de la forme cristalline du bioxyde, le brai
ayant pris la place de l'oxygène déplacé au profit du corps réducteur. L'oxyde de manganèse, après la réaction, ne donne plus une trace de chlore par son contact avec l'acide
chlorhydrique.

Dans toutes ces réactions, soit que le brai déplace l'eau ou quelque autre principe constituant des matières minérales, soit qu'ils n'interviennent qu'en pénétrant dans les fissures
de ces matières, il importe que la température ne soit élevée que graduellement, pour éviter
la rupture des corps soumis à son influence. Cette précaution est particulièrement nécessaire
lorsqu'il s'agit de soumettre à l'action du brai des argiles façonnées et seulement raffermies
par l'air sec ou dans des étuves, et qu'on désire par cette opération les convertir en une poterie imperméable. Lorsque la chaleur est appliquée trop brusquement, les minéraux et les
argiles façonnées sont exposés à se briser avant que le brai y ait pu pénétrer. En usant de la
précaution que je viens d'indiquer, je suis arrivé à obtenir des argiles façonnées une poterie
qui, indépendamment de l'économie extrême de sa production, se recommande par son imperméabilité, sa dureté et une grande résistance à l'action des acides. Les applications de
cette sorte de poterie à la confection des tuyaux de drainage, des tuiles, des carreaux, et à
une infinité d'autres objets usuels pour lesquels le bon marché est d'un puissant intérêt, paraissent susceptibles de se généraliser, à en juger par les résultats des premiers essais
tentés dans cette direction d'expérimentation, et que j'ai l'honneur de placer sous les yeux
de l'Académie.

MODIFICATIONS APPORTÉES A LA CONSTITUTION CHIMIQUE DES MARBRES, DES AGATES ET DE DIFFÉRENTES PIERRES EMPLOYÉES DANS LA JOAILLERIE.

La coloration artificielle de l'opale mérite de fixer l'attention des minéralogistes, car c'est
la pâte elle-même de cette pierre qui a pris des nuances qui peuvent être utilisées par les
joailliers. Elle semble conduire à des recherches nouvelles sur l'origine des matières bitumineuses qui se trouvent quelquefois engagées dans le cristal de roche.

Pour faciliter sur ce point les appréciations des minéralogistes et des géologues, j'ai cherché, par des essais chimiques, à jeter quelque jour sur la question soulevée.

(1) Dans un travail que j'ai publié en 1855, j'ai indiqué diverses méthodes de coloration des pierres poreuses par des matières minérales. On sait que d'ancienne date les artistes qui en Italie travaillent
l'agate, tirent parti de la porosité variable dans les diverses parties de cette pierre pour en modifier les
couleurs. Ils font séjourner pendant quelque temps, à une douce chaleur, les agates à colorer dans du miel,
puis attaquent par l'acide sulfurique concentré le miel, qui a ainsi pénétré dans la pierre en plus ou moins
grande quantité.

J'ai cru intéressànt pour la science de constater expérimentalement que, lorsque l'opale est injectée artificiellement par une matière bitumineuse qui lui donne les caractères physiques du quartz enfumé, il y avait entre la substance artificielle et celle naturelle une identité de composition tout au moins en ce qui concerne le principe colorant.

Il était à présumer que si les matières bitumineuses peuvent pénétrer, dans des circonstances données, par une sorte de cémentation, dans des pierres dures et leur donner l'aspect enfumé, il devait en être de même de certains corps oxygénants ayant la propriété de détruire les matières bitumineuses.

L'expérience est venue à l'appui de cette opinion, et ce qui n'était chez moi qu'une simple présomption est arrivé aujourd'hui à l'état de preuve matérielle.

L'opale enfumée artificiellement se blanchit complétement par son contact, même peu prolongé, avec du nitrate, du chlorate, ou du bichromate de potasse à l'état de fusion ignée. Le même phénomène a lieu en substituant à l'opale colorée par le brai, du quartz ou du cristal de roche enfumés, et, dans l'une comme dans l'autre circonstance, il se forme de l'acide carbonique.

D'autres quartz paraissent aussi devoir leur coloration à quelque matière organique combustible; ainsi la belle couleur violette du quartz améthyste disparaît lorsque l'on met en contact dans les mêmes circonstances ce quartz avec les corps oxydants dont j'ai donné l'énumération (1). Il en a été de même d'un quartz rose.

Après ces démonstrations, on comprendra facilement que la seule calcination au contact de l'air puisse produire des phénomènes analogues.

Au point de vue de l'imprégnation de bitume, les agates, quoique présentant moins d'eau dans leur composition, se comportent comme l'opale. Si faible que soit cette quantité d'eau, l'agate en contient assez, cependant, pour qu'en s'échappant cette eau facilite la pénétration du brai dans la pâte siliceuse. Mais le cristal de roche, la topaze, l'aigue-marine, où la silice est anhydre, ne se laissent injecter de brai que par leurs fissures.

Le bitume existe souvent d'une manière très-manifeste dans le silex pyromaque et peut en être extrait par une lessive de soude ou de potasse caustiques, chauffées sous une pression de quatre à cinq atmosphères. Le silex est ainsi blanchi de même que s'il avait été calciné au contact de l'air. L'on peut lui faire reprendre sa couleur noire au moyen du brai bouillant, et détruire de nouveau cette couleur par les divers agents d'oxydation dont j'ai fait usage dans mes expériences sur l'opale enfumée.

J'ai voulu confirmer aussi par des expériences nombreuses et concluantes une autre proposition établie dans ma communication précédente, à savoir : que l'action du brai à haute température sur les matières minérales ne se manifeste pas seulement par des infiltrations dans les fissures ou les pores de ces matières, en leur communiquant des couleurs plus ou moins sombres, mais que dans un très-grand nombre de circonstances ce brai intervient aussi comme désoxydant, et cela toujours sans altération de la forme ou diminution de la consistance des pierres.

A l'exemple déjà cité de la pyrolucite, de la malachite, de l'azurite, de l'arséniate de cuivre, il convient de joindre celui du sesquioxyde de fer.

Sous l'influence désoxydante du brai, le peroxyde de fer passe à l'état d'oxyde noir dont la dissolution dans l'acide chlorhydrique précipite en vert par la potasse et donne du bleu de Prusse par le ferrocyanide et en même temps par le ferrocyanure de potassium. Cette observation n'est pas sans importance, car l'oxyde de fer est l'un des principes colorants les plus habituels des marbres, des agates, et intervient dans la constitution d'une infinité d'autres minéraux.

---

(1) Il me reste à examiner toutefois si la décoloration dans cette circonstance ne résulte pas d'une modification de l'oxyde de manganèse, qui est considéré généralement comme le principe colorant des améthystes.

Les résultats de très-nombreuses expériences m'ont permis de constater que dans son contact à chaud avec la plupart de ces minéraux, le brai n'agissait pas seulement par infiltration, comme je viens de le dire, mais qu'il modifiait encore profondément leur composition et leur aspect physique par la réduction partielle des oxydes qu'ils renferment.

Je résumerai le plus succinctement possible, par séries et dans un ordre logique, les principaux résultats obtenus.

I. — *Pénétration uniforme du brai, sans action sur les principes constituants.*

A. Du marbre blanc de Carrare a été transformé entièrement en marbre noir très-dense et parfaitement polissable, et cela en opérant sur des fragments ayant près d'un décimètre d'épaisseur.

B. Des marbres de Sainte-Anne et de Boulogne, peu chargés d'oxyde de fer, deviennent d'un fond gris foncé avec des veines noires sur les points où la porosité a été plus grande.

C. Du marbre bleu fleuri prend également une couleur presque noire; les veines de ce marbre, dues à l'oxyde de fer, disparaissent presque entièrement, tant la couleur générale du marbre devient sombre.

D. L'opale prend une teinte enfumée bleuâtre; il en a été de même d'un quartz agate couleur de miel.

E. De même que l'arragonite fibreuse et l'analcime, des cristaux de dolomie, de spath-fluor et de feldspath ont tellement absorbé de brai, qu'on pourrait les considérer comme pénétrés uniformément dans toutes leurs parties.

II. — *Pénétration locale du brai par les fissures.*

A. Dans cette série se rangent les spaths d'Islande, le quartz hyalin, le cristal de roche, la topaze, l'aigue-marine, le quartz fibreux.

Notre confrère M. Babinet, en examinant du spath d'Islande que j'avais imbibé de brai dans les mêmes circonstances, a constaté que ce spath polarise fortement la lumière comme les cristaux biréfringents colorés.

Le rayon qui passe en plus grande abondance est polarisé dans un plan perpendiculaire à la section principale; c'est là un fait important qui mérite de fixer toute l'attention des physiciens.

B. Les concrétions siliceuses que dépose l'eau du Geyser, en Islande, entièrement blanches, acquièrent les caractères d'une agate blanche rubanée de noir, susceptible de recevoir un très-beau poli.

III. — *Pénétration du brai avec désoxydation des oxydes colorants.*

A. Dans le marbre jaune fleuri et le marbre de Sienne, colorés principalement par du carbonate de fer hydraté, la couleur jaune passe au gris et au noir sur le point où ce carbonate de fer est déposé en plus grande quantité dans la masse et y détermine des veines.

B. Le marbre onyx devient gris avec veinage très-accidenté en noir, et sa dureté augmente considérablement.

C. Les marbres rouges de Bourgogne et la griotte deviennent plus foncés; les veines blanches du marbre de Bourgogne se colorent en noir; ce dernier marbre gagne beaucoup en dureté.

D. Le portor perd ses veines dorées par la réduction du peroxyde de fer qui lui sert de principe colorant.

E. Les marbres vert des Alpes, vert d'Egypte, prennent une plus grande intensité de couleur; le marbre vert des Alpes devient plus dur et reçoit un plus beau poli; le marbre leventeau prend des couleurs plus variées et plus foncées.

F. Une agate rose, veinée de brun, a pris des nuances plus nourries; des cristaux de quartz logés au centre ont présenté un aspect éclatant avec reflets dorés. Une agate rubanée colorée n rouge, jaune et blanc, a donné des résultats analogues. Une agate blanche, veinée de violet et de gris, a donné une agate grise veinée de noir.

G. Un jaspe jaune veiné de vert a donné de magnifiques nuances noir et rouge.

H. Une brèche siliceuse.rouge, mouchetée de jaune, a pris une couleur brune mouchetée de gris.

IV. — *Désoxydation sans infiltration de brai.*

Désireux de produire par désoxydation sur les marbres et les agates des modifications de couleur non influencées par la présence assombrissante du brai, j'ai maintenu des fragments de ces pierres pendant quelque temps en contact avec du cyanure de potassium fondu, et j'ai obtenu les résultats espérés de colorations nouvelles et des plus remarquables dans toutes leurs parties. La vivacité des couleurs était. pour plusieurs agates et jaspes ainsi transformés, encore rehaussée par la couleur d'un blanc mat éclatant que, sur quelques échantillons, la perte de l'eau d'hydratation a donnée à des veines siliceuses restées transparentes et presque inaperçues dans l'état primitif.

V. — *Modifications des matières minérales naturelles par des agents oxydants.*

Entré dans la voie des réactions chimiques. j'ai fait sur les marbres, les agates et diverses pierres précieuses une série correspondante d'essais, en remplaçant le brai ou le cyanure de potassium par du nitrate, du chlorate ou du bichromate de potasse.

Ces agents d'oxydation, qui m'avaient déjà servi à démontrer l'identité du principe colorant du quartz et du silex enfumés naturels et de l'opale blanche enfumée par le brai, ou du silex blanchi et pénétré artificiellement de brai, m'ont permis de détruire le bitume qui sert de principe colorant à beaucoup de marbres.

Ainsi le marbre bleu fleuri, maintenu en contact pendant quelque temps avec du nitrate de soude fondu, devient blanc veiné de jaune. Les marbres de Sainte-Anne, les marbres des Ecaussines ont perdu par le même traitement une grande partie de leur couleur noire; mais aussi, en perdant leur principe bitumineux, ces marbres, contrairement à l'effet habituel de la bitumination artificielle. ont perdu un peu de leur dureté; cette dureté pourrait leur être rendue, toutefois, en les imprégnant de brai. Certains marbres, tels que le vert des Alpes, le vert d'Egypte, le leventeau, ont pris des couleurs plus claires très-éclatantes et des nuances nouvelles. Le marbre de Sienne a échangé sa couleur jaune en une couleur d'un rose admirablement veiné de rouge. Les pierres siliceuses qui, comme la pierre à fusil, subissent déjà l'action oxydante de l'air à une haute température, se sont décolorées avec une rapidité extraordinaire dans des bains de nitrate, de chlorate, et surtout de bichromate de potasse.

Des jaspes veinés de jaune et vert ont passé au rouge éclatant veiné de blanc.

Une calcédoine chrysoprase a perdu une grande partie de sa couleur verte, et sa translucidité a été détruite par des hydratations. On sait que cette pierre, dans l'état naturel, est assez perméable pour qu'on ait tenté souvent de lui donner frauduleusement une couleur plus foncée, en la laissant séjourner pendant quelque temps dans une dissolution de nitrate de cuivre, qui n'a aucune action sur les principes constituants de la pierre (1).

Plus les pierres soumises à mes essais étaient dures et denses, plus l'influence des agents dont j'ai fait usage s'exerçait difficilement. Les grenats et les émeraudes pâlissent, puis parfois se décolorent, mais fort lentement. Un travail récent de M. Lœvy a déjà fait soupçonner que l'émeraude pourrait devoir sa couleur à quelque matière organique.

Une tourmaline verte d'Amérique et du quartz lydien ont résisté aux agents d'oxydation et

(1) Il importe aussi de bien saisir la distance qui sépare mes transformations chimiques des applications presque superficielles sur des marbres blancs de quelques matières colorantes organiques qui s'altèrent en peu de temps et ne participent en rien à la constitution du marbre. Pour mieux varier dans l'industrie l'aspect du marbre et des agates, mes transformations peuvent se faire sur une partie seulement de leur masse, en ne plongeant pas entièrement ces pierres dans les bains oxydants ou désoxydants.

de désoxydation ; il en a été de même des rubis, et jusqu'ici mes tentatives pour détruire la couleur sombre des diamants enfumés n'ont pas été couronnées de succès. Ces pierres précieuses présentent, en raison de leur densité, une grande résistance à l'action des agents oxydants qui blanchissent rapidement le quartz, le cristal de roche enfumé et les quartz améthystes. Il importe d'ajouter que, dans le traitement du diamant, on se trouve placé entre deux écueils : celui de ne pas agir assez énergiquement pour détruire les matières colorantes accidentelles dont ils sont imprégnés et celui de brûler le diamant lui-même. Ainsi, l'action du bichromate de potasse à une température élevée donne lieu à une combustion lente du diamant, dont la surface devient rugueuse et se recouvre d'oxyde vert de chrôme qui y adhère avec une grande force et dont je n'ai pu le dépouiller que par un traitement subséquent au nitrate de potasse.

J'ai commencé des expériences dans lesquelles je cherche à remplacer une température très-élevée, qui expose à brûler le diamant, par une action prolongée à température modérée. Entré dans la voie tracée, il ne me paraît pas impossible d'arriver au but de ces dernières tentatives, dont le succès intéresserait à un haut degré la joaillerie.

Lorsque l'on fait agir le bichromate de potasse sur des opales ou des agates imprégnées de bitume, ce bichromate est également décomposé par le carbone, et les opales se teignent en vert. La seule imprégnation du bichromate de potasse et l'action subséquente d'une température assez élevée pour décomposer ce sel permet d'arriver au même résultat sans l'intervention désoxydante d'une matière bitumineuse.

VI. — *Infiltration métallique par réduction.*

La facilité avec laquelle, à une température élevée, certains liquides peuvent pénétrer dans des pierres dures, m'a conduit à imaginer un moyen d'introduire des lamelles de plomb ou d'argent dans des cristaux de roche, des topazes, etc.

A cet effet, je fais chauffer au rouge brun ces cristaux dans un bain de chlorure ou d'oxyde de plomb, ou de chlorure d'argent, et lorsque les fissures des pierres immergées sont bien imprégnées du composé métallique, je les laisse refroidir lentement pour ensuite réduire l'oxyde ou les chlorures, en plaçant les cristaux qui en sont imprégnés, enveloppés de feuilles de zinc, dans de l'acide sulfurique étendu d'eau. Dans ces circonstances, l'hydrogène naissant réduit le plomb et l'argent, d'abord à la surface, puis successivement jusqu'aux parties les plus centrales des cristaux J'ai été conduit à faire ces dernières expériences par le désir de donner une explication des infiltrations métalliques naturelles.

En général, dans mes études sur toutes ces transformations, j'ai pris pour guide les réactions qui doivent s'accomplir souvent, mais très-lentement, dans la nature et qui donnent lieu à une foule d'épigénies. Dans leur formation, les produits naturels ont dû se trouver tantôt sous des influences oxydantes ou désoxydantes; ainsi, sans faire intervenir les agents chimiques spéciaux, auxquels j'ai recours comme moyen de démonstration, nous trouvons dans l'action lente de l'air une source inépuisable d'oxygène toujours prêt à entrer en combinaison, souvent admirablement disposé à ces combinaisons par la nature poreuse des corps ou leur constitution chimique; de même il existe une cause permanente de désoxydation dans les altérations que subissent les matières organiques par la putréfaction et la présence des matières bitumineuses qui sont les produits organiques de leur décomposition.

Aussi n'est-il pas étonnant de trouver beaucoup de minéraux calcaires et siliceux plus ou moins imprégnés de bitume, et, dans ce cas, les oxydes qui peuvent les accompagner se présentent généralement au minimum d'oxydation. Ces mêmes minéraux, au contact de l'air, subissent des modifications qui consistent principalement dans la superoxydation des oxydes entrés dans leur formation. Ces effets se remarquent d'une manière démonstrative dans certains marbres, où la masse générale se trouve chargée de protoxyde noir de fer et où des crevasses ont été pénétrées subséquemment de calcaire chargé de sesquioxyde de fer d'un jaune brun.

PRÉPARATION DE L'ÉTHER IODHYDRIQUE SIMPLIFIÉE.

Dans le *Moniteur scientifique* du 15 février dernier, j'ai démontré que l'on peut préparer l'éther bromhydrique au moyen de l'acide sulfhydrique réagissant sur le brôme; il se formait de l'acide bromhydrique qui, en présence de l'alcool, produisait l'éther bromhydrique. De cette manière, on évitait l'emploi du phosphore, dont la manipulation est toujours assez dangereuse.

Il en est de même pour la préparation de l'éther iodhydrique, qui est encore plus facile que celle du premier; car l'éthérification est complète et sans résidu.

On le prépare en faisant arriver de l'acide sulfhydrique bien lavé et en excès dans un flacon contenant 1 kilogramme d'iode en solution dans 1 kilogr. 700 grammes d'alcool à 42 degrés. On refroidit le flacon, car au début il y a une réaction très-vive; puis, lorsque tout l'iode est transformé en acide iodhydrique, on retire le flacon qui contient alors un liquide rouge brun, coloration due à l'iodure de soufre en dissolution.

Ensuite, on introduit le contenu du flacon dans une cornue munie d'un appareil condensateur; on chauffe légèrement au bain d'huile en commençant, afin que l'excès d'hydrogène sulfuré s'échappe; puis on élève la température, et l'éthérification commence de 60 à 80 degrés, car ici il y a également un excès d'alcool, de sorte que l'éther iodhydrique brut distille à peu près au degré d'ébullition de l'alcool.

Enfin l'on fractionne les produits distillés, que l'on reçoit dans l'eau froide, et l'on n'arrête la distillation que lorsqu'on voit apparaître des vapeurs d'iode.

Le liquide distillé étendu de beaucoup d'eau donne l'éther iodhydrique qu'une nouvelle distillation donne pur et incolore.

Le résidu de la cornue est chauffé jusqu'à ce que tout l'iodure de soufre soit décomposé en iode, qui se sublime, et en soufre, qui reste comme un culot au fond de la cornue.

Je crois que l'on préparerait de la même manière les iodhydrates d'amylène, de méthylène et de caprylène, etc., enfin tous les éthers où le phosphore est employé pour produire l'acide iodhydrique et bromhydrique.

L'hydrogène sulfuré ne coûte rien dans les laboratoires, tandis que le phosphore a encore une certaine valeur, et quand il a servi à la préparation d'un éther, il se trouve dans plusieurs états différents, toujours assez pénibles à traiter pour le rendre propre à un nouvel emploi.

Dans la préparation de l'éther iodhydrique au moyen de l'hydrogène sulfuré, l'on utilise tout et la marche du travail est des plus faciles à suivre. On peut en préparer jusqu'à 10 kilogrammes à la fois.   E. Schiffmann.

ACADÉMIE DES SCIENCES

Séance du 3 août. — Sur la diffusion des gaz à travers certains corps poreux. — M. Matteucci rappelle, dans une note, les intéressantes expériences de M. Henri Sainte-Claire Deville relatives aux phénomènes de dissociation, expériences qu'il a répétées avec des tubes de plâtre séchés au soleil, à travers lesquels il faisait passer des courants d'acide carbonique ou de gaz hydrogène. Les résultats se rapprochaient de ceux obtenus par M. Deville. Mais il n'en était plus de même lorsque le tube poreux était imbibé d'eau ; dans ce cas, les gaz ont été trouvés à peu près aussi purs à la sortie qu'à l'entrée du tube. Evidemment, les colonnes capillaires d'eau qui remplissaient les pores, empêchaient la diffusion des gaz ; la présence de l'eau modifie la nature des phénomènes d'échange et les rapproche de ceux que l'on comprend sous le nom d'endosmose : les gaz se dissolvent dans le liquide, avec des affinités très-inégales, puis s'exhalent de nouveau chacun dans le milieu opposé. M. Matteucci trouve dans ces différences l'explication de ce qu'on observe sur les membranes organiques. En exposant à l'air des estomacs de poulets ou des vessies remplies de différents gaz, il faut dès jours entiers pour ne plus y trouver que de l'air ; en faisant passer un courant d'hydrogène par un long morceau d'intestin de poulet ou d'agneau, M. Matteucci a trouvé que les gaz étaient restés purs. L'analyse des gaz contenus dans des gousses de pois, de fèves et surtout de *colutea arborescens*, a donné de l'acide carbonique dans la proportion de 2 à 6 pour 100 ; en détachant les gousses de la plante, il faut attendre plusieurs jours pour ne plus y trouver que de l'air atmosphérique pur.

— Expiration nocturne et diurne des feuilles. Feuilles colorées.— M. Corenwinder présente ses recherches sur l'expiration nocturne et diurne des feuilles. Il a constaté, par un grand nombre d'expériences, que la quantité d'acide carbonique que les feuilles expirent pendant la nuit, varie suivant la température, et qu'elle peut même être nulle ou à peu près lorsque le thermomètre approche de zéro. Dans l'obscurité artificielle, pendant le jour, les plantes exhalent aussi de l'acide carbonique, et en plus grande abondance que pendant la nuit, parce que la température est plus élevée. Mais ce qui est plus inattendu c'est que les jeunes pousses, les bourgeons, laissent échapper de l'acide carbonique à la lumière du jour, et surtout au soleil ; il s'ensuit que la propriété d'absorber l'acide carbonique de l'air et de le décomposer sous l'influence de la lumière, n'est acquise par les feuilles que dans le cours de leur développement. Les feuilles adultes n'expirent jamais d'acide carbonique, soit par un temps clair, soit par un temps sombre, lorsqu'elles sont exposées en plein air et qu'elles reçoivent de la lumière de toutes parts ; mais au contraire, elles en exhalent généralement lorsqu'on les maintient dans un endroit où elles ne sont pas exposées au soleil. Enfin, M. Corenwinder a constaté que les feuilles colorées en rouge, en brun, en pourpre, etc. du noisetier ou du hêtre pourpre, des plantes d'*atriplex* ou de *coleus*, etc., ne diffèrent en rien des plantes vertes quant à la manière dont elles se comportent vis-à-vis de l'acide carbonique. Il serait donc, d'après cet auteur, inexact d'affirmer, d'une manière absolue, que c'est par leurs parties vertes que les feuilles décomposent l'acide carbonique de l'air sous l'influence de la lumière.

— Sur la théorie de la double réfraction. — M. Galopin, de Genève, adresse, par l'intermédiaire de M. Lamé, une note sur la théorie de la double réfraction. L'auteur a effectué, avec un peu plus de rigueur que Cauchy, la réduction à l'équation du deuxième degré, donnée par Fresnel, de l'équation connue dont les trois racines représentent les carrés des vitesses de propagation des ondes planes. La marche à suivre dans cette transformation avait été indiquée par Cauchy dans le tome XVIII des *Mémoires de l'Académie.*

— M. Faye présente les observations que M. Heis a faites, à Munster, sur la lumière zodiacale, depuis le mois de décembre 1862 jusqu'au mois d'avril 1863. M. Heis parle en outre, dans la lettre d'envoi, d'un bolide observé le 4 mars dernier. Il en sera question dans la *Revue d'astronomie.*

— M. Le Verrier présente à l'Académie le premier volume d'une édition de luxe des *Livres astronomiques du roi don Alphonse X de Castille* (*Libros del saber de astronomia del Rey D. Alfonso X de Castilla*), recueillis et annotés par D.-M. Rico y Sinobas. (Madrid, 1863. Grand in-folio.)

Ce curieux ouvrage a été écrit au XIII⁰ siècle, par l'ordre formel du roi Alphonse, dit le Savant, le même qui a perdu sa couronne, dit-on, pour un mot de raillerie sur le système de Ptolémée, dont on faisait presque un dogme. Alphonse X a été appelé, suivant M. Rico, « un des plus grands astronomes de son temps, comme aussi le plus grand politique de son siècle pour ses codes civil, administratif et pénal, et l'écrivain le plus éloquent pour ses ouvrages historiques, poétiques et littéraires. »

L'original manuscrit des *Livres alphonsins* qui existait à la bibliothèque de l'Université d'Alcala, était incomplet, il lui manquait soixante grandes feuilles en parchemin; mais grâce aux recherches de M. Rico y Sinobas, on en a retrouvé une copie complète. Cet ouvrage, contre l'habitude de ces temps, est entièrement écrit en espagnol, sans grec ni latin; hardiesse qui fait grand honneur au bon sens du roi Alphonse. Il commence par un catalogue d'étoiles, rectifié pour son temps; c'est le catalogue de Ptolémée, avec addition de 17° 8′ en longitude pour le mouvement séculaire depuis l'époque de Ptolémée. Quelques-unes des étoiles de l'astronome grec se trouvent supprimées parce qu'on n'a pu les retrouver dans le ciel : telles sont la trentième du *Centaure* et la onzième du *Loup*.

Le catalogue alphonsin est divisé en quatres livres; trois renferment la description des constellations, le quatrième l'étymologie des noms arabes de trois cent trente des principales étoiles. Plusieurs notes additionnelles traitent des étoiles fondamentales de Ptolémée, de celles du roi Alphonse, de quelques nébuleuses, etc. Enfin, on y trouve des considérations élevées et poétiques sur les astres et leurs constellations. Les planètes sont appelées *estrellas movediras* (mouvantes).

L'ouvrage du roi Alphonse sera aussi très-important pour l'histoire de l'astronomie pratique. On y trouvera des renseignements sur les méthodes d'observation et sur la construction des instruments astronomiques : quadrants, armilles, astrolabes ronds et plats, horlogerie solaire, hydraulique et mécanique, à roues et poids moteurs, avec des régulateurs spéciaux, etc., etc.

— Du crocodile à mâchoire boursouflée; par M. A. VALENCIENNES. — Il s'agit encore là de mâchoires fossiles ; M. Raynal, professeur de physique au collége impérial de Poitiers, aime l'histoire naturelle à laquelle il a pris goût, dit M. Valenciennes, aux cours de MM. Delafosse et Hébert, et comme on s'ennuie en province, que l'étude de la physique et de la chimie y est à peu près impossible, privé que l'on est de tout ce qui serait nécessaire pour faire des recherches, on fouille le sol pour y découvrir des os fossiles. C'est ce qu'a fait M. Raynal. Flânant dans la carrière dite *le Grand-Pont*, sur la commune de Chasseneuille, à 6 kilomètres nord, il a vu çà et là, des dents coniques et sillonnées qu'il a bientôt reconnu pour être celles d'un crocodile. Il a donc adressé sa trouvaille à M. Valenciennes pour avoir son avis et dans le bloc d'oolithe avec les fragments d'os qu'il a reçus, M. Valenciennes a fini par découvrir plus qu'il ne croyait d'abord. De là le sujet du mémoire qu'il lit aujourd'hui à l'Académie et dont l'honneur sera naturellement pour lui et non pour M. Raynal, qui reçoit cependant, en échange de son précieux envoi, des éloges mérités pour lui et pour son frère, officier dans la marine impériale, collectionneur heureux et perspicace.

— Suite des recherches de M. KUHLMANN sur la conservation des matériaux de construction. Nous publions le mémoire complet dans cette livraison.

— Sur les mariages consanguins. — M. SEGUIN, l'ancien, apporte sa part de renseignements à la grande question de la consanguinité. Complétement de l'avis de M. Bourgeois, il vient corroborer ses observations par ce qu'il sait lui-même et cite dix alliances de sa propre famille avec celle des Montgolfier, afin, dit-il, de combattre, par des résultats sur une aussi grande échelle, des observations sans suite et sans liaison entre elles, et que, cependant, leurs auteurs ont cru suffisantes pour servir de base à une prétendue loi qui devait en être là conséquence. Dans le tableau dressé par M. Seguin, nous trouvons dix familles ayant produit soixante-et-un enfants dont quarante-six sont vivants en 1863 et qui ont à eux tous mille huit cent quarante-cinq ans. « Je n'ai jamais appris qu'il y ait parmi tous les enfants provenant de ces mariages aucun cas de surdi-mutité, d'hydrocéphalie, de bégayement ou de six doigts à la main. » Ainsi parle M. Seguin, mais l'abbé Moigno, qui a beaucoup connu la famille des Montgolfier et des Seguin, lui répond qu'il voit ses enfants et petits-enfants avec les yeux d'un père et d'un grand-père.

> . . . . Mes petits sont mignons,
> Beaux, bien faits, et jolis sur tous leurs compagnons :
> Vous les reconnaîtrez sans peine à cette marque.

Or l'abbé, comme l'aigle de la fable, dit qu'ils sont

> De petits monstres fort hideux,
> Réchignés, un air triste, une voix de mégère

et il termine en disant, « qu'il nous soit permis de dire que c'est surtout dans un contact très-long et assez intime avec deux familles si nombreuses et si étroitement enchaînées, que nous avons puisé l'*horreur de la consanguinité.* » Invitez donc les gens à dîner pour qu'ils vous arrangent de la sorte ! Nous n'avons pas l'honneur de connaître aucun des membres des familles dont parle l'abbé Moigno, mais nous croyons qu'il n'aura vu que la partie masculine de la famille et qu'il aura sans doute jugé de l'ensemble par quelques exceptions.

— Suite du rapport de M. Morin sur un mémoire présenté par M. Bazin, sur le mouvement de l'eau dans les canaux découverts.

— De la responsabilité légale des aliénés ; par M. A. Brierre de Boismont. — L'auteur, en terminant ce mémoire, le résume dans les propositions suivantes :

1° Le meilleur moyen d'apprécier la nature de la responsabilité des aliénés est de tenir un journal quotidien et longtemps continué de leurs actes.

2° Les monomanies (délires partiels), les folies dites raisonnantes, sont les catégories qui réunissent le plus d'exemples propres à éclairer la question.

3° Les observations des malades appartenant à ces sections établissent de la manière la plus incontestable qu'ils sont mobiles, variables, inconsistants, ordinairement sans esprit de suite, cédant à tous les courants d'idées, dépourvus de sens moral, artificieux, rusés, menteurs, irritables, pensant tout haut, divulguant leurs projets, et, par conséquent, incapables de se conduire comme les autres hommes, parce qu'ils ont perdu le pouvoir de se contrôler.

4° Ces caractères ne sont pas les seuls qui modifient la responsabilité ; elle est encore fortement influencée par les changements du tempérament, de l'humeur, l'affaiblissement, l'abaissement du niveau intellectuel et moral, la perversion des instincts, l'éclosion des plus mauvais sentiments, etc.

5° Un fait d'une haute importance, c'est qu'il n'est pas rare, au milieu de cette variété de phénomènes morbides, de voir les malades parler, agir, écrire très-raisonnablement dans les intervalles souvent fort courts de leurs accès.

6° Les monomanies, les folies dites raisonnantes peuvent se manifester tantôt avec de l'excitation, tantôt avec de la dépression, et ces deux formes, qui succèdent souvent, constituent des états également morbides.

7° L'analyse des faits indiqués nous autorise à émettre l'opinion que les aliénés ne sont pas responsables de leurs actes pendant la durée de leur mal, et qu'en conséquence, il n'existe pas de responsabilité générale.

8° Sans nier la responsabilité partielle, que nous admettons dans une certaine mesure pour les intervalles lucides, les monomanies au début, celles dont l'idée fixe est reconnue et toujours maintenue, nous déclarons que l'altération de l'intelligence, limitée à un seul ou à un petit nombre de points, suivie dans ses manifestations consécutives, ne nous permet pas de comparer cette responsabilité à celles des accusés dont la raison est restée intacte. C'est aussi la conséquence qui résulte de la doctrine de l'unité de l'âme et de la solidarité de ses facultés.

9° Si les aliénés accusés de crimes ne peuvent être punis comme les coupables dont la raison n'a jamais souffert, ils doivent être séquestrés dans leur intérêt et dans celui de la société.

10° Ce sont les différences tranchées qui séparent ces deux responsabilités qui nous ont fait proposer de créer un asile particulier pour cette catégorie d'accusés.

11° Les recherches sur la responsabilité doivent être étendues aux aliénés à instincts irrésistibles, à folie transitoire, aux faibles d'esprit, et aux épileptiques, parce qu'il est également impossible de contester que l'impuissance de la volonté, l'imperfection native du cerveau, physique et intellectuelle, la complication de la folie et de l'épilepsie, ne soient des conditions toutes puissantes qui changent la nature des actes criminels.

12° Pour établir une doctrine sur ces questions capitales, il faut faire entrer dans l'éducation les notions de la science de l'homme (rapports du physique et du moral) qui ont été jusqu'alors complétement bannies de l'enseignement.

— Sur la réduction des hernies étranglées par la compression élastique des bandes de caoutchouc; par M. MAISONNEUVE. — L'habile et ingénieux chirurgien expose qu'il y a sept ans environ il eut l'idée, dans un cas grave de hernie volumineuse engouée, de substituer à l'action inefficace de ses mains, la puissance élastique des bandes de caoutchouc.

Le résultat de cette substitution fut tellement prompt et efficace, que M. Maisonneuve crut devoir expérimenter de nouveau ce procédé opératoire auquel il entrevoyait d'importantes applications, et qui, en effet, lui donna toujours plus qu'il n'espérait.

Plus tard, il en fit usage dans les hernies véritablement étranglées, et contre lesquelles il ne restait plus de ressources que dans l'opération. Le succès le plus complet eut lieu toutes les fois au moins qu'il fut possible d'appliquer l'agent compresseur.

Il restait cependant encore une lacune à combler, car si les hernies, assez volumineuses pour permettre l'application de la bande élastique, cédaient admirablement à la nouvelle méthode, les hernies crurales, les buboncèles échappaient toujours à son action par l'impuissance où était le chirurgien d'organiser sur elles une compression convenable.

M. Maisonneuve est parvenu à résoudre cette grande difficulté en imaginant un instrument fort ingénieux qu'il nomme réducteur herniaire, et qui permet d'agir efficacement sur les hernies les plus petites et les moins saillantes.

La théorie de cette méthode est basée sur ce principe, que, dans les hernies étranglées, ce n'est pas l'orifice herniaire qui se resserre pour produire l'étranglement, mais bien l'organe borné qui se gonfle et vient s'étrangler lui-même. D'où la conséquence qu'en ramenant par une compression méthodique l'organe tuméfié à son volume normal, il est toujours possible de le faire repasser par l'orifice qu'il avait franchi.

— M. LE MULIER, par l'organe de M. le maréchal Vaillant, présente une note sur une espèce de *coccus* indigène de l'Algérie dont la couleur, quand on l'écrase, rappelle celle de la cochenille, *coccus opuntiæ*, et dont il semble qu'on pourrait également faire usage en teinture. L'insecte est renvoyé à M. Blanchard et sa matière colorante à M. Chevreul.

— Remarques à l'occasion du dernier mémoire de M. Raulin, sur la végétation des mucédinées; par M. G. VILLE. — Ce que M. Raulin a fait en petit pour les mucédinées, M. Ville l'a fait en grand pour les céréales, pour les légumineuses, etc., etc. Il y a plus, les cultures du champ d'expériences de Vincennes, que nous avons visitées et avec nous plusieurs centaines de personnes, ne sont en réalité qu'une manifestation éclatante de l'influence nécessaire ou prépondérante de tel ou tel agent chimique, sur tel ou tel genre de plantes. Quand l'heure sera venue et que M. Ville aura pu coordonner et réunir tout ce qu'il a établi dans quatre années d'expériences faites en grand, nous nous ferons un devoir de décrire ses méthodes et de les recommander, ayant été témoin de leur réalité.

M. G. Ville est donc parfaitement fondé à réclamer contre M. Raulin qui ne tient aucun compte des diverses communications faites par lui à l'Académie. Nous.y renvoyons nos lecteurs et les engageons à lire les *Comptes-rendus de l'Académie des sciences* des 13 septembre 1858; 21 mars 1859; 13 août 1860; 17 septembre 1860; 11 novembre 1861; 7 juillet 1862.

M. G. Ville termine sa réclamation contre M. Raulin en ces termes : « D'après M. Raulin, les mucédinées ne tirent point d'azote de l'air. Il n'a jamais réussi à constater une fixation d'azote ayant cette origine. Je ne sais pas jusqu'à quel point on ne pourrait pas opposer les expériences de M. Jobin, dont les résultats ont été différents, à celles de M. Raulin, mais en supposant celles de ce dernier inattaquables, que serait-on fondé à conclure à l'égard des végétaux supérieurs ? Ne sait-on pas que les mucédinées sont impuissantes à réduire l'acide carbonique de l'air pour s'en assimiler le carbone ? Je ne présume donc pas que M. Raulin ait l'intention d'étendre ses conclusions aux végétaux les plus élevés. Son expérience n'a donc qu'un intérêt secondaire pour moi. Mais puisque la question de l'origine de l'azote dans les végétaux semble vouloir renaître de ses cendres, à mon tour je me crois autorisé à exprimer mon sentiment. Ma déclaration sera courte et nette : Je maintiens dans toute leur intégrité mes anciennes conclusions. »

Depuis 1857 je n'ai pas cessé un seul jour, de près où de loin, de m'occuper de ce grave sujet. Or mes recherches, qui du laboratoire se sont élevées à la grande culture, m'autorisent à formuler à titre de conclusions les deux propositions suivantes :

1° Il y a des cultures dont les produits contiennent beaucoup d'azote, et sur les rendements desquelles les nitrates et les sels ammoniacaux n'exercent aucune influence.

2° Dans un sol artificiel d'une composition invariable, le choix individuel de certaines graines détermine un excès de rendement quelquefois énorme et une fixation d'azote considérable (2 à 3 grammes); effet qu'il est impossible de produire par l'addition d'une matière azotée dans le sol. »

— De l'absorption des médicaments par la peau saine; note de M. X. Delore. Les expériences faites par l'auteur s'élèvent au chiffre de 138, qui ont donné les résultats suivants : résultats positifs 69, négatifs, 60, douteux 9; dans la moitié des faits il y a donc eu absorption. De ces recherches, je tirerai les conclusions suivantes :

1° La peau saine est susceptible d'absorber toutes les substances solubles dans l'eau ;

2° Cette absorption est tellement difficile et irrégulière, qu'on ne peut compter sur la méthode iatraleptique d'une façon certaine ;

3° L'absorption de la peau est favorisée ou contrariée par plusieurs conditions qui sont relatives : A. A l'énergie ou à la mollesse du sujet. B. A la nature du médicament. C. Au mode d'emploi du médicament ;

— M. Gouraux adresse d'Alfort un mémoire sur un monstre double parasitaire de la famille des polygxatines et du genre épignathe.

— Note sur les volumes spécifiques des combinaisons liquides; par M. Hermann Kopp.

— Sur les éthers contenus dans les vins et sur quelques-uns des changements qui s'y produisent; par M. Berthelot. (Suite). — Dans son premier mémoire, l'auteur a développé les notions générales qui lui paraissent applicables à la neutralisation des acides par les alcools contenus dans les liqueurs vineuses; pour aller plus loin, dit-il, il faudrait savoir précisément quels sont les éthers et les acides renfermés dans ces liqueurs, éthers et acides fort peu connus jusqu'à présent. Sans être encore en mesure de résoudre la question dans toute son étendue, M. Berthelot signale cependant certains résultats auxquels il est arrivé.

Or, à propos de ces résultats, voici une charmante histoire que nous raconte M. Berthout dans *la Patrie* du 24 août, et qui précède la partie des expériences de M. Berthelot, déjà assez satisfaisantes pour faire espérer plus tard la découverte du problème.

« Les historiens de Jean sans Peur, duc de Bourgogne et grand priseur de sciences secrètes et d'alchimie, racontent qu'un jour il se présenta à la cour du prince un possesseur de l'absolu qui offrit, moyennant une somme assez ronde de bezans d'or, de renouveler le miracle des noces de Cana, et de transformer l'eau en vin.

« Jean n'eut garde de refuser une si belle proposition. Il ordonna que, sur l'heure, on lui apportât huit grandes bottrines pleines d'eau, et il fit mettre en regard un sac tout ventru d'or et contenant la somme demandée par l'alchimiste.

« Alors celui-ci, après avoir fait le signe de la croix afin de démontrer que la magie n'entrait pour rien dans le miracle qu'il allait faire, récita un *Pater* et un *Ave Maria*, priant le duc et les assistants de s'unir à ses prières.

« Il se signa une seconde fois et tira de son giron un petit flacon en argent à peine large comme la paume de la main et haut tout au plus de trois doigts.

« Il ouvrit ensuite ce flacon avec force précautions, en versa huit à dix gouttes dans chacune des bottrines. Prenant ensuite une baguette d'argent, il s'en servit pour remuer l'eau contenue dans les vases de terre cuite, qu'il fit après cela clore hermétiquement.

« A un quart d'heure de là, il rouvrit une des bottrines, versa une certaine quantité de l'eau qu'elle contenait dans le hanap ducal que lui présentait l'échanson.

« Cet échanson en goûtant, suivant le cérémonial du temps, le contenu du hanap, avant de le présenter à son seigneur et maître, jeta un cri de surprise et déclara que jamais, au grand jamais, il n'avait dégusté vin plus exquis et plus parfumé.

« Le prince et tous les seigneurs qui l'entouraient confirmèrent l'éloge que l'échanson avait fait de l'eau transformée en vin, et le bruit ne tarda point à se répandre partout de ce miracle sans égal.

« Par malheur, à quelque temps de là, Jean sans Peur, désireux de mettre un terme aux différends qui divisaient à cette époque les seigneurs bourguignons et le clergé, se rendit à Lyon, près du Pape Clément V, récemment élu, et dont on célébrait le sacre.

« Naturellement il emmena avec lui l'alchimiste, pour le présenter au Saint-Père et pour le faire opérer son miracle devant le sacré collége.

« Au retour de la cérémonie du sacre, une muraille chargée de spectateurs s'écroula sur le duc et sur l'alchimiste, les écrasa tous les deux, et priva la Bourgogne d'un vaillant et sage prince, et la science d'un savant sans égal, qui mourut en emportant son secret.

« Ce secret du douzième siècle, le dix-neuvième semble à la veille de le redécouvrir, et peut-être une note de M. Berthelot, lue à l'Académie des sciences, va-t-elle mettre sur la voie du procédé miraculeux de l'alchimiste bourguignon.

« D'après M. Berthelot, les principes qui communiquent aux vins la *saveur vineuse* peuvent être isolés.

« Pour obtenir cet isolement, on agite à froid le vin avec de l'éther ordinaire.

« Il faut que cette évaporation se fasse en évaporant l'éther à une très-basse température, et avec l'absence complète du contact de l'air.

« On obtient alors un extrait dont le poids est inférieur au millième de celui des vins.

« Le goût vineux et le bouquet se trouvent concentrés dans cet extrait.

« La vinasse, au contraire, privée d'éther au moyen d'un courant gazeux, demeure à peu près dépourvue de cet arome.

« Elle conserve seulement une saveur acide et alcoolique.

« L'extrait éthéré, très-altérable à l'air, présente à la fois l'odeur vineuse générale et l'odeur propre du vin sur lequel on opère.

« Cet extrait se compose de divers principes, qui sont :

« Une petite quantité d'alcool amylique ;

« Une huile essentielle insoluble dans l'eau, qui pourrait bien être de l'éther œnanthique;

« Une petite quantité d'acide, dont on peut éviter la présence dans l'extrait éthéré, en saturant exactement le vin par la potasse, avant de l'agiter avec l'éther;

« Un principe beaucoup plus important, et dont la facile altération sous l'influence de l'air ou de la chaleur répond à l'altération ordinaire des vins.

« Ce principe réduit à froid l'oxyde d'argent ammoniacal, précipite le tartrate cupro-potassique, et brunit par la potasse.

« Presque fixe, quoique faiblement volatil avec la vapeur d'éther, il est facilement soluble dans l'eau et dans l'alcool. L'éther l'enlève à l'eau, ce que ne fait pas le sulfure de carbone.

« La chaleur l'altère avec une extrême promptitude.

« Il se détruit dans un extrait exposé pendant quelque temps au contact de l'air.

« Ce principe est tout à fait distinct de l'aldéhyde ordinaire, signalé dans le vin par divers observateurs, et que M. Berthelot n'y a point rencontré. Il appartient au groupe des aldéhydes très-oxygénés, dérivés des alcools polyatomiques.

« On trouve encore dans ce mystérieux éther un principe peu volatil, dont l'odeur rappelle le vin d'une manière très-éloignée, et qui résiste à l'action de l'oxyde d'argent ammoniacal.

« En résumé, vous le voyez, on peut isoler du vin son principe essentiel, sa saveur, son arome.

« Par conséquent, on peut le concentrer ou le délayer à volonté. »

— M. F. BALLEY envoie un mémoire imprimé ayant pour titre: *Endémo-épidémie et météorologie de Rome. Etudes sur les maladies dans leurs rapports avec les divers agents météorologiques.*

— M. DUMAS présente à l'Académie, au nom de M. DEBRAY, professeur au collége Charlemagne, un ouvrage intitulé : *Cours élémentaire de chimie.* L'auteur, profitant des notes mises à sa disposition par M. Dumas lui-même, a rajeuni et conservé la tradition d'un cours, résultat de trente années d'études et d'observations assidues. L'ouvrage de M. Debray est donc en partie le cours professé par M. Dumas à la Sorbonne.

— Sur le ver à soie du chêne *Yama-Maë,* du Japon, expérience faite au Jardin zoologique d'acclimatation. Note du directeur, M. RUFZ DE LAVISON.

— Études sur les fers et les aciers, par M. DE CIZAUCOURT. — L'auteur fait jouer un rôle important à la présence des gaz dans les fers et aciers. « Dans les fonderies, dit-il, à la fusion et lors de la coulée des aciers et fers plus ou moins carburés, j'ai constaté que les gaz existent dans tous les produits liquides ; qu'ils s'y trouvent en quantité d'autant plus grande que la température du métal est plus élevée. Lors du refroidissement, ils se dégagent toujours d'une maniere très-sensible vers la solidification.

« La quantité des gaz retenus dans les aciers varie avec la température. Les aciers à l'état liquide contiennent en dissolution une grande quantité de gaz carbonique (oxyde de carbone) plus ou moins mélangé d'azote. Ces gaz s'échappent toujours d'une manière notable, mais probablement aussi se fixent en partie vers la solidification, et par le fait de la cristallisation, lorsqu'elle se produit, les gaz persistent dans la masse jusqu'au rouge, c'est-à-dire jusqu'à l'état pâteux, lorsqu'on descend d'une température plus élevée, où ils apparaissent de nouveau lorsqu'on y arrive par l'élévation de la température d'une masse qui en avait été privée.

« La trempe emprisonne le gaz dans les pores moléculaires en s'opposant à la cristallisation, à laquelle la présence des gaz apporte un nouvel obstacle. La trempe sans recuit réalise ainsi l'immixtion gazeuse maximum et maintient les gaz à la tension la plus élevée. Le recuit suivi d'un refroidissement lent, en permettant le retour plus ou moins avancé à l'état cristallin, amène un dégagement partiel de gaz ou provoque leur fixation partielle à l'état de combinaison chimique. L'élasticité de l'acier trempé résulte de celle du gaz emprisonné. Le gonflement à la trempe découle naturellement de la présence de ce gaz. La grande résistance et la fragilité de l'acier trempé sont la conséquence de l'état plus ou moins vitreux dans lequel les aciers sont saisis par la trempe.

— Faits démontrant l'influence électrique des rayons solaires; par M. CH. MUSSET. (Deuxième note.)

— Recherches expérimentales sur l'absorption par le tégument externe. Note de M. L. PARISOT. — L'argument le plus puissant que l'on ait invoqué pour établir le pouvoir absorbant de la peau, est le passage dans les humeurs des matières salines ou autres, employées en dissolution sous la forme de bains, lotions, etc. ; ce passage, une fois établi, serait, sans contredit, l'épreuve la plus péremptoire. Or, contrairement à M. Delore, qui, tout en constatant le résultat souvent négatif de ses expériences, trouvait cependant que la peau était susceptible d'absorber toutes les substances solubles dans l'eau, sous certaines conditions néanmoins, M. Parisot trouve de son côté, ce qui étonnera les médecins et sera pour eux un avertissement nécessaire :

« 1° Les sels, comme l'iodure de potassium, le chlorate de potasse, le prussiate jaune de potasse, le sulfate de fer, ainsi que les matières colorantes de la rhubarbe en dissolution dans l'eau, ne sont aucunement absorbés par la peau, même après deux heures d'immersion ; car quelque soin qu'on apporte dans les recherches de ces diverses substances, on n'en peut rencontrer la moindre trace dans les urines ou la salive, par lesquelles elles sont ordinairement éliminées, et où on les retrouve constamment lorsqu'elles ont été introduites, même en quantité extrêmement faibles dans l'organisme.

« 2° Les matières toxiques végétales (digitaline et atropine) en dissolutions aqueuses, ne sont nullement absorbées par la peau ; car le séjour prolongé dans des bains qui renferment des doses considérables de ces matières ne donnent jamais naissance au plus léger symptôme d'empoisonnement. »

— Sur les terrains de transport des environs de Toul. Cavernes à ossements ; par M. Husson.

— Mémoire sur la possibilité du cathétérisme du duodénum et de la portion suivante de l'intestin grêle ; par M. Blanchet.

— M. Élie de Beaumont donne l'analyse d'un mémoire de géologie métamorphique adressé par un ingénieur des mines, M. Virlet d'Aoust. Ce mémoire, qui est renvoyé à l'examen de MM. Ch. Sainte-Claire Deville et Daubrée, porte pour titre : « L'ophite des Pyrénées n'est pas une roche éruptive, mais une roche de sédiment métamorphique ; elle appartient à la formation du trias et y représente, avec les marnes irisées, gypseuses et salifères, l'étage du muschelkalk. »

— Nouveaux détails concernant la mâchoire humaine de Moulin-Quignon. Lettre de M. Boucher de Perthes à M. Élie de Beaumont, et remarques de M. Élie de Beaumont au sujet de cette lettre. — Il résulte de cette double communication échangée avec beaucoup de courtoisie : 1° Pour M. Élie de Beaumont, qu'il n'a jamais cru à la possibilité de trouver près d'Abbeville ou dans la vallée de la Somme des restes fossiles de l'homme antédiluvien ; que sous ce rapport, il n'a jamais encouragé les espérances de M. Boucher de Perthes ; qu'il croit plus que jamais à la formation récente, dans la période actuelle, par l'action d'agents qui opèrent encore aujourd'hui, des terrains de Moulin-Quignon, antérieurs aux tourbes et remontant au premier siècle de l'âge de pierre, véritable dépôt de terrains meubles sur pente ; qu'il persiste à nier la contemporanéité de l'homme et des grands mammifères fossiles ; 2° pour M. Boucher de Perthes : que l'état vierge et non remué de ces mêmes terrains de Moulin-Quignon ne lui laissent aucun doute sur leur antiquité, en ce sens qu'ils sont bien antérieurs à la période actuelle ; que toutes les analyses chimiques possibles des fossiles trouvées par lui ne changeront en rien ses convictions ; qu'il croit avoir affaire réellement à des restes fossiles de l'homme antédiluvien ; que dans dix ans, la chose qu'il soutient sera pleinement démontrée, parce que l'on sera alors en possession de fossiles dont on ne pourra contester l'authenticité. Il en sera de même des haches et autres instruments de pierre. »

Le *Petit Journal* et la *Presse* ont publié un canard d'après lequel M. Godwin Austen aurait trouvé le squelette ayant fourni la fameuse mâchoire, laquelle aurait été enfouie par un ouvrier terrassier. L'*Abbevillois* du 25 août déclare que cette nouvelle n'est qu'une mauvaise plaisanterie.

— Sur la question des rapports entre les variations météorologiques et les perturbations magnétiques. Lettre de M. Allan Broun à l'occasion d'une communication du P. Secchi.

— Expériences sur l'ozone ou l'oxygène naissant exhalé par les plantes et répandu dans l'air de la campagne ou de la ville. Lettre de M. A. Pogy à M. Élie de Beaumont. Les expériences de l'auteur constatent la présence ou l'absence dans la végétation, dans l'air de la campagne et de la ville, du nouvel état de l'oxygène, que Van-Marum, dit-il, connaissait dès 1786 et que les chimistes ont appelé *ozone*.

— Présence des bacteries dans le sang. Lettre de M. Signol. Cette note, dont le but, dit l'auteur, est de compléter la communication faite par M. Davaine dans le séance du 27 juillet dernier, se termine ainsi : « 1° Les bacteries ne sont pas particulières au sang des animaux atteints de sang de rate, ainsi que le prouvent les observations précitées ; 2° le sang qui les contient est inoculable, et on retrouve dans le sang des animaux inoculés des bacteries en grande abondance ; 3° la présence de la graisse dans les tissus et liquides de l'économie, l'état d'obésité des animaux qui sont victimes de l'affection, la similitude, signalée par M. Davaine, entre ces bacteries et le produit de la fermentation butyrique, permettent de présumer le rôle important que joue la graisse dans la production de cette maladie. Il va sans dire qu'il manque à cette dernière conclusion une démonstration rigoureuse, et que je la présente ici seulement à titre d'indication. »

— Nouvelles recherches sur les infusoires du sang dans la maladie connue sous le nom de sang de rate ; par M. C. Davaine. — Dans cette seconde note, l'auteur confirme les résultats de ses premières investigations. Sur quatorze inoculations pratiquées sur des lapins avec du sang frais infecté de bacteries. quatorze fois des bacteries semblables se sont produites, et toujours la mort s'en est suivie. Les bacteries se développent dans le sang et non dans un organe spécial.

Séance du 10 août. — M. Valz adresse une nouvelle addition à ses notes sur les spectroscopes à vision directe, où les rayons font le tour de la circonférence entière. Il croit qu'on augmentera considérablement la dispersion en choisissant un autre indice de réfraction que l'indice moyen pour le calcul des prismes.

— M. Clapeyron lit un long rapport sur la partie du mémoire de M. Bazin qui se rapporte aux remous et à la propagation des ondes. Ce sujet a été traité par Bidone, en 1824, et par Scott Russell, en 1845, mais les expériences de ces deux auteurs ont été exécutées dans des canaux de petites dimensions, qui s'éloignaient trop des conditions de la pratique. Une loi remarquable reconnue par M. Scott Russell, avait été déjà indiquée par Lagrange, comme résultat de sa théorie.

M. Bazin a pu disposer des rigoles d'alimentation et des biefs du canal de Bourgogne. Son canal d'expérimentation a 2 mètres de large, les parois sont formées de madriers jointifs, la section est rectangulaire. Les hauteurs d'eau varient de 30 à 68 centimètres à l'une, et de 6 à 44 centimètres à l'autre extrémité du canal, dont la pente est de 1 millimètre 1/2 par mètre. L'onde y est produite par une prise d'eau, barrée et munie de clapets. Quand la vague est devenue régulière, sa hauteur s'accroît à mesure que la profondeur diminue ; si l'on nomme H la hauteur primitive de l'eau et h l'élévation de la vague, sa vitesse de propagation est $\sqrt{g\,(\mathrm{H} + h)}$; c'est la loi de M. Scott Russell. La hauteur de la vague a une limite ; il arrive un moment où elle se brise et s'écroule : c'est lorsque sa hauteur est égale à la profondeur du canal. Si, au lieu d'injecter de l'eau dans le canal, on en retire subitement une certaine quantité, il se produit une sorte de vague négative qui se propage avec une vitesse donnée par $\sqrt{g\,(\mathrm{H} - h)}$. Ces lois ont été vérifiées encore dans le canal de Bourgogne et dans ses biefs.

M. Bazin a fait ensuite d'intéressantes recherches sur les vagues formées à la surface d'une eau courante, et sur les remous qu'on produit dans une eau en repos par une injection permanente, sur les circonstances qui déterminent le déferlement de ces ondes allongées, sur les remous qui se produisent dans un canal dont on arrête l'écoulement par l'abaissement subit d'une vanne, sur le cas d'un courant projeté dans un autre (comme lorsque la marée remonte dans un fleuve), sur le mascaret ou les barres d'eau des grands fleuves, etc. M. Clapeyron, comme le général Morin, termine son rapport, très-favorable, en proposant à l'Académie de faire imprimer le mémoire de M. Bazin dans le *Recueil des savants étrangers*.

— M. Émile Mathieu adresse un mémoire sur le mouvement des liquides dans les tubes capillaires ou de très-petit diamètre. L'auteur retrouve par l'analyse la formule empirique de M. Poiseuille, d'après laquelle le débit est proportionnel à la pression exercée sur le liquide, à la quatrième puissance du diamètre du tube, et inversement à sa longueur.

— M. Le Verrier présente, au nom de M. Charles Simon, un mémoire sur la rotation de la lune et sur sa situation réelle en latitude. M. Simon prouve que l'axe de la lune doit subir une nutation semi-mensuelle sous l'action de la terre.

— M. Husson adresse quelques renseignements sur les terrains de transport des environs de Toul et sur les cavernes à ossements, dites *Trous de Sainte-Reine*. M. Husson a trouvé dans l'argile de ces grottes des débris d'ours et d'hyène des cavernes, des coprolithes, etc., mais point d'ossements humains ; les silex rencontrés dans la couche la plus récente ne paraissent pas avoir été travaillés.

— M. Clausius répond aux objections que M. Reech avait soulevées contre sa note relative à la théorie mécanique de la chaleur. Le physicien suisse prouve que les équations de M. Reech sont loin de fournir les siennes, qu'elles ne conviennent qu'à un cas spécial, tandis que celles de M. Clausius sont d'une application générale. On trouve dans le *Moniteur scientifique* de 1862, p. 300, l'analyse du mémoire de M. Clausius sur l'équivalence des transformations, dans lequel l'auteur a établi les théorèmes contestés.

— M. Des Cloizeaux adresse une note sur l'amblygonite. Il a constaté que cette substance cristallise dans le système du prisme doublement oblique ; qu'elle possède trois clivages inégalement faciles, parallèles aux faces du parallélipipède primitif, et se coupant sous des angles d'environ 135°, 105° et 88°30'. Les axes optiques sont très-écartés ; leur plan est sensiblement normal au clivage moyennement facile à éclat vitreux ; la bissectrice de leur angle aigu est *négative* et parallèle à l'arête d'intersection du clivage nacré et du clivage vitreux ; autour de cette bissectrice, les anneaux font voir une dispersion *horizontale* combinée avec une dispersion *inclinée* très-notable.

— M. le général Morin offre à l'Académie un exemplaire de l'ouvrage qu'il vient de publier sous le titre d'Études sur la ventilation.

— Sur l'ophthalmie produite par le soufrage des vignes ; par M. P. Bouisson. — Cette ophthalmie rentre dans la catégorie des inflammations par cause externe ; elle est généralement peu grave et consiste dans une conjonctivite. Elle se distingue plutôt par sa cause que par la spécialité de ses caractères.

Les travailleurs atteints de cette affection ont les yeux rouges, larmoyants, tuméfiés. Ils éprouvent une douleur pongitive assez pénible, surtout pendant le milieu de la journée lorsque la chaleur, la lumière et la réverbération sont intenses. Ils se plaignent de photophobie et d'irradiations douloureuses vers le front. Cette irritation s'apaise par le repos de la nuit et par des lavages à l'eau fraîche. Mais l'irritation se reproduit par la même cause, et l'accumulation des effets ne tarde pas à se traduire par une ophthalmie plus ou moins intense.

— Rapport sur le voyage de M. Bocourt à Siam ; par M. Milne-Edwards. — « En résumé, dit le rapporteur, M. Bocourt mérite beaucoup d'éloges pour la manière dont il a rempli sa mission officielle ; mais il a rendu à la zoologie des services encore plus considérables en formant, pour le Muséum, des collections nombreuses de préparations taxidermiques et d'autres objets précieux aux yeux des naturalistes. »

— Observations sur la nature des gaz produits par les plantes submergées sous l'influence de la lumière. Note de M. S. Cloez. — Dès 1848, M. Cloez, en collaboration avec M. Gratiolet, avait constaté que le gaz exhalé par les plantes aquatiques exposées à la lumière dans de l'eau ordinaire, légèrement imprégnée d'acide carbonique, contenait, outre de l'oxygène, une certaine quantité d'azote.

Quelle pouvait être la source de cet azote? Fallait-il l'attribuer à l'air dissous dans l'eau ou confiné dans les lacunes du végétal, ou bien l'azote produit provenait-il de la décomposition de la substance même de la plante?

Pour résoudre ce problème, les expériences sont longues et difficiles. Les auteurs les ont entreprises. D'après leurs essais, le volume d'azote libre confiné dans la plante au moment de son introduction dans l'appareil était de 0 litre 031; ils se sont donc cru autorisés à conclure qu'ayant obtenu 0 litre 2514 d'azote après l'exposition de la plante à la lumière et sous l'eau, la différence en plus était due à la décomposition de la substance même de la plante. Leur conclusion s'est trouvée ensuite confirmée par le dosage de la quantité d'azote entrant dans la composition de la plante avant et après l'expérience. Dans le premier cas, ils ont obtenu 5,23 d'azote pour 100 de plante sèche, et dans le second, après six jours d'exposition au soleil dans de l'eau carboniquée, le végétal desséché ne contenait plus que 3,74 d'azote pour 100.

Maintenant ce gaz, considéré comme azote, était-il bien de l'azote, ou bien un mélange d'azote et d'oxyde de carbone, comme semblaient le démontrer les récentes et nombreuses expériences de M. Boussingault (voir *Moniteur scientifique,* livr. 119, p. 621, année 1861)? C'est pour éclairer ce point que M. Cloez a recommencé ses expériences de 1848, et il a reconnu que le résidu non absorbable par le phosphore à chaud et par le pyrogallate de potasse soumis à l'analyse endiométrique, était bien de l'azote pur. Ces expériences recommencées plusieurs fois et de différentes manières, ont donné un résultat constant. Les résultats obtenus par M. Boussingault ne peuvent donc s'appliquer aux anciennes expériences obtenues par MM. Gratiolet et Cloez.

— Seconde note sur le menthol; par M. Oppenheim.

— Note sur l'analyse de l'alunite du mont Dore (Puy-de-Dôme); par M. J. Gautier-Lacroze. Voici la composition qu'elle présente le plus souvent:

Eau	10
Soufre	7.33
Potasse	5.69
Acide sulfurique	25.55
Oxyde de fer	1.93
Alumine	23.53
Résidu siliceux	24.66
Perte	1.30
Total	100.00

— Pluie de sable qui est tombée sur une partie de l'archipel des îles Canaries, le 15 février 1863. — Un échantillon de ce sable a été rapporté par M. Berthelot, consul de France à Sainte-Croix de Ténériffe. « Il n'est pas douteux, dit M. Daubrée, que ce sable n'ait été enlevé au sol du désert du Sahara, qui est distant de ces îles de plus de 32 myriamètres; il paraît avoir été transporté par une sorte de trombe à une hauteur de plus de 4,000 mètres au-dessus du niveau de la mer, de manière à atteindre la zone du contre-courant atmosphérique.

Séance du 17 août. — Régénération et réparation des tissus; par M. Jobert de Lamballe. — On se rappelle la campagne de ce chirurgien sur la régénération des tendons, aujourd'hui il communique ses recherches expérimentales sur les os et annonce qu'il passera ainsi en revue tous les organes. Vient d'abord un historique succinct sur les doctrines et les théories connues. Malgré tout l'intérêt de cette revue rétrospective, le manque de place nous force de la passer sous silence.

— Cathétérisme obturateur de l'urèthre; ses indications, son utilité et sa supériorité sur le cathétérisme vésical dérivatif; par M. Reybaud, de Lyon. — Je donne, dit M. Reybaud, le nom de *cathétérisme obturateur de l'urèthre* à une opération qui consiste à faire uriner les malades en introduisant simplement une sonde dans le canal, au lieu de l'introduire dans la vessie. On n'a pas cru jusqu'à ce jour qu'il fût possible de vider la vessie autrement qu'en introduisant une sonde dans ce réservoir. On peut néanmoins obtenir ce résultat, dans la plupart des cas, avec une sonde à renflement olivaire introduite simplement dans le canal, soit qu'on la laisse à demeure, soit qu'on la retire après la miction. Cette espèce de cathétérisme n'est pas seulement plus facile, il est encore moins douloureux et n'a presque aucun des inconvénients et des dangers du cathétérisme vésical, comme on le verra par les détails que je vais donner dans le Mémoire que j'ai l'honneur de soumettre à l'Académie. — MM. Serres, Jobert de Lamballe et Civiale sont chargés d'examiner ce Mémoire.

— Sur le rôle de l'épiderme en présence de l'eau, du chloroforme et de l'éther; par M. L. Parisot. (Seconde communication et suite de ses expériences.)

— Coccus algériens supposés propres à fournir une matière tinctoriale. — A propos de la communication faite dernièrement par M. Le Mulier, M. Coinde rappelle qu'il a déjà fait cinq ou six communications pareilles sur les puccrons et les gallinsectes de l'Algérie, et qu'il a signalé surtout les propriétés tinctoriales de plusieurs d'entre eux. Ses notes et ses insectes ont été envoyés à une Commission; mais le tout y est resté encommissionné, comme d'habitude.

— M. Evrard adresse une Note concernant l'exploitation industrielle des vinasses de mélasse de betteraves. — La présence du nitrate de potasse dans ces mélasses avait été depuis longtemps signalée; mais on ne supposait pas que l'extraction en pût être rémunératrice. M. Evrard l'obtient par un procédé très-simple, qui consiste à recueillir et à faire égoutter par la turbine un abondant dépôt cristallin qui se forme dans les vinasses concentrées, et à épurer ce dépôt par des cristallisations.

« Les eaux-mères, dit M. Evrard, après la cristallisation du nitrate de potasse accompagné de chlorure, constituent un liquide visqueux qui contient encore plus de potasse que celle représentée par le nitrate extrait. La calcination doit donc être opérée pour détruire la matière organique et isoler la potasse à l'état de carbonate. Les produits pyrogénés de cette calcination, en raison de leur richesse en matière azotée, m'ont donné l'idée d'une deuxième industrie qui utiliserait la vinasse de betterave, et m'y ont fait voir la matière prédestinée des cyanures. »

— Nouvelles recherches sur l'aloës; par M. Kosmann.

— M. Dumas, qui fait les fonctions de secrétaire perpétuel, dépouille la correspondance et s'applique à en faire ressortir les communications importantes. M. Dumas désire sans doute une place de secrétaire perpétuel pour ses vieux jours, alors qu'il ne pourra plus présider toutes les cérémonies où se réunissent les corps constitués. Mais une fois secrétaire, M. Dumas fera comme les autres, bien qu'il soit difficile cependant de faire aussi mal que M. E. de Beaumont.

— De l'emploi des sulfites et hyposulfites pour prévenir la maladie dominante des vers à soie. — Une longue série d'expériences, dit le docteur Polli, m'ayant fait reconnaître dans les hyposulfites la propriété de paralyser les ferments morbifiques et d'être en même temps très-bien tolérés par l'organisme, je proposai à notre illustre collègue le Cav. Vittadini d'en essayer pour les vers à soie.

Un petit lot de quatre cents vers à soie, provenant d'une graine parfaitement saine, fut séparé en deux portions placées dans des conditions identiques, à cela près que l'une était alimentée avec de la feuille préparée au sulfite de soude, et l'autre avec la feuille naturelle.

Les deux cents vers nourris avec la feuille naturelle donnèrent des papillons malades et dont la graine aussi fut mauvaise. Les deux cents nourris avec la feuille sulfitée se conservèrent tous en bon état, ils montèrent à la branche et firent leur cocon d'une manière satisfaisante, et les papillons donnèrent une graine reconnue saine.

D'autres expériences furent répétées et donnèrent les mêmes résultats. En vue de futures expérimentations, je me permettrai d'indiquer ici quelques-unes des conditions auxquelles il conviendra de se conformer pour obtenir de bons résultats.

1° La dose la plus convenable pour la solution aqueuse est de 1 partie de sel pour 20 ou 30 d'eau; une solution plus concentrée fait faner trop promptement la feuille.

2° L'imbibition des feuilles s'obtient en plongeant dans la solution le bout, taillé en bec de flûte, de jeunes branches bien chargées de feuilles et en les y laissant environ six heures. On peut aussi imbiber les feuilles détachées et pourvues de leur pédoncule; on superpose les feuilles, et les pédoncules, placés côte à côte, sont introduits entre le bord et le couvercle d'un bassin en fer-blanc contenant la solution saline; une heure d'une pareille immersion sera suffisante (1).

3° La feuille sulfitée sera donnée aux vers deux fois par jour, à douze heures d'intervalle, au lieu d'une ration de feuilles naturelles, et on veillera à ce qu'elle soit complétement consommée. Une très-petite quantité de sulfite de soude doit suffire à produire sur les vers l'effet voulu, d'après ce que nous savons de la dose trouvée efficace et suffisante pour l'homme. Pour l'adulte du poids de 50 kilogr., la dose ordinaire thérapeuthique est de 10 à 15 grammes par jour; ainsi, pour chaque gramme pesant de ver à soie, il ne faudrait pas plus de 0.3 milligrammes de sulfite dans les vingt-quatre heures (2). Si au sulfite de soude on substituait l'hyposulfite, la moitié de la dose suffirait. Celui-ci serait peut-être préférable pour le traitement prophylactique.

— M. Rayer annonce que pour répondre au désir de M. Thury, qui désire voir examiner son mémoire sur la loi de la production des sexes, il a sollicité du maréchal Vaillant, qui l'a obtenu aussitôt de l'Empereur, l'autorisation nécessaire pour que l'expérience de M. Thury fût répétée dans les fermes agricoles dépendant du ministère d'État.

— Sur le sang de rate; par M. C. Davaine. Troisième et dernière note.

— Nouvelles observations concernant l'action du chlorure de zinc sur l'alcool amylique; par M. Ad. Wurtz.

— Sur le dosage de la crème de tartre, de l'acide tartrique et de la potasse contenus dans les vins; par MM. Berthelot et A. de Fleurieu.

— Sur la question de l'acide acétique annoncé comme un produit de la fermentation alcoolique; par M. Mauméné. — Suivant son expérience, M. Mauméné ne croit pas que les vins *bien faits* renferment de l'acide acétique, et il lui paraît au moins douteux que l'acide acétique soit un produit réel de la fermentation alcoolique.

— Sur les éthers de la terpine; par M. Oppenheim. — La terpine, le terpilène et le terpinol sortent tous trois du laboratoire de M. Wurtz. Voilà pour le moment ce que nous pouvons apprendre à nos lecteurs.

— Sur les gaz contenus dans le vin; par MM. Berthelot et A. dé Fleurien. — Nous avons examiné les gaz dissous dans le vin, principalement en opérant sur le vin de Formichon de 1859, conservé en bouteilles depuis trois ans. Ces gaz sont: 1° L'acide carbonique: sa proportion varie et va en diminuant à mesure que l'on s'éloigne de l'époque de la fermentation; elle était très-faible dans le vin susnommé; 2° L'azote: sa proportion a été trouvée égale à environ 20 centimètres cubes par litre du vin ci-dessus. Ce gaz a été isolé par la mé-

(1) La pratique conduira sans doute à découvrir des moyens plus commodes et plus expéditifs de préparer les feuilles; mais nous devons dès à présent avertir qu'il ne faut pas songer à remplacer l'absorption vitale des feuilles par leur aspersion avec la solution de sulfite de soude, parce que celui-ci, exposé à l'air, se convertit peu à peu en sulfate qui est amer, purgatif et nullement antiseptique; d'ailleurs, par suite de l'évaporation, la feuille se trouverait couverte d'une efflorescence saline qui rebuterait les vers à soie.

(2) La fonction respiratoire, en tant que consommation d'oxygène et formation d'acide carbonique, a été trouvée, à poids égal, aussi active dans les vers à soie que dans les mammifères et les grands oiseaux.

thode de déplacement à froid, en agitant le vin à plusieurs reprises avec son volume d'acide carbonique absolument pur.

Nous n'avons pas trouvé trace d'oxygène dans le vin analysé. Ce vin était d'ailleurs parfaitement transparent et présentait toutes les propriétés d'un vin en très-bon état de conservation.

L'absence de l'oxygène dans le vin examiné est un fait très-important, il s'accorde avec l'existence du principe oxydable signalé dans le vin par l'un de nous et avec la prompte altération que le vin subit sous l'influence de l'air.

— De la forme globulaire que les liquides et les gaz peuvent prendre sur leur propre surface; par M. S. Meunier. — Nous ne pouvons, faute de place, reproduire cette note très-intéressante.

— M. de Saint-Venant répond à la note de M. Galopin, relative à un point de la théorie de la double réfraction. Il prouve que la manière dont Cauchy arrivait à la surface d'onde de Fresnel, vers la fin de son mémoire de 1830, n'exige pas absolument (comme l'a pensé M. Galopin), qu'on fasse arbitrairement nulles certaines constantes de l'équation du 3me degré qu'il s'agit de réduire à une équation du 2me degré, mais que cette équation peut se décomposer sans recourir à une pareille hypothèse. Les relations admises par Cauchy en 1839, pour obtenir par l'analyse les résultats de Fresnel, et qui sont de nouveau adoptées par M. Galopin, conduiraient, selon M. de Saint-Venant, à des conséquences très-éloignées de ce qu'on observe dans la nature. « Ainsi, dit l'auteur, malgré l'espèce de concession faite en 1839 par Cauchy aux opinions contraires à la science, ce qu'il y a de mieux jusqu'à présent, pour concilier les résultats de la théorie de l'élasticité avec les faits et les lois dont nous devons la révélation au génie de Fresnel, est ce qui a été proposé par Cauchy à la suite de ses admirables travaux de 1830, au cas où l'on tient compte d'une pression primitive p^o dans l'état naturel ou antérieur aux déplacements moléculaires. »

— M. B. de Chancourtois présente des considérations géologiques sur les sources de pétrole et les dépôts bitumineux, dont il a essayé de coordonner les gisements au moyen du réseau pentagonal de M. Elie de Beaumont. Pour lui, les produits hydrocarburés sont, en général, des résultats plus ou moins directs d'émanations, c'est-à-dire de phénomènes éruptifs; il en a trouvé une preuve dans certains faits d'alignement qui n'ont leur raison d'être que dans l'existence des fissures de l'écorce terrestre. Une partie des cercles que M. de Chancourtois a été amené à considérer comme pouvant représenter la distribution géographique des sources de pétrole, figurent parmi les 159 cercles du réseau pentagonal, d'autres pourront contribuer à l'extension de ce réseau.

M. Coulvier-Gravier adresse sa note sur le nombre d'étoiles filantes, observées par lui dans la première moitié du mois d'août, époque du maximum annuel. Nous extrayons de son tableau les chiffres suivants :

Date.	Nombre total.	Nombre horaire.
8 août	61	26.7
9 —	157	30.5
10 —	739	121.2
11 —	294	48.6
12 —	111	46.1
13 —	61	38.2

Nous mettons en regard de ces résultats ceux que M. Heis a obtenus à Munster, avec dix-huit aides qui s'étaient partagé le ciel visible.

Date.	Nombre total.	Nombre horaire.
8 août	151	50
9 —	169	53
10 —	600	141
11 —	212	71
12 —	168	56

Le nombre horaire moyen pour l'intervalle du 8 au 12 août est de 80 météores à Munster (1,290 météores observés en 16 heures). M. Coulvier-Gravier a observé, pendant les mêmes soirées, 1,372 étoiles filantes en 23 heures, ce qui donne un nombre horaire moyen de 60. Suivant lui, le nombre horaire des 9, 10 et 11 août serait plus élevé qu'en 1858, mais beaucoup moins qu'en 1848. M. Heis a fait noter les trajectoires des étoiles de 1re et de 2me grandeur dans des cartes préparées à cet effet. Le 10 août on a été frappé, à Munster, de la persistance des traînées lumineuses; à l'œil nu, on les apercevait durant 7 à 14 secondes, l'une pendant 43 secondes. Avec un chercheur, M. Heis en a vu une persister pendant 55 secondes, une autre pendant 1 minute, enfin une troisième pendant 2 minutes 48 secondes. Cette dernière traînée lui a offert des changements très-remarquables.

M. Goldschmidt a aussi regardé le ciel, à Fontainebleau, dans la soirée du 10 août, depuis 8 h jusqu'à 12 h. 40 m. Il a observé le point de divergence des étoiles filantes entre les constellations de Persée et de Cassiopée, par 2 h. 30 m. d'ascension droite et 60° de déclinaison.

— Sur l'état de l'atmosphère pendant la première quinzaine d'août, d'après les renseignements recueillis à l'Observatoire impérial de Paris. Note de M. Marié-Davy, présentée par M. Le Verrier. — L'abondance des matières nous force de remettre cette analyse à la prochaine fois avec celle que M. Marié-Davy présentera sans doute sur la seconde quinzaine d'août. Il en sera aussi question dans la *Revue d'astronomie.*

VARIÉTÉS.

—

Sur l'origine de la rage. — M. Boudet a lu, dans la séance de l'Académie de médecine du 21 juillet dernier, le rapport suivant :

« L'Académie, au moment où elle s'occupe avec une si vive sollicitude de l'examen de toutes les questions qui se rattachent à l'hydrophobie, accueillera sans doute avec intérêt une communication d'un ancien consul de France à los Angeles, M. de Moerenhaut, sur l'origine de cette terrible maladie.

M. de Moerenhaut, appelé par ses fonctions à résider successivement dans diverses parties du monde, a profité de cette vie nomade, si favorable à certains genres d'observations, pour rechercher l'origine de l'hydrophobie. Persuadé, *à priori*, que l'hydrophobie, ou rage canine, n'est pas une affection spontanée chez l'homme et chez les animaux, et confirmé par des observations nombreuses dans cette opinion, il s'est attaché avec une rare persévérance à en découvrir la véritable source, et il s'est convaincu que la rage provient toujours primitivement de la morsure d'un animal auquel le virus rabique est propre, de même que certains venins sont propres à certains reptiles, et qu'il communique de la même manière que la vipère et le serpent communiquent leurs venins, par la morsure. Cet animal, générateur du virus rabique, est, d'après M. de Moerenhaut, le putois (*putorius* de Cuvier), qui se trouve désigné dans différents pays, sous les noms de *mustela*, de *viverra*, de *mephitis*, de *zorrilla*.

Voici les observations que M. de Moerenhaut a réunies en faveur de cette opinion, qu'une circonstance toute fortuite lui a fait concevoir.

Deux fois, à différentes dates, en 1815 et 1819, il a vu en Europe des chiens mordus par des putois devenir enragés ; l'un de ces chiens lui appartenait, et peu s'en est fallu qu'il n'en fût mordu lui-même. De là le vif intérêt qu'il a pris depuis cette époque à la question de la rage, et particulièrement à la recherche de son origine. Quelques observations qu'il a faites sur le caractère et les instincts du putois, et sur la répugnance qu'il inspire à tous les autres animaux, à cause de son odeur infecte, ont donné une certaine force dans son esprit à l'idée que cet animal était le seul chez qui la rage se développait spontanément. Mais cette présomption était d'une telle importance, qu'il était nécessaire, avant de la présenter comme un fait, de la confirmer par de nombreuses observations. M. de Moerenhaut l'a si bien compris qu'il n'a, pendant plus de trente années, négligé aucune occasion de la vérifier.

Une question lui a paru surtout intéressante à examiner, c'est celle de savoir s'il existe des contrées privilégiées où la rage est inconnue, et où l'on ne rencontre jamais de putois ; tandis qu'on trouve cet animal, au contraire, dans toutes celles où des cas de rage ont été constatés. Établi au Chili de 1826 à 1828, M. de Moerenhaut apprit bientôt que le putois existait dans cette région sous le nom de *chinge* (*viverra chingœ*, d'après Melina ; *zorrilla*, d'après Buffon), et qu'il ne se passait pas d'années sans qu'on eût quelques cas d'hydrophobie rabique à enregistrer. A Otahiti, au contraire, dans la Polynésie, dans la terre de Van Diémen et dans l'Australie, il n'existe aucune espèce du genre *mustela*, et la rage y est inconnue. M. de Moerenhaut a pu se convaincre de ces faits remarquables pendant les seize années qu'il a passées dans ces différents pays, de 1829 à 1846. Nommé consul à Monterey, en 1846 il arriva en Californie au mois de septembre de cette même année, et il ne tarda pas à constater que, dans la haute et la basse Californie et dans la Sonora, l'opinion générale attribue la rage à la morsure de la *zorrilla* (putois californien), à tel point qu'on dit d'un chien enragé : il sent la *zorrilla*.

Le long séjour qu'il a fait au milieu de ces curieuses contrées qui offraient un vaste champ à ses observations lui a permis de recueillir des faits et des documents très-importants ; il les a consignés dans sa lettre au ministre de l'intérieur, avec tous les détails propres à leur donner une véritable authenticité. Je dois me borner à en présenter ici un résumé succinct à l'Académie.

Dans la haute Californie, il existe trois espèces différentes de *mustela* ou putois :

1° Le *putorius frenata*, belette bridée, qui est très-commune dans le nord de la Californie ;

2° Le *mephitis zorrilla*, putois californien, désigné aussi sous les noms de *mephitis bicolor* et de *zorrilla*. C'est un animal très-long, car il mesure deux pieds et demi anglais de l'extrémité du museau à la racine de la queue. Son odeur est celle du putois d'Europe mêlée à l'odeur de l'ail ; cette odeur est insupportable pour l'homme et pour les animaux. Ses habitudes sont imparfaitement connues ; on sait cependant qu'il se tient dans des trous sous terre, dans les creux des vieux arbres, et quelquefois sous les planchers des maisons habitées.

La troisième espèce de putois est le putois à large queue (*mephitis mairana*) ; il a la taille d'un chat ordinaire, sa dimension, de la tête à la queue, est d'un pied quatre pouces anglais ; il est, comme l'on voit, beaucoup plus petit que le putois californien. C'est à ce dernier particulièrement qu'on attribue la propriété de communiquer la rage, et il est d'autant plus dangereux et plus agressif que la température est plus élevée, que la sécheresse est plus grande et qu'il a moins de ressources pour se nourrir.

Chose singulière, cet animal s'attaque particulièrement au nez de l'homme et des animaux, et ceux-ci, quand ils sont devenus enragés, sont portés instinctivement, comme le putois lui-même, à mordre au nez.

C'est une croyance populaire dans la basse Californie et la Sonora, que le putois communique la rage au moyen d'une matière jaunâtre dont ses dents sont chargées, surtout dans la saison chaude, et qui agit fatalement lorsque la morsure a été faite sur une partie nue.

Dans la haute Californie, le putois n'approche presque jamais des habitations ; les cas d'hydrophobie y sont très-rares. Dans la basse Californie et la Sonora, au contraire, où l'eau manque, où le putois a beaucoup de peine à trouver sa nourriture, il approche souvent des maisons et y pénètre ; s'il n'entend aucun bruit, il se retire sans avoir fait du mal, mais malheur à celui qui fait le moindre mouvement : il lui saute à la figure, il le mord au nez, et la rage est la suite inévitable et mortelle de cette morsure.

M. de Moerenhaut a connu à Monterey deux familles qui ont perdu, l'une un garçon de onze ans, l'autre une petite fille de cinq ans, des suites de la morsure de la *zorrilla*. Surpris dans leurs lits l'un et l'autre, ces deux malheureux enfants ont été mordus au nez et sont morts enragés au bout de très-peu de jours.

Un chat mordu sous les yeux de M. de Moerenhaut par un putois est devenu enragé en quelques jours.

Dans une contrée où la rage est aussi fréquente que dans la basse Californie et la Sonora, les indigènes ont dû nécessairement se préoccuper des moyens de guérir cette affreuse maladie. M. de Moerenhaut a donné une attention toute particulière aux renseignements qu'il a pu recueillir à ce sujet.

Les Indiens assurent qu'ils connaissent un spécifique certain de l'hydrophobie, que ce spécifique est une plante qu'ils désignent sous le nom de *confituria*, qui se trouve dans la Sonora, et qui a la propriété remarquable, lorsqu'elle est administrée en temps utile, d'empêcher la rage de se déclarer à la suite d'une morsure, et même d'arrêter la maladie lorsqu'elle s'est déclarée, et de la guérir radicalement en très-peu de jours.

Pendant son séjour à Monterey, M. de Moerenhaut a été témoin de la guérison d'un Californien qui avait été mordu par un cheval enragé ; l'Indien qui le soignait lui faisait mâcher des feuilles de *confituria* et lui prescrivait d'en avaler le suc. Il appliquait ensuite les feuilles mâchées sur la morsure.

Tels sont les principaux faits et les principales observations qui se trouvent consignées dans le Mémoire adressé par M. de Moerenhaut à M. le ministre de l'intérieur. Ces faits et ces observations sont le fruit de longues et patientes recherches de la part d'un homme dont le témoignage tire une grande importance de l'honorabilité de ses fonctions et de son caractère ; aussi, malgré ce qu'il y a d'imprévu et d'étrange dans les idées qu'il a émises, la Commission a pensé qu'il était de son devoir de les exposer à l'Académie.

La rage est un fléau si cruel pour l'humanité, cette maladie est enveloppée de tant de mystères, qu'il n'est pas permis de négliger la moindre source de lumière lorsqu'on s'occupe de son étude. »

Cas de polydactylisme héréditaire. — Ce phénomène de propagation vient d'être signalé par M. Arthur Michel, inspecteur adjoint des aliénés d'Écosse.

L'auteur primitif des individus affectés de polydactylisme portait six doigts à chacune de ses quatre extrémités. Il s'était uni à une femme dont les mains et les pieds n'avaient aucune particularité extraordinaire. Les trois enfants issus de ce mariage eurent tous trois six doigts à chaque membre, de sorte que la seconde génération offrit un très-bel exemple de la transmission intégrale d'une organisation physique appartenant au père. Deux seulement des enfants de ce père extraordinaire, un fils et une fille, eurent à leur tour des enfants qui sont presque tous vivants à cette heure. La fille, à qui l'on avait pratiqué l'ablation des doigts surnuméraires, eut deux enfants de deux pères différents, une fille et un garçon. La digitation de la fille fut semblable à celle de la mère, et elle eut six doigts à chaque membre ; quant au fils, il fut conformé comme un homme ordinaire et échappa complétement aux singulières dispositions de la famille.

Le fils du fondateur de cette race eut trois fils et quatre filles d'une femme qui avait déjà mis au monde deux enfants illégitimes, dont la conformation n'offrait aucune particularité. Par une coïncidence bien remarquable, le caractère se retrouva uniformément chez les trois fils, et une seule des quatre filles le reproduisit d'une manière parfaite. Chez chacune des trois autres filles, il y a encore eu polydactylisme, mais incomplet, c'est-à-dire à deux ou trois membres seulement.

Dans ce cas particulier, le *polydactylisme* semble avoir une tendance marquée à se propager par les femmes chez les descendants du sexe féminin, et par les hommes chez les enfants du sexe masculin. Ajoutons que cette irrégularité n'était accompagnée ni du bec de lièvre, ni de la surdi-mutité, ni de l'idiotisme, ni d'autres infirmités héréditaires, considérées comme conséquences ordinaires de cette disposition anatomique.

Promotions dans la Légion d'honneur ou autres cas de polydactylisme.

Première journée : M. Duruy, ministre de l'instruction publique, a été promu au grade d'officier, sur la présentation de M. Billault, ministre d'État. — *Deuxième journée :* Sur la présentation de M. Duruy, M. Dumas, sénateur, a été nommé grand'-croix, et M. Le Verrier grand-officier. Ont ensuite été nommés commandeurs : MM. Mathieu, Julien, Cruveilhier; officiers : MM. Pasteur, de Quatrefages, Boucher de Perthes, Grisolle, Vincent et Guibourt, le trésorier de l'École de Pharmacie. Parmi les simples chevaliers nommés par M. Duruy, se trouvent un grand nombre d'excellents professeurs des Facultés et des lycées. Citons, en dehors de l'Université, M. Dessaigne, chimiste très-distingué à Vendôme, et M. Schaeufèle, président de la Société de pharmacie, un de nos pharmaciens les plus estimés. Quant à la presse scientifique militante, elle reste toujours en dehors des faveurs ministérielles, et l'abbé Moigno, le plus infatigable parmi les journalistes, continue de porter sa croix dans le dos et non sur la poitrine. — *Troisième* et *quatrième journées :* La troisième journée a été consacrée aux nominations du ministre de l'intérieur et la quatrième à celles du ministre du commerce. M. Maisonneuve, l'éminent chirurgien, *oublié* jusqu'à ce jour, a été nommé chevalier par M. Boudet, le nouveau ministre de l'intérieur, et M. Payen, qui ne *s'oublie* pas, a été fait commandeur.

Si nous en jugeons par les nominations que nous pouvons apprécier, les croix de chevalier ont été bien choisies; quant aux grands cordons, il y a du mélange et beaucoup trop de de luxe, d'autant plus que le besoin ne s'en faisait nullement sentir.

M. Hofmann étant en vacances, nous n'avons pu obtenir cette fois le bon à tirer de ses épreuves, qu'il continue de corriger avec un soin extrême; peut-être en sera-t-il de même pour notre numéro du 15 septembre. A partir de ce numéro, nous donnons l'analyse des mémoires de physique et de mathématiques présentés à l'Académie des sciences, analyse que veut bien faire pour nous M. R. Radau. Nous croyons que nos lecteurs reconnaîtront par la suite qu'une bonne analyse *de tout* ce qui s'envoie à l'Académie est impossible à faire lorsqu'on veut la donner avant la publication officielle des *Comptes-rendus*, et que le *Moniteur scientifique*, qui depuis quatre ans s'applique à n'oublier les présentations de personne, est aujourd'hui le seul recueil où les lecteurs peuvent, en dehors des *Comptes-rendus*, connaître tout ce qui se présente à l'Académie des sciences.

Nos collections du *Moniteur scientifique* et les années séparées étant aujourd'hui à peu près épuisées, nous en augmenterons le prix à partir du 1ᵉʳ octobre prochain.

25433 Paris, Imp. Renou et Maulde.

ACADÉMIE DES SCIENCES

Séance du 24 août — ZOOLOGIE, par M. CHEVREUL. Sur la méthode expérimentale en général, et en particulier sur un mode de distribution des espèces zoologiques, dite *par étages*. — M. Cazin, qui rédige dans le *Nord*, avec beaucoup de soin, les séances de l'Académie, a entendu M. Chevreul développer ses propositions, et avant la réception des *Comptes-rendus*, voici ce qu'il écrivait dans sa *Chronique* du 28 août : « M. Chevreul s'est emparé pendant longtemps du bureau pour expliquer et développer un système qui lui est personnel. Malheureusement, depuis qu'il a abandonné ses études expérimentales pour se jeter tête baissée dans la métaphysique, M. Chevreul tombe souvent dans le vague et dans l'obscurité. Au lieu de lire, il lui plaît d'improviser; comme il n'a pas l'habitude de suivre un sujet, il est impossible de savoir au juste ce qu'il veut prouver. Ses développements sont entourés de tels nuages qu'il n'y a pas toujours moyen de les comprendre. Aujourd'hui, l'honorable académicien a imaginé une nouvelle classification des sciences, ainsi qu'une nouvelle classification des êtres vivants. La base de son système semble être celui qu'il a établi pour les couleurs. Nous n'avons eu que les préliminaires de ce travail, en opposition avec toutes les opinions accréditées jusqu'à ce jour. Plusieurs suites nous sont promises. Peut-être la lumière se fera-t-elle, plus tard, dans ces tentatives de classification, dont il n'a été jusqu'à présent possible à personne de comprendre et d'apprécier la portée. » Ce jugement sera-t-il confirmé? Non, prétend M. Grimaud, de Caux, qui nous a dit avoir très-bien compris M. Chevreul, et qui nous annonce qu'il éclaircira, mieux qu'une somnambule lucide, les obscurités de style de l'illustre chimiste. Attendons l'article du rédacteur de l'*Union* et renvoyons à une autre livraison l'exposé philosophique de M. Chevreul. Ceci est même d'autant plus nécessaire que M. Chevreul nous avertit lui-même « que, dans un prochain *Compte-rendu*, il publiera le *Spécimen de distribution par étages des espèces zoologiques,* le temps ne permettant pas l'impression des deux tableaux représentant ce mode. »

— M. BOUSSINGAULT, à propos de la communication faite, dans la dernière séance, du travail de M. Cloez par M. Chevreul, écrit à son savant confrère une lettre où nous lisons ce qui suit : « Je termine ainsi la première partie des *Recherches entreprises pour examiner si les feuilles émettent du gaz azote quand elles décomposent l'acide carbonique sous l'influence de la lumière.*

« De l'ensemble des faits, on peut, je crois, conclure que, pendant la décomposition de l'acide carbonique par les parties vertes des végétaux, il n'y a ni absorption ni émission d'azote, et que si les volumes de gaz obtenus d'une même plante, avant et après l'exposition au soleil, quoique très-peu différents, n'ont cependant jamais été absolument égaux, cela a tenu uniquement à cette circonstance que, dans chacune de mes expériences, l'atmosphère retirée des feuilles qui avaient fonctionné à la lumière avait acquis une très-faible quantité de gaz combustible dont il reste à préciser l'origine : c'est ce que je ferai dans la seconde partie de ce travail.

« Conformément au programme que je m'étais tracé, j'ai commencé, dans l'été de 1862, une série d'expériences pour constater si, dans l'atmosphère, l'oxygène que donneraient les feuilles renfermerait les minimes quantités d'oxyde de carbone que j'avais constatées dans celui dégagé par les plantes submergées. Ce procédé a consisté à faire pénétrer les extrémités des branches attenantes à l'arbre dans une atmosphère formée d'air et d'acide carbonique, et contenue sous une cloche d'une grande capacité. L'air était ensuite examiné, après l'avoir privé de l'acide carbonique.

Après des résultats infructueux, je crois être arrivé à cette conclusion que les feuilles, je puis même dire les branches, en fonctionnant dans des conditions aussi semblables que possible aux conditions normales, émettent de l'oxygène qui ne présente pas d'indices du gaz combustible (oxyde de carbone) que j'ai constamment trouvé dans l'oxygène des plantes submergées fonctionnant dans les appareils que j'ai décrits »

M. Boussingault donne ensuite le résultat fourni par des branches de *thuya*, exposées pendant douze heures en plein soleil. Le gaz, dépouillé d'acide carbonique, renfermait, dit-il, 68 d'oxygène et 32 d'azote; analysé dans l'eudiomètre, au moyen de l'hydrogène, il a donné exactement 32 d'azote sans trace d'oxyde de carbone. « Ceci s'accorde avec ce que vous avez communiqué à l'Académie au nom de M. Cloez, et je n'ai pas voulu attendre plus longtemps pour féliciter M. Cloez sur la parfaite exactitude du résultat qu'il a obtenu. » Nous félicitons, à notre tour, M. Boussingault de s'être mis d'accord avec M. Cloez dans la seconde partie de son travail, et M. Chevreul, qui ne doutait pas un instant de l'exactitude des résultats obtenus par son préparateur, ajoute « que M. Cloez a reconnu aussi que les feuilles ne décomposent l'acide carbonique qu'en raison de la matière verte qu'elles contiennent, et que les parties jaunes ou rouges de certaines feuilles ne donnent pas lieu à cette décomposition. »

— Sur la formation de l'humus et du nitre; par M. Ch. Blondeau. La publication, que nous faisons dans ce numéro, du mémoire complet de l'auteur, mémoire qui fait suite à celui que nous avons déjà donné sur la chimie mycodermique, dans notre livraison du 1ᵉʳ septembre, nous dispense de toute analyse.

— Études sur l'évolution des bourgeons (seconde partie : Des multiplications organiques); par M. Ch. Fermond.

— Application du réseau pentagonal à la coordination des sources de pétrole et des dépôts bitumineux. — Dans cette note, M. de Chancourtois donne la description sommaire de tous les cercles de son réseau, qui intéressent la coordination des sources de naphte, de pétrole et d'asphalte.

— M. Van der Mensbrugghe adresse une brochure sur la théorie mathématique des courbes d'intersection de deux lignes tournant dans le même plan autour de deux points fixes. Cette question avait été déjà traitée dans le cas où le rapport des vitesses des deux lignes est un nombre entier; l'auteur l'a reprise en supposant le rapport des vitesses simplement commensurable, de sorte que les deux courbes mobiles reviennent à leurs positions primitives après des nombres finis de révolutions. Il a réussi à trouver une solution complétement générale et très-simple, qui présente d'autant plus d'intérêt qu'elle peut fournir des courbes nombreuses et variées, et que les résultats du calcul peuvent toujours se vérifier expérimentalement, grâce à un appareil très-ingénieux de M. Plateau, qui est fondé sur la persistance des impressions dans l'œil.

— M. Eugène Robert, dans une lettre adressée à M. Élie de Beaumont, parle des crevasses du calcaire oolithique dont se compose la côte de Toul qui regarde Nancy. Ces crevasses sont remplies de terre rougeâtre et de cailloux roulés, entraînés probablement des hauteurs voisines par des agents atmosphériques, parce qu'ils ressemblent au diluvium qui couronne la côte de Toul. Quelques habitants du pays ont montré à M. Robert des ossements humains, des débris d'aurochs et de cerf, ainsi que des haches taillées en trapp des Vosges, qu'ils disaient avoir recueillis au fond de l'une de ces fissures, à Maxeville. M. Robert a fait faire de nouvelles fouilles qui sont restées sans résultat. Il a conçu quelques soupçons contre l'authenticité des trouvailles qu'on lui a fait voir; mais en les supposant vraies, M. Robert n'y verrait que le résultat de *causes actuelles*, c'est-à-dire d'un remaniement de cailloux roulés et de débris fossiles, empruntés au diluvium des hauteurs, et mélangés à des ossements humains qui avaient été abandonnés à la surface du sol, les uns et les autres ayant pénétré à différentes époques dans les crevasses, aujourd'hui comblées par de la terre végétale. Ce serait un phénomène analogue à celui des dépôts meubles sur des pentes.

— M. l'abbé Chevalier, curé de Civry-sur-Cher, qui est chargé de l'exécution de la carte géologique-agronomique du département d'Indre-et-Loire, vient à son tour confirmer les vues de M. Élie de Beaumont, en déclarant qu'il a retrouvé à chaque pas, en Touraine, les dépôts meubles sur pentes.

« Ces terrains, dit l'auteur, sont formés de pièces meubles, sables, argiles, fragments crayeux ou siliceux, provenant de terrains plus anciens, entremêlés de débris de l'industrie humaine, et ils s'accroissent journellement sous nos yeux, principalement à la base des coteaux, par le jeu des agents météorologiques. J'ai constaté que, depuis la fin de la période gallo-romaine, le talus de nos coteaux s'est ainsi avancé de 4 à 5 mètres dans les vallées, sur une hauteur de 2 à 3 mètres. »

Quant aux instruments en silex, M. l'abbé Chevalier n'en a jamais vu retirer du diluvium proprement dit; on les trouve, en Touraine, soit à la surface du sol, à peu de profondeur, soit dans les dépôts meubles en question. Il a lui-même découvert cinq gisements ou ateliers d'outils de l'âge de pierre, en différentes localités situées sur les bords de la Creuse et de la Claise. Ces instruments s'y rencontrent en abondance, à tous les degrés de fabrication; ils sont faits avec des silex rubanés, jaspés et richement colorés par l'oxyde de fer. Le plus curieux est un polissoir en silex qui a servi à aiguiser les haches. Ces trouvailles ont été déposées au musée de la Société archéologique de Touraine, dont l'auteur est le secrétaire perpétuel.

— Sur la distillation des liquides mélangés et sur la pureté de l'alcool amylique. Note de M. BERTHELOT, présentée par M. Balard. — « L'origine véritable des carbures multiples que l'on obtient dans la réaction du chlorure de zinc sur le produit désigné sous le nom d'*alcool amylique*, dépend du degré de pureté de ce produit, comme M. Wurtz le reconnaît dans sa dernière note. Or, s'il est certain que la masse principale de cette substance est formée par l'alcool amylique, $C^{10}H^{12}O^2$, il est beaucoup plus difficile d'y démontrer l'absence de quelques centièmes d'alcool caproylique, $C^{12}H^{14}O^2$, ou butylique, $C^8H^{10}O^2$. L'existence de 6 centièmes d'alcool caproylique notamment, dans l'alcool amylique, suffirait, d'après M. Wurtz, pour rendre improbables les interprétations proposées par ce savant. Aucune analyse élémentaire, aucune détermination des propriétés physiques ne saurait, dans l'état actuel de la science, démentir l'existence de mélanges de cet ordre, quand il s'agit des alcools homologues. Comme la distillation est le seul procédé de séparation qui ait été employé par M. Wurtz, j'ai pensé faire intervenir dans la discussion de nouvelles données, fondées sur l'étude de la distillation des liquides mélangés. » M. Berthelot a donc choisi des liquides neutres, d'une pureté éprouvée, de densités très-inégales, et dont les points d'ébullition différaient de 20 à 30 degrés; il les a mélangés deux à deux, en proportions telles que le liquide le moins volatil était le moins abondant, et il les a soumis à une distillation fractionnée.

Premier mélange : alcool 92, eau 8 (en poids) ; densité du mélange à 20° 0.814. Point d'ébullition de l'alcool, 78°, eau, 100°, différence, 2 .°. Quatre distillations fractionnées ont donné un produit sensiblement pareil, flottant entre 0 811 pour le premier, 0.818 pour le dernier et 0.821 pour le résidu. Ainsi une distillation simple n'opère pas de séparation sensible dans un pareil mélange, et la portion qui se vaporise à chaque instant renferme les deux corps mélangés dans le même rapport que la partie liquide, ce qui rend toute séparation impossible.

Second mélange : Sulfure de carbone, 92; alcool, 8. Point d'ébullition du sulfure de carbone, 48°, de l'alcool, 78°. Différence. 30°. — Une première distillation dans laquelle, sur 100 gr. de mélange, on a retiré 8 gr., a donné un liquide dont la densité était de 1.194. La densité du produit principal étant 1.195, ainsi l'alcool c'est-à-dire le liquide le moins volatil, a passé avec les premiers produits distillés; tandis que le sulfure de carbone, c'est-à-dire le liquide le plus volatil, est demeuré à peu près pur à la fin de l'opération : résultat contraire aux idées que se font la plupart des chimistes sur la séparation par distillation des liquides mélangés. Mais, dans la même expérience, si l'alcool se trouve mélangé en proportion convenable, il se concentrera dans les produits les moins volatils, conformément aux idées reçues.

« Voici maintenant, dit M. Berthelot, l'explication de ces phénomènes, fondée sur des notions essentiellement physiques. Si l'on fait bouillir sous une certaine pression un mélange de deux liquides, ils se vaporisent tous deux à la fois, suivant des rapports de poids déterminés par le produit des densités des vapeurs multipliées par leurs tensions actuelles dans les conditions de l'expérience; soit, par exemple, le sulfure de carbone et l'alcool. Supposons d'abord, pour ne pas compliquer l'explication, que ces deux liquides n'exercent aucune action réciproque et conservent leurs densités de vapeurs théoriques; leurs tensions réunies feraient équilibre à la pression atmosphérique, à la température de 40 degrés environ, ces tensions étant, à cette température, d'après M. Regnault : pour le sulfure de carbone, 61.8, pour l'alcool, 13.4, total 75.2. Les poids des deux liquides qui se vaporiseraient seraient entre eux comme les produits de ces tensions par les densités de vapeurs, 76 et 46, c'est-à-dire comme 7.7 : 1. La composition de la partie distillée serait donc la suivante : 88.5 sulfure et 11.5 alcool. En d'autres termes, étant donné un mélange de 88.5 de sulfure et de 11.5 d'alcool, si les deux liquides n'exerçaient aucune action réciproque, ce mélange, soumis à la distillation sous la pression ordinaire, n'éprouverait aucune séparation, la composition de la partie vaporisée étant la même que celle de la partie liquide. Si la proportion de l'alcool était inférieure à 11.5, tout l'alcool, comme dans l'expérience que nous avons rapportée, serait entraîné dans les premiers produits qui devraient offrir la composition précédente, et il resterait à la fin du sulfure de carbone pur. Si, au contraire, elle s'élevait à plus de 11.5, tout le sulfure distillerait d'abord, mélangé avec 11.5 d'alcool; puis l'alcool pur distillerait à la fin.

En résumé, deux liquides neutres, dont le point d'ébullition diffère de 20 à 30 degrés, étant mélangés en proportion telle, que le moins volatil s'élève à 8 ou 10 centièmes, il arrivera fréquemment, sinon toujours, qu'ils ne pourront pas être séparés l'un de l'autre par distillation sous la pression ordinaire.

Ces faits, dit en terminant M. Berthelot, lui paraissent spécialement applicables au cas de deux alcools homologues mélangés comme ceux sur lesquels a opéré M. Wurtz, et c'est dans le but d'appeler l'attention des chimistes sur les phénomènes qui se passent dans toute séparation par distillation, qu'il a écrit cette note, que nous avons dû abréger, y renvoyant au besoin nos lecteurs. (*Comptes-rendus*, 24 août, p. 430.)

— Études sur les modifications du sucre de canne sous l'influence des ferments alcooliques; par M. F.-V. Jodin. — En abandonnant librement aux influences atmosphériques des dissolutions composées, suivant certaines proportions, avec le sucre candi, le phosphate de soude, le sulfate d'ammoniaque et l'eau distillée, l'auteur a obtenu dans plusieurs cas les manifestations d'une fermentation alcoolique, à la suite de laquelle le sucre primitif se trouvait en grande partie transformé en saccharose inactive. Le ferment qui se produit dans ces conditions est une torulacée. Le nouveau sucre, la saccharose inactive, paraît être un sucre incristallisable; il ne réduit pas la liqueur de Fehling. Les acides étendus agissent sur lui comme sur le sucre de canne, c'est-à-dire qu'ils communiquent à leurs solutions une forte action lévogyre sur la lumière polarisée et un pouvoir réducteur considérable sur le cuprotartrate potassique.

M. Jodin formule ainsi le résultat de ses études : « 1° La saccharose inactive, traitée à chaud par les acides étendus, se résout en plusieurs sucres caractérisés par leur pouvoir rotatoire; 2° tous ces sucres dérivés paraissent lévogyres et se distinguent nettement de la lévulose, le seul sucre à rotation gauche que nous connaissions jusqu'ici.

« Nous sommes conduits, en généralisant les faits contenus dans cette note, à considérer le sucre de canne comme un type-chimique polymorphe d'une extrême importance en chimie physiologique. Sous une forme ou sous une autre, nous le retrouvons dans toute manifestation de la grande fonction naturelle de la vie; il suffit de nous rappeler ses rapports encore incomplétement connus avec l'amidon et la cellulose, cette trame de la vie végétale, et les travaux si remarquables de M. Cl. Bernard sur la glycogénie animale.

« Substance éminemment organique, il est le terme principal d'une série très-étendue dont tous les membres se rattachent entre eux par des relations qu'il n'est pas encore possible de bien définir, mais qui paraissent ressortir d'un ordre particulier d'affinité différant autant de l'affinité organique que celle-ci diffère elle-même de l'affinité minérale.

« Lorsque nous formons un sel, nous mettons en jeu une force naturelle dont l'essence nous est parfaitement inconnue, et que nous appelons affinité minérale. Si nous formons un éther, nous nous servons encore d'une force très-analogue à la précédente, mais qui cependant en diffère à certains égards, et que, par cette raison, nous pouvons distinguer sous le nom d'*affinité organique*.

« Élevons-nous encore : prenons l'organisation, c'est-à-dire la vie, dans ses manifestations les plus infimes et les plus élémentaires, comme une force dont nous ignorons l'essence, mais que, dans certaines limites, nous pouvons modifier et diriger dans un sens déterminé, en prenant notre point d'appui sur ces affinités minérales et organiques qui la précèdent dans l'ordre naturel de la création, et lui servent, par conséquent, de *substratum;* nous entrons alors dans la chimie physiologique dont le vaste domaine renferme tous ces phénomènes de fermentation si nombreux et si complexes. »

— Sur la transformation en sucre de la peau des serpents; par M. S. DE LUCA. — Les expériences de l'auteur, qui font suite à ses premières recherches sur la transformation en sucre de la peau des vers à soie, démontrent que la peau des serpents peut fournir, quoique en très-petite quantité, une matière isomère de la cellulose des végétaux, et ils font en outre connaître que, dans le mécanisme organique des plantes et des animaux, la nature se sert des mêmes principes généraux pour l'accomplissement des différents phénomènes de la vie.

— Note sur les réactions qui aident à déceler la présence de l'opium ou de la morphine; par M. AD. VINCENT. — L'auteur, passant en revue les divers réactifs connus en cette circonstance, remarque qu'ils ne conduisent qu'à des doutes, et que le doute, en chimie légale, est sans valeur. Il n'y a que le cas où l'on pourrait isoler la morphine à l'état de pureté et en constater les caractères physiques et chimiques, résultat souvent inespéré et rarement obtenu.

— Sur les effets toxiques du thallium ; note de M. LAMY, présentée par M. Dumas. — Dans le mémoire très-remarquable dont l'Académie a bien voulu ordonner l'impression dans le *Recueil des savants étrangers*, M. Lamy avait déjà cru devoir faire observer, mais alors sans expériences bien concluantes, que les composés du nouveau métal ne lui paraissaient pas sans danger sous le rapport des effets toxiques. Il attribuait en effet à une sorte d'empoisonnement par les composés thalliques les douleurs, accompagnées d'une lassitude extrême, qu'il avait ressenties à la suite de ses travaux, principalement dans les membres inférieurs. Les faits qu'il communique aujourd'hui à l'Académie ne peuvent laisser de doute sur la nature vénéneuse des combinaisons du thallium.

Il résulte, en effet, d'expériences faites sur les animaux que le sulfate de thallium est un poison énergique, et que les deux principaux symptômes de l'empoisonnement qu'il provoque sont, en premier lieu, la douleur, dont le siége est dans les intestins et qui se manifeste par des élancements excessivement douloureux se succédant avec rapidité et comme des secousses électriques ; en second lieu, les tremblements, puis une paralysie plus ou moins complète des membres inférieurs.

Les sels de thallium, le sulfate et surtout le nitrate, sont remarquablement solubles ; ils n'ont que peu de saveur, et peuvent, par conséquent, être introduits aisément dans l'économie. Quant à l'énergie de ce poison, elle est considérable, car M. Lamy ayant fait prendre 1 décigramme seulement de sulfate de thallium à un jeune chien, cet animal a succombé quarante heures après avoir pris le poison. Mais ce qui doit rassurer jusqu'à un certain point la société, c'est qu'il n'existe pas de poison qui puisse être suivi, recherché jusque dans ses moindres traces, à travers tous les tissus de l'organisme, avec autant de facilité, grâce à la simplicité et à la délicatesse de la méthode de MM. Kirchhoff et Bunsen, comme aussi à la netteté et à la sensibilité de la raie verte du thallium.

— Nouvelles recherches sur la production artificielle des monstruosités; note de M. C. Dareste. — Dans cette communication, l'auteur rapporte la production de nouvelles monstruosités dans l'espèce de la poule et cite en première ligne un cas de duplicité du cœur, et conclut de ses nouvelles expériences qu'il a l'espoir fondé de produire artificiellement toutes les formes possibles de monstruosités simples.

— Expériences sur l'altération spontanée des œufs; par M. Al. Donné, présentées par M. Pasteur. — M. Al. Donné, recteur de l'Académie de Montpellier, très détesté d'Arago, qu'il taquinait souvent quand il était aux *Débats,* se faisant aider par M. Saigey, quand il n'était pas assez fort, auteur d'expériences curieuses sur le lait, le pus et qui, un des premiers, a appliqué le microscope à l'étude des liquides animaux, retiré aujourd'hui en province et un peu oublié, par sa faute, sans aucun do te, écrit à M. Pasteur (maintenant que M. Pasteur est de l'Académie, c'est à qui lui écrira et sera de son avis) pour lui faire part de ses expériences sur l'altération spontanée des œufs et sur les doutes que, selon lui, ses observations portent sur les générations spontanées. Voici cette lettre :

« Permettez moi de vous communiquer les résultats d'une série d'observations sur un sujet que vous avez traité à fond dans votre Mémoire concernant les *corpuscules organisés qui existent au sein de l'atmosphère* et dans votre *Examen de la doctrine des générations spontanées*

« Je me suis proposé de rechercher ce qui se passe dans une matière organisée abandonnée à elle-même et naturellement à l'abri des germes répandus dans l'air, sans l'intervention d'aucun agent physique ou chimique. L'œuf des oiseaux m'a paru réaliser ces conditions. En effet, la matière organisée de l'œuf est naturellement préservée du contact des agents extérieurs par une enveloppe que l'on peut considérer comme imperméable aux particules et aux germes répandus dans l'air ; la matière qui le compose est d'un ordre très-élevé dans l'organisation, car elle contient tous les principes constituants d'animaux haut placés eux-mêmes dans l'échelle. Ces éléments sont tout prêts à entrer dans le mouvement vital sous l'influence du germe animal qu'ils renferment et qu'ils sont chargés de nourrir; ils vivent presque, c'est déjà presque un animal vivant. D'un autre côté, ils ne manquent pas de l'air nécessaire au développement de la vie, ils en contiennent au contraire une portion notable (l'auteur s'en est assuré), destinée sans doute aux premiers besoins de la respiration du petit. »

N'y a t-il pas la toutes les conditions les plus favorables à une génération spontanée : une matière animale complexe, capable d'entrer dans de nouvelles combinaisons, en présence d'un air vivifiant, renfermée dans sa coque et abandonnée à elle-même? Ces éléments organiques, ou plutôt tout organisés, ne vont-ils pas se séparer quand le germe de l'œuf non vivifié ne les retiendra plus unis, et à la moindre impulsion, au moindre mouvement de fermentation, ne les verra-t-on pas donner naissance à ces organismes inférieurs qui se produisent avec une si merveilleuse facilité dans des conditions en apparence moins favorables?

J'ai choisi l'œuf de poule pour mes expériences. Je ne copierai pas ici le registre de mes observations; les résultats obtenus sont tellement conformes, que je vais me borner à les consigner.

Des œufs de poule tout frais, étiquetés, ont été placés chaque semaine, par séries, dans des coquetiers sur la fenêtre de mon cabinet, situé au second étage et à l'exposition du levant. Les uns sont demeurés intacts, les autres ont été percés au sommet d'une ouverture capable d'admettre le bout du petit doigt. Ces œufs ont subi, pendant les quatre mois indiqués, des variations de température allant de 10 à 12 degrés centigrades jusqu'à 30 et 36 au-dessus de zéro. Au bout de huit jours environ, plus ou moins, suivant le temps, les œuf *ouverts*, après avoir subi un certain desséchement de leur matière abaissée au-dessous de l'ouverture, ont constamment montré sur la membrane qui recouvre l'albumen de petites taches veloutées, blanches, avec des points d'un vert foncé. A l'œil nu, on reconnaissait la moisissure avec ses caractères; saisie avec des pinces, placée sur une lame de verre, délayée avec un peu d'eau pure, cette végétation montrait au microscope, avec un grossissement de 300, les filaments du *penicilium*, accompagnés, lorsque le temps avait été assez chaud, d'une sorte de fructification composée de corps jaunes en forme de calebasse.

Ces corpuscules jaunes n'existaient que dans la matière verte; je ne les ai jamais rencontrés mêlés aux filaments blancs. La matière de l'œuf lui-même, examinée au microscope, ne présente absolument aucun mouvement, et on n'y découvre ni vibrions, ni *bacterium*, ni aucun animalcule. Mais bientôt, sous l'influence des agents extérieurs, l'œuf s'altère, les mouches l'envahissent, et tous les phénomènes de la putréfaction se déclarent, avec accompagnement d'animalcules microscopiques et même de gros vers visibles à l'œil nu. On retarde singulièrement cette putréfaction si, au lieu de laisser l'œuf *ouvert* à l'air libre, on le recouvre d'un verre renversé. Les moisissures se flétrissent peu à peu, quelques *bacterium* apparaissent, mais il y a plutôt tendance de la matière à se dessécher qu'à se pourrir.

Les choses se passent autrement pour les œufs mis en expérience sans être ouverts. Ceux-ci restent des semaines et des mois, même pendant les grandes chaleurs de l'été, sans subir aucune altération putride. Ouverts par l'extrémité après quatre, huit ou dix semaines, ils montrent un *vide* (c'est ce *vide* qui contient l'air) d'autant plus grand que l'œuf date de plus loin. (Je me suis en effet assuré, par des pesées exécutées tous les huit jours, que les œufs perdent successivement de leur poids; les chiffres ne sont pas encore relevés.) L'œuf n'exhale aucune odeur, et rien, absolument rien de vivant, soit de la vie végétale, soit de la vie animale, ne s'est produit, ni à la surface de la membrane, ni dans l'intérieur de la matière; pas trace d'infusoires ni de végétaux microscopiques.

Mais après plusieurs jours d'exposition au contact de l'air extérieur, on voit naître les petites taches de moisissure décrites plus haut, avec leurs filaments, leurs chapelets et leurs corps jaunes, que le microscope permet de constater et d'étudier. Puis les phénomènes de putréfaction commencent, surtout par l'influence des insectes qui s'abattent sur la matière, putréfaction que l'on retarde beaucoup, je le répète, en plaçant l'œuf sous un verre; mais dans tous les cas, un peu plus tôt, un peu plus tard, les vers infusoires naissent dans la substance.

Cette résistance de l'œuf, d'une matière animale si complexe, à la putréfaction, au bout de semaines et de mois, par de grandes variations de température, tant qu'on ne donne pas accès à l'air extérieur, ne vous semble-t-elle pas assez remarquable? Je croyais, je l'avoue, et beaucoup de personnes sont peut être encore dans la même opinion, que des œufs abandonnés à eux-mêmes pendant les chaleurs de l'été ne devaient pas tarder à se gâter, à entrer en putréfaction, et je m'attendais, en les ouvrant au bout d'un ou deux mois, à les trouver fétides et en proie à tous les phénomènes de la décomposition. Il n'en est rien, et j'ai poussé l'expérience si loin à cet égard, et sur un si grand nombre d'œufs, que je crois pouvoir affirmer qu'il n'y a pas de limite à cette conservation (je ne parle pas de leur fraîcheur comme aliment, bien entendu), et que l'œuf irait ainsi en se desséchant jusqu'à la fin, sans fermenter ni pourrir.

Et cette stérilité absolue, quant à la production d'êtres végétaux ou animaux, de la part d'une substance si riche en éléments d'organisation, n'est-elle pas une nouvelle et forte objection contre la théorie des générations spontanées?

Il y a pourtant une circonstance où la matière de l'œuf ne reste pas aussi intacte, quoique à l'abri de l'air extérieur. Ce fait est assez curieux et me paraît toucher à un point délicat de la question des ferments, éclairée d'une si vive lumière par vos belles expériences. Cette matière de l'œuf qui ne s'altère pas, dans le sens de la putréfaction, tant qu'on la laisse dans son état normal, subit promptement l'action de la décomposition si par des secousses on détruit sa structure physique, c'est-à-dire si on rompt la trame, les cellules du corps albumineux, et qu'on opère ainsi le mélange du jaune et du blanc. Alors, même sans accès de l'air extérieur, en se garantissant même de cette intervention par un surcroît de précaution, tel qu'une couche de collodion répandue à la surface de l'œuf, on voit tous les phénomènes de décomposition apparaître, après un temps plus ou moins long, suivant la température, mais toujours en moins d'un mois; tous les phénomènes de décomposition, excepté toutefois la production d'êtres vivants de l'un ou de l'autre règne, car quel que soit le degré de pourriture auquel on laisse arriver l'œuf, on n'y peut pas découvrir la moindre trace d'animalcules ni de végétaux microscopiques; la matière de l'œuf est trouble, d'une couleur livide; elle exhale une odeur fétide au moment où on brise la coque, mais rien, absolument rien, ne bouge dans cette matière, rien ne vit, et l'examen microscopique le plus attentif et le plus répété n'y fait pas découvrir le moindre être organisé ou vivant. Une fois au contact de l'air extérieur, la décomposition marche rapidement, avec son cortége d'infusoires et d'êtres microscopiques.

— M. Velpeau présente une nouvelle méthode de réunion des plaies simples sans laisser de cicatrices difformes. M. Tavernier, auteur de cette méthode, emploie à cet effet d'abord les serre-fines, petite pince inventée par Vidal de Cassis, de si regrettable mémoire, et qui a pour effet de saisir les lèvres d'une plaie sans pénétrer dans la peau, et de les tenir au contact pendant un certain temps, puis le collodion, qui a l'avantage de maintenir les bords de la plaie bien rapprochés et de les soustraire au contact de l'air.

— M. le docteur Renard écrit, au nom de l'administration du Musée public de Moscou, pour annoncer l'envoi, par la voie de l'ambassade russe à Paris, de la première livraison du bel ouvrage publié, aux frais du Musée, sous le titre de « Copies photographiques des miniatures des manuscrits grecs conservés à la Bibliothèque synodale de Moscou, » et prie l'Académie de comprendre le Musée de cette ville au nombre des établissements auxquels elle fait don de ses publications.

Profitons de ce que le nom du Dr Renard est sous notre plume, pour le prier d'engager, en notre nom, M. E. Kireevski, l'ancien rédacteur du *Journal d'histoire naturelle,* publié sous les auspices de la Société impériale des naturalistes de Moscou, d'acquitter sa dette laissée en souffrance à Paris. Il y a là de 5 à 6,000 francs protestés qui ne font pas honneur à la réputation financière du membre de cette célèbre Société, ni à la Société elle-même qui, aux yeux de l'étranger, l'avait commandité pour les frais de son journal.

— Madame veuve Roussel, qui avait demandé à faire une lecture à l'Académie, mais que M. Velpeau a éconduite poliment, désirerait faire part de ses observations sur des questions de météorologie dont elle s'occupe depuis longtemps. (On pense qu'il s'agit de causer sur la pluie et le beau temps.) On répondra à cette dame, dit le *Compte-rendu,* qu'elle peut envoyer son travail, qui sera examiné avec attention. On nous assure que cette dame Roussel n'est autre que Mme Coulvier-Gravier, qui a aussi ses idées sur les étoiles filantes et aspire à la succession de son mari : dix mille francs par an et les frais de bureau.

— M. Meret, dans une lettre adressée au secrétaire-perpétuel, présente quelques considérations sur la limite qui sépare l'intelligence des animaux de celle de l'homme, considérations appuyées sur quelques faits qu'il a eu occasion d'observer.

Séance du 31 août. — Zoologie. Spécimen d'une distribution, dite par étages, des espèces zoologiques; par M. Chevreul. (Suite.) L'article si lucide que nous promettait M. Grimaux (de Caux) dans l'*Union* du 13, sur la *Zoologie-Chevreul,* n'a pas paru.

— Bec de lièvre double, avec complications pour l'opérateur. Note de M. Sedillot.

— Définir par la végétation l'état moléculaire des corps ; analyser la terre végétale par des essais de culture; par M. Georges Ville. — L'auteur, qui n'a lu dans cette séance que la première partie du problème posé par lui, attache beaucoup d'importance à cette question. Déjà l'année dernière, il avait annoncé cette solution, et comme il croit que les chimistes n'y ont pas prêté toute l'attention qu'elle mérite, il y revient de nouveau.

« J'ai publié. dit-il, l'année dernière deux résultats que j'ai besoin de rappeler, car ils ont servi de point de départ aux recherches présentes.

Le premier, c'est qu'à proportion égale d'azote les chlorhydrates d'éthylamine et de méthylamine produisent sur la végétation autant d'effet que le chlorhydrate d'ammoniaque. Sous l'influence de ces trois composés, les récoltes s'équilibrent au point de se confondre.

Le second, c'est que, dans les mêmes conditions, l'urée produit beaucoup plus d'effet que l'éthylurée. Avec le secours de l'urée le rendement étant exprimé par 18 gr. 89, avec l'éthylurée il ne l'est plus que par 2 gr. 62. (Toujours à égalité d'azote : 0 gr. 110 dans les deux cas.)

Or, le chlorhydrate d'éthylamine étant actif, je me demande pourquoi l'éthylurée ne l'est point ?

Un corps composé étant donné et ce corps étant assimilable par les végétaux, si on modifie sa composition sans porter atteinte à son type chimique, les dérivés accusent des propriétés fort différentes à l'égard des végétaux, suivant le degré atteint par la substitution.

Supposons que l'on choisisse l'ammoniaque $\left(Az \left\{ \begin{array}{l} H \\ H \\ H \end{array} \right) \right.$ comme type initial. Vient-on à remplacer un équivalent d'hydrogène, en un seul, par le groupe C^4H^5 ou C^2H^3, le dérivé conserve à l'égard des végétaux toute l'efficacité du générateur.

Le chlorhydrate d'ammoniaque ayant produit 17 gr. 37, avec le chlorhydrate d'éthylamine et de méthylamine les rendements sont exprimés par 16 gr. 21, 17 gr. 34. Les dérivés conservent encore dans toute leur intégrité les propriétés des types générateurs, lorsque, pour un double équivalent d'ammoniaque condensé en un seul qui devient diatomique, on remplace H^2 par un radical qui est lui-même diatomique. Tel serait, par exemple, le carbonyle C^2O^2. A l'appui, et comme justification de cette proposition, je puis citer l'urée dont les bons effets égalent ceux des sels ammoniacaux eux-mêmes, et par conséquent des sels d'éthyle et de méthylamine.

La substitution est-elle poussée plus loin? Si elle atteint le second équivalent d'hydrogène, et à plus forte raison les suivants, l'activité fonctionnelle des dérivés diminue jusqu'au point de s'éteindre complétement. La même conclusion s'applique aux dérivés de la diammoniaque. La neutralité de l'éthylurée déjà citée en est une preuve remarquable.

J'ai dit tout à l'heure qu'on pouvait remplacer dans le sel ammoniac la totalité de l'hydrogène par le groupe C^4H^5 à parité d'équivalents, si bien qu'on possède les deux composés correspondants $Az\,H^4\,Ch$, $Az\,(C^{12}\,H^5)\,4\,Ch$.

Grâce à la généreuse libéralité de M. Hofmann, j'ai pu expérimenter le chlorure de tétréthylammonium. Il s'est montré absolument inerte. Avec le secours de 0 gr. 110 d'azote à l'état de chlorure d'ammonium, 22 grains de sarrasin ont produit 9 gr. 91 de récolte sèche : avec le chlorure de tétréthylammonium le rendement est descendu à 0 gr. 91.

J'aurais attaché un prix inestimable à pouvoir expérimenter le chlorure de diéthylammonium ; mais n'ayant pu réussir à me procurer ce produit avec toutes les garanties de pureté désirables, je lui ai substitué, grâce encore au concours de M. Hofmann, la diméthyloxamide et la diéthyloxamide qui lui correspondent. Or, ces deux produits se sont montrés absolument neutres et même nuisibles, alors que l'oxamide est efficace à l'égal de l'oxalate d'ammoniaque. (A proportion égale d'azote, l'oxamide produit la moitié moins d'effet que l'urée, et l'oxalate d'ammoniaque la moitié moins que le sel ammoniac. En traitant des effets de l'aniline, je me demanderai pourquoi cette différence.)

Si les végétaux sont influencés à ce point par des atteintes de la plus exquise délicatesse apportées à la composition des corps avec lesquels on les met en rapport, il en résulte que les végétaux nous offrent un moyen nouveau pour en explorer l'état moléculaire et nous aider peut-être à le définir. Qui aurait pu prévoir *à priori* l'inertie de l'éthylurée et du chlorure de tétréthylammonium et de la diéthyloxamide, en face des propriétés contraires de l'urée, du chlorure d'ammonium et de l'oxamide? Qui aurait pu prévoir qu'un jour viendrait où la végétation nous permettrait de suivre avec autant de sûreté les déplacements progressifs opérés par substitution au sein d'un système moléculaire dont le type originaire persisterait?

Quant à l'expérience que je conçois de fonder sur des essais de culture un mode nouveau d'investigation pour nous aider à définir le véritable état moléculaire des corps, il me reste, par un exemple circonscrit, à montrer si je n'en exagère pas l'importance et l'utilité.

Pendant longtemps les chimistes ont ignoré ou méconnu la véritable nature de l'urée. Les dissentiments qui régnaient entre eux venaient des réactions multiples et quelquefois contradictoires que ce corps présente, autant que des interprétations différentes qu'on peut leur donner. Sans entrer dans le détail de ces réactions, qui sont rapportées dans mon Mémoire, on peut réduire à trois principales les formules attribuées à l'urée. Or, l'esprit libre de tout parti pris, demandons à la végétation de prononcer entre elles.

LIEBIG.	GERHARDT.	WURTZ.
Cyanate anomal d'ammoniaque.	Oxyde de cyanammonium et d'hydrogène.	Diammoniaque carbonylée.
$C^2 O^2 Az^2 H^4$	$\left. \begin{array}{l} Az\,H^5\,Cy\,O \\ H.\,O \end{array} \right\}$	$Az^2 \left\{ \begin{array}{l} H^2 \\ H^2 \\ C^2 O^2 \end{array} \right.$

L'urée produit sur la végétation une influence favorable des plus actives. Il y a plus, son effet utile est juste égal à celui des sels ammoniacaux. Si l'acide cyanique fait partie de l'urée, il doit lui-même être actif à l'égal des sels ammoniacaux. Or, il n'en est rien. Les cyanates n'exercent aucune influence appréciable sur la végétation. Avec l'urée, la récolte a été 10 gr. 37, avec le cyanate de potasse 1 gr. 43 (culture de sarrasin).

Après cette preuve de la neutralité des cyanates, est-on fondé à faire figurer l'acide cyanique au nombre des constituants de l'urée?

L'idée de représenter l'urée comme de l'oxyde de cyanammonium et d'hydrogène, admise par Gerhardt, ne se concilie pas mieux avec le témoignage des végétaux.

Un grand nombre d'expériences m'ont appris que les cyanures et les ferrocyanures étaient décidément nuisibles dans un sol de sable calciné, alors que la neutralité des cyanates m'était déjà connue.

Reste donc la supposition que l'urée appartient au type ammoniaque, duquel elle diffère par la double atomicité et par la substitution du carbonyle $C^2 O^2$ à un double équivalent d'hydrogène.

Si telle est la véritable constitution de l'urée, son action sur les végétaux doit être favorable; elle s'explique de soi. Je dirai plus, l'effet du chlorhydrate d'éthylamine s'étant montré égal à celui du chlorhydrate d'ammoniaque, il est vraisemblable que cette parité d'action doit s'étendre à l'urée. Or, l'expérience confirme cette prévision de la manière la plus satisfaisante. Avec l'urée, la récolte égale 17 gr. 73; avec le chlorhydrate d'ammoniaque, 17 gr. 37. Une autre fois, avec l'urée la récolte a été 18 gr. 50, et avec le sel ammoniac 17 gr. 37 (culture de froment en 1861 et 1862).

Par conséquent, la formule donnée par M. Wurtz est bien celle qui semble le mieux convenir à l'urée.

Trouvera-t-on cette déduction prématurée et la preuve sur laquelle elle est fondée insuffisante? Nous avons le moyen de la contrôler et de la raffermir.

L'oxamide dérive de l'oxalate d'ammoniaque, comme l'urée du carbonate d'ammoniaque. Leur mode de génération est le même, leur composition correspondante. Eh bien! l'oxamide est active à l'égal de l'oxalate d'ammoniaque.

Cet ensemble harmonieux et concordant de preuves ne justifie-t-il pas la proposition par laquelle j'ai commencé, lorsque j'ai dit qu'à l'aide de la végétation on pouvait pénétrer l'état moléculaire des corps et apporter un ordre nouveau de preuves pour aider à fixer leurs formules? Ainsi se trouve donc remplie la première partie du programme que je m'étais tracé. »

Nous publierons la seconde partie de l'auteur quand elle aura paru. Disons de suite cependant, pour répondre aux doutes malveillants de M. Grimaud (de Caux) sur la valeur de ces travaux (*Union* du 13 septembre), que M. Barral, dont on ne contestera pas la compétence, après avoir fait l'aveu de son peu de sympathie pour M. Ville, dont il a, dit-il, à plusieurs reprises, critiqué les travaux, dit (*Journal d'agriculture pratique*, 5 août 1863, pages 116 et 117) : « Le fait principal qui résulte des recherches de M. Ville, telles qu'elles nous ont apparu à Vincennes, c'est qu'avec certaines combinaisons d'engrais chimiques on peut accroître dans une proportion très-considérable la production des céréales; » et plus loin, après avoir pesé lui-même la récolte, il ajoute : « Obtenir un tel excédant de récolte pendant trois ans, s'il a eu lieu pendant trois ans, et cela avec une dépense de 500 à 600 francs d'engrais, c'est magnifique. »

— Eclaircissements géographiques sur l'Afrique centrale et orientale. — M. Trémaux avait déjà présenté cette note à la Société de géographie. Il s'attache à prouver qu'au sud du Sennâr et de l'Ethiopie, les eaux sont régies par un massif de montagnes dont le nœud principal serait au sud du 6ᵉ parallèle, entre 32 et 33 degrés de longitude, vers les monts Imadou. Les branches nord s'étendent, d'après l'auteur, d'une part au mont Fazogl, et d'autre part dans Inarya; la branche sud s'étend du côté des fameux monts Kénia et Kilimandjaro, qui continuent d'exciter la mauvaise humeur du géographe anglais Cooley. Les branches nord renferment la large vallée du fleuve Yabous, principal affluent du fleuve Bleu et plu considérable que l'Abbaï d'Ethiopie, d'après M. Trémaux.

La vallée de l'Yabous s'étend au sud du 10ᵉ parallèle, sous 30° 30′ de longitude ; elle est bordée à l'ouest par la chaîne du Hamatché, qui la sépare du bassin du fleuve Blanc, et à l'est, par les élévations de Wallaga.

Les eaux des versants ouest de Kaffa et d'Inarya n'iraient pas jusqu'au fleuve Blanc, mais tomberaient dans le bassin de l'Yabous, d'après l'opinion de l'auteur : le Gibe et le Goja iraient à la mer des Indes. Les bassins du fleuve Blanc et de la mer des Indes seraient formés par les versants occidental et oriental du grand massif de montagnes déjà cité.

Le Yabous se divise, d'après les renseignements recueillis par M. Trémaux, en deux branches, dont l'une, le Baro, a sa source dans un lac au sud de Gobo ; l'autre, le Bago, plus à l'ouest, prend naissance à trente jours de marche au sud du 11ᵉ parallèle. Chaînes et vallées continuent à s'élever jusqu'au sud du 6ᵉ parallèle nord où se forme le nœud principal. Cela résulterait des renseignements du P. Angelo, rapportés par Brun-Rollet, de ceux de Soliman-Abou-Zaïd, etc. La grande chaîne se prolonge ensuite vers le sud, où elle se relie aux montagnes neigeuses de l'équateur, à l'est du lac Nyanza, d'où sort le Nil.

— De la contention des hernies réductibles; par M. Dupré.

— Toxonographie rétinienne, ou écriture des distances par le groupement des arcs rétiniens entre les axes optiques et les axes secondaires ; par M. Serre, d'Uzès.

— Recherches chimiques sur le pain et sur le blé découverts à Pompéi ; par M. S. de Luca. — En exécutant des fouilles à Pompéi le 9 août 1863, on a découvert une maison entière de boulanger, avec le four, dont l'ouverture était fermée par une large porte en fer munie de deux poignées. Dans l'intérieur du four il y avait quatre-vingt-un pains, dont soixante seize du poids de 500 à 600 grammes, quatre du poids de 700 à 800 grammes, et enfin un pesant 1,204 grammes.

Les boulangers antiques connaissaient l'emploi du levain pour faire lever la pâte, procédé perdu ou du moins oublié en Europe et en France pendant seize siècles et retrouvé seulement vers le xviiᵉ siècle. Ce fait résulte de l'aspect poreux des pains, ainsi que des soufflures et des yeux qu'ils contiennent, et dont on peut encore constater la présence, malgré la décomposition que leur a fait subir le temps.

Tous ces pains, dit M. Luca, sont d'un brun noirâtre à la partie extérieure ; mais cette teinte est plus affaiblie vers les parties centrales, où l'on observe des cavités plus ou moins grandes, comme dans le pain ordinaire. La croûte est un peu dure et compacte, tandis que la mie, qui est poreuse, se défait facilement entre les doigts et présente un éclat à peu près semblable à celui de la houille.

Ce pain contient de l'humidité, qu'il abandonne entièrement à la température de 110 à 120 degrés ; mais cette humidité est inégalement distribuée dans la masse du pain : en effet, la partie centrale, qui a une faible consistance, contient environ 23 pour 100 d'eau, tandis que la partie extérieure, qui est compacte, n'en contient que 13 à 21 pour 100. Le pain perd un peu de son humidité lorsqu'on l'expose à l'air libre, et surtout lorsque la température est un peu élevée.

L'azote est de même inégalement distribué dans le pain de Pompéi : et, contrairement à ce que nous annonçait dernièrement M. Barral, la croûte ne contient que 1.65 pour 100 d'azote, tandis que la partie intérieure en donne 2.28 pour 100 ; il en est de même du poids des cendres (ou résidus après l'incinération) qui est de 17 pour 100 à l'extérieur pour la partie en contact avec la sole du four et de 15.5 seulement pour la partie supérieure ; quant aux parties centrales, elles ne laissent à l'incinération que 13.5 pour 100, et cette quantité descend quelquefois à 11 et même à 7 pour 100.

Nous avouerons que ces résultats nous paraissent assez bizarres pour en douter, et que nous ne nous attendions pas à trouver, après dix-huit cents ans, du pain contenir 23 pour 100 d'eau et de l'azote si mal mêlé. M. de Luca ne tire de ces faits inattendus d'autres conclusions que celle-ci, c'est « que ce pain ne présente pas dans toutes ses parties la même composition, et que les parties centrales sont celles qui contiennent en plus grande abondance les éléments qui concourent à la formation des matières organiques. »

— Sur quelques dérivés de l'hydrate d'amylène. — M. Ad. Wurtz soumet à l'Académie un important Mémoire sur les dérivés de l'hydrate d'amylène.

Sur le bouquet des vins ; par M. Mauméné. — Dans l'espoir d'acquérir quelques notions utiles sur le bouquet des vins, j'ai fait les expériences suivantes :

En employant deux petites gouttes d'éther œnanthique (ou, si l'on veut, d'un produit obtenu en distillant 60 litres de lie de vin bien fraîche avec autant d'eau dans un bain de chlorure de calcium), à l'instant le liquide a pris une odeur de vin.

Ensuite on a ajouté, par gouttes, 1 c. c. d'essence de poires, c'est-à-dire d'un mélange de 1 volume d'éther valéro amylique, et de 6 volumes d'alcool à 36 degrés. Les premières gouttes ont développé un bouquet qui appartient à certains vins ; mais en poussant jusqu'au centimètre cube, l'odeur de poires devient sensible et ne laisse plus confondre le liquide avec du vin.

J'ai ajouté deux gouttes d'éther butyrique ordinaire : le bouquet s'est rapproché de celui du bon vin de Bouzy.

En variant ces expériences, on peut imiter le bouquet des vins Les éthers dont l'acide et la base ont tous deux un équivalent élevé paraissent les plus propres à développer des odeurs semblables à celles du vin.

La saveur des liquides ainsi préparés n'est pas aussi rapprochée de la saveur des vins que l'odeur.

— M. Dumas, dont M. Mauméné invoque l'opinion dans sa lettre, comme s'étant occupé de cet objet, a constaté depuis longtemps, en effet, sur une grande échelle, par des études analytiques et synthétiques, que le bouquet des vins est dû à la présence de composés éthérés complexes, formés par des acides ou des alcools appartenant aux numéros moyens ou élevés de la série des acides gras. M. Dumas ajoute encore qu'il ne faut pas trop apprendre aux marchands de vins à se passer de la vigne, et qu'il désapprouve ces recherches à cause de cela. Voilà une opinion qui étonnera bien du monde, venant d'un chimiste économist et philosophe, et que les vignerons approuveront avec reconnaissance.

— Séance levée à cinq heures.

SUR LA CHIMIE MYCODERMIQUE (1).

Par M. Ch. Blondeau,
Professeur de physique au lycée Laval.

(Suite. — Voir le *Moniteur scientifique*, livraisons 161, p. 641.)

III.

Les nitrates, ces sels qui jouent un rôle si important dans la nutrition des végétaux en leur apportant l'azote qui est nécessaire à leur constitution, sont abondamment répandus dans la nature. On les trouve en effet dans le sol des étables, dans les terrains sur lesquels sont construites nos habitations, dans la terre arable : il n'est pas d'eau, coulant à la surface du sol, qui n'en contienne des proportions notables. Comment ces sels se sont-ils formés, comment les éléments de leur acide sont-ils parvenus à se combiner? Est-ce l'azote et l'oxygène de l'air qui se sont combinés sous quelque influence qui reste à déterminer, ou bien ne serait-ce pas plutôt l'azote de l'ammoniaque qui serait entré en combinaison avec l'oxygène de l'air?

Voilà des questions qui ont été posées depuis longtemps sans avoir reçu une solution satisfaisante : mais je puis dire, en commençant ce mémoire, que je crois avoir trouvé la solution d'un problème, qui a vivement occupé l'attention des chimistes, surtout à notre époque. — Avant d'exposer la série d'expériences qui m'a conduit à l'interprétation d'un des phénomènes les plus intéressants que la nature puisse présenter à l'étude des savants, je crois devoir exposer rapidement l'historique de la question, afin de faire connaître les difficultés que présentait sa solution et les idées qui ont régné à différentes époques sur la manière dont se forment les nitrates.

La théorie de la formation du nitre est une de ces questions qui présentent un si grand intérêt, qu'on ne doit pas être étonné de voir le grand nombre de savants qui ont cherché à expliquer la production des nitrates, dont l'influence sur la végétation avait été signalée avant même que l'on sût de quelle manière ils agissent, avant même que l'on connût la nature de l'acide qui entre dans la constitution de ces sels.

Les anciens connaissaient parfaitement le nitre, qu'ils employaient à la préparation des matières inflammables dont ils faisaient usage comme machines de guerre, soit pour mettre le feu aux tours dont se servaient les assiégeants pour attaquer les places fortes, soit pour communiquer l'inflammation aux vaisseaux ennemis. Cependant il paraît qu'ils confondaient ce sel avec le *natrum* ou carbonate de soude, provenant des lacs d'Egypte et des plaines de la Perse et de l'Inde. C'est peut-être même par suite de cette confusion qu'au moyen âge on donna au salpêtre le nom de nitre, qui rappelle de trop près le nom de natrum pour ne pas croire qu'il y a eu confusion sur la nature de sels qui produisent cependant des effets bien différents.

Les alchimistes croyaient que le nitre se trouvait en germe dans l'atmosphère, mais qu'il avait besoin du sol pour y subir une sorte d'incubation, à la suite de laquelle il se trouvait changé en sel parfait. D'autres chimistes plus rapprochés de nous, tels que Mayow, par exemple, croyaient que le nitre existait tout formé dans l'atmosphère, mais que ce sel, soumis à l'attraction de la terre, venait se combiner avec les substances que l'on rencontre dans le sol pour se transformer en nitre parfait. Bacon admettait également l'existence du nitre aérien; il considérait ce sel comme étant tout formé dans l'atmosphère, d'où il était précipité sur le sol soit par la pluie soit par la rosée.

Glauber est le premier des chimistes qui se soit fait une idée nette de la nitrification, et qui a même proposé une théorie à l'aide de laquelle il a cherché à rendre compte de la manière dont elle s'opère. D'abord il rejette l'idée du nitre aérien, et il admet que ce sel se trouve tout formé dans les trois règnes de la nature. Ainsi, il le signale dans les végétaux, d'où il passe dans les animaux, et par suite de leur décomposition se répand dans le sol. Jusque-là, ces idées étaient fort justes et fort avancées pour l'époque à laquelle Glaubert les fit connaître; mais à ces vues si sensées vinrent s'en joindre d'autres beaucoup moins nettes et qui tenaient, il faut bien le reconnaître, aux opinions alors en vigueur. Glaubert admettait que tous les sels peuvent à la longue se transformer en nitre. Les plus volatils subissant rapidement cette transformation, tandis que ce n'est qu'avec le concours du temps que les sels fixes éprouvent ce changement. Ce chimiste ne méconnaît pas l'influence de l'air pour opérer la transformation qui nous occupe. Ainsi, il dit formellement que, si les pierres calcaires se salpêtrent plus facilement que les pierres dures, cela tient à ce que les premières, étant plus poreuses, se laissent plus facilement pénétrer par l'air, qui contribue puissamment à transformer les sels contenus dans la pierre en nitre véritable.

Glauber signale encore la décomposition des matières organiques comme un moyen très-efficace pour donner naissance au nitre, et il mentionne en particulier l'urine qui se putréfie, comme un des agents les plus efficaces de la nitrification.

D'après ce court exposé de la doctrine de Glauber, nous voyons que ce savant avait des idées très justes sur la nitrification, et les travaux ultérieurs dont nous, allons dire quelques mots, ne feront que confirmer en partie les idées émises par ce savant et que nous venons de faire connaître.

En 1698, l'illustre Stahl fit paraître une dissertation sur le sujet qui nous occupe, dans laquelle il se montre ennemi des théories proposées par Glauber. Pour lui, l'acide nitreux n'est qu'une modification de l'acide universel, une combinaison de l'acide vitriolique avec le phlogistique. Si l'air favorise la nitrification, c'est qu'en même temps il contribue à la putréfaction des matières organiques qui sont indispensables à la production du nitre.

Cette idée de l'existence d'un acide unique, dont les transformations donnaient naissance à tous les autres acides, n'appartenait pas en propre à Stahl, elle avait été émise par Becher et adoptée généralement par les savants, qui l'enseignèrent jusqu'à la fin du siècle dernier.

Lemery, dans deux mémoires adressés à l'Académie des sciences, s'attacha à combattre l'opinion des alchimistes qui admettaient l'existence du nitre aérien, et chercha à établir que l'air n'exerce aucune influence sur la nitrification : que les pierres ne se salpètrent que lorsqu'elles sont soumises à l'action directe des matières organiques en décomposition. Lemery s'efforça de prouver que le nitre se produit toujours dans l'acte de la végétation, que les plantes se l'assimilent pour le transmettre aux animaux, et que celui qu'on retire par lixiviation de l'intérieur du sol provient de la décomposition des matières végétales et animales qui le contenaient tout formé dans leur intérieur. Nous voyons que cette théorie revient, à peu de chose près, à celle qui avait été proposée longtemps auparavant par Glauber.

L'interprétation du mode d'origine et de formation du nitre présentait un intérêt puissant, non-seulement au point de vue théorique, mais encore au point de vue pratique, car le nitre est une matière qui entre dans la composition de la poudre à canon, et sous ce rapport les gouvernements avaient intérêt à connaître les conditions les plus favorables à la production d'une substance si nécessaire. Aussi voit-on, vers le milieu du siècle dernier, les divers gouvernements s'adresser aux académies pour connaître les conditions les plus favorables à l'établissement des nitrières artificielles. La Prusse fut la première à entrer dans cette voie et proposa un prix qui devait être accordé à celui qui donnerait une théorie exacte de la nitrification, et qui ferait connaître les conditions dans lesquelles on devait se placer pour favoriser la production du nitre. Ce fut un nommé Pietsch qui remporta le prix proposé en 1749 par l'Académie de Berlin. Pietsch avait adopté en partie les idées admises de son temps, et en particulier la théorie de Stahl. Il admettait, comme ce dernier, que l'acide nitreux n'était autre chose que de l'acide vitriolique affaibli par le phlogistique ou principe inflammable des sels urineux qui se produisent par la décomposition des matières animales ou végétales Si, sous ce rapport, ce chimiste ne paraît pas plus avancé que ses devanciers, il a su, beaucoup mieux qu'eux, préciser les conditions favorables à l'établissement des nitrières artificielles. Voici en effet les conditions auxquelles il recommande de sat'sfaire pour favoriser la production du nitre. Il conseille, en premier lieu, l'emploi d'une terre calcaire qui fixe l'acide du nitre en lui fournissant une base; cette terre présente en outre l'avantage d'être très-poreuse et de laisser un libre cours à l'air. Cette terre doit en outre être mélangée à des matières animales ou végétales, ou recevoir d'une manière directe les émanations de l'alcali volatil. Enfin cette terre, ainsi mélangée, doit être soumise à l'action de la chaleur et de l'humidité

Tous ces préceptes n'apprenaient rien de bien nouveau ; car ils se fondaient tous sur les théories qui avaient été proclamées par Glauber, Lemery, Stahl et beaucoup d'autres; mais ils résumaient avec une précision remarquable les connaissances de l'époque, et depuis on n'a rien ajouté d'important aux recommandations qui s'adressent à ceux qui cherchent à favoriser la production du nitre.

La France ne resta point en arrière dans la voie qui avait été tracée par l'Académie de Berlin, et, en 1766, l'Académie des sciences, arts et belles-lettres de Besançon proposa un prix à celui qui ferait connaître les conditions les plus avantageuses à la production du salpêtre. Peu de temps après, en 1775, le contrôleur général des finances Turgot réclama le concours de l'Académie des sciences pour la rédaction d'un programme relatif à la proposition d'un prix, en faveur de celui qui aurait trouvé les moyens les plus prompts et les plus économiques de procurer, en France, une production et une récolte de salpêtre plus abondantes que celles qu'on obtenait alors, et surtout qui pussent dispenser des recherches que les salpêtriers avaient le droit de faire dans les maisons des particuliers.

Le programme demandé par le ministre Turgot fut rédigé par une commission composée de MM. Lavoisier, Macquer, d'Arcy, Sage et Beaumé, et le prix devait être proclamé en 1778; mais ce délai ayant été trouvé trop court en égard aux nombreuses expériences que nécessitait la solution de ce problème, on prorogea jusqu'en 1782 l'époque à laquelle on devait accorder la récompense promise. L'Académie eut à examiner soixante-six mémoires, dont quelques-uns étaient très-volumineux, et adjugea le prix à M. Thouvenel, qui, ainsi que le disaient les commissaires dans leur rapport, avait fait une foule d'expériences délicates et ingénieuses, entreprises d'après des idées nouvelles et conduisant à des résultats pratiques.

Cependant on est forcé de reconnaître qu'au point de vue théorique la question n'avait pas fait de grands progrès; aussi ne doit-on pas être étonné de voir s'occuper du même sujet des chimistes du plus grand mérite, tels que Vauquelin, Seguin, Benjones, qui ont amené la question au point où elle se trouve de nos jours, où il reste encore à faire connaître les influences sous lesquelles l'azote ou l'ammoniaque se combinent à l'oxygène de l'air.

Nous ne pouvons passer sous silence les travaux qui ont été entrepris dans le but de prouver que, sous certaines influences, l'oxygène et l'azote de l'air peuvent, en se combinant directement, donner naissance à des produits nitreux. Qui ne connaît la célèbre expérience de Cavendish exécutée en 1785, et qui consiste à provoquer la formation de l'acide nitrique en faisant passer dans un tube recourbé contenant de l'air, et reposant sur une dissolution de potasse, une série d'étincelles électriques, lesquelles déterminent la combinaison de l'oxygène et de l'azote de l'air, de manière à produire une certaine quantité d'acide nitrique et par suite de nitrate de potasse? Cette expérience a servi de point de départ à la théorie de M. Longchamp, qui lui a permis d'expliquer la formation du nitre sans faire intervenir la présence des matières organiques. Il se fonde sur l'impossibilité où l'on se trouve d'expliquer la production des nitrates dans des localités où on ne peut constater la présence des matières organiques en décomposition. C'est ainsi que Lavoisier et Clouet, en analysant la craie des bords de la Seine, ont trouvé qu'elle renfermait des nitrates dont la production ne saurait être attribuée aux matières organiques; et d'ailleurs, ne sait-on pas que de vastes plaines en Espagne, en Chine, dans l'Inde et le Pérou, sont recouvertes d'efflorescences de nitrates sans qu'on puisse signaler la présence d'aucune matière organique qui ait pu concourir à la formation de ces sels.

C'est sur ces données que se fonde la théorie de M. Longchamp, laquelle consiste à admettre que l'acide nitrique est formé exclusivement par les éléments de l'atmosphère. Ce serait par l'intermédiaire de l'eau que l'oxygène et l'azote se combineraient, ces deux gaz étant contenus dans ce liquide sous une forme qui facilite leur combinaison, surtout lorsqu'une circonstance favorable, telle que la présence d'un corps poreux, vient seconder l'action de l'eau dans le phénomène de la nitrification.

Cette théorie, contraire aux opinions généralement reçues et qui servaient de guide à M. Gay-Lussac lorsqu'il rédigea, en 1820, le mémoire dans lequel il faisait connaître les conditions favorables à la production du salpêtre, fut vivement combattue par ce savant chimiste, qui, adoptant l'opinion des anciens sur le rôle des matières azotées, affirmait, d'après les expériences de M. Thouvenel, qu'il ne se forme jamais de nitre là où il n'y a pas de matière azotée.

La question était donc bien indécise à l'époque dont nous parlons. Il y a évidemment des localités où le nitre se produit en dehors de l'action des matières azotées, et dans le cas où ces substances se rencontrent, est-ce bien l'ammoniaque qu'elles produisent en se décomposant, qui, brûlé par l'air, sert à former l'acide azotique?

En 1838, M. Kuhlmann fit une expérience fort curieuse, et qui servit à prouver que l'ammoniaque peut se transformer directement en acide azotique sous l'influence de l'oxygène de l'air, et la présence d'un corps poreux tel que la mousse de platine ou d'autres substances analogues placées dans un milieu humide et à une température convenable. Cette expérience de M. Kuhlmann vint confirmer les chimistes dans l'opinion qu'ils avaient généralement adoptée, que la formation de l'acide nitrique était due à la combustion de l'ammoniaque. Comme ce corps se trouve contenu dans l'atmosphère à l'état de carbonate, il n'est plus nécessaire d'avoir recours à la présence des matières animales pour interpréter la formation d'un produit qui peut prendre naissance sans l'intervention de ces matières qui servent seulement à augmenter la production du nitre.

L'expérience de M. Kuhlmann avait bien établi que l'ammoniaque peut être brûlé par l'oxygène de l'air sous l'influence de l'éponge de platine lorsque l'action de cette substance se trouve exaltée par la chaleur, mais les corps poreux, tels que la ponce, la craie, la brique pilée, tous ces corps étant même humectés d'une dissolution alcaline ne donnent pas de résultat bien positif; et les expériences de M. Cloëz entreprises à ce sujet le conduisent à admettre que leur intervention est tout à fait nulle dans le phénomène de la nitrification.

Heureusement qu'il existe une substance qui possède la propriété de condenser l'ammoniaque avec autant de force que la mousse de platine, et cette substance très-répandue, que l'on rencontre généralement au milieu des matières en décomposition, permet de rendre compte de la combustion de l'ammoniaque par l'oxygène de l'air. Cette substance est l'humus, et sa propriété absorbante avait été entrevue par M. Th. de Saussure; mais M. Cloëz, dont les études sur la théorie de la nitrification sont si importantes, dit à ce sujet : « Le fait est pos« sible, mais n'a pas été prouvé par l'expérience. Les causes d'oxydation dans de telles con« ditions sont multiples et difficiles à reconnaître. »

Dans ces derniers temps, l'intervention des matières poreuses pour rendre compte de la combustion de l'ammoniaque a été négligée, et on attribue généralement cette combustion non plus à l'oxygène de l'air, mais bien à l'oxygène du peroxyde de fer qui se rencontre dans presque tous les terrains. M. Kuhlmann s'est même rangé à cette manière de voir, dans laquelle le peroxyde de fer jouerait dans la nitrification le même rôle que le bioxyde d'azote dans la fabrication de l'acide sulfurique, c'est-à-dire qu'il céderait une partie de son oxygène aux corps avec lesquels il se trouve en rapport pour le reprendre ensuite à l'air. A la vérité, M. Millon a constaté expérimentalement que l'ammoniaque ne réduit pas, à la température ordinaire, le peroxyde de fer, ce qui renverse complétement cette théorie.

Pour ne rien omettre d'essentiel à la production du nitre, nous mentionnerons encore quelques travaux assez récents entrepris à ce sujet.

Au nombre des observations les plus intéressantes qui ont été faites à notre époque sur le sujet qui nous occupe, nous citerons celles de M. Schœnbein, qui a constaté que dans toute combustion, et même à la suite de toute action chimique, il se produit une certaine quantité d'azotite d'ammoniaque. M. Schœnbein explique la formation de l'azotate d'ammoniaque au moyen de l'azotite qui se suroxyderait dans son contact avec l'ozone. Nous devons mentionner également les observations de M. Millon, dont les premières communications qu'il a adressées à l'Académie des sciences ont eu pour but d'établir que, pourvu que la température fût suffisante, le nitre se forme toujours avec régularité, lorsqu'on met en présence un produit humique, un sel ammoniacal et un mélange de carbonate alcalin et terreux; ajoutez que le tout doit être humecté par l'eau ou oxygéné par l'air. Ces circonstances sont si bien définies qu'un sol qui manque d'alcali, ou d'acide humique, ou d'ammoniaque, cesse de produire du nitre; mais il suffit de lui restituer le principe absent pour que la nitrification apparaisse bientôt.

Au premier abord, la substance dont la nécessité ne s'explique pas, c'est le principe humique, et c'est cependant l'intervention de l'humus qui donne la clef de la nitrification. Voici comment M. Millon l'explique :

« L'humate alcalin qui prend naissance par le mélange des matériaux indispensables à la « nitrification absorbe l'oxygène de l'air assez énergiquement; or, cette oxydation de l'acide « humique est la cause même de l'oxydation de l'ammoniaque. C'est une influence de voisi-« nage, un entraînement, la combustion s'établit à froid au milieu des substances qui se tou-« chent, et l'humus, en se brûlant, détermine la combustion de l'ammoniaque. Le phosphore, « le cuivre, le fer se substituent très-bien à l'humus et provoquent à froid, par leur combus-« tion propre, la nitrification de l'ammoniaque; le contact de l'air suffit pour engager la réac-« tion. »

D'après la théorie de M. Millon, l'oxydation de l'ammoniaque par l'oxygène de l'air serait un phénomène d'entraînement, une oxydation résultant d'une autre oxydation; mais cela ne fait que reculer la difficulté. Comment, en effet, expliquer l'oxydation de l'humus? le carbone n'est pas plus facile à attaquer à la température ordinaire que ne l'est l'azote. Évidemment cette théorie est défectueuse, elle admet plusieurs hypothèses dont rien ne prouve la réalité. D'abord, elle suppose que l'humus est brûlé par l'oxygène de l'air, ce que rien n'établit. Elle admet ensuite que l'ammoniaque est brûlé par l'oxygène par suite de l'action d'une force d'entraînement, d'une sorte de mouvement communiqué qui ne paraît pas intervenir dans le phénomène.

D'après les recherches auxquelles nous nous sommes livré et dont nous allons faire connaître le détail, l'humus ne serait pas brûlé par l'air. L'action de l'humus se bornerait à absorber en grande quantité l'ammoniaque et l'oxygène, et à développer, par le fait même de cette absorption, une élévation de température suffisante pour déterminer la combinaison de l'azote, de l'ammoniaque et de l'oxygène de l'air. Telle est la conséquence forcée à laquelle j'ai été conduit à la suite de mes travaux sur la formation de l'humus et qui me reste actuellement à exposer.

Rien dans la nature ne se perd, mais tout se transforme. Les agents les plus énergiques des transformations qu'éprouve la matière organisée sont ces petits êtres qu'on a désignés sous le nom de *mycodermes*, sans lesquels les êtres doués de l'organisation, et qui sous cette forme présentent une résistance invincible aux actions chimiques qui tendent à s'exercer sur eux,

persisteraient indéfiniment sans changer d'état. Mais à côté d'eux le Créateur a eu la prévoyance de placer ces myriades d'êtres microscopiques dont le travail de désorganisation
commence aussitôt que la vie a cessé dans un être organisé. C'est alors que ces mycodermes,
empruntant pour les besoins de leur nutrition les éléments dont la réunion constituait la matière organisée, la ramènent à l'état de substance inorganique et la livrent sous cette nouvelle
forme à l'action des agents extérieurs, qui peuvent alors agir sur elle et la transformer de
manière à la réduire à ces principes élémentaires qui vont servir à leur tour à la nutrition
des êtres doués de la vie.

Un des exemples les plus curieux que nous puissions citer de cette action mycodermique
est celui qui nous est offert par la transformation qu'éprouve le bois sous l'influence de ces
êtres microscopiques, qui parviennent à le métamorphoser en peu de temps en une substance
nouvelle possédant des propriétés toutes différentes de celles qui appartenaient à la substance
organisée qui lui a donné naissance, et qui, sous cette nouvelle forme, devient aussi sensible
à l'action des agents extérieurs qu'elle leur offrait de résistance lorsqu'elle possédait encore
toute son organisation.

Lorsqu'une branche d'arbre est séparée du tronc qui la portait et qu'elle se trouve placée
dans des conditions d'humidité suffisantes, elle ne tarde pas à être envahie par un mycoderme
de couleur blanche qui puise dans le contenu des cellules et des vaisseaux les substances nécessaires à son développement, et amène bientôt le bois à ne plus présenter qu'une masse
spongieuse, sans consistance, qu'on désigne vulgairement sous le nom de *bois mort*, et auquel
nous donnerons le nom de *nécroxyle*.

Ce mycoderme, que l'on a nommé *xylostroma gigantium*, se développe sous forme de filaments
blanchâtres, lesquels se rapprochent les uns des autres de manière à constituer une sorte de
tissu nacré qui s'interpose entre les différentes couches de bois. Ce mycoderme attaque de
préférence les couches d'aubier ; aussi son développement a lieu en général du centre à la
circonférence. Lorsqu'il a seul envahi le bois, ce corps présente une couleur d'un blanc mat
qui provient de ce que ce petit champignon a absorbé à son profit les matières incrustantes
des cellules, lesquelles lui communiquent sa couleur plus ou moins foncée, et joignant d'ailleurs sa propre couleur à celle du bois modifié, le mélange de ces deux substances constitue
une masse d'une grande blancheur, telle que celle qu'on observe dans les branches de bois
mort qui adhèrent encore à l'arbre sur lequel elles se sont développées.

Sous l'influence de ce mycoderme, le bois est devenu spongieux et cassant, il s'est transformé en nécroxyle.

Le nécroxyle est blanc, peu résistant, facilement réductible en poussière, insoluble dans
l'eau, l'alcool et l'éther. Quand il est sec et qu'on enflamme un de ses points, la combustion
se propage dans toute la masse, qui brule à la manière de l'amadou. Il se présente avec les
caractères d'une matière azotée. Quant on soumet un mélange de ce corps et de chaux à
l'action de la chaleur, on observe un dégagement très-manifeste d'ammoniaque, lequel est
accusé par un changement de couleur du papier de tournesol rougi et par les vapeurs
blanches produites par une baguette de verre imprégnée d'acide chlorhydrique.

L'azote que nous trouvons dans le nécroxyle ne fait pas partie de sa constitution ; il provient du mycoderme, qui, étant azoté, produit le dégagement d'ammoniaque que nous avons
observé. Ce qui le prouve c'est que si l'on fait bouillir pendant quelque temps le bois mort
dans l'eau, on observe que ce liquide s'est chargé d'une substance qui se dépose, par le refroidissement, au fond du vase dans lequel on opère. Ce dépôt, formé par les débris du végétal mycodermique, a entraîné toute la matière azotée ; car le bois, ainsi lavé mis en présence
de la potasse, ne donne plus la moindre trace d'azote, tandis que le dépôt traité de la même
manière présente tous les caractères d'une matière azotée. La séparation du mycoderme et
du nécroxyle doit être effectuée avec soin lorsqu'on veut étudier les propriétés de ce dernier, car si on n'a pas pris ces précautions, l'action qu'exercent les acides et les bases sur

le mélange de ces deux corps est tout à fait différente de celle qui se produit sur le nécroxyle alors qu'il est isolé. C'est ainsi que lorsqu'on fait réagir l'acide sulfurique ou l'ammoniaque sur le bois mort, cette substance se colore fortement en noir, effet qui ne se produit plus lorsque le nécroxyle a été séparé du mycoderme, ce qui prouve que c'est ce dernier qui noircit sous l'influence des deux agents que nous venons de mentionner.

Le nécroxyle résiste à l'action des acides et des alcalis en dissolution étendue; il se dissout au contraire dans les acides concentrés et en particulier dans les acides sulfurique et azotique. L'eau ne le précipite point de ses dissolutions. Plongé pendant quelque temps dans un mélange d'acide sulfurique et d'acide azotique, il constitue alors un composé détonnant tout à fait semblable à la poudre-coton.

Une des propriétés les plus remarquables du nécroxyle consiste dans la facilité avec laquelle il absorbe l'ammoniaque. Quand on introduit dans une éprouvette pleine de ce gaz un fragment de bois mort, le gaz est absorbé très-rapidement. Cette affinité du nécroxyle pour l'ammoniaque est si énergique qu'il enlève ce gaz à l'eau qui le tient en dissolution. Cette faculté d'absorption ne s'exerce pas seulement sur l'ammoniaque; elle se produit encore sur quelques autres gaz, ainsi que nous le dirons bientôt.

D'après toutes les propriétés que nous venons de rappeler, le nécroxyle se rapproche de cette modification de la cellulose que nous avons fait connaître et que nous avons désignée sous le nom de *fulminose*, parce que, portée à 140 degrés, elle se décompose instantanément en carbone et vapeur d'eau. Nous avons obtenu cette modification de la cellulose en faisant réagir sur elle des acides concentrés et en particulier de l'acide sulfurique. Ce corps isomère de la cellulose peut être représenté dans sa constitution par 12 équivalents de carbone unis à 10 équivalents d'eau, et c'est en effet ainsi que se dédouble le fulminose lorsqu'il se trouve porté à la température de 140 degrés.

Le fulminose, lorsqu'il est sec, ne possède aucune cohésion; il se réduit avec la plus grande facilité en poussière. Introduit dans une éprouvette pleine d'ammoniaque, il absorbe ce gaz en très-grande quantité et finit à la longue par s'y combiner de manière à constituer un composé qui se rapproche par ses propriétés et sa constitution des substances neutres azotées. Mis en rapport avec l'acide azotique, il se combine à cet acide et constitue alors le fulmi-coton. Or, toutes ces propriétés appartiennent également au nécroxyle et tendent à établir que ces deux corps sont identiques. D'après cela, l'action exercée par le mycoderme sur la cellulose aurait pour effet de transformer cette dernière en fulminose, métamorphose que je n'étais parvenu à obtenir jusqu'ici que sous l'influence des acides concentrés. Ce fait, un des plus curieux que nous ait offert la chimie mycodermique, prouve combien est énergique l'action qu'exercent les mycodermes sur les substances organisées.

Pour établir l'identité de composition entre le fulminose et le nécroxyle, nous avons dû recourir à l'analyse. Après avoir traité ce dernier par des dissolutions étendues de potasse 'd'acide chlorhydrique, puis l'avoir lavé à l'eau bouillante et desséché à 100 degrés, nous .vons soumis à l'analyse, qui est venue confirmer nos prévisions en nous apprenant que la .omposition du nécroxyle est la même que celle de la cellulose et du fulminose, c'est-à dire qu'il peut être représenté dans sa constitution par 12 équivalents de carbone unis à 10 équivalents d'eau.

Nous avons déjà dit quelques mots de la propriété si remarquable que possède le nécroxyle d'absorber l'ammoniaque et les gaz. Nous allons nous arrêter quelques instants sur cette faculté, qui joue un rôle si important dans la transformation de l'ammoniaque en acide azotique.

Nous avons introduit dans une éprouvette graduée les gaz qui suivent, et après les avoir laissés séjourner pendant un temps suffisant au contact du nécroxyle, nous avons mesuré l'absorption produite par un volume déterminé de cette substance. En opérant ainsi nous avons obtenu les résultats suivants :

1 volume de nécroxyle absorbe 92 volumes d'ammoniaque.

—	—	—	88	—	acide chlorhydrique.
—	—	—	62	—	hydrogène sulfuré.
—	—	—	10	···	oxygène.
—	—	—	7	—	azote.
—	—	—	3	—	acide carbonique.
—	—	—	2	—	acide sulfureux.
—	—	—	2	—	hydrogène.

Ces résultats, tout à fait analogues à ceux qui ont été obtenus à l'aide du charbon de bois, tendent à prouver que le charbon doit sa propriété absorbante, non pas aux pores qu'il contient, mais à sa nature, puisqu'il partage cette faculté avec le fulminose, qui paraît peu poreux.

Lorsque le nécroxyle est réduit en poudre, sa propriété absorbante s'exerce avec beaucoup plus de rapidité et l'élévation de température qui se produit dans cette circonstance peut être facilement observée à l'aide d'un thermomètre. C'est ainsi que, dans une expérience, nous avons constaté que la température du bois mort s'était élevée de 18 à 40 degrés, tandis que nous faisions arriver de l'ammoniaque gazeux et à la température de l'air dans son intérieur.

On s'explique actuellement comment les gaz condensés par le nécroxyle doivent pouvoir réagir avec plus de facilité les uns sur les autres. C'est du reste ce que l'expérience est venue confirmer.

Si on mélange dans une éprouvette de l'oxygène et de l'ammoniaque, on voit aussitôt se produire des vapeurs blanches que nous avons constaté être formées d'azotate d'ammoniaque.

En faisant passer un courant d'oxygène et d'ammoniaque dans un tube contenant du nécroxyle et faisant rendre les produits de la réaction dans une éprouvette contenant de l'eau, nous avons pu recueillir dans ce liquide une quantité notable d'azotate d'ammoniaque. La chaleur active beaucoup cette combustion. Lorsqu'on entoure en effet le tube dans lequel on opère d'eau portée à 60 ou 70 degrés, la quantité d'azotate d'ammoniaque qui se produit est bien plus considérable que lorsqu'on agit à la température ordinaire.

En faisant passer sur le nécroxyle un mélange d'oxygène et d'hydrogène parfaitement secs, nous avons pu obtenir à l'extrémité du tube dans lequel nous opérions, un dégagement de vapeur d'eau suffisant à établir que sous l'influence de ce corps l'oxygène et l'hydrogène se combinent entre eux.

D'après ces résultats, le bois mort paraît se comporter à la manière de la mousse de platine : il condense les gaz et détermine leur combinaison entre eux et avec les corps avec lesquels ils se trouvent en rapport.

La faculté que possède le nécroxyle de déterminer des combustions lentes, se retrouve, quoique à un moindre degré, dans le ligneux lui-même. Lorsqu'après avoir extrait de l'olive la plus grande partie de l'huile qu'elle contient, on abandonne le marc qui renferme encore une certaine quantité d'huile à l'action de l'air, une combustion lente a lieu, dont les produits sont de l'acide carbonique et de la vapeur d'eau. La quantité de chaleur qui se développe dans cette circonstance est assez considérable pour que les fabricants aient cherché à l'utiliser. Ils enfoncent leurs tonneaux pleins d'huile dans du marc d'olives, et la température qui se développe dans cette circonstance est suffisante pour que le liquide qu'ils contiennent ne gèle pas pendant les froids de l'hiver. Ce qui se passe dans cette circonstance est tout à fait analogue à ce qui a lieu dans un tas de fumier, où l'on observe une élévation de température considérable produite par la condensation et la combustion de l'ammoniaque.

La théorie de la nitrification que nous venons de formuler paraît tellement rationnelle, tellement basée sur les faits, qu'il paraît difficile d'y faire quelque objection, et cependant, il pourrait se faire que la formation de l'acide azotique eût lieu d'une manière toute différente de celle que je viens d'exposer. En opérant sur le fulminose, qui, ainsi que je l'ai dit, ressemble sous tous les rapports au nécroxyle, j'ai remarqué que ce corps condensait en très-grande quantité les corps hydrogénés tels que les acides chlorhydrique et sulfhydrique, tandis qu'il absorbait très-peu les acides non hydrogénés, tels que l'acide sulfureux et l'acide carbonique. Ayant en outre observé que, pendant cette absorption, il y a développement de chaleur considérable et décomposition de l'hydracide, car, en opérant sur le mercure, ce métal est attaqué et il se forme soit du chlorure soit du sulfure de mercure, tandis que l'hydrogène de l'hydracide se combine au fulminose. Pourquoi, lorsqu'on opère avec l'ammoniaque, les choses ne se passeraient-elles pas de la même manière? Pourquoi l'hydrogène de cet alcali ne se combinerait-il pas au fulminose, tandis que l'azote à l'état naissant se porterait sur l'oxygène pour former de l'acide azotique? L'analogie veut qu'il en soit ainsi, mais cette action deshydratante exercée par le fulminose sur une substance aussi stable que l'ammoniaque est un fait si singulier que j'éprouve quelque peine à l'accepter, et, pour le moment, je m'en tiens à ma première théorie.

Ici se place une question importante à examiner. Dans ces derniers temps, MM. Paul Thenard et Schutzenberger, en examinant l'action qu'exerce l'ammoniaque sur certains produits humiques, ont cru que l'ammoniaque se combinait directement à ces corps en donnant naissance à une matière azotée. Nous avons cru devoir rechercher si l'ammoniaque, condensé par le nécroxyle, ne finirait pas à la longue par se combiner à ce corps et par donner naissance à un composé contenant de l'azote. Nous devons ajouter immédiatement que le résultat a répondu à notre attente, et que nous avons vu se produire un corps ayant des tendances alcalines, se combinant aux acides et formant des sels solubles que l'on peut précipiter par la potasse, car généralement ces substances sont peu solubles dans l'eau. Ce résultat nous l'avions prévu, ayant obtenu antérieurement des composés analogues en faisant réagir l'ammoniaque sur le fulminose, lesquels contenaient jusqu'à 14 pour 100 d'azote.

En résumé, les faits que nous venons d'exposer nous permettent de rendre compte à la fois des modifications que le bois éprouve pour se transformer en humus et du rôle que joue ce dernier dans la nitrification.

Lorsque du bois se trouve séparé de l'arbre auquel il était fixé et par là même privé de la vie végétale, il ne tarde pas à être envahi par les germes d'un mycoderme, lequel, se développant aux dépends des matières contenues dans l'intérieur des cellules et des vaisseaux du bois, le transforme en une substance qui se réduit facilement en poussière. Cette substance isomère de la cellulose, et qui n'est autre que le fulminose, possède la propriété d'absorber les gaz et en particulier l'ammoniaque. Ce gaz, en réagissant sur le mycoderme, le colore en noir, et cette espèce de combinaison, étant soluble, pénètre dans les pores du nécroxyle et lui communique cette teinte noire qui est caractéristique de l'humus. L'ammoniaque et l'oxygène sont condensés par l'humus, et cette condensation développe une quantité de chaleur suffisante pour déterminer la combustion de l'ammoniaque et sa transformation en eau et acide azotique, et par suite la production d'azotate d'ammoniaque, sel très-soluble qui peut échanger sa base avec la potasse, la soude, la chaux, etc. De là formation des divers azotates qui contribuent si puissamment à la végétation.

Les chimistes qui se sont occupés de la nitrification ont amené la question à ce point, qu'il était évident que l'acide nitrique résultait de la combustion de l'ammoniaque par l'oxygène de l'air, mais ils n'avaient point dit quelle était la cause déterminante de cette combustion qui se produit à la température ordinaire. Tel était le nœud de la difficulté qu'il s'agissait de résoudre; nos expériences ayant fait connaître sous quelle influence l'azote et l'oxygène se combinent, on peut actuellement considérer la question de la nitrification comme étant complétement résolue.

Les faits principaux sur lesquels nous appelons spécialement l'attention sont les suivants :

1° Transformation du bois en nécroxyle sous l'influence d'une végétation mycodermique.

2° Identité du nécroxyle et du fulminose.

3° Propriété absorbante exercée par le nécroxyle à l'égard des gaz et en particulier de l'ammoniaque et de l'oxygène.

4° Combustion dans les pores du nécroxyle des éléments de l'ammoniaque et leur transformation en eau et acide azotique. Cette combustion lente est rendue manifeste par la lumière que répand dans l'obscurité le bois mort.

5° Identité de l'humus et du nécroxyle : le premier de ces corps ne devant sa couleur noire qu'à la substance soluble qui prend naissance par suite de l'action de l'ammoniaque sur le *mycoderme*.

De la connaissance de ces faits, tirons quelques conséquences pratiques. Le moyen de prévenir l'altération du bois consiste à prévenir le développement du mycoderme, résultat auquel on arrive facilement en imprégnant le bois de quelques sels, tels que le sulfate de cuivre ou le sulfate de zinc.

Lorsqu'au contraire on a intérêt à transformer promptement le bois en nécroxyle, il faut le placer dans des conditions d'humidité telles, que le mycoderme puisse se développer avec rapidité. Ces conditions sont généralement remplies dans ces mélanges formés de débris de bois, de paille, de matières azotées que l'on veut transformer en fumiers. Aussi voit-on le *mycoderme* se propager en telle abondance, qu'il ressemble à une couche de neige répandue à la surface du fumier. C'est la substance ligneuse transformée qui absorbe l'ammoniaque et détermine la combustion de ce gaz, lequel se trouve lui-même changé en acide azotique lequel se combine à l'ammoniaque et aux autres bases avec lesquelles il se trouve en rapport.

(La fin au prochain numéro.)

SUR LA FABRICATION DU SAVON.

Monsieur le Rédacteur,

On nous communique aujourd'hui seulement votre 155e livraison, du 1er juin 1863, et nous y trouvons, page 433, sous la rubrique : *Compte-rendu des travaux de chimie*, un article intitulé : *Nouvelle fabrication de savon.*

Appelés à diriger deux importantes usines à savon, tout ce qui touche cette fabrication nous intéresse, et nous avons lu cet article avec l'espoir d'y trouver quelques idées nouvelles.

Nous avons été bien vivement trompés, car les opinions émises par M. R... nous ont paru complétement erronées.

Aussi, craignant que parmi vos lecteurs, un bon nombre, étrangers aux études de chimie, ne prennent au sérieux l'article que nous avons à critiquer, et ne reportent sur lui une partie de la créance que l'autorité de votre nom imprime aux observations que vous consentez à insérer (1), nous vous en adressons une courte réfutation.

La glycérine ne joue en aucun cas le rôle d'acide. On ne saurait donc la transformer en une substance assimilable aux acides oléique et margarique (2).

L'acide sulfo-glycérique forme, avec les alcalis, des sels qui, ne fussent-ils pas trop in-

---

(1) Nous remercions sincèrement les auteurs de cette lettre de leur communication, et ce sera toujours avec reconnaissance que nous publierons les détails manufacturiers des grandes industries de produits chimiques   D^r Q.

(2) M. R... dit à l'oléine et à la margarine, mais c'est évidemment un *lapsus* répété un peu plus loin lorsqu'il est dit : « que l'acide sulfurique attaque la glycérine de préférence à l'oléine et à la margarine. »

stables, pour subsister en présence d'un alcali caustique (1), ne sauraient être assimilés au savon.

D'ailleurs, il n'est pas même exact de dire que la glycérine est transformée en acide sulfo-glycérique par le procédé R...

Qu'on adopte les données analytiques de M. Chevreul (2) ou les déductions synthétiques de M. Berthelot (3), on ne peut pas supposer que les huiles fournissent moins de 10 pour 100 de glycérine.

La constitution des corps gras neutres indique, il est vrai, pour l'arachine, 9.44 de glycérine ; mais les quantités fournies par l'oléine (10.40) et par la margarine (10.84) ramènent la moyenne au-dessus de 10.

Il serait hors de propos de discuter ici sur la non-existence de la margarine dans les huiles, nous dirons cependant que dans l'huile d'olive la partie solide est de la palmitine, qui, d'après le chiffre de son équivalent, doit rendre 11.40 pour 100 de glycérine.

Comme on serait en droit de faire valoir que la rancidité des huiles à fabrique entraîne toujours la disparition d'une partie de la glycérine, nous accepterons le chiffre le plus bas trouvé par M. Chevreul, 8 pour 100.

L'acide sulfo-glycérique est composé de 1 équivalent de glycérine et de 2 équivalents d'acide sulfurique, c'est-à-dire que 8 pour 100 de glycérine exigent pour leur transformation 8.5 d'acide sulfurique à 66 degrés ; et encore est-il plus que douteux que cette quantité d'acide employée à froid puisse décomposer intégralement 100 parties d'huile.

Que peut faire alors 1 pour 100 d'acide sulfurique? Brunir les huiles et charger le savon de 2 pour 100 de sulfate de soude complétement inertes.

Nous ne nous arrêterons pas à rechercher comment 250 kilogrammes de pâte savonneuse, en perdant 30 kilogrammes au séchage, se réduisent à 200 kilogrammes (il faudrait que la pâte perdît 50 kilogrammes) ; c'est encore ici une erreur de chiffre. Mais il serait intéressant de savoir par quel moyen industriel on peut faire perdre au savon 25 pour 100 d'eau pendant les quelques jours qui séparent la fabrication de la livraison !

Tout cela ne supporte pas le moindre examen, et nous passerons aux analyses produites :

	Savon R...	Savon (supposé) de Marseille.
Matières grasses	46 »	50 »
Soude	6 »	4.5
Eau	48 »	45.5
	100 »	100.0

M. R... a réédité ici (4) une analyse généralement attribuée à Thénard. Il est vraiment regrettable qu'on puisse joindre un nom célèbre à des chiffres aussi inexacts.

Que Thénard ait accepté pour vrais les renseignements qu'on lui a fournis sur les savons et leur composition à une époque où la constitution des corps gras n'était pas connue, on le comprend ; mais ce qui est moins concevable, c'est que depuis les publications de M. Chevreul, plusieurs générations de chimistes, non-seulement n'aient pas fait ressortir l'irrégularité d'une pareille analyse, mais encore l'aient reproduite et se soient chargés de propager ainsi les conséquences erronées qu'on en avait tirées.

Nous avons trop à cœur l'honneur de la science et celui de l'industrie pour ne pas protester énergiquement ; nous ne voulons pas contribuer par notre silence à raffermir dans nos

(1) Auguste Cahours. Troisième volume, page 308.
(2) Recherches sur les corps gras.
(3) Nouvelle méthode fondée sur la synthèse.
(4) Sous la dénomination de *savon de Marseille.*

usines l'opinion trop généralement acceptée que les chimistes n'ont jamais rien compris à notre fabrication.

Nous soutenons donc que le prétendu produit, dont on attribue l'analyse à Thénard, n'était ni *du savon de Marseille*, ni même *du savon.*

Le savon blanc de Marseille ne contient jamais moins de 59 pour 100 d'acides gras anhydres et jamais plus de 34 pour 100 d'eau; bien plus, il est impossible de faire du savon liquide d'après le procédé marseillais, qui en contienne 40 pour 100, et à plus forte raison 45.5.

Donc le produit analysé n'était pas du savon de Marseille.

Le savon n'est pas un simple mélange, c'est une combinaison en proportions définies d'acides gras et de soude. Or, 4.5 de soude neutralisent exactement 38.7 d'acides gras. Le produit en question aurait donc été combiné comme suit :

Savon sec... {	Soude.........................	4.50
	Acides gras (combinés)..........	38.70
Matières grasses (libres)......................		11.30
Eau...		45.50
		100.00

Comment admettre qu'on puissse donner à un mélange semblable la forme d'un produit industriel?

Donc le produit analysé ne mérite pas même le nom de savon.

Passons à l'analyse du savon R.... Elle ne nous paraît ni exacte en elle-même ni concordante avec le procédé de fabrication.

Il est facile de juger que la lessive dont on s'est servi est obtenue avec du sel de soude à 80 degrés, c'est-à-dire du sel de soude contenant :

Eau et acide carbonique...............	34.00
Soude anhydre correspondant aux 80 deg.	50.00
Sulfate et chlorure (minimum)	15.00
Silicate et aluminate..................	1.00

Soit, en sulfate, chlorure, etc., 32 pour 100 du poids de la soude anhydre.

La présence de 6 pour 100 de soude caustique dans un composé quelconque entraîne donc celle de 2 pour 100 de sulfate et chlorure, en sus de 1 pour 100 de sulfate ou sulfite produit par le traitement préalable de l'huile.

Que l'on adopte pour chiffre de rendement 200 ou 230 pour 100, et que l'on compte ou non la glycérine dans le chiffre de la matière grasse, on n'arrive pas aux 46 pour 100 accusés, et, quelque supposition que l'on fasse, on n'arrivera jamais qu'au chiffre maximum de 5.35 de soude combinée. Donc le savon contient de la soude caustique libre (0.65 pour 100), à moins que l'on préfère y reconnaître en carbonate de soude (1.10 pour 100). Aussi devrait-on voir figurer dans l'analyse du savon R... au moins 4 pour 100 de sels divers ; mais ce chiffre de l'eau ne s'accommode pas de cette rectification. Or, comme l'eau est l'élément le plus facile à doser, qu'il n'est pas admissible qu'on se soit trompé de 3 ou 4 pour 100, et que le chiffre 48 est impossible dans ce cas particulier, il s'ensuit que cette soi-disant analyse nous semble ne pas avoir été faite, et qu'on s'est borné à grouper, en les faisant cadrer tant bien que mal, des chiffres de pure fantaisie.

Quant à la prétention d'avoir vu au microscope de l'huile non combinée dans le savon de Marseille, nous laissons la responsabilité de l'observation à celui qui l'a faite.

Nous devons ajouter, comme conclusion, qu'il serait temps de faire disparaître de nos livres classiques de chimie les nombreuses erreurs techniques qu'ils contiennent, et nous contribuerons pour notre part aux rectifications que nous appelons de tous nos vœux, en donnant ici deux analyses de savon de Marseille. On peut les accepter comme représentant les produits de toute fabrication loyale et régulière.

	Savon blanc.	Savon marbré.
Eau.....................	33.20	35.00
Acides gras anhydres.....	59.00	54.00
Soude combinée........	6.80	6.20
Carbonate de soude.......	» »	0.30
Sulfate d°	0.10	0.70
Chlorure de sodium......	0.15	1.40
Sulfure d°	traces	0.20
Alumine, chaux et fer.....	traces	0.20
Glycérine...............	0.75	2.00
	100.00	100.00

Nous avons à donner, comme contrôle de ces essais, les rendements industriels calculés sur 9 millions de kilogrammes de savons que nous voyons fabriquer annuellement sous nos yeux et dont nous analysons chaque cuite dans nos laboratoires.

Nous vous serions reconnaissants, Monsieur le Rédacteur, d'insérer ces quelques lignes dans un des prochains numéros de votre *Revue*, si vous les en jugez dignes, et vous prions d'agréer l'expression de notre considération distinguée.

JULES ROUX,
de la maison Charles Roux fils, de Marseille, 77, rue Sainte.

LOUIS ARNAVON,
de la maison Honoré Arnavon, de Marseille, 12, rue Fort-Notre-Dame.

Marseille, le 3 septembre 1863.

REVUE D'ASTRONOMIE.

Quelques phénomènes du mois. — Vers la fin de septembre, le soleil et les cinq planètes, Mercure, Vénus, Mars, Jupiter, Saturne, se trouveront réunis dans la constellation de la Vierge. Mercure passera le 19, au matin, à 1 degré au sud de l'Épi, et sera stationnaire le 29, un peu à l'est de cette brillante étoile. Saturne restera, pendant quelques jours, dans le voisinage immédiat de l'étoile Gamma de la Vierge. Le 2 octobre, Mars et Saturne seront en conjonction avec le soleil ; Vénus sera en conjonction inférieure le 28 septembre. Elle se trouvera, ce jour-là, à 8 degrés au sud du soleil, pendant que Mars et Saturne seront à peu de distance à son nord-est. Jupiter restera un peu à l'écart, il sera à 8 ou 9 degrés à l'est de l'Épi. Les positions de l'Épi et de Gamma de la Vierge sont respectivement : 13^h18^m ; —$10°27'$, et 12^h34^m ; —$0°38'$. Uranus sera en quadrature le 18, Neptune en opposition le 27 septembre. Le 15, au soir, la lune passera au-devant de l'Epi, mais l'occultation ne sera pas visible à Paris.

Le 27 septembre, la marée qui correspond à la pleine lune est de 1.06, c'est-à-dire un peu moins forte que celle de la pleine lune du 28 août, la plus forte de l'année (elle était de 1.10). Le mascaret de la Seine, qui a été observé le 30 août, à Villequier, et qui correspondait à cette dernière marée, s'est montré cette fois assez considérable, à ce qu'on assure; il est à présumer que celui des 28 et 29 septembre méritera aussi d'être vu.

Congrès des astronomes allemands. — Le congrès des astronomes allemands, qui était indiqué pour cette année, a eu lieu à Heidelberg les 27, 28 et 29 août. MM. Argelander, Bruhns, Duner, Engelmann, Foerster, Gylden, Maedler. Oom, Oppolzer, Schoenfeld, Schwartz, Schwerd, Struve, Tempel, Tiele, Wolf, Wolfers, Zech, Zoellner, deux astronomes polonais et quelques amateurs y ont pris part. Nous espérons avoir bientôt plus de détails sur cette réunion.

Observatoires. — Deux nouveaux observatoires ont surgi en Allemagne : tous deux appartiennent à des hommes privés. L'un des deux est déjà entré en campagne ; c'est M. Oppolzer, bien connu des astronomes. Il a érigé son observatoire à Vienne, dans le quartier Josephstadt, sur une vieille tour, de construction solide, qui avait servi jusque-là de belvédère. Elle a 24 mètres de haut sur 10 mètres de long et 7 de large. L'observatoire, établi sur cette base, forme un octogone de 5 mètres de diamètre, avec un annexe qui a 4 mètres de long sur 3 de large, de sorte qu'il reste encore de la place pour installer des instruments transportables en plein air. Le cercle méridien est installé dans l'annexe, entre le mur oriental et un pilier haut de 3 mètres ; dans l'octogone, couronné par une coupole tournante, un pilier plus fort porte l'équatorial, dont la lunette (un dialyte de Ploessl) a sept pouces d'ouverture et sept pieds et demi de foyer ; elle donne des images très-nettes, et a été déjà utilisée pour l'observation des petites planètes de faible éclat. La lunette méridienne, dont la construction a été confiée à M. Starke, aura quatre pouces d'ouverture. La pendule est de M. Vorauer, de Vienne. M. Oppolzer a encore un chercheur de trois pouces, quelques micromètres, etc. Il a déjà publié une série d'observations de planètes et de comètes qui ont été faites au micromètre annulaire. La position de l'observatoire de la Josephtadt est de 19″.4 plus nord et de 6ˢ.4 plus ouest que l'Observatoire impérial de Vienne, ce qui donne 48°12′55″ pour sa latitude et 56ᵐ4ˢ.0 pour sa longitude à l'est de Paris.

. L'autre observatoire privé dont nous avons à parler va être fondé à Greifswald, par M. le professeur Crantzler, qui a fait l'acquisition des instruments astronomiques provenant de la succession du ministre danois, M. de Reedtz, et sortis des célèbres ateliers de Merz, de Repsold, de Kessels, de Krille, etc. M. Crantzler a déjà observé (en plein air) l'éclipse de lune du 6 décembre dernier, qui a été une éclipse *horizontale.*

Nécrologie. — Le 23 mai 1863 est mort, à l'âge de quarante et un ans, M. Virgilio Tettenero, astronome adjoint à l'Observatoire de Padoue et professeur d'astronomie et de physique à l'université de cette ville. Il était né le 22 février 1822. On lui doit de nombreuses observations de planètes, de comètes et d'étoiles fixes, avec lesquelles il a formé les zones australes de 10 et 15 degrés de déclinaison, qui ont été publiées sous forme de catalogue, dans les *Mémoires de l'Institut vénitien* (volumes VII et X). Il s'est occupé aussi du calcul des orbites et des éphémérides ; on lui doit par exemple des théories d'Eunomia, d'Irène, de Melpomène, etc.

Comètes. — Deux nouvelles comètes ont été découvertes au mois d'avril dernier. La première a été trouvée par M. Klinkerfues, à Gœttingue, dans la matinée du 12 avril. On la désigne comme la *Comète* II, 1863, l'une des comètes de décembre dernier ayant déjà reçu la désignation de *Comète* I, 1863, parce qu'elle a atteint son périhélie au mois de février de cette année. Selon l'usage introduit par les astronomes allemands, les comètes nouvelles portent d'abord les noms de ceux qui les ont découvertes, jusqu'à ce que l'on connaisse les époques de leur passage au périhélie ; alors on les numérote suivant l'ordre où se succèdent ces époques, exprimées en temps moyen de Paris, pour se conformer à la notation du catalogue général des comètes, commencé par Olbers et continué par M. de Littrow.

La comète Klinkerfues n'a été périhélie que le 5 avril, elle a donc été inscrite comme la deuxième comète de 1863. M. Donati l'avait, du reste, trouvée indépendamment, le 15 avril, à Florence. Au moment de sa découverte, elle offrait une nébulosité développée en éventail. A la fin d'avril, la nébulosité avait 5 ou 6 minutes de diamètre, et le noyau, qui avait été assez brillant au début, s'affaiblissait de plus en plus ; la comète se montrait alors entre le pôle et le zénit, vers quatre heures du matin. Il est probable qu'on pourra la suivre, avec les grandes lunettes, jusqu'à la fin du mois de septembre. M. d'Arrest l'a encore observée le 19 août ; elle n'avait plus que 30 secondes de diamètre, et le noyau présentait l'éclat d'une étoile de 11ᵉ à 12ᵉ grandeur.

M. Oppolzer a remarqué que l'orbite de cet astre présente une ellipticité assez sensible qui conduit à un temps de révolution de près de mille ans. Mais les observations dont il disposait n'étaient pas encore assez favorablement distribuées pour permettre d'asseoir un résultat définitif. C'est pour cette raison que M. Oppolzer s'est contenté de publier les éléments paraboliques suivants :

Comète II, 1863.

Passage au périhélie............. 1863. Avril 4.91964. T. m. à Paris.
Longitude du périhélie........... 255° 16′ 42″.1)
Longitude du nœud............. 251 15 59.1 } Equinoxe moyen
Inclinaison.................... 112 37 55.2) 1863.
Log. distance périhélie.......... 0.028652

On voit que le mouvement de la comète est rétrograde, puisque l'inclinaison de son orbite dépasse 90 degrés. En l'écrivant comme à l'ordinaire, elle devient 67° 22′ 4″.8; la distance du périhélie au nœud, comptée dans le sens du mouvement rétrograde, est de 4° 0′ 43″.0; si on la compte dans le sens des longitudes, qui est celui du mouvement des planètes, elle est négative, et il faut la retrancher de la longitude du nœud pour avoir ce qu'on appelle la longitude du périhélie; on trouve alors $\pi = 247° 15′ 16″.1$. Cette manière de compter a l'avantage d'indiquer immédiatement la situation du périhélie par rapport au nœud ascendant de l'orbite.

Il est à remarquer que cette comète s'est rapprochée de l'orbite terrestre jusqu'à une distance de 0.055 du rayon de cette orbite, ou de 8 millions de kilomètres. M. Frischauf, de Vienne, se propose d'entreprendre des recherches approfondies sur le même astre.

La *Comète III*, 1863, a été découverte le 13 avril, à deux heures et demie du matin, par M. Respighi, directeur de l'Observatoire de Bologne; puis, le 14, par l'horloger Baecker, à Nauen, près Berlin; le 16, par M. Tempel, à Marseille; le 17, par M. Winnecke, à Saint-Pétersbourg; le 18, par M. Karlinski, à Cracovie. Elle était visible à l'œil nu et offrait une queue rectiligne.

Dans l'espace de quelques jours, elle éprouva de grands changements. M. Romberg trouva, le 25 avril, la queue longue de 2 degrés et développée en cône parabolique; on y apercevait des mouvements ondulatoires comme sur une nappe d'eau agitée par le vent, et des tremblements comme on les observe dans les rayons des aurores polaires. Une petite émanation se montrait du côté du soleil. M. Hodgson appelle cet astre une miniature de la belle comète de Donati; tous les observateurs s'accordent à vanter sa jolie apparence.

M. Gylden, astronome à l'Observatoire de Poulkova, a donné pour cet astre les éléments suivants :

Comète III, 1863.

Passage au périhélie............. 1863. Avril 20.86739. T. m. à Paris.
Longitude du périhélie.......... 305° 47′ 6″.3)
Longitude du nœud............. 250 10 35.4 } Equinoxe moyen
Inclinaison.................... 85 29 44.8) 1863.
Log. distance périhélie.......... $\overline{1}$.798517 Mouvement direct.

L'orbite de la comète I de 1863 a été calculée de nouveau par M. Engelmann; ses éléments paraboliques les plus probables sont les suivants :

Comète I, 1863.

Passage au périhélie............. 1863. Février 3.49669. T. m. à Paris.
Longitude du périhélie.......... 191° 22′ 40″.58)
Longitude du nœud............. 116 55 32.75 } Equinoxe moyen
Inclinaison.................... 85 21 55.90) 1863.
Log. distance périhélie.......... $\overline{1}$.9002368

L'ellipse la plus probable qu'on puisse obtenir avec les observations données, offre une excentricité de 0.9999470, à laquelle correspond une révolution de 1,839,000 années ; mais cette ellipse ne représente guère mieux les observations que la parabole ; il faudra donc s'en tenir à cette dernière.

Petites planètes. — L'année 1863 ne nous a encore donné qu'un seul astéroïde nouveau, le 78e, qui a reçu le nom de *Diana*. Le 75e et le 77e, découverts tous les deux par M. Peters, à Clinton (Amérique), ont été baptisés *Eurydice* et *Frigga*. La planète Frigga est de la 13e grandeur, dans son opposition moyenne, c'est-à-dire en supposant que Frigga et la terre se trouvent à leurs distances moyennes du soleil pendant l'opposition.

M. Peters a été frappé de la blancheur et de la netteté de l'image de cet astéroïde; Féronia, qui est de la même grandeur et qui se voyait à peu de distance, paraissait, au contraire, diffuse et d'un gris bleuâtre.

Voici les éléments des planètes Frigga et Diana, d'après M. Peters et M. Spengler, réduits à l'équinoxe moyen de 1863.0.

	Frigga (77).	Diana (78).
Epoque	1863. Janvier 0. Berlin.	1863. Mai 8.5. Berlin.
Anomalie moyenne	— 18° 43′ 34″.9	52° 27′ 44″.6
Longitude moyenne	39 25 26.4	173 41 43.8
Longitude du périhélie	58 9 1.3	121 13 59.2
Longitude du nœud	2 7 1.7	334 2 34.2
Inclinaison	2 27 55.24	8 39 47.0
Arc sinus excentricité	7 48 20.42	11 55 40.4
Mouvement moyen	811″.568	833″.654
Log. distance moyenne	0.4271211	0.419347

Sirius et Procyon. — La belle découverte de M. Goldschmidt, que nous avons annoncée dans notre dernière revue, a déjà reçu quelques confirmations. Le Rév. W. Dawes, l'un des meilleurs observateurs anglais, a écrit à la Société royale astronomique, sous la date du 10 avril, que l'étoile désignée par D dans le croquis de M. Goldschmidt, se voit *assez facilement,* mais qu'il n'a pas réussi à voir les autres. « En réalité, dit-il, un pareil objet est moins un objet télescopique qu'un objet d'épreuve pour la transparence de l'atmosphère sous nos latitudes. On devrait examiner Sirius au cap de Bonne-Espérance. » Le P. Secchi, de son côté, a écrit à l'Académie des sciences qu'en profitant de belles journées des février, il a pu apercevoir le satellite principal de Sirius sous un angle de position de 89 degrés, et à la distance (un peu douteuse) de 7″.5. « Quelques autres points que j'ai vus, ajoute-t-il, sont-ils des réalités ou des illusions? Un surtout, à 180 degrés environ et à 5″ de distance. L'instabilité énorme de vision ne permet pas de le décider, et je ne donne cette observation que pour une preuve de la bonté de ma lunette. » Les données du P. Secchi pourraient tout au plus s'interpréter comme se rapportant à l'étoile C de M. Goldschmidt; mais il ne faut pas oublier que des mesures de ce genre sont extrêmement incertaines. La grande lunette du Collége romain a 9 pouces d'ouverture.

M. Calandrelli, dans un Mémoire sur les mouvements propres des étoiles fixes, donne aussi quelques détails relatifs au même sujet. En avril 1862, il a pu voir le compagnon de l'étoile Castor avec la lunette méridienne de 42 lignes d'ouverture de l'Université romaine, bien qu'il fît encore grand jour. Il a vu bien des fois, le soir, au coucher du soleil, le compagnon de la Polaire, qu'il n'a jamais pu distinguer pendant la nuit. Le 26 avril 1862, le ciel était clair, l'atmosphère tranquille; le soleil se couchait vers 7 heures. A 5 h. 10 m., Castor passa au méridien, et son compagnon fut très-visible. A 6 h. 15 m., M. Calandrelli dirigea son équatorial de 54 lignes d'ouverture sur l'étoile Sirius ; lui et M. Scarpellini purent distinguer le satellite qui venait d'être découvert par M. Clark. Le 16 mars dernier, M. Calandrelli apprit par un journal que M. Goldschmidt avait découvert cinq nouveaux compagnons de Sirius.

Le 17, la brillante étoile devait passer au méridien à 7 heures. Le soleil était déjà très-bas, quand M. Calandrelli put distinguer, vers 6 h. 15 m., le compagnon principal et celui qui est désigné par C. Il en fit un croquis, et, le 20 mars, ayant reçu le numéro 5 des *Mondes*, il put constater la coïncidence de son dessin avec les étoiles B et C de M. Goldschmidt. Ces observations ont été continuées jusqu'au 26 avril ; l'étoile B était toujours visible, mais C disparaissait quand Sirius, après le coucher du soleil, commençait à briller d'une lumière éblouissante. Les heures les plus favorables pour ces observations paraissent être celles qui précèdent ou qui suivent immédiatement le coucher du soleil.

Depuis l'annonce de sa mémorable découverte, M. Goldschmidt a encore publié quelques détails sur les petites étoiles qui accompagnent Sirius, mais qui n'en sont pas nécessairement des *satellites*. L'étoile D lui a paru la seule mesurable ; il a estimé sa distance de Sirius, en ascension droite, à 3^s.6 ou 3^s.8 (54 à 57 secondes d'arc), du côté de l'est. Cette mesure a été obtenue par la méthode des passages, en comptant le nombre de secondes écoulées entre la disparition de Sirius et celle de la petite étoile derrière un gros fil.

A l'est de l'étoile D, sur le même parallèle et à environ 10″ de distance, M. Goldschmidt a encore aperçu une autre étoile très-petite qu'il a signalée à M. Peters dans sa lettre du 8 mars, mais qui n'est pas figurée dans le croquis publié peu après. On pourra la désigner par H. Ainsi, l'on connaît pour le moment sept compagnons de Sirius.

L'étoile D est plus facile à voir que les autres, à cause de son éloignement, mais B et C ont paru à M. Goldschmidt plus brillantes.

L'étoile Procyon n'est pas solitaire non plus. Vers la fin de 1855, M. Gurney-Barclay, ayant entendu parler de l'existence présumée d'un satellite de cette étoile, résolut d'examiner ses environs avec une lunette de 7 pouces et demi d'ouverture. Le 10 janvier 1856, il vit, en effet, une petite étoile qui précédait Procyon d'environ 3 ou 4 secondes en ascension droite, et communiqua à M. Hind un croquis des positions relatives de cette étoile, de Procyon, et de deux autres petites étoiles très-voisines. En mars 1863, M. Romberg, qui dirige aujourd'hui l'observatoire privé de M. Barclay, a revu les trois petites étoiles avec une belle lunette de 10 pouces, en faisant disparaître Procyon derrière l'anneau d'un micromètre circulaire. Dans ses observations, la première des trois, qui est en même temps la plus brillante (elle paraît de 10e à 11e grandeur), se trouve à 46 secondes d'arc de Procyon, et sa position est 295°.

Les angles de position étant d'ordinaire comptés du nord par l'est, le sud et l'ouest, l'angle de 295 degrés signifie O. N. O. Cette étoile de M. Barclay est-elle le satellite prévu par la théorie ? D'après M. Auwers, Procyon parcourt en quarante ans moins dix jours une orbite circulaire, d'un rayon de 1″, autour du centre de gravité de son système ; le mouvement annuel dirigé de droite à gauche comme vu du centre, est de 9 degrés ; l'une des époques de son passage par le point ouest de l'orbite est 1875.5, et à ce moment le satellite se trouvera à l'est de Procyon. Il s'ensuit qu'en 1856 et 1863 sa position est respectivement 275° et 340°, ce qui ne s'accorde pas suffisamment avec la position observée de 295 degrés.

Météorologie. — M. Barral a publié, dans l'*Opinion nationale*, un article sur les grandes chaleurs observées à Paris le 9 août, dans lequel il dit qu'il a trouvé 39 degrés à l'ombre, à 2 h. et demie, dans un jardin de la rue Notre-Dame-des-Champs, un peu encaissé, mais éloigné de toute habitation ; à 4 h. et demie, il a encore observé 36 degrés, avec un thermomètre agité dans l'air. Le maximum de l'Observatoire approche de 36 degrés ; le minimum est de 16°.8 ; à 7 h. du matin on a eu 22°.7 ; les autres températures de la journée n'ont pas été notées parce que c'était un dimanche. L'ingénieur Ducray-Chevalier a observé 20°.4 à 6 h. du matin, 32°.8 à midi, et 35°.7 à 2 h. du soir. Le maréchal Vaillant a vu 38 degrés pendant plusieurs heures. Enfin, M. Baudin a observé, ce jour-là, avec un grand nombre de thermomètres à *maxima*, qui *tous* ont donné 34 degrés et une fraction pour le maximum de la journée ; la moyenne est 34°.3. Il en conclut que les thermomètres des autres observateurs n'ont pas été à l'abri de la réverbération du sol ou des édifices. Mais il est évident que la température de l'air, dans Paris, doit beaucoup varier d'un quartier à l'autre, et même d'une rue à l'autre.

En consultant le tableau des étés chauds, dans le tome VIII des *Œuvres* d'Arago, p. 398, on trouve que le maximum moyen de la seconde moitié du siècle dernier est de 34°.0 ; celui de la première moitié du siècle actuel, 3½°.75 ; moyenne générale 33°4. L'époque moyenne du maximum tombe entre le 19 et le 23 juillet. On a eu, à Paris, à l'Observatoire :

Le 17 août 1701........ 40°	Le 14 juillet 1757...... 37°.7	Le 11 juillet 1783...... 36°.3
— 6 — 1705........ 39.0	— 18 et 19 juillet 1760.. 37.7	— 8 — 1793...... 38.4
— 8 — 1706........ 36.9	— 19 août 1763........ 39.0	— 16 août 1793........ 37.3
— 22 — 1718........ 38.1	— 22 juin 1764........ 37.5	— 8 — 1802........ 36.4
— 11 — 1724........ 36.9	— 26 août 1765........ 40.0	— 31 juillet 1803...... 36.7
— 10 et 11 août 1731.. 36.9	En juillet 1766........ 37.8	— 15 — 1808...... 36.2
— 30 juillet 1732...... 37.0	— août 1769........ 36.9	— 19 — 1825...... 36.3
— 5 août 1738........ 36.9	Le 24 juin 1772........ 36.8	— 1er août 1826........ 36.2
— 2 juillet 1742...... 36.2	— 14 août 1773........ 39.4	— 18 — 1842........ 37.2
— 23 juin 1748........ 36.9	.... 1777........ 36.1	— 5 juillet 1846...... 36.5
— 13 juillet 1749...... 36.9	— 5 juillet 1778...... 36.2	— 4 août 1857......... 36.2
— 17 juin 1751........ 36.9	— 16 — 1782...... 38.7	

On voit donc que le maximum absolu de l'année dépasse assez souvent 36 degrés à Paris, bien que les anciennes observations soient probablement moins exactes que celles du siècle actuel. Le maximum le plus élevé qu'on ait encore noté en France est de 41°.4 ; il a été observé à Orange, le 9 juillet 1849.

Quand il y a 39 degrés à l'ombre, il y a communément une dizaine de degrés de plus au soleil. Cependant, la différence peut être plus grande ; ainsi, Messier a trouvé, du 8 au 14 juillet 1793, entre 1 h. et 3 h. de l'après-midi, 33 à 38 degrés à l'ombre et 58 à 63 degrés au soleil, avec une différence moyenne de 26 degrés (les différences varient de 25 à 29 degrés). Ce qui est certain, c'est que la température était suffocante dans les rues, le dimanche 9 août, et que les endroits exposés et encaissés, comme le jardin du Luxembourg, rappelaient la Thébaïde.

M. Le Verrier a communiqué à l'Académie une note de M. Marié-Davy, chef du service météorologique à l'Observatoire impérial, sur l'état de l'atmosphère pendant la première quinzaine d'août. D'après M. Marié-Davy, l'été de 1863 est moins exceptionnel qu'il ne pourrait le sembler si on ne considérait que la température du 9 août.

Cette température élevée n'a été que de courte durée, ainsi que cela résulte du tableau des maxima et des minima observés à l'Observatoire de Paris.

Dates.	Minimum.	Maximum.	Dates.	Minimum.	Maximum.
1er août	12.5	24.1	9 août	16.8	35.9
2 —	14.0	26.2	10 —	16.4	30.0
3 —	14.2	25.8	11 —	16.0	28.1
4 —	13.5	28.7	12 —	13.4	25.6
5 —	16.9	27.6	13 —	14.6	31.4
6 —	16.6	25.9	14 —	14.0	27.1
7 —	14.3	26.0	15 —	16.4	31.1
8 —	16.9	29.7	16 —	16.8	27.1

Les plus fortes chaleurs ont coïncidé avec l'apparition de tourbillons qui ont traversé l'Europe de l'ouest à l'est. Sur les cartes météorologiques construites chaque jour, on constate le 8 un tourbillon sur l'Ecosse et l'Irlande, où la pression est descendue à 751 millim. à Nairn, et où le vent, assez fort, varie de l'O. N. O. au S. S. E. La France est restée en dehors de ce mouvement, le 8 et le 9; la pression était de 767 millim., le vent faible et indécis, ce qui a contribué à rendre la chaleur plus pénible. Mais peu à peu, l'agitation s'est propagée jusqu'à nous, et le mélange des diverses couches de l'atmosphère à fait tomber le thermomètre à 25.6, maximum du 12.

Le 14, un nouveau tourbillon se dessina nettement à l'ouest des côtes d'Irlande; le baromètre descendait à 754 millim. à Valentia. Le 15, le phénomène avait marché vers le N. E., on observait 746 millim. à Galway et à Greencastle (la hauteur est ramenée au niveau de la mer). Le mouvement avait envahi l'Angleterre et le nord de la France; cependant, à Paris, on avait encore 31 degrés à la surface du sol, où l'air était calme, mais les nuages témoignaient de l'agitation des couches supérieures. Le dimanche 16, il paraît que le centre du mouvement était sur l'Ecosse; le 17 on le retrouvait sur la mer du Nord (752 millim. à Scarborough) et on pouvait s'attendre à le voir marcher vers la Suède et la Baltique pour descendre ensuite au S. E. vers la mer Noire, en s'effaçant peu à peu. C'est là la marche ordinaire des tourbillons qui abordent l'Europe aux latitudes de l'Irlande. Le mélange des couches atmosphériques, déterminé par un tourbillon (dont l'axe n'est jamais vertical) produit un abaissement de température, une condensation de vapeur d'eau et la formation de nuages; mais il y a loin de là à l'effet qui serait produit par l'invasion des contre-alizés du S. O. dans nos régions. Aussi n'a-t-on eu jusqu'au 17 que de faibles grains de pluie, dans l'ouest de l'Europe.

Les *Bulletins* de l'Observatoire impérial renferment, depuis quelque temps, des télégrammes météorologiques émanés de cet établissement, et annonçant la direction et la force probables des vents qui, le lendemain et le surlendemain, régneront aux différents points du littoral de la France.

Le Bulletin du 25 août donne une table de concordance des termes adoptés par l'Observatoire et par la marine française, avec la vitesse du vent correspondante, exprimée en kilomètres à l'heure.

Chiffres.	Observatoire.	Marine.	Vitesse du vent.
0	Nul	Calme	0
1	Faible	Presque calme	4
		Faible brise	7
2	Modéré	Petite brise	14
		Jolie brise	25
3	Assez fort	Bonne brise	40
4	Fort	Forte brise (1)	60
5	Très-fort	Grand frais	70 à 80
6	Violent	Coup de vent	100
		Tempête	130 à 140

Un vent qui fait 160 à 170 kilomètres à l'heure s'appelle *ouragan*.

Nous ne pouvons que féliciter la direction de l'Observatoire d'imiter l'exemple de l'amiral Fitz-Roy, et souhaiter que ces tentatives aboutissent à un résultat salutaire pour la navigation de nos côtes.

Le *Bulletin* du 11 septembre contient les cartes barométriques et anémométriques des 7 et 10 septembre dernier. Le tourbillon qui sévissait encore le 11 sur une partie de l'Europe s'y trouve nettement indiqué.   R. RADAU.

(1) Les marins disent plus généralement *bon frais*.

LE ROUGE D'ANILINE DEVANT LA COUR DE CASSATION.
SUITE DES PROCÈS RENARD.

COUR DE CASSATION. — (CHAMBRE CIVILE.)

Audience du 30 juin 1863.

Arrêt Monnet et Dury contre Renard frères et Franc.

LA COUR,

Sur le rapport de M. Bayle-Mouillard, conseiller, les observations de Mᵉ Ambroise Rendu, avocat des sieurs Monnet et Dury, demandeurs en cassation ; celles de Mᵉ Bozériau, avocat des sieurs Renard frères et Franc, défendeurs ; et les conclusions de M. de Raynal, avocat général ;

Sur le premier moyen :

Vu les articles 1350 du Code Napoléon et 317 du Code de procédure civile ;

Attendu, en droit, qu'aux termes de l'article 317 précité, les parties doivent être appelées aux expertises faites entre elles ; qu'elles peuvent produire devant les experts, comme devant la justice, toutes pièces et documents, et faire tous dires et réquisitions qu'elles jugent convenables ; que cette règle est essentielle à la défense, et que si l'une des parties a été mise par ses adversaires dans l'impossibilité absolue d'user de son droit, l'expertise ne lui est pas opposable ; .

Qu'il doit en être ainsi, alors surtout qu'il a été jugé qu'un premier jugement en donnant une expertise avant la mise en cause de l'une des parties, ne serait pas commun à cette partie qui n'avait pas concouru au choix des experts ;

Attendu, *en fait*, que les sieurs Renard frères et Franc, brevetés pour l'invention du rouge d'aniline, ont fait saisir une certaine quantité de cette matière colorante chez le sieur Beauvisage, teinturier, et l'ont poursuivi comme contrefacteur ;

Qu'un jugement du Tribunal civil de la Seine a ordonné, le 11 février 1860, que trois experts choisis par les parties vérifieraient la réalité de l'invention des saisissants, la nature de la matière saisie et compareraient les procédés de fabrication ;

Que, peu de jours après le jugement, Beauvisage d'une part, Renard frères et Franc, de l'autre, prétendant que Monnet et Dury avaient fabriqué et vendu le rouge d'aniline saisi, les ont presque simultanément mis en cause pour les faire condamner, comme garants envers Beauvisage, et comme solidairement responsables au profit de Renard frères et Franc ; que, de plus, il a été spécialement demandé contre eux que l'expertise déjà ordonnée leur fût déclarée commune ;

Que le Tribunal de la Seine a décidé, le 2 mai 1860, par jugement définitif, qu'à raison de l'expertise déjà ordonnée, il n'y a *pas lieu de déclarer commun avec les appelés en garantie, un jugement qui a nommé des experts sans leur participation ;*

Qu'en conséquence, il a été procédé à cette expertise sans que Monnet et Dury aient été appelés ni défendus devant les experts, sans que leurs procédés de fabrication aient été examinés, sans qu'ils aient pu produire les publications et documents scientifiques sur lesquels ils se sont fondés plus tard pour soutenir que le rouge d'aniline était connu antérieurement au brevet de Renard frères et Franc ;

Attendu qu'une pareille expertise était, pour Monnet et Dury, *res inter alios acta;* que, néanmoins, c'est principalement en vertu de cette expertise qu'ils ont été condamnés comme contrefacteurs ;

Que le jugement dit, il est vrai, dans ses motifs adoptés en appel, que si le rapport d'experts ne peut être opposé à Monnet et Dury en tant qu'expertise, il n'en est pas moins un renseignement que le Tribunal peut consulter au même titre que les autres documents et certificats produits ;

Mais que cette assimilation d'une expertise irrégulière aux pièces régulièrement produites, n'est pas légale ;

Que, d'ailleurs, une formule aussi vague, qui ne fait connaître ni la nature ni le degré d'efficacité des documents et certificats indiqués, ne suffit pas pour couvrir une atteinte aux règles sur la preuve et à l'autorité de la chose jugée ;

Qu'en statuant ainsi, l'arrêt attaqué a violé les lois ci-dessus visées ;

CASSE.

HYGIÈNE MÉDICALE.

Permanganate de potasse ; *son emploi en médecine.* — Depuis le mémoire que nous avons publié sur son emploi en chirurgie par M. Demarquay, M. Blache a lu un rapport à l'Académie de médecine sur les travaux de M. Castex, médecin-major au 1er bataillon d'infanterie légère d'Afrique, et de M. Reveil, sur la propriété désinfectante de ce sel. Nous allons extraire de ce rapport les passages principaux.

C'est en 1859 que les proprietés désinfectantes des solutions de permanganate de potasse furent signalées par M. Coudy, et envisagées surtout au point de vue des services qu'elles pourraient rendre à l'hygiène et à la salubrité. Depuis longtemps, en Angleterre, on emploie dans l'intérieur des habitations, comme désinfectantes, des solutions qui renferment à la fois du manganate et du permanganate de potasse ou de soude, dont l'efficacité pour détruire les matières organiques est très-énergique.

M. Castex a appliqué le permanganate de potasse à la désinfection des plaies, il a constaté que, dans tous les cas, l'odeur était détruite à l'instant de l'application, et que les plaies subissaient différentes modifications, suivant l'état de concentration des liqueurs. Après divers essais, M. Castex a adopté une solution renfermant 4 gr. (1) de permanganate de potasse cristallisé pour un litre d'eau. Ainsi diluée, la solution déterge parfaitement les plaies, les désinfecte à merveille, et laisse aux bourgeons charnus leur forme et leur coloration.

Chez les femmes nouvellement accouchées, M. Castex s'est bien trouvé de l'emploi de tampons de charpie ou de linges imprégnés de solution de permanganate de potasse (le permanganate de potasse étant décomposé par la charpie, il est préférable d'employer dans ce cas, comme l'a conseillé M. Reveil, de l'amianthe bien souple qui fera le même office), de façon cependant à ne pas occasionner de répercussion.

En résumé, la solution de permanganate, dont l'emploi n'expose à aucun danger, désinfecte chimiquement les plaies, et son rôle peut devenir immense dans le champ de l'hygiène publique et privée.

M. le docteur Reveil, qui s'est beaucoup occupé des applications du permanganate de potasse à la médecine et à l'hygiène, pense aussi que ce sel est appelé à rendre de grands services à l'hygiène et à la thérapeutique ; mais pour qu'il soit constant dans ses effets, il est indispensable qu'il soit d'une grande pureté. Il existe dans le commerce des permanganates de potasse très-impurs (2), contenant jusqu'à 20 pour 100 de sulfate de potasse, de la potasse

(1) M. Demarquay a adopté 2 grammes par litre d'eau ; ceux qui préféreraient la formule de M. Castex devraient donc verser les 2 grammes de permanganate de potasse contenus dans nos petits flacons dans 1/2 litre d'eau au lieu de 1 litre. D^r Q.

(2) Dans un de ses derniers bulletins de *l'Union pharmaceutique*, M. Dorvault engageait ses pharmaciens à faire usage du permanganate de potasse *en plaques*; c'est là un mauvais conseil qu'il leur donnait et qui pourrait faire supposer à tort que cet habile chimiste ne sait pas faire cristalliser ce sel. Il faut toujours exi-

caustique libre, ce qui les rend humides, des chlorures de potassium, et jusqu'à 17 pour 100 de sesquioxyde de manganèse.

« A l'Hôpital des Enfants, ajoute M. Blache, son digne médecin en chef, on a employé la solution de permanganate de potasse au centième (10 grammes de permanganate pour un litre d'eau) contre l'ozène et les otorrhées consécutives aux fièvres éruptives. Le succès a été des plus complets. — Dans un cas de brûlure de tout le membre pelvien gauche, M. Reveil a nonseulement détruit la mauvaise odeur, mais encore hâté la cicatrisation et la réparation des tissus. — Dans les ulcères scrofuleux atoniques, les expériences faites à l'hôpital ont été des plus satisfaisantes ; mais c'est surtout dans les cas de cancer utérin que les injections et le tamponnement ont parfaitement opéré. Quant à l'emploi du permanganate de potasse à l'intérieur contre les affections diphtériques, nous n'en pouvons encore rien dire de positif. Les expériences déjà faites ne présentent rien de concluant, mais elles méritent d'être poursuivies ; et c'est ce que fait en ce moment M. Roger.

« Je ne veux point terminer ce rapport, dit M. Blache, sans parler aussi des expériences qui ont été faites à la maison municipale de santé par un de nos chirurgiens les plus distingués, M. Demarquay (voir *Moniteur scientifique*, liv. du 15 juillet, n° 158, p. 535). Après avoir expérimenté les solutions de ce sel à des doses variées, dans les cancers cutanés, les cancers de l'utérus, les abcès profonds et gangréneux, les plaies superficielles, le pus infect, l'ozène, etc., il arriva à cette conclusion qu'on doit préférer pour la chirurgie le permanganate de potasse aux autres désinfectants, parce qu'il peut s'appliquer dans toutes les circonstances et qu'il n'irrite pas les plaies.

Voir, pour plus de détails, le *Bulletin de l'Académie de médecine*, n° 19, 15 juillet 1863.

VARIÉTÉS JAPONAISES.

I.

LA MÉDECINE AU JAPON.

Rien n'est plus curieux, pour les Européens de tous les pays, que d'examiner l'extérieur et l'intérieur des innombrables pharmacies japonaises. Elles sont ornées de grandes affiches, où sont mentionnés des remèdes infaillibles pour toutes les maladies connues, et même, je crois, pour toutes celles dont l'humanité pourrait avoir à souffrir un jour.

Ces boutiques sont ornées également de certificats de malades attestant des guérisons miraculeuses par les médicaments décrits sur ces affiches, et par beaucoup d'autres encore, parmi lesquels plusieurs sont annoncés comme venant d'Europe. Il est vrai qu'en Europe on nous donne comme merveilleux certains remèdes originaires du Japon.

Serions-nous redevables des moxas aux Japonais, et tiendrions-nous de ce peuple l'art de l'acupuncture? M. Andrew Steinmetz l'affirme dans son *Japan and her people*, et personne ne le nie, que je sache. Ce qu'il y a de certain, c'est que les Japonais tiennent les moxas et la ponction en grande estime. Par exemple, contre une colique horriblement douloureuse, dont

ger, au contraire, que ce sel soit cristallisé, et même en gros et longs cristaux, signe de sa pureté. Les solutions, les manganates en poudre ou en plaques, peuvent être impurs, et c'est pour prévenir les praticiens des insuccès qu'ils obtiendraient que nous avons spécialisé ce sel, qui, sous notre cachet, sera toujours d'une grande pureté. Au-dessus de 100 grammes, nous vendons ce permanganate à raison de 15 centimes le gramme. Ayant spécialisé aussi les désinfectants à l'acide phénique, nous allons en rappeler les prix : acide phénique pur cristallisé, le flacon de 50 grammes, 2 fr. 50 cent., flacon à l'émeri compris ; au-dessus de 500 grammes, le prix est réduit à 30 fr. le kilogramme, flacons en plus. — Quant aux solutions d'acide phénique, soit dans l'alcool ou l'acide acétique, le prix est de 2 fr. 50 cent. le flacon, avec la remise habituelle aux pharmaciens, remise qui se trouve faite dans les prix cotés pour l'acide phénique pur.   D^r Q.

la Providence, dans ses mystérieux décrets, s'est plu à doter particulièrement le Japon, les médecins de ce pays pratiquent une sorte de ponction qui tient de la magie autant que de la médecine. Le chirurgien se munit de longues et très-fines aiguilles en or, en argent ou en acier. Le patient adresse quelques paroles bien senties à Bouddha ; puis il s'étend sur un des jolis pliants dont toutes les chambres à coucher sont ornées au Japon, et se livre à l'opérateur. Celui-ci prend neuf de ces aiguilles (pas une de plus, pas une de moins), et il les enfonce avec dextérité dans les muscles de l'abdomen ou de l'estomac du malade. Les parties osseuses, les nerfs et les vaisseaux sanguins sont évités avec beaucoup d'adresse. Le praticien, en introduisant les aiguilles, leur imprime un mouvement de rotation très-rapide, et le malade se sent plus ou moins soulagé. Beaucoup de médecins se font une spécialité très-lucrative de ce genre d'opération.

Le moxa est un remède universel. C'est la partie laineuse de l'arténisia, qu'on détache de ses feuilles par la friction et le battage. Cette espèce de laine est préparée en petits cônes ; c'est le moxa qu'on allume par le haut après qu'on l'a placé sur la partie désignée par le médecin.

On applique les moxas, au Japon, dans toute espèce de cas. Aussi la valise d'un voyageur renferme-t-elle toujours un certain nombre de moxas dont il se fera faire l'application à la première occasion.

Cette opération, comme celle des aiguilles, forme dans tout l'empire de l'Est une science et une profession spéciale très-honorée. En Angleterre, on prend du sel de Glauber pour se tenir le teint frais et conjurer les maladies à venir ; au Japon, on emploie les moxas dans le même but. Tous, jeunes et vieux, hommes et femmes, soldats, prêtres, et jusqu'aux condamnés dans leur prison, se soumettent volontairement à cette opération au moins une fois tous les six mois.

Un autre remède universellement employé chez les Japonais comme moyen curatif et comme préservatif, c'est la friction. Il y a des médecins qui ont fait de la friction une étude spéciale, et qui se renferment aussi dans cette spécialité. A les entendre, c'est un art difficile et compliqué que la friction, et ce n'est qu'après de fortes études et une longue pratique qu'on peut prétendre à l'honneur de se dire véritablement frictionneur.

Un voyageur assure qu'il existe à Yeddo une école spéciale de frictions, dans laquelle les élèves, particulièrement voués à la pratique de cette branche de la médecine, s'exercent sur des sujets loués pour cet usage ; on leur suppose tour à tour les différentes affections qui se traitent par la friction, et on les frictionne en conséquence. On les appelle des *garçons de frictions*, et ils sont très-bien payés.

La médecine a ses incrédules dans l'empire de l'Est comme partout ailleurs. Il existe au Japon une comédie qu'on dit fort savante et toute remplie de traits satiriques à l'endroit des médecins. Elle a pour titre : *Le médecin, la médecine et le malade.* On y voit le médecin en présence de la personnification de la médecine. Celle-ci raille le docteur en lui prouvant son impuissance et en constatant la sienne. Le médecin et la médecine finissent par se moquer d'eux-mêmes et par rire aux éclats de la confiance qu'ils inspirent au malade. Survient un malade. Aussitôt le médecin et la médecine prennent un air grave, se consultent mutuellement, ordonnent force drogues et se partagent les bénéfices de ce traitement, en assurant au malade qu'il guérira radicalement.

Cette comédie japonaise me remet en mémoire une petite anecdote publiée en ces termes par le docteur Guyard :

« Une dame convalescente de mes amies disait un jour à son médecin :

« — Dites-moi donc un peu, docteur, par quel secret, vous autres médecins, vous n'êtes jamais malades ?

« — C'est, répondit spirituellement le docteur, que nous dînons comfortablement du produit de nos ordonnances, sans jamais rien prendre des drogues que nous ordonnons. »

Qu'on ne s'étonne pas trop de cette réponse. Les plus grands médecins de toutes les époques et de tous les pays ont été les plus grands sceptiques en matière de médecine. Le père de la médecine, Hippocrate, a dit tristement : « Un médecin prescrit une diète sévère, un autre permet des aliments, survient un troisième qui les défend. De sorte qu'il n'est pas étonnant qu'on dise de l'art médical qu'il ressemble à la science des augures (1). »

Sydenham, surnommé l'Hippocrate anglais, a dit : « Ce qu'on qualifie d'art médical est bien plutôt l'art de faire la conversation et de babiller, que l'art de guérir. »

Guy-Patin appelle la médecine « *l'art de deviner.* » Platon la regardait comme « aussi préjuciable aux particuliers qu'à la société. »

Broussais pose carrément cette question, à la page 826 de son *Examen des doctrines médicales :* « La médecine a-t-elle été plus nuisible qu'utile à la société?

Chomel, dans sa *Pathologie générale,* dit : « Les ténèbres enveloppent encore la branche la plus importante de la médecine. »

Shengel conclut que « le scepticisme en médecine est le comble de la science, et que le parti le plus sage consiste à regarder toutes les opinions avec l'œil de l'indifférence, sans en adopter aucune. »

Magendie disait, le 16 février 1846, au Collége de France : « Sachez-le bien, la maladie suit le plus habituellement sa marche sans être influencée par la médication dirigée contre elle. Si même je disais toute ma pensée, je dirais que c'est surtout dans les services où la médication est le plus active que la mortalité est le plus considérable. »

Rostan fait cet aveu redoutable : « Chaque formule est pour ainsi dire une erreur. » Corvisart, sur la fin de sa carrière, a dit en parlant de la médecine : « Bah? elle ne sert à rien ! »

Le célèbre Boerhaave a dit : « Si l'on vient à peser mûrement le bien qu'a procuré aux hommes une poignée de vrais fils d'Esculape, et le mal que l'immense quantité de médecins a fait au genre humain, depuis l'origine de l'art jusqu'à ce jour, on pensera sans doute qu'il serait plus avantageux qu'il n'y eût jamais eu de médecins dans le monde. »

Stahl exprimait ce désir énergique : « Je voudrais qu'une main hardie entreprît de nettoyer cette étable d'Augias. J'ose pénétrer dans cette science peuplée d'erreurs, où la langue est aussi défectueuse que la pensée, où tout est à refondre, les principes et la matière. »

Enfin l'illustre Bichat écrivait dans ce chef-d'œuvre de science, d'observation et de logique qui s'appelle *Anatomie générale,* les lignes suivantes :

« La matière médicale est de toutes les sciences celle où se peignent le mieux les travers de l'esprit humain. Que dis-je? Ce n'est point une science... c'est un mélange informe d'idées inexactes, d'observations souvent puériles, de moyens illusoires, de formules aussi bizarrement conçues que fastidieusement assemblées. On dit que la pratique de la médecine est rebutante; je dis plus : elle n'est pas le plus souvent celle d'un homme raisonnable, quand on en puise les principes dans la plupart de nos matières médicales. »

Voilà l'opinion de quelques princes de la science; ce qui n'empêche pas qu'à la première indisposition plus ou moins sérieuse, vous et moi nous nous empresserons de réclamer les bons soins de notre docteur. On ne croit pas à la médecine, mais on croit à son médecin (2). Cette douce illusion est pour les malades une grâce d'état.

J'ai trop parlé de médecine dans ce chapitre spécial pour ne pas vous parler un peu des

---

(1) Ce que disait Hippocrate de son temps peut se dire encore aujourd'hui pour le traitement appliqué à la fièvre typhoïde, où tel médecin ordonne *la diète absolue,* tandis que tel autre médecin permet les aliments et *nourrit* son malade.   D^r Q.

(2) C'est le contraire qu'il faudrait faire, même dans l'état actuel de la médecine; mais espérons qu'aidée de la chimie, la médecine deviendra un jour une science positive, et n'aura plus à subir des critiques pareilles à celles que nous publions.   D^r Q.

morts au Japon. La transition vous paraîtra d'ailleurs convenablement préparée par toutes les citations qui précèdent.

Donc, les morts sont traités dans l'empire de l'Est d'une façon très-originale. On ne les brûle point, comme faisaient les Romains; on ne les embaume point, comme faisaient les Egyptiens; on ne les enterre point, comme nous avons tort de le faire; on les met en baril, ni plus ni moins que des cornichons ou des olives. C'est comme j'ai l'honneur de vous le dire. Et ce qu'il y a de plus étonnant, c'est que le baril qui sert aux Japonais de dernière demeure n'a jamais plus de trois pieds de haut sur deux pieds et demi de diamètre au sommet, et deux pieds à la base. Comment le corps d'un homme peut-il se caser dans ce baril? C'est un mystère que les croque-morts japonais ne nous ont point révélé, mais le fait n'en est pas moins incontestable.

Sur quelques questions faites à ce sujet par des voyageurs, les Japonais ont répondu qu'ils obtenaient la réduction des cadavres au format réglementaire du baril en introduisant dans le nez, dans les oreilles et dans la bouche du mort une certaine dose d'une liqueur préparée avec le suc du dosia. Cette liqueur aurait, entre autres qualités, celle de donner aux membres des cadavres une souplesse extrême qui permettrait, sans aucune fraction, de les caser dans leur baril. Un Américain parle d'une expérience de ce genre qui fut faite en sa présence. Il faisait extrêmement froid; un jeune homme hollandais mourut à la factorerie de Desima. Le lendemain matin, plusieurs Japonais, quelques officiers de la factorerie et le témoin qui rapporte ce fait examinèrent le corps : il était aussi dur que du bois. L'un des interprètes tira d'un portefeuille une poudre grossière ressemblant à du sable : c'était du dosia, préparé en poudre cette fois au lieu d'avoir été mis en liqueur. Le médecin japonais prit une pincée de cette espèce de sable qu'il introduisit dans les oreilles, une autre pincée fut mise dans les narines et une autre dans la bouche. « Soit par l'effet de la drogue, dit l'Américain, soit par quelque habile supercherie que je n'ai pu deviner, le corps reprit toute sa souplesse en moins de quinze minutes. »

Quelques personnes ont cru pouvoir affirmer que le dosia administré d'une certaine manière était un poison violent; dans tous les cas, si cette plante est susceptible par la préparation de devenir malfaisante, prise à l'état d'infusion, elle a des qualités qui la font rechercher de toutes les classes de la société. Elle avive l'esprit, disent les Japonais, et rafraîchit le corps. De plus, elle est d'un goût agréable.

Dans l'esprit d'un certain nombre de personnes au Japon, l'usage constant de cette plante prolongerait la vie. Les empiriques exploitent cette croyance et appellent la décoction de dosia la boisson merveilleuse.

Les botanistes européens qui ont parcouru le Japon s'accordent à reconnaître l'immense richesse de ce pays en fait de plantes médicinales. Il n'est pas douteux que la médecine ne tire un jour de cette contrée quelques remèdes nouveaux dont nous avons le plus grand besoin, et qu'il sera bon d'ajouter au trop petit nombre des spécifiques dont nous jouissons. Dans l'état présent des choses, le plus beau de nos médecins ne peut nous donner que ce qu'il a, et franchement ce n'est pas toujours assez.

Au Japon, les médecins se font raser la tête. Avec des cheveux, ils inspireraient moins de confiance. Ne rions pas; nos docteurs, en renonçant à la cravate blanche, perdraient tout leur prestige à nos yeux. Vous confieriez-vous aux soins d'un médecin, fût-il le plus savant du monde, s'il portait un macfarlane, des moustaches en crochet, des cols à la Colin, ornés d'un ruban rose, une cravache et des gants en peau de chien? Je ne le crois pas.

II.

LE PAPIER AU JAPON.

Il y a dans ce pays étrange du Japon un papier particulier pour tous les usages.

Voici la liste exacte des différentes espèces de papier que l'on a pu voir exposées à Londres par M. Rutherford Alcoock, envoyé extraordinaire et ministre plénipotentiaire de S. M. Britannique au Japon :

Papier à lettre pour les classes supérieures de la société.

Papier à lettre spécial pour les dames de haute lignée.

Papier à l'usage des enfants nobles qui apprennent à écrire l'alphabet.

Papier dito pour les enfants roturiers.

Papier en usage pour envelopper les objets donnés en cadeau.

Papier spécial sur lequel les habitants du Japon se délivrent entre eux des certificats de bonne vie et mœurs quand ils désirent déménager, voyager, etc.

Papier-mouchoir de poche pour les hommes.

Papier-mouchoir de poche pour les femmes.

Papier imperméable pour vêtements de dessus.

Papier destiné à renfermer les herbes marines dont on accompagne tout cadeau.

Papier à l'usage des poëtes (funeste papier!).

Papier sur lequel des sentences morales et religieuses sont écrites et dont on borde les portes de certaines maisons.

Papier sur lequel les maîtres d'écriture écrivent des modèles pour leurs élèves.

Papier pour envelopper les joujoux.

Papier spécial pour écrire les ordonnances de médecins.

Papier pour la fabrication des lanternes spécialement destinées à éclairer les personnes du grand monde.

Papier exclusivement employé pour fabriquer les lanternes qui doivent figurer à la fête des lanternes, laquelle a lieu dans le mois de juillet.

Papier imitant le cuir et dont on fait des blagues à tabac.

Oscar COMETTANT.

Siècle, 20 juillet 1862.

NOUVELLES.

Nouveau métal. — MM. Reich et Richter annoncent, dans le *Journal für praktische Chemie*, qu'ils ont découvert un nouveau corps simple dans deux minerais de Freiberg, composés principalement de pyrites arsenicales, de blende, de galène, avec de la silice, du manganèse, du cuivre et une faible proportion d'étain et de cadmium. Les minerais ont été d'abord grillés pour chasser l'arsenic et le soufre, puis additionnés d'acide chlorhydrique et distillés à siccité. Le chlorure de zinc impur qui s'était déposé donna naissance à une raie inconnue de couleur *indigo* dans le spectroscope. Le nouvel élément a été isolé à l'état métallique et sous forme de chlorure et d'hydrate; il a reçu le nom d'*indium*. Sa raie caractéristique est au delà de Sr δ, une raie beaucoup plus faible est voisine de Ca γ. L'indium est précipité d'une solution acide de son chlorure par l'ammoniaque, mais non par le sulfure d'hydrogène. Le chlorure est très-déliquescent. L'oxyde chauffé avec de la soude sur un feu de charbon donne des perles métalliques d'un gris de plomb, très-tendres et ductiles. Au chalumeau elles se changent en une scorie jaunâtre.

Mort de M. E. Mitscherlich. — Né à Neuende, près de Jever, dans l'Ost-Frise, le 7 janvier 1794, le chimiste éminent, qui vient de mourir, le 28 août dernier, à la suite d'une maladie du cœur, était professeur à l'Université de Berlin, et l'un des huit associés de l'Institut de France.

Ses travaux en chimie minérale sont nombreux. En chimie organique, on peut citer en première ligne sa découverte de la benzine, une étude détaillée de ses composés, et des produits de décomposition de l'acide benzoïque.

Mais c'est surtout par ses grandes découvertes de l'isomorphisme et du dimorphisme que Mitscherlich vivra dans la postérité. C'est par un mémoire, publié en 1856, sur la recherche du phosphore dans les cas d'empoisonnement, que Mitscherlich a terminé sa carrière scientifique. Savant de premier ordre, écrivain plein de clarté, professeur émérite, travailleur infatigable, Mitscherlich prendra place à côté de Berzélius, dont il fut l'émule après en avoir été l'élève.

Maladie du Courrier de l'Industrie. — Ce journal vient de subir un changement de format et une diminution de texte que nous regrettons. On sait que ce journal paraissait en feuille double in-folio, et que, dans l'origine, il n'avait aucune annonce. Nous avions cru à son succès, connaissant le talent et l'ardeur du fondateur. Quelques temps après, le journal se faisait timbrer et s'adonnait aux annonces et même aux réclames sous la ligne; c'était déjà fâcheux, mais enfin l'industrie a besoin de publicité, et cela pouvait encore se comprendre; mais aujourd'hui sa transformation ne laisse plus aucun doute sur son avenir. *Le Courrier de l'Industrie* se meurt, nous pourrions même dire *le Courrier* est mort! En effet, il a perdu son titre primitif et s'appelle aujourd'hui *le Courrier des Sciences et de l'Industrie;* il n'est plus in-folio, mais in-8°, il ne contient plus par numéro 108,640 lettres, mais seulement 44,352, et cependant au vaste champ de l'industrie il ajoute celui des sciences, plus vaste encore. Evidemment *le Courrier de l'Industrie,* tel que l'avait fondé son hardi créateur, peut être considéré comme fini et perdu pour l'industrie qui le regrettera.

BIBLIOGRAPHIE SCIENTIFIQUE

(Extrait du *Journal de la Librairie.*)

N° 23. — 6 juin.

Annales de l'Observatoire impérial de Paris. Tome VII. 1847. In-4, VI-294 pages. Prix : 40 fr. chez Mallet-Bachelier, à Paris.

BAROUX. — *Application de la photographie à la gravure sur bois;* par E. Baroux, graveur. In-16, 15 pages. A Paris, 33, rue Jacob, chez l'auteur.

BERTRAND (Alex.). — *Lettres sur les révolutions du globe.* 6ᵉ édition, revue par J. Bertrand, de l'Institut. In-18 jésus, 519 pages. Prix : 3 fr. 50. Chez Hetzel, à Paris.

BOURGUIGNAT. — *Malacologie de l'Algérie.* 1ᵉʳ fascicule. Grand in-4, 96 pages et 8 planches. Paris, chez Bouchard-Huzard. Prix de chaque livraison : 20 fr. Il y aura 6 livraisons.

CLAUDEL. — *Introduction à la science de l'ingénieur. Aide-mémoire des ingénieurs,* etc. 3ᵉ édition. In-8, 919 pages. Libr. Dunod, à Paris.

Description des machines et procédés pour lesquels des brevets ont été pris. Tome XLIV. In-4, à 2 colonnes, 364 pages et 61 planches. A Paris, chez veuve Huzard. ·

DESPRÉE (Dʳ). — *De la hernie crurale.* Thèse pour le concours d'agrégation de la Faculté de Paris. in-8, 140 pages. Libr. Ad. Delahaye, à Paris.

DIDAY (Dʳ). — *Histoire naturelle de la syphilis.* In-8, 280 pages. Prix : 4 fr. 50. Chez Asselin.

DORIGNY. — *Causeries sur les dents naturelles et artificielles.* In-12, 71 pages. Chez Dentu.

DU SABLE. — *La télégraphie météorologique en Angleterre.* In-8, 38 pages. Libr. Corréard.

Etudes sur l'Exposition universelle de Londres en 1862. In-8, 912 pages. Libr. Lacroix. Prix : 16 fr., à Paris.

JOULIN (Dʳ). — *Des cas de dystocie appartenant au fœtus.* In-8, 131 pages. Libr. Savy, à Paris.

PERREY. — *Propositions sur les tremblements de terre et les volcans.* In-8, 36 pages. Prix : 1 fr. 50. Libr. Mallet-Bachelier, à Paris.

REGNEAULT. — *Essai sur la constitution des corps célestes.* In-8, 393 pages. A Nancy.

SALMON (D^r). — *Rétroversion de l'utérus pendant la grossesse.* Thèse pour l'agrégation de la Faculté de Paris. In-4, 119 pages. A Paris.

TILLAUX (D^r). — *De l'urétrotomie.* Thèse pour l'agrégation de la Faculté de Paris. In-4, 158 pages. Libr. Asselin, à Paris.

N° 24. — 13 juin.

BOURSON (DE). — *Découverte de trois métaux nouveaux au moyen de l'analyse spectrale.* In-8, 24 pages. Libr. Corréard, à Paris.

CHAIRON (D^r). — *Relation d'une épidemie de rougeole et suette miliaire observée à Rueil* (Seine-et-Oise). In-8, 47 pages. Libr. J.-B. Baillière, à Paris.

ESPIARD DE COLONGE. — *L'art de convertir le fer de fonte ou le fer cru en acier.* In-8, 91 pages et 1 planche. Libr. Corréard, à Paris.

GUILLON. — *Essai d'un traité d'agriculture provençale.* 2 vol. in-16. 399 pages. A Draguignan.

HEYFELDER (D^r). — *Traité des résections.* In-8, 310 pages et planches. Libr. J.-B. Baillière.

HIRN. — *Théorie mécanique de la chaleur.* In-8, 61 pages. (Extr. du *Cosmos.*) A Paris.

LABBÉ. — *De la coxalgie.* Thèse pour l'agrégation de la Faculté de Paris. In-8, 140 pages et 3 planches. Libr. Ad. Delahaye, à Paris.

LEBEUF. — *Les asperges et les fraises ;* ou description des meilleures méthodes de culture pour les obtenir en abondance et presque sans frais. In-12, 71 pages. A Paris, chez Chamerot et Roret, libraires.

LEBEUF. — *Culture et traitement de la vigne,* etc. In-18, 228 pages et fig. Prix : 2 fr. 50. Chez Roret, libraire à Paris.

MULSANT. — *Histoire naturelle des coléoptères de France.* In-8, 448 pages et 4 planches. Libr. Magnin, Blanchard et Comp. à Paris.

PETIT. — *Annales de l'Observatoire de Toulouse.* Tome Ier. In-4, 500 pages. A Toulouse.

PIERRE (Isidore). — *Recherches théoriques et pratiques sur divers sujets d'agronomie et de chimie appliquée à l'agriculture.* In-8, 310 pages et fig. A Caen.

ROBLET. — *La vérité dans les sciences physiques.* In-8, 58 pages. Prix : 2 fr. 25. A Épinal.

THIERRY. — *Découvertes et inventions, sciences, arts, industrie.* Paris, libr. Philippart. In-16, 64 pages.

VIGNOTTI. — *De l'analyse des produits de la combustion de la poudre,* considérée comme moyen de comparer entre elles les propriétés des diverses poudres. In-8, 122 pages avec planche. Libr. Corréard, à Paris.

YSABEAU. — *Traité d'hygiène.* In-16, 64 pages. Libr. Philippart, à Paris.

Table des matières de la 162e Livraison. — 15 septembre 1863.

25712 Paris, Imp. RENOU et MAULDE.

REVUE DE PHYSIQUE ET D'ASTRONOMIE.
Par M. R. Radau.

Héliostat de M. O. de Littrow. — Le soleil semble décrire, dans le cours d'une journée, un cercle autour de l'axe du monde. L'observateur qui regarderait le ciel dans une glace fixe, verrait donc l'image du soleil tourner autour de l'image du pôle céleste. Mais il suffira, pour obtenir la fixité de l'image solaire, de faire tourner la glace elle-même de manière à imprimer à cette image un mouvement contraire à celui qu'elle éprouve par suite de la rotation diurne du ciel ; et comme ce mouvement est dirigé d'occident en orient, ou opposé à la marche apparente du soleil, la glace devra tourner autour d'un axe parallèle à l'axe du monde, dans le même sens que le soleil, afin de ramener constamment l'image de cet astre dans la direction qu'elle tend à quitter par suite du déplacement de l'astre lui-même.

Un instrument basé sur ce principe sera l'héliostat dans sa forme la plus simple.

En général, le problème admet deux solutions ; l'une a été donnée par Fahrenheit, l'autre vient d'être réalisée par M. de Littrow fils (1).

L'héliostat de Fahrenheit maintient l'image solaire dans la direction de l'un des deux pôles célestes. Un cadran parallèle à l'équateur et faisant un tour en 24 heures porte un axe dirigé vers le pôle, qui soutient un miroir fixe, incliné de manière que sa normale fasse avec l'axe du monde un angle égal à la moitié de la distance polaire du soleil. Ce miroir suit le soleil dans son mouvement et réfléchit l'image de cet astre dans la direction du pôle, qui est aussi celle de l'axe du miroir.

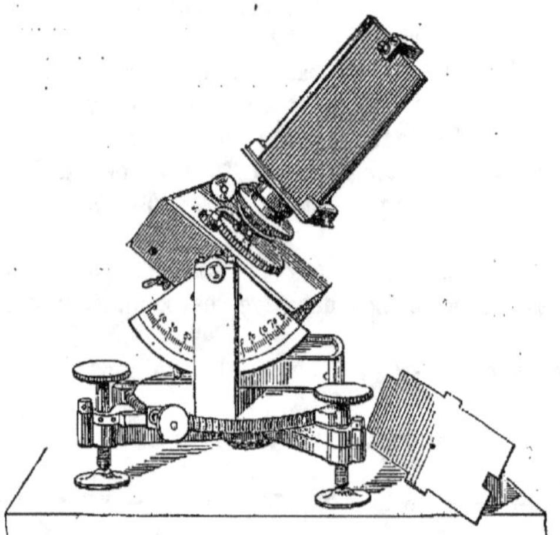

Dans l'héliostat de M. de Littrow, le miroir est aussi fixé sur un axe de rotation dirigé vers le pôle, mais il est lui-même *parallèle* à cet axe, et son mouvement n'est que la moitié de celui du ciel, c'est-à-dire qu'il fait un tour en 48 heures.

Cet instrument donne à l'image réfléchie d'un astre quelconque une direction fixe, mais que l'on ne peut pas choisir arbitrairement ; c'est l'une quelconque des directions où nous

(1) Projetons sur une sphère le pôle céleste, le soleil, leurs images réfléchies par le miroir, et la normale à ce miroir. Soit p la distance polaire du soleil, P celle de la normale, p' celle de l'image solaire ; 2 P sera celle de l'image du pôle. Désignons encore par t, t', T les angles horaires du soleil, de son image réfléchie et de la normale au miroir. Le problème consiste à déterminer P et T de manière que p' et t' deviennent des quantités constantes, c'est-à-dire indépendantes de t. Le triangle sphérique : *Pôle*, — *Image solaire*, — *Image*

verrions, dans le cours d'une journée, un astre ayant une déclinaison égale et contraire à celle de l'astre considéré.

Supposons, pour un moment, que la sphère céleste soit immobile et que le miroir tourne autour de l'axe polaire, qui est compris dans son plan. Il fera décrire aux images des astres des cercles autour du pôle, avec une vitesse double de sa propre vitesse de rotation ; par conséquent, en lui donnant une vitesse de rotation telle qu'il fasse un demi-tour en 24 heures, il fera faire aux images réfléchies un tour entier en 24 heures, dans le sens du mouvement diurne du ciel. D'un autre côté, si on suppose le miroir immobile, les images des astres qui sont entraînés par le mouvement apparent du ciel, iront se déplaçant en sens inverse par suite du changement de l'angle d'incidence et de réflexion, avec la même vitesse d'un tour en 24 heures. De ces deux mouvements opposés, résulte l'immobilité des images. Un miroir tournant autour d'un axe polaire compris dans son plan, avec la vitesse d'un tour en 48 heures, nous montrera donc la sphère céleste immobile. Les rayons réfléchis sembleront venir d'astres ayant les mêmes distances polaires que les astres réels, mais placés dans des plans horaires dont l'ordre de succession est renversé. Le plan horaire dans lequel on désire fixer l'image d'un astre quelconque pourra être choisi arbitrairement ; en faisant tourner le miroir à la main, on fait décrire au rayon réfléchi un cône autour de l'axe polaire, et on peut l'arrêter dans l'une des directions qu'il prend successivement par suite de ce mouvement ; on n'a pour cela qu'à monter l'horloge qui entraîne le miroir.

De cette manière, on pourra donc, au moyen de l'héliostat de M. de Littrow, fixer l'image

du pôle, a pour côtés p', p et $2\,P$, car la distance des images du soleil et du pôle est égale à p. L'angle compris entre p et $2\,P$ est égal à $T - t$; celui entre p' et $2\,P$, à $t' - T$; par conséquent :

$$\cos p' = \cos p \cos 2\,P + \sin p \sin 2\,P \cos (T - t)\dots\dots\dots\dots\dots\dots\dots (1).$$
$$\sin p' \cos (t' - T) = \cos p \sin 2\,P - \sin p \cos 2\,P \cos (T - t)\dots\dots\dots\dots\dots (2).$$
$$\sin p' \sin (t' - T) = \sin p \sin (T - t)\dots\dots\dots\dots\dots\dots\dots\dots\dots\dots\dots (3).$$

Un coup d'œil jeté sur l'équation (1) fait voir que p' ne saurait être indépendant de t qu'à la condition que $T - t$ soit une quantité constante, ou que $\sin 2\,P = 0$. Dans le premier cas, et en supposant que $\sin p'$ ne soit pas $= 0$, l'équation (3) montre que $t' - T$ devient également une quantité constante, et par suite aussi $T - t + t' - T$, ou $t' - t$; mais alors t' n'est plus indépendant de t. Il faut donc que $\sin p' = 0$, ce qui donne $p' = 0$ ou $= 180°$; $T - t = 0$; $T = t$; enfin $2\,P = p$ ou $= p + 180$; c'est-à-dire que le miroir sera perpendiculaire à la bissectrice de l'angle compris entre le soleil et l'un des deux pôles, et que le rayon réfléchi sera dirigé vers le même pôle. Ceci est la solution de Fahrenheit.

La solution de M. de Littrow revient à faire $\sin 2\,P = 0$. On ne peut pas supposer $P = 0$, parce que, dans ce cas, l'équation (1) donnerait $p' = p$, et (2) donnerait $t' - t = 180°$, de sorte que t' dépendrait de t. Il ne reste qu'à faire $P = 90°$, c'est-à-dire à installer le miroir parallèlement à l'axe polaire. On trouve alors

$$p' = 180° - p,$$
$$t' = 2\,T - t ;$$

et on peut déterminer T de manière que t' devienne indépendant de t, en faisant $2\,T - t = $ const. Alors, en désignant par T_0 la position du miroir tournant à midi vrai, quand $t = 0$, la constante deviendra $2\,T_0$, et on aura toujours $t' = 2\,T_0$; $T = T_0 + \dfrac{1}{2}\,t$; le mouvement du miroir ne devra donc être que la moitié de celui du soleil, il ne fera qu'un demi-tour en 24 heures. L'angle horaire du rayon réfléchi se détermine ainsi par la position initiale donnée au miroir ; si sa normale fait, à midi, l'angle T_0 avec le méridien (ou bien, à une heure t de l'après-midi, l'angle $T_0 + \dfrac{1}{2}\,t$), on est sûr que les rayons solaires seront constamment réfléchis dans le plan horaire de $2\,T_0$. L'apopôle du rayon réfléchi étant égal à $180° - p$, sa déclinaison sera $p - 90°$; égale et contraire à celle du soleil, ou identique à celle que le soleil possède six mois plus tard. Ainsi, le 22 décembre, on pourra donner au rayon réfléchi l'une quelconque des directions où le soleil se voit pendant la journée du 22 juin ; il suffira de tourner le miroir jusqu'à ce que l'image du soleil soit réfléchie dans la direction voulue, par exemple dans la direction horizontale, où il se lève ou se couche le 22 juin ; elle conservera ensuite cette direction, grâce au mouvement du miroir.

d'un astre de sorte que le rayon réfléchi semble venir d'un point quelconque du parallèle diurne de cet astre. Lorsqu'il s'agit du soleil, on peut choisir l'un des points où son parallèle rencontre l'horizon, c'est-à-dire faire arriver les rayons toute la journée du point où le soleil s'est levé ou du point où il doit se coucher; il est facile de montrer que les rayons réfléchis seront en même temps dirigés vers les points où le soleil se couche ou se lève six mois après, quand il a une déclinaison égale, mais de signe contraire. Le choix de la direction à donner aux rayons n'est donc pas *arbitraire,* mais la latitude laissée à ce choix est encore assez grande pour qu'on puisse préférer le nouvel héliostat aux instruments compliqués en usage jusqu'ici.

L'emploi d'un miroir invariablement fixé contre l'arbre que l'horloge fait tourner n'est pas la seule simplification réalisée par cet appareil. On n'a pas besoin de connaître, pour le faire fonctionner, ni la déclinaison ni l'angle horaire du soleil. L'horloge étant montée à un moment quelconque, les rayons réfléchis deviennnent immédiatement immobiles, quelle que soit la position initiale du miroir; en modifiant celle-ci, on change seulement la direction que les rayons doivent garder.

Avant de faire usage de l'héliostat, on abaisse le miroir dans une position horizontale et on s'assure, au moyen d'un niveau posé dessus, que le zéro de la division qui sert à le mettre à la latitude du lieu correspond bien à une direction horizontale de l'axe de rotation. Ensuite on le redresse et on le dirige, à l'aide de l'arc divisé, dans une inclinaison qui correspond à la latitude donnée. Il ne reste plus qu'à orienter l'héliostat, c'est-à-dire à amener l'axe de rotation dans le méridien. On y arrive au moyen de l'instrument lui-même, sans connnaître d'avance la méridienne. Voici comment. Lorsque l'héliostat n'est pas orienté, le rayon réfléchi ne reste pas immobile. On fait alors tourner le support autour d'un axe vertical, et ce mouvement fait passer l'axe du miroir par la position qu'il devrait occuper s'il était parallèle à l'axe du monde; en même temps, l'image réfléchie décrira une ligne qui passera par le point où l'image se dessinerait constamment si l'héliostat était orienté. On marque cette ligne sur le mur. Au bout d'un certain temps, on répète la même manœuvre; l'image réfléchie décrira une nouvelle ligne, différente de la première, parce que dans l'intervalle le soleil et la normale ont changé de position; mais, pourvu que l'horloge ait été réglée, cette nouvelle ligne renfermera aussi le point où l'image se serait fixée si l'héliostat avait été dans le méridien; car, cette fois comme la première, l'axe du miroir a été momentanément dirigé vers le pôle, et, dans l'intervalle, le plan du miroir a tourné d'une quantité égale à la moitié de cet intervalle, exprimé en degrés d'arc; or, cette rotation a eu pour effet de ramener l'image dans sa position première, malgré le déplacement du soleil. L'intersection des deux lignes donnera donc le point où il faut qu'on dirige l'image réfléchie, par un changement d'azimut du support de l'héliostat. Dès lors, il sera orienté.

Pour exécuter ces opérations, on couvre le miroir d'une planche percée à son centre d'un petit trou qui fournit une image circulaire du soleil, qu'on reçoit sur un écran immobile. Ensuite on fait exécuter au support, de temps à autre, une légère rotation dans le sens horizontal, et on marque sur l'écran la trace du centre ou d'un bord de l'image solaire. Finalement, on arrête le support lorsqu'on a amené l'image solaire sur l'intersection de ces traces, et on fixe l'appareil dans cette position au moyen d'un écran, ou de toute autre manière.

Par ce procédé, M. de Littrow a pu orienter son héliostat (dont nous donnons une gravure d'après photographie), dans l'espace d'un quart d'heure, avec une précision telle qu'au bout d'une heure l'image solaire ne s'était pas encore déplacée d'un neuvième de son diamètre; avec un intervalle plus long, on obtient une précision encore plus grande. A la rigueur, il faudrait encore, pour bien orienter l'appareil, connaître la marche de l'horloge; mais on peut éviter cette vérification fatigante, en procédant à l'orientation après avoir amené le miroir dans une position à peu près perpendiculaire au méridien, car alors la marche de l'horloge est sans influence sur la trace de l'image que l'on fait voyager sur le mur.

Bolides. — Nous avons reçu de M. Heis, de Munster, une intéressante brochure dans laquelle il a réuni tous les renseignements qu'il a pu se procurer sur le bolide du 4 mars dernier, qui a été vu en Hollande, en Belgique, en Allemagne, en Angleterre, et peut-être aussi en France. C'est vers sept heures du soir que ce météore parut dans le ciel, semblable à une simple étoile filante; mais peu à peu il grossit jusqu'à offrir une surface apparente comparable au quart de la lune et un éclat qui faisait pâlir les astres visibles. Après avoir illuminé l'horizon d'une vive lueur, à laquelle les différents observateurs attribuent toutes les couleurs du prisme depuis le rouge jusqu'au violet, le bolide disparut avec détonation. En plusieurs endroits, on a vu des étincelles, une traînée, etc. La durée du phénomène a été de 3 à 6 secondes. La direction de sa marche a été de droite à gauche, du nord vers l'ouest, pour les spectateurs allemands et hollandais; de gauche à droite, du nord vers l'est, pour la plupart des spectateurs belges et anglais. M. Van Hout, curé d'Eerzel en Brabant, a vu le météore monter du nord vers le zénith; à Utrecht, on lui vit dépasser le zénith. A Looz, en Belgique, le globe lumineux a semblé rester fixe et s'éteindre sur place, en un point du ciel nord ($\alpha = 270°$, $\delta = 61°$) qui a été l'origine de toutes les trajectoires apparentes observées des différentes stations. La discussion complète d'un grand nombre d'observations a permis de fixer la nature de la trajectoire vraie qui a donné lieu à ces apparences, par un effet de perspective facile à comprendre. M. Heis trouve que le météore s'est dirigé du nord au sud; qu'il s'est enflammé à 134 kilomètres au-dessus d'un point situé dans la mer d'Allemagne par 53° 50′ de latitude et 2° 40′ de longitude à l'est de Paris; que l'explosion a eu lieu à 26 kilomètres au-dessus d'un point situé par 51° 28′ de latitude et 2° 58′ de longitude; que l'orbite était, par conséquent, inclinée de 22° sur l'horizon, et que la longueur parcourue par le bolide enflammé est de 285 kilomètres, ce qui donne une vitesse de 63 kilomètres, en prenant 4 secondes et demie pour la durée moyenne de l'apparition. MM. Greg et Alexandre Herschel ont trouvé par la discussion des observations anglaises les chiffres suivants : origine par 53° 42′ de latitude et 1° 17′ à l'*ouest* de Paris, à 129 kilomètres de hauteur; fin par 50° 54′ de latitude, 2° 58′ de longitude est, 32 kilomètres de hauteur; longueur de la route 320 kilomètres, inclinaison 23° 30′. L'accord de ces deux résultats est très-satisfaisant. En adoptant l'évaluation des observateurs de Bruxelles, qui donnent au bolide un diamètre d'un quart de degré (moitié du diamètre lunaire), on trouve son diamètre véritable égal à 420 mètres. Ce n'est probablement qu'un effet d'irradiation qui a tant grossi le météore. M. Heis pense que le globe embrasé a été de nature gazeuse, n'offrant qu'un petit noyau solide. Comme il était à présumer que les fragments produits par l'explosion étaient tombés dans les environs de la petite ville d'Eerzel, au sud d'Oirschot, M. Heis s'est rendu, le 25 mai, dans le nord du Brabant, et il a parcouru à pied, pendant trois jours, les landes qui s'étendent entre Eerzel et Herzogenbosch, mais sans résultat. Cependant, beaucoup de personnes lui ont promis de continuer les recherches. Il est à remarquer qu'on a vu tomber un aérolithe non loin d'Herzogenbosch le 12 juin 1840, un autre le 2 juin 1843, et un troisième le 7 juin 1855. Ces trois aérolithes ont été recueillis : le premier à l'est, le deuxième au nord, le troisième à l'ouest de cette ville, et toujours à quelques lieues de distance. Le météore du 4 mars 1863 serait tombé, d'après M. Heis. au sud du même endroit.

Quant à l'orbite que ce météore a parcourue dans l'espace, M. Heis l'a calculée de la manière qui suit. La vitesse apparente de translation a été de 63 kilomètres; celle de la terre, dans son orbite, est de 30 kilomètres par seconde, et sa vitesse de rotation d'environ 280 mètres sous les latitudes considérées; on en déduit que la vitesse réelle du bolide a été de 67,860 mètres, et que sa direction faisait un angle de 88° 21′ avec le rayon vecteur mené au soleil. Le point d'origine, vu du soleil, se trouve par 337° 47′ d'ascension droite et 81° 39′ de déclinaison. Il s'ensuit que l'orbite réelle a été une *hyperbole*, dont voici les éléments approximatifs :

Périhélie, 1863, 5 mars. 0 h. 42 m. T. m. Paris.

Longitude du périhélie .... 164° 52′
Longitude du nœud descendant 163 13
Inclinaison............................   67 38
Angle des asymptotes.................. 163 33
Excentricité 8.784
Demi grand-axe...... .... 0.1274
         Mouvement direct.

L'asymptote de la branche parcourue par le bolide a son origine par 349° 5′ d'ascension droite et 75° 30′ de déclinaison, c'est-à-dire dans le voisinage de l'étoile gamma de Céphée. Si la terre n'avait pas dérangé le bolide dans sa course, il aurait atteint son périhélie le 5 mars, à une distance du soleil égale à 0.99171.

Nous rapprocherons ces résultats de quelques autres obtenus antérieurement. M. Petit a trouvé pour un bolide du 29 octobre 1857 une hyperbole dont l'excentricité serait 1.7983. Le même astronome attribue au bolide du 13 septembre 1858 une vitesse apparente de 29 et une hauteur de 222 kilomètres au-dessus du sol. M. Heis lui-même a trouvé, en discutant les observations relatives au brillant bolide du 3 décembre 1861, qu'il est entré dans notre atmosphère à 200 kilomètres au-dessus du sol, qu'il a parcouru, dans l'espace de 4 secondes, une route de 140 kilomètres, inclinée de 56 degrés environ, par rapport à l'horizon, et qu'il s'est éteint à une hauteur de 90 kilomètres. Ce bolide, au moment de sa disparition, envoya une pluie d'étincelles dans tous les sens, et peu après, on entendit une détonation comparable à un coup de tonnerre éloigné.

Le professeur Newton, de Yale-Collége, a calculé deux météores observés en Amérique, les 2 et 6 août 1860, et il est arrivé aux résultats suivants :

	Bolide du 2 août.	Bolide du 6 août.
Temps d'apparition....	10 h. du s. Cincinnati.	7 h. 38 m. New-York.
Direction.............	N. 35° 0.	N. 30° 0.
Hauteur initiale.............	130 kilom.	63 kilom.
Hauteur finale	45	56
Chemin parcouru	385	400
Vitesse apparente	50	26
Vitesse réelle	40	50

La route du second bolide était dirigée vers le point $\alpha = 67° 45′$, $\delta = 33° 25′$. (*Silliman's journal*, mai 1861.)

Dans une lecture que M. Alexandre Herschel a faite le 24 avril dernier à l'Institution royale de la Grande-Bretagne, sur les météores lumineux, nous rencontrons le tableau suivant de onze globes filants qui ont été calculés.

Date.	Route apparente.	HAUTEUR initiale.	HAUTEUR finale.	Diamètre apparent.
16 juillet 1861......	Ostende à Newcastle, 136 kilom. est	277 kil.	72 kil.	6ᵐ.7
Même jour.........	North-Foreland à Plymouth, 104 kil. sud.	314	105	8 5
12 novembre 1861..	Peterborough à l'île Lundy et au delà...	153	97	12 2
19 novembre 1861..	Paris à Norwich	88	48	11 0
8 décembre 1861..	Hull à Castleton, île Man, 32 kil. est	177	72	15 0
2 février 1862.....	Lyme Regis à Cheadle, Staffordshire.....	315	24	7 3
23 février 1862.....	Stockport à Aberystwith	64	32	4 .3
19 septembre 1862..	Canterbury à Oxford	134	53	11 0
27 novembre 1862..	Bouches de l'Escaut à l'embouchure de la Seine.....................	48	45	11 0
4 mars 1863.......	Yarmouth, 96 kil. nord, à Liége.........	153	24	10 0
23 mars 1863.......	Chale, île Wight, 24 kil. sud, à l'île Purbeck, 112 kil. sud	88	24	4 8

On a obtenu les diamètres apparents, en supposant qu'un globe de gaz d'éclairage enflammé, d'un yard de diamètre, présente, à la distance d'un mille anglais, le pouvoir éclairant de la pleine lune. En mesures métriques, ce serait un globe de 1 mètre à 1,760 mètres de distance, ou de 4 mètres à 7 kilomètres environ. Les diamètres donnés dans la dernière colonne représentent alors les dimensions de globes semblables qui, à la distance des météores, auraient offert l'apparence observée. Les hauteurs du bolide du 4 mars 1863 diffèrent un peu de celles que nous avons données plus haut, d'après M. Heis, qui les avait reçues de M. Greg le 20 avril. Nous avons toujours supposé le mille anglais égal à 1,609 mètres; les chiffres originaux des hauteurs sont, d'après M. Greg, 80 et 20 milles, d'après M. Herschel, 95 et 15 milles. Ces variantes ont, du reste, peu d'importance. Ajoutons que les 10 et 11 août un certain nombre de bolides ont été vus simultanément par plusieurs observateurs anglais, et qu'on a pu les identifier et calculer leurs trajectoires apparentes.

MM. Brayley et Haidinger attribuent à l'enveloppe gazeuse d'un bolide la figure de moindre résistance, qui est une surface piriforme, arrondie sur le devant et étranglée en arrière.

Les phénomènes de lumière et de chaleur que les bolides nous offrent en traversant notre atmosphère font l'objet d'un travail de M. Reinhold de Reichenbach, fils du célèbre chimiste du même nom. Ce travail a paru dans le sixième cahier des *Annales de Poggendorff* pour 1863. Nous allons essayer de le résumer.

La résistance qu'une météorite rencontre en pénétrant dans l'atmosphère terrestre avec une vitesse planétaire, paraît suffisante pour anéantir cette vitesse dans l'espace de quelques secondes. On peut se faire une idée de cette résistance en réfléchissant qu'un boulet de canon, d'un pied de diamètre, animé d'une vitesse de 100 kilomètres par seconde, qui rencontrerait une couche d'air de densité ordinaire, n'aurait plus, au bout de dix secondes, qu'une vitesse de 370 mètres, ou qu'il perdrait les 996 millièmes de sa vitesse primitive. D'un autre côté, l'expérience du briquet pneumatique met en évidence l'élévation de température considérable qui accompagne toute compression subite d'un gaz.

La quantité de travail fournie par le bolide quand sa vitesse initiale V est devenue v par suite de la résistance de l'air, est égale à la différence des forces vives, et en divisant cette différence par l'équivalent mécanique de la chaleur (424 kilogrammètres), on l'exprime en calories. En désignant par M le poids de l'aérolithe, et par g l'accélération de la pesanteur, qui est $9^m.809$, sa masse devient $\dfrac{M}{g}$, et le travail, en calories,

$$\frac{M}{2\,g.424}\,(V^2 - v^2).$$

Supposons, par exemple, que la météorite ait perdu 1 centième de sa vitesse primitive; alors la formule montre que la chaleur engendrée sera les 2 centièmes de la chaleur qui se produirait si la vitesse V était entièrement détruite ($v = 0$).

La chaleur née de la compression de l'air sera employée principalement à élever la température du bolide et celle de l'air ambiant. Soient c et c_0 les capacités du météorolithe et de l'air, T la température produite, et A le poids de la colonne d'air comprimée et échauffée, alors l'expression ci-dessus sera équivalente à

$$(c\,M + c_0\,A)\,T.$$

On pourra encore éliminer A au moyen de la relation connue d'après laquelle la résistance est proportionnelle au carré de la vitesse du mobile, à la densité de l'air et à la section de la colonne déplacée, mais en raison inverse de la masse du mobile; en effet, cette relation conduit à l'équation

$$A = 2\,\frac{M}{\varphi}.\ \log.\ nat.\ \frac{V}{v},$$

où φ est un coefficient destiné à réduire la résistance à une surface courbe donnée. De cette manière, on obtient

$$T = \frac{V^2 - v^2}{2\,g.424\left(c + \dfrac{2}{\varphi}\,c_0\,\lg\dfrac{V}{v}\right)}.$$

Pour la capacité c_0 de l'air il faudra ici prendre la *capacité à volume constant*, ou 0.1686, parce que l'air n'a pas le temps de se dilater. En supposant que la météorite offre une forme sphérique, on aura $\varphi = \dfrac{2}{3}$; pour sa capacité calorifique on pourra prendre $c = 0.2$. En faisant alors $v = V(1 - \alpha)$, la formule devient pour de petites valeurs de α :

$$T = \frac{\alpha.V^2}{416\,(2 + 5\alpha)}.$$

Si on suppose, par exemple, que la vitesse initiale soit de 80 kilomètres, vitesse que l'on peut regarder comme le maximum, et qu'elle ait été diminuée d'un centième, on aura $\alpha = 0.01$, et $T = 75000$ degrés environ.

Cette température représente une limite *supérieure* qui n'est pas atteinte en réalité, car il est clair qu'une partie notable de la chaleur engendrée doit se perdre aussitôt par rayonnement. La discussion de la formule de T montre, du reste, que le maximum d'effet aura lieu quand la vitesse aura diminué de moitié environ.

Pour arriver maintenant à une limite *inférieure* de la température développée dans les météorites, M. de Reichenbach suppose que la chaleur née de la compression de l'air, au lieu de s'accumuler dans le bolide, se disperse aussitôt par rayonnement dans l'espace, et que les choses se passent comme si le mobile était simplement traversé par un courant de chaleur. Dans ce cas, la température produite t pourra se calculer à l'aide de cette formule, due à Poisson :

$$273 + t = (273 + t_0)\left(\frac{p}{p_0}\right)^{\frac{\mu - 1}{\mu}},$$

dans laquelle t_0 est la température initiale du gaz dont la pression passe brusquement de p_0 à p, et μ le rapport des capacités à pression constante et à volume constant. La pression de l'air d'un poids spécifique λ_0 est, dans l'état de repos, égale à $\dfrac{\lambda_0}{\varepsilon\lambda}$ atmosphères, en désignant par λ le poids de l'air à la surface de la terre, et par ε la réduction à la température de zéro, ou le coefficient $(1 - 0.00366\,t_0)$. La pression p, née du choc d'un bolide, est, sur l'unité de surface,

$$\lambda_0 . \frac{v^2}{2g},$$

par conséquent

$$\frac{p}{p_0} = \frac{\varepsilon\lambda v^2}{2\,g\,a},$$

en désignant par $a = 10333$ kilogrammes la pression d'une atmosphère. En même temps, nous avons $\lambda = 1.2932$ et $\dfrac{\mu - 1}{\mu} = 0.291$.

On trouve ainsi

$$t = (273 + t_0)\left(\frac{\varepsilon.v^2}{156710}\right)^{0.291} - 273.$$

Il est à remarquer que cette expression est indépendante de la densité actuelle de l'air λ_0 ; elle ne dépend au fond que de la vitesse v. Ce résultat, qui peut sembler bizarre au premier abord, se comprend lorsqu'on réfléchit que t se détermine par le *rapport* des pressions initiale et finale, ou par la condensation *relative* de l'air, et non point par sa compression absolue.

Il s'ensuit que même aux limites de l'atmosphère, dans un air extrêmement raréfié, l'apparition de météores très-brillants n'a rien qui doive nous surprendre ; et que les étoiles filantes qui traversent les plus hautes régions de l'océan aérien, s'expliquent parfaitement lorsqu'on suppose qu'elles sont des corps célestes enflammés.

En prenant $v = 80$ kilomètres et $t_o = -23$ degrés, on trouve $t = 5178$ degrés. Cette température, qui reste probablement au-dessous de la réalité, serait plus que suffisante pour produire une chaleur blanche, et même pour vaporiser le fer. Il va sans dire que ce résultat suppose que la loi de Poisson ne cesse pas d'être exacte quand il s'agit de grandes différences de pression.

La dispersion de la matière incandescente et l'irradiation causée par l'éclat excessif doivent, du reste, toujours faire paraître plus grand le bolide qu'il ne l'est en réalité.

La résistance de l'air suffit également pour rendre compte des phénomènes de rupture et d'explosion que l'on observe dans les météorites. La pression momentanée que supporte un bolide de forme sphérique et de section égale à f, dans un air du poids spécifique λ_o, est

$$\frac{2}{3}\,\lambda_o\,.f.\,\frac{v^2}{2g} = \frac{\lambda_o f v^2}{3\,g}\ (1).$$

La densité de l'air se réduit au millième à une hauteur de 55 kilomètres ; en supposant qu'un bolide se meuve dans cette couche avec une vitesse relative de 80 kilomètres, on trouve que la pression est de 28 kilogrammes par centimètre carré de f, ou de 27 atmosphères. Cette pression pourrait être supportée aisément. Mais à une hauteur de 18 kilomètres, où la densité de l'air n'est que dix fois moindre qu'à la surface, une vitesse de 40 kilomètres produirait déjà une pression de 675 atmosphères, que le fer supporte encore, mais qui ferait éclater une pierre.

Il s'ensuit qu'un aérolithe doit généralement faire explosion lorsqu'il descend à une hauteur de 10 à 15 kilomètres, tandis qu'une masse de fer (2) pourrait arriver entière, ce qui est d'accord avec les faits observés.

Voilà les résultats auxquels arrive M. de Reichenbach. Il est juste de dire ici que déjà sir John Herschel avait attiré l'attention des astronomes sur l'explication naturelle de ces apparences. « La chaleur que les météorites possèdent, dit-il (3), lorsqu'elles viennent à terre, les phénomènes ignés qui les accompagnent, leur explosion lorsqu'elles pénètrent dans les couches plus denses de l'atmosphère, etc., tout cela est suffisamment expliqué, à l'aide de lois physiques, par la condensation que l'air éprouve en conséquence de leur énorme vitesse de translation, et par les relations qui existe entrent l'air très-raréfié et la chaleur. » Il renvoie, en même temps, à un article de la *Revue d'Edimbourg* de janvier 1848, dont il semble être l'auteur. Voici ce qu'on y trouve, à la page 195 :

« Lorsqu'un tel corps arrive, avec une vitesse planétaire, aux confins de notre atmosphère, où l'air est plusieurs milliers ou peut-être millions de fois.plus rare qu'à la surface du globe, il doit pousser devant lui l'air qu'il rencontre, en le comprimant contre sa propre surface à un degré *relatif* énorme, avant que la compression *absolue* soit assez considérable pour le faire échapper latéralement. Or, Poisson a montré (4) que la chaleur latente d'un poids donné d'air est d'autant plus grande que sa pression est plus basse. Par conséquent, un poids déterminé d'air contient, à de telles hauteurs, plus de chaleur latente que la même quantité d'air à la surface terrestre. Etant condensé, il doit donc abandonner plus de chaleur que n'en donnerait la même condensation *relative* de l'air de densité ordinaire, lequel, comme l'on sait, peut donner lieu à un développement de chaleur et de lumière, lorsqu'il est brusquement comprimé, même à un degré modéré.

(1) Deux erreurs d'impression dénaturent cette ormule dans le mémoire original.
(2) M. Maskelyne propose pour le *fer* météorique le nom d'*aérosidérite*. (*Silliman's journal*, juillet 1863.)
(3) *Outlines of Astronomy*, p. 660.
(4) *Annales de chimie*, 1825, XXIII, 341.

« Ainsi, une source de chaleur subite et passagère, de telle intensité qu'on voudra, existe en contact immédiat avec la surface de l'aérolithe, qu'elle fera fondre et qu'elle vaporisera en partie, pendant que l'expansion violente et soudaine des parties situées sous la couche fondue donne lieu à des phénomènes explosifs. Bref, toutes les circonstances des apparitions de bolides s'expliquent de cette manière; le frottement seul, contre l'air atmosphérique, auquel veut recourir Poisson, semble tout à fait insuffisant pour produire l'incandescence. »

Ce que l'auteur entend ici par chaleur *latente* n'est pas bien clair. Poisson, dans son Mémoire sur la *Chaleur des gaz et des vapeurs*, ne parle que de la chaleur *spécifique*.

Probablement l'expression chaleur latente a été employée ici dans le même sens que celui que lui donne M. Benjamin V. Marsh, dans un Mémoire *Sur la lumière des météores*, publié dans le numéro de juillet dernier du *Journal américain de Silliman*. Voici, en peu de mots, le raisonnement suivi par cet auteur.

Un volume d'air, à 0 degré, est doublé lorsqu'on élève sa température à 273 degrés, sous une pression constante ; triplé, lorsque la température devient 546 degrés, etc. Pour une élévation de $x - 1$ fois 273 degrés, le volume se multiplie x fois.

Mais la différence des capacités à pression constante et à volume constant prouve que les $\frac{5}{7}$ seulement de la chaleur absorbée sont utilisés pour élever la température, le reste étant employé à fournir le travail de la dilatation. Ce reste, ou une chaleur équivalente à $\frac{2}{7} . 273° = 80°$, devient *latent*, suivant l'expression de M. Marsh. Une compression qui réduirait le volume double au volume simple, dégagerait 80 degrés, c'est-à-dire une chaleur capable d'élever de 80 degrés un volume d'air de densité ordinaire. D'après ce raisonnement, la chaleur *latente* de l'air dilaté x fois, serait $(x - 1)$ 80 degrés.

Or, à une hauteur de 5,500 mètres, la densité de l'air est moitié moindre qu'à la surface; à une hauteur de 11 kilomètres, elle se réduit au quart, et en général, à n fois 5,500 mètres, l'expansion est dans le rapport de 1 à 2^n. A cette hauteur, la chaleur latente serait donc $(2^n - 1)$ 80 degrés, dans 2^n mètres cubes d'air (pesant 1.29 kilogr., comme *un* mètre cube d'air ordinaire) ou bien

$$\frac{2^n - 1}{2^n} . 80° = 80° - \frac{80°}{2^n}$$

dans le mètre cube d'air dilaté. On trouve ainsi cette chaleur latente d'un volume d'air égale à

40°	à	5.5 kilomètres de hauteur.
60	11.0	—
70	16.5	—
75	22.0	—
78	27.5	—
79	33.0	—
80	38.5	kilomètres et au delà.

A partir de 40 kilomètres environ, la chaleur *latente* ne diffère plus sensiblement de 80° C, c'est-à-dire qu'elle élèverait de 80 degrés la température de 1.29 kilogr. d'air. C'est là la quantité de chaleur dégagée en comprimant jusqu'à la densité ordinaire un mètre cube d'air dilaté. Cette chaleur, emmagasinée dans un très-petit volume d'air comprimé, doit agir sur l'aérolithe et développer à sa surface une température prodigieuse, qui, dans beaucoup de cas, le détruit entièrement avant qu'il arrive à terre.

L'auteur fait encore remarquer que la quantité de chaleur développée dans le même *poids* d'air étant $(2^n - 1)$ 80 degrés, le même volume d'air de densité ordinaire, produit par compression, contiendrait d'autant moins de calories que le météore serait descendu plus bas, et qu'à la hauteur de 16 kilomètres cette chaleur n'élèverait plus que de 1,000 degrés la température de ce volume d'air comprimé ; d'où il suit qu'à cette hauteur la masse incandescente redevient opaque, à moins de posséder une vitesse exceptionnelle.

Comme exemples propres à confirmer ses vues, l'auteur cite les météores du 15 novembre 1859 et du 20 juillet 1860. Le premier parut à une hauteur de 300 kilomètres, et son éclat égala presque celui du soleil ; il ne s'éteignit qu'à 10 ou 12 kilomètres au-dessus du sol ; sa vitesse était de 80 à 160 kilomètres (?). Le second a semblé traverser l'atmosphère sur plus de 1,600 kilomètres, et s'est dérobé finalement aux regards des spectateurs en se dirigeant vers l'Atlantique. Sa course était restée horizontale et toujours à plus de 65 kilomètres au-dessus du sol. Nous ne suivrons pas plus loin M. Marsh dans ses spéculations, qui ne laissent pas que d'être un peu vagues.

L'observation suivie et rationnelle des bolides donnera sans doute du jour à ces questions. L'Association britannique pour l'avancement des sciences, dont la réunion annuelle vient d'avoir lieu à Newcastle, a reçu le rapport de la commission chargée de tout ce qui concerne les étoiles filantes, bolides, aérolithes, etc. (1).

Ce rapport contient principalement le récit circonstancié des apparitions observées pendant les années dernières ; en même temps, on a publié des instructions pour l'observation des météores.

Il faudra indiquer, aussi exactement que possible, l'instant de l'apparition et de la disparition, ou la durée du phénomène.

L'éclat et la grandeur apparente d'un bolide s'évaluent en le comparant à la lune ou à des étoiles d'une grandeur déterminée ; il faudra toujours noter si l'éclat a augmenté ou diminué.

Il faudra donner une description de la traînée, dire si elle a été continue ou brisée, rectiligne ou courbe. Si le météore reste stationnaire pendant un moment, il est à désirer qu'il soit examiné à l'aide d'une lunette.

Sa trajectoire ou la direction de sa marche pourra se déterminer soit par les étoiles près desquelles il a passé, soit par les hauteurs des points où il a paru et où il s'est éteint. S'il a traversé le zénit ou qu'il ait suivi une direction horizontale, on indiquera les régions du ciel d'où il est venu et où il est allé, ainsi que la longueur de sa course.

S'il y a explosion, il faudra faire attention à toutes les particularités du phénomène, et écouter pendant quelques minutes si la rupture en éclats est suivie d'un bruit quelconque ; on notera, dans ce cas, l'intervalle écoulé.

Ensuite, on fera des recherches dans les environs pour voir si rien n'est tombé à terre.

S'il y a beaucoup de météores dans une nuit, on se contentera d'en indiquer la direction générale et la longueur moyenne des trajectoires, ainsi que le foyer d'où semblent rayonner les apparitions.

Il est désirable qu'on s'attache particulièrement à observer à heure fixe, par exemple, de 9 à 10 heures du soir en hiver, et de 10 à 11 heures en été. Si, par hasard, le nombre horaire des météores paraît extraordinaire, on veillera un peu plus longtemps.

Les dates les plus favorables pour observer les étoiles filantes sont : les 2 et 10 janvier ; 6 février ; 1er mars ; 19 avril ; 18 mai ; 6 et 20 juin ; 17, 20 et 29 juillet ; 3 août, et du 7 au 13 ; 10 septembre ; 1er et 23 octobre ; 9, 10, 11, 19, 28 et 30 novembre ; du 8 au 14 décembre, surtout le 11.

A toutes ces époques, il est très-important de bien connaître la direction propre des météores comparée à celle du mouvement de translation de la terre.

M. Faye a présenté dernièrement à l'Académie des sciences les résultats de la campagne

____

(1) Cette commission se compose de MM. James Glaisher, à Blackheath (London, S. E.) ; Robert P. Greg, à Outwood Lodge ; Prestwich, à Manchester ; E. W. Brailey, à l'Institution de Londres (Finsbury Circus, E. C.) ; Alexandre Herschel, à Collingwood (Kent).

entreprise par M. Heis avec vingt étudiants de l'Académie de Munster, et il a comparé ces résultats avec ceux que M. Coulvier-Gravier avait obtenus en août dernier, en réunissant quatre observateurs. Nous avons déjà donné les nombres horaires bruts qui résultent de ces observations (*Mon. sc.*, p. 676); M. Faye, les ayant réduits à minuit au moyen des coefficients de variation horaire déterminés par MM. Saigey et Coulvier-Gravier, a formé le tableau ci-après :

	8 août.	9	10	11	12	13	14
Munster	68	74	174	92	78	57	36
Paris	27	31	121	49	46	38	21

Nous ajouterons les nombres d'étoiles filantes observées à Rome, par deux personnes, de 8 h. trois quarts à 9 h. trois quarts du soir (1) :

	7 août.	8	9	10	11	12
Rome	7	10	12	31	28	19

M. Faye a construit les courbes qui représentent les nombres horaires à Paris et à Munster, et il a constaté qu'elles étaient assez semblables, ou parallèles, coïncidence qui prouve que le phénomène est essentiellement cosmique.

En calculant le moment du maximum, M. Faye a trouvé pour cet instant 10 h. 54 m., le 10 août 1863 ; la terre s'est trouvée à ce moment par 317° 44' de longitude.

Revenant de vingt années en arrière, on trouve ensuite que le maximum de 1842 correspond à 317° 55', c'est-à-dire à peu près à la même longitude dans l'orbite terrestre.

M. H.-A. Newton a entrepris, dans le *Journal de Silliman* de juillet, des constatations analogues à l'égard des pluies d'étoiles filantes de dates fort anciennes. Si ces apparitions dépendaient de circonstances météorologiques, leur période serait l'année *tropique;* or, il se trouve que cette période est l'année *sidérale,* et M. Newton en conclut l'origine cosmique du phénomène.

En effet, les dates grégoriennes étant réduites à des dates sidérales (c'est-à-dire au même équinoxe) on trouve pour des années assez éloignées les mêmes époques des maxima, c'est-à-dire le 19 ou 20 avril, le 9 ou 10 août, le 11 ou 12 novembre, le 12 décembre. Voici, par exemple, le tableau relatif au maximum d'août.

Date grégorienne.		Equinoxe de 1850.		Autorité.
26 juillet	830	Août 9.2		F. Biot (2).
27 —	833	— 10.4		—
26 —	835	— 8.9		—

(1) *Bulletino meteorologico del collegio Romano*, 31 agosto 1863, p. 126. On pourrait approximativement réduire ces observations à minuit, en les multipliant par 2. M. Faye a trouvé dans le *Précis des recherches sur les météores* de M. Coulvier-Gravier, imprimé en 1802, p. 110, pour les 9, 10 et 11 août d'une année moyenne, au tableau des nombres horaires d'étoiles filantes à Paris, tableau qui n'est que la reproduction de celui que l'auteur a publié en 1859, à la page 221 des *Recherches sur les météores*. M. Faye en a déduit les facteurs de réduction suivants :

De 9 à 10 h. du s.,	nombre 31.4,	facteur 1.87	pour 9ʰ.5
— 10 — 11 —	— 44.8	— 1.31	— 10 5
— 11 — 12 —	— 50.3	— 1.17	— 11 5
— 12 — 1 h. du m., —	— 67.2	— 0.87	— 0 5
— 1 — 2 —	— 79.2	— 0.74	— 1 5
— 2 — 3 —	— 82.1	— 0.72	— 2 5

Le nombre 58.75, peu différent de la moyenne 59.2, correspond à minuit, c'est-à-dire à l'intervalle de 11 h. et demie à minuit et demi. En le divisant par les autres nombres horaires, on obtient les multiplicateurs de M. Faye. M. Coulvier-Gravier avait, en outre, appliqué à ses observations la réduction à un ciel serein.

Il est peu probable que ces coefficients de variation horaire s'appliquent à la latitude de Rome, en admettant qu'ils soient exacts pour Paris.

(2) *Mémoires des savants étrangers*, X. Paris, 1848.

Date grégorienne.		Équinoxe de 1800.	Autorité.
25 juillet	841	Août 8.4	E. Biot.
26 à 28 juillet	924	— 8.1 à 10.1	—
27 et 28 —	925	— 8.8 à 9.8	—
27 juillet	926	— 8.6	—
25 à 30 juillet	933	— 5.8 à 10.8	—
2 août	1243	— 10.6	Herrick.
5 —	1451	— 10.0	E. Biot.

Les maxima de 1842 et 1863 correspondent à peu près à août 10.3 et août 10.1.

Il paraît donc prouvé que la récrudescence des étoiles filantes à l'époque du 10 août est due à un anneau de météores cosmiques (1).

Météorologie. — Le 14 décembre 1862, on a observé, à Dusseldorf, une aurore boréale qui fut suivie, pendant plusieurs jours, de vents violents et d'averses; le 20, entre 5 et 6 h. du matin, éclata un terrible orage accompagné de grêle, et ce n'est que vers 6 h. du soir que le vent ayant cessé entièrement, les nuages sombres disparurent pour faire place à des *cirrus* légers à travers lesquels on distinguait presque partout les étoiles. *Ces filaments de nuages émettaient en plusieurs points une lueur blanchâtre plus ou moins intense.* Vers 9 h. du soir, le voile de cirrus couvrait tout l'horizon visible et offrait une illumination générale qui allait en croissant jusqu'à minuit. Vers 3 h. du matin, les nuages se condensèrent, l'obscurité augmenta et il tomba un grain de pluie. Il est à remarquer que les nuages lumineux ont paru après la cessation du vent, comme le 26 avril de la même année, où l'on vit également après l'orage se former de petits nuages phosphorescents semblables, par leur couleur et leur densité, à ceux dont il vient d'être question ; on pourrait les caractériser comme des petits *cumulus transparents*, qui, en se plaçant devant la lune, produisent de belles couronnes de lumière. Ces observations sont dues à M. J. Schneider, qui pense qu'elles pourraient contribuer à éclaircir les rapports qui existent entre les orages et les aurores polaires.

Le 25 juin 1863, à huit heures un quart du soir, le soleil s'est couché, à Coblentz, derrière un voile de légers nuages, en colorant de ses feux l'horizon. Une pluie qui tomba en ce moment donna lieu à un arc-en-ciel embrassant une demi-circonférence, à cause de la position basse du soleil. Mais ce qui était surtout curieux à voir, c'est la couleur du phénomène, qui était le rouge le plus pur. Comme d'ailleurs la source de lumière était diffuse, le contour extérieur de l'arc-en-ciel était seul bien tranché, tandis que tout le champ intérieur était coloré en rouge qui se dégradait vers le centre. L'arc secondaire se montrait par fragments, il était rouge aussi, mais beaucoup plus faible, et séparé de l'arc principal par la bande noire que l'on sait. M. le docteur Mohr, qui a publié cette observation, avait déjà vu un arc-en-ciel formé par la lumière d'un nuage, mais il offrait des teintes irisées, parce que la lumière qui leur donnait naissance était blanche. L'arc-en-ciel monochromatique est un phénomène curieux à cause de sa rareté, comme l'arc-en-ciel lunaire sur le mont Rutli.

Le *Bulletin* de l'Observatoire impérial du 15 septembre renferme une lettre de M. Goldschmidt, dans laquelle cet observateur donne la description d'un halo accompagné de parasélènes ou fausses lunes, qu'il a vu à Fontainebleau le 28 août dernier, après une journée de pluie et par un temps humide. Le halo avait une ouverture de 45 degrés. Ces sortes de phénomènes se produisent bien plus souvent qu'on ne le croit; mais il y a peu de personnes qui y fassent attention et en donnent des descriptions claires et intelligibles.

Taches solaires. — Dans le quinzième cahier de ses *Communications sur les taches du soleil*, M. R. Wolf, de Zurich, publie les nombres relatifs qui expriment la fréquence de ce phénomène pour chaque mois de l'année dernière. La moyenne annuelle se trouve ensuite

(1) M. Faye vient de présenter à l'Académie une nouvelle note sur le même sujet, dans laquelle il arrive à des conclusions intéressantes. Il en est question à l'article ACADÉMIE.

exprimée par le nombre 59.4, et l'on s'aperçoit de la diminution qui a lieu depuis le maximum de 1860, en comparant entre eux les nombres relatifs depuis 1858 :

1858	1859	1860	1861	1862
50.9	96.4	98.6	77.4	59.4

En substituant le nombre 59.4 dans la formule qui rattache la moyenne variation annuelle de la déclinaison magnétique à la fréquence des taches solaires, M. Wolf trouve cette variation, pour 1862, égale à

9′.27 à Munich ; de 8′.38 à Prague.

Il est probable que ces valeurs coïncideront, comme toujours, avec les variations observées.

MM. Wolf et Fritz ont encore mis en évidence une correspondance parfaite entre la fréquence des taches solaires et celle des aurores boréales. En effet, ce dernier phénomène présenterait non-seulement la période de 11 $\frac{1}{9}$ ans, mais encore la grande période d'environ 56 ans, dont M. Wolf a démontré l'existence pour les taches du soleil. De cette manière, on aurait en même temps donné du jour à la question de la période séculaire des aurores polaires, qui a tant embarrassé les astronomes.

De son côté, M. Balfour Stewart, en examinant de plus près une longue série d'épreuves négatives du soleil, obtenues à l'aide du photohéliographe de Kew, a reconnu que les taches situées sous une même longitude héliographique ont toujours entre elles des analogies très-remarquables ; en outre, leurs allures communes semblent être en rapport avec les configurations de Mercure et de Vénus. Quand ces deux planètes sont sur une ligne aboutissant à une certaine distance à gauche de la terre, les taches arrivant du côté gauche diminuent toutes avant de passer le centre ; si, au contraire, Mercure et Vénus se trouvent à droite de la terre, des taches se forment dans la région droite du disque solaire et continuent de croître jusqu'à ce qu'elles arrivent au bord, par suite de la rotation du soleil.

Étoiles variables. — M. Piazzi Smyth, astronome royal d'Écosse, a attiré l'attention sur les changements de couleur très-curieux que présente l'étoile double 95 d'Hercule. (A. R. 17ʰ 55ᵐ 33ˢ, D. 21° 25′ 56″ pour 1860.) Les deux composantes, l'une et l'autre de 5ᵉ grandeur, sont en général désignées comme offrant des teintes diverses : l'une un beau vert pomme, l'autre un rouge cerise prononcé. Mais dans l'été de 1856, l'auteur, qui observait alors au pic de Ténériffe, a trouvé les deux étoiles à peu près incolores et d'une nuance identique. Cette observation a excité quelque surprise, dans le temps, mais voici que M. Piazzi Smyth la trouve confirmée par deux observateurs indépendants. Sestini a trouvé aux deux étoiles en question la même teinte pâle vers le milieu de 1844, et Struve vers le milieu de 1832 ; les intervalles entre les observations de 1832, de 1844 et de 1856 sont exactement de 12 ans, et ces 12 ans représentent peut-être un multiple d'une période encore plus courte, pendant laquelle le vert de l'une et le rouge de l'autre composante se changent en un gris pâle à peine perceptible. Jusqu'ici, le seul exemple bien caractérisé d'une couleur stellaire variable était, d'après M. Maedler, celui que nous offre Sirius ; cette étoile parfaitement blanche a été, à en croire les auteurs anciens, très-rouge il y a 1500 ans.

La variabilité des couleurs des étoiles présente les mêmes difficultés d'explication que celle de leur éclat. La théorie de Doppler, qui voulait expliquer les couleurs des astres par l'influence de leur mouvement de translation sur les vibrations lumineuses, est en contradiction avec les faits connus. Elle a été réfutée notamment par M. Petzval.

M. R. Wolf annonce que les variations d'éclat de l'étoile Eta de l'Argo peuvent se représenter par une période de 46 années, en supposant que son maximum principal est précédé et suivi d'un maximum et d'un minimum secondaire, à 11 et à 6 années de distance respectivement. L'ordre de succession serait donc celui-ci : 1838, maximum (grandeur, 0.5) ; 1844, minimum secondaire (grandeur, 2) ; 1849, maximum secondaire (grandeur, 1.5) ; 1861, minimum (grandeur, 4) ; 1873, maximum secondaire ; 1878, minimum secondaire ; 1884, maximum, et ainsi de suite.

Planètes subtelluriques. — M. le conseiller C. Haase, astronome amateur distingué, vient de publier ses recherches sur la question des planètes inconnues qui pourraient exister entre la terre et le soleil. M. Haase a réuni, dans cet écrit, tout ce qu'il a pu trouver, dans les annales et journaux astronomiques, d'observations paraissant se rapporter à des corps planétaires traversant le disque solaire ou brillant par intervalles aux environs de l'astre radieux. Nous avons vu avec satisfaction que l'auteur a pu notablement compléter les renseignements que nous avons réunis dans le temps, peu après la publication de la lettre du docteur Lescarbault, mais il a oublié l'observation de M. Jaennicke, faite en 1853 (*Cosmos* du 17 janvier 1862). M. Haase donne quelques détails sur une étoile vue près du soleil et à son sud, pendant l'éclipse totale du 31 décembre 1861, ainsi que sur la prétendue lune de Vénus. Son travail, accompagné de deux planches lithographiées, forme les troisième et quatrième cahiers du deuxième volume du *Journal d'astronomie populaire* que publie M. Peters, à côté des *Nouvelles astronomiques*.

Parallaxe du soleil. — La dernière opposition de la planète Mars a été observée avec succès à Greenwich, à Poulcova, à Madras, à Santiago du Chili, à Williamstown, au cap de Bonne-Espérance, à Leyde, etc. M. Winnecke a soumis à un calcul provisoire treize séries simultanées de mesures prises à Greenwich et au Cap, et il en a déduit treize valeurs de la parallaxe solaire, toutes plus grandes que l'ancienne valeur $8''.6$, et dont la moyenne est $8''.964$. D'un autre côté, M. Stone a combiné les déclinaisons de Mars observées à Greenwich et à Williamstown (Australie), et vingt-deux séries simultanées lui ont donné vingt-deux valeurs de la parallaxe solaire qui varient de $8''.5$ à $9''.6$; leur moyenne est $8''.932$, avec une erreur probable de $0''.032$ (1). On se rappelle que M. Le Verrier avait déjà adopté, dans ses tables du soleil, la valeur $8''.95$, déduite des théories de Mars, de Vénus et de la Terre. M. Hansen, de son côté, a déduit $8''.97$ de ses tables de la lune, comparées aux observations (2). Ainsi, la théorie des perturbations avait encore une fois prédit un résultat d'une importance capitale, et la prédiction a été confirmée d'une manière brillante par l'observation. La parallaxe solaire de $8''.57$, déduite par M. Encke des passages de Vénus, est définitivement rejetée ; on la remplacera par un nombre plus grand d'un trentième ; la distance de la terre au soleil, et sa vitesse de translation dans son orbite sont diminuées dans la même proportion ; enfin, la masse de la terre est augmentée d'un dixième. Les mesures de la vitesse de la lumière, exécutées par M. Foucault dans ces derniers temps, semblent aussi conduire au même résultat. En effet, ce physicien ayant trouvé que la vitesse reçue de la lumière devait être diminuée d'un trentième, il en résulte que la vitesse de la terre, liée à celle de la lumière par l'aberration, doit être réduite dans le même rapport ; ce qui conduit à augmenter la parallaxe solaire d'un trentième de sa valeur. M. Foucault a déduit de ses observations le chiffre $8''.86$.

Nous enregistrons deux lettres de M. J. Place, insérées dans les cahiers quatrième et sixième des *Annales de Poggendorff*, dans lesquelles ce physicien, auteur d'un travail sur la vérification des micromètres divisés sur verre (3), émet des doutes contre l'exactitude de la méthode de M. Foucault. Il est extrêmement difficile, dit M. Place, de répondre de la valeur *absolue* d'une division micrométrique, et dans les publications de M. Foucault on ne rencontre pas la preuve que ce qu'il a pris pour sept dixièmes de millimètre était réellement cette quantité ; or, ces $0^{mm}.7$, c'est l'étalon qui lui sert à mesurer une longueur de 300 millions de mètres, c'est à-dire une quantité 400,000,000,000 de fois plus considérable.

(1) *Monthly Notices*, XXIII, n° 6. 10 avril 1863.

(2) *Ibid.*, n° 8. 12 juin 1863.

(3) Berlin, 1860, in-8.

La planète Mars. — M. F. Kaiser, directeur de l'Observatoire de Leyde, a mesuré les diamètres équatorial et polaire de Mars pendant sa dernière opposition, au moyen du micromètre de M. Airy ; dix-sept séries de mesures lui ont donné les valeurs suivantes, réduites à l'unité de distance : diamètre équatorial, $9''.437$; polaire, $9''.518$; aplatissement, $\frac{1}{77}$. M. Robert Main avait trouvé $\frac{1}{77}$. Pendant la même opposition, M. Kaiser a pu dessiner la planète dix-sept fois, à l'aide d'un réfracteur de sept pouces, et ses dessins sont plus détaillés que ceux que MM. Beer et Maedler ont exécutés en 1830. Néanmoins, on a pu constater avec certitude que les principales taches ou inégalités de la planète n'ont éprouvé aucun changement sensible pendant 12,000 rotations exécutées dans l'intervalle de 32 ans. M. Kaiser a même réussi à identifier avec l'un de ses dessins un croquis de Mars, fait à la plume par Huyghens, dans son journal, le 13 août 1672. Enfin, il y a retrouvé les taches observées par Herschel en 1783, et par Arago en 1813. La comparaison des observations de 1862 avec celles de 1813 a fourni une première valeur du temps de rotation ; en appliquant cette valeur aux intervalles écoulés depuis les trois autres époques, M. Kaiser a trouvé pour la rotation de Mars :

$$24^h\ 37^m\ 22^s.59 \text{ par les observations de Beer et Maedler.}$$
$$22\quad 62 \qquad — \qquad — \qquad \text{de Herschel.}$$
$$22\quad 64 \qquad — \qquad — \qquad \text{de Huygens.}$$

ou en moyenne $24^h\ 37^m\ 22^s.62$

Cette valeur paraît être certaine à un demi-dixième de seconde près. MM. Beer et Maedler avaient trouvé $24^h\ 37^m\ 23^s.7$; William Herschel, $24^h\ 39^m\ 21^s.67$ (1).

Nous avons déjà parlé des nombreux dessins de Mars qui ont été faits en Angleterre à l'occasion de la dernière opposition, en octobre 1862, et qui pourront utilement compléter les matériaux de M. Kaiser. Son fils, M. P.-J. Kaiser, a publié une dissertation sur l'emploi de la photographie en astronomie (*Toepassing der photographie op de sterrekunde*, Leiden, 1862), où il dit qu'il a déjà obtenu de bonnes épreuves de la Lune, de Jupiter, de Saturne et de Vénus ; cette dernière planète paraît exercer une grande activité chimique.

M. John Phillips, professeur de géologie à Oxford, a présenté à la Société royale des dessins de Jupiter où les bandes équatoriales se montrent plus rouges qu'à l'ordinaire ; elles présentent la teinte rougeâtre de certaines portions de la surface de Mars, et semblent, comme celles-ci, être des continents vus à travers les éclaircies des nuages.

Le 1er décembre 1864, Mars arrivera de nouveau en opposition avec le Soleil ; mais sa distance à la Terre sera alors 0.534, tandis qu'elle n'a été que 0.406 en 1862. Cependant, la planète aura, à cette époque, une déclinaison boréale de 24°, ce qui en favorisera beaucoup l'observation.

Nébuleuse des Pléiades. — M. Goldschmidt vient de faire encore une découverte du plus haut intérêt. On se rappelle que M. Tempel avait signalé, en 1860, une nébulosité dans le voisinage de l'étoile Mérope, du groupe des Pléiades, qui avait échappé jusque-là à l'attention des astronomes. Aujourd'hui, M. Goldschmidt nous apprend que *le groupe des Pléiades tout entier est enveloppé de matière nébuleuse*. Les détails de cette formation cosmique sont difficiles à constater. La nébuleuse de Mérope s'étend vers le sud-ouest à partir de cette étoile ; elle fait partie d'un arc de matière lumineuse qui s'étend jusqu'à 36 minutes au sud, laissant un vide noir entre Mérope et Atlas, sur une largeur d'environ 52 minutes. Une des limites de la grande nébuleuse se trouve à 15′ nord-est et à 18′ sud-ouest de l'étoile Atlas, qui semble renfermée dans un demi-cercle noir. A partir du point nord-est d'Atlas, la nébulosité se dirige vers l'ouest, parallèlement à Pléione et Alcyone et 15′ plus nord, se rapproche de la ligne menée d'Alcyone à Maja, en forme de cône dont le sommet se trouve par $3^h\ 39^m$ et $23°\ 51'$; de là, elle va au nord, où elle se perd. A l'ouest, la nébulosité suit la direction des étoiles

(1) *Waarnemingen omtrent de planeet Mars, door F. Kaiser.* Amsterdam, 1863, p. 31.

Mérope, Electra, Céléno, laissant Taygète à 12′ à l'est, et se perd au nord. Mesurée du sud-est au nord-ouest, l'espace noir est de 1° 40′. Mérope est la seule étoile brillante de ce groupe qui touche à la matière cosmique, les autres sont entourées d'espaces noirs. L'ensemble de cette nébulosité offre quelque analogie avec la nébuleuse d'Orion.

Unité des mesures. — Le congrès international de statistique de Berlin vient d'adopter à l'unanimité les conclusions du rapport de M. Dove, tendant à recommander aux gouvernements l'introduction obligatoire d'un système uniforme de poids et mesures, modelé sur le système métrique français. Quant aux monnaies, on propose de commencer par les frapper à un titre uniforme, jusqu'à ce que le temps soit venu d'adopter le système monétaire français.

En Angleterre, les partisans du système métrique reviennent aussi à l'assaut; on prépare de nouveau un *bill* destiné à faire adopter officiellement le plus simple des systèmes. Les savants, qui ont été consultés ou interrogés l'un après l'autre, se sont presque tous prononcés en faveur de l'innovation. M. Miller, de Cambridge, nous apprend que tous les constructeurs anglais de balances de précision ont soin, depuis longtemps, de joindre aux livres et grains anglais le kilogramme et ses subdivisions; il suffira de nommer, parmi ces constructeurs, MM. Robinson et Oertling.

Sir John Herschel est du petit nombre de savants qui font résistance. L'honorable astronome veut qu'on adopte comme unité de longueur ou module anglais la dix-millionième partie de l'axe de rotation de la terre; cet axe ayant une longueur de 500,495,294 pouces anglais, il suffirait de prendre pour unité officielle un étalon de 50.05 pouces, pour entrer en possession d'une unité naturelle dont l'erreur ne serait que de un cent-millième de sa valeur (5 pouces sur 500,500), et qui ne différerait des mesures en usage que d'un millième (5 pouces sur 5,000). Par conséquent, on pourrait conserver les anciens pouces pour l'usage pratique, et les savants n'auraient qu'à retrancher un millième du nombre de pouces anglais anciens contenus dans une longueur mesurée, pour avoir immédiatement cette longueur exprimée en pouces nouveaux ou en cinquantièmes du module officiel. Le pouce *modulaire* serait égal à 1 001 pouce anglais.

Enfin, sir John Herschel est d'avis que l'axe terrestre est plus propre à fournir un étalon linéaire que la circonférence d'un méridien.

Mais nous ferons remarquer, à ce propos : 1° qu'il est naturel de rapporter les mesures itinéraires aux dimensions mêmes du globe terrestre et de prendre pour unité le tour de la terre; 2° qu'en étendant le système décimal actuel aux divisions du cercle, les latitudes s'exprimeraient aussi en mesures itinéraires, tandis que l'axe terrestre, pris pour étalon de mesure, ne simplifierait rien du tout ; 3° que le plus grand avantage du système français est, en réalité, sa division décimale; 4° que si on veut adopter un système décimal, autant vaut s'en tenir à celui qui *existe* déjà. Seulement, comme il n'y a pas moyen de vérifier un étalon à Paris, le système métrique de l'Allemagne et de l'Angleterre devra être *basé* sur l'étalon de Bessel, conservé à Berlin, qui semble être le plus exact de ceux qui existent.

Ascensions en ballon. — Les dernières ascensions de MM. Glaisher et Coxwell ont eu lieu le 26 juin, les 11 et 21 juillet et le 31 août de cette année. Nous avons déjà rendu compte des deux premières (1) et nous n'avons rien d'essentiel à ajouter à ce que nous en avons dit, excepté qu'il faut corriger la date de l'une, qui n'a pas été faite le 13, mais bien le 11 juillet. Celle du 21 avait été entreprise par un temps couvert et pluvieux, et avait pour but principal d'éclaircir l'origine de la pluie.

L'un des faits les plus curieux touchant ce sujet, c'est que les ombromètres recueillent une plus grande quantité d'eau lorsqu'ils sont établis au niveau du sol que lorsqu'ils se trouvent à une certaine élévation. Dès 1842, M. Glaisher avait fait des expériences d'où il résulte que

(1) Voir *Moniteur scientifique*, p. 549 et 575.

la différence des quantités d'eau tombées à différentes hauteurs est nulle quand la pluie est chaude relativement à la température de l'air, mais que cette différence existe toutes les fois que la température de la pluie est inférieure à celle de l'air. Il paraîtrait donc que la différence en question provient, du moins en partie, de la condensation des vapeurs suspendues dans les couches inférieures et mises en contact avec une pluie froide.

Un autre fait qu'on se proposait d'éclaircir, c'est l'observation de M. Green qu'au-dessus des nuages qui donnent la pluie, il existe toujours une autre couche de nuages plus élevés. M. Glaisher comptait s'assurer de la vérité de ce fait et mesurer l'intervalle qui séparerait les deux couches nuageuses. Le ballon partit vers cinq heures, et au bout de dix secondes on était entré dans le brouillard. A la hauteur de 850 mètres, le ballon sortit des nuages, mais une autre couche de nuages plus sombres était suspendue au-dessus des aéronautes. Ils descendirent alors à 250 mètres, et virent une grosse pluie tomber sur le sol, sans que leur ballon reçût une seule goutte. Montant de nouveau, ils traversèrent une couche de brume depuis 400 jusqu'à 1,000 mètres de hauteur ; ils avaient alors des nuages au-dessus et au-dessous d'eux. Les nuages inférieurs étaient humides, et la pluie ne cessa de tomber pendant toute la durée de l'ascension. Mais quand M. Glaisher voulut procéder à quelques mesures, son compagnon lui dit tout à coup de regarder le ballon, et il ne tarda pas à découvrir une déchirure très-dangereuse, longue d'un pied, et qui ne pouvait avoir été faite qu'avec un canif. C'était l'œuvre de quelque misérable qui avait volontairement endommagé le ballon. Un fait du même genre s'est produit en 1832, quand M. Green vit se casser les cordes par lesquelles sa nacelle était suspendue au ballon ; elles avaient été corrodées sans qu'on pût s'en apercevoir extérieurement. Une seule corde resta, et l'aéronaute, qui s'y était cramponné, finit par tomber à terre d'une hauteur de 30 mètres, heureusement sans se blesser dangereusement. MM. Glaisher et Coxwell, qui résolurent de descendre sur-le-champ, n'ont eu aucun mal.

Le 24 août, il est arrivé à M. Coxwell un grand malheur. Il devait faire, tout seul, une ascension publique à Basford, près Nottingham. Mais le temps n'était pas favorable, et le ballon n'avait pas assez de force ascensionnelle pour le porter. La foule était mécontente et murmurait. C'est alors qu'un nommé Chambers s'offrit à prendre la place de M. Coxwell. Il était beaucoup plus léger que ce dernier, et affirmait qu'il avait déjà fait plusieurs voyages en ballon. M. Coxwell céda ; mais son remplaçant ne resta pas longtemps en l'air ; une manœuvre mal exécutée fit tomber l'aérostat et le malheureux qu'il portait fut tué par le choc.

Il faut savoir que M. Coxwell, qui a aujourd'hui quarante-quatre ans, a déjà fait quatre cent quatre-vingt-quinze ascensions dans sa vie, et qu'une seule a eu une issue malheureuse pour celui qui l'accompagnait, par l'imprudence de la victime elle-même. Dans la catastrophe du 24 août, tout le monde s'accorde à dégager le hardi aéronaute de toute responsabilité.

M. Henri Coxwell est fils d'un capitaine de vaisseau de la marine royale ; à vingt ans, sa mère le destinait à la profession de dentiste ; mais sa véritable vocation ne tarda pas à se faire jour. Il débuta comme aéronaute à Elberfeld, en 1841 ; six ans plus tard, il fit une série d'ascensions célèbres à Berlin.

Le 31 août, un nouveau voyage a été exécuté à Newcastle, en présence de l'Association britannique. MM. Glaisher et Coxwell étaient accompagnés du capitaine Bond, de MM. Smith et J. Pullan, et d'un fils de M. Glaisher, âgé de quatorze ans. Le ballon, qui les portait pour la quatorzième fois, contient 2,700 mètres cubes de gaz.

On partit à 6 heures 12 minutes du soir. Le ballon ne s'éleva guère cette fois au-dessus de 3 kilomètres. Au moment de la descente, l'ancre se prit dans les fils d'un télégraphe et arracha deux poteaux, puis la corde se cassa et l'ancre tomba sur le sol. Les voyageurs, renversés deux fois par la violence des cahots, se relevèrent pour appeler à leur aide les paysans rassemblés sur les hauteurs voisines, mais ceux-ci avaient peur d'être enlevés en l'air, et n'osèrent s'emparer de la corde qui pendait de la nacelle. M. Coxwell ouvrit alors la soupape, et la nacelle toucha terre, mais elle fut rudement traînée à travers un champ de blé ; enfin, on parvint à l'arrêter en deçà d'une haie de broussailles que le ballon avait déjà dépassé, et l'on put en sortir avec l'assistance des villageois. M. Glaisher fils parut enchanté de cette diversion.

Importance de l'action chimique du soleil. — Nous donnerons très-prochai· nement la fin de notre résumé des recherches photochimiques de MM. Bunsen et Roscoe (environ trois feuilles d'impression) ; en attendant que nous puissions les insérer, nous extrayons les passages suivants d'une lecture que M. Roscoe a faite à l'Institution royale de Londres, le 22 mai dernier :

La vie animale peut se définir chimiquement comme un phénomène d'oxydation. Les tissus organisés éprouvent une combustion incessante ; l'animal expire du gaz acide carbonique, qui va vicier l'océan aérien au fond duquel nous vivons, de sorte que, s'il n'y avait point une action contraire, tout être vivant travaillerait à sa propre destruction à chaque moment de son existence. Mais cet effet opposé est produit par les végétaux ; leur vie se caractérise par une réaction chimique contraire de celle qui constitue la vie animale : par une désoxydation ou réduction. L'animal aspire l'oxygène et exhale de l'acide carbonique ; la plante fait l'inverse, elle s'assimile l'acide carbonique et abandonne l'oxygène. De cette manière, le bilan de la vie atmosphérique est toujours redressé.

L'animal puise toute sa vigueur dans les matières organisées qui constituent sa nourriture et servent à tisser son corps. Quand ces matières sont carbonisées par l'oxygène de l'air, les forces qu'elles renferment sont mises en jeu soit sous forme de mouvement des masses et d'action mécanique, soit en produisant le mouvement moléculaire qu'on appelle chaleur, soit sous la forme d'une autre manifestation quelconque de puissance. L'animal ne crée point la force, il ne fait qu'en diriger l'application. Il ne saurait mouvoir un muscle sans qu'une certaine quantité déterminée de force soit transformée, sans qu'une partie de ses tissus s'oxyde, suivant la loi de la conservation des forces. Ainsi, la puissance totale d'un être vivant est réglée par les mêmes lois qui président au travail d'une machine à vapeur ou d'un appareil électro-magnétique. Chaque kilogramme de carbone brûlé et changé en acide carbonique dans le corps d'un animal dégage une quantité de calorique suffisante pour élever de 1 degré centigr. la température de 8,080 litres d'eau, ou pour accomplir un travail par lequel 1,900 tonneaux sont élevés à la hauteur d'un mètre.

La source de la puissance de l'animal est donc manifeste : il vit sur la provision de force accumulée par les plantes. Or, le règne animal ne saurait sans cesse puiser à cette source sans qu'elle fût elle-même alimentée sans cesse. Elle est nourrie par le soleil. Les plantes absorbent les rayons les plus réfrangibles. ou ceux dont les trépidations sont les plus rapides, et s'en saturent pour les rendre ensuite, d'une manière ou d'une autre, quand leur tissu est détruit par oxydation.

La vie végétale ne fonctionne pleinement que sous l'influence des rayons solaires. C'est la lumière solaire qui, en agissant sur la matière verte des feuilles, décompose l'acide carbonique de l'air et permet à la plante de s'assimiler le carbone et de renvoyer à l'air son oxygène.

Ce sont les rayons aux vibrations les plus rapides qui séparent les molécules d'oxygène et de carbone, et produisent la réaction chimique ; ces rayons, de couleur violette, s'appellent rayons chimiques, à cause de l'aptitude particulière qu'ils ont d'agir chimiquement. Leur force vive est absorbée dans l'effet qu'ils produisent ; l'équivalent, en calories, est plus tard dégagé par la combustion du carbone mis en liberté par cet effet.

Il résulte de ces considérations que la détermination du rayonnement chimique fourni par le soleil à chaque point du globe doit former un élément important des climats terrestres, en ce sens que cet agent règle la puissance de production de chaque contrée. L'observation de l'activité chimique du soleil formera donc une nouvelle branche de la météorologie.

Les observations thermométriques fournissent la température moyenne d'un lieu donné ; mais ce n'est pas assez lorsqu'il s'agit dés conditions climatériques en général, qui dépendent encore, comme on vient de le voir, de la mesure de l'énergie chimique développée par la lumière. Si on compare la moyenne température annuelle de Thorshavn (îles Farœer) et de Carlisle, on trouve :

Thorshavn... Latitude 62° 2′ Longitude 9° 6′ Température 7°.6
Carlisle......   —   54 54   —   5 18   —   8°.3

La différence des températures moyennes des deux stations n'est que de 0°.7, c'est-à-dire qu'elles sont presque les mêmes ; néanmoins, la quantité de lumière qu'elles reçoivent dans l'espace d'une année est fort différente, et une dissemblance analogue se manifeste dans les climats de ces deux points du globe. L'atmosphère humide et nuageuse des îles Farœer et des Shetlands, où les rayons solaires ne pénètrent que d'une manière incomplète, est cause que la flore y est peu développée ; elle se compose de buissons rabougris, et les arbres à fleurs y font défaut ; à Carlisle, au contraire, nous avons une végétation luxuriante sous un ciel plus pur. Ainsi encore, la moyenne température estivale de Reykiavik (Islande) n'est que de 2°.1 supérieure à celle d'Édimbourg, tandis que celle d'Édimbourg est déjà de 3 degrés au-dessous de celle de Londres, et cependant les arbres ne viennent pas en Islande ; mais la flore des capitales d'Écosse et d'Angleterre ne présente aucune différence marquée. Il est donc évident que des lieux terrestres situés sur la même isotherme ou sur la même isothère n'ont point pour cela des climats semblables ; il faut encore, pour que cette égalité ait lieu, qu'ils soient sur la même *isacline,* ou sur une courbe d'égale intensité chimique.

REVUE PHOTOGRAPHIQUE

— Il est rare de rencontrer dans les arts ou dans les sciences un homme poursuivant un but déterminé avec une persévérance égale à celle qu'apporte M. Pouncy dans la recherche de procédés qui permettent la suppression des sels d'argent pour le tirage des positives. Depuis tantôt six ans, M. Pouncy s'est dévoué à cette tâche et il y a rencontré plus d'un succès On se rappelle sans doute que M. Pouncy fut l'un des premiers à essayer l'obtention des positives par la poudre de charbon incorporée au mélange de matière organique et de bichromate de potasse, dont M. Mongo avait découvert dès 1838 les propriétés photogéniques. Les travaux de M. Pouncy sur ce sujet ont même été récompensés en France par un prix dont nous ne nous rappelons plus l'importance, en même temps que ceux de M. Poitevin.

Cependant, le procédé suivi par M. Pouncy, tout en lui fournissant de bons résultats, ne le satisfaisait pas en ce sens qu'il était difficile de faire pénétrer les préparations délicates qu'il nécessite dans la pratique journalière des photographes. D'un autre côté, la fabrication sur une grande échelle du papier positif au bichromate de potasse et au charbon est à peu près impossible, et dès lors il fallait renoncer à mettre dans le commerce un papier préparé de cette façon. C'est alors que M. Pouncy a eu l'idée excessivement ingénieuse de combiner la propriété photogénique du bichromate de potasse à celle du corps que l'inventeur de la photographie (Nicéphore Niepce), avait le premier employé, c'est-à-dire à celle du bitume de Judée. On conçoit en effet que si cette substance, impressionnable à la lumière et devenant insoluble sous son action, se trouve mélangée avec une matière pulvérulente comme le charbon, celle-ci se trouvera retenue par l'insolubilité même. Et si le mélange renferme en outre du bichromate de potasse et une matière organique, ces corps, impressionnés également par la lumière, augmenteront la quantité de matière insoluble, et contribueront par suite à retenir la poudre de charbon.

Voici comment opère, en principe, M. Pouncy : Il prend de l'encre d'imprimerie, qui lui offre un mélange intime et tout fait d'avance de matière organique (l'huile et la résine) et de noir de fumée impalpable. A ce mélange il incorpore du bitume de Judée et du bichromate de potasse en poudre fine. Quelquefois il se contente d'ajouter la première de ces substances, quelquefois au contraire il n'emploie que la seconde, quelquefois enfin il les réunit toutes deux dans le même magma. Quoi qu'il en soit, le mélange étant terminé, il en dépose une couche sur le papier, au pinceau, et laisse sécher dans l'obscurité ; la feuille étant bien desséchée par la résinification de l'huile, il l'expose au soleil sous un cliché à la manière ordinaire, puis, au sortir du châssis, il lave avec de la benzine. On comprend aisément ce qui arrive alors ; toutes les parties insolées ont perdu leur solubilité dans la benzine, les autres y sont restées solubles ; celles-ci disparaissent donc dans le dissolvant, entraînent la poudre de charbon et mettent à nu le blanc du papier, tandis que les premières, restant aux points que le soleil a frappés, y dessinent l'image.

Ces épreuves ne sauraient certes être accusées d'instabilité, car à quoi les comparer, si ce n'est aux livres imprimés? l'image n'y est-elle pas absolument formée par l'encre d'imprimerie? Dans ses premiers essais, M. Pouncy avait observé que les demi-teintes se trouvaient, par ce procédé, mal réservées. Il a pensé alors à modifier sa méthode d'après les principes qui déjà avaient conduit à la découverte de la méthode Fargier. Pour réserver ces demi-teintes, M. Pouncy opère sur un papier très-mince, qu'il rend transparent au moyen de l'essence de térébenthine, puis, au lieu de mettre le côté couvert d'encre en contact avec le cliché, il dispose en cette position le côté nu de la feuille de papier. De cette manière, lorsqu'il plonge cette feuille dans le dissolvant, celui-ci n'enlève absolument que les parties sur lesquelles la lumière n'a exercé aucune action et respecte les demi-teintes les plus légères. Il y a là encore plusieurs autres avantages : en premier lieu, le photographe n'a plus à craindre de tacher son cliché par le contact avec le papier couvert d'encre d'imprimerie, et en second lieu, l'épreuve y gagne beaucoup au point de vue de la reproduction exacte du cliché, car il est fort difficile de peindre la feuille sur une épaisseur partout égale, et il résulterait de cette inégalité d'épaisseur, au cas où le contact serait direct, des colorations locales qui ne seraient plus absolument proportionnelles aux clairs du cliché, mais dont l'intensité serait influencée par la quantité de matière colorante qui serait sous-jacente au point impressionné.

Nous ne saurions dire, dès à présent, quel est l'avenir réservé à la dernière découverte de M. Pouncy, mais de prime abord elle paraît devoir rencontrer le succès qu'elle mérite. Du reste l'essai en est facile, car le papier Pouncy, tout préparé, se vend dès à présent à Londres ; il coûte, si notre mémoire nous sert bien, une guinée (26 fr. 47 cent.) la main.

— Ce n'est pas une grande découverte scientifique que celle de M. de Lucy, mais c'est une de ces inventions modestes, véritables tours de mains, qui rendent aux hommes de métier les services les plus signalés. Tout opérateur qui se trouve en rapport avec le public sait combien est pénible le métier de portraitiste, combien il est rare que le sujet s'en aille satisfait, surtout si ce sujet est une femme. La faute n'en est pas toujours à l'opérateur, le sujet lui-même n'est pas toujours coupable, et dans plus d'un cas c'est le procédé photographique lui-même que l'on peut accuser. En effet, ces tons uniformes répandus sur les objets de couleur les plus disparates, sur les cheveux, sur la face, sur les lèvres, sur la main, sur le linge, sur les vêtements, quelquefois très colorés dans le but de relever une partie faible, ne sont pas toujours, il faut l'avouer, très-satisfaisants. De là est née la retouche : mais combien d'entre nous n'ont pas mille fois regretté qu'on les forçât à enfouir, sous des couleurs opaques et rebelles à l'effet, ces portraits fins et transparents qui rendent si bien la vie!

M. de Lucy, qui est bon opérateur et qui est artiste en même temps, ce qui ne gâte rien, s'est préoccupé, plus que beaucoup d'autres, de ce grave inconvénient du portrait photographique ; il a cherché le moyen de le combattre et il a eu le bonheur d'y parvenir. Le moyen qu'emploie M. de Lucy est également un moyen de coloration, mais il ne s'agit plus d'une couleur épaisse, qui voile et cache les qualités aussi bien que les défauts de l'épreuve; ses matières colorantes sont des dissolutions transparentes qu'il emploie en teintes plates et qui conservent à l'image toute sa légèreté. Ainsi, en sortant l'épreuve du châssis, après l'avoir lavée à l'eau pour enlever le nitrate d'argent en excès, et avant de la mettre au bain de virage, il passe avec un pinceau une teinte plate, légère, sur les parties qu'il veut colorer, et ces colorations se maintiennent d'elles-mêmes jusques et après le fixage. Les liqueurs sont des solutions métalliques parfaitement limpides et transparentes, qui ne déposent à la surface de l'épreuve aucun précipité opaque; la coloration qu'elles produisent est d'ailleurs légère, indiquée plutôt que fortement accusée, et cette discrétion dans l'effet augmente la qualité du portrait. Ce procédé est journellement employé par M. de Lucy, et les épreuves qui figuraient cette année à l'Exposition prouvent ses avantages; malheureusement M. de Lucy n'a pas fait connaître la nature des solutions qu'il emploie, mais quelques essais donneraient aisément une palette assez complète à quiconque voudrait y consacrer ses recherches. Ainsi nous savons déjà que le rose est donné par le chlorure de cobalt, le jaune par l'azotate d'urane, etc.

— M. Disdéri a répandu depuis quelques mois, dans tout Paris, de petites épreuves positives, format carte de visite, qu'il désigne sous le nom de mosaïque. Ces cartes, qui, du reste, ont déjà passé la Manche, sont la reproduction en petit de tableaux formés d'un très-grand nombre de cartes de visite de personnes illustres ou au moins connues. Quelques-unes de ces mosaïques portent jusqu'à trois cents têtes différentes, groupées ou jetées au hasard dans un espace de quelques centimètres carrés. Il est vrai que lorsque le nombre des portraits est aussi grand on n'y distingue pas grand chose, même à la loupe, mais lorsqu'il ne dépasse pas quinze ou vingt, ces épreuves présentent un certain attrait; aussi sont-elles recherchées; nous les signalons, non pas comme une invention, mais comme une simple nouveauté.

— M. Pierson, frère (croyons-nous) de l'un des associés de la maison Mayer et Pierson, vient d'inventer un appareil aussi ingénieux que difficile à décrire, et qu'il désigne sous le nom de fouetteuse pour l'albumine. Ce titre dit assez quel est le but de l'instrument, dont nous ne pourrions ici faire comprendre en détail le mécanisme. Disons seulement qu'après avoir rempli un vaste pot d'une grande masse d'albumine, on place dans ce pot un balai en fils de métal, porté par une tige droite à laquelle on peut communiquer un mouvement de battage extrêmement rapide au moyen d'une manivelle. Ce balai peut battre 1,800 coups à la minute et préparer, en une demi-heure environ, quatre ou cinq litres d'albumine. Ce résultat sera certes apprécié par tous les opérateurs qui ont dû, pendant des heures entières, porter sur leurs genoux et battre à la main l'albumine destinée à la préparation des papiers positifs. Quelques photographes, qui ont vu fonctionner cet appareil, assurent que la marche en est excellente; d'ailleurs, présenté à la société photographique de Paris, il a été parfaitement accueilli par elle.

— La gent photographique ne faiblit pas à la recherche des procédés rapides, et l'on ne peut douter qu'elle ne réussisse quelque jour à formuler une méthode qui donne des résultats instantanés dans des conditions un peu moins difficiles à réaliser que celles qu'on connaît aujourd'hui. Voici deux observations assez importantes faites dans ces derniers temps à ce sujet.

La première est de M. Sutton, ce chercheur infatigable qui, presque chaque année, nous donne un procédé nouveau (cela ne prouve pas, il est vrai, qu'ils soient tous bons). Pour obtenir sur collodion humide des épreuves avec une grande rapidité, il conseille de laver avec soin la couche sensibilisée au sortir du bain de nitrate, puis de la replonger de nouveau dans un second bain de nitrate, de même concentration, au moment de l'employer. Le raisonnement sur lequel il appuie la théorie de cette méthode paraît assez rationnel. On sait fort bien, dit-il, que la présence des sels retarde l'action photogénique des composés argentiques; or, lorsque la couche sensibilisée sort du bain de nitrate, elle emporte à sa surface non-seulement un excès de nitrate d'argent, mais encore une certaine quantité de nitrate de potassium, d'ammonium ou de cadmium, provenant de la décomposition des iodures de ces métaux que le collodion renfermait. Et ces sels doivent à coup sûr rendre le collodion moins sensible. Mais si on lave la couche à l'eau distillée, ces sels solubles sont enlevés, de telle sorte qu'en passant de nouveau la glace au bain d'argent, c'est de nitrate d'argent seul qu'elle se trouve chargée, et sa sensibilité s'en trouve augmentée. Nous avons expérimenté la nouvelle méthode de M. Sutton, et nous avons reconnu qu'en réalité elle donnait à la couche une sensibilité plus grande, mais nous n'avons pas obtenu un résultat aussi beau que M. Sutton, qui assure que l'augmentation est de moitié.

La seconde observation que nous voulons rapporter est relative à l'emploi de l'acide formique, dont on se préoccupe tant en ce moment. L'habile directeur du journal photographique le plus répandu qui existe aujourd'hui, *The Photographic news*, M. Wharton Simpson s'est trouvé conduit, par suite de questions faites par ses nombreux correspondants, à prier M. Claudet de vouloir bien exécuter, sous ses yeux, une démonstration des résultats qu'il obtient, au point de vue de l'accélération, par l'emploi de l'acide formique. M. Claudet s'est rendu à ce désir et a opéré devant M. Wharton Simpson. Tous ceux qui ont visité l'atelier de M. Claudet, dans Regent-Street, savent fort bien que l'éclairage en est mauvais, et que la moitié du jour est masquée par une grande bâtisse en briques. Et cependant, malgré ces conditions défavorables, malgré une lumière pâle et grise, là où, d'après M. Wharton Simpson, il eût fallu dix secondes pour obtenir, avec un collodion bromo-ioduré, une épreuve, M. Claudet a parfaitement réussi par des poses d'une et de deux secondes, en ajoutant de l'acide formique dans le bain révélateur. Ce résultat est l'un des plus concluants qui aient encore été cités; aussi est-il bien à regretter que les photographes ne soient pas en possession d'une formule nette et précise qui leur permette d'appliquer journellement cet agent nouveau; mais, nous le reconnaissons, cette formule est difficile à obtenir à cause des extrêmes différences de composition que présentent les échantillons d'acide formique qu'on rencontre dans le commerce.

— Un inventeur ingénieux, M. Moisson, vient de découvrir pour nos clichés un vernis auquel on ne trouvera certes rien à redire au point de vue de la solidité. Après avoir terminé et séché son cliché à la manière ordinaire, il le saupoudre d'une couche fine de colcothar, puis le passe dans le moufle d'émailleur. Sous l'influence de cette chaleur, qui, naturellement, doit être inférieure au point de fusion du verre, la couche de collodion brûle et laisse l'argent seul, qui, se combinant avec les portions extérieures du verre, y forme une surface vitrifiée. Les détails les plus fins y sont conservés; souvent on ne les voit pas à l'œil nu, par transparence, à cause de la couleur jaune clair que l'argent communique au verre, mais, au tirage des positifs, ces détails redeviennent visibles, car, si faibles qu'ils soient, ils arrêtent la lumière et réservent des blancs sur le positif avec autant de netteté qu'avant la vitrification du cliché.

— Un voyage récent en Ecosse a révélé à l'un de nos amis une particularité singulière que nous ne voulons pas omettre dans cette Revue. C'est un argument nouveau qui vient militer en faveur des procédés à sec, et porter un nouveau coup au collodion humide en voyage. Les photographes sont, en général, assez bien reçus partout, dans les localités qui les connaissent peu, mais en Ecosse, but de tant d'excursions photographiques, ils commencent à être assez connus pour qu'on se méfie d'eux et des accidents que causent les solutions de nitrate d'argent en tombant sur les meubles, tachant les linges, etc. Aussi arrive-t-il quelquefois au pauvre photographe de se voir repoussé d'un hôtel confortable et rejeté dans un hôtel de seconde classe. Mais il existe des hôteliers intelligents et éclairés qui, au courant des découvertes quotidiennes, savent parfaitement distinguer ceux qui opèrent au collodion humide, les malpropres, de ceux qui opèrent au collodion sec et qui, n'employant que des traces du nitrate d'argent pour leur développement, ne font pas de taches et pourraient être appelés les propres. Cette différence s'exprime, en Angleterre, par des termes qu'il est fort difficile de rendre dans la langue française : les uns sont les *wet men* (hommes de l'humide), les autres les *dry men* (hommes du sec). Et l'on compte déjà plus d'un hôtelier qui, voyant arriver un photographe, lui demande dès l'abord s'il est *dry man* ou *wet man*, pour l'admettre dans le premier cas et le refuser dans le second. Avis aux voyageurs.

— A propos de voyages, la photographie en ballon, importée d'Amérique, devient à la mode.

M. Negretti, le célèbre opticien de Londres, a fait récemment, en compagnie de M. Coxwell, une magnifique ascension d'où il a rapporté des épreuves photographiques réellement bonnes, prises à 3,000 ou 4,000 pieds au-dessus du niveau de la mer. Dans une autre ascension, M. Glaisher a fait également quelques essais sur les propriétés photogéniques de la lumière à cette hauteur. Enfin, on n'entend parler de tous côtés que du ballon *le Géant*, qui, formé d'une enveloppe de 20,000 mètres carrés, doit emmener sous peu de jours 80 personnes dans les airs. A la tête de ces aéronautes est M. Nadar; sa chambre noire l'accompagne, et peut-être, si le ballon part, nous rapportera-t-il de cette excursion surprenante d'intéressants résultats photographiques.　　　　　　　　　　　　　　　　　　　　　　Th. Bemfield.

SUR LA CHIMIE MYCODERMIQUE.

Par M. Ch. Blondeau,

Professeur de physique au lycée Laval.

(Suite et fin. — Voir le *Moniteur scientifique*, livraisons 161 et 162.)

La fermentation alcoolique est un des phénomènes mycodermiques les plus intéressants à étudier, non-seulement sous le rapport de l'importance des produits qu'elle engendre, mais encore par la variété des métamorphoses que subissent les substances qui se trouvent en rapport avec le ferment.

On sait, depuis la plus haute antiquité, que certains liquides sucrés sont susceptibles d'éprouver spontanément un changement de nature par suite duquel ils donnent naissance à une substance que l'on retrouve dans tous les liquides fermentés, et que les Arabes désignèrent sous le nom d'*alkool*. Mais si les résultats de cette transformation, qu'il est si facile de déterminer dans le jus sucré de certains fruits, sont bien connus, il n'en est pas de même de la cause qui a déterminé la fermentation, et, sous ce rapport, les travaux des alchimistes et même des chimistes modernes qui se sont occupés de ce sujet laissent encore à désirer. Rien, en effet, ne semble plus obscur que cette action si énergique qui se développe sans qu'aucune cause apparente paraisse la déterminer.

Que l'on prenne une grappe de raisin détachée du cep qui l'a produite, puis qu'on l'abandonne dans un air sec, on la voit se dessécher, et la matière sucrée qu'elle contient traverse les enveloppes du grain de raisin sans qu'il s'établisse aucune fermentation dans son intérieur; mais si, au lieu de procéder ainsi qu'il vient d'être dit, on écrase la grappe dans le but d'en extraire le jus qu'elle renferme et qu'on abandonne ce dernier au contact de l'air, on ne tarde pas à voir s'établir dans l'intérieur du liquide un mouvement très-manifeste accompagné d'un abondant dégagement de gaz : la matière sucrée disparaît, et à sa place on retrouve ce liquide spiritueux et inflammable que l'on a désigné sous le nom d'alcool. Quelle est la cause qui a déterminé la fermentation? L'expérience précédente porterait à croire que la présence de l'air est la cause déterminante du phénomène, si une expérience bien simple ne forçait à reconnaître qu'il y a autre chose que l'air qui agit dans cette circonstance. Lorsque au lieu d'employer le jus sucré provenant de certains fruits, on se borne à faire une dissolution de sucre de cannes dans l'eau, la fermentation ne s'établit pas dans ce liquide, quelque soit le temps pendant lequel on le laisse exposé au contact de l'air.

Pour trouver une explication un peu précise des phénomènes qui se produisent dans l'acte de la fermentation alcoolique, il faut arriver jusqu'à l'époque où l'illustre Lavoisier fit connaître le résultat de ses travaux sur cet important et difficile sujet. Si ce savant n'a pas donné la solution complète de la question qu'il s'était proposé d'élucider, il n'en est pas moins vrai qu'il a indiqué la voie qu'il fallait suivre pour y arriver; et en examinant ainsi qu'il l'a fait la nature des matières fermentescibles et celle des produits qui prennent naissance dans l'acte de la fermentation, il a appris aux chimistes que toutes les explications à l'aide desquelles ils cherchent à se rendre compte des transformations qui ont lieu dans cette circonstance doivent se baser sur la nature et la quantité des produits mis en présence, ainsi que sur celle des résultats obtenus. En un mot, Lavoisier conseille de recourir, dans l'étude des fermentations, à l'emploi de la balance, dont il avait fait déjà un usage si heureux dans les autres parties de la science.

C'est en suivant cette voie, qu'il trace de la manière suivante, que Lavoisier obtint les résultats que nous ferons bientôt connaître. « C'est sur ce principe qu'est fondé tout l'art de « faire des expériences en chimie. On est obligé de supposer dans toutes une véritable éga- « lité ou équation entre les principes du corps qu'on examine et ceux qu'on en retire par « l'analyse. Ainsi, puisque du moût de raisin donne du gaz acide carbonique et de l'alcool, je « puis dire que le *moût de raisin = acide carbonique + alcool.* Il résulte de là qu'on peut par- « venir de deux manières à éclaircir ce qui se passe dans la fermentation vineuse : la pre- « mière, en déterminant bien la nature et les principes du corps fermentescible; la seconde, « en observant bien les produits qui en résultent par la fermentation, et il est évident que les « connaissances que l'on peut acquérir sur l'un conduisent à des conséquences certaines sur « la nature des autres, et réciproquement. »

Ce fut pour se conformer aux préceptes qu'il donne avec tant de raison aux autres chimistes que Lavoisier fit l'analyse du sucre et celle des produits qui prennent naissance dans l'acte de la fermentation. Il trouva pour la constitution du sucre les nombres suivants :

Carbone......................... 28
Hydrogène....................... 8
Oxygène......................... 64
                               ———
                               100

En partant de cette analyse, dont les résultats ne sont pas tout à fait exacts, ce qui s'explique par l'état d'imperfection où se trouvait l'analyse organique à l'époque des recherches de Lavoisier, ce savant chimiste chercha à expliquer la nature de la transformation qu'éprouve le sucre lorsqu'il se change en acide carbonique et alcool. Ce qu'il avait fort bien observé, c'est qu'en employant 100 livres de sucre qu'il avait soumis à la fermentation, il en était resté 5 livres environ qui avaient échappé à la décomposition, et il avait recueilli 35 livres d'acide carbonique et 57 livres d'alcool, quantités dont la somme, égale à 92 livres, lui paraissait assez rapprochée de la quantité de sucre employée pour qu'il se crût en droit d'admettre que le sucre s'était complétement transformé en alcool et acide carbonique, et il expliquait cette transformation en disant : « Les effets de la fermentation vineuse se réduisent donc à sépa- « rer en deux portions le sucre, qui est un acide, à oxygéner l'une aux dépens de l'autre « pour en former de l'acide carbonique, à désoxygéner l'autre en faveur de la première pour « former une matière combustible, qui est l'alcool; en sorte que s'il était possible de recom- « biner ces deux substances, l'alcool et l'acide carbonique, on reformerait du sucre. »

Encore bien que Lavoisier admît une égalité absolue entre la somme des éléments que contient le sucre et celle des produits qui en dérivent, il n'était pas sans savoir que l'alcool et l'acide carbonique ne sont pas les seuls produits qui prennent naissance dans la fermentation. Ainsi, il avait retrouvé dans le liquide fermenté une quantité fort notable d'un acide qu'il crut être de l'acide acétique, et enfin, il recueillit une quantité de ferment un peu moindre que celle qu'il avait employée.

Tous les résultats obtenus par Lavoisier et que nous venons de rapporter étaient de la plus grande importance, mais ils étaient loin de fournir la solution complète du problème qu'il avait abordé; ils ne répondaient pas à cette question qu'on était en droit de lui adresser : Quelle est la cause qui fait que le sucre se dédouble en acide carbonique et alcool? quelle est la nature de cette substance que l'on nomme levûre de bière et qui paraît être nécessaire pour que la fermentation s'établisse? Ce ne fut que longtemps après Lavoisier que les chi-mistes ont cherché à rendre compte du mode d'action du ferment sur le sucre.

Le savant naturaliste Lowenhœck avait, en 1680, examiné la levûre de bière à l'aide du microscope, et il avait reconnu qu'elle était formée de petits globules ovoïdes et sphériques. Beaucoup plus tard, en 1799, Fabroni compare cette substance à du gluten, et admet que toutes les substances végéto-animales sont susceptibles de déterminer la fermentation alcoolique. C'était cet agent de la fermentation, *ce ferment,* ainsi qu'on l'appelle, qui avait échappé à Lavoisier, et dont l'étude fut reprise plus tard par divers chimistes, et en particulier par M. Thénard, lequel constata qu'il était azoté, car il donnait de l'ammoniaque à la distillation, et paraissait prendre part à la fermentation; car, ainsi que le disait ce savant : « La levûre « paraît perdre une partie de son azote, qui disparaît en se transformant en produits « solubles. »

Cette disparition de l'azote préoccupait beaucoup M. Thénard, qui écrivait dans la dernière édition de son traité de chimie : « De nouvelles recherches dignes de toute l'attention des « chimistes doivent être faites sur la décomposition qu'éprouve le ferment. Il faudra voir ce « que devient l'azote du ferment décomposé : il ne se mêle pas au gaz carbonique, il n'entre « point dans la composition de la matière blanche insoluble (résidu du ferment). Il ne fait « point partie d'une petite quantité de matière très-soluble que l'on trouve dans la liqueur « avec l'alcool. L'alcool n'en renferme pas, de sorte que la question de savoir ce que devient « l'azote du ferment est encore à résoudre. »

Jusqu'ici le rôle physiologique du ferment n'a point été indiqué; on connaît son influence sur la fermentation, mais on n'a point encore précisé quelle est la nature de cette influence. Les premières recherches entreprises à ce sujet datent de 1825 ; elles sont dues à un savant naturaliste, Desmazières, qui, dans un Mémoire publié dans les *Annales des sciences naturelles,* fit connaître le résultat de ses observations microscopiques, et crut avoir constaté que la levûre de bière n'était autre chose qu'un infusoire décrit antérieurement par Persoon et qu'il avait désigné sous le nom de *mycoderma cervisiæ.*

Les observations incomplètes de Desmazières furent reprises un peu plus tard, en 1835, par M. Cagniard-Latour, qui reconnut que la levûre de bière était un amas de globules susceptibles de se reproduire par bourgeonnement, et non une matière simplement organique ou chimique comme on le supposait généralement. Et il conclut que *c'est très-probablement par quelque effet de leur végétation que les globules de levûre dégagent de l'acide carbonique de la liqueur sucrée et la convertissent en liqueur spiritueuse.*

Cette explication toute physiologique de la fermentation devait rencontrer des contradicteurs parmi les chimistes; aussi fut-elle combattue par M. Liebig, qui ne vit dans la fermentation *que le résultat d'un mouvement communiqué à la matière fermentescible par une matière organique en état de décomposition.* Voici du reste les propres expressions dont se sert le savant Allemand :

« Les faits que nous venons d'exposer démontrent l'existence d'une cause nouvelle qui en-« gendre des décompositions et des combinaisons. Cette cause n'est autre chose que le mou-« vement qu'un corps en décomposition communique à d'autres matières dans lesquelles les « éléments sont maintenus avec une faible affinité. La levûre de bière et en général toutes les « matières animales ou végétales en putréfaction reportent sur d'autres corps l'état de dé-« composition dans lequel elles se trouvent elles-mêmes. Le mouvement qui, par la pertur-« bation de l'équilibre, s'imprime à leurs propres éléments se communique également aux

« éléments des corps qui se trouvent en contact avec eux. » (Liebig, *Traité de chimie organique*, page 29.)

Ces idées, développées par M. Liebig avec beaucoup de talent et de persistance, furent généralement adoptées en France et en Allemagne, et nous-même avons été conduit, à la suite de nos recherches sur la fermentation, à les admettre au moins en partie. La fermentation ne nous paraît pas due à la décomposition d'une matière organique, nous pensons, au contraire, que c'est le résultat de la vie d'une substance organisée ; mais nous admettons que le mouvement vital peut se transmettre à une partie de la matière fermentescible et en opérer le dédoublement.

Le succès de la théorie de M. Liebig fit mettre en oubli celle qui avait été proposée par M. Cagniard-Latour et les chimistes ne virent plus dans le ferment qu'une matière organique qui, en se décomposant, imprime aux matières sucrées qui se trouvent en contact un mouvement capable d'opérer leur transformation en alcool et acide carbonique. On peut opposer à cette théorie une objection à laquelle il est bien difficile de répondre. Dans la fermentation ordinaire, celle qu'on détermine dans la fabrication de la bière, on retire après l'opération beaucoup plus de ferment qu'on n'en a employé : preuve que la transformation du sucre en alcool et acide carbonique n'est pas le résultat de la destruction du ferment, puisqu'au contraire ce dernier se régénère dans l'acte même de la fermentation.

Berzélius et Mitscherlich ne partagèrent pas l'opinion de Liebig. Ces savants ne virent dans la fermentation qu'une action de contact. Suivant eux le dédoublement du sucre s'opère par le contact des globules du ferment qui exercent sur le liquide sucré une action analogue à celle que produit la fibrine lorsqu'on la met en rapport avec l'eau oxygénée. Nous devons ajouter que cette opinion rencontra peu de partisans, et l'intervention de la force catalytique ne parut pas suffisante pour expliquer ce que le phénomène présentait encore d'obscur.

Après avoir fait connaître les diverses opinions qui ont été émises par les savants au sujet de la fermentation alcoolique, il nous reste à exposer le résultat de nos recherches sur ce sujet. Nous le ferons en développant une série de propositions que nous avons cherché à établir sur des données expérimentales.

Le ferment est une substance organisée qui se développe au milieu de liquides sucrés dont il détermine la transformation en alcool et acide carbonique. — M. Cagniard-Latour a parfaitement constaté que les globules du ferment étaient organisés ; il a pu même suivre leur développement en plaçant sur le porte-objet du microscope une goutte d'eau contenant de la levûre de bière. Il y a vu ces globules grossir, s'accroître et atteindre un diamètre de 1/100 de millimètre et bientôt émettre d'un point de leur surface un petit bourgeon qui devient bientôt lui-même un globule, lequel finit par se détacher de celui qui lui a donné naissance. D'autres fois, au contraire, ces globules restent adhérents les uns aux autres et constituent une sorte de végétal rameux auquel on a donné le nom de *torvula cervisiæ*.

Ce végétal, cause immédiate de la fermentation, a besoin pour vivre du contact de l'oxygène, ainsi que le prouve la célèbre expérience de M. Gay-Lussac ; il a également besoin d'azote qu'il emprunte aux matières azotées avec lesquelles il se trouve en rapport. En effet, le ferment a été analysé par plusieurs chimistes et en particulier par M. Dumas, qui a reconnu que cette matière renfermait dans sa composition les principes suivants :

$$
\begin{array}{lr}
\text{Carbone} & 50.6 \\
\text{Hydrogène} & 7.3 \\
\text{Azote} & 15.0 \\
\left.\begin{array}{l}\text{Oxygène} \\ \text{Soufre} \\ \text{Phosphore}\end{array}\right\} & 27.1 \\
\hline
& 100.0
\end{array}
$$

Il est évident, d'après cela, que si cette matière organisée se multiplie au sein d'un liquide, c'est qu'elle a dû trouver dans ce liquide les principes nécessaires à son développement et en particulier de l'azote. C'est là ce qui explique pourquoi du ferment introduit dans de l'eau sucrée y détermine une fermentation peu active, se multiplie lentement dans ces conditions et cesse même au bout de peu de temps d'exercer son action sur le sucre. C'est que le ferment n'ayant pas trouvé dans ce liquide les matériaux indispensables à sa nutrition, après avoir végété avec peine pendant quelque temps, se dépose au fond du vase avant que l'action exercée sur le sucre soit épuisée. Pour rendre au ferment toute son énergie, il suffit d'ajouter à la liqueur une certaine quantité de matière azotée telle que de la caséine, de l'albumine ou du gluten, substances qui se trouvent naturellement dans la décoction d'orge germée, et on voit alors le ferment se développer avec énergie, la fermentation reprendre son activité et ne cesser que lorsque le sucre a été complétement transformé en alcool et acide carbonique.

Le ferment qui se développe dans ces conditions et qui emprunte à la matière azotée une partie de ses aliments a-t-il besoin pour vivre du sucre qui existe dans le liquide, ou bien ce sucre ne joue-t-il aucun rôle dans la nutrition du mycoderme, et ne fait-il que recevoir le mouvement communiqué par le développement du végétal, enfin ce mouvement est-il suffisant pour le dédoubler en alcool et acide carbonique? Telle est la question importante qui a été soumise à la sagacité des chimistes et qu'ils ont résolue diversement. Si, ainsi que cela résulte des expériences de Lavoisier, Gay-Lussac, Thénard, et beaucoup d'autres savants, la somme des quantités d'alcool et d'acide carbonique que l'on recueille à la suite d'une fermentation est précisément égale à la quantité de sucre employé, il est évident que les éléments du sucre n'ont pas dû intervenir dans la nutrition du mycoderme, qui puiserait dans ce cas tous ses éléments dans la substance azotée avec laquelle il se trouve en rapport.

La détermination exacte de la quantité d'alcool qui se produit dans la fermentation est assez difficile, mais il n'en est pas de même de celle de l'acide carbonique. On peut recueillir ce gaz dans un tube contenant de la ponce imprégnée d'une solution de potasse, et obtenir, au moyen de la balance, le poids du gaz dégagé dans l'acte de la fermentation, ou bien encore doser ce gaz en volume, ainsi que nous l'avons fait par un procédé dont nous allons faire connaître les détails.

Mais, auparavant, disons quelques mots de l'équation par laquelle on représente, ainsi que le voulait Lavoisier, d'un côté les substances employées, de l'autre les produits recueillis. Le sucre incristallisable, celui qui entre immédiatement en fermentation, a pour expression de sa composition la formule $C^{12} H^{12} O^{12}$. Si ce sucre se dédouble purement et simplement en alcool et acide carbonique, on doit avoir l'équation

$$C^{12} H^{12} O^{12} = 2 (C^4 H^6 O^2) + 4 CO^2.$$

Si c'est du sucre de cannes qui est soumis à l'action du ferment, il doit s'assimiler d'abord un équivalent d'eau, puis se dédoubler de la même manière :

$$C^{12} H^{11} O^{11} + HO = 2 (C^4 H^6 O^2) + 4 CO^2.$$

De cette égalité, il résulte que 1 gr. sucre de cannes doit fournir 0 gr. 514 ou 259 centimètres cubes d'acide carbonique.

Pour vérifier ce résultat du calcul, nous avons opéré de la manière suivante : nous avons dissous 10 gr. de sucre dans 100 gr. d'eau; nous avons ajouté 4 gr. de levûre en pâte et une certaine quantité d'eau provenant du lavage de la levûre fraîche; nous avons pris 1/10 en volume de ce liquide, qui renfermait, par conséquent, 1 gr. de sucre, et nous l'avons introduit dans un tube barométrique d'une assez grande capacité, et qui contenait une petite quantité d'air; ce tube fut placé d'ailleurs au-dessus d'une cuvette profonde. Après avoir abandonné à lui-même l'appareil, qui se trouvait à une température qui a varié de 20 à 25 degrés, nous observâmes qu'au bout de huit jours le liquide ne laissait plus dégager de gaz, et que le volume occupé par ce fluide, ramené à la température de 0 degré et à la pression de $0^m.760$, était de 258°°, volume à peu près complétement d'accord avec celui qu'exigeait l'équation dont nous avons précédemment parlé.

D'après cette expérience, que nous avons cru devoir répéter plusieurs fois et qui nous a toujours donné le même résultat, nous nous sommes cru en droit d'admettre que le ferment n'emprunte rien au sucre qui se dédouble purement et simplement en alcool et acide carbonique.   .

Le carbone nécessaire au ferment est également pris par lui à la matière azotée, et on ne voit pas bien, en effet, quelle serait la cause pour laquelle le végétal mycodermique emprunterait un de ses éléments à l'un des corps et l'autre à un autre corps. On conçoit fort bien que, dans le cas où la matière azotée ne contiendrait pas de carbone, le mycoderme puisse agir sur le sucre, et alors on doit trouver, ce que du reste l'expérience confirme, que l'équation précédente ne se vérifie plus. On peut, en effet, déterminer une fermentation et favoriser le développement des globules, en leur fournissant de l'azote sous une forme différente de celle que nous avons employée jusqu'à présent, c'est-à-dire sous la forme de matière albumineuse ou caséeuse. Nous avons, comme précédemment, dissous 10 gr. de sucre dans 100 gr. d'eau, et nous y avons introduit 4 gr. de levûre en pâte et une dissolution contenant 5 gr. d'azotate d'ammoniaque. Nous avons pris 1/10 de ce liquide que nous avons introduit dans notre tube barométrique, et nous avons constaté que la fermentation s'était parfaitement établie et que le ferment avait trouvé dans ce mélange les éléments nécessaires à sa nutrition. Cependant le volume d'acide carbonique n'a pas été le même que dans le cas précédent, il a été seulement de 210°°. Il manque, par conséquent, 48°° d'acide carbonique, ce qui nous apprend qu'une partie des éléments du sucre ont dû être employés à la nutrition du végétal, lequel ne pouvait trouver ailleurs le carbone nécessaire à son développement.

Ainsi donc, d'après les résultats que nous avons obtenus, nous sommes conduit à admettre que lorsque des matières neutres azotées se trouvent en rapport avec le ferment, elles lui fournissent les éléments nécessaires à son développement, et il ne les emprunte au sucre que dans le cas où les matières azotées ne peuvent les lui céder.

Cependant, dans la fermentation alcoolique, il se produit autre chose que de l'alcool et de l'acide carbonique. En effet, si on examine le liquide dans lequel la fermentation s'est produite, on trouve que ce liquide est fortement acide. Lavoisier croyait que cette acidité était due à la présence de l'acide acétique contenu dans la liqueur fermentée. D'autres chimistes, après lui, ont cru qu'il fallait attribuer l'acidité du liquide à la présence de l'acide lactique. M. Pasteur a démontré que cette réaction était due à l'acide succinique.

Nous avons cherché aussi à déterminer la nature des substances qui semblent se former pendant l'acte de la fermentation, et nous avons opéré sur un liquide dans lequel s'était produit la fermentation alcoolique et composé d'eau sucrée, de levûre de bière et d'eau provenant du lavage de cette levûre. Le liquide fermenté a été saturé avec de l'eau de baryte, et le résultat de ce traitement évaporé jusqu'à consistance sirupeuse. Ce résidu a été traité ensuite par un mélange d'alcool et d'éther dans lequel s'est dissous une certaine quantité de matière grasse dont nous ferons plus tard connaître la nature, et, en outre, il est resté un sel de baryte qui, additionné d'acide sulfurique, a abandonné un acide sirupeux qui, desséché dans le vide, n'a pas cristallisé. Cet acide possède toutes les propriétés qui servent à caractériser l'acide succinique, et comme il a été étudié avec un soin tout particulier par M. Pasteur, nous avons admis, d'après lui, que de l'acide succinique se forme dans l'acte de la fermentation.

Ce qui nous porte surtout à admettre que l'acide et la matière grasse qui ont pris naissance pendant la fermentation proviennent des matières albuminoïdes, c'est que nous avons constaté que ces matières, soumises seules à l'action des mycodermes, éprouvent des modifications à la suite desquelles il y a presque toujours formation de matière grasse.

Pendant la fermentation il y a production de matière grasse. — En examinant avec soin les produits qui se forment pendant le temps que la fermentation s'accomplit, nous avons été conduit à reconnaître que ce phénomène est plus complexe qu'on ne l'avait cru à l'origine. Ce n'est pas seulement le sucre qui éprouve une modification de la part du ferment, mais encore la matière albumineuse, qui doit se trouver associée au sucre pour que la fermentation soit complète, qui subit également une modification profonde. Elle se change en partie en matière grasse, et cette dernière se transforme elle-même sous l'influence de la levûre de bière en acide gras et glycérine.

Le ferment qui se développe dans les conditions que nous avons mentionnées emprunte à la matière azotée une partie de ses éléments et associe les autres sous forme de matière grasse, dont il est facile de constater la présence dans tout liquide qui a subi la fermentation. M. Payen, qui s'est occupé de l'étude du ferment, a constaté que cette matière, alors qu'elle a été séchée à l'étuve, peut abandonner à un mélange d'alcool et d'éther une certaine quantité de matière grasse, ainsi que cela résulte de l'analyse de la levûre de bière faite par ce savant chimiste.

Analyse de la levûre de bière faite par M. Payen :

Matière azotée................	62.73
Enveloppes de cellulose........	29.37
Substances grasses............	2.10
Matières minérales............	5.80
	100.00

Nous avons cherché à vérifier l'exactitude des résultats obtenus par M. Payen; pour cela, nous avons fait choix de levûre fraîche et de bonne qualité, et, après l'avoir desséchée dans le vide de la machine pneumatique, nous en avons pris un poids de 10 gr. que nous avons traités à chaud par un mélange d'alcool et d'éther : la levûre a abandonné à ce liquide 0 gr. 215 de matière grasse, résultat à peu près identique à celui qui a été obtenu par M. Payen.

Après avoir introduit dans un liquide sucré et additionné d'une certaine quantité de sérum de la levûre de bière, et après avoir laissé la fermentation se terminer, nous avons recueilli sur un filtre la levûre qui avait servi à la produire, et, après l'avoir desséchée par le même procédé que la levûre fraîche, nous l'avons traitée par un mélange d'alcool et d'éther qui a enlevé à 10 gr. de cette levûre 0 gr. 325 de matière grasse ou 3.25 pour 100, ce qui prouve que dans l'acte même de la fermentation il s'est produit une certaine quantité de matière grasse. Nous avons recueilli cette matière en quantité suffisante pour pouvoir en faire l'analyse élémentaire, qui nous a conduit aux résultats suivants :

	Expérience.	Calcul.
Carbone.....................	42.29	43.76
Hydrogène................	6.53	6.21
Oxygène.....................	51.18	50.03
	100.00	100.00

La composition de cette substance peut donc être représentée par la formule $C^{14}H^{12}O^{12}$, qui est celle de la succinine, laquelle peut, en se saponifiant, se dédoubler en acide succinique et glycérine. Or, M. Pasteur a découvert dans les produits de la fermentation de l'acide succinique et de la glycérine, et cette découverte très-importante vient confirmer celle que nous avions faite nous-mêmes de la production d'une matière grasse dans l'acte de la fermentation alcolique.

Non-seulement le ferment est susceptible de produire de la matière grasse, mais il peut encore la saponifier. — La première action du ferment sur la matière albuminoïde consiste, ainsi que nous venons de le dire, à transformer une portion de cette dernière en matière grasse; mais son action ne se borne pas à cela, la matière grasse se dédouble et se transforme en acide gras et glycérine, et c'est là ce qui explique la présence de la glycérine et de l'acide succinique dans les produits de la fermentation.

Ce fait si curieux de la saponification d'une matière grasse sous l'influence d'un ferment, fait de même ordre que la transformation du sucre en alcool et acide carbonique, nous a paru assez curieux pour mériter un examen tout spécial. C'est dans ce but que nous avons introduit dans un liquide où se trouvaient déjà du sucre et de la levûre de bière une certaine quantité de beurre, puis, après avoir abandonné ce mélange à lui-même jusqu'à ce que la fermentation fût terminée, nous avons retrouvé dans les produits de cette fermentation non-seulement de la glycérine, mais encore les acides succinique, caprique et caproïque, ces deux derniers provenant sans aucun doute du dédoublement des corps gras contenus dans le beurre.

D'après ces résultats, on serait tenté d'admettre que la transformation qu'éprouve le sucre sous l'influence du ferment n'est qu'une sorte de saponification, et on serait ainsi conduit à considérer la constitution du sucre de cannes comme étant analogue à celle des corps gras et formé, par conséquent, d'alcool et d'acide carbonique moins un équivalent d'eau :

$$C^{12} H^{11} O^{11} = 2 (C^4 H^6 O^2) + 4 CO^2 - HO.$$

Le ferment qui détermine la fermentation alcoolique est-il toujours de même nature? — Il y a, comme on sait, beaucoup de substances qui sont susceptibles d'éprouver la fermentation alcoolique; ainsi le jus de raisin, celui des pommes et des poires, le sucre de betteraves, abandonnés à eux-mêmes, ne tardent pas à fermenter, surtout lorsque la température est suffisamment élevée. Est-ce le même ferment qui, dans ces diverses circonstances, détermine la transformation du sucre en alcool et acide carbonique, et ce ferment est-il le même que celui que nous avons précédemment examiné et qui se multiplie pendant la fermentation de la décoction de malt, celui, en un mot, que nous avons désigné, avec M. Cagniard-Latour, sous le nom de *torvula cervisiæ.*

Pour répondre à cette question, nous avons dû examiner la lie du vin, celle du cidre, celle qui se produit au fond des cuves dans lesquelles on fait fermenter le jus de betteraves, et, dans tous ces cas, nous avons reconnu, au moyen du microscope, que les différentes espèces de lie contiennent un nombre considérable de ces mêmes globules que nous avons déjà mentionnés, lesquels ne diffèrent, ni sous le rapport de la forme, ni sous le rapport des dimensions, de ceux du *torvula cervisiæ*, ce qui nous a conduit à admettre que la fermentation alcoolique est généralement produite par le même mycoderme.

M. Colin, dans un mémoire qu'il publia en 1825, prétendit que la fermentation alcoolique pouvait se développer sous l'influence des matières animales les plus diverses, telles que le caséum, le gluten, la fibrine, la gélatine, la présure, etc.; mais il paraîtrait que ces substances ne sont que la cause indirecte de la fermentation et qu'elles servent uniquement à la nourriture du végétal mycodermique, que l'on retrouve toujours en grande abondance dans le liquide qui a subi la fermentation alcoolique. C'était, du reste, ce que M. Turpin avait parfaitement constaté, et dont il rendit compte à l'Académie des sciences dans le rapport qu'il fut chargé de faire au sujet des recherches de M. Cagniard-Latour.

Cependant nous avons voulu faire quelques expériences directes, afin de savoir s'il n'y avait que la levûre de bière qui fût capable de déterminer la fermentation alcoolique. Nous avons mis de l'eau sucrée en rapport avec le sang, et nous avons constaté que les globules contenus dans ce liquide déterminaient la fermentation alcoolique avec autant d'énergie que les globules de levûre de bière, surtout lorsque la température était assez élevée et se rapprochait de celle du corps de l'homme. Les globules paraissaient s'être multipliés dans le milieu sucré sans avoir changé de forme, car, après la fermentation, les globules contenus dans le liquide fermenté étaient semblables aux globules du sang et beaucoup plus petits que ceux de la levûre de bière et différant complétement, par leur forme, de ces derniers.

D'après les résultats de cette expérience, il n'y a plus de doute pour nous que les globules du sang constituent un ferment tout à fait analogue à la levûre de bière, et qui, se développant dans les mêmes conditions que cette levûre, produisent sur les matières organiques, et en particulier sur le sucre, les mêmes effets. Dans la chair musculaire, dans le lait, et dans le caséum, se trouvent des globules analogues à ceux qui sont contenus dans le sang, par suite on se rend compte des résultats obtenus par M. Colin, et on est porté à admettre, avec lui, qu'il existe plusieurs espèces de matières organisées qui sont susceptibles de déterminer la fermentation alcoolique.

Mais ces globules organisés capables de déterminer la fermentation alcoolique ne sont pas les seuls qui existent dans le ferment, il en est d'autres qui attendent généralement pour exercer leur action que celle des premiers soit épuisée. C'est ainsi qu'après avoir abandonné à lui-même le flacon dans lequel nous avions déterminé la fermentation alcoolique au moyen des globules du sang, nous avons vu le liquide contenu dans ce flacon se recouvrir de ces vé-gétations mycodermiques blanches que l'on nomme *mycoderma vini*, et qui déterminent la transformation de l'alcool en acide acétique.

Il est encore d'autres germes qui, lorsque les conditions sont favorables, peuvent se déve-lopper et modifier la nature de la fermentation; c'est ce qui arrive en particulier pour le jus de la betterave, qui, quelquefois abandonné à lui-même, n'éprouve pas la fermentation alcoo-lique, mais bien une autre espèce de fermentation dont nous nous occuperons d'une manière spéciale, et que l'on désigne sous le nom de *fermentation lactique*. La fermentation alcoolique se développe partout dans les jus à réaction acide, la fermentation lactique dans les jus sucrés à réaction alcaline. Il en résulte que lorsque des betteraves ont végété dans des ter-rains contenant des alcalis, et que, par suite, le jus qu'on en extrait possède une réaction neutre ou alcaline, le ferment qui se développe avec le plus d'activité est celui qui transforme le sucre en acide lactique. Quelquefois les deux fermentations marchent parallèlement l'une à l'autre, et c'est ce qui fait qu'on retrouve dans les liquides qui ont subi la fermentation al-coolique une certaine quantité d'acide lactique. Ce fait, signalé il y a déjà longtemps par M. Dubrunfaut, n'avait pas reçu jusqu'à présent d'explication satisfaisante.

Le ferment qui détermine la transformation du sucre est-il contenu dans les fruits sucrés ou bien est-il apporté par l'air? — Il est encore une question importante qui se rattache à l'étude des fermentations et que nous devons examiner brièvement, car nous nous proposons d'y revenir plus tard. Le ferment qui détermine la transformation des jus sucrés en alcool et acide car-bonique se trouve-t-il toujours associé à ces jus, ou bien peut-il leur être apporté de l'exté-rieur? Fabroni avait déjà dit, en 1799, que la matière qui décompose le sucre est une substance végéto-animale qui réside dans des utricules particuliers, dans le raisin comme dans le blé. En écrasant le raisin, on mêle cette matière glutineuse avec le sucre comme si on versait un acide et un carbonate dans un vase, et aussitôt que les deux matières sont en contact, l'effer-vescence ou la fermentation y commence, comme cela a lieu dans toute autre opération de chimie.

Une expérience journalière vient confirmer l'explication de Fabroni. On sait, en effet, qu'il suffit de briser les cellules des fruits pour mettre en rapport le liquide fermentescible et le ferment qui doit en opérer la transformation; mais toutes les fois que les liquides sucrés ne contiennent pas naturellement les germes qui doivent agir sur le sucre, on doit les y intro-duire si on veut opérer leur transformation. Ainsi, l'eau sucrée produite par la décoction du malt ne pourrait fermenter si on ne plaçait dans son intérieur une certaine quantité de levûre de bière. La fermentation panaire ne se développerait pas non plus dans la pâte de la farine si on n'avait soin de la mélanger avec une certaine quantité de levûre; et enfin, l'eau sucrée exposée même pendant fort longtemps au contact de l'air n'entre point en fermentation alcoolique. Tous ces résultats s'accordent pour prouver que le ferment accompagne générale-ment les liquides fermentescibles et ne lui est point apporté par l'air.

Dans l'acte de la fermentation alcoolique, une partie de l'alcool est brûlée et transformée en acide azotique. — Nous avons eu occasion de rappeler que M. Thénard avait observé que certaines fermentations se produisant dans des conditions particulières avaient pour effet la destruction d'une partie du ferment, et que ce qui restait comme résidu de cette substance n'était plus azoté, ce qui avait conduit cet habile chimiste à se demander ce qu'était devenu l'azote de la matière organisée, sans qu'il pût trouver une réponse à la question qu'il s'était posée.

M. Döbereiner crut avoir résolu la difficulté en avançant qu'il avait fréquemment rencontré des sels ammoniacaux dans les liquides qui avaient subi la fermentation, et, d'après ce chimiste, il fut généralement admis que, dans l'acte de la fermentation, le ferment était détruit en partie et que l'azote de cette substance se transformait en ammoniaque. Or, dans cette manière de voir, il y a, suivant nous, deux erreurs qu'il est important de combattre. D'abord, ce n'est que dans des cas exceptionnels que le ferment se détruit, et lorsque cette circonstance se présente, ce ne sont point des sels ammoniacaux qui prennent naissance, mais bien des azotates.

Lorsqu'on introduit dans un liquide sucré une certaine quantité de levûre de bière sans addition de matières albuminoïdes qui puissent servir au développement du ferment, il n'y a dans ce cas à se développer que les globules les plus jeunes, ceux qui possèdent une énergie vitale plus considérable et qui se nourrissent aux dépens de ceux moins fortement organisés, et dont les dépouilles ne présentent plus qu'une enveloppe blanchâtre qui paraît être formée de cellulose. D'après cela, on devrait retrouver dans les globules survivants tout l'azote qui existait dans le ferment introduit. Or, cela n'a pas lieu, il y a perte d'azote, ainsi que nous l'avons constaté en employant le procédé d'analyse de MM. Will et Warrentrapp. Nous prîmes une dissolution de 10 gr. de sucre dans 200 gr. d'eau que nous mîmes en rapport avec 1 gr. de levûre sèche, dont la même quantité, soumise à la distillation en présence de la chaux sodée, nous avait donné 0 gr. 18 d'ammoniaque. Après la fermentation, nous recueillîmes sur un filtre le résidu insoluble et le traitâmes, après l'avoir desséché, de la même manière que la levûre fraîche, et nous ne recueillîmes plus que 0 gr. 12 d'ammoniaque. 0 gr. 06 de ce gaz avait donc disparu, et il était intéressant de rechercher ce qu'ils avaient pu devenir. Or, en analysant le liquide qui avait passé au travers du filtre, nous reconnûmes que ce liquide contenait 0 gr. 170 d'azotate de potasse, ce qui nous apprenait que dans l'acte de la fermentation une certaine quantité de l'azote du ferment était brûlée et transformée en acide azotique.

Cette circonstance éveilla naturellement notre attention et nous porta à rechercher si en introduisant dans un liquide sucré un sel d'ammoniaque, tel, par exemple, que du carbonate de cette base, ce sel n'éprouverait pas la transformation que nous venons d'indiquer. Ayant ajouté à du liquide sucré une petite quantité de carbonate d'ammoniaque une fois la fermentation terminée, nous avons cherché en vain la présence du carbonate d'ammoniaque, qui avait été remplacé par de l'azotate d'ammoniaque et de potasse.

Ce résultat nous a paru des plus importants à signaler, car il nous apprend que les globules du ferment pendant leur développement ne se bornent pas à dédoubler le sucre et à modifier la nature des matières organiques avec lesquelles ils se trouvent en rapport, mais encore qu'ils agissent sur les substances inorganiques, déterminent leur combustion soit aux dépens des éléments de l'air, soit aux dépens de l'oxygène contenu dans la matière organique, et transforment ainsi en acide azotique une partie de l'azote avec lequel ils se trouvent en rapport, de telle sorte que le phénomène de la nitrification se trouverait lié à celui de la fermentation, en ce sens qu'il serait dû à une même cause, au développement de ces petits êtres qui jouent un si grand rôle dans tous les phénomènes de décomposition et de combustion.

Un chimiste très-distingué, dont les travaux ont fait justement beaucoup de bruit et qui en a reçu la récompense la plus flatteuse et la mieux méritée, a cru, lui aussi, que l'étude des fermentations lui fournirait une mine féconde de découvertes, et s'est engagé, en 1859, dans une voie que je suivais depuis 1843. M. Pasteur a reconnu, ainsi que moi, que les fermentations étaient le résultat de végétations mycodermiques; mais il est arrivé à des conséquences bien différentes lorsqu'il a examiné les produits de dédoublement du sucre sous l'influence de ces mycodermes. Au lieu d'obtenir ce résultat que le sucre se dédouble dans l'acte de la fermentation en alcool et acide carbonique, il a trouvé dans tous les liquides qui avaient été soumis à l'action du ferment, de la glycérine et de l'acide succinique, et il en a conclu que l'équation à l'aide de laquelle on cherche à rendre compte de la transformation du sucre n'était pas aussi simple que celle qui avait été admise par Lavoisier, Gay-Lussac, Thénard, et que nous croyons avoir nous-même vérifiée.

M. Pasteur admet que tout le sucre n'est pas transformé en alcool et acide carbonique, qu'une partie, 5 à 6 pour 100 environ, échappe à cette action et est transformée en acide succinique, glycérine et acide carbonique, et il établit de la manière suivante l'égalité entre la quantité de sucre qui a été soumise à la fermentation et les produits obtenus à la suite de cette opération.

$$49\,C^{12}H^{11}O^{11} + 109\,HO = 12\,C^8H^6O^8 + 72\,C^6H^8O^6 + 60\,CO^2.$$

Sucre.   Eau.   Ac. succinique.   Glycérine.   Ac. carbonique.

Cette formule s'accorde assez bien avec les résultats des expériences de M. Pasteur.

Mais alors, comment expliquer les faits que j'ai signalés? comment se fait-il que j'aie retrouvé tout l'acide carbonique qui devait résulter d'une transformation complète du sucre en alcool et acide carbonique? Comment, d'un autre côté, contester des assertions qui s'appuient sur des expériences faites avec le plus grand soin par un habile chimiste? J'avoue que j'éprouve dans cette circonstance un embarras dont il me paraît difficile de sortir; il me faudrait pour cela renoncer à ma théorie, qui me semble aussi basée sur des observations exactes. Aussi, je laisse à d'autres le soin de décider la question, et, heureux de me trouver sur d'autres points en accord complet avec le savant chimiste de l'École normale, je citerai quelques phrases du mémoire qu'il a publié sur la fermentation alcoolique, et qui viennent à l'appui des théories que j'ai exposées.

« Je suis donc très-porté à voir dans l'acte de la fermentation alcoolique un phénomène « simple, unique, mais très-complexe, comme peut l'être un phénomène corrélatif de la vie, « donnant lieu à des produits multiples tous nécessaires.

« Les globules de levûre, véritables cellules vivantes, auraient pour fonction physiologique « corrélative de leur vie la transformation du sucre, à peu près comme les cellules de « la glande mammaire transforment les éléments du sang dans les divers matériaux du lait, « corrélativement à leur vie et aux mutations de leurs tissus.

« Mon opinion la plus arrêtée sur la nature de la fermentation alcoolique est celle-ci : « l'acte chimique de la fermentation est essentiellement un phénomène corrélatif d'un acte « vital, commençant et s'arrêtant avec ce dernier. Je pense qu'il n'y a jamais fermentation « alcoolique sans qu'il y ait simultanément organisation, développement, multiplication de « globules, ou vie poursuivie, continuée, de globules déjà formés. L'ensemble des résultats « de ce mémoire me paraît en opposition complète avec les opinions de MM. Liebig et Ber- « zélius. »

———————

ACADÉMIE DES SCIENCES

Séance du 7 septembre. — M. Milne Edwards présente la première partie du huitième volume de ses leçons sur la physiologie et l'anatomie comparée de l'homme et des animaux. Dans ce fascicule l'auteur termine l'histoire des fonctions de nutrition.

— M. Emile Blanchard présente, de la part de l'un des correspondants étrangers de l'Académie, M. A. V. Nordmann, professeur à l'Université de Helsingfors, un mémoire imprimé, relatif à des moules comestibles (*mytilus edulis*) gigantesques recueillis sur les côtes de l'île d'Edgecombe, près Sitcha (Amérique Russe). Il signale à cette occasion quelques-unes des circonstances dans lesquelles des animaux sans vertèbres et même certains vertébrés, comme les poissons, peuvent acquérir des dimensions dépassant infiniment les limites ordinaires.

Rappelant, d'autre part, que la Syrie est une région du monde où l'on rencontre des insectes orthoptères de grande taille, M. Emile Blanchard met sous les yeux de l'Académie une espèce de la famille des locustides et du genre saga, recueillie aux environs d'Alep, dont les proportions dépassent beaucoup celles de ses congénères connus actuellement. Ce remarquable insecte a été offert ces jours derniers au Muséum d'histoire naturelle par M. Delair.

— Sur le lemming de Norwége. Note de M. Guyon. — Le genre lemming constitue un groupe de petits mammifères tous répartis dans les régions boréales et tous aussi remarquables sous différents rapports, notamment sous celui de leurs émigrations. Ces émigrations sont non périodiques, comme celles de la sauterelle voyageuse, et s'accompagnent, comme elles, de ravages plus ou moins considérables sur les points de leur parcours. Seulement les ravages du lemming se font pendant les ténèbres de la nuit, tandis que ceux de l'insecte voyageur se font au grand jour.

Le lemming de Norwége habite le sommet des montagnes, où il se nourrit principalement de lichens et de mousses. Comme tous ses congénères, il dort le jour et ne s'éveille qu'à l'approche de la nuit. Il est alors d'une activité qui déborde, pour ainsi dire, tout son être : il se meut dans tous les sens à la fois, en déchirant, rongeant et murmurant.

Le lemming, malgré sa délicate existence, est plein de force et de courage. Il fuit d'abord, si on le poursuit; mais bientôt il s'arrête et fait vive défense, à l'aide de ses griffes et de ses dents qui mordent profondément. Cette défense s'accompagne de cris très-aigus, et qui ne sont pas sans inspirer quelque crainte, lorsqu'on veut saisir le petit mammifère.

L'émigration du lemming a beaucoup préoccupé les naturalistes. On a dit que, dans ses émigrations, il suivait une direction invariable, toujours en ligne droite; qu'aucun obstacle ne l'arrêtait dans sa marche, ni fleuve ni montagne; que les fleuves étaient traversés à la nage, les montagnes gravies ou contournées, etc. Selon toutes les probabilités, la direction qu'il suit dans ses émigrations lui est donnée par la déclivité ou pente du terrain; il descendrait donc toujours, dans sa marche, comme l'eau de ses montagnes.

Selon toutes les probabilités encore, à un moment donné, dans les années d'émigration, et comme répondant à un appel général, les lemmings descendraient de leurs montagnes respectives, se réuniraient à leur base et continueraient ainsi leur marche à travers le pays.

Jamais le lemming n'avait été vu vivant en France; M. Guyon a tenu à être le premier qui le fît voir à nos zoologistes. Il en présente un à l'Académie, le seul qui lui reste sur cinq individus qu'il avait emmenés avec lui. Cette vue excite l'intérêt des membres présents à la séance. M. Chevreul n'est pas le moins empressé à se diriger vers ce curieux animal, et déjà il est classé dans son esprit.

— Sur une ostéographie des sirènes, accompagnée d'une ostéologie des pachydermes et des cétacés. Note de M. J.-F. Brandt. — Dans cette séance, toute consacrée aux bêtes, M. Brandt a aussi présenté quelques observations sur l'elasmotherium, animal fossile dont on ne connaît, dit-il, d'une manière bien certaine jusqu'à présent que la moitié d'une mandibule conservée dans le Muséum de l'Université de Moscou, mais qui manque de deux dents, et une mâchelière déposée dans le Muséum de l'Académie impériale des sciences de Saint-Pétersbourg. Or, M. Brandt, dans une visite qu'il a faite au Muséum de l'Université de Charkow, où nous avons pour abonné M. Lapchine, professeur très-distingué de cette Université, a découvert cette dent, qui paraît avoir été trouvée dans le pays des Cosaques du Don. M. Brandt la dépose sur le bureau de l'Académie.

— Sur un monstre simple dans la région moyenne, double supérieurement et inférieurement; par M. Camille Dareste.

Sur l'infection purulente; par M. Batailhé. — Dans cette note, l'auteur s'attache à démon-

trer, par des expériences qu'il a faites sur des chiens, la puissance toxique énorme qu'exercent les liquides putréfiés. Cette puissance varie suivant le degré de putréfaction.

Il y a un moyen fort simple, dit l'auteur, de prévenir l'empoisonnement dit *infection purulente*. Il faut panser les plaies récentes à la façon des anciens : avec les alcools (alcool, eau-de-
vie, vulnéraire, vin, etc.), avec les baumes liquides (Foraventi, du commandeur, etc.), qui
empêchent la putréfaction des liquides, bouchent les veines et les lymphatiques ouverts. Dans
quelques cas exceptionnels même, il faut recourir aux caustiques, ou même au fer rouge,
dans les cas, par exemple, où il y a de grosses veines ouvertes et béantes.

Il faut faire l'application des mêmes principes à la fièvre puerpérale, qui est, elle aussi,
une infection putride des premiers jours, et traiter l'utérus d'une femme qui vient d'accou ·
cher comme l'on doit traiter une plaie récente. On sauverait ainsi quinze à vingt mille femmes
environ qui meurent tous les ans, en France, de la fièvre puerpérale.

On emploie aujourd'hui avec succès la solution de permanganate de potasse pour prévenir
les accidents auxquels sont sujettes les nouvelles accouchées. (Voir dans le n° du 15 septembre
l'article *Permanganate de potasse*.)

— Quelques faits pour servir à l'étude de l'eau de la pluie; par M. Robinet, et non Babinet,
comme l'a écrit cinq fois le *Constitutionnel* du 9 septembre. *Règle générale*, quand on parle des
eaux de Venise ou de Seine, des eaux dérivées de la d'Huis, des eaux de source, de pluie, ou
de l'eau des citernes et des puits, il faut penser ou à M. Grimaud de Caux, ou à M. Robinet,
et garder le nom de M. Babinet pour la *projection de Mollweide*, appelée par inadvertance *projection Babinet*, (Voir *Les Mondes*, 3 septembre n° 5, p. 128.) et pour ses articles sur l'autolocomotion dont l'abbé Moigno disait l'autre jour (*Mondes*, 17 septembre, page 167) que, par égard
pour sa vieille amitié avec l'auteur, il ne relèverait « *ni le fond si vide, ni la forme si légère, ni
le style si peu grammatical.* »

— Expériences sur l'action physiologique des sels de thallium. — Après le dernier mémoire
de M. Lamy sur les propriétés toxiques du thallium, la note suivante vient le compléter avec
beaucoup d'à-propos. Voici les conclusions contenues dans le mémoire de M. Paulet :

« 1° Le thallium est un poison dont l'action est beaucoup plus énergique que celle du
plomb; on peut le ranger parmi les métaux les plus vénéneux.

« 2° Le carbonate de thallium administré à forte dose (1 gramme) tue les lapins en quelques heures (première expérience);

« 3° Donné à plus faible dose, il tue en quelques jours en produisant un ralentissement de
l'action respiratoire et des troubles dans la locomotion (tremblement général et défaut de
coordination des mouvements);

« 4° Son action est la même, soit qu'on l'emploie en frictions sur la peau, soit qu'on l'injecte dans le tissu cellulaire sous-cutané; seulement, dans ce dernier cas, une très-faible
dose peut amener la mort (5 centigrammes);

« 5° Toutes les fois que son administration a déterminé la mort, les animaux paraissent
avoir succombé à l'asphyxie;

« 6° L'analyse spectrale est un très-bon moyen de déceler de très-faibles quantités de thallium dans les organes qui peuvent en contenir;

« 7° Enfin, le carbonate de thallium administré à très-faibles doses peut être toléré, et dans
ce cas son action ressemble beaucoup à celle des sels de mercure. Peut-être la thérapeutique pourrait-elle l'employer avec avantage là où les mercuriaux sont indiqués. »

— Sur les acides du vin, à propos d'une note de M. Maumené. M. Béchamp, qui, dans sa réponse à M. Pasteur (Voir *Monit. Scientif.*, livr. 158, p. 558), avait dit avec mauvaise humeur:
« Je désire que la discussion s'arrête là, car, à la fin, on ne saurait plus ce qui m'est personnel
dans cette recherche, » rentre en lice, mais cette fois avec M. Maumené, et il paraît moins
agacé. Voici ce que le chimiste de Montpellier réplique au chimiste de Dijon :

« Ce n'est pas de l'acidité des produits de la distillation des liqueurs fermentées que j'ai conclu à la formation de l'acide acétique, mais j'ai isolé cet acide lui-même et l'ai transformé en chlorure d'acétyle. J'ai plus de 100 grammes d'acétate de soude retiré de fermentations bien normales faites à l'abri de l'air. Moins de huit jours suffisent pour se convaincre de la réalité de ces faits. Avant de s'assurer si le vin contient normalement de l'acide acétique, il faut savoir si le moût de raisin que l'on emploie ne contient point déjà quelque acide volatil; car, parmi les éléments ou principes immédiats du même moût, les uns se retrouvent intacts dans le vin ou s'éliminent en partie, les autres se transforment. Eh bien! les moûts de tous les raisins que j'ai étudiés ou employés dans mes expériences contenaient un acide volatil, dont il faut tenir compte quand on veut déterminer la quantité totale d'acide acétique que fournit un vin. Je demande la permission de rapporter l'expérience suivante, que l'on peut facilement répéter maintenant que les vendanges sont sur le point de se faire partout.

« Deux litres de moût de raisin terret-bourret et un litre d'eau ont été mêlés; le mélange étant filtré a été distillé de façon qu'aucun point de la surface de l'appareil ne fût surchauffé. On a recueilli deux litres de produit; il rougit franchement, quoique lentement, le papier de tournesol; il a été saturé par la potasse caustique, réduit à 40 centimètres cubes environ, et distillé avec un léger excès d'acide phosphorique. Le résultat est un liquide très-acide qui pour la saturation exige 1^{cc}. 9 d'une liqueur au titre de 47 millièmes d'oxyde de potassium.

« D'autre part, $1,150^{cc}$. du même moût ont été mis à fermenter spontanément dans un appareil bien clos, presque plein et muni d'un tube abducteur plongeant dans l'eau. La température pendant la durée de la fermentation n'a pas dépassé 26 degrés. Au bout de quinze jours, bien que l'opération ne fût pas terminée et qu'il se dégageât encore de l'acide carbonique, que par conséquent on eût là, par surcroît, une garantie de la non-intervention de l'air, on a soumis le liquide fermenté à la distillation, après l'avoir filtré, et on a recueilli les 10 vingtièmes du produit. On a saturé par la potasse, évaporé, etc. Le résidu distillé avec l'acide phosphorique a fourni un liquide très-acide, qui a exigé 6^{cc}. 1 de potasse au même titre que plus haut : si nous retranchons de ce nombre 1^{cc}. 1, titre de l'acide volatil de 1,150 centimètres cubes du moût employé, il reste 5 centimètres cubes de dissolution alcaline pour représenter l'acide volatil produit par la fermentation. Si cet acide est l'acide acétique, sa quantité sera 0 gr., 3. La liqueur saturée a de nouveau été distillée avec l'acide phosphorique, l'acide obtenu a été transformé en sel de soude. La dissolution a été abandonnée à la cristallisation : elle se prit d'abord en gelée, grâce à la matière inconnue que j'ai déjà signalée dans ma première note, et peu à peu les cristaux d'acétate de soude parurent. Mais on peut faire une autre expérience pour se convaincre qu'il y a là de l'acide acétique. On dessèche le sel et on le traite dans un tube par un mélange éthérifiant d'alcool absolu et d'acide sulfurique concentré : le dégagement d'éther acétique peut convaincre les plus incrédules. Il suffit, comme on le voit, d'opérer sur dix litres de vin *bien fait*, pour obtenir assez d'acétate de soude pour répéter toutes les expériences qui caractérisent l'acide acétique. »

La note de M. Béchamp, et c'est pour cela que nous l'avons insérée en entier, nous paraît infirmer complétement ce que prétendait M. Pasteur, que l'on n'obtient jamais d'acide acétique par la fermentation alcoolique, et que cet acide est dû à la présence de mycodermes.

— Recherches sur le blé découvert à Pompéi; par M. L. DE LUCA. — Dans la même maison du boulanger où ont été trouvés les pains analysés par l'auteur, et dont nous avons rapporté les analyses dans notre précédente livraison, se trouvait également du blé, que l'auteur a aussi soumis à l'analyse. Ce blé, tout en conservant sa forme primitive, a perdu toute trace de produit organique, et ne contient ni gluten, ni amidon, ni sucre, ni matières grasses : il s'est décomposé de telle manière qu'on y retrouve encore tout l'azote et presque tout le carbone du blé ordinaire.

— M. DE PARAVEY présente à l'Académie quelques considérations sur l'existence d'un oiseau voisin de l'autruche, mais beaucoup plus grand et analogue à l'épiornis, qui serait signalé dans l'Encyclopédie japonaise.

Séance du 14 septembre. — M. Tremblay lit un mémoire ayant pour titre : *l'Artillerie rayée de sauvetage.* Le vieux marin, qui déjà ne s'était pas montré d'accord avec l'Académie à une première lecture, ne manque pas, quand on lui nomme des commissaires, de se récrier que cette commission ne fera pas plus son rapport que l'ancienne commission, que c'est un parti pris, qu'il le sait, et que ce qu'il désire, ce ne sont pas des commissaires muets, mais que l'Académie approuve sa Société d'assurance et de sauvetage et même y souscrive, que c'est là un acte de philanthropie, et qu'il ne comprend pas qu'il soit repoussé.

Le général Morin, qui présidait en l'absence de M. Velpeau, tient tête à la mauvaise humeur de M. Tremblay, et le marin, mécontent, se retire en raisonnant comme l'aurait fait *sous l'ancien* un vieux grognard.

— Sur les effets de la consanguinité, de la syphilis et de l'alcoolisme combinés et observés dans une même famille; par M. Guipon, présenté par M. Rayer. — Les faits exposés par l'auteur dans ce mémoire, et très-soigneusement observés par lui, l'ont conduit, dit le *Compte-rendu,* à des conclusions qu'il résume dans les termes suivants :

« 1° La consanguinité exerce une influence déprimante sur la force vitale, et notamment sur un de ses principaux et plus importants attributs, la puissance de reproduction ou de continuation de l'espèce.

« 2° Si la stérilité ne s'observe pas chez les consanguins, elle se constate du moins chez leur progéniture.

« 3° La consanguinité porte atteinte aux fonctions de relation et aux organes des sexes eux-mêmes, comme l'ouïe, la parole, ainsi que plusieurs observations l'ont démontré, et la vue, ainsi que les faits que j'ai reproduits plus haut le prouvent péremptoirement après d'autres faits du même genre.

« 4° Aidée de causes plus ou moins analogues dans leurs effets, telles que la syphilis et l'alcoolisme, elle peut produire des troubles profonds de l'innervation, de la vitalité, comme la paralysie et la gangrène spontanée.

« 5° L'intelligence elle-même peut participer à cette dégénérescence, et l'imbécillité ou un certain degré d'idiotie en résulter.

« 6° Une seule fonction, une seule faculté semble en être accrue, c'est le sens général, précisément celui dont le but final, la procréation, est le plus compromis. »

Nous croyons que, si les médecins qui ont à citer des exemples contraires aux observations de l'auteur prenaient la parole, ceux qui ont *horreur* de la consanguinité, comme l'abbé Moigno, par exemple, ne sauraient plus que dire. Nous comprenons que des consanguins d'une santé douteuse et d'une constitution altérée ne procréent pas entre eux de beaux types, mais il doit en être de même dans le camp opposé. Après avoir attaqué l'union des consanguins entre eux, on attaquera celle des nations entre elles, et l'on dira qu'une nation dégénère lorsqu'elle ne se croise pas avec une autre nation ; qu'il faut mêler le sang des Français avec celui des Allemandes ou des Mexicaines, et celui des Anglais avec celui des Juives, etc.

— M. Ravignot expose les bons résultats qu'il a obtenus dans le traitement des rétrécissements organiques de l'urètre par la méthode galvanocaustique thermique. Il y a une société de chirurgie où M. Ravignot aurait pu envoyer son observation avec plus de fruit pour lui.

— M. Baudin présente un *alcoomètre* accompagné d'une échelle densimétrique, qui résume ses travaux relatifs à cet instrument.

Cette présentation nous remet en mémoire les petits papiers en forme de circulaire que distribue de temps en temps M. Collardeau. Cet habile constructeur tape, comme un sourd qu'il est, sur M. Pouillet, qui continue à ne pas répondre à ses provocations. La dernière circulaire que nous avons reçue était tellement drôle et cocasse, qu'elle a éteint tout l'intérêt que nous avions un instant porté à cette espèce de mystère. Voilà, croyons-nous, le fond de la grande colère de M. Collardeau. Gay-Lussac l'a enrichi en associant, *un instant,* son nom avec le sien, et en construisant des alcoomètres avec lui ; on peut lire encore sur quelques-uns de ces instruments, datant du gros Louis XVIII, les noms de *Gay-Lussac et Collardeau, rue de la Cerisaie.* En bon négociant qu'il était, Gay-Lussac n'a confié ses nombres qu'à M. Collardeau et a fait approuver son instrument par le gouvernement. De là, grand commerce et petite fortune assez rondelette. Or, M. Collardeau veut toujours être seul à souffler pour la régie. Il ne veut pas qu'on touche à Gay-Lussac, qui est un dieu pour lui, et M. Pouillet, ayant eu des velléités d'être le Gay-Lussac de la régie de notre époque, il le bombarde de ses petits papiers qu'il envoie à tout le monde.

— M. Sière, qui, à l'exemple de M. Victor Meunier fils, a aussi étudié la forme globulaire des liquides, présente une thèse qu'il vient de subir sur cette question à la faculté des sciences de Besançon.

— Sur l'acide acétique des vins; par M. L. de Luca. — L'auteur rappelle qu'il a communiqué, le 8 août 1859, à l'Académie des sciences, un travail ayant pour titre : *Recherches chimiques sur les vins de Toscane,* et où l'on peut lire cette phrase : « Tous les vins de Toscane, sans exception, contiennent de l'acide acétique libre, qui sans doute est un des produits de l'oxydation de l'alcool. »

Le même M. de Luca donne la suite de ses recherches sur la formation de la matière grasse dans les olives. Il résulte de ses nombreuses pesées, « que le poids des olives augmente avec le progrès de la végétation jusqu'au mois de novembre, mais que leur noyau est le premier à se développer; son accroissement s'opère dans les premières périodes de la végétation, c'est-à-dire pendant les deux mois de juillet et d'août, et puis il reste stationnaire; et en effet, dans les mois successifs, il n'y a pas une variation sensible de poids. Au contraire, la pulpe augmente continuellement de poids jusqu'à la maturité complète du fruit.

« La quantité d'eau qui se trouve dans les olives diminue progressivement à leur maturité; aussi elle est de 60 à 70 pour 100 dans les premières phases de la végétation, tandis qu'elle ne s'élève qu'à 25 pour 100 à la dernière période de l'accroissement et de la maturité des olives.

« Il est à remarquer que lorsque le noyau n'augmente plus de poids, c'est alors précisément que la matière grasse s'accumule dans le fruit en plus grande proportion. »

— Note sur les propriétés calorifiques et expansives des gaz; par M. F. Reech. — L'auteur répond à deux notes de MM. Dupré et Clausius, qui ont contesté la généralité de ses équations. Il cherche à prouver que sa théorie, qui ne suppose pas *à priori* l'existence d'un équivalent . mécanique de la chaleur, conduit aisément aux équations de ces deux physiciens, et que cette théorie subsisterait encore si l'expérience venait à contredire l'un des principes admis au sujet de la température absolue et de l'équivalent, que l'on suppose être une quantité constante. M. Reech pense que les formules auxquelles il est arrivé serviraient à trouver les expressions de ces deux fonctions si on connaissait par l'observation les propriétés calorifiques et expansives des fluides élastiques; il attend avec impatience la publication des dernières expériences de M. Regnault sur les gaz. Ajoutons, à ce propos, que M. Cohen Stuart vient de publier, dans les *Annales de Poggendorff,* une note où il démontre que la loi de Gay-Lussac n'est qu'une conséquence des lois de Mariotte et de Mayer, combinées avec les deux théorèmes fondamentaux de la théorie mécanique de la chaleur.

— Recherches sur la chaleur chimique et la chaleur voltaïque; par M. F. Raoult. — L'auteur indique un procédé pour obtenir la chaleur W produite par un courant électrique dans le circuit entier. Il dispose dans un calorimètre une spirale formée d'un fil de platine qui s'enroule autour d'un tube de verre et aboutit, par deux tiges en cuivre, aux pôles d'une forte pile de Daniell; les pôles communiquent avec une boussole de sinus à fil long. On observe l'intensité f du courant dérivé dans la boussole, la chaleur c communiquée au calorimètre, l'augmentation p du poids de la lame de cuivre dans l'un des éléments de la pile, enfin, l'intensité F du courant produit dans la boussole par l'élément dont on veut connaître la chaleur voltaïque W, correspondant à la dissolution d'un équivalent de métal. On a ensuite

$$W = \frac{c \cdot 31.6}{p} \cdot \frac{F}{f} ;$$

31.6 est l'équivalent du cuivre. Quelques expériences calculées par cette formule ont donné 23,602 calories pour la chaleur voltaïque d'un élément Daniell (cuivre dans sulfate de cuivre, zinc dans sulfate de zinc). La chaleur dégagée par la substitution du zinc à un équivalent de cuivre dans une dissolution concentrée de sulfate de cuivre s'est trouvée égale à 23,564 calories. Il résulte de là que dans l'élément Daniell la chaleur voltaïque est égale à la chaleur chimique. Pour d'autres éléments, il existe une grande différence entre ces deux constantes ; ainsi, M. Raoult a trouvé pour un élément :

	CHALEUR	
	chimique.	voltaïque.
Zinc, acétate de zinc — plomb, acétate de plomb.......	15691	12438
Cuivre, azotate de cuivre — argent, azotate d'argent ...	16402	7789

— M. Faye présente les observations de M. Heis, de Munster, sur les étoiles filantes du 10 août. Il en est question dans la Revue d'astronomie.

— Sur l'égalité des pouvoirs émissif et absorbant; par M. de la Provostaye. — L'auteur, qui s'occupe depuis nombre d'années des propriétés calorifiques des corps, avait publié, dans les *Annales de chimie et de physique* de janvier, un mémoire sur l'égalité des pouvoirs émissif et absorbant, dans lequel il critique la démonstration qu'en donne M. Kirchhoff et essaye de lui substituer une autre plus rigoureuse. En même temps, il rappelle, dans ce mémoire, plusieurs théorèmes relatifs au même sujet, et qu'il avait énoncés longtemps avant le physicien allemand. La principale objection que M. de la Provostaye fait au raisonnement de M. Kirchhoff, c'est de s'appuyer sur cette hypothèse gratuite, que l'introduction d'un corps doué d'un pouvoir réflecteur absolu, dans une enceinte d'égale température, ne troublera pas l'équilibre des températures dans cette enceinte. Le principe essentiellement *expérimental* qu'on appelle la loi des échanges et d'après lequel on peut, sans troubler l'équilibre, introduire dans une pareille enceinte un corps pris à la même température, n'est applicable qu'aux corps réels susceptibles de se refroidir et de s'échauffer, mais non pas aux corps fictifs auxquels M. Kirchhoff attribue un pouvoir réflecteur absolu, à moins qu'on ne suppose implicitement, pour ces corps, l'existence du principe qu'il s'agit précisément de prouver. M. Kirchhoff a répondu, dans les *Annales* de juin, que l'hypothèse que son adversaire appelle gratuite est une simple conséquence de la loi des échanges. Mais nous croyons, avec M. de la Provostaye, qu'ici M. Kirchhoff tourne dans un cercle vicieux. C'est là, du reste, le défaut ordinaire des démonstrations indirectes, quel que soit le luxe d'intégrales dont on les affuble.

Il est vrai, M. Kirchhoff retourne la balle à son adversaire, dont les axiomes ne lui paraissent pas non plus évidents *à priori*. M. de la Provostaye se défend aujourd'hui à son tour. Voici comment il résume lui-même sa démonstration : Dans une enceinte dont tous les éléments sont noirs, sauf un seul w doué de pouvoir réflecteur, quand l'équilibre existe : 1° un élément noir quelconque w' envoie vers l'enceinte *entière* une quantité de chaleur égale à celle qu'il reçoit; ceci est le principe d'équilibre ; 2° ce même élément noir w' envoie vers la portion *noire* de l'enceinte précisément autant qu'il en reçoit; ceci est démontré dans le second paragraphe du mémoire; 3° donc, par une simple soustraction, on voit que w' envoie vers w précisément autant qu'il en reçoit par émission et par réflexion. Ce dernier théorème est donc une conséquence prouvée de la loi des échanges, et il conduit à l'égalité des pouvoirs d'absorption et d'émission, mais seulement pour les corps doués d'un pouvoir réflecteur *régulier*. Quant aux corps diffusants, ni l'expérience ni la théorie n'ont encore résolu la question à leur égard.

Séance du 21 septembre. — Expériences sur l'hétérogénie exécutées dans l'intérieur des glaciers de la Maladetta (Espagne-Pyrénées), par MM. F.-A. POUCHET, N. JOLY et Ch. MUSSET. — Au dire de l'un des adversaires les plus déclarés de l'hétérogénie : « Il est toujours possible de prélever en un lieu déterminé un volume notable, mais limité, d'air ordinaire *n'ayant subi aucune espèce de modification physique ou chimique,* et tout à fait impropre néanmoins à provoquer une altération quelconque dans une liqueur éminemment putrescible (1). »

Bien qu'en nous appuyant sur de nombreuses expériences, nous ayons déjà réfuté cette assertion de M. Pasteur, bien que sur ce point spécial, comme sur beaucoup d'autres, nous l'ayons vu plus d'une fois en contradiction avec lui-même, nous avons voulu nous convaincre, *ipso facto,* si l'air des hautes montagnes, *non altéré* et mis en contact immédiat avec une infusion de matières organiques, est réellement improductif.

Dans ce but, nous avons franchi les Pyrénées françaises, emportant avec nous d'abord à la Rencluse, située à 2083 mètres d'altitude, puis jusqu'aux glaciers de la Maladetta, un certain nombre de ballons, à peu près d'un quart de litre de capacité, remplis au tiers d'une infusion de foin filtrée et bouillie pendant plus d'une heure. Inutile de dire que ces ballons étaient complétement vides d'air, puisqu'ils avaient été fermés à la lampe au moment même de l'ébullition.

Mais il n'est pas hors de propos de faire remarquer qu'avant d'ouvrir nos matras, nous avons pris toutes les précautions indiquées par M. Pasteur. Nous avons même eu soin de faire éloigner de nous les guides qui nous accompagnaient, ainsi que quelques chasseurs d'isards que la curiosité avait attirés auprès de notre laboratoire en plein air. Enfin, dans le but d'éviter la poussière de nos propres vêtements, et à l'exemple de M. Pasteur, nous avons porté le scrupule jusqu'à élever nos ballons au-dessus de nos têtes, avant d'en briser la pointe effilée et chauffée, à l'aide d'une lime préalablement passée dans la flamme de notre lampe eolipyle.

Le 25 août 1863, à huit heures du soir, une première prise d'air se fit à la Rencluse. Le fluide rentra en sifflant dans les ballons A, B, C, D, que nous prîmes le soin d'agiter de manière à rendre mousseuse la décoction de foin qui s'y trouvait contenue. Puis ces matras furent immédiatement fermés à la lampe éolipyle, dont la flamme, légèrement agitée par le vent, mais rendue visible par l'obscurité de la nuit, ne contraria pas trop nos opérations.

Le lendemain, 26 août, à huit heures du matin, après une marche extrêmement pénible sur des blocs de granit bizarrement et confusément entassés, nous arrivions au pied des glaciers imposants de la Maladetta.

Une très-profonde mais étroite crevasse de ces glaciers nous parut l'endroit le plus convenable pour procéder à nos expériences (2). Nous nous y installâmes en effet assez commodément. Car, indépendamment de l'abri que nous offraient les murs de glace qui nous environnaient, nous y trouvâmes encore l'avantage, précieux pour nous, de rendre visible la flamme de l'éolipyle et de pouvoir la garantir contre le vent qui souffle toujours plus ou moins fort à ces grandes hauteurs.

Quelque temps après nous être installés dans l'intérieur même des glaciers, nous ouvrions d'abord, à l'aide de la lime, puis nous fermions à la lampe, avec les précautions exagérées déjà prises à la Rencluse, quatre ballons (E, F, G, H).

De retour à Luchon, notre premier soin fut de soumettre à l'examen microscopique le contenu des trois ballons (X, Y, Z) que nous y avions laissés trois jours auparavant.

---

(1) L. Pasteur, *Examen de la doctrine des générations spontanées* (*Ann. scient. et natur.*), tome XVI, 4º série, page 76.

(2) Nous nous trouvions alors à plus de 3,000 mètres au-dessus du niveau de la mer, c'est-à-dire à plus de 1,000 mètres au-dessus du point où M. Pasteur a fait ses expériences du Montanvert.

Le premier (X) était largement ouvert. Le deuxième (Y) était bouché à l'aide d'un liége : enfin le troisième (Z) avait été fermé à la lampe pendant l'ébullition.

Comme on pouvait s'y attendre, ce dernier ne renfermait absolument rien d'organisé. X et Y, au contraire, contenaient une immense quantité de *bacteries,* de *monades,* des touffes d'*aspergillus,* etc., mais pas un seul infusoire cilié.

L'examen microscopique des vases ouverts et ensuite fermés à la Rencluse, et dans l'intérieur des glaciers de la Maladetta, fut fait le 29 et le 30 août, à Luchon, par M. Pouchet; à Toulouse, par MM. Joly et Musset.

Les mêmes jours nos lettres se croisaient en route, et de part et d'autre nous annonçaient les mêmes résultats.

Ballons ouverts le 29 août 1863. — Ballons A et B de la Rencluse : *bacteries mortes,* en quantité prodigieuse. Bacteries vivantes (*bacterium articulatum*) (Duj.), en petit nombre. *Monas termo (Mull.)* vivantes et mortes en quantité prodigieuse. *Monas lens* (Duj.) vivantes et mortes, assez nombreuses. *Amibes* à l'état naissant ?

Ballon (E) des glaciers de la Maladetta : *Monas termo* et *monas lens,* vivantes et mortes. *Spirillum undula* (Duj.) vivants.

Ballons ouverts le 30 août. — Ballon (D) de la Rencluse : beaucoup de touffes de *mycellium.* Spores de levûre agrostique, extrêmement nombreux. Un grand nombre de ces spores sont en germination. *Bacteries mortes,* très-peu ; vibrions vivants. Point d'amibes.

Ballon (F) des glaciers : plusieurs touffes de mycellium, de mucédinées articulées ramifiées différents de ceux du ballon (D). Bacteries vivantes en petit nombre ; beaucoup de mortes.

Vibrio giganteus (Pouchet) nombreux mais morts. *Monas lens* (Duj.) vivantes, peu nombreuses : un grand nombre de mortes. *Amibes* vivantes (*certè*).

Cette identité dans les résultats démontre de la manière, selon nous, la plus péremptoire que l'air des hautes montagnes, qui est à peu près complétement dépourvu de germes, d'après nos antagonistes eux-mêmes, n'empêche pas les décoctions des matières organiques de devenir très-fécondes.

Mais ce n'est pas lui très-certainement qui leur apporte les éléments de leur fécondité. Pour les organismes les plus infimes, comme pour les êtres les plus compliqués et les plus parfaits, il est l'indispensable *pabulum vitæ :* mais dans le cas particulier qui nous occupe, nous croyons pouvoir affirmer qu'il n'a pas charrié avec lui un nombre de germes suffisant (*si toutefois germes il y avait*) pour expliquer la prodigieuse fécondité de nos ballons. Nous disons à dessein *si germes il y avait ;* car les observations aéroscopiques faites en même temps sur les hauteurs où nous expérimentions nous ont prouvé jusqu'à l'évidence que 150 décimètres cubes d'air recueillis sur ces sommets élevés, dans un moment où l'atmosphère était calme, ne renfermaient pas un seul œuf, pas un seul spore, pas un seul débris organique. Nous ne voulons pas dire toutefois que la masse atmosphérique n'en contient jamais, surtout quand elle est agitée ; mais nous répétons avec une conviction profonde, basée sur de très-nombreuses expériences, que c'est à l'infusion elle-même, et non aux prétendus germes flottant çà et là dans l'air, qu'il faut attribuer l'apparition de la vie dans nos ballons.

Du reste, quelle que soit l'interprétation que l'on adopte à cet égard, il est pour nous un fait avéré, certain : c'est que nos expériences, exécutées dans des conditions qui, d'après la théorie semi-panspermiste, auraient dû nous donner des résultats tout négatifs, nous ont fourni au contraire une immense quantité d'infusoires et de *mucédinées.*

Donc, l'air de la Maladetta, et en général l'air des hautes montagnes, *n'est pas impropre* à provoquer une altération quelconque dans une liqueur éminemment putrescible.

Donc, et jusqu'à preuve rigoureusement contraire, ce sera là notre conclusion définitive. La panspermie limitée n'existe pas, et l'*hétérogénie,* ou production d'un nouvel être, dénué de parents, mais formé aux dépens de la matière organique ambiante, est pour nous une réalité.

FÉCONDATION ARTIFICIELLE DES CÉRÉALES.
Par M. Daniel HOOIBRENCK.

Le *Moniteur universel* des 10 et 11 septembre vient de publier deux documents importants : 1° le mémoire de M. Daniel Hooïbrenck ; 2° un rapport succinct sur les expériences de l'auteur et la nomination d'une commission pour étudier à nouveau ce qui n'a été que constaté.

Disons de suite que les encouragements donnés par S. M. l'Empereur paraissent avoir excité la mauvaise humeur des publicistes agriculteurs, que beaucoup de mal a déjà été dit sur ce que l'on appelle une *vieillerie*, et que M. Barral lui-même, homme de progrès et assez indépendant de sa nature pour s'affranchir des hommes de parti, n'a pu s'empêcher cependant d'écrire cette phrase dans l'*Opinion nationale* du 11 septembre : « Le *Constitutionnel* et la *Patrie* ne trouvent pas de termes assez lyriques pour proclamer les merveilles que l'on doit retirer des pratiques bruyamment signalées à l'attention publique. Après s'être tus, tandis que les inventeurs travaillaient modestement pour faire avancer l'agriculture, on exalte, aujourd'hui que l'Empereur a donné son approbation, tout ce que MM. Jacquesson et Hooïbrenck ont pu essayer ; on représente comme parfaitement acquis des résultats très-intéressants sans doute, mais dont la continuité est certainement douteuse ; enfin, on supprime, comme s'ils n'avaient existé, tous les efforts, toutes les tentatives de ceux qui ont précédé les hommes récemment récompensés par le souverain.

« Heureux donc ceux qui peuvent attirer sur eux d'augustes regards, ils auront une auréole devant laquelle s'extasieront tous les flatteurs, etc. »

Dernièrement, au sujet des recherches de M. Georges Ville, que l'Empereur encourage et dont il fait les frais dans la ferme impériale de Vincennes, M. Grimaud, de Caux, accusait, dans l'*Union*, ceux qui suivent ces recherches et en rendent compte d'*emboucher la trompette de la renommée pour les amis*. Il est probable que si les expériences de M. Ville se faisaient à Chambord au lieu de se faire à Vincennes, ce serait M. Grimaud, de Caux, qui n'a besoin des conseils de personne, quand il veut étudier une question, qui serait le premier sur la brèche, et qu'il n'attendrait pas pour se prononcer l'opinion de M. Boussingault.

Mais revenons à M. Barral. Il est aujourd'hui moins irrité contre M. Hooïnbrenck ; il est vrai que c'est à ses abonnés du *Journal d'agriculture pratique* qu'il s'adresse, et qu'il ne croit pas nécessaire d'écrire pour ces derniers avec de l'encre rouge ce qu'il a à leur dire.

« Nous remercions M. Daniel Hooïnbrenck, dit-il, de la description qu'il donne de sa méthode de fécondation. On pourra l'expérimenter et voir si elle est aussi efficace qu'il l'affirme. Nous le félicitons d'avouer, du reste, que ce n'est pas lui le premier qui ait eu l'idée d'aider la nature pour assurer la fécondation des céréales lorsque les circonstances météorologiques lui sont contraires ; toutefois, nous lui dirons qu'il a tort de reprocher à ses prédécesseurs de ne pas avoir mis leurs idées en pratique. Tout le monde n'a pas le bonheur d'arriver juste à point pour que le chef d'une grande nation vous donne sa protection, etc. »

Nous arrêterons là les quelques lignes dont nous voulions faire précéder le mémoire que nous publierons. Le *Moniteur scientifique* n'a pas autorité pour traiter de pareils sujets, et d'ailleurs, puisque la question est aux mains d'une commission nommée par le gouvernement, nous croyons fort inutile de vouloir la résoudre à l'avance alors que l'expérience est appelée à prononcer.

Dans notre prochaine livraison, nous publierons le mémoire de M. Daniel Hooïbrenck.

NOUVELLES.

Nouveau métal. — A peine avons-nous fait connaître l'*indium* qu'un autre élémen nouveau, le *wasium*, nous est annoncé à son tour. Un chimiste suédois, M. J.-F. Bahr, l'a découvert dans un minéral qu'il appelle *wasite*, lequel provient de l'île de Roensholm, ressemble à l'orthite, et se compose principalement de silice, alumine, yttria, oxyde de fer, cérium, didyme, chaux, manganèse et alcalis, avec traces d'urane et de thorine.

Après désagrégation par l'acide chlorhydrique et précipitation par le carbonate de soude et filtration, on a lavé le résidu à l'eau chaude, l'a dissous dans l'acide nitrique, chauffé au bain-marie, et ensuite traité par le nitrate d'ammoniaque, afin de le débarrasser de l'yttria, du didyme, de la chaux, etc. Après avoir encore chassé la silice, on précipite par l'oxalate de potasse. Le précipité étant fortement chauffé, puis dissous dans l'acide sufurique, on le fait bouillir avec de l'hyposulfite de soude. Il se dépose alors de l'oxyde de wasium mêlé de soufre. Après une série d'opérations, on obtient une poudre blanchâtre que M. Bahr prit d'abord pour de la thorine. Mais plusieurs réactions particulières aussi bien que l'analyse spectrale lui firent soupçonner un nouveau corps simple.

Le nitrate de wasium est blanc, tirant sur le rose; chauffé, il dégage des vapeurs rouges; ses réactions ressemblent à celles du nitrate de thorine. L'oxyde de wasium s'obtient sous la forme d'une poudre sableuse tirant sur le brun, dont le poids spécifique est 3.726. M. Bahr en a préparé environ 1 gramme. La wasite en contient 1 pour 100; on le rencontre aussi dans l'orthite de Norvége et dans la gadolinite d'Ytterby.

(Œfversigt af K. Vetensk. Acad. Förhandl. 1862, p. 415.)

Mort de M. Delacroix. — Le dimanche 20 septembre est mort, en quelques jours, emporté par une hémorrhagie cérébrale, M. Théophile Delacroix, agent général de la Société d'encouragement et l'un des hommes les plus dévoués et les plus utiles à cette Société. M. Delacroix était très-aimé de tout le monde; nous le regrettons beaucoup pour notre part, et croyons sincèrement que jamais la Société ne trouvera pour la représenter un homme plus digne, plus honorable, plus aimé, et surtout plus esclave de ses fonctions que l'était M. Delacroix. Si la Société avait pu prévoir qu'il dût mourir sitôt, nous ne doutons pas qu'elle n'eût sollicité pour lui la croix de la Légion d'honneur.

M. Hofmann, que nous venons de voir à l'instant, à son passage à Paris, nous prie de faire savoir à nos abonnés qu'à partir du plus prochain numéro il reprendra la publication de son rapport dans le *Moniteur scientifique,* et qu'une grande exactitude sera apportée à cette publication.

BREVETS D'INVENTION PRIS EN FRANCE EN 1862
Arts chimiques et Industries qui s'y rattachent. (N° 11.)

Acide azotique. — Sa fabrication par l'azotate de potasse ou de soude et le sulfure de chaux par Belhommet, à Landerneau (Finistère). Brevet du 25 novembre, n° 56342.

Acide chlorhydrique. — Perfectionnements dans sa fabrication et dans celle du chlore; par MM. Baggs et Simpson, représentés par Ricordeau, boulevard de Strasbourg, 23. Paris. Brevet du 18 novembre, n° 56312.

Acide phosphorique. — Procédé d'extraction du phosphore et de l'acide phosphorique; par MM. Boblique et Pichelin frères, représentés par Ricordeau, boulevard de Strasbourg, 23. Paris. Brevet du 11 décembre, n° 56592.

Acide sulfurique. — Perfectionnements dans sa fabrication; par Boyd, représenté par Brandon, rue Gaillon, 13. Paris. Brevet du 10 novembre, n° 56222.

Acier et fer aciéré. — Perfectionnements dans la fabrication; par Attwood, représenté par Mathieu, rue Saint-Sébastien, 45. Paris. Brevet du 15 novembre, n° 56311. (Patente anglaise.)

Affinage de la fonte de fer pour la convertir en fer ou en acier, au moyen de l'immersion du bois en morceaux dans le bain de métal en fusion; par Dufournel, à Renancourt (Haute-Saône). Brevet du 21 novembre, n° 56259.

Alcool. — Addition du 28 octobre, par Cotelle, à son brevet n° 52815.

Allumettes. — Préparation chimique sans phosphore; par MM. Hyerpe, Sundsledt et Holmgren. Addition du 18 novembre au brevet n° 55628.

Aluminium. — Procédé de fabrication; par Bonnet, rue du Commerce, 41, à Nevers (Nièvre). Brevet du 8 décembre, n° 56469.

Argentine. — Fabrication et emploi d'une poudre dite *argentine;* par M. Le Roy, représenté par Mathieu, rue Saint-Sébastien, 45. Paris. Brevet du 4 novembre, n° 56199.

Benzine. — Emploi et applications à diverses industries; par Zeni, représenté par Mathieu, rue Saint-Sébastien, 45. Paris. Brevet du 5 décembre, n° 56586.

Chaux. — Procédé de fabrication; par Delarue de Trancy, à Erbray (Loire-Inférieure). Brevet du 13 novembre, n° 56157, et four dit à double système pour cuire la chaux. Brevet n° 56158.

Compositions phosphatées et leur préparation. — Leurs applications; par Possoz, rue de Lille, 25. Paris. Brevet du 11 décembre, n° 56609.

Conservation des viandes et autres substances animales; par Baud, représenté par Mathieu, rue Saint-Sébastien, 45. Paris. Brevet du 11 novembre, n° 56247.

Désinfection des huiles de schiste; par Chanal, rue de la Fromagerie, n° 7, à Lyon (Rhône). Brevet du 12 novembre, n° 56185.

Engrais. — Genre d'engrais; par Levy, rue du Pont-aux-Choux, 16. Paris. Brevet du 17 novembre, n° 56326.

Épuration, aération et rafraîchissement des eaux; par Burq. — Addition, du 23 octobre, à son brevet, n° 51830.

Esprit de bois. — Son traitement; par Eschwege. Addition du 13 octobre au brevet n° 54255.

Filtrage des résidus de défécation; par Belin et Jeannez. Addition du 27 octobre au brevet n° 51609.

Gaz. — Perfectionnements dans sa fabrication; par Werster, représenté par Mathieu, rue Saint-Sébastien, 45. Paris. Brevet du 27 septembre, n° 56181.

Gaz. — Carburateur; par Costallat aîné, rue de Montyon, 13. Paris. Brevet du 13 novembre, n° 56348.

Glace. — Addition en date du 15 octobre, par Carré, à son brevet n° 41958.

Graisse tinctoriale. — Genre de graisse; par Dufour, rue des Petites-Écuries, 58. Paris. Brevet du 20 novembre, n° 56350.

Huile de résine. — Son application à la mégisserie pour remplacer le jaune d'œuf et dans la teinture des peaux; par Hyvert fils, rue Mondétour, 24. Paris. Brevet du 4 décembre, n° 56512.

Impression en couleur de toutes nuances et en noir, soit de dessins ou de caractères, sur feuilles d'étain; par Maillet, représenté par Mauclert, à Châlons (Marne). Brevet du 13 novembre, n° 56166.

Incrustations des chaudières. — Composition perfectionnée pour l'empêcher; par Wilson, représenté par Ansart, boulevard Saint-Martin, 33. Paris. Brevet du 1er décembre, n° 56526.

Injection des bois au sulfate de cuivre. — Procédé applicable aux grandes pièces; par Autier, rue de Bourbon, 52, à Lyon. Brevet du 10 décembre, n° 56527.

Laquage des couleurs retirées du goudron. — Procédé de Vibert et Dupuy, rue du Béguin, 28, à Lyon. Brevet du 18 novembre, n° 56279.

Matières azotées du commerce. — Leur utilisation; par Gélis et Dusart, rue Meslay, 47. Paris. Brevet du 29 octobre, n° 56163.

Mordant pour la teinture, applicable à la teinture sur laine et devant remplacer le tartre; par Parfait-Triau, à Chartres (Eure-et-Loir). Brevet du 8 décembre, n° 56520.

Mordant de noir pour la teinture; par Puyo et Christophe, Grande-Rue, 53, à La Chapelle. Paris. Brevet du 1er décembre, n° 56490.

Moyens de produire des taches et dessins divers sur les joncs, rotins, bambous et autres bois; par Laforge, représenté par Bresson, rue de Malte, 51. Paris. Brevet du 4 décembre, n° 56515.

Noir animal pour clarification. — Addition du 24 novembre, par Leplay et Cuisinier, au brevet n° 51976.

Oxydation du plomb et de l'étain. — Perfectionnement d'un four à cet usage; par Chauveau, rue du Faubourg-Saint-Martin, 195. Paris. Brevet du 21 novembre, n° 56380.

Papier albuminé de toutes couleurs. — Sa fabrication et application aussi à la photographie; par Chevalier, représenté par Hébré, boulevard Sébastopol, 82. Paris. Brevet du 3 novembre, n° 56154.

Pâte pour prendre des empreintes. — Composition spéciale aux dentistes; par Billard, rue Coquillière, 29. Paris. Brevet du 9 décembre, n° 56560.

Pâte céramique filtrante. — Fabrication par de Laval, rue de Paradis, 119, à Marseille. Brevet du 25 novembre, n° 56360.

Peinture en émail sur terre crue et cuite; par Quenard, avenue de Saxe, 35. Paris. Brevet du 18 novembre, n° 56336.

Pierres. — Moyen d'enlever l'humidité des pierres et de les durcir; par Tien, rue de Sèvres-Vaugirard, 106. Paris. Brevet du 19 novembre, n° 56372.

Pile électrique. — Nouveau système; par Lenormand, Paris-Belleville, rue des Rigoles, n° 8. Brevet du 25 novembre, n° 56392.

Pile électrique. — Nouveau système; par Maiche, rue Saint-Louis-au-Marais, 4. Paris. Brevet du 1er décembre, n° 56483.

Plomb. — Procédé perfectionné pour le purifier et en séparer l'argent; par Wall, représenté par Ricordeau, boulevard de Strasbourg, 23. Paris. Brevet du 21 novembre, n° 56404.

Potasse et soude. — Extraction des feldspaths et autres combinaisons silicatées; par Bobliquc et Pichelin frères, représentés par Ricordeau, boulevard de Strasbourg, 23. Paris. Brevet du 11 décembre, n° 56591.

Poudre de guerre. — Perfectionnements dans sa fabrication; par Beuton, représenté par Mathieu, rue Saint-Sébastien, 45. Paris. Brevet du 11 décembre, n° 56588.

Poudre métallique pour fleurs artificielles; par Bouffé, rue Neuve-Saint-Denis, 21. Paris. Brevet du 12 novembre, n° 56281.

Procédés propres à la guérison de la vigne, des pommes de terre et autres plantes; par Poutout jeune, à Cenon-la-Bastide, quai Dechamp, 28, banlieue de Bordeaux. Brevet du 10 décembre, n° 56551.

Rouge d'aniline. — Procédés d'applications à la teinture, par impression, des couvertures en bourre de soie chaîne coton; par Pradère, cours de Brosses, 15, à Lyon. Brevet du 10 novembre, n° 56204.

Savon. — Perfectionnements dans la fabrication; par Groux, représenté par Ansart, boulevard Saint-Martin, 33. Paris. Brevet du 24 octobre, n° 56321.

Sel pour la teinture dit chromogène; par Lepainteur, représenté par Delons, rue Beauregard, 48. Paris. Brevet du 24 novembre, n° 56399.

Sirop houblonné, propre à la fabrication de la bière; par Marion, représenté par Ricordeau, boulevard de Strasbourg, 23. Paris. Brevet du 21 octobre, n° 56167.

Stéarine et oléine neutres du suif; par Argime, rue Saint-Honoré, 5, à Saint-Maur-les-Fossés (Seine). Brevet du 4 novembre, n° 56148.

Sucre. — Perfectionnements dans sa fabrication ; par Legru, à Vendhuile (Aisne). Brevet du 18 décembre, n° 56576.

Sucre de betteraves. — Perfectionnements dans la fabrication ; par Billet, Nugues et Denimal, à Valenciennes (Nord). Brevet du 28 novembre, n° 56344.

Sulfates de baryte. — Système de calcination continue ; par Mercier, représenté par Ansart, boulevard Saint-Martin, 33. Paris. Brevet du 12 novembre, n° 56300.

Teinture de la laine, soie ou coton; par Reuter, représenté par Lavialle, boulevard Saint-Martin, 29. Paris. Brevet du 17 novembre, n° 56337. (Patente anglaise.)

Vernis vitreux dit *pyroxyfuge;* par Gaudin et Rochu, rue des Moines, 14, à Paris-Batignolles. Brevet du 7 novembre, n° 56229.

BIBLIOGRAPHIE SCIENTIFIQUE
(Extrait du *Journal de la Librairie.*)

N° 25. — 20 juin.

Annuaire des eaux minérales, etc. 5ᵉ année, 1863. In-18, 286 pages. Prix : 1 fr. 50. A Paris.

BONNET. — *Résumé des fonctions agricoles nomades,* du docteur Bonnet, professeur d'agriculture. In-12, 175 pages. A Besançon.

BOUGARD (D^r). — *Les eaux salées chaudes de Bourbonne-les-Bains.* In-18, 161 pages. Libr. Delahaye, à Paris.

CAP. — *Etude biographique sur Scheele,* chimiste suédois. In-8, 39 pages. Libr. Victor Masson, à Paris.

COLIN (G.). — *Des effets de l'abstinence et de l'alimentation insuffisante chez les animaux.* In-8, 37 pages. A Paris.

COUMES. — *Rapport sur la pisciculture et la pêche fluviales en Angleterre,* etc. In-4, 107 pages. Libr. Levrault à Strasbourg.

DEBAY. — *Hygiène et physiologie du mariage.* 31ᵉ édition, in-18, 467 pages. Prix : 3 fr. Libr. Dentu, à Paris.

Découvertes et inventions scientifiques, agricoles et industrielles. In-16, 64 pages. A Toulouse.

DELIOUX DE SAVIGNAC. — *Traité de la dysenterie.* In-8, 587 pages. Prix : 8 fr. Libr. Victor Masson, à Paris.

DUBOIS. — *Le nouveau Cosmos,* revue astronomique pour l'année 1862. In-18, 118 pages. Libr. E. Lacroix, à Paris.

FORGET (D^r). — *La question de l'ostéogénie périostique et des résections sous-périostées à la Société de chirurgie.* In-8, 19 pages. A Paris.

GARRIGOU (D^r). — *L'homme fossile,* historique général de la question et de la discussion de la découverte d'Abbeville. In-8, 55 pages. Libr. Delboy, à Toulouse, et chez Dentu, à Paris.

GUÉNIOT (D^r). — *Des vomissements incoercibles pendant la grossesse.* Thèse pour l'agrégation de la Faculté de Paris. In-8, 128 pages. Prix : 2 fr. 50. Libr. Delahaye, à Paris.

GUYON (Dr Félix). — *Des vices de conformation de l'urèthre chez l'homme et des moyens d'y remédier.* Thèse pour l'agrégation de la Faculté de Paris. In-8, 179 pages. Libr. Delahaye.

HUREAU DE VILLENEUVE (D^r). — *De l'accouchement dans la race jaune.* In-4, 39 pages. Libr. B. Duprat, à Paris.

JOANNARD (D^r). — *Du cancer et de sa curabilité prouvée par des faits.* In-8, 22 pages. Libr. Repos, à Paris.

LA BLANCHÈRE (DE). — *La photographie des commençants.* In-8, 140 pages. Libr. Amyot.

LEBRUN. — *Ce que nous savons aujourd'hui sur les terrains récents du département de la Meurthre.* In-8, 65 pages. Libr. Grosjean, à Nancy.

LEFORT (Dr). — *Des vices de conformation de l'utérus et du vagin, et des moyens d'y remédier.* Thèse pour l'agrégation de la Faculté de Paris. In-8, 210 pages. Prix : 3 fr. Libr. Delahaye.

MALAGUTI. — *Leçons élémentaires de chimie.* 3ᵉ édition. Tome II. In-18, 584 pages. Libr. Dezobry, Tendou et Comp., à Paris.

MICHÉA (Dr). — *De l'épilepsie dans ses manifestations légères, et de son traitement rationnel.* In-8, 28 pages. A Paris.

NEVIÈRE (Dr). — *De l'insolation considérée dans son rôle étiologique.* Thèse de la Faculté de Strasbourg. In-4, 30 pages. A Strasbourg.

OLLIER (Dr). — *Ostéoplastie appliquée à la restauration du nez.* In-8, 12 pages. A Lyon.

OLLIER (Dr). — *De l'accroissement en longueur des os des membres, etc.* In-8, 38 pages; A Lyon.

PANAS (Dr). — *Des cicatrices vicieuses et des moyens d'y remédier.* Thèse d'agrégation de la Faculté de Paris. In-8, 134 pages, Libr. Delahaye, à Paris.

PAULET (Dr). — *Idiosyncrasie ou étude des tempéraments, etc.* In-8, 76 pages. A Bordeaux.

PIESSE (Dr). — *Guide aux eaux thermales du Mont-Dore, etc.* In-18 jésus, 232 pages avec 52 vignettes, 1 carte et 1 planche. Prix : 3 fr. Libr. Hachette, à Paris.

RICORD (Dr). — *Lettres sur la syphilis.* In-18 jésus, 564 pag. Prix : 4 fr. Libr. J.-B. Baillière.

ROTH (J.). — *Des pyroléines et des huiles minérales inoxydables pour le graissage des machines de filature et de tissage.* In-8, 72 pages. Libr. Devillers, à Mulhouse.

SALMON (Dr). — *De la rétroversion de l'utérus pendant la grossesse.* Thèse pour l'agrégation de la Faculté de Paris. In-8, 182 pages. Libr. J.-B. Baillière, à Paris.

ZIMMERMANN. — *La solitude.* Traduction nouvelle, par X. Marmier. In-18 jésus, 331 pages Libr. Victor Masson, à Paris.

Nᵒ 26. — 27 juin.

ALLARD (Dr). — *Du traitement de la phthisie pulmonaire par les eaux de l'Auvergne.* In-8°, 56 pages. Librairie Delahaye, à Paris.

Annales de l'Observatoire Impérial de Paris. Tome 7ᵉ, in-4°, 404 pages et 7 planches. Prix : 27 fr. Librairie Mallet-Bachelier, à Paris.

BECQUEREL père. — *Recherches sur la température de l'air et sur celle des couches superficielles de la terre.* In-4°, 128 pages. Librairie Firmin Didot, à Paris.

BONNET (Dr). — *Revue rétrospective sur la science mentale* In-8°, 50 pages. Librairie Victor Masson, à Paris.

BOUTAN et D'ALMEIDA. — *Cours élémentaire de physique,* précédé de notions de mécanique et suivi de problèmes. 2ᵉ édition, avec 657 figures et un spectre solaire intercalés dans le texte. In-8°, 890 pages. Prix 7 fr. Librairie Dunod.

DEBAY. — *Hygiène des plaisirs selon les âges, les tempéraments et les saisons.* In-12, 340 pages. Prix : 3 fr. Librairie Dentu, à Paris.

DUFOUR. — *Appendice aux observations pratiques faites en Orient sur la maladie actuelle du ver à soie,* pendant les années 1857, 1858 et 1859. Grand in-8°, 88 pages. Paris, Imprimerie impériale.

LEE (Dr). — *Leçons sur la syphilis.* De l'inoculation syphilitique et de ses rapports avec la vaccination; traduit de l'naglais. In-8°, 130 pages. Librairie Savy, à Paris.

MORIN et TRESCA. — *Des machines à vapeur.* Tome 1. Production de la vapeur. In-8°, 566 pages et 6 planches. Prix : 9 fr. Librairie Hachette, à Paris.

Le baccalauréat ès sciences.

RÉSUMÉ DES CONNAISSANCES EXIGÉES PAR LE PROGRAMME OFFICIEL.

Si la physique de Ganot a fait la fortune de son auteur (M. Ganot a eu l'esprit d'être lui-même son éditeur), les trois volumes pour le baccalauréat ès sciences de MM. Masson et fils augmenteront certainement aussi beaucoup celle de ces consciencieux éditeurs. Rien de plus clair, de plus exact, de plus au courant de la science, et surtout de mieux exécuté que ces trois volumes enrichis de 1838 figures sur bois intercalées dans un texte correct et dessinées avec une perfection admirable.

Chaque partie des connaissances exigées pour l'examen du baccalauréat ès sciences a été confiée à un professeur spécial de l'Université. Ce sont donc dix professeurs d'une habileté dans l'enseignement reconnue et méritée qui ont concouru à la rédaction de ce manuel. Ce sera le *Livre des Dix*.

C'est M. Masson fils qui a suivi l'exécution de ce manuel ; il a voulu, en entrant dans la maison de son père comme associé, apporter une preuve de son aptitude et de son intelligence. Il a sacrifié quatre années de son temps et plus de 50,000 francs à la préparation et à l'exécution de ce simple ouvrage. Pour lui seul des professeurs célèbres se sont attendris et ont consenti à signer un livre pour le baccalauréat.

Le premier volume contient la littérature, la philosophie et la logique, l'histoire de France et la géographie. 1 vol. de 800 pages avec 116 figures. Prix : 7 fr.

Le deuxième volume contient l'arithmétique et l'algèbre, la géométrie et la trigonométrie, les applications de la géométrie et cosmographie, et la mécanique. 1 vol. de 1,000 pages avec 888 figures. Prix : 8 fr.

Le troisième volume contient la physique, la chimie, l'histoire naturelle. 1 vol. de 1,000 pages avec 834 figures. Prix : 8 fr.

Ces trois volumes, qui paraissent ces jours-ci, se trouvent chez Victor Masson et fils, place de l'Ecole-de-Médecine, 17.

D^r Q.

Table des Matières de la 163me Livraison. — 1er octobre 1863.

26483   PARIS. — Typographie de RENOU et MAULDE, rue de Rivoli, n° 144.

RAPPORT

SUR

LES PRODUITS CHIMIQUES INDUSTRIELS (CLASSE II, SECTION A)

DE

L'EXPOSITION INTERNATIONALE DE LONDRES EN 1862.

Par M. A.-W. Hofmann.

(Suite. — Voir le *Moniteur scientifique*, livraisons 154, 155, 156, 158, 159 et 160.)

HYPOSULFITE DE SOUDE.

Préparation des hyposulfites. — Les hyposulfites n'étaient pendant longtemps que des produits de laboratoire; mais, depuis la découverte de la daguerréotypie et des procédés photographiques, leur préparation s'est développée et est devenue une fabrication industrielle.

La photographie, cet art nouveau, qui a pris si rapidement une importance extraordinaire, est basée principalement sur la décomposition des combinaisons haloïdes (chlorure, bromure et iodure) de l'argent sous l'influence de la lumière. Pour empêcher que l'image photogénique ne disparût rapidement sous l'action du jour, il devenait nécessaire d'enlever, après chaque opération, l'excès de sel d'argent sur lequel la lumière n'avait pas encore agi.

Sans ce mode de traitement, on aurait toujours été obligé de conserver les images photogéniques dans l'obscurité la plus complète, de ne les admirer qu'à la clarté d'une faible lumière artificielle, et, même dans ce cas, de s'entourer de précautions extraordinaires.

Pour enlever l'excès de sel d'argent, on eut d'abord recours à l'action dissolvante exercée sur ces composés par une solution de sel marin; mais on ne tarda pas à découvrir que l'hyposulfite de soude dissolvait les chlorure et iodure d'argent bien plus facilement et plus rapidement. A partir de cette époque, la préparation de l'hyposulfite de soude devint une nécessité industrielle.

Depuis l'Exposition de 1851, les applications et la production des hyposulfites ont pris une extension de plus en plus grande, et de nos jours une seule fabrique dans le Lancashire (1), celle de MM. Roberts, Dale et Comp. (Grande-Bretagne, 588), produit jusqu'à 3 tonnes d'hyposulfite de soude par semaine.

Hyposulfite de soude. — La préparation de ce sel au moyen du sulfate de soude est facile. On opère quelquefois cette conversion par la double décomposition du sulfate de soude avec l'hyposulfite de chaux, procédé qui fut d'abord proposé par M. E. Kopp (2), et plus tard par MM. Townsend et Walker (3). Quelquefois le sulfate de soude est transformé par la calcination avec du carbone en sulfure de sodium, qu'on dissout ensuite dans de l'eau, et qu'on expose à l'action du gaz acide sulfureux, qui le convertit en hyposulfite. Pour atteindre ce but, on peut se servir avec avantage de l'appareil très-simple indiqué par M. Kopp. Cet appareil se compose d'une série de caisses en bois ou en pierre, qui sont munies d'agitateurs pour remuer la solution de sulfure de sodium. Le gaz acide sulfureux, préparé par la combustion de soufre ou de pyrites, est amené dans les caisses par des tuyaux en fonte, et absorbé par la solution. L'opération est complète, lorsque le liquide manifeste une réaction légèrement acide. On fait ensuite écouler le liquide, et on le neutralise au moyen d'une faible quantité de sulfure de sodium ou de soude caustique, qui précipite un peu de soufre. On porte alors

---

(1) *Report on the recent Progress*, etc., p. 116.
(2) E. Kopp, *Bullet. de la Soc. ind. de Mulhouse*, 1858, n° 143.
(3) Townsend and Walker, *Rep. of Pat. inv.*, septembre 1861, p. 232.

le liquide à l'ébullition, et, après avoir laissé déposer, on décante la liqueur claire, et on la concentre suffisamment, pour qu'elle fournisse, en se refroidissant, une belle et abondante cristallisation d'hyposulfite de soude,

$$Na^2 S^2 O^5 + 5H^2 O.$$

On peut également employer des tours remplies de coke; la solution de sulfure de sodium y découle goutte à goutte, tandis que le gaz acide sulfureux s'élève dans l'appareil. En opérant de cette manière, il est nécessaire d'éviter soigneusement l'action du gaz acide sulfureux sur l'hyposulfite déjà formé; puisque cette action donne lieu à la production de sels plus oxygénés, comme, par exemple, le trithionate de soude, $Na^2 S^3 O^6$, et le tétrathionate de soude, $Na^2 S^4 O^6$.

Hyposulfite de chaux. — On peut préparer ce sel d'une manière parfaitement analogue à celle que nous avons décrite plus haut, en substituant seulement à la solution de sulfure de sodium une solution de sulfure de calcium. On obtient facilement ce sulfure en dissolvant dans l'eau le produit de la calcination d'un mélange de sulfate de chaux (plâtre de Paris) et de charbon de bois. M. Kopp a proposé d'employer dans le même but le résidu obtenu dans la fabrication de la soude par le procédé Leblanc (voyez le chapitre sur le carbonate de soude). Ce résidu se compose principalement d'un mélange de sulfure de calcium et de chaux ou de carbonate calcique; on commence par le faire bouillir avec une quantité convenable de soufre, afin de transformer la chaux en sulfure de calcium soluble, et l'on expose ensuite la solution à l'action du gaz acide sulfureux.

On peut encore préparer l'hyposulfite de chaux en utilisant la propriété que possède le sulfure de calcium d'absorber l'oxygène de l'air et de pouvoir être ainsi transformé en sulfure soluble d'abord et ensuite en hyposulfite de chaux.

$$2Ca^2 S + O^4 = Ca^2 S^2 O^5 + Ca^2 O.$$

Préparation des hyposulfites au moyen des marcs de soude. — MM. Townsend et Walker, après avoir exposé les marcs de soude à l'action de l'air pendant un certain temps, épuisent la masse avec de l'eau et obtiennent ainsi une solution étendue d'hyposulfite de chaux. On peut évaporer cette solution pour obtenir des cristaux d'hyposulfite de chaux.

$$Ca^2 S^2 O^5 + 6H^2 O;$$

mais, ainsi que l'a fait observer M. Kopp, à mesure que la solution devient plus concentrée, il est nécessaire de l'évaporer à des températures plus basses. Sans cette précaution, le liquide devient trouble et dépose un précipité abondant, composé d'un mélange de soufre et de sulfite de chaux qui provient de la décomposition totale de l'hyposulfite.

$$Ca^2 S^2 O^5 = Ca^2 SO^5 + S.$$

Il arrive quelquefois que les cristaux d'hyposulfite de chaux subissent spontanément cette décomposition (voyez le chapitre sur le carbonate de soude).

Pour éviter cet inconvénient, la *Walker Alkali Company* (Grande-Bretagne, 615) décompose par du carbonate de soude la solution provenant des marcs de soude oxydés à l'air, et fait évaporer jusqu'à cristallisation la solution d'hyposulfite de soude qui en résulte.

Avec l'hyposulfite de chaux et les sulfates solubles d'autres métaux, comme ceux de fer, de chrome, d'aluminium, etc., on obtient facilement, par double décompositions, les hyposulfites correspondants. C'est ainsi que M. Kopp propose de préparer les hyposulfites, dont il recommande l'emploi comme mordant.

Applications des hyposulfites. — L'application des hyposulfites présente un intérêt considérable, tant scientifique qu'industriel.

Comme antichlore. — Outre l'usage qu'on en fait en photographie et que nous avons déjà signalé, les hyposulfites de soude et de chaux sont généralement employés comme *antichlore* dans le blanchiment de la pâte à papier et quelquefois même des tissus. Lorsque le blanchiment par les composés chlorurants est accompli, il est extrêmement difficile d'enlever les dernières traces de chlore, même par le lavage le plus soigné. Ces traces attaquent graduellement la fibre, et, au bout d'un certain temps, elles rendent le papier ou le tissu fragile et friable.

On prévient cette détérioration en ajoutant une petite quantité d'hyposulfite de chaux à la pâte de papier ou au tissu blanchi (1). Dès qu'on met ce sel en contact avec le chlore, ce dernier réagit aussitôt sur lui, et il y a formation de sulfate de chaux et d'acide chlorhydrique. On neutralise facilement l'acide en ajoutant subséquemment une petite quantité d'alcali.

$$Ca^2 S^2 O^5 + Cl^8 + 5H^2 O = Ca^2 SO^4 + H^2 SO^4 + 8H Cl,$$

ou

$$Ca^2 S^2 O^5 + Ca Cl O = Ca^2 SO^4 + Ca Cl + S\ (?).$$

Dans la fabrication du vermillon d'antimoine. — La préparation du vermillon d'antimoine par l'action de l'hyposulfite de soude sur les sels d'antimoine, et principalement sur le terchlorure, a été décrite par MM. Strohl (2), Matthieu Plessy (3), Boettger (4), et plus particulièrement par M. E. Kopp (5), qui a proposé un procédé pratique pour la fabrication de cette couleur rouge. Ce procédé est basé sur l'emploi de l'hyposulfite de chaux et sur la régénération continue de ce sel au moyen des eaux-mères du vermillon d'antimoine (voyez le chapitre sur le blanc de céruse, sur le blanc de zinc et sur les couleurs d'antimoine).

Outre les composés sodiques et calciques, plusieurs autres hyposulfites ont trouvé des applications.

Comme mordants. — M. Kopp a proposé l'emploi des hyposulfites d'alumine, de fer et de chrome comme mordants dans l'impression sur calicot et dans la teinture sur laine (6).

L'hyposulfite d'alumine est un excellent mordant; il offre non-seulement l'avantage d'être bon marché, mais, en outre, il dépose sur le tissu une alumine très-pure, et peut, par conséquent, fournir des couleurs de garance rouge et rose très-claires, même lorsque le mordant renferme encore un peu de fer. Cela provient de ce que l'hyposulfite ferreux est incapable de passer à l'état de sel ferrique, et par conséquent de mordant de fer, tant qu'il renferme encore des traces d'acide hyposulfureux, parce que cet acide possède la propriété de réduire les sels ferriques à l'état de composés ferreux. Avec les mordants ordinaires (acétate, pyrolignite), l'oxyde ferrique est fixé en même temps que l'alumine; mais avec les mordants d'hyposulfite, on ne peut fixer le fer qu'après l'alumine.

Le mordant d'hyposulfite d'alumine possède l'inconvénient de dégager continuellement de l'acide sulfureux pendant la fixation de l'alumine. Cette propriété, quoique très-fâcheuse en ce qui concerne l'impression sur coton, offre, au contraire, un avantage dans l'impression et dans la teinture sur soie et sur laine, l'acide sulfureux aidant au blanchiment de ces tissus (7). C'est pour ces raisons qu'on commence à adopter assez généralement l'emploi de l'hyposulfite d'alumine dans la teinture sur soie et sur laine.

(1) En fabriquant l'hyposulfite de soude par la décomposition de l'hyposulfite de chaux au moyen de sulfate de soude, il se forme un précipité de sulfate de chaux qui retient ordinairement une certaine quantité d'hyposulfite; c'est pour cette raison qu'on en recommande l'emploi comme antichlore.

(2) Strohl, *Journ. de Pharm.* (3), XVI, p. 11.

(3) Matthieu Plessy, *Dingl. Pol. Journ.*, CXXXVII, p. 198.

(4) Boettger, *Wagner's Jahresber.*, II (1856), p. 154.

. (5) E. Kopp, *Bullet. de la Soc. ind. de Mulhouse*, n° 148, p. 379.

(6) E. Kopp, *Rep. of Pat. inv.*, mai 1856, p. 406.

(7) Dans beaucoup de fabriques, on a renoncé au procédé ordinaire de soufrage de la laine. On fait maintenant passer les fils et les tissus à travers une solution de bisulfite de soude, qu'on obtient en exposant le carbonate de soude cristallisé à l'action d'un excès d'acide sulfureux; l'acide sulfureux est ensuite mis en liberté par un acide plus énergique.

En métallurgie. — L'emploi récent des hyposulfites en métallurgie pour l'extraction de l'argent mérite d'être mentionné.

Cette application fut déjà proposée en 1850 par M. Percy (1). M. Patera (2) exploite ce procédé à Joachimstal, en Autriche. On opère de la manière suivante :

On grille le minerai argentifère avec du sel marin. Pendant l'opération du grillage, on injecte un courant de vapeur dans le four, afin de favoriser la formation du chlorure d'argent. Le minerai ainsi préparé, est retiré du four et lavé, d'abord à l'eau chaude; puis à l'eau froide, afin d'enlever tous les chlorures solubles de fer, de cuivre, etc. On fait ensuite digérer le résidu avec une solution étendue d'hyposulfite alcalin, qui dissout le chlorure d'argent. La solution qu'on obtient ainsi est précipitée par du sulfure de sodium, qui, d'un côté, produit du sulfure d'argent, et, de l'autre, régénère l'hyposulfite de soude. Il est facile de séparer le métal du sulfure d'argent.

D'après un rapport récent de M. von Hauer (3), ce procédé paraît donner des résultats réellement avantageux.

P. KOPP.

(*La suite à la prochaine livraison.*)

FÉCONDATION ARTIFICIELLE DES CÉRÉALES.
Par M. Daniel HOOIBRENCK.

J'apporte aux agriculteurs un procédé certain pour faire produire chaque année aux céréales la moitié en sus de la récolte ordinaire, sans frais, et d'une manière tellement simple que chacun pourra pratiquer sûrement ce procédé dès qu'il le connaîtra.

Mon moyen, c'est la fécondation artificielle des céréales, et l'instrument dont on doit se servir est une frange de laine qu'on promène au milieu et sur la tête des épis à l'époque de la floraison. D'ailleurs, rien n'est changé aux opérations nécessaires de labourage, de fumure et d'ensemencement.

Annoncer 50 pour 100 de plus en céréales sans augmentation sensible de dépense, c'est se préparer à trouver tout d'abord bien des incrédules; mais je me flatte qu'il n'y aura plus le moindre doute pour personne quand on aura bien voulu prendre la peine de lire ces quelques pages. Ce n'est pas une promesse que je fais; ce n'est pas une espérance que je donne, plus ou moins réalisable. J'expose ici des résultats authentiques officiellement constatés par une commission spéciale qu'a nommée le gouvernement français. L'épreuve en grand a été accomplie cette année sur 80 hectares dans le domaine de Sillery, appartenant à M. A. Jacquesson, négociant en vins de Champagne et chef de la maison A. Jacquesson et fils, de Châlons-sur-Marne.

Ce n'est pas du premier coup, comme on doit bien le penser, que je suis parvenu à la solution de ce problème; j'y ai consacré bien du temps et bien des réflexions; mais dès l'année dernière, assuré d'avoir enfin découvert la vérité, j'ai pu m'en ouvrir à S. M. l'empereur Napoléon III, qui a bien voulu m'honorer de sa haute bienveillance et qui a daigné m'inviter à faire la présente publication. Une fois mis en pratique par la France, le procédé nouveau fera rapidement le tour du monde, et ce sera la plus belle récompense de mes efforts.

Mais je n'ai pas ici à parler de moi, et j'en viens aux faits.

La fécondation artificielle des végétaux est connue depuis bien longtemps, et il n'est pas d'horticulteur un peu intelligent qui ne sache en tirer une foule d'applications ingénieuses. Grâce à elle, chacun peut changer presque absolument à son gré la couleur, la forme, les di-

---

(1) Percy, *Phil. Mag.*, XXXVI, p. 1.
(2) Patera, *Wagner's Jahresber.*, VI (1860), p. 87.
(3) Hauer, *Oestr. Zeitschrift für Berg- und Hüttenwesen* (1860), n° 6.

mensions de toutes les fleurs. Par exemple, quelles variétés n'a-t-on pas introduites dans le genre des dahlias aujourd'hui si répandu? Les premiers, qu'on a importés du Mexique, n'avaient pas moins de 20 pieds de haut; à cette heure, on les a réduits à n'être que des nains d'un seul pied, quand on a cette fantaisie. Une fois que le cultivateur habile a en vue une modification précise et qu'il sait la poursuivre avec persévérance, il ne peut manquer de la produire. On raccourcit ou on élève les tiges, selon qu'on le veut, pour placer à des hauteurs diverses les gracieuses ombelles des fleurs; et pour cela il suffit de choisir comme il faut les sujets qu'on accouple par la fécondation que la main de l'homme leur impose. Sur 100,000 graines, ou noyaux ou pepins que l'on sème, il n'y en a peut-être que trois ou quatre qui, en levant, offrent naturellement la modification cherchée; mais une fois qu'on a distingué ceux-là, on les unit ensemble en les fécondant l'un par l'autre artificiellement; et à moins de grande maladresse, on ne tarde pas à faire sortir de ces transformations successives celle qu'on souhaite entre toutes les autres. Mais à quoi bon insister sur ces détails? Qui ne connaît pas les perfectionnements admirables qu'on a obtenus et qu'on obtient journellement dans la grosseur, la forme, la saveur et l'arome de tous les fruits qui chargent les tables les moins opulentes?

Pour conquérir ces améliorations étonnantes, il n'est pas besoin, comme on se l'imagine trop souvent, d'aller chercher à grands frais des pères ou des mères magnifiques et rares : on n'a qu'à opérer dans la même espèce, sur les lieux où l'on se trouve, et l'on aura toujours bien assez de ressources. Le seul soin qu'il faille avoir, c'est de ne pas prendre le pollen sur la même tige : par exemple, d'une des fleurs d'un rosier pour féconder une autre fleur de ce même rosier. Afin que la fécondation artificielle produise tout son effet, on doit prendre du pollen sur un sujet différent, bien entendu dans la même espèce. Avec le pollen de la même tige, on affaiblit successivement les nouveaux êtres qu'on forme; avec du pollen d'une tige différente, on les fortifie. On dirait qu'il en est des végétaux, chacun dans leur genre, comme de l'espèce humaine. Les familles, en s'unissant exclusivement entre elles, finissent par s'atrophier au point de périr; il faut qu'elles se croisent sans cesse avec les autres pour prospérer, ou même pour simplement durer. C'est comme une loi générale de la nature; je l'ai observée dans le règne végétal; elle n'est pas moins vraie dans les animaux.

Ainsi la fécondation artificielle n'a pas pour but unique d'augmenter la quantité des produits; elle a surtout pour résultat d'en accroître la qualité et la force. Les semences qui en proviennent sont plus vigoureuses, et, remises en terre, elles produisent à leur tour des germes plus vigoureux encore. C'est là ce qui fait que l'on apporte tant d'attention au choix des semences de toute sorte qu'on emploie; mais il est à présumer qu'on est bien loin encore d'avoir atteint sous ce rapport le terme du progrès, et on rendra ce progrès en quelque sorte indéfini, dès qu'on voudra s'en occuper sérieusement, comme on l'a fait si heureusement sur quelques bestiaux.

Je pourrais étendre bien davantage ces généralités préliminaires sur la fécondation artificielle, mais je m'arrête à celles-ci, parce qu'elles suffisent pour l'objet que je me propose dans cette publication, je veux dire la fécondation artificielle des céréales.

Je dois supposer d'abord que chaque agriculteur connaît assez convenablement le terrain auquel il a affaire. Selon la nature de ce terrain, il faut semer plus tôt ou plus tard, avant ou après la pluie, plus dru ou moins dru, etc. Mais, pour toutes ces nuances, il n'y a point de conseils uniformes qu'on puisse donner, parce que tout cela varie avec les circonstances. Ce que je puis dire, d'après mon expérience déjà bien longue, c'est qu'il vaut mieux généralement semer un peu moins dru. Autrement, comme dans un ensemencement très-fourni il y a moins de place pour chaque grain qui lève, la feuille a plus de peine à se développer; par suite, toute la végétation subséquente s'en ressent d'une manière fâcheuse, car alors il y a beaucoup moins de travail utile fait dans l'air par les feuilles en faveur du germe qui est en terre. C'est ce développement plus considérable de la feuille qui fait que les ensemencements d'automne valent toujours mieux que ceux du printemps. Pendant les quatre ou cinq mois que la feuille a de plus quand elle lève avant l'hiver, elle a eu tout le temps de se fortifier, soit dans les racines, soit dans la tige; au printemps, au contraire, toute la nutrition se fait beaucoup trop vite, et la plante, comme si elle était surmenée, ne peut jamais acquérir la même vigueur.

Les premières feuilles, soit d'automne, soit de printemps, sont destinées à préparer la nourriture de l'épi; car il y a deux phases bien distinctes dans la vie de la céréale : 1° la production de la racine, des feuilles et de la tige; 2° la production de l'épi, qui s'alimente de tout ce qui l'a précédé. Il est fort, si l'élaboration préparatoire a été forte, et faible, si elle a été faible. Tout se fait au profit de l'épi, il est le centre où tout aboutit et auquel tout est consacré. Et cela se conçoit bien; les céréales étant des plantes annuelles, c'est dans le grain que repose tout l'avenir de l'espèce. Chaque individu meurt tout entier chaque année, et la nature ne lui a pas donné ces réservoirs de force et d'existence durables, assurés par elle à ces végétaux qui vivent deux ou trois ans ou qui vivent même des siècles, et dont l'âge se compte quelquefois par des milliers d'années consécutives.

Ainsi c'est dans l'intérêt du futur épi qu'il faut donner aux feuilles le plus de force possible. De nombreuses et décisives expériences m'ont prouvé que tant que la feuille, de céréale ou de tout autre végétal, n'a pas tous ses organes réguliers, elle est nourrie par la terre, et elle ne peut rien puiser dans l'atmosphère; mais quand elle est pourvue de tous ses organes complets, elle emprunte à l'air une foule d'éléments nouveaux de la plus grande importance qu'elle introduit dans la tige. Pour se convaincre de ce fait capital, on n'aurait qu'à répéter les expériences que j'ai faites afin de constater l'empoisonnement des plantes par le soufre, l'arsenic ou tel autre toxique. Les plantes dont les organes sont développés s'empoisonnent de suite; celles dont les organes ne sont pas développés ne s'empoisonnent qu'avec la plus grande peine ou même pas du tout. Je recommande aux savants le phénomène suivant : qu'ils essayent d'empoisonner de jeunes pousses, ils n'y parviendront pas; qu'ils s'adressent à des vieilles, et l'empoisonnement sera aussi facile que rapide.

C'est pour donner à la feuille des céréales plus de force et plus d'avenir qu'on roule les blés tant qu'ils sont à l'état herbacé. On peut commencer dès que les feuilles ont 3 ou 4 pouces, et l'on peut continuer tous les huit jours tant que la tige ne paraît pas encore, en s'arrangeant, à chaque roulée nouvelle, pour que l'instrument prenne toujours le sol dans le même sens. En passant très-souvent les rouleaux, on provoque infiniment plus de vigueur dans le tallage. Du reste, il faut bien savoir que l'on ne fait pas cette opération pour aplatir le blé, c'est seulement pour l'incliner. Aussi, à la place des rouleaux actuels, je conseille l'emploi de rouleaux cannelés ou rouleaux d'inclinaison. Ce qui les rend bien préférables aux autres, c'est d'abord qu'ils ne font que pencher la feuille au lieu de la plaquer sur le sol; et dans cette position inclinée, elle envoie bien plus de nourriture au germe et à la future tige (1). En second lieu, ces rouleaux ont cet avantage, surtout sur les terrains en pente, qu'ils font autant de rainures qui retiennent l'eau, loin de la laisser se perdre en s'écoulant. Enfin, chaque fois qu'ils passent, ils produisent une sorte de binage, en ouvrant plus sûrement la croûte de terre qui se forme ordinairement après les pluies.

D'ailleurs, il est clair que le poids du rouleau cannelé varie avec la nature du sol qu'il doit attaquer, selon que ce sol est plus ou moins dur, ses mottes plus ou moins tenaces, plus ou moins grosses. Les agriculteurs qui voudront se faire une juste idée des rouleaux cannelés en trouveront plusieurs modèles à leur disposition chez M. A. Jacquesson, de Châlons-sur-Marne.

J'admets donc que toutes ces conditions préalables de labour, de semailles, de roulage, ont

(1) Ceci tient à une des lois les plus générales et les plus graves du règne végétal; j'aurai peut-être l'occasion d'en parler plus tard, en traitant de la vigne, des arbres fruitiers et des bois.

été favorablement remplies, et que tout se présente bien selon les saisons et selon les soins que chacun aura donnés à sa terre; il n'y a encore rien de fait, et toute cette peine est inutile, si l'époque de la floraison est défavorable. La floraison se faisant mal, une partie plus ou moins grande de la récolte est toujours perdue, comme pour ces arbres qui, après avoir été couverts de fleurs, ne produisent pas cependant les fruits qu'on attendait. La fécondation d'ailleurs ne féconde jamais que ce qu'il y a. Mais c'est déjà un grand point de ne rien perdre de ce que la nature promet; et si nous avions chaque année tout ce qu'elle nous montre dans son abondance inépuisable, il n'y aurait guère de mauvaises années. En ceci, tout ce que l'homme peut faire, c'est de s'assurer, par sa vigilance, la plus grande partie possible de ce que la bienfaisante nature, aidée par ses travaux, peut donner, et de ne laisser périr que ce qu'il ne peut pas absolument conserver.

C'est là le but véritable de la fécondation artificielle des céréales.

Il n'y a personne probablement parmi les gens des champs qui ne croie distinguer à coup sûr le moment où son blé est en fleur; et cette observation paraît la plus simple du monde. Elle ne l'est pas, toutefois, autant qu'on se [le figure. En passant dans tel sens près d'un champ, vous jugez que le blé n'est pas en fleur; en passant dans un sens contraire près de ce même champ, vous vous apercevez au contraire qu'il est en pleine floraison. Ceci tient en effet à ce que, dans ce moment, une partie de chaque épi est fécondée, et qu'une autre partie ne l'est pas. Règle générale, les étamines qui se trouvent fécondées les premières sont celles qui, sur la tige, sont placées au levant ou au midi; celles qui sont au couchant ou au nord ne sont fécondées que postérieurement. Il y aura donc à toujours avoir l'œil bien ouvert pour ne pas se laisser tromper par ce mirage, qui pourrait être assez fâcheux; il faudra s'apprendre à reconnaître le moment précis où la floraison est la plus complète possible sur les diverses faces de l'épi.

Du reste, j'indiquerai les moyens de prévenir ou de réparer ces erreurs, par l'emploi de l'instrument que je décrirai un peu plus loin pour la fécondation artificielle des céréales. Tout ce qu'il importe de bien savoir, c'est qu'une moitié de l'épi peut être en pleine fleur quand l'autre moitié n'y est pas encore. Mais il faut considérer d'un peu plus près ce phénomène si important de la floraison; car tout est là.

On peut observer généralement dans le règne végétal tout entier que le pistil ou l'organe femelle est déjà prêt pour recevoir la fécondation, quand le pollen des étamines qui la doit apporter ne l'est pas encore. Le sexe féminin est donc ici plus précoce que l'autre, et c'est là un nouveau point de ressemblance entre les végétaux et le règne animal; c'est une autre grande loi de la nature. J'ajoute que l'organe femelle ou pistil est beaucoup plus sensible que l'organe mâle, ou que le pollen des étamines. Ainsi la pluie, le brouillard, une gelée blanche, le moindre insecte sur le pistil suffisent pour empêcher la fécondation; ces accidents déplacent ou détruisent la petite goutte de miel qui, venant au sommet de l'organe femelle, doit recevoir la poussière fécondante et la transmettre au conduit qui va jusqu'à l'ovaire, où est l'embryon du fruit. Si cette goutte de liqueur indispensable a disparu, la poussière des étamines a beau venir sur le pistil, elle n'y produit rien. Quant au pollen, il est au contraire assez fortement organisé pour se conserver pendant sept ou huit ans, et il ne perd rien de sa vertu fécondatrice dans ce long intervalle.

C'est pour suppléer autant que possible à cette destruction fortuite de la goutte du pistil que j'enduis en partie de miel la frange de laine. Ce miel de la frange remplace avantageusement celui du pistil; car il lui est identique, les abeilles ne faisant précisément que recueillir le miel et ne le fabriquant pas. Ce n'en est pas moins un grand service que ces animaux industrieux nous rendent; et je ne manque pas à la gratitude que nous leur devons en disant, entre parenthèses, que les abeilles ne font que voler le miel aux végétaux et qu'elles ne le produisent pas, comme on le croit.

Dans les céréales, aussi bien que dans tout le reste du règne végétal, s'applique l'observation que j'ai faite plus haut : l'embryon est beaucoup mieux fécondé par le pollen d'une tige voisine que par le pollen venu de sa propre tige. Chaque épi est une sorte de famille où les unions ne sont pas ce qu'elles doivent être quand elles restent dans les limites de cette famille. Au contraire, l'épi voisin donne une vigueur nouvelle à l'embryon qu'il n'a pas porté et qui tient à une tige différente ; car le grain fécondé par le pollen d'un épi étranger est toujours plus beau que le grain fécondé par le pollen de l'épi auquel il tient.

Tout ceci posé, voici le moyen à la fois très-peu coûteux et très-facile que j'applique à la fécondation artificielle des céréales (blé, seigle, orge, avoine, colza, sarrasin, etc., etc.).

A une corde plus ou moins grosse selon sa longueur, qui elle-même est appropriée à la largeur du champ qu'on doit féconder, pend une frange de grosse laine à greffer ; je choisis de préférence cette laine qui a des crochets plus forts et plus nombreux. Les brins de cette frange, serrés les uns contre les autres, ont 40 ou 50 centimètres de long. Deux manouvriers placés sur les côtés du champ tendent la corde de manière à ce que la frange seule touche les épis, qu'elle agite en les touchant, pendant que les deux ouvriers marchent parallèlement l'un à l'autre. Un troisième ouvrier placé à égale distance des deux extrémités de la corde, lui imprime, avec deux bâtonnets qui y sont adaptés vers le milieu, un mouvement horizontal de va-et-vient, de droite à gauche et de gauche à droite, de façon à ce que les franges simulent un mouvement de scie qui fait battre doucement les épis les uns contre les autres. La poussière des étamines est soulevée par ce mouvement alternatif et régulier, et elle se répand indistinctement sur tous les épis.

Si le champ à féconder est par trop large, il faudrait y tracer une raie tous les 20 ou 25 mètres, pour que les ouvriers puissent aller droit. La corde ne doit pas avoir plus de 25 mètres, afin d'être tendue plus commodément.

De loin en loin on peut suspendre aux brins de la frange quelques petites chevrotines de plomb à loup, afin de lui donner plus de poids et de favoriser ainsi ce mouvement de va-et-vient.

Le miel dont je viens de parler n'est pas indispensable ; mais on peut voir qu'il ne serait pas non plus inutile. Si l'on en fait usage, il n'est pas besoin d'en mettre sur chaque brin de la frange et on peut l'espacer de loin en loin. On passe dans la frange ses doigts imprégnés de miel, comme si on la peignait.

Il faut choisir bien soigneusement le moment où l'on fait cette opération pendant les heures de beau temps, et il faut discerner ce moment opportun d'après les notions que j'ai données plus haut sur la floraison. Par conséquent, on devra toujours commencer la fécondation artificielle en allant la première fois, autant que possible, de l'est à l'ouest, parce que la face de l'épi qui est au levant est toujours la première à devenir féconde. Puis, deux ou trois jours après, plus ou moins selon les circonstances, on passera la frange de l'ouest à l'est. Enfin, pour n'oublier aucun des épis retardataires, on promène la frange à volonté deux ou trois jours plus tard, et le champ sera dès lors complétement fécondé.

Cette opération a été faite de cette façon sur 80 hectares de céréales dans le domaine de Sillery, chez M. A. Jacquesson, et voici les résultats obtenus :

Seigle non fécondé (par are), 22,6 litres, 16 kilogrammes ;

Seigle fécondé (par are), 34,6 litres, 25,5 kilogrammes ;

Froment non fécondé (par are), 30,5 litres, 21 kilogrammes ;

Froment fécondé (par are), 41,5 litres, 31 kilogrammes.

Ces résultats ont été officiellement constatés par une commission composée de MM. Payen, de l'Institut (Académie des sciences), Dailly, propriétaire et cultivateur à Trappes, et Al. Simons, chef du cabinet du ministre de l'agriculture, du commerce et des travaux publics. Ces messieurs ont fait couper, battre, mesurer et peser le grain sous leurs yeux.

Il va sans dire que le champ où avaient été levés les échantillons était identiquement le même pour le labour, la fumure et l'ensemencement. Ainsi, la pièce où a été pris le froment était de 15 hectares, et la seule différence, c'est qu'une grande partie de cette pièce, 14 hectares, avait été fécondée, et que l'autre partie, 1 hectare, n'avait pas été fécondée, tout le reste étant d'ailleurs absolument égal (1).

Quant aux orges et aux avoines, comme elles n'étaient pas encore tout à fait mûres quand la commission est venue sur les lieux, elle n'a pu les examiner, mais le pesage en a été fait quelques jours plus tard, avec les mêmes précautions, par-devant les autorités communales, et voici les résultats, comme l'atteste le procès-verbal du 4 août :

		litres.	kilogr.
Orge non fécondée (par are)............		28	16
Orge fécondée —		40	24
Avoine non fécondée —		30	12
Avoine fécondée —		42	17

On voit, d'après ces chiffres, que par la fécondation artificielle le produit des céréales est en moyenne augmenté de moitié ; et comme la dépense de la frange et de la main-d'œuvre est insignifiante, on peut dire que c'est sans augmentation de frais.

Seulement, je ferai remarquer que, l'année 1863 ayant été fort belle, cette circonstance est plutôt défavorable au système, et que la différence proportionnelle du rendement serait encore bien plus forte dans une année médiocre ou mauvaise. Je crois d'ailleurs que, même en s'en tenant aux résultats constatés, il n'y a guère d'agriculteur qui ne doive être très-satisfait de les obtenir tels quels sur son champ.

Je ne donne pas ici de dessins ni de figures de la frange de laine ; je m'en tiens d'autant mieux à ce que j'ai dit que, sous peu de temps, j'espère que des modèles de franges seront déposés dans toutes les préfectures et sous-préfectures, et il suffira d'un coup d'œil pour que les cultivateurs soient en état de construire eux-mêmes et à leur usage un instrument aussi simple. Rien ne vaudrait cet éclaircissement, qui sera bientôt mis à leur portée.

Voici maintenant les avantages que je trouve à la fécondation artificielle, et qui expliquent très-bien ce surcroît énorme de poids qu'elle donne aux céréales.

1o *L'opportunité.* — Lorsqu'on se fie à l'action du vent pour que la fécondation se fasse toute seule, comme on dit, on s'expose à ce grave inconvénient, trop souvent éprouvé, qu'il est déjà trop tard quand le vent vient accidentellement faire tomber le pollen sur les pistils. L'organe femelle n'est plus disposé à prendre ; la précieuse poussière passe devant le pistil qui ne peut ni l'arrêter ni la retenir, faute du miel qu'il n'a plus.

Au contraire, par la fécondation artificielle, vous choisissez le moment propice, et tout se passe alors pour le mieux, la saison antérieure et présente étant donnée. Il est très-bon, je le reconnais, de s'en rapporter à la nature, dont personne plus que moi n'admire la puissance et la générosité ; mais c'est le devoir de l'homme de la guider et de l'améliorer en la guidant ;

---

(1) Pour plus de précision, je donne les détails suivants :

Les quatre pièces de terre où l'on a fait l'expérience sont toutes situées à Sillery, domaine de M. A. Jacquesson (Marne) ; elles forment ensemble les 80 hectares dont j'ai parlé.

La pièce de blé avait 15 hectares ; elle avait été fumée à raison de 50 mètres de fumier de ferme par hectare : c'est la dose ordinaire qu'on emploie en Champagne.

La pièce de seigle avait également 15 hectares ; c'était un recassi, c'est-à-dire que l'année précédente la pièce était en froment. Il n'y avait pas eu de fumure du tout.

Pour l'avoine, il y avait deux pièces formant ensemble 25 hectares ; l'avoine avait été précédée d'une prairie artificielle, et il n'y a pas eu de fumure pour ces pièces, non plus que pour celle du seigle.

Enfin, l'orge a été faite dans quatre pièces contenant ensemble 25 hectares, également sans fumure. L'orge avait été précédée par l'avoine dans toutes ces pièces.

La fécondation artificielle a été faite sur toutes ces pièces en trois fois, à deux jours d'intervalle : d'abord dans les deux sens, de l'est à l'ouest, puis, deux jours après, de l'ouest à l'est, et enfin une troisième fois, à volonté, pour atteindre les épis retardataires. La floraison s'est produite par un très-beau temps.

et puisque l'homme ne s'en fie pas absolument à la nature, puisqu'il laboure, fume et ensemence les champs, pourquoi lui laisserait-il davantage le soin de la fécondation? La part de la nature est toujours assez belle, quoi que fasse l'industrie humaine; en réglant la fécondation, ce n'est pas nous qui la produisons réellement; mais en la rendant plus complète par nos soins, je crois que nous remplissons mieux le vœu même de la nature et de la Providence, qui n'a pas créé tant de fleurs apparemment pour que la moitié restât stérile.

2° *La simultanéité*. — La fécondation, abandonnée à elle-même, procède comme il suit : le premier jour, il y a beaucoup d'œufs fécondés; le second jour, il y en a moins; le troisième, moins encore, et ainsi de suite jusqu'à la fin, le tout durant à peu près une semaine. A la maturité, ces différences se représentent, et il y a des grains qui alors sont mûrs et d'autres qui ne le sont pas; on s'en aperçoit de reste quand on coupe; mais le moment est venu, on ne peut pas attendre, et il n'y a pas un instant à tarder; il faut se décider, sous peine de sacrifier la meilleure partie de sa moisson. De là ces différences énormes et ces mécomptes dans le rendement et dans le poids du blé. Tous les grains plus ou moins laiteux se rident, et ils exsudent, avec leur humidité, une portion de leur pesanteur. Quel agriculteur ignore ce qu'il en coûte de couper son blé trop tôt ou trop tard? C'est cependant aujourd'hui une alternative à peu près inévitable.

Avec la fécondation artificielle, on ne court pas ce risque, ou du moins on l'atténue beaucoup. Tous les œufs qui peuvent être fécondés le sont en même temps, et, à cause des expositions diverses à l'est ou à l'ouest, il n'y a que l'intervalle de trois ou quatre jours tout au plus, au lieu d'un intervalle, suivant le temps, de sept, huit ou dix jours parfois. Les grains arrivent tous à point presque simultanément, et il n'y a plus, pour ainsi dire, de grains laiteux : ils ont été fécondés ensemble; ils ont mûri ensemble, et l'on peut les couper le même jour sans craindre un déchet sensible.

3° *L'égalité*. — Dans les épis ordinaires, les grains les plus gros sont en bas, le plus près de la tige; à mesure qu'ils sont plus haut sur l'épi, ils sont de moins en moins gros, de telle façon que les derniers placés au sommet se réduisent à rien; ce ne sont plus que des bractées vides qui surchargent la plante sans aucun profit.

Loin de là, la fécondation artificielle fait que tous les grains ont une grosseur égale, du bas jusques en haut et sur les quatre faces de l'épi; toutes les cellules sont pleines, et l'épi est aussi carré qu'il peut l'être. Rien qu'à la vue, la différence est frappante, et l'on n'est pas étonné quand cette différence est constatée précisément par le mesurage et par le poids; si l'on est alors surpris de quelque chose, c'est qu'elle ne soit pas encore plus marquée en litres et en kilogrammes.

4' *La force*. — La fécondation artificielle développe énormément la force de la plante. La commission officielle a pu s'en convaincre en voyant les céréales sur pied, et l'on peut s'en convaincre encore en examinant sur la paille les tiges et les cellules de l'épi. Cette force ne fera que s'accroître de génération en génération, et la semence issue de grains fécondés donnera, par une fécondation nouvelle, d'autres grains de plus en plus beaux.

Mais, me dira-t-on, vous épuisez la terre en faisant nourrir plus de grains à l'épi et des grains plus forts. A cela, je n'ai qu'un mot à répondre : Rien dans ma pratique, que j'ai rendue aussi attentive que je l'ai pu, ne me fait soupçonner que la fécondation artificielle prenne plus au sol que la fécondation naturelle. D'ailleurs, on ne sème pas habituellement le blé sur le même sol deux années de suite. Et, enfin, est-ce que les bonnes années épuisent le sol? A ce compte, elles seraient les mauvaises, et il faudrait s'en affliger au lieu de s'en réjouir.

Ainsi, je vois à la fécondation artificielle quatre grands avantages, sans parler de quelques autres :

Opportunité, simultanéité, égalité et force.

C'est à l'intelligence de l'homme de s'assurer ces avantages, en épiant avec sagacité

le moment de la floraison, et en s'appliquant de son mieux à rendre cette floraison plus féconde que ne la font les hasards atmosphériques. L'humanité cultive les céréales depuis que
Dieu l'a soumise à la nécessité de vivre de son travail sur cette terre, et il semble que tout
ait été fait et ait été dit sur des plantes si utiles et tant étudiées. Cependant, je ne crois pas
trop m'avancer en disant que j'ouvre une voie nouvelle; et comme je ne parle qu'après les
essais les plus longs et les plus décisifs, je puis sans aucune vanité parler avec beaucoup d'assurance.

Mais je dois, en terminant, faire un aveu au public : c'est que je suis persuadé, maintenant
que j'ai exposé mes idées dans l'intérêt de tout le monde, qu'il va se trouver une multitude
de gens qui auront fait ma découverte bien longtemps avant moi, et qui savaient de temps
immémorial qu'on peut féconder un épi de blé avec un autre épi. J'en tombe d'accord; mais
j'espère que le public demandera, ainsi que moi, à des gens si habiles, pourquoi ils n'ont jamais mis leur admirable méthode en pratique, et pourquoi ils ont refusé à l'humanité le surcroît de récolte que je lui apporte. Quant à moi, tout mon mérite, si mérite il y a, consiste à
avoir inventé, non pas la fécondation artificielle des céréales, mais uniquement le moyen de
la mettre en pratique.

Je m'en fie en toute sécurité à un prochain avenir pour apprendre au monde jusqu'à quel
point j'ai raison. Daniel HOOÏBRENCK.

Le *Moniteur* du 11 septembre publie, à son tour, la note suivante :

L'attention du Gouvernement de l'Empereur a été appelée récemment sur des procédés inventés par M. Hooibrenck pour obtenir, au moyen de la fécondation artificielle, un rendement plus abondant des céréales, de la vigne et des arbres fruitiers.

Ces procédés, mis en pratique à Sillery, près de Reims, et à Châlons-sur-Marne, sur des
propriétés appartenant à M. Jacquesson, sont simples, d'un emploi peu dispendieux, et cette
circonstance donnait un degré particulier d'intérêt aux faits qui ont été signalés, car en
agriculture les résultats exceptionnels n'ont de véritable portée qu'autant qu'ils peuvent être
aisément généralisés.

L'appareil employé par M. Hooibrenck pour opérer la fécondation artificielle des céréales
consiste dans une corde de 20 mètres à laquelle sont attachés des brins de laine de 33
à 35 centimètres de longueur. ·

Ces brins de laine doivent être assez nombreux pour se toucher ; une petite balle de plomb
de la grosseur d'une chevrotine est attachée à l'extrémité d'une partie d'entre eux, de cinq
en cinq fils.

L'appareil est passé sur les épis au moment de la floraison, de manière à les secouer légèrement. Trois personnes sont employées à cette opération ; un homme à chaque extrémité
de l'appareil et un enfant vers le milieu pour soutenir la corde.

L'opération doit être répétée trois fois, à deux jours d'intervalle. La première fois, elle
doit avoir lieu au moment où le pollen se développe d'une façon sensible.

La dépense nécessaire pour féconder un hectare de céréales ne s'élèverait, dit-on, qu'à
2 francs, en répétant l'opération trois fois, comme nous venons de l'indiquer. L'appareil lui-
même ne coûterait pas plus de 5 à 6 francs et peut durer fort longtemps.

Pour les arbres fruitiers, M. Hooibrenck emploie une autre méthode dont il modifie l'application, suivant qu'il s'agit d'espaliers ou d'arbres de plein vent.

Voici comment il opère à l'égard des espaliers : à l'époque où les fleurs s'épanouissent, il
touche délicatement les stigmates avec le doigt enduit de miel, puis lorsque toutes les fleurs
sont ainsi préparées, il passe sur l'ensemble une petite houppe à poudrer, mais à duvet un
peu court ; le pollen déplacé par le frôlement de la houppe tombe sur les stigmates em-
miellés et y adhère, et la fécondation se trouverait, dit-on, assurée, à ce point qu'on obtiendrait autant de fruits qu'il y a eu de fleurs opérées.

L'opération, peu dispendieuse, se répète autant de fois qu'on le juge nécessaire.

Pour les arbres de plein vent, tels que cerisiers, pruniers, pommiers, etc., le procédé se simplifie. M. Hooibrenck fait usage d'une sorte de plumeau, composé de brins de laine de même nature que celle qu'il emploie pour la fécondation des céréales, et d'environ 20 centimètres de longueur.

Il passe sur quelques-uns des brins une très-petite quantité de miel, destinée à retenir le pollen ; puis il promène le plumeau, comme pour les épousseter, sur toutes les fleurs de l'arbre.

Le même procédé s'applique à la vigne et à d'autres plantes.

Deux commissions nommées par le ministre de l'agriculture, du commerce et des travaux publics, ont été chargées de visiter les domaines de M. Jacquesson, afin de constater les premiers résultats annoncés par M. Hooibrenck.

La première de ces deux commissions, qui a été envoyée le 24 juillet dernier à Sillery, pour examiner l'état des récoltes de céréales, était composée de MM. Payen, membre de l'Institut ; Dailly, de la Société impériale et centrale d'agriculture ; Lefour, inspecteur général de l'agriculture, et Simons, chef du cabinet du ministre de l'agriculture, du commerce et des travaux publics.

La seconde commission, composée de MM. Payen et Decaisne, membres de l'Institut ; Pépin, de la Société impériale d'agriculture, et Simons, s'est rendue à Châlons-sur-Marne, le 11 août dernier, pour visiter les arbres fruitiers.

Pour les céréales, on a constaté les résultats suivants :

Un are de seigle, fécondé par le procédé Hooibrenck, a rendu 34 litres 500 pesant net 25 kilogrammes 500, ce qui correspond à un produit de 34 hectolitres par hectare.

Un are de seigle non fécondé a donné 22 litres 600 pesant 16 kilogrammes, soit un rendement de 22 hectolitres 600 à l'hectare.

Un are de froment fécondé a produit 41 litres 500 pesant 32 kilogrammes, et un are de froment non fécondé, 30 litres 500 pesant 21 kilogrammes, ce qui représente pour la partie fécondée un rendement de 41 hectolitres 500 à l'hectare, tandis que pour la partie non fécondée le rendement serait seulement de 30 hectolitres 500.

Il est vrai que pour le blé, comme pour le seigle, la portion du champ qui a été fécondée se trouvait dans une position plus favorable que celle qui ne l'a pas été. Toutefois, la différence de situation topographique était beaucoup plus sensible pour le froment que pour le seigle, et, en tout cas, elle ne semble pas suffire pour expliquer une différence aussi considérable dans les rendements.

Pour les arbres fruitiers, on n'avait pas les mêmes éléments de comparaison que pour le froment et le seigle.

La commission a trouvé des arbres de diverses espèces, et notamment des pruniers surchargés de fruits ; mais comme les branches de ces arbres avaient été inclinées à 112° 1/2, et que, dans l'opinion de M. Hooibrenck, cette inclinaison a pour effet d'augmenter la production, on a dû se borner à reconnaître l'abondance des fruits sans pouvoir indiquer dans quelle mesure la fécondation artificielle aurait contribué à ce résultat.

Dans sa visite à Châlons, la commission a eu, en outre, occasion de constater quelques faits curieux de reproduction d'arbustes et même de plantes herbacées au moyen de l'inclinaison de leurs tiges.

Ainsi, la commission a vu des églantiers de semis, âgés de trois ans, dont toutes les jeunes tiges, après avoir été rabattues sur le sol, avaient poussé de leur pied un scion vigoureux.

On lui a montré également une aspergerie soumise au même régime, où toutes les tiges feuillues avaient été inclinées, dans le but d'obtenir en novembre de grosses asperges qu'on protége contre le froid au moyen d'une bouteille défoncée et recouverte de craie blanche.

Du reste, les deux commissions envoyées, l'une à Sillery et l'autre à Châlons, ont dû apporter une grande réserve dans l'expression de leur opinion, attendu qu'elles n'ont pas été mises à même de suivre la production dans les diverses phases de son développement ; mais elles ont été d'accord sur l'utilité de soumettre les ingénieux procédés de M. Hooibrenck à une expérimentation méthodique et faite sur différents points du territoire.

L'Empereur, qui a pu juger par lui-même, lors de sa visite dans le grand établissement de M. Jacquesson, du haut intérêt que présentent les découvertes de M. Hooibrenck, a décidé que les expériences demandées seraient faites pendant le cours de l'année agricole qui s'ouvre en ce moment, et Sa Majesté a désigné elle-même la ferme impériale de Fouilleuse et la treille de Fontainebleau comme deux des points où elles auraient lieu.

Les expériences qui vont être instituées, et qui auront un caractère comparatif, embrasseront non-seulement les procédés de fécondation artificielle, mais encore les diveres méthodes de taille et de culture dont M. Hooibrenck a fait l'application chez M. Jacquesson.

Elles seront entreprises et suivies simultanément dans les Écoles impériales d'agriculture de Grignon, de Grand-Jouan et de la Saulsaie, au potager de Versailles et, en outre, comme nous venons de le dire, à la ferme de Fouilleuse et à Fontainebleau. Elles pourront s'étendre d'ailleurs sur quelques domaines particuliers dont les propriétaires se montreront disposés à faire l'essai des procédés de M. Hooibrenck, et elles auront lieu sous le contrôle d'une commission spéciale qui est chargée d'en déterminer le programme, d'en suivre toutes les phases et d'en constater les résultats.

Cette commission, nommée par une décision de l'Empereur en date du 9 de ce mois, est composée de la manière suivante :

Le maréchal Vaillant, ministre de la Maison de l'Empereur et des Beaux-Arts, président ;
MM.

Payen et Decaisne, membres de l'Institut ;
Dailly et Pépin, membres de la Société impériale et centrale d'agriculture de France,
Cazeaux, inspecteur général, et Lambezat, inspecteur général adjoint de l'agriculture ;
Tisserand, chef de la division des établissements agricoles au ministère de la Maison de l'Empereur, et Simons, chef du cabinet du ministre de l'agriculture, du commerce et des travaux publics.

M. Simons est, en outre, chargé des fonctions de secrétaire.

ACADÉMIE DES SCIENCES

Suite de la séance du 21 septembre. — M. MATHIEU présente, de la part du Bureau des longitudes, la *Connaissance des temps* pour 1865. — Grâce aux nouvelles ressources mises entre les mains du bureau, cette éphéméride a pu être élevée au niveau du *Nautical almanac* anglais, qui l'avait si longtemps éclipsée, et dont la publication est encore aujourd'hui bien en avance sur celle de l'annuaire français. On a fait beaucoup d'essais pour condenser dans le moindre volume possible les matières considérablement accrues de la *Connaissance des temps*, ce qui en a retardé l'impression ; mais maintenant que les formes des feuilles sont établies et conservées, on espère marcher plus rapidement ; le volume pour 1866 doit paraître vers le milieu de l'année prochaine et être suivi de près par le volume de l'année 1867. De plus, on a pu abaisser le prix des volumes.

Les annuaires astronomiques sont déjà assez nombreux. Il y a le *Nautical almanac* anglais, le *Nautical* américain, l'*Almanaque nautico* espagnol, la *Connaissance des temps*, le *Jahrbuch* de Berlin ; tous contiennent à peu près les mêmes matières, seulement les éphémérides sont calculées pour des méridiens différents. S'il y avait un bureau international qui ferait calculer d'avance les positions du soleil et celles de la lune, ces dernières de quart d'heure en quart d'heure, pour dix ans, par exemple, il en résulterait une grande économie de temps et d'argent, qui permettrait d'entreprendre d'autres travaux utiles. En même temps, on rapporterait alors toujours au même méridien les éléments ou tables des planètes et comètes, les catalogues d'étoiles, etc. Une simplification de ce genre aurait des avantages comparables à ceux de l'unification des poids et mesures.

— Sur les étoiles filantes ; par M. FAYE. — La théorie de ces phénomènes a été assez négligée en France dans ces derniers temps ; mais l'indifférence du public français est bien justifiée, dit M. Faye, par les nombreuses déceptions auxquelles cette étude a conduit jusqu'à présent les astronomes qui s'en sont occupés.

Deux hypothèses ont cours relativement à l'origine des bolides, étoiles filantes, etc. Celle des chimistes, soutenue par Berzélius, et, pendant quelque temps, par Laplace, consiste à les regarder comme des déjections des volcans lunaires. Les astronomes modernes les attribuent, au contraire, à un anneau cosmique circulant autour du soleil. Mais M. Faye pense que ni l'une ni l'autre de ces explications ne s'accorde avec tous les faits observés.

En effet, il y a trois sortes d'étoiles filantes : 1° des étoiles sporadiques qui sillonnent l'atmosphère toute l'année ; 2° les essaims périodiques du 10 août ; 3° enfin les étoiles périodiques de novembre, dont les maxima se déplacent irrégulièrement d'une année à l'autre.

Les observations modernes (de 1842 à 1863) font voir qu'à l'époque du maximum d'août la longitude de la terre est toujours peu différente de 318 degrés.

Cette régularité, cette constance apparaît encore mieux par la comparaison des observations chinoises, dont les dates correspondent aussi à la même longitude de la terre (voir notre dernière *Revue d'astronomie*). On en conclut qu'un anneau d'astéroïdes vient couper l'orbite terrestre en un point sensiblement invariable depuis un grand nombre de siècles. Mais il n'en est pas de même du phénomène de novembre ; les apparitions célèbres de 1799 et de 1833 ont eu lieu du 12 au 13, mais les autres sont arrivées irrégulièrement, du 26 octobre au 16 novembre, et ont même tout à fait disparu aujourd'hui. Les essaims de novembre et les étoiles sporadiques sont donc des phénomènes plus complexes que les apparitions d'août. M. Faye croit en avoir trouvé l'explication dans cette hypothèse que la terre et la lune, en passant à travers l'anneau du mois d'août, s'emparent des corpuscules à leur portée, et font ainsi chaque année ample provision de satellites, comme des négriers qui vont au marché d'esclaves. Ces satellites, très-excentriques pour la plupart, seraient les météores sporadiques et auraient encore une grande influence sur le phénomène de novembre.

Ceci est confirmé par le fait que l'apparition de novembre 1837 ne fut visible qu'en Angleterre, celles de 1799 et de 1834 qu'en Amérique, celles de 1831 et de 1832 qu'en Europe ; ce qui semble caractériser un anneau de satellites. Il faudrait donc reporter au soleil les orbites des étoiles filantes d'août, et à la terre celles des autres.

Ce qui a paru contredire l'hypothèse des satellites, c'est l'énorme vitesse des bolides observés (95 à 175 kilomètres par seconde). Mais M. Faye n'accepte pas ces vitesses ; 45 kilomètres représentent, selon lui, le maximum possible même pour des corps circumsolaires, à la distance où se trouve la terre. Aussi, en tenant compte des difficultés inhérentes à la détermination des points de départ et d'extinction, de la direction et de la durée des météores, M. Faye pense que les nombres que représentent leurs vitesses observées sont extrêmement incertains. Pour arriver à des évaluations plus exactes, il faudrait appliquer des instruments de mesure, tels que les théodolites, non pas aux bolides eux-mêmes, mais aux traînées persistantes qu'ils laissent après eux, et dont il faudrait relever la direction. Les temps d'apparition et de disparition seraient enregistrés au moyen d'un appareil électrique, et les stations d'observation communiqueraient entre elles par un fil télégraphique.

D'un autre côté, il faudrait noter en beaucoup d'endroits le nombre d'étoiles filantes qui apparaissent chaque jour sur l'horizon. Les régions les plus favorablement situées pour ce genre d'observations seraient le Mexique et le Pérou ; la pureté de l'air, la sérénité du ciel, l'égale longueur des nuits, tout semble concourir pour recommander aux astronomes ces pays favorisés du globe. M. Faye croit le moment venu de réaliser les vœux que M. de Humboldt a exprimés à ce sujet.

— Relations entre la chaleur rayonnante, la chaleur de conductibilité (chaleur rampante) et l'électricité ; par M. DE COLNET-D'HUART. — Dans ce mémoire, l'auteur démontre plusieurs théorèmes sur les rotations moléculaires, lesquels le conduisent à une théorie de l'électricité. Il montre que les équations de Fourier et de Ohm sont des cas particuliers de deux équations plus générales qui font voir que les corps sont diathermanes pour certains rayons et athermanes pour d'autres. Si tous les résultats annoncés par l'auteur sont exacts, son travail serait d'une grande portée.

Recherches d'analyse spectrale ; par M. VOLPICELLI. — Ce savant italien découvre de temps en temps la Méditerranée, comme Alexandre Dumas.

— Du rôle des infusoires dans la germination ; par le docteur LEMAIRE. — Voici la note que nous communique l'auteur et que le *Compte-rendu* aurait pu mettre entière, il nous semble, car elle n'est pas très-longue ; il n'en insère que quatorze lignes : c'est évidemment de la partialité et elle nous paraît se répéter trop souvent.

« J'ai démontré, dit le docteur Lemaire, que de la terre contenant 2 pour 100 de goudron de houille empêche la germination. J'ai de plus démontré que cette substance ne tue pas l'embryon, puisque des graines qui avaient séjourné pendant quarante jours dans cette terre, ont pu germer et végéter après avoir été débarrassées de cette substance. J'ai comparé ce résultat à ceux que j'avais obtenus dans un assez grand nombre d'expériences sur les fermentations qui n'ont pas lieu en présence de faibles doses de coaltar, de benzine ou d'acide phénique, et qui se produisent lorsqu'on a fait disparaître ces substances. J'ai démontré que l'arrêt des fermentations, dans ces cas, est dû à l'action toxique énergique que ces substances exercent sur les infusoires.

Voyant que de petits êtres vivants sont indispensables pour que les fermentations spontanées et la fécondation aient lieu, j'en conclus que partout où la matière organique devrait prendre des formes nouvelles, les microphytes ou les microzoaires interviennent. Mais je n'avais pas démontré d'une manière indubitable que les infusoires sont indispensables pour que la germination ait lieu. Aujourd'hui je viens combler cette lacune.

Examinons d'abord la germination dans les conditions ordinaires. Lorsqu'on place des haricots, des pois, des lentilles, de l'orge et de l'avoine sur des fragments de porcelaine ou d'éponges humides et que l'on observe chaque jour, au microscope, ce qui se passe, voici ce que l'on constate : au bout de vingt heures, à une température de 30° centigrades, on reconnaît de nombreux bactérium termo et punctum dans le liquide et sur le test. A ce moment, la graine et son embryon sont encore durs et cornés. La vie ne s'y révèle pas encore. Au bout de quarante-huit heures on y trouve, indépendamment des bactérium, des vibrions linéole et rugule et des monas lens. La graine commence à se ramollir. A ce moment, si on l'écarte avec soin, on trouve sur son endosperme et sur l'amande un grand nombre des infusoires que je viens de nommer. Alors l'embryon commence à donner des signes de vie. La radicule se gonfle, et bientôt tous les phénomènes de son développement suivent leur cours. J'ai suivi l'expérience pendant quinze jours en entretenant le sol humide. D'autres infusoires ont apparu. J'ai constaté la présence de nombreux monadines et d'amibes. Au moment où j'ai cessé l'examen, une tige de haricot avait 30 centimètres de haut. Je n'ai pas trouvé d'infusoires dans le tissu végétal, à aucune époque de la végétation. Ces faits étant bien constatés par plusieurs expériences, je me demandai si les infusoires n'auraient pas été apportés par les fragments de porcelaine, les éponges ou l'eau de Seine. Pour juger ce point de la question, je chauffai au rouge pendant deux heures les fragments de porcelaine, et lorsqu'ils furent refroidis, j'y plaçai les graines et je les arrosai avec de l'eau distillée préparée dans le laboratoire de M. Chevreul. J'ai constaté la présence des mêmes infusoires, aux mêmes heures et en aussi grand nombre, dans le liquide et dans les graines, que dans les expériences précédentes. Ce n'était donc pas les éponges, ni les fragments de porcelaine, ni l'eau qui les avaient fournis. La graine seule a pu donner naissance en si peu de temps aux nombreux bactérium, vibrions et monas que je constatai.

Pour qu'il ne reste pas le moindre doute, j'essayai de démontrer encore par un autre moyen que les infusoires sont indispensables à la germination ; j'ai répété, avec l'acide phénique, les expériences que j'avais faites antérieurement avec le coaltar. J'ai constaté qu'un millième de cet acide, ajouté à l'eau indispensable à la végétation, suffit, en vase clos à une température de 12 à 15° centigrades, pour empêcher la germination. Mais à 35 ou 36 degrés, il en faut deux millièmes. A cette dernière température, un millième d'acide retarde seulement le phénomène. Lorsque la germination n'a pas lieu en présence de l'acide phénique, on ne trouve pas d'infusoires. On pourrait croire *à priori* que la graine est tuée, mais l'expérience démontre qu'il n'en est rien. En effet, si l'on immerge des graines pendant trois jours dans de l'eau contenant deux millièmes d'acide phénique, et pendant cinq jours dans de l'eau qui en contienne un millième, qu'on les lave dans un courant d'eau froide et qu'ensuite on les place dans les conditions où la germination peut s'opérer, elles germent et végètent comme à l'ordinaire. Ici encore les infusoires ont précédé l'évolution de l'embryon. Ces faits viennent confirmer l'hypothèse que j'ai émise il y a trois ans.

La limite de trois jours pour l'eau contenant deux millièmes d'acide phénique, et celle de cinq jours, quand elle n'en contient qu'un millième, est la plus élevée que l'on puisse atteindre. Une action plus prolongée de ces liquides sur la graine empêche pour toujours sa germination.

En résumé, l'embryon du végétal comme l'ovule fécondé des animaux sont, dans les premiers temps de leur évolution, les nourrissons des microzoaires qui préparent leur nourriture. Ces petits êtres me paraissent jouer aussi un grand rôle dans l'alimentation des végétaux en transformant les matières organiques. Le réveil du végétal, au printemps, me parait être leur œuvre comme pour l'embryon. Je n'ai point fait d'expériences sur les cryptogames, parce que l'existence de spermatozoïdes a été constatée dans les organes reproducteurs d'un grand nombre. Pour répondre à une objection qui m'a été faite et que l'on pourrait renouveler, je dirai: « que ce n'est pas seulement en empêchant l'action de l'oxygène que le coaltar agit dans l'arrêt de la germination comme dans celui des fermentations ; j'ai démontré que le phosphore, le potassium et le sodium s'oxydent, comme à l'ordinaire, dans une atmosphère chargée d'acide phénique ; c'est leur action toxique qui empêche la manifestation de la vie et, par suite, l'action de l'oxygène. Cette propriété remarquable pourra désormais servir à distinguer les combinaisons qui se forment sous l'influence de la vie de celles qui obéissent à l'affinité ou à d'autres forces. »

— M. Serre dépose sur le bureau une première note sur quelques points de l'organisation du *lepidosiren annectens*. — Voici comment M. Serre explique l'intérêt qu'il a mis à l'étude qu'il vient de faire : « Dans la classification méthodique du règne animal, les animaux qui se trouvent aux limites, soit des embranchements, soit des classes, sont ceux qui offrent le plus d'intérêt aux anatomistes et aux zoologistes. Leur organisme présentant des caractères mixtes et empiétant sur les deux classes ou les deux embranchements, il en résulte une anomalie dans leur structure, qui rend difficile leur véritable classement.

« Le singulier genre d'animaux décrit, en 1817, par MM. Fitzinger et Natterer, sous le nom de *Lepidosiren*, est dans ce cas. L'organisation de ces animaux n'est ni franchement erpétique, ni franchement ichthyologique ; elle participe à la fois de celle de ces deux classes. Le mélange du type ichthyologique et du type erpétologique est même si complet, que des deux zoologistes qui, les premiers, ont bien étudié la structure des lepidosiren, l'un, M. Owen, les range parmi les poissons ; l'autre, M. Bischoff, les classe parmi les reptiles, et les caractères sur lesquels chacun d'eux se fonde pour leur assigner cette position contradictoire,

montrent, en effet, que ces animaux ne sont ni reptiles, ni poissons, si on leur applique rigoureusement les signes caractéristiques de ces deux classes. »

— Mémoire sur l'extirpation des tumeurs éburnées de l'orbite ; par le docteur MAISONNEUVE.
Les exostoses de l'orbite doivent être rangées au nombre des affections osseuses les plus redoutables. Non-seulement elles chassent l'œil au dehors en produisant une difformité horrible, mais encore elles compromettent rapidement la vie par la compression qu'elles exercent
sur le cerveau.

Contre les graves lésions, la médecine est toujours impuissante ; la chirurgie seule a le
pouvoir de les détruire. Mais cette destruction tentée par les moyens ordinaires était une
œuvre tellement difficile, que les plus illustres opérateurs refusaient de l'entreprendre, ou
bien n'arrivaient presque jamais à la conduire à bonne fin. M. Maisonneuve, après avoir rappelé les moyens employés jusqu'alors et s'être rappelé une première opération tentée par lui
en 1853 par des moyens nouveaux et suivis de succès, ajoute :

« C'est un fait analogue, mais plus remarquable encore, que je viens soumettre à l'Académie. Le sujet est un jeune homme de dix-neuf ans, malade seulement depuis dix-huit mois.
La tumeur marchait avec une rapidité extrême. L'œil était complétement sorti de son orbite
et ne percevait presque plus la lumière. Déjà, des accidents cérébraux commençaient à se
manifester. Le malade était menacé d'une mort prochaine ; il était urgent de prendre un
parti. Plusieurs chirurgiens éminents ne croyaient pas l'opération possible ; mais me rappelant le fait que je viens de citer, je ne craignis pas de l'entreprendre.

« Elle eut lieu le 5 août, devant un grand concours de chirurgiens et d'élèves. Elle fut
prompte et sans incidents. Ayant attaqué franchement la tumeur à son point probable d'insertion (au côté interne de l'orbite), je la détachai en quelques secondes en brisant, au moyen
du ciseau et du maillet, l'os dont elle tirait son origine ; puis, par des efforts lents et successifs, je parvins en quelques minutes à l'extraire en un seul bloc.

« Son poids était de 90 grammes ; son diamètre antéropostérieur, de 62 millimètres ; son
diamètre vertical, de 52 ; son diamètre transversal, de 40. Sa face interne portait vers son
milieu les traces de son adhérence à l'os ethmoïde dans un espace de 4 centimètres carrés.
Son tissu compacte est d'un blanc de lait ; il est notablement plus dur que l'ivoire.

« Aussitôt après l'opération, l'œil fut replacé avec soin dans l'orbite ; la plaie fut rapprochée par sept points de suture, sauf en bas où je ménageai un pertuis pour l'écoulement du
pus et pour des injections détersives avec l'*acide phénique dilué*. (C'est l'acide phénique préparé avec l'*alcool phéniqué* dont nous avons parlé.)

« Aucun accident n'a traversé la cure, et aujourd'hui, six semaines après l'opération, le
jeune homme a repris toute sa santé, sa gaieté et, qui plus est, son œil, parfaitement rentré
dans son orbite, a recouvré toutes ses fonctions, la vue aussi bien que les mouvements.

« De ces deux faits si semblables et si remarquablement heureux, je crois pouvoir conclure
que, dans le traitement des exostoses éburnées de l'orbite, la méthode d'extirpation en masse
doit remplacer avec avantage l'ancienne méthode de morcellement. »

— Sur le mode de production de certaines formes de la monstruosité simple ; par M. C. DA-
RESTE.

— Influence des climats du midi de la France sur les affections chroniques de la poitrine ;
station d'Ajaccio (Corse) ; par M. PIETRA-SANTA. — L'auteur a résumé dans deux formules
principales les conseils qui doivent intéresser les valétudinaires et les médecins.

« Je dis aux premiers : Le séjour des climats du Midi pendant la froide saison est utile dans
les affections chroniques de la poitrine, à la condition de s'y rendre de bonne heure, pour
combattre les prédispositions de la maladie et enrayer ses premières manifestations ; à la condition aussi de s'astreindre à des règles d'hygiène bien entendues, dont la principale réside
dans l'observation de la journée dite médicale (période comprise entre dix heures du matin et

trois heures de l'après-midi, qui présente une certaine régularité et une constance bien marquée de température).

« Je dis aux médecins : Dans le choix d'un climat, préoccupons-nous surtout de la connaissance exacte de ses deux principales zones (la zone du littoral, attenante immédiatement à la mer, où l'air est sec, vif, tonique, stimulant ; et la zone des collines, s'étendant à quelques kilomètres au delà du rivage, où l'air est sédatif, tempéré, imprégné d'une certaine humidité). Approprions chaque type de climat à chaque catégorie de maladie (la forme *torpide*, greffée sur une constitution lymphatique ou scrofuleuse, représente l'alanguissement, la dénutrition ; la forme *éréthique*, animée par l'élément subinflammatoire, avec les réactions de l'élément nerveux, réveille les sympathies étendues et violentes de l'excitation), et après une étude attentive et analytique de chacun de ces deux éléments, élevons-nous, par un travail synthétique de l'esprit, à leur coordination logique et véritablement scientifique. »

L'auteur termine sa communication en recommandant le climat d'Ajaccio, sa patrie, comme présentant les conditions les plus favorables et exerçant une influence salutaire sur les lésions des organes de la respiration, alors que prédomine la forme torpide et lymphatique.

— Sur la structure anormale des tiges des lianes ; par M. L. Netto.

— Sur la question de l'absorption de médicaments par la peau saine ; remarques de M. Deschamps (d'Avallon) à l'occasion d'une communication récente de M. Delore.

J'ai publié dans le *Bulletin général de thérapeutique* en 1858, tome LIV, p. 410, un travail *sur la meilleure forme à donner à quelques préparations pharmaceutiques destinées à l'usage externe*, travail dans lequel je prouve que, sous l'influence des saponés, les agents thérapeutiques traversent promptement le derme et pénètrent dans l'économie ; qu'ainsi, après quelques frictions faites sur l'épigastre avec un saponé composé d'iodure de potassium (4 grammes), eau (4 grammes), alcoolé de savon (32 grammes), l'urine contient beaucoup d'iode, etc. Dans un second travail sur les saponés publié en 1860 dans le même journal, je fais remarquer que l'axonge n'empêche pas l'iodure de potassium de traverser le derme ; que la quantité d'iode que l'on trouve dans l'urine est moins grande que celle qui y pénètre sous l'influence des saponés ; qu'à l'aide d'un saponé on peut faire absorber à la peau une assez forte proportion d'huile, etc.

J'ai prouvé, dans une note présentée en 1862 à l'Académie de médecine, que la pommade d'iodure de plomb n'était pas un médicament inutile, comme on pourrait le croire en raison de l'insolubilité de cet iodure, puisqu'on trouvait de l'iode dans l'urine après quelques frictions faite sur l'épigastre avec cette pommade. J'explique cette réaction de la manière suivante : Lorsqu'on fait une friction avec une pommade, un liniment, les pores de la peau sont bouchés, et rien ne pénètre ; mais comme on est dans l'habitude de recouvrir les parties frictionnées avec un linge, le linge absorbe la pommade, devient imperméable, facilite la transpiration, et le liquide sécrété par la peau dissout les principes solubles contenus dans la pommade, ou modifie la constitution des composés insolubles et altérables, et les principes actifs sont placés dans des conditions favorables pour être absorbés, etc.

Dans un travail sur la *glycérine*, également publié dans le *Bulletin général de thérapeutique* (30 avril 1863), j'ai classé les excipients d'après la facilité qu'ils ont de faire traverser le derme aux substances médicamenteuses. J'ai fait remarquer que la glycérine n'était pas douée, comme on le disait d'une grande pénétration, et qu'elle était bien loin d'être un excipient, un dissolvant par excellence, etc. Enfin, j'ai publié dans la *Revue médicale*, le 15 mai 1863, un travail dans lequel j'étudie l'action des substances médicamenteuses que l'on fait dissoudre dans l'eau des bains, et que je termine par les conclusions suivantes :

« La peau n'absorbe aucune substance médicamenteuse dans un bain. La quantité d'un agent médicamenteux qui pénètre dans l'économie après une série de bains est indépendante de l'action des bains. Cette absorption n'a lieu que secondairement, et ne s'effectue qu'à l'aide des sels qui restent à la surface de la peau. Les bains médicamenteux ne peuvent produire aucune modification interne ; ils sont considérablement inférieurs à l'emploi des saponés et des pommades.

« La quantité d'iode qui pénètre dans l'économie après quatre frictions faites sur l'épigastre avec 4 grammes de pommade renfermant 10 centigrammes d'iodure de potassium, est extraordinairement plus grande que celle qui a traversé le corps après huit bains qui ont été faits avec 200 grammes d'iodure ; 4 grammes de pommade d'iodure de plomb, substitués aux 4 grammes de pommade d'iodure de potassium, abandonnent plus d'iode que les 290 grammes d'iodure des huit bains... »

— Mémoire sur l'action du bulbe rachidien, de la moelle épinière et du nerf grand sympathique sur les mouvements de la vessie ; par M. Jules Budge. — L'auteur tire les conclusions suivantes de ses observations :

1° Les seuls nerfs moteurs de la vessie qui sont connus jusqu'à présent se trouvent dans le troisième et le quatrième nerf sacré ;

2° Les nerfs sensibles de la vessie communiquent par les nerfs sympathiques lombaires, et de là, par les *ramé communicantes*, à la moelle épinière, et produisent les mouvements réflexes de la vessie ;

3° En irritant sur un chien le bulbe rachidien et les pédoncules, de même que toute la moelle épinière, on provoque des mouvements de la vessie.

— M. le Secrétaire perpétuel présente, au nom de M. Hugo-Schiff, des recherches sur les combinaisons anilo-métalliques et sur la formation de l'aniline. — L'auteur avait déjà fait connaître sommairement ces travaux dans les notes qui ont trouvé place dans les *Comptes-rendus ;* aujourd'hui il les présente dans tout leur développement, et prie l'Académie de vouloir bien les admettre au concours pour le prix de la fondation Jecker, prix destiné pour favoriser les progrès de la chimie organique.

— M. Dumas envoie de Bordeaux la description, accompagnée de figures, de son système de freins pour les chemins de fer.

Séance du 28 septembre. — Recherches sur quelques points de l'organisation du *Lepidosiren annectens ;* par M. Serres. — (Suite.)

— Des conditions météorologiques de la fièvre puerpérale ; par M. A. Espagne. — L'auteur rapporte six observations de fièvre puerpérale, recueillies à Montpellier, comparées à l'état météorologique de l'atmosphère.

Il regarde l'influence de la pluie et des vents humides comme très-active dans la production de cette maladie.

Les cas les plus graves ont été observés pendant les mois où l'atmosphère a été le plus humide. Outre la fièvre puerpérale proprement dite, toutes les maladies caractérisées par un défaut de réaction (diphtérie, érysipèle des nouveaux-nés, phlegmons diffus, infection purulente, etc.) sont aussi plus fréquentes pendant le règne de la même constitution atmosphérique.

— M. Lemaire commence la lecture d'un mémoire ayant pour titre : *Nouvelles recherches sur les ferments et les fermentations.* — Cette lecture sera continuée dans une prochaine séance.

Les résultats de quelques expériences décrites dans ce mémoire sont mis sous les yeux de l'Académie. Nous publierons *in extenso* le mémoire de l'auteur, ce qui nous dispense de le résumer.

En attendant, voici en quels termes *le Nord,* par l'organe de M. Cazin, rend compte de la première lecture de M. Lemaire.

« Nous sommes prochainement menacés de quelque nouvelle lutte au sujet de la génération spontanée, cette autre question qui a divisé en deux camps bien tranchés les chimistes et les physiologistes. C'est un mémoire de M. Lemaire qui en sera la cause, et ce mémoire, préparé de longue main dans le silence et la retraite, dont nous n'avons entendu aujourd'hui que la première partie, vient combattre les théories avancées par M. Pasteur et qui semblaient avoir trouvé quelques adhérents parmi les membres de l'Académie.

Le mémoire de M. Lemaire est intitulé : *Recherches sur les ferments et les fermentations.* Son auteur s'attaque résolûment à M. Pasteur, et, après avoir discuté les expériences de son adversaire, y oppose les siennes faites dans le laboratoire de M. Chevreul, et qui ont eu pour témoins un assez grand nombre de chimistes connus.

M. Pasteur avait déclaré, par exemple, « que les vibrions vivaient dans l'acide carbonique... » M. Lemaire a répété les épreuves, et il est arrivé à des conclusions contraires. Il a également repris ce qui avait été avancé sur la putréfaction, les macérations, les infusoires... Il assure que M. Pasteur a été induit en erreur par les apparences, et il combat ses opinions avec une vigueur toujours convenable, mais peu commune.

M. Lemaire est un rude joûteur, son élocution est nette et facile; son argumentation vive, serrée, d'une grande clarté. M. Pasteur n'était pas à l'Académie pour l'entendre, mais il ne manquera pas (1) de lire le mémoire de son antagoniste, et je pense qu'il y répondra.

Entre hommes de cette valeur, de cette haute portée scientifique, le débat ne peut qu'être extrêmement intéressant. Tous ont la vérité pour but de leurs investigations incessantes, et nous ne pouvons que gagner à les entendre discuter les moyens d'apporter la lumière dans les mystérieuses profondeurs des secrets de la nature.

— De l'influence des mouvements respiratoires sur ceux de l'iris; par M. R. Vigouroux.

— M. Schattenmann adresse de Bouxwiller (Bas-Rhin) un mémoire sur la culture de la vigne dans les départements du Haut et du Bas-Rhin et dans la Bavière rhénane. — Dans ce mémoire, dit l'auteur, j'aborde différentes questions importantes relatives au palissage, à la plantation, à la culture, à la taille, au pinçage et au rognage de la vigne, et la réalité des améliorations que j'indique trouve sa démonstration pratique dans l'application que j'en ai faite à mes vignes de Bouxwiller et de Rhodt (Bavière rhénane). Une circonstance qui rend désirable la prompte adoption du mode de palissage et de culture que je propose, c'est l'existence de l'oïdium qui s'est manifesté cette année avec plus d'intensité dans les vignes cultivées au berceau, tant dans la Bavière rhénane que dans le Bas-Rhin, et même dans les vignes à échalas plantées d'un grand nombre de pieds. Les vignes plantées à vingt mille pieds par hectare qui couvrent le sol de leur feuillage sont plus particulièrement atteintes de l'oïdium, sans doute à cause de la trop grande humidité, tandis que les vignes où l'air et le soleil circulent en sont en général préservées. Le mode de plantation que je propose et que je pratique a précisément pour effet de parer aux atteintes de la maladie; aussi mes vignes en sont-elles exemptes, tandis que celles de mes voisins en souffrent cruellement.

— Recherches sur les modifications de la cohésion moléculaire de l'eau ; par M. Musculus.

— M. Baudin présente un « Tableau des densités de l'alcool et de l'éther mis en regard du pèse-esprits de Baumé », et prie l'Académie de vouloir bien hâter le travail de la commission à l'examen de laquelle ont été soumises ses précédentes communications concernant l'aréométrie.

— M. Charles Plé transmet une note concernant la découverte d'une substance qui permettrait d'obtenir sur papier des *images photographiques reproduisant les couleurs naturelles des objets représentés.* — M. C. Plé aurait mieux fait de faire son envoi à la Société de photographie.

— De la substitution parenchymateuse : méthode thérapeutique consistant dans l'injection de substances irritantes dans l'intimité des tissus malades; par M. Luton, de Reims.

---

(1) L'éminent chimiste appréciera-t-il qu'il doit se détourner, ne fût-ce qu'un instant, de ses études, pour répondre à des critiques qui, à coup sûr, ne présentent rien de dangereux pour lui? (Grandeau, *Temps* du 9 juillet, réponse aux critiques de M. Joly, de Toulouse.)

— Action du quinquina sur la fièvre typhoïde. Fièvre pernicieuse dothinentérique ; par M. G. PÉCHOLIER.

— Recherches sur les rapports qui existent entre le poids des divers os du squelette chez l'homme ; par M. S. DE LUCA. — Voici les conclusions que l'auteur formule à la suite de nombreuses observations :

1° Les os de la moitié droite du corps humain sont plus lourds que les os correspondants du côté gauche. Cette loi se trouve exacte même pour les os de la tête ;

2° Le poids des os situés au-dessus de l'ombilic égale le poids des os situés au-dessous. On sait que dans la station verticale de l'homme, l'ombilic représente un point central également distant des deux extrémités, si l'on suppose les deux bras relevés verticalement au-dessus de la tête ;

3° Le poids moyen des os de la main est la cinquième partie du poids total des os du bras entier, de même que la longueur de la main est le cinquième de la longueur du bras ;

4° Le poids total des os de la main peut être divisé en cinq parties égales, dont une est représentée par le carpe, deux par le métacarpe, et deux par les doigts. La première phalange représente en poids les deux tiers du doigt entier, et l'autre tiers est représenté par la phalangine et la phalangette ;

5° Les os de la main pèsent, en moyenne, moitié moins que ceux du pied ;

6° Dans le pied, le poids des os du tarse est le double de celui des os du métatarse, et le poids des orteils peut se diviser en trois parties : deux pour les phalanges, et une pour les phalangines et les phalangettes ;

7° Ces rapports de poids paraissent exister aussi chez les animaux inférieurs et les recherches que j'ai l'intention de poursuivre sur ce sujet ne seront peut-être pas sans quelque utilité pour la détermination de ces animaux, pour connaître leur âge et pour reconstruire les squelettes de ceux dont on ne posséderait qu'un petit nombre d'ossements.

— M. MORELLET donne quelques détails sur un cas de *phosphorescence de l'eau de mer* qui s'est présenté dans des circonstances différentes de celles où on l'a le plus souvent signalée.

Le 24 août dernier, l'auteur de la lettre ayant pris un bain de mer sur la plage de Carnon près Pels (Hérault), par une température de 37° centigrades, les vêtements avec lesquels il s'était mis à l'eau, ainsi que ceux d'une personne qui l'accompagnait, les uns en coton pur, les autres en laine et coton, furent rincés à l'eau de mer et déposés dans un panier où ils restèrent entassés jusqu'à neuf heures du soir.

A cette heure, dit M. Morellet, je songeai à les en tirer pour les faire sécher ; à la première pièce que je touchai, des fusées d'étincelles partirent sous mes doigts ; il en fut de même pour la seconde, et ainsi jusqu'à la dernière.

Le lendemain, en retirant le linge de la corde sur laquelle il avait séché, je m'assurai qu'aucun corps étranger n'y adhérait ; un peu de sable fin seulement était retenu en quelques points par les fils. Le 17 j'ai pris un bain sur la même plage et voulus voir si le même phénomène se reproduirait ; il n'y en a pas eu la moindre apparence. Cela tiendrait-il à l'abaissement de la température qui le second jour était beaucoup moindre ? C'est ce que je ne saurais dire.

— Remarque à l'occasion de la dernière note de M. Reech ; par M. A. DUPRÉ. — L'auteur, dans une courte réplique, affirme encore une fois l'impossibilité d'obtenir les équations de M. Clausius et les siens sans le secours des deux principes fondamentaux de la théorie mécanique de la chaleur. Il n'admet point qu'une transformation purement analytique d'une équation différentielle puisse conduire à la découverte d'une loi nouvelle ; une équation démontrée indépendamment de toute observation, dit M. Dupré, est incontestable, mais en même temps *inféconde*, à moins d'être combinée avec d'autres qui sont étayées par des expériences bien faites ; en un mot, elle est du domaine des mathématiques pures. Quand il semble que M. Reech arrive à ses résultats par l'analyse pure et simple, il a, au fond, admis tacitement le principe de l'équivalence, rendant ainsi hommage malgré lui à la méthode généralement adoptée de nos jours dans les recherches de mathématiques appliquées, et qui consiste à déduire d'une hypothèse, devenue principe par la vérification expérimentale, les vérités qu'elle renferme implicitement.

Séance du 5 octobre. — Note sur des feuilles de colza malades. — Le colza paraît sujet à certaines maladies qui ont pour effet habituel une diminution notable du produit important de cette plante oléifère. Au nombre de ces affections morbides se trouve celle qu'on désigne sous le nom de *blanc*, qui, après avoir attaqué les feuilles, quelques semaines avant la floraison, envahit souvent aussi la tige et peut alors diminuer la vigueur de la plante et de sa fécondité. M. Isidore Pierre a pensé qu'il y avait grand intérêt à établir la différence de composition entre les feuilles saines et les feuilles malades, et il a institué dans ce but une série de recherches très-longues et très-délicates. Il a comparé entre elles tantôt un même nombre de feuilles de mêmes dimensions, tantôt un même poids de feuilles saines et malades et, après toutes les précautions prises pour éviter l'erreur ou un faux jugement, il croit pouvoir conclure de ses expériences :

1° Que, dans les feuilles malades, le *poids total* de l'azote est moindre que dans les feuilles saines, et que la différence est d'un cinquième environ ;

2° Que, dans les feuilles malades, le poids total des matières organiques est moindre d'environ 50 pour 100 que le poids de ces mêmes substances contenu dans le même nombre de feuilles saines ;

3° Que le poids total des matières minérales contenu dans les feuilles malades, comparé au poids de ces mêmes matières contenues dans le même nombre de feuilles saines, est moindre d'environ un sixième dans les premières ;

4° Que le poids de l'acide phosphorique contenu dans un nombre déterminé de feuilles malades surpasse d'environ un sixième le poids de la même substance que fournirait un pareil nombre de feuilles saines ;

5° Qu'il existe dans les premières un excès de chaux, d'environ un huitième, sur le poids de cette substance qu'on trouverait dans le même nombre des dernières feuilles ;

6° Enfin, les feuilles malades ne contiennent, *à nombre égal*, que les six dixièmes de la quantité de potasse que fourniraient les feuilles saines.

« En résumé, dit M. Isidore Pierre, le fait qui m'a paru le plus saillant dans cette étude, et le plus persistant, à quelque point de vue qu'on se place, c'est un excès très-notable *d'acide phosphorique et de chaux* dans les feuilles malades. Le fait qui, par son importance, mérite encore d'être signalé à côté du précédent, est *la plus grande richesse* des feuilles malades en principes azotés et en substances minérales. »

— Recherches toxicologiques sur la transformation de l'arsenic en hydrure solide par l'hydrogène naissant, sous l'influence des composés nitreux ; par M. BLONDLOT. —Voici une note d'un grand intérêt et qui sera lue avec étonnement par quelques chimistes légistes qui étaient loin de se douter sans doute de l'erreur déplorable où ils pouvaient tomber dans leurs recherches sur l'arsenic dans le cas d'empoisonnement. Quel est, en effet, celui d'entre eux qui, après avoir essayé ses réactifs à blanc, comme on en a l'habitude, et n'avoir pas constaté de taches arsenicales sur la soucoupe, n'avait pas sa conscience tranquille et n'était pas prêt à conclure que s'il trouvait ensuite des taches arsenicales avec le liquide suspecté d'être arsenical, *cet arsenic ne provenait pas des réactifs ?* Eh bien, le doute était cependant encore possible, et la note de M. Blondlot le prouve ; elle ne saurait donc être trop méditée des chimistes et on ne saurait lui donner trop de publicité. *Errare humanum est* ; l'ombre d'Orfila tressaillera dans son tombeau, lui qui était si tranchant dans ses conclusions, si sûr de lui, si *carré*, alors que les chimistes les plus éminents tremblaient à côté de lui.

Voici la note de M. Blondlot.

« On sait que les acides dégagent l'hydrogène de l'eau en présence du zinc ou du fer, et que, quand ce gaz naissant rencontre un composé soluble d'arsenic, il se forme un hydrure gazeux (As H^3). Or, à cette règle générale il y a une exception pour l'acide azotique et ses dérivés, qui, donnant naissance à de l'ammoniaque, ne produisent, en pareil cas, que de l'hydrure solide (As² H), lequel se dépose sur le zinc ou nage dans le liquide sous la forme de flocons bruns. Il en est ainsi non-seulement avec l'acide azotique pur, mais aussi avec tous les autres acides lorsqu'ils renferment la moindre proportion d'un composé nitreux. Toutefois, ces réactions, qui sont d'une sensibilité extrême, ne se manifestent qu'autant que le liquide ne renferme en dissolution ni substances organiques qui, presque toutes, opposent un obstacle plus ou moins absolu à la formation de l'hydrure solide, ni dissolutions métalliques, notamment de plomb, qui, en se déposant sur le zinc, empêchent aussi cette formation. C'est pourquoi l'expérience ne réussit complétement qu'avec du zinc et des acides distillés. Il résulte de là que le fait en question ne saurait constituer une méthode propre à la recherche judiciaire de l'arsenic; mais il n'en est pas moins d'une grande importance pour la toxicologie, car il signale dans l'emploi de la méthode de Marsh un double danger, dont on ne s'était pas douté jusqu'ici. Le premier est de méconnaître l'arsenic contenu dans les matières suspectes. Il suffirait pour cela que, soit l'acide sulfurique employé, soit les liquides suspects, par suite des traitements qu'ils ont subis, recélassent la moindre trace d'un composé nitreux, car il ne se manifesterait alors que de l'hydrure solide, au lieu d'hydrure gazeux. L'erreur inverse pourrait aussi se produire. C'est ce qui aurait lieu, par exemple, si l'acide sulfurique renfermait à la fois des traces d'arsenic et d'acide azotique. Dans ce cas, en effet, l'expérience à blanc ne produirait que de l'hydrure solide. Or, si, croyant d'après cela à la pureté des réactifs, on introduisait ensuite la liqueur suspecte, et que celle-ci, quoique exempte d'arsenic, retînt encore un peu de matière organique incomplétement détruite, les réactions changeant, ce qui restait d'arsenic dans l'appareil prendrait l'état gazeux et pourrait ainsi donner lieu à une ERREUR FATALE. »

— Sur la production du sulfate de soude et de la soude avec les sulfures; par M. A. THIBIERGE. — L'industrie soudière, qui, on le sait, est née en France, où tout d'abord elle prit un développement considérable, tend à se déplacer pour aller fleurir là où elle trouve à meilleur marché les matières premières qu'elle recherche...

Pénétré de l'importance de la question, je me suis attaché à rechercher les moyens de préparer le sulfate de soude et la soude sans passer par les chambres de plomb et les fours à sulfate, en utilisant des matières premières peu recherchées. Je crois avoir atteint ce résultat en brûlant un mélange de sulfure de fer ou de sulfure de fer et de cuivre, de sel et de combustible (tourbe, lignite, houille, poussiers, etc.).

La cendre produite, mélange d'acide métallique et de sulfate de soude, peut, suivant le besoin : 1° donner par un simple lavage et une évaporation le sulfate de soude; 2° constituer un mélange prêt, par son union avec une petite proportion de combustible, à produire dans le four à soude une soude de haut titre mêlée de sulfure métallique. Ce dernier rentre dans la fabrication du sulfate de soude.

M. Thibierge énumère ensuite les avantages nombreux qu'on peut retirer de son procédé, c'est l'expérience qui se chargera de décider.

— M. DRUELLE adresse de Niort (Deux-Sèvres) une note concernant les heureux effets qu'il a obtenus de l'emploi du sel pour préserver la vigne de l'atteinte de l'oïdium. Son procédé consiste à déposer dans un trou peu profond creusé au pied de chaque vigne, au mois de novembre ou de décembre, un demi-kilogramme environ de sel marin non raffiné. Ses vignes, qui l'an passé avaient été fort ravagées par l'oïdium, traitées comme il vient d'être dit, en ont été complétement préservées.

— M. VELPEAU fait hommage à l'Académie, au nom de l'auteur, M. LIEBREICH, d'un exem-

plaire de son *Atlas d'ophthalmoscopie*, représentant l'état normal et les modifications pathologiques du fond de l'œil visibles avec l'ophthalmoscope.

M. Rayer s'associe aux éloges donnés par M. Velpeau au beau travail de l'auteur, et profite
de la circonstance pour se féliciter d'avoir fait créer à la Faculté de médecine la chaire d'ophthalmologie, et que remplit avec succès M. Follin. M. Rayer ne pourrait sans doute pas en
dire autant de sa propre chaire, dans laquelle il n'a pas encore paru, et dont il a remplacé le
cours par un programme de ce qu'il professera quand il sera prêt et qu'il ne craindra plus le
tapage des applaudissements que sa présence ne manquera pas d'exciter.

— Sur la composition de l'eau de la mer Morte. — Note de M. Roux, présentée par M. Pelouze. — L'analyse que l'on vient de faire de cette eau a révélé des proportions énormes de
brome, auxquelles l'on n'avait pas prêté attention. L'eau de la mer Morte, puisée le
24 avril 1862, près de l'embouchure du Jourdain, contenait 206 grammes de sel par litre. Or,
on ne possède aucune eau minérale aussi chargées de substances salines; aucune ne contient
une quantité aussi élevée de brôme.

Il est probable que l'énorme proportion de brômure de magnésium (0,364 pour 100 grammes) qu'elle renferme lui donne des propriétés particulières, spéciales, que la thérapeutique
pourrait utiliser dans le traitement de diverses affections. Si l'on observe qu'un mètre cube
de cette eau contient plus de 3 kilogrammes de brômure de magnésium, chiffre qui pourrait
encore s'élever, puisque Gmelin a dosé 4 gr. 393 de brômure de magnésium dans 1000 grammes de ce liquide, on comprendra qu'il serait intéressant d'essayer l'emploi de l'eau de la mer
Morte dans la cachexie scrofuleuse, les maladies syphilitiques invétérées, le rachitisme, les
tumeurs des os, les affections chroniques des voies respiratoires.

Une expérience très-simple démontre la présence du brôme dans le liquide que l'auteur a
analysé. Il suffit de l'agiter avec un demi-volume de chloroforme, après l'avoir additionné
d'un peu d'eau chlorée, pour voir la liqueur éthérée se colorer en jaune rougeâtre. Le chlore,
en déplaçant le brôme du sel magnésien, permet à ce métalloïde de se dissoudre dans le chloroforme qui se précipite immédiatement, revêtu d'une teinte très-belle, tout à fait caractéristique.

Il est certain que si l'industrie exploite un jour le brôme et les brômures, la mer Morte lui
offrira un vaste et inépuisable réservoir de ces produits. La présence de ce brômure dans
ces eaux est due probablement aux immenses dépôts salifères qui entourent le lac Asphaltite.
M. Marchand assure avoir rencontré une forte proportion de brômure de magnésium dans les
terres situées à l'ouest de la mer Morte.

— Sur un nouveau procédé pour mesurer l'action chimique des rayons solaires; par
M. Phipson. — L'auteur s'est aperçu qu'une solution d'acide molybdique dans l'acide sulfurique en excès, placée sur une planche où elle était exposée au soleil, devenait bleu verdâtre
le jour et se décolorait de nouveau la nuit. M. Phipson pense que, pendant l'insolation, une
partie de l'acide molybdique cède 1 atome d'oxygène à l'eau, en donnant naissance à de l'eau
oxygénée, et que l'oxyde molybdique reprend son oxygène pendant la nuit, réactions qui
sont exprimées par l'équation

$$\text{Mo O}^3 + \text{HO} = \text{Mo O}^2 + \text{HO}^2.$$

On admet toujours la présence d'un excès d'acide sulfurique. La quantité de réduction qui a
lieu sous l'action de la lumière dans un temps donné peut se mesurer facilement, car la température semble n'exercer aucune influence sur cette réaction. Une solution faible de permanganate ou de bichromate de potasse détruit la teinte bleu verdâtre, et la quantité de sel
employée à cet effet permettrait d'apprécier chaque jour le degré d'actinisme ou d'action chimique du soleil. M. Phipson prépare son liquide en faisant dissoudre 10 grammes de molyb-
date d'ammoniaque dans un excès d'acide sulfurique dilué; il ajoute du zinc métallique
jusqu'à produire une teinte bleu-noir, après quoi on retire le zinc et l'on ajoute du permanganate de potasse, jusqu'à ce que la solution se décolore. Ce liquide est exposé au soleil pen-

dant une heure, puis on mesure la réduction qui s'est produite par le volume de solution de permanganate (0 gr. 50 dissous dans 1 litre d'eau acidulée d'acide sulfurique) nécessaire pour la décoloration du liquide. On laisse couler cette solution d'une pipette graduée; le degré où on s'arrête indique alors l'intensité de l'action chimique comme une sorte d'actinomètre.

— Note sur un sphéromètre électrique ou bathoréomètre; par M. l'abbé Julien GIORDANO, professeur de physique à l'Université de Naples. — Le nom *bathoréomètre* (ou plus simplement *bathomètre*) signifie : instrument qui mesure les épaisseurs à l'aide du courant électrique. Dans ce nouveau sphéromètre, l'écrou, avec sa vis micrométrique, est porté par deux colonnes fixées à la base de l'instrument; la surface supérieure de cette base est formée d'une substance isolante, et elle porte à son centre une plaque métallique communiquant par un fil conducteur avec une vis de pression; de son côté, l'écrou communique avec une seconde vis de pression. Si alors les deux pôles d'une pile aboutissent à ces vis de pression, le courant sera formé toutes les fois que la pointe de la vis verticale du bathomètre touchera la plaque centrale, ou qu'une lame interposée remplira exactement l'intervalle entre la vis et la plaque. En faisant deux lectures correspondant à ces deux positions de la vis, et prenant la différence, on aura l'épaisseur de la lame. Lorsqu'il s'agit de substances organiques, on doit les placer entre deux plaques métalliques ou entre deux glaces dorées; cette précaution est surtout nécessaire dans le cas des corps isolants ou mauvais conducteurs.

Parmi les résultats curieux que M. Giordano a déjà obtenus avec cet instrument très-sensible et très-exact, nous citerons les suivants : une paillette de mica, détachée d'une feuille de 6 millimètres d'épaisseur, a donné une épaisseur de $0^{mm}.003$; la feuille devait donc se composer d'au moins 2,000 paillettes superposées. L'épaisseur moyenne d'un fil de ver à soie est de $0^{mm}.014$; celle du fil d'araignée pour lunettes, $0^{mm}.037$. Le papier à filtre a une épaisseur variable qui, lorsqu'on la transforme en parchemin artificiel, diminue dans les qualités plus grossières et s'augmente dans les qualités plus fines. En effet, la première qualité ordinaire, dont l'épaisseur normale est de $0^{mm}.278$, n'a plus que $0^{mm}.252$ après la transformation; la deuxième qualité a d'abord $0^{mm}.205$, puis $0^{mm}.180$; enfin, la troisième, d'abord $0^{mm}.114$, ensuite $0^{mm}.120$. Cette différence tient à ce que l'acide sulfurique détruit le duvet du papier. Les feuilles d'or battu ont, en France, $0^{mm}.009$; à Naples, $0^{mm}.006$; aussi la dorure est-elle moins persistante à Naples.

La peau de baudruche a $0^{mm}.070$. Les cheveux de dix adultes ont eu de 45 à 51 millièmes de millimètre; ceux d'un enfant de dix jours, 9 millièmes seulement; ceux de deux Éthiopiens, âgés l'un de quatre, l'autre de vingt ans, 67 et 108 millièmes respectivement.

Une goutte d'eau potable, en s'évaporant, a laissé une tache d'une épaisseur inférieure à 1 millième de millimètre. Voici encore quelques mesures prises sur des organes d'animaux :

Poissons.	Longueur totale.	Épaisseur des écailles.
Sparus annularis, adulte........	5 centimètres.	$0^{mm}.013$
Cromis castanea, petit..........	4 —	0 .110
Julis vulgaris, petit......... 6 à 7	—	0 .010
Serranus scriba, petit 5	—	0 .011
Bos boops, petit.............. 9	—	0 .025
Mullus barbatus, petit 10	—	0 .021

Insectes.	Longueur.	Épaisseur.
Mantis oratoria	65 centimètres.	$0^{mm}.019$ membrane de l'aile.
Id.	» —	0 .055 nerf cubital.
Id.	» —	0 .115 nerf costal.
Vanessa atalanta.......... 2 à 3	—	0 .175 antenne.
Id.	» —	0 .007 écaille.
Tipula imperialis.......... 1 à 2	—	0 .019 membrane de l'aile.
Id.	» —	0 .081 nerfs de la membrane.

Les écailles d'un serpent (*bothrops lanceolatus*) ont offert des épaisseurs de $0^{mm}.08$ à $0^{mm}.09$, leur membrane conjonctive, $0^{mm}.05$.

COMPTE-RENDU DES TRAVAUX DE CHIMIE

Conservation des bois. — *Des ravages que l'insecte connu sous le nom de* LIMNORIA TE-REBRANS *exerce, dans les travaux à la mer, sur les bois injectés de créosote;* par M. DAVID STEVENSON. — On connaît, dit l'auteur, ce petit, mais terrible insecte, le *limnoria terebrans*, qui attaque et finit inévitablement par détruire les bois employés dans les constructions à la mer; il est incontestable que tout procédé chimique ou mécanique qui parviendrait à prévenir désormais ces ravages serait une découverte d'un prix inestimable.

C'est en 1810 que les ravages du *limnoria terebrans* furent observés pour la première fois en Angleterre par M. Robert Stevenson, alors ingénieur du phare de Bell-Rock, qui en fit la remarque sur les bois de support d'un fanal employé pendant la construction de ce phare. Il envoya alors quelques-uns de ces insectes avec des échantillons du bois ravagé par eux à son ami le docteur Leach, le célèbre naturaliste du British Museum, qui en fit l'étude et leur donna leur dénomination, ainsi que le relate un article de l'*Encyclopédie d'Édimbourg* (vol. VII, p. 433).

Pendant près de trente ans, M. Robert Stevenson a fait à Bell-Rock des expériences qui lui ont démontré clairement que le bois de teck, les chênes d'Afrique, d'Angleterre et d'Amérique, l'acajou, le hêtre, le frêne, l'orme et les différentes variétés de pin employés à la mer, finissaient tôt ou tard par devenir la proie du *limnoria*. Il a également essayé la méthode d'injection au sublimé corrosif (deutochlorure de mercure) de M. Kyan et celle au protosulfate de fer de M. Payne. Dans le premier cas, le bois a été attaqué au bout de vingt-huit mois et a été entièrement détruit le septième mois de la cinquième année; dans le second cas, le procédé s'est montré moins efficace encore, car, attaqué le dixième mois, le bois s'est trouvé entièrement pourri un an plus tard.

L'auteur raconte qu'il a essayé, dans plusieurs constructions maritimes, le procédé breveté d'injection à la créosote de M. Bethell, le conseil lui en ayant été donné par plusieurs ingénieurs qui en vantaient l'efficacité dans de nombreuses applications faites aux chemins de fer. Mais aujourd'hui il est convaincu que le remède n'est pas universel, et, comme les résultats qu'il fournit ne sont pas permanents, il se propose de consigner ici les faits sur lesquels son opinion est basée. Il est bien entendu, se hâte-t-il d'ajouter, qu'il ne s'agit que des applications de la créosote dans le cas de constructions à la mer placées au-dessous du niveau moyen des eaux de marée, et qu'il n'a nullement l'intention de déprécier une invention très-remarquable, qui a donné d'excellents résultats dans les chemins de fer, en préservant les traverses de toutes les causes ordinaires de destruction, c'est-à-dire une invention qui a fait ses preuves dans toutes les circonstances où on n'a pas eu à redouter, pour les bois, l'attaque du *limnoria terebrans*.

Ainsi, en 1859, dans une discussion qui suivit la lecture d'un mémoire présenté à l'Institution des ingénieurs civils et relatif à la voie permanente du *Madras railway*, M. David Stevenson démontra d'une manière irrécusable que les bois créosotés employés au port Scrabster, dans le comté de Caithness, n'avaient pas résisté aux attaques du *limnoria terebrans*, malgré les assertions de M. Bethell, qui soutenait que son procédé rendait le bois complètement invulnérable. De nombreuses expériences et des observations réitérées ont confirmé l'opinion de M. Stevenson et l'ont conduit à poser en principe que, dans certaines situations, le bois entièrement créosoté ne tarde pas à être perforé.

Le premier exemple à citer est celui de la jetée de Leith, construite en 1850, et pour laquelle on employa du bois qu'on injecta sur place avec le plus grand soin. Du côté où coulait la rivière, le phénomène de destruction ne fut pas d'abord très-sensible, en raison de l'action constante de l'eau douce qui, en arrivant, lave les pilots qu'elle rencontre ; mais, à l'ouest de la jetée, le bois s'est montré attaqué à une grande profondeur, ainsi que M. A. Reudel est venu le déclarer, en 1860, devant la Commission des docks de Leith.

Voici un autre exemple non moins concluant que le précédent, et qui concerne deux embarcadères pour bateaux à vapeur, construits à Invergordon, à l'embouchure de la rivière Cromarty. Cette situation paraissait excellente et, d'après les renseignements les mieux accrédités, on avait peu ou point d'insectes marins à redouter, en sorte qu'on résolut d'avoir recours au procédé de conservation de M. Bethell. Les bois pour pilots furent choisis avec le plus grand soin à Leith et équarris suivant les dimensions voulues, de manière à n'avoir à subir aucune retouche après l'injection de la créosote. Cette injection fut alors pratiquée par les soins d'un agent de M. Bethell même, et sous les yeux d'un contrôleur placé sous les ordres des ingénieurs préposés aux travaux. Chaque pièce de bois fut pesée avant d'être mise dans la cuve à injection, et l'opération continuée jusqu'à absorption d'environ dix livres de liquide par chaque pied cube (4 mil., 53 par $0^{sm}.028$). De temps en temps, par quelques sections pratiquées sur quelques pièces de rebut, on s'assura du degré de pénétration du liquide ; en un mot, toutes les précautions possibles furent prises pour assurer le succès de l'opération, qui ne coûta pas moins de 450 livres (11,250 fr.). Les embarcadères furent alors construits en 1858 ; et maintenant, si l'on veut savoir comment se sont comportés les bois ainsi préparés, on n'a qu'à consulter le rapport du surveillant, qui dit que « les parties noircies ou créosotées des bois sont rougies et perforées ; que les pilots n'ont pas été touchés depuis leur mise en place à la sortie de la cuve à injection, et que plusieurs d'entre eux ont déjà perdu 1.25 pouce ($0^m.030$) de leur épaisseur primitive. »

Enfin, le port Scrabster, dont il a été question plus haut, fournit une troisième preuve à l'appui de l'opinion de M. Stevenson. Le bois employé était du bois de Memel (Prusse) de première qualité, qu'on avait injecté avec soin à Glascow. Or, en coupant une des pièces attaquées par le *limnoria*, on reconnut que la pénétration de la créosote était bien complète, ce qui n'avait pas cependant empêché la destruction de la matière de commencer à peine au bout de treize mois. Ce n'est pas, d'ailleurs, le seul endroit où se soient produits des faits analogues, car M. Leslie a signalé Granton et Strauraer comme deux points où le bois créosoté était pareillement attaqué.

Voilà assez d'exemples, ajoute M. Stevenson, pour démontrer que l'insuffisance du procédé de M. Bethell n'est pas spéciale à telle ou telle localité, ou ne se borne pas à un fait isolé. Que si l'on vient à dire que les bois dont il est question n'ont pas été convenablement injectés, alors il faut en conclure que, du moment où le procédé est aussi difficile et aussi incertain dans ses résultats, fût-il même exécuté dans l'usine de l'inventeur, son application ne peut être considérée comme générale. On remarquera que tous les bois nouvellement injectés de créosote présentent le même aspect, que l'opération ait bien ou mal réussi ; ce n'est donc que par l'augmentation de poids qu'on peut savoir si la saturation est complète ; et, dans ce cas, si des pesées scrupuleusement faites avant et après l'injection ne peuvent être considérées comme des moyens suffisants de contrôle, on doit renoncer à l'espoir d'arriver à un résultat satisfaisant.

Heureusement pour le procédé de M. Bethell que, dans les circonstances auxquelles on vient de faire allusion, on ne jugea pas nécessaire d'examiner jusqu'à quel point s'étend la saturation lorsque l'opération a été bien faite. A Scrabster, comme à Invergordon et probablement aussi dans les autres lieux désignés, le bois avait été convenablement traité et entièrement saturé, en sorte que la véritable cause de l'échec que la méthode de M. Bethell a subi réside dans ce seul fait, que le *limnoria terebrans* attaque le bois entièrement noirci par l'injection de créosote, fait qui suffit pour réfuter cette opinion jusqu'ici généralement admise, que la nature vénéneuse du liquide devait prévenir l'attaque de l'insecte. De même que l'espèce des *pholas* qui creusent la pierre pour y chercher un abri, le *limnoria* peut perforer le bois dans le même but et se nourrir des animalcules les plus ténus qui pullulent dans les eaux de l'Océan.

Dans un remarquable Mémoire publié en 1834 par le *New philosophical Journal* d'Édimburg, M. le docteur Coldstream établit que le *limnoria* se nourrit du bois qu'il perfore et non de substances animales ; mais, en serait-il ainsi, que ce ne serait pas une raison pour conclure de là que le bois créosoté ne peut être attaqué en raison de la nature toxique de la liqueur d'injection. La preuve en est dans ce fait, aujourd'hui parfaitement avéré, qu'il existe des insectes vivant de substances qui sont pour l'homme de mortels poisons, et, il y a peu de temps encore (avril 1862), ce sujet était traité, dans le *British medical Journal,* par M. Altfield, qui démontrait que certains acarus se nourrissent de strychnine, de morphine et d'autres substances aussi toxiques.

En terminant sa communication, M. Stevenson présente à la Société royale des échantillons de bois créosoté attaqué par le *limnoria,* et il fait remarquer que si, dans certains cas, la créosote est une substance préservatrice, en tout cas elle ne saurait agir comme poison, puisque, dans les spécimens qu'il soumet, et qui sont encore fortement injectés, on trouve l'insecte profondément enfoui dans la matière ligneuse. En résumé et après mûr examen, il estime que, dans les travaux à la mer, le bois injecté de créosote n'est préservé de l'attaque des insectes que tant qu'il conserve intact l'enduit extérieur du bois, a des chances de se conserver plus longtemps ; de même, partout où les bois se trouveront baignés par un courant d'eau douce, ce mélange aura pour effet d'amoindrir les ravages des insectes qui, dans quelques cas, seront pendant longtemps presque inappréciables. Mais, en thèse générale, M. Stevenson est convaincu que, sur les côtes septentrionales du pays où les travaux sont exposés à l'action de la pleine mer, le bois créosoté ne saurait, sans courir le risque d'être promptement attaqué, être employé avec sécurité dans aucune construction maritime placée au niveau ou au-dessous du niveau moyen des eaux de marée ; c'est là un fait important sur lequel il appelle sérieusement l'attention des ingénieurs.

Argenture du verre et autres surfaces ; par M. J. Cimeg. — Pour argenter une feuille de verre par ce procédé, on place cette feuille, après l'avoir lavée avec de l'eau bien pure, sur une table, où on la frotte avec du coton en laine ou une toile fine humectée d'eau distillée, puis avec une solution faible de tartrate de potasse et de soude dans l'eau distillée (à peu près 1 partie de sel pour 200 parties d'eau). On prend alors une solution qu'on a préparée d'avance, en ajoutant de l'azotate d'argent à de l'ammoniaque du commerce, addition qu'on poursuit jusqu'à ce qu'il commence à se former un précipité brun. En cet état, on filtre la solution, et pour chaque mètre carré de surface de verre, on emploie une quantité de solution contenant environ 210 grammes d'azotate d'argent, à laquelle on ajoute une solution de tartrate de potasse et de soude dans l'eau distillée contenant 150 grammes de sel. La force de cette dernière solution doit être réglée par rapport à celle d'argent, de façon que le poids total du mélange des deux solutions, pour les quantités ci-dessus, soit de 630 grammes.

Une minute ou deux après que le mélange a été opéré, il se trouble, et, en cet état, on le verse sur la surface du verre, qui a été relevé, par une de ses extrémités, sur un angle de 2 sur 100. On verse sur le bord supérieur le liquide, qui coule vers celui inférieur, de manière à le distribuer également sur toute la surface sans permettre qu'il s'en échappe par les bords latéraux. Cela fait, on replace le verre en position horizontale et on l'expose à une température de 20° centigrades. L'argent commence à paraître au bout de deux minutes ; à peine dix minutes se sont écoulées que la plaque en est couverte, et, en trente minutes, il s'en est déposé autant qu'il en faut, c'est-à-dire au taux environ de 2 gr. 40 par mètre carré, ce qui suffit pour le but proposé. On fait alors écouler la liqueur pour extraire l'argent qu'elle contient. Le verre argenté est ensuite lavé avec de l'eau à quatre ou cinq reprises, et on le met debout pour le faire sécher. Quand il est sec, la face argentée est recouverte d'un vernis composé avec gomme damara 20 parties, bitume de Judée 5 parties, gutta-percha 5 parties, benzine 75 parties. Ce vernis sèche et adhère fortement à la surface du verre, qui peut alors être encadré ou servir au même usage que les glaces étamées.

Lorsque la surface du verre a été argentée ainsi qu'il vient d'être dit, on peut déposer du cuivre sur l'argent par le procédé de la galvanoplastie ou tout autre. On n'opère pas ainsi quand le verre doit servir de glace argentée; car si l'épaisseur du cuivre était un peu considérable, ce cuivre, qui se détacherait facilement, entraînerait l'argent avec lui.

On peut produire ainsi des feuilles de cuivre de grandes dimensions plaquées d'argent, ou des feuilles d'autres matières non absorbantes n'agissant pas chimiquement sur la solution d'argent. Pour donner une surface métallique et conductrice à un objet destiné à être recouvert galvaniquement d'un métal, on commence par argenter sur verre comme il a été dit. Si l'on veut, par exemple, argenter du papier, du cuir, des tissus ou autres produits, on dépouille la surface du verre de l'argent déposé en y attachant le papier, le cuir ou le tissu, puis on enlève ceux-ci. Ainsi l'on dépose d'abord l'argent, comme on dit, sur le verre; sur la surface argentée, on verse un vernis de 1 partie de gomme laque dans 6 à 10 d'esprit de bois, et quand ce vernis est sec, on étend dessus une gelée faite avec 1 partie de gélatine et 6 à 10 parties d'eau; puis sur cette couche gélatineuse on presse le papier, le cuir ou le tissu, on l'y laisse sécher, et quand le tout est sec, on enlève ceux-ci, qui entraînent avec eux la couche d'argent qui avait été déposée sur le verre.

Préparation de l'acide phosphorique. — C'est en décomposant le phosphate de baryte par l'acide sulfurique que M. J. NEUSTADT, de Prague, prépare, dit-il, à bon marché cet acide. Pour cela, il traite les os réduits en poudre très-fine, *en farine,* par l'acide chlorhydrique à 22 degrés, après avoir préalablement fait une pâte de cette farine d'os avec l'eau ordinaire. La liqueur acide est traitée par le sulfate de soude, qui précipite une certaine quantité de sulfate de chaux qu'on lave et met à la presse. Les liqueurs ainsi séparées de la chaux sont alors saturées par le carbonate de soude; ce sel forme un abondant précipité de carbonate de chaux qui se sépare facilement. Les liqueurs éclaircies sont donc formées de phosphate de soude.

L'auteur précipite alors le phosphate de soude par du chlorure de baryum, et le précipité, bien lavé, est traité par l'acide sulfurique.

Nous ne voyons rien de nouveau ni d'économique dans ce procédé, dont nous avons beaucoup abrégé la description, et nous préférons le procédé donné par M. E. Kopp et que nous avons publié dans le *Moniteur scientifique* (livraison 5e, p. 72, année 1857).

Couleur bleue pour la porcelaine; par M. J. G. GENTELLE. — Parmi les couleurs pour la peinture sur porcelaine, qu'on emploie sur couverte et qu'on trouve dans le commerce, on remarque des couleurs bleues dont une sorte acquiert toujours par la cuisson un ton bleu rougeâtre de smalt, tandis que l'autre reste bleu pur. Il y a des qualités plus ou moins claires ou foncées de ces deux bleus. Les bleus purs, jusqu'au bleu turquoise, renferment toujours de l'oxyde de zinc. J'ai examiné un bleu très-foncé d'une beauté extraordinaire, où les éléments colorants consistaient en protoxyde de cobalt 15.09, oxyde de zinc 18.24, et le flux ou oxyde de plomb 26.85, silice 24.46, alumine 1.24. Comme ce bleu, à l'exception de la silice, est presque entièrement soluble dans l'acide acétique, il faut que les oxydes de zinc et de cobalt soient combinés à un acide. L'expérience a démontré que cet acide était l'acide phosphorique.

Si à une solution de phosphate de soude ordinaire on ajoute d'abord du sulfate de zinc, puis du sulfate de protoxyde de cobalt, on obtient un précipité d'abord vert, qui, par une addition de ce dernier sel, devient enfin bleu foncé; néanmoins, il faut toujours qu'il reste en excès une certaine quantité de phosphate de soude. La couleur bleue redevient verte quand on ajoute du sulfate de zinc, et bleue quand on ajoute du sulfate de cobalt. La liqueur qui surnage reste colorée en rouge. Le précipité lavé est bleu foncé virant au rouge; mais après le feu il est bleu pur, et par conséquent est la base de la couleur bleue ci-dessus.

L'analyse du précipité séché à 30 degrés a donné :

Oxyde de zinc	41.95
Protoxyde de cobalt	12.97
Acide phosphorique	33.25
Eau	12.06

C'est une combinaison de 3 atomes de phosphate de zinc avec 1 atome de phosphate de protoxyde de cobalt.

La couleur bleue particulière de ce composé avant le feu est digne d'attention. Les lessives concentrées de potasse ne précipitent pas sa dissolution dans les acides; mais on obtient un mélange bleu foncé, dont il se sépare, quand on étend d'eau de l'hydrate de protoxyde de cobalt.

La matière, d'après diverses considérations, paraît consister en 2 parties de flux, composé avec parties égales de sable et d'oxyde de plomb, et 1 partie de couleur composée avec 42 parties du composé précédent, d'acide phosphorique avec 8 parties de protoxyde de cobalt.

Sur la manière dont la paraffine du commerce se comporte avec quelques dissolvants; par M. Aug. Vogel. — La paraffine dont je me suis servi avait été extraite du goudron de lignite; son point de fusion était 48° centigr., et elle se figeait à 45 degrés; elle s'accordait donc sous ces rapports avec les propriétés qu'on assigne à la paraffine pure.

Solubilité dans le benzole :

Le benzole avait un poids spécifique de 0.887.

1 partie de benzole a dissous à 46° C	7.7 parties de paraffine.
1 —	—	— à 43° C	5	— —
1 —	—	— à 39° C	4	— —
1 —	—	— à 23° C	0.7	— —
1 —	—	— à 20° C	0.3	— —

La comparaison de ces nombres montre que la solubilité de la paraffine dans le benzole est entièrement sous la dépendance de la température du dissolvant.

Solubilité dans le chloroforme :

1 partie de chloroforme a dissous à 23° C	0.22 parties de paraffine.
1 —	—	— à 17° C	0.16	— —

Solubilité dans le sulfure de carbone :

1 partie de sulfure de carbone a dissous à 25° C...... 1 partie de paraffine.

Des expériences comparatives avec l'acide stéarique ont montré que 1 partie de benzole peut dissoudre, à 23° C., 0.22 parties d'acide stéarique; 1 partie de sulfure de carbone, à 23° C., 0.3 d'acide stéarique, et que cet acide est par conséquent moins soluble dans le benzole et le sulfure de carbone que la paraffine. Or, comme un mélange de paraffine et d'acide stéarique fondus ensemble ne se sépare pas en une masse homogène dans les deux solutions par un refroidissement lent, mais bien en deux couches, l'acide stéarique en cristaux distincts, peut-être cela pourra-t-il servir à baser une méthode pour démontrer la présence de l'acide stéarique dans la paraffine.

Moyen pour distinguer le copal du succin; par M. H. Napier-Draper. — Plusieurs huiles oxygénées, entre autres celles de lavande, de romarin et de menthe poivrée, possèdent la propriété de ramollir le copal à la température ordinaire et de le dissoudre plus ou moins complétement à une température plus élevée.

L'huile essentielle de cajeput dissout le copal complétement, même à la température ordinaire, et cette solution, étendue sur une surface, fournit un vernis très-brillant par l'évapo-

ration de l'essence. Le succin est, au contraire, complétement insoluble, même à la température de l'ébullition dans l'essence de cajeput, et celle-ci peut donc servir à distinguer
facilement ces deux résines, ce qui est d'autant plus utile que certaines espèces de copal sont
très-difficiles à distinguer du succin quand on ne considère que les caractères physiques
seuls.

La solution de copal dans l'essence de cajeput peut être mélangée à l'alcool sans se troubler ou se coaguler.

Poudre coton autrichienne. — M. Reny, de Vienne, fabrique une poudre coton
qui donne peu de fumée et n'est pas sujette à éclater par le choc comme la poudre coton ordinaire. Voici le mode de préparation qu'il indique :

Prendre d'abord du coton en fil et le tordre en cordon d'un diamètre égal à celui du grain
de la poudre à canon. On le trempe ensuite pendant quelques minutes dans un récipient de
grès contenant de l'acide nitrique, puis on le presse et on le soumet ensuite à un lavage complet, au moyen d'un courant d'eau qu'on dirige sur lui d'une certaine hauteur. On le presse
de nouveau, et on le fait alors sécher dans une étuve chauffée à la température de 130 degrés
Fahr. (54° 80° C.). Pendant ce temps, on prépare dans un vase en verre ou en grès un mélange, par parties égales, d'acide nitrique (densité 1.14), qu'on laisse reposer vingt-quatre
heures. Quand le coton est sec, on le plonge dans ce mélange, qu'on a soin de recouvrir, et
après l'y avoir laissé pendant deux jours en remuant de temps en temps, on le retire, on le
presse, et après l'avoir lavé pendant plusieurs heures dans l'eau courante, on le fait de nouveau sécher. Dans cet état, on le plonge pendant quelques instants dans un bain de silicate
de potasse étendu; puis on lui fait subir les mêmes opérations de pression, de lavage à l'eau
et de séchage. L'opération est alors terminée, et le coton poudre est prêt à être employé.

De la production du soufre en Italie; par M. P. Bianchi. — La production
actuelle des mines de soufre d'Italie ne s'élève pas à moins de 300,000 tonnes par an, dont la
valeur, à l'état brut, est de 30 millions de francs. Cette production, qui a décuplé depuis 1830,
est en grande partie fournie par la Sicile. Les Romagnes, qui ne donnaient autrefois qu'une
quantité insignifiante, ont depuis quelque temps développé leurs exploitations, qui contribuent aujourd'hui pour un chiffre de 8,000 tonnes dans le rendement général annuel.

Pendant la période décennale qui vient de s'écouler, on a réalisé en Sicile une amélioration
importante dans la méthode d'extraire le soufre de sa gangue calcaire. On l'obtient toujours
par liquation en grillant une partie du minerai; mais cette opération, au lieu de se faire,
comme autrefois, dans de petits fours cylindriques ouverts (*calcarelle*), se pratiquent aujour-
d'hui en rangeant simplement la pierre en tas et en la recouvrant d'une chemise de terre,
comme on le fait pour la carbonisation du bois. Ces tas, qu'on nomme *calcaroni*, sont d'un
volume considérable et souvent égal à quatre cents fois la capacité des anciens fours. Ce nouveau mode d'opérer a l'avantage de diminuer les pertes occasionnées par la production de
l'acide sulfureux, en sorte que le rendement en soufre se trouve augmenté d'un cinquième;
en outre, le grillage en tas peut se faire au voisinage des habitations et des jardins, ce que ne
permettait pas l'emploi des fours, qu'on était toujours obligé de placer à plusieurs milles de
distance. Autrefois, on n'opérait qu'à certaines époques de l'année; maintenant, on peut le
faire en tout temps, ce qui n'oblige plus à approvisionner de grandes quantités de minerai.
Enfin le traitement, qui était mortellement dangereux pour les ouvriers, est devenu désormais presque inoffensif.

Soufre des Romagnes et des Marches. — Il existe à Bologne une Société qui, sous la dénomination de *Société des mines de soufre des Romagnes*, possède huit centres d'exploitation, dont
cinq, dans la province de Forli (Romagnes), portant les noms de Firmignano, Luzzena, Fosco,
Busea et Montemauro. Les trois autres, qui font partie de la province d'Urbino et Pesaro,
sont ceux de Perticara, Marazzana et Montecchio.

Le soufre provenant de ces exploitations est raffiné principalement à Rimini, d'où il est envoyé dans les principaux centres de consommation de l'Italie, tels que Venise, Trieste, Ancône, la Lombardie, la Toscane, etc.

Le soufre raffiné de cette provenance est surtout employé à la fabrication de l'acide sulfurique, et depuis quelques années au traitement de la vigne. Son prix, qui suit constamment une progression oscillante, est, en pains, de 213 fr. 10 c. par tonne anglaise de 1,015 kilogr., et, en bâtons, de 254 fr. 35 c., le tout rendu à bord des navires dans les ports de Rimini et de Cesenatico, ou aux gares des chemins de fer de Rimini et de Cesena.

Soufre des provinces napolitaines. — Le soufre se rencontre sur plusieurs points de ce pays, mais en petites quantités. C'est ainsi qu'on le trouve dans la région volcanique des solfatares, où il existe mélangé avec de l'argile et d'autres matières dont on le sépare par sublimation; le rendement est de peu d'importance. On en trouve également en petits dépôts disséminés dans le district de Majella, où l'un d'eux, celui de Santa-Liberata, est l'objet d'une petite exploitation. On a récemment annoncé la découverte, à Civita-Nova (province de Molise), d'un gisement de calcaire imprégné de soufre; mais on n'a rien dit de la richesse et de l'étendue qu'il peut avoir. On n'en sait pas davantage sur un autre gisement signalé à Santa-Regina, à 2 milles d'Ariano dans la direction est.

Soufre de la Sicile. — Le soufre existe en Sicile dans un terrain gypseux, dont les couches s'étendent sur une grande partie de l'île, depuis le mont Etna jusqu'au voisinage de Trapani. Cette formation appartient à une époque géologique qui n'a pas encore été déterminée d'une manière bien certaine. Ici, comme dans les Romagnes, elle renferme, outre le gypse, des calcaires et des argiles plus ou moins marneux. Dans les premiers, le soufre est à l'état de mélange tantôt uniforme et tantôt irrégulier, parfois en petites veines parallèles, et plus rarement à l'état de cristaux; dans ce dernier cas, il n'est pas rare de le trouver associé avec de la *célestine* ou sulfate de strontiane. Dans les argiles, au contraire, on le rencontre en masses globulaires, et cette circonstance se reproduit également dans les gisements analogues de l'Italie continentale.

Les mines de la Sicile sont au nombre de cinquante environ, employant vingt mille ouvriers. Les plus productives sont principalement situées dans les provinces de Caltanisetta et de Girgenti. Viennent ensuite et par rang d'importance celles des provinces de Catane, de Palerme et de Trapani. L'extraction du soufre se fait, comme on l'a expliqué plus haut, au moyen des *calcaroni*; la perte à laquelle donne lieu l'opération est d'un tiers de la teneur du minerai. Quant au raffinage, il s'en fait peu dans l'île, d'où l'on préfère exporter le produit à l'état brut. Dans cet état, on le divise en trois qualités, dont la seconde et la troisième se subdivisent à leur tour en trois espèces. La production de 1861 a été évaluée approximativement à 250,000 tonnes de soufre de commerce, dont la moitié environ fournie par la province de Caltanisetta, un tiers par celle de Girgenti, 25,000 par celle de Catane, et 20,000 par celle de Palerme; la production de la province de Trapani est presque insignifiante. C'est la France et l'Angleterre qui absorbent la plus grande partie du soufre exporté.

Le prix de cet article est en hausse depuis quelques années; en 1860, il se vendait, à l'état brut, de 15 à 20 fr. la tonne.

Séparation de la magnésie, de la potasse et de la soude; par M. ALVARO REYNOSO. — La méthode que je propose permet d'employer en toutes circonstances l'acide phosphorique, puisque les inconvénients de sa présence deviennent nuls, par la raison que l'excès est complétement éliminé.

Supposons le cas le plus fréquent : un mélange de chaux, de magnésie, de potasse et de soude; la liqueur est acidulée par l'acide chlorhydrique ou, s'il est possible, on emploie seul l'acide nitrique; on y ajoute de l'ammoniaque en excès et ensuite de l'oxalate d'ammoniaque. C'est ainsi que l'on sépare la chaux. Dans la liqueur filtrée on ajoute du phosphate d'ammoniaque, ou simplement de l'acide phosphorique, et on recueille le phosphate ammoniac magnésien précipité. On filtre et on calcine pour éliminer les sels ammoniacaux et, par ce seul fait, il s'opère une réaction par laquelle la plus grande partie ou la totalité de l'acide chlorhydrique est éliminé, dans le cas où l'on en aurait fait usage, et les deux bases peuvent rester unies seulement à l'acide phosphorique. Cependant, pour procéder avec plus de sécurité, on traite le résidu deux ou trois fois avec l'acide nitrique concentré; on le calcine, et tout l'acide chlorhydrique étant ainsi éliminé, il reste seulement de l'acide phosphorique, de la potasse et de la soude. On recueille le résidu dans un ballon et on l'y traite par l'étain en grand excès et par l'acide nitrique; on élimine ainsi l'acide phosphorique, on filtre et l'on concentre. On calcine le résidu composé de nitrate de potasse et de soude pour les décomposer complétement, et aussitôt que la capsule se refroidit, on pèse les alcalis caustiques ou on les transforme en carbonates. Ensuite on les convertit en chlorures, plus tard on les fait passer à l'état de sulfates, en finissant par ajouter du carbonate d'ammoniaque pour décomposer le bisulfate de potasse. Avec ces éléments combinés, il est possible de déterminer, en les associant pour les corriger, la quantité d'alcali par voie indirecte, et l'on peut aussi les séparer directement par le bichlorure de platine.

D'après tout ce qui précède, on voit que la nouveauté de ce procédé, ainsi que son exactitude, repose dans la méthode suivie pour éliminer l'acide phosphorique, méthode basée sur la propriété (découverte par moi, il y a des années), que possède l'acide stannique de former avec l'acide phosphorique une combinaison complétement insoluble dans l'eau et dans l'acide nitrique. Pour que ce procédé soit exact, comme je l'ai indiqué plus haut, il faut éliminer l'acide chlorhydrique, ce que l'on obtient facilement. Je dois affirmer, en terminant, que l'acide stannique nous fournit le meilleur moyen d'éliminer l'acide phosphorique dans une multitude de cas.

Blanchiment des peaux de chèvre. — Ce blanchiment est long et difficile en hiver, lorsque l'on ne recourt pas aux procédés chimiques. On a donc coutume d'employer l'acide sulfureux, mais on peut obtenir un résultat encore meilleur au moyen de l'hypochlorite de soude (eau de javelle) suffisamment étendu et parfaitement neutre. Par ce moyen, les peaux sont complétement blanchies en deux jours. On peut préparer cette solution comme il suit: On mêle deux parties de chlorure de chaux avec vingt parties d'eau et, après avoir suffisamment agité pendant quelque temps, on laisse reposer le tout et l'on décante. Quand la liqueur est bien claire, on y verse deux parties 1/2 de sulfate de soude dissoutes dans dix parties d'eau. On sépare le sulfate de chaux qui se précipite, tandis que l'hypochlorite de soude reste en solution. Après avoir bien éclairci le liquide, qui ne doit plus retenir de chaux, on y plonge les peaux jusqu'à ce qu'elles soient blanches, ce qui exige environ deux jours. On les lave ensuite et, pour leur donner de la douceur, on les immerge dans une solution étendue et tiède de savon fabriqué avec de l'huile.

Sophistication de la glycérine. — La saveur sucrée, pure de la glycérine et son état permanent de fluidité ont rendu très-praticable sa sophistication par le sirop de sucre, qui est d'un prix bien moins élevé, sophistication qu'il n'est pas facile de reconnaître par les caractères extérieurs. Cette fraude pouvant déjà être pratiquée, M. J.-J. Pohl a conseillé pour la constater l'emploi de la lumière polarisée, parce que la glycérine est, sous le rapport optique, sans effet, tandis que les divers sucres déterminent la rotation du plan de polarisation.

On possède encore dans le chloroforme un bon moyen pour doser quantitavement tant le sucre de canne que celui de raisin dans la glycérine. Ces sucres y sont en effet insolubles, tandis que la glycérine s'y dissout avec la plus grande facilité en toute proportion. A cet effet, on chauffe la glycérine mêlée de sucre jusqu'à ce qu'on en ait expulsé toute l'eau, puis, après le refroidissement, on y ajoute une portion de chloroforme, on jette le tout sur un filtre taré, on lave à plusieurs reprises avec le chloroforme, on fait sécher le filtre avec son contenu à 100° C. et on pèse.

ASTRONOMIE.

Société astronomique d'Allemagne — Le congrès des astronomes allemands qui a eu lieu à Heidelberg, dans les derniers jours du mois d'août, a abouti à la fondation d'une nouvelle Société astronomique, essentiellement allemande, mais dont tout étranger pourra devenir membre en remplissant les formalités nécessaires. Le but principal de la nouvelle association est l'avancement de l'astronomie par des travaux de longue haleine qui nécessitent la coopération systématique d'un grand nombre de personnes. On s'attachera surtout à faire exécuter, d'après des principes fixes et uniformes, les travaux préparatoires qui servent de base commune à des recherches de toute sorte; de ce nombre sont : l'établissement des éléments de réduction, la formation de tables auxiliaires, etc., etc. A côté de ces travaux généraux, qu'on pourrait désigner comme des *travaux de fondation*, la Société sera toujours prête à aider, par des secours appropriés, ceux qui entreprendront des recherches spéciales exigeant beaucoup de temps ou le concours d'un grand nombre de collaborateurs.

Comme siége de la Société, on a choisi provisoirement la ville de Leipzig; c'est donc là que seront conservées la bibliothèque et les collections de la Société, et c'est de là que partiront ses publications, qui sont envoyées gratis à tous les membres, ainsi qu'aux établissements ou sociétés qui voudront faire l'échange avec la Société astronomique. Les réunions auront lieu une fois tous les deux ans, en août ou septembre, dans la ville qui aura été chaque fois désignée d'avance à cet effet. Pour devenir membre de la Société, on aura à faire un premier versement de 5 thalers (19 fr.), et la même somme représente la cotisation annuelle, payable avant le 1er avril de chaque année. On pourra aussi payer une fois pour toutes 50 thalers. La réception des membres aura lieu par voie de scrutin. Le bureau est formé de sept membres, élus pour quatre ans; il se compose actuellement de MM. Zech, professeur d'astronomie à Tubingen, président; Bruhns, professeur d'astronomie à Leipzig, vice-président; Argelander, à Bonn, et O. Struve, à Poulkova, assesseurs; E. Schoenfeld, à Mannheim, et W. Foerster, à Berlin, secrétaires; J. Zoellner, à Leipzig, trésorier.

Nouvelle planète. — M. Watson a découvert, le 14 septembre, à l'Observatoire d'Ann-Arbor (Amérique), une nouvelle petite planète, qui sera la 79ᵐᵉ du groupe.

Visibilité des étoiles. — M. Airy a lu à la Société royale astronomique une note sur la visibilité de certaines étoiles des Pléiades à l'œil nu (1). Il est d'avis que pour le plus grand nombre des personnes qui ont la vue bonne, la remarque d'Ovide concernant le nombre visible des Pléiades,

Quæ septem dici, sex tamen esse solent (2)

se trouve encore être vraie aujourd'hui. Cependant, un membre de sa famille distingue habituellement *sept* étoiles dans cette constellation, et, dans certains cas, *douze*. Le 15 février dernier, par une soirée très-claire, on a dressé une carte des Pléiades d'après la simple vue, et la comparaison avec une carte basée sur les mesures de Bessel a permis d'identifier les étoiles visibles avec celles que Bessel a désignées par les numéros 1, 2 (brillante), 3, 4 (brillante), 11 (brillante), 13, 17 (brillante), 29, 34 (Alcyone, la plus brillante), 38, 41 (brillante), 42 (moins brillante). La dernière est la septième étoile que distinguent ordinairement les vues perçantes.

Nous rappellerons à cette occasion que M. Heis, professeur d'astronomie à Munster, distingue aussi à l'œil nu douze étoiles des Pléiades; qu'il a vu plusieurs fois les planètes Vénus, Jupiter et Mercure au grand jour, et Uranus pendant les nuits sans clair de lune; qu'il voit toujours séparés Alcor et Mizar de la Grande-Ourse, et qu'il dédouble également Alpha du Capricorne et, quelquefois, Epsilon de la Lyre. Mais M. Heis n'a jamais pu reconnaître à l'œil

(1) *Monthly Notices*, XXIII, 5.
(2) *Fast.*, IV, 170.

nu les satellites de Jupiter. M. C. Mason, au contraire, a annoncé (1) qu'il a vu ainsi l'un de ces satellites, le 15 avril dernier, à 10 heures du soir, à Londres. Les rayons qui semblaient émaner de la planète, changeaient de position à mesure que l'observateur inclinait la tête, mais le petit point brillant à gauche de Jupiter paraissait immobile. M. Mason n'avait aucune idée de la position des satellites. Ayant ensuite braqué une lunette sur la planète, il retrouva son point brillant, et put l'identifier, à l'aide du *Nautical almanac*, avec le troisième satellite.

R. RADAU.

VARIÉTÉS.

—

GUERRE CIVILE.

La déesse Discorde ayant brouillé les dieux,
Et fait un grand procès là-haut pour une pomme,
On la fit déloger des cieux.
Chez l'animal qu'on appelle homme
On la reçut à bras ouverts,
Elle et Que-si-que-non, son frère,
Avecque Tien-et-mien, son père.

La déesse dont parle le bon La Fontaine s'agite beaucoup depuis quelque temps, et, non contente d'embrouiller tout en politique, elle vient aussi de faire visite à l'Académie des sciences et d'y livrer bataille ; hier, c'était pour la mâchoire fossile de Moulin-Quignon, et aujourd'hui c'est pour les mycodermes de M. Pasteur et du docteur Lemaire.

A l'heure qu'il est, elle remplit de sa passion deux ou trois journaux scientifiques. Ainsi, M. F, Hoëfer, érudit estimé par trente années de travaux sérieux, ayant eu la malheureuse pensée de proposer une solution à la question si obscure des habitations lacustres, a reçu, pour cette hardiesse, bien inoffensive cependant, une bordée d'injures; un correspondant peu poli de l'Académie des sciences l'a traité, pour sa part, de *premier-venu*, de *quidam*, l'appelle *notre homme* et lui prodigue une foule de gracieusetés peu scientifiques. Mais voici quelque chose de plus incroyable encore.

Dimanche 4 octobre, c'était fête, on le sait, au Champ-de-Mars. On faisait partir le ballon *le Géant* pour des régions inconnues. Comme on croyait rester longtemps en route, et qu'on pouvait aborder chez des sauvages ou être arrêté en chemin par des voleurs, on avait embarqué des armes, des cartouches, des balles et plusieurs quintaux de poudre en guise de lest. Joignez à cela des vivres à foison et de quoi les arroser.

Pendant les apprêts du voyage, on vendait le premier numéro d'un journal, l'*Aéronaute*, créé pour la circonstance. Or, quel ne fut pas notre étonnement de lire au bas de ce journal une immense diatribe contre notre confrère l'abbé Moigno.

Nadar, sur ses longs pieds, allant on ne sait où,

comme le héron de la fable, était l'auteur de cet âcre pamphlet. Et pourquoi, s'il vous plaît? Parce que l'abbé Moigno, qui a longtemps étudié la question de l'automotion aérienne, avait critiqué le mécanisme, fort critiquable pourtant, développé par ce physicien improvisé.

Que M. Nadar, qui a fait déjà bien des tentatives de profession, ne se fasse jamais, Dieu l'en garde ! ni acteur, ni auteur dramatique, puisqu'il est si nerveux, car, hélas ! plus il crierait qu'on le contrarie et plus on le contrarierait, malgré toutes ses menaces.

Dans ce feuilleton étrange, tiré à un nombre fabuleux d'exemplaires (100,000), l'abbé Moigno est représenté sous les couleurs les plus fantastiques, et l'auteur, dans sa colère déraisonnable, va jusqu'à appeler notre pacifique et savant abbé UN BATRACIEN ÉPILEPTIQUE !!!

(1) *Monthly Notices*, XXIII, 7.

L'abbé Moigno a cru devoir répondre à M. Nadar; c'était bien inutile, selon nous, car le public avait déjà, lui-même, fait justice de la prose scandaleuse du photographe du boulevard des Capucines.   Dr Q.

P. S. — *L'Opinion nationale* du 11 octobre contient une lettre de M. Victor Meunier, écrite à M. Nadar, dans laquelle, protestant contre l'article injurieux dirigé contre l'abbé Moigno et contre les tendances de l'auteur à étouffer toute critique scientifique, il le prie de vouloir bien effacer son nom de la liste des collaborateurs de *l'Aéronaute*, nom mis là, d'ailleurs, sans son consentement.

APPEL URGENT *au concours des hommes éclairés de toutes les professions contre les* EMPOISONNE-MENTS INDUSTRIELS *ou autres qui compromettent de plus en plus la santé publique et l'avenir des générations;* 1 volume in-18 de 132 pages. Prix : 1 fr. Rue du Temple, 14, à Paris.

Par F.-V. RASPAIL.

Qu'y a-t-il de fondé dans ce cri d'alarme jeté par M. Raspail aux quatre vents de la publicité? Rien, empressons-nous de le dire bien vite. Nous avons lu en entier son volume et nous pouvons tranquilliser nos fabricants et le public aussi. M. Raspail a tiré un coup de pistolet de la fenêtre de sa librairie de la rue du Temple. Des chalands se sont amassés, nous avons été du nombre. Or, après lecture attentive, nous n'avons trouvé aucun *empoisonnement industriel* à signaler à nos lecteurs et rien d'*urgent* à se procurer son volume.

Ce que nous avons lu dans son livre, c'est une attaque fort passionnée contre Loyola et la Société de Jésus.

Qu'il y ait du vrai dans ce qu'il dit de l'histoire de ces bons Pères, c'est possible; mais insinuer aujourd'hui, qu'inspirés par leur esprit, ses ennemis lui ont empoisonné son camphre avec du sublimé corrosif afin de ruiner sa méthode de médication, cela nous paraît une de ces exagérations dont M. Raspail ne s'est jamais fait faute pendant toute sa vie si agitée.

Quant à ce qu'il dit sur les empoisonnements qu'une fabrique de sublimé corrosif et de calomelas peut causer à 10 lieues à la ronde, nous lui dirons que c'est là de l'homœopathie à éclipser les plus féroces partisans d'Hahnemann.

M. Raspail nous paraît croire toujours beaucoup à *la méthode*, c'est ainsi qu'il appelle son système de médecine qui consiste, on le sait, à administrer le camphre dans toutes les maladies. Nous respecterons ses croyances et le laisserons heureux de ses succès qui datent, dit-il, de vingt ans.

Quant à son livre, il nous paraît plutôt une boutade de sa part qu'une publication sérieuse. Ajoutons encore qu'il est écrit en style chaud et coloré, et que c'est là plutôt une œuvre littéraire qu'un document scientifique ou industriel.   Dr Q.

BREVETS D'INVENTION PRIS EN FRANCE EN 1862
Arts chimiques et Industries qui s'y rattachent. (N° 12.)

Acide phosphorique libre. — Application à la fabrication des engrais et, en général, à l'industrie; par MM. Blanchard et Chateau, rue de Trévise, 13, à Paris. Brevet du 18 décembre, n° 56653.

Acide sulfurique. — Procédé de fabrication; par M. Verstract, Paris, rue Sainte-Croix-la-Bretonnerie, 18. Brevet du 13 décembre, n° 56860.

Acide oléique; par Lepainteur. — Addition du 6 décembre au brevet n° 52163.

Acier fondu. — Procédé de fabrication; par Martin, représenté par Ricordeau. Paris, boulevard de Strasbourg, 23. Brevet du 22 décembre, n° 56727.

Acier fondu. — Four à manchons pour fusion de minerais et métaux et particulièrement pour la production de l'acier fondu ; par le baron de Rostaing. Brevet du 23 décembre, n° 56735.

Acier fondu. — Procédé de fabrication du fer et de l'acier fondu par l'insufflation, à travers la fonte liquide, de différents gaz et vapeur destinés à décarburer, épurer ou recarburer le métal ; par Sudre. Paris, rue Castellane, 4. Brevet du 22 décembre, n° 56737.

Caoutchouc. — Perfectionnements apportés dans le traitement du caoutchouc ; par Hull, représenté par Sautfer. Paris, boulevard Montmartre, 14. Brevet du 30 décembre, n° 56812.

Carbonate et bicarbonate de soude. — Appareils et procédés pour leur fabrication séparée ou simultanée ; par Simyau. Paris, rue Saint-Paul, 22. Brevet du 13 décembre, n° 56646.

Carbonate de soude. — Sa fabrication ; par Verstract. — Addition du 6 décembre au brevet n° 55642.

Conservation des pâtés de foie gras ; par Ritti père et fils, rue des Frères, 4, Strasbourg (Bas-Rhin). Brevet du 24 décembre, n° 56765.

Désinfection, détartration et décoloration des fûts de toute espèce ; par Letort père et fils, à Puligny (Côte-d'Or). Brevet du 22 décembre, n° 56701.

Désinfection des huiles de schiste; par Lorinet et Pitte. Paris, quai Conti, 7. Brevet du 3 novembre, n° 56849.

Eaux-mères des salines. — Perfectionnements dans leur traitement; par Renouard et Comp. Paris, place Vendôme, 15. Brevet du 30 décembre, n° 56827.

Eclairage. — Système d'éclairage et procédés d'hydro-carburation de l'air atmosphérique et du gaz ordinaire de l'éclairage ; par Esquiron. Paris, faubourg Poissonnière, 187. Brevet du 4 décembre, n° 56750.

Eclairage. — Système de carburation du gaz d'éclairage ; par Lofficial, rue des Feuillants, 18, à Marseille. Brevet du 30 décembre, n° 56758.

Electricité médicale. — Appareil électro-galvanique applicable au traitement de toutes les affections pour lesquelles l'électricité est conseillée; par Moreau, à Saint-Sornin (Charente-Inférieure). Brevet du 15 mai, n° 56729.

Electro-métallurgie. — Son application aux minerais de cuivre pour l'extraction du cuivre et de l'argent contenus dans les minerais, etc.; par Domingo, rue des Vieux-Augustins, 12, à Paris. Brevet du 28 novembre, n° 56806.

Engrais. — Fabrication d'engrais spéciaux et d'un engrais spécial vermicide ; par Béglin et Comp., élisant domicile chez Courrouve. Paris, rue Feydeau, 28. Brevet du 19 septembre, n° 56683.

Fécule. — Mode de préparation ; par Bastien et Mongruel. Paris, rue Taranne, 10. Brevet du 20 décembre, n° 56681.

Glace. — Addition par Carré à son brevet n° 41958, le 15 décembre.

Impression sur toute espèce de tissus, au moyen de l'albumine, d'un noir de Campêche ; par Trit. Paris, impasse Fessart, 12. Brevet du 8 octobre, n° 56678.

Incrustations des chaudières à vapeur. — Moyen de l'empêcher ; par Manel, chez Schuler. Paris, rue Phélippeaux, 10. Brevet du 30 décembre, n° 56817.

Mordant de rouille pour la teinture ; par Bernardin, montée Saint-Barthélemy, 26 *bis*, à Lyon (Rhône). Brevet du 27 décembre, n° 56741.

Mordant fixateur de l'aniline. — Addition par Schultz du 20 décembre à son brevet n° 55138.

Noir minéral provenant des schistes charbonneux et bitumineux ; par Saint-Martin. Paris, rue Guénégaud, 19. Brevet du 31 décembre, n° 56829.

Panification. — Système de panification dit *Girondine;* par Raboisson, à Izon (Gironde). Brevet du 29 décembre, n° 56764.

Peinture sur métaux; par Auger. — Addition du 18 décembre à son brevet n° 52331.

Poudre de guerre. — Perfectionnement dans sa fabrication ; par Kellow, Short et Denham-

King, représentés par Courrouve. Paris, rue Feydeau, 28. Brevet du 17 décembre, n° 56668. Patente anglaise.

Presse à stéarine ; par Morane. Paris, rue d'Austerlitz-Saint-Marcel, 43. Brevet du 29 décembre, n° 56820.

Pulpe de betterave. — Sa transformation en farine, et moyens employés à cet effet ; par Lhote, représenté par Ansart. Paris, boulevard Saint-Martin, 33. Brevet du 13 décembre, n° 56848.

Sels des eaux minérales. — Extraction, par voie de congélation, des sels contenus dans les eaux minérales naturelles ; par Tenré, représenté par Thirion. Paris, boulevard Beaumarchais, 95. Brevet du 18 décembre, n° 56677.

Sucre. — Perfectionnements dans sa fabrication ; par Kessler, à Champerey (Seine). Brevet du 31 décembre, n° 56813.

Teinture et impression (nuance rubis) ; par Chalamel aîné et ses fils. — Addition du 22 décembre au brevet n° 56655.

Teinture de la laine, de la soie, du coton. — Addition du 16 décembre, par Reuter, au brevet n° 56337.

Teinture des peaux ; par Hubac. Paris, rue des Marais, 62. Nouveau procédé. Brevet du 8 décembre, n° 56724.

Verres opales ; par Pâris, représenté par Ricordeau, 23, boulevard de Strasbourg. Brevet du 31 décembre, n° 56853.

BIBLIOGRAPHIE SCIENTIFIQUE

(Extrait du *Journal de la Librairie.*)

N° 27. — 4 juillet.

BLONDLOT (D^r). — *Sur la transformation de l'arsenic en hydrure solide* par l'hydrogène naissant sous l'influence des composés nitreux ou de la pression. In-8°, 25 pages, à Nancy.

DUCHESNE-DUPARC (D^r). — *Du fucus vesiculosus contre l'obésité.* In-8°, 46 pages. Prix : 1 fr. J. B. Baillière.

LANDRY (D^r). — *Traité pratique des maladies des femmes et des jeunes filles,* avec figures dans le texte. In-18 jésus, 486 pages. Librairie Jules Masson, à Paris.

MAIRE (D^r). — *La médecine naturelle et la médecine scientifique.* In-8°, 27 pages. Le Havre.

NICKLÈS. — *De l'analyse de la fonte et de l'acier.* Recherche du soufre et du phosphore dans ces métaux. In-18, 7 pages. A Nancy.

TRESCA. — *Machines à travailler les métaux et les bois* à l'Exposition universelle de Londres. In-8°, 59 pages et 1 planche. Librairie Lacroix, à Paris.

N° 28. — 11 juillet.

ABBADIE (D'). — *Géodésie d'Ethiopie, ou triangulation d'une partie de la haute Ethiopie,* exécutée selon des méthodes nouvelles ; vérifiée et rédigée par R. Radau. 3ᵉ fascicule. In-4° à deux colonnes. VIII-361-457 pages et 13 planches. Librairie B. Duprat, à Paris.

BLONDEL. — *Manuel de la fabrication du sucre de betteraves.* In-8°, 56 pages. A Péronne.

CHEVREUL (M. E). — *Recherches chimiques sur la teinture,* 12ᵉ, 13ᵉ, 14ᵉ mémoires. In-4°, 406 pages. Librairie Firmin Didot, à Paris.

CORNAY (D^r). — *Sur le métisme animal chez les espèces humaines.* Grand in-18, 164 pages. Prix : 4 fr. Librairie J. B. Baillière, à Paris.

COULON (D^r). — *De la fièvre typhoïde dans la première enfance.* In-8°, 12 pages. A Amiens.

COULON (D^r). — *De l'ophthalmie purulente chez les enfants.* In-8°, 23 pages. A Amiens.

DUBREUIL (D^r). — *Epidémie de variole survenue à Bordeaux et dans le département de la Gironde* pendant l'année 1862. In-8°, 37 pages. A Bordeaux.

Dunglas Home. — *Révélations sur ma vie surnaturelle.* In-18 jésus, 341 pages. Prix : 3 fr. 50. Librairie Didier, à Paris.

Grandclément. — *Note historique sur l'ergot de blé.* In-8°, 15 pages. A Clermont-Ferrand.

Lunel (D^r). — *Dictionnaire universel de médecine.* Atlas. In-12, 202 pages. 41, rue Mazarine, à Paris.

Noblet (D^r). — *Du rôle des composés sodiques dans l'économie.* Thèse de la Faculté de Paris. In-4°, 88 pages. Librairie Firmin Didot, à Paris.

Oldfield (D^r). — *Etude sur les calculs du rein.* In-4°, 49 pages. A Paris.

Pagel. — *Formule générale pour trouver la latitude et la longitude* par les hauteurs hors du méridien. In 8°, 43 pages. Prix : 1 fr. Librairie Bossange, à Paris.

Queyriaux. — *Le manuel agricole des écoles primaires.* 2e édition. In-18, 324 pages. Librairie Lacousse et Boyer, à Paris.

Rousselon. — *Le jardinier pratique,* illustré de 200 gravures. In-18 jésus, 540 pages. Librairie Lefèvre, à Paris.

Seynes (de). — *Essai d'une flore mycologique* de la région de Montpellier et du Gard. Grand in-8°, 156 pages avec 5 planches et une carte. A Paris.

Société des amis des sciences. — Compte-rendu de la séance du 16 avril 1863. In-8°, 181 pages. Prix : 3 fr. Librairie Hachette, à Paris.

Stard. — *Le surnaturel démontré par la méthode scientifique* contre les écrivains signalés dans l'avertissement de l'évêque d'Orléans, etc. In-8°, 408 pages. Librairie Douniol, à Paris.

N° 29. — 18 juillet.

Balley (D^r). — *Endémo-épidémie et météorologie de Rome.* In-8°, 132 pages. Librairie Rozier, à Paris.

Bezon. — *Dictionnaire général des tissus* anciens et modernes. 2e édition, tome 8 et dernier. In-8°, 438 pages. Prix : 7 fr. 50. A Paris, librairie Savy.

Blat (D^r). — *De la version pelvienne dans certains cas de rétrécissement du bassin.* In-8°, 14 pages. Librairie Asselin, à Paris.

Bobierre. — *L'atmosphère, le sol, les engrais;* leçons professées à Nantes. In-12, 649 pages. Librairie agricole, à Paris.

Bodin. — *Eléments d'agriculture,* ou leçons appliquées au département d'Ile-et-Villaine. 4e édition. Grand in-18, 360 pages et figure. Prix : 1 fr. 75. Librairie Verdier, à Rennes.

Chauffard (D^r). — *Etude clinique* sur la constitution médicale de l'année 1862. In-8°, 45 pages. Librairie Asselin, à Paris.

Chomel (D^r). — *Eléments de pathologie générale.* 5e édition. In-8°, 663 pages. Librairie Victor Masson, à Paris.

Comptes-rendus des séances et mémoires de la Société de biologie. Tome 4 de la 3e série, année 1862. In-8°, 537 pages. Prix : 7 fr. Librairie J. B. Baillière, à Paris.

Cruveilhier. — *Traité d'anatomie descriptive.* 4e édition. Tome 1, ostéologie, arthrologie, myologie. Grand in-8°, 888 pages et 544 figures. Librairie Asselin, à Paris.

Dollfus-Ausset. — *Matériaux pour l'étude des glaciers.* Tome 3. Phénomènes erratiques. Grand in-8°, 734 pages, à Strasbourg.

Fauvel. — *Les lépidoptères du Calvados.* 1re partie. In-4°, 76 pages. Librairie Savy, à Paris.

Fort. — *Traité élémentaire d'histologie.* In-8°, 348 pages. Librairie Delahaye, à Paris.

Jamin. — *Cours de physique de l'Ecole polytechnique.* 2e édition, tome 1er, illustré de 270 figures et d'une planche sur acier. In-8°, 552 pages. Prix : 10 fr. le volume, Librairie Mallet-Bachelier, à Paris.

Masson et Breguet. — *Mémoire sur l'induction.* In-8°, 22 pages et 1 planche. Librairie Mallet-Bachelier, à Paris.

Nicklès. — *Sur une nouvelle classe de combinaisons chimiques.* In-8°, 11 pages et planche. A Nancy.

Minet-Braudeby. — *Les vraies ficelles photographiques,* ou tours de mains, formules et recettes d'une application pratique et sérieuse, suivies de la décalcomanie photographique. In-8° 64 pages. A Paris, 70, quai de la Mégisserie.

Observations météorologiques faites à Nijné-Taguilsk (Monts Ourals, gouvernement de Perm). année 1861. In-8°, 43 pages. Imprimerie Claye, à Paris.

Robert-d'Harcourt. — *De l'éclairage au gaz,* développement sur la composition des gaz destinés à l'éclairage, etc. 2ᵉ édition. In-8°, 532 pages. Librairie Dunod, à Paris.

Société académique des sciences et de Saint-Quentin. Tome 4ᵉ, 1862 à 1863. In-8°, 371 pages. A Saint-Quentin.

Table des Matières contenues dans la 164ᵐᵉ Livraison du 15 octobre 1863.

NOUVELLES RECHERCHES SUR LES FERMENTS ET SUR LES FERMENTATIONS.

Par le docteur JULES LEMAIRE (1).

(Lu à l'Académie des sciences dans les séances des 28 septembre et 12 octobre.)

L'histoire des ferments et des fermentations s'est enrichie, depuis environ quatre ans, de faits nouveaux, nombreux et importants. M. Pasteur en étudiant la question de la génération spontanée, de mon côté en étudiant le mode d'action du coaltar et de ses composants, nous sommes arrivés, en suivant une voie différente, dans le même moment, à démontrer que les ferments qui déterminent les fermentations spontanées sont des êtres vivants. M. Pasteur, en étudiant la composition des poussières de l'air, a démontré qu'elles recèlent de nombreux corps reproducteurs des microphytes et des microzoaires (ferments).

De mon côté, en étudiant la composition des gaz qui se dégagent des matières en putréfaction, j'ai démontré qu'elles contiennent des spores et un grand nombre de granules qui sont les corps reproducteurs des ferments. Cette découverte fournit un nouvel argument contre les générations spontanées. De plus, j'ai considéré le corps de l'homme et des animaux, en santé et en maladie, comme des foyers de fermentation d'où s'échappent à chaque instant des corps reproducteurs des ferments. On peut donc, d'après ces données nouvelles, expliquer l'abondance des corps reproducteurs des microphytes et des microzoaires que contient l'air atmosphérique.

Pour être juste envers les autres, je dois dire que Schultze et Schwann avaient depuis longtemps commencé la démonstration de l'existence de ces corps reproducteurs dans l'air atmosphérique.

Liébig a compris sous le nom générique de ferments un grand nombre de substances d'origine et de nature différentes. Pour lui, ces agents sont des matières albuminoïdes altérées par l'oxygène. Les ferments qui provoquent les fermentations spontanées, certains principes immédiats azotés, les venins, les virus et les miasmes sont des ferments, et au moment où ils déterminent les transformations chimiques, ils sont altérés par l'oxygène, Ces substances communiquent leur ébranlement moléculaire aux autres corps d'où résultent, d'après lui, les phénomènes chimiques.

Il y a bientôt quatre ans, lorsque les premiers travaux de M. Pasteur et les miens parurent, cette théorie était généralement adoptée. Je la combattis vigoureusement. Je démontrai qu'elle contenait des contradictions choquantes, qu'elle était impuissante pour expliquer des faits nouveaux, nombreux que j'ai fait connaître et qu'elle ne pouvait pas en expliquer d'autres connus depuis longtemps. Je me suis efforcé de démontrer qu'en général, lorsque la matière doit prendre des formes nouvelles, des microphytes ou des microzoaires interviennent. J'ai considéré ces petits êtres comme des ouvriers que la nature emploie pour préparer les corps à de nouvelles combinaisons appropriées soit à la composition ou à la décomposition des minéraux, soit à la décomposition ou à la recomposition des végétaux et des animaux.

D'après cette manière de voir j'ai établi deux classes de ferments. Dans la première, j'ai rangé les microphytes et les microzoaires. Ce sont eux qui déterminent les fermentations spontanées et qui donnent aux virus et aux miasmes leurs propriétés.

Dans la seconde classe, j'ai placé les venins et certaines matières azotées (myrosine, synaptase, diastase, etc.). Les ferments de cette classe sont des agents chimiques qui agissent en

---

(1) Ce travail est le seul que l'auteur reconnaisse comme exact, parce qu'il en a lui-même corrigé les épreuves. Il reproduit textuellement ce qu'il a lu à l'Académie des sciences.   (L'auteur.)

Nous profitons de la publication de ces recherches pour donner le mémoire de M. Pasteur, que le défaut de place avait retardé jusqu'à ce jour, quoique composé depuis longtemps.   D^r Q.

vertu de l'affinité. J'ai donné les caractères à l'aide desquels on peut distinguer les uns des autres (1).

Mon opinion sur le rôle des ferments vivants diffère essentiellement de celle de M. Pasteur. Le savant académicien spécialise leur rôle. Par exemple, il considère le *mycoderma aceti*, comme le ferment qui transforme l'alcool en acide acétique dans la fabrication du vinaigre. Les vibrions seraient les ferments de la putréfaction.

Le but de ce travail est de démontrer : 1° qu'il n'existe pas de microphytes ni de microzoaires spéciaux pour provoquer chaque espèce de fermentation spontanée ; 2° de placer la question sur un terrain nouveau en étudiant l'influence qu'exercent les poussières de l'air et la composition chimique des substances sur le développement des ferments vivants.

Avant d'aborder mon sujet, j'examinerai des faits qui intéressent vivement cette question. M. Pasteur a écrit que les vibrions vivent dans l'acide carbonique et tout récemment il a été plus loin, il a dit que ce gaz leur servait de nourriture. Ces faits, qui renversent ce que j'ai vu enseigner depuis trente ans par mes maîtres en zoologie, en physiologie et en chimie, m'ont étonné. Il me répugnait de croire que tant d'hommes éminents avaient professé une erreur en disant que tous les animaux meurent dans l'acide carbonique. J'ai tenu à vérifier ce fait. Pour cela, j'ai fait développer des vibrions à l'aide d'une macération de farine de blé et d'une macération de viande crue. Lorsqu'ils ont été nombreux et vigoureux, j'ai fait passer pendant deux minutes un faible courant de gaz acide carbonique bien pur dans le liquide qui les contenait et j'ai fermé les tubes à la lampe. J'ai répété quatre fois cette expérience et chaque fois les vibrions sont morts. MM. Gratiolet, Desmarets, Sénéchal (du Muséum) et deux élèves employés dans le laboratoire de M. Chevreul ont, avec moi, constaté ces résultats. M. Pasteur a dû être induit en erreur par quelque détail d'expérience.

Je donnerai aussi mon opinion sur le rôle différent que l'éminent chimiste fait jouer aux bactériums et aux vibrions. Les premiers absorberaient l'oxygène et les seconds l'acide carbonique. Si M. Pasteur s'était rappelé que pour des zoologistes éminents, et je partage leur manière de voir, le bactérium termo et le vibrion linéole sont le même animal à un degré différent de développement, il n'aurait peut-être pas présenté cette théorie. J'avoue que je ne puis admettre que l'animal que l'on appelle le matin bactérium et qui, dans la même journée, devient vibrion linéole, vive dans des conditions si différentes. Cette observation, rapprochée des expériences précédentes, me paraît prouver que cette théorie n'est pas fondée.

M. Pasteur a dit que la putréfaction s'accomplit en vases clos. Il a même ajouté : « L'air n'est aucunement nécessaire au développement de la putréfaction. » Ici encore M. Pasteur est en contradiction avec ce qui a été enseigné jusqu'à ce jour. Je présente à l'Académie des tubes fermés à la lampe qui contiennent : les uns de la viande dans des conditions différentes ; l'une baigne dans l'eau, et le tube contient de l'air ; l'autre est tassée dans le tube en présence d'une assez grande quantité d'air. Les autres tubes renferment de la farine de blé et des feuilles de sureau qui baignent dans de l'eau. Tous contiennent de l'air. Dans l'un d'eux la farine était en état de fermentation et contenait des vibrions au moment de la mise en expérience. Ces diverses matières ont été placées depuis le 4 août sous les combles de l'amphithéâtre de chimie du Muséum, où elles ont supporté plus de 40° centigrades de chaleur.

Toutes ces substances sont dans l'état où elles étaient les premiers jours de l'expérience. M. Pasteur a sans doute été induit en erreur par l'apparence.

En vases clos, la putréfaction commence, mais elle ne continue pas. Il est facile d'expli-

____

(1) Voyez *Du coaltar saponiné*, 1860 ; *Considérations sur le rôle des infusoires et des matières albuminoïdes dans la fermentation, la germination et la fécondation*, 1860, et *Moniteur scientifique*, octobre 1862, livraison 140.

quer ce résultat. Par exemple la viande, si altérable, contient de l'oxygène dans le sang que recèlent les vaisseaux ; on sait que la fibrine, après la mort de l'animal, absorbe l'oxygène de l'air ; enfin l'air et l'eau fournissent aussi une notable proportion de ce gaz. Il existe donc assez d'oxygène pour permettre aux bactérium, aux vibrions et aux spirillum que l'on observe dans les premiers jours, de naître, de vivre un certain temps et par conséquent de produire des gaz putrides.

Si dans une dizaine de tubes on place, à la même heure, de la viande dans les conditions précédentes et que l'on observe jour par jour au microscope ce qui se passe, on constate qu'au bout de quarante-huit heures les mouvements d'un grand nombre d'animacules se ralentissent, et au bout de six jours je les ai trouvés tous immobiles. Si l'on opère sur un seul tube, on peut être induit en erreur parce que l'ouverture du vase faite chaque jour introduit une certaine quantité d'air qui prolonge la vie de ces petits animaux. On comprend aussi qu'en plaçant une petite quantité de matière putrescible dans une grande quantité d'air le résultat puisse être aussi modifié. Mais en évitant d'introduire une grande quantité d'air, comme dans les expériences que j'ai faites, la putréfaction en vases clos commence, mais elle ne continue pas.

Si la putréfaction avait lieu en vases clos, si, comme le dit M. Pasteur, l'air n'est pas nécessaire à sa production, si, comme il le pense, il y a en dehors des ferments des actions de diastase, la conservation des matières alimentaires par la méthode d'Appert ne serait pas possible. Les sucs de cerises, de groseilles, de nerprun, de coings peuvent se conserver sans altération pendant une année dans des bouteilles bien bouchées, en les couvrant d'une couche d'huile fixe. Avant la découverte de la méthode d'Appert, c'était dans toutes les pharmacies d'Europe le procédé usité pour la conservation de ces sucs. Il est bien évident que si l'opinion de M. Pasteur était fondée, la putréfaction devrait aussi avoir lieu dans ces circonstances. Ainsi l'expérience directe et la pratique contredisent son opinion.

J'arrive à ma dernière observation. D'après M. Pasteur : « Il n'y a aucune similitude de nature, ni d'origine entre la putréfaction et la gangrène. Loin d'être la putréfaction proprement dite, la gangrène est l'état d'un organe ou d'une partie d'organe du corps humain conservé malgré la mort à l'abri de la putréfaction, etc. » Ici M. Pasteur me paraît confondre la gangrène sèche avec la gangrène humide. La gangrène sèche, comme son nom l'indique, est une véritable dessiccation des tissus par défaut de nutrition. Or, on sait depuis longtemps qu'il n'y a point de putréfaction dans les tissus à l'état de siccité. Mais dans la gangrène humide, interrogez les chirurgiens du monde entier, ils vous diront que l'on y trouve tous les gaz fétides de la putréfaction ; que l'on y trouve des mucédinées, des microzoaires et jusqu'à l'immonde asticot.

Je regrette d'avoir été obligé de combattre les opinions d'un savant aussi distingué. Je me suis cru obligé, en raison de l'étude que j'ai faite de ces questions, de discuter les assertions de M. Pasteur qui me semblent en contradiction avec les faits.

EXISTE-T-IL DES FERMENTS SPÉCIAUX POUR CHAQUE ESPÈCE DE FERMENTATION?

Pour cette étude, j'accepterai les espèces de fermentations que l'on trouve dans les ouvrages des chimistes. Pendant longtemps on a accepté la distinction faite par Boerhawe, qui admettait les fermentations spiritueuse, acéteuse et putride. Depuis on a ajouté les fermentations lactique, butyrique, gallique, grasse, visqueuse, ammoniacale ; enfin, les fermentations sinapique, glucosique, benzoïque et pectique.

Les noms qui ont été donnés à ces fermentations indiquent que leur distinction est basée sur les produits dominants qui se forment dans ces transformations. D'après cette manière de procéder, il eût été logique, ce me semble, d'établir une distinction pour chaque corps qui se produit. Il eût été rationnel d'admettre des espèces distinctes pour l'acide carbonique, l'oxyde de carbone, l'acide sulfhydrique, l'hydrure de méthyle et pour d'autres corps qui se forment en abondance dans les fermentations.

Ces distinctions, je dois le reconnaître, ont été principalement faites pour l'enseignement. Si j'insiste sur ce point, c'est pour démontrer qu'en les acceptant pour guide dans la recherche d'un ferment spécial pour chaque espèce de fermentation, on entreprend l'impossible, parce qu'on méconnaît les lois de la nature, dont je crois avoir indiqué le but en commençant. En effet, si dans certaines conditions il se forme de l'alcool, de l'acide acétique, de l'ammoniaque, de l'acide sulfhydrique, etc., jamais ces corps ne se forment isolément dans les fermentations spontanées. Un certain nombre d'autres que nous connaissons, et beaucoup que nous ne connaissons pas, se forment en même temps. Ces faits bien connus me permettent de dire, dès à présent, que dans ces grandes transformations de la nature les combinaisons se forment à mesure que les éléments des corps sont en présence. Nous verrons dans un instant que des microphytes et des microzoaires peuvent donner naissance aux mêmes composés. Aussi, Becher, qui considérait les fermentations comme une combustion, et Lavoisier, qui les comparait aux analyses organiques, ont-ils compris le mécanisme de ces combinaisons sans connaître le moteur qui les détermine. En effet, ne sait-on pas que par la distillation sèche on obtient à peu près tous les corps qui se forment dans les fermentations? Ne produit-on pas aussi à l'aide de l'électricité et du noir de platine un certain nombre de ces mêmes corps.

Depuis que la méthode synthétique a donné, entre les mains de M. Berthelot, de si beaux résultats, ne peut-on pas dire : dès que les éléments d'un corps se trouvent en présence, ils peuvent, sous l'influence du calorique, de l'électricité ou de la vie, se réunir et le composer? Tout le secret des combinaisons qui s'opèrent dans les fermentations me paraît être là. Aussi, quel que soit le ferment qui mettra en présence les éléments d'un corps dans des conditions favorables, ce corps se produira. Les ferments non vivants, dont j'ai parlé précédemment, sont jusqu'à présent les seuls qui aient un rôle spécial à remplir. On ne peut pas faire spontanément de l'huile volatile de moutarde avec de la myrosine et de l'amygdaline, de même que l'on ne peut pas transformer spontanément le myronate de potasse en huile volatile d'amandes amères avec la synaptase. Je n'insisterai pas sur ce point. Ce sont, comme je l'ai dit, des corps qui agissent en vertu de l'affinité.

On sait comment les mycodermes transforment l'eau sucrée en alcool. M. Pouchet a obtenu la même transformation avec des spores de fougère. Tout le monde sait qu'en ajoutant à de l'eau distillée sucrée de l'albumine, de la fibrine ou de la caséine on obtient de l'alcool. Mais ce qui n'a pas été constaté, que je sache, ce sont les infusoires qui se développent dans ces conditions. Je puis dire que dans ces cas, en employant des substances fraîches, ce sont des bactérium et des vibrions qui opèrent la fermentation. Si l'on remplace ces substances par des feuilles d'althæa bien saines, cueillies et lavées à l'eau distillée au moment de la mise en expérience, ce sont ces mêmes animalcules qui provoquent le phénomène. Dans ces expériences, si les matières animales sont en excès, on obtient, indépendamment des produits de la transformation du sucre, des gaz putrides en notable proportion.

Lorsque de l'acide acétique s'est formé, les mouvements des animalcules diminuent et bientôt ils deviennent tous immobiles. Alors apparaissent des mycodermes.

On peut donc, avec des mycodermes, des semences de fougère, des bactérium et des vibrions, provoquer dans l'eau sucrée la fermentation alcoolique. Il n'existe donc pas de ferment spécial pour provoquer cette fermentation.

D'après M. Pasteur, ce sont les mycodermes qui sont les ferments de la fermentation acétique. Nous venons déjà de voir, dans les expériences précédentes, que des semences de fougère, des bactérium et des vibrions en ont produit. Nous allons voir d'autres expériences qui confirment ces résultats et, de plus, qui nous apprendront que des monades peuvent aussi faire de l'acide acétique.

Si l'on ajoute à de l'eau distillée 2 pour 100 d'alcool à 90 degrés et un peu d'albumine fraîche ; si, dans une autre expérience, on ajoute seulement 1 pour 100 d'alcool, les autres conditions restant les mêmes, on voit dans la liqueur à 2 pour 100 d'alcool se développer des bactérium et des vibrions, et dans celle qui ne contient que 1 pour 100 du spiritueux, indépendamment de ces animalcules, des monades très-agiles apparaître.

Dans ces deux expériences l'alcool a été transformé en acide acétique. Enfin, si on ajoute à de l'eau distillée alcoolisée à 2 pour 100 un peu d'albumine putréfiée qui contienne des bactérium, des vibrions, des spirillum et des monades en abondance, la transformation de l'alcool en acide acétique a lieu en vingt-quatre heures. Dans ces diverses expériences, comme dans celles que j'ai rapportées sur la fermentation alcoolique, lorsque la liqueur a été manifestement acide, des mycodermes ont apparu.

Dans la fermentation de la farine des céréales, il se forme de l'acide acétique, carbonique, lactique, butyrique, sulfhydrique, de l'ammoniaque et différentes matières putrides azotées. Dans une macération de farine de blé, j'ai constaté dans l'espace de quinze jours des bactérium, plusieurs espèces de vibrions, des spirillum, des monadiens, des amibes, un grand nombre de paramécies, et lorsque la liqueur était franchement acide, des mycodermes ont apparu. Ici, comme dans les expériences précédentes, l'influence de l'acidité sur les animalcules a été des plus évidentes. A mesure que la proportion d'acide augmentait, on voyait leurs mouvements se ralentir et bientôt tous devenaient immobiles.

Auquel de tous ces infusoires attribuer la formation des corps dont j'ai parlé ?

J'ai étudié la putréfaction, au microscope, sur les substances suivantes :

Pétales de lys, de roses, de chèvrefeuilles, sur des fleurs et des pédoncules de valériane, sur du foin, de la lavande, des feuilles de sapin, d'oseille, du houblon, de la noix de galle, du quinquina, sur un certain nombre de matières animales et sur beaucoup de fruits. Enfin, j'ai suivi pendant trois mois les changements qui sont survenus dans de l'eau croupie infecte, qui noircissait le papier de plomb, pour constater les espèces d'infusoires qui s'y développeraient. Dans tous ces cas, non-seulement la marche des phénomènes n'a pas été la même, mais l'ordre d'apparition des infusoires a varié en raison de la composition de ces substances. Lorsqu'elles étaient neutres et contenaient des huiles essentielles, comme les roses, les labiées, le sapin, le houblon, la valériane, l'apparition des infusoires a été retardée. J'attribue ce résultat aux huiles volatiles, quisont des poisons pour certains infusoires. Comme j'opérais à l'air libre, elles se dégagent peu à peu, puis, sans doute, des oxydations de ces huiles rendent le liquide plus favorable à leur développement. Mais, dans ces différents cas, ce sont les microzoaires qui apparaissent les premiers. Si, au contraire, les substances sont acides, comme l'oseille, les cerises, les groseilles, les fraises, les pommes, les prunes, les abricots, le raisin, la noix de galle et la sueur ce sont des microphytes qui apparaissent les premiers. Dans les subtances qui ne rougissent pas le tournesol, j'ai pu constater dans la première quinzaine jusqu'à trente espèces de microzoaires.

Dujardin, si bon juge sur ce point, dit que l'on peut en trouver quarante ou cinquante espèces dans une même infusion. J'ajouterai que lorsqu'un acide se forme, les mycodermes viennent augmenter le nombre des êtres vivants.

La fermentation putride peut être divisée en deux périodes : la première, que j'appellerai fétide ; la seconde, d'épuration. Cette dernière est généralement caractérisée par l'apparition de la matière verte. Dans la période fétide, j'ai constaté des bactérium, vibrions, spirillum, amibes, monades, enchelys, des kolpodes et des paramécies. Dans la période d'épuration, des euglena viridis, des vorticelles et, parmi les végétaux, des protococcus. On sait que la matière verte forme de l'oxygène. La période d'épuration peut donc s'expliquer. J'ai observé que les protozoaires qui existent dans la période fétide disparaissent peu à peu à mesure que la matière verte augmente.

L'épuration des matières putrides peut être telle que l'eau croupie dont j'ai parlé est devenue limpide et potable. Dans les cas où il ne se forme pas de matière verte, je ne suis pas encore fixé sur la manière dont l'épuration s'opère.

Dans les substances acides, la fermentation commence avec les microphytes et, lorsque les acides sont en grande partie transformés, les microzoaires apparaissent et la fétidité devient extrême. Comme on le voit, c'est la marche inverse des phénomènes que je viens de décrire. Dans le premier cas, ce sont des microzoaires qui commencent. Les végétaux n'apparaissent que dans certaines conditions du liquide, et, dans la putréfaction, ce sont des espèces appartenant à d'autres familles que les mycodermes. Dans la seconde série, ce sont les microphytes qui apparaissent, commencent la transformation et préparent le milieu propre au développement des microzoaires.

Dans la prochaine séance, si l'Académie veut bien me le permettre, j'espère démontrer que l'ordre d'apparition des microphytes et des microzoaires que je viens de signaler dépend principalement de la composition des substances.

INFLUENCE QU'EXERCENT LES POUSSIÈRES DE L'AIR ET LA COMPOSITION CHIMIQUE DES SUBSTANCES SUR LE DÉVELOPPEMENT DES FERMENTS (MICROPHYTES ET MICROZOAIRES).

Jusqu'à présent on a étudié les fermentations spontanées principalement au point de vue chimique. Mais depuis qu'il est bien démontré que leurs ferments sont des êtres vivants, la question est entrée dans le domaine physiologique. Il ne s'agit pas seulement de savoir comment les corps se combinent, il faut de plus étudier les conditions des milieux pour juger leur influence sur la vie des microphytes et des microzoaires qui provoquent ces fermentations.

Dujardin, que l'on est toujours obligé de citer lorsqu'on parle d'infusoires, dit : « Rien de plus simple que de préparer des infusions et d'y voir se produire des infusoires ; mais rien de plus difficile que d'obtenir des résultats semblables de deux infusions préparées en apparence dans les mêmes conditions. » Il attribue ces différences à la température, à la lumière, à l'état hygrométrique, électrique, à l'agitation et au renouvellement de l'air qui sont si variables. Toutes ces causes, dit-il, exercent sur le développement des infusoires une influence qui, pour n'être pas scientifiquement démontrée, n'en est pas moins bien réelle et souvent considérable. J'ai pu bien des fois constater la justesse de ces paroles. Aux influences dont je viens de parler il faut en ajouter d'autres. Les poussières de l'air me paraissent aussi jouer un rôle important.

On sait que l'atmosphère, surtout au voisinage des habitations, contient tout un monde invisible à nos yeux, qui a ses minéraux, ses végétaux et ses animaux. (Ces derniers existent sous forme de corps reproducteurs des microphytes et des microzoaires.) Enfin, on y trouve un grand nombre de matières organiques. Tous ces corps, lorsqu'ils sont déposés dans des substances impropres au développement des infusoires, forment un milieu dans lequel ces petits êtres naissent, vivent et se multiplient. C'est de cette manière que l'eau distillée, qui est impropre à leur développement, leur donne naissance lorsqu'elle a été mise pendant un certain temps en communication libre avec l'atmosphère. Dans des expériences sur la putréfaction, j'ai pu constater l'influence de ces poussières. Lorsque les vases contenaient une grande quantité d'air et que l'on empêchait l'entrée des poussières à l'aide d'un tampon de papier qui, ne fermant pas hermétiquement, permettait la circulation d'une certaine quantité d'air, la putréfaction suivait son cours. Les périodes fétide et d'épuration étaient constatées. Mais à un certain moment, la matière verte, qui était très-abondante, diminuait et finissait par disparaître. Je ne retrouvais plus les infusoires que l'on constate dans cette période et les protococcus étaient devenus rougeâtres. Ainsi, malgré l'exposition à la lumière (les vases étaient placés sur une fenêtre, exposés au midi à la campagne), malgré la circulation d'une certaine quantité d'air, malgré l'existence d'un dépôt riche en matières organiques et qui contenait du sulfate et du carbonate de chaux et des traces de chlorure de sodium, la matière verte avait disparu. Si en cet état on débouchait le vase pendant douze jours par un temps sec, de manière à permettre la rentrée de poussières atmosphériques et qu'on le refermât encore avec le tampon de papier, des infusoires nouveaux s'y développaient, ainsi que de la matière verte, puis, peu à peu, comme dans la première partie de l'expérience, cette matière disparaissait et avec elle presque tous les infusoires. Ces expériences me paraissent mettre dans toute son évidence l'influence qu'exercent les poussières atmosphériques comme aliment des infusoires. On comprend que ces petits êtres, consommant sans cesse les matières organiques qui étaient contenues dans le liquide, devaient, à un moment donné, se trouver dans les conditions des naufragés qui consomment leurs provisions et meurent parce qu'ils ne peuvent pas les renouveler. Il y a même plus ici, c'est que, malgré l'existence de matières organiques et minérales, les microzoaires et les microphytes mouraient, parce que, sans doute, elles ne contenaient plus les matériaux propres à leur nourriture. L'observation paraît confirmer cette manière de voir. En effet, la matière verte qui disparaît la première est celle des parois du vase et celle qui existe à la surface du liquide ; tandis que celle qui s'était développée sur le dépôt composé de matières organiques et minérales a résisté beaucoup plus longtemps.

J'arrive à un autre ordre de faits non moins intéressants.

Dans la dernière séance, j'ai eu l'honneur de faire remarquer à l'Académie l'influence qu'exercent les huiles volatiles et les acides sur le développement et sur les fonctions des microzoaires. J'ai dit qu'aussitôt que l'alcool est transformé en acide acétique et, dans d'autres conditions, lorsqu'il se forme de l'acide lactique, les animalcules deviennent peu à peu immobiles et que des mycodermes apparaissent. Enfin, j'ai dit que les microzoaires que l'on trouve dans la première période de la putréfaction disparaissent à mesure que la période d'épuration progresse. Ils sont remplacés par d'autres animaux appartenant à d'autres familles et par des végétaux. J'ai cité l'euglena viridis, les vorticelles et, parmi les végétaux, des protococcus. Ces derniers, contrairement aux mucorinées, se développent dans les liqueurs neutres. Tous ces faits ne sont pas fortuits. L'influence de la composition de la substance ou du milieu me paraît ici bien évidente. Des expériences vont mettre cette assertion hors de doute.

Tous les zoologistes savent qu'en plaçant dans de l'eau, à une température de 25 à 30° centigrades, des feuilles d'althæa, de la viande, ou de l'albumine, la putréfaction commence rapidement et qu'au bout de trois jours les liquides fourmillent de bactérium, de vibrions, de spirillum et de monades. Si, au lieu d'employer de l'eau pure, on ajoute à ce liquide 2 pour 100 d'acide acétique cristallisable, ou la même quantité d'acide citrique ou tartrique, ce ne sont plus les microzoaires précédents qui apparaissent, mais des microphytes. Si l'on ajoute à l'eau 4 pour 100 d'acide malique sirupeux ou une égale quantité d'acide lactique, le même résultat est obtenu. Il résulte donc de ces expériences qu'en acidulant les liqueurs animales ou végétales, on empêche le ferment naturel de se développer et que l'on fait naître à volonté des végétaux à la place d'animaux. Dans ces cas, les phénomènes chimiques commencent avec les microphytes et, lorsque les acides sont métamorphosés, les microzoaires apparaissent et avec eux d'autres phénomènes chimiques. La fétidité des liqueurs devient extrême. Ces résultats si remarquables, qui mettent en évidence une fois de plus la puissance de la science, me donnèrent l'espoir d'en obtenir d'autres en expérimentant dans des conditions inverses.

J'ai dit dans la dernière séance que, dans les substances acides, la fermentation, au début, était l'œuvre des mycodermes. Si écrasant des cerises ou du raisin bien sains, cueillis au moment de l'expérience, leur ajoutant de l'eau jusqu'à ce que le papier de tournesol ne rougisse plus, ce ne sont plus des mycodermes qui apparaissent, mais des microzoaires; et lorsque ces derniers ont rendu les liqueurs acides, les mycodermes naissent, vivent et se multiplient.

Si, pour varier l'expérience, on prend du vin de Bourgogne, qu'on l'étende d'eau jusqu'à ce qu'il ne rougisse plus le papier de tournesol ou que l'on sature avec soin ses acides avec de l'ammoniaque, on obtient le même résultat; c'est-à-dire qu'à la place des végétaux se développent des animaux. Ici encore, lorsque les microzoaires, bactérium, vibrions, ont rendu les liqueurs acides, les mycodermes se développent.

Il résulte de toutes ces expériences qui ont été faites avec une température de 30 à 35° centigrades, que l'on peut changer l'ordre naturel de développement des ferments en modifiant la composition chimique de la substance, et, chose peut-être unique dans la science, faire naître des végétaux à la place d'animaux et réciproquement des animaux à la place des végétaux.

Ces résultats obtenus, je cherchai à en constater d'autres. Je désirais savoir s'il ne serait pas possible d'expliquer pourquoi les microzoaires ne se développent pas dans les liqueurs acides.

Pour cela, faisant développer dans une macération de viande des bactérium, vibrions, spirillum et monades, je fis, lorsqu'ils furent bien vigoureux, des expériences directes pour juger l'action qu'exercent sur eux les acides dont j'ai parlé et celle d'autres substances.

Ces animalcules, qui sont les ferments les plus répandus, meurent instantanément en présence de 5 millièmes d'acide acétique cristallisable, d'acide citrique ou d'acide tartrique; de 1/400 d'acide lactique ou tannique ; de 1/50 d'acide malique sirupeux. 1/100 de ce dernier. acide ne paraît pas leur nuire. Ils peuvent supporter, sans mourir, 1/50 d'alcool à 90 degrés. Ces expériences expliquent pourquoi, dans les substances naturellement acides, comme l'oseille, les groseilles, les cerises, le raisin, la noix de galle, etc., et dans celles qui sont artificiellement acidulées, les microzoaires ne se développent qu'après la transformation des acides.

Ces résultats me paraissent appelés à jeter un jour nouveau sur l'histoire des fermentations. Ils pourront aussi éclairer quelques points de pathologie générale.

J'ai déjà parlé de la théorie de M. Pasteur sur le rôle du *mycoderma aceti* dans l'acétification du vin. C'est à ce petit végétal qu'il a accordé le monopole de la fabrication du vinaigre. J'ai démontré dans la première partie de ce travail qu'il a des concurrents parmi les animaux (1). D'après M. Pasteur, le *mycoderma vini* transforme l'alcool en eau et en acide carbonique; tandis que le *mycoderma aceti* convertit ce spiritueux en acide acétique.

Je demanderai à l'Académie la permission de discuter cette question importante.

Pour porter la conviction dans les esprits, M. Pasteur a fait deux expériences. Dans la première, il fit couler le long d'une corde de l'alcool étendu et il a constaté qu'à son arrivée à l'extrémité de cette corde, il ne contenait point d'acide acétique. Dans la seconde expérience, il a trempé la corde dans un liquide couvert d'une pellicule mycodermique qui resta en partie collée sur elle. Si, en cet état, on fait couler lentement l'alcool étendu le long de la corde, au contact de l'air, l'alcool se charge d'acide acétique. Cette expérience n'est pas, pour moi, démonstrative. J'ai dit que M. Pasteur avait reconnu que le *mycoderma vini* était impropre à faire de l'acide acétique. Il ne dit pas quel était le mycoderme qui couvrait le liquide dans lequel il a trempé sa corde. Ce ne pouvait être le *mycoderma vini*, puisque, dans son opinion, ce champignon est impropre à faire du vinaigre. Je suis donc obligé de supposer que c'était le *mycoderma aceti*, puisqu'il s'agissait de démontrer son action. Eh bien, s'il en est ainsi, la corde, en sortant du liquide, était imprégnée d'acide acétique. Il n'est donc pas étonnant que l'alcool en ait contenu à son arrivée à l'extrémité de cette corde.

Dans la théorie de l'acétification du vin, M. Pasteur s'est encore mis en opposition avec tout ce qu'enseignent les chimistes. Il n'admet pas que la multiplication des surfaces et l'arri-

___

(1) MM. Becquerel, Boussingault et d'autres chimistes ont démontré que pendant la germination il se fait de l'acide acétique. Ici il n'y a pas de mycoderme.

vée d'une grande quantité d'air favorisent l'oxydation de l'alcool. Il dit que l'on s'est mépris en attribuant aux copeaux du hêtre rouge une action analogue à l'éponge de platine. Il attribue exclusivement la transformation de l'alcool en acide acétique au *mycoderma aceti*.

Contrairement à M. Pasteur, je continuerai à être conservateur, tout en cherchant à faire de la conciliation. J'ai déjà défendu, au commencement de ce travail, l'opinion de mes maîtres; je vais essayer de démontrer qu'ils ont plus raison que M. Pasteur.

L'expérience démontre que l'alcoool se transforme en acide acétique sous l'influence de l'air et de l'éponge de platine et en présence de l'oxygène naissant.

M. Berthelot a composé, par la synthèse, de l'acide acétique. Dans la distillation sèche, on obtient une si grande quantité d'acide acétique, qu'une vaste industrie exploite la fabrication de cet acide obtenu par ce procédé. Ainsi, nul doute, ce corps peut se produire, en dehors de l'action vitale du *mycoderma aceti*, par plusieurs procédés d'oxydation directe. L'expérience a sanctionné que les copeaux de hêtre favorisent considérablement l'oxydation de l'alcool, soit en multipliant les surfaces, soit par une action analogue à l'éponge de platine. La circulation d'une grande quantité d'air réunie aux conditions précédentes, qui constituent le procédé allemand, fournit rapidement une grande quantité de vinaigre.

Dans ce procédé, les chimistes et les fabricants ont admis, jusqu'à présent, que l'oxydation directe de l'air joue un grand rôle. Je ne crois pas que M. Pasteur ait prouvé le contraire.

Reste le rôle du mycoderme à examiner.

J'ai dit que, d'après M. Pasteur, le *mycoderma vini* transforme l'alcool en eau et en acide carbonique, tandis que le *mycoderma aceti* convertit ce spiritueux en acide acétique. Bien qu'il ne me soit pas démontré que ces deux mycodermes soient deux espèces différentes, j'accepterai pour cette discussion, sur ce point, l'opinion de M. Pasteur.

Depuis la plus haute antiquité on a constaté que le vin en vidange dans les tonneaux, dans les bouteilles, ou simplement exposé à l'air libre, se couvre d'une matière blanche que le vulgaire appelle fleurs du vin et que les savants désignent sous le nom de mycodermes. Tout le monde sait que le vin qui présente ce caractère est aigre, c'est-à-dire qu'il contient du vinaigre. Dans la crainte que mes souvenirs m'aient trompé, pour juger cette question j'ai fait une expérience. J'ai abandonné du vin de Bourgogne à l'air libre depuis le mois de juin. Il s'est couvert de *mycoderma vini* et contient aujourd'hui une notable proportion d'acide acétique. Ces faits me paraissent suffisants pour démontrer que, contrairement à l'opinion de M. Pasteur, le vin peut se transformer en vinaigre en présence du *mycoderma vini*. Dans les pays où le moût de malt sert à faire du vinaigre, c'est le *mycoderma cervisiæ* qui opère la transformation. Je me hâte de dire que M. Pasteur, après avoir écrit qu'il était surpris de ne jamais obtenir d'acide acétique en faisant agir le *mycoderma vini* sur des liqueurs alcooliques, qu'après avoir institué une expérience pour démontrer que ce résultat est dû à ce que ce mycoderme décompose l'alcool en eau et en acide carbonique, le savant chimiste, dans le même mémoire, déclare le contraire. J'ai tenu à rapporter cette contradiction, parce qu'on pourrait dire que si j'ai raison, M. Pasteur n'a pas tort.

J'arrive au *mycoderma aceti*. D'après M. Pasteur, ce petit végétal transforme toujours l'alcool en acide acétique. Il admet aussi qu'il le décompose.

Voici l'opinion de Berzélius sur le rôle de ce mycoderme. Il dit : « On a cru à tort que la mère du vinaigre était susceptible de déterminer la fermentation acide à l'état de pureté ; elle est dépourvue de cette propriété, qu'elle doit uniquement à l'acide acétique qui se trouve renfermé dans ses pores. Elle est produite aux dépens des éléments du vinaigre, et celui-ci s'affaiblit d'autant plus qu'il se forme une quantité de mère de vinaigre plus grande. Celle-ci est en quelque sorte le produit de la putréfaction du vinaigre. » Maintenant, si j'invoque les expériences que j'ai faites pour démontrer l'influence qu'exercent les acides sur le développement des mycodermes, je trouverai qu'elles confirment l'opinion de Berzélius. En effet, puisqu'en ajoutant de l'acide acétique dans des liqueurs animales ou végétales, pour changer l'ordre d'apparition des ferments, le mycoderme est apparu, s'est développé, s'est multiplié et a décomposé l'acide ; ce n'est donc pas pour faire de l'acide acétique qu'il est venu s'installer dans ma liqueur, mais parce qu'il y avait un acide qui est la condition la plus favorable à son développement. Cela est si vrai, qu'en étendant d'eau le moût de raisin ou le vin jusqu'à ce qu'ils ne rougissent plus le tournesol, ce ne sont plus des mycodermes qui se développent, mais des bactérium et des vibrions, et lorsque les animalcules ont rendu les liquides sensiblement acides, les mycodermes apparaissent. C'est donc une question de milieu.

Comment se fait-il qu'un savant aussi distingué que M. Pasteur soit arrivé aux résultats que je viens de rapporter ? Je vais le dire. C'est qu'en faisant agir les mycodermes sur de l'eau alcoolisée, M. Pasteur a substitué l'art à la nature. Il a été trop chimiste. Il a oublié que dans les fermentations spontanées on est en présence de la vie, qui a ses exigences, ses mystères, et que ce n'est *pas dans* l'art qu'il faut étudier la nature.

L'acétification du vin n'est qu'une période de la transformation du moût de raisin. Pour bien connaître le rôle du ferment dans cette fermentation, il faut, selon moi, étudier le ferment dans le moût de raisin, le suivre dans le vin, dans le vinaigre, enfin dans la décomposition de cet acide. En agissant ainsi, je vais dire ce que l'on constate. L'acidité naturelle du moût de raisin permet le développement de cellules mycodermiques, elles se multiplient et transforment le sucre en alcool (je dois faire remarquer qu'il se forme en même temps d'autres corps). Ce même mycoderme convertit l'alcool en acide acétique, puis bientôt il le décompose. Lorsqu'à la suite de cette décomposition la liqueur est arrivée à un certain état, des anguillules apparaissent. Ces petits êtres aident à la décomposition. Enfin, plus tard, d'autres animalcules s'y développent et, avec eux, d'autres phénomènes chimiques. Le but de la nature sera atteint quand, de toute cette matière, qui a été successivement transformée en un grand nombre de corps différents, il ne restera plus rien.

On voit donc que le même mycoderme fait de l'alcool, de l'acide acétique, qu'il décompose cet acide et qu'il opère encore d'autres transformations. M. Pasteur a été trop loin. Berzélius et les chimistes qui ont adopté son opinion ont constaté des faits que mes expériences confirment. Cette étude vient appuyer l'opinion que j'ai eu l'honneur d'émettre devant l'Académie, savoir : qu'il n'existe pas d'infusoires spéciaux pour provoquer chaque espèce de fermentation ; que leur rôle est de transformer les corps en leurs éléments pour les préparer à de nouvelles combinaisons. En résumé, il me paraît résulter de cette discussion que l'alcool peut s'acétifier par l'action directe de l'oxygène de l'air ; que le *mycoderma vini*, contrairement à l'opinion de M. Pasteur, peut transformer l'alcool du vin en acide acétique ; que le *mycoderma aceti* peut faire du vinaigre, mais ce n'est que passagèrement. Les expériences de Berzélius et les miennes établissent d'une manière indubitable que les mycodermes décomposent cet acide. S'il se multiplie en si grande abondance, cela tient à ce que l'acidité est la condition la plus favorable à son développement. L'acétification du vin est donc une question complexe.

Les auteurs qui ont étudié l'histoire naturelle des mycodermes ont fait cette remarque, qu'on les trouve dans les liqueurs acides. On ne s'est pas arrêté, je crois, sur ce fait autant qu'il le mérite. Je vais appeler un instant l'attention de l'Académie sur ce sujet, qui me paraît gros de conséquences.

Des chimistes de premier ordre ont déjà fait remarquer que partout où un organe doit se former dans les végétaux on trouve réunis de la pectose, des acides et de la pectase. Ils ont ajouté : les uns et les autres peuvent être considérés comme servant à faire les tissus. Les acides agiraient en déterminant la formation de la pectine ; la pectase transformerait la pectine en acide pectosique ou gelée végétale. Quelle que soit la justesse de ces vues, qui me paraissent très-dignes d'examen, un fait pratique, certain, reste : c'est l'influence des acides sur le développement des organes des végétaux, qui a été si bien mise en évidence dans les expériences que je viens de rapporter. Je vais citer encore d'autres faits.

Dans mes expériences sur la germination, je constatai qu'au moment où l'embryon commence à donner signe de vie, la graine rougit le tournesol. Ce fait n'avait rien d'extraordinaire, puisque MM. Becquerel, Boussingault et d'autres chimistes ont constaté que pendant la germination il se fait de l'acide acétique. Mais l'idée me vint d'examiner les mêmes graines qui n'étaient pas en expérience, afin de voir si elles n'étaient pas naturellement acides. Je constatai que toutes rougissaient le tournesol. Alors j'étendis mon examen à une cinquantaine d'autres graines appartenant à six familles différentes. Je reconnus qu'en humectant préalablement avec de l'eau distillée leur partie amylacée, toutes rougissaient le tournesol. Je sais bien que des chimistes distingués ont constaté que les graines, après leur récolte, subissent un commencement de fermentation et qu'elles dégagent de l'acide carbonique. Mais on peut s'assurer que l'acidité de la graine n'est pas seulement un produit d'altération. En effet, si l'on prend des graines à leur maturité, pendant la vie de la plante on constate qu'elles rougissent le tournesol. Quel est cet acide? Je l'ignore, il sera facile plus tard de l'extraire.

Si les vues des chimistes dont j'ai rapporté, il y a un instant, l'opinion, sont exactes, on pourrait ajouter que l'acidité de la graine la met à l'abri des attaques des microzoaires. Ce serait une double prévoyance de la nature.

L'influence des acides sur le développement des mucédinées est si grande qu'on les voit croître sur des liqueurs qui doivent leur acidité à des acides minéraux, et même sur des liquides qui contiennent des poisons métalliques très-énergiques. Par exemple, tous les chimistes savent que les dissolutions d'alun se couvrent de moisissures. Ici, c'est l'acide sulfurique qui rend la liqueur acide.

Les solutions de chlorure de zinc dans lesquelles on conserve des cadavres d'animaux se couvrent rapidement de moisissures vigoureuses. M. Gratiolet, qui m'a fait constater bien des fois ce fait intéressant, pensait que le chlorure de zinc favorise leur développement, tant leur apparition est prompte et leur croissance rapide. Cela est vrai, mais ce n'est pas à l'état de chlorure de zinc qu'il me paraît favoriser leur développement. C'est à l'acide hydrochlorique qui est mis en liberté par la précipitation du fer contenu dans le chlorure. Ces liqueurs sont très-acides. Ce fait m'en a fait rappeler un autre où la puissance de l'acide hydrochlorique est mise en évidence. Jaquin et Vander Schott jetèrent dans de l'acide hydrochlorique étendu des graines conservées depuis trente ans au Jardin botanique de Vienne. Ils virent alors se développer des *guirlandina Bonduc*, des *citysus Cajan* et d'autres plantes dont la culture avait inutilement été essayée auparavant.

Les microphytes qui produisent les maladies parasitaires se développent sur la peau des animaux, qui est naturellement acide.

Lorsqu'ils se développent sur des organes dont les liquides sont naturellement alcalins, on a constaté que ces humeurs étaient devenues acides. Par exemple, dans le muguet, les liquides qui existent dans la cavité buccale, naturellement alcalins, sont acides. Dans la muscardine, le sang du ver à soie est acide, tandis qu'il est alcalin dans l'état normal. Tous ces faits rapprochés me paraissent appelés à apporter la lumière dans des questions encore obscures.

L'influence des acides sur le développement des végétaux me paraît se rattacher à une grande loi dont les articles ne sont pas encore connus. Peut-être verra-t-on revivre, mais sous une autre forme, une nouvelle doctrine de l'acide et de l'alcali.

Je terminerai ce travail en citant quelques faits qui se rattachent à la question des fermentations. On sait depuis longtemps que le houblon agit comme conservateur de la bière, c'est-à-dire qu'il prévient sa putréfaction, mais on ne sait pas pourquoi. J'ai fait des expériences directes qui prouvent que cette substance est un poison pour les vibrions, les spirillum et les monades. Les bactérium paraissent aussi souffrir dans l'infusion de cette substance. Je conserve depuis longtemps une infusion de houblon. Elle est à peu près aussi aromatique que les premiers jours. On a beaucoup de peine à y constater, tant ils sont rares, quelques bactérium qui s'y sont développés.

Les micrographes ont dit, depuis longtemps, qu'il ne se développe pas de microzoaires dans les dissolutions de quinquina. La pratique des médecins a reconnu que cette substance est un excellent antiseptique. Mais ni l'un ni l'autre de ces faits exacts n'avaient été expliqués. J'ai constaté que cette substance est un violent poison pour les microzoaires qui jouent le rôle de ferment. Voilà pourquoi il ne s'en développe pas dans les dissolutions de cette substance, et c'est pour le même motif qu'elle est antiseptique. Une faible dose de sulfate de quinine produit le même effet. L'ipécacuanha, les sels mercuriels, sont de puissants toxiques pour les microzoaires. Il est possible que l'ipécacuanha doive sa propriété antidyssentérique à cette action.

L'action toxique énergique qu'exerce le tannin sur les microzoaires explique sa propriété conservatrice. C'est à cette propriété qu'il me paraît devoir celle qu'il possède de rendre les matières animales imputrescibles.

On sait que les grandes masses de matières organiques en décomposition, telles que fumiers, gadoues, matières fécales, etc., offrent fréquemment des alternatives de fétidité extrême et de non-fétidité, malgré la persistance d'une température élevée. Je me suis demandé bien des fois pourquoi la marche des phénomènes était ainsi interrompue. D'après toutes les expériences que j'ai rapportées dans ce travail, il est permis de penser qu'au moment où la décomposition existe dans toute sa force, il se forme des substances qui tuent les microzoaires, et tant que ces substances ne sont pas transformées par l'air ou, peut-être, par des microphytes, le développement des animalcules n'est pas possible.

L'action toxique qu'exercent les acides sur les microzoaires démontre leur mode d'action lorsqu'on les emploie comme antiseptiques.

Je dois dire à l'Académie que mes expériences sur l'influence qu'exercent les acides sur l'ordre d'apparition des ferments ont été vérifiées par MM. Decaisne et Gratiolet.

Le travail que je viens de soumettre à l'appréciation de l'Académie avait été entrepris pour m'éclairer dans l'étude d'une question importante. Dans des publications antérieures, j'ai développé des vues sur la nature des maladies miasmatiques et virulentes. Depuis que j'ai démontré que les émanations des matières putrides contiennent en abondance des granules nombreux et des spores qui sont les corps reproducteurs des microphytes et des microzoaires, j'ai rassemblé un assez grand nombre de matériaux pour chercher à prouver que les effets des virus et des miasmes sont dus à des êtres vivants. L'étude des médicaments dont je viens de parler a été faite pour éclairer ces questions. Aussitôt que j'aurai rassemblé des matériaux suffisants pour prouver la justesse de mes vues, j'aurai l'honneur de les soumettre à l'appréciation de l'Académie.

RECHERCHES SUR LA PUTRÉFACTION.

Par M. L. PASTEUR.

(Lu à l'Académie des sciences le 29 juin 1863.)

Toutes les fois que les matières animales ou végétales s'altèrent spontanément en développant des gaz fétides, on dit qu'il y a putréfaction. Nous verrons dans le cours de ce travail que cette définition a deux défauts opposés : elle est trop générale, parce qu'elle rapproche des phénomènes essentiellement distincts ; elle est trop restreinte, parce qu'elle en éloigne d'autres qui ont même nature et même origine.

L'intérêt et l'utilité qu'offrait une étude exacte de la putréfaction n'ont jamais été méconnus. Depuis longtemps on a espéré en déduire des conséquences pratiques pour la connaissance des maladies, particulièrement de celles que les anciens médecins appelaient *maladies putrides*. Telle est la pensée qui guidait le célèbre médecin anglais Pringle, lorsqu'il se livrait, au milieu du siècle dernier, à des expériences sur les matières septiques et antiseptiques, afin d'éclairer les observations qu'il avait faites sur les maladies des armées. Malheureusement, le dégoût inhérent à ce genre de travail, joint à leur complication évidente, a arrêté jusqu'ici la plupart des expérimentateurs, et, au demeurant, presque tout est à faire sur ce sujet.

Mes recherches sur les fermentations m'ont conduit naturellement vers cette étude, à laquelle j'ai résolu de me livrer, sans trop de préoccupation du danger ou de la répugnance qu'elle inspire.

Si j'avais besoin d'être encouragé à suivre ces recherches, je me reporterais à ces paroles que Lavoisier prononçait devant l'Académie dans une circonstance semblable : « L'utilité publique et l'intérêt de l'humanité ennoblissent le travail le plus rebutant, et ne laissent voir aux hommes éclairés que le zèle avec lequel il a fallu surmonter le dégoût et les obstacles. »

Les résultats que j'ai l'honneur de présenter aujourd'hui à l'Académie se rapportent exclusivement à la cause des phénomènes. C'était là le point à élucider tout d'abord, et je crois y être parvenu. Cependant, c'est un si vaste sujet, que je me persuade que j'aurai peut-être à ajouter beaucoup par la suite à mes premiers aperçus. Je réclame donc toute l'indulgence de l'Académie.

La conséquence la plus générale de mes expériences est fort simple, c'est que la putréfaction est déterminée par des ferments organisés du genre vibrion.

Ehrenberg a décrit six espèces de vibrions, auxquels il a donné les noms suivants :

1. *Vibrio lineola.*	4. *Vibrio rugula.*
2. *Vibrio tremulans.*	5. *Vibrio prolifer.*
3. *Vibrio subtilis.*	6. *Vibrio bacillus.*

Ces six espèces, déjà en partie reconnues par les premiers micrographes des derniers siècles, ont été vues depuis par tous ceux qui se sont occupés des infusoires. Je réserve, en ce qui me concerne, la question de l'identité ou de la différence de ces espèces, de leurs variétés de formes subordonnées aux changements des conditions du milieu où elles vivent. Je les accepte provisoirement telles qu'elles ont été décrites. Quoi qu'il en soit, j'arrive à ce résultat, que ces six espèces de vibrions sont six espèces de ferments animaux, et que ce sont les ferments de la putréfaction. En outre, j'ai reconnu que tous ces vibrions peuvent vivre sans gaz oxygène libre, et qu'ils périssent au contact de ce gaz, si rien ne les préserve de son action directe.

Le fait que j'ai annoncé à l'Académie pour la première fois il y a deux années, et dont j'ai indiqué tout récemment un second exemple, à savoir, qu'il existait des animalcules-ferments du genre vibrion pouvant vivre sans gaz oxygène libre, n'était donc qu'un cas particulier se rattachant au mode de fermentation qui est peut-être le plus répandu dans la nature.

Les conditions dans lesquelles se manifeste la putréfaction peuvent varier beaucoup. Supposons, en premier lieu, qu'il s'agisse d'un liquide, c'est-à-dire d'une matière putrescible dont toutes les parties ont été exposées au contact de l'air. De deux choses l'une : ce liquide aéré sera renfermé dans un vase à l'abri de l'air, ou il sera placé dans un vase non bouché, à ouverture plus ou moins large. J'examinerai successivement ce qui se passe dans ces deux cas.

Il est de connaissance vulgaire que la putréfaction met un certain temps à se déclarer : temps variable suivant les circonstances de température, de neutralité, d'acidité ou d'alcalinité du liquide. Dans les circonstances les plus favorables, il faut au minimum environ vingt-quatre heures pour que le phénomène commence à être accusé par des signes extérieurs. Pendant cette première période, un mouvement intestin s'effectue dans le liquide, mouvement dont l'effet est de soustraire entièrement l'oxygène de l'air qui est en dissolution, et de le remplacer par du gaz acide carbonique. La disparition totale du gaz oxygène, lorsque le milieu est neutre ou légèrement alcalin, est due en général au développement des plus petits des infusoires, notamment le *Monas crepusculum* et le *Bacterium termo*. Un très-léger trouble se manifeste, parce que ces petits être voyagent dans toutes les directions.

Lorsque ce premier effet de soustraction de l'oxygène en dissolution est accompli, ils périssent et tombent à la longue au fond du vase, comme ferait un précipité ; et si par hasard le liquide ne renferme pas de germes féconds des ferments dont je vais parler, il reste indéfiniment dans cet état sans se putréfier, sans fermenter d'aucune façon. Ce cas est rare, mais j'en ai rencontré cependant plusieurs exemples. Le plus souvent, lorsque l'oxygène qui était en dissolution dans le liquide a disparu, les vibrions-ferments qui n'ont pas besoin de ce gaz pour vivre commencent à se montrer, et la putréfaction se déclare aussitôt ; elle s'accélère peu à peu, en suivant la marche progressive du développement des vibrions. Quant à la putridité, elle devient si intense, que l'examen au microscope d'une seule goutte du liquide est chose très-pénible, pour peu que cet examen dure quelques minutes. Mais je me hâte de faire remarquer que la fétidité de la liqueur et des gaz dépend surtout de la proportion de soufre qui entre dans la matière en putréfaction. L'odeur est peu sensible si la substance n'est pas sulfurée. Tel est, par exemple, le cas de la fermentation des matières albuminoïdes que l'eau peut enlever à la levûre de bière. Tel est aussi le cas de fermentation butyrique ; car, d'après les résultats mêmes que j'expose, rapprochés de mes études antérieures, la fermentation butyrique est, par la nature de son ferment, un phénomène exactement du même ordre que la putréfaction proprement dite. Voilà pourquoi la manière dont on envisage la putréfaction est en quelque chose trop restreinte.

Il résulte de ce qui précède que le contact de l'air n'est aucunement nécessaire au développement de la putréfaction. Bien au contraire, si l'oxygène dissous dans un liquide putrescible n'était pas tout d'abord soustrait par l'action d'êtres spéciaux, la putréfaction n'aurait pas lieu. L'oxygène ferait périr les vibrions qui tenteraient de se développer à l'origine.

Je vais examiner maintenant le cas de la putréfaction au libre contact de l'air. Ce que je viens de dire pourrait faire croire qu'elle ne saurait s'y établir, puisque le gaz oxygène fait périr les vibrions qui la provoquent. Il n'en est rien et je vais même démontrer, ce qui est d'accord avec les faits, que la putréfaction au contact de l'air est un phénomène toujours plus complet, plus achevé qu'à l'abri de l'air.

Reprenons notre liquide aéré, cette fois exposé au contact de l'air, par exemple dans un vase largement ouvert. L'effet dont j'ai parlé tout à l'heure, à savoir, la soustraction du gaz oxygène dissous, se produit comme dans le premier cas. La seule différence consiste en ce que les bactériums, etc., ne périssent, après la soustraction de l'oxygène, que dans la masse du liquide, en continuant de se propager au contraire à l'infini à la surface, parce que celle-ci est en contact avec l'air. Ils y provoquent la formation d'une mince pellicule qui va s'épaississant peu à peu, puis tombe en lambeaux au fond du vase, pour se reformer, tomber encore, et ainsi de suite. Cette pellicule, à laquelle s'associent d'ordinaire divers mucors et des mucédinées, empêche la dissolution du gaz oxygène dans le liquide, et permet par conséquent le développement des vibrions-ferments. Pour ces derniers, le vase est comme fermé à l'introduction de l'air. Ils peuvent même alors se multiplier dans la pellicule de la surface, parce qu'ils s'y trouvent protégés par les bactériums et les mucors contre une action trop directe de l'air atmosphérique (1).

<hr>

(1) Je réserve toujours néanmoins, ainsi que je l'ai fait antérieurement, la question de savoir si les ferments, notamment les vibrions, ne deviennent pas *aérobies* dans certaines circonstances, d'*anaérobies* qu'ils sont lorsqu'ils agissent comme ferments. Je propose avec toute sorte de scrupules ces mots nouveaux *aérobies* et *anaérobies*, pour indiquer l'existence de deux classes d'êtres inférieurs, les uns incapables de vivre en

Le liquide putrescible devient alors le siége de deux genres d'actions chimiques fort distinctes qui sont en rapport avec les fonctions physiologiques des deux sortes d'êtres qui s'y nourrissent. Les vibrions, d'une part, vivant sans la coopération du gaz oxygène de l'air, déterminent dans l'intérieur du liquide des actes de fermentation, c'est-à-dire qu'ils transforment les matières azotées en produits plus simples, mais encore complexes. Les bactériums (ou les mucors...), d'autre part, comburent ces mêmes produits et les ramènent à l'état des plus simples combinaisons binaires, l'eau, l'ammoniaque et l'acide carbonique.

Il y a encore à distinguer le cas très-remarquable où le liquide putrescible est en couche de peu d'épaisseur, avec accès facile de l'air atmosphérique. Je démontrerai expérimentalement que la fermentation et la putréfaction peuvent être alors absolument empêchées, et que la matière organique peut céder uniquement à des phénomènes de combustion.

Tels sont les résultats de la putréfaction s'effectuant au libre contact de l'atmosphère. Au contraire, dans le cas de la putréfaction à l'abri de l'air, les produits de dédoublement de la matière putrescible restent inaltérés. C'est ce que j'exprimais tout à l'heure en disant que la putréfaction au contact de l'air est un phénomène sinon toujours plus rapide, du moins plus achevé, plus destructeur de la matière organique que la putréfaction à l'abri de l'air. Afin d'être mieux compris, je citerai quelques exemples.

Faisons putréfier, j'emploie ce mot à dessein dans cette circonstance, comme synonyme de fermenter, faisons putréfier du lactate de chaux à l'abri de l'air. Les vibrions-ferments transformeront le lactate en divers produits, au nombre desquels figure toujours le butyrate de chaux. Cette combinaison nouvelle, indécomposable par le vibrion qui en a provoqué la formation, restera indéfiniment dans la liqueur sans altération quelconque. Mais répétons l'opération au contact de l'air. Au fur et à mesure que les vibrions-ferments agissent dans l'intérieur du liquide, la pellicule de la surface brûle peu à peu et complétement le butyrate. Si la fermentation est très-active, le phénomène de la combustion de la surface s'arrête, mais uniquement parce que l'acide carbonique qui se dégage empêche l'arrivée de l'air atmosphérique. Le phénomène recommence dès que la fermentation est achevée ou ralentie. C'est ainsi également que si l'on fait fermenter un liquide sucré naturel à l'abri de l'air, le liquide se charge d'alcool tout à fait indestructible, tandis que si l'on opère au contact de l'air, l'alcool, après s'être acétifié, se brûle et se transforme entièrement en eau et en acide carbonique ; puis les vibrions apparaissent, et à leur suite la putréfaction lorsque le liquide ne renferme plus que de l'eau et des matières azotées. Enfin, à leur tour, les vibrions et les produits de la putréfaction sont brûlés par des bactériums ou des mucors dont les derniers survivants provoquent la combustion de ceux qui les ont précédés, et ainsi se trouve accompli le retour intégral à l'atmosphère et au règne minéral de la matière organisée.

Considérons à présent la putréfaction des substances solides.

J'ai prouvé récemment que le corps des animaux est fermé, dans les cas ordinaires, à l'introduction des germes des êtres inférieurs ; par conséquent, la putréfaction s'établira d'abord à la surface, puis elle gagnera peu à peu l'intérieur de la masse solide.

En ce qui concerne un animal entier abandonné après la mort, soit au contact, soit à l'abri de l'air, toute la surface de son corps est couverte des poussières que l'air charrie, c'est-à-dire de germes d'organismes inférieurs. Son canal intestinal, là surtout où se forment les matières fécales, est rempli, non plus seulement de germes, mais de vibrions tout développés que Leewenhoeck avait déjà aperçus. Ces vibrions ont une grande avance sur les germes de la surface du corps. Ils sont à l'état d'individus adultes, privés d'air, baignés de liquides, en

dehors de la présence du gaz oxygène libre, les autres pouvant se multiplier à l'infini en dehors du contact de ce gaz.

La classe nouvelle des anaérobies pourrait être appelée la classe des *zymiques* (ζύμη, levain, ferment) ; c'est-à-dire des ferments. Les aérobies constitueraient par opposition la classe des *asymiques*.

voie de multiplication et de fonctionnement. C'est par eux que commencera la putréfaction du corps, qui n'a été préservé jusque-là que par la vie et la nutrition des organes.

Telle est, dans les divers cas, la marche de la putréfaction. L'ensemble des faits que j'ai énumérés sera présenté dans les Mémoires que je publierai ultérieurement avec toutes les preuves expérimentales qu'ils comportent, mais ces faits pourraient être mal compris ou mal interprétés si je n'ajoutais quelques développements que l'Académie excusera sans doute.

Considérons, pour fixer les idées, une masse volumineuse de chair musculaire : qu'arrivera-t-il si l'on empêche la putréfaction extérieure? La viande conservera-t-elle son état, sa structure et ses qualités des premières heures? On ne saurait espérer un pareil résultat. En effet, il est impossible aux températures ordinaires de soustraire l'intérieur de cette chair à la réaction des solides et des liquides les uns sur les autres. Il y aura toujours et forcément des actions dites de contact, *des actions de diastases* (que l'on me permette cette expression), qui développent dans l'intérieur du morceau de viande de petites quantités de substances nouvelles, lesquelles ajouteront à la saveur de la viande leur saveur propre. Bien des moyens peuvent s'opposer à la putréfaction des couches superficielles. Il suffit, par exemple, d'envelopper la viande d'un linge imbibé d'alcool et de la placer ensuite dans un vase fermé (avec ou sans air, peu importe), pour que l'évaporation des vapeurs d'alcool ne puisse avoir lieu. Il n'y aura pas de putréfaction, soit à l'intérieur parce que les germes des vibrions sont absents, soit à l'extérieur parce que les vapeurs d'alcool s'opposent au développement des germes de la surface ; mais j'ai constaté que la viande se faisande d'une manière prononcée si elle est en petite quantité, et qu'elle se gangrène si elle est en masses plus considérables.

A mon avis, et c'est ici un des exemples où pèche par trop d'étendue la définition ordinaire de la putréfaction : il n'y a aucune similitude de nature ni d'origine entre la putréfaction et la gangrène.

Loin d'être la putréfaction proprement dite, la gangrène me paraît être l'état d'un organe ou d'une partie d'organe conservé, malgré la mort, à l'abri de la putréfaction, et dont les liquides et les solides réagissent chimiquement et physiquement en dehors des actes normaux de la nutrition (1).

<hr>

RAPPORT

SUR

LES PRODUITS CHIMIQUES INDUSTRIELS (CLASSE II, SECTION A)

DE

L'EXPOSITION INTERNATIONALE DE LONDRES EN 1862.

Par M. A.-W. Hofmann.

(Suite. — Voir le *Moniteur scientifique*, livraisons 154, 155, 156, 158, 159, 160 et 164.)

<hr>

INDUSTRIES DES COMPOSÉS POTASSIQUES.

En jetant un coup d'œil sur l'ensemble des différentes industries basées sur l'emploi de la potasse, les faits qui paraissent les plus saillants et qui attirent le plus notre attention sont :

---

(1) La mort, en d'autres termes, ne supprime pas la réaction des liquides et des solides dans l'organisme. Une sorte de vie physique et chimique, si je puis ainsi parler, continue d'agir. J'oserais dire que la gangrène est un phénomène de même ordre que celui que nous offre un fruit qui mûrit en dehors de l'arbre qui l'a porté.

le prix commercial relativement élevé de cet alcali et la tendance qui en résulte de le remplacer par des corps analogues moins chers, tels que l'ammoniaque ou la soude, partout où cette substitution est possible.

Dans plusieurs industries, la substitution de la soude et l'ammoniaque à la potasse est déjà presque complète. Ainsi, par exemple, le savon mou de potasse, qu'on employait autrefois dans les manufactures de laine et d'autres matières textiles, en raison de sa solubilité et de sa puissance détersive plus grande, est maintenant remplacé presque partout par le savon dur de soude; ce dernier, quoique inférieur au savon de potasse comme agent détersif, est cependant le plus économique des deux, si l'on prend en considération le prix relatif des alcalis. De même, et pour des raisons semblables d'économie, l'alun ammoniacal a pris ou prend rapidement la place de l'alun potassique; bien plus, dans plusieurs grandes branches de l'industrie, le tourteau d'alumine, c'est-à-dire le sulfate d'alumine, obtenu par le traitement direct de la terre de Chine ou du kaolin par l'acide sulfurique, sans addition d'aucun alcali, remplace l'alun sous quelque forme qu'on l'ait précédemment employé, et qu'il fût à bon compte ou cher. (Voyez le chapitre sur les composés d'alumine).

La potasse consommée autrefois dans les branches de la chimie industrielle que nous venons d'énumérer est réservée maintenant aux arts et manufactures, dans lesquels son emploi est indispensable. Nous trouvons en première ligne la fabrication du verre cristal ou verre de Bohême, qui ne peut employer la soude, à cause de la teinte verte très-prononcée qu'elle donne au verre, tandis qu'avec la potasse, au contraire, on obtient un verre rivalisant, par sa limpidité et sa pureté, avec le cristal de roche. En outre, pour un grand nombre de plantes, comme la vigne, la betterave, les céréales, etc., l'agriculture exige les engrais potassiques, auxquels on ne peut pas substituer les composés de soude. Pour la fabrication de la poudre, on n'a pas encore réussi à employer le nitrate de soude à la place du salpêtre ordinaire, et pour ce qui concerne la préparation des chlorates, des prussiates (voyez le chapitre sur les sels ammoniacaux et les composés du cyanogène) et des chromates, etc., la soude et l'ammoniaque n'ont pas remplacé la potasse.

Le développement remarquable que les travaux récents de M. Kuhlmann ont donné à l'industrie des composés barytiques permettra sans doute de réaliser une nouvelle économie de potasse, et nous fait espérer que, même dans la fabrication du tartre et des prussiates, on parviendra à remplacer la potasse par la baryte. (Voyez le chapitre sur les composés barytiques.)

Sources des composés potassiques, passées, présentes et futures. — Soit qu'on ait déjà réalisé les changements que nous venons de décrire, ou qu'ils soient seulement sur le point d'être accomplis, il en résulte clairement que la production de la potasse n'est pas en rapport avec sa consommation et que la matière première des industries potassiques devient de plus en plus rare, et, par conséquent, d'un prix plus élevé. C'est la cendre des végétaux, et particulièrement celle des arbres forestiers, qui constitue cette matière première. L'épuisement progressif de nos forêts et l'augmentation correspondante dans le prix des bois sont des faits malheureusement trop connus; l'emploi de la houille comme combustible devient par conséquent d'un usage de plus en plus général; et il en résulte une diminution graduelle dans la production des cendres potassiques qu'on obtenait autrefois par la combustion du bois.

Malgré la rareté de la potasse, qui en est la conséquence toute naturelle, il est impossible de regretter la substitution progressive de la houille au bois comme combustible; car les applications du bois comme bois sont beaucoup trop utiles et trop précieuses pour qu'on ne soit en droit de considérer comme une perte impardonnable la destruction des plus belles forêts uniquement pour extraire l'alcali de leurs cendres. Les cendres de houille ne renferment que peu de potasse; mais la chimie déjà nous indique d'autres sources naturelles de cet alcali qui, tôt ou tard, fourniront certainement tous les composés potassiques nécessaires à l'industrie.

L'Exposition de 1862 a prouvé, de manière à ne pouvoir s'y méprendre, combien l'attention générale s'est portée sur l'étude de cette question pendant la décade qui vient de s'écouler. On a signalé des matières premières nouvelles renfermant des quantités considérables de potasse; on a perfectionné et développé certains procédés d'extraction de l'alcali qu'on n'avait exploité qu'avec difficulté et sur une petite échelle; et enfin, grâce aux efforts des chimistes, on est à même d'utiliser certaines sources déjà connues, mais négligées jusqu'à ce jour.

La préparation du carbonate de potasse avec les eaux de suint provenant du dégraissage de la laine de mouton d'après le procédé de MM. Maumené et Rogelet, ou par le traitement des résidus des mélasses de betterave d'après les méthodes de M. Kuhlmann et d'autres fabricants, et l'extraction du chlorure et du sulfate potassiques comme produits accessoires des fabrications d'iode et d'acide tartrique, prouvent qu'on utilise avec soin toutes les sources animales et végétales qui peuvent fournir des sels potassiques. L'exploitation active des couches de chlorure potassique qui, dans quelques parties de l'Allemagne, recouvrent les dépôts de sel marin, les efforts qu'on a tentés pour extraire de l'eau de mer des composés potassiques semblables ou leurs dérivés au moyen du procédé de M. Balard, et la découverte récente ainsi que l'exploitation de couches de salpêtre naturel dans le sud de l'Afrique, indiquent le soin qu'on a apporté dans ces dernières années à la recherche des matières minérales s'adaptant à la fabrication des sels neutres de potasse. En dernier lieu, l'extraction récente, à une température peu élevée, de toute la potasse contenue dans le feldspath, au moyen de l'*attaque calcifluorique* de M. F.-O. Ward, nous promet, dans un avenir prochain, et à bon marché, une moisson abondante de cet alcali, dans sa forme la plus utile (à l'état caustique ou carbonaté), par le traitement direct des roches primitives qui en constituent la source la plus inépuisable.

Chacun de ces systèmes présente une valeur et des qualités spéciales qui méritent une considération particulière; mais nous devons surtout fixer notre attention sur les procédés qui se trouvaient représentés à l'Exposition, et nous allons les passer successivement en revue dans l'ordre dans lequel nous venons de les énumérer, en commençant par le procédé de MM. Maumené et Rogelet.

SOURCES ORGANIQUES DES COMPOSÉS POTASSIQUES.

Extraction de la potasse du suint ou du sudorate potassique de la laine de mouton. — On sait parfaitement qu'avec l'herbe qu'ils broutent sur leurs pâturages, les moutons retirent du sol et absorbent une quantité considérable de potasse qui, après avoir circulé dans leur sang, est excrétée par la peau simultanément avec la sueur en combinaison avec laquelle elle se trouve déposée dans la laine. M. Chevreul a montré que ce composé particulier, nommé *suint* par les Français, ne constitue pas moins du tiers du poids de la laine mérinos brute; on peut l'en retirer facilement par une simple immersion de la laine dans l'eau froide. Le suint est bien moins abondant dans les laines grossières que dans les laines fines, et, d'après MM. Maumené et Rogelet, le sudorate potassique ou suint des laines ordinaires constitue, en moyenne, environ 15 pour 100 du poids de la toison brute.

Autrefois on considérait ce composé comme une espèce de savon, sans doute parce que la laine contient, outre le suint, une proportion considérable (environ 8 1/2 pour 100) de matière grasse (Chevreul). Mais cette graisse se trouve en réalité combinée avec des bases terreuses, principalement de la chaux, à l'état de savon insoluble. D'après MM. Maumené et Rogelet, le sudorate soluble est un sel neutre qui résulte de la combinaison de la potasse avec un acide animal particulier, dont nous ne savons guère autre chose, sinon qu'il est azoté.

Dans les grands centres de manufactures d'étoffes de laine en France, tels que Reims, Elbeuf et Fourmies, l'industrie nouvelle de MM. Maumené et Rogelet a été établie ou est en voie d'être établie. Leur plan consiste à acheter aux fabricants de laine les solutions de suint obtenues par l'immersion des toisons brutes dans l'eau froide; plus ces liqueurs sont concentrées, plus, naturellement, on peut en donner un prix élevé. Ainsi, par exemple, on ne peut payer que 5 fr. 48 c. le suint d'une tonne de laine qui a été délayé dans 27.40 hectolitres d'eau (solution d'une densité de 1.030); tandis qu'on peut donner jusqu'à 18 fr. 47 c. pour la même quantité de suint, si elle a été concentrée dans 3.13 hectolitres d'eau (la solution présentant dans ce cas une densité de 1.250); on paye des prix proportionnels pour les liqueurs de suint d'une concentration intermédiaire.

Ce tarif encourage les fabricants à laver leur laine méthodiquement, de manière à concentrer dans la même eau le suint d'un certain nombre de toisons, qu'elles soient faibles ou concentrées; et ces eaux de lavage, MM. Maumené et Rogelet les font transporter en tonneaux dans leur fabrique (établie dans le voisinage), et les y évaporent à siccité pour obtenir un résidu sec charbonneux; ce dernier est soumis à la calcination dans des cornues fermées. Pendant l'opération, il se dégage beaucoup de gaz (hydrocarburés et ammoniacaux) qu'on fait passer à travers les épurateurs ordinaires, afin de retenir l'ammoniaque et de rendre l'hydrogène carboné propre à l'éclairage. Le résidu charbonneux retient les sels alcalins qui en sont extraits au moyen de la lixiviation par l'eau.

La solution alcaline ainsi obtenue contient un mélange de sels potassiques, carbonate, sulfate et chlorure, qu'on sépare et qu'on purifie par l'évaporation et la cristallisation, en suivant les méthodes ordinaires. Le carbonate de potasse ainsi préparé présente, dit-on, cette particularité remarquable, de ne renfermer aucun mélange de sel sodique; pureté bien précieuse, sans doute, pour les fabricants de verre et de savon potassiques. Le résidu insoluble de la lixiviation contient quelques matières terreuses (chaux, silice et alumine, avec un peu de fer et d'acide phosphorique), outre la matière charbonneuse qui paraît être dans un état de division assez grand pour constituer une bonne couleur noire, possédant, pour nous servir de l'expression technique, un grand pouvoir couvrant.

D'après MM. Maumené et Rogelet, une toison ordinaire, pesant 4 kilogrammes, contient environ 600 grammes de sudorate de potasse ou suint, qui, d'après l'analyse faite par ces messieurs, devrait fournir 33 pour 100 de son poids, c'est-à-dire 198 grammes de carbonate de potasse pur. D'après une autre évaluation (indiquant la quantité de salpêtre qu'on pourrait produire avec la potasse de suint), ils paraissent estimer à 173 grammes la potasse qu'on pourrait recouvrer dans la pratique.

Les fabricants de laine de Reims lavent annuellement 10,000,000 kilogr. de toisons, ceux d'Elbeuf 15,000,000 kilogr., et ceux de Fourmies 2,000,000 kilogr. : en tout 27,000,000 kilogr., qui sont le produit de 6,750,000 moutons. Cette quantité, soumise tout entière au traitement de MM. Maumené et Rogelet, devrait fournir, d'après les proportions déjà indiquées, 1,167,750 kilogr. de potasse pure. La valeur de la potasse, à l'état de carbonate, calculée d'après le prix moyen de la potasse américaine, s'élèverait de 80 à 90,000 livres sterling. En prenant le minimum du prix que payent MM. Maumené et Rogelet, les eaux de suint qui fourniraient cette quantité de potasse représenteraient une valeur de 5,918 livres sterling environ; mais en prenant le prix maximum, ces eaux vaudraient à peu près 19,947 livres sterling. Il semble résulter de ces calculs que le procédé de MM. Maumené et Rogelet pourrait être exploité sur une grande échelle et rapporter de forts bénéfices.

MM. Maumené et Rogelet calculent qu'il existe 47,000,000 de moutons en France, — environ sept fois plus que n'en indiquent les chiffres cités plus haut. Ils démontrent que, si l'on soumettait la totalité de ces toisons au nouveau traitement, la France retirerait de son propre sol toute la potasse nécessaire à sa consommation; ils font observer qu'on en obtiendrait assez pour fournir 12,000,000 kilogrammes de carbonate de potasse du commerce, convertibles en 17,500,000 kilogrammes (environ 17,500 tonnes) de salpêtre, avec lesquels (ajoutant cette observation assez caractéristique) on pourrait fabriquer 1,870,000,000 de cartouches.

La difficulté de recueillir les eaux de lavage des toisons; désuintées en petit nombre par les fermiers sur toute la surface du pays, opposerait certainement une barrière insurmontable à une aussi grande extension de ce procédé.

Ce n'est que dans les grands centres manufacturiers que l'exploitation de ce procédé pourrait offrir les conditions économiques de réussite, du moins aussi longtemps que les fermiers continueront à se dessaisir comme matière d'aucune valeur, avec les toisons qu'ils vendent, de toute la potasse qu'ils retirent de leur sol. On ne peut douter que, dans une agriculture bien entendue, cette potasse ne doive retourner à la source d'où elle dérive. Son exportation, d'année en année, doit nécessairement contribuer à l'épuisement progressif du sol, et tout fermier judicieux devrait faire désuinter ses toisons chez lui et répandre ensuite sur ses champs, comme engrais liquide très-précieux, les eaux de lavage chargées de sels potassiques et de matières nitrogénées ainsi obtenues.

En attendant, le procédé de MM. Maumené et Rogelet offre une méthode utile d'économiser la potasse, dont le fermier n'apprécie pas encore la valeur. En conséquence, le jury a accordé la distinction d'une médaille à MM. Maumené et Rogelet.

Extraction de la potasse des résidus des mélasses de betteraves. — Passant du règne animal au règne végétal, nous trouvons que le phénomène d'absorption ou d'extraction d'une grande quantité de potasse aux dépens des terrains des fermes, que nous venons de signaler pour les moutons, s'observe également pour les diverses moissons qu'on y récolte ; entre autres pour celle des betteraves. Cette plante demande une attention spéciale, par suite de sa relation avec le sujet qui nous occupe, parce que, dans ces dernières années, la potasse qu'elle renferme a été soigneusement recouvrée par les principaux fabricants de sucre de betterave, et qu'elle constitue maintenant un des articles importants de leur commerce.

On sait bien que les alcalis fournis par les plantes se retrouvent en majeure partie dans leurs sucs, et existent, par conséquent, en plus grande abondance dans les plantes herbacées que dans les arbres ; dans ces derniers même, les alcalis existent, en effet, en proportion plus forte dans les feuilles et dans les rameaux encore tendres, que dans les troncs comparativement secs. Le saule, dont la sève est beaucoup plus abondante que celle du hêtre, contient aussi le double de potasse ; d'un autre côté, la paille de l'orge renferme deux fois plus de potasse que le bois de saule ; tandis qu'à leur tour, les orties communes fournissent deux fois plus de cet alcali que le chaume de l'orge.

La betterave contient en abondance de la potasse et de la soude ; ce dernier alcali prédominant dans les betteraves récoltées près des bords de la mer, et le premier dans celles récoltées dans l'intérieur du pays. Les sels alcalins qui sont associés au sucre de betterave en rendent une partie non cristallisable ; et cette masse incristallisable et saline constitue l'article qui nous est si familier sous le nom de mélasse. Mais le goût nauséabond de la mélasse des betteraves la rendant complétement impropre à l'alimentation, elle passe entre les mains des distillateurs, qui l'utilisent en la faisant fermenter et en convertissant les principes sucrés en alcool ; ils séparent et rectifient ce dernier d'après les méthodes ordinaires. Les liqueurs constituant le résidu de la distillation étaient autrefois écoulées comme déchet dans les fleuves et rivières, dont elles corrompaient fortement les eaux. Aujourd'hui cependant, dans toutes les distilleries bien organisées d'alcool de betteraves, on évapore à siccité ces liqueurs et on incinère le résidu ; la masse saline carbonisée, qu'on obtient ainsi, est généralement vendue à des raffineurs, qui se chargent d'en extraire le mélange de sels qu'elle renferme : et, particulièrement, de dissoudre et de purifier les sels précieux de potasse et de soude. C'est ainsi que l'on recouvre annuellement de grandes quantités de potasse dans les districts du nord de la France, où l'on trouve le plus de raffineries de sucre, comme, par exemple, dans les environs de Lille et de Valenciennes.

Les liqueurs constituant les résidus de la distillation alcoolique et qui renferment la potasse et autres sels sont très-diluées, et l'on s'est beaucoup ingénié à les évaporer le plus économiquement possible. On pose les chaudières évaporatoires sur les carneaux horizontaux qui mettent en communication les feux de l'établissement avec la base des cheminées, et l'on y concentre les liqueurs au moyen de la chaleur perdue des produits de la combustion. On emploie encore dans le même but de grands bacs en bois, munis d'un serpentin, à travers lequel peut circuler la vapeur d'un générateur; lorsque les liqueurs ont été évaporées de cette manière à consistance sirupeuse, on les écoule sur la sole d'un four à réverbère, où elles sont exposées à une chaleur rouge-cerise. Elles s'enflamment avant même qu'elles ne soient complétement desséchées, et la masse de la matière organique se brûle, laissant pour résidu le salin carbonisé que nous avons décrit plus haut. Cette inflammabilité remarquable des liqueurs de betterave partiellement desséchées provient de ce qu'une forte proportion de l'alcali y existe à l'état de nitrate, qui naturellement peut fournir en abondance de l'oxygène pour la combustion de la matière organique en présence. Le résidu carbonisé, connu sous le nom de *calcin* ou *salin de betterave*, est généralement vendu à des raffineurs, pour lesquels sa purification constitue une industrie spéciale. Cependant, plusieurs des principaux fabricants de sucre de betterave, après avoir fait fermenter et distillé eux-mêmes leurs mélasses, non-seulement évaporent à siccité et incinèrent les liqueurs qui leur restent, mais, en outre, séparent et raffinent les sels mélangés contenus dans le produit carbonisé ainsi obtenu. A cet effet on utilise, à la manière ordinaire, la différence de solubilité de ces sels dans l'eau ; pendant la concentration, certains produits sont précipités successivement de la solution bouillante ; on laisse ensuite refroidir, pour obtenir une cristallisation; les eaux-mères sont de nouveau concentrées, puis refroidies, et l'on continue ainsi alternativement jusqu'à élimination complète des sels, obtenus chacun à l'état de produit sec et vendable. Nous mentionnerons en passant que les dernières eaux-mères présentent un intérêt spécial pour le chimiste scientifique, puisqu'elles constituent une matière première pour la préparation des sels du nouveau métal rubidium. (Voyez le chapitre sur les *Objets d'intérêt scientifique.*)

Le rapporteur doit à l'obligeance de M. Kuhlmann une description détaillée du procédé qu'il emploie pour séparer et purifier industriellement un mélange de différents sels; procédé que sa longue expérience et son jugement pénétrant l'ont mis à même d'adapter avec une grande perfection au cas spécial des liqueurs de betterave. La nature détaillée et volumineuse de ce document nous empêche de le reproduire en entier ; mais sa valeur pratique, qui en fait un guide pour les fabricants ayant de semblables opérations à exécuter, a déterminé le rapporteur à en faire un extrait assez complet, et à l'insérer comme appendice à ce chapitre.

Le rapporteur croit cependant devoir appliquer aux composés potassiques dérivés des résidus de betterave, l'observation qu'il avait faite relativement à la potasse tirée du suint de laine : que leur exportation loin du terrain des fermes est une transgression des lois de l'agriculture, et tend à amener une stérilité progressive du sol. En effet, dans aucune circonstance et par aucun procédé, quelque ingénieux qu'il soit en lui-même, les terres des fermes ne peuvent être transformées légitimement en sources régulières de potasse ; et les quantités de cet alcali que nous retirons des déchets de betterave et du sudorate de la laine doivent être considérées plutôt comme des prêts que l'agriculture fait aux arts industriels, que comme des dons réels de la nature.

Pour trouver des sources de ce dernier genre, sources absolues comme n'ayant pas besoin de restitution, il nous faut détourner nos regards des terres cultivées et les reporter sur les régions inexploitées de la nature, soit terrestres, soit maritimes. Tels sont les dépôts naturels de chlorure potassique, trouvés dans les gisements souterrains qui recouvrent les couches de sel marin ; et tels sont encore les dépôts de nitrate de potasse naturel qu'on rencontre à la surface du sol dans beaucoup de régions tropicales. Mais les plus remarquables et les plus importantes des sources normales de potasse sont les roches alcalifères primitives et les eaux salées de la mer; toutes les deux contenant des quantités inépuisables, les premières à l'état concentré, mais réfractaire ; les dernières en solution aqueuse, mais dont l'exploitation n'est difficile qu'en raison de leur extrême dilution. Plus nous pourrons obtenir de potasse par l'exploitation des roches et des océans, plus nous enrichirons l'humanité, sans appauvrir la nature. Observons encore que l'Océan est le milieu de végétations innombrables, qu'il est peuplé de poissons, qu'il est hanté par des oiseaux se nourrissant de poissons, tous ensemble recueillant et concentrant dans leurs organismes les sels potassiques que renferme l'eau salée. De là résultent deux méthodes pour recouvrer les composés potassiques de l'Océan : la méthode *directe*, que nous allons décrire en détail, proposée par M. Balard et perfectionnée par M. Merle, et la méthode *indirecte*, consistant dans l'exploitation de certains organismes maritimes et de leurs dérivés, tels que : poissons entiers ou leurs débris; oiseaux de mer et phoques, dont les excréments et les carcasses décomposées constituent par leur mélange le guano; algues et fucus, dont les cendres sont connues sous le nom de cendres de varechs.

Nous n'avons pas à nous occuper ici d'une manière spéciale ni des produits préparés au moyen des poissons, ni du guano, parce que la potasse qu'ils servent à extraire de la mer pour la donner à la terre n'y est soumise à aucune préparation chimique. Mais avant de passer des sources végétales aux sources minérales des combinaisons potassiques, le rapporteur a pensé qu'il ne serait pas sans intérêt d'intercaler quelques observations sur l'histoire du guano et sur les composés salins dérivés des plantes maritimes et constituant les produits secondaires de la fabrication de l'iode et du brôme.

NOTICE HISTORIQUE SUR LE GUANO, SON ORIGINE ET SA COMPOSITION.

Humboldt, qui apporta les premiers échantillons de guano du Pérou en Europe (en 1804), le décrit comme un dépôt formé par les excréments d'oiseaux se nourrissant de poissons ; tous les auteurs qui après lui ont traité le même sujet paraissent avoir admis comme hors de doute la nature *exclusivement* excrémentitielle du guano. Quoique cette manière de voir ait été presque universellement adoptée, tant en Angleterre que sur le continent, il existe des raisons sérieuses pour révoquer en doute son exactitude. Il est probable que le guano se compose rarement exclusivement de matières excrémentitielles; c'est plutôt un mélange à proportions variables d'excréments et de carcasses de phoques, de pingouins, de pétrels, et d'autres tribus produisant du guano. Les couches épaisses de guano, s'élevant en certains endroits à une hauteur de deux cents et même de trois cents pieds au-dessus du niveau de la mer, sont, sans aucun doute, les régions où ces tribus vivent et se multiplient, et sont par conséquent le résultat des dépôts d'une partie, au moins, de leurs éjections. Mais ces solitudes sont aussi les retraites que ces créatures choisissent pour mourir; leurs cimetières, pour ainsi dire, où s'entassent couches sur couches les carcasses d'innombrables générations successives. D'après les indications fournies par M. F.-O. Ward, la composition du guano du Pérou en fournit la preuve irréfutable. En effet, la proportion relative de l'acide urique aux phosphates terreux dans le guano péruvien n'approche pas le moins du monde de celle observée par les chimistes analystes dans les excréments des oiseaux de mer carnivores; l'un de ces oiseaux (l'aigle de mer) produit un dépôt dans lequel M. Coindet ne trouva pas moins de 84.65 pour 100 d'acide urique, et seulement 6.13 pour 100 de phosphate de chaux. Dans ce cas, le rapport de l'acide azoté au phosphate terreux est très approximativement comme 14 est à 1; tandis que dans le meilleur guano du Pérou la proportion d'acide urique atteint rarement (et plus rarement encore ou jamais ne dépasse) une proportion double de celle des phosphates terreux. Il est vrai que l'acide urique se convertit, par une série de transformations intermédiaires, en acide oxalique, qui reste dans le guano en combinaison avec de l'ammoniaque et de la chaux. Mais la proportion d'acide urique représentée de cette manière dans le dépôt primitif reste beaucoup au-dessous de celle qui serait nécessaire pour justifier l'opinion de sa constitution purement excrémentitielle. C'est ainsi, par exemple, que dans un échantillon de guano de Chincha, contenant 16.66 pour 100 d'ammoniaque (qui constitue un excellent spécimen moyen), le docteur Ure ne trouva que 14.73 pour 100 d'urate d'ammoniaque $=$ 13.5 d'acide urique, et 3.23 pour 100 d'oxalate d'ammoniaque $=$ 2.34 d'acide oxalique, contre 22 parties de phosphate tricalcique ou de phosphate des os. Ces données et bien d'autres analyses fournissent la preuve que le guano des régions privées de pluie n'est pas exclusivement dû à des dépôts d'excréments. Le dépôt récent de véritables excréments de pingouins, recueillis à la main sur les rochers, à Angamos, sur les côtes de Bolivie, semble corroborer cette opinion par le contraste qu'offre sa composition avec celle du guano. Dans les échantillons les plus purs de ce dépôt, M. Nesbit trouva que l'azote représente une quantité d'ammoniaque excédant 25 pour 100 du poids total ; tandis que la proportion de phosphate calcique descend quelquefois à 6 pour 100, et même plus bas. La moyenne de huit analyses, faites sur des échantillons de cet engrais à divers degrés de pureté, indique 20.09 pour 100 d'ammoniaque contre 14.5 de phosphate calcique ; tandis que l'échantillon moyen de guano de Chincha du docteur Ure (voyez plus haut) indique 22 pour 100 de phosphate terreux contre 16.66 d'ammoniaque ; les proportions sont *presque* inverses. Le guano d'Ichaboe, de la Possession et d'autres îles situées sur les côtes occidentales de l'Afrique, est exposé à l'action des rosées et des épais brouillards qui existent presque journellement dans ces latitudes pendant les mois d'hiver ; et, pour cette raison, la preuve analytique ne peut pas s'appliquer à ce genre de guano. En effet, dans le guano exposé à de pareilles influences, l'acide urique, quelque abondant qu'il soit originairement, subirait avec le temps des transformations donnant naissance à des composés solubles dans l'eau. En fait, ces guanos africains ne fournirent au docteur Ure (qui en fit de nombreuses analyses) que des traces d'acide urique, et seulement de faibles proportions d'acide oxalique ; tandis qu'il y trouva 25 à 35 pour 100 de leur poids de phosphate tricalcique. Il trouva également que l'ammoniaque (environ 10 pour 100) y était fixée, pour la majeure partie, à l'état de phosphate d'ammoniaque. Mais, en laissant de côté ces faits, susceptibles évidemment de deux interprétations différentes, nous possédons heureusement le témoignage *direct* d'un observateur très-intelligent sur le sujet en question. M. T.-E. Eden, membre du *College of Purgeons*, à Londres, visita en 1845 les îles de guano de l'Afrique, et publia ses observations dans un ouvrage très-intéressant (*Relation d'un voyage sur les côtes du sud-ouest de l'Afrique, et description des minéraux qui s'y trouvent et des îles de guano de cette partie du monde ;* par T.-E. Eden jeune, Londres, Groombridge, 1846). Dans la couche inférieure du guano de ces îles, M. Eden trouva des squelettes de *phoques* dont les os étaient ramollis et dans un état de demi-décomposition. Il remarqua également dans la masse de grandes quantités de fourrures en voie de putréfaction et, par-ci par-là, les restes de poches de phoques, qui leur servent comme réceptacles de lest. Il décrit ce *guano de phoques* comme ayant, pour la consistance, de l'analogie avec de l'argile humide ou du fromage pourri ; l'odeur rappelle également cette dernière substance. Les couches de *guano d'oiseaux* formaient des gisements plus élevés ; elles étaient plus légères et moins humides que les dépôts inférieurs, et contenaient un grand nombre de corps de pingouins dont les peaux, en particulier, étaient coriaces, ou, comme il l'exprime, dans un état *momifié* ; il était très-difficile de les déchirer, et elles étaient, pour ainsi dire, *tannées* presque jusqu'à l'état de cuir. Dans les cavités formées par les restes d'oiseaux et de phoques, il trouva en abondance des cristaux de biphosphate d'ammoniaque. M. Eden ajoute que ces carcasses *momifiées* avaient été jetées de côté par milliers sur les îles africaines ; les marins occupés du chargement des navires pensaient sans doute qu'elles n'étaient d'aucune valeur. En effet, à Ichaboe, les marins avaient coutume de *pingouiner*, c'est-à-dire de lancer ces *momies* à la tête des nouveaux arrivants qui refusaient de *payer leur bienvenue* en leur offrant libéralement un gallon de grog après leur débarquement. Comme troisième variété, M. Eden mentionne le guano à l'état de *pierre* ou de *tourteau*, une masse dure, comme laminée, recouvrant les roches à la base du guano, et consistant principalement en phosphate tricalcique. M. Eden pense que l'acide phosphorique de ce dépôt de consistance pierreuse avait filtré en dissolution à travers les couches de guano, et avait été amené à sa condition actuelle solide et terreuse, par les lavages que la pluie ou les vagues opéraient en enlevant successivement les ingrédients solubles. Les faits allégués par M. Eden viennent complétement à l'appui de l'opinion qu'il énonça le premier : c'est-à-dire que le guano des îles africaines provient d'une origine mixte, excrémentitielle et cadavéreuse ; et cette démonstration confirme l'hypothèse émise par M. F.-O. Ward et fondée sur l'évidence analytique d'une double dérivation semblable du guano provenant des régions sans pluie. Ces opinions ont une portée très-grande sur la question du temps nécessaire pour garnir de nouveau les îles de guano, après l'épuisement de leurs provisions actuelles. Car, sans aucun doute, une grande partie des excréments des animaux amphibies et des oiseaux hantant la mer tombe dans l'Océan et s'y perd. En effet, le baron de Humboldt calcula que pour produire sur ces immenses étendues une couche de quelques lignes d'épaisseur exclusivement formée de matières fécales, il faudrait au moins trois cents ans. Mais le dépôt de carcasses par couches stratifiées, générations sur générations, doit en accélérer beaucoup le développement et le rendre, en moyenne, bien plus rapide que s'il provenait uniquement d'un dépôt de matières purement excrémentitielles. A moins de connaître la durée moyenne de la vie des oiseaux produisant le guano et le rapport existant entre le poids de leur corps et celui de leurs dépôts journaliers sur les roches, on ne peut computer la valeur *relative* de ces deux sources d'approvisionnement. L'histoire du guano paraît offrir aux naturalistes un champ d'investigations du plus haut intérêt. La production du guano ne serait-elle pas le procédé adopté par la nature pour recouvrer des eaux de l'Océan les richesses de la terre entraînées sans cesse par les fleuves. Il se peut encore que ce procédé, que nous ne connaissons et n'utilisons, pour ainsi dire, que d'hier, puisse être placé plus que nous ne le croyons aujourd'hui sous le contrôle de l'homme. En effet, ce n'est que grâce à des lois empreintes d'une sage sévérité, promulguées par le gouvernement péruvien, que les oiseaux et les bêtes à fourrure des îles de guano sont protégés contre une extermination rapide. Serait-il impossible de concevoir une politique qui passerait, au moyen d'un développement logique, de l'état négatif à une phase affirmative plus élevée, et qui tendrait à développer un système qu'antérieurement elle s'était contentée de préserver de la destruction ? Ne pourrait-on pas, en choisissant des endroits convenables sur les côtes de la mer, dans des régions privées de pluie, établir des solitudes qui ressembleraient en tous points aux repaires actuels des tribus produisant le guano ? Et ne pourrait-on, soit par l'action réunie des puissances maritimes, soit par d'autres moyens, appliquer à ces nouvelles réserves des mesures pareilles à celles qu'adopta le Pérou pour protéger ses propres îles de guano ? Les conditions nécessaires à la réalisation d'une pareille expérience, paraîtraient peu nombreuses et très-simples ; il suffirait de lâcher quelques couples d'animaux pour propager leur espèce dans des solitudes bien choisies et suffisamment protégées. Un pareil essai, couronné de succès, serait d'un avantage incalculable pour nos descendants, sinon pour nous-mêmes. Nous ne faisons qu'indiquer ici le projet conçu par M. F.-O. Ward ; nous en réservons le développement pour une occasion plus convenable. En effet, le rapporteur ne peut justifier l'énonciation d'une proposition semblable dans ce chapitre qu'en se rappelant que le guano constitue déjà maintenant une source importante de composés potassiques, qui pourra devenir plus abondante encore par l'emploi des moyens que nous venons de suggérer.   P. KOPP.

(La suite à la prochaine livraison.)

ACADÉMIE DES SCIENCES

Séance du 12 octobre. — Sur la théorie des fonctions elliptiques ; par M. HERMITE. — L'auteur a trouvé une formule qui conduit à l'expression générale des coefficients du développement des fonctions qu'on appelle sinus, cosinus et delta-amplitude.

Tout ce qu'on savait à l'égard de ces coefficients, résultait des relations

$$\sin \operatorname{am}\left(kx,\ \frac{1}{k}\right) = k \sin \operatorname{am}(x,k),\ \text{et}\ \cos \operatorname{am}\left(kx,\frac{1}{k}\right) = \Delta \operatorname{am}(kx,k),$$

qui nous apprennent que les coefficients de $\sin \operatorname{am} x$ sont des polynômes réciproques, et que la série de $\cos \operatorname{am} x$ donne immédiatement celle de $\Delta \operatorname{am} x$.

Des relations relatives à la transformation du premier ordre, M. Hermite tire, par l'application de la transformation du second ordre, une série de formules qui lui donnent cette équation remarquable :

$$e^{i\theta} \cos \operatorname{am}\left(e^{-i\theta} x, e^{2i\theta}\right) + e^{-i\theta} \cos \operatorname{am}\left(e^{i\theta} x, e^{-2i\theta}\right) = 2 \cos \theta \cos \operatorname{am} x,$$

en désignant par $\cos^2 \theta$ le module k^2. Il en résulte immédiatement la formule

$$\Sigma A_i \cos^{2i+1} \theta = \Sigma A_i \cos (2n+1-4i)\theta,$$

en désignant par

$$\frac{1}{1.2\ldots\ldots 2n+2} \Sigma A_i \cos^i \theta$$

le coefficient de x^{2n+2} dans le développement de $\cos \operatorname{am} x$. La sommation s'étend toujours, par rapport à i, depuis zéro jusqu'à n. On a toujours $A_o = 1$. M. Hermite prouve que cette relation sert à calculer directement les nombres entiers A.

— Second mémoire sur la rotation de la lune et sur la libration réelle en latitude; par M. Ch. Simon. — Dans la première partie de ce travail, l'auteur démontre que les deux phénomènes de l'égalité des moyens mouvements de rotation et de révolution, et de la coïncidence des nœuds moyens de l'équateur et de l'orbite, sont *indépendants* l'un de l'autre, et qu'on ne saurait conclure le second du premier (pour les satellites de Jupiter, par exemple). Mais le premier phénomène modifie les oscillations de l'axe lunaire, et surtout sa nutation semi-mensuelle, qui est composée de deux oscillations elliptiques en sens contraires, dont la résultante est une oscillation plane.

Poisson n'avait déterminé qu'une seule de ces composantes, et, par suite, le caractère du phénomène lui avait échappé.

Dans la seconde partie de son mémoire, M. Simon donne les expressions pratiques des coordonnées sélénocentriques d'une tache lunaire.

— Nouvelle réponse de M. Reech à M. Dupré. — M. Reech ne croit à aucune vertu propre de l'analyse algébrique pour faire découvrir des lois physiques; il sait qu'elle ne peut rendre que ce qu'on y met. Il se borne à distinguer les équations générales, indépendantes de l'existence d'un équivalent mécanique de la chaleur, de celles qui supposent nécessairement ce principe. Il faut, certainement, dans ses équations, faire

$$k = \text{constante}, \ T = 273 + t,$$

pour les rendre d'accord avec ce principe, et d'un autre côté, l'existence de ce principe est infiniment probable. Mais M. Reech croit avoir réussi à former les équations générales des propriétés calorifiques et expansives des fluides élastiques, sans idée préconçue sur la nature de la chaleur, en y faisant entrer des quantités k et T qui, au point de vue d'un équivalent mécanique seulement, deviennent les fonctions simples exprimées par les relations ci-dessus. Dans tout cela il n'y a, d'après l'auteur, rien qui soit en désaccord avec les travaux de MM. Dupré et Clausius.

— Les corps divers portés à l'incandescence sont-ils également lumineux à la même température? par M. F. de la Provostaye. — L'auteur et M. P. Desains ont répondu négativement, il y a neuf ans. M. E. Becquerel (*Annales de chimie et de physique*, mai 1863) vient aujourd'hui critiquer leurs expériences et leur opposer les siennes, d'après lesquelles tous les corps auraient le même pouvoir émissif pour la chaleur lumineuse. M. de la Provostaye, après avoir réfuté les objections que M. Becquerel a soulevées contre l'exactitude de ses expériences de 1854 (*Comptes-rendus*, t. LXVIII), cherche a démontrer que la proposition de M. Becquerel est impossible à admettre.

MM. Desains et de la Provostaye, pour comparer les pouvoirs émissifs du platine et de l'oxyde de cuivre, s'étaient placés dans une enceinte noire à basse température, de sorte que la lumière reçue par l'œil provenait, sans mélange, d'un côté du platine, de l'autre de l'oxyde de cuivre. M. Becquerel, au contraire, a cru devoir placer les corps à étudier dans un tuyau de terre, formant enceinte, et porté à la même température que le corps ; et il a trouvé que, dans ces circonstances, l'or, le platine, le charbon, l'asbeste, etc., envoient la même quantité de lumière. Mais d'après M. de la Provostaye, les corps étudiés ont dû réfléchir la lumière provenant des parois du tube en terre, et cette lumière réfléchie a pu former la plus grande partie de celle qui a été observée.

La quantité *émise* par le platine, par exemple, doit être beaucoup plus petite que celle qu'il réfléchit. Les conclusions de M. Becquerel seraient donc erronées.

Ajoutons que, d'après M. Becquerel, les corps solides commencent à émettre quelque trace de lumière par l'action de la chaleur, à une température comprise entre 480 et 490 degrés, dans l'obscurité profonde, et à 500 degrés dans une enceinte faiblement éclairée ; que tous commencent à devenir lumineux à partir de la même limite de température, mais avec des intensités différentes.

— Lettre de M. Mathieu, de la Drôme, sur le temps qu'il fera cette année. — Comme la lettre de M. Mathieu a déjà reçu une publicité plus que suffisante, nous jugeons parfaitement inutile de la reproduire ici, bien qu'elle nous ait été adressée également. Disons seulement que l'auteur rappelle qu'il a prédit beaucoup d'eau pour la fin de septembre, et que suivant lui, cette prédiction se serait réalisée ; ensuite, qu'il annonce pour le mois de décembre des quantités prodigieuses d'eau, sous forme de pluie ou de neige ; violents ouragans, débordements de rivières, etc. A l'Observatoire de Genève, on recueillera trois fois la moyenne ordinaire de ce mois, sous une forme ou sous l'autre. Nous rappellerons, de notre côté, le rapport de M. Le Verrier et la réponse de M. Mathieu, que nous avons publiés dans notre numéro du 15 avril dernier, pages 300 à 307. Le *Compte-rendu* ne mentionne point la lettre de M. Mathieu.

L'éditeur H. Plon vient de nous adresser trois almanachs ornés du portrait de M. Mathieu : le *simple*, le *double* et le *triple* Mathieu (de la Drôme). Ces almanachs contiennent les prédictions de M. Mathieu pour 1864, plus des articles scientifiques de l'auteur, de MM. Louis Figuier et l'abbé Moigno, ses anciens adversaires, H. de Parville, Victor Boric, Babinet, etc. C'est le commencement d'une publication suivie qui marchera sur les traces du *Liégois*.

— Sur les tempêtes de l'équinoxe ; note de M. Marié-Davy, présentée par M. Le Verrier. — Depuis le 17 août, on a compté six tempêtes successives, qui ont offert entre elles des analogies remarquables. Les premiers symptômes se manifestent toujours sur les côtes occidentales de l'Europe par l'inflexion des courbes isobares ou d'égale pression ; puis le vent monte, sur les côtes nord-ouest, en affectant une tendance à tourner autour d'un centre de dépression ; ce centre se déplace, tantôt d'une manière régulière et progressive de l'ouest à l'est, en s'élevant d'abord vers le nord-est pour redescendre ensuite vers le sud-est, après avoir franchi l'Angleterre, tantôt au contraire avec quelques hésitations, qui semblent le ramener momentanément en arrière.

Le *Bulletin* de l'Observatoire impérial publie maintenant les cartes barométriques de chaque jour, et l'on s'efforce d'en tirer des conclusions servant à prévoir les coups de vent. Ainsi, le 17 septembre, l'isobare de 765^{mm}, qui la veille au matin se relevait vers le nord-ouest sur l'Irlande, se repliait vers le sud ; M. Marié-Davy envoya, à trois heures, aux stations allemandes cette dépêche : *Menace à l'ouest sur l'Océan*. Le 18, la même courbe s'était fermée, en se retirant vers le nord-est ; l'isobare de 760^{mm} avait suivi la même marche et le baromètre offrait, dans le golfe de Gascogne, cette dépression qui est un signe caractéristique de l'arrivée d'un tourbillon sur l'Europe moyenne, et que l'auteur attribue au glissement facile de l'air sur l'Océan. L'atmosphère ne montrait encore que peu d'agitation, due à un remous que produisaient les vents opposés tendant à s'établir dans les couches inférieures.

M. Marié-Davy annonça, pour le lendemain 19, un ciel beau et des vents de nor-dest à sud-est sur les côtes du midi, des vents de sud-est tournant à ouest ou nord-ouest entre Brest et Rochefort, un ciel nuageux et des vents de nord-ouest à sud-ouest sur les côtes du nord. On vit, en effet, le 19, le vent tourner vers les directions indiquées et fraîchir sur la Manche. Mais le centre du tourbillon (dont le sens était de droite à gauche) se déplaçait vers l'Angleterre et, par exception, les dépêches manquèrent de ce côté. On ne put donc annoncer, comme probabilités, que des vents assez forts pour le 20. La tempête a suivi son cours du 20 jusqu'au 25. Le 26, tout était calme, la Méditerranée seule était tourmentée ; du 27 au 28, une bourrasque traversait l'Europe, de l'Angleterre à la Méditerranée.

Le 29, nouvelle menace et nouveau tourbillon, dont la marche est rapide.

La carte du matin du 29, dressée entre deux heures et trois heures d'après les observations arrivées de onze heures à deux heures, montrait l'inflexion caractéristique du 18 septembre ; on y reconnaissait le tourbillon qui déjà s'établissait sur l'Angleterre. Il faut dire ici que les bulletins météorologiques de l'amiral Fitz-Roy ne parviennent à l'Observatoire que le lendemain, par la *poste*.

Ce tourbillon du 29 sévissait encore sur l'Europe, lorsque, le 5 octobre, on vit se produire pour la troisième fois l'inflexion des isobares sur le golfe de Gascogne, signe précurseur d'une nouvelle tempête. En effet, le 7, elle régnait sur l'Europe, et le 12 elle n'avait pas encore cessé d'agiter notre atmosphère.

M. Marié-Davy pense que généralement il sera possible de pressentir, vingt-quatre ou quarante-huit heures d'avance, l'arrivée sur nos côtes d'une tempête un peu durable. Cependant, les cartes journalières construites à l'Observatoire ne disent encore rien sur l'origine et sur le mode de formation des tempêtes ; pour cela, il faudrait pouvoir les étendre à toute l'atmosphère nord, et quand même on mettrait une année à réunir les éléments de chacune d'elles, on tirerait de ces cartes météorographiques un avantage immense pour la théorie des tempêtes.

Nous profitons de cette occasion pour rappeler que M. Francis Galton a déjà fait un premier pas dans cette direction, en publiant, sous le titre *Meteorographica*, un album de l'état du temps sur le nord de l'Europe, pendant le mois de décembre 1861. M. Galton a utilisé un très-grand nombre de documents émanés des établissements ou Sociétés météorologiques d'Angleterre, d'Allemagne, de Hollande, de Belgique, de Russie, etc., pour former des tableaux synoptiques des phénomènes météorologiques trois fois chaque jour (matin, après-midi et soir). Sur une carte où sont tracés d'avance, en bleu, les contours des îles Britanniques, de la France et de toute l'Europe du nord, on imprime, en noir et en rouge, une composition de types ou caractères qui représentent des symboles météorologiques. A la place de chaque station principale, s'imprime ainsi un petit carré dont le remplissage indique l'état de l'atmosphère : des hachures, de petits ronds blancs, des étoiles, des cercles noirs, etc., signifient *nuages, pluie, neige, calme*, etc. Deux ailes déployées signifient *vent*; leur orientation indique la direction du courant.

Dans d'autres cartes, M. Galton a figuré spécialement l'état du baromètre ; des symboles rouges indiquent une pression au-dessous de la moyenne, c'est-à-dire de 761^{mm}. La forme des symboles indique la grandeur de l'écart, de 6 en 6 millimètres ; ainsi, un rond simple signifie une pression comprise entre 755 et 761^{mm}, lorsqu'il est imprimé en noir, et une pression entre 761 et 767^{mm} lorsqu'il est en rouge, etc.

Dans d'autres cartes encore, l'état du baromètre et du thermomètre est représenté par des courbes noires et rouges, d'après le même principe. M. Galton a déjà déduit de ses cartes, entre autres résultats intéressants, l'existence de cyclones avec anticyclones.

— Note sur les vitraux peints et la vision des objets colorés, par M. Chevreul. — Le célèbre et laborieux chimiste annonce qu'il lira prochainement un travail où il examine les vitraux colorés des églises sous quatre rapports : 1° les différentes sortes de verre qui entrent dans la confection de ces vitraux ; 2° la nature d'une couche solide que l'atmosphère tend à déposer sur leur face externe ; 3° le moyen d'enlever cette couche sans nuire à la couleur des vitraux, lors même qu'il s'agit de la sorte de *verre* qu'on dit *peint* ; 4° l'exposé des causes auxquelles il attribue les beaux effets des anciens vitraux.

M. Chevreul annonce ensuite qu'après s'être inscrit pour la lecture de son travail sur les vitraux, il a pris connaissance d'un mémoire de M. Plateau, correspondant de l'Académie des sciences, sur un phénomène de couleurs juxtaposées, et qu'avant de lire son mémoire il a voulu répéter l'expérience signalée par l'auteur. M. Plateau avait dit : « Tous les physiciens qui se sont occupés de phénomènes subjectifs de la vision connaissent la loi du contraste simultané des couleurs, si parfaitement établie par M. Chevreul. D'après cette loi, lorsque l'œil voit simultanément deux espaces colorés contigus présentant respectivement des teintes différentes, il juge ces deux teintes modifiées de telle manière qu'à chacune d'elles s'ajoute, en certaine proportion, la complémentaire de l'autre. Ainsi, quand on observe deux morceaux d'étoffe juxtaposés, l'un d'un rouge pur et l'autre d'un jaune également pur, la couleur du premier semble tirer sur le violet et celle du second sur le vert ; si les deux morceaux d'étoffe sont, l'un vert, l'autre orangé, la couleur du premier paraît se rapprocher davantage du bleu, et celle du second semble plus rougeâtre, etc.

« Or, des expériences, que j'ai effectuées il y a un grand nombre d'années, m'ont fait connaître un cas qui échappe à la loi de M. Chevreul. Ce cas se présente lorsqu'on regarde d'une distance différente une bande colorée *très-étroite* sur un fond étendu teint d'une autre couleur : alors la couleur de la bande étroite, au lieu de se trouver modifiée par la complémentaire de celle du fond, *semble au contraire combinée avec la couleur de ce même fond.* » Si on se reporte, dit à ce sujet M. Chevreul, à mes écrits sur le contraste et sur les effets optiques des étoffes de soie, on sera convaincu qu'il n'y a pas de grands ni de beaux effets de couleur dans les vitraux peints hors du principe que je qualifie de *vision distincte*, et que la manière dont M. Plateau dispose les surfaces colorées qu'il observe en met l'effet dans une condition opposée à celle de ce principe. Je me servirai des expériences mêmes de M. Plateau, qui ont été répétées par M. Quetelet, le secrétaire de l'Académie des sciences de Bruxelles, comme d'un argument des plus forts en faveur de la nécessité d'observer ce principe dans la juxta-position des verres composant les *vitraux peints*, de sorte que rien ne pouvait arriver plus à propos que le mémoire de M. Plateau pour la thèse que je soutiens.

— Du succès de l'ouranoplastie avec ou sans ossification périostique, par M. C. Sédillot. Dans la séance du 31 août dernier, l'auteur avait communiqué à l'Académie la relation d'une opération de restauration de la voûte palatine par autoplastie périostique, qui l'a mis à même de constater que dans ce cas le périoste n'avait point reproduit d'os, mais que l'os dénudé avait reproduit du périoste. C'est sur ce résultat inattendu, qui a assuré le succès de son opération, que M. Sédillot est revenu, dans cette séance, pour en faire ressortir quelques conséquences et quelques considérations nouvelles sur l'autoplastie.

— Sur l'innocuité et sur l'efficacité de la cautérisation des cavités utérines, par M. A. Courty. — L'auteur dit avoir obtenu des résultats vraiment extraordinaires d'un nouveau mode de cautérisation qui consiste à introduire dans l'utérus un fragment de crayon de nitrate d'argent fondu, et à l'y laisser pendant un temps plus ou moins long. L'action du nitrate d'argent tempérée par l'interposition des mucosités de l'organe s'exerce très-efficacement dans le traitement des granulations fongueuses de cette cavité, pour lesquelles Récamier avait inventé sa curette, et surtout dans le traitement des leucorrhées chroniques et rebelles, qui font le désespoir des malades et des médecins. L'innocuité de la cautérisation en général, et de quelques actions plus ou moins énergiques auxquelles on a pu soumettre, sans danger réel, la muqueuse utérine, paraît tenir à deux causes, dit l'auteur.

« La première, c'est qu'habituellement la cautérisation porte sur des tissus exubérants hypertrophiques, tels qu'il s'en produit si facilement dans un organe dont la composition anatomique et la nature physiologique sont d'être toujours en instance d'organisation. L'excédant, en quelque sorte, est détruit par le caustique, le tissu propre de l'organe n'est pas atteint.

« La seconde, c'est que cet état physiologique dans lequel se trouve continuellement l'utérus, et qui l'assimile, en quelque façon, aux organes en train de se développer, facilite singulièrement pour lui les réparations de tissu. Aussi est-il surtout difficile d'apercevoir la moindre trace de cicatrice après la cautérisation. La muqueuse peut n'être pas atteinte dans les éléments consécutifs. Mais, en la supposant atteinte, ne peut-elle pas se régénérer? Les phénomènes de la grossesse, ceux de la simple menstruation ne nous en donnent-ils pas la certitude? »

— Nouvelles recherches sur les ferments et sur les fermentations, par M. J. LEMAIRE. — Dans cette séance, l'auteur a terminé la lecture de son mémoire, commencée dans la séance du 21 septembre dernier. Nous reproduisons le mémoire complet de l'auteur, d'après le manuscrit qu'il nous remet, et dont il a corrigé les épreuves.

— Sur la structure du système nerveux des mollusques gastéropodes, par M. SALVATORE TRINCHÈSE. — L'ensemble des recherches de l'auteur l'a conduit à ces résultats :

1° Que le système nerveux des mollusques se compose des mêmes éléments que ceux des animaux vertébrés; 2° que les différents noyaux médullaires du collier œsophagien ont une structure différente; 3° que chez les types où la centralisation des noyaux médullaires est le plus marquée, la fusion de ceux-ci ne s'accomplit dans le ganglion du pied que vers sa moitié, et que, à ses régions supérieure et inférieure, les noyaux sont séparés; 4° que l'élément nerveux pénètre dans l'intérieur des fibres musculaires de ces animaux (fibres lisses) et s'y termine en pointe.

— De l'alcoolé de guaco, de ses effets prophylactiques et curatifs dans les maladies vénériennes, de son influence dans le pansement des plaies, par M. N. PASCAL. — Brochure in-8.

— Sur les lésions cérébro-spinales consécutives au diabète, par le docteur MARCHAL (de Calvi). — L'auteur s'est proposé, dans ce mémoire, d'établir que des lésions cérébro-spinales sont souvent produites par le diabète, tandis que, jusqu'à présent, on n'avait considéré ces lésions que comme pouvant occasionner le diabète. Il cite à l'appui vingt-trois observations, desquelles il résulte, suivant lui, que la congestion et l'apoplexie cérébrales, la paralysie ascendante, le trouble des facultés intellectuelles, etc., se sont présentés à titre d'accidents diabétiques. Dans un des cas qu'il rapporte, il y eut ulcération de la cornée et fonte de l'œil, comme chez les animaux, que Magendie rendait diabétiques sans le savoir en les nourrissant de sucre exclusivement. Il termine par un rapprochement entre la goutte et le diabète, qu'il considère, dans sa variété la plus commune, comme *la goutte dans le sang*. La goutte, le rhumatisme, la gravelle acide, les dartres, sont des manifestations congénères de la grande diathèse urique.

— Sur la présence d'infusoires du genre *Bacterium* dans le sang humain. Note de M. TIGRI. Cette note, adressée de Sienne et écrite en italien, renferme onze observations desquelles l'auteur croit pouvoir conclure :

« 1° Que dans le sang de l'homme et dans des conditions spéciales de maladie peuvent se développer, durant la vie, des infusoires du genre *Bactérium*; 2° que des infusoires du genre *Monas* et *Vibrio* se montrent dans le sang des cadavres, s'y développent, et peuvent être considérés comme agents de la putréfaction. »

— M. MAUDET adresse de Tarare deux notes, l'une sur un moyen tendant à vulgariser l'emploi du *sulfate d'ammoniaque* pour rendre les *mousselines* ininflammables; l'autre sur une modification qu'il a fait subir à un parement pour le tissage des étoffes de coton et de lin, déjà signalé sous le nom de *parement salubre*, comme permettant aux tisserands de conserver leurs fils humides en même temps qu'ils travaillent dans un air sec.

— M. le Secrétaire perpétuel donne lecture d'une lettre de M. Jules Thore, qui annonce que son père, M. Fr.-Han-Franklin Thore, décédé à Dax (Landes), le 22 septembre 1863, a légué à l'Académie des sciences le capital d'une rente de 200 francs qui serait destinée à la fondation d'un prix à l'auteur du meilleur mémoire sur quelque point de l'histoire des cryptogames ou des insectes d'Europe.

M. Jules Thore annonce qu'il tient la somme nécessaire à la disposition de l'Académie.

Plusieurs mémoires sont adressés pour les prix Montyon et de l'Académie.

— M. Velpeau analyse une brochure de M. Hergott, professeur à la faculté de Strasbourg, et qui a pour titre : *Examen des perfectionnements récents dont a été l'objet l'opération de la fistule vésico-vaginale*, suivi de trois nouvelles opérations pratiquées avec succès. (Brochure in-8°, Strasbourg.)

La séance est levée à cinq heures.

Séance du 19 octobre. — Théorie du cal ; par M. Jobert de Lamballe. — Dans cette lecture, M. Jobert fait l'historique des quatre théories du cal et se propose probablement d'en donner une cinquième.

— Mémoire sur les vitraux peints ; par M. E. Chevreul.— Ce mémoire, écrit avec tous les points et virgules et les divisions et subdivisions dont l'illustre chimiste émaille toutes ses productions, est fatigant à lire et très-long, il faudrait le publier *in extenso*, ce qui n'est pas possible dans une séance; mais nous allons, en attendant, donner la partie utile de ce mémoire.

« *Chapitre III.* — Procédé pour nettoyer les vitraux peints dont le temps a altéré la transparence par des dépôts produits sur la surface du verre. — J'expose la série des opérations à faire pour enlever la matière des dépôts. (*a*) On les lave à grande eau. (*b*) On les tient plongés dans de l'eau de sous-carbonate de soude marquant 9 degrés à l'aréomètre de Baumé, pendant le temps nécessaire à ce que l'enduit soit mouillé, ainsi que la surface du verre que cet enduit recouvre. Le temps peut varier de cinq à douze jours. (*c*) On les lave à grande eau. (*d*) On les tient plongés ensuite dans de l'acide chlorhydrique à 4 degrés. (*e*) On les lave à grande eau.

Voilà le traitement qui suffit aux vitraux de l'église Saint-Gervais sur lesquels j'ai opéré. Dans le cas où ces vitraux présenteraient des parties dont l'enduit n'aurait pas été enlevé, on pourrait soumettre ces parties aux opérations suivantes : frotter les parties avec de la poudre de brique tamisée, simplement mouillée ou imprégnée d'acide chlorhydrique à 4 degrés. Enfin, dans le cas où l'on serait pressé d'opérer un nettoyage en quelques heures, on pourrait aider l'action de l'eau, celle du sous-carbonate de soude ou de l'acide chlorhydrique à 4 degrés, de l'action mécanique d'un couteau de corne et, en outre, de celle de la poussière de brique.

Au reste, je ne puis trop recommander aux personnes qui voudraient recourir au procédé qui précède, de l'essayer sur une pièce insignifiante des vitraux à nettoyer, afin de s'assurer que les opérations auxquelles ils seraient ensuite soumis n'auraient aucune fâcheuse conséquence.

Dans le chapitre IV de son mémoire, M. Chevreul développe la nécessité, à son avis, pour le bel effet des vitraux peints, que les pièces qui les composent soient de petites dimensions et encadrées dans du plomb, et il explique la supériorité des vitraux anciens sur les vitraux modernes par le soin extrême que l'on avait autrefois d'observer le principe de la vision distincte, en employant des couleurs très-vives, de très-petits fragments de verre suffisamment épais, des plombs d'encadrements très-forts, des bordures de pigment noir assez larges, etc., etc. Dans de semblables conditions, il n'y a ni mélange de couleurs, ni effet de contraste ; la teinte très-vive du vitrail produit tout son effet vraiment magique. Les vitriers modernes, au contraire, font usage de verre très-mince, de grande étendue ; ils donnent pour encadrement aux verres colorés des verres grisâtres très-criards ; ils laissent la lumière blanche venir de tout le contour du vitrail, et quelquefois par réflexion à la surface de la verrière, se mêler à la lumière transmise par les verres de couleur, ce qui la lave et lui enlève tout son éclat.

Partant il n'y a non pas seulement contraste, mais mélange, mais affaiblissement des couleurs ; la vision distincte n'est plus possible, et l'effet est complétement manqué. Cet oubli de tous les principes de l'art est surtout sensible au Palais de l'Industrie ; il annule presque complétement l'effet grandiose qu'auraient dû produire les belles verrières peintes de M. Maréchal.

M. Chevreul ajoute que parmi les qualités attribuées aux *vitraux anciens* et refusées aux *vitraux modernes,* il en est deux qui tiennent à des défauts de la fabrication des verres anciens.

Le premier défaut tient à ce que beaucoup de verres anciens sont d'inégale épaisseur, en d'autres termes, que leurs deux surfaces ne sont point parallèles, qu'elles présentent des parties convexes et des parties concaves qui agissent tout différemment sur la lumière, de manière à produire en définitive des effets agréables.

Le second défaut est chimique. Il tient à la composition du verre ancien même, qui n'est point équivalente à du *verre incolore* plus un *principe colorant,* tel que le protoxyde de cobalt, le sesquioxyde de manganèse, etc.; le verre ancien contient beaucoup d'oxyde de fer intermédiaire qui se colore en vert, indépendamment de cobalt, de manganèse, etc., et c'est à cette existence du fer qu'il faut attribuer la propriété qu'ont certains verres anciens colorés par du cobalt de transmettre une couleur bleue dépouillée de violet, et certains verres anciens colorés par le manganèse de transmettre une couleur fort différente de la couleur donnée par l'oxyde de ce métal pur à un verre incolore.

On voit donc que de beaux effets des verres anciens tiennent à des défauts de fabrication.

M. Regnault, après la communication de mon travail, dit M. Chevreul, a exprimé une opinion conforme à la mienne, relativement à la nécessité, pour le bel effet des vitraux colorés, que la lumière transmise dans les lieux qu'ils éclairent y pénètre à l'exclusion de toute lumière blanche.

Il avait remarqué, en outre, qu'une des causes de la supériorité d'effet des vitraux anciens sur les vitraux modernes tient aux accidents de lumière provenant de l'inégalité d'épaisseur des premiers, d'où résultent des surfaces convexes et concaves qui agissent tout autrement sur la lumière que des surfaces planes et parallèles.

C'est sous l'impression des idées précédentes qu'il a proposé à l'autorité supérieure, dans un rapport resté inédit : 1° de fabriquer les verres destinés aux vitraux, non plus par le soufflage, mais par le coulage, afin d'éviter l'effet monotone, sur la lumière, des surfaces planes ; 2° de mêler différentes matières étrangères aux verres pour en diminuer la transparence. »

— Cathétérisme de l'intestin grêle, pratiqué avec succès chez une malade dont l'estomac ne pouvait supporter la présence des aliments ; par M. BLANCHET. — Voici une observation qui montre que si le médecin est quelquefois inutile, et s'il fait, quand il voit de travers, plus de mal que de bien, il y a cependant des cas où son intelligence et sa perspicacité sauvent la vie du malade.

« Mme de X..., âgée de vingt-quatre ans, a éprouvé il y a deux ans, par suite de causes morales, des perturbations générales dans tout le système nerveux. La locomotion est devenue impossible ; les sens de la vue et de l'ouïe ont subi une exaltation de sensibilité qui nécessite l'obscurité et ne permet pas de supporter les bruits et les sons d'aucune espèce. Depuis treize mois, l'estomac ne peut tolérer l'introduction de substances solides ou liquides; il survient, quelques minutes après leur ingestion, une gastralgie des plus violentes, accompagnée le plus souvent de vomissements, et suivie de réaction au cerveau qui cause constamment un coma de deux à trois heures de durée.

Tous les moyens usités en pareil cas avaient été vainement employés. Depuis quelques semaines les vomissements étant devenus presque constants, et les forces de la malade s'épuisant, nous nous sommes décidé à tenter le cathétérisme de l'intestin grêle. Le 12 octobre, nous avons pratiqué pour la première fois cette opération, à l'aide d'une sonde en gomme, de 1^m.20 de longueur, préalablement ramollie, et nous avons pu introduire de la sorte dans le tube digestif 700 grammes de bouillon additionné de 30 grammes d'élixir de pepsine, et un verre d'eau rougie. Toutes ces substances, soustraites à l'action du pneumo-gastrique, ont pu parcourir les voies digestives, sans donner lieu aux mouvements antipéristaltiques de l'intestin et aux crises nerveuses ordinaires. »

— De la pellagre dans les asiles d'aliénés; par M. H. LANDOUZY. — L'auteur continue d'affirmer contre M. Billod qu'il n'existe pas de pellagre des aliénés proprement dite; que, lorsqu'elle s'y rencontre, elle doit être attribuée, soit à l'antériorité méconnue du mal, soit simplement aux mauvaises conditions alimentaires ou hygiéniques qui produiront chez les aliénés pauvres, la *pella rosa*, absolument comme elles la produiraient chez de simples indigents non aliénés.

Si l'aliénation mentale était la cause de la pellagre, en contribuant par elle-même à la débilitation de l'organisme, comment expliquer cette absence absolue de l'érythème caractéristique dans vingt-sept asiles de France et d'Italie où l'auteur a fait des enquêtes personnelles? Ce n'est donc pas l'aliénation qui produit la pellagre dans les asiles, mais les mauvaises conditions hygiéniques dans lesquelles se trouvent les aliénés indigents.

— M. A. GALIBERT soumet à l'Académie un appareil destiné à permettre une libre et complète respiration aux personnes qui ont à séjourner quelque temps sous l'eau ou qui doivent pénétrer dans un milieu rempli de gaz délétères ou de fumée.

— M. BALSAMO adresse l'image photographique d'un métis de bouc et de brebis; il avait l'intention de donner l'animal, qui est vivant et qui lui appartient, au Jardin d'acclimatation du bois de Boulogne, mais M. Flourens sollicite le cadeau pour la ménagerie du Muséum où il sera, *prétend-il,* plus sérieusement étudié.

— Recherches sur la signification homologique de quelques pièces faciales du squelette des poissons ; par M. H. Hollard.

— Sur l'utilité et les inconvénients des cuvages prolongés dans la fabrication du vin. — Sur la fermentation alcoolique dans cette fabrication. Note de M. A. BÉCHAMP. — Cette note étant trop importante pour être abrégée, nous la publierons *in extenso* dans nos comptes-rendus de chimie.

— Suite aux recherches sur les propriétés optiques développées dans les corps transparents par l'action du magnétisme; note de M. VERDET, présentée par M. Pasteur. — M. Verdet avait communiqué, dans la séance du 6 avril, une première suite à ses Recherches sur les pouvoirs rotatoires magnétiques, de laquelle il résultait :

1° Que les déviations du plan de polarisation imprimées par le magnétisme suivaient toutes *approximativement* la loi de la raison inverse du carré des longueurs d'onde;

2° Que l'écart, entre les résultats de l'expérience et cette loi prise d'une manière absolue, était d'autant plus grand qu'il s'agissait de substances plus réfrangibles.

M. Verdet faisait observer alors que ces résultats étaient contraires à la théorie mathématique proposée par M. Charles Neumann, mais qu'ils s'accordaient, soit avec celle de M. Maxwell, soit également avec d'autres équations différentielles peu différentes de celles de M. Maxwell, dans lesquelles entrent les différentielles troisièmes des déplacements moléculaires ¡ a.i rapport au temps.

Aujourd'hui, M. Verdet communique les observations très-précises qu'il a faites à nouveau sur le sulfure de carbone et sur la créosote, c'est-à-dire sur ces mêmes corps très-réfringents qui, antérieurement, l'avaient conduit aux conséquences énoncées plus haut en ce qui concerne les théories proposées, soit par M. Maxwell, soit par lui-même. Or, ces nouvelles déterminations faites avec un soin particulier, tant par M. Verdet que par M. Gernez, agrégé-préparateur à l'École normale, conduisent M. Verdet à rejeter les théories mathématiques dont il s'agit, aussi bien que celle de M. Neumann, parce que ni l'une ni l'autre ne s'accorde avec ces nouvelles observations, plus précises que toutes celles que l'on avait obtenues jusqu'à présent. En effet, les trois théories en question conduisent à ces trois expressions du pouvoir rotatoire ρ, correspondant à une longueur d'ondulation λ et un indice de réfraction n.

$$\rho = m \frac{n^2}{\lambda^2} \left(n - \lambda \frac{dn}{d\lambda} \right) \ .. \ \text{(Maxwell)},$$

$$\rho = m \frac{1}{\lambda^2} \left(n - \lambda \frac{dn}{d\lambda} \right) \ ... \ \text{(Verdet)},$$

$$\rho = m \left(n - \lambda \frac{dn}{d\lambda} \right) \ ... \ \text{(Ch. Neumann)},$$

en désignant par m le coefficient proportionnel à la composante de l'action magnétique parallèle aux rayons lumineux qui entre dans les équations.

Ces formules, comparées aux observations, donnent les rotations relatives suivantes pour les raies C, D, E, F, G.

Les observations avaient été faites entre 24 et 25° de température.

Sulfure de carbone.

(Valeur absolue moyenne du double de la rotation pour E : 25° 28.)

	C	D	E	F	G
Maxwell......	589	760	1000	1234	1713
Verdet.......	606	772	1000	1216	1640
Neumann......	943	967	1000	1034	1691
Observation...	592	768	1000	1234	1704

Créosote.

(Valeur absolue moyenne du double de la rotation pour E : 21°.58.)

	C	D	E	F	G
Maxwell......	617	780	1000	1210	1603
Verdet........	623	789	1000	1200	1565
Neumann.....	976	993	1000	1017	1041
Observation...	573	758	1000	1241	1723

Les indices observés étaient, à la même température de 24° C.

	B	C	D	E	F	G	H
Sulf. de carb..	1.6114	1.6147	1.6240	1.6363	1.6487	1.6728	1.6956
Créosote......		1.5369	1.5420	1.5488	1.5553	1.5678	1.5792

M. Verdet pense même que le pouvoir rotatoire magnétique n'est pas le résultat d'un mécanisme unique le même dans tous les corps, et troublé seulement par les causes qui produisent la dispersion. Ce mécanisme inconnu a, sans doute, un caractère commun dans tous les corps, puisque, dans tous, les phénomènes semblent suivre *approximativement* la même loi ; mais il doit aussi offrir des particularités spécifiques pour chaque corps, impossibles à prévoir d'après leurs propriétés optiques.

Il reste établi d'ailleurs qu'une très-grande dispersion trouble sensiblement la loi simple du carré des longueurs d'onde, sans être la cause unique des perturbations qui se manifestent. C'est ainsi qu'une forte réfraction est accompagnée ordinairement d'un fort pouvoir rotatoire magnétique, sans être avec celui-ci dans une relation constante.

Comète IV, 1863. — Le 9 octobre, un astronome amateur, qui a déjà découvert indépendamment la IIIe comète de cette année (vue un jour avant lui par M. Respighi), l'horloger Baecker, à Nauen, près Berlin, a découvert un nouvel astre chevelu dans la constellation du Lion. Il offrait l'aspect d'une nébulosité mal définie, à noyau excentrique. M. Tempel
a découvert cette comète indépendamment le 14 octobre, à 3 heures et demie du matin.

La comète a été observée à Leipzig, dans la matinée du 12, du 15 et du 16, et ces observations ont donné les éléments suivants, calculés par M. Engelmann :

Passage périhélie 1863, décembre 29.39535 (Berlin).

Longitude du périhélie...... 183° 28′ 50″ Équinoxe apparent du 13 octobre.
Longitude du nœud......... 105   3   19
Inclinaison................. 83   26   57
Log. distance périh........ 0.116592

Mouvement direct.

Les positions seront, d'après ces éléments, à midi, à Berlin :

Le 3 novembre. A. R. 11ʰ 15ᵐ 32ˢ Décl. N. 39° 10.4
        5 —   — 11 26 15   —   40 1.8

L'éclat sera, le 10 novembre, le double de ce qu'il a été le 15 octobre, et il ira encore en
augmentant.

La comète II, 1863, a encore été observée par M. d'Arrest au mois d'août dernier, la comète III au mois de septembre.   R. R.

VARIÉTÉS.

LE BALLON NADAR.

Nous n'apprendrons rien à nos lecteurs en leur disant que *le Géant*, parti pour la seconde
fois du Champ-de-Mars dimanche 18 octobre, à 5 heures du soir, avec neuf amateurs, a été vu
le 18 au soir, vers minuit, à Erquelines (Belgique). Depuis, le *Moniteur universel* a publié ces
deux dépêches, que nous reproduisons.

PREMIÈRE DÉPÊCHE (*Moniteur* du 21 octobre).

« Tombés près de Nienbourg, dans le royaume de Hanovre, lundi à midi, nous avons été
traînés plusieurs heures, les ancres ayant été brisées.

« Saint-Félix, ma femme et moi, sommes assez grièvement blessés ; les autres sont mieux.

« Nous devons la vie au courage et au dévouement de Jules Godard.

« A demain des nouvelles plus détaillées.

« NADAR. »

DEUXIÈME DÉPÊCHE (*Moniteur* du 22 octobre).

« Hanovre, 21 octobre.

« Les blessés du *Géant* ont été transportés à Hanovre et remis aux bons soins de l'ambassadeur de France. Le roi de Hanovre a envoyé un de ses aides de camp pour les recevoir.
Trois d'entre eux sont blessés grièvement : ce sont M. Saint-Félix, M. et Mᵐᵉ Nadar. Le premier a l'humérus gauche fracturé et la figure meurtrie ; M. Nadar a les deux jambes luxées ;
Mᵐᵉ Nadar a subi une compression du thorax et a une jambe meurtrie.

« NADAR. »

Voici maintenant la relation complète du voyage avec toutes ses péripéties, telle que nous la trouvons dans le *Moniteur* du 25 octobre, racontée par M. Louis Godard lui-même.

« Le départ n'a offert rien de remarquable jusqu'à Erquelines. Si le ballon ne s'est pas élevé à une plus grande hauteur, c'est parce que les aéronautes voulaient éviter toute dilatation pour faire un voyage de long cours; s'ils eussent voulu produire un effet sur le public, ils auraient obtenu la plus grande élévation en se délestant de 30 à 40 kilogr.

« Le ballon des fêtes officielles, appartenant à MM. Godard frères, pavoisé de drapeaux aux initiales de S. M. l'Empereur, et *le Géant*, se sont rencontrés quatre à cinq fois dans les airs, et les aéronautes du *Géant*, croyant s'adresser aux habitants d'une ville, recevaient la réponse de M. Godard père (Fanfan), qui dirigeait le petit ballon. Cette poursuite n'a cessé qu'à Saint-Quentin, où la descente de ce dernier s'est opérée.

« Le *Géant* a continué sa route. Signalé à Lille, il s'est dirigé vers la Belgique où un courant direct, venant de la Manche, l'a poussé dans les marais de la Hollande. C'est là où M. Louis Godard proposa la descente pour attendre le jour, afin de pouvoir reconnaître la situation et repartir; il était une heure du matin; la nuit était fort obscure, mais le temps calme.

« Malheureusement ce conseil, appuyé par une longue expérience, ne fut pas écouté. Le *Géant* dut donc continuer sa route, et M. Louis Godard ne se crut plus responsable des suites du voyage.

« Le ballon côtoya le Zuyderzée et entra dans le Hanovre; le soleil commençant à paraître sécha le filet et les parois de l'aérostat humide par son passage à travers les nuages, et produisit une dilatation qui éleva les aéronautes à 4,500 mètres.

« A huit heures du matin, le vent, tournant brusquement à l'ouest, dirigea le ballon en droite ligne vers la mer du Nord. Il fallait à tout prix opérer la descente : c'était une œuvre périlleuse, car le vent soufflait avec une violence extrême.

« Les frères Godard, Louis et Jules, secondés par M. Gabriel Yon, ouvrirent la soupape et filèrent les ancres ; mais malheureusement la marche horizontale du ballon augmentait de seconde en seconde; le premier obstacle que les ancres rencontrèrent fut un arbre. Il fut déraciné instantanément et traîné jusqu'au second obstacle, qui était une maison dont la toiture fut enlevée. A ce moment, les deux câbles des ancres se brisèrent sans que les voyageurs s'en aperçussent, tant la vitesse acquise était prodigieuse (60 lieues à l'heure). Les cordes avaient 25 millimètres de diamètre et pouvaient supporter une résistance de 5,000 kilogrammes.

« Prévoyant les chocs successifs qui allaient avoir lieu, — le moment était critique, le moindre oubli pouvait causer la mort, — M. Louis Godard ne cessait de multiplier les encouragements ; le ballon filait toujours avec une vitesse de 60 lieues à l'heure; par l'ouverture de la soupape, il avait perdu une certaine quantité de gaz et ne pouvait plus remonter. Pour surcroît de difficultés, sa position inclinée ne permettait de manœuvrer que sur le cercle la corde de la soupape.

« Sur la demande de son frère, Jules Godard tenta l'œuvre difficile de se cramponner à ce cercle, et, malgré son habileté connue, il dut plusieurs fois renouveler ses tentatives. Seul, il ne pouvait détacher cette corde, M. Louis Godard pria M. Yon d'aller rejoindre son frère sur le cercle. A eux deux, ils se rendirent maîtres de la corde, qu'ils passèrent à M. Louis Godard ; celui-ci la fixa solidement, malgré les chocs qu'il recevait.

« Une secousse violente ébranla la nacelle et engagea M. de Saint-Félix sous cette nacelle qui labourait la terre; il était impossible de lui porter secours, et pourtant M. Jules Godard, stimulé par son frère, s'élança au dehors pour tenter d'amarrer à des arbres ce qui restait au dehors des cordes des ancres. M. Montgolfier, engagé de la même manière, put être ressaisi à temps et sauvé par Louis Godard.

« A ce moment, MM. Thirion et d'Arnoult sautèrent à leur tour et en furent quittes pour dé légères contusions. La nacelle, traînée par le ballon, brisait des arbres de 50 centimètres de diamètre et renversait tout ce qui lui faisait obstacle.

« M. Louis Godard fit sauter M. Yon hors de la nacelle pour porter secours à Mᵐᵉ Nadar, mais une secousse terrible jeta MM. Nadar, Louis Godard et Montgolfier, les deux premiers contre terre, le troisième dans l'eau. Mᵐᵉ Nadar, malgré les efforts des voyageurs, resta la dernière et se trouva comprimée entre la nacelle, tombée sur elle, et le sol. Il se passa plus de vingt minutes avant qu'il fût possible, malgré les efforts inouïs de tout le monde, de la dégager; c'était au moment où le ballon se déchirait et brisait, comme un monstre furieux, tout ce qui l'environnait. Ce n'est qu'en formant de puissants leviers avec des branches rompues et en coupant à coups de hache les vingt cordes qui reliaient la nacelle au cercle que l'on put la retirer de cette position critique. On comprendra la difficulté de ce travail, la nacelle pesant 1,100 kilogrammes.

« Aussitôt après, on courut au secours de M. de Saint-Félix, laissé en arrière, et dont la figure n'était qu'une plaie couverte de sang et de boue; il avait un bras cassé et la poitrine labourée et meurtrie entièrement.

« Je termine ce récit véridique, en remerciant les habitants de Rethem; particulièrement notre ambassadeur et l'envoyé du roi pour les soins qui nous ont été donnés.

                                                     « Louis GODARD. »

Voici en quels termes l'abbé Moigno juge cette ascension dans *les Mondes* du 29 octobre. M. Nadar pourra trouver son style *épileptique;* mais le jugement qu'il porte sur cette ascension nous paraît parfaitement sensé. « En outre, la fin, trouver des capitaux, ne justifie pas l'emploi des moyens; s'élancer dans les airs avec un ballon comme *le Géant,* sans que les ancres et les cordes aient été éprouvées par des essais semblables à ceux auxquels la marine ne manque jamais de procéder; s'élancer dans les airs pour une navigation indéfinie, sans aucune donnée sur les vents impétueux que l'on pourra rencontrer dans les régions basses de l'atmosphère, c'est de l'audace, sans doute; mais c'est aussi plus que de la témérité, c'est de la folie, et on n'encourage pas la folie sans se compromettre. M. Nadar n'est pas plus aréonaute qu'acrobate; qu'aurait dit M. Barral (1), si, pour trouver des capitaux, il avait prétendu imiter Blondin, et courir avec une brouette le long d'une corde tendue à 30 mètres au-dessus du Champ-de-Mars? Les risques qu'il courait en s'enfermant dans la nacelle du *Géant* n'étaient guère moindres. Qu'on organise une Société pour le perfectionnement de la la locomotion aérienne, en faisant appel non pas à un seul inventeur, mais à tous, à MM. Giffard, Carmien de Luze, Ménier, etc., etc., nous n'y trouverons rien à dire; mais, nous le répétons, nous croirions forfaire à l'honneur, si nous ne barrions pas le passage à ce qui nous apparaît clairement impossible, ou si nous encouragions des ascensions véritablement insensées. »

M. le prince de Wittgenstein, un des douze compagnons de M. Nadar, dans l'ascension du ballon *le Géant,* faite au Champ-de-Mars, le 4 octobre, et qui a eu la bonne pensée de ne pas faire partie de la seconde qui s'est terminée, comme on l'a vu plus haut, d'une manière malheureuse, vient de publier, dans la *Presse scientifique des deux mondes,* un article intéressant sur la navigation aérienne, dont nous extrairons quelques chiffres curieux qui doivent être exacts, nous le supposons. (Voir Ganot, *Traité de Physique,* 11ᵉ édition, p. 840.)

« Le steamer le plus rapide mettra plus de trois semaines pour se rendre de Liverpool à Rio-de-Janeiro, au Brésil.

Le navire aérien, parti du même point et à la même époque, se fera porter vers le tro-

(1) Réponse à M. Barral, qui écrit dans *la Presse scientifique des Deux Mondes.* « Nous applaudissons dans ous les cas à l'initiative d'un homme qui, en présence de l'inertie de tous, sait se mettre bravement en avant pour trouver les capitaux nécessaires au développement d'une découverte essentiellement française. »

pique par le vent du nord ou du nord-ouest (qui règne dans ces parages les trois-quarts de l'année), et, y trouvant les vents alisés, il traversera l'Océan avec la même rapidité qu'eux ; tout le voyage aura duré six à huit jours au plus !

Il pourrait rencontrer un vent contraire, dédaigner de l'éviter, se laisser entraîner par lui à mille lieues de sa route, et cependant revenir et arriver encore huit jours avant le steamer, qui lutte si victorieusement contre les vents et les flots !

On sait que le vent n'a aucune action destructive sur l'aérostat. Jusqu'à présent, les étoffes les plus minces, le papier même, ont suffi ! Etant plongé complétement dans l'élément qui le porte, faisant corps avec lui. pour ainsi dire, le navire aérien se trouve toujours, relativement à l'atmosphère qui l'entoure, dans le calme le plus parfait.

Tous les aéronautes ont remarqué que, lorsque leur ballon est entraîné par un ouragan avec une vitesse de 150 kilomètres à l'heure, rien ne bouge dans leur nacelle. Les banderolles d'étoffe légère pendent immobiles le long de leurs hampes, et la flamme d'une bougie ne vacillerait pas. — Ce n'est qu'en voyant la terre fuir au-dessous d'eux avec une rapidité vertigineuse qu'ils peuvent apprécier la vitesse de leur mouvement.

La moindre solidité est donc suffisante pour le navire aérien, et le point qu'il faut atteindre sous ce rapport, c'est la faculté de résister, sans se déformer, à un vent de 8 mètres à la seconde; car telle est à peu près la vitesse maximum que le calcul assigne aux navires aériens d'un fort tonnage, lorsqu'ils marchent par leurs propres forces dans une atmosphère calme.

On conçoit aisément combien cela facilite la construction !

Quant à la dimension, un navire aérien égalant en longueur le tiers à peu près des arches de pont que nous citions (un pont de 1,000 mètres de portée), pourrait enlever aisément toute une escadre de guerre avec son artillerie et son chargement ! — Un tel résultat étonne par son immensité, lorsqu'il ne s'agit que de 350 mètres de long. Cependant il est exact ! Les chiffres suivants le prouvent :

La *Bayonnaise*, corvette de guerre française de 32 canons, pèse avec son artillerie, ses munitions et son chargement, 1,188,000 kilogr.; une escadre de six corvettes pareilles pèserait donc 7,128,000 kilogrammes, avec ses 192 canons, ses équipages, chargements, munitions, etc.

Or, un navire aérien de 350 mètres de long aurait une force ascensionnelle de plus de 18 millions de kilogrammes. (S'il était sphérique, il enlèverait plus de 26,800,303 kilogrammes, chaque mètre cube de gaz hydrogène pur enlevant 1 kil. 209 gr. 7.)

Supposant le poids du navire lui-même égal à 8 millions de kilogrammes, ce qui est quatre fois plus que le calcul détaillé n'indique, on voit qu'il lui reste encore une fois et demie à peu près plus de force qu'il n'en faudrait pour enlever toute l'escadre.

Cependant, nul ne peut dire qu'une construction de 350 mètres soit inabordable, et encore moins impossible ! Elle est inusitée en aérostation, voilà tout.

Mais, n'ayant nul besoin de transporter des escadres entières, nous pouvons nous contenter du tiers de ces dimensions, et nous aurons encore un navire capable de transporter partout plus de 400,000 kilogrammes de marchandises.

Or, le tiers de ces dimensions n'est pas bien éloigné des dimensions du ballon de 80 mètres de haut qu'a fait construire M. Nadar ! C'est 120 mètres à peine.

Nous voyons qu'il n'y a rien là qui doive effrayer les imaginations les moins hardies.

Est-ce le poids d'un tel navire qui ferait douter de sa faculté d'ascension ?

Qu'on lise la description des formidables vaisseaux de guerre cuirassés de plaques de fer de 30 centimètres (11 pouces) d'épaisseur, dont parle M. Cucheval-Clarigny dans le numéro de *la Patrie* du 25 septembre dernier. Que l'on songe qu'outre le poids immense d'une telle coque, longue de 79 mètres et large à proportion, ces navires portent une tour bâtie en blocs de fer d'un pied d'épaisseur, une guérite de pilote en blocs de 10 pouces, et une cheminée en blocs de 8 pouces. En outre, un éperon de fer de 12 pieds de long, des machines à vapeur de près de 1,000 chevaux, des canons de 15 pouces d'ouverture, longs de plus de 20 pieds, montés sur des affûts en fer, et une provision de projectiles dont chacun pèse 400 livres. Que l'on tâche de concevoir l'énormité de ce poids, et que l'on dise après s'il n'est pas possible de construire un navire aérien des mêmes dimensions, pesant 800 fois moins seulement. Cela suffirait pour qu'il flotte dans l'air avec la même force ascensionnelle que possède le *Canonicus* sur l'eau de mer. Et s'il paraît difficile de diminuer 800 fois ce poids formidable, qu'on le diminue seulement 100 fois ; en faisant le navire aérien deux fois plus grand, le résultat sera le même. »

COMPTE-RENDU DES TRAVAUX DE CHIMIE

Nouvelles combinaisons du silicium avec l'oxygène et l'hydrogène. — M. Wœhler a publié, dans les *Annalen der chemie und pharmacie* (sept. 1863, p. 257), un Mémoire important sur une nouvelle classe de combinaisons du silicium. Il commence par former du *siliciure de calcium*, en faisant fondre ensemble 20 gr. de silicium, 200 gr. de chlorure de calcium, et 46 gr. de sodium. La masse cristalline ainsi obtenue possède une couleur gris de plomb, un lustre métallique et une structure laminaire ; les cristaux peuvent être hexagones. A l'air et dans l'eau, cette substance se désagrége et se divise en écailles. Elle n'est pas attaquée par l'acide nitrique ; mais l'acide chlorhydrique, l'acide sulfurique dilué et aussi l'acide acétique la changent en une matière jaune orangé. L'analyse de cinq échantillons a donné des quantités très-variables de silicium libre, un peu de magnésium, de sodium, d'aluminium et de fer, et enfin du calcium et du silicium en combinaison, dont la proportion répond à la formule Ca Si^2 ; la substance grise contient donc un *siliciure de calcium*. La présence du sodium semble être indispensable pour sa formation.

Le corps jaunâtre qui prend naissance sous l'action de l'acide chlorhydrique est insoluble dans l'eau, dans l'alcool, dans les chlorures de silicium ou de phosphore, et dans le sulfure de carbone. Il s'enflamme lorsqu'on l'expose à une forte chaleur. A la lumière solaire, il blanchit en abandonnant de l'hydrogène, surtout lorsqu'il est placé sous l'eau. Il n'est attaqué ni par le chlore, ni par les acides sulfurique ou nitrique ; mais l'acide fluorique le blanchit, avec dégagement de chaleur. Les solutions alcalines ou ammoniacales le transforment en acide silicique. Ce corps, que M. Wochler appelle *silicone*, se compose de 67 à 70 parties de silicium, 2.4 à 2.5 d'hydrogène, et 29 à 30 d'oxygène ; ce qui conduit à l'une des deux formules : Si^5 H^4 O^6, ou Si^6 H^5 O^4, en prenant pour l'équivalent du silicium le nombre 14. Ce composé ressemble aux corps organiques, le silicium prenant la place du carbone ; c'est peut-être le type d'une série d'hydrosiliciures.

M. Wœhler appelle *leucone* la substance blanche en laquelle se transforme le silicone sous l'influence de la lumière et de l'eau. Il contient de 55 à 56 pour 100 de silicium, et forme 25 pour 100 d'eau, ce qui conduit à l'une des deux formules : Si^8 H^5 O^{10}, ou Si^8 H^6 O^{10}. M. Wœhler croit que cette substance est identique avec l'oxyhydrate désilice qu'on avait obtenu en décomposant le chlorure de silicium par l'eau. La formule proposée pour cet oxyhydrate (3Si O + 2 HO) ne donne que 50 pour 100 de silicium ; mais quelques échantillons analysés par M. Wœhler en renfermaient plus de 53 pour 100, et il est probable que l'oxyhydrate n'était que du leucone impur. Dans tous les cas, il faudrait écrire : Si^6 H^4 O^{10} au lieu de 3 Si O + 2 HO ; et de même, Si^6 H^4 Cl^{10} au lieu de 3 Si Cl + 2 HCl, pour le chloride.

M. Wœhler a encore préparé d'autres combinaisons dont quelques-unes sont très inflammables et même explosives, surtout une, dont la formule est peut-être : Si^8 Cl^8 S^{10} ; mais il n'a pas encore déterminé leur composition définitive. Un sel noir lui a paru être du tellururé de silicium.

Thallium dans les eaux minérales. — M. R. Bœttger vient de découvrir le thallium dans plusieurs eaux minérales où ce métal accompagne constamment le césium et le rubidium. Le résidu salin des eaux mères des salines de Nauheim, composé principalement de chlorure de potassium et de magnésium, avec une faible proportion de chlorure de sodium, et très-déliquescent, paraît offrir *la source la plus riche et la moins coûteuse de césium et de rubidium; en outre, il contient le thallium à l'état de chlorure.* M. Bœttger a aussi trouvé ces trois nouveaux corps dans le salin d'Orb. C'est une nouvelle confirmation de l'opinion qui tend à ranger le thallium avec les métaux alcalins. On le précipite facilement à l'état de chloroplatinate, comme le césium et le rubidium.

Moyen de réparer le tain des glaces. — La réparation du tain des glaces est considérée comme une opération très-difficile. Cependant on a décrit récemment, dans la Société polytechnique de Leipzig, un procédé que plusieurs expériences ont permis de recommander comme simple et pratique. Lorsque le tain est endommagé sur une glace, on nettoie la place mise à nu en la frottant doucement avec du coton fin, jusqu'à ce que l'on soit certain qu'il n'y reste aucune trace de poussière ni de graisse. Ce nettoiement doit être fait avec le plus grand soin, si l'on ne veut laisser un cerne autour de la place réparée. On découpe alors avec la pointe d'un couteau, sur le tain d'un morceau d'une autre glace, une surface de même forme que celle de la lacune, mais un peu plus grande. On y dépose ensuite une petite goutte de mercure, de la grosseur d'une tête d'épingle, par exemple, pour une surface égale à la grandeur de l'ongle. Le mercure s'étend aussitôt, pénètre l'amalgame jusqu'au bord de la petite tranchée faite par le couteau, et permet d'enlever le tain pour le porter sur la place que l'on veut réparer. Cette manipulation est la partie la plus difficile du travail. On passe alors doucement sur le verre, avec du coton, le tain que l'on vient d'appliquer; il se durcit bientôt, et la glace présente le même aspect que si elle était neuve.

Teinture noire pour les peaux de gants. — On fait dissoudre 0 kil. 16 de chromate de potasse rouge dans une suffisante quantité d'eau chaude et l'on ajoute peu à peu assez de potasse pour que le liquide ne rougisse plus le tournesol. Alors on étend, comme mordant, avec une éponge, cette solution de chromate de potasse sur la peau, du côté de la fleur.

On a dû préparer d'ailleurs, dans une chaudière de cuivre, une teinture, composée de 1 kil. de bois jaune râpé, 0 kil. 750 de fustel, 1 kil. de bois de campêche moulu et de 3 seaux d'eau, puis réduite par une forte ébullition à ne plus représenter, lorsqu'elle a été clarifiée, que 2 seaux de liquide, le reste ayant été évaporé ou absorbé par le bois. On applique cette teinture sur la peau, mordancée avec le chromate de potasse et déjà un peu séchée. Cette peau doit être étendue sur une table, où on la laisse jusqu'à ce qu'elle ne soit ni trop humide ni trop sèche. On l'enduit ensuite d'une dissolution de 1 kil. de savon de Marseille, assez épaisse pour former une espèce de gelée et à laquelle on a mêlé 0 kil. 750 d'huile de colza bien épurée, qui doit y être si complétement incorporée que l'on n'aperçoive plus de goutte d'huile. Cette gelée de savon délivre de toute humidité la peau teinte en noir, la rend souple, douce et lui donne du lustre.

BIBLIOGRAPHIE.

Traité élémentaire de physique expérimentale et appliquée et de météorologie, suivi d'un recueil nombreux de problèmes et illustré de 685 belles gravures sur bois intercalées dans le texte, à l'usage des établissements d'instruction, des aspirants aux grades des Facultés et des candidats aux diverses écoles du gouvernement. Onzième édition; par A. Ganot. Un volume in-12 de 872 pages. Prix : 7 fr. 50 c. Chez l'auteur, éditeur, 12, rue de l'Éperon, et 6, rue des Poitevins, à Paris.

Cours de physique purement expérimentale et sans mathématiques à l'usage des gens du monde, des candidats au baccalauréat ès lettres, des écoles normales primaires, des institutrices, des pensions de demoiselles, etc. Ouvrage de luxe, illustré de 333 magnifiques gravures intercalées dans le texte. DEUXIÈME ÉDITION; par A. GANOT. Un volume in-12, de 540 pages. Prix : broché, 5 fr. 50 c.; cartonné, 6 fr. Chez l'auteur, éditeur, 12, rue de l'Eperon, et 6, rue des Poitevins, à Paris.

En annonçant dernièrement les trois volumes du Baccalauréat ès sciences de M. Victor MASSON et fils, nous disions que la physique de Ganot avait fait la fortune de son auteur; or, nous ne pensions pas que nous aurions à constater cette année une *onzième édition*, ce qui porte à près de 100,000 exemplaires le nombre de volumes vendus depuis le jour où M. Ganot, ouvrant le premier la voie à ce genre de publications, a reçu, par le plus grand succès obtenu jusqu'à ce jour en librairie, la récompense la mieux justifiée pour le mérite réel de ses deux traités.

Personne n'a surpassé ni même égalé M. Ganot pour la clarté et la précision de ses descriptions, et aucun éditeur ne pourra non plus le surpasser pour la beauté des gravures de son livre. Le *Cours de physique* est surtout d'un luxe inouï, et c'est un véritable présent à faire aux jeunes pensionnaires et aussi à beaucoup de grands garçons.   D^r Q.

Table des Matières contenues dans la 165me Livraison
du 1er novembre 1863.

20300   PARIS. — Typographie de RENOU et MAULDE, rue de Rivoli, n° 144.

REVUE DE PHYSIQUE ET D'ASTRONOMIE.

Par M. R. Radau.

Nouvelle comète. — M. Tempel a découvert, le 5 novembre, une belle comète, par 173° 14′ d'ascension droite, et 10° de déclinaison austra. Elle offrait une queue de 2 degrés et un noyau de quatrième grandeur.

Éclipse de lune du 1ᵉʳ juin 1863. — Voici les noms des astronomes qui, à notre connaissance, ont déjà publié des observations sur la dernière éclipse totale de lune. Dans les *Astronomische Nachrichten*, MM. R. Luther (1424), de Littrow (1425), Thiel (1426), Gerling (1433), d'Arrest (1434); dans les *Monthly Notices*, MM. Noble, Lucas et Ellis (XXIII, 8); dans le *Reader*, M. Bird; dans le *Bulletin de l'Académie de Belgique*, M. Quételet; dans le *Bulletin de l'Observatoire*, M. Tempel (19 juin).

La plupart de ces observateurs se bornent à dire que le commencement et la fin de l'éclipse étaient difficiles à saisir, parce que la limite entre l'ombre pure et la pénombre était peu accusée; que la lune se montrait rouge et très-obscure, etc. M. Tempel, qui a fait un beau dessin colorié de la lune éclipsée, dit que cet astre se projetait, à Marseille, sur un ciel très-noir, et que ses teintes changeaient à vue d'œil; on y distinguait des taches grises, verdâtres, rougeâtres et même blanches. Les parties montagneuses se dessinaient nettement et se coloraient en rouge brillant. A côté de la lune, on apercevait les plus petites étoiles et même quelques nébuleuses. A 11 heures 15 minutes 8 secondes, M. Tempel a noté le commencement de l'éclipse totale; mais, quelques secondes plus tard, il lui a semblé qu'il s'était trompé, car la région nord du disque lunaire, où l'ombre pure était sortie, est redevenue brillante, et cette clarté a persisté pendant tout le temps. A 11 heures 39 minutes, M. Tempel fut encore frappé par une clarté nouvelle, qui empiétait sur le disque lunaire, au sud-est, et qu'il prit d'abord pour la fin de la totalité; mais l'endroit où elle se produisait était trop sud pour cela, et, en outre, le segment qui s'illuminait était convexe vers le centre du disque, au lieu d'être concave. A 11 heures 43 minutes (un peu avant le milieu de l'éclipse), ce segment, qui avait un peu grandi, prit une teinte rouge, différente du rouge des autres parties de la lune. A ce moment, on distinguait très-bien *Grimaldi* et d'autres cratères. Vers 12 heures 17 minutes, fin de la totalité : cette observation a peu de précision (d'après les *Tables*, la fin n'a eu lieu qu'à 12 heures 21 minutes). A 12 heures 30 minutes, le segment éclairé de la lune se montre très-pur, tandis que la partie éclipsée paraît grise et diffuse. Plus tard, des nuages ont passagèrement voilé le disque lunaire.

M. Bird a donné les détails suivants sur la même éclipse. Quand l'ombre s'est approchée du mont Aristarque, son éclat fut sensiblement affaibli, et il cessa d'être visible peu d'instants après avoir été couvert par l'ombre. La phase totale ayant commencé et tout étant plongé dans la nuit, on a remarqué l'existence d'une zone crépusculaire où l'illumination était encore assez forte pour qu'on pût voir distinctement la mer des Crises et une partie de la mer de la Fécondité. Cette zone ne s'étendait pas d'abord beaucoup au delà du *Mare Crisium*, situé dans la partie nord-ouest de la lune; mais, pendant la durée de l'éclipse totale, elle faisait lentement le tour de la partie nord; le contour du *Mare Crisium* devint moins net, et cessa d'être visible vers le milieu de l'éclipse. Un instant avant, le contour du *Mare Frigoris*, situé au nord, devint visible, mais à peine, car la zone crépusculaire se trouvait presque en dehors du disque de la lune. Après le milieu de l'éclipse, la lune entra dans la partie orientale de la zone d'illumination, et les bords de l'*Oceanus Procellarum* devinrent assez apparents; 21 minutes avant la totalité, le cratère Aristarque se montra de nouveau, et son éclat augmenta jusqu'à la fin. La lumière du segment éclairé, qui se forma ensuite, diminua beaucoup l'éclat apparent du mont Aristarque, plongé dans l'ombre; néanmoins, M. Bird ne perdit pas de vue ce point brillant, et il en observa l'émersion. Dix minutes après le moment où Aristarque commença d'être visible, on put suivre les contours de la tache obscure qui porte le nom de Grimaldi.

Le limbe nord du disque lunaire était resté très-distinct pendant toute la durée de la totalité, pendant que le bord sud était peu visible. La zone crépusculaire était franchement verte, le reste du disque éclipsé offrait la couleur rouge cuivré.

Nulle part nous n'avons trouvé mentionnée la particularité que cette éclipse aurait offerte, à en croire M. Babinet (*Cosmos* du 17 juillet 1863, p. 59). « Au moment où la lune se dégageait de l'ombre de la terre, dit M. Babinet, et qu'il se formait un croissant dont la largeur, mesurée perpendiculairement à la ligne des cornes, était du quart du demi-diamètre de la lune, c'est-à-dire d'environ 4 minutes, on a pu voir très-nettement que la moitié orientale était seule illuminée, et que la moitié occidentale de ce croissant était encore dans l'ombre. C'était à peu près minuit, et le phénomène a persisté assez longtemps pour ne pas laisser de doute qu'à la fin de cette éclipse l'ombre de la terre s'étendait plus loin du côté occidental du méridien de Paris que du côté oriental. »

M. Babinet n'est jamais embarrassé de donner une explication. Suivant lui, CE SONT LES GLACIERS DU GROENLAND qui ont intercepté les rayons solaires du côté ouest, en leur faisant perdre environ 4 minutes de la déviation que leur imprime la réfraction horizontale!

Pour apprécier cette explication, due à M. Babinet, nous allons examiner de plus près comment les choses se passent lors d'une éclipse de lune.

La lune s'éclipse lorsqu'elle entre dans l'ombre que la terre projette au loin derrière elle dans l'espace. La figure géométrique de l'ombre terrestre est un cône qui enveloppe le soleil et la terre, et dont le sommet se trouve au delà de l'orbite lunaire. Quand la lune pénètre dans cette ombre, elle prend d'abord la forme d'un croissant lumineux qui se rétrécit de plus en plus jusqu'à ce que le disque entier soit obscurci; dans ce cas, il y a éclipse totale. Mais la lumière de la lune s'affaiblit déjà dans une certaine mesure avant qu'elle franchisse la limite de l'ombre pure; c'est qu'à partir d'un certain moment qui précède la véritable éclipse, elle cesse de recevoir toute la lumière du soleil, parce que la terre lui cache une partie de cet astre, sans cependant qu'elle soit totalement privée de lumière. La teinte intermédiaire qui se produit ainsi s'appelle pénombre; elle a pour limite un cône dont le sommet se trouve entre la terre et le soleil, et dont les deux nappes enveloppent ces deux astres. L'intensité de la pénombre va en croissant depuis cette limite extérieure jusqu'à la limite intérieure, où elle se confond avec l'ombre pure.

Si la terre n'avait pas d'atmosphère, il est probable que la lune, plongée dans l'ombre d'une éclipse totale, se déroberait tout à fait à nos regards. Mais il n'en est pas ainsi; sa surface reste ordinairement éclairée d'une lueur rougeâtre à peu près pareille à celle que renvoient les nuages après le coucher du soleil. Cette lumière est due aux rayons solaires réfractés dans notre atmosphère et infléchis derrière la terre; chaque point du soleil envoie à cette atmosphère un faisceau de rayons parallèles qui y éprouvent un effet analogue à celui que leur ferait subir une lentille annulaire, c'est-à-dire qu'ils sont repliés en cône vers un foyer situé dans l'ombre terrestre. Si la lumière qui pénètre ainsi dans l'ombre n'était pas en grande partie éteinte et absorbée par l'air, son effet serait très-considérable; mais on sait combien les rayons solaires perdent de leur intensité lorsqu'ils traversent une grande épaisseur d'air, comme par exemple lorsqu'ils nous viennent du soleil couchant. C'est pour cette raison que la lune éclipsée nous paraît colorée en rouge sombre.

De ces considérations générales, passons aux chiffres. Faisons d'abord abstraction de l'atmosphère terrestre. L'ombre que la terre projette s'allonge à mesure que le soleil s'éloigne; la distance du sommet du cône d'ombre au centre de la terre varie entre 212 et 220 rayons terrestres. D'un autre côté, la distance de la lune a pour limites 56 et 64 rayons terrestres (elle est en moyenne de 60 rayons); par conséquent, le cône d'ombre s'étend bien au delà de l'orbite lunaire.

Cherchons maintenant le diamètre de l'ombre terrestre à l'endroit où elle est traversée par la lune.

Pour un observateur placé au sommet du cône d'ombre, la terre soustend le même angle visuel que le soleil, qui est 112 fois plus grand et plus éloigné. L'ouverture de ce cône, ou son angle au sommet, est donc, à peu de chose près, égale au diamètre apparent du soleil, c'est-à-dire en moyenne à 32'. En prenant la longueur de l'ombre en moyenne égale à 216 rayons terrestres (la 111ᵉ partie de la distance de la terre au soleil), et la distance de la lune à 60 rayons, il reste pour la distance moyenne de cet astre au sommet du cône d'ombre 156 rayons terrestres. La section de ce cône, vue du sommet, a toujours un diamètre angulaire de 32'; par conséquent, la section prise à l'endroit où l'orbite lunaire traverse le cône, offre un diamètre de 32' à une distance de 156 rayons terrestres (qui est la distance du sommet); à la distance de 60 rayons elle paraîtra agrandie dans le rapport de 156 à 60, c'est-à-dire que son diamètre apparent deviendra égal à 83'. Ce chiffre représente donc le diamètre apparent de la section du cône d'ombre, prise à la distance moyenne de la lune. On s'assure facilement que les limites extrêmes entre lesquelles il peut varier sont 75' et 92', et qu'en général, il est égal à la double parallaxe lunaire, moins le diamètre apparent du soleil. On trouve aussi que le diamètre réel de l'ombre, à l'endroit indiqué, est égal à la différence des diamètres de la terre et de la lune, ou à peu près aux 73 centièmes du diamètre de la terre.

C'est donc un espace d'un diamètre compris entre 75 et 92 minutes d'arc qui est privé de la lumière directe du soleil. Le diamètre apparent de la lune n'étant que de 31 ou 32 minutes en moyenne, on conçoit qu'elle peut se plonger tout entière dans l'ombre de la terre, dont la section est deux fois et demie ou trois fois plus large.

Quant à la pénombre, l'ouverture de son cône est aussi de 32', mais le diamètre apparent de sa section est égal à la double parallaxe lunaire *plus* le diamètre apparent du soleil, ou en moyenne à 115' + 32' = 147'.

Jusqu'ici nous n'avons parlé que de l'ombre portée par le corps opaque de la terre; il faut maintenant nous occuper des changements que la réfraction atmosphérique apporte dans les résultats obtenus. Nous chercherons à nous rendre compte d'abord des phénomènes que doit offrir la Terre à un observateur placé dans la Lune, et ensuite de la manière dont la lumière réfractée se distribue sur la section de l'ombre que traverse notre satellite.

Comme le soleil est à 15 millions de myriamètres, ou à environ 24,000 rayons terrestres de distance, il est permis de supposer que chacun de ses points nous envoie un faisceau de rayons *parallèles*. En effet, les directions des rayons qui frappent différents points du globe ne peuvent varier que de 17 à 18 secondes au plus (du double de la parallaxe solaire). L'atmosphère reçoit donc de chaque point de l'astre radieux un faisceau cylindrique de rayons parallèles, et les axes des faisceaux venus des deux bords opposés font entre eux un angle de 32', qui représente l'écart extrême entre leurs directions. Les rayons d'un tel faisceau, qui ne font que raser les limites de l'atmosphère terrestre où l'air est extrêmement raréfié, n'éprouveront qu'une réfraction à peine sensible et iront éclairer une circonférence circulaire dont la grandeur absolue sera égale au contour de la terre, et dont la grandeur apparente, vue à la distance de la lune, sera égale à l'angle visuel que la terre soustend à la même distance, c'est-à-dire au double de la parallaxe lunaire (115'). Les rayons parallèles qui rasent notre atmosphère vont ainsi former un cercle lumineux, de 115' de diamètre, à la distance où se trouve la lune, et ce cercle est compris dans la pénombre, il ne fait que toucher l'ombre pure en un point de son contour. Mais les rayons parallèles qui traversent les régions basses de l'atmosphère s'infléchissent d'autant plus qu'ils passent plus près de la surface terrestre, et convergent derrière la terre en cônes dont les sommets se rapprochent de plus en plus du corps opaque. Les sommets des cônes successifs que forment les rayons parallèles, émanés du *centre* solaire, en traversant les différentes couches concentriques de l'atmosphère terrestre, sont tous situés dans l'axe du cône d'ombre, c'est-à-dire dans la ligne qui joint les centres de la terre et du soleil ; mais les sommets des systèmes de cônes, tout à fait analogues, que forment les rayons émis par les autres points du disque solaire, sont situés en dehors de cet axe central ; ils se distribuent, d'une manière symétrique, tout autour.

La réfraction horizontale peut atteindre 35′ à la surface de la Terre ; un rayon solaire qui, après avoir rasé la surface, sort du côté opposé de l'atmosphère, peut donc s'incliner de deux fois 35, soit de 70 minutes. Par conséquent, le cylindre lumineux qui aura rasé la surface, se sera transformé en cône dont l'ouverture sera d'environ 140′, ou de 2° 20′. Il est facile de s'assurer que le sommet de ce cône, c'est-à-dire l'intersection des rayons réfractés dont il est formé, se trouve à une distance du centre de la terre, égale à environ 50 rayons terrestres. C'est donc aussi près de la terre que se forment les foyers des rayons réfractés.

L'axe d'un faisceau de rayons émanés du bord solaire est déjà incliné de 16′, par rapport à l'axe central. La réfraction pouvant ajouter 70′ à cette inclinaison, il y aura des rayons solaires qui viendront couper l'axe central sous une inclinaison de 86′, et, par suite, à une distance de la terre égale à environ 40 rayons terrestres. C'est à cette distance (aux deux tiers de la distance de la lune) que se réuniront les dernières traces de lumière réfractée, sous forme de rayons émanés du limbe solaire et réfractés par les couches inférieures de l'atmosphère terrestre. Un observateur placé sur l'axe central, aux deux tiers de la distance de la lune, ne serait donc pas tout à fait dans l'ombre ; il commencerait à voir par réfraction le bord extérieur du soleil, comme une lisière rouge entourant le disque noir de la terre. S'il s'éloignait d'avantage, il verrait l'anneau lumineux augmenter de largeur et d'éclat, car il recevrait, par réfraction dans les couches inférieures de l'atmosphère, les rayons venus de points plus rapprochés du centre solaire, et en même temps, par l'intermédiaire des régions plus hautes de l'atmosphère, les rayons venus du bord. A une distance de 64 rayons, il verrait déjà paraître le bord inférieur du soleil, et recevrait des rayons de tous les points du disque solaire. La terre lui paraîtrait entourée d'un anneau lumineux qui toucherait le disque opaque. En allant plus loin encore, il ne recevrait plus de rayons solaires des couches les plus basses de l'atmosphère, parce que la moindre inclinaison d'un rayon solaire tangent à la surface terrestre serait, après la réfraction, de 70′ — 16′ = 54′, par rapport à l'axe central, de sorte que ces rayons ne coupent plus cet axe au delà d'une distance de 64 rayons terrestres. L'observateur commencerait donc à voir un anneau lumineux détaché du disque noir de la terre ; l'intervalle serait rempli par l'azur du ciel, qu'il verrait par l'intermédiaire des couches basses de l'atmo- · sphère. Tant qu'il ne dépasserait point le sommet du cône d'ombre, il continuerait de voir l'image solaire concentrée dans l'espace occupé par l'atmosphère terrestre ; mais, à cette limite, il apercevrait déjà le bord du Soleil directement et sans réfraction (1).

Or, la lune n'est éloignée de nous que d'environ 60 rayons terrestres ; il est donc clair, d'après ce qui précède, qu'elle doit voir, pendant ses éclipses totales, le disque entier du Soleil, ou peu s'en faut, concentré dans un anneau lumineux qui entoure la Terre.

Un point situé, non plus dans l'axe central, mais près du bord de l'ombre, ne verrait pas un cercle entier de lumière, mais seulement un arc ou fragment de cercle, surmontant le disque sombre de la terre, à peu près comme l'accent d'un ô. Cependant, cet arc lumineux aurait un grand éclat, comparativement à l'anneau entier, visible du centre de l'ombre, qui est formé de rayons fortement réfractés.

Nous arrivons maintenant à la considération des effets d'illumination que l'intervention de l'atmosphère terrestre produit dans l'intérieur du cône d'ombre, à la distance de l'orbite lunaire.

La réfraction horizontale, à une hauteur de 4 kilomètres au-dessus du niveau de la mer, est approximativement égale à 35′ $\left(\frac{8}{9}\right)^h$. La déviation des rayons solaires, qui traversent notre

____

(1) On pourra comparer l'ouvrage de Dionis du Séjour, sur *les Mouvements célestes*, p. 661.

atmosphère à cette hauteur, est donc à peu près de 70 $\left(\frac{\pi}{9}\right)^h$ minutes. La section du faisceau cylindrique tangent à la terre offre, à la distance moyenne de la lune, une largeur apparente de 116′; la section du cône d'ombre n'y a qu'un diamètre de 83 à 84′. Un rayon qui a éprouvé une déviation ρ, rencontrera la section circulaire du faisceau auquel il appartient, en un point éloigné de 58 — ρ minutes du centre de cette section. Il est donc évident que les rayons tangents à la surface terrestre seront repliés au delà du centre de la même section, puisqu'ils subiront une déviation de 70 minutes qui les en rapprochera de 58′ — 70′, ou les lancera à 12′ au delà. A une hauteur atmosphérique d'un peu moins de 1 kilomètre, la déviation des rayons n'est plus que de 58′ ; ces rayons iront donc se réunir au centre même de la section. Enfin, les rayons extérieurs éclaireront le contour de la section du faisceau. Ils conserveront toute leur intensité primitive, tandis que les rayons intérieurs seront de plus en plus affaiblis par l'absorption, qui s'exerce surtout sur les couleurs de la région plus réfrangible du spectre. Les parties centrales de la section seront illuminées par des rayons rouges, faibles, mais condensés dans un petit espace. Un cercle de 24′ de diamètre, concentrique avec la section du faisceau, sera éclairé par des rayons venus des deux bords opposés et ayant éprouvé des déviations de 46 à 70 minutes. Le reste de la section recevra les rayons déviés de moins de 46; et l'intensité de l'illumination ira en décroissant du bord vers le centre, probablement avec un maximum ou un minimum intermédiaire.

Maintenant, chaque point du disque solaire envoie un faisceau cylindrique de rayons vers a terre et donne lieu à une semblable surface d'illumination, à teintes dégradées. Les centres de ces surfaces d'illumination superposées remplissent un cercle du diamètre de 32′, le lieu géométrique des centres d'illumination. La lumière qui arrive à un point quelconque P de la section de l'ombre sera la somme des quantités que ce point reçoit de chaque point solaire pris isolément; et comme la quantité qu'il reçoit d'un point solaire donné dépend simplement de sa distance au centre d'illumination de ce point solaire, il recevra la même quantité de tous les points solaires dont les centres d'illumination seront également éloignés de lui. Cette remarque conduit à une expression fort simple de la somme de lumière concentrée en chaque point P de la section de l'ombre. En effet, il est clair que l'intensité lumineuse que P reçoit d'un centre d'illumination C situé à une distance donnée, est égale à celle que C recevrait lui-même de P, si P était un centre d'illumination. Par conséquent, tous les centres d'illumination fournissent à P la lumière que P, considéré comme un centre d'illumination, fournirait à ces centres, qui se distribuent sur un cercle de 32′ de diamètre autour de l'axe du cône d'ombre. Or, toutes les surfaces d'illumination étant semblables entre elles, on pourra, par la pensée, transporter P dans l'axe du cône, et le cercle de 32′ à la place où était P. On voit alors qu'il suffit de faire la somme des quantités de lumière réparties sur un cercle de 32′, découpé, autour du point primitif P, dans la surface d'illumination centrale (qui correspond au centre du soleil). Ainsi, en découpant dans le plan d'illumination central (dont le diamètre est de 116′) des cercles de 32′, et concentrant leur lumière dans leurs centres, on obtiendra l'intensité totale qui règne dans ces points, par suite de l'inflexion des rayons solaires derrière le globe opaque de la terre.

Ces considérations nous feront mieux comprendre ce qui se passe lors d'une éclipse totale de lune. Le disque lunaire, dont le diamètre est aussi d'environ 32′, en traversant la section de l'ombre pure (dont le diamètre est d'environ 84′), s'illumine des lueurs rougeâtres qui produisent une sorte de crépuscule dans l'intérieur du cône d'ombre pure. Pendant l'éclipse totale du 1er juin, la parallaxe lunaire était de 60′.7, le diamètre de la lune de 33′.1, celui du soleil de 31′.6. La largeur de la section de l'ombre était donc de 90′. Le disque lunaire ne traversa point le centre de l'ombre ; la plus petite distance de son centre à celui de l'ombre fut de 21′.9, à 11 heures 36 minutes du soir; le mouvement relatif était de 35′ par heure, et dirigé presque parallèlement à l'équateur céleste, de l'occident à l'orient; la lune resta toujours au nord du centre de l'ombre. Avec ces données, on trouve que l'émersion de la lune a eu lieu du côté du nord-est, vers minuit 9 minutes, et que le premier segment éclairé s'étendait du nord à l'est du disque lunaire (de l'extrémité supérieure de son diamètre vertical à l'extrémité gauche de son diamètre horizontal).

Voyons maintenant d'où venaient les rayons qui éclairaient, à ce moment, le croissant de la phase naissante de la lune.

La déclinaison du soleil, au 1er juin 1863, était de 22 degrés ; le soleil, à minuit, se trouvait à 68 degrés au-dessous du pôle, et ses rayons rasaient la terre pour une latitude (boréale ou australe) de 68 degrés, prise sur le méridien de Paris ou de Londres. Le cercle d'illumination qui séparait l'hémisphère éclairé de l'hémisphère obscur, passait par l'Islande, le cap Farewell, Terre-Neuve, les Antilles, l'océan Pacifique, qu'il traversait en longeant le cercle polaire antarctique pour remonter par la mer des Indes et le golfe du Bengale, vers le nord de l'Europe, en franchissant la chaîne du Bolor-Tag et le plateau de Kachmir.

C'est ce grand massif de l'Asie qui occupait alors, sur le globe, la région nord-orientale de la limite du jour et de la nuit, et qui correspondait au point nord-est du contour de l'ombre où la lune commençait à être éclairée par la lumière directe du soleil. Les rayons qui illuminaient le croissant lunaire avaient donc passé au-dessus de la Mongolie, et *non pas au-dessus du Groenland*, comme le veut M. Babinet. Le Groenland correspondait au nord-nord-ouest du contour de l'ombre terrestre ; les rayons qui passaient au-dessus de ce point du globe tombaient très-loin à l'ouest de la lune et ne pouvaient point la rencontrer, malgré toutes les réfractions imaginées par M. Babinet. Toutes les déductions que M. Babinet a tirées de son hypothèse tombent ainsi d'elles-mêmes. On ne peut même pas dire que la réfraction au-dessus du plateau asiatique ait pu influencer la lumière du croissant, car des rayons déviés de près de 70′ ne pouvaient pas atteindre le bord de l'ombre ; ils étaient nécessairement lancés vers l'intérieur, et jusqu'au delà de l'axe central. Les inégalités que la réfraction offre à proximité d'un point de la surface terrestre ne peuvent donc se faire sentir, à l'intérieur du cône d'ombre, que dans une région très-éloignée du point qui, sur le contour de l'ombre, correspond à ce point de la terre ; dans une région qui se rapproche déjà du bord opposé.

Nous n'avons pu, du reste, trouver jusqu'ici aucune confirmation de l'observation sur laquelle s'appuie M. Babinet.

L'observation de M. Tempel, qui a vu un fuscau lumineux se former au sud-est du disque lunaire avant le milieu de l'éclipse, semble indiquer l'existence d'une zone intérieure d'illumination maximum, à moins qu'elle ne s'explique par le pouvoir réfléchissant de cette portion de la surface lunaire. Nous n'osons cependant insister ni sur l'une ni sur l'autre de ces hypothèses.

On sait que la lune disparaît quelquefois complétement pendant les éclipses totales. C'est ce qui a eu lieu le 9 décembre 1601 et le 5 juin 1620 ; le 25 avril 1642, d'après Hével ; le 10 juin 1816, d'après Beer et Maedler. Maraldi dit avoir remarqué plusieurs fois le même phénomène.

Comme les régions basses de l'atmosphère exercent une forte absorption sur les rayons solaires, il n'est pas étonnant que plusieurs astronomes aient trouvé le diamètre de l'ombre terrestre plus grand que le diamètre calculé. Mayer a trouvé une différence d'un 60e, MM. Beer et Maedler, un 28e et un 54e (en 1835 et en 1837). La première de ces valeurs donnerait environ 100 kilomètres pour la hauteur de l'atmosphère opaque.

Les lumières rougeâtres, qui se jouent dans les vallées de la lune, ne sont pas fixes, ce qui s'explique facilement si on se rappelle que ce sont des couleurs locales non point par rapport à la lune, mais par rapport au cône d'ombre. Messier vit, en 1783, diverses nuances circuler lentement autour du centre de l'astre.

La teinte bleuâtre que présentent quelquefois les sommets des montagnes lunaires situées sur les bords de l'ombre (comme l'ont observé MM. Beer et Maedler, le 28 décembre 1833) trouve son explication dans ce fait connu que toute lumière blanche, un peu faible, paraît bleue, par un effet de contraste, à côté d'un rouge intense.

Pour terminer, disons quelques mots des éclipses de lune *horizontales,* qu'on observe en plein jour. Cléomède disait qu'une telle observation, mentionnée par la tradition, était un conte fait à plaisir pour embarrasser les astronomes.

Cependant, ce phénomène se conçoit facilement. La réfraction atmosphérique hâte le lever de la lune et retarde le coucher du soleil, ou réciproquement; ce dernier peut ainsi se montrer au-dessus de l'horizon en face de la lune éclipsée. Pline l'Ancien rapporte un cas de ce genre dans son *Histoire naturelle* (liv. II, chap. x). Voici comment s'exprime à ce sujet le père des naturalistes : « *Mirum quanam ratione, quum solis exortu umbra illa hebetatrix sub terra esse debeat, semel jam acciderit ut in occasu luna deficeret utroque super terram conspicuo sidere* (il est curieux comment il ait pu arriver une fois que la lune fût éclipsée pendant son coucher, étant sur l'horizon en même temps que le soleil, tandis qu'après le lever de l'astre du jour l'ombre de l'éclipse devrait tomber sous la terre). Le 16 juin 1666, on vit, en Toscane, la lune se lever éclipsée, le soleil étant encore au-dessus de l'horizon occidental. Le 26 mai 1668, les membres de l'Académie des sciences observèrent les mêmes circonstances à Montmartre. Enfin, les éclipses de lune du 19 juillet 1750 et du 6 décembre 1862 ont été horizontales. M. Cantzler a observé cette dernière, à Greifswald, par un ciel matinal très-pur, qui permettait de reconnaître à l'œil nu la diminution de lumière causée par l'entrée de la lune dans la pénombre. La lune se coucha à 8 heures, totalement éclipsée.

Observations et recherches sur les tremblements de terre. — Une lettre de M. Airy, insérée dans l'*Athenæum* du 17 octobre, p. 498, nous apprend que la secousse du 6 octobre a été *observée* à Greenwich; ce qui est un cas rare et curieux. La secousse n'a pas été ressentie au moment où elle eut lieu, et les magnétomètres autographes, consultés peu après, n'ont accusé aucune perturbation. Mais, le surlendemain, M. Ellis, qui avait observé la lune à l'altazimut, dans la matinée du 6, se rappela qu'au moment où il voulait prendre l'azimut de la mire du collimateur, il avait eu quelque peine à obtenir la bissection de la marque (un trou circulaire éclairé au gaz) par le fil horizontal de la lunette. La marque s'était abaissée subitement; et après être restée stationnaire un instant, elle était remontée pour rester ensuite tranquille. Ce fut comme une oscillation pendulaire, d'une régularité parfaite, et sans écart horizontal; son amplitude pouvait être de 12″ à 15″, sa durée de quelques secondes. M. Ellis se dit : « le mur a été ébranlé, » mais il n'y pensa plus le lendemain. L'objectif du collimateur est installé sur le mur d'enceinte du bâtiment de l'altazimut, et la mire sur celui d'un bâtiment éloigné et plus bas que le premier; elle marque le nord vrai. La lunette altazimutale repose sur un pilier en maçonnerie, de 9 mètres de hauteur. M. Ellis avait observé la mire à 3 h. 23 m. et à 3 h. 26 m. du matin; c'est l'un ou l'autre de ces instants qui correspond à la secousse. M. Airy est d'avis que l'oscillation observée a été produite par une secousse horizontale, dont la composante nord-sud, en faisant vibrer le pilier et la lunette, a déplacé l'image de la mire; la composante est-ouest ne pouvait pas avoir d'effet optique.

A Wrottesley-Hall, M. Hough observait, au même instant, une étoile fixe; il n'a remarqué rien d'extraordinaire dans la lunette, bien qu'il se sentît comme bercé sur son siége. Le pilier de sa lunette est d'ailleurs relativement peu élevé, et s'il n'a éprouvé qu'un déplacement dans le sens horizontal, l'image d'une étoile ne devait, en effet, montrer aucun mouvement.

M. Hervé-Mangon a fait, de son côté, une observation intéressante relative à l'influence que les tremblements de terre exercent sur les troubles contenus dans les eaux du puits artésien de Passy. Du 28 octobre 1861 au 31 mars 1862, il a mesuré chaque jour la proportion des matières solides amenées par les eaux à la surface du sol. En rapprochant ces chiffres de la liste, dressée par M. Perrey, des tremblements de terre observés dans la même période, il a reconnu que les eaux ont été d'autant plus troubles que les secousses ont été plus fréquentes. Voici les faits les mieux caractérisés :

Le 14 novembre 1861, tremblement de terre en Suisse. Les troubles des eaux de Passy s'élèvent de 62 gr. par mètre cube à 147 gr., pour retomber le lendemain à 91 gr.

Les 17 et 18 novembre, secousses à Aigon (Grèce), et le 19 à Potenza (province de Naples); les troubles passent de 101 gr. à 207, à 331, à 254 et enfin à 338, pour décroître immédiatement après.

Le 24 novembre, secousses dans le Valais; le 26, à Potenza. La proportion des troubles s'élève de 232 gr. à 390, retombe à 305 et remote, le 26, à 433 gr.

Le 8 décembre, éruption du Vésuve. Les troubles du puits de Passy s'élèvent, les 6, 7, 8 et 9 décembre, à 5052, 1704, 1098 et 1874 gr. par mètre cube d'eau. Un phénomène analogue s'observe les 27 et 31 décembre (secousses à Naples et à Aigon).

Le 22 janvier 1862, tremblement de terre à Lorca (Espagne); les troubles passent de 34 à 84 gr., et retombent ensuite à 21 gr. par mètre cube. Le mois suivant, peu de troubles et peu de tremblements de terre. Mais du 16 au 31 mars, les troubles redeviennent extrêmement abondants, et de nombreuses secousses sont signalées au Vésuve et à Torrevieja.

Il paraît donc que l'observation des troubles dans les eaux des puits artésiens peut fournir un moyen d'étudier les tremblements de terre. Mais les expériences ne peuvent se faire que dans les premiers temps de l'ouverture de ces puits, car l'eau devient claire quand la chambre inférieure est suffisamment agrandie.

M. Alexis Perrey a publié des *propositions sur les tremblements de terre et les volcans, adressés à M. Lamé.* Cette brochure contient les résultats des recherches de M. Perrey sur les rapports qui existent entre les phénomènes séismiques d'un côté, et les phases de la lune, son passage au méridien et sa position dans son orbite, de l'autre côté. Par la discussion d'un très-grand nombre de faits, recueillis dans l'intervalle de 1750 à 1850, l'auteur croit avoir démontré : 1° que les tremblements de terre présentent deux maxima et deux minima de fréquence relativement au mois lunaire : les maxima suivent immédiatement les syzygies, et les minima correspondent aux quadratures; 2° que le même phénomène, pour une localité donnée, offre deux maxima qui correspondent aux passages supérieur et inférieur de la lune au méridien, les minima ayant lieu aux époques intermédiaires; 3° enfin, que les tremblements de terre sont plus fréquents vers le périgée que vers l'apogée de notre satellite. Cette prépondérance ou action différentielle des syzygies, du périgée et des culminations de la lune, semble assigner à cet astre un certain rôle dans la production des phénomènes séismiques; M. Perrey n'hésite pas à y voir l'effet des marées *luni-solaires,* auxquelles donne lieu l'attraction exercée par notre satellite et par le soleil sur le noyau liquide et incandescent de la terre.

Cordier, tout en admettant l'existence de ces marées, les regardait comme trop faibles pour se faire sentir à la surface du sol. Ampère, au contraire, leur donnait une importance très-grande, et il ne voyait pas comment les concilier avec le calme qui règne à la surface terrestre. « Ceux qui admettent la liquidité du noyau intérieur de la terre, disait-il, paraissent ne pas avoir songé à l'action qu'exercerait la lune sur cette énorme masse liquide, action d'où résulteraient des marées analogues à celles de nos mers, mais bien autrement terribles, tant par leur étendue que par la densité du liquide. Il est difficile de concevoir comment l'enveloppe de la terre pourrait résister, étant incessamment battue par une espèce de levier hydraulique de 1400 lieues de longueur. » M. Perrey oppose à ces doutes les effets de destruction qui s'observent encore de nos jours, et qui prouvent que l'état actuel de stabilité de notre planète n'est qu'apparent. Il cite, à l'appui de cette thèse, le soulèvement permanent des côtes du Chili pendant le fameux tremblement de terre du 19 novembre 1822, et la formation de la digue de 18 lieues de longueur, qui s'est élevée le 19 juin 1819 dans le bassin d l'Indus, où elle porte le nom de Ullah-Bund, et qui fut accompagnée de l'affaissement simultané du pays voisin sur une étendue de plus de 260 lieues carrées. Ces faits prouveraient la puissance des ondes séismiques.

La cause principale des tremblements de terre serait donc, d'après M. Perrey, la marée luni-solaire du pyriphlégéton, c'est-à-dire l'action combinée du soleil et de la lune sur la masse liquide ou visqueuse qui remplit l'intérieur de la terre. Cet océan incandescent tendra à se déformer sous l'attraction des deux astres, et les protubérances opposées qui se forment ainsi exerceront une pression considérable contre l'enveloppe solide du globe terrestre. Cette enveloppe devra, à chaque instant, se modeler sur le sphéroïde intérieur. Dans les points où elle sera peu épaisse et douée d'une élasticité convenable, il se produira des vibrations périodiques et des changements dans la direction de la verticale, phénomènes qui semblent en effet se manifester dans une série d'observations instituées par M. Airy. Mais dans les endroits où la croûte solide est trop rigide pour céder à la pression souterraine, elle doit se fracturer, et ces fractures deviendront des centres d'ébranlements moléculaires, qui pourront se propager d'une manière plus ou moins intense jusqu'à la surface du sol et s'y manifester sous forme de tremblements de terre.

D'après cette théorie, *l'onde séismique* sera d'autant plus forte que l'attraction des deux astres sera plus énergique, et elle doit suivre, en général, les lois des marées océaniques, c'est-à-dire qu'elle sera plus forte aux époques des syzygies (oppositions ou conjonctions de la lune et du soleil : pleine lune et nouvelle lune), et quand la lune sera périgée (rapprochée de la terre), qu'aux époques des quadratures (premier quartier et dernier quartier), et lorsque la lune sera apogée (éloignée de la terre). On sait que l'action du soleil n'est que la moitié de l'action de la lune, ce qui explique l'influence prépondérante de notre satellite sur le phénomène des marées.

M. Perrey a calculé la fréquence relative des tremblements de terre, d'abord en réunissant simplement les jours lunaires où la terre a tremblé, ensuite en comptant deux, trois ou quatre fois les jours où les secousses se sont produites dans deux, trois, quatre régions différentes sans que les pays intermédiaires aient été ébranlés. Ces deux modes de supputation lui ont donné les nombres de jours de tremblements ci-après :

Premier mode.

	De 1751 à 1800.	De 1801 à 1850.
Aux syzygies.....	1421	2761 1/2
Aux quadratures..	1314	2626 1/2
Différence...	107 sur 2735.	135 sur 5388 jours.

Deuxième mode.

	De 1751 à 1800.	De 1801 à 1850.
Aux syzygies.....	1901	3434
Aux quadratures..	1754	3161
Différence...	147 sur 3655.	273 sur 6595 jours.

La différence est en faveur des syzygies ; elle varie entre un vingtième et un dixième des nombres qui représentent la fréquence aux quadratures. Les nombres qui précèdent ont été obtenus en réunissant toujours les périodes de 7 jours et demi, au milieu desquelles tombe soit une quadrature, soit une syzygie. M. Perrey affirme que la courbe qui représente la fréquence des tremblements de terre pendant les huit octants successifs de la lune, montre une forme ondulée caractéristique, avec deux maxima et deux minima bien marqués. L'influence prépondérante des syzygies se manifeste encore dans la plupart des courbes qui n'embrassent que les résultats de périodes partielles de cinq ans, dans lesquelles il a divisé la seconde moitié du XVIIIe siècle.

Ensuite, quant aux positions de la lune dans son orbite, M. Perrey a réuni les tremblements signalés pendant des périodes de trois ou de cinq jours, au milieu desquelles tombe un apogée ou un périgée de la lune. Il a trouvé ainsi que, dans l'intervalle de 1761 à 1800, les nombres de jours signalés par des secousses, étaient :

	(Trois jours.)	(Cinq jours.)
Au périgée........	313 1/2	525
A l'apogée	278 1/2	465 1/2
Différence...	35	60 1/2

La différence en faveur du périgée est d'un huitième environ.

Pour ce qui est des passages de la lune au méridien, M. Perrey a discuté, sous ce rapport, 824 secousses ressenties à Arequipa de 1810 à 1845. Il a divisé en huit parties égales le jour moyen lunaire, dont la durée est de 24 h. 50 m. 30 s., et il a compté le nombre de secousses signalées aux heures comprises dans chacune de ces huit divisions de 3 h. 6 m. Les huit sommes partielles ainsi obtenues ont mis en évidence l'existence, dans la durée du jour lunaire, de deux maxima et de deux minima de fréquence; les maxima se rapprochent des passages de la lune au méridien supérieur et au méridien inférieur, les minima tombent vers le milieu des intervalles. Pendant la seconde moitié du siècle dernier, M. Perrey n'a pas rencontré de longues listes de secousses spécifiées. Il a pu, cependant, se procurer les journaux séismiques tenus par Pignataro, à Monteleone, du 1er janvier 1783 au 1er octobre 1786; par Andrea Gallo et Torreani, à Messine, du 5 février 1783 au 2 janvier 1784; par Andrea de Leone, à Catanzaro, du 5 février au 12 juillet 1783; par Minasi, à Scilla, du 1er octobre 1783 au 25 novembre 1785 (ce dernier a compté 771 secousses du 5 février au 30 septembre). Voici quel a été le résultat de la discussion de ces observations :

	Nombre des secousses ressenties à			
	Monteleone.	Messine.	Catanzaro.	Scilla.
Lune à moins de 45° du méridien....	475	84	102	140
Lune à plus de 45° du méridien......	453	60	81	120
	22	24	21	20

Ainsi, malgré les perturbations que ces grandes commotions ont dû apporter dans l'allure générale du phénomène, la prépondérance des heures voisines du passage méridien de la lune se manifeste dans la fréquence des secousses. M. Perrey a eu encore à sa disposition, plus récemment, le journal de M. S. Arcovito, tenu à Reggio (Calabre), de 1836 à 1853. La discussion de ces observations plus détaillées a donné les nombres de secousses ci-après :

Aux syzygies.....	437	Lune à moins de 45° du méridien...	413
Aux quadratures..	349	— plus de 45° —	... 347
Différence...	88	Différence...	66

Cette majorité constante en faveur des époques où les marées sont les plus fortes, semble, jusqu'à un certain point, confirmer la théorie de M. Perrey. Toutefois, nous ne pouvons nous empêcher de faire observer que la majorité en question est très-faible et, par conséquent, peu concluante; et que les maxima des courbes qui représentent la fréquence relative des secousses ne devraient pas coïncider avec les époques où l'action combinée du soleil et de la lune est la plus forte, mais suivre ces époques de près de deux jours.

D'un autre côté, on doit reconnaître la justesse des remarques de M. Perrey, qui se rapportent à l'influence des perturbations locales auxquelles donneraient lieu les irrégularités de la surface intérieure de l'écorce terrestre. En effet, cette surface intérieure doit présenter des anfractuosités et des courbes, des montagnes dont les sommets plongent dans le fluide central, comme de gigantesques stalactites, et des vallées dont le thalweg creusé par les courants volcaniques, se rapproche de la surface du sol. Ce système orographique interne doit modifier la marche et la propagation des ondes souterraines. L'onde se resserrera et augmentera de vitesse et de force vive, entre deux montagnes qui obstruent son passage, ainsi que cela s'observe dans les fleuves qui offrent des rapides. Elle s'épanouira et diminuera de vitesse dans une plaine ou dans une vallée, dont la direction lui permet de se développer librement. Elle ira battre contre les flancs, sur les pentes et dans les anfractuosités qui se rencontreront sur son passage. De là des compressions d'une nouvelle espèce, des chocs et des ébranlements moléculaires qui offriront un caractère ondulatoire, enfin des éboulements partiels et des fissures plus ou moins considérables dans la voûte intérieure, dont les effets seront ressentis à la surface du sol comme des secousses ou des vibrations. Toutes ces circonstances font des tremblements de terre un phénomène très-complexe.

L'auteur a constaté aussi que le système orographique de chaque contrée exerce une grande influence sur la propagation des secousses. Dans les chaines de montagnes, elles se propagent le plus souvent suivant l'axe principal; c'est ce qui a lieu pour les Pyrénées et les Cordillères des Andes. Dans les vallées que baignent des fleuves, la direction moyenne des secousses paraît être celle du thalweg des bassins; M. Perrey a constaté ce fait pour les bassins du Rhône, du Rhin et du Danube.

Les failles, comme les concavités souterraines, devraient amortir la violence des chocs et diminuer la vitesse de propagation des ondes. Leur présence rendrait compte de cette anomalie, qui se présente quelquefois, de deux endroits fortement ébranlés, pendant que les localités intermédiaires n'éprouvent aucun mouvement sensible. Dans certaines régions de l'Amérique, ce phénomène est assez fréquent; le peuple dit alors que le sol a *fait pont*, que la terre *est suspendue*.

Les éruptions volcaniques sont intimement liées aux tremblements de terre. L. Pilla appelle ces derniers des *éruptions avortées*. Pour M. Perrey, un volcan est un soupirail qui établit une communication entre l'intérieur et l'extérieur de notre globe, aux points où la croûte est déchirée dans toute son épaisseur, par une fracture étoilée ou par une faille prolongée. Les éruptions sont violentes quand la bouche a été obstruée pendant quelque temps, faibles quand le volcan fume, ou *respire librement*. La transmission des matières ignées doit d'ailleurs se faire avec une vitesse très-variable dans les différents canaux de communication, et il s'ensuit que les époques de ces crises, qu'on appelle éruptions, doivent beaucoup différer d'un volcan à l'autre. Il doit y avoir des différences analogues à celles qui s'observent dans la propagation des marées, des retards analogues à celui qu'on appelle *l'établissement du port*.

M. Perrey pense que le niveau des laves, dans les volcans actifs, doit faire reconnaître une sorte de marée; cette observation serait surtout facile dans l'immense cratère ou lac de laves du Kilau-Ea dans l'île Hawaii, où feu M. Bravais avait toujours eu le désir d'aller se fixer, à cet effet, pendant un an. La seule observation de ce genre que nous possédions jusqu'à ce jour, est celle que MM. Scacchi et Palmieri ont faite au mois de mai 1855, pendant l'éruption du Vésuve. Ces physiciens ont remarqué une recrudescence des laves, deux fois par jour, à des intervalles de 12 heures environ, et avec un retard d'un peu moins de 1 heure, d'un jour à l'autre. Ainsi, la recrudescence matinale du 6 mai a eu lieu à 5 heures, celle du 13 à 11 heures seulement; c'est un retard exactement pareil à celui des marées. L'éruption a commencé le 1ᵉʳ mai, et cette intumescence a été observée depuis le 5 jusqu'au 19. Le temps que les laves mettaient à descendre de l'orifice du cratère jusqu'au fossé où on les observait, était compris entre 4 et 6 heures. La lune a été pleine le 2 mai; elle passait au méridien de Naples le 6, à 3 heures et demie du matin.

M. Perrey termine son Mémoire de 1859 par ces phrases singulières, à l'adresse de M. Lamé :

« Mais il lui manque encore (à notre théorie) le cachet de l'analyse:

« Le fondateur des lois mathématiques de l'élasticité peut seul lui imprimer ce cachet.

« Daignera-t-il le faire ? C'est le plus ardent de tous nos vœux, etc., etc. »

Nous avons gardé pour la fin de cet article une découverte très-intéressante qui est due à M. Emile Kluge.

Ce physicien vient de publier un livre sur le *Synchronisme et l'antagonisme des éruptions volcaniques*, dans lequel il donne un extrait d'une liste très-complète des éruptions historiques, formée à l'aide des catalogues de MM. de Hoff, Perrey et Mallet, de plusieurs ouvrages très-rares qui sont conservés à la bibliothèque royale de Dresde, et d'environ deux cents autres ouvrages ou journaux scientifiques. Cette liste, qui s'étend depuis l'an 1000 avant notre ère jusqu'à 1863, comprend un nombre total de 1,450 éruptions. En examinant de plus près les nombres annuels correspondant aux différentes années, l'auteur arrive à cette conclusion extrêmement importante que les *éruptions volcaniques suivent la même période de 11 ans que les taches solaires et les variations de la déclinaison magnétique* (et, ajouterons-nous, les aurores polaires). *Les minima des taches solaires et des variations magnétiques correspondent à la plus grande, leurs maxima à la plus petite fréquence des éruptions.*

Ainsi, notamment le minimum de 1823 coïncide avec des éruptions très-nombreuses ; on a observé, en 1822, 1823 et 1824, quarante-quatre éruptions, ou bien trente, en ne comptant pas les répétitions. Cette période d'environ 11 1/9 années rend compte, en même temps, du retour séculaire de certaines éruptions qui semblent suivre une période de 100 ans. Le Vésuve, par exemple, a offert de grandes éruptions en 685, 983, 1184, 1682, 1783, 1784 et 1785 ; l'Etna en 1183, 1285, 1381, 1682, 1781 ; l'Etna encore en l'an 56 avant Jésus-Christ, puis en 1444, 1643, 1744, 1844 ; le *Vulcano* en 144 et 1444 ; le Vésuve en 1643. En 1845, il y eut encore une éruption sous-marine dans la Méditerranée et une éruption du Hécla. En 1245, eut lieu une éruption du Soelheima-Joekull ; en 1345, une éruption sous-marine à l'ouest de l'Islande. Les rapprochements de ce genre sont très-nombreux ; ils semblent indiquer une période séculaire qui embrasse neuf périodes de 11.1 années. Ces corrélations entre les forces abyssodynamiques et la fréquence des taches solaires ressortent aussi de l'inspection des courbes qui accompagnent l'ouvrage de M. Kluge.

Une autre conclusion intéressante de M. Kluge est celle-ci : que certaines dates de l'année paraissent être favorables aux éruptions, et que plusieurs de ces dates (la première moitié du mois d'août, par exemple) sont en outre remarquables par des phénomènes de nature cosmique. L'auteur rejette entièrement l'idée d'un noyau liquide de la terre, et d'une communication de tous les volcans au-dessous de la surface terrestre ; il n'admet que des accumulations locales de lave en fusion sur laquelle agiraient, non-seulement des forces cosmiques, mais encore les variations de la pression atmosphérique, se transmettant par la couche élastique du sol, etc. Enfin, il croit avoir constaté que les volcans se forment de préférence dans la région *inférieure* des chaînes de montagnes, et sur les points où des continents tournent l'un vers l'autre deux pointes séparées encore par une vallée marine.

REVUE PHOTOGRAPHIQUE

Lithophotographie ; procédé de M. Quaglio. — Procédé au tannin, nouvelle édition, par M. Russell. — Substitution du cachou au tannin. — Développement alcalin des procédés à sec, par M. Sutton. — Propriétés photographiques des sels de thallium. — Nouveaux procédés de virage, par MM. Wharton-Simpson, Parkinson, Meynier, Ommeganck. — Emploi d'une lentille pour renforcer certaines parties du positif, par M. Guillaume.

De toutes les branches de l'art photographique, il n'en est pas, croyons-nous, qui, en ce moment, occupe plus l'attention que la lithophotographie. Depuis quelques mois, le nombre des méthodes nouvelles proposées pour transporter sur la pierre les lignes si fines et si douces de nos clichés, s'est élevé à six ou huit pour le moins. C'est ainsi que nous avons eu, en Angleterre, les communications de M. Pouncy, dont nous avons déjà parlé dans notre dernière Revue, de M. Blair, de M. Joseph Lewis, de M. Dallas, etc., tandis qu'en France, l'Académie des sciences recevait la description d'une méthode imaginée par M. Morvan, et reposant sur l'emploi du bichromate d'ammoniaque albuminé, suivi d'un traitement à l'eau de savon, et que le journal *les Mondes* faisait connaître un procédé dû à M. Marquier, et présentant avec le précédent une analogie très-grande. Cependant, toutes ces publications ne nous ont appris rien de bien nouveau; ce ne sont que des répétitions du procédé primitif de M. Poitevin, plus ou moins modifié. Toujours, c'est au mélange de matière organique et de bichromate employé, pour la première fois vers 1840 par M. Mungo-Ponton, que les inventeurs font appel; toujours ils s'appuient sur le principe découvert par M. Poitevin, et consistant en ce fait que les portions insolées du mélange ci-dessus sont aptes à retenir, par adhérence, l'encre lithographique, tandis que les portions inattaquées par la lumière peuvent être entraînées par un lavage à l'eau, et laisser à nu la pierre dans toute sa pureté. C'est par de simples modifications de détail que les inventeurs des procédés nouveaux cherchent à rajeunir cette méthode, déjà vieille de près de dix années, et qui, par quelque défaut originel, sans doute, n'a pas, il faut le reconnaître, pénétré dans la pratique industrielle aussi avant que ses qualités l'avaient d'abord fait espérer.

Nous n'insisterons donc pas sur ces diverses publications, mais nous accorderons quelques instants d'attention à la méthode communiquée à la Société photographique de Vienne par un ingénieur allemand fort distingué, M. Quaglio. Le principe auquel cet inventeur a demandé la reproduction sur pierre des épreuves photographiques est, en effet, tout différent des précédents: la matière est nouvelle et la réaction l'est aussi.

Lorsqu'on prend une solution de savon ordinaire, claire et filtrée, et qu'on y ajoute peu à peu une solution d'azotate d'argent, on voit se former un précipité blanchâtre qui se rassemble bientôt au fond du liquide. Ce précipité est l'oléate d'argent ou savon d'argent, comme le savon ordinaire est l'oléate de soude ou savon de soude. Recueilli sur un filtre et abandonné quelque temps à l'air et dans l'obscurité, il se dessèche en une matière douce au toucher et analogue au savon ordinaire. M. Quaglio a reconnu que cette matière possède la faculté de noircir promptement sous l'influence de la lumière, et pense qu'il serait possible d'en utiliser la décomposition pour l'obtention d'épreuves lithographiques; la mise en œuvre de cette idée a parfaitement réussi. Le mode d'opérer de M. Quaglio est tellement simple qu'il sera facile à tout opérateur d'en faire l'intéressant essai; le voici en quelques mots : On prend une pierre lithographique assez soigneusement grainée; on la pose de niveau et on la recouvre d'une solution de gomme arabique qu'on y laisse sécher. D'un autre côté, on recouvre de savon d'argent un tampon de flanelle et, dans l'obscurité, on en frotte la surface sèche de la pierre, jusqu'à ce que celle-ci en soit bien également couverte, puis on expose sous un cliché; le temps de pose est de dix minutes environ au soleil, d'une demi-heure à l'ombre. La pose terminée et le cliché enlevé, on trouve sur la pierre une image positive très-nette et très-bien développée; on la lave d'abord avec une petite quantité d'eau acidulée par un peu d'acide azotique, puis avec de l'huile de naphte rectifiée. Les portions non insolées disparaissent, et il ne reste sur la pierre, se révélant en noir, que l'image du cliché. On gomme alors et on passe au rouleau avec un mélange de gomme, de térébenthine et de noir. L'impression se fait ensuite à la manière ordinaire. Nous n'avons pas vu les épreuves fournies par cette méthode, mais on assure qu'elles sont supérieures à tout ce qui a été fait jusqu'ici dans ce genre: la pierre est d'ailleurs résistante et peut tirer plus de deux cents exemplaires.

— M. le major Russell vient de faire paraître chez Davies, à Londres, une deuxième édition de son ouvrage sur le procédé au tannin. Cette édition nouvelle était attendue avec impa-

tience, car le procédé au tannin a été, depuis sa découverte, retourné et travaillé de mille
manières ; sa vogue est devenue telle qu'il a, en Angleterre, remplacé d'une manière absolue
les procédés de MM. Fothergill, Hill Norris, etc. En France, ce procédé est également employé, mais il y doit lutter contre le procédé Taupenot, et son succès y a jusqu'ici été moindre.
Quelques échecs, dus peut-être à l'oubli de tel ou tel de ces petits détails auxquels M. Russell
attache un si grand prix, ont rebuté certains opérateurs, du reste fort habiles, qui, préférant
les routes battues, sont bientôt retournés au procédé Taupenot, malgré son infériorité bien
évidemment constatée aujourd'hui par les nombreux essais comparatifs faits en Angleterre.
Quoi qu'il en soit, la nouvelle édition de M. Russell renferme un grand nombre de parties
nouvelles, et sans avoir l'intention de l'analyser aujourd'hui, ce que nous nous proposons de
faire plus tard, nous ne pouvons cependant passer sous silence les deux modifications capitales apportées au procédé primitif par M. Russell lui-même.

La première de ces modifications réside dans la possibilité de supprimer la couche préliminaire de gélatine dont M. Russell avait cru d'abord indispensable de revêtir la glace avant
de la collodionner. L'auteur du procédé a reconnu, en effet, que cette précaution est inutile,
que presque tous les collodions peuvent complétement réussir avec le tannin sans qu'il soit
nécessaire de gélatiner la glace, et que pour obtenir une couche solide, ne se détachant pas
pendant le développement ou les lavages, il suffit de dépolir legèrement les bords de la
glace, en réservant ainsi une bande suffisamment large pour que les bords du collodion reposent sur le dépoli.

C'est à la composition du collodion que se rapporte la deuxième modification importante
que nous voulons signaler ; M. Russell a reconnu qu'un collodion simplement bromuré possède des qualités admirablement appropriées à l'emploi du tannin, et, se basant sur un
grand nombre d'expériences comparatives faites avec des collodions divers, il propose la formule suivante :

Pyroxiline .... 1 gr., 5.
Bromure de cadmium .... 2 gr., 5.
Alcool à 80°, 5 .... 75°°.
Éther........................... 75°°.

Les seules précautions à prendre lorsqu'on emploie un collodion de cette nature consistent
à le rendre très-coulant sur la glace et à opérer la sensibilisation dans un bain d'argent concentré où la glace doit rester asez longtemps.

— Chaque jour voit naître encore de nouvelles modifications du procédé Russell ; un photographe de Cagliari, dont le nom nous échappe, vient de proposer de remplacer le tannin,
qu'il est difficile de se procurer pur dans les petites localités, par le cachou, qui renferme
tout à la fois du tannin, une matière extractive et un mucilage. La marche à suivre est exactement la même que lorsqu'on suit les indications de M. Russell ; seulement, la glace collodionnée, sensibilisée et lavée, est recouverte non d'une solution de tannin, mais d'une liqueur
obtenue en recouvrant 10 à 15 parties de cachou pulvérisé de 100 parties environ d'eau
bouillante, agitant bien le mélange, laissant macérer quelque temps et tirant à clair par filtration sur une toile fine. Nous ne croyons pas que la substitution du cachou au tannin puisse
avoir une grande importance ; néanmoins, le renseignement peut être utile aux photographes
qui, éloignés des grands centres, éprouvent quelque difficulté à se procurer les produits peu
communs tels que le tannin pur.

— Toutes ces modifications de détails n'ont qu'une valeur insignifiante auprès de la découverte récente de M. Sutton, découverte qui ne tend à rien moins qu'à donner aux collodions secs, et notamment au tannin, une rapidité égale à celle du collodion humide. Il s'agit
d'un procédé de développement, opérant dans des conditions toutes nouvelles et diminuant
le temps de pose dans la proportion de dix à un. Cette découverte nous parait extrêmement
importante, et; comme au dire de M. Sutton nous pouvons joindre notre expérience per-

sonnelle, nous décrirons le procédé avec détails. Voici comment ce procédé doit être conduit :

On fait à froid une solution saturée de bicarbonate de soude dans l'eau, et si cette solution n'est pas d'une limpidité parfaite, on la filtre. On prépare, d'un autre côté, une solution d'acide pyrogallique dans l'alcool, la proportion de celui-ci étant de 100 parties pour 2 d'acide pyrogallique, et l'on conserve isolément ces deux solutions. L'épreuve sur collodion sec, qui n'a dû poser que juste le temps nécessaire pour collodion humide, est rentrée dans l'atelier et développée comme il suit: On prend 30^{cc} d'eau auxquels on ajoute 10 pour 100, c'est-à-dire 3^{cc} de la solution de bicarbonate de soude, et l'on verse cette liqueur sur la glace, qui, bien entendu, a dû d'abord être mouillée avec de l'eau distillée. Lorsque la liqueur alcaline a bien pénétré la couche, on la déverse dans un verre, on lui ajoute quelques gouttes de la solution alcoolique d'acide pyrogallique, puis on la verse de nouveau sur la glace. Le développement commence de suite, il s'opère avec une grande rapidité, et les détails les plus fins de l'image ne tardent pas à devenir parfaitement visibles. Cependant, l'image est faible et rougeâtre ; il faut la renforcer. Cette opération a lieu comme d'habitude, au moyen de l'acide pyrogallique et de l'argent, mais il faut modifier un peu le mode d'application de ces agents, car si l'on se contentait de verser le mélange sur le cliché tel qu'il est en ce moment, le renforcement serait accompagné d'un voile complet de l'image. Il faut d'abord verser sur la glace le mélange d'acide pyrogallique et d'acide acétique fait dans les proportions ordinaires, faire écouler la solution dans un verre, après qu'elle a été bien uniformément promenée sur toute l'épreuve, et alors seulement, y ajouter quelques gouttes de solution d'azotate d'argent. L'action de l'acide acétique versé en premier lieu est de saturer le bicarbonate de soude restant sur la glace, d'enlever ainsi l'alcalinité et de permettre ensuite au mélange complet d'opérer le renforcement à la manière ordinaire. Les lavages subséquents et le fixage du cliché ont lieu par les moyens habituels.

Ce procédé n'est point encore connu en France, mais déjà, en Angleterre, il fixe l'attention générale ; un grand nombre de photographes l'ont expérimenté et en ont obtenu des résultats tels, qu'il n'existe plus pour eux de différence entre le collodion sec et le collodion humide, au point de vue de la rapidité.

— Une nouvelle substance sensible vient de s'ajouter à la liste déjà nombreuse des corps photogéniques. D'après une publication récente de M. William Crookes, certains sels de thallium (le nouveau métal extrait des pyrites) ont la propriété de se colorer à la lumière. Le protochlorure de thallium notamment, et le phosphate de thallium et d'ammoniaque subissent, sous l'influence des rayons directs du soleil, une réduction très-sensible. Nous signalons le fait au point de vue seulement de l'intérêt théorique, car nous doutons fort que les sels de thallium, par suite de leur rareté, puissent jamais recevoir une application quelconque en photographie.

— Les procédés de virage se comptent par centaines, et cependant il en naît chaque jour de nouveaux ; c'est vraiment une chose merveilleuse que de voir à quelle torture certains photographes soumettent leur intelligence pour tâcher de découvrir quelque modification plus ou moins naïve des procédés déjà connus. Ces inventeurs sont excusables cependant, car le virage est la partie la plus importante peut-être de leur œuvre, le couronnement de l'édifice qu'ils ont commencé en passant par le cliché d'abord, puis par les nombreuses et délicates opérations qui, dans le tirage des positives, précèdent celle de la coloration ou du virage. Nous nous garderons bien de passer en revue tous les procédés de virage nés depuis notre dernière chronique ; nous accorderons seulement quelques lignes à ceux qui semblent présenter quelque chose de réellement nouveau.

C'est d'abord le procédé simplificateur de M. Wharton Simpson, qui place dans la feuille elle-même l'alcalinité qui paraît nécessaire à tout bon virage, et opère avec le chlorure d'or simple. On suit la marche suivante: L'épreuve, au sortir du châssis, est lavée soigneusement à plusieurs eaux, de manière à enlever tout le nitrate d'argent libre, immergée ensuite quelques instants dans une solution de carbonate de soude et, enfin, passée dans le bain d'or. L'épreuve, par son passage dans la solution de carbonate de soude, emporte assez de matière alcaline pour neutraliser tout l'acide que le chlorure d'or peut renfermer, et l'on obtient ainsi un virage alcalin sans prendre la peine de préparer aucun bain d'or particulier.

Nous citerons encore la méthode de M. Parkinson, dont les épreuves, et surtout les marines, ont été dans ces derniers temps fort appréciées. Cet opérateur a combiné ensemble les deux virages bien connus au chlorure de chaux et à l'acétate de soude, et les excellents tons que l'on remarque sur ses épreuves sont attribués par lui d'une manière essentielle à l'emploi de cette combinaison. Nous ferons sans doute plaisir à quelques-uns de nos lecteurs en publiant sa formule, mais sans nous en rendre garant en aucune façon. On prépare d'abord le mélange suivant :

<pre>
Chlorure de chaux..........................   3 gr.
Acétate de soude...........................   8 gr.
Carbonate de chaux.............. ....   8 gr.
Eau distillée.....................:........ 100cc.
</pre>

On filtre, puis, dans un litre d'eau, on ajoute 5 grammes de la solution filtrée et 1 gramme de chlorure d'or. D'après M. Parkinson, ce bain marche fort bien, mais ne se conserve pas longtemps.

M. Meynier, de Marseille, auquel on doit l'introduction si intéressante du sulfocyanure en photographie, vient aussi de faire connaître un nouveau bain de virage. Celui-ci s'obtient en dissolvant, dans un litre d'eau, 6 grammes de sulfocyanure d'ammonium et 1 gramme de chlorure d'or. Rappelons à ce propos que les sulfocyanures prennent décidément rang, dès aujourd'hui, parmi les produits photographiques; leur prix ne dépasse déjà plus quelques francs par kilogramme, et leur emploi ne saurait trop être conseillé, surtout, comme succédané du cyanure de potassium. Les accidents causés par ce terrible agent ne sont rien moins qu'imaginaires, et les journaux anglais avaient encore à enregistrer récemment la triste annonce d'un empoisonnement causé par le cyanure de potassium.

On sait qu'en général les bains de virage donnent des résultats meilleurs lorsqu'ils sont faits depuis quelques heures que lorsqu'ils sont trop fraîchement préparés. M. Ommeganck, de Bruxelles, a donné récemment la formule d'un bain de virage renfermant à la fois du chlorure d'or et du cuivre, et qui, selon lui, serait, dès les premiers moments de sa préparation, d'une marche très-régulière. Ce bain se compose de :

<pre>
Eau...................... 1 litre.
Chlorure d'or.............. 0 gr. 5.
Deutochlorure de cuivre.... 0 gr. 1.
Carbonate de soude........ jusqu'à réaction alcaline.
</pre>

La solution proposée par M. Ommeganck présente encore, selon lui, un autre avantage : le ton de l'épreuve est influencé par la présence du chlorure de cuivre; avec une petite quantité de ce sel, il reste noir, mais si l'on en augmente la proportion, il devient d'un bleu gris. On peut, en variant les proportions relatives de sel d'or et de sel de cuivre, obtenir toutes les nuances intermédiaires. Ces phénomènes de coloration se rapportent évidemment aux faits observés et mis en pratique par M. de Lucy sous le nom de colorations naturelles dans les bains, faits dont nous avons déjà parlé dans notre dernière Revue.

— On a souvent conseillé, pour le tirage des positifs, l'emploi d'une lentille qui, concentrant les rayons directs du soleil sur certaines parties trop opaques du cliché, augmente en ce point l'action photogénique qui frappe le papier sensible, et permet de corriger les défauts locaux de l'image négative. M. Guillaume vient d'appeler de nouveau l'attention sur cet artifice, qui, dans certains cas, peut rendre quelques services aux photographes. Il arrive souvent, par exemple, que dans un portrait l'opérateur doit sacrifier la figure aux vêtements, ou les vêtements à la figure. Si la tête a convenablement posé, les vêtements ne sont pas venus; s au contraire les vêtements sont réussis, la figure a trop posé et les rayons lumineux ne sont plus assez forts pour traverser le cliché en ce point. Avec l'aide d'une lentille, d'un simple verre grossissant, on peut, à la rigueur, corriger ce défaut, mais, pour réussir une grande habileté de main est nécessaire. Supposons, par exemple, un portrait reposant dans le châssis, sur une feuille de papier sensibilisée, placé même sous les rayons solaires, mais offrant en certains points (la tête notamment) une intensité telle que le passage des rayons s'y trouve retardé : nous prendrons une petite lentille maintenue dans une monture en cuivre et emmanchée d'une façon quelconque, nous l'interposerons entre la lumière solaire et le châssis, et nous promènerons sur les parties opaques du cliché le point lumineux formé à son foyer. Seulement, il faudra donner à ce point un mouvement assez rapide pour empêcher la formation de lignes ou de marques; il faudra éviter encore que le foyer exact de la lentille ne se trouve sur le cliché lui-même, car, dans ce cas, la grande chaleur développée ne manquerait pas de faire fondre le vernis; cet accident ne sera pas à craindre si le foyer est maintenu sur la glace protectrice du châssis.

— Nous terminerons cette Revue en empruntant au *Bulletin belge*, l'un des plus jeunes et des plus intéressants journaux photographiques, le récit d'une remarquable reproduction de caractères anciens et jaunis par le temps, due à la photographie; cette application avait été déjà réalisée plusieurs fois avec succès, d'abord par M. le comte de Schouwaloff, lorsque cet éminent photographe s'occupait de la reproduction des manuscrits du mont Athos, puis par M. Camille Silvy, lors de sa reproduction du manuscrit Sforza. La bibliothèque royale de Bruxelles possédait un manuscrit unique et très-précieux, dont des pages entières avaient pâli à ce point qu'elles étaient totalement illisibles depuis deux ou trois siècles déjà, car les premières éditions imprimées d'après ce manuscrit signalent ces endroits comme indéchiffrables. L'administration de la Bibliothèque s'adressa à l'Institut de France pour que l'on y tentât la revivification de l'écriture. L'opération fut confiée à l'un des chimistes les plus éminents de ce corps illustre, mais elle laissa beaucoup à désirer, car si l'écriture a reparu en *quelques* endroits, c'est au détriment de la beauté de l'ouvrage, qui se trouve maculé d'une teinte bleue indélébile dans toutes les parties où l'on a opéré. Or, avant de commencer ces expériences, on s'était avisé de photographier les pages sur lesquelles on se proposait de les effectuer, uniquement afin de constater, après l'opération, l'état primitif des textes. Cette précaution eut un résultat tout à fait inattendu : c'est que les pages photographiées, complétement illisibles, fournirent des épreuves qui, par le renforcement, reproduisirent le texte original avec une vigueur et une netteté surprenantes.   Th. BEMFIELD.

RAPPORT

SUR

LES PRODUITS CHIMIQUES INDUSTRIELS (CLASSE II, SECTION A)

DE

L'EXPOSITION INTERNATIONALE DE LONDRES EN 1862.

Par M. A.-W. HOFMANN.

SUITE. — Voir le Moniteur scientifique, livraisons 154, 155, 156, 158, 159, 160, 164 et 165.)

SELS DE POTASSE DÉRIVÉS DES ALGUES MARINES COMME PRODUITS ACCESSOIRES
DE LA FABRICATION DE L'IODE ET DU BROME.

L'incinération des algues fournit un produit brut salin, qu'on obtient en masses fondues, à demi vitrifiées, nommées *kelp* par les fabricants anglais, et *varech* ou *vraic* par les français. Les fabricants de cendres de varech distinguent deux espèces d'algues, qu'ils désignent sous le nom de varech *venant* et de varech *scié* (*drift* weed and *cut* weed). Elles fournissent des variétés de *kelp* qui présentent de grandes différences sous le rapport de la composition et de la valeur industrielle. Le varech scié est celui qui croît sur les rochers et sur les bords de la mer, et qu'on est obligé de détacher et d'enlever pour le livrer à l'incinération. On distingue principalement deux espèces de fucus, connues populairement sous le nom de varech (wrack) noir ou chêne marin, et de varech jaune ou noduleux, et désignées par les botanistes sous les noms de *fucus serratus* et de *fucus nodosus*. Le premier des deux est de beaucoup le plus riche, tant en potasse qu'en iode; le varech noir fournit environ trois livres de chacun de ces produits, tandisque le jaune n'en contient que deux livres. Le varech *venant*, ou *drift seaweed*, constitue, comme l'indique son nom, la végétation marine que les vagues entraînent et déposent sur nos côtes. Il croît sur les rochers des profondeurs de la mer, et on le connaît vulgairement sous le nom de *fucus zostere*, ou chiendent marin. Les montagnards d'Ecosse l'appellent *bandarrig* ou *stamph*, les Irlandais *sea-rods* (verges de mer). Son nom botanique est *laminaria digitata*. La tige, épaisse et ronde, atteint souvent la taille de l'homme et se divise à l'extrémité en nombreux rameaux feuillés. Il contient environ 25 pour 100 plus de potasse et au moins 300 pour 100 plus d'iode que le varec *scié* des côtes n'en fournit en moyenne. Non-seulement les varechs sciés contiennent moins d'alcali que les varechs venants, mais l'alcali qu'ils renferment est proportionnellement plus riche en soude et plus pauvre en potasse, et par conséquent aussi de moindre valeur que l'alcali retiré des varechs venants. En outre, les varechs venants sont plus riches en chlorures alcalins qu'en sulfates, ce qui est tout le contraire pour les varechs sciés. La valeur de la potasse étant trois fois plus grande que celle de la soude, et le chlorure potassique valant considérablement plus que le sulfate correspondant, on comprendra facilement que les cendres des varechs venants (indépendamment de la plus grande proportion d'iode qu'ils renferment, constituent une source beaucoup plus précieuse d'alcali que les cendres des varechs sciés. Il en résulte que nos côtes occidentales, baignées par l'océan Atlantique et abondamment approvisionnées de varechs venants par l'effet des tempêtes, produisent des cendres de varech bien supérieures à celles de nos côtes orientales, qui sont protégées contre la pleine mer et sur lesquelles on trouve surtout en abondance les varechs sciés. Dans beaucoup de localités, cet avantage naturel est cependant en grande partie neutralisé par la négligence des paysans, qui s'occupent de l'incinération des varechs.

Les meilleures cendres de varech connues sont celles que fournit la côte occidentale de l'île de Rathlin, située dans le canal du Nord. Ces cendres de varech, qui peuvent servir comme type, sont faites exclusivement avec des varechs venants, incinérés avec le plus grand soin pour réduire les pertes par volatilisation à un minimum, et soigneusement préservées de tout mélange terreux (1). Aussi les cendres de varech de Rathlin se vendent-elles, à Glasgow, de 7 liv. 10 sh. à 10 liv. 10 sh. par *tonne-de-varech* écossaise (22 quintaux 1/2) (2). Les cendres

(1) Nous ne faisons que rendre justice au Rév. M. Gage, propriétaire de l'île de Rathlin, en mentionnant que l'état de perfectionnement de l'industrie des cendres de varech dans cette île est dû surtout à sa surveillance éclairée et intelligente.

(2) En citant cette unité particulière de poids (la *tonne-de-varech* écossaise de 22 quintaux 1/2 excédant de 1 quintal la *tonne-de-varech* irlandaise), le rapporteur ne peut s'empêcher de faire remarquer la confusion et le désaccord qui caractérisent les différents systèmes de poids et mesures actuellement en usage parmi les nations civilisées. Non-seulement le système légal d'un pays (à l'exception toutefois de ceux qui ont adopté le système métrique français) diffère de celui de chaque contrée voisine; mais il arrive fréquemment que certaines provinces et certaines villes d'un même pays, et souvent même des industries particulières d'une même localité, ont adopté et mis en usage des mesures spéciales qui leur sont propres. Ce qui augmente encore la confusion, c'est qu'on n'a pas cherché à distinguer les unes des autres ces unités locales, en leur donnant des noms particuliers. La plupart du temps elles usurpent les désignations propres aux mesures légales

de varech faites à Galway (rivage tout aussi favorablement situé pour y recueillir les varechs venants), sont produites au moyen d'un mélange de varechs venants et sciés, incinérés en prenant beaucoup moins de soins pour éviter la volatilisation, et souvent chargés de sable étranger. Aussi le prix des cendres de varech de Galway ne s'élève pas au-dessus de 2 liv. à 3 liv. par tonne écossaise. La valeur moyenne des cendres de varech de Rathlin dépasse en effet celle des cendres de Galway dans la proportion de 9 liv. à 2 liv. 10 sh.; exemple frappant, constaté par les résultats financiers, de la différence entre les opérations industrielles grossières et les résultats d'une fabrication plus soignée.

Quant à la falsification intentionnelle des cendres de varech par le mélange avec du sable et du gravier, qu'on ajoute souvent dans la proportion de 20 pour 100 et même au delà du poids total du produit, elle est doublement et triplement nuisible à la fois au vendeur et à l'acheteur. Car, non-seulement la matière ajoutée diminue la valeur des cendres de varech, dans un sens qu'on peut appeler négatif, en substituant une substance sans valeur à l'article demandé, mais de plus l'acide silicique agit chimiquement en déterminant la décomposition des iodures et bromures alcalins, et provoquant ainsi la perte par volatilisation des métalloïdes renfermés dans ces composés. En même temps l'acide silicique se combine avec les alcalis, formant un verre insoluble ou peu soluble, et de cette manière le produit en alcali

ou impériales, et il en résulte que les dénominations telles que *yard*, *pied*, *tonne*, *livre*, *bushel*, et autres semblables, ont cessé de désigner des mesures fixes. Le rapporteur croit exprimer l'opinion générale de tous ceux qui cherchent soit à recueillir, soit à répandre les connaissances humaines, en déplorant, à l'occasion de l'Exposition internationale actuelle, l'indifférence qui a permis à cette confusion de s'établir, qui la laisse encore subsister sans aucun effort pour supprimer un abus aussi criant. Tous ceux qui, dans une branche quelconque de l'industrie, des sciences ou des arts, cherchent à se maintenir à la hauteur des progrès accomplis dans les différentes parties du monde, connaissent trop bien le travail accablant, qu'exigent ces calculs sans nombre et pourtant absolument nécessaires, si l'on veut résumer en une expression générale et comparable les résultats publiés sous des systèmes de poids et mesures si multipliés et si peu rationnels. Tout travailleur sait combien le champ de ses recherches est limité par cette simple circonstance, qu'il lui manque le temps nécessaire pour effectuer, par centaines, les réductions mathématiques des poids et mesures. Quelques exemples, pris au hasard dans le *Dictionnaire universel des poids et mesures*, par Dourster (Hayez, Bruxelles, 1840), mettront le lecteur à même de juger du développement qu'on a donné à cette multiplication irrationnelle des unités de poids et mesures nationales, locales et particulières. Qu'on prenne, par exemple, dans le livre de Dourster, le mot *aune* (en anglais *yard*).

Sous ce titre, se trouve une liste des différentes mesures portant ce nom, de leurs longueurs respectives en lignes, pouces et millimètres, et des localités où l'on en fait usage; ces mesures sont si nombreuses, que leur simple énumération ne remplit pas moins de dix pages du livre de Dourster, qui est un fort vol. in-8°, d'une impression serrée. La liste correspondante, concernant le *pied* (en anglais, *foot*), occupe dix-sept pages bien remplies du même ouvrage; tandis que la liste comprenant la dénomination de *livre* (en anglais, *pound*) n'occupe pas moins de vingt pages! Un fait digne de remarque, c'est, qu'en beaucoup d'endroits, on emploie simultanément, et sous le même nom, deux ou plusieurs mesures différentes; de sorte que nous trouvons souvent, dans la même ville ou dans le même district, l'*ancien* pied et le *nouveau*, le pied *légal* et le pied *habituel*, le pied de *maçon*, le pied de *charpentier*, le pied *agricole*, etc. A Liége (pour citer un exemple au hasard), on se sert du *pied de Saint-Hubert* pour mesurer certains articles, pour d'autres on emploie le *pied de Saint-Lambert*; et, pour augmenter l'équivoque, la différence fractionnaire entre ces deux espèces de pieds (3 millimètres environ) est exprimée par deux chiffres différents, dont l'une (2.918 millimètres) se trouve dans l'*Annuaire officiel de l'Observatoire de Bruxelles*, et l'autre (2.902 millimètres) dans l'*Almanach de Liége*.

Pour comparer une expérience faite à Liége avec une autre faite à Birmingham, et ayant rapport à une industrie particulière quelconque, on sera donc obligé de faire une étude préliminaire des mesures locales employées dans ces deux villes, et de la valeur réelle pouvant être assignée à chacune de ces mesures. Après avoir éclairci ces points, on sera encore fréquemment arrêté et embarrassé dans ces recherches par la nécessité de réduire péniblement à un type commun des quantités exprimées par des termes différents. Sous ce rapport, les districts ruraux ne sont pas mieux partagés que les villes. Ainsi, par exemple, celui qui fourni par les cuves à lixiviation se trouve également amoindri. Le résidu insoluble ne peut plus servir qu'à la fabrication de bouteilles en verre noir. En ajoutant à ces pertes le prix très-élevé de transport d'une tonne de sable et de pierres absolument sans valeur, pour 5 tonnes de cendres de varech, et en tenant encore compte de l'influence que doivent nécessairement exercer sur les prix la méfiance et le doute, accompagnant ainsi chaque transaction, nous arriverons à nous faire une idée des nombreux préjudices qui résultent de ces falsifications, tant pour le vendeur que pour l'acheteur. A l'époque actuelle on ressent presque dans chaque branche de fabrication et de commerce l'influence d'abus analogues, causant réciproquement du mal et réagissant, en somme, de la manière la plus fâcheuse sur l'industrie en général. Le Rapporteur saisit avec empressement cette occasion pour faire un appel aux chefs éclairés de l'industrie de tout notre globe, et les prier d'examiner si, dans le cours de la prochaine décade, il ne serait pas possible de préparer au moins une organisation et un ensemble de mesures propres à amener la diminution progressive et la suppression définitive de fraudes si généralement pratiquées, si répréhensibles et d'un effet si désastreux pour tout le monde.

s'occupe de statistique agricole, et qui cherche des renseignements sur le rendement comparatif des blés fournis par une superficie donnée de terre arable dans différents pays, ou même dans plusieurs districts d'un seul pays, trouve, pour exprimer ses rendements en blés, plusieurs centaines d'espèces différentes de *bushel* (*boisseau*), et presque autant de termes divers et variés pour les mesures d'arpentages qui sont souvent d'autant plus différents qu'ils portent les mêmes noms. En vérité, il est temps, du consentement commun de toutes les nations, de balayer ce chaos de types, en conflit les uns avec les autres, et de le remplacer, partout et pour toutes choses, par le système décimal, à la fois si simple et si grandiose, dont l'établissement sera une gloire éternelle pour la France. En 1790, la France invita l'Angleterre à associer aux académiciens français un nombre égal de membres de la Société royale de Londres, pour qu'une commission, formée en commun par les deux nations, pût poser les bases d'un système uniforme de poids et mesures, en déterminant la longueur du pendule simple battant la seconde sexagésimale, au niveau de la mer, sous le 45° de latitude. L'Angleterre refusa, et son refus imprime une tache ineffaçable à sa réputation scientifique. Ce refus de la part de l'Angleterre détermina la France à demander le concours des autres nations de l'Europe, dont plusieurs (principalement les pays occupant le second rang) répondirent à son invitation et envoyèrent des délégués. Mais ces adhésions, de peu d'importance, ne purent compenser l'abstention de l'Angleterre, dont l'adhésion à cette grande réforme métrique, et la coopération avec la France pour sa propagation sur tous les points du globe, aurait certainement provoqué son acceptation à peu près universelle. Déjà plusieurs nations éclairées (la Belgique une des premières) ont adopté le système décimal français; et, quelque grandes et incontestables que soient les difficultés qu'on rencontre en substituant au vieux système arbitraire le nouveau système scientifique, elles n'en sont pas moins graduellement surmontées par une législation ferme et judicieuse. En Belgique on opéra sagement, en laissant, à l'origine, toute liberté aux acheteurs de se servir, pour les marchandises dont ils faisaient emplette, soit des types habituels de l'endroit, soit du nouveau système décimal des poids et mesures. Les marchands arrivèrent ainsi graduellement à posséder et à comprendre les types métriques, quoique au début ils en fissent peut-être rarement usage. Au bout de fort peu de temps, tous les contrats ou soumissions à passer avec le gouvernement durent être formulés en termes du système métrique. On exigea également, sous peine de non-validité légale, que, pour la rédaction des cessions de propriétés, on employât les mesures de surface du système métrique français. Tout fait espérer qu'en procédant ainsi progressivement, on parviendra à remplacer complétement les anciennes et incertaines unités de poids et mesures, et à leur substituer, au bout de quelques générations, le système métrique uniforme et perfectionné. Depuis plusieurs années, l'attention du public anglais a été fortement appelée sur l'importance de ce mouvement par la création de l'*Association internationale pour l'obtention d'un système décimal uniforme de poids, mesures et monnaies;* l'origine de cette Société remonte à la première Exposition universelle, et en est probablement un des premiers fruits. Déjà les efforts de cette Société sont appuyés non-seulement par la majorité des savants du pays, mais encore par un grand nombre des principaux industriels et commerçants. Le rapporteur ne craint pas d'encourir le reproche de présomption, s'il se hasarde à exprimer l'espoir que la nation anglaise tout entière re   naîtra avant peu la valeur de ce système, si simple et si beau, et coopérera avec la France pour amener graduellement l'adoption universelle.

Abstraction faite des falsifications, l'incinération des cendres de varech, même pratiquée de la manière la plus perfectionnée, ne constitue cependant qu'un procédé grossier et primitif. On amasse les algues en monceaux sur les côtes, et on les y laisse sécher, sans les protéger contre l'action délétère de la pluie. C'est pour cette raison qu'on ne recueille les algues que pendant la saison d'été. Les milliers de tonnes des varechs venants si précieux, jetés sur les côtes pendant les-tempêtes d'hiver, y restent à la merci des éléments et sont entraînés de nouveau par la marée descendante, faute de hangars pour les emmagasiner. Ceux même qu'on recueille et qu'on sèche sont incinérés dans des cavités peu profondes creusées dans la pierre ou dans le sable, qui viennent se mélanger au produit fondu en le détériorant. En outre, on active le feu de manière à provoquer la fusion du produit salin, et l'on provoque ainsi la volatilisation de beaucoup d'iode et d'une proportion assez considérable de potasse. Cet excès de chaleur, en présence d'un excès de carbone, amène la désoxydation d'une forte proportion de sulfates et leur transformation en sulfures, qu'on reconvertit subséquemment en sulfates, en occasionnant une perte d'acide sulfurique dont la valeur est égale *à la moitié du prix total* de fabrication des cendres de varech. Toutes ces causes provoquent des pertes considérables, auxquelles on peut certainement remédier en grande partie.

Dans l'état actuel des choses, nous trouvons qu'il faut à peu près vingt-deux tonnes de varechs (humides) pour produire une tonne de cendres de varech de bonne qualité moyenne, pouvant fournir (outre l'iode, le brôme et les résidus salins sodiques mélangés) environ cinq à six quintaux de chlorure de potassium, et environ trois quintaux de sulfate de potasse du commerce. Le chlorure de potassium du commerce contient à peu près 80 pour 100 de chlorure potassique réel ; le reste consiste principalement en chlorure et en sulfate sodiques et en eau (8 ou 9 pour 100). Le sulfate de potasse du commerce contient à peu près la moitié de son poids de ce sel pur, le reste étant principalement composé d'humidité (environ 20 pour 100) et d'un mélange de chlorure et de sulfate sodiques. Ces deux produits (comme aussi les produits sodiques des cendres de varech) renferment en outre une proportion variable de carbonates sodique et potassique; quelquefois seulement 1 à 2 pour 100, d'autres fois 5 à 6 pour 100 et même le double. Les fabricants de cendres de varech de Glasgow n'estiment pas séparément ces carbonates alcalins, quoique intrinsèquement ils aient plus de valeur que les sulfates et les chlorures correspondants; les produits mélangés se vendent *en masse*, soit comme sulfates, soit comme chlorures, sans avoir égard à la proportion de carbonate qui s'y trouve.

Le fabricant d'iode et de brôme lessive les cendres de varech avec de l'eau et concentre, par l'ébullition, la solution saline ainsi obtenue; il produit de cette manière à l'état de précipité cristallin finement divisé le sulfate potassique du commerce, ainsi que les différents mélanges dont nous avons parlé plus haut. Il décante et laisse ensuite refroidir les eaux-mères; cette cristallisation par abaissement de température, continuée pendant plusieurs jours, produit en abondance du chlorure potassique (impur). La liqueur décantée est de nouveau concentrée par l'ébullition, et il se précipite ainsi (par suite d'une cristallisation rapide et à chaud) un dépôt d'un mélange de chlorure et de sulfate sodiques. Ce précipité, recueilli à son tour, on fait refroidir une seconde fois les eaux-mères décantées, qui fournissent de nouveau du chlorure potassique en abondance. On répète plusieurs fois ces opérations successives de concentration par ébullition et de refroidissement, produisant alternativement une cristallisation à chaud et à froid, jusqu'à ce que les sulfates et les chlorures alcalins soient presque entièrement séparés. Il reste une eau-mère concentrée, comparativement riche en iodures et en bromures alcalins très-solubles. On décompose ces derniers, et on en sépare l'iode et le brôme au moyen d'opérations dont nous n'avons pas à nous occuper ici. Par des recristallisations successives faites à la manière ordinaire, on peut obtenir les produits potassiques à un degré de pureté plus ou moins grand. La méthode suivie à Glasgow consiste à placer le sulfate de potasse dans un panier, à l'y laver avec de l'eau froide et à laisser bien égoutter, afin d'en éliminer tous les sels plus solubles qui s'y trouvent mélangés. Lorsqu'il est ainsi partiellement purifié, on l'emploie dans la fabrication de l'alun et du prussiate potassiques. On purifie également le chlorure de potassium au moyen de lavages et quelquefois par recristallisation. Depuis quelques années ce sel, autrefois moins utile que le sulfate, est très-recherché pour servir à la fabrication du salpêtre par sa double décomposition avec le nitrate de soude; son prix a haussé en conséquence.

Il est intéressant d'étudier les prix commerciaux de ces produits potassiques neutres, eu égard, d'un côté, à la proportion relative de potasse réelle qu'ils renferment, et de l'autre à la valeur de la même proportion d'alcali engagée dans des combinaisons moins énergiques.

Le sulfate potassique du commerce, provenant des cendres de varech, contient à peu près la moitié de son poids de sulfate de potasse réel et, par conséquent, environ 27 pour 100 de son poids d'oxyde de potassium anhydre. Au prix moyen actuel du sulfate du commerce, qui est d'environ 7 liv. st. par tonne, la potasse réelle renfermée dans cet article coûte un peu moins de 3 pence (30 centimes environ) par livre.

Il résulte, d'un calcul semblable, que le chlorure de potassium du commerce provenant des cendres de varech, correspond environ à 46 pour 100 de son poids d'oxyde de potassium anhydre et, d'après le prix actuel du chlorure sur le marché, prix qui s'élève en moyenne à 20 liv. st. par tonne (1), la potasse réelle sous cette forme coûte 4 3/4 pence par livre.

La moyenne de ces deux prix, 4 3/4 p. et 3 p., est 3 7/8 p. ou 3.875 p. par livre et peut être considérée comme la valeur moyenne de la potasse réelle, lorsqu'elle est neutralisée par des acides minéraux puissants.

La potasse américaine, contenant la moitié de son poids de potasse réelle, caustique ou carbonatée, coûte actuellement 35 liv. st. en moyenne par tonne; sur ce prix, 3 liv. 10 sh. environ représentent la valeur commerciale du sulfate et du chlorure potassiques qu'elle contient. Il reste donc 31 liv. 10 sh. pour représenter la valeur d'une 1/2 tonne d'oxyde potassique dans la potasse; c'est donc exactement au taux de 6 3/4 p. par livre.

Ces chiffres ne sont pas absolus; ils sont sujets à fluctuation et dépendent des prix du marché. Mais ils nous prouvent qu'actuellement la valeur de la potasse libre est plus élevée de 125 pour 100 environ que celle de la potasse neutralisée par l'acide sulfurique, et plus grande de 42 pour 100 environ que la valeur de la même quantité de potasse neutralisée par l'acide chlorhydrique. En prenant la moyenne de ces données, nous trouvons que la valeur de la potasse libre, caustique ou carbonatée, est à peu près 83 1/2 pour 100 plus grande que celle du même alcali neutralisé par des acides énergiques.

Le Rapporteur voudrait faire observer en passant que la valeur monétaire des agents chimiques, qui exprime en réalité leur abondance relative, est une condition que le chimiste praticien ne devrait jamais négliger, soit en exploitant industriellement des procédés connus, soit en inventant de nouveaux procédés. Le prix d'un équivalent chimique de chaque réactif constitue, comme l'a fait observer M. F. O. Ward, sa *valeur potentielle* ou la valeur de *l'unité d'activité chimique* qu'il représente. Cette valeur *potentielle* du réactif est souvent extrêmement différente de ce qu'on pourrait appeler sa valeur *barométrique* ou la valeur de la simple unité de poids.

C'est ainsi, par exemple, que l'ammoniaque, dont 17 parties en poids saturent autant d'acide que 47 parties de potasse, est (d'après les prix courants actuels) *potentiellement* 80 pour 100 (et même au delà) meilleur marché que la potasse, quoique, *barométriquement* (c'est-à-dire à poids égal), l'ammoniaque soit le réactif de 40 à 50 pour 100 le plus coûteux.

Les résultats de comparaisons de ce genre exigent évidemment de fréquentes corrections.

(1) Le dernier cours du chlorure de potassium à 80 pour 100 est de 23 liv. st. par tonne. Ce prix paraît être cependant très-élevé, et provoqué par une cause exceptionnelle, la demande très-active de salpêtre sur le marché. Le chiffre, adopté dans le texte, se rapproche probablement plus exactement de la moyenne réelle.

pour rester en rapport avec les variations de prix à des époques et dans des localités diverses, variations qui indiquent les fluctuations entre la production et la consommation. Ces comparaisons sont néanmoins de la plus haute importance comme données économiques, et l'on ne devrait pas, comme cela arrive si souvent, les passer complétement sous silence dans les traités de chimie appliquée. Une philosophie éclairée, loin de les exclure comme indignes d'occuper une place parmi les faits scientifiques, devrait au contraire leur assigner un rang élevé parmi les éléments des calculs chimico-industriels. C'est précisément pour avoir négligé ces données que tant de chimistes inventeurs, capables et instruits sous tous les autres rapports, se sont laissé entraîner à perdre leur temps en créant des procédés, peut-être très-beaux en théorie et d'une réussite parfaite dans le laboratoire, mais que la première application du criterium économique condamne comme impossible et sans valeur dans la pratique. A la connaissance exacte de la valeur des agents qu'il emploie, le chimiste industriel devrait joindre des notions précises sur l'économie des opérations chimiques exécutées en grand. Sous se rapport, nous mentionnerons, comme se rattachant plus particulièrement au sujet que nous traitons en ce moment, que le prix de revient du traitement des cendres de varech, en vue d'en retirer l'iode et les produits accessoires salins qu'elles renferment, ne dépasse pas, à Glasgow, 25 sh. à 28 sh. la tonne, sur lesquels 13 sh. ou près de la moitié servent à payer l'acide sulfurique employé. Nous serions entraîné trop loin si nous voulions, actuellement, détailler ici tout ce qui constitue cette dépense, tels que combustible, main-d'œuvre, etc. Le temps et l'espace nous défendent également une description plus circonstanciée des méthodes particulières adoptées par divers fabricants pour séparer et purifier les produits retirés des cendres de varech. Ces méthodes paraissent susceptibles de grands perfectionnements, surtout en vue d'une séparation plus parfaite des produits salins mélangés, qui, par ce mélange même, perdent notablement de la valeur propre à chacun d'eux. Le traitement scientifique et perfectionné auquel M. Kuhlmann soumet ses liqueurs provenant des déchets de betteraves, pour l'élimination successive des principes potassiques et autres produits salins qu'elles renferment, est un chef-d'œuvre d'opérations de ce genre; et les fabricants de cendres de varech peuvent y puiser plus d'un renseignement précieux (Voyez l'appendice à la fin de ce chapitre.) A ce sujet, nous mentionnerons encore en passant, que MM. Picard et Comp., de Grandville (*France*, 155), trouvent de l'avantage à ajouter du nitrate de soude aux liqueurs de cendres de varech qu'ils traitent, de manière à convertir le chlorure potassique en salpêtre.

Nous ne quitterons point cette question sans ajouter quelques remarques sur l'intéressante proposition de M. E.-C. Stanford (1) (Grande-Bretagne, 607), de remplacer par la distillation sèche l'incinération des varechs à feu nu, telle que nous l'avons décrite plus haut ; cette modification ayant pour but, d'un côté, d'obtenir des produits accessoires d'une plus grande valeur, et, de l'autre, d'éviter les pertes d'iode et de brôme par volatilisation.

Traitement des varechs par distillation sèche. — La proposition de M. Stanford est basée sur ce fait général, indépendamment d'autres considérations, qu'au moins la moitié de l'iode, contenu dans les varechs, se volatilise et se perd pendant l'incinération des plantes d'après la méthode habituelle ; tandis qu'on pourrait recueillir le tout en distillant les varechs dans des cornues ordinaires, pareilles à celles qu'on emploie pour la fabrication du gaz d'éclairage. Les varechs, ainsi traités, fourniraient par conséquent, outre l'iode et le brôme, les produits usuels de la distillation sèche des matières organiques; tels que les hydrocarbures, le naphte, l'ammoniaque, l'acide acétique et le gaz d'éclairage. On obtiendrait évidemment les composés potassiques et autres produits salins en lessivant le charbon qui resterait dans la cornue.

D'après la manière d'opérer de M. Stanford, les varechs, recueillis et séchés comme d'ha-

____

Stanford, Mémoire lu devant la Société des arts, 14 février 1862.

bitude, sont comprimés avec force dans les cornues afin de diminuer, autant que possible, leur volume. On procède ensuite à la distillation en opérant à peu près comme pour la tourbe, et en prenant le même soin pour séparer les produits qui se dégagent à des températures différentes. (Voyez le chapitre sur les *Produits solides et liquides de la distillation sèche de la houille*, etc.)

Les obstacles sérieux qui s'opposent à la réalisation du projet de M. Stanford sont : la nécessité de recueillir une substance aussi volumineuse et (lorsqu'elle est mouillée) aussi pesante que les varechs, et d'en transporter d'énormes quantités, à plusieurs milles de distance des côtes de la mer à une fabrique centrale où on les traiterait. Mais le principe sur lequel repose sa proposition est tout à fait rationnel, sans aucun doute ; ses expériences de laboratoire sur la nature et la quantité des produits qu'on peut obtenir des varechs au moyen de la distillation sèche sont intéressantes et précieuses ; et le jury a considéré ce projet comme ingénieux et présentant assez d'avenir pour mériter la distinction d'une médaille.

Nous devons mentionner à ce sujet que le docteur Kemp a proposé d'extraire les sels solubles des varechs, en exprimant leurs sucs par pression hydraulique, de manière à éviter les pertes de potasse et d'iode qu'entraînent les procédés ordinaires d'incinération.

M. M'Crummen, de son côté, avait déjà conseillé, il y a environ seize ans, de ne pas laisser s'élever la température, lors de l'incinération, jusqu'au point de fusion des produits salins ; en observant cette précaution on obtient une cendre friable au lieu d'une masse à demi vitrifiée, et les pertes par volatilisation se trouvent notablement diminuées.

Le docteur Wallace a proposé la construction de hangars le long des côtes, de manière à pouvoir y accumuler et conserver les varechs jetés pendant l'hiver sur les côtes et actuellement perdus.

Toutes ces propositions paraissent excellentes ; et les obstacles principaux à leur mise en exécution sont, d'un côté, la nature volumineuse et la grande diffusion sur de longues distances de la matière brute, et, de l'autre, la pauvreté et l'ignorance des paysans qui s'occupent de la récolter et de l'incinérer.

Mais, dans cette question si importante de la production suffisamment abondante de la potasse pour les besoins industriels, ce n'est ni sur les varechs ni sur toute autre source organique, végétale ou animale, que la chimie moderne dirige en ce moment nos regards.

La source capitale des alcalis fixes réside dans le règne minéral, et c'est sur ces matières premières des combinaisons potassiques que le rapporteur désire maintenant attirer l'attention des lecteurs.

Après avoir mentionné d'abord deux sources d'importance secondaire il insistera sur les grands réservoirs primitifs d'alcalis, l'Océan et les roches feldspathiques.

Les deux sources secondaires dont il est question, sont : 1° certains dépôts souterrains de chlorure potassique récemment trouvés au-dessus des couches de sel gemme ordinaire, et 2° les dépôts superficiels de nitrate de potasse ou de salpêtre natif qu'on vient d'en découvrir dans l'Afrique méridionale.   P. KOPP.

(La suite à la prochaine livraison.)

ACADÉMIE DES SCIENCES

Séance du 26 octobre. — Note sur l'irradiation des corps incandescents ; par M. E. BECQUEREL. — L'auteur se défend contre M. de la Provostaye, qui lui a cherché castille à propos des pouvoirs émissifs. M. Becquerel n'a jamais nié l'inégalité de ces pouvoirs, il a seulement dit que, dans les conditions de ses expériences, certains corps opaques avaient présenté la même intensité lumineuse par irradiation, tandis que d'autres (comme le fer, l'oxyde de cuivre) ont donné des résultats moindres. D'un autre côté, un couple thermo-électrique, platine-palladium, porté à l'incandescence soit dans un tube en verre, soit dans la flamme d'un chalumeau à gaz, avait donné, à égalité de courant, la même intensité lumineuse. M. Becquerel promet de donner prochainement la suite de ses recherches sur la détermination des hautes températures et sur l'irradiation des corps incandescents.

— M. WARREN DE LA RUE présente une épreuve sans retouche et une autre épreuve légèrement retouchée d'une image photographique de la lune, obtenue le 22 février, à 9 heures 5 minutes (âge de la lune : 9 jours ; situation en longitude, $+ 17'$, en latitude $— 6°\, 14'$). Ces épreuves ont $0^m.95$ de diamètre, ce sont des épreuves indirectes d'un négatif de 25 millimètres de diamètre, obtenu au moyen d'un télescope de 31 centimètres d'ouverture et $2^m.76$ de foyer. On en a pris d'abord une épreuve positive au collodion sur verre, avec un appareil grossissant 9 fois ; puis les négatifs ont été obtenus en quatre quarts distincts, avec les marges nécessaires pour en opérer ensuite la réunion.

À l'avenir, M. Warren de la Rue espère améliorer encore le résultat en diminuant la durée de l'exposition ; il pense qu'il y arrivera par une augmentation du diamètre du miroir relativement à sa longueur focale.

— Sur la méthode de M. W. Thomson pour mesurer la conductibilité électrique des métaux ; par M. Lucien DE LA RIVE. — La méthode de M. Thomson est une généralisation de la méthode, plus simple, de M. Wheatstone, à laquelle on doit cependant la préférer, lorsque les résistances à mesurer sont petites par rapport aux résistances accessoires. Dans la méthode Thomson, on emploie une certaine disposition de conducteurs, dont l'un seulement est le siége d'une force électromotrice, et on fait dépendre l'intensité du courant dans le fil d'un galvanomètre du rapport des deux résistances à comparer ; les extrémités du fil aboutissent à deux points pris sur deux conducteurs du système, de manière à diviser dans un même rapport les résistances totales de ces conducteurs. On peut démontrer que le courant du galvanomètre est nul quand le même rapport existe entre la résistance inconnue et la résistance étalon.

Cette méthode est surtout supérieure à la méthode Wheatstone lorsqu'il s'agit de métaux fondus, car, dans ce cas, non-seulement la résistance inconnue est relativement petite, mais encore il y a des résistances de contact variables, et le conducteur est à une température élevée, toutes circonstances qui ont une grande influence sur le résultat de la méthode Wheatstone, tandis qu'elles peuvent être éliminées dans l'autre méthode. C'est ce qui a déterminé le choix de M. de la Rive, quand il a abordé la mesure des résistances électriques de certains métaux à l'état de fusion et pendant le passage à l'état solide. Les métaux étaient dans des tubes qu'on suspendait dans des bains de vapeur de mercure (température constante de 358°), de soufre (440°) ou de cadmium (860°). La température obtenue par les vapeurs sulfureuses est incertaine, à cause de la faible densité de ces vapeurs qui n'ont peut-être pas assez agi sur les tubes. Voici les conductibilités qui résultent de ces expériences ; elles sont rapportées à celle du mercure à 21° :

Température.	Étain.	Plomb.	Bismuth.	Antimoine.
358°	1.88	0.958	0.706	.....
860°	1.42	0.771	0.596	0.783
Point de fusion. { liquide	2.0	1.0	0.73	0.84
{ solide	4.4	1.9	0.34	0.59

Température.	Zinc.	Cadmium.
440°	2.58	2.62
Point de fusion. { liquide	2.6	2.8
{ solide.	5.2	5.0

Il résulte de ces chiffres que la résistance électrique augmente, à partir du point de fusion, depuis 358° jusqu'à 860° ; cette augmentation est de 0.32 pour l'étain, de 0.24 pour le plomb, de 0.18 pour le bismuth. Il y a, en outre, une variation brusque de résistance, correspondant au changement d'état. Pour l'étain, le plomb, le cadmium et le zinc, la résistance est presque doublée par la liquéfaction ; pour le bismuth et l'antimoine, la variation a lieu en sens contraire.

— *Turbines connues au XVIe siècle;* par M. DE CALIGNY. — Cet ingénieur a trouvé des figures et des descriptions de roues hydrauliques qui ont beaucoup de ressemblance avec nos turbines, dans l'ouvrage de Ramelli : *Le diverse et artificiose machine,* etc. (1588) ; dans l'ouvrage de l'évêque Veranzio : *Fausti Verantii machinæ novæ,* etc., imprimé à Venise vers la fin du XVIe siècle ou au commencement du XVIIe, avec explications des figures en cinq langues ; ces auteurs parlent de roues à aubes courbes et à axe vertical, les aubes ayant des génératrices verticales ; enfin, dans un ouvrage intitulé : *Theatrum machinarum novum, per Georgium Andream Bocklerum,* traduit de l'allemand en latin par Schmitz (Cologne 1662). Mais ces trouvailles n'ôtent rien au mérite de M. Poncelet.

— Appendice au mémoire sur les vitraux peints et observations sur la diffusion de la matière; par M. CHEVREUL. — Assister à une séance où M. Chevreul a la parole pour rendre compte de ses recherches ou en lire une analyse dans le *Compte-rendu* est loin d'être la même chose; aussi allons-nous faire part à nos lecteurs des impressions que M. Cazin a rapportées des deux séances où M. Chevreul a parlé d'une foule de choses à propos du nettoyage des vitraux.

« Les improvisations de M. Chevreul sont de véritables voyages scientifiques. Lorsque l'honorable académicien paraît au bureau, nous connaissons à peu près son point de départ, mais dire où nous arriverons n'est pas chose facile, pour ne pas dire impossible. M. Chevreul aime à s'arrêter en chemin. Tant d'objets le préoccupent qu'il ne faut pas s'étonner s'il ouvre fréquemment des parenthèses. Heureusement, il y a toujours profit à ne le point quitter à ces stations différentes. Il sait toujours vous apprendre quelque chose d'intéressant.

Ainsi, dans l'origine, il avait été question, tout vulgairement, du nettoyage des anciens vitraux des églises. La ligne droite nous aurait conduits à une conclusion pratique; mais grâce aux détours, aux sentiers de traverse que le savant professeur nous a fait prendre, nous nous sommes occupés de la fabrication des glaces employées dans ces splendides décorations, de leur meilleure coloration, des procédés des anciens comparés à ceux des modernes. Grâce à un nouveau détour, nous sommes entrés aujourd'hui dans des voies que nous ne nous attendions pas à parcourir.

Presque à chaque pas, en effet, l'attention du chimiste est éveillée et il nous communique aussitôt ses observations. Il voulait faire nettoyer de vieux vitraux et le voilà intéressé à analyser la poussière séculaire qui les couvre. Il compare celle d'un pays à celle d'un autre pays, et veut savoir la cause des différences qui existent entre leurs éléments. De la poussière des vitraux nous passons incidemment, sans le moindre effort, à celle qui s'attache aux livres de nos bibliothèques !!

Il y a mieux : M. Chevreul a trouvé moyen de nous parler d'une remarque d'un membre de la Société d'agriculture sur la différence qui peut exister, au goût d'un cheval, entre deux échantillons de foin : l'un, exposé au soleil, l'autre à l'ombre ; en termes scientifiques, l'un assolé, l'autre insolé.

Tout cela ne nous a pas empêché de revenir aux vitraux, aux travaux de M. Plateau, aux phénomènes de la vision, aux raisons données depuis longtemps par M. Chevreul pour soutenir sa théorie qu'il regarde comme la meilleure. Ce qui prouve qu'en voyageant on peut apprendre beaucoup. Mais il faut être attentif, prendre des notes et ne pas manquer de mémoire avec le guide capricieux que nous suivons. »   (*Le Nord,* 1er novembre.)

Puisque nous sommes en voyage, et en si bonne compagnie, faisons une excursion dans le domaine de la calligraphie.

Plusieurs de nos abonnés désirent depuis longtemps un *fac simile* de l'écriture de M. Chevreul. Un, entre autres, M. Gros-Renaud (de Mulhouse), un fin gourmet en ces matières, voudrait un original. En attendant que nous puissions le lui expédier, donnons à tous nos abonnés la copie de quelques lignes tracées par l'illustre chimiste, et que nous tenons de lui-même..

> . . . . extrait d'un
> écrit inséré dans le Journal
> des savants (novembre 1837)
> sous le titre de quelques consi-
> dérations générales et induc-
> tions relatives a la matière de
> être vivants par E. Chevreul
> — il a été lu a l'académie des sciences
> le 7 aout 1837   E. Chevreul

Dans cette séance, M. Chevreul a donné un exemple curieux de la diffusion de la matière; nous allons transcrire textuellement la note qu'il a rédigée lui-même.

« *Diffusion de la matière odorante d'une peau de bouc.* — En lavant avec de l'alcool du sulfate de chaux extrait des vitraux de Saint-Gervais et contenu dans un filtre, je fus frappé, après la concentration du lavage, d'une odeur hircique ; ma première idée fut d'en attribuer l'origine à une matière de l'enduit, mais bientôt, en jetant les yeux sur le bureau de mon laboratoire, qui me sert depuis plus de vingt ans et qui est couvert d'une peau de bouc, laquelle a été tannée et teinte, et sachant que cette peau conserve encore son odeur originelle, je reconnus mon erreur en flairant le filtre dont le papier, après un contact de quelques jours avec cette peau, en avait pris l'odeur. »

— Recherches sur l'origine et le mode de formation des monstres doubles à double poitrine ; par M. Dareste. — On ne peut comprendre aujourd'hui les cas de monstruosité double, où l'on rencontre des organes appartenant par moitié à chacun des sujets composants, que par la fusion plus ou moins complète de deux corps embryonnaires primitivement distincts, mais développés sur un vitellus unique. Or, cette fusion des deux corps embryonnaires peut se faire de différentes façons. Tantôt l'union est latérale : tel est le mode d'union que M. Lereboullet a si bien étudié, dans ces derniers temps, sur les monstres doubles de la classe des poissons. Les observations de M. Lereboullet sont évidemment applicables à l'explication de certains types de monstruosité double chez les vertébrés supérieurs. Tantôt, au contraire, l'union se fait par les faces antérieures des deux corps embryonnaires : c'est ce qui arrive dans les monstres doubles à double poitrine.

L'explication de l'origine et du mode de formation des monstres doubles à double poitrine a été, jusqu'à ces derniers temps, l'un des plus difficiles problèmes de la tératologie. Les travaux des embryologistes modernes et mes propres recherches me semblent en donner aujourd'hui la solution complète.

Suivant M. Dareste, « la formation des monstres doubles à double poitrine n'est possible que chez les animaux dont les embryons se retournent sur le vitellus, ou, en d'autres termes, possèdent une allantoïde. Ils ne pourront donc se produire, du moins par un semblable mécanisme, chez les batraciens ni chez les poissons. J'ai eu d'ailleurs récemment occasion de faire observer que les batraciens et les poissons, dont l'embryon n'a pas d'amnios, sont par cela même à l'abri de la production d'un certain nombre de monstruosités simples.

Ainsi donc, le perfectionnement de l'organisation est une condition qui détermine, chez les vertébrés supérieurs, le développement de divers états tératologiques dont les vertébrés inférieurs sont exempts. »

— Conséquences à déduire des défauts d'exostose pour la manière d'interpréter la formation de certains organes appendiculaires; par M. Ch. Fermond.

— Considérations pratiques sur les polypes du larynx; section d'un polype à l'aide d'un simple serre-nœud recourbé; par M. Moura. — Le malade qui fait le sujet de cette communication est un homme de quarante et un ans; il se souvient d'avoir craché deux ou trois fois de petits morceaux de chair, mais il ne peut préciser l'époque de ce phénomène. Le laryngoscope, charmant instrument que M. Moura manie avec beaucoup d'habileté, lui a fait découvrir sur le bord libre de la corde vocale inférieure droite, près de son insertion thyroïdienne, une tumeur du volume d'un gros grain de groseille; visible surtout pendant la phonation, sa surface est lisse et rouge. Après avoir essayé divers instruments pour enlever ce polype, M. Moura n'a pu y parvenir qu'à l'aide d'un serre-nœud laryngien qu'il a fait exécuter par M. Charrière.

— M. Pietra-Santa prie l'Académie de comprendre dans le nombre des pièces admises à concourir pour les prix de médecine et de chirurgie de la fondation Montyon son *Rapport à M. le ministre d'État sur l'influence du climat du Midi dans les affections chroniques de la poitrine.* »

— M. Marquier adresse une réclamation de priorité à l'égard de M. Morvan, auteur d'une note communiquée à l'Académie le 20 juillet 1863, et ayant pour titre : *Nouveau mode de reproduction, à l'aide de la lumière, de toute espèce de dessins, gravés, imprimés, photographiés, etc.* »

— M. Moret adresse un travail en trois parties *sur l'instinct et l'intelligence.*

— M. d'Olincourt rappelle à l'Académie qu'il lui a soumis, de 1857 à 1861, deux mémoires qui ont rapport à un *nouveau système de culture,* ayant, entre autres avantages, celui de prévenir les inondations; il pense que ses travaux pourraient concourir au prix Montyon.

— M. Barthelemy adresse également, pour un des prix que l'Académie a à distribuer en 1864, une note et un dessin concernant des modifications qu'il propose d'introduire dans les *fourneaux des machines à vapeur.*

— M. de Louvrié présente la description et la figure d'un appareil pour la navigation aérienne sans ballon, appareil qu'il désigne sous le nom d'*aéronave.* — Renvoi à M. Babinet.

— M. Vilain, auteur d'un travail sur la *locomotion aérienne* présenté le 27 avril 1860, réclame son rapport avec quelque vivacité, et menace même l'Académie d'en appeler à un *tribunal étranger!* Nous pensons qu'il veut désigner le tribunal de M. Victor Meunier, qui fait depuis longtemps sa spécialité de toutes ces recherches, et qui n'a cessé de les encourager, au lieu de les mettre sous le boisseau, comme l'Académie.

Cette supposition nous paraît d'autant plus fondée que, dans son dernier numéro du *Courrier,* M. Victor Meunier, qui change souvent la rédaction de sa couverture, prend ce nouveau sous-titre : *Organe du mouvement et des intérêts des sciences en province.* Heureuse province! Elle va enfin pouvoir se donner du mouvement et se faire lire à Paris.

— Note de M. Haine, présentée par M. Velpeau. — Dans la séance du 19 octobre, M. Jobert (de Lamballe) a lu un mémoire historique sur la théorie de la formation du cal; à cette occasion, M. Flourens a rappelé que, l'un des premiers, il avait attiré l'attention sur ce fait curieux, que le tissu musculaire peut se transformer en os. Cette assertion n'étant accompagnée, dans l'article cité, ni de développements, ni de preuves à l'appui, M. Haine a lieu de penser qu'il pourrait bien être toujours le premier qui ait observé le fait dont il s'agit, car il en a pris note dès 1812, et il l'a consigné à la page 93 de sa thèse inaugurale, soutenue à la Faculté de Paris, le 18 juillet 1816, et non en 1826, comme disent *les Mondes*. Or, cette publication n'est pas restée enterrée dans la thèse de l'auteur, car l'écrivain de l'article Ossification du cal du grand *Dictionnaire des sciences médicales*, écrit et publié en 1819, a cité l'observation de M. Haine. Nous verrons si M. Flourens, qui se croit l'auteur de tant de choses, répondra à cette nouvelle réclamation de priorité.

— De l'emploi de l'huile dans les ciments hydrauliques; par M. de Saint-Cricq-Casaux. — Le 1er février 1858, M. Vicat déclarait à l'Académie que le problème de la durée en eau de mer des composés hydrauliques pouvait être regardé comme résolu; toutefois, il remarquait qu'un ciment fort bon par lui-même peut se prêter à l'imbibition de l'eau de mer, et, par suite, à ses ravages, s'il a été fabriqué par un temps sec et chaud, et employé un certain temps après sa confection. Cet inconvénient, dit M. de Saint-Cricq-Casaux, peut être lui-même combattu en se guidant d'après certaines données récemment mises au jour, notamment par celles qu'a données M. Kuhlmann dans plusieurs communications faites à l'Académie, et antérieurement M. Robinet, qui, dès 1850, signalait l'effet protecteur de la peinture à l'huile employée pour certaines inscriptions tracées sur les monuments publics en 1792 et 1793.

De ses remarques, M. Robinet concluait qu'une légère couche d'huile de lin lithargyrée préserverait les monuments de la moisissure et des champignons. Il est vraisemblable aussi qu'elle préserverait les ciments de l'imbibition de l'eau de mer. On pourrait encore s'y prendre autrement, en ajoutant un peu d'huile à un ciment gâché dur et s'en servant comme enduit.

On trouve, dit M. de Saint-Cricq, dans le *Franklin Journal* de mai 1828 le fait suivant :

« En 1804, un bâtiment espagnol de 450 tonneaux, ayant éprouvé de fortes avaries, relâcha à Charlestown (en Amérique) pour être radoubé. Après l'avoir abattu en carène, on enleva les bordages qui couvraient la partie inférieure de la coque, et on trouva dessous une couche de ciment tellement adhérente aux membrures qu'on fut obligé de la briser à coups de hache. Le capitaine espagnol, ayant demandé qu'elle fût remplacée par une nouvelle couche, donna les indications suivantes pour sa préparation : on prend de la chaux de la meilleure qualité et bien cuite, on l'éteint en jetant dessus la quantité d'eau strictement nécessaire; lorsqu'elle est refroidie, on la réduit en poudre et on la passe à travers un tamis fin en fil métallique; puis on jette cette poudre dans un baquet et on y ajoute de l'huile de poisson, de manière à amener le mélange à la consistance du mastic de vitrier. On l'appliqua à l'aide d'une truelle, et, dès le lendemain, il était déjà devenu assez dur, quoique immergé dans l'eau.

« Le charpentier de navires qui avait réparé ce vaisseau, en envoyant ce renseignement au journal, ajoutait qu'il ne doutait pas que ce ciment ne pût être employé pour les travaux hydrauliques.

« Lors de la construction du phare d'Holyhead (Angleterre), tous les moyens connus furent employés en vain pour empêcher la mer, furieuse dans ces parages, de disjoindre le pied des énormes murs et de les traverser. On employa tous les ciments, on revêtit les murs de bandes de cuivre, mais sans succès. Enfin, ayant observé qu'une boiserie enfoncée en terre était tombée en pourriture, excepté dans une partie enduite d'une couche de peinture à l'huile mêlée de sable fin et de mine de plomb, on mit deux couches de cette composition à la base de la tour; depuis lors, pas une goutte d'eau n'a pénétré dans la muraille. »

— Au sujet de la note de M. Morellet, sur un cas de *phosphorescence de l'eau de mer*, note que nous avons publiée dans notre livraison 164, page 789, M. Phipson, qui a eu, dit-il, maintes fois l'occasion d'observer le même fait dans des circonstances analogues, surtout sur la côte d'Ostende, pendant l'été, écrit : « Le phénomène est dû, comme chacun le sait, à la *noctiluca miliaris*. Un certain nombre de ces animalcules, qui sont presque microscopiques, se trouvent emprisonnés dans les vêtements de laine après les bains de mer, et y rencontrent assez d'humidité pour continuer à vivre pendant un jour ou deux. Il est bien connu qu'ils ne donnent de la lumière que lorsqu'ils se contractent; or, c'est ce qu'ils font quand on remue les vêtements ou quand on passe le doigt dessus, même plusieurs heures après qu'on a pendu ces derniers pour sécher; mais on ne se baigne pas toujours dans une eau chargée de ces animalcules, et alors les vêtements ne montrent pas de lumière le soir.

— M. DE CHANCOURTOIS annonce l'envoi de la troisième partie de son mémoire intitulé *Application du réseau pentagonal à la coordination des sources de pétrole et des gîtes de bitume.*

— Du croisement des familles, des races et des espèces; par M. BOUDIN. — Première partie : *Nécessité du croisement des familles;* in-8°. Brochure présentée par M. J. Cloquet. — Parmi les conclusions du livre de M. Boudin, véritable plaidoyer pour le croisement des races (il faudrait lire le plaidoyer opposé), se trouve cette observation, que, chez les races nègres, par exemple, où les mariages entre proches parents ne sont contrariés ni par la religion, ni par les lois, la proportion de sourds-muets est 91 fois plus grande que chez les races blanches.

— M. Velpeau présente, au nom de M. le docteur GUÉRIN, médecin des hôpitaux, sa monographie des maladies des organes génitaux de la femme. Cette première partie, dont M. Velpeau fait le plus grand éloge, est consacrée aux maladies des organes extérieurs.

COMPTE-RENDU DES TRAVAUX DE CHIMIE

Sur le dosage du cuivre et sur l'essai des cyanures de potassium impurs du commerce; par M. FLAJOLOT, ingénieur des mines. — Ce procédé est basé sur la propriété que possède le cyanure de potassium de décolorer la dissolution ammoniacale de l'oxyde de cuivre. La décoloration s'opère avec une grande netteté, et, comme il ne se forme aucun précipité dans la liqueur, il est très-facile de saisir le moment où elle est complète. Les nombreuses expériences que j'ai faites sur des quantités de cuivre pesées d'avance m'ont toujours donné des résultats d'une précision remarquable, à laquelle j'étais loin de m'attendre lors des premiers essais. En opérant sur une dissolution dont le volume ne dépasse pas 200 centimètres cubes, l'erreur que l'on commet ne dépasse pas 2 milligrammes, précision que l'on n'atteint pas même en précipitant l'oxyde de cuivre par la potasse. Mais, pour que le procédé soit applicable, il faut qu'il n'y ait en dissolution avec le cuivre aucun des métaux qui forment des cyanures solubles dans l'ammoniaque, notamment le zinc, le cobalt et le nickel

Lorsqu'on a à essayer des minerais complexes comme les cuivres gris, ou ceux qui ont pour gangues de la blende et des pyrites nickélifères, il faut commencer par séparer le cuivre des autres métaux.

On y arrive très-facilement et rapidement en précipitant le cuivre à l'état de sulfure par l'hyposulfite de soude, ainsi que je l'ai indiqué dans les *Annales des mines,* 4ᵉ série, tome III, page 641.

Voici, au surplus, la marche que je suis dans ces sortes d'analyses. Je suppose qu'il s'agisse d'un cuivre gris mélangé de blende, de galène, et même de toutes les gangues qui peuvent accompagner un minerai de cuivre.

J'attaque le minerai finement pulvérisé par un mélange d'acide nitrique et d'acide sulfurique, dans une capsule de porcelaine recouverte d'un entonnoir renversé pour éviter les projections, et j'évapore jusqu'à expulsion complète de l'excès d'acide nitrique; j'ajoute alors de l'eau, et j'évapore si cela est nécessaire; puis, dans la dissolution bouillante, je verse de l'hyposulfite de soude jusqu'à ce que la teinte foncée qui se manifeste d'abord ait disparu. On est sûr que la précipitation du cuivre est complète quand le sulfure de cuivre se réunit en flocons nageant dans une liqueur laiteuse. Le sulfure, qui ne renferme pas la moindre tra-

de fer, de zinc, de cobalt, de nickel et même de plomb, mais qui peut contenir un peu d'arsenic et d'antimoine, est recueilli sur un filtre; il se lave très-rapidement à l'eau chaude et sans
s'oxyder à l'air.

Je le redissous dans l'eau régale, sans me préoccuper de l'antimoine et de l'arsenic qu'il
peut contenir, car ils ne troublent nullement la réaction suivante. Je sursature la liqueur
avec de l'ammoniaque, et j'y verse, jusqu'à décoloration, une dissolution titrée de cyanure de
potassium, qui me fait connaître la quantité de cuivre contenue. La température de la solution cuivreuse ne doit pas être trop élevée, car il faut moins de cyanure à la température de
l'ébullition qu'à froid; on peut aller jusqu'à 40 degrés sans aucun inconvénient. On cesse de
verser du cyanure de potassium quand la teinte bleue de la liqueur a fait place à une teinte
rose à peine sensible.

J'emploie une dissolution de 15 grammes de cyanure dans 50 grammes d'eau, et j'en détermine le titre en dissolvant une quantité connue de cuivre pur, 5 décigrammes, par exemple,
ajoutant de l'ammoniaque et opérant comme il vient d'être dit.

La dissolution de cyanure de potassium s'altérant rapidement, on doit la titrer chaque fois
qu'on fait des essais.

La décoloration de l'ammoniure de cuivre est complète quand il y a 2 équivalents de cyanure de potassium pour 1 de cuivre, ce qui correspond à 4 gr. 12 de cyanure pour 1 gramme
de cuivre.

Si donc on dissout, d'une part, 4 gr. 12 de cyanure de potassium à essayer dans une petite
quantité d'eau, et que l'on fasse, d'autre part, une dissolution d'ammoniure de cuivre contenant 1 gramme de métal et occupant 100 divisions d'une burette graduée, puisqu'on verse de
la seconde solution dans la première jusqu'à ce que celle-ci commence à se colorer en bleu, il
est clair que le nombre des divisions employées pour obtenir ce résultat indiquera en centièmes la richesse du cyanure essayé, car les sels dont il est mélangé n'ont aucune influence
décolorante sur l'ammoniure de cuivre.

Mais l'opération est plus facile, la réaction a plus de netteté, en opérant inversement. On
dissoudra, par exemple, 1 gramme de cuivre dans un peu d'acide nitrique, et l'on ajoutera
un excès d'ammoniaque. On dissoudra, d'autre part, 8 gr. 24 de cyanure à essayer, de manière à avoir un volume de 200 centimètres cubes, puis on versera de cette liqueur jusqu'à
décoloration de la première. Il est clair que, s'il en faut 22 centimètres cubes, la richesse du
cyanure soumis à l'essai est $\frac{100}{12}$. Aujourd'hui que l'on fabrique en grand du cyanure de potassium pour l'industrie, un procédé d'essai aussi simple et aussi facile que celui que je propose
peut avoir son utilité.

Pour être complet, il me reste à dire comment on peut obtenir sans aucune peine du
cuivre chimiquement pur pour ces essais.

On fait une dissolution de sulfate de cuivre cristallisé, tel que le fournit le commerce, on
l'acidifie fortement par de l'acide sulfurique, et l'on en précipite le cuivre par la pile sur une
plaque de métal. Je me suis assuré bien des fois de la pureté du cuivre ainsi obtenu.

La pile la plus commode à employer est aussi la plus simple; elle peut se composer d'un
cylindre poreux contenant une lame roulée de zinc amalgamé et de l'eau faiblement acidulée
par de l'acide sulfurique, que l'on plonge dans la solution de sulfate de cuivre. A l'extrémité
d'un fil conducteur accroché au zinc, on suspend une plaque de cuivre que l'on fait plonger
dans le bain et sur laquelle on obtient, sans avoir à s'en occuper, un dépôt de cuivre malléable. (*Annales des mines.*)

Nouveau réactif pour les corps gras; par M. John LIGHTFOOT. — Il est souvent très-nécessaire de pouvoir démontrer la présence de fort petites quantités de graisse
dans différentes substances, et ce problème analytique est resté jusqu'à présent sans solution.
Je sentis ce besoin plus particulièrement à l'occasion de recherches que je fus appelé à entre-

prendre pour un procès où il s'agissait de constater chimiquement la présence de minimes quantités de graisse dans les eaux d'un étang servant pour la teinture en rouge d'Andrinople. Dans ce procédé, les parcelles de graisse produisent des taches sur les étoffes.

Outre l'importance commerciale ou industrielle de la cause en litige, un intérêt scientifique se rattachait à la découverte d'un réactif sensible pour les plus minimes portions de matières grasses. Je fus assez heureux pour trouver ce réactif justement lorsque j'en sentais le plus grand besoin.

Lorsqu'on coupe ou déchire du camphre pur en petits morceaux, sans y toucher avec les doigts, et qu'on jette ceux-ci sur un verre d'eau très-propre, on observe immédiatement des mouvements rapides très-variés qui agitent les petits flotteurs de camphre. Ces mouvements ne suivent aucune loi de régularité; l'expérience n'est pas nouvelle, mais elle est toujours très-intéressante par son air mystérieux : il y a là comme une apparence de vie. La variété des mouvements, l'élégance des trajectoires, et la puissance invincible qui fait agir le camphre, tout rend ce spectacle attrayant. Cependant l'observation m'a fait reconnaître, dans ces mouvements erratiques, une force de recul analogue à celle qui repousse un canon ou fait voler une fusée, et qui agit dans le sens opposé à l'émission des vapeurs.

Dans le cas du camphre fournissant des vapeurs volatiles d'une très-petite tension, l'eau sur laquelle il flotte sans résistance aide beaucoup, par une attraction moléculaire, cette tendance au recul causée par la diffusion des vapeurs dans toute la masse du liquide, même jusqu'au fond du verre, ce dont je me suis assuré expérimentalement.

Le camphre possédant une structure cristalline, c'est dans la direction de certains axes du cristal que le mouvement a lieu; mais les faces, des cristaux irrégulièrement groupées, sont modifiées par suite des pertes dues à l'action dissolvante de l'eau, et changent en conséquence la direction des petits trajets et voyages du cristal flotteur. Il y a plus, certaines attractions et répulsions entre plusieurs cristaux de camphre très-intéressantes à étudier. Je remarque que l'attraction mutuelle a lieu dans la ligne des axes les plus allongés du cristal, c'est-à-dire que les angles s'attirent; il existe, en outre, une *polarité* ou préférence pour certains angles opposés des petites plaques hexagonales du camphre, forme qu'il prend par la sublimation spontanée dans les flacons où on le garde.

Si, tandis que la rotation du camphre a lieu, on touche la surface de l'eau avec la plus minime parcelle d'un corps gras, alors, comme par enchantement, tout s'arrête, et on peut observer même une répulsion distincte entre le corps gras et les morceaux de camphre.

La délicatesse de cette réaction est si grande qu'une aiguille propre qui aurait touché la chevelure, le nez ou le front de l'observateur, se charge d'une portion de graisse insuffisante pour arrêter cette rotation.   (*Répertoire de chimie appliquée.*)

Des huiles essentielles nouvelles envoyées à l'Exposition universelle de 1862 par la colonie de Victoria. — Le *the Technologist* donne les renseignements suivants :

« Deux chimistes de Melbourne avaient envoyé à l'Exposition de 1862 plusieurs échantillons d'huiles essentielles nouvelles préparées par leurs soins et d'après les conseils de M. le docteur Mueller, directeur du jardin botanique de cette ville.

« Ces huiles provenaient principalement des feuilles d'eucalyptus, arbres de la famille des myrtenées, très-nombreux en Australie, et d'une variété de plantes indigènes dont quelques-unes appartiennent au genre menthe. Bien qu'elles fussent toutes présentées comme des dissolvants de résine pour la fabrication du vernis, quelques-unes d'elles avaient cependant une odeur assez agréable pour permettre de croire qu'il serait possible de les utiliser dans la parfumerie. Si cette application était réalisable, elle serait essentiellement avantageuse, en raison de la facile production et du bas prix de ces huiles; pour quelques-unes, en effet, cette production peut être pour ainsi dire illimitée; et, quant à leur prix actuel, il est de 6 schillings par gallon (soit 1 fr. 65 c. le litre), ce qui représente à peu près le quart de la valeur de l'huile essentielle la plus commune employée pour parfumer le savon.

Parmi les nombreux échantillons exposés, les plus odorants provenaient de l'*eucalyptus amygdalina* (menthe poivrée de Tasmanie), de l'*eucalyptus odorata*, de l'*eucalyptus globulus*, de l'*atherosperma moschatum*, etc. Celui de l'*eucalyptus amygdalina*, qui possède une odeur tenant à la fois de celles de la muscade et de la menthe, a donné dans un essai de parfumerie les résultats suivants :

« 3 onces (85 gr.) de cette huile ont suffi à parfumer très-fortement 8 livres (3 kilogr. 62) de savon, au prix de 1 farthing par livre (0 fr. 053 par kilogr.). Ce résultat, qui est certainement avantageux sous le rapport du prix de revient, ne l'était pas assez sous celui de l'odeur, qui était peut-être trop spéciale pour être trouvée agréable, en sorte qu'on a fait un autre essai en mélangeant l'huile nouvelle avec une certaine quantité d'essences de casse, de girofle et de lavande; cet essai a donné d'excellents résultats. Il y a donc lieu de penser que l'industrie de la parfumerie pourrait exploiter avec avantage ces nouveaux produits, et surtout celui de l'*eucalyptus amygdalina*, qui peut être fourni très-abondamment, puisque 100 livres de feuilles (45 kilogr. 30) donnent 3 livres d'huile (1 kilogr. 35), soit environ 3 pour 100. »

Rôle de l'oxygène. — Dans la dernière séance de l'Académie des sciences de Munich, le baron de Liebig a fait une communication intéressante relative à certaines expériences qu'il venait d'exécuter avec un appareil construit aux frais du roi de Bavière et qui avait pour but de doser l'oxygène dans différents corps. Ces expériences ont prouvé que l'oxygène n'est pas seulement dégagé de l'atmosphère par les plantes, mais encore, en quantités assez considérables, par la décomposition de l'eau dans le corps des animaux carnivores. Le célèbre chimiste pense que la connaissance de ce fait jettera un jour nouveau sur les phénomènes encore si peu compris de la nutrition et de la digestion. (*The Reader.*)

Nouvelles expériences sur la conservation des bois au moyen du sulfate de cuivre et du goudron, par M. le directeur BAIST, de Griesheim. — Au printemps de 1854, dit l'auteur, j'ai fait construire une clôture de palis de 0 mètre 080 à 0 mètre 160 d'équarrissage, formés de pins tirés de la forêt d'Isenburg. Ces bois, récemment abattus, étaient encore tout verts. Les pieux furent immergés, pendant deux heures environ, dans une solution bouillante de sulfate de cuivre, chauffée par de la vapeur d'eau. La proportion était de 4 parties de sulfate pour 100 d'eau. Après l'ébullition, les bois paraissaient complétement imbibés, et les cercles concentriques annuels étaient teints en vert bleuâtre : on les trempa ensuite dans de l'eau de chaux et on les fit sécher ; mais l'expérience prouva, plus tard, l'inutilité de cette immersion. Les pieux furent enfoncés de 0 mètre 620 dans la terre, et l'on y en mêla, çà et là, plusieurs dont les uns n'avaient reçu aucun traitement, d'autres avaient été charbonnés par le bout, d'autres enfin avaient été plongés dans du goudron chaud.

Les pieux préparés avec le sulfate de cuivre sont encore debout, bien conservés, et tout à fait exempts de traces d'altération, à l'exception de quelques-uns qui, par l'effet de la sécheresse, se sont fendus par couches et qui proviennent probablement d'arbres malades ou morts. Les autres pieux, laissés sans préparation, ou brûlés par le bout, ou enduits de goudron, sont entièrement pourris, à l'exception d'un petit nombre dont le bois était très-résineux.

Deux ans après cette construction, l'auteur a traité du bois flotté et du bois mort non flotté, de la même manière, avec le sulfate de cuivre. Le succès n'a pas été bon, tandis que les mêmes bois, bouillis dans le goudron, se sont très-bien conservés. D'autres pieux, verts ou secs, de sapin et de chêne, préparés semblablement, ont donné des résultats identiques.

Il résulte nettement de ces faits que le *bois encore vert* doit seul être pénétré de sulfate de cuivre ; que, dans ce cas, l'ébullition doit être prolongée jusqu'à ce que toutes les couches annuelles soient bien imbibées de solution saline, et qu'alors la durée est au moins quintuplée. Le traitement du bois *sec* ou du *bois de flottage* par le sulfate de cuivre est tout à fait insuffisant ou même nuisible. Au contraire, la pénétration du bois *sec* par le goudron est très-avantageuse; mais elle est tout à fait défavorable lorsque le bois est *vert*.

Métal blanc pour les coussinets. — Ce métal, employé en très-grandes quantités, surtout en Angleterre, pour les boîtes d'essieux et les excentriques des locomotives, a été analysé par M. Becker, dans le laboratoire de l'Institut royal des Arts et Métiers, à Berlin. Ce chimiste y a trouvé

Zinc	76.14
Étain	17.47
Cuivre	5.60
Plomb	traces
	99.21

Ce métal, qui fond à une température peu élevée, est patenté pour l'Angleterre, au profit d'un fabricant de Manchester, et donne d'excellents résultats, même lorsque les arbres font 3,000 tours par minute, en exerçant une pression assez considérable sur les coussinets; par exemple, dans les machines à travailler le bois, les ventilateurs, les pompes centrifuges, etc. Quoique plusieurs autres alliages destinés au même usage et fabriqués à Londres donnent aussi des effets satisfaisants, celui dont nous parlons est regardé comme tellement supérieur, que beaucoup de fabricants de machines de Londres envoient à Manchester leurs modèles de coussinets pour les y faire fondre, ou y achètent l'alliage pour le couler en coquilles dans leurs paliers en fonte.

Moyen d'extraire l'iode de ses combinaisons; par le docteur LEUCHS. — L'auteur a essayé avec succès de séparer l'iode de ses combinaisons au moyen de l'acide sulfurique et du bichromate de potasse.

Il a placé, dans un vase en terre, 3 kil. 250 d'eau mère qu'il a étendue de 6 kil. 500 d'eau, puis il a ajouté peu à peu 3 kil. d'acide sulfurique ordinaire, et enfin 0 kil. 875 de chromate acide de potasse réduit en poudre fine. La liqueur, agitée avec soin, a laissé déposer tout l'iode en cristaux confus.

Le liquide surnageant pouvant encore en retenir, on l'a versé en partie dans une cornue pour le distiller. 7 kil. 500 de ce liquide ont rendu environ 5 grammes d'iode.

Sur la préparation d'une couleur verte sans arsenic; par le docteur ELSNER. — L'auteur ayant eu récemment occasion d'étudier une matière colorante verte pulvérulente, qu'on l'avait prié d'analyser, et que l'on désignait sous le nom de *cinabre vert,* a reconnu que cette matière, qui pouvait être de toutes les nuances, depuis les plus claires jusqu'aux plus sombres, contenait des proportions variables de bleu de Prusse et de vert de chrome. Cette couleur, propre à la fabrication des papiers peints, ne convient nullement comme peinture sur les murs où il se trouve de la chaux, dont l'action change la nuance du bleu de Prusse. Elle n'est pas propre non plus pour la coloration des sucreries ou des autres préparations alimentaires, parce que, bien qu'elle ne contienne pas d'arsenic, elle n'est pas exempte de qualités nuisibles. Voici comment l'auteur indique le moyen d'en fabriquer les diverses nuances :

On fait une solution de chromate jaune de potasse et une solution de prussiate jaune de potasse, puis l'on mêle ces deux solutions. D'un autre côté, on fait dissoudre dans l'eau de l'acétate de plomb et de l'acétate de fer, et l'on mêle encore ces deux autres solutions. En précipitant ensuite avec ce second mélange le premier dont nous avons parlé, on obtient un dépôt vert dont la nuance dépend des proportions qui ont été employées. Il va sans dire que cette nuance est d'autant plus claire que l'acétate de plomb et le chromate de potasse ont été versés en plus grande quantité.

On lave avec soin le précipité et on le fait sécher à une douce chaleur.

On peut obtenir de plusieurs manières l'acétate de fer nécessaire, notamment en précipitant une solution d'acétate de plomb par du sulfate de fer et en filtrant la liqueur qui surnage.

Sur la fabrication des cartons pour couvertures; par le docteur PLAGGE, de Darmstadt. — Voici le procédé usité dans le grand-duché de Nassau :

On plonge, dans une chaudière pleine de goudron bouillant, des feuilles de fort carton, et, après les avoir entassées, on les y laisse pendant cinq heures environ : en les retirant, on les couvre, au moyen d'un tamis en fer-blanc, de granit grossièrement pulvérisé, et on les laisse sécher à l'air. Une heure suffit pour préparer 98 mètres carrés 50 de ce carton. Ce travail ne réclame que deux ouvriers. Pour fabriquer 98 mètres carrés 50 à l'heure, il faut 1 mètre carré 970 de surface de chauffe, et 0 mètre carré 197 à 0 mètre carré 295 de grille. 51 kilogr. 400 de carton contiennent 98 mètres carrés 50 et exigent 154 kilogr. de goudron.

A ces notions le *Gewerbeblatt* du grand-duché de Hesse ajoute les réflexions suivantes :

« Nous apprenons de différents côtés que des essais tentés pour préparer des cartons bitumés n'ont pas réussi parce que, même en réitérant les immersions, on n'a pu parvenir à faire pénétrer le goudron jusqu'au centre des feuilles. Les descriptions qui ont été publiées ne donnent pas les moyens d'obvier à cet inconvénient ; nous croyons utile de faire savoir la méthode indiquée par une autre communication que nous avons reçue. On trempe d'abord, comme à l'ordinaire, les carton secs dans le goudron bouillant, on les laisse sécher, puis on les plonge dans l'eau bouillante, qui refoule vers l'intérieur le goudron déjà absorbé. On fait sécher, on immerge de nouveau dans le goudron bouillant, on retire les cartons et on les saupoudre de poussière de pierre ou de silex. »

BIBLIOGRAPHIE SCIENTIFIQUE

(Extrait du *Journal de la Librairie.*)

N° 30. — 25 juillet.

ALBERT. — *Mémoire concernant la régénération de la vigne et des autres végétaux, l'amélioration des terres*, etc., etc. In-8°, 56 pages. Prix : 2 fr. Librairie agricole, à Paris.

Annales de la Société impériale de médecine de Lyon. In-8°, 296 pages. Librairie J.-B. Baillière.

BALLEY (Dr). — *Météorologie et météorographie, pathogénie et nosographie à Rome*. In-4°, 26 tableaux et planche. Librairie Rozier, à Paris.

BONJEAN. — *La Savoie agricole, industrielle et manufacturière*. etc. In-16, 179 pages. Prix : 3 fr. Librairie Germer-Baillière, à Paris.

BONNIÈRE (Dr). — *Traité pratique des maladies de la peau des climats tempérés*. In-8°, 72 pages. Librairie Gosselin, à Paris.

BROUARD. — *Agriculture pratique et théorique à l'usage des écoles*. 2e édition. In-18, 142 pages. Librairie Ducrocq, à Paris.

Bulletin de la Société d'agriculture, sciences et arts de la Sarthe. Tome IX, 2e série. In-8°, 13 planches. Le Mans.

FORTOUL. — *L'industrie moderne. Lettres familières*. In-18 jésus, 322 pages. Prix, 1 fr. 50 c. Librairie P. Dupont, à Paris.

GODRON. — *Recherches expérimentales sur l'hybridité dans le règne végétal*. In-8°, 76 pages. A Nancy.

LEFÉBURE DE FOURCY. — *Leçons de géométrie analytique*, comprenant la trigonométrie rectiligne et sphérique, etc. In-8°, 507 pages et 11 planches. 7e édition. Librairie Mallet-Bachelier.

MARCHAND. — *Climatologie de la ville de Fécamp pendant les années 1853 à 1862*. In-8°, 47 pages et planche. Librairie Basse, à Fécamp.

PASCAL. — *Du guaco et de ses effets prophylactiques et curatifs dans les maladies vénériennes*. Influence de l'alcoolé de guaco dans le pansement des plaies gangréneuses, pseudomembraneuses, etc. In-8°, 40 pages. Librairie J.-B. Baillière, à Paris.

PICHERIE-DUNAN. — *Le livre des engrais-fumiers, surnommé le Livre aux louis d'or.* In-18, 71 pages. Librairie Verdier, à Rennes.

YSABEAU. — *La science des campagnes. Le jardin potager,* notions pratiques de culture maraîchère. In-18, 116 pages. Librairie P. Dupont, à Paris.

N° 31. — 1er août.

ARCHIAC (D'). — *Du terrain quaternaire et de l'ancienneté de l'homme dans le nord de la France.* In-8°, 48 pages. Prix : 1 fr. 50 c. Librairie Savy, à Paris.

BARRAL. — *Le blé et le pain, liberté de la boulangerie.* In-18 jésus, 697 pages. Prix : 6 fr. Librairie agricole, à Paris.

BOURGOIS. — *Réfutation du système des vents, de M. Maury.* In-8°, 131 pages. Librairie Artus Bertrand, à Paris.

CASTILLON. — *Récréations physiques.* Ouvrage orné de 36 vignettes. Grand in-16, 340 pages. Prix : 2 fr. Librairie Hachette, à Paris.

Congrès scientifique de France tenu à Bordeaux en septembre 1861. In-8°, 810 pages. Tome III. Librairie Derache, à Paris.

COTELLE. — *Cours d'agriculture pratique professé par M. Gaucheron.* Tome II. Engrais. In-12, 239 pages. A Paris, chez Cotelle et Comp.

DEBRAY. — *Des principales sources de lumière.* In-8°, 27 pages. A Paris.

FORT. — *Réflexions sur la névralgie lombo-abdominale considérée surtout au point de vue des causes du diagnostic.* In-8°, 34 pages. A Paris.

GRESSENT. — *Leçons élémentaires d'arboriculture* (fruits de table). In-18, 161 pages. Prix : 1 fr. 50 c. Librairie Goin, à Paris.

JOURDANET. — *De l'anémie des altitudes et de l'anémie en général dans ses rapports avec la pression de l'atmosphère.* In-8°, 44 pages. Librairie J.-B. Baillière, à Paris.

KREMER (Dr). — *Monographie des hépatiques du département de la Moselle.* 2e édition. In-8° 51 pages. A Metz.

RAOUL. — *Manuel pratique d'arboriculture.* 3e édition. In-16, 265 pages. Libr. Tubergue, à Besançon.

SCHWERZ. — *Manuel de l'agriculteur commençant.* 7e édition. In-12, 336 pages. Prix : 1 fr. 25. Libr. agricole, à Paris.

N° 32. — 8 août.

BARRAL. — *Rapports sur les instruments et appareils agricoles.* Concours général d'agriculture de 1860. In-8, 116 pages.

BEAUNIS. — *Anatomie générale et physiologie du système lymphatique.* Thèse d'agrégation de la Faculté de Strasbourg. In-4, 100 pages. A Strasbourg.

BERAUD (Dr). — *Atlas complet d'anatomie chirurgicale topographique,* etc., composé de 100 pl. avec un texte explicatif. Libr. Germer-Baillière, à Paris.

BERNARD. — *De l'ataxie locomotrice progressive.* Thèse de la Faculté de Strasbourg. In-4, 54 pages. A Strasbourg.

BONNIÈRE (Dr). — *Traité pratique des maladies de la peau,* suivi d'un nouveau mode d'envisager et de guérir certaines maladies des femmes. In-18, 72 pages. Libr. Gosselin, à Paris.

BOUCHUT (Dr). — *De la congestion chronique des poumons simulant la phthisie au premier degré.* In-8, 21 pages. A Paris.

BRIAND et CHAUDÉ. — *Manuel complet de médecine légale.* 7e édition avec 3 planches gravées et 64 figures dans le texte. In-8, 1056 pages. Prix : 12 fr. Librairie J.-B. Baillière.

BRON (Dr). — *Extraction d'une croisoire de la vessie, réflexion sur la migration des corps étrangers dans les voies urinaires.* In-8, 8 pages. Paris.

Cavasse. — *L'année médicale. Annuaire des sciences médicales.* 4e année. 1860. In-18 jésus, 629 pages. Prix : 5 fr. 50. Libr. Delahaye, à Paris.

Cazin. — *Exposé de la théorie mécanique de la chaleur.* In-8, 64 pages et planche. A Versailles.

Courtois-Gérard. — *Manuel pratique de culture maraîchère.* 4e édition. In-18 jésus, 400 pages. Prix : 3 fr. 50. Libr. E. Lacroix, à Paris.

Debray. — *Cours élémentaire de chimie,* avec nombreuses figures intercalées dans le texte. 3e fascicule. In-8, 401-816. Libr. Dunod.

Follin (Dr).— *Leçons sur l'exploration de l'œil, et en particulier sur les applications de l'ophthalmoscope ou diagnostic des maladies des yeux.* Ouvrage orné de 70 figures dans le texte et de 2 pl. In-8, 331 pages. Libr. Delahaye, à Paris.

Gailleton (Dr). — *De l'eczema considéré spécialement au point de vue de l'étiologie et du traitement.* In-8, 71 pages. A Caen.

Gelly (Dr).— *De l'agonie.* Thèse de la Faculté de Strasbourg. In-4, 22 pages. A Strasbourg.

Géraud-Teulon (Dr). — *Leçons sur le strabisme et la diplopie, pathogénie et thérapeutique.* Avec figures dans le texte. In-8, 250 pages. Prix : 4 fr. Libr. J.-B. Baillière, à Paris.

Hébert (Dr). — *Des alcools employés en médecine.* In-8, 64 pages. Prix : 1 fr. 25. Libr. Savy.

Lescuyer (Dr). — *Considérations sur le traitement des maladies aiguës par l'hydrothérapie.* Thèse de la Faculté de Strasbourg. In-4, 29 pages. A Strasbourg.

Mémoires d'agriculture, etc., de la Société impériale d'agriculture de France. 2e partie. In-8, 566 pages. 1862. Libr. veuve Bouchard-Huzard, à Paris.

Monoger (Dr).— *Applications des sciences physiques aux théories de la circulation.* Thèse d'agrégation de la Faculté de Strasbourg. In-4, 90 pages. Strasbourg.

Potain (Dr). — *De la succession des mouvements du cœur, réfutation des opinions de M. Beau.* In-8, 23 pages. A Paris.

Ritter (Dr). — *Des propriétés physiques du tissu musculaire.* Thèse d'agrégation de la Faculté de Strasbourg. In-4, 93 pages. A Strasbourg.

Rouget. — *Traité pratique des plantes indigènes les plus usitées pour la conservation de la santé.* In-8, 181 pages. Prix : 3 fr. A Toulouse.

Schlagdenhauffen. — *De l'intervention des forces physiques dans les phénomènes d'absorption.* Thèse d'agrégation de la Faculté de Strasbourg. In-4, 42 pages. A Strasbourg.

Schulzenberger.— *Essai sur les substitutions des éléments électronégatifs aux métaux dans les sels et sur les combinaisons des acides anhydres entre eux.* Thèse de la Faculté des sciences de Paris. In-4, 61 pages. A Strasbourg.

Vaillant. — *De la fécondation dans les cryptogamies.* In-8, 139 pages et 2 pl. Prix : 2 fr. 50. Savy, à Paris.

Wecker. — *Études ophthalmologiques.* Tome Ier, 2e fascicule, avec 3 planches gravées à Paris et 18 figures. In-8, 209-526 pages. Prix : 3 fr. 50. Libr. Delahaye, à Paris.

PUBLICATIONS.

—

Cours de physique élémentaire, avec les applications à la météorologie, à l'usage des lycées et des établissements d'instruction secondaire, 1 volume in-8° de 756 pages avec 760 figures intercalées dans le texte ; par M. P.-A. Daguin, professeur à la Faculté des sciences de Toulouse. Prix : 7 francs. A Toulouse, chez Édouard Privat, éditeur, et à Paris, chez A. Tandou et Comp., dépositaires, rue des Écoles, n° 78.

Ce traité élémentaire est l'abrégé du grand Traité de physique en 4 volumes dont M. Daguin a publié une seconde édition l'année dernière, et dont notre collaborateur, pour la partie physique, M. Radau, a rendu compte dans le *Moniteur scientifique,* livraison 142e, du 15 novembre 1863. L'éloge très-complet décerné à l'œuvre de l'auteur, celui non moins accentué

,donné dernièrement dans *les Mondes,* par l'abbé Moigno, peut nous dispenser de démontrer que M. Daguin vient de rendre un nouveau service aux étudiants en faisant, à leur intention, un abrégé de son grand ouvrage. On ne peut donc que prédire beaucoup de succès au traité élémentaire de l'auteur, succès qui, au lieu de faire tort au traité en 4 volumes, ne pourra que le faire prospérer davantage, par le désir qu'auront naturellement les lecteurs de l'abrégé de connaître l'ouvrage complet; livre qu'ils seront alors plus à même d'apprécier après une étude préliminaire des éléments à leur usage.   D¹ Q.

Nouvelles expériences sur la génération spontanée et la résistance vitale; par M. F.-A. Pouchet, 1 volume grand in-8° de xv-256 pages, avec 27 figures dans le texte et une planche gravée et coloriée. — Prix : 7 fr. 50 c. Librairie Victor Masson et fils.

Précis d'histologie humaine, d'après les travaux de l'École française; par Georges Pouchet, 1 volume in-8° de vii-379 pages, avec 99 figures dans le texte. — Prix : 6 fr. Paris, Victor Masson et fils.

COURS PUBLICS DES ÉCOLES ET FACULTÉS.

Conservatoire impérial des Arts-et-Métiers,

RUE SAINT-MARTIN, 292.

Les cours du Conservatoire ont commencé le 3 novembre.

Physique appliquée aux arts. — M. E. Becquerel a ouvert son cours le mercredi 4 novembre, à huit heures trois quarts du soir, et le continue tous les mercredis à la même heure, et les dimanches, à onze heures et demie du matin.

M. Becquerel traitera dans ses leçons les objets suivants : Principes généraux du dégagement de l'électricité. — Applications de l'électricité aux arts : piles voltaïques, lumière électrique, galvanoplastie, dorure, télégraphie, horlogerie électrique, appareils d'induction, électro-moteurs et machines électro-magnétiques. — Actions chimiques produites par la lumière : photographie.

Chimie appliquée aux arts. — M. E. Peligot a ouvert son cours le dimanche 8 novembre, à une heure et le continue les dimanches à la même heure, et les jeudis, à huit heures trois quarts du soir.

M. Peligot traitera dans ses leçons les objets suivants : *Métaux :* leurs propriétés physiques et chimiques comparées. — Alliages. — Propriétés générales des sels. — Étude des principaux métaux employés dans l'industrie. — *Art de la verrerie. — Industrie céramique.*

Chimie appliquée à l'industrie. — M. Payen a ouvert son cours le mardi 3 novembre, à huit heures trois quarts du soir, et le continue tous les mardis et samedis à la même heure.

M. Payen traitera dans ses leçons les objets suivants : Soufre. — Allumettes. — Sulfure de carbone. — Acides du soufre. — Traitement des pyrites. — Acide azotique. — Acide chlorhydrique. — Chlore et hypochlorites. — Chlorate de potasse. — Sulfates et carbonates de soude. — Potasses. — Soudes. — Savons. — Eaux gazeuses. — Iode, brôme. — Acide borique et borax. — Plâtre. — Blanc de plomb et blanc de zinc. — Hygiène et alimentation publique. — Distillation du bog-head. — Éclairage et chauffage au gaz.

Teinture, apprêt et impression des tissus. — M. Persoz a ouvert son cours le vendredi 6 novembre, à huit heures trois quarts du soir, et le continue les lundis et vendredis à la même heure.

M. Persoz traitera dans ses leçons les objets suivants : Étude des agents qui concourent à la formation et à la fixation des couleurs et des produits tinctoriaux. — Extraction et préparation des matières colorantes, naturelles ou dérivées du goudron, destinées à la teinture et à l'impression des tissus. — Couleurs servant aux différents genres de peinture et aux impressions typographiques et lithographiques.

Agriculture. — M. MOLL a ouvert son cours le jeudi 5 novembre, à sept heures et demie du soir, et le continue les mardis et jeudis, à la même heure.

M. Moll traitera dans ses leçons les objets suivants : Organisation de l'entreprise agricole. — Systèmes de culture. — Assolements et rotations. — Culture des principaux groupes de végétaux. — Étude des machines et instruments servant au façonnage des terres, à la récolte et à la préparation des produits.

Chimie agricole. — M. BOUSSINGAULT a ouvert son cours le vendredi 27 novembre, à huit heures trois quarts du soir, et le continue tous les vendredis, à la même heure, et les dimanches, à dix heures et demie du matin.

M. Boussingault traitera dans ses leçons les objets suivants : *Alimentation :* Développement et engraissement du bétail. — *Végétation.* — *Géologie agricole :* Origine, constitution, amélioration du sol. — Engrais, chaulage. — Démonstrations expérimentales des procédés d'analyses.

Les *leçons de chimie agricole* auront lieu les vendredis, à huit heures trois quarts du soir ; les *démonstrations d'analyses*, les dimanches, à dix heures et demie du matin.

École supérieure de pharmacie,

RUE DE L'ARBALÈTE.

Les cours ont ouvert le 3 novembre.

Chimie générale. — M. Bussy, toujours trop fatigué pour professer, est suppléé par M. RICHE. Les leçons ont lieu les mardis, jeudis et samedis, à trois heures.

Pharmacie. — M. CHEVALLIER. Les lundis, mercredis et vendredis, à une heure.

Zoologie. — M. VALENCIENNES. Les mardis, jeudis et samedis, à onze heures et demie.

Histoire naturelle des médicaments (végétaux). — M. GUIBOURT. Les mardis, jeudis et samedis, à dix heures.

Physique. — M. BUIGNET. Les lundis, mercredis et vendredis, à onze heures et demie.

Muséum d'histoire naturelle.

Physique appliquée. — M. BECQUEREL a commencé son cours le vendredi 6 novembre, à 11 heures et demie, et le continue à la même heure les lundis et vendredis.

Le Professeur traitera : 1º de l'électrochimie, dans ses rapports avec les phénomènes géologiques et atmosphériques ; 2º de la climatologie.

Paléontologie. — M. D'ARCHIAC a commencé son cours le 11 novembre, à midi et demi et le continue, à la même heure, les vendredis et mercredis.

Zoologie (reptiles, batraciens et poissons). — M. A. DUMÉRIL a commencé son cours le lundi 16 novembre, à deux heures, et le continue, à la même heure, les lundis, mercredis et vendredis.

Faculté des sciences, à la Sorbonne.

Les cours ouvriront le lundi 23 novembre.

Astronomie. — M. Puiseux commencera son cours le lundi 23 novembre, à dix heures et demie, et le continuera les lundis et jeudis à la même heure.

Le professeur traitera de la MÉCANIQUE CÉLESTE.

Physique. — Le professeur qui doit faire le cours n'est pas encore désigné. Ce cours doit se faire les mardis et samedis à une heure et demie.

Chimie. — M. Balard ouvrira son cours le lundi 23 novembre, à midi et demi, et le continuera les lundis et jeudis à la même heure.

Le professeur exposera les lois générales de la chimie ; il fera l'histoire particulière des corps non métalliques et de leurs combinaisons, soit entre eux, soit avec les métaux.

Minéralogie. — M. Delafosse commencera son cours le mercredi 25 novembre, à une heure trois quarts, et le continuera les mercredis et vendredis à la même heure.

Faculté de médecine.

Les cours ouvriront le mardi 17 novembre.

Physique médicale. — M. le docteur Gavarret commencera son cours le mercredi 18 novembre, à dix heures et demie, et le continuera les lundis, mercredis et vendredis à la même heure.

Chimie médicale. — M. Wurtz commencera son cours le jeudi 19 novembre, à dix heures et demie et le continuera les mardis, jeudis et samedis à la même heure.

L'autorité supérieure, qui craint, sans doute, pour le nouveau doyen de la Faculté, un accueil peu flattteur, vient de faire afficher dans les cours de la Faculté les dispositions des anciens règlements de 1820 et 1825 ; règlements élaborés à l'époque où la congrégation trônait au ministère de l'instruction publique. Espérons dans le bon sens des élèves et dans le désintéressement de M. Rayer, pour épargner à notre École tout nouveau scandale.

P. S. — La séance d'ouverture vient d'avoir lieu. Les élèves se sont abstenus de paraître.

COURS PUBLIC. — *Électricité médicale.* — M. le docteur Hiffelseim recommencera ses leçons le vendredi 20 novembre, à huit heures du soir, et les continuera les mercredis et vendredis suivants. Amphithéâtre n° 2 de l'École pratique de la Faculté de médecine.

AVIS.

Nous prions nos Abonnés de l'Étranger de faire renouveler de suite leur abonnement pour 1864, le premier numéro de cette année devant paraître le 1er janvier.

Table des Matières contenues dans la 166me Livraison
du 15 novembre 1863.

RECHERCHES PHOTOCHIMIQUES.

Par MM. R.-W. Bunsen et H.-E. Roscoe.

(Analyse par M. R. Radau.)

Suite* — Voir *Moniteur scientifique*, Livraison 152.

Dans les quatre premiers mémoires que MM. Bunsen et Roscoe ont publiés sur la photochimie et dont nous avons déjà rendu compte, ils donnent la description de l'appareil très-délicat qui leur a permis de mesurer avec précision l'action chimique de la lumière et de formuler les lois qui régissent cette action. Dans le travail publié en 1859 (1), et auquel fait suite une récente communication présentée à la Société royale d'Angleterre, les auteurs procèdent d'abord à l'établissement d'une unité générale et absolue pour la comparaison des actions photochimiques, et ils arrivent ensuite à considérer la grandeur relative de l'action chimique de la lumière directe du soleil et de la lumière diffuse. Ils ont ainsi jeté les fondements d'une branche nouvelle et importante de la météorologie, en éclaircissant les lois qui règlent la distribution, à la surface de la terre, des effets chimiques émanant du soleil. Le sujet de leur cinquième mémoire se divise comme il suit : 1° mesure relative et absolue des rayons chimiques ; 2° action chimique de la lumière diffuse du jour ; 3° action chimique de la lumière solaire directe ; 4° action photochimique du soleil, comparée avec celle d'une source de lumière terrestre ; 5° action chimique des parties constituantes de la lumière solaire.

L'immense provision de force vive emmagasinée dans le soleil s'écoule sans cesse et va se disperser dans l'espace par voie de rayonnement. C'est à cette source inépuisable que la terre emprunte à peu près tout ce qu'elle dépense en force pour la conservation de ses organismes et pour les métamorphoses géologiques de son enveloppe solide. Les rayons à vibrations lentes, qui constituent l'extrémité rouge du spectre solaire et sa continuation invisible, sont particulièrement chargés d'entretenir par l'absorption qu'ils éprouvent, les phénomènes calorifiques dans l'océan liquide et dans l'océan aérien qui enveloppent le globe. La radiation solaire fournit le calorique nécessité par cette oscillation incessante des eaux qui circulent entre l'atmosphère et la terre comme dans un vaste alambic, déterminant par leur action destructive de formidables révolutions, qui nous donnent la mesure de la puissance mécanique transmise à notre planète par l'astre central pendant le cours des différentes époques géologiques.

Un autre genre d'effets, moins imposants, mais d'une importance au moins égale, appartient aux rayons solaires à vibrations rapides. Ils président aux phénomènes chimiques qui se manifestent dans le développement des végétaux, et leur influence se fait, par suite, sentir dans les caractères généraux et dans la distribution géographique des organismes vivants. Si, malgré tout cela, les phénomènes atmosphériques dont peuvent dépendre l'énergie et la distribution des actions chimiques de la lumière, à la surface terrestre, n'ont point encore trouvé leur place dans la science de la météorologie à côté des phénomènes calorifiques, magnétiques et électriques, la raison de cette omission ne doit pas être cherchée dans l'ignorance où l'on serait de la véritable portée de ces questions, mais plutôt dans les difficultés pour ainsi dire insurmontables qui s'élevaient à chaque pas qu'on faisait sur ce terrain obscur et glissant. Ces difficultés ne rendent que plus méritoires les succès obtenus par les auteurs.

Des recherches de cette nature seraient d'ailleurs évidemment stériles sans un étalon de comparaison propre à réduire les quantités d'action chimique à une unité absolue. C'est donc

---

(1) A la fin de notre premier résumé, on a imprimé par erreur qu'il nous restait à analyser les travaux publiés à partir de 1862. Nous donnons aujourd'hui le mémoire de 1859, réservant pour la prochaine livraison celui de 1862.

sur ce point que devait se diriger tout d'abord l'attention de MM. Bunsen et Roscoe. Ce qu'il fallait avoir avant tout, c'était une source de lumière constante et facile à reproduire en tout temps. Les flammes des lampes ou bougies ordinaires offrent des variations si considérables dans leur éclat lumineux ou chimique qu'on doit les exclure de toute mesure de précision. La lumière qu'émet un fil métallique rendu incandescent par un courant d'intensité constante, subit déjà un changement notable à la moindre variation, inévitable et inappréciable, de cette intensité. Ces inconvénients n'existent pas pour une flamme alimentée par un courant de gaz de vitesse uniforme et déterminée. Le gaz oléfiant est peu approprié à cet usage, parce qu'il est difficile de l'obtenir à l'état pur en quantités suffisantes, et aussi parce qu'il présente des phénomènes très-compliqués de décomposition pendant qu'il brûle. La combustion de l'oxyde de carbone, au contraire, donne naissance à un seul produit, l'acide carbonique, sans dépôt de charbon ni d'aucun autre produit de décomposition. Ce gaz se recommandait en outre par l'énergie photochimique de sa flamme et par la facilité avec laquelle on peut l'obtenir, à l'état de pureté absolue, au moyen des formiates.

La quantité de lumière qu'émet une flamme ne dépend pas seulement de la quantité et de la nature du combustible, mais souvent encore davantage des circonstances dans lesquelles a lieu la combustion. On a donc commencé par fixer avec toute l'exactitude possible les conditions nécessaires pour qu'un volume donné de gaz brûle avec une flamme d'intensité invariable.

En faisant brûler à l'air des gaz qui sortent d'un orifice étroit, même avec une différence de pression de quelques millimètres d'eau seulement, on obtient des flammes encore beaucoup trop variables, par suite des aspirations latérales, pour admettre des comparaisons photométriques d'une certaine précision. Ce n'est que lorsqu'on peut regarder comme nulle, ou à peu près, la différence de pression qui produit le courant gazeux, que la flamme devient ce qu'elle doit être. Le courant de la flamme d'oxyde de carbone dont les auteurs ont fait usage comme source de lumière n'avait qu'une vitesse de 13 centimètres par seconde, à laquelle correspond une différence de pression de 1 millième de millimètre d'eau ; il sortait d'un bec de platine dont l'orifice, à bords tranchants, avait 7 millimètres de diamètre.

Les flammes qu'on produit de cette manière dans la boîte dont il a été question dans le premier mémoire, offrent la forme d'un cône très-obtus et brûlent avec une constance admirable.

La vitesse d'écoulement normale adoptée est celle à laquelle correspond un débit de 5 centimètres cubes de gaz à 0° et sous une pression de $0^m.76$ de mercure, laquelle représente la pression de l'atmosphère. Mais, dans la pratique, il est impossible de régler la prise de gaz de manière à avoir constamment ce courant normal ; il a donc fallu déterminer la loi suivant laquelle l'éclat de la flamme varie avec le débit du gaz.

A cet effet, on s'est servi de gaz oxyde de carbone, préparé par le formiate de soude au moyen de l'acide sulfurique, et lavé à la lessive de potasse ; il était enfermé dans un grand gazomètre gradué, muni d'un thermomètre et d'un appareil manométrique, sous une pression de plus de $0^m.8$ de mercure ; il s'écoulait par un robinet très-étroit dans le tuyau plus large du brûleur, où la pression ne différait plus de celle de l'atmosphère que d'environ 0.001 millimètre d'eau. L'appareil photométrique était placé à une distance de $0^m.176$ de la flamme. Un observateur lisait l'effet photochimique produit pendant un certain nombre de minutes, pendant que l'autre notait le volume du gaz enfermé, sa pression et sa température au commencement et à la fin de l'expérience. Voici un exemple des chiffres ainsi obtenus.

Durée.	Volume du gaz.	Pression.	Température.	Effet.
3 m.	5342.7	$0^m.8230$	20°	41.8
	4274.2	0 .8244	20	

Le volume du gaz avait donc diminué de 1068.5 centimètres cubes en 3 minutes, ce qui donne un débit de 5.95 centimètres cubes par seconde; en réduisant à 0° et à $0^m.76$ de pression, et un effet photochimique mesuré par 13.93 divisions pour chaque minute. Mais les rayons émanés de la flamme avaient éprouvé, avant de pénétrer dans le mélange sensible, une certaine absorption de la part d'une colonne d'eau et de deux lames de mica, puis encore une réflexion partielle sur les parois du vase d'insolation ; pour avoir l'effet complet qu'ils auraient produit sans ces trois causes d'affaiblissement, il faut multiplier le chiffre trouvé ci-dessus par les trois facteurs 1.351, 1.450, 1.024, déterminés par l'expérience et par la théorie; leur produit étant 2.005, on voit qu'il faut doubler le chiffre observé, pour avoir l'effet photochimique de la flamme non affaiblie. Au lieu de 13.93, nous écrirons, par conséquent, 27.86. Quatre expériences ont donné de cette manière les chiffres qui suivent.

Gaz écoulé $= g$.	Effet produit.
5.950	27.86
4.673	18.90
3.839	13.60
3.053	8.30

Ces résultats sont très-bien représentés par la formule :

$$21.34 - 6.73 (5 - g), \text{ ou } 21.34 [1 - 0.3153 (5 - g)],$$

qui suppose que l'effet produit est mesuré par 21.34 divisions lorsque la quantité de gaz g qui s'écoule dans 1 seconde est de 5 centimètres cubes. Cette formule, qui montre que, dans les limites adoptées, la variation de l'effet photochimique est proportionnelle à la variation du courant de gaz, servira à réduire au courant normal les effets observés avec un courant qui en diffère peu.

Nous appellerons *flamme type* la flamme d'oxyde de carbone, brûlant à l'air libre, à l'orifice circulaire d'un bec de platine de 7 millimètres de diamètre, qui sera alimentée par un courant de gaz de 5 centimètres cubes par seconde, à 0° et 0^m.760, la différence des pressions qui produit le courant étant infiniment petite.

Grâce à cette flamme type, les indications d'instruments différents deviennent comparables entre elles.

L'unité photométrique arbitraire sera l'effet chimique exercé pendant une minute par la flamme type sur le mélange normal, placé à la distance de 1 mètre. Cette unité s'appellera *unité photochimique; dix mille unités font un degré photochimique.* On détermine une fois pour toutes le nombre d'unités photochimiques qui, pour un instrument donné, correspond à une division de son échelle. En multipliant par ce nombre le chiffre des divisions observées, on ramène toutes les observations à une unité de mesure qui les rend comparables. MM. Bunsen et Roscoe se sont toujours servi du même insolateur, mais ils ont employé deux échelles distinctes, le *tube étroit*, dont une division contenait 1.748 millimètres cubes, et le *tube large*, dont une division équivalait à 2.598 millimètres cubes. Pour ces deux échelles, la valeur d'une division, exprimée en unités photochimiques, était respectivement 1.5124 et 2.249. Il s'ensuit que l'unité photochimique produit 1.155 millimètre cube d'acide chlorhydrique (1).

Quelques exemples serviront à mieux faire comprendre l'usage de cette unité de mesure.

Les auteurs appellent *illumination chimique* la quantité de rayons chimiques qui tombent perpendiculairement sur une surface plane. L'insolateur de l'appareil photométrique étant supposé faire partie de cette surface, le nombre de divisions dont l'index s'est déplacé en une minute, réduit en unités photochimiques, mesure le degré d'illumination de la même surface.

---

(1) Le mémoire original donne 0.7642 millimètres cubes et 0.6612 unités photochimiques pour la valeur d'une division du tube étroit; nous avons été obligé d'altérer ces chiffres en remplaçant 0.6612 par $\dfrac{1}{0.6612}$ ou 1.5124, pour ramener l'accord dans les types de calcul donnés plus loin. Les distances de 0^m.561 et de 0^m.929, qu'on trouve dans le mémoire, au lieu de 0^m.848 et de 1^m.404, ne s'accordent pas avec les pouvoirs 0.718 et 1.972, qui doivent être considérés comme exacts, puisque 0.718 résulte aussi de la formule de réduction, en y faisant $g = 4.105$. Les auteurs ont d'ailleurs accepté ces corrections.   R. R.

On peut se demander alors à quelle distance il faut placer une source de lumière donnée pour qu'elle produise une illumination d'une unité. Deux flammes, fournies l'une par l'oxyde de carbone, sortant du brûleur normal de platine, l'autre par le gaz d'éclairage à l'orifice d'un bec ordinaire, étaient alimentées par un courant de 4.105 centimètres cubes à 0° et $0^m.760$ par seconde, lequel se produisait sous une différence de pressions à peine appréciable. L'effet de la première était, à la distance de $0^m.176$, de 7.68 divisions du tube étroit, ou de $2 \times 1.5124 \times 7.68 = 23.23$ unités photochimiques ; on a multiplié par 2 pour tenir compte de l'absorption des écrans. Or, l'illumination étant toujours en raison inverse du carré de la distance, on trouve que la distance à laquelle la même flamme aurait produit une illumination 23.23 fois moindre, est de $0^m.176 \sqrt{23.23}$ ou de $0^m.848$. A cette distance, la flamme d'oxyde de carbone aurait éclairé l'insolateur d'une lumière égale à l'unité photochimique. La flamme du gaz d'éclairage donnait 13.98 divisions, ou 42.29 unités par minute, à la distance de $0^m.216$; il en résulte qu'elle aurait fourni l'illumination unité à la distance de $0^m.216 \sqrt{42.29} = 1^m.404$.

Le *pouvoir photochimique* ou l'intensité chimique d'une source de lumière, considérée comme point lumineux, est mesurée par l'effet qu'elle produit à l'unité de distance. Par conséquent, le pouvoir de la flamme type étant pris pour unité, celui d'une autre flamme sera égal au carré de la distance à laquelle cette flamme produit l'unité d'illumination, c'est-à-dire la même illumination que la flamme type produit à la distance de 1 mètre. On trouve ainsi que les pouvoirs chimiques des deux flammes considérées sont respectivement 0.718 et 1.972. La flamme du gaz d'éclairage exerce donc une action chimique 2.74 fois plus considérable que celle de l'oxyde de carbone.

Il y a quelque intérêt à comparer l'intensité chimique de ces flammes avec leur intensité optique ou physiologique, c'est-à-dire avec celle qui fait impression sur notre œil. Par une expérience directe, les auteurs ont constaté que le pouvoir éclairant (physiologique) de la flamme de gaz ordinaire, alimentée par un courant de 4.1 centimètres cubes, était au moins 150 fois plus considérable que celui de la flamme d'oxyde de carbone nourrie par un courant de 6 centimètres cubes par seconde. Or, le pouvoir optique devant varier, pour une même flamme, comme le pouvoir chimique, on pourra se servir de la formule de réduction des pouvoirs chimiques, pour calculer le pouvoir optique de la flamme d'oxyde de carbone à 4.1 centimètres cubes. La formule donne, en allant de 6 à 4.1 centimètres cubes, une variation d'éclat dans le rapport de 28 à 15 ; la flamme d'oxyde de carbone à 4.1 centimètres cubes, c'est-à-dire à courant égal avec la flamme de gaz d'éclairage, aurait donc eu une intensité optique $\frac{28}{15} \times 150$ ou bien 280 fois moindre que celle-ci, tandis que son intensité chimique n'était inférieure à celle de la flamme de gaz ordinaire que 2.74 fois, ou dans le rapport de 4 à 11.

Nous appellerons *éclat chimique* la quantité de lumière chimique envoyée perpendiculairement d'une surface lumineuse à un point physique, divisée par la grandeur apparente de la surface. La grandeur apparente sera exprimée en millièmes de la surface d'un hémisphère ; l'unité d'éclat sera la quantité de lumière envoyée par un millième d'hémisphère qui produirait au centre de l'hémisphère l'illumination-unité. Pour apprécier l'éclat d'une surface donnée, on n'aura donc qu'à recevoir la lumière qu'elle émet, à travers une ouverture circulaire de diamètre connu et placée à une distance connue, et à mesurer l'effet d'illumination au moyen de l'insolateur.

Prenons pour exemple des cercles de différentes grandeurs découpés dans la sphère céleste, au zénit, par un ciel sans nuages. La lumière qui tombe du zénit est envoyée dans une pièce obscure par une glace inclinée de 45° et disposée en avant d'un tube horizontal, à ouverture variable. Dans l'une des expériences rapportées par les auteurs, l'ouverture du tube était de 59 millimètres, sa distance à l'insolateur de $2^m.225$, l'effet produit de 65 unités photochimiques, en tenant compte de toutes les circonstances qui avaient affaibli la lumière. Avec ces données, on trouve la grandeur apparente de l'ouverture égale à $\frac{1000}{8} \left(\frac{59}{2225} \right)^2 = 0.088$ millième de l'hémisphère; en divisant 65 par ce nombre, on trouve 741 pour l'éclat du firmament au zénit.

Il importe quelquefois d'exprimer les actions photochimiques non-seulement en unités ou degrés arbitraires, mais en mesure absolue, c'est-à-dire au moyen des unités de temps et d'espace. On y parvient en déterminant le volume absolu d'acide chlorhydrique engendré par l'action d'une source de lumière donnée pendant une durée de temps donnée. Appelons v le volume d'acide chlorhydrique, réduit à 0° et à 0ᵐ.760, que produit l'unité de lumière; h l'épaisseur du mélange sensible (supposé sec, à 0° et à 0ᵐ.760), à travers laquelle la lumière a passé; q la section ou surface insolée; a le coefficient d'extinction du mélange pour la lumière considérée; l le nombre d'unités photochimiques observées dans l'unité de temps. Alors l'équation

$$V = \frac{v}{q} \cdot \frac{l}{1 - 10^{-ah}}$$

donne le volume V d'acide chlorhydrique, qui serait formé dans l'unité de temps par les rayons tombant perpendiculairement sur l'unité de surface, si h était infini, c'est-à-dire si la lumière entrait dans une colonne indéfinie de chlore et d'hydrogène, où elle s'éteindrait complétement. On peut appliquer cette équation à la flamme de 42 millimètres de hauteur, dont il a été souvent question dans les expériences. Elle donnait 14.2 divisions du tube étroit en 1 minute, à la distance de 216 millimètres, à 23° et à 0ᵐ.753. Nous avons trouvé plus haut $v = 1.155$ millimètre cube; pour l'insolateur, nous avons $q = 330$ millimètres carrés, et $h = 8.37$ millimètres. Cette dernière quantité se déduit de la profondeur du flacon (9.4 millimètres) en divisant par $(1 + 0.00366 \times 23°)$ pour réduire à 0°, et en multipliant par $\frac{753 - 20}{760}$, pour réduire à la pression normale et à l'état sec; 20 millimètres représentent la tension de la vapeur d'eau à 23°. Le coefficient d'extinction a a été trouvé égal à $\frac{1}{234}$, d'où $ah = 0.0358$. Enfin, en multipliant 14.2 par 2 et par 1.5124, on obtient $l = 42.95$. Avec ces valeurs des constantes, on a

$$V = 1.877 \text{ millim. cubes};$$

c'est-à-dire que l'unité de surface (un millimètre carré) reçoit une quantité de rayons chimiques suffisants pour donner naissance à une couche d'acide chlorhydrique d'une épaisseur de 1.877 millimètre, si les rayons traversaient une colonne illimitée du mélange gazeux. De cette manière, nous avons exprimé en mesure absolue l'effet de la flamme en question. Concevons qu'elle soit placée au centre d'une sphère d'un rayon de 216 millimètres (égal à la distance de la flamme à l'insolateur), la surface sphérique recevra une somme d'action mesurée par 4π. $216 \times 216 \times 1.877$ millimètres cubes, ou bien 1100ᶜ·ᶜ· d'acide chlorhydrique engendrés en une minute. Le courant qui alimentait la flamme était de 4.1 centimètres cubes par seconde, ou de 246ᶜ·ᶜ· par minute; *la combustion de 1 centimètre cube de gaz d'éclairage équivalait donc à la production de 4.48 centimètres cubes d'acide chlorhydrique.* La composition du gaz d'éclairage était la suivante :

Hydrogène...............	41.42
Gaz des marais..........	39.49
Oxyde de carbone........	5.97
Élaïle..................	4.57
Ditétryle ..... :........	3.25
Azote...................	5.10
Acide carbonique	0.20
	100.00

Un centimètre cube de ce gaz fournit par sa combustion une quantité de chaleur suffisante pour élever de 6°.8 la température d'un gramme d'eau. D'un autre côté, un centimètre cube d'hydrogène, en se combinant avec un volume égal de chlore pour former de l'acide chlorhydrique fournit 2°.1 à un gramme d'eau. Par conséquent, pour une calorie dégagée par la combinaison du gaz éclairant avec l'oxygène de l'air, la formation de l'acide chlorhydrique sous l'influence du rayonnement chimique de la flamme donne naissance à 0.7 calorie, en supposant que ce rayonnement traverse une épaisseur de gaz sensible suffisante pour l'éteindre.

La formule que nous avons donnée pour V pourra servir à exprimer en mesure absolue l'illumination chimique d'une surface quelconque. En prenant pour le volume et pour la surface la même unité linéaire, V signifie *la hauteur de la couche d'acide chlorhydrique*, à 0° et à $0^m.760$, qui se formerait sur la surface considérée par l'influence des rayons chimiques tombés sur cette surface, toujours en supposant qu'ils eussent traversé une couche illimitée du mélange de chlore et d'hydrogène. Les auteurs proposent d'appeler *lumière-mètre* (1) cette hauteur mesurée en mètres.

Cette unité sera surtout commode pour mesurer les effets chimiques des rayons solaires. La grandeur de l'action photochimique exercée à la surface terrestre par la lumière du ciel, des nuages ou du soleil lui-même sera ainsi exprimée par la hauteur variable d'une couche de gaz. Nous verrons cette hauteur, par un temps serein, augmenter depuis le lever du soleil jusqu'à son coucher, avec une vitesse croissante, jusqu'au moment où l'astre radieux atteint le méridien, et décroissante à partir de ce moment. Nous verrons que, sous l'influence d'un nuage qui s'élève, cette hauteur monte, avec une rapidité tumultueuse, comme une marée qui suit la course du nuage, mais qu'elle n'augmente plus que d'une manière insensible lorsque le ciel se couvre d'un voile de nuages gris. Les moyennes hauteurs diurnes, mensuelles ou annuelles de cette couche, qui correspondent à une longitude et une latitude données, constituent le *climat photochimique* d'un lieu donné, et l'on arrive ainsi, pour les actions chimiques du soleil, à des relations analogues à celles qui sont établies pour ses effets calorifiques par les lignes isothermes, isothères, isochimènes, etc., ou bien à la création de lignes *isochimiques* ou *isactines*.

Effets chimiques de la lumière diffuse. Mesurer directement la somme de rayons chimiques qu'un point de la surface terrestre reçoit de la sphère céleste par suite de la diffusion de la lumière dans l'atmosphère, aurait été chose impossible avec un appareil qui ferait explosion s'il était frappé par un faisceau de rayons solaires directs; de plus, ces sortes d'expériences auraient exigé un endroit découvert dominant un horizon libre de tous les côtés ou situé au milieu d'une vaste plaine horizontale. Les auteurs ont été obligés de recourir à une méthode indirecte, qui consiste à déterminer d'abord l'effet chimique d'une portion connue du ciel zénital, et à comparer ensuite *optiquement* la lumière de cette portion avec celle de la sphère céleste entière. Comme, dans le cas de lumières provenant de la même source, mais d'intensités différentes, les actions chimiques sont proportionnelles aux pouvoirs optiques, il n'y a plus qu'à multiplier l'action chimique de la portion zénitale par le nombre représentant le rapport entre le pouvoir optique du firmament et celui de la portion considérée, pour obtenir l'effet chimique de l'hémisphère céleste visible.

Mais avant d'appliquer cette méthode, on avait d'abord à exécuter une foule de recherches préliminaires que nous allons essayer de faire comprendre. On rencontre dans ces sortes d'expériences une difficulté très-gênante : c'est la polarisation variable de la lumière atmosphérique. La lumière polarisée peut s'éteindre par réflexion; il faut donc éviter l'emploi des

---

(1) Il est difficile de trouver une expression concise qui rende bien le mot *Lichtmeter*, en anglais *light-meter*. *Photométrie* a déjà une signification différente; *actinie* vaudrait mieux, si ce mot n'était pas aussi employé pour désigner une chose connue. *Mètre actinique* serait peut-être l'expression la plus propre à rappeler la signification de cette unité de mesure; les Anglais emploient beaucoup les dérivés du mot grec *aktin* (rayon), lorsqu'il s'agit de rayons chimiques.

glaces. Les auteurs ont d'abord essayé le procédé photométrique suivant. La surface antérieure d'une feuille de papier blanc devait être éclairée alternativement par une portion déterminée du ciel zénital, et par le ciel entier ; en même temps, on voulait mesurer l'éclat correspondant de la surface postérieure. Mais il fallait d'abord s'assurer s'il y avait proportionnalité entre l'illumination du papier et l'éclat de sa surface postérieure. On tendit une feuille de papier sur l'orifice d'un tube horizontal, dans l'intérieur duquel il y avait un diaphragme de carton dont le centre était rendu transparent par un grain d'acide stéarique fondu. Un tube latéral permettait de tenir l'œil fixé sur ce point transparent, pendant qu'il était éclairé d'un côté par une faible lumière constante, et de l'autre côté par la lumière qu'émettait l'écran de papier éclairé par la flamme de gaz. On plaçait alors la flamme de gaz à deux distances et dans deux directions, telles que la tache diaphane cessait de trancher sur le fond de carton. Dans les deux cas, l'éclat de la surface postérieure du papier éclairé par le gaz était le même ; s'il y avait eu proportionnalité, l'illumination de la surface antérieure du papier, calculée par la distance et par l'angle d'incidence de la lumière du gaz, aurait été la même aussi. Mais l'expérience a montré le contraire ; ce procédé a donc dû être abandonné. On a essayé alors si le résultat serait meilleur, en écartant l'écran de papier et ne conservant que le diaphragme translucide. Ce moyen a réussi. La lumière émise par le côté postérieur de la tache huileuse s'est trouvée toujours le même quand l'illumination antérieure, supposée proportionnelle au sinus de l'incidence et inversement au carré de la distance, était restée la même. On peut se servir avec fruit de diaphragmes translucides pour mesurer l'éclat de rayons qui arrivent dans toutes les directions possibles.

Voici maintenant la construction de l'appareil photométrique basé sur ce principe. Le diaphragme, inséré au milieu d'une plaque de métal horizontale, ferme l'orifice supérieur d'un tube vertical, blanchi à l'intérieur ; un tube latéral étroit, noirci à l'intérieur, permet de voir la tache diaphane en dessous. Pour faciliter l'observation, ce tube est coudé de manière à se relever en V, et une petite glace est placée dans le coude. Le large tube vertical s'insère dans la paroi supérieure d'une boîte conique, dans laquelle on place une source de lumière constante, afin d'éclairer en-dessous la tache diaphane. On peut régler la lumière qu'elle envoie au diaphragme en fermant plus ou moins complétement l'ouverture inférieure du tube vertical, au moyen d'un écran mobile. Suivant que la lumière inférieure est plus forte ou plus faible que celle qui arrive d'en haut, la tache paraît noire sur fond blanc ou blanche sur un fond sombre ; elle disparaît lorsque les deux intensités sont égales.

Le diaphragme est coupé dans du carton d'une épaisseur double de celle du papier à écrire ordinaire. Au lieu d'une tache diaphane, il vaut mieux produire un anneau opaque sur un fond translucide ; à cette fin, on étend d'abord, à l'aide du doigt, un peu d'acide stéarique fondu sur le carton, qui a été chauffé sur du papier buvard, de manière à laisser au centre une partie circulaire opaque de 6 à 7 millimètres de diamètre. Quand le carton s'est refroidi, on place un grain de la même substance au centre de la partie opaque, et on chauffe doucement jusqu'à ce que le grain soit absorbé par le carton, laissant un anneau opaque de 1 à 2 millimètres de largeur. Cet appareil très-simple ne permettait pas d'apprécier directement le rapport de la lumière totale du ciel et de celle qui était émise par une portion choisie au zénit, parce qu'il s'agit ici de lumières qui varient dans le rapport de 1 à 300 ou 800. Il a donc fallu réduire, dans une proportion connue, l'une des deux quantités qui étaient à mesurer. Pour y arriver, on couvrait le diaphragme d'une cloche hémisphérique, noircie à l'intérieur et percée de 184 trous de grandeur connue, qui laissaient arriver une fraction déterminée de la lumière totale du ciel. On réglait alors la lumière inférieure de manière à faire disparaître la tache. Puis, on remplaçait la cloche par un tube vertical, noirci à l'intérieur, dont l'ouverture supérieure était réglée de manière à faire disparaître la tache encore une fois. La lumière zénitale admise par le tube était alors égale à celle qui tombait du ciel par les trous de la cloche, et on pouvait calculer le rapport cherché. Ensuite, connaissant la valeur photochimique de la lumière zénitale, on obtenait, par une simple réduction, l'effet chimique de la lumière du firmament tout entier.

Le diamètre de la cloche était de $0^m.155$, celui des trous de 0.775 millimètre; il s'ensuit qu'elle ne laissait arriver qu'un 435me de la lumière totale (1). Le diamètre du tube vertical

(1) La formule $\dfrac{2}{184}\left(\dfrac{155}{0.775}\right)^2$ donne $\dfrac{10000}{23} = 435$ pour ce rapport.

était de $0^m.0455$, sa hauteur de $0^m.1892$; il s'ensuit que son ouverture totale équivalait à 7.09 millièmes de l'hémisphère céleste. En désignant par m la fraction de l'ouverture du tube qui donnait accès à une lumière zénitale équivalente à celle de la cloche, on obtient pour la lumière totale du ciel $435 \times 7.09 \times m = 3085 . m$ fois la lumière émise par une portion zénitale, qui est un millième de la surface entière de l'hémisphère céleste (1).

Nous n'insisterons pas sur une foule de précautions nécessaires pendant ces expériences, si l'on ne veut pas y introduire des sources d'erreur très-fâcheuses. Disons seulement qu'il faut toujours écarter avec soin la lumière directe du soleil.

Les lois suivant lesquelles les rayons chimiques sont distribués dans l'atmosphère ne sauraient d'ailleurs être mises en évidence par l'expérience que lorsque le ciel est parfaitement serein ou sans nuages, et que des jours parfaitement sereins sont si rares sous nos latitudes que l'on n'en compte que 8 à 10 en moyenne dans une année. Même à Rome, on n'en a que 21 par année, d'après le P. Secchi. Les auteurs attendaient donc patiemment que les plus légères traces de nuages ou de brouillards eussent disparu, avant d'entreprendre leurs observations différentielles. Ils regardent comme un hasard très-heureux d'avoir pu effectuer une série complète d'observations horaires, sans être troublés par le moindre trace de nuage. Cette série a été prise le 6 juin 1858, au sommet du Gaisberg, près Heidelberg, élevé de 376 mètres au-dessus du niveau de la mer et de 105 mètres au-dessus de l'eau du Neckar, qui baigne le pied de cette montagne boisée. Une tribune élevée de 40 mètres y domine les arbres les plus élevés, et commande un horizon libre de tous les côtés. Par une bonne brise venant de l'est, qui durait toute la journée, l'air avait ce jour-là une transparence si parfaite que la montagne du Hardt, éloignée de 30 kilomètres, s'apercevait à l'œil nu avec une netteté assez grande pour qu'on pût en distinguer le relief principal.

Le tableau suivant renferme les résultats de ces observations. La seconde colonne donne le rapport observé de la lumière totale du ciel à la lumière émise par 1 millième du firmament, découpé au zénit. L'heure est l'heure solaire *vraie*. Chaque nombre est la moyenne de quatre observations indépendantes.

Heure vraie.	Lumière du ciel.	Heure vraie.	Lumière du ciel.	Heure vraie.	Lumière du ciel.
5 h. 38 m. du m.	762	11 h. 26 m. du m.	324	3 h. 21 m. du s.	522
6 8	738	12 1 m. du s.	307	3 57	590
7 25	637	12 32	330	4 42	652
8 52	481	12 57	360	5 20	683
9 32	432	1 24	407	6 2	755
10 9	405	2 4	429		
10 43	360	2 38	455		

Les quantités relatives de lumière contenues dans la seconde colonne n'expriment point l'éclat moyen du ciel comparé à celui de l'unité de surface au zénit, car les rayons tombés du zénit étaient seuls perpendiculaires à la surface du diaphragme, tandis que les rayons du reste de l'atmosphère arrivaient sous des inclinaisons de plus en plus obliques. On trouverait l'éclat moyen par le même procédé, en faisant usage d'une cloche percée de trous, dont

(1) Un millième de la surface du firmament équivaut à environ 93 disques lunaires; la grandeur apparente de la lune (et celle du soleil) est donc à peu près 0.01 de notre unité.

le nombre ou la grandeur serait en raison inverse du cosinus de l'apozénit (de la distance zénitale).

L'illumination chimique que la surface terrestre reçoit du ciel visible dépend nécessairement de l'état de l'atmosphère et de la hauteur du soleil. Si la transparence de l'atmosphère éprouvait de grands changements même par un temps parfaitement serein, on ne pourrait espérer d'arriver à la connaissance des valeurs moyennes de l'illumination et de la loi générale qui préside à l'extinction atmosphérique et à la distribution des forces photochimiques sur la terre, que par de longues séries d'expériences répétées pendant les différentes saisons de l'année. Mais les belles recherches de M. Louis Seidel sur l'éclat relatif des étoiles fixes (1), nous ont appris que l'extinction atmosphérique ne subit, par un ciel serein, que des altérations négligeables. « Il s'est heureusement trouvé, dit M. Seidel, ce qu'on pouvait à peine espérer, que les variations de la transparence de l'air, d'une nuit à l'autre, sont renfermées dans des limites assez étroites, lorsqu'on use de quelque précaution dans le choix des nuits d'observation (2). » Il était donc permis de considérer l'illumination chimique de la terre, par un ciel sans nuages, comme étant une simple fonction de l'apozénit du soleil. Les constantes des formules, déterminées par les auteurs au moyen d'un nombre relativement petit d'observations, pourront encore offrir quelque incertitude; mais elles sont, néanmoins, assez exactes pour permettre d'établir les lois empiriques suivant lesquelles l'énergie chimique, émanée du soleil, se distribue sur la terre, par un ciel sans nuages.

Les observations du 6 juin 1858, rapportées plus haut, ont été calculées en vue d'en déduire une relation entre la lumière du ciel et l'apozénit du soleil. L'équation

$$L = 77.0 + 9.275\,z$$

représente les nombres de la seconde colonne du tableau, en fonction de l'apozénit z du soleil, avec une précision suffisante. Elle a servi à calculer la table suivante, qui donne, pour un apozénit quelconque du soleil (à partir de 20°) le rapport entre l'intensité optique du ciel visible et celle de l'unité de surface au zénit. Cette unité de surface est un millième du ciel visible; on voit, par la table, que la lumière fournie par le firmament, n'est jamais mille fois plus considérable que celle de la surface unité; mais il ne faut pas oublier que la table ne donne pas l'éclat moyen du ciel, puisque les rayons des parties voisines de l'horizon ont été mesurés sous des angles d'incidence très-considérables.

z	L	z	L	z	L	z	L	z	L	z	L	z	L
20°	263	30°	355	40°	448	50°	541	60°	634	70°	726	80°	819
21	272	31	365	41	457	51	550	61	643	71	736	81	828
22	281	32	374	42	467	52	559	62	652	72	745	82	838
23	290	33	383	43	476	53	569	63	661	73	754	83	847
24	300	34	392	44	485	54	578	64	671	74	764	84	856
25	309	35	402	45	494	55	587	65	680	75	773	85	865
26	318	36	411	46	504	56	597	66	689	76	782	86	875
27	327	37	420	47	512	57	606	67	699	77	791	87	884
28	337	38	430	48	522	58	615	68	708	78	801	88	893
29	346	39	439	49	532	59	624	69	717	79	810	89	902
30	355	40	448	50	541	60	634	70	726	80	819	90	912

Pour obtenir la lumière chimique que le firmament entier envoie à une surface horizontale, on n'a qu'à multiplier par les nombres de cette table l'éclat chimique du zénit, c'est-à-dire la quantité de lumière chimique fournie par l'unité de surface au zénit. Cette quantité a été dé-

(1) *Mémoires de l'Académie des sciences de Bavière*, VI, 2, 1852, et IX, 3, 1862.

(2) *Discours scientifiques prononcés à Munich pendant l'hiver de 1858*, p. 301. — Brunswick, chez Vieweg et fils.

terminée par une série de mesures exécutées à l'aide du photomètre à chlore et hydrogène, le 18 octobre 1856, le 23 juillet et le 5 août 1858, par un temps serein. Voici quelques-unes de ces observations.

Date.	Heure.	Apozénit z.	Éclat chimique du zénit.
1856, 18 octobre.	6 h. 46 m. du m.	90° 4′	0.0
	6 51	89 17	23.2
	8 5	78 14	222.2
	. . . . . .	. . . . . .	. . . . . .
	3 53 m. du s.	77 58	200 8
1858, 23 juillet	8 52 m. du m.	47 21	704.2
	Midi.	29 18	1122.8
	. . . . . .	. . . . . .	. . . . . .
1858, 5 août.	9 h. 17 m. du m.	46 5	722.4
	. . . . . .	. . . . . .	. . . . . .

Les résultats de ces observations sont assez bien représentés en fonction de l'apozénit, par la formule :

$$1182.7 - 13.85 \, z + \frac{8884.9}{z}.$$

L'accord remarquable de cette formule avec les expériences faites en des saisons différentes porte à croire que les variations de température et d'humidité de l'air n'exercent pas une influence très-sensible sur la lumière diffuse dans une atmosphère sans brouillards et sans nuages; par conséquent, il sera permis de considérer comme égales les actions chimiques correspondant à des angles horaires égaux du soleil, des deux côtés du méridien. La formule ci-dessus a fourni la table suivante, qui donne l'éclat chimique du zénit pour chaque apozénit du soleil.

z	Éclat du zénit.	z	Éclat du zénit.	z	Éclat du zénit.	z	Éclat du zénit.
20°	1350.0	38°	890.1	56°	565.7	74°	277.7
21	1315.0	39	870.2	57	549.0	75	262.2
22	1281.9	40	850.6	58	532.5	76	246.6
23	1250.6	41	831.5	59	515.9	77	231.1
24	1220.5	42	812.5	60	499.6	78	216.7
25	1192.0	43	793.6	61	483.5	79	201.2
26	1164.4	44	775.1	62	467.2	80	184.8
27	1137.7	45	756.8	63	451.1	81	170.4
28	1112.2	46	738.7	64	435.1	82	155.0
29	1087.4	47	720.8	65	419.2	83	139.7
30	1063.3	48	703.0	66	403.3	84	125.5
31	1039.9	49	685.3	67	387.2	85	110.3
32	1017.2	50	667.8	68	371.5	86	95.0
33	994.9	51	650.4	69	355.8	87	79.8
34	973.0	52	633.4	70	340.1	88	64.6
35	951.7	53	616.3	71	324.3	89	49.5
36	930.9	54	599.2	72	308.9	90	34.4
37	910.4	55	582.3	73	293.4		

En multipliant les nombres de cette table par les nombres correspondants de la table qui donne L, on obtient une nouvelle table qui fait connaître *l'action chimique w de la lumière diffuse du jour sur une surface horizontale,* pour chaque apozénit du soleil. Voici quelques-uns des nombres ainsi obtenus :

z	w	z	w
90°	3.137	50°	36.13
80	15.14	40	38.11
70	21.68	35	38.25
60	31.67	30	37.75

Les nombres w sont donnés en *degrés* de lumière, en divisant par 10,000 les produits de la multiplication, exprimés en *unités* photochimiques. Les huit valeurs ci-dessus ont servi à calculer une expression de w en fonction de z, propre à être réduite en table; cette expression est :

$$w = 2.776 + 80.849 \cos z - 45.996 \cos^2 z.$$

Elle fournit la table suivante, qui s'accorde assez bien avec les valeurs ci-dessus (1).

z	w	z	w	z	w	z	w	z	w	z	w
31°	38.29	41°	37.60	51°	35.45	61°	31.17	71°	24.22	81°	14.30
32	38.26	42	37.47	52	35.11	62	30.60	72	23.37	82	13.15
33	38.24	43	37.31	53	34.78	63	30.00	73	22.48	83	11.95
34	38.21	44	37.14	54	34.40	64	29.38	74	21.56	84	10.72
35	38.14	45	36.96	55	34.02	65	28.73	75	20.62	85	9.47
36	38.08	46	36.74	56	33.61	66	28.06	76	19.64	86	8.19
37	38.01	47	36.53	57	33.17	67	27.34	77	18.64	87	6.88
38	37.93	48	36.30	58	32.72	68	26.61	78	17.60	88	5.54
39	37.85	49	36.02	59	32.22	69	25.84	79	16.53	89	4.17
40	37.72	50	35.75	60	31.70	70	25.05	80	15.43	90	2.77

A l'aide de cette table, il est facile de calculer la quantité de lumière chimique w que fournit le ciel serein, à un instant donné, sous une latitude déterminée; on n'a pour cela qu'à chercher la hauteur du soleil au même instant, sous la latitude en question. C'est ainsi qu'on a formé le tableau ci-après, dans lequel on trouve l'action chimique de l'atmosphère pure, exprimée en degrés photochimiques, aux différentes heures de la journée vers l'époque des équinoxes, pour quelques lieux du globe (2).

Temps vrai.		Île Melville.	Reykiavik.	Pétersbourg.	Manchester.	Heidelberg.	Paris.	Naples.	Caire.
6 h. m. ou 6 h. soir.		2.8	2.8	2.8	2.8	2.8	2.8	2.8	2.8
7	— 5 —	8.1	11.3	12.5	14.2	15.1	15.2	16.8	18.6
8	— 4 —	12.6	18.2	20.1	22.8	24.2	24.4	26.8	29.2
9	— 3 —	16.2	23.3	25.6	28.7	30.2	30.4	32.9	35.0
10	— 2 —	18.8	26.8	29.2	32.3	33.7	33.9	35.8	37.6
11	— 1 —	20.3	28.7	31.1	34.1	35.4	35.6	37.2	38.2
12 h. ou midi vrai.		20.8	29.3	31.7	34.7	35.9	36.1	37.5	38.3

Les latitudes géographiques adoptées sont : pour l'île Melville, 74° 47′; pour Reykiavik, 64° 8′; pour Saint-Pétersbourg, 59° 56′; pour Manchester, 53° 20′; pour Heidelberg, 49° 24′; pour Paris, 48° 50′; pour Naples, 40° 52′; pour le Caire, 30° 2′.

Partant de ces données, on peut calculer l'action produite par la lumière diffuse du jour, durant un espace quelconque de temps, sur une surface horizontale. Cette action sera l'intégrale de la différentielle $w\,dt$, en désignant par t l'angle horaire du soleil, exprimé en minutes de temps; si on veut l'exprimer en unité de rayon, il faut remplacer $w\,dt$ par $w\,dt\,\dfrac{720}{\pi}$.

---

(1) La multiplication directe des deux formules aurait donné :

$$w = 17.35 + 0.9903\, z - 0.01285\, z^2 + 68.41\, z^{-1}.$$

Mais cette équation ne serait pas d'une application générale.

(2) Nous avons ajouté Paris, et corrigé trois erreurs d'impression du tableau original.   R. R.

L'intégration n'offre aucune difficulté, mais nous n'en indiquerons le résultat que pour l'époque des équinoxes, où la déclinaison du soleil étant nulle, on a :

$$\cos z = \cos \lambda \cdot \cos t,$$

en désignant par λ la latitude du lieu. L'expression de w, trouvée plus haut peut alors s'écrire :

$$w = 2.776 + 80.85 \cos \lambda \cdot \cos t - 46.0 \cos^2 \lambda \cos^2 t;$$

en multipliant par dt et intégrant depuis $-t$ jusqu'à $+t$, on trouve :

$$5.55\, t + 161.7 \cos \lambda \cdot \sin t - 46.0 \cos^2 \lambda \,(t + \sin t \cos t).$$

En prenant pour t l'angle horaire du soleil au moment de son lever ou de son coucher, c'est-à-dire $\frac{1}{2}\pi$ (puisque nous sommes aux équinoxes), on aura $\sin t = 1$, et l'expression ci-dessus devient :

$$2.776 \cdot \pi + 161.7 \cos \lambda - 23.0 \cos^2 \lambda \cdot \pi.$$

En multipliant par $\dfrac{720}{\pi}$, on obtient enfin :

$$W = 1999 + 37058 \cos \lambda - 16559 \cos^2 \lambda,$$

pour la somme d'action chimique exercée par l'atmosphère sur une surface horizontale, depuis le lever jusqu'au coucher du soleil, un jour d'équinoxe, sous la latitude λ. Calculée par cette formule, la quantité W se trouve égale à :

10590	degrés pour	l'île de Melville.
15020	—	Reykiavik.
16410	—	Saint-Pétersbourg.
18220	—	Manchester.
19100	—	Heidelberg.
19217	—	Paris.
20550	—	Naples.
21670	—	le Caire.

Ces chiffres, toutefois, ne se rapportent qu'à une atmosphère pure et sans nuages, et à un point peu élevé au-dessus du niveau de la mer. Dès que le ciel se voile de brouillards ou de nuages, l'intensité chimique de la lumière diffuse subit les plus grandes variations, d'un caractère capricieux et irrégulier.

Les nuages exercent une grande influence par la réflexion qu'ils font subir à la lumière. Un léger voile de nuages blancs peut quadrupler l'action chimique de la lumière du ciel; la présence de nuages de cette sorte au zénit se manifeste par des maxima très-prononcés dans la courbe qui représente l'éclat chimique de cette portion du ciel. D'un autre côté, les couches plus denses de nuages sombres, tels que ceux qui annoncent un orage, et les brouillards intenses absorbent presque toute l'activité chimique de l'atmosphère. Ainsi, les nuages ne sont pas seulement des réservoirs d'humidité, mais ils règlent encore, par la propriété qu'ils possèdent de réfléchir la lumière, la provision d'énergie chimique que la végétation reçoit du soleil, et qui n'est pas moins indispensable à son économie vitale que l'humidité ou la chaleur du sol et de l'air.

Il restait maintenant à déterminer l'action chimique des rayons solaires. A cet effet, on a mesuré la quantité d'acide chlorhydrique produite en faisant tomber sur l'insolateur du photomètre une fraction connue de la lumière directe du soleil. Les rayons réfléchis par un héliostat de Silbermann passèrent à travers un trou percé dans une plaque mince de cuivre, et l'image solaire qui était formée derrière le trou tombait d'aplomb sur l'insolateur; on s'en assurait en recevant cette image sur une feuille de papier derrière le flacon et en déplaçant ce dernier jusqu'à ce que son ombre occupât le milieu de l'image. La plaque de cuivre avait été percée sur une feuille d'étain, à l'aide d'une aiguille transformée en tarière;

la limaille était enlevée par une pierre à aiguiser tant que le microscope faisait encore découvrir des inégalités sur les bords du trou ; on en mesura ensuite le diamètre au micromètre à vis. A la distance où était placé l'insolateur, le diamètre apparent de ce trou était d'environ 20 secondes, ou à peu près 100 fois plus petit que le diamètre du disque solaire, de sorte que le trou interceptait environ la dix-millième partie de la lumière directe du soleil.

Le coefficient d'extinction du mélange de chlore et d'hydrogène pour la lumière solaire a été trouvé, par des expériences directes, égal à 0.01923, nombre réciproque de 52 millim.

Avec cette valeur, le multiplicateur destiné à tenir compte de la perte de lumière par réflexion dans l'intérieur de l'insolateur, devient 1.036. Une dernière correction est nécessitée par la perte de lumière qu'occasionne l'emploi de l'héliostat, et, dans l'une des séries d'expériences, celui d'un second miroir intercalé dans le trajet des rayons.

L'intensité des rayons réfléchis par le miroir de l'héliostat, est donnée par la formule

$$S = \frac{1}{2} (p^2 + s^2)$$

où p^2 et s^2 signifient les intensités des rayons polarisés parallèlement et perpendiculairement au plan d'incidence ; ces quantités dépendent de l'angle d'incidence, et celui-ci est calculé au moyen de l'angle horaire du soleil. Lorsqu'il y a une seconde réflexion, on a pour S,

$$S = \frac{1}{2} [p^2{}_1 (p^2 \cos^2 \beta + s^2 \sin^2{}_1 \beta) + s^2 (p^2{}_1 \sin^2 \beta + s^2{}_1 \cos^2 \beta)],$$

en désignant par β l'angle compris entre les deux plans de réflexion. Pour obtenir l'intensité primitive du faisceau solaire, on divise par S l'intensité observée. Voici deux exemples d'observations de ce genre :

Date.	Heure vraie.	Apozénith.	Divisions obs.	S.	Effet en degrés.
3 août 1857	7 h. 59 m. du m.	57° 35′	8.70	0.384	63.13
14 sept. 1858	8 1 —	68 34	8.44	0.631	26.23

Les nombres de divisions observés ont été multipliés par 2.249 et divisés par 10,000 pour les réduire en degrés photochimiques ; ensuite on les a multipliés par 1.036 et par le rapport du disque solaire à la section du trou de la plaque, rapport qui variait de 12,000 à 8,000 ; enfin, on les a divisés par la fraction S. Le 3 août, il y avait deux miroirs ; le 14 septembre, l'héliostat seul.

On voit que l'action chimique des rayons solaires augmente à mesure que l'astre radieux s'approche du zénit. Ce changement est dû à l'extinction atmosphérique. Pour trouver la loi de cette action exercée par l'atmosphère, on peut se figurer cette dernière comme une couche gazeuse homogène, d'une densité uniforme, déterminée par la pression barométrique observée et une température de 0 degré. En même temps, il sera permis de faire abstraction de la courbure de la Terre tant qu'il ne s'agit pas de rayons trop voisins de la direction horizontale. Un rayon qui aura parcouru une épaisseur e de cette couche gazeuse, sera affaibli dans la proportion de 10^{-ae}, en désignant, comme toujours, par a le coefficient d'extinction, qui est égal à l'unité divisée par la profondeur de gaz à travers laquelle le rayon devrait passer pour être réduit au dixième. L'épaisseur e traversée par un rayon dont l'apozénit est z, se trouve égale à la hauteur verticale de la couche atmosphérique, divisée par $\cos z$. L'intensité primitive du rayon est donc affaibli dans la proportion de 1 à $10^{-ah \sec z}$.

Les observations du 3 août 1857 et des 14 et 15 septembre 1858 ont donné pour ah la valeur 0.3596, et pour l'intensité primitive des rayons 318.3 degrés photochimiques.

La hauteur verticale h se trouve égale à 7,947 mètres, pour une pression barométrique de $0^m.7557$, en prenant pour la densité relative de l'air et du mercure 0.000095084, d'après M. Regnault. De cette manière, on obtient $a = 0.0004525$.

La lumière solaire est donc réduite au dixième de son intensité en traversant une couche d'air (à 0 degré et à $0^m.76$ de pression) de $\dfrac{1}{0.04525}$ ou 22 kilomètres.

La hauteur h varie proportionnellement à l'état du baromètre. Par suite, nous avons $ah = \dfrac{0.3596.\,B}{0.7557} = 0.4758.\,B = 0.3616.\,\dfrac{B}{0.76}$; et la formule qui exprime, en degrés photochimiques, l'intensité des rayons solaires pour l'apozénit z et la pression barométrique B, devient :

$$J = 318.3 \times 10^{-\,0.4758.\,B\,\sec z}.$$

Nous mettons en regard les intensités calculées pour cette formule et celles qui ont été observées par les auteurs.

z	J. calc.	J. obs.	z	J. calc.	J. obs.
57° 35′	67.9	63.1	71° 37′	24.5	22.4
50 51	85.8 .	89.2	68 34	33.1	27.9
46 8	96 4	93.0	67 30	36.6	38 9
68 34	33.1	26.2	64 42	47.9	45.9
76 30	9.2	5.5	60 48	58.3	62.6
73 49	16.3	15.5	58 11	66.2	67.6

L'erreur probable de ces observations, comparées à la formule, est de 2.7 degrés chimiques, et l'on pourra regarder cet accord comme suffisant, vu l'incertitude inhérente à ce genre de mesures.

Nous avons vu que l'illumination chimique que produiraient les rayons solaires avant leur entrée dans l'atmosphère terrestre, est de 318 degrés. Voyons quelle serait la quantité d'acide chlorhydrique qui se formerait sous l'action de cette force si les rayons traversaient une épaisseur de gaz sensible, suffisante pour les éteindre complétement. Nous savons déjà qu'un degré chimique équivalait à la production de 11.55 centimètres cubes d'acide chlorhydrique par minute, la section de l'insolateur étant de 3.3 centimètres carrés ; ce qui donne 3.50 centimètres cubes par centimètre carré de l'insolateur ; 318 degrés correspondent, par conséquent, à 1114 centimètres actiniques lorsqu'ils agissent sur l'insolateur de l'appareil employé. Pour trouver l'effet qu'ils exerceraient dans une colonne illimitée de gaz sensible, il faut diviser ce chiffre par $(1 - 10^{-ah})$ où a signifie le coefficient d'extinction de ce gaz pour les rayons solaires, et h l'épaisseur du gaz dans l'insolateur (voir p. 893). Nous avons $a = 0.01923$ et $h = 8.58$ millimètres, la pression ayant été de $0^m.755$ et la température de 18 degrés pendant ces expériences. Il s'ensuit que les 318 degrés équivalent à 1114×3.165 centimètres ou à 35.3 mètres actiniques (lumière-mètres). Ce résultat peut s'énoncer comme il suit :

Les rayons solaires exercent, à la distance de la terre, une force chimique primitive de 35 mètres actiniques ; c'est-à-dire qu'avant d'être affaiblis par l'atmosphère terrestre, ils détermineraient la formation d'une couche de 35 mètres d'acide chlorhydrique par minute, en traversant une épaisseur illimitée de chlore et d'hydrogène.

La formule

$$J = 35.3 \times 10^{-\,0.3316.\,\sec z}$$

montre encore que ces rayons, après leur passage à travers l'atmosphère jusqu'au niveau de la mer, où la pression est de $0^m.76$, n'exercent plus qu'une force de $15^m.3$, quand ils viennent du zénit, de $6^m.9$ à 45 degrés du zénit, etc. Ils sont donc réduits respectivement aux 3 septièmes, au cinquième, etc., de leur énergie primitive. La distance de la terre au soleil est de 15 millions de myriamètres ; une sphère décrite avec ce rayon offrirait une surface de 2,800 billions (millions de millions) de myriamètres carrés ; cette surface se couvrirait d'une couche de 35 mètres d'acide chlorhydrique par minute, sous l'influence de la radiation solaire traversant une épaisseur illimitée de gaz sensible.

Il en résulte que *la lumière que le soleil fait rayonner dans l'espace pendant chaque minute de temps représente une force capable de déterminer la formation, par coloration chimique, de 10 billions de myriamètres cubes d'acide chlorhydrique.*

On a calculé de la même manière la quantité d'action chimique que les rayons du soleil, non affaiblis par l'extinction atmosphérique, produiraient à la surface des principales planètes. Dans le tableau ci-après, la première colonne indique la distance moyenne ; la seconde, l'énergie chimique du soleil, exprimée en degrés photochimiques ; la troisième, la même énergie en mètres actiniques.

Mercure	0.387	2125 degrés.	235^m.4
Vénus	0.723	609	67 .5
Terre	1.000	318	35 .3
Mars	1.524	137	15 .2
Junon	2.669	45	5 .0
Jupiter	5.203	12	1 .2
Saturne	9.539	3.5	0 .4
Uranus	19.183	1.0	0 .1
Neptune	30.040	0.4	0 .04

Ces nombres font voir avec quelle profusion la force chimique émanée du soleil est disséminée dans l'espace. La terre n'en reçoit qu'une partie minime (un deux-mille-millionième); les planètes situées aux confins du système solaire en participent dans une proportion si faible qu'une vie organique semblable à celle qui existe sur la terre y serait impossible.

En considérant les circonstances qui accompagnent la distribution de l'action chimique du soleil dans notre atmosphère, on remarque d'abord une différence essentielle avec son action calorifique. La chaleur née de l'absorption des rayons solaires est transportée de son lieu d'origine par rayonnement et par les courants de la mer et de l'atmosphère, de sorte qu'elle est rarement utilisée au moment et au point même où elle prend naissance ; aussi, le climat thermique d'un lieu ne dépend point simplement de sa position géographique. Le climat photochimique, au contraire, n'éprouve pas de perturbations aussi considérables, parce que l'action chimique se fixe au point où elle est engendrée. On peut donc, sans trop d'erreur, le déterminer par la latitude géographique d'un lieu et par sa hauteur au-dessus du niveau de la mer.

La table suivante contient l'action chimique des rayons solaires, pour tous les apozénits de 10 en 10 degrés, et pour les hauteurs barométriques de 0^m.800 à 0, c'est-à-dire jusqu'aux limites de l'atmosphère. Elle a été calculée à l'aide de la formule

$$J = 318.3 \times 10^{-0.4758.B.\sec z}.$$

La hauteur barométrique de 800 millimètres correspond à un niveau de 440 mètres au-dessous de celui de l'Océan (c'est à peu près le niveau de la mer Morte); 760 millim. correspondent au niveau de la mer ; 650 millim. à une altitude de 1,300 mètres, etc. On peut trouver l'altitude approximative par la formule

$$17000 \cdot \frac{760 - B}{760 + B} \cdot$$

B.	$z = 0°$	10°	20°	30°	40°	50°	60°	70°	80°	90°
800	133	131	125	116	102	81	55	25	2	0
750	140	138	133	123	109	88	62	29	3	0
700	148	146	141	131	117	97	69	34	4	0
650	156	155	147	140	126	105	77	39	5	0
600	165	163	158	149	135	115	86	47	7	0
550	174	173	168	159	145	125	95	55	10	0
500	184	183	178	169	156	136	106	64	14	0

B.	$z=0°$	$10°$	$20°$	$30°$	$40°$	$50°$	$60°$	$70°$	$80°$	$90°$
450	194	193	188	180	167	148	119	75	19	0
400	205	204	200	192	180	161	133	88	26	0
350	217	216	212	204 -	193	175	148	104	35	0
300	229	228	224	218	207	191	165	122	48	0
250	242	241	238	232	223	208	184	143	66	0
200	256	255	252	247	239	226	205	168	90	0
150	270	269	267	263	257	247	229	197	124	0
100	285	285	283	280	276	268	256	231	169	0
50	301	301	300	299	296	292	285 .	271	232	0
0	318	318	318	318	318	318	318	318	318	0

Si on représente ces chiffres par des tracés graphiques, on s'aperçoit que l'intensité des rayons augmente plus vite que ne décroît la pression barométrique, et que ces différences d'intensité se font d'autant plus sentir que le soleil est plus bas. Ainsi, quand le soleil est élevé de 10 degrés au-dessus de l'horizon à Reykiavik, où le baromètre peut marquer 0^m.770, l'illumination chimique n'y sera que de 2.5 à 3 degrés; au sommet de l'Hékla, où on observe 0^m.63, elle sera de 6.1 degrés; enfin, au sommet du Gaurisankar, où le baromètre tombe au-dessous de 260 millimètres, l'illumination, par un soleil élevé seulement de 10 degrés, serait encore de 63 degrés photochimiques.

On trouve de la même manière qu'à l'époque où le soleil atteint presque le zénit sous les latitudes de l'Himalaya, l'énergie chimique des rayons solaires est de moitié plus grande sur les plateaux tibétains, accessibles encore à la culture du blé, que dans les plaines basses de l'Inde.

Cette différence augmente rapidement à mesure que l'astre radieux descend vers l'horizon; lorsqu'il est à 45 degrés du zénit, l'illumination chimique des plateaux par les rayons solaires est déjà double de celle des bas-fonds.

Des différences encore plus considérables dépendent de la latitude géographique.

La formule donnée plus haut exprime l'illumination d'une surface que les rayons frappent perpendiculairement; pour avoir celle d'une surface horizontale, il faut encore multiplier cette expression par cos z. On a calculé de cette manière le tableau suivant, qui donne l'illumination chimique d'une surface horizontale par les rayons solaires, dans quelques lieux du globe, aux différentes heures d'un jour d'équinoxe, en supposant le baromètre à 0^m.76.

Heure.	Ile Melville.	Reykiavik.	Pétersbourg.	Manchester.	Heidelberg	Paris.	Naples.	Caire.
6 h. m. ou 6 h. soir.	0.0	0.0	0.0	0.0	0.0	0.0	0.0	0.0
7 — 5 —	0.0	0.0	0.1	0.2	0.4	0.4	0.9	1.7
8 — 4 —	0.1	1.5	2.9	5.9	8.0	8.3	13.3	20.1
9 — 3 —	0.7	6.6	10.7	18.7	24.0	24.7	35.9	50.0
10 — 2 —	1.9	13.3	20.3	32.9	40.9	42.1	58.5	78.6
11 — 1 —	3.0	18.6	27.6	43.3	53.2	54.6	74.4	98.3
12 h., ou midi vrai.	3.5	20.6	30.3	47.2	57.6	59.1	80.1	105.3

En comparant le tracé des courbes qui représentent ces nombres avec le tracé de celles qui expriment l'action de la lumière diffuse du jour, à l'époque des équinoxes, on arrive à ce résultat singulier que, depuis le pôle nord jusqu'aux latitudes de 60 degrés et au delà, l'action chimique de la lumière diffuse reste toute la journée supérieure à celle des rayons solaires directs, et que ce phénomène doit s'observer encore, le matin et le soir, sous les latitudes plus basses, jusqu'à l'équateur.

La comparaison des deux formules qui expriment les effets dont il s'agit ici montre ensuite que, partout et en tout temps, si le soleil peut monter à une certaine hauteur limite, la lumière du jour a plus d'énergie chimique que les rayons du soleil, depuis son lever jusqu'à ce qu'il ait atteint une certaine hauteur ; qu'il arrive un moment où les deux forces sont égales, et qu'enfin, le soleil s'élevant toujours, sa radiation prend le dessus. Les moments de l'égalité des actions chimiques de l'atmosphère et du soleil peuvent se calculer par l'équation

$$2.776 + 80.85 \cos z - 46.0 \cos^2 z = \frac{318.3}{\text{num. log } (0.4758 \text{ B. sec } z)} \, ,$$

au moyen d'approximations successives, en supposant que les rayons solaires frappent une surface qui leur est perpendiculaire, mais que la lumière diffuse agisse sur une surface horizontale. Pour $B = 0^m.76$, on trouve ainsi $z = 71° 12'$; c'est l'apozénit pour lequel les deux effets sont égaux ; il correspond à une hauteur du soleil de 18° 48'. En considérant l'égalité d'illumination de *deux surfaces horizontales*, on trouve qu'elle a lieu pour une hauteur d'environ 31 degrés du soleil au-dessus de l'horizon.

On peut directement vérifier ce résultat, en faisant agir séparément et au même instant, la lumière diffuse et les rayons solaires sur deux feuilles de papier sensibilisé ; il faut que les deux feuilles soient également impressionnées ou noircies au moment de l'égalité d'action des sources. Les 21 et 22 février 1859, et les 7 et 11 mars de la même année, on a pu procéder à cette vérification, favorisée par un temps parfaitement serein. Deux observateurs opéraient simultanément, l'un sur le toit, l'autre dans une pièce obscure du laboratoire de l'Université de Heidelberg. Celui qui opérait avec la lumière directe du soleil tenait le papier sensibilisé dans une boîte noircie qui donnait accès aux rayons par une ouverture de 2 à 3 centimètres de diamètre ; le papier était en outre collé sur un morceau de bois qu'on pouvait mouvoir à la main, et qui portait une pointe perpendiculaire dont l'ombre disparaissait au moment où les rayons tombèrent d'aplomb sur le papier. Le baromètre était à $0^m.764$; l'égalité devait donc avoir lieu pour un apozénit de 71° 4', que le soleil atteignait le 21 février, à 2 h. 53 m. du soir (temps vrai). On commença les expériences à 11 h. et demie ; le soleil agissait d'abord avec beaucoup plus d'énergie que la lumière diffuse ; à 3 h. 1 m. la différence fut très-petite ; à 3 h. 16 m. la lumière diffuse avait déjà le dessus. L'égalité avait donc eu lieu peu après 3 heures : le calcul avait donné 2 h. 53 m. Le lendemain, elle fut observée entre 3 h. 23 m. et 39 m., au lieu de se produire à 2 h. 56 m. du soir, et le matin entre 8 h. 30 m. et 43 m., au lieu de 9 h. 4 m.

Le 7 mars 1859, on l'observa entre 4 h. 17 m. et 27 m. ; le calcul avait donné 3 h. 33 m. Le 11 mars, elle eut lieu à 7 h. 42 m. au lieu d'arriver à 8 h. 22 m.

Ces résultats prouvent que le phénomène est réel, et que nos formules approchées peuvent même servir à en prédire l'arrivée avec une certaine précision.

Les instants observés précèdent, le matin, les instants calculés d'environ une demi-heure, et les suivent, le soir, d'à peu près 20 minutes ; mais cette circonstance s'explique par la diminution que la lumière diffuse éprouvait par le rempart de collines boisées qui borde la vallée du Neckar du côté de l'est, du nord et de l'ouest, et qui masque l'horizon à une hauteur de 12 degrés.

Nous allons maintenant nous occuper de la détermination de la *somme d'action chimique* que le soleil exerce, pendant une certaine durée de temps, sur une surface horizontale. A cet effet, nous développerons en série l'expression donnée plus haut pour l'énergie des rayons solaires, qui doit être multipliée par $\cos z$ pour qu'elle exprime l'action exercée sur une surface horizontale. On trouve ainsi la série suivante (pour $B = 0.76$) :

$$J . \cos z = 32 \ 0 \cos^2 z + 417.6 \cos^3 z - 248.7 \cos^4 z \ldots \ldots$$

qui fournit à très-peu près les mêmes valeurs que la formule dont nous avons fait usage plus haut.

Aux époques des équinoxes, la déclinaison du soleil est nulle, et on a, comme nous l'avons déjà dit,

$$\cos z = \cos \lambda . \cos t ;$$

en substituant cette valeur dans l'expression de J. cos z, multipliant par $\dfrac{720}{\pi}$, dt, et inté-grant depuis $t = -\dfrac{1}{2}\pi$ jusqu'à $t = \dfrac{1}{2}\pi$, on trouve la somme d'action chimique exercée par le soleil pendant la durée d'un jour équinoxial, sur une surface horizontale située sous la latitude λ,

$$W_o = -11520 \cos^2 \lambda + 127600 \cos^3 \lambda - 67140 \cos^4 \lambda\ldots\ldots$$

C'est au moyen de cette formule qu'on a calculé le tableau suivant :

	Latitude N.	W_o	W	$W + W_o$	$W + W_o$
Ile Melville	74° 47′	1196	10590	11796 degr.	1306 mètres.
Reykiavik	64 8	5964	15020	20984	2324
Saint-Pétersbourg ...	59 56	8927	16410	25337	2806
Manchester	53 20	14520	18220	32740	3625
Heidelberg ., ...	49 24	18240	19100	37340	4136
Paris...............	48 50	18794	19217	38010	4210
Naples..............	40 52	26640	20550	47190	5226
Caire...............	30 2	36440	21670	58110	6437
Bombay	19 0	43820	.....	.....	....
Ceylan ..., ...	10 0	47530	.....	.....	....
Bornéo.,...........	0 0	48940	.....	.....	....

La colonne intitulée W reproduit les actions chimiques de la lumière diffuse déjà données plus haut ; les deux colonnes suivantes renferment les sommes des effets exercés en même temps par le soleil et par la lumière diffuse, en degrés et en mètres actiniques. La formule de W ne donne plus d'accroissement sensible de cette quantité au delà de 30 degrés de latitude ; si on pouvait la généraliser, elle donnerait $W + W_o = 71400$ degrés $= 7900$ mètres sous l'équateur. On voit que l'action chimique totale n'est que cinq fois plus grande au Caire qu'à l'île Melville, et cependant le soleil n'atteint que 15° 13′ dans cette dernière localité, tandis qu'il s'élève à 60 degrés au-dessus de l'horizon du Caire, aux équinoxes. La raison de cette variation comparativement faible des effets chimiques se trouve dans l'énorme dispersion que l'atmosphère terrestre fait éprouver aux rayons lumineux ; elle fonctionne comme une sorte de compensateur des actions chimiques à la surface de notre globe.

L'inspection du tableau ci-dessus montre encore que, jusqu'à la latitude de Paris, l'action de l'atmosphère est supérieure à celle du soleil ; au sud de Paris, le soleil prend plus de force et l'emporte sur la lumière du ciel.

Comparaison des effets photochimiques de la lumière solaire avec ceux des sources terrestres. — Il était intéressant de comparer l'énergie chimique du soleil avec celle de quelques sources de lumières artificielles. A cet effet, on a profité de l'énorme développement de lumière qui s'observe dans un fil de magnésium brûlant dans l'air. Un fil de ce métal, allumé à l'un de ses bouts, brûle avec une grande régularité et laisse une tige continue de magnésie. Celui qui a servi aux expériences de MM. Bunsen et Roscoe avait 0.297 millimètre d'épaisseur. On s'est occupé d'abord de déterminer la longueur qui entrait en incandescence à chaque instant, pendant la combustion ; cette longueur ne pouvait pas se mesurer directement, parce que la petite surface incandescente paraissait, par un effet d'irradiation, comme un globe ardent de la grosseur d'une noisette ; des verres colorés permettaient de distinguer les contours de la partie qui brûlait, mais le feu faisait des progrès trop rapides pour qu'il fût possible de prendre des mesures tant soit peu exactes. Voici de quelle manière on y arriva finalement. Un fil de 30 ou 40 millimètres de longueur fut soumis à la combustion devant un diaphragme éclairé par une flamme de gaz constante et placé à une distance telle, que l'anneau opaque disparaissait tout juste. En prenant alors des bouts de fil de plus en plus courts, on arrive à une longueur inférieure à celle qui entre en incandescence pendant la combustion, et cette limite se reconnaît à la faiblesse de la lumière du magnésium qui, désormais, fait paraître l'anneau en noir sur le fond diaphane éclairé par la flamme du gaz. On a constaté, par ce moyen, que la longueur du fil qui brûle à la fois est de 10 millimètres. A une distance de 2 mètres 44 cent. de l'insolateur, le fil de magnésium produisait un effet de 181.7 unités ou 0.01817 degrés photochimiques; la lumière émanait d'un demi-cylindre de 10 millim. de hauteur et de 0.297 millim. de diamètre, elle était donc égale, d'après un théorème connu, à celle d'un rectangle de 2.97 millim. carrés de surface, ou d'un disque de 0.9725 millim. de rayon. Ce disque, vu à la distance de 0.2087, aurait offert la grandeur apparente du soleil; mais à cette distance, il aurait produit une illumination $\left(\frac{24400}{2087}\right)^2$ plus forte qu'à la distance de 2 m. 44, ou bien un effet de 2.482 degrés. Or, l'effet primitif des rayons solaires, avant leur entrée dans l'atmosphère terrestre, est de 318 degrés : il s'ensuit donc que l'éclat chimique du soleil est 128.2 fois plus grand que celui d'un fil de magnésium incandescent; ou que le magnésium, en brûlant, produit le même effet chimique que le soleil alors qu'il est élevé de 9°53′ au-dessus de l'horizon, par un temps parfaitement serein, en supposant toutefois que les deux sources présentent la même surface apparente, ce qui aurait lieu, par exemple, pour un disque de magnésium de 1 mètre de diamètre à la distance de 107 mètres.

Il en est tout autrement lorsqu'il s'agit des effets optiques. La lumière solaire et celle d'un fil de magnésium furent successivement projetées sur un diaphragme photométrique, éclairé par une flamme de gaz, et il s'est trouvé que le soleil, éloigné de 67°22′ du zénit, émettait encore une lumière 525 fois plus·forte que le fil de magnésium, tandis que l'éclat chimique de la source céleste n'aurait été que 36 ou 37 fois plus grand que celui de la source terrestre, dans les mêmes circonstances.

La lumière uniforme et tranquille du magnésium incandescent et son énorme action photochimique offrent un moyen très-simple de produire une illumination voulue. Une longueur de 997 millim. du fil de 0.297 millim. d'épaisseur brûlait une minute et produisait 182 unités photochimiques à 2 m. 44 de distance, ou bien 1100 unités à la distance de 1 mètre; à chaque millimètre de brûlé il correspondait donc 1 unité 1 dixième. Ce moyen de produire une illumination chimique constante est si commode, qu'on doit désirer *que le magnésium se répande davantage dans le commerce.* Les auteurs pensent donc qu'ils serviront la science en indiquant une application de ce métal, qui pourrait peut-être devenir la base de son exploitation industrielle. C'est l'emploi du magnésium pour l'éclairage.

Un fil de magnésium de 0.3 millim. d'épaisseur fournit une lumière égale à celle de 75 bougies, dont 5 font une livre; pour entretenir cette lumière l'espace d'une minute, il suffit d'une longueur de fil d'environ 1 mètre, qui pèse 121 milligrammes; par conséquent, 72 grammes de magnésium donneraient pendant 10 heures une lumière de 75 bougies, qui aurait exigé 10 kilogrammes de stéarine.

Il ne s'agit que d'obtenir le magnésium sous forme de fil et de le faire brûler à l'aide d'un appareil approprié. Pour transformer le métal en fil, on n'a qu'à le comprimer fortement, à l'aide d'un piston d'acier, dans un cylindre également en acier, dont le fond est troué en filière et qui a été préalablement chauffé. Pour faire brûler le fil, on l'enroulerait sur des bobines, et il serait dévidé entre deux rouleaux tournants, à l'aide d'un mouvement d'horlogerie, comme le ruban de papier du télégraphe Morse; l'extrémité libre s'avancerait dans la flamme d'une lampe à alcool, où elle brûlerait avec une lumière très-intense.

Activité chimique des parties constituantes de la lumière solaire. — Dans un dernier chapitre de leur Mémoire de 1859, les auteurs essayent de déterminer l'action chimique relative des différentes parties du spectre solaire. Cette action dépend d'ailleurs de la matière du prisme qui décompose la lumière et de l'épaisseur de la couche d'air que les rayons ont traversée. Comme le verre absorbe une forte partie des rayons chimiques, on n'a fait usage que de lentilles et de prismes en quartz ; on a cherché ensuite à éliminer les inégalités d'absorption atmosphérique en faisant des observations très-rapprochées, pendant lesquelles la hauteur du soleil ne variait que très-peu.

Les rayons solaires réfléchis, par le miroir d'un héliostat de Silbermann et transmis par une fente étroite, traversaient une lentille et deux prismes en quartz ; le spectre, ainsi produit, tombait sur un écran blanc recouvert d'une solution de sulfate de quinine afin de rendre visible, par fluorescence, la partie du spectre qui s'étend au delà du violet, ainsi que les raies qui la sillonnent. L'écran était percé d'une fente à travers laquelle on faisait tomber sur l'insolateur la portion du spectre qu'il s'agissait d'étudier ; il portait en outre une échelle divisée, qui permettait de mesurer les distances des raies fixes et d'identifier les différentes régions du spectre coloré. Pour l'orientation des rayons extrêmes gris-lavande, les auteurs ont pu se servir d'un dessin du spectre qui leur avait été prêté par M. Stokes. Ils l'ont divisé en 160 parties égales, depuis la raie A de l'extrême rouge jusqu'à la raie extrême W de M. Stokes. La largeur du faisceau qui inondait complétement l'insolateur placé à 4 ou 5 pieds de distance, était d'environ 13 divisions (8 centièmes de la longueur totale du spectre).

La première série d'observations a été exécutée le 14 août 1857, entre 11 h. du matin et 1 h. de l'après-midi ; la hauteur méridienne du soleil était de 54°47′. Toutes corrections faites, les résultats moyens réduits à midi vrai sont représentés par les chiffres suivants :

Région du spectre.	Activité chimique.
C à $\frac{1}{2}$ D E	0.5
$\frac{1}{5}$ D E à E	1.3
$\frac{3}{4}$ D E à F	1 4
$\frac{1}{5}$ F G à G	28.4
G à $\frac{4}{5}$ G H	54.5
$\frac{1}{5}$ G H à H	60.5 max.
$\frac{3}{5}$ G H à J	52.7
H_1 à $\frac{3}{4}$ JM_1	55.1 max.
$\frac{4}{5}$ JM_1 à N_4	38.6
N_4 à $\frac{3}{4}$ Q R	18.9
$\frac{1}{2}$ N_4 Q à $\frac{1}{3}$ R S	12.5
R S à $\frac{2}{3}$ S T	2.1
$\frac{3}{4}$ S T à $\frac{2}{3}$ U V	1.2

Nous avons désigné par D E, F G, etc., les intervalles compris entre les raies D et E, F et G, etc. La fraction qui précède le nom d'un intervalle indique, en parties de cet intervalle, la distance d'un bord du faisceau considéré à la première des deux raies. Ainsi, 3/4 D E à F, veut dire que le faisceau s'étendait depuis le troisième quart de l'intervalle D E jusqu'à la raie F.

On remarque sans peine que l'activité du spectre présente deux maxima, l'un entre G et H, qui est le maximum principal, l'autre vers J. L'action décroît plus vite vers l'extrémité rouge que vers l'extrémité violette du spectre, et elle reste sensible jusqu'à la raie extrême V de la région ultra-violette. Le baromètre avait marqué 0 m. 7494 pendant ces expériences. Une couche d'air de densité uniforme mesurée par cette pression et par une température de 0°, aurait une hauteur verticale de 7881 mètres, et la longueur du chemin qu'y auraient fait les rayons venus d'une hauteur de 54°47′ serait de 9647 mètres. Les chiffres du tableau ci-dessus ne sauraient s'appliquer qu'à des rayons ayant traversé une pareille épaisseur d'air, car l'absorption atmosphérique n'étant point la même pour des rayons d'une coloration chimique différente, leur affaiblissement relatif changera avec l'épaisseur de la couche traversée. Pour avoir une idée claire du degré d'absorption qu'éprouvent les différentes régions du spectre, il faudrait faire des observations horaires pendant toute une journée au moins, mais le climat assez variable de Heidelberg permet rarement des observations suivies de ce genre. Une série d'expériences effectuées dans la même journée du 14 août, entre 9 h. trois quarts et 10 h. un quart, montre avec évidence que l'activité relative des rayons était déjà très-différente lorsque ces rayons avaient traversé 10735 mètres au lieu de 9647 mètres d'air. Voici, en effet, les résultats de ces observations :

Région du spectre.	Activité chimique.
$\frac{1}{2}$ DE à $\frac{3}{4}$ EF	0.4
b à $\frac{1}{2}$ FG	3 2
F à $\frac{3}{4}$ FG	7.1
G à $\frac{4}{5}$ HG	13.0
$\frac{3}{5}$ GH à J	14.5
N_3 à R_2	10.1
$\frac{1}{10}$ R_2 S à $\frac{1}{5}$ ST	2.4
$\frac{1}{2}$ ST à U	0.0

Ici se termine le mémoire de 1859. Dans la prochaine livraison paraîtra celui de 1862.

R. R.

MÉMOIRE SUR LA LOI DE PRODUCTION DES SEXES
CHEZ LES PLANTES, LES ANIMAUX ET L'HOMME.

Par M. Thury,
Professeur à l'Académie de Genève (1).

Dans la séance de l'Académie des sciences du 17 août dernier, M. Rayer annonçait « que pour répondre au désir de M. Thury, qui désirait voir examiner son mémoire sur la loi de la production des sexes, il avait sollicité du maréchal Vaillant, qui l'avait obtenu aussitôt de l'Empereur, l'autorisation nécessaire pour que l'expérience de M. Thury fût répétée dans les fermes agricoles dépendant du ministère d'État (*Moniteur Scientifique*, livr. 161, p. 675).

Depuis lors, une grande curiosité s'est manifestée partout, et le mémoire de M. Thury a été d'autant plus recherché qu'il était à peu près introuvable et que l'on savait que, tiré à un petit nombre d'exemplaires seulement, il n'avait été remis qu'à quelques personnes. La presse s'est déjà beaucoup occupée du mémoire de M. Thury et en a donné des extraits en les accompagnant de formules très-laudatives. Dans cette circonstance, M. Thury a donc été plus heureux que M. Hooibrenck, si violemment critiqué de tous les côtés. Nous venons de recevoir de l'auteur la deuxième édition de sa brochure ; nous allons la reproduire *in-extenso*, sauf quelques notes que nous indiquerons, afin de laisser quelque chose d'inconnu au lecteur et ne pas porter préjudice à l'éditeur, qui nous a demandé de ne pas en faire une reproduction absolument complète.

(1) Brochure in-8°. Deuxième édition. Prix : 2 fr. — A Genève, chez Cherbuliez, et à Paris, même maison, rue de la Monnaie, n° 10.

Dans une de nos prochaines livraisons, nous publierons quelques réflexions sur les théories de M. Thury, et donnerons, s'il est possible, quelques renseignements sur les expériences qui se poursuivent dans la ferme impériale de Vincennes.

AVANT-PROPOS.

La question résolue dans ce mémoire est du nombre de celles qui ont préoccupé l'humanité dans tous les âges. Maintes fois posée, elle n'avait cependant reçu jusqu'ici que des solutions illusoires. De là est née l'opinion généralement acceptée aujourd'hui que l'homme n'a reçu aucun pouvoir sur le mystérieux phénomène de la production des sexes, en sorte que toute recherche sur cet objet doit être nécessairement vaine.

Cependant, lorsque nul ne peut démontrer *a priori* l'impossibilité d'obtenir la solution d'une question proposée, le fait que des efforts persévérants ont été longtemps infructueux ne prouve point la stérilité d'efforts subséquents. Le progrès continu des sciences peut rendre comparativement facile, à un moment donné, ce qui eût auparavant dépassé la puissance de l'esprit humain.

Que si l'on objecte l'ordre providentiel qui règne dans les choses créées, ordre immuable, si bien qu'on ne saurait admettre qu'aucune puissance humaine soit capable de le troubler, je répondrai d'une manière générale :

Qu'il importe de ne pas confondre l'ordre fondamental de la nature, qui est en effet immuable, et les idées plus ou moins complètes que nous nous faisons, à un moment donné, de la manière dont cet ordre se réalise. — Le désordre apparent caractérise pour nous le passage d'une conception inférieure à une conception supérieure de l'ordre réel.

La loi des sexes, dans son application au règne animal, offre des conséquences immédiates si évidentes que nous avons à peine besoin de les signaler. — Les éleveurs de bétail peuvent désormais faire naître, selon leur désir, des individus mâles ou femelles. — Or il est extrêmement rare qu'il soit également avantageux pour l'éleveur d'obtenir un produit de l'un ou de l'autre sexe. Dans chaque circonstance, l'avantage d'obtenir préférablement l'un des sexes peut se traduire en une somme d'argent. Ce n'est pas la première fois qu'une découverte purement scientifique sera devenue un élément appréciable de richesse sociale.

LA LOI DES SEXES. — DÉDUCTION.

Le professeur Lindley rapporte dans son ouvrage sur la théorie de l'horticulture que, d'après les expériences de Knight, la chaleur favorise la production des fleurs mâles dans les plantes dioïques, telles que les pastèques et les concombres.

Ce fait m'avait paru depuis longtemps très-digne de remarque, et en réfléchissant à la signification qu'il offre pour la physiologie générale, j'étais arrivé aux conclusions suivantes : — La chaleur agit médiatement sur les plantes, en déterminant une élaboration plus complète des sucs, et par conséquent une maturation plus achevée des organes; donc, la production de l'élément mâle correspond à une maturation plus achevée ou à un développement plus complet : telle me parut être la signification probable des expériences de Knight.

Si l'on veut appliquer ces notions au règne animal, il faut d'abord comparer les deux règnes sous le rapport des manifestations de la sexualité. La plupart des plantes diclines, et dans tous les cas celles qui furent l'objet des expériences de Knight, sont essentiellement hermaphrodites, et ne deviennent diclines que par avortement, comme tous les botanistes le savent. L'anatomie comparée de la panicule mâle et de l'épi femelle du maïs, qui fut un de mes premiers travaux botaniques, m'avait dès longtemps rendu attentif aux faits de cet ordre, en établissant pour moi, avec la dernière évidence, que la panicule et l'épi du maïs sont construits selon le même type, et offrent le même agencement des mêmes organes, lesquels ne diffèrent que par le degré et le mode de développement. Les pistils des fleurs de la panicule restent presque tous à l'état rudimentaire, ainsi que les étamines des fleurs de l'épi.

Le développement général se fait plus en longueur dans la panicule mâle, plus en largeur dans l'épi, et la panicule s'étale tandis que l'épi se concentre et s'enveloppe.

Ainsi, le diclinisme de beaucoup de plantes est en quelque sorte accidentel, et non pas, comme chez les animaux, originel et profond. Il en résulte qu'il doit être beaucoup plus facile d'observer dans la plante que dans l'animal, les circonstances qui favorisent le développement de l'élément mâle ou de l'élément femelle, puisque, dans la plante, ces deux éléments se font, dans l'origine, en quelque sorte équilibre ; dès lors, des forces moindres, dont l'expérimentateur sera plus facilement le maître, feront plus aisément pencher la balance d'un côté ou de l'autre, c'est-à-dire en faveur de l'un ou l'autre sexe.

La question essentielle est maintenant de savoir si l'on peut assimiler les forces qui produisent le développement, lorsque les sexes existent déjà en principe, aux forces qui déterminent originellement les sexes. Il faudrait, pour que cette assimilation fût acceptable, que l'identité fondamentale des deux sexes eût été préalablement établie. Alors il serait naturel d'admettre que la force qui, en agissant sur un fonds commun, produit la première détermination de l'un des sexes, est celle-là même dont l'action, en se prolongeant, développe ce sexe et le parachève. Connaissant la force qui développe, on aurait celle qui produit. Dans tous les cas, avant d'admettre que ces forces soient différentes, il faudrait s'être assuré qu'elles ne peuvent pas se confondre. Le physicien ne doit pas multiplier inutilement les forces.

Chez les plantes, l'identité fondamentale des étamines et des pistils est admise de tous les botanistes qui, avec G.-F. Wolff, Gœthe, de Candolle et Rob. Brown, considèrent les étamines et les pistils comme des feuilles modifiées. La conclusion ne sera pas différente, si l'on veut admettre avec plusieurs botanistes contemporains qu'un élément appartenant à la tige s'ajoute à celui de la feuille pour former le pistil, car cette circonstance ne se trouve pas essentiellement liée à la détermination du pistil comme organe femelle. Cela est visible dans la métamorphose accidentelle des étamines du pavot en pistils bien conformés.

Des travaux anatomiques commencés autrefois avec le professeur Hollard me laissèrent convaincu que, dans le règne animal, l'appareil sexuel mâle et l'appareil sexuel femelle sont construits sur le même plan ou selon le même type, ce qui témoigne de leur identité originelle, et permet d'expliquer par de simples différences harmoniques dans le mode et la quantité du développement, les différences caractéristiques des sexes.

Les causes déterminantes probables de ces différences harmoniques, l'expérience de Knight nous apprend qu'il faut les rechercher, dans les plantes, parmi les causes qui produisent une maturation plus achevée des organes. Or la vie sexuelle étant commune aux animaux et aux plantes, il me paraît évident qu'elle doit être soumise dans les deux règnes à des lois fondamentales essentiellement identiques. Ainsi les causes déterminantes des différences des sexes, dans les animaux, seront également les causes qui produisent une maturation plus achevée des organes.

Il y a donc un moment dans la vie obscure de l'animal, où la circonstance d'un développement plus achevé, d'une maturation plus complète, décide en faveur du sexe mâle. La détermination *secondaire* du sexe peut avoir lieu fort tard chez la plante ; mais dans l'un et l'autre règne, la détermination *primitive* du sexe se cache dans la nuit des préformations originelles.

Le sexe est déjà reconnaissable, dans l'espèce humaine, dans le second mois après la fécondation ; ici le moment décisif pour le choix du sexe se trouve nécessairement compris entre le premier développement de l'œuf et le second mois après la fécondation. Mais dans ces limites, il demeure incertain si le moment décisif précède la fécondation, s'il l'accompagne ou s'il la suit.

Et d'abord, pour savoir s'il la précède, le plus simple serait de choisir les œufs de quelque animal ovipare, et comme, toutes choses égales d'ailleurs, le développement le plus achevé se rencontrera chez les œufs les plus âgés, il faudra séparer les œufs de divers âges, et les féconder artificiellement, afin de voir si les œufs les plus âgés donneront des mâles.

Peut-être même une expérience plus facile serait-elle suffisante, et pourrait-on se borner à observer chez les animaux où les œufs sont fécondés au passage, après leur départ des ovaires, si les mâles sont produits par les derniers œufs de chaque ponte, lesquels vraisemblablement ont eu le plus de temps pour mûrir.

Or une telle observation a été faite depuis longtemps par Huber. Ce grand naturaliste reconnut que chez les abeilles, lorsque la fécondation a lieu de bonne heure, il en résulte premièrement des femelles, tandis que les accouplements tardifs donnent toujours des mâles. J'eus aussi quelque raison de croire que chez les oiseaux de basse-cour, les derniers œufs pondus donnent les coqs de la couvée.

Des considérations de temps et de logement ne me permettant pas de poursuivre des expériences du même genre sur d'autres animaux, je me décidai à faire tenter immédiatement une épreuve décisive sur des mammifères. J'eus alors le bonheur de trouver dans la ferme renommée de Montet, et dans l'habile et active coopération de M. George Cornaz, l'excellent administrateur qui la dirige, les meilleures conditions de réussite qu'il fût possible de désirer.

On sait que les œufs des mammifères se détachent de l'ovaire au commencement du temps de rut, et qu'ils peuvent recevoir la fécondation pendant toute la durée de la période de chaleur, et par conséquent lorsqu'ils sont parvenus à un état de maturation relative ou de développement plus ou moins avancé. Il est vrai que ce temps est court, mais dans les premières phases du développement génésique, époque de fondation, où tous les éléments essentiels de l'être futur se posent en germe, la puissance formatrice travaille avec activité, et des changements capitaux se succèdent dans un temps très-court.

Ainsi, je donnai pour instruction à M. G. Cornaz de faire saillir au commencement de l'époque de chaleur pour avoir des femelles, et à la fin pour avoir des mâles. Le résultat fut tel que je l'avais prévu (voyez la notice de M. Cornaz, à la suite de ce mémoire).

J'ajouterai que, lorsque les expériences régulières, telles qu'elles sont consignées dans la notice, furent terminées, M. Cornaz, désirant obtenir surtout des génisses, se contenta de donner pour instruction générale aux valets de la ferme, de faire saillir aux premiers signes de chaleur. Cette indication fut donnée en quelque sorte négligemment, et sans qu'on parût y attacher beaucoup d'importance, afin de ne pas éveiller l'attention des subordonnés. Elle suffit néanmoins pour que M. Cornaz ait obtenu dès lors beaucoup plus de femelles que de mâles.

La durée totale de la descente de l'œuf dans les trompes et la matrice (vingt-quatre à quarante-huit heures chez les vaches) se partage donc en deux périodes. Fécondé dans la première période, le germe est œuf femelle; fécondé dans la seconde, il est œuf mâle; j'appellerai moment de *vire*, le moment qui sépare ces deux périodes (1).

Les expériences de Montet eurent exclusivement pour objet la constatation du fait principal, et de la constance qu'il peut offrir dans les circonstances les plus favorables. On ne rechercha point quelle est la durée relative des deux périodes de la vie utérine de l'œuf, ni quelles sont les circonstances extérieures ou organiques capables de la modifier. Peut-être cette durée relative varie-t-elle dans d'assez larges limites ; peut-être l'appareil génital de quelques femelles est-il parfois si débile, que l'œuf ne peut pas atteindre à la seconde période de son développement normal. De telles femelles, dans un tel état, ne donneraient naissance qu'à des individus de leur sexe. Sous l'influence d'une disposition contraire, la période femelle de l'œuf serait raccourcie et les chances de conceptions mâles augmentées. On a observé dans l'espèce humaine des faits de cet ordre, mais je ne sais s'ils se rencontrent aussi dans le règne ani-

____

(1) L'œuf non fécondé est donc, *en réalité conditionnelle*, œuf femelle dans la première période, œuf mâle dans la seconde.

mal. Il est d'ailleurs probable que l'influence du mâle peut changer la durée relative des deux périodes, en modifiant l'état organique de la femelle.

De nouvelles observations nous apprendront un jour quelle idée on doit se faire des changements organiques qui surviennent dans l'œuf non fécondé pendant la durée de la période utérine, c'est-à-dire durant le passage de l'œuf à travers les trompes et l'utérus. Ces changements seront étudiés avec plus de soin lorsqu'on saura quel intérêt physiologique s'y rattache.

S'il y a ici développement, évolution, c'est seulement dans le germe. Les degrés intermédiaires que l'on pourrait concevoir entre les deux sexes, ne sont pas susceptibles de réalisation normale dans l'*être manifesté*, qui est franchement mâle ou femelle. — Ou bien la fécondation cesse d'être possible pendant la période intermédiaire; ou bien, ce qui me paraîtrait plus vraisemblable, la marche régulière de la maturation de l'œuf amène, à un moment donné, un changement brusque, de même ordre, par exemple, que la rupture de la vésicule germinative. A la suite de cette crise soudaine, le germe, auparavant œuf de femelle, est devenu œuf de mâle.

Il faut d'ailleurs se souvenir que les modifications de l'œuf, purement cellulaires et chimiques, n'offrent aucune ressemblance quelconque avec les états organiques futurs qu'elles préparent, ou dont elles sont la condition lointaine nécessaire.

En général, entre deux systèmes harmoniques différents, il n'y a pas de transition harmonique possible. La transition serait l'être difforme, le monstre, que la nature ne réalise pas dans sa marche normale. Elle l'évite, sans rompre le lien de succession régulière des êtres, par la ressource du développement *crisiaque*; et le temps de crise, ou la transition, se précipite, se cache le plus souvent dans l'obscurité de la vie des germes.

C'est ainsi que se sont succédé les espèces géologiques. La nature sait hâter ses destinées. Elle ne se traîne pas dans les accumulations de périodes sans fin et d'ébauches informes que parfois on lui prête.

Dans son expression générale, la loi du développement crisiaque est écrite partout, dans la nature et dans l'histoire, en caractères de douleur et d'espérance, de mort et de renouvellement.

RÉSUMÉ ET OBSERVATIONS PRATIQUES.

1. Le sexe dépend du degré de maturation de l'œuf au moment où il est saisi par la fécondation.

2. L'œuf qui n'a pas atteint un certain degré de maturation, s'il est fécondé, donne une femelle; quand ce degré de maturation est dépassé, l'œuf, s'il est fécondé, donne un mâle.

3. Lorsque, au temps de rut, un seul œuf se détache de l'ovaire pour descendre lentement à travers le canal génital (animaux unipares), il suffit que la fécondation ait lieu au commencement du temps de rut pour qu'il en résulte des femelles, et à la fin pour qu'il en résulte des mâles, le *vire* de l'œuf ayant lieu *normalement* pendant la durée de son trajet dans le canal génital.

4. Lorsque plusieurs œufs se détachent successivement de l'ovaire pendant la durée d'une même période génératrice (animaux multipares, et ovipares en général), les premiers œufs sont en général moins développés, et donnent des femelles; les derniers sont plus mûrs, et donnent des mâles (abeilles, coqs). Mais s'il arrive qu'une seconde période génératrice succède à la première, ou si les circonstances extérieures ou organiques changent considérablement, les derniers œufs peuvent ne pas atteindre au degré supérieur de maturation, et donner de nouveau des femelles.

Toutes choses égales d'ailleurs, l'application du principe de sexualité est moins facile lorsqu'il s'agit d'animaux multipares.

5. Dans l'application des principes ci-dessus aux grands mammifères, il importe que l'expé-

rimentateur observe une première fois la marche des phénomènes de chaleur chez l'individu même sur lequel il se propose d'agir, afin de connaître exactement la durée et les signes de l'état de rut, qui varient fréquemment d'un individu à l'autre.

6. Il est évident qu'on ne peut attendre aucun résultat certain lorsque les signes de chaleur sont vagues ou équivoques. Cela n'arrive guère chez les animaux libres; mais les bestiaux à l'engrais, ou renfermés dans l'écurie, offrent quelquefois cette particularité anormale.

7. Il résulte de la manière même dont la loi qui régit la production des sexes a été déduite, que cette loi doit être générale, et s'appliquer à tous les êtres organisés, c'est-à-dire aux plantes, aux animaux et à l'homme (1).

Il faut distinguer soigneusement la loi elle-même (1 et 2 de ce résumé), qui est absolue, des applications plus ou moins faciles qu'il sera possible d'en faire.

NOTICE DE M. GEORGES CORNAZ.

Moi, soussigné, Georges Cornaz, administrateur du domaine de feu mon père, M. A. Cornaz, président de la Société d'agriculture de la Suisse romande, à Montet, canton de Vaud, Suisse; certifie avoir reçu communication de M. Thury, professeur à l'Académie de Genève, en date du 18 février 1861, d'instructions confidentielles, ayant pour objet une vérification expérimentale de la loi qui régit la production des sexes chez les animaux.

J'ai utilisé sur mon troupeau de vaches les données qui m'ont été fournies par M. Thury, et j'ai obtenu *d'emblée, sans aucun tâtonnement, tous les résultats attendus.*

En premier lieu, dans *vingt-deux* cas successifs, j'ai cherché à obtenir des génisses; mes vaches étaient de race Schwytz, et mon taureau un pur-sang Durham; les génisses étaient recherchées par les éleveurs, et les taureaux ne se vendaient que pour la boucherie; j'ai obtenu le résultat cherché dans *tous* les cas.

Ayant plus tard acheté une vache pur-sang Durham, il m'importait d'obtenir d'eux un nouveau taureau qui pût remplacer celui que j'avais acheté à grands frais, et sans attendre le hasard d'une portée mâle.

J'ai fait opérer suivant les prescriptions de M. le professeur Thury, et la réussite a de nouveau confirmé la vérité du procédé qui m'avait été communiqué, procédé dont l'application est immédiate et très-facile.

J'ai obtenu, outre mon taureau Durham, six autres taureaux croisés Durham-Schwytz que je destinais au travail; en choisissant des vaches de même couleur et de même taille, j'ai obtenu des paires de bœufs fort bien appareillés.

Mon troupeau est composé de quarante vaches de tout âge.

En résumé, j'ai fait en tout vingt-neuf expériences selon le procédé nouveau, et toutes ont donné le produit cherché, mâle ou femelle; je n'ai eu aucun cas de non-réussite. Toutes les expériences ont été faites par moi-même, sans intervention d'aucune autre personne.

En conséquence, je puis déclarer que je considère comme réelle et parfaitement sûre la méthode de M. le professeur Thury, désirant qu'il soit bientôt à même de faire profiter tous les éleveurs et agriculteurs en général d'une découverte qui régénérera l'industrie de l'élève du bétail.

Fait à Montet, ce 10 février 1863.

Signé : G. CORNAZ.

INSTRUCTIONS PRATIQUES POUR OBTENIR A VOLONTÉ DES ANIMAUX DE L'UN OU L'AUTRE SEXE DANS L'ESPÈCE BOVINE.

1. Il faut observer préalablement la marche, le caractère, les signes et la durée des phé-

---

(1) On sait que le temps de la descente de l'œuf, qui, chez la femme, correspond à la période de rut des animaux, comprend les dix à douze jours qui suivent la fin des règles. La durée de cette période est un peu variable.

nomènes de chaleur, chez la vache sur laquelle on se propose d'expérimenter. Toutes ces choses sont un peu différentes selon les individus. On sait, par exemple, que la durée du temps de chaleur varie de 24 à 48 heures et plus encore, d'une vache à une autre.

2. Lorsque l'expérimentateur connaît bien, au point de vue ci-dessus, l'individu sur lequel il se propose d'expérimenter, il doit agir de la manière suivante :

a) Pour obtenir une génisse, faire saillir aux premiers signes de chaleur.

b) Pour obtenir un taureau, faire saillir à la fin du temps de chaleur.

3. On doit exclure de l'expérimentation les animaux chez lesquels les signes de chaleur sont vagues ou incertains, ainsi qu'on l'observe chez plusieurs vaches grasses et chez des individus renfermés. Il convient de choisir de préférence des animaux vivant à l'air libre. Il faut prendre toujours des individus sains, et qui soient bien dans l'état normal de l'espèce.

4. On peut tenter les mêmes expériences sur des chevaux, des ânes, des moutons, des chèvres, etc. Bien que l'expérience n'ait pas encore été faite sur ces espèces animales, la théorie annonce que l'on doit obtenir les mêmes résultats que pour les vaches.

M. Thury.

NOTES.

Cette brochure est accompagnée de six notes et d'une lettre à l'éditeur du *Lancet*, de Londres. Voici les titres de chaque note :

Note I. — *Sur la parthénogenèse.*

Note II. — *Circonstances de la formation des individus mâles et femelles chez les plantes.*

Note III. — *Règne animal.*

Note IV. — *La loi des sexes et le règne humain.*

Note V. — *Nature de la femme.*

Note VI. — *Identité des types mâle et femelle.*

Nous allons reproduire les notes I, III, IV et V.

Note I. — *Sur la parthénogenèse.*

Nous chercherons à concilier comme il suit notre théorie génésique avec les faits connus relatifs à la parthénogenèse.

La vie primitive de tout être organique se divise en deux périodes très-distinctes, ordinairement séparées par la fécondation. La première période commence avec l'origine de l'œuf ; elle comprend une suite régulière de développements cellulaires et de transformations chimiques, mais aucune formation embryonnaire proprement dite. La seconde période commence en général avec la fécondation. Elle est caractérisée par une suite nouvelle de développements ayant pour résultat immédiat la formation embryonnaire. Nous désignerons ces deux périodes sous les noms de *période anté-embryonnaire* et de *période embryonnaire* proprement dite.

Maintenant, le fait de la parthénogenèse consiste en ceci, que l'œuf est parfois capable de passer de la période anté-embryonnaire à la période embryonnaire de ses développements, sans que la fécondation intervienne d'une manière immédiate, — l'objet *essentiel* de la fécondation étant autre.

Lorsque la fécondation intervient, elle clôt forcément la période anté-embryonnaire, arrête l'évolution commencée, et imprime au développement un caractère nouveau, qui est celui de la seconde période.

Lorsque la fécondation n'a pas lieu, il peut arriver deux choses :

1° Dans le cas le plus simple, le développement anté-embryonnaire se poursuit, l'œuf passe à la seconde période avec un degré complet de développement, et il en résulte un mâle.

2° Ou bien, par le fait d'une émission prématurée de l'œuf, ou par tout autre cause, le premier développement se trouve interrompu, l'œuf commence plus tôt sa seconde période, et en résulte une femelle.

Sous quelles influences, en l'absence de la fécondation, se fait le changement du type évolutif, le passage de la première à la seconde période de la vie de l'œuf? On l'ignore, et par conséquent l'expérience seule peut apprendre si ces influences agissent uniquement sur l'œuf anté-embryonnaire parfaitement développé, ou bien si elles peuvent être efficaces un peu auparavant, et donner lieu, dans ce cas, à des individus parthénogéniques femelles. M. de Siebold a observé ce dernier fait chez quelques lépidoptères, et d'autres l'ont vu également se produire chez les rotateurs, les daphnies et les chermès. Le premier cas est celui des abeilles où, lorsque la fécondation n'a pas lieu, il naît toujours des mâles.

NOTE III. — Règne animal.

§ 1. Ponte chez les oiseaux. Nous tenons de l'obligeance de M. le pasteur O. Bourrit le fait suivant : Chez les oiseaux chanteurs, le dernier œuf de chaque ponte est ordinairement petit, L'individu qui en sort (coëtron des oiseleurs) est toujours un mâle.

§ 2. Ordre de ponte. Les conditions de maturation et de séparation des œufs devant dépendre de la place qu'ils occupent dans l'ovaire, il est probable que l'on rencontrera dans l'ordre de ponte des œufs mâles et femelles de grandes anomalies.

§ 3. Influences sur la femelle. Les causes qui augmentent l'activité du système génital de la femelle, accélèrent la maturation de l'œuf, en même temps qu'elles précipitent l'émission des œufs par les ovaires. Ces deux effets, au point de vue de la détermination du sexe, produisent des résultats inverses, et il faut un examen spécial, dans chaque cas particulier, pour décider s'ils se balancent, ou bien lequel des deux l'emporte.

Les causes extérieures qui, en agissant sur la femelle, peuvent influencer sur la détermination du sexe, produisent donc des effets plus complexes chez les animaux que chez les plantes; et l'action de ces causes chez les animaux ne saurait être traitée d'une manière générale.

§ 4. Influence du mâle. Les rapports habituels avec le mâle augmentent la puissance de maturation de l'appareil génital de la femelle, car plus la femelle est étrangère au commerce des mâles, plus elle produit de femelles, et vice versâ (Burdach, Physiologie; Trad. II, 277).

Il faut observer que le mâle exerce, dans la production des sexes, deux genres bien différents d'influences :

Par ses rapports avec la femelle, il modifie, comme nous venons de lo dire, l'état organique de celle-ci.

Mais surtout, c'est le mâle qui, dans l'état normal des choses, choisit le temps de l'accouplement. Le mâle est déterminé dans ce choix par des causes variées, extérieures ou organiques, individuelles ou générales, dont la résultante et les éléments constants peuvent bien être constatés par l'observation directe, mais qui, par leur nature, échappent facilement à l'analyse.

La discussion des faits relatifs à l'influence du mâle, dans l'état libre des troupeaux, doit être ajournée jusqu'au moment où l'on pourra joindre aux observations anciennes la connaissance du moment précis de la période du rut où, dans chaque circonstance, la féconda·· tion s'effectue.

§ 5. Primiparité. Chez les bœufs et les brebis, suivant Girou, les premières portées donnent plus de femelles. Cela tient au motif indiqué ci-dessus.

NOTE IV. — La loi des sexes et le règne humain.

§ I. Primipares. Dans l'espèce humaine, la majorité des premiers-nés appartient au sexe féminin. — Il y a, pour 100 familles, 65 premiers-nés féminins et 35 masculins, suivant Buek (Burdach, Physiologie, II, 278).

Deux causes réunies doivent nécessairement amener ce résultat : la première agit également chez les animaux, et nous l'avons fait connaître (Note 3, § 4). La seconde résulte de l'époque ordinairement choisie pour les mariages.

Il faut tenir compte du fait constaté par Villermé, que beaucoup de femmes ne conçoivent pas dans les premières semaines de leur union.

§ 2. *Gemellarité.*

Les enfants jumeaux sont ordinairement de même sexe; parfois aussi de sexe différent. Les monstres doubles sont toujours de même sexe.

Il existe deux causes de gemellarité. Une seule vésicule de Graaf renferme plusieurs ovules, ou bien deux vésicules de Graaf s'ouvrent dans la même période génératrice. — Dans le premier cas, les ovules sont de même âge et donnent des jumeaux de même sexe. Dans le second cas, suivant l'intervalle qui sépare l'ouverture des deux vésicules, et le temps auquel survient la fécondation, les jumeaux peuvent être de même sexe où de sexe différent. Donc, somme toute, le cas le plus fréquent sera celui des jumeaux de même sexe.

Quant aux monstres, comme ils résultent de la division d'un même germe, ils doivent toujours être de même sexe.

§ 3. *Constance dans les naissances.*

D'une famille à l'autre, le nombre relatif des naissances féminines et masculines est extrêmement variable ; cependant le *rapport moyen qui existe entre les naissances des deux sexes, si l'on considère un très-grand nombre de cas, est un nombre constant.*

Ce fait, souvent cité comme offrant la preuve de l'unité substantielle de l'espèce, à cause du lien de solidarité qu'il semble établir entre les familles des hommes, s'explique plus simplement dans notre théorie.

La proportion relative des naissances des deux sexes, pour un très-grand nombre de cas, doit dépendre de la durée relative du temps de l'œuf femelle et du temps de l'œuf mâle, dans la période génératrice. Or, cette durée relative est, comme tous les autres caractères organiques, à peu près constante dans chaque espèce, si l'on considère l'ensemble des individus. Il en sera de même du rapport des naissances des deux sexes.

Le temps de l'œuf mâle est plus long que celui de l'œuf femelle.

§ 4. *Naissances illégitimes.*

Il naît, proportionnellement, un peu plus de filles dans les unions illégitimes que dans les mariages légaux.

Ce fait singulier, que la statistique constate, s'explique par l'influence des sollicitations de l'organisme, plus vives au temps où les conceptions féminines peuvent avoir lieu.

§ 5. *Naissances chez les Juifs.* Il naît, en moyenne, 104 à 107 garçons pour 100 filles. Mais chez les Juifs, il naît proportionnellement plus de garçons. Le rapport de naissance des deux sexes serait chez eux : Juifs de Prusse : 113 : 100 (Bickler); — Juifs de Breslau, de 1782 à 1800, 114 : 100; Juifs de Livourne, 120 : 100 (Valentin); — Chrétiens de Livourne, 104 : 100 (voyez Burdach, *Physiologie*, II, 275).

Le lecteur trouvera peut-être une explication vraisemblable de ces faits dans la probabilité d'une observation plus complète, de la part des Juifs, de certaines prescriptions de la loi de Moïse.

§ 6. *Fécondation hors de temps.*

Voici un fait qui paraît être en opposition avec notre théorie, mais qui, mieux examiné, la confirme.

L'union des sexes, dans le temps qui précède immédiatement les règles, *peut être féconde.* Dans ce cas, la fécondation *de l'œuf* a lieu certainement dans les trompes, à la fin des règles, et il en résulte toujours un enfant du sexe *féminin.*

NOTE V. — *Nature de la femme.*

Notre théorie-génésique donnerait *a priori* l'idée suivante de la nature féminine, comparée à celle de l'homme.

Quelque chose tenant d'un développement moindre; et comme le progrès du développement est ici l'individualisation, tandis que le point de départ est l'élément commun, l'espèce; l'individualité, terme de l'individualisation, sera moins accentuée; l'être féminin, plus voisin des origines, appartiendra davantage à l'espèce; en lui prédomineront les éléments par lesquels l'individu se rattache au tout, tels que la vie d'instinct et les facultés affectives.

Quelques physiologistes ont admis depuis longtemps que l'organisme féminin est caractérisé par un développement relatif moindre. Ce n'est point là l'idée qui ressort de notre théorie. Selon nous, la vie primitive de l'être humain comprend deux périodes très-distinctes (voyez Note I). Or, c'est dans la première période seule (*anté-embryonnaire*) que le développement de la femme est décidément inférieur à celui de l'homme. Dans la seconde période, qui est celle où se forment tous les organes, le développement féminin n'offre aucun caractère d'infériorité; seulement la force organisatrice travaille sur un fonds différent, plus faible, tenant davantage aux origines, et offrant un développement moindre. Le résultat final est donc nécessairement complexe. Tout cela nous semble beaucoup plus conforme à la réalité des faits que les hypothèses anciennes, qui admettaient ou bien un simple parallélisme de développement, ou bien, sans restriction aucune, un développement moindre.

ACADÉMIE DES SCIENCES

Séance du 2 novembre. — Expression générale des conditions d'isochronisme du pendule régulateur à force centrifuge; par M. Léon Foucault. — La durée de révolution du pendule régulateur normal (dont les deux bras sont suspendus à un seul point de l'axe) fonctionnant sous l'angle *a* est donnée par la formule

$$ t = 2\,\pi\,\sqrt{\frac{M l \cos a}{P}} $$

dans laquelle P représente la résultante des forces verticales qui sollicitent les masses M soumises en même temps à la force centrifuge. Pour rendre *t* constant, il faut substituer à P une force proportionnelle à cos *a*, ou, ce qui revient au même, à la hauteur *h* (distance verticale au point de suspension) des masses M. On y arrive en ajoutant à la force constante P que produit la gravité, une pression variable — P + A *h* P. Alors *t* devient égal à

$$ 2\,\pi\,\sqrt{\frac{M}{A P}}. $$

La pression variable est nulle pour $h = h_o = \frac{1}{A}$; on peut écrire sa formule comme il suit :

$$ A\ P\ (h - h_o). $$

L'effet dont il s'agit ici est réalisé par le parallélogramme qui complète le pendule régulateur, et dont l'angle inférieur est articulé avec un coulant ou manchon mobile qui glisse le long de l'axe. C'est sur ce manchon qu'on exerce une pression verticale au moyen d'un contrepoids qui descend à mesure que le manchon s'élève. En supposant ce contrepoids égal au poids P, et sa vitesse virtuelle à *dz*, celle du manchon étant — *dh*, on devra avoir :

$$ P\ dz + A\ P\ (h - h_o)\ dh = 0, $$

ou bien :

$$ dz = A\ (h_o - h)\ dh, $$

d'où il suit :

$$ z_o - z = \tfrac{1}{2}\,A\ (h_o - h)^2. $$

Ainsi, dans toutes les positions du système, l'espace que mesure la chute du contrepoids est proportionné au carré de la distance du manchon au point où l'action de ce contrepoids est nulle; cette action varie d'ailleurs uniformément avec la hauteur *h*,

Étant donné un pendule régulateur d'une longueur quelconque, on peut donc toujours rendre t constant et en déterminer la valeur par le choix du coefficient A ; en d'autres termes, lui imprimer avec l'isochronisme une vitesse de révolution quelconque, en lui associant un contrepoids dont la chute s'accélère uniformément avec la hauteur des masses en mouvement.

— Considérations sur les mouvements centrifuges des corps célestes ; par Mlle Maria Henry. Nous avons vu ce *Mémoire* et nous en copions les premières lignes. « En pénétrant à tâtons dans le domaine de la science, nous y avons entendu ces mots prononcés rapidement et à voix basse : le Soleil se meurt ! L'œil du monde s'éteint !! etc., etc.

Ne pourrait-on pas dire à Mlle Maria, sans cesser d'être galant, ce que Chrysale conseille à Bélise, dans les *Femmes savantes* :

> Vos livres éternels ne me contentent pas ;
> Et, hors un gros *Plutarque* à mettre mes rabats,
> Vous devriez brûler tout ce meuble inutile,
> Et laisser la science aux docteurs de la ville ;
> M'ôter, pour faire bien, du grenier de céans,
> Cette longue lunette à faire peur aux gens,
> Et cent brimborions dont l'aspect importune.
> Ne point aller chercher ce qu'on fait dans la lune,
> Et vous mêler un peu de ce qu'on fait chez vous,
> Où nous voyons aller tout sens dessus dessous.
> Il n'est pas bien honnête, et pour beaucoup de causes,
> Qu'une femme étudie et sache tant de choses.
>
> (Acte II, scène VII.)

— Nouvelles expériences sur le principe du contraste simultané des couleurs, et sur le principe de leur mélange, en réponse à un mémoire de M. Plateau sur un phénomène de couleurs juxtaposées ; par M. Chevreul. — Lorsqu'un homme du mérite de M. Plateau, dit M. Chevreul, auteur de travaux si distingués, non-seulement sur la vision, mais encore sur la forme d'une masse liquide libre, soustraite à l'action de la pesanteur, etc., etc.; enfin, lorsque le secrétaire perpétuel de l'Académie royale des sciences de Bruxelles prête son témoignage à l'exactitude des observations de M. Plateau, je ne puis m'abstenir de soumettre à l'Académie des sciences de l'Institut et au public des observations en réponse au mémoire de l'académicien de Bruxelles.

J'ai répété ses expériences et les ai fait répéter par plusieurs personnes dans la *condition de distance prescrite*, et je n'ai aucune remarque à faire sur leur exactitude ; il en est autrement sur la manière dont elles sont exposées, et sur la liaison qu'il établit entre les *conclusions qu'il en déduit et la loi du contraste simultané des couleurs* ; car loin d'en dépendre, elles rentrent évidemment, selon moi, dans un principe diamétralement opposé à la loi du contraste simultané, que j'appelle le *principe du mélange des couleurs* ; et pour qu'à l'avenir on sache bien la différence dont je parle, je vais la rappeler.

M. Chevreul énonce alors les trois articles de la loi du contraste et les deux articles de la loi du mélange des couleurs ; il énumère les influences multiples du contraste et du mélange, répète les principales expériences qui mettent cette influence en évidence, etc., etc. Cette leçon, qu'il est heureux de donner devant un si savant aréopage, sera lue avec fruit dans *les comptes-rendus* où elle se trouve entière, ne formant pas moins de sept pages.

— Note sur l'assainissement de l'air par la vaporisation de l'eau, par M. A. Morin. — « Dans le cours de mes recherches sur la ventilation, j'ai été frappé de l'insistance avec laquelle les ingénieurs et les auteurs anglais qui se sont occupés de cette question ont tous signalé les avantages que présentaient, au point de vue de la salubrité, les dispositions qui avaient pour effet de donner à l'air, chauffé ou non, que l'on introduit dans les lieux habités, un degré notable d'hygrométricité.

En réfléchissant à ces dispositions, il m'a semblé qu'elles pouvaient avoir aussi sur la salubrité de l'air une influence plus importante que celle qu'on attribue ordinairement à la présence d'une proportion plus ou moins grande de vapeur d'eau dissoute dans l'air.

Je me suis demandé si, surtout dans le dernier cas, la vaporisation de la poussière d'eau traversée par l'air affluent n'était pas accompagnée, comme celle de la rosée, comme la pluie des orages et conformément aux expériences de Saussure et de M. Pouillet, du développement d'une certaine quantité d'électricité qui modifiait d'une manière salutaire l'état de cet air, en y produisant de l'oxygène actif.

Si cette modification ou quelque autre analogue était constatée, on conçoit, en effet, que des dispositions d'une application facile permettant de la produire régulièrement, il y aurait là un moyen simple, économique et d'une grande efficacité, d'assainir l'air des lieux habités, surtout pendant la saison d'été, et même pendant l'hiver, dans tous les lieux où l'on jugerait utile d'établir une ventilation régulière.

On sait, en effet, que l'air renfermant de l'oxygène actif jouit à un très-haut degré de la propriété de détruire, en les brûlant, certains miasmes, certaines émanations des corps en putréfaction.

Il m'a donc paru utile de chercher à constater par des expériences directes si la dispersion et la dissolution dans l'air d'une certaine quantité d'eau à l'état de poussière, comme on l'emploie d'ailleurs dans quelques établissements thermiques, modifiait sensiblement l'état électrique de l'air. »

Les expériences dont M. Morin expose les résultats montrent qu'il s'est formé de l'oxygène actif, et qu'après cette modification de l'oxygène, ou concurremment à cette production, il y a eu formation d'un acide.

L'oxygène actif et l'acide, qui est très-probablement un composé nitré, ayant tous deux la propriété de détruire certaines émanations des corps en putréfaction ou ces corpuscules que Bergmann appelait *les immondices de l'air*, il me suffit, ajoute M. Morin, que leur présence soit constatée dans l'air qui traverse l'espèce de brouillard formé par l'eau versée à l'état de poussière, pour qu'il me soit permis d'en conclure que la vaporisation de cette eau, outre l'accroissement d'hygrométricité et l'abaissement de température qu'elle peut aussi occasionner, doit avoir sur l'économie animale et pour l'assainissement des lieux habités une influence qui mérite l'attention de ceux qui s'occupent des questions de salubrité.

Je me borne aux indications précédentes, persuadé que si les résultats que j'ai obtenus sont, comme je le pense, confirmés par d'autres expérimentateurs, ils appelleront l'attention des médecins et des commissions d'hygiène sur le parti que l'on peut en tirer pour l'assainissement des hôpitaux et pour d'autres effets physiologiques.

— Des procédés d'ouranoplastie applicables aux fentes congénitales de la voûte palatine, compliquées de division antérieure de l'arcade dentaire et de projection de l'os incisif; par M. SÉDILLOT. — Dans ses premières opérations, l'habile chirurgien de Strasbourg avait employé des lambeaux de périostes anciens, détachés de leurs adhérences osseuses, et l'expérience a démontré que la voûte palatine dénudée par le chirurgien n'était pas frappée de nécrose, qu'elle se recouvrait parfaitement d'un nouveau périoste; que les lambeaux détachés et réunis sur la ligne médiane y acquéraient une épaisseur, une résistance et une solidité suffisantes pour l'obturation et le rétablissement fonctionnel des deux cavités naso-buccales. Dans les opérations subséquentes, M. Sédillot aurait employé le périoste qui s'était renfermé sur les os auxquels on avait enlevé les lambeaux de périoste ancien, et il aurait obtenu des résultats beaucoup plus merveilleux encore.

— M. Flourens, à l'occasion de cette communication, prend la parole et répète, pour la centième fois au moins, qu'il a le premier appelé l'attention des chirurgiens sur cette propriété du périoste de reproduire les os.

— De la pellagre dans les hospices d'aliénés; par MM. LABITTE et PAIN, médecins de l'asile d'aliénés de Clermont (Oise), à l'occasion d'une communication de M. Landouzy. — « Dans sa note du 19 octobre courant, M. Landouzy soutient : 1° que la pellagre est rare dans les asiles d'aliénés ; 2° quelle doit être attribuée, quand on l'y rencontre, non pas à l'aliénation mentale, mais aux mauvaises conditions d'hygiène et d'alimentation agissant sur les aliénés indigents comme sur les indigents non aliénés.

Nous soutenons au contraire, avec M. Billot : 1° que l'aliénation mentale, en apportant un trouble profond dans les actes de la nutrition, produit un état spécial de cachexie qui se traduit par plusieurs symptômes : diarrhée, émaciation, etc. ; 2° que la pellagre n'est qu'une conséquence de l'altération générale de l'organisme, qu'une des manifestations de l'état cachectique. » — Hippocrate dit oui, mais Galien dit non. Cela arrive souvent en médecine.

— De la non-existence du wasium comme corps simple ; par M. S. Nicklès. — « Les propriétés que M. Bahr signale comme caractéristiques du nouveau métal n'offrent, selon nous, aucune particularité nouvelle ; de leur examen résulte, au contraire, la conviction que la wasine, loin de recéler un corps simple nouveau, n'est qu'un oxyde complexe dont les éléments sont connus : c'est de l'yttria colorée par un peu d'oxyde de didyme ou d'oxyde de terbium. »

— Sur les anciens vitraux colorés des églises et sur les précautions à prendre pour les nettoyer ; par M. Bontemps. — « Le nettoyage des anciens vitraux, dit M. Bontemps, un de nos artistes verriers les plus instruits, ne doit être opéré qu'avec de grandes précautions. Quoique les traits noirs tracés sur les verres de couleur des vitraux des xiiᵉ et xiiiᵉ siècles soient généralement assez bien vitrifiés, il s'en trouve cependant parfois qui ont subi tellement peu l'action du feu, qu'ils peuvent être enlevés avec l'ongle seulement ; j'invoquerai à cet égard le témoignage de M. Viollet-Leduc, de M. Boesvilwald, qui se sont tant occupés de vitraux. Il ne serait donc pas sans danger de laver ces anciens vitraux avec l'acide chlorhydrique (l'acide pur marque 25 degrés, et M. Chevreul l'a prescrit à 4°) ou autre, qui pourrait effacer complétement des traits qui ont résisté à l'action de tant de siècles.

« Le savant administrateur de la manufacture de Sèvres (M. Regnault) a dit, à l'occasion de cette discussion, que ce qui fait la différence entre les anciens vitraux et les modernes, c'est le progrès même des verriers ; que le verre ancien était grossier, plein de rugosités qui produisent un effet très-artistique, et qu'il avait en raison de cela proposé à la manufacture de Sèvres l'usage de verre moulé. Je prendrai la liberté de faire observer :

« 1° Que les vitraux des xvᵉ et xviᵉ siècles, qui sont considérés généralement comme des chefs-d'œuvre, les vitraux, par exemple, de la chapelle de Vincennes, ceux de la chapelle de la Vierge dans l'église Saint-Gervais, les vitraux de Saint-Godard de Rouen, de Champigny, et tant d'autres, étaient composés de verres de couleur aussi transparents, aussi exempts d'impuretés que les verres que l'on fabrique aujourd'hui ;

« 2° Que si les vitraux des xiiᵉ, xiiiᵉ et xivᵉ siècles étaient composés de verres de couleur moins bien affinés, moins bien soufflés que les nôtres, ce n'est pas à ces imperfections que ces vitraux doivent leur merveilleux effet ; car lorsqu'un peintre verrier veut faire une copie exacte d'un ancien vitrail, il arrive avec les verres de fabrication récente à un *fac-simile* que l'on peut confondre avec l'original ; et toutefois, quand il s'agit de composer et de produire un autre vitrail du même style, on ne retrouve que bien rarement dans cette production nouvelle l'harmonie générale, le charme de composition des anciens. Ce n'est pas à la différence des matériaux qu'il faut en attribuer la cause, mais à l'inhabileté de l'artiste, qui ne possède pas au même degré que les anciens peintres verriers le génie décoratif appliqué à l'art spécial des vitraux. Ces anciens peintres verriers avaient le sens intime de la loi du contraste des couleurs, si savamment développée de nos jours par M. Chevreul, et ils produisaient des chefs-d'œuvre, non pas à cause de l'imperfection des matériaux, mais pour ainsi dire malgré cette imperfection. On a fait de nos jours quelques essais de vitraux composés de verres de couleur moulés, et je dois dire que ces essais ne sont que la confirmation de l'opinion que je soumets à l'Académie. »

— Cas de palmidactilysme se reproduisant dans une même famille pendant plusieurs générations, par M. Berigny. — Dans la première génération du point de départ, la mère avait les troisième et quatrième orteils du pied droit palmés dans toute leur longueur, tandis que les doigts des pieds et des mains de son mari se trouvaient exempts de cette anomalie.

Dans la deuxième génération, qui se compose de sept enfants issus de la première, quatre filles et trois garçons, aucun ne présente l'anomalie de leur mère.

Dans la troisième génération, l'une des filles met au monde, entre autres enfants, une fille, l'aînée, dont le médius et l'annulaire de la main droite sont palmés comme ceux des orteils de sa grand'mère. Une autre sœur a aussi, au nombre de ses enfants, une fille et un garçon portant tous deux à la main droite le médius et l'annulaire palmés. Sur trois garçons, frères des deux filles précitées, un seul a, sur cinq enfants du sexe masculin, l'aîné de ses garçons qui vient au monde avec les doigts semblables à ceux de sa cousine et de son cousin.

Voilà donc quatre enfants de la troisième génération qui héritent de la digitation anormale de leur aïeule maternelle.

Dans la quatrième génération, l'un des arrière-petits-enfants, l'aîné des garçons, qui a aussi une soudure du médius et de l'annulaire de la main droite, est à son tour père de deux filles jumelles, dont l'une reproduit au pied droit l'anomalie des deux orteils de sa bisaïeule, et d'un garçon qui présente à la main droite le même phénomène que celui de son père.

Ces faits me paraissent curieux, en ce sens, d'abord, qu'il existe une lacune complète de cette anomalie congéniale entre la première et la seconde génération; ensuite, parce que cette infirmité est représentée par les enfants aînés; enfin parce que l'extrémité des membres droits présente constamment cette anomalie.

— Note en réponse à des observations critiques présentées à l'Académie par MM. Pouchet, Joly et Musset, dans la séance du 21 septembre dernier (voir le *Moniteur scientifique*, livr. 163, p. 760); par M. Pasteur. — Dans mon mémoire sur la doctrine des générations spontanées, j'affirme « qu'il est toujours possible de prélever, en un lieu déterminé, un volume notable, mais limité, d'air ordinaire n'ayant subi aucune espèce de modification physique ou chimique, et tout à fait impropre néanmoins à provoquer une altération quelconque dans une liqueur éminemment putrescible.

« Je croyais avoir donné de cette assertion une démonstration en quelque sorte mathématique. Je trouve cependant au *compte-rendu* de la séance du 21 septembre dernier une relation d'expériences exécutées dans l'intérieur de la Maladetta (Pyrénées d'Espagne), par MM. Pouchet, Joly et Musset, qui réfute, au dire de mes persévérants contradicteurs, l'opinion que je viens de rappeler. »

« Ces expériences sont de tout point pareilles à celles que j'ai exécutées moi-même sur la mer de glace, sur le Jura et au pied du premier plateau du Jura, au mois de septembre 1860. Je me félicite que ces habiles naturalistes aient pris la peine d'aller faire à la Rencluse et à la Maladetta ce que j'avais fait au mont Blanc et sur un des plateaux du Jura; et, qu'à mon exemple, comme ils le disent expressément, ils aient éloigné leurs guides, l'influence de leurs vêtements autant que possible, élevé les ballons au-dessus de leurs têtes, et chauffé la pointe avant de la briser. Tout ceci est extrait de la note à laquelle je réponds. Cependant j'ai regretté que ces messieurs aient brisé la pointe des ballons à l'aide d'une lime chauffée préalablement, au lieu d'une pince. Dans ce détail important, ils se sont séparés de ma manière d'opérer. Mon mémoire dit que j'ai brisé la pointe effilée des ballons « à l'aide d'une pince de fer, dont les longues branches venaient d'être passées dans la flamme, afin de brûler les poussières qui pourraient se trouver à leur surface et qui ne manqueraient pas d'être chassées en partie dans le ballon par la rentrée brusque de l'air. » Pour que la lime fasse l'office de la pince dont je parle, il faut de toute nécessité que la lime seule touche et brise la pointe du ballon, que le pouce et la main n'interviennent qu'à distance, parce que la main, elle, ne peut

évidemment être chauffée préalablement comme la lime ou la pince(1). Quoi qu'il en soit, on voit
bien, qu'à tout prendre, mes savants adversaires ont apporté des soins particuliers dans leurs
essais et qu'ils ont été guidés par le ferme désir de répéter minutieusement mes expériences.
Mais ce qu'ils ont omis d'appliquer, et ce n'est pas devant l'Académie des sciences qu'il sera
utile de faire remarquer l'énormité de la lacune, c'est la méthode que j'ai mise en pratique.
Et, en effet, MM. Pouchet, Joly et Musset ont ouvert quatre ballons à la Rencluse et à la
Maladetta. Or, j'en avais ouvert vingt sur la mer de glace, vingt sur le Jura, vingt au sud du
Jura, ainsi que mon mémoire en témoigne ; et s'il n'y avait pas une grande difficulté à transporter une multitude de ballons vides d'air, à pointe effilée, depuis Paris jusque dans ces trois
localités, j'en aurais ouvert cinquante ou cent à chacune de ces stations. Qui ne voit, en
effet, que toute la méthode est là ; que voulais-je démontrer? Entre autres choses, que dans
l'air atmosphérique d'une localité quelconque, ici il y a des germes, à côté il n'y en a pas,
plus loin il y en a encore ; qu'il n'y a donc pas dans l'atmosphère continuité de la cause des
générations dites spontanées, et qu'enfin, c'est une opinion entièrement erronée, que la plus
petite quantité d'air commun soit capable de déterminer dans des infusions le développement
de toutes sortes de mucédinées ou d'infusoires. Pour établir ces faits, si durs à la doctrine
des générations spontanées, et qui viennent de conduire ses partisans à la Maladetta dans le
vain espoir de les réfuter, ma méthode consiste à prélever dans une localité quelconque un
certain nombre de volumes d'air et à en étudier l'action sur les infusions. Mais une conclusion
de quelque valeur n'est possible qu'à condition de répéter l'expérience un assez grand nombre
de fois pour que le hasard n'amène pas des résultats, soit tous négatifs, soit tous positifs. J'ai
ouvert vingt ballons sur le Jura, et cinq m'ont présenté des productions organisées. Supposons que j'aie commis la faute de MM. Pouchet, Joly et Musset de n'en ouvrir que quatre,
j'aurais pu tomber sur quatre de ces cinq ballons qui m'ont offert des productions et conséquemment être porté à penser que l'air sur le Jura est toujours fécond ; tandis que, ayant eu
quinze ballons qui n'ont rien d'organisé et cinq avec moisissure ou infusoires, j'ai pu dire avec
une certitude, ne laissant pas la moindre place au doute, « que l'on peut prélever sur le Jura
des volumes notables, mais limités, d'air n'ayant subi aucune espèce de modification physique
ou chimique, et tout à fait impropre néanmoins à provoquer une altération quelconque dans
un liquide éminemment putrescible. »

Le lecteur attentif verra que je ne profite même pas dans cette discussion de l'avantage que
me donnent mes contradicteurs en ne parlant de mucédinées ou d'infusoires que pour quatre
de leurs ballons sur huit, circonstance qui établit que les résultats qu'on m'oppose confirment
les miens. Tant que MM. Pouchet, Joly et Musset ne pourront pas affirmer *qu'en ouvrant dans
une localité quelconque un certain nombre de matras, vingt, par exemple, préparés exactement avec
les prescriptions de mon mémoire, il n'y en a pas qui se conservent intacts, et que tous s'altèrent,*
ils ne feront que confirmer l'exactitude parfaite de l'assertion de mon mémoire qu'ils prétendent réfuter. Or, je mets au défi que l'on produise un pareil résultat. En résumé, voilà un
exemple nouveau à ajouter à tant d'autres dans la liste des causes des erreurs scientifiques
où nous voyons que tout en s'efforçant de reproduire et de critiquer les expériences d'un
auteur, on peut ne pas comprendre du tout sa méthode d'expérimentation et croire même
qu'on le réfute, quand on ne fait que confirmer les principes qu'il a établis.

(1) J'ai regretté également de trouver dans la note de MM. Pouchet, Joly et Musset l'indication suivante :
« Nous prîmes le soin d'agiter les ballons, de manière à rendre mousseuse la décoction de foin qui s'y trouvait contenue. Puis ces matras furent immédiatement refermés à la lampe. » C'est bien faire que d'agiter,
quoique pendant le retour les ballons seront assez secoués ; mais il faudrait agiter après avoir fermé les
ballons, et non avant, parce que les agitations brusques opèrent des déplacements et des rentrées d'air, qui,
s'ils se font à petite distance des mains et des vêtements des opérateurs, peuvent donner lieu à des causes
d'erreurs dont j'ai pu apprécier l'influence non douteuse.

Séance du 9 novembre. — Observations faites sur l'air de la cîme du mont Blanc, à 14,800 pieds d'altitude. Lettre de M. POUCHET, à l'Académie. — « Un de nos plus intrépides explorateurs des Alpes, le docteur Kolb, vient de me fournir l'occasion d'étudier l'air provenant des plus hautes cîmes de cette chaîne de montagnes.

Dans plusieurs de ses excursions au milieu de celles-ci, des guides avaient été chargés de flacons de 250 centimètres cubes de capacité, qui, à l'aide de précautions dont le détail serait trop long, avaient été remplis d'eau bouillante, afin de tuer radicalement tous les organismes qu'ils pourraient contenir (1).

Parvenu dans les endroits dont il voulait rapporter de l'air, le docteur Kolb débouchait ses flacons et y laissait rentrer ce gaz à mesure que l'eau s'écoulait (2). Aussitôt qu'un flacon en était rempli on le bouchait hermétiquement, après quoi on enduisait immédiatement son orifice d'un lut de vernis à la copale et de vermillon. Ces flacons, au nombre de quatre, furent expédiés à Rouen immédiatement après la descente du voyageur, et ils y arrivèrent tous parfaitement bouchés.

Deux des flacons contenant de l'air pris à la cîme du mont Blanc furent renversés et débouchés dans une décoction de trèfle commun ayant subi une ébullition d'une heure et encore presque bouillante. Le liquide, en s'y précipitant de bas en haut, démontra que ces flacons avaient été hermétiquement clos, l'air qu'ils contenaient ayant conservé toute sa raréfaction.

Après avoir rebouché ces flacons sous le liquide chaud, on en plongea le goulot dans du mercure porté à la température de 160 degrés pendant une heure.

Le troisième jour, la décoction, qui occupait environ le tiers des vases, se troubla, et il était évident qu'il s'y produisait des infusoires. Observée au microscope, on la trouva remplie de monades vivantes, d'une grosseur moyenne entre le *Monas lens* et le *Monas crepusculum*, de *Spirillum* et de Bactéries. On y observa aussi quelques Amibes immobiles.

Un flacon d'air pris sur le sommet du Buet, à une altitude de 9,500 pieds, et rempli en partie de la même macération, donna des produits absolument analogues.

Dans quelques centimètres d'air provenant des sommets du mont Rose, j'ai vu se produire des Monades et des Vibrions.

Ces expériences sur l'air du mont Blanc et de quelques autres points culminants des Alpes viennent encore démontrer que, quel que soit le lieu ou l'altitude d'où provienne celui-ci, *constamment* il est apte à produire des animalcules vivants, ce que viennent encore de prouver les dernières expériences entreprises sur la Maladetta, par MM. Joly, Musset et moi. Cependant, dans toutes ces altitudes considérables, comme je le démontrerai par de nouvelles observations, on reconnaît que l'air est presque totalement dépouillé de corpuscules organiques. Son étude et l'examen de la neige le démontrent évidemment. On n'y découvre ni œufs ni spores. »

— Sur les fonctions à sept lettres; par M. HERMITE. — Dans cette Note, l'auteur étudie les substitutions entre sept quantités indépendantes ; il introduit une notation abrégée pour représenter les substitutions, et il montre qu'on arrive à quelques résultats intéressants, au moins à l'égard des fonctions de sept lettres, en prenant pour symboles de distinction, au lieu des indices $0, 1, 2 \ldots p - 1$, un système de résidus suivant le module p. Quelques-uns

(1) Ces flacons, qui bouchaient parfaitement à l'émeri, avaient un goulot très-étroit. Tous avaient séjourné dans l'eau bouillante pendant plus de 45 minutes après en avoir été remplis, et avant d'être enfin bouchés hermétiquement.

(2) Poussant les précautions jusqu'à l'excès, avant de déboucher ses flacons, le docteur Kolb avait eu le soin de faire éloigner tous ses guides, et lui-même d'en tenir constamment l'ouverture du côté d'où venait le vent, de façon qu'aucun corpuscule provenant, soit de lui, soit de ses compagnons, ne pût s'y introduire.

de ces résultats avaient été déjà trouvés, d'une autre manière, par MM. Betti, Brioschi et Kronecker.

— Pyramide de Villejuif. Rapport de M. LE VERRIER. Les pyramides de Villejuif et de Juvisy marquaient les extrémités de la base mesurée par l'Académie en 1756, afin de vérifier l'ancienne base de Picart (de 1670). Cette vérification s'était faite indirectement, par la distance de la tour de Monthléry au moulin de Brie-Comte-Robert, que l'Académie avait trouvée de 13,108 toises, plus petite de 13 toises que d'après Picart. On se rappelle qu'un propriétaire avait sommé M. Le Verrier de faire enlever la pyramide de Villejuif; mais M. Le Verrier a retrouvé l'acte de vente du 7 juin 1741, par lequel l'Académie a acquis six perches de terrain pour y élever la pyramide en question. Elle est donc en règle avec la loi, et on prendra les mesures nécessaires pour la restauration et la conservation de ces pyramides.

— Application de la théorie mécanique de la chaleur à la discussion des expériences de M. Regnault sur la compressibilité des gaz ; par M. A. DUPRÉ. — L'auteur a démontré, il y a longtemps, que, lorsque la température demeure constante, les volumes ne sont inversement proportionnels aux pressions qu'après qu'on les a augmentés d'une quantité constante c qui les complète et que M. Dupré appelle *covolume* ; c'est ce qui résulte de la relation

$$\frac{p}{760} \cdot \frac{v + c}{1 + c} = 1 + at.$$

La valeur de c, toujours très-petite, n'a pu être encore fixée que pour un petit nombre de gaz, parce que les expériences sont sujettes à certaines causes d'erreur. M. Dupré a trouvé, pour l'acide carbonique, $c = 0.0071$; pour l'hydrogène, 0.00055. Les chiffres 0.0012, 0.00175, 0.0020, 0.0064, trouvés pour l'air, l'oxygène, l'oxyde de carbone et le protoxyde d'azote, sont beaucoup moins certains.

— Sur les intégrales aux différences finies ; par M. FÉDOR THOMAN. — L'auteur comble une lacune dans les formules générales concernant cette branche de l'analyse, en établissant la loi des termes du développement de $\Sigma^n y$, par un calcul très-simple, au moyen des nombres de Bernoulli.

— Sur les raies du spectre solaire ultra-violet ; par M. MASCART. — L'auteur a dessiné les raies de la région la plus réfrangible du spectre, en faisant usage d'un prisme en quartz, taillé parallèlement à l'axe, et d'un goniomètre à collimateur, munis de deux lentilles en quartz, système dépourvu d'achromatisme, ce qui n'a d'autre influence que de nécessiter un grand changement dans la mise au point de l'oculaire entre deux régions différentes du spectre. La région invisible est photographiée au moyen d'un oculaire qui remplace le premier oculaire et qui porte une plaque collodionnée. Dans l'espace compris depuis la raie H jusqu'à S, M. Mascart a ainsi obtenu 280 raies. On pourra désormais comparer ces raies avec les raies *chimiques* brillantes des flammes colorées, et en mesurer les longueurs d'onde.

— Résultat d'une enquête suivie dans cinquante-sept asiles, sur les cas de pellagre consécutive à l'aliénation mentale ; par M. BILLOD.

— Sur les inconvénients et les dangers des cautérisations intra-utérines profondes ; par M. NONAT. — Dans la séance du 12 octobre dernier, M. le professeur Courty (de Montpellier) a communiqué à l'Académie des sciences une *Note sur l'innocuité et sur l'efficacité de la cautérisation des cavités utérines.*

On est surpris, en lisant ce travail, des succès si nombreux et si constants annoncés par l'auteur. Il affirme, en effet, n'avoir jamais vu survenir aucun accident, ni primitif, ni secondaire, dans trois cents cas de cautérisation de la cavité de l'utérus, non plus que dans cinq cents observations de leucorrhée chronique ou de granulations intrautérines traitées au moyen du crayon de nitrate d'argent laissé à demeure dans la cavité de la matrice.

Nous sommes obligé de convenir que ces deux modes de cautérisation de l'utérus sont loin d'avoir fourni des résultats aussi avantageux à Paris qu'à Montpellier. Je pourrais citer ici plusieurs faits empruntés, soit à ma pratique, soit à celle de confrères très-distingués, particulièrement de Chomel et Aran, de MM. Richet, Jobert (de Lamballe), Demarquay, Leudet, etc., qui témoignent des dangers que peut entraîner la cautérisation énergique et profonde des cavités utérines, telle que la préconise M. Courty.

Il est incontestable que des rétrécissements et même des oblitérations du conduit utérin peuvent être la conséquence de la cautérisation avec le fer rouge ou de la cautérisation au nitrate d'argent fondu abandonné dans la cavité utérine, suivant le procédé de M. Richet (car ce chirurgien avait employé ce mode de cautérisation dès l'année 1850, c'est-à-dire bien avant M. Courty). Mais un accident plus fréquent et plus redoutable encore, c'est la production d'une métro-péritonite ou de phlegmasies péri-utérines suraiguës pouvant amener la suppuration et la mort. M. Courty n'a même pas signalé l'éventualité de ces funestes complications ; et ses conclusions, trop optimistes, sont de nature à inspirer une sécurité dangereuse à ceux qui seraient tentés de l'imiter.

Une longue expérience m'a démontré combien il est essentiel de se défier de la prétendue innocuité des cautérisations intra-utérines profondes, de se garder d'abuser de cette pratique et de n'y avoir recours qu'à bon escient et avec la plus grande circonspection.

— De l'influence des flux sur la composition des fontes manganésifères ; par M. CARON. — L'auteur promet une suite à ces recherches et espère que, bien que ses résultats ne soient encore que des expériences de laboratoire, elles pourront avoir plus tard quelque utilité dans le travail des hauts-fourneaux.

— Expériences nouvelles pour constater l'électricité du sang et en mesurer la force électromotrice ; par M. H. SCOUTETTEN.

— Action de l'oxygène sur le vin. Note de M. BERTHELOT. — Nous publierons cette note à la suite de celle de M. Bechamp et la renvoyons à nos *Comptes-rendus de chimie*, afin de la publier *in extenso*.

— Sur l'oxydation des alcools ; par M. BERTHELOT. — Dans cette note, l'auteur examine l'oxydation obtenue à l'aide de l'acide chromique sur les alcools dérivés de l'amylène, de l'hexylène, de l'acétone et du propylène.

— Sur le principe toxique du *Coriaria myrtifolia* (redoul) ; par M. J. RIBAN. — Le redoul doit ses propriétés vénéneuses à un glucoside, la coriamyrtine, qui détermine des convulsions semblables à celles que produit la plante elle-même. Les effets sont énergiques : 0 gr., 2 de substance, administrés à un chien de forte taille et rejetés en partie et presque aussitôt par les vomissements, ont produit des convulsions horribles au bout de vingt minutes, et la mort en une heure quinze minutes. Pour obtenir une action violente et rapide sur les lapins, 0 gr. 08 environ suffisent. Une injection souscutanée contenant 0 gr., 02 de substance tue un lapin en vingt-cinq minutes.

— M. PELOUZE présente au nom de M. VIOLETTE, commissaire des poudres et salpêtres, son Mémoire imprimé sur la Raffinerie impériale de salpêtre de Lille. Nous avons reçu aussi cette brochure et en remercions l'auteur. Nous pensons pouvoir en extraire quelque jour une notice intéressante et utile pour nos abonnés manufacturiers.

— M. Chevreul, au sujet de la lettre de M. Bontemps, fait observer que l'auteur lui fait dire qu'il emploie l'acide chlorydrique pour nettoyer les vitraux, sans ajouter l'acide à 4 degrés. Nous avons fait nous-même cette observation en reproduisant la note de M. Bontemps.

— Recherches nouvelles sur la conservation des matériaux de construction et d'ornementations ; par M. F. KUHLMANN. — L'auteur ajoute un septième chapitre très-long aux six premiers que nous avons publiés. (Livr. 161, p. 653.) Nous ferons en sorte de le publier avant la fin de l'année, afin de ne pas le séparer du tome V de notre journal.

— Étude sur les tungstates et sur l'équivalent du tungstène ; par M. J. PERSOZ. — Par suite des expériences qu'il a poursuivies pendant plusieurs années sur les divers composés du tungstène, l'auteur a été conduit à admettre qu'il fallait modifier la formule de l'acide tungstique, et par conséquent l'équivalent attribué jusqu'à présent à ce corps simple.

— Composition organophytogénique des feuilles; par M. Ch. FERMOND (suite).

— Faits d'anatomie générale et de physiologie observés sur les cytinées. Nutrition et respiration des plantes parasites; par M. CHATIN. — Les recherches auxquelles je me suis livré sur les plantes de l'ordre des cytinées, dit M. Chatin, n'intéressent pas seulement leur classification, la morphologie et la tératologie, mais aussi l'anatomie générale et la physiologie. Je viens aujourd'hui soumettre à l'Académie celles de mes observations relatives à ces dernières. Voici les observations qui se rapportent à la physiologie :

Mes recherches, en ce qui concerne la physiologie, se rapportent à deux fonctions importantes, la nutrition et la respiration.

On croit encore assez généralement que les végétaux parasites tirent de leurs nourrices un aliment qu'ils n'ont plus qu'à s'assimiler pour leur développement, sans avoir à lui faire subir une nouvelle élaboration. De là cette croyance que les parasites partagent les qualités diverses des espèces nourricières. Mes observations, faites tant sur les cytinées que sur les orobanchées et les loranthacées, sont peu favorables à cette manière de voir.

On cite le gui (*viscum album*) comme étant plus riche en tannin quand il croît sur le chêne que lorsqu'il vit sur le peuplier (*populus*), le pommier (*malus*), etc.; mais telle est l'inexactitude de cette assertion, que, suivant mes observations, le gui du chêne ne contient même pas la plus faible trace de vrai tannin, ou tannin gallique.

Quant au *loranthus* venu sur le *strychnos*, et qui partagerait les propriétés toxiques de celui-ci, les expériences que j'ai faites ne s'accordent point avec celles antérieurement publiées.

L'*hydnora* est recherché comme aliment par les Africains, et cependant il croît sur des euphorbes dont le suc âcre est un poison. Les sucs rouges et doucement astringents du *cytinus* ne se retrouvent pas dans le ciste, sa nourrice; ainsi encore, les qualités narcotiques du chanvre (*cannabis*) n'existent aucunement dans l'orobanche qui vit sur lui en parasite, et qui contient, au contraire, dans les utricules de son parenchyme, des gouttelettes oléo-résineuses qui manquent au chanvre.

Les pédiculariées noircissent en séchant, en raison de la nature spéciale de leurs sucs; mais jamais rien de semblable ne se produit sur les espèces qui les nourrissent.

Il est facile de multiplier les faits de cet ordre; mais ceux que j'ai cités suffisent à établir que les plantes parasites élaborent, changent profondément la séve puisée par elles dans leurs nourrices. (Renvoi à la section de botanique.)

NOUVELLES.

A partir de l'année 1864, le *Répertoire de chimie appliquée, dirigé* par M. Barreswil (Bw), cesse de paraître, ou, ce qui est plus exact, se trouve *annexé* à la *Chimie des glycoles* de M. Wurtz, dite chimie pure, ainsi nommée parce qu'elle est remplie de formules et qu'elle coûte fort cher à imprimer. La partie chimique manufacturière, que M. Barreswil laissait rédiger par ses collaborateurs, paraîtra à l'avenir sous la censure d'un comité de rédacteurs choisis parmi les *chimistes les plus purs* qui composent la *Société de chimie pure*. Ainsi disparaît sans bruit un recueil qui devait ouvrir des horizons nouveaux à l'industrie, et qui n'a rien ouvert du tout; c'est du moins l'avis de ceux qui s'y étaient abonnés.

Les manufacturiers sont donc bien avertis : à partir de 1864, les travaux sur les couleurs d'aniline, que le *Moniteur scientifique* va reprendre avec plus de soin que jamais, soit en reproduisant *in extenso* le rapport si complet de M. Hofmann, qui fait l'histoire de ces produits si curieux, soit par les nouveaux résumés que nous prépare M Kopp, afin de mettre nos lecteurs au courant de tout ce qui s'est fait, depuis un an, un peu partout, ces travaux et bien d'autres, utiles aux industriels, ne se trouveront plus que dans *le Moniteur scientifique*.

La Société d'encouragement a procédé, dans sa dernière réuion, à la nomination de son agent général, en remplacement de M. Delacroix, décédé. M. Trébuchet a été choisi.

Nous croyons que la Société d'encouragement ne pouvait faire un meilleur choix. M. Trébuchet n'est pas de la première jeunesse, il est vrai, mais il est d'une bienveillance, d'une affabilité et d'une politesse si grandes que seul il pourra faire oublier M. Delacroix.

Espérons que M. Trébuchet, qui est un homme d'initiative, donnera à la Société de bons conseils, et qu'elle les suivra. Il y en aurait un excellent à donner à cette célèbre et si utile Société, qui nous paraît dans un état anémique assez avancé, ce serait de l'engager à prier M. Dumas d'aller présider ailleurs et de céder sa place à un homme moins occupé que lui et plus au courant des besoins de l'industrie.

M. Dumas, tout le monde s'accorde à le dire, tue la Société d'encouragement. *L'aimable abbé*, comme l'appelle M. Pouchet, en est convaincu, et il nous le disait encore dimanche dernier.

Retirez-vous, Monsieur Dumas, ce seront les plus belles étrennes que vous pourrez faire à ceux que vous présidez, et surtout à l'industrie.

M. Michel Chevalier, qui a pris une part si active à la conclusion du traité de commerce entre la France et l'Angleterre, a adressé la lettre suivante à M. B. Maffie, de Liverpool. Cette lettre est reproduite par les journaux anglais, d'où nous l'extrayons.

« Lodève, 16 novembre 1863.

« Mon cher Monsieur, vous m'avez fait une communication intéressante relativement aux brevets d'invention. Le système de brevets tel qu'il existe dans les contrées où il est établi est un monopole, un outrage à la liberté et à l'industrie ; il a des conséquences désastreuses dans certains cas ; il peut arrêter l'exportation et même la consommation à l'intérieur, parce qu'il place les manufacturiers qui travaillent dans un pays où existe le brevet dans un grand désavantage vis-à-vis de ceux qui vivent dans les contrées telles que la Suisse, où les brevets sont interdits par la loi.

« La pratique et l'expérience, les suprêmes autorités dans ce monde, prouvent chaque jour, particulièrement en France, que ce système est funeste à l'industrie. Ce qu'on pourrait lui substituer, c'est un système de récompenses soit nationales, soit européennes, tel que vous le proposez. Tous les amis du progrès industriel et social doivent unir leurs efforts pour délivrer l'industrie d'entraves, restes surannés du passé. Les brevets doivent disparaître des premiers.

« Je suis, etc.,   Michel CHEVALIER. »

Par décrets en date du 22 novembre 1863, rendus sur la proposition du ministre de l'instruction publique, MM. Gratiolet (Pierre) et Jamin (Jules-Célestin), docteurs ès-sciences, ont été nommés professeurs à la Faculté des sciences de Paris, le premier à la chaire d'anatomie, de physiologie comparée et de zoologie ; le second à la chaire de physique.

Par décret du même jour, M. Baillon, docteur ès-sciences, professeur d'histoire naturelle médicale à la Faculté de médecine de Paris.

Table des Matières contenues dans la 167ᵐᵉ Livraison du 1ᵉʳ décembre 1863.

27696   PARIS. — Typographie de RENOU et MAULDE, rue de Rivoli, nᵒ 144.

RECHERCHES PHOTOCHIMIQUES.

Par MM. R.-W. Bunsen et H.-E. Roscoe.

(Analyse par M. R. Radau.)

Suite et fin. — Voir *Moniteur scientifique*, Livraison 152 et 167.

Nous donnons aujourd'hui, ainsi que nous l'avons annoncé dans la dernière livraison, l'analyse du sixième mémoire de MM. Bunsen et Roscoe sur la photochimie, daté du 25 septembre 1862. Les recherches qu'il renferme ont été exécutées de 1860 à 1862. Dans notre livraison du 1er octobre, p. 738, nous avons déjà donné une sorte d'introduction à cet important travail.

Photométrie météorologique. — L'action chimique des rayons du soleil et de la lumière diffuse du jour varie beaucoup suivant le temps et le lieu où elle s'exerce. Elle forme un élément important dans l'enchaînement des phénomènes physiques par lesquels les règnes organiques sont en rapport avec la nature inanimée.

Jusqu'ici, MM. Bunsen et Roscoe n'ont considéré la distribution de ces effets à la surface du globe que dans l'hypothèse d'une atmosphère tout à fait pure. Les méthodes qu'ils ont suivies dans ces expériences cessent d'être applicables dès qu'il s'agit de déterminer le climat photochimique dans le cas bien plus fréquent où l'atmosphère est chargée de brouillards et de nuages. Il a donc fallu songer à un autre moyen d'expérimentation.

Malgré le grand nombre de tentatives infructueuses qui ont été faites pour mesurer l'intensité de la lumière par l'effet qu'elle produit sur du papier sensibilisé, les auteurs ont pensé que leur but pouvait s'atteindre en dirigeant leurs efforts de ce côté. Des essais de mesures photographiques de ce genre ont été faites, il y a vingt ans, par M. Jordan, et plus récemment par MM. Hunt, Herschel (1), Claudet (2) et d'autres. Mais tous les instruments basés sur un pareil principe doivent nécessairement conduire à des résultats illusoires, tant qu'on n'aura pas réussi à préparer un papier de sensibilité constante et à découvrir une loi qui lie la teinte obtenue au temps d'exposition et à l'intensité de la lumière.

La question qu'il fallait vider tout d'abord était donc celle de savoir si la teinte produite est proportionnelle, entre des limites assez étendues, à la quantité de lumière réçue. L'intensité de la teinte fut mesurée par un disque tournant, composé de secteurs blancs et noirs en proportion variable. Quand les 2, 3, 4 dixièmes de la surface du disque étaient noirs, sa rotation donnait les teintes désignées par 0.2, 0.3, 0.4, etc., et on les comparait à la teinte du papier noirci, qui était fixé au centre du disque. Dès les premières expériences, on put se convaincre que dans le cas d'une teinte très-claire, l'œil apprécie parfaitement de très-légères différences d'intensité, mais que cette estime comparative n'est plus possible pour des teintes foncées. En second lieu, il fut constaté que la teinte du papier sensibilisé n'est nullement proportionnelle à la quantité de lumière qui l'a produite. Ainsi, par exemple, les quantités de lumière qui différaient dans le rapport de 5 à 1, ont donné les teintes 0.50 et 0.22. Il a donc fallu renoncer entièrement à toute méthode fondée sur la comparaison de teintes *différentes*.

Restait à voir si des teintes *identiques*, mais produites par des intensités lumineuses différentes et en temps inégaux, ne pourraient pas offrir un moyen sûr d'apprécier l'effet chimique d'une lumière donnée, en supposant que les temps d'exposition nécessaires pour produire des teintes égales fussent en raison inverse des intensités lumineuses, ou, ce qui revient au même, que des produits égaux du temps d'exposition et de l'intensité donnassent une teinte de même vigueur. Cette proposition, énoncée il y a longtemps par M. Malaguti (3)

(1) *Philosoph. Transact.*, 1840, p. 46.
(2) *Philos. Magazine*, 3e sér., vol. XXXIII, p. 329.
(3) *Annales de chim. et de phys.*, 62, p. 5.

sous forme d'hypothèse, a été vérifiée dans ces derniers temps par M. Hankel (1), dans les
limites assez étroites d'une intensité variant dans le rapport de 1 à 2.5. Pour s'assurer de sa
généralité dans des limites moins restreintes, il était d'abord nécessaire de pouvoir mesurer
avec une grande précision des durées d'exposition très-courtes et de fixer avec certitude le
teinte identique à une teinte donnée. Voici comment les deux habiles expérimentateurs ont
satisfait à cette double condition.

La tige d'un pendule prolongée au delà du couteau de suspension se termine en un tambour circulaire, auquel est fixé l'extrémité d'une lame très-mince de mica noirci, à laquelle le
pendule imprime un mouvement de va-et-vient, la faisant glisser sur une plaque de métal
horizontale, percée d'une fente que l'écran de mica couvre et découvre alternativement. Sous
cette fente on place une feuille de papier sensibilisé qui, ainsi, se trouve exposée à la lumière
pendant un temps variable d'un point à l'autre de sa longueur.

Le papier sensibilisé est toujours collé sur un tiroir métallique, recouvert de papier blanc,
qui glisse dans une rainure ou coulisse sous le tablier horizontal qui porte la fente. On le
couvre en outre d'un écran noir qui n'arrive pas au contact du papier, et qu'on retire lorsqu'on veut commencer l'expérience; en même temps, une vis permet de presser le papier
contre les bords très-minces de la fente, afin d'écarter toute lumière latérale. On dégage le
pendule à la main, par un système de déclic où il s'engage de nouveau lorsqu'il revient à sa
position primitive. Si l'on veut doubler, tripler le temps d'exposition, on n'a qu'à répéter
deux, trois fois la même manœuvre.

La fente a une largeur de 15 et une longueur de 190 millim., elle est parallèle au plan
d'oscillation du pendule, et porte sur l'un de ses bords une division qui commence à l'extrémité de la fente éloignée du pendule.

Voici maintenant comment se trouve le temps d'exposition de chaque point de la fente,
pendant la durée d'une oscillation complète du pendule, durée qui est d'une seconde et
demie. Quand le balancier est en repos, c'est-à-dire retenu par son extrémité inférieure dans le
déclic ou levier à crochet dont nous avons parlé, l'écran de mica noirci couvre toute la fente
et la dépasse de 20 millimètres. Quand le balancier se trouve dans sa position d'équilibre,
c'est-à-dire dans la verticale, l'écran couvre encore une longueur de 105 millim. de la fente,
et laisse à découvert le reste, c'est-à-dire 85 millimètres. Entre la position verticale et l'écart
extrême du pendule, l'écran se déplace donc de $20 + 85 = 105$ millimètres. Cette quantité
représente l'amplitude de l'oscillation, puisque la bande de mica s'enroule sur le tambour du
pendule, de sorte que son extrémité libre se déplace toujours d'une quantité égale à l'arc
d'oscillation.

Supposons maintenant qu'on dégage le pendule en touchant le déclic : le mica recule de
105 millimètres pendant la première moitié d'une oscillation simple et découvre ainsi 85 mil·
limètres de la fente; puis, le pendule ayant dépassé la verticale, le mica recule encore de
105 millimètres jusqu'au moment où le pendule atteint son écart extrême, et achève de découvrir toute la longueur de la fente. A partir de cet instant, le pendule et l'écran dont il
commande le mouvement reviennent vers leurs positions primitives, et le mica, après avoir
couvert la fente, s'avance encore de 20 millimètres pour s'arrêter ensuite avec le pendule.

Désignons par u la distance du pendule, ou plutôt de l'écran de mica, à la position d'équilibre, t secondes après que le mouvement a commencé; alors nous aurons, d'après la loi
connue des oscillations,

$$u = 105 \cdot \cos\left(\frac{t}{T}\pi\right),$$

où T est la durée d'une oscillation simple, égale à 3/4 de seconde. Le pendule mettra

<hr>

(1) *Sur l'absorption des rayons chimiques du soleil.* Mémoire de la Société royale des sciences de Saxe;
Leipzig, 1862, vol. IX, p. 55.

(T — t) secondes pour atteindre son écart extrême du côté opposé, puis autant pour revenir à la même position, ou à la distance u. Le point de la fente où l'écran arrivera à ce moment aura donc été à jour pendant deux fois (T — t) secondes, et nous avons

$$2\,(T - t) = 2\,T - \frac{2T}{\pi} \, . \, \text{arc cos}\,\frac{u}{105}.$$

En appelant x la distance d'un point donné à l'extrémité de la fente qui se découvre la première lorsque le balancier part, et qui est à 85 millimètres de la position d'équilibre, on a $x + u = 85$; de plus, $2\,T = 1.5$; la durée d'exposition d'un point qui correspond à la division x du bord de la fente se trouve ainsi, pour une oscillation complète, égale à

$$1.5 \left(1 - \frac{1}{\pi} \, \text{arc cos}\,\frac{85 - x}{105}\right).$$

Une table calculée à l'aide de cette formule fort simple donne, par exemple,

pour $x =$		une durée de
0^{mm}	...	1^s .200
15		1 .100
32		1 .003
52		0 .903
74		0 .800
85		0 .750
96		0 .700
117		0 .603
137		0 .502
155		0 .401
170		0 .300
181		0 .198
188		0 .100
190		0 .000

En exposant dans l'appareil à pendule une feuille de papier sensibilisé à l'action de la lumière, on obtient une gamme de teintes uniformément dégradées, et la table dont il s'agit donne pour chacune de ces teintes la durée de l'insolation, en fonction de la distance à l'une des extrémités de la fente.

Lorsqu'il s'agit de trouver le point du papier ainsi noirci où la teinte correspond exactement à celle d'un échantillon fixe, la comparaison ne saurait se faire ni à la lumière du jour ni même à celle d'une bougie ordinaire, car la plus faible lumière de cette sorte causerait une altération sensible de la teinte pendant la durée de l'observation. Quant à fixer préalablement la couche impressionnée, on n'y pouvait pas songer, car le vernis modifie la teinte d'une manière irrégulière. Cette difficulté a été vaincue, en éclairant le papier par une flamme de soude d'une intensité suffisante ; cette source de lumière est, en effet, si peu active que l'on peut exposer sans crainte du papier sensibilisé, pendant des heures entières, à ses rayons concentrés par une grande lentille. L'emploi de la flamme de soude offre encore le grand avantage de faire disparaître, par une illumination monochromatique, les petites inégalités de ton qui rendent la comparaison des surfaces noires si difficile pour notre œil.

Le papier impressionné est retiré du tiroir et collé par ses bords sur une planchette de bois, munie d'une division identique à celle de la fente, et pouvant glisser dans une rainure horizontale, derrière un morceau de bois percé d'un trou circulaire de 5 ou 6 millimètres de diamètre, dont la moitié supérieure est occupée par un échantillon de papier noirci, pendant que la moitié inférieure laisse apercevoir une partie de la feuille impressionnée qu'il s'agit de comparer avec l'échantillon. En faisant avancer et reculer la planchette qui porte cette feuille, on peut déterminer avec une grande précision le point où les deux moitiés du trou paraissent de la même teinte ; on lit alors la division de l'échelle qui correspond à ce point, et la table donne immédiatement le temps d'exposition de cette région de la bande de papier. Il importe beaucoup, pendant ces comparaisons, de regarder le trou toujours dans la même direction, qui doit être celle de la normale à la surface du papier.

Par ce procédé, on est à même de mesurer les durées d'exposition aux centièmes de seconde près ; il s'agit maintenant d'obtenir une série d'intensités lumineuses constantes et assez différentes l'une de l'autre. A cet effet, on a fait servir la lumière directe du soleil, transmise simultanément par une série de trous, à bords tranchants, dont les diamètres étaient mesurés avec soin, et qui avaient été pratiqués dans le volet d'une chambre obscure. Le papier sensibilisé était disposé perpendiculairement à la direction des rayons, et à une distance des trous telle que les diamètres apparents de ces derniers étaient plus petits que celui du soleil. Les intensités lumineuses qui correspondaient aux différentes taches obtenues simultanément dans ces conditions, devaient être simplement proportionnelles aux surfaces des trous, car leurs rapports étaient indépendants du changement de hauteur du soleil et des variations de la transparence de l'air. Quelques-unes de ces images avaient une netteté assez grande pour laisser reconnaître les principales taches solaires.

En désignant par J, J_1, J_2,..... les intensités mesurées par les surfaces des trous, et par T, T_1, T_2,.... les temps d'exposition, il correspondait à chaque épreuve un produit $J T$, $J_1 T_1$, $J_2 T_2$,...

Une autre feuille du même papier ayant été ensuite exposée à la lumière du jour dans l'appareil à pendule, on obtenait une série de teintes correspondant à des temps variables d'insolation, mais toutes à une même intensité lumineuse. Parmi ces teintes, on déterminait celles qui semblaient coïncider avec les différents tons des images solaires. A chaque teinte correspondait un produit $i t$, $i t_1$, $i t_2$,.....; en supposant donc que les produits de l'intensité lumineuse et du temps d'exposition sont égaux pour des teintes égales (ce qu'il s'agit de démontrer), on devait avoir

$$ J T = it \; ; \quad J_1 T_1 = it_1 \; ; \quad J_2 T_2 = it_2 \; ;\ldots\ldots\ldots $$

ou, ce qui revient au même, les temps t, t_1, t_2,... devaient être proportionnels aux produits $J T$, $J_1 T_1$, $J_2 T_2$,......

Deux séries d'expériences, exécutées le 8 août 1860 et le 2 août 1862, par un ciel parfaitement serein, ont très-bien vérifié cette relation présumée. Elles ont donné respectivement les équations :

$$ t = 0.1234 . J.T \; , \quad \text{et} \quad t = 0.0317 . J T \; , $$

qui ont servi à calculer une série de valeurs de t qu'on a comparées avec les valeurs observées, et l'accord a été très-satisfaisant, ainsi qu'on le voit par les exemples suivants :

Expériences du 8 août 1860 ; à 12 h. 30 m.

J	T	t observé.	t calculé.	Différence.
1.00	20ˢ	2ˢ.55	2ˢ.47	— 0ˢ.08
4.00	20	9 .92	9 .87	— 0 .05
7.47	20	18 .26	18 .44	+ 0 .18

Expériences du 2 août 1862 ; à 12 h. 10 m.

J	T	t observé.	t calculé.	Différence.
1.00	150ˢ	4ˢ.53	4ˢ.75	+ 0ˢ.22
1.71	150	8 .71	8 .13	— 0 .58
36.81	10	11 .62	11 .66	+ 0 .04
45.04	10	14 .08	14 .28	+ 0 .20

Dans ces expériences les intensités ont varié dans le rapport de 1 à 45, et cependant les écarts entre la formule et les nombres observés sont toujours de l'ordre des erreurs d'observation inévitables. On pourra donc admettre désormais la vérité de cette proposition que :

Dans des limites très-étendues, à des produits égaux de l'intensité lumineuse par le temps d'exposition, correspondent des teintes égales sur un papier au chlorure d'argent, de sensibilité constante.

Ce théorème nous offre un moyen d'exprimer les effets photochimiques en mesures comparables, à l'aide d'observations d'une grande simplicité. En prenant pour unité de mesure l'intensité chimique qui, dans l'unité de temps, produit une certaine teinte norme, fixée une fois pour toutes, on n'aura plus qu'à chercher, sur une épreuve obtenue dans l'appareil à pendule, le point où la teinte correspond exactement à la teinte norme, pour avoir immédiatement l'intensité de la lumière qui produit l'épreuve en question ; cette intensité sera égale à l'unité divisée par le temps d'exposition du point de l'épreuve qui possède la teinte norme.

Toutefois, il est clair que cette méthode ne pourra conduire à des résultats pratiques qu'à la condition :

1° Que les intensités chimiques de la lumière totale du jour ne soient accompagnées d'aucun phénomène d'induction trop prolongé pour que les perturbations qui en résultent puissent être négligées à côté des erreurs d'observation inévitables ;

2° Que l'on parvienne à préparer une couche sensible de sensibilité parfaitement constante ;

3° Qu'on trouve une couleur noire invariable qui puisse se reproduire avec facilité partout et en tout temps, et qui admette une comparaison sûre avec une teinte photographique donnée.

En ce qui concerne d'abord l'influence de l'induction photochimique sur l'altération progressive du papier à chlorure d'argent, les auteurs l'ont étudiée de la manière qui suit : Plusieurs bandes de papier d'égale sensibilité furent impressionnées l'une après l'autre par la lumière d'un ciel pur ; la première pendant n oscillations du pendule, la suivante pendant n', la troisième pendant n'' oscillations, etc. Ensuite on détermina sur toutes ces épreuves les points d'égale vigueur, et on prit dans la table les temps d'exposition t, t', t'', correspondant à ces points. Si l'induction avait été nulle, les produits nt, $n't'$, $n''t''$, devaient se trouver égaux entre eux ; si, au contraire, il y avait eu induction, l'effet chimique se serait continué en chaque point de l'épreuve pendant le temps où l'écran le couvrait, et les produits nt auraient montré des variations croissant avec les nombres n. Or, les expériences ont montré que de telles variations n'existent pas, et, par suite, que *l'induction n'est pas sensible*. On comprendra mieux ce résultat en jetant un coup d'œil sur les expériences suivantes que nous choisissons au hasard :

n	t	nt
4	1.024	4.096
4	1.041	4.164
4	1.063	4.252
8	0.532	4.256
8	0.525	4.200
12	0.341	4.092
12	0.340	4.080

Pour ne rien négliger de ce qui pouvait contribuer à éclaircir ce point important, MM. Bunsen et Roscoe ont encore procédé de la manière suivante : Ils faisaient tourner, au-dessous du papier sensible, un disque noir dans lequel on avait découpé un secteur et qui était muni d'un rebord inférieur afin d'écarter la lumière latérale. En imprimant à ce disque des vitesses de rotation variables de 30 à 316 tours par minute, on a constaté que la teinte obtenue pendant un temps d'exposition toujours le même et avec une lumière d'intensité constante, était réellement indépendante de la vitesse de rotation de l'écran. Ces expériences ont été faites à midi, le 14 août 1859, à la lumière du ciel : elles confirment le résultat déjà énoncé, à savoir que l'induction photochimique est nulle pour les cas dont nous avons à nous occuper ici.

En second lieu, il fallait arriver à la préparation d'un papier photographique de sensibilité toujours constante; problème difficile qui a nécessité une foule de recherches préliminaires.. Les auteurs ont pensé qu'il y avait lieu d'écarter tout d'abord les moyens compliqués, et de s'en tenir à une simple couche de chlorure d'argent sur papier. Une épreuve impressionnée dans l'appareil à pendule et fixée ensuite à l'hyposulfite de soude, qui offrait d'un bout à l'autre une dégradation très-uniforme et régulière de tons noirs, servait à l'examen comparatif des papiers préparés dans des conditions diverses et d'après des formules différentes. Cette épreuve était munie d'une échelle divisée, qui permettait de retrouver à chaque instant le ton correspondant à un chiffre donné. Les papiers d'origine diverse étaient exposés à la même lumière, pendant des temps égaux, et comparés ensuite à l'échantillon fixe dont nous venons de parler.

Le bain d'argent était toujours préparé avec une solution d'azotate d'argent chimiquement pur et cristallisé.

On se procurait le chlorure de sodium à l'état de pureté, en faisant passer dans une solution concentrée de sel marin un courant d'acide chlorhydrique gazeux, lavant à l'eau pure le chlorure de sodium précipité, et le chauffant dans un grand vase de platine jusqu'à déterminer un commencement de fusion.

Les expériences suivantes ont été faites dans le but d'examiner l'influence que le degré de concentration de la solution de sel marin, le titre du bain d'argent, la qualité du papier, et enfin la température et l'humidité de l'air pouvaient exercer sur la sensibilité de la couche de chlorure d'argent.

Bain d'argent. — Des feuilles de papier imprégné uniformément de chlorure de sodium, comme le papier chloruré des photographes, étaient placées pendant 2 minutes sur des bains d'argent, aux titres suivants :

$$12 \text{ Ag O, NO}^5 \quad \text{sur 100 d'eau pour le papier } a.$$
$$10 \quad — \quad — \quad — \quad b.$$
$$8 \quad — \quad — \quad — \quad c.$$
$$6 \quad — \quad — \quad — \quad d.$$

Séchées dans l'obscurité, on les exposait simultanément à la même lumière céleste, puis on comparait les tons qu'elles avaient pris. Voici les résultats de quatre séries d'expériences, exécutées avec quatre intensités lumineuses différentes, et chaque fois avec quatre feuilles de papier salé sensibilisées sur quatre bains d'argent aux titres indiqués. Nous mettons en regard les lectures faites indépendamment par deux observateurs, A et B, afin de faire ressortir le degré de certitude de ces appréciations.

PREMIÈRE INTENSITÉ.			TROISIÈME INTENSITÉ.		
Titres.	Tons produits.		Titres.	Tons produits.	
	A.	B.		A.	B.
12 p. c.	128.6	129.7	12 p. c.	110.0	110.0
10	128.7	127.0	10	109.5	109.3
8	128.7	128.0	8	109.6	109.3
6	129.7	130.0	6	119.0	120.0
DEUXIÈME INTENSITÉ.			QUATRIÈME INTENSITÉ.		
12	125.5	125.0	12	80.6	90.0
10	125.5	125.5	10	88.0	88.3
8	125.4	124.2	8	90.7	89.4
6	161.5	160.2	6	89.6	89.1

Ces chiffres font voir que la sensibilité reste la même qu'on prenne 12, 10 ou 8 parties de nitrate d'argent pour 100 parties d'eau, mais qu'un bain au titre de 6 pour 100 commence déjà à produire un changement.

Après avoir mis en évidence l'influence de la concentration du bain, il restait à examiner celle du temps pendant lequel on laisse la feuille salée sur ce bain. A cet effet, on a laissé, sur un bain au titre de 12 p. c., une feuille du papier *a* pendant 15 secondes, du papier *b* pendant 1 minute, et du papier *c* pendant 8 minutes. Voici les résultats de cette expérience:

PREMIÈRE INTENSITÉ.				TROISIÈME INTENSITÉ.	
Durée.	Tons produits.			Durée.	Tons produits.
	A.	B.			A.
$0^m\ 15^s$	140.6	140.5		$0^m\ 15^s$	45.9
1 0	139.0	140.0		8 0	47.1
8 0	139.6	139.0		8 0	45.0
DEUXIÈME INTENSITÉ.				QUATRIÈME INTENSITÉ.	
0 15	91.0	91.0		0 15	89.9
1 0	91.5	90.5		1 0	90.0
8 0	91.5	92.0		8 0	89.2

Ces résultats conduisent à la conclusion que la sensibilité du papier ne change pas, qu'on laisse la feuille salée pendant huit minutes ou pendant un quart de minute seulement sur le bain d'argent. En allant au-dessous de quinze secondes, on arrive à une limite où la couche de chlorure d'argent n'a presque plus de sensibilité.

Les auteurs se sont attachés ensuite à constater par l'expérience, combien de temps on peut employer un bain d'argent avant que son titre ne tombe au-dessous de 8 p. c., limite qu'on ne saurait dépasser sous peine d'obtenir un papier de sensibilité peu constante. Il s'est trouvé qu'à chaque introduction d'une feuille salée le bain perd un peu plus de nitrate que d'eau, mais qu'on peut user les deux tiers d'un bain de 12 p. c. sans que le titre soit abaissé jusqu'à 8 p. c. Un décimètre carré de papier n'enlève à cette concentration que 0 gr. 01 d'azotate d'argent, au plus.

L'épuisement du bain d'argent entraîne d'ailleurs la formation de nitrate de soude, qui aurait pu exercer une influence catalytique sur la sensibilité du papier. Mais une influence de ce genre ne paraît pas exister, ainsi qu'on peut s'en assurer par les chiffres suivants, obtenus en comparant un bain fraîchement préparé avec un vieux bain qui avait beaucoup servi.

	Première intensité.		Deuxième intensité.
	A.	B.	A.
Bain vieux	130.2	130.8	73.0
— neuf	130.0	131.5	73.4
— neuf	130.8	130.9	73.2
— vieux	130.0	130.3	74.0

Une autre série d'expériences a montré que le papier préparé peut se conserver dans l'obscurité pendant quinze heures sans changer de sensibilité. Voici les expériences :

Première intensité.		Deuxième intensité.		Troisième intensité.		Quatrième intensité.		Cinquième intensité.	
1 h.	100.5	5 h.	99.3	5 h.	111.8	4 h.	99.8	4 h.	99.2
5	99.0	6	98.6	6	109.8	15	100.9	15	100.0
9	100.5	7	98.8	7	109.4				
		8	98.4	8	109.8				

Après l'insolation, l'épreuve peut se conserver à l'obscurité pendant dix-sept heures sans changer de ton.

Au bout de...	0 h. 15 m.	1 h. 40 m.	3 h. 40 m.	6 h. 30 m.	15 h. 0 m.	17 h. 0 m.	41 heures.
Première intensité...	139.1	137.4	138.5	140.3	137.8	139.9	133.2
Deuxième —	69.1	68.6	68.6	68.9	68.5	67.8	66.0
Troisième —	46.1	47.1	48.3	48.2	47.9	47.5	44.8

Salure du papier. — Si on place simplement la feuille de papier *sur* la solution de sel marin, comme on le fait ensuite à l'égard du bain d'argent, on obtient une couche de sensibilité très-inégale. L'examen d'une épreuve qui avait été préparée de cette manière a donné, par exemple, les chiffres 114, 122 et 141 pour trois endroits différents du papier, espacés de 1 décimètre.

La sensibilité allait en croissant vers l'extrémité qui avait été tournée en bas pendant que le papier était suspendu verticalement pour se sécher, et qui, par suite, s'était le plus complétement imprégnée de sel. Les auteurs ont donc préféré (conformément à l'usage des photographes) *immerger* le papier dans la solution saline et l'y laisser pendant cinq minutes.

Dans ce cas, l'expérience a montré que le papier s'imprégnait d'une manière uniforme.

Les expériences suivantes font connaître l'influence du degré de salure du papier chloruré. Le bain d'argent était au titre de 12 p. c.

Proportion du sel.	1re intensité.	Sel	2e intensité.	Sel.	3e intensité.	Sel.	4e intensité.	Sel.	5e intensité.
1 p. c.	61.5	4 p. c.	93.1	6 p. c.	68.1	13 p. c.	154.5	12 p. c.	69.5
2	95.2	5	93.1	8	83.5	14.5	159.6	15	76.7
3	131.1	6	112.3	10	94.2	16	161.6	18	95.0
4	167.5			12	96.0			21	94.7

La colonne intitulée *sel* donne la quantité de chlorure de sodium dissoute dans 100 parties d'eau, la colonne suivante les tons obtenus avec le papier sensibilisé, sous l'action d'une intensité lumineuse donnée. On s'aperçoit que la sensibilité augmente avec le degré de salure, et que cette augmentation se manifeste pour toutes les concentrations employées. Il sera [donc nécessaire, pour obtenir des résultats constants, de faire usage d'une solution titrée. Les auteurs ont choisi une solution à 3 pour 100; elle offre cet avantage qu'elle cède au papier des proportions presque égales de sel et d'eau.

La salure de 2.25 décilitres d'une telle solution, au titre exact de 2.949 pour 100, ne s'est élevée que de 0.004 (jusqu'à 2.953 pour 100) après l'immersion de 72 décimètres carrés de papier. Dans une autre expérience, la concentration de 10 litres de solution à 2.97 s'est élevée à 3.08, après qu'on y avait trempé 4 mètres carrés et demi de papier. Par conséquent, on pourra saler au moins 5 mètres carrés de papier avec une solution contenant 60 grammes de sel, sans avoir à craindre que la salure soit sensiblement changée.

Qualité du papier. — Les auteurs ont soumis à un examen comparatif trois sortes de papier, d'épaisseur très-différente. Un décimètre carré de la qualité (*a*) pèse 0 gr. 354, de la qualité (*b*) 0 gr. 732, de la qualité (*c*) 0 gr. 876. Les premières expériences faites avec ces papiers semblaient conduire à cette conclusion que l'épaisseur du papier avait une influence capitale sur la sensibilité de la couche de chlorure d'argent. En effet, dans des circonstances égales, les trois échantillons *a b c* avaient offert les tons 90.0; 75.3; 72.5. Mais on put bientôt se convaincre que ce désaccord, au lieu de provenir d'une différence de sensibilité, n'était dû qu'à l'inégale diaphanéité des papiers. Il a suffi d'empêcher la transparence par une feuille de papier blanc placée sous, l'épreuve pour obtenir, toutes choses égales d'ailleurs, les trois lectures suivantes, sensiblement concordantes :

Papier *a*...... 73.6
— *b*...... 73.6
— *c*...... 72.0

Des résultats analogues furent obtenus en variant le degré de concentration des bains de hlorure de sodium et d'azotate d'argent. On peut donc admettre, en thèse générale, que l'épaisseur des papiers photographiques est sans influence sur leur sensibilité.

Température et humidité atmosphérique. — Des feuilles de papier préparées d'une manière identique et séchées à l'air, furent collées sur des boîtes en fer blanc, remplies d'eau chaude à différentes températures. Les résultats n'ont pas montré d'écarts plus grands que les erreurs d'observation inévitables. On en conclut que les différences de température et d'humidité de l'air n'exercent aucune influence appréciable sur la sensibilité des papiers.

En tenant compte de tous ces résultats, il est facile d'indiquer les conditions dans lesquelles on obtiendra un papier de sensibilité constante. Les auteurs proposent d'adopter le mode de préparation suivant pour un *papier normal*, dont l'emploi permettrait d'exécuter partout des mesures indépendantes du temps et du lieu, et facilement comparables entre elles.

Préparation du papier normal. — Faites dissoudre 300 gr. de chlorure de sodium dans 10 litres d'eau, et versez la solution dans une cuvette de zinc bien nettoyée et suffisamment grande pour l'immersion des feuilles de papier, qui ont 30 décim. carrés de surface. Prenez la feuille par les deux angles opposés et relevez-la en équerre, plongez-la dans le liquide et agitez ce dernier pour qu'il ne se forme point de bulles sur le papier; au bout de 5 minutes, retirez la feuille et faites-la sécher dans une position verticale. Dix litres de la solution suffisent pour saler 70 feuilles de 30 centim. carrés de surface, soit 21 mètres carrés de papier. Le papier chloruré peut alors se conserver pendant plusieurs mois.

Pour sensibiliser les feuilles ainsi préparées, on les coupe en 4 parties égales et les introduit, avec les précautions recommandées par les photographes, dans un bain contenant 120 gr. d'azotate d'argent pour 1 litre d'eau, en faisant usage d'une cuvette plate en verre. On les laisse nager sur le bain pendant 2 minutes. Un litre de ce bain suffit pour argenter 500 feuilles découpées, et il se réduit alors à la moitié de son volume. Le papier normal, obtenu par ce procédé, est séché à l'air et peut se conserver ensuite, à l'obscurité, pendant 15 à 24 heures.

La comparaison de dix-huit épreuves obtenues avec des papiers chlorurés dans plusieurs solutions d'environ 3 pour 100, a montré qu'elles possédaient toutes la même sensibilité, dans tous les points de leur surface. Nous nous dispenserons de reproduire les tableaux qui renferment les résultats numériques de ces comparaisons; qu'il nous suffise de constater que ces chiffres confirment ce que les auteurs disent de la sensibilité invariable de leur papier normal.

En dernier lieu, il fallait trouver une couleur noire inaltérable, facile à obtenir et propre à représenter l'étalon ou la teinte norme. Une telle couleur est fournie par un mélange intime d'oxyde de zinc et de noir de fumée, triturés ensemble jusqu'à ce que la nuance ne varie plus.

L'oxyde de zinc est préparé par voie humide, à l'état de pureté, puis maintenu pendant 5 minutes au rouge naissant dans un vase de platine fermé. On se procure le noir de fumée en faisant brûler une lampe à essence de térébenthine sous une grande assiette de porcelaine remplie d'eau froide, et en soumettant le noir qui se dépose, à une chaleur rouge, pendant 5 minutes, dans un vase de platine couvert. On obtient de cette manière une poudre fine, tendre et impalpable, qui brûle sans laisser aucune trace de cendres. On s'est assuré que le mélange de 1 partie de ce noir avec 1,000 parties d'oxyde de zinc offre une teinte où l'œil apprécie encore les moindres variations, ce qui n'a plus lieu lorsqu'on augmente ou qu'on diminue la proportion de noir. On a adopté, en conséquence, le mélange de 1,000 parties d'oxyde de zinc avec 1 partie de noir de fumée comme *teinte norme*.

Pour liant on a pris de l'eau tenant en dissolution environ 8 millièmes de colle de poisson. Lorsqu'on prépare le mélange normal, on s'aperçoit que sa teinte se fonce d'abord un peu à mesure qu'il est trituré avec l'eau sur le marbre et séché ensuite; mais on arrive bientôt à une limite passé laquelle il n'y a plus de changement. Ainsi, après une première trituration, on a obtenu une fois la teinte 66.1 d'une épreuve exposée dans l'appareil à pendule; après la 2ᵐᵉ, 3ᵐᵉ, 4ᵐᵉ, on a trouvé respectivement 72.7, 72.5, 72.9; c'est-à-dire sensiblement la même teinte.

Si l'on veut obtenir un pigment de couleur constante, il faut triturer le mélange d'oxyde

de zinc et de noir de fumée avec l'eau pendant une heure, puis le sécher au bain d'eau, et
répéter ces opérations aussi longtemps qu'il y a encore changement de ton. De cette manière,
on arrive infailliblement à préparer une teinte normale de qualité égale et invariable, très-
propre à servir de type ou d'étalon pour les mesures de l'activité chimique.

Après avoir montré qu'il est possible de préparer un papier photographique normal, de
sensibilité égale et constante, et une teinte normale de qualité toujours égale, MM. Bunsen et
Roscoe pensent que des mesures photochimiques de la lumière du jour, comparables entre
elles, ne rencontreront plus aucune difficulté sérieuse, en admettant la loi, qu'ils ont démontrée d'une manière assez générale, que les temps d'exposition nécessaires pour produire une
même teinte sont en raison inverse des intensités lumineuses.

L'unité de mesure sera la lumière qui, en une seconde, produit la teinte norme sur le papier normal.

Une feuille de ce papier, exposée dans l'appareil à pendule, prend une succession de teintes
régulièrement dégradées du noir au blanc. Dans cette gamme de teintes noires, on identifie
la teinte normale, au moyen de la planchette décrite plus haut, et on cherche dans la table
qui a pour argument la division de la fente, la durée d'exposition qui a produit cette teinte
norme en un point de l'épreuve. Si cette durée était d'une seconde tout juste, la lumière
employée serait égale à l'unité, d'après la définition que nous avons donnée de l'intensité
unité. Mais elle sera, en général, de t secondes, l'intensité cherchée sera alors égale à l'unité
divisée par t.

Les valeurs réciproques des temps d'insolation données par la table dont il vient d'être
question, forment ainsi une nouvelle table des intensités lumineuses correspondant aux points
où des épreuves, exposées pendant une oscillation du pendule, offrent la teinte normale. On
trouve ainsi, en désignant comme plus haut, par x la distance du point considéré de l'épreuve
à son extrémité blanche, que l'intensité qui produirait la teinte norme en ce point, serait :

Pour $x =$	
0^{mm}	0.834
15	0.909
32	0.997
52	1.108
74	1.249
85	1.333
96	1.429
117	1.660
137	1.990
155	2.494
170	3.334
181	5.051
188	10.000

Lorsque, au lieu d'une seule, le pendule a fait un nombre n d'oscillations, ces chiffres
doivent être divisés par n.

Lorsqu'il s'agit de faire une série d'expériences successives avec l'appareil à pendule, on
fait avancer le tiroir qui porte le papier sensible, après chaque expérience, d'une quantité
égale à la largeur de la fente. Les épreuves qu'on a obtenues sont ensuite comparées à la
teinte normale, à l'aide de la planchette divisée et du trou circulaire dont la moitié supérieure est remplie par un échantillon de papier teint à la couleur normale. On a soin de couper
cet échantillon de façon que la tranche du papier ne soit pas visible lorsqu'on le regarde dans
une direction perpendiculaire à sa surface, et de le bien sécher à l'air avant d'en faire usage;
le papier destiné à recevoir la couleur ne doit pas être trop diaphane. La planchette sur laquelle on fixe les épreuves doit être bien blanche, afin de ne pas foncer la teinte des épreuves

par transparence. Chaque comparaison est répétée 5 ou 6 fois, puis on prend la moyenne des lectures.

Comme exemple de mesures de ce genre, les auteurs donnent quelques observations, exécutées à Manchester, en 1861 et 1862, par des jours nuageux et un temps variable. Les résultats représentent l'action chimique exercée sur une surface horizontale par le soleil et la lumière diffuse du ciel.

Observations du 18 décembre 1861.

Heure.		i	n	Intensité.
10 h.	6 m. du m.	1.05	124	0.0085
10	26	1.60	100	0.0160
10	47	1.47	100	0 0147
11	6	1.47	80	0.0184
11	26	1.41	80	0.0176
11	46	1.25	80	0.0156
12	6 m. du s.	1.52	60	0.0253
12	26	1.42	45	0.0316
12	46	0.92	80	0.0115
1	6	1.19	90	0.0132
1	26	1.22	65	0.0188
1	47	0.84	60	0.0140
2	10	1.36	150	0.0091
2	32	1.41	160	0.0088
2	52	1.36	225	0.0053
3	5	1.56	400	0.0039
3	25	1.53	450	0.0034

Observations du 19 décembre 1861.

		i	n	Intensité.
9	39 m.	1.79	120	0.0149
10	1	1.89	120	0.0157
10	41	2.05	80	0.0258
11	1	1.93	90	0.0215
11	31	1.91	80	0.0239
12	1	1.66	60	0.0277
12	41	1.10	50	0.0519
1	1	1.02	50	0.0204
1	36	1.69	86	0.0197
2	6	1.22	100	0.0122
2	27	1.59	160	0.0099
3	8	1.45	250	0.0058
3	21	1.72	500	0.0034

Observations du 30 juillet 1862.

		i	n	Intensité.
7	0 m. du m.	0.88	60	0.0147
7	20	0.85	32	0.0266
7	35	1.07	25	0.0428
7	50	0.89	16	0.0556
8	0	0.83	10	0.0830
8	35	0.92	12	0.0767
9	0	1.33	15	0.0887
9	5	1.20	10	0.1200
9	30	1.22	7	0.1740

10	10 m. du m.	1.12	5	0.2240
10	20	0.91	5	0.1820
10	30	0.83	10	0.0830
11	0	0.86	11	0.0782
11	30	0.86	4	0.2150
12	0	0.86	3	0.2870
12	30 m. du s.	0.86	3	0 2870
1	30	0.88	6	0.1470
2	0	1.11	8	0.1390
2	30	1.93	13	0.1490
3	0	1.22	9	0.1360
4	0	1.27	15	0.0846
4	35	1.22	18	0.0678
5	0	1.49	20	0.0745
5	30	1.34	25	0.0536
6	0	1.24	40	0.0310

Dans ces tableaux, la colonne i renferme les intensités correspondant aux points où la teinte normale s'était produite, et données immédiatement par la table avec l'argument x; la colonne n contient les nombres d'oscillations exécutées par le pendule, enfin la dernière colonne renferme les quotients des nombres i divisés par n, ou les intensités absolues de la lumière totale du jour. Les courbes dont le tracé représente ces chiffres font voir des maxima et des minima très-marqués; ces variations correspondent avec la disparition et la réapparition du soleil, qui se cache de temps en temps derrière les nuages.

Les observations ci-dessus, exécutées aux environs des solstices, montrent bien l'énorme différence d'action chimique qui existe entre les jours les plus longs et les jours les plus courts de l'année.

L'appareil à pendule dont nous avons donné la théorie pourra servir à la construction d'un instrument plus maniable qui permettra d'exécuter, sur une surface de papier de quelques pouces carrés, un grand nombre de mesures généralement comparables. MM. Bunsen et Roscoe se réservent d'en publier prochainement la description.

Éclat chimique du disque solaire. — Le dernier numéro des *Comptes rendus de la Société royale de Londres* (1), nous apporte une note de M. Roscoe seul, sur l'éclat chimique des différentes parties du disque solaire, mesuré par la méthode que nous venons d'exposer.

Le P. Secchi a trouvé (2) que la radiation calorifique du centre solaire est presque double de celle qui émane des bords de cet astre, et que ses régions équatoriales sont un peu plus chaudes que les régions polaires. Il y a longtemps que d'autres observateurs ont remarqué une grande différence entre l'intensité optique de la lumière qui vient des bords et de celle qui vient du centre. Il était donc intéressant de vérifier ce fait pour les rayons chimiques.

L'image solaire de $0^m.1$ de diamètre, fournie par un réfracteur de 3 pouces et demi d'ouverture, tombait sur une feuille de papier normal, dans une chambre obscure fixée à l'instrument. L'exposition durait de 30 à 120 secondes, pendant lesquelles on suivait le mouvement du soleil à l'aide d'une vis tangente. L'épreuve obtenue était comparée à une bande de papier normal, insolée dans le photomètre à pendule; les temps d'insolation des divers points de cet échantillon, dont les teintes se retrouvaient sur l'épreuve solaire, donnaient alors les intensités lumineuses correspondant aux teintes qui s'étaient produites en différents points de l'image solaire. Le tableau suivant renferme les résultats des observations du 9 mai 1863.

(1) *Proceedings of the Royal Soc.*, vol. XII, n° 56, p. 648. La note a été présentée le 18 juin 1863.

(2) *Astron. Nachr.*, n°ˢ 806 et 833.

Éclat chimique du disque solaire.

	AU CENTRE.	A 15° DU BORD.			AU BORD MÊME.		
		Pôle N.	Équateur.	Pôle S.	Pôle N.	Équateur.	Pôle S.
I	100.0	38.8	48.4	58.1	18.7	30.2	28.2
II	100.0	52.8	....	56.6	30.5	....	41.0

Ces nombres suffisent pour faire voir que l'activité chimique des rayons du centre est de 3 à 5 fois plus grande que celle des rayons venus du bord ; la disproportion est plus prononcée que pour les rayons calorifiques, ce qui s'expliquerait par une plus forte absorption des rayons chimiques dans l'atmosphère du soleil. Il paraît aussi que l'intensité chimique augmente en allant du pôle nord au pôle sud de l'astre.

Le même papier normal, exposé à la lumière ordinaire du soleil, sans intervention d'une lentille, se colorait également dans tous ses points ; cela résulte des estimations suivantes :

<pre>
point 1 ..... teinte 101.4
  — 2   —   100.7
  — 3   —   98.5
  — 4   —   101.6
  — 5   —   99.9
  — 6   —   100.7
        Moyenne.... 100.5
</pre>

Les images photographiques du soleil obtenues par ce procédé doivent être d'un ton très-faible, si l'on veut apprécier avec certitude les différences de teinte. Elles présentent alors une sorte de bigarrure qui n'est due ni aux imperfections du papier ou des lentilles, ni à l'action de l'atmosphère terrestre. Peut-être ces taches claires et obscures, irrégulièrement distribuées, sont-elles des indices de la présence de nuages dans l'atmosphère du soleil.

M. Roscoe et M. Baxendell se proposent d'effectuer ensemble une série d'observations régulières sur l'éclat chimique relatif des différentes régions du disque solaire, et ils espèrent pouvoir bientôt communiquer leurs résultats.

Appendice. — Le numéro de septembre du *Philosophical Magazine* pour 1857, qui reproduit la Note de MM. Bunsen et Roscoe sur l'induction photochimique, présentée en janvier à la Société royale, contient en même temps une communication de M. John W. Draper, de New-York, datée du 29 juillet et relative à un nouveau moyen de mesurer l'action chimique de la lumière. L'auteur, dont les premières recherches sur cette matière remontent à 1843, les a reprises, provoqué par les succès des deux chimistes que nous venons de nommer. M. Draper commence par faire ressortir l'importance capitale de l'action chimique du soleil, qui se manifeste dans la décomposition de l'acide carbonique des plantes ; il rappelle ensuite son tithonomètre, ou photomètre à chlore et hydrogène, et propose finalement un autre réactif moins sensible et moins difficile à manier : une *solution aqueuse de peroxalate de fer*. Cette substance, d'une belle couleur jaune d'or, peut se conserver pendant plus de trois ans, et peut-être indéfiniment, sans subir aucune altération, si on la place dans une obscurité absolue ; exposée à la lumière d'une lampe ou à celle du jour, elle se décompose avec dégagement de gaz acide carbonique et précipitation du protoxalate de fer de couleur jaune citron ; à la lumière solaire directe, le gaz se dégage en sifflant. Les rayons qui ont le plus d'action sont les rayons indigo ; ils agissent par absorption, ce qu'on prouve par la diminution que subit leur activité lorsqu'ils ont déjà traversé une première couche de peroxalate.

Cet agent photométrique peut être confiné dans des tubes de verre, au contact du mercure. Il faut seulement : 1° prendre garde que le précipité jaune-citron ne vienne pas à incruster les parois du vase et en altérer la transparence ; 2° maintenir le liquide toujours à la même température, car la chaleur le fait changer de teinte. A zéro, il est vert émeraude, et jaune brun à 100°; ces changements de couleur sont accompagnés de variations correspondantes de sa sensibilité.

Le peroxalate de fer est aussi utile comme agent photographique. Un morceau de papier de soie, coloré en jaune par immersion dans la solution neutre et séché dans l'obscurité, est très-sensible à la lumière. L'impression invisible qu'il a reçue peut se développer à l'aide d'une faible solution de nitrate d'argent (1 décigramme dans 25 grammes d'eau).

Dans l'application photométrique du peroxalate de fer, on peut recourir à divers procédés. M. Draper déterminait ordinairement la quantité d'acide carbonique dégagé, soit en volume, soit en poids. On comprend d'ailleurs que le dégagement ne commence qu'après saturation du liquide, et qu'il faut ajouter à la quantité de gaz dégagé celle qui est tenue en dissolution. L'expulsion du gaz dissous se fait tantôt par un bain d'eau bouillante, tantôt par un courant d'hydrogène.

Au lieu de mesurer l'acide carbonique, on peut aussi déterminer le poids de précipités métalliques que la solution produit après insolation. Ainsi, la solution préparée dans l'obscurité peut être additionnée de chlorure d'or sans qu'il y ait décomposition; mais quand elle a été préalablement exposée, l'or est précipité en quantité proportionnelle à l'intensité de l'insolation. Par ce procédé, M. Draper a commencé à mesurer l'illumination chimique horaire et diurne d'une localité donnée. Au fond d'un tube en métal tourné vers le pôle il place une boule remplie d'une solution titrée du sel de fer, et lorsqu'elle a été exposée pendant la période de temps fixée, il détermine par une pesée la quantité d'or qu'elle peut réduire. M. Draper trouve qu'il y a quelque chose de fascinant dans l'idée de mesurer la lumière que nous envoie le soleil, par l'or qu'elle produit.

M. Draper insiste ensuite sur l'intérêt qu'offrirait l'observation régulière des variations horaires, diurnes et annuelles de l'actinisme, ou de l'énergie chimique des rayons solaires. Ces mesures intéressent à un degré égal la météorologie, la géographie physique et l'agriculture. La somme d'organisation végétale est, sous tous les climats et dans chaque lieu du globe, une fonction de la lumière que ce lieu reçoit; chaque plante, depuis le moment de sa germination jusqu'à son évolution complète, a besoin d'une ration déterminée de lumière. La photométrie météorologique est plus importante, sous ce point de vue, que l'observation du thermomètre.

Nous avons déjà parlé, à l'occasion de la séance de l'Académie du 5 octobre, du procédé nouveau proposé par M. Phipson, qui se déclare peu satisfait des méthodes antérieures. M. Phipson préfère observer la réduction de l'acide molybdique dissous dans un excès d'acide sulfurique. Mais il oublie que la difficulté ne consiste pas à découvrir des substances sensibles, mais à les faire servir à des évaluations précises et certaines de l'énergie relative des actions que l'on se propose de mesurer.

M. Léon Vidal vient de publier la description d'un photomètre qu'il a présenté, le 8 octobre 1862, à la Société de photographie de Marseille, sous le nom d'*actinomètre*; de son côté, M. Malval a présenté, le 7 août 1863, un photomètre de son invention à la Société de photographie de Paris (*Bulletin de la Société*, n°s 8 et 9, p. 221). L'un et l'autre de ces instruments est basé sur l'appréciation de la teinte que le chlorure d'argent revêt sous l'influence de la lumière diffuse. L'appareil de M. Malval consiste en deux petits cylindres sur lesquels s'enroule le papier sensible, divisé en petites bandes de 2 centimètres, qui viennent se présenter devant une ouverture circulaire pratiquée au centre d'une surface qui offre une teinte fixe formée par un mélange de couleurs. Cette teinte fixe est identique à l'une des teintes que produit la lumière sur le chlorure d'argent (lilas clair, lilas foncé, violet clair, violet foncé, etc.); on juge de l'intensité lumineuse par le temps qu'il a fallu pour que le papier positif prenne une teinte égale à la teinte fixe.

Dans l'application de cet instrument à la photographie, afin de fixer le temps de pose nécessaire pour obtenir une bonne épreuve, il faut connaître le rapport qui existe entre le nombre de secondes accusé par le photomètre et celui qui est nécessaire pour impressionner convenablement à la chambre noire, la surface préparée, soit plaque, papier ou glace collodionnée ; ce rapport servira de règle pour toutes les intensités.

Il faut d'ailleurs employer un papier bien sec et nouvellement préparé ; humide, il prendrait un ton rougeâtre ; préparé depuis quelques jours, il aurait déjà une coloration jaune. Toutefois, en faisant usage de l'étui de M. Marion, on pourra le conserver blanc et sec pendant un mois et plus. On devra aussi apporter le plus grand soin à la préparation du papier positif, employer toujours les mêmes dissolutions. On se procurera donc une main de papier complétement mat, c'est-à-dire ni glacé ni satiné, et on préparera une quantité suffisante des liquides destinés aux bains. Voici les dosages adoptés par M. Malval :

1° Bain de chlorure d'ammonium (10 gr. sur 100 d'eau filtrée).

2° Bain de nitrate d'argent (15 gr. sur 100 d'eau distillée).

On laisse le papier pendant cinq minutes en contact avec chaque bain. Les feuilles entières sont divisées en quatre ou huit parties ; pour les quarts de feuilles, le bain d'argent devra être de 1000 grammes au moins. Les étuis conservateurs de M. Marion devront être choisis sans aucune addition de chlorure de chaux (poudre des blanchisseurs). Nous n'insisterons pas ici sur les autres prescriptions de M. Malval.

Le photomètre de M. Vidal consiste dans une échelle graduée qui comprend dix teintes, depuis celle obtenue en six secondes dans les meilleures conditions de lumière, jusqu'à celle qui exige une minute de pose ; on compare avec cette échelle la teinte qui se produit sur une bande de papier albuminé préparé au chlorure d'argent. Un sablier comptant juste la minute sert à évaluer le temps. Le degré de lumière étant connu par la teinte produite dans un temps donné, on trouve, au moyen d'une table, le temps de pose correspondant à cette intensité.

Nous n'avons pas besoin de dire que ces deux photomètres ne sont point des instruments de précision, mais qu'ils peuvent rendre de grands services aux photographes.

RAPPORT

SUR

LES PRODUITS CHIMIQUES INDUSTRIELS (CLASSE II, SECTION A)

DE

L'EXPOSITION INTERNATIONALE DE LONDRES EN 1862.

Par M. A.-W. HOFMANN.

SUITE. — Voir le Moniteur scientifique, livraisons 154, 155, 156, 158, 159, 160, 164, 165 et 166.)

SOURCES INORGANIQUES DES COMPOSÉS POTASSIQUES.

Découverte et exploitation de dépôts souterrains de chlorure potassique recouvrant le sel gemme ordinaire. — A Stassfurt, petite ville située près de Magdebourg, en Prusse, on a découvert récemment un gisement de sel gemme ordinaire d'une épaisseur de 100 pieds, que recouvre immédiatement une couche d'argile renfermant des veines de sels mélangés, principalement des sulfates et des chlorures terreux et alcalins, désignés en allemand sous le nom de *Abraumsalz* (sel de déblai).

M. Peters (1) a publié l'analyse suivante de ce dépôt salin :

(1) *Chem. Ackersmann*, 1861, n° 2, p. 102.

```
. Chlorure de potassium...........  19.16 correspondant à 12.1 de potasse.
    —      sodium...............  32.84
    —      magnésium..........  17.08
Sulfate de magnésie............  15.09
    —     chaux...............   2.04
Sable............................   2.71
Eau et autres substances.........  11.08
                                   ——————
                                   100.00
```

Les sulfates terreux et le sel marin qu'on rencontre en abondance dans la partie inférieure de ce dépôt, recouvrant immédiatement le sel gemme, disparaissent dans les veines supérieures, qui se composent principalement d'un mélange de chlorures potassique et magnésique, fortement hydratés et quelque peu ferrugineux.

La composition, l'aspect et les caractères de cette dernière matière sont assez définis et assez constants pour qu'on puisse l'envisager comme un minerai particulier. Il ressemble fort au sel gemme, dont on le distingue, cependant, par son éclat plus nacré. M. H. Rose (1),

(1) Rose, *Pogg. Ann.*, XCVIII, p. 61.

qui a étudié ce composé avec beaucoup d'attention, le désigne sous le nom de *carnallite*, et en donne l'analyse suivante :

```
Chlorure de potassium..........  24.27 correspondant à 13.83 de potasse.
    —       magnésium.........  30.57
Eau...........................  36.26
Peroxyde de fer...............   0.14
Sels divers...................   8.82
```

L'ordre de superposition de ces dépôts est intéressant sous le point de vue scientifique, parce qu'il représente l'ordre dans lequel les sels de l'eau de mer se déposeraient par sa concentration graduelle; la masse du sel marin se solidifierait d'abord; au-dessus serait une nouvelle proportion de chlorure sodique mélangée avec des sulfates terreux, et avec une portion des chlorures de magnésium et de potassium; enfin, à la partie supérieure, se rencontrerait le reste de ces sels à l'état de combinaison formant un sel double très-hydraté, extrêmement avide d'eau et presque déliquescent. Cette succession de couches salines, apparemment normale, rend extrêmement probable la rencontre de couches potassiques analogues au-dessus des gisements de sel gemme dans d'autres localités (Daubrée). Il faut espérer que l'industrie ne perdra pas de vue une indication scientifique dont nous sommes en droit d'attendre d'aussi importants résultats.

La décade qui s'est écoulée entre 1851 et 1862 a été témoin du commencement de l'exploitation industrielle du sel potassique contenu dans ces dépôts complexes. En 1860, 160 tonnes de cette matière furent recueillies et vendues, principalement pour servir à l'agriculture; en 1861, la production avait doublé et continue toujours à augmenter. Deux maisons allemandes, MM. Andræ et Grüneberg, Stettin, Prusse (Zollverein, Allemagne, 952), et MM. Vorster et Grüneberg, Kalk, près de Cologne, Prusse (Zollverein, Allemagne, 1034), ont exposé des sels de potasse provenant de cette source.

Salpêtre naturel. — On sait que, dans beaucoup de districts des régions tropicales, le sol est imprégné de nitrate de potasse, qu'on peut en extraire par simple lixiviation. On obtient ainsi le salpêtre que nous importons en si grandes quantités des Indes. L'acide nitrique, que renferme ce salpêtre naturel, provient ordinairement de la décomposition de matières organiques dont l'azote, mis en liberté, se combine avec l'oxygène atmosphérique condensé dans leurs pores. Mais on a également supposé que les corps inorganiques de nature poreuse, tels que la craie, possèdent la faculté d'engendrer l'acide nitrique, par la condensation dans leurs pores de l'azote et de l'oxygène atmosphériques, qui se combinent ensuite sous l'influence de circonstances favorables, telles que la chaleur tropicale et les perturbations électriques (Longchamp, Gauthier de Claubry). Des recherches plus récentes permettent cependant de douter de l'exactitude de cette opinion. Du reste, quelle que soit leur origine, il est certain qu'on rencontre souvent de pareils dépôts, et, tout récemment, on en a découvert un nouveau gisement au cap de Bonne-Espérance, dans le district de Clan William. Un échantillon de ce minerai, qui se présente sous la forme d'une masse brune pierreuse, fut soumis à l'examen de M. Abel (qui communiqua ce renseignement au rapporteur), et, d'après ce chimiste, sa qualité équivaut à celle de la moyenne des échantillons du salpêtre indien.

La mention successive du chlorure et du nitrate potassiques, dans les deux derniers paragraphes, nous engage à signaler, en passant, l'importance du premier de ces sels comme moyen d'obtenir le second, par double décomposition avec le nitrate de soude natif. La réaction $Na\,NO^3 + K\,Cl = KNO^3 + Na\,Cl$ s'effectue d'une manière beaucoup plus complète que la double décomposition correspondante opérée entre d'autres sels potassiques et le nitrate de soude ; et c'est à la connaissance plus exacte et à l'utilisation de cette propriété du chlorure de potassium qu'il faut attribuer l'augmentation rapide de sa valeur commerciale dans les dernières années. La décomposition du nitrate de soude par l'hydrate potassique est, sans doute, encore plus parfaite, mais, d'un autre côté, le prix de cet hydrate est beaucoup plus élevé que celui du chlorure de potassium. On fait cependant usage des deux procédés. En France, on emploie beaucoup les produits potassiques provenant des résidus des liqueurs de betteraves. A cet effet, on ajoute du nitrate de soude pendant l'évaporation des liqueurs, afin d'effectuer la transformation désirée (1). Ce procédé présente quelques dangers, à cause de la réaction violente qui peut avoir lieu entre les nitrates ajoutés ou formés dans les liqueurs, et les cyanures et les sulfocyanures qu'elles contiennent, en quantité variable et souvent considérable (Persoz). Dans plusieurs cas, il est arrivé que la liqueur a fait soudainement explosion pendant l'évaporation, longtemps avant d'arriver à siccité, et il en est résulté des accidents mortels (Voyez le chapitre sur les sels ammoniacaux et les composés du cyanogène).

Extraction directe des sels neutres de potasse de l'eau de mer, au moyen du procédé Balard modifié par M. Merle. — On peut dire, en termes généraux, que la méthode de M. Balard (2), mentionnée brièvement par le jury dans son rapport de 1851, consiste à concentrer et refroidir alternativement l'eau de mer (ou, plus exactement, les eaux-mères des marais salans), d'après un plan méthodique, arrangé de manière à obtenir, en partie par la décomposition réciproque opérée entre les matières salines, en partie par des précipitations et des cristallisations successives, trois produits salins précieux, savoir : le sel de cuisine, le sulfate de soude et le chlorure de potassium.

Les eaux mères, qui constituent la matière brute de M. Balard, peuvent être considérées comme une solution d'un mélange de trois chlorures et d'un sulfate, savoir : les chlorures sodique, potassique et magnésique, et le sulfate de magnésie. Le traitement a pour but, premièrement de combiner avec le *sodium* tout l'acide sulfurique en présence; en second lieu, de récolter séparément, (a) le sulfate de soude ainsi formé, (b) le chlorure de sodium et (c) le

(1) Le rapporteur a reçu de son ami M. Abel, chimiste du département de la guerre, le renseignement suivant : Le gouvernement anglais n'a pas encore adopté les procédés de fabrication du salpêtre par décomposition du nitrate de soude, soit par le chlorure, soit au moyen d'hydrate potassique. Mais le salpêtre naturel des Indes, purifié (depuis 1856) d'après la méthode française perfectionnée, est encore la matière qu'on emploie et dont on essaie la pureté, soit d'après la méthode de M. Persoz (fusion du salpêtre avec le bichromate de potasse), ou bien, s'il se trouve de la matière organique en présence, en suivant la méthode de Gay-Lussac, telle qu'elle a été modifiée par M. Abel et Bloxam. Dans cette dernière opération, M. Abel trouve qu'il y a avantage à substituer le charbon de bois ordinaire au graphite, purifié d'après le procédé de M. Brodie. (Voyez le chapitre sur le graphite.)

(2) Rapport du jury, 1851, p. 39.

chlorure de potassium. Le chlorure de magnésium, pour lequel on ne connaît pas d'emploi, est écoulé comme déchet dans les liqueurs qui constituent le résidu.

Pour réaliser ces conditions, M. Balard met à profit l'influence générale si connue que les conditions physiques exercent sur les phénomènes chimiques, et il se sert plus particulièrement de l'influence de la *solubilité relative* pour déterminer laquelle des diverses combinaisons possibles entre des acides et des bases mélangés en solution, doit être formée et précipitée à l'état de produits solides par la concentration et le refroidissement de pareilles solutions.

C'est un fait bien connu que, parmi un grand nombre de combinaisons salines possibles (toutes coexistant peut-être dans une solution mixte), on fera déposer successivement à l'état solide, à mesure que s'effectuent la concentration et le refroidissement des liqueurs, celles dont la solubilité est le plus faible et le plus susceptible d'être diminué par le froid. Ainsi, par exemple, Scheele observa longtemps, qu'en faisant dissoudre dans de l'eau du chlorure de sodium et du sulfate de magnésie, et qu'en refroidissant la solution à 0° C. ou au-dessous, une double décomposition a lieu, et qu'il y a formation de cristaux de sulfate de soude hydraté, le chlorure de magnésium restant en dissolution. D'un autre côté, M. H. Rose remarqua plus récemment, que la même réaction a lieu, avec production de sulfate de soude anhydre, lorsqu'on chauffe la solution mixte à 50° C. et au delà. A des températures intermédiaires, les deux sels primitifs cristallisent sans altération. La raison en est qu'à ces températures intermédiaires les sels primitifs sont moins solubles que le sulfate de soude qui, par conséquent, n'a aucune tendance à se former et à passer à l'état solide, tandis qu'à des températures au-dessus et au-dessous de cet intervalle, la solubilité du sulfate de soude est moindre que celle de ces composés, et cette insolubilité relative devient la cause déterminante de sa production et de sa précipitation.

La valeur de cette observation ne pouvait échapper à la pénétration et à l'esprit philosophique de M. Balard. Après une série d'expériences, il adopta finalement *la réfrigération,* comme condition principale du procédé qu'il avait en vue, pour enlever dans l'eau de mer l'acide sulfurique à la magnésie, et pour le précipiter à l'état de sulfate de soude. Pour arriver à séparer subséquemment les chlorures mixtes, alcalins et magnésiques, encore en dissolution, M. Balard, en déterminant l'ordre de formation et de précipitation des produits provenant de solutions salines mixtes, devait avoir égard, non-seulement à l'influence de *la solubilité relative,* mais encore à celle de *la quantité relative* des acides et des bases en présence. Ce n'est que par l'étude attentive de ces lois, et par leur application au mélange salin particulier qui existe dans la liqueur-mère des marais salans, que M. Balard parvint à poser les principes de sa méthode pour réaliser le but qu'il s'était proposé et que nous venons d'expliquer.

En passant à la réalisation industrielle de cette méthode, certaines difficultés pratiques se firent sentir, et, tandis que les principes posés par M. Balard furent entièrement confirmés par la mise en pratique de son procédé, le développement de la nouvelle industrie, n'en éprouva pas moins des délais considérables. Nous allons indiquer tout à l'heure le caractère de ces difficultés; nous les mentionnons ici, parce qu'elles ont été surmontées par M. H. Merle France, 139), exposant d'un procédé modifié, basé sur celui de M. Balard, et qui paraît avoir réalisé, avec un succès complet, l'exploitation des sels de l'Océan.

C'est pour ce procédé et pour d'autres services rendus à l'industrie. que le jury a accordé à M. Merle l'honorable distinction d'une médaille.

M. Merle, de même que M. Balard, opère par concentration et par refroidissement de l'eau de mer; seulement, tandis que, pour effectuer la réfrigération, M. Balard utilisait les variations naturelles de température M. Merle emploie des moyens artificiels, préférant dans ce but l'usage du remarquable appareil de M. Carré pour produire la glace au moyen de la distillation de l'ammoniaque en vases clos.

Nous ne nous arrêterons pas à décrire ici l'excellent appareil de M. Carré; il a été exposé dans l'annexe occidentale, et on en trouvera sans doute un examen détaillé dans le rapport sur les machines (France, classe III, 1191). Pour notre étude actuelle, il nous suffit de savoir que l'appareil de M. Carré est un instrument de production de froid très-utile et très-économique.

Mais, pour pouvoir apprécier exactement le procédé de M. Merle, dans ses rapports avec celui de M. Balard, dont il est indubitablement un développement admirable, il est nécessaire d'expliquer avec plus de détails que nous n'en avons encore donné les principes de la méthode-mère, ses difficultés et ses défauts.

M. Balard et M. Merle ont eu la bonté de fournir eux-mêmes au rapporteur, soit verbalement, soit par écrit, les éléments de ces explications.

Procédé de M. Balard. — Dans son traitement de la liqueur-mère, M. Balard se proposait originairement, comme nous l'avons expliqué plus haut, d'opérer la double décomposition entre le sulfate de magnésie et le chlorure de sodium qui s'y trouvent en présence.

Mais une certaine proportion de chlorure de magnésium, préexistant déjà dans la liqueur, formait un obstacle à cette réaction, que M. Balard trouva difficile d'effectuer, par le plus fort degré de refroidissement qu'il pût obtenir, même au cœur de l'hiver, dans ce chaud climat des pays méditerranéens (lieux où cette industrie s'exerce particulièrement). Il fut obligé, par conséquent, de se débarrasser du chlorure de magnésium en excès, et de chercher à obtenir une solution séparée de chlorure de sodium et de sulfate de magnésie, par des moyens adaptés spécialement à la chaleur du climat sous lequel il devait opérer.

Ce résultat fut facilement obtenu pour une portion du sulfate de magnésie. Il suffit, à cet effet, de faire évaporer les eaux-mères sur le sol, depuis 1.284 à 1.32 de densité (32° à 35° B.).

Arrivé à ce degré de concentration, la moitié environ du sulfate de magnésie se dépose, avec une quantité presque équivalente de chlorure de sodium. Ce *sel mixte* redissous dans de l'eau douce et exposé à une température moyenne d'hiver, subit la double décomposition désirée, et fournit presque tout l'acide sulfurique à l'état de sulfate de soude cristallisé, produit qu'on voulait obtenir.

Les eaux-mères, cependant, retiennent en dissolution l'autre moitié du sulfate de magnésie, ainsi que les chlorures restants de sodium, de potassium et de magnésium.

Dans le principe, M. Balard chercha à opérer sur cette liqueur possédant une densité de 1.32(35° B.), en la soumettant à une évaporation ultérieure, qui détermine une réaction entre une partie du sulfate de magnésie et une partie du chlorure de potassium; il en résulte un dépôt de mélanges salins au moyen desquels on obtint, par cristallisation, le sulfate double de potasse et de magnésie. Ce procédé, cependant, laissait encore beaucoup de potasse dans les eaux-mères qui constituaient une dissolution complexe et dont le traitement ultérieur devenait difficile.

En conséquence, au lieu de continuer à concentrer la liqueur en l'exposant à la chaleur de l'été, M. Balard se détermina à utiliser une basse température pour diminuer le pouvoir dissolvant de la saumure sur le sulfate de magnésie, et pour obtenir ainsi une autre précipitation séparée de ce sel. Pour arriver à ce résultat, il renferma les liqueurs, possédant toujours une densité de 1.32 (35° B.), dans des réservoirs bien clos, afin de les soustraire à la dilution par les eaux de pluie, jusqu'à la saison d'automne, époque à laquelle la température, dans le midi de la France, s'abaisse ordinairement à 6° C. Il exposa ensuite les liqueurs à ce degré de froid ; pour cela, il les retirait des réservoirs et les siphonnait dans des réfrigérants en béton, très-vastes et peu profonds, dans lesquels la plus grande partie du sulfate de magnésie se précipita séparément. Ce résultat obtenu, il retirait les liqueurs des réfrigérants peu profonds et les renfermait de nouveau dans les réservoirs.

Après avoir recueilli le sulfate de magnésie ainsi obtenu, il y ajouta 1.5 équivalents de sel marin (toujours très-abondant dans les marais salans); et ces sels mixtes, dissous dans de l'eau douce, éprouvèrent une double décomposition et fournirent une nouvelle quantité de sulfate de soude. Il trouva que l'emploi du sel marin, en léger excès, était un avantage, parce qu'il diminuait la solubilité et favorisait la cristallisation du sulfate de soude.

Quant à la liqueur retirée des réfrigérants peu profonds et reportée dans les réservoirs, elle retenait la totalité du chlorure potassique ainsi que le chlorure de magnésium. Afin d'obtenir ces deux derniers sels à l'état solide, il était nécessaire de soumettre la liqueur à une nouvelle concentration. En conséquence, on la conservait renfermée pendant l'hiver, et, au retour des chaleurs de l'été, on l'exposait en couches minces sur le sol pour la faire évaporer. On obtenait ainsi des cristaux de chlorure double de potassium et de magnésium; ce dernier, redissous et cristallisé aussi souvent que cela était nécessaire, fournit enfin du chlorure de potassium presque pur à l'état cristallisé, ne laissant en dissolution guère autre chose que du chlorure de magnésium qu'on jetait.

Tel était, en peu de mots, le procédé de M. Balard : véritable triomphe de science et de génie inventif sur une série de difficultés, dont une seule eût suffi pour décourager un esprit moins habile et moins persévérant. Néanmoins, cette méthode présentait encore des imperfections inhérentes à la nature même des opérations successives qu'il fallait exécuter et aux moyens dont on disposait pour les accomplir. La perméabilité du sol, par exemple, entraînait de grandes pertes, par l'absorption de la liqueur exposée en couches minces dans le but d'obtenir une plus forte concentration, cette liqueur ayant déjà acquis de la valeur par suite de la dépense de main-d'œuvre et du degré de concentration auquel elle était arrivée. En effet, plus la liqueur devenait dense et précieuse, plus elle s'évaporait lentement, et plus il fallait la laisser longtemps exposée sur le sol pour l'élimination d'une nouvelle proportion d'eau. Le mal causé par la perméabilité du sol augmentait, par conséquent, en proportion double pendant les dernières phases du procédé : la perte de liqueur, par infiltration, devenant plus considérable tant en *quantité* qu'en *valeur*. Après une concentration pénible, il n'était pas rare de voir la liqueur de nouveau diluée par les eaux de pluie. En outre, le succès des opérations dépendant uniquement des alternatives de chaleur et de froid dans les différentes saisons, l'essor de cette industrie se trouva comprimé, et le procédé, ne pouvant être exploité que d'une manière peu suivie, prit un caractère aléatoire, présentant plus d'analogie avec une exploitation agricole qu'avec une opération industrielle.

(La suite à la prochaine livraison.)

FABRICATION DE L'ALUMINIUM A L'USINE DE SALYNDRE (GARD).

Par M. A. STEVART,
Élève ingénieur des mines.

L'extraction de l'aluminium a fait, à la fabrique de produits chimiques de Salyndre, des progrès considérables, dont nous allons donner un aperçu succinct, d'après la *Revue universelle* de Ch. Cuyper, à laquelle nous l'empruntons :

« Les différentes opérations qui conduisent à la production du métal se partagent en trois groupes et feront l'objet des trois paragraphes suivants :

1° *Fabrication du chlorure double d'aluminium et de sodium.*

2° *Fabrication du sodium.*

3° *Fabrication de l'aluminium par la réaction des deux corps précédents.*

I.

La fabrication du chlorure double d'aluminium et de sodium exige l'emploi d'une alumine presque chimiquement pure. C'était pour M. Sainte-Claire-Deville le point le plus délicat de la fabrication, et l'obtention de ce corps, au moyen soit de l'alun ammoniacal, soit du sulfate d'alumine du commerce, laissait beaucoup à désirer, tant sous le rapport du prix que sous celui de la pureté des produits.

Aujourd'hui, l'on possède un minerai précieux, fournissant de l'*alumine pure* par deux opérations très-simples, qui font de la préparation actuelle de l'aluminium un véritable travail métallurgique et non plus une opération de laboratoire à appareils multipliés, comme celle que décrit le mémoire de M. H. Sainte-Claire-Deville. Ce minerai, qui s'exploite dans le Var (aux gorges d'Ollioules, près de Toulon), se présente sous l'aspect d'une masse brêchiforme à petits éléments de couleur rouge brunâtre ou noirâtre, disséminés dans un ciment très-fin, compacte et de couleur rouge brique. Il a pour composition moyenne :

$$
\begin{array}{ll}
\text{Alumine} & 60 \\
\text{Oxyde ferrique} & 25 \\
\text{Silice} & 3 \\
\text{Eau} & 12 \\
\hline
& 100
\end{array}
$$

La comparaison de cette analyse, que nous devons à M. Balard avec la composition suivante des deux *diaspores*, l'une pure, l'autre mélangée de fer et provenant de Sibérie, montre qu'on peut rattacher à cette espèce le minerai de Salyndre en augmentant la proportion de fer et diminuant celle d'alumine.

	Diaspore pure.	Diaspore de Sibérie.
Alumine	85.10	74.66
Oxyde ferrique	»	4.51
Silice	»	2.90
Chaux et magnésie	»	14.58
Eau	14.90	1.64
	100.00	98.29

Voici le traitement très-simple que subit cette matière pour être débarrassée du fer et de la silice qu'elle contient :

Réduite en poudre fine sous une meule verticale, on la mélange à du sel de soude et on la chauffe sur la sole d'un four à réverbère. La masse n'y fond pas, elle ne s'y agglutine même pas, et cependant la combinaison s'est effectuée sans changement d'état : on a obtenu un aluminate de soude ($2Al^2O^3,3NaO$) et du silicate double d'alumine et de soude, mélangés d'oxyde de fer, de silice et d'un peu d'alumine qui n'a pas réagi.

A cause de l'état de désagrégation que la matière a conservé, elle est traitée par l'eau avec la plus grande facilité. Celle-ci ne dissout *absolument* que l'aluminate de soude, et laisse dans le résidu l'oxyde de fer et la silice, le premier de ces corps restant libre, le second en partie transformé en silicate double de soude et d'alumine.

Les anciens procédés avaient le défaut grave de laisser passer dans l'aluminium un peu de fer et de silicium qui provenaient de l'impureté de l'alumine, et ces deux corps sont très-nuisibles à l'aluminium, en ce qu'ils diminuent à la fois ses propriétés les plus importantes, son éclat et son inaltérabilité.

La dissolution bien limpide d'aluminate sodique est décantée dans un cylindre horizontal en tôle, dans l'axe duquel tourne rapidement un agitateur à palettes, qui met le liquide en suspension sous forme de pluie fine. Par la partie inférieure arrive un courant d'acide carbonique, obtenu au moyen d'un calcaire blanc très-pur et de l'acide chlorhydrique que l'établissement fournit en grande quantité. Le gaz produit dans une grande caisse de grès, traverse deux flacons laveurs contenant un peu d'eau et arrive dans le cylindre de tôle, où il détermine la réaction suivante :

$$2Al^2O^3. 3NaO + 3CO^2 = 3NaO. CO^2 + 2Al^2O^3.$$

L'alumine précipitée est recueillie par décantation après repos, et lavée à l'eau chaude pour enlever les dernières traces de soude. Ce lavage s'exécute très-soigneusement sur de grands filtres de toile tendus au-dessus d'une caisse métallique où l'on détermine une forte aspiration au moyen d'un courant de vapeur d'eau. Cette succion est indispensable pour rendre applicable en grand l'opération si lente d'une filtration et d'un lavage. On se sert aussi d'une essoreuse à enveloppe de toile, et où l'on utilise la force centrifuge pour faire traverser rapidement l'alumine par une grande masse d'eau.

Les produits obtenus sont donc, en résumé :

1° Une dissolution de soude qui retourne aux chaudières d'évaporation de la fabrique, de sorte qu'il n'y a de soude perdue que la petite portion qui s'est silicatisée.

2° Une pâte très-blanche d'alumine hydratée, qui est peut-être le produit le plus pur qu'une opération en grand ait jamais donné.

On a même réussi, pour le dire en passant, à préparer, au moyen de cette alumine, divers produits tels que le sulfate d'alumine, servant aux teintureries, et qui sont d'un excellent débit à cause de leur privation complète de fer.

C'est un fait curieux à constater et qui démontre à lui seul de notables progrès, de voir préparer aujourd'hui, à l'aide de l'alumine obtenue comme nous l'avons vu tantôt, les corps d'où l'on se donnait la peine de la retirer il y a peu d'années.

Pour la fabrication qui nous occupe, l'alumine est desséchée complétement et déshydratée dans un petit four à réverbère où on la charge à l'état de mortier. Après quoi on la mélange à du sel marin et à du poussier de charbon de bois. A l'aide d'un peu d'eau dont on humecte le tout, on en fait des boulettes de la grosseur d'un poing, qu'on sèche dans une étuve, puis qu'on place dans le creuset du four à chlorure double que nous allons décrire. (Voir la planche fig. 1, 2 et 3).

Il se compose d'un foyer A, dont la flamme circule par des carneaux en hélice CC autour d'un grand creuset ou pot en terre réfractaire B placé verticalement au milieu du four. Le creuset, fermé à sa partie supérieure par une large brique réfractaire D bien lutée avec de l'argile, possède trois ouvertures : une inférieure E, fermée par une petite brique maintenue par une vis de pression et servant à vider le creuset quand la matière est épuisée; deux latérales, dont l'inférieure g sert à l'entrée du chlore, et la supérieure h à la sortie du produit.

Le chlore est fourni par une batterie de six bombonnes de grès par la réaction de l'acide chlorhydrique sur le peroxide de manganèse, il est lavé et desséché, soit au moyen d'une bombonne contenant de l'acide sulfurique concentré, soit en le faisant passer sur du chlorure de calcium, que l'on obtient comme produit accessoire dans la fabrication de l'alumine. On sait que la réaction à une température élevée, du chlore sur l'alumine mélangée de charbon, produit du chlorure aluminique, et celui-ci trouvant dans le mélange du chlorure sodique s'en empare et donne ainsi du chlorure aluminico-sodique, qui s'échappe par l'ouverture latérale supérieure h pour se rendre et se condenser dans le récipient R (fig. 3) placé à l'extérieur du four.

Ce récipient est en terre et a la forme d'un pot à fleurs, il est muni d'un couvercle qui reçoit le tuyau h d'entrée et le tube doublement recourbé TT, par lequel l'excès de chlore et un peu de chlorure aluminique perdu se rendent à la cheminée.

L'opération terminée, on trouve le récipient R plein d'une matière cristalline jaune d'or qui est du chlorure double d'aluminium et de sodium. Le four que nous venons de décrire ressemble assez à celui que décrit le mémoire de M. Sainte-Claire Deville. Seulement, dans celui-ci, le récipient était une petite chambre ménagée dans la maçonnerie; il est incontestable que le nouveau récipient, entouré partout d'air frais, rend la condensation bien plus complète, et, qu'en outre, il est bien plus aisé d'enlever le vase lui-même et de le remplacer par un autre que de vider la cavité de la maçonnerie, ce qui exposait à mêler des impuretés au produit.

Un autre procédé a été proposé pour l'obtention de ce corps indispensable : il consisterait à évaporer doucement à sec la solution d'aluminate sodique que nous avons vue donner de l'alumine, puis à traiter le résidu de l'évaporation par le gaz acide chlorhydrique. Mais, outre la difficulté et la lenteur de la dessiccation de l'aluminate sodique, il serait presque impossible de recueillir le produit sans mélange d'eau qui se forme en même temps, et le chlorure double doit être soigneusement préservé de l'humidité.

II.

La fabrication du sodium a subi peu de modifications, et cependant c'est un des points qui ont une grande influence sur le prix de revient du métal. Le sodium est obtenu par la réaction du charbon sur la soude additionnée de carbonate calcique. L'opération s'effectue dans des cylindres de tôle rivée, qui sont chauffés dans un petit four spécial (voyez fig. 4 et 5), tandis qu'anciennement ces cylindres étaient chauffés dans le foyer d'un four à réverbère servant à la fonte de l'aluminium. Inutile de dire qu'il y a progrès à rendre indépendants des appareils qui ne doivent pas être soumis au même feu en même temps, et qui peuvent conséquemment se gêner mutuellement.

Les matériaux employés sont le sel de soude, la houille menue et un beau calcaire blanc très-pur et finement pulvérisé. Le mélange est introduit dans les deux cylindres de tôle, et ceux-ci placés horizontalement dans le four, comme on le voit fig. 5. Les cylindres sont fermés par deux tampons de fonte luttés, qui viennent au dehors du four pour être suffisamment refroidis. Le bouchon antérieur est percé d'un trou où l'on fait entrer à frottement le col du récipient, qui n'est autre que celui imaginé par MM. Donny et Mareska. La figure 6 représente une vue de ce récipient, formé de deux plaques de fonte, dont l'une est munie de rebords sur la plus grande partie de son pourtour, ce qui fait que, assemblées à l'aide de clavettes, elles laissent entre elles un vide plat, où le sodium viendra se condenser.

Les cylindres sont appuyés sur des briques entaillées qu'on peut déplacer (au moins les supérieures) pour le chargement, et sont assez élevés au-dessus de la grille; malgré cette précaution, ils sont très-vite usés et doivent être remplacés après quelques charges. Leurs dimensions sont 0.10 de diamètre, 0.75 de long. On allume le feu sur la grille, et les produits de la combustion, après avoir léché les deux cornues, passent par les carneaux *cc* (fig. 5) pour descendre dans les cheminées AA (fig. 4), qui vont à un conduit souterrain commun à tous les fours.

Bientôt la distillation commence; un ouvrier, à l'aide d'une baguette de fer, fait écouler le sodium dans deux petites terrines VV, contenant de l'huile de schiste. On le recueille ainsi à mesure qu'il se condense. L'huile, étant placée très-près du four, se maintient assez chaude pour que le sodium reste liquide.

Les crasses qui surnagent sont refondues sous l'huile de schiste et donnent une nouvelle quantité de sodium. On le coule alors en petits pains de forme pyramidale tronquée, pesant chacun environ 200 grammes, et ces lingots sont conservés sous l'huile.

III.

La réaction finale qui doit donner de l'aluminium s'opère dans un four à réverbère, où l'on met le chlorure double d'aluminium et de sodium; on y ajoute quelques pains de sodium (comptés à 5 par kilogr.), après les avoir découpés en deux ou trois morceaux à l'aide de cisailles. Enfin, on ajoute la cryolite, qui est le seul fondant convenable à employer, parce qu'il ne renferme ni silice ni fer.

La composition de ce minéral, correspondant à la formule $Al^2 Fl^3, NaFl$, est :

$$
\begin{array}{ll}
\text{Fluor} & 54.5 \\
\text{Aluminium} & 13.0 \\
\text{Sodium} & 32.5 \\
\hline
& 100.0
\end{array}
$$

Cette substance, qui se tire d'un gîte puissant du Groënland, et qui était autrefois l'unique minerai d'aluminium, ne sert plus aujourd'hui que de fondant. C'est là un immense avantage, quand on pense que la cryolite ne rendait que 5 °/₀ d'aluminium, et que son prix était, dans ces dernières années, de 350 fr. les 1,000 kilogr.

On veille, pendant le chargement, à ce que les morceaux de sodium soient recouverts par les autres substances, et l'on chauffe progressivement. Bientôt a lieu une réaction tellement violente qu'elle élève rapidement au rouge les parois du four et la matière qui se liquéfie alors parfaitement.

Un trou de coulée permet de recevoir d'abord la scorie, puis l'aluminium parfaitement fondu, qui se réunit en une seule masse pesant environ 8 kilogr. D'autrefois, la liquéfaction ne s'effectue pas aussi bien, et le métal reste en partie sous forme de globules plus ou moins gros, disséminés dans la masse. Dans tous les cas, on reprend une partie de la scorie grise, qui s'est écoulée en dernier lieu, et on la pulvérise pour en séparer, par le tamis, les quelques globules qu'elle retient toujours.

L'aluminium n'a plus alors qu'à subir une refonte dans un creuset de terre chauffé au fourneau à vent, pour être parfaitement pur et livrable au commerce. »

Comme on le voit, la métallurgie de l'aluminium a fait un pas immense en peu de temps, les différentes opérations commencent à se montrer sous un jour vraiment industriel, et il faut espérer que cette industrie, en se perfectionnant encore, permettra l'emploi de l'aluminium dans une foule d'usages, où son prix trop élevé en exclut encore l'usage.

ACADÉMIE DES SCIENCES

Séance du 16 novembre. — Réponse aux observations critiques de M. Pasteur, relatives aux expériences exécutées par eux dans les glaciers de la Maladetta. — Voici une réponse nette, franche et catégorique, qui prouve chez les hétérogénistes une conviction non moins profonde que chez leurs contradicteurs. Nous ne savons qui a tort de M. Pouchet ou de M. Pasteur, car, pour former notre conviction, il faudrait que nous sachions que des savants habiles et compétents, n'ayant aucun parti pris à l'avance, et que l'amour-propre n'aveuglait pas, aient vu faire devant eux les expériences qui paraissent si concluantes dans les deux camps. Mais nous voyons avec plaisir que la question est posée aujourd'hui d'une manière à ne pouvoir être ni éludée ni enterrée. Il faut que l'une des deux opinions succombe, et pour cela, de nouvelles expériences sont indispensables, les deux parties étant en présence ; aussi, nous ne comprenons pas tous ces chants de victoire chez les partisans de M. Pasteur, à moins que ce ne soit une feinte, alors que MM. Joly et Musset font une réponse aussi catégorique que celle qu'on va lire. Nous comprenons encore moins M. Flourens, venant faire avec solennité une profession de foi que personne ne lui demandait, et qui ne peut avoir aucune influence en cette circonstance, malgré toute l'autorité que le modeste secrétaire perpétuel s'attribue d'habitude en toutes choses. Le problème, quoique mieux posé aujourd'hui, et bien compris de tout le monde, n'en est pas moins toujours à résoudre, comme au premier jour, à cause des expériences contradictoires obtenues de part et d'autre. Il est donc de toute nécessité que le défi porté par M. Pasteur et que les hétérogénistes se sont empressés d'accepter comme une bonne fortune pour eux, ne soit pas retiré ; aussi nous espérons que l'Académie des sciences donnera suite à une solution aussi intéressante, et que, dès que M. Pasteur sera de retour, l'on procédera à un programme d'expériences à faire pour couler enfin à fond une question qui parait d'ailleurs toucher à sa fin.

Voici la lettre de MM. Joly et Musset telle qu'elle a paru dans le *compte-rendu* de l'Académie des sciences (n° 20 du 16 novembre, p. 842).

« M. Pasteur vient d'attaquer, au sein de l'Institut (1), les conclusions que nous avions

---

(1) Voir séance du 2 novembre (*Moniteur scientifique* du 1ᵉʳ décembre, livr. 107, p. 922).

tirées de nos dernières expériences sur l'hétérogénie (1). Bien que nous ayons dit ou voulu dire précisément tout le contraire, l'habile chimiste a cru pouvoir affirmer que, des huit ballons ouverts par nous sur les hautes cimes des Pyrénées, quatre seulement s'étaient montrés féconds. Aujourd'hui qu'il a en mains des preuves péremptoires de l'erreur qu'il a commise sans le vouloir (2), M. Pasteur doit vivement regretter de nous avoir condamnés sans nous entendre, et même avant de nous avoir lus avec assez d'attention.

« Quoi qu'il en soit, partant de cette idée inexacte que, sur huit ballons, quatre seulement nous avaient donné des productions organisées, notre adversaire s'imagine et proclame bien haut que, loin de réfuter la *théorie semi-panspermiste*, nos expériences de la Maladetta en confirment la vérité. Tout en rendant pleine justice « au ferme désir » que nous avons eu de répéter « minutieusement » ses expériences, tout en reconnaissant les soins particuliers que nous avons apportés dans nos « essais, » M. Pasteur nous reproche : 1° d'avoir emporté avec nous à la Rencluse et jusqu'aux glaciers de la Maladetta un nombre de ballons trop restreint; 2° de les avoir agités après les avoir ouverts; 3° d'avoir commis l'imprudence de les ouvrir avec une lime préalablement chauffée à la flamme d'une lampe éolipyle, au lieu d'employer, comme lui, une pince à longues branches, également chauffée.

« Le talent incontesté et la position si favorable de M. Pasteur ont donné à ses paroles assez de retentissement pour que nous ne puissions pas devoir rester muets sous le coup de ses critiques.

« En définitive, que voulions-nous démontrer? Le peu de fondement de la doctrine panspermiste, comme de la semi-panspermie. Or, M. Pasteur prétendait, et il soutient encore qu'à mesure que l'on s'élève, le nombre des germes en suspension dans l'air diminue notablement. Il dit que ses expériences sur le Jura montrent surtout la pureté, au point de vue qui nous occupe, de l'air des hautes cimes couvertes de glace, puisqu'un seul des vingt ballons remplis par lui au Montauvert a donné naissance à une mucédinée. En nous élevant à 1,000 mètres plus haut que M. Pasteur, nous étions autorisés à conclure, *à fortiori*, que nous rencontrerions des couches d'air d'une pureté presque absolue. Or, cet air si pur, d'après notre antagoniste lui-même, a produit dans tous nos ballons, dans tous, sans exception aucune, des mycrophytes ou des microzoaires. De bonne foi, un tel résultat est-il défavorable à l'hétérogénie? On pourra dire sans doute que c'est un pur effet du hasard. Le démontrer ne sera pas aussi facile.

M. Pasteur insiste et nous reproche d'avoir opéré avec un nombre de ballons trop restreint. Il n'ignore pas cependant, puisqu'il les signale, toutes les difficultés qu'on éprouve à transporter de très-loin et à de très-grandes hauteurs des ballons à pointe effilée et, par conséquent, très-fragiles. Le nombre de huit ballons nous a paru suffisant, et il nous le paraît encore aujourd'hui, surtout en présence des résultats tous positifs que nous avons obtenus.

« Un de nos torts les plus graves aux yeux du savant directeur de l'École normale, c'est d'avoir brisé la pointe de nos ballons à l'aide d'une lime, au lieu de nous servir d'une pince à branches allongées. « Par là, dit-il, nous avons permis aux germes attachés à nos mains et

---

(1) Voir séance du 21 septembre (*Moniteur scientifique* du 1er octobre, livr. 163, p. 760.)

(2) Au nombre de ces preuves figurent : 1° une lettre explicative écrite par nous à M. Pasteur, aussitôt qu'il nous a témoigné le désir de connaître en détail le contenu des vases examinés à Toulouse : nous avons été surpris de voir notre savant adversaire prendre la parole au sein de l'Institut, avant d'avoir reçu les renseignements qu'il nous avait demandés; 2° la minute même de la première rédaction de la note que nous avons présentée à l'Académie des sciences le 21 septembre dernier; 3° enfin, une brochure intitulée : *les Hétérogénistes dans les glaciers de la Maladetta*. Dans cette brochure, dont plusieurs exemplaires sont arrivés à Paris quelques jours avant la réplique de M. Pasteur, il est dit expressément, page 32, que toutes nos infusions étaient peuplées de microphytes et de microzoaires.

à nos vêtements de se précipiter dans l'infusion en même temps que ceux que l'air pouvait contenir à ces hauteurs presque entièrement inaccessibles. »

« Nous confessons que nous n'avons pas cru l'emploi d'une pince indispensable au succès de la démonstration que nous avions en vue; nous avouerons même, s'il le faut, que nous avons eu la maladresse de nous servir d'une lime non emmanchée. Hâtons-nous de rappeler toutefois une circonstance atténuante : c'est que, au pied même du glacier de la montagne Maudite, nous nous sommes lavé les mains avec de la neige récemment tombée, et cela après avoir eu soin d'en racler la surface pour éviter les poussières qui pouvaient la salir. Là, il nous est même arrivé de faire bouillir une seconde fois l'un de nos vases, qui, malgré cet excès de précaution, s'est montré fécond comme les autres.

« Quant aux effets produits par l'agitation des ballons secoués d'une main au-dessus de nos têtes, M. Pasteur nous permettra de ne pas y attacher toute l'importance qu'il leur attribue. L'air est si pur à ces grandes hauteurs (1), l'ouverture faite à nos ballons si étroite (tout au plus 2 ou 3 millimètres de diamètre), et nos vêtements avaient été si soigneusement brossés!

« En résumé, l'égale fécondité de nos matras remplis d'air, soit à Luchon, soit à la Rencluse, soit dans l'intérieur même des glaciers de la Maladetta semble nous autoriser à conclure que cette fécondité est due à une tout autre cause qu'à ces prétendus germes dont nos adversaires parlent sans cesse, mais qu'ils n'ont jamais pu nous montrer. Or, c'est précisément cette conviction, basée sur de nombreuses expériences antérieures, qui nous avait conduits sur les sommets glacés de la Maladetta. Notre espoir, nous ne le dissimulons pas, était d'y trouver une preuve de plus en faveur de l'hétérogénie et, conséquemment, contre la théorie pans-permiste ou semi-panspermiste.

« M. Pasteur est venu déclarer devant l'Académie que notre expérience était vaine, et « qu'elle est complétement déçue. Il termine en nous portant ce singulier défi scientifique : « Tant que MM. Pouchet, Joly et Musset ne pourront pas affirmer qu'en ouvrant, dans une « localité quelconque (2), un certain nombre de matras, vingt, par exemple, préparés exacte- « ment selon les prescriptions de mon mémoire, il n'y en a pas qui se conservent intacts, « et que tous s'altèrent, ils ne feront que confirmer l'exactitude parfaite de l'assertion de « mon mémoire qu'ils prétendent réfuter. Or, je mets au défi que l'on produise un pareil « résultat. »

« A ce défi nettement articulé, il nous suffirait d'opposer les résultats de nos dernières expériences; mais, puisque M. Pasteur les déclare entachées d'erreurs provenant de ce que nous n'avons « pas compris du tout sa méthode d'expérimentation ; » de ce que nous avons employé un nombre de ballons insuffisant; de ce que nous les avons agités après les avoir ouverts ; enfin de ce que, pour les ouvrir, nous avons eu le malheur de nous servir d'une lime en acier (sans manche !) au lieu d'une pince en fer, nous relevons le gant qui nous est jeté par notre savant antagoniste, et nous lui promettons de nous conformer, plus scrupuleusement encore que nous ne l'avons fait, à toutes les plus minutieuses précautions

(1) N'oublions pas que, sur vingt ballons remplis d'air au pied du Jura, M. Pasteur en a trouvé huit ren-fermant des productions organisées; à 850 mètres d'altitude, il n'en a plus trouvé que cinq; il n'en a plus vu qu'un seul altéré sur vingt autres remplis au Montanvert (à 2,000 mètres d'élévation), « par un vent assez fort, soufflant des gorges les plus profondes du glacier du Bois. »

(2) M. Pasteur ne dit pas à *quelle altitude*, or ce doit être un oubli de sa part, car, dans une localité quel-conque, *dans tous les lieux du globe*, nous écrit M. Pouchet, il brisera mille ballons, si l'on veut, et ils de-viendront tous féconds; mais en sera-t-il de même à 3,000 ou 4,000 mètres d'altitude, comme l'ont fait M. Pasteur au Montanvert, MM. Pouchet, Joly et Musset à la Maladetta, et M. le docteur Kolb sur la cime du mont Blanc? C'est ce qu'il serait curieux de vérifier de nouveau devant des savants non compromis déjà, et ce qui déciderait peut-être la question, en donnant raison ou tort à l'une des deux parties; car, sans cela, M. Pasteur dirait encore que c'est la semi-panspermie qui triomphe dans les expériences qui lui seraient contraires.   Dr Q.

qu'il indique comme étant rigoureusement indispensables. Si un seul de nos matras demeure inaltéré au contact de l'air pris à Toulouse, nous avouerons loyalement notre défaite ; si tous se peuplent d'infusoires ou de mucédinées, que répondra et que fera M. Pasteur ? Du reste, il y aurait un moyen bien simple de terminer cet interminable débat : ce serait que l'Académie des sciences de Paris voulût bien nommer une commission devant laquelle M. Pasteur et nous répéterions les principales expériences sur lesquelles s'appuient de part et d'autres des conclusions contradictoires. Nous serions heureux, quant à nous, de voir l'illustre compagnie prendre en sérieuse considération le vœu que nous osons formuler devant elle (1).

— *Remarques de M. Flourens, à l'occasion de cette communication.* — Voici la note dont nous parlions plus haut, et telle qu'elle a été transmise par le secrétaire perpétuel aux *comptes-rendus.*

« On nous reproche dans plusieurs journaux (quels journaux?) de ne point dire mon opinion sur la *génération spontanée* (Qui donc l'a demandée, votre opinion?).

« Tant que mon opinion n'était pas formée, je n'avais rien à dire.

« Aujourd'hui elle est formée et je la dis.

« Les expériences de M. Pasteur sont décisives (2).

« Pour avoir des animalcules, que faut-il, si la *génération spontanée* est réelle ? De l'air et des liqueurs putrescibles. Or, M. Pasteur met ensemble de l'air et des liqueurs putrescibles, et il ne fait rien.

« La *génération spontanée* n'est donc pas. Ce n'est pas comprendre la question que de douter encore. »

— M. Pasteur remarque, à l'occasion de la récrimination de MM. Joly et Musset, que l'er-

(1) Il ne nous semble pas inutile de faire remarquer en terminant que, dans la note adressée par nous à l'Académie, nous disions formellement que les résultats observés à Toulouse par M. Musset et par moi étaient identiques à ceux que M. Pouchet, notre savant et digne collaborateur, avait obtenus à Luchon.

(2) Si les expériences de M. Pasteur sont décisives pour M. Flourens, elles sont loin de l'être pour M. Pouchet, qui vient d'apostropher M. Pasteur en ces termes (*Courrier des Sciences*, n° 14, 6 décembre) :

« Vous me parlez constamment de *germes*; sortons de ce langage mythique employé par l'école rouillée de Bonnet. Commençons par dire qu'il s'agit d'œufs et de semences, et tout le prestige de vos théories va s'évanouir à l'instant. Nous connaissons aujourd'hui beaucoup de ces corps. Nos admirables microscopes, qui amplifient quinze cents fois le diamètre des objets, et coupent 1 millimètre en dix mille parties, nous les font voir de la grosseur d'une graine de pavot ou de vesce.

« Ceci posé, je demande d'abord que l'on me montre ostensiblement ces œufs et ces spores. On les distingue facilement partout où il en existe; et comme, dans l'hypothèse de la panspermie, chaque millimètre d'air doit en contenir immensément, je demande que l'on commence, non par m'exhiber les produits des *germes occultes* dont on me parle sans cesse, mais les corps matériels dont ils dérivent. »

M. Pouchet cite ensuite une expérience faite par M. Wyman, professeur à l'Université de Cambridge, et il la décrit en ces termes :

« Les panspermistes ont soigneusement voilé cette expérience décisive; aussi semble-t-elle peu connue en France. Elle continue encore plus audacieusement que nous n'aurions pu l'espérer les expériences d'Ingenhousz, de Mantegazza, de Joly, de Musset et les nôtres.

« Là ce ne sont plus les appareils compliqués de M. Pasteur, véritables réceptacles pour ses *germes*, si ceux-ci n'étaient autre chose qu'un mythe; là, ce n'est plus le vide imparfait qu'on emploie, c'est un appareil d'une extrême simplicité, et moins sujet à erreur.

« L'appareil du professeur de physiologie est de la plus grande simplicité. Il consiste en un ballon à col recourbé et effilé dans son milieu. Ce ballon est rempli au tiers d'un liquide fermentescible, et l'on a enfoncé dans l'extrémité élargie de son col un faisceau de tubes en fer du plus fin diamètre possible, et qu'on y a luté avec le plus grand soin.

« Quand l'appareil est ainsi monté, on met le liquide en ébullition, et en même temps on chauffe les tubes au rouge blanc dans un brasier ardent. La vapeur s'échappe avec abondance; et, après avoir fait bouillir le liquide dans le ballon pendant deux heures, à deux atmosphères de pression, on éteint le feu sous lui;

reur qu'il a commise était presque inévitable; en ne parlant, en effet, de mucédinées et d'infusoires que pour quatre des huit ballons ouverts par eux, MM. Pouchet, Joly et Musset semblaient indiquer que les quatre autres n'en contenaient point. Cependant, pour plus de sûreté, M. Pasteur a voulu se renseigner près de M. Pouchet lui-même; mais ce savant lui ayant fait savoir qu'il ne pourrait donner une réponse définitive qu'après s'être entendu avec ses collaborateurs, on n'a pas cru devoir différer davantage une communication attendue par plusieurs membres de l'Académie.

M. Pasteur donne ensuite de vive voix quelques renseignements sur les résultats d'une expérience qu'il a faite récemment dans une des salles mêmes de l'Institut, à la demande de M. Frémy, résultats qui confirment encore les conclusions qu'il avait tirées de ses expériences précédentes (1).

— A la suite de ces remarques, continue toujours le *Compte-rendu,* car c'est lui que nous copions textuellement, MM. Quatrefages, H. Sainte-Claire Deville, Regnault et Milne-Edwards prennent successivement la parole pour faire remarquer qu'aucune des précautions recommandées par M. Pasteur et prises par lui dans ses expériences n'est à négliger, si l'on veut se préserver des diverses sources d'erreurs auxquelles on est exposé et obtenir des résultats à l'abri de toute objection.

— Limites de la résistance vitale au vide et à la dessiccation chez les animaux pseudo-ressuscitants, par M. POUCHET.

La question de la résistance vitale est une des plus importante de la biologie, car elle est intimement liée à la solution de son plus mystérieux problème.

Deux doctrines se trouvent aujourd'hui en présence. L'une ne voit daus l'organisme en action qu'un phénomène vital; l'autre, sans oser carrément l'avouer, des phénomènes physico-chimiques.

Si un animal parfaitement sec, et par conséquent mort et momifié, pouvait être rendu à la vie à l'aide de quelques gouttes d'eau, comme certains savants le prétendent, la seconde hypothèse triompherait immédiatement. C'est ce qu'on a voulu démontrer à l'aide d'incroyables efforts.

Par des expériences nombreuses, j'avais prouvé surabondamment que si l'on étalait sur une plaque de verre une couche très-mince de terreau contenant des animaux dits réviviscents, en un temps fort court, deux ou trois mois seulement en été, ceux-ci perdraient l'extraordi-

Peu à peu, à mesure que le liquide se refroidit (s'il en reste!), l'air y rentre en se calcinant à travers la filière de tubes presque capillaires et rougis à blanc, qu'il est forcé de traverser.

« Enfin, quand le ballon est tout à fait froid, et pendant que les tubes sont encore portés au rouge blanc, le savant de Cambridge scelle à la lampe ce même ballon, et l'abandonne ensuite dans son laboratoire.

« Au bout d'un temps qui varié entre quelques jours et quelques semaines, ce même ballon se remplit d'animalcules vivants ou d'une végétation cryptogamique.

« Voici donc une expérience fondamentale faite par un professeur étranger, n'ayant aucune passion en jeu, et qui vient confirmer celles d'Ingenhousz, de Mantegazza, de Joly, de Musset et les nôtres.

« Que peut-on objecter à cette expérience si simple et si décisive? On ne dira pas que là c'est le mercure qui infecte les ballons! On ne s'en sert pas. Elle seule suffirait, si on n'en avait encore tant et tant d'autres, pour renverser l'édifice ébranlé de la panspermie de Bonnet et de la semi-panspermie de M. Pasteur. »

(1) Vos expériences sont absolument erronées, dit M. Pouchet (*Courrier des Sciences,* livraison du 6 décembre, p. 366), et elles ne pourront avoir la moindre valeur que quand d'abord vous aurez détruit celles qui protestent contre elles.

« C'est par le même procédé que je puis dire que l'expérience exécutée avec M. Fremy dans la bibliothèque de l'Institut est absolument erronée. D'abord, MM. Joly, Musset et moi avons directement démontré qu'elle était fausse. Le résultat obtenu par M. Pasteur tient au procédé défectueux employé. — Si Schwann, Schrœder et Dusch ont vu des organismes envahir leurs appareils malgré l'air calciné et le coton, à plus forte raison de simples ouvertures déclives peuvent-elles moins encore arrêter des œufs et des spores. »

naire faculté qu'on leur accordait. Personne ne récusait l'exactitude de ces expériences, répétées devant plusieurs de nos physiologistes les plus éminents ; mais l'un de ceux-ci prétendit que, dans ce cas, la mort arrivait probablement plutôt par le fait des oscillations hygrométriques que les animalcules éprouvaient que par celui de leur simple dessiccation. Il croyait également que ces oscillations thermométriques devaient peut-être aussi contribuer au résultat que j'obtenais. Pour renverser ces objections, je n'avais qu'une seule chose à faire, c'était de placer les animalcules pseudo-ressuscitants à l'abri de ces oscillations : c'est ce que j'ai exécuté dans les expériences qui suivent.

M. Pouchet rapporte deux expériences dans lesquelles les animalcules ont succombé, bien qu'il n'y ait pas eu la moindre oscillation hygrométrique.

Une autre série d'expériences démontre que les oscillations de température ne jouent non plus aucun rôle sur la mort réelle des animalcules pseudo-ressuscitants.

Ainsi donc, ajoute-t-il, ni les oscillations hygrométriques ni les oscillations thermométriques ne peuvent être considérées comme les causes de la mort des animalcules pseudo-ressuscitants, et celle-ci, dans toutes ces expériences, n'a été évidemment que le fait de la dessiccation lente ou rapide de ces animalcules, qui ont cédé peu à peu leur eau d'interposition à du terreau très-sec et beaucoup plus hygroscopique qu'eux, ou qui l'ont cédée à la chaux, dans les tubes qui en contenaient.

Ainsi donc, l'observation et l'expérience s'unissent pour nous ramener à l'interprétation rationnelle des phénomènes, en nous démontrant que l'hypothèse des résurrections, qui a fait l'étonnement et presque l'amusement des physiologistes du siècle dernier, ne doit plus trouver de sérieux adhérents dans le nôtre : ainsi que l'emboîtement des germes, cette idée a fait son temps.

— Sur un essai de reproduction artificielle d'un minéral cosmique ; par M. Faye. — L'auteur commence par rappeler les circonstances qui prouvent l'origine cosmique des bolides et des étoiles filantes, et, par là, font revêtir à la doctrine de ces météores une allure plus positive. Il serait utile qu'aujourd'hui toutes les branches d'études qui s'y rattachent fussent poursuivies simultanément. On sait que l'observation des étoiles filantes intéresse la physique, la chimie et la minéralogie ; la physique, par les phénomènes d'incandescence et de déflagration ; la chimie, parce que ces météores nous mettent en possession de matière étrangère à notre globe ; enfin, la minéralogie, par les espèces ou associations d'éléments nouvelles qui se rencontrent dans les pierres tombées du ciel. Les analyses chimiques des météorites ne nous ont encore révélé aucun corps simple inconnu sur la terre ; mais les recherches minéralogiques offrent, sous ce rapport, un intérêt plus direct, car, à côté de la pyrite magnétique, du pyroxène, de l'augite, de l'olivine surtout, elles nous ont déjà faire connaître des espèces totalement étrangères à l'écorce terrestre, et dont l'origine doit tenir à des conditions spéciales de formation qui ne sont pas réalisées chez nous. En effet, on a noté dans les aérolithes le fer nickelifère, du charbon et même un hydrocarbure d'origine forcément inorganique (Woehler), et un phosphure tout particulier, la *schreibersite*. L'existence du premier dans les météorites s'accorde bien avec l'idée que ces corps proviennent d'un milieu dépourvu d'oxygène libre ou faiblement combiné, où, par conséquent, le fer et le nickel peuvent se conserver indéfiniment sans s'oxyder. Quant au deuxième, les expériences de M. Berthelot nous ont appris que l'hydrogène peut se combiner au carbone inorganiquement. Quant à la schreibersite, phosphure double de fer et de nickel, qu'on retrouve constamment, en paillettes ou en grains, dans les aérolithes pierreux et même dans les fers météoriques, sa formation a quelque chose d'énigmatique. La masse des aérolithes, une fois dépouillée mécaniquement de ce minéral, ne présente plus aucune trace de phosphore. Il y a là quelque chose de si différent du règne terrestre, qu'on doit désirer de reproduire cette substance par synthèse. Elle se présente sous forme de paillettes ou fragments jaunes, d'un éclat métallique, rappelant la pyrite magnétique ; elle n'offre pas de trace de cristallisation ; l'aimant l'attire fortement et lui communique une polarité durable; enfin elle est inattaquable par l'acide chlorhydrique. Sa formule atomique serait $Ni^2 Fe^4 Ph$, d'après M. Lawrence Smith (*Report of the Smithsonian Institution*, 1856).

Aidé par M. H. Deville, M. Faye a tenté la reproduction de la schreibersite, en réduisant par le charbon l'oxyde de nickel et le sesquioxyde de fer, mêlés avec un phosphate à base de soude et de la silice, dans les proportions suivantes : sesquioxyde de fer, 8 gr.; oxyde de nickel, 3 gr. 7; pyrophosphate de soude, 10 gr. 1; silice, 6 gr.; charbon, 2 gr. Ce mélange, placé dans un creuset de charbon protégé par un creuset en terre, a été porté pendant quelque temps à la chaleur blanche. On a obtenu un culot métallique (probablement un alliage de fer et de nickel) plus une croûte très-distincte placée entre le verre et le culot, un peu adhérente au premier, mais non au second. Cette zone intermédiaire est formée de paillettes jaunes, d'un éclat métallique, fortement attirables à l'aimant et inattaquables, à froid ou à chaud, par l'acide chlorhydrique; c'est donc de la schreibersite artificielle. Il resterait à l'analyser et à la soumettre à l'épreuve d'un feu de forge, pour voir si elle céderait alors son phosphore à une masse de fer; on pourrait également vérifier si la nuance verdâtre de certains échantillons météoriques provient d'une trace de cobalt qu'ils contiennent ordinairement. Toujours est-il que M. Faye a pu reproduire le minéral le plus caractéristique des substances extra-terrestres dans des circonstances assez rapprochées des indications théoriques relatives à l'origine de ces corps.

— Note sur la théorie de la déformation des surfaces gauches; par M. Ossian Bonnet. — Cette note a pour objet de démontrer rigoureusement que les surfaces gauches conservent, en se déformant, leurs génératrices rectilignes; qu'elles ne sont pas applicables ou développables l'une sur l'autre, de telle sorte qu'aux génératrices rectilignès de l'une correspondent des lignes géodésiques non rectilignes de l'autre. Cette propriété, qu'on avait admise jusqu'ici sans la démontrer, est d'autant plus remarquable qu'il existe, pour des surfaces non réglées une propriété tout à fait opposée, qui résulte des formules de M. Codazzi (Mémoire du con-. cours de 1860).

— Sur les étoiles filantes. Extrait d'un Mémoire de M. Coulvier-Gravier.—L'auteur, après avoir rappelé ses divers mérites, comme d'habitude, annonce qu'il a découvert le signe précurseur des oscillations barométriques, et prétend que la hauteur des eaux de la Seine a été en rapport avec les perturbations de ses étoiles filantes. Enfin, il nous apprend que le nombre horaire moyen des météores, ramené à minuit, a été, le 12 et le 13 novembre, de 16.7; en 1833, il était de 130, puis il était descendu à 9 et 11; le phénomène semblerait donc reprendre une marche ascendante.

M. Coulvier-Gravier va partout disant que les astronomes allemands se sont coalisés pour barrer le chemin à ses théories. Petit présomptueux!

— Sur l'air de la vessie natatoire des poissons; par M. A. Moreau. — Cette seconde note, qui fait suite à celle présentée par l'auteur le 6 juillet dernier, que l'auteur complète aujourd'hui, se termine par ces conclusions qui sont applicables aux deux notes, l'ancienne et celle d'aujourd'hui : « L'air de la vessie natatoire offre, dit M. Moreau, une composition qui, relativement à la proportion d'oxygène, peut varier en plus ou en moins dans les conditions suivantes :

« 1° L'oxygène diminue et disparaît dans l'asphyxie et autres conditions morbides; 2° chez le poisson à vessie natatoire ouverte, comme chez le poisson à vessie natatoire close, l'air se renouvelle sans être emprunté à l'atmosphère, et la rapidité de ce renouvellement est en raison de la vigueur du poisson; 3° l'air nouveau présente une proportion d'oxygène bien supérieure à la proportion de ce gaz contenue habituellement dans l'air de la vessie natatoire, et bien supérieure aussi à la proportion contenue dans l'air dissous dans l'eau.»

— Études chimiques sur le cuivre; par MM. E. Millon et A. Commaille. — Cette note, qui révèle des faits nouveaux, sera insérée *in extenso* dans nos comptes-rendus de chimie.

— Sur la question de la pellagre dans les asiles d'aliénés. — Nouvelle réponse sur cette question qui ne regarde pas l'Académie des sciences, et qui serait mieux placée à l'Académie de médecine.

— Essai sur la classification des mollusques gastéropodes ; par M. GOURIET.

— Sur un cas d'extirpation presque totale de la langue au moyen de la cautérisation en flèches ; par M. MAISONNEUVE. — Cette note a reçu un accueil très-cordial de deux journaux consacrés surtout aux sciences physiques et mathématiques, *les Mondes* et *le Cosmos*, qui ont rempli, chacun à leur tour, trois grandes pages enlaidies d'une horrible gravure sur bois, représentant un morceau de chair pourrie. M. Maisonneuve est, nous le savons, un chirurgien breton très-habile ; la nouvelle opération, qu'il a exécutée avec un rare bonheur, a eu une complète réussite, mais *les Mondes* et *le Cosmos* avaient mieux à faire, il nous semble, que de publier *in extenso* cette observation de leur abonné, déjà publiée dans la *Gazette des Hôpitaux,* où elle était, là, à sa place.

— M. MANDET adresse de Tarare une addition à sa note sur l'emploi du sulfate d'ammoniaque pour rendre les mousselines ininflammables, et y joint divers échantillons de tissus, les uns tels qu'ils sont livrés aux marchands, les autres préparés par son procédé, et dont l'éclat ou la fraîcheur des teintes n'a été nullement terni.

— M. THASSY envoie une note accompagnée d'une figure sur un nouveau système d'autolocomotion aérienne à hélice.

— M. Velpeau présente, au nom de M. TIGRI, une note écrite en italien « sur un nouveau cas de *bactéries* dans le sang d'un homme mort d'une fièvre typhoïde à l'hôpital de Sienne. »

— Recherches sur la quinoline ; par M. HUGO-SCHIFF. — L'aimable et facétieux abbé annonce ainsi cette communication dans *les Mondes* du 19 novembre, page 429 : « M. Hugo-Schiff adresse une note sur la crinoline, que M. Flourens proclame très-intéressante. » Que M. Flourens proclame très-intéressante une note sur la crinoline, c'est de la compétence de sa dame, et il a pu se renseigner auprès d'elle, mais sur la quinoline, il n'en sait rien.

M. Hugo-Schiff vient de publier sur les combinaisons de l'aniline avec les sels métalliques une série de mémoires fort intéressants qu'il a réunis en brochure, et dont nous possédons un exemplaire allemand. Les recherches nouvelles qu'il a entreprises ont pour but de faire connaître que la quinoline, et non la *crinoline*, se combine aussi avec les sels métalliques, et fournit des composés comparables aux combinaisons anilométalliques qu'il a décrites, et dont M. Kopp rendra compte prochainement.

— L'âge de la pierre dans les cavernes de la vallée de Tarascon (Ariége). Note de MM. F. GARRIGOU et H. FILHOL, présentée par M. de Quatrefages. — « La découverte faite en Suisse, en Danemark, etc., d'une période anté historique dans la succession des populations à la surface de notre globe, tend à faire penser que les continents devaient être habités à cette époque dans la plupart des points où ils le sont encore aujourd'hui.

L'uniformité des pièces recueillies partout où l'on a pu confirmer les découvertes des savants suisses et danois, le progrès dans l'emploi successif des matières premières alors utilisées par l'homme, font supposer que l'intelligence humaine, la même en tous lieux dans ses manifestations primitives, a dû subir l'influence de bien des milliers de siècles pour arriver au point où elle en est aujourd'hui. Deux formes différentes ont eu le temps de se succéder dans la nature depuis que l'homme y a fait son apparition. Les populations chez lesquelles se développèrent les trois âges de la pierre, du bronze et du fer, paraissent relier l'homme actuel à celui d'Abbeville, et par lui à celui de Chartres.

Si les lacs de la Suisse servirent aux populations antéhistoriques pour y dresser en sécurité leurs huttes de bois et de chaume, il était naturel que dans d'autres pays, des hommes doués du même degré de civilisation que ceux des habitations lacustres et possédant des moyens analogues pour fournir à leur subsistance, choisissent pour leur refuge et leur demeure des abris naturellement creusés dans le roc.

Dans nos recherches sur la question de l'homme fossile, certains indices, exclusivement retrouvés à l'entrée de quelques cavernes, nous avaient déjà mis sur la voie de la théorie que nous émettons aujourd'hui les premiers et que nous croyons pouvoir démontrer.

MM. Garrigou et Filhol, après avoir décrit les cavernes qu'ils ont explorées en tous les sens, et fait inventaire de tout ce qu'ils y ont trouvé, ajoutent : « De ces faits et de la découverte des pièces que nous venons d'énumérer, pièces dont nous n'avons voulu faire connaître la valeur qu'en les comparant nous-mêmes à celles des musées de la Suisse, nous croyons pouvoir tirer la conclusion suivante :

« Il y a eu dans les Pyrénées ariégeoises (et sans doute aussi dans le reste de la chaîne) une population antéhistorique dont les mœurs et la civilisation étaient semblables à celles des populations de l'âge de la pierre, en Suisse. Ces peuples habitaient l'entrée des cavernes les plus saines et les plus spacieuses, se nourrissaient de la chair des animaux qui abondaient dans le pays, faisant des armes de leurs os les plus résistants ainsi que des roches les plus dures. Ils cultivèrent probablement le froment, comme leurs pères de la Suisse, et c'est à sa trituration qu'étaient sans doute destinées les nombreuses meules que nous avons découvertes. Les métaux leur furent inconnus. »

— Remarques sur la décomposition du gaz acide carbonique par les feuilles diversement colorées. Note de M. S. CLOEZ, présentée par M. CHEVREUL. — Des expériences nombreuses ont établi que les végétaux pourvus de feuilles s'assimilent du carbone, sous l'influence de la lumière, par la réduction de l'acide carbonique, en donnant lieu à un dégagement d'oxygène. Les parties des plantes exposées au jour présentent des couleurs variées, parmi lesquelles domine la verte ; c'est la couleur ordinaire et pour ainsi dire normale des jeunes tiges, des feuilles, des bractées, des calices, etc., et on doit la considérer comme essentielle aux parties qui décomposent l'acide carbonique.

Contrairement à l'opinion de Th. de Saussure, opinion reproduite récemment devant l'Académie des sciences par M. Corenwinder, M. Cloëz s'est assuré que les feuilles rouges ou jaunes dépourvues de matières vertes ne décomposent pas l'acide carbonique ; il a fait des expériences comparatives dont les résultats sont très-nets et de nature à convaincre les esprits les plus difficiles. Enfin, M. Cloëz conclut d'une série d'expériences qu'il transmet à l'Académie que les feuilles ne décomposent l'acide carbonique, sous l'influence de la lumière, qu'en raison de la matière verte qu'elles contiennent.

Séance du 23 novembre. — Sur un sternum de tortue fossile des collines gypseuses de Sannois et Argenteuil ; par M. A. VALENCIENNES. — « Depuis les travaux de Cuvier sur la faune fossile des environs de Paris, nous voyons le nombre des espèces de vertébrés s'augmenter constamment. L'activité de M. Hebert, professeur de géologie à la Faculté des sciences, a beaucoup contribué à accroître le nombre de ces différents êtres.

« Il a fait don à l'École normale des fragments d'une grande tortue dont il a enlevé la gangue qui déterminait la position de ce fossile du gypse ; mais il a laissé le sulfate gypseux sur un autre échantillon déposé dans le cabinet de géologie de la Faculté des sciences. Nous savons donc positivement que l'animal que je présente ici vivait à l'époque de la formation de notre pierre à plâtre. Il a trouvé les restes de cette grande tortue fossile dans les collines gypseuses de Sannois. En les déposant dans le cabinet de l'École, il a eu soin d'empâter dans de la cire fondue versée sur le bloc de pierre les nombreux fragments des os de l'animal perdu, et de conserver ainsi l'empreinte des parties détruites. La place et, par conséquent, les rapports entre les divers débris du reptile fossile sont donc ceux que je montre.

« M. Valenciennes, après avoir décrit toutes les pièces de ce fossile, propose de nommer le reptile d'une dénomination générale et d'appeler l'espèce du nom du géologue qui a trouvé ce fossile, la désignant par le nom spécifique de TESTUDO HEBERTI, Val. »

— Recherches expérimentales sur le développement du blé; par M. J.-Isidore Pierre. —« La question des surcharges de récolte donne encore lieu, bien souvent, à la fin des baux, à des contestations entre propriétaires et fermiers. Ceux-ci prétendent que les plantes n'épuisent le sol qu'à partir de la formation des graines, c'est-à-dire depuis la floraison jusqu'à la maturité; ceux-là, qui ont à défendre les intérêts du sol, répondent, au contraire qu'il y a épuisement, c'est-à-dire prélèvement sur le sol, quelque soit l'état plus ou moins avancé du développement de la récolte, et que ce prélèvement est déjà considérable au moment de la floraison. Au point de vue pratique, la question a paru assez grave pour occuper les agronomes les plus éminents. Selon Mathieu de Dombasle, une plante fécondée renferme déjà tous les éléments nécessaires à l'accomplissement normal de ses fonctions vitales, jusqu'à l'époque de sa maturité.

« M. Boussingault a trouvé, au contraire, que, pour le *blé*, le poids total de la récolte pourrait presque doubler depuis la floraison jusqu'à la maturité. Si je viens à mon tour, après d'aussi savants maîtres, présenter le résultat de mes observations personnelles, c'est que le procès reste encore pendant aux yeux des cultivateurs, et qu'on ne saurait accumuler trop de preuves, lorsqu'il s'agit d'établir ou d'infirmer des faits d'une importance pratique aussi capitale. Il y a environ deux ans, j'ai eu l'honneur de présenter à l'Académie une « Étude sur le développement du colza, » et j'étais arrivé, pour ce qui concerne le *poids total* de la récolte considérée dans son entier, à des résultats qui se rapprochaient beaucoup de ceux qu'avait obtenus pour le blé M. Boussingault, quoiqu'il s'agît de plantes appartenant à des familles botaniques très-différentes. Toutefois, j'avais été conduit alors à reconnaître que le poids total de l'azote engagé en combinaison dans la récolte, celui de la chaux et celui des sels alcalins, cessaient d'augmenter plusieurs semaines avant le moment de la coupe de la récolte. Le poids de l'acide phosphorique, au contraire, allait en augmentant jusqu'à la fin. Dans le travail dont j'ai l'honneur de présenter aujourd'hui les résultats sommaires à l'Académie, je me suis proposé de faire une étude semblable sur le blé, de suivre cette plante, la balance à la main, pendant les différentes phases de son développement.

« En me bornant ici aux faits les plus généraux qui paraissent être les conséquences de mes études, j'essayerai de les résumer en disant : que s'il n'est pas rigoureusement exact d'admettre, avec Mathieu de Dombasle, que le *blé* n'emprunte plus rien au sol après sa fécondation, il résulte de mes expériences que, plusieurs semaines avant sa complète maturité, la plante cesse d'éprouver, dans son ensemble, un accroissement de poids sensible. De toutes les parties de la plante, l'épi seul paraît faire exception, et augmenter de poids jusqu'à la fin, aux dépens des autres parties de la plante.

« Le poids total de l'azote contenu dans la récolte complète, le poids total des *matières organiques*, celui des *alcalis*, de la *chaux*, de la *magnésie*, de la *silice*, cessent également d'augmenter un mois environ avant la maturité du blé. Le poids total de l'*acide phosphorique* paraît seul faire exception, puisqu'il a encore éprouvé, pendant les dernières semaines, un accroissement de poids de plus de 20 pour 100, dont l'épi seul a profité.

« Enfin, il semble résulter de mes expériences que si, après la floraison, le blé ne contient pas encore la totalité de la matière organique nécessaire à son entier développement, il peut déjà contenir la presque totalité des principes minéraux qui lui sont nécessaires, l'*acide phosphorique excepté*; par conséquent, c'est avant cette phase de son développement surtout que le blé doit puiser dans le sol ceux des éléments de son organisme que le sol peut lui fournir.

« Le travail auquel je me suis livré m'a conduit à faire beaucoup d'observations de détail sur les diverses parties de la plante; les bornes de ce compte-rendu ne me permettent pas même de les indiquer ici; aussi n'en citerai-je qu'une seule :

« De toutes les parties de la plante considérée dans son entier, ce sont les *nœuds* qui contiennent la plus faible proportion de *silice* et la plus forte proportion de *potasse*; ils contiennent à poids égal moins de la moitié de ce qu'on trouve de silice dans la partie la plus pauvre de la plante, et *quatre fois* autant de potasse qu'on en trouve dans celle des parties qui en renferme le plus. »

— Sur les tissus élémentaires; par M. Thém. Lestiboudois.

— M. Balley adresse de Rome une nouvelle note concernant les effets attribués aux *alliances consanguines* sur la fréquence de la *surdi-mutité* chez les enfants qui proviennent de ce alliances.

— M. Poggioli présente une note sur le traitement de l'asthme par l'électricité statique. — L'auteur rapporte, avec tous les détails nécessaires, quatre cas d'asthmes rebelles aux traitements ordinaires et traités par l'électricité avec un succès dont la rapidité surprenait presque autant le médecin que les malades. L'auteur a d'ailleurs grand soin de faire remarquer que ces quatre observations, et d'autres qu'il aurait pu y joindre, sont des cas *d'asthme véritable*, c'est-à-dire d'une névrose de l'appareil respiratoire ordinairement périodique et revenant par accès. Il n'a nullement songé à employer son mode de traitement contre l'asthme symptomatique se rattachant, soit à une affection du cœur, soit à un emphysème pulmonaire.

— M. Aug. de Lacroix annonce l'envoi d'un appareil destiné à permettre la libre respiration des hommes immergés dans un liquide ou dans une atmosphère méphitique.

— Recherches sur la détermination des hautes températures; par M. E. Becquerel. Deuxième Mémoire. — Dans le premier Mémoire, présenté en décembre 1862, l'auteur avait déterminé certaines températures très-élevées, à l'aide d'un pyromètre thermo-électrique, dont les indications furent comparées à celles d'un pyromètre à air, à réservoir de platine, darce que M. Becquerel n'avait pu se procurer des ballons en porcelaine. MM. Henry Deville et Troost ont obtenu, plus tard, au moyen d'un ballon de porcelaine fonctionnant comme thermomètre à air à pression constante, pour les températures des points d'ébullition du zinc et du cadmium, des nombres plus élevés de $100°$ que ceux de M. Becquerel, et ils ont cherché la raison de ce désaccord dans l'emploi du réservoir de platine. Aujourd'hui, M. Becquerel a repris son travail avec des pyromètres en porcelaine, à parois épaisses et vernissées; de plus, il a opéré avec un appareil à réservoir en fer, en prenant l'azote comme gaz dilatable. Il a fait fonctionner les pyromètres tantôt à volume constant, tantôt à pression constante; enfin, il a employé la méthode voluménométrique, laquelle consiste dans le jaugeage de la masse de gaz confinée dans le réservoir à une température donnée, par rapport à la masse contenue à une température constante dans une partie jaugée du manomètre. Tous ces procédés ont donné des résultats sensiblement concordants, ce qui parle en faveur de leur exactitude. Ils montrent que les nombres donnés antérieurement, depuis le rouge naissant jusqu'au rouge blanc, n'étaient pas trop bas, comme on l'a pensé, mais encore doivent être abaissés. Ainsi, par exemple, on aurait :

Ebullition du zinc..............	891°	au lieu de	932°
— du cadmium..........	720	—	746
Fusion de l'argent..............	916	—	960
— de l'or.	1037	—	1092
— du palladium..........	1360 à 1380	—	1460 à 1480
— du platine	1460 à 1480	—	1560 à 1580

Pour la limite inférieure de la température du charbon polaire positif de l'or voltaïque, M. Becquerel a trouvé $2000°$ C. Le point d'ébullition du zinc a été déterminé par dix expériences avec les trois pyromètres à gaz; les deux pyromètres à air en porcelaine ont donné respectivement 884° et 898°, et le pyromètre en fer, à azote, 891°; la moyenne est aussi 884°. Une expérience faite d'après la méthode du thermomètre à air à volume constant a donné 920°, mais M. Becquerel préfère l'autre détermination. Le chiffre de 1040°, donné par MM. Deville et Troost, serait donc d'un septième trop élevé.

M. **Charles Deville** fait remarquer que son frère n'est pas présent à la séance; il répondra plus tard.

— Etoiles filantes; leurs relations avec l'atmosphère et les oscillations barométriques; par M. **Chapelas**, gendre de M. Coulvier-Gravier. — M. Chapelas commence par nous apprendre que la météorologie ordinaire n'est encore arrivée qu'à des résultats *sans importance*. En vérité, M. Chapelas? Le résultat le plus clair de la météorologie extraordinaire, ou météorologie Coulvier-Gravier, nous paraissent les dix mille francs par an qu'elle coûte à l'État. Mais ce n'est point là l'opinion de M. Chapelas. Il a découvert, conjointement avec son beau-père, que *l'étoile filante n'obéit pas, dans notre atmosphère, à une impulsion propre, mais à une impulsion qui lui est donnée par le courant qu'elle rencontre*. Par conséquent, ces météores nous révèlent les courants supérieurs, ce sont de simples girouettes ou anémomètres autographes. M. Chapelas en conclut que les étoiles filantes et leurs perturbations nous feront connaître d'avance l'oscillation barométrique, et il prouve son dire au moyen de plusieurs courbes.

Nous serions bien curieux d'apprendre de quelle manière M. Chapelas et son beau-père s'y prennent pour connaître la véritable direction d'une étoile filante qui n'a été vue que d'une seule station, et comment ils expliquent les vitesses observées de ces météores.

— Sur quelques propriétés des surfaces d'étendue minimum. Mémoire de M. G. **Mathet**. — L'auteur a trouvé la solution générale d'un problème de géométrie analytique, en le ramenant à la considération de certaines surfaces d'étendue minimum.

— Sur la dispersion de la lumière. Mémoire de M. Ch. **Briot**, présenté par M. **Bertrand**. Cauchy avait trouvé l'explication de la dispersion dans les termes du quatrième ordre négligés dans les équations différentielles de la lumière; en les conservant, il était arrivé à une vitesse de propagation variable avec la longueur d'onde. Mais cette théorie conduit à une dispersion chromatique dans l'éther libre aussi bien que dans celui qui remplit les pores de la matière pondérable; et cependant, tout porte à croire qu'il n'y a pas de dispersion sensible dans le vide planétaire. M. Briot a donc cherché une autre voie. Il faut attribuer la dispersion à l'influence des molécules pondérables, qui modifient la marche des rayons lumineux, soit par une intervention directe dans les vibrations, soit par un changement de densité qu'elles produisent dans le milieu éthéré. On sait qu'une partie de la force vive des vibrations qui frappent un corps est toujours cédée à ses molécules pondérables, puisqu'elles s'échauffent par absorption. Dans le cas idéal d'un corps parfaitement transparent, les molécules resteraient immobiles; leur action directe sur l'éther vibrant donnerait lieu, dans l'expression de la vitesse de propagation, à un terme proportionnel au carré de la longueur d'onde, tandis que, d'après l'expérience, il devrait être inversement proportionnel à ce carré. Il faut donc recourir à la seconde hypothèse, à celle d'un changement de densité de l'éther dans le voisinage des molécules pondérables. Les équations différentielles du mouvement vibratoire ont alors des coefficients *périodiques*, et leurs intégrales se composent d'une partie moyenne et d'une partie périodique. En faisant le calcul pour un milieu isotrope et homoédrique, M. Briot a trouvé que les inégalités périodiques de l'éther exercent une influence notable sur la vitesse de propagation de la lumière. Elles diminuent d'abord cette vitesse d'une quantité constante, ce qui constitue le pouvoir réfringent; elles introduisent ensuite un terme variable, inversement proportionnel au carré de la longueur d'onde, ce qui donne naissance à la dispersion.

Il résulte de ce qui vient d'être dit, que le terme variable qui produirait la dispersion dans l'éther libre, aussi bien que le terme proportionnel au carré de la longueur d'onde, doivent s'annuler. Or, ces deux conditions conduisent à des résultats extrêmement curieux. En égalant à zéro le premier terme, on trouve que *les molécules d'éther se repoussent en raison inverse de la sixième puissance de leur distance*. C'est la loi que M. Briot a déjà trouvée par l'étude de la propagation de la lumière dans les cristaux biréfringents. Si on égale à zéro l'autre terme dont il s'agit ici, on trouve que *les molécules pondérables agissent sur l'éther suivant la loi de Newton, c'est-à-dire qu'ils l'attirent en raison inverse du carré de la distance.*

— M. VERRIER présente un mémoire ayant pour titre : « Question relative aux difformités de la taille, et à la scoliose en particulier. »

— M. DE MAZIÈRES envoie, pour le concours du prix Bréant, un mémoire ayant pour titre : « Origine astronomique des maladies épidémiques. »

— M. DELCAMBRE adresse de Lille une note imprimée sur ses machines à composer et à distribuer les caractères d'imprimerie. Il demande à concourir pour le prix Tremont.

— Sur la production de l'oxyde de carbone dans une circonstance nouvelle. Note de M. F. CALVERT, présentée par M Chevreul (1). — A la suite de recherches très-intéressantes sur les matières colorantes, M. Chevreul avait proposé dès 1820 d'employer les dissolutions d'hématine ou d'acide gallique ou pyrogallique dans la potasse, pour absorber et doser l'oxygène contenu dans certains mélanges gazeux. Mais en même temps qu'il absorbe l'oxygène, le pyrogallate de potasse donne naissance non-seulement à de l'acide carbonique, comme l'a démontré M. Chevreul, mais en outre à un produit gazeux qui a jusqu'ici échappé à l'observation des expérimentations.

M. Calvert ayant cherché quelle était la nature de ce gaz, et après avoir décrit les expériences qu'il a faites dans cette étude, a reconnu que ce résidu gazeux était de l'oxyde de carbone.

Quant aux quantités d'oxyde de carbone formées, elles varient selon la concentration de la dissolution de pyrogallate employé, et surtout selon que l'on a recours à un mélange contenant, plus ou moins d'acide, le maximum de production paraissant avoir lieu avec un mélange d'acide et d'alcali à équivalents égaux ou contenant un léger excès d'alcali. Je me contenterai de dire ici que, dans une série de six expériences, j'ai obtenu des quantités de carbone variant de d'oxyde 1.99 à 2 pour 100 du volume d'oxygène employé, tandis que dans d'autres j'ai eu jusqu'a 4 pour 100.

Je me permettrai maintenant de faire observer à l'Académie que cette production si inattendue d'oxyde de carbone, lorsqu'on met le pyrogallate de potasse en présence de l'oxygène ou de l'air, pourrait peut-être rendre compte de la présence de ce gaz trouvé par M. Boussingault, dans ses recherches si intéressantes du reste, dans les produits gazeux de la végétation, en même temps qu'elle vient confirmer en les complétant les derniers travaux de M. Cloëz sur le même sujet.

M. Chevreul présente ensuite une note de M. Cloëz, qui a répété l'expérience de M. Calvert, et l'a trouvée parfaitement exacte. En opérant sur du gaz oxygène pur, le pyrogallate de potasse a donné naissance à 3.92 pour 100 d'oxyde de carbone ; mais, en opérant sur l'air atmosphérique, sa production d'oxyde de carbone a diminué et n'a plus été que de 2.598 pour 100.

— Action des alcools sur les éthers composés. Note de MM. C. FRIEDEL et J.-M. CRAFTS. — Il résulte des expériences faites par l'auteur que :

1° Les alcools réagissent sur les éthers composés dérivés d'alcools différents, et en éliminant ces derniers alcools ;

2° Cette action n'est pas spécifique ou due à une affinité plus grande d'un alcool par un acide ; elle paraît être plutôt une action de masse ;

3° Les éthers facilement décomposables par l'eau sont aussi ceux qui se prêtent le mieux à cette décomposition par les alcools. Il est donc naturel de rapprocher ces deux genres d'action.

— A cinq heures l'Académie se forme en comité secret pour discuter les titres de candidats pour la place de correspondant, vacante par suite du décès de M. Ostrogradski.

(1) En présentant cette note, M. Chevreul a déclaré qu'elle était entre ses mains depuis le 15 octobre dernier.

VARIÉTÉS.

LA CHAIRE DE CHIMIE DE L'UNIVERSITÉ DE BERLIN.

Nos abonnés liront sans doute avec intérêt la nouvelle suivante, empruntée à des journaux d'Allemagne. La chaire de chimie de l'Université de Berlin, devenue vacante par la mort du célèbre Mitscherlich, a été offerte à M. Hofmann, de Londres. La Faculté de philosophie de l'Université s'était d'abord adressée à M. le professeur Bunsen, pour l'inviter à accepter la chaire de Berlin ; mais l'éminent chimiste de Heidelberg ne put se décider à quitter le cercle de professeurs distingués qu'il avait réussi à y grouper autour de lui.

L'Université de Berlin se vit donc obligée de procéder à une seconde élection. L'unanimité des suffrages se porta sur M. Hofmann, et ce choix judicieux a déjà été confirmé d'une manière officielle par le ministre de l'instruction publique en Prusse.

Mais, d'après ce que nous avons appris, M. Hofmann a hésité jusqu'à ce moment à répondre à cet appel, parce qu'il se croit lié par une promesse, donnée antérieurement, de venir occuper dans quelques années une chaire de l'Université de Bonn, cette Université s'étant empressée de mettre à la disposition de M. Hofmann les moyens les plus grandioses et les plus riches pour la création d'une magnifique école de chimie.

Nous devons avouer, pour notre part, n'avoir jamais compris comment M. Hofmann ait pu se décider à abandonner une position aussi éminente et aussi belle que celle qu'il occupe dans la grande métropole, position qui lui a fourni à la fois le temps et les ressources nécessaires pour l'accomplissement de ces grands et magnifiques travaux qui sont l'objet d'une admiration bien méritée.

Nous pouvons encore moins comprendre que M. Hofmann, dans le cas où il aurait pris la résolution définitive de retourner dans sa patrie, puisse hésiter un seul instant entre Berlin et Bonn. A Berlin, il trouverait non-seulement la première et la plus grande des universités de l'Allemagne, mais encore le centre de la vie intellectuelle et le foyer de l'industrie allemande, tandis qu'à Bonn il ne rencontrerait qu'une Université de province, qui jusqu'à ce jour n'a pris qu'une part très-limitée aux progrès des sciences naturelles et à laquelle, par suite de l'absence complète de toute activité industrielle, manque le levier principal et indispensable pour le développement d'une grande école de chimie.

On ne peut méconnaître que, surtout dans ces dernières années, M. Hofmann, qui occupait depuis si longtemps un rang si éminent parmi les chimistes théoriciens et scientifiques, ne se soit aussi placé par ses travaux au premier rang des chimistes pratiques et industriels. Eh bien, si l'Allemagne veut utiliser de la manière la plus complète et la plus profitable les connaissances si vastes, si profondes et si variées du célèbre professeur de Londres, ce n'est pas dans une ville de province de moyenne importance qu'elle devra l'appeler, mais bien dans la capitale, au centre aussi bien du mouvement intellectuel et scientifique que de l'activité commerciale et industrielle de l'Allemagne.

LA LETTRE DE M. POUCHET.

M. Pouchet avait écrit une lettre au rédacteur des *Mondes*, dans laquelle se lisait cette phrase : « Vous avez tort, AIMABLE ABBÉ, car cette question si *terriblement ténébreuse* (des générations spontanées) est fort facile à débrouiller ; et vous faites répéter de tous côtés, comme on le fait pour l'Académie : *On sait que ces messieurs ne veulent rien voir.* Jamais mes expériences n'ont été récusées, pas un seul observateur les ayant répétées. JAMAIS ! Tandis que celles de M. Pasteur, qu'une petite coterie présente sans exception comme admirables, ont été renversées par les travaux de vingt savants, soit dans les universités de l'étranger, soit dans nos Facultés !!! »

L'abbé Moigno a publié ce fragment de lettre, et M. Pouchet qui ne la destinait pas pour l'impression, s'en est ému et en a fait de vifs reproches à l'indiscret journaliste, pressé sans doute de faire savoir qu'il était un *aimable abbé* et que tout le monde n'était pas de l'avis de M. Nadar.

L'abbé Moigno a compris sa faute et il tâche aujourd'hui d'arranger l'affaire ; voici ce qu'il écrit dans ses chers *Mondes* du 3 décembre, page 481 :

« Nous avons été *réellement indiscrets*, et nous avions *voulu l'être*, mais dans *l'intérêt de M. Pouchet.* » Puis vient une explication fort embrouillée et surtout une expression qui n'a aucun sens, celle de *coterie anti-académique*. L'abbé a cru, dit-il, que c'était de cette coterie-là dont parlait M. Pouchet. Mais, puisque M. Pouchet a l'Académie contre lui, lui ferons-nous observer, M. Pouchet ne se plaindrait pas d'une coterie qui serait *anti-académique* dans la question qu'il défend.

L'abbé aurait dû dire : « Nous n'avions pas compris l'importance de notre indiscrétion et la regrettons sincèrement. D'après les explications que l'on nous donne de tous côtés, nous voyons qu'on a pu croire que ces mots : *On sait que ces messieurs ne veulent rien voir*, et *petite coterie*, s'appliquaient à quelques membres de l'Académie ; c'est une erreur, ou plutôt une malice contre laquelle M. Pouchet proteste. Ces expressions ne peuvent, en effet, s'appliquer à l'Académie des sciences à laquelle M. Pouchet est fier d'appartenir comme correspondant ; mais elles s'appliquent exclusivement :

1° A ceux qui croient M. Pasteur infaillible dans ses expériences et n'admettent pas qu'il puisse se tromper et, surtout, conclure à faux,

2° A ceux qui, indifférents sur la question en elle-même, désirent seulement être agréables à M. Pasteur, et *vice versa* à M. Pouchet, ajouterons-nous ;

3° A ceux qui écrivent qu'avant d'être une question scientifique plus ou moins résolue par les savants, cette question avait été résolue par la philosophie ;

4° A ceux qui, comme moi, *aimable abbé*, et comme le R. P. Félix, trouvent que cette théorie des générations spontanées est une théorie malsaine et fort impie. »

Collége de France.

MM. les lecteurs et professeurs ont ouvert leurs cours le lundi 7 décembre 1863.

Mécanique céleste. — M. Serret traitera de la figure des corps célestes, les mardis et vendredis, à dix heures et demie.

Mathématiques. — M. Liouville traitera de la théorie des nombres, les jeudis et samedis, à deux heures.

Physique générale et mathématique. — M. Bertrand traitera de la distribution de l'électricité à la surface des conducteurs et de l'étude des fonctions transcendantes qui figurent dans cette théorie, les mardis et vendredis, à midi.

Physique générale et expérimentale. — M. Regnault traitera de l'optique, les mercredis et vendredis, à dix heures. L'ouverture de ce cours, ajournée pour cause de réparations, sera annoncée par une affiche particulière.

Chimie. — M. Balard traitera de quelques questions de chimie générale, les mercredis et samedis, à midi et demi.

Médecine. — M. Claude Bernard traitera de la médecine expérimentale, les mercredis et vendredis, à une heure.

Histoire naturelle des corps inorganiques. — M. Elie de Beaumont, professeur, sera remplacé par M. Ch. Sainte-Claire-Deville ; ce dernier traitera de l'ensemble des espèces minérales considérées principalement au point de vue de leurs relations chimiques, les mardis, à une heure et demie, et les vendredis, à deux heures.

Histoire naturelle des corps organisés. — M. Flourens sera remplacé par son fils, M. Gustave Flourens. Ce dernier traitera des races humaines, les lundis et jeudis, à deux heures.

Embryogénie comparée. — M. Coste traitera de l'ensemble des phénomènes que les animaux présentent dans leur développement, les mardis et samedis, à une heure. L'ouverture de ce cours sera annoncée par une affiche particulière.

Langues hébraïque, chaldaïque et syriaque. — M. Ernest Renan, professeur. — L'ouverture du cours sera annoncée par une affiche particulière.

Faculté des Sciences.

M. Jamain, dont nous avons annoncé la nomination de professeur titulaire dans notre dernière livraison, a commencé le mardi, 1ᵉʳ décembre, son cours de physique expérimentale à une heure et demie, et il doit le continuer les mardi et samedi de chaque semaine, à la même heure.

Dans cette première leçon à laquelle nous avons assisté, par une innovation des plus heureuses, et qui fait honneur à ce professeur, venant payer à un savant aussi modeste qu'estimé sa dette de reconnaissance, comme l'ayant désigné pour être son suppléant, M. Jamain a fait l'historique des travaux de feu Despretz. Cette leçon, écoutée avec une sympathie marquée, était appuyée des expériences les plus importantes qu'avait faites l'estimable et regretté savant (1). Nous ne pouvons que féliciter l'éloquent professeur de cet hommage rendu à son prédécesseur. M. Jamain est, croyons-nous, le premier qui a eu cette heureuse pensée; la Faculté lui en sera reconnaissante, et des applaudissements multipliés ont dû lui prouver que l'auditoire approuvait cette noble manière d'honorer les morts.   Dʳ Q.

ANNONCES BIBLIOGRAPHIQUES.

Nouveau Dictionnaire lexicographique et descriptif des sciences médicales et vétérinaires, comprenant l'Anatomie, la Physiologie, la Pathologie générale, la Pathologie spéciale, l'Hygiène, la Thérapeutique, la Pharmacologie, l'Obstétrique, les opérations chirurgicales, la Médecine légale, la Toxicologie, la Chimie, la Physique, la Botanique et la Zoologie, avec planches intercalées dans le texte; par MM. Raige-Delorme, Ch. Daremberg, H. Bouley, J. Mignon, Ch. Lamy. 1 très-fort volume grand in-8 de 1500 pages à deux colonnes, texte compacte avec figures intercalées et contenant la matière de dix vol. in-8. 1863. Prix, rendu *franc de port* dans toute la France

Broché.. 18 fr. »
Cartonné à l'anglaise...................................... 19 fr. 50
Relié, dos en maroquin.................................... 20 fr. 50

Ce dictionnaire présente un tableau complet, quoique élémentaire, de toutes les connaissances qui se rattachent à la médecine, à la chirurgie, à l'obstétrique, à la pharmacologie et à la médecine vétérinaire, en un mot, un tableau général de toutes les sciences relatives à l'art de guérir. C'est en ce sens qu'il peut servir de manuel à l'étudiant comme au praticien, aux médecins vétérinaires, aux pharmaciens, aux sages-femmes, et être consulté par ceux d'entre les gens du monde qui désirent avoir une idée exacte des sciences médicales et vétérinaires ou s'instruire sur quelques points de ces sciences.

Ajoutons quelques mots à cette annonce de librairie, et sans vouloir nuire au dictionnaire de Nysten, dont la réputation est faite et la fortune aussi, disons que ce nouveau dictionnaire est une concurrence sérieuse au livre édité par J.-B. Baillière, le célèbre éditeur. Plus complet que le sien, puisqu'il contient les sciences vétérinaires, moins lourd, et plus maniable, quoique possédant dans un caractère très-lisible plus de lignes à la page, et partant plus de

---

(1) On trouvera cette leçon très-fidèlement analysée par M. S. Meunier dans le *Courrier des Sciences* de M. Victor Meunier.

matériaux, le nouveau dictionnaire est destiné à un grand succès et il le mérite à tous les titres par la valeur des articles qu'il contient.

Nouvelles expériences sur la génération spontanée ; par M. F. A. Pouchet. Un volume grand in-8 de xv-256 pages avec 27 figures dans le texte et une planche gravée et coloriée. Prix : 7 fr. 50. Librairie de Victor Masson et fils, à Paris. — Une analyse de ce livre est facile à faire, mais une conclusion à en tirer est plus difficile, à moins de se ranger d'une manière définitive dans le camp des hétérogénistes ; or, il faut bien le dire, tant que les travaux de M. Pasteur et ceux de M. Pouchet n'auront pas été répétés devant une commission, libre de tous préjugés, et en présence de leurs auteurs, il serait imprudent de se prononcer. Il ne suffit pas en effet d'annoncer des expériences irréprochables, il faut savoir si elles le sont. La science ne procède pas, comme la théologie, par dogmes, elle ne croit aussi à la parole d'honneur de personne. Il faut donc voir et bien voir avant tout. Nous rendrons compte néanmoins du livre de M. Pouchet et en signalerons les expériences les plus curieuses et les plus convaincantes.   Dr Q.

AVIS AUX ABONNÉS DE 1864.

A partir du prochain numéro, le *Moniteur scientifique* contiendra *un tiers* de plus de matières, et le numéro arrivera aux Abonnés sans être plié en deux.

Ce changement nécessite une légère modification dans le format, qui reste toujours de la même hauteur, mais moins large. Le Journal, au lieu d'être tiré sur *carré*, est tiré sur *grand jésus*. Quant à la *justification*, elle reste exactement ce qu'elle était; seulement, au lieu de 50 lignes, la page contient 54 lignes, afin de l'harmoniser avec la forme du papier.

Les Abonnés sont priés de renouveler leur abonnement pour 1864. Le numéro prochain sera prêt le 1er janvier. Nous continuerons, comme par le passé, à l'envoyer à tous ceux qui ne nous préviendront pas de cesser leur abonnement soit en nous écrivant ou en nous renvoyant le numéro affranchi. Pour l'étranger, nous sommes obligés d'attendre les renouvellements et de cesser l'envoi du journal dès le 15 décembre.

Il faut avoir soin de ne pas faire relier l'année 1863 avant d'avoir reçu la table générale.

Table des Matières contenues dans la 168me Livraison du 15 décembre 1863.

28108   Paris. — Typographie de RENOU et MAULDE, rue de Rivoli, n° 144.

FABRICATION DE L'ALUMINIUM

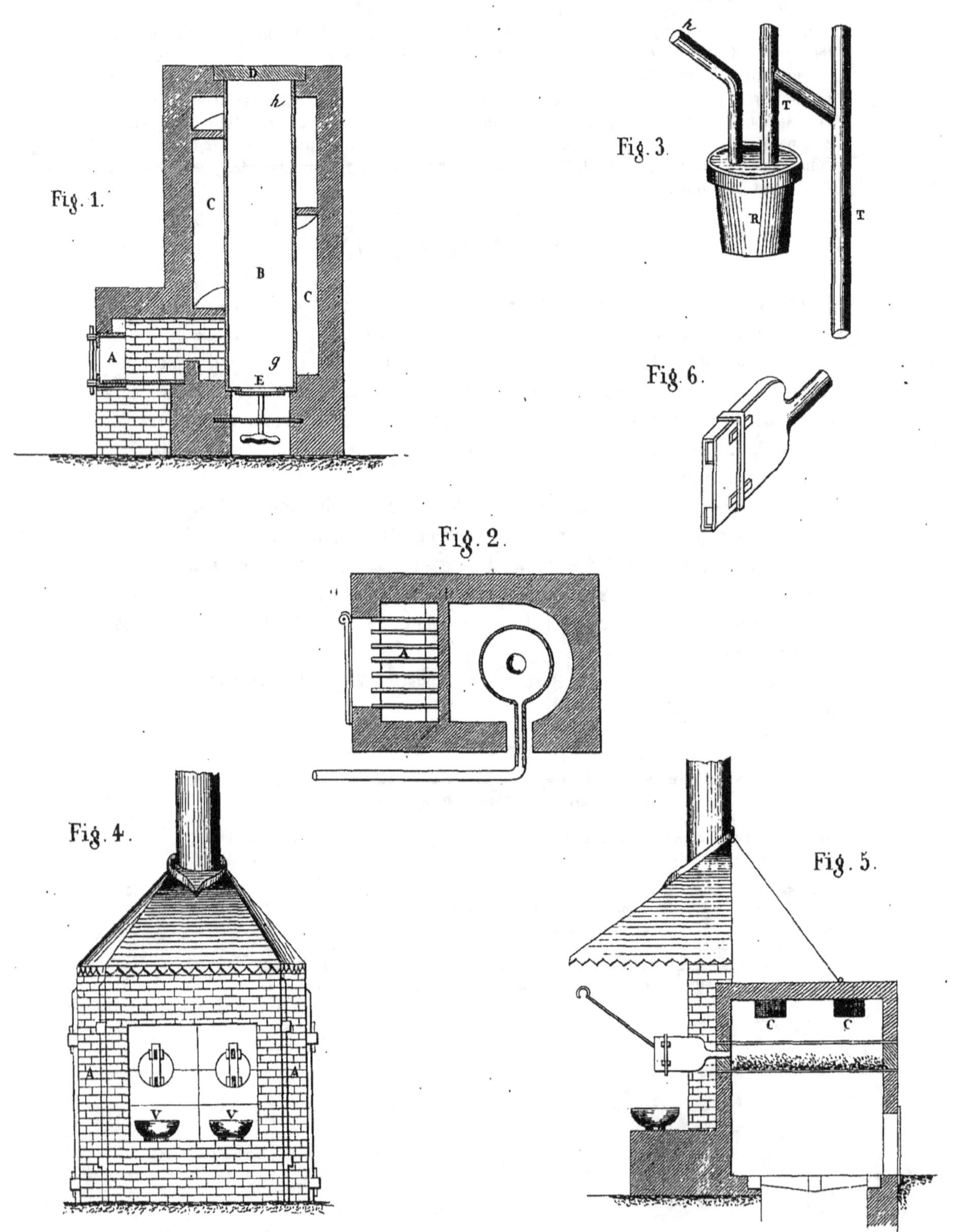

TABLE GÉNÉRALE DES MATIÈRES PAR ORDRE DE CHAPITRES

CONTENUES DANS LE TOME V DU MONITEUR SCIENTIFIQUE

FORMANT L'ANNÉE 1863

Les personnes qui n'ont que leur nom de cité, n'ont pas leurs mémoires analysés, mais seulement mentionnés.

Steinheil. — Nécrologie. — Mort des deux astronomes Mitchell et Rumker.

LES PRÉDICTIONS DE M. MATHIEU (de la Drôme), p. 300.

Rapport de M. Leverrier au ministère d'État sur ces prédictions. — Réponse de M. Mathieu.— Réplique de M. Leverrier.

ACADÉMIE DES SCIENCES, p. 308 à 314.

Séance du 23 mars. — M. Milne-Edwards annonce que le Muséum vient de recevoir un aurochs vivant. — Notice sur cet herbivore, espèce de bœuf sauvage. — Piobert. — Recherches sur les pétroles d'Amérique, par MM. Pelouze et Cahours. — Delaunay. — Courants généraux de l'atmosphère; système des vents, par M. Bourgeois. — Tchihatchef. — Histoire naturelle des équisetaux de France, par M. Dujal-Jouve. — Rapport de M. Adolphe Brongniart.—Election de M. Bouisson comme correspondant. — Civiale fils. — Plans-reliefs topographiques des montagnes françaises, par M. Bardin. — MM. Keller. — Sur l'inosurie, par M. Gallois.—Sur le ver à soie de l'Ambrevate, par M. A. Vinson.—Laugeazy.—Dax.—Morel.— Lavallée. — Phœbus. — Janssen. — J.-A. Broun. — Théorie de la formation du rouge d'aniline, par Hugo Schiff. — J.-A. Vanklin et Robinson. — M. R. Mattei. — Carlo-Roberti, sur un moyen d'augmenter, par la chaleur, la force des piles voltaïques. — Liste de candidats pour un correspondant à élire.

Séance du 30 mars. — Les petits livres de M. Babinet. — Son histoire du pape Sixte-Quint. — Sur les instruments géodésiques et sur la densité moyenne de la terre, par M. Faye. — Distinction entre le coma produit par la méningite et le sommeil produit par le chloroforme, et la distinction entre la méningite et l'apoplexie, par M. Flourens. — Expériences sur l'alimentation et l'engraissement du bétail, par M. Jules Reiset. — Sur les silex ouvrés dans le diluvium de Loir-et-Cher, par M. de Vibraye. — Election de M. Ehrmann comme correspondant. — G. de Pontécoulant. — L. de la Rive. — C. Friedel et J.-M. Crafts. — Le Guen. — A. Béchamps. — Jourdain. — Larcher. — Comité secret.

AFFAIRE DU ROUGE D'ANILINE. Arrêt, p. 314.

MANIÈRE D'EXTRAIRE LE THALLIUM DU CADMIUM, par M. W. Crookes.

SOUDE DANS LA HOUILLE, par M. Wayne, p. 318.

ALUMINATE DE FER ET DE SOUDE, par M. A. Fabri, p. 318.

DE L'EMPLOI DU CHARBON DE BOIS COMME FILTRE A AIR, par M. John Stenhouse, p. 318.

SUR DEUX EMPLOIS DU BLANC DE PLOMB, par M. Coeley, p. 319.

SOCIÉTÉS SAVANTES DES DÉPARTEMENTS. —Distribution des prix à la Sorbonne, p. 319.

153e LIVRAISON 1er MAI.

DE L'ACIDE PHÉNIQUE ET DE SES APPLICATIONS, par le docteur Jules Lemaire, p. 321.

Formes sous lesquelles l'acide phénique peut être employé, p. 322.—Emploi de l'acide phénique pour détruire les parasites, p. 325.

DES ALLIAGES MÉTALLIQUES, par MM. C. Calvert et Richard Johnson, p. 340.

Alliages de fer et de potassium. — Alliages de fer et d'aluminium.—Alliages d'aluminium et de cuivre. — Alliages de zinc et de fer. —Alliages de cuivre.

ACADÉMIE DES SCIENCES, p. 349 à 357.

Séance du 6 avril. — Mort de M. Bravais. — J. Reiset.—Burdin et Bourget.— Passy. — Blanchard. — Sur un terrain appelé *herbue froide,* par M. P. Thenard. — Sur un télégraphe écrivant, par M. Sortais. — Verdet. — H. Hollard.— Chambrelent. — Dr Ch.-E. Jackson. — R. Luther. — R. Wolf. — Chacornac. — G. de Pontécoulant. — Poey. — Synchronisme des horloges publiques, par M. L. Foucault. — E. Caventou. — Berthelot et Pean de St-Gilles. — De l'emploi du chalumeau à chlorhydrogène, pour l'étude des spectres, par M. Dracon. — De Caligny. — Brioschi. — Sur l'altération des sirops par une ébullition prolongée, par E. Monier. — Ch. M. Willich. — Comité secret.

Séance du 13 avril.— Propagation de l'électrité à travers les fluides élastiques très-raréfiés, par M. A. de la Rive. — Isidore Pierre. — Fizeau.— Election de M. Cayley comme correspondant. — Chambrelent. — B.-J. Dufour. — Ch. Lengley.— De la déviation des règles et de son influence sur l'ovulation, par M. A. Puech.— A. Merget. —Soltz. — Blondeau. — A. Baudrimont. — Vérité. — Mort de M. Steiner. — J. Chautard. — Berthelot. Aug. Cahours. — J.-M. Crafts. —E. Caventou. — Ad. Wurtz. — Action physiologique du tartre stibié, par M. Pecholier. — G. de Pontécoulant. — Comité secret.

Séance du 20 avril. — Mort de M. Moquin-Tandon. — Brewster. — De la dissociation de l'acide carbonique et des densités des vapeurs, par M. H. Sainte-Claire Deville. —Examen du rôle attribué au gaz oxygène atmosphérique dans la destruction des matières animales et végétales après la mort, par M. L. Pasteur. — Opinion d'un hétérogéniste sur le dernier mémoire de M. Pasteur. — Recherches chimiques sur la respiration des animaux d'une ferme, par M. J. Reiset. — J. Pierre. — Petit. — P. Secchi. — Ch. Matteuci. — Elections comme correspondants de MM. Mac-Lear et de M. Schœnbein. — Statique chimique des êtres organisés; par M.J.-A. Barral. —Meugy. — Em. Gueymard. J.-R. Jaubert. — Vial. — Duponchel. — Mâchoire humaine découverte à Abbeville dans un terrain non remanié, par M. Boucher de Perthes.—Clayeux.—Ad. Wurtz. — J. de Girard. — J. M. Gaugain. — Victor de Luynes. — Comité secret.

SOCIÉTÉ DES AMIS DES SCIENCES, p. 357.

Présidence du maréchal Vaillant. — Compte rendu de la gestion du conseil pendant l'exercice de 1862, par M. F. Boudet. — Éloge de M. de Sénarmont, par M. Bertrand.

COURS DE M. GEORGES VILLE au Muséum d'histoire naturelle.

BIBLIOGRAPHIE SCIENTIFIQUE, p. 360.

154e LIVRAISON. — 15 MAI.

RAPPORT SUR LES PRODUITS CHIMIQUES INDUSTRIELS, classe II, section A, de l'exposition internationale

DE L'ACIDE PHÉNIQUE, par le Dr Jules Lemaire (suite), p. 457.

Applications de l'acide phénique à la thérapeutique. — Emploi de l'acide phénique comme rubéfiant. — Parasites et affections parasitaires.— Affections cutanées diverses. — Applications à la médecine vétérinaire. Questions à étudier. *Applications de l'acide phénique aux sciences anatomiques.* — Conservation par injection. — Conservation par immersion. — Conservation par dessiccation.

ACADÉMIE DES SCIENCES, p. 472 à 478.

Séance du 25 mai. — Décret approuvant la nomination de M. Ed. Becquerel. — H. Sainte-Claire Deville et Troost. — Lamé — Sur la présence de l'acide acétique parmi les produits de la fermentation alcoolique, par M. L. Pasteur. — Payen.—W. Hofmann.— Du refroidissement nocturne superficiel des diverses espèces de terre pendant l'hiver sous le ciel de Montpellier, par M. Ch. Martins. — Billet. — Olivieri. — Chipault, sur les mariages consanguins. — Pruner-Bey et Hébert, communications sur la mâchoire de Moulin-Quignon. — M. de Quatrefages revient sur l'opinion émise par M. E. de Beaumont. — J. Philipeaux et A. Vulpian. — Utilité des bains d'oxygène dans les cas de gangrène sénile, par M. Laugier. — A. Gélis. — Études sur l'acier, par M. H. Caron. — Des Cloizeaux. — Production des nitrates; leur application en agriculture, par M. Bortier. — Pile sacrifiée de M. Arnaud. — Le Dr Damoiseau présente l'état hygiénique de la ville d'Alençon.

Séance du 1er juin. — Mort de M. Renault, correspondant de l'Académie.— Sur l'infection purulente, par M. Flourens. — Serres. — Faits pour servir à l'histoire des matières colorantes dérivées du goudron de houille, sur la quantité de rouge que peut donner l'aniline. — Sanna-Solaro.—J. M. Gaugain.— L'abbé Laborde. — Ed. Dubois. — Poey. — Nouvelles observations relatives à l'existence de l'homme pendant la période quaternaire, par M. Hébert. — Garrigou. — P. Joubert. — Gris. — Alp. Schwartz. — A. Martin. Comité secret.

MINES DE SOUFRE découvertes à l'île de Corfou, p. 478.

BIBLIOGRAPHIE SCIENTIFIQUE, p. 479.

157ᵉ LIVRAISON. — 1er JUILLET.

EXAMEN CRITIQUE du mémoire de M. Pasteur relatif aux générations spontanées, par le Dr N. Joly, de Toulouse, p. 481.

Avant-propos. — Micrographie aérienne. — Influence de l'air ordinaire sur les infusoires — Influence de l'air calciné. — Expériences sur le mercure. — Influence de l'ébullition et d'une température élevée; l'air sec sur les corpuscules organisés. — Physiologie de M. Pasteur. — Principales objections contre la panspermie.

EXPOSÉ DU DIAGNOSTIC DE LA RAGE, CHEZ LES ANIMAUX DE L'ESPÈCE CANINE, par M. H. Bouley, p. 493.

DES CHANGEMENTS CHIMIQUES QUE SUBIT LA FONTE pendant sa transformation en fer, par MM. F. C. Calvert et R. Johnson. p. 504.

ACADÉMIE DES SCIENCES, p. 513 à 518.

Séance du 8 juin. — De la détermination des températures à de grandes profondeurs dans la terre avec le thermomètre électrique, par M. Becquerel. — Faits pour servir à l'histoire des matières colorantes dérivées de la houille, sur la formation du rouge d'aniline par un mélange d'aniline et de toluidine, par M. W. Hofmann.—Ch. Martins. — Recherches sur la conservation des matériaux de construction, par Fred. Kulhmann. —Influence des goudrons épaissis sur l'imperméabilité des matériaux de construction, par M. Payen. — Note sur les indices matériels de la coexistence de l'homme avec l'*Elephas meridionalis*, par M. J. Desnoyers. — Contestation des faits invoqués par M. Desnoyers, par M. Robert. — Guérin-Méneville. — J. A. Vincent de Jozet. — Caillaux et Quillet.— Husson. — J. Bianconi.— Nouvelle réponse de M. Béchamp à M. Pasteur. — P. Joubert. — Scheurer-Kestner. — Hugo-Schif. — Sur le diluvium de Saint-Acheul et le terrain de Moulin-Quignon, par M. Scipion Gras.— Dalimier. — Sur l'application des bains d'oxygène au traitement de la gangrène sénile, par M. Demarquay. — Influence des nerfs sur les sphincters de la vessie et de l'anus par MM. Giannuzi et Nawrocki. — Stanislas Meunier. — Belamy.— Comité secret.

BIBLIOGRAPHIE SCIENTIFIQUE, p. 518.

DISCOURS DE M. L'AVOCAT GÉNÉRAL OSCAR DE VALLÉE, dans l'affaire du rouge d'aniline; br. in-4°, p. 519.

LES MONDES. — Nouvelle revue de l'abbé Moigno, p. 520.

158ᵉ LIVRAISON. — 15 JUILLET.

RAPPORT DE M. A. W. HOFMANN, sur les produits chimiques industriels de l'exposition de Londres (suite), p. 521.

Théorie de la fabrication de la soude. — Soude caustique.

LE NOIR D'ANILINE, par E. Kopp, p. 530.

SUR LES COULEURS DÉRIVÉES DU GOUDRON DE HOUILLE, note pour servir à l'histoire des découvertes scientifiques, par M. E. Runge, p. 533.

EMPLOI DU PERMANGANATE DE POTASSE EN CHIRURGIE, et pour enlever au pus sa fétidité, par le Dr Demarquay, p. 535.

RÉSULTATS SCIENTIFIQUES DES ASCENSIONS EN BALLON, par M. James Glaiser, p. 540 à 550.

ACADÉMIE DES SCIENCES, p. 550 à 560.

Séance du 15 juin. — Séance trimestrielle pour le 1er juillet. —Réponse de M. Pasteur à la dernière note de M. Béchamp. —W. Hofmann. — De l'activité catalytique dans les substances organiques, par M. Schonbein. — Aloys Nowak. — Opérations d'ovariotomie, par M. Kœberlé.—M. R. Clausius. — F. Laroque. — Sur la croûte de pain et le gluten, par M. J.-A. Barral. — Mercadier.— Réclamation de M. Dallemagne contre M. Kulmann — D'Abbadie. — L'homme fossile, par M. Garrigou. — Eug. Robert. — A.-F. Noguès.— P. Joubert. — A. Guillard. — Fordos. — Berthelot. — Broux. — E. Gripon. — Reproduction sur pierre des lithographies nouvelles ou anciennes, par M. Rigaud. — Comité secret pour choix de candidats.

Séance du 22 juin.—Des machines à vapeur,

Faculté des sciences, et l'autre à celle de médecine.

TABLE GÉNÉRALE DES MATIÈRES PAR ORDRE ALPHABÉTIQUE

A

TABLE DES NOMS D'AUTEURS PAR ORDRE ALPHABÉTIQUE

DUMÉRIL (Aug.). — Considérations sommaires sur les odeurs, liv. 149, 183.

E

EHRMANN. — Nommé correspondant, liv. 152, p. 314.

ELLSNER. — Mastic pour coller très-solidement, liv. 149, p. 195. — Couleur verte obtenue sans arsenic, liv. 168, p. 882.

ESPAGNE (Dr).—Des conditions météorologiques de la fièvre puerpérale, liv. 164, p. 787.

F

FABRI. — Albuminate de fer et de soude, liv. 152, p. 318.

FAIVRE. — Système nerveux chez les insectes, liv. 151, p. 248.

FAYE. — Réponse à Leverrier, liv. 147, p. 93 et 99.— Sur le spectre des étoiles, liv. 148, p. 150. — Nouvelle réponse à Leverrier, liv. 149, p. 161. — Nouvel appareil pour mesurer les bases géologiques et sur la densité moyenne de la terre, liv. 152, p. 312. — Considérations sur les étoiles filantes, liv. 164, p. 782. — Sur un essai de reproduction artificielle d'un minéral cosmique, liv. 168, p. 957.

FELIX (le père). — La génération spontanée, liv. 151, p. 242.

FENTON (Roger). — Photographie, liv. 148, p. 141.

FIGUIER. — La terre avant le déluge, liv. 145, p. 35.

FILHOL. — L'âge de pierre dans les cavernes de la vallée de Tarascon, liv. 168, p. 959.

FLAJOLOT. — Sur le dosage du cuivre, liv. 166, p. 878.

FLECK. — Relations entre les équivalents chimiques et les densités des corps, liv. 145, p. 29.

FLEURIEN. — Gaz contenus dans le vin, liv. 161, p. 675.

FLOURENS. — Sur l'infection purulente, liv. 149, p. 167, et liv. 156, p. 475. — Distinction entre le coma, produit par la méningite, et le sommeil produit par le chloroforme, liv. 152, p. 313. — Sa profession de foi dans la question des générations spontanées, liv. 168, p. 955.

FOL (F.). — Sur l'acide xantophénique, liv. 145, p. 27.

FOLEY. — Sur le travail de l'homme dans l'air comprimé, liv. 159, p. 594.

FORDOS. — Sur la coloration en vert du bois mort, nouvelle matière colorante. — Acide xylochloréique, liv. 159, p. 585.

FOUCAULT (Léon). — Son désistement comme candidat à l'Académie des sciences, liv. 155, p. 424. — Du pendule régulateur à force centrifuge, liv. 167, p. 918.

FRANKLAND. — Raie bleue du thallium, liv. 148, p. 150. — Influence de la pression atmosphérique sur la combustion, liv. 50, p. 227.

FRERICH. — Prix de médecine et de chirurgie, liv. 146, p. 64.

FRIEDEL ET CRAFTS. — Action des alcools sur les éthers composés, liv. 168, p. 964.

G

GALLOIS. — Mémoire sur l'inosurie, liv. 152, p. 310.

GALOPIN. — Sur la théorie de la double réfraction, liv. 161, p. 663. — Réponse de M. de Saint-Venant, liv. 161, p. 676.

GANOT. — Onzième édition de sa physique, liv. 165, p. 847.

GAUGAIN. — Topique pour hâter la cicatrisation des plaies, liv. 149, p. 170.

GAUTIER-LACROZE. — Analyse de l'alunite du mont Dore, liv. 161, p. 673.

GENTELLE. — Couleur bleue pour la porcelaine, liv. 164, p. 797.

GIANUZI (J.). — Nerfs moteurs de la vessie, liv. 147, p. 92, et liv. 157, p. 518.

GIRALDÈS. — Action exercée sur la pupille par l'extrait de la fève du Calabar, liv. 159, p. 585.

GIORDANO. — Sur un bathoréomètre, liv. 164, p. 793.

GIRARD. — Ingénieur civil. Sur une application des surfaces flottantes avec interposition d'eau à deux turbines de 135 chevaux, liv. 146, p. 61.

GIROUD-DARGOUD. — Nouveau moyen pour décortiquer le blé, liv. 146, p. 61.

GLADSTONE. — Flamme violette de plusieurs chlorures, liv. 150, p. 231.

GLAISHER (J.). — Résultats scientifiques des ascensions en ballon, liv. 158, p. 540, liv. 159, p, 575, liv. 163, p. 737.

GOLDSCHMIDT. — Ses six satellites de Sirius, liv. 152, p. 296. — Nébuleuse des Pléiades, liv. 163, p. 735.

GODRON. — Mention du prix des sciences physiques, liv. 146, p. 64.

GRAHAM (Thomas). — Prix Secker, de 6,000 fr., liv. 146, p. 66.

GRAS (Scipion). — Sur le diluvium de Saint-Acheul, liv. 157, p. 517.

GRATIOLET. — Nommé professeur de physiologie comparée à la Faculté des sciences, liv. 167, p. 928.

GRAY (Thomas). — Blanchiment des chiffons de couleur, liv. 149, p. 192.

GRIMAUD DE CAUX. — Histoire du bureau des longitudes, liv. 147, p. 99. — Des eaux publiques, liv. 149, p. 166. — De la construction d'une carte hygiénique de la France, liv. 164, p. 398.

GRUNOW. — Spectroscope américain, liv. 150, p. 231.

GUIGNET (Ernest). — Action de l'ammoniaque sur la poudre-coton, liv. 150, p. 206.

GUIPON. — Effets de la consanguinité de la syphilis et de l'alcoolisme combinés et observés dans une même famille, liv. 163, p. 757.

GUILLAUME. — Procédés de photographie, liv. 166, p. 864.

V

VALENCIENNES. — Du crocodile à mâchoire boursouflée, liv. 171, p. 664. — Rapport, liv. 171, p. 201.
— Sur un sternum de tortue fossile, découvert
par Hébert, liv. 168, p. 960.

VAN DER MENSBRUGGHE. — Sur la théorie mathématique des courbes, liv. 162, p. 632.

VERNON HEUTH. — Grandissement des épreuves photographiques, liv. 145, p. 31.

VERIMANN ET OPPENHEIM. — Sels employés pour
rendre ininflammable la fibre végétale. liv. 150,
p. 205.

VIAL. — Sur de nouveaux procédés de gravure et de
reproduction des anciennes gravures, liv. 151, p.
247.

VIBRAYE. — Sa nomination comme correspondant,
liv. 150, p. 102.

VILLE (Georges). — Remarques sur le mémoire de
M. Roulin, sur la végétation des mucédinées, liv.
161, p. 666. — Définir par la végétation l'état moléculaire des corps, analyses de la terre végétale
par des essais de culture, liv. 162, p. 688. — Conférences agricoles à Vincennes, liv. 153, p. 358.

VINCENT (Adolphe). Réactions pour reconnaître l'o-
pium et la morphine, liv. 162, p. 685.

VINSON (A.). — Vers à soie de l'ambrevate, liv. 152,
p. 310.

VIOLETTE. — Mémoire sur la raffinerie de salpêtre
de la fabrique de Lille, liv. 167, p. 926.

VOGEL (A.) Procédé pour reconnaître la quantité d'un
lait donné, liv. 149, p. 191. — Sur les dissolvants
de la parafine, liv. 164, p. 798.

W

WAGNER. — Mastic de caséine, liv. 149, p. 194.

WALDECK. — Inventeur de la fantasmagorie, liv. 159.
p. 579.

WAREN DE LA RUE. — Image photographique de la
lune, liv. 166, p. 873.

WERTHER. — Nouvelle source de thallium, liv. 149,
p. 190.

WIBERG. — Sur une machine à calculer, liv. 149,
p. 163. — Rapport de M. Delaunay sur cette machine, liv. 150, p. 202.

WIEDERHOLD (de Cassel). — Sur les huiles minérales d'Amérique, liv. 148, p. 132.

WIMMER. — Moyen de découvrir l'huile de pavots
dans l'huile d'amandes ou d'olives, liv. 149. p.
193.

WITTGNESTEIN (le prince). — Sur la navigation aérienne, liv. 165, p. 844.

WOHLER. — Sur le plomb rouge, liv. 150, p. 232. —
Nouvelles combinaisons de silicium avec l'oxygène et l'hydrogène, liv. 165, p. 846.

WOLFF. — Sur les taches solaires, liv. 163, p. 732.

WURTZ. — Leçon faite à la Société chimique, liv.
150, p. 219.

FIN

DES TROIS TABLES DU MONITEUR SCIENTIFIQUE POUR L'ANNÉE **1863**.

Paris. — Typ. Dupray de la Mahérie, boulevard Bonne-Nouvelle, 26 (impasse des Filles-Dieu, 5). — 1084.